Biochemie

Werner Müller-Esterl

Biochemie

Eine Einführung für Mediziner und Naturwissenschaftler

3., korrigierte Auflage

Unter Mitarbeit von Ulrich Brandt, Oliver Anderka, Stefan Kerscher, Stefan Kieß, Katrin Ridinger, Georg Voelcker und Imke Greiner

Springer Spektrum

Autorenteam Werner Müller-Esterl
Institut für Biochemie II
Fachbereich Medizin der Johann Wolfgang Goethe-Universität
Theodor-Stern-Kai 7
60590 Frankfurt

ISBN 978-3-662-54850-9   ISBN 978-3-662-54851-6   (eBook)
https://doi.org/10.1007/978-3-662-54851-6

Die Deutsche Nationalbibliothek verzeichnet diese Publikation in der Deutschen Nationalbibliografie; detaillierte bibliografische Daten sind im Internet über http://dnb.d-nb.de abrufbar.

Springer Spektrum

Planung: Frank Wigger
Titelbild: Dynamik der Bindungen von Transkriptionsfaktoren an DNA. Computergrafik erstellt von Ansgar Philippsen, D.E. Shaw Research, New York. © Institut für Biochemie II, Johann Wolfgang Goethe-Universität, Frankfurt.

Gedruckt auf säurefreiem und chlorfrei gebleichtem Papier

Springer Spektrum ist Teil von Springer Nature
Die eingetragene Gesellschaft ist Springer-Verlag GmbH Deutschland
Die Anschrift der Gesellschaft ist: Heidelberger Platz 3, 14197 Berlin, Germany

Vorwort zur 3. Auflage

In den Zeiten von Internet, Digitaler Revolution und Open Access ist es nicht selbstredend, wenn ein Lehrbuch seine 3. Auflage erfährt. Nicht minder selbstverständlich ist es, wenn ein Leser ein Buch von mehr als 2 kg in seine Hände nimmt und daraus lernt. Von daher herzlichen Dank allen geneigten Leserinnen und Lesern, die noch Freude an einer schwergewichtigen Lektüre haben: keine Schnipsel oder Mosaiksteinchen, keine unautorisierten Texte oder Schnellschüsse, sondern – so der Anspruch – ein kompetenter und umfassender Überblick über ein Fach, das tief in den Grundlagen der Natur- und Lebenswissenschaften verwurzelt ist. Nicht dass der Autor und sein Team moderne Medien nicht nutzen würden. Im Gegenteil: Diese liefern unverzichtbare Werkzeuge und Informationen, die auch diesem Buch zugutegekommen sind – allerdings komplementär und nicht konstitutiv. Herausgekommen ist dabei eine korrigierte Neuauflage, die eine Reihe von Fehlern und Fehlstellen beseitigt hat – auch dafür sei Dank den vielen Lesern und Leserinnen, die auf diese Defizite hingewiesen haben. Und nun viel Spaß!

Frankfurt, im Juli 2017   Werner Müller-Esterl

Vorwort zur 2. Auflage

Die Biochemie durchleuchtet die chemischen Prozesse des Lebens. Seit es dem Chemiker Friedrich Wöhler im Jahre 1828 erstmals gelang, ein Biomolekül – den Harnstoff – synthetisch herzustellen, haben Generationen von Wissenschaftlern daran gearbeitet, die molekularen Grundlagen des Lebens umfassend aufzuklären. Viele der Geheimnisse, die uns die virtuose Steuerung der Lebensprozesse durch molekulare Netzwerke aufgibt, sind mittlerweile gelüftet – gleichwohl bleibt das meiste unverstanden! Und doch: Die bemerkenswert rasante Entwicklung von Biochemie, Molekularbiologie und Zellbiologie in den letzten zwei oder drei Dekaden eröffnet uns ungeahnte Chancen bei ihrer Anwendung auf die „großen" Probleme in der medizinischen Diagnostik und Therapie, in Genetik und Forensik, aber auch in der Agrar- und Umwelttechnologie.

Ursprünglich als Spezialwissenschaft angetreten, hat sich die Biochemie zu einer Universaldisziplin entwickelt: kaum ein experimentelles Fach in den Lebenswissenschaften, das *nicht* Moleküle und Methoden der Biochemie und Molekularbiologie einsetzen würde. Das gilt insbesondere für Physiologie, Pharmakologie und Onkologie, für Endokrinologie und Kardiologie, aber auch für Bioinformatik, Genomik und Proteomik, wo seit dem Jahrtausendwechsel enorme Erkenntnisfortschritte erzielt wurden.

Auf diesen sprunghaften Wissenszuwachs reagiert die zweite Auflage dieses Buches mit vier neuen Kapiteln: „Hormonelle Steuerung komplexer Systeme", „Molekulare Physiologie des Gastrointestinaltrakts", „Molekulare Basis von Krebsentstehung und -bekämpfung" sowie „Erforschung und Entwicklung neuer Arzneistoffe" greifen neue Entwicklungen auf und stellen sie in den biochemischen Kontext. Darüber hinaus wurde das Kapitel „Koordination und Integration des Stoffwechsels" neu gestaltet und alle übrigen Kapitel der 1. Auflage aktualisiert. Dabei wurde insbesondere auch die Weiterentwicklung der Themenauswahl des schriftlichen Teils des 1. Staatsexamens Humanmedizin („Physikum") auf der Grundlage des Gegenstandskatalogs berücksichtigt.

Die schiere Themenfülle, welche die moderne Biochemie und ihre verschwägerten Disziplinen so reich und tiefgründig gemacht hat, kann nicht auf einem begrenzten Raum von gut 700 Seiten erschöpfend abgehandelt werden. Daher erhebt das Buch auch nicht den Anspruch, vollständig oder gar lexikalisch zu sein; vielmehr ist es exemplarisch und will Leitfaden sein bei der Reise durch die moderne Biochemie. Im Vordergrund der Betrachtungen steht dabei die Biochemie des Menschen, während die nicht minder wichtige Biochemie von Tieren, Pflanzen, Bakterien und Viren auf das Allernotwendigste beschränkt worden ist. Wenn der dargestellte Stoff die Freude des Lesers an der Biochemie weckt, so ist damit ein wesentliches Ziel des Buches erreicht!

Frankfurt, im Juli 2010   Werner Müller-Esterl

Geleitwort zur 1. Auflage

Am Anfang dieses Jahrtausends stand die Entzifferung des humanen Genoms. Sie hat eine Flut von wissenschaftlichen Informationen ausgelöst, die sämtliche Fächer der Lebenswissenschaften – allen voran Biochemie, Molekularbiologie und Molekulargenetik – erfasst und nachhaltig verändert hat. Vergeht doch heute kaum eine Woche, in der nicht die Grundlagen einer Erkrankung oder die Basis eines physiologischen Vorgangs auf molekularer Ebene aufgeklärt werden.

Dem Anfänger einen Weg durch dieses rasch expandierende Wissensgebiet zu weisen ist sicherlich nicht leicht. Ich war daher sehr gespannt, als mir Werner Müller-Esterl während meiner Gastprofessur an der Goethe-Universität im Jahr 2002 von seiner Arbeit an einem neuen Lehrbuch der Biochemie erzählte. Das nunmehr fertig gestellte, als „Einführung für Mediziner und Naturwissenschaftler" konzipierte Werk zeigt, dass es durchaus möglich ist, den umfangreichen biochemischen Stoff für Studenten in handlichem Format und auf ansprechende Weise zu präsentieren. *Biochemistry in a nut shell* – so würde man in den USA ein Buch wie dieses bezeichnen, das kompakt geschrieben ist und seine Wissenschaftsdisziplin anhand einleuchtender Beispiele darstellt.

Vor einem halben Jahrhundert habe ich mein Medizinstudium in Frankfurt am Main begonnen. Ein wenig beneide ich die heutigen Studenten darum, zu einem solchen Leitfaden der Biochemie und Molekularbiologie greifen zu können, der das Wesentliche auf durchdachte und didaktisch geschickte Weise präsentiert, sich durch einen flüssigen, gut lesbaren Stil auszeichnet und nicht zuletzt durch seine einprägsamen Grafiken besticht. Ich wünsche diesem Werk nachhaltigen Erfolg und weite Verbreitung!

New York, im Juni 2004

Günter Blobel

Geleitwort zur 1. französischen Auflage

Wer auf dem Gebiet der modernen Biologie forscht und diese Materie in der Lehre jungen Studierenden vermittelt, weiß, wie wichtig attraktive Unterrichtsmaterialien sind. Werner Müller-Esterl, Professor für Biochemie am Universitätsklinikum in Frankfurt, hat uns mit der ersten Auflage seines Lehrbuchs „Biochemie – eine Einführung für Mediziner und Naturwissenschaftler" einen hervorragenden Überblick über die moderne Biochemie an die Hand gegeben. Dieses Werk mit seinem intelligent strukturierten Inhalt und seinen klaren und ansprechenden Grafiken stellt eine spannende Reise durch die weite Welt der Biomoleküle und ihrer Interaktionen in Zellen und Geweben dar und erlaubt dem Studienanfänger, sich spielend mit den fundamentalen molekularen Konzepten der Biochemie vertraut zu machen.

Ich freue mich deshalb sehr über das Erscheinen der ersten französischen Auflage dieses Werkes nach einer überarbeiteten und korrigierten deutschen Version. Fraglos wird dieses Lehrbuch allen französischen Studierenden der Medizin und der Lebenswissenschaften sehr nützlich sein. Ich empfehle es all jenen wärmstens, die sich mit der Biochemie eingehender beschäftigen möchten.

Strasbourg, im März 2007

Jean-Marie Lehn

Danksagung

Ein Autor schreibt nicht allein – vielmehr braucht er zahlreiche Helfer, Ratgeber, Ermunterer, mitunter auch Antreiber. Mein Dank geht zuallererst an meine Kollegen und Kolleginnen Uli Brandt, Oliver Anderka, Stefan Kieß, Katrin Ridinger und Michael Plenikowski, die unschätzbare Beiträge zur 1. Auflage dieses Werk geleistet haben. An der 2. Auflage waren darüber hinaus Stefan Kerscher, Georg Voelcker und Imke Greiner beteiligt, die sich mit großem Engagement für die Neugestaltung eingesetzt haben. Für die sorgfältige Lektorierung und unendliche Geduld danke ich Frank Wigger und Bettina Saglio (1. bis 3. Auflage), aber auch Karin von der Saal (1. Auflage) vom Spektrum-Verlag.

Kein Lehrbuch erfindet die Biochemie neu – auch dieses fußt auf dem Wissen, der Intuition und der Experimentierkunst ganzer Generationen von Biochemikern, welche die Fundamente der modernen Biochemie und Molekularbiologie gelegt haben. Dank an meine Kolleginnen und Kollegen, die mir bei der kritischen Durchsicht der 1. Auflage zur Seite standen: Sucharit Bhakdi, Universität Mainz; Manfred Blessing, Universität Leipzig; Johannes Buchner, Technische Universität München; Falk Fahrenholz, Universität Mainz; Hans-Joachim Galla, Universität Münster; Andrej Hasilik, Universität Marburg; Ludger Hengst, Universität Innsbruck; Thomas Herget, Merk KG Darmstadt; Volker Herzog, Universität Bonn; Albert Jeltsch, Jacobs-Universität Bremen; Hartmut Kleinert, Universität Mainz; Thomas Link, Universität Frankfurt; Bernd Ludwig, Universität Frankfurt; Alfred Maelicke, Galantos Genetics Mainz; Ulrike Müller, Universität Heidelberg; Mats Paulsson, Universität Köln; Klaus Preissner, Universität Gießen; Thomas Renn´e, Karolinska Institute, Stockholm; Stefan Rose-John, Universität Kiel; Hermann Schägger, Universität Frankfurt; Dietmar Schomburg, Universität Köln; Arne Skerra, Technische Universität München; Markus Thelen, Istituto di Ricerca in Biomedicina, Bellinzona, und Ritva Tikkanen, Universität Gießen. Darüber hinaus haben bei der Planung und Durchsicht der 2. Auflage dankenswerterweise mitgewirkt: Andree Blaukat, Merck KG Darmstadt; Bernhard Brüne, Universität Frankfurt; Gerd Geisslinger, Universität Frankfurt; Michael Gekle, Universität Halle-Wittenberg; Andrej Kral, Medizinische Hochschule Hannover; Fred Schaper, Technische Hochschule Aachen; Dieter Schmoll, Sanofi-Aventis, Frankfurt; Bernward Schölkens, Sanofi-Aventis, Frankfurt; Hubert Serve, Universität Frankfurt; Jean Smolders, Universität Frankfurt, sowie die Mitarbeiter des Instituts für Biochemie II der Goethe-Universität. Ihnen allen gilt mein Dank für Enthusiasmus und Fachwissen, für Sorgfalt und Verständnis. Nicht zuletzt möchte ich herzlich den vielen aufmerksamen Lesern – vor allem Studierenden und Lehrenden – danken, die auf Fehler, Missverständliches oder gar Unverständliches im Text der 1. und 2. Auflage hingewiesen haben. Ein Buch wird nie ganz perfekt gelingen; von daher sind die Hinweise unserer Leser auch weiterhin sehr willkommen!

Dieses Lehrbuch ist zwar in deutscher Sprache geschrieben, aber seine Urfassung entstand zum größten Teil im Ausland: Mein herzlicher Dank für Gastfreundschaft geht an Lou Ferman und Alvin Schmaier, Ann Arbor, MI, USA; Claudio und Misako Sampaio, Camburi und Sao Paulo, Brasilien; Lasse Björck, Lund, Schweden, sowie Piero Geppetti, Ferrara, Italien. Wenn ich an diesen Aspekt der Arbeit denke, dann würde ich gerne noch einmal von vorne anfangen! Dank schließlich an meine Frau Anni und unsere Kinder Roman und Lucie, denen ich aus gutem Grunde dieses Werk widme.

Tipps zur Benutzung dieses Buchs

Das vorliegende Lehrbuch – als Einführung in die Biochemie konzipiert – ist in fünf große Teile gegliedert, die einem logischen Aufbau folgen. Der kurze **Teil I** bietet eine Übersicht über die **molekulare Architektur des Lebens**: Der Leser erhält hier das grundlegende (bio)chemisch-zellbiologische Rüstzeug für die folgenden vier Hauptteile. Die wohl vielseitigsten Biomoleküle stehen im Mittelpunkt von **Teil II – Struktur und Funktion von Proteinen**. Die spezifischen Bauanleitungen für diese Proteine sind wiederum in den Genen niedergelegt: **Teil III – Speicherung und Ausprägung von Erbinformation** beschäftigt sich mit den Trägermolekülen der Vererbung und stellt die vielfältigen Mechanismen genetischer Informationsverarbeitung vor. Der Austausch molekularer Nachrichten ist ein zentrales Thema der Biochemie: **Teil IV – Signaltransduktion und zelluläre Funktion** veranschaulicht inter- und intrazelluläre Kommunikationsprozesse und gewährt Einblicke in ein dynamisches Forschungsgebiet. Das schier unerschöpfliche Repertoire an Stoffwechselreaktionen, mit denen sich **Teil V – Energieumwandlung und Biosynthese** befasst, wird in „verdichteter" Form abgehandelt. Damit schließt sich der Kreis zur Chemie des Lebens, die am Anfang dieses Lehrbuchs steht.

Eine Reihe didaktischer Elemente helfen dem Leser, den Überblick zu bewahren und trotz vieler „Bäume" den „Wald" noch zu sehen:

- Die fünf Hauptteile gliedern sich in **50 Kapitel** mit zahlreichen nummerierten bschnitten, deren **ausformulierte Zwischenüberschriften** wichtige Phänomene und Erkenntnisse merksatzartig zusammenfassen.
- Jedes Kapitel beginnt mit einem kleinen **„Kapitelfahrplan"**, der auf einen Blick die behandelten Themen sichtbar macht, und endet mit einer **Zusammenfassung**, die in Kurzform den präsentierten Stoff rekapituliert (beides erstmals in dieser 2. Auflage).
- Fettgedruckte **Schlüsselbegriffe** dienen der Strukturierung von Abschnitten und ermöglichen eine schnelle Orientierung und Rekapitulation. Zentrale Aussagen sind durch **Kursivdruck** gekennzeichnet.
- Über 1 000 speziell für dieses Buch erstellte **Grafiken** bringen oftmals schwierige Sachverhalte in anschaulicher Weise „auf den Punkt" (Abbildungsnachweise [AN] im Anhang ab S. 705). **Spruchblasen** machen den Leser auf wichtige Sachverhalte aufmerksam.
- Zur schnellen Orientierung sind die wichtigsten Biomoleküle nach Gruppen geordnet auf über 30 **ganzseitigen Farbtafeln** dargestellt – von den Grundbausteinen des Lebens über Vitamine, Enzyme und Coenzyme bis zu Signalstoffen und Rezeptoren, gefolgt von einem Überblick über wichtige Klassen von Arzneimitteln und ihre Wirkungen.
- Weit über 200 eingestreute **Exkurse** vertiefen ausgewählte Themen des Haupttextes und werfen Schlaglichter auf interessante biochemische und medizinische Phänomene. Es gibt vier Typen solcher Exkurse, die durch Icons gekennzeichnet sind:

 Einblicke in molekulare Strukturen

 Erläuterungen zu zellbiologischen Phänomenen

 Hinweise auf pathologische Prozesse und medizinische Bezüge

 Skizzierung wichtiger biochemischer Untersuchungsmethoden

- Die Inhalte des **Gegenstandskatalogs** für Mediziner sind durch das Buch fast vollständig abgedeckt. Dabei ist die Weiterentwicklung der Themenauswahl des schriftlichen Teils des 1. Staatsexamens Humanmedizin („Physikum") berücksichtigt. Auch das – in der neuen Approbationsordnung betonte – Zusammenwachsen von Biochemie und Molekularbiologie spiegelt sich im Buch wider.
- In den Text sind zahlreiche „Mäuse" ⌙ eingestreut, die auf **Internet-Verknüpfungen** hinweisen. Zu jedem Icon gibt es auf der Website zum Buch (www.springer.com/9783662548509) sorgfältig ausgewählte, zum großen Teil kommentierte Links; diese Sammlung weit über **1 000 Internet-Links** erschließt dem Leser die weite Welt biochemisch-molekularbiologischer Web-Informationen. Für die Kapitel 4 bis 50 gibt es hier außerdem eine Sammlung von etwa **1 000 mit Bedacht ausgewählten Literaturhinweisen** (meist Review-Artikel), die dem Leser einen leichten Einstieg in die große Vielfalt der biowissenschaftlich-medizinischen Fachinformation ermöglichen.
- Für Dozenten ist über die Plattform DozentenPlus der Download sämtlicher Abbildungen und Tabellen der 3. Auflage möglich (zum Einsatz in der Lehre; Link „Abbildungen des Buches (DozentenPlus)" auf der Homepage des Buches www.springer.com/9783662548509).

Verlag und Autor wünschen Ihnen viel Erfolg und Freude bei der Nutzung dieses Buchs und seiner Begleitangebote!

Kurzinhalt

Inhaltsverzeichnis

Teil III: Speicherung und Ausprägung von Erbinformation

Teil IV: Signaltransduktion und zelluläre Funktion

Teil V: Energieumwandlung und Biosynthese

Teil I: Molekulare Architektur des Lebens

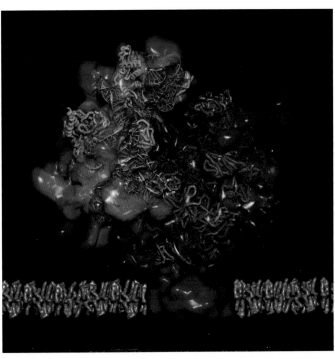

Auf der Erde existiert eine immense Vielzahl unterschiedlicher Lebensformen. Die biologischen Wissenschaften bemühen sich, Ordnung in diese faszinierende Vielfalt des Lebens zu bringen: Fast zwei Millionen unterschiedliche Arten sind derzeit bekannt und benannt, doch es existieren noch weit mehr davon. Alle diese Formen sind belebt, wie aber definiert man Leben? Eine allgemeingültige Definition zu finden ist schwer. Leichter fällt es, wichtige Merkmale zu nennen, die Lebewesen auszeichnen: Fähigkeit zu Wachstum und Entwicklung nach den Vorgaben eines genetischen Programms, Möglichkeit zur Regeneration und Reproduktion. Weitere Charakteristika sind Bewegung, Abgrenzung gegenüber der Umwelt und eine hochgradige innere Ordnung, Reaktion auf und Anpassung an die Umgebung sowie bei hochentwickelten Formen Wahrnehmung, Erinnerung und Bewusstsein. Belebte Wesen unterscheiden sich somit deutlich von unbelebter Materie wie Fels, Wasser oder Luft. Trotzdem ist Leben auch stets an Materie gebunden: Es gründet auf einfachen chemischen Verbindungen und komplexeren biochemischen Makromolekülen, die nach physikalischen Gesetzmäßigkeiten funktionieren, ohne jedoch für sich genommen über die entscheidenden Merkmale des Lebendigen zu verfügen. Erst die Organisation dieser Moleküle in einem Verband bringt die Basiseinheit des Lebens – die Zelle – hervor. Die Biochemie bewegt sich als Wissenschaft in diesem zwischen Atomen, Molekülen, Zellen und Organismen aufgespannten Raum. Sie erforscht die molekularen Abläufe, auf denen alles Lebendige basiert, und ergründet die Struktur, Funktion und Wirkweise der Makromoleküle, die Lebensvorgänge vermitteln. In den einführenden Kapiteln wollen wir diese molekulare Architektur des Lebens unter die Lupe nehmen.

Modell eines Ribosoms. Das Modell, das mithilfe der Elektronen-Kryomikroskopie gewonnen wurde, zeigt ein translatierendes Ribosom der Hefe, das an den Proteinkanal Sec61 (rot) des endoplasmatischen Reticulums andockt (grau: ER-Membran). Freundliche Überlassung von Roland Beckmann (Universität München), Joachim Frank (State University of New York, Albany) und Günter Blobel (Rockefeller University, New York).

Chemie – Basis des Lebens

1

Kapitelthemen: 1.1 Grund-, Mengen- und Spurenelemente 1.2 Molekülmodelle 1.3 Funktionelle Gruppen 1.4 Isomerie 1.5 Nichtkovalente Wechselwirkungen 1.6 Wasser 1.7 pH-Wert 1.8 Puffer 1.9 Osmotischer Druck

Alles Leben gründet auf Chemie, und alle Lebewesen sind aus chemischen Verbindungen aufgebaut. Wir beginnen daher unsere Rundreise durch das Reich der Biochemie mit einer Betrachtung der einfachsten chemischen Bausteine – Atomen und Molekülen. Einfache Moleküle gehen ebenso wie die komplexeren biologischen Makromoleküle durch vielfältige Reaktionen aus einer begrenzten Anzahl von chemischen Elementen hervor, und sie gehorchen dabei physikalischen Gesetzen. Ein besonderes Augenmerk gilt den chemischen Bindungen, aber auch den nichtkovalenten Wechselwirkungen zwischen Molekülen in wässriger Lösung.

1.1 Vier Elemente dominieren die belebte Natur

Aus chemischer Perspektive fällt an Lebewesen zunächst ihre enorme Komplexität auf: Zehntausende verschiedene Molekülsorten bilden auf hoch organisierte Weise eine lebende Zelle. Unbelebte Materie ist dagegen ziemlich einfach und aus wenigen Komponenten aufgebaut. Man kann in der Bildung von Lebewesen aus unbelebter Materie eine fortschreitende hierarchische Ordnung sehen:

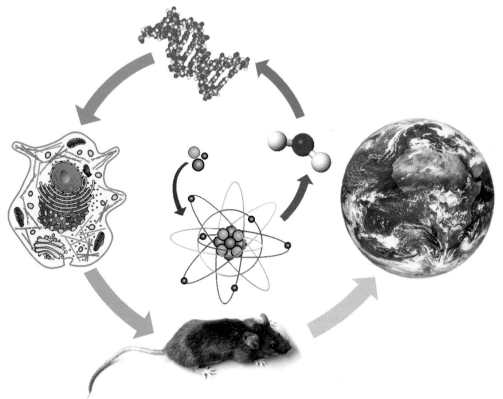

1.1 Hierarchische Ordnung des Lebens. Ausgehend von den Elementarteilchen nimmt die Komplexität über Atome, einfache Moleküle wie H_2O, biologische Makromoleküle wie eine DNA-Doppelhelix, Einzelzellen, Gewebe, multizelluläre Organismen bis hin zum Ökosystem unseres Planeten ständig zu. Zellen werden als kleinste funktionelle Einheiten des Lebens angesehen.

Elementarteilchen wie Elektronen, Protonen und Neutronen bilden **Atome**, die sich in chemischen Reaktionen zu **Molekülen** verbinden (Abbildung 1.1). Durch Verkettung entstehen daraus Makromoleküle, die ihrerseits die Basis für **Zellen** als kleinste lebensfähige Einheiten abgeben. Zellen ordnen sich zu Geweben und erzeugen multizelluläre **Organismen** wie Pflanzen und Tiere, die alle Teil des komplexen Ökosystems unseres Planeten sind. Wir beginnen auf der untersten Stufe dieser Hierarchie.

Atome (griech. *atomon*, das Unzerschneidbare) werden aus Sicht der Kernphysik längst nicht mehr als die absolut grundlegenden Bausteine der Materie angesehen; diesen Status haben sie an Elementarteilchen wie Quarks oder Leptonen verloren. Für unsere Zwecke genügt es jedoch, Protonen, Elektronen und Neutronen als die basalen Atombausteine zu betrachten, da alle anderen Teilchen nur bei kernphysikalischen – und nicht bei chemischen – Reaktionen eine unmittelbare Rolle spielen. *Charakteristisch für ein* **chemisches Element** *ist seine* **Kernladungszahl**, *welche die Zahl der Protonen im Kern angibt.* Die Kernladungszahl bestimmt maßgeblich die chemischen Eigenschaften eines Elements. Von einem Element existieren oft mehrere „Varianten": **Isotope** unterscheiden sich in ihrer **Massenzahl** – der Summe von Protonen und Neutronen –, aber *nicht* in ihren chemischen Eigenschaften voneinander. Dennoch sind Isotope wichtig: Sie besitzen in der medizinischen Diagnostik und Therapie, aber auch in der biochemischen Forschung große Bedeutung (Exkurs 1.1). Einige Isotope sind **Radioisotope**, die unter Emission von Strahlung zerfallen. Andere Isotope stellen stabile Varianten eines Elements dar. Die Masse eines Isotops wird durch einen Index angegeben wie z.B. in ^{14}C.

Von den etwa 90 natürlich vorkommenden chemischen Elementen halten vier den „Löwenanteil" an der belebten Welt: **Wasserstoff** (H), **Sauerstoff** (O), **Kohlenstoff** (C) und **Stickstoff** (N) stellen beim Menschen etwa 96 % der Körpermasse und werden daher auch als **Grundelemente** bezeichnet (Abbildung 1.2). Die genannten vier Elemente sind neben Helium und Neon auch die häufigsten Elemente des Universums, gehen aber im Gegensatz zu diesen Edelgasen ausgesprochen „gerne" kovalente (chemische) Bindungen ein (Abschnitt 1.2). Der hohe Anteil von Wasserstoff und Sauerstoff an der Biomasse spiegelt auch die große Bedeutung von Wasser (H_2O) für das Leben wider. Einen weitaus geringeren Anteil an lebendiger Materie – zusammen etwa 3 % der menschlichen Körpermasse – haben folgende Elemente, die auch unter dem Begriff **Mengenelemente** zusammengefasst werden: die Alkali- und Erdalkalimetalle **Natrium** (Na), **Kalium** (K), **Magnesium** (Mg) und **Calcium** (Ca), das Halogen **Chlor** (Cl) sowie **Schwefel** (S) und **Phosphor** (P). Letztere gehen auch kovalente Bindungen ein: Schwefel spielt eine wichtige Rolle bei der Proteinstruktur. Phosphor ist unverzichtbar bei der zellulären Energieumwandlung (▶Abschnitt 3.10) und Signalsteuerung. Natrium und Kalium liegen als einwertige Kationen (Na^+, K^+), Magnesium und Calcium als zweiwertige Kationen (Mg^{2+}, Ca^{2+}) und Chlor als einwertiges Anion vor (Cl^-). Diese Ionen sind unter anderem an der Bildung elektrischer Membranpotenziale (▶Abschnitt 32.1) und an der Signalleitung von Zellen beteiligt (▶Abschnitt 28.7). Im menschlichen Körper findet sich ca. 1 kg Calcium, das zu 99 % in Knochen und Zähnen inkorporiert ist: Die calciumreiche Verbindung Hydroxylapatit verleiht ihnen Stabilität. Die dritte Kategorie bilden **Spurenelemente**, von denen keines einen Anteil von > 0,01 % an der Biomasse hat. Spurenelemente sind zumeist Metalle wie Eisen (Fe), Kupfer (Cu) oder Zink (Zn); einige sind aber auch nichtmetallische Elemente wie Jod (I) oder Selen (Se). Fehlt eines dieser Spurenelemente, so kann es zu schwerwiegenden Mangelerscheinungen kommen (Exkurs 1.2).

Exkurs 1.1: Isotope in der Biochemie

Viele Experimente der Biochemie werden mit isotopenmarkierten Molekülen durchgeführt (Tabelle 1.1). Das „Schicksal" weniger markierter Moleküle kann so inmitten eines riesigen Überschusses unmarkierter Moleküle verfolgt werden. Mit dieser **Tracertechnik** (engl. *to trace*, verfolgen) können Stoffwechselintermediate identifiziert, Biomoleküle in Zellen und Geweben lokalisiert sowie Transportprozesse und Umsatzraten analysiert werden. Verfüttert man etwa mit dem Kohlenstoffisotop ^{14}C markiertes Acetat an Ratten und isoliert anschließend Cholesterin aus der Leber, findet sich das radioaktive Isotop darin wieder. So konnte gezeigt werden, dass alle C-Atome des Cholesterins aus dem Stoffwechselintermediat Acetyl-CoA stammen (▶Abschnitt 46.1). Radioisotope können mit der **Autoradiographie** empfindlich visualisiert oder mit einem **Szintillationszähler** quantifiziert werden. Mit nichtradioaktiven Isotopen markierte Moleküle unterscheiden sich in ihrer Masse von den unmarkierten Molekülen. Aufgrund dieses Massenunterschieds konnte die semikonservative Replikation der DNA nachgewiesen werden (Abbildung 2.17). Nichtradioaktive Isotope wie ^{13}C und ^{15}N spielen eine wichtige Rolle für die Kernresonanzspektroskopie (▶Abschnitt 7.5).

Tabelle 1.1 Ausgewählte Isotope mit biochemischer Relevanz.

Isotop	gängige Anwendung
^3H (Tritium)	Markierung von Proteinen, z.B. mit ^3H-markiertem Leucin
^{35}S (Schwefel)	Markierung von Proteinen, z.B. mit ^{35}S-haltigem Methionin oder Cystein
^{32}P (Phosphor)	Markierung von Nucleinsäuren durch Einbau von α-^{32}P-Nucleotidtriphosphaten
^{13}C, ^{15}N (Kohlenstoff, Stickstoff)	Markierung von Proteinen für die Strukturaufklärung mittels Kernresonanzspektroskopie

1 **H** 1,008																	2 **He**
3 **Li**	4 **Be**											5 **B** 10,81	6 **C** 12,01	7 **N** 14,01	8 **O** 16,00	9 **F** 19,00	10 **Ne**
11 **Na** 22,99	12 **Mg** 24,30											13 **Al** 26,98	14 **Si** 28,09	15 **P** 30,97	16 **S** 32,07	17 **Cl** 35,45	18 **Ar**
19 **K** 39,10	20 **Ca** 40,08	21 **Sc**	22 **Ti**	23 **V** 50,94	24 **Cr** 52,00	25 **Mn** 54,94	26 **Fe** 55,85	27 **Co** 58,93	28 **Ni** 58,69	29 **Cu** 63,55	30 **Zn** 65,39	31 **Ga** 69,72	32 **Ge**	33 **As** 74,92	34 **Se** 78,96	35 **Br** 79,90	36 **Kr**
37 **Rb**	38 **Sr**	39 **Y**	40 **Zr**	41 **Nb**	42 **Mo** 95,94	43 **Tc**	44 **Ru**	45 **Rh**	46 **Pd**	47 **Ag**	48 **Cd**	49 **In**	50 **Sn**	51 **Sb**	52 **Te**	53 **I** 126,9	54 **Xe**
55 **Cs**	56 **Ba**	**La- Lu**	72 **Hf**	73 **Ta**	74 **W** 183,8	75 **Re**	76 **Os**	77 **Ir**	78 **Pt**	79 **Au**	80 **Hg**	81 **Tl**	82 **Pb**	83 **Bi**	84 **Po**	85 **At**	86 **Rn**
87 **Fr**	88 **Ra**	**Ac- Lr**	104 **Rf**	105 **Db**	106 **Sg**	107 **Bh**	108 **Hs**	109 **Mt**	110 **Ds**	111 **Rg**	112 **Uub**						

Alkalimetalle · Erdalkalimetalle · Halogene · Edelgase · Lanthanoide · Actinoide

1.2 Periodensystem der Elemente. Über den Elementsymbolen ist die Ordnungszahl, darunter die relative Atommasse in Dalton angegeben. Die Elemente 57–71 (Lanthanoide) und 89–103 (Actinoide) sind nicht einzeln aufgeführt. Die vier Elemente H, C, N und O (rot) stellen zusammen rund 96 % der Körpermasse beim Menschen. Weitere sieben Elemente (hellrot) machen ca. 3 % aus. Eine größere Zahl von Elementen – hauptsächlich Metalle – treten nur in Spuren (gelb) auf: Ihr Anteil liegt insgesamt bei < 0,1 %. Mit zunehmender Ordnungszahl finden sich immer seltener biologisch relevante Elemente.

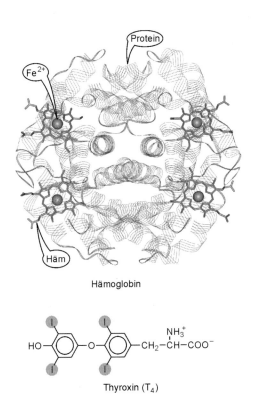

Hämoglobin

Thyroxin (T_4)

1.3 Hämoglobin und Thyroxin. Hämoglobin benötigt für den Sauerstofftransport vier Fe^{2+}-Ionen, die über Hämgruppen an Protein gebunden sind. Die Vorstufe von Thyroxin (T_4) wird in den Follikelzellen der Schilddrüse durch Jodierung von Tyrosinresten im Speicherprotein Thyreoglobulin gebildet (▶ Abschnitt 48.5).

Exkurs 1.2: Mangelerscheinungen beim Fehlen von Spurenelementen

Vier **Eisenkationen** (Fe^{2+}) sind zentraler Bestandteil von **Hämoglobin**, dem Sauerstofftransportprotein des Bluts (Abbildung 1.3). Unser Körper produziert täglich etwa 200 Milliarden roter Blutkörperchen, jedes „randvoll" mit Hämoglobin gefüllt. Dabei wird Eisen aus gealterten Zellen wieder verwendet; ein geringer Teil geht jedoch über den Darm oder durch Blutungen verloren und muss ersetzt werden. Bei chronischen Blutverlusten, Resorptionsstörungen oder mangelndem Eisengehalt in der Nahrung kommt es zur Anämie („Blutarmut") mit reduzierter körperlicher Leistungsfähigkeit. Schwerwiegend sind die Folgen eines Mangels an Jod, dem Baustein der Schilddrüsenhormone Trijodthyronin (T_3) und **Thyroxin** (T_4). Erwachsene entwickeln einen Jodmangelkropf, der das wenige vorhandene Jod komplett speichert. Werden betroffene Frauen schwanger, kann es beim Fötus aufgrund eines Mangels an Schilddrüsenhormonen zu irreversiblen körperlichen und geistigen Entwicklungsstörungen kommen. Seit in betroffenen Gebieten Prophylaxe mit jodiertem Speisesalz betrieben wird, ist dieser **endemische Kretinismus** kaum mehr zu beobachten.

1.2 Molekülmodelle stellen Bindungen und räumliche Anordnung der Atome dar

Atome bilden durch **chemische Bindungen** ⬚ Moleküle. Biochemisch interessante Moleküle bieten ein breites Spektrum, von sehr einfach gebauten Verbindungen wie H_2O über organische Moleküle „mittlerer" Größe wie etwa den Zuckern bis hin zu Makromolekülen wie den Proteinen. Wie kann man sich „ein Bild machen" von diesen Molekülen? Der Realität am nächsten kommen **Kalottenmodelle**, welche die räumliche Ausdehnung und Anordnung der Atome nachempfinden (Abbildung 1.4). Größe und Form der Atome im Kalottenmodell werden durch ihre Bindungsverhältnisse und ihre van-der-Waals-Radien bestimmt. Der **van-der-Waals-Radius** markiert die „Privatsphäre" eines Atoms, das heißt die Entfernung, auf die sich nicht miteinander verbundene Atome annähern können, bevor die gleichsinnig geladenen Elektronenwolken eine starke Abstoßung bewirken. Nicht ganz so realistisch, aber übersichtlicher sind **Kugel-Stab-Modelle**, bei denen die Atome als kleine, über Stäbe verbundene Kugeln dargestellt sind. Hier sind Bindungsverhältnisse und relative Lage der Atome in komplexeren Mole-

külen besser zu erkennen. Eine „minimalistische" Darstellung von Molekülen verkörpern **Strukturformeln**. Bindungen werden hier einfach durch einen oder mehrere Striche zwischen den Elementsymbolen angezeigt. In extrem reduzierter Darstellung lässt man bei Kohlenstoffverbindungen manchmal sogar die Elementsymbole weg. Der Buchstabe „R" anstelle eines Elementsymbols steht für **Rest**, d. h. einen aus Gründen der Übersicht nicht explizit ausgeführten Molekülteil. Bei biologischen Makromolekülen wie Proteinen werden wir noch weitere Darstellungsformen kennen lernen, die diesen extrem komplexen Strukturen gerecht werden.

1.3 Substituenten am Kohlenstoffatom haben funktionelle Bedeutung

Wasserstoff und Sauerstoff sind die mengenmäßig dominierenden Elemente des Lebens. So besteht der Mensch in erster Linie aus Wasser – es stellt etwa 70 % seines Körpergewichts dar. Beim „Trockengewicht" dominiert jedoch ein anderes Element: *Die chemischen Verbindungen, welche die* **organische Substanz** *der Zellen ausmachen, bestehen zu über 50 % aus Kohlenstoff.* Das Attribut „organisch" erhielten diese Verbindungen, da man ursprünglich fälschlicherweise annahm, sie könnten nur von lebenden Organismen synthetisiert werden. *Fast alle Biomoleküle sind organische Verbindungen: Kohlenstoff war in der chemischen Evolution des Lebens offenbar das Element der Wahl.* Einfache Kohlenstoffverbindungen sind **Kohlenwasserstoffe** ⬚, d. h. Moleküle aus Kohlenstoff und dessen „Juniorpartner" Wasserstoff. Kohlenwasserstoffe können lineare bzw. kettenförmige, verzweigte oder ringförmige Moleküle sein; sie können Einfach-, Doppel- und Dreifachbindungen enthalten (Abbildung 1.5). Kohlenstoff ermöglicht eine reichhaltige chemische Kombinatorik: Kein anderes Element vermag Verbin-

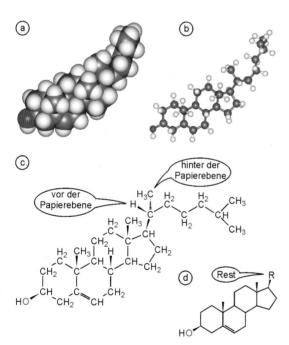

1.4 Molekülmodelle des Cholesterins. a) Ein Kalottenmodell zeigt das Molekül in seiner durch die van-der-Waals-Radien der Atome definierten Raumfüllung. b) Im Kugel-Stab-Modell sind einzelne Atome und ihre Bindungsverhältnisse besser auszumachen. c) Die Formeldarstellung ist am einfachsten und übersichtlichsten, liefert aber keine gute räumliche Vorstellung vom Molekül. d) In der reduzierten Formeldarstellung sind nur C–C-Bindungen, nicht aber individuelle C- und H-Atome gezeigt. Ein ausgefüllter Keil steht für eine Bindung vor der Papierebene, während gestrichelte Keile nach „hinten" weisen.

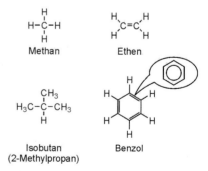

1.5 Einfache Kohlenwasserstoffe. Methan ist der einfachste Kohlenwasserstoff. Ethen besitzt zwei via Doppelbindung verknüpfte C-Atome und ist Ausgangsstoff bei der Kunststoffsynthese. Isobutan ist der einfachste verzweigtkettige Kohlenwasserstoff und findet Anwendung als Kältemittel. Benzol ist ein cyclischer Kohlenwasserstoff, dessen Doppelbindungselektronen über den ganzen Ring delokalisiert sind. Deshalb wird Benzol oft als Sechseck mit „Elektronenring" symbolisiert.

dungen von derart vielfältiger Größe und Geometrie zu bilden.

Trotz ihrer Vielfalt sind reine Kohlenwasserstoffe biochemisch betrachtet eher langweilig: Kohlenstoff und Wasserstoff teilen sich nahezu einträchtig ihre Bindungselektronen, und die Moleküle zeigen keinen großen Hang zu weiteren chemischen Reaktionen. Reaktivere Moleküle entstehen erst, wenn am Kohlenstoff an die Stelle des Wasserstoffs andere Atome als **Substituenten** treten. Die häufigsten substituierenden Elemente sind Sauerstoff und Stickstoff, seltener auch Schwefel. Die wichtigsten **funktionellen Gruppen** ⌂ von organischen Molekülen sind Hydroxyl-, Carbonyl-, Carboxyl-, Amino- sowie Thiolgruppen (Abbildung 1.6).

Das Sauerstoffatom „zieht" die Elektronen einer C–O-Bindung auf seine Seite: Wir sprechen von einer höheren **Elektronegativität** des Sauerstoffs. Grenzfall einer solchen Polarisierung ⌂ ist die **Ionisierung** beider Atome, wie es z. B. bei der Reaktion von Natrium mit Chlorgas zu Natriumchlorid (Na^+Cl^-, Kochsalz) geschieht. Es handelt sich hier um eine **ionische Bindung**, der radikalsten Lösung, um den Edelgaszustand zu erreichen: Elektronen wechseln einfach ihren „Besitzer". Das abgebende Atom – der **Elektronendonor** – wird dabei definitionsgemäß oxidiert, das aufnehmende Atom – der **Elektronenakzeptor** – wird reduziert. Zwar kommt es zwischen Kohlenstoff und Sauerstoff nicht zu einem vollständigen Ladungsaustausch. Dennoch schreibt man den Atomen eine formale Ladung oder Oxidationsstufe, die so genannte **Oxidationszahl**, zu. Bei einem ungeladenen Molekül ist die Summe der Oxidationszahlen aller beteiligten Atome gleich null. Kohlenstoff kann neun verschiedene Oxidationsstufen einnehmen – eine weitere Facette seiner chemischen Flexibilität (Abbildung 1.7).

Funktionelle Gruppen eröffnen ein neues Spektrum chemischer Reaktivität (▶ Tafel A1). Meist reagieren sie untereinander und bilden dann zusammengesetzte funktionelle Gruppen (Abbildung 1.8a). So reagieren Hydroxyl- und Carbonylgruppe zum Halbacetal, während Hydroxyl- und Carboxylgruppe einen Ester bilden. Zwei Carboxylgruppen formieren sich zum Säureanhydrid; Carboxyl- und Aminogruppe fusionieren zum Säureamid. Häufigster Reaktionstyp ist dabei die **Kondensation**, d. h. die Ausbildung einer Bindung unter Wasserabspaltung (Abbildung 1.8b). Die Umkehrung dieses Prozesses ist die **Hydrolyse**. Kondensation und Hydrolyse beschreiben nur die formale Gesamtreaktion; in

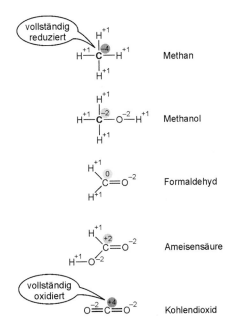

1.7 Oxidationsstufen des Kohlenstoffs (farbig hinterlegt). Dazwischen liegende Oxidationsstufen (-1, -3, +1, +3) finden sich in Verbindungen mit mehreren C-Atomen. Zwischen gleichen Atomsorten werden die Elektronenpaare zur Ermittlung der Oxidationszahl formal aufgeteilt.

der Regel verbergen sich dahinter mehr oder minder komplizierte **Reaktionsmechanismen**. Die meisten Biomoleküle verfügen über verschiedene funktionelle Gruppen und sind da-

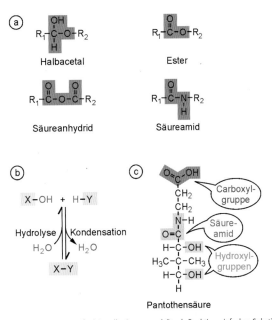

1.8 Zusammengesetzte funktionelle Gruppen. a) Durch Reaktion einfacher Substituenten wie Hydroxyl-, Carbonsäure- oder Aminogruppen entstehen zusammengesetzte funktionelle Gruppen. b) Allgemeine Formel für Kondensation bzw. Hydrolyse. c) Viele Biomoleküle enthalten mehrere – einfache oder zusammengesetzte – funktionelle Gruppen. Das Vitamin Pantothensäure ist über Coenzym A an der Synthese des Neurotransmitters Acetylcholin und der Fettsäuren beteiligt (▶ Abbildung 45.17).

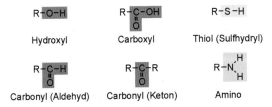

1.6 Einfache funktionelle Gruppen. Biochemisch relevant sind Hydroxyl- bzw. Alkoholgruppen, endständige und interne Carbonylgruppen (Aldehyde bzw. Ketone), Carboxylgruppen sowie stickstoffhaltige Amino- und schwefelhaltige Thiolgruppen, auch Sulfhydrylgruppen genannt.

her „multifunktional" (Abbildung 1.8c). Jede Gruppe verleiht einem Molekül bestimmte Eigenschaften und Reaktivitäten. *Funktionelle Gruppen geben organischen Molekülen einen „Charakter" und rüsten sie für biochemische Aufgaben.*

1.4

Isomerie bereichert die Molekülvielfalt

Für die Eigenschaften von Molekülen ist die Art der beteiligten Atome und ihre Anordnung zu funktionellen Gruppen ausschlaggebend. *Ebenso wichtig ist die Geometrie eines Moleküls, d. h. die Art und Weise, wie seine Atome miteinander verknüpft und räumlich zueinander angeordnet sind.* Moleküle mit gleicher Summenformel, aber unterschiedlicher Raumstruktur nennen wir **Isomere** (griech. *iso*: gleich, *meros*: Teil). Man kann Isomere in zwei Grundklassen unterteilen: Konstitutionsisomere (auch als Strukturisomere bezeichnet) und Stereoisomere. **Konstitutionsisomere** unterscheiden sich in ihrer Konnektivität, d.h. der Abfolge der Bindungen. Konstitutionsisomere sind z.B. Ethanol (CH_3–CH_2–OH) und Dimethylether (CH_3–O–CH_3). **Stereoisomere** haben die gleiche Konnektivität, besitzen aber eine unterschiedliche räumliche Anordnung ihrer Atome. Ist die Stereoisomerie im Aufbau eines Moleküls fixiert, spricht man von **Konfigurationsisomerie**. Betrachten wir eine C_4-Alkenverbindung mit einer zentralen Doppelbindung, die – anders

als eine Einfachbindung – nicht frei rotieren kann. Substituenten an den Nachbaratomen der Doppelbindung liegen entweder auf derselben (*cis*) oder auf gegenüberliegenden Seiten (*trans*) der Doppelbindung, wie im Falle von Maleinsäure und Fumarsäure (Abbildung 1.9). Diese beiden – in der Konstitution identischen – Dicarbonsäuren unterscheiden sich nachhaltig in ihren physikalischen und chemischen Eigenschaften. Wir bezeichnen diese Spielart der Konfigurationsisomerie als *cis-trans*-**Isomerie**. Die Natur hat sich *cis-trans*-Isomerie als „molekularen Schalter" beim Sehvorgang zunutze gemacht (▶ Abbildung 28.14).

Ein anderer Fall von Konfigurationsisomerie liegt bei der **Chiralität** vor, was soviel wie „Händigkeit" bedeutet. Tatsächlich gleichen rechte und linke Hand einander und sind dennoch nicht identisch – sie verhalten sich wie Bild und Spiegelbild und können durch Drehung nicht zur Deckung gebracht werden. *Im Fall von Chiralität gibt es also Isomere eines Moleküls, die durch Spiegelung, aber nicht durch Drehung ineinander überführt werden können.* Man spricht dann von **Enantiomeren**. Der Kohlenstoff ist prädestiniert für Chiralität: Ein chirales organisches Molekül enthält im Allgemeinen ein C-Atom mit vier unterschiedlichen Substituenten (Abbildung 1.10). Man spricht hier von einem **asymmetrischen C-Atom** oder einem **chiralen Zentrum**. *Da asymmetrische Kohlenstoffatome in biologischen Molekülen eher die Regel als die Ausnahme sind, spielt Chiralität in der Biochemie eine herausragende Rolle.*

Das klassische Merkmal, in dem sich Enantiomere unterscheiden, ist die gegensinnige Drehung der Ebene von polarisiertem Licht: Sie sind „optisch aktiv". Enthält ein Molekül mehr als ein asymmetrisches C-Atom, gibt es mehrere mögliche Enantiomerenpaare. Es gibt dann aber auch Stereoisomere, die sich *nicht* wie Bild und Spiegelbild verhalten: Man spricht dann von **Diastereomeren** (▶ Tafel A5). Ein wichtiger Spezialfall davon sind **Epimere**, bei denen sich nur *ein* asymmetrisches C-Atom in seiner Konfiguration unterscheidet. So sind z.B. D-Glucose und D-Galactose Epimere. *Während sich Epimere auch in ihren chemischen Eigenschaften voneinander unterscheiden, gilt dies für Enantiomere nur, wenn sie mit anderen chiralen Molekülen wechselwirken.*

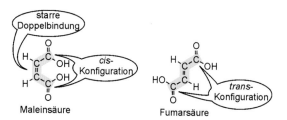

1.9 *cis-trans*-Isomerie. Durch die fixierte Doppelbindung in der Mitte des Moleküls ist die Ausrichtung der beiden randständigen Carboxylgruppen festgelegt. Fumarsäure ist ein Intermediat im Citratcyclus (▶ Abbildung 40.4).

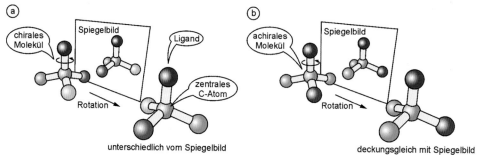

1.10 Chirale und achirale Moleküle. a) Trägt ein C-Atom (grau) vier unterschiedliche Liganden (bunt), kann es durch Rotation nicht mit seinem Spiegelbild zur Deckung gebracht werden: Das chirale Molekül und sein Spiegelbild sind Enantiomere. b) Ein achirales Molekül mit zwei identischen Kohlenstoffliganden (grün) ist nach Drehung deckungsgleich mit seinem Spiegelbild. [AN]

COOH

H₂N—C—H

CH₃

COOH
H₂N—C—H
CH₃

L-Alanin

COOH
H—C—NH₂
CH₃

D-Alanin

H—C=O

HO—C—H
H—C—OH
HO—C—H
HO—C—H
CH₂OH

L-Glucose

H—C=O
H—C—OH
HO—C—H
H—C—OH
H—C—OH
CH₂OH

D-Glucose

1.11 Nomenklatur von Enantiomeren. Das am höchsten oxidierte C-Atom (rot) befindet sich in der Fischer-Projektion möglichst weit oben. Bei Aminosäuren (hier: Alanin) ist dies die Carboxylgruppe, bei Zuckern (hier: Glucose) die Carbonylgruppe. Der „determinierende" Substituent (blau) ist bei Zuckern per Konvention die OH-Gruppe am „südlichsten" asymmetrischen C-Atom, bei Aminosäuren die α-Aminogruppe. In der Natur kommen fast nur L-Enantiomere bei Aminosäuren und beinahe ausschließlich D-Enantiomere bei Zuckern vor.

Um Moleküle mit asymmetrischen Kohlenstoffatomen eindeutig benennen zu können, werden diese in der **Fischer-Projektion** nach bestimmten Konventionen auf zwei Dimensionen reduziert. Dabei wird die längste Kohlenstoffkette senkrecht angeordnet, und das C-Atom mit der höchsten Oxidationsstufe befindet sich möglichst weit oben. Dann wird das Molekül um seine C–C-Einzelbindungen gedreht, bis es sich aus der Papierebene in einem Bogen herauswölbt und alle Substituenten, die nach links oder rechts stehen, nach vorne zeigen. Steht nun an einem festgelegten asymmetrischen C-Atom ein bestimmter Substituent nach rechts, so erhält die Verbindung das Präfix D (lat. *dexter*, rechts); zeigt der determinierende Substituent nach links, haben wir es mit der L-Verbindung (lat. *laevus*, links) zu tun (Abbildung 1.11). Die **D/L-Nomenklatur** ist nur begrenzt anwendbar und wurde in der Chemie durch die universell verwendbare R/S-Nomenklatur ersetzt, mit der die Konfiguration jedes einzelnen chiralen Zentrums eindeutig beschrieben werden kann. Der Einfachheit halber verwenden wir hier jedoch meist die in der Biochemie gängige D/L-Nomenklatur – etwa bei der Benennung von Zuckern oder Aminosäuren.

Viele Biomoleküle wie Aminosäuren oder Zucker sind chiral. Während in chemischen Synthesen fast immer **Racemate**, d. h. Gemische von Enantiomeren, entstehen, erzeugen Biosynthesen meist nur *eine* enantiomere Form des Moleküls, da die synthetisierenden Enzyme ebenfalls chirale Moleküle sind. *Strukturelle Komplementarität ist das zentrale Motiv in der Wechselwirkung von Biomolekülen* (▶ Abschnitt 4.1). Und so wie der linke Handschuh nicht zur rechten Hand passt, kann ein „unpassendes" Enantiomer unmöglich denselben Molekülpartner finden wie das „passende" Enantiomer. Das lässt sich am Pflanzeninhaltsstoff **Carvon** darstellen, der so-

CH₃

HC=C—C=O

H₂C—C—CH₂

H₂C=C—C—CH₂

CH₃

L-Carvon

CH₃

O=C—C=CH

H₂C—C—CH₂

H—C—C=CH₂

CH₃

D-Carvon

chirales Zentrum

1.12 Carvon-Enantiomere. Die pflanzliche Verbindung Carvon ist ein Beispiel für die Bedeutung enantiomerspezifischer Biosynthesen: D-Carvon gibt dem Kümmel und L-Carvon der Minze jeweils ihren charakteristischen Geschmack.

wohl in der D- als auch in der L-Form auftritt (Abbildung 1.12): Das D-Enantiomer riecht nach Kümmel und die L-Form nach Minze; die beiden Enantiomere binden dabei an unterschiedliche Riechrezeptoren, d. h. spezielle Proteine in der Plasmamembran von Riechzellen (▶ Abschnitt 28.6).

Ein weiterer Fall von Stereoisomerie ist die **Konformationsisomerie**. *Als* **Konformation** *bezeichnet man die dreidimensionale Anordnung der Atome in einem Molekül.* Da einfache C–C-Bindungen frei drehbar sind, können die Substituenten benachbarter C-Atome relativ zueinander rotieren und somit unterschiedliche Anordnungen einnehmen, wie man am simplen Fall der „Rotamere" von Ethan darstellen kann (Abbildung 1.13). Dabei entstehen unterschiedliche Konformationsisomere oder **Konformere** eines Moleküls (▶ Abbildung 2.5). Im Gegensatz zu *Konfigurations*isomeren sind *Konformations*isomere oft leicht ineinander überführbar, es sei denn, „sperrige" Substituenten verhindern die freie Rotation. Biologische Makromoleküle wie Proteine oder DNA besitzen sehr viele frei drehbare Bindungen; damit wird die Zahl denkbarer Konformationen ungeheuer groß. Tatsächlich nehmen diese Biomoleküle jedoch nur eine oder einige wenige energetisch stabile Konformation(en) ein. *Bei*

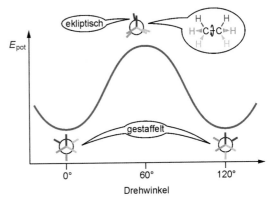

1.13 Rotamere von Ethan. Die beiden CH₃-Gruppen im Ethan können um die dazwischen liegende Einfachbindung rotieren. In der so genannten Newman-Projektion betrachtet man das Molekül längs seiner C–C-Achse; der Kreis symbolisiert ein Kohlenstoffatom. Das Rotamer mit der geringsten potenziellen Energie hat eine „gestaffelte" Konformation: Die H-Substituenten der beiden C-Atome sitzen maximal versetzt zueinander. Bei der „ekliptischen" Konformation hingegen liegen die Substituenten genau hintereinander (hier leicht versetzt dargestellt). Ihre höhere potenzielle Energie rührt von der Abstoßung der C–H-Bindungselektronen her.

Proteinen oder DNA können Konformationsisomere drastisch unterschiedliche Strukturen einnehmen: Verschiedene Konformationszustände sind oft entscheidend für die Funktion dieser Biomoleküle.

Nichtkovalente Wechselwirkungen sind elektrostatischer Natur

Nach unserem bisherigen Bild sind Biomoleküle organische Verbindungen, die über funktionelle Gruppen miteinander reagieren und stabile kovalente Bindungen besitzen. Diese Eigenschaften alleine können aber nicht die kunstvollen Proteinstrukturen, die gewundene Doppelhelix der DNA oder die weitflächigen Verbände von Lipidmolekülen erklären. Sie können auch nicht die flüchtigen, aber entscheidenden Wechselwirkungen von Biomolekülen erklären: Ein Enzym, das die Erbinformation der DNA abliest, geht zu keinem Zeitpunkt eine kovalente Verbindung mit seiner DNA-Matrize ein. Für all diese Phänomene zeichnen **nichtkovalente Wechselwirkungen** ⌁ verantwortlich, also Anziehungskräfte zwischen Ionen oder Molekülen, die *nicht* in einer chemischen Bindung resultieren. *Alle nichtkovalenten Wechselwirkungen sind elektrostatischer Natur: Sie beruhen auf der Anziehung entgegengesetzter Ladungen.* Am offensichtlichsten ist das bei einem Ionenpaar wie Na^+ und Cl^- (Abbildung 1.14). In Kochsalzkristallen ist diese ionische Bindung oder **Salzbrücke** so stark wie manche kovalente Bin-

dung. In biologischen Systemen sind diese nichtkovalenten Wechselwirkungen meist viel schwächer, da Wasser die Ladungen voneinander abschirmt (Abschnitt 1.6). Die Wechselwirkung von Ladungen durch den Raum hat eine relativ große Reichweite; dabei nimmt die Anziehungskraft mit dem Quadrat des Abstands ab.

Moleküle aus Atomen unterschiedlicher Elektronegativität sind dauerhaft polarisiert: Wir sprechen von einem **permanenten Dipol**. Das bekannteste dipolare Molekül ist H_2O. Die Partialladungen zweier Dipole ziehen sich ebenso an wie ganze Ladungen von Ionen (Abbildung 1.15a). Jedoch ist hier die Anziehungskraft bei weitem nicht so stark *und fällt mit zunehmender Entfernung steil ab.* Neben permanenten gibt es auch induzierte Dipole. Betrachten wir dazu den Fall von Benzol, das *per se* völlig unpolar ist, aber über eine ausgedehnte π-Elektronenwolke verfügt. Die Verteilung oder **Dispersion** dieser Elektronen ist keineswegs statisch, sondern fluktuiert. Ein elektrisches Feld, das z.B. von einem nahen Ion erzeugt wird, beeinflusst die Elektronenverteilung im Benzolring: Wir sprechen von einem **induzierten Dipol**. Im Extremfall einer Induktion polarisieren sich zwei zuvor unpolare Moleküle wechselseitig. Sie stimmen ihre Elektronenfluktuationen so aufeinander ab, dass eine anziehende Kraft zwischen beiden Molekülen entsteht (Abbildung 1.15b). Wir sprechen dann von **Dispersionskräften** oder **London-Kräften**, die mit zunehmender Entfernung der Partner rasant abfallen. Diese Art der Wechselwirkung ist maßgeblich an der Ausbildung einer DNA-Doppelhelix beteiligt (Abbildung 1.15c). Kollektiv bezeichnet man Wechselwirkungen zwischen permanenten oder induzierten Dipolen als **van-der-Waals-Kräfte**.

Selbstverständlich sind sämtliche Spielarten der genannten Interaktionen erlaubt: Permanente Dipole können mit Ionen wechselwirken, und Ionen oder permanente Dipole können induzierte Dipole anziehen. Von besonderer Bedeutung für die Biochemie ist eine Variation dieses Themas: **Wasserstoffbrücken** (H-Brücken) ⌁ zeichnen verantwortlich für die charakteristischen Strukturmerkmale von Proteinen, nämlich α-Helix und β-Faltblatt (▶ Abschnitte 5.5 und 5.6). Für eine H-Brücke bedarf es zunächst eines **Wasserstoffbrückendonors A-H** (Abbildung 1.16). Dabei muss A ein elektronegatives Element wie Sauerstoff oder Stickstoff sein, damit der Wasserstoff eine positive Partialladung erhält. Dieser „schlägt" eine Brücke zum **Wasserstoffbrückenakzeptor B**, der

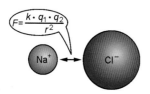

$$F = \frac{k \cdot q_1 \cdot q_2}{r^2}$$

1.14 Elektrostatische Wechselwirkung. Nach dem Coulombschen Gesetz ist die Anziehungskraft zwischen zwei entgegengesetzt geladenen Ionen proportional zum Produkt der Ladungen q. Sie nimmt umgekehrt proportional zum Quadrat der Distanz r ab. Elektrostatische Anziehungskräfte reichen daher – verglichen mit der Länge einer kovalenten Bindung – weit in den Raum. k ist die elektrostatische Konstante.

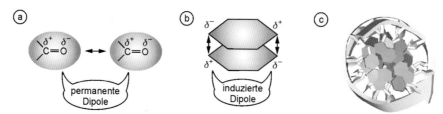

1.15 Dipolare Wechselwirkungen. a) Gegensinnige Ladungen permanenter Dipole ziehen sich an; wichtig ist dabei die relative Orientierung der beiden Moleküle zueinander. b) Dispersionskräfte wirken zwischen Molekülen, die sich wechselseitig polarisieren, etwa bei zwei Benzolringen. Die Partnermoleküle müssen sich stark annähern, damit Dispersionskräfte zur Geltung kommen. c) Die Aufsicht auf eine DNA-Doppelhelix zeigt, dass die farbig gezeichneten Basen im Innenraum dicht aufeinander „gestapelt" sind: Dispersionskräfte stabilisieren diese Basenstapelung.

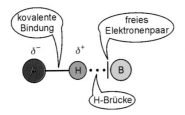

1.16 Wasserstoffbrücken. Donor A ist ein elektronegatives Element, das dem Wasserstoff eine positive Partialladung verleiht. Diese tritt mit dem freien Elektronenpaar des Akzeptors B in Wechselwirkung. H-Brücken werden in der Folge mit drei Punkten symbolisiert.

ein freies, *nicht* an kovalenten Bindungen beteiligtes Elektronenpaar besitzt. Die H-Brücke ist ein Zwitter aus kovalenter Bindung und nichtkovalenter Wechselwirkung: Ihre Energie ist meist höher als die einer nichtkovalenten Interaktion. Dabei ist die Länge der Brücke relativ fixiert, und die Atome kommen sich näher, als es sich für nichtkovalent verbundene Atome aufgrund ihrer van-der-Waals-Radien „geziemt".

Nichtkovalente Interaktionen sind so wichtig in der belebten Welt, weil sie so schwach sind. Verglichen mit einer kovalenten Bindung muss man nur ein Zehntel bis ein Hundertstel an Energie aufwenden, um sie aufzutrennen. Nichtkovalente Interaktionen ermöglichen somit ein dynamisches Wechselspiel der Biomoleküle, das essenziell für die Erfüllung ihrer biologischen Funktionen ist. In der Summe ist der Energieinhalt vieler schwacher Wechselwirkungen groß genug, um riesigen Biomolekülen eine dauerhafte Gestalt zu verleihen, die allerdings nicht starr und rigide ist, sondern flexibel und dynamisch auf äußere Einflüsse reagieren kann.

1.6

Wasser hat eine geordnete Struktur

Ohne Wasser ⌂ kein Leben! Jede Zelle benötigt eine Matrix, in der sich Zehntausende von Biomolekülen auf dichtestem Raum bewegen und begegnen können. Wasser ist in unserer Biosphäre allgegenwärtig – das ist vermutlich der Grund, warum uns seine außergewöhnlichen Eigenschaften nicht weiter auffallen. Tatsächlich unterscheidet sich H_2O gravierend von ähnlich aufgebauten Molekülen: So siedet Schwefelwasserstoff (H_2S) schon bei –61 °C und Ammoniak (NH_3) bei –33 °C, während Wasser auf der Erde großteils als Flüssigkeit vorliegt. Um das zu verstehen, müssen wir die Molekülstruktur von H_2O näher in Augenschein nehmen. Sauerstoff hat sechs Elektronen in der äußeren Schale. Vier davon bilden freie, nicht an Bindungen beteiligte Elektronenpaare. Die übrigen zwei stellen die Bindung zu H-Atomen her. H_2O ist ein dipolares Molekül: Die Elektronen des Wasserstoffs verbringen einen großen Teil ihrer Zeit am O-Atom, das damit eine negative Partialladung erhält. Das Wassermolekül

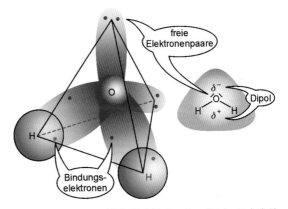

1.17 Struktur des Wassermoleküls. Die Orbitaldarstellung (links) zeigt die beiden freien Elektronenpaare des Sauerstoffs. Die beiden anderen Elektronen der äußeren Schale befinden sich jeweils mit einem Elektron von Wasserstoff in einem Bindungsorbital. Das Wassermolekül besitzt eine tetraedrische Geometrie: Das O-Atom sitzt im Zentrum einer gedachten Dreieckspyramide, die beiden H-Atome und die freien Elektronenpaare des Sauerstoffs sitzen auf den Ecken. Die Formeldarstellung (rechts) zeigt die Dipolarität des Wassermoleküls.

besitzt eine tetraedrische Symmetrie: Das O-Atom besetzt das Zentrum einer gedachten Pyramide, die beiden H-Atome liegen an benachbarten Ecken, und die beiden freien Elektronenpaare des O-Atoms nehmen die anderen Eckpositionen ein (Abbildung 1.17).

Wasser besitzt also zwei Wasserstoffatome, die eine positive Partialladung tragen, und ein Sauerstoffatom mit zwei freien Elektronenpaaren und einer negativen Teilladung. *Damit erfüllt das H_2O-Molekül die Anforderungen sowohl an einen Donor als auch an einen Akzeptor von H-Brücken.* Es erfüllt sie sogar doppelt: Ein Wassermolekül kann als Donor bzw. Akzeptor von je zwei H-Brücken fungieren.

Eis weist eine perfekte Symmetrie auf, bei der jedes Wassermolekül vier H-Brücken ausbildet, und zwar zwei als Donor und zwei als Akzeptor (Abbildung 1.18a). Nach dem Auftauen bleibt auch im flüssigen Aggregatzustand – trotz thermischer Molekülbewegung – ein Teil der hochgeordneten Struktur erhalten. Man kann sich flüssiges Wasser als eine Ansammlung dynamischer, sich rasch bildender und zerfallender Gruppierungen (engl. *cluster*) von verbrückten Molekülen vorstellen (Abbildung 1.18b). Dabei verhindert das ausgedehnte Netzwerk nichtkovalenter Bindungen ein rasches Verdampfen des Wassers: Unter Atmosphärendruck siedet es erst bei 100 °C.

Wasser ist die „ideale" Matrix des Lebens, weil sich so viele unterschiedliche **hydrophile** „wasserliebende" Molekülsorten in hoher Konzentration darin lösen können. Ausschlaggebend dafür ist wiederum die Polarität von H_2O. Viele Salze lösen sich sehr gut in Wasser, und ihre Ionen umgeben sich dabei mit einer voluminösen **Hydrathülle** (Abbildung 1.19). Bei diesem Lösungsprozess ersetzen viele schwache Ion-Dipol-Wechselwirkungen einige wenige starke Ion-Ion-Wechselwirkungen. Die Salzbrücken sind in wässriger Umgebung nicht mehr so stark, weil die Hydrathülle Ionen-

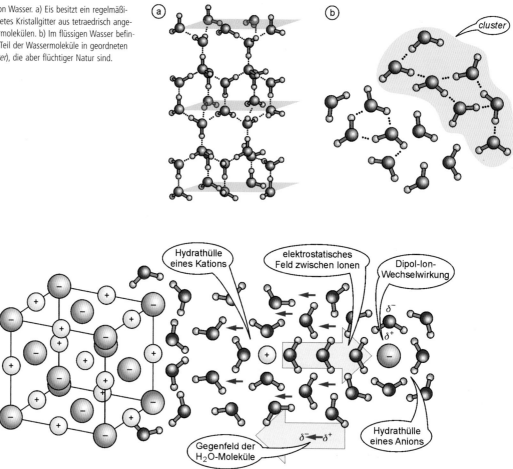

1.18 Struktur von Wasser. a) Eis besitzt ein regelmäßiges, hochgeordnetes Kristallgitter aus tetraedrisch angeordneten Wassermolekülen. b) Im flüssigen Wasser befindet sich nur ein Teil der Wassermoleküle in geordneten Strukturen (*cluster*), die aber flüchtiger Natur sind.

1.19 Wasserlöslichkeit von Salzen. H_2O-Moleküle können Ionen aus einem Salzgitter (links) herauslösen, indem sie wenige starke ionische Bindungen durch zahllose schwächere Dipol-Ion-Wechselwirkungen ersetzen. Dabei umgeben sich Kationen (Na^+) und Anionen (Cl^-) mit einer Hydrathülle (rechts). Die polaren H_2O-Moleküle werden dabei orientiert und schwächen durch ein elektrisches Gegenfeld die Anziehungskraft zwischen gelösten Anionen und Kationen ab.

ladungen voneinander abschirmt. Grund dafür ist die hohe **Dielektrizität** des Wassers, die ein Maß für seine Polarität und Polarisierbarkeit darstellt. Löst man ein Salz in Wasser, so richten sich die Dipole der Wassermoleküle nach dem elektrischen Feld benachbarter Ionen aus und werden dabei selbst polarisiert. *Dadurch entsteht ein Gegenfeld, das die elektrostatische Wechselwirkung der Ionen abschwächt und ihre Ladungen maskiert.* So können Ionen hochkonzentriert in wässriger Lösung vorliegen, ohne dabei Salzbindungen einzugehen.

Dipol-Dipol-Wechselwirkungen und Wasserstoffbrücken machen organische Moleküle mit funktionellen Gruppen wie z.B. Zucker, Aminosäuren und Nucleotide gut wasserlöslich. Reine Kohlenwasserstoffe hingegen sind völlig unpolar und ausgesprochen „wasserscheu", also **hydrophob**: Sie gehen keinerlei energetisch vorteilhafte Wechselwirkungen mit H_2O ein. Im Gegenteil, Wasser „drängt" sie zusammen und bildet „Käfige" um die Aggregate hydrophober Moleküle – man denke nur an Öltropfen im Wasser. Wir werden auf diesen **hydrophoben Effekt** 🐭 noch genauer eingehen (▶ Abschnitt 5.8), da er maßgeblich an der Proteinfaltung beteiligt ist. Außerdem lernen wir bei den Lipiden noch Stoffklassen kennen, die ein amphiphiles, sprich „zwiespältiges" Verhältnis zu Wasser haben (▶ Abschnitt 2.13).

1.7
Wasser ist eine reaktive Verbindung

Wir haben Wasser bislang als eine polare, ungeladene Verbindung kennen gelernt. Es kann jedoch auch ionisieren: *In reinem Wasser* **dissoziiert** *bei Raumtemperatur etwa eines unter ca. 560 Millionen Molekülen in ein* **Proton** *und ein* **Hydroxylion**:

$$H_2O \rightleftharpoons H^+ + OH^-$$

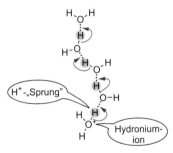

1.20 „Springende" Protonen. Ein Hydroniumion kann sein „überschüssiges" Proton an ein benachbartes H_2O weitergeben. Dabei wandelt sich die H-Brücke des Protons zum Nachbar-H_2O in eine kovalente Bindung um: Das benachbarte H_2O wird zum H_3O^+. Dieses kann nun seinerseits ein H^+ via H-Brücke weitergeben. Durch diesen Dominoeffekt bewegen sich Protonen scheinbar viel rascher, als es durch echte Diffusion möglich wäre: Jedes einzelne H^+ legt nur eine winzige Teilstrecke zurück und schickt das nächste H^+ auf den Weg.

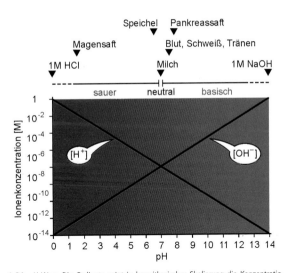

1.21 pH-Wert. Die Ordinate zeigt in logarithmischer Skalierung die Konzentrationen von Protonen $[H^+]$ und Hydroxylionen $[OH^-]$ an. Das Produkt dieser Ionenkonzentrationen K_W ist eine Konstante: Daher ändern sich $[H^+]$ und $[OH^-]$ auf reziproke Weise. 1 M HCl hat einen pH von 0 ($[H^+] = 10^0$ M) und 1 M NaOH einen pH von 14 ($[H^+] = 10^{-14}$ M). Die typischen pH-Werte einiger (Körper-)Flüssigkeiten sind angezeigt (oben).

Die entstehenden Ionen haben eine **molare Konzentration** von jeweils 10^{-7} M (M steht für mol/l). In Wirklichkeit liegt in wässriger Lösung kein freies H^+ vor, auch wenn das der Einfachheit halber meist so dargestellt wird: Vielmehr ist das Proton mit einem H_2O-Molekül zum **Hydroniumion H_3O^+** assoziiert. Protonen können sich im Wasser scheinbar sehr schnell bewegen, und Reaktionen, an denen sie beteiligt sind, können dementsprechend rasch ablaufen. Tatsächlich sind es jedoch nicht individuelle Protonen, die sich über „weite" Strecken bewegen (Abbildung 1.20). Protonen und Hydroxylionen sind als reaktive Ionen an vielen biochemischen Reaktionen beteiligt. Sie können Biomoleküle aktivieren, in hoher Konzentration aber auch zerstören: Man denke an den sauren Magensaft, dessen primäre Aufgabe darin besteht, Nahrungsproteine zu denaturieren.

Die Dissoziation von Wasser stellt wie alle chemischen Reaktionen ein **Gleichgewicht** ⌂ aus Hin- und Rückreaktion dar. Das Reaktionsgleichgewicht wird quantitativ durch eine Gleichgewichtskonstante – hier **Dissoziationskonstante** genannt – beschrieben, die dem Quotienten aus den Konzentrationen der **Produkte** (erzeugte Stoffe) und **Edukte** (Ausgangsstoffe) entspricht; dabei symbolisieren eckige Klammern Konzentrationsangaben:

$$K = \frac{[H^+][OH^-]}{[H_2O]} \qquad (1.1)$$

Da sich die hohe Konzentration von reinem Wasser ($[H_2O] = 55{,}5$ M) durch die Dissoziation einer „Handvoll" Moleküle praktisch nicht ändert, wird sie in die Konstante mit einbezogen. Dadurch ergibt sich das **Ionenprodukt K_W** eine temperaturabhängige physikalische Konstante des Wassers:

$$K_W = [H^+][OH^-] = 10^{-14} \text{ M}^2 \qquad (1.2)$$

In reinem Wasser ist $[H^+]$ immer gleich $[OH^-]$, d.h. 10^{-7} M. Zur Angabe der H^+-Konzentration wird meist der negative dekadische Logarithmus verwendet. Eine Protonenkonzentration von 10^{-7} M entspricht nach dieser Konvention einem **pH-Wert** von 7 (lat. *pondus hydrogenii*) ⌂. Eine Abnahme um eine pH-Einheit bedeutet also eine zehnfache Zunahme

von $[H^+]$. Werden Stoffe im Wasser gelöst, die $[H^+]$ erhöhen, so nimmt $[OH^-]$ invers proportional ab, da das Ionenprodukt ja eine Konstante ist (Abbildung 1.21). Entsprechendes gilt im umgekehrten Fall. Lösungen mit einem pH < 7 sind sauer, basische Lösungen besitzen einen pH > 7, und neutrale Lösungen haben einen pH von 7. Die meisten Körperflüssigkeiten des Menschen haben einen pH zwischen 6,5 und 8,0 – mit Ausnahme des Magensafts (pH ≈ 1,5).

Säuren und Basen können die H^+- und OH^--Konzentrationen einer wässrigen Lösung verändern. Nach der Definition von Brønstedt sind Säuren **Protonendonoren**, also Moleküle, die Protonen abgeben, und Basen **Protonenakzeptoren**, also Moleküle, die Protonen aufnehmen. Eine allgemeine Säure-Base-Reaktion hat damit die Form:

$$AH + B \rightleftharpoons A^- + BH^+$$

Eine Säure AH geht durch Protonenabgabe in ihre **konjugierte Base** A^- über, während die Base B durch Protonenaufnahme die **konjugierte Säure** BH^+ bildet. Bei starken Basen wie Natriumhydroxid (NaOH) oder starken Säuren wie Salzsäure (HCl) liegt das Gleichgewicht vollkommen auf der rechten Seite: Praktisch jedes Salzsäuremolekül hat in Lösung sein Proton abgegeben. Bei schwachen Säuren und Basen existiert hingegen ein echtes Gleichgewicht zwischen Säure und konjugierter Base bzw. Base und konjugierter Säure. *Funktionelle Gruppen organischer Moleküle sind oft schwache Säuren oder Basen.* So können saure Carboxylgruppen (R–COOH) ein Proton abgeben und die konjugierte Carboxylatgruppe (R–COO$^-$) bilden, während basische Aminogruppen (R–NH$_2$) durch Protonenaufnahme in die konjugierte Ammoniumform (R–NH$_3^+$) übergehen. Für die Dissoziationskonstante von Säuren mit H_2O als Base gilt folgende Gleichung:

$$K = \frac{[H_3O^+][A^-]}{[AH][H_2O]} \text{ bzw. } K_a = \frac{[H^+][A^-]}{[AH]} \qquad (1.3)$$

Bei K_a wird $[H_2O]$ wiederum als nahezu unveränderliche Größe in die Konstante integriert. Der negative dekadische Logarithmus dieser Dissoziationskonstanten wird als **pKₐ-Wert** bezeichnet:

$$pK_a = -\log K_a \qquad (1.4)$$

Der pK_a-Wert liefert ein Maß für die Stärke einer Säure. Je niedriger der pK_a-Wert, umso stärker die Säure. Dabei entspricht eine schwache Säure einer starken konjugierten Base und umgekehrt.

1.8
Biologische Flüssigkeiten sind gepuffert

Gibt man zu einem Liter reinem Wasser einen Tropfen Salzsäure mit einer Konzentration von 1 M, so fällt der pH von 7 auf 5; dabei steigt die Protonenkonzentration sprungartig um den Faktor 100. Für viele Biomoleküle wäre das ein Salto mortale: Sie tolerieren meist nur minimale pH-Schwankungen. Deshalb wird der pH von Cytosol oder Blut mithilfe von Puffern weitgehend konstant gehalten. Um zu verstehen, wie ein **Puffer** funktioniert, betrachten wir die **Titrationskurve** der relativ schwachen **Essigsäure** mit einem pKₐ von 4,67. Zu Beginn der Titration überwiegt die Säureform CH₃COOH (Abbildung 1.22). Durch Zugabe der starken Base NaOH, die Protonen praktisch quantitativ aufnimmt, wird Essigsäure

zunehmend in ihre konjugierte Base **Acetat** (CH₃COO⁻) überführt. Der pH der Lösung wird mit einem **pH-Meter** bestimmt, das eine von der Protonenkonzentration abhängige elektrische Spannung misst. Die Titrationskurve hat beim pH-Wert, der dem pK-Wert der Essigsäure entspricht, einen Wendepunkt. Hier ist die pH-Änderung pro zugegebener NaOH-Menge am geringsten. *Bei pH = pKₐ liegen Säure und konjugierte Base in gleicher Konzentration vor, beide können neu auftretende H⁺- oder OH⁻-Ionen abfangen und so den pH-Wert weitgehend konstant halten.* Das wichtigste Puffersystem des Bluts bildet das Säure-Basen-Paar Kohlensäure und Bicarbonat (Exkurs 1.3).

Exkurs 1.3: pH-Pufferung im Blut

Der pH-Wert des menschlichen Blutplasmas liegt bei 7,40 ± 0,03: Er unterliegt also nur minimalen Schwankungen. Das Gleichgewicht von **Kohlensäure** (H₂CO₃) und Bicarbonat (HCO₃⁻) stellt das wichtigste Puffersystem des Bluts dar (Abbildung 1.23). Es handelt sich dabei eigentlich um zwei Gleichgewichte, denn freie Kohlensäure entweicht aus wässriger Lösung unter Abspaltung eines H₂O-Moleküls als gasförmiges **Kohlendioxid** (CO₂). Dissoziiert z. B. die bei Muskelarbeit massenhaft anfallende Milchsäure und sinkt damit der pH, so kann HCO₃⁻ die dabei freigesetzten Protonen aufnehmen. Das Gleichgewicht verschiebt sich dann von HCO₃⁻ über instabiles H₂CO₃ in Richtung CO₂, das über die Lunge abgegeben wird. Steigt hingegen der pH-Wert des Bluts, wird mehr HCO₃⁻ aus H₂CO₃ gebildet, und das Blut kann weiteres CO₂ aufnehmen. Störungen dieses Gleichgewichts aufgrund von Lungen- und Nierenerkrankungen oder bei Diabetes mellitus können zur **Azidose** (pH < 7,37) oder **Alkalose** (pH > 7,43) führen.

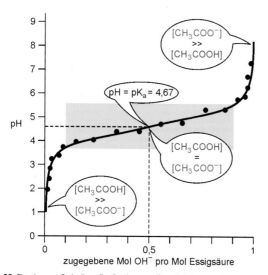

1.22 Titration von Essigsäure. Zur Bestimmung des pKₐ-Werts von Essigsäure wird nach und nach die starke Base NaOH zugegeben und jeweils der pH-Wert gemessen; die dicken Punkte stellen einzelne Messwerte dar. Am Wendepunkt der Titrationskurve kann der pKₐ-Wert abgelesen werden. Im „grünen" Bereich – d. h. je eine pH-Einheit unter- bzw. oberhalb von pK – ändert sich der pH-Wert während der Titration nur geringfügig: Hier hat Essigsäure ihre höchste Pufferkapazität.

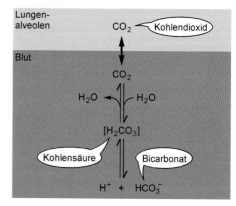

1.23 Kohlensäure/Bicarbonat-Puffer im Blut. Dieses Säuren-Basen-Paar ist besonders effizient, weil die Atemluft als praktisch unbegrenztes Reservoir für die Bildung von Kohlensäure/Bicarbonat via Aufnahme oder Abgabe von CO₂ dient. Die Instabilität von H₂CO₃ ist durch eckige Klammern symbolisiert.

1.9
Zellen stehen unter osmotischem Druck

Die Zellflüssigkeit – das **Cytosol** (▶Abschnitt 3.3) – ist eine hochkonzentrierte wässrige Lösung mit zahllosen anorganischen Ionen, kleinen organischen Molekülen und großen Makromolekülen. Die umgebende Plasmamembran ist wasserdurchlässig, d.h. H_2O kann diese Trennschicht durch direkte Diffusion ⌐⊖ überqueren. Zudem dienen porenbildende Proteine (Aquaporine) als Wasserkanäle und beschleunigen den „Transitverkehr" über die Membran. Die meisten cytosolischen Moleküle können diese Barriere zur Außenwelt jedoch nicht ohne weiteres überschreiten: Wir sprechen daher von einer **semipermeablen Membran** (▶Abschnitt 24.3). Dies hat wichtige physikalische Konsequenzen: Ist auf einer Seite der Plasmamembran die Konzentration gelöster Teilchen höher als auf der anderen, so wird Wasser einen Konzentrationsausgleich „anstreben", indem es auf die Seite der konzentrierteren Lösung strömt. Dieser **Osmose** ⌐⊖ genannte Wasserfluss ist ein statistisches Phänomen: Eine niedrigere Konzentration an Gelöstem – eine **hypotone Lösung** – bedeutet nämlich gleichzeitig eine höhere Konzentration an Lösungsmittel H_2O. Die Wahrscheinlichkeit, dass H_2O anstelle eines gelösten Moleküls auf eine Pore in der Membran trifft und sie passieren kann, ist daher auf der Seite der hypotonen Lösung größer als auf der Seite der **hypertonen Lösung** mit einer höheren Konzentration an gelösten Molekülen und entsprechend einer geringen Wasserkonzentration (Abbildung 1.24). Therapeutisch wird dieses Prinzip bei Diuretika (harntreibende Mittel) und Laxanzien (Abführmittel) genutzt (▶Abschnitt 30.2).

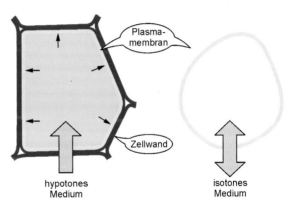

1.25 Osmotischer Druck. Pflanzen- und Bakterienzellen besitzen eine robuste Zellwand. In einer hypotonen Umgebung strömt Wasser in die Zelle, bis die Plasmamembran der Zellwand anliegt. Dann stoppt der Nettofluss in die Zelle, da die Zellwand dem osmotischen Druck standhält und eine weitere Ausdehnung der Zelle verhindert. Tierische Zellen, die „nur" eine Plasmamembran haben, würden im hypotonen Medium platzen; sie müssen sich daher mit einem isotonen Medium umgeben.

Ohne Gegenmaßnahmen würden Zellen in hypotoner Umgebung anschwellen und schließlich platzen. Um diesem **osmotischen Druck** standhalten zu können, ummanteln Bakterien und Pflanzenzellen ihre Plasmamembran mit einer robusten Zellwand (Abbildung 1.25). Tierische Zellen umgeben sich hingegen mit einer **isotonen Lösung**, d.h. die osmotische Aktivität der gelösten Teilchen in der Extrazellularflüssigkeit entspricht weitgehend der in der intrazellulären Flüssigkeit. Bei intravenösen Infusionen verwendet man daher isotonische Kochsalzlösungen, deren Salzkonzentration an das Blutplasma und damit auch an Blutzellen angepasst ist.

Die Begrenzung durch eine semipermeable Membran kompliziert in mancher Hinsicht das Leben einer Zelle. *Für die meisten Substanzen sind nämlich spezialisierte Transportsysteme nötig, um sie über eine Membran schleusen zu können.* Andererseits macht eine semipermeable Plasmamembran – wie wir später noch sehen werden – Leben überhaupt erst möglich. Nachdem wir uns nun mit Elementen, chemischen Bindungen und Wasser als Matrix des Lebens vertraut gemacht haben, wenden wir uns nun den biologischen Makromolekülen zu, dem „Baukasten" der belebten Welt.

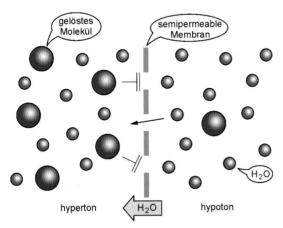

1.24 Osmose. Eine hypertone Lösung (links) mit zahlreichen gelösten Molekülen, die wegen ihrer Größe die Membranporen nicht passieren können, hat eine effektiv geringere Konzentration an H_2O-Molekülen als eine hypotone Lösung (rechts). Von der Seite der hypotonen Lösung her treffen damit häufiger H_2O-Moleküle auf Membranporen als von der hypertonen Seite her: Es kommt zu einem Nettofluss von H_2O auf die hypertone Seite.

Zusammenfassung

- **Atome** setzen sich aus **Elektronen, Protonen** und **Neutronen** zusammen. Charakteristisch für ein **Element** ist seine Kernladungszahl (Zahl der Protonen). Elemente gleicher Kernladungszahl, aber unterschiedlicher Masse heißen **Isotope**. Den größten Anteil an der belebten Materie haben Wasserstoff, Sauerstoff, Kohlenstoff und Stickstoff, einen geringeren Anteil Natrium, Kalium, Magnesium, Calcium, Chlor, Schwefel und Phosphor.

- **Moleküle** entstehen durch kovalente **chemische Bindung** von Atomen. Kohlenstoff und Wasserstoff sind die zentralen Elemente in biologischen Molekülen. Die Substitution von Wasserstoff durch Sauerstoff, Stickstoff oder Schwefel erzeugt reaktive **funktionelle Gruppen**. Der häufigste Reaktionstyp in der Biochemie ist die **Kondensationsreaktion**, d. h. die Verknüpfung zweier funktioneller Gruppen unter Wasserabspaltung. Die Umkehrung wird als **Hydrolyse** bezeichnet.

- Moleküle, die aus gleichen Atomen in verschiedener räumlicher Anordnung aufgebaut sind, werden als **Isomere** bezeichnet. **Chiralität** ist eine Form der Isomerie, bei der sich Moleküle wie Bild und Spiegelbild zueinander verhalten. Dieses Phänomen ist für die Spezifität biochemischer Reaktionen von zentraler Bedeutung. **Konformationsisomere** entstehen durch unterschiedliche Drehung von Bindungen.

- Moleküle treten in biologischen Prozessen oft nur in vorübergehende, **nichtkovalente Wechselwirkung**. Diese Interaktionen sind elektrostatischer Natur, wobei sich unterschiedlich geladene oder polarisierte Moleküle anziehen. Von besonderer Bedeutung ist die **Wasserstoffbrücke**, die u. a. an der räumlichen Struktur („Faltung") von Proteinen oder an der Ausbildung einer DNA-Doppelhelix beteiligt ist.

- Wasser bietet eine ideale Matrix für die nichtkovalenten Wechselwirkungen biologischer Makromoleküle. Die **Dissoziation** von Wasser in ein Proton (H^+) und ein Hydroxylion (OH^-) ist wesentlich für zahlreiche biochemische Reaktionen. **Säuren** (Protonendonoren) und **Basen** (Protonenakzeptoren) können dabei $[H^+]$ und $[OH^-]$ in einer wässrigen Lösung verändern. Die H^+-Konzentration wird in Form des negativen dekadischen Logarithmus als **pH-Wert** angegeben. **Puffer** sind schwache Säuren oder Basen, die starke pH-Schwankungen in biologischen Lösungen verhindern.

- Zellen sind von **semipermeablen Membranen** umgeben: Diese sind wasserdurchlässig, verhindern jedoch den unkontrollierten Ein- oder Austritt von Ionen oder biologischen Makromolekülen. Konsequenz daraus ist ein als **Osmose** bezeichneter Wasserfluss, der auf einen Konzentrationsausgleich der Lösungen innerhalb und außerhalb der Zelle hinstrebt. Aufgrund dieses osmotischen Drucks umgeben sich Zellen tierischer Gewebe mit einer **isotonischen Lösung** wie z. B. Blutplasma.

Biomoleküle – Bausteine des Lebens

2

Die moderne Biochemie richtet ihr Hauptaugenmerk auf Objekte, die zwischen belebter und unbelebter Welt angesiedelt sind: Biologische Makromoleküle wie Proteine, Lipide, Kohlenhydrate und Nucleinsäuren sind ebenso Produkte biologischer Aktivität wie Ausgangsmaterial für biologische Ab- und Umbauprozesse. Für sich genommen sind solche Biomoleküle aber unbelebte Strukturen. Wir können sie daher als *Bausteine des Lebens* bezeichnen, die komplexe biochemische Vorgänge in Zellen und Organismen ermöglichen. Ebenso wie ein Bausatz mit wenigen unterschiedlichen Teilen auskommt, die beliebig miteinander kombinierbar sind, so zeichnen sich auch Biomoleküle durch das Prinzip einer vielfältigen Kombinatorik aus.

2.1

Vier Klassen von Biomolekülen dominieren die Biochemie

Die Chemie des Lebens spielt sich im wässrigen Milieu ab. So verwundert es nicht, dass ca. 70 % des Gewichts einer lebenden Zelle auf Wasser entfallen (Abbildung 2.1). Den Löwen-

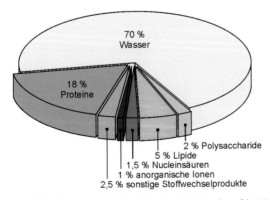

2.1 Stoffliche Zusammensetzung einer Säugetierzelle. Die Angaben erfolgen in Prozent des Gesamtgewichts einer lebenden Zelle. Die Zusammensetzung einer Bakterienzelle ist weitgehend ähnlich.

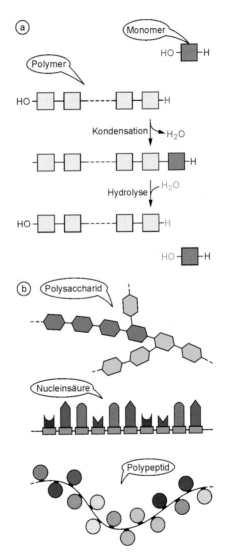

2.2 Synthese und Abbau von Polymeren durch Kondensation und Hydrolyse. a) Schematische Darstellung. b) Prototypen von Biopolymeren. Für ihre Biosynthese sind „aktivierte" Bausteine nötig (▶ Abschnitt 18.2).

anteil unter den organischen Molekülen nehmen Eiweißstoffe oder **Proteine** mit ca. 18 % ein; als „Werkzeuge" der Zelle nehmen sie vielfältige strukturelle und funktionelle Aufgaben wahr. Die Gruppe der Fettstoffe oder **Lipide** macht ca. 5 % des Zellgewichts aus; sie sind wichtige Nährstoffe und spielen als Strukturträger biologischer Membranen eine überragende Rolle. **Kohlenhydrate**, auch Saccharide oder Zucker genannt, sind bedeutende Energielieferanten, haben aber auch strukturelle Aufgaben; sie machen ca. 2 % des Zellgewichts aus. Mit 1,5 % folgen **Nucleinsäuren**, die Informationsträger der Zellen. Schließlich tragen anorganische Ionen wie Na^+, K^+, Ca^{2+}, Cl^-, HCO_3^- und HPO_4^{2-} in ihrer Gesamtheit ca. 1 % zum Gesamtgewicht der Zelle bei.

Die aufgezählten Biomoleküle gehören völlig unterschiedlichen Stoffklassen an. Mit Ausnahme der Lipide, die auch *ohne* kovalente Bindungen größere Molekülverbände ausbilden können, entstehen große **Biopolymere** wie Proteine, Kohlenhydrate und Nucleinsäuren formal durch **Kondensation**, d. h. unter Wasserabspaltung aus ihren monomeren Bausteinen (Abbildung 2.2). Die Abfolge der Bausteine in den kovalent verknüpften Biopolymeren und die Kettenlänge der entstehenden **Makromoleküle** sind dabei extrem variabel. Hingegen ist die Zahl unterschiedlicher Grundbausteine eng begrenzt: So kommen in den beiden Haupttypen von Nucleinsäuren insgesamt nur fünf verschiedene Nucleotide vor, und Proteine greifen auf einen Satz von 20 Standardaminosäuren zurück. Lediglich Kohlenhydrate weisen mit über 100 Monomertypen ein deutlich größeres Spektrum auf, wobei aber wenige Grundbausteine wie Glucose, Galactose, Ribose und Desoxyribose dominieren. *Proteine und Nucleinsäuren bilden im Allgemeinen lineare, unverzweigte Ketten, während Polysaccharide oft verzweigt sind.* Allen Makromolekülen gemein ist ihr Abbau durch **Hydrolyse**, der oft wieder zu den Grundbausteinen führt. Wir beginnen unsere Betrachtung bei den Sacchariden

---

Monosaccharide sind die Grundbausteine der Kohlenhydrate

2.2

Grundeinheiten der Kohlenhydrate ⌐ sind relativ kleine organische Ketone und Aldehyde mit zwei oder mehr Hydroxylgruppen, die Kohlenstoff, Wasserstoff und Sauerstoff enthalten; ihre Derivate können auch Stickstoff, Phosphor oder Schwefel aufweisen (▶Tafeln A5, A6). Je nach Polymerisationsgrad unterscheidet man Einfachzucker oder Monosaccharide von Mehrfachzuckern wie Di-, Oligo- oder Polysacchariden (griech. *sakcharon*, Zucker). *Kohlenhydrate gehören zu den vielseitigsten Bausteinen des Lebens: Sie dienen als Energiewandler und –speicher, erkennen und sortieren zelluläre Strukturen, liefern mechanische Stütz- und Schutzstrukturen für Zellen, Gewebe oder ganze Organismen*

und dienen als Signalstoffe. Beispiele hierfür sind die Monosaccharide **Glucose** (Traubenzucker) und **Fructose** (Fruchtzucker), die Disaccharide **Saccharose** (Rohrzucker) und **Lactose** (Milchzucker) sowie das saure Oligosaccharid **Heparin**, ein Hemmstoff der Blutgerinnung. Die glucosehaltigen Polysaccharide **Glykogen** und **Stärke** fungieren als Energiespeicher bei Tieren bzw. Pflanzen. Das Polysaccharid **Chitin** bildet mit Calciumcarbonat das harte Außenskelett von Gliedertieren. **Cellulose**, ein Gigant unter den Polysacchariden, liefert den wichtigsten Gerüststoff für Pflanzen: Mit einer jährlichen Produktion von rund 10^{12} Tonnen ist Cellulose das meistsynthetisierte Biomolekül überhaupt!

Monosaccharide sind relativ einfach gebaut: Ihre Grundformel ist $C_n(H_2O)_n$ – daher „Kohlenhydrat" – wobei n ≥ 3 ist. Monosaccharide mit drei C-Atomen werden als **Triosen** bezeichnet; entsprechend enthalten Tetrosen vier, Pentosen fünf, Hexosen sechs, Heptosen sieben C-Atome. Die einfachsten Monosaccharide sind Glycerinaldehyd und Dihydroxyaceton (Abbildung 2.3). Die beiden **Konstitutionsisomere** haben unterschiedliche funktionelle Gruppen: Die <u>Al</u>dehydgruppe weist Glycerinaldehyd als **Aldose** aus, während die <u>Keto</u>gruppe Dihydroxyaceton zu einer **Ketose** macht. Dihydroxyaceton ist ein symmetrisches Molekül; hingegen besitzt Glycerinaldehyd mit dem asymmetrischen C-Atom in Position C2 ein **chirales Zentrum**. Dadurch kann das Molekül in zwei spiegelbildlichen L- bzw. D-**Enantiomeren** vorkommen (▶Abschnitt 1.4). *In der Natur dominieren bei Kohlenhydraten D-Enantiomere, während bei Aminosäuren L-Enantiomere vorherrschen.*

Unter den Monosacchariden dominieren **Pentosen** und **Hexosen**. Diese liegen bevorzugt als fünf- oder sechsgliedrige Ringe vor, die durch eine intramolekulare Reaktion entstehen und mit ihren linearen Formen im chemischen Gleichgewicht stehen (Abbildung 2.4). Potenzielle Siebenerringe bei Hexosen sind zu instabil, sodass auch sie Ringsysteme mit fünf oder sechs Atomen bevorzugen. Betrachten wir die Pentose **Ribose**: Die Aldehydgruppe an C1 und die Hydroxylgruppe von C4 bilden unter Ringschluss ein **Halbacetal**, das dem heterocyclischen Aromaten Furan ähnelt

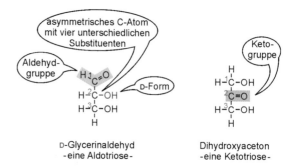

2.3 Struktur von Triosen. Die beiden Kohlenhydrate sind Konstitutionsisomere. Die Bezifferung der C-Kette beginnt an dem Ende, das die Aldehydgruppe trägt bzw. der Ketogruppe näher ist. Das asymmetrische C-Atom von Glycerinaldehyd ermöglicht zwei Enantiomere: Neben der gezeigten D-Form gibt es die seltenere L-Form.

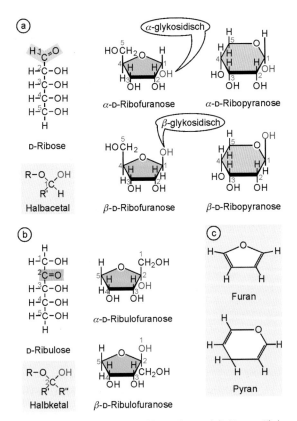

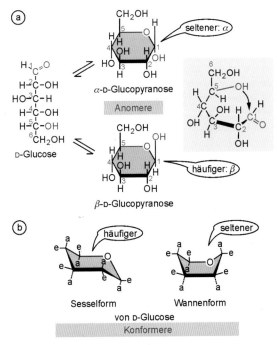

2.4 Struktur wichtiger Pentosen. Die Aldose D-Ribose und die Ketose D-Ribulose sind als offene Ketten (Fischer-Projektion) sowie in der Ringform (Haworth-Projektion) in (a) bzw. (b) gezeigt. Zwei Ringgrößen (Furanose bzw. Pyranose) mit jeweils zwei möglichen Stellungen der glykosidischen Hydroxylgruppe (α bzw. β) an C1 sind dargestellt. Ketopentosen können nur Fünfringe schließen; sie bilden dabei Halbketale (R: weiterer Kohlenwasserstoffrest). Zum Vergleich sind Furan und Pyran gezeigt (c). Triosen und Tetrosen liegen praktisch nur linear vor, da die Ringspannung der entsprechenden zyklischen Derivate zu groß wäre.

und daher **Furanosering** heißt (Abbildung 2.4). Dabei wird kein Wasser abgespalten; vielmehr entsteht an C1 ein asymmetrisches C-Atom, dessen Hydroxylgruppe zwei Orientierungen einnehmen kann: α- bzw. β-Stellung. Die neu entstandene **glykosidische Hydroxylgruppe** an C1 ist – im Unterschied zu den übrigen Hydroxylgruppen des Moleküls – besonders reaktiv. Es sei darauf hingewiesen, dass die **Zuckerringe nicht planar** (eben) sind, auch wenn die schematisch vereinfachte Darstellung dies suggeriert. Bei Furanoseringen können entweder ein Atom (*envelope*-Form) oder zwei Atome (*twist*-Form) außerhalb der Ebene liegen (nicht gezeigt), während Pyranoseringe in „Sessel"- oder „Wannen"-Konformation vorliegen (siehe unten).

2.3

Aldohexosen sind Monosaccharide mit pyranähnlichem Ringgerüst

Die Aldohexose **Glucose** cyclisiert praktisch ausschließlich zu einem **Pyranosering**. Cyclische Monosaccharide werden perspektivisch mithilfe der **Haworth-Projektion** dargestellt, bei der im Ring „vorne" liegende Bindungen dick markiert sind. Dabei steht C1 konventionsgemäß rechts (Abbildung 2.5). Die glykosidische Hydroxylgruppe an C1 kann unterhalb (α-Form) oder oberhalb (β-Form) der Ringebene liegen: Wir sprechen bei dieser speziellen Konfigurationsisomerie von **Anomerie**; entsprechend bildet C1 ein **anomeres Zentrum**. In Lösung stehen α- und β-Anomere über die lineare Form im Gleichgewicht miteinander: Sie sind also interkonvertierbar. *Eine Derivatisierung der glykosidischen Hydroxylgruppe „friert" eine der anomeren Formen ein*: So liegt polymerisierte D-Glucose in Glykogen und Stärke einzig in der α-Form vor, während Cellulose ausschließlich ihre β-Form nutzt.

Bei den Aldohexosen ist nicht nur C5 ein chirales Zentrum: Alle weiteren C-Atome außer C1 und C6 sind ebenfalls „stereogen". Kombinatorisch ergeben sich damit $2^4 = 16$ ste-

2.5 Glucose und ihre Anomere. a) Durch Ringschluss (grau unterlegt) entsteht aus Aldehyd- und Hydroxylgruppe ein intramolekulares Halbacetal, dessen asymmetrisches C-Atom die beiden Anomere α-D-Glucose (36 %) und β-D-Glucose (64 %) in der Pyranoseform liefert. b) β-D-Glucopyranose bevorzugt unter den beiden Konformationsisomeren die Sesselform, bei der alle größeren Substituenten in der Äquatorialebene des Rings liegen und sich somit sterisch kaum behindern. a, axial; e, äquatorial.

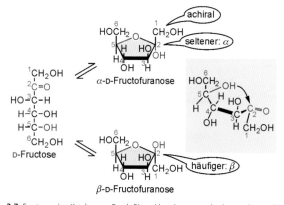

2.6 Glucose und ihre wichtigsten Epimere.

reoisomere Aldohexosen der Summenformel $C_6H_{12}O_6$. Die wichtigsten Aldohexosen sind D-**Glucose**, D-**Mannose** und D-**Galactose** (Abbildung 2.6). Dabei unterscheiden sich D-Glucose und D-Mannose lediglich durch ihre Konfiguration an C2: Es handelt sich also um **Epimere** (▶Abschnitt 1.4). Ein weiteres Epimerenpaar sind D-Glucose und D-Galactose, die sich durch die Stellung ihrer Substituenten an C4 unterscheiden. Das Monosaccharid Glucose spielt als „Treibstoff" des zellulären Stoffwechsels eine zentrale Rolle (▶Abschnitt 3.10).

Hexosen können sowohl als Aldehyd- wie auch als Ketoformen vorkommen. Dabei ist die Ketogruppe zumeist an C2 positioniert, wodurch Ketohexosen ein asymmetrisches Zentrum weniger haben als Aldohexosen und damit auch „nur" acht stereoisomere Formen. Die wichtigste Ketohexose ist D-**Fructose** (Abbildung 2.7). Freie Fructose liegt überwiegend in der Pyranoseform vor; in kovalenter Verbindung mit anderen Zuckern findet sie sich aber praktisch ausschließlich in der Furanoseform.

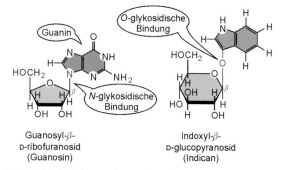

2.7 Fructose, eine Ketohexose. Durch Ringschluss (grau unterlegt) entsteht aus der Ketogruppe und der Hydroxylgruppe ein intramolekulares Halbketal, das Pendant zum Halbacetal der Aldosen. Gezeigt sind die beiden Anomere der D-Fructofuranose, wobei die β-Form bei weitem überwiegt. C1 trägt zwei H-Atome und ist damit *nicht* chiral.

2.4 Disaccharide sind über glykosidische Bindungen verknüpft

Die durch den Ringschluss entstehende glykosidische Hydroxylgruppe an C1 geht bevorzugt Bindungen ein. Durch die Reaktion mit Aminen entstehen **N-glykosidische Bindungen**, die fast immer in der β-Konfiguration vorliegen (Abbildung 2.8). Wichtige N-glykosidische Derivate sind die Nucleotidbausteine der Nucleinsäuren. Glykosidische Hydroxylgruppen reagieren auch leicht mit anderen Hydroxylgruppen. Dabei entstehen **O-glykosidische Bindungen**, die α- oder auch β-Konfiguration haben können; sie kommen vor allem in Polysacchariden vor.

Durch O-glykosidische Bindung zwischen zwei Monosacchariden entstehen **Disaccharide** wie Saccharose (Rohrzucker), Lactose (Milchzucker) und Maltose (Malzzucker), die sämtlich D-Glucopyranose enthalten (Abbildung 2.9). **Saccharose** (engl. *sucrose*) 🖱, die industriell aus Zuckerrohr und Zuckerrüben gewonnen wird, ist ein Disaccharid mit einer α-1,2-glykosidischen Bindung zwischen C1-OH von α-D-Glucose und C2-OH von β-D-Fructofuranosid. **Lactose**, eine β-1,4-glykosidische Verknüpfung von β-D-Galactose mit α-D-Glucose, kommt in großen Mengen in der Milch vor; ein Defekt im Abbauweg für Milchzucker führt zur Lactoseintoleranz (Exkurs 2.1). **Maltose** ist ein α-1,4-D-Glucopyranosid-Dimer, das bei der Malzherstellung in großen Mengen aus Stärke freigesetzt wird. Beim Bierbrauen 🖱 spaltet dann das Enzym Maltase aus gekeimter Gerste die Maltose zu Glucose, die wiederum bei der nachfolgenden alkoholischen Fermentation von Hefen zu Ethanol vergoren wird.

Durch Kondensation weiterer Monomere entstehen aus Disacchariden größere Einheiten, die als **Oligosaccharide** bezeichnet werden; dabei ist die Grenze zu Polysacchariden fließend. In **Homoglykanen** kommen nur gleichartige, in **Heteroglykanen** dagegen unterschiedliche Monosaccharide vor. Oligo- und Polysaccharide übernehmen als Komponenten von Glykosaminoglykanen, Proteoglykanen, Glykoproteinen und Glykolipiden wichtige biologische Aufgaben. Wir werden später darauf zurückkommen.

2.8 Glykosidische Bindungen. Als Beispiele sind hier das Ribonucleosid Guanosin und das Gluconucleosid Indican, eine Vorstufe des blauen Indigo-Farbstoffs, der z. B. für *Blue Jeans* verwendet wird, aufgeführt.

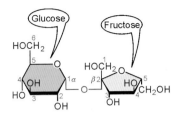

Saccharose
(O-α-D-Glucopyranosyl-(1→2)-β-D-fructofuranose)

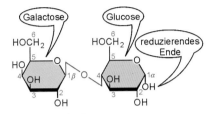

Lactose
(O-β-D-Galactopyranosyl-(1→4)-α-D-glucopyranose)

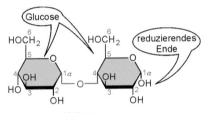

Maltose
(O-α-D-Glucopyranosyl-(1→4)-α-D-glucopyranose)

2.9 Wichtige Disaccharide. Das anomere C-Atom, das eine freie glykosidische Hydroxylgruppe trägt, wird als „reduzierendes Ende" bezeichnet, weil die Carbonylgruppe nach Ringöffnung zur Carboxylfunktion oxidiert werden kann und dabei selbst reduzierend wirkt (▶Abschnitt 44.1). Bei Saccharose sind beide glykosidischen Gruppen in der α-1,2-Bindung engagiert; daher hat sie *kein* reduzierendes Ende. Aus Gründen der Übersichtlichkeit sind hier alle ringständigen H-Atome weggelassen; diese vereinfachte Haworth-Darstellung wird auch für nachfolgende Abbildungen verwendet.

 Exkurs 2.1: Lactoseintoleranz

Lactose ist ein Hauptbestandteil der Muttermilch. Säuglinge und Kleinkinder können dieses Disaccharid mithilfe des Enzyms **Lactase** abbauen und die Monosaccharide Glucose und Galactose über das Dünndarmepithel ins Blut aufnehmen. Im adulten Organismus sinkt die Lactaseproduktion. Bei den meisten Nordeuropäern ist aber immer noch genügend Lactase im Darm vorhanden, um die mit der Nahrung zugeführte Lactose zu spalten. Bei asiatischen und afrikanischen Populationen hingegen kommt es zu einer drastisch verminderten Expression des Lactasegens, sodass viele Erwachsene keine Milchprodukte mehr vertragen. Der Genuss von Milch führt bei ihnen zu einer Akkumulation unverdauter und nicht resorbierbarer Lactose im Dickdarm. Darmbakterien bauen die reichlich vorhandene Lactose zu toxischen Produkten ab, die zu Diarrhö und Krämpfen führen. Eine mit Lactase vorbehandelte Milch ist dagegen ohne weiteres verträglich. Die Toleranz bei Nordeuropäern scheint eine relativ junge evolutionäre An-

passung zu sein, die sich nach Einführung der Milchviehhaltung in Europa positiv auswirken konnte. Weit verbreitet ist hingegen die **Fructose-Malabsorption** (intestinale Fructose-Intoleranz). Hier liegt eine Defizienz des GLUT-5-Transporters der Darmepithelzellen vor, der auf die Aufnahme von Fructose spezialisiert ist (▶Abschnitt 31.2).

2.5
Polysaccharide sind wichtige Speicher- und Gerüststoffe

Kohlenhydrate können zu langen **Polysacchariden** kondensieren, die in Pflanzen und Tieren wichtige Speicherfunktionen erfüllen. Pflanzliche **Stärke**, ein Hauptbestandteil unserer Nahrung, ist ein Gemisch aus zwei Glucosepolymeren. Sie besteht zu 20–30 % aus **Amylose**, bei der α-D-Glucopyranoseeinheiten α-1,4-glykosidisch zu linearen Polymeren verknüpft sind, die sich schraubenförmig zu einer Helix winden. Auch die Hauptkomponente **Amylopektin** (70–80 %) besteht aus α-1,4-glykosidisch verknüpfter α-D-Glucopyranose, die sich allerdings ca. alle 25 Einheiten über eine α-1,6-Bindung verzweigt (Abbildung 2.10). Bei Tieren wird Glucose in Form von **Glykogen** gespeichert: Auch hier sind die Monomere α-1,4-glykosidisch verknüpft und die Ketten über α-1,6-glykosidische Bindungen verzweigt. Glykogen verzweigt sich jedoch häufiger als Amylopektin: Durchschnittlich bei jeder zehnten Einheit findet sich eine α-1,6-Verzweigung.

Polysaccharide sind auch Basis wichtiger Schutz- und Stützstrukturen: Lineare Polymere aus β-1,4-verknüpften β-D-Glucopyranoseeinheiten formieren sich zu **Cellulose**, dem Hauptbestandteil der Pflanzenzellwand. Etwa 150 unverzweigte Polysaccharidketten liegen parallel in einem Bündel, das durch Wasserstoffbrücken stabilisiert wird. Aus 10^3 bis 10^4 Glucosebausteinen entsteht so eine stabförmige Mikrofibrille von außergewöhnlich hoher Reißfestigkeit (Abbildung 2.11). In pflanzlichen Zellwänden sind Cellulosemikrofibrillen parallel zu einer sperrholzartigen Schichtungstextur angeordnet, deren Stabilität durch Einlagerung von Lignin – einem weiteren biologischen Polymer – noch beträchtlich erhöht wird. Das Homoglykan **Chitin**, eine wichtige Komponente im Exoskelett von Insekten und anderen Gliedertieren, besteht aus β-1,4-verknüpften D-Glucopyranoseeinheiten, die durch N-Acetylaminogruppen an C2 modifiziert sind.

Die strukturelle Vielfalt der Mono- und Polysaccharide wird noch einmal durch **chemische Modifikation** erhöht (▶Tafel A6). Dazu zählt z. B. die Veresterung von Hydroxylgruppen mit Phosphorsäure wie in Mannose-6-phosphat (▶Abbildung 19.22) oder durch Schwefelsäure wie im Heparin (▶Abschnitt 8.6). **Glykosaminoglykane** sind extrem langkettige Polysaccharide, bei denen nichtglykosidische Hydroxylgruppen durch (acetylierte) Aminogruppen substituiert sind – z. B. Glucosamin und N-Acetyl-D-Glucosamin – oder

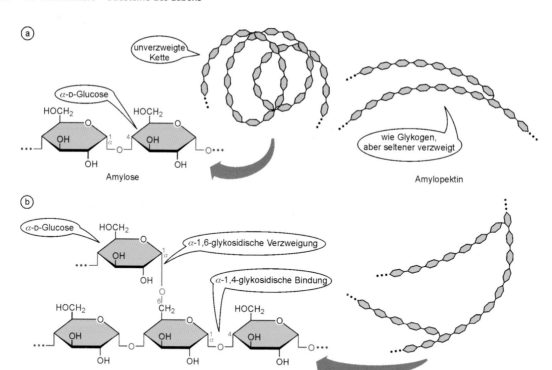

2.10 Stärke und Glykogen sind wichtige Speicherpolysaccharide. Stärke (a) ist ein Gemisch aus Amylose und Amylopektin; sie wird in Form cytosolischer Granula – Stärkekörn-chen – in pflanzlichen Zellen gespeichert. Glykogen (b) wird bei Mensch und Tier in Organen wie Leber und Muskel als cytosolische Granula gespeichert (▶ Abbildung 44.2).

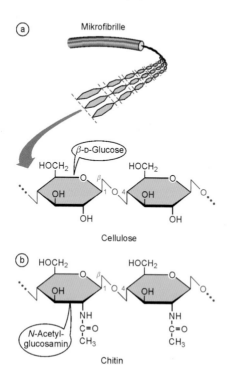

2.11 Cellulose und Chitin sind wichtige Strukturpolysaccharide. Das beim Abbau von Cellulose (a) entstehende Disaccharid heißt Cellobiose. Lagert sich Calciumcar-bonat in die lederartige Hülle aus Chitin (b) ein, so entstehen z. B. die gehärteten Panzer der Krebse.

endständige Hydroxyl- zu Carboxylgruppen oxidiert sind, wie z. B. in der Glucuronsäure. Glykosaminoglykane wie **Hyaluronsäure** bilden gallertartige Substanzen mit interzellu-lärer Klebe-, Schmier- und Kittfunktion (▶ Abschnitt 8.6). *Der funktionellen Vielfalt von Biopolymeren liegen also die freie Kombination und gezielte Modifikation von Komponen-ten eines relativ kleinen Repertoires an Grundbausteinen zu-grunde.* Die Natur spielt diese Kombinatorik bei den Kohlen-hydraten aus, um eine reiche Vielfalt an Zuckermolekülen mit verschiedensten chemischen Eigenschaften zu generie-ren. Bei Nucleinsäuren, die wir im nächsten Abschnitt ken-nen lernen, hat die Linearisierung von Nucleotiden primär die Aufgabe, den Bauplan des Lebens zu codieren.

2.6

Nucleotide sind die Bausteine von Nucleinsäuren

Nucleinsäuren ✐ sind die Informationsspeicher der Zellen. Als langkettige Biopolymere bestehen sie aus Nucleotid-bausteinen, deren lineare Abfolge den gesamten Bauplan ei-nes Lebewesens codiert. Diese Erbinformation befindet sich bei vielzelligen Organismen größtenteils im Kern von Zellen, daher die Benennung Nucleinsäuren (lat. *nucleus*, Kern). Es

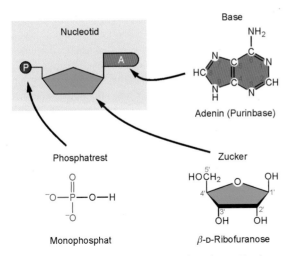

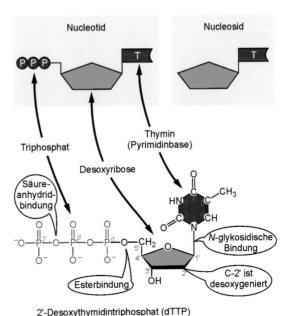

2.12 Nucleotide bestehen aus einer Base, einem Zucker und einem Phosphatrest. Beispielhaft sind hier Adenin als Base und β-D-Ribose als Zucker gezeigt. Um die Ringatome von Base bzw. Zucker zu unterscheiden, werden die Positionen in der Ribose mit einem Hochstrich versehen (sprich: dreistrich, fünfstrich). Das komplette Nucleotid (grau unterlegt) ist hier symbolhaft dargestellt.

2.13 Struktur von Nucleosiden und Nucleotiden. Beim Nucleotid 2'-Desoxythymidintriphosphat ist die Base Thymin N-glykosidisch mit dem Monosaccharid β-D-Desoxyribofuranose verknüpft, das wiederum über seine 5'-Hydroxylgruppe mit einem Triphosphatrest verestert ist. Nucleoside bestehen dagegen nur aus Base und Zucker (grau unterlegt).

gibt zwei Typen von Nucleinsäuren: die **Ribonucleinsäure** oder **RNA** (engl. *ribonucleic acid*), die typischerweise aus vier unterschiedlichen Ribonucleotiden aufgebaut wird, und die **Desoxyribonucleinsäure** oder **DNA** (engl. *deoxyribonucleic acid*), die aus vier verschiedenen Desoxyribonucleotiden besteht (▶ Tafel A9). In der Zelle verkörpert die DNA den dauerhaften Speicher für die Erbinformation, während RNA meist eine „Arbeitskopie" der DNA ist. Sie entspricht einer Abschrift von aktuell benötigten Teilinformationen der DNA. **Nucleotide** ◁ bestehen ihrerseits aus drei Komponenten: Monosaccharid, Base und Phosphatrest (Abbildung 2.12). Kohlenhydratanteil ist dabei immer eine Pentose, und zwar β-D-Ribofuranose bei RNA bzw. β-D-2'-Desoxyribofuranose bei der DNA. Als Basen dienen Pyrimidine und Purine, d.h. stickstoffhaltige Heterocyclen.

Die **Purinbasen** Adenin (A) und Guanin (G) sind bicyclisch und enthalten vier N-Atome; dagegen bestehen die **Pyrimidinbasen** Cytosin (C), Thymin (T) und Uracil (U) aus einem Ring mit zwei N-Atomen. Adenin, Guanin und Cytosin kommen in beiden Nucleinsäuretypen vor, während Thymin (T) *nur* in DNA und Uracil (U) *nur* in RNA vorkommt. Durch *N*-glykosidische Verknüpfung einer Base mit der 1'-Position eines Zuckers entsteht ein **Nucleosid**; durch Veresterung der 5'-terminalen Hydroxylgruppe des Zuckers mit Phosphorsäure entsteht daraus ein **Nucleotid**. Je nach Zahl der gebundenen Phosphatreste (maximal drei) unterscheiden wir Nucleosidmono-, -di- bzw. -triphosphate. Für die Nucleinsäuresynthese werden Nucleosidtriphosphate benötigt, also z.B. 2'-**Desoxythymidintriphosphat** (dTTP) (Abbildung 2.13). Zwischen den einzelnen Phosphatresten wird eine „energiereiche" Säureanhydridbindung geknüpft (▶ Abschnitt 3.10).

Nucleotide werden mit Kürzeln bezeichnet, so steht z.B. dTTP für 2'-**Desoxythymidintriphosphat** oder UTP für **Uridin-**

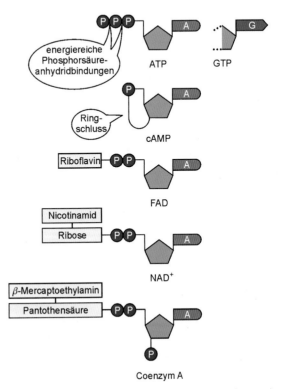

2.14 Wichtige Nucleotide und ihre Derivate (symbolhafte Darstellung). ATP ist der bedeutendste Energielieferant der Zellen (▶ Abschnitt 3.10).

triphosphat. Sie sind nicht nur Bausteine der Nucleinsäuren, sondern nehmen – oft in modifizierter Form – weitere wichtige Aufgaben wahr: Ribonucleotide wie Adenosintriphosphat (ATP) und Guanosintriphosphat (GTP) dienen als Phosphatgruppenüberträger, cyclisches Adenosinmonophosphat (cAMP) als intrazellulärer Botenstoff und Nucleotide wie Nicotinamidadenindinucleotid (NAD⁺), Flavinadenindinucleotid (FAD) oder Coenzym A (CoA) als **Cofaktoren** bei enzymatischen Reaktionen (Abbildung 2.14).

2.7
Nucleinsäuren haben eine Direktionalität

Bei der Nucleinsäuresynthese werden Nucleosidtriphosphate (NTP) zu linearen Polymeren verknüpft (Abbildung 2.15). Generell haben Nucleotide zwei Verknüpfungsstellen, nämlich das phosphorylierte 5'-Ende sowie die freie 3'-Hydroxylgruppe (Abbildung 2.13). Zunächst bildet die 3'-Hydro-

xylgruppe eines ersten Nucleotids mit der 5'-α-Phosphatgruppe eines zweiten Nucleotids eine kovalente **Phosphodiesterbindung** unter Abspaltung von Diphosphat (Pyrophosphat). Am 5'-Ende trägt das entstandene Dinucleotid eine Phosphatgruppe und am 3'-Ende eine freie Hydroxylgruppe, an der nun die Kettenverlängerung erfolgt: *Nucleinsäuren wachsen in* **5'-3'-Richtung** *und besitzen damit eine Direktionalität.* Man gibt konventionsgemäß die Sequenz der fertigen Nucleinsäurekette im Einbuchstabencode der Basen in 5'-3'-Reihenfolge wieder, z. B. 5'-TGCACT-3'.

Werden nur einige Nucleotide verknüpft, so entstehen **Oligonucleotide**; längere Polymere heißen dagegen **Polynucleotide**. Oligonucleotide, die im Reagenzglas (lat. *in vitro*) her-

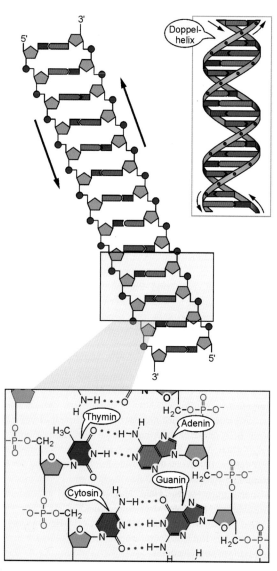

2.15 Polymerisation von Nucleotiden zur einsträngigen DNA-Sequenz 5'-TGCACT-3'. Die Phosphatgruppe zwischen zwei Desoxyriboseresten bildet eine Phosphodiesterbindung.

2.16 Basenpaarung beim DNA-Doppelstrang. Über Wasserstoffbrücken (•••) assoziiert G spezifisch mit C bzw. A mit T. Der DNA-Doppelstrang bildet eine wendeltreppenartige rechtsdrehende Doppelhelix (oben rechts). Die Orientierung der Stränge ist durch Pfeile angedeutet.

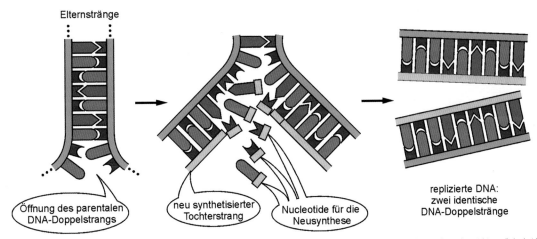

Elternstränge

Öffnung des parentalen DNA-Doppelstrangs

neu synthetisierter Tochterstrang

Nucleotide für die Neusynthese

replizierte DNA: zwei identische DNA-Doppelstränge

2.17 Semikonservative Replikation. Zur Vereinfachung ist hier nur ein kurzes DNA-Stück mit neun Basenpaaren gezeigt. Die Synthese entlang der „Schienen" der beiden ent-wundenen DNA-Einzelstränge führt zu zwei identischen DNA-Doppelsträngen. Diese bestehen aus je einem Elternstrang (grün) und einem neu synthetisierten Tochterstrang (orange) – daher „semikonservative" Replikation (lat. *semi*, halb).

gestellt werden, spielen eine überragende Rolle in der For-schung sowie in der medizinischen und forensischen Dia-gnostik (Exkurs 2.2). *Polynucleotide können extrem lang sein: Ein einziges DNA-Molekül in einem Chromosom kann mehr als 100 Millionen kontinuierlich verknüpfte Nucleotide tragen!* Zwei DNA-Stränge, die gegensinnige Orientierungen aufweisen, können sich über Wasserstoffbrücken zwischen ihren Basen zu einem stabilen **Doppelstrang** ⌐◌ zusammenla-gern (Abbildung 2.16). Dabei assoziiert G spezifisch mit C bzw. A mit T: Wir sprechen von Paaren **komplementärer Ba-sen** oder – nach den Entdeckern – Watson-Crick-Basenpaa-ren, die miteinander wechselwirken.

✎ Exkurs 2.2: Oligonucleotide in der Forensik

Die **kriminalistische Diagnostik** (Forensik) nutzt molekularbiologi-sche Methoden, um Verbrechen aufzuklären. So können z. B. kleinste Mengen an menschlichem Erbmaterial aus Blut, Haaren oder Sperma, die am Tatort gefunden wurden, mit hoher Sicherheit einem Indivi-duum zugeordnet werden. Dazu werden Sätze von Oligonucleotiden synthetisiert, die als Versatzstücke menschlicher DNA ein „Raster" vorgeben, innerhalb dessen die gefundene DNA analysiert werden kann (▶ Abschnitt 22.6). Dazu werden *in vitro* Kopien der gefundenen DNA im vorgegebenen Raster hergestellt, mit molekularen „Scheren" – Nucleasen – zerlegt und dann elektrophoretisch analysiert. Die da-bei entstehenden charakteristischen Muster von **DNA-Bruchstücken** liefern einen genetischen „Fingerabdruck" (engl. *fingerprint*) ⌐◌, der praktisch für jeden Menschen anders ausfällt und damit individu-ell kennzeichnend ist (▶ Exkurs 22.4). Der Vergleich mit DNA-Mustern, die aus biologischen Proben der Verdächtigen gewonnen wurden, er-laubt die Identifizierung des Täters mit hoher Wahrscheinlichkeit.

Vor einer Zellteilung muss das Erbmaterial identisch verdop-pelt, also repliziert werden. Die Komplementarität der beiden DNA-Stränge lässt dabei eine **semikonservative Replikation**

⌐◌ zu: Mit der Auftrennung des Doppelstrangs und der schrittweisen Synthese von neuen Strängen entlang der bei-den vorhandenen „Matrizensträngen" entstehen zwei identi-sche DNA-Moleküle, die auf die beiden Tochterzellen verteilt werden (Abbildung 2.17).

2.8 Der genetische Informationsfluss läuft von der DNA über RNA zum Protein

Im zellulären „Archiv" der DNA sind sämtliche Bauanleitun-gen für Proteine als die ausführenden Werkzeuge der Zelle niedergelegt. Eine solche Bauanleitung wird als **Gen** be-zeichnet, die Grundeinheit der Erbinformation: Ein Gen co-diert im einfachsten Fall die Sequenz eines Proteins. Eine di-rekte Übersetzung der Information von der DNA in Proteine ist allerdings nicht möglich; vielmehr treten hier Ribonuc-leinsäuren als Informationsübermittler in Form von Boten-RNA, kurz **mRNA** (engl. *messenger*-RNA), auf den Plan. Die-ser Prozess der Umschrift oder **Transkription** ⌐◌ überträgt den DNA-Code getreu in einen RNA-Code, wobei Uracil anstelle von Thymin als komplementäre Base zu Adenin verwendet wird (Abbildung 2.18). *Ergebnis dieser Transkription sind mRNAs als relativ kurze Abschriften von aktuell benötigten Informationen, die gezielt aus dem riesigen Datenfundus der DNA herausgelesen werden.* Bei der nachfolgenden **Transla-tion** ⌐◌ wird der genetische Code, der in der mRNA-Sequenz verschlüsselt ist, in die Aminosäuresequenz des gewünsch-ten Proteins „übersetzt". Dabei codieren jeweils drei aufein-ander folgende mRNA-„Buchstaben" als **Basentriplett** oder **Codon** für eine der 20 verfügbaren Aminosäuren. Zwei wei-tere RNA-Typen assistieren bei der **Proteinbiosynthese**: Die Transfer-RNAs, kurz **tRNAs**, binden jeweils eine Aminosäure, assoziieren mit ihren **Anticodons** aus drei Basen an die ent-

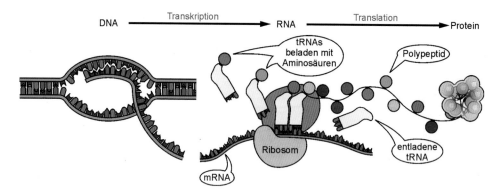

2.18 Fluss der genetischen Information von DNA über RNA zu den Proteinen. Einige Viren nutzen als Erbträger RNA, die erst in DNA umgeschrieben werden muss, bevor der „normale" Weg via mRNA beschritten werden kann (▶Abschnitt 23.9).

sprechenden Codons der mRNA und reihen so die Bausteine der Proteine nach den Instruktionen der mRNA auf. Die Verknüpfung der Aminosäuren und damit die Montage der Proteine erfolgt an Ribosomen, deren Struktur- und Funktionsträger ribosomale RNAs oder **rRNAs** sind.

Der Weg von der DNA über mRNA-Transkripte bis zu den fertigen Proteinen findet in Säugetierzellen an verschiedenen Stationen statt (Abbildung 2.19). DNA liegt stark kondensiert in Form von **Chromosomen** im Zellkern vor. Dort findet sowohl die Replikation als auch die Transkription statt. Bei der Transkription entsteht zunächst eine komplette Abschrift des betreffenden Gens, die als **prä-mRNA** – also Vorstufe einer mRNA – bezeichnet wird und noch einer „Reifung" bedarf. Bei dieser Prozessierung werden Zwischensequenzen, kurz **Introns** (engl. *intervening sequences*) genannt, welche die proteincodierenden Abschnitte – **Exons** (*expressed sequences*) – in der prä-mRNA unterbrechen, durch **Spleißen** entfernt. Ebenso werden die 5'- und 3'-Enden der prä-mRNA modifiziert und damit die mRNA transportfähig gemacht (▶Abschnitt 17.6). Nach dem Export aus dem Zellkern ins Cytoplasma wird die „gereifte" mRNA nun an den Ribosomen übersetzt. Das dabei entstehende lineare Polymer aus Aminosäuren – die Polypeptidkette – nimmt im Prozess der Proteinfaltung eine kompakte dreidimensionale Struktur an, wird anschließend oft noch chemisch modifiziert und an den Bestimmungsort des fertigen Proteins inner- oder außerhalb der Zelle verschickt.

Der Bausatz der Proteine umfasst 20 Aminosäuren

2.9

Der komplette Bauplan eines Menschen ist in 46 riesigen DNA-Molekülen niedergelegt, die mit einem Mini-Alphabet von lediglich vier „Buchstaben" auskommen. Das Alphabet der **Proteine** (griech. *proteios*, erstrangig) ist dagegen viel komplexer und enthält 20 Standardbuchstaben (Aminosäuren), die – anders als die relativ einförmige DNA – eine Viel-

falt unterschiedlichster Proteine hervorbringen. *Das* **humane Genom** *– also die Gesamtheit der Erbinformation des Menschen – enthält ca. 21 000 Gene, die für ebenso viele unterschiedliche Proteine codieren. Durch diverse Tricks geht daraus eine noch viel größere Zahl an Proteinvarianten hervor. Die Gesamtheit dieser exprimierten Proteine heißt* **Proteom** *und umfasst nach (groben) Schätzungen mehrere hunderttausend verschiedene Proteine.* Als polymere Makromoleküle entstehen die Proteine durch lineare Verknüpfung der 20 verschiedenen Aminosäuren in präzise vorgegebener Abfolge (▶Tafeln A7, A8). Meist nehmen die fertigen Polypeptidketten durch **Proteinfaltung** (▶Abschnitt 5.11) eine definierte dreidimensionale Raumstruktur an. Die Proteinvielfalt ergibt sich aus der schier unbegrenzten Kombinatorik, mit der die 20 Buchstaben des Proteinalphabets zu „Wörtern" zusammengesetzt werden können. Das gemeinsame Strukturmerkmal aller **proteinogenen Aminosäuren** ist ein zentrales C-Atom (C_α), um das sich vier Substituenten gruppieren: ein H-Atom, eine Aminogruppe ($-NH_2$), eine Carboxylgruppe ($-COOH$) sowie eine variable Seitenkette ($-R$), die für jede Aminosäure charakteristisch ist (Abbildung 2.20).

Mit Ausnahme der kleinsten α-Aminosäure, Glycin, die statt einer Seitenkette ein weiteres H-Atom trägt, haben alle proteinogenen Aminosäuren vier unterschiedliche Substituenten an C_α: Sie besitzen damit ein chirales Zentrum und kommen in enantiomeren D- und L-Formen vor (Abbildung 2.21). Biologische Syntheseprozesse sind hochgradig enantioselektiv und liefern Proteine, die ausschließlich aus **L-α-Aminosäuren** bestehen. Im Folgenden beziehen wir uns daher immer – wenn nicht ausdrücklich anders gesagt – auf die L-Form der Aminosäuren. Warum L-Aminosäuren gegenüber ihren D-Enantiomeren in der Evolution von Proteinen bevorzugt wurden, ist bislang nicht geklärt.

Im nahezu neutralen pH-Milieu der Zellen sind Carboxyl- und Aminogruppe(n) von Aminosäuren ionisiert: Die Carboxylgruppe ist deprotoniert und liegt in der Carboxylatform (COO^-) vor, während die Aminogruppe ein Proton zur Ammoniumform ($-NH_3^+$) aufnimmt (Abbildung 2.22). Die Ladungen dieser **zwitterionischen Form** verleihen „freien" Aminosäuren im Allgemeinen eine gute Wasserlöslichkeit. Im

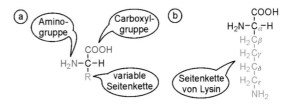

2.20 Struktur proteinogener Aminosäuren. Allgemein (a): Das zentrale Kohlenstoffatom wird mit C$_\alpha$ bezeichnet; R (Rest) steht für eine variable Seitenkette. Z. B. werden bei der Aminosäure Lysin (b) die C-Atome der Seitenketten mit C$_\beta$, C$_\gamma$ etc. benannt.

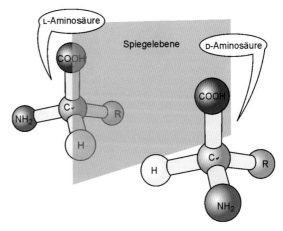

2.21 Enantiomere Formen von α-Aminosäuren. Die L- bzw. D-Form sind durch bloße Drehung nicht zur Deckung zu bringen (▶ Abbildung 1.10). Das chirale Zentrum ist jeweils das C$_\alpha$-Atom. Einige bakterielle Peptide enthalten auch D-Aminosäuren, die allerdings *nicht* während der Translation eingebaut werden, sondern erst durch nachträgliche Umwandlung entstehen.

2.22 Aminosäuren als Zwitterionen. Bei physiologischem pH hat die Aminogruppe durch Aufnahme eines Protons die positiv geladene Ammoniumform angenommen, während die Carbonsäuregruppe als negativ geladenes Carboxylat vorliegt.

Aminosäuren unterscheiden sich in ihren Seitenketten

Proteinogene Aminosäuren werden auch als **Standardaminosäuren** bezeichnet. Ihre Trivialnamen leiten sich mitunter von der Quelle ab, aus der sie erstmals isoliert wurden, so z.B. Asparagin aus Spargel (*Asparagus officinalis*). Häufig werden Aminosäuren durch Kürzel repräsentiert. Beim so genannten **Dreibuchstabencode** werden in der Regel die ersten drei Buchstaben des Trivialnamens angegeben, z.B. „Gly" für Glycin. Für lange Abfolgen von Aminosäuren wird der **Einbuchstabencode** bevorzugt, z.B. „G" für Glycin. *Aufgrund ihrer Seitenketten unterscheiden sich Aminosäuren in Größe, Form, elektrischer Polarität bzw. Ladung und chemi-*

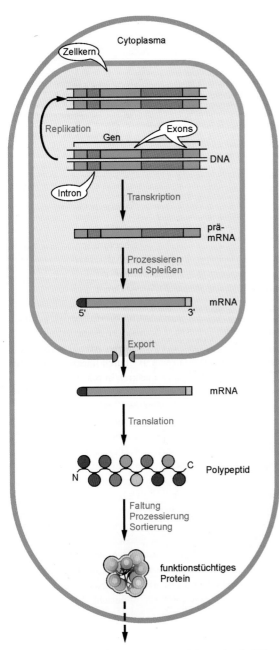

2.19 Weg von der DNA zum Protein. Im Nucleus wird die DNA in prä-mRNA transkribiert, die dann zur fertigen mRNA reift. Nach ihrem Export ins Cytosol wird die mRNA an den Ribosomen in die zugehörige Aminosäuresequenz translatiert. Dabei sorgen aminosäurebeladene tRNAs für die Decodierung der RNA-Sequenz. [AN]

Polymerverbund des Proteins gehen Amino- und Carboxylgruppen unter Wasserabspaltung Peptidbindungen ein, die keine Ladung mehr tragen (Abschnitt 2.12). Der verbleibende Teil wird als **Aminosäurerest** oder einfach nur als „Rest" bezeichnet; er verkörpert die Seitenkette. *Im Polymer bestimmen die Eigenschaften dieser Seitenketten, ob ein Protein gut oder schlecht wasserlöslich ist.*

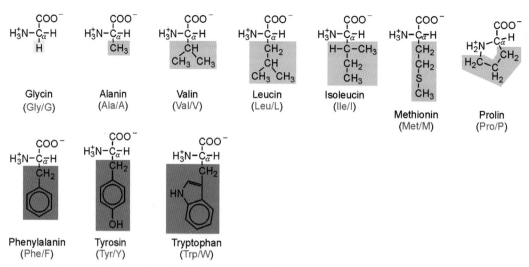

2.23 Aminosäuren mit unpolaren Seitenketten. Glycin trägt ein Wasserstoffatom in der Position der Seitenkette. Sechs Aminosäuren besitzen aliphatische Seitenketten unterschiedlicher Größe und Geometrie; drei Aminosäuren haben aromatische Seitenketten. In Klammern: Drei- bzw. Einbuchstabencode.

scher Reaktivität. Diese Vielfalt auf der Ebene der Bausteine trägt entscheidend zur Proteindiversität bei. Anhand der **Polarität ihrer Seitenkette** werden Aminosäuren in drei große Gruppen unterteilt. Die Hälfte aller Standardaminosäuren trägt eine unpolare Seitenkette (Abbildung 2.23). Diese unpolaren Aminosäuren lösen sich nur schlecht in Wasser und neigen aufgrund des hydrophoben Effekts (▶Abschnitt 1.6) 🖰 zur Aggregation, was wiederum für die Proteinfaltung von erheblicher Bedeutung ist.

Glycin kommt eine Sonderstellung zu: „Engpässe" in einer Proteinstruktur lassen oft nur diesen kleinsten Aminosäurerest (H) zu. Alanin, Valin, Leucin, Isoleucin, Methionin und Prolin besitzen **unpolare aliphatische Seitenketten.** Dabei unterscheiden sich Alanin, Valin und Leucin lediglich durch die Anzahl der C-Atome in ihren Seitenketten. Leucin und Isoleucin sind Konstitutionsisomere. *Die fein abgestuften Größen der hydrophoben Seitenketten erlauben ein passgerechtes Ausfüllen des kompakten Innenraums von Proteinen* (▶Abbildung 5.23). Methionin trägt eine unpolare Thioethergruppe (-S-CH₃) in der Seitenkette. Prolin besitzt als einzige Aminosäure eine sekundäre α-Aminogruppe (-NH-), an der sich die Seitenkette zu einem Pyrrolidin-Heterocyclus schließt. Dies schränkt die Konformationsfreiheit von Prolin ein, was wiederum Auswirkungen auf die Proteinfaltung hat

(▶Abschnitt 5.11). Phenylalanin, Tyrosin und Tryptophan tragen große, „sperrige" **aromatische Seitenketten** (Abbildung 2.23). Aufgrund der Hydroxylgruppe bzw. des Stickstoffatoms sind Tyrosin und Trytophan aber deutlich weniger hydrophob als Phenylalanin. *Die aromatischen π-Systeme dieser Aminosäuren absorbieren UV-Licht im Bereich um 280 nm, was für den Nachweis von Proteinen bei Trennverfahren nützlich ist.*

Das Quintett Serin, Threonin, Cystein, Asparagin und Glutamin hat **polare, hydrophile Seitenketten**: Ihre funktionellen Gruppen bilden H-Brücken zum umgebenden Wasser. Serin und Threonin tragen eine Hydroxylgruppe an Seitenketten unterschiedlicher Länge (Abbildung 2.24a). Die Hydroxylgruppen sind chemisch reaktiv und spielen oft wichtige mechanistische Rollen, etwa bei der Enzymkatalyse. Asparagin und Glutamin leiten sich von Asparaginsäure bzw. Glutaminsäure ab und besitzen unterschiedlich lange Seitenketten mit je einer ungeladenen Carboxamidgruppe (-CONH₂). Die Thiolgruppe (-SH) verleiht Cystein eine polare Natur. Zwei Cysteine können unter Oxidation ihrer Thiole eine kovalente **Disulfidbrücke** (-C-S-S-C-) ausbilden (Abbildung 2.24b). *Disulfidbrücken sind von großer Bedeutung für die Proteinstruktur, weil sie zusätzliche kovalente Bindungen innerhalb eines Proteins, aber auch zwischen Proteinen ermöglichen.*

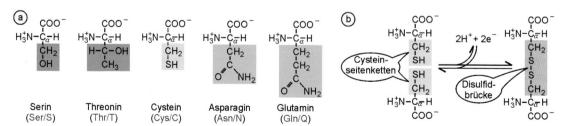

2.24 Aminosäuren mit polaren Seitenketten. a) Serin und Threonin tragen eine alkoholische Gruppe, Cystein eine Thiolgruppe, Asparagin und Glutamin eine Carboxamidgruppe. b) Die Thiolgruppen zweier Cysteine können zur Disulfidbrücke oxidiert werden; das entstehende Dimer wird auch Cystin genannt.

2.25 Aminosäuren mit geladenen Seitenketten. a) Asparaginsäure und Glutaminsäure unterscheiden sich durch eine Methylengruppe. Lysin trägt als einzige Aminosäure zwei primäre Aminogruppen in α- bzw. ε-Position. Die protonierte Guanidinogruppe von Arginin wird durch die Resonanz zwischen Doppelbindung und freiem Elektronenpaar des Aminstickstoffs stabilisiert. b) Der pK-Wert der Histidinseitenkette liegt nahe am Neutralpunkt.

Am hydrophilsten sind Aminosäuren mit **geladenen Seitenketten** (Abbildung 2.25a). Die Carboxylgruppen in den Seitenketten der **sauren Aminosäuren** Asparaginsäure und Glutaminsäure sind im physiologischen pH-Bereich deprotoniert und damit negativ geladen. Die ionisierten Formen werden als Aspartat bzw. Glutamat bezeichnet; oft werden diese Namen auch ungeachtet des Ionisierungszustands verwendet. Die Seitenketten **basischer Aminosäuren** sind bei physiologischem pH meist positiv geladen. Lysin trägt eine Amino-, Arginin eine Guanidino- und Histidin eine Imidazolgruppe in der Seitenkette. Die funktionellen Gruppen von Lysin und Arginin sind stark basisch und daher bei neutralem pH immer protoniert. Histidin hat als einzige Aminosäure eine Seitenkette, deren pK-Wert nahe am Neutralpunkt liegt: Bei pH 6 sind 50 % der Imidazolgruppen von freiem Histidin positiv geladen (Abbildung 2.25b). *Innerhalb eines Proteins vermag die Mikroumgebung den* *effektiven pK-Wert verändern und die Imidazolgruppe saurer oder basischer zumachen; daher kann Histidin in katalytischen Reaktionen als Donor bzw. Akzeptor von Protonen dienen.*

Während Pflanzen und Mikroorganismen meist imstande sind, alle proteinogenen Aminosäuren zu synthetisieren, haben der Mensch und andere Säugetiere dies zum Teil „verlernt": *Elf* **nichtessenzielle Aminosäuren** *können vom erwachsenen Menschen selbst hergestellt werden, während neun* **essenzielle Aminosäuren** 🖐 *mit der Nahrung aufgenommen werden müssen* (▶Tafeln A7, A8). Neben den Standardaminosäuren sind noch zwei weitere seltene proteinogene Aminosäuren bekannt: Einige Spezies verwenden die Aminosäuren Selenocystein bzw. Pyrrolysin zur Synthese bestimmter Proteine. Darüber hinaus sind Hunderte von Aminosäuren biologischen Ursprungs bekannt, die *nicht* zu den proteinogenen Bausteinen zählen (Exkurs 2.3).

Exkurs 2.3: Nichtproteinogene Aminosäuren

Die nichtproteinogenen Aminosäuren leiten sich häufig von Standardaminosäuren ab. Einige sind Synthesevorstufen oder Abbauprodukte von proteinogenen Aminosäuren; andere haben eigenständige Aufgaben. Durch Abspaltung der α-Carboxylgruppe von Aspartat entsteht **β-Alanin**, ein Baustein von Coenzym A (Abbildung 2.26). Der inhibitorische Neurotransmitter **γ-Aminobuttersäure** (engl. *γ-amino butyric acid*; **GABA**) wird durch Decarboxylierung von Glutamat gebildet. Anders als bei der „konventionellen" α-Aminosäure befindet sich hier die Aminogruppe am C_γ-Atom. Das jodhaltige Schilddrüsenhormon **Thyroxin** leitet sich von der Aminosäure Tyrosin her (▶ Abbildung 48.9). **Homoserin** ist Zwischenstufe bei der Argininsynthese, und Citrullin, ein Intermediat im Harnstoffcyclus, stammt wiederum von Arginin ab. Eine große Vielfalt nichtproteinogener Aminosäuren findet sich in Pflanzen, wo sie möglicherweise als Abwehrstoffe fungieren; ihre präzisen Funktionen sind oft noch unklar. Einige nichtproteinogene Aminosäuren besitzen die D-Konfiguration: **D-Alanin** und **D-Glutamat** sind Bausteine der bakteriellen Zellwand (▶Exkurs 3.1). Diese ungewöhnlichen Enantiomere schützen die Bakterienhülle vor den attackierenden Wirtsenzymen, die nur L-Aminosäuren erkennen.

β-Alanin   D-Alanin γ-Aminobuttersäure (GABA)   L-Homoserin   Citrullin

2.26 Struktur ausgewählter nichtproteinogener Aminosäuren. Nicht aufgeführt ist Sarkosin (*N*-Methylglycin), ein Zwischenprodukt bei der Aminosäuresynthese.

Aminosäuren wirken als Säuren und Basen

Aminosäuren können gleichzeitig als Säuren *und* als Basen wirken (Abbildung 2.27). Moleküle mit dieser dualen Funktion sind **amphoter** und werden als **Ampholyte** bezeichnet. Dabei wirkt die Aminogruppe als Protonenakzeptor und die Carboxylgruppe als Protonendonor. Sind beide funktionellen Gruppen geladen, spricht man von einem **Zwitterion**.

Anhand der **Titrationskurve** ⌖ von Glycin wollen wir Amphoterie genauer studieren (Abbildung 2.28). Bei niedrigen pH-Werten sind Amino- und Carboxylgruppe voll protoniert: Glycin liegt in seiner kationischen Form ($NH_3^+CH_2COOH$) vor. Die Titration mit einer starken Base wie Natriumhydroxid (NaOH) liefert eine Kurve mit drei Wendepunkten: Am Wendepunkt bei pH = 2,3 liegen 50 % der Moleküle in der kationischen, die anderen 50 % in der zwitterionischen Form ($NH_3^+CH_2COO^-$) mit einer deprotonierten Carboxylgruppe vor. Der Wendepunkt bei pH = 9,6 markiert die Deprotonierung der Aminogruppe: Die Hälfte aller Glycinmoleküle ist von der zwitterionischen in die anionische Form ($NH_2CH_2COO^-$) gewechselt. Definitionsgemäß entsprechen diese beiden Punkte den **pK-Werten** von Carboxyl- bzw. Aminogruppe. Am mittleren Wendepunkt (pH = 6,0) ist die erste Deprotonierung weitgehend abgeschlossen, die zweite fängt gerade erst an: Glycin trägt an diesem **isoelektrischen Punkt (pI)** *keine Netto*ladung ($NH_3^+CH_2COO^-$). *Eine Aminosäure tritt in wässriger Lösung also nie in ungeladener Form auf.* Der pI ist eine Kenngröße von Aminosäuren; im Fall von Glycin liegt er beim arithmetischen Mittel der beiden pK-Werte, also bei ca. 6,0.

Besitzt die Seitenkette einer Aminosäure eine zusätzliche saure oder basische Gruppe, so weist ihre Titrationskurve einen weiteren Wendepunkt auf. In einem Protein sind – abgesehen von den endständigen Aminosäuren – nur die geladenen Gruppen der Seitenketten titrierbar, da α-Amino- und α-Carboxylgruppen miteinander Bindungen eingegangen sind (Abschnitt 2.12). Allerdings sind bei Proteinen kaum noch individuelle Wendepunkte auszumachen, da es fünf Typen ionisierbarer Seitenketten sowie die endständigen

Amino- und Carboxylgruppen gibt. Darüber hinaus kann die Proteinumgebung den effektiven pK-Wert einzelner Seitenketten, etwa durch elektrostatische Wechselwirkungen oder Wasserstoffbrücken, verändern. Dagegen ist der isoelektrische Punkt von Proteinen, an dem die gegensätzlichen Ladungen aller sauren bzw. basischen Gruppen ausgeglichen sind, im Allgemeinen gut zu messen. *Der pI-Bereich von Proteinen ist groß: So haben die stark positiv geladenen DNA-bindenden Histone einen pI > 10, das stark negativ geladene Verdauungsenzym Pepsin hingegen einen pI < 1.* Unterschiede in pI-Werten und damit in Nettoladungen bilden die physikochemische Basis für Verfahren zur Trennung von Proteingemischen (▶ Abschnitt 6.3 ff).

Aminosäuren sind Glieder einer Polypeptidkette

Die Verknüpfung von Aminosäuren zu polymeren Ketten setzt eine Aktivierung dieser Bausteine unter ATP-Verbrauch voraus (▶ Abschnitt 18.2). Vereinfachend können wir die Reaktion zwischen zwei Aminosäuren als **Kondensation** beschreiben, wobei die α-Carboxylgruppe einer ersten Aminosäure an die α-Aminogruppe einer zweiten Aminosäure unter Wasserabspaltung bindet. Die resultierende kovalente –CO–NH-Verknüpfung ist von der chemischen Nomenklatur her eine Säureamidbindung und wird hier als **Peptidbindung** ⌖ bezeichnet (Abbildung 2.29). Das entstandene Dipeptid hat einen Amino- und einen Carboxyterminus, an den nun

2.28 Titrationskurve von Glycin. Abszisse: Zahl der Protonen pro Glycinmolekül, die durch NaOH-Zugabe dissoziiert wurden. Ordinate: pH-Wert der sauren (rot) bzw. alkalischen (blau) Lösung. Oben: schrittweise Deprotonierung von Glycin (von links).

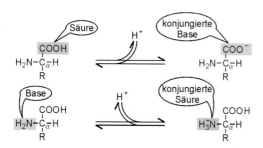

2.27 Aminosäuren als Ampholyte. Die Säure steht mit ihrer konjugierten Base (–COO⁻) bzw. die Base mit ihrer konjugierten Säure (–NH₃⁺) im Gleichgewicht.

2.29 Verknüpfung von Aminosäuren zu einem Polymer. Die Peptidbindungen bilden das „Rückgrat" eines Polypeptids, von dem die Seitenketten R$_1$, R$_2$ etc. wie Rippen abstehen.

eine dritte Aminosäure angefügt werden kann: *Die Biosynthese von Proteinen schreitet immer vom Amino- zum Carboxyterminus fort, sodass der entstehende Polypeptidstrang eine Direktionalität erhält.* Entsprechend werden **Aminosäuresequenzen** auch immer in dieser Richtung angegeben: NH$_3^+$-Lys-Val-Asp-Ser-COO$^-$ (KVDS) ist von seinen molekularen Eigenschaften her etwas völlig anderes als NH$_3^+$-Ser-Asp-Val-Lys-COO$^-$ (SDVK). Die Aminosäuresequenz eines Proteins wird auch als seine **Primärstruktur** bezeichnet.

Ein Polymer aus einigen wenigen Aminosäuren heißt **Oligopeptid**. Typische Vertreter sind das gefäßerweiternde Hormon Bradykinin mit neun Aminosäureresten oder das etwas längere Glucagon – ein Gegenspieler des Insulins – mit 29 Resten. Ab ca. 50 Resten spricht man von **Polypeptiden** oder **Proteinen**; allerdings ist der Übergang zwischen Oligo- und Polypeptiden eher fließend. Polypeptide sind zunächst lange „Fäden", aus denen die Zelle dann „kunstvolles Garn spinnt": Nach Vorgabe ihrer Aminosäuresequenz und unter der Assistenz von Chaperonproteinen – molekularen „Gouvernanten" – falten sich Polypeptide zu einer dreidimensionalen Struktur. Am häufigsten sind kugelförmige, **globuläre Proteine** (Abbildung 2.30). Die Kugelform ist Konsequenz des hydrophoben Effekts: *Im Inneren des Proteins kapseln sich die hydrophoben Seitenketten von der wässrigen Umgebung ab, während polare und vor allem geladene Seitenketten*

meist an der Oberfläche liegen. Daneben sind auch elektrostatische Wechselwirkungen, Wasserstoffbrücken und van-der-Waals-Kräfte bei der **Proteinfaltung** von Bedeutung. **Fibrilläre Proteine** wie das Kollagen 🐭, denen mechanische Stütz- und Haltefunktionen in Zellen und Geweben zukommen, besitzen hingegen eine langgestreckte Struktur.

Die Länge von Polypeptiden und damit die Größe von Proteinen ist extrem variabel. Ein kleines Protein wie Lysozym aus Hühner-Eiklar, das die Zellwand von Bakterien auflösen kann, besteht aus 129 Resten und hat eine Molekülmasse von 14 000 Dalton (14 kd) (Abbildung 2.31). Titin aus menschlichem Muskel hat hingegen die wahrhaft „titanische" Größe von rund 26 900 Aminosäuren mit einer Masse von 3×10^6 Dalton (3 Md). Es besteht aus einem einzigen Polypeptid, das sich zu ca. 300 globulären Abschnitten oder **Domänen** faltet, die perlschnurartig aneinandergereiht sind (Exkurs 9.1). Die **Molekülmasse** eines Proteins lässt sich aus der Anzahl der Reste des Polypeptids multipliziert mit 110 Dalton, der durchschnittlichen Masse eines Aminosäurerests, abschätzen. Das Gros der Proteine hat eine Molekülmasse zwischen 5 und 250 kd. *Proteine bestehen oft aus einem einzigen Polypeptidstrang. Sie können aber auch* **Multimere** (griech. *meros*, Teil) *aus mehreren gleichen (Homomultimere) oder unterschiedlichen Polypeptiden (Heteromultimere) sein.* So ist Hämoglobin 🐭, der Sauerstofftransporter in roten Blutkörperchen, ein Heterotetramer, d. h. ein „Vierteiler" mit je zwei Paaren unterschiedlicher Polypeptide (Abbildung 2.31). Die **Untereinheiten** von Hämoglobin sind *nicht* über Peptidbindungen oder Disulfidbrücken, sondern vornehmlich über ionische Interaktionen und Wasserstoffbrücken miteinander verbunden.

Die ungeheure Vielfalt der Proteine (vgl. Abschnitt 2.9) macht es schwierig, verallgemeinernde Aussagen über ihre Funktionen und Aufgaben zu treffen. *Ein übergreifendes Charakteristikum der meisten Proteine ist, dass sie spezifisch andere Moleküle erkennen und vorübergehend binden können* (Abbildung 2.32). Diese **Liganden** können Proteine, DNA, Polysaccharide, kleinere organische Moleküle, aber auch gasförmige Moleküle oder Metallionen sein. Die spezifische

2.30 Raumstruktur eines Proteins. a) Ein lineares Polypeptid faltet sich zu einer globulären Proteinstruktur. b) Oberflächenkontur des fertig gefalteten Proteins Cytochrom *c*. Negative (rot) bzw. positive Ladungen (blau) befinden sich auf der Oberfläche der äußerst kompakten, annähernd kugelförmigen Struktur.

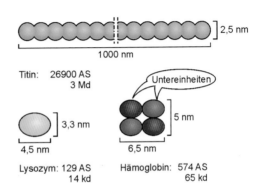

2.31 Größe von Proteinen. Hämoglobin besteht aus je zwei α- bzw. β-Untereinheiten mit insgesamt 574 Aminosäureresten (65 kd).

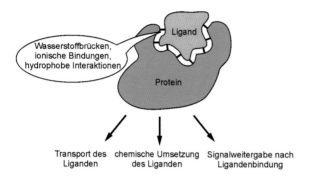

2.32 Molekulare Erkennung durch Proteine. Auf ihrer Oberfläche bieten Proteine dem richtigen Liganden eine optimale Passform an und binden ihn spezifisch und reversibel. Auch van-der-Waals-Kräfte tragen zur Ligandenbindung bei. Exemplarisch sind nachgeschaltete Effekte der Ligandenbindung angegeben.

Bindungsstärke zwischen Protein und Ligand nennt man **Affinität**. Die Erkennung des „richtigen" Liganden beruht auf seiner strukturellen Komplementarität zum Protein: Er kann – im Gegensatz zu „falschen" Liganden – die vorhandene Bindungsstelle passgenau ausfüllen. Dabei können Ligand und Protein über Wasserstoff- und Salzbrücken oder hydrophobe Interaktion reversible Bindungen miteinander eingehen. Enzyme können ihre Liganden – hier meist **Substrate** genannt – vorübergehend sogar auch kovalent binden.

Was nach der Ligandenbindung passiert, hängt vom Typ des erkennenden Proteins ab: Transportproteine wie Hämoglobin bringen ihren Liganden O_2 an entfernte Orte. Enzyme wie das Lysozym katalysieren chemische Reaktionen und verändern dabei den gebundenen Liganden. Rezeptorproteine wie z. B. der Rezeptor für den Neurotransmitter Dopamin ⌐🖰 geben nach Ligandenbindung ein „Signal" an Zielproteine im Zellinnern weiter. Andere Rezeptorproteine wie der LDL-Rezeptor sorgen für die Aufnahme ihres Liganden in die Zielzelle. Im Fall von LDL (engl. *low density lipoprotein*) werden dabei vor allem Lipide in die Zelle importiert; diesen Biomolekülen wenden wir uns nun zu.

2.13

Triacylglycerine sind Prototypen von Lipiden

Die vierte Klasse biologischer Bausteine besteht aus einer heterogenen Gruppe von Molekülen, den **Lipiden** (griech. *lipos*, Fett) ⌐🖰. Lipide erfüllen wichtige Aufgaben als Komponenten biologischer Membranen, als Energiespeicher von Reservedepots und als Botenstoffe in der zellulären Kommunikation. Anders als Kohlenhydrate, Nucleotide und Aminosäuren bilden Lipide keine polymeren, kovalent verknüpften Makromoleküle. Ein weiteres übergreifendes Merkmal dieser Stoffklasse ist die schlechte Löslichkeit in Wasser und die gute Löslichkeit in organischen Lösungsmitteln; daher wer-

den so unterschiedliche Substanzen wie Fette, Wachse, Öle, Steroide und Isoprenoide unter der Gruppe der Lipide subsumiert (▶Tafeln A3, A4). Lipidmoleküle sind oft amphiphil (synonym: amphipathisch; griech. *amphi*, zweiteilig), d. h. sie bestehen aus einem polaren, hydrophilen Teil und einem unpolaren, hydrophoben Teil. Diese **Amphiphilie** ermöglicht Lipiden, im wässrigen Milieu zu hochmolekularen Verbänden wie Membranen oder Micellen zu assoziieren. Um dieses wichtige Phänomen verstehen zu können, befassen wir uns zunächst einmal mit Fettsäuren.

Fettsäuren ⌐🖰 sind Bestandteile von Speicher- und Membranlipiden. Sie besitzen einen hydrophoben Kohlenwasserstoffkörper und eine hydrophile Carboxyl-Kopfgruppe (Abbildung 2.33). Natürlich vorkommende, **unverzweigte** Fettsäuren haben typischerweise eine gerade Zahl an C-Atomen (C_{16}, C_{18}, usw.). Sind sie **gesättigt**, tragen sie *keine* Doppelbindungen in ihrer Kohlenstoffkette. Die **ungesättigten** Fettsäuren besitzen dagegen eine oder mehrere C=C-Doppelbindungen (▶Nomenklatur: Exkurs 45.1). Die Doppelbindungen sind gewöhnlich durch mindestens eine Methylengruppe (-CH_2-) getrennt und damit **nicht konjugiert**. Sie liegen im Allgemeinen in der *cis*-Konfiguration vor, d. h. die angrenzenden C-Atome sind gleichseitig orientiert und erzeugen damit einen Knick in der Kohlenwasserstoffkette (siehe unten).

Durch Veresterung dreier Fettsäuremoleküle (Acylreste) mit dem dreiwertigen Alkohol Glycerin entstehen **Fette** oder **Triacylglycerine** (Abbildung 2.34). Viele Triacylglycerine tragen drei identische Acylreste; es gibt aber auch „gemischte" Typen mit zwei oder drei unterschiedlichen Acylresten. Die Carbonsäuren der Fette haben meist eine Länge zwischen 14 und 24 C-Atomen, wobei C_{16} (Palmitinsäure) und C_{18} (Stearinsäure) beim Menschen dominieren. Der Sättigungsgrad und die Kettenlänge der Acylreste bestimmen wesentlich die

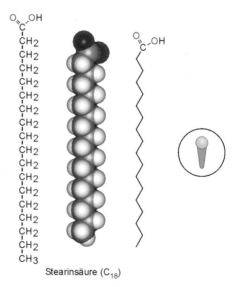

Stearinsäure (C_{18})

2.33 Struktur einer Fettsäure. Stearinsäure besitzt 18 C-Atome. Strukturformel (links), Kalottenmodell (Mitte) und vereinfachte Darstellung (rechts). Im Kreis: Symbol für Fettsäure.

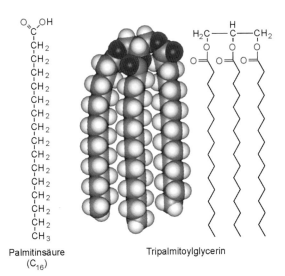

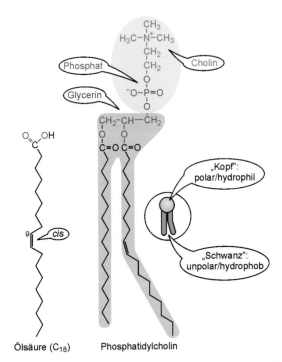

Palmitinsäure (C₁₆)   **Tripalmitoylglycerin**

2.34 Struktur eines Fettmoleküls. Tripalmitoylglycerin im Kalottenmodell (Mitte) und in vereinfachter Darstellung (rechts); zum Vergleich die Strukturformel von „freier" Palmitinsäure (links).

Eigenschaften der Fette: je kurzkettiger und ungesättigter die Acylreste, desto flüssiger und flüchtiger die Fette. Pflanzliche Fette sind stark ungesättigt und bei Raumtemperatur oft flüssig: Sie werden dann als **Öle** bezeichnet. Durch chemische Hydrierung werden ihre Doppelbindungen zu Einfachbindungen umgewandelt; damit lassen sich Fette künstlich „härten". Erdnussbutter und Margarine werden so aus Pflanzenölen gewonnen. Im Innern von Fettzellen – den **Adipocyten** – bilden Triacylglycerine kugelförmige Tröpfchen (engl. *lipid droplets*) von bis zu 1 μm Durchmesser.

Ölsäure (C₁₈)   **Phosphatidylcholin**

2.35 Struktur eines Phosphoglycerids. Die Strukturkomponenten von Phosphatidylcholin sind farblich hervorgehoben; eine symbolische Darstellung ist rechts gezeigt. Die dargestellten Acylreste sind Palmitat (links) und Oleat (rechts). Die Acylreste können 14 bis 24 C-Atome haben und bis zu 6 Doppelbindungen – typischerweise in *cis*-Konformation – tragen.

Phospholipide und Glykolipide sind Komponenten von Biomembranen

2.14

Biologische Membranen sind aus amphiphilen Molekülen aufgebaut, die sich in drei Hauptklassen einteilen lassen: Phospholipide, Glykolipide und Cholesterine. Dabei gliedern sich **Phospholipide** in zwei Untergruppen, nämlich Glycerophospholipide und Sphingophospholipide. Die Glycerophospholipide, meist **Phosphoglyceride** genannt, besitzen ebenso wie Triacylglycerine einen Glycerinrest. Zwei benachbarte Hydroxylgruppen sind wie bei Triglyceriden mit langkettigen, gesättigten oder ungesättigten Fettsäuren verestert. Häufige Acylreste sind wiederum Palmitinsäure (C₁₆) sowie Ölsäure (C₁₈), eine einfach ungesättigte Fettsäure. Die dritte Hydroxylgruppe des Glycerinrests ist hingegen über eine Phosphodiesterbindung mit einem Aminoalkohol – Cholin, Serin, Ethanolamin – oder mit einem Polyalkohol wie z.B. Inositol verknüpft. *Der hydrophile Phosphat„kopf" und die hydrophoben Acyl„schwänze" machen Phospholipide zu Prototypen amphiphiler Verbindungen.*

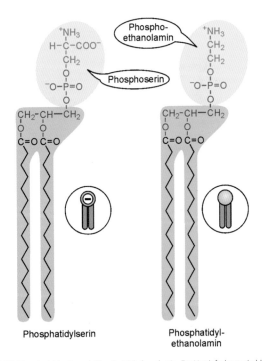

Phosphatidylserin   **Phosphatidylethanolamin**

2.36 Phosphatidylserin und Phosphatidylethanolamin. Zur Vereinfachung sind hier nur gesättigte Acylreste mit 16 C-Atomen (Palmitat) dargestellt; zugehörige Symbole sind eingekreist.

Wichtige Phosphoglyceride sind **Phosphatidylcholin** (Abbildung 2.35) und **Phosphatidylethanolamin** (Abbildung 2.36). Die positiv geladene Aminogruppe der Aminoalkohole kompensiert dabei die negative Ladung des Phosphatrests: Wir haben es mit zwitterionischen Verbindungen zu tun. Im **Phosphatidylserin** trägt der Serinrest neben Amino- und Hydroxylgruppe auch einen Carboxylatrest, die dem Phosphoglycerid eine negative Nettoladung verleiht. Das ebenfalls negativ geladene **Phosphatidylinositol** (▶Tafel A3) kommt nur in kleinen Mengen in Biomembranen vor. Es spielt aber wichtige Rollen als Anker für Membranproteine (▶Abschnitt 25.2) und als Vorstufe für biologische Botenstoffe (▶Abschnitt 28.7).

Neben den Phosphoglyceriden umfasst die Klasse der Phospholipide als zweite große Gruppe die Sphingophospholipide, meist **Sphingomyeline** genannt. Sie tragen an Stelle von Glycerin ein C_{18}-Sphingosinmolekül. Der Kopfteil von **Sphingosin**, der zwei Hydroxylgruppen und eine Aminogruppe trägt, geht in einen langkettigen, einfach ungesättigten Alkylrest über (Abbildung 2.37). Damit ähnelt Sphingosin strukturell einem Monoacylglycerin mit einem ungesättigten Fettsäurerest, wobei dieser aber in *trans*-Konfiguration vorliegt. Durch Acylierung der freien Aminogruppe und Veresterung der endständigen Hydroxylgruppe mit Phosphocholin entsteht Sphingomyelin. *Trotz struktureller Unterschiede weisen Sphingomyeline und Phosphoglyceride in ihren physikalisch-chemischen Eigenschaften eine verblüffende Ähnlichkeit auf.*

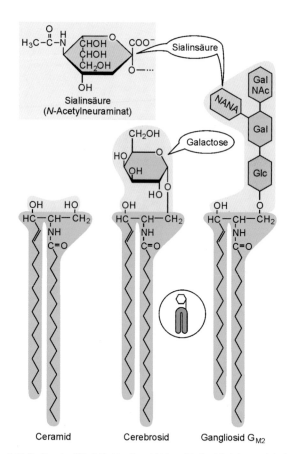

2.38 Struktur der Glykolipide. Von Ceramid leiten sich die einfach bzw. mehrfach glykosylierten Sphingoglykolipide vom Typ der Cerebroside und Ganglioside ab. Gal, Galactose; GalNAc, *N*-Acetylgalactosamin; Glc, Glucose; NANA, Sialinsäure. Im Kreis: Symbol für Glykolipide.

Sphingoglykolipide, kurz **Glykolipide** genannt, verkörpern die dritte wichtige Komponente biologischer Membranen. Grundkörper ist hier das **Ceramid**, das – ähnlich wie Sphingomyelin – ein Sphingosingerüst besitzt, jedoch *keine* Phosphocholingruppe. Durch Glykosylierung von Ceramid entstehen Glykolipide, die einen oder mehrere Zuckerreste tragen (Abbildung 2.38). Die einfachsten Derivate sind die **Cerebroside** mit einem einzelnen Zuckerrest, meist Glucose oder Galactose. Cerebroside, die besonders häufig in den Membranen des Nervensystems vorkommen, sind ungeladen. Durch Addition weiterer, z. T. modifizierter Zuckerreste wie <u>N</u>-<u>A</u>cetyl<u>g</u>alactosamin (GalNac) und **Sialinsäure** (engl. <u>N</u>-<u>a</u>cetyl<u>n</u>euraminic <u>a</u>cid: NANA), das eine freie Carboxylatgruppe trägt, entsteht das komplexe Gangliosid G_{M1} (Abbildung 2.38). **Ganglioside** sind durch einen oder mehrere Sialinsäurereste negativ geladen; sie kommen gehäuft in der Plasmamembran von Nervenzellen des Gehirns vor und dienen als Vorstufen wichtiger Signalmoleküle.

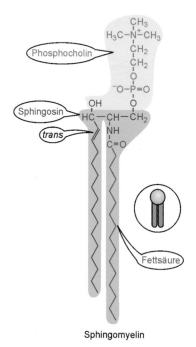

Sphingomyelin

2.37 Chemische Struktur eines Sphingomyelins. An dem Sphingosingerüst (rot) sind eine Phosphocholingruppe (grün) sowie ein Fettsäurerest (Palmitat; blau) via Säureamidbindung fixiert. Im Kreis: Symbol für Sphingomyelin (▶Tafel A3).

2.15
Lipide organisieren sich spontan zu Membranen

Anders als die zuvor besprochenen Bausteine – Nucleotide, Aminosäuren, Zucker – können sich Lipide zu hochmolekularen Verbänden zusammenlagern, ohne dabei kovalente Bindungen einzugehen. Aufgrund der amphiphilen Struktur haben ihre hydrophilen Kopfgruppen Kontakt mit Wassermolekülen, während ihre hydrophoben Schwanzteile – bedingt durch den hydrophoben Effekt (▶ Abschnitt 1.6) – miteinander unter Wasserausschluss aggregieren. Dabei bilden die keilförmigen Fettsäuremoleküle sphärische Micellen (▶ Abbildung 24.2), während sich die röhrenförmigen Phospho- und Glykolipide zu planaren Doppelschichten, den **Biomembranen** , formieren (Abbildung 2.39). Die lipophilen Reste interagieren auf der wasserabgewandten Seite und halten den Molekülverband vor allem über hydrophobe Effekte und van-der-Waals-Kräfte zusammen. Die Kopfgruppen an den Oberflächen der Membranschichten bilden Wasserstoffbrücken und gegebenenfalls ionische Bindungen mit dem wässrigen Medium aus. *Biomembranen sind die*

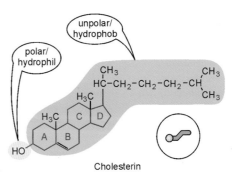

2.40 Struktur von Cholesterin. Der Steroidgrundkörper ist in rot gezeigt. Zur Vereinfachung ist er hier flach dargestellt (▶ Exkurs 46.4). Im Kreis: symbolische Darstellung.

"Häute" der Zellen; sie trennen das Innere vom Äußeren, das Cytoplasma vom Extrazellulärraum.

Ein wesentliches Merkmal biologischer Membranen sind ihre assoziierten Proteine. Diese **Membranproteine** (Abbildung 2.39) können einseitig angelagert und mit Lipidankern in der Membran gehalten werden oder als integrale Membranproteine die Lipiddoppelschicht komplett durchspannen. Biomembranen sind keine starren Gebilde, sondern dynamische und flexible Systeme mit mobilen Komponenten und werden daher modellhaft als **flüssiges Mosaik** (engl. *fluid mosaic*) beschrieben (▶ Abschnitt 24.6).

Die **Lipiddoppelschichten** biologischer Membranen sind semipermeabel und wirken für polare und geladene Moleküle als Barrieren. Dadurch separieren sie wässrige Milieus mit ganz unterschiedlichen Molekül- und Ionenkonzentrationen. Dies gilt auch für den Binnenraum von eukaryotischen Zellen, wo Membranen abgetrennte Reaktionsräume schaffen. Die dabei entstehenden Zellkompartimente ermöglichen eine effiziente intrazelluläre Arbeitsteilung (▶ Abschnitt 3.3). Zelluläre Membranen können Einstülpungen oder Abschnürungen ausbilden, was Grundlage des Vesikeltransports ist (▶ Abschnitt 19.10). Als "Kleber" fungiert dabei das Lipidmolekül **Cholesterin** (Abbildung 2.40). Mit seinem Steroidgerüst hat es eine völlig andere Grundstruktur als Phospho- oder Glykolipide, teilt aber mit ihnen die Amphiphilie. Cholesterin erfüllt noch weitere Aufgaben: So ist es Ausgangspunkt bei der Synthese von Steroidhormonen, Gallensäuren und Vitamin D (▶ Abschnitt 46.7).

Damit haben wir einen ersten Überblick über die komplexe Welt der Biomoleküle gewonnen; in späteren Kapiteln werden wir dieses Wissen vertiefen. Zunächst einmal wollen wir der Frage nachgehen, wie aus diesen relativ einfachen Bausteinen eine biologische Zelle als kleinste lebende Funktionseinheit entstehen kann. Dazu machen wir erst einen kurzen Abstecher in die Frühphase des Lebens und dann einen Rundgang durch die Zelle.

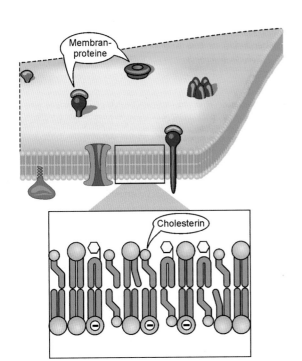

2.39 Struktur einer Zellmembran. Die Plasmamembran besteht aus einer ca. 5–8 nm dicken kontinuierlichen Phospholipiddoppelschicht, die auch Glykolipide und Cholesterin enthält. Membranständige Proteine wie z. B. Enzyme, Pumpen, Kanäle, Träger oder Rezeptoren sind in der Membran verankert.

Zusammenfassung

- Als „Bausteine des Lebens" fungieren vier Hauptklassen von **Biomolekülen**: Kohlenhydrate, Nucleinsäuren, Proteine und Lipide.
- **Kohlenhydrate** dienen als Nährstoffe und Energieträger. Ihre Grundbaustoffe, die Monosaccharide, enthalten neben mehreren Hydroxylgruppen entweder eine Aldehydgruppe (**Aldosen**) oder eine Ketogruppe (**Ketosen**). Nach ihrer **Konfiguration** werden Monosaccharide in D- und L-**Enantiomere** unterschieden, wobei die D-Form vorherrscht. **Pentosen** (mit fünf C-Atomen, z.B. Ribose) und **Hexosen** (sechs C-Atome, z.B. Glucose und Fructose) sind die dominierenden **Monosaccharide**. Sie können in linearer Form vorliegen oder einen Ringschluss vollziehen, bei dem eine glykosidische Hydroxylgruppe entsteht. Diese kann mit einer Hydroxylgruppe eines zweiten Monosaccharids eine *O*-**glykosidische Bindung** eingehen. Prominente **Disaccharide** sind Saccharose und Lactose. Durch lineare, z.T. auch verzweigte Verkettung mehrerer Monosaccharide entstehen **Oligo-** bzw. **Polysaccharide.**
- **Nucleinsäuren** sind die Informationsträger der Zelle. Man unterscheidet Ribonucleinsäuren (RNA) aus **Ribonucleotiden** und Desoxyribonucleinsäure (DNA) mit **Desoxyribonucleotiden** als Einzelbausteinen. Nucleotide sind aus einem Monosaccharid, einer Purin- oder Pyrimidinbase und einem Phosphatrest aufgebaut. Durch Kondensation der 5'-Phosphatgruppe eines Nucleotids mit der 3'-OH-Gruppe eines weiteren Nucleotids entsteht ein Dinucleotid. Die weitere Inkorporation von Nucleotiden erfolgt immer in 5'-3'Richtung und liefert Oligo- und Polynucleotide.
- Zwei DNA-Stränge können zu einer **Doppelhelix** assoziieren. **Komplementäre Basen** sind dabei Adenin (A) und Thymin (T) sowie Guanin (G) und Cytosin (C); bei RNA ist Thymin durch die Base Uracil ersetzt. Bei der **semikonservativen Replikation** der DNA dient jeweils einer der beiden Stränge als Vorlage zur Synthese eines neuen DNA-Strangs.
- Bei der **Transkription** wird von der Erbinformation der DNA im Zellkern eine „Arbeitskopie" in Form von mRNA erstellt. In der **Translation** am Ribosom wird die mRNA in ein Polypeptid übersetzt.
- Die **Proteine** als Werkzeuge der Zelle entstehen durch lineare Verknüpfung aus einem Bausatz von zwanzig verschiedenen **Standardaminosäuren**. Diese bilden durch Kondensation eine **Peptidbindung**; dabei erfolgt die Verknüpfung immer vom Amino- zum Carboxyterminus. Die Abfolge der Aminosäuren in der Peptidsequenz wird als **Primärstruktur** bezeichnet. Oligopeptide sind z.B. Hormone. Längere Polypeptide werden als Proteine bezeichnet und bilden durch Faltung typischerweise **globuläre Strukturen** aus.
- **Lipide** dienen als Energiespeicher (Fett) und als Bausteine biologischer Membranen. Ihr amphiphiler Charakter erlaubt ihnen eine Selbstorganisation in Form von Membranen oder Micellen.
- **Fettsäuren** bestehen aus einer Kohlenwasserstoffkette und einer Carboxyl-Kopfgruppe. Gesättigte Fettsäuren haben keine, ungesättigte Fettsäuren hingegen eine oder mehrere Doppelbindungen. Durch Veresterung von Fettsäuren mit Glycerin entstehen **Triacylglycerine**, die als Fette gespeichert werden.
- **Phospholipide** sind Bausteine von Membranen mit einer hydrophilen Phosphorsäure-Kopfgruppe. Man unterscheidet Phosphoglyceride, Sphingophospholipide und Sphingoglykolipide, die zusammen mit Cholesterin durch nichtkovalente Aggregation zu doppelschichtigen biologischen Membranen assoziieren.

Zellen – Organisation des Lebens

3

Kapitelthemen: 3.1 Protobionten 3.2 Biologische Evolution 3.3 Eukaryotische Zellen 3.4 Zellorganellen 3.5 Zellteilungszyklus 3.6 Zelldifferenzierung 3.7 Erster Hauptsatz der Thermodynamik 3.8 Zweiter Hauptsatz der Thermodynamik 3.9 Reaktionsgleichgewichte 3.10 ATP als Energielieferant 3.11 Systemeigenschaften des Lebens

Die schier unüberschaubare Diversität der belebten Welt ist das Ergebnis einer langen evolutionären Entwicklung, die ihre Spuren in den Genomen und Proteomen der Lebewesen hinterlassen hat. Dieser Vielfalt liegt eine – nicht auf den ersten Blick erkennbare – biochemische Einheitlichkeit zugrunde: Alle Organismen sind aus den gleichen biochemischen Bausteinen konstruiert und funktionieren nach den gleichen physikalischen und chemischen Regeln. Sie nutzen zum Leben die gleichen Prinzipien der Energiewandlung und des Stoffwechsels, und sie sind durch eine gemeinsame Abstammungsgeschichte verbunden. Wir werden uns nun mit der zellulären Ebene in der „Architektur des Lebendigen" beschäftigen und dabei auch thermodynamische Prinzipien kennen lernen, die den biochemischen Reaktionsketten in belebten Systemen zugrunde liegen.

3.1

Die präbiotische Entwicklung schuf Protobionten

Die kleinsten Bausteine des Lebens müssen nicht unbedingt von lebenden Organismen synthetisiert werden. Ein klassisches Experiment weist die **abiotische Synthese** von „einfachen" organischen Molekülen nach: Ein erhitztes Gasgemisch aus Wasserdampf, Methan, Wasserstoff und Ammoniak wird starken elektrischen Entladungen ausgesetzt (Abbildung 3.1). In dem dabei anfallenden Kondensat lassen sich organische Moleküle wie Harnstoff, Essig- und Milchsäure, aber auch Porphyrine – die Vorstufen von Häm – und Aminosäuren wie Glycin, Alanin und Glutamat nachweisen. Unter bestimmten Bedingungen entstehen auch Saccharide und Nucleotide. Diese Experimente simulieren die lebensfeindliche Situation auf der frühen Erde vor rund vier Milliarden Jahren, als die Oberfläche erkaltet war und die Ozeane entstanden: Diese „unwirtliche" und reduzierende **Uratmosphäre**, die fast sauerstofffrei war, bestand vor allem aus Kohlendioxid (CO_2) und Stickstoff (N_2), aber auch aus Methan (CH_4), Ammoniak (NH_3), Schwefeldioxid (SO_2), Schwefelwasserstoff (H_2S), Chlorwasserstoff (HCl) und Blausäure (HCN). Hohe Temperaturen, starke UV-Strahlung der Sonne und Blitzentladungen lieferten die Energie für chemische Reaktionen in dieser **präbiotischen Welt**.

Mit den einfachen organischen Molekülen in der „**Ursuppe**" der Ozeane war eine erste Vorstufe des Lebens erreicht. Wie die frühe Entwicklung genau ablief, kann bislang nur hypothetisch erörtert werden. Zunächst einmal mussten „einfache" Bausteine wie Nucleotide und Aminosäuren zu

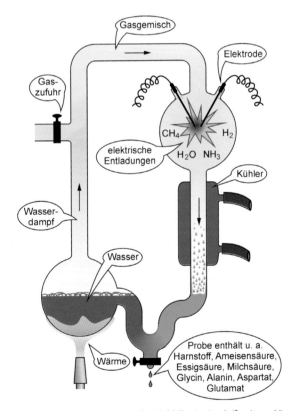

3.1 Abiotische Synthese von organischen Molekülen. In einer heißen Atmosphäre aus Ammoniak (NH_3), Methan (CH_4), Wasserstoff (H_2) und Wasserdampf entstehen durch elektrische Entladungen („Blitze") einfache organische Moleküle wie Aminosäuren, Nucleotide und Saccharide.

Oligomeren kondensieren. Diese **abiotische Kondensation** könnte durch anorganische Katalysatoren unterstützt worden sein und z. B. an der Oberfläche heißer Tonmineralien stattgefunden haben. Dabei waren kurze Polymere aus Ribonucleotiden möglicherweise ideale Kandidaten für den frühesten Modus der Replikation (Abbildung 3.2). *Diese RNA-Polymere konnten abiotisch entstehen, stellten eine Matrize für die Synthese komplementärer Stränge dar und entfalteten vermutlich auch selbst katalytische Wirkung.* Solche (auto-)katalytische RNA – kurz: **Ribozym** ⌖ – existiert auch noch in heutigen Zellen (▸ Abschnitt 12.7). Das Szenario einer frühen **RNA-Welt** ⌖, die noch ohne Proteine und DNA auskam, ist mittlerweile eine gängige Hypothese.

Die selbstreplizierenden Nucleotidsequenzen der RNA-Welt (Replikasen) könnten erstmals das Prinzip **Vererbung** verwirklicht und damit eines der zentralen Merkmale heutigen Lebens hervorgebracht haben (Abschnitt 3.11): *Genetische Information, die durch eine Nucleinsäuresequenz niedergelegt ist, wird durch Replikation an eine Folgegeneration*

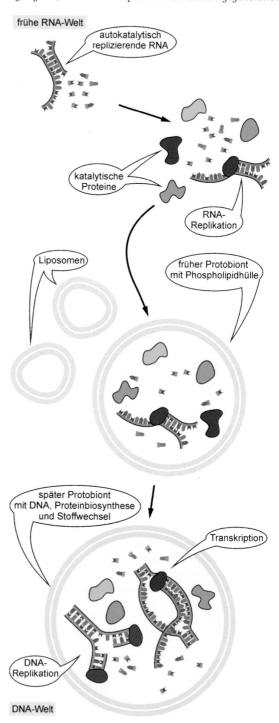

3.2 Kondensation, Matrizenbildung und Replikation in einer RNA-Welt. Der komplementäre Strang wird entsprechend den Basenpaarungsregeln gebildet (▸ Abschnitt 2.7). Prinzipiell kann sich RNA auch autokatalytisch replizieren; ebenso kann sie die Synthese von RNA-Bausteinen wie z. B. Uridin-5-phosphat katalysieren.

3.3 Hypothetisches Modell für die Entstehung protobiontischer Organisationsformen. Effizientere RNA-Replikation durch Protoenzyme, liposomale Umhüllung, Entstehung der Proteinbiosynthese, Aufkommen eines DNA-Genoms sowie Entwicklung der Transkription waren wichtige Stationen auf dem Weg zur Urzelle.

von Makromolekülen weitergegeben. In späteren Phasen der chemisch-präbiotischen Entwicklung entstanden vermutlich die Vorstufen von Proteinen. Diese bildeten wahrscheinlich Komplexe mit RNA und verbesserten dadurch die katalytische Effizienz bei der Replikation. Durch nachfolgende Entwicklung eines einfachen Proteinbiosyntheseapparats konnten diese Ribonucleoproteinkomplexe, die auch in heutigen Zellen in Form von Ribosomen vorkommen, möglicherweise Proteine selbst herstellen. Schließlich assemblierten spontan entstandene **Lipidmoleküle** und schlossen RNA-, Protein- und Zuckermoleküle in Vesikeln ein: Damit waren **Protobionten** als membranumhüllte Aggregate von Makromolekülen entstanden (Abbildung 3.3). Ihr vom Außenmilieu **abgetrennter Reaktionsraum** war wesentliche Voraussetzung für eine effiziente Energienutzung und die Entwicklung eines primitiven Stoffwechsels, der in seiner Gesamtheit als **Metabolismus** bezeichnet wird. Vermutlich wurde RNA als Erbträger erst in einem späteren Stadium der Evolution von der stabileren und präziser replizierbaren **DNA** abgelöst.

3.2
Die biologische Evolution erklärt Einheitlichkeit und Vielfalt des Lebens

Protobiontische Organisationsformen auf der Basis von RNA, DNA, Proteinen und Lipiden markierten die Endphase der chemisch-präbiotischen Entwicklung und damit die **Entstehung des zellulären Lebens** (Abbildung 3.4). *Diese fundamentale Entwicklung nahm vor etwa 3,8 Milliarden Jahren ihren Anfang und kulminierte in der Entstehung einer hypothetischen „Urzelle".* Tatsächlich datieren die ältesten fossilen Reste solcher Urzellen vor etwa 3,5 Milliarden Jahren. Als **Prokaryoten** (griech. *pro*, vor; *karyon*, Kern) betrieben diese zellulären Urahnen bereits Proteinbiosynthese und verfügten über eine Plasmamembran rund um ihren Zellinhalt, hatten aber *keinen* Zellkern. Prototyp eines heutigen Prokaryoten ist *E. coli* (Exkurs 3.1).

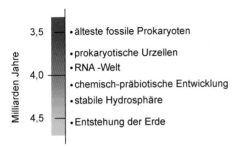

3.4 Zeitskala der präbiotischen Entwicklung und Entstehung des Lebens. Nach der Entstehung der Erde vor rund 4,6 Milliarden Jahren, der Stabilisierung ihrer Oberfläche und der Bildung von Urozeanen entstand vermutlich in der chemisch-präbiotischen Phase eine RNA-Welt. Die ersten prokaryotischen Zellen könnten vor etwa 3,8 Milliarden Jahren aufgetreten sein.

Exkurs 3.1: *E. coli* – ein typischer Prokaryot

Der einzellige Mikroorganismus ***Escherichia coli*** ⌖ ist ein meist harmloser Darmbewohner von Säugern, der aufgrund seiner zylindrischen Form zu den **Stäbchenbakterien** zählt (Abbildung 3.9). Er erreicht eine Länge von ca. 2 μm und ein Volumen von etwa 1 fl (10^{-15} l). *E. coli* besitzt typische Merkmale eines Prokaryoten: Sämtliche intrazellulären Aktivitäten laufen in einem Reaktionsraum ab, der von einer Plasmamembran begrenzt ist. Ein Zellkern fehlt: Die DNA liegt ringförmig im Cytoplasma vor (Abbildung 3.5). *E. coli* ist mit seiner kurzen Generationszeit von etwa 25 Minuten und anspruchslosen Kulturbedingungen zum **genetischen Modellorganismus** avanciert, dessen Genom bereits im Jahr 1997 vollständig sequenziert wurde (▶ Abschnitt 16.6). *E. coli* hat wie die meisten Prokaryoten eine vor osmotischem Druck schützende **Zellwand** aus Peptidoglykanen, die der Plasmamembran aufsitzt. Peptidoglykane bestehen aus langkettigen Polysacchariden, die über Tetrapeptide kovalent miteinander verknüpft sind; Penicillin hemmt ihre Biosynthese. Bei **gramnegativen Bakterien** wie *E. coli* wird diese dünne Zellwand von einer äußeren Membran aus Lipopolysacchariden (LPS-Schicht) ummantelt (▶ Abschnitt 36.3). Bei **grampositiven Bakterien** (z. B. *Staphylococcus*) findet sich hingegen eine deutlich dickere Peptidoglykan-Zellwand, aber keine LPS-Schicht. Auf diesem Unterschied beruht die differenzielle Färbung nach Gram: Bei *E. coli* können bestimmte Farbstoffe wieder ausgewaschen werden, während sich **grampositive Bakterien** damit stabil anfärben lassen ⌖.

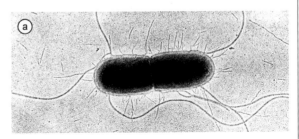

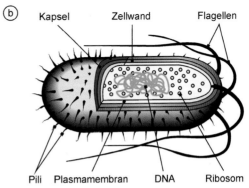

3.5 Prokaryotische Zelle. Elektronenmikroskopische Aufnahme einer *E.-coli*-Bakterienzelle kurz vor der Teilung (a) und schematische Darstellung (b) eines stäbchenförmigen Prokaryoten. Die Geißeln (Flagellen) dienen der Fortbewegung; Pili sind kompaktere Strukturen, die der zellulären Anheftung und dem interzellulären DNA-Austausch dienen. Eine Kapsel kann als zusätzliche Schutzstruktur ausgebildet sein. [AN]

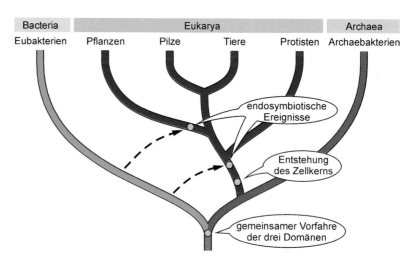

3.6 Hypothetischer Stammbaum des Lebens. Die biologische Vielfalt auf der Erde mit Millionen von Arten gründet vermutlich auf einer „Urzelle": Aus diesem gemeinsamen Vorfahren (LUCA) gingen die drei Domänen *Bacteria*, *Eukarya* und *Archaea* hervor. Endosymbiotische Ereignisse, die zur Entwicklung von Mitochondrien und Chloroplasten führten (Exkurs 3.2), fanden in der eukaryotischen Linie möglicherweise auch schon vor der Entstehung des Zellkerns statt. [AN]

Eine hypothetische Urzelle LUCA (engl. *last universal common ancestor*) bildete den Ursprung für divergierende Entwicklungslinien, aus denen letztlich drei große Gruppen von Organismen – auch Domänen genannt – hervorgingen: *Archaea*, *Bacteria* und *Eukarya* (Abbildung 3.6). Nach dieser Theorie trennte sich frühzeitig die Linie der **Eubakterien**, zu denen neben *E. coli* z. B. auch Borrelien gehören, von jener der **Archaebakterien**, zu denen etwa Halobakterien zählen. Man nimmt an, dass sich vor mehr als zwei Milliarden Jahren die Entwicklungslinie der **Eukaryoten** – also „wahrhaft" kernhaltiger Zellen (griech. *eu*, wahr) – von den *Archaea* abzweigte: Die ältesten eukaryotischen Fossilien werden auf etwa 2,1 Milliarden Jahre datiert. Aus den frühen Eukaryoten haben sich vier große Reiche von Organismen entwickelt: Protisten, zu denen z. B. einzellige Amöben, Trypanosomen und Wimpertierchen gehören, sowie Pflanzen, Pilze und Tiere. Zwischen den Entwicklungslinien gab es auch Austausch: *Vermutlich kam es durch Aufnahme einer Zelle durch eine andere zu einer endosymbiotischen „Beziehung". Die Mitochondrien heutiger eukaryotischer Zellen werden als Nachfahren dieser Endosymbionten angesehen* (Exkurs 3.2). Viren fallen definitionsgemäß *nicht* in die Kategorie lebender Organismen, da sie sich außerhalb ihrer Wirtszellen nicht vermehren können und damit nicht selbstreplizierend sind.

Mit der Entstehung der ersten Einzeller begann die **biologische Evolution** (lat. *evolvere*, entfalten), die im Laufe der Jahrmillionen über die ersten Vielzeller zur Entwicklung komplexer Lebensformen führte (Abbildung 3.7). Eine Erklärung für diese Diversifizierung des Lebens liefert Charles Darwins **Evolutionstheorie**: *Danach entsteht Vielfalt der Organismen durch das Wechselspiel von zufälliger genetischer Veränderung via* **Mutation** *und natürlicher Auslese der besser angepassten Individuen durch* **Selektion**. Die vererbbare **Variation** der Individuen und ihr unterschiedlicher Grad an **Fitness** – im Sinne von Fortpflanzungserfolg – hat langfristig gravierende Auswirkungen auf das Fortbestehen der biologischen Art oder **Spezies**, der sie angehören. Durch diese dynamischen Prozesse der **Artenbildung** verändern sich Arten, sterben aus oder entstehen neu. Dabei verläuft die Gesamtentwicklung *nicht* teleologisch, d. h. sie ist nicht zielgerichtet. Eine „Höherentwicklung" bis hin zur „Krone der Schöpfung" findet nur aus anthropozentrischem Blickwinkel statt.

Zum Überleben brauchen Organismen eine stete Zufuhr an Energie. Als „offene Systeme", die mit ihrer Umgebung Materie und Energie austauschen (Abschnitt 3.7), haben Zel-

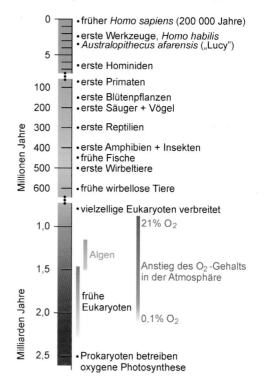

3.7 Phasen der biologischen Evolution. Auf den Zeitskalen sind Meilensteine der frühen Evolution (unten), der Entwicklung von Wirbeltieren (Mitte) und der Humanevolution (oben) aufgetragen. Die Entstehung der ersten Eukaryoten in der Frühzeit der Evolution lässt sich nur sehr grob datieren.

len unterschiedliche Strategien entwickelt, um ihren Nachschub an „Treibstoff" zu sichern. Kommen sie bei ihren biochemischen Reaktionen *ohne* molekularen Sauerstoff aus, so besitzen sie einen **anaeroben Stoffwechsel**. Wahrscheinlich waren die ersten Prokaryoten anaerob und **heterotroph**, d. h. sie „fraßen" energiereiche Moleküle. Dabei waren sie so erfolgreich, dass es bald zu einer Nährstoffverknappung kam. *Unter diesem Selektionsdruck entwickelten sie eine neue metabolische Strategie, die die Sonne als Energiequelle zur Synthese von Kohlenhydraten aus Wasser und CO_2 nutzbar machte.* Solche (photo)**autotrophen** Prokaryoten (griech. *autotrophos*, sich selbst ernährend) koppelten die Wasserspaltung an ihre Photosynthese (Abbildung 3.28). Als „Abfallprodukt" entstand molekularer Sauerstoff, der sich im Laufe hunderter Millionen Jahre in der Atmosphäre anreicherte (Abbildung 3.7). Vor etwa zwei Milliarden Jahren begannen einige Prokaryoten, den verfügbaren Sauerstoff zu nutzen: Sie entwickelten einen **aeroben Stoffwechsel**, der über die oxidative Phosphorylierung (Abbildung 3.31) eine viel höhere Ausbeute an biochemisch nutzbarer Energie in Form von ATP erzielt. Vermutlich kombinierten Einzeller aus der Frühzeit der Evolution verschiedene metabolische Strategien, indem sie eine Symbiose eingingen (Exkurs 3.2).

Exkurs 3.2: Endosymbiontentheorie

Die gängige Hypothese zur Entstehung von Eukaryoten besagt, dass ein urtümlicher Eukaryot, eine phagotrophe Zelle mit Kern, einen Prokaryoten „schluckte". Die aufgenommene Zelle konnte sich erfolgreich einem Abbau widersetzen und lebte fortan im Cytoplasma der eukaryotischen Wirtszelle **symbiotisch** (griech. *sym*, mit; *bios*, Leben) weiter. Sie entwickelte sich im Laufe der Evolution zum heutigen **Mitochondrium** und sorgte dafür, dass der Stoffwechsel der „Wohngemeinschaft" aerob und damit energetisch effizient betrieben wurde. Im Detail ist die Entstehung der Eukaryoten jedoch noch unklar, zumal keine Übergangsformen zwischen Pro- und Eukaryoten bekannt sind. Neuere Forschungsergebnisse zeigen, dass entgegen früheren Annahmen praktisch alle bekannten Eukaryoten Mitochondrien oder verwandte Organellen (Mitosomen, Hydrogenosomen) besitzen. Daher neigt man heute eher zu der Annahme, dass es sich bei der ursprünglichen Wirtszelle um ein kernloses Archaebacterium handelte und die Symbiose mit einem α-Proteobacterium der entscheidende Schritt zum Eukaryoten war (Abbildung 3.8, Schritt 1). Der Kern und andere Organellen entwickelten sich demnach erst in der Folge (Schritte 2–4a). Durch Endocytose von photosynthetisch aktiven Cyanobakterien sind vermutlich in ähnlicher Weise die **Chloroplasten** von Algen und Pflanzen entstanden (Schritt 4b).

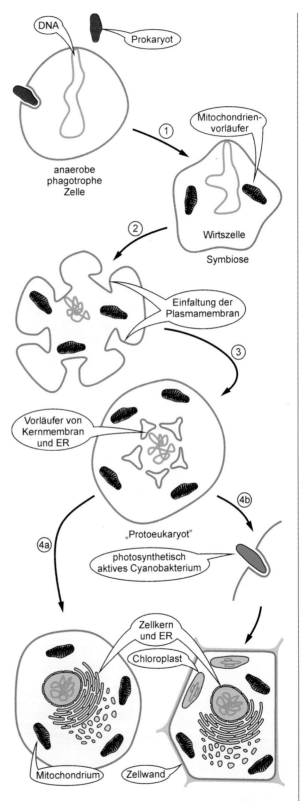

3.8 Modell für die Entstehung eukaryotischer Zellen. Die Reihenfolge der abgebildeten Schritte und die genaue Identität der Vorläuferzellen sind noch ungeklärt. ER, endoplasmatisches Reticulum. [AN]

Eukaryotische Zellen sind gekammert

Von wenigen Ausnahmen abgesehen sind biologische Zellen für das bloße Auge nicht sichtbar; ihre Größe liegt typischerweise im Submillimeterbereich. Wer die kleinsten Einheiten des Lebens sehen will, muss zum Mikroskop greifen (Abschnitt 3.11). Beim Vergleich prokaryotischer und eukaryotischer Zellen (Abbildung 3.9) werden wesentliche Unterschiede offenbar: **Prokaryoten** *wie etwa Bakterien sind mit etwa 1 – 5 μm Größe sehr viel kleiner als typische* **Eukaryoten** *(ca. 10 – 100 μm); entsprechend haben sie ein ungefähr tausendfach kleineres Volumen.* Während das Zellinnere der

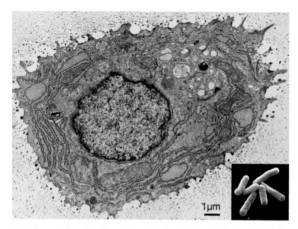

3.9 Eukaryotische und prokaryotische Zellen im Größenvergleich. Großes Bild: Die elektronenmikroskopische Darstellung einer eukaryotischen Zelle (Chondroblast, eine knorpelbildende Zelle) zeigt deutlich den großen runden Zellkern sowie weitere Kompartimente. Kleines Bild (rechts unten): *E.-coli-*Zellen sind wesentlich kleiner (rasterelektronenmikroskopische Aufnahme). [AN]

Prokaryoten relativ unstrukturiert erscheint – es gibt hier weder Zellkern noch klar abgegrenzte funktionelle Einheiten –, zeigt die eukaryotische Zelle eine deutliche Feinstruktur.

Eukaryotische Zellen besitzen neben ihrer Plasmamembran ein ausgedehntes System **intrazellulärer Membranen**. Sie grenzen innerhalb der Zelle Reaktionsräume **(Kompartimente)** ab, die spezielle Aufgaben wahrnehmen und daher auch **Zellorganellen** heißen (Abbildung 3.10). Das größte Organell ist der **Zellkern** (lat. *nucleus*, Kern). Ebenso wie das endoplasmatische Reticulum (ER) und der Golgi-Apparat kommt dieses **Kompartiment** nur einmal pro Zelle vor. Andere Organellen wie Mitochondrien, Lysosomen, Endosomen und Peroxisomen sind wesentlich kleiner, kommen aber in größerer Zahl vor. *Den Hauptanteil an der Gesamtmembranfläche eines typischen Eukaryoten stellen das weit gefächerte ER (50 %) und die Mitochondrien (20 – 40 %).* Dagegen machen die Membranen des Golgi-Apparates und des Kerns ebenso wie die Plasmamembran nur einen kleineren Anteil (1 – 10 %) aus. Das **Cytoplasma** umfasst den gesamten von der Plasmamembran umgebenen Zellraum inklusive Organellen – mit Ausnahme des Kerns. **Cytosol** bezeichnet dagegen das flüssige Zellmedium, in dem die Organellen „schwimmen" (Abbildung 3.10). Ebenso wie die Zelle selbst sind die meisten Organellen von einer einfachen Membran, bestehend aus einer Lipiddoppelschicht, umgeben; eine **Doppelmembran** – entsprechend zwei Lipiddoppelschichten – haben nur Zellkern und Mitochondrien sowie Chloroplasten der pflanzlichen Zellen (Exkurs 3.3).

Der **Nucleus** ⌐ ist von einer **Kernhülle** umgeben. Sie besteht aus einer inneren und einer äußeren Membran, die das perinucleäre **Lumen** umschließen. Dieses steht mit dem Lumen des endoplasmatischen Reticulums (Abschnitt 3.4) in Verbindung: Die äußere Kernmembran geht in die rauen Membranen des ER über und ist wie diese mit Ribosomen

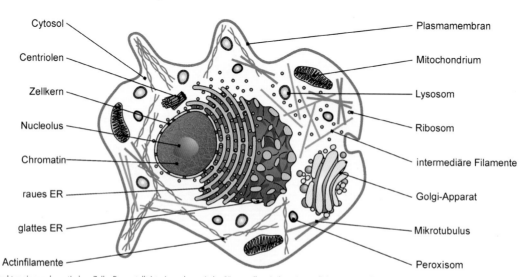

3.10 Struktur einer eukaryotischen Zelle. Dargestellt ist eine schematische Säugerzelle mit ihren intrazellulären Organellen (nicht maßstabsgerecht). ER, endoplasmatisches Reticulum. Das Cytosol ist hellgelb markiert.

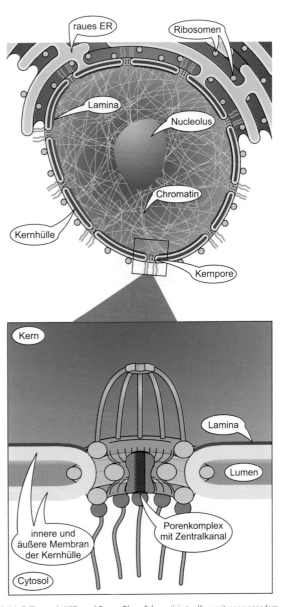

Exkurs 3.3: Besonderheiten der Pflanzenzelle

Pflanzliche Zellen besitzen im Gegensatz zu tierischen Zellen eine mehrschichtige **Zellwand**, die vor allem aus Cellulose besteht (Abbildung 3.8, unten rechts). Sie verleiht der Zelle mechanischen Schutz sowie Zug- und Druckfestigkeit, sodass vielzellige Pflanzen auch ohne ein stützendes „Skelett" auskommen. Die formgebenden Zellwände lassen pflanzliche Gewebe unter dem Mikroskop „geometrischer" erscheinen als tierische Zellverbände. Nachbarzellen können über Verbindungskanäle (Plasmodesmen) Stoffe austauschen. Eine große **Zellsaftvakuole**, die den osmotischen Druck (Turgor) regelt, dient darüber hinaus – ähnlich wie Lysosomen – der Speicherung und Entsorgung von Stoffwechselprodukten. Ein auffälliges Merkmal der Pflanzenzellen sind die **Chloroplasten**: Diese Zellorganellen betreiben an ihren Thylakoidmembranen mithilfe des Farbstoffs **Chlorophyll** die lichtgetriebene Umwandlung von CO_2 und H_2O in Glucose. Chloroplasten verfügen ebenso wie Mitochondrien, die sich in Pflanzenzellen natürlich auch finden, über ein eigenes zirkuläres Genom. Auf der **Photosynthese** beruht die Autotrophie von Pflanzen, die den heterotrophen Tieren als Nahrungsgrundlage dienen (Abschnitt 3.2).

besetzt. Darüber hinaus stehen auch die innere und die äußere Kernmembran in Verbindung und sind an den Kernporen miteinander fusioniert (Abbildung 3.11). Dies ist bei Mitochondrien oder Chloroplasten anders: Dort sind die beiden umhüllenden Membranen völlig unabhängig voneinander. Die Kernhülle ist an der Innenseite mit einer **Lamina**, einem stabilisierenden Geflecht aus Proteinfilamenten (Laminen) ausgekleidet. **Kernporen** sorgen für den Stoffaustausch mit dem Cytoplasma. Im Zellkern liegt die DNA meist in Form langer fadenartiger DNA-Moleküle als „ungeordnetes" **Chromatin** vor. Nur vor Zellteilungen verdichtet sich das Chromatin zu **Chromosomen** und ermöglicht damit eine gleichmäßige Verteilung des zuvor duplizierten Erbmaterials auf die entstehenden Tochterzellen (Abschnitt 3.5). Im Zellkern finden sich neben DNA- auch RNA-Moleküle. Diese Transkripte werden als mRNA über die Kernporen in das Cytoplasma exportiert. Im lichtmikroskopisch sichtbaren Kernkörperchen oder **Nucleolus** (lat., kleiner Kern) werden Gene für die ribosomale RNA (rRNA) transkribiert. Die Ribosomen werden aus rRNA- und Proteinuntereinheiten im Nucleolus zusammengebaut und anschließend ins Cytoplasma exportiert, wo sie die Proteinbiosynthese betreiben.

3.11 Zellkern mit Hülle und Poren. Oben: Schematisierter Kern mit angrenzendem ER im Querschnitt. Die Vergrößerung zeigt die Kernhülle mit einem Kernporenkomplex.

Zellorganellen strukturieren das Cytoplasma

Das **endoplasmatische Reticulum** – kurz: ER (lat. *reticulum*, kleines Netz) – ist ein ausgedehntes Membranlabyrinth mit abgeplatteten, sackförmigen Ausstülpungen und röhrenförmigen Netzwerken; es nimmt einen Großteil des Cytoplasmas ein (Abbildung 3.12). Das **raue ER** ist mit Ribosomen

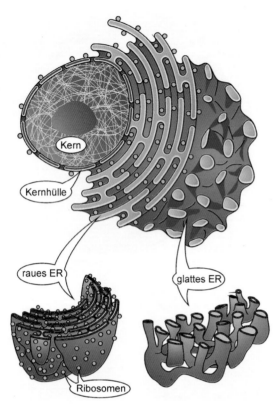

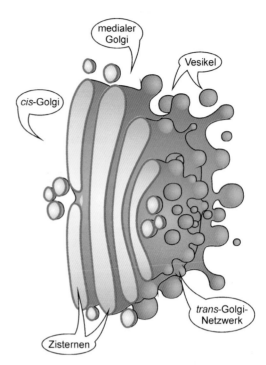

3.12 Endoplasmatisches Reticulum (ER). Die „rauen" lappenförmigen Teile sind mit Ribosomen besetzt und kommunizieren mit den „glatten" tubulären Stücken ohne Ribosomenbesatz. Die äußere Membran der Kernhülle geht in die ER-Membran über.

3.13 Topologie des Golgi-Apparats. Die aufgestapelten Membransäcke sind in sich geschlossen und an den Enden als Zisternen aufgetrieben. Hier entstehen zahllose Vesikel, die biosynthetische Produkte von der *cis*-Seite über den medialen Golgi zur *trans*-Seite bringen oder andere Zellkompartimente bedienen.

„gespickt" und auf die Synthese von Membran- und sekretorischen Proteinen spezialisiert, während das **glatte ER** die Membranlipidsynthese der Zelle wahrnimmt; gleichzeitig dient es als intrazellulärer Ca^{2+}-Speicher. Das **sarcoplasmatische Reticulum** ist eine Spezialform des glatten ER in Muskelzellen. Es ist ein gigantischer Ca^{2+}-Speicher, der für die Auslösung der Muskelkontraktion benötigt wird.

Der **Golgi-Apparat** ⌒ – kurz: Golgi – ist ein Stapel abgeflachter Membransäcke, die ihren Binnenraum „hermetisch" gegenüber ER und perinucleärem Raum abschließen (Abbildung 3.13). Der Golgi ist *der* Umschlagplatz der Zelle, der neu synthetisierte Proteine vom ER empfängt, modifiziert, sortiert und an intra- und extrazelluläre Bestimmungsorte versendet. Dazu ist dieses Organell in den *cis*-Golgi als Empfangsstelle, den **medialen Golgi** als Fertigungsstelle und den *trans*-Golgi als Sortier- und Versandstelle gegliedert; der Verkehr funktioniert aber auch in umgekehrter Richtung. Die Kommunikation zwischen Golgi und den übrigen Kompartimenten der Zelle läuft über kleine membranumschlossene Fähren oder **Vesikel** ⌒. Auch der Export von Zellprodukten verläuft über vesikulären Transport.

Die Aufnahme von Stoffen in eine Zelle bezeichnen wir als **Endocytose**, wenn dabei durch Einstülpung und Abschnürung der Zellmembran membranumhüllte Vesikel ent-

stehen, die unterschiedliche Ziele in der Zelle ansteuern können (Abbildung 3.14). Für diese Zielfindung spielt die Ummantelung des Vesikels mit Clathrin und anderen Proteinen eine wichtige Rolle (▶Abschnitt 19.10). Die endocytotische Aufnahme von flüssigen oder gelösten Stoffen bezeichnen wir als **Pinocytose** (griech. *pinein*, trinken), während die Einschließung von Partikeln bis hin zu ganzen Bakterienzellen als **Phagocytose** (griech. *phagein*, fressen) firmiert. Vesikel mit externen Stoffen (**Phagosomen**) oder auch mit zelleigenen Materialien (**Autophagosomen**) vereinigen sich zu **Endosomen**, die als „Müllsortieranlagen" ihren Inhalt wiederverwerten oder ihn zum Abbau an die zellulären Shredder (Lysosomen und Peroxisomen) weiterleiten. **Lysosomen** sind membranumhüllte Vesikel, die ein ganzes Arsenal an hydrolytischen Enzymen zum Abbau der zellulären Abfallstoffe (Proteine, Kohlenhydrate, Nucleinsäuren, Phospholipide) enthalten. Komplementäre Aufgaben nehmen **Peroxisomen** wahr, die kontrolliert aggressives Wasserstoffsuperoxid (H_2O_2) zur „Entschärfung" von toxischen Produkten erzeugen (▶Exkurs 19.2).

Vesikuläre Transportrouten verlaufen nicht nur von der extrazellulären Matrix zum Zellinnern, sondern auch in umgekehrter Richtung vom Zentrum zur Plasmamembran oder gar darüber hinaus: So werden z.B. Proteine aus dem endoplasmatischen Reticulum durch Abschnürung der ER-Membran in Vesikel verpackt und auf die intrazelluläre Reise ge-

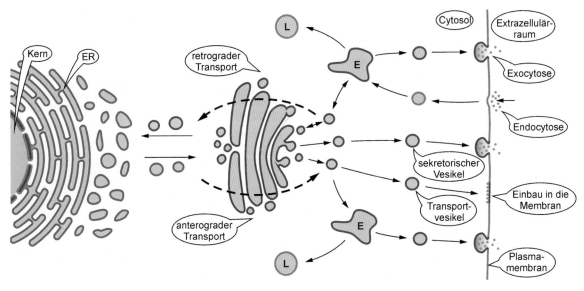

3.14 Vesikuläre Transportwege in der eukaryotischen Zelle. ER, endoplasmatisches Reticulum; L, Lysosom; E, Endosom.

schickt (Abbildung 3.14). Über wiederholte Membranverschmelzung und -abschnürung passieren sie den Golgi und liefern als **Transportvesikel** ihre Fracht an der Cytoplasmamembran ab. Dadurch werden z. B. neu synthetisierte Lipide oder Proteine in die Plasmamembran integriert. Alternativ geben **sekretorische Vesikel** durch **Exocytose** Stoffe in den extrazellulären Raum ab. Je nach Durchgangsrichtung am Golgi unterscheidet man zwischen anterogradem und retrogradem Transport.

Mitochondrien ⬦ kommen in bis zu 2 000 Exemplaren pro Zelle vor. Die Morphologie dieser sprichwörtlichen „Kraftwerke" der Zelle, die aus Nährstoffen und O_2 letztlich ATP und CO_2 erzeugen und damit die Zellatmung betreiben, unterliegt dynamischen Veränderungen. Je nach physiologischem Status der Zelle sind sie bohnenförmige Einzelgebilde, oder sie lagern sich zu einem mitochondrialen Netzwerk zusammen, das die ganze Zelle durchzieht. Mitochondrien sind von einer inneren und einer äußeren Membran umschlossen (Abbildung 3.15). Zwischen den beiden mitochondrialen Membranen liegt der **Intermembranraum**. Der Innenraum der Mitochondrien wird als **Matrix** bezeichnet. Neben „klassischen" Stoffwechselwegen wie dem Citratzyklus findet hier auch die Biosynthese von Eisen-Schwefel-Clustern, wichtigen Kofaktoren zahlreicher Proteine, statt. Die **innere mitochondriale Membran** gewinnt durch zahllose Einstülpungen **(Cristae)** enorm an Fläche und maximiert damit ihr ATP-Synthesepotenzial. Der Stoffaustausch zwischen Mitochondrien und Cytoplasma ist strikt reguliert. Dabei stellt die innere Membran die eigentliche Barriere dar, die äußere Membran ist eher durchlässig. Mitochondrien besitzen – ebenso wie Chloroplasten – eine eigene **zirkuläre DNA** in ihrem Matrixraum. Diese codiert für einen kleinen Teil der mitochondrialen Proteine, die auch im Mitochondrium selbst hergestellt werden. Ein beträchtlicher Teil der Prote-

ine, die für den Aufbau dieser Organelle benötigt wird, ist hingegen kerncodiert und muss nach der Synthese im Cytoplasma eigens importiert werden (▶ Abschnitt 19.2).

Organellen und Vesikel flottieren nicht frei in der Zelle. Vielmehr sind sie in ein cytoplasmatisches „Maschenwerk" eingewoben. Drei Kabel unterschiedlicher Dicke spannen dieses **Cytoskelett** ⬦ auf: **Mikrotubuli** mit einem Durchmesser von rund 25 nm, **Intermediärfilamente** mit etwa 10 nm und

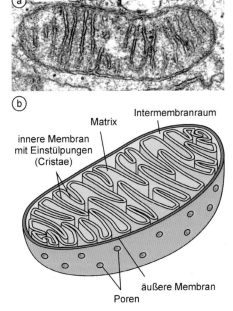

3.15 Aufbau eines Mitochondriums. Das EM-Foto (a) zeigt die langgestreckten Cristae. In der schematischen Darstellung (b) erkennt man die Poren der äußeren Membran, die einen relativ ungehinderten Stofftransport zwischen Intermembranraum und Cytoplasma erlauben. [AN]

Mikrofilamente von etwa 7 nm (▶Abschnitt 33.1). In der Nähe des Kerns liegt das **Centrosom**, das mithilfe seiner beiden **Centriolen** Aufbau und Dynamik des Cytoskeletts kontrolliert und die Organisation des Spindelapparats bei der Mitose übernimmt.

3.5 Der eukaryotische Zellteilungszyklus verläuft in vier Phasen

Höhere Eukaryoten steuern die **Proliferation**, d.h. Wachstum und Teilung ihrer Zellen, mithilfe von Wachstumsfaktoren. Dabei durchlaufen sie einen Zyklus. Formal lässt sich der Teilungszyklus der meisten eukaryotischen Zellen in die beiden Abschnitte Mitose und Interphase unterteilen (Abbildung 3.16). In der <u>Mitose</u> – auch **M-Phase** genannt – erfolgen die sichtbarsten Veränderungen, nämlich die Teilung von Kern und Zelle. Die nachfolgende **Interphase** umfasst drei Teilperioden. In einer ersten Zwischen- oder G_1-**Phase** (engl. *gap*, Lücke) wächst die neu entstandene Zelle. Die nachfolgende DNA-<u>S</u>ynthese- oder **S-Phase** gibt Zeit für die Verdopplung der Chromosomen. Daran schließt sich eine zweite Wachstums- oder G_2-**Phase** an, in der die Zelle hauptsächlich neue Proteine herstellt. Mit dem Übergang zur nächsten Mitose endet die Interphase, und der **Zellzyklus** ⌁ schließt sich. Rasch proliferierende menschliche Zellen durchlaufen einen Zyklus in etwa 24 Stunden, wobei die M-Phase mit ca. 1 Stunde die kürzeste und die G_1-Phase mit rund 11 Stunden die längste Periode ist, während S-Phase (8 h) und G_2-Phase (4 h) von der Dauer dazwischen liegen.

Zellen können sich hinsichtlich ihrer Teilungsaktivität deutlich unterscheiden. Vereinfachend können wir drei Kategorien unterscheiden: **dauerhaft proliferierende Zellen** (z.B. erythropoetische Stammzellen des Knochenmarks oder lymphopoetische Zellen des Immunsystems), **teilungsinaktive Zellen** (z.B. die meisten Neuronen im Nervensystem, Skelettmuskelzellen oder Herzmuskelzellen) sowie **ruhende Zellen**, die nur bei Bedarf proliferieren (z.B. Fibroblasten der Haut oder Hepatocyten der Leber). Kurz vor dem Ende der G_1-Phase macht die Zelle eine „Bestandsaufnahme" und prüft, ob adäquate Reize wie z.B. Wachstumsfaktoren auf sie einwirken. Bei „Fehlanzeige" wird der Zellzyklus angehalten, und die Zelle geht in eine Ruhe- oder G_0-Phase über. In dieser „Warteschleife" sind Zellen zwar metabolisch aktiv, proliferieren aber nicht. Die kritische Schwelle in der späten G_1-Phase, die über Verbleib oder Ausscheren aus dem Zellzyklus entscheidet, wird **Restriktionspunkt** genannt. Wachstumsfaktoren erlösen G_0-Zellen aus ihrem Dornröschenschlaf und befördern sie in den normalen Zyklus zurück. Weitere Kontrollpunkte wachen über andere Zyklusphasen (Abbildung 3.16). Viele fundamentale Erkenntnisse über den Zellzyklus wurden an der Taufliege *Drosophila melanogaster*

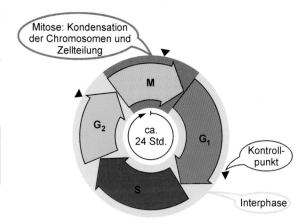

3.16 Phasen des Zellzyklus. Der Zyklus für eine replizierende Säugerzelle ist hier gezeigt. An spezifischen Stellen wird der Zyklus kontrolliert (schwarze Pfeilspitzen). Die Zykluszeiten schwanken beträchtlich: Frühe Embryonalzellen benötigen erheblich kürzere Zeiten, während ruhende Keimzellen in der G_1-Phase „anhalten" und dort jahrelang verharren können, bis sie den Zyklus vollenden.

(Exkurs 3.4), aber auch an der Bäckerhefe *Saccharomyces cerevisiae* (▶Exkurs 34.1) oder am Fadenwurm *Caenorhabditis elegans* (▶Exkurs 34.4) gewonnen.

Ist der Kontrollpunkt in der späten G_1-Phase einmal überschritten, so durchläuft die Zelle den Zyklus mindestens ein Mal bis zur nächsten G_1-Phase und teilt sich dabei. Die kritische M-Phase oder **Mitose** gliedert sich wiederum in mehrere Abschnitte (Abbildung 3.17): Am Beginn steht die **Prophase**, bei der sich die Chromosomen verdichten, die Kernmembran sich auflöst und die **Centrosomen** an die gegenüberliegenden

✎ Exkurs 3.4: *Drosophila melanogaster* ⌁

Die gelb-braune Kleine Taufliege – auch Essigfliege genannt (engl. *fruit fly*) – zeichnet sich durch geringe Größe (ca. 2 mm), hohe Reproduktionsraten (ca. 400 Eier pro Ablage), kurze Generationszeit (ca. 10 Tage) und einfache Zucht aus: Aus einem befruchteten Weibchen können binnen Monatsfrist bis zu 16 Millionen Nachkommen hervorgehen! *Drosophila* besitzt vier Chromosomenpaare mit rund 13 000 Genen auf 180 Millionen Basenpaaren. Die Entwicklung führt vom befruchteten Ei über drei Larvalstadien zur Puppe, aus der durch Metamorphose die Fliege (Imago) entsteht. Ihre Speicheldrüsenzellen besitzen **Riesenchromosomen**, bei denen chromosomale Veränderungen erstmals mikroskopisch analysiert und präzise Genkarten angelegt werden konnten. Da sich Mutationen oft durch Farb- und Gestaltänderung von Augen, Flügeln oder Antennen äußern, ist die Taufliege zum „Haustier" der Embryologen und Entwicklungsgenetiker geworden. So ist an *Drosophila* die Festlegung des grundlegenden Körperbaus durch **Musterbildung** im Embryonalstadium aufgeklärt worden. In jüngster Zeit hat die Taufliege als entwicklungsgenetischer Modellorganismus Konkurrenz vom transparenten Zebrafisch *Danio rerio* bekommen.

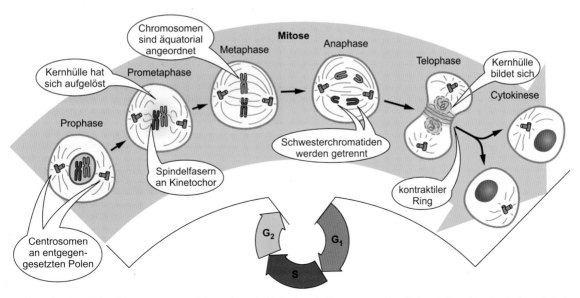

3.17 Phasen der Mitose. Während der vorangegangenen S-Phase erfolgte eine Verdopplung der Chromosomen zu je zwei Schwesterchromatiden. Das Centrosom (mit seinen beiden Centriolen) wird in der G_2-Phase verdoppelt. Die verschiedenen Phasen der Mitose führen nach der „Sortierung" der Chromatiden zur Zellteilung.

Pole der Zelle rücken. In der **Metaphase** organisieren die Centrosomen eine **mitotische Spindel** aus Mikrotubuli, die an den in der S-Phase gebildeten Schwesterchromatiden angreifen (Abbildung 3.18) und sie während der nachfolgenden **Anaphase** in Richtung der beiden Zellpole „ziehen". In der **Telophase** bilden sich zwei neue Kernmembranen um die nunmehr getrennten Chromosomensätze (▶ Eröffnungsbild Teil III). Die Zellteilung oder **Cytokinese** erzeugt zwei Tochterzellen und schließt damit die Mitose ab.

3.18 Lungenzelle in der Metaphase. In dieser fluoreszenzmikroskopischen Aufnahme sind die Chromosomen (blau), der Spindelapparat aus Mikrotubuli (grün), die Centrosomen (violett) sowie Intermediärfilamente (rot) zu sehen. [AN]

3.6

Zellen differenzieren sich und bilden Verbände

Die Evolution von Pro- zu Eukaryoten ging mit der Entwicklung neuer Qualitäten einher: *Eukaroytische Zellen können sich differenzieren und zu größeren Verbänden organisieren.* Schließlich beginnt jede Menschwerdung mit einer einzigen Zelle – dem befruchteten Ei, das durch Teilung identische Kopien herstellt (Abbildung 3.19). Würde es dabei bleiben, so entstünde ein „tumber Haufen" von ca. 40 Billionen Zellen – so viele Zellen besitzt ein Mensch! Tatsächlich differenzieren sich die Zellen aber zu vier Haupttypen: **Epithelzellen**, **Bindegewebszellen**, **Nervenzellen** und **Muskelzellen**. Differenzierte Zellen ordnen sich zu **Geweben**, die sich wiederum zu multizellulären Funktionseinheiten wie beispielsweise einem Nephron organisieren. Verschiedene Gewebe und Funktionseinheiten bilden ein **Organ** wie z.B. die Niere. Daraus entwickeln sich höhere Organisationsformen wie Urogenital-, Herz-Kreislauf-, Atem- oder Nervensystem, die im **Gesamtorganismus** zusammenwirken.

Die genannte Zellklassifizierung ist relativ pauschal: So gibt es z.B. drei Subtypen von **Muskelzellen** ⏧, nämlich Skelettmuskelzellen (▶ Abschnitt 9.1), glatte Muskelzellen (▶ Abschnitt 9.6) und Herzmuskelzellen (Abbildung 3.20a), die sich in Morphologie und Funktion und damit natürlich auch in ihrer molekularen Ausstattung unterscheiden. **Nervenzellen** (Neuronen) (Abbildung 3.20b) ⏧ sind die längsten Zellen des menschlichen Körpers: Ihre Fortsätze (**Axone**) erreichen Längen zwischen 0,1 mm und mehr als 1 m. Der

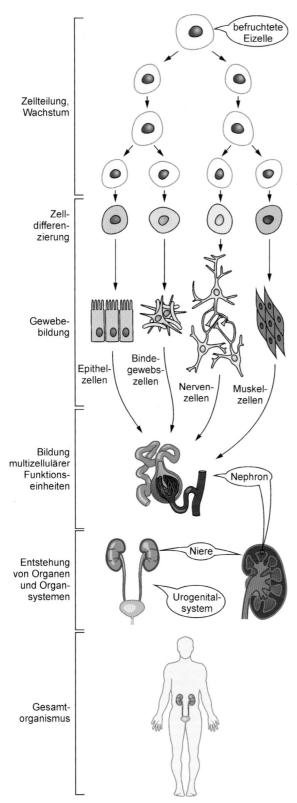

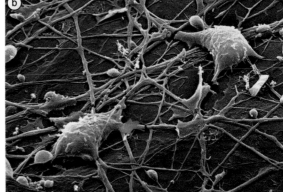

3.20 Muskel- und Nervenzellen. Bei dieser Herzmuskelzelle (a: dreidimensionale Rekonstruktion im konfokalen Lasermikroskop) sind zwei Zellkerne (orange) und die Querstreifung der kontraktilen Proteine (grün) zu erkennen. Neuronen und ihre Zellfortsätze (b: rasterelektronenmikroskopische Aufnahme) bilden zusammen mit Gliazellen das Geflecht des Nervensystems. [AN]

Zellkörper mit dem Kern trägt kurze Ausläufer (**Dendriten**), die eingehende Signale registrieren. Axone übermitteln die elektrischen Signale über kolbenförmige Verdickungen (**Synapsen**) an ihren Enden, mit denen sie Muskelzellen oder andere Neuronen kontaktieren (▶ Abschnitt 32.3). Spezialisierte Zellen – Schwannsche Zellen und Oligodendrocyten – winden sich um Axone und bilden so eine Isolationsschicht, die Myelinscheide.

Zu den epithelialen Zellen, die innere und äußere Körperoberflächen säumen, zählen „resorptive" Zellen, die ihre Oberfläche durch zahlreiche fingerförmige Ausstülpungen (**Mikrovilli**) (▶ Abschnitt 33.5) maximieren. Zu diesem Zelltypus gehören auch sekretorische Zellen, die eine große Zahl an Exportvesikeln produzieren, sowie Flimmerepithelzellen, die mit ihren Zellfortsätzen (**Cilien**) einen gerichteten Massenstrom erzeugen können. **Epithelzellen** organisieren sich zu einer kontinuierlichen Schicht (Abbildung 3.21a), in der *tight junctions* (engl. geschlossene Verbindungen) und *gap junctions* (offene Verbindungen) benachbarte Zellen verbinden und dadurch die interzellulären Räume abdichten. Zusammen mit Hemidesmosomen verankern sie Epithelzellen in der darunter liegenden Basallamina. Zu den **Bindegewebs-**

3.19 Ebenen zellulärer Organisation. Das Nephron ist die kleinste Filtrationseinheit der Niere. [AN]

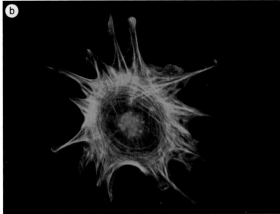

3.21 Epithel- und Bindegewebszellen. Epithelzellen (a: lichtmikroskopische Aufnahme von Dünndarmzellen) formieren sich zu dicht abschließenden zellulären Schichten. Bindegewebszellen sind außerordentlich unterschiedlich in Morphologie und Funktion. Dazu zählen neben Blutzellen wie Erythrocyten und Leukocyten auch der in (b) gezeigte Fibroblast (fluoreszenzmikroskopische Aufnahme; blau: Zellkern, grün: Actinfilamente, orange: Adhäsionsproteine). [AN]

zellen gehören die **Fibroblasten** (Abbildung 3.21b), welche die Protein- und Glykokomponenten der extrazellulären Matrix z. B. in der Unterhaut produzieren. Ein weiteres Beispiel für Bindegewebszellen sind **Osteoblasten**, die über lange Cytoplasmafortsätze miteinander in Verbindung stehen. Zusammen mit Osteoclasten und Osteocyten regulieren sie den Auf- und Umbau sowie den Stoffwechsel des Knochens. Zur Klasse der Bindegewebszellen zählen auch die Fettzellen **(Adipocyten)**, die Triacylglycerine synthetisieren und in ihrem Cytoplasma als charakteristische Fetttröpfchen speichern.

Damit schließen wir die Ausführungen über Entstehung, Organisation und Differenzierung von Zellen ab und kommen zu einigen fundamentalen Betrachtungen über Zellen als „offene" Systeme, die als Grundlage für das Verständnis von dynamischen Abläufen in Zellen und Organismen dienen sollen.

Zellen sind offene Systeme und funktionieren als Energiewandler

3.7

Charakteristische Vorgänge des Lebens wie Wachstum, Teilung oder Bewegung sind offenkundig mit einem Umsatz von Energie verbunden. Selbst im Ruhezustand erbringt der menschliche Organismus permanent eine Leistung von etwa 100 Watt, vergleichbar mit einer Haushaltsglühbirne. Eine biochemische Beschreibung des Lebens gründet sich daher unweigerlich auf die **Thermodynamik** ⌐⊕, die Lehre von den Energieumsätzen. Für thermodynamische Betrachtungen wird das Universum in ein **System** und seine **Umgebung** zweigeteilt. Ein System ist ein beliebiger Gegenstand des Interesses, etwa eine lebende Zelle, ein Reagenzglas oder ein Motor. Das System kann offen, geschlossen oder isoliert sein. **Offene Systeme** können Energie und Materie mit der Umgebung austauschen, geschlossene Systeme nur Energie, und isolierte Systeme können weder Energie noch Materie abgeben oder aufnehmen (Abbildung 3.22). Bei Zellen oder Organismen handelt es sich also im thermodynamischen Sinne um offene Systeme.

Einem System wird eine **Innere Energie U** zugeschrieben. Damit ist die Energie gemeint, die potenziell bei chemischen und einfachen physikalischen Prozessen übertragen werden kann. Die innere Energie eines geschlossenen Systems kann sich auf zweierlei Weise ändern: Zum einen kann das System eine **Arbeit w** an der Umgebung verrichten oder umgekehrt. Arbeit manifestiert sich „makroskopisch", z. B. als Ausdehnung der Lungen gegen den äußeren Luftdruck oder als Heben eines Gegenstands entgegen der Schwerkraft. „Mikroskopisch" zeigt sie sich etwa in der Ausbreitung eines Nervenimpulses, im Transport von Molekülen gegen ein Konzentrationsgefälle oder in der Bildung oder Trennung chemischer Bindungen. Mechanisch ist Arbeit als das Produkt aus einer Kraft und dem unter ihrer Einwirkung zurückgelegten Weg definiert. Neben der „Energieform" Arbeit kann ein System aufgrund einer Temperaturdifferenz auch Wärme mit seiner Umgebung austauschen. Unter der **Wärme q** eines Systems verstehen wir die kinetische Energie, die in der ungeordneten thermischen Bewegung seiner Moleküle steckt.

Der **Erste Hauptsatz** ist die „Buchhalterregel" der Thermodynamik: *Die Innere Energie eines isolierten Systems ist konstant.* Dies ist gleichbedeutend mit dem Energieerhaltungssatz, demzufolge Energie weder erzeugt noch vernichtet werden kann. Ein Beleg dafür sind die vergeblichen Bemühungen, ein Perpetuum mobile zu bauen, also eine Maschine, die Arbeit verrichtet, ohne Treibstoff zu benötigen. Die Energie $\underline{U}$ eines geschlossenen Systems kann sich also nur ändern, wenn Austausch von Arbeit w oder Wärme q mit der Umgebung erfolgt. Die mathematische Formulierung des Ersten Hauptsatzes lautet daher:

$$\Delta U = q + w \tag{3.1}$$

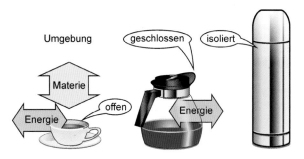

3.22 Offene, geschlossene und isolierte Systeme. Ein offenes System kann Energie und Materie mit der Umgebung austauschen: Kaffee in der Tasse kühlt ab und verdampft. Ein geschlossenes System tauscht keine Materie mit der Umgebung aus, kann aber sehr wohl Energie abgeben oder aufnehmen: In der geschlossenen Kanne kühlt der Kaffee immer noch ab. Isolierte Systeme können weder Energie noch Materie transferieren, wie hier am Beispiel einer „perfekten" Thermoskanne illustriert.

Eine weitere Aussage des ersten Hauptsatzes ist, dass Wärme und verschiedene Formen der Arbeit grundsätzlich äquivalent sind und ineinander umgewandelt werden können. Wie wir noch sehen werden, gilt dies für die Umwandlung von Wärme in Arbeit jedoch nur eingeschränkt.

Biologische Prozesse und auch die meisten Reaktionen im Reagenzglas laufen unter konstantem (Atmosphären-) **Druck p** ab, jedoch *nicht* bei konstantem Volumen. Will man die bei einer biochemischen Reaktion freigesetzte Wärme bestimmen, ist die Innere Energie daher eine unpraktische Größe. Vergrößert das System nämlich während der Reaktion sein **Volumen V**, etwa durch Ausdehnen eines Gases, so wird ein Teil der Energie in die Umgebung „reinvestiert". Dabei dehnt sich das System gegen den umgebenden Atmosphärendruck aus und leistet somit **Volumenarbeit**. Umgekehrt leistet die Umgebung Arbeit am System, wenn sich das Volumen bei einer Reaktion verkleinert. Aus diesem Grund hat es sich in der Biochemie bewährt, anstelle der Inneren Energie die **Enthalpie H** eines Systems zu messen. Die Enthalpie wird – ebenso wie die Innere Energie – in der Einheit **Joule** (J) angegeben (häufig auch noch in Kalorien, 1 cal = 4,2 J).

$$H \equiv U + pV \tag{3.2}$$

Dabei berücksichtigt der Enthalpiebegriff die Volumenarbeit als „Korrekturterm" *pV*. *Die Änderung der Enthalpie gibt also den maximalen Wärmeumsatz (Wärmetönung) einer Reaktion bei konstantem Druck an.* Prozesse, bei denen ein System Wärme freisetzt und damit $\Delta H < 0$ ist, sind **exotherm**. Dagegen sind Prozesse, bei denen ein System Wärme aufnimmt und damit $\Delta H > 0$ ist, **endotherm**.

3.8

Zunehmende Unordnung ist eine wichtige Triebkraft chemischer Reaktionen

Mit dem Ersten Hauptsatz der Thermodynamik sind die Rahmenbedingungen für physikalische und chemische Prozesse gesetzt: Die **Energiebilanz** muss stimmen! Was aber bestimmt die **Richtung**, in die Prozesse ablaufen? Warum kühlt heißes Wasser ab und nimmt letztlich die Umgebungstemperatur an, oder warum löst sich Salz in Wasser? Diese Prozesse laufen spontan ab und lassen sich ganz offensichtlich nicht einfach umkehren. Der **Zweite Hauptsatz der Thermodynamik** 🕹 trifft über die „Motivation" solcher Vorgänge eine Aussage: *Spontane Prozesse in einem isolierten System gehen immer mit einer Zunahme von „Unordnung" einher.* Ein einfaches Beispiel liefert ein U-Rohr, das auf der einen Seite mit einer Farbstofflösung, und auf der anderen Seite mit reinem Wasser gefüllt ist. Nach Öffnen des Hahns können die thermisch bewegten Farbstoffmoleküle in die andere Hälfte des U-Rohrs diffundieren. Im Endzustand ist der Farbstoff gleichmäßig im U-Rohr verteilt und damit die „geordnete" Verteilung des Anfangszustands aufgehoben (Abbildung 3.23).

Der Antrieb für diese Gleichverteilung besteht darin, die größtmögliche Unordnung herzustellen. Präziser ausgedrückt handelt es sich beim Endzustand um die *wahrscheinlichste* Verteilung der Farbstoffmoleküle. Der umgekehrte Prozess einer Entmischung, bei dem die zuvor gleichmäßig verteilten Farbstoffmoleküle allesamt in einer gerichteten Bewegung zurück in einen der beiden Schenkel des U-Rohrs wandern, ist dagegen äußerst unwahrscheinlich, ja praktisch unmöglich. Letztlich ist also die Wahrscheinlichkeit die Triebkraft spontaner Prozesse. Dieses Konzept wird in der Thermodynamik mit dem Begriff der **Entropie S** formalisiert. Die *statistische Definition der Entropie* lautet:

$$S = k \ln W \quad (k: \text{Boltzmann-Konstante}) \tag{3.3}$$

Je größer also die Zahl der **energetisch äquivalenten Zustände W** ist, die ein System annehmen kann, desto größer ist seine Entropie. Daraus folgt, dass nicht alle Energieformen gleichwertig sind. Wird z. B. ein drehendes Rad durch Reibung abgebremst, so wird die Energie der „geordneten" Drehbewegung in die kinetische Energie einer „ungeordneten" Bewegung von Molekülen – also in Wärme – umgewandelt. Man spricht in diesem Fall von der **Dissipation der Energie** in ihre „minderwertigste" Form, nämlich Wärme. Dies können wir auch bei der Knallgasreaktion beobachten (Exkurs 3.5). Mit dem Begriff der Entropie können wir nun den Zweiten Hauptsatz präziser formulieren: *Bei spontanen Prozessen nimmt die Entropie eines isolierten Systems zu.* Das größte vorstellbare isolierte System ist das Universum, und daher muss seine Entropie bei allen spontanen Prozessen zunehmen – eine Aussage mit weitreichenden Folgen, wie wir noch sehen werden.

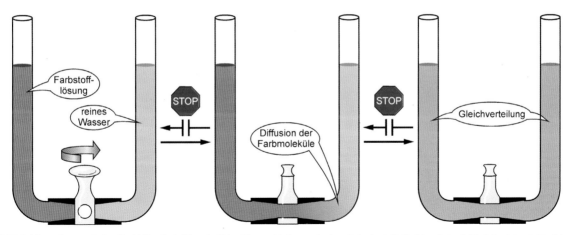

3.23 Zufallsverteilung von Farbstoffmolekülen. Nach Öffnen des Hahns können sich die zuvor in einem Rohrschenkel befindlichen Farbmoleküle frei zwischen beiden Schenkeln bewegen, was schließlich zur gleichmäßigen Verteilung des Farbstoffs führt.

Die Bestimmung von Entropieänderungen ist in der Praxis sehr umständlich. Um eine Aussage über die „Triebkraft" einer Reaktion treffen zu können, wurde daher eine Größe abgeleitet, die ein Maß für die Entropieänderung anhand von besser zugänglichen Parametern bereitstellt. Diese Größe ist die **Gibbs'sche Freie Energie G** 🖱:

$$G \equiv H - TS \ (T: \text{Temperatur in Kelvin}) \qquad (3.4)$$

Aus dieser Beziehung lässt sich für eine chemische Reaktion die sog. **Gibbs-Helmholtz-Gleichung** ableiten:

$$\Delta G = \Delta H - T\Delta S \qquad (3.5)$$

Die Einheit der Freien Energie G ist wiederum das Joule. Aus der Formel ergibt sich, dass die Entropie in Joule pro Kelvin (J K^{-1}) angegeben wird. *Alle Reaktionen, bei denen G abnimmt ($\Delta G < 0$), sind spontane Reaktionen und werden als* **exergon** *bezeichnet, während Reaktionen mit $\Delta G > 0$ nichtspontan und* **endergon** *sind.*

🖊 Exkurs 3.5: Knallgasreaktion

Angesichts der Aussage des Zweiten Hauptsatzes, wonach spontane Reaktionen stets die Unordnung in einem isolierten System erhöhen, mag man sich fragen, wie überhaupt geordnete Strukturen entstehen können. Dazu betrachten wir die stark exotherme **Knallgasreaktion**, bei der ein Wasserstoff-Luft-Gemisch gezündet wird. Drei Gasmoleküle – zwei Wasserstoffmoleküle H_2 und ein Sauerstoffmolekül O_2 – finden sich zu zwei Wassermolekülen H_2O zusammen und ordnen sich zu einer Flüssigkeit an (Abbildung 3.24). Bezogen auf die an der Reaktion beteiligten Atome nimmt der Ordnungsgrad also zweifellos zu. Gleichzeitig wird aber eine große Wärmemenge produziert und als kinetische Energie an Stickstoffatome N_2 abgegeben, die selbst nicht an der Reaktion beteiligt sind. Damit nimmt die Gesamtentropie zu, sodass die Reaktion spontan ablaufen kann. Ein Teil der bei der Reaktion freigesetzten chemischen Energie wird dazu genutzt, die Gasmoleküle im Wasser zusammenzuführen.

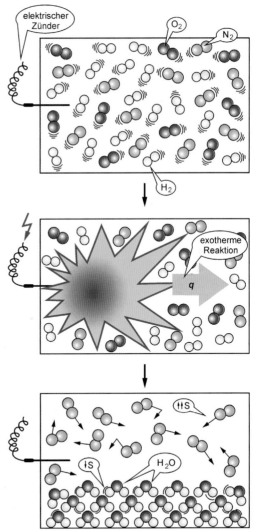

3.24 Knallgasreaktion. Bei der Bildung aus seinen Elementen nimmt Wasser zwar einen „höher geordneten" Zustand mit niedrigerer Entropie an, insgesamt führt die dabei gebildete Wärme jedoch zu einer Entropiezunahme im betrachteten System.

Es ist üblich und hilfreich, Enthalpie- und Entropiekomponenten bei chemischen Reaktionen „dialektisch" gegeneinander abzuwägen. So argumentiert man etwa bei der Knallgasreaktion, dass die Entropie der Moleküle zwar abnimmt, die Enthalpieänderung ΔH oder die Wärmetönung der chemischen Reaktion diese aber überwiegt und die Reaktion daher alles in allem spontan ist. Man spricht in diesem Falle von einer **enthalpisch getriebenen Reaktion**, während andere Reaktionen **entropisch getrieben** sind. Bei dieser Argumentation sollte man jedoch im Hinterkopf behalten, dass die aus der Enthalpieänderung resultierende Wärmeabgabe letztlich einer Entropiezunahme entspricht und so – im Einklang mit dem Zweiten Hauptsatz – eine spontane Reaktion erst ermöglicht.

3.9 Die Freie Energie bestimmt das Gleichgewicht einer Reaktion

Um Änderungen der Freien Energie angeben zu können, benötigt man ein Bezugssystem, ähnlich dem Meeresspiegel als Referenz für Höhenangaben. *Die* **Freie Standardbildungsenergie** ΔG_B *einer Reaktion gibt* ΔG *für die Bildung einer Substanz aus den einzelnen Elementen im „Standardzustand" an.* Im **Standardzustand** befindet sich eine Substanz, wenn sie bei einer Temperatur von 298 K (entsprechend 25 °C) und einem Druck von 101,325 kPa (entsprechend 1 atm) in einmolarer Konzentration vorliegt. Durch Berücksichtigung der ΔG_B-Werte von Ausgangsprodukten – kurz: Edukten – und Produkten kann man die **Freie Standardreaktionsenergie $\Delta G°$** einer beliebigen Reaktion ermitteln (Tabelle 3.1). Nach biologischer Konvention haben Protonen im Standardzustand eine Konzentration von 10^{-7} M (entsprechend pH = 7,0), da biochemische Reaktionen meist nahe dem neutralem pH-Wert und *nicht* in einmolaren H$^+$-Lösungen (pH = 0) ablaufen; dieser Umstand wird durch ein Apostroph in $\Delta G°'$ angezeigt.

Die Freie Reaktionsenergie ΔG sagt also nicht nur voraus, in welche Richtung eine Reaktion spontan ablaufen wird, sondern auch, *bis zu welchem Grad* sie abläuft. Bei chemischen Reaktionen werden nämlich **Edukte** nicht wirklich komplett in **Produkte** übergeführt; vielmehr stellt sich immer ein Gleichgewicht zwischen diesen Komponenten ein. Die Lage dieses Gleichgewichts ist eine charakteristische Größe einer Reaktion und wird durch die **Gleichgewichtskonstante K** angegeben. Betrachten wir eine allgemeine chemische Reaktion:

$$aA + bB \rightarrow cC + dD \qquad (3.6)$$

A und B sind die Edukte, C und D die Produkte und a, b, c und d die jeweiligen stöchiometrischen Koeffizienten der Reaktion. Die Gleichgewichtskonstante der Reaktion ist folgendermaßen definiert:

$$K = \frac{[C]^c [D]^d}{[A]^a [B]^b} \qquad (3.7)$$

Je größer der Unterschied der Freien Energien von Edukten und Produkten, umso eindeutiger ist das Gleichgewicht nach einer Seite verschoben. Zwischen der Freien Standardenergie $\Delta G°'$ einer Reaktion und der Gleichgewichtskonstanten K besteht eine unmittelbare Beziehung:

$$\Delta G°' = -RT \ln K \text{ bzw. } K = e^{-\Delta G°'/RT} \qquad (3.8)$$
(R: allgemeine Gaskonstante 8,3 J mol^{-1}K^{-1}; T in K)

Die Beziehung zwischen den Konzentrationen der Reaktanden und der Freien Energie impliziert, dass eine biochemische Reaktion unter Standardbedingungen endergon sein mag, unter physiologischen Bedingungen aber dennoch spontan abläuft, weil die Konzentrationen der Reaktanden stark vom „Standard" abweichen. Es ist wichtig zu betonen, dass ΔG einer Reaktion nichts über die Geschwindigkeit einer Reaktion aussagt – spontan bedeutet nicht unbedingt schnell! Die Knallgasmischung von H$_2$ und O$_2$ ist ohne Zündfunken oder Katalysator praktisch beliebig lange stabil. Die Geschwindigkeit einer Reaktion ist abhängig vom Reaktionsweg, d. h. vom Reaktionsmechanismus. **Katalysatoren** – in biologischen Systemen **Enzyme** – können diesen Reaktionsweg ebnen und dadurch Reaktionen beschleunigen. Sie haben aber keinerlei Einfluss darauf, ob und wie weit eine Reaktion prinzipiell ablaufen kann: Dies bestimmt einzig die Freie Energie der Reaktion.

Die zentrale Aussage des Zweiten Hauptsatzes – bei spontanen Prozessen nimmt die Entropie eines isolierten Systems zu – scheint zunächst nicht auf die belebte Welt zuzutreffen,

Tabelle 3.1 Freie Standardreaktionsenergien $\Delta G°'$ von biochemischen Reaktionen. Ein negatives Vorzeichen zeigt an, dass dieser Energiebetrag bei der Reaktion frei wird. Bei positivem Vorzeichen hingegen muss die angegebene Energie „investiert" werden. Die Beispiele zeigen, dass biosynthetische Reaktionen häufig endergon sind, der Abbau von Nährstoffen hingegen stark exergon ist. Man beachte den deutlich höheren „Energiegehalt" von Fettsäuren gegenüber Kohlenhydraten.

Reaktion	Biochemischer Kontext	$\Delta G°'$ (kJ mol^{-1})
Glutamat + NH$_4^+$ $\rightarrow$ Glutamin + H$_2$O	Aminosäurebiosynthese	+14,2
ADP + P$_i$ $\rightarrow$ ATP + H$_2$O	ATP-Synthese	+30,5
Glucose + 6 O$_2$ $\rightarrow$ 6 CO$_2$ + 6 H$_2$O	Oxidation von Glucose	−2840
Palmitinsäure + 23 O$_2$ $\rightarrow$ 16 CO$_2$ + 16 H$_2$O	Oxidation von Fettsäuren	−9770

kommt es doch beim Übergang von simplen Molekülen wie CO_2 über komplexe biologische Makromoleküle bis hin zu ganzen Zellen und Geweben zu vermehrter Ordnung und damit zu drastischen Entropie-„Einbußen". Damit die Entropie in offenen Systemen abnehmen kann, muss die Entropie an einem anderen Ort des Universums zunehmen. *Biologische Ordnung wird somit thermodynamisch erst möglich, indem Zellen die Entropie der Umwelt kompensatorisch erhöhen* (Abbildung 3.25). Lebewesen können z. B. „Oasen" geringer Entropie schaffen, indem sie energiereiche Nährstoffe abbauen – wir sprechen summarisch von **Katabolismus** –, einen Teil der Energie in Form von Arbeit für den Aufbau und Erhalt der Zellstrukturen nutzen (**Anabolismus**) und einen anderen Teil als „Tribut an die Thermodynamik" in Form von Wärme und niedermolekularen Endprodukten wie CO_2 und H_2O abgeben. Wir erkaufen gewissermaßen unser Leben durch eine zunehmende „Unordnung" im Universum.

Die Biosphäre befindet sich in einem Zustand der Balance, dem sog. **Fließgleichgewicht** (engl. *steady state*). *Dieses Fließgleichgewicht ist* **kein** *thermodynamisches Gleichgewicht, das für Organismen gleichbedeutend mit dem Tod wäre!* Im Gegenteil: Die Produkte einer Reaktion werden ständig in Folgereaktion(en) konsumiert und damit dem Gleichgewicht entzo-

gen. Hat sich das System von Stoff- und Energieflüssen irgendwann einmal eingespielt, so ändern sich die Stoffkonzentrationen und Energieverteilungen nur noch in engen Grenzen. Ausdruck dessen ist z. B. die Tatsache, dass sich unser Körpergewicht im Laufe des Erwachsenenlebens – verglichen mit den Tonnen an Nahrungsstoffen, die wir aufnehmen und „verarbeiten" – nur geringfügig verändert.

3.10 Biochemische Reaktionen sind gekoppelt

Die Gesamtheit der katabolen und anabolen Prozesse wird **Metabolismus** genannt. Das Diktat der Thermodynamik erfordert, dass der Metabolismus insgesamt exergon sein muss. Offenkundig sind aber eine Vielzahl biochemischer Reaktionen endergon wie z. B. Muskelarbeit oder die Synthese von Makromolekülen. *Der Kunstgriff der belebten Natur besteht in der* **Kopplung** *dieser Reaktionen an stark exergone Prozesse wie beispielsweise die Oxidation von Glucose* (Tabelle 3.1). Zentrales Kopplungselement zwischen den diversen Reaktionen ist das Ribonucleotid **Adenosintriphosphat**, kurz **ATP** (Abbildung 3.26), dem wir schon als Baustein von Ribonucleinsäuren (▶ Abschnitt 2.6) begegnet sind: ATP ist ein extrem wichtiges und vielseitiges Biomolekül. Dieser zentrale „Akku" Freier Energie wird durch Phosphorylierung von ADP aufgeladen, indem zwischen Phosphorsäure – häufig als **„anorganisches" Phosphat** bezeichnet und mit P_i (engl. *inorganic*) symbolisiert – und ADP eine Säureanhydridbindung endergonisch geknüpft wird (Tabelle 3.1). Dagegen ist die Hydrolyse von ATP zu ADP und P_i mit $-30,5$ kJ mol^{-1} eine stark exergone Reaktion.

Es gibt mehrere Gründe, warum die ATP-Hydrolyse eine exergone Reaktion darstellt: So wird z. B. die elektrostatische Abstoßung der vier negativen Ladungen im ATP bei der Abspaltung einer Phosphatgruppe reduziert. Reicht die Freie Energie einer Hydrolyse nicht aus, um eine gekoppelte Reaktion anzutreiben, so können auch beide Säureanhydridbindungen des ATP gespalten werden:

$$ATP + 2\,H_2O \rightarrow AMP + 2\,P_i \qquad (3.9)$$

Die Kopplung an die ATP-Hydrolyse dient als „Transmissionsriemen" unzähliger endergoner Reaktionen. Auf diese Weise wird z. B. die – für sich genommen – endergone Synthese von Glutamin aus Glutamat gebahnt (Tabelle 3.1). Der Mechanismus der Kopplung ist hier zweistufig, indem die Phosphatgruppe zunächst auf Glutamat übertragen und dabei ein **reaktives Intermediat** (γ-Glutamylphosphat) erzeugt wird, das dann im zweiten Schritt spontan zu Glutamin reagiert (Abbildung 3.27). Netto wird dabei ATP unter Wasserverbrauch hydrolysiert und Glutamat unter Ammoniakverbrauch amidiert. Die belebte Natur ist erfinderisch und hat noch zahllose andere Wege zur Kopplung endergoner und exergoner Reaktionen entwickelt.

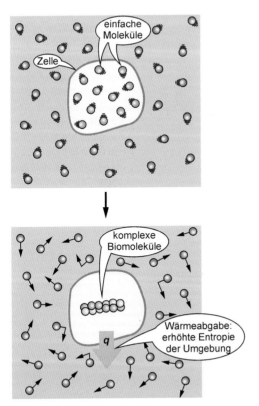

3.25 Erzeugung biologischer Ordnung. Das obere Bild zeigt einfache biosynthetische Bausteine wie z. B. Nucleotide oder Zucker in einer schematischen Zelle. Die Biosynthese komplexer und hochgeordneter Makromoleküle wie z. B. DNA oder Polysacchariden kann thermodynamisch spontan unter Wärmeabgabe an die Umgebung erfolgen. [AN]

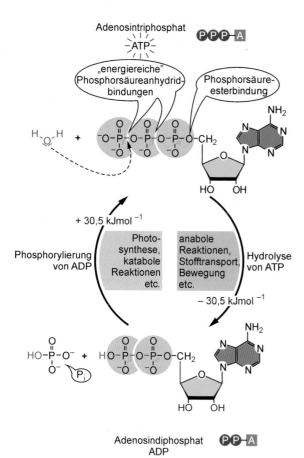

Adenosintriphosphat
–ATP–

„energiereiche"
Phosphorsäureanhydrid-
bindungen

Phosphorsäure-
esterbindung

+ 30,5 kJmol^{-1}

Phosphorylierung
von ADP

| Photo-synthese, katabole Reaktionen etc. | anabole Reaktionen, Stofftransport, Bewegung etc. |

Hydrolyse
von ATP

– 30,5 kJmol^{-1}

Adenosindiphosphat
ADP

3.26 Adenosintriphosphat (ATP). Die Hydrolyse einer Phosphorsäureanhydridbindung im ATP liefert die Freie Energie für biosynthetische Reaktionen, Bewegungen oder Stofftransport (rechts). ATP wird durch den exergonen Abbau von Nährstoffen oder in der Photosynthese regeneriert (links). Im Gegensatz zum „energieärmeren" ADP wird hier und nachfolgend das „energiereichere" ATP durch den roten Strahlenkranz gekennzeichnet.

Wie verläuft der Energiefluss in der Biosphäre und auf welchen Wegen wird Freie Energie dem Hauptspeicher ATP zugeführt? Primäre Energiequelle für das Leben auf der Erde sind thermonucleare Fusionen in der rund 150 Millionen km entfernten Sonne. Diese Energie gelangt als Licht zur Erde. Pflanzen und Cyanobakterien nutzen die Solarenergie in ihrer Photosynthese z. T. direkt für die Synthese von ATP, vor allem aber für die **Glucosesynthese** aus Kohlendioxid und Wasser (Abbildung 3.28). Ein Teil der Energie wird dabei als chemische Energie in den Bindungen der Glucose gespeichert; ein anderer Teil geht als Wärme verloren. Pflanzenzellen nutzen die Zuckermoleküle als Quelle Freier Energie zur weiteren (indirekten) ATP-Synthese, aber auch als Bausteine bei der Synthese anderer Biomoleküle.

Energetisch gesehen leben **heterotrophe Tiere** aus zweiter oder dritter Hand, indem sie Pflanzen oder andere Lebewesen fressen und so ihre Freie Energie aus den Produkten der Photosynthese und anderer Biosynthesen beziehen. Dies geschieht nicht als simple einstufige Verbrennung, denn dabei ginge die Energie als Wärme verloren. Vielmehr vollzieht sich die Verwertung in vielen kleinen Teilschritten, die direkt oder indirekt an die Synthese von ATP gekoppelt sind. **Autotrophe Pflanzen** nutzen prinzipiell dieselben Reaktionen als Quelle Freier Energie. Anders als Tiere greifen sie dabei aber ausschließlich auf selbst synthetisierte Nährstoffe zurück. Zunächst werden im Katabolismus biologische Makromoleküle (Polysaccharide, Proteine, Fette) in ihre Grundbausteine (Kohlenhydrate, Aminosäuren, Fettsäuren) zerlegt (Abbildung 3.29). Diese werden in Reaktionsfolgen wie z.B. der **Glykolyse** (griech. *glykos*, süß; *lysis*, Auflösung) weiter abgebaut (▶Abschnitt 39.1). Dabei entsteht eine kleinere

γ-Glutamylphosphat

Glutamat

endergon

NH$_3$

Glutamin

–ATP–

exergon

ADP + P$_i$

3.27 Biosynthese von Glutamin aus Glutamat als Beispiel für eine gekoppelte Reaktion. Diese erfolgt über das aktivierte Intermediat γ-Glutamylphosphat, das mit Ammoniak spontan zu Glutamin reagiert. Beide Teilreaktionen werden durch das Enzym Glutamat-Synthase katalysiert.

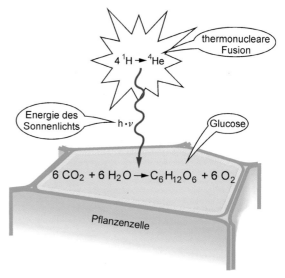

thermonucleare
Fusion

$4\ ^1\text{H} \rightarrow\ ^4\text{He}$

Energie des
Sonnenlichts

$h \cdot \nu$

Glucose

$6\ CO_2 + 6\ H_2O \rightarrow C_6H_{12}O_6 + 6\ O_2$

Pflanzenzelle

3.28 Photosynthese. Die Absorption von Sonnenstrahlung treibt die pflanzliche Synthese von Glucose aus CO_2 und H_2O an; als weiteres Produkt entsteht O_2. Die simple Nettogleichung täuscht – *de facto* ist Photosynthese eine extrem komplexe Reaktionsfolge! Die Energie des Sonnenlichts beträgt $h \times \nu$ (h, Plancksches Wirkungsquantum; ν, Lichtfrequenz).

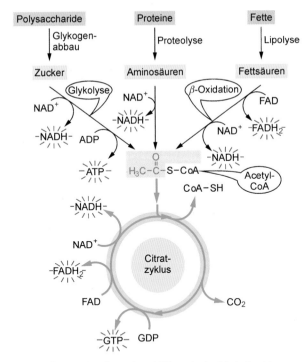

3.29 Abbau von Nährstoffen. Makromoleküle werden in einfache Bausteine zerlegt. Verschiedene Stoffwechselwege münden in einen Acetyl-CoA-Pool (grau unterlegt). Der Acetatrest wird im Citratzyklus weiter zu CO_2 abgebaut und dabei CoA freigesetzt. Die Freie Energie der Abbauprozesse wird in ATP, GTP, NADH, $FADH_2$ und ähnlichen energiereichen Verbindungen gespeichert (Abschnitt 3.10). Energiereiche Verbindungen sind mit rotem Strahlenkranz markiert.

Acetyl-CoA mündet in den **Citratzyklus** ein, einen Verteilerkreis für anabole und katabole Reaktionen (▷ Abschnitt 40.2). Im Citratzyklus erfolgt die vollständige Oxidation von Acetyl-CoA zu CO_2. Dabei wird ein weiteres Triphosphat (GTP) gewonnen. Der größte Teil der freien Energie wird jedoch zunächst im **Nicotinamidadenindinucleotid (NAD⁺/NADH)**, einem weiteren Ribonucleotid von herausragender bioenergetischer Bedeutung, gespeichert (Abbildung 3.30). Bei seiner Reduktion kann NAD⁺ zwei Elektronen und ein Proton aufnehmen, was formal einem Hydridion H⁻ entspricht. Das dabei entstehende NADH hat ein negatives **Reduktionspotenzial**: Der ausgeprägte „Drang", seine Elektronen an Oxidationsmittel wie z. B. Sauerstoff mit positivem Reduktionspotenzial abzutreten, macht NADH zu einem starken Reduktionsmittel. *Der Elektronentransfer von NADH auf den terminalen Elektronenakzeptor O_2, der dabei mit Protonen zu Wasser reagiert, ist eine stark exergone Reaktion.* Entsprechendes gilt für $FADH_2$, das ebenfalls im Citratzyklus entsteht.

Auch der Elektronentransfer von NADH auf Sauerstoff geschieht nicht auf einen „Schlag", was praktisch einer Knallgasreaktion gleichkäme. Vielmehr verläuft er über eine Reihe von Proteinen der inneren Mitochondrienmembran, die metaphorisch als **Atmungskette** bezeichnet werden ⚓ (Abbildung 3.31). Diese Proteine konservieren die Freie Energie der Wasserbildung, indem sie Protonen aus der Mitochondrienmatrix in den Intermembranraum verschieben. Dabei entsteht ein **elektrochemisches Potenzial**, d. h. eine Kombination von *elektrischer* Spannung und *chemischem* Konzentrationsgefälle, das nach Ausgleich strebt. Der exergone Rückfluss von Protonen durch die ansonsten elektrisch isolierende, dichte Mitochondrienmembran kann nur durch das „Nadelöhr" der **ATP-Synthase** laufen: Der Protonenflux treibt diesen molekularen Motor an, der daraufhin massenhaft ATP produziert. Die Syntheserate ist so hoch, dass der menschliche Organismus selbst in Ruhephasen rund

Menge an ATP. Die diversen Abbauprozesse konvergieren beim Molekül **Acetyl-Coenzym A** (kurz Acetyl-CoA oder „aktivierte Essigsäure"): Von den langkettigen organischen Molekülen ist auf dieser Stufe nur ein C_2-Fragment übrig geblieben.

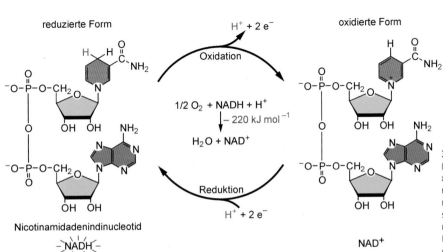

3.30 Nicotinamidadenindinucleotid (NADH). Der reaktive Teil dieses komplexen Ribonucleotids ist der Nicotinamidring (hellrot), der im oxidierten Zustand resonanzstabilisiert ist. NADH gibt daher seine Elektronen „bereitwillig" an die meisten Redoxpartner ab; so ist z. B. die Reaktion von NADH mit O_2 stark exergon.

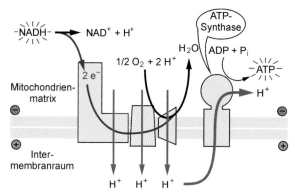

3.31 Oxidative Phosphorylierung. In der Atmungskette der inneren Mitochondrienmembran werden die Elektronen von NADH auf O_2 unter Bildung von Wasser übertragen. Die Freie Energie der Reaktion fließt in den Aufbau eines elektrochemischen Protonenpotenzials, das wiederum die ATP-Synthese antreibt.

10^{21} ATP-Moleküle pro Sekunde bildet! Der gesamte von Atmungskette und ATP-Synthase katalysierte Prozess wird als **oxidative Phosphorylierung** (▶ Abschnitt 41.2) bezeichnet: *Die Oxidation der aufgenommenen Nährstoffe dient letztlich der Phosphorylierung von ADP zu ATP.*

3.11

Leben ist durch spezifische Systemeigenschaften charakterisiert

Fassen wir unsere bisherigen Betrachtungen zusammen: Leben lässt sich als eine komplex organisierte Form irdischer Materie auffassen, die durch spezifische – in der abiotischen Welt fehlende – **Systemeigenschaften** charakterisiert ist. So zeichnen sich Lebewesen durch einen außergewöhnlich hohen Grad an **Ordnung** aus, d. h. sie sind weit entfernt vom thermodynamischen Gleichgewichtszustand. Diese Ordnung ist aber nicht statisch, sondern wird vielmehr durch ein dynamisches Fließgleichgewicht aufrechterhalten. Der stete materielle Umbau und die permanente Energiewandlung sichern diese **Homöostase** (griech. *homoi*, gleich bleibend, konstant). Ein weiteres Merkmal des Lebendigen ist **Individualität** im Sinne von Einheitlichkeit, Abgrenzung nach außen

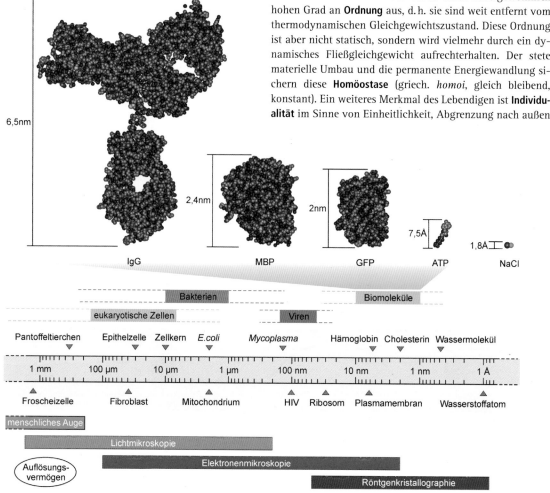

3.32 Unten im Bild: Größenskala biochemisch und biologisch relevanter Strukturen. Auf einer logarithmischen Skala sind Strukturen im Größenbereich zwischen Millimeter (10^{-3} m) und Ångström (10^{-10} m) angeordnet. Pantoffeltierchen gehören mit über 300 μm Länge zu den größten einzelligen Organismen, während *Mycoplasma*-Bakterien (150 nm) am anderen Ende der zellulären Skala liegen. Oben im Bild: Beispielhaft sind einige Moleküle im Größenvergleich dargestellt: das humane Immunglobulin G (IgG), das bakterielle Maltose-bindende Protein (MBP), das aus einer Qualle stammende grünfluoreszierende Protein (GFP), Adenosintriphosphat (ATP) sowie ein Natriumchlorid-Molekül.

und Unverwechselbarkeit. Die Entwicklung in Form von Wachstum, Teilung und Differenzierung – kurz: **Ontogenese** – gehört ebenso zum Lebendigen wie die Fortpflanzung oder **Reproduktion**. Auch **Bewegung**, d. h. die Fähigkeit zur aktiven Orts- oder auch Formveränderung, ist ein obligatorisches Merkmal lebender Systeme. **Informationsverarbeitung** ist Voraussetzung für Reizbarkeit und Reaktionsvermögen und damit für Kommunikation in und zwischen Lebewesen. Schließlich sind die Entwicklung der Arten **(Phylogenese)** und die **evolutionäre Anpassung** zu nennen: Sie beschreiben die Veränderung der belebten Einheiten über lange Zeitspannen durch das Zusammenspiel von Mutation und Selektion.

Leben ist hierarchisch organisiert: von der Grundeinheit des Lebens – der Zelle – über Gewebe, Organe, Organismen und Arten bis hin zu Ökosystemen. Will man einen Blick auf die unterste Ebene werfen, so reicht das optische Auflösungsvermögen des Auges mit etwa 0,2 mm nicht mehr aus. Das **Lichtmikroskop** erweitert diesen Bereich bis zu etwa 0,2 μm, und das **Elektronenmikroskop** lässt schließlich Strukturen im Nanometerbereich sichtbar werden (Abbildung 3.32 unten) . Mithilfe der Röntgenkristallographie (▶ Abschnitt 7.4) lassen sich schließlich sogar Biomoleküle wie Proteine oder Nucleinsäuren indirekt visualisieren (Abbildung 3.32 oben).

Die Wissenschaft, die das Phänomen Leben primär auf der Ebene der Biomoleküle untersucht, ist die **Biochemie**. Ihr Ursprung liegt in der **Organischen Chemie** des frühen 19. Jahrhunderts, als erstmals die *In-vitro*-Synthese von Harnstoff gelang. Sie hat aber auch tiefe Wurzeln in der **Zellbiologie**, die schon im 17. Jahrhundert – mit der Entdeckung pflanzlicher *cellulae* – begann und wesentlichen Auftrieb durch die Entwicklung der Mikroskopie erhielt. Schließlich hat die Biochemie wichtige Impulse aus der **Genetik** bekommen, deren Anfänge aus der Mitte des 19. Jahrhunderts datieren. Moderne Biochemie versteht sich daher im weiteren Sinne als **Molekularbiologie**, die sich thematisch und methodisch aus diversen Quellen speist (Abbildung 3.33).

Damit endet unser Rundgang durch die molekulare Architektur des Lebens. Wir wenden uns in den folgenden Hauptteilen des Buches den großen Themenfeldern der Biochemie zu: Molekülerkennung und Katalyse, Speicherung und Verarbeitung von Erbinformation, molekulare und zelluläre Kommunikation sowie Stoffwechsel und Energieerzeugung. Wir beginnen dabei mit einer detaillierten Betrachtung der Proteine, den wichtigsten Werkzeugen der Zelle.

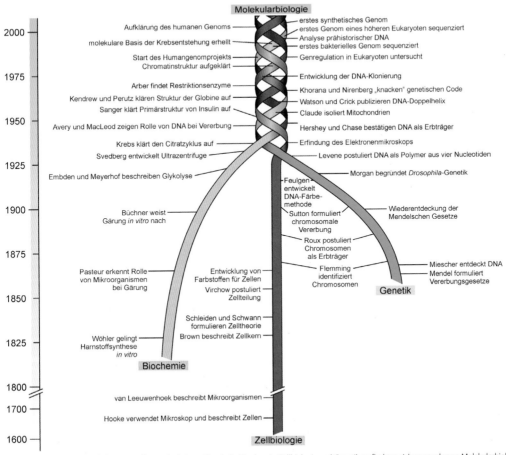

3.33 Geschichte der Erforschung molekularer Grundlagen des Lebens. Klassische Biochemie, Zellbiologie und Genetik verflechten sich zur modernen Molekularbiologie. [AN]

Zusammenfassung

- Organische Moleküle entstanden zunächst in einer **präbiotischen Welt**. Bei den ersten sich selbst replizierenden Makromolekülen handelte es sich vermutlich um Ribonucleinsäuren, die – in Abwesenheit von Proteinen – ihre eigene Vervielfältigung katalysierten **(RNA-Welt)**.

- Die Entstehung zellulärer Lebensformen begann vor etwa 3,8 Milliarden Jahren. Aus der Evolution gingen drei große Gruppen von Organismen hervor: **Eubakterien, Archaebakterien** und die zellkernhaltigen **Eukaryoten**; letztere unterteilen sich wiederum in Protisten, Pilze, Pflanzen und Tiere.

- Energieumsatz ist ein zentrales Kennzeichen des Lebens. **Heterotrophe** Organismen sind auf „energiereiche" Nährstoffe angewiesen. **Autotrophe** Organismen hingegen können das Sonnenlicht durch **Photosynthese** zur Energie- und Nährstoffgewinnung nutzen. Im **aeroben Stoffwechsel** können Nährstoffe mit sehr guter Energieausbeute durch Sauerstoff oxidiert werden.

- Eukaryotische Zellen besitzen neben dem Zellkern eine Reihe weiterer, durch Membranen begrenzter Kompartimente, sog. **Zellorganellen**. Als **Cytoplasma** wird der gesamte von der Zellmembran umschlossene Raum bezeichnet. Der **Zellkern** (Nucleus) als „Depot" für die DNA ist von einer Kernhülle umgeben. Im Zellkern erfolgen die Replikation und die Transkription der DNA in RNA.

- Das **endoplasmatische Reticulum** (ER) ist ein ausgedehntes tubuläres Membrannetzwerk. Raues ER ist mit Ribosomen bedeckt. Hier werden Proteine synthetisiert, die für den Einbau in Membranen oder für den Export aus der Zelle bestimmt sind. Das glatte ER übernimmt die Lipidsynthese der Zelle und dient als Ca^{2+}-Speicher. Im **Golgi-Apparat** werden Proteine sortiert und in kleinen Membranvesikeln an ihre Bestimmungsorte versandt. Über **Vesikeltransport** verlaufen die Kommunikation zwischen verschiedenen Organellen ebenso wie **Endocytose** und **Exocytose**.

- **Mitochondrien** sind die Orte der Zellatmung und ATP-Erzeugung. Sie besitzen ein eigenes Genom (**Endosymbiontentheorie**). **Lysosomen** und **Peroxisomen** sind membranumhüllte Vesikel, die unter anderem zelluläre Abfälle abbauen. Mikrotubuli, Intermediärfilamente und Mikrofilamente bilden als **Cytoskelett** das „Gerüst" der Zelle.

- Der eukaryotische **Zellzyklus** umfasst vier Phasen: G_1-Phase (Wachstum), S-Phase (Neusynthese der DNA und Verdopplung der Chromosomen), G_2-Phase (Wachstum und Proteinsynthese) und Mitose (Kern- und Zellteilung).

- Eine befruchtete Säugetiereizelle differenziert sich zu vier **Hauptzelltypen**: Epithelzellen, Bindegewebszellen, Nervenzellen und Muskelzellen. Differenzierte Zellen organisieren sich zu **Geweben** und weiter zu **Organen**.

- Die **Gibbs'sche Freie Energie** ist ein Maß für die „Triebkraft" einer Reaktion. **Exergone** Reaktionen erfolgen spontan, **endergone** Reaktionen hingegen erfordern Energieaufwendung. Der Unterschied in der freien Energie von Anfangs- und Endzustand einer Reaktion (ΔG) entscheidet über die Lage des **Gleichgewichts** zwischen diesen beiden Zuständen. **Enzyme** sind **Katalysatoren**, die die Einstellung des Gleichgewichts enorm beschleunigen, ohne dabei seine Lage zu verändern.

- Die Energie für den Aufbau und Erhalt der zellulären Strukturen (**Anabolismus**) liefert der permanente Abbau energiereicher Nährstoffe (**Katabolismus**). Diese beiden Prozesse bilden in ihrer Gesamtheit den **Metabolismus** der Zelle. Das Ribonucleotid **Adenosintriphosphat (ATP)** spielt als energetischer „Zwischenspeicher" eine wichtige Rolle für die Kopplung von exergonen und endergonen Reaktionen.

Teil II: Struktur und Funktion von Proteinen

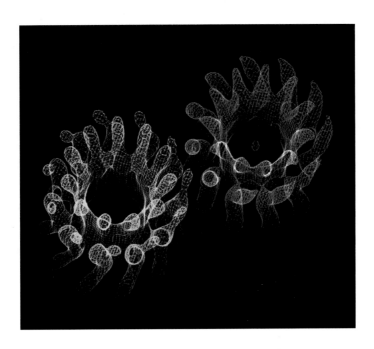

Eine einzelne Zelle synthetisiert viele Tausende verschiedene Proteine, deren Kopienzahl von einigen wenigen bis zu mehreren Millionen Exemplaren reichen kann. Eine „ausgewachsene" eukaryotische Zelle kann damit Milliarden Proteine ihr Eigen nennen – der menschliche Körper bringt es auf rund 10^{22} Proteinmoleküle! Man bezeichnet diesen Proteinbestand als Proteom. So weit wie diese zahlenmäßige Bandbreite ist auch das Aufgabenspektrum der Proteine: Wie wir sehen werden, sind Proteine exakt gebaute molekulare Maschinen, die andere Moleküle erkennen, binden, transportieren und verändern können. Die zelluläre Erbinformation (DNA) wird von Proteinen abgelesen, repariert oder kopiert. Proteine der zellulären Signaltransduktion sind imstande, die verschiedensten molekularen „Botschaften" zu empfangen, zu verarbeiten und weiterzuleiten. Andere Proteine wiederum sind kleine „Kraftwerke", die etwa die Energie des Sonnenlichts in für eine Pflanzenzelle nutzbare Energieformen umsetzen. Diese in verschiedenen Formen gespeicherte Energie erlaubt es

anschließend anderen Proteinen, chemische oder mechanische Arbeit zu leisten. Trotz der generellen funktionellen Vielfalt dieser Klasse von Biomolekülen arbeiten die individuellen Proteine mit hoher Präzision an ihren jeweiligen spezifischen Aufgaben. *Die Funktionalität eines Proteins ist maßgeblich durch seine räumliche Struktur bestimmt.* Deshalb beginnt dieser Teil nach einer einleitenden Betrachtung mit einer detaillierten Erörterung der „Proteinarchitektur" und den experimentellen Methoden, die man bei der Erforschung dieser Biomoleküle anwendet. Anschließend werden wir uns im Detail mit den unterschiedlichen Aufgabenfeldern befassen: Mit vermeintlich einfachen „Baustoffproteinen" beginnend, gelangen wir über Motorproteine und Transportproteine zu den Enzymen als chemischen Werkzeugen der Zelle. Wir lernen – im größeren physiologischen Zusammenhang – die Proteine der Blutgerinnung kennen. Schließlich betrachten wir, wie man der verwirrenden Proteinvielfalt Herr zu werden und evolutionäre Zusammenhänge aufzudecken versucht.

Strukturmodell eines biologischen Rotors. Das Protein sitzt in der Plasmamembran des Bakteriums *Ilyobacter tartaricus* und liefert durch seine Drehung die notwendige Energie zur Bildung von ATP. Der Rotor hat einen Durchmesser von ungefähr 5 nm und ist aus elf identischen Untereinheiten aufgebaut, die cytoplasmatische (rot) bzw. periplasmatische Domänen (grün) besitzen. Freundliche Überlassung von Janet Vonck, Werner Kühlbrandt (Max-Planck-Institut für Biophysik, Frankfurt a.M.) und Peter Dimroth (ETH Zürich).

Proteine – Werkzeuge der Zelle

4

Kapitelthemen: 4.1 Interaktion von Proteinen mit Liganden 4.2 Enzyme und ihre Substrate 4.3 Allosterische Regulation 4.4 Regulatorische Nucleotide 4.5 Regulation durch Phosphorylierung 4.6 Metabolische Adaptation 4.7 Mechanosensitive Proteine

Bevor wir uns im Detail mit Struktur und Funktion von Proteinen auseinander setzen, soll in diesem Kapitel ein erster Einblick in die Welt dieser faszinierenden Molekülklasse gegeben werden. Diese Inspektion des molekularen „Maschinenparks" kann natürlich nur punktuell und in keiner Weise umfassend sein. Dennoch sind die gewählten Beispiele nicht beliebig, sondern sollen die Bedeutung der Raumstruktur und ihrer Dynamik für die Funktion von Proteinen herausstellen.

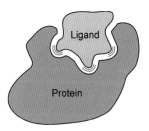

4.1 Bindungsstellen von Proteinen. Die Ausbildung komplementärer Oberflächen erlaubt es Proteinen, Liganden spezifisch zu erkennen und zu binden.

Liganden binden an Proteine und verändern deren Konformation

4.1

Proteine sind die „kommunikativsten" Biomoleküle: Eine ihrer Hauptaufgaben besteht darin, andere Moleküle zu erkennen und zu binden. Oft reagieren sie auf ein solches Bindungsereignis, verändern das gebundene Molekül oder lösen Folgereaktionen aus, indem sie mit einem dritten Molekül in Kontakt treten. Proteine sind in der Wahl ihrer Partner nicht beliebig, sondern hochgradig selektiv. Zu diesem Zweck hat jedes Protein ein unverwechselbares Oberflächenprofil, das durch die Seitenketten seiner Aminosäurereste geprägt wird. *Durch die enorme kombinatorische Vielfalt von Aminosäureresten in der Proteinsequenz kann die Oberfläche praktisch jede denkbare Form annehmen, die zur Erkennung und Bindung von Substanzen geeignet ist.* Man nennt Bindungspartner der Proteine allgemein **Liganden** (lat. *ligare*, binden) ⁀⊖. Liganden können Kohlenhydrate, Nucleotide und Lipide, Nucleinsäuren, aber auch andere Proteine oder Xenobiotika – also körperfremde Stoffe wie etwa Arzneimittel – sein. Häufig binden Liganden in Vertiefungen der Proteinoberfläche. Oft sind es dabei Schleifenstrukturen, die den passenden Liganden mit „Fingerspitzen anfassen" (Abbildung 4.1). Prominentes Beispiel dafür sind die Antikörper der menschlichen Immunabwehr, deren Konturen so vielfältig sein können, dass sie praktisch jedes Molekül der belebten oder unbelebten Welt spezifisch binden und damit „erkennen" können.

Die Kräfte, die bei der Ligandenbindung wirken, sind im Vergleich zu einer kovalenten Bindung zumeist schwach: Proteine sollen Liganden nur vorübergehend binden und auch wieder „loslassen" können. Ionische Wechselwirkungen, Wasserstoffbrücken und van-der-Waals-Kräfte dominieren daher bei der Ligandenbindung (Abbildung 4.2). Dabei wird im Falle des passenden, „kompetenten" Liganden der geringe Energiegehalt einer einzelnen Wechselwirkung durch die große Zahl solcher nichtkovalenten Bindungen wettgemacht. *Die Bindungsstärke eines Proteins für einen Liganden nennt man* **Affinität**. Als Maß für die Affinität wird in der Biochemie die **Dissoziationskonstante** (K_D) verwendet (▶ Abschnitt 1.7). Diese hat die Einheit einer molaren Konzentrationsangabe; typische Wechselwirkungen zwischen Biomolekülen weisen K_D-Werte im milli- bis nanomolaren Bereich (10^{-3} bis 10^{-9} M) auf. Je kleiner der K_D-Wert, desto größer ist die Affinität: Ein Ligand, der mit nanomolarem K_D an ein Protein bindet, hat also eine höhere Affinität als ein Ligand mit mikromolarem K_D-Wert. *Anschaulich gibt die Dissoziationskonstante die Ligandenkonzentration an, bei der 50 % der Bindungsstellen des Bindungspartners belegt sind, bei der also* **halbmaximale Sättigung** *erreicht ist.*

Was können Proteine mit ihren Liganden anstellen? Eine nahe liegende Aufgabe kommt den **Transportproteinen** ⁀⊖ zu, die ihre Fracht an einem Ort des Organismus oder der Zelle aufnehmen und an einem anderen wieder abgeben. Die Liganden können etwa Zucker, Fette oder Mineralien sein; es kann sich um eine so große Fracht wie ein anderes Protein oder um eine so kleine wie ein einzelnes Elektron handeln. Dass die gezielte Aufnahme und Abgabe von Liganden keine

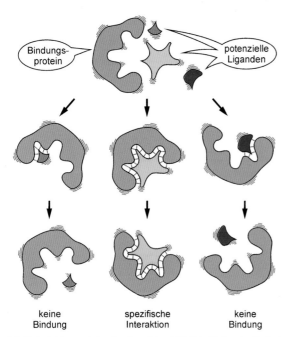

4.2 Wechselwirkung zwischen Protein und Ligand. Die Vielzahl schwacher Wechselwirkungen führt in der Summe zu einer Bindung, die der thermischen Bewegung der Moleküle widersteht: Der passende Ligand (in gelb) bleibt eine Zeit lang am Protein „kleben". Die „falschen" Liganden (in rot und orange) bilden hingegen nur flüchtige Kontakte aus: Es kommt zu keiner „produktiven" Interaktion.

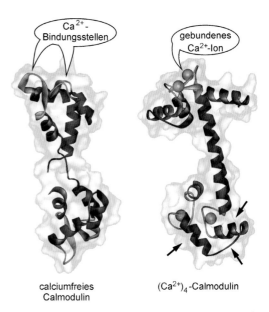

4.3 Konformationsänderung von Calmodulin. Das Protein besitzt je zwei Ca^{2+}-Bindungsstellen (grau) im amino- bzw. carboxyterminalen Teil. Durch Besetzung dieser Bindungsstellen (rechtes Bild) macht Calmodulin eine Konformationsänderung durch, die es zur Bindung und Aktivierung von Zielproteinen befähigt. Drei Pfeile deuten auf ein *helix-loop-helix*-(HLH)-Strukturmotiv, das für Ca^{2+}-bindende Proteine charakteristisch ist.

Trivialität darstellt, belegen die vielen Forschergenerationen, die sich um ein Verständnis des Sauerstofftransporters Hämoglobin bemüht haben. Diesen Klassiker unter den Proteinen werden wir später im molekularen Detail kennen lernen (▶Kapitel 10).

Wie werden Proteine nun zu molekularen Maschinen? *Ein häufiger „Reflex" von Proteinen auf die Bindung eines Liganden ist eine* **Konformationsänderung**. Diese Änderung der räumlichen Proteinstruktur führt dann oft zu einer veränderten Funktionalität. Ein hervorragendes Beispiel für eine solche strukturelle Plastizität ist die ligandeninduzierte Konformationsänderung des molekularen Signalgebers **Calmodulin** . Calmodulin verfügt über vier Ca^{2+}-Bindungsstellen (Abbildung 4.3). Im Cytoplasma herrscht normalerweise eine geringe Ca^{2+}-Konzentration von $< 10^{-7}$ M vor, die auf einen Reiz hin rasch um ein Vielfaches auf Werte $> 10^{-6}$ M ansteigt (▶Abschnitt 28.7). Daraufhin bindet Calmodulin bis zu vier Ca^{2+}-Ionen und erfährt dadurch eine ausgeprägte Konformationsumwandlung, die an das Aufklappen eines Regenschirms erinnert. Dabei werden neue Interaktionsstellen freigelegt: Ca^{2+}-Calmodulin kann nun weitere Signalproteine wie das Enzym Ca^{2+}/Calmodulin-abhängige Proteinkinase (CaM-Kinase) binden und aktivieren (▶Abschnitt 28.8). Calmodulin ist also ein Biosensor, der auf den Anstieg der intrazellulären Ca^{2+}-Konzentration mit einer Aktivierung von Zielproteinen antwortet. Calmodulin ist als Signalüberträger für die Regulation zahlreicher biologischer Prozesse wie etwa der Muskelkontraktion von immenser Bedeutung (▶Abschnitt 9.6).

4.2
Enzyme binden Substrate und setzen sie zu Produkten um

Eine große Familie von Proteinen betätigt sich als molekulare Katalysatoren, die Liganden nicht nur binden, sondern auch verändern: *Sie beschleunigen chemische Reaktionen und gehen selbst unverändert daraus hervor.* Was macht ein Protein zum **Enzym** ? Enzyme besitzen ein **aktives Zentrum**, das meist in einer taschen- oder spaltenartigen Vertiefung ihrer Oberfläche sitzt. Betrachten wir den Fall eines Enzyms, das zwei Liganden – bei Enzymen **Substrate** genannt – greift, die eine chemische Bindung eingehen sollen (Abbildung 4.4). Die

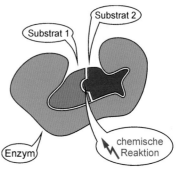

4.4 Molekulare Katalysatoren. Das Enzym orientiert die beiden Substrate optimal zueinander. Dies ist eine stark schematisierte Darstellung eines Enzyms. Wir werden diese katalytischen Mechanismen noch im Detail besprechen (▶Kapitel 12).

Anlagerung an spezifische Bindungsstellen im aktiven Zentrum positioniert die beiden Substrate optimal zueinander, sodass ihr Aufeinandertreffen fast immer zur Reaktion und damit zur Produktbildung führt, was bei einer zufälligen Kollision der Substrate keineswegs der Fall ist. Chemische Gruppen im aktiven Zentrum unterstützen diesen Prozess, indem sie Zwischenprodukte stabilisieren und vorübergehend chemische Bindungen mit den Substraten eingehen. Raumstruktur und chemische Reaktivität sind zwei Aspekte von Proteinen, die bei der Katalyse Hand in Hand arbeiten.

Die Substratbindung kann auch mit einer Konformationsänderung im Enzym einhergehen. „Große" Bewegungen im Enzym – im Nanometerbereich – können Wasser aus dem aktiven Zentrum ausschließen, damit dieses nicht zum ungewollten Reaktionspartner wird, oder eine Umgebung schaffen, die die Reaktion überhaupt erst ermöglicht. Ein gutes Beispiel für diese Enzymdynamik ist die thermostabile **Taq-DNA-Polymerase**. Sie hat die Aufgabe, gemäß den „Instruktionen" eines DNA-Matrizenstrangs Nucleotide an das 3'-Hydroxylende eines neu entstehenden DNA-Strangs anzufügen. Das Enzym erinnert in seiner Form entfernt an eine rechte Hand mit Fingern, Daumen und Handfläche. In der Handfläche liegen die Matrizen-DNA und die neu entstehende DNA (Abbildung 4.5). Im Komplex mit dem DNA-Substrat alleine ist das Enzym in seiner „offenen" Konformation. Tritt ein Nucleotid hinzu, das mit dem wachsenden DNA-Strang verknüpft werden soll, kommt es zu größeren Konformationsänderungen in den Fingern: Die Hand schließt sich um die beiden Substrate (Nucleotid und DNA-Strang). Erst in der geschlossenen Konformation kann sich die neue Bindung bilden. So wird gewährleistet, dass nur ein zum Matrizenstrang komplementäres Nucleotid reagieren kann. Ein nichtkomplementäres Nucleotid „passt" nicht in das aktive Zentrum der geschlossenen Konformation und wird daher auch nicht an den wachsenden Strang angefügt. *Thermostabile DNA-Polymerasen spielen eine überragende biotechnologische Rolle* (▶ Abschnitt 22.6).

Häufig kommt es auch zu „kleinen" Bewegungen in Proteinen, die möglicherweise nur Bruchteile einer intramolekularen Bindungslänge betragen: Dadurch kann das Enzym sein Substrat wie auf einer Streckbank so verzerren, dass die Umwandlung zum Produkt wahrscheinlicher wird (▶ Kapitel 12).

Liganden kommunizieren über allosterische Effekte

Wir haben bislang nur den Effekt der Bindung von Liganden an einer Stelle des Proteins betrachtet. Eine neue Qualität wird dann erreicht, wenn Proteine *mehrere* räumlich getrennte Bindungsstellen besitzen und diese Bindungsstellen miteinander kommunizieren können, was als **allosterischer Effekt** (griech. *allos*, der Andere; *stereos*, räumlich ausgedehnt) 🖱 bezeichnet wird. Zwei Fälle sind denkbar: Erleichtert die Bindung eines Liganden die Bindung des anderen Liganden, spricht man von positiver Allosterie oder von einem positiven allosterischen Effekt. Erschwert sie hingegen die Bindung weiterer Liganden, handelt es sich um einen negativen allosterischen Effekt. Eine Erklärung für dieses Phänomen ist, dass der eine Ligand mit seiner Bindung die Raumstruktur des Proteins und damit auch die zweite Bindungsstelle dergestalt beeinflusst, dass sich die Affinität für den zweiten Liganden verändert (Abbildung 4.6). Der allosterische Effekt ist von herausragender Bedeutung für die Regulation von Proteinen. Das kanonische Beispiel ist hier Hämoglobin: Mittels allosterischer Effektoren wie 2,3-Bisphosphoglycerat können die Sauerstoffaufnahme und -abgabe dieses Transportproteins den physiologischen Bedürfnissen präzise angepasst werden. Ebenfalls gut untersucht ist der allosterische Effekt bei der Aspartat-Transcarbamoylase (ATCase), einem Schlüsselenzym in der Biosynthese von

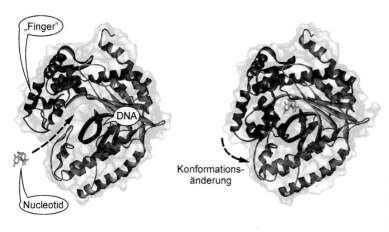

„Finger"

DNA

Nucleotid

Konformationsänderung

offener DNA-Enzym-Komplex   geschlossener Komplex

4.5 Offene und geschlossene Form der *Taq*-DNA-Polymerase. Der Übersichtlichkeit halber sind Teile des Proteins in der Abbildung ausgespart. Der „Finger" ist rot hervorgehoben. Links: Offener DNA-Enzym-Komplex; rechts: geschlossener Komplex des Proteins mit DNA und Nucleotid.

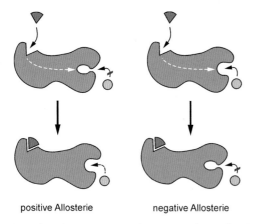

positive Allosterie   negative Allosterie

4.6 Allosterisch regulierte Proteine. Die Bindung eines Liganden am allosterischen Zentrum bewirkt eine Konformationsänderung im Protein, die die Bindung eines weiteren Liganden an einem zweiten allosterischen Zentrum fördert (links) oder erschwert (rechts).

DNA-Bausteinen. *Hier wird die Aktivität unter anderem durch das Endprodukt des Stoffwechselwegs allosterisch gedrosselt:* **Negative Rückkopplung** *heißt in diesem Falle das Regulationsprinzip.*

Auch membranständige **Rezeptoren** illustrieren gut das Prinzip des allosterischen Effekts. Sie übertragen Signale aus dem extra- in den intrazellulären Raum. Typischerweise tragen sie auf ihrer extrazellulären Seite eine spezifische Ligandenbindungsstelle. Wird diese besetzt, so ändert das Rezeptorprotein seine Konformation nicht (nur) außen auf der Ligandenseite, sondern vor allem in seinen ins Zellinnere ragenden Teilen. Im Fall sog. G-Protein-gekoppelter Rezeptoren (▶Kapitel 28), zu denen etwa die Rezeptoren für Adrenalin oder Opioide zählen, werden dadurch Überträgerproteine aktiviert und aus dem „Griff" der Rezeptoren entlassen, sodass sie nun das Signal an Effektorsysteme im Zellinnern weitergeben können (Abbildung 4.7).

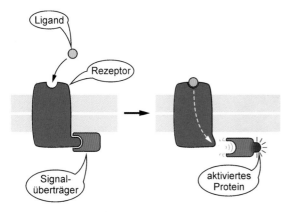

4.7 Ligandeninduzierte Konformationsänderung. Diese stark vereinfachte Darstellung illustriert den Effekt einer Ligandenbindung: Das Rezeptorprotein erfährt eine Konformationsänderung und entlässt einen aktivierten intrazellulären Signalüberträger. Die rote Kugel mit Strahlenkranz symbolisiert den aktivierten Zustand eines Moleküls.

Die Bindung und Hydrolyse von Nucleotiden steuert Motorproteine

Konformationsänderungen von Proteinen müssen sich nicht auf „Reflexe" nach einer Ligandenbindung beschränken: *Proteine können auch gerichtete Bewegungen ausführen und dabei mechanische Arbeit leisten.* Damit solche **Motorproteine** 🖱 nicht nur zufällige, ungerichtete Bewegungen ausführen, muss ein ganzer Zyklus von Konformationsänderungen in eine Richtung getrieben werden. Typischerweise geschieht dies durch Hydrolyse energiereicher Nucleotide. Prototyp eines solchen molekularen Motors ist das **Myosin** der Muskelzellen (Myosin-II) (Abbildung 4.8). Myosin-II ist ein großer

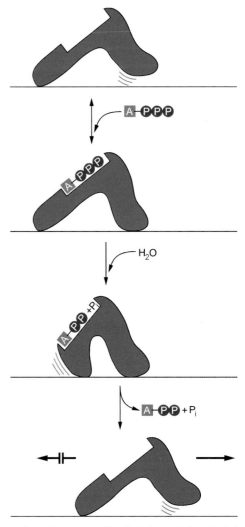

4.8 Dynamik von Motorproteinen. Über eine Reihe von Konformationsänderungen bewegt sich das Motorprotein vorwärts. Seine ATPase-Aktivität macht dabei jeden „Schritt" irreversibel und gibt der Bewegung eine Richtung: Das Motorprotein torkelt nicht hin und her. [AN]

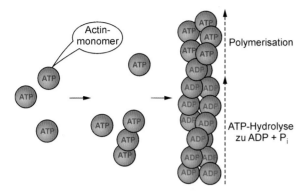

4.9 ATP-getriebene Actinpolymerisation. Die Bindung von ATP führt zu einer Konformationsänderung im Actin, die die Assoziation mit zunächst zwei anderen Actinmolekülen erlaubt. Von diesem Keim ausgehend beginnt die Expansion zu langen Filamenten. Sobald Actin im Verbund verankert ist, hydrolysiert es ATP zu ADP und P_i.

Proteinkomplex, der in elektronenmikroskopischen Aufnahmen als Stab erscheint, mit zwei Köpfen an einem Ende, die über bewegliche Scharniere mit dem Stab verbunden sind. Die „Köpfe" besitzen ATPase-Aktivität (sprich: „ATP-ase"). Das heißt, sie können die terminale Phosphatgruppe von ATP hydrolysieren; aus ATP wird damit ADP und „anorganisches" Phosphat (P_i). Die bei der ATP-Spaltung frei werdende Energie wird in eine Bewegung umgesetzt: Das Molekül knickt in den Scharnieren ab und führt einen „Kraftschlag" (engl. *power stroke*) aus (▸Abschnitt 9.3).

Myosin arbeitet im Muskel zusammen mit einer anderen ATPase, dem **Actin**, das nach ATP-Bindung polymerisiert und lange, schlanke Actinfilamente bildet, an denen sich Myosin „entlanghangeln" kann. *Wir haben es hier mit dem Prototyp einer molekularen Schiene zu tun, bei der die freie Energie der ATP-Hydrolyse den Ausbau des „Schienennetzes" antreibt* (Abbildung 4.9). Actin kommt in jeder eukaryotischen Zelle vor und stellt dort bis zu 20 % der Proteinmasse. Wir werden auf seine Bedeutung im Muskel und Cytoskelett später zurückkommen (▸Abschnitt 33.4).

Die Nucleotidhydrolyse ist ein immer wiederkehrendes Motiv der Biochemie. Diese Reaktion dient nicht allein als Energiequelle für mechanische Arbeit. Auch „chemische Arbeiten" – sprich: endergone Reaktionen – werden meist durch Hydrolyse des Adenosintriphosphats (ATP) angetrieben. Eine andere Anwendung findet die Nucleotidhydrolyse bei **G-Proteinen**: Diese durchlaufen geordnete Zyklen von GTP-Bindung und -Spaltung und fungieren dabei als Taktgeber molekularer Prozesse (Exkurs 4.1).

 Exkurs 4.1: G-Proteine als molekulare Taktgeber

Monomere **guaninnucleotidbindende Proteine** sind „molekulare Metronome". Werden sie aktiviert, tauschen sie gebundenes GDP gegen GTP aus. Damit wird ein Zeitfenster geöffnet, in dem die G-Proteine ⌁ nachgeschaltete Proteine modulieren können. Hydrolysiert das G-Protein nach einer gewissen Zeitspanne sein gebundenes Nucleotid, fällt es in seinen inaktiven „Schlummerzustand" zurück (Abbildung 4.10). Zu den monomeren „kleinen" G-Proteinen gehört das regulatorische **Ras-Protein**, ein Hauptschalter der intrazellulären Signaltransduktion (▸Abschnitt 29.3). Mutationen im Ras-Gen, die zu einer konstitutiven (dauerhaften) Aktivität des Ras-Proteins führen, spielen in der Tumorgenese eine bedeutende Rolle (▸Abschnitt 35.4). Die größeren **trimeren G-Proteine** leiten Signale von G-Protein-gekoppelten Rezeptoren ins Zellinnere weiter (Abbildung 4.7).

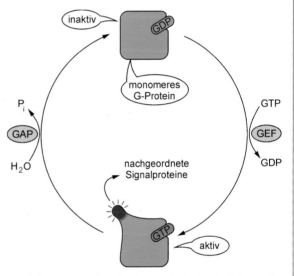

4.10 Zyklus monomerer G-Proteine. Proteine wie Guaninnucleotid-Austauschfaktoren oder GEF (engl. g̲uanine n̲ucleotide e̲xchange f̲actor) und G̲TPase-a̲ktivierende P̲roteine oder GAP können den Zyklus beschleunigen.

4.5

Regulatorproteine werden oft über Phosphorylierung gesteuert

Phosphatgruppen spielen nicht nur im Zusammenhang mit Nucleotiden eine Rolle: Proteine können auch selbst phosphoryliert werden. Haben wir bislang nur Proteinmaschinen betrachtet, die über nichtkovalente Kontakte Liganden binden, so lernen wir hier das erste Beispiel kovalenter Modifikation von Proteinen kennen. Die Phosphorylierung von Proteinen wird von **Kinasen** katalysiert. Der klassische Phosphatgruppendonor ist ATP, dessen endständiges Phosphat typischerweise auf die Seitenketten von Serin, Threonin oder Tyrosin übertragen wird (Esterbildung). Regulatorische Gegenspieler der Kinasen sind **Phosphatasen**, die die Hydrolyse der Phosphatester katalysieren. *Die Proteinphosphorylierung besitzt eine herausragende Bedeutung für die zelluläre Regulation: Viele Regulationsproteine und Signalüberträger verändern ihre Eigenschaften je nach Phosphorylierungsgrad.* So kann die Phosphorylierung allosterische Übergänge bewirken. Das Einbringen der negativen Ladungen des Phosphats verändert aber auch die Oberfläche des Proteins und schafft damit lokal neue Bindungsstellen. Regulatorisch wirksame Phosphorylierung spielt beispielsweise bei Transkriptionsfaktoren eine wichtige Rolle (▶Abschnitt 29.6). Infolge dieser Modifikation können diese dimerisieren und daraufhin in den Zellkern einwandern, wo sie an DNA binden und die Ablesung ihrer Zielgene steuern (Abbildung 4.11).

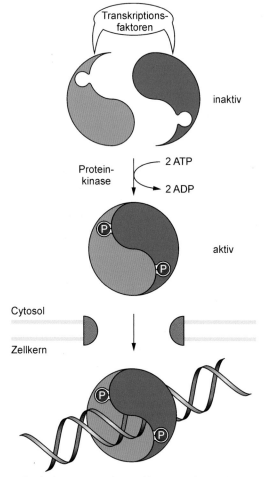

4.11 Phosphorylierung von Transkriptionsfaktoren. Die Phosphorylierung ermöglicht eine Dimerisierung der Transkriptionsfaktoren und ihre Translokation in den Zellkern, wo sie die Expression der Zielgene verändern.

Enzyme passen sich metabolischen Bedürfnissen an

Proteine sind in der Lage, wie ein Computerchip unterschiedlichste Signale zu integrieren, was eine differenzierte Anpassung an physiologische Bedürfnisse ermöglicht. Die erstaunliche Komplexität und Anpassungsfähigkeit solcher molekularen „Chips" soll am Beispiel der **Glykogen-Phosphorylase** ⬚ illustriert werden. Das Enzym setzt bei Bedarf Glucose aus der Speicherform Glykogen frei. Der menschliche Organismus speichert Glykogen hauptsächlich in Muskel und Leber. Die beiden Organe verfügen über verschiedene Formen (▶Exkurs 44.4) der Glykogen-Phosphorylase, die unterschiedlich reguliert werden; hier soll nur die Situation im Muskel betrachtet werden. Im ruhenden Muskel besteht kein gesteigerter Bedarf an ATP, das die Energie für die Muskelkontraktion bereitstellt, und somit auch nicht an für die Regeneration von ATP nötigem Glucose-6-phosphat. Wird der Muskel belastet, dann nimmt die Konzentration an ADP und AMP infolge gesteigerter ATP-Hydrolyse rasch zu. Die genannten Stoffwechselprodukte oder Metaboliten sind somit Indikatoren, die die Bedürfnisse der Muskelzelle widerspiegeln. In evolutionärer Anpassung an die physiologischen Rahmenbedingungen haben sie sich als sinnvolle allosterische Effektoren bewährt: ATP und Glucose-6-phosphat inaktivieren Glykogen-Phosphorylase durch einen negativen allosterischen Effekt auf das aktive Zentrum, wohingegen AMP aktivierend wirkt (Abbildung 4.12). Die aktive Konformation der Phosphorylase kann auch über kovalente Modifikation begünstigt werden: Sowohl ein erhöhter Adrenalinspiegel als auch der elektrische Reiz, der die

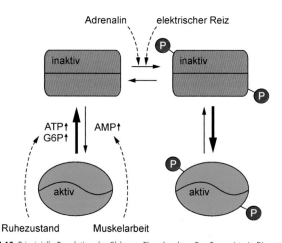

4.12 Prinzipielle Regulation der Glykogen-Phosphorylase. Das Enzym ist ein Dimer zweier identischer Untereinheiten: Die Konformationsänderungen vollziehen sich in symmetrischer Weise. Die allosterischen Effektoren ATP und Glucose-6-phosphat (G6P) begünstigen die inaktive Form, AMP hingegen die katalytisch aktive Form. Das phosphorylierte Protein nimmt bevorzugt die aktive Konformation ein. Die Lage der Gleichgewichte ist durch die Stärke der Pfeile angedeutet.

Muskelkontraktion auslöst, bewirken über unterschiedliche Signalkaskaden die Phosphorylierung einer Serinseitenkette und damit die Aktivierung des Enzyms. Glykogen-Phosphorylase kann also verschiedene Signale aufnehmen, verarbeiten und in eine veränderte Funktion umsetzen (▶Abschnitt 44.6).

4.7

Proteine können auf mechanische Spannung reagieren

Nicht immer müssen Proteine in subtile Wechselwirkungen treten: Das Bindegewebsprotein Elastin ist handfester mechanischer Beanspruchung gewachsen (▶Abschnitt 8.5). Als molekulare „Feder" fängt es Zugkräfte flexibel auf und verleiht damit Geweben Elastizität (Abbildung 4.13). Elastin besitzt eine Struktur, die reversibel auf- und rückfalten kann und damit wie ein Expander wirkt, der sich unter Zugspannung dehnt und anschließend wieder zusammenzieht.

Selbst auf mechanischen Stress können Proteine differenziert antworten: Paradebeispiel für einen Mechanosensor ist der **Ionenkanal MscL** von *Mycobacterium tuberculosis*, dem Erreger der Tuberkulose (Exkurs 4.2). Solche mechanosensitiven Ionenkanäle bilden aller Wahrscheinlichkeit nach auch die molekulare Basis des Hör- und Tastsinns; jedoch stehen die biochemischen Kenntnisse der hier zugrunde liegenden Mechanismen noch in ihren Anfängen.

Damit beenden wir die erste Inspektion des biochemischen Instrumentariums. Kunstvoll gebaute Proteine beherrschen virtuos ein gewaltiges Repertoire an Funktionen und spielen dabei als fein abgestimmte Teile eines Orchesters zusammen. Wir haben eine Vorstellung von der Vielgestaltigkeit der Proteine bekommen, die wir nun konkretisieren wollen. Dazu wenden wir uns der Proteinstruktur zu.

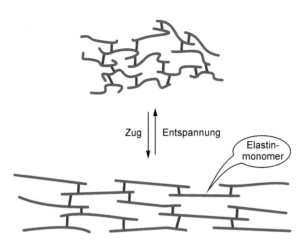

4.13 Molekulare Federn. Elastinproteine sind über kovalente Bindungen in ein Netzwerk eingewoben. Die Möglichkeit der Elastinstrukturen, reversibel auf- und rückzufalten, verleiht dem Netzwerk gummiartige Elastizität. [AN]

> ## Exkurs 4.2: Struktur des mechanosensitiven Ionenkanals MscL

Bislang konnte erst von vergleichsweise wenigen Membranproteinen die räumliche Struktur aufgeklärt werden. MscL aus *Mycobacterium tuberculosis* ist eines der ersten Beispiele für einen **Ionenkanal**, der mittels Röntgenstrukturanalyse fast bis auf die atomare Ebene charakterisiert werden konnte. Der Kanal besteht aus fünf Untereinheiten, die je zwei membrandurchspannende Helices besitzen; eine Helix jeder Untereinheit trägt zur inneren Wandung der Pore bei, während die andere Helix die Außenseite verkleidet und mit den Membranlipiden in Kontakt tritt (Abbildung 4.14). MscL sitzt in der bakteriellen Plasmamembran und reagiert auf eine lateral – in der Ebene der Membran – wirkende mechanische Spannung hin mit einer hohen, unspezifischen Ionenleitfähigkeit. Dies geschieht, indem die Transmembranhelices ihren Neigungswinkel in der Membran ändern: Dadurch öffnet sich der Kanal wie die Blende einer Kamera. Biologisch wirkt MscL vermutlich als Sicherheitsventil: Bei osmotischem Stress schwillt die Zelle an; durch die zunehmende Spannung in der Membran öffnen die MscL-Kanäle ihre Poren und ermöglichen damit einen osmotischen Ausgleich zwischen Cytosol und Außenmedium.

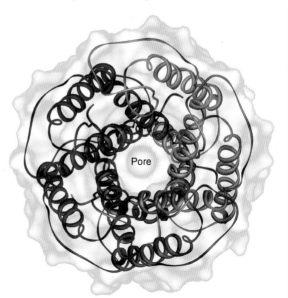

4.14 Struktur des Ionenkanals MscL. Das Protein ist in der Aufsicht auf die gedachte Membranebene gezeigt. Die um die zentrale Pore angeordneten fünf Untereinheiten sind in Spektralfarben gezeigt. Jede Untereinheit des Pentamers bildet zwei Transmembranhelices, von denen jeweils eine zur Auskleidung der Porenwand beiträgt.

Zusammenfassung

- Eine herausragende Eigenschaft von Proteinen liegt in der spezifischen Erkennung und Bindung anderer Moleküle, sog. **Liganden**. Die Bindungsstärke für einen Liganden wird als **Affinität** bezeichnet.
- Häufig zeichnen sich Proteine auch durch eine Plastizität ihrer räumlichen Struktur aus: Proteine können verschiedene **Konformationen** annehmen. Dies hat entscheidenden Einfluss auf ihre Funktionalität.
- Proteine können auf Ligandenbindung mit einer **Konformationsänderung** reagieren. Beispiel dafür ist das calciumbindende Signalprotein Calmodulin.
- Enzyme sind eine Klasse von Proteinen, die chemische Reaktionen an ihren Liganden – in diesem Fall als **Substrate** bezeichnet – katalysieren können. Die Substratbindungsstelle eines Enzyms ist das **aktive Zentrum**. DNA-Polymerasen sind Enzyme, die die Synthese der DNA aus Nucleotidbausteinen bewerkstelligen.
- Die Interaktion verschiedener Ligandenbindungsstellen innerhalb eines Proteins wird als **allosterischer Effekt** bezeichnet. Durch diese „Kommunikation" kann die Bindung eines Liganden die Bindung eines weiteren Liganden erleichtern (positive Allosterie), wie im Falle der Sauerstoffbindung durch Hämoglobin, oder erschweren (negative Allosterie).
- Membranständige Rezeptoren übertragen auf allosterischem Wege Signale (z. B. die Bindung eines Hormons) aus dem extra- in den intrazellulären Raum.
- Allosterisch regulierte Enzyme wie die Glykogen-Phosphorylase dienen als **Signalintegrator**, indem sie durch bestimmte Metaboliten aktiviert, durch andere hingegen inaktiviert werden. Auf diese Weise können Enzyme gezielt auf physiologische Anforderungen reagieren.
- **Motorproteine** wie das Myosin der Muskelzellen spalten Adenosintriphosphat (ATP) durch Hydrolyse. Die dabei freigesetzte Energie wird in mechanische Arbeit, also Muskelkontraktion, umgewandelt. **Strukturproteinen** kommt dagegen eine eher statische Rolle zu. Lange Actinfilamente bilden einen Teil des Cytoskeletts und fungieren als „Schienen" für Myosin. Das Bindegewebsprotein Elastin wirkt als elastische Zugfeder.
- Proteine können kurzfristig oder dauerhaft chemisch verändert und damit etwa „an- oder abgeschaltet" werden. Die häufigste Form der **kovalenten Modifikation** ist die **Phosphorylierung** durch Kinasen bzw. Dephosphorylierung durch Phosphatasen. Ein Gutteil der Signalübertragung innerhalb der Zelle funktioniert über Veränderungen im Phosphorylierungsgrad spezifischer Proteine.

Ebenen der Proteinarchitektur

5

Die kombinatorische Vielfalt von 20 Aminosäuren mit unterschiedlichen Seitenketten bildet die Grundlage der bemerkenswerten Proteindiversität, die wir bei unserem Gang durch den molekularen „Maschinenpark" bereits in Augenschein genommen haben. Der Satz von proteinogenen Aminosäuren ist universell: Das Bakterium *Escherichia coli* benutzt für seine Proteinbiosynthese das gleiche Repertoire an Standardaminosäuren wie der Mensch. Man schätzt, dass das fundamentale Alphabet der Proteine fast vier Milliarden Jahre alt ist. Die Verknüpfung von Aminosäuren zu einer Polypeptidkette ist jedoch nur der erste Schritt in der Biogenese eines Proteins. *Erst die Faltung der wachsenden Kette zu einer exakten Raumstruktur verleiht dem Protein Funktionalität* – und darüber hinaus eine faszinierende Ästhetik. Umgekehrt führt der Verlust der geordneten Struktur in der Regel zum Verlust der Proteinfunktion.

teraktionen zwischen Aminosäuren eine Rolle, die in der Primärstruktur weit voneinander entfernt liegen können. Oft falten sich Teilbereiche eines Proteins in „selbstständige" Tertiärstruktureinheiten, die dann als **Domänen** bezeichnet werden. Die fertig gefaltete Polypeptidkette kann sich mit anderen Polypeptidketten unter Ausbildung einer **Quartärstruktur** zusammenlagern. Die dabei beteiligten Polypeptide werden als **Untereinheiten** bezeichnet. Je nach Zahl der Untereinheiten spricht man von dimeren, trimeren, tetrameren etc. Proteinen. Setzt sich die Quartärstruktur aus gleichen Untereinheiten zusammen, handelt es sich um ein **homomeres Protein** (also Homodimer, Homotrimer etc.); bei unterschiedlichen Polypeptidketten spricht man hingegen von einem **Heteromer**, also z.B. von einem Heterodimer.

5.1 Die Proteinstruktur ist hierarchisch gegliedert

Die **Konformation** eines Proteins – die Anordnung seiner Atome im Raum – wird als eine hierarchisch gegliederte Architektur beschrieben (Abbildung 5.1). Als **Primärstruktur** wird die lineare Abfolge der Aminosäuren in der Proteinkette und damit ihre kovalente Verknüpfung bezeichnet. Diese Abfolge ist im zugehörigen Gen auf der Ebene der Nucleinsäuren festgeschrieben. Die nächsthöhere Ebene der **Sekundärstruktur** definiert die räumliche Organisation von benachbarten Aminosäuren in der linearen Sequenz. Hierbei wird nur das „Rückgrat" der Polypeptidkette betrachtet, ohne Berücksichtigung der Konformation der Seitenketten. Häufig wiederkehrende und in fast allen Proteinen zu findende Motive werden dabei als **Sekundärstrukturelemente** bezeichnet. Die dreidimensionale Anordnung des gesamten Proteins – also aller Atome inklusive der Aminosäureseitenketten – wird **Tertiärstruktur** genannt. Hier spielen auch In-

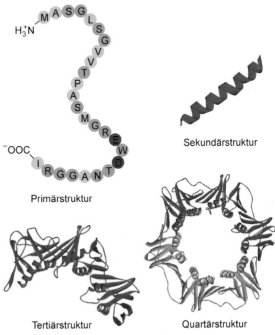

5.1 Ebenen der Proteinstruktur. Die hier gezeigte Quartärstruktur (unten) setzt sich aus zwei identischen Untereinheiten zusammen: Es handelt sich um ein Homodimer.

Aminosäuren werden zu Polypeptidketten verknüpft

Wie wird nun ein Protein aus seinen Grundbausteinen, den Aminosäuren, gebildet? In der belebten Natur findet der Prozess der **Proteinbiosynthese** immer in der Zelle statt. Bei diesem komplizierten Vorgang, auf dessen Details wir erst später eingehen wollen (▶Kapitel 18), werden Aminosäuren sukzessive miteinander verknüpft. *Hierbei werden ausschließlich* **L-Aminosäuren** *verwendet* (▶Abschnitt 2.9). Im Folgenden wird daher auf die explizite Angabe der Aminosäurekonfiguration verzichtet. Die Biosynthese eines Proteins beginnt stets mit der Aminosäure **Methionin**. Ihre Carboxylgruppe wird mit der α-Aminogruppe einer zweiten Aminosäure, etwa Glycin, zu einer **Peptidbindung** (–CO–NH–) verknüpft, und das Dipeptid Methionylglycin (Abbildung 5.2) entsteht. Dabei handelt es sich um eine **Kondensationsreaktion**, da bei diesem Prozess formal Wasser abgespalten wird. *Tatsächlich ist der Reaktionsmechanismus sehr viel komplizierter und erfordert die vorhergehende Aktivierung von Aminosäuren* (▶Abschnitt 18.2).

Die freie Carboxylgruppe des Dipeptids kann dann mit der Aminogruppe einer dritten Aminosäure wie beispielsweise Serin eine weitere Peptidbindung eingehen, wobei das Tripeptid Methionylglycylserin entsteht. Dieser Prozess der Kondensation wiederholt sich während der Biosynthese größerer Proteine hundert- oder tausendfach. Es entstehen lange unverzweigte Ketten von Aminosäuren (Abbildung 5.3). *Dabei wird eine neue Aminosäure immer an die Carboxylgruppe der wachsenden Peptidkette angefügt: Das Polypeptid wächst also von der ersten α-Aminogruppe, dem* **Aminoterminus,** *zur*

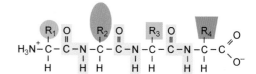

5.3 Prinzipieller Aufbau eines Polypeptids. Das Rückgrat der Polypeptide bildet die sog. Hauptkette aus sich wiederholenden („repetitiven") Peptidbindungen (–NH–CO–), die über C_α-Atome verbunden sind; die Vielfalt der Proteine beruht auf der unterschiedlichen Abfolge von Seitenketten R_n.

letzten Carboxylgruppe, die den **Carboxyterminus** *stellt.* Eine einzelne Aminosäureeinheit (–NH–C_αHR–CO–) in einem solchen Strang wird auch **Rest** genannt. Korrekterweise werden die Aminosäurereste in der Kette mit der Endung -yl versehen: Man spricht also beispielsweise von einem Arginylrest. Im wissenschaftlichen Sprachgebrauch wird dieser oft aber auch als Argininrest bezeichnet; in diesem Buch verwenden wir beide Ausdrucksweisen. Konventionsgemäß bezeichnet man kurze Peptide mit bis zu zehn Resten als **Oligopeptide** und längere als **Polypeptide.** Polypeptide mit mehr als 50 Resten sind **Proteine.** Die Grenzen zwischen diesen Begriffen sind fließend; jedoch impliziert der Begriff *Protein* – anders als *Polypeptid* – die Vorstellung einer definierten Raumstruktur. Die mittlere Molekülmasse eines Rests (Aminosäure nach formalem Abzug von H_2O) beträgt 110 Dalton. So hat Albumin, das vorherrschende Protein des menschlichen Plasmas, mit 585 Resten eine tatsächliche Molekülmasse von 66 472 Dalton (66,5 kd). Durch Multiplikation der Zahl der Reste mit 110 lässt sich also die Molekülmasse des Proteins recht gut abschätzen.

Polypeptide können nach ihrer Synthese modifiziert werden

Nach abgeschlossener Biosynthese besitzt die Polypeptidkette im Allgemeinen eine freie α-NH_2-Gruppe an der ersten Aminosäure (am Aminoterminus) und eine freie Carboxylgruppe an der letzten Aminosäure (am Carboxyterminus). Konventionsgemäß schreibt und liest man ein Protein immer vom Aminoterminus (links) zum Carboxyterminus (rechts). Beim oben „synthetisierten" Tripeptid handelt es sich also um Methionylglycylserin: im Dreibuchstabencode Met-Gly-Ser oder im Einbuchstabencode MGS. Die **Direktionalität** eines Peptids ist dabei keine bloße Konvention. Ein Beispiel soll das verdeutlichen: In vielen Proteinen, die die Anheftung (Adhäsion) von Zellen über Integrinrezeptoren vermitteln, findet sich das kurze Sequenzmotiv RGD, das für diese Anheftung von entscheidender Bedeutung ist. Ein „freies", synthetisch hergestelltes Tripeptid RGD (Arginylglycylasparaginsäure, Arg-Gly-Asp) bindet ebenfalls an Integrine. Das „umgedrehte" Tripeptid DGR hingegen hat keinerlei Affinität zu diesen Rezeptoren: NH_2-Arg-Gly-Asp-COOH (RGD)

5.2 Struktur der Peptidbindung. Die Kondensation der Carboxylgruppe von Methionin und der Aminogruppe von Glycin unter Abspaltung von H_2O ergibt eine Peptidbindung (–CO–NH–). Dabei entsteht das Dipeptid Met-Gly.

und NH$_2$-Asp-Gly-Arg-COOH (DGR) sind zwei völlig verschiedene Tripeptide mit unterschiedlichen physikalischen, chemischen und damit auch biologischen Eigenschaften!

Mitunter werden die freien Termini der Polypeptide nach der Biosynthese modifiziert (Abbildung 5.4). **Posttranslationale Modifikationen** *dienen oft dem Schutz der Peptide und Proteine vor raschem biologischem Abbau.* Augenfälliges Beispiel für das Prinzip „Protektion durch Modifikation" ist das Hormon **Thyreoliberin** (**TRH**, engl. *thyrotropin releasing hormone*) (Exkurs 5.1). Umgekehrt kann durch Modifikation

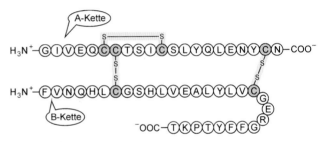

5.5 Disulfidverbrückung im humanen Insulin. Je zwei Cysteinreste werden durch Oxidation unter Ausbildung einer Disulfidbrücke verknüpft. Insulin bildet zwischen seiner A- und B-Peptidkette zwei und innerhalb der A-Kette eine weitere Disulfidbrücke aus. Bei der Biosynthese im Pankreas entsteht Insulin zunächst als eine Polypeptidkette, von der ein *N*-terminales Signalpeptid abgespalten wird. Nach der Ausbildung der Disulfidbrücken wird dann noch ein internes, zwischen A- und B-Kette liegendes sog. C-Peptid entfernt.

Exkurs 5.1: Posttranslationale Modifikationen von TRH

Die Biosynthese des Schilddrüsenhormons **Thyroxin** (T$_4$) ist streng kontrolliert. Eine spezifische Hirnregion, der Hypothalamus, kann einen Thyroxinmangel „sondieren" und schüttet daraufhin das Hormon TRH aus. TRH ist ein Tripeptid, das normalerweise von speziellen Enzymen (Peptidasen) schnell abgebaut würde. Chemische Schutzgruppen in Form eines aminoterminalen **Pyroglutamatrests** – die α-Aminogruppe vollzieht hier mit der γ-Carboxylgruppe der Seitenkette einen Ringschluss – und eines **amidierten Prolinrests** am Carboxyterminus bewahren TRH vor zu raschem Abbau (Abbildung 5.4). Seine **biologische Halbwertszeit** (d. h. der Zeitpunkt, zu dem 50 % des anfänglich vorhandenen Peptids im Körper abgebaut sind) verlängert sich dadurch beträchtlich. Mit diesem „Flankenschutz" erreicht TRH auf dem Blutweg die Hirnanhangdrüse (Adenohypophyse) und regt sie zur Freisetzung des Proteohormons TSH (Thyreoidea-stimulierendes Hormon, Thyreotropin) an, das seinerseits die Follikelzellen der Schilddrüse zur Ausschüttung der Schilddrüsenhormone animiert.

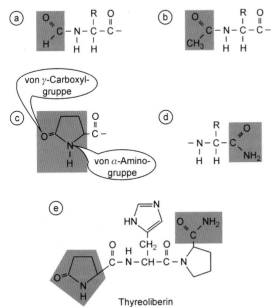

5.4 Posttranslationale Modifikation der Termini. Die Endgruppen von Polypeptiden werden verändert durch Formylierung (a) und Acetylierung (b) der α-Aminogruppe, Cyclisierung eines Glutamylrests am Aminoterminus (c) oder Amidierung der Carboxylgruppe am Carboxyterminus (d). Thyreoliberin (*thyrotropin releasing hormone*; Pyroglutamyl-histidinyl-prolylamid) ist ein Beispiel für ein mehrfach modifiziertes Peptid (e).

die „Lebenszeit" von Proteinen auch verkürzt werden. Wenn an den *N*-Terminus posttranslational ein Argininrest angefügt wird, führt dies das Protein dem gezielten Abbau zu (▶ Abschnitt 19.11). Wie wir am Beispiel der Phosphorylierung bereits gesehen haben (▶ Abschnitt 4.5), können posttranslationale Modifikationen auch funktionelle Eigenschaften von Proteinen verändern.

Unverzweigte Polypeptide können während oder nach der Biosynthese auf unterschiedliche Weise verknüpft werden: innerhalb einer Kette oder zwischen verschiedenen Ketten. Die meisten Verknüpfungen dieser Art erfolgen über **Disulfidbrücken** wie z. B. beim Insulin (Abbildung 5.5). Mitunter sind auch Lysin- und Histidinseitenketten an der Verknüpfung von Polypeptidketten beteiligt (▶ Abschnitt 8.3). Für die Ausbildung von Disulfidbrücken ist ein oxidatives Milieu notwendig, das nur in ganz bestimmten Zellkompartimenten wie dem endoplasmatischen Reticulum oder im extrazellulären Raum, nicht aber im Cytosol, vorliegt. Daher besitzen cytoplasmatische Proteine wie Hämoglobin im Allgemeinen auch keine Disulfidbrücken, während sekretorische Proteine wie **Insulin**, die das endoplasmatische Reticulum passieren, oft solche chemischen „Klammern" erhalten. *Disulfidbrücken haben wichtige Aufgaben: Sie können einerseits die Raumstruktur einzelner Polypeptide stabilisieren, andererseits zwei oder mehr Polypeptide kovalent miteinander verknüpfen.*

Im Allgemeinen wird der komplette Satz an Standardaminosäuren zum Aufbau einzelner Proteine verwendet: So sind beispielsweise im humanen Cytochrom *c* mit 104 Resten alle 20 Aminosäuretypen vertreten. Die statistische Verteilung ließe erwarten, dass jede Aminosäure im Durchschnitt zu 5 % in der Gesamtheit der Proteine vertreten ist. Tatsächlich reicht jedoch die mittlere Häufigkeit von 1,2 % für die seltenste Aminosäure Tryptophan bis 9,6 % für den häufigsten Rest Leucin. Wenn das Standardrepertoire der Aminosäuren nicht ausreicht, um eine Funktion zu realisieren, kann die Zelle wiederum posttranslationale Modifikationen an den Aminosäureseitenketten vornehmen (Exkurs 5.2). Ein Paradebeispiel für posttranslationale Modifikation sind Histone,

⟿ Exkurs 5.2: Modifikation von Aminosäureseitenketten

Varianten der Standardseitenketten sind **4-Hydroxyprolin** (z. B. im Strukturprotein Kollagen) oder γ-Carboxyglutaminsäure, etwa im Gerinnungsprotein Prothrombin; **Phosphoserin** und -threonin wie im Falle der Glykogen-Phosphorylase; **farnesyliertes Cystein** beim Signalüberträgerprotein Ras oder **glykosyliertes Asparagin** beim Membranprotein Glykophorin der Erythrocyten (Abbildung 5.6). Diese Modifikationen werden an der entstehenden Polypeptidkette oder am fertig synthetisierten und gefalteten Protein vorgenommen. Oft dienen sie der funktionellen Aktivierung von Proteinen. So erlaubt die γ-Carboxylierung speziellen Blutfaktoren, über Ca^{2+}-Ionen an die Phospholipidmembran von Blutplättchen zu binden und dort die Gerinnungskaskade zu starten, während nichtcarboxylierte Faktoren funktionsunfähig sind (▶ Abschnitt 14.4). Dieses Prinzip wird bei der Therapie der Gerinnungsneigung (Thrombophilie) genutzt, indem die γ-Carboxylierung gezielt gehemmt wird. Andere Proteine erhalten durch Glykosylierung eine unverwechselbare chemische Identität: Hierauf beruht die subtile Differenzierung von Blutgruppenantigenen (▶ Exkurs 19.5).

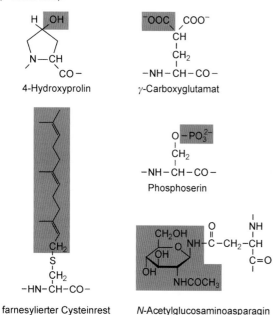

5.6 Modifikation von Seitenketten. Substituenten, die durch chemische Modifikation in die Standardseitenketten eingefügt werden, sind farblich hervorgehoben. Beim glykosylierten Asparagin ist nur der unmittelbar verknüpfte Zucker (N-Acetylglucosamin) gezeigt; tatsächlich handelt es sich um ein größeres Oligosaccharid.

die „Verpackungsproteine" der DNA im Zellkern: Sie können z. B. acetyliert, methyliert, ribosyliert oder phosphoryliert werden. Alle diese Modifikationen dienen dazu, das Ablesen der Erbinformation gezielt zu steuern, indem sie die histongebundene DNA mehr oder weniger zugänglich machen (▶ Abschnitt 20.7). *Das Motto heißt also: funktionelle Modulation durch strukturelle Modifikation* (▶ Tafel A8).

5.4 Planare Peptidbindungen bilden das Rückgrat der Proteine

Proteine bestehen aus sich wiederholenden Grundeinheiten mit jeweils einer Peptidbindung, die über C_α-Atome miteinander verknüpft sind. Gemeinsam bilden sie das **Rückgrat** (Hauptkette) eines Proteins, von dem die Seitenketten an C_α wie Rippen abstehen (Abbildung 5.7). Jedes C_α-Atom wird also von zwei Peptideinheiten flankiert; lediglich die beiden Termini bilden eine Ausnahme.

Da die Doppelbindung der Carbonylgruppe dem freien Elektronenpaar am Stickstoff benachbart ist, kommt es zu einer Delokalisierung der Elektronen über die Peptidbindung: Die CO–NH-Bindung ist eine **partielle Doppelbindung** (Abbildung 5.8). *Dieser Doppelbindungscharakter führt zur Aufhebung der freien Drehbarkeit um die CO–NH-Bindung. Somit ist die Peptidbindung planar und starr.*

Die Winkel zwischen den beteiligten Atomen der Peptidbindung sind nahezu invariant und von der Natur der beteiligten Reste weitgehend unabhängig (Abbildung 5.9). Prinzipiell können Peptidbindungen in der *cis*- oder *trans*-Konformation vorkommen. Jedoch ist die **trans-Form**, bei der sich die Substituenten H und O auf gegenüberliegenden Seiten der Peptidbindung befinden, die energetisch begünstigte Konformation und kommt daher bei fast allen Peptidbindungen vor. Dagegen sind sich bei der *cis*-Form die voluminösen Seitenketten R an den flankierenden C_α-Atomen meist im Weg. Bei Xaa-Pro-Bindungen (Xaa = beliebige Aminosäure) ist aufgrund der besonderen sterischen Verhältnisse des Prolinrings die *cis*-Form mit der *trans*-Form energetisch vergleichbar, was bei der Faltung von Proteinen von großer Bedeutung ist (Abschnitt 5.11).

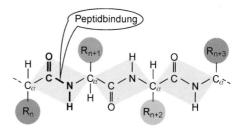

5.7 Schematische Darstellung einer Polypeptidkette. Die Carboxylgruppe der Aminosäure n bildet mit der Aminogruppe der Aminosäure n+1 eine Peptidbindung. Die Seitenketten an C_α sind als Bälle dargestellt.

5.8 Resonanzformen der Peptidbindung. Durch Delokalisierung der Elektronen über die π-Orbitale der O–C–N-Bindungen entsteht der partielle Doppelbindungscharakter, der zu einer planaren Geometrie führt. Die Länge der Peptidbindung beträgt 1,32 Å, was zwischen der Länge einer C–N-Einfachbindung (1,49 Å) und der einer C=N-Doppelbindung (1,27 Å) liegt.

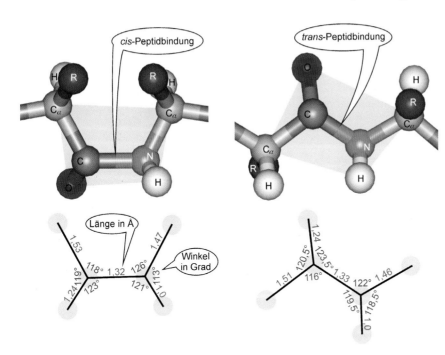

5.9 Kenngrößen einer Peptidbindung. Standardlängen (Ångström) und Standardwinkel einer Peptidbindung (in Grad) in *cis*- (links) bzw. *trans*-Konformation (rechts). Enzyme vom Typ der Peptidyl-prolyl-*cis*/*trans*-Isomerasen katalysieren den Wechsel von der *cis*- in die *trans*-Form (und umgekehrt) und spielen daher eine bedeutende Rolle bei der Proteinfaltung. [AN]

Die Bindungen N–C_α und C_α–CO, welche die starren Peptideinheiten miteinander verknüpfen, sind als Einfachbindungen weitgehend frei drehbar. Die zugehörigen Dreh- oder Torsionswinkel werden als φ (Phi: N–C_α) und ψ (Psi: C_α–CO) bezeichnet (Abbildung 5.10). Jede gegebene Peptidbindung in der Hauptkette eines Polypeptids nimmt eine bestimmte Winkelkombination von φ und ψ an. In ihrer Gesamtheit definieren diese Winkelkombinationen die Konformation eines Proteinrückgrats. Dagegen legen die Torsionswinkel φ und ψ die Orientierung der Seitenketten *nicht* fest: Diese koppeln über die C_β–C_α-Bindung an die Hauptkette.

Die möglichen Kombinationen von φ und ψ sind nicht beliebig, da viele Winkelpaare zu einer sterischen Behinderung zwischen Haupt- und Seitenketten führen. Es sind nur ganz bestimmte Winkelkombinationen von φ und ψ für natürlich vorkommende Aminosäuren „erlaubt", was den Spielraum für mögliche Konformationen von Proteinen erheblich einengt. Dieser mögliche Konformationsraum kann in Form von sog. **Ramachandran-Diagrammen** 🔲 anschaulich gemacht werden (Abbildung 5.11). Eine Ausnahme stellt

5.10 Rotation von Peptidbindungen. Jede Einheit hat zwei Freiheitsgrade der Rotation um die N–C_α-Einfachbindung φ bzw. um die C_α–CO-Einfachbindung ψ. Konventionsgemäß setzt man die beiden Winkel als +180° für die voll ausgestreckte, lineare Form des Polypeptids; die Winkel nehmen im Uhrzeigersinn zu, wenn man vom C_α aus auf die betroffene Bindung schaut. C_β bezeichnet das erste an C_α bindende C-Atom einer Seitenkette. [AN]

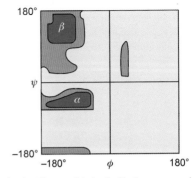

5.11 Ramachandran-Diagramm. Erlaubte Kombinationen von φ und ψ für das Modellpeptid Polyalanin. Im Bereich der günstigsten Winkelkombinationen (dunkelblau) finden sich die gängigen Sekundärstrukturelemente α-Helix und β-Faltblatt (Abschnitt 5.5). „Verbotene" Winkelkombinationen (hellgrau) überwiegen bei weitem. Die Diagramme sind nach ihrem Entwickler G. N. Ramachandran benannt.

Glycin dar, das statt einer voluminösen Seitenkette nur ein kleines H-Atom besitzt und somit Kombinationen von φ und ψ ermöglicht, die bei anderen Aminosäureresten „verboten" sind. *Deshalb nimmt Glycin oft strategisch wichtige, konservierte Positionen in der Proteinstruktur ein* (▶ Abschnitt 8.1). Es erlaubt die Ausbildung ungewöhnlicher, ansonsten „verbotener" Konformationen von Proteinen und stellt mit seinem minimalen Platzbedarf oft die einzig mögliche Aminosäure an einem strukturellen „Engpass" dar.

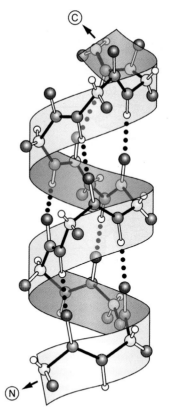

5.13 Struktur einer rechtsgängigen α-Helix von Proteinen. Es sind alle Atome der Hauptkette gezeigt; die Seitenketten sind schematisch durch violette Kugeln wiedergegeben. Wasserstoffbrücken sind durch Punktierung angedeutet; Farbcode wie in Abbildung 5.10. [AN]

Tabelle 5.1 Kenngrößen einer rechtsgängigen α-Helix von Proteinen. Jeder Rest ist relativ zu seinem Vorgänger 100° um die Helixachse gedreht; somit machen 3,6 Aminosäurereste eine komplette Helixwindung aus. Die Ganghöhe (Anstieg der Helix pro kompletter Windung) ergibt sich als Produkt aus dem Anstieg pro Rest und der Zahl der Reste pro Windung.

Kenngröße	Wert
Wasserstoffbrücke	$(N–H)_n ... (C=O)_{n+4}$
Anstieg	1,5 Å pro Rest
Drehung entlang der Helixachse	100° pro Rest
Reste pro Windung	3,6
Ganghöhe	5,4 Å

5.5

Die α-Helix ist ein prominentes Sekundärstrukturelement

Während der Synthese eines Proteins in der Zelle kommt es spontan zur „Kontaktaufnahme" zwischen räumlich benachbarten, in der Primärstruktur nahe beieinander liegenden Aminosäureresten. Betrachten wir zuerst die Interaktionen zwischen den Peptidbindungen der Hauptketten: **Wasserstoffbrücken** *verbinden CO- und NH-Gruppen unterschiedlicher Peptidbindungen miteinander* (Abbildung 5.12). Dabei entstehen die drei maßgeblichen Sekundärstrukturelemente von Proteinen, die α-Helix, das β-Faltblatt und die β-Schleife ⌁.

Die α-**Helix** ist eine wendelförmige Struktur, die durch gleichmäßige Verdrillung der Polypeptidkette entsteht. Diese Helix ist rechtsgängig: Sie steigt im Uhrzeigersinn an, wenn man entlang der Helixachse schaut. Wasserstoffbrücken zwischen Paaren von Peptidbindungen, die durch drei Reste voneinander getrennt liegen, also beispielsweise zwischen der zweiten und der sechsten Peptidbindung, stabilisieren diese Struktur (Abbildung 5.13). Diese Wechselwirkungen wiederholen sich periodisch und beziehen alle Peptidbindungen der Helix ein: Die Helixstruktur erfüllt nicht nur die an die Winkelgeometrie gestellten Anforderungen (Abschnitt 5.4), sondern wird auch durch eine maximale Zahl nichtkovalenter Bindungen stabilisiert. *Die rechtsgängige α-Helix der Proteine ist durch eine Reihe von geometrischen Kenngrößen (Ganghöhe, Anstieg und Drehung) charakterisiert* (Tabelle 5.1), *die sich deutlich von denen einer Helix der Desoxyribonucleinsäuren unterscheiden* (▶ Kapitel 16).

Die helikale Struktur begünstigt die Ausbildung von „optimalen" Wasserstoffbrücken, die weitgehend parallel zur Helixachse liegen: Donor und Akzeptor der Wasserstoffbrücke weisen direkt aufeinander zu. Eine solche Brücke überspannt dabei eine Schleife mit insgesamt 13 Atomen der Hauptkette. *Den Kern einer α-Helix bildet immer die Hauptkette, während die sperrigen Seitenketten wie Stacheln nach außen weisen* (Abbildung 5.14). Der mittlere Durchmesser einer α-Helix beträgt – abhängig von der Natur der Seiten-

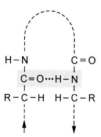

5.12 Wasserstoffbrücken zwischen Peptidbindungen. Die Ausbildung zahlreicher H-Brücken ist charakteristisch für die wichtigsten Sekundärstrukturelemente α-Helix und β-Faltblatt.

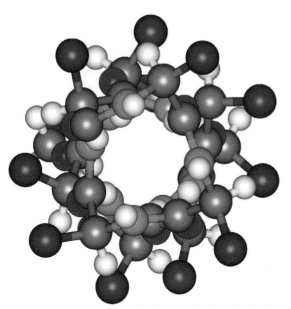

5.14 Aufsicht auf eine α-Helix. Der Blick geht entlang der Längsachse; die Seitenketten (violett) weisen nach außen. Die Atome der Hauptkette sind in Wirklichkeit voluminöser und füllen den gesamten Innenraum der Helix aus. Der äußere Durchmesser beträgt etwa 14 Å.

ketten – etwa 14 Å. Die Länge von α-Helices in Proteinen fällt sehr unterschiedlich aus: Im Mittel umfasst sie etwa zehn Reste, was einer Länge von 1,5 nm entspricht. Extrem lange Helices, die teilweise gebündelt vorliegen, finden sich unter anderem in den Muskelproteinen Myosin und Tropomyosin (▶Abschnitte 9.2 und 9.5): So hat das Helixbündel von Myosin eine Länge von 160 nm!

Die meisten Aminosäuren können ihre Seitenkette problemlos in einer α-helikalen Struktur unterbringen. Eine wichtige Ausnahme von dieser Regel macht **Prolin**, dessen Aminogruppe in einen Ring aus fünf Atomen integriert ist. Wird ein Prolinrest in eine Polypeptidkette eingebaut, so entsteht eine tertiäre Aminogruppe, die kein Wasserstoffatom mehr hat und daher auch keine Wasserstoffbrücke zu einer CO-Gruppe ausbilden kann. Außerdem verhindert der durch den Ringschluss eingeschränkte Spielraum für φ und ψ die Ausbildung einer idealen α-helikalen Struktur. Von daher wirkt Prolin oft als Helixbrecher. Eine Ungleichverteilung von verschiedenen Seitenkettentypen auf die Oberfläche kann einer α-Helix Polarität verleihen (Exkurs 5.3).

Obwohl die *links*gängige α-Helix von den Torsionswinkeln φ und ψ her „erlaubt" ist, kommen sich ihre Seiten- und Hauptkette zu nah, als dass dieses Sekundärstrukturelement in der Natur realisiert worden wäre. *Zwar finden sich linksgängige Helices im* **Kollagen***; allerdings besitzen sie ganz andere Kenngrößen und fallen daher nicht in die Kategorie einer α-Helix.* Kollagen besteht nämlich überwiegend aus den Aminosäuren Glycin und Prolin, die – wie schon erwähnt – ungewöhnliche Konformationen ermöglichen (▶Abschnitt 8.1).

 Exkurs 5.3: Polarität von α-Helices

Angesichts der unterschiedlichen Natur der Aminosäureseitenketten können die „Oberflächen" der α-Helices hydrophil, hydrophob oder auch amphiphil sein. Das **helikale Rad** verdeutlicht diese Zusammenhänge: Hier ist die Abfolge der Aminosäurereste in zweidimensionaler Projektion wiedergegeben. Dabei sind die Seitenketten, die wie Stacheln vom Helixkörper abstehen, in eine Ebene senkrecht zur Helixachse projiziert. Mit jedem Rest wird eine Rechtsdrehung um 100° vollzogen (Abbildung 5.15). Hydrophile Helices finden sich typischerweise auf der Oberfläche von cytoplasmatischen Proteinen wie dem Myoglobin. Hydrophobe Helices kommen häufig als membrandurchspannende Segmente von Proteinen wie Glykophorin vor. Amphiphile Helices sind etwa für Apolipoproteine charakteristisch, wo sie als „Bindemittel" zwischen hydrophoben Komponenten (aliphatische Ketten der Lipide) und hydrophilen Komponenten (Kopfgruppen der Lipide, Wasser) wirken.

5.15 Helikales Rad. Die Abfolge polarer und unpolarer Aminosäuren definiert hydrophile (links) und hydrophobe Helices (rechts); durch asymmetrische Verteilung entstehen amphiphile Helices (Mitte) mit polaren und hydrophoben Flanken. Polare Reste sind in grün, positiv/negativ geladene Reste in blau bzw. rot und unpolare Reste in gelb wiedergegeben.

5.6

β-Faltblätter und β-Schleifen bilden ausgedehnte Sekundärstrukturen

Ein zweites wichtiges Sekundärstrukturelement ist das β-**Faltblatt**, das aus mehreren β-**Strängen** gebildet wird. Anders als bei der α-Helix interagieren hier nicht kontinuierliche Segmente einer einzelnen Polypeptidkette, sondern Kombinationen unterschiedlicher, nicht unbedingt aufeinander folgender Abschnitte einer oder auch mehrerer Polypeptidkette(n). Die beteiligten β-Stränge sind so nebeneinander angeordnet, dass sich Wasserstoffbrücken zwischen den CO- und NH-Gruppen benachbarter Stränge ausbilden können (Abbildung 5.16). Die beiden interagierenden Stränge können dabei **parallel** (gleichgerichtet) oder **antiparallel** (gegenläufig) sein, was sich auf die (N→C)-Direktionalität der Polypeptidkette bezieht.

Die beteiligten Stränge falten sich ziehharmonikaartig – daher auch der Name Faltblatt. Dabei kommen die Seitenketten abwechselnd ober- und unterhalb der Blattebene zu liegen (Abbildung 5.17). Mitunter formieren sich **gemischte** β-**Faltblätter** mit paralleler Anordnung auf der einen und antiparalleler Anordnung auf der anderen Seite eines Strangs.

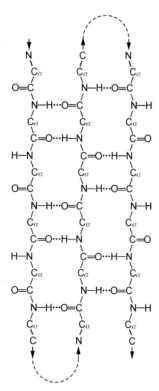

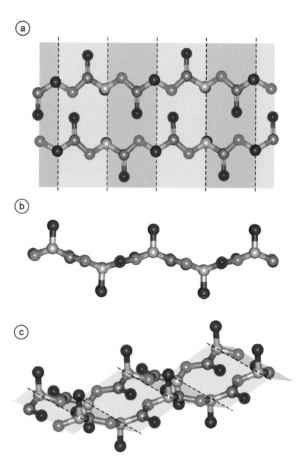

5.16 Modell eines antiparallelen β-Faltblatts. Die Wasserstoffbrücken zwischen den Peptidbindungen der Hauptketten stabilisieren die Struktur. Der axiale Abstand zwischen benachbarten Aminosäuren beträgt im β-Strang 3,5 Å; bei der α-Helix sind es nur 1,5 Å: Das β-Faltblatt hat somit eine viel „gestrecktere" Struktur.

5.17 Antiparalleles zweisträngiges β-Faltblatt. a) Die Aufsicht zeigt, wie Carbonyl- und NH-Gruppen aufeinander weisen und dadurch Wasserstoffbrücken ausbilden können. b) In der seitlichen Ansicht ist erkennbar, dass die Seitenketten abwechselnd zur Ober- und Unterseite des Blatts gerichtet sind. c) Die Ketten sind wie ein Leporello aufgefaltet, was besonders in dieser Ansicht von halb oben deutlich wird. Die Seitenketten sind in verkürzter Form durch violette Kugeln wiedergegeben.

β-Faltblätter umfassen im Mittel sechs Stränge, sind damit etwa 2,5 nm breit und bilden oft den „Kern" globulärer Proteine, um den sich Helices und andere Sekundärstrukturelemente gruppieren. Ein besonders faltblattreiches Protein ist z. B. Präalbumin, das in humanem Plasma vorkommt. Bakterielle Porine bilden in Membranen fassförmige β-Faltblattstrukturen, die als Poren fungieren (▶ Abbildung 25.4). Auch die **Immunglobulindomäne** 🖱, eine der häufigsten Proteindomänen des menschlichen Proteoms, die sich u. a. in Antikörpern findet, ist aus β-Faltblättern aufgebaut (▶ Abbildung 36.23).

Da Wechselwirkungen auf beiden Seiten der *trans*-Peptidbindungen möglich sind, bilden sich häufig ausgedehnte Blattstrukturen. So besteht **Seidenfibroin** 🖱, das Hauptprotein der Seide, aus vielen Lagen von β-Faltblättern. Die Polypeptidketten – und damit die kovalenten Bindungen – laufen parallel zur Faser und machen Seide reißfest, allerdings auch ziemlich unelastisch, da das Faltblatt von vornherein eine gestreckte Struktur einnimmt, die kaum noch dehnbar ist. Zwischen den einzelnen Lagen bestehen hingegen schwache nichtkovalente Wechselwirkungen, was der Seide ihre charakteristische Biegsamkeit verleiht.

Bildet eine kontinuierliche Polypeptidkette eine kompakte globuläre Struktur aus, so muss sie, an der Oberfläche ange-

kommen, eine scharfe „Kehrtwende" machen. *Die β-**Schleife** (engl. β turn) als drittes klassisches Sekundärstrukturelement bildet solche Haarnadelkurven aus* (Abbildung 5.18).

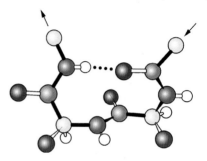

5.18 β-Schleifen. Eine Wasserstoffbrücke verklammert die Peptidbindung n mit der Peptidbindung n+3; zwei dazwischen liegende Reste bilden eine scharfe Haarnadelkurve. Die β-Schleifen „realer" Proteine zeigen mehr oder minder große Abweichungen von diesen idealisierten Strukturen. Die Seitenketten sind durch violette Kugeln symbolisiert. [AN]

Damit verbindet die β-Schleife beispielsweise zwei Strangsegmente eines β-Faltblatts. Die β-Schleife ist unauffälliger als α-Helix oder β-Faltblatt, da sie im Gegensatz zu diesen keine repetitive Struktur darstellt. Typischerweise umfassen β-Schleifen vier Reste und werden durch eine Wasserstoffbrücke zwischen den Resten n und n+3 stabilisiert. Dazwischen liegen zwei Reste, die die „Kehre" ausbilden. Es überrascht wohl nicht, dass Glycin mit seiner äußerst kompakten Struktur eine sehr häufige Aminosäure in diesem Sekundärstrukturelement ist. In ihrer exponierten Position sind die kurzen β-Schleifen, aber auch ausgedehntere Schleifentypen (Abschnitt 5.7) ein beliebtes Ziel kovalenter Proteinmodifikation wie Phosphorylierung und Glykosylierung. Oft sind Schleifen an der Ligandenbindung von Rezeptoren oder bei der Antigenerkennung durch Antikörper beteiligt.

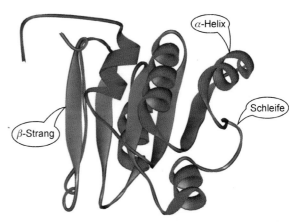

5.19 Bändermodell einer Domäne des Enzyms Alkohol-Dehydrogenase. Die Symbolik für die wichtigsten Sekundärstrukturelemente ist an diesem Beispiel illustriert. Helices werden als Spiralbänder dargestellt und β-Stränge bzw. β-Faltblätter als Bänder oder breite Pfeile. Der Rest der Polypeptidkette ist als „Kabel" wiedergegeben.

5.7
Sekundärstrukturelemente bilden wiederkehrende Motive

Neben den geschilderten „ebenmäßigen" Elementen kann ein Polypeptid auch komplexere Sekundärstrukturen ausbilden, die pauschal als **Knäuel** (engl. *coil*) oder **Schleifen** (*loops*) bezeichnet werden. Die Bezeichnung Knäuel ist etwas irreführend und sollte nicht mit dem **Zufallsknäuel** (*random coil*) verwechselt werden – der Zufallskonformation eines ungefalteten Proteins, auf die wir später eingehen werden. *Tatsächlich müssen Knäuel- und Schleifensegmente eines Proteins nicht weniger geordnet sein als eine α-Helix oder ein β-Faltblatt: Nur sind sie in Ermangelung repetitiver Elemente schwerer zu beschreiben.* Wegen der großen Zahl von Sekundärstrukturelementen eines Proteins, deren Anordnung komplex und in dreidimensionaler Darstellung mit allen atomaren Details wenig übersichtlich ist, sind vereinfachte Darstellungsformen von Proteinkonformationen entwickelt worden, denen wir zuvor schon begegnet sind und die als **Bändermodelle** ⌐ bezeichnet werden. Hier wird nur der Verlauf der Hauptkette unter Weglassen der Seitenketten als kontinuierliches Band präsentiert, wobei eindeutige Symbole verwendet werden, so z. B. Spiralenbänder für α-Helices sowie breite Bänder oder Pfeile für β-Faltblätter. Die restliche Polypeptidkette wird als „Kabel" dargestellt (Abbildung 5.19). Auf diese Weise gewinnt man ein einprägsames und übersichtliches, wenn auch reduziertes Bild von der Raumstruktur eines Proteins.

Die begrenzte Zahl definierter Sekundärstrukturelemente findet sich in Proteinen oft zu typischen Kombinationen vereint – **Supersekundärstrukturen** oder **Faltungsmotive** genannt, etwa zwei β-Faltblätter, die über eine α-Helix verbunden sind ($\beta\,\alpha\,\beta$), oder das *helix-loop-helix*-Motiv, das charakteristisch für Ca^{2+}-bindende Proteine wie Calmodulin ist (▶ Abbildung 4.3).

5.8
Nichtkovalente Wechselwirkungen stabilisieren die Tertiärstruktur

Welche Kräfte fügen nun die Sekundärstrukturelemente zur Tertiärstruktur eines Proteins zusammen? Es handelt sich hier um nichtkovalente Wechselwirkungen wie ionische Bindungen (Salzbrücken), van-der-Waals-Kräfte (anziehende Dipolkräfte zwischen ungeladenen Atomen) und Wasserstoffbrücken. Jede einzelne Bindung liefert nur einen geringen Beitrag, da sie um mindestens eine Größenordnung schwächer ist als eine kovalente Bindung, deren Energie etwa 200 – 500 kJ/mol beträgt. Erst das Zusammenwirken einer großen Zahl nichtkovalenter Kontakte sorgt für den Zusammenhalt der Proteinstruktur (Abbildung 5.20).

Ein zweiter wichtiger Aspekt für die Ausbildung der Proteinstruktur ist der **hydrophobe Effekt** ⌐. Dieser Begriff bezieht sich auf die Beobachtung, dass unpolare Substanzen wie z. B. Öl den Kontakt mit Wasser meiden und die Kontaktoberfläche minimieren (Abbildung 5.21). Das Wasser bildet einen „Käfig" um diese hydrophoben Moleküle, da es sie nicht in sein Netzwerk von Wasserstoffbrücken einbinden kann. Dadurch wird die Ordnung des Wassers erhöht, seine Entropie verringert sich (▶ Abschnitt 3.8). Die Aggregation unpolarer Gruppen begrenzt dieses „Entropiedefizit" des Wassers so weit wie möglich. Das erklärt, warum der Innenraum eines Proteins, in dem die hydrophoben Seitenketten dicht gepackt sind, praktisch wasserfrei ist. Umgekehrt finden sich polare und geladene Seitenketten überwiegend auf der Proteinoberfläche. *Das Prinzip des hydrophoben Effekts heißt also: Minimierung des Entropieverlusts des umgebenden Wassers durch maximale Aggregation hydrophober Gruppen im Protein.* Der hydrophobe Effekt trägt oftmals

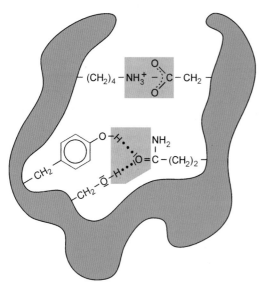

5.20 Nichtkovalente Wechselwirkungen in einem Protein. Als Beispiel sind hier eine Salzbrücke zwischen den Seitenketten von Lysin und Aspartat sowie Wasserstoffbrücken zwischen Serin bzw. Tyrosin und Glutamin gezeigt.

mehr zur Stabilität einer Proteinstruktur bei als die Summe der übrigen nichtkovalenten Interaktionen. Bisweilen wird auch von einer hydrophoben Bindung gesprochen, was aber einen unpassenden Begriff darstellt, da sich die Natur des hydrophoben Effekts vollkommen von der einer gerichteten Bindung oder der Wechselwirkung zweier Atome unterscheidet.

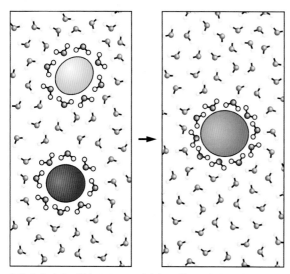

5.21 Hydrophober Effekt. In Wasser unlösliche Stoffe – symbolisiert durch den roten und gelben „Öltropfen" – zwingen diesem einen höheren Ordnungsgrad auf, da an den Grenzflächen die geometrischen Möglichkeiten zur Ausbildung von Wasserstoffbrücken eingeschränkt sind als im „freien" Wasser. Die Aggregation der hydrophoben Substanzen – symbolisiert durch den orangefarbenen Tropfen im rechten Bild – minimiert die Tropfenoberfläche. Dadurch wird einer kleineren Zahl von Wassermolekülen Ordnung aufgezwungen; der Entropieverlust des Wassers ist damit nicht so groß wie im linken Fall.

Globuläre Proteine falten sich zu kompakten Strukturen

Proteine besitzen typischerweise eine einzige, kompakte Konformation, die ihnen Funktion verleiht. Man muss sich vergegenwärtigen, dass ein Protein mit 150 Resten in der vollkommen ausgestreckten Form über 50 nm lang ist. Nach Faltung hat es dagegen oft eine **globuläre** (kugelartige) Form, deren Durchmesser lediglich um die 4 nm beträgt. Wie zwängen sich Polypeptide in dieses „Korsett"? Betrachten wir exemplarisch das **Myoglobin**, ein sauerstoffspeicherndes Protein der Muskelzelle. Myoglobin ist das erste globuläre Protein, dessen Raumstruktur aufgeklärt wurde; es handelt sich um ein äußerst kompakt gefaltetes Molekül (Abbildung 5.22).

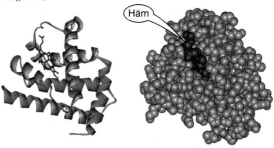

5.22 Raumstruktur des Myoglobins. Das Bändermodell (links) ist dem Kalottenmodell gegenübergestellt, das die tatsächlichen Volumina der Atome deutlich macht. Die Abmessungen eines Myoglobinmoleküls betragen etwa 2,5 x 3,5 x 4,5 nm. Rot dargestellt ist die prosthetische Gruppe Häm, die für die O_2-Bindung essenziell und in einer hydrophoben Tasche der Myoglobinstruktur eingelagert ist.

Das dominierende Sekundärstrukturelement im Myoglobin ist die α-Helix: Insgesamt acht Helices sind über Schleifen verbunden, die oft Prolinreste enthalten. Dabei wird das Innere des Proteins fast ausschließlich von Resten mit hydrophoben Seitenketten gebildet, während die Oberfläche reich an polaren und geladenen Aminosäuren ist. Der fein abgestufte Größensatz hydrophober Seitenketten erlaubt eine lückenlose Füllung des Binnenraums von Proteinen (Abbildung 5.23). *Der Beitrag des hydrophoben Effekts zur Stabilität von Proteinen wird auf diese Weise optimal ausgenutzt.*

Neben typischen globulären Proteinen wie dem Myoglobin gibt es noch eine Reihe **fibrillärer** („gestreckter") **Proteine** wie Elastin, Kollagen, α-Keratin und Cytokeratine, die mechanische und strukturbildende Funktionen innerhalb und außerhalb der Zellen übernehmen (▶ Abschnitt 33.2).

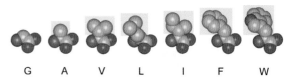

G   A   V   L   I   F   W

5.23 Hydrophobe Seitenketten im Innern eines Proteins. Abgestufte Größen („Orgelpfeifen") ermöglichen eine dichte Packung im Proteinkern.

5.10 Mehrere Untereinheiten bilden die Quartärstruktur der Proteine

Die Wahrnehmung komplexer Funktionen stellt oft Anforderungen an ein Protein, die nicht mehr von einer einzigen Polypeptidkette erfüllt werden können. Ein gutes Beispiel dafür sind der Transport und die Speicherung von Sauerstoff, für die Hämoglobin bzw. Myoglobin verantwortlich sind. Während die reversible O_2-Speicherung von einer einzigen Proteineinheit, dem monomeren Myoglobin, geleistet werden kann, müssen vier Einheiten im tetrameren Hämoglobin zusammenwirken, um den subtilen Anforderungen des O_2-Transports zu genügen (Abbildung 5.24). Der Zusammenbau eines Komplexes aus Polypeptidketten erfolgt typischerweise aus den fertig gefalteten Untereinheiten – auch **Protomere** genannt (griech. *meros*, Teil) – und markiert die höchste strukturelle Organisationsebene der Proteine, die **Quartärstruktur**. Dabei greifen dieselben nichtkovalenten Wechselwirkungen wie bei der Tertiärstruktur. Zusätzlich können Disulfidbrücken zwischen den Untereinheiten die Quartärstruktur kovalent absichern.

Hämoglobin stellt das klassische Beispiel eines **heteromeren** Komplexes dar, der aus mindestens zwei verschiedenen Typen von Protomeren besteht. Es gibt aber auch **homomere** Komplexe mit einem einzigen Typ der Untereinheit wie etwa Transkriptionsfaktoren: Die Dimerisierung dient hier als Regulator der funktionellen Aktivität (▶Abschnitte 20.4 ff.). Proteine können auch extrem große Komplexe bilden. So besteht der Proteinteil des menschlichen Ribosoms aus mehr als 80 (!) verschiedenen Polypeptiden (▶Abschnitt 18.3). Identische Proteinuntereinheiten können zu langen **Filamenten** (Fasern) oder ausgedehnten **Tubuli** (Röhren) assoziieren. Die Hüllen vieler Viren geben ein eindrucksvolles Beispiel hochsymmetrischer Quartärstrukturen (Exkurs 5.4).

 Exkurs 5.4: Hüllproteine von Viren

Die Erbsubstanz von Viren ist in einer Schutzhülle aus Proteinen untergebracht. Da ein Virus 🔍 nur ein sehr kleines Genom besitzt, muss es für seine Verpackung auf eine möglichst geringe Zahl von Proteinen zurückgreifen, die in einer symmetrischen Art und Weise arrangiert werden. Eine Möglichkeit ist, dass die Proteinuntereinheiten zu einem suprahelikalen Schlauch – wie etwa beim Tabak-Mosaik-Virus – assoziieren. Sphärische Virushüllen besitzen eine ikosaedrische Symmetrie: Als Beispiel ist hier ein **Rhinovirus** gezeigt, der Verursacher von Schnupfen beim Menschen (Abbildung 5.25). Insgesamt 60 Heterotrimere der Hüllproteine VP1, VP2 und VP3 bilden die symmetrische Hülle des Virus.

5.25 Proteinhülle des Rhinovirus 14. Die Struktur dieses Proteinkomplexes wurde durch Röntgenstrukturanalyse der kristallisierten Viruspartikel aufgeklärt. Die Hüllproteine VP1, VP2 und VP3 sind in verschiedenen Farben dargestellt. [AN]

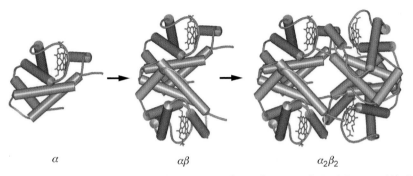

α $\qquad\qquad$ $\alpha\beta$ $\qquad\qquad$ $\alpha_2\beta_2$

5.24 Quartärstruktur von Hämoglobin. Je eine α- bzw. β-Kette lagern sich zu einem Heterodimer $\alpha\beta$ zusammen; die Assoziation von zwei identischen Dimeren führt zur nativen Quartärstruktur des Hämoglobins, dem Tetrameren $\alpha_2\beta_2$. Nur in dieser Form ist Hämoglobin ein voll funktionsfähiger Sauerstofftransporter.

5.11
Proteine falten sich schrittweise in ihre native Konformation

Wir haben nun die Kräfte kennen gelernt, die die Proteinstruktur zusammenhalten. Wie aber läuft der Faltungsprozess ab, der Weg vom „frisch" synthetisierten Polypeptid zum dreidimensional hochgeordneten Protein? Proteine benötigen für ihre Faltung meist weniger als eine Sekunde. Ein Rechenbeispiel mit einem Polypeptid von 100 Aminosäuren Länge zeigt, dass diese Geschwindigkeit alles andere als selbstverständlich ist: Selbst wenn die Drehwinkel φ und ψ für jeden Aminosäurerest entlang des Proteinrückgrats auf nur zwei energetisch günstige Kombinationen beschränkt wären, gäbe es immer noch 2^{100} oder rund 10^{30} mögliche Konformationen der Hauptkette. Die Rotation von einem zum anderen Winkel benötigt mit rund 10^{-11} Sekunden zwar eine sehr kurze Zeit. Alle 10^{30} Kombinationen durchzuspielen würde damit aber immer noch 100 Milliarden Jahre dauern! *Die Proteinfaltung, ausgehend vom neu synthetisierten Polypeptid, kann also kein Prozess sein, der nach dem Prinzip „Versuch und Irrtum" abläuft.* Es scheint aber auch keinen einzigen vorgegebenen Weg der Faltung zu geben, wie früher oft angenommen wurde, um dieses sog. **Levinthal-Paradox** der schnellen Faltung erklären zu können. Tatsächlich bewegen sich die ungefalteten Polypeptide in einem **Energietrichter** auf die Struktur des nativen Proteins zu (Abbildung 5.26). In diesem Trichter wird die Zahl der energetisch möglichen Konformationen rapide eingeschränkt; dabei können mehrere Wege zum Ziel führen. Die Wege führen auch oft über metastabile Intermediate, d. h. lokale „Einbuchtungen" im Trichter. Bisweilen können diese Einbuch-

tungen auch Fallen sein, sodass das Protein in einem fehlgefalteten Zustand gefangen bleibt, was pathobiochemisch von großer Bedeutung sein kann (Abschnitt 5.12). *Treibende Kraft bei der Proteinfaltung ist wie bei allen Prozessen in der Natur die Abnahme der freien Energie* (Exkurs 5.5).

> **Exkurs 5.5: Freie Energie der Proteinfaltung**
>
> Warum falten sich Proteine spontan? Treibende Kraft hinter dem Faltungsprozess ist eine **Abnahme der freien Energie G** des Systems, d. h. $\Delta G = \Delta H - T\Delta S$ muss einen negativen Wert annehmen (▶Abschnitt 3.8). Dabei wirken widerstreitende Faktoren: Zum einen wird durch die neuen, nichtkovalenten Wechselwirkungen, d. h. ionische Bindungen, Wasserstoffbrücken und van-der-Waals-Bindungen, im Protein ein enthalpisch günstiger Zustand erreicht ($\Delta H < 0$). Die Beschränkung auf eine geordnete Konformation senkt dagegen die Entropie der Polypeptidkette ($\Delta S < 0$) (Abbildung 5.27). Das umgebende Wasser gewinnt jedoch an Entropie, wenn die hydrophoben Seitenketten im Innern des gefalteten Proteins verborgen sind (Abschnitt 5.8). Erst- und letztgenannte Aspekte begünstigen somit die Faltung, der Entropieverlust des Polypeptids wirkt ihr entgegen.
>
>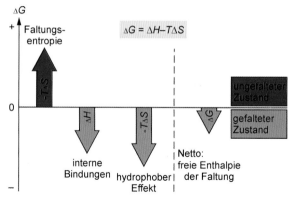
>
> **5.27** Freie Energie der Proteinfaltung. Die Beschränkung der konformationellen Freiheit der Peptidkette arbeitet der Faltung entgegen, nichtkovalente Bindungen und der hydrophobe Effekt begünstigen sie hingegen. Die Änderung der Freien Energie ΔG (▶Abschnitt 3.9) muss letztendlich negativ sein, damit die Faltung spontan erfolgt.

Verschiedene Modelle beschreiben die molekularen Vorgänge beim Faltungsprozess (Abbildung 5.28). Eine **hierarchische Faltung** würde mit der spontanen lokalen Ausbildung von Sekundärstrukturen beginnen. Sind diese stabil, also energetisch günstiger als das ungefaltete Polypeptid, „überleben" sie und können sich nun zu ausgedehnteren Supersekundärstrukturen wie z. B. $\beta\alpha\beta$-Motiven formieren. Die lokalen Strukturen dienen gewissermaßen als Kristallisationskeime – sog. **Faltungsnuclei** –, um die herum sich die weitere Proteinstruktur aufbaut. Der Prozess schreitet auf diese Weise fort: über die Ausbildung der einzelnen Domänen bis zum fertig gefalteten Polypeptid. Eine andere Vorstellung ist die des **hydrophoben Kollaps**: Am Beginn des Faltungsprozesses steht die Ausbildung einer kompakten Struktur, in der

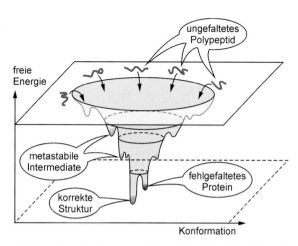

5.26 Schematische Darstellung eines „Faltungstrichters". Ungefaltete Polypeptide können sich auf einer Unzahl von Pfaden in Richtung der korrekten Tertiärstruktur bewegen. Auf diesen Wegen liegen oft transient stabile Intermediate (lokale Energieminima), mitunter aber auch „Fallen", in denen das Protein in einem fehlgefalteten Zustand verharrt. [AN]

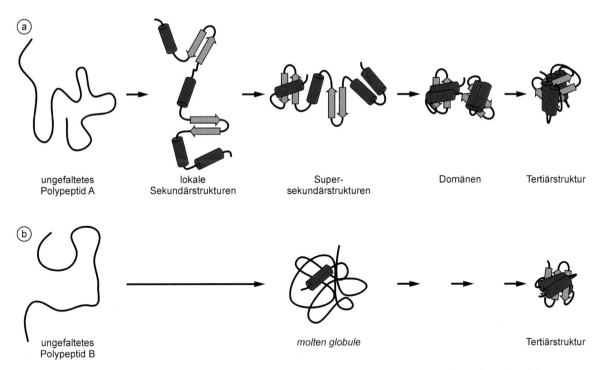

5.28 Mechanistische Modelle der Proteinfaltung: a) In einem hierarchischen Modell bilden lokale Sekundärstrukturelemente die „Kristallisationskeime" für eine weitere Faltung über Supersekundärstrukturen und Domänen zur fertigen Tertiärstruktur. b) Nach der Vorstellung des hydrophoben Kollaps bildet sich zuerst, angetrieben durch den hydrophoben Effekt, eine kompakte Struktur aus. Von diesem konformationell bereits stark eingeschränkten Zustand „sucht" sich ein Protein seine korrekte Struktur.

die hydrophoben Seitenketten vom wässrigen Milieu abgeschirmt sind. Man spricht von einem **molten globule** – frei mit „Proteinschmelze" zu übersetzen. Seine endgültige Struktur „sucht" sich das Protein dann ausgehend von diesem konformationell bereits sehr eingeschränkten Zustand. Die Faltung der meisten Proteine vereint vermutlich Aspekte beider Modelle; die metastabilen Intermediate (Abbildung 5.26) können sowohl lokal ausgebildete Sekundärstrukturen als auch ein *molten globule* widerspiegeln.

Die meisten Experimente zur Proteinfaltung wurden *in vitro* an „fertigen" und isolierten Polypeptiden unternommen. Dabei wird die Tertiärstruktur zunächst gezielt zerstört (Abschnitt 5.12), um dann die Rückfaltung zum nativen Zustand beobachten zu können. Die Proteinfaltung *in vivo* ist noch komplizierter: Die bereits gebildeten Teile eines wachsenden Polypeptids beginnen sich zu falten, lange bevor die im Vergleich langsame Synthese der Polypeptidkette (4–20 Aminosäuren pro Sekunde) abgeschlossen ist. Außerdem herrscht insgesamt eine hohe Proteinkonzentration in der Zelle ($\approx$ 300 g/l) und damit zwangsläufig auch eine hohe Konzentration an Faltungsintermediaten neu synthetisierter Proteine. Dies birgt die Gefahr der Bildung unlöslicher Proteinaggregate. Die Zelle besitzt deshalb „Faltungshelfer", sog. **Chaperone** ⌐🖰 (▶ Abschnitt 19.1). Sie binden reversibel hydrophobe Areale der Peptidkette, um unerwünschte Aggregate zu verhindern und der Polypeptidkette Zeit zu geben, die richtige Faltung zu finden. Diese Unterstützung erfolgt nicht „gratis": Die Auflösung des Komplexes aus

Chaperon und Proteinsubstrat ist oft mit der Hydrolyse von ATP verbunden (▶ Abbildung 19.12). Andere Faltungshelfer sind Enzyme wie z. B. **Protein-Disulfid-Isomerasen**, die eine rasche Ausbildung und Spaltung verschiedener Disulfidkombinationen katalysieren, bis die günstigste Paarung zweier Thiolgruppen gefunden ist (▶ Abschnitt 19.4). Auch die bereits genannten **Peptidyl-prolyl-*cis/trans*-Isomerasen** helfen bei der „Suche" nach der richtigen Konformation. Nach der Synthese liegen die Peptidbindungen stets in der *trans*-Konformation vor; in gefalteten Proteinstrukturen taucht jedoch häufig *cis*-Prolin auf. Die nötige Isomerisierung von der *trans*- in die *cis*-Konformation würde ohne enzymatische Katalyse zu viel Zeit in Anspruch nehmen.

Proteine können reversibel denaturieren

Jedes Protein besitzt typischerweise eine einzige, unverwechselbare Raumstruktur. Der bestimmende Faktor ist die Sequenz oder Primärstruktur des Proteins, wie sie vom Erbgut vorgegeben ist. Dagegen folgt die Faltung in die dreidimensionale Struktur – rein prinzipiell – spontan den Gesetzen der Thermodynamik. Dies lässt sich durch ein klassisches Experiment mit Ribonuclease A (RNase A), einem ribonucleinsäurespaltenden Enzym globulärer Struktur, eindrucksvoll demonstrieren. Durch Erhitzen auf nahezu 100 °C oder

Zugabe von Harnstoff kann die geordnete Raumstruktur des nativen Proteins aufgebrochen werden. Die Polypeptidkette stellt nun ein völlig ungeordnetes Zufallsknäuel (*random coil*) dar: Wir sprechen von **Denaturierung** (Abbildung 5.29). Harnstoff ist ein gängiges **Chaotrop**: Es erhöht die Löslichkeit hydrophober Gruppen in Wasser und begünstigt so die Auffaltung globulärer Proteine. Lediglich die Disulfidbrücken markieren noch Berührungspunkte der Polypeptidsegmente in der geordneten Struktur; sie können durch Zugabe eines Reduktionsmittels wie etwa Mercaptoethanol zerstört werden. Mit der Denaturierung verliert RNase ihre enzymatische Aktivität vollständig.

Entfernt man Harnstoff und Mercaptoethanol durch Dialyse, so kommt es zur spontanen Rückfaltung der Proteinkette in die native Konformation; dabei wird die enzymatische Aktivität regeneriert. *Ein Protein „kennt" also seine authentische Konformation; diese Information muss in seiner Primärstruktur gespeichert sein.* Allerdings funktioniert die reversible Entfaltung längst nicht bei allen Proteinen so gut wie bei der Ribonuclease A. Für viele Proteine ist die Denaturierung *praktisch* irreversibel: Denken Sie an ein gekochtes Ei(weiß)! Die deterministische Rolle der Primärstruktur erklärt auch, warum Änderungen an einer einzigen Position der Polypeptidkette den Faltungsprozess nachhaltig stören können. Fehlgefaltete Proteine sind fast immer dysfunktionell und können zu schwerwiegenden Krankheitsbildern führen (Exkurs 5.6). *Oft liegt nur ein schmaler Grat zwischen korrekter Konformation und Fehlfaltung von Proteinen.*

Das endoplasmatische Reticulum (ER), durch das neu synthetisierte Proteine in verschiedene zelluläre Kompartimente verschickt werden, ist hochsensibel gegenüber überschießender Fehlfaltung von Proteinen. Unter diesem Stress erfolgt eine gezielte Antwort des ER, die als ***unfolded protein response*** oder *ER stress response* bezeichnet wird. Im äußersten Fall wird dabei der programmierte Zelltod eingeleitet (▸Abschnitt 34.5). Der ER-Stress spielt vermutlich auch beim Morbus Parkinson, bei der Arteriosklerose und beim Typ-2-Diabetes eine wichtige pathogenetische Rolle.

5.29 Denaturierung von Ribonuclease A. Die geordnete globuläre Struktur (oben) geht nach Zugabe von Harnstoff und Mercaptoethanol in ein Zufallsknäuel über (Mitte). Entfernt man diese Reagenzien durch Dialyse, ist der Vorgang reversibel: Die zufällig geknäuelte Polypeptidkette kann sich spontan wieder in ihre kompakte globuläre Struktur zurückfalten (unten).

Exkurs 5.6: Fehlfaltung von Proteinen

Die Fehlfaltung von Proteinen spielt eine pathogenetisch ursächliche Rolle bei zahlreichen Erkrankungen, die man deshalb aus biochemischer Sicht auch als *folding diseases* bezeichnet. Bei der **Alzheimer-Krankheit** findet man unlösliche Proteinaggregate im Gehirn der Patienten. Wegen ihrer histologischen Ähnlichkeit mit Stärke (Amylose) nennt man sie Amyloide. Durch Aggregation eines β-**Amyloid-Peptids** zu unlöslichen Polymeren bilden sich sog. **Plaques**. Die Bedingungen, unter denen das β-Amyloid-Peptid aggregiert, sind noch unklar.

Auch neurodegenerative Erkrankungen wie das Creutzfeld-Jakob-Syndrom oder die **Bovine Spongiforme Enzephalopathie (BSE)** stehen in unmittelbarem Zusammenhang mit Fehlfaltung und Aggregation von Proteinen. Eine zentrale Rolle kommt hierbei dem sog. **Prionenprotein PrP** zu. Das normale monomere Prionenprotein PrP^c ist vorwiegend α-helikal; seine pathologische Form PrP^{sc} besitzt einen hohen β-Faltblatt-Anteil und bildet unlösliche Multimere, die neurotoxisch wirken. Dabei kann wohl erstaunlicherweise fehlgefaltetes PrP^{sc} normal gefaltetes PrP^c in die pathologische Form PrP^{sc} überführen: Wir haben es mit einem Dominoeffekt zu tun. Dieser **Prionenhypothese** zufolge können somit auch Proteine alleine und nicht nur Bakterien, Viren oder Parasiten infektiös sein.

5.13

Proteine können maßgeschneidert werden

Die Entwicklung rekombinanter DNA-Technologien (▸Abschnitt 22.2) und die chemische Synthese von Peptiden oder kleineren Proteinen (▸Abschnitt 7.2) erlaubt es, Proteine gezielt zu verändern oder völlig neu zu entwerfen – wir sprechen auch von **Protein-Engineering** . Damit haben wir eine experimentelle Möglichkeit, unser Verständnis der Proteinfaltung zu überprüfen. So konnten einfache Strukturen wie etwa ein Bündel aus vier α-Helices *de novo* unter Beachtung der in natürlichen Proteinen beobachteten Gesetzmäßigkeiten synthetisiert werden. Viele Proteine sind perfekte Katalysatoren, die man für industrielle Prozesse nutzen möchte. Meist sind sie von der Evolution jedoch auf milde Bedingungen zugeschnitten, wie sie in technologischen Prozessen nicht vorkommen. So baut die bakterielle Protease **Subtilisin** effizient Proteine ab, die unsere Kleidung verschmutzen, und wird deshalb Waschmitteln beigefügt. Allerdings dürfen diese Waschmittel keine Bleiche enthalten, die das Enzym durch Oxidation eines spezifischen Methioninrests vollständig inaktiviert. Ersetzt man nun diesen Rest per ortsgerichteter Mutagenese (▶ Abschnitt 22.10) gegen einen Alaninrest, erhält man eine Subtilisin-Variante, die weiterhin sehr gut als Protease funktioniert, im Gegensatz zum natürlichen Enzym aber auch in Gegenwart von Bleiche überlebt. Eine beispielhafte Anwendung rekombinanter DNA-Technologie im medizinischen Bereich ist die Gewinnung von Varianten des **Humaninsulins**. Hierbei können gezielt Eigenschaften wie die Stabilität und Wirkdauer dieses Peptidhormons verändert werden. Das modifizierte Polypeptid kann durch rekombinante Expression (▶ Abschnitt 22.9) in Bakterien oder Hefen und anschließende chromatographische Aufreinigung (▶ Kapitel 6) gewonnen werden. Auf diese Weise entstanden Insulinvarianten, die eine deutlich längere biologische Halbwertszeit besitzen als normales Insulin.

Proteine mit neuartigen Eigenschaften kann man auch durch **Fusion** (Verschmelzung) bekannter Proteine auf der Genebene gewinnen. Diese **chimären Proteine** (griech. *chimera*, mythologisches Ungeheuer mit dem Kopf eines Löwen, dem Rumpf einer Ziege und dem Schwanz einer Schlange) können die unabhängigen Eigenschaften zweier oder mehrerer Proteine in einem Polypeptid vereinen. Häufig dienen diese Fusionsproteine in der Forschung auch als sog. **Reporterkonstrukte**, indem man etwa einem Protein, dessen Schicksal man verfolgen möchte, als Fusionspartner ein leicht nachweisbares Protein wie etwa das **grünfluoreszierende Protein (GFP)** anfügt (Exkurs 5.7).

Damit schließen wir die Inspektion der verschiedenen Ebenen der Proteinarchitektur ab. Es soll nicht unerwähnt bleiben, dass viele Aspekte der Faltung und vor allem der Fehlfaltung von Proteinen noch unverstanden sind. *Der „Faltungscode" ist eine der großen ungelösten Fragen der heutigen Biochemie.* Die Lösung dieser Frage hat nicht nur einen enormen intellektuellen Reiz: Auch der praktische Nutzen, den man aus der Vorhersagbarkeit von Proteinfaltungen ziehen könnte, wäre gewaltig. Man denke etwa an das rationale Design von Proteinen oder die rasche, zeitaufwändige Experimente umgehende Vorhersage von bislang unbekannten Proteinstrukturen.

Exkurs 5.7: Grünfluoreszierendes Protein (GFP)

GFP , das erstmals schon 1962 beschrieben wurde, ist mittlerweile zu einem Liebling der Biochemiker geworden. Dieses Protein bewirkt die grüne Biolumineszenz der pazifischen Qualle *Aequorea victoria*. Es hat eine prägnante fassartige Struktur (Abbildung 5.30). Das **Chromophor** – der farbgebende Teil – ist ein Ringsystem, das sich posttranslational aus dem Aminosäuretrio Ser-Tyr-Gly (Position 65–67) im Innern des „Fasses" bildet und durch blaue oder ultraviolette Strahlung zur grünen Fluoreszenz angeregt wird. Eine von zahlreichen wissenschaftlichen Anwendungen besteht darin, das GFP-Gen gentechnisch mit der codierenden DNA-Sequenz für andere Proteine zu fusionieren, um so den zellulären Weg des Fusionsproteins von der Biosynthese bis zum Zielorganell verfolgen zu können (▶ Abschnitt 22.9).

Das GFP-Gen kann auch als **Reportergen** dienen: Die Fluoreszenzintensität zeigt dabei an, wann und wie stark ein Gen transkribiert wird. Varianten des GFP-Proteins fluoreszieren in anderen Farben, etwa cyan (CFP) oder gelb (YFP). Eine verbreitete Anwendung für diese GFP-Spielarten ist die Untersuchung von **Protein-Protein-Wechselwirkungen** mittels Fluoreszenzenergietransfer (**FRET**). Von zwei potenziellen Bindungspartnern A und B werden unterschiedliche Fusionsproteine wie z. B. A-CFP und B-YFP erzeugt. CFP wird im Experiment optisch zur Fluoreszenz angeregt. Entsteht jetzt eine Bindung zwischen den beiden Proteinanteilen A und B, so kann aufgrund räumlicher Nähe der angeregte Zustand von CFP auf YFP übertragen werden. Dadurch kommt es zu einer verstärkten Emission gelber Fluoreszenz, deren Intensität einen Indikator für die Wechselwirkung zwischen den Proteinen A und B darstellt.

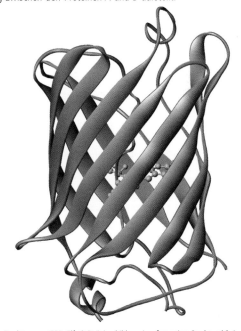

5.30 Struktur von GFP. Elf β-Stränge bilden eine fassartige Struktur (β-*barrel*). Quer durch das Fass verläuft eine α-Helix, die das Chromophor trägt: In gelb sind die entscheidenden Aminosäuren des Trios gezeigt. Das Fass schützt das Chromophor vor einer Fluoreszenzlöschung (engl. *quenching*) durch das umgebende Wasser. [AN]

Zusammenfassung

- Proteine entstehen durch Verknüpfung aus einem Bausatz von 20 sog. **Standardaminosäuren** zu einer linearen **Polypeptidkette** und der anschließenden **Faltung** in eine definierte räumliche Struktur.

- Die Ebenen der Proteinstruktur umfassen die **Primärstruktur** (Sequenz des Polypeptids), die **Sekundärstruktur** (Anordnung benachbarter Aminosäuren zu strukturellen Grundelementen) sowie die **Tertiärstruktur** (dreidimensionale Konformation des Proteins). Modulare Teilbereiche werden als **Domänen** bezeichnet. Eine **Quartärstruktur** entsteht durch Zusammenlagerung mehrerer Polypeptiduntereinheiten zu einem Gesamtprotein.

- Die **Biosynthese** von Proteinen erfolgt an Ribosomen. Formal betrachtet entsteht eine **Peptidbindung** zwischen zwei Aminosäuren durch **Kondensation**, also Wasserabspaltung. Die Peptidbindungen bilden das „Rückgrat", von dem die Seitenketten über C_α der einzelnen Aminosäuren abstehen. Ein Polypeptid hat eine Direktionalität; die Biosynthese beginnt stets am **Aminoterminus** und endet am **Carboxyterminus**.

- Nach ihrer Biosynthese können Proteine noch weiter **modifiziert** werden. **Disulfidbrücken** sind kovalente Verknüpfungen zweier Cysteinseitenketten. Weitere funktionelle Modifikationen sind z. B. die Verknüpfung von Phosphatgruppen (Phosphorylierung), Zuckern (Glykosylierung) oder Lipidmolekülen (z. B. Prenylierung) mit den Seitenketten der Aminosäuren.

- Die Peptidbindung CO–NH ist aufgrund ihres **partiellen Doppelbindungscharakters** planar und starr. Prinzipiell freie **Drehwinkel** sind hingegen für die $N-C_\alpha$- und die $C_\alpha-CO$-Bindungen des Peptidrückgrats gegeben; die Kombination dieser Winkel definiert die Konformation des Proteinrückgrats.

- Die Sekundärstrukturelemente α-Helix, β-Faltblatt und β-Schleife sind wiederkehrende strukturelle „Leitmotive" globulärer Proteine. Die **α-Helix** ist eine wendelförmige Struktur. Sie wird durch Wasserstoffbrücken zwischen CO- und NH-Gruppen von Peptidbindungen stabilisiert, die in der Sequenz drei Reste auseinander liegen.

- Im β-**Faltblatt** kommen mehrere Stränge des Peptidrückgrats nebeneinander zu liegen. Auch diese Struktur wird über Wasserstoffbrücken des Rückgrats zusammengehalten. β-**Schleifen** beschreiben scharfe Kurven im Verlauf des Proteinstrangs und liegen häufig an der Oberfläche globulärer Proteine. Proteinstrukturen werden vereinfacht in Form von anschaulichen **Bändermodellen** dargestellt.

- **Nichtkovalente Wechselwirkungen** zwischen mitunter weit in der Proteinsequenz auseinander liegenden Aminosäureresten sind für die Ausbildung einer globulären Tertiärstruktur verantwortlich.

- Neben polaren und ionischen Wechselwirkungen wie van-der-Waals-Bindungen, Wasserstoffbrücken oder Salzbrücken kommt insbesondere der **hydrophobe Effekt** bei der Proteinfaltung zum Tragen. Unpolare, hydrophobe Aminosäurereste „meiden" den Kontakt mit dem Wasser und liegen deshalb dicht gepackt im Innern der Proteinstruktur vor, während sich hydrophile polare Reste vorwiegend an der Proteinoberfläche anordnen.

- Durch Assoziation mehrerer gleicher oder unterschiedlicher Untereinheiten aus je einer Polypeptidkette entsteht die **Quartärstruktur** von Proteinen. Klassisches Beispiel ist das Hämoglobin, das aus zwei Paaren verschiedener Untereinheiten ($\alpha_2\beta_2$) besteht.

- Proteine falten sich schrittweise nach oder während ihrer Biosynthese zur **nativen Konformation**. Dabei wirken verschiedene **Faltungshelfer** wie Chaperonproteine, Protein-Disulfidisomerasen und Peptidyl-prolyl-*cis/trans*-Isomerasen mit. Prinzipiell ist die endgültige Raumstruktur über die Abfolge von Aminosäureresten in der Proteinsequenz determiniert.

- Mithilfe rekombinanter DNA-Technologie ist es möglich, **maßgeschneiderte Proteine** anzufertigen und ihre Eigenschaften gezielt anzupassen. Auf diese Weise lässt sich die Funktionsweise von Proteinen studieren. Diese Ansätze bergen ein gewaltiges biotechnologisches und medizinisches Potenzial.

Proteine auf dem Prüfstand

6

Kapitelthemen: 6.1 Aufreinigung von Proteinen 6.2 Prinzip der Gelchromatographie 6.3 Grundlagen der Ionenaustauschchromatographie 6.4 Proteinisolierung durch Affinitäts- chromatographie 6.5 Elektrophoretische Proteinanalyse 6.6 Proteintrennung durch isoelektrische Fokussierung 6.7 Antikörper als Proteinsonden 6.8 Quantifizierung von Proteinen durch Enzym- immuntests 6.9 Prinzip der Fluoreszenzmikroskopie

Fast alle biologischen Vorgänge, die wir in diesem Buch be- sprechen, beruhen auf spezifischen Leistungen von Protei- nen. Wie wir im vorhergehenden Kapitel gesehen haben, fußt die Vielfalt der Proteinfunktionen auf der Vielfalt der Proteinstrukturen. *Will man die biologischen Abläufe auf der molekularen Ebene verstehen lernen – das zentrale Anliegen der Biochemie –, so ist es notwendig, die beteiligten Proteine zu identifizieren, zu reinigen und schließlich Aminosäurese- quenz, Raumstruktur, Wirkmechanismus und Funktionalität zu analysieren.* Um ein einzelnes Protein zu charakterisieren, muss es zunächst von einer Vielzahl anderer Proteine abge- trennt werden. Dass dies prinzipiell möglich ist, verdanken wir der Einzigartigkeit jedes Proteins. Aufgrund dieser Indi- vidualität steht man aber für jedes Protein wieder vor einer mehr oder minder neuen Aufgabe. Der erfahrene Experi- mentator muss die im Folgenden beschriebenen Methoden geschickt kombinieren und anpassen, um sein Protein letzt- endlich aufzureinigen und zu charakterisieren.

osmotischen „Schock" mit hypotonen Lösungen oder durch rasche Druckänderungen mittels Ultraschall können Zellen effizient aufgebrochen werden. Ist das Cytoplasma und das darin enthaltene Protein freigesetzt, können die Zelltrümmer durch Zentrifugation entfernt werden. **Membranintegrierte Proteine** (▶ Abschnitt 24.7) wie etwa der Lichtrezeptor Rho- dopsin sind auf dieser Stufe am schwierigsten zu handha- ben. Man bekommt sie nur mithilfe von **Detergenzien** („Sei- fen") in Lösung. Dies ist eine Gratwanderung: Einerseits

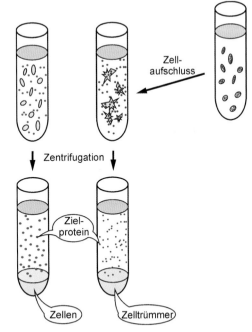

6.1
Proteine müssen für die Aufreinigung in wässriger Lösung vorliegen

Im ersten Schritt einer Aufreinigung will man das interessie- rende Protein in Lösung bringen und alles unlösliche Mate- rial oder größere Partikel abtrennen. Für **extrazelluläre Prote- ine** – wie etwa Serumalbumin, das im menschlichen Blut- plasma gelöst ist – fällt dies leicht: Die zellulären Bestand- teile des Blutes werden mittels **Zentrifugation** abgetrennt, das gewünschte Protein bleibt im Überstand – hier im Plasma (Abbildung 6.1). Das abzentrifugierte Material am Boden des Zentrifugenröhrchens wird als **Pellet** bezeichnet. **Cytoplasma- tische Proteine** müssen dagegen zunächst aus der Zelle „befreit" werden: Dazu ist ein **Zellaufschluss** nötig, der das gewünschte Protein nach Möglichkeit intakt lässt. Ein Ver- fahren besteht darin, die Zellen zusammen mit feinen Glas- kugeln in einer Zell„mühle" heftig zu schütteln. Auch durch

6.1 Erste Schritte bei der Proteinreinigung. Abhängig von Lokalisation und Löslich- keit des interessierenden Proteins müssen verschiedene Zellaufschluss- oder Vorrei- nigungsverfahren angewendet werden. Im Falle extrazellulärer Proteine besteht der erste Schritt einfach im Abzentrifugieren der Zellsuspension (links); um jedoch an ein cytoplasmatisches Protein zu gelangen, müssen Zellen zuvor aufgebrochen werden (rechts). Besonders im letzteren Fall liegt das Zielprotein im Überstand in einer kom- plexen Mischung mit Tausenden sonstiger Proteine und anderer Makromoleküle vor und muss weiter chromatographisch angereichert werden.

muss das Detergens aggressiv genug sein, um das Protein aus der Lipiddoppelschicht herauszulösen, andererseits soll es das Protein auch außerhalb seiner natürlichen Umgebung in einem intakten, nichtdenaturierten Zustand halten.

Es ist hilfreich, auf dieser Stufe schon eine Anreicherung des gewünschten Proteins gegenüber anderen Proteinen zu erzielen. Mit Zentrifugationsverfahren können verschiedene Zellfraktionen grob separiert werden. Weiß man, in welchem Zellkompartiment das betreffende Protein zu finden ist, kann man die Zahl voneinander zu trennender Proteine damit schon von vornherein drastisch reduzieren. So lassen sich mittels **differenzieller Zentrifugation** Zellkerne, Mitochondrien, endoplasmatisches Reticulum und Ribosomen bei verschiedenen Drehzahlen („differenziell") abzentrifugieren und damit grob voneinander trennen. Eine andere Methode ist die **Dichtegradientenzentrifugation**, bei der mithilfe einer Zuckerlösung ein Dichtegradient, also Zonen unterschiedlicher Lösungsmitteldichte, im Zentrifugenröhrchen erzeugt wird. Die Probe wird danach oben aufgetragen. Bei der darauf folgenden Zentrifugation lassen sich so Zellfraktionen entsprechend ihrer Dichte auftrennen. Bohrt man anschließend ein Loch in den Boden des Röhrchens, können die unterschiedlichen Fraktionen tropfenweise gesammelt werden.

Die Gelfiltrationschromatographie trennt Proteine nach ihrer Größe

Leittechniken bei der Auftrennung von Proteingemischen – und anderen Stoffklassen – sind **chromatographische Verfahren**. Chromatographie (griech. *chroma*, Farbe; *graphein*, schreiben) ist ein Sammelbegriff für verschiedene physikalisch-chemische Trennmethoden. Der Name rührt von einer der ersten Anwendungen her, nämlich der Trennung von grünen und gelben Pflanzenpigmenten. Diesen chromatographischen Methoden ist gemeinsam, dass sich die Komponenten einer Molekülmischung aufgrund ihrer unterschiedlichen Eigenschaften wie Löslichkeit, Größe, Ladung oder Funktion *ungleich* zwischen zwei **Phasen** verteilen. Eine Phase ist **stationär** (etwa Papier oder ein Gel) und die andere **mobil** (eine Flüssigkeit oder ein Gas). Wir wollen das Prinzip an der **Gelfiltrationschromatographie** – auch **Ausschlusschromatographie** genannt – erläutern. Die feste Phase bilden biologische oder synthetische Polymere wie Agarose, Dextran oder Polyacrylamid, die mikroskopisch kleine Hohlräume besitzen. Die Polymere liegen in Form kleiner Kügelchen mit einem Durchmesser von 10 – 250 μm vor. Sie werden mit einer wässrigen Pufferlösung aufgeschwemmt und in eine **Säule** (Glaszylinder) gegossen. Die mobile Phase ist ein Puffer, in dem das Proteingemisch gelöst vorliegt. Die Mischung enthält Proteine unterschiedlicher Größe. Trägt man die

Probe – das Proteingemisch – am Säulenkopf auf und spült mit „reinem" Puffer nach, so wandern die Proteine im Flüssigkeitsstrom durch das Gel. Dabei können kleine Proteine in die Poren der Polymere eindringen, während große voluminöse Proteine ausgeschlossen bleiben und sich nur in den Zwischenräumen der Gelkugeln aufhalten (Abbildung 6.2). *Kleine Proteine erfahren eine Retention (Verzögerung): Sie verweilen eine Zeit in den Poren, während große Proteine vorbeiwandern, ohne in die Poren einzudringen.* Die charakteristische Zeit, die ein Protein vom Auftrag bis zur Ausschwemmung (Elution) von der Säule benötigt, wird **Retentionszeit** genannt.

Proteine mittlerer Größe können ebenfalls in die Hohlräume eindringen, ihr Eintritt in die Poren ist jedoch unwahrscheinlicher. Man kann sich vorstellen, dass sie nur in einer günstigen Orientierung die Porenöffnungen passieren können. Entsprechend erreichen große Proteine den Fuß der Säule zuerst, gefolgt von mittelgroßen und schließlich von kleinen Proteinen, die als letzte eluiert werden (Abbildung 6.3). Wird der Elutionspuffer am Säulenende in Portionen aufgefangen, so erhält man eine Fraktionierung der aufgetragenen Proteine entsprechend ihrer Größe. Die Retention, die Proteine erfahren, ist umgekehrt proportional zu ihrer Größe. *Diese wiederum korreliert mit der Proteinmasse, sodass die Gelfiltration auch eine Abschätzung der Molekülmassen erlaubt.* Die verfügbaren Porengrößen ermöglichen eine effektive Trennung von Molekülmassen zwischen 500 Dalton (0,5 kd) und 5 000 000 Dalton (5 000 kd).

Die hauptsächliche Anwendung der Gelfiltration besteht im Sortieren von Proteinen nach ihrer Größe, sei es in einem komplexen Gemisch oder als letzter Schritt einer Aufreinigung, etwa um Monomere und Dimere des Zielproteins zu trennen. Wie merkt man, ob Proteine oder lediglich Puffersalze von der Säule eluieren? Proteine sind meist farblos, es sei denn, sie tragen farbige Cofaktoren wie das Häm. Die aromatischen Aminosäuren Tryptophan und Tyrosin sowie in geringerem Maße auch Disulfidbrücken (Cystin) absorbieren aber UV-B-Strahlung. *Daher können Proteine bei einer Wellenlänge von 280 nm photometrisch detektiert werden.* Gelfiltration dient auch häufig der Abtrennung niedermolekularer Pufferkomponenten (Entsalzung) oder dem Wechsel des Puffers: Die Pufferbestandteile sind wesentlich kleiner als alle Proteine und eluieren daher auch zuallerletzt. **Entsal-**

6.2 Trennprinzip der Gelfiltrationschromatographie. Poröse Gelkügelchen (gelb) erlauben kleinen Proteinen (rot) Zutritt, sperren große Proteine dagegen aus. Daher wandern große Proteine schneller durch die Säule als kleine Proteine.

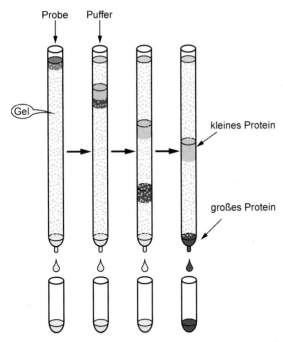

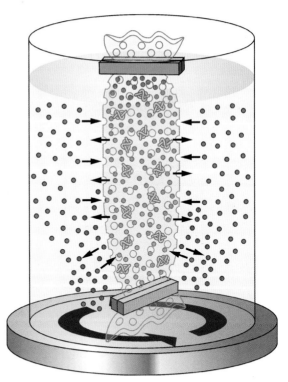

6.3 Fraktionierung von Proteinen durch Gelfiltrationschromatographie. Das Proteingemisch wird am oberen Ende einer Säule aufgetragen, die mit einem Gel (stationäre Phase) und einem Puffer (mobile Phase) gefüllt ist. Dann wird Puffer von oben auf die Säule geleitet. Die Proteinkomponenten werden am unteren Ende in Fraktionen aufgefangen, wobei große Proteine schneller ausgeschwemmt (eluiert) werden. Die Zonen, in denen die Proteine sich bewegen, verbreitern sich während des Chromatographielaufs durch Diffusion.

6.4 Dialyse. Makromoleküle wie Proteine (gelb) werden im Schlauch zurückgehalten, während sich niedermolekulare Pufferkomponenten frei zwischen Schlauchinnerem und Pufferreservoir bewegen. Die submikroskopisch feinen Poren des Dialyseschlauchs sind im Schema stark vergrößert dargestellt. Nach mehrfachem Austausch des Pufferreservoirs mit dem Zielpuffer (blau) ist der Ausgangspuffer (rot) praktisch vollständig entfernt.

zen oder **Umpuffern** kann für die Stabilität des Proteins, für nachfolgende Chromatographieschritte oder für die weitergehende Analytik nötig sein. Andere gängige Verfahren sind hier **Dialyse** und **Ultrafiltration**, letztere vor allem auch für das **Konzentrieren** von Proteinen. Dabei werden poröse Membranen verwendet, die nur von Molekülen bis zu einer bestimmten Molekülmasse – der sog. **Ausschlussgrenze** – durchdrungen werden können. Die Ausschlussgrenze wird so gewählt, dass das gewünschte Protein zurückgehalten wird, während niedermolekulare Pufferkomponenten die Membran frei passieren. Bei der Dialyse wird die Probe in einen Schlauch gefüllt, der dann in ein Pufferreservoir gehängt wird (Abbildung 6.4). Nach mehrfachem Pufferwechsel im Abstand von einigen Stunden liegt die Probe im gewünschten Puffer vor. Bei der Ultrafiltration wird der Puffer durch Druck oder Zentrifugalkräfte über die Membran gepresst, das Protein hingegen wird zurückgehalten und dabei konzentriert.

6.3

Die Ionenaustauschchromatographie trennt Proteine unterschiedlicher Ladung

Die **Ionenaustauschchromatographie** ähnelt der Gelfiltration vom apparativen Aufbau, trennt aber Proteine nach elektrischer Ladung statt nach Größe. Dazu werden die polymeren Träger der festen Phase mit ionisierbaren Substituenten wie Diethylaminoethyl-(DEAE-) oder Carboxymethyl-(CM-)Gruppen modifiziert. Die positiv geladenen DEAE-Gruppen können beim **Anionenaustauscher** aus dem durchfließenden Gemisch die anionischen (negativ geladenen) Proteine binden (Abbildung 6.5). Neutrale und kationische (positiv geladene) Proteine passieren dagegen das Trägermaterial und eluieren ungehindert.

Wie können nun die gebundenen anionischen Proteine von der Säule abgelöst werden? Dazu lässt man Elutionspuffer mit einer steigenden Natriumchloridkonzentration nachfließen. Die Chloridanionen konkurrieren dann mit den negativ geladenen Proteinen um ionische Bindungsplätze auf der festen Phase. Bei einer charakteristischen Chloridionen-

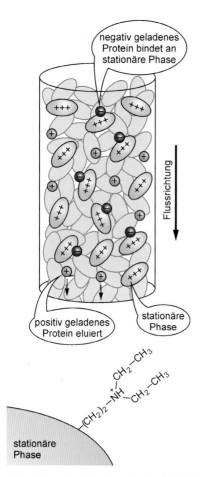

6.5 Das Prinzip der Ionenaustauschchromatographie. Die stationäre Phase (gelb) trägt in diesem Beispiel positiv geladene Diethylaminoethylgruppen (unten); es handelt sich also um einen Anionenaustauscher. Die Gelpartikel der stationären Phase sind so engmaschig, dass praktisch keine Proteine (rot/blau) hier einzudringen vermögen: Daher erfolgt *keine* Trennung nach Molekülmasse.

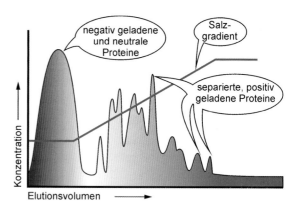

6.6 Chromatogramm eines Kationenaustauschers. Ein Proteingemisch wird auf die Säule aufgetragen und mit Puffer eluiert. Negativ geladene und neutrale Proteine (rot) passieren die Säule; positiv geladene Proteine (blau) werden von den CM-Gruppen zurückgehalten. Steigende Konzentrationen von Natriumchlorid im Elutionspuffer („Salzgradient") eluieren zuerst schwach bindende Proteine und dann die fest bindenden Proteine. Das von der Säule geschwemmte Protein wird über seine Absorption bei 280 nm photometrisch verfolgt.

konzentration wird ein Protein bestimmter Ladung freigesetzt und von der Säule gespült. **Kationenaustauscher** tragen Carboxymethylgruppen, die bei neutralem pH negativ geladen sind und daher positiv geladene Proteine binden, während negative und neutrale Proteine „durchlaufen". Bei der Elution konkurrieren die positiv geladenen Natriumionen des Puffersalzes mit den Proteinen um die Bindung an die Säulenfüllung. Das Elutionsprofil eines Chromatographievorgangs wird als **Chromatogramm** bezeichnet (Abbildung 6.6). Während man auf das Elutionsverhalten bei der Gelfiltration relativ wenig Einfluss hat, spielen bei der Ionenaustauschchromatographie die Rahmenbedingungen eine große Rolle. Die Proteinladung ist vom pH des Puffers abhängig; durch Variation von Ionenstärke und pH-Wert kann man erheblich unterschiedliche Auftrennungen erzielen. *Damit ist die Ionenaustauschchromatographie ein sehr leistungsstarkes Trennprinzip und stellt häufig den ersten Schritt eines aufwändigen Proteinreinigungsverfahrens dar.*

6.4

Die Affinitätschromatographie nutzt die spezifischen Bindungseigenschaften von Proteinen

Ein weiteres leistungsfähiges Verfahren zur Proteintrennung ist die **Affinitätschromatographie**, die sich das spezifische, reversible Bindungsvermögen von Proteinen an bestimmte Liganden zunutze macht. Betrachten wir das Beispiel eines Transkriptionsfaktors, also eines Proteins, das an definierte DNA-Sequenzen bindet und so die Transkription reguliert (▶ Abschnitt 20.3). Stellt man DNA-Moleküle (meist Oligonucleotide) mit dieser Zielsequenz synthetisch her und verknüpft sie kovalent mit dem Träger der stationären Phase, so binden die gewünschten Transkriptionsfaktoren aus einem Gemisch selektiv an diese Affinitätsmatrix, während die übrigen Proteine mit dem Puffer ausgewaschen werden (Abbildung 6.7). Setzt man nun das „freie" DNA-Molekül in hoher Konzentration dem Elutionspuffer zu, so werden die Proteine aus ihrer reversiblen Bindung an die Affinitätsmatrix verdrängt und im Komplex mit ihrer DNA eluiert.

Weitere typische Bindungspaare sind Antikörper-Antigen, Glykoprotein-Lectin oder Enzym-(Co)substrat. So kann das Enzym **Glutathion-S-Transferase (GST)** an sein agarosegebundenes Substrat Glutathion binden und über „freies" Glutathion wieder von der Säule eluiert werden. Damit ist eine spezifische Aufreinigung von GST, vor allem aber auch von **GST-Fusionsproteinen** möglich: Mittels rekombinanter DNA-Technologie (▶ Abschnitt 22.9) wird die GST-Gensequenz an das Gen für das Protein fusioniert, das man eigentlich aufreinigen möchte. In der heutigen Laborpraxis ist dieses Ver-

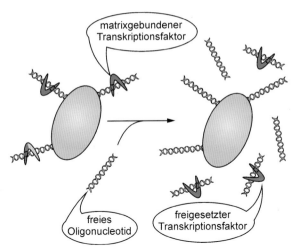

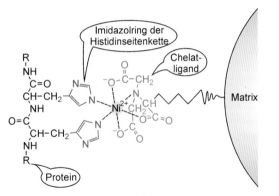

6.8 Bindung von Histidinseitenketten an Übergangsmetallionen. Die Nickelionen (Ni²⁺) sind über einen Chelatliganden an der Säulenmatrix immobilisiert.

6.7 Prinzip der Affinitätschromatographie. Ein DNA-Molekül wird kovalent an die Matrix (gelb) gekoppelt und als „Köder" für einen Transkriptionsfaktor (grün) angeboten, der es erkennt und bindet (links). Andere Proteine passieren die Säule ungehindert und werden abgetrennt. Durch Zugabe eines Überschusses an freien Oligonucleotiden wird der Transkriptionsfaktor aus der Matrixbindung freigesetzt und in stark angereicherter Form eluiert (rechts).

fahren von großer Relevanz. Auch bei der **Metallchelat-Affinitätschromatographie** nutzt man die Möglichkeiten rekombinanter DNA-Technologie, um Proteinen spezifische Bindungseigenschaften zu verleihen (Exkurs 6.1).

Exkurs 6.1: Metallchelat-Affinitätschromatographie

Metallchelatkomplexe bestehen aus einem zentralen Metallion, an das bestimmte Liganden wie etwa die Aminosäure Histidin nichtkovalent binden. Bei der **IMAC-Technik** (engl. *immobilized metal chelate affinity chromatography*) werden Chelatliganden an der Säulenmatrix immobilisiert und mit Übergangsmetallionen wie Cu²⁺ oder Ni²⁺ beladen. Dabei behalten die Metallionen aber freie Bindungsstellen, die nun weitere Liganden wie die Histidinreste eines Polypeptids binden können (Abbildung 6.8). Der entstehende Komplex ist relativ instabil, wenn ein einzelner oder wenige Histidinreste binden, die über eine Polypeptidkette „verstreut" sind. Trägt ein Protein jedoch mehrere benachbarte, künstlich eingeführte Histidylreste – **His-tag** genannt (engl. *tag*, Etikett) – an seinem *N*- oder *C*-Terminus, so wird die Metallbindung um Größenordnungen stärker. Das gebundene Protein kann durch Zusatz von Imidazol – einer Verbindung, die der funktionellen Gruppe des Histidins entspricht – von der Säule eluiert werden. Dabei konkurriert das Imidazol um die Metallbindungsstellen auf der Matrix und setzt das gebundene Protein frei. Ein His-*tag*, der über molekularbiologische Verfahren an die codierende Sequenz für das interessierende Protein „fusioniert" wird (▶Abbildung 22.23), ermöglicht oft eine Proteinaufreinigung in einem einzigen Schritt.

6.5

Die Elektrophorese analysiert Proteingemische qualitativ

Zur erfolgreichen Proteinisolierung benötigt man **analytische Verfahren**, um den Fortschritt der Aufreinigung beurteilen zu können. Elementar sind Methoden zur Bestimmung der Proteinkonzentration (Exkurs 6.2). Hieraus lässt sich aber keine spezifische Information über die Anreicherung des gewünschten Proteins gewinnen. Eine wichtige Rolle spielen daher funktionelle Tests; man spricht auch von einem **Assay** (engl. Prüfung, Test). Bei Enzymen ist ein funktioneller Assay am leichtesten zu realisieren: Man prüft nach Zugabe des Enzymsubstrats, wie effizient die Proteinprobe die gewünschte Enzymreaktion katalysiert. In Relation zu der für den Test verwendeten Proteinmenge gesetzt, ermittelt man so die **spezifische Aktivität** des Enzyms in der untersuchten Probe. Diese dient als quantitatives Maß für den Fortschritt der Enzymaufreinigung. Wir besprechen die Messung von Enzymaktivitäten später im Detail (▶Kapitel 13). Bei nichtenzymatischen Proteinen ist es oft viel schwieriger, einen geeigneten Assay zu finden. Im Gegensatz zu funktionellen Tests sind **Gelelektrophoresetechniken** allgemein für alle Klassen von Proteinen anwendbar und zählen damit zu den einfachsten und effektivsten Analyseverfahren. *Unter* **Elektrophorese** *verstehen wir die Wanderung geladener Teilchen – in unserem Fall Proteine – im elektrischen Feld.* Die Proteine werden proportional zu ihrem Ladung/Masse-Verhältnis beschleunigt und durch Reibung, die von ihrer Größe und Form abhängt, in einer Gelmatrix gebremst. Anders als bei durchweg negativ geladener DNA und RNA sind die Ladung/Masse-Verhältnisse bei nativen Proteinen sehr unterschiedlich. Es gibt Proteine mit isoelektrischen Punkten im sauren Bereich (pI < 7) und vergleichbar viele basische Proteine (pI > 7; ▶Abschnitt 2.11). Saure Proteine wandern bei der **nativen Gelelektrophorese** zur Anode hin, während sich basische Proteine zur Kathode bewegen. Die Trennleistung der nativen Gelelektrophorese ist nicht sehr hoch, da Ladung, Größe und Form der Moleküle komplexe und zum Teil sich gegenseitig aufhebende Einflüsse auf das Wanderungsverhalten haben. Eine deutlich bessere Auftrennung erzielt man durch Verwendung von **Natriumdodecylsulfat** – kurz **SDS** (engl. *sodium dodecyl sulfate*) genannt – in der **denaturierenden SDS-PAGE** (engl. *polyacrylamide gel electrophoresis*) ⌐╜. Natriumdodecylsulfat ist ein anionisches Detergens (Abbildung 6.9a). Es bindet mit großer Affinität an Proteine in einer Stöchiometrie von etwa einem SDS-Molekül pro zwei Aminosäurereste. Dabei zerstört es die physiologische Proteinfaltung: Die Proteine werden **denaturiert** (Abbildung 6.9b).

Die zahlreichen negativen Ladungen, die mit der Vielzahl gebundener SDS-Moleküle eingebracht werden, überdecken die relativ geringe Eigenladung der Proteine – das Ladung/Masse-Verhältnis aller Proteine wird dadurch nahezu gleich. Dies hat zur Folge, dass große wie kleine Proteine im elektri-

schen Feld gleich stark in Richtung Anode beschleunigt werden. Erst die Gelmatrix, die große Proteine stärker bremst als kleine, ermöglicht eine Trennung nach Proteinmassen. Man spricht hier vom **Molekularsiebeffekt** des Gels. Üblicherweise werden Acrylamidgele verwendet. Man gießt eine flüssige Mischung von monomerem Acrylamid und einem Quervernetzer (Bisacrylamid) zwischen zwei Glasplatten und lässt diese Mischung zu einem dichten Polyacrylamidnetzwerk in Form eines flachen Gelblocks polymerisieren. Anders als bei der Gelfiltration gibt es hier keine porösen Kügelchen, in denen Proteine „verweilen" können, sondern ein durchgängiges Maschenwerk. *Bei der SDS-PAGE bewegen sich kleine Proteine schneller durch das engmaschige Netzwerk, während größere Moleküle aufgehalten werden und „Umwege" machen müssen, bis sie auf ausreichend weite Maschen treffen* (Abbildung 6.10).

Mit der SDS-PAGE kann man Proteinmassen sehr einfach abschätzen. Hierzu lässt man Referenzproteine (Marker) bekannter Masse parallel in einer separaten Gelbahn mitlaufen. Man wird die Proteine nicht in ihrer Quartärstruktur wiederfinden: SDS zerlegt multimere Proteine in die einzelnen Untereinheiten, und die verbleibenden Disulfidbrücken können durch ein Reduktionsmittel wie β-Mercaptoethanol gespalten werden. Proteinbanden im Gel sind zunächst nicht zu sehen. Für ihre Detektion stehen verschiedene Verfahren zur Verfügung (Exkurs 6.2). *Rasche Durchführbarkeit, hohe Auflösung und große Sensitivität machen die SDS-PAGE bei der Analyse von komplexen Proteingemischen und zur Abschätzung der Molekülmassen unbekannter Proteine zur Methode der Wahl.*

6.9 Denaturierung von Proteinen durch Natriumdodecylsulfat. a) Bei SDS handelt es sich um ein anionisches Detergens mit einer geladenen Sulfatkopfgruppe und einem hydrophoben aliphatischen Schwanz. b) SDS entfaltet die Polypeptidkette. Die endogene Proteinladung wird durch die um die Polypeptidkette angeordneten SDS-Moleküle „überkompensiert": Es entsteht ein stark negativ geladener Protein-SDS-Komplex.

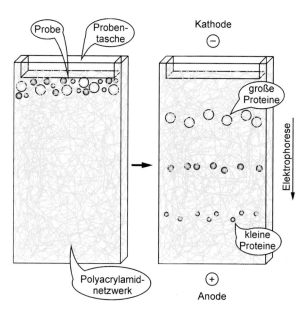

6.10 Molekularsiebeffekt eines Polyacrylamidgels bei der SDS-PAGE. Negativ geladene Proteine wandern durch ein engmaschiges Netzwerk des Polymers; dabei nimmt die Wanderungsgeschwindigkeit der Proteine mit steigender Molekülmasse ab.

Exkurs 6.2: Optischer Nachweis von Proteinen

Coomassie Brilliant Blue ist der gängigste Farbstoff, mit dem sich Proteinbanden auf einem Gel sichtbar machen lassen. Das ursprünglich für die Färbung von Seide und Wolle verwendete Pigment lässt die in der Gelelektrophorese getrennten Proteinzonen als blaue Banden erscheinen (Abbildung 6.11). Der Coomassie-Farbstoff bildet auch die Basis für ein gängiges Verfahren der Proteinkonzentrationsbestimmung, den **Bradford-Test**: Die Farbstoffbindung der Proteinlösung wird hierbei photometrisch quantifiziert. Eine besonders empfindliche Visualisierungsmethode für die Polyacrylamid-Gelelektrophorese ist die **Silberfärbung**. Silberionen lagern sich hierbei an Proteine an und werden von Peptidbindungen oder Seitenketten zu metallischem Silber reduziert. Nach Zugabe eines starken Reduktionsmittels stellen diese Ablagerungen die „Kristallisationskeime" für größere Silberaggregate dar, sodass die Proteine letztlich als schwarzbraune oder gelbe Bande erscheinen. Dabei können bereits 100 pg eines Proteins für eine sichtbare Bande ausreichen. Radioaktiv markierte Proteine, die über ihre Aminosäurereste ^3H-, ^{14}C-, ^{32}P- oder ^{125}I-Isotope inkorporiert haben, können nach Trocknung der SDS-Gele und Auflegen auf Röntgenfilme durch Filmschwärzung selektiv nachgewiesen werden: Wir bezeichnen dieses Verfahren als **Autoradiographie**.

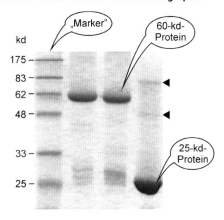

6.11 Coomassie-Färbung eines SDS-Gels. Auf der linken Spur ist eine Mischung von Markerproteinen bekannter Masse (in kd) aufgetragen. Die beiden mittleren Spuren zeigen ein „mittelgroßes" Protein von etwa 60 kd; auf der rechten Spur ist ein „kleines" (ca. 25 kd) Protein aufgetragen. Schwächere Banden in den drei rechten Spuren stellen Verunreinigungen, Abbauprodukte oder Aggregate der gereinigten Proteine dar. Bei den beiden zusätzlichen Banden in der rechten Bahn könnte es sich den Massen nach um Spuren von Dimer und Trimer des 25-kd-Proteins handeln (mit Pfeilspitzen markiert). [AN]

6.6

Die isoelektrische Fokussierung trennt Proteine nach Neutralpunkten

Die Nettoladung von Proteinen ist pH-abhängig. Am Neutralpunkt (**isoelektrischer Punkt**, pI) halten sich die Ladungen saurer und basischer Proteinseitenketten die Waage: Das

Protein wandert nicht mehr im elektrischen Feld. Die **isoelektrische Fokussierung** (IEF) macht sich diesen Effekt zunutze, indem sie Proteine im elektrischen Feld nach ihren Neutralpunkten auftrennt. Dazu muss im Elektrophoresegel ein stabiler pH-Gradient erzeugt werden. Für diesen Zweck werden synthetische Polyelektrolyte (Ampholyte) verwendet, die eine große Zahl von negativ und positiv geladenen Substituenten mit unterschiedlichen pK-Werten tragen. Trägt man nun ein Proteingemisch auf das Gel auf, so wandern die einzelnen Proteine entlang des pH-Gradienten bis an ihren jeweiligen Neutralpunkt (pH = pI) (Abbildung 6.12).

An dieser Stelle stoppt die Wanderung des Proteins, da es nun netto ungeladen ist. Diffundiert das Protein in Richtung Kathode, also in eine basischere Umgebung, wird es negativ aufgeladen und wandert als Anion in umgekehrter Richtung zurück, bis es wieder am Neutralpunkt ankommt; Entsprechendes gilt für die Diffusion in Richtung Anode. Diese Fokussierung sorgt für eine hohe Trennschärfe und macht die IEF für die Analyse komplexer Proteingemische sowie für die Bestimmung isoelektrischer Punkte gereinigter Proteine bestens geeignet. *Die unterschiedlichen Trennkriterien von IEF und SDS-PAGE werden in der* **zweidimensionalen (2D-)Elektrophorese** *zu höchstem Auflösungsvermögen vereint* (Exkurs 6.3).

Eine weitere Spielart der Gelelektrophorese ist die sog. *blue native* PAGE (BN-PAGE). Hier bindet der blaue Farbstoff Coomassie an die Proteine. Seine negative Ladung führt zu einem Trennprinzip analog zur SDS-PAGE; im

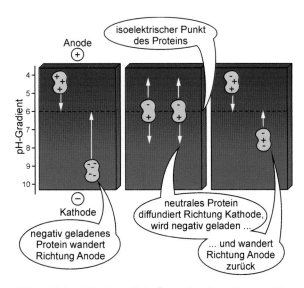

6.12 Isoelektrische Fokussierung. Ein Ampholytgradient, der im Polyacrylamid chemisch verankert ist, erzeugt einen linearen pH-Gradienten von Anode zu Kathode. Ein Protein wandert, von Anode oder Kathode kommend, zu dem pH, der seinem isoelektrischen Punkt entspricht. Jede Diffusion von Proteinen wird durch Refokussierung auf den isoelektrischen Punkt kompensiert. Hierdurch entstehen auf dem Gel sehr scharfe Banden.

Unterschied zu SDS zerstört Coomassie jedoch *nicht* die native Proteinstruktur. Dadurch lassen sich auch intakte Multiproteinkomplexe – man denke z. B. an das Proteasom (▶ Abschnitt 19.11) – identifizieren und analysieren.

✎ Exkurs 6.3: Zweidimensionale Elektrophorese

Ein besonders leistungsfähiges Trennverfahren ist die 2D-Elektrophorese, eine Kombination aus isoelektrischer Fokussierung und SDS-Elektrophorese. In der **ersten Dimension** wird ein Proteingemisch in einem schmalen Gelstreifen durch IEF aufgetrennt. Der Streifen wird anschließend mit einer SDS-Lösung getränkt und für die **zweite Dimension** an ein SDS-Gel angelegt, sodass die Proteine im elektrischen Feld in das zweite Gel einwandern können. Durch dieses Zweistufenverfahren werden Proteine zunächst nach ihren Neutralpunkten sortiert (pI) und Proteine mit ähnlichem Neutralpunkt dann nach Molekülmassen getrennt (M_r). In der Anfärbung bzw. Autoradiographie erscheinen dann die Proteine als punkt- oder tropfenförmige Flecken (Abbildung 6.13). Die 2D-Elektrophorese kann zelluläre Extrakte in Tausende von Proteinkomponenten auftrennen. Die 2D-Elektrophorese liefert zusammen mit der Massenspektrometrie das methodische Rüstzeug für die Proteomanalyse (▶ Exkurs 7.1).

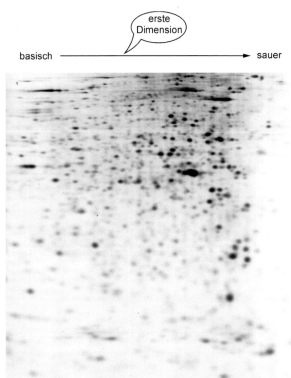

6.7

Antikörpersonden identifizieren Proteine

Wir wenden uns nun der „dritten Dimension" der Proteinanalytik zu, dem sog. **Western Blot** ⌕. Einzelkomponenten (**Antigene**) aus einem komplexen Proteingemisch werden dabei durch Antikörper (▶ Abschnitt 36.9) spezifisch und hochempfindlich nachgewiesen. Die Trennung der Proteine erfolgt zunächst mittels SDS-PAGE. Solange sich die Proteine in der Gelmatrix befinden, sind sie für die großen Antikörpermoleküle unzugänglich. Daher werden die Proteine aus dem Gel auf eine dünne **Membran** aus Nitrocellulose oder Polyvinylidendifluorid (PVDF) übertragen (Abbildung 6.14). Dazu wird das SDS-Gel auf der Membran platziert, und man legt senkrecht zur Gelebene eine Spannung an. Im angelegten elektrischen Feld wandern nun die SDS-Protein-Micellen anodenwärts aus dem Gel auf die Membran: Es entsteht ein getreuer Abdruck (engl. *blot*, Klecks) des Proteinmusters auf der Membran. Diese bindet die transferierten Proteine fest und unspezifisch. Verbleibende freie Bindungsstellen der Membran werden mit Proteinen (z. B. aus Milchpulver) abgesättigt, bevor man den **primären Antikörper** zugibt: Da dieser selbst ein Protein ist, muss seine unspezifische Bindung an die Membran verhindert werden. Die Antikörperbindung ist zunächst einmal kein sichtbares Ereignis. Erst die Zugabe eines gegen den primären Antikörper gerichteten **sekundären Antikörpers** zeigt die Proteinbande an: An den sekundären Antikörper ist nämlich ein Enzym geknüpft, das eine Farbreaktion katalysiert. *Da ein einziges Enzymmolekül mit jedem Katalyseschritt neue Farbmoleküle generiert, entsteht ein amplifiziertes Signal* (Exkurs 6.4).

6.13 Hochauflösendes 2D-Gel. Aufgetragen ist ein Proteinextrakt eines menschlichen Karzinoms. In der Horizontalen verläuft die isoelektrische Fokussierung, in der Vertikalen die SDS-PAGE. Die Proteine wurden radioaktiv mit [^{35}S]-Methionin markiert und autoradiographisch visualisiert. Durch Vergleich mit dem Extrakt aus normalem Gewebe können z. B. überexprimierte Proteine in einem Karzinom identifiziert werden. [AN]

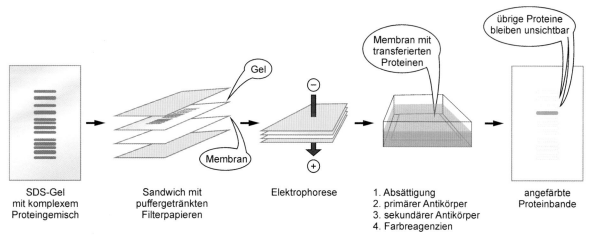

SDS-Gel mit komplexem Proteingemisch

Sandwich mit puffergetränkten Filterpapieren

Elektrophorese

1. Absättigung
2. primärer Antikörper
3. sekundärer Antikörper
4. Farbreagenzien

angefärbte Proteinbande

6.14 Erstellen eines Western Blot. Die in der SDS-PAGE aufgetrennten Proteine werden elektrophoretisch als getreuer „Abdruck" auf eine Membran übertragen. Auf die Absättigung freier Bindungsstellen und Inkubation mit den Antikörpern folgt der Nachweis des gesuchten Proteins mittels einer enzymatisch katalysierten Farbreaktion. Die Bezeichnung Western Blot ist eine scherzhafte Ableitung des nach Edwin Southern benannten DNA-Blots (▶ Abbildung 22.10).

Exkurs 6.4: Proteinnachweis durch Antikörpersonden

Zur Immundetektion wird ein erster Antikörper – meist aus Kaninchen oder Maus – eingesetzt, der spezifisch mit dem gewünschten Antigen reagiert. Der Sekundärantikörper – typischerweise aus Ziege oder Esel – ist gegen Immunglobuline und damit gegen den Primärantikörper gerichtet. Es werden Konjugate verwendet, bei denen der sekundäre Antikörper mit Enzymen wie **Peroxidase** (POD) oder **Alkalischer Phosphatase** (AP) chemisch verknüpft ist (Abbil-

dung 6.15). Dabei kann aufgrund seiner Spezifität *ein* sekundärer Antikörper für *alle* primären Antikörper aus Kaninchen bzw. Maus eingesetzt werden. POD oder AP können Farbreaktionen synthetischer Substrate katalysieren und damit farbige Banden auf dem Blot erzeugen. Alternativ kann POD in Gegenwart von Wasserstoffsuperoxid das Substrat Luminol oxidieren. Die Reaktion setzt Licht frei, was photographisch festgehalten wird. Diese verstärkte Lumineszenzreaktion (engl. ***enhanced luminescence detection***) ist außerordentlich sensitiv und kann kleinste Proteinmengen (1–50 pg) auf einem Blot nachweisen.

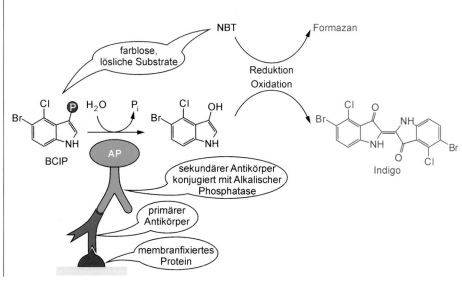

6.15 Farbreaktion zum Nachweis der Antikörperbindung. Der sekundäre Antikörper ist mit dem Enzym AP verknüpft. AP dephosphoryliert das farblose Substrat 5-Brom-4-chlor-3-indolylphosphat (BCIP). Danach kommt es zu einer gekoppelten Redoxreaktion mit Nitroblautetrazolium (NBT). Die Produkte der Reaktion sind blauviolette, unlösliche Substanzen, die als Präzipitat auf dem Blot eine Farbbande erzeugen.

Enzymimmuntests quantifizieren Proteine in komplexen Gemischen

Elektrophoresen und Western Blots liefern qualitative oder bestenfalls semiquantitative Ergebnisse. Mit dem **Immuntest** steht eine schnelle, automatisierbare Methode zur Verfügung, mit der selbst geringste Konzentrationen eines Proteins in komplexen Mischungen spezifisch nachgewiesen und quantifiziert werden können, *ohne* dass eine vorherige Trennung erfolgen muss. Die häufigste Variante ist der **ELISA** (*enzyme linked immunosorbent assay*) ⌇, der wiederum in verschiedenen Spielarten existiert. Beim sog. *Sandwich*-ELISA wird das zu untersuchende Proteingemisch in napfförmige Vertiefungen einer Mikrotiterplatte pipettiert, die mit einem **„Coating"-Antikörper** (engl. *to coat*, beschichten) gegen das gewünschte Antigen (**Analyt**) beschichtet ist (Abbildung 6.16). Dieser erste Antikörper „fischt" sich das antigene Protein aus der Mischung heraus. Nach dem Abwaschen von

nichtgebundenen Proteinen erfolgt der Nachweis wiederum über einen zweiten, enzymgekoppelten **Detektionsantikörper**, der hier allerdings ebenfalls spezifisch für das Zielprotein sein muss – und *nicht* für den ersten Antikörper wie beim Western Blot. Die beiden Antikörper bilden mit dem Antigen in der Mitte gewissermaßen ein Sandwich. Die Farbentwicklung bzw. die Lumineszenz durch die gekoppelte Enzymaktivität kann durch die transparenten Plastikplatten hindurch von einem Photometer gemessen werden.

Die unbekannte Konzentration des Analyten im Probengemisch wird anhand einer Kalibrierungskurve ermittelt, die mit bekannten Konzentrationen des gereinigten Analyten (Standard) erstellt wurde. Der ELISA hat die klassische Methode des **Radioimmunassay** (RIA), bei dem radioaktiv markierte Proteine in einem Verdrängungstest eingesetzt werden, mittlerweile weitgehend verdrängt. *Aufgrund der Automatisierbarkeit und des hohen Probendurchsatzes sind Enzymimmuntests in der pharmazeutischen Industrie und der medizinischen Labordiagnostik weit verbreitet.* Eine gängige Anwendung im privaten Bereich ist der Schwangerschaftstest, bei dem per ELISA das placentare Proteohormon Choriongonadotropin im Urin als Indikator einer Schwangerschaft nachgewiesen wird. Zunehmend werden Immuntests mit fluoreszenzmarkierten Antikörpern durchgeführt und dann in einem Fluorimeter quantifiziert.

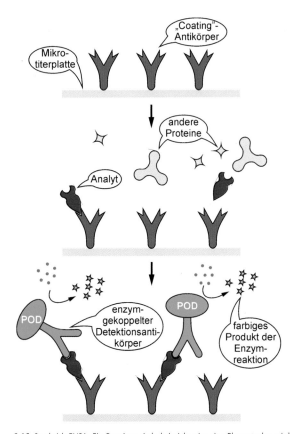

6.16 Sandwich-ELISA. Ein Proteingemisch, beispielsweise eine Plasmaprobe, wird auf eine antikörperbeschichtete Titerplatte gegeben (oben). Der *Coating*-Antikörper erkennt und bindet sein Antigen (Mitte). Nach dem Waschen wird ein enzymgekoppelter Detektionsantikörper zugegeben, der sich an andere Bindungsstellen des Proteins setzt als der erste Antikörper. Das entstandene „Sandwich" wird durch eine Substratreaktion nachgewiesen (unten).

Die Fluoreszenzmikroskopie lokalisiert Proteine in Zellen

Biochemie befasst sich klassischerweise mit isolierten und aufgereinigten Biomakromolekülen. In der heutigen Forschung verschwimmt jedoch die Grenze zwischen den unterschiedlichen Disziplinen der „Lebenswissenschaften" zusehends, und zellbiologische Methoden gehören damit auch zum selbstverständlichen Rüstzeug des Biochemikers. Insbesondere die **Fluoreszenzmikroskopie** erlaubt es, die Biomoleküle in der Zelle sichtbar zu machen (Abbildung 6.17). Damit lassen sich die (statische oder dynamische) Lokalisation von Proteinen in Kompartimenten der Zelle bestimmen und Zellkomponenten wie das Cytoskelett mit hoher Auflösung visualisieren. Darüber hinaus kann die Co-Lokalisation zweier zellulärer Komponenten durch Überlagerung (engl. *merge*) ihrer Fluoreszenzen aufgezeigt werden.

Bei der Fluoreszenzmikroskopie werden **Fluorophore** (Fluoreszenzfarbstoffe) verwendet. Es handelt sich um heterocyclische organische Moleküle; gängige Fluorophore sind z. B. FITC, DAPI oder Alexa Fluor (eine Gruppe unterschiedlicher Fluoreszenzfarbstoffe). DAPI bindet spezifisch in die kleine Furche der DNA-Doppelhelix, sodass mit diesem Farbstoff der Zellkern angefärbt werden kann. Die Farbstoffe können auch an andere organische Moleküle mit spezifi-

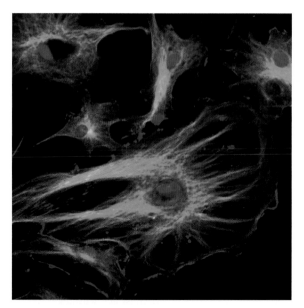

6.17 Fluoreszenzaufnahme von Endothelzellen. Die DNA im Nucleus der fixierten Zellen ist mit DAPI (4',6-Diamidino-2-phenylindol, blau) angefärbt, Actinfilamente sind mit Phalloidin-TRITC (Tetramethylrhodaminisothiocyanat, rot) und die Mikrotubuli mit antikörpergekoppeltem FITC (Fluoresceinisothiocyanat, grün) markiert (AN).

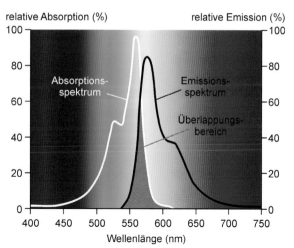

6.18 Prinzip der Fluoreszenzmikroskopie. Der Fluorophor Alexa 555 absorbiert Licht im grün-gelben Spektralbereich. Aufgrund der sog. Stokes-Verschiebung liegt das Emissionsspektrum im längerwelligen Bereich, in diesem Fall gelb-rot. Im Idealfall sind die Absorptions- und Emissionsspektren für die selektive Detektion der Fluoreszenz komplett separiert; tatsächlich jedoch kommt es stets zu einer gewissen spektralen Überlappung dieser Bereiche.

schen Bindungseigenschaften gekoppelt werden. So bindet das Knollenblätterpilzgift Phalloidin an F-Actin, sodass sich Actinfilamente mit Phalloidin-FITC bestens darstellen lassen. Das gängigste Verfahren ist jedoch die **Immunfluoreszenz.** Hier wird ein Primärantikörper an das interessierende Protein gebunden – beispielsweise Tubulin. Anschließend wird mit einem fluorophorgekoppelten Sekundärantikörper angefärbt. Die Fluorophore werden meist nach chemischer Fixierung der Zellen und Permeabilisierung der Zellmembran zugegeben. In einigen Fällen ist es aber auch möglich, lebende Zellen mit Fluoreszenzfarbstoffen zu markieren und unter dem Mikroskop zu beobachten. In dieser Hinsicht hat die Verwendung von Fusionsproteinen mit **GFP** (grünfluoreszierendes Protein) neue Anwendungsfelder erschlossen (▶ Exkurs 5.7). Dabei eröffnet sich vor allem die Möglichkeit der nichtinvasiven und hochspezifischen Fluoreszenzmarkierung an lebenden Zellen. Im Fluoreszenzmikroskop kommt es bei Bestrahlung der Probe mit Licht einer geeigneten Wellenlänge zur elektronischen **Anregung** der Fluorophore. Diese strahlen daraufhin als Fluoreszenz längerwelliges Licht ab, was als **Emission** bezeichnet wird. Detektiert wird im Fluoreszenzmikroskop nur das emittierte Fluores-

zenzlicht, solange sich Anregungs- und Emissionswellenlängen ausreichend unterscheiden (Abbildung 6.18).

Das mikroskopische Bild wird in der Regel digital aufgezeichnet und am Computer dargestellt. Eine deutlich verbesserte Bildqualität und die Möglichkeit der dreidimensionalen Darstellung bietet die **konfokale Laser-Scanning-Mikroskopie.** Hierbei wird das Fluoreszenzsignal aus winzig kleinen Teilvolumina der Probe detektiert. Es können gezielt verschiedene (oberflächliche oder tiefer liegende) Schichten des Objekts „gescannt" werden. Der die Fluoreszenz anregende Laserstrahl rastert dabei annähernd punktweise ein Bild in drei Dimensionen. Das Gesamtbild wird schließlich am Computer generiert.

Wir haben nun die grundlegende Methodik zur Isolierung, Identifizierung und Quantifizierung von Proteinen kennen gelernt. Diese Verfahren sind unerlässlich, wenn wir Struktur und Funktion von Proteinen näher ergründen wollen. Ergänzt werden diese proteinchemischen Methoden durch molekularbiologische Techniken wie etwa die Generierung rekombinanter Fusionsproteine, die die Reinigung von bekannten Proteinen erleichtern oder die Identifizierung neuer Proteine beschleunigen. Zellbiologische Methoden erlauben die Beobachtung von Proteinen in ihrer natürlichen Umgebung.

Zusammenfassung

- Für biochemische Untersuchungen muss ein Protein zunächst aus Zellen oder Geweben extrahiert und – soweit möglich – von allen anderen zellulären Komponenten getrennt werden: Man spricht von **Proteinaufreinigung**.

- Ausgangspunkt der Aufreinigung ist die Gewinnung und Anreicherung des Kompartiments, in dem das Protein lokalisiert ist. Dazu werden Extrazellulärflüssigkeit, Cytoplasma, Plasmamembran und/oder Zellorganellen mithilfe von **Zentrifugationstechniken** separiert.

- Zur Auftrennung komplexer Proteingemische dienen **chromatographische Verfahren**. Die Gelfiltration trennt Proteine nach ihrer Größe auf. Große Proteine eluieren dabei am schnellsten von der Gelfiltrationssäule, da sie nicht in die Gelporen eindringen.

- Die **Ionenaustauschchromatographie** separiert Proteine nach ihrer elektrischen Ladung. Es gibt **Anionen- und Kationenaustauscher** mit positiv bzw. negativ geladenen funktionellen Gruppen auf der stationären Phase, an die dann gegensinnig geladene Proteine binden können. Durch steigende Salzkonzentrationen können an der stationären Phase der Säule gebundene Proteine differenziell eluiert werden.

- Die **Affinitätschromatographie** bedient sich spezifischer Bindungseigenschaften der Proteine. Dies können natürliche (z. B. Antikörper-Antigen-Bindung) oder mittels rekombinanter DNA-Technologie künstlich verliehene (His-*tag*) Bindungseigenschaften sein.

- Die **Gelelektrophorese** ist eine grundlegende Technik der Proteinanalytik. Bei der **SDS-PAGE** werden denaturierte Polypeptide durch den Molekularsiebeffekt der Gelmatrix gemäß ihrer Masse aufgetrennt. Die Proteinbanden im Gel können z. B. durch die sensitive **Silberfärbung** nachgewiesen werden.

- Die unterschiedliche Eigenladung aufgrund saurer und basischer Seitenketten von Proteinen ist das Trennprinzip bei der **isolektrischen Fokussierung** (IEF). Hier wandern Proteine im pH-Gradienten des Gels bis zu ihrem isoelektrischen Punkt, bei dem sich positive und negative Ladungen die Waage halten. SDS-PAGE und IEF können zu einer hochauflösenden **2D-Gelelektrophorese** kombiniert werden.

- Zahlreiche proteinbiochemische Techniken nutzen die spezifische Erkennung durch **Antikörpersonden**. Im **Western Blot** werden Proteine zunächst elektrophoretisch aufgetrennt und danach auf eine Membran transferiert. Die interessierende Proteinbande kann daraufhin gezielt über Antikörperbindung und enzymgekoppelte Farbreaktion visualisiert werden.

- Mit Enzymimmuntests wie dem **ELISA** lässt sich auf Mikrotiterplatten ein Protein in einem komplexen Lösungsgemisch (z. B. Serum, Urin) über die Bindung an spezifische Antikörper und eine gekoppelte Farbreaktion quantifizieren. Alternativ werden Fluoreszenztests eingesetzt.

- Mit der **Fluoreszenzmikroskopie** können Proteine im zellulären Kontext sichtbar gemacht und lokalisiert werden. Bei der Immunfluoreszenz kommen Antikörper zum Einsatz, an die ein Fluoreszenzfarbstoff gekoppelt wurde. Fusionsproteine lassen sich in lebenden Zellen unter Verwendung des **grünfluoreszierenden Proteins (GFP)** verfolgen. Physikalische Grundlage der Technik ist die Absorption von Licht geeigneter Wellenlänge mit anschließender längerwelliger Emission von Fluoreszenzlicht.

Erforschung der Proteinstruktur

Noch in den 1940er Jahren war es keineswegs klar, ob Proteine überhaupt eine definierte Abfolge von Aminosäuren, also eine *Primärstruktur,* besitzen. Diese fundamentale Frage wurde von Frederick Sanger und Mitarbeitern 1953 mit der Aufklärung der Sequenz menschlichen Insulins schlüssig beantwortet. Damit war auch der Weg zur Lösung einer zweiten grundlegenden Frage geebnet: *Wie sieht die dreidimensionale Struktur von Proteinen aus?* John Kendrew und Max Perutz gelang es dann Ende der 1950er Jahre mit der Röntgenstrukturanalyse von Myoglobin und Hämoglobin erstmals, Einblick in die Sekundär-, Tertiär- und Quartärstruktur von Proteinen zu gewinnen. Die Primärstruktur ist in zweierlei Hinsicht Eintrittskarte zur Welt der dreidimensionalen Struktur von Proteinen: Zum einen bestimmt sie die Raumstruktur, die ein Protein nach Faltung seiner Polypeptidkette(n) einnehmen wird und damit letztlich auch die Funktion des Proteins. Die Prinzipien, die bei der Proteinfaltung walten, sind jedoch noch lange nicht so gut verstanden, als dass eine rein theoretische Vorhersage der Raumstruktur auf der Grundlage einer bekannten Primärstruktur möglich wäre. Zum anderen sind auch die experimentellen Methoden der Raumstrukturanalyse auf die Kenntnis der Proteinsequenz angewiesen. Daher wenden wir uns erst einmal der Aufklärung der Primärstruktur zu.

7.1 Die Edman-Sequenzierung entziffert die Primärstruktur eines Proteins

Die Sequenzbestimmung von Insulin (▶ Tafel C4) stellte ein mühseliges Puzzle dar, dessen Lösung zehn Jahre dauerte und nahezu 100 g reines Insulin erforderte. Heute ist die Proteinsequenzierung ein automatisiertes Verfahren, das mit wenigen Picomol (< 100 ng) eines Proteins auskommt. Grundlage ist der sog. **Edman-Abbau,** bei dem vom *N*-Terminus eines Polypeptids schrittweise Aminosäure für Aminosäure abgespalten und identifiziert wird. Die drei Reaktionsschritte beim Edman-Abbau eines Polypeptids sind Kupplung, Spaltung und Konvertierung. In der **Kupplungsreaktion** wird als reaktive Verbindung Phenylisothiocyanat benutzt, das unter alkalischen Bedingungen mit der α-Aminogruppe des aminoterminalen Rests reagiert (Abbildung 7.1). Im sauren Puffer der **Spaltungsreaktion** wird ein cyclisches **ATZ-Derivat** (Anilinothiazolinon) der aminoterminalen Aminosäure selektiv abgespalten; zurück bleibt das um einen Rest verkürzte Polypeptid. Die hydrophobe ATZ-Verbindung kann nun mit organischem Lösungsmittel extrahiert werden. Da die ATZ-Aminosäure leicht zerfällt, muss sie in einer Konvertierungsreaktion zu einer stabilen **PTH-Aminosäure** (Phenylthiohydantoin) umgesetzt werden. Die PTH-Aminosäure wird dann chromatographisch durch Vergleich mit dem Satz bekannter PTH-Aminosäuren anhand ihrer spezifischen Retentionszeit identifiziert. *Der erste Zyklus des Edman-Abbaus identifiziert also den aminoterminalen Rest eines Polypeptids.*

In einem zweiten Zyklus wird die um einen Rest verkürzte Polypeptidkette mit neuem Aminoterminus wiederum mit Phenylisothiocyanat umgesetzt und gespalten; das Derivat der terminalen Aminosäure wird konvertiert, identifiziert usw. Diesem repetitiven Abbau ist eine praktische Obergrenze gesetzt, und nach 20–40 Zyklen ist meist keine eindeutige Identifizierung der Sequenz mehr möglich. Eine vollständige Proteinsequenzierung ist oft jedoch gar nicht nötig: Man will in der Regel nur eine kurze Teilsequenz gewinnen, deren Kenntnis es ermöglicht, über synthetische DNA-Oligonucleotidsonden das zugehörige Gen zu „fischen" und damit die komplette Proteinsequenz indirekt zu bestimmen (▶ Abschnitt 22.3). Dieses gängige Vorgehen hat jedoch einen gravierenden Nachteil: Posttranslationale Modifikationen – etwa Glykosylierung oder Phosphorylierung – bleiben bei diesem indirekten Ansatz unerkannt. Hier sind Edman-Abbau und Massenspektrometrie (Abschnitt 7.3) unerlässlich. Der Edman-Abbau war in den vergangenen Jahrzehnten von herausragender Bedeutung, stellte er doch die einzige Möglichkeit dar, um die Primärstruktur von Proteinen zu untersuchen. Heutzutage ist die Edman-Methode jedoch in weiten Teilen durch die mittelbare Bestimmung der Primärstruktur via Gensequenzierung sowie die Peptididentifizierung und -sequenzierung mittels Massenspektrometrie verdrängt worden.

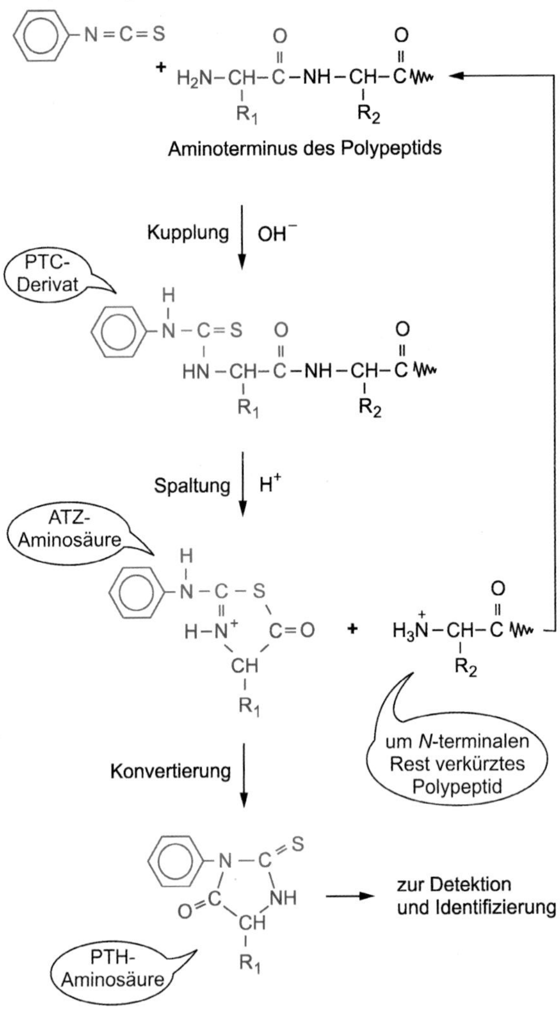

Phenylisothiocyanat

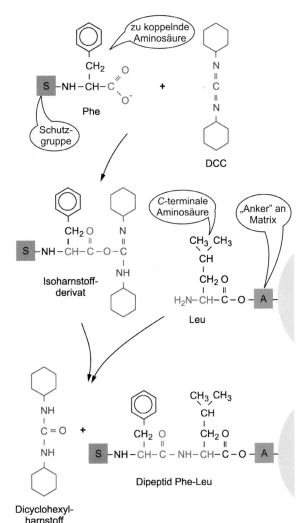

7.1 Sequenzieller Abbau einer Polypeptidkette. Der aminoterminale Rest wird in ein labiles Phenylthiocarbamoyl-(PTC)-Derivat umgewandelt, als ATZ-Aminosäure abgespalten und letztlich in eine stabile Phenylthiohydantoin-(PTH)-Aminosäure umgewandelt. In dieser Form wird die freigesetzte Aminosäure dann identifiziert. Der neu gebildete Aminoterminus kann nun den nächsten Zyklus durchlaufen.

7.2

Die chemische Synthese von Peptiden erfolgt mit dem Merrifield-Verfahren

Analog zur chemischen Sequenzierung durch stufenweisen Abbau können Peptide im Labor synthetisiert werden, indem bei jedem Syntheseschritt die nächste Aminosäure an die wachsende Peptidkette geknüpft wird. Das am meisten verbreitete Verfahren ist die **Festphasensynthese** nach Merrifield. Dabei wird das wachsende Polypeptid an einer Matrix aus Polystyrolharzkügelchen kovalent fixiert. So können bequem Reaktions- und Waschlösungen zugegeben und wie-

der entfernt werden, ohne dabei das Syntheseprodukt in der Lösung zu verlieren. Am Ende wird das fertige Peptid mit einer spezifischen Spaltungsreaktion freigesetzt. Die Synthese läuft vom *C*-Terminus zum *N*-Terminus, also entgegengesetzt zur biosynthetischen Richtung (Abbildung 7.2). Zunächst wird die Carboxylgruppe einer ersten Aminosäure (hier: Leucin) mit einer Ankergruppierung auf der Matrix verknüpft. Im nächsten Schritt ist eine **Aktivierung der Carboxylgruppe** einer zweiten Aminosäure (hier: Phenylalanin) notwendig, damit eine Peptidbindung gebildet werden kann. Die chemische Aktivierung erfolgt mittels Dicyclohexylcarbodiimid. Die aktivierte Aminosäure bildet dann in einer exergonen Reaktion mit der freien NH_2-Gruppe der matrixgebundenen Aminosäure eine Peptidbindung.

7.2 Synthese des Dipeptids Phe-Leu. Die Aktivierung der Carboxylgruppe der Aminosäure Phenylalanin erfolgt durch eine Reaktion mit Dicyclohexylcarbodiimid (DCC) unter Bildung eines Isoharnstoffderivats. Dieses reaktive Intermediat bildet eine Peptidbindung mit der freien α-Aminogruppe des matrixgebundenen Leucins unter Freisetzung von Dicyclohexylharnstoff.

Um die unerwünschte Reaktion der aktivierten Aminosäure mit der NH_2-Gruppe eines zweiten freien Aminosäuremoleküls – in unserem Beispiel Phenylalanin – zu verhindern, muss die α-Aminogruppe vorübergehend durch chemische Modifikation geschützt werden. Ebenso müssen reaktive Seitenketten durch **Schutzgruppen** maskiert werden. Die Abspaltung der jeweiligen Schutzgruppen von α-Aminogruppen bzw. Seitenketten muss selektiv unter unterschiedlichen Reaktionsbedingungen ablaufen, z.B. durch Basen- oder Säurekatalyse. Das Entfernen der terminalen Schutzgruppe und das anschließende Knüpfen einer neuen Peptidbindung stellen einen zyklischen Prozess dar, der sich im Laufe der Peptidsynthese ständig wiederholt. Das Verfahren ist heute weitgehend automatisiert – mit Pipettierrobotern kann in der **kombinatorischen Peptidsynthese** eine große Zahl unterschiedlicher Peptide gleichzeitig synthetisiert werden. *Die Merrifield-Synthese ist von großer praktischer Bedeutung für die Gewinnung biologisch aktiver Peptide.* So werden das synthetische Peptidhormon Oxytocin zur Wehenauslösung oder das Tripeptid Thyroliberin in der Schilddrüsendiagnostik eingesetzt (▶Exkurs 5.1). Synthetische Peptide sind auch als Impfstoffe bedeutend; in der experimentellen Forschung erlauben sie etwa die präzise **Epitopkartierung** – die Lokalisierung von Antikörperbindungsstellen (▶Abschnitt 36.9). Ein immanentes Problem der chemischen Synthese ist – ähnlich wie bei der Edman-Sequenzierung – die sich mit zunehmender Zyklenzahl verschlechternde Ausbeute. Die Herstellung von größeren Polypeptiden mittels **rekombinanter Expression** ist daher bedeutend einfacher und effizienter (▶Abschnitt 22.9). Die Bedeutung der Merrifield-Synthese liegt dagegen in der Herstellung von Peptiden bis zu einer Länge von etwa 30 Aminosäuren.

7.3 Die Massenspektrometrie bestimmt exakt Protein- und Peptidmassen

Die **Massenspektrometrie** (**MS**) kann die Massen ionisierter Moleküle mit großer Genauigkeit bestimmen. *Die Adaption dieser Methodik für biochemische Anwendungen ist von bahnbrechender Bedeutung für die Proteinanalytik.* Als „sanfte" MS-Methoden der Ionisierung von Peptiden und Proteinen stehen die **Elektrospray**-Methode und die **matrixunterstützte Laserdesorption/Ionisierung** (engl. *matrix-assisted laser desorption ionisation*, MALDI) zur Verfügung. Bei der **MALDI**-Technik, auf deren Erläuterung wir uns hier beschränken, werden die biologischen Makromoleküle in eine kristalline Matrix organischer Moleküle eingebettet. Diese Probe wird dann mit einem kurzen Laserpuls beschossen. Dabei absorbiert die Matrix einen Großteil der Strahlungsenergie und schützt so die Proteine vor unmittelbarem „Zer-

schuss". Die Laseranregung führt zu einer starken Störung und Ausdehnung des Kristallgitters der Matrix. Dadurch gelangen Matrixmoleküle und die eingebetteten Proteine explosionsartig aus dem festen in einen gasförmigen, ionisierten Zustand: Wir sprechen von einer **Ionenquelle** (Abbildung 7.3). Nach der Ionisierung erfolgt im nächsten Schritt die eigentliche Bestimmung der Teilchenmassen. Bei einem **Flugzeit-Massenspektrometer** (TOF-MS, engl. *time of flight*) befindet sich gegenüber dem Probenteller eine Elektrode, die die freigesetzten Ionen beschleunigt. Auf der kurzen Strecke zur Elektrode werden die Ionen in Abhängigkeit von ihrem Ladung/Masse-Verhältnis auf verschiedene Geschwindigkeiten beschleunigt. Nach dieser Beschleunigung durchfliegen die Ionen eine feldfreie Strecke, wo sie sich aufgrund ihrer unterschiedlichen Geschwindigkeiten auftrennen. Am Ende dieses Flugzeitanalysators wird elektronisch die Zeit gemessen, die die Moleküle von der Ionenquelle bis zum Detektor benötigen. Der **Detektor** besteht aus einem Sekundärelektronenvervielfacher, in dem die auftreffenden geladenen Teilchen eine Kaskade von Elektronen loslösen. Durch Vergleich mit Referenzmolekülen bekannter Masse lässt sich aus der Flugzeit die Masse des untersuchten Moleküls bestimmen. Die Messmethode ist hochpräzise: Der Fehler, also die Abweichung der experimentell ermittelten von der tatsächlichen Masse, liegt im Bereich von 10 ppm *(parts per million)* – das entspricht 0,001 %!

Auf diese Weise kann die reale Masse eines kompletten Proteins wie **Erythropoetin** – kurz: Epo – oder der zugehörigen Peptidfragmente mit der theoretischen, aus der Aminosäuresequenz berechneten Masse verglichen werden. So kann bestimmt werden, ob und wo posttranslationale Modifikationen wie z.B. Glykosylierung vorliegen. Prinzipiell kann man damit rekombinant hergestelltes und zu therapeutischen oder Dopingzwecken verwendetes Erythropoetin anhand des unterschiedlichen Glykosylierungsmusters vom körpereigenen Protein unterscheiden. *Eine wichtige Anwendung stellt die massenspektrometrische Identifizierung von Peptiden und Proteinen dar.* Voraussetzung ist die Kenntnis der den Proteinsequenzen zugrunde liegenden DNA-Sequenzen, etwa aus dem Humangenomprojekt (▶Abschnitt 23.12). Mit proteinspaltenden Enzymen wie Trypsin (▶Abschnitt 12.4) wird das zu identifizierende Protein zunächst fragmentiert („verdaut"). Da Trypsin nur in Nachbarschaft basischer Aminosäurereste (Arginin, Lysin) das Protein erkennt und spaltet, ergibt sich ein eindeutiges, reproduzierbares Spaltungsmuster, das sich auf der Grundlage der Sequenz auch vorhersagen lässt. Durch den Vergleich von theoretischen – aus den codierenden DNA-Sequenzen ermittelten – und tatsächlichen Fragmentmustern, dem sog. *mass fingerprint*, kann ein Protein meist rasch identifiziert werden (Abbildung 7.4). Mit komplexeren massenspektrometrischen Techniken ist auch die *De-novo-*Sequenzierung von Peptiden möglich, d.h. die Bestimmung der Peptidsequenz ohne Rückgriff auf Informationen, die aus der DNA-Sequenz abgeleitet wurden. *Im Zusammenspiel mit*

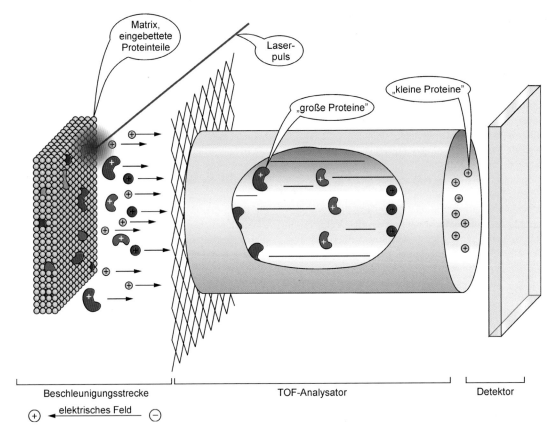

7.3 Prinzip der MALDI-TOF-Massenspektrometrie. Der Aufbau eines Massenspektrometers mit Ionenquelle, Beschleuniger, TOF-Analysator und Detektor ist schematisch dargestellt.

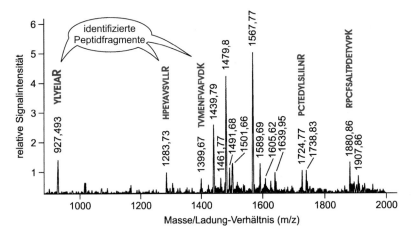

7.4 MALDI-TOF-Spektrum von trypsingespaltenem Rinderserumalbumin. Das Protein wurde durch Vergleich des beobachteten *mass fingerprint* mit theoretischen, aus Sequenzdaten abgeleiteten Fragmentmustern identifiziert. Beispielhaft sind die Sequenzen der Peptidfragmente, die den Massenpeaks zugeordnet werden, im Einbuchstabencode angegeben. Man beachte das für eine Trypsinschnittstelle charakteristisch *C*-terminal gelegene Arginin oder Lysin. [AN]

der zweidimensionalen Gelelektrophorese ist die Massenspektrometrie eine Schlüsselmethode der **Proteomik** *– also der Analyse von Proteomen* (Exkurs 7.1).

✎ Exkurs 7.1: Proteomanalyse

Unter **Proteom** versteht man die Gesamtheit der in einer Zelle, einem Organ oder einem ganzen Organismus zu einem bestimmten Zeitpunkt und unter einem bestimmten physiologischen Zustand gebildeten Proteine. Das Proteom ist also ein höchst dynamisches Gebilde. Bei der **Proteomanalyse** ✍ (engl. *proteomics*) müssen daher viele Informationen gesammelt werden. Die 2D-Elektrophorese kann Tausende verschiedener Proteine etwa einer Gewebeprobe voneinander trennen und als einzelne Flecken (engl. *spots*) auf dem Gel sichtbar machen (▶ Abbildung 6.13). Mit dem Edman-Abbau und der Massenspektrometrie stehen automatisierbare Techniken zur Verfügung, um kleinste Proteinmengen in solchen *spots* zu analysieren. Insbesondere die Massenspektrometrie erlaubt eine rasche Identifizierung und unter Umständen auch Quantifizierung von Proteinen in großer Zahl. Eine wissenschaftliche Stoßrichtung der Proteomanalyse besteht darin, Unterschiede zwischen möglichst genau definierten (patho)physiologischen Zuständen zu untersuchen: Wie ändert sich zum Beispiel qualitativ und quantitativ das Proteinmuster von einer gesunden zu einer infizierten oder maligne entarteten Zelle? Potenziell lassen sich so „Kandidatenproteine" identifizieren, die für das Krankheitsgeschehen und eine eventuelle Therapie bedeutsam sind. Nach anfänglichem Enthusiasmus haben sich aber globale Proteomik-Ansätze mit kompletten Zellen und Geweben häufig als zu komplex erwiesen. Hingegen können **subzelluläre Proteomanalysen** eine aussagekräftige Momentaufnahme des Proteinstatus von Zellorganellen wie z. B. Mitochondrien liefern.

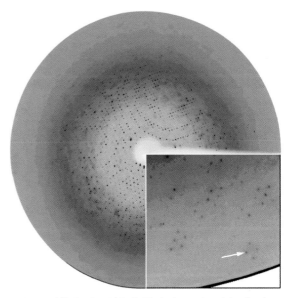

7.5 Beugungsbild eines Proteinkristalls. Mittels einer mathematischen Transformation kann daraus ein reales Bild abgeleitet werden. Der Pfeil im vergrößerten Ausschnitt markiert einen der Beugungsreflexe. [AN]

7.4 Die Röntgenstrukturanalyse entschlüsselt Proteinkonformationen

Obwohl es erklärtes Ziel der Biochemie ist, die Lebensvorgänge auf molekularer Ebene zu beschreiben, bekommen die Experimentatoren das Objekt ihrer Forschung meist nicht unmittelbar zu Gesicht. Proteine „zeigen" sich meist nur in sehr großer Zahl und indirekt als Gelbande, als Peak in einem Chromatogramm oder über ihre katalytische Reaktion. Mit der **Röntgenkristallographie** ✍ steht jedoch eine Methode zur Verfügung, mit der man Moleküle tatsächlich abbilden kann. Man benötigt Röntgenstrahlung, da nach den Gesetzen der Optik die Auflösung – die prinzipielle Möglichkeit, zwei benachbarte Punkte getrennt abzubilden – im Bereich der Wellenlänge der verwendeten elektromagnetischen Strahlung liegt. Sichtbares Licht endet bei einer Wellenlänge von etwa 400 nm, während der Abstand zweier Atome in einer kovalenten Bindung nur wenig mehr als 0,1 nm (1 Å) be-

trägt. Leider gibt es keine Linsen für Röntgenstrahlung. Man erhält daher kein „reales" Bild, sondern nur ein **Beugungsbild** ✍, das dem virtuellen Bild bei der Lichtmikroskopie entspricht (Abbildung 7.5). Dieses muss mithilfe aufwändiger mathematischer Verfahren in ein tatsächliches Bild „übersetzt" werden.

Voraussetzung für eine Röntgenkristallographie ist die Kristallisierung des gewünschten Proteins – ein schwieriges Unterfangen, das hohe Proteinreinheit, viel Geduld und einige Experimentierkunst verlangt. Proteinkristalle (Abbildung 7.6a) können sich bilden, wenn die Proteine durch Zugabe eines Fällungsmittels wie z. B. Ammoniumsulfat aus der wässrigen Lösung in die feste Phase verdrängt werden. Die Konzentration des Fällungsmittels wird langsam erhöht, etwa durch Dampfdiffusion zwischen einem Proteintropfen (*hanging drop*) und einer konzentrierten Ammoniumsulfatlösung. Im **Kristall** besteht eine symmetrische, sich ständig wiederholende Anordnung der Proteinmoleküle. Man kann sich ein virtuelles dreidimensionales Gitter vorstellen, dessen Zellen im Kristall auf immer gleiche Weise wiederkehren: Wir sprechen daher von der **Einheitszelle** des Kristalls (Abbildung 7.6b). Trifft ein Röntgenstrahl auf ein bestimmtes Atom einer Einheitszelle, so regt die Strahlung die Hüllelektronen des Atoms zu Schwingungen an. Die Energie der Oszillatoren wird als Strahlung in verschiedene Richtungen abgegeben. Dabei kommt es durch sog. negative Interferenz fast immer zur Auslöschung des Strahls. Nur unter ganz bestimmten geometrischen Bedingungen verstärkt sich der Strahl mit den an entsprechenden Positionen anderer Einheitszellen abgegebenen Strahlen in einer **konstruktiven Interferenz**. Durch Bestrahlung des Kristalls unter verschiedenen Einfallswinkeln erhält man die komplette Beugungsin-

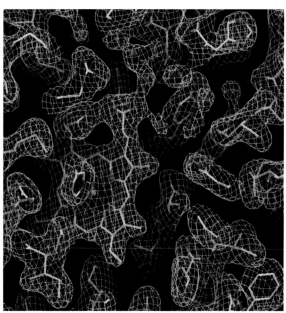

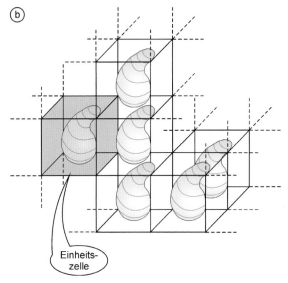

Einheits-
zelle

7.6 Proteinkristalle: a) Der Cytochrom-*bc₁*-Komplex aus der Hefe *Saccharomyces cerevisiae* wurde zusammen mit einem Antikörperfragment kristallisiert. Die Kantenlänge der Kristalle beträgt ungefähr 0,6 mm. Die rötlich-braune Färbung wird durch die prosthetischen Hämgruppen des Proteinkomplexes hervorgerufen. b) Ein Kristall kann als dreidimensionales Gitter gedacht werden, dessen ständig wiederkehrende Grundeinheit als Einheitszelle bezeichnet wird. [AN]

7.7 Ausschnitt einer Elektronendichtekarte des Cytochrom-*bc₁*-Komplexes (▶ Abschnitt 37.5) aus der Bäckerhefe. In die Kontur der blau gefärbten Elektronendichte sind die Polypeptidkette und eine prosthetische Hämgruppe hineinmodelliert. In dieser hochaufgelösten Struktur können sogar einzelne Wassermoleküle identifiziert werden, die als rote Kugeln wiedergegeben sind. [AN]

formation. Das Beugungsbild wird dabei über einen Flächendetektor aufgezeichnet.

Da die Beugung an Elektronenhüllen erfolgt, enthält das Beugungsbild keine Information über die exakten Atomkoordinaten in der Einheitszelle, sondern spiegelt **Elektronendichten** wider. Vereinfacht gesagt, steckt die Information über die Elektronendichte in der unterschiedlichen Intensität der Beugungsreflexe, die auf dem Röntgenbild als unterschiedlich geschwärzte Punkte zu sehen sind (Abbildung 7.5) und mittels einer mathematischen Transformation in Elektronendichten umgerechnet werden können. *Letztlich gewinnt man eine dreidimensionale Karte der Elektronendichte eines Proteins* (Abbildung 7.7). Die Aufgabe des Kristallographen besteht jetzt darin, in diese Karte die Polypeptidkette hineinzumodellieren. Bei einer Auflösung von etwa 3 Å kann der Verlauf des Polypeptidrückgrats verfolgt wer-

den, aber erst unterhalb von 1 Å Auflösung sind Atome tatsächlich als von Elektronen umhüllte Kugeln sichtbar – eine Auflösung, die für Proteine nur selten erreicht wird. *Die Kenntnis der Proteinsequenz ist daher für die Interpretation der Elektronendichtekarte fast immer unerlässlich.*

Im Allgemeinen kann man davon ausgehen, dass die Struktur des Proteins im Kristall der Gestalt entspricht, die das Protein in seiner natürlichen – nämlich wässrigen – Umgebung annimmt. Dennoch handelt es sich bei der Röntgenkristallographie um Momentaufnahmen. Es wäre aber wichtig, ein Protein auch direkt in Lösung „sehen" zu können, um beispielsweise etwas über die Dynamik und Flexibilität seiner Struktur zu erfahren, die für seinen Wirkmechanismus von großer Bedeutung sein können. Für diese Anforderungen steht mit der Kernresonanzspektroskopie ein weiteres strukturbiologisches Verfahren zur Verfügung.

7.5

Die Kernresonanzspektroskopie untersucht Proteine in Lösung

Die **Kernresonanzspektroskopie** oder **NMR-Spektroskopie** (engl. *nuclear magnetic resonance*) ⌐ ist ein weiteres Verfahren, um Raumstrukturen von Proteinen auf atomarer Ebene aufzuklären. *Ihre Stärke liegt darin, dass hier zeitab-*

hängige Phänomene wie etwa das „Andocken" eines Liganden an ein Protein, allosterisch induzierte Konformationsänderungen oder die Faltung einer Polypeptidkette beobachtet werden können. Physikalische Grundlage der Methode ist, dass einige Atomkerne (^{1}H, ^{13}C, ^{15}N u. a.) einen **Eigendrehimpuls** oder **Spin** haben. In einer vereinfachten elektrodynamischen Vorstellung handelt es sich um geladene Teilchen, die um ihre eigene Achse rotieren und dadurch einem winzigen Elektromagneten entsprechen. Legt man ein äußeres Magnetfeld an, ist es energetisch nicht mehr gleichgültig, wie Nord- und Südpol dieser Miniaturmagneten orientiert sind. Die Ausrichtung der Einzelmagneten am äußeren Feld – sodass die Südpole in Richtung Nordpol des äußeren Feldes weisen – ist energieärmer als die Orientierung entgegen dem Feld, also Nordpol zu Nordpol (Abbildung 7.8). Durch Einstrahlung niederfrequenter Radiowellen werden Übergänge zwischen diesen beiden Zuständen induziert, wenn die Frequenz der Strahlung dem Energieunterschied der Zustände entspricht. Dieses Phänomen wird als **Resonanz** bezeichnet. Die Probe nimmt dabei exakt die für den Übergang nötige Energie auf, was sich spektroskopisch als Energieabsorption bei einer bestimmten Radiowellenfrequenz beobachten lässt. Trägt man nun die Absorption gegen die Frequenz der eingestrahlten Radiowellen auf, so erhält man ein **NMR-Spektrum**. Gleiche Atomkerne können sich abhängig von ihrer elektronischen Umgebung subtil in ihren Resonanzfrequenzen unterscheiden. Diese elektronische Umgebung ist durch bestimmte chemische Gruppen (z. B. OH-Gruppen) geprägt: Wir sprechen daher auch von **chemischen Verschiebungen**.

Die charakteristischen Resonanzunterschiede erlauben damit eine Zuordnung der Signale zu bestimmten Positionen im Molekül.

Neben der elektronischen Umgebung eines Atomkerns spielt auch die magnetische Umgebung eine große Rolle in der NMR-Spektroskopie. Die Kerne erzeugen selbst ein lokales Magnetfeld und beeinflussen damit die Orientierung benachbarter Kerne im äußeren Magnetfeld und somit deren Resonanzsignal: Wir sprechen von einer **Spin-Spin-Kopplung**. *In dieser Wechselwirkung liegt prinzipiell auch die Information über Abstände von Kernen im Molekül und damit letztlich über seine Raumstruktur.* Der Informationsgehalt des NMR-Spektrums eines Proteins ist außerordentlich komplex (Abbildung 7.9). Nur durch Einsatz extrem starker supraleitender Elektromagneten können spektrale Auflösungen erzielt werden, die die Aufklärung der Raumstruktur von Proteinen bis zu einer Größe von etwa 30 kd erlauben. Dabei werden vor allem **mehrdimensionale Spektren** aufgenommen, deren Erläuterung an dieser Stelle den Rahmen sprengen würde.

Protonen sind natürlicherweise die einzigen magnetisch aktiven Kerne in Proteinen: ^{13}C und ^{15}N sind seltene (nichtradioaktive!) Isotope. Sie werden künstlich angereichert und an Bakterien verfüttert, damit deren Proteine dann ^{13}C- und/ oder ^{15}N-markiert vorliegen. Nur mit einem markierten Protein kann die Kernresonanzspektroskopie die maximale Information zur Raumstruktur liefern: Die Protonensignale alleine sind nicht ausreichend für die Untersuchung größerer Proteine. Die Proteinstruktur wird computergestützt ermit-

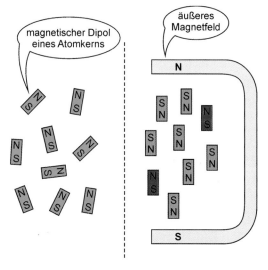

7.8 Orientierung magnetischer Dipole. Ohne äußeres Magnetfeld ist die Orientierung der durch den Kernspin induzierten Miniaturmagneten beliebig (links). Ein starkes äußeres Magnetfeld orientiert die magnetischen Dipole, wobei die „blaue" Ausrichtung am Feld – Südpole der Einzelmagneten in Richtung Nordpole des äußeren Magneten – einen etwas energieärmeren Zustand darstellt als die Ausrichtung entgegen dem Feld (rot). Stabmagnete würden im Feld eines Hufeisenmagneten im Gegensatz zu „atomaren Magneten" nie die „rote" Anordnung einnehmen. Kernspins sind molekulare Quantenzustände, sodass die Analogie zu „makroskopischen" Magneten nur begrenzt sinnvoll ist.

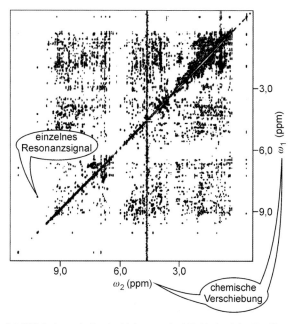

7.9 NMR-Spektrum des Fettsäurebindungsproteins ILBP. Die chemischen Verschiebungen $\omega 1$, $\omega 2$ sind in ppm *(parts per million)* relativ zu einem Referenzsignal angegeben; es handelt sich um ein zweidimensionales Spektrum. [AN]

flexible
Bereiche

fixierter
Bereich

7.10 Fünf NMR-Strukturmodelle des Fettsäurebindungsproteins ILBP. Gezeigt ist lediglich der Verlauf des Proteinrückgrats. Die starken Unterschiede im oberen Teil deuten auf eine Flexibilität dieser Region hin. [AN]

telt. Eine Software liefert ein Strukturmodell, das mit den aus NMR-Spektren gewonnenen Informationen über Abstände und Winkel zwischen Atomkernen übereinstimmt. Das Programm gibt meist mehrere Lösungsvorschläge, und die plausibelsten werden ausgewählt (Abbildung 7.10). Zeigen sich in einem Teil des Proteins starke Unterschiede zwischen den einzelnen Modellen, ist dies ein Hinweis auf eine mögliche Flexibilität dieser Region: Die Struktur ist hier nicht statisch, sondern dynamisch.

Röntgenkristallographie und kernmagnetische Resonanz haben die Raumstruktur von mehreren tausend Proteinen auf atomarer Ebene gelöst und damit unser Bild von der Konformation und Dynamik molekularer Maschinen entscheidend geprägt ⌐. Neben diesen beiden Leittechniken der **Strukturbiologie** gibt es noch weitere Methoden, um biochemische Prozesse auf molekularer Ebene „beobachten" zu können. Eine relativ neue Entwicklung stellt hier die **Rasterkraftmikroskopie** dar (Exkurs 7.2).

Wir haben nun grundlegende Eigenschaften der Proteine erschlossen: Wir kennen ihre Bauteile, wissen um ihre Architektur, haben einen ersten Einblick in die Methoden ihrer Erforschung gewonnen und einen Vorgeschmack davon bekommen, wie vielseitig diese Molekülklasse ist. Wir kommen in den nächsten Kapiteln zu der entscheidenden Frage, wie aus solchen Proteinen molekulare Maschinen werden, die wahre Alleskönner sind. Als Enzyme sorgen sie für Energie- und Stoffumsatz in Zellen, als Strukturproteine fangen sie Zugspannung in Geweben auf, als Motorproteine leisten sie

mechanische Arbeit, und als Transportproteine bringen sie lebensnotwendige Metaboliten wie beispielsweise Sauerstoff bis in die letzten Winkel eines Organismus.

Exkurs 7.2: Rasterkraftmikroskopie

„Mikroskopie" ist bei der als Rasterkraftmikroskopie oder **AFM** (engl. *atomic force microscopy*) bezeichneten Methode eigentlich ein irreführender Begriff, denn hier werden Moleküle nicht „gesehen" sondern vielmehr „gefühlt": Eine mikroskopisch feine Spitze wird mittels einer Blattfeder über das Untersuchungsobjekt geführt, z. B. über eine Zelloberfläche. Die Spitze wird dem Objekt so nahe gebracht, dass dabei interatomare Kräfte zum Tragen kommen. Dadurch wird die Blattfeder ausgelenkt, was mithilfe eines Laserstrahls optisch erfasst wird (Abbildung 7.11). Auf diese Weise wird die Oberfläche berührungsfrei vermessen und Punkt für Punkt wie bei einem Digitalfoto „gerastert". Letztendlich erhält man eine dreidimensionale Topographie des Objekts, mit einer lateralen Auflösung im Nanometerbereich (▸Abbildung 8.5b). Während Röntgenkristallographie oder NMR ein statistisches „Durchschnittsmolekül" abbilden, können mittels AFM tatsächlich *Einzelmoleküle* untersucht werden, und das unter nahezu physiologischen Bedingungen. So kann man mit AFM das pH-abhängige Öffnen und Schließen von porenbildenden Membranproteinen verfolgen. AFM lässt sich auch als **molekulare Pinzette** anwenden, um die mechanischen Eigenschaften von Proteinen zu untersuchen, beispielsweise die Zugfestigkeit einzelner Strukturelemente.

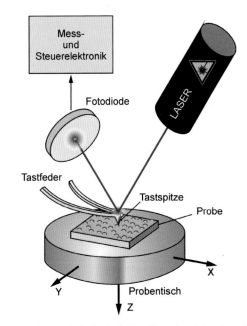

7.11 Prinzip der Rasterkraftmikroskopie. Eine Silikonspitze wird an einer mikroskopisch feinen Blattfeder über die Probe geführt. Die Auslenkung der Blattfeder aufgrund interatomarer Kräfte zwischen Spitze und Probe wird über einen reflektierten Laserstrahl gemessen. Das optische Signal kann für eine Feedback-Steuerung genutzt werden, um den Abstand zwischen Probe und Spitze anzupassen: So kann die Spitze berührungsfrei unter konstanter Krafteinwirkung die Oberfläche „rastern".

Zusammenfassung

- Ein klassisches Verfahren zur Bestimmung der Primärstruktur eines Proteins ist die **Edman-Sequenzierung**. Hierbei wird vom *N*-Terminus ausgehend das Polypeptid schrittweise durch chemische Behandlung um je eine Aminosäure verkürzt; die abgespaltene Aminosäure wird chromatographisch identifiziert. Die indirekte Bestimmung der Primärstruktur über Sequenzierung des zugehörigen Gens sowie massenspektrometrische Methoden verdrängen zunehmend die klassische Edman-Sequenzierung.

- Die chemische **Synthese von Peptiden** bis zu einer Länge von etwa 30 Aminosäureresten erfolgt mittels **Festphasensynthese** nach **Merrifield**. Vom *C*-Terminus beginnend wird das Polypeptid schrittweise auf einem Polymerträger aufgebaut. Die Aminosäuren müssen für das Knüpfen der Peptidbindung chemisch aktiviert werden. Unerwünschte Nebenreaktionen werden durch chemische Schutzgruppen verhindert, die reversibel angefügt werden. Synthetische Peptide werden diagnostisch, therapeutisch und experimentell genutzt.

- **Massenspektrometrische Methoden** (MS) erlauben die präzise Bestimmung der Masse von Peptiden und Proteinen. Dies kann über die Bestimmung der Flugzeit der ionisierten Probenmoleküle erfolgen, die mit der Masse korreliert. Die MS erlauben so die Analyse posttranslationaler Modifizierungen oder die Identifizierung von Proteinen aus einer Gelbande. MS und 2D-PAGE sind Schlüsseltechniken der **Proteomanalyse**.

- Mithilfe der **Röntgenkristallographie** kann die dreidimensionale Struktur eines Proteins bestimmt werden, im besten Fall bis zu atomarer Auflösung. Voraussetzung ist die Gewinnung eines homogenen Proteinkristalls. Die Exposition dieses Kristalls mit Röntgenstrahlung erzeugt ein Beugungsbild. Aus diesem Beugungsbild lässt sich eine dreidimensionale Karte der **Elektronendichte** des Proteins gewinnen. Mit Kenntnis der Proteinsequenz kann das Polypeptid in diese Elektronendichtekarte hineinmodelliert und damit die Raumstruktur ermittelt werden.

- Die **Kernresonanzspektroskopie (NMR)** ermöglicht es, die Struktur von Proteinen in Lösung – also ohne vorherige Kristallisation – zu bestimmen. Dieses Verfahren gewährt Einblicke in die strukturelle Dynamik von Proteinen und in Prozesse wie Ligandenbindung oder Proteinfaltung. Grundlage der NMR ist der **Eigendrehimpuls (Spin)** bestimmter Atomkerne (^{1}H, ^{13}C, ^{15}N), der sie zu winzigen Elektromagneten macht.

- Spektroskopisch gemessen wird die Energieabsorption bei einer Umorientierung dieser „Magneten" in einem extern angelegten **Magnetfeld**. Chemische Bindungen und die räumliche Nähe zu anderen Atomen beeinflussen diese Absorptionssignale; mittels aufwändiger Rechenverfahren lassen sich daraus die notwendigen Informationen über die **Raumstruktur** eines Proteins herleiten.

- Die **Rasterkraftmikroskopie** (*atomic force microscopy*) ist ein neueres Verfahren für die Strukturanalyse von biologischen Makromolekülen. Eine mikroskopisch feine Spitze tastet berührungsfrei die Objektoberfläche ab und liefert die Informationen zur Erstellung einer dreidimensionalen Topographie.

Proteine als Strukturträger

8

Kapitelthemen: 8.1 Strukturproteine der Bindegewebsmatrix 8.2 Stabilisierung der Kollagentripelhelix 8.3 Chemische Quervernetzung von Kollagen 8.4 Störungen der Kollagensynthese 8.5 Elastin und Bindegewebsflexibilität 8.6 Proteoglykane und Glukosaminoglykane 8.7 Adhäsionsproteine der extrazellulären Matrix

Sehnen verankern die Skelettmuskulatur am Knochen, und Bänder sichern die verbindenden Gelenke. Dieser Halte- und Stützapparat – Knochen, Knorpel, Sehnen, Bänder, aber auch Leder- und Unterhaut sowie Organkapseln – wird in seiner Gesamtheit als *Bindegewebe* bezeichnet. Für Bindegewebe ist eine ausgedehnte *extrazelluläre Matrix* (EZM) charakteristisch, in der Bindegewebszellen – oft nur spärlich – eingebettet sind. Diese Bindegewebsmatrix besteht im Wesentlichen aus Proteinen, Polysacchariden und Wasser. Der Aufbau eines Bindegewebes ist dabei stark den funktionellen Erfordernissen angepasst. So enthält die EZM von Sehnen überwiegend zugstarke Proteinfasern, während Polysaccharide als dominante Komponenten des Knorpels ein wässriges Gel bilden, das hohen Druckbelastungen standhält. Neben dieser Stützfunktion kommen dem Bindegewebe wichtige Rollen bei der Proliferation, der Differenzierung und dem Transport von Zellen, der interzellulären Kommunikation sowie der Steuerung von Zell-Zell-Interaktionen zu. Wir wollen uns in diesem Kapitel auf die Proteine der extrazellulären Matrix konzentrieren und ihre strukturellen Merkmale mit Blick auf die funktionellen Anforderungen anhand ausgewählter Beispiele untersuchen.

Strukturproteine bilden die Matrix des Bindegewebes

8.1

Die hauptsächlichen Makromoleküle der extrazellulären Matrix ⌐⊕ kann man in drei Hauptklassen einteilen: **fibröse (faserbildende) Proteine**, die meist hochaggregiert sind; **Polysaccharide**, die häufig proteingebunden vorliegen und dann als **Proteoglykane** bezeichnet werden, sowie **Adhäsionsproteine**, die oft den „Kitt" zwischen Matrix und Zellen bilden. Wir beginnen mit **Kollagen** ⌐⊕, dem vorherrschenden fibrösen Strukturprotein des Wirbeltierorganismus. Es ist mit einem Anteil von ungefähr 25% an der Gesamtproteinmenge das häufigste Protein des menschlichen Organismus überhaupt und kommt besonders in Haut, Knochen, Knorpel, Sehnen, Bändern, Gefäßen und Faszien sowie der Cornea (Hornhaut) und dem Dentin der Zähne vor. Die strukturelle Vielfalt der Kollagene ist groß: Mindestens 28 Typen (Kollagen I–XXVIII) kommen bei Wirbeltieren vor. Funktionell unterscheiden wir drei Hauptklassen: fibrillenbildende Kollagene, fibrillenassoziierte Kollagene sowie netzwerkbildende Kollagene (Tabelle 8.1).

Kollagene sind homo- oder heterotrimere Moleküle aus drei Polypeptidketten, den sog. α-**Ketten**. Das quantitativ dominierende Typ-I-Kollagen ist ein Heterotrimer aus zwei

Tabelle 8.1 Drei funktionelle Klassen von Kollagenen mit ausgewählten Beispielen. Die Typen I, II und III stellen etwa 90% des körpereigenen Kollagens. Mutationen in den Kollagengenen können zu Krankheiten führen.

Funktion	Typ	Gewebe	assoziierte Krankheitsbilder
fibrillenbildende Kollagene	I	praktisch alle Bindegewebe außer Knorpel	Osteogenesis imperfecta
			Ehlers-Danlos-Syndrom Typ VII (Exkurs 8.3)
	II	Knorpel, Glaskörper (Auge)	Chondrodysplasien
	III	dehnbares Bindegewebe (Haut, Muskel), Hohlorgane (Gefäße, Lunge)	Ehlers-Danlos-Syndrom Typ IV
fibrillenassoziierte Kollagene	IX	siehe Typ II	Multiple Epiphysendysplasie
netzwerkbildende Kollagene	IV	Basallamina	Alport-Syndrom

α1(I)-Ketten und einer α2(I)-Kette. Man beachte, dass sich die jeweiligen Ketten eines Kollagentyps von denen eines anderen Typs unterscheiden: Die Kette α1 von Typ-I-Kollagen ist also ein anderes Polypeptid als α1 von Kollagen Typ II. Die Zahl unterschiedlicher Untereinheiten – und damit auch die der codierenden Gene – ist mit zur Zeit bekannten 43 Ketten also noch größer als die Zahl an Kollagentypen. Die drei α-Ketten bilden für sich jeweils eine linksgängige Helix aus. Drei solcher linksgängigen Helices winden sich umeinander zu einer rechtsgängigen **Tripel-(Dreifach)-Helix** (Abbildung 8.1). *Das zopfartige Geflecht ist für die enorme Zugfestigkeit des Kollagens verantwortlich: Wie bei Seilen oder Kabeln bewirkt die gegensinnige Verdrillung (rechts- vs. linksgängig), dass sich unter Zug keine Einzelfaser herauslöst. Im Gegenteil: Die Einzelfasern werden unter Belastung noch enger ineinander verwunden. Die linksgängige Helix der Protomere ähnelt in ihrer Konformation stark der Helix synthetischer Polyproline oder Polyglycine. Sie ist nicht zu verwechseln mit der rechtsgängigen α-Helix, dem wichtigen Sekundärstrukturelement vieler globulärer Proteine!*

Um diese außergewöhnliche Anordnung in eine Tripelhelix zu ermöglichen, besitzen Kollagenprotomere eine spezielle Primärstruktur. Auffällig ist das häufige Vorkommen der Sequenzabfolge Gly-Xaa-Yaa, wobei Xaa oftmals Prolin und Yaa häufig Hydroxyprolin ist (Abbildung 8.2). Hydroxyprolin entsteht durch Modifikation von Prolin (Ex-

8.1 Tripelhelix von Kollagen. Jede α-Kette bildet für sich eine linksgängige Helix. Die drei α-Ketten winden sich umeinander zu einer rechtsgängigen Tripelhelix. [AN]

H$_2$N----Gly-Pro-Arg-Gly-Pro-Hyp-Gly-Ser-Ala----COOH
H$_2$N----Gly-Leu-Hyp-Gly-Lys-Asp-Gly-Ala-Hyp----COOH
H$_2$N----Gly-Pro-Hyp-Gly-Pro-IIe-Gly-Pro-Asp----COOH

8.2 Sequenzmotiv Gly-Xaa-Yaa. Das Motiv wiederholt sich hundertfach in den drei α-Ketten des Kollagens. Xaa ist häufig Prolin (Pro), Yaa oft Hydroxyprolin (Hyp).

kurs 8.1). Entsprechend beträgt der Anteil von Glycin und (Hydroxy-)Prolin an der Aminosäurezusammensetzung des Kollagens etwa 30 % bzw. 22 %. Die Besetzung nahezu jeder dritten Position mit Glycin, der kleinsten aller Aminosäuren mit einem Wasserstoffatom an der Position der Seitenkette, ermöglicht eine enge Windung der α-Stränge in der Tripelhelix. Viele Mutationen, die zu Kollagendefekten führen, betreffen eben diese Position. Das relativ häufig auftretende Hydroxyprolin stabilisiert ebenfalls die Tripelhelix durch Wasserstoffbrücken zwischen den Strängen. Die sperrige, unflexible Konformation des (Hydroxy-)Prolins verleiht der Struktur darüber hinaus die gewünschte Rigidität.

8.2
Posttranslationale Modifikationen stabilisieren die Tripelhelix

Wir wenden uns nun der komplexen Biosynthese des Kollagens zu, die von der mRNA bis zur reifen Kollagenfaser eine Reihe intra- und extrazellulärer Prozessierungen umfasst (Abbildung 8.3). Die Translation der α-Ketten-mRNA erzeugt zuerst ein **Präprokollagen**. Dieses besitzt ein aminoterminales **Signalpeptid**, das die Proteinsynthesemaschinerie der Ribosomen an die Membran des endoplasmatischen Reticulums (ER) andockt und die entstehende Polypeptidkette in den Innenraum des ER dirigiert (▶ Abschnitt 19.4). Dort entfernt eine Protease das Signalpeptid; dadurch wird das Präprokollagen zum **Prokollagen**. Dieses ist immer noch länger als die „fertige" α-Kette: An C- und N-Terminus finden sich noch sog. **Propeptide**, die keine tripelhelikale Struktur ausbilden und später abgespalten werden. Ein weiteres Enzym, Prolyl-Hydroxylase, fügt an einen Teil der Prolinreste der neu synthetisierten Polypeptidkette eine Hydroxylgruppe an. Diese posttranslationale Modifikation trägt maßgeblich zur Stabilisierung der Kollagentripelhelix bei. Die Prolyl-Hydroxylase benötigt **Vitamin C** (Ascorbinsäure) zur Regeneration nach gelegentlich vorkommender Oxidation. Bei Vitamin-C-Mangel wird Prolyl-Hydroxylase inaktiviert; in der Folge können die α-Ketten des Kollagens nicht zu einer stabilen Tripelhelix assoziieren und werden im ER zurückgehalten. Die Folge ist eine Kollagendefizienz – also ein Mangel an oder ein Defekt von Kollagen – mit den Symptomen eines **Skorbut** (Exkurs 8.1). Neben Prolin werden im Kollagen auch Lysinreste am Cδ ihrer Seitenkette hydroxyliert.

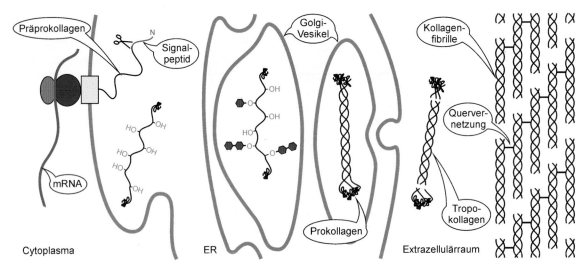

8.3 Stufen der Kollagenbiosynthese. Intrazellulär: cotranslationale Einschleusung ins ER, Abspaltung des Signalpeptids, Hydroxylierung; Glykosylierung; Assemblierung und Sekretion von Prokollagentripelhelices. Extrazellulär: Abspaltung der Propeptide, Polymerisation und Quervernetzung des Tropokollagens zur reifen Kollagenfibrille.

⚕ Exkurs 8.1: Skorbut

Die posttranslationale **Hydroxylierung von Prolinresten** zu 4-Hydroxyprolin (seltener 3-Hydroxyprolin) trägt wesentlich zur Assemblierung und Stabilisierung der Kollagentripelhelix bei. Das im ER lokalisierte ausführende Enzym, **Prolyl-Hydroxylase**, erkennt Prolin in der Peptidsequenz -Pro-Gly-, die in der Mitte zweier repetitiver Einheiten (Gly-Xaa-<u>Pro</u>-<u>Gly</u>-Xaa-Yaa) des Kollagenpolypeptids vorkommt, und hydroxyliert den Prolinring (Abbildung 8.4). Das Sauerstoffatom der Hydroxylgruppe stammt dabei aus molekularem O_2; das zweite Sauerstoffatom des O_2 oxidiert das Cosubstrat α-Ketoglutarat zu Succinat. Die geschilderte Reaktion benötigt zunächst keine **Ascorbinsäure (Vitamin C)**. Prolyl-Hydroxylase trägt jedoch ein Fe^{2+}-Ion im aktiven Zentrum, das bei gelegentlichen „Leerlauf"-Reaktionen in Abwesenheit des Peptidsubstrats zu Fe^{3+} oxidiert wird. Jetzt tritt Ascorbinsäure als regenerierendes Cosubstrat auf den Plan, reduziert Fe^{3+} wieder zu Fe^{2+} und wird dabei selbst zu Dehydroascorbinsäure oxidiert. Bei einem Defizit an Vitamin C kommt es früher oder später zum Stillstand der Hydroxylierungsreaktion und sekundär zu einem Kollagenmangel, der zu einer Brüchigkeit der Blutgefäße führt: Zahnfleischentzündung und Zahnausfall, erhöhte **Blutungsneigung** und verzögerte Wundheilung sind Leitsymptome des Skorbuts ⚕. Das Vollbild dieser Krankheit wird heute nur noch selten beobachtet. Ascorbinsäure ist noch an weiteren Redoxreaktionen beteiligt, etwa bei der Hydroxylierung von Dopamin zu Noradrenalin (▶ Abschnitt 48.5) oder der Umwandlung von Folsäure in Tetrahydrofolsäure (Exkurs 48.1).

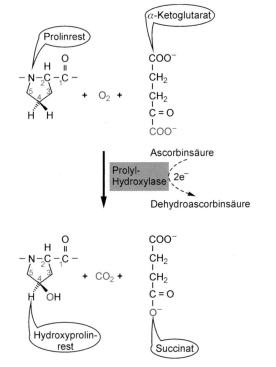

8.4 Hydroxylierung von Prolin. Cosubstrat dieser Reaktion ist α-Ketoglutarat, das unter oxidativer Decarboxylierung in Succinat übergeht. Ascorbinsäure wird zur Regeneration des Enzyms benötigt, um Fe^{3+} im aktiven Zentrum nach gelegentlich vorkommenden Reaktionen *ohne* Peptidsubstrat wieder zu Fe^{2+} zu reduzieren.

Im ER und Golgi-Apparat werden enzymatisch Glucose- und Galactosereste in ihrer UDP-aktivierten Form (▶ Abschnitt 39.7) auf die δ-Hydroxylgruppe der modifizierten Lysine übertragen. Zwischen den C-terminalen Propeptiden dreier α-Ketten werden Disulfidbrücken geknüpft: Von hier

aus beginnt sich nun die Tripelhelix in Richtung *N*-Terminus zu bilden. Die Propeptide – vor allem die *C*-terminalen – spielen hier eine entscheidende Rolle. Durch sie „erkennen" sich die verschiedenen α-Ketten und können zur korrekten Tripelhelix assemblieren. Diese Aufgabe ist keineswegs trivial, bedenkt man die Kombinationsmöglichkeiten, die sich mit 43 unterschiedlichen Kollagenketten ergeben! Das extrem gestreckte, tripelhelikale Molekül von 300 nm Länge und 1,5 nm Durchmesser wird dann in die Transportführen (Golgi-Vesikel) der Zelle verpackt und sezerniert. Spezifisch wirkende Prokollagen-Peptidasen entfernen diese globulären Propeptide. Dabei entsteht **Tropokollagen** (Abbildung 8.3), das zu ausgedehnten **Fibrillen** assoziiert. Eine weitere Funktion der Propeptide – neben der Wirkung als Keim bei der Tripelhelixbildung – besteht darin, eine vorzeitige intrazelluläre Fibrillenbildung zu verhindern, die für die synthetisierende Zelle katastrophale Folgen hätte! Tropokollagene sind in der Kollagenfibrille in exakt gestaffelter Anordnung um ein Viertel ihrer Länge gegeneinander versetzt. Daher rührt die charakteristische Bänderung der Kollagenfibrillen in mikroskopischen Aufnahmen (Abbildung 8.5).

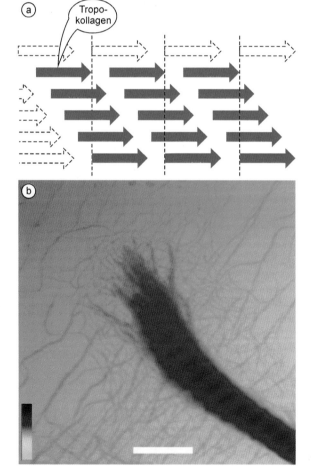

8.5 Kollagenfibrillen. Durch die versetzte Anordnung der Monomere (a) entstehen „Lücken", die in der mikroskopischen Betrachtung (b) als Bänder erscheinen. Bei der hier angewendeten Methode der Rasterkraftmikroskopie tastet eine feine Sonde die Objektoberfläche ab. Der weiße Balken ist ein 1 μm-Längenmaßstab. Die Farbskala gibt die „Höhenunterschiede" in der Probe an: Zwischen gelb und blau liegen 300 nm. [AN]

8.3 Chemische Quervernetzung stabilisiert die Kollagenfibrillen

Nach erfolgter Aggregation ist eine Kollagenfibrille noch labil. Erst durch chemische **Quervernetzung** erlangt sie ihre charakteristische Stabilität (Abbildung 8.3). Das Cu^{2+}-haltige Enzym **Lysyl-Oxidase** desaminiert Lysinseitenketten, sodass eine Aldehydgruppe an $C\varepsilon$ von **Allysin** verbleibt. Spontan können dann bis zu vier Aminosäurereste verschiedener α-Ketten miteinander reagieren. Dabei werden zwei Allysinreste, ein Hydroxylysin- und ein Histidinrest chemisch miteinander verknüpft (Abbildung 8.6). Diese chemische „Verknotung" erfolgt bevorzugt zwischen den terminalen Regionen zweier Tropokollagene und erhöht die mechanische Stabilität der Kollagenfibrille enorm. Eine fertige Kollagenfibrille ist mehrere Mikrometer lang und besitzt einen Durchmesser von 10–300 nm. Diese Fibrillen werden dann zu **Kollagenfasern** organisiert, die eine größere Reißfestigkeit haben als Stahl!

Im Gegensatz zu vielen anderen Proteinen, die in Minuten, Stunden oder Tagen umgesetzt werden, bleibt ein und dasselbe Kollagenmolekül oft über Jahre an seinem Platz. Spezialisierte Enzyme für den Kollagenabbau (**Kollagenasen**) sind Proteasen, die etwa bei der Wundheilung oder bei Knochenfrakturen vermehrt synthetisiert und aktiviert werden. Sie spalten Kollagenfibrillen in handliche Fragmente, die von Makrophagen aufgenommen und vollständig abgebaut werden. Gasbrandbakterien machen sich diese Eigenschaften zunutze und sezernieren große Mengen an Kollagenase, die das Kollagengerüst in Weichteilgeweben abbauen und damit den Weg für die fulminante Ausbreitung des Erregers im Wirtsorganismus bahnen (Exkurs 8.2).

Die Quervernetzung von Kollagen nimmt im Alter zu. Die Fibrillen werden dadurch spröder und weniger elastisch. Erhöhte Brüchigkeit der Knochen, verminderte Dehnbarkeit der Bänder und eine Versteifung von Gelenken und Gefäßen im Alter hängen unmittelbar damit zusammen. Die gesteigerte Quervernetzung beruht jedoch nicht allein auf dem beschriebenen enzymatischen Mechanismus. Nichtenzymatische Quervernetzung der Kollagene durch Glucosemoleküle („Glykierung") scheint ebenfalls zur Alterung der Kollagenfibrillen beizutragen.

8.4 Störungen in der Kollagenbildung führen zu schwerwiegenden Erkrankungen

Angesichts der Häufigkeit von Kollagenen in zahlreichen Geweben und ihrer funktionellen Bedeutung für den Halte- und Stützapparat sind Defekte der Kollagensynthese von erheblicher Tragweite. Eine erworbene Kollagendefizienz haben wir bereits beim Skorbut kennen gelernt (Exkurs 8.1).

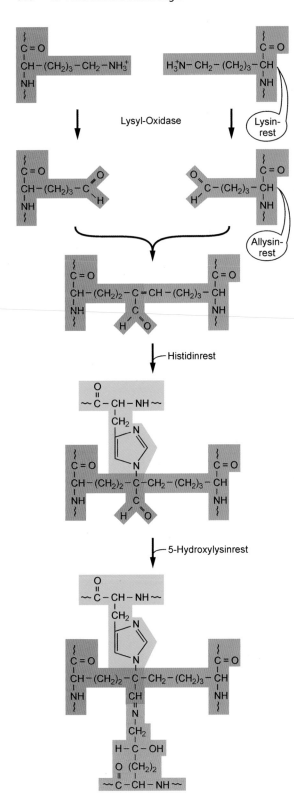

8.6 Quervernetzung von Kollagen. Hier ist das Ergebnis der Verknüpfung von zwei Allysinresten, einem Hydroxylysin- und einem Histidinrest gezeigt. Die Quervernetzung von Kollagenfibrillen ist irreversibel und trägt erheblich zur Stabilisierung der Faser bei.

Exkurs 8.2: Gasbrand

Der Erreger von Gasbrand, *Clostridium perfringens*, ist ein grampositives, obligat **anaerobes Bakterium**, das unter sauerstoffarmen Bedingungen große Mengen an CO_2 produziert, die als **Hautemphysem** zu tasten und als „Hautkrepitation" zu hören (!) sind. Seine pathologischen Effekte basieren vor allem auf seinen **Exotoxinen**: κ-Toxin ist eine **Kollagenase**, die außerordentlich effizient Kollagenstrukturen in den infizierten Bindegeweben abbaut und damit die rasche Ausbreitung von *C. perfringens* in hypoxische Areale befördert. Dazu trägt auch das **μ-Toxin** bei, das mit seiner Hyaluronidase-Aktivität Proteoglykane der extrazellulären Matrix zerstört (Abschnitt 8.6). Das **α-Toxin** lagert sich an die Plasmamembran von Zielzellen an und zerstört mit seinen **Phospholipase-** und **Sphingomyelinase-Aktivitäten** (▶ Exkurs 46.8) essenzielle Membrankomponenten, sodass es letztlich zur Zelllyse kommt. Im Fall von Erythrocyten führt dies zu einer lebensbedrohlichen **Hämolyse**. In Weichteilgeweben kommt es zu ausgedehnten **Nekrosen**. Alle wichtigen *C.-perfringens*-Typen sezernieren α-Toxin; darüber hinaus produzieren die diversen Typen noch mindestens 12 andere Toxine. Unbehandelt verläuft die Erkrankung rasch tödlich. Die Therapie umfasst neben der Antibiotikabehandlung (Penicillin, Metronidazol) auch aggressive chirurgische Intervention und Behandlung in O_2-Überdruckkammern.

Bei der **Osteogenesis imperfecta**, der Glasknochenkrankheit ⌐⊕, liegt hingegen ein angeborener Defekt in der Kollagenbiosynthese vor (▶ Abbildung 15.1). Dieses Krankheitsbild ist charakterisiert durch erhöhte Knochenbrüchigkeit mit Spontanfrakturen bei minimalen Traumen. Typisch sind weiterhin blaue Skleren (Augapfelhüllen) und Schwerhörigkeit. *Ursache der Glasknochenkrankheit sind Mutationen im α1(I)- oder α2(I)-Gen, die die Synthese der α-Ketten gänzlich unterdrücken oder zur Bildung von abnormen α-Ketten führen.* So kann etwa eine Punktmutation im α1(I)-Gen, die ein Codon für Cystein anstelle von Glycin erzeugt, die Ursache für eine perinatal letale Form der Osteogenesis imperfecta sein (Abbildung 8.7). Dies unterstreicht die Bedeutung des Glycinrests im Sequenzmotiv Gly-Xaa-Yaa für die Ausbildung der Tripelhelix.

Generell haben Mutationen in der *C*-terminalen Region der α-Ketten gravierendere Folgen als Veränderungen im *N*-terminalen Bereich. Grundlage dafür ist die kritische Rolle der *C*-Termini bei der Ausbildung der Tripelhelix (Abschnitt 8.2). Eine *C*-terminale Mutation stört damit die Ausbildung der korrekten Proteinstruktur schon an einem frühen Punkt, während sich bei *N*-terminalen Mutationen noch ein Gutteil der Tripelhelix ausbilden kann. Die Kollagenerkrankungen werden im Allgemeinen autosomal dominant vererbt – selbst wenn zwei „richtige" α-Ketten vom „gesunden" Allel abgelesen werden, können diese mit einer dritten, defekten α-Kette vom mutierten Genlocus *keine* korrekte Tripelhelix ausbilden: Man spricht hier von einem **dominant-negativen Effekt**. Eine kausale Therapie der Osteogenesis imperfecta ist derzeit nicht möglich. An Stammzell- und gen-

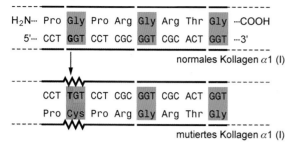

8.7 Punktmutation im α1(I)-Gen bei Osteogenesis imperfecta. Die resultierende Aminosäuresubstitution an Position 988 der α1(I)-Kette bewirkt eine perinatal letale Form dieser Krankheit.

therapeutischen Verfahren zur ursächlichen Behandlung dieser Krankheit wird geforscht; diese Ansätze befinden sich derzeit noch in einem Entwicklungsstadium.

Während bei der Osteogenesis imperfecta die Kollagensynthese direkt betroffen ist, beruhen einzelne Formen des **Ehlers-Danlos-Syndroms** auf einer gestörten posttranslationalen Prozessierung von ansonsten intaktem Kollagen (Exkurs 8.3).

Exkurs 8.3: Ehlers-Danlos-Syndrom (EDS) ⟨⟩

EDS bezeichnet eine Gruppe erblicher Krankheitsbilder, die in sechs Haupttypen unterteilt wird. Typische Symptome sind Hyperelastizität der Haut, Überstreckbarkeit der Gelenke und allgemein erhöhte Verletzlichkeit der Gewebe. Der **kyphoskoliotische Typ** (Typ VI) ist durch einen Mangel am modifizierenden Enzym Lysyl-Hydroxylase bedingt. Primär betroffen ist die Hydroxylierung von Lysinresten und sekundär damit die Glykosylierung und chemische Quervernetzung der Kollagene, woran jeweils Hydroxylysin beteiligt ist. Bei dem als **Dermatosparaxis** bezeichneten EDS Typ VII liegt ein molekularer Defekt am prozessierenden Enzym **Prokollagen-Peptidase** ADAMTS2 vor, das physiologischerweise das aminoterminale Propeptid der Prokollagenkette entfernt. Fällt diese Peptidasefunktion aus, so kommt es zu einer gestörten Fibrillenmorphologie mit verminderter Reißfestigkeit (Abbildung 8.8).

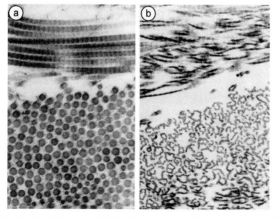

8.8 Gestörte Fibrillenmorphologie bei Dermatosparaxis: (a) zeigt die normale, (b) die pathologische Form der Fibrillen. In der oberen Hälfte der Aufnahmen sind die Fasern in Seitenansicht zu sehen, darunter in der Aufsicht. [AN]

Elastin verleiht dem Bindegewebe Flexibilität

Kollagen ist vor allem für die mechanische Festigkeit des Bindegewebes verantwortlich. Wie aber kommt die für viele Gewebe typische Elastizität zustande? Der wichtigste molekulare „Expander" ist **Elastin** ⟨⟩. *Dieses Strukturprotein kann auf ein Vielfaches seiner normalen Länge gedehnt werden und kehrt anschließend, wie ein Gummiband, wieder in seine ursprüngliche Konformation zurück.* Diese Eigenschaft macht es zu einem charakteristischen Protein der EZM von Haut, Lungengewebe und Gefäßen. Elastin wird als monomeres Protein mit einer Masse von rund 70 kd biosynthetisiert. Wie die meisten Faserproteine besitzt es eindeutige Vorlieben für bestimmte Aminosäuren: In einer modularen Bausatzweise wechseln sich glycin-, alanin-, valin- und prolinreiche, ausgeprägt hydrophobe Regionen mit eher hydrophilen, α-helikalen Domänen ab, für die Lysin charakteristisch ist. Fast die Hälfte der Aminosäurereste des Elastins sind hydrophob. Diese hydrophoben Regionen sind für die Elastizität verantwortlich: Ihre Raumstruktur ist so flexibel, dass die Polypeptidkette ohne größere Krafteinwirkung auseinander gezogen werden kann.

Der Weg des Elastins führt wie beim Kollagen vom endoplasmatischen Reticulum über den Golgi-Apparat und sekretorische Vesikel in den Extrazellulärraum. Im Gegensatz zum Kollagen wird Elastin auf diesem Weg nur minimal modifiziert. Eine essenzielle Modifikation erfolgt hingegen am Zielort: Elastin wird in der Matrix von **Mikrofibrillen** „in Empfang genommen", mit denen das Enzym Lysyl-Oxidase assoziiert ist. Dieses erfüllt hier dieselbe Rolle wie bei der Quervernetzung von Kollagen über Allysinseitenketten; Verknüpfungspunkte im Elastin sind dessen α-helikale Domänen (Abbildung 8.9). Das entstehende Elastinnetzwerk kann Zugkräfte aus jeder beliebigen Richtung wie ein Gummibandknäuel auffangen. Die dabei investierte Energie wird über einen „entropischen" Mechanismus gespeichert, da Elastin unter Zug vom Zustand eines „chaotischen" Fasernetzes in ein geordneteres Arrangement übergeführt wird. Das Streben nach maximaler Entropie (▶ Abschnitt 3.8) liefert dann die Rückstellkraft bei Nachlassen des Zugs: Die Elastinmoleküle schnurren wieder zusammen. Dieser Mechanismus scheint außerordentlich effizient und gleichzeitig schonend für das Elastin zu sein. Elastinmoleküle in der menschlichen Aorta „arbeiten" meist ein ganzes Leben lang. Schätzungsweise mehr als eine Milliarde Mal werden sie dabei gedehnt und ziehen sich anschließend wieder zusammen!

Die Ablagerung der Elastinmonomere und die Ausrichtung des Netzwerks werden offenbar durch assoziierte Mikrofibrillen gesteuert, deren Hauptkomponente die Glykoproteine **Fibrilin**-1 und -2 sind. Mutationen im Fibrilin-1-Gen äußern sich als **Marfan-Syndrom** (Exkurs 8.4).

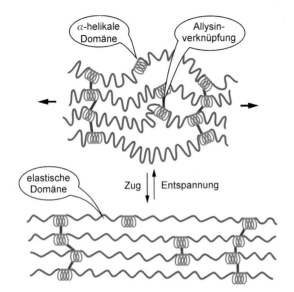

8.9 Elastinfasernetz. Die reversible Ausdehnung einer elastischen Faser aus quervernetzten Elastinmolekülen ist hier schematisch wiedergegeben. Die einzelnen Elastinmoleküle sind aus zwei verschiedenen Modulen zusammengesetzt. Die flexiblen hydrophoben Domänen (blau) wechseln sich in unregelmäßigen Abständen mit kürzeren α-helikalen Domänen ab (orange). Die Verknüpfungen der Elastinmonomere über Allysinseitenketten innerhalb der helikalen Domänen sind rot hervorgehoben.

8.6 Proteoglykane und Glykosaminoglykane verleihen Widerstandsfähigkeit gegen Kompressionskräfte

Neben den Faserproteinen sind **Proteoglykane** die zweite Hauptkomponente der extrazellulären Matrix. Sie bestehen aus einem Proteinkern, an den kovalent lange, unverzweigte Polysaccharidketten geknüpft sind. Repetitive Disaccharideinheiten aus einem Aminozucker (*N*-Acetylglucosamin oder *N*-Acetylgalactosamin) und typischerweise einer Uronsäure sind die Grundeinheiten dieser Kohlenhydratanteile, die **Glykosaminoglykane** (**GAG**) oder Mucopolysaccharide genannt werden (Abbildung 8.10a). Die Substitution der Zuckerreste mit Carboxyl- und Sulfatgruppen – letztere werden erst nach der Polymerisation eingeführt – bewirkt eine hohe negative Ladungsdichte der GAG. Die vier Haupttypen von GAG sind **Hyaluronsäure, Chondroitin- und Dermatansulfat, Keratansulfat** sowie **Heparansulfat**. Anders als das chemisch verwandte Heparansulfat ist Heparin *keine* Komponente des Bindegewebes; es findet sich in intrazellulären Granula der Mastzellen (▶Exkurs 28.3). Glykosaminoglykane unterscheiden sich in der Art der Zucker, deren Konfigurationen

Exkurs 8.4: Marfan-Syndrom

Mutationen im **Fibrilin-1-Gen** werden autosomal-dominant vererbt und äußern sich als Marfan-Syndrom (Frequenz ca. 1 : 5000). Charakteristisch sind Augenanomalien (Myopie, Linsendislokation) sowie kardiovaskuläre Symptome. Besonders betroffen sind elastische Gefäße wie die **Aorta**; dabei kommt es zur Bildung lebensbedrohlicher Ausbuchtungen (Aneurysmen) und spontanen Gefäßrissen (Rupturen). Augenfällig ist der Habitus der Betroffenen: graziler Knochenbau, Hochwuchs, Langschädel, Arachnodaktylie („Spinnenfinger") und Deformationen des Brustkorbs. Ursprünglich ging man davon aus, dass die **strukturelle Rolle von Fibrillin-1** in Mikrofibrillen diese Symptomatik bestimmt; offenbar ist aber seine Funktion als **Regulator des Cytokins TGF-β** (engl. *transforming growth factor β*) entscheidend (▶Exkurs 29.3). Bei einem Fibrillin-1-Defekt kommt es nämlich zu einer überschießenden Signalgebung des TGF-β-Weges, der offenbar wichtige Konsequenzen für Proliferation, Kollagenproduktion und Apoptose von Bindegewebszellen hat. Therapeutisch wird **Losartan**, ein Inhibitor des Angiotensin-II-Rezeptors vom Typ I (AT1), eingesetzt, der die Expression von TGF-β herunterreguliert und damit den Defekt partiell kompensiert. Hier zeigt sich schlaglichtartig die noch wenig verstandene Rolle der EZM bei der **interzellulären Kommunikation**. Man nimmt an, dass u.a. Niccolò Paganini und Abraham Lincoln Träger dieses Defekts waren.

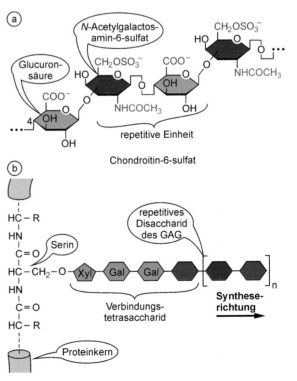

8.10 Glykosaminoglykane: a) Generelle Struktur von Glykosaminoglykanen. Als Beispiel ist hier Chondroitinsulfat gezeigt. b) Synthese der GAG am Proteinkern. Die Tetrasaccharideinheit aus Xylose (Xyl), zweimal Galactose (Gal) und Glucuronsäure ist hervorgehoben. [AN]

und Verknüpfungen sowie der Position der sulfatierten Substituenten. Die Verknüpfung der Glykosaminoglykane mit dem Proteinkern erfolgt im Golgi-Apparat. Dabei wird zunächst ein definiertes **Verbindungstetrasaccharid** an Serinseitenketten des Trägerproteins geknüpft. Dieses dient als „Keim" für die schrittweise enzymatische Polymerisation des GAG. *Der Kohlenhydratanteil der Proteoglykane wächst vom Proteinkern aus in die Peripherie* (Abbildung 8.10b). Eine Ausnahme macht Hyaluronsäure, die als freies, nichtproteingebundenes Polysaccharid vorliegt.

Die Glykosaminoglykane und Proteoglykane bilden relativ starre Strukturen mit sperriger Konformation. Auch wenn ihr Massenanteil an der Matrix nicht groß ist, haben sie enormen Platzbedarf. Sie sind ausgesprochen hydrophil und besitzen durch die bei physiologischem pH deprotonierten Säuregruppen eine hohe negative Ladungsdichte, über die sie eine große Menge an Kationen mit deren voluminösen Wasserhüllen an sich binden (Abbildung 8.11). Auf diese Weise bilden Proteoglykane die gelartige Grundsubstanz der EZM, in die Faserproteine eingebettet werden. *Unter Druck kann Wasser nur so lange aus diesem Gel gepresst werden, bis die Ladungsdichte der Polymere so stark erhöht ist, dass abstoßende elektrostatische Kräfte eine weitere Kompression verhindern.* Proteoglykane verleihen dadurch zum Beispiel dem Kniegelenkknorpel eine bemerkenswerte Widerstandsfähigkeit gegen Kompressionskräfte.

Neben dieser rein mechanischen Rolle erfüllen Proteoglykane auch weitaus subtilere Aufgaben. Ähnlich wie für das Glykoprotein Fibrillin-1 und TGF-β gezeigt (Exkurs 8.4), dienen auch Proteoglykane als Corezeptoren für Wachstumsfaktoren wie z.B. den *fibroblast growth factor* (FGF) und andere Hormone oder als Andockstation für Proteaseinhibitoren wie Antithrombin (▶Abschnitt 14.5). Proteoglykane können den Transport von Zellen und Metaboliten beeinflussen und sind entscheidend an Prozessen während der

Embryogenese beteiligt. Untersuchungen an transgenen Mäusen (▶Abschnitt 23.10) zeigen darüber hinaus ihre physiologische Bedeutung im adulten Organismus auf. Dabei wurde ein äußerst breites Spektrum an „Betätigungsfeldern" der Proteoglykane aufgedeckt – von der hypothalamischen Steuerung der Nahrungsaufnahme über das Knochenwachstum bis hin zur Wundheilung und Gefäßneubildung. Hier sind noch spannende Neuentwicklungen zu erwarten!

8.7 Adhäsionsproteine sind wichtige Komponenten der extrazellulären Matrix

Faserproteine und Proteoglykane bestimmen maßgeblich die physikalischen Eigenschaften der extrazellulären Matrix. Ein wichtiger, noch unerwähnter Aspekt ist aber, wie diese Matrix mit Zellen in Verbindung tritt (▶Abschnitt 29.7). Hier spielen **Adhäsionsproteine** als Vermittler der Zellanheftung eine wichtige Rolle. Wir wollen an dieser Stelle zwei Hauptvertreter – Laminin und Fibronectin – exemplarisch besprechen. **Laminin** ist eine Hauptkomponente der **Basalmembran** (Basallamina), einer dünnen Schicht der EZM (60–100 nm), auf der Epi- und Endothelien ruhen (Abbildung 8.12).

Laminin ist ein heterotrimeres Protein aus den Polypeptidketten α, β und γ. Zurzeit sind – inklusive einer Spleißvariante (▶Abschnitt 17.8) – 16 unterschiedliche Laminine bekannt, die durch Kombination unterschiedlicher α-, β- und γ-Varianten entstehen. All diesen Lamininen ist gemein, dass sich die carboxyterminalen, α-helikalen Teile der drei Ketten umeinander winden. Es handelt sich also – ähnlich wie bei Kollagen – um eine Helix aus mehreren Einzelhelices (engl. *coiled coil*). Über Disulfidbrücken sind die Einzelhelices kovalent miteinander verknüpft. Die aminoterminalen Bereiche ragen als Arme über den tripelhelikalen Rumpf hinaus: Je nach Laminintyp ergibt sich eine kreuzförmige Anordnung mit drei Armen (Abbildung 8.13) oder ein T-förmiges Gebilde mit zwei Armen. Über die Enden der Arme nehmen einzelne Laminine Kontakt miteinander auf und formieren sich zu einem ausgedehnten filzartigen Lamininnetzwerk.

Laminine besitzen zahlreiche Bindungsstellen unterschiedlicher Spezifität an ihrer Oberfläche und wirken damit als molekulare „Klammern", die zelluläre und extrazelluläre Komponenten miteinander verknüpfen. Sie binden – indirekt oder direkt – an Kollagene und Proteoglykane sowie andere Adhäsionsproteine der EZM. An die Zelloberflächen binden sie via **Integrine**, die in die Plasmamembran eingelassen sind und im Zellinnern ihrerseits in inniger Verbindung mit Komponenten des Cytoskeletts stehen (▶Abschnitt 29.7). Damit ist ein mechanischer Kontakt zwischen Zellinnerem und -äußerem hergestellt (Abbildung 8.14). Die subepitheliale Basallamina, die Epidermis und Dermis trennt, nimmt vor allem Stütz- und Haltefunktionen wahr,

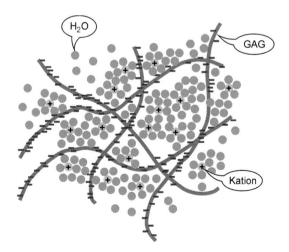

8.11 Glykosaminoglykanhaltige Gele. Beim Auspressen von Flüssigkeit verhindern abstoßende elektrostatische Kräfte ab einem gewissen Punkt die weitere Kompression. Der spontane Wiedereinstrom von Wasser stellt den Ausgangszustand her.

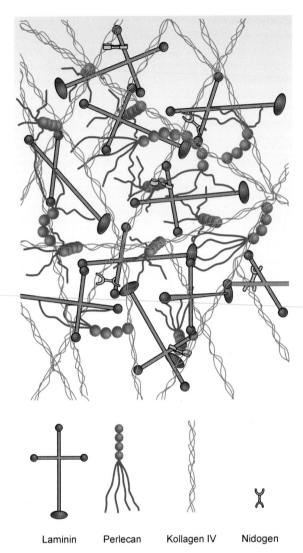

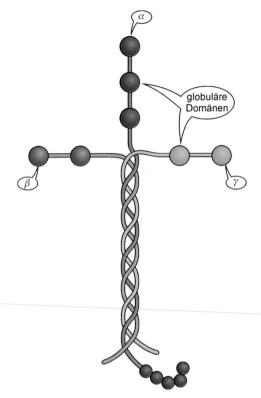

8.13 Struktur von Laminin. Der carboxyterminale Teil der drei Ketten ist zu einer Tripelhelix verwunden. Die aminoterminalen Abschnitte ragen als Arme hervor, über die einzelne Lamininmoleküle miteinander Kontakt aufnehmen. [AN]

| Laminin | Perlecan | Kollagen IV | Nidogen |

8.12 Molekularer Aufbau von Basalmembranen. Kollagen IV und Laminin bilden Netzwerke, die durch Nidogen verknüpft und mit dem Proteoglykan Perlecan „aufgefüllt" werden. Perlecan bildet spezifische Kontakte mit den drei anderen Komponenten aus, sowohl über seinen Protein- als auch über seinen Zuckeranteil. [AN]

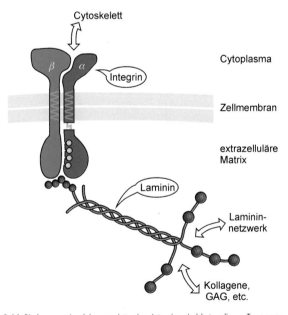

8.14 Bindung von Lamininen an Integrine. Integrine sind heterodimere Transmembranproteine, deren cytoplasmatische Domäne mit Komponenten des Cytoskeletts interagiert, während ihr extrazellulärer Teil an die carboxyterminale Hälfte der Laminine bindet. Letztere bilden sowohl untereinander als auch mit anderen Komponenten der EZM ein Netzwerk aus. Über die Integrin-Laminin-Wechselwirkung kommt also ein mechanischer Kontakt zwischen Zellinnerem und EZM zustande.

während die Basalmembranen der Nierenglomeruli, der Gefäßwände, des Gastrointestinaltrakts und der Lungenalveolen als Filter für den Stoffaustausch wirken. Die Verbindung zwischen Zellen und EZM dient aber auch dem bidirektionalen Informationsaustausch. So können durch die Laminin-Integrin-Kontaktaufnahme zahlreiche intrazelluläre Signaltransduktionskaskaden aktiviert werden (▶ Abschnitt 29.7). Laminine sind von essenzieller Bedeutung für embryo- und morphogenetische Prozesse, die über höchst differenzierte molekulare Interaktionen orchestriert werden. Damit wird verständlich, warum so viele Laminin-Isoformen existieren. Auch pathogenetisch scheinen Laminine von Bedeutung zu sein: *Mycobacterium leprae* dockt an Laminin-2-

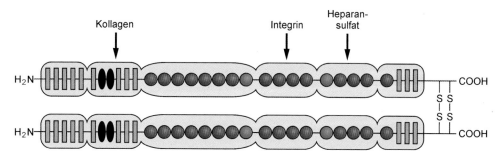

8.15 Schematische Struktur von Fibronectin. Ein Monomer umfasst sechs Domänen; diese besitzen unterschiedliche Bindespezifitäten für Kollagen, Integrine und andere Proteine der EZM. Bausteine der Domänen sind insgesamt drei verschiedene repetitive Sequenzelemente. Die Bausteine werden auf der mRNA-Ebene zu verschiedenen Fibronectinvarianten zusammengesetzt. Fibronectin bildet Dimere, die dann weiter zu Polymeren quervernetzt werden.

Proteine auf der Oberfläche der Schwannschen Zellen des peripheren Nervensystems an und leitet auf diese Weise die Invasion der Nervenzellen ein, die charakteristisch für die Symptomatik bei Lepra ist.

Während Laminin mit netzwerkbildendem Kollagen in Verbindung tritt, besteht die Aufgabe von **Fibronectin** darin, Zellen an faserbildende Kollagene anzuheften (Abbildung 8.15). Seine Anwesenheit auf nativen Zellkulturen und sein Fehlen auf der Oberfläche maligne transformierter Zellen brachte seine Bedeutung als Adhäsionsprotein ans Licht. Fibronectin fördert die Adhäsion an die EZM und beeinflusst damit Morphologie, Differenzierung, Ausbreitung und Wanderung von Zellen. Wie Laminine bilden auch Fibronectine durch Selbstassoziation weiträumige Netzwerke aus. Über spezifische Bindungsdomänen haftet Fibronectin gleichfalls an Integrinrezeptoren der Zellmembran (▶ Abschnitt 29.7) und verknüpft sie mit anderen extrazellulären Komponenten

wie Kollagen oder Heparansulfat. Namensgebend für Fibronectin ist die spezifische Affinität für **Fibrin**, dem Strukturprotein bei der Blutgerinnung. Im Blut zirkulierendes Fibronectin hat die Aufgabe, Blutplättchen über deren Integrinrezeptoren an ein Fibringerinnsel zu binden. Fibronectin ist ein Protein, das aus verschiedenen Domänen zusammengesetzt ist, die wiederum auf einer begrenzten Zahl repetitiver Sequenzelemente basieren. *Zellen können im „Bausatz"-Verfahren unterschiedliche Fibronectinmodule kombinieren und damit eine Palette von Varianten herstellen, die sich in ihren Feinfunktionen unterscheiden.*

Wir haben in diesem Kapitel Proteine primär als mechanische Elemente des Organismus kennen gelernt und andeutungsweise gesehen, dass sie auch subtilere Aufgaben übernehmen können. Bevor wir diese im Detail besprechen, kommen wir zu einer weiteren „handfesten" Funktion der Proteine bei Transport und Bewegung.

Zusammenfassung

- Drei **Hauptklassen** von Makromolekülen dominieren die extrazelluläre Matrix (EZM): fibrilläre Proteine, Proteoglykane und Adhäsionsproteine.
- **Kollagen** ist das dominierende Protein des menschlichen Organismus, das faser- oder netzwerkartige Strukturen der extrazellulären Matrix ausbildet. Kollagen assembliert aus drei Untereinheiten. Jede Untereinheit bildet für sich genommen eine linksgängige Helix, die sich wiederum zu einer rechtsgängigen **Tripelhelix** umeinander winden.
- Dieses seilartige Geflecht sorgt mit seiner gegensinnigen Verdrillung für die extreme Zugfestigkeit von Kollagenfasern. Diese ungewöhnliche Proteinstruktur beruht auf der häufig monotonen Sequenzabfolge der Aminosäuren Glycin, Prolin und Hydroxyprolin (**Gly-Pro-Hyp**).
- Die **Biosynthese** von Kollagen ist ein komplexer mehrstufiger Prozess. Nach Import des Präprokollagens in das endoplasmatische Reticulum und proteolytischer Prozessierung zum Prokollagen erfolgen zahlreiche posttranslationale Modifikationen von Aminosäuren. Essenziell für die **Hydroxylierungsreaktionen von Prolinseitenketten** ist dabei Ascorbinsäure (Vitamin C).
- Nach der Assoziation zu einer Tripelhelix wird Prokollagen über den Vesikeltransport der Zelle sezerniert. Nach Entfernen der globulären Propeptide entsteht **Tropokollagen**, das zu ausgedehnten **Fibrillen** assoziiert. Die Fibrillen werden über chemische Quervernetzung stabilisiert und assemblieren schließlich zu langen Kollagenfasern. Kollagenasen, also Kollagen abbauende Enzyme, kommen bei der Wundheilung zum Einsatz. Störungen in der Kollagenbiosynthese führen zu schweren Erkrankungen.
- Ein Defekt im mikrofibrillenassoziierten **Fibrillin-1** führt zu einer überschießenden Signalgebung des **Cytokins TGF-1β**, die sich im Marfan-Syndrom äußert. Lebensbedrohliche Konsequenzen dabei sind Aneurysmen und Rupturen der Aorta.
- Das Protein **Elastin** ist für die elastischen Eigenschaften des Bindegewebes verantwortlich. Flexible hydrophobe Regionen im Elastin können unter geringer Krafteinwirkung in die Länge gezogen werden und nehmen bei Entlastung wieder ihre kompaktere Form an. In der EZM werden Elastinmonomere chemisch quervernetzt, sodass das resultierende Elastinnetzwerk Zugkräfte aus jeder Richtung auffangen kann.
- **Proteoglykane** bestehen aus einem Proteinkern, an den lange Polysaccharidketten vom Typ der **Glykosaminoglykane** (GAGs) geknüpft sind. Durch Substitution der Zuckerreste mit Carboxyl- und Sulfatgruppen besitzen GAGs eine hohe **negative Ladungsdichte** und lagern große Mengen an Kationen mit ihren Wasserhüllen ein. Proteoglykane und GAGs bilden so die gelartige Grundsubstanz der EZM, die z.B. dem Knorpel Widerstandsfähigkeit gegen Kompressionskräfte verleiht.
- **Laminine** und **Fibronectine** sind Adhäsionsproteine in der Basallamina von Epi- und Endothelien. Sie besitzen zahlreiche Bindungsstellen, über die sie den Kontakt zwischen EZM (Kollagene, Proteoglykane) und zellulären Komponenten (Integrine) vermitteln.

Proteine als molekulare Motoren 9

Ein wesentliches Merkmal belebter Natur ist die Fähigkeit zur aktiven, gerichteten Bewegung, selbst wenn diese nicht immer so offenbar ist wie bei einer Muskelkontraktion. So sind fundamentale Prozesse wie die zelluläre Kontraktion, der Transport von Vesikeln in der Zelle oder die Trennung der Chromosomen bei der Zellteilung gerichtete Bewegungen. Als molekulare Motoren bei all diesen Vorgängen dienen Proteine, die mechanische Arbeit verrichten und Bewegung entlang intrazellulärer „Schienen" vermitteln können. Alle Motorproteine, die wir im Folgenden besprechen, nutzen Adenosintriphosphat (ATP) als Treibstoff, dessen Hydrolyse die notwendige Energie für ihren Lauf bereitstellt. Drei Haupttypen von ATP-getriebenen Motorproteinen sind für die Bewegung eukaryotischer Lebensformen verantwortlich: Myosine, Kinesine und Dyneine. Wir lernen diese molekularen Maschinen an ihrem bestverstandenen Vertreter, dem Myosin-II, kennen. Dazu betrachten wir zunächst sein bekanntestes Aktionsfeld, die Muskulatur.

Eine Muskelfaser entsteht durch Fusion vieler einzelner undifferenzierter Muskelzellen zu einer vielkernigen Riesenzelle, die von einer elektrisch erregbaren Cytoplasmamembran, dem **Sarcolemma**, umhüllt ist. Das Cytoplasma der Muskelfaser ist mit parallel angeordneten, zylindrischen **Myofibrillen** prall angefüllt. Die Fibrillen bestehen aus sich wiederholenden Segmenten, die im entspannten Muskel eine Länge von 2,5–3 μm haben. Diese sog. **Sarcomere** verleihen der Muskelfaser die charakteristische Querstreifung. Die im Elektronenmikroskop dunkel erscheinende Grenzschicht

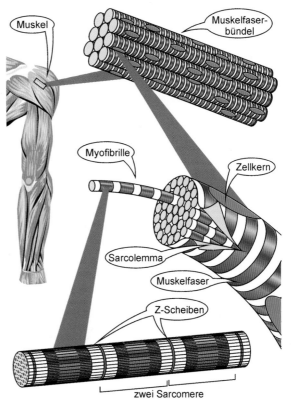

9.1 Organisation der querstreiften Muskulatur. Eine Skelettmuskelfaser hat einen Durchmesser von etwa 50 μm und kann bis zu 20 cm lang sein.

9.1
Skelettmuskelfasern enthalten geordnete Bündel aus Proteinfilamenten

Der Mensch verfügt über mehr als 600 Skelettmuskeln, die 40–50 % seines Körpergewichts ausmachen. Diese bilden die **quergestreifte Muskulatur**, die typischerweise für bewusste Bewegungen zuständig ist. Dagegen führen die beiden anderen Muskeltypen – Herzmuskulatur und glatte Muskulatur – unbewusste Bewegungen wie Herzschlag und Darmperistaltik aus. *Alle drei Muskeltypen benutzen denselben molekularen Motor*: **Myosin-II** . Ein Skelettmuskel ist ein von Nerven und Blutgefäßen durchsetztes Bündel aus Muskelfasern, das durch Bindegewebe zusammengehalten wird und über kollagenreiche Sehnen am Skelett fixiert ist (Abbildung 9.1). Seine motorische Grundeinheit besteht aus einem Motoneuron und einer Muskelfaser, die an der motorischen Endplatte miteinander in Verbindung treten (▶ Abbildung 32.6).

zwischen zwei Sarcomereinheiten wird als **Z-Scheibe** bezeichnet. Für die molekulare Kraftentfaltung sind im Wesentlichen zwei Typen von Proteinfilamenten verantwortlich. Die **dünnen Filamente** (Durchmesser etwa 6 nm) bestehen aus Actin (▶ Abschnitt 4.4) sowie den Proteinen Tropomyosin und Troponin (▶ Abschnitt 9.5). Die **dicken Filamente** werden von Myosin gebildet. Jedes Sarcomer umfasst ein präzise angeordnetes Bündel dicker und dünner Filamente, die ineinander greifen. *Im Überlappungsbereich herrscht eine strenge Symmetrie: Jedes dünne ist von drei dicken Filamenten und jedes dicke von sechs dünnen Filamenten umgeben* (Abbildung 9.2).

Wie kann der Organismus eine solch komplexe, hochmolekulare Struktur bilden und stabilisieren? Noch ist der Prozess der Myofibrillenentwicklung in weiten Bereichen unverstanden. Man kennt aber eine Schlüsselkomponente: Das Protein **Titin** scheint als molekulares „Steckbrett" für die Assemblierung der Sarcomere zu dienen. Dieser anspruchsvollen Rolle entsprechend handelt es sich um ein wahrhaft titanisches Molekül – es ist wohl das größte bekannte Protein des Menschen überhaupt (Exkurs 9.1).

Exkurs 9.1: Titin und akzessorische Proteine des Sarcomers

Titin umfasst ungefähr 27 000 Aminosäuren (ca. 3 Md), die in rund 300 Domänen organisiert sind. Fibronectin- und immunglobulinähnliche Domänen sind wie auf einer Perlenkette aufgereiht, die von der Z-Scheibe bis zur Mitte des Sarcomers reicht (Abbildung 9.3). Auf ganzer Länge tritt Titin spezifisch mit den anderen Hauptkomponenten des Sarcomers in Kontakt und „dirigiert" sie vermutlich an ihre angestammten Plätze. Titin ist einerseits tief in der **Z-Scheibe** verankert und andererseits fest mit den dicken Filamenten assoziiert: Über seine elastischen Module kann es so wie eine **molekulare Feder** wirken, die die dicken Filamente in der Mitte des Sarcomers hält und sie nach Überdehnung wieder in die korrekte Position zurückschnellen lässt. Auch das langgestreckte filamentöse Protein **Nebulin** tritt in unterschiedlichen Formen in den diversen Typen quergestreifter Muskulatur auf. Seine unterschiedliche Länge korreliert dabei mit jener der dünnen Actinfilamente. Man sieht in ihm ein molekulares „Lineal", das vorgibt, bis zu welcher Länge Actinmonomere polymerisieren sollen. Eine wichtige Komponente der Z-Scheibe ist das actinbindende Protein **α-Actinin**: Es überbrückt die Enden zweier Actinfilamente von benachbarten Sarcomeren und ist so (mit)verantwortlich für den Zusammenhalt und die Organisation der Myofibrillen.

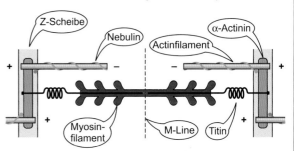

9.3 Molekularer Aufbau eines Sarcomers. Titin dient als molekularer Organisator des Sarcomers und als Feder für dicke Filamente, Nebulin gibt die Länge der dünnen Filamente vor, und α-Actinin verknüpft dünne Filamente benachbarter Sarcomere. Die Orientierung der Filamente ist mit + (Z-Scheibe) und – (M-Linie) angedeutet. Als M-Linie wird die Mitte der dicken Filamente bezeichnet (Abbildung 9.5).

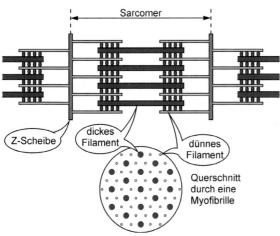

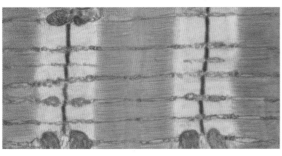

9.2 Aufbau eines Sarcomers in elektronenmikroskopischer Ansicht (oben) bzw. schematischer Darstellung (unten). Eine Muskeleinheit besteht aus dünnen Filamenten (Durchmesser 6 nm) und dicken Filamenten (10–20 nm). Der Querschnitt zeigt die präzise, quasikristalline Anordnung von dicken und dünnen Filamenten. [AN]

9.2

Dicke und dünne Filamente gleiten bei der Kontraktion aneinander vorbei

Wie kann nun eine Kette von Sarcomeren eine Muskelfaser kontrahieren? Elektronenmikroskopische Aufnahmen legen nahe, dass sich während der Kontraktion eines Sarcomers die Länge der beiden Filamentsysteme nicht ändert. Vielmehr gleiten die Filamente aneinander vorbei, überlappen im Laufe der Kontraktion zunehmend und verkürzen so das Sarcomer. Man spricht von der **Gleitfilamenttheorie** (engl. *sliding filament model*) (Abbildung 9.4). Um die zugrunde liegenden molekularen Abläufe zu verstehen, müssen wir erst einmal die dicken Filamente näher unter die Lupe nehmen.

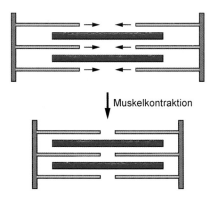

9.4 Gleitfilamentmodell. Die Kontraktion entsteht durch relative Verschiebung von dicken und dünnen Filamenten zueinander; dabei bewegen sich die dünnen Actinfilamente aufeinander zu und gleiten an den dicken Myosinfilamenten entlang. Hierbei verkürzt sich der Abstand zweier benachbarter Z-Scheiben: Das Sarcomer schrumpft, und die Muskelfaser kontrahiert!

Myosin-II, die Grundeinheit dicker Filamente, ist ein großes Protein mit einem Molekulargewicht von rund 500 kd, das aus zwei identischen **schweren Ketten** à 220 kd und zwei Paaren von unterschiedlichen **leichten Ketten** mit je 20 kd besteht. Wir unterscheiden regulatorische und essenzielle leichte Ketten. Myosin besitzt einen ungewöhnlichen asymmetrischen Aufbau (Abbildung 9.5a). Die schweren Ketten bilden jeweils an ihren *N*-terminalen Enden einen globulären Kopf, während sich die *C*-terminalen Regionen zu einem gestreckten „Schwanz" verbinden. Eine linksgängig gewundene Superhelix aus zwei miteinander verdrillten α-Helices (*coiled coil*) bildet diese Schwanzregion. Jeder Myosinkopf bindet jeweils eine regulatorische und eine essenzielle leichte Kette. Myosin polymerisiert über seine Schwanzregion zu dicken Filamenten mit vorstehenden Köpfen (Abbildung 9.5b). Diese können an benachbarte Actinfilamente andocken und dabei charakteristische „Querbrücken" ausbilden.

Myosinmoleküle sind immer mit dem Kopf in Richtung der Z-Scheibe, dem Plus-Ende, ausgerichtet, während sich der Schwanz in Minus-Richtung orientiert. Die Direktionalität der dicken Filamente kehrt sich genau in der Mitte um, d.h. an der M-Linie. Auch die Actinfilamente der beiden Hälften eines Sarcomers besitzen eine entgegengesetzte (antiparallele) Orientierung, die sich an der M-Linie spiegelt (Abbildung 9.3).

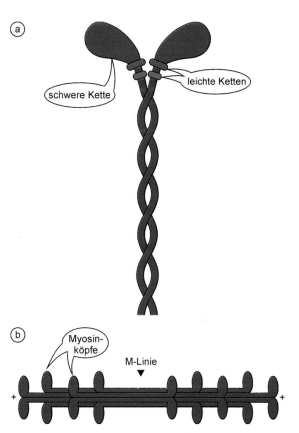

9.5 Molekularer Aufbau der dicken Filamente: a) Der Aufbau eines einzelnen Myosin-II-Moleküls ist schematisch gezeigt. b) Etwa 300 Myosinmoleküle polymerisieren zu einem dicken Filament.

Myosinköpfe aus: Sie können ATP zu ADP und P_i hydrolysieren – wir sprechen von einer **ATPase-Aktivität**. Bei der Sarcomerkontraktion kommt es zu einem zyklischen Ablauf von Assoziation und Dissoziation zwischen Actin und Myosin, die mit ATP-Bindung und Hydrolyse einhergeht. Dabei bewegen sich die Myosinköpfe unter ATP-Hydrolyse entlang der Actinfilamente und bewirken so die relative Verschiebung der beiden Filamente zueinander. Die Hydrolyse von ATP verleiht Myosin die Fähigkeit, Actin zu binden: Nur ADP-beladene oder „leere", nicht aber ATP-beladene Myosinköpfe binden Actin. Die Leichenstarre (lat. *rigor mortis*) ist ein anschaulicher Beleg für die feste Actin-Myosin-Bindung, wenn der ATP-Nachschub versiegt. *Myosin ist also ein* **Mechanoenzym**, *das die bei der ATP-Hydrolyse frei werdende chemische Energie in die mechanische Energie der Kontraktion umwandelt.* Wir werden später noch andere Mechanoenzyme mit gleichem „Treibstoff", aber gänzlich anderer Funktion und Bauart kennen lernen (▶ Abschnitt 21.2).

Betrachtet man die molekularen Details der Krafterzeugung, so können sechs Schritte im sog. **Querbrückenzyklus** ⏁ unterschieden werden (Abbildung 9.6). Beginnen wir mit dem unbeladenen Zustand, in dem der Myosinkopf fest an Actin bindet. Die Aufnahme von ATP löst den Myosinkopf

9.3
Myosinköpfe binden und hydrolysieren ATP

Myosin kann nicht nur Actin binden: Von entscheidender Bedeutung ist auch die Bindung und Spaltung von Adenosintriphosphat (ATP). Diese enzymatische Aktivität üben die

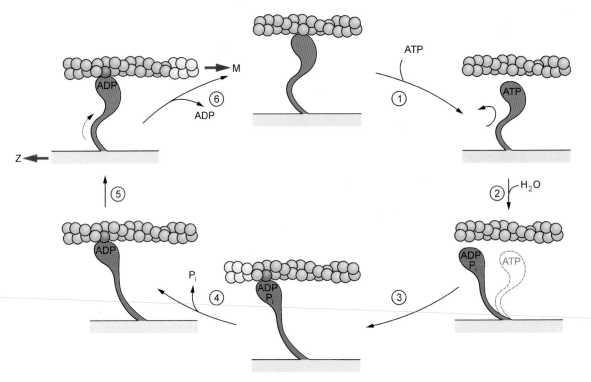

9.6 Schritte bei der Kraftentfaltung des Myosinmotors. Die Details der einzelnen Schritte sind im Text erläutert. Im Nettoeffekt verschieben sich Actin- und Myosinfilamente relativ zueinander: Unter Hydrolyse einer energiereichen Phosphorsäureanhydridbindung verkürzt sich dabei das Sarcomer. [AN]

aus der Actinbindung (1). ATP wird zu ADP und anorganischem Phosphat (P_i) hydrolysiert; die dabei frei werdende Energie wird im Myosinkopf gespeichert. Man kann sich diesen Vorgang wie das Spannen eines Gewehrhahns vorstellen: Das Protein nimmt eine „gespannte" Konformation ein, deren Energieinhalt deutlich über dem des Grundzustands liegt (2). ADP und P_i verbleiben zunächst im aktiven Zentrum der ATPase. Der Myosinkopf tritt jetzt mit seiner Bindungsstelle auf dem Actinmolekül in Kontakt (3). Die Bindung von Myosin an Actin ist nur schwach, leitet aber die Freisetzung von P_i ein, wodurch sich die Bindung von Myosin an Actin verfestigt (4). Nun kehrt Myosin schlagartig in seine „entspannte" Grundkonformation zurück und führt dabei einen „Kraftschlag" (engl. *power stroke*) aus, der das gebundene Actinfilament in Richtung M-Linie und das Myosinfilament in Richtung Z-Scheibe treibt (5). Mit der Abgabe von ADP aus dem ATPase-Zentrum von Myosin ist der Grundzustand unter Verkürzung des Sarcomers wieder erreicht (6). Die Dauer eines Zyklus beträgt etwa 50 ms. Mit der Bindung von ATP wird dann der nächste Zyklus eingeleitet.

Insgesamt würde sich das Myosinfilament bei dem geschilderten Zyklus nur um einige wenige Nanometer in Richtung Z-Scheibe verschieben, was einer Geschwindigkeit von 100–300 nm/s entspräche. Tatsächlich kann sich das dicke Filament im Skelettmuskel jedoch mit einer **Geschwindigkeit von** 8 000 nm/s bewegen! Dies ist möglich, da der Myosinkopf nur während eines Bruchteils des ATPase-Zyklus in

direktem Kontakt mit Actin steht. *In der verbleibenden Zeit können schon Dutzende anderer, asynchron aktivierter Myosinköpfe die beiden Filamente gegeneinander verschieben.* Solche ATP-getriebenen Bewegungen der Muskelzelle können *in vitro* nachgestellt werden: Adsorbiert man Myosinmoleküle an Glasplatten, so kann man fluoreszenzmarkierte Actinfilamente im Mikroskop auf der Glasplatte wandern sehen, sobald man ATP zuführt. Die Direktionalität der Bewegung ist eine Folge der ATP-Hydrolyse, die einzelne Teilschritte des Zyklus praktisch unumkehrbar macht und damit die Bewegung in eine Richtung treibt.

9.4

Die Struktur des Myosinkopfs ist im atomaren Detail bekannt

Warum kann sich Myosin bewegen, und wie sieht diese Bewegung genau aus? Durch Proteasebehandlung kann der Myosinkopf vom Schwanz abgetrennt werden; ein einzelner Kopf wird als **Subfragment 1 (S1)** bezeichnet. In den vergangenen Jahren konnte mithilfe der Röntgenkristallographie die atomare Struktur eines solchen S1-Myosinkopfes aufgeklärt werden (Abbildung 9.7). Die globuläre Domäne – auch **Motordomäne** genannt – bindet ATP in einer tiefen Tasche.

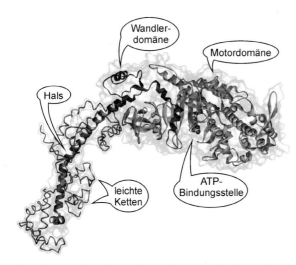

9.7 Dreidimensionale Struktur des Myosinsubfragments 1. Die Motordomäne, auf der ATP- und Actinbindungsstellen sitzen, ist in grün gezeigt. Die Wandlerdomäne ist rot, die Halsregion blau markiert. Die leichten Ketten sind als dünne graue Bänder angedeutet. In der Kristallstruktur ersetzt ein Sulfation (gelb-rot) den P_i-Rest in der Enzymtasche.

Auf der gegenüberliegenden Seite wird Actin gebunden. Der S1-Kopf sitzt auf einem Halsteil in Form einer langgestreckten Helix, die von den flankierenden leichten Ketten stabilisiert wird. Am Ende des Halses würde sich im intakten Myosin der superhelikale Schwanz anschließen. Zwischen Kopf und Hals liegt eine als **Wandler** (engl. *converter*) bezeichnete Domäne, die geringfügige Konformationsänderungen in der Gegend der ATP-Bindungstasche in eine Rotation des Halses „übersetzt". *Die Halsregion wirkt wie ein Hebelarm und verstärkt minimale Umorientierungen in der Motordomäne zu einem mehrere Nanometer weit reichenden „Kraftschlag".* Unterschiedliche Kristallstrukturen zeigen die Halsregion in deutlich verschiedenen Orientierungen. Da es sich dabei immer nur um Momentaufnahmen wie bei einem Daumenkino handelt, sind die Details des kontinuierlichen Bewegungsvorgangs gegenwärtig noch spekulativer Natur.

9.5

Ein elektrischer Reiz löst die Muskelkontraktion aus

Wir wissen jetzt, dass ATP die Energie für die Muskelkontraktion liefert. Wie aber wird eine Kontraktion gezielt ausgelöst? Wie bei vielen anderen zellulären Prozessen liefert ein Anstieg der cytosolischen Ca^{2+}-Konzentration das entscheidende Signal. Das **sarcoplasmatische Reticulum (SR)** – das endoplasmatische Reticulum der Muskelfaser – hält Calciumionen in hoher Konzentration (10^{-3} M) bereit. Das elektrische Signal eines Nervenimpulses, der an der motorischen Endplatte eintrifft, führt zu einer Ausschüttung der sarco-

plasmatischen Ca^{2+}-Speicher (▸ Abschnitt 32.5). Beschleunigt wird dieser Vorgang durch definierte Einstülpungen des Sarcolemmas zu **Transversaltubuli (T-Tubuli)**, die in engen Kontakt mit dem SR treten (Abbildung 9.8). Dadurch schnellt die cytosolische Ca^{2+}-Konzentration rasch von $< 10^{-7}$ M im ruhenden Muskel auf etwa 10^{-5} M im erregten Zustand hoch.

Wer ist der Vermittler des Ca^{2+}-Signals? Wie oben bereits erwähnt, besitzen die Actinfilamente mit Troponin und Tropomyosin zwei weitere Proteinkomponenten (Abbildung 9.9). **Tropomyosin** ist ein langgestrecktes, dimeres Protein, das sich wie ein Faden um das Actinfilament windet. Dabei deckt es die Myosinbindungsstellen von Actin ab und verhindert damit eine unregulierte, pausenlose Actin-Myosin-Interaktion. Jede Tropomyosineinheit ist außerdem mit **Troponin (Tn)** assoziiert, das aus den drei Untereinheiten TnI, TnT und TnC aufgebaut ist und wie ein molekularer Schalter wirkt.

Der Calciumsensor ist die Untereinheit TnC; in ihrer Struktur ähnelt sie stark dem Calmodulin, dem wir schon begegnet sind (▸ Abschnitt 4.1). *Das Calciumsignal stellt den Troponinschalter auf „An": Die TnC-vermittelten Konformationsänderungen bewirken, dass Tropomyosin „zur Seite" geschoben wird und die Myosinbindungsstellen auf dem Actinfilament freigibt.* Der ADP/P_i-beladene Myosinkopf kann daraufhin produktiv mit Actin interagieren (Schritt 3, Abbildung 9.6). Die funktionelle Verknüpfung von Nervenimpuls und Muskelkontraktion bezeichnet man als **elektromechanische Kopplung**. Sobald kein Nervenimpuls mehr eintrifft, befördern ATP-getriebene Pumpen die Ca^{2+}-Ionen wieder ins sarcoplasmatische Reticulum zurück und senken damit die cytosolische Ca^{2+}-Konzentration rasch auf das Grundniveau ab. In der Folge dissoziieren Ca^{2+}-Ionen vom Troponin C und lassen damit die Konformationsänderungen in umgekehrter Richtung ablaufen: Tropomyosin bedeckt wieder die Myo-

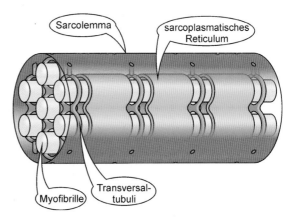

9.8 Schemazeichnung einer Muskelfaser mit sarcoplasmatischem Reticulum und Transversaltubuli. Zur Verdeutlichung ist hier ein Teil des Sarcolemmas abgetragen (Mitte), um die enge Assoziation von SF und T-Tubuli zu beleuchten. Ein Nervenimpuls führt zu einer elektrischen Depolarisation der Plasmamembran; dieses elektrische Signal wird über T-Tubuli rasch weitergeleitet. Letztlich kommt es zur Ausschüttung der Ca^{2+}-Depots des SR in das Cytosol (▸ Abbildung 32.14).

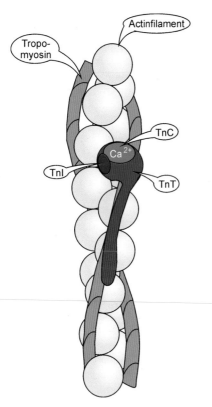

9.9 Actinfilament mit Tropomyosin und Troponin. Die Untereinheit Troponin C (TnC; grün) besitzt vier Ca^{2+}-Bindungsstellen und ähnelt in ihrem molekularen Aufbau Calmodulin, dem wichtigsten Ca^{2+}-bindenden Protein des Cytoplasmas.

sinbindungsstellen von Actin und hebt damit die Wechselwirkung zwischen Myosin und Actin auf. Myosinköpfe hydrolysieren noch einmal geladenes ATP zu ADP und P_i, geben aber die Produkte der Reaktion ohne den Kontakt zum Actin nicht mehr frei (Stopp nach Schritt 3) (Abbildung 9.6). Eine weitere ATP-Hydrolyse, die ohne Muskelerregung eine Energievergeudung bedeutet, wird auf diese Weise elegant unterbunden. Der erforderliche Nachschub für das energiereiche Nucleotid, das der arbeitende Muskel in großen Mengen benötigt, speist sich aus mehreren Quellen (Exkurs 9.2).

9.6

Glatte Muskulatur kontrahiert nach reversibler Phosphorylierung von Myosin

Anders als die quergestreifte Muskulatur organisiert die **glatte Muskulatur** das Actin-Myosin-Gespann nicht zu wohlgeordneten Fibrillenbündeln. Vielmehr sind kontraktile Filamente kreuz und quer durch die Zelle aufgespannt. Die Muskulatur erscheint unter dem Elektronenmikroskop „glatt": Es fehlt das charakteristische Sarcomerstreifenmuster. Die

 ## Exkurs 9.2: Energieversorgung im arbeitenden Muskel

ATP muss während der Muskelaktivität ständig regeneriert werden. Dies erfolgt auf drei Wegen (Abbildung 9.10). In **„roten" Skelettmuskelfasern**, die ihre Farbe der hohen Konzentration an Myoglobin und hämhaltigen Proteinen der mitochondrialen Atmungskette verdankt, erfolgt die ATP-Gewinnung primär durch aeroben Abbau von Fettsäuren via oxidative Phosphorylierung (▶ Abschnitt 45.4). Hier bestehen die größten Energiereserven; der Prozess der ATP-Regeneration ist aber relativ langsam. Deshalb werden die mitochondrienreichen roten Fasern auch als „langsam zuckende" (engl. *slow-twitch*) **Typ-I-Fasern** klassifiziert. Bei trainierten Ausdauersportlern haben Typ-I-Fasern einen hohen Anteil an der Skelettmuskulatur, da sie für kontinuierliche Leistungen ausgelegt sind. **„Weiße" Skelettmuskelfasern** vom **Typ II** (engl. *fast-twitch*) sind hingegen für rasche Bewegungen konzipiert. Bei Sprintern ebenso wie bei körperlich inaktiven Personen überwiegen Typ-II-Fasern. Diese haben eine geringe Mitochondriendichte und gewinnen ATP vor allem glykolytisch, neigen daher auch zur Lactatakkumulation („Übersäuerung"), wobei sie auf die begrenzten Glykogenspeicher der Myocyten zurückgreifen. Dieser Stoffwechselweg ist O_2-unabhängig und schnell, allerdings kapazitär begrenzt. Für wenige Sekunden kann der Muskel aus einer dritten Quelle schöpfen: **Kreatinphosphat** (Abbildung 38.4) und Kreatin stehen mit ATP und ADP im Gleichgewicht; bei steigender ADP-Konzentration wird die Phosphatgruppe von Kreatinphosphat enzymatisch auf ADP übertragen und damit ATP regeneriert (▶ Abbildung 47.9). Diese Quelle dient als „Puffer" und ist für kurzfristige Höchstleistungen wie etwa beim Sprint bedeutsam. Die Ausprägung der beiden Fasertypen wird über Signalwege wie z. B. den MAP-Kinase-Signalweg (▶ Abschnitt 29.4) reguliert.

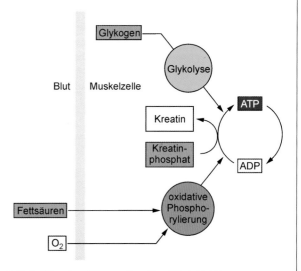

9.10 Drei Wege der ATP-Regeneration während Muskelaktivität.

glatte Muskulatur des Darms oder der Blutgefäße ist autonom innerviert. Sie unterliegt also keiner willentlichen Kontrolle. Die Aktivität der glatten Muskelzellen wird stark von hormonalen Faktoren wie Adrenalin beeinflusst, und sie vollführen in der Regel langsame, stetige Kontraktionen. Dementsprechend ist die molekulare Steuerung der glatten Muskeln anders konzipiert als die der gestreiften Skelettmuskulatur. Das sarcoplasmatische Reticulum ist hier nur schwach ausgebildet, das stimulierende Ca^{2+} stammt hauptsächlich aus dem Extrazellulärraum, und Ein- wie Ausstrom der Ionen erfolgen sehr viel langsamer als im Skelettmuskel. Auch fehlt im glatten Muskel der „Schalter" Troponin; seine Rolle übernimmt hier **Caldesmon**, das an Tropomyosin bindet und damit die produktive Actin-Myosin-Wechselwirkung unterdrückt. Dieser inhibitorische Einfluss kann allosterisch durch Bindung von Ca^{2+}-Calmodulin an Caldesmon oder durch kovalente Modifikation via Phosphorylierung von Caldesmon aufgehoben werden (Abbildung 9.11).

Die regulatorische Phosphorylierung (▶ Abschnitt 4.5) greift im glatten Muskel auch noch an anderer Stelle an, nämlich am Motor selbst. Die regulatorische leichte Kette am „Hals" von Myosin wird durch das Enzym **Myosin-Leichte-Ketten-Kinase** phosphoryliert. In der Folge wird das Myosinmolekül in eine aktive Konformation überführt. Dieser Prozess wird durch eine Ca^{2+}-Calmodulin-abhängige Aktivierung der Leichte-Ketten-Kinase eingeleitet (Abbildung 9.12). *Dem gesamten Kontraktionsprozess ist also ein*

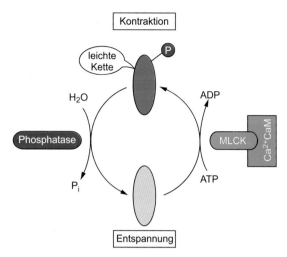

9.12 Myosinaktivierung durch Phosphorylierung der regulatorischen leichten Kette. Die Myosin-Leichte-Ketten-Kinase (engl. *myosin light chain kinase*, MLCK) wird allosterisch über reversible Bindung von Ca^{2+}-Calmodulin aktiviert.

komplexes Regelwerk überlagert, bei dem Kinasen über Proteinphosphorylierung aktivierende oder inhibitorische Effekte zeitigen. Das An- oder Abschalten durch Kinasen wird dabei durch spezifische **Phosphatasen** *gegenreguliert.*

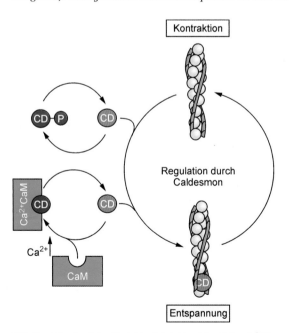

9.11 Regulation der glatten Muskulatur. Bei niedriger intrazellulärer Ca^{2+}-Konzentration bindet Caldesmon (CD) an Tropomyosin und Actin und blockiert dadurch die Myosinbindungsstelle, sodass die glatte Muskelzelle im relaxierten Zustand verharrt. Bei erhöhter Ca^{2+}-Konzentration bindet vermehrt Ca^{2+}-Calmodulin (CaM) an Caldesmon und löst es aus der Actinbindung. Myosin interagiert daraufhin mit Actin – die Muskelzelle kontrahiert. Auch die Phosphorylierung von Caldesmon hebt dessen inhibitorischen Einfluss auf das Actin-Myosin-System auf.

9.7 Die Duchenne-Muskeldystrophie beruht auf einem Defekt im Dystrophingen

Eine der häufigsten Erbkrankheiten in unseren Breiten ist die **Duchenne-Muskeldystrophie** (DMD) ⬦. Sie beruht auf einem monogenen Defekt des X-Chromosoms und trifft deshalb überwiegend die männliche Bevölkerung. Durchschnittlich leidet eines von 3 500 Neugeborenen an dieser Krankheit. Dabei handelt es sich um eine fortschreitende Muskeldegeneration, die auf einer gestörten Verbindung zwischen Muskelzellen und extrazellulärer Matrix beruht. Der Patient ist oft schon ab dem zehnten Lebensjahr auf den Rollstuhl angewiesen und stirbt häufig vor Erreichen des 30. Lebensjahres an einer Schwäche der Herz- und Lungenmuskulatur. Die Mutation betrifft das Protein **Dystrophin**, das bei DMD nicht oder in dysfunktioneller Form gebildet wird. Das cytosolische Protein ist ein essenzieller Bestandteil des Dystrophinkomplexes der Muskelzelle, der auch integrale Proteine des Sarcolemmas wie die **Dystroglykane** umfasst. Dieser Proteinkomplex stellt eine strukturelle Verbindung zwischen den Actinfilamenten des Cytoskeletts (nicht mit dem Actin der kontraktilen Fibrillen!) und dem Laminin der extrazellulären Matrix her (Abbildung 9.13). Physiologischerweise dient diese Verbrückung vermutlich der Stabilisierung des Sarcolemmas sowie der Kraftübertragung. Wegen der fehlerhaften Verbindung zwischen Muskelzelle und extrazellulärer Ma-

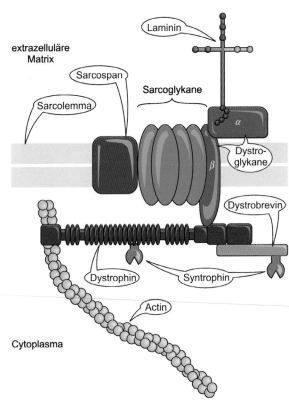

extrazelluläre Matrix

Laminin

Sarcospan

Sarcoglykane

Sarcolemma

α

β

Dystro-glykane

Dystrobrevin

Dystrophin

Syntrophin

Actin

Cytoplasma

9.13 Dystrophinproteinkomplex als Bindeglied zwischen Cytoskelett und extrazellulärer Matrix. Das langgestreckte Dystrophin verbindet Actinfilamente auf der Innenseite des Sarcolemmas mit Laminin auf der Außenseite. Wichtige Bindeglieder dabei sind α- und β-Dystroglycane sowie Sarcoglycane. Weitere Komponenten dieses hochmolekularen Komplexes sind das Transmembranprotein Dystrospan sowie Dystrobrevin und Syntrophin. [AN]

trix bei der DMD können Muskelkontraktionen hier das Sarcolemma schädigen und so zur Apoptose der Muskelzellen führen. Derzeit sind Ansätze zu einer somatischen Gentherapie (▶Abschnitt 23.11) in Entwicklung, bei denen virale „Fähren" das intakte Dystrophingen in Muskelzellen von Krankheitsträgern einschleusen.

Myosin und Actin kommen nicht nur in Muskelzellen, sondern in praktisch allen anderen Zelltypen des menschlichen Körpers vor. Sie ermöglichen die Wanderung von Ma-

krophagen an den Ort einer Entzündung oder die Retraktion der Blutplättchen beim Wundverschluss (▶Exkurs 14.1). Sie transportieren Vesikel und wirken bei der Zellteilung mit. Insbesondere Actin ist mit 10–20% des Gesamtproteins eine der Hauptkomponenten eukaryotischer Zellen. Neben dem „konventionellen" Myosin-II existieren noch zahlreiche **„unkonventionelle"** Myosine (Exkurs 9.3). So nimmt z.B. **Myosin-I** wichtige Aufgaben beim Vesikeltransport und bei der Bildung von Mikrovilli – filigranen Ausstülpungen der Plasmamembran – wahr (▶Abschnitt 33.5).

Während Myosin also ein ausgefeilter molekularer Motor ist, der auch Transportaufgaben in der Zelle übernimmt, mutet die Aufgabe des Sauerstofftransportproteins Hämoglobin auf den ersten Blick recht simpel an. Zunächst einmal erscheint es wie ein passiver Träger, der im Blutstrom mitschwimmt und dabei O_2 transportiert. Dass Hämoglobin keineswegs ein „triviales" Protein ist, werden wir im nächsten Kapitel sehen.

Exkurs 9.3: Unkonventionelle Myosine

Die **Myosinfamilie** ist in den letzten Jahren auf 18 Klassen angewachsen. Man kann den unkonventionellen, d.h. nicht im bekannten Aktionsfeld der Muskulatur beheimateten Myosinen grob zwei Rollen zuweisen: Zum einen sind sie verantwortlich für den **Transport von Membranvesikeln** entlang intrazellulärer Actinschienen, zum anderen regulieren sie Ausbildung, Erhalt und **Dynamik** zellulärer Ausbuchtungen wie etwa Mikrovilli oder Einschnürungen, z.B. bei der Zellteilung. Während die Motordomäne unter den diversen Myosintypen gut konserviert ist, unterscheiden sich die einzelnen Myosine erheblich in ihren *C*-terminalen Schwanzregionen. Einige Typen dimerisieren unter *Coiled-coil*-Bildung, andere tun dies nicht und liegen als Monomere vor. Die Schwanzregion determiniert auch die „Fracht": Sie bindet die Membranvesikel oder Organellen, die ein Myosin schultern muss. Unkonventionelle Myosine sind an einer Reihe (patho)physiologischer Prozesse beteiligt, die man noch vor kurzem *nicht* mit dieser Proteinfamilie in Verbindung gebracht hätte. So beruht das **Usher-Syndrom**, eine autosomal rezessiv vererbte Erkrankung mit kombinierter Taubheit und Erblindung, auf einem Defekt im Myosin-VIIa-Gen. Der myosinabhängige Vesikeltransport in den Sinneszellen scheint hierbei betroffen zu sein.

Zusammenfassung

- Drei Hauptklassen von Proteinen verrichten als „molekulare Motoren" unter **ATP-Hydrolyse** mechanische Arbeit in der Zelle: **Myosine, Kinesine und Dyneine**.
- **Myosin-II** ist *das* Motorprotein der Muskulatur. Die Fasern der **quergestreiften Muskulatur** enthalten Myofibrillen, deren repetitive Grundeinheit als **Sarcomer** bezeichnet wird. Die Fibrillen setzen sich aus dünnen Filamenten mit den Proteinen **Actin, Tropomyosin** und **Troponin** zusammen; die dicken Filamente bestehen aus Myosin.
- Bei der Muskelkontraktion verschieben sich – dem **Gleitfilamentmodell** zufolge – ineinander greifende dicke und dünne Filamente relativ zueinander. Auf diese Weise verkürzen sich die Sarcomere und somit der gesamte Muskel.
- Bei der Sarcomerkontraktion assoziieren und dissoziieren Myosin und Actin in einem zyklischen Prozess und verschieben sich durch eine große Konformationsänderung im Myosinmolekül relativ zueinander. Die Energie für diese gerichtete **molekulare Bewegung** stammt aus der sich mit jedem Teilschritt wiederholenden Bindung und Hydrolyse von **ATP** durch Myosin.
- Die **elektromechanische Kopplung** der Muskelkontraktion an einen Nervenimpuls wird über einen starken Anstieg der cytosolischen Calciumkonzentration in den Muskelfasern vermittelt. Dieses **Calciumsignal** bewirkt eine Konformationsänderung im **Troponin-Tropomyosin-Proteinkomplex** der dünnen Muskelfilamente. Das Umlegen dieses molekularen „Schalters" erlaubt die aktive Wechselwirkung von Myosin mit seinen Bindungsstellen auf dem Actinfilament.
- In der **glatten Muskulatur** sind die kontraktilen Actin-Myosinfilamente nicht zu Fibrillen gebündelt, sondern bilden ein loses Netzwerk. Die glatte Muskulatur vollführt in der Regel langsame und stetige Kontraktionen. Entsprechend unterscheidet sich die molekulare Steuerung. Das Calciumsignal fällt langsamer und schwächer aus als im quergestreiften Muskel. Als Calciumschalter dient anstelle von Troponin das Protein **Caldesmon**. Sowohl Caldesmon als auch das Myosin der glatten Muskelzellen werden zusätzlich durch kovalente Modifikation via **Phosphorylierung** gesteuert. Dem unwillentlich gesteuerten Kontraktionsprozess der glatten Muskulatur ist ein komplexes neuronales und hormonelles Regelwerk übergeordnet.
- Die **Duchenne-Muskeldystrophie** ist eine der häufigsten Erbkrankheiten. Der monogene Defekt betrifft das Protein **Dystrophin**, das in seiner funktionellen Form eine strukturelle Verbindung zwischen dem Cytoskelett der Muskelzellen und der umgebenden extrazellulären Matrix herstellt. Muskelkontraktionen schädigen im Falle einer Dystrophin-Defizienz die Cytoplasmamembran, was zur **Apoptose** der Muskelzellen führt.
- Myosin und Actin kommen außer in Muskelzellen auch in praktisch allen anderen Zelltypen wichtige Funktionen zu, etwa beim **Vesikeltransport**. Man kennt mittlerweile 18 verschiedene Myosintypen.

Dynamik sauerstoff- bindender Proteine

10

Kapitelthemen: 10.1 Sauerstoffbindung von Myoglobin 10.2 Sauerstoffdissoziationskurve von Myoglobin 10.3 Quartärstruktur von Hämoglobin 10.4 Kooperativität der Sauerstoffbindung 10.5 Oxy- und Desoxyhämoglobin 10.6 Modelle der Kooperativität 10.7 Regulation durch 2,3-Bisphosphoglycerat 10.8 Protonierung von Hämoglobin 10.9 Molekulare Ursachen von Hämoglobinopathien 10.10 Eisentransportierende Proteine

Die Evolution von multizellulären Organismen mit *aerobem*, d.h. sauerstoffabhängigem, *Stoffwechsel* machte die Entwicklung effizienter Transportsysteme notwendig, die Sauerstoff (O_2) anliefern. Insekten verfügen über Tracheen, also ein weit verzweigtes luftgefülltes Röhrensystem, das O_2 direkt bis an die metabolisch aktiven Gewebe führt, in die dieser dann passiv hineindiffundiert. Größere Organismen besitzen ein flüssigkeitsgefülltes Gefäßsystem, das O_2 aus Lungen oder Kiemen an die Bestimmungsorte verfrachtet. *Passive Diffusion* ist ein Prozess, dessen Geschwindigkeit bei größeren Entfernungen stark abnimmt und der daher nicht geeignet ist, Gewebe mit einer Dicke > 1 mm zu versorgen. Zudem löst sich Sauerstoff schlecht in Wasser. Leistungsfähige O_2-bindende Proteine ermöglichen es, diese Probleme zu überwinden: Das Hämoglobin der roten Blutzellen (Erythrocyten) erhöht die Sauerstofflöslichkeit um beinahe zwei Größenordnungen und transportiert O_2 von der Lunge in die Peripherie, um ihn dort wieder abzugeben. Im Muskelgewebe übernimmt Myoglobin den Sauerstoff vom Hämoglobin und speichert ihn vor Ort oder stellt ihn für den aeroben Stoffwechsel bereit. Wir wollen nun diese molekularen „Frachter" bei ihrer Arbeit beobachten und beginnen dabei mit dem einfacheren Myoglobin, um uns dann Hämoglobin, dem bislang wohl meistuntersuchten Protein überhaupt, zuzuwenden.

kulare organische oder anorganische Komponente für seine Funktionalität, bezeichnet man diese allgemein als einen **Cofaktor**. Ist dieser Faktor dauerhaft – oft über kovalente Bindungen – mit dem Protein assoziiert, nennt man ihn eine **prosthetische Gruppe**. **Apoprotein** heißt das Protein ohne seine prosthetische Gruppe, in Verbindung mit dieser spricht man vom **Holoprotein**. Das Apoprotein besteht im Falle des Myoglobins aus einer einzigen Polypeptidkette von 153 Aminosäuren, die sich zu einer globulären Struktur aus acht α-Helices (Helix A bis Helix H) faltet (Abbildung 10.1). In einer hydrophoben Tasche ist das Häm eingebettet und über nichtkovalente Bindungen fixiert (Exkurs 10.1). Beim Häm handelt es sich um ein aromatisches Ringsystem mit einem zentralen **Eisenion** (Fe^{2+}): Hier ist der Ort der Sauerstoffbindung.

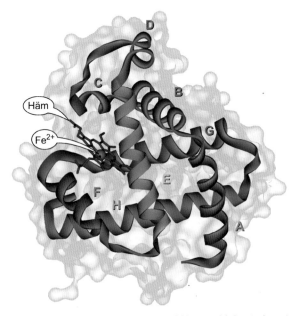

10.1 Struktur des Myoglobins. Das Polypeptid bildet eine globuläre Struktur mit acht α-Helices (A–H). Die prosthetische Gruppe – das sauerstoffbindende Häm – ist rot dargestellt.

10.1

Myoglobin bindet Sauerstoff mittels seiner prosthetischen Gruppe

Das **Myoglobin** des Pottwals war das erste Protein, dessen Struktur im atomaren Detail durch Röntgenstrukturanalyse aufgeklärt wurde. Der Hauptgrund dafür ist wohl, dass dieses Protein beim Pottwal in rauen Mengen vorkommt: Es dient dem Säugetier bei seinen ausgedehnten Tauchgängen als Sauerstoffspeicher. Myoglobin stellt einen Komplex aus einem Proteinanteil, dem **Globin**, und einer prosthetischen Gruppe, dem **Häm**, dar. Benötigt ein Protein eine niedermole-

🔬 Exkurs 10.1: Struktur von Häm

Der Hämring besteht aus einem organischen Molekül, dem **Proto-porphyrin IX** (▶Abschnitt 48.6). Im Protoporphyrin IX sind vier Pyrrolringe über Methylenbrücken (–CH=) verknüpft. Vier Methyl- sowie je zwei Vinyl- und Propionsäuregruppen besetzen als Substituenten das Tetrapyrrolringsystem (Abbildung 10.2). Die Lichtabsorption des ausgedehnten Systems konjugierter Doppelbindungen ist für die intensive **Färbung hämhaltiger Proteine** und damit des Blutes verantwortlich. In der Mitte des Ringsystems ist ein Eisenion durch die vier Stickstoffatome der Pyrrolringe komplexiert. In Myo- und Hämoglobin handelt es sich um ein **zweiwertiges Eisenion**. In anderen Proteinen kann es als Fe^{3+}, vorübergehend sogar als Fe^{4+} vorliegen. Als **Coenzym** ist Häm äußerst vielseitig und dient in anderen Proteinen als Elektronenüberträger (Cytochrome), als katalytische Gruppe (NO-Synthase, Katalase) oder als Sensor für diatomare Verbindungen wie NO (Guanylatcyclase), CO (Transkriptionsfaktor) und O_2 (bakterielle Histidinkinase).

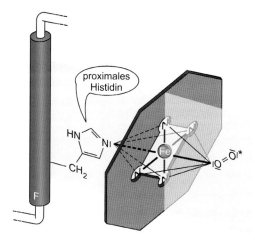

10.3 O_2-Bindung durch Myoglobin. Ein Ausschnitt aus dem Myoglobinmolekül mit Helix F (blau) und dem proximalen Histidinrest (links) ist gezeigt. Häm ist in Form einer Scheibe mit dem zentralen Fe^{2+} gezeigt. Geometrisch betrachtet bildet O_2 die eine Spitze einer Doppelpyramide, das proximale Histidin die andere Spitze. Die relative Lage des distalen Histidins (Helix E) ist durch einen Stern angedeutet.

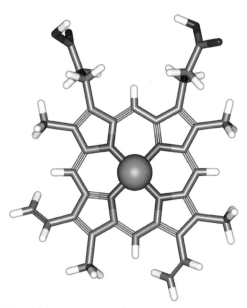

10.2 Stabmodell der Hämstruktur. Eine Protoporphyrin-IX-Einheit bindet in ihrem Zentrum ein Fe^{2+}-Ion (grün). Dabei werden vier der sechs möglichen Koordinationsstellen des zweiwertigen Eisenions besetzt. C-Atome sind grau, H-Atome weiß, N-Atome blau und O-Atome rot dargestellt. Acht Substituenten stehen vom zentralen Ringgerüst nach außen ab.

Vier der sechs möglichen **Koordinationsstellen** (Bindungsmöglichkeiten) des Eisenions sind im Häm abgesättigt. Im Myoglobin wird die fünfte Koordinationsstelle des Eisens durch einen Histidylrest der Helix F besetzt – man spricht vom **proximalen Histidin**. Die sechste Koordinationsstelle kann O_2 reversibel als weiteren Liganden aufnehmen (Abbildung 10.3). Ein weiterer Histidinrest, das sog. **distale Histidin** aus Helix E, stabilisiert diesen Komplex über eine Wasserstoffbrücke zum Sauerstoff. Nur Fe^{2+}-Myoglobin (Ferromyoglobin) ist in der Lage, O_2 zu binden. Liegt nämlich Eisen in seiner höher oxidierten Ferriform (Fe^{3+}) vor, wird die sechste Koordinationsstelle fest von einem Wassermolekül eingenommen. Eine Aufgabe der Proteinhülle besteht deshalb darin, Häm vor Oxidation zu schützen. Auch „freies" Häm bindet nämlich O_2, aber nicht reversibel: Über ein Intermediat in Form eines „Sandwichs" aus zwei Hämgruppen, in deren Mitte Sauerstoff gebunden ist, kommt es in einer Redoxreaktion mit O_2 zur Oxidation von Fe^{2+} zu Fe^{3+}. Die voluminöse Proteinhülle verhindert genau dies.

Ein weiterer Grund, Häm mit einer Proteinhülle zu umgeben, ist die Substratspezifität: **Kohlenmonoxid (CO)** hat eine 25 000fach höhere Affinität zu Häm als Sauerstoff, und bindet damit praktisch irreversibel. *Mit freiem Häm als Sauerstofftransporter wären wir rasch durch CO vergiftet.* Die Proteinumgebung des Häms senkt die Affinität zu CO jedoch um den Faktor 100. Das distale Histidin erzwingt durch seine Raumerfüllung eine „abgeknickte" Stellung des Liganden, die O_2 natürlicherweise einnimmt, während CO bevorzugt genau senkrecht zur Hämebene binden würde. Die verbleibende 250fach höhere Affinität wird durch den großen molaren Überschuss von O_2 gegenüber CO aufgewogen. Der menschliche Organismus produziert Kohlenmonoxid selbst nur in sehr geringen Mengen – bemerkenswerterweise beim Abbau von Porphyrinmolekülen! Möglicherweise besitzt Kohlenmonoxid auch physiologische Rollen, so z.B. als Neurotransmitter oder bei der Regulation des Blutgefäßtonus.

Die Sauerstoffdissoziationskurve von Myoglobin ist hyperbolisch

Die Bindung von O_2 an Myoglobin wird üblicherweise so dargestellt, dass die Ordinate den **Sättigungsgrad Y_S** (dimensionslos) und die Abszisse den **O_2-Partialdruck pO_2** (in mbar) angibt (Abbildung 10.4). Konventionsgemäß spricht man von einer **Dissoziationskurve**. Ein $Y_S = 0$ bedeutet, dass kein Sauerstoff gebunden ist, während $Y_S = 1$ für vollständige Sättigung von Myoglobin mit O_2 steht. Der O_2-Druck bei halbmaximaler Sättigung ($Y_S = 0,5$) wird als **p_{50}** bezeichnet. Untersucht man das Bindungsverhalten von Sauerstoff an Myoglobin experimentell und trägt den Sättigungsgrad gegen den Sauerstoffpartialdruck auf, ergibt sich eine **hyperbolische Kurve**. Diese kann folgendermaßen interpretiert werden: Bei niedrigem pO_2 wird Sauerstoff von Myoglobin praktisch vollständig aufgenommen. Diese Phase entspricht dem links gelegenen, steilen und näherungsweise linearen Anstieg der Kurve. Bei höherem pO_2 wird es für die Sauerstoffmoleküle jedoch zunehmend schwerer, freie Myoglobinmoleküle anzutreffen. Die Bindung nähert sich daher dem Zustand vollständiger **Sättigung** – repräsentiert durch den immer schwächer ansteigenden asymptotischen Teil der Kurve. *Dieses Bindungsverhalten ist modellhaft für viele andere monomere Proteine, die einen niedermolekularen Liganden binden.*

Der Dissoziationskurve können wir entnehmen, dass Myoglobin bei dem für Kapillaren typischen pO_2 von 40 mbar praktisch vollständig gesättigt ist. Myoglobin, das in großer Menge im Cytoplasma von Myocyten (Muskelzellen) vorkommt, erfüllt so die wichtige Funktion, den im Blutstrom anflutenden Sauerstoff effizient zu extrahieren und nahe am Ort des Verbrauchs – den Mitochondrien der Muskelzellen – zu speichern (▶Abschnitt 41.1). Bei O_2-konsumierender

Muskelarbeit fällt der Sauerstoffpartialdruck in den Myocyten weit unter 40 mbar ab, sodass nun Myoglobin sein assoziiertes O_2 für den Verbrauch freigibt (Abbildung 10.4, blaues Areal). Angesichts dieser wichtigen Funktion ist es nicht verwunderlich, dass der Pottwal für seine ausgedehnten Tauchgänge eine zehnmal höhere Myoglobinkonzentration im Muskel besitzt als ein terrestrischer Säuger! *Myoglobin dient also der Speicherung und bedarfsgerechten Verteilung von Sauerstoff.*

Hämoglobin ist ein tetrameres Protein

Wir haben mit Myoglobin ein monomeres Protein kennen gelernt, das eine einzige, hochaffine und spezifische Bindungsstelle für den Liganden O_2 besitzt. Aufnahme und Abgabe von O_2 werden praktisch ausschließlich vom Partialdruck pO_2 im umgebenden Medium reguliert. **Hämoglobin (Hb)** ⌐ʘ *hingegen ist der Prototyp eines multimeren Moleküls mit mehreren Ligandenbindungsstellen, dessen Bindungseigenschaften in hohem Maße* **allosterisch reguliert** *werden* (▶Abschnitt 4.3). Hämoglobin (Hb) ist ein Heterotetramer und besteht aus zwei Paaren unterschiedlicher Polypeptidketten, α und β: Das Molekül wird als $\alpha_2\beta_2$ symbolisiert. Jede der Ketten trägt wie im Myoglobin ein Häm als prosthetische Gruppe. Ein Hb kann damit maximal vier O_2-Moleküle binden. Der Vergleich von α- und β-Ketten miteinander zeigt viele Übereinstimmungen in der Primärstruktur. Die Sequenzidentität zwischen den Hämoglobinketten und dem Myoglobin ist hingegen deutlich geringer. Dennoch sind die Raumstrukturen des Myoglobins und jeder einzelnen Hb-Untereinheit fast deckungsgleich (Abbildung 10.5)! *Offenbar haben sich diese drei Polypeptide von einem gemeinsamen Vorfahren ausgehend entwickelt: Man spricht von* **divergenter Evolution** (▶Exkurs 15.1). Eine Proteinsequenz kann sich also während der Evolution unter Umständen sehr stark verändern, solange sie die funktionell relevante Tertiärstruktur noch ausbilden kann. Einige Positionen – wie das proximale

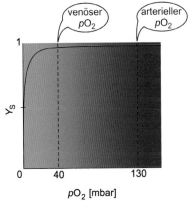

10.4 O_2-Dissoziationskurve für Myoglobin. Die Sättigungsfraktion Y_S ist als Funktion des O_2-Partialdrucks dargestellt. Diese Beziehung kann analytisch durch die Gleichung $Y_S = pO_2 / (pO_2 + p_{50})$ beschrieben werden. Die Normalwerte für pO_2 betragen 40 mbar in venösem Blut bzw. 130 mbar in arteriellem Blut.

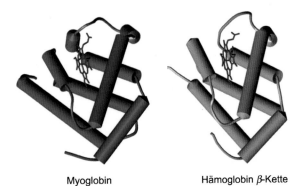

Myoglobin   Hämoglobin β-Kette

10.5 Konformation von Globinen. Myoglobin (links) und die β-Kette von Hämoglobin (rechts) sind hier gezeigt; die Hämgruppen sind rot hervorgehoben.

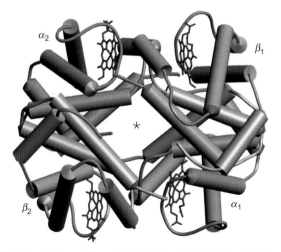

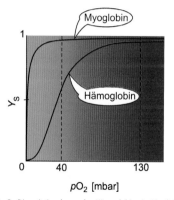

10.7 Sigmoidale O_2-Dissoziationskurve des Hämoglobins im Vergleich mit der hyperbolischen Kurve des Myoglobins. Die gezeigte Kurve wird in Gegenwart des physiologischen Effektors 2,3-Bisphosphoglycerat beobachtet (Abschnitt 10.7).

10.6 Raumstruktur von Hämoglobin. Jede Untereinheit trägt eine Fe^{2+}-haltige Hämgruppe. Die zentrale Kavität von Hämoglobin (*) erstreckt sich längs der vier Symmetrieachsen des nahezu perfekten tetraedrischen Moleküls.

Histidin als fünfter Eisenligand – sind dabei stärker **konserviert** als andere Positionen, an denen die Natur mehr Spielraum hat. Die charakteristische Konformation O_2-bindender Proteine wird auch als **globin fold** bezeichnet. Wir werden solche charakteristischen Faltungsmuster auch bei anderen Proteinfamilien antreffen, beispielsweise bei den Immunglobulinen (▶Abschnitte 15.5 und 36.10).

Wie sind nun α- und β-Ketten in einem Hb-Molekül angeordnet? Die schematische Darstellung der Raumstruktur lässt erkennen, dass die vier Ketten symmetrisch gelagert sind: Zwei $\alpha\beta$-Dimere bilden ein Tetramer (Abbildung 10.6). Die Symmetrie ist nahezu perfekt – jede Untereinheit kommt auf dem Scheitelpunkt eines virtuellen Tetraeders zu liegen. Zur eindeutigen Zuordnung werden die Untereinheiten im Komplex als α_1, α_2, β_1 und β_2 bezeichnet. Zwischen α_1/β_1 einerseits sowie α_2/β_2 andererseits bestehen die innigsten Kontakte. Darüber hinaus gibt es weitere nichtkovalente Bindungen zwischen den **heteromeren Paaren** α_1/β_2 bzw. α_2/β_1: Wie wir sehen werden, spielen diese Kontakte eine ausschlaggebende Rolle bei der allosterischen Regulation von Hämoglobin (Abschnitt 10.5). Die **homomeren Paare** α_1/α_2 und β_1/β_2 sind nicht ganz so eng gepackt: Zwischen ihnen verläuft eine wassergefüllte Pore entlang einer Symmetrieachse quer durch das Hb-Molekül. Auf diese Pore werden wir später noch zu sprechen kommen (Abschnitt 10.7).

10.4
Die Sauerstoffbindung von Hämoglobin ist kooperativ

Die O_2-Dissoziationskurven für Myoglobin und Hämoglobin (Abbildung 10.7) unterscheiden sich in mehrerlei Hinsicht: (1) Die Affinität von Myoglobin für Sauerstoff ist stets höher als die von Hb; (2) Myoglobin besitzt eine hyperbolische, Hämoglobin hingegen eine **sigmoidale** (S-förmige) **Dissoziationskurve**; (3) bei einem typischen kapillären pO_2 von 40 mbar sind nur 55 % der Hb-Moleküle mit O_2 beladen, während Myoglobin praktisch sauerstoffgesättigt ist (> 98 %). Diese Befunde spiegeln die fundamentalen Unterschiede zwischen Struktur, Funktion und Wirkweise der beiden O_2-bindenden Globine des menschlichen Organismus wider; gleichzeitig reflektieren sie die Arbeitsteilung zwischen den wichtigsten O_2-bindenden Proteinen eines Säugetierorganismus.

Wie ist die Kurve für die Hämoglobin-Sauerstoff-Bindung zu interpretieren, und welche Konsequenzen hat dieses Bindungsverhalten? *Eine sigmoidale Bindungskurve ist charakteristisch für eine* **allosterische Wechselwirkung** *zwischen den einzelnen Bindungsstellen: Die Bindungsstellen „merken", wenn die anderen Bindungsstellen einen Liganden tragen.* Die anfängliche Kurvensteigung ist gering, denn die basale Affinität von Hb für Sauerstoff ist niedrig. Die Zunahme der Steigung bedeutet, dass die Bindung eines ersten O_2-Moleküls die Assoziation eines weiteren O_2 an eine zweite Untereinheit und diese wiederum die Bindung von O_2 an eine dritte Untereinheit usw. erleichtert. Mit der Bindung eines O_2-Moleküls steigt also die Affinität von Hb für das jeweils nächste O_2-Molekül. Man spricht auch von einer **Kooperativität** der Bindung. Dadurch bindet Hb das vierte O_2 mit einer etwa 100fach höheren Affinität als das erste O_2. Dies wird aus der rechten Hälfte der Bindungskurve nicht unmittelbar einsichtig: Die zunehmende Absättigung potenzieller Bindungsstellen maskiert die stetig steigende Affinität. Die physiologische Bedeutung dieses Bindungsverhaltens wird klar, wenn man die Sättigung von Myoglobin bzw. Hämoglobin bei verschiedenen Sauerstoffdrücken vergleicht (Abbildung 10.7). Beide Globine sind beim arteriellen Sauerstoffdruck ($pO_2 \approx 130$ mbar) praktisch vollständig beladen. Bei venösen Sauerstoffdrücken ($pO_2 \approx 40$ mbar) ist Myoglobin immer noch fast komplett beladen, Hämoglobin gibt dort aber bestimmungsgemäß schon etwa die Hälfte des Sauerstoffs ab! *Durch die Kooperativität der Bindung gleicht Hb also einem Dimmer, der flexibel und stufenlos von einer hohen auf eine niedrige Sauerstoffaffinität umschalten kann.* Auch die Tatsache, dass Myoglobin stets eine höhere Sauerstoffaffinität als Hämoglobin besitzt, macht Sinn: Myoglobin soll in der Peripherie den Sauerstoff effizient aus dem Blut in das Muskelgewebe extrahieren, das der Hauptsauerstoffkonsument ist. Hier wird die funktionelle Komplementarität der beiden O_2-bindenden Proteine schlaglichtartig beleuchtet!

10.5 Oxy- und Desoxyhämoglobin unterscheiden sich in ihrer Raumstruktur

Wie wird der allosterische Effekt bzw. die Kooperativität der Bindung auf molekularer Ebene realisiert? Den Schlüssel für diese klassische Fragestellung der Biochemie lieferte der Vergleich der Molekülstrukturen in der Oxy- und Desoxyform des Hämoglobins. Die augenfälligste Veränderung betrifft die Quartärstruktur (▶ Abschnitt 5.10): Die O_2-Beladung löst eine Rotation des $\alpha_1\beta_1$-Dimers relativ zum $\alpha_2\beta_2$-Dimer um etwa 15° aus (Abbildung 10.8).

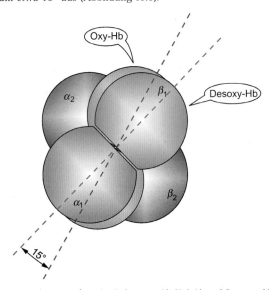

10.8 O_2-induzierte Konformationsänderung von Hb. Die beiden $\alpha\beta$-Paare verschieben sich um 15° relativ zueinander. Desoxy- (blau) und Oxyform (rot) von Hb sind so übereinander projiziert, dass die jeweiligen α_2- und β_2-Untereinheiten zur Deckung kommen.

Beide Zustände sind über die Kontaktflächen zwischen den heteromeren Paaren ($\alpha_1\beta_2$ und $\alpha_2\beta_1$) vorgegeben: In der Desoxyform passt sich ein aus den β-Ketten vorstehendes Histidin in die Rinne der gegenüberliegenden α-Untereinheit ein. Im Oxyzustand „rutscht" das Histidin in die nächste helikale Rinne. *Ein Zwischenzustand ist sterisch nicht möglich* (Abbildung 10.9).

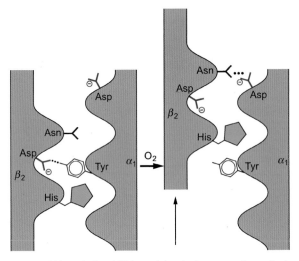

10.9 Verschiebung der Kontaktflächen zwischen den heteromeren Paaren. Durch die komplementären Oberflächen sind zwei definierte Konformationen vorgegeben; Zwischenzustände sind sterisch nicht möglich. [AN]

Im Desoxy-Hb sind die *C*-terminalen Reste aller Untereinheiten in ein starres Netzwerk ionischer Bindungen (Salzbrücken) eingebunden, weshalb diese Konformation auch als **T-Zustand** (engl. *tense*, gespannt) bezeichnet wird. Dieses Netzwerk stabilisiert den T-Zustand in Abwesenheit von Sauerstoff (Abbildung 10.10). Bei der Rotation, die den Übergang in den Oxyzustand markiert, „zerreißen" diese Bindungen: Dieser Zustand heißt auch **R-Zustand** (engl. *relaxed*, entspannt).

Wie kommen nun die vergleichsweise großen Konformationsänderungen an der Schnittstelle zwischen den Untereinheiten zustande? Ausgangspunkt ist die in Proteindimensionen weit entfernt gelegene O_2-Bindungstasche (Abbildung 10.11). Erinnern wir uns an den fünften Liganden des Fe^{2+}, das proximale Histidin auf der Helix F (Abbildung 10.3). Im Desoxy-Hb liegt das Fe^{2+} nicht exakt in der Hämebene, sondern ist in Richtung des proximalen Histidins

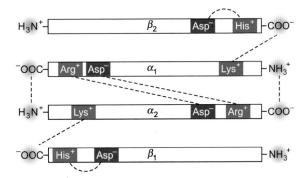

10.10 Salzbrücken zwischen den verschiedenen Untereinheiten des Desoxyhämoglobins. Die schematische Darstellung zeigt die Untereinheiten als ausgestreckte Polypeptide – in der dreidimensionalen Realität liegen die in Wechselwirkung tretenden Termini und Seitenketten in unmittelbarer räumlicher Nähe. Die Oxygenierung trennt diese nichtkovalenten Interaktionen auf indirekte Weise.

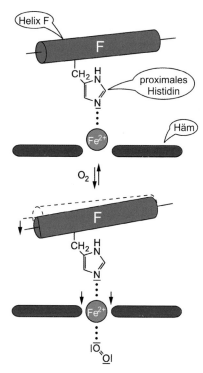

10.11 Mechanismus der O_2-induzierten Konformationsänderung. Die Bindung von O_2 an die freie Koordinationsstelle des Fe^{2+}-Atoms zieht dieses in die Ebene des Hämrings. Der proximale Histidinrest wird mitgezogen, und über den Hebel der F-Helix wird die beobachtete Konformationsänderung (Abbildung 10.8) in Gang gesetzt.

versetzt. Die Bindung von O_2 als sechstem Liganden „zieht" nun das Fe^{2+}-Atom exakt in die Ringebene. Dabei werden der proximale Histidinrest und mit ihm auch die F-Helix „nachgezogen". *Die geringfügige Verschiebung des Fe^{2+}-Atoms wird über den Hebel der F-Helix vergrößert, woraus letzten Endes die Rotation innerhalb des Tetramers mit Auflösung der Salzbrücken und damit der Übergang vom T- in den R-Zustand resultiert.* Wir haben es mit einer **ligandeninduzierten Konformationsänderung** zu tun.

10.6

Zwei unterschiedliche Modelle beschreiben kooperatives Verhalten

Die Sauerstoffbindungscharakteristik von Hämoglobin gilt als Paradigma kooperativen Verhaltens von Proteinen. *Aus den in Fülle vorhandenen experimentellen Daten wurde versucht, ein allgemeines Modell der Kooperativität zu formulieren.* Das **Symmetriemodell** – nach dessen Entwicklern Jacques Monod, Jeffries Wyman und Jean-Pierre Changeux auch **MWC-Modell** genannt – postuliert, dass Hb lediglich in zwei möglichen Konformationen vorliegen kann. *Der Übergang zwischen diesen Zuständen kann nur in konzertierter*

Weise für alle vier Untereinheiten erfolgen: Die Symmetrie des Hämoglobins bleibt zu jedem Zeitpunkt erhalten. Diese zwei Konformationen würden den experimentell beobachteten T- und R-Zuständen entsprechen. Der T-Zustand besitzt demnach eine geringe, der R-Zustand eine hohe O_2-Affinität. Beide Zustände existieren im Gleichgewicht miteinander. Mit zunehmender Zahl von O_2-Liganden wird der R-Zustand immer wahrscheinlicher: Das Gleichgewicht zwischen nieder- und hochaffinem Zustand wird verschoben (Abbildung 10.12a). Das **Sequenzmodell** von Daniel Koshland hingegen sieht das Prinzip der Kooperativität so verwirklicht, dass das Binden eines Liganden an eine Untereinheit zunächst nur die Konformation dieser Untereinheit verändert. *Diese lokale Änderung beeinflusst die benachbarten Untereinheiten in ihrer Affinität zum Liganden.* Die Symmetrie des Proteinkomplexes bleibt beim Sequenzmodell *nicht* zu jedem Zeitpunkt gewahrt: Es gibt mindestens fünf verschiedene Zustände, die sich graduell in ihrer O_2-Affinität unterscheiden (Abbildung 10.12b). Zum Vergleich: Im MWC-Modell „sieht" eine Bindungsstelle die anderen Bindungsstellen nicht; dort kommt es nur auf das Gleichgewicht zweier Extremzustände des Gesamtproteins an.

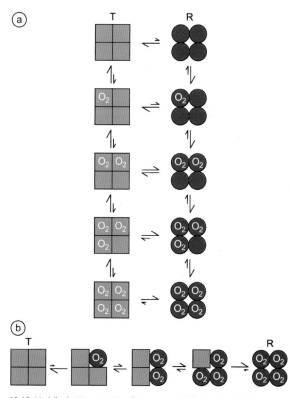

10.12 Modelle der Kooperativität. a) Symmetriemodell: T- und R-Zustand von Hämoglobin stehen im Gleichgewicht. In Abwesenheit von Liganden dominiert der niederaffine T-Zustand. Jede zusätzliche Bindung eines Liganden an eine Untereinheit macht die allosterische Transition des gesamten Tetramers in den R-Zustand wahrscheinlicher. b) Sequenzmodell: Die Bindung von Liganden führt zu lokalen Konformationsänderungen, die benachbarte Untereinheiten in ihrer Ligandenaffinität verändern. [AN]

Intuitiv würde man im Wissen um die beiden definierten R- und T-Zustände in den Kristallstrukturen von Oxy- und Desoxy-Hb eher dem MWC-Modell zustimmen. Tatsächlich haben aber beide Modelle ihre Berechtigung. Einer eindeutigen Entscheidung für ein bestimmtes Modell steht im Wege, dass es sich bei den beobachteten Kristallstrukturen nur um „Schnappschüsse" handelt, die die Dynamik des Prozesses in ihren Einzelheiten nicht adäquat widerspiegeln.

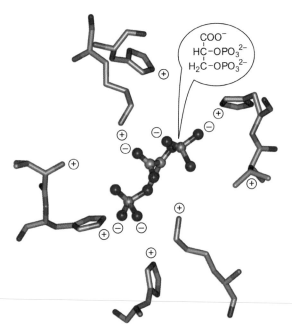

10.13 Bindung von 2,3-BPG an Desoxyhämoglobin. Ein Kranz positiver Ladungen im Globin, der von Histidin- und Lysinseitenketten sowie den terminale Aminogruppen gebildet wird, fixiert das negativ geladene 2,3-BPG-Molekül in der zentralen Kavität.

10.7

2,3-Bisphosphoglycerat bindet in der zentralen Pore des Hämoglobins

Neben der Kooperativität seiner O_2-Bindung unterliegt Hb einer zusätzlichen allosterischen Regulation, die dazu dient, seine O_2-Affinität zu mindern. Diese Absicht mag zunächst paradox erscheinen. Tatsächlich stellt dies aber einen notwendigen Mechanismus dar, um die volle Funktionsfähigkeit des O_2-Transporters herzustellen. Der allosterische Effekt, durch den der „eigentliche" Ligand (O_2) auf die eigene Bindungsaffinität wirkt, wird auch als **homotroper Effekt** bezeichnet. Die im Folgenden besprochene Modulation der O_2-Affinität durch andere Liganden – sog. **Effektoren** – ist hingegen ein **heterotroper Effekt**. Allgemein spricht man von einem homotropen Effekt, wenn sich zwei gleiche Liganden in ihrer Bindung an verschiedenen Stellen eines Proteins wechselseitig beeinflussen; dies geschieht über eine allosterische „Kommunikation" der beiden Bindungsstellen. Von einem heterotropen Effekt spricht man, wenn es sich um zwei unterschiedliche Liganden handelt. Diese Effekte werden als positiv oder negativ bezeichnet, je nachdem, ob der eine Ligand die Bindung des anderen Liganden erleichtert oder erschwert. Der wichtigste negative heterotrope Effektor der Sauerstoffbindung durch Hämoglobin ist **2,3-Bisphosphoglycerat** (2,3-BPG). Dieser Metabolit entsteht als ein Nebenprodukt des Glucoseabbaus (▶Exkurs 39.1). 2,3-BPG besitzt drei saure Gruppen und trägt bei physiologischem pH durchschnittlich vier negative Ladungen. Dieses stark negativ geladene Molekül bindet in der wassergefüllten **zentralen Pore** des Hämoglobins, aber nur, wenn das Protein in der T-Form vorliegt (Abbildung 10.13). Die Höhlung umgibt ein Kranz von acht positiv geladenen Gruppen der β-Untereinheiten, die ionische Bindungen zu 2,3-BPG ausbilden.

In der R-Form verengt sich die Pore durch Annäherung der β-Untereinheiten: 2,3-BPG findet hier keinen Platz mehr. Durch die feste Bindung an die T-Form erschwert 2,3-BPG allerdings den Übergang in die R-Form mit hoher Sauerstoffaffinität. *Der Effektor stabilisiert also die T-Form mit niedriger O_2-Affinität!* In Sauerstoffbindungsmessungen (Abbildung 10.14) beobachtet man folglich eine **Rechtsverschiebung** der Dissoziationskurven in Gegenwart von 2,3-BPG. Der p_{50}-Wert steigt von 16 mbar im „nackten" Hb auf

29 mbar in Anwesenheit von 4,7 mM 2,3-BPG, d.h. seiner physiologischen Konzentration im Erythrocyten. Somit wäre Hämoglobin ohne 2,3-BPG als physiologischer Sauerstofftransporter ungeeignet, da es in der Peripherie fast keinen Sauerstoff abgeben würde! Die O_2-Beladung in der Lunge wird durch die verringerte Affinität hingegen nicht kompromittiert. Hier wird bei einem arteriellen pO_2 von 130 mbar auch in Anwesenheit des allosterischen Effektors eine Sättigung erreicht. Beim Aufenthalt in hochgelegenen Regionen steigt die 2,3-BPG-Konzentration in den Erythrocyten adaptiv noch weiter an. Die O_2-Beladung in der Lunge wird jetzt zwar geringfügig beeinträchtigt, was aber durch eine weit

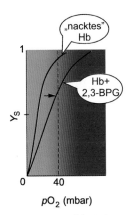

10.14 Sauerstoffbindungskurve von Hämoglobin in Gegenwart von BPG. Zum Vergleich ist die O_2-Bindungskurve für reines Hämoglobin gezeigt.

effizientere Entladung in der Peripherie wettgemacht wird. *2,3-BPG optimiert also das Transportprotein Hämoglobin, indem es das effiziente „Löschen" der Sauerstofffracht in einer auf die Luftdruckbedingungen abgestimmte Weise unterstützt.*

10.8
Protonierung von Hämoglobin erleichtert die O₂-Abgabe in den Kapillaren

Neben 2,3-BPG regulieren noch zwei andere niedermolekulare Effektoren die O₂-Be- und Entladung: **Protonen** (H⁺) und **Kohlendioxid** (CO_2). Beide Substanzen fallen beim aeroben Stoffwechsel an. Sie stehen über Reaktion (1) in einem Gleichgewicht. Bei hohen CO_2-Konzentrationen steigt die H⁺-Konzentration, der pH sinkt (Gleichung 10.1):

$$CO_2 + H_2O \rightleftharpoons (H_2CO_3: \textit{Kohlensäure}) \rightleftharpoons HCO_3^- + H^+ \quad (10.1)$$

Beim anaeroben Stoffwechsel, etwa im stark beanspruchten Muskel, wird Lactat (Milchsäure) gebildet, das ebenfalls Protonen freisetzt. Protonen binden an freie Aminogruppen der Hb-Untereinheiten, u. a. die Aminotermini der α-Untereinheiten. Die damit gewonnene positive Ladung ermöglicht es diesen Gruppen, ionische Bindungen einzugehen. Diese Salzbrücken kommen jedoch nur in der T-Konformation des Hb zustande; in der R-Form sind sie aufgrund unterschiedlicher räumlicher Orientierung nicht realisierbar. *Ebenso wie das 2,3-BPG stabilisieren also auch Protonen den T-Zustand mit geringer O₂-Affinität.* Ein niedriger pH-Wert verschiebt damit das angegebene Gleichgewicht (Gleichung 10.2) nach rechts in Richtung O₂-Entladung.

$$Hb \cdot 4\,O_2 + n\,H^+ \rightleftharpoons Hb \cdot n\,H^+ + 4\,O_2 \;(n \approx 2) \quad (10.2)$$

Wir begegnen hier einer zweiten wichtigen Rolle des Hämoglobins: Es ist wesentlich an der **Pufferung** des Blut-pH-Werts ⌁ beteiligt. Hb liefert etwa ein Viertel der Gesamtpufferkapazität des Bluts. Der Rest beruht nahezu vollständig auf dem in Gleichung 10.1 angegebenen Gleichgewicht, dem sog. **Kohlensäure/Bicarbonatpuffer** (▶ Abschnitt 1.8). Für die O₂-Dissoziationskurve macht sich die Protonierung von Hb wiederum in einer Rechtsverschiebung bemerkbar. Bei der zellulären Atmung entstehende Protonen unterstützen daher wirkungsvoll die O₂-Abgabe in den Kapillaren der Peripherie (Abbildung 10.15). In den Kapillaren der Lungenalveolen kehrt sich dieser Effekt um: Durch das Abatmen von CO_2 sinkt die H⁺-Konzentration gemäß dem Massenwirkungsgesetz (Gleichung 10.1), und Hämoglobin wird deprotoniert (Gleichung 10.2). Damit verlagert sich das Gleichgewicht von der T- zur R-Form, was wiederum die O₂-Bindung favorisiert. Der Einfluss des pH-Werts auf die Sauerstoffbindung und *vice versa* wird nach seinem Entdecker Christian Bohr als **Bohr-Effekt** bezeichnet.

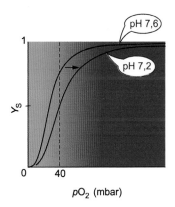

10.15 Einfluss von H⁺ auf die O₂-Bindung von Hämoglobin. Die Protonierung verbessert die O₂-Entladung in der Peripherie und äußert sich in einer Rechtsverschiebung der O₂-Bindungskurve.

Die Gleichungen 10.1 und 10.2 implizieren eine dritte wichtige physiologische Rolle des Hämoglobins: Es bringt nicht nur lebenswichtigen Sauerstoff in die Gewebe, sondern transportiert auch das Abfallprodukt **CO_2** in Form des **Bicarbonatanions** aus den Geweben wieder ab! Durch die Bindung von Protonen an Hb wird das in Gleichung 10.1 angegebene Gleichgewicht nämlich vom gasförmigen, schlecht löslichen CO_2 zum gut löslichen Salz der Kohlensäure, dem Bicarbonat HCO_3^-, verschoben. Neben diesem indirekten Wechselspiel von Hämoglobin und Kohlendioxid bindet CO_2 auch direkt an Hb (Exkurs 10.2). *Hämoglobin ähnelt in der Vielzahl seiner Möglichkeiten also einem Schweizer Taschenmesser: Es bringt den lebenswichtigen Sauerstoff von der Lunge in die Peripherie, transportiert das Abfallprodukt CO_2 ab und sorgt „nebenbei" für die Pufferung des Blut-pH-Werts.* Schließlich gibt es Hinweise, dass Hb auch als Transporter für das biologisch aktive Stickstoffmonoxid (▶ Abschnitt 27.5) dient.

Exkurs 10.2: CO₂-Transport von Hämoglobin

Kohlendioxid kann reversibel kovalent an die freien α-Aminogruppen der Globinketten in Form von **Carbamat** (-NH-COO⁻) binden (Gleichung 10.3).

$$RNH_2 + CO_2 \rightleftharpoons RNHCOO^- + H^+ \quad (10.3)$$

Zwei Konsequenzen dieser chemischen Reaktion sind unmittelbar einsichtig: Die freigesetzten Protonen tragen zum Bohr-Effekt bei. Hohe Konzentrationen von CO_2 in der Peripherie unterstützen auch auf diese Weise die **O₂-Entladung**. Andererseits unterstützen die eingebrachten negativen Ladungen die Quervernetzung der α- und β-Untereinheiten über Salzbrücken, die charakteristisch für den **T-Zustand** sind. Die Umkehrung dieses Prozesses findet in der Lunge statt, wo CO_2 abgeatmet und dadurch das Gleichgewicht in Richtung freies CO_2 unter Protonenverbrauch verschoben wird (Gleichung 10.3). Der R-Zustand und damit die Sauerstoffbeladung werden begünstigt.

Da die allosterische Regulation von Hämoglobin durch 2,3-BPG, H^+ und CO_2 auf zum Teil unterschiedlichen Mechanismen gründet, können diese nebeneinander und auch additiv wirken. Insgesamt sorgt diese Regulation je nach den Bedürfnissen der Gewebe für eine balancierte Aufnahme und Abgabe von O_2. Am Beispiel von Hämoglobin kann man ein wichtiges „Charaktermerkmal" von Proteinen erkennen: Alle Teile müssen mit feinmechanischer Präzision ineinander greifen. Es wird daher nicht überraschen, dass kleinste strukturelle Veränderungen dieses molekulare Räderwerk zum Stillstand bringen können.

10.9

Hämoglobinopathien beruhen auf molekularen Defekten von Hämoglobin

Die Evolution von Hämoglobinen hat nie aufgehört. Augenfälligstes Beispiel dafür ist die große Zahl bekannter Variationen in menschlichen Hämoglobingenen – um die 1 000 verschiedene Mutationen, sog. **Hämoglobinopathien** ⌐, wurden bislang beschrieben. Glücklicherweise sind die meisten Mutationen „stumm" oder neutral: Sie haben keinen nachhaltigen Einfluss auf Struktur und Funktion des entsprechenden Proteins (▶Abschnitt 15.1). Man beobachtet erwartungsgemäß die größten Effekte, wenn es zu Veränderungen an den funktionellen „Brennpunkten" kommt, etwa an den Kontaktflächen zwischen den heteromeren $\alpha\beta$-Paaren (Beeinträchtigung der allosterischen Regulierbarkeit) oder in der Nähe des Hämzentrums (Beeinträchtigung der Hämbindung). In letzterem Fall kann häufig das für die Funktion entscheidende Eisenion nicht in der reduzierten Form stabilisiert werden: Es kommt zur Oxidation zu Fe^{3+} (Abbildung 10.16). Fe^{3+}-Hb wird auch als **Methämoglobin** bezeichnet. Das Blut der Träger dieses Mutationstyps ist – aufgrund der veränderten Lichtabsorption des Hämrings – schokoladenbraun, ihre Haut und Schleimhäute schimmern blau-rötlich (Zyanose). Diesen Hb-Defekt findet man nur in heterozygoter Form, wo er mit **Anämie** und **Zyanose** einhergeht. Da die homozygote Form noch nicht beobachtet wurde, kann man davon ausgehen, dass sie *nicht* mit dem Leben vereinbar ist.

Veränderungen oberflächlich gelegener Aminosäuren sind im Falle des Hb oft ohne jede Konsequenz – mit der fatalen Ausnahme der **Sichelzellanämie** ⌐. *Die Sichelzellanämie war die erste „molekulare Erkrankung", d. h. der erste Fall, bei dem der zugrunde liegende molekulare Defekt aufgeklärt werden konnte* (▶Abschnitt 22.8). Homozygote Träger zeigen eine hämolytische Anämie, schmerzhafte Durchblutungsstörungen und Infarktneigung. Das Erwachsenenalter wird nur unter intensiver Therapie erreicht. Unmittelbare Ursache für die Symptome ist das schubweise Auftreten von Erythrocyten in einer starren Sichelform, die sich in den fei-

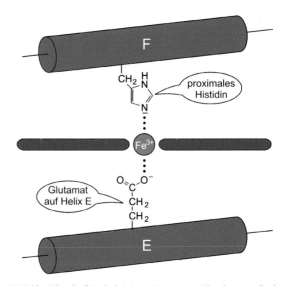

10.16 Hb „Milwaukee". In der bei einem Patienten aus Milwaukee erstmalig charakterisierten Mutation ist Valin an Position 67 der Helix E einer β-Untereinheit durch einen Glutamatrest ersetzt (Val67→Glu). Die Mutation führt zum Phänotyp der Methämoglobinämie: Die negative Ladung des Glutamats stabilisiert das Hämzentrum in der Fe^{3+}-Oxidationsstufe, die kein O_2 zu binden vermag.

nen Kapillaren verfangen und den Blutfluss blockieren. Ferner sind diese Zellen instabil und platzen leicht unter Einfluss von Schubkräften. Dadurch kommt es zur hämolytischen Anämie. Das mutierte Hämoglobinmolekül (**HbS**) der Sichelzellen trägt eine Substitution an Position 6 der β-Kette: Ein oberflächlich gelegener, hydrophiler Glutamatrest ist gegen einen hydrophoben Valinrest (Glu6→Val) ausgetauscht. Dadurch entsteht eine hydrophober „Knopf", der sich genau in eine hydrophobe „Mulde" der β-Kette eines zweiten Hämoglobin-Tetramers einpasst (Abbildung 10.17a). Initial assoziieren β-Ketten zweier HbS-Moleküle über einen solchen „Druckknopf". Da aber jedes beteiligte HbS über eine zweite β-Untereinheit verfügt, werden weitere HbS-Moleküle auf beiden Seiten angelagert. Letztlich kommt es zur **Polymerisation** unter Ausbildung eines langen Hb-„Strangs". Mehrere solcher Einzelstränge können sich umeinander winden und dabei dicke, starre Faserbündel bilden, die die Zelle in die Sichelform treiben (Abbildung 10.17b).

Ein teuflisches Detail ist, dass nur die Desoxyform, nicht aber die Oxyform des Hämoglobins dieses hydrophobe Loch besitzt. HbS-Fasern bilden sich daher vor allem, wenn Hb in entladener Form vorliegt: in den feinsten Kapillaren der Peripherie, dort wo die Sichelzellen am schlechtesten vorankommen. In einigen zentralafrikanischen Gebieten sind bis zu 40 % der Bevölkerung Träger des Sichelzellgens. Diese extreme Häufung kommt durch einen zunächst überraschenden Vorteil der heterozygoten Träger zustande: HbS bietet einen weitgehenden Schutz gegen die in diesen Gebieten endemische **Malaria**, die neben Tuberkulose und AIDS zu den Infektionskrankheiten mit den höchsten Todeszahlen weltweit zählt (Exkurs 10.3).

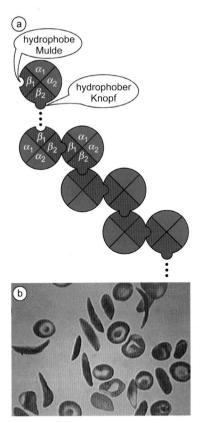

10.17 Sichelzellanämie: a) Aggregation von HbS-Molekülen. Die Glu6→Val-Substitution bildet einen hydrophoben „Knopf", der in eine hydrophobe Mulde auf einer anderen β-Untereinheit passt. Die Vertiefung ist auch in jeder „normalen" β-Kette vorhanden; allerdings fügt sich ein hydrophiler Glutamatrest dort nicht ein. b) Mikroskopische Aufnahme von Sichelzellen neben normalen, scheibenförmigen Erythrocyten. [AN]

⚕ Exkurs 10.3: Malaria und HbS

Malaria ⬆ ist endemisch in tropischen und subtropischen Ländern. Ihr fallen gegenwärtig jährlich ca. eine Million Menschen – zumeist Kinder – zum Opfer. Erreger der Krankheit sind Protozoen der Gattung **Plasmodium**, deren spezialisiertem Lebenszyklus der Mensch als Wirt und blutsaugende *Anopheles*-Stechmücken als Überträger dienen. Nach anfänglichem Aufenthalt in der Leber besiedeln Plasmodien die roten Blutkörperchen. Nach Vermehrungs- und Reifungszyklen treten sie unter Ruptur der Erythrocyten wieder ins Plasma über, was mit einem Fieberanfall einhergeht. Malaria geht mit **hämolytischer Anämie** und Hypoxie einher; außerdem kommt es zu einer **kapillären Hämostase** infolge der Aggregation befallener Erythrocyten. Warum gewährt die Sichelzellanämie einen relativen **Schutz gegen Malaria**? Plasmodien säuern durch ihre Stoffwechselprodukte das Cytoplasma der Erythrocyten an, was über den Bohr-Effekt zur O_2-Entladung und schließlich zur **Polymerisation von HbS** und damit zur „Sichelung" führt. Sichelzellen werden aber bei der Passage der Milz ausgesondert: Damit werden bevorzugt die von Plasmodien infizierten Zellen eliminiert. Dieser relative Vorteil für heterozygote HbS-Träger schlägt bei Homozygoten um: Sie leiden an einer schwerwiegenden **Sichelzellanämie**, die bereits im Jugendlichenalter mit einer hohen Sterblichkeit einhergeht.

Eisen wird mittels spezialisierter Proteine resorbiert, transportiert und gespeichert

Mit Hämoglobin haben wir ein wichtiges und relativ gut verstandenes Transportprotein des Organismus kennen gelernt, an dem viele Prinzipien der Biochemie erarbeitet wurden. Bei diesem Transportsystem handelt es sich aber nur um die Spitze eines Eisbergs. *Nahezu jede Substanz wird im Organismus auf spezifische Weise aufgenommen, transportiert und abgegeben.* Ein Beispiel ist das **Eisen**, das neben seiner Rolle beim Sauerstofftransport auch bei einer Reihe anderer vitaler Prozesse mitwirkt, so etwa beim Elektronentransport der mitochondrialen Atmung. Der Gesamteisengehalt beim Erwachsenen beträgt 3,5 – 5 g, davon finden sich 65 – 70 % im Hämoglobin und 4 % im Myoglobin, während etwa 25 % in Leber, Milz und Knochenmark deponiert sind. Täglich werden 1 – 2 mg als zweiwertiges Eisen (Fe^{2+}) von Mucosazellen des Duodenalepithels mithilfe eines Transportsystems resorbiert und gelangen auf der basolateralen Seite in das Blutplasma. Nach Oxidation zu Fe^{3+} wird es dort vom **Eisentransportprotein Transferrin** in Empfang genommen. Ein Transferrinmolekül besitzt zwei Fe^{3+}-Bindungstaschen, deren „Wände" von jeweils zwei Domänen gebildet werden (Abbildung 10.18). Zwei Tyrosinreste, je ein Histidin- bzw. Aspartatrest sowie ein Carbonatanion komplexieren das Metallion.

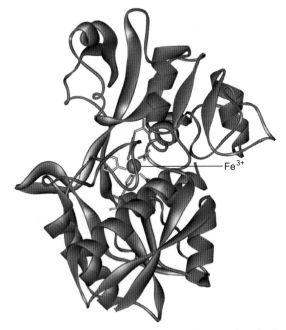

10.18 Eisentransportprotein Transferrin. Gezeigt ist die *N*-terminale Hälfte des Proteins, die eine Fe^{3+}-Bindungsstelle enthält. Eisen (orange) wird von mehreren Aminosäureresten und einem Carbonation (CO_3^{2-}) in einer Tasche gebunden, die sich zwischen den beiden Domänen des Proteins ausbildet. Die *C*-terminale Hälfte trägt eine weitere Fe^{3+}-Bindungsstelle.

Um transferringebundenes Eisen vom Blutplasma in Zielzellen wie z.B. Erythroblasten als Hauptproduzenten von Häm zu bringen, wird ein spezieller, in der Zellmembran verankerter **Transferrinrezeptor** benötigt. Nach Binden des Fe^{3+}-beladenen Transferrins an seinen Rezeptor vollzieht sich ein erstaunlicher, als **rezeptorvermittelte Endocytose** bezeichneter Prozess, den wir in anderen Fällen noch im Detail betrachten werden (▶ Abschnitt 28.4): Ein Teil der Zellmembran schnürt sich nach innen ab und nimmt den Proteinkomplex inklusive Eisen mit in das Innere der Zelle (Abbildung 10.19). Dabei kommt das transferringebundene Eisen auf der Innenseite der Vesikel (Endosomen) zu liegen. In der Zelle wird der pH-Wert der Endosomen gesenkt, was die Freisetzung von Fe^{3+} aus den „Fängen" des Transferrins auslöst. Eisen wird jetzt für den Abtransport aus Endosomen ins Cytoplasma vorübergehend wieder zu Fe^{2+} reduziert; als Transportsystem fungiert ein als DMT1 (engl. *divalent metal ion transporter-1*) bezeichnetes Protein. Im Cytosol wird Eisen durch **Ferritin** gespeichert, dessen 24 identische Untereinheiten die Gestalt einer porösen Hohlkugel annehmen, in deren Innerem bis zu 4 000 Eisenionen in Form von Ferrihydrit (FeOOH) Platz finden. Eisen ist trotz seiner großen physiologischen Bedeutung in freier Form ein toxisches Metall, da es die Bildung von reaktiven Sauerstoffradikalen katalysiert. Die cytosolische Konzentration an freiem Eisen muss daher minimal gehalten werden. Erst kürzlich wurde ein humanes Protein namens PCBP1 identifiziert, das als „Eisenchaperon" fungiert und für den sicheren Eisentransport aus Endosomen in Ferritinspeicher verantwortlich zu sein scheint.

Auch wenn die wichtigsten Routen des Eisens im Organismus mittlerweile bekannt sind, sind die molekularen Mechanismen der **Eisenhomöostase** noch weitgehend unklar. Wie werden die skizzierten Transportsysteme reguliert, damit genug Eisen aus dem Darm resorbiert wird, um eine **Anämie** zu verhindern, aber auch nicht mehr als nötig? Normalerweise wird nur etwa ein Zehntel des Nahrungseisens resorbiert. Ein ständiger Eisenüberschuss manifestiert sich als **Hämochromatose** – ein Krankheitsbild, bei dem Eisenablagerungen zu Leber- und Pankreaszirrhose führen. Weiterhin ist noch ungeklärt, wie das Eisen intrazellulär an und in die **Mitochondrien** „verschifft" wird. Diese haben als Träger der eisenhaltigen Atmungskettenproteine und als Ort der Synthese von Häm und Eisen-Schwefel-Clustern den mit Abstand höchsten Eisenbedarf (▶ Abschnitt 41.5). Hier sind also noch physiologisch wichtige Mechanismen unverstanden, die einer eingehenden biochemischen Erforschung harren.

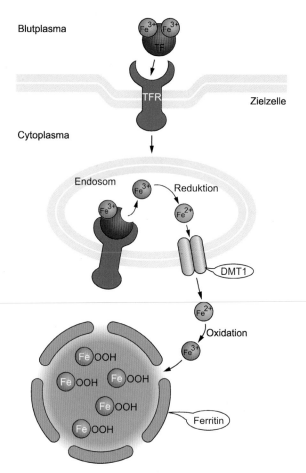

10.19 Resorption, Transport und Speicherung von Eisen. Nach der Aufnahme über Mucosazellen des Dünndarms transportiert Transferrin (TF) das Eisen im Blut. Nach Bindung an Transferrinrezeptoren (TFR) gelangt es durch Endocytose in Endosomen, wird dort freigesetzt und erreicht über die Vesikelmembran mithilfe des Transporters DMT1 das Cytosol. Die mineralische Speicherform Ferrihydrit wird im Innern des kugelförmigen Proteinkomplexes Ferritin abgelegt.

Wir haben in den vergangenen Abschnitten ausführlich Transport- und Speichersysteme für Sauerstoff porträtiert und zuletzt mit dem Eisentransport eines von vielen weiteren Transportsystemen skizziert. Das Hämoglobin stand dabei nicht von ungefähr im Mittelpunkt – aufgrund seines ausgeklügelten Mechanismus wurde ihm der Titel „Enzym *honoris causae*" verliehen. Wir wenden uns jetzt den echten Enzymen zu, den Katalysatoren des Lebens.

Zusammenfassung

- Das **Hämoglobin** (Hb) der roten Blutzellen transportiert molekularen Sauerstoff (O_2) über die Blutbahn in die zu versorgenden Gewebe. Im Muskelgewebe übernimmt dann das verwandte **Myoglobin** (Mb) die Fracht und stellt Sauerstoff für den aeroben Stoffwechsel zur Verfügung.

- Mb ist ein monomeres, überwiegend α-helikales Protein. Es trägt als prosthetische Gruppe ein **Hämmolekül** mit einem zentralen **Eisenion** (Fe^{2+}), an dem die O_2-Bindung erfolgt. Auf der dem O_2-Molekül gegenüberliegenden Seite bindet das Fe^{2+}-Ion an das sog. „proximale" Histidin.

- Die Mb-„Proteinhülle" – das **Globin** – schützt das Fe^{2+}-Ion des Häms vor Oxidation zu Fe^{3+}, das dann nicht mehr in der Lage ist, O_2 zu binden. Außerdem sorgt sie für eine verringerte Affinität von Häm gegenüber **Kohlenmonoxid**.

- Mb weist eine **hyperbolische O_2-Sättigungskurve** auf: Schon bei niedrigen Sauerstoffkonzentrationen steigt die Bindung rapide an und erreicht eine nahezu vollständige Sättigung. Damit erfüllt Mb seine Aufgabe, in der Muskulatur Sauerstoff aus dem Blutstrom zu „extrahieren".

- Hämoglobin ist der Prototyp eines **allosterisch regulierten Proteins**. Es besteht aus zwei ähnlichen Paaren der Polypeptiduntereinheiten α und β. Hb kann damit maximal vier O_2-Moleküle binden.

- Hb zeigt eine **sigmoidale O_2-Bindungskurve**: Der Sättigungsgrad steigt mit zunehmendem Sauerstoffdruck viel langsamer an als bei Mb. Bei kapillärem Sauerstoffpartialdruck gibt Hb seine Fracht an das höher affine Mb ab.

- Dieses Bindungsverhalten ist charakteristisch für eine allosterische Wechselwirkung der Hb-Untereinheiten (**positive Kooperativität**). Diese macht die O_2-Bindung feinstufig regulierbar.

- Das Umschalten des Hb von einer geringen auf eine hohe O_2-Affinität erfolgt über eine **ligandeninduzierte Konformationsänderung**. Die Konformation mit niedriger Ligandenaffinität wird als **T (*tense*)-Zustand** bezeichnet, während die hochaffine Konformation **R (*relaxed*)-Zustand** genannt wird.

- Die O_2-Bindung durch Hb ist die Basis zweier Modelle, die das kooperative Ligandenbindungsverhalten von Proteinen beschreiben. Während das **Symmetriemodell** davon ausgeht, dass der Übergang zwischen T- und R-Zustand gleichzeitig in allen Untereinheiten erfolgt, postuliert das **Sequenzmodell** einen stufenweisen Übergang von Zwischenzuständen.

- Neben der Regulation durch den Liganden O_2 (positiver homotroper Effekt) wird Hb zusätzlich durch den Effektor **2,3-Bishosphoglycerat** (2,3-BPG) reguliert (negativer heterotroper Effekt). 2,3-BPG bindet fernab der O_2-Bindungsstelle und stabilisiert den T-Zustand. 2,3-BPG verringert die O_2-Affinität von Hb; dadurch erfolgt die O_2-Abgabe in der Peripherie sehr viel effizienter.

- Auch **Protonen** (H^+) und CO_2 binden an Hb und stabilisieren den T-Zustand. Der Einfluss des pH-Werts auf die Sauerstoffbindung wird als **Bohr-Effekt** bezeichnet. Neben einer weiteren Steigerung der Effizienz von Sauerstoffaufnahme in der Lunge und der O_2-Abgabe in der Peripherie kommt diesen Bindungseigenschaften von Hb eine wichtige Rolle bei der Pufferung des Blut-pHs und dem Abtransport von CO_2 aus den Geweben zu.

- Mutationen in den Hämoglobingenen führen zu verschiedenen **Hämoglobinopathien**. Bei der **Sichelzellanämie** kommt es aufgrund einer an der Oberfläche des Hb-Moleküls gelegenen Mutation zu einer Polymerisation zu langen Hb-Fibrillen, die für die Sichelform der roten Blutzellen verantwortlich sind.

- Nahezu jede Substanz wird im Organismus auf spezifische Weise transportiert, gelagert und abgegeben. Eisen bindet nach dem Import über die Darmmucosa an das Transportprotein **Transferrin**. Über rezeptorvermittelte Endocytose gelangt das Eisen in die Zellen, wo es in mineralischer Form im Speicherprotein **Ferritin** gelagert und bei Bedarf z. B. für die Hämoglobinsynthese mobilisiert wird.

Proteine als molekulare Katalysatoren

Bislang haben wir die Fähigkeiten von Proteinen untersucht, Liganden spezifisch zu binden, zu transportieren und dann unverändert wieder abzugeben. Wir befassen uns nun mit einer bedeutenden Erweiterung dieses funktionellen Repertoires, nämlich mit der chemischen Umwandlung von Liganden. Proteine, die Bindungen knüpfen oder knacken, wirken als molekulare *Katalysatoren*. Sie beschleunigen die Einstellung eines chemischen Reaktionsgleichgewichts enorm und lassen Prozesse, die sonst eine Ewigkeit in Anspruch nehmen würden, in Augenblicken ablaufen. *Viele Proteine und – wie wir später noch sehen werden – auch einige Nucleinsäuren, haben die für das Leben fundamentale Fähigkeit entwickelt, chemische Reaktionen zu beschleunigen und selbst daraus unverändert hervorzugehen – die klassische Definition eines Katalysators.* Diese als *Enzyme* bezeichneten Proteine dirigieren die chemischen und energetischen Umwandlungen in der einzelnen Zelle, in Organen und im Gesamtorganismus. Dabei weisen sie einige bemerkenswerte Eigenschaften auf, die sie von „gewöhnlichen" chemischen Katalysatoren abheben. Sie sind außerordentlich spezifisch, trotz der gezwungenermaßen milden, nämlich physiologischen Reaktionsbedingungen extrem effizient und darüber hinaus vielseitig regulierbar. Viele der von ihnen katalysierten Reaktionen – etwa das Übersetzen der genetischen Information in der Proteinbiosynthese – sind so „kreativ", dass die klassische Definition eines Katalysators hier zu eng erscheint: Man kann sich bei diesen Reaktionen schwerlich vorstellen, wie sie jemals spontan, also ohne Hilfe von Enzymen, ablaufen könnten. Wir wollen zunächst einmal grundlegende Merkmale von Enzymen ergründen.

11.1 Enzyme haben eine hohe Substrat- und Reaktionsspezifität

Die Fähigkeit eines Proteins, spezifische und reversible Wechselwirkungen mit Liganden einzugehen, wird weitgehend durch die räumliche Struktur der Bindungsstelle bestimmt. Soll ein Enzym ⌕ einen Liganden – wir sprechen in diesem Fall von einem **Substrat** – chemisch umsetzen, so muss dieser an die Bindungsstelle des Enzyms passen: Es besteht eine strukturelle **Komplementarität** zwischen Enzym und Substrat (Abbildung 11.1a). Meist sind die Substratbindungsstellen eines Enzyms in Taschen oder Spalten der Proteinoberfläche angelegt. Einerseits können hier die katalytischen Werkzeuge des Enzyms ungehindert zugreifen (▶ Abschnitt 11.3). Andererseits sind die Möglichkeiten, der Bindung eines Substrats **Spezifität** zu verleihen, in drei Dimensionen (Tasche) natürlich größer als in zwei Dimensionen („flache" Oberfläche). Die beteiligten Aminosäurereste müssen in der Sequenz nicht benachbart sein: Häufig handelt es sich um in der Primärstruktur des Proteins weit voneinander entfernt gelegene Reste, die aufgrund der Proteinfaltung in räumliche Nähe gerückt werden. Multiple nichtkovalente Bindungen, also Wasserstoff- und Salzbrücken sowie van-der-Waals-Kräfte, aber auch hydrophobe Wechselwirkungen sichern den Halt des Substrats in der Bindungstasche, wie es generell bei Protein-Ligand-Wechselwirkungen der Fall ist. Beispielsweise dockt das Elektronentransportprotein **Cytochrom c** als Substrat der **Cytochrom-Oxidase** ⌕ mit einer positiv geladenen „Hemisphäre" an eine mit zahlreichen negativen Ladungen besetzte Bindungsstelle am Enzym an (Abbildung 11.1b). Darüber hinaus können Enzyme im Zuge der Katalyse aber auch eine vorübergehende kovalente Verbindung mit dem Substrat eingehen (▶ Abschnitt 12.1).

Enzyme können präzise zwischen Stereoisomeren unterscheiden: Sie besitzen **Stereospezifität** (Abbildung 11.2). Dies ergibt sich aus der Räumlichkeit der Bindung und der Tatsache, dass Enzyme selbst asymmetrisch gebaute Moleküle sind. So wird ein aus L-Aminosäuren zusammengesetztes Nahrungsprotein vom Pankreasenzym **Trypsin** ⌕ rasch verdaut. Synthetische Proteine aus D-Aminosäuren bleiben dagegen unbehelligt. Das Gleiche gilt – mit umgekehrtem Vorzeichen – für Zucker: Die Enzyme des Glucoseabbaus akzeptieren nur D-Glucose.

Enzyme sind nicht nur wählerisch, was ihre Bindungspartner betrifft, auch die nachfolgende chemische Umsetzung erfolgt geradezu pedantisch: Wir sprechen von **Reaktionsspezifität**. Normale chemische Katalysatoren, wie sie bei Industrieprozessen eingesetzt werden, kranken daran, dass sie in zum Teil erheblichem Maße unerwünschte Nebenreaktionen katalysieren. Die enzymatische Katalyse hingegen

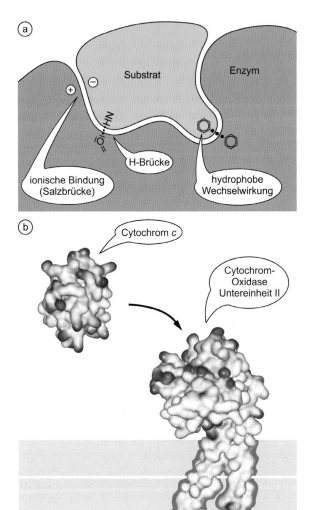

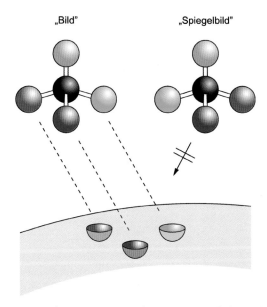

11.2 Stereospezifität von Enzymen. Das aktive Zentrum unterscheidet zwischen Bild und Spiegelbild eines chiralen Moleküls (d. h. eines Moleküls, bei dem es nicht möglich ist, Bild und Spiegelbild miteinander zur Deckung zu bringen).

11.1 Substratbindung. a) Schematisch dargestellte Substratbindungsstelle eines Enzyms. Geometrische Komplementarität und spezifische nichtkovalente Wechselwirkungen determinieren die Bindung. b) Elektrostatische Wechselwirkungen vermitteln die Bindung des Substratproteins Cytochrom *c* (blau: positive Ladungen) an seiner Bindungsstelle auf einer Untereinheit des Enzyms Cytochrom-Oxidase (rot: negative Ladungen). Die übrigen Enzymuntereinheiten wurden der Übersichtlichkeit halber weggelassen. [AN]

führt oft mit nahezu 100 % zum gewünschten Produkt! *So kann die Zelle Proteine aus tausend oder mehr Aminosäuren fehlerfrei synthetisieren, während die chemische Peptidsynthese nach wenigen Dutzend Reaktionszyklen überwiegend Neben- und damit Fehlprodukte liefert* (▶ Abschnitt 7.2). Ein weiteres herausragendes Merkmal von Enzymen, das sie gegenüber chemischen Katalysatoren auszeichnet, ist die hochgradige **Regulierbarkeit** ihrer Aktivität, die – je nach Bedarf – an- oder abgeschaltet wird. Dieser Aspekt wird später ausführlich behandelt (▶ Kapitel 13).

11.2

Das aktive Zentrum wird von reaktiven Aminosäuren gebildet

Die Substratbindungsstelle eines Enzyms wird **aktives Zentrum** genannt. Typischerweise sind hier Aminosäurereste mit funktionellen Substituenten für die Katalyse positioniert. So sind beispielsweise die Hydroxylgruppe von Serin oder die Carboxylgruppe eines Aspartats als reaktive Gruppen für chemische Umsetzungen gut geeignet. Aliphatische Seitenketten wie etwa von Valin oder Isoleucin sind hingegen relativ inert (reaktionsträge). Im Ensemble mit benachbarten Seitenketten gewinnen die Reste im aktiven Zentrum oft besondere Qualitäten. So bilden die Seitenketten der Aminosäuren Aspartat, Histidin und Serin zusammen das aktive Zentrum von Proteasen wie Trypsin, die daher übergreifend als **Serinproteasen** bezeichnet werden (Abbildung 11.3). Dieses Arrangement – auch **katalytische Triade** genannt – "schärft" den Serinrest für seine katalytischen Aufgaben. Unter den zahlreichen Serinresten einer Protease ist daher nur dieser eine besonders reaktiv (▶ Abschnitt 12.4). *Neben den genannten Resten der katalytischen Triade von Serinproteasen finden sich auch andere Aminosäuren mit polaren und/oder ionisierbaren Seitenketten wie beispielsweise Tyrosin, Cystein, Glutamat oder Lysin in aktiven Zentren von Enzymen.*

Angesichts der enormen Vielfalt an enzymatisch beschleunigten Reaktionen nimmt es nicht wunder, dass das

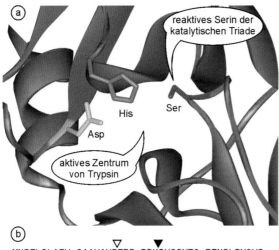

MNPFLILAFV GAAVAVPFDD DDKIVGGYTC EENSLPYQVS
LNSGSHFCGG SLISEQWVVS AAHCYKTRIQ VRLGEHNIKV
LEGNEQFINA AKIIRHPKYN RDTLDNDIML IKLSSPAVIN
ARVSTISLPT APPAAGTECL ISWGNTLSF GADYPDELKC
LDAPVLREAE CKASCPGKIT NSFCYGFLE GGKDSWKRDS
GGPVVCNGQL QGVVSWGHGC AWRFSVYT KVYTYVDWIK
DTIAANS

11.3 Die katalytische Triade im aktiven Zentrum von Serinproteasen: a) Das räumliche Arrangement der Seitenketten verleiht dem Serinrest eine besondere Reaktivität. b) Die Positionen der katalytischen Reste in der humanen Prätrypsinogensequenz: Wie dieses Beispiel zeigt, können die beteiligten Aminosäuren in der Primärstruktur weit voneinander entfernt liegen. Die Pfeilköpfe markieren die Spaltstelle für Signalpeptidase (▽) und Enteropeptidase (▼) (▶Abbildung 13.22).

Repertoire an Seitenketten nicht immer ausreichend ist, um ein aktives Zentrum optimal auszustatten. In diesem Fall nehmen Enzyme die Hilfe von **Coenzymen** ⌐🖰 in Anspruch. So nutzt Katalase, die Wasserstoffperoxid zu Wasser und Sauerstoff abbaut, als Coenzym das Häm, das wir bereits bei den Globinen kennen gelernt haben. Coenzyme sind oft komplex gebaute organische Moleküle. Kann der menschliche oder tierische Organismus sie nicht synthetisieren, so

müssen Vorstufen dieser Coenzyme aus pflanzlicher Nahrung oder aus symbiontischen Mikroorganismen des Darms als **Vitamine** ⌐🖰 aufgenommen werden. Hierbei handelt es sich vorrangig um wasserlösliche Vitamine der sog. **B-Gruppe** (▶Tafel B2). Der evolutionäre Ursprung der Coenzyme ist nicht geklärt. Möglicherweise haben sie sich im Verein mit Ribozymen (▶Abschnitt 12.7) entwickelt und wurden erst später von Proteinen übernommen. Coenzyme werden im Laufe der enzymatischen Reaktion meist chemisch umgesetzt. Sie können als Donoren oder Akzeptoren für Hydridionen (H^-) oder Elektronen dienen, aber auch – wie im Falle der Kinasen – funktionelle Gruppen transferieren: Eine Phosphatgruppe des Coenzyms ATP wird dabei auf das Substrat übertragen. Einige wichtige Coenzyme sind exemplarisch aufgelistet (Tabelle 11.1).

Nach einer enzymatischen Reaktion ist es erforderlich, dass auch das Coenzym in seinen ursprünglichen Zustand zurückkehrt. Zahlreiche Coenzyme – wie etwa ATP bei Kinasen – werden nur *vorübergehend* von ihrem Enzym gebunden und an anderer Stelle regeneriert. Man spricht in diesem Falle von **Cosubstraten** (Abbildung 11.4a). Bleibt das Coenzym während der Katalyse chemisch „unbehelligt", oder durchläuft es eine zyklische Reaktionsfolge, so kann es permanent – oft kovalent – mit seinem Enzym verbunden bleiben. Das Coenzym wird dann als **prosthetische Gruppe** bezeichnet (Abbildung 11.4b). Betrachten wir als Beispiel die erwähnte Reaktion der **Katalase** ⌐🖰. Sie katalysiert die Disproportionierung von zwei Wasserstoffperoxidmolekülen, die einerseits zu H_2O reduziert und andererseits zu O_2 oxidiert werden. Das Fe^{3+} der prosthetischen Gruppe Häm liefert für die Reduktion zunächst ein Elektron und wird dabei zu Fe^{4+}. Bei der Oxidation erhält es wieder ein Elektron zurück und steht so für den nächsten Reaktionszyklus erneut als Fe^{3+} zur Verfügung.

Im Falle von Katalase wird ein Eisenion in das Gerüst der prosthetischen Hämgruppe eingebunden. In vielen anderen **Metalloenzymen** ⌐🖰 wird ein Metallion direkt durch Aminosäureseitenketten des Proteins komplexiert (Exkurs 11.1). Metallionen sind wichtige **Cofaktoren**, und der Bedarf an den meisten **Spurenelementen** erklärt sich aus dieser Funktion.

Tabelle 11.1 Ausgewählte Coenzyme. Angegeben sind die gängige Abkürzung, die Vitaminvorstufe (soweit vorhanden) sowie die typische Aufgabe des jeweiligen Coenzyms in der enzymatischen Katalyse.

Coenzym	Abkürzung	Vitaminvorstufe	Transfer von
Häm			Elektronen
Nicotinsäureamidadenindinucleotid (phosphat)	NAD(P)	Nicotinsäureamid (Niacinamid)	Hydridionen
Adenosintriphosphat	ATP		Phosphorsäurerest; AMP
Coenzym A	CoA	Pantothensäure	Acylgruppen
Pyridoxalphosphat	PLP	Pyridoxin (Vitamin B_6)	Aminogruppen u.a.
Biocytin (ε-N-Biotinyl-L-lysin)		Biotin	Carboxylgruppen

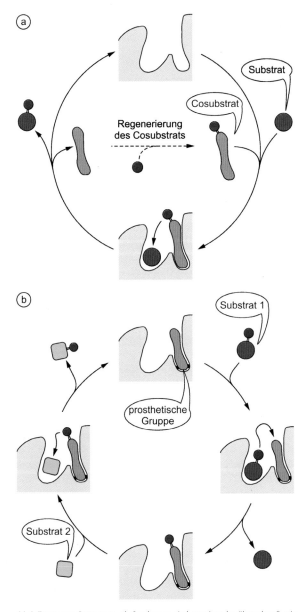

11.4 Typen von Coenzymen. a) Cosubstrate sind transient (vorübergehend) mit ihrem Enzym verbunden. b) Prosthetische Gruppen verbleiben dauerhaft am Enzym.

11.3

Enzyme werden nach Art ihrer katalysierten Reaktion klassifiziert

Das Enzymarsenal einer Zelle ist von beträchtlicher Größe. Aus den Sequenzdaten des menschlichen Genoms werden derzeit etwa 3 000 verschiedene Enzyme vorhergesagt. In den Anfangsjahren der Biochemie wurden Enzyme nach Gutdünken ihrer Entdecker benannt. Einige Namen wie RNA-Polymerase erklären sich relativ leicht von selbst, da hier klar die Funktion bezeichnet wird. Andere Bezeichnungen wie Katalase oder Trypsin sind nicht so unmittelbar verständlich. Nicht erst seit dem Zeitalter exponentiell wachsender Genomdatenbanken ist hier reichlich Stoff für Verwirrung und Doppelbenennungen gegeben. Seit den 1960er Jahren wacht eine internationale Kommission über ein rationales und systematisches Benennungs- und Nummerierungssystem für Enzyme ⌐. Nach Art der katalysierten Reaktion lassen sich die Enzyme in sechs – **Hauptklassen** genannte – Kategorien fassen (Tabelle 11.3).

Exkurs 11.1: Metalloenzyme

Der Bedarf an vielen Metallspurenelementen erklärt sich aus ihrer Rolle in der enzymatischen Katalyse. Sie werden gemeinsam mit einem organischen Träger als prosthetische Gruppe gebunden – wie im Falle von Häm (Fe) oder Chlorophyll (Mg) – oder sind über Aminosäureseitenketten (z. B. von Cystein oder Histidin) direkt am Proteingerüst komplexiert. Sie dienen der korrekten Orientierung eines Substrats oder der Abschirmung und Stabilisierung intermediär auftretender Ladungen. Sie können als allgemeine Säure-Base-Katalysatoren dienen und beispielsweise ein Wassermolekül für die Reaktion aktivieren. Nicht zuletzt eignen sich Metallionen hervorragend für die Katalyse von Redoxreaktionen, also die Aufnahme, Weiterleitung und Abgabe von Elektronen. Ein Beispiel ist hier die Cytochrom-Oxidase, die am Ende der Atmungskette Sauerstoff zu Wasser reduziert. Zwei Hämzentren und zwei Kupferzentren sind integraler Bestandteil dieses Enzyms (▶ Abschnitt 41.6). Die Vielfalt der Metalloenzyme ist beeindruckend (Tabelle 11.2).

Tabelle 11.2 Metallionen als Cofaktoren. Enzyme und Funktionen der Metallionen bei der Katalyse sind beispielhaft aufgeführt. Zur Vereinfachung ist nur die Oxidationsstufe des jeweiligen Metall(ion)s im „Ruhezustand" des Enzyms angegeben. Diese ändert sich im Falle der Redoxreaktionen während der Katalyse.

Metall	Enzymbeispiel	Rolle des Metallions
Eisen (Fe^{2+}/Fe^{3+})	NADH-Dehydrogenase (Komplex I)	Redoxreaktion
Kupfer (Cu^{2+})	Cytochrom-Oxidase (Komplex IV)	Redoxreaktion
Zink (Zn^{2+})	Carboxypeptidase A	Ladungskompensation
Magnesium (Mg^{2+})	RNA-Polymerasen, Kinasen	Substratbindung
Molybdän (Mo^{6+})	Nitrogenase (Bakterien)	Redoxreaktion

Tabelle 11.3 Hauptklassen der Enzyme nach dem Schema der *Enzyme Commission of the International Union of Biochemistry and Molecular Biology* (IUBMB). Die Klassifizierung erfolgt nach Art der katalysierten Reaktion (Tafeln B5, B6).

Hauptklasse	Art der katalysierten Reaktion
1. Oxidoreduktasen	Reduktionen/Oxidationen
2. Transferasen	Übertragung funktioneller Gruppen
3. Hydrolasen	hydrolytische Spaltung von Bindungen
4. Lyasen	nichthydrolytische Eliminierungsreaktionen
5. Isomerasen	Isomerisierungen
6. Ligasen	Knüpfen einer Bindung unter Nucleotidtriphosphat-Hydrolyse

Diese Klassifizierung gibt einen guten Überblick über das Spektrum katalysierter Reaktionen. **Oxidoreduktasen** katalysieren Redoxreaktionen, bei denen der Oxidationszustand des Substrats verändert wird (Abbildung 11.5). Die erwähnte Katalase trägt beispielsweise die EC (*Enzyme Commission*)-Nummer 1.11.1.6: Die erste Ziffer gibt die Enzymhauptklasse (Oxidoreduktasen) an, während die Unterklassen nochmals nach chemischen und strukturellen Details spezifizieren. **Transferasen** katalysieren die Übertragung funktioneller Gruppen wie etwa einer Phosphorsäuregruppe bei den Kinasen. **Hydrolasen** beschleunigen hydrolytische Spaltungen, wohingegen **Lyasen** Eliminierungsreaktionen katalysieren. Dabei wird eine Bindung nichthydrolytisch aufgebrochen; die Elektronen, die zuvor in der Bindung „steckten", werden z.B. in eine Doppelbindung oder ein aromatisches System umgelagert. **Isomerasen** katalysieren intramolekulare Umlagerungen. Wir sind zwei Vertretern dieser Enzymklasse bei der Proteinfaltung begegnet, nämlich Peptidyl-prolyl-*cis-trans*-Isomerasen und Protein-Disulfid-Isomerasen (▶ Abschnitt 5.11). **Ligasen** knüpfen Bindungen; die Energie hierfür liefert die Hydrolyse von ATP oder eines anderen Nucleotidtriphosphats. In dieser Enzymklasse herrscht eine geradezu babylonische Begriffsverwirrung. „Ligase" wird häufig nur auf eine spezielle Untergruppe, die DNA-Ligasen, bezogen. Der Terminus Ligase sollte eigentlich den Begriff Synthetase ersetzen, der allerdings weiterhin gebräuchlich ist. Zu guter Letzt wird auch noch häufig von **Synthasen** gesprochen, was ursprünglich nur auf Reaktionen *ohne* ATP-Hydrolyse bezogen war, aber mittlerweile auch als Überbegriff für Katalysatoren jeglicher Synthesereaktion akzeptiert ist.

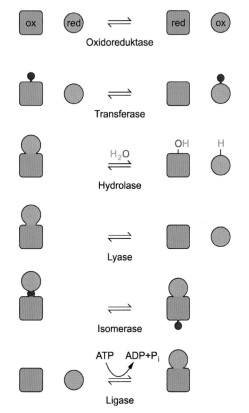

11.5 Prinzipielle Reaktionsmuster von Enzymen. Gezeigt ist je ein schematisiertes Beispiel für eine Enzymhauptklasse.

11.4

Der Übergangszustand liegt zwischen Edukt und Produkt einer Reaktion

Die Differenz der freien Energie ΔG von Edukt A und Produkt B einer schematischen Reaktion bestimmt das Verhältnis, in dem A und B letztendlich vorliegen (▶ Abschnitt 3.9). *ΔG einer Reaktion sagt aber nichts darüber aus, wie schnell sich dieses Gleichgewicht einstellen wird.* Was bestimmt also die Geschwindigkeit einer Reaktion? Mit dieser Fragestellung befasst sich die **Theorie des Übergangszustands**. Die Kenntnis der Grundzüge dieses Modells ist für das Verständnis von Enzymen unabdingbar. Ausgangspunkt der Betrachtung ist wiederum die einfache Reaktion von A nach B. Wir verfolgen die freie Energie eines Systems entlang einer Reaktionskoordinate, die als Maß für das Fortschreiten der Reaktion von A nach B dienen soll. Die freie Energie kann entlang dieser Koordinate nicht den direkten Weg „bergab" nehmen: A muss erst ein Maximum der freien Energie überwinden, um zum Molekül B umgesetzt zu werden (Abbildung 11.6). Dieser „Gipfel" wird als **Übergangszustand** oder **aktivierter Zustand** ⬚ bezeichnet.

Konkret bedeutet dies, dass ein Molekül während der Umwandlung von A in B oft eine „gespannte" Geometrie einnehmen muss. Dass bedeutet, dass eine oder mehrere Bindungen überstreckt sind oder dass sich umgekehrt Atome zu nahe kommen. Häufig tritt auch eine ungünstige elektronische Struktur mit Ladungsabstoßung auf. Im Falle bimolekularer Reaktionen (Edukte A und B reagieren zu Produkt C) kann dieses Maximum der freien Energie daher rühren, dass A und B nur dann C bilden, wenn sie mit ausreichender Geschwindigkeit und in der richtigen Orientierung miteinander kollidieren.

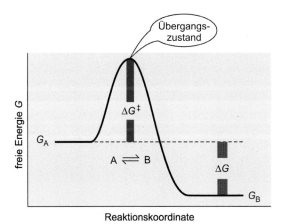

11.6 Verlaufsdiagramm einer Reaktion, in der das Edukt A zum Produkt B umgesetzt wird. Das Molekül muss im Zuge der Umsetzung zunächst ein lokales Maximum der freien Energie – den Übergangszustand – durchlaufen.

Die energetische Barriere, die überwunden werden muss – die Differenz zwischen freier Energie des Edukts und freier Energie des Übergangszustands – wird als **freie Aktivierungsenergie $\Delta G^\ddagger$** *bezeichnet. Zwischen Reaktionsgeschwindigkeit und freier Aktivierungsenergie besteht ein negativer exponentieller Zusammenhang: Die Reaktionsgeschwindigkeit nimmt mit steigender energetischer Barriere exponentiell ab (Exkurs 11.2).*

Exkurs 11.2: Arrhenius-Gleichung

Zwischen Reaktionsgeschwindigkeit, freier Aktivierungsenergie und Temperatur besteht ein exponentieller Zusammenhang. Er wurde zunächst empirisch gefunden, kann aber auch aus der statistischen Thermodynamik abgeleitet werden. Diese Gesetzmäßigkeit wird in Form der **Arrhenius-Gleichung** ausgedrückt (Gleichung 11.1):

$$k = e^{-\Delta G^\ddagger/RT} \qquad (11.1)$$

(k = Reaktionsgeschwindigkeitskonstante;
R = Gaskonstante; T = Temperatur).

Die offensichtlichen Schlussfolgerungen aus der Arrhenius-Gleichung sind, dass die Reaktionsgeschwindigkeit mit steigender Aktivierungsenergie exponentiell abnimmt und mit steigender Temperatur exponentiell zunimmt. Zum anderen bedeutet der exponentielle Zusammenhang, dass eine minimale Änderung von $\Delta G^\ddagger$ die Reaktion erheblich beschleunigen kann. Dies ist für Enzyme von entscheidender Bedeutung. Die Arrhenius-Gleichung gibt auch eine Anleitung, wie man $\Delta G^\ddagger$ experimentell bestimmt: durch Messung der Reaktionsgeschwindigkeit in Abhängigkeit von der Temperatur.

Enzyme setzen die freie Aktivierungsenergie von Reaktionen herab

Was machen Katalysatoren im Allgemeinen und Enzyme im Besonderen, um eine Reaktion zu beschleunigen? Die Diffe-

renz der freien Energie von Produkt B und Edukt A ist festgeschrieben, weil G_B und G_A Eigenschaften dieser Moleküle sind. Diesem Diktat der Thermodynamik können sich auch enzymkatalysierte Reaktionen nicht entziehen. Ein Enzym kann aber den Weg ebnen, der von Edukt A zu Produkt B führt: *Es senkt die freie Aktivierungsenergie $\Delta G^\ddagger$ und damit die energetische Schwelle, die bei der Reaktion überwunden werden muss!* Das Verlaufsdiagramm einer Reaktion illustriert diese Aussage auf schematische Weise (Abbildung 11.7). Die Umsetzung von A nach B kann ungleich rascher erfolgen, wenn die freie Energie des Substrats *nicht* den unbequemen Weg über den Übergangszustand der unkatalysierten Reaktion nehmen muss. Jetzt bleibt noch zu klären, wie ein Enzym dies praktisch bewerkstelligt. Das nächste Kapitel geht dieser Frage im Detail nach (▶ Abschnitt 12.1 ff.).

Der exponentielle Zusammenhang von Reaktionsgeschwindigkeit und freier Aktivierungsenergie erlaubt es einigen Enzymen, sagenhafte Beschleunigungsfaktoren zu erzielen. So genügt es, $\Delta G^\ddagger$ um etwa 34 kJ/mol abzusenken, um eine Reaktion millionenfach zu beschleunigen. Dabei sind 34 kJ/mol bloß ein Bruchteil der freien Energie, die in einer kovalenten Bindung steckt. *Einige Enzyme wie Katalase sind nahezu perfekt. Sie haben die theoretische Obergrenze an Beschleunigung erreicht, die durch die Häufigkeit, mit der Enzym und Substrat in Lösung aufeinander treffen, gesetzt wird: Es handelt sich um eine* **diffusionskontrollierte Reaktion**. Katalase setzt praktisch jedes Wasserstoffperoxidmolekül, das es bindet, zu Wasser und Sauerstoff um. Ein einzelnes Katalasemolekül kann damit mehr als zehn Millionen H_2O_2-Moleküle pro Sekunde verarbeiten! Die spontane, unkatalysierte Reaktion ist dagegen um ein Milliardenfaches langsamer: Wasserstoffperoxid kann kühl und dunkel über lange Zeit stabil gelagert werden. Im nächsten Kapitel soll nun ergründet werden, wie Enzyme eine solch phänomenale Reaktionsbeschleunigung erreichen: Dazu wollen wir sie bei der Arbeit beobachten.

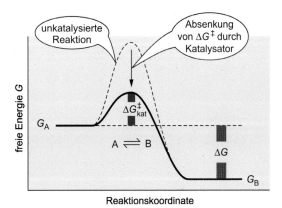

11.7 Verlaufsdiagramm zum Vergleich von katalysierter und unkatalysierter Reaktion. Die Absenkung der Aktivierungsbarriere ermöglicht dem Enzym eine raschere Umsetzung des Substrats.

Zusammenfassung

- **Enzyme** sind Proteine, die als chemische Katalysatoren fungieren: Sie beschleunigen die Umsetzung von Edukten in die Produkte einer Reaktion. Enzyme sind dabei außerordentlich effizient, spezifisch und regulierbar.

- Chemische Verbindungen, die an ein Enzym binden und chemisch umgesetzt werden, bezeichnet man als **Substrate**. Diese binden im **aktiven Zentrum** des Enzyms. Die Bindung erfolgt wie bei anderen Liganden über nichtkovalente Wechselwirkungen, zum Teil aber auch über vorübergehende kovalente Verknüpfung.

- Enzyme besitzen **Stereospezifität** und setzen selektiv nur ein bestimmtes Konfigurationsisomer um – so bearbeitet z. B. die Hexokinase nur D-Glucose, nicht aber L-Glucose. Darüber hinaus ist eine hohe **Reaktionsspezifität** gegeben, und Nebenprodukte sind eher selten.

- Im aktiven Zentrum sind häufig polare und/oder ionisierbare und damit **reaktive Aminosäurereste** positioniert. Die Seitenketten von Aspartat, Histidin und Serin bilden die **katalytische Triade** von Serinproteasen.

- Enzyme besitzen häufig kleine organische Moleküle, die als **Coenzyme** bezeichnet werden. Sie fallen in zwei Kategorien: (i) **Cosubstrate** wie z. B. ATP bei Kinasen werden während einer Reaktion umgesetzt und an anderer Stelle wieder regeneriert und (ii) **prosthetische Gruppen** wie etwa Häm bei der Katalase, die permanent im Enzym verankert sind. Darüber hinaus assistieren in vielen Enzymen **Metallionen** bei der Katalyse. Hieraus erklärt sich der Bedarf für die meisten Spurenelemente.

- Nach Art der chemischen Reaktion lassen sich Enzyme in **sechs Hauptklassen** fassen: Oxidoreduktasen, Transferasen, Hydrolasen, Lyasen, Isomerasen und Ligasen.

- Während der Umsetzung von Edukten in Produkte muss ein lokales Maximum der Freien Energie als energetische „Barriere" überwunden werden. Die Energiedifferenz zwischen diesem Übergangszustand und dem Edukt wird als freie **Aktivierungsenergie** $\Delta G^{\ddagger}$ bezeichnet. Enzyme beschleunigen chemische Reaktionen, indem sie diese Aktivierungsenergie herabsetzen. Nach der **Arrhenius-Gleichung** steigt mit abnehmendem $\Delta G^{\ddagger}$ die **Reaktionsgeschwindigkeit** exponentiell an.

Mechanismen der Katalyse

Die Fähigkeit von Enzymen, die Einstellung chemischer Gleichgewichte rasant zu beschleunigen, legt die Frage nach den konkreten *Mechanismen* nahe: Warum und wie können diese molekularen Maschinen so spezifisch und effizient arbeiten? Für viele Enzyme ist mittlerweile die Struktur des aktiven Zentrums im atomaren Detail bekannt. In weit weniger Fällen weiß man allerdings um die molekularen Abläufe während der Katalyse: Die Geheimnisse der Enzyme sind nicht leicht zu ergründen. Wir wollen anhand von Fallbeispielen analysieren, wie Enzyme den Übergangszustand stabilisieren, dadurch die freie Aktivierungsenergie drastisch herabsetzen und die Einstellung des Reaktionsgleichgewichts in Extremfällen um den Faktor 10^{17}, also mehr als billiardenfach, beschleunigen. Zunächst werden wir die von Enzymen eingeschlagenen Katalysestrategien in allgemeiner Form darstellen.

12.1 Enzyme nutzen unterschiedliche Katalysestrategien

In mancherlei Hinsicht arbeiten Enzyme nicht anders als ein gewöhnlicher Katalysator, den ein Chemiker seinem Reaktionsgemisch zufügt. Betrachten wir etwa die **Hydrolyse** einer Peptidbindung: Ein Wassermolekül muss hier einen nucleophilen Angriff auf das Kohlenstoffatom der Peptidgruppe starten. Im Übergangszustand dieser Reaktion entsteht eine ungünstige positive Überschussladung, sprich: ein Elektronendefizit am Sauerstoffatom des Wassers. Sauerstoff ist „genötigt", ein freies Elektronenpaar in einer Bindung mit Kohlenstoff zu teilen (Abbildung 12.1). Genau aus diesem Grunde wird die nichtkatalysierte Hydrolysereaktion zu einem unwahrscheinlichen Ereignis; Peptide und Proteine können damit über lange Zeiträume stabil sein.

Bei Zugabe einer **Base**, also eines Protonenakzeptors, zum Reaktionsgemisch sieht die Situation anders aus. Die Base kann ein Proton und damit eine positive Ladung vom Wasser „abziehen" und es so in das stärkere Nucleophil OH^- umwandeln, das nun die Carbonylbindung sehr effizient angreift (Abbildung 12.2a). Eine alternative Strategie nutzt dagegen eine **Säure**, d. h. einen Protonendonor. Dieser kann den Carbonylsauerstoff der Peptidbindung im Übergangszustand protonieren und damit die Elektrophilie des beteiligten Kohlenstoffatoms erhöhen, was gleichfalls den Angriff des Wassermoleküls fördert (Abbildung 12.2b). Beide Strategien sind bei der konzertierten **Säure-Base-Katalyse** miteinander kombiniert (Abbildung 12.2c). *Genau dieses Prinzip ist in* **proteolytischen Enzymen** *verwirklicht* (Abschnitt 12.4).

Im Übergangszustand einer Reaktion auftretende ungünstige Ladungen können auch durch die räumliche Nähe gegensinniger Ladungen kompensiert werden (Abbildung 12.3a). Hier sind zwei in unmittelbarer Nachbarschaft auftretende negative Ladungen gezeigt; ohne die positive Gegenladung des Metallions wäre dieser Zustand aufgrund der Abstoßung der gleichsinnigen Ladungen unwahrscheinlich. Für diese **elektrostatische Katalyse** stehen in Enzymen geladene Aminosäureseitenketten oder auch als Cofaktor gebundene Metallionen zur Verfügung. *Die* **Metallionenkatalyse** *findet in Enzymen außerordentlich vielseitigen Einsatz* (▶ Tabelle 11.2). Ein weiterer Nutzen von Metallionen rührt daher, dass die in ihrer Hydrathülle befindlichen Wassermoleküle viel saurer sind als freies Wasser: Die positive La-

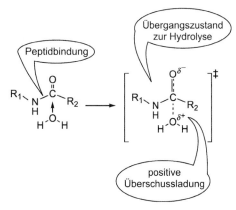

12.1 Übergangszustand bei der Peptidhydrolyse. Während der Ausbildung einer Bindung zum Carbonylkohlenstoff muss eine positive Überschussladung am angreifenden Sauerstoff des Wassermoleküls entstehen, was wenig wahrscheinlich ist. Die unkatalysierte Reaktion erfolgt damit extrem selten. ‡ symbolisiert den Übergangszustand (▶ Abbildung 11.6).

12.2 Säure-Base-Katalyse. a) Durch „Abzug" eines Protons vom Wasser macht ein Basenkatalysator den Sauerstoff zu einem stärkeren Nucleophil (Pfeil). b) Die Protonierung des Carbonylsauerstoffs durch eine Säure entzieht dem Carbonylkohlenstoff Bindungselektronen und macht ihn zu einem stärkeren Elektrophil (Pfeil). c) Die konzertierte Säure-Base-Katalyse vereint die katalytischen Elemente aus a und b.

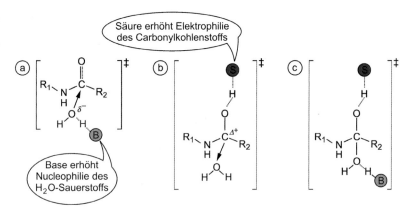

dung des Metallions bindet die aus der Wasserdissoziation resultierenden **Hydroxylionen (OH⁻)** und stabilisiert sie effektiv. Diese metallgebundenen OH⁻-Ionen sind starke nucleophile Reaktionspartner (Abbildung 12.3b). Metallionen sind auch hervorragende **Elektronenleiter** und damit prädestiniert für die in vielen biologischen Prozessen relevanten Redoxreaktionen (Abbildung 12.3c).

Ein weiteres klassisches Prinzip ist die **kovalente Katalyse**: Statt wie bei der Säure-Base-Katalyse einen Reaktionspartner nucleophiler oder elektrophiler zu machen, kann das Enzym selbst als vorübergehender Reaktionspartner dienen. Dies geschieht etwa im Falle der bereits erwähnten reaktiven Seringruppe im aktiven Zentrum von Serinproteasen. Anstelle einer direkten Hydrolyse reagiert zunächst Serin mit der Peptidbindung. Dabei entsteht ein reaktives Intermediat mit einer **kovalenten Bindung** zwischen Enzym und Substrat. Diese wird erst sekundär durch Wasser gespalten; die Hydrolyse vollzieht sich also zweistufig. Dabei handelt es sich beim kovalenten Enzym-Substrat-Intermediat nicht um einen Übergangszustand! Vielmehr ist die Gesamtreaktion in zwei Teilreaktionen „portioniert", und entsprechend müssen auch zwei Übergangszustände katalysiert werden. Wir werden den kovalenten Katalysemechanismus der Serinproteasen noch im Detail besprechen (Abschnitt 12.4).

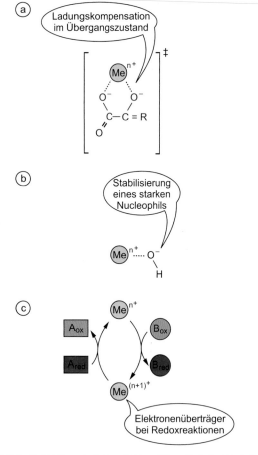

12.3 Rollen für Metallionen in der Enzymkatalyse. a) Ein multivalentes Metallkation (n⁺) kompensiert zwei negative Teilladungen im Übergangszustand. b) Metallkationen stabilisieren Hydroxylionen, die als potente nucleophile Reaktionspartner dienen. c) Metallionen können bei Redoxreaktionen vorübergehend Elektronen aufnehmen oder abgeben. Molekül A wird im gezeigten Schema unter Abgabe eines Elektrons oxidiert; das enzymgebundene Metallzentrum leitet das Elektron an Molekül B weiter.

12.2

Enzyme binden bevorzugt den Übergangszustand

Die bislang erwähnten „chemischen" Mechanismen der Katalyse sind wichtig, können jedoch alleine die atemberaubende Reaktionsbeschleunigung durch Enzyme nicht erklären. Normalerweise liegen die Edukte wie auch der Katalysator einer Reaktion in freier Lösung vor. Reaktionen erfolgen nur, wenn die Moleküle sich begegnen, und auch dann führt nicht jede Kollision zwangsläufig zur Umsetzung der Reaktionspartner. Meist müssen diese in einer definierten Orientierung aufeinander treffen, um miteinander zu reagieren. *Enzyme machen Reaktionen wahrscheinlicher, indem sie Bindungsstellen für Reaktionspartner bieten, in denen sich diese in vorgegebener Ausrichtung begegnen können.* Dieser Aspekt der Enzymkatalyse wird als **Nachbarschafts- und Orientierungseffekt** ⌐ bezeichnet (Abbildung 12.4).

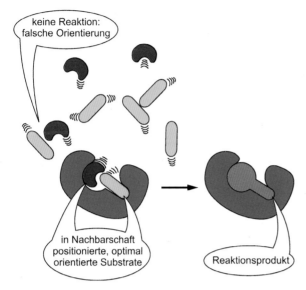

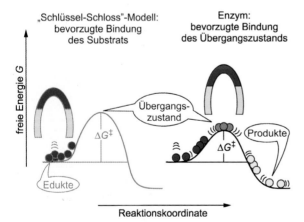

12.4 Nachbarschafts- und Orientierungseffekt. Durch benachbarte Bindungsplätze positionieren Enzyme die Reaktionspartner, deren Begegnung ansonsten von zufälliger Kollision abhängig wäre, in unmittelbare Nachbarschaft zueinander. Dabei gewährleistet das Enzym eine präzise, die Reaktion begünstigende Orientierung der Reaktanden zueinander.

Ist dies bereits alles, was Enzyme auszeichnet? Es bleibt noch ein Faktor, der mitunter einen größeren Beitrag zur Katalyse liefert als alle bislang genannten Punkte: *Enzyme binden den Übergangszustand einer Reaktion mit größerer Affinität als das Substrat oder das Produkt.* Enzyme sind nicht wirklich komplementär zu ihrem Substrat, wie es das klassische Schlüssel-Schloss-Modell suggeriert, sondern meist komplementär zum Übergangszustand zwischen Substrat und Produkt! Was bedeutet diese **bevorzugte Bindung des Übergangszustands** für die Katalyse? Grundannahme ist, dass sich Substrat (Grundzustand) und Übergangszustand in einem Gleichgewicht befinden, genau wie Ausgangsstoff (Edukt) und Produkt einer Reaktion. Kann das Enzym jetzt vermehrt energetisch vorteilhafte Bindungen – etwa Wasserstoffbrücken – mit dem Übergangszustand eines Moleküls ausbilden als mit dessen Grundzustand, so bedeutet das eine Verschiebung des Gleichgewichts hin zum Übergangszustand (Abbildung 12.5). Proportional zur Konzentration der Moleküle im Übergangszustand nimmt auch die erfolgreiche Umsetzung zum Produkt und damit die Reaktionsgeschwindigkeit zu. *Die Möglichkeit,* **katalytische Antikörper** *zu erzeugen, zeigt die Tragfähigkeit dieses zunächst abstrakt erscheinenden Prinzips* (Exkurs 12.1).

✒ Exkurs 12.1: Katalytische Antikörper

Antikörper sind vom Immunsystem erzeugte Proteine, die praktisch jeden Stoff (Antigen) spezifisch erkennen und binden können (▶ Abschnitt 36.9). Trifft das Konzept von der bevorzugten Bindung des Übergangszustands zu, dann sollten Antikörper, die bevorzugt den Übergangszustand einer chemischen Reaktion binden, enzymatische Aktivität besitzen. Übergangszustände sind *per se* zu instabil, als dass sie für Immunisierungen einsetzbar wären. Man synthetisiert deshalb **Übergangszustandsanaloga**: Verbindungen, die in ihrer Geometrie dem Übergangszustand ähneln. Die meisten Bemühungen richteten sich bislang auf katalytische Antikörper ⌐👆 für hydrolytische Reaktionen wie etwa die Spaltung von Amidbindungen. Dabei nehmen die Substituenten am Kohlenstoffatom im Übergangszustand eine tetraedrische Geometrie ein, während Edukt wie Produkt planare Moleküle sind. **Phosphonate** ahmen diese tetraedrische Geometrie nach, werden dabei aber nicht hydrolysiert (Abbildung 12.6). Durch Immunisierung mit solchen Phosphonaten kann man tatsächlich amidolytisch aktive Antikörper gewinnen. Die Beschleunigung gegenüber der unkatalysierten Reaktion fällt im Vergleich zu „richtigen" Enzymen bislang eher bescheiden aus, obgleich bisweilen Faktoren von 10^7 erreicht werden. Katalytische Antikörper haben ein großes Anwendungspotenzial in der organischen Synthese: Die oft erforderliche Stereospezifität einer Reaktion ist ohne Proteinkatalysatoren nur schwer zu erreichen.

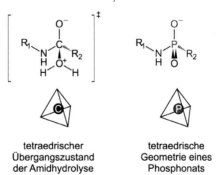

12.6 Katalytische Antikörper. Phosphonate (rechts) sind stabile Analoga zum Übergangszustand einer Amidhydrolyse (links). Durch Immunisierung mit einer solchen Verbindung kann ein amidolytisch aktiver Antikörper gewonnen werden.

12.5 Bevorzugte Bindung des Übergangszustands. Das Enzym ist durch einen Magneten symbolisiert. Die klassische Schlüssel-Schloss-Vorstellung von Enzym und Substrat (links) birgt das Problem, dass durch die passgerechte Bindung der Substratzustand stabilisiert würde, was nicht dem Zweck eines Enzyms entspricht. Rechts: Durch eine stabilere Bindung des Übergangszustands relativ zum Grundzustand einer Reaktion verschiebt sich hingegen das Gleichgewicht des enzymgebundenen Substrats in Richtung Übergangszustand. $\Delta G^{\ddagger}$ ist die freie Aktivierungsenergie einer Reaktion (▶ Abschnitt 11.4). [AN]

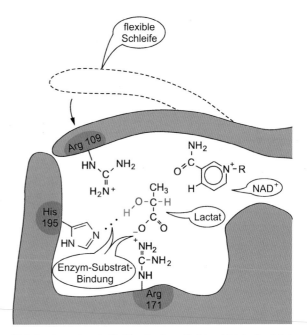

12.8 Grundzustand vor der Reaktion. Das Enzym bindet zunächst das Cosubstrat NAD⁺ und dann das Substrat Lactat. Nun legt sich eine flexible Schleife des Enzyms über das aktive Zentrum und schirmt es hermetisch gegenüber der wässrigen Umgebung ab: Die Reaktionspartner sind nun „unter sich".

12.3

Lactat-Dehydrogenase verschließt nach Substratbindung das aktive Zentrum

Als erstes Enzymbeispiel betrachten wir **Lactat-Dehydrogenase** (LDH), eine Oxidoreduktase, die L-Lactat (Milchsäure) zu Pyruvat oxidiert. Dabei werden zwei Elektronen auf das Cosubstrat **Nicotinsäureamidadenindinucleotid** (NAD⁺) übertragen, das dabei zu **NADH** reduziert wird (Abbildung 12.7). Physiologischerweise verläuft die Reaktion zunächst in die entgegengesetzte Richtung: **Pyruvat** als Endprodukt der Glykolyse wird unter anaeroben Bedingungen zu Lactat reduziert, um so das für den Glucoseabbau nötige NAD⁺ zu gewinnen (▶ Abschnitt 39.1). Man kann die im Folgenden gezeigten Schritte also auch rückwärts lesen. *Das Enzym katalysiert Hin- und Rückreaktion gleichermaßen: Es beschleunigt lediglich die* **Einstellung** *eines Reaktionsgleichgewichts, ohne Einfluss auf die* **Lage** *dieses Gleichgewichts zu nehmen.*

Lactat bindet nur in Gegenwart des Cosubstrats NAD⁺ an das Enzym. Es findet also eine geordnete Bindungsabfolge statt: Erst bindet NAD⁺, dann Lactat im aktiven Zentrum (Abbildung 12.8). Eine Schleife in der Peptidkette von LDH mit einer Länge von etwa 13 Aminosäuren macht nach Bindung der Substrate eine großräumige Konformationsänderung durch und verschließt dabei das aktive Zentrum: Eine solche „Falltür" findet sich bei vielen Enzymen. *Der damit einhergehende Wasserausschluss verstärkt elektrostatische Wechselwirkungen im aktiven Zentrum und hält Wasser als*

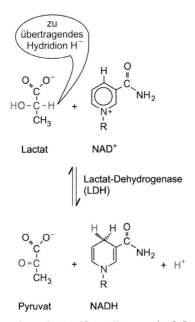

12.7 Interkonversion von Lactat und Pyruvat. Unter anaeroben Bedingungen setzt Lactat-Dehydrogenase im Muskel zunächst Pyruvat zu Lactat um. Ist der Sauerstoffmangel behoben, verläuft die Reaktion in Richtung Pyruvat, einer Schlüsselkomponente im Metabolismus der Zellen.

unerwünschten Reaktionspartner fern. Nicht zuletzt ermöglicht der Abschluss des aktiven Zentrums dem Enzym, den Übergangszustand der von ihm katalysierten Reaktion vollständig zu „umarmen".

Das aktive Zentrum bindet Lactat über eine Salzbrücke zwischen der Seitenkette von Arginin-171 (Enzym) und der Carboxylgruppe (Substrat) sowie über eine Wasserstoffbrücke zwischen Histidin-195 und der Hydroxylgruppe von Lactat und platziert das Substrat damit optimal zum Cosubstrat NAD⁺. Histidin-195 fungiert nun als Basenkatalysator: Im Übergangszustand zieht es das Proton der Hydroxylgruppe von Lactat ab und erleichtert damit die Oxidation zur Ketogruppe. Die aus der Deprotonierung resultierende negative Ladung am Sauerstoff erlaubt die Ausbildung einer zusätzlichen Salzbrücke zu einem weiteren Arginylrest (Arg-109). *Hier sehen wir das Prinzip der festeren Bindung des Übergangszustands (drei Bindungen) relativ zum Grundzustand (zwei Bindungen) zum ersten Mal konkret realisiert* (Abbildung 12.9).

Mit dem Protonentransfer auf His-195 und dem Transfer eines Hydridions (H⁻) von Lactat auf NAD⁺ vollzieht sich die Umwandlung zu Pyruvat. Nach Öffnen des aktiven Zentrums und Abgabe von Pyruvat sowie NADH steht das Enzym für die nächste Runde der Katalyse wieder in „Ausgangsstellung" bereit. Das in der Reaktionsgleichung auftauchende Proton sitzt zunächst noch an His-195 und dissoziiert erst mit Bindung des nächsten Lactatmoleküls. Das Beispiel der Lactat-Dehydrogenase illustriert an einer überschaubaren Redoxreaktion einige der oben erläuterten Prin-

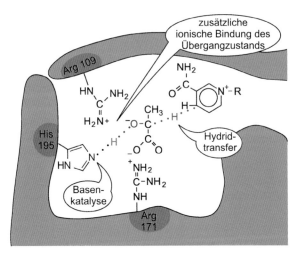

12.9 Übergangszustand der LDH-Reaktion. His-95 deprotoniert die Hydroxylgruppe von Lactat und erleichtert so die Oxidation zur Ketogruppe. Das resultierende Oxyanion bildet eine zusätzliche Salzbrücke zwischen Enzym und Übergangszustand, die der Grundzustand *nicht* hat.

zipien wie z. B. die allgemeine elektrostatische Katalyse und die Säure-Base-Katalyse, aber auch die „Spezialitäten" von Enzymen wie z. B. Wasserausschluss, Substratorientierung und verstärkte Bindung des Übergangszustands.

12.4

Die katalytische Triade ist das Herzstück im aktiven Zentrum von Trypsin

Trypsin ist eine Protease, die als Vorstufe (Trypsinogen) im exokrinen Teil des Pankreas synthetisiert, in den Dünndarm sezerniert und dort aktiviert wird, um dann Nahrungsproteine in „handliche" Fragmente zu zerlegen. Trypsin gehört – ebenso wie die verwandten Pankreasenzyme **Chymotrypsin** und **Elastase** – zur Klasse der **Serinproteasen** ⌐, für die ein außergewöhnlich reaktives Serin im aktiven Zentrum namensgebend ist. Als **Endopeptidase** katalysiert Trypsin die

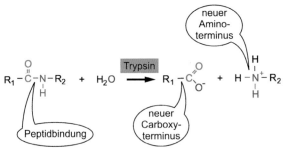

12.10 Proteolytische Aktivität von Trypsin. Das Enzym katalysiert die Hydrolyse von Peptidbindungen innerhalb eines Polypeptids. Dabei entstehen Oligopeptide unterschiedlicher Länge.

Hydrolyse von Peptidbindungen *innerhalb* eines Proteins und zerlegt es dabei in kürzere Oligopeptide, die von der Darmmucosa gut resorbiert werden können (Abbildung 12.10).

Aktives Trypsin besteht aus einer 224 Aminosäuren langen Polypeptidkette, die sich zu einem globulären Molekül mit zwei β-Faltblatt-reichen Domänen formiert (Abbildung 12.11a). Am Berührungspunkt der beiden Domänen weist die Trypsinoberfläche eine „Kerbung" auf, die die Substratbindungsstelle birgt (Abbildung 12.11b). In seiner Tiefe bilden Histidin-57, Aspartat-102 und Serin-195 die **katalyti-**

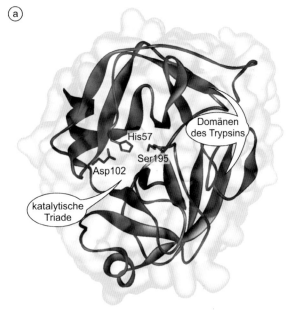

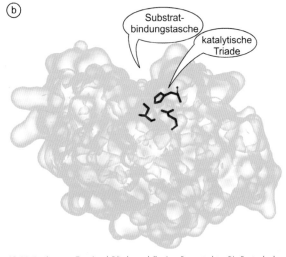

12.11 Struktur von Trypsin: a) Bändermodell seiner Raumstruktur. Die Reste der katalytischen Triade (His 57, Asp 102, Ser 195) sind als Stabmodelle rot hervorgehoben. Die Nummerierung der Reste folgt dabei konventionsgemäß der Sequenz des Chymotrypsins. b) Raumfüllende Darstellung der Oberflächenkontur mit der kerbenartigen Substratbindungsstelle, an deren Grund die katalytische Triade postiert ist.

sche Triade des aktiven Zentrums (▶ Abbildung 11.3). *Das aktive Zentrum hat zwei Funktionen: Bindung des Substrats und Katalyse der Spaltung.* Wie aus dem Bändermodell ersichtlich, tragen beide Domänen von Trypsin zur katalytischen Triade bei. Entsprechend sensibel reagiert Trypsin auf eine Temperaturerhöhung über 37 °C hinaus. Der Zusammenbruch der Tertiärstruktur (Denaturierung) infolge Erwärmung geht praktisch immer mit dem Verlust der Konformation des aktiven Zentrums und damit der enzymatischen Aktivität einher. Dies gilt für die meisten Enzyme.

Trypsin ist eine sequenzspezifische Protease: Sie spaltet bevorzugt Peptidbindungen, denen die basischen Aminosäuren Arginin oder Lysin vorangehen. Die basische Aminosäure steuert also die Carbonylgruppe zur Peptidbindung bei, die gespalten wird. Dagegen sind die Aminosäuren, die die Aminogruppe dieser Peptidbindung stellen, nicht näher spezifiziert. Die Substratspezifität von Trypsin, also seine Präferenz für Lysyl- und Argininylreste, erklärt sich durch die strukturellen Besonderheiten seiner Bindungstasche. Ein negativ geladener Aspartatrest am Boden der **Spezifitätstasche**, mit dem die basischen Aminosäureseitenketten des Substrats eine Salzbrücke ausbilden können, verkörpert eine wichtige Determinante der Substratspezifität (Abbildung 12.12). Wandung und lichte Weite der Spezifitätstasche, aber auch andere Bereiche der Substratbindungsstelle legen die unterschiedlichen Substratspezifitäten von Serinproteasen wie Trypsin, Chymotrypsin, Elastase oder auch

Thrombin (▶ Abschnitt 14.2) fest. *Dagegen unterscheiden sich die diversen Serinproteasen bestenfalls in Nuancen in der Architektur ihrer katalytischen Triaden, also in der exakten räumlichen Anordnung ihrer katalytischen Werkzeuge, da sie letztlich alle denselben Bindungstyp, nämlich eine Peptidbindung, spalten.*

Wie kann die katalytische Triade nun eine Peptidbindung „knacken"? Wie bereits erwähnt, wird die Peptidbindung auf Umwegen hydrolysiert. Anstelle eines direkten nucleophilen Angriffs von Wasser auf das Carbonylkohlenstoffatom der Peptidbindung wirkt die Hydroxylgruppe von Ser 195 als Nucleophil und stellt intermediär eine kovalente Verbindung zwischen Enzym und Substrat her (Abbildung 12.13). Dabei wird die nucleophile Attacke erleichtert, weil das Proton der Hydroxylgruppe von Ser 195 auf die eng benachbarte Seitenkette von His 57 übertragen wird: ein Fall von Basenkatalyse. Der nach Protonierung positiv geladene Imidazolring von His 57 wird durch die negative Carboxylatgruppe von Asp 102 wirkungsvoll stabilisiert: eine elektrostatische Katalyse. Dieser Angriffsmechanismus greift immer dann, wenn ein Substrat mit seiner basischen Seitenkette in die Bindungstasche „eintaucht" und seine benachbarte, carboxyterminal liegende Peptidbindung in Reichweite der katalytischen Triade platziert.

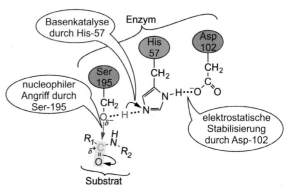

12.13 Aktives Zentrum von Trypsin. Ser 195 startet einen nucleophilen Angriff auf die Peptidbindung und transferiert dabei sein Proton auf das benachbarte His 57. Die positive Überschussladung im Imidazolring von His 57 wird wiederum durch die negativ geladene Seitenkette von Asp 102 kompensiert: Das katalytische Trio arbeitet konzertiert!

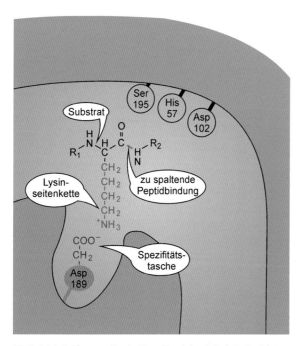

12.12 Substratpräferenz von Trypsin. Die positiv geladene Seitenkette des Substrats kann eine Salzbrücke zum Aspartat am Boden der Spezifitätstasche ausbilden. Negative Seitenketten werden zurückgewiesen, ungeladene und polare Seitenketten können nicht fest binden, und lediglich die positiv geladenen Seitenketten von Lysin und Arginin binden optimal.

12.5

Trypsin bildet eine kovalentes Acyl-Intermediat

Der nucleophile Angriff der Serinhydroxylgruppe auf das Carbonylkohlenstoffatom der Peptidbindung läutet die erste Runde der Katalyse ein (Abbildung 12.14). Dabei entsteht eine C–O-Einfachbindung zwischen Enzym und Substrat. Gleichzeitig geht die Doppelbindung des Carbonylsauer-

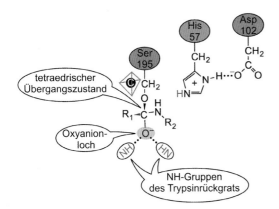

12.14 Tetraedrischer Übergangszustand. Das C-Atom der Peptidbindung nimmt eine tetraedrische Geometrie ein. Im Übergangszustand besetzt das negativ geladene Carbonylsauerstoff das Oxyanionloch und bildet dort zwei Wasserstoffbrücken mit dem Peptidrückgrat des Enzyms aus.

stoffs in eine Einfachbindung über, wodurch das Sauerstoffatom eine negative Ladung erhält: Es entsteht ein **Oxyanion**. Die Einfachbindung ist länger als die Doppelbindung und weist zudem in eine andere Richtung: Während die Peptidbindung planar ist, besitzt der Übergangszustand mit vier Einzelbindungen am C-Atom eine tetraedrische Geometrie (Exkurs 12.1). Das Oxyanion des Übergangszustands kann dadurch zwei Wasserstoffbrücken zu NH-Gruppen des Peptidrückgrats von Trypsin ausbilden. Diese für trypsinähnliche Proteasen charakteristische Position wird auch als **Oxyanionloch** bezeichnet. *Wiederum sehen wir das enzymtypische Katalyseprinzip verwirklicht, bei dem der Übergangzustand fester als das Substrat an das Enzym bindet.*

Schreitet die Reaktion über den Übergangszustand hinaus, kappt das Enzym die Peptidbindung und setzt das carboxyterminale Substratfragment mit einer neuen freien α-Aminogruppe frei: daher der Name **Aminokomponente** für das erste entstehende Spaltprodukt (Abbildung 12.15).

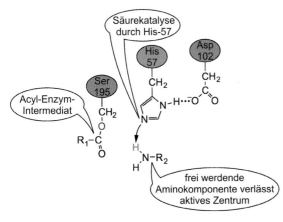

12.15 Acylierungsphase der Proteolyse. Der aminoterminale Teil ist kovalent als Ester mit dem Enzym verbunden. Das freigesetzte Fragment entspricht dem carboxyterminalen Teil des Substrats, der über einen neu entstandenen freien Aminoterminus verfügt: daher Aminokomponente.

His 57 unterstützt den Abgang der Aminokomponente dadurch, dass es das zuvor aufgenommene Proton auf die NH-Gruppe der Peptidbindung überträgt, die damit zur freien NH_2-Gruppe wird (Säurekatalyse). *Histidin kann also „situationsabhängig" als Säure- oder Basekatalysator fungieren, was es zu einem vielseitigen Werkzeug der Katalyse macht.* Die aminoterminale Hälfte des Substrats verbleibt als kovalentes Zwischenprodukt im Enzym (**Acyl-Enzym-Intermediat**). Daher wird diese erste Phase der Katalyse auch **Acylierung** genannt.

Die zweite Phase der Katalyse ist praktisch eine Umkehrung der ersten – allerdings mit vertauschten Rollen (Abbildung 12.16). Dabei übernimmt ein Wassermolekül die Rolle von Ser 195 als Nucleophil. Wiederum unterstützt His 57 den nucleophilen Angriff, indem es diesmal ein Proton von Wasser übernimmt. Der Angriff des Sauerstoffatoms von Wasser auf das Carbonylkohlenstoffatom des Acylrests erzeugt erneut einen tetraedrischen Übergangszustand, der wiederum zusätzliche Bindungen im Oxyanionloch ausbildet. His 57 reicht nun sein Proton an das Sauerstoffatom von Ser 195 weiter und unterstützt damit die Rückbildung der freien Hydroxylgruppe. Das zweite Substratfragment liegt jetzt mit freier Carboxylgruppe als sog. **Acylkomponente** vor. Deshalb heißt diese Phase auch **Deacylierung**. Die freie Acylkomponente diffundiert nun ab: Damit liegt die katalytische Triade wieder in ihrem Ausgangszustand vor, und das Enzym ist „fit" für eine nächste katalytische Runde.

Die Stabilisierung der tetraedrischen Übergangszustände durch das Enzym in beiden Phasen ist essenziell für die katalytische Spaltung der Peptidbindung. Dies wurde eindrucksvoll bestätigt, indem durch gezielte Mutagenese (▶ Abschnitt 22.10) das katalytische Trio aus Serin, Histidin und Aspartat durch „neutrale" Alanine, also Aminosäuren mit unreaktiver Seitenkette, ersetzt wurde: Beschleunigt das native „Wildtyp"-Enzym die Peptidhydrolyse um den Faktor 10^{10}, so erreicht die Tripelmutante einen Faktor von ungefähr 10^4, was immer noch beachtlich ist und allein durch bevorzugte Bindung des Übergangszustands zustande kommt.

12.6

Proteasen haben vielfältige biologische Aufgaben

Proteasen – auch Peptidasen genannt – sind biologisch außerordentlich wichtige Enzyme. Die Analyse des menschlichen Genoms lässt erwarten, dass mehr als 20 % der Enzyme hydrolytische Aktivität besitzen; ein Großteil davon sind Proteasen. Wir unterscheiden zwischen **Endopeptidasen**, die mitten in einer Polypeptidkette angreifen, und **Exopeptidasen**, die einzelne Aminosäuren oder Di- und Tri-, selten auch

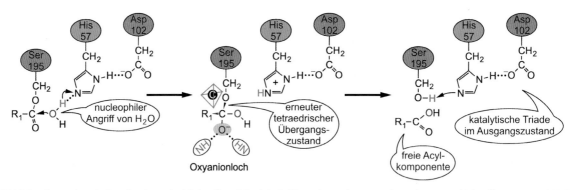

12.16 Deacylierungsphase der Proteolyse. Der nucleophile Angriff von H₂O auf das Acyl-Enzym-Intermediat erzeugt einen weiteren tetraedrischen Übergangszustand. His 57 unterstützt zunächst basenkatalytisch diesen Angriff, dann säurekatalytisch die Freisetzung der Acylkomponente. Das freigesetzte Fragment entspricht dem aminoterminalen Abschnitt des Substrats mit neu entstandenem Carboxyterminus: daher Acylkomponente. Bei der Trypsinkatalyse ist die carboxyterminale Aminosäure aufgrund der Substratpräferenz dieses Enzyms typischerweise ein Arginyl- oder Lysylrest.

Tetrapeptide vom Ende der Kette abspalten. **Aminopeptidasen** und **Carboxypeptidasen** besitzen unterschiedliche Präferenz für den Amino- bzw. Carboxyterminus der Polypeptidkette. Bei der Verdauung von Nahrungsproteinen arbeiten Endo- und Exopeptidasen Hand in Hand: Endopeptidasen wie die pankreatischen Enzyme Trypsin, Chymotrypsin oder Elastase spalten im Dünndarm die Proteine in „handliche" Peptide, an deren Termini nun Exopeptidasen wie Carboxypeptidase A weiter arbeiten. Letztlich entstehen freie Aminosäuren, die resorbiert und dann weiterverarbeitet werden können.

Proteasen beschränken sich in ihren Funktionen nicht auf die Nahrungsverdauung. Vielmehr sind sie an unzähligen biologischen Prozessen beteiligt. So sind u.a. die Blutgerinnung (▶Abschnitt 14.1), Teile der Immunabwehr (▶Abschnitt 36.1) und der programmierte Zelltod (▶Abschnitt 34.5), aber auch die Virusreplikation von spezifischen Proteasen abhängig (siehe unten). Die Aktivierung zahlreicher Peptidhormone, Neuropeptide, Wachstumsfak-

toren, Enzyme und anderer Proteine aus ihren inaktiven Vorstufen erfolgt durch **limitierte Proteolyse**. Die hierfür verantwortlichen Proteasen werden als **Proprotein-Konvertasen** bezeichnet. Es handelt sich dabei um eine Gruppe von subtilisinähnlichen Serinproteasen. Nicht alle Proteasen arbeiten nach dem molekularen Muster der Serinproteasen. Im Wesentlichen gibt es noch drei weitere Proteasetypen, die sich im Laufe der Evolution herausgebildet haben (Tabelle 12.1). Die Zahl der proteolytischen Mechanismen ist offenbar relativ begrenzt!

Die bereits erwähnte **Carboxypeptidase A** ist eine **Metalloprotease**, deren aktives Zentrum ein Zinkion (Zn²⁺) als essenziellen Cofaktor für die Peptidhydrolyse trägt. Eine weitere Zinkprotease, das **Angiotensin-konvertierende Enzym** (engl. *angiotensin converting enzyme*, ACE), überführt das inaktive Dekapeptid Angiotensin I durch Abspaltung eines C-terminalen Dipeptids in die aktive Form Angiotensin II, die an der Regulation von Blutdruck und Natriumhaushalt beteiligt ist (▶Abschnitt 30.1). Die **Matrix-Metalloproteinasen** (MMPs)

Tabelle 12.1 Hauptfamilien von Proteasen. Angegeben sind essenzielle Reste im katalytischen Zentrum und prominente Vertreter der jeweiligen Familie.

Enzymklasse	katalytische Reste	typische Vertreter
Serinproteasen	Ser, His, Asp	Verdauung: Trypsin, Chymotrypsin, Elastase Blutgerinnung: Thrombin, Plasmin, Gewebeplasminogenaktivator, Faktor VII Enzyme des Komplementsystems: C1r, C1s, C2b, Bb, D
Aspartatproteasen	Asp (2x)	Blutdruck, Natriumhaushalt: Renin Verdauung: Pepsin virale Enzyme: HIV-Protease
Cysteinproteasen	Cys, His	programmierter Zelltod: Caspasen lysosomaler Proteinabbau: Cathepsin B, H, L
Metalloproteasen	Zn²⁺, koordiniert durch zwei His, Glu	Blutdruck, Natriumhaushalt: Angiotensin-konvertierendes Enzym (ACE) Verdauung: Carboxypeptidasen A, B Bindegewebsumbau: Matrixmetalloproteasen (MMP)

sind eine Gruppe von etwa zwei Dutzend im Extrazellulärraum beheimateten Zinkproteasen. Über den Abbau von Matrixproteinen wie etwa Kollagen haben sie vielfältige weitere Aufgaben in der Regulation von Zell-Zell- und Zell-Matrix-Interaktionen, aber auch im Rahmen der Immunabwehr. Beispielhaft seien die Inaktivierung von Rezeptoren auf der Zelloberfläche oder die Aktivierung antimikrobieller Peptide durch limitierte Proteolyse genannt. Auch bei zahlreichen pathophysiologischen Prozessen sind MMPs involviert, so z.B. bei Tumorprogression und chronischen Entzündungen. In **Cysteinproteasen** dient anstelle der Hydroxylgruppe von Serin in den Serinproteasen die Thiol-(SH)-Gruppe von Cystein als Nucleophil. Aus dieser Klasse sind die **Caspasen** als Vermittler des programmierten Zelltods (▶ Abschnitt 34.6) ins Rampenlicht gerückt. Eine vierte Hauptklasse bilden die **Aspartatproteasen** mit ihrem „Flaggschiff" **Pepsin**, das im Jahre 1825 als erstes Enzym überhaupt einen Namen erhielt. Es handelt sich dabei um ein Digestionsenzym, das – anders als die genannten Verdauungsproteasen – im extrem sauren Milieu des Magens aktiv ist. Auch Retroviren wie HIV tragen in ihrem Minimalgenom den Bauplan für eine Aspartatprotease (Exkurs 12.2).

12.17 Struktur der HIV-Protease. Die beiden identischen Untereinheiten des Dimers steuern jeweils einen Aspartylrest (rot) zum katalytischen Zentrum bei. [AN]

 Exkurs 12.2: HIV-Protease

Die erworbene Immunschwäche (Acquired Immunodeficiency Syndrome, AIDS) wird durch das Humane Immundefizienz-Virus (HIV) übertragen (▶ Exkurs 36.4). Sein Genom ist minimal und codiert für einige wenige Strukturproteine sowie drei Enzyme. Die Wirtszelle synthetisiert die meisten dieser Proteine zunächst in Gestalt eines einzigen **Polyproteins**. Die viruscodierte **HIV-Protease** ⬦, die ebenfalls Teil des Polyproteins ist, zerlegt dieses in die funktionellen Einzelproteine und beginnt dabei mit sich selbst: Durch Autoproteolyse schneidet sie sich selbst aus ihrer Vorstufe heraus und gewinnt damit volle Aktivität. Das Enzym ist eine Aspartatprotease, die im katalytischen Zentrum zwei Aspartylreste trägt. Auch hier lässt HIV maximale Ökonomie walten: Während eukaryotische Aspartatproteasen etwa 35 kd groß sind, codiert das HIV-Genom lediglich für ein 11 kd großes Protein. Eukaryoten produzieren nämlich eine einzige lange Polypeptidkette, die zwei ähnliche Domänen ausbildet, von denen jede jeweils einen Aspartatrest zum katalytischen Zentrum beisteuert. Hingegen erzeugt das Virus zwei identische kleine Untereinheiten, die zu einem aktiven Homodimer assoziieren (Abbildung 12.17). Die Entwicklung selektiver **Inhibitoren gegen die HIV-Protease** ermöglicht in Kombination mit anderen Hemmstoffen eine effiziente Unterdrückung der viralen Replikation beim Menschen. Hohe Mutationsraten des viralen Genoms können allerdings rasch zur Unwirksamkeit der Inhibitoren führen. Neben der HIV-Proteaseinhibition ist die Hemmung der reversen Transkriptase (▶ Exkurs 36.4) eine gängige antivirale Strategie. Neuere Ansätze greifen an weiteren molekularen Strukturen an; z.B. blockiert der Wirkstoff Enfuvirtide durch Bindung an das Virushüllprotein gp140 den Eintritt von HIV in T-Helferzellen.

12.7 Ribozyme sind katalytisch aktive Ribonucleinsäuren

Über viele Jahrzehnte galt das Dogma, dass nur Proteine enzymatische Aktivität entfalten können. Als dann **Ribozyme** ⬦ – Ribonucleinsäuremoleküle (RNA) mit katalytischer Aktivität – entdeckt wurden, war das eine wissenschaftliche Sensation. So vermag die unreife Form einer ribosomalen RNA (prä-rRNA) des Einzellers *Tetrahymena thermophila* sich autokatalytisch in die funktionstüchtige Form zu überführen. Sie schneidet ein Segment aus ihrer RNA heraus und fügt die flankierenden Enden wieder zusammen (Abbildung 12.18).

Besonders gut untersucht sind die kleinen Ribozyme der Satellitenviren, die als Anhängsel „richtiger" Viren auftreten. Sie besitzen ein primitives RNA-Genom und benötigen für dessen Replikation die Ribozymaktivität: Die Wirtszelle erzeugt zunächst ein langes repetitives Multimer des Viren-RNA-Genoms. Bestimmte Abschnitte dieser RNA besitzen Ribozymaktivität. Diese schneidet das Genommultimer in fertige Einzelkopien zurecht. Meist handelt es sich bei den

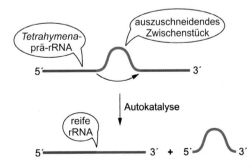

12.18 Selbstprozessierende prä-rRNA von *Tetrahymena*. Die „unreife" Form der ribosomalen RNA vermag sich selbst durch Herausschneiden eines Zwischenstücks und Zusammenfügen der Flanken in die „reife" Form zu überführen. Dabei sind *keine* Proteine beteiligt.

Satelliten um Pflanzenviren. Das einzig bekannte Beispiel aus der Tierwelt ist das **Hepatitis-Delta-Virus (HDV)**, ein Humanpathogen, das mit dem Hepatitis-B-Virus vergesellschaftet eine schwere Hepatitis auslösen kann. Das HDV-Ribozym in der genomischen RNA erfüllt die grundlegende Anforderung an einen Biokatalysator ebenso gut wie ein Protein: Es bildet eine stabile Raumstruktur aus (Abbildung 12.19). Die Ribozymabschnitte falten sich zu einer kompakten Struktur von helikalen Segmenten, die ineinander verschlungen sind. Das HDV-Ribozym kappt eine Esterbindung und teilt damit das RNA-Polymer entzwei. Am Ribozym entsteht ein neuer 5'-Hydroxylterminus, während das abgeschnittene RNA-Molekül einen 2',3'-cyclischen Phosphatrest an seinem 3'-Ende trägt.

Beim katalytischen Mechanismus des HDV-Ribozyms wirken dieselben Prinzipien wie bei der Proteinkatalyse. Die NH-Gruppe einer Cytidinbase (C-75) fungiert als Säurekatalysator und protoniert den 5'-Sauerstoff, der dann aus der Esterbindung als Hydroxylgruppe abgeht (Abbildung 12.20). Ein Mg^{2+}-Ion im aktiven Zentrum des Ribozyms hat die Aufgabe, Hydroxylionen zu stabilisieren, die als Basenkatalysatoren dienen. Dabei deprotoniert ein Hydroxylion die 2'OH-Gruppe und macht sie zu einem starken Nucleophil, das die Phosphodiesterbindung angreift und spaltet. *Meist sind Ribozyme auf die Anwesenheit von Metallionen angewiesen. Diese können – wie beim HDV-Ribozym gesehen – direkt in die Katalyse eingreifen oder lediglich mit ihrer positiven Gegenladung die Struktur der polyanionischen RNA stabilisieren.*

Handelt es sich bei den bisherigen Beispielen streng genommen *nicht* um eine Katalyse, da sich die RNA-Moleküle selbst umsetzen und damit verändert aus der Reaktion hervorgehen, so erfüllt das Ribozym **RNase P** auch die engere Definition einer Katalyse. RNase P hat die Aufgabe, unreife tRNA zu prozessieren (▶Abschnitt 17.10). Das Ribozym ist also *nicht* sein eigenes Substrat und steht damit für viele Katalysezyklen zur Verfügung. Nach jüngeren Erkenntnissen

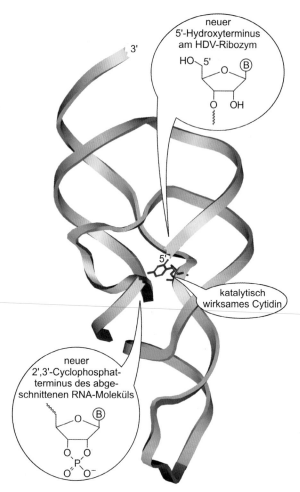

12.19 Struktur des HDV-Ribozyms. Die RNA bildet teilweise helikale Abschnitte und ist zu einer stabilen dreidimensionalen Struktur verwunden. Bei der Autokatalyse wird der in Richtung des 5'-Terminus des Ribozyms gelegene Teil entfernt. Es verbleiben eine freie 5'OH-Gruppe am verkürzten Ribozym sowie ein 2',3'-Cyclophosphat am 3'-Terminus des abgetrennten Fragments (grau).

12.20 Säure-Base-katalysierte Spaltung einer Phosphodiesterbindung im HDV. Cytidin-75 des Ribozyms überträgt ein Proton auf den neu entstehenden Hydroxyterminus. Ein Mg^{2+}-gebundenes Hydroxylion übernimmt ein Proton der angreifenden 2'OH-Gruppe und macht sie zu einem starken Nucleophil, das die Phosphodiesterbindung erfolgreich angreifen kann.

handelt es sich auch bei Ribosomen (▶Abschnitt 18.3) tatsächlich um Ribozyme. Bei diesen riesigen RNA-Protein-Komplexen, an denen die Proteinbiosynthese abläuft, wird das aktive Zentrum der Peptidyltransferase ausschließlich von RNA-Untereinheiten gebildet! Die Proteinkomponenten besitzen „nur" Stützfunktionen zur Stabilisierung der ribosomalen Struktur (▶Abschnitt 18.3). Gleiches gilt möglicherweise auch für **Spleißosomen** (Abschnitt 12.7), gigantische Makromoleküle, die aus über 200 unterschiedlichen Proteinuntereinheiten und lediglich fünf RNA-Molekülen (snRNA) bestehen. Spleißosomen prozessieren die unreifen Vorstufen der Boten-RNA und katalysieren damit einen essenziellen Schritt *vor* der ribosomalen Proteinbiosynthese. Die Fähigkeit der Ribonucleinsäure, gleichermaßen als Träger von Erbinformation wie als Katalysator zu wirken, wird auch als schlagendes Argument für die postulierte **RNA-Welt** am Beginn des Lebens vor mindestens 3,5 Milliarden Jah-

ren angeführt (▶Abschnitt 3.1). *In der hypothetischen RNA-Welt muss Ribonucleinsäure irgendwann einmal damit begonnen haben, Peptide oder auch Proteine zu synthetisieren: Aus dieser Schlüsselrolle ist RNA niemals verdrängt worden.* Als Reminiszenzen an die RNA-Welt mag man auch die vielen Coenzyme von Enzymen begreifen, die modifizierte RNA-Bausteine darstellen, etwa FAD, NAD^+ oder Coenzym A (▶Tafeln B3, B4).

Letztlich haben sich Proteine aufgrund ihrer größeren Vielseitigkeit und Effizienz gegenüber den Ribozymen als Biokatalysatoren durchgesetzt: Die überwältigende Mehrheit der Enzyme einer eukaryotischen Zelle sind Proteine! Allein die katalytische Effizienz macht Enzyme zu äußerst bemerkenswerten Biomolekülen. Nicht minder faszinierend sind die Möglichkeiten, ihre Aktivitäten *in vivo* feinstufig zu regulieren. Mit dieser Facette der Enzyme befasst sich das folgende Kapitel.

Zusammenfassung

- Generelle Katalysestrategien von Enyzmen sind die **Säure-Base-Katalyse** mit transienter (De-)Protonierung des Übergangszustands, die **elektrostatische Katalyse** mit Kompensation von Ladungen und die **kovalente Katalyse** mit vorübergehender Ausbildung von Bindungen mit dem Substrat.

- Ein weiterer katalytischer Mechanismus ist die räumliche Ausrichtung von Reaktionspartnern zueinander, was als **Nachbarschafts-** bzw. **Orientierungseffekt** bezeichnet wird. Den wohl wichtigsten Beitrag zur katalytischen Effizienz eines Enzyms liefert die **bevorzugte Bindung des Übergangszustands**.

- Das Enzym Lactat-Dehydrogenase (LDH) ist eine Oxidoreduktase, die Lactat zu Pyruvat oxidiert. Als Cosubstrat wird NAD^+ zu NADH reduziert. LDH bindet Cosubstrat und Substrat in **geordneter Reihenfolge** und richtet die Reaktionspartner optimal zueinander aus. Nach der Substratbindung schließt sich das aktive Zentrum: Es kommt zum **Wasserausschluss**. Neben Säure-Base-Katalyse und elektrostatischer Katalyse kommt bei der LDH die Stabilisierung des Übergangszustands zum Tragen; diese wird durch eine zusätzliche Salzbrücke erzielt.

- Trypsin ist eine pankreatische Protease, die in den Dünndarm sezerniert wird und dort Proteine aus der Nahrung zerkleinert. Trypsin gehört zur Klasse der **Serinproteasen**, die im aktiven Zentrum eine **katalytische Triade** aus je einem Histidin-, Aspartat- und Serinrest besitzen.

- Die Peptidbindungen des Substrats werden zweistufig hydrolysiert: Zunächst greift die Hydroxylgruppe des katalytischen Serins nucleophil am Carbonylkohlenstoffatom der Peptidbindung an. Der dabei entstehende **tetraedrische Übergangszustand** wird durch Wasserstoffbrücken stabilisiert. Die Peptidbindung wird gekappt

und das carboxyterminale Substratfragment freigesetzt. Die aminoterminale Hälfte verbleibt kovalent gebunden als **Acyl-Enzym-Intermediat**.

- In der zweiten Stufe spaltet ein Wassermolekül durch erneute nucleophile Substitution das Acyl-Enzym-Intermediat. Dabei wird die Spaltung der Bindung durch **Säure-Base-Katalyse** des Histidins der katalytischen Triade begünstigt. Das katalytische Aspartat stabilisiert die zeitweilige positive Überschussladung am Histidin. Damit kehrt das Enzym in seinen Ausgangszustand zurück, und der katalytische Kreislauf ist geschlossen.

- Proteasen bzw. Peptidasen erfüllen zahllose biologische Funktionen: Neben dem Abbau von Nahrungsprotein fußen auch die Blutgerinnung, das Komplementsystem der Immunabwehr oder der programmierte Zelltod auf der Aktivität spezifischer Proteasen.

- **Endopeptidasen** spalten innerhalb einer Polypeptidkette, während **Exopeptidasen** an ihren Flanken angreifen. Im Wesentlichen gibt es vier Hauptfamilien von Proteasen, die sich durch ihren Katalysemechanismus unterscheiden: **Serinproteasen** wie Trypsin, **Aspartatproteasen** wie HIV-Protease, **Cysteinproteasen** wie z. B. Caspasen und **Metalloproteasen** wie z. B. Angiotensin-konvertierendes Enzym (ACE).

- Neben Proteinen können auch RNA-Moleküle – sog. **Ribozyme** – katalytische Funktionen übernehmen. Hierbei wirken ähnliche Prinzipien wie bei der Enzymkatalyse durch Proteine. Häufig sind Ribozyme auf Metallionen als Cofaktoren angewiesen. Ribosomen sind große Komplexe aus Protein- und RNA-Untereinheiten, deren katalytische Funktion bei der Knüpfung von Peptidbindungen einer RNA zukommt. Ribozyme sind vermutlich Relikte aus der **RNA-Welt**, die möglicherweise in einer Frühphase der Entstehung des Lebens existierte.

Regulation der Enzymaktivität 13

Enzyme sind hocheffiziente molekulare Maschinen. Ihr enormes katalytisches Potenzial erfordert eine wirksame Kontrolle, die einerseits engmaschig zu sein hat, um eine überschießende Aktivität zu verhindern, andererseits flexibel sein muss, um Anpassungen an rasch wechselnde Stoffwechselsituationen zu erlauben. Die Natur hat ein ausgeklügeltes Steuerungssystem entwickelt, das Enzymaktivitäten auf zahlreichen Ebenen kontrolliert und koordiniert. Die meisten bekannten Kontrollmechanismen setzen direkt am Protein an: Stellglied ist hierbei typischerweise die *Enzymaktivität*. In den ersten Abschnitten besprechen wir daher, wie Enzymaktivität charakterisiert und quantifiziert wird. Wir lernen dann anhand physiologischer und pharmakologischer Beispiele die molekularen Mechanismen kennen, mit denen Enzyme komplett „lahm gelegt" werden können, und kommen schließlich zu den subtileren Formen der Regulation. Die Kontrolle der Enzymverfügbarkeit auf transkriptionaler und translationaler Ebene ist Gegenstand späterer Kapitel.

13.1
Geschwindigkeitskonstanten charakterisieren chemische Reaktionen

Wie bereits bei der Besprechung der Theorie des Übergangszustands erwähnt, trifft die Thermodynamik lediglich Aussagen über die *Richtung*, in die Reaktionen ablaufen, nicht aber über die *Geschwindigkeit*, mit der dies geschieht. Mit diesem Aspekt befasst sich die **Reaktionskinetik**. Bevor wir uns der **Enzymkinetik** ⚕ zuwenden, müssen einige elementare kinetische Begriffe eingeführt werden. Betrachten wir dazu eine einfache Reaktion, bei der ein **Substrat S** in ein **Produkt P** umgesetzt wird (Gleichung 13.1):

$$S \rightarrow P \tag{13.1}$$

Als Maß für die **Reaktionsgeschwindigkeit V** dient entweder der Verbrauch des Substrats pro Zeiteinheit oder die Bildung des Produkts pro Zeiteinheit (Gleichung 13.2). Dabei gibt **d[S]** die Änderung der Substratkonzentration, **d[P]** die Änderung der Produktkonzentration und **dt** die Änderung der Zeit an.

$$V = \frac{-d[S]}{dt} = \frac{d[P]}{dt} \tag{13.2}$$

Die Geschwindigkeit jeder Reaktion ist also von der Konzentration der Ausgangssubstanz abhängig. Variiert man im Experiment die Substratkonzentration [S], so beobachtet man für Reaktionen dieses Typs (Gleichung 13.1) ein Verhalten, das durch folgende **Geschwindigkeitsgleichung** beschrieben wird (Gleichung 13.3):

$$V = k\,[S] \tag{13.3}$$

Die Geschwindigkeit der Reaktion nimmt also proportional mit der Substratkonzentration zu. Die Proportionalitätskonstante k wird als **Geschwindigkeitskonstante** bezeichnet; sie hat in diesem Fall die Einheit $[s^{-1}]$. *Eine Geschwindigkeitskonstante k = 0,4 s^{-1} bedeutet demnach, dass die Umsetzung eines Substratmoleküls im Durchschnitt 2,5 s dauert.*

Betrachten wir eine etwas komplexere Reaktion, beispielsweise die Verbindung zweier Substrate S_1 und S_2 zum Produkt P (Gleichung 13.4):

$$S_1 + S_2 \rightarrow P \tag{13.4}$$

Hängt die Geschwindigkeit der Reaktion gleichermaßen von den Konzentrationen beider Substrate ab, dann liefern die experimentellen Daten folgende Art der Geschwindigkeitsgleichung (Gleichung 13.5):

$$V = k\,[S_1]\,[S_2] \tag{13.5}$$

Die Reaktionsgeschwindigkeitskonstante hat hier eine andere Einheit ($M^{-1}s^{-1}$) und auch keine so anschauliche Bedeutung mehr wie im ersten Beispiel (Gleichung 13.1). *Man betrachte sie am besten als bloße Proportionalitätskonstante, die ein von den jeweiligen Substratkonzentrationen unabhängiges und damit klar definiertes Maß dafür liefert, wie schnell eine Reaktion ablaufen kann.*

13.2 Die Michaelis-Menten-Gleichung beschreibt eine einfache Enzymkinetik

Wie wird ein Enzym kinetisch charakterisiert? *Die experimentelle Strategie hierzu besteht darin, die Substratkonzentration in verschiedenen Versuchsansätzen zu variieren und die jeweils resultierende Reaktionsgeschwindigkeit – also Substratverbrauch oder Produktzunahme pro Zeiteinheit – zu messen.* Hier stellt sich ein Problem: Wie erfasst man die Abhängigkeit der Geschwindigkeit von der Substratkonzentration, wenn sich die Substratkonzentration im Verlauf der Reaktion ändert? Der Trick bei der Lösung dieses Problems besteht darin, lediglich die **Anfangsgeschwindigkeit V_0** zu bestimmen. Dazu misst man die Reaktionsgeschwindigkeit in der Anfangsphase einer Enzymreaktion. Man trifft dabei die vereinfachende – und bei richtiger Wahl der Versuchsbedingungen auch zutreffende – Annahme, dass sich in dieser kurzen Zeit die Substratkonzentration nur relativ geringfügig ändert, also annähernd konstant bleibt. Wertet man die bei verschiedenen Substratkonzentrationen gemessenen Anfangsgeschwindigkeiten graphisch aus, ergibt sich das typische Bild einer **Sättigungskurve** (Abbildung 13.1).

Man erhält einen **hyperbolischen Kurvenverlauf**, wie wir ihn von der O_2-Bindungskurve des Myoglobins her kennen. *Diese Analogie ist nicht zufällig, denn das Enzymverhalten kann auf sehr ähnliche Weise gedeutet werden.* Bei geringen Substratkonzentrationen findet sich stets ein „freies" Enzym, das praktisch jedes im aktiven Zentrum eintreffende Substratmolekül umsetzt: Damit steigt die Umsatzgeschwindigkeit anfänglich fast linear mit der Substratkonzentration an (Abbildung 13.2). Bald kommt es jedoch zu einer Substratsättigung: Die Substratmoleküle treffen zunehmend auf Enzymmoleküle, die schon „beschäftigt" sind. Die Reaktionsgeschwindigkeit nähert sich einer **Maximalgeschwindigkeit V_{max}**, die vom Enzym-„Durchsatz" vorgegeben ist.

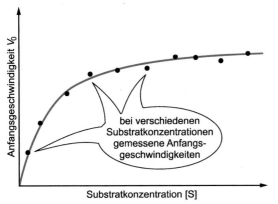

13.1 Sättigungskurve der Enzymkinetik. In getrennten Versuchsansätzen variiert man die Substratkonzentration und bestimmt die resultierende Anfangsgeschwindigkeit der Reaktion. Trägt man die einzelnen Messpunkte graphisch auf, ergibt sich typischerweise ein hyperbolischer Kurvenverlauf.

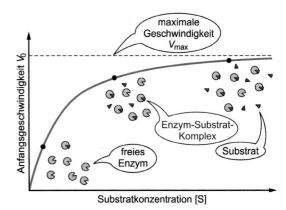

13.2 Enzymsättigung und Maximalgeschwindigkeit. Nach anfänglich nahezu linearem Anstieg der Reaktionsgeschwindigkeit (der äußerste linke Teil des Diagramms) flacht die Kurve mit steigender Substratkonzentration ab, da es zur zunehmenden Absättigung der aktiven Zentren kommt. Die Maximalgeschwindigkeit V_{max} wird praktisch nie erreicht und kann aus dem Diagramm nur extrapoliert werden (rechter Teil).

Wie lässt sich dieses Verhalten quantitativ beschreiben? Die Ausgangsüberlegung hierfür ist, dass das Enzym mit dem Substrat im Allgemeinen einen reversiblen Komplex bildet, den **Enzym-Substrat-Komplex ES** oder auch **Michaelis-Komplex**. Aus diesem Komplex entsteht das Produkt. Jeder Teilschritt der Reaktion ist durch eine Geschwindigkeitskonstante charakterisiert (Gleichung 13.6); dabei stehen k_1 und k_{-1} für Bildung bzw. Zerfall von ES und k_2 für die Bildung von Produkt P und freiem Enzym E.

$$E + S \underset{k_{-1}}{\overset{k_{+1}}{\rightleftharpoons}} ES \overset{k_2}{\rightarrow} E + P \tag{13.6}$$

Die Rückreaktion k_{-2} von E + P zu ES wird vernachlässigt: Schließlich misst man Anfangsgeschwindigkeiten, und so liegt zu wenig Produkt vor, als dass es in nennenswertem Maße rückreagieren könnte. Da die Geschwindigkeit der Produktbildung von der Konzentration des Enzym-Substrat-Komplexes abhängt, können wir analog zu Gleichung 13.3 formulieren (Gleichung 13.7):

$$V_0 = k_2 \, [ES] \tag{13.7}$$

Die Konzentration [ES] ist allerdings keine experimentell zugängliche Größe. Vielmehr muss man sich ihr über die messbaren Größen der Enzym- und Substratkonzentration nähern. Dazu helfen folgende Überlegungen: Der Michaelis-Komplex ES entsteht beim Zusammentreffen von freiem Enzym mit dem Substrat. Er vergeht entweder unter Bildung des Produkts, das vom Enzym abdissoziiert, oder durch den Zerfall zu Substrat und freiem Enzym. Die Geschwindigkeit für Bildung und Abbau von ES können wir also durch zwei Gleichungen beschreiben (Gleichungen 13.8, 13.9):

Bildung von ES: $V = k_1[E] \, [S]$ (13.8)

Zerfall von ES: $V = k_2 [ES] + k_{-1}[ES]$ (13.9)

Um an diesem Punkt weiterzukommen, treffen wir die Annahme, dass ein **Fließgleichgewicht** (engl. *steady state*) vorliegt. Gibt man nämlich ein Enzym zur Substratlösung, so bildet sich nach einer sehr kurzen Initialperiode – auch **pre-steady state** genannt – eine Balance aus. *Solange noch sehr viel mehr Substrat als Enzym vorliegt, also [S] >> [E], halten sich Neubildung und Verbrauch des Michaelis-Komplexes die Waage* (Abbildung 13.3). Erst wenn ein erheblicher Anteil des Substrats verbraucht ist, nimmt auch die Konzentration des Intermediats ES ab. Da es sich beim nur wenige Millisekunden dauernden *pre-steady state* um einen mit herkömmlichen Messmethoden nicht erfassbaren Zeitraum handelt, misst man mit der „Anfangsgeschwindigkeit" bereits Reaktionen im Fließgleichgewicht: Man spricht daher von einer **Steady-state-Kinetik.**

Die Balance bei der Bildung und beim Abbau des Michaelis-Komplexes bedeutet mathematisch, dass die Gleichungen 13.8 und 13.9 gleichgesetzt werden können (Gleichung 13.10):

$$k_1[E][S] = k_2[ES] + k_{-1}[ES] \qquad (13.10)$$

Die Konzentration an freiem Enzym [E] ist wiederum keine experimentell zugängliche Größe: Wenn man nicht weiß, wie viel Enzym gerade im ES-Komplex „steckt", kennt man auch nicht die Menge an verbleibendem freiem Enzym. Durch die eingesetzte Enzymmenge ist jedoch die **Gesamtenzymkonzentration [E_g]** bekannt, und so bedarf es nur des mathematischen Tricks einer Substitution, um sich der Variablen [E] zu entledigen (Gleichung 13.11).

$$[E_g] = [E] + [ES], \text{ d. h. } [E] = [E_g] - [ES] \qquad (13.11)$$

Nach Ersetzen von [E] in Gleichung 13.10 ergibt eine Umformung folgenden Ausdruck für [ES] (Gleichung 13.12):

$$[ES] = \frac{[E_g][S]}{[S] + \dfrac{k_2 + k_{-1}}{k_1}} \text{ oder } [ES] = \frac{[E_g][S]}{[S] + K_M} \qquad (13.12)$$

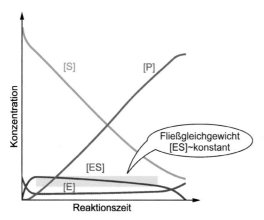

13.3 Fließgleichgewicht. Zur Lösung der Geschwindigkeitsgleichung wird die vereinfachende Annahme getroffen, dass sich nach kurzer „Einspielzeit" Entstehung und Verbrauch des Michaelis-Komplexes ES die Waage halten. Erst wenn die Substratkonzentration deutlich abnimmt, fällt auch die Konzentration des Enzym-Substrat-Komplexes merklich ab. Man beachte, dass [S] und [P] um Größenordnungen höher sind als [E] und [ES] (hier vereinfacht dargestellt). [AN]

Dabei wird der Term mit den drei Geschwindigkeitskonstanten als **Michaelis-Konstante K_M** definiert (Gleichung 13.13):

$$K_M = \frac{k_2 + k_{-1}}{k_1} \qquad (13.13)$$

Mit Einsetzen von Gleichung 13.12 in Gleichung 13.7 haben wir eine Geschwindigkeitsgleichung auf der Basis messbarer Größen formuliert (Gleichung 13.14):

$$V_0 = \frac{k_2[E_g][S]}{K_M + [S]} \qquad (13.14)$$

Eine letzte Vereinfachung ergibt sich aus der Überlegung, dass die enzymatische Reaktion ihre Maximalgeschwindigkeit V_{max} erreicht, wenn das gesamte Enzym substratgesättigt vorliegt. In diesem Fall erreicht die Konzentration des Michaelis-Komplexes [ES] ihr Maximum, was wiederum der Gesamtenzymkonzentration [E_g] entspricht (Gleichung 13.15):

$$V_{max} = k_2[ES]_{max} = k_2[E_g] \qquad (13.15)$$

Durch Substitution in Gleichung 13.14 erhalten wir schließlich die **Michaelis-Menten-Gleichung** (Gleichung 13.16):

$$V_0 = \frac{V_{max}[S]}{(K_M + [S])} \qquad (13.16)$$

Diese nach Leonor Michaelis und Maud Menten benannte Formel ist die Grundgleichung der Enzymkinetik. Sie liefert einen algebraischen Ausdruck, der die Analyse einer typischen Enzymkinetik erlaubt (Abbildung 13.1).

13.3
Michaelis-Konstante und Wechselzahl sind wichtige Kenngrößen von Enzymen

Die in Gleichung 13.13 definierte Michaelis-Konstante besitzt durchaus auch anschauliche Bedeutung. Betrachten wir zunächst den Fall [S] = K_M, in dem also die Substratkonzentration den gleichen Wert besitzt wie die Michaelis-Konstante: Der Quotient [S] / (K_M + [S]) hat dann den Wert ½. Die Anfangsgeschwindigkeit V_0 ist somit ½ V_{max}: *Die Michaelis-Konstante entspricht also der Substratkonzentration, bei der das Enzym mit halbmaximaler Geschwindigkeit arbeitet* (Abbildung 13.4).

Diese praxisorientierte Definition von K_M als Substratkonzentration bei $V_{max}/2$ ist allgemein gültig. Für den Fall, dass k_2 viel kleiner ist als k_{-1}, also die Produktbildung aus ES viel langsamer abläuft als der Zerfall des Michaelis-Komplexes zu freiem Enzym und Substrat, ergibt sich eine weitergehende anschauliche Deutung. Unter diesen Bedingungen kann nämlich k_2 im Zähler von Gleichung 13.13 vernachlässigt werden, und der Ausdruck vereinfacht sich zu (Gleichung 13.17):

$$K_M \approx \frac{k_{-1}}{k_1} = K_D \qquad (13.17)$$

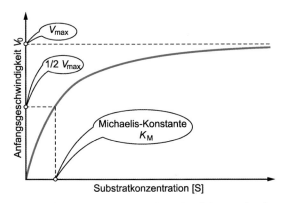

13.4 Michaelis-Konstante und halbmaximale Geschwindigkeit. Hat die Substratkonzentration exakt die Größe von K_M, so läuft die Reaktion bei halbmaximaler Geschwindigkeit ab.

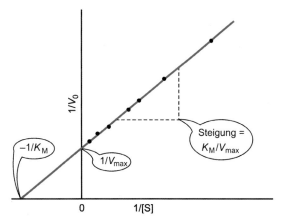

13.5 Lineare Darstellung der Enzymkinetik. Namensgeber sind die Erstbeschreiber Hans Lineweaver und Dean Burk.

Die Michaelis-Konstante entspricht dann – also nur für den Fall $k_2 << k_{-1}$ – ungefähr der **Dissoziationskonstanten K_D** (▶ Abschnitt 1.7) des Michaelis-Komplexes und stellt somit ein Maß für die Substrataffinität des Enzyms dar: je kleiner die Dissoziationskonstante, umso höher die Affinität zwischen Enzym und Substrat und umgekehrt. Zur experimentellen Bestimmung von K_M und V_{max} eines Enzyms formt man die Michaelis-Menten-Gleichung praktischerweise so um, dass sich bei der graphischen Auftragung eine Gerade anstelle einer Hyperbel ergibt (Exkurs 13.1).

Neben der Michaelis-Konstanten eignet sich die Reaktionsgeschwindigkeitskonstante k_2 (Gleichung 13.15) gut zur

---

> ### ✎ Exkurs 13.1: Lineweaver-Burk-Diagramm
>
> Trägt man graphisch die experimentell bestimmten Anfangsgeschwindigkeiten (Abbildung 13.1) gegen die Substratkonzentration auf, so besteht das Problem, dass sich die Geschwindigkeit nur asymptotisch ihrem Maximum nähert und der Maximalwert selbst bei großem Substratüberschuss praktisch nie erreicht wird: K_M und V_{max} lassen sich daher nur ungenau aus dem Graphen bestimmen. Bildet man aber den Kehrwert der Michaelis-Menten-Gleichung (Gleichung 13.18):
>
> $$\frac{1}{V_0} = \frac{K_M}{V_{max}} \cdot \frac{1}{[S]} + \frac{1}{V_{max}} \qquad (13.18)$$
>
> so ergibt sich eine lineare Funktion, wenn man den Kehrwert der Anfangsgeschwindigkeit ($1/V_0$, Ordinate) gegen den Kehrwert der Substratkonzentration ($1/S$, Abszisse) aufträgt (Abbildung 13.5). Man bezeichnet diese Art der Darstellung als **Lineweaver-Burk-Diagramm**. In die Messpunkte wird mittels linearer Regression eine Gerade gelegt. K_M und V_{max} lassen sich jetzt leicht aus der Steigung und den extrapolierten Achsenabschnitten dieser Geraden ermitteln. Mit modernen Computeralgorithmen ist heutzutage auch eine nichtlineare Anpassung einer Kurvenfunktion an die Messdaten möglich (engl. *curve fitting*). Hieraus ergeben sich noch genauere K_M- und V_{max}-Werte als beim klassischen Lineweaver-Burk-Diagramm.

Charakterisierung einer enzymatischen Reaktion. In der Praxis begegnet man häufig der **katalytischen Konstante k_{cat}**, da bei komplizierteren Reaktionsmechanismen außer k_2 noch weitere Geschwindigkeitskonstanten ins Spiel kommen, die dann zu k_{cat} zusammengefasst werden. Lediglich bei dem idealisierten Modell, das wir für die Herleitung der Michaelis-Menten-Gleichung verwendet haben, ist k_2 mit k_{cat} identisch. Die katalytische Konstante wird auch als **Wechselzahl** (engl. *turnover number*) bezeichnet. Sie gibt nämlich an, wie viele Substratmoleküle von einem einzigen Enzymmolekül pro Zeiteinheit maximal umgesetzt werden können. Katalase besitzt eine Wechselzahl von $4 \cdot 10^7 \, s^{-1}$. Ein einziges aktives Zentrum kann die unglaubliche Zahl von 40 Millionen H_2O_2-Molekülen in einer Sekunde zu Wasser und molekularem Sauerstoff umwandeln (▶ Abschnitt 11.2; ▶ Exkurs 41.4). Die kinetischen Parameter K_M und k_{cat} einiger Enzyme sind in Tabelle 13.1 aufgelistet.

Um die Leistungsfähigkeit eines Enzyms zu beurteilen, dürfen K_M und k_{cat} nicht losgelöst voneinander betrachtet werden: Enorme Umsatzzahlen nützen nur etwas, wenn auch für „Nachschub" an Substrat gesorgt wird, das Enzym also eine genügend hohe Substrataffinität besitzt. Als Maß für die **katalytische Effizienz** dient daher üblicherweise der Quotient k_{cat} / K_M. Diesem Kriterium gemäß arbeitet das Enzym Acetylcholinesterase trotz einer über 1 000fach geringeren Wechselzahl dennoch effizienter als Katalase (Tabelle 13.1).

13.4

Die Enzymkinetik hilft bei der Untersuchung von Enzymmechanismen

Die Messung von Enzymaktivitäten gehört zur klinischen Routinediagnostik. Ein gängiger Test ist die Messung der **Lactat-Dehydrogenase-Aktivität** (LDH) in Serumproben. LDH kommt in fünf Isoformen (▶ Exkurs 43.3) in praktisch allen

Tabelle 13.1 Kinetische Konstanten ausgewählter Enzyme. K_M, Michaelis-Konstante, k_{cat}, Wechselzahl.

Enzym (biologische Rolle)	Substrat	K_M [mol/l]	k_{cat} [s^{-1}]	k_{cat} / K_M [s^{-1} l mol^{-1}]
Katalase (Entgiftung)	H_2O_2	1,1	$4{,}0 \cdot 10^7$	$4{,}0 \cdot 10^7$
Carboanhydrase (CO$_2$-Umsatz)	CO_2	$1{,}2 \cdot 10^{-2}$	$1{,}0 \cdot 10^6$	$8{,}3 \cdot 10^7$
	$HCO_3^- + H^+$	$2{,}6 \cdot 10^{-2}$	$4{,}0 \cdot 10^5$	$1{,}5 \cdot 10^7$
Pepsin (Verdauung)	Protein (Phe-Gly) + H_2O	$3{,}0 \cdot 10^{-4}$	0,5	$1{,}7 \cdot 10^3$
Penicillinase, β-Lactamase (bakterielle Antibiotikaresistenz)	Benzylpenicillin + H_2O	$2{,}0 \cdot 10^{-5}$	$2{,}0 \cdot 10^3$	$1{,}0 \cdot 10^8$
Acetylcholinesterase (Neurotransmitterabbau)	Acetylcholin + H_2O	$9{,}0 \cdot 10^{-5}$	$1{,}4 \cdot 10^4$	$1{,}6 \cdot 10^8$

Gewebetypen vor; besonders hohe Konzentrationen finden sich in Erythrocyten, Herz, Niere, Leber und Muskulatur. Sterben Zellen ab oder werden sie beschädigt, so kommt es zu einem Anstieg von LDH im Serum, der über die Messung der LDH-Enzymaktivität quantitativ bestimmt werden kann. Die Identifizierung der LDH-Isoform(en) gibt Hinweise auf Herkunft und möglicherweise Ursache der erhöhten LDH-Konzentration im Serum. *In der biochemischen Grundlagenforschung hingegen ist die Enzymkinetik ein klassisches Werkzeug zur Erforschung von Enzymmechanismen.* Neben den kinetischen Parametern K_M und k_{cat} liefert die Abhängigkeit der Enzymaktivität von Versuchsparametern wie pH-Wert oder Temperatur wichtige Indizien, wie ein Enzym arbeitet. Im Falle der Serinprotease Trypsin dient eine Histidinseitenkette im aktiven Zentrum nacheinander als Basen- und Säurekatalysator (▶ Abschnitt 12.4). Dies funktioniert nur gut, wenn der pH-Wert der Lösung in der Nähe des pK-Werts von Histidin liegt. Die glockenförmige **pH-Abhängigkeit** der Trypsinaktivität mit ihrem Maximum im neutralen pH-Bereich deutet bereits auf Histidin als einen katalytisch wirksamen Rest hin. Das saure pH-Optimum von Pepsin spiegelt hingegen die Beteiligung der Aminosäure Aspartat an der Katalyse wider (Abbildung 13.6).

Ist die atomare Struktur eines Enzyms durch Röntgenstrukturanalyse (▶ Abschnitt 7.4) oder NMR-Spektroskopie (▶ Abschnitt 7.5) bestimmt worden, so kann das aktive Zentrum im Detail inspiziert werden. Mutmaßlich für die Katalyse bedeutsame Aminosäurereste können dann mit molekulargenetischen Verfahren wie der ortsgerichteten Mutagenese (▶ Abschnitt 22.10) gegen andere Aminosäuren ausgetauscht werden. Die Enzymkinetik gibt das Werkzeug an die Hand, mit dem der Effekt einer gezielten Mutation begutachtet werden kann.

Oft verbirgt sich hinter einer scheinbar einfachen Michaelis-Menten-Kinetik ein komplizierter Reaktionsmechanismus aus mehreren Teilschritten – man denke etwa an die Reaktionsfolge bei Serinproteasen (▶ Abschnitt 12.4 f.). Für das Verständnis dieser Prozesse können schon die ersten Millisekunden einer Enzymreaktion wertvolle Informationen in sich bergen. In dieser kurzen Zeit hat sich noch kein Fließgleichgewicht eingespielt, und das Geschwindigkeitsdiagramm gibt noch Aufschluss über einzelne Etappen des Reaktionsweges. Diese **schnelle Pre-Steady-State-Kinetik** benötigt allerdings spezielle Versuchsmethoden wie etwa ultraschnelle Misch- und Detektionstechniken.

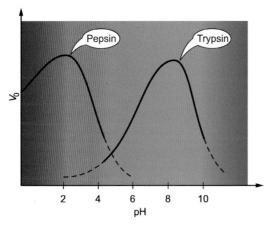

13.6 pH-Abhängigkeit der Aktivität von Trypsin und Pepsin. Die pH-Optima reflektieren die Titration, d.h. die Protonierung und Deprotonierung der katalytisch relevanten Aminosäurereste. Die zu extremen pH-Werten hin steil abfallende Aktivität kommt auch durch Denaturierung der Enzyme zustande. Zur Wirkweise von Pepsin siehe ▶ Abschnitt 31.3.

13.5

Kompetitive Inhibitoren binden an das aktive Zentrum und verhindern den Substratzutritt

Nicht immer und überall ist enzymatische Aktivität biologisch sinnvoll. Eine unkontrollierte Aktivität etwa von Gerinnungsproteasen hätte fatale Folgen. Aus diesem Grund hat die Natur eine große Zahl von **Enzyminhibitoren** entwickelt. Sie drosseln die enzymatische Aktivität oder bringen sie vollständig zum Erliegen. Dabei können Inhibitoren ihre Zielenzyme reversibel oder irreversibel hemmen. Ihre essenzielle Bedeutung für den Organismus werden wir am Beispiel fehlender oder fehlerhafter Inhibitoren kennen lernen. *Die Tatsache, dass Enzyme praktisch alle biologisch relevanten Reaktionen katalysieren, gibt natürlichen wie synthetischen Inhibitoren eine herausragende therapeutische Bedeutung.*

Tabelle 13.2 Auswahl pharmakologisch relevanter Enzyminhibitoren.

Pharmakon	inhibiertes Enzym	Einsatz als
Acetylsalicylsäure, Ibuprofen, Diclofenac	Cyclooxygenase (COX)	Analgetika
Atorvastatin, Fluvastatin	HMG-Coenzym-A-Reduktase	Cholesterinsenker („Statine")
Captopril, Ramipril	Angiotensin-konvertierendes Enzym (ACE)	Antihypertonika
Moclobemid, Selegilin	Monoaminoxidase (MAO)	Antidepressiva

Prototypen von Enzyminhibitoren sind das Analgetikum Acetylsalicylsäure, das Antidepressivum Moclobemid oder der Cholesterinsenker Lovastatin (Tabelle 13.2). Darüber hinaus sind Inhibitoren wertvolle Werkzeuge bei der Erforschung von Enzymmechanismen.

Reversible Inhibitoren gehen keine kovalente Bindung mit dem Enzym ein, sondern lassen es prinzipiell intakt und „handlungsfähig". Je nach Mechanismus unterscheiden wir hier kompetitive, nichtkompetitive oder unkompetitive Hemmung. **Kompetitive Inhibitoren** ahmen natürliche Substratmoleküle in ihrer Struktur nach: Das aktive Zentrum des Enzyms erkennt und bindet sie als „Pseudosubstrate", kann sie aber im Gegensatz zu „echten" Substraten chemisch nicht umsetzen. Substrat und kompetitiver Inhibitor konkurrieren um dieselbe Bindungsstelle im aktiven Zentrum und binden daher auch nicht gleichzeitig an das Enzym (Abbildung 13.7a). Prototyp eines **substratanalogen Inhibitors** ist

das Pharmakon **Lovastatin**. Es handelt sich um einen Hemmstoff der HMG-CoA-Reduktase, des Schlüsselenzyms der Cholesterinbiosynthese (▶ Abschnitt 46.1). Hemmstoffe gegen dieses Enzym werden allgemein als **Statine** bezeichnet; sie zählen als Cholesterin- und LDL-Senker (LDL, *low density lipoprotein*) zu den meistverordneten Medikamenten überhaupt. Die partielle Strukturähnlichkeit zwischen Lovastatin und dem natürlichen Substrat 3-Hydroxy-3-methylglutaryl-Coenzym A (HMG-CoA) ist offensichtlich (Abbildung 13.7b).

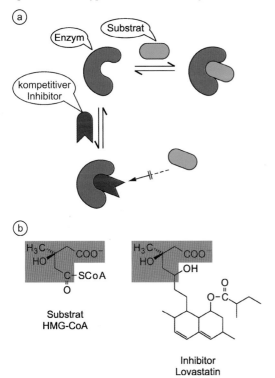

13.7 Kompetitive Inhibition. a) Substrat und Inhibitor konkurrieren um dieselbe Bindungsstelle im aktiven Zentrum. b) Strukturähnlichkeit von Inhibitor (Lovastatin) und Substrat HMG-CoA. Der Übersichtlichkeit halber wurde die Struktur von CoA ausgespart. Der Inhibitor bindet an das aktive Zentrum, wird aber nicht umgesetzt und verhindert daher den Substratzutritt.

13.6
Hohe Substratkonzentrationen heben die kompetitive Inhibition auf

Wie gibt sich ein kompetitiver Inhibitor in der Michaelis-Menten-Kinetik zu erkennen? Die Konkurrenz von Inhibitor und Substrat um freie Bindungsstellen bewirkt eine apparente (scheinbare) Minderung der Affinität des Enzyms für sein Substrat. In Gegenwart des Inhibitors müssen größere Substratkonzentrationen aufgewendet werden, um die halbmaximale Geschwindigkeit $V_{max}/2$ zu erzielen. Dadurch steigt der **apparente K_M-Wert K_M^{app}**. Im Geschwindigkeitsdiagramm bewirkt der kompetitive Inhibitor eine Abflachung der Reaktionskurve: K_M wird nach rechts zu K_M^{app} bei höheren Konzentrationen verschoben (Abbildung 13.8a). Das Enzym kann prinzipiell noch genauso schnell wie in Abwesenheit des Inhibitors arbeiten: Bei einem gewaltigen Substratüberschuss erreicht es immer noch V_{max}. Im Lineweaver-Burk-Diagramm verändert der kompetitive Inhibitor die Steigung der Geraden, während er den Ordinatenschnittpunkt $1/V_{max}$ unverändert lässt: K_M^{app} steigt, während V_{max} konstant bleibt (Abbildung 13.8b).

Als quantitatives Maß für die Stärke eines Inhibitors dient die **Hemmkonstante K_I**, die als Dissoziationskonstante des Enzym-Inhibitor-Komplexes definiert ist (Gleichung 13.19):

$$K_I = \frac{[E]\,[I]}{[EI]} \qquad (13.19)$$

Ein potenter Inhibitor besitzt demnach einen kleinen K_I-Wert. Lovastatin hat beispielsweise einen $K_I \approx 1$ nM für HMG-CoA-Reduktase. Um den K_I-Wert für einen kompetitiven Inhibitor zu bestimmen, wird die Anfangsgeschwindigkeit der Enzymreaktion bei verschiedenen Substratkonzentrationen und einer fixen Inhibitorkonzentration [I] gemessen. Im

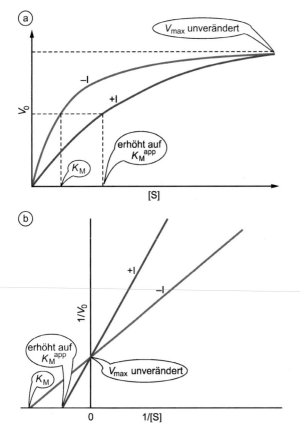

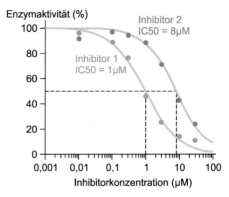

13.9 Bestimmung der IC_{50}-Werte für zwei Inhibitoren. Die Enzymaktivität wird bei verschiedenen Konzentrationen des jeweiligen Inhibitors gemessen (Messpunkte). Ein Algorithmus errechnet dann die zugehörigen Dosis-Wirkungs-Kurven auf der Grundlage der Datenpunkte. Im vorliegenden Fall ist Inhibitor 1 etwa achtmal potenter als Inhibitor 2.

13.8 Reaktionskinetik bei kompetitiver Inhibition. In Gegenwart des Inhibitors (+I) erhöht sich K_M der ungehemmten Reaktion (–I) auf K_M^{app}; V_{max} ist unverändert: a) Michaelis-Menten-Darstellung; b) Lineweaver-Burk-Diagramm.

Lineweaver-Burk-Diagramm (Abbildung 13.5) wird anschließend der apparente K_M^{app} bestimmt. Aus K_M^{app} erhält man die Hemmkonstante K_I durch Einsetzen von K_M (gemessen in Abwesenheit des Inhibitors) und [I] (Gleichung 13.20):

$$K_I = \frac{[I]}{\dfrac{K_M^{app}}{K_M} - 1} \qquad (13.20)$$

Eine alternative Kenngröße ist der **IC_{50}-Wert** (mittlere inhibitorische Konzentration): *Sie bezeichnet die Konzentration eines Inhibitors, mit der eine halbmaximale Inhibition erzielt wird* (Abbildung 13.9). Hochpotente Inhibitoren weisen mittlere inhibitorische Konzentrationen im nano- oder sogar picomolaren Bereich auf. Der IC_{50}-Wert wird aufgrund seiner anschaulichen Bedeutung insbesondere in der Pharmakologie häufig verwendet. Allerdings ist der IC_{50} im Gegensatz zu K_I keine Konstante: IC_{50}-Werte für verschiedene Inhibitoren können nur miteinander verglichen werden, wenn dieselben Enzym- und Substratkonzentrationen für den Versuch eingesetzt wurden.

Nichtkompetitive Inhibitoren *verringern im Gegensatz zu kompetitiven Inhibitoren primär die maximale Reaktionsgeschwindigkeit V_{max}* (Abbildung 13.10a). Nichtkompetitive Inhibition tritt meist bei Enzymen mit mehr als einem Substrat auf. Dabei bindet der nichtkompetitive Inhibitor I im aktiven Zentrum und lässt die Bindungsstelle für Substrat A frei. Die Reaktion ist jedoch inhibiert und V_{max} reduziert, da ein zweites Substrat B keinen Zugang mehr zum aktiven Zentrum hat (Abbildung 13.10b). Hinsichtlich Substrat A handelt es sich bei I also um einen nichtkompetitiven, mit Blick auf Substrat B aber um einen kompetitiven Inhibitor. Dieser Inhibitionstyp tritt auch auf, wenn ein Inhibitor I abseits des aktiven Zentrums an eine allosterische Bindungsstelle bindet, dadurch eine Konformationsänderung bewirkt und damit letztlich die Aktivität des Enzyms drosselt, ohne seine Substratbindung zu beeinflussen. Allerdings wird selten ausschließlich V_{max} verändert: Meist setzen solche Hemmstoffe auch die Substrataffinität herab und erhöhen damit K_M. Daher bezeichnet man diesen Hemmmechanismus auch als **gemischte Inhibition**.

Unkompetitive Inhibitoren treten – ebenso wie nichtkompetitive Inhibitoren – bei Enzymen mit mehreren Substraten auf. Der entscheidende Unterschied ist, dass der unkompetitive Inhibitor bevorzugt an den Komplex aus Enzym und (erstem) Substrat bindet, nicht aber an das freie Enzym. Solch eine präzise vorgegebene Bindungsreihenfolge für zwei Substrate haben wir schon bei der Lactat-Dehydrogenase kennen gelernt (▶ Abschnitt 12.3). Da der Inhibitor erst *nach* dem ersten Substrat auf den Plan tritt, kann er dessen Affinität zum Enzym auch nicht mindern. Im Gegenteil: Der apparente K_M-Wert ist sogar herabgesetzt und die Substrataffinität scheinbar erhöht. Der Inhibitor senkt nämlich V_{max}, und damit sinkt auch die für die halbmaximale Geschwindigkeit benötigte Substratmenge!

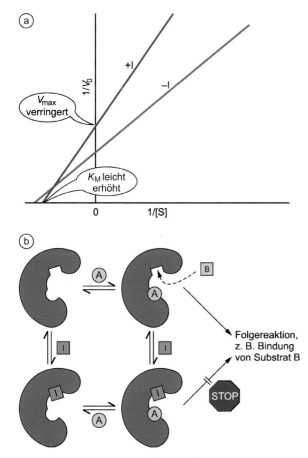

13.10 Prinzip der nichtkompetitiven Inhibition: a) Lineweaver-Burk-Diagramm bei nichtkompetitiver Inhibition; b) möglicher Mechanismus bei der nichtkompetitiven Inhibition. Der Inhibitor I nimmt keinen oder nur geringfügigen Einfluss auf die Bindung von Substrat A, blockiert aber Folgereaktionen.

Kovalent bindende Inhibitoren hemmen irreversibel

Bislang haben wir reversibel bindende Inhibitoren betrachtet, die über nichtkovalente Bindungen an ein Enzym andocken und auch wieder abdissoziieren können. Es gibt aber auch Inhibitoren, die kovalent an das aktive Zentrum von Enzymen binden und es damit dauerhaft lahm legen. Eine große Zahl solcher **irreversiblen Inhibitoren** findet sich im menschlichen Plasma: Fast 10 % aller Plasmaproteine gehören zu dieser nach ihrer bevorzugten Zielgruppe als **Serpine** (**Ser**inproteasein**i**nhibitoren) bezeichneten Klasse, etwa Antithrombin und der α_1-**Proteaseinhibitor**. Letzterer ist der physiologische Gegenspieler der **Leukocyten-Elastase**, die strukturell mit der pankreatischen Elastase verwandt ist. Leukocyten-Elastase hat ein breites Substratspektrum und beschränkt sich nicht nur auf den Abbau des namensgebenden Elastins. Bei entzündlichen Prozessen sezernieren neutrophile Leukocyten große Mengen an Elastase, die in ungehemmter Form massenhaft extrazelluläre Proteine spaltet: ein Spiel mit dem Feuer! Hier greift der α_1-Proteaseinhibitor ein. Zunächst erscheint er als normales Substrat der Elastase und bindet ihr aktives Zentrum. Das Enzym spaltet daraufhin an einer Sollbruchstelle eine Peptidbindung des Inhibitors (Abbildung 13.11). Dabei entsteht das bekannte Acyl-Enzym-Intermediat, bei dem das Substrat *kovalent* am Enzym gebunden ist (▶ Abschnitt 12.5).

Als Folge dieses Schnitts macht die Acylkomponente eine umfassende Konformationsänderung durch, die den weiteren katalytischen Ablauf massiv stört. Die Protease kann ihr Werk nicht mehr vollenden, der hydrolytische Schritt bleibt aus, und das Enzym verharrt auf der Zwischenstufe des Acyl-Enzym-Intermediats. Es handelt sich also um einen **suizidalen Hemmmechanismus**, der das Enzym inaktiviert. *Kovalente Bindung und irreversible Hemmung, die mit einer massiven Konformationsänderung des Inhibitors einhergeht, sind*

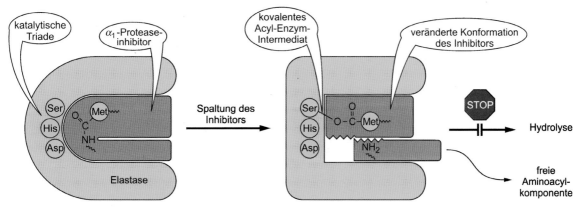

13.11 Inhibitorischer Mechanismus von α_1-Proteaseinhibitor. Die Spaltung einer Peptidbindung führt zu einer massiven Konformationsänderung des Inhibitors, die eine weitere Katalyse verhindert. Die Reaktion verharrt auf der Stufe des kovalenten Acyl-Enzym-Intermediats. Auch exzessive Substratkonzentrationen können diese Hemmung nicht mehr rückgängig machen: Wir sprechen von einer irreversiblen Inhibition.

charakteristisch für die Inhibitorklasse der Serpine (Serinproteaseinhibitoren). Andere Proteaseinhibitoren binden hingegen reversibel und nach dem statischen **Schlüssel-Schloss-Prinzip**, also ohne größere Änderungen ihrer Tertiärstruktur. Die Konformationsänderung der Serpine erlaubt eine feinstufige Regulierbarkeit ihrer inhibitorischen Potenz, so etwa im Fall von Antithrombin, das erst in Gegenwart des allosterischen Effektors Heparin seine Hemmwirkung auf die Blutgerinnung entfaltet (▸Abschnitt 14.5). Diese Regulierbarkeit hat die Serpine im Laufe der Evolution zur dominierenden Klasse von Proteaseinhibitoren in höheren Organismen gemacht. Andererseits macht sie ihr komplexer Hemmmechanismus auch relativ anfällig, was z. B. bei der nichthereditären Form des Lungenemphysems deutlich wird (Exkurs 13.2).

⚕ Exkurs 13.2: α_1-Proteaseinhibitor-Defizienz

Bei einem erblichen Defekt des Gens für α_1-Proteaseinhibitor (synonym: α_1-Antitrypsin) kommt es infolge übermäßiger Elastaseaktivität zu einer fortschreitenden Gewebezerstörung, vor allem in Leber und Lunge. Besonders kritisch und oft tödlich ist die Entwicklung eines Lungenemphysems, bei dem die Lungenbläschen (Alveolen) zerstört werden. Neben dieser hereditären Form gibt es auch eine erworbene (akquirierte) Form des **Lungenemphysems**, deren Manifestation durch Rauchen stark begünstigt wird. Die im Zigarettenrauch massenhaft enthaltenen oxidativ wirksamen Bestandteile modifizieren einen kritischen Methioninrest im reaktiven Zentrum des Serpininhibitors, an dem normalerweise Elastase schneidet, zu **Methioninsulfoxid** (Abbildung 13.12). Diese oxidierte Form des α_1-Proteaseinhibitors ist funktionell defekt und kann Elastase nicht mehr hemmen: Die Einführung eines einzigen Sauerstoffatoms macht den Inhibitor zur „stumpfen Waffe". Wird nun Elastase aus Leukozyten freigesetzt, kann sie ihre zerstörerische Wirkung frei entfalten.

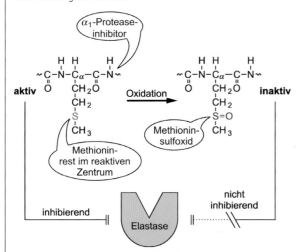

13.12 Oxidation des α_1-Proteaseinhibitors. Der kritische Methioninrest ist Teil des reaktiven Zentrums des Inhibitors und für die Bindung an Elastase notwendig, die die Peptidbindung carboxyterminal von Methionin in einem suizidalen Katalyseschritt spalten soll. Methioninsulfoxid wird jedoch von Elastase nicht erkannt: Das Enzym kann nicht mehr gehemmt werden.

Auch synthetische Inhibitoren können suizidal wirken. Paradebeispiel dafür ist **Diisopropylfluorphosphat (DFP)**. Das wichtigste Zielenzym von DFP im Organismus ist die Acetylcholinesterase. Die biologische Aufgabe der **Acetylcholinesterase** besteht darin, den Neurotransmitter Acetylcholin nach seiner Ausschüttung rasch zu hydrolysieren und damit zu inaktivieren (▸Exkurs 26.6). Das esterolytische Enzym besitzt einen ganz ähnlichen Katalysemechanismus wie amidolytische Serinproteasen. Das reaktive Serin bildet mit DFP unter Abspaltung von Fluorwasserstoff einen kovalenten Phosphorsäureester, den das Enzym – anders als den bei der Reaktion mit Acetylcholin resultierenden Carbonsäureester – *nicht* zu hydrolysieren vermag. Acetylcholinesterase ist damit dauerhaft inaktiviert – mit fatalen Folgen (Abbildung 13.13). Durch die Akkumulation von Acetylcholin kommt es zur cholinergen Nervenimpulsblockade, die über Atemlähmung zum Tod führt. DFP-verwandte Verbindungen werden als Insektizide unter den Namen Parathion und Pflanzen-Paral eingesetzt, haben aber auch als Kampfgase **Sarin** und Tabun ⌐ traurige Berühmtheit erlangt.

13.8

Allosterische Regulatoren modulieren die Enzymaktivität

Enzyme arbeiten in der Regel nicht für sich allein, sondern sind Teil eines komplexen Netzwerks von zahlreichen enzymatischen und nichtenzymatischen Komponenten. Eine sorgfältige Abstimmung der Enzymaktivitäten, nicht nur die Hemmung einzelner Enzyme, ist dabei notwendig. Oft setzt die Regulation bei der Enzymmenge an, und zwar über die Kontrolle der Synthese- oder Abbauraten. Diese Steuerung zielt auf mittel- bis langfristige Effekte im Bereich von Minuten und Stunden ab. Eine rasche Modulation der Aktivität muss hingegen am Enzym selbst ansetzen. **Allosterische Modulatoren** haben wir bereits beim Hämoglobin kennengelernt, wo sie die Affinität des Transportproteins zur „Fracht" Sauerstoff regulieren (▸Abschnitt 10.7). Sie können über **homo- und heterotrope Effekte** ⌐ auch die Aktivität von Enzymen modulieren. So kann die Bindung des Substrats an ein aktives Zentrum über Konformationsänderungen einen homotropen Effekt auf andere aktive Zentren ausüben, die zu demselben multimeren Enzym gehören (Abbildung 13.14). Ebenso können heterotrope Effektoren, die keine Enzymsubstrate sind und die fernab des aktiven Zentrums an **regulatorische Zentren** binden, die Enzymaktivität herauf- oder herabregulieren. Regulatorische Zentren können gemeinsam mit dem katalytischen Zentrum auf einem Polypeptidstrang liegen. Oft jedoch befinden sie sich auf separaten regulatorischen Untereinheiten.

Wir haben bereits die Analogie des Geschwindigkeitsdiagramms einer einfachen Enzymkinetik zur Sauerstoffbin-

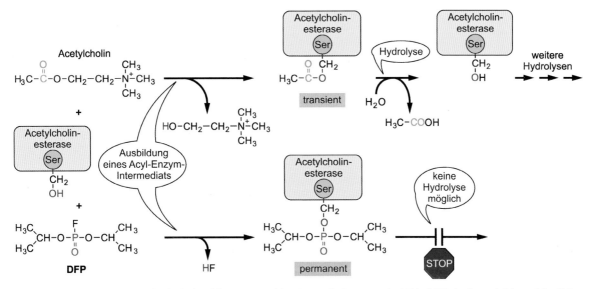

13.13 Reaktionsmechanismus eines kovalent bindenden Inhibitors. Serin im aktiven Zentrum der Esterase reagiert initial mit DFP, als wäre es ein Substrat. Sekundär kann der entstehende Phosphoester aber nicht mehr hydrolysiert werden: Das Enzym ist dauerhaft inaktiviert.

dungskurve von Myoglobin herausgestellt. Diese Analogie gilt auch für Hämoglobin und homotrop regulierte Enzyme: *Der kooperative Übergang mehrerer aktiver Zentren zwischen*

Zuständen niedriger und hoher Aktivität äußert sich in einer **sigmoidalen Reaktionskinetik** (Abbildung 13.15). Homotrop bzw. kooperativ regulierte Enzyme zeigen somit ein von der „einfachen" Michaelis-Menten-Kinetik abweichendes Verhalten.

Welche Bedeutung hat die homotrope Regulation in der Zelle? Betrachten wir den Fall eines kooperativ regulierten Enzyms, das sein Substrat aus einem unabhängigen Stoffwechselweg erhält (Abbildung 13.16). Solange das Substrat unterhalb einer Schwellenkonzentration $[S]_s$ vorliegt, zeigt das Enzym nur geringe Aktivität. Das Substrat kann damit bis zur Schwellenkonzentration akkumulieren. Wächst seine Konzentration jedoch geringfügig über $[S]_s$ an, kommt es zu einem fulminanten Anstieg der Enzymaktivität und damit zu einer raschen Umsetzung des Substrats, bis seine Konzentration wieder unter $[S]_s$ absinkt. Das Enzym fällt dann in den inaktiven Zustand zurück. Dieser Mechanismus hält die Konzentration von S in der Zelle weitgehend konstant bei

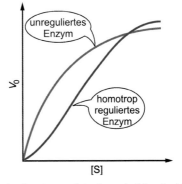

13.14 Allosterische Regulation von Enzymen. Links: Die homotrope Regulation erfolgt über Substratbindung an ein katalytisches Zentrum und erfordert multimere Enzyme (hier: Dimer). Die heterotrope Regulation erfolgt über Effektorbindung an ein regulatorisches Zentrum, das fernab vom katalytischen Zentrum liegt (rechts). Die gestrichelte Linie deutet an, dass es sich dabei um mono- oder multimere Enzyme handeln kann.

13.15 Kinetik eines homotrop regulierten Enzyms (rot). Zum Vergleich ist die Michaelis-Menten-Kinetik für ein unreguliertes Enzym dargestellt (blau).

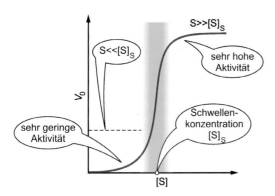

13.16 Effekt der kooperativen Regulation von Enzymen. Zur Verdeutlichung ist hier eine steile sigmoide Kurve dargestellt, was einer starken allosterischen Kooperativität der aktiven Zentren entspricht. *In vivo* findet sich selten eine derart ausgeprägte Kooperativität. [S], Substratkonzentration; [S]$_s$, Schwellenkonzentration.

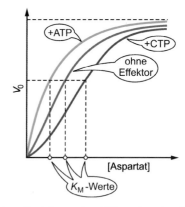

13.17 Heterotrope Regulation von Aspartat-Transcarbamoylase. Die Effekte von zwei Regulatoren auf die Reaktionskinetik des Enzyms sind hier gezeigt. CTP ist ein allosterischer Inhibitor, der die erforderliche Substratkonzentration zum Erreichen von $V_{max}/2$, sprich den K_M-Wert, erhöht. ATP als allosterischer Aktivator hingegen senkt den K_M-Wert für das Substrat Aspartat.

[S]$_s$. *Kooperativ regulierte Enzyme tragen somit zur* **Homöostase** *eines dynamischen Systems von Stoffwechselwegen bei, indem sie die Konzentration wichtiger Metaboliten austarieren.*

Das bestuntersuchte homotrop regulierte Enzym ist bakterielle **A**spartat-**T**rans**c**arbamoylase (**ATCase**) ⏚, ein Schlüsselenzym in der Synthese von Nucleinsäurebausteinen vom Typ der Pyrimidinnucleotide. ATCase synthetisiert die Pyrimidinvorstufe *N*-Carbamoylaspartat aus den Substraten Aspartat und Carbamoylphosphat (▶Abschnitt 49.4). Beide Substrate üben einen positiv homotropen Effekt aus: Kleine Änderungen in der Konzentration dieser Substrate haben einen großen Effekt auf die Aktivität der ATCase. Jenseits der Schwellenkonzentration schnellt die Aktivität nach oben und öffnet damit die „Schleusen" der Pyrimidinsynthese. Diese schließen sich aber genauso schnell wieder, wenn eine der beiden Substratkonzentrationen ihren Schwellenwert unterschreitet – ein weiteres Beispiel für Ökonomie und **Homöostase** einer Zelle, die die Konstanz ihres inneren Milieus gewährleisten.

13.9
Heterotrope Effektoren binden an regulatorische Untereinheiten

Enzyme können nicht nur auf Substrate reagieren: Die heterotrope Regulation beruht auf der Bindung von **Effektoren** fernab vom aktiven Zentrum. Auf nichtenzymatischer Ebene kann wiederum das Beispiel Hämoglobin bemüht werden. Die Senkung der O_2-Affinität durch den Effektor 2,3-Bisphosphoglycerat ist beispielhaft für eine heterotrope Regulation (▶Abschnitt 10.7). Homo- und heterotrope Regulation kommen bei Enzymen häufig nebeneinander vor, so auch bei der ATCase. Das Enzym ist ein Dodecamer aus sechs katalytischen und sechs regulatorischen Untereinheiten. Cyti-

dintriphosphat (**CTP**), ein Endprodukt der Pyrimidinnucleotidsynthese, kann an die regulatorischen Untereinheiten binden und ATCase heterotrop hemmen (Abbildung 13.17). Ein zweiter allosterischer Regulator, **Adenosintriphosphat** (**ATP**), aktiviert dagegen das Enzym.

Die heterotrope Inhibition durch CTP stellt einen **negativen Rückkopplungseffekt** dar: Ist genügend Endprodukt vorhanden, so wird der gesamte Stoffwechselweg auf der Stufe des Schlüsselenzyms ATCase gedrosselt (▶Abschnitt 49.4). Dominiert hingegen die Aktivierung durch ATP, so bedeutet dies zweierlei: Einerseits zeigt ein reichliches Angebot an dem Hauptenergieträger ATP der Zelle an, dass sie sich die aufwändige Pyrimidinsynthese überhaupt leisten kann. Da für die Synthese von DNA oder RNA äquimolare Mengen an Pyrimidin- und Purinnucleotiden benötigt werden, signalisiert der dominierende Effekt des Purinnucleotids ATP andererseits einen Bedarf an Pyrimidinnucleotiden, für die wiederum ATCase Vorarbeit leistet. *Somit bündelt das Enzym Informationen über die Konzentrationen von Metaboliten aus verschiedenen Stoffwechselwegen sowie den Energiestatus der Zelle, integriert sie und richtet seine Antwort danach aus: ATCase gleicht einem molekularen Chip.* Die Röntgenkristallstruktur der ATCase aus *E. coli* gewährt einen Einblick in die molekularen Details der allosterischen Regulation (Exkurs 13.3).

13.10
Reversible Phosphorylierung reguliert die Enzymaktivität

Neben der transienten Bindung allosterischer Effektoren ist die **reversible kovalente Modifikation** von Enzymen ein wichtiger Regulationsmechanismus. Unter den verschiedenarti-

In diesem Enzym formieren sich sechs katalytische Untereinheiten (UE) zu zwei Trimeren. Zwischen diesen beiden katalytischen „Lagen" sind sechs regulatorische UE in Form dreier Dimere angeordnet (Abbildung 13.18, unten rechts). Jede katalytische UE hat zwei unterschiedliche Domänen, an die Aspartat bzw. Carbamoylphosphat binden. Nach Substratbindung rücken die beiden Domänen näher zusammen. In der Folge lösen sich Wasserstoffbrücken zu den gegenüberliegenden katalytischen UE auf, die komplette ATCase wandelt ihre Konformation und geht vom inaktiven T- in den aktiven R-Zustand über. Die regulatorischen UE sind ebenfalls von den Konformationsänderungen betroffen: CTP bindet besser an die T-Form und verschiebt damit das Gleichgewicht der Konformationen in Richtung inaktiver Form. ATP hingegen bindet stärker an den R-Zustand und favorisiert damit die aktive Form. Dabei konkurrieren die beiden Nucleotide um überlappende Bindungsstellen auf den regulatorischen UE.

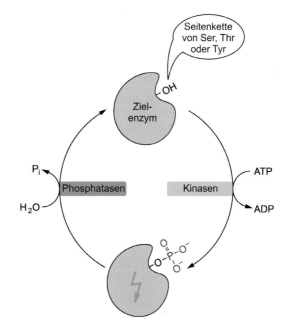

13.19 Reversible Phosphorylierung von Enzymen. Kinasen erkennen und phosphorylieren nur über bestimmte Sequenzen und Tertiärstrukturen definierte Positionen im Protein. Die Phosphorylierung kann zu weitreichenden Änderungen der Enzymeigenschaften führen.

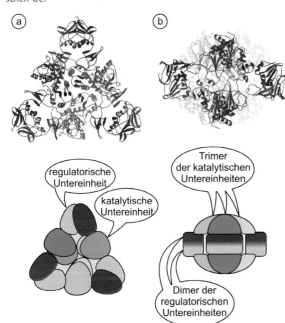

13.18 Struktur der ATCase, schematisch und im Bändermodell. a) Die Aufsicht zeigt die perfekte trigonale Symmetrie des Enzyms mit katalytischen (grün) und regulatorischen Untereinheiten (rot). b) In der Seitenansicht erkennt man das „Sandwich" aus zwei katalytischen Trimeren, zwischen denen drei Dimere der regulatorischen Untereinheiten liegen. [AN]

gen Modifikationen ist **reversible Phosphorylierung** an der Hydroxylgruppe von Serin-, Threonin- oder Tyrosinseitenketten von herausragender Bedeutung. **Proteinkinasen** katalysieren diese Phosphorylierungsreaktion, wohingegen **Proteinphosphatasen** die Phosphorsäureesterbindung hydrolysieren und damit den Phosphatrest wieder abspalten (Abbildung 13.19). Dabei erkennen Kinasen den zu phosphorylierenden Rest sowohl über die in unmittelbarer Nachbarschaft

liegenden Aminosäurereste der Primärstruktur als auch über die Einbettung in die umgebende Tertiärstruktur. Kinasen sind bei ihren Zielenzymen daher sehr wählerisch, während Phosphatasen nicht ganz so spezifisch zu agieren scheinen. Durch die Phosphorylierung wird eine polare Hydroxylgruppe in eine formal doppelt negativ geladene Seitenkette umgewandelt. *Es entsteht eine hohe negative Ladungsdichte, wie sie bei keinem unmodifizierten Aminosäurerest vorkommt.*

Die Phosphorylierung einer Seitenkette im aktiven Zentrum kann zu einer veränderten Substrataffinität führen: Elektrostatische Anziehung oder Abstoßung infolge von Phosphorylierung kann die Substratbindung erleichtern oder unterdrücken. Die eingeführte Phosphatgruppe kann aber auch zu einer globalen Änderung der Proteinkonformation führen, damit quasi heterotrop wirken und „aus der Ferne" ein aktives Zentrum beeinflussen wie bei der **Glykogen-Phosphorylase** 🖐 (Abbildung 13.20). Bei Bedarf setzt dieses Enzym Glucose-1-phosphat aus der Speicherform Glykogen in Leber und Muskel frei (▶ Abschnitt 44.6). Dabei wird Phosphorylase über hormonelle Stimuli gesteuert: Adrenalin und Glucagon lösen intrazelluläre Signalkaskaden aus, die letztlich eine **Phosphorylase-Kinase** stimulieren. Aktivierte Kinase phosphoryliert dann einen aminoterminal gelegenen Serinrest der Glykogen-Phosphorylase, worauf sich die Sekundär-, Tertiär- und Quartärstruktur des dimeren Enzyms ändern. Dabei geht es von der nahezu inaktiven b-Form in die weit aktivere a-Form über (▶ Exkurs 44.4). Regulatorischer Gegenspieler ist **Phosphoprotein-Phospha-**

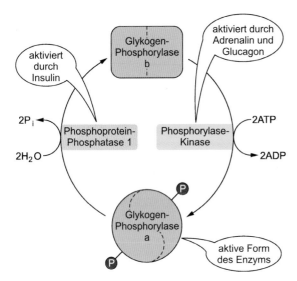

13.20 Regulation der Enzymaktivität durch reversible Phosphorylierung am Beispiel der Glykogen-Phosphorylase. Die beteiligten Kinasen nutzen ATP als Cosubstrat.

tase-1, die über Insulin aktiviert wird und Glykogen-Phosphorylase zur inaktiven Form dephosphoryliert.

Eine heterotrope Regulation komplementiert die Aktivitätssteuerung durch reversible Phosphorylierung. Adenosinmonophosphat (AMP) ist ein allosterischer Aktivator und Glucose, Glucose-6-phosphat sowie ATP sind allosterische Inhibitoren der Phosphorylase (Abbildung 13.21). *Wie bei der Aspartat-Transcarbamoylase kommt es zu einer* **multilateralen Regulation**, *die im Falle der Glykogen-Phosphorylase auch systemisch erzeugte hormonelle Signale integriert.*

Die Phosphorylierung eines Enzyms stellt ein molekulares Schaltelement dar und kann aktivierend oder inhibierend wirken. Oft besitzt ein Enzym mehrere Phosphorylierungsstellen, die hierarchisch bedient werden: Eine Position kann

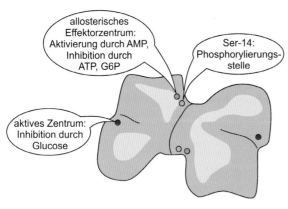

13.21 Integrative Funktionen von Glykogen-Phosphorylase. Phosphorylierung an Ser-14 aktiviert das dimere Enzym. AMP-Bindung an einem Effektorzentrum führt zur allosterischen Aktivierung; ATP und Glucose-6-phosphat (G6P) wirken am selben Zentrum inhibitorisch. Glucose hemmt das Enzym über direkte Bindung an das aktive Zentrum. [AN]

erst phosphoryliert werden, wenn es eine andere bereits ist. Häufig sind phosphorylierende Reaktionen kaskadenartig organisiert (▶Abschnitt 29.4). Die Aktivität von Kinasen und Phosphatasen wird wiederum durch reversible Phosphorylierung reguliert – wie etwa bei der Phosphorylase-Kinase (▶Exkurs 44.4). *Dadurch entstehen komplexe Hierarchien von Aktivierung und Inaktivierung, die zu einer enormen Verstärkung eines eingehenden Signals führen können:* So kann eine durch Phosphorylierung aktivierte Kinase viele andere Kinasen phosphorylieren, die wiederum eine dritte Kinasenebene bedienen, usw. Wir haben es mit einem molekularen Schneeballeffekt zu tun.

13.11

Gezielte proteolytische Spaltungen können Zymogene aktivieren

Die wichtigsten Verdauungsenzyme des Dünndarms werden vom Pankreas (Bauchspeicheldrüse) gebildet. Die Steuerung ihrer Aktivität am Wirkort bedarf keiner sonderlich subtilen Regulation. Eine vorzeitige Entfesselung ihres enzymatischen Potenzials am Syntheseort ist jedoch fatal: Eine Pankreatitis geht mit der oft tödlichen Autolyse (Selbstverdauung) des Organs durch diese Enzyme einher! Um eine solche Autoaggression zu vermeiden, werden die proteolytischen Enzyme in den Azinuszellen des Pankreas zunächst in einer inaktiven Form als **Zymogene** oder **Proenzyme** gebildet. Diese Vorstufen besitzen eine etwas längere Polypeptidkette als die „fertigen" Enzyme. **Trypsinogen** ist gegenüber aktivem Trypsin um ein *N*-terminales Hexapeptid verlängert und damit zunächst einmal inaktiv (Abbildung 13.22). Gelangt Trypsinogen über den *Ductus pancreaticus* in den Dünndarm, wird das Hexapeptid durch eine von der Darmmucosa sezernierte **Enteropeptidase** abgespalten (Abbildung 13.22). Der Vergleich der Raumstrukturen von Trypsinogen und Trypsin ⌁ zeigt nur geringe Unterschiede, diese aber an entscheidender Stelle: *Minimale Veränderungen in der Spezifitätstasche und im Oxyanionloch sind für die Aktivierung ausschlaggebend.* Der Mechanismus der Aktivierung durch Spaltung einer oder weniger definierter Peptidbindungen wird auch als **limitierte Proteolyse** bezeichnet – im Gegensatz zur exzessiven Proteolyse von Nahrungsproteinen, die zahllose Fragmente erzeugt.

Enteropeptidase aktiviert Trypsinogen durch einen einzigen definierten Schnitt zwischen einem Lysin- und einem Isoleucinrest. Ein *N*-terminal von der Schnittstelle gelegenes Lysin entspricht auch der Substratspezifität von Trypsin. *Enteropeptidase muss also nur eine minimale Menge an Trypsinogen aktivieren, und das entstehende Trypsin kann anschließend den Großteil des verbliebenen Trypsinogens selbst umsetzen* (Abbildung 13.23)! Trypsin aktiviert also in einem Prozess **positiver Rückkopplung** sein eigenes Zymogen: Wir sprechen von einer **Autoaktivierung**. In der Folge

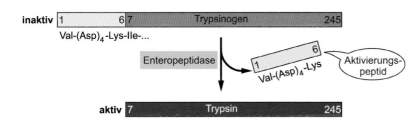

13.22 Aktivierung von Trypsinogen. Die spezifische Abspaltung eines *N*-terminalen Hexapeptids VDDDDK durch Enteropeptidase liefert enzymatisch aktives Trypsin (▶ Abbildung 11.3).

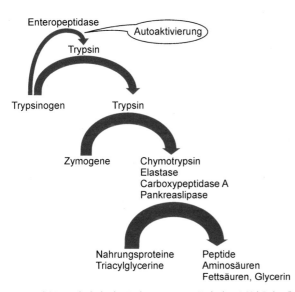

13.23 Aktivierungskaskade der Verdauungsenzyme. Nach der „Initialzündung" durch Enteropeptidase wird Trypsinogen durch Autoaktivierung vollständig in Trypsin konvertiert. Trypsin aktiviert in der Folge die Vorstufen der übrigen Verdauungsenzyme, die damit für eine rasche und effiziente Hydrolyse der Nahrungsproteine bereitstehen.

aktiviert Trypsin die Zymogene anderer duodenaler Proteasen wie Chymotrypsin, Elastase und Carboxypeptidase A, aber auch das fettspaltende Enzym Pankreaslipase A$_2$. Die Aktivierung von Trypsinogen durch Enteropeptidase wirkt also wie ein Hauptschalter, der eine Vielzahl nachgeordneter enzymatischer Prozesse anwirft. Eine vorzeitige Aktivierung selbst kleinster Mengen von Trypsinogen muss daher im Pankreas unter allen Umständen unterdrückt werden. **Pankreatischer Trypsininhibitor**, ein praktisch irreversibel bindendes Inhibitorprotein, sorgt dafür, dass jedes „vorzeitig" im Pankreas entstandene Trypsinmolekül dauerhaft inaktiviert wird. Zu diesem Sicherheitssystem tragen auch die pankreatischen Azinuszellen bei, die ihre „explosive" Fracht in **Zymogengranula** ⌐ speichern. Diese Membranvesikel lassen aktivierte Proteasen weder hinein noch heraus.

Limitierte Proteolyse setzt der Organismus auch an anderer Stelle ein, etwa beim Komplementsystem, das über Kaskaden proteolytischer Aktivierung zur unspezifischen Abwehr bakterieller Erreger beiträgt (▶ Abschnitt 36.1). Gezielte Proteolyse führt auch zur Abschaltung dieses Systems. Komplexe Kaskaden von aktivierenden und inaktivierenden Proteasen erzeugen auch Blutgerinnsel und lösen sie wieder auf. Sie sind Gegenstand des folgenden Kapitels.

Zusammenfassung

- Die quantitative Analyse der Geschwindigkeit biochemischer Reaktionen ist Gegenstand der **Enzymkinetik**. Die Geschwindigkeit einer Reaktion hängt von der Konzentration der Substrate ab; die **Reaktionsgeschwindigkeitskonstante** k ist dabei unabhängig von der Substratkonzentration.

- Ein Enzym wird kinetisch charakterisiert, indem die Substratkonzentration variiert und die jeweils resultierende **initiale Reaktionsgeschwindigkeit V_0** gemessen wird. Typischerweise ergibt sich dabei eine hyperbolische Sättigungskurve. Die Reaktionsgeschwindigkeit nähert sich asymptotisch der **Maximalgeschwindigkeit V_{max}** an.

- Algebraisch wird die Reaktionskinetik mithilfe der **Michaelis-Menten-Gleichung** analysiert. Dabei wird die vereinfachende Annahme getroffen, dass der **Michaelis-Komplex,** d. h. der intermediäre Enzym-Substrat-Komplex, in nahezu konstanter Konzentration vorliegt; Neubildung und Verbrauch halten sich dabei das **Fließgleichgewicht** (*steady state*).

- Die Kenngrößen aus der Michaelis-Menten-Gleichung, mit denen Enzyme beschrieben werden, sind die **Michaeliskonstante K_M** und die **katalytische Konstante k_{cat}**. K_M entspricht der Substratkonzentration, bei der das Enzym mit halbmaximaler Geschwindigkeit arbeitet. Damit ist K_M auch ein Maß für die **Substrataffinität** eines Enzyms. Die katalytische Konstante k_{cat} wird auch als **Wechselzahl** bezeichnet und gibt die intrinsische Geschwindigkeit eines Enzyms an, d. h. die Zahl der Substratmoleküle, die von einem Enzymmolekül pro Sekunde maximal umgesetzt werden.

- Einsatzfelder für die Enzymkinetik sind u. a. die **klinische Labordiagnostik**, die Aufklärung von Enzymmechanismen in der Forschung sowie die Charakterisierung von neu entwickelten pharmakologischen Hemmstoffen (Enzyminhibitoren).

- Die enzymatische Aktivität wird häufig durch natürliche Hemmstoffe gedrosselt, so z. B. bei der Blutgerinnung. Synthetische **Enzyminhibitoren** sind von überragender therapeutischer Bedeutung. So hemmt Lovastatin das Schlüsselenzym der Cholesterinbiosynthese und vermag damit den Cholesterinspiegel im Blut zu senken.

- **Reversible Inhibitoren** gehen *keine* kovalente Verbindung mit ihrem Zielenzym ein. Man unterscheidet hierbei kompetitive, nichtkompetitive und unkompetitive Hemmung.

- **Kompetitive Hemmstoffe** konkurrieren direkt mit dem Substrat um dieselbe Bindungsstelle im aktiven Zentrum. Kinetisch bewirken kompetitive Inhibitoren einen apparenten Anstieg des K_M-Wertes, also eine scheinbare Minderung der Substrataffinität.

- **Nichtkompetitive Inhibitoren** setzen in der Enzymkinetik primär die Maximalgeschwindigkeit V_{max} herab und haben im Idealfall keinen Effekt auf K_M. Ein **unkompetitiver Inhibitor** bindet selektiv an den Komplex aus Enzym und Substrat und senkt dadurch ebenfalls V_{max}; K_M ist erniedrigt und die Substrataffinität damit scheinbar erhöht.

- **Irreversible Inhibitoren** binden kovalent an das Enzym. Im menschlichen Plasma findet sich eine große Vielfalt von irreversiblen Proteaseinhibitoren, die meist der Klasse der **Serpine** angehören. In einem **suizidalen Hemmmechanismus** nimmt das Enzym die Inhibitoren zunächst wie ein Substrat an, kann aber die Reaktion dann nicht über das kovalente Zwischenstadium hinaus führen.

- Enzyme werden häufig **allosterisch reguliert**. Sie erfassen damit die Konzentrationen verschiedener Metaboliten in der Zelle und passen ihre Aktivität entsprechend an. Man unterscheidet **homo-** und **heterotrope Effekte**, die sich beide positiv oder negativ auf die Enzymaktivität auswirken können.

- Allosterische Regulation äußert sich in einer **sigmoidalen Reaktionskinetik**. Ein klassisches Beispiel für homo- und heterotrope Effekte ist die Aspartat-Transcarbamoylase (ATCase), ein Schlüsselenzym in der Synthese von Nucleinsäurebausteinen.

- Enzymaktivität wird häufig über reversible **kovalente Modifikation** gesteuert. Die häufigste Modifikation dieser Art ist die **Phosphorylierung**. Sie wird durch Kinasen bzw. Phosphatasen gesteuert, die ihrerseits in gleicher Weise reguliert werden. Dadurch entstehen komplexe, sich selbst verstärkende Reaktionskaskaden. Phosphorylierung führt häufig zu **Konformationsänderungen**, die die Enzymaktivität verändern.

- Verdauungsenzyme werden als inaktive Vorstufen – **Proenzyme** – synthetisiert und durch **limitierte Proteolyse**, also durch Spaltung einer oder weniger definierter Peptidbindungen, in ihre aktive Form übergeführt. Diese Form der Aktivierung führt zu einer positiven Rückkopplung: So kommt es z. B. zu einer lawinenartig anschwellenden Aktivierung von Trypsinogen.

Enzymkaskaden des Bluts

In den bisherigen Kapiteln standen grundlegende Prinzipien sowie Struktur, Funktion und Mechanismen einzelner Proteine im Vordergrund. Beim Sauerstofftransport oder bei der Muskelkontraktion haben wir schon ein wenig über den molekularen „Tellerrand" geschaut und Proteine bei der Arbeit beobachtet. Dieses Kapitel ist nun einem physiologischen Schutzsystem gewidmet: der *Blutgerinnung*. Das Gerinnungssystem des menschlichen Körpers erfüllt zwei gegenläufige Aufgaben: Einerseits muss es Gefäßverletzungen rasch mit Fibrin verschließen, bevor größere Blutverluste auftreten; andererseits muss es Blutgerinnsel im Prozess der *Fibrinolyse* auch rasch wieder auflösen, denn ein einziger Thrombus am falschen Ort kann fatale Folgen haben. Thromboembolische Erkrankungen gehören zu den häufigsten Todesursachen in westlichen Industrienationen. Die Bildung von Fibrin und die Fibrinolyse werden von Kaskaden proteolytischer Enzyme geleistet, wie wir sie im Prinzip schon bei den Pankreasenzymen kennen gelernt haben. *Enzymkaskaden besitzen das Potenzial, eine Startreaktion lawinenartig zu verstärken und in eine vorgegebene Richtung ablaufen zu lassen.* Anders als bei den Verdauungsproteasen ist bei der Blutgerinnung eine präzise Positionierung und kontrollierte Aktivierung der Proteasen am Wirkort von essenzieller Bedeutung.

und dauerhaften Wundverschluss jedoch nicht aus. In der **sekundären Hämostase** – der **plasmatischen Blutgerinnung** – bildet das Faserprotein **Fibrin** ein unlösliches Netzwerk, das den primären Thrombus durchdringt und auf diese Weise stabilisiert (Abbildung 14.1). Die Wunde bleibt damit so lange verschlossen, bis das darunter liegende Gewebe vernarbt.

Das plasmatische **Gerinnungssystem** umfasst eine Reihe von enzymatischen und nichtenzymatischen Faktoren. Sie werden mit römischen Ziffern benannt, die die Historie ihrer Entdeckung, nicht aber unbedingt die Reihenfolge in der Gerinnungskaskade widerspiegeln (Tabelle 14.1). Sechs der **Gerinnungsfaktoren** sind Serinproteasen (FII, VII, IX, X, XI, XII); ein weiterer Faktor ist eine Transpeptidase (FXIII). Sie alle liegen im Plasma als inaktive Proenzyme vor. Limitierte Proteolyse überführt sie in die aktive Proteasenform, die durch das Suffix „a" gekennzeichnet wird. Drei Faktoren sind nichtenzymatische Hilfsfaktoren oder **Akzeleratoren** (FIII, V, VIII), die wie Coenzyme wirken und den Substratumsatz der Proteasen enorm beschleunigen. Die Hilfsfaktoren FV und FVIII erlangen ihre volle Funktionalität erst durch limitierte Proteolyse – primär durch Thrombin.

Im klassischen Kaskadenmodell der Blutgerinnung unterscheidet man zwei Möglichkeiten, die fibrinbildende Kas-

14.1
Proteolytische Kaskaden steuern die Bildung und Auflösung von Blutgerinnseln

Die Blutungsstillung oder **Hämostase** wird durch zwei ineinander greifende Prozesse vermittelt. Unmittelbar nach einer Verletzung haften **Thrombocyten** – auch Blutplättchen genannt – an die verletzte Gefäßwand und aggregieren zu einem **Plättchenpfropf** (Exkurs 14.1). Zusätzlich sezernieren aktivierte Thrombocyten vasokonstriktorische Substanzen wie Serotonin und Thromboxan A_2, die das Gefäß am Verletzungsort kontrahieren und dadurch den lokalen Blutfluss drosseln. Diese **primäre Hämostase** reicht für einen stabilen

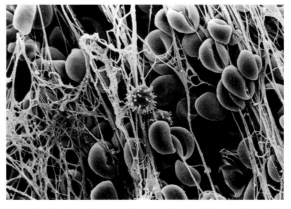

14.1 Mikroskopischer Aufbau eines Thrombus. Die rasterelektronenmikroskopische Aufnahme zeigt ein dichtes Netzwerk von Fibrinfasern, in dem sich eine Zahl von Blutzellen verfangen hat. In der Mitte ist eine weiße Blutzelle zu sehen. [AN]

Exkurs 14.1: Thrombocytenaggregation

Die Adhäsion der Thrombocyten an die Gefäßwand und ihre anschließende Aggregation zu einem Plättchenpfropf ist ein mehrstufiger Prozess. Am Anfang steht die Bindung von **Oberflächenrezeptoren** der Plättchen wie GPIb/IX/V an Komponenten der subendothelialen extrazellulären Matrix, vor allem an Kollagen und von-Willebrandt-Faktor (vWF) (Abbildung 14.2, Schritt 1). Über intrazelluläre Signalwege führt diese initiale Interaktion zur Aktivierung von **Integrinen**, z. B. GPIIb/IIIa in der Zellmembran der Plättchen. Diese Adhäsionsproteine fixieren die Plättchen an der Gefäßwand (2). Die angehefteten Blutplättchen schütten lokale **Mediatoren** wie ADP und Thrombo-

xan A$_2$ aus (3). Diese Signalstoffe binden an ihre **G-Protein-gekoppelten Rezeptoren** in der Thrombocytenmembran und lösen damit die weiteren Schritte hin zur Bildung des Plättchenpfropfs aus: Verstärkung der Adhäsion (4), Rekrutierung von weiteren Blutplättchen (5), Änderung der Plättchenform (6) sowie positive Rückkopplung auf die Ausschüttung weiterer Mediatoren (7). Ziel dieses Prozesses ist ein schneller vorläufiger Wundverschluss, der dann über die Bildung eines Fibrinnetzwerks in der **sekundären Hämostase** stabilisiert wird. Der Prozess der Anheftung kann mithilfe des monoklonalen Antikörpers Abciximab, der gegen das Fibrinogen-bindende Integrin GPIIb/IIIa gerichtet ist, gehemmt werden. Im Rahmen einer Koronarangioplastie – der Ballondilatation von Herzkranzgefäßen – verhindert man so eine unerwünschte Thrombocytenaggregation während des Eingriffs.

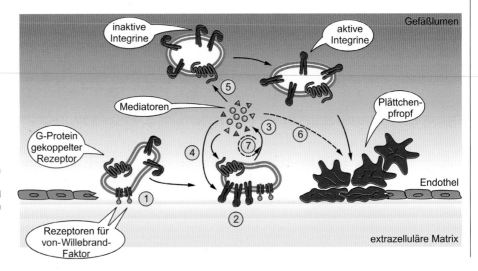

14.2 Anheftung und Aggregation von Blutplättchen an der verletzten Gefäßwand. Schritte 1–7 sind im Text erläutert. Die gestrichelten Pfeile zeigen Effekte an, die von den Mediatoren (indirekt) über Bindung an G-Protein-gekoppelte Rezeptoren ausgelöst werden.

Tabelle 14.1 Menschliche Gerinnungsfaktoren. Hier sind nur Proteinfaktoren aufgeführt; für die im Gerinnungsprozess essenziellen Ca^{2+}-Ionen wird mitunter die Bezeichnung Faktor IV verwendet. Faktor VI entspricht aktiviertem Faktor Va und wird daher nicht separat angeführt. Fast alle Faktoren liegen im Plasma gelöst vor; nur Faktor III (Gewebsfaktor) ist ein integrales Membranprotein, das auf der Oberfläche von subendothelialen Zellen exponiert wird.

Faktor	Name	Klasse/Funktion
I	Fibrinogen	finales Substrat der Proteolyse; Bildung von Fibrinpolymeren, die den Thrombus stabilisieren und die Verletzung abdecken
II	Prothrombin	Protease; Fibrinogenspaltung und Aktivierung von Thrombocyten durch Protease-aktivierte Rezeptoren (PAR). Hierbei entsteht der Ligand durch thrombinvermittelte Abspaltung aus dem Rezeptor.
III	Gewebsfaktor (*tissue factor*, TF, Thromboplastin; Gewebsthrombokinase)	Membranprotein; Hilfsfaktor/Coenzym: Bindung und Aktivierung von FVII
V	Proaccelerin	Hilfsfaktor im Prothrombinasekomplex
VII	Proconvertin	Protease; FIX-Aktivierung
VIII	antihämophiler Faktor A	Hilfsfaktor im Tenasekomplex
IX	antihämophiler Faktor B (Christmas-Faktor)	Protease; FX-Aktivierung
X	Stuart-Faktor	Protease; FII-Aktivierung
XI	Plasma-Thromboplastin-Antecedent	Protease; FIX-Aktivierung
XII	Hageman-Faktor	Protease; FXI-Aktivierung, Aktivierung des Kallikrein-Kinin-Systems
XIII	fibrinstabilisierender Faktor	Transpeptidase; Quervernetzung von polymerem Fibrin

kade zu starten. Zum einen geschieht dies durch Aktivierung des FXII, der den **intrinsischen Weg** aktiviert, zum anderen durch Komplexbildung von FVII mit Gewebsfaktor (FIII, TF), die den **extrinsischen Weg** starten. Beide Wege laufen in einer gemeinsamen Endstrecke zusammen, die die eigentlichen fibrinbildenden Reaktionen umfasst. Diese Aufteilung hat sich als nützlich für die Diagnostik der Blutgerinnung erwiesen: Die sog. aktivierte partielle Thromboplastinzeit (aPTT) wird gemessen, um die Funktion der intrinsischen Kaskade zu untersuchen, wohingegen der sog. Quick-Wert ein Test für die extrinsische Kaskade ist. Physiologischerweise sind diese Zweige jedoch untrennbar miteinander verflochten (Abbildung 14.3). Eine Besonderheit der Enzymkaskade ist, dass die meisten Reaktionen nicht im Blutplasma, sondern an **Proteinkomplexen** auf der Oberfläche des Gerinnsels oder von aktivierten Zellen der Gefäßwand ablaufen. So bildet sich an subendothelialen Zellen, die an der Verletzungsstelle in Kontakt mit Blut kommen, ein Komplex aus TF+FVII+FIX. Auf der Plasmamembran aggregierter Thrombocyten komplexieren FVIII+FIX+FX bzw. FII+FV+FX. Phospholipide – insbesondere Phosphatidylserin – mit negativer Überschussladung in ihren polaren Kopfgruppen (▶Abschnitt 24.1) spielen zusammen mit Calciumionen bei der Assemblierung der Multienzymkomplexe auf Zelloberflächen eine entscheidende Rolle (Abschnitt 14.4).

Alle Gerinnungsenzyme bis auf FXIII gehören zur Klasse der Serinproteasen. Im Unterschied etwa zu den pankreatischen Verdauungsproteasen wie Chymotrypsin weisen die Gerinnungsenzyme jedoch eine hohe Substratspezifität auf. *Ihre Aufgabe besteht darin, durch genau definierte Spaltung eines Zymogens die nächste Ebene der Kaskade zu aktivieren.* Diese Aktivierung erfolgt wiederum durch **limitierte Proteolyse** (▶Abschnitt 13.11), indem eine oder wenige Peptidbindungen der Zymogene gezielt gespalten werden. Durch positive und negative Rückkopplungsmechanismen wirken die Gerinnungsproteasen darüber hinaus oft auf höhere Ebenen der Kaskadenhierarchie zurück. So kann Thrombin nicht nur Fibrin, sondern auch die Faktoren V, VIII und XI aktivieren und damit die Kaskade im „Rückgriff" in Schwung bringen. Das finale Enzym *der Kaskade ist das* **Thrombin***. Seine Aufgabe ist es, Fibrinogen mittels limitierter Proteolyse in „aktives", sprich: polymerisierendes, Fibrin zu überführen.* Zusätzlich aktiviert es Thrombocyten über Protease-aktivierte Rezeptoren (PAR).

14.2 Die Initiation der Gerinnungskaskade erfolgt über den Gewebsfaktor

Durch Beschädigung der Endothelzellschicht, die das Gefäßinnere auskleidet, gelangt Blut nach außen und trifft auf subendotheliale Zellen, die normalerweise *nicht* mit dem Plasma in Kontakt kommen. Diese Zellen tragen auf ihrer Oberfläche ein integrales Membranprotein, das als **Gewebsfaktor** (engl. *tissue factor*, **TF**) bezeichnet wird. Der aktive Gerinnungsfaktor **Faktor VIIa**, der in extrem niedriger Konzentration im Plasma zirkuliert, bindet nun im Bereich einer Gefäßverletzung an den Gewebsfaktor. TF erfüllt für die Blutgerinnungskaskade die Rolle eines Coenzyms. Durch limitierte Proteolyse kann TF-gebundener FVIIa rasch und effektiv die Zymogene **Faktor IX** und **Faktor X** in FIXa bzw. FXa überführen (Abbildung 14.4). Auch zunächst inaktiver FVII kann an TF binden; dieser zellständige **TF·VII-Komplex** wird dann von den Faktoren FIXa und FXa, aber auch von TF·VIIa selbst in die aktive Form TF·VIIa übergeführt. Die positive Rückkopplung erlaubt eine phänomenale Verstärkung des Eingangssignals. *Die lokale Assemblierung von Gerinnungsfaktoren auf TF-präsentierenden Zelloberflächen führt also zu einer gezielten, auf den Ort der Läsion begrenzten Aktivierung des Gerinnungssystems.*

Ein Teil der Faktoren IXa und Xa verweilt auf TF-haltigen Zellen. Ein anderer Teil diffundiert ab und bindet spezifisch an negativ geladene Phospholipide in der Membran aggregierter Thrombocyten in der Umgebung der Läsion und weitet so das „Tätigkeitsfeld" aus. Negativ geladene **Phospholipide** wie Phosphatidylserin oder Phosphatidylinositol befinden sich normalerweise auf der Zellinnenseite der Lipid-

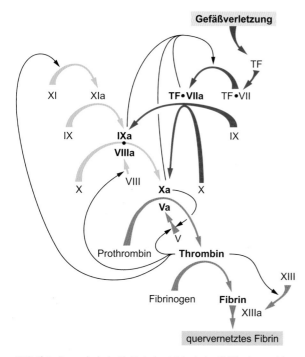

14.3 Blutgerinnungskaskade. Die Kaskade wird durch eine Gefäßverletzung (oben rechts) gestartet. Klassische Schemata unterscheiden zwischen intrinsischem Weg (gelbe Pfeile), extrinsischem Weg (rot) und gemeinsamer Endstrecke (orange), die allerdings über Rückkopplungen (schwarz) miteinander verflochten sind. Neben den gezeigten Proteinen (a = aktivierte Form) sind Ca²⁺ und Phospholipide essenzielle Faktoren der Blutungsstillung. [AN]

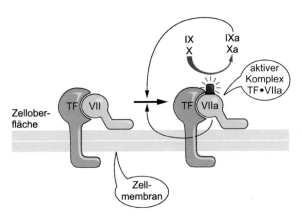

14.4 Auslösung der Gerinnungskaskade durch den Komplex aus TF und Faktor VIIa. Die positive Rückkopplung durch die Produkte der Aktivierung verstärkt diesen Prozess enorm. Zellen der Gefäßadventitia besitzen reichlich TF auf ihrer Oberfläche.

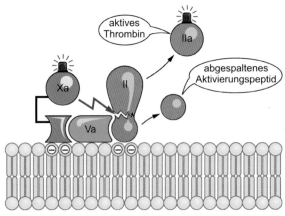

14.6 Prothrombinasekomplex. Der Komplex aus Cofaktor FVa und Protease FXa positioniert sein Substrat Prothrombin (FII) optimal und erzeugt mit gezielten Schnitten aktives Thrombin (FIIa).

doppelschicht (▶Abschnitt 24.4). Bei Aktivierung der Thrombocyten werden diese Phospholipide auf die äußere Seite der Membran „umgeklappt" und damit für Plasmaproteine zugänglich gemacht. Verfolgen wir zunächst Faktor IXa weiter. Er kann zusammen mit Faktor VIII auf der Oberfläche aktivierter Thrombocyten den **Tenasekomplex** VIII·IXa bilden. Der Tenasekomplex wandelt – zunächst noch langsam – zusätzlichen FX in FXa um (Abbildung 14.5).

FXa setzt seinerseits eine kleine Menge an **Faktor V** zu FVa um und bildet mit diesem den membranassoziierten **Prothrombinasekomplex** Va·Xa, (Abbildung 14.6). In dieser Formation setzt FXa nun erste, zunächst noch geringe Mengen von Prothrombin (FII) in **Thrombin** (FIIa) um. Damit ist der

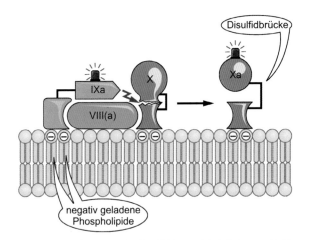

14.5 Tenasekomplex. Der Komplex des Hilfsfaktors VIII(a) mit der Protease IXa bindet und positioniert das Substrat Faktor X so, dass die Bildung von FXa möglich ist. Der Komplex VIII·IXa arbeitet zunächst relativ langsam, nach Aktivierung von VIII zu VIIIa dann aber sehr viel effizienter. Die gezielte Proteolyse von FX erfolgt zwischen der katalytischen Domäne und der Membranbindungsdomäne. Beide Domänen bleiben nach dem Schnitt über eine Disulfidbrücke kovalent miteinander verbunden. Der Name Tenasekomplex rührt von seiner Funktion her – er spaltet Faktor X (engl. *ten*).

Fußpunkt der Kaskade erreicht, und die Fibrinbildung kann prinzipiell beginnen. *Zunächst kommt es aber noch zu einer gewaltigen Verstärkung der Kaskade, denn Thrombin hält die Fäden seiner Aktivierung selbst in der Hand und setzt eine Reihe positiver Rückkopplungsschleifen in Gang* (Abbildung 14.3). Zum einen aktiviert Thrombin nämlich den **Faktor VIII** zu FVIIIa, sodass nun ein voll aktiver Tenasekomplex mit FVIIIa entsteht, der FX sehr viel nachhaltiger aktivieren kann als der anfängliche Komplex aus FVIII· und FIXa. Ebenso konvertiert Thrombin inaktiven FV zu FVa und vermehrt damit die lokale Konzentration an Prothrombinasekomplex. Schließlich schlägt Thrombin auch einen „großen Bogen" und aktiviert Faktor XI am Kopf der Kaskade zu FXIa, der nochmals die Bildung des Tenasekomplexes beschleunigt.

Die konzertierte Aktion der Gerinnungsfaktoren mittels positiver Rückkopplungsschleifen sorgt somit für eine blitzschnelle Aktivierung des Gerinnungssystems am Ort der Gefäßläsion. Die Aktivierung über den **extrinsischen Schenkel**, den Kontakt von FVIIa mit Gewebsfaktor TF, ist *der* physiologische Stimulus für die Blutstillung nach einer Verletzung. Alternativ zur Aktivierung durch den TF·VIIa-Komplex kann auch der Blutgerinnungsfaktor XII (Hageman-Faktor) die Thrombinbildung starten. Über den Kontakt mit negativ geladenen (Fremd-)Oberflächen wie z.B. Dialysemembranen, Kollagenen, Nucleotiden oder stark negativ geladenen Polysacchariden kann Faktor XII aktiviert werden – daher auch der Name **Kontaktphasensystem** (Exkurs 14.2). Aktiver Faktor XIIa startet dann über sein Substrat Faktor XI und dessen Substrat Faktor IX wiederum den **intrinsischen Schenkel** des Gerinnungssystems. Aktuelle Daten aus Tiermodellen zeigen, dass dieses System offenbar eine wichtige Rolle bei der *pathologischen* **Thrombusbildung** spielt. Daher führt ein Fehlen von Kontaktphasenfaktoren – im Gegensatz zu den Defizienzen bei extrinsischen Gerinnungsfaktoren – auch nicht zu einer Störung der *physiologischen* Blutstillung.

Blut gerinnt alleine schon beim Kontakt mit einer negativ geladenen Oberfläche wie etwa der von Glas oder Kaolin (ein Silikat, ähnlich wie Sand). Komponenten dieses „Kontaktsystems" sind die Enzyme **Faktor XII** und **Prokallikrein** (PK) sowie der an negativ geladene Oberflächen bindende Hilfsfaktor **H-Kininogen** (**HK**). Möglicherweise wird FXII durch die Oberflächenbindung (partiell) autoaktiviert. Eine kleine Menge an Faktor XIIa setzt PK, das über HK an die Oberfläche andockt, zu Kallikrein (PKa) um, das FXII wiederum massenhaft zu FXIIa aktiviert. FXIIa aktiviert dann Faktor XI und startet damit selektiv den intrinsischen Weg der Blutgerinnung (Abbildung 14.3). Die kaolininduzierte Aktivierung durch das Kontaktsystem funktioniert *in vitro* hervorragend und ist die Basis des wichtigen Blutgerinnungstests **aPTT** (engl. *activated partial thromboplastin time*) ⬚. Die physiologische Bedeutung für die Blutstillung ist allerdings gering: Angeborene Defekte in den Genen für FXII, PK oder HK führen nicht zu einer Blutungsneigung. Möglicherweise dient das Kontaktphasensystem aber „kollateralen" Prozessen. So setzt PKa aus HK das vasoaktive Peptidhormon **Bradykinin**, einen wichtigen Mediator entzündlicher Reaktionen, frei. Dieser Prozess hat pathologische Bedeutung, z. B. beim hereditären Angioödem (▶ Exkurs 36.1).

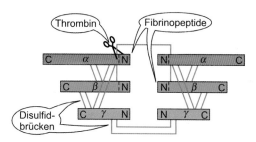

14.7 Schematische Darstellung von Fibrinogen. α-, β- und γ-Untereinheiten sind über sieben Disulfidbrücken (**gelb**) miteinander zu einem Trimer verbrückt. Zwei Trimere verbinden sich über drei Disulfidbrücken zu einem symmetrischen Hexamer. Thrombin spaltet je zwei Fibrinopeptide A und B von den N-Termini der α- bzw. β-Kette ab.

Paare von γ- oder α-Untereinheiten der Fibrinfasern über sog. **Isopeptidbindungen** zwischen Glutamin- und Lysinresten und vernetzt auf diese Weise das Fibringerüst (Abbildung 14.8b). Damit wird das Fibrinnetzwerk stabil und unlöslich, und der vielstufige Prozess der Gerinnung ist abgeschlossen. Eine direkte Umkehrung dieser Reaktionsfolge ist infolge der zahlreichen proteolytischen Spaltungen und che-

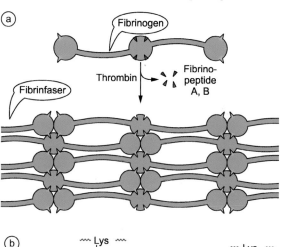

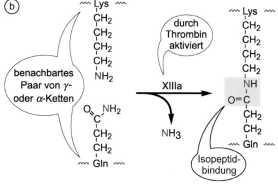

14.8 Polymerisation von Fibrinmonomeren. a) Mit Abspaltung der Fibrinopeptide liegen Bindungsstellen frei, an die andere Fibrinmonomere andocken können. b) In einer Transamidierungsreaktion verknüpft Faktor XIIIa je eine Glutamin- und eine Lysinseitenkette benachbarter Fibrinmonomere zu einer Isopeptidbindung und trägt damit zur Stabilisierung des Fibringerüsts bei. [AN]

14.3
Fibrinmonomere assoziieren zu einem Netzwerk

Bislang haben wir die Kaskade bis zum aktiven Thrombin (FIIa) verfolgt. Substrat von FIIa ist **Fibrinogen** (Faktor I), das in großen Mengen (1,5–4,5 g/l) im Blutkreislauf zirkuliert und 2–3 % des gesamten Plasmaproteins ausmacht. Fibrinogen ist ein längliches Glykoprotein von 340 kd, das aus sechs Polypeptiden ($\alpha_2\beta_2\gamma_2$) symmetrisch aufgebaut und über 17 Disulfidbrücken verklammert ist (Abbildung 14.7). Elektronenmikroskopische Aufnahmen und Röntgenbeugungsstudien zeigen eine zentrale und zwei periphere globuläre Domänen, die über leicht geschwungene helikale Strukturen miteinander verbunden sind.

Thrombin spaltet je zwei kurze N-terminale **Fibrinopeptide** von den α- bzw. β-Ketten ab und wandelt damit Fibrinogen in **Fibrin** um (Abbildung 14.8a). Die Entfernung der stark negativ geladenen Fibrinopeptide legt Bindungsstellen in der zentralen Domäne des Moleküls frei, die nun an komplementäre Bindungsstellen der peripheren Domänen anderer Fibrinmonomere andocken. Es kommt zur Polymerisation und Bildung von Fibrinfasern, die sich zu einem dreidimensionalen Netzwerk auswachsen.

Das Fibrinnetzwerk ist zunächst noch labil. Zu seiner Stabilisierung tritt wiederum Thrombin auf den Plan: *Es aktiviert* **Faktor XIII**, *das einzige Enzym der Gerinnungskaskade, das Bindungen knüpft und nicht spaltet.* FXIIIa verknüpft

mischen Modifikationen nicht möglich. Zur Auflösung von Gerinnseln sind andere Mechanismen nötig (Abschnitt 14.6). Die Spezifität der beteiligten Faktoren, die extrem verstärkende positive Rückkopplung, die irreversible Kaskade sowie die lokal auf TF-haltige Zellen und Plättchenaggregate begrenzte Reaktion sorgen für den gezielten Verschluss des Gefäßsystems am Ort der Läsion.

14.4 Gerinnungsfaktoren besitzen einen modularen Aufbau

Bei den Gerinnungs- und Fibrinolysefaktoren handelt es sich bis auf wenige Ausnahmen wie den Gewebsfaktor um lösliche Glykoproteine, die von den Hepatocyten der Leber gebildet und ins Plasma sezerniert werden. In der Mehrzahl handelt es sich um proteolytische Enzyme. *Der Vergleich ihrer Gen- und Proteinstrukturen zeigt, dass all diese Proteasen nach dem Baukastenprinzip aus einer begrenzten Anzahl unterschiedlicher Domänen zusammengesetzt sind* (Abbildung 14.9). Das komplexe Ensemble von Gerinnungsfaktoren ist also vermutlich durch eine Reihe von Genduplikationen und -rekombinationen einiger weniger „bewährter" Motive entstanden. Dadurch musste nicht für jeden Schritt der Kaskade ein völlig neuartiges Enzym entwickelt werden.

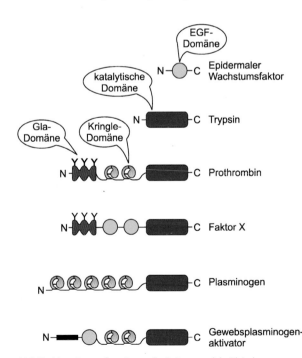

14.9 Modularer Enzymaufbau. Enzyme der Gerinnung und der Fibrinolyse verwenden ähnliche Bausteine. Diese Komponenten finden sich auch in anderen Proteinen wieder, wie etwa bei der Pankreasprotease Trypsin oder dem Epidermalen Wachstumsfaktor (EGF).

Sind einmal stabile und funktionelle Domänen entstanden, so können die zugehörigen Gene (oder Genabschnitte) im weiteren Verlauf der Evolution in einem als *exon shuffling* oder *domain shuffling* bezeichneten Prozess bausatzartig zusammengefügt und damit ähnliche, aber auch vollkommen neue Funktionen erzeugt werden (▶Abschnitt 15.2). *Das Motto der Natur heißt: Neukombination statt Neuentwicklung!* Tatsächlich sind auch andere Kaskadensysteme im menschlichen Körper wie z. B. das Komplementsystem oder das Apoptosesystem nach einem ganz ähnlichen Prinzip wie die Gerinnungskaskade aufgebaut und haben z. T. sehr ähnliche Proteine.

Die katalytischen Domänen all dieser Gerinnungsproteasen sind also untereinander strukturell ähnlich, besitzen aber auch Strukturverwandtschaft mit den – evolutionär älteren – Pankreasproteasen Trypsin, Chymotrypsin und Elastase. Weitere wiederkehrende Motive sind die **EGF-Domäne**, für die der Epidermale Wachstumsfaktor (▶Abschnitt 29.2), ein Protein aus einem völlig anderen „Tätigkeitsfeld", namensgebend ist, und die **Kringle-Domäne**, benannt nach ihrer charakteristischen Disulfidverbrückung, die eine kringelförmige Anordnung der Primärsequenz bewirkt. Die sog. **Gla-Domäne** ist für die Bindung der Gerinnungsfaktoren an Membranoberflächen verantwortlich. In dieser Domäne treten stark gehäuft Glutamatreste auf, die posttranslational in einer Vitamin-K-abhängigen Reaktionsfolge zu γ-**Carboxyglutamat** (Gla) carboxyliert werden (Abbildung 14.10a). Die beiden Carboxylatgruppen am $C\gamma$ von Gla können ein Ca^{2+}-Ion binden, das wiederum über verbleibende freie Koordinationsstellen mit den negativen Ladungen von zwei Membranphospholipiden in Wechselwirkung tritt. Zehn bis zwölf Gla-Reste erlauben es Gerinnungsfaktoren, in Gegenwart von Ca^{2+} spezifisch an Phospholipidmembranen wie die von aggregierten Thrombocyten anzudocken (Abbildung 14.10b). Ca^{2+}-bindende **Chelatoren** wie Ethylendiamintetraessigsäure (EDTA) oder Citrat blockieren die Oberflächenbindung und damit die Blutgerinnung. Die Chelatoren wirken aber auch im plättchenfreien Plasma gerinnungshemmend, da viele Aktivierungsschritte der Gerinnungsfaktoren auch über die reine Oberflächenanheftung hinaus Ca^{2+}-abhängig sind. Chelatoren dienen daher *in vitro* als wirksame **Antikoagulanzien** (Gerinnungshemmer) .

Die γ-carboxylierten Gerinnungsfaktoren, zu denen die Faktoren II, VII, IX und X zählen, bewegen sich mit ihren Gla-„Füßen" in einem begrenzten zweidimensionalen Areal von Zellmembranen. Hier liegen sie gegenüber dem Blutplasma in stark ankonzentrierter Form vor und können damit ungleich leichter aufeinander treffen als im dreidimensionalen Raum des Bluts: *Diese „Bodenhaftung" beschleunigt die Reaktionskaskade enorm und hält sie gleichzeitig in lokalen Grenzen.* Die kritische Bedeutung der γ-Carboxylierung macht **Vitamin-K-Antagonisten** zu wirksamen, oral verfügbaren Antikoagulanzien, die bei der Thromboseprophylaxe weiten Einsatz finden (Exkurs 14.3).

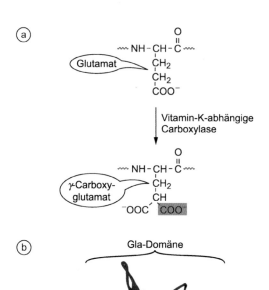

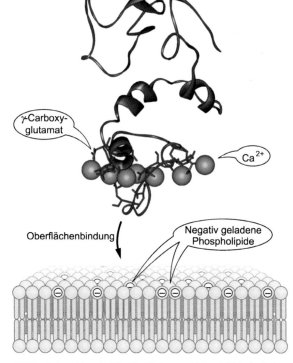

14.10 γ-Carboxyglutamat. a) Die Modifikation von Glutamat (Glu) zu γ-Carboxyglutamat (Gla) erfolgt durch Vitamin-K-abhängige Carboxylierung in der Leber. b) Membranverankerung von Vitamin-K-abhängigen Faktoren: γ-Carboxyglutamatreste der Gla-Domänen binden via Ca^{2+} an negativ geladene Phospholipide von Zellmembranen. Diese negativen Kopfgruppen befinden sich im Normalzustand auf der cytoplasmatischen Seite, werden aber im Rahmen des Blutgerinnungsprozesses durch diverse Mechanismen nach außen „präsentiert".

 Exkurs 14.3: Vitamin-K-Antagonisten

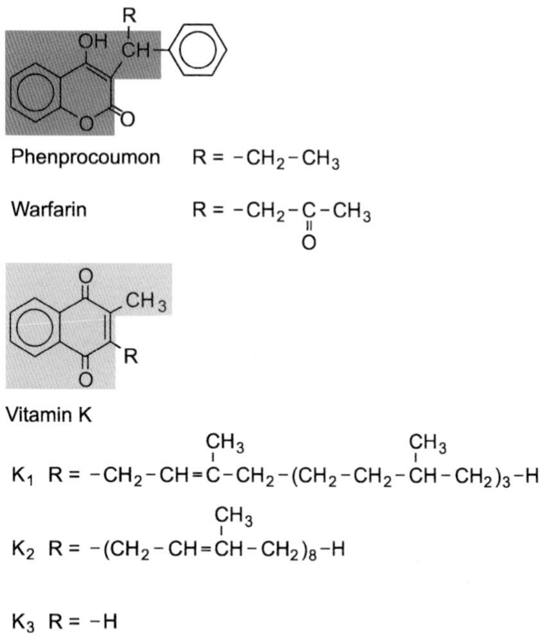

Vitamin-K-abhängige Carboxylase ist ein Enzym in der Membran des endoplasmatischen Reticulums. Sie erkennt Proteine mit „unreifen" Gla-Domänen über eine spezifische Aminosäuresequenz, „addiert" je eine Carboxylatgruppe an Cγ der dort gehäuft vorkommenden Glutamatseitenketten und macht sie so zu starken Ca^{2+}-Chelatoren. Dabei wird das Coenzym Vitamin K oxidiert. Für die nächste Runde der Katalyse muss Vitamin K durch den membranständigen Enzymkomplex der Vitamin-K-2,3-Epoxid-Reduktase regeneriert werden. Vitamin-K-Antagonisten aus der Klasse der Cumarine wie **Phenprocoumon** (Marcumar) oder **Warfarin** (Coumadin) sind Pseudosubstrate, die die Reduktase inhibieren und damit die Regeneration des essenziellen Coenzyms unterdrücken. Damit blockieren sie indirekt auch die γ-Carboxylase (Abbildung 14.11). Unter diesen Bedingungen entstehen Gerinnungsfaktoren, die nicht an Phospholipidmembranen binden können. Die Wirkung von Vitamin-K-Antagonisten tritt verzögert nach 1–3 Tagen ein, wenn der Vorrat an carboxylierten Faktoren im Plasma weitgehend geschwunden ist. **Vitamin-K-Antagonisten** sind in der Therapie und Prophylaxe von Thromboembolien indiziert. Die individuelle therapeutische Einstellung wird durch regelmäßig durchgeführte Gerinnungstests wie z. B. die Thromboplastinzeit nach Quick überwacht.

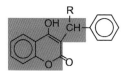

Phenprocoumon $R = -CH_2-CH_3$

Warfarin $R = -CH_2-\overset{\overset{\text{O}}{\|}}{C}-CH_3$

Vitamin K

K_1 $R = -CH_2-CH=\overset{\overset{\text{CH}_3}{|}}{C}-CH_2-(CH_2-CH_2-\overset{\overset{\text{CH}_3}{|}}{CH}-CH_2)_3-H$

K_2 $R = -(CH_2-CH=\overset{\overset{\text{CH}_3}{|}}{CH}-CH_2)_8-H$

K_3 $R = -H$

14.11 Vitamin K (oxidierte Form) im Vergleich mit Phenprocoumon. Die Vitamin-Subtypen K_1, K_2 und K_3 unterscheiden sich in der Seitenkette R (unten). Analoges gilt für die aufgeführten Vitamin-K-Antagonisten (oben).

14.5

Inhibition und Proteolyse kontrollieren die Blutgerinnung

Ein Blutgerinnsel zur falschen Zeit am falschen Ort kann fatale Folgen haben: Schlaganfall, Herzinfarkt oder Lungenembolie sind die Folgen einer solchen überschießenden Gerinnungsneigung, die wir als **Thrombophilie** bezeichnen. Andererseits verursacht eine unzureichende Gerinnungsaktivität Blutungen; so führt ein angeborener Mangel von FVIII und FIX zur **Hämophilie** A bzw. B (Bluterkrankheit). Wichtige Kontrollfaktoren dieser Gerinnungsbalance sind die im Plasma zirkulierenden **Gerinnungsinhibitoren**. So hemmt der **tissue factor pathway inhibitor** (TFPI) den Komplex VIIa·TF und schaltet damit den Auslöser des extrinsischen Wegs am Beginn der Kaskade ab (Abbildung 14.12a). Ein Leben ohne TFPI ist vermutlich nicht möglich: Die gezielte Inaktivierung des TFPI-Gens in der Maus führt zu einem letalen Phänotyp durch exzessive Thrombenbildung. Im Gegensatz dazu sterben Mäuse ohne TF oder Faktor VII frühzeitig an inneren Blutungen. Der Prototyp eines Gerinnungsinhibitors ist **Antithrombin** (AT, synonym Antithrombin-III), das neben Thrombin auch fast alle anderen Gerinnungsproteasen hemmt (Abbildung 14.12b). AT hemmt bevorzugt „freie" Enzyme; die im Tenase- oder Prothrombinasekomplex eingebundenen Proteasen hingegen sind weitgehend vor seinem Zugriff geschützt. Auf diese Weise verhindert AT wirkungsvoll eine Ausbreitung (Dissemination) der Gerinnung über den Ort der Verletzung hinaus.

Das polyanionische Glykosaminoglykan **Heparin** 🖐 ist ein allosterischer Aktivator von AT und erhöht dessen Affi-

nität zu Thrombin und FXa noch einmal erheblich. *Im Vergleich zu Vitamin-K-Antagonisten bietet Heparin einen viel schnelleren Wirkungseintritt.* Es wird daher zur prä- und postoperativen Thromboseprophylaxe und beim akuten Herzinfarkt eingesetzt. Antidot einer heparinvermittelten Antikoagulation ist **Protamin**, ein polykationisches Protein, das mit dem Polyanion Heparin einen Komplex bildet und es auf diese Weise neutralisiert. Der potenteste natürliche Inhibitor von Thrombin ist **Hirudin**, ein kleines Protein von 65 Aminosäureresten aus dem Speichel des Blutegels (*Hirudo medicinalis*). Über Jahrhunderte hinweg war das Anlegen von Blutegeln weit verbreitete Praxis bei verschiedensten Krankheitsbildern. Seit geraumer Zeit ist rekombinantes, also gentechnisch gewonnenes Hirudin als gerinnungshemmendes Medikament zugelassen.

Neben den Enzymen bieten die Hilfsfaktoren einen weiteren Angriffspunkt, um der Blutgerinnung entgegenzusteuern. Eine Schlüsselrolle bei der **Antikoagulation** spielen zwei weitere Vitamin-K-abhängige Gerinnungsinhibitoren, Protein C und Protein S, sowie der membranständige Thrombinrezeptor Thrombomodulin und Thrombin selbst. Thrombin bindet zunächst an **Thrombomodulin** auf der Plasmamembran von Endothelzellen in der Nähe der Verletzungsstelle (Abbildung 14.13). In diesem Komplex verliert Thrombin seine gerinnungsfördernden Eigenschaften, vermag aber nun die Serinprotease **Protein C** (PC) zu aktivieren (daher: Thrombo*modulin*). PCa verbindet sich mit dem Hilfsfaktor **Protein S** und kann nun FVa sowie FVIIIa – essenzielle Bestandteile der Prothrombinase- bzw. Tenasekomplexe – inaktivieren. Generell wird also am Ort der Gerinnung für eine wirksame Gegenregulation gesorgt. *Das Endprodukt der Gerinnungskaskade, Thrombin, unterbindet durch Kontakt mit*

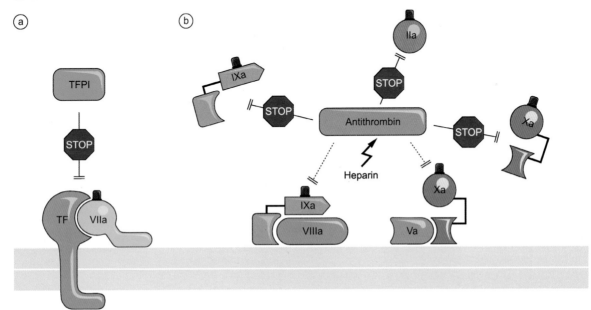

14.12 Inhibitoren der Blutgerinnung. Die Zielenzyme von TFPI und Antithrombin sind angegeben. TFPI ist ein „dualer" Inhibitor, der neben FVIIa auch FXa simultan binden und inaktivieren kann (nicht gezeigt). Heparin bindet über seine negativen Ladungen an positiv geladene Arginyl- und Lysylreste im allosterischen Zentrum von AT.

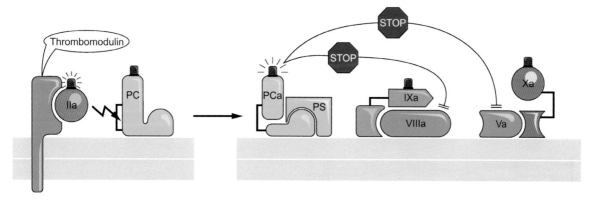

14.13 Negative Rückkopplung von Thrombin (FIIa) via Protein C. Im Komplex mit Thrombomodulin auf der Endothelzelloberfläche aktiviert Thrombin Protein C (links). PCa assoziiert mit Protein S auf Plättchenmembranen und inaktiviert die Hilfsfaktoren Va und VIIIa im Tenase- bzw. Prothrombinasekomplex durch proteolytischen Abbau (rechts).

dem Endothel seine eigene Aktivierung: ein klassischer Fall negativer Rückkopplung durch Produkthemmung. Thrombin, das Schlüsselenzym der Gerinnung, ist also ein „janusköpfiges" Protein: Über positive Rückkopplungsschleifen wirkt es prothrombogen; im Komplex mit Thrombomodulin wirkt es hingegen antithrombogen. In intaktem Gewebe hat dabei die gerinnungshemmende Aktivität die Überhand. Die Bedeutung dieses antikoagulatorischen Kontrollsystems verdeutlichen genetisch bedingte Protein-C-Resistenzen, die mit schweren thromboembolischen Erkrankungen einhergehen (Exkurs 14.4).

> ### ⚕ Exkurs 14.4: APC-Resistenz und Faktor V Leiden
>
> Eine häufig vorkommende Mutation im Gen für Faktor V, die ca. 5 % der westlichen Bevölkerung betrifft, führt zu einer Veränderung einer wichtigen Spaltstelle; dadurch werden FV und FVa resistent gegen den proteolytischen Abbau durch aktiviertes Protein C (APC). Meist liegt der **APC-Resistenz** eine einzige *missense*-Mutation (Guanin anstelle von Adenin in Position 1691 der mRNA) im Gen für FV zugrunde, bei der ein Argininrest an Position 506 gegen einen Glutaminrest ausgetauscht ist – nach dem Ort seiner Entdeckung auch **Faktor V Leiden** (FVL) genannt. Mit der Spaltung an Arg^{506} leitet PCA normalerweise die Inaktivierung von FVa zu FVi ein. Fällt diese wichtige Spaltstelle durch eine Mutation aus, so kommt es zu einer signifikanten Verlängerung der Halbwertszeit von FVa und damit zu einer vermehrten Thrombinbildung. Darüber hinaus kann APC das Fragment FVac aus FVL nicht mehr erzeugen, das als **antikoagulatorischer Cofaktor** bei der Inaktivierung von FVIIIa mitwirkt. Folge dieser Mutation sind spontane Venenthrombosen bei FVL-Patienten. Die Diagnostik erfolgt durch gezielte DNA-Sequenzierung des FV-Gens. Eine kausale Therapie gibt es bislang nicht; dauerhafte Antikoagulation kann den schwerwiegenden thromboembolischen Komplikationen vorbeugen. Die Bedeutung von Protein C wird auch dadurch unterstrichen, dass ein vollständiger Ausfall des codierenden Gens embryoletal ist.

14.6

Das fibrinolytische System löst Thromben auf

Thromben sind nur von vorübergehendem Nutzen: Mit fortschreitender Wundheilung wird das Gerinnsel aufgelöst, sodass wieder ein ungehinderter Blutfluss zustande kommt. Thromben können auch ausgesprochen gefährlich sein, wenn sie sich von der Gefäßwand ablösen, in die Blutbahn gelangen und dann zu gefürchteten Embolien z. B. in Lunge oder Gehirn führen. Die Auflösung des Fibringerüsts – die **Fibrinolyse** – ist ein enzymatisch gesteuerter Prozess, dem ähnliche Prinzipien wie bei der Gerinnung zugrunde liegen. So wie bei der Blutgerinnung der provisorische Plättchenthrombus mit seiner negativen Überschussladung als „Landefläche" für Vitamin-K-abhängige Gerinnungsfaktoren dient, sammeln sich die für die fibrinolytische Kaskade notwendigen Komponenten am Fibrin (Abbildung 14.14). Am Ausgangspunkt der Kaskade steht wiederum eine Serinprotease: der **Gewebsplasminogenaktivator** (tPA; engl. *tissue plasminogen activator*). Anders als die übrigen Serinproteinasen besitzt tPA bereits als Proenzym eine geringe Aktivität und vermag deshalb auf der Fibrinoberfläche langsam **Plasminogen** zu aktivem **Plasmin** umzuwandeln. *In einer positiven Rückkopplung aktiviert dann Plasmin seinerseits durch limitierte Proteolyse die Zymogenform von tPA: Letztlich kommt es zu einer fulminanten Plasminogenaktivierung.* Plasmin kann nun das Fibringerüst rasch proteolytisch abbauen und damit das Blutgerinnsel auflösen. Der Fibrinolyseprozess wird durch das Inhibitorprotein α_2-**Antiplasmin** und durch Inhibitoren des Gewebsplasminogenaktivators (PAI, engl. *plasminogen activator inhibitors*) kontrolliert.

Das Fibringerüst inkorporiert bereits bei seiner Bildung Plasminogenmoleküle, die später durch tPA aktiviert werden. Während tPA für die intravasale Fibrinolyse zuständig ist, findet sich ein anderer Plasminogenaktivator vor allem in extravaskulärem Gewebe. Dort bindet **Prourokinase (uPA;**

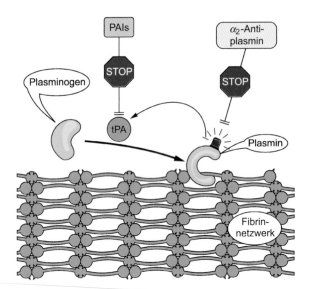

14.14 Komponenten des fibrinolytischen Systems. tPA verwandelt Plasminogen in aktives Plasmin, das daraufhin das Fibringerüst abbaut. Die Gegenregulation erfolgt auf der Ebene des Plasmins durch α_2-Antiplasmin oder auf der Stufe des Gewebeplasminogenaktivators durch Plasminogenaktivator-Inhibitoren (PAI).

engl. <u>u</u>rokinase-type <u>p</u>lasminogen <u>a</u>ctivator) an einen **uPA-Rezeptor** (uPAR) auf der Oberfläche von Bindegewebszellen. Diese zellassoziierte Plasminogenaktivierung dient der perizellulären Proteolyse: Plasmin kann direkt oder indirekt – über Aktivierung nachgeschalteter Proteasen – Komponenten der extrazellulären Matrix abbauen. Diese Plasminaktivität ist höchst bedeutungsvoll bei der Neu- oder Umbildung von Geweben oder der Gefäßsprossung – der **Angiogenese** – im Rahmen der Wundheilung, aber auch bei pathophysiologischen Prozessen wie der Invasion von pathogenen Organismen oder der Tumor- und Metastasenbildung (▶ Abschnitt 35.10). Therapeutisch wird eine Aktivierung der Fibrinolyse durch tPA- oder uPA-Infusion ausgenutzt, um z.B. Gerinnsel bei einem Schlaganfall rasch wieder aufzulösen.

14.7

Defekte Gerinnungsfaktoren führen zur Hämophilie

Eine Reihe angeborener und erworbener Erkrankungen geht mit einer gestörten Blutgerinnung einher. Zu den bekanntesten hereditären Störungen gehören **Hämophilie A** und **Hämophilie B** 🖑, denen ein Defekt in den Genen von FVIII bzw. FIX, den Komponenten des Tenasekomplexes, zugrunde liegt. Beide Gene sind X-chromosomal lokalisiert, weshalb Frauen diese Erkrankung zwar vererben, selbst aber nur selten erkranken, da sie auf dem zweiten X-Chromosom fast immer eine intakte Kopie dieser Gene besitzen: Wir sprechen von **Konduktorinnen**. Hämophilien sind genetisch höchst he-

terogen. Hunderte verschiedener Mutationen in der DNA-Sequenz der FVIII- und FIX-Gene sind beschrieben. Die Mutationen können die Biosynthese dieser Gerinnungsfaktoren mindern oder gänzlich unterbinden, aber auch zur Bildung dysfunktioneller oder instabiler Varianten führen. So eliminiert eine Punktmutation durch Austausch von Arginin zu Histidin in Position 372 der Aminosäuresequenz eine Thrombinspaltstelle in FVIII: Dadurch kann keine proteolytische Aktivierung von FVIII durch FIIa mehr erfolgen (Abbildung 14.15). Der Austausch von Tyrosin gegen Phenylalanin in Position 1680 verhindert hingegen die Bindung von Faktor VIII an sein plasmatisches Transportprotein, den **von-Willebrand-Faktor (vWF)**. Der „freie" Faktor VIII ist dadurch einer verstärkten Proteolyse ausgesetzt. In beiden Fällen kommt es zum Mangel an funktionellem FVIIIa mit verminderter Gerinnungsfähigkeit und vermehrter Blutungsneigung. Noch häufiger als die Hämophilien A oder B sind Blutungserkrankungen, die durch Defekte im vWF-Gen verursacht werden. Im Gegensatz zur klassischen Hämophilie, bei der fast ausschließlich Männer betroffen sind, können am **von-Willebrand-Syndrom** auch Frauen erkranken.

Die primäre Hämostase – also die Plättchenaggregation – ist bei der Hämophilie unberührt. Kleinere Hautwunden bluten daher auch nicht länger als bei gesunden Menschen. Problematisch ist aber die fehlende Stabilisierung des Plättchenthrombus, da kein stabiles Fibrinnetz ausgebildet werden kann. Charakteristisch für hämophiliebedingte Blutungen sind daher **Nachblutungen**; bei kleinsten Traumen kann es verzögert zu Einblutungen in Gelenke, Muskeln und innere Organe kommen. Für die **Substitutionstherapie** werden Plasmaprodukte oder gentechnisch gewonnene Gerinnungsfaktoren verwendet. Da die lebenslange Substitution außerordentlich kostenintensiv ist, sind Hämophilien in den Fokus gentherapeutischer Ansätze 🖑 gerückt – derzeit noch mit begrenztem Erfolg (▶ Abschnitt 23.11).

Wir haben nun eine Reihe klassischer Gegenstände biochemischer Forschung wie Hämoglobin, Myosin, Trypsin

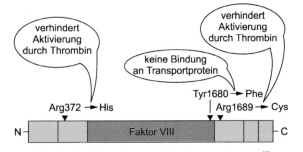

14.15 Molekulare Ursachen für die Hämophilie A. Die Mutationen Arg[372]→His oder Arg[1689]→Cys im Faktor VIII beseitigen zwei essenzielle Thrombinschnittstellen. Die Mutation Tyr[1680]→Phe zerstört dagegen die Bindungsstelle von FVIII für den von-Willebrandt-Faktor. Neben diesen „minimalen" Veränderungen können auch umfangreichere Mutationen, Deletionen oder Insertionen im FVIII-Gen auftreten; im Extremfall kann das gesamte Gen fehlen.

oder Thrombin im Detail kennen gelernt. Sie liefern uns eine fundierte Basis für das Verständnis der Struktur, Funktion und Dynamik von Proteinen. Eine Zelle verfügt jedoch über tausende, im Falle komplexer Organismen gar über zehntausende verschiedener Proteine, die häufig auch noch in unterschiedlichen Varianten auftreten. Ähnlich wie die Botanik benötigt auch die Biochemie eine Art Systematik, um dieser verwirrenden Vielfalt Herr zu werden. Die vergleichende Betrachtung von Proteinen soll daher Gegenstand des letzten Kapitels in diesem Hauptteil sein.

Zusammenfassung

- Das physiologische System der **Blutgerinnung** basiert auf zwei gegenläufigen Prozessen: **Bildung eines Fibrinthrombus** durch Gerinnung und **Auflösung des Thrombus** durch Fibrinolyse.
- In der **primären Hämostase** bilden **Thrombocyten** (Blutplättchen) einen Pfropf an der verletzten Stelle des Blutgefäßes. In der **sekundären Hämostase** – der eigentlichen Blutgerinnung – bildet das Faserprotein Fibrin einen Thrombus, der die Wunde bis zur Verheilung des Gewebes verschließt.
- Die Proteine der Blutgerinnung werden als **Gerinnungsfaktoren** bezeichnet. Sechs dieser Faktoren sind proteolytische Enzyme aus der Klasse der Serinproteasen. Diese stehen in einer hierarchischen **Blutgerinnungskaskade** miteinander in Verbindung: Eine Protease aktiviert die nächste durch **limitierte Proteolyse**. Die „letzte" Protease am Fuß der Kaskade ist **Thrombin**, das Fibrinogen in faserbildendes Fibrin überführt.
- Die Gerinnungskaskade wird gestartet, wenn **Gewebsfaktor** (*tissue factor*, TF) auf der Membran subendothelialer Zellen durch eine Gefäßverletzung mit **Faktor VII** aus dem Blutplasma in Berührung kommt und mit diesem einen zellständigen Komplex bildet.
- Zwei Prinzipien sind bei der Gerinnungskaskade von zentraler Bedeutung: Zum einen assemblieren Gerinnungsfaktoren lokal auf Zelloberflächen zu drei zentralen Komplexen – **TF·VIIa-Komplex, Tenasekomplex (VIIIa · IXa)** und **Prothrombinasekomplex (Va · Xa)**, die nur am Ort der Verletzung gebildet werden. Zum anderen aktivieren nachgeschaltete Gerinnungsfaktoren in einem Prozess **positiver Rückkopplung** die Faktoren am „Kopf" der Kaskade.
- **Fibrinogen** ist ein Glykoprotein aus sechs Untereinheiten ($\alpha_2\beta_2\gamma_2$). Thrombin spaltet *N*-terminale Fibrinopeptide ab und legt damit Bindungsstellen für andere Fibrinmonomere frei: Es kommt zur Polymerisation der Fibrinmonomeren zu **Fibrinfasern**. Der entstehende **Primärthrombus** wird durch kovalente Verknüpfung der Fibrinuntereinheiten stabilisiert.
- Neben der katalytischen Domäne der Serinproteasen und weiterer konservierter Domänen enthalten Gerinnungsfaktoren **Gla-Domänen**. Diese besitzen gehäuft Glutamylreste, die posttranslational in einer Vitamin-K-abhängigen Reaktion zu γ-**Carboxyglutamat** (Gla) carboxyliert werden. Gla-Reste sind in der Lage, ihre Gerinnungsfaktoren über die Bindung von Ca^{2+}-Ionen an negativ geladene **Phospholipide** von Zellmembranen anzudocken.
- Eine überschießende Blutgerinnung wird über Inhibitoren der Gerinnungsfaktoren wie *tissue factor pathway inhibitor* (TFPI) oder **Antithrombin** verhindert. **Heparin** aktiviert Antithrombin allosterisch, was die Bedeutung von Heparin bei der **Thromboseprophylaxe** erklärt. Gerinnungsfaktoren werden nicht nur über limitierte Proteolyse aktiviert, sondern auch inaktiviert. Thrombin initiiert in einem Prozess negativer Rückkopplung diese **Antikoagulation**.
- Die **Fibrinolyse** – die Auflösung des Fibrinthrombus – wird von der Serinprotease **Plasmin** geleistet; diese wird intravasal **durch *tissue plasminogen activator*** (tPA) aktiviert.
- Bei einer **Hämophilie** ist die Blutgerinnung gestört. Die bekanntesten erblichen Erkrankungen sind Hämophilie A und B, denen ein molekularer Defekt der Gerinnungsfaktoren FVIII bzw. FIX zugrunde liegt. Die Patienten werden durch **Substitutionstherapie** mit rekombinanten oder aus Plasma gewonnenen Gerinnungsfaktoren behandelt. Eine überschießende Gerinnungsneigung wird als **Thrombophilie** bezeichnet, der oftmals eine **APC-Resistenz** aufgrund einer aberranten FV (Leiden) zugrunde liegt.

Evolution der Proteine

Kapitelthemen: 15.1 Mutationen als Triebkräfte der Evolution 15.2 Domänen als evolutionäre Bausteine 15.3 Identifizierung von Schlüsselpositionen durch Sequenzvergleich 15.4 Etablierung von Proteinstammbäumen 15.5 Aufbau von Proteindatenbanken 15.6 Mechanismen der Proteindiversifikation

Die vergangenen Jahre brachten eine Flut neuer biochemischer Daten. In internationalen Forschungsprojekten wurden die Genome wichtiger Modellorganismen wie des Bakteriums *Escherichia coli*, der Bäckerhefe *Saccharomyces cerevisiae*, der Taufliege *Drosophila melanogaster*, des Fadenwurms *Caenorhabditis elegans*, der Ackerschmalwand *Arabidopsis thaliana* oder der Maus *Mus musculus* vollständig sequenziert. Bei weitem die größte öffentliche Aufmerksamkeit erregte die *Entschlüsselung des menschlichen Genoms*, die im „Wettstreit" eines öffentlichen und eines privat finanzierten Projekts erfolgte. Um die Jahrtausendwende war das menschliche Genom damit weitgehend entziffert. Aus den Sequenzdaten kann die Vielfalt der proteincodierenden Gene abgeschätzt werden: So besitzt *E. coli* rund 4 000 proteincodierende Gene, die Bäckerhefe ca. 6 000 und die Ackerschmalwand etwa 26 000. Das menschliche Genom birgt nach den aktuellen Analysen „lediglich" etwa 21 000 proteincodierende Gene. Jedes dieser Gene liefert den Bauplan für mindestens ein Protein, sehr häufig aber auch für zahlreiche Proteinvarianten, die zudem noch posttranslational modifiziert werden können. Die Größenordnung des menschlichen *Proteoms* könnte demnach bei bis zu einer Million unterschiedlicher Proteine liegen! Diese ungeheure Vielfalt ist weder durch Zufall noch durch „intelligentes Design" entstanden. Vielmehr besteht eine Verwandtschaft zwischen den verschiedenen Proteinen, und ihre Vielfalt beruht zu einem Gutteil auf der Variation weniger Motive, die sich früh in der Entwicklung des Lebens bewährt haben. In diesem Kapitel lernen wir mögliche Mechanismen der *Proteinevolution* und Ansätze zur Systematisierung der verwirrenden Vielfalt von Proteinen kennen. Wir berühren damit ein zentrales Aufgabenfeld der *Bioinformatik*.

15.1 Mutation und Duplikation treiben die Proteinevolution an

Wie konnte sich in einer relativ kurzen Zeitspanne der Entwicklung des Lebens eine so große Vielzahl von Proteinen entwickeln? Betrachten wir ein hypothetisches „Urprotein" mit seinem dazugehörigen „Urgen". Die Replikation des genetischen Materials eines Organismus, also auch des Urgens, verläuft nicht immer fehlerfrei. Mehr oder minder zufällig kommt es zu Fehlern in den Kopien der ursprünglichen Sequenz (▶ Kapitel 23). **Mutationen** können die Primärstruktur des Proteins verändern (Abbildung 15.1). Beeinträchtigt eine Mutation die Funktion des Proteins und stellt einen Nachteil für den Trägerorganismus dar, so wird sie keine langfristige Verbreitung finden und schnell wieder von der Bildfläche verschwinden. *Eine Mutation wird also nur dann von Dauer sein, wenn sie die Wahrscheinlichkeit, dass der Trägerorganismus überlebt und sich fortpflanzt, verbessert oder zumindest nicht verschlechtert.* Dies ist das molekulare Korrelat der **Darwinschen Evolutionstheorie** . Diese Evolution ist beileibe nicht abgeschlossen, und auch keineswegs nur in Zeiträumen von Jahrmillionen zu beobachten: Sich rapide entwickelnde Antibiotikaresistenzen von Bakterien sind ein

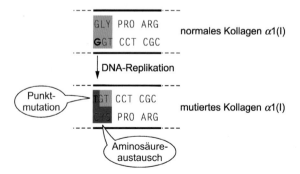

15.1 Fehlerhafte Replikation kann zu Mutationen im Erbgut führen. Mitunter folgt daraus eine Änderung der Proteinsequenz. Die hier gezeigte Veränderung der Sequenz des Kollagens α1(I) führt zur Glasknochenkrankheit (▶ Abschnitt 8.4).

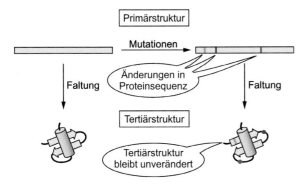

15.2 Neutrale Drift. Die Sequenz eines Proteins kann oft an vielen Positionen mutiert werden, ohne dass sich seine Tertiärstruktur merklich ändert.

eindrucksvolles – und in diesem Falle alarmierendes – Beispiel für die Dynamik evolutionärer Prozesse!

Mutationen, die die Funktion eines Proteins und damit die **evolutionäre Fitness** ihres Trägers verbessern, sind relativ seltene Ereignisse. Häufiger ist der Fall, dass ein Protein die Mutation einfach toleriert und seine Funktion unbeeinträchtigt bleibt (▶ Abschnitt 23.1). Selbst erhebliche Änderungen in der Primärstruktur können die Tertiärstruktur – die dreidimensionale Gestalt, die entscheidend für die Funktion eines Proteins ist – weitgehend unverändert lassen. Eine Proteinsequenz kann sich also mitunter weit von der „Ursequenz" entfernen, während die Raumstruktur erhalten bleibt. Diesen Prozess bezeichnet man als **neutrale Drift** (Abbildung 15.2).

Evolution allein durch Mutation kann die Entwicklung einer Vielzahl von Proteinen unterschiedlichster Funktion nicht erklären. Aufgrund des **Selektionsdrucks** wird ein Protein „in die Pflicht genommen", seine Rolle zu spielen. Es kann sich nicht beliebig funktionell verändern, da sonst irgendwann seine ursprüngliche Aufgabe unerfüllt bliebe. Eine wichtige Rolle bei der Entstehung funktioneller Vielfalt spielt daher die **Duplikation**: Ein Gen kann in einer zweiten oder auch vielfachen Kopie im Genom gespeichert werden. *Ein Exemplar erfüllt dann die althergebrachte Aufgabe, während das andere Exemplar „Narrenfreiheit" hat und sich mittels umfassender Mutationen strukturell wandeln und neue Funktionen entwickeln kann.* Ein gutes Beispiel dafür bietet die Familie der Globine (Exkurs 15.1).

Exkurs 15.1: Die Evolution der Globinfamilie

Das heutige Hämoglobin – der Sauerstofftransporter im Blut von Wirbeltieren (Vertebraten) – ist prominentestes Mitglied einer weit verzweigten und sehr alten Proteinfamilie. Bakterien, Pflanzen und Tiere besitzen **Globine**. Trotz großer Sequenzunterschiede, etwa zwischen einem bakteriellen und einem Säugetierglobin, ist den Globinen eine charakteristische Raumstruktur gemeinsam. Ein hypothetisches Urglobin lässt sich auf etwa zwei Milliarden Jahre zurückdatieren (Abbildung 15.3). Vor mehr als 500 Millionen Jahren kam es bei den ersten Vertebraten zur Duplikation des Globingens. Aus einer Genkopie

hat sich das heutige Myoglobin (Mb) entwickelt. Die zweite Genkopie hat sich „kurz" darauf erneut verdoppelt. Diese Duplikate entwickelten sich durch Mutationen zu den Untereinheiten des Hämoglobins, Hbα und Hbβ. Damit war die Bildung eines subtil regulierbaren Tetramers möglich (▶ Abschnitt 10.3). Weitere Duplikationen führten zu spezialisierten Hämoglobinuntereinheiten wie dem Hbγ des fetalen Hämoglobins HbF ($\alpha_2\gamma_2$), dessen Entstehung mit dem ersten Auftreten placentarer Mammalia zusammenfällt. Der notwendige Sauerstofftransfer von der Gebärmutter zum Feten machte ein höher affines Hämoglobin wie das HbF nötig.

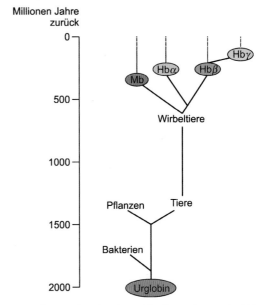

15.3 Entwicklung eines hypothetischen Urglobins hin zum heutigen Myoglobin und den Hämoglobinuntereinheiten. Die Entwicklungen der Globine bei Bakterien und Pflanzen sind hier nicht dargestellt. [AN]

Domänen sind die Bausteine der Proteinevolution

Größere Proteine bestehen zumeist aus **Domänen** (▶ Abschnitt 5.1). Man kann Domänen als unabhängige Einheiten begreifen, die „autonom" ihre Tertiärstruktur beibehalten, auch wenn sie vom Rest des Proteins, etwa durch Proteolyse, abgetrennt werden. Eine typische Domäne enthält 100 – 200 Aminosäuren und besteht aus mindestens zwei Lagen von Sekundärstrukturelementen: Diese zwei Schichten sind nötig, um den hydrophoben Kern eines Proteins auszubilden. *Oft haben Domänen diskrete Funktionen innerhalb des Gesamtproteins.* So katalysiert z.B. eine Domäne eine chemische Reaktion, während eine andere die Bindung von niedermolekularen Liganden oder anderen Proteinen vermittelt. Beispiele sind NAD$^+$-abhängige Dehydrogenasen wie Lactat-Dehydrogenase oder **Glycerinaldehyd-3-phosphat-Dehydrogenase** (GAP-DH), die aus je zwei Domänen aufgebaut

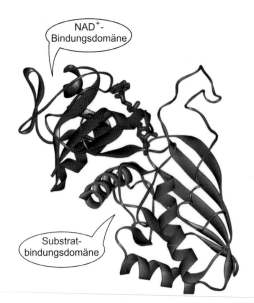

15.4 Struktur und modularer Aufbau der GAP-DH. Das Protein besitzt zwei Domänen, von denen eine die Bindung des Coenzyms NAD⁺ (rot), die andere die Bindung des Substrats Glycerinaldehydphosphat vermittelt. Die NAD⁺-Bindungsdomäne findet sich auch als Baustein in vielen anderen Dehydrogenasen.

sind (Abbildung 15.4). Eine der Domänen haben all diese Enzyme gemein, und sie dient der Bindung von NAD⁺. Die andere Domäne vermittelt die Bindung spezifischer Substrate und variiert von Enzym zu Enzym.

Die unabhängige Struktur einzelner Domänen weist auf einen eleganten und einfachen Mechanismus zur Erzeugung von Proteindiversität im Laufe der Evolution hin. *Domänen können als unabhängige Module mit anderen Domänen kombiniert werden.* Dieser als *domain shuffling* bezeichnete Prozess ermöglicht eine ungleich raschere Evolution neuer Funktionalitäten als die Duplikation eines kompletten Proteingens mit anschließender „schleichender" Veränderung per Mutation. Da viele Domänen von einem einzigen Exon codiert werden, bezeichnet man diesen Vorgang auch als *exon shuffling*. Einem treffenden Beispiel modularen Aufbaus sind wir bereits im vorhergehenden Kapitel begegnet: Die Vielzahl der an der Hämostase beteiligten Proteine besteht aus einer begrenzten Zahl von Domänen, die in unterschiedlicher Abfolge und Kopienzahl miteinander kombiniert wurden (▶ Abschnitt 14.4).

15.3

Sequenzvergleiche spüren Schlüsselpositionen in verwandten Proteinen auf

Proteine, die von einem gemeinsamen Urgen abstammen, werden als **homologe Proteine** bezeichnet. In nah verwandten Proteinen ist die Homologie aufgrund hoher Sequenzi-

dentität leicht auszumachen. Für den Vergleich der Sequenzen wird ein **Alignment** hergestellt, bei dem die Proteinsequenzen zweier oder mehrerer Proteine im Einbuchstabencode untereinander geschrieben werden (engl. *to align*, in Reih und Glied aufstellen). Taucht eine Aminosäure in beiden Proteinsequenzen in identischer Position auf, spricht man von einem *match* (Treffer), bei unterschiedlichen Aminosäuren von einem *mismatch*. Mitunter gibt es auch *gaps* (Lücken), d. h. Positionen in einer Sequenz, zu der sich keine Entsprechung in der anderen Sequenz finden lässt (Abbildung 15.5). *Gaps* entstehen dadurch, dass Aminosäuren eingefügt oder entfernt wurden. Man kann das Alignment als Rekonstruktion der Veränderungen – Mutationen, Insertionen, Deletionen – auffassen, die im Zuge der Proteinevolution erfolgten. Bildet man den Quotienten der *matches* zur Gesamtzahl an Aminosäuren in der angeordneten Sequenz, so erhält man ein quantitatives Maß für die **Sequenzidentität**.

Man bewertet nicht nur die Identität, sondern auch die **Ähnlichkeit** entsprechender Positionen. So erwartet man etwa beim Austausch von Asparaginsäure (D) gegen Glutaminsäure (E) weniger drastische Effekte als beim Austausch von Asparaginsäure gegen das entgegengesetzt geladene und zudem deutlich größere Arginin (R). Als Beispiel ist hier ein Alignment von **Cytochrom-c-Molekülen** aus verschiedenen Spezies gezeigt (Abbildung 15.6). Das hämbindende Protein ist Teil der mitochondrialen und bakteriellen Atmungskette (▶ Exkurs 41.3).

Das Sequenzalignment homologer Cytochrom-*c*-Proteine liefert eine Fülle wichtiger Informationen. Der Farbcode, der saure, basische, polare und unpolare Aminosäurereste kennzeichnet, lässt unmittelbar die große Ähnlichkeit der Proteine in allen Spezies erkennen: *Cytochrom c ist ein evolutionär sehr gut konserviertes Protein.* Es hat beispielsweise beim Menschen und Schimpansen eine absolut identische Sequenz. Betrachtet man einzelne Positionen, so kann aus dem Grad der Konservierung mitunter geschlossen werden, ob Reste für die Funktion des Proteins essenziell, bedeutend oder eher unwichtig sind. So findet sich etwa die Aminosäureabfolge CXXCH – X ist dabei eine variable Aminosäure – in allen Cytochrom-*c*-Proteinen (Abbildung 15.7). Diese charakteristische **Signatur** ist ein Erkennungsmotiv dieser Proteingruppe. Experimentelle Befunde belegen ihre Bedeutung: Die beiden Cysteinreste stellen über Thioetherbindungen eine kovalente Verbindung zwischen Häm und Protein

A GDFGGWFCPCHGSHYDTSGR
B GDFG-WFCPCHGSHYDISGR

15.5 Alignment von Proteinsequenzen. Die drei möglichen Zustände sind *match*, *mismatch* und *gap*. Die Identität zwischen Sequenz A und B beträgt 90 % – 18 von 20 Positionen stimmen überein – d. h. A und B sind also sehr ähnlich. Meist ist die Identität zwischen homologen Proteinen bedeutend niedriger. Entsprechende Alignments werden auch für DNA- und RNA-Sequenzen erstellt.

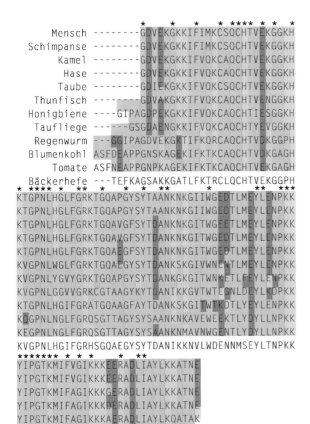

15.6 Alignment der vollständigen Sequenz von Cytochrom *c* aus zwölf verschiedenen Spezies. Saure Reste sind rot, basische blau, polare grün und unpolare gelb dargestellt. Die Sequenzen sind der Proteindatenbank SWISS-PROT entnommen, das Alignment wurde mit dem Programm ClustalW erstellt ⌐ Invariante Reste, die in allen miteinander verglichenen Cytochromen vorkommen, sind mit einem Stern markiert (38 % aller Positionen).

her, und Histidin ist einer der Liganden des zentralen Eisenions. Diese drei **invarianten Positionen** sind essenziell für die Proteinfunktion! An vielen anderen Positionen kann eine Aminosäure bestenfalls gegen einen Rest mit sehr ähnlichen

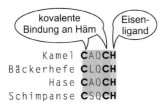

15.7 Das Sequenzmotiv CXXCH findet sich in allen Mitgliedern der Cytochrom-*c*-Familie. Die invarianten Reste – zwei Cysteine und ein Histidin – sind für die Bindung der Hämgruppe essenziell.

physikochemischen Eigenschaften ausgetauscht werden, etwa Asparaginsäure (D) gegen Glutaminsäure (E) oder Serin (S) gegen Threonin (T). Auch diese **konservierten Reste** scheinen funktionell oder strukturell bedeutsam. **Variable Positionen** vertragen dagegen drastische Veränderungen. Sie sind offenbar von geringer Bedeutung für die strukturelle und funktionelle Integrität der Proteine. Variable Reste befinden sich oft an der Oberfläche einer Proteinstruktur.

Das Alignment mehrerer Sequenzen erlaubt die Identifizierung von potenziell bedeutsamen Positionen wie etwa der Bindungsstelle für einen Cofaktor oder katalytisch wirksamer Reste eines aktiven Zentrums. Besonders hilfreich ist das Alignment im Falle neu entdeckter Proteine: Wird ein bislang unbekanntes Protein gefunden, ermöglicht das Alignment seiner Sequenz mit bekannten Proteinsequenzen häufig eine Vorhersage seiner Struktur und sogar seiner möglichen Funktionen. Ähnlichkeiten müssen sich nicht unbedingt über die gesamte Sequenz erstrecken. Kurze charakteristische Sequenzstücke dienen etwa als Signale für den Transport eines Proteins in verschiedene Kompartimente einer Zelle (▸ Abschnitt 19.1). Die Identifizierung einer solchen Signalsequenz erlaubt im günstigsten Fall die Vorhersage der zellulären Lokalisation des Proteins. Die molekulare **Phylogenie** nutzt Alignments zur Erstellung von Stammbäumen der Organismen anhand quantifizierbarer Aminosäureunterschiede innerhalb homologer Proteinfamilien (Exkurs 15.2).

🖉 Exkurs 15.2: Molekulare Uhren

Grundannahme der molekularen Phylogenie ist, dass Mutationen in einem bestimmten proteincodierenden Gen über lange erdgeschichtliche Zeiträume hinweg betrachtet mit konstanter Geschwindigkeit akkumulieren. Es handelt sich demnach bei der Anhäufung von Mutationen um einen stochastischen (zufälligen) Prozess, vergleichbar mit dem radioaktiven Zerfall. Zählt man die Aminosäureunterschiede zwischen den Sequenzen homologer Proteine, erhält man gemäß dieser Theorie eine **molekulare Uhr**. So konnte man etwa anhand von Cytochrom-c-Alignments einen Stammbaum von Organismen mit datierbaren Abständen zwischen den Verzweigungspunkten konstruieren, der eine gute Überstimmung mit klassisch-taxonomischen Stammbäumen zeigt. Die Verlässlichkeit der molekularen Uhr ist allerdings nicht immer gewährleistet: Die Geschwindigkeit, mit der Mutationen akkumulieren, ist keineswegs immer konstant, sondern offenbar auch von morphologischen Veränderungen oder verändertem Selektionsdruck abhängig. Ein anderes Problem dieser Methode ist, dass die Uhren verschiedener Proteine mit unterschiedlicher Geschwindigkeit laufen.

Der Vergleich von Tertiärstrukturen verrät entfernte Verwandtschaften

Eine hohe Sequenzidentität zweier Proteine gilt als hinreichendes Kriterium ihrer **Homologie**, also ihrer Verwandtschaft. Oft spricht man deshalb – nicht ganz korrekt – von Sequenzhomologie. So haben die pankreatischen Serinproteasen Trypsin, Chymotrypsin und Elastase zu etwa 40 % identische Sequenzen, und ihr gemeinsamer Ursprung steht außer Frage (▶ Abschnitt 12.4). Was jedoch, wenn die Evolution nach vielen Jahrmillionen die Spuren einer ursprünglichen Sequenzidentität durch neutrale Drift verwischt hat? Ein üblicher Grenzwert, ab dem mit einiger Sicherheit Homologie angenommen wird, liegt bei 25 % Identität. Untersucht man die strukturelle Ähnlichkeit von Proteinen, lassen sich aber auch entferntere Verwandtschaften ausmachen. So besitzt das Hüllprotein des humanpathogenen Semliki-Forest-Virus eine Domäne, die beim direkten Vergleich eine gute *strukturelle* Übereinstimmung mit einer Trypsindomäne offenbart – und das trotz geringer Sequenzidentität (Abbildung 15.8). *Da vor allem die Tertiärstruktur der Proteine evolutionären Zwängen unterliegt, findet man hier einen höheren Grad an Konservierung als bei der Proteinsequenz.*

Homologe Proteine haben sich durch **divergente Evolution** aus einem Urgen entwickelt. Ähnliche Proteinstrukturen können sich auch unabhängig voneinander entwickelt haben, etwa weil sie ein besonders stabiles Arrangement darstellen, das die Evolution mehrfach – und unabhängig voneinander – „erfunden" hat. In diesem Fall spricht man von **konvergenter Evolution**, die zu **analogen Proteinen** führt. Ein Beispiel dafür ist eine charakteristische Struktur, die zuerst bei dem Enzym Triosephosphat-Isomerase (TIM) gefunden wurde (▶ Abschnitt 39.2): Sie wird als **TIM-Barrel** (engl. *barrel,* Fass) bezeichnet (Abbildung 15.9). Dieses Fass ist ziemlich weit verbreitet: Etwa 10 % aller Enzyme besitzen ein TIM-Barrel! Allein vier der zehn glykolytischen Enzyme gehören dazu (▶ Kapitel 39). Viele der TIM-Barrel-Enzyme zeigen praktisch keine signifikante Sequenzähnlichkeit, und ihre katalytischen Zentren sitzen oft in völlig verschiedenen Domänen. Von daher glaubt man, hier den Prototyp einer konvergenten Evolution ausgemacht zu haben.

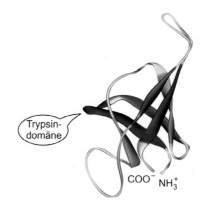

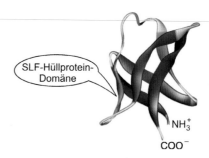

Trypsin NTVPYQVSLNSGYHFCGGSLINSQWVVSAAHCYKSGIQV
SLF   PEGHYNWHHG-AVQYSGG-----RFTIPTG----AG-
RLGEDNINVVEGNEQFISASKSIVHPSYNSNTLNNDIMLIKLKSAA
KPGDSGRPIFDNKGRVV----AIVLGGANEGS-RTALSVVTWNK--

15.8 Sequenzalignment und Strukturvergleich einer Domäne von Trypsin mit dem Hüllprotein des Semliki-Forest-Virus (SLF). Während die Aminosäuresequenzen nur geringe Übereinstimmungen aufweisen, ähneln sich offenkundig die Strukturen beider Proteine. Im Kern der Proteine ist die strukturelle Konservierung besonders ausgeprägt, die peripheren Schleifen haben sich im Lauf der Evolution hingegen verändert. [AN]

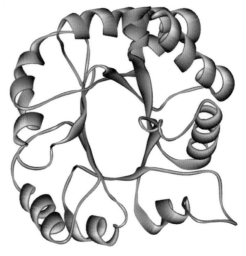

15.9 Struktur der Triosephosphat-Isomerase aus der Bäckerhefe. Es handelt sich um eine der am häufigsten beobachteten Proteinstrukturen, bei Enzymen möglicherweise um die am häufigsten wiederkehrende Struktur überhaupt. [AN]

Proteine werden in Datenbanken gesammelt

Getrieben durch die Sequenzierung kompletter Genome häufen sich derzeit Sequenz-, aber auch Strukturdaten von Proteinen mit geradezu atemberaubender Geschwindigkeit und exponentiellen Wachstumsraten. Zur Beherrschung dieser

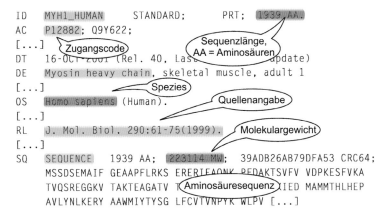

```
ID  MYH1_HUMAN      STANDARD;     PRT;   1939 AA.
AC  P12882; Q9Y622;
[...]   Zugangscode        Sequenzlänge,
                           AA = Aminosäuren
DT  16-OCT-2001 (Rel. 40, Last ...      pdate)
DE  Myosin heavy chain, skeletal muscle, adult 1
[...]          Spezies
OS  Homo sapiens (Human).        Quellenangabe
[...]
RL  J. Mol. Biol. 290:61-75(1999).     Molekulargewicht
[...]
SQ  SEQUENCE  1939 AA;  223114 MW;  39ADB26AB79DFA53 CRC64;
    MSSDSEMAIF GEAAPFLRKS ERERIEAONK PEDAKTSVFV VDPKESFVKA
    TVQSREGGKV TAKTEAGATV T  Aminosäuresequenz  IED MAMMTHLHEP
    AVLYNLKERY AAWMIYTYSG LFCVTVNPYK WLPV [...]
```

15.10 Eintrag für die schwere Kette des humanen Muskelproteins Myosin in der Datenbank SWISS-PROT (Auszug). Zuoberst steht das eindeutige Kürzel MYH1–HUMAN und die Zugangsnummer P12882. Es folgen Angaben, um welches Protein aus welchem Organismus es sich handelt, sowie Literaturverweise. Am Ende steht die eigentliche Sequenz des Proteins.

Informationsflut gibt es Datenbanken, die strukturelle und funktionelle Informationen sammeln, ordnen, archivieren und für die Forscherwelt auf bequeme und überschaubare Weise zugänglich machen. Für DNA-, RNA- und **Proteinsequenzen** existieren drei Hauptdatenbanken 🖱: **Genebank** (USA), **EMBL-Bank** (European Molecular Biology Laboratory) und **DDBJ** (DNA Databank of Japan). Wissenschaftler aus aller Welt deponieren die von ihnen neu ermittelten Sequenzdaten in einer dieser drei Datenbanken, die täglich ihre Daten untereinander abgleichen, sodass es sich im Prinzip nur um eine einzige große Weltdatenbank mit derzeit über 80 Millionen Einträgen handelt. Manuell gewartete Datenbanken wie **SWISS-PROT** 🖱 überprüfen und filtern die Daten, um Fehler, Widersprüche und Redundanzen zu vermeiden, die z. B. durch Mehrfacheinträge entstehen können (Abbildung 15.10).

Die **Protein Data Bank** 🖱 in Rutgers (USA) sammelt **Proteinstrukturen**. Anfang 2009 waren hier rund 56 000 Proteinstrukturen gespeichert! Der Datenumfang einzelner Dateien ist hier viel umfangreicher als bei Sequenzbanken, da definierte Raumkoordinaten sämtlicher Atome eines Proteins gespeichert werden. Eine Art Gelbe Seiten für Proteinstrukturen bietet die Datenbank **CATH** 🖱 in London. Sie stellt eine hierarchische Klassifizierung von Domänen dar, die sich sowohl Kriterien evolutionärer Verwandtschaft als auch rein struktureller Ähnlichkeit bedient. Die oberste Ebene unterscheidet die Domänen nach Gehalt an Sekundärstruktur und ordnet sie drei **Klassen** zu: nur α-Helices, nur β-Faltblätter oder gemischte Zusammensetzung (Abbildung 15.11). Proteine einer Klasse werden dann anhand ihrer **Architektur** sortiert, womit die grobe räumliche Anordnung von α-Helices und β-Faltblättern gemeint ist. Architekturen sind oft intuitiv erkennbare Formen, wie beispielsweise ein Fass aus β-Faltblättern oder ein Sandwich, in dem ein β-Faltblatt zwischen zwei α-Helices gepackt ist. Die nächste Ebene der Gliederung berücksichtigt die **Topologie**, also Richtung und Abfolge der Sekundärstrukturelemente innerhalb einer Sequenz. Bestehen Hinweise auf eine gemeinsame Abstammung, dann werden topologisch äquivalente Domänen zu einer homologen **Superfamilie** zusammengefasst.

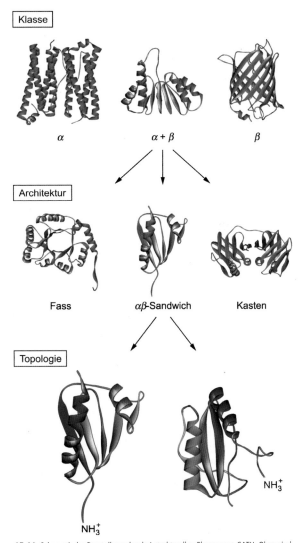

15.11 Schematische Darstellung der drei strukturellen Ebenen von CATH. Oben sind Beispiele der drei Klassen gezeigt. In der Mitte finden sich Beispiele von αβ-Architekturen. Für die αβ-Sandwich-Architektur sind unten zwei Vertreter unterschiedlicher Topologie abgebildet. Der spektrale Farbverlauf (*N*-Terminus in rot) verdeutlicht die unterschiedliche Abfolge der Sekundärstrukturelemente in der Primärstruktur. [AN]

CATH hatte Mitte 2008 knapp über 114 000 Domänen erfasst, die sich auf ungefähr 2 100 homologe Superfamilien verteilen und etwa 1 000 verschiedene Topologien repräsentieren. Proteine gleicher Topologie haben prinzipiell den gleichen „Bauplan", egal ob sie verwandt sind oder nicht. Proteine mit einem völlig neuen Bauplan werden nur noch selten entdeckt. *Die Zahl charakteristisch unterschiedlicher Proteinstrukturen, also Strukturen, die sich quasi auf den ersten Blick unterscheiden lassen, ist offenbar relativ klein – möglicherweise nicht viel größer als 1 000.* Hinzu kommt, dass ein großer Teil der bekannten Proteine auf einigen wenigen bekannten Bauplänen basiert. So ist etwa die Topologie der NAD⁺-Bindungsdomäne, die als **Rossmann fold** bezeichnet wird, charakteristisch für mehr als 110 Superfamilien. Vermutlich wurde sie von der Natur im Laufe der Evolution immer wieder neu „erfunden". Die am weitesten verbreitete Domäne im menschlichen Proteom ist wahrscheinlich die immunglobulinähnliche **Ig-Domäne** (▶ Abschnitt 36.10), die vermutlich in mehr als tausend verschiedenen Proteinen vorkommt. Diese Domäne mit ihrer extrem stabilen, fassartigen Architektur dient als Plattform, an deren Peripherie sich die unterschiedlichsten Funktionen realisieren lassen. Insgesamt scheint die Vielfalt von Proteinstrukturen – nicht zuletzt auch mit Blick auf die Komplexität und Diversität biologischer Aufgaben – erstaunlich gering zu sein. Viele Proteine unterscheiden sich topologisch gesehen nur in Nuancen. Diese Feinheiten – z. B. die konkreten Aminosäurereste in den peripheren Schleifen einer Ig-Domäne – sind für die Proteinfunktion oft aber von ausschlaggebender Bedeutung. Die Werkstatt der Natur lehrt uns also vor allem Feinmechanik!

15.6
Die Zahl der Proteine ist sehr viel größer als die der Gene

Das menschliche Genom 🔖 birgt nach aktuellen Analysen etwa 21 000 proteincodierende Gene, also Gene, die den Bauplan für ein Protein bereitstellen. Darüber hinaus gibt es noch zahlreiche Gene, nach deren Vorgabe „nur" RNA-Moleküle synthetisiert werden, die – ohne in Polypeptide translatiert zu werden – eine biochemische Funktion besitzen. Eine weitere große Gruppe sind sog. **Pseudogene**. Hier handelt es sich um DNA-Abschnitte mit Ähnlichkeit zu tatsächlich proteincodierenden Gensequenzen, die aber nicht transkribiert oder in ein funktionelles Protein translatiert werden. Schließlich ist die Zahl von möglicherweise codierten kurzen Peptiden noch weitgehend unbekannt. Die Zahl der rund 21 000 „Proteinbaupläne" ist erstaunlich – oder auch ernüchternd – gering, gemessen an den Schätzungen, die vor Kenntnis der humanen Genomsequenz bei weit über 100 000 proteincodierenden Genen lagen. *Dennoch ist die Proteinvielfalt im menschlichen Körper weit größer.* Obwohl derzeit noch keine zuverlässigen Daten über die Größe des

humanen Proteoms 🔖 vorliegen, sagen Schätzungen eine Größenordnung von einer Million verschiedener Proteine voraus! Woher rührt diese Diskrepanz? **Posttranskriptionale und posttranslationale Modifikationen** erzeugen diese gesteigerte Proteinvielfalt (Abbildung 15.12). Die Modifikation von Primärtranskripten durch **alternatives Spleißen**, das ungefähr 75 % aller menschlichen Gene betrifft, ebenso wie das RNA-Editing, vergrößert die Zahl der Proteinbaupläne, sprich: unterschiedlicher mRNA (▶ Abschnitt 17.8). Aus einem primären Translationsprodukt kann durch **chemische Modifikation** oder **limitierte Proteolyse** (▶ Abschnitte 5.3 und 27.6) eine Vielzahl unterschiedlicher Proteine erzeugt werden. Ferner können Proteine mit mehreren Untereinheiten kombinatorisch aus unterschiedlichen Polypeptiden zusammengesetzt werden.

Das Proteom ist also kein einfaches Korrelat seines genetischen Bauplans. Dennoch versetzt uns die Kenntnis der kompletten Genome von Mensch, Ratte oder Maus prinzipiell erstmals in die Lage, einen ungefähren Überblick darüber zu bekommen, welche Funktionen wie häufig in der komplexen Maschinerie einer eukaryotischen Zelle vertreten sind. Praktisch ist man jedoch noch weit von diesem Überblick entfernt; das Proteom stellt zu weiten Teilen *terra incognita*

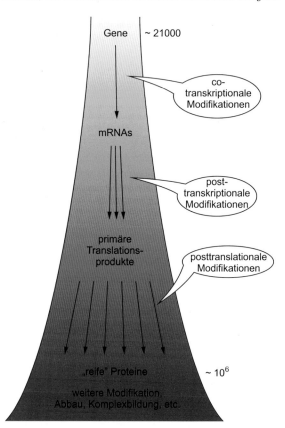

15.12 Mechanismen zur Steigerung der Proteinvielfalt. Aus der verhältnismäßig geringen Zahl von ca. 21 000 proteincodierenden Genen im menschlichen Genom wird durch co- und posttranskriptionales Spleißen und Editing eine vielfache Zahl reifer mRNA erzeugt. Co- und posttranslationale Modifikationen und Kombinatorik in der Quartärstruktur führen zu weiterer Diversifizierung der finalen Proteinformen.

dar. Ein Großteil der codierten Proteine ist noch nie experimentell untersucht worden. Ihre Existenz wird lediglich basierend auf der Analyse der Genomsequenz vorhergesagt. Aufgrund von Homologien zu bereits bekannten Proteinen kann jedoch vielfach auf mögliche Strukturen und Funktionen geschlossen werden. Aber selbst mit „Homologieschlüssen" lassen sich derzeit nur für etwa die Hälfte der im menschlichen Genom codierten Proteine Vorhersagen über ihre Funktion treffen. Nichtsdestotrotz können wir nun erstmals eine große Zahl von Proteinen nach funktionellen Kriterien einteilen (Abbildung 15.13). Den größten Anteil am bekannten Proteom haben die Proteine der **Signaltransduktion** und des **Transports**: Sie wickeln die intra- und interzelluläre „Kommunikation" und „Logistik" ab. Zahlenmäßig etwa gleichauf sind die **DNA-bindenden Proteine**: Sie erzeugen, degradieren, reparieren, erkennen und lesen das Trägermolekül der Erbinformation. Die dritte große Gruppe stellen die **Enzyme**, die mit den Stoffwechselprozessen, also dem Abbau von Nährstoffen und der Synthese neuer Biomoleküle, die „Kärrnerarbeit" leisten und die Chemie des Lebens katalysieren.

Hier endet zunächst einmal unsere Tour durch die Welt der Proteine. Nicht minder faszinierend als die Beschäfti-

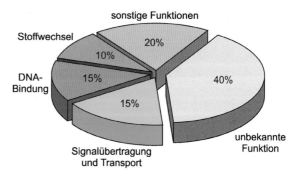

15.13 Geschätzte Häufigkeit funktioneller Klassen im menschlichen Proteom. Unter „sonstige Funktionen" fallen hier beispielsweise Proteine des Cytoskeletts, Motorproteine oder Immunglobuline.

gung mit Proteinen, den biochemischen Werkzeugen aller Zellen und Organismen, ist die Fragestellung, wie die Baupläne für diesen molekularen „Maschinenpark" von Generation zu Generation weitergegeben, gelesen und interpretiert, aber auch verändert werden. Wir kommen damit zu einer weiteren großen Molekülklasse der belebten Welt: den Nucleinsäuren.

Zusammenfassung

- Die Gesamtheit der Proteine eines Organismus wird als **Proteom** bezeichnet. Die Proteine bzw. ihre codierenden Gene sind miteinander „verwandt". Mutation und Duplikation sind zwei der Mechanismen, durch die sich die Vielfalt der Proteine entwickelt hat.
- Die **evolutionäre Selektion** lässt zunächst nur Mutationen zu, bei denen sich die Funktion des Proteins zumindest nicht verschlechtert: Wir sprechen von **neutraler Drift**. Dabei kann sich die Primärsequenz eines Proteins im Laufe der Zeit stark gegenüber der ursprünglichen Sequenz verändern. **Genduplikationen** ermöglichen, dass eine Kopie des Gens die ursprüngliche Funktion weiter ausübt, während das Duplikat durch **Mutation** eine veränderte oder neuartige Funktionalität bekommen kann. Die diversen **Globingene** sind durch Genduplikation und nachfolgende Mutationen entstanden.
- Eine raschere Evolution von Proteinen mit neuen Funktionen ermöglicht die Neukombination von Proteindomänen – auch als *domain shuffling* bezeichnet. Domänen können demnach als modulare Bausteine betrachtet werden, die jeweils bestimmte Teilfunktion(en) ausüben und dabei flexibel miteinander kombinierbar sind.
- Evolutionäre Verwandtschaft zwischen Proteinen wird als **Homologie** bezeichnet. Homologie kann durch systematischen Vergleich der Primärstrukturen durch **Sequenzvergleiche** – kurz als **Alignments** bezeichnet – gefunden werden. Durch Sequenzvergleiche einer Gruppe von Proteinen lassen sich konservierte Aminosäurepositionen identifizieren, die funktionell oder strukturell

wichtig sind. Die **molekulare Phylogenie** quantifiziert Sequenzidentitäten und ermöglicht es dadurch, Stammbäume sowohl von Biomolekülen als auch biologischen Spezies zu erstellen.
- Entfernte Verwandtschaften zwischen Proteinen lassen sich oft nur durch den Vergleich ihrer **Raumstrukturen** (Tertiärstrukturen) aufzeigen: Da diese über die Funktion eines Proteins entscheiden, unterliegen sie einem stärkeren **evolutionären Druck** und sind in höherem Maße konserviert als die Primärstrukturen von Proteinen. Mitunter entstehen ähnliche Proteinstrukturen aber auch unabhängig voneinander durch **konvergente Evolution**.
- DNA- und Proteinsequenzen werden in internationalen **Datenbanken** wie z.B. *Genebank* gesammelt. In der *Protein Data Bank* sind die Informationen zur dreidimensionalen Struktur von Proteinen abgelegt. In anderen Datenbanken werden Proteine nach strukturellen Kriterien klassifiziert.
- Das **menschliche Genom** umfasst etwa 21 000 proteincodierende Gene. Die Zahl an unterschiedlichen Proteinen im Proteom wird allerdings deutlich höher geschätzt. Diese gesteigerte Vielfalt kann durch zahlreiche Mechanismen, vor allem durch **alternatives Spleißen** der Primärtranskripte sowie durch **posttranslationale Modifikationen** erzeugt werden. Innerhalb des Proteoms sind die drei zahlenmäßig größten Proteingruppen Signal- und Transportproteine, DNA-bindende Proteine sowie Enzyme.

Teil III: Speicherung und Ausprägung von Erbinformation

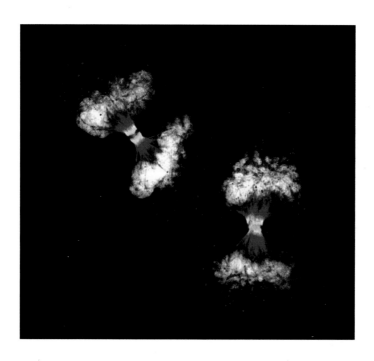

Die Bauanleitung des Lebens ist in Form von Nucleinsäuren festgeschrieben: Hier ist der Entwicklungsplan eines Organismus niedergelegt, und hier sind die Instruktionen für die Aktivitäten einer jeden Zelle gespeichert. Die Gesamtheit der Erbinformationen eines Organismus nennen wir Genom. Die „Verwaltung" dieses genetischen Informationsspeichers ist perfekt organisiert. Bei Bedarf ruft die Zelle einen Teil der Information auf. Sie liest die funktionelle DNA-Einheit – das relevante Gen – ab, erstellt eine Umschrift in Form einer RNA und übersetzt schließlich die Informationen in die Sequenz eines Proteins. Der Zugriff auf den DNA-Speicher ist streng kontrolliert, da eine Zelle über die Ausprägung ihrer Gene – die Genexpression – ihre Individualität gewinnt. Prinzipiell enthält jede Einzelzelle die Erbinformation für den gesamten Organismus, und daher muss vor einer Zellteilung auch der ganze Speicher kopiert werden – ein Vorgang, der streng überwacht wird, um Übertragungsfehler zu vermeiden. Die Aufgabe bei der DNA-Re-

plikation ist gewaltig, wenn man die schiere Größe des Genoms bedenkt, die von 4,7 Millionen Nucleotidpaaren bei *E. coli* oder etwa 3,2 Milliarden Nucleotidpaaren beim Menschen bis hin zu 100 Milliarden Nucleotidpaaren beim Salamander reicht! Auch hält die Zelle ihren genetischen Speicher mit großer Akribie fehlerfrei: Ganze Kohorten von zellulären Enzymen sind mit der Reparatur geschädigter DNA befasst. Aber auch dem besten Überwachungssystem unterlaufen hin und wieder Fehler, die dann zu Veränderungen der Erbinformation führen. Solche Mutationen können schädlich für die einzelne Zelle oder den ganzen Organismus sein; andererseits liefern minimale Fehler beim Kopieren genetischer Information das „Spielmaterial" für die Evolution der Arten. Im Folgenden wollen wir uns mit den grundlegenden Prozessen der Speicherung, Ausprägung und Verdopplung von Erbinformationen befassen. Dazu wenden wir uns erst einmal den Nucleinsäuren als Strukturträgern der biologischen Information zu.

Mikroskopische Darstellung von zwei HeLa-Zellen, die kurz vor dem Abschluss der Zellteilung stehen (Telophase). Färbung: DNA (weiß), Mikrotubuli (rot), INCENP (blau) und Aurora B (grün). Die beiden letzteren Komponenten gehören zum Chromosomal Passenger Complex (CPC), der sich in der Telophase im Mittelkörper befindet, aus dem dann die Teilungsfurche hervorgeht (oben links). Freundliche Überlassung von Paul D. Andrews, PhD (University of Dundee).

Nucleinsäuren – Struktur und Organisation

Kapitelthemen: 16.1 Aufbau der DNA 16.2 DNA-Doppelhelix 16.3 kleine und große Furchen 16.4 Struktur der Chromosomen 16.5 Nucleosomen und Chromatin 16.6 Genom von *E. coli*

Angefangen von einfachen Prokaryoten über multizelluläre Organismen wie Tiere und Pflanzen bis hin zum Menschen wird die *Desoxyribonucleinsäure* oder *DNA* (engl. *deoxyribonucleic acid*) als Träger der Erbinformation universell genutzt. Bei der Teilung einer Zelle wird ihre DNA vollständig dupliziert, und die beiden identischen Kopien werden gleichmäßig auf Tochterzellen verteilt: Wir sprechen von *Replikation*. Neu gebildete Zellen aktivieren je nach ihrer Bestimmung definierte DNA-Abschnitte und schreiben ihre Information in *Ribonucleinsäuren* oder *RNA* (engl. *ribonucleic acid*) um: Wir bezeichnen diesen Vorgang als *Transkription*. DNA-Abschnitte, die Informationen zur Herstellung eines RNA-Transkripts besitzen, bezeichnet man als *Gene*; der Großteil der Gene codiert für Proteine. Dazu muss die Zelle die RNA-gespeicherten Informationen in Proteine übersetzen: Dieser Prozess heißt *Translation*. Bevor wir die zelluläre Maschinerie kennen lernen werden, die diese fundamentalen Prozesse des Lebens – Replikation, Transkription, Translation – virtuos steuert, wollen wir uns zunächst mit der Struktur von Nucleinsäuren befassen.

16.1

Aufbau der DNA

Für fundamentale genetische Prozesse wie Replikation, Transkription und Translation (Abbildung 16.1) ist die Struktur der DNA von entscheidender Bedeutung: Sie besteht aus einer langen unverzweigten Kette von **Desoxyribonucleotiden**; dabei können mehrere hundert Millionen dieser Bausteine zu einem einzigen Polynucleotid aneinandergereiht sein, das dann zum Chromosom verpackt wird (Abschnitt 16.4). Nucleotide bestehen aus drei Komponenten: **Base**, **Desoxyribose** und **Phosphatrest** (▶Abschnitt 2.6). Dabei sind die Purinbasen Adenin bzw. Guanin oder die Pyrimidinbasen Thymin bzw. Cytosin über eine *N*-glykosidische Bindung an das C1'-Atom einer 2'-Desoxyribose geknüpft (Abbildung 16.2). Den Baustein aus einer Base und einer 2'-Desoxyribose bezeichnet man als **Nucleosid**. Ist ein Phosphatrest mit der Hydroxylgruppe an C5' des Zuckerrings verestert, so spricht man von einem **Nucleotid** (▶Tafel A9).

Ein Polynucleotid entsteht über **Phosphodiesterbindungen**, die jeweils die Hydroxylgruppe am C3'-Atom eines ersten Nucleotids mit dem C5'-Atom eines zweiten Nucleotids verbinden (Abbildung 16.3). Die **Direktionalität** der Kette wird *per definitionem* immer von 5' (links) nach 3' (rechts) ange-

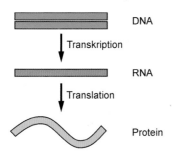

16.1 Fundamentale genetische Prozesse. Der Fluss der genetischen Information erfolgt im Allgemeinen von DNA über RNA zum Protein. Eine Ausnahme von dieser Regel machen z. B. Retroviren, deren Erbinformation in RNA niedergelegt ist und erst in DNA rückübersetzt – daher „retro" – werden muss, um zugehörige Proteine zu bilden.

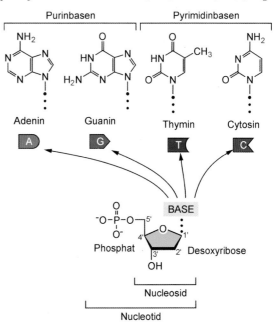

16.2 Bausteine der DNA. Jeweils zwei Purin- bzw. Pyrimidinnucleotide mit den Basen Adenin und Guanin bzw. Thymin und Cytosin kommen in DNA vor (Symbole wie in ▶Abbildung 2.12).

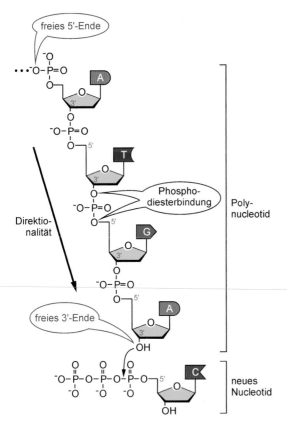

16.3 Bildung eines Polynucleotidstrangs über Phosphodiesterbindungen. Bei der fortlaufenden Polymerisation werden Desoxynucleosidtriphosphate verwendet, die als Monophosphate unter Abspaltung von Pyrophosphat in die wachsende Kette eingebaut werden (A, Adenin; C, Cytosin; G, Guanin; T, Thymin).

geben. Das 5'- bzw. 3'-Ende gibt hierbei die terminalen Nucleotide mit den C5'- bzw. C3'-Atomen an, die *nicht* über Phosphodiesterbrücken verknüpft sind. Ebenso erfolgt die DNA-Synthese in der Zelle in **5'-3'-Richtung**, da Nucleotide typischerweise an das „freie" 3'-Ende eines bestehenden Nucleinsäurestrangs angefügt werden. Die 5'-Richtung einer DNA wird als **stromaufwärts**, die 3'-Richtung als **stromabwärts** bezeichnet.

16.2

Antiparallele DNA-Stränge bilden eine Doppelhelix

Wie kann solch ein „simples" Molekül alle Instruktionen für den Bau so unterschiedlicher Organismen wie Moospflanzen, Murmeltiere oder Menschen in sich tragen? Die Antwort liegt in der Sequenz der DNA: Die kombinatorische Vielfalt von vier unterschiedlichen Nucleotiden ermöglicht einer DNA mit n Resten 4^n unterschiedliche Sequenzen, genug also, um selbst auf einer begrenzten Stranglänge eine Vielzahl unterschiedlicher Produkte codieren zu können.

Wir werden noch genauer erfahren, wie diese Codierung im Einzelnen funktioniert (▶ Abschnitt 18.1). Zuvor wenden wir uns der Frage zu, wie die gespeicherte Information über Generationen ohne größere Änderungen weitergegeben werden kann. Dazu müssen wir die Struktur der DNA ⌐ näher betrachten. Sie besteht aus zwei Nucleotidsträngen, die gegenläufig – also **antiparallel** – angeordnet sind und sich schraubenförmig um eine gemeinsame Achse winden: Wir sprechen von einer **Doppelhelix** ⌐ (griech. *helix*, Spirale). Dabei kommen die Nucleotidbasen Adenin (A), Cytosin (C), Guanin (G) und Thymin (T) im Binnenraum der Helix zu liegen, während die Desoxyribosephosphatreste den äußeren Mantel bilden (Abbildung 16.4). Die Interaktion der großen

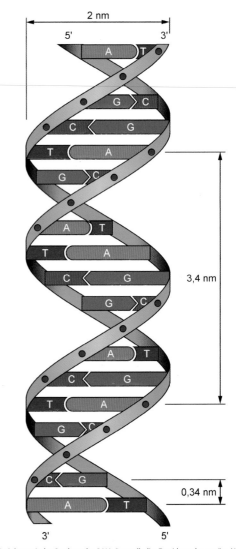

16.4 Schematische Struktur der DNA-Doppelhelix. Zwei komplementäre Nucleotidstränge winden sich in antiparalleler Orientierung umeinander. Die Zucker-Phosphat-Komponenten bilden dabei das „Rückgrat" der Doppelhelix, hier symbolisiert als grüne Bänder (Zucker) mit roten Punkten (Phosphat). Die Basenpaarung hält die beiden Stränge im Innern zusammen. Die Struktur der DNA wird durch hydrophobe Wechselwirkungen zwischen aufeinanderfolgenden Basenpaaren weiter stabilisiert.

Purinbasen (A bzw. G) mit den kleinen Pyrimidinbasen (T bzw. C) sichert den inneren „Halt" der beiden Stränge der Doppelhelix: Wir sprechen von einer **Basenpaarung** zwischen Strang und Gegenstrang.

Dabei bilden die Basen A und T einerseits bzw. G und C andererseits sich ergänzende, **komplementäre Basenpaare** – auch **Watson-Crick-Basenpaare** 🖑 genannt, die wie Nut und Feder zueinander passen und über Wasserstoffbrücken miteinander verfugt sind (Abbildung 16.5). Vereinfacht werden diese verbrückten Basenpaare als A·T und G·C dargestellt. Andere denkbare Basenkombinationen wie z.B. A·G bzw. C·T scheiden dagegen aus, weil sie entweder zu groß (A·G) oder zu klein (C·T) sind, um den Binnenraum einer Doppelhelix optimal auszufüllen. Wir haben es bei der DNA also lediglich mit vier verschiedenen Nucleotiden und zwei Typen von Basenpaarungen zu tun.

Aus der Komplementarität der Basen in beiden Strängen folgt, dass der Gehalt „verschwisterter" Basen immer gleich sein muss, d.h. [A] = [T] bzw. [G] = [C]. Allerdings können die relativen Anteile von A/T bzw. G/C zwischen einzelnen DNA-Molekülen stark variieren. Im Fall von A·T sichern zwei Wasserstoffbrücken die Basenpaarung, wohingegen drei Brücken das Paar G·C stabilisieren (Abbildung 16.5); entsprechend muss mehr Energie aufgewandt werden, um ein G·C-Paar zu trennen. Die **unterschiedliche Festigkeit der Basenpaarung** hat unmittelbar Auswirkungen auf die Stabilität der DNA-Doppelhelix: Ein hoher G·C-Anteil sorgt für eine festere Assoziation zwischen den antiparallelen Strängen als ein hoher A·T-Anteil. In beiden Basenpaaren steht die Ebene der Basenringe in einem Winkel von ca. 90° zur Helixachse, während die Zuckerringe im rechten Winkel zu den Heterocyclen der Basen stehen (Abbildung 16.6).

Die parallele Ausrichtung von benachbarten Basenpaaren begünstigt hydrophobe Wechselwirkungen zwischen ihnen; dies ist aufgrund der flexiblen chemischen Bindungen von

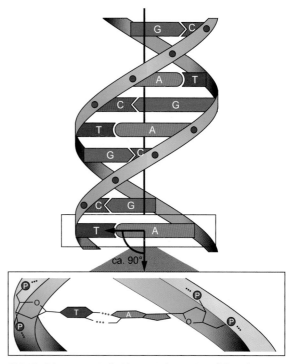

16.6 Räumliche Lage von Nucleotidpaaren in der DNA-Doppelhelix. Links: Die Basenringe stehen senkrecht zur Helixachse und zum Zucker-Phosphat-Rückgrat. Das Trennen des DNA-Doppelstrangs durch Erhitzen bezeichnen wir als „Schmelzen".

Desoxyribose und Phosphodiester meist möglich. Im Idealfall sind die gepaarten Basen in einer Ebene, d.h. coplanar angeordnet: Wir sprechen von einer **Basenstapelung**. In nativer DNA zeigen Basenpaare jedoch oft eine leichte propellerartige Verdrillung, um ihre schichtweise Anordnung zu optimieren. Ähnlich wie die Proteinhelix kann auch eine DNA-Helix verschiedene Konformationen und Drehsinne einnehmen. Die in der Natur vorherrschende Form der DNA ist die **rechtsgängige B-Helix**; ihre Kenngrößen sind in Tabelle 16.1 zusammengestellt.

Tabelle 16.1 Kenngrößen der rechtsgängigen B-DNA-Doppelhelix. bp, Basenpaare; kbp, Kilobasenpaare (10^3 bp); Abbildung 16.4.

Kenngröße	Dimension
Ganghöhe (pro Helixwindung)	3,4 nm (34 Å)
Basenpaare pro Windung	ca. 10 bp
helikaler Abstand zwischen benachbarten Basenpaaren	0,34 nm (3,4 Å)
Drehung entlang der Helixachse	35,9° pro bp
mittlerer Durchmesser der Helix	2 nm (20 Å)
Tiefe der kleinen Furche	0,75 nm (7,5 Å)
Tiefe der großen Furche	0,85 nm (8,5 Å)
Konformation der Desoxyribose	C2'-endo (Abschnitt 16.2)

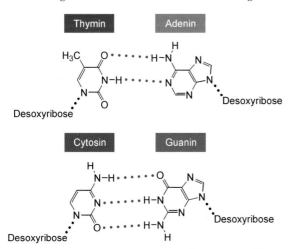

16.5 Komplementäre Basenpaarung im DNA-Doppelstrang. Wasserstoffbrücken zwischen Adenin und Thymin (oben) bzw. Guanin und Cytosin (unten) bilden sog. Watson-Crick-Basenpaare (benannt nach James D. Watson und Francis Crick, die als erste im Jahr 1953 die Doppelhelixstruktur der DNA beschrieben haben).

16.3

Die Asymmetrie der Basenpaare erzeugt kleine und große Furchen

Der Binnenraum der **B-DNA** ist durch die Basenstapelung schichtartig mit Basenpaaren gefüllt. Dabei liegen sich die glykosidischen Bindungen eines Basenpaars nicht genau diametral gegenüber; diese Asymmetrie erzeugt zwei Typen von Einkerbungen, eine **„große" Furche** von ca. 0,85 nm Tiefe und eine **„kleine" Furche** mit ca. 0,75 nm Tiefe (Abbildung 16.7). Fährt man die Helix der Länge nach ab, so macht man eine Berg- und Talfahrt zwischen großen und kleinen Furchen durch. Dieses Oberflächenprofil der DNA hat funktionelle Bedeutung: In der Tiefe dieser Furchen sitzt nämlich eine Reihe von Donor- und Akzeptorgruppen für Wasserstoffbrücken, über die regulatorische Proteine extrem spezifisch an DNA binden können. Insbesondere die große Furche bietet individuelle Bindungsmuster für die Interaktion mit DNA-bindenden Proteinen; wir werden darauf später zurückkommen (▶Abschnitt 20.1). Wasserfreie DNA kann auch eine rechtsgängige **A-Form** einnehmen, die „bauchiger" als die B-DNA ist. Die **Z-Form** der DNA ist linksgängig; sie leitet ihren Namen von der Zickzack-Anordnung des Zucker-Phosphat-Bands ab. Eine Z-DNA entsteht, wenn Pyrimidin- und Purinbasen in stetem Wechsel auftreten; sie ist die schlankste Form der DNA. Bestimmte DNA-Bindungsproteine können offenbar nur an Z-DNA binden, sodass diese DNA-Konformation spezifische physiologische Funktionen erfüllen kann.

Die beiden rechtsdrehenden Formen der DNA unterscheiden sich in der Konformation ihrer Desoxyribosen: In der **C2'-endo-Form** der B-DNA liegt das C3'-Atom unterhalb der Ebene des Desoxyriboserings, während es in der **C3'-endo-Form** der A-DNA oberhalb der Ringebene liegt (Abbildung 16.8). Diese Lageunterschiede wirken sich auf die

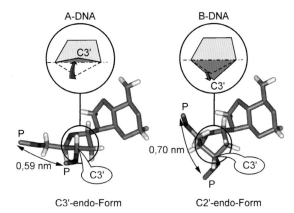

16.8 Konformation des Zuckers. In der C2'-endo-Form der B-DNA liegt das C2'-Atom oberhalb und das C3'-Atom unterhalb der Ringebene des Zuckers, während die Verhältnisse in der C3'-endo-Form der A-DNA umgekehrt sind. Daraus resultieren deutlich unterschiedliche Abstände der beiden Phosphoratome (orange).

räumliche Anordnung der Basen- und Phosphodiesterbindungen aus und führen letztlich zu den beiden unterschiedlichen DNA-Konformationen.

Vor jeder Teilung muss eine Zelle eine exakte Kopie ihres Genoms anfertigen, um die genetische Information vollständig an die Tochtergeneration weiterzugeben. Wie kann der riesige DNA-Datenspeicher in kürzester Zeit mit größtmöglicher Präzision kopiert werden? Die Struktur des DNA-Doppelstrangs bietet eine intuitive Lösung dieses Problems: Da ein Strang mit seiner Nucleotidsequenz ein exaktes „Spiegelbild" seines Gegenstrangs mit komplementärer Nucleotidsequenz ist, tragen beide Moleküle prinzipiell die gleiche genetische Information. Werden die beiden Stränge der Doppelhelix getrennt, so kann nun jeder der beiden Einzelstränge als Vorlage oder **Matrize** für die Synthese eines komplementären Gegenstrangs dienen (Abbildung 16.9). Bei diesem Kopiervorgang entstehen zwei identische Replikate, die je einen Eltern- und Tochterstrang haben: Wir sprechen von **semikon-**

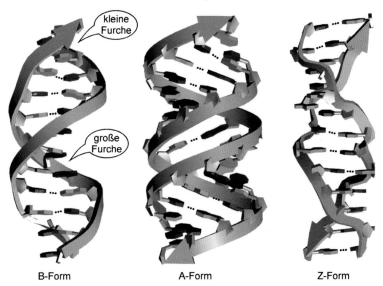

16.7 DNA-Formen im Vergleich. Die beiden unterschiedlich tiefen Furchen der rechtsgängigen B-DNA sind deutlich unterscheidbar. Zum Vergleich ist eine rechtsgängige A-DNA gezeigt, die stärker gestaucht ist und damit einen größeren Durchmesser als B-DNA hat, während die linksgängige Z-DNA gestreckter und schlanker ist.

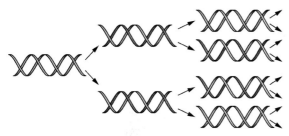

DNA-Elternstrang   1. Tochtergeneration   2. Tochtergeneration

16.9 Semikonservative Replikation von DNA. Die beiden parentalen DNA-Stränge dienen als Matrizen (engl. *template*) für die Synthese von komplementären Filialsträngen.

servativer Replikation ⌐. Die molekularen Details der DNA-Duplikation werden wir später studieren (▶Kapitel 21).

RNA unterscheidet sich von DNA in drei wesentlichen strukturellen Aspekten: Die Grundbausteine der RNA sind **Ribonucleotide**, die im Unterschied zu den Desoxyribonucleotiden eine Hydroxylgruppe in Position C2' der Ribose tragen. Bei der RNA ersetzt **Uracil** die Base Thymin; entsprechend kann RNA eine Basenpaarung A·U – analog A·T in DNA – mit zwei Wasserstoffbrücken ausbilden. RNA liegt im Allgemeinen einzelsträngig vor; allerdings kann sie durch intramolekulare Basenpaarung eine individuelle Struktur gewinnen, wenn selbstkomplementäre Abschnitte miteinan-

der assoziieren (Abbildung 16.10). Unter bestimmten Bedingungen können RNAs auch in einen gemischten Doppelstrang mit einem DNA-Molekül als **Heteroduplex** eingewoben sein (▶Abschnitt 17.3). Die fundamentalen Unterschiede in der Funktion von RNA und DNA werden in den folgenden Kapiteln thematisiert.

16.4

Chromosomen sind Komplexe aus DNA und Histonen

Wie bewerkstelligen Zellen die Sisyphusarbeit, Milliarden von Nucleotiden auf engstem Raum zu verpacken und dennoch jederzeit rasch auf diesen Informationsspeicher zurückgreifen zu können? Der Großteil der eukaryotischen DNA ist im Zellkern gespeichert. Dazu müssen wir uns vergegenwärtigen, dass das Genom einer menschlichen Zelle auf 46 gigantischen DNA-Einzelmolekülen abgelegt ist: Ausgestreckt und aneinander gereiht sind sie ungefähr zwei Meter lang! Ein normaler Zellkern hat dagegen einen Durchmesser von weniger als zehn μm (10^{-5} m). DNA muss also auf engsten Raum verpackt werden, um im Kern Platz zu finden. Träger der nucleären DNA sind die **Chromosomen** ⌐, die jeweils aus einem einzigen DNA-Molekül mit einer Hülle von Verpackungsproteinen, den Histonen, bestehen (Exkurs 16.1).

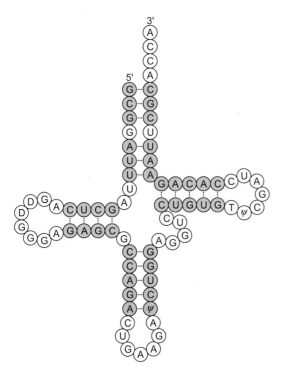

16.10 Selbstkomplementarität von RNA. Hier ist das Beispiel einer Transfer-RNA (tRNA) aus Hefe gezeigt. Kurze Segmente des Einzelstrangmoleküls bilden interne G·C- bzw. A·U-Basenpaare (gelb markiert, mit punktierter Linie) und verleihen dadurch der tRNA eine individuelle Sekundärstruktur. D, Dihydruridin; ψ, Pseudouridin (▶Abschnitt 17.10). [AN]

> ### 🐁 Exkurs 16.1: Der menschliche Chromosomensatz
>
> Das menschliche Genom ⌐ ist in zweimal 23 Chromosomen (diploider Chromosomensatz) organisiert, und zwar in jeweils 22 maternale bzw. paternale **Autosomen** (Chromosom 1–22) und zwei geschlechtsbestimmende **Heterosomen** (x, y). Es enthält etwa 3,2 x 10^9 Basenpaare (bp) pro einfachem, haploidem Chromosomensatz. Die DNA-Moleküle eines Autosomenpaars sind Varianten oder **Allele** ein und derselben Nucleinsäure; dagegen sind die Sequenzen der beiden Heterosomen bis auf eine kurze „pseudoautosomale" Region gänzlich verschieden. Das menschliche Genom umfasst also maximal 24 (22 + 2) unterschiedliche DNA-Moleküle mit einer Größe von 47 bis 247 Mbp (10^6 bp). In der DNA-Synthesephase, kurz: S-Phase, verdoppelt eine Zelle ihren Chromosomensatz; die entstandenen **Tochterchromatiden** sind in einem Abschnitt der nachfolgenden Mitose, der Metaphase, per Lichtmikroskop gut zu beobachten (Abbildung 16.11). Ein gängiges Hilfsmittel bei der Untersuchung von Metaphasenchromosomen ist das Alkaloid Colchicin, das die Zellteilung in der Metaphase „einfriert" (▶Exkurs 33.1). Die beiden Tochterchromatiden berühren sich noch in der sog. **Centromerregion** (Exkurs 16.2). Im terminalen Abschnitt der Mitose, der Anaphase, trennt sich das Chromatidenpaar und verteilt sich auf die beiden Tochterzellen.

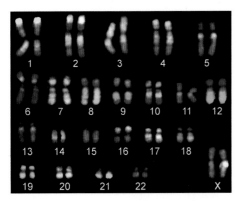

16.11 Chromosomensatz einer Frau. Das für jeden Chromosomentyp charakteristische Bandenmuster beruht auf einem hochauflösenden Vielfarb-Bänderungsverfahren. Regiospezifische Sonden werden durch Mikrodissektion einzelner Metaphase-Chromosomen erzeugt und mittels Hybridisierung zum *chromosomal painting* eingesetzt (▶ Abschnitt 22.5). [AN]

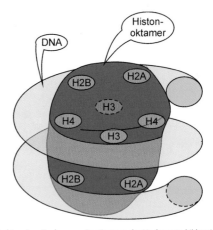

16.12 Struktur eines Nucleosoms. Das Zentrum des Nucleosoms bildet ein Oktamer aus je zwei Molekülen H2A/H2B (außen) bzw. H3/H4 (innen). Die DNA windet sich zweimal um den Kern und bildet damit ein Nucleosom von ca. 11 nm Durchmesser. Ein Stück „nackter" DNA bildet die Verbindung zum nächsten Nucleosom. H1 sitzt wie eine Schnalle auf diesem DNA-Gürtel.

DNA liegt im Zellkern in einem Komplex mit Proteinen vor: Man spricht von **Chromatin** ⌨. Jedes Chromosom besteht aus einem einzigen DNA-Molekül und enthält zwei Typen von Proteinen: **Histone** und Nicht-Histon-Proteine. Die Histone gehören zu den häufigsten zellulären Proteinen überhaupt: Jede eukaryotische Zelle hat mehrere hundert Millionen Histonmoleküle, während die meisten anderen Proteintypen nicht mehr als hunderte, bestenfalls tausende Kopien pro Zelle besitzen. Histone haben eine Molekülmasse von etwa 11–22 kd und weisen einen hohen Anteil (ca. 20 %) an den basischen Aminosäuren Arginin und Lysin auf. Mit den positiven Ladungen in den Seitenketten dieser Reste binden die extrem basischen Histone an die negativ geladenen Phosphatgruppen der DNA; die Basenabfolge der DNA spielt dabei keine Rolle. Histone sind oft durch Methylierung, Acetylierung, Phosphorylierung oder ADP-Ribosylierung modifiziert (▶ Abschnitt 20.7).

Beim Menschen gibt es fünf Haupttypen: Histon **H1** sowie die Histone **H2A**, **H2B**, **H3** und **H4**, die auch als nucleosomale Histone bezeichnet werden. Sie bilden ein Oktamer aus je zwei H2A, H2B, H3 und H4; um diesen Kern wickelt sich ein DNA-Faden zweimal (Abbildung 16.12). Dieser DNA-Histon-Komplex wird als **Nucleosom** ⌨ bezeichnet: Er ist der primäre Baustein des Chromosoms. Erstmals haben wir es hier mit einer **DNA-Protein-Interaktion** zu tun – ein Thema von schier unerschöpflicher Variationsbreite. Wir werden die Wechselwirkung zwischen diesen beiden Schlüsselfiguren des zellulären Geschehens noch im molekularen Detail analysieren (▶ Kapitel 20).

Histone besitzen eine der bestkonservierten Proteinsequenzen in der Evolution: Histon H4 von Säugern und Pflanzen unterscheidet sich in lediglich zwei von 102 Aminosäureresten! Beinahe alle diese Reste müssen also entscheidend für die Funktion dieser Proteine sein, ansonsten wären sie nicht so gut konserviert. Histone kommen in nahezu allen eukaryotischen Zellen vor; lediglich Spermato-

zoen verwenden histonähnliche basische **Protamine**, um eine extrem dichte Packung ihrer Chromosomen zu erzielen. Die Nicht-Histon-Proteine umfassen eine extrem heterogene Gruppe von DNA-bindenden Proteinen, zu der u. a. Transkriptionsfaktoren gehören (Abschnitt 20.1 ff.).

16.5

Nucleosomen bilden die Glieder einer Chromatinkette

Die DNA windet ca. 147 Basenpaare (bp) um den Histonkern und läuft dann über etwa 20–70 bp in einer Linksdrehung zum nächsten Nucleosom. Das Zwischenstück, auch **Verbindungs-DNA** (engl. *linker*) genannt, ist „nackt", d. h. *nicht* mit Histonen bestückt. Histon H1 sitzt wie ein Schlussstein auf jedem Nucleosom und nimmt gleichzeitig Kontakt mit den benachbarten Spulen auf (Abbildung 16.13). Auf diese Weise verklammern H1-Proteine die Nucleosomen zu einem dichten Faden, der **Chromatinfaser**. Prinzipiell können alle Bereiche der DNA Nucleosomen bilden; spezifische Segmente der DNA bleiben aber von der Histonwicklung ausgespart, wenn dort Nicht-Histon-Proteine binden (▶ Kapitel 20).

Die Chromatinfasern sind nun ihrerseits schlaufenförmig angeordnet, wodurch eine weitere Verdichtung des DNA-Strangs erfolgt: Die nächsthöhere Strukturebene sind spiralig angeordnete **Chromatinschlaufen**, die letztlich die Grundstruktur eines Chromosoms bilden (Abbildung 16.14). In der Metaphase der Mitose liegen Chromosomen maximal verdichtet vor, was ihre Aufteilung auf die beiden Tochterzellen erleichtert. Durch die dichte Packung der DNA in **Metaphasechromosomen** wird eine mehr als 10 000fache Verdichtung oder Kondensation der DNA erzielt. Ausgestreckt und anein-

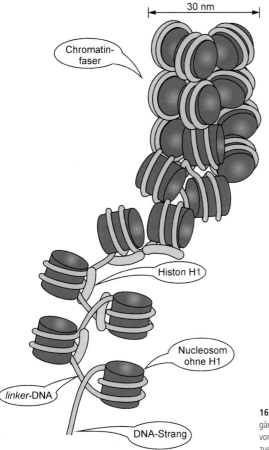

andergereiht haben die 46 DNA-Moleküle des menschlichen Chromosomensatzes eine Gesamtlänge von etwa zwei Metern!

Die „kunstvolle" Verpackung der DNA zum dichten Informationsspeicher bietet zweifelsohne logistische Vorteile. Wie aber kann die Replikation oder Transkription von DNA an einem derart verdichteten Faserwerk ablaufen? Dazu müssen Gene freigelegt werden, d. h. Chromatin muss für die Transkription **dekondensieren** (▶Abschnitt 20.7). Dabei bilden sich DNA-Schlaufen von rund 100 000 Basenpaaren, die oft ein Gen oder eine ganze Gengruppe verkörpern: Sie werden **aktives Chromatin** genannt. Bei der Dekondensation verlieren Histonproteine durch Acetylierung ihrer Lysinreste bzw. Phosphorylierung ihrer Serinreste einen Teil ihrer positiven Nettoladung, sodass sie aus dem nucleosomalen Verbund ausscheren und dadurch die dichte Packung der DNA auflockern. Deacetylasen und Phosphatasen sorgen für die Reversibilität dieses Prozesses. Auch die Replikation verlangt eine Dynamik der Chromosomen: Hierfür gibt es eigens Hilfsstrukturen im Chromosom, die die Effizienz und Vollständigkeit der Replikation sichern (Exkurs 16.2).

16.13 Aufbau einer 30-nm-Chromatinfaser. Die Nucleosomen ordnen sich in einer linksgängigen Helix mit sechs Nucleosomen pro Windung an und bilden damit eine dichte Faser von ca. 30 nm Durchmesser. In der dichten Packung hält H1 benachbarte Nucleosomen zusammen und beteiligt sich so am Aufbau übergeordneter Chromatinstrukturen.

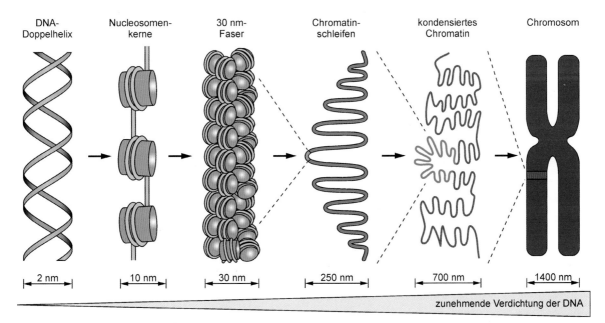

16.14 DNA-Verpackung in Chromosomen. Die verschiedenen Verpackungsebenen der DNA vom Einzelstrang bis zum Chromosom sind schematisch gezeigt. Eine Chromatinschleife umfasst ca. 10^5 bp; ein einziges chromosomales DNA-Molekül kann aus mehr als 10^8 bp bestehen!

⌇ Exkurs 16.2: Struktur eines
⌇⌇ Metaphasechromosoms

Chromosomen besitzen spezialisierte Regionen wie das **Centromer** (im Zentrum), **Telomere** (Endstücke) sowie **Replikationsursprünge** (über die gesamte Länge), die Garanten der Replikation sind (Abbildung 16.15). Die zugehörigen Sequenzelemente bestehen aus DNA-Abschnitten von ≤ 1 000 bp. Ein Replikationsursprung – kurz **Ori** genannt (engl. *origin of replication*) – markiert eine Startstelle für die Replikation. Multiple Replikationsursprünge, an denen simultan Replikation beginnen kann, garantieren die komplette Duplikation der DNA im engen Zeitfenster der S-Phase. Telomere sichern die vollständige Replikation beider DNA-Stränge über deren gesamte Länge (▶ Abschnitt 21.4). Der Centromerbereich bildet zusammen mit einem Proteinkomplex, dem **Kinetochor**, den Ansatzpunkt für die mitotische Spindel, die die Verteilung der Chromatidenpaare auf die Tochterzellen bewerkstelligt (▶ Abschnitt 3.5). Humane Chromosomen zeigen beträchtliche Größenvarianz: Chromosom 1 ist mit 247 Mbp das größte und Chromosom 21 mit 47 Mbp das kleinste Autosom.

DNA-Moleküle sind charakteristisch für viele Bakterien und Viren. Ebenso haben Mitochondrien und Chloroplasten – neben dem Kern die einzigen DNA-haltigen Zellorganellen der Eukaryoten – die früh in der Evolution entstandene ringförmige Organisation ihrer DNA beibehalten (▶ Exkurs 21.4). Die vollständige Nucleotidsequenz der zirkulären DNA des Bakterienstamms *E. coli* K12 wurde 1997 als eines der ersten Genome von Lebewesen überhaupt aufgeklärt. Mit der Kenntnis der genauen Abfolge der Nucleotide kann nun die genaue Lage von Genen, Replikationsstarts, regulatorischen Regionen und sich wiederholenden, repetitiven Sequenzen bestimmt und in exakten **Genkarten** niedergelegt werden (Abbildung 16.16).

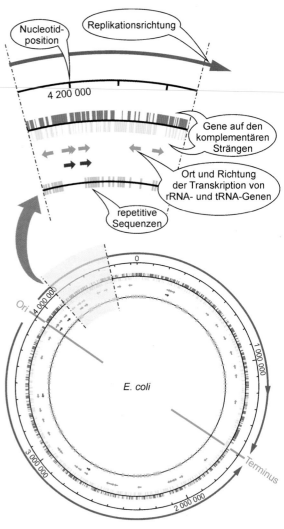

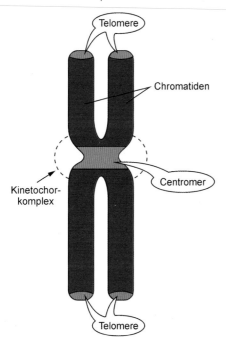

16.15 Aufbau eines menschlichen Chromosoms. In der Metaphase ist ein Paar von Tochterchromatiden zu sehen, das aus zwei identischen Doppelstrang-DNA-Molekülen besteht, die über das Centromer zusammengehalten und vom Kinetochorkomplex umgeben werden. Telomere bilden die Enden funktioneller Chromosomen.

16.6

Das Genom von *E. coli* ist ringförmig

Während das nucleäre Genom des Menschen aus 46 linearen DNA-Molekülen besteht, findet sich bei „niederen" Organismen häufig nur ein einziges, ringförmig geschlossenes DNA-Molekül, das sämtliche Erbinformationen trägt. **Zirkuläre**

16.16 Struktur des *E.-coli*-Genoms. Am äußeren Ring sind Ursprung (Ori) und Ende (Terminus) der Replikation markiert; die Pfeilrichtung gibt die Replikationsrichtung an. Der nächstinnere Kreis ist die Skala der 4 639 221 Basenpaare. Der Hauptteil des Genoms (87,8 %) codiert für knapp 4 300 Proteine (rot-gelber Ring). Grüne und rote Pfeile repräsentieren tRNA- und rRNA-Gene, die zusammen nur ca. 0,7 % des *E.-coli*-Genoms ausmachen. Der innerste Kreis gibt die Position repetitiver Sequenzen an. [AN]

Prokaryoten können entweder ringförmige *oder* lineare DNA-Strukturen besitzen. Dagegen sind Bakterienviren wie der **Lambda-Phage** ⌐ „Zwitter", die ihr Genom je nach Entwicklungszustand linear bzw. ringförmig arrangieren. Im infektiösen Phagenpartikel liegt die DNA als lineares Molekül vor; nach Infektion des Wirtsbakteriums werden die überlappenden Enden der komplementären Stränge mit ihren „klebrigen" kohäsiven Enden zu einem ringförmigen Molekül ligiert.

Damit haben wir uns grundlegende Informationen über die Struktur und die Speicherung von Nucleinsäuren erarbeitet und wenden uns nun den fundamentalen genetischen Prozessen zu. Etwa zwei Drittel des humanen Genoms enthalten intergenische Sequenzen, d. h. vorwiegend „eintönige" repetitive Sequenzen, deren Funktion und Ursprung wir noch nicht genau kennen. Nur ein Drittel trägt Gene, d. h. DNA-Segmente, die in RNA bzw. Proteine umgeschrieben werden können, wobei wiederum nur ein kleiner Teil dieser DNA-Segmente *de facto* codierende Sequenzen darstellt. Der erste Schritt vom Gen in Richtung Protein ist die Transkription, die wir nun unter die Lupe nehmen werden.

Zusammenfassung

- DNA-Moleküle haben die Struktur einer **Doppelhelix aus antiparallelen Einzelsträngen**. Das Rückgrat jedes Einzelstrangs besteht aus **2'-Desoxyribose** und **Phosphatresten**. Vier Basen, die über *N*-glykosidische Bindungen am Rückgrat befestigt sind, halten die Einzelstränge durch **komplementäre Basenpaarung** (**Adenin mit Thymin** und **Guanin mit Cytosin**) zusammen. In der Sequenz der Basen ist die genetische Information verschlüsselt.

- In wässriger Lösung liegt ein doppelsträngiges DNA-Molekül meist als rechtsgängige **B-Helix** vor, mit der Desoxyribose in der C2'-endo Form. Da sich die glykosidischen Bindungen eines Basenpaars *nicht* diametral gegenüberstehen, entsteht eine **große Furche** und eine **kleine Furche**. Die Komplementarität der DNA-Einzelstränge ist von entscheidender Bedeutung für die Vorgänge der **semikonservativen Replikation** und der **Hybridisierung** von Nucleinsäuren.

- Im Zellkern liegt die genomische DNA des Menschen hochgradig kondensiert vor. Grundbaustein der 46 **Chromosomen** des diploiden Chromosomensatzes ist das **Nucleosom**, ein Komplex aus DNA und basischen **Histon**-Proteinen. Die DNA-Doppelhelix windet sich zweimal um ein Oktamer aus je zwei der Histon-Kernproteine H2A, H2B, H3 und H4. Dieser Komplex wird durch Histon H1 verschlossen und gleichzeitig mit dem Nachbarnucleosom verklammert.

- Der Faden aus **Nucleosomen** und „nackten" Zwischenstücken (*linker*-DNA) bildet eine linksgängige Superhelix, die **30-nm-Chromatinfaser**, die durch Interaktionen der H1-Histone zusammengehalten wird. Die weitere Verdichtung dieser Faser zu **Chromatinschleifen** und kondensiertem Chromatin ist in den **Metaphase-Chromosomen** maximal realisiert. Eine kovalente Modifikation von Histonen ermöglicht die Dekondensation zum **aktiven Chromatin**, an dem Replikation und Transkription ablaufen können.

- Das Genom der meisten Bakterien besteht aus einem zirkulären DNA-Molekül. Der *E.-coli*-Stamm **K12** war der erste Organismus, dessen genomische Sequenz vollständig aufgeklärt wurde. Das Genom des **Lambda-Phagen** liegt im infektiösen Partikel als lineare DNA vor, während es nach Infektion des Wirtsbakteriums ein ringförmiges Molekül bildet.

Transkription – Umschrift genetischer Information

Kapitelthemen: 17.1 Typen von Ribonucleinsäuren 17.2 Rolle der Promotorregion 17.3 Initiation der Transkription 17.4 Eukaryotische RNA-Polymerasen 17.5 Reifung eukaryotischer RNA 17.6 Spleißen von prä-mRNA 17.7 Aufbau des Spleißosoms 17.8 Alternatives Spleißen und RNA-Editing 17.9 Transkripte der RNA-Polymerasen 17.10 Prozessierung von tRNAs

Prinzipiell tragen alle kernhaltigen Zellen des menschlichen Organismus ein und dieselbe Erbinformation in ihrem DNA-Speicher – und doch könnten die Unterschiede z. B. zwischen einer Leberzelle und einer Nervenzelle kaum größer sein. Die Identität so verschiedener Zellen manifestiert sich in der unterschiedlichen Ausprägung von Genen und Gengruppen, die Differenzierung und funktionelle Aktivitäten der Zellen steuern. Die Ausführung dieses genetischen Programms – die *Genexpression* – beginnt mit einer Umschrift der DNA eines Genabschnitts in RNA. Zellen betreiben diese *Transkription* ausgesprochen intensiv: So verbrauchen sie in der Interphase des Zellzyklus bedeutend mehr Nucleotide für die RNA- als für die DNA-Synthese! Mechanistisch ähnelt die Transkription in vielerlei Hinsicht der Replikation, also der Verdopplung von DNA: *Polymerasen* fügen nach der Instruktion einer DNA-Matrize einzelne Nucleotide zu langen Polynucleotiden zusammen. Bei der Transkription wird im Allgemeinen nur *einer* der beiden chromosomalen DNA-Stränge abgelesen.

trägt, **ribosomale RNA (rRNA)**, die als Bestandteil der Ribosomen an der Proteinbiosynthese beteiligt ist, und **Transfer-RNA (tRNA)**, die „aktivierte" Aminosäuren für die Proteinbiosynthese bereitstellt (Abbildung 17.1). Im Kern werden zusätzlich kleine uridinreiche **snRNAs** (engl. *small nuclear RNA*) transkribiert, die am Spleißvorgang beteiligt sind (▶ Abschnitt 17.6). Die Transkription liefert auch katalytische RNAs wie z. B. den RNA-Anteil der RNase P (Tabelle 17.1).

Die ausführenden Enzyme der Transkription sind **DNA-abhängige RNA-Polymerasen** ⌐, die die Polymerisation mit den vier Ribonucleotidbausteinen Adenosintriphosphat (ATP), Guanosintriphosphat (GTP), Cytidintriphosphat (CTP) und Uridintriphosphat (UTP) katalysieren. RNA-Polymerasen besitzen eine Eigenschaft, die wir bislang bei anderen Enzymen noch nicht kennen gelernt haben: Sie benötigt für ihre Synthesearbeit eine Vorlage oder **Matrize** in Form eines DNA-Strangs, der über Basenpaarung das jeweils passende Nucleotid für den Einbau in die wachsende Polynucleotid-

Ribonucleinsäuren sind Produkte der Transkription

Die Transkription ⌐ findet bei den (kernlosen) Prokaryoten im Cytoplasma, bei Eukaryoten dagegen im Zellkern statt. Wir unterscheiden drei Phasen: **Initiation**, **Elongation** und **Termination**. Die Initiation der Transkription ist der entscheidende Schritt bei der DNA-Umschreibung, an dem ein komplexes Regelwerk ansetzt. Da die Regulation der Genexpression ⌐ von grundlegender Bedeutung für Wachstum, Entwicklung und Differenzierung eukaryotischer Zellen ist, werden wir diesen Aspekt später ausführlich behandeln (▶ Kapitel 20). Die Transkription und die nachfolgende Prozessierung der dabei entstehenden Primärprodukte liefern drei Haupttypen von Ribonucleinsäuren ⌐: **Boten-** oder **messenger-RNA** (kurz: **mRNA**), die die Instruktionen für die Proteinbiosynthese

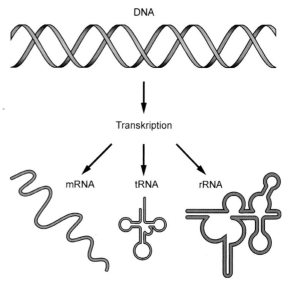

17.1 Typen von Ribonucleinsäuren. Eukaryotische Zellen produzieren drei Haupttypen von RNA, nämlich rRNA, mRNA und tRNA. Weitere RNAs sind in Tabelle 17.1 aufgeführt.

Tabelle 17.1 Herkunft und Funktion eukaryotischer Ribonucleinsäuren. Die mRNAs sind mit einer mittleren Lebensdauer ($t_{1/2}$) von 0,5–20 h kurzlebiger als tRNAs und rRNAs mit einer $t_{1/2}$ von mehr als einem Tag.

RNA	RNA-Polymerase	Funktion
Nucleäre Gene		
mRNA	II	Proteincodierung
tRNA	III	Adaptoren bei der Proteinbiosynthese
rRNA		
5,8S, 18S, 28S	I	Bestandteile der Ribosomen, mRNA-Bindung, Peptidyltransferase-Aktivität
5S	III	Bestandteil der Ribosomen
snRNA	II/III	Bestandteile der Spleißosomen
snoRNA	II	Prozessierung der 45S-rRNA-Vorstufe
RNA-Untereinheit der RNase P	III	tRNA-Prozessierung
miRNA (micro-RNA)	II	nichtcodierende regulatorische RNAs, inhibieren die Translation spezifischer mRNAs (RNA-Interferenz)
Mitochondriale Gene		
mRNA, tRNA, rRNA	mitochondriale RNA-Polymerase	Expression von 39 mitochondrialen Genen, darunter 13 proteincodierenden Genen

kette präsentiert. Bakterien besitzen eine einzige RNA-Polymerase, die alle drei RNA-Haupttypen herstellt. Eukaryotische Zellen dagegen besitzen drei Klassen von RNA-Polymerasen mit unterschiedlichen Aufgaben (Tabelle 17.2).

Die Vielzahl an Untereinheiten der eukaroytischen RNA-Polymerasen gibt einen Vorgeschmack auf die Komplexität des Transkriptionsprozesses, an dessen Ende eine RNA steht.

Tabelle 17.2 Pro- und eukaryotische RNA-Polymerasen im Vergleich. snRNA, *small nuclear* RNA; snoRNA, *small nucleolar* RNA (Abschnitt 17.9).

Enzym	Produkte	Untereinheiten
E. coli (Prokaryot)		
RNA-Polymerase	mRNA, rRNA, tRNA	5 $\alpha_2\beta\beta'\sigma$
Eukaryoten		
RNA-Polymerase I	große rRNA (5,8S, 18S, 28S)	2 α-ähnliche, 2 β/β'-ähnliche Untereinheiten und mindestens 10 weitere kleine Untereinheiten (gilt für alle drei Polymerasen)
RNA-Polymerase II	mRNA, snoRNA, miRNA	
RNA-Polymerase III	tRNA, kleine rRNA (5S), snRNA, RNA von RNase P, miRNA	

17.2 Die Transkription startet an der Promotorregion

Wie startet nun die Transkription, und wer dirigiert die RNA-Polymerasen an den „Anfang" eines Gens? Dazu besitzen Gene Erkennungssequenzen, die in ihrer Gesamtheit als **Promotor** 🔖 bezeichnet werden; hier bindet die RNA-Polymerase. Bei Prokaryoten dienen häufig Hexanucleotide wie z. B. TATAAT – die **TATA-Box** – und TTGACA, die etwa 10 bzw. 35 Nucleotide 5'-stromaufwärts vom Transkriptionsstart liegen, als Startsignale (Abbildung 17.2). Solche prototypischen Sequenzen, die mit kleinen Variationen in vielen

Genen vorkommen, bezeichnen wir als **Consensussequenzen**. AT-reiche Sequenzen, die weiter 5'-stromaufwärts liegen, können die Affinität der RNA-Polymerase für den Promotor noch erhöhen. Die Ausstattung eines Promotors mit derartigen Start- und Bindungssignalen bestimmt seine Wechselwirkung mit der RNA-Polymerase: Entsprechend gibt es starke und schwache Promotoren. In der **Initiationsphase** der Transkription „sondiert" die prokaryotische RNA-Polymerase über ihre σ-**Untereinheit** die Promotorsequenz, bindet daran und lässt sich auf einem DNA-Segment von ca. 60 Nucleotiden nieder. Bei den eukaryotischen Genen erkennen spezifische Bindungsproteine die Consensussequenzen der Promotorregion und bilden eine Plattform, an der die RNA-Polymerasen festmachen (▶ Abschnitt 20.1).

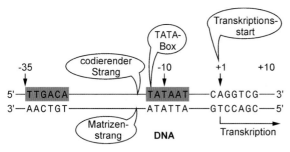

17.2 Startsignale der prokaryotischen Transkription. Einer der beiden DNA-Stränge dient der RNA-Polymerase als Matrize, der Gegenstrang entspricht in seiner Sequenz der entstehenden RNA und wird daher auch codierender Strang genannt. Die Position +1 markiert im codierenden Strang die Startstelle der Transkription. Sequenzen, die 5'-stromaufwärts von der Startstelle liegen, haben negative Vorzeichen. Die Positionen −40 bis +20 bilden die Plattform für die RNA-Polymerase, von der aus die Transkription startet. Startsignale sind farblich hervorgehoben.

Während die Orientierung der einzelnen Transkriptionseinheiten auf einem Chromosom von Gen zu Gen unterschiedlich sein kann und damit fallweise der eine oder der andere Strang abgelesen werden muss, arbeitet die RNA-Polymerase an einem definierten Genlocus immer nur an *einem* DNA-Strang. Woher weiß sie nun, welchen der beiden Einzelstränge sie als Matrize verwenden soll? Auch dieses Problem löst der Promotor: Seine strategische Position im Gen weist die RNA-Polymerase in die „korrekte" Ableserichtung ein (Abbildung 17.3). Vom Promotor aus greift die RNA-Polymerase den Matrizenstrang in 3'→5'-Richtung ab und

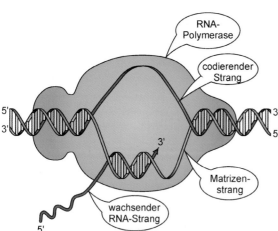

17.3 Matrizenstrang und codierender Strang. Angegeben sind die relativen Orientierungen der DNA-Stränge sowie des RNA-Transkripts (oben). Die entstehende RNA-Sequenz entspricht der des codierenden Strangs, wenn man die unterschiedliche Verwendung von Thymin (DNA) und Uracil (RNA) berücksichtigt. Durch Öffnung der DNA-Doppelhelix kommt es zur Bildung einer Transkriptionsblase (Mitte).

synthetisiert dabei ihr Transkript immer in **5'→3'-Richtung**. Der DNA-Gegenstrang entspricht – wenn man jedes T gegen ein U austauscht – der Sequenz der entstehenden RNA und wird daher als **codierender Strang** bezeichnet. Die erwähnten Consensussequenzen von Promotoren werden konventionsgemäß auf dem codierenden Strang beziffert (Abbildung 17.2). Prokaryoten und Viren, die Erbinformationen auf engstem Raum speichern müssen, nutzen mitunter überlappende Segmente auf beiden Strängen als Matrizen für die RNA-Synthese. Im menschlichen Genom herrscht offenbar kein derartiges Gedränge; nur in seltenen Fälle besitzen große Gene Introns, die auch in Gegenrichtung proteincodierende Sequenzen tragen.

17.3

RNA-Polymerase windet den Doppelstrang auf

Hat die prokaroytische RNA-Polymerase mit ihren fünf Untereinheiten $\alpha_2\beta\beta'\sigma$ an die Promotorregion eines Gens angedockt, so windet dieser Initiationskomplex ein kurzes Segment des Doppelstrangs von ca. 15 Nucleotiden auf: Dabei entsteht ein **„offener" Promotorkomplex**, der insgesamt ca. 80 bp umfasst und dabei ein kurzes Stück Einzelstrang-DNA präsentiert (Abbildung 17.4). Hier beginnt die RNA-Polymerase mit der Synthese eines RNA-Strangs, indem sie freie Ribonucleotide nach den Instruktionen des Matrizenstrangs verknüpft. Sobald der wachsende (naszierende) RNA-Strang eine Länge von zwölf Nucleotiden überschreitet, verlässt die σ-Untereinheit den Initiationskomplex und lässt ein „Kern"-Enzym $\alpha_2\beta\beta'$ zurück. Diese Untereinheiten erfüllen bei der nun folgenden RNA-Synthese unterschiedliche Aufgaben: β' vermittelt die Haftung an DNA, β knüpft Bindungen zwischen den Nucleotiden, während die α-Untereinheiten an regulatorische Proteine binden. Die neu entstandene RNA bildet nur auf einem kurzen Stück einen **Heteroduplex**, d.h. einen „gemischten" Strang mit der Matrizen-DNA. Dahinter verdrängt der codierende Strang die naszierende RNA vom Matrizenstrang, der DNA-Doppelstrang schließt sich wieder, und die RNA „trudelt" als Einzelstrang aus dem Komplex heraus.

Oftmals kommt es zu „Fehlstarts", wobei die Polymerase nach wenigen Nucleotiden (zwei bis neun) wieder abbricht: Wir sprechen von einer **abortiven Inititation**. Erst wenn eine kritische Länge von etwa zwölf Nucleotiden überschritten wird, dissoziiert der σ-Faktor ab, und die **Elongationsphase** beginnt. Die RNA-Polymerase läuft nun den Matrizenstrang stetig in 3'→5'-Richtung ab und schiebt dabei einen offenen Komplex aus entwundener DNA und naszierender RNA vor sich her. Dabei wiederholt sich immer wieder derselbe Prozess: Das freie O-Atom an C3' eines ersten Nucleotids wird mit der α-Phosphatgruppe an C5' eines zweiten Nucleotids

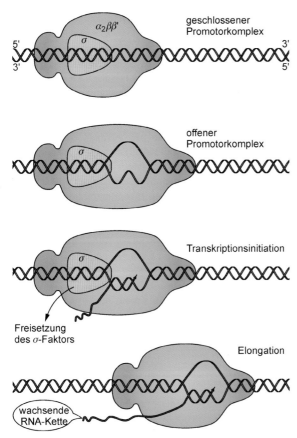

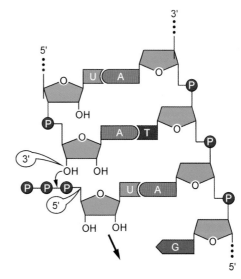

17.4 Initiation der Transkription. Durch Entwindung der Doppelhelix entsteht ein Einzelstrangbereich im offenen Promotorkomplex, an dem die RNA-Polymerase mit der Transkription beginnt. Nach der Initiation verlässt die σ-Untereinheit den Komplex.

17.5 Elongation bei der Transkription. Der Matrizenstrang (rechts) „fixiert" freie Nucleosidtriphosphate via Basenpaarung über Wasserstoffbrücken (links unten). Die RNA-Polymerase verknüpft mit ihrer β-Untereinheit derart positionierte Nucleotide sukzessive in 5'→3'-Richtung (Pfeil) über Phospodiesterbindungen zu einem fortlaufenden Polynucleotid.

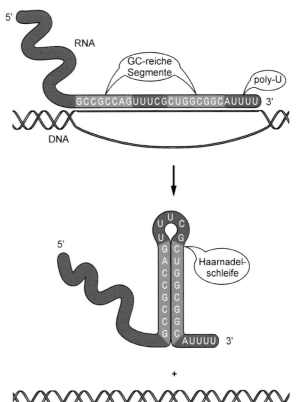

17.6 Termination der Transkription. Ein selbstkomplementärer Bereich prokaryotischer DNA, der zur Bildung einer Haarnadelschleife in der naszierenden RNA führt, und ein kurzes Poly-A-Segment auf der Matrizen-DNA, das in Poly-U übersetzt wird, terminieren die Transkription.

verknüpft, das über Basenpaarung an den Matrizenstrang fixiert ist (Abbildung 17.5). Als Produkt fällt dabei Pyrophosphat an, das eine Pyrophosphatase zu 2 P_i hydrolysiert: Pro eingebautem Nucleotid werden *zwei* energiereiche Bindungen gespalten. Dabei benötigt die RNA-Polymerase *kein* vorgefertigtes Oligonucleotid als Startersequenz (engl. *primer*); vielmehr kann sie zwei einzelne Nucleotide direkt miteinander verknüpfen. Sie unterscheidet sich hierin wesentlich von den DNA-Polymerasen, die – wie wir noch sehen werden – auf Primer angewiesen sind (▶Abschnitt 21.1).

RNA-Polymerase läuft so lange auf der Matrize weiter, bis sie auf ein Stoppsignal trifft; dieses ist bei Prokaryoten gut definiert (Abbildung 17.6). Synthetisiert nämlich die RNA-Polymerase ein kurzes Segment mit einigen Uridyl-Resten (Poly-U), dem eine GC-reiche Struktur vorausgeht, so kommt es zum *Finale furioso*: Durch Selbstassoziation des vorangehenden **GC-reichen RNA-Segments** bildet sich eine Haarnadelschleife, die das Enzym vom Strang „katapultiert" und damit die Transkription terminiert. Eine vorzeitige **Termination** erzeugt ein verkürztes und damit dysfunktionelles Transkript; einige Inhibitoren der Transkription machen sich diesen Mechanismus zunutze (Exkurs 17.1).

⚕ Exkurs 17.1: Inhibitoren der Transkription

Das Nucleotidanalog **3'-Desoxyadenosintriphosphat** induziert einen vorzeitigen Transkriptionsabbruch, da sein Einbau in die naszierende RNA wegen fehlender 3'-Hydroxylgruppe im Ribosering keine weitere 3'-Verlängerung mehr erlaubt (Abbildung 17.7). Das Cytostatikum **Actinomycin D** behindert die RNA-Polymerase, indem es sich zwischen GC-Paare der DNA schiebt: Wir sprechen von **Interkalation** 🖰. Dabei kleiden die cyclischen Peptide von Actinomycin D die kleine Furche aus und behindern RNA-Polymerase, die am DNA-Strang entlang gleitet und über den Inhibitor „stolpert". Das Antibiotikum **Rifampicin** wirkt direkt auf bakterielle RNA-Polymerase ein und hemmt somit die Biosynthese aller drei RNA-Typen. *α*-**Amanitin** ist das wirksame Toxin des Knollenblätterpilzes, das schon in nanomolaren Konzentrationen (10^{-9} M) die eukaryotische RNA-Polymerase II inhibiert und damit die mRNA-Synthese lahm legt.

17.7 3'-Desoxyadenosin als Nucleotidanalog. Das Fehlen der kritischen 3'-Hydroxylgruppe (durchbrochener Kreis) im Ribosering induziert einen vorzeitigen Kettenabbruch (▶ Abbildung 22.6).

Eukaroytische Zellen besitzen drei nucleäre RNA-Polymerasen

Die eukaryotische Transkriptionsmaschinerie ist bedeutend aufwändiger als ihr bakterielles Gegenstück: Hier betreiben drei Polymerasen die RNA-Synthese im Zellkern; eine vierte arbeitet in Mitochondrien (▶ Abschnitt 3.4). Quantitativ dominieren die Transkripte der Polymerasen I und III, d. h. rRNAs und tRNAs, während die relativ instabilen mRNAs der Polymerase II nur einen kleinen Teil der Gesamt-RNA einer Zelle stellen. Da mRNAs jedoch bedeutend vielfältiger sind – es gibt ca. 20-mal so viele proteincodierende Gene wie RNA-codierende Gene – und sie das unverwechselbare Proteinprofil einer Zelle definieren, wollen wir diesen RNA-Typ genauer betrachten. Die **RNA-Polymerase II** betreibt die mRNA-Synthese mit einer Geschwindigkeit von etwa 20 Nucleotiden pro Sekunde. Zur Erhöhung der Transkriptionseffizienz, insbesondere bei häufig vorkommenden Proteinen wie Histonen, Globinen oder Actinen, kommt es zur **multiplen Initiation**. Während eine Polymerase noch mit der RNA-Synthese beschäftigt ist, setzt eine zweite Polymerase am frei gewordenen Promotor an und startet einen neuen Transkriptionslauf (Abbildung 17.8). Die Initiationsfrequenz eukaryotischer Promotoren kann beträchtlich variieren: Spitzenreiter unter den Genen haben mehr als 10 000 mRNA-Kopien pro Zelle, während der Durchschnitt sich mit etwa 15 mRNA-Kopien pro Zelle begnügen muss.

RNA-Polymerase II ist aus zwei größeren (β/β'-ähnlichen), zwei *α*-ähnlichen und mehreren kleineren Untereinheiten aufgebaut (Tabelle 17.2). Dabei spielt die carboxyterminale Domäne (CTD) der größten Untereinheit eine wichtige Rolle bei der Regulation der Initiation: Dieses Segment besteht aus repetitiven Heptapeptideinheiten Tyr-Ser-Pro-Thr-Ser-Pro-Ser mit multiplen Phosphorylierungsstellen. Wie wir noch sehen werden, lässt sich die unphosphorylierte Form von RNA-Polymerase II auf einer Plattform aus Bindungsproteinen im Promotorbereich nieder, die daraufhin CTD phosphorylieren und damit das Enzym für die Transkription „freigeben" (▶ Abschnitt 20.1). RNA-Polymerase II besitzt – ebenso wie die übrigen RNA-Polymerasen – nur *ein* aktives Zentrum mit 5'-3'-Synthese-Funktion, jedoch – im Unterschied zu den an der DNA-Replikation beteiligten DNA-Polymerasen – *kein* zusätzliches aktives Zentrum mit 3'→5'-Exonuclease-Korrekturfunktion (Abschnitt 21.1). Die Präzision der Basenpaarung der freien Nucleotide mit dem Matrizenstrang bestimmt daher im Wesentlichen die **Fehlerquote** bei der RNA-Synthese von ca. 10^{-5}, d. h. es kommt auf einer Länge von 100 000 Nucleotiden durchschnittlich zu einem Fehleinbau. Diese Rate liegt deutlich über der Fehlerquote bei der DNA-Replikation von ca. 10^{-10}. Allerdings sind auch die Anforderungen an die Präzision der Transkription deutlich geringer als bei einer DNA-Replikation. Da RNA-Transkripte nicht als Träger der Erbin-

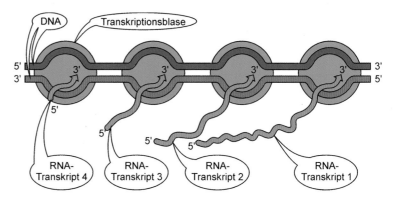

17.8 Multiple Transkriptionsinitiation. Ein einziges Gen kann mit seinem Promotor wiederholt RNA-Polymerasen „auf die Reise" schicken, die – örtlich versetzt – simultan an einem Gen transkribieren.

formation an Tochterzellen weitergereicht werden, kann ein fehlerhafter Nucleotideinbau in einzelne RNA-Kopien im Allgemeinen gut toleriert werden, während er bei der DNA-Replikation fatale Folgen zeitigen kann. *Die molekulare Synthesemaschinerie passt also ihre Präzision den funktionellen Erfordernissen an* – ein Ökonomieprinzip der Natur, dem wir noch häufiger begegnen werden.

17.5
Eukaryotische RNA macht eine Reifung durch

Prokaryotische RNA-Polymerase liefert mRNA-Moleküle, die direkt für die Translation einsatzbereit sind. Tatsächlich ist bei Bakterien – wie wir noch sehen werden – die Transkription mit der Translation gekoppelt: Während die Transkriptionsmaschinerie noch an einem Ende der mRNA arbeitet, agiert am anderen Ende schon der Translationsapparat. Eukaryoten dagegen trennen diese beiden Prozesse räumlich und zeitlich: Zunächst einmal erfolgt eine **Reifung eukaryotischer mRNA** über mehrere Stufen. Noch während die RNA-Polymerase II transkribiert, wird das naszierende 5'-Ende ihrer RNA durch eine ungewöhnliche **5'-5'-Triphosphatbindung** mit GTP unter Abspaltung von Pyrophosphat und P_i „versiegelt" (Abbildung 17.9). Das Enzym Guanylat-Transferase bindet dabei an den phosphorylierten CTD-Bereich von Polymerase II. Durch **Methylierung** der terminalen Guaninbase sowie der beiden benachbarten Riboreste unter Verwendung von S-Adenosylmethionin erhält die RNA eine **5'-Kappe**, die sie vor raschem Abbau durch 5'-Exonucleasen schützt (Exkurs 17.7) und ihr ein Erkennungsmerkmal für Ribosomen verleiht (▶ Abschnitt 18.4).

Anders als bei den prokaryotischen Genen, wo Terminationssequenzen das 3'-Ende der mRNA festlegen, gibt es bei Eukaryoten kein „einfaches" Stopp-Signal, das der Polymerase II das Ende des Transkripts anzeigt. Vielmehr läuft die Polymerase über das Ende des funktionellen Gens hinaus in den nichttranslatierten Bereich und stoppt an noch nicht näher definierten 3'-terminalen Sequenzen. Die Primärtranskripte eines einzigen Gens haben also einheitliche 5'-Termini, aber unterschiedlich lange 3'-Termini: Diese überhängenden „Fransen" werden noch während der Transkription abgeschnitten. Erkennungsmerkmal ist dabei ein **Polyadenylierungssignal** 5'-AAUAAA-3' im 3'-Bereich des Primärtranskripts, das dem nucleinsäurespaltenden Enzym **Endonuclease CPSF** (engl. *cleavage and polyadenylation specificity factor*) ein Signal gibt, ca. 1–3 Nucleotide weiter 3'-stromabwärts zu schneiden (Exkurs 17.7). Dann fügt eine **Poly(A)-Polymerase** sukzessiv ein **Poly(A)-Segment** von ca. 100–200 Resten an (Abbildung 17.10). Auf diese Weise werden die unterschiedlichen Primärtranskripte 3'-terminal auf einheitliche Länge getrimmt und mit einem Poly(A)-Schwanz versehen.

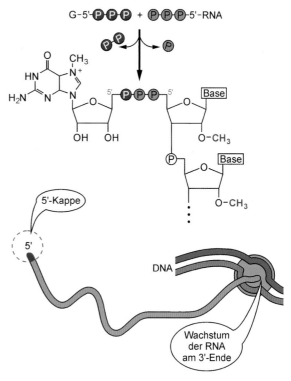

17.9 Modifikation des 5'-Terminus einer mRNA. 7-Methylguanylat ist mit seiner 5'-OH-Gruppe über eine Triphosphatbrücke an die korrespondierende 5'-OH-Gruppe des terminalen RNA-Nucleotids gebunden. Das *Capping* der RNA findet statt, sobald der 5'-Terminus die Transkriptionsblase verlässt. Gleichzeitig wächst die RNA vom 3'-Ende her: Wir sprechen von einer co-transkriptionalen Modifikation. Die Methylierung (rot) der beiden benachbarten Riboreste ist optional.

Beide Modifikationen – 5'-Kappe und 3'-Poly(A)-Schwanz – sind Kennzeichen eukaryotischer mRNAs und haben große Bedeutung für **Stabilität** und **effiziente Translation** der mRNA am Ribosom (▶ Abschnitt 18.4). Umgekehrt wird der enzymatische Abbau spezifischer mRNAs durch Deadenylierung und Entfernen der 5'-Kappe eingeleitet; die biologische Halbwertszeit spezifischer Transkripte kann somit effizient reguliert werden. Für die Degradation von mRNA ist ein Proteinkomplex zuständig, der im Nucleus, im Nucleolus und im Cytoplasma vorkommt und als **Exosom** bezeichnet wird.

Eine Ausnahmestellung hinsichtlich terminaler Modifikationen bilden die **Histon-mRNAs**, die statt einer Poly-A-Sequenz nur eine kurze Schleife am 3'-Terminus besitzen: Für den häufigsten Proteintyp einer eukaryotischen Zelle gibt es also ein „abgekürztes" Syntheseverfahren. Zudem reguliert die kurze Schleife am 3'-Terminus der Histon-mRNA auch ihre Lebensdauer: Bindet nämlich überschüssiges Histonprotein an diese Struktur, so wird der nucleolytische Abbau der Histon-mRNA beschleunigt und ihre **biologische Halbwertszeit** damit verkürzt. Die B-Zellen des Immunsystems nutzen die nucleolytische Entfernung des 3'-Terminus, um aus einem Gen verschiedene Primärtranskripte zu produzieren (Exkurs 17.2).

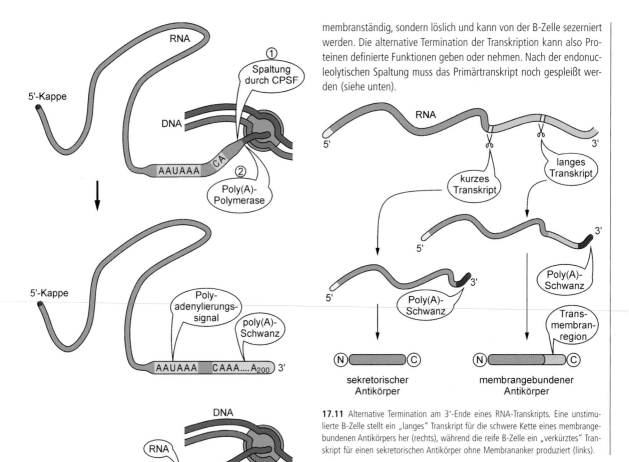

membranständig, sondern löslich und kann von der B-Zelle sezerniert werden. Die alternative Termination der Transkription kann also Proteinen definierte Funktionen geben oder nehmen. Nach der endonucleolytischen Spaltung muss das Primärtranskript noch gespleißt werden (siehe unten).

17.11 Alternative Termination am 3'-Ende eines RNA-Transkripts. Eine unstimulierte B-Zelle stellt ein „langes" Transkript für die schwere Kette eines membrangebundenen Antikörpers her (rechts), während die reife B-Zelle ein „verkürztes" Transkript für einen sekretorischen Antikörper ohne Membrananker produziert (links).

17.10 Polyadenylierung am 3'-Ende des Primärtranskripts. Ein Polyadenylierungssignal markiert das 3'-Ende. CPSF erkennt in Kooperation mit der CTD der RNA-Polymerase die Consensussequenz und spaltet die RNA gemeinsam mit Hilfsproteinen. Poly(A)-Polymerase fügt dann sukzessive einen Poly(A)-Schwanz an. Bei Eukaryoten ist RNA-Polymerase II längst über die Polyadenylierungssequenz „hinausgeschossen", wenn CPSF schneidet: Das weiter in 3'-Richtung transkribierte RNA-Molekül erhält aber *keine* 5'-Kappe und wird daher rasch durch Exonucleasen abgebaut.

Exkurs 17.2: Alternative endonucleolytische Spaltung von RNA

Bei der Reifung von B-Lymphocyten, den antikörperproduzierenden Zellen des Immunsystems, wird von der Produktion einer membrangebundenen Antikörperform auf eine frei lösliche Variante „umgeschaltet" (▶ Abschnitt 36.11). Unstimulierte B-Zellen produzieren ein „langes" Primärtranskript für die schwere Kette des Antikörpers, das in seinem 3'-Bereich die Instruktionen für einen Membrananker trägt (Abbildung 17.11). Reife B-Zellen produzieren eine Endonuclease, die weiter 5'-stromaufwärts spaltet und dadurch ein verkürztes **alternatives Transkript** erzeugt, dem nun die Information für einen Membrananker fehlt: Das resultierende Antikörperprotein ist daher nicht

17.6

Der Spleißvorgang entfernt Introns aus unreifer RNA

Das **Primärtranskript** des menschlichen Gens für Troponin C des Skelettmuskels umfasst ungefähr 4 100 Nucleotide; dagegen hat die später translatierte mRNA nur ca. 700 Nucleotide. Generell sind Primärtranskripte vier- bis sechsmal länger als translatierte RNA. Offenbar enthalten die Primärtranskripte – in ihrer Gesamtheit auch heterogene nucleäre RNA oder **hnRNA** genannt – Sequenzen, die während der RNA-Prozessierung verloren gehen. Wir bezeichnen Segmente, die aus der **prä-mRNA** entfernt werden, als intervenierende Sequenzen oder kurz: **Introns**. Die in der reifen mRNA verbleibenden Sequenzen heißen entsprechend **Exons** (Abbildung 17.12). Die „Stückelung" von Genen in eine Abfolge von Exons und Introns ist ein Charakteristikum von Eukaryoten. Prokaryoten besitzen nur selten Introns: Einige wenige Gene von Archaebakterien haben intronische Bereiche. Beim **Spleißen** schneidet die zelluläre Maschinerie die Introns aus „internen" Bereichen des Primärtranskripts heraus und fügt die verbleibenden Exons wieder zusammen.

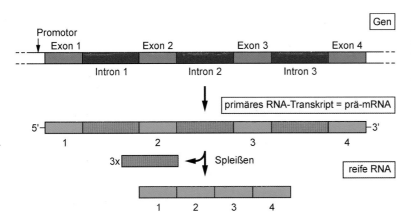

17.12 Exon-Intron-Struktur eines eukaryotischen Gens. Das dargestellte Primärtranskript enthält vier (n) Exons und drei (n−1) Introns. Man beachte, dass flankierende Exons – hier z. B. Exon 1 und Exon 4 – neben codierenden auch nichttranslatierte Bereiche enthalten, die vor dem Startcodon bzw. nach dem Stoppcodon liegen.

Auch diese Modifikation findet im Zellkern statt; erst nach Abschluss des Spleißens werden die nunmehr „reifen" – also kappentragenden, polyadenylierten und gespleißten – mRNAs ins Cytosol befördert, wo sie dann in Proteine übersetzt werden.

Wie werden intronische Sequenzen erkannt und entfernt? Die eukaryotische RNA wird noch co-transkriptional auf Proteinkomplexe „aufgezogen", die in ihrer Gesamtheit als <u>h</u>eterogene <u>n</u>ucleäre <u>R</u>ibo<u>n</u>ucleo<u>p</u>rotein-Partikel oder **hnRNP** bezeichnet werden. Mehrere Proteinfamilien sind am Aufbau dieser Partikel beteiligt, die zum Teil selektive Affinitäten für bestimmte RNA-Sequenzen aufweisen (Abbildung 17.13). Diese hnRNP-Partikel „spulen" prä-mRNA für die Entfernung der Introns auf und stabilisieren damit zunächst einmal die mRNA-Vorstufe. Das eigentliche Spleißen findet dann an kleinen nucleären Ribonucleoproteinen, den **snRNPs** (sprich: „snörps"; engl. _<u>s</u>mall <u>n</u>uclear <u>r</u>ibonucleoproteins_) statt, die aus U-reichen RNA-Molekülen von ca.

100–200 Nucleotiden (U1, U2, U4, U5 und U6) und jeweils mindestens acht Proteinen bestehen. Diese snRNPs bilden zusammen das **Spleißosom**, das Introns aus prä-mRNA entfernt. Die fundamentale Bedeutung der snRNPs kommt u. a. dadurch zum Ausdruck, dass Autoantikörper gegen diese Komplexe schwerwiegende Erkrankungen wie den Lupus erythematodes hervorrufen können (Exkurs 17.3).

Exkurs 17.3: Lupus erythematodes

Beim systemischen Lupus erythematodes (SLE) ⌐ entwickeln betroffene Personen Antikörper gegen ihre eigenen snRNPs: Wir sprechen von einer **Autoimmunerkrankung**. Die **Autoantikörper** bilden hochmolekulare Immunkomplexe mit den snRNPs, die sich dann in Gefäßen und Geweben, insbesondere in der Niere, ablagern. Die betroffenen Organe antworten mit einer Entzündung, die zu einer vermehrten Ablagerung von Bindegewebe und letztlich zu einem Funktionsverlust führt. Dabei werden insbesondere transkriptionsaktive Zellen geschädigt, die einen großen Umsatz an snRNPs haben. Eine kausale Therapie gibt es nicht; Todesursache ist häufig ein Nierenversagen. Frauen sind zehnmal häufiger betroffen als Männer; die relative Häufigkeit beträgt ca. 1 : 700. Viele Lupuspatienten haben auch Autoantikörper gegen andere **nucleäre Antigene**, z. B. gegen DNA, Histone sowie Nicht-Histon-Proteine der Chromosomen. Hinzu kommen häufig Autoantikörper gegen Phospholipide wie z. B. Cardiolipin. Sobald eine Zelle zerfällt, erkennen Autoantikörper die freigesetzten nucleären Antigene und lösen dann die beschriebenen Entzündungsreaktionen aus.

Die Größe von Introns kann zwischen einigen wenigen und mehreren hunderttausend Nucleotiden schwanken; die durchschnittliche Länge liegt bei ca. 5 500 Nucleotiden. Introns können bis zu 95 % der Sequenz von Primärtranskripten ausmachen (▶ Abbildung 23.33). Lange Zeit als evolutionäre Versatzstücke ohne eigenen Informationsgehalt betrachtet, mehren sich nun Hinweise, dass Introns sehr wohl wichtige regulatorische und funktionelle Aufgaben wahrnehmen können (Abschnitt 17.7). Die Sequenzen von

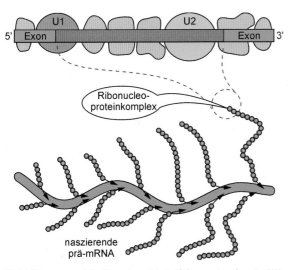

17.13 Heterogene nucleäre Ribonucleoprotein-Partikel an naszierender prä-mRNA. Neben vielen weiteren mRNA-bindenden Proteinen sind snRNPs U1 und U2 dargestellt, die wichtige Komponenten des größeren Spleißosoms sind.

17.14 Consensussequenzen für das Spleißen von prä-RNA. Bei dieser exemplarischen RNA-Sequenz sind die beiden konservierten Dinucleotide GU und AG farblich hervorgehoben. Die Nachbarnucleotide der flankierenden Exons (AG bzw. GA) sind mäßig konserviert. Ein hochkonservierter Adenosinrest im Zentrum des Introns (Verzweigungsstelle) spielt eine wichtige Rolle beim Spleißvorgang (Abschnitt 17.7). N, beliebiges Nucleotid.

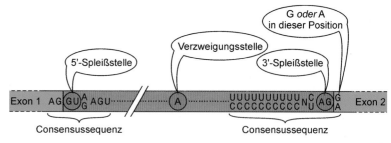

Introns variieren erheblich zwischen den homologen Genen unterschiedlicher Spezies, teilweise aber auch innerhalb einer Spezies. Lediglich in den 5'- und 3'-flankierenden Bereichen, wo Spleißenzyme ansetzen, liegen **Consensussequenzen**. In Eukaryoten findet sich am 5'-Ende eines Introns das nahezu invariante Dinucleotid GU, auch als **Donorspleißstelle** bezeichnet, während am 3'-Ende als **Akzeptorspleißstelle** das Dinucleotid AG auftritt (Abbildung 17.14). Hochkonserviert sind auch ein Adenosinrest, der als **Verzweigungsstelle** stromaufwärts der 3'-Spleißstelle dient, sowie eine Folge von Pyrimidinnucleotiden unmittelbar vor der 3'-Spleißstelle.

17.7

Das Spleißosom ist ein multikatalytischer Komplex

Das **Spleißosom** ist – ähnlich wie das Ribosom, das wir später besprechen werden (▶ Abschnitt 18.3) – ein hochmolekularer Komplex mit multiplen Funktionen, an denen fünf snRNAs und hunderte von Proteinen beteiligt sind, die als **Spleißfaktoren** bezeichnet werden. Mehrere snRNPs entfernen in einem zweistufigen Prozess die Introns aus einem Primärtranskript. Die Assemblierung des Spleißosoms beginnt mit der Anlagerung der snRNP U1 an die 5'-Spleißstelle und U2 an die Verzweigungsstelle des naszierenden mRNA-Moleküls. U1 und U2 interagieren und binden das Trimer U4/U5/U6; damit haben U1 und U4 ihre Aufgabe erfüllt und verlassen den Komplex wieder. Das Spleißen beginnt nun mit einem nucleophilen Angriff des konservierten Adenosylrests an der Verzweigungsstelle auf die Donorspleißstelle am 5'-Ende des Introns. Dabei entsteht ein **cyclisches lassoähnliches Intermediat** (engl. *lariat*) sowie ein freies 3'-Ende von

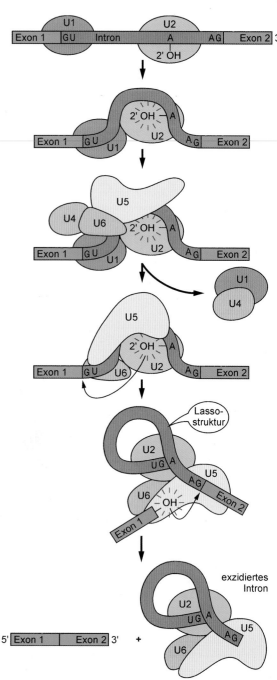

17.15 Spleißen von hnRNA. Das Spleißen verläuft über zwei Stufen: Anfänglich wird die 5'-Spleißstelle gespalten. Dabei bildet das 5'-Ende des Introns mit dem Verzweigungspunkt ein cyclisches Intermediat („Lasso"). Sodann wird das Intron an seinem 3'-Ende abgespalten, und die beiden „freien" Exonenden werden miteinander verknüpft. Die katalytische Aktivität für diese Vorgänge steuern snRNPs U2 und U6 bei. Stromaufwärts der neugeknüpften Exon-Exon-Verbindung bleibt zunächst ein *exon junction complex* (EJC) zurück, der Teil eines Überwachungssystems für korrektes Spleißen ist (siehe unten). Das komplette Spleißosom sedimentiert bei 60 S (siehe Legende zu Abbildung 17.20).

Exon 1 (Abbildung 17.15). Diese freie 3'-OH-Gruppe greift nun ihrerseits die Akzeptorspleißstelle (meist G) am 3'-Ende des Introns an, setzt die gesamte Intron-RNA frei und verknüpft die beiden flankierenden Sequenzen von Exon 1 und 2 zu einem durchgängigen Strang. Das freigesetzte Intron, das zunächst mit den snRNPs U2, U5 und U6 assoziiert bleibt, wird dann durch Nucleasen rasch abgebaut.

Die ungewöhnliche „Lassostruktur" des ausgeschnittenen Introns wirft die Frage auf, welche Enzyme einen solchen Prozess katalysieren können. In der Tat sind an Spleißprozessen ungewöhnliche Katalysatoren beteiligt. Einige intronische RNAs können sich nämlich selbst – also auch in Abwesenheit von Proteinen – prozessieren (Exkurs 17.4): Wir sprechen von **Selbstspleißen** und bezeichnen die Ribonucleinsäuren, die über solche enzymatischen Aktivitäten verfügen, auch als **Ribozyme** (▸Abschnitt 12.7). Die Entde-

ckung, dass RNAs enzymatische Aktivität besitzen können, hat zu einem generellen Umdenken hinsichtlich der Evolution des Lebens geführt (▸Abschnitt 3.1).

Die meisten prä-mRNAs enthalten Introns, wobei die Zahl von einem bis zu mehr als 50 Introns schwanken kann. Die durchschnittliche Zahl der Introns liegt bei 7 pro Gen (entsprechend 8 Exons); am häufigsten finden sich Gene mit 5 Introns und 6 Exons (Median). Dabei beträgt die durchschnittliche codierte Proteinlänge knapp 400 Aminosäurereste. Eine Ausnahme machen wiederum die **Histon-RNAs**, die intronlos sind und – wie wir gesehen haben – auch keinen Poly(A)-Schwanz besitzen (Abschnitt 17.5). Mit 300 Millionen Kopien pro Zelle gehören die Histone zu den häufigsten Proteinen in der eukaroytischen Zelle. *Die vereinfachte Prozessierung ihrer Transkripte scheint eine solche Massensynthese überhaupt erst zu ermöglichen.*

〜 Exkurs 17.4: Selbstspleißen 〜 intronischer RNA

Die Entfernung von Introns per **Autokatalyse** wurde erstmalig bei dem Ciliaten Tetrahymena beobachtet und ist mittlerweile auch für andere Eukaryoten nachgewiesen. Wir unterscheiden zwei Spleißmechanismen: Eine Gruppe von Introns führt den **Lassomechanismus** aus (Abbildung 17.15). Eine zweite Gruppe von selbstspleißenden Introns bindet ein freies Guanosinmolekül, das die Donorspleißstelle nucleophil angreift, das 5'-terminale Exon dadurch freisetzt und den Guanosylrest über eine Phosphodiesterbindung an die Donorspleißstelle bindet (Abbildung 17.16). In einem zweiten Schritt werden dann benachbarte Exons ligiert; dabei wird eine **lineare Intronsequenz** entfernt, die ein zusätzliches Guanosinnucleotid am 5'-Ende trägt. Diese komplexe Reaktion wird alleine von intronischer RNA katalysiert. Akzessorische Proteine assistieren dabei, ohne selbst enzymatische Aktivität zu entfalten.

Die Entfernung von Introns am Spleißosom muss spezifisch und absolut zuverlässig erfolgen: Ist eine Verknüpfung auch nur um ein einziges Nucleotid verschoben, so verändert dies die genetische Information der entstehenden mRNA durch **Leserasterverschiebung** (▸Abbildung 23.4). Der gleiche Effekt kann eintreten, wenn versehentlich ein Exon herausgespleißt wird. Die nachfolgende Translation liefert fast immer ein dysfunktionelles Protein. Meist führt die Leserasterverschiebung dazu, dass die Translationsmaschinerie verfrüht auf ein Stoppcodon trifft, das stromaufwärts der 3'-terminalen Exon-Exon-Verknüpfung liegt. Da reguläre Stoppcodons fast immer im 3'-terminalen Exon liegen, erkennt ein Spleiß-Überwachungssystem dieses verfrühte Stoppcodon und gibt die zugehörige mRNA unverzüglich zum Abbau durch *nonsense-mediated mRNA decay* (NMD) frei. Änderungen in der DNA-Matrize, die vorhandene Spleißstellen entfernen oder aber neue Spleißstellen erzeugen – jedoch keine Leserasterverschiebungen induzieren – sind die molekulare Ursache für Erkrankungen wie die **Thalassämie** (Exkurs 17.5). Hierbei entstehen Proteine, die „überflüssige" Sequenzen enthalten oder wichtige Sequenzen entbehren müssen und folglich in ihrer Funktionsfähigkeit mehr oder weniger stark eingeschränkt sind. Auch genomische DNA

kann durch Prozesse, die stark an das Spleißen von mRNA erinnern, umarrangiert werden. Dabei lässt die Zelle „Unschärfen" an den DNA-Spleißstellen zu, um ein größeres Spektrum von Transkripten – und damit letztlich Proteinen – aus einer begrenzten Zahl von Genen zu erzeugen. Wir werden darauf bei der Erzeugung der Antikörpervielfalt zurückkommen (▸Abschnitt 23.6).

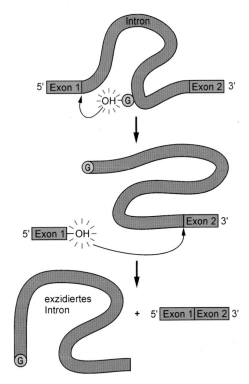

17.16 Selbstspleißende Intronsequenzen. Ausgehend von dem nucleophilen Angriff eines freien Guanosins an der 5'-Spleißstelle wird in einem zweistufigen Mechanismus die Intronsequenz als lineare RNA mit einem zusätzlichen G-Rest in 5'-Position exzidiert (lat. *excidere*, ausschneiden), und die beiden Exons werden miteinander verknüpft.

Exkurs 17.5: Defektes Spleißen bei Thalassämie

Hämoglobinopathien ⌐ sind durch partiellen (Thalassaemia minor) oder vollständigen Ausfall (Thalassaemia major) der Synthese der α- bzw. β-Globinketten des Hämoglobins gekennzeichnet. Typischerweise findet man in den Globingenen betroffener Patienten Mutationen, die zur **Inaktivierung** vorhandener oder zur Ausbildung neuer Spleißstellen führen (Abbildung 17.17). Dabei kann der Austausch eines einzigen Nucleotids eine neue Akzeptorspleißstelle in einem Intron erzeugen, was dann zur Verlängerung des nachfolgenden

Exons an seinem 5'-Ende führt. Der Verlust einer Donorspleißstelle aktiviert „kryptische" Spleißstellen, die normalerweise nicht genutzt werden und dann verkürzte oder verlängerte Exons produzieren. Andere Mutationen können das Polyadenylierungssignal zerstören: Dabei entsteht ein ungewöhnlich langer 3'-Terminus, der die Stabilität der mRNA mindert. Folge ist eine stark verminderte Hämoglobinsynthese in Erythroblasten und Reticulocyten, die mit eingeschränktem Sauerstofftransport durch reife Erythrocyten einhergeht. Andere Thalassämieformen entstehen durch Mutationen in der Kontrollregion der Globingene (▶ Abschnitt 20.7).

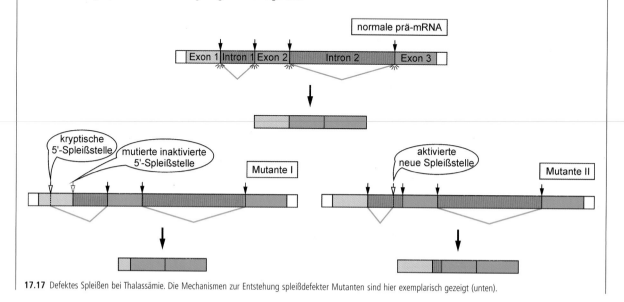

17.17 Defektes Spleißen bei Thalassämie. Die Mechanismen zur Entstehung spleißdefekter Mutanten sind hier exemplarisch gezeigt (unten).

17.8 Alternatives Spleißen und RNA-Editing erhöhen die strukturelle Variabilität

Das Spleißosom entfernt Introns mit großer Sorgfalt, da das Verbleiben auch nur eines einzigen Introns die genetische Information der mRNA zerstören kann. In vielen Fällen nutzt die eukaryotische Zelle den Spleißprozess, um ausgewählte Exons ganz oder teilweise zu entfernen bzw. definierte Introns ganz oder teilweise beizubehalten: Wir sprechen dann von **alternativem Spleißen** (Abbildung 17.18). Im Unterschied zur Verwendung kryptischer Spleißstellen in pathologischen Situationen (Abbildung 17.17) sind die Proteinprodukte alternativ gespleißter mRNA-Formen fast immer funktionell aktiv. Oft codiert ein Exon für eine definierte Domäne mit einer speziellen Funktion. *Die variable Ausstattung mit einem definierten Exon kann also einem Protein Funktionen geben oder nehmen.* Häufig findet man **zelltypspezifisches alternatives Spleißen:** Je nach Zellart werden unterschiedliche Transkripte fabriziert. So unterscheidet sich das Muster an Spleißvarianten der Ca^{2+}-Pumpe (Ca^{2+}-ATP-

ase, ▶ Abschnitt 26.2) in der Plasmamembran von Neuronen deutlich vom entsprechenden Muster in den Muskelzellen. Dabei kann das alternative Spleißen wichtige Funktionen der Ca^{2+}-Pumpe wie z.B. die Bindung von Calmodulin, die Phosphorylierung ihrer terminalen Domäne oder die Interaktion mit Signalmolekülen verändern. Über den Mechanismus des alternativen Spleißens ist noch wenig bekannt; vermutlich dirigieren Regulatorproteine die Spleißosomkomponenten wie U1 zu spezifischen Spleißgrenzen.

Unter dem Selektionsdruck der Evolution haben sich Zellen immer neue Tricks einfallen lassen, um mit ihrem vorgegebenen Genom ein größeres Proteom zu erzeugen. Die posttranskriptionale Veränderung der Nucleotidsequenz einer mRNA wird RNA-Editing ⌐ genannt. Protozoen wie z.B. Trypanosomen, die Erreger von afrikanischer Schlafkrankheit und Chagas-Krankheit, nutzen RNA-Editing exzessiv, um Uracilnucleotide in mRNA einzubauen oder daraus zu entfernen. Das Editing kann die Instruktionen einer mRNA gezielt verändern und dem codierten Protein neue Eigenschaften verleihen. Beredtes Zeugnis dafür ist das Editing der mRNA des menschlichen Apolipoprotein-B-Gens (Exkurs 17.6). *Alternatives Spleißen, variable RNA-Termination*

17.18 Alternatives Spleißen. Der alternative Gebrauch von Donor- bzw. Akzeptorstellen in der primären RNA führt zu fünf Spielarten des alternativen Spleißens: 1) Überspringen eines Exons (*exon skipping*), 2) Benutzung einer alternativen Donor- bzw. 3) Akzeptorspleißstelle, 4) Beibehalten eines Introns und 5) Gebrauch eines alternativen Wahlexons. Damit entstehen aus einer einzigen hnRNA-Population sechs verschiedene mRNAs bzw. Proteine. Introns (rosa), konstitutive bzw. fakultative Exonsequenzen (dunkelgrün bzw. hellgrün), nicht-proteincodierende Exonbereiche an den 5'- bzw. 3'-Flanken des Primärtranskripts (weiß). Alternative Donor- bzw. Akzeptorstellen sind mit Pfeilköpfen markiert.

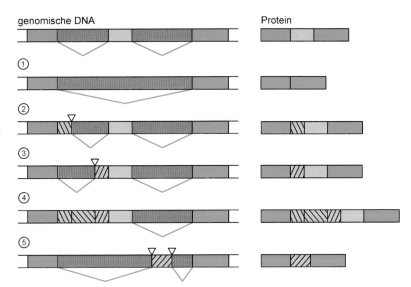

und RNA-Editing sind also Variationen ein und desselben Themas – der Diversifizierung von Produktpaletten durch differenzielle Prozessierung ihrer Vorstufen.

Exkurs 17.6: Editing von Apolipoprotein-B-mRNA

Apolipoprotein B (Apo B) spielt eine überragende Rolle bei der **Lipidaufnahme und beim Lipidtransport** im menschlichen Organismus (▶Abschnitt 46.3). Bei der Transkription des Apo-B-Gens entsteht eine prä-mRNA, die an einer kritischen Stelle einen Cytosinrest

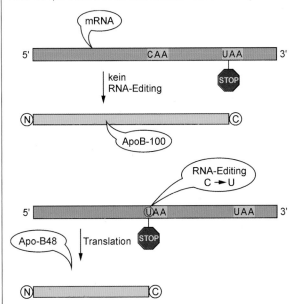

17.19 RNA-Editing. Die Umwandlung von Cytosin zu Uracil durch oxidative Desaminierung erzeugt ein Stoppcodon in der Apolipoprotein-B-mRNA, die nun die verkürzte Variante Apo-B48 codiert.

trägt; das Editing entfernt die Aminogruppe von Cytosin und erzeugt dadurch Uracil (▶Abschnitt 23.1). Cytosin ist Teil eines Codons für die Aminosäure Glutamin (C<u>A</u>A), das in der edierten mRNA in ein Stoppcodon (U<u>A</u>A) umgewandelt wird (Abbildung 17.19). Die nichtedierte Fassung der Apo-B-mRNA erzeugt in Leberzellen das Protein **Apo-B100** mit 4 536 Aminosäureresten, eines der größten bekannten Plasmaproteine, das beim Transport von Cholesterin und Cholesterylestern via LDL-Partikel mitwirkt (▶Abbildung 46.12). Durch Einführung des vorzeitigen Stoppcodons in die edierte Version der Apo-B-mRNA stellen Enterocyten des Darms eine verkürzte Proteinvariante **Apo-B48** mit 2 152 Aminosäuren her, die eine kritische Rolle beim Transport von resorbierten Triacylglycerinen über Chylomikronen wahrnimmt. Das RNA-Editing erlaubt also eine gewebespezifische Expression strukturell und funktionell unterschiedlicher Produkte ein und desselben Gens.

17.9

RNA-Polymerase I produziert ribosomale RNA

Nach Abschluss des Spleißvorgangs verlassen die reifen mRNAs den Zellkern über die Kernporen und werden ins Cytoplasma transportiert, wo sie an die ribosomalen RNAs der Ribosomen binden und im Verein mit Transfer-RNA die Proteinbiosynthese dirigieren (▶Abschnitt 18.2). Wo und wie entstehen rRNAs und tRNAs? Wie wir schon gesehen haben, synthetisiert **RNA-Polymerase I** die „großen" rRNAs (Tabelle 17.2). Die zugrunde liegenden Gene sind gruppenartig auf unterschiedlichen Chromosomen angeordnet, die zahlreiche Kopien von **rRNA-Genen** sowie kurze, nichttranskribierte Zwischensequenzen tragen. Warum besitzen die meisten mRNAs nur ein einziges Gen im humanen Genom, während große rRNAs aus 150 bis 200 Genkopien hervorgehen? Der Grund dafür liegt auf der Hand: Während eine mRNA bei der Translation wiederholt als Matrize verwendet wird und dabei Tausende von identischen Proteinkopien liefern kann, ist ein rRNA-Molekül das *End*produkt seines Gens. Dabei ist der Bedarf an rRNA nicht gering: Eine eukaryotische Zelle produziert in ihrer Lebensspanne Millionen von Ribosomen. Eine entsprechende Zahl von RNA-Molekülen kann nur durch simultane Transkription **multipler Genkopien** beigebracht werden: Wir haben es hier mit einem **Gendosiseffekt** zu tun!

Humane RNA-Polymerase I stellt im **Nucleolus** die ribosomalen RNAs in Form eines großen Vorläufermoleküls her, das ca. 13 000 Nucleotide umfasst und mit 45S sedimentiert (Abbildung 17.20). Durch RNA-Prozessierung entstehen aus der **45S-rRNA-Vorstufe** je eine Kopie von **5,8S-, 18S- bzw. 28S-rRNA** mit ca. 160 – 5 000 Nucleotiden. Dabei assistierten **snoRNPs** (engl. *small nucleolar ribonucleoprotein particles*), die kleine nucleoläre RNAs – **snoRNAs** – enthalten (Tabelle 17.2). Modifikationen wie Polyadenylierung, Spleißen oder Editing, die wir bei der mRNA kennen gelernt haben, sind für die Genprodukte der RNA-Polymerase I unbekannt.

Die kleinste ribosomale RNA, d. h. die **5S-rRNA** mit ca. 120 Nucleotiden, wird von **RNA-Polymerase III** hergestellt, die auch die Gene für tRNAs transkribiert (Tabelle 17.2). Das menschliche Genom enthält etwa 200 – 300 Kopien von tandemartig angeordneten 5S-rRNA-Genen. Die verschiedenen rRNAs werden in Ribosomen inkorporiert und übernehmen wichtige Aufgaben bei der Translation; wir werden darauf noch zurückkommen (▶Abschnitt 18.3).

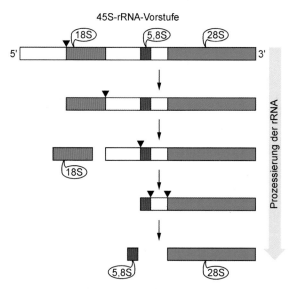

45S-rRNA-Vorstufe

Prozessierung der rRNA

17.20 Prozessierung der 45S-rRNA-Vorstufe. Die Synthese einer großen Vorstufe stellt sicher, dass alle drei rRNAs in äquimolaren Mengen hergestellt werden. „S" steht für Svedberg-Einheiten und gibt den Sedimentationskoeffizienten des Moleküls an (1 S = 10^{-13} s), der seiner Masse proportional ist. Vereinfacht gesagt: je größer S, desto größer die Masse. Die Svedberg-Skala ist nichtlinear: Die Summe der Einzelwerte der rRNA-Produkte ist daher größer als der Wert für das Vorläufermolekül.

Transfer-RNAs werden posttranskriptional modifiziert

17.10

Transfer-Ribonucleinsäuren (tRNAs) gehören mit etwa 70 – 90 Nucleotiden zu den kleinsten RNAs der Zellen. **RNA-Polymerase III** synthetisiert sie als größere Vorstufen, kurz: prä-tRNA, die eine oder mehrere Kopien von tRNA-Molekülen enthalten. An der Prozessierung dieser Vorstufen sind zwei Nucleasen beteiligt (Exkurs 17.7): das Ribozym **RNase P**, das prä-tRNA an ihrem 5'-Ende auf die „richtige" Größe zurechtschneidet (Abbildung 17.21), sowie **RNase**, die am 3'-Ende der prä-tRNA schneidet. Die weitere tRNA-Biosynthese hebt sich in zwei entscheidenden Punkten von der übrigen RNA-Synthese ab: Viele tRNAs machen eine **posttranskriptionale Verlängerung** durch, und ein Gutteil der tRNA-Basen unterliegt einer chemischen Modifikation, bei der **seltene Basen** entstehen.

✎ Exkurs 17.7: Nucleinsäurespaltende Enzyme

Enzyme vom Typ der Nucleasen katalysieren die Hydrolyse von Phosphodiesterbindungen in Nucleinsäuren. Das humane Genom codiert für mindestens 24 verschiedene Nucleasen. Je nach Zuckerspezifität unterscheiden wir **Ribonucleasen (RNasen)** sowie **Desoxyribonucleasen (DNasen)**. Überwiegend handelt es sich bei Nucleasen um Proteine wie z. B. RNase A (▶Abbildung 5.29), während RNase P ein typisches Ribozym ist (▶Abschnitt 12.7). **Endonucleasen** erzeugen Strangbrüche innerhalb von Nucleinsäuren, während **5'- bzw. 3'-Exonucleasen** einzelne Nucleotidreste von den jeweiligen – oder auch von beiden – Termini abspalten. **Exinucleasen** spalten an zwei nicht unmittelbar benachbarten Positionen und können so ganze Nucleinsäuresegmente abtrennen (▶Abschnitt 23.3). Einige Nucleasen wie MutH sind **einzelstrangspaltende** Enzyme (▶Abbildung 21.17), andere sind auf Doppelstränge spezialisiert. Lysosomale oder pankreatische Nucleasen spalten relativ unspezifisch und bauen Nucleinsäuren bis zu den (Oligo-) Nucleotiden ab, während **Restriktionsendonucleasen** vom Typ II definierte Nucleotidabfolgen – meist in Form palindromischer Sequenzen – erkennen, spalten und dabei größere DNA-Fragmente erzeugen (▶Abschnitt 22.1). Zu den multifunktionellen Enzymen mit Endonucleaseaktivität gehören die DNA-Polymerasen I und III (▶Abschnitt 21.5) und die Reverse Transkriptase (▶Abbildung 22.19). Nucleasen werden vielfach bei molekularbiologischen Methoden eingesetzt wie z. B. DNase I bei DNA-Footprinting (▶Exkurs 20.3) und *nick*-Translation (▶Exkurs 21.1) oder Restriktionsenzyme bei der DNA-Kartierung (▶Abbildung 22.3).

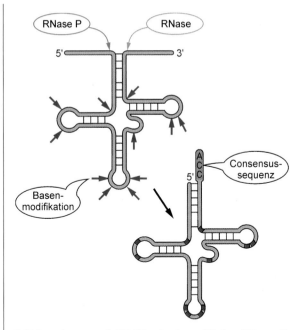

17.21 Prozessierung von prä-tRNA. RNase P spaltet am 5'-Ende und RNase am 3'-Ende der prä-tRNA. Einige tRNAs enthalten nach dieser Prozessierung bereits das typische CCA-Trinucleotid am 3'-Ende; bei allen anderen tRNAs wird dieses hochkonservierte CCA-Ende enzymatisch addiert. An charakteristischen Positionen der tRNA können einzelne Nucleotide chemisch modifiziert werden (rot).

Ein ungewöhnliches Nucleosid der tRNA, das in anderen RNAs nicht zu finden ist, ist z.B. **Inosin** (I), das durch oxidative Desaminierung von Adenosin entsteht. **Pseudouridin** (ψ), **Dihydrouridin** (D), **4-Thiouridin** (S^4U) und **Ribothymidin** (T) gehen allesamt aus Uridin hervor. **N^2-Methylguanosin** (m^2G) und **N^2,N^2-Dimethylguanosin** (m_2^2G) entstehen durch schrittweise Methylierung von Guanosin (Abbildung 17.22). Die modifizierten Reste ermöglichen es der tRNA, ungewöhnliche Wasserstoffbrücken zu anderen Basen auszubilden, die ihr eine charakteristische Konformation verleihen. Weiterhin ermöglichen sie „Unschärfen" bei der Paarung von tRNA und mRNA, die für die Translation von fundamentaler Bedeutung sind (▶Abschnitt 18.5).

Die folgenden Strukturen sind abgebildet: Inosin, Pseudouridin (Ψ), N^2-Methylguanosin, Dihydrouridin (D), 4-Thiouridin (S^4U), N^2,N^2-Dimethylguanosin, Ribothymidin (T), jeweils mit Ribose.

17.22 Seltene Nucleoside in tRNAs. In den meisten tRNAs sind 10 – 20 % der Nucleoside posttranskriptional modifiziert. Seltene Basen sind – außer für die tRNA-Struktur – auch für die spezifische Interaktion der tRNAs mit den zugehörigen Aminoacyl-Synthethasen bei der tRNA-Beladung wichtig.

Die tRNAs fungieren als Brückenglieder oder **Adaptoren** bei der Translation, wo sie zwischen Polynucleotid (mRNA) auf der einen und Polypeptid (Protein) auf der anderen Seite vermitteln. Ihre besondere Struktur prädestiniert sie für diese anspruchsvolle Rolle bei der Proteinbiosynthese. Damit kommen wir zum zweiten Typus einer matrizengesteuerten Reaktion, nämlich der Translation von mRNA in Protein.

Zusammenfassung

- Die **Transkription** stellt den ersten Schritt der **Genexpression** dar. Die wichtigsten zellulären Ribonucleinsäure-Typen sind: Boten- oder *messenger*-RNA (**mRNA**), ribosomale RNA (**rRNA**), Transfer-RNA (**tRNA**) und *small nuclear* RNA (**snRNA**). Bausteine für die RNA-Synthese sind **Adenosintriphosphat** (ATP), **Guanosintriphosphat** (GTP), **Cytidintriphosphat** (CTP) und **Uridintriphosphat** (UTP).

- Der Startpunkt der Transkription wird durch **Consensussequenzen** markiert, die in ihrer Gesamtheit **Promotor** heißen und eine **TATA-Box** enthalten. Eine Transkriptionseinheit enthält jeweils einen **Matrizenstrang** und einen **codierenden Strang**. Die Sequenz des Transkripts entspricht bei T- gegen U-Austausch derjenigen des codierenden Strangs.

- Die **prokaryotische RNA-Polymerase** besteht aus den Untereinheiten $\alpha_2\beta\beta'$ und dem **Initiationsfaktor** σ. Sie windet die DNA auf und erzeugt einen **offenen Promotorkomplex**. Während der **Elongationsphase** dissoziiert der σ-Faktor ab. Die **Termination** der Transkription erfolgt, wenn ein selbstkomplementärer, GC-reicher Abschnitt des Transkripts eine **Haarnadelstruktur** ausbildet.

- Eukaryotische Zellen besitzen drei Typen von RNA-Polymerasen: **RNA-Polymerase I** für die großen rRNAs, **RNA-Polymerase II** für mRNAs und **RNA-Polymerase III** für tRNAs und kleine RNAs. Anders als die replikativen DNA-Polymerasen besitzen RNA-Polymerasen kein zusätzliches aktives Zentrum mit Korrekturlesefunktion. Die **Fehlerquote** bei der Transkription liegt bei **ca. 10^{-5}** (1 : 100 000).

- Transkription und **Reifung eukaryotischer mRNAs** finden im Zellkern statt, während die Translation im Cytosol erfolgt. Das **5'-Ende** erhält eine **Kappe**, die **mehrfach methyliert** ist. Das **3'-Ende** wird durch endonucleolytische Spaltung und Addition eines **Poly(A)-Schwanzes** durch Poly(A)-Polymerase modifiziert.

- Der **Spleißvorgang** findet an **snRNPs** – kleinen nucleären Ribonucleoproteinen – statt, die in ihrer Gesamtheit als **Spleißosom** bezeichnet werden. In einem zweistufigen Prozess werden nichtcodierende **Introns** aus unreifen Primärtranskripten – den **hnRNAs** – entfernt und proteincodierende **Exons** direkt miteinander verknüpft. **Donorspleißstelle** (GU), **Akzeptorspleißstelle** (AG) und ein Adenosinrest an der **Verzweigungsstelle** der **Lasso**-Struktur sind hochkonserviert.

- Einige Introns niederer Eukaryoten agieren als **Ribozyme**, die sich per **Autokatalyse** selbst spleißen. „Falsch" gespleißte Transkripte werden meist durch *nonsense mediated decay* (NMD) abgebaut. Mutationen, die vorhandene Spleißstellen in den α- oder β-Genen von Hämoglobin entfernen oder neue erzeugen, manifestieren sich meist als **Thalassämie**.

- **Alternatives Spleißen** benutzt fakultative Donor- bzw. Akzeptorspleißstellen innerhalb eines Primärtranskripts; es ist häufig **zelltypspezifisch**. **RNA-Editing** bezeichnet die gezielte Veränderung einzelner mRNA-Basen, die sich oft in einer geänderten Proteinsequenz niederschlägt. Beide Prozesse diversifizieren die Proteinpalette, die aus einem Primärtranskript entstehen kann.

- Das menschliche Genom enthält zahlreiche, in Gruppen angeordnete Gene für **rRNAs**. **RNA-Polymerase I** produziert ein Vorläufermolekül, das im **Nucleolus** je eine Kopie von **5,8S-, 18S- bzw. 28S-rRNA** erzeugt. Dabei assistieren **snoRNPs**, die kleine nucleoläre RNAs oder **snoRNAs** enthalten. Capping, Polyadenylierung, Spleißen oder Editing sind für Transkripte der RNA-Polymerase I unbekannt.

- **RNA-Polymerase III** produziert **5S-rRNAs** und **tRNAs**. Bei der Reifung der tRNAs bearbeitet das **Ribozym RNaseP** ihr 5'-Ende und RNase ihr 3'-Ende; oft wird CCA 3'-terminal addiert. Durch posttranskriptionale Modifikation erhalten tRNAs ca. 10 – 20% **seltene Basen**.

Translation – Decodierung genetischer Information

18

Kapitelthemen: 18.1 Genetischer Code 18.2 Transfer-Ribonucleinsäuren 18.3 Aufbau und Funktion der Ribosomen 18.4 Initiation der Translation 18.5 Elongation und Termination 18.6 Effizienz der Proteinbiosynthese 18.7 Translationale Kontrolle 18.8 Antibiotika

Die zelluläre Vielfalt eines Organismus ist zu einem guten Teil Ausdruck der unterschiedlichen Muster an Proteinen, mit denen Zellen ausgestattet sind. Einige Proteine werden dabei nur in bestimmten Stadien der Zelldifferenzierung gefertigt, andere kommen und gehen mit dem Zellzyklus, und wiederum andere sind praktisch während der gesamten Lebenszeit einer Zelle anwesend. Ein Teil der Proteine, die eine Zelle synthetisiert, wird zu „eigenen" Zwecken verwendet; ein anderer Teil verlässt die Zelle und gestaltet ihre Umgebung oder wird an entfernte Orte innerhalb eines Organismus transportiert. Die dazu erforderliche Vielfalt an Proteinen entsteht im finalen Schritt der Genexpression, der *Proteinbiosynthese*. Dabei werden die auf Ribonucleinsäuren umgeschriebenen Informationen der DNA in das Alphabet der Proteine übersetzt: Wir sprechen von *Translation*. Die Proteinbiosynthese läuft im Cytoplasma einer Zelle ab und ist ein komplizierter Vorgang mit mehr als 100 beteiligten Komponenten – Nucleinsäuren, Enzymen, Aktivatoren und Regulatoren. Diese Komplexität reflektiert möglicherweise ein Stück Evolutionsgeschichte: In primitiven Urzellen waren es vermutlich RNA-Moleküle, die als Matrizen und Überträger der Aminosäuren dienten und gleichzeitig als Katalysatoren bei der Knüpfung der Peptidbindungen fungierten.

Erst später kamen zu dieser „Urmaschinerie" Proteine hinzu, die den katalytischen Prozess effizienter und präziser machten. Dabei gingen die Aufgaben der RNAs aber nicht verloren, sodass die der Translation zugrunde liegende molekulare Strategie im Wesentlichen gewahrt blieb.

18.1

Basentripletts sind genetische Informationseinheiten

Wie kann die von der DNA auf RNA übertragene Information in die Abfolge von Aminosäuren – also eine Polypeptidkette – übersetzt werden? Die Instruktionen sind in der DNA-Basenfolge festgeschrieben: Dabei definieren jeweils **Tripletts von Nucleotiden** eine einzelne Aminosäure. Dieses Regelwerk wird als **genetischer Code** bezeichnet; entsprechend heißt ein Nucleotidtriplett **Codon** (Abbildung 18.1). Da vier unterschiedliche Basen beliebig miteinander kombiniert werden können, gibt es $4^3 = 64$ verschiedene Codonkombinationen, von denen 61 die Aminosäuren verschlüsseln und drei ein

1. Position	2. Position				3. Position
5'	U	C	A	G	3'
U	UUU Phe UUC Phe UUA Leu UUG Leu	UCU UCC Ser UCA UCG	UAU Tyr UAC Tyr UAA Stop UAG Stop	UGU Cys UGC Cys UGA Stop UGG Trp	U C A G
C	CUU CUC Leu CUA CUG	CCU CCC Pro CCA CCG	CAU His CAC His CAA Gln CAG Gln	CGU CGC Arg CGA CGG	U C A G
A	AUU AUC Ile AUA AUG Met	ACU ACC Thr ACA ACG	AAU Asn AAC Asn AAA Lys AAG Lys	AGU Ser AGC Ser AGA Arg AGG Arg	U C A G
G	GUU GUC Val GUA GUG	GCU GCC Ala GCA GCG	GAU Asp GAC Asp GAA Glu GAG Glu	GGU GGC Gly GGA GGG	U C A G

18.1 Der genetische Code. Triaden von Nucleotiden definieren einzelne Aminosäuren. So codieren z. B. AUG für Methionin und UGG für Tryptophan. Dies sind die beiden einzigen Aminosäuren, für die es jeweils nur ein Codon gibt. Alle anderen Aminosäuren haben zwei (Asn, Asp, Cys, Gln, Glu, His, Lys, Phe, Tyr), drei (Ile), vier (Ala, Gly, Pro, Thr, Val) oder sechs verschiedene Codons (Arg, Leu, Ser). Die Tripletts UAA, UGA und UAG geben ein Stoppsignal für die Proteinbiosynthese.

Stoppsignal geben, bei dem keine Aminosäure mehr eingebaut wird: Die Proteinbiosynthese ☝ endet hier. Da es in den
meisten Spezies nur 20 proteinogene Aminosäuren gibt, der
genetische Code aber 61 verschiedene Codons für Aminosäuren umfasst, können bis zu sechs verschiedene Tripletts
eine einzige Aminosäure codieren: Sie werden als **synonyme
Codons** bezeichnet (Abschnitt 18.5). Wir sprechen von der
Degeneration des genetischen Codes. Dabei ist die Codon-
häufigkeit nicht unbedingt mit der Frequenz von Aminosäuren in Proteinen korreliert: So gibt es für die am meisten verbreitete Aminosäure Alanin nur vier Codons, und die fünft-
häufigste Aminosäure Lysin besitzt gar nur zwei Codons.

Synonyme Codons sind meist in den ersten beiden Basen
identisch. So beginnen alle vier Tripletts, die für Alanin codieren, mit GC. Tripletts, die sich in der dritten Position nur
im Typ der Purinbase (A vs. G) oder der Pyrimidinbase (U vs.
C) unterscheiden, codieren meist für ein und dieselbe Aminosäure. So codieren die Tripletts UU<u>U</u> und UU<u>C</u> für Phenylalanin, während UU<u>A</u> und UU<u>G</u> für Leucin codieren. Die
dritte Position eines Codons trägt offenbar weniger strin-
gente Information als die ersten beiden Positionen. Entsprechend haben tRNAs eine molekulare Strategie entwickelt,
um an der dritten Position mit unterschiedlichen Basen
paaren zu können (Abschnitt 18.5). Der **genetische Code** ist
nahezu **universell**: Er gilt für Prokaryoten, Archaebakterien
und Eukaryoten. Zu den wenigen bekannten Abweichungen
vom „universellen" Code gehören einzelne Tripletts des
extranucleären mitochondrialen Codes bei Wirbeltieren,
Drosophila, Hefen und Pflanzen (Tabelle 18.1). In Ausnahmefällen bewirkt das Codon UGA keinen Translationsstopp,
sondern den Einbau der seltenen Aminosäure Selenocystein
(Exkurs 18.1).

Tabelle 18.1 Unterschiede zwischen universellem und mito-
chondrialem Code beim Menschen.

Codon	universeller Code	mitochondrialer Code
UGA	Stopp	Trp
AGA	Arg	Stopp
AGG	Arg	Stopp
AUA	Ile	Met

⚕ Exkurs 18.1: Selenocystein

Selen(ium) ist ein essenzielles Spurenelement für den Menschen, das
als Bestandteil der Glutathion-Peroxidase (▶Exkurs 42.3) eine wichtige Rolle bei der Regeneration des antioxidativen Schutzsystems
spielt. Zu den Selenoproteinen des Menschen zählen auch Enzyme
wie Thioredoxin-Reduktase (▶Abschnitt 49.6) und Dejodasen, die
das Schilddrüsenhormon Thyroxin (T_4) in die aktive(re) Form Triiodthyronin (T_3) umwandeln. Bei diesen Enzymen ist Selenocystein, das wie
Cystein aufgebaut ist, jedoch ein Selen- anstelle des Schwefelatoms
trägt, an der katalytischen Reaktion beteiligt. Selenocystein wird

translational in die wachsende Proteinkette eingebaut und kann daher als 21. proteinogene Aminosäure betrachtet werden. Als Seleno-
cystein-Codon dient das Triplett UGA – allerdings nur, wenn im 3'-
nichttranslatierten Bereich der mRNA eine Selenocystein-Insertions-
sequenz auftritt (lat. *inserere*, einfügen). Für den Einbau von Selenocystein steht eine spezifische tRNA mit dem Anticodon TCA zur Verfügung, die zunächst mit Serin beladen wird, das dann in zwei Schritten
zu Selenocystein umgewandelt wird. Weiterhin benötigt der Einbau
von Selenocystein einen spezifischen Elongationsfaktor sowie spezielle Hilfsproteine. Die Natur betreibt also einen erheblichen Aufwand,
um eine weitere Aminosäure in ihr Standardprogramm aufzunehmen.

Prinzipiell kann jede mRNA – je nach Startstelle – in drei
Leseraster übersetzt werden (Abbildung 18.2). Normalerweise codiert jedoch eine mRNA nur in einem einzigen Le-
serahmen für ein vollständiges Protein. Die beiden anderen
Leseraster werden rasch durch Stoppcodons unterbrochen,
die rein statistisch alle 21 Tripletts (64 : 3) einmal vorkommen. Typischerweise beginnt die Translation ☝ an einem
AUG-Codon, das für die Aminosäure **Methionin** codiert; das
zugehörige Leseraster wird dann in 5'→3'-Richtung bis zum
ersten auftretenden Stoppcodon beibehalten.

Der fundamentale Prozess der Translation ist in der Evolution von Prokaryoten bis zu Eukaryoten erhalten geblieben. Dennoch gibt es wichtige Unterschiede: Eukaryotische
Zellen trennen mRNA-Synthese (im Zellkern) und Proteinbiosynthese (im Cytoplasma) räumlich voneinander. Prokaryoten haben keinen Kern und koppeln daher Transkription
und Translation in ihrem Cytoplasma: Ribosomen setzen an
der naszierenden mRNA an und arbeiten der RNA-Polyme-

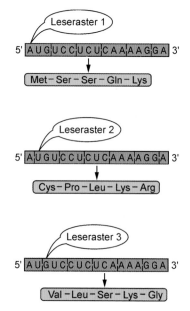

18.2 Leseraster der mRNA. Bei der Translation wird die mRNA in 5'→3'-Richtung
abgelesen. Dabei kann die Ablesung prinzipiell an jedem Nucleotid beginnen, sodass drei Leseraster möglich sind. Im Allgemeinen generiert aber nur ein einziger Le-
serahmen ein funktionelles Protein; dieser startet mit AUG (Leseraster 1).

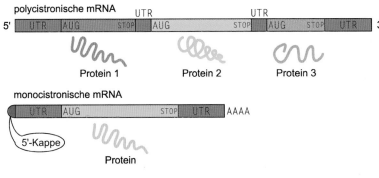

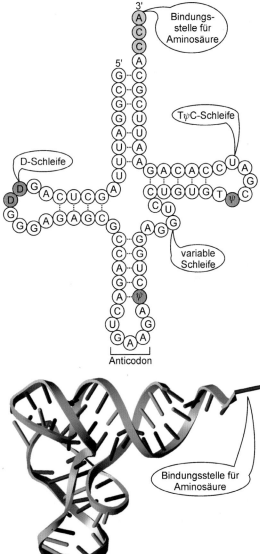

18.3 Struktur pro- und eukaryotischer mRNA. Prokaryotische mRNA (oben) codiert oft für mehrere Proteine, die dann von mehreren unabhängigen AUG-Startcodons aus abgelesen werden. Eukaryoten besitzen typischerweise monocistronische mRNA (unten). Ein Cistron (lat. *cis*, diesseits) umfasst die regulativen und codierenden Sequenzelemente eines funktionsfähigen Gens.

rase hinterher. Im Folgenden werden wir die eukaryotische Translation besprechen und bei Bedarf auf Unterschiede und Besonderheiten der prokaryotischen Translation hinweisen. Ein wichtiger Unterschied betrifft die Struktur und Organisation der mRNA (▶ Abschnitt 17.5). Bei Eukaryoten codiert eine mRNA in der Regel nur für ein einziges Protein: Wir sprechen von **monocistronischer mRNA** (Abbildung 18.3). Die codierende Sequenz beginnt mit einem Startcodon, endet mit einem Stoppcodon und wird von <u>un</u>translatierten Regionen, kurz **UTR**, flankiert, die eine Kappe am 5'-UTR und einen Poly-A-Schwanz am 3'-UTR tragen. Bakterielle Transkripte haben – bis auf wenige Ausnahmen – *keine* Introns und auch *keine* modifizierten Termini. Wichtiger noch, sie codieren oft mehrere Proteine: Wir sprechen dann von **polycistronischer mRNA** 🖑. Die codierenden Bereiche von polycystronischer mRNA sind jeweils durch ein Start- bzw. Stoppcodon definiert; zwischen den codierenden Segmenten liegen kurze untranslatierte Bereiche.

18.2

Transfer-Ribonucleinsäuren haben eine bipolare Struktur

Die Codons einer mRNA erkennen Aminosäuren nicht direkt: Vielmehr benötigen sie ein molekulares Bindeglied, das auf der einen Seite die Sprache der Nucleinsäuren versteht und auf der anderen Seite das Alphabet der Aminosäuren beherrscht. Diese Adapterfunktion übernehmen die **Transfer-Ribonucleinsäuren** 🖑. Sie unterscheiden sich von den übrigen RNA-Typen in vielerlei Hinsicht: So sind die Basenanteile vieler Nucleotide in der tRNA chemisch modifiziert (▶ Abbildung 17.22). Vier selbstkomplementäre Segmente verleihen der tRNA eine **kleeblattförmige Architektur** (Abbildung 18.4). Die topologische Darstellung zeigt vier unge-

18.4 Struktur einer Transfer-RNA. Etwa die Hälfte der Nucleotide einer tRNA bildet über intramolekulare Basenpaarung eine kleeblattförmige Struktur (oben). Modifizierte Basen sind rot markiert. Über weitere Wasserstoffbrücken entsteht die hakenförmige Struktur der tRNA (unten). Die 3'-terminale Consensussequenz CCA trägt die aktivierte Aminosäure in Form eines Aminoacylesters. Das gewählte Beispiel zeigt die tRNA für Phenylalanin (tRNA^Phe) aus Bäckerhefe. [AN]

paarte Schlaufen (von 5' nach 3'): die **D-Schleife**, die Dihydrouridin (D) enthält, die **Anticodon-Schleife,** die **variable Schleife** und die TψC-Schleife mit Pseudouridin (ψ). Die Anticodon-Schleife trägt ein Nucleotidtriplett, das komplementär zum Codon der mRNA ist und daher **Anticodon** heißt. Die tRNAs besitzen einen weiteren ungepaarten Bereich am 3'-Ende, der in allen tRNAs gleich ist und die invariante Sequenz **5'-CCA-3'** trägt; hier ist der Anknüpfungspunkt für Aminosäuren. Zusätzliche Wasserstoffbrücken zwischen nichtkomplementären Basen falten die tRNA in eine kompakte **L-förmige Struktur** (Abbildung 18.4 unten). Zwei Doppelhelices bilden dabei die beiden Schenkel des „L". Diese dreidimensionale Anordnung verleiht dem tRNA-Molekül zwei Pole, die ca. 8 nm voneinander entfernt sind und beide essenzielle Aufgaben bei der Proteinbiosynthese wahrneh-

men: Ein Pol „fingert" mit seinem Anticodon die Codons der mRNA ab, während der zweite Pol die passende Aminosäure bereithält.

Wie kommt es zu dieser ungewöhnlichen Verbindung von tRNA und Aminosäure? **Aminoacyl-tRNA-Synthasen** beladen unter ATP-Verbrauch die diversen tRNAs, die durch ihre Sequenz und Struktur jeweils als Träger eines einzigen Aminosäuretypus vorbestimmt sind. Für jede Aminosäure gibt es mindestens eine spezielle Synthase, die in einem ersten Schritt eine aktivierte Aminosäure als **Acyladenylat** herstellt. Dabei wird Pyrophosphat freigesetzt, das durch eine Pyrophosphatase sekundär zu 2 P_i hydrolysiert wird (Abbildung 18.5). Dann wird der Acylrest auf die Ribose am terminalen Adenosinrest der tRNA übertragen. Dabei entstehen AMP und ein **aktivierter Aminosäureester**, der genügend

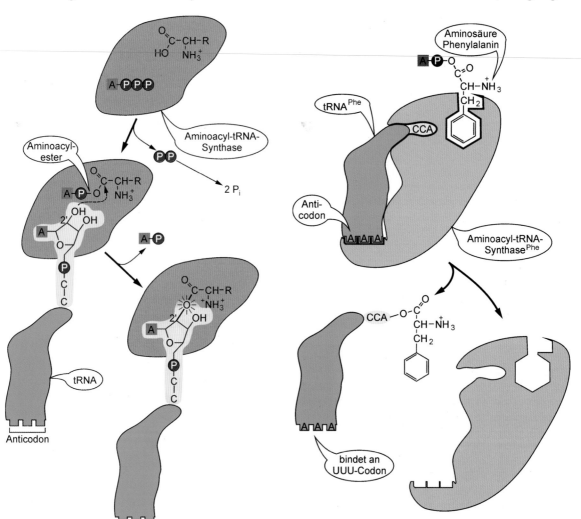

18.5 Beladung einer tRNA mit einer Aminosäure. Bei diesem zweistufigen Prozess entsteht initial ein Aminoacylester-Intermediat, das dann einen Ester zwischen der 2'-Hydroxylgruppe des terminalen Adenosinrests der tRNA und der Carboxylgruppe der Aminosäure bildet. Eine Aminoacyl-Synthase vom Typ I ist hier in Aktion gezeigt. Bei der Beladung wird ATP zu AMP + 2 P_i gespalten.

18.6 Spezifische Erkennung von tRNAs. Aminoacyl-tRNA-Synthasen fügen aktivierte Aminosäuren mit der richtigen tRNA zusammen. Dabei erkennt das Enzym die passende tRNA vor allem über spezifische Wechselwirkungen mit dem Akzeptorarm, der Anticodon-Schleife und weiteren helikalen Bereichen. Ebenso muss das Enzym eine spezifische Bindungsstelle für „seine" Aminosäure haben. Eine Verknüpfung erfolgt nur bei Identifizierung aller Signaturen.

Energie für die Knüpfung einer Peptidbindung vorhält. Aminoacyl-tRNA-Synthasen vom Typ I übertragen den Acylrest auf die 2'-Hydroxylgruppe von Ribose, während Synthasen vom Typ II auf die 3'-Hydroxylgruppe von Ribose am CCA-Terminus der tRNA transferieren.

Die Synthasen erkennen zwei Segmente der tRNA mit großer Spezifität: das Anticodon mit seinen flankierenden Strukturen sowie das **3'-Akzeptor-Ende**. So überträgt z. B. Aminoacyl-tRNA^{Phe}-Synthase nur nach Erkennung der für die tRNA^{Phe} charakteristischen Merkmale in der Anticodon-Schleife bzw. am CCA-Ende die Aminosäure Phenylalanin auf den 3'-Terminus von tRNA^{Phe} (Abbildung 18.6). Eine „eingebaute" **Korrekturlesefunktion** stellt in einem zweiten Schritt sicher, dass die richtige Aminosäure transferiert wurde; andernfalls hydrolysiert die Synthase die gerade geknüpfte Bindung wieder (Abschnitt 18.6). Die hohe Präzision von Synthasen sichert die korrekte Übertragung der genetischen Information: Jede Fehlsynthese auf der tRNA-Ebene wirkt sich unweigerlich als Fehleinbau bei der Proteinbiosynthese aus.

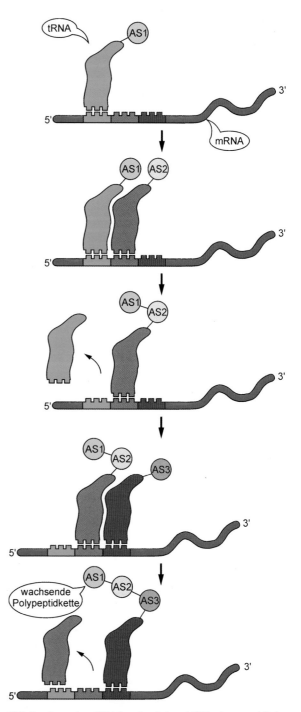

18.7 Decodierung der mRNA-Information. Aminoacyl-tRNAs erkennen und binden über ihre Anticodons die komplementären Codons der mRNA. Die Knüpfung einer Peptidbindung zwischen benachbarten Aminosäuren setzt eine unbeladene tRNA frei; eine zweite tRNA übernimmt dabei den verlängerten Peptidstrang. Im nächsten Schritt übergibt diese tRNA die Peptidkette an eine dritte tRNA usw.

18.3
Ribosomen dienen bei der Translation als Werkbänke

Wir haben nun wesentliche Komponenten der Translation beisammen: fertig prozessierte mRNAs, aminosäurebeladene tRNAs sowie rRNAs, die zusammen mit den ribosomalen Proteinen die Ribosomen stellen. Die **Proteinbiosynthese** findet im Cytoplasma statt; eine ausgeklügelte Synthesemaschine baut dabei das Polypeptid Stück für Stück nach den Instruktionen der mRNA-Matrize auf (Abbildung 18.7). Die Decodierungsarbeit übernehmen die tRNAs, die über komplementäre Basenpaarung an die Codons der mRNA binden und ihre aktivierten Aminosäuren nach den Instruktionen dieser Matrize seriell anordnen. Die Proteinbiosynthese verläuft immer vom **Amino- zum Carboxyterminus** des entstehenden Polypeptids. Dabei wird die mRNA in 5'→3'-Richtung abgelesen: Wir sprechen von einer **Colinearität** der Sequenzen von mRNA und Protein.

Ribosomen ⬆ sind die molekularen „Werkbänke", an denen die Translation abläuft. Es handelt sich um hochmolekulare Komplexe aus Proteinen und rRNAs, die in je einer kleinen und großen ribosomalen Untereinheit organisiert sind. Die Assemblierung dieser Komplexe beginnt im **Nucleolus** ⬆ von Eukaryoten, wo 5,8S-, 18S- und 28S-rRNAs aus einer gemeinsamen Vorstufe hergestellt werden (▶ Abschnitt 17.9). Hinzu kommen die 5S-rRNA aus dem Nucleus sowie ribosomale Proteine, die aus dem Cytoplasma in den Nucleolus importiert werden. Die 18S-rRNA ist der strukturgebende Träger, um den die **kleine 40S-Untereinheit** aufgebaut wird; die drei anderen rRNAs bilden das Grundgerüst für die **große 60S-Untereinheit** (Abbildung 18.8). Nach Montage werden die Untereinheiten ins Cytoplasma exportiert, wo sie zu funktionell kompetenten ribosomalen Einheiten „reifen". Der Name Ribosom ist gut gewählt, denn Ribonuc-

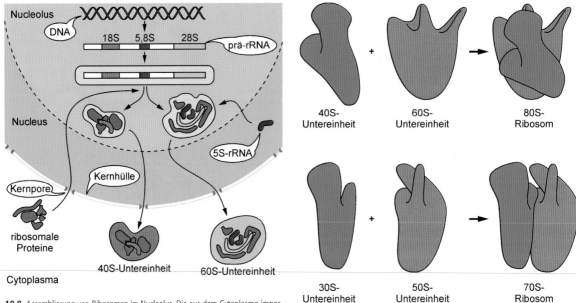

18.8 Assemblierung von Ribosomen im Nucleolus. Die aus dem Cytoplasma importierten ribosomalen Proteine binden schon an die prä-rRNA, noch bevor diese in einzelne rRNAs zerlegt wird. Die 5S-rRNA wird aus dem Nucleus importiert (rechts). [AN]

18.9 Aufbau eines eukaryotischen Ribosoms. Eine taschenförmige kleine Untereinheit (40S) und eine handförmige große Untereinheit (60S) assoziieren zum eukaryotischen 80S-Ribosom. Das bakterielle Ribosom (70S) ist mit seinen 30S- und 50S-Untereinheiten deutlich kleiner.

leinsäuren machen meist mehr als die Hälfte ihres Gewichts aus (Tabelle 18.2). Das Ribosom von Prokaryoten besteht ebenfalls aus zwei Untereinheiten, hat jedoch nur drei rRNA-Typen und auch weniger Proteine als das eukaryotische Pendant (Abbildung 18.9).

Die beiden asymmetrisch geformten Ribosomenuntereinheiten lagern sich zum kompletten Ribosomenpartikel zusammen (Abbildung 18.10). Ein horizontaler Kanal durchzieht das Partikel: Hier schlängelt sich die mRNA hindurch, während das wachsende Polypeptid durch einen Seitenkanal aus dem „Bauch" des Ribosoms austritt.

Die kleine Untereinheit des Ribosoms bildet die Plattform, an die sich die mRNA anlagert. Über komplementäre Codon-Anticodon-Wechselwirkungen kann die mRNA nun tRNAs binden, die die kleine und die große Untereinheit des Ribo-

soms überbrücken. Dabei unterscheiden wir drei benachbarte Bindungsorte für tRNAs: An der Peptidyl- oder **P-Stelle** sitzt die tRNA, die die initiale Aminosäure – und später die wachsende Peptidkette – trägt; an der weiter 3'-terminal gelegenen Aminoacyl- oder kurz **A-Stelle** sitzt die tRNA auf, die die nächstfolgende Aminosäure ins Ribosom bringt. Diese beiden tRNAs hybridisieren mit unmittelbar benachbarten Tripletts der mRNA; dadurch werden die Aminosäurereste an ihren Akzeptorarmen zueinander so nahe platziert, dass sie eine Peptidbindung miteinander eingehen können. Schließlich sitzt 5'-terminal von der P-Stelle eine dritte, bereits entladene tRNA an der **E-Stelle** (engl. _exit_, Ausgang), von wo aus sie das Ribosom verlässt.

Tabelle 18.2 Kenngrößen pro- und eukaryotischer Ribosomen.

Untereinheiten	Komponenten	Funktion
eukaryotisches Ribosom (80S)		
40S kleine Untereinheit	18S-rRNA	mRNA-Bindung
	33 bekannte Proteine	tRNA-Positionierung
60S große Untereinheit	5S-, 5,8S-, 28S-rRNA	Peptidyl-Transferase
	49 bekannte Proteine	
prokaryotisches Ribosom (70S)		
30S kleine Untereinheit	16S-rRNA	mRNA-Bindung
	21 Proteine	tRNA-Positionierung
50S große Untereinheit	5S-, 23S-rRNA	Peptidyltransferase
	34 Proteine	

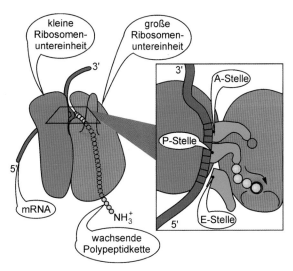

18.10 tRNA-Bindungsstellen am Ribosom. Das prokaryotische Ribosom dient hier der Verdeutlichung: Links ist das komplette Ribosom und rechts die zentrale Plattform dargestellt, an der die E-, P- und A-Stellen in unmittelbarer Nachbarschaft liegen.

18.4

Initiationsfaktoren steuern die Startphase der Translation

Wie wird nun die Proteinsynthesemaschinerie in Gang gesetzt? Ein aufwändig regulierter Mechanismus bei der **Initiation** der Translation sorgt dafür, dass eine mRNA an die kleine Ribosomenuntereinheit assoziieren kann und ihr erstes AUG-Codon im Leseraster, auch **Initiationscodon** genannt, an die P-Stelle platziert wird. Dann erst komplettiert die große Ribosomenuntereinheit den Komplex und setzt damit die Synthesemaschinerie in Gang. In Eukaryoten binden die kleinen Ribosomenuntereinheiten das 5'-Ende der mRNAs mithilfe von Proteinen, die ihre 5'-terminale Kappe erkennen; anschließend sucht das Ribosom den Strang nach dem Initiationscodon (5'-AUG-3') ab (Abbildung 18.11). Wir wollen uns diese molekulare „Fahndung" im Detail ansehen.

Die kleine ribosomale Untereinheit wird vor Synthesebeginn mit den **eukaryotischen Initiations-Faktoren eIF-1** und **eIF-3** beladen (Abbildung 18.12). Auch die übrigen Komponenten des Translationsapparats werden mithilfe von Initiationsfaktoren an das Ribosom geleitet. Die 5'-Kappe der mRNA ist mit einem Heterotrimer aus den Faktoren eIF-4A, eIF-4E und eIF-4G – dem **eIF-4F**-Komplex – beladen. Die tRNA für das Initiationscodon AUG (kurz: **tRNA$^{Met}_i$**) rekrutiert nach ihrer Beladung mit Methionin den Initiationsfaktor **eIF-2**; dieser Faktor ist mit GTP beladen und dadurch aktiviert (▶ Exkurs 4.1). Bei der Bindung an die kleine Untereinheit dissoziiert eIF-4F, und der Komplex aus kleiner Untereinheit, tRNA$^{Met}_i$ und Initiationsfaktoren nimmt seine

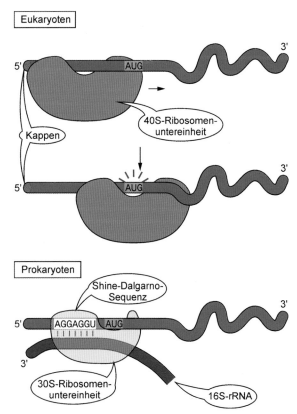

18.11 Signale der Translationsinitiation. Eukaryotische mRNAs binden über ihre 7-Methylguanosinkappe an die kleine Untereinheit, die dann den Strang nach dem Initiationscodon absucht. Prokaryotische mRNAs tragen eine Consensussequenz – nach den Erstbeschreibern **Shine-Dalgarno-Sequenz** genannt –, die an eine komplementäre Sequenz nahe dem 3'-Ende der 16S-rRNA der kleinen Untereinheit bindet und das Startcodon an die P-Stelle platziert.

Suche nach dem Initiationscodon der mRNA auf. Stößt das Ensemble auf das Initiationscodon – üblicherweise das am weitesten 5'-terminal gelegene „erste" AUG im Leseraster –, so ermöglicht **eIF-5**, ein weiterer Initiationsfaktor, die Hydrolyse des eIF-2-gebundenen GTP zu GDP. Das ist das Signal für sämtliche Initiationsfaktoren, den Komplex zu verlassen und Platz zu machen für die große ribosomale Untereinheit: Damit ist die Proteinsynthesemaschine fertig montiert. Ausnahmen von der 5'-kappengesteuerten Translationsinitiation machen vor allem **virale mRNAs**. Bei einer Infektion okkupieren die polycistronischen mRNAs der Viren die eukaryotische Translationsmaschinerie und starten über **IRES**-Sequenzen (engl. *internal ribosome entry site*), die unmittelbar stromaufwärts der proteincodierenden Bereiche liegt, die Initiation ihrer Translation. *Die eukaryotische Translationsmaschinerie hat also im Laufe der Evolution nicht die Fähigkeit verloren, polycistronische mRNAs korrekt zu übersetzen, obgleich sie den dazu notwendigen kappenunabhängigen Initiationsmechanismus für eigene Zwecke nur in Ausnahmefällen nutzt.*

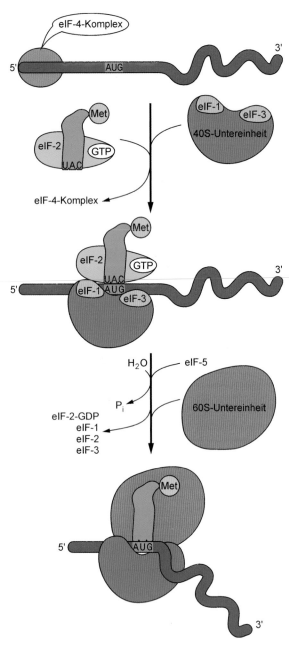

18.12 Bildung des eukaryotischen Initiationskomplexes. Die 40S-Untereinheit bindet eIF-1 und eIF-3, und die Initiations-tRNA$^{Met}_i$ wird von GTP-beladenem eIF-2 begleitet. Nach Auffinden des Initiationscodons AUG spaltet eIF-2 mithilfe des Faktors eIF-5 GTP zu GDP + P$_i$ und ebnet damit den Weg für die Rekrutierung der 60S-Untereinheit.

In Eukaryoten selektiert das Ribosom üblicherweise nur eine einzige Startstelle und nutzt keines der weiter 3'-stromabwärts gelegenen „internen" AUG-Codons für den Start der Proteinbiosynthese. Das eukaryotische Initiationscodon ist typischerweise in die Consensussequenz 5'-CCRCC**AUG**G-3' (R = Purinbase) eingebettet, nach der Erstbeschreiberin auch **Kozak-Sequenz** genannt. Die Methionin-tRNAs, die das In-

itiationscodon erkennen (tRNA$^{Met}_i$), unterscheiden sich von den Methionin-tRNAs, die an interne AUG-Codons binden (tRNA^{Met}). Diese Unterschiede sind bei Prokaryoten am augenfälligsten: Hier trägt die Initiations-tRNA einen **N-Formyl-Methioninrest** (tRNA^{f-Met}). Noch während der Synthese – also cotranslational – kann dieser Formylrest durch eine Deformylase entfernt werden. Die an interne AUGs bindenden tRNAs tragen dagegen keinen Formylrest (tRNA^{Met}). Einige bakterielle Proteine verlieren durch Proteolyse ein N-formyliertes aminoterminales Tripeptid, das Makrophagen und Granulocyten beim Aufspüren von infizierten Zellen dann als „Wegweiser" dienen kann (▶ Abschnitt 36.1).

Das komplett assemblierte Ribosom mit tRNA$^{Met}_i$ an der P-Stelle rekrutiert nun über das zweite Codon seiner mRNA eine komplementäre tRNA und füllt damit die A-Stelle. Jetzt tritt die große Ribosomenuntereinheit in Aktion: Sie verfügt über eine **Peptidyltransferase-Aktivität**, mit der sie den Methionylrest der Initiations-tRNA auf den zweiten Aminosäurerest überträgt und damit eine erste **Peptidbindung** knüpft; die Energie dafür liefert die Spaltung der Aminoacyl-tRNA-Bindung (Abbildung 18.13). Die entladene Initiations-tRNA räumt die P-Stelle und besetzt vorübergehend die E-Position, die **Dipeptidyl-tRNA** rückt zusammen mit der mRNA von der A- auf die vakante P-Stelle vor und macht damit die A-Position für die nächste Runde frei: Dieser Schritt schließt die Initiationsphase ab.

Im Fall der prokaryotischen Peptidyltransferase haben wir es mit einem typischen **Ribozym** 🔗 zu tun: Die **23S-rRNA** in der großen Ribosomenuntereinheit (50S) besitzt die notwendige Transferase-Aktivität, während rRNA-assoziierte Proteine dabei assistieren, ohne selbst katalytisch zu wirken. Die Rolle des eukaryotischen Pendants, der 28S-rRNA, beim Peptidyltansfer ist noch nicht schlüssig geklärt. Weitere Besonderheiten der Translationsinitiation bei Prokaryoten sind im Exkurs 18.2 zusammengefasst.

Molekulare Roboter assemblieren die Polypeptidkette

Die nun folgende **Elongationsphase**, die das breiteste Zeitfenster in der Proteinbiosynthese einnimmt, erfolgt in einem Dreischritt: Zuerst wird die vakante A-Position mit einer komplementären Aminoacyl-tRNA besetzt. Jede neu eintretende tRNA wird dabei von dem GTP-abhängigen eukaryotischen **Elongationsfaktor eEF-1**α eskortiert, der die Platzierung in die A-Stelle absichert. Nur bei korrekter Passung wird die tRNA von eEF-1α unter GTP-Hydrolyse verlassen. Nun überträgt die Peptidyltransferase-Aktivität die naszierende Peptidkette auf die neu eingetroffene Aminosäure unter Knüpfung einer Peptidbindung. Schließlich verlässt die freie tRNA die P-Position in Richtung E-Stelle; die mRNA

Exkurs 18.2: Initiation der Translation bei Prokaryoten

Die **Initiationsfaktoren IF-1** und **IF-3** binden an die kleine Untereinheit; dadurch wird eine vorzeitige „unproduktive" Bindung der großen ribosomalen Untereinheit in Abwesenheit von mRNA verhindert. Die kleine Untereinheit erkennt über ihre 16S-rRNA die Shine-Dalgarno-Sequenz (Abbildung 18.11) einer mRNA, bindet sie über komplementäre Basenpaarung und kann damit das Initiationscodon

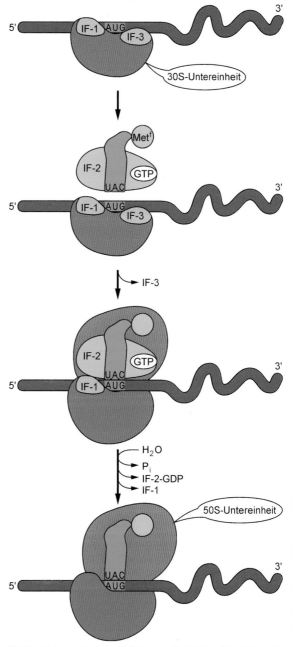

18.14 Initiation der Translation in Prokaryoten. Der Initiationsfaktor IF-1 reguliert die Aktivität von IF-2, der an tRNA^{f-Met} bindet, sowie von IF-3, der die Assoziation von kleiner und großer Untereinheit verhindert.

18.13 Initiation der Translation. Die Peptidyltransferase knüpft eine Peptidbindung zwischen Methionin und einer zweiten Aminosäure (hier: Phenylalanin). Die transiente Bindung der entladenen tRNA$^{Met}_i$ an die E-Stelle ist hier nicht gezeigt.

AUG „präsentieren" (Abbildung 18.14). Gleichzeitig tritt die Initiati-ons-tRNA, die einen *N*-formylierten Methionylrest trägt, mit dem GTP-beladenen **Initiationsfaktor IF-2** in diesen Komplex ein. Die Bindung von tRNA^{f-Met} an das Initiationscodon setzt IF-3 frei. Darauf-hin kann die große Untereinheit an den Komplex binden, GTP wird zu GDP und P$_i$ hydrolysiert und löst die Dissoziation von GDP-IF-2 und IF-1 aus. Damit ist das Ribosom fertig assembliert: Die Besetzung der A-Stelle mit nachfolgender Knüpfung einer ersten Peptidbindung schließt die prokaryotische Initiation ab.

inklusive der gebundenen Peptidyl-tRNA „rutscht" in die freie P-Position und macht die A-Position frei (Abbil-dung 18.15). Auch diese **Translokation** ist energieabhängig und wird durch Hydrolyse von GTP zu GDP angetrieben. Vermittler dieses Reaktionsschritts ist der **Elongationsfaktor eEF-2**, der Ziel von bakteriellen Toxinen ist (Abschnitt 18.6). Damit ist die Proteinsynthesemaschine wieder in die Aus-gangsstellung zurückgekehrt. Im Ergebnis ist die Peptidkette um ein Glied verlängert und die mRNA um ein Codon vorge-rückt: Eine neue Elongationsrunde kann beginnen. Der Ab-lauf ist bei Prokaryoten prinzipiell gleich; die zugehörigen prokaryotischen Elongationsfaktoren heißen **EF-Tu** und **EF-G**; sie sind homolog zu eEF1 bzw. eEF2.

Trifft das Ribosom während der Elongation auf eines der drei Stoppcodons (UAA, UAG bzw. UGA), so bricht die Syn-these ab: Es kommt zur **Termination** der Translation. Stopp-codons haben *keine* komplementären tRNAs; vielmehr bin-det der **Terminationsfaktor eRF** (engl. *eukaryotic release fac-tor*), ein weiteres GTP-bindendes Protein, direkt an das Stoppcodon, wenn dieses an der A-Stelle auftaucht (Abbil-dung 18.16). Die Peptidyltransferase besitzt unter diesen Be-dingungen eine hydrolytische Aktivität: Statt die Peptidyl-kette auf die Aminogruppe einer Aminosäure zu übertragen, transferiert sie die Peptidkette nun auf ein Wassermolekül und setzt damit das neu synthetisierte Protein aus der tRNA-Bindung frei. Die freie tRNA verlässt den Komplex, und eRF dissoziiert nach GTP-Hydrolyse ebenfalls ab. In der Folge gibt das Ribosom die mRNA frei und zerfällt in seine Unter-einheiten, die damit für eine neue Translationsrunde bereit-stehen. Selbst außerhalb des Zellverbands funktioniert das Translationssystem noch bestens (Exkurs 18.3).

Die Degeneration des genetischen Codes hat zur Folge, dass manche Aminosäuren über mehrere tRNA-Adapter mit unterschiedlichen Anticodons verfügen. Tatsächlich besitzt der Mensch etwa 500 nucleäre Gene für 38 verschiedene cy-toplasmatische tRNAs. Außerdem können einzelne tRNAs an verschiedene Codons binden, da die 5'-terminale Base des

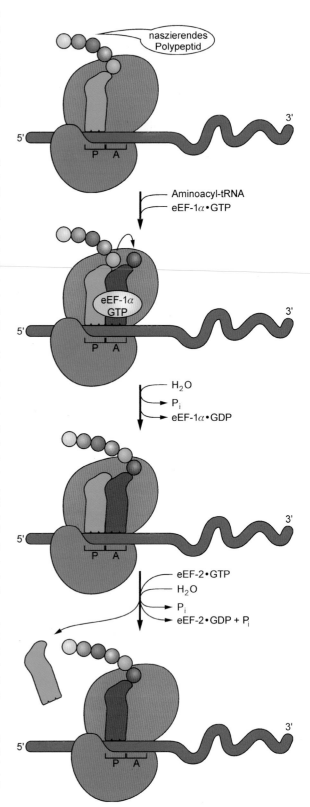

18.15 Elongationsphase der Proteinsynthese. Besetzung der A-Position durch eine beladene tRNA, Knüpfung einer neuen Peptidbindung und Translokation der mRNA erfolgen nacheinander. Dabei verdrängt die Peptidyl-tRNA die freie tRNA in die E-Position und macht selbst dabei die A-Position frei. Der Guaninnucleotid-Aus-tauschfaktor eEF-1$\beta\gamma$ (nicht gezeigt) regeneriert eEF-1α, indem er GDP gegen GTP auswechselt; der entsprechende prokaryotische Faktor heißt EF-Ts.

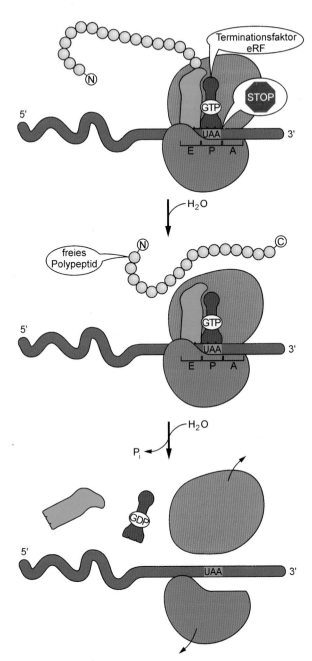

18.16 Termination der Translation. Der Terminationsfaktor eRF erkennt das erste an der A-Stelle auftauchende Stoppcodon. Dann wird das Polypeptid von der tRNA in der P-Position hydrolytisch gelöst und freigesetzt. Terminationsfaktoren ähneln in Form und Verteilung ihrer Oberflächenladung einer tRNA: Wir sprechen von molekularer Mimikry. Prokaryoten benutzen zwei unterschiedliche Terminationsfaktoren für UAA und UAG (RF-1) bzw. UAA und UGA (RF-2).

Anticodons „wechselnde Koalitionen" erlaubt (Abbildung 18.17). Entsprechend kommt in dieser Anticodonposition gehäuft das seltene Nucleosid **Inosin** (I) vor, das eine Basenpaarung mit U, C oder A eingehen kann. Die „Unschärfe" der Basenpaarung – der **wobble** (engl. *to wobble*, wackeln) – er-

---

🖉 **Exkurs 18.3:** *In vitro*-**Translation**

Reticulocyten, die unmittelbaren Vorstufen der Erythrocyten, sind außerordentlich translationsaktiv und produzieren große Mengen an Globin. Sie können aus dem Blut von Kaninchen, bei denen die Blutbildung gezielt stimuliert wurde, angereichert werden. Bei vorsichtiger Auflösung (Lyse) der Zellen gewinnt man ein **Reticulocytenlysat**, das die wesentlichen Komponenten des Translationssystems beinhaltet. Mithilfe von Nucleasen zerstört man gezielt die endogenen mRNAs. Werden nun essenzielle Cofaktoren wie tRNAs und GTP zugesetzt, so kann das Reticulocytenlysat nach den Instruktionen einer **Fremd-mRNA** ein gewünschtes Protein *in vitro* synthetisieren. Bei Verwendung radioaktiv markierter Aminosäuren wie ^{35}S-Methionin oder ^{3}H-Leucin kann man das neu synthetisierte Protein nach SDS-Elektrophorese mittels Autoradiographie nachweisen. Die *in vitro*-Translation hatte eine Schlüsselrolle bei der Aufklärung des genetischen Codes; heute wird sie meist zum Studium des intrazellulären Transports und der Prozessierung von Proteinen sowie zur Herstellung isotopenmarkierter Proteine (▶Exkurs 1.1) für die NMR-Spektroskopie (▶Abschnitt 7.5) eingesetzt.

---

klärt, warum z.B. drei Codons für Alanin (GCU, GCC, GCA) von einer einzigen tRNA^{Ala} erkannt werden, die an der 5'-Position ihres Anticodons Inosin trägt. Auch die Nucleotide U und G an der 5'-Position des Anticodons erlauben alterna-

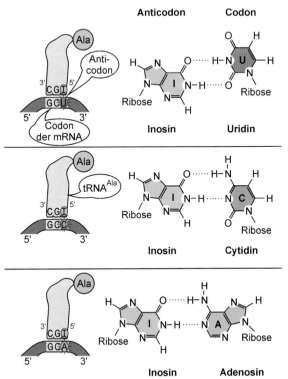

18.17 Unschärfe in der Basenpaarung. Bitte beachten Sie, dass Codon- und Anticodonstrang antiparallel angeordnet sind. Inosin in der 5'-Position des Anticodons erlaubt die Interaktion mit drei verschiedenen Nucleosiden – Uridin, Cytidin, Adenosin – in der komplementären 3'-Position des Codons.

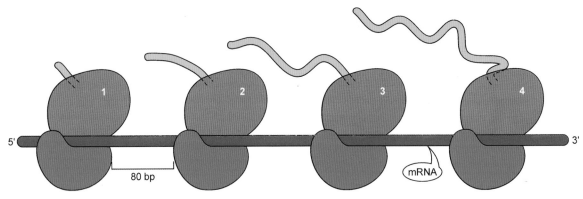

18.18 Entstehung eines Polysoms. Mehrere Ribosomen arbeiten simultan an der Übersetzung einer einzigen mRNA. Polysomen gibt es in pro- und eukaryotischen Zellen. Auf den relativ kurzen mRNAs für die beiden Globinketten können z. B. bis zu fünf Ribosomen gleichzeitig arbeiten.

tive Paarungen mit A/G bzw. U/C des Codons. Lediglich A und C in der 5'-Position des Anticodons gehen eine einzige Basenpaarung mit U bzw. G des Codons ein. Die Basen an den beiden weiter 3'-gelegenen Positionen des Anticodons bilden hingegen klassische Watson-Crick-Basenpaare, die keinen „Wackler" zulassen.

Die Proteinbiosynthese ist ein ökonomischer Prozess

18.6

Jedes mRNA-Molekül wird im Durchschnitt rund 4 500 Mal in sein korrespondierendes Protein übersetzt. Diese Zahl kann drastisch variieren, wenn z. B. die Frequenz der Translationsinitiation oder die mRNA-Stabilität verändert werden. Die Proteinbiosynthese läuft mit einer **Einbaugeschwindigkeit** von 10 – 20 Aminosäuren pro Sekunde ab. Für die Synthese eines Polypeptids durchschnittlicher Länge mit etwa 400 Aminosäuren braucht die Translationsmaschinerie also weniger als eine Minute. Die **Translationseffizienz** wird dadurch weiter gesteigert, dass es – ähnlich wie bei der Transkription – zu wiederholten Initiationen kommt: Kaum hat ein Ribosom das Startcodon verlassen, setzt ein zweites Ribosom am Initiationscodon auf und beginnt nun seinerseits mit der Translation (Abbildung 18.18). Auf diese Weise entsteht ein Polyribosom – kurz **Polysom** ⌖ genannt – mit zahlreichen Ribosomen, die perlenschnurartig auf einer mRNA im Abstand von ca. 80 Nucleotiden aufgereiht sind und simultan, aber unabhängig voneinander arbeiten.

 Exkurs 18.4: Diphtherietoxin

Bis in die erste Hälfte des 20. Jahrhunderts war **Diphtherie** ⌖ eine Haupttodesursache bei Kindern. Der Erreger *Corynebacterium diphtheriae* erzeugt ein 61 kd-Toxin, das durch Bindung an die membranständige Vorstufe eines Wachstumsfaktors und nachfolgende rezeptorvermittelte Endocytose (▶ Abschnitt 28.4) als „blinder Passagier" von eukaryotischen Zellen aufgenommen und durch Proteolyse in zwei Fragmente von 21 kd (Fragment A) bzw. 40 kd (Fragment B)

zerlegt wird. Das enzymatisch aktive kleinere A-Fragment gelangt in das Cytoplasma und transferiert einen ADP-Ribosylrest von NAD⁺ auf **Diphthamid**, einen modifizierten Histidinrest des Elongationsfaktors eEF-2 (Abbildung 18.19). Diese ADP-Ribosylierung blockiert die Translokase-Aktivität von eEF-2: Die Proteinbiosynthese stoppt schlagartig! Die außergewöhnliche Virulenz von *C. diphtheriae* kommt dadurch zustande, dass bereits ein einziges Molekül Diphtherietoxin mit seiner **ADP-Ribosylase**-Aktivität die Proteinbiosynthese einer Zelle vollständig zum Erliegen bringen kann. Durch Vakzinierung werden „neutralisierende" Antikörper gegen den gefürchteten Erreger erzeugt.

Diphthamid   **ADP-ribosyliertes Diphthamid**

18.19 Wirkung des Diphtherietoxins. Das Fragment A des Diphtherietoxins katalysiert die ADP-Ribosylierung eines modifizierten Histidinrests im Elongationsfaktor eEF-2. Mit dem abrupten Stopp der Proteinbiosynthese geht die Zelle rasch zugrunde.

Die Translation wird – ähnlich wie die Transkription – primär auf der Ebene der Initiation reguliert (▶Abschnitt 20.1). Kritischer Faktor dabei ist die Bioverfügbarkeit von eIF-2, die vor allem von **Wachstumsfaktoren** reguliert wird: Sie bestimmt die **Translationskapazität** einer eukaryotischen Zelle. Ein weiteres Nadelöhr stellt die Elongationsphase dar, die durch das Toxin von Diphtheriebakterien mittels gezielter Ausschaltung von eEF-2 blockiert wird (Exkurs 18.4).

Die Fehlerquote der Translation liegt bei etwa 10^{-4}, d. h. beim Einbau von 10 000 Aminosäuren passiert durchschnittlich ein Fehler. Anders als bei DNA gibt es bei Proteinen keine nachträgliche Reparaturmöglichkeit: Eine „fehlplatzierte" Aminosäure kann nicht mehr posttranslational ausgetauscht werden. Die Präzision der Proteinbiosynthese wird wesentlich von zwei Erkennungsprozessen bestimmt, und zwar bei der Beladung der tRNAs mit Aminosäuren und bei der Paarung von Codon und Anticodon. Die meisten Aminoacyl-tRNA-Synthasen besitzen zwei aktive Zentren mit Synthase- bzw. Hydrolase-Aktivität; damit können sie die inkorporierten Aminosäuren kontrollieren und bei Fehleinbau die Aminoacylbindung per Hydrolyse wieder rückgängig machen (Abschnitt 18.2). Dazu haben Aminoacyl-tRNA-Synthasen einen trickreichen Mechanismus entwickelt: Zunächst schließen sie bei der Acylierung zu große Seitenketten aus, d. h. alles, was größer als die Seitenkette „ihrer" Aminosäure ist, wird verworfen. Mit der Hydrolyse schließen sie dagegen zu kleine Seitenketten aus, d. h. alles, was unter der Sollgröße liegt, wird hydrolysiert und damit verworfen. Der Preis für diese **duale Kontrolle** ist in Form einer GTP-Hydrolyse zu entrichten, die im Falle eines Fehleinbaus als „Aufschlag" erfolgt. Einen ähnlichen Mechanismus werden wir bei der DNA-Polymerase kennen lernen, die ebenfalls über eine duale Funktion verfügt (▶Abschnitt 21.5). Ein nicht minder ausgeklügelter Kontrollmechanismus stellt die korrekte Basenpaarung zwischen Codon und Anticodon sicher (Exkurs 18.5).

Exkurs 18.5: Kinetische Kontrolle der Translation

Unmittelbar nach ihrer Beladung binden tRNAs (bis auf tRNA$^{Met}_i$) mit ihrem Aminoacylende den **Elongationsfaktor eEF-1**α, der ein Molekül GTP mitführt und die tRNAs zum Ribosom eskortiert. Nach Bindung an die A-Stelle verhindert eEF-1α zunächst einmal eine sofortige Knüpfung der Peptidbindung durch Blockade des Aminoacylrests (Abbildung 18.20). Erst die „korrekte" Basenpaarung zwischen Anticodon und Codon bewirkt, dass eEF-1α GTP zu GDP + P$_i$ hydrolysiert und dann den ribosomalen Komplex verlässt. Das ist das Zeichen für die Peptidyltransferase, das naszierende Polypeptid auf den freigege-

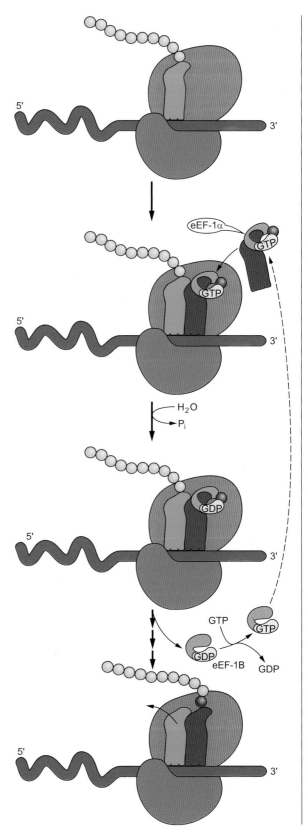

18.20 Kontrolle der Translation. eEF-1α macht nach GTP-Hydrolyse einen Regenerationszyklus durch, an dem der Guaninnucleotidaustauschfaktor eEF-1B beteiligt ist.

benen Aminoacylrest in der A-Position zu übertragen. Diese eingebaute Zeitverzögerung zwischen Basenpaarung und Kettenverlängerung öffnet ein Zeitfenster, in dem eine fehlgebundene tRNA, die nur schwach an das Anticodon bindet, noch rechtzeitig vor der Kettenverlängerung von der A-Stelle abdissoziieren kann. Wir sprechen von einer **kinetischen Kontrolle** der Translation. Molekulare „Taktgeber" wie eEF-1α werden uns bei der Signaltransduktion in Form von kleinen G-Proteinen noch häufig begegnen (▶Abschnitt 29.3).

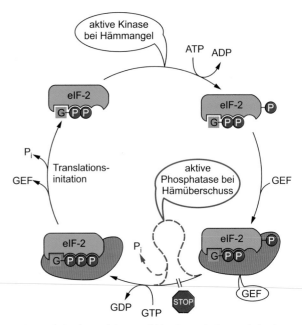

18.21 Regulation der Translation von Globin-mRNA. Bei Hämmangel phosphoryliert eine hämregulierte Kinase den Initiationsfaktor eIF-2, der daraufhin fest an GEF bindet und damit inaktiviert ist. Bei Hämüberschuss dephosphoryliert eine Phosphatase eIF-2, GEF tauscht GDP gegen GTP und regeneriert damit eIF-2, der schließlich die Globinsynthese auf Touren bringt.

18.7 Die Translation wird effizient kontrolliert

Die Proteinbiosynthese gehört zu den energieaufwändigsten Prozessen der Zelle. Pro Peptidbindung werden mindestens vier energiereiche Phosphatbindungen verbraucht: zwei für die Beladung der tRNA mit der Aminosäure und je eine für die Elongation bzw. Translokation. Dabei werden nominell **zwei Moleküle ATP** zu ADP und **zwei Moleküle GTP** zu GDP umgesetzt. Die Zelle kontrolliert daher ihre Proteinbiosynthese sorgfältig, wie an den folgenden Beispielen deutlich wird.

Die **Hämoglobinsynthese** ⬦ in Reticulocyten wird vor allem über die Initiation der Translation von Globin-mRNA kontrolliert. Bei Hämmangel phosphoryliert eine **hämregulierte Kinase** den **Initiationsfaktor eIF-2**, der normalerweise die Initiations-tRNA$^{Met}_i$ zur P-Stelle des Ribosoms eskortiert (Abbildung 18.12). Phosphorylierter eIF-2 bindet mit hoher Affinität an einen **Guaninnucleotidaustauschfaktor GEF** (engl. *guanyl nucleotide exchange factor*). Im Komplex mit GEF ist eIF-2 aber inaktiv und damit dem Translationsverkehr entzogen: Die Globinsynthese stoppt also bei Hämmangel (Abbildung 18.21). Bei Hämüberschuss wird dagegen eine spezifische **Phosphatase** aktiviert, die eIF-2 dephosphoryliert und damit aus seiner „innigen" Bindung an GEF löst. Sobald GEF frei ist, kommt er seiner eigentlichen Aufgabe nach, tauscht GDP gegen GTP aus und „schärft" damit dephosphorylierten eIF-2 für seine Aufgaben bei der Initiation: Damit kommt die Globinsynthese wieder ins Rollen. *Der Regelkreis von Phosphorylierung/Dephosphorylierung und GDP/GTP-Austausch sichert also die koordinierte Synthese von Protein (Globin) und prosthetischer Gruppe (Häm).*

Andere Kontrollmechanismen der Translation greifen bei der Biosynthese von Proteinen, die den Eisengehalt der Zellen steuern ⬦. Fe^{2+} ist ein wichtiges Spurenelement, das von Sauerstofftransportproteinen wie Hämoglobin oder Enzymen wie Reduktasen und Cytochromen benötigt wird. Bei Eisenmangel bindet das cytosolische Fe^{2+}-Sensorprotein **Aconitase** (engl. *iron-responsive element binding protein*, IRE-BP) an den 5'-Terminus der **Ferritin**-mRNA und unterdrückt damit die Translation der mRNA des Fe^{2+}-speichernden Proteins. Damit wird vermehrt Fe^{2+} in der Zelle verfügbar gemacht. Gleichzeitig wirkt Aconitase auf die mRNA des **Transferrinrezeptors**, der das Fe^{2+}-beladene Transportprotein

Transferrin in die Zelle importiert. Bei Eisenmangel stabilisiert Aconitase diese Rezeptor-mRNA durch Bindung an die 3'-untranslatierte Region, sodass der Abbau der mRNA gehemmt wird, ohne ihre Translation zu behindern. Hat die Zelle via Transferrinrezeptor genügend Fe^{2+} importiert, so bildet Aconitase einen Komplex mit Fe^{2+}, macht eine größere Konformationsänderung durch und gibt dabei die Rezeptor-mRNA frei, die nun rasch abgebaut wird: Der Eisenimport wird gedrosselt. In analoger Weise entlässt Fe^{2+}-Aconitase die Ferritin-mRNA aus ihren „Fängen" und gibt sie zur Translation frei: Es wird wieder Fe^{2+}-speicherndes Protein gebildet. Wir haben es hier mit dem Prototyp einer **posttranskriptionalen Kontrolle von mRNA-Verfügbarkeit** zu tun. *Aconitase ist ein multifunktionelles Protein: Es wirkt als Fe^{2+}-Sensor, als Repressor der Translationsinitiation, als Stabilisator von mRNA und – wie wir später noch sehen werden – auch als Enzym im Citratzyklus (▶Abbildung 40.6).*

18.8 Viele Antibiotika sind Hemmer der Translation

Antibiotika ⬦ nutzen die feinen strukturellen und funktionellen Unterschiede zwischen pro- und eukaryotischer Proteinbiosynthese, um selektiv bakterielle Erreger zu töten, ohne dabei allzu toxisch für Wirtszellen zu sein. Viele dieser Antibiotika wirken dabei als **Translationsinhibitoren** (Ta-

Tabelle 18.3 Inhibitoren der Proteinbiosynthese.

Inhibitor	Molekulare Wirkweise
selektiv für Prokaryoten (Antibiotika)	
Tetracyclin	inhibiert die Bindung der Aminoacyl-tRNA an der A-Stelle über die 30S-Untereinheit
Chloramphenicol	inhibiert die Peptidyltransferase-Aktivität der 50S-Untereinheit
Erythromycin	blockiert die Translokation über die 50S-Untereinheit
Wirkung auf Prokaryoten und Eukaryoten	
Puromycin	erzeugt vorzeitigen Kettenabbruch durch molekulare Mimikry
selektiv für Eukaryoten	
Cycloheximid	inhibiert die Peptidyltransferase-Aktivität via 60S-Untereinheit
Anisomycin	wirkt auf die 60S-Untereinheit und hemmt den Peptidyltransfer

belle 18.3). Ein besonders interessantes Beispiel ist **Puromycin**, ein strukturelles Analogon einer Aminoacyl-tRNA (Abbildung 18.22). Ribosomen erkennen Puromycin als vermeintliche Aminoacyl-tRNA und verknüpfen es kovalent mit dem Carboxyterminus eines naszierenden Polypeptids. Da Puromycin an entscheidender Stelle eine Carboxamidbindung anstelle einer Esterbindung besitzt, lässt es keine Kettenverlängerung zu. Nach dem Einbau von Puromycin kommt es daher zur **vorzeitigen Translationstermination** und zur Freisetzung eines Polypeptidfragments, das fast immer funktionell inaktiv ist. Andere Typen von Antibiotika wie z. B. Penicilline wirken *nicht* auf der Ebene der Translation; vielmehr blockieren sie die bakterielle Zellwandsynthese und hemmen somit das Bakterienwachstum.

Wir haben nun den Fluss der genetischen Information von der DNA über RNA bis hin zum Polypeptid verfolgt. Damit haben wir aber nicht viel mehr als einen Protein-„Faden" in der Hand. Damit ein Polypeptid zu einem funktionierenden Werkzeug der Zelle werden kann, muss es sich in eine aktive Konformation falten, bei Bedarf einen „Schliff" durch chemische Modifikationen erhalten und dann an seinen Bestimmungsort innerhalb oder außerhalb der Zelle gebracht werden. Als Nächstes wollen wir daher die wichtigsten posttranslationalen Vorgänge – **Faltung, Prozessierung** und **Sortierung** von Proteinen – besprechen und dann wieder zu den Genen zurückkehren, um die Rolle von Transkriptionsfaktoren und Modulatoren bei der Kontrolle der Genexpression kennen zu lernen.

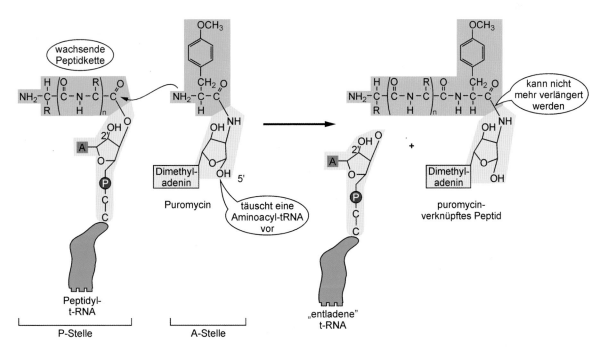

18.22 Molekulare Mimikry durch Puromycin. Das Antibiotikum täuscht eine tRNA^Tyr vor und bindet an die A-Stelle. Durch Transfer des Peptidylrests an der P-Stelle auf Puromycin entsteht ein nicht mehr verlängerbares Peptid, das daraufhin freigesetzt wird: Es kommt zum Translationsabbruch. Die kritische Carboxamidbindung (–CO–NH–) ist hervorgehoben.

Zusammenfassung

- Bei der Translation einer mRNA definiert jeweils ein **Triplett von Nucleotiden** – kurz: **Codon** – eine einzelne Aminosäure. Der proteincodierende Bereich, das **Leseraster**, beginnt typischerweise an einem **AUG-Codon**, das für **Methionin** codiert, endet an einem von drei **Stoppcodons** und ist von **untranslatierten Regionen** flankiert. Der **genetische Code** ist **degeneriert** und nahezu **universell** gültig.

- **Transfer-Ribonucleinsäuren** (**tRNAs**) besitzen eine **kleeblattförmige Architektur** und eine hakenförmige Raumstruktur. Die **Anticodon-Schleife** trägt ein Nucleotidtriplett, das komplementär zum Codon der mRNA ist. Die invariante, ungepaarte **CCA-Sequenz** am 3'-Ende eines tRNA-Moleküls wird von einer spezifischen **Aminoacyl-tRNA-Synthase** in einem zweistufigen Prozess mit der passenden Aminosäure beladen.

- Die **Proteinbiosynthese** verläuft **vom Amino- zum Carboxyterminus**, d. h. die Sequenzen von mRNA und Protein sind **colinear**. Sie findet im Cytoplasma an **Ribosomen** statt, die aus einer **kleinen 40S-Untereinheit** und einer **großen 60S-Untereinheit** bestehen. Ribosomen enthalten drei Bindungsorte, an denen eine mRNA über Codon-Anticodon-Wechselwirkungen tRNAs binden kann: **Peptidyl- (P)**, **Aminoacyl- (A)** und **Exit-Stelle (E)**.

- Zu Beginn der Translation bildet sich der **Initiationskomplex**, der die kleine ribosomale Untereinheit mit den **eukaryotischen Initiations-Faktoren eIF-1** und **eIF-3**, die **Initiations-tRNA$^{Met}_i$**, den GTP-beladenen Initiationsfaktor **eIF-2** sowie eine **mRNA** umfasst, deren **5'-Kappe** mit dem **eIF-4-Komplex** beladen ist. Nach **eIF-5**-abhängiger GTP-Hydrolyse und Dissoziation von eIF-1, eIF-2 und eIF-3 bindet die **große ribosomale Untereinheit**, die die **Peptidyltransferase-Aktivität** besitzt.

- Zur **Elongation** platziert der **eukaryotische Elongationsfaktor eEF-1α** jede neu eintretende Aminoacyl-tRNA an die **A-Stelle** des Ribosoms. Nach GTP-Hydrolyse überträgt **Peptidyltransferase** die naszierende Polypeptidkette auf die neu eingetroffene Aminosäure. Bei der nachfolgenden **Translokation** erfolgt eine Verschiebung der Peptidyl-tRNA auf die **P-Stelle** unter GTP-Hydrolyse mithilfe des **Elongationsfaktors eEF-2**. Bei der Termination bindet der **eukaryotische Terminationsfaktor eRF** an das erste auftauchende Stoppcodon.

- Die **Translationseffizienz** kann durch multiple Initiationen auf demselben mRNA-Molekül erheblich gesteigert werden; dabei entstehen **Polysomen**. Die **Fehlerquote** der Translation liegt dank der **Korrekturlesefunktion der Aminoacyl-tRNA-Synthasen** bei ca. 10^{-4} (1 : 10 000). **Diphtherietoxin** katalysiert die **ADP-Ribosylierung** des kritischen Elongationsfaktors **eEF-2** und blockiert damit gezielt die Proteinbiosynthese der eukaryotischen Zelle.

- Die **Hämoglobinsynthese** von **Reticulocyten** wird über die Initiation der Translation der **Globin-mRNA** kontrolliert. Bei Hämmangel phosphoryliert und inaktiviert eine **hämregulierte Kinase** den **Initiationsfaktor eIF-2**.

- Prototyp einer **posttranskriptionalen Regulation** ist die Steuerung des intrazellulären Fe^{2+}-Spiegels. Bei **Eisenmangel** bindet das Fe^{2+}-Sensorprotein **Aconitase** an die mRNA des eisenspeichernden Proteins **Ferritin** und verhindert ihre Translation. Gleichzeitig stabilisiert Aconitase die **Transferrinrezeptor**-mRNA und fördert ihre Translation. Bei **Eisenüberschuss** kehren sich die Verhältnisse um, d. h. Aconitase reguliert die Biosynthese von Ferritin positiv und die des Transferrinrezeptors negativ.

- Der Translationsinhibitor **Puromycin** täuscht durch **molekulare Mimikry** eine tRNA^{Tyr} vor und bindet an die A-Stelle des Ribosoms. Puromycin wird daraufhin mit dem C-Terminus des naszierenden Polypeptids verknüpft, lässt aber keine Kettenverlängerung zu, sodass es zur **vorzeitigen Translationstermination** kommt.

Posttranslationale Prozessierung und Sortierung von Proteinen

19

Kapitelthemen: 19.1 Intrazelluläre Proteinsortierung 19.2 Mitochondrialer Proteinimport 19.3 Verkehr nucleärer Proteine 19.4 ER-kompetente Signalsequenzen 19.5 Vektorieller Protein- einbau in Membranen 19.6 Posttranslationale Modifikation von Proteinen 19.7 Sortierungssig- nale lysosomaler Proteine 19.8 Terminale Glykosylierung 19.9 Vesikulärer Transport 19.10 Regu- lation des vesikulären Transports 19.11 Abbau cytosolischer Proteine

Proteine vollstrecken das genetische Programm einer Zelle. Dabei sind Proteine mehr als nur ein Konglomerat von Aminosäureresten: Sie falten sich zu kunstvollen Strukturen, bewegen sich mit einer erstaunlichen Dynamik und bearbeiten andere Moleküle mit hoher Präzision. Die Polypeptide, die aus der Translationsmaschine hervorgehen, sind für diese anspruchsvollen Aufgaben aber noch nicht gerüstet: Sie müssen zunächst einmal „fit" gemacht werden. Dazu gehört ihre *Faltung* in die aktive Konformation und die Gestaltung der Proteinoberfläche durch chemische Modifikation. Viele Proteine machen dabei eine Reise durch die Kompartimente der Zelle mit; ein Teil wird versandfertig gemacht und zu den endgültigen Bestimmungsorten innerhalb und außerhalb der Zelle geschickt. Wir betrachten nun den Weg von der Faltung und Modellierung bis hin zur *Sortierung* von Proteinen, um dann die Rolle von Proteinen bei der Genexpression zu besprechen.

Wie kann eine Zelle Proteine gezielt an diverse Bestimmungsorte schicken? Dazu besitzen eukaryotische Zellen ein ausgeklügeltes Verteilungssystem, bei dem die „Anschrift" in Form einer **Signalsequenz** ⌁ verschlüsselt ist; sie bestimmt den Versand zu den Organellen wie Mitochondrien, Kern, Peroxisomen oder ER. Mindestens 20 % aller proteincodierenden Gene des humanen Genoms tragen die Information für eine Signalsequenz. Die anfängliche Sortierung ist denkbar einfach: Alle Proteine mit einer ER-spezifischen Signalsequenz werden während der Translation über einen Rezeptor zum ER gebracht (Abschnitt 19.4); alle Proteine, die *kein* ER-Signal besitzen, bleiben zunächst einmal im Cytoplasma.

Zellen sortieren Proteine nach der Translation

19.1

Die Translation nucleärer mRNA beginnt immer an **freien Ribosomen** des Cytoplasmas. Ein Teil dieser Ribosomen heftet sich kurz nach Translationsbeginn an das **endoplasmatische Reticulum** (ER) und „verklappt" die neu synthetisierten Proteine in dieses Organell. Entsprechend unterscheiden wir zwei Haupttransportrouten von Proteinen, die entweder vom Cytoplasma oder vom ER ausgehen und an unterschiedlichen Zielorten einer Zelle münden (Abbildung 19.1). Die im Cytoplasma synthetisierten Proteine verbleiben dort oder werden von Kern, Mitochondrien oder Peroxisomen importiert. Die am ER synthetisierten Proteine werden dort zurückgehalten oder weiter an den Golgi-Apparat verschickt, von wo aus sie über Vesikel verteilt werden und in Lysosomen, in der Plasmamembran oder außerhalb der Zellen enden.

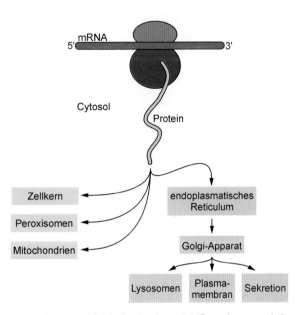

19.1 Bestimmungsorte bei der Proteinsortierung. Bei Pflanzen kommen noch die Chloroplasten als Zielorganellen hinzu.

Die Synthese cytoplasmatischer Proteine erfolgt an freien, d.h. nichtmembranassoziierten Ribosomen. Noch während der Translation lagern sich Proteine an das naszierende Polypeptid und wirken als „Geburtshelfer" (Abbildung 19.2). Viele dieser cytoplasmatischen **Chaperone** ⌖ (engl. *chaperon(e)*, Anstandsdame) gehören zur Klasse der sog. **Hitzeschockproteine** (Hsp), die Zellen unter thermischem Stress in großer Menge synthetisieren. Chaperone vom **Hsp70-Typ** binden an hydrophobe Segmente neu synthetisierter Proteine und schützen sie dadurch vor unspezifischer Aggregation. Die Hsp70-Chaperone übergeben die Proteine nach vollendeter Translation an tonnenförmige Chaperone vom **Hsp60-Typ**, die Proteine so lange „massieren", bis sie ihre individuelle Konformation gefunden haben. Der energetische Preis an diese molekularen Helfer wird in Form von ATP entrichtet.

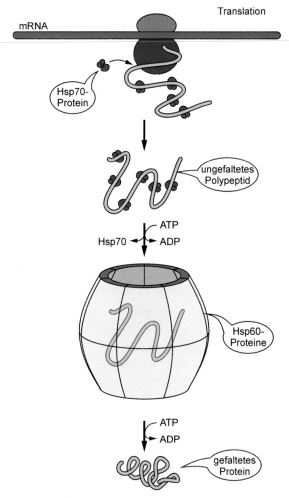

19.2 Faltungshelfer im Cytoplasma. Hsp70-Chaperone (70-kd-Proteine) binden naszierende Proteine an hydrophoben Segmenten von ca. sieben Resten und verhindern eine unspezifische Faltung. Chaperone vom Typ Hsp60 – auch Chaperonine genannt – schützen das sich faltende Protein mit ihrem tonnenförmigen Komplex vor unerwünschten Kontakten mit anderen Proteinen und erleichtern dabei den Übergang in die „richtige" Konformation. Dabei ordnen sich 14 identische Hsp60-Einheiten in zwei Ringen mit je sieben Einheiten an (nicht maßstabsgerecht).

19.3 Katalyse durch Peptidyl-prolyl-Isomerase. Das Enzym katalysiert die reversible *cis/trans*-Isomerisierung von Peptidbindungen, an denen Prolin beteiligt ist. Dabei beeinflussen die benachbarten Sequenzen das Verhältnis zwischen den beiden Isomeren. Fast alle anderen Peptidbindungen *ohne* Beteiligung von Prolin nehmen die *trans*-Konfiguration ein.

Dabei können Chaperone Proteine *nicht* instruieren, die funktionell aktive Konformation einzunehmen: Die Information dafür liegt alleine und vollständig in der Primärstruktur des Proteins (▶Abschnitt 5.11). Vielmehr binden und stabilisieren Chaperone ungefaltete oder partiell gefaltete Proteine und gewähren ihnen damit Zeit für die „Selbstfindung", d.h. für die Faltung ⌖ in die korrekte Konformation. Chaperone spielen wichtige Rollen bei der Assemblierung von makromolekularen Komplexen wie z.B. der Aufspulung von DNA auf Histonkomplexen zu den Nucleosomen (▶Abschnitt 16.4). Eine wichtige Helferrolle bei der Proteinfaltung spielt auch das Enzym **Peptidyl-Prolyl-Isomerase** (PPI), das die Peptidbindung vor einem Prolylrest (Xaa-Pro) aus der *trans*-Form in die seltenere *cis*-Form überführt (Abbildung 19.3). Dieser reversible Prozess erlaubt es dem Protein, „Verrenkungen" zu machen, und erleichtert damit seine Faltung in die funktiontüchtige Konformation.

19.2

Signalsequenzen dirigieren Proteine zu Mitochondrien

Ein Teil der cytoplasmatisch synthetisierten Proteine ist für Mitochondrien ⌖ bestimmt. Die Mitochondrien der Säugerzellen, die in verschiedenen Aspekten den Chloroplasten der Pflanzenzellen ähneln, nehmen unter den Zellorganellen in mehrerlei Hinsicht eine Ausnahmestellung ein: Sie sind von einer **Doppelmembran** umgeben (▶Abbildung 3.15). Innere und äußere mitochondriale Membran begrenzen den **Intermembranraum**; an Kontaktpunkten nähern sich die beiden Membranen an. Mitochondrien besitzen ein eigenes genetisches System; dabei codiert die mitochondriale DNA des Menschen für 13 „eigene" Proteine, die Untereinheiten größerer Komplexe der inneren mitochondrialen Membran sind. Insgesamt gibt es ca. 1000 verschiedene mitochondriale Proteine; ihre überwiegende Mehrheit (> 99 %) wird von nucleärer DNA codiert, im Cytoplasma synthetisiert und erst dann in das Mitochondrium importiert, wobei die Membranhürden per **Translokation**, d.h. den Wechsel von einem Kompartiment zum nächsten, zu überwinden sind. Chaperone eskortieren die cytoplasmatisch synthetisierten Proteine auf ihrem Weg zu den Mitochondrien und sorgen dafür, dass sie translokationskompetent bleiben: Im fertig gefalteten Zustand könnten die Proteine die Membranen nämlich *nicht* mehr passieren. Der Schlüssel zum Eintritt in die Mitochondrien liegt meist in einer aminoterminalen Sequenz mitochondrialer Proteine (Abbildung 19.4): Hydrophobe und basische Aminosäurereste bilden eine Signalsequenz in Form einer amphiphilen Helix (▶ Exkurs 5.3).

Zwei Typen von membranständigen Multiproteinkomplexen **TIM** (engl. *translocator of the inner membrane*) und **TOM** (engl. *translocator of the outer membrane*) sind am Import mitochondrialer Proteine beteiligt. Die Komplexe TOM und TIM23 vermitteln den Import von Proteinen, die für die mitochondriale Matrix bestimmt sind, indem sie vorübergehend einen Kanal durch den Intermembranraum bilden. Die Import- oder **Signalsequenz** des Proteins fädelt in den TOM-Komplex ein, um von dort aus direkt in die Matrix zu gelangen (Abbildung 19.5). Dabei werden die cytoplasmatischen Chaperone unter ATP-Verbrauch abgestreift. Die Triebkraft für diese Translokation liefert ein **elektrochemischer Gradient** ⟜ an der inneren mitochondrialen Membran sowie die ATP-Hydrolyse der **mitochondrialen Hsp70-Chaperone**, die den Proteinfaden auf der Matrixseite aufnehmen. Noch während der Translokation spaltet eine mitochondriale Prozessierungsprotease (MPP) das Signalpeptid ab und macht damit die Überführung irreversibel. Die Übergabe des einfädelnden Proteins an **mitochondriale Hsp60-Proteine** stellt die korrekte Faltung in der Matrix sicher. Im Zusammenspiel mit dem Komplex TIM22 kann TOM auch Proteine wie die ATP/ADP-Translokase (▶ Abbildung 41.20) importieren und in die innere Mitochondrienmembran integrieren. Proteine der äußeren Mitochondrienmembran wie z. B. Porine (▶ Abbildung 25.4) reicht TOM dagegen an den SAM-Komplex (engl. *sorting and assembly machinery*) weiter, der sie dann in die Membran einfädelt.

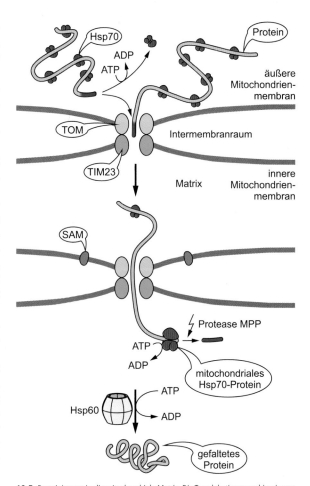

19.5 Proteinimport in die mitochondriale Matrix. Die Translokationsmaschinerie aus den Komplexen TOM (hellgrün) und TIM23 (dunkelgrün) tritt gehäuft an den Kontaktstellen zwischen innerer und äußerer Membran auf. Das Signalpeptid (rot) wird in der Matrix abgespalten. Einzelheiten siehe Text.

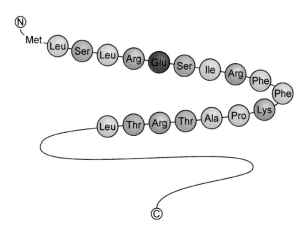

19.4 Struktur eines mitochondrialen Signalpeptids. Die Sequenz mitochondrialer Signalpeptide ist relativ variabel; sie besteht meist aus 15 – 35 Aminosäuren am Aminoterminus, mit vielen positiv geladenen (blau) bzw. hydrophoben Resten (gelb) sowie Serin- und Threoninresten (grün). Diese Sequenz faltet sich zu einer amphiphilen Helix, die basische bzw. polare Aminosäurereste auf der einen und hydrophobe Reste auf der anderen Seite trägt (▶ Abbildung 5.15).

Proteine mit dem Bestimmungsort Intermembranraum müssen noch eine zweite Hürde überwinden. Dazu besitzen sie weiter carboxyterminal ein hydrophobes Signalpeptid, das nach Abspaltung der mitochondrialen Importsequenz „decouvriert" wird (Abbildung 19.6). Dieses Signal leitet sie von der Matrix zurück an die Innenmembran, durch die sie dann hindurchfädeln. Während die hydrophobe Sequenz in der Innenmembran verankert ist, weist die restliche Polypeptidkette in den Intermembranraum (Abbildung 19.6, rechts). Eine **Signalpeptidase** kann diesen hydrophoben Terminus nun abschneiden und damit ein lösliches Protein im Intermembranraum freisetzen. Diese Translokation ist unumkehrbar: Das hydrophile Protein kann normalerweise die Membranen eines intakten Mitochondriums *nicht* mehr überwinden. Neben dieser Route können Proteine auch noch andere Zugänge zum Intermembranraum nehmen.

Eine weitere wichtige Adresse in der Zelle ist die **Plasmamembran**: Viele Enzyme und Signalproteine arbeiten auf ihrer cytoplasmatischen Seite. Lösliche cytoplasmatische Pro-

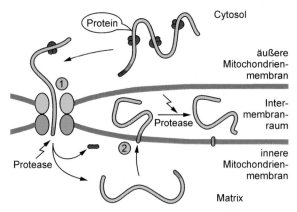

19.6 Transport von Proteinen in den Intermembranraum. Beim hier gezeigten Weg sind zwei Translokationsschritte notwendig, um ein Protein aus dem Cytoplasma (1) via Matrix (2) in den Intermembranraum zu bringen. Einzelheiten siehe Text.

teine werden dazu mit einem hydrophoben **Lipidanker** ausgerüstet, mit dem sie sich in der Membran vertäuen (Exkurs 19.1). Eine spezielle Variante solcher lipidverankerten Moleküle ist z.B. das „kleine" **monomere G-Protein Arf**, das seinen Lipidanker im Innern verbergen (= lösliches Protein) oder auswerfen kann (= membrangebundenes Protein). Dadurch kann das Protein zwischen Cytosol und Membran hin- und herpendeln und dabei seinen Aktivitätszustand verändern (Abbildung 19.29).

Exkurs 19.1: Lipidanker von Proteinen

Bei der **Myristoylierung** wird ein Acylrest (C_{14}) an den Aminoterminus von Proteinen geknüpft, die die aminoterminale Sequenz Met-Gly-Xaa-Xaa-Xaa-Ser/Thr-Lys-Lys (Xaa: beliebige Aminosäure) tragen; dabei wird der aminoterminale Methioninrest abgespalten (Abbildung 19.7). Die **Prenylierung** ist eine Modifikation mit Isoprenabkömmlingen (▶ Abschnitt 46.1). Dabei werden Farnesyl- (C_{15}) oder Geranylgeranylreste (C_{20}) an Proteine geknüpft, die mit dem Tetrapeptid Cys-Aaa-Aaa-Xaa (Aaa: Aminosäure mit aliphatischer Seitenkette) enden. Ist Xaa Ser oder Met, so kommt es zur **Farnesylierung** der Proteine. Bekanntestes Beispiel dafür ist das kleine **G-Protein Ras** (▶ Abschnitt 29.3). Ist Xaa hingegen Leu, erfolgt eine **Geranylgeranylierung** wie z.B. beim kleinen **G-Protein Rho**. Der Prenylrest wird auf die Thiolgruppe (-SH) von Cys übertragen, dann das terminale Tripeptid Aaa-Aaa-Xaa entfernt und schließlich die Carboxylgruppe des terminalen Cys methyliert. Ergebnis der dreifachen Proteinmodifikation ist eine hydrophobe Domäne am C-Terminus eines anderweitig hydrophilen Proteins. Die **Palmitoylierung** (C_{16}) ist wiederum eine Acylierung, bei der ein oder mehrere Thioester an internen Cysteinresten entstehen. Ein Palmitoylierungssignal ist bislang unbekannt. Möglicherweise handelt es sich dabei *nicht* um eine lineare Sequenz, sondern um ein diskontinuierliches Epitop (▶ Abbildung 36.18). Einige Rezeptoren nutzen die Palmitoylierung, um cytosolische Domänen in der Membran zu vertäuen (▶ Abbildung 28.1).

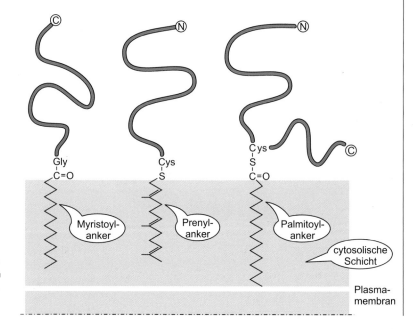

19.7 Lipidanker von cytoplasmatischen Proteinen. Durch kovalente Verknüpfung mit einer Acyl- (links, rechts) oder Prenylgruppe (Mitte) können Proteine in der cytosolischen Schicht der Plasmamembran verankert werden. Im Fall der Prenylierung ist die Carboxylgruppe des terminalen Cys methyliert. Die nach außen weisende Lipidschicht ist hier nur angedeutet (unten). Ein weiterer Verankerungstyp nutzt Glykolipide (Abb. 19.16).

Nucleäre Proteine tragen Kernlokalisationssequenzen

Die Passage von Molekülen vom Cytoplasma in den Kern ist streng reguliert. Nur kleine unpolare Moleküle können direkt durch die Membran diffundieren. Alle anderen Stoffe – Metaboliten, Transkriptionsfaktoren, Enzyme, RNA, Ribosomenbausteine – müssen durch das „Nadelöhr" der **Kernporen** gehen: Wir sprechen von einem **portalen Transport** (Abbildung 19.8). Die Pforten der nucleären Membran sind gigantische Makromoleküle mit zwei Ringen von Proteinen, die in die äußere und innere Kernmembran eingelassen und durch „Speichen" verstärkt sind. Dieser **Kernporenkomplex** oder **NPC** (engl. *nuclear pore complex*) verfügt über einen Zentralkanal, der mit einem Transporter „verstöpselt" ist. Kernwärts ist der NPC durch eine korbartige Struktur abgeschirmt, während **Filamente** den Kanal auf der cytoplasmatischen Seite säumen. Kleinere Proteine bis zu 60 kd können passiv durch den offenen Kernporenkomplex schlüpfen, während große Proteine und Riboproteinkomplexe aktiv durch den Zentralkanal transportiert werden müssen.

Das adäquate Signal für Proteine, in den Kern zu translozieren, sind sog. **n**ucleäre **L**okalisations**s**equenzen oder **NLS**. Der Rezeptor **Importin**, ein Heterodimer aus α- und β-Untereinheiten, erkennt die für den Kern bestimmten Proteine (Abbildung 19.9). Seine α-Untereinheit bindet das NLS-Motiv des Kernproteins; die β-Untereinheit lenkt es an die

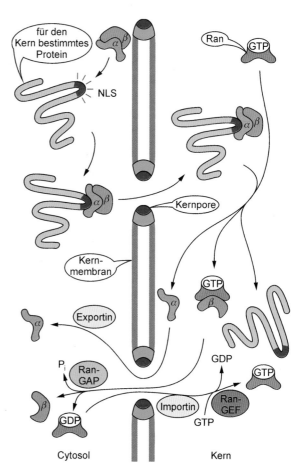

19.9 Molekulare Mechanismen des Kerntransports. Im Cytoplasma binden α- und β-Importin (blau, violett) an das für den Kern bestimmte Protein und vermitteln seine Translokation. Nucleäres Ran·GTP bindet β-Importin, entlässt das Frachtgut sowie α-Importin und transportiert β-Importin ins Cytoplasma zurück. Nach GTP-Hydrolyse, ausgelöst durch Interaktion mit Ran·GAP, wird β-Importin für den nächsten gerichteten Transport freigesetzt, Ran·GDP kehrt in den Kern zurück und wird dort durch den Austauschfaktor Ran·GEF zu Ran·GTP reaktiviert; α-Importin wird über Exportin aus dem Kern ins Cytosol zurückgeleitet. Importine und Exportine firmieren auch unter dem gemeinsamen Oberbegriff „Karyopherine".

Kernpore und besorgt die Translokation in den Kern. Dort angekommen, bindet das **monomere G-Protein Ran** in seiner GTP-gebundenen Form an β-Importin, entlässt dadurch das Kernprotein ebenso wie α-Importin und führt β-Importin in das Cytoplasma zurück. Nach GTP-Hydrolyse, ausgelöst durch Interaktion mit dem cytoplasmatischen **G**TPase-aktivierenden **P**rotein Ran-GAP, dissoziiert Ran ab, und β-Importin kann für den nächsten Translokationszyklus verwendet werden. Zurück im Kern wird Ran·GDP unter Vermittlung des **Nucleotidaustauschfaktors Ran·GEF** wieder mit GTP beladen und steht damit für die Freisetzung frisch importierter Proteine zur Verfügung. Die Energie für den gerichteten aktiven Kernimport wird also aus der GTP-Hydrolyse bezogen.

Die Kernporen sind gleichzeitig auch Austrittspforten: Einige Proteine wie beispielsweise Transkriptionsfaktoren oder Zellzyklusproteine können zwischen Cytoplasma und Kern

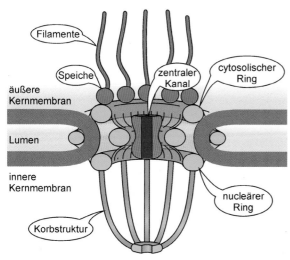

19.8 Struktur einer Kernpore. Der NPC ist ein makromolekularer Komplex aus bis zu 100 unterschiedlichen Proteinen (Nucleoporine) mit einer Gesamtmolekülmasse von ca. 125×10^6 Dalton. Cytosolische und nucleäre Ringe fixieren den rotationssymmetrischen NPC an den „Nahtstellen" der inneren und äußeren Kernmembran. Speichenförmige Proteinkomplexe bilden die „Aufhängung" für den zentralen Ring, dessen Kanal als Schleuse für den Im- und Export von Proteinen dient. Der Außendurchmesser einer Kernpore beträgt ca. 145 nm; bei der Translokation von Proteinen kann sich der innere Kanal auf maximal 25 nm weiten. [AN]

hin- und herwandern. Dieser Prozess wird sinnigerweise über das Protein **Exportin** vermittelt, das ebenfalls Ran-abhängig ist. Triebfeder für den Im- und Export von Proteinen ist ein steiler, vom Kernplasma zum Cytoplasma abfallender Konzentrationsgradient von Ran·GTP. RNAs, die im Kern synthetisiert werden, sowie Ribosomenuntereinheiten, die im Nucleolus „montiert" werden, verlassen den Kern ebenfalls durch aktiven Export über die Poren (▶Abbildung 18.8). Auch snRNAs translozieren vom Kern ins Cytoplasma, wo sie mit Proteinen beladen werden und als funktionelle snRNPs wieder in den Kern zurückkehren. Ähnlich wie nucleäre Lokalisationssequenzen gibt es auch Signalsequenzen, die den Proteinimport in Peroxisomen vermitteln (Exkurs 19.2).

⚕ Exkurs 19.2: Peroxisomen und Zellweger-Syndrom

Peroxisomen sind kleine membranumhüllte Organellen, die auf Reaktionen mit molekularem Sauerstoff spezialisiert sind. Bei der Umsetzung von Harn-, Fett- oder Aminosäuren entsteht **Wasserstoffsuperoxid (H₂O₂)**, das die peroxisomale **Katalase** zur Entgiftung von Stoffen wie Ethanol nutzt (▶Exkurs 50.4). Eine weitere Funktion der Peroxisomen, die auch von Mitochondrien wahrgenommen wird, ist die β-Oxidation von Fettsäuren. Das dabei erzeugte Acetyl-CoA wird zur Biosynthese von Cholesterin, Gallensäuren, Dolichol (Leber) oder Plasmalogen (Gehirn) genutzt. Peroxisomen sind wie Mitochondrien selbstreplizierende Organellen. Da sie aber über kein eigenes Genom verfügen, müssen sie sämtliche Proteine aus dem Cytoplasma importieren. Rezeptoren erkennen die Signalsequenz **Ser-Lys-Leu** (PTS1; engl. *peroxisome targeting signal-1*) am Carboxyterminus der meisten peroxisomalen Proteine und reichen sie an einen Translokationsapparat weiter. Eine kleinere Anzahl an Proteinen benutzt *N*-terminale oder interne Peptidsequenzen (PTS2) für den Import. Mutationen in den Genen für **PTS-Rezeptoren** manifestieren sich als **Zellweger-Syndrom** ⚘, bei dem schwere Defekte in Leber, Nieren und Gehirn bereits in der ersten Lebensdekade zum Tode führen.

19.4

Signalsequenzen lotsen Ribosomen zum endoplasmatischen Reticulum

Ein bedeutender Knotenpunkt der intrazellulären Proteinsortierung ⚘ liegt im **endoplasmatischen Reticulum** ⚘. Hier laufen alle Proteine hindurch, die für den Eigenbedarf des ER oder für Golgi, Lysosomen, äußere Plasmamembran und sekretorische Vesikel bestimmt sind. Das ER ist die größte und vielseitigste Proteinfabrik der Zelle. In seinem Innern beträgt die Proteinkonzentration etwa 200 g/l! Der ausgedehnte, lappenförmige Anteil des ER ist mit Ribosomen gespickt und erscheint elektronenmikroskopisch „aufgeraut"; daher der Name **raues ER** (▶Abbildung 3.12). Hier werden

Proteine synthetisiert, die cotranslational – also noch während der Biosynthese – ins ER transloziert werden. Betrachten wir erst einmal den Fall eines sekretorischen Proteins wie **Albumin**, dessen mRNA überreich in Hepatocyten gebildet wird.

Die Translation der Albumin-mRNA beginnt an einem freien Ribosom des Cytoplasmas. Die naszierende Polypeptidkette von prä-Albumin, die aus dem Ribosom „heraustunnelt" (▶Abbildung 18.10), trägt im aminoterminalen Teil eine Signalsequenz, die es für die Sekretion bestimmt. Der Ribonucleoproteinkomplex **SRP** (engl. *signal recognition particle*) bindet an die auftauchende Signalsequenz und gleichzeitig an das Ribosom. Daraufhin kommt es zum vorübergehenden **Translationsstopp**. SRP lotst nun die Signalsequenz samt Ribosom an einen zugehörigen **SRP-Rezeptor**

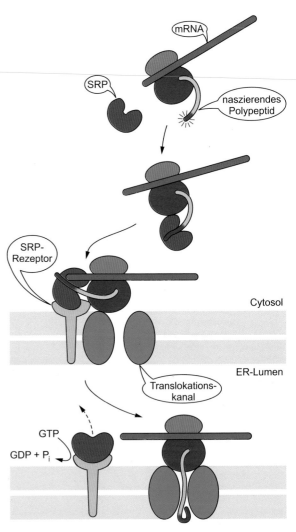

19.10 Rolle des Ribonucleoproteins SRP. Sobald die Signalsequenz am Ende des Ribosomkanals auftaucht, bindet SRP daran, stoppt die Translation und führt den gesamten Komplex an den SRP-Rezeptor in der ER-Membran. Dieser Rezeptor besteht aus den Untereinheiten α und β (nicht gezeigt); α besitzt GTPase-Aktivität und hydrolysiert GTP zu GDP. Der Translokator ist ein membrandurchspannender Kanal (Abbildung 19.11).

auf der cytoplasmatischen Seite des ER. Sobald der Komplex angedockt hat, wirkt SRP als **Guaninnucleotidaustauschfaktor** (engl. *guanine nucleotide exchange factor,* **GEF**), der am Rezeptor GDP durch GTP ersetzt. Im GTP-beladenen Zustand nimmt der Rezeptor das SRP-Partikel in einen „Klammergriff", worauf SRP das Signalpeptid freigibt, das nunmehr in den Kanal eines nahen **Translokators** einfädelt (Abbildung 19.10). Die mit Zeitverzögerung erfolgende Hydrolyse von GTP lässt den Rezeptor in seinen niederaffinen GDP-Zustand zurückfallen. Daraufhin löst sich SRP vom Rezeptor und steht für eine neue Runde der Ribosomenlieferung ans ER zur Verfügung.

Mit der Ablösung von SRP wird auch der Translationsstopp aufgehoben. Die ribosomale Translation kommt wieder in Fahrt, und das „angeflanschte" Ribosom treibt die wachsende Polypeptidkette durch die hydrophile Pore des Translokationskanals (Abbildung 19.11). Eine **Signalpeptidase** kappt das aminoterminale Signalpeptid noch während der Translation (Exkurs 19.3) und entlässt ein verkürztes Polypeptid ins ER-Lumen. Damit wird der Prozess der Translokation **irreversibel**. „Zugmaschinen" wie BiP (siehe unten) auf der luminalen Seite des ER assistieren bei der Proteintranslokation und „ziehen" die wachsende Polypeptidkette durch den Membrankanal. Darüber hinaus kann auch der SRP-Rezeptor GTP hydrolysieren und damit die Translokation antreiben.

Wie können sich nun die translozierten Proteine im ER-Lumen zu einer kompakten Struktur falten? Ein wichtiges **Chaperon** (Abschnitt 19.1) im ER ist **BiP** (**B**indungsprotein), ein Mitglied der Hsp70-Familie, das die „angelieferten" Polypeptide bindet (Abbildung 19.12). BiP ist – ebenso wie andere Chaperone – eine „langsame" ATPase. Die ungefalteten

Exkurs 19.3: Struktur von ER-kompetenten Signalsequenzen

Die ER-kompetenten Signalsequenzen liegen im Allgemeinen am Aminoterminus des naszierenden Polypeptids, selten auch in seinem Innern. Sie besitzen auffällige Strukturmerkmale, die in unmittelbarem Zusammenhang mit ihrer Funktion stehen. Typische eukaryotische **Signalpeptide** haben etwa 20–25 Aminosäuren, tragen positive Ladungen (Arg, Lys) im aminoterminalen Bereich und vornehmlich **hydrophobe Aminosäuren** (vor allem Leu, aber auch Ala, Val, Ile und Phe) in ihrem Mittelstück von etwa 10–15 Resten. Unmittelbar vor der Peptidaseschnittstelle sitzt ein Rest mit kleiner (Ala) oder fehlender Seitenkette (Gly). Die meisten Signalsequenzen werden cotranslational entfernt; die hydrophoben Signalpeptide verbleiben in der Membran, wo sie rasch proteolytisch abgebaut werden. Typischerweise sind Proteine mit aminoterminalen Signalsequenzen zur **Sekretion** bestimmt; andere werden in die Lysosomen transportiert. Proteine, die im ER verbleiben sollen, besitzen eine *C*-terminale **Retentionssequenz** mit dem Tetrapeptid Lys-Asp-Glu-Leu-COOH (KDEL), die von spezifischen Rezeptoren erkannt wird (Abbildung 19.20).

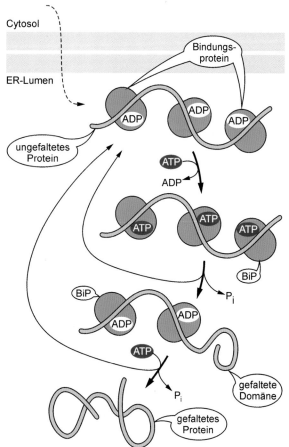

19.12 Zyklus von BiP. Meist binden mehrere BiP-Moleküle noch während der Translation an das naszierende Polypeptid. Wiederholte Zyklen von ATP-Bindung und ATP-Hydrolyse ermöglichen die schrittweise Faltung des Polypeptids in seine funktionelle Konformation.

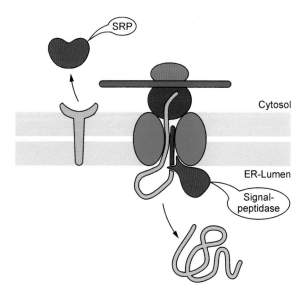

19.11 Signalsequenz und Translokation. Das Signalpeptid fädelt die Polypeptidkette in den Translokatorkanal ein. Eine Peptidase spaltet die Signalsequenz cotranslational ab; die nachrückende Polypeptidkette transloziert vollständig in das Lumen des ER.

Ketten binden an ADP-BiP und fördern dadurch den Austausch gegen ATP. Daraufhin gibt ATP-BiP das Polypeptid frei und ermöglicht ihm eine partielle Faltung. Freies ATP-BiP wandelt sich mit seiner endogenen ATPase-Aktivität in den Ausgangszustand ADP-BiP zurück, der nun an die verbliebenen ungefalteten Teile des Polypeptids bindet, während die bereits gefalteten Segmente unberührt bleiben. Je weiter die Proteinfaltung voranschreitet, umso weniger Segmente bindet BiP: Damit öffnet das Chaperon dem Protein ein „Zeitfenster" für die korrekte Faltung. BIP erkennt auch **fehlgefaltete Proteine**, hindert sie am Verlassen des ER und gibt sie für den intrazellulären Abbau durch das **ERAD-System** frei (engl. *ER-associated protein degradation*). Weitere wichtige Faltungshelfer sind **Peptidyl-Prolyl-Isomerasen** (Abschnitt 19.1) und **Protein-Disulfid-Isomerasen**. Anders als im Cytoplasma herrscht nämlich im ER-Lumen ein oxidatives Milieu, das freie Thiolgruppen der Cysteinreste zu Disulfidbrücken verknüpft: „Falsch" kombinierte Cysteinreste werden durch diese Oxidation in ihrer Fehlfaltung fixiert. Protein-Disulfid-Isomerase hilft den Proteinen aus dieser Sackgasse heraus, indem es die Lösung und Wiederverknüpfung von Disulfidbrücken katalysiert.

19.5 Transfersequenzen regulieren den Proteineinbau in Membranen

Lösliche Proteine, die für das Lumen von ER, Golgi-Apparat und Lysosomen oder für die Sekretion bestimmt sind, translozieren vollständig in das Lumen des ER. Dagegen queren **membranständige Proteine** ☝, die für die Membranen der Zellorganellen oder für die Plasmamembran bestimmt sind, zumindest teilweise die Membran des endoplasmatischen Reticulums, werden aber nicht ins Lumen freigegeben. Diese Proteine besitzen **hydrophobe Segmente** von 20–30 Aminosäuren, die meist in Form einer α-**Helix** angeordnet sind. Wie können solche hydrophoben Segmente eine Membranintegration bewirken? Betrachten wir den Fall eines Polypeptids mit einem aminoterminalen Signalpeptid, das die naszierende Kette in den Translokationskanal dirigiert (Abbildung 19.13). Taucht im weiteren Sequenzverlauf dieses Polypeptids ein hydrophobes Segment auf, bewirkt dieses den Verschluss des Translokationskanals und damit den Abbruch des Transfers: Wir sprechen von einer **Stopp-Transfersequenz**, hier kurz **Transferstopper** genannt. Mit dem Verschluss des Translokators wird der Transferstopper aus dem Kanal heraus lateral in die Membran versetzt. Während der Transfer

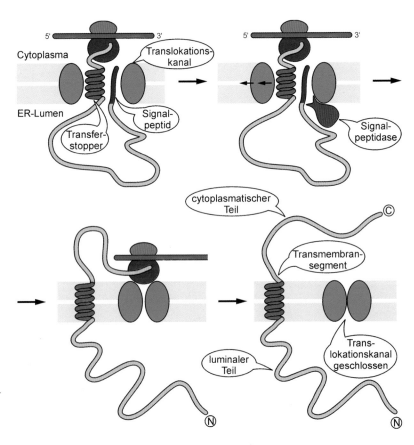

19.13 Insertion von Membranproteinen durch Stopp-Transfersequenzen. Der Transferstopper hält die Translokation an, schließt den Translokationskanal und wird dabei selbst in die Membran integriert. Der carboxyterminale Teil des Proteins verbleibt im Cytoplasma, während der aminoterminale Teil nach Abspaltung des Signalpeptids ins ER-Lumen ragt.

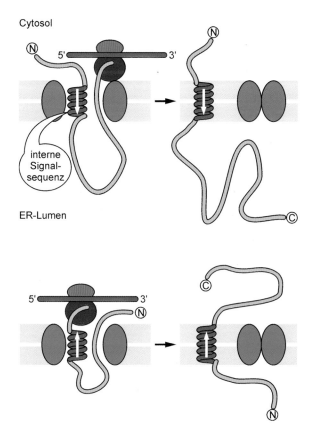

Cytosol

interne
Signal-
sequenz

ER-Lumen

19.14 Vektorieller Einbau von Membranproteinen. Unterschiedliche Polaritäten der Transferstopper (durch weiße Pfeile angedeutet) führen zu entgegengesetzten Orientierungen der Proteine in der ER-Membran (für Plasmamembranproteine ▶ Abbildung 25.2).

verharrt, geht die Translation weiter, bis das Stoppcodon erreicht ist. Der zuletzt synthetisierte Teil des Polypeptids, der carboxyterminal von der Transfersequenz liegt, kann aber nicht mehr in das ER eingeschleust werden, sondern verbleibt im Cytoplasma. Das entstandene Polypeptid trägt also

je ein cytoplasmatisches, ein membrandurchspannendes und ein luminales Segment.

Einige Proteine haben einen Transferstopper, aber *keine* aminoterminale Signalsequenz: In diesem Fall wird das Polypeptid so lange synthetisiert, bis der Transferstopper am Ausgang des Ribosoms auftaucht (Abbildung 19.14). Nach Andocken an den Translokator gibt es zwei Möglichkeiten: In einem Fall bleibt der Aminoterminus (N) im Cytoplasma, der Transferstopper taucht in den Translokator ein und ermöglicht dem nachfolgenden Carboxyterminus (C), durch den Kanal in das Lumen des ER zu tunneln. Die **Orientierung** des entstehenden Typ-II-Membranproteins ist dann **C → N** (vom ER-Lumen zum Cytoplasma). Alternativ kann der Transferstopper den Aminoterminus in das ER-Lumen einfädeln und den Carboxyterminus im Cytoplasma belassen: Die Orientierung des entstehenden Typ-I-Membranproteins ist dann **N → C**. *Transfersequenzen haben also eine Polarität, die den gerichteten (vektoriellen) Einbau von Proteinen in Membranen ermöglicht.*

Proteine, die sich über **multiple Transmembransegmente** in der Membran einnisten, können auch mehrere Transfersequenzen besitzen. So belässt z.B. ein Transferstopper aufgrund seiner Orientierung den aminoterminalen Teil eines Polypeptids im Cytoplasma und schleust den carboxyterminalen Teil ins ER-Lumen ein, bis ein Transferstopper umgekehrter Polarität erscheint und die Translokation beendet (Abbildung 19.15). Auch das nun folgende carboxyterminale Segment bleibt – ebenso wie der aminoterminale Anteil – im Cytoplasma zurück. Das entstandene Protein ist also über zwei hydrophobe Segmente in der Membran fixiert und besitzt eine luminale Schlaufe sowie zwei cytoplasmatische Enden. Bei entgegengesetzter Polarität der Transferstopper kommen die Schlaufe cytoplasmatisch und die beiden Enden luminal zu liegen. Sind mehrere Transferstopper mit wechselnden Polaritäten angeordnet, so wird das Protein regelrecht in die Membran „eingewoben": Jede Schlaufe entspricht einem Paar gegensätzlich orientierter Transferstop-

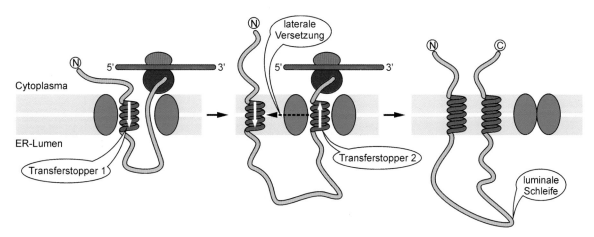

laterale
Versetzung

Cytoplasma

ER-Lumen

Transferstopper 1

Transferstopper 2

luminale
Schleife

19.15 Multiple Membraninsertion von Proteinen. Ein erster Transferstopper gibt das Signal für die Translokation der nachfolgenden Segmente. Erreicht ein Transferstopper umgekehrter Polarität den Translokator, so stoppt der Transfer, das hydrophobe Segment wird in die Membran integriert und das Polypeptid im Cytoplasma vollendet.

19.16 GPI-verankerte Membranproteine.
Ein Polypeptid wird über einen Transferstopper in die ER-Membran integriert. Eine Endoprotease (nicht gezeigt) durchtrennt die Peptidkette auf der luminalen Seite nahe der Transfersequenz und überträgt den neu entstandenen, freien Carboxyterminus auf die reaktive Aminogruppe einer vorgefertigten GPI-Einheit in der ER-Membran. Durch Spaltung mit Phospholipase D kann der Proteinanteil freigesetzt werden (zur Identität der einzelnen Zuckerreste ▶ Abbildung 25.7).

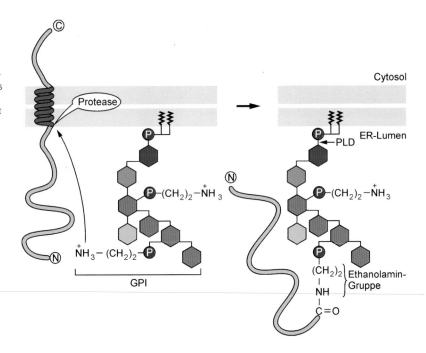

per. Die Polarität der Transfersequenzen bestimmt also die Orientierung des Polypeptids in der Membran. Die aufwändigen Mechanismen zum gerichteten Einbau von Membranproteinen – kurz: **Insertion** – tragen zur Asymmetrie von Membranen bei, die für die zelluläre Funktionalität und Integrität von eminenter Bedeutung ist (▶ Abschnitt 24.5).

Wir haben bereits die Membranbefestigung von Proteinen durch lipophile Anker kennen gelernt (Exkurs 19.1). Eine weitere Variante fixiert Proteine über **Glykolipidanker** in der Plasmamembran (Abbildung 19.16). Dazu müssen die Proteine zunächst in das ER eingeschleust werden; ein Transferstopper nahe ihrem carboxyterminalen Ende setzt das Protein provisorisch in der Membran fest. Nun verknüpft ein Enzym das Glykolipid **Glykosylphosphatidylinositol** (GPI) über seine Ethanolamingruppe kovalent mit dem Protein. Dabei wird der Transferstopper abgespalten. Ergebnis ist die Membranfixierung eines hydrophilen Proteins via **GPI-Anker**. Das ER leitet GPI-verankerte Proteine im Allgemeinen zur Plasmamembran weiter, wo mehr als 200 verschiedene GPI-verankerte Proteine auf der Zelloberfläche exponiert sein können.

translationale Modifikationen wie z. B. die **Glykosylierung** von Proteinen statt. Oligosaccharidstrukturen auf der Oberfläche von Proteinen finden sich häufig bei Membranproteinen sowie sekretorischen Proteinen. Sie sind entscheidend für molekulare Erkennungs- und Sortierungsvorgänge (▶ Abschnitt 33.8). Grundsätzlich unterscheiden wir zwei Anknüpfungsstellen für Oligosaccharidketten in Proteinen (Abbildung 19.17). Eine kovalente Verknüpfung von Oligosacchariden mit der Carboxamidgruppe ($-CONH_2$) in der Seitenkette von Asparagin ist eine **N-glykosidische Bindung,** und die Verknüpfung mit den Hydroxylgruppen von Serin oder Threonin eine **O-glykosidische Bindung.**

Im ER wird die „Rohfassung" der N-glykosidischen Kette geschaffen, die im Golgi-Apparat weiter verarbeitet wird.

19.6

Posttranslationale Modifikationen verleihen Proteinen neue Funktionen

Cytosolische Proteine erfahren zahlreiche chemische Modifikationen. Die gründlichste Bearbeitung erfahren aber Proteine, die ins ER „verklappt" werden. Hier finden co- und post-

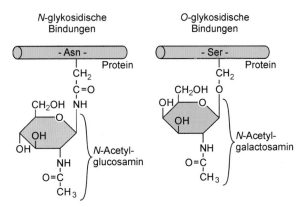

19.17 Oligosaccharidseitenketten in Proteinen. N-glykosidische Bindungen verbinden N-Acetylglucosamin und die γ-Amidgruppe von Asparagin. Eine O-glykosidische Bindung verknüpft N-Acetylgalactosamin mit einer Hydroxylgruppe in der Seitenkette von Serin oder Threonin.

Dazu wird zunächst eine Oligosaccharidseitenkette aus drei verschiedenen Bausteinen – **Mannose, Glucose, *N*-Acetylglucosamin** – auf einem lipophilen Träger aufgebaut und in einem zweiten Schritt auf die Polypeptidkette übertragen. Der hydrophobe Anker des entstehenden Glykolipids ist **Dolicholphosphat**, ein extrem langes Lipid aus rund 20 Isopreneinheiten (C_{100}), das die ER-Membran mehrfach durchspannt (▶Exkurs 46.1). Donoren bei der komplexen Reaktionskette sind **UDP- und GDP-aktivierte Zucker** sowie Vorstufen wie Mannosyl-Dolicholphosphat und Glucosyl-Dolicholphosphat (Abbildung 19.18). Die Dicholbeladung beginnt auf der cytoplasmatischen Seite der ER-Membran mit der Phosphorylierung von Dolichol und dem Transfer von sieben Zuckereinheiten auf dieses Konstrukt. Enzyme vom Typ der **Flippasen** (▶Abschnitt 24.5) ermöglichen einen „Seitenwechsel", sodass die weitere Synthese auf der luminalen Seite des ER stattfinden kann. Durch sukzessive Addition wird ein verzweigtes Gerüst von 14 Kohlenhydratresten aufgebaut, das aus zwei *N*-Acetylglucosamin-, neun Mannose- und drei Glucoseresten besteht.

Eine **Oligosaccharidtransferase** überträgt dann die Oligosaccharidstruktur von Dolicholphosphat *en bloc* auf einen Asparaginrest eines naszierenden Polypeptids (Abbil-

dung 19.19). Der Akzeptor ist Teil der Consensussequenz Asn-Xaa-Ser/Thr (Xaa: beliebiger Rest außer Pro). Das verbleibende Dolicholpyrophosphat wird durch eine Phosphatase zum Phosphat hydrolysiert und durchläuft eine nächste Syntheserunde. Antibiotika können diesen Prozess unterbrechen: **Tunicamycin** ist ein chemisches Analogon von UDP-*N*-Acetylglucosamin und blockiert den ersten Schritt der Biosynthese von Oligosacchariddolichol (Abbildung 19.18). **Bacitracin**, ein Inhibitor der **Dolicholpyrophosphat-Phosphatase**, blockiert die Regeneration von Dolicholphosphat (Abb. 19.19). Die fünf Reste (zwei *N*-Acetylglucosamine, drei Mannosen), die unmittelbar am Polypeptidstrang binden, repräsentieren den „Kern" (engl. *core*) der Oligosaccharidseitenkette, der auch durch spätere Modifikationen unverändert bleibt. Diese *core*-Glykosylierung findet ausschließlich auf der Innenseite des ER statt; folglich tragen cytosolische Proteine auch *keine* Asn-verknüpften Kohlenhydratreste.

Nun wird die proteingebundene Oligosaccharidstruktur „getrimmt": Drei terminale Glucosereste und ein Mannoserest werden noch im ER entfernt. Die fertig gefalteten und gestutzten (Glyko-)Proteine, aber auch ER-spezifische Proteine wie BiP oder Protein-Disulfid-Isomerase, werden nun in **Vesikel** verpackt (Abschnitt 19.10) und auf die Reise zur nächsten zellulären Montagestation – dem Golgi-Apparat (▶Abbildung 3.13) – geschickt. Dabei gelangen zunächst alle Proteine aus dem ER-Lumen in das Lumen des *cis*-Golgi-Apparats. Ein Teil der Proteine muss jedoch zum ER zurücktransportiert werden: Über die **Retentionssequenz KDEL** an ihrem Carboxyterminus binden essenzielle ER-Proteine wie BiP an **KDEL-Rezeptoren** (Exkurs 19.3). Die nächste Vesikelfähre bringt sie wieder ins ER zurück; alle Proteine ohne KDEL-Signal verbleiben dagegen vorerst im *cis*-Golgi-Apparat (Abbildung 19.20). Zum ER zurückgekehrt, reicht der geringfügig niedrigere pH-Wert im ER-Lumen aus, um die **„residenten" Proteine** vom KDEL-Rezeptor zu dissoziieren und wieder ins ER-Lumen zu entlassen. *Wir haben es hier mit einer Negativselektion zu tun: Alle Proteine ohne Retentionssequenz translozieren in den cis-Golgi-Apparat, wo sie weiterverarbeitet werden.*

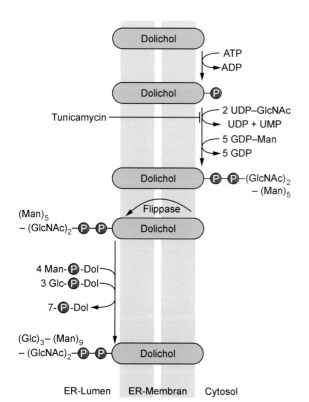

19.18 Synthese der Oligosaccharidseitenketten von Glykoproteinen. Dolichol wird auf der cytosolischen Seite des ER durch ATP phosphoryliert und übernimmt sukzessive sieben Zuckerreste von nucleotidaktivierten Vorstufen. Nach dem Wechsel der Membranseite werden sieben weitere Reste von mannose- bzw. glucosetragenden Dolicholphosphatdonoren übernommen (GlcNAc, *N*-Acetylglucosamin). [AN]

19.7

Lysosomale Proteine erhalten ein Sortierungssignal

Im Golgi-Apparat ⌦, der zweiten Station für ER-sortierte Proteine, werden die „Filigranarbeiten" an Oligosaccharidseitenketten durchgeführt, Sortierungssignale angeheftet und die Verteilung nach Bestimmungsorten vorgenommen. Dazu hat der Golgi-Apparat – nachfolgend kurz Golgi genannt – einen segmentalen Aufbau: Der Stapel scheibenförmiger Zisternen mit lateralen Netzwerken ist funktionell in drei Abschnitte – *cis*, medial, *trans* – gegliedert (Abbil-

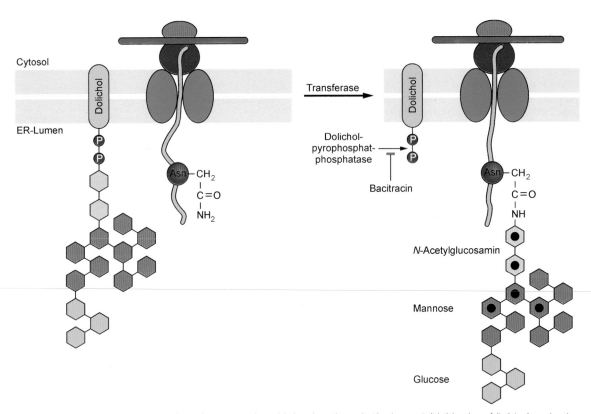

19.19 *N*-Glykosylierung von Proteinen. Eine Transferase überträgt cotranslational die komplette Oligosaccharidstruktur von Dolicholphosphat auf die Seitenkette eines Asparaginrests in einer Polypeptidkette. Nur Proteine, die das ER durchlaufen haben, weisen diese *core*-Glykosylierung als „Signatur" auf (schwarzer Punkt im Hexagon).

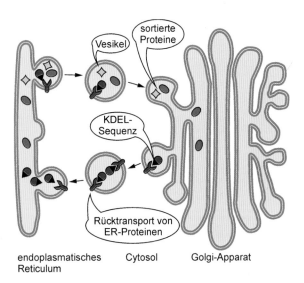

19.20 Massentransport zum *cis*-Golgi und Rückgewinnung von ER-Proteinen aus dem *cis*-Golgi-Apparat. Proteine wie z. B. Chaperone und Enzyme, die im ER arbeiten müssen, werden zwar durch den Massentransport vom ER zum *cis*-Golgi befördert, dort aber über ihr KDEL-Erkennungssignal erkannt, an spezifische Rezeptoren gebunden und über vesikulären Transport zum ER zurückgebracht. [AN]

dung 19.21). Das *cis*-Kompartiment ist dem ER zugewandt und empfängt von dort die Vesikelfracht mit neu synthetisierten Proteinen. Sie durchwandern die verschiedenen Stationen des Golgi von *cis* nach *trans*, wo sie schließlich nach ihren Zielorten sortiert werden. Dabei ist noch unklar, ob Vesikel den Transport von *cis* nach *trans* besorgen.

Im Netzwerk des *cis*-Golgi erhalten Proteine, die für Lysosomen bestimmt sind, ihr Sortierungssignal. Dazu verfügen lysosomale Proteine über ein Signalepitop, das die Phosphorylierung von Mannoseresten der Oligosaccharidstruktur „anweist". Eine **Phosphotransferase** decodiert dieses Signal und überträgt ein Molekül ***N*-Acetylglucosaminphosphat** auf die 6-Hydroxylgruppe eines Mannoserests in der Kohlenhydratseitenkette. Eine **Phosphoglykosidase** spaltet sekundär *N*-Acetylglucosamin ab und legt damit den **Mannose-6-phosphatrest** frei (Abbildung 19.22). Diese Reaktionsfolge findet an ein oder zwei Mannoseresten *N*-glykosidisch verknüpfter Oligosaccharidseitenketten eines lysosomal bestimmten Proteins statt. Mannose-6-phosphat schützt die Kette vor Abbau im Golgi und weist dem Protein den Weg in die Lysosomen. Die Bedeutung des Mannose-6-phosphat-Signals ist an den drastischen Folgen zu ermessen, die der Ausfall dieses Signals zeitigt (Exkurs 19.4).

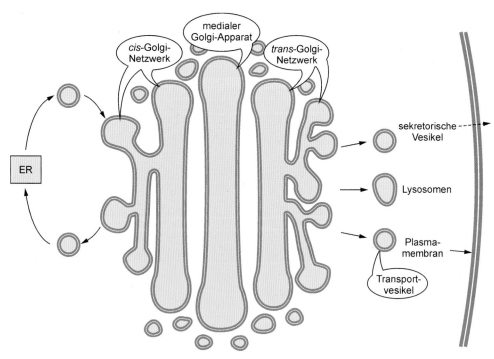

19.21 Topologie des Golgi. Im *cis*-Golgi laufen die Vesikel aus dem ER ein; hier werden Proteine für lysosomale Bestimmungsorte markiert. Der mediale Anteil und der *trans*-Golgi bearbeiten die Oligosaccharidstruktur der Glykoproteine. Schließlich verteilt der *trans*-Golgi die fertig bearbeiteten Proteine auf ihre Bestimmungsorte.

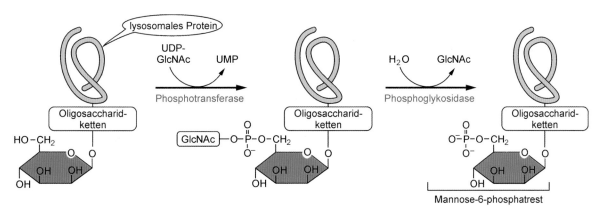

19.22 Synthese von Mannose-6-phosphat. Das Enzym *N*-Acetylglucosamin-Phosphotransferase benutzt als Donor das aktivierte Monosaccharid UDP-*N*-Acetylglucosamin; dabei wird UMP freigesetzt. Nach Abspaltung von *N*-Acetylglucosamin (GlcNAc) ist das Protein mit Mannose-6-phosphat markiert. Mehrere diskontinuierliche Segmente der Polypeptidkette bilden vermutlich das Signalepitop für diese Phosphorylierung.

Exkurs 19.4: I-Zell-Erkrankung

Mutationen im Gen für **N-Acetylglucosamin-Phosphotransferase**, die zu einem völligen Fehlen oder zu einer dysfunktionellen Variante des Enzyms führen, verhindern die Markierung von lysosomalen Proteinen mit Mannose-6-phosphat. Dadurch können essenzielle Enzyme wie z. B. Hydrolasen nicht in die Lysosomen gelangen. In der Folge akkumulieren unverdaute **Glucosaminoglykane und Glykolipide** in den Lysosomen, die wegen ihrer Größe und Dichte als **Ein-schlusskörperchen** oder englisch als *inclusion bodies* bezeichnet werden – daher I-Zellen. Enzyme, die eigentlich für Lysosomen bestimmt sind, aber aufgrund eines Phosphotransferasedefekts kein Mannose-6-phosphat-Signal erhalten, werden von Zellen konstitutiv sezerniert – auch dies eine Negativselektion (engl. *default pathway*). Als „Irrläufer" erscheinen sie in großen Mengen in Harn und Blut, was für die Diagnostik wegweisend ist. Betroffene Patienten leiden an geistiger Retardierung, motorischen Störungen und Skelettdeformationen. Die lysosomale Speicherkrankheit wird autosomal-rezessiv vererbt und manifestiert sich nur, wenn beide Allele betroffen sind.

Terminale Glykosylierungen laufen im medialen Golgi ab

Glykoproteine, die für die Plasmamembran oder sekretorische Vesikel bestimmt sind, machen im Golgi zwei Haupttypen von Modifikationen durch. Der *N*-glykosidische Oligosaccharidkern wird durch **terminale Glykosylierung** neu bestückt, und *O*-glykosidische Ketten werden „angeflanscht". Enzyme der terminalen Glykosylierung sind **Glykosidasen** und **Glykosyltransferasen** (Abbildung 19.23). Eine typische

Reaktionskette startet im *cis*-Golgi mit der Entfernung von drei Mannoseresten. Im medialen Golgi wird dann ein **N-Acetylglucosaminrest** angefügt, und zwei weitere Mannosereste werden gekappt. An diesen Rumpf werden nacheinander zwei *N*-Acetylglucosaminreste und ein **Fucoserest** angefügt; im *trans*-Golgi kommen drei **Galactosereste** hinzu. Dabei entstehen drei „Endstücke", auf die jeweils ein negativ geladener **Sialinsäurerest** – synonym mit *N*-Acetylneuraminsäure (▶ Abbildung 2.38) – gesetzt wird. Diese terminale Glykosylierung lässt den *core* der Oligosaccharidseitenkette, der noch aus dem ER stammt, unverändert. Dagegen fallen die Termini je nach Proteintyp und Enzymausstattung der Golgi-Kompartimente unterschiedlich aus.

Die **O-Glykosylierung** von Proteinen erfolgt ebenfalls im Golgi-Apparat. Anders als bei den „ausladenden" *N*-glykosidischen Oligosacchariden handelt es sich hierbei um „kurze" Ketten von drei bis vier Resten, die sukzessive übertragen werden (Abbildung 19.24). Hauptkomponenten sind **N-Acetylgalactosamin**, **Galactose**, **Sialinsäure** und **Fucose**. Die *O*-Glykosylierung ist typisch für sekretorische Proteine und Proteine der Plasmamembran. Auch die **Blutgruppe** 🖐 eines Individuums wird durch die terminale Glykosylierung von Proteinen und Lipiden auf der Oberfläche von Erythrocyten bestimmt (Exkurs 19.5).

Trotz hoher Spezifität der beteiligten Enzyme und topologisch strikt regulierter Reaktionsabfolge schwanken **Zusammensetzung und Verzweigungsgrad** von Oligosaccharidseitenketten beträchtlich: Anders als bei linearen Nucleinsäure- und Proteinsequenzen mit einer begrenzten Zahl von Grundbausteinen besteht bei den Oligosacchariden erheblich mehr Spielraum für Variationen. Diese **strukturelle Variabilität** spiegelt sich in **funktioneller Diversität** wider: Zum einen machen Kohlenhydrate mit ihren polaren und ionischen Gruppen Proteine wie z. B. Kollagen hydrophiler (▶ Abschnitt 8.2). In den Lysosomen schützen Oligosaccharidseitenketten ihre Trägerproteine vor den aggressiven Enzymen dieser Organellen. Die beiden genannten Funktionen sind

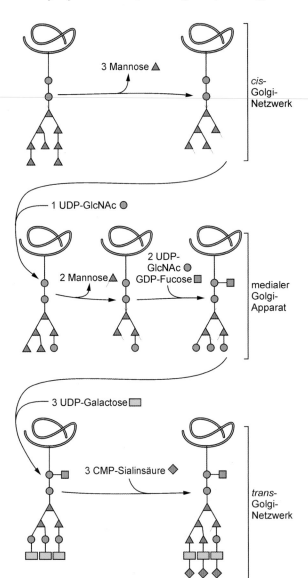

19.23 Terminale Glykosylierung. *N*-glykosidisch verknüpfte Oligosaccharidseitenketten werden erst getrimmt und dann wieder aufgefüllt. Donoren der Reaktionen sind nucleotidaktivierte Monosaccharide vom UDP-Typ (*N*-Acetylglucosamin, Galactose), GDP-Typ (Fucose) bzw. CMP-Typ (Sialinsäure).

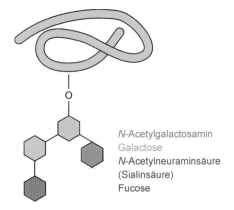

19.24 *O*-Glykosidisch verknüpfte Oligosaccharide in Proteinen. Typischerweise bindet *N*-Acetylgalactosamin direkt an das Polypeptid. Donoren sind wiederum nucleotidaktivierte Zucker wie UDP-*N*-Acetylgalactosamin. Als Akzeptoren dienen die Hydroxylgruppen von Serin und Threonin, aber *nicht* von Tyrosin.

nicht an definierte Sequenzen der Kohlenhydratketten gebunden. In anderen Fällen spielt die Zusammensetzung und Anordnung der Oligosaccharidreste sehr wohl eine gewichtige Rolle, so z. B. bei den Blutgruppen und bei der Zell-Zell-Erkennung durch Selectine (▶ Abschnitt 25.4).

Exkurs 19.5: Blutgruppenantigene

Molekulare Grundlage für das ABO-**Blutgruppensystem** des Menschen sind Oligosaccharidketten der Glykoproteine und -lipide auf der Oberfläche von Erythrocyten. Alle Menschen besitzen die notwendigen Enzyme zur Synthese des 0-Antigens (Abbildung 19.25). Individuen mit der **Blutgruppe A** haben darüber hinaus eine spezifische **Glykosyltransferase**, die *N*-Acetylgalactosamin an das 0-Antigen anfügt, während Träger der **Blutgruppe B** über eine andere Glykosyltransferase verfügen, die Galactose verknüpft. Individuen mit **Blutgruppe AB** besitzen beide Enzyme (A und B), während Träger der **Blutgruppe 0** *keine* der beiden Transferasen exprimieren. Individuen, die kein A-Antigen, kein B-Antigen oder keines der beiden Antigene besitzen, bilden in der Regel **Antikörper** gegen das bzw. die fehlende(n) Antigen(e). Wenn Personen mit der Blutgruppe A oder 0 Blut von einem Spender der Gruppe B erhalten, erkennen Antikörper das B-Antigen und zerstören die fremden Erythrocyten: Es kommt zu einer lebensbedrohlichen **Hämolyse**. Träger der Blutgruppe AB sind Universalempfänger und tolerieren alle Blutgruppen, während Träger der Blutgruppe 0 als Universalspender dienen, aber nur Blut der Gruppe 0 tolerieren. Antikörper gegen Fremdblutgruppen entstehen bei der Infektion mit Parasiten, die identische Oberflächenantigene tragen.

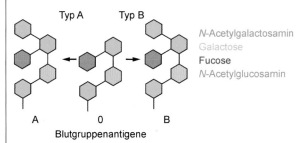

19.25 Antigene des ABO-Systems. Das 0-Antigen kommt auf vielen Membranproteinen und -lipiden vor. Enzyme vom Typ A bzw. B addieren α-1,3-glykosidisch *N*-Acetylgalactosamin bzw. Galactose an das 0-Antigen.

19.9
Vesikulärer Transport ist spezifisch und gerichtet

Wir haben bislang zwei Formen intrazellulären Verkehrs näher kennen gelernt: den portalen Transport über Kernporen, der den Im- und Export von Proteinen und Nucleinsäuren im Zellkern kontrolliert, sowie den (trans-) membranären Transport, der die Aufnahme von neu synthetisierten Proteinen in Mitochondrien, Peroxisomen und ER reguliert. Wir kommen nun zu einem dritten Typus zellulären Verkehrs, dem **vesikulären Transport**, der neu synthetisierte Proteine vom ER über den *cis*-Golgi weiter zum *trans*-Golgi, der zentralen Verteilerstelle der Zelle, und von dort aus an die terminalen Bestimmungsorte der Zelle bringt (Abbildung 19.26). Vesikel ⚲ sind sphärische membranumhüllte Organellen, die als „Fähren" für (Glyko-) Proteine, Lipide und Metaboliten dienen. Bei dieser Transportform bleibt die Topologie membranintegrierter Proteine sowie die asymmetrische Verteilung der Membranlipide, die das ER ebenfalls in großer Menge herstellt (▶ Abschnitt 24.5), perfekt erhalten.

Der vesikuläre Transport basiert auf vier Teilprozessen: Verpackung von Inhaltsstoffen, Abschnürung aus der Donormembran, Verschmelzung mit der Akzeptormembran und Entladung der Inhaltsstoffe. Nicht alle diese Teilschritte sind im molekularen Detail verstanden. Wir wollen zunächst die Verpackung und Sprossung am Beispiel clathrinbeschichteter Vesikel betrachten, die den Transport vom *trans*-Golgi-Netzwerk zu den Lysosomen bewältigen (Abbildung 19.27). Wie wir gesehen haben, erkennen und binden Mannose-6-phosphat-Rezeptoren auf der luminalen Seite des *trans*-Golgi neu synthetisierte lysosomale Proteine. Sind genügend Rezeptoren mit Mannose-6-phosphat-tragenden Glykoproteinen besetzt, rekrutieren sie auf der cytoplasmatischen Seite über Adapterproteinkomplexe vom Typ der **Adaptine** einen Kranz von Clathrinmolekülen. Das Gerüstprotein **Clathrin** besteht aus je drei schweren und leichten Ketten, die sich zu einem Dreibein, einem **Triskelion**, anordnen (Abbildung 19.27, oben rechts). Membrangebundene Triskelions formieren sich zu einem **polyedrischen Netzwerk**, das die Membran einstülpt, bis ein Vesikel knospt und sich mithilfe des „Knebelproteins" **Dynamin**, einer ATPase, aus dem Membranverbund löst.

Schon bald nach der Vesikelknospung löst sich das Clathringerüst wieder auf und gibt das „nackte" Vesikel frei, das nun an **späte Endosomen**, die unmittelbaren Vorläufer von reifen Lysosomen, andockt und mit deren Membran fusioniert. Wie kann nun die Fracht an lysosomalen Proteinen am Bestimmungsort „gelöscht" werden? Endosomen besitzen eine **ATP-getriebene Protonenpumpe**, die H^+ aus dem Cytoplasma in die Organelle schleust und deren pH auf etwa 6,0 absenkt (Abbildung 19.32). Das leicht saure Milieu fördert die Dissoziation der lysosomalen Proteine vom Mannose-6-phosphat-Rezeptor. Eine **endosomale Phosphatase** entfernt den Mannose-6-phosphatrest und stellt damit sicher, dass die importierten Proteine *nicht* in den Golgi zurückkehren. Dagegen verlassen entladene Rezeptoren, die in der Membran verankert sind, die Endosomen wieder und kehren per Vesikelfähre zum *trans*-Golgi zurück (Abbildung 19.28).

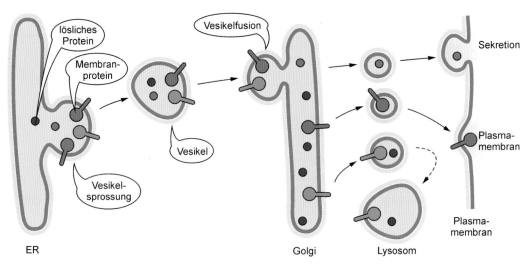

19.26 Ablauf des vesikulären Transports. Aus der Donormembran sprossen kleine Vesikel, die in ihrem Lumen lösliche Proteine und in ihrer Hülle Lipide und Transmembranproteine transportieren. Die innere Membranseite von ER, Golgi und Vesikeln ist topologisch äquivalent zur äußeren Seite der Plasmamembran.

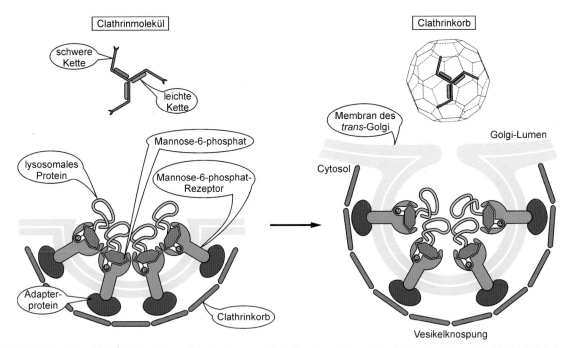

19.27 Clathrinbeschichtete Vesikel. Beladene Mannose-6-phosphat-Rezeptoren binden über ihren cytoplasmatischen Teil Adapterproteine und Clathrin (links). Ein korbartiges Gerüst aus Clathrintriskelions „stanzt" dann ein Vesikel aus der Golgi-Membran, das die Proteinfracht für Lysosomen trägt; Dynamin (nicht gezeigt) arbeitet dabei am „Flaschenhals" des sprossenden Vesikels. Das polyedrische Netzwerk ist aus Clathrintriskelions aufgebaut (rechts).

Kleine G-Proteine regeln den vesikulären Transport

19.10

Clathrinbeschichtete Vesikel spielen nicht nur beim Proteintransport vom *trans*-Golgi-Netzwerk zu den Lysosomen eine Rolle. Auch die rezeptorvermittelte Aufnahme (Endocytose)

von extrazellulären LDL-Partikeln an der Plasmamembran nutzt diesen Vesikeltyp (▶ Abschnitt 46.5). Dagegen verwenden Transportsysteme, die ER und Golgi miteinander verbinden, Vesikel mit **COP-Gerüstproteinen** (engl. *coat protein*). Wir unterscheiden zwei COP-Typen: COP-II-Vesikel bringen ihre Fracht vom ER zum Golgi, während COP-I-Vesikel den retrograden Transport besorgen. Ähnlich wie Clathrin legen die COPs ihr Netz um ein begrenztes Areal der Lipidschicht

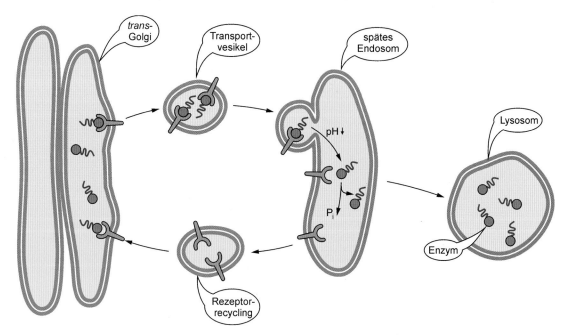

19.28 Vesikulärer Transport zwischen *trans*-Golgi und Endosomen. Die Endosomen werden mit lysosomalen Enzymen (Proteasen, Nucleasen, Phospholipasen) „beladen". Nach weiterer Absenkung des pH-Werts fusionieren die späten Endosomen mit den Lysosomen.

und lösen dann ein Vesikel aus dem Membranverbund. Wir wollen an diesem Beispiel studieren, wie solche Netzwerke an einer **Donormembran** kontrolliert aufgebaut und an der **Akzeptormembran** wieder abgebaut werden. Motor der Assemblierung von COP-I-Bausteinen ist das kleine **G-Protein Arf** (ADP-ribosylierender Faktor) (Abschnitt 19.2), das zwischen GDP- und GTP-gebundenem Zustand wechselt (Abbildung 19.29). Donormembranen, die zur Sprossung bereit sind, besitzen einen Guaninnucleotidaustauschfaktor (▶Abbildung 29.8), der inaktives Arf·GDP in die aktive, GTP-beladene Form überführt. Daraufhin bindet Arf·GTP an die Donormembran.

Arf·GTP rekrutiert nun ein Netzwerk aus COP-I-Proteinen, das die Vesikelsprossung einleitet. Anders als bei Clathrinvesikeln zerfällt die COP-Hülle nicht gleich nach Abschnürung des Vesikels von der Donormembran, sondern erst an der Zielmembran. Arf·GTP ist nämlich eine „langsame" GTPase und benötigt die Hilfe eines **GTPase-aktivierenden Proteins** (GAP) an der Akzeptormembran, um GTP zu GDP und P_i zu hydrolysieren (▶Exkurs 4.1). Dadurch kehrt Arf am Zielort in seine inaktive Form zurück, leitet damit die Demontage des COP-Gerüstwerks ein und gibt das Vesikel für die Fusion mit der Akzeptormembran frei. Arf·GDP löst sich aus der Akzeptormembran und diffundiert zur Donormembran zurück, um dort eine neue Runde der Vesikelsprossung zu starten.

Kleine G-Proteine stellen auch die Selektivität bei Adressierung und Erkennung von COP-Vesikeln sicher. Vermittler dieser Proteinrekrutierung sind monomere G-Proteine vom Typ **Rab**, die ganz ähnlich wie Arf operieren (Abbildung 19.30). Ein GEF-Protein aktiviert Rab und rekrutiert es damit an die Donormembran. Nach COP-Assemblierung, Abschnürung und Wanderung an die Zielmembran binden Rab-Proteine spezifische Andockfaktoren – **Rab-Effektoren** – an der Akzeptormembran. Gleichzeitig treten zwei weitere Rezeptorproteine in Aktion: auf der vesikulären Seite **v-SNARE** und auf der Akzeptormembran **t-SNARE** (engl. *target membrane*). Ein solches Rezeptorpaar ist spezifisch für eine bestimmte Membrankombination. Nur wenn die v- und t-Signaturen übereinstimmen, kommt es zum „Handschlag" der beiden Rezeptoren. Der SNARE-Komplex leitet dann die Fusion ein, während Rab GTP spaltet und als Rab·GDP von der Zielmembran abdissoziiert. Nach erfolgter Membranverschmelzung kommen cytoplasmatische Hilfsfaktoren wie **NSF** und **SNAP** ins Spiel, die den SNARE-Komplex wieder trennen und damit für eine neue Fusionsrunde frei machen. SNAREs sind die Angriffspunkte für die Neurotoxine der Clostridien (Exkurs 19.6).

 Exkurs 19.6: Botulismus und Tetanie

Toxische Proteine der anaeroben Bakterien ***Clostridium botulinum*** und ***Clostridium tetani*** verursachen beim Menschen schwerwiegende Krankheitsbilder mit hoher Letalität. Leitsymptome des Botulismus ⌐ sind Doppeltsehen, Schluckbeschwerden und verminderte Speichelsekretion, später dann eine zentrale Atemlähmung. Die clostridialen Neurotoxine sind Proteine von ca. 150 kd mit je einer schweren (H) und einer leichten Kette (L). **Botulinustoxin** bindet via H-Kette an

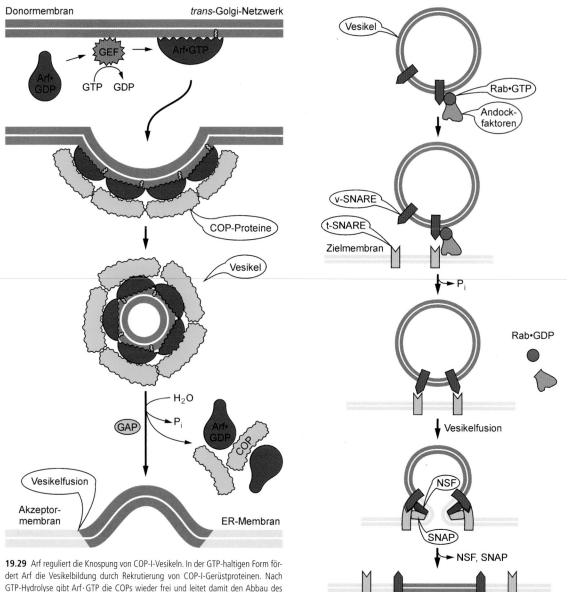

19.29 Arf reguliert die Knospung von COP-I-Vesikeln. In der GTP-haltigen Form fördert Arf die Vesikelbildung durch Rekrutierung von COP-I-Gerüstproteinen. Nach GTP-Hydrolyse gibt Arf·GTP die COPs wieder frei und leitet damit den Abbau des Gerüsts ein. Die Vesikelsprossung von COP-II-Vesikeln am ER wird über das G-Protein Sar angetrieben.

19.30 Modell der Bindung und Fusion von Vesikeln. Einzelheiten siehe Text. NSF, N-Ethylmaleimid-sensitiver Faktor; SNAP, soluble NSF attachment protein; SNARE, SNAP-Rezeptor.

Exkurs 19.6 (Fortsetzung)

die cholinergen Nervenendigungen der neuromuskulären Synapsen (▶ Abschnitt 32.5) und wird vermutlich über rezeptorvermittelte Endocytose in die Zelle aufgenommen. Der niedrige pH-Wert der Endosomen löst eine Konformationsänderung im Toxin aus, das daraufhin in die vesikuläre Membran eindringt und einen Kanal bildet, durch den die L-Kette ins Cytoplasma gelangt. Die **L-Kette** zerstört mit ihrer proteolytischen Aktivität intrazelluläre Proteine, vor allem SNA-REs, die für die Fusion von synaptischen Vesikeln mit der präsynaptischen Membran essenziell sind. Dadurch wird die Neutrotransmission

unterbrochen. Die Therapie besteht in einer sofortigen Verabreichung eines Immunserums mit neutralisierenden Antikörpern gegen das Toxin. In geringsten Dosen verabreicht wird Botulinustoxin mittlerweile zur Hautglättung durch lokale Muskelparalyse eingesetzt. Die molekulare Strategie von **Tetanustoxin** ist ganz ähnlich wie beim Botulinustoxin. Allerdings führt der retrograde axonale Transport des Toxins ins Zentralnervensystem: Es kommt zur spastischen Paralyse. Der Erreger des Gasbrands gehört ebenfalls zu den Clostridien (▶ Exkurs 8.2).

Eine zweite große Transportroute, die vom Golgi-Apparat ausgeht, bringt Proteine zur Plasmamembran, um sie dort als membrangebundene Proteine zu integrieren oder als lösliche Proteine zu sezernieren. Über diesen Weg wird auch die Plasmamembran mit „frischen" Membranlipiden versorgt (▶ Abschnitt 24.5). Anders als beim lysosomalen Versandweg ist hier kein spezielles Erkennungssignal wie Mannose-6-phosphat notwendig: Die Proteine verlassen den *trans*-Golgi im Massenfluss (engl. *default pathway*). Wir sprechen daher von **konstitutiver Sekretion** bzw. **Exocytose** (Abbildung 19.31) . Alternativ werden Proteine über eine dritte Route vom *trans*-Golgi mittels **regulierter Sekretion** abgegeben. Die genauen molekularen Mechanismen bei diesem Sortierungssystem sind noch nicht bekannt. Bei diesen sekretorischen Proteinen handelt es sich typischerweise um Hormone wie Insulin oder um Enzyme wie Trypsinogen, die in Vesikeln gespeichert und erst auf ein Signal hin von der Zelle ausgeschüttet werden. Oft werden diese Proteine noch vor der Exocytose aktiviert. So wird z. B. Proinsulin in Insulin umgewandelt und dann als Zn^{2+}-haltiges Hexamer in sekretorischen Vesikeln zwischengelagert. Einen Sonderfall regulierter Sekretion finden wir bei der neuronalen Transmission (▶ Abschnitt 32.5).

19.11

Ubiquitin reguliert den Abbau cytosolischer Proteine

Die Exocytose von zelleigenen Proteinen hat ein Pendant: Extrazelluläres Fremdmaterial kann über **Endocytose** in die Zelle aufgenommen werden (▶ Abbildung 36.6). Die endocytotischen Vesikel fusionieren mit frühen Endosomen, den Vorläufern der späten Endosomen und letztlich der **Lysosomen**. Man kann Lysosomen als die „Müllkippen" der Zelle bezeichnen, denn hier läuft alles durch Endocytose aufgenommene Material zusammen. Auch zelluläre Partikel wie z. B. Mitochondrien, die durch Autophagie mithilfe des ER aufgenommen werden, enden schließlich hier. Lysosomen besitzen eine Batterie von mehr als 50 verschiedenen **Hydrolasen**, die praktisch alle organischen Verbindungen in ihre Grundbausteine – Aminosäuren, Nucleotide, Monosaccharide, Fettsäuren – zerlegen können (Abbildung 19.32). Lysosomale Enzyme sind alle hochglykosyliert; wie bereits erwähnt, dient dieser „Oligosaccharidpanzer" dem Schutz vor Selbstverdauung (Autolyse) durch lysosomale Proteasen. Ein Charakteristikum lysosomaler Enzyme ist ihr saures pH-Optimum: Sie arbeiten bei einem pH von 5,0–6,0 mit „voller Kraft". Entweichen diese potenten Enzyme einmal durch ein Leck der Lysosomen, so können sie beim pH des Cytosols von etwa 7,2 kein großes Unheil anrichten.

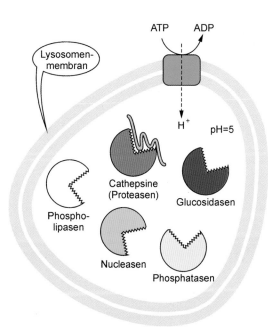

19.31 Transportwege aus dem *trans*-Golgi. Die meisten Proteine werden über den konstitutiv-sekretorischen Weg exportiert. Manche Zellen betreiben regulierte Sekretion, bei der Proteine und andere Inhaltsstoffe in dichten Vesikeln deponiert und erst auf externe Signale hin ausgeschüttet werden.

19.32 Lysosomale Proteine. Einige wichtige Hydrolasen sind gezeigt. Eine ATP-getriebene Protonenpumpe (▶ Abschnitt 26.3) fördert ständig H^+-Ionen gegen den Konzentrationsgradienten in die Organelle. Dadurch liegt der intralysosomale pH-Wert deutlich unter dem pH-Wert des Cytosols.

Die strikte Abschottung des lysosomalen Raums vom Cytosol macht ein effektives Abbausystem für cytosolische Proteine notwendig. Diese Aufgabe übernimmt ein Multienzymkomplex, das **Proteasom** 🖰. Wie weiß nun dieser cytoplasmatische „Schredder", wann ein gealtertes, fehlgefaltetes oder unnützes Protein abgebaut werden muss? Dazu besitzen Zellen ein aufwändiges Erkennungs- und Markierungssystem, das hinfällige Proteine mit **Ubiquitin** koppelt (Abbildung 19.33). Ubiquitin ist ein kleines Protein mit einer außerordentlich gut konservierten Sequenz von 76 Aminosäureresten, das praktisch in allen eukaryotischen Zellen anzutreffen – sprich: ubiquitär – ist. Die Aktivierung von Ubiquitin erfolgt in drei enzymatischen Schritten unter ATP-Verbrauch und Bildung einer energiereichen Thioesterbindung. Eine **Ubiquitin-Ligase** überträgt das aktivierte Protein auf die ε-Aminogruppe einer Lysinseitenkette des Zielproteins. Dabei wird eine Isopeptidbindung geknüpft (▶ Abbildung 14.8b). Gewöhnlich werden Proteine, die dem Proteasom überäußert werden, gleich mehrfach ubiquitinyliert. Dabei können auch mehrere Ubiquitinmoleküle in Serie verknüpft werden. Wir haben hier das seltene Beispiel einer posttranslationalen „Verlängerung" eines Polypeptids zu einem **Polyprotein**.

Ubiquitinylierte Proteine werden in zylinderförmigen **Proteasomen** (Abbildung 19.34) unter ATP-Verbrauch zu kleinen Fragmenten abgebaut. Es gibt ca. 30 000 Proteasomen pro Zelle, die Proteine aus Cytosol und Nucleus abbauen. Der fassartige Kernbereich eines Proteasoms ist aus vier Ringen mit je sieben Untereinheiten aufgebaut. In seiner Innenwand sind die proteolytischen Zentren lokalisiert, sodass die Reaktionskammer hermetisch vom Cytosol abgeschirmt ist. Der Zugang wird beiderseits von haubenförmigen **Proteinpartikeln** kontrolliert, die selektiv ubiquitinylierte Proteine binden, unter ATP-Verbrauch entfalten und dann ins Proteasom einfädeln. Ubiquitin selbst wird dabei *nicht* abgebaut, sondern freigesetzt und steht nach erneuter Aktivierung für die nächste Abbaurunde zur Verfügung.

Der Mechanismus der Ubiquitinylierung von Proteinen spielt eine wichtige Rolle bei der Degradation viraler Proteine in virusinfizierten Zellen, bei der raschen Entfernung von Regulatorproteinen metabolischer Kaskaden oder bei der Beseitigung von hinfälligen Komponenten der Signal-

19.33 Ubiquitinylierung von Proteinen. Eine Kette enzymatischer Reaktionen aktiviert und transferiert Ubiquitin auf Zielproteine, die ein „Stigma" tragen, z. B. einen oxidierten Methioninrest (▶ Exkurs 13.2). Das Proteasom setzt Ubiquitin meist unversehrt wieder frei, sodass es einen weiteren Markierungszyklus durchlaufen kann (E-1, ubiquitinaktivierendes Enzym; E-2, ubiquitinkonjugierendes Enzym; E-3, Ubiquitin-Protein-Ligase).

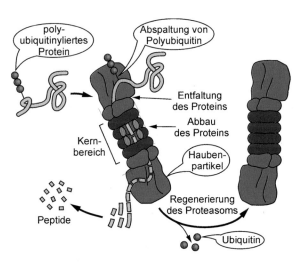

19.34 Aufbau des Proteasoms. Ubiquitinmarkierte Proteine binden an die Haubenpartikel, an denen Enzyme das Substrat entfalten und eindringen lassen. Im Innenraum finden proteolytische Aktivitäten verschiedener Spezifität statt. [AN]

transduktion. Besonders gut verstanden ist die Rolle der Ubiquitinylierung
beim regulierten **Abbau der Cycline** im Zellzyklus (▷Abschnitt 34.2). Pathologische Störungen des Ubiquitinsystems finden sich z.B. bei familiären Formen des Parkinsonismus (Exkurs 19.7).

Der Morbus Parkinson wird durch den Untergang von Zellen in der **Substantia nigra** des Mittelhirns ausgelöst, die den Botenstoff Dopamin herstellen. Der Mangel an Dopamin verringert die aktivierende Wirkung von Basalganglien auf die Großhirnrinde. Bei seltenen Formen des **familiären Parkinsonismus** ist die **Ubiquitin-Pro-**

tein-Ligase Parkin** defekt, die mit dem Ubiquitin-konjugierenden Enzym UbcH7 kooperiert und unter anderem **α-Synuclein**, ein präsynaptisches Protein unbekannter Funktion, ubiquitinyliert. Beim Ausfall von Parkin kommt es zum verminderten Abbau und letztlich zur intrazellulären Aggregation von O-glykosyliertem α-Synuclein (Abbildung 19.35, oben). Auch polyubiquitinyliertes α-Synuclein kann aggregieren und dann sog. **Lewy-Körperchen** bei **sporadischen Formen** des Parkinsonismus bilden. Die Rolle von Ubiquitin und verwandten Proteinen wie SUMO (engl. _small ubiquitin-like modulator_) geht weit über den Proteinabbau hinaus: Beispielsweise sind sie an der Endocytose, dem Zellzyklus, der Transkription oder der DNA-Reparatur beteiligt. Die zugrunde liegenden molekularen Mechanismen sind allerdings noch weitgehend unverstanden.

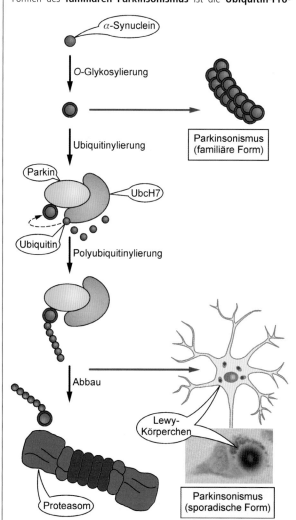

19.35 Aggregation von α-Synuclein. Der normale Abbau von α-Synuclein ist mit schwarzen Pfeilen markiert, während rote Pfeile pathologische Vorgänge kennzeichnen. Im lichtmikroskopischen Bild erkennt man die Lewy-Körperchen als intrazelluläre Einschlüsse (unten rechts). Die zugrunde liegenden Pathomechanismen sind noch weitgehend unverstanden. [AN]

Die Lebensdauer cytosolischer Proteine wird zu einem Gutteil von der Natur ihres Aminoterminus (_N_-Terminus) beeinflusst: Wir sprechen von einer **N-End-Regel**. Insbesondere _N_-terminales Arginin verkürzt die Lebensdauer von Proteinen drastisch; daneben wirken auch einige andere Aminosäuren mehr oder weniger stark **primär destabilisierend** (Abbildung 19.36). Sekundär destabilisierend sind _N_-terminale Aspartyl- oder Glutamylreste, die als Akzeptoren für den **Transfer eines Arginylrests** von tRNA^{Arg} dienen. _Hier haben wir das seltene Beispiel einer posttranslationalen Elongation, die ohne mRNA-Matrize erfolgt._ Tertiär destabilisierend wirken Aspartyl- und Glutamylreste sowie Cysteinylreste, die erst nach Desaminierung bzw. Oxidation mit Arginin verknüpft werden. Interne Sequenzmotive, die die Halbwertszeit von Proteinen verkürzen, finden sich als **PEST-Motive** (reich an Pro = P, Glu = E, Ser = S, Thr = T) oder als _destruction boxes_ z.B. bei Cyclinen.

Die biologischen Halbwertszeiten von Proteinen schwanken in weiten Grenzen. Oft sind sie ein Reflex auf spezielle funktionelle Anforderungen oder spezifische Lokalisationen. Etwa 70% aller Proteine haben Halbwertszeiten von ungefähr zwei Tagen. Das Hormon Insulin ist im Blutplasma typischerweise nach 3–5 Minuten zu 50% abgebaut. Dagegen beträgt die Halbwertszeit der Antikörper vom IgG-Typ ca. 21 Tage. Andere Proteine wie z.B. das Crystallin der Augenlinse müssen mehr oder minder ein Menschleben lang halten, da dieses Gewebe von der Gefäßversorgung weitgehend abgeschnitten ist und – mit Ausnahme eines einschichtigen Epithels – aus metabolisch inaktiven Zellen besteht, die weder Kerne noch andere Organellen besitzen.

Wir haben nun das Leben der Proteine von der „Geburt" (Translation) bis hin zum „Tod" (Abbau in Lysosomen bzw. Proteasomen) nachgezeichnet. Damit beenden wir unsere Betrachtung der „Nachbearbeitung" von Proteinen und kehren wieder zum Zellkern zurück, um uns mit der Rolle von Proteinen bei der Genregulation näher zu befassen. Tatsächlich verwalten Proteine ihre Baupläne selbst: Sie vollziehen und kontrollieren das genetische Programm einer Zelle und letztlich eines ganzen Organismus.

19.36 Halbwertszeiten (t$_{1/2}$) von Proteinen nach der N-End-Regel. In Eukaryoten wie der Hefe schützen Aminosäuren wie Met (M), Ser (S) oder Thr (T) am Aminoterminus vor raschem Abbau, während Arg (R), Glu (E) oder Asp (D) destabilisierend wirken. Gln (Q) oder Asn wirken indirekt destabilisierend, wenn sie zu Glu (E) bzw. Asp (D) hydrolysiert werden. Das Gleiche gilt für Cys (C) nach Oxidation (C*).

Zusammenfassung

- **Freie Ribosomen** produzieren Proteine für die **Kompartimente** Cytoplasma, Zellkern und Mitochondrien. Andere Ribosomen heften sich an das **endoplasmatische Reticulum** und synthetisieren Proteine mit **Signalsequenzen** in das ER-Lumen.

- Der Import von Proteinen in die **mitochondriale Matrix** erfordert eine *N*-terminale **Signalsequenz**. Die membranständigen Multiproteinkomplexe TIM, TOM und SAM regeln die **Translokation** an die Bestimmungsorte mitochondriale **Matrix, innere und äußere mitochondriale Membran** sowie **Intermembranraum**.

- Für den Kern bestimmte Proteine müssen den **Kernporenkomplex (NPC)** überwinden. Sie tragen eine **nucleäre Lokalisationssequenz (NLS)**, die von **Importin** erkannt wird. Im Kern zerfallen die Protein-Rezeptor-Komplexe unter dem Einfluss des monomeren G-Proteins **Ran** wieder. Der Export vom Kern ins Cytoplasma wird von **Exportin** vermittelt.

- Das *N*-terminale **Signalpeptid sekretorischer Proteine** wie Albumin interagiert mit dem **Ribonucleoproteinkomplex SRP** (*signal recognition particle*), das wiederum an den **SRP-Rezeptor** auf der cytoplasmatischen Seite des ER bindet. Das Signalpeptid wird nun auf einen **Translokator** übertragen und das Protein cotranslational in das **ER-Lumen** transloziert.

- **Membranständige Proteine** der Zellorganellen und der Cytoplasmamembran werden zunächst in die **ER-Membran** inseriert. Der **vektorielle Einbau** wird durch die **Polarität hydrophober α-helicaler Segmente – Transferstopper** genannt – geregelt.

- Im **ER-Lumen** bilden sich unter der Assistenz von **Protein-Disulfid-Isomerase** die charakteristischen **Disulfidbrücken** der Proteine. Einige Proteine, die auf der Zelloberfläche exponiert werden, erhalten im ER einen **Glykosylphosphatidylinositol-(GPI-)Anker**.

- Im **ER-Lumen** finden die ersten Schritte zur **Glykosylierung** von Membranproteinen und sekretorischen Proteinen statt. Der „Kern" der *N*-glykosidischen Oligosaccha-

ridseitenkette wird auf dem hydrophoben Träger **Dolicholphosphat** assembliert. **ER-residente Proteine** tragen die C-terminale **Retentionssequenz KDEL**. Alle übrigen Proteine translozieren in den **Golgi-Apparat**.

- Im **Golgi-Apparat** wird der *N*-glykosidische Oligosaccharidkern durch **terminale Glykosylierung** modifiziert; zusätzlich werden *O*-glykosidische Bindungen geknüpft. **Glykosidasen** und **Glykosyltransferasen** entfernen oder addieren einzelne Reste.

- **Lysosomale Proteine** werden mit **Mannose-6-phosphat** markiert. Ein genetisch bedingter Ausfall des **Mannose-6-phosphat-Signals** manifestiert sich als **I-Zell-Erkrankung**.

- Das AB0-**Blutgruppen**-System des Menschen beruht auf unterschiedlichen *O*-**glykosidischen Seitenketten**, die wiederum von der Verfügbarkeit spezifischer **Glykosyltransferasen** abhängen.

- Im ER-Lumen synthetisierte Proteine erreichen die Lysosomen durch **vesikulären Transport**. Die **Transportvesikel** sind zunächst von einem **Clathrin**gerüst umgeben. Vesikel mit **COP-Gerüstproteinen** dienen dem Transport zwischen ER und Golgi. Das G-Protein **Arf** kontrolliert Assemblierung und Zerfall des COP-Gerüsts, das G-Protein **Rab** steuert Adressierung und Erkennung der COP-Vesikel.

- Voraussetzung für Membranverschmelzung zwischen Vesikeln und Zielmembran ist die spezifische Interaktion von **v-SNAREs** und **t-SNAREs**. Sekretion kann **konstitutiv** oder **reguliert** ablaufen. Ein Beispiel für regulierte Sekretion ist die nahrungsabhängige Ausschüttung von Insulin. Dabei wird zunächst Proinsulin zu Insulin aktiviert und dann als Zn^{2+}-haltiges Hexamer in sekretorischen Vesikeln zwischengelagert.

- Durch **Endocytose** aufgenommenes Material wird in **Lysosomen** durch saure **Hydrolasen** abgebaut. Cytosolische Proteine werden durch Verknüpfung mit **Ubiquitin** zum Abbau im **Proteasom** markiert. Familiären Formen des **Parkinsonismus** liegen Störungen des Ubiquitinsystems zugrunde.

Kontrolle der Genexpression

20

Kapitelthemen: 20.1 Allgemeine Transkriptionsfaktoren 20.2 Spezifische Transkriptionsfaktoren 20.3 HTH-Proteine 20.4 Zinkfinger- und *leucine-zipper*-Proteine 20.5 Enhancer und Silencer 20.6 Modifikation von Transkriptionsfaktoren 20.7 Modifikation von Histonen 20.8 DNA-Methylierung und Imprinting

Der gesamte Bauplan eines Menschen steckt prinzipiell in einer jeden Körperzelle. Dort ist das Genom in kompakter Form in den Chromosomen des Zellkerns deponiert. Die DNA-Sequenzen enthalten die Instruktionen für die Synthese von zigtausend RNAs und Proteinen. Tatsächlich realisiert ein Zelltyp aber nur einen geringen Bruchteil dieses Potenzials und unterscheidet sich dadurch von anderen Zelltypen innerhalb des Organismus. Die *Expression* ausgewählter Gene und die Verfügbarkeit unterschiedlicher RNAs und Proteine definieren somit die *Identität einer eukaryotischen Zelle*. Überlagert wird dieses basale Expressionsmuster durch die Fähigkeit von Zellen, auf chemische Signale oder wechselnde Umweltbedingungen mit einer Veränderung ihres Musters exprimierter Gene zu reagieren. Der Verlust der kontrollierten Genexpression kann zu Dedifferenzierung und maligner Entartung von Zellen führen. Angesichts dieser weit reichenden Konsequenzen haben Zellen ein striktes *Kontrollsystem* entwickelt, das die Genexpression auf mehreren Ebenen überwacht. Ein zentraler Ansatzpunkt dafür ist die Initiation der Transkription, die von allgemeinen und spezifischen *Transkriptionsfaktoren* gesteuert wird, die am oder nahe am Transkriptionsstart wirken. Hinzu kommen Genregulatoren wie Enhancer und Silencer, die weit entfernt vom Transkriptionsstart liegen. Schließlich beeinflussen Faktoren wie die Besetzung von Promotorregionen mit Histonen oder spezifische DNA-Methylierungsmuster die Effizienz der Transkription nachhaltig.

20.1 Ein Komplex aus allgemeinen Transkriptionsfaktoren platziert die RNA-Polymerase

Bakterien verfügen über einfache, aber effektive Mechanismen zur Genregulation. Klassische Beispiele dafür sind das *lac*-Operon sowie das *trp*-Operon ◁, deren molekulare Mechanismen in großen Zügen verstanden sind. Dagegen erfordert die regulierte Genexpression in Eukaryoten sowohl den Aufbau von Komplexen aus **allgemeinen Transkriptionsfaktoren** ◁, die direkt mit dem **Promotor** interagieren, als auch die Bindung von **spezifischen Transkriptionsfaktoren**, die mit meist stromaufwärts vom Transkriptionsstart gelegenen regulatorischen Sequenzen interagieren. Promotoren integrieren das Zusammenspiel dieser **Genregulatoren** mit Signalen aus anderen Bereichen der DNA und entscheiden dann, ob eine Transkription ◁ von proteincodierenden Genen durch RNA-Polymerase II gestartet wird oder nicht.

Welche Merkmale zeichnen das Herzstück dieses Regelwerks – den **Promotor** ◁ – in eukaryotischen Genen aus? Ähnlich wie bei Prokaryoten findet man in vielen eukaryotischen Promotoren eine **TATA-Box**; allerdings liegt sie bei ca. −30 bp und damit etwas weiter stromaufwärts der Transkriptionsinitiationsstelle als bei Prokaryoten (Abbildung 20.1). Weitere Merkmale sind pyrimidinreiche **Initiator-Elemente** (Inr-Elemente) nahe der Transkriptionsstartstelle sowie eine variable Anzahl von **CCAAT-Boxen** bzw. **GC-Boxen** weiter

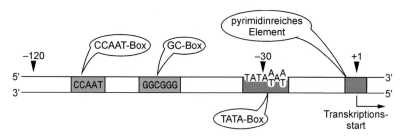

20.1 Struktur eukaryotischer Promotoren. Die Transkriptionskontrolle erfolgt häufig über die hier gezeigten Strukturen. Als Starter wird meist ein Adeninnucleotid genutzt. Das pyrimidinreiche Inr-Element und die TATA-Box sind am Transkriptionsstart bzw. in der −30 Region (d. h. 30 Nucleotide stromaufwärts vom Start) lokalisiert, während GC- und CCAAT-Boxen variabel positioniert sind.

stromaufwärts. Vorkommen und Häufigkeit dieser Elemente sind charakteristisch für den Gentyp: So enthalten z.B. „Haushaltsgene" (engl. *housekeeping genes*), die für fundamentale Stoffwechselenzyme codieren und in allen Zelltypen transkribiert werden, sehr viele GC-Boxen, aber keine TATA- und meist auch keine CCAAT-Box.

Eukaryotische Promotoren sind im Grundzustand in der Regel stumm. Erst durch die Assemblierung von **allgemeinen Transkriptionsfaktoren** (TF) entsteht eine Plattform für RNA-Polymerase II, von der aus sie die Transkription von proteincodierenden Genen aufnimmt. Zuerst bindet **TFIID**, ein Komplex aus einem **TATA-bindenden Protein** (TBP) und mehreren **TBP-assoziierten Faktoren** (TAF), an die TATA-Box (Abbildung 20.2). Dabei legt sich die symmetrisch gebaute Untereinheit TBP wie ein Sattel um die DNA. Auf dem TBP-Sattel docken nun die TAFs an: Nach Rekrutierung der beiden Faktoren TFIIA und TFIIB kann nun **RNA-Polymerase II** zusammen mit TFII-F an den **Initiationskomplex** binden. Das Enzym dockt dabei mit seiner carboxyterminalen Domäne direkt an die zentrale TFIID-Einheit an (▶ Abschnitt 17.4). Schließlich bindet TFIIH mithilfe von TFIIE an den Multiproteinkomplex. **TFIIH** ist eine ATP-abhängige **Proteinkinase**, die die RNA-Polymerase an Serin- und Threoninresten ihrer *C-terminalen Domäne* (CTD) phosphoryliert (▶ Abschnitt 17.4) und damit aus dem Initiationskomplex entlässt. Gleichzeitig entwindet TFIIH mit einer assoziierten **Helikaseaktivität** unter ATP-Verbrauch die DNA: Damit ist der Startschuss für die Transkription gefallen!

Neben den allgemeinen Transkriptionsfaktoren vom TFII-Typ, die an praktisch allen proteincodierenden Genen arbeiten, gibt es auch **spezifische Transkriptionsfaktoren**, die selektiv ein Gen oder eine Gengruppe regulieren. Diese Genregulatoren umfassen eine außerordentlich vielfältige Gruppe von Proteinen, die an unterschiedliche Regulatorsequenzen am oder auch in einiger Entfernung vom Promotor binden; sie ermöglichen damit Zellen eine gezielte Steuerung ihrer Expressionsmuster. Als **Aktivatoren** oder **Repressoren** binden sie an regulatorische Sequenzen und interagieren mit der Transkriptionsmaschinerie via TAF (Abbildung 20.3). Anders als ihre bakteriellen Pendants konkurrieren die eukaryotischen Repressoren aber *nicht* direkt mit der RNA-Polymerase um die DNA-Bindung: Sie greifen vielmehr regulierend in Rekrutierung und Organisation des Initiationskomplexes ein und bestimmen dadurch wesentlich die Transkriptionsfrequenz.

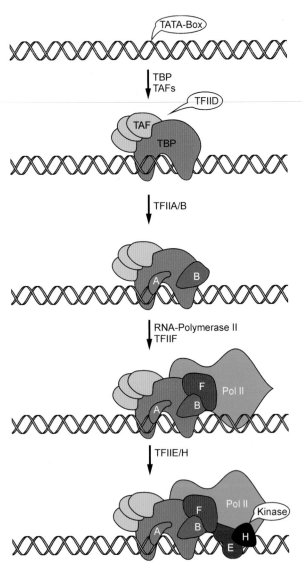

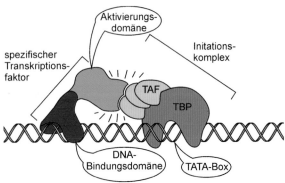

20.2 Assemblierung des eukaryotischen Initiationskomplexes. Der Aufbau des Transkriptionskomplexes an der TATA-Box erfolgt sequenziell. TBP, eine Untereinheit von TFIID, vermittelt die Transkriptionsinitiation bei den RNA-Polymerasen I, II und III; dagegen gibt es spezifische TAFs für jeden einzelnen RNA-Polymerase-Typ. Bei den TATA-Box-defizienten Genen vermittelt ein Inr-assoziierter Faktor TFII-I (nicht gezeigt) das Andocken von TFIID am Promotor.

20.3 Wirkungsmechanismus spezifischer Transkriptionsfaktoren. Aktivatoren binden meist an stromaufwärts gelegene Regulatorsequenzen und fördern über ihre Aktivierungsdomäne die Rekrutierung des Initiationskomplexes via TBP/TAF; auf diese Weise können sie die Transkriptionsfrequenz des regulierten Gens nachdrücklich erhöhen. Repressoren haben eine gegensätzliche Wirkung.

Spezifische Transkriptionsfaktoren binden an definierte DNA-Segmente

20.2

Wie kann eine eukaryotische Zelle unter Zigtausenden von Genen genau diejenigen aktivieren, deren Produkte sie benötigt? Die Aktivierung hat zwei Voraussetzungen: Zum einen müssen definierte DNA-Sequenzen ausgewählte **spezifische Transkriptionsfaktoren** binden; zum anderen müssen diese Genregulatoren mit dem Initiationskomplex interagieren (Abbildung 20.3). Auf der Seite der DNA sind es die Nucleotide in den kleinen und großen Furchen, die mit DNA-bindenden Proteinen interagieren, ohne dass hierbei die Basenpaarung innerhalb der Doppelhelix aufgehoben würde (Abbildung 20.4). Jedes Basenpaar hat ein charakteristisches **Muster von Donor- und Akzeptorgruppen**, die Wasserstoffbrücken oder hydrophobe Interaktionen mit Transkriptionsfaktoren eingehen können. Zucker- oder Phosphatgruppen der DNA, an die z. B. Histone binden, sind wegen ihrer Uniformität für solche sequenzspezifischen Erkennungsprozesse *nicht* geeignet.

Typische DNA-Sequenzen, die von spezifischen Transkriptionsfaktoren erkannt werden, sind ca. 6–20 Nucleotide lang. Trotz dieser begrenzten Länge binden diese Proteine spezifisch und fest an ihre DNA-Zielsequenzen: Multiple, an sich schwache Einzelbindungen führen zusammen zu einer stabilen Wechselwirkung. Typischerweise docken die Transkriptionsfaktoren über eine **Erkennungshelix** an ihre spezifische DNA-Sequenz an (Abbildung 20.5). Die spezifischen Transkriptionsfaktoren liegen meist als **Dimere** vor; die Symmetrie der Bindungsproteine spiegelt oftmals die Symmetrie ihrer DNA-Zielsequenzen wider (Abschnitt 20.3).

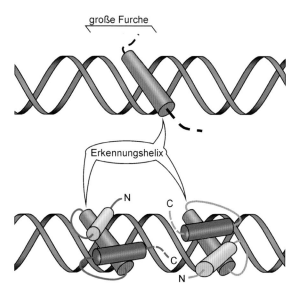

20.5 Erkennungshelix von DNA-bindenden Proteinen. Oben: Die Erkennungshelix des Transkriptionsfaktors kontaktiert die große Furche der DNA und bindet an die auswärts gewandten Bereiche der Basenpaare. Unten: Meist docken Regulationsfaktoren als Dimere an die DNA an. Typische Beispiele dafür sind Helix-*turn*-Helix-Proteine, von denen hier aus Gründen der Übersichtlichkeit lediglich die beiden DNA-Bindungsregionen mit Erkennungshelices (orange) und stabilisierenden Helices (blau) gezeigt sind.

Eine relativ heterogene Gruppe von Proteinen dient als spezifische Transkriptionsfaktoren. Nach der Natur der Sekundärstrukturelemente, die an DNA-Erkennung und DNA-Bindung beteiligt sind, bezeichnen wir sie als **Helix-*loop*-Helix-(HLH-) Proteine**, **Helix-*turn*-Helix-(HTH-) Proteine**, **Zinkfingerproteine** bzw. ***leucine-zipper*-Proteine**. Die Analyse des menschlichen Genoms hat gezeigt, dass ca. 6 % aller Gene, die in mRNA transkribiert werden, für allgemeine oder spezifische Transkriptionsfaktoren codieren und dabei mindestens 1 800 unterschiedliche Faktoren erzeugen. *Das menschliche Genom verwendet also einen nicht unerheblichen Teil seiner Information auf die Feinsteuerung seiner eigenen Expression* – wir werden dem Phänomen extensiver Regulation noch häufiger begegnen. Bei der Suche nach den DNA-Zielsequenzen von Transkriptionsfaktoren ist der **EMSA-Test** (engl. *electrophoretic mobility shift assay*) oft zielführend (Exkurs 20.1).

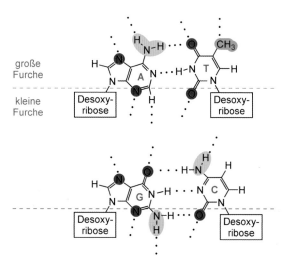

große
Furche

kleine
Furche

Desoxy-
ribose

Desoxy-
ribose

Desoxy-
ribose

Desoxy-
ribose

20.4 Interaktionsstellen von Basenpaaren für spezifische Transkriptionsfaktoren. Wasserstoffdonor- (gelb) und Wasserstoffakzeptorgruppen (rot) bilden Wasserstoffbrücken mit den Seitenketten der Aminosäurereste von Proteinen, während die Methylgruppe (grün) von Thymin hydrophobe Interaktionen erlaubt. Kleine bzw. große Furchen bieten drei bis vier Interaktionen pro Basenpaar. [AN]

Exkurs 20.1: Electrophoretic Mobility Shift Assay (EMSA)

DNA-Moleküle werden im elektrischen Feld nach ihrer Größe aufgetrennt (Abbildung 20.6). Bindet ein Protein wie z. B. ein **Transkriptionsfaktor** an eine definierte DNA-Sequenz, so ist der resultierende DNA-Protein-Komplex größer als die „nackte" DNA. Je nach Größe und Ladung des assoziierten Proteins kommt es daher zu einer mehr oder minder verzögerten Wanderung der DNA im elektrischen Feld. Im Experiment wird ein radioaktiv markiertes DNA-Fragment mit einem potenziellen Bindungsprotein inkubiert und einer Gelelektrophorese unterzogen; als Vergleich dient die proteinfreie DNA. Im Autoradiogramm rufen geringste Mengen eines spezifischen DNA-bindenden Proteins eine charakteristische **Verschiebung der DNA-Bande** (engl. *shift*) hervor. Bei der gezielten Suche nach Bindungspartnern innerhalb eines Proteingemischs werden als Sonden häufig synthetische, ^{32}P-markierte Oligonucleotide eingesetzt. Alternativ kann man biotinylierte Proteine verwenden, die mittels sensitiver Lumineszenzverfahren nachgewiesen werden (▶ Exkurs 6.4).

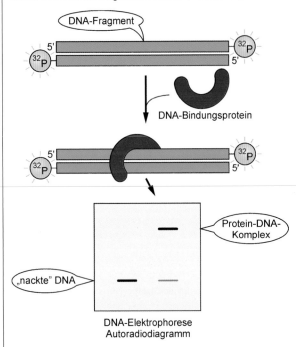

20.6 Prinzip des EMSA. Der Protein-DNA-Komplex wandert im elektrischen Feld langsamer als die „nackte" DNA.

20.3

HTH-Proteine binden an palindromische Sequenzen

Betrachten wir exemplarisch für spezifische Transkriptionsfaktoren die **HTH-Proteine** 🖰, die erstmals in Prokaryoten entdeckt wurden. Ihre Sondenregion besteht aus zwei helikalen Bereichen von je 7–9 Aminosäuren, die durch eine kurze Schleife (engl. *turn*) von ca. vier Resten verbunden sind (Abbildung 20.7 links). Helix 2 (H2) ist *die* **Erkennungshelix**, die in der großen Furche die primäre DNA-Bindung eingeht. Diese Protein-DNA-Interaktion wird durch eine Wechselwirkung der DNA mit Helix 1 (H1) stabilisiert, die in einem Winkel von 120° zur Erkennungshelix angeordnet ist. Zur spezifischen DNA-Bindung tragen auch andere, außerhalb des HTH-Motivs liegende Proteinregionen bei. HTH-Proteine liegen meist als **Dimere** vor und verfügen damit über ein Paar von Erkennungshelices. Die Dimerisierung des bakteriellen *lac*-Repressors, eines typischen Vertreters der HTH-Proteine, erlaubt dem Transkriptionsfaktor einen „Zangengriff" in zwei große DNA-Furchen, die durch eine Windung voneinander getrennt sind (Abbildung 20.7, rechts).

HTH-Proteine erkennen typischerweise **palindromische DNA-Sequenzen** 🖰, die eine Spiegelsymmetrie besitzen (Abbildung 20.8). Die exakte Positionierung der HTH-Proteine auf einem Palindrom ermöglicht eine optimale Wechselwirkung zwischen den Seitenketten der beiden Erkennungsheli-

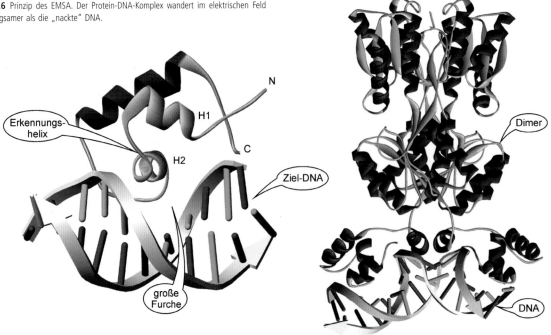

20.7 Bindung des bakteriellen *lac*-Repressors an den *lac*-Operator von *E. coli*. Links: Das charakteristische HTH-Motiv (gelb) liegt im *N*-terminalen Bereich des *lac*-Repressors (Position 1–26). Die Erkennungshelix passt genau in eine große Furche hinein. Rechts: Der *lac*-Repressor bindet in seiner dimeren Form an eine symmetrische Zielsequenz des Operators; dabei wird die DNA „verbogen". Ein weiteres HTH-Protein ist CRP (Abschnitt 20.4).

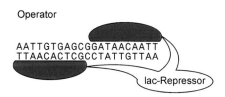

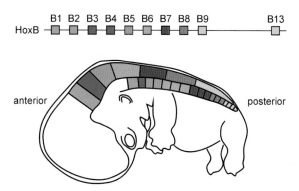

20.8 Palindromische Zielsequenz für den *lac*-Repressor. Palindrome lesen sich in 5'- bzw. 3'-Richtung der antiparallelen Stränge gleich, so wie die Wörter GAG oder RELIEFPFEILER vorwärts und rückwärts gelesen werden können. Hier sind die 21 Basenpaare des Operators gezeigt, der stromaufwärts des β-Galactosidase-Gens von *E. coli* liegt. Das Palindrom ist in diesem Fall nicht absolut perfekt. Der *lac*-Repressor bindet mit seinen beiden Erkennungshelices (rot) an die symmetrische Struktur.

20.10 Abfolge homöotischer Gene. Die Anordnung der homöotischen Gene auf der DNA spiegelt sich in der Abfolge ihrer Expression in den Segmenten entlang der anterior-posterioren Achse des menschlichen Embryos wider (siehe Farbcodierung). Der Mensch besitzt vier Hox-Gengruppen (Hox A, B, C bzw. D). Zur Vereinfachung ist hier lediglich die Expression der Hox-B-Gengruppe dargestellt. [AN]

ces und den multiplen Kontaktpunkten auf den Basenpaaren der DNA-Zielsequenz. Tatsächlich gehört die Bindung von HTH-Proteinen an DNA zu den spezifischsten und stärksten Wechselwirkungen, die wir in biologischen Systemen kennen.

Das prokaryotische HTH-Motiv findet sich in ähnlicher Weise auch in eukaryotischen Transkriptionsfaktoren wieder: Hier trägt z. B. die große Gruppe der **Homöoproteine** das charakteristische HTH-Motiv. Homöoproteine sind monomere Genregulatoren, die die Embryonalentwicklung von Organismen steuern. Mutationen in den Homöoproteinen, wie sie in der Taufliege *Drosophila melanogaster* intensiv untersucht wurden, führen zu einer Fehlentwicklung von Körpersegmenten. Das HTH-Motiv von Homöoproteinen, das durch eine gut konservierte **Homöobox** codiert wird, besteht aus ca. 60 Aminosäuren und bildet drei helicale Abschnitte. Dabei vermittelt Helix 3 die spezifische DNA-Erkennung und -Bindung; sie wird durch die darüber liegenden Helices 1 und 2 fixiert (Abbildung 20.9).

Spezifische Transkriptionsfaktoren kontrollieren den gesamten Bauplan eines Organismus. Dabei entspricht die lineare **Abfolge der Homöobox-Gene** (Hox-Gene) auf der DNA der zeitlichen Abfolge ihrer Expression und Funktionalität entlang der anterior-posterioren Achse eines Embryos (Abbildung 20.10). Einen ähnlichen Fall werden wir später bei den

β-Globingenen kennen lernen (Abschnitt 20.5). Zu den Homöoproteinen zählt auch der **Transkriptionsfaktor Pit-1**, dessen Defekt zum hyophysären Zwergwuchs führt (Exkurs 20.2).

Exkurs 20.2: Hypophysärer Zwergwuchs

Das Wachstumshormon **Somatotropin** (engl. *growth hormone*, GH) ist ein Protein der Adenohypophyse und wirkt vor allem auf die Knochenbildung. Außerdem induziert es in der Leber, aber auch in anderen Organen, die Synthese des Insulin-ähnlichen Wachstumsfaktors IGF-1 (engl. *insulin-like growth factor*; auch als Somatomedin bezeichnet). Die fehlende Produktion des Hormons führt zum **hypophysären Zwergwuchs**. Die Häufigkeit dieser autosomal-rezessiven Erkrankung beträgt ca. 1 : 7 500. Ursächlich betroffen ist meist der **Transkriptionsfaktor Pit-1**, der die Differenzierung von somatotrophen, thyrotrophen und lactotrophen Zellen in der Hypophyse dirigiert. Entsprechend steuert Pit-1 die Expression der Gene für Somatotropin, Thyreotropin (TSH, Thyreoidea-stimulierendes Hormon) und Prolactin (Tafeln C5–C8). Bei frühzeitiger Erkennung der Defizienz ist eine Substitutionstherapie durch regelmäßige Injektion von humanem Wachstumsfaktor möglich, der mittels rekombinanter Expression in Bakterien hergestellt wird (▶Abschnitt 22.9). Überproduktion an Wachstumshormon, z. B. bei Hypophysentumoren, führt im Wachstumsalter zum **Gigantismus**, im Erwachsenenalter hingegen zur **Akromegalie**, die mit einer Vergröberung der Gesichtszüge und einer Vergrößerung der Endglieder (Akren) einhergeht.

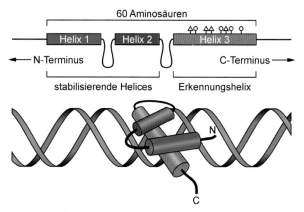

20.9 DNA-Bindung eines Homöoboxproteins. Das DNA-bindende Motiv besteht aus drei helikalen Abschnitten, wobei Helix 3 sich als Erkennungshelix in die große Furche der DNA schmiegt. „Pfeile" und „Köpfe" markieren die relativen Positionen der Aminosäuren, die an Basen bzw. Phosphatgruppen binden. [AN]

20.4 Hormonrezeptoren gehören zur Klasse der Zinkfingerproteine

Die größte Gruppe unter den Transkriptionsfaktoren stellen die **Zinkfingerproteine**. Ihre „Finger" sind die Seitenketten von Cystein- oder Histidinresten, die ein zweiwertiges Zink-

20.11 Zinkfingerproteine. Links: Der Transkriptionsfaktor SP1 trägt drei Zinkfinger am *C*-Terminus. Der hier dargestellte dritte Zinkfinger komplexiert über je zwei Histidin- bzw. Cysteinreste ein Zn^{2+}-Ion (grün) und richtet damit die Erkennungshelix zum β-Faltblatt (blau) aus. Rechts: DNA-Bindungsdomäne eines Östrogenrezeptors. Je vier Cysteinreste koordinieren ein Zn^{2+}-Ion; DNA-Kontaktpunkte sind gelb markiert. *C*- bzw. *N*-terminal von der DNA-Bindungsdomäne liegen die Hormonbindungsstelle bzw. die DNA-Aktivierungsdomäne (nicht gezeigt).

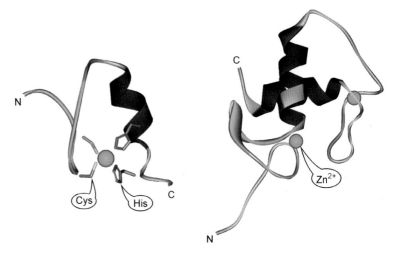

ion chelatisieren (Abbildung 20.11). Dadurch wird die Erkennungshelix an einem β-Faltblatt fixiert und so ausgerichtet, dass sie in die große Furche einer Ziel-DNA binden kann. Beim Menschen gibt es bis zu 900 Gene für Zinkfingerproteine, die Zn^{2+} über zwei <u>H</u>istidinreste in der Helix und zwei <u>C</u>ysteinreste (kurz: C2H2-Typ) im benachbarten antiparallelen Faltblatt koordinieren. *Der C2H2-Zinkfinger gehört zu den häufigsten Proteindomänen im menschlichen Genom überhaupt,* was für seine vielseitige Verwendbarkeit spricht. Sie kommt auch im **Transkriptionsfaktor SP1** vor, der an GC-reiche DNA-Segmente bindet, dort mit TAF/TBP (Abschnitt 20.1) interagiert und ihm den Weg an den Promotor von Haushaltsgenen weist (Abbildung 20.11). Zu den zinkfingerähnlichen Proteinen gehören **nucleäre Rezeptoren**, die die genregulatorischen Wirkungen von hydrophoben Hormonen – Steroidhormonen, Thyroninen, Calcitriol und Retinoiden – vermitteln (▶ Abschnitt 27.4). Die Rezeptoren für Steroidhormone besitzen je zwei Zinkfinger, die ihre Erkennungshelix im rechten Winkel zu einer zweiten Helix ausrichten; auch hier handelt es sich dabei meist um Dimere, die palindromische DNA-Sequenzen erkennen. Einige Regulationsfaktoren besitzen ganze Fingerreihen, mit denen sie multiple Kontakte zur DNA ausbilden; diese Multikontaktbindung ist besonders fest.

Viele Gene stehen unter der „Fuchtel" von cAMP: Ein Beispiel dafür ist das <u>c</u>AMP-<u>r</u>esponsive <u>P</u>rotein CRP von Prokaryoten. Wird CRP mit cAMP beladen, so bindet es an spezifische DNA-Sequenzen wie z. B. die CRP-Region am 5'-Ende des Promotors im *lac*-Operon von *E. coli*. Bei Eukaryoten verläuft die Genregulation durch cAMP über einen grundsätzlich anderen Mechanismus: Hier treten **cAMP-abhängige Kinasen** als Mittler auf. In der Regulatorregion vieler eukaryotischer Gene findet sich nämlich ein Palindrom, das als <u>c</u>AMP-<u>r</u>esponsives <u>E</u>lement CRE bezeichnet wird. Hier docken <u>CRE</u>-<u>b</u>indende Proteine, kurz **CREB** (engl. *<u>c</u>AMP-regulated <u>e</u>nhancer <u>b</u>inding)* an, sobald sie durch cAMP-aktivierte Proteinkinase A phosphoryliert worden sind (▶ Abbildung 28.11). CREBs sind Dimere mit einer ausgefallenen

Struktur: In ihren *C*-terminalen Segmenten tragen sie lang gestreckte Helices mit hydrophoben „Streifen", die meist von Leucinseitenketten gebildet werden. Über diese linear angeordneten Leucinreste lagern sich zwei CREB-Moleküle zu einer *coiled-coil*-Struktur zusammen, die dem Dimer ein Y-förmiges Aussehen verleiht. Dabei greifen die Leucinreste der beiden Monomere wie die Glieder eines Reißverschlusses (engl. *zipper*) ineinander: Wir sprechen daher auch von *leucine-zipper-Proteinen* ⬚ (Abbildung 20.12). Der *zipper* lässt weiter *N*-terminal gelegene basische Regionen von CREB frei: Mit diesen „Backen" nehmen die CREB-Dimere ihre palindromischen Zielsequenzen in den Zangengriff. An den *N*-

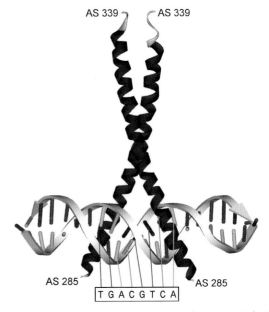

20.12 *Leucine zipper* im CREB-Dimer. Das *zipper*-Motiv liegt im *C*-terminalen Bereich des Proteins. Dabei greifen zwei CREB-Moleküle mit den hydrophoben Seitenketten ihrer Leucinreste ineinander. Die DNA-bindenden Domänen tragen bevorzugt basische Aminosäuren. Sie erkennen und binden spezifisch an die palindromische CRE-Bindungsstelle in den großen Furchen ihrer Ziel-DNA. Die Ziffern geben die Position der Aminosäuren (AS) in der Sequenz an. [AN]

Termini tragen CREBs Aktivierungsdomänen, die über Brückenproteine Kontakt zum Initiationskomplex aufnehmen und damit die Transkription regulieren (Abbildung 20.3).

Leucine-zipper-Proteine kommen auch als **Heterodimere** vor, die dann an asymmetrische Zielsequenzen binden: Dadurch wird das Spektrum der DNA-Zielsequenzen dieser Trankriptionsfaktoren beträchtlich erweitert. Prototyp eines solchen Heterodimers ist der Komplex aus **Jun A** und **Fos**, der an die sog. AP-1-Stelle von Promotoren bindet (▷ Abbildung 29.12). *Wir haben hier das Beispiel einer kombinatorischen Kontrolle: Wechselnde Koalitionen unterschiedlicher spezifischer Transkriptionsfaktoren können eine große Zahl von DNA-Zielsequenzen erkennen und mit den allgemeinen Transkriptionsfaktoren am Promotor interagieren.* Mit der Heterodimerisierung ist auch ein einfacher Mechanismus zur Regulation dieser Faktoren vorgegeben: Kombinieren aktive Faktoren mit CREBs, denen eine „Zangenbacke" – sprich: Erkennungshelix – fehlt, so entstehen unproduktive Dimere, die nicht mehr an DNA-Zielsequenzen binden können. Zur Identifizierung von Genen, an die Transkriptionsfaktoren spezifisch binden, eignet sich der DNA-Schutztest (engl. **DNA footprinting**; Exkurs 20.3).

Exkurs 20.3: DNA-Footprinting

Das Prinzip dieser Methode beruht auf dem selektiven Schutz von DNA-Segmenten vor Nucleaseabbau durch assoziierte Proteine. „Nackte" DNA ohne Bindungsproteine wird dagegen abgebaut. Dazu wird das 3'-Ende einer DNA mit ^{32}P radioaktiv markiert und mit **DNase I**, einer **Endonuclease**, inkubiert (▷ Exkurs 17.7). Diese Endonuclease kann die DNA praktisch an jedem „internen" Nucleotid spalten. Bei genügend kurzen Inkubationszeiten schneidet DNase I durchschnittlich jeden Strang nur einmal. Dabei entsteht ein kontinuierliches Spektrum an **DNA-Fragmenten**, das in der Gelelektrophorese nach Größe aufgetrennt wird. Im Autoradiogramm sind jedoch nur die Fragmente sichtbar, deren 3'-Ende radioaktiv markiert ist (Abbildung 20.13). Wird nun ein DNA-Segment von einem spezifischen Bindungsprotein geschützt, so kann die DNase I an dieser Stelle nicht schneiden: Der geschützte Bereich offenbart sich als Lücke und hinterlässt damit eine Spur (engl. *footprint*) im kontinuierlichen Spektrum der DNA-Fragmente. Bei Kenntnis der DNA-Sequenz lässt sich die Proteinbindungsstelle exakt kartieren.

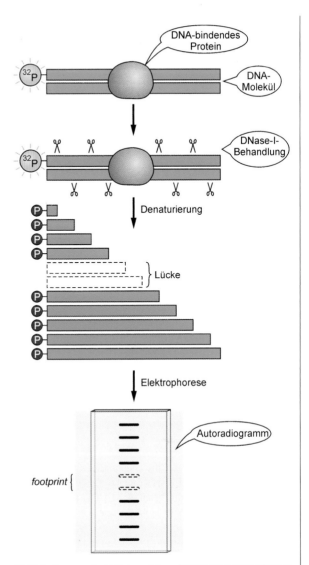

20.13 Kartierung von Proteinbindungsstellen auf DNA in einem DNase-Schutztest. DNA-Fragmente, die in Abwesenheit des schützenden Proteins gebildet würden, sind durch Strichelung angedeutet.

20.5 Enhancer und Silencer sitzen weitab vom Promotor

Wie können Genregulatoren die Transkriptionsinitiation gezielt beeinflussen? Dazu besitzen spezifische Transkriptionsfaktoren eigene **Aktivierungsdomänen**, die direkt oder indirekt an generische Transkriptionsfaktoren vom TFII-Typ binden und darüber die **Initiationsfrequenz** herauf- oder he-

rabsetzen. Andere Faktoren binden an regulatorische DNA-Sequenzen, die weitab vom Promotor liegen und darüber die Transkription hochregulieren: Wir sprechen von einem „Verstärker"-Element (engl. *enhancer*). Wie vermag ein **Enhancer** über eine Distanz von mehreren tausend Basenpaaren hinweg zu wirken? Die einfachste Erklärung ist, dass der Genregulator eine **Schleifenbildung** im DNA-Segment zwischen Enhancer und Promotor induziert und dadurch die beiden regulatorischen Elemente in räumliche Nähe bringt (Abbildung 20.14). Tatsächlich können die enhancer-

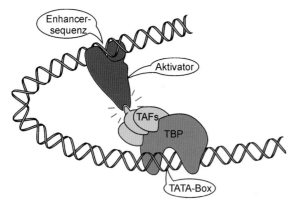

20.14 Enhancerelemente in eukaryotischer DNA. Regulatorproteine binden an spezifische DNA-Sequenzen, die mehrere kbp vom Promotor entfernt liegen können. Durch Schleifenbildung der intervenierenden DNA werden Regulatorproteine und TAFs im Initiationskomplex auf Tuchfühlung gebracht. Oft sind weitere Brückenproteine an der Transkriptionsaktivierung beteiligt (hier nicht gezeigt).

gebundenen Genregulatoren an die Proteine des Initiationskomplexes oder gar direkt an die RNA-Polymerase binden und dadurch den Transkriptionsstart erleichtern: *Diese Genregulatoren erfordern also ein Zusammenspiel von allgemeinen und spezifischen Transkriptionsfaktoren.* Genregulatoren können die Transkriptionsinitiation auch hemmen: Die DNA-Zielsequenzen dieser Repressoren werden als **Silencer**-Sequenzen (engl. *silencer*, Dämpfer) ⏧ bezeichnet.

Aktivatoren und Repressoren sind oftmals Komponenten von **Multiproteinkomplexen**, die kooperativ an DNA binden; dabei können einzelne Faktoren durchaus auch an mehreren regulatorischen Ensembles beteiligt sein. Diese „Promiskuität" ist eine weitere Variante kombinatorischer Kontrolle, die wir vor allem bei der eukaryotischen Transkriptionskontrolle antreffen. Ein gutes Beispiel für eine komplexe Genregulation bietet der Locus der β-**Globingengruppe**, der sich über rund 100 000 Basenpaare erstreckt. Die räumliche Anordnung der Globingene auf der DNA spiegelt dabei den zeitlichen Ablauf ihrer Expression in der Entwicklung eines menschlichen Organismus wider. In der Embryonalperiode werden die am weitesten 5'-terminal gelegenen Gene exprimiert, während in der adulten Phase die 3'-terminalen Gene aktiv sind. Eine Vielzahl von Kontrollelementen – Promotoren, Aktivatoren, Repressoren, Enhancer, Silencer – orchestriert die stadienspezifische Expression der β-Globingene (Abbildung 20.15). Dabei steuert eine stromaufwärts gelegene **Locus-Kontrollregion** durch Wechselwirkung mit individuellen Promotoren die zelltypspezifische Expression der Globingene.

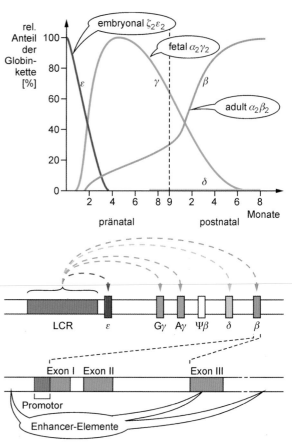

20.15 Kontrollelemente der β-Globingenfamilie. Oben: Stadienspezifische Expression der β-Globingengruppe während der Entwicklung des Menschen. Mitte: Ein LCR-Segment (engl. *locus control region*) koordiniert die Expression der verschiedenen Gene durch Wechselwirkung mit den individuellen Promotoren. Unten: Die Genstruktur des β-Globingens zeigt exemplarisch die Lage von Enhancerelementen, die auch intragenisch wie hier im Exon III lokalisiert sein können. (Ψβ: Pseudogen mit Ähnlichkeit zum β-Globingen). Gezeigt sind die stadienspezifischen Heterotetramere mit den Produkten der α-Globinfamilie (oben).

20.6

Posttranslationale Modifikationen steuern die Funktion von Transkriptionsfaktoren

Genregulatoren als „Weichensteller" der transkriptionalen Aktivität einer Zelle müssen sich einer sorgfältigen Kontrolle unterziehen. Häufig sitzen sie an der Spitze einer Reaktionskaskade, bei der ein Transkriptionsfaktor die Expression einer ganzen Gruppe von Genen für weitere Transkriptionsfaktoren steuert. Prominentes Beispiel dafür ist **Elk1**, ein Transkriptionsfaktor mit einem HTH-ähnlichen DNA-Bindungsmotiv, der nach Stimulation einer Zelle durch Wachstumsfaktoren von MAP-Kinase phosphoryliert und damit aktiviert wird (▶ Abbildung 29.12). Gemeinsam mit dem Faktor SRF aktiviert er die Transkription zahlreicher Genregulatoren, darunter den zentralen Transkriptionsfaktor Fos (▶Abbildung 29.12). Die **Phosphorylierung** von Elk1 ist hier also entscheidend für seine funktionelle Aktivität als Transkriptionsaktivator.

Im Falle des Transkriptionsfaktors **HIF1** (<u>H</u>ypoxie-<u>i</u>nduzierter <u>F</u>aktor) ist die **Hydroxylierung** des Proteins entscheidend. HIF1 spielt eine zentrale Rolle bei der Anpassung des zellulären Stoffwechsels an eine veränderte Sauerstoffverfügbarkeit. So hat O_2-Mangel **(Hypoxie)** eine verminderte Aktivität der mitochondrialen Atmungskette (▶Abschnitt 41.2) mit gedrosselter ATP-Produktion und erhöhter Freisetzung toxischer Sauerstoffradikale zur Folge (▶Exkurs 41.4). Die Zelle reagiert auf diesen Ausnahmezustand, indem sie über HIF-1 die Transkription zahlreicher Gene aktiviert. Zu den typischen Produkten der Zielgene von HIF1 gehören **Erythropoetin** ⬧, das die Erythropoese stimuliert (▶Tabelle 29.1), **VEGF** (engl. <u>v</u>ascular <u>e</u>ndothelial <u>g</u>rowth <u>f</u>actor), das die Angiogenese anregt (▶Abschnitt 35.10), sowie Transporter und Enzyme, die an der Aufnahme bzw. anaeroben Verwertung von Kohlenhydraten beteiligt sind (▶Abschnitt 39.5).

HIF1 ist ein Heterodimer aus zwei HLH-Proteinen, der O_2-abhängigen Untereinheit HIF1α und der konstitutiv exprimierten Untereinheit HIF1β (Abbildung 20.16). Ist genügend Sauerstoff in einer Zelle vorhanden **(Normoxie)**, so hydroxyliert O_2-abhängige **Prolyl-Hydroxylase PHD2** (▶Exkurs 8.1) die

α-Untereinheit an zwei Prolylresten. Diese Prolin-Hydroxylierung wird von der Ubiquitin-E3-Ligase VHL erkannt, die daraufhin HIF1α polyubiquitinyliert und dem proteosomalen Abbau zuführt (▶Abschnitt 19.11); die β-Untereinheit von HIF1 bleibt davon unberührt. Auf diese Weise hält die Zelle unter normoxischen Bedingungen ihren HIF1-Spiegel niedrig. **Hypoxische Bedingungen** inaktivieren hingegen PHD2 und drosseln damit die Hydroxylierung der α-Untereinheit, sodass nun HIF1α im Cytosol akkumuliert, mit HIF1β assoziiert und in den Zellkern translozieren kann, um dort im Konzert mit dem <u>CREB</u>-<u>b</u>indenden <u>P</u>rotein (CBP) die Transkription von Wachstumsfaktoren wie VEGF anzuregen. *Dieser ausgeklügelte Mechanismus, bei dem die Hydroxylierung die entscheidende Schalterfunktion besitzt, unterstreicht die Bedeutung einer fein austarierten Verfügbarkeit und Aktivität von Transkriptionsfaktoren.*

20.7

Chemische Modifikation von Histonen reguliert die Expression von Genen

Wie wir bereits gesehen haben, ist die gesamte nucleäre DNA auf Nucleosomen aufgewickelt, die sich zu Chromatinfasern organisieren und auf engstem Raum verpackt sind (▶Abbildung 16.14). Wie können Genregulatoren an eine derart dicht verpackte DNA binden und die Transkription steuern? Sind ihre Zielsequenzen von Nucleosomen ausgespart, dann können die Transkriptionsfaktoren ohne Probleme ans Werk gehen. Sind ihre DNA-Bindungsplätze jedoch durch Nucleosomen besetzt, müssen die Transkriptionsfaktoren erst einmal Vorarbeit leisten und die Nucleosomenspulen auflockern, um sich Zutritt zu verschaffen. Dazu hat eine Reihe von Transkriptionsfaktoren die Fähigkeit akquiriert, Histone kovalent zu modifizieren. So fungiert CBP (Abschnitt 20.6) als **Histon-Acetyl-Transferase (HAT)**, indem sie die ε-Aminogruppen von Lysinresten in DNA-bindenden Histonen acetylieren kann (Abbildung 20.17). Dadurch verlieren diese ihre positive Ladung und können keine Salzbrücken mehr bilden, was eine Auflockerung des Nucleosomenkerns und letztlich eine verbesserte Zugänglichkeit von regulatorischen DNA-Sequenzen zur Folge hat. Gegenspieler der HATs sind **Histon-Deacetylasen (HDAC)**, die Acetylreste gezielt von modifizierten Lysinresten entfernen. Histone können außerdem durch **Methylierung**, **Ribosylierung** sowie **Phosphorylierung** modifiziert werden. Das genspezifische Modifikationsmuster von Histonen wird griffig als **Histoncode** bezeichnet; allerdings sind Mechanismen und Regelwerke, nach denen der Histoncode die Genexpression instruiert, noch weitgehend ungeklärt.

Generell unterscheiden wir zwei unterschiedlich stark kondensierte Formen von Chromatin ⬧. **Euchromatin** ist transkriptional aktiv, während das hochkondensierte **Hetero-**

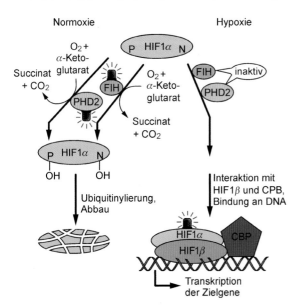

20.16 Sauerstoffabhängige Regulation von HIF-1α. Die Prolyl-Hydroxylase PDH2 sondiert über ihre Fe^{2+}-Häm-Gruppe die O_2-Konzentration in der Zelle. Unter normoxischen Bedingungen hydroxyliert sie HIF1α an zwei Prolinresten (P), an die daraufhin VHL-Protein (<u>von Hippel-Lindau</u>) bindet und den proteasomalen Abbau einleitet. Unter hypoxischen Bedingungen ist PDH2 inaktiv, HIF1α akkumuliert und kann nun mit HIF1β assoziieren und in den Zellkern translozieren. Im Verein mit CBP (<u>CREB</u>-bindendes Protein) aktiviert der HIF-Komplex seine Zielgene. Neben PDH2 hydroxyliert auch die Asparaginyl-Hydroxylase FIH die α-Untereinheit von HIF1 an einem Asparaginrest (N) und reguliert damit seine Aktivität.

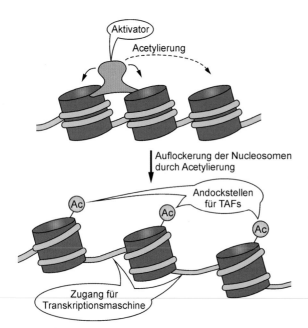

20.17 Auflockerung von Nucleosomen. Durch chemische Modifikationen der Histone können Genregulatoren eine Auflockerung der dicht gepackten DNA bewirken und damit den Weg für die Anlagerung von allgemeinen Transkriptionsfaktoren des Initiationskomplexes frei machen. TAFs können auch direkt an acetylierte Lysinreste der Histone binden.

chromatin eine Barriere für Genregulationsfaktoren darstellt. Diese Bereiche des Genoms sind im Allgemeinen transkriptional inaktiv. Ein extremes Beispiel für Chromatinkondensation ist das **inaktive X-Chromosom** weiblicher somatischer Zellen, auch **Barr-Körperchen** 🖱 genannt, das permanent inaktiviert ist. Die Ruhigstellung definierter Genbereiche im Heterochromatin kann permanent oder transient sein. Der LCR-Schalter der β-**Globingengruppe** (Abbildung 20.15) scheint eine wichtige Rolle bei der Auflockerung von dicht gepacktem Chromatin zu spielen, da Mutationen in der LCR-Sequenz die Expression der nachgeschalteten Gengruppe vollständig unterdrücken und zu schweren β-Thalassämien mit Ausfall der β-Globinsynthese führen (▶Exkurs 17.5).

20.8

Die Methylierung von CG-reichen Regionen inaktiviert Gene

Eine weitere Facette der Genregulation ist die **DNA-Methylierung**: Vertebraten wandeln nämlich etwa 4 % ihrer DNA-ständigen Cytosinreste in 5-Methylcytosin um. Die Basenpaarung bleibt davon unberührt (Abbildung 20.18). Typischerweise werden 5'-CG-3'-reiche Regionen methyliert; diese **CpG-Inseln** sind besonders häufig 5'-terminal von Strukturgenen anzutreffen. Typischerweise sind CpG-Inseln, die stromaufwärts von *nicht*transkribierten Genen liegen,

20.18 Methylierung von DNA-Basen. In Eukaryoten findet man typischerweis 5-Methylcytosin als methylierte Base. Prokaryoten besitzen vor allem N^6-Methyladenin. In Bakterien spielt die Methylierung eine überragende Rolle bei der regulierten Spaltung von DNA durch Endonucleasen (▶Abschnitt 22.1).

methyliert, während sie bei transkriptions*aktiven* Genen unmethyliert sind. *Der Methylierungsstatus der CpG-Inseln korreliert offenbar mit der Expression nachgeschalteter Gene.*

Das DNA-Methylierungsmuster wird zuverlässig von einer Zellgeneration zur nächsten weitergegeben. Bei der Replikation methyliert eine **Methyl-Transferase**, auch Methylase genannt, spezifisch die C-Reste eines CpG-Dupletts, das bereits mit einem komplementären, bereits methylierten GC-Duo interagiert (Abbildung 20.19). Die Methylierung wird gezielt eingesetzt, um Differenzierungsschritte festzuschreiben: Methylierte DNA-Sequenzen binden regulatorische Proteine wie das **Methyl-CpG-Bindungsprotein** (MeCP), das dann ihre transkriptionale Aktivität blockiert. Die genauen Mechanismen der differenziellen Genexpression durch DNA-Methylierung sind allerdings noch nicht verstanden. Die Methylierung scheint auch eine wichtige Rolle beim **Im-**

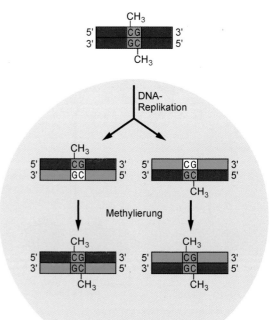

20.19 Vererbung von Methylierungsmustern. Vorhandene Methylcytosinreste dirigieren Methylasen an das GC-Nucleotid des Gegenstrangs, wo sie den Cytosinrest methylieren („Erhaltungsmethylase"). Auf diese Weise werden Methylierungsmuster über Generationen weitergegeben. [AN]

printing ✎ zu spielen: Maternalen bzw. paternalen Kopien einzelner Gene kann nämlich ein chemischer „Stempel" aufgedrückt werden: Eines der beiden allelischen Gene ist methyliert und damit inaktiv, während das andere unmethyliert und damit transkriptional aktiv ist. Defekte in einem unmethylierten Gen können nicht mehr balanciert werden, wenn das andere Gen dauerhaft inaktiviert ist. Imprinting scheint eine wichtige Rolle während der Fetal- und Embryonalentwicklung zu spielen.

Genspezifische DNA-Methylierungsmuster, Modifikationen von Histonproteinen und weitere Mechanismen, die Einfluss auf Struktur und Funktion des Chromatins nehmen, führen also zu mehr oder weniger stabilen Unterschieden in der Genfunktion, die sich nicht auf Unterschiede in der DNA-Sequenz zurückführen lassen. Dieses Phänomen (bzw. dessen Untersuchung) wird zusammenfassend als **Epigenetik** bezeichnet. *Jede Zelle eines Organismus besitzt also bei gleichem Genom ihr individuelles* **Epigenom**. Der epigenetische Zustand einer Zelle kann auch durch experimentelle Manipulationen beeinflusst werden. Ein bemerkenswertes Beispiel stellt die Reprogrammierung von differenzierten Körperzellen zu stammzellähnlichen iPS-Zellen (induzierte pluripotente Stammzellen) dar, die Hoffnungen auf neue Formen der Gentherapie schüren (Exkurs 20.4).

✎ Exkurs 20.4: Gentherapie mit iPS-Zellen der Maus

Stammzellen können Tochterzellen generieren, die entweder ebenfalls Stammzelleigenschaften besitzen oder sich zu verschiedenen Zelltypen differenzieren. Neben **pluripotenten embryonalen Stammzellen**, die Keimbahnzellen und alle Typen somatischer Zellen generieren, gibt es auch **multipotente postembryonale Stammzellen** mit eingeschränktem Differenzierungspotenzial. Gelänge es, für jeden Patienten „maßgeschneiderte" iPS-Zellen herzustellen, so könnten diese durch autologe Transplantation Zellen ersetzen, die bei Herzinfarkt, Querschnittlähmung, Autoimmun- oder neurodegenerativer Erkrankungen verloren gehen. Diese Vision wurde mit iPS-Zellen im **Mausmodell** der Sichelzellanämie getestet (Abbil-

dung 20.20). Dazu wurden in die genomische DNA adulter Mausfibroblasten Gene für Transkriptionsfaktoren Oct4, Sox2, Klf 4 und Myc integriert. Nach *In-vitro*-Korrektur der Punktmutation im β-Globingen mithilfe retroviraler Vektoren (▶ Abschnitt 23.11) wurde die Differenzierung der iPS-Zellen in hämatopoetische Vorläuferzellen mittels Erythropoetin induziert. Nach Reimplantation lieferten die manipulierten iPS-Zellen voll funktionsfähige Erythrocyten in der Maus. Allerdings ist die Herstellung von Transgenen ebenso wie die Verwendung retroviraler Vektoren derzeit noch mit einem erheblichen Risiko behaftet (▶ Exkurs 23.7) und kann nicht ohne weiteres beim Menschen eingesetzt werden.

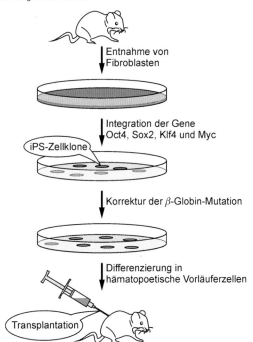

20.20 Erzeugung von iPS-Zellen. Ausdifferenzierte Fibroblasten werden durch Integration der Gene für vier Transkriptionsfaktoren zu iPS-Zellen „reprogrammiert". Sie zeigen Muster der DNA-Methylierung, Histonmodifikation und Genexpression, die der Situation in authentischen embryonalen Stammzellen nahekommen. Die manipulierten iPS-Zellen können verschiedene Differenzierungswege einschlagen, so auch den hämatopoetischen Weg. [AN]

Innerhalb eines zellulären Verbands verschafft die differenzielle Genexpression jedem Zelltypus ein unverwechselbares Profil. Die Bewahrung dieser im Laufe der Entwicklung und Differenzierung eines Organismus erworbenen Individualität ist ein hohes Gut, für das Zellen aufwändige molekulare Mechanismen entwickelt haben. Nicht minder wichtig ist die korrekte Verdopplung und Weitergabe der genetischen Information einer Zelle, der wir uns nun zuwenden.

Zusammenfassung

- **Promotoren** der mRNA-codierenden Gene von Eukaryoten enthalten charakteristische DNA-Sequenzelemente, darunter meist eine **TATA-Box**. Hier bildet sich ein **Initiationskomplex** aus **allgemeinen Transkriptionsfaktoren**, der wiederum die Plattform für **RNA-Polymerase II** darstellt. **Spezifische Transkriptionsfaktoren** binden an unterschiedliche Regulatorsequenzen am oder auch in einiger Entfernung vom Promotor. Sie werden in **Aktivatoren** und **Repressoren** unterteilt.

- Transkriptionsfaktoren werden nach der Natur der Sekundärstrukturelemente, die an DNA-Erkennung und DNA-Bindung beteiligt sind, als **Helix-loop-Helix-(HLH-)Proteine, Helix-turn-Helix-(HTH-)Proteine, Zinkfingerproteine** oder **leucine-zipper-Proteine** bezeichnet. Häufig bilden sie Dimere, die an palindromartige Erkennungssequenzen binden. Ihre Wirkung beruht auf Interaktion mit dem Initiationskomplex.

- Die Sondenregion der **HTH-Proteine** besteht aus einer **Erkennungshelix**, die in die große Furche der DNA bindet, und einer **stabilisierenden Helix**, die in einem Winkel von $120°$ zur Erkennungshelix angeordnet ist. Das HTH-Motiv kommt bei Prokaryoten und Eukaryoten vor, so bei **Homöobox-Proteinen**, die die frühe **Embryonalentwicklung** steuern.

- Zur großen Gruppe der **Zinkfingerproteine** gehören **Rezeptoren für lipophile Hormone** (Steroide, Thyronine, Calcitriol, Retinoide). Die Seitenketten von Cystein- bzw. Histidinresten chelatisieren ein zweiwertiges Zinkion und richten damit die **Erkennungshelix** aus. Zu den **Leucine-zipper-Proteinen** gehört **CREB**, das nach Phosphorylierung an **cAMP-responsive Elemente (CRE)** bindet. Leucine-zipper-Proteine können **Heterodimere** bilden, die asymmetrische Zielsequenzen erkennen.

- **Aktivatoren** und **Repressoren**, die an **Enhancer-** und **Silencer**-Sequenzen fernab des Promotors binden, interagieren vermutlich über **DNA-Schleifenbildung** mit Proteinen des Initiationskomplexes oder direkt mit der RNA-Polymerase. Die räumliche Anordnung der **Globingene** auf der DNA spiegelt den zeitlichen Ablauf ihrer Expression wider. Eine stromaufwärts gelegene **Locus-Kontrollregion** kontrolliert die stadienspezifische Expression der β-Globingene durch Wechselwirkung mit individuellen Promotoren.

- Allgemeine und spezifische Transkriptionsfaktoren sowie Enhancer und Silencer werden unter dem Oberbegriff der **Genregulatoren** subsumiert. Bei einer Steigerung der Transkriptionsfrequenz sprechen wir von **Aktivatoren**; bei einer Frequenzminderung handelt es sich um **Repressoren**.

- **Posttranslationale Modifikationen** regeln die Aktivität vieler Transkriptionsfaktoren. Dazu gehört die aktivierende **Phosphorylierung** wie z. B. bei **Elk1**. Die α-Untereinheit von **HIF1** wird unter normoxischen Bedingungen durch **Pro-** und **Asn-Hydroxylierung** inaktiviert und im **Proteasom** degradiert. **Hypoxie** inaktiviert die beteiligten Hydroxylasen; dadurch kann HIF1α nun mit HIF1β assoziieren und die Expression seiner Zielgene induzieren.

- Chromatin liegt in unterschiedlich stark kondensierten Formen vor. Aktives **Euchromatin** enthält in der Regel die transkribierten DNA-Segmente, während hochkondensiertes **Heterochromatin** transkriptional inaktiviert ist. Prototyp ist das **inaktivierte X-Chromosom (Barr-Körperchen)** weiblicher somatischer Zellen.

- Die Interaktion zwischen Nucleosomen und DNA wird häufig vor Beginn der Transkription durch **Methylierung, Ribosylierung** oder **Phosphorylierung** der Histonproteine gelockert. Einige Transkriptionsfaktoren wie z. B. **CBP** sind **Histon-Acetyl-Transferasen (HAT)**; ihre Gegenspieler sind **Histon-Deacetylasen (HDAC)**.

- **CpG-Inseln** bezeichnen 5'-CG-3'-Sequenzen, die 5'-stromaufwärts von Strukturgenen liegen. Die Methylierung von Cytosinresten der CpG-Inseln zu **5-Methylcytosin** führt meist zu transkriptionaler Inaktivität nachgeschalteter Gene. **Imprinting** ist die wechselseitige ausschließliche **Methylierung** der maternalen *oder* paternalen Kopien eines Gens. Sie spielt eine wichtige Rolle in der **Fetal-** und **Embryonalentwicklung**. DNA-Methylierung und Histonmodifikationen bilden die molekulare Basis einer **epigenetischen Kontrolle** von Genfunktionen.

Replikation – Kopieren genetischer Information

Kapitelthemen: 21.1 Semikonservative Replikation von DNA 21.2 Origin-bindende Proteine 21.3 Synthese des Folgestrangs 21.4 Telomerase 21.5 Präzision der Replikation 21.6 Postreplikative Reparatur 21.7 Topoisomerasen 21.8 Nucleosomen

Alle somatischen Zellen eines Organismus besitzen prinzipiell dieselbe genetische Information in Form ihres nucleären DNA-Datenspeichers. Vor jeder Teilung muss eine parentale Zelle ihre DNA daher exakt replizieren und einen vollständigen DNA-Satz an die Tochterzelle weiterreichen. Was konzeptionell einfach klingt, erfordert *in vivo* eine komplexe Maschinerie aus Enzymen sowie Regulator- und Helferproteinen, die DNA-Stränge mit hoher Geschwindigkeit und Präzision kopieren. Der fundamentale Vorgang der *Replikation* läuft bei Eukaryoten unter dem Schutzmantel des Zellkerns ab. Prokaryoten haben keinen Zellkern und replizieren daher im Cytoplasma. Bakterien betreiben die DNA-Replikation mit der erstaunlichen Geschwindigkeit von etwa 600 Basenpaaren pro Sekunde. Menschliche Enzymsysteme arbeiten mindestens dreimal langsamer – vermutlich wegen der Histonverpackung ihrer Gene. Die *Fehlerquote* der Replikation ist bei höheren Eukaryoten mit rund $1 : 10^{10}$ extrem niedrig, d. h. es kommt durchschnittlich nur bei jeder zehnmilliardsten Base zu einem Fehler! Eine ausgeklügelte Strategie zur Korrektur von Kopierfehlern ermöglicht diese phänomenale Präzision. Wir wollen uns in diesem Kapitel mit der molekularen Feinmechanik der Replikationsmaschinerie befassen, die den Fortbestand und gleichermaßen – wie wir noch sehen werden – die Fortentwicklung der Arten sichert.

einzelne Desoxyribonucleosidtriphosphate, d. h. dATP, dCTP, dGTP, dTTP oder allgemein dNTP, kovalent unter Abspaltung von Pyrophosphat zu einem neuen DNA-Polymer.

$$(DNA)_n + dNTP \rightleftharpoons (DNA)_{n+1} + PP_i$$
$$(n = \text{Anzahl der Nucleotide})$$

Diese reversible Reaktion wird durch die Wirkung einer **Pyrophosphatase**, die Pyrophosphat (PP_i) in einer exergonen Reaktion in zwei anorganische Phosphate (P_i) spaltet, in Richtung Kettenverlängerung getrieben: Pro eingebautem Nucleotid werden also *zwei* energiereiche Bindungen gespalten. Da die Synthese simultan an beiden Matrizensträngen abläuft, entstehen zwei vollständig neue **Tochterstränge**, die zu den parentalen Strängen komplementär sind. Die beiden neu gebildeten DNA-Doppelhelices sind untereinander vollständig identisch. Da sie aus je einem Tochter- bzw. Elternstrang bestehen, sprechen wir von **semikonservativer Replikation** 🖰.

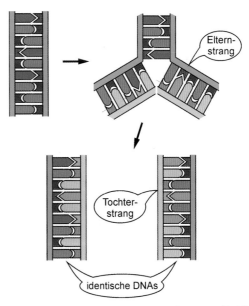

21.1 Semikonservative Replikation. Die getrennten Elternstränge (dunkelgrün) dienen als Matrize für die Synthese von zwei Tochtersträngen (hellgrün).

Die DNA-Replikation ist semikonservativ

Evolutionär betrachtet ist der fundamentale Prozess der **DNA-Replikation** 🖰 schon sehr früh entwickelt worden und hat sich von *Escherichia coli* bis zum *Homo sapiens* kaum verändert. Im Folgenden sind daher oft die Vorgänge bei **Prokaryoten** dargestellt, bei denen sie auch am besten verstanden sind. Die Aufgabe bei der Replikation ist klar definiert: Ein identisches Abbild einer Doppelhelix ist herzustellen. Dazu müssen erst einmal die beiden komplementären Stränge voneinander getrennt werden; die Einzelstränge dienen jeweils als Matrize für die Synthese komplementärer Stränge (Abbildung 21.1). **DNA-Polymerasen** 🖰 verknüpfen dabei

An der Replikation sind fünf Haupttypen von Enzymen beteiligt, deren Wirkungsweise wir im Folgenden näher unter die Lupe nehmen wollen: DNA-Polymerasen, Primasen, Ligasen, Helikasen und Topoisomerasen; Eukaryoten benötigen zusätzlich noch Telomerasen. Die DNA-Polymerasen synthetisieren einen neuen DNA-Strang immer in 5'→3'-Richtung. Sie benötigen, ähnlich wie RNA-Polymerase, als Matrize den entwundenen parentalen DNA-Einzelstrang, der über Basenpaarung das jeweils passende Nucleotid für die Polymerase präsentiert (Abbildung 21.2). Das wichtigste replikative Enzym bei *E. coli* ist die **DNA-Polymerase III**, beim Menschen sind es die DNA-Polymerasen δ und ε (Tabelle 21.1).

Anders als RNA-Polymerase kann DNA-Polymerase *keine* freien Nucleotide verknüpfen. Vielmehr benötigt sie als Starthilfe ein Oligonucleotid: Die Sequenz dieses **Starters** (engl. *primer*) kann entweder eine RNA oder eine DNA sein. Bei der Replikation sind Enzyme vom Typ der **Primasen** tätig, die eine Vorreiterrolle übernehmen und ein kurzes Stück komplementärer RNA von ca. 3 – 10 Ribonucleotiden synthetisieren: Wir haben es hier mit spezialisierten RNA-Polymerasen zu tun (Abbildung 21.3; Tabelle 21.1). An das freie 3'-OH-Ende eines solchen **Primers** kann nun DNA-Polymerase III den Instruktionen der Matrize folgend weitere Nucle-

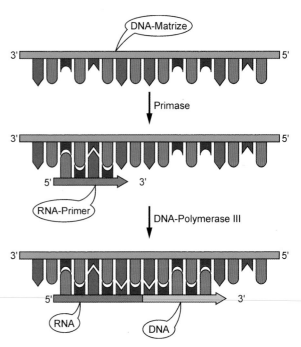

21.3 DNA-abhängige Primase. Die DNA-Replikation startet mit der Synthese eines kurzen RNA-Fragments (grau) durch eine RNA-Polymerase, an dem dann DNA-Polymerase ansetzt. Dieser RNA-Primer wird zu einem späteren Zeitpunkt der Replikation wieder entfernt.

otide anfügen. Zu einem späteren Zeitpunkt der Replikation wird der RNA-Primer wieder entfernt. Um diese zunächst unnötig kompliziert wirkende Strategie zu verstehen, werden wir sie noch einmal im Zusammenhang mit den Präzisionsanforderungen bei der Replikation betrachten (Abschnitt 21.5).

DNA-Polymerase III erbringt durch ihren komplexen Aufbau eine optimale Syntheseleistung: Ein dimeres **core-Enzym** (engl. *core*, Kern) der Zusammensetzung $\alpha_2\varepsilon_2\theta_2\tau_2$ ist für die Polymeraseaktivität verantwortlich (Abbildung 21.4). Alleine verknüpft das *core*-Enzym jedoch nur etwa 60 Nucleotide pro DNA-Bindungsereignis, da es wieder von der DNA „abfällt" – wir sprechen von geringer **Prozessivität**. Daher stehen akzessorische Proteine der DNA-Polymerase zur Seite: Ein γ-Komplex, der selbst aus mehreren Proteinuntereinheiten aufgebaut ist, erkennt und bindet an das 3'-OH-Ende des Primers und belädt unter ATP-Verbrauch den parentalen Strang mit zwei β-Untereinheiten (Tabelle 21.1), die einen Ring um den Startpunkt der Replikation legen. Das *core*-Enzym bindet an diesen **Gleitring**, der nun an der Führungsschiene des Elternstrangs entlangläuft, dabei die Polymerase in Position hält und damit letztlich ihre Prozessivität enorm erhöht: Einmal an DNA gebunden, kann die DNA-Polymerase mehr als 10 000 Nucleotide am Stück synthetisieren. Beim Menschen besteht der Gleitring aus dem trimeren Protein **PCNA** (engl. *proliferating cell nuclear antigen*), während die ATP-abhängige Beladungsmaschinerie als RFC-Komplex (engl. *replication factor C*) bezeichnet wird (Tabelle 21.1).

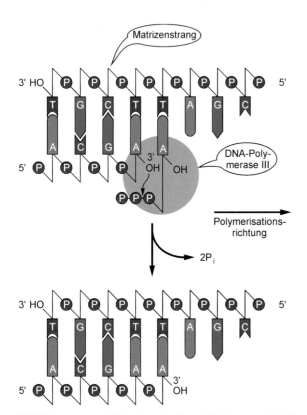

21.2 Matrizengesteuerte DNA-Synthese. Das Enzym DNA-Polymerase III knüpft Nucleotide, die als Desoxyribonucleosidtriphosphate angeliefert werden, kovalent über eine Phosphodiesterbindung an das 3'-Ende einer wachsenden Polynucleotidkette. Die DNA-Synthese läuft immer in 5'→3'-Richtung; dabei wird der Matrizenstrang in 3'→5'-Richtung abgetastet.

Tabelle 21.1 Enzyme und akzessorische Proteine für die Replikation und Reparatur von DNA in Pro- und Eukaryoten[1].

Enzym/akzessorisches Protein	Quartärstruktur	enzymatische Aktivität	physiologische Funktion
Prokaryoten			
DnaG-Protein	1 Polypeptid	Primase	DNA-Replikation: Synthese der RNA-Primer
DNA-Polymerase I	1 Polypeptid (103 kd)	Polymerase	DNA-Reparatur
		5'-3'-Exonuclease	DNA-Replikation: Entfernung der Primer
		3'-5'-Exonuclease	Korrekturlesen
DNA-Polymerase II	1 Polypeptid (88 kd)	Polymerase	DNA-Reparatur
		3'-5'-Exonuclease	Korrekturlesen
DNA-Polymerase III	4 Untereinheiten (Dimer): α_2, ε_2, θ_2, τ_2	Polymerase	DNA-Replikation
		3'-5'-Exonuclease	Korrekturlesen
Gleitring	2 Untereinheiten: β_2		akzessorisch zu Pol III
γ-Komplex	5 Untereinheiten: γ, δ, δ', ψ, χ	ATPase	akzessorisch zu Pol III
Eukaryoten (Mensch)			
DNA-Polymerase α	5 Untereinheiten	RNA- und DNA-Polymerase	Synthese der RNA-Primer und Verlängerung mit 20–30 DNA-Nucleotiden
DNA-Polymerase β	1 Polypeptid	Polymerase	DNA-Reparatur
DNA-Polymerase γ	2 Untereinheiten	Polymerase	mitochondriale Replikation
		3'-5'-Exonuclease	
DNA-Polymerase δ	5 Untereinheiten	Polymerase	nucleäre DNA-Replikation
		3'-5'-Exonuclease	
DNA-Polymerase ε	5 Untereinheiten	Polymerase	nucleäre DNA-Replikation
		3'-5'-Exonuclease	
Gleitring	PCNA-Trimer[2]		akzessorisch zu Pol δ und ε
RFC-Komplex	6 Untereinheiten	ATPase	akzessorisch zu Pol δ und ε

[1] Neben den aufgeführten Enzymen besitzt *E. coli* noch zwei (Typ IV und V) und der Mensch noch mindestens 10 weitere DNA-Polymerasen, die u.a für DNA-Reparaturvorgänge sowie für die Replikation von geschädigter DNA durch Transläsionssynthese zuständig sind.
[2] humanes Ringklemmenprotein (engl. *proliferating cell nuclear antigen*)

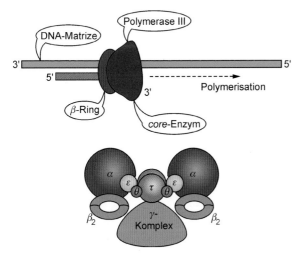

21.4 Assemblierung und Fixierung von DNA-Polymerase III an der DNA bei *E. coli*. Oben: Ein Gleitring aus zwei β-Untereinheiten fixiert die DNA-Polymerase am Matrizenstrang. Unten: Die Polymerase zeigt eine optimale Prozessivität, wenn alle Untereinheiten zum Holoenzym assembliert sind. Der dimere Aufbau garantiert die simultane Replikation beider Parentalstränge.

Origin-bindende Proteine eröffnen die Replikation

Betrachten wir nun die Abläufe bei der Replikation im molekularen Detail. Am Beginn steht die **Öffnung der DNA-Doppelhelix**, bei der die komplementären Stränge voneinander getrennt werden müssen, damit sie als Matrizen für die Synthese der Tochterstränge dienen können. Normalerweise ist die DNA-Doppelhelix sehr stabil und widersteht auch hohen Temperaturen. Erst bei der sog. **Schmelztemperatur**, die häufig bei 70–80 °C liegt, windet sich die Doppelhelix auf und gibt die Einzelstränge frei. Bei physiologischen Temperaturen müssen doppelstrangbindende Proteine wie das Protein **DnaA** diese delikate Aufgabe übernehmen. Sie binden an ein bestimmtes Segment – den **Replikationsursprung** (engl. *origin of replication*, kurz **ori**) – und verbiegen die DNA dabei so stark, dass sich die Doppelhelix auf einem kurzen Stück von etwa 13 Basenpaaren öffnet (Abbildung 21.5). Nun lagern sich **einzelstrangbindende Proteine**, kurz **SSB-Proteine** (engl.

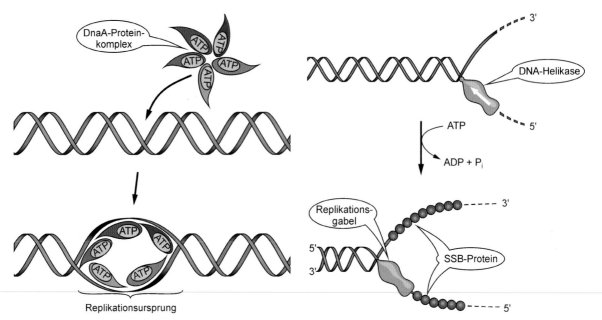

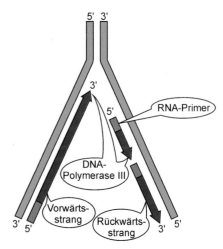

21.5 Initiation der prokaryotischen Replikation. Multiple Einheiten aus ATP-beladenem DnaA lagern sich an die Erkennungssequenzen des Replikationsursprungs an und öffnen die Doppelhelix, sodass die Basenpaarung auf einer Länge von ca. 13 Nucleotiden „aufgeht". Nachfolgend wird DnaA durch ATP-Hydrolyse inaktiviert; damit wird eine ständig wiederholte Replikationsinitiation verhindert. [AN]

21.6 DNA-Helikase bei der Arbeit. Zwei Typen von bakteriellen Helikasen laufen direktional in 5'→3'- bzw. 3'→5'-Richtung entlang eines Strangs; hier ist die 5'-3'-Helikase bei der Aufgabelung der Doppelhelix gezeigt. Durch kooperative Bindung der SSB-Proteine wird die DNA gestreckt und bildet dadurch eine Führungsschiene für DNA-Polymerase.

single strand binding proteins), an und stabilisieren damit den „offenen" Komplex.

Die DNA-bindenden Proteine schaffen eine Plattform für das Enzym **Helikase**, das am offenen Komplex andockt und den Doppelstrang weiter aufhebelt. Die DNA-Helikase kann als ATP-bindendes und -spaltendes Enzym die bei der ATP-Hydrolyse frei werdende Energie in mechanische Arbeit umwandeln: Wir haben hier ein weiteres Beispiel für ein „**Mechanoenzym**" (▶ Abschnitt 9.3). Die ATP-getriebene Helikase wandert nun entlang der Doppelhelix und trennt dabei die komplementären Stränge voneinander (Abbildung 21.6). Da die aufgewundenen Stränge aufgrund ihrer Komplementarität zur Reassoziation neigen, werden sie durch SSB-Proteine stabilisiert. Dabei fassen SSB-Proteine den Einzelstrang mit „Fingerspitzen" an und lassen so die Basen frei für die Anlagerung komplementärer Nucleotide: Damit bleibt die Matrizenfunktion für die Synthese des neuen Strangs erhalten.

Die aufgewundenen DNA-Stränge bilden eine Y-förmige Struktur, die als **Replikationsgabel** 🖰 bezeichnet wird. Primasen synthetisieren nun nach den Instruktionen der DNA-Matrize auf beiden Gabel-„Zinken" jeweils einen RNA-Primer; dabei arbeiten sie in 5'→3'-Richtung. Ist der Primer fertig, so lagert sich **DNA-Polymerase III** an den Komplex an und verlängern die Primer. Dabei gibt es ein Problem, das wir bisher außer Acht gelassen haben: Die Einzelstränge, die als Matrizen dienen, sind antiparallel angeordnet (3'→5' vs. 5'→3'), während DNA-Polymerasen ausschließlich in 3'→5'-Richtung ablesen und dementsprechend auch nur in 5'→3'-Richtung synthetisieren können. Die DNA-Polymerasen an den beiden Ma-

trizen müssen folglich in unterschiedlicher Weise arbeiten. Die Synthese des **Vorwärts-** oder **Leitstrangs** (engl. *leading strand*) erfolgt dabei unproblematisch entlang der 3'→5'-Matrize in Richtung Replikationsgabel, da Syntheserichtung und Matrizenorientierung übereinstimmen: Die Helikase wandert als „Triebkopf" voraus, und die Polymerase eilt hinterher (Abbildung 21.7). *Ein einziger RNA-Primer reicht daher aus, um eine kontinuierliche Synthese des Leitstrangs in Gang zu setzen.*

21.7 Struktur der Replikationsgabel. Beide Tochterstränge werden in 5'→3'-Richtung synthetisiert. Der Leit- oder Vorwärtsstrang wird kontinuierlich am 3'→5'-Matrizenstrang unmittelbar hinter der voranschreitenden Replikationsgabel synthetisiert. Der Rückwärts- oder Folgestrang hat eine umgekehrte Orientierung: Hier ist die Syntheserichtung von der Replikationsgabel weg gerichtet.

Der komplementäre Strang wird in gegenläufiger Richtung synthetisiert und deshalb als **Rückwärtsstrang** oder **Folgestrang** (engl. *lagging strand*) ✍ bezeichnet: Formell gesehen synthetisiert die DNA-Polymerase „von der Gabel weg". Aufgrund dieser ungünstigen Orientierung ist zur Folgestrangsynthese ein bedeutend aufwändigerer Mechanismus notwendig. Die Polymerase erzeugt hier kurze DNA-Stücke mit etwa 135 Nucleotiden (Säuger) oder 1 000 bis 2 000 Nucleotiden (*E. coli*), stoppt und setzt erneut an. Die Synthese des Folgestrangs ist also erst einmal Stückwerk, und die entstehenden, nach ihrem Erstbeschreiber benannten **Okazaki-Fragmente** werden erst sekundär zu einem kontinuierlichen Strang verknüpft (Abschnitt 21.3). Entsprechend erfordert die Folgestrangsynthese ständig neue RNA-Starter: Daher ist Primase dauerhaft in den Replikationskomplex – kurz **Primosom** genannt – integriert.

21.3

Die Synthese des Folgestrangs läuft über mehrere Stufen

Um die Besonderheiten der **Folgestrangsynthese** zu verstehen, müssen wir uns vergegenwärtigen, dass die Replikationsmaschine an beiden Tochtersträngen gleichzeitig wirkt: DNA-Polymerase III ist ein Dimer, dessen monomere Einheiten simultan arbeiten (Abbildung 21.8). Am Leitstrang synthetisiert die Polymerase ohne Probleme hinter der Replikationsgabel her, während beim Folgestrang Syntheserichtung und Gabelbewegung gegenläufig sind. Dieses Problem hat die Natur durch eine **Schlaufenbildung des Matrizenstrangs** gelöst, der im „Rückgriff" in die Polymerase einfädelt und

ihr damit ermöglicht, den Matrizenstrang in 3'→5'-Richtung abzugreifen und sich gleichzeitig zur Gabel hin zu bewegen. Diese praktische Lösung hat allerdings ihren Preis: In periodischen Abständen trifft die Folgestrang-Polymerase immer wieder auf neu gebildeten Doppelstrang. Dann stoppt das Enzym, löst sich vom Gleitring und lässt den frisch synthetisierten Doppelstrang mit Okazaki-Fragment so lange „durchrutschen", bis es erneut an eine Startstelle gelangt. Dort hat die Primase bereits einen Starter abgesetzt, an den Polymerase III via Gleitring ansetzt und so lange am folgenden Okazaki-Fragment baut, bis sie erneut auf „frisch" synthetisierten Doppelstrang trifft: Das Wechselspiel beginnt von vorne.

Resultat dieser **diskontinuierlichen Synthese** am Folgestrang ist eine Serie von individuellen Okazaki-Fragmenten, die zu einem durchgängigen Strang vereint werden müssen. Hier tut sich erneut ein Problem auf: Wie kann ein kontinuierlicher DNA-Strang aus vielen einzelnen RNA-DNA-Hybriden entstehen? Dazu tritt nun ein weiteres Enzym, **DNA-Polymerase I**, auf den Plan: Es verfügt neben einer 5'→3'-Polymeraseaktivität auch über eine **5'→3'-Nucleaseaktivität**, die DNA-Polymerase III *nicht* besitzt. DNA-Polymerase I kann damit vom 5'-Ende her sowohl Desoxyribonucleotide als auch Ribonucleotide entfernen: Das Enzym hat auch *exo*nucleolytische Aktivität. Das multifunktionelle Enzym kann somit zwei Aufgaben erledigen: Es entfernt mit seiner Nucleaseaktivität schrittweise die RNA-Primer am 5'-Ende der Okazaki-Fragmente und füllt gleichzeitig über seine Polymeraseaktivität die entstehenden Lücken vom 3'-Ende her mit Desoxyribonucleotiden auf (Abbildung 21.9). Dieser Prozess läuft ab, sobald ein Okazaki-Fragment fertig ist: Netto erfolgt dabei ein Austausch von Ribo- gegen Desoxyribonucleotide. DNA-Polymerase I ist ein wichtiges Laborwerkzeug zum Austausch von Nucleotiden *in vitro* (Exkurs 21.1).

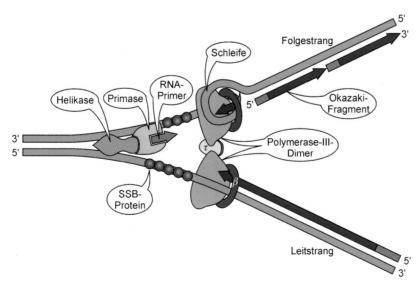

21.8 Koordinierte Synthese an der Replikationsgabel. Helikasen, SSB sowie Primasen bilden zusammen mit der dimeren DNA-Polymerase III eine hochmolekulare Synthesemaschine, die simultan und koordiniert an Leit- und Folgestrang wirkt. Durch den Schleifentrick kann die Polymerase den Folgestrang in 3'→ 5'-Richtung abgreifen, obwohl die Replikationsgabel in umgekehrter Richtung (5'→3') läuft.

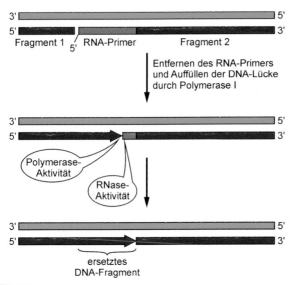

21.9 Komplettierung des Folgestrangs. DNA-Polymerase I entfernt mit ihrer 5'→3'-Exonucleaseaktivität das RNA-Segment am Okazaki-Fragment 2 und füllt die entstehende Lücke gleichzeitig über ihre 5'→3'-Polymeraseaktivität mit Desoxyribonucleotiden am Fragment 1 auf. In Bakterien wird DNA-Polymerase I von der RNaseH bei der Entfernung der RNA-Primer unterstützt.

✏ Exkurs 21.1: *nick*-Translation

DNA-Polymerase I kann nicht nur an RNA-DNA-Hybriden arbeiten, sondern auch an „reiner" doppelsträngiger DNA, die einen Einzelstrangbruch (engl. *nick*) besitzt. Mit seiner Doppelfunktion kann das Enzym ein Desoxyribonucleotid am 5'-Ende von Fragment B entfernen und gleichzeitig am gegenüber liegenden 3'-Ende von Fragment A ein Desoxyribonucleotid auffüllen (Abbildung 21.10). Bei Wiederholung des Vorgangs kommt es zum „Wandern" der Spaltstelle, sodass man von einer *nick*-Translation spricht, wobei „Translation" hier im Sinne von „Verschiebung" gebraucht wird. Die *nick*-Translation ist eine klassische molekularbiologische Methode, um

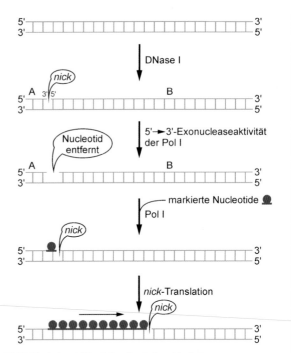

21.10 Prinzip der *nick*-Translation. Einzelheiten siehe Text.

DNA-Moleküle zu markieren. Mit der **Endonuclease DNase I**, die aus Pankreasgewebe gewonnen wird, setzt man gezielt einen Einzelstrangbruch; der Gegenstrang bleibt dabei intakt. Sekundär führt dann **DNA-Polymerase I** radioaktiv markierte oder chemisch modifizierte Nucleotide ein. Die Schließung der verbliebenen Lücke erfolgt über **DNA-Ligase**. Die modifizierte DNA kann nun über Autoradiographie oder Chemilumineszenz- bzw. Fluoreszenzverfahren nachgewiesen werden (▶ Abschnitt 22.4).

Ein Problem verbleibt: Das 3'-Ende des Folgestrangs und das 5'-Ende des Okazaki-Fragments stehen zwar jetzt im Schulterschluss nebeneinander, sie bilden aber noch keine durchgängige Sequenz. Eine **DNA-Ligase** schließt diese Lücke: Dabei verknüpft das bakterielle Enzym unter NAD⁺-Verbrauch die 3'-Hydroxylgruppe und die 5'-Phosphatgruppe benachbarter Nucleotide; eukaryotische DNA-Ligasen nutzen meist ATP als Cofaktor (Abbildung 21.11). Unabdingbare Voraussetzung für pro- und eukaryotische Ligasen gleichermaßen ist das Vorhandensein eines Doppelstrangs: Ligasen versiegeln typischerweise keine Einzelstrang-DNA.

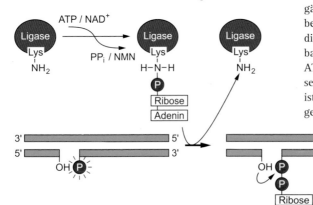

21.11 Ligation von DNA. DNA-Ligase verknüpft 3'- und 5'-Enden zweier Stränge unter Verwendung von NAD⁺ oder ATP. Dabei entsteht Pyrophosphat bzw. Nicotinamidmononucleotid (NMN) und ein Enzym-Adenylat-Intermediat, in dem AMP kovalent an die ε-Aminogruppe einer Lysinseitenkette im aktiven Zentrum gebunden ist. Der AMP-Rest wird auf den 5'-Terminus eines Okazaki-Fragments übertragen, wo nun die freie 3'-Hydroxylgruppe eines benachbarten Fragments angreifen kann, AMP freisetzt und die Lücke durch Knüpfung einer Phosphodiesterbindung schließt.

Telomerase vervollständigt das 5'-Ende eines Folgestrangs

Der Zyklus von Primer-Synthese, DNA-Polymerisation, Primer-Entfernung, DNA-Auffüllung und Ligation wiederholt sich so lange, bis der Folgestrang durchgängig synthetisiert ist. Bei *E. coli* mit seinem zirkulären Genom bereitet diese Komplettierung des Strangs kein Problem, da immer neue Ansatzpunkte für Primer vorhanden sind. Anders bei Eukaryoten mit linearer DNA: Wenn das letzte RNA-Startermolekül am 5'-Ende des Folgestrangs von der 5'→3'-Nucleaseaktivität entfernt worden ist, verbleibt ein überhängendes 3'-Ende auf der Matrize, das *nicht* von DNA-Polymerase aufgefüllt werden kann, da diese ohne RNA *nicht* starten und diese auch *nicht* in 3'→ 5'-Richtung synthetisieren kann (Abbildung 21.12). Wenn die verbleibende Lücke nicht aufgefüllt würde, käme es mit jeder Replikationsrunde zu einer Verkürzung der Chromosomenenden – mit den fatalen Folgen einer fortschreitenden Gendeletion.

Die terminalen Sequenzen chromosomaler DNA – die **Telomere** 🖰 – sind meist nichtcodierend und enthalten an ihrem 3'-Ende hunderte von Kopien eines Hexanucleotids wie beispielsweise 5'-GGGGTT-3'. Diese Kopienzahl vermindert sich bei **somatischen Zellen** mit jeder Zellteilung, was die Anzahl der Zellteilungen von Körperzellen auf 50 – 60 beschränkt. Um vor allem der Chromosomenverkürzung in **Keimzellen** entgegenzuwirken, tritt das Enzym **Telomerase** in Aktion, dessen Funktionsweise zuerst im eukaryotischen Einzeller *Tetrahymena* erforscht wurde. Telomerase trägt in ihrem aktiven Zentrum ein **RNA-Oligonucleotid** der Sequenz 3'-AA<u>CCCCAA</u>C-5', das komplementär zum repetitiven Hexanucleotid 5'-GGGGTT-3' ist (Abbildung 21.13). Kommt die Replikationsmaschine am 3'-Ende der Folgestrangmatrize an, so dockt Telomerase über Basenpaarung mit ihrer 3'-AAC-5' Sequenz an das 3'-Ende des Matrizenstrangs (5'-TTG-3') an. Nun nutzt die DNA-Polymeraseaktivität der Telomerase das überhängende 3'-CCCAAC-5'-Ende der RNA als Matrize, um ein komplementäres Hexanucleotid der Sequenz 5'-GGGTTG-3' an den 3'-Terminus der Folgestrangmatrize zu addieren. Dann transloziert die RNA an das neu gebildete 5'-TTG-3'-Ende der Folgestrangmatrize, Telomerase synthetisiert ein Hexanucleotid identischer Sequenz usw. *Telomerase ist der Prototyp einer „reversen" Transkriptase, die Information von RNA auf DNA umschreibt.*

Ist der Matrizenstrang genügend verlängert, füllen Primase und DNA-Polymerasen die komplementären Segmente im Folgestrang auf. Die Redundanz der repetitiven Sequenzen macht also den unvermeidlichen Verlust weniger Nucleotide am 5'-Ende des Folgestrangs ohne weiteres tolerabel: Dabei wirken die repetitiven Sequenzen als „Puffer", der vor Verlust relevanter Information schützt – ein genialer Kniff der Natur!

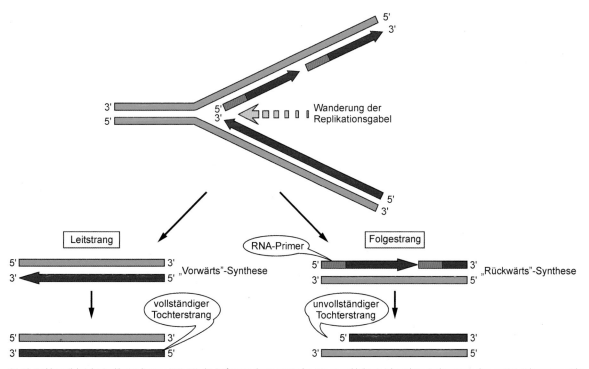

21.12 Problematik bei der Replikation linearer DNA. Mit der Entfernung des 5'-terminalen Primers verbleibt ein inkompletter Tochterstrang, der von DNA-Polymerasen *nicht* aufgefüllt werden kann. Der Leitstrang hingegen wird ohne Probleme zur Gänze repliziert.

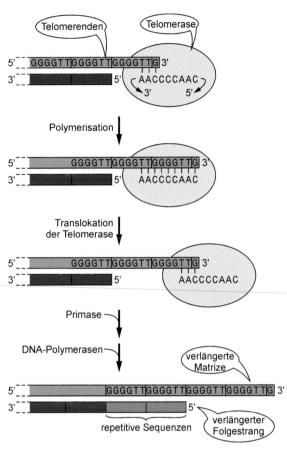

21.13 Funktion der Telomerase. Das Enzym hybridisiert mit seiner RNA-Matrize an den 3'-Terminus der Folgestrangmatrize und verlängert sie nach den Instruktionen seiner eigenen RNA-Matrize um sechs Basen. Dieser Prozess wiederholt sich mehrfach. Primase und DNA-Polymerasen verlängern dann den Folgestrang nach Maßgabe der nunmehr verlängerten Matrize.

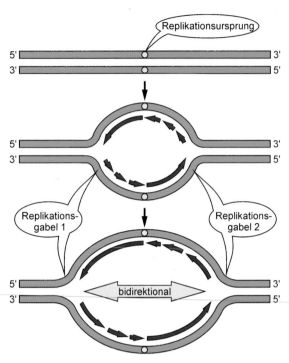

21.14 Bidirektionale Replikation. Am Ursprung entstehen zwei Replikationsgabeln, die jeweils eine Replikationsmaschine assemblieren und in gegensätzliche Richtungen losschicken.

Die Replikation verläuft mit bemerkenswerter Präzision

Beim Entwinden der DNA am Replikationsursprung entsteht ein **Replikationsauge**, das in seinen beiden Winkeln jeweils eine Replikationsgabel trägt. Entsprechend bewegen sich zwei Replikationsmaschinen auf den Schienen der DNA in entgegengesetzte Richtungen: Die Replikation läuft **bidirektional** vom Ursprung weg (Abbildung 21.14). Beim zirkulären Genom vieler Prokaryoten arbeiten die Replikationsmaschinen so lange, bis sie am Terminationspunkt angelangt sind.

Bei Eukaryoten finden wir vermutlich einige tausend über das gesamte Genom verteilte Replikationsursprünge, die zum Teil gleichzeitig aktiviert werden. Nur durch diese **multiple Initiation der Replikation** wird die vollständige Verdopplung des menschlichen Genoms mit seinen rund

3,2 Milliarden Basenpaaren in weniger als acht Stunden erst möglich. Treffen die Replikationsmaschinen benachbarter Ursprünge aufeinander, so kommt es zum Synthesestopp (Abbildung 21.15).

Ungeachtet ihrer Komplexität besitzt die Replikation eine geradezu phantastische Präzision: Die **Fehlerquote** liegt bei 10^{-10} (1 : 10 Milliarden)! Würde man das gesamte menschliche Genom mit seinen 3,2 Milliarden Basenpaaren im Einbuchstabencode (A, C, G, T) setzen, so würde es einen Wälzer füllen, der tausendmal so dick wäre wie dieses Buch – beim Abschreiben eines solchen Wälzers macht die Replikationsmaschinerie durchschnittlich weniger als einen Fehler! Dazu ist ein extrem sorgfältiges **Korrekturlesen** während der Replikation notwendig. Eine zentrale Rolle spielt dabei wiederum **DNA-Polymerase III**: Dieses Enzym fügt nämlich nur dann Nucleotide an einen Polynucleotidstrang, wenn dessen 3'-Ende ein perfektes Basenpaar mit der Matrizen-DNA bildet (Abbildung 21.2 oben). Ist versehentlich ein „falsches" Nucleotid eingebaut worden, so stoppt die Polymeraseaktivität zuverlässig beim nächsten Schritt. Jeder einzelne Nucleotideinbau ist also „handverlesen".

Wie sieht diese penible Fehlerkontrolle auf molekularer Ebene aus? DNA-Polymerase III verfügt über eine zweite enzymatische Aktivität, die nicht in ihrem Namen festgeschrieben ist: Sie wirkt auch als **3'→5'-Exonuclease**. Diese Aktivität entfernt ein oder mehrere ungepaarte Nucleotide am naszierenden Tochterstrang, bis sie auf eine perfekt mit dem Matri-

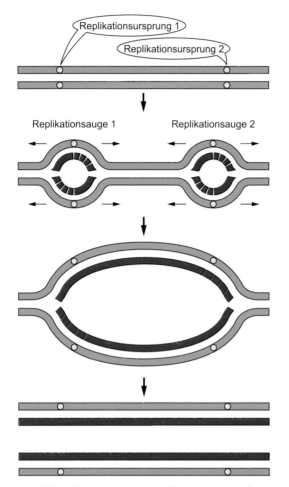

21.15 Multiple Replikationsursprünge. Die Replikation startet von mehreren Ursprüngen gleichzeitig; vereinfachend sind hier nur zwei gezeigt. Die Replikationsmaschinen bewegen sich mit einer Geschwindigkeit von ca. 3 μm/min entlang der Matrizenstränge. Treffen sie aufeinander, so stoppt die Replikation, und ein kontinuierlicher Strang wird gebildet.

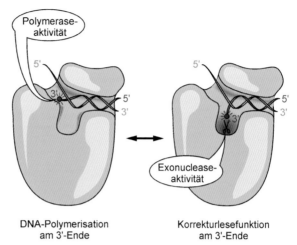

DNA-Polymerisation   Korrekturlesefunktion
am 3'-Ende   am 3'-Ende

21.16 Duale Funktion von DNA-Polymerasen. Der Einbau einer nichtkomplementären Base führt zum Stillstand der Polymerasereaktion (links). Der naszierende Strang schwenkt daraufhin in das aktive Zentrum mit seiner 3'→5'-Exonucleaseaktivität, die das fehlgepaarte Nucleotid entfernt (rechts). Die Polymerase setzt ihre Arbeit am nunmehr perfekt hybridisierenden 3'-Ende des Strangs fort. Über Basenpaarung wird nun im zweiten Anlauf das „korrekte" Nucleotid eingebaut.

zenstrang paarende Base trifft. Dann stoppt die Exonucleaseaktivität, die 5'→3'-Polymeraseaktivität setzt erneut an und vollendet nun im zweiten Anlauf die „korrekte" Sequenz (Abbildung 21.16). Auf diese Weise kann sich DNA-Polymerase III während der Replikation ständig selbst kontrollieren und notfalls korrigieren: Das drückt die Fehlerrate der Replikation auf 10^{-7} herunter. Nachgeschaltete **Reparatursysteme** senken die Fehlerrate noch einmal um einen Faktor von 10^3 (Abschnitt 21.6). Die herausragende Präzision hat allerdings ihren Preis: Anders als RNA-Polymerasen kann DNA-Polymerase *keine* freien Nucleotide miteinander verknüpfen. Sie ist vielmehr auf Primer angewiesen, an deren perfekt hybridisierendem 3'-Ende sie ansetzt. *Der vermeintlich umständliche Prozess, bei dem Primasen zunächst einen RNA-Primer für DNA-Polymerase vorlegen, der später wieder entfernt wird, ist also Folge der hohen Anforderungen an die Präzision der Replikation.* Neben DNA-Polymerase III praktiziert auch DNA-Polymerase I die Selbstkorrektur (Exkurs 21.2).

Exkurs 21.2: Bakterielle DNA-Polymerase I

Die 103 kd große **DNA-Polymerase I** vereinigt drei verschiedene Enzymaktivitäten auf einem Polypeptid. Durch limitierte Proteolyse kann ein großes *C*-terminales Fragment von 67 kd erzeugt werden, das 3'-5'-Exonuclease- sowie Polymeraseaktivität besitzt; nach dem Erstbeschreiber heißt es **Klenow-Fragment**. Bei der Replikation pendelt der naszierende DNA-Strang zwischen diesen beiden aktiven Zentren über ca. 3,5 nm hin und her; auf diese Weise sind Synthese (Polymeraseaktivität) und **Korrekturlesen** (3'→5'-Exonucleaseaktivität) untrennbar miteinander verbunden. Das kleinere *N*-terminale Fragment von 36 kd trägt eine 5'-3'-Exonucleaseaktivität, die RNA-Segmente in den Okazaki-Fragmenten abbaut. Neben ihrer Aufgabe bei der DNA-Replikation erfüllt DNA-Polymerase I auch wichtige Aufgaben bei der DNA-Reparatur (▶ Exkurs 23.3): Wir haben es hier mit dem **Prototyp eines multifunktionellen Enzyms** zu tun!

Die postreplikative Korrektur gewährleistet eine hohe Präzision

21.6

Neben der Korrekturlesefunktion der replikativen Polymerasen wacht über die Replikation noch ein davon unabhängiges Reparatursystem, das nahezu alle Fehler berichtigt, die von der Replikationsmaschinerie übersehen wurden. Die beteiligten Proteine erkennen Störungen in der Konformation der Doppelhelix, die von Basen-Fehlpaarungen herrühren: Wir sprechen von einem **Fehlpaarungsreparatursystem**. Da die beteiligten Enzyme erst am fertig synthetisierten Doppel-strang – also postreplikativ – arbeiten, gibt es aber ein Pro-blem: Wie können sie zwischen „richtigem" parentalem Strang und fehlerhaftem Neustrang unterscheiden? Einige Prokaryoten haben das Dilemma dadurch gelöst, dass neu synthetisierte DNA mit einer zeitlichen Verzögerung an den Adeninresten charakteristischer **GATC-Sequenzen** methyliert wird; dabei entsteht N^6-Methyladenin (▶Abschnitt 20.8). Während der Replikation sind die Tochterstränge – im Ge-gensatz zu den Elternsträngen – noch unmethyliert und da-mit als solche für Reparaturenzyme erkennbar.

Wie arbeitet dieses Reparatursystem bei *E. coli*? Das Pro-tein **MutS** gleitet an dem hemimethylierten DNA-Doppel-strang entlang und tastet ihn auf Fehlpaarungen ab. Erkennt dieser „Späher" eine Fehlpaarung, so engagiert er zwei Hel-ferproteine: **MutL** und **MutH**. Die Endonuclease MutH spaltet nun den unmethylierten Strang an einer GAT↓C-Sequenz,

die in 5'- oder 3'-Nachbarschaft zur Fehlpaarung liegt. Zu-sammen mit MutS, MutL und einer Helikase baut **Exonucle-ase I** den defekten Strang über die Fehlpaarungsstelle hinaus ab (Abbildung 21.17). DNA-Polymerase III füllt die entstan-dene Lücke wieder auf, und DNA-Ligase versiegelt den Strangbruch: Die postreplikative Reparatur ist vollendet.

Das dem **Mut-System** vergleichbare Reparatursystem von Eukaryoten nutzt einen anderen Erkennungscode: Neu syn-thetisierte DNA-Stränge besitzen noch verräterische Bruch-stellen, die erst später geschlossen werden und daher ein Zeitfenster offen lassen, in dem Reparaturenzyme die defek-ten Tochterstränge „diagnostizieren" und „behandeln" kön-nen. *Summa summarum* führen das Mut-Reparatursystem sowie weitere Reparaturvorgänge (▶Kapitel 23) zu einer etwa 1 000fachen Steigerung der replikativen Präzision, d.h. insgesamt liegt die Fehlerquote bei $10^{-7} \times 10^{-3} = 10^{-10}$ pro Ge-neration. Die Bedeutung sekundärer Reparatursysteme wird durch die molekularen Defekte beim **Colonkarzinom** schlag-lichtartig beleuchtet (Exkurs 21.3).

Exkurs 21.3: Kolorektale Tumoren

Kolorektale Tumoren machen ca. 10 % aller Krebserkrankungen in in-dustrialisierten Staaten aus (▶Kapitel 35). Einen erheblichen Anteil daran hat der **erbliche nichtpolypöse kolorektale Tumor** (engl. *hereditary nonpolyposis colorectal cancer*, HNPCC). Diese vererbbare Krebserkrankung tritt mit einer relativ hohen Inzidenz auf. Mehr als 50 % aller Fälle von HNPCC sind durch Mutationen im MutS-homolo-gen **MSH2-Gen** bedingt; aber auch Mutationen des MutL-homolo-gen **Gens MLH1** können sich als HNPCC manifestieren. Vermutlich führt der Ausfall einer oder mehrerer Komponenten des Fehlpaa-rungsreparatursystems zu einer generellen Erhöhung der Fehlerquote bei der Replikation und damit zu einer Akkumulation von Mutatio-nen in den sich rasch teilenden Zellen des Kolonepithels. Warum sich die erhöhte Tumoranfälligkeit bei Mutationen von Mut-Genen bevor-zugt in kolorektalen Karzinomen manifestiert, ist derzeit noch nicht verstanden. Defekte in anderen DNA-Reparatursystemen können sich in einer Kanzerose der Haut äußern (Xeroderma pigmentosum; ▶Exkurs 23.1).

21.17 Fehlpaarungsreparatur. MutH erkennt und spaltet eine hemimethylierte GATC-Sequenz. Die Bezeichnung „Mut" wurde für die Proteine des Reparatursys-tems gewählt, weil Veränderungen in ihren Genen in dem betroffenen Prokaryoten zu einer deutlich erhöhten Mutationsrate führt. [AN]

21.7

Topoisomerasen entwinden DNA-Stränge

Wir haben bislang ein Problem außer Acht gelassen, das von der DNA-Windung herrührt: Eine lineare Bewegung der Replikationsgabel über eine Strecke von zehn Nucleotiden bedeutet, dass die parentale DNA einmal vollständig um die eigene Achse rotieren muss. Die freie Drehbarkeit von lan-gen DNA-Strängen, wie sie in Chromosomen vorkommen, ist aber drastisch eingeschränkt. An der Replikationsgabel wird die DNA-Doppelhelix gegen den Uhrzeigersinn (also nach links) entwunden; da die Doppelhelix rechtsgängig ist, reduziert sich dadurch die Zahl der Helixwindungen hinter der Replikationsgabel. Demgegenüber stauen sich vor der Polymerase **DNA-Überdrehungen** an. Jede Abweichung vom normalen Windungszustand der Doppelhelix wird als **Supercoiling** ⌐⌐ bezeichnet. Wenn unter dem Torsionsstress die Zahl der Helixwindungen reduziert wird, sprechen wir hier von einem **negativen Supercoiling** (Abbildung 21.18).

Um diese topologischen Probleme in den Griff zu bekommen, bedient sich die Replikationsmaschinerie einer Enzymklasse, der wir bisher noch nicht begegnet sind, und zwar den **Topoisomerasen,** die Torsionsstress entlasten. So bindet z. B. **Topoisomerase I** an den parentalen Doppelstrang in der Nähe der Replikationsgabel und durchtrennt dann *einen* der beiden Stränge (Abbildung 21.19). Die benachbarten Enden der Doppelhelix können nun gegeneinander rotieren, bis sie „entspannt" ist; dann wird der Strangbruch wieder geschlossen. Durch Bildung eines **kovalenten Intermediats** mit einer Tyrosinseitenkette im aktiven Zentrum der Topoisomerase ist die Spaltung der energiereichen Phosphoesterbindung vollständig reversibel.

Die **Topoisomerase II** kann verknäuelte DNA-Moleküle trennen, indem sie den „gordischen Knoten" auf beiden Strängen durchtrennt, die DNA entspannt und den Doppelstrangbruch wieder verschließt. Eine Besonderheit findet man bei bakteriellen Topoisomerasen II, die die entspannende Wirkung der Topoisomerasen I konterkarieren. Diese Enzyme – auch **Gyrasen** genannt – verdrillen zirkuläre DNA unter ATP-Verbrauch. Dazu durchtrennt die DNA-Gyrase beide DNA-Stränge, führt ein anderes Segment des zirkulären Doppelstrangs durch die Lücke zwischen den beiden

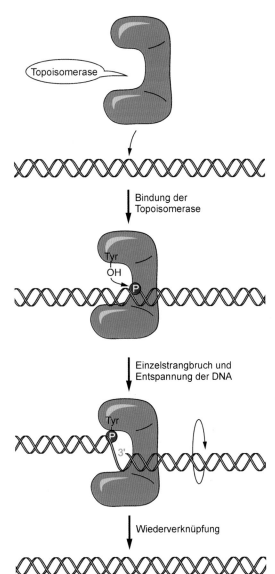

21.19 Entlastung des negativen *Supercoilings* durch Topoisomerase I. Das Enzym durchtrennt einen Strang der verdrillten DNA, bindet das 5'-Ende über die Hydroxylgruppe eines Tyrosinrests und lässt die 3'-Segmente rotieren. Dann erfolgt die Wiederverknüpfung des Strangs. Dabei wird eine Helixwindung eingeführt und die unterwundene DNA entspannt. [AN]

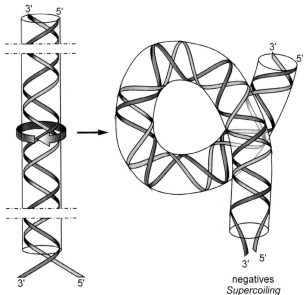

21.18 Topologieprobleme an der Replikationsgabel. Die Öffnung der DNA-Doppelhelix an der Replikationsgabel verläuft gegen den Uhrzeigersinn. Durch die Abnahme der Zahl der Helixwindungen hinter der Replikationsgabel entsteht ein negatives *Supercoiling*. [AN]

negatives
Supercoiling

fixierten Enden und verschließt die Bruchstellen wieder (Abbildung 21.20). Damit können Gyrasen ein negatives *Supercoiling* im zirkulären Genom induzieren. Für Wachstum und Vermehrung von Bakterien ist die Balancierung der Topologie in der zirkulären genomischen DNA durch Gyrasen und Topoisomerasen von essenzieller Bedeutung: **Inhibitoren** der bakteriellen Gyrasen wie Ciprofloxacin können daher als Antibiotika eingesetzt werden. Die **Entspiralisierung** von zirkulärer DNA spielt auch eine wichtige Rolle bei der Replikation von mitochondrialer DNA in eukaryotischen Zellen (Exkurs 21.4).

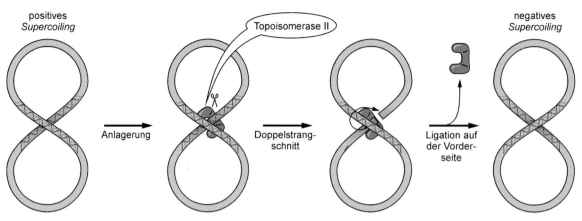

positives *Supercoiling*

Topoisomerase II

negatives *Supercoiling*

Anlagerung

Doppelstrang-schnitt

Ligation auf der Vorder-seite

21.20 Wirkungsweise von bakteriellen Gyrasen. Diese Enzyme katalysieren die Einführung von negativem *Supercoiling* in eine zirkuläre DNA. Dazu wird ein Doppelstrang der DNA komplett geschnitten (unterhalb der Papierebene), der intakte Strang durch die Bruchstelle geführt (nach hinten) und der getrennte Strang wieder verknüpft (vorne). Mit diesem Manöver wird die Windungszahl der DNA verringert.

Exkurs 21.4: Replikation mitochondrialer DNA

Mitochondrien sind **selbstreplizierende Organellen** und werden bei der Zellteilung auf die Tochterzellen verteilt. Humane mitochondriale DNA hat eine Größe von 16 569 bp und ist damit etwa 200 000fach kleiner als das zugehörige nucleäre Genom. Es enthält insgesamt nur 37 Gene. Davon codieren 13 für hydrophobe Unterein-heiten der Atmungskettenkomplexe (▶Kapitel 41), die übrigen für die RNA-Komponenten der mitochondrialen Proteinsynthese-Maschi-nerie (22 tRNAs und 2 rRNAs). Mitochondriale DNA ist zirkulär und superspiralisiert; sie besteht aus einem H-Strang und einem komple-mentären L-Strang (Abbildung 21.21). Am Beginn der Replikation steht die **Entspiralisierung** durch Topoisomerasen zur entspann-ten Form (nicht gezeigt). Nun beginnt an einem definierten Replikations-ursprung die **unidirektionale Replikation** des L-Strangs (oben); anders als bei der nucleären DNA gibt es hier keine Replikationsga-bel. Wenn etwa zwei Drittel des komplementären H-Strangs synthe-ti-siert sind, beginnt an einem zweiten Ursprung die unidirektionale Synthese eines neuen L-Strangs (Mitte). Die beiden Replikationskom-plexe laufen nun gegeneinander, bis die beiden zirkulären Stränge komplettiert sind. Nach erfolgter Replikation wird die mitochondriale DNA durch Gyrasen superspiralisiert (unten).

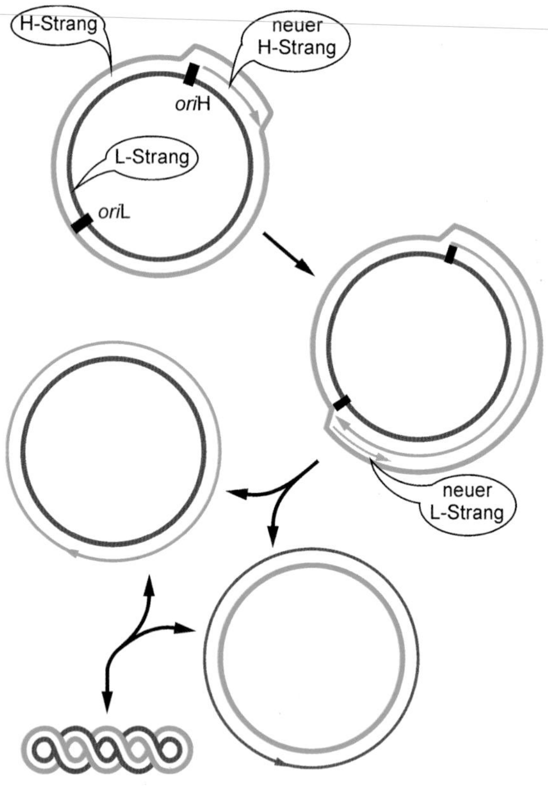

H-Strang

neuer H-Strang

*ori*H

L-Strang

*ori*L

neuer L-Strang

21.21 Replikation mitochondrialer DNA. Einzelheiten im Text. [AN]

21.8
Nucleosomen werden während der Replikation neu verteilt

Die chromosomale DNA ist auf „Proteinspulen" aufgezogen und bildet dabei Nucleosomen (▶Abbildung 16.12). Was passiert mit den zugehörigen **Histonkomplexen** während der

Replikation, und – da sich die Zahl der benötigten Spulen verdoppelt – wo werden die neuen Histonkomplexe einge-baut? Bereits vor dem Eintreffen der Replikationsgabel wer-den die parentalen Nucleosomen „aufgelockert" und dabei Histonkomplexe für die neuen Doppelstränge freigesetzt (Abbildung 21.22). Dabei erfolgt eine mehr oder minder zu-fällige Verteilung der Histonkerne auf die beiden Filial-stränge; allerdings bleiben 50 % der Nucleosomenplätze erst

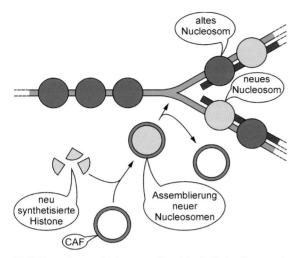

altes
Nucleosom

neues
Nucleosom

neu
synthetisierte
Histone

Assemblierung
neuer
Nucleosomen

CAF

21.22 Umverteilung von Nucleosomen während der Replikation. Die parentalen Nucleosomen werden nach dem Zufallsprinzip auf die Filialstränge verteilt. Neue Histone werden in der G_1-Phase des Zellzyklus synthetisiert und stehen für die Replikation in der S-Phase (▶ Abschnitt 34.1) bereits in Wartestellung. Unter der Regie von CAF-1 werden sie an den Replikationsästen zu Nucleosomen assembliert. [AN]

einmal unbesetzt. Proteinkomplexe wie der **Chromatin-Assemblierungsfaktor CAF-1** arbeiten dann hinter der fortschreitenden Replikationsgabel her und komplettieren die Verpackung der beiden Filialstränge auf neu synthetisierte Histonproteine.

Zellen verwenden also eine ganze Palette von molekularen Werkzeugen und Maschinen, um die Information ihrer DNA originalgetreu und ohne Fehler auf die Folgegenerationen zu übertragen. Viele der beschriebenen Enzyme, deren Wirkungsweisen erstmals beim Studium der Replikation erforscht und verstanden wurden, gehören heutzutage zur Grundausstattung von molekularbiologischen Labors. Mit ihrer Hilfe kann DNA rasch vervielfältigt, gezielt verändert, neu verknüpft (rekombiniert) und dann massenhaft exprimiert werden. Damit wenden wir uns nun den Technologien zur Analyse und Manipulation von Nucleinsäuren zu.

Zusammenfassung

- Die **DNA-Replikation** ist **semikonservativ**. **DNA-Polymerasen** verlängern das 3'-OH-Ende eines **Primers** nach den Instruktionen der **Matrize**. Dabei verknüpfen sie einzelne Desoxyribonucleosidtriphosphate unter Abspaltung von Pyrophosphat. **DNA-Polymerase III** von *E. coli* besteht aus einem dimeren *core*-Enzym und dem γ-Komplex, der **Gleitringe** um die Startpunkte der Replikation legt und damit die **Prozessivität** der Polymerase stark erhöht.
- Für die **Öffnung der DNA-Doppelhelix am Replikationsursprung** werden bei *E. coli* das doppelstrangbindende Protein **DnaA** sowie **einzelstrangbindende SSB-Proteine** benötigt. Eine ATP-getriebene Helikase windet den DNA-Doppelstrang weiter auf. An der **Replikationsgabel** erfolgt **kontinuierlich** die Synthese am **Vorwärts-** oder **Leitstrang**, während der **Rückwärts-** oder **Folgestrang** diskontinuierlich entsteht. Die initial erzeugten **Okazaki-Fragmente** werden sekundär zu einem kontinuierlichen Folgestrang verknüpft.
- Durch **Schlaufenbildung des Folgestrangs** kann DNA-Polymerase III an beiden Matrizenstränge in 3'→5'-Richtung arbeiten. Beim Folgestrang trifft die Polymerase in periodischen Abständen auf das 5'-Ende eines neu gebildeten Doppelstrangs und muss dann an einem „frischen" RNA-Primer erneut ansetzen. Die Entfernung von Primer und die Verknüpfung der Okazaki-Fragmente erfordert 5'→3'-Exonuclease- und 5'→3'-Polymeraseaktivität der **DNA-Polymerase I** sowie die Aktivität von **DNA-Ligase**.
- Nach Replikation und Entfernung der 5'-terminalen Primer verbleiben einzelsträngige 3'-Enden. **Telomere** an den Enden der Chromosomen bestehen aus hunderten von Kopien eines Hexanucleotids wie 5'-GGGGTT-3'. Ihre Zahl verringert sich bei jeder Zellteilung.

- In Keimzellen addiert **Telomerase** entsprechende Hexanucleotidsequenzen an die Chromosomenenden, um dem progressiven DNA-Verlust zu begegnen. Als Matrize dient ein RNA-Nucleotid im aktiven Zentrum des Enzyms – ein Fall von **reverser Transkription**!
- **Multiple Initiation der Replikation** an tausenden Replikationsursprüngen ermöglicht die vollständige Verdopplung des menschlichen Genoms in weniger als acht Stunden. Die **Fehlerrate** der Replikation ist mit ca. 10^{-10} extrem niedrig. **Korrekturlesen** durch die **3'→5'-Exonucleaseaktivität** der DNA-Polymerase III drückt die Fehlerrate auf 10^{-7}: Nachgeschaltete **Reparatursysteme** senken sie noch einmal 1 000fach auf 1 : 10^{10}.
- Das **Fehlpaarungsreparatursystem** bei *E. coli* erkennt neu synthetisierte, Einzelstränge daran, dass ihnen das charakteristische Methylierungsmuster fehlt. Das **Mut-System** spaltet den fehlerhaften Einzelstrang; der Bereich mit der Fehlpaarung wird durch **Exonuclease I** abgebaut und mithilfe von DNA-Polymerase III und Ligase ersetzt.
- Der Replikationsvorgang verändert den Windungszustand der DNA. Vor der Replikationsgabel weist DNA ein **positives *Supercoiling*,** dahinter ein **negatives *Supercoiling*** auf. **Topoisomerasen I** durchtrennen einen der beiden Stränge und erlauben die Entspannung des DNA-Moleküls, während **Topoisomerasen II** beide Stränge durchtrennen. Bakterielle Topoisomerasen II sind das Ziel einiger Antibiotika vom Typ der **Gyrasehemmer**.
- **Nucleosomen** werden bereits vor Eintreffen der Replikationsgabel aufgelockert und nach der Replikation auf die Filialstränge verteilt. Die frei gebliebenen Nucleosomenplätze werden mit Histonen besetzt, die schon während der G_1-Phase des Zellzyklus synthetisiert wurden.

Analyse und Manipulation von Nucleinsäuren

Kapitelthemen: 22.1 Restriktionsenzyme 22.2 Rekombinante DNA 22.3 DNA-Sequenzierung 22.4 Hybridisierung von Nucleinsäuren 22.5 *In-situ*-Hybridisierung 22.6 Polymerasekettenreaktion 22.7 DNA-Bibliotheken 22.8 DNA-Polymorphismen 22.9 Rekombinant exprimierte Proteine 22.10 Ortsgerichte Mutagenese

Lange Zeit waren Nucleinsäuren „Bücher mit sieben Siegeln": Ihre schiere Größe und eintönige Basenfolge schienen geradezu unüberwindliche Hindernisse auf dem Weg zur molekularen Analyse der Gene zu sein. Mit dem Aufkommen neuer biochemischer Methoden hat sich diese Situation vollständig gewandelt: Heute sind Nucleinsäuren einfacher zu erforschen als irgendwelche anderen komplexen Moleküle der Zellen. Motor dieser rasanten Veränderungen ist die Entwicklung neuartiger automatisierter Techniken, die eine zuverlässige Identifizierung, rasche Vervielfältigung und nahezu beliebige Umstrukturierung von Nucleinsäuren erlauben. Die Erweiterung und Verfeinerung des molekulargenetischen Methodenspektrums hat die Forschung in den biomedizinischen Fächern von Grund auf erneuert. In diesem Kapitel wollen wir uns mit Methoden befassen, mit denen man Nucleinsäuren erkennen, trennen, vervielfältigen und verändern kann. Molekularbiologische Manipulationen erlauben die Herstellung *rekombinanter Proteine* als Arzneimittel oder Impfstoffe in nahezu unbegrenztem Umfang. Der Gentransfer in befruchtete Eizellen ermöglicht die Erzeugung *transgener Tiere*; die gezielte Gendeletion oder -modifizierung schafft *Tiermodelle menschlicher Erkrankungen*. In einem gewaltigen Kraftakt gelang es im Jahr 2001, einen ersten Entwurf der Sequenz des humanen Genoms vorzulegen, dessen verfeinerte Version uns nun als Navigationssystem bei der Auffindung neuer Gene, bei der Lokalisation defekter Gene und – nicht zuletzt – bei der funktionellen Analyse der Genprodukte dient. Wir beginnen unsere *tour d'horizon* durch die molekularbiologischen Methoden und Techniken mit der gezielten Spaltung von Nucleinsäuren.

22.1 Restriktionsendonucleasen spalten DNA an definierten Stellen

DNA-Moleküle können eine beachtliche Größe haben: Humane Chromosomen enthalten kontinuierlich verknüpfte DNA-Stränge mit bis zu 250 Millionen bp! Das ringförmige prokaryotische Genom ist erheblich kleiner, enthält aber immer noch rund 1 Mbp. Ein entscheidender Schritt am Beginn einer DNA-Analytik ist daher die enzymatische Zerstückelung der Nucleinsäuren in handliche Fragmente. DNA-spaltende Endonucleasen trennen den Nucleinsäurestrang typischerweise an vielen Stellen (▸Exkurs 17.7). Dagegen spalten **Restriktionsendonucleasen** 🖱, oft auch **Restriktionsenzyme** genannt, den Doppelstrang nur dann, wenn sie eine ausgewählte Sequenz erkennen: Sie besitzen also eine wohldefinierte **Spaltspezifität**. Restriktionsendonucleasen sind bakterieller Herkunft; typischerweise durchtrennen sie doppelsträngige DNA an charakteristischen Erkennungsstellen, die oft **palindromische Sequenzen** von vier, sechs oder acht Nucleotiden Länge darstellen (Abbildung 22.1). Je nach Lage des Schnitts produzieren Restriktionsendonucleasen **glatte Enden** oder **überhängende Enden** des Doppelstrangs. Die Größe der Erkennungssequenz einer Restriktionsendonuclease definiert die mittlere Schnittfrequenz: Ein Enzym, das eine Sequenz aus vier Basenpaaren erkennt, schneidet statistisch gesehen mit einer Häufigkeit von $1 : 4^4$, d.h. durchschnittlich einmal pro 256 Nucleotide. Restriktionsenzyme mit einer Präferenz für eine Hexanucleotidsequenz schneiden dagegen mit einer Häufigkeit von $1 : 4^6$, d.h. durchschnittlich einmal pro 4 096 Nucleotide.

Eine wichtige Anwendung dieser Enzyme ist der **Restriktionsverdau** von DNA: Dabei spaltet ein Restriktionsenzym eine isolierte DNA abhängig von der Anzahl der spezifischen Erkennungssequenzen in eine definierte Anzahl von Fragmenten. Verdaut man z.B. die DNA von λ-Phagen (▸Abschnitt 16.6) mit dem Enzym *Hind* III, das die Zielsequenz AAGCTT erkennt, die siebenmal in der Phagen-DNA vorkommt, so erhält man acht verschiedene Fragmente, die elektrophoretisch getrennt werden können. Nucleinsäuren sind durch ihre Phosphatgruppen stark negativ geladen: Bei physiologischem pH liegen sie als Anionen vor, die im elektrischen Feld in Richtung Anode wandern. Verwendet man ein poröses **Agarosegel**, so werden Nucleinsäuren strikt nach Größe getrennt, d.h. kleine DNA-Fragmente wandern rasch und große Nucleinsäuren langsam (Abbildung 22.2). Die bei der Elektrophorese entstehenden DNA-Banden sind erst ein-

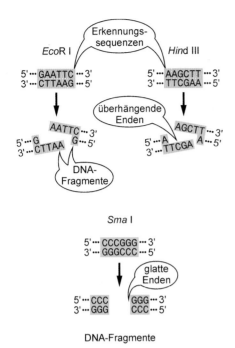

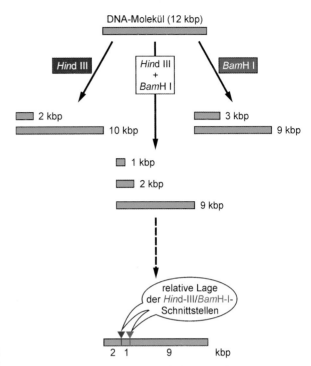

22.1 Erkennungssequenzen von Restriktionsendonucleasen. Restriktionsenzyme wie *Eco*R I oder *Hind* III produzieren kohäsive Enden, während das Enzym *Sma* I glatte Enden erzeugt. Der Name der Restriktionsendonucleasen leitet sich vom jeweiligen Bakterienstamm ab: So entstammt z. B. EcoR I aus *E. coli* RY13, Hind aus *Haemophilus influenzae*, SmaI aus *Serratia marcescens* usw. Die römische Ziffer dient zur Unterscheidung verschiedener Enzyme, die aus einem Stamm isoliert wurden.

22.3 Restriktionskartierung eines DNA-Moleküls. Durch Kombination zweier Restriktionsendonucleasen kann aus dem Muster der entstehenden Fragmente die relative Abfolge der Fragmente in der authentischen DNA ermittelt werden. Beim kombinierten Einsatz der Restriktionsenzyme entsteht ein „gemischtes" Fragment mit einer 5'-terminalen *Hind*-III- und 3'-terminalen *Bam*H-I-Schnittstelle; der Abstand zwischen den beiden Schnittstellen beträgt 1 kbp.

mal unsichtbar; man macht sie mit **Ethidiumbromid** sichtbar, das sich zwischen die Basenpaare der DNA-Doppelhelix schiebt („interkaliert") und unter UV-Licht fluoresziert.

Führt man den Restriktionsverdau einer DNA mit zwei Enzymen wie z. B. *Hind* III und **BamH I** durch, so erhält man unterschiedliche Fragmentmuster (Abbildung 22.3). Die

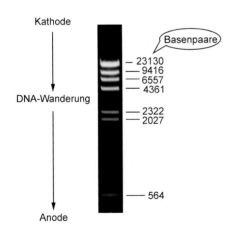

22.2 Gelelektrophorese „restringierter" λ-Phagen-DNA. Verdaut man isolierte λ-DNA mit *Hind* III, erhält man Fragmente zwischen 0,1 und 23,1 kb. In einem einprozentigen Agarosegel lassen sich sieben Fragmente nach Auftrennung und Anfärbung mit Ethidiumbromid sichtbar machen; das achte und kleinste Fragment (125 bp) ist aufgrund seiner hohen Mobilität bereits anodenseitig aus dem Gel gewandert. [AN]

kombinierte Anwendung beider Enzyme – *Hind* III und *Bam*H I – gleichzeitig ergibt schließlich ein drittes Fragmentmuster, das komplexer ist als die beiden Einzelmuster. Untersucht man nun die Fragmentmuster durch Gelelektrophorese, so lässt sich durch Kombination der Ergebnisse die relative Abfolge der einzelnen Fragmente in der Original-DNA rekonstruieren: Wir sprechen von einer **Restriktionskartierung** ⌁. Bei Viren und Bakterien wie *E. coli* verwendet man Restriktionskarten, um einen DNA-Abschnitt auf dem zugehörigen Genom rasch zu orten und zugehörige DNA-Fragmente gezielt zu verwenden. Restriktionskarten sind hilfreich bei der strukturellen Analyse von Genen und bei der Isolierung interessierender Genabschnitte. Detaillierte Karten erfordern allerdings den Einsatz von drei und mehr Restriktionsenzymen.

22.2

DNA-Moleküle können rekombiniert werden

Viele Restriktionsenzyme erzeugen **überhängende Enden**. Da diese neu geschaffenen Enden nun eine Basenpaarung mit komplementären Enden einer beliebigen DNA eingehen

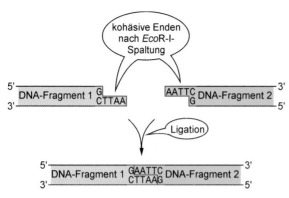

22.4 Verknüpfung von DNA-Fragmenten unterschiedlicher Herkunft. Nach Hybridisierung der beiden Fragmente 1 und 2 über ihre kohäsiven Enden versiegelt DNA-Ligase den Strangbruch und schafft damit ein neuartiges, rekombinantes DNA-Molekül 1-2.

können, die mit demselben Enzym geschnitten wurde, werden sie auch **kohäsive Enden** genannt (Abbildung 22.4). Auf diese Weise lassen sich zwei DNA-Fragmente, die ursprünglich Teile unterschiedlicher genomischer Regionen waren, miteinander kombinieren: Wir sprechen dann von **rekombinanter DNA** ⁀. Die Herstellung rekombinanter DNA eröffnet neue Möglichkeiten zur Erzeugung neuartiger Gene und ihrer korrespondierenden Proteine (Abschnitt 22.9) sowie zur Vervielfältigung ausgewählter DNA-Sequenzen.

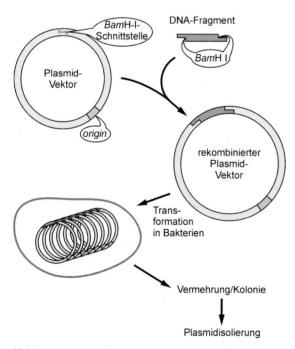

22.5 Klonierung von rekombinanter DNA. Durch Neuverknüpfung einer *Bam*H-I-geschnittenen Vektor-DNA mit einem DNA-Fragment entsteht ein rekombiniertes Plasmid, das für die Transformation von *E. coli* verwendet wird. Bei der Teilung der Bakterienzellen in Kolonien wird auch das Plasmid vermehrt; die Restriktionsspaltung der isolierten Plasmid-DNA mit *Bam*H I ermöglicht dann die elektrophoretische Reinigung des gewünschten DNA-Fragments (nicht gezeigt).

Das Einfügen eines DNA-Fragments (engl. *insert*) in ein linearisiertes DNA-Molekül – den sog. **Vektor** – ermöglicht die Vermehrung definierter DNA-Fragmente in Wirtszellen: Wir sprechen von der **Klonierung** eines DNA-Fragments. Häufig verwendete Vektoren sind **Bakteriophagen**, d. h. Bakterienviren mit zirkulärer DNA, sowie **Plasmide**. Bei den Plasmiden handelt es sich um natürlich vorkommende, zirkuläre DNA-Moleküle ≤ 100 kbp, die einen Replikationsursprung besitzen und sich in Bakterien unabhängig vom Wirtsgenom vermehren können. Zur Klonierung wird die Plasmid-DNA mit demselben Restriktionsenzym linearisiert, das auch zur Herstellung des interessierenden DNA-Fragments verwendet wurde; dann werden beide DNAs miteinander gemischt. Die kohäsiven Enden des DNA-Fragments hybridisieren mit den freien Enden der Vektor-DNA und überbrücken damit die „Lücke" in der Plasmid-DNA: Es entsteht eine vergrößerte zirkuläre Vektor-DNA (Abbildung 22.5). Eine **DNA-Ligase** versiegelt die Strangbrüche. Das rekombinante Plasmid wird in *E. coli* eingeführt und kann sich dort vermehren: Wir sprechen von einer **Transformation** ⁀.

22.3

Gezielter Kettenabbruch ermöglicht die Sequenzierung von DNA

Die Restriktionskartierung eines DNA-Fragments liefert ein grobes Bild vom Aufbau eines Gens; letztlich ist aber die Kenntnis der exakten Basenabfolge für viele Fragestellungen unabdingbar. So kann aus der Gensequenz unter Verwendung des genetischen Codes eine zugehörige Proteinsequenz abgeleitet werden, bekannte Gene können auf Mutationen überprüft oder Gene mit ähnlicher Sequenzabfolge auf ihren Verwandtschaftsgrad hin untersucht werden. Dazu wurde eine Sequenziermethode entwickelt, die auf der *In-vitro*-Synthese von DNA in Gegenwart von kettenabbruchinduzierenden Nucleotiden beruht: Wir sprechen von der **Kettenabbruchmethode** ⁀. Dazu wird ein komplementäres kurzes Starter-Oligonucleotid (Primer) (▸Abschnitt 21.1) hergestellt, das durch ein Radioisotop oder einen Fluorophor markiert ist. Mit einer Synthesetechnik, die an die Festphasensynthese von Oligopeptiden ⁀ erinnert, lassen sich Oligonucleotide einfach gewinnen (Exkurs 22.1).

Der synthetische Primer geht nun eine Basenpaarung mit dem Einzelstrang ein, der sequenziert werden soll. Von dort aus startend synthetisiert das Enzym DNA-Polymerase den Gegenstrang in 3'-Richtung. Dem für die Synthese notwendigen Gemisch aus vier Desoxynucleosidtriphosphaten (dATP, dCTP, dGTP, dTTP) wird eine kleine Menge von einem **Didesoxynucleosidtriphosphat** – z. B. ddATP – zugesetzt, das zwar von der DNA-Polymerase eingebaut wird, durch die fehlende Hydroxylgruppe an der 3'-Position aber keine Ket-

Exkurs 22.1: Chemische Synthese von Oligonucleotiden

Im Gegensatz zur Biosynthese erfolgt die chemische Synthese von Nucleinsäuren in 3'→5'-Richtung; wie bei Peptiden wird auch hier eine **Festphasentechnik** eingesetzt (▶ Abschnitt 7.2). Um die sukzessive Knüpfung von Phosphodiesterbindungen zu ermöglichen und unerwünschte Nebenreaktionen zu unterdrücken, werden chemisch modifizierte Bausteine verwendet. Das 3'-OH-Ende der Nucleotide wird als hochreaktives Phosphonsäurederivat aktiviert. Die übrigen reaktiven Gruppen der Nucleotide – also die 5'-OH-Gruppe der Desoxyribose und die exocyclischen Aminogruppen der Basen – werden durch chemische Schutzgruppen blockiert. Startpunkt der Synthese ist ein Nucleosidrest, dessen 3'-OH-Gruppe über eine Brückengruppe (engl. *spacer*) an eine inerte Silicagelmatrix geknüpft ist. Im Folgenden wird nun ein **dreistufiger Reaktionszyklus** durchlaufen: 1) Entfernung der Schutzgruppe am 5'-OH-Ende des trägergebundenen Nucleotids, 2) Kettenverlängerung durch ein aktiviertes Nucleotid und 3) Oxidation der Phosphonatgruppe zum Phosphodiester. Nach etwa 10–100 Zyklen werden sämtliche Schutzgruppen entfernt, und das Oligonucleotid wird vom Träger entbunden. Die automatisierte Synthese produziert rasch und reproduzierbar **sequenzspezifische Oligonucleotide** mit typischen Längen von 15–30 Nucleotiden. Verwendet man Bausteine, deren Basen mit Fluoreszenzfarbstoffen gekoppelt sind, so erhält man Primer für die DNA-Sequenzierung (Exkurs 22.2). Stabilere **Oligonucleotidanaloge**, bei denen ein Sauerstoffatom im Phosphatrest durch ein Schwefelatom ersetzt ist – sog. Phosphorthioate – werden in Diagnostik (Abschnitt 22.4) und Gentherapie (▶ Abschnitt 23.11) eingesetzt. Die Synthese von **RNA-Oligonucleotiden** ist aufwändiger, da die 2'-OH-Gruppe der Ribose zusätzlich geschützt werden muss.

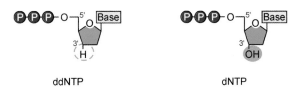

22.6 Struktur eines Didesoxynucleosidtriphosphats (ddNTP). Die fehlende 3'-OH-Gruppe erlaubt keine Kettenverlängerung in 3'-Richtung. Zum Vergleich ist ein „normales" 2'-Desoxynucleosidtriphosphat (dNTP) gezeigt (▶ Exkurs 17.1).

Aus der Größenabfolge der radioaktiv markierten Fragmente in den Reaktionsansätzen lässt sich in einem Autoradiogramm die Nucleotidsequenz – oft **Basensequenz** genannt – des betreffenden DNA-Abschnitts direkt ablesen (Abbildung 22.7, unten). Nach dem Erfinder dieser Methode

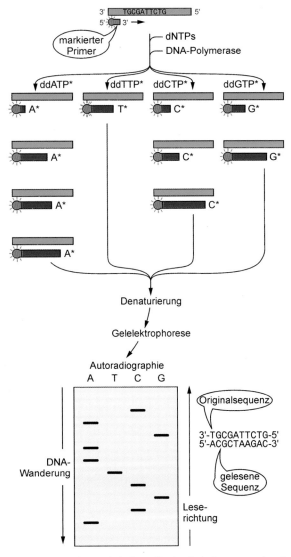

22.7 DNA-Sequenzierung mit der Kettenabbruchmethode. Der zu sequenzierende DNA-Strang wird als Matrize für DNA-Polymerase benutzt. DNA-Fragmente werden nach ihrer elektrophoretischen Auftrennung autoradiographisch oder fluorimetrisch sichtbar gemacht.

tenverlängerung mehr erlaubt (Abbildung 22.6). Damit kann es in unserem Beispiel an jedem Adeninrest der DNA-Sequenz zur **Termination** der Strangsynthese kommen (daher auch: „Didesoxy-Terminationsmethode").

Wird nun das Didesoxynucleotid im molaren Unterschuss gegenüber dem Desoxynucleotid zugesetzt, kommt es zu einer statistischen Verteilung von **Kettenabbrüchen** mit einem charakteristischen Muster unterschiedlich langer DNA-Fragmente, da die im molaren Unterschuss vorliegenden ddNTPs nur bisweilen eingebaut werden und somit auch längere Fragmente entstehen können (Abbildung 22.7, oben). Entsprechend werden in drei weiteren Reaktionsansätzen jeweils kleine Mengen von einem der Didesoxynucleosidtriphosphate ddCTP, ddGTP bzw. ddTTP zugesetzt, wodurch gezielt Kettenabbrüche an C-, G- bzw. T-Resten provoziert werden. Alle vier Reaktionsansätze werden nun denaturiert und durch hochauflösende **Polyacrylamidgel-Elektrophorese**, die wir bereits bei der Proteinanalytik kennen gelernt haben (▶ Abschnitt 6.5), in vier parallelen Spuren separiert. Diese Methode trennt DNA-Fragmente zwischen etwa 10 und 500 Nucleotiden nach ihrer Größe auf, selbst wenn sie sich nur um einen einzigen Nucleotidrest unterscheiden; dabei entstehen **Leitern von DNA-Fragmenten.**

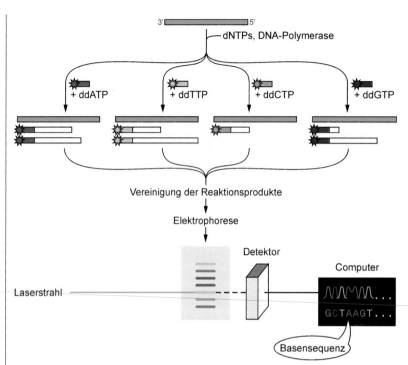

22.8 Automatisierte DNA-Sequenzierung. Die Markierung der DNA-Fragmente erfolgt über Primer, die mit vier verschiedenen Fluoreszenzfarbstoffen gekoppelt sind. Vier Reaktionsansätze mit den unterschiedlichen ddNTPs werden in der Elektrophorese gemeinsam aufgetrennt und vermessen.

Exkurs 22.2: Fluoreszenzsequenzierung

Der Einsatz von Fluoreszenzfarbstoffen zur Markierung von DNA-Fragmenten erlaubt den Verzicht auf radioaktive Isotope ohne wesentliche Einbuße bei der Sensitivität. Dazu werden Primer, dNTPs oder ddNTPs kovalent an **Fluorophore** ⌒ wie z. B. Fluorescein geknüpft und wie üblich zur Sequenzierung eingesetzt. Die bei der Kettenabbruchmethode entstehenden DNA-Fragmente werden mittels **Elektrophorese** aufgetrennt. Ein Laserstrahl regt die Fluorophore zu einer charakteristischen Strahlung an. Die Emissionssignale werden von einem empfindlichen **Detektor** per Photomultiplier registriert und automatisch ausgewertet. Dadurch entfällt die mühsame manuelle Auswertung von Autoradiogrammen. Bei der kombinierten Verwendung von vier unterschiedlichen Fluoreszenzfarbstoffen kann auf eine separate Elektrophorese der verschiedenen ddNTP-Reaktionsgemische in vier Laufspuren verzichtet werden: Es reicht bereits ein einziger Lauf aus, um alle vier Gemische simultan zu analysieren (Abbildung 22.8). Die **automatisierte Sanger-Sequenzierung** im großen Maßstab erlaubt einem Labor, pro Tag mehrere Millionen bp zu sequenzieren.

sprechen wir von der **Sanger-Sequenzierung.** Alternativ zur radioaktiven Detektion werden Nucleotide mit fluoreszierenden Gruppen zum Nachweis der DNA-Fragmente verwendet (Exkurs 22.2). Vollautomatische **DNA-Sequenziergeräte** nutzen zur Auftrennung von DNA-Fragmenten die hochauflösende Kapillarelektrophorese. Ohne die Entwicklung und Automatisierung dieser Methodik wäre die Sequenzierung des humanen Genoms mit seinen $3{,}2 \times 10^9$ Basenpaaren kaum möglich gewesen.

22.4 Nucleinsäuren können miteinander hybridisieren

Die Eigenschaft von DNA, sich durch Basenpaarung zu einem Doppelstrang zu formieren, ist ein generelles Phänomen von Nucleinsäuren: Tatsächlich gibt es DNA/DNA-, DNA/RNA- bzw. RNA/RNA-Doppelstränge. Wird ein DNA-Duplex auf 90–100 °C erhitzt oder extrem alkalischen pH-Werten (> 13) ausgesetzt, so kommt es zur **Denaturierung** ⌒ unter Verlust der Basenpaarung zwischen den beiden Einzelsträngen (Abbildung 22.9). Dieser Prozess ist reversibel: Bei Temperaturen von etwa 65 °C und neutralen pH-Werten reassoziieren („hybridisieren") die beiden Einzelstränge spontan zum Doppelstrang: Wir sprechen von **Renaturierung.** Analog können komplementäre DNA- und RNA-Stränge miteinander hybridisieren und dabei einen **Heteroduplex** bilden, den wir als Zwischenprodukt bei der Transkription bereits kennen gelernt haben (▶ Abbildung 17.3).

Der Nachweis eines definierten Gensegments in einem komplexen DNA-Gemisch gleicht der sprichwörtlichen Suche nach einer Stecknadel im Heuhaufen. Denaturierung und **Hybridisierung** werden gezielt bei dieser Spurensuche eingesetzt. Dazu wird ein DNA-Gemisch nach Restriktionsverdau (Abschnitt 22.1) elektrophoretisch in einem Agarosegel aufgetrennt und unter alkalischen Bedingungen zu den Einzelsträngen dissoziiert. Die Einzelstränge werden dann vom Gel durch Diffusion oder im elektrischen Feld auf eine

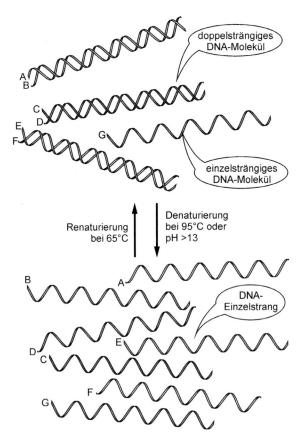

22.9 Hybridisierung von Nucleinsäuren. Komplementäre Stränge (z. B. A/B) denaturieren bei erhöhten Temperaturen zu Einzelsträngen und können nach Abkühlung wieder zu komplementären Doppelsträngen renaturieren, während nichtkomplementäre Segmente (G) weiterhin als Einzelstränge vorliegen.

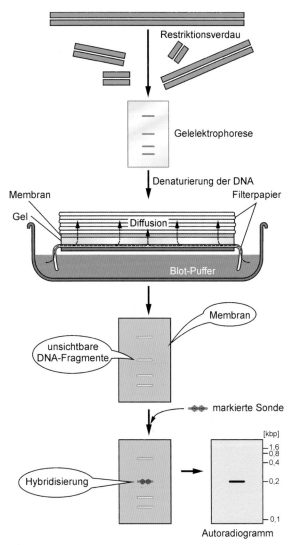

22.10 Southern Blotting von DNA. Das zu untersuchende DNA-Gemisch wird mit Restriktionsenzymen verdaut und nach elektrophoretischer Auftrennung und alkalischer Denaturierung mittels Flüssigkeitsdiffusion oder per Elektrotransfer auf eine Membran übertragen. Als Sonden sind markierte Oligonucleotide, aber auch DNA- bzw. RNA-Fragmente geeignet. DNA-Marker bekannter Länge gestatten eine Größenabschätzung der hybridisierenden DNAs (rechts).

Nitrocellulose- oder Nylonmatrix transferiert (Abbildung 22.10). Nach dem Erstbeschreiber wird dieses Verfahren ***Southern* Blotting** ⌐ genannt; dabei erzeugt man auf der Matrix einen Abdruck (engl. *blot*) des DNA-Musters im Agarosegel. Nun wird eine molekulare Sonde in Form eines markierten Oligonucleotids zugegeben. Bei geeigneter Temperatur – z. B. bei 65 °C – hybridisiert diese Sonde mit den komplementären DNA-Fragmenten. Gründliches Waschen entfernt das verbliebene freie Oligonucleotid. Autoradiographie oder Fluoreszenzanalyse machen die sondierten DNA-Fragmente sichtbar.

Die molekularen Sonden bei Hybridisierungsverfahren müssen sensitiv sein, um beim Southern Blotting auch kleinste Mengen an DNA aufzuspüren. Zwei Methoden stehen zur Markierung von Sonden zur Verfügung: Bei der radioaktiven Markierung wird am häufigsten das **[^{32}P]-Phosphorisotop** verwendet. Durch *random priming*, bei dem eine große Zahl von „Zufalls"-Primern eingesetzt wird, kann DNA-Polymerase an einem komplementären Strang eine Vielzahl von kurzen, radioaktiv markierten DNA-Sonden erzeugen. Bei der nichtradioaktiven Markierung werden häufig **digoxigeninmarkierte Nucleotide** verwendet, die DNA-Po-

lymerase in den neu synthetisierten Strang einbauen (Abbildung 22.11). Digoxigenierte DNA-Fragmente können mittels spezifischer Antikörper gegen Digoxigenin nachgewiesen werden, die chemisch mit einem Enzym wie z. B. der alkalischen Phosphatase gekoppelt sind. Lumineszierende Substrate weisen digoxigenierte DNA-Sonden, die mit komplementären DNA-Fragmenten auf der Matrix hybridisieren, mit außerordentlicher Empfindlichkeit nach. Alternativ kommen zunehmend fluoreszenzmarkierte Nucleotide zum Einsatz (Exkurs 22.2).

Mit ebenso spezifischen wie sensitiven DNA-Sonden ausgestattet, erlaubt das Southern Blotting den gezielten Nachweis von einzelnen Genen in komplexen DNA-Gemischen

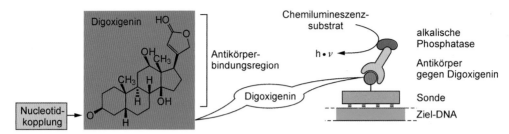

22.11 Markierung von DNA. Digoxigenin ist ein pflanzliches Steroid, das chemisch an Nucleotide geknüpft wird. Digoxigenin wird typischerweise bei indirekten Nachweissystemen mit enzymmarkierten Antikörpern eingesetzt.

wie z. B. genomischer DNA. Allerdings muss man bei einer solchen Strategie zumindest einen Genabschnitt in seiner Nucleotidabfolge kennen, um eine komplementäre Sonde zu konstruieren. Eine wichtige Anwendung dieses Verfahrens zur Analyse genetischer Defekte mittels Restriktionsfragment-Längenpolymorphismus (RFLP) werden wir noch kennen lernen (Abschnitt 22.8). Das Blotting-Verfahren taugt auch zum spezifischen Nachweis von RNA. Diese Methode ist als **Northern Blotting** bekannt (Exkurs 22.3).

✎ Exkurs 22.3: Northern Blotting

Zum RNA-Nachweis werden meist Gemische von mRNA aus Zell-, Gewebe- oder Organextrakten elektrophoretisch aufgetrennt und auf eine Nitrocellulose- oder Nylonmembran transferiert. Zum Nachweis der interessierenden mRNA wird meist eine markierte DNA-Sonde verwendet, wobei unter renaturierenden Bedingungen ein RNA-DNA-Hybrid entsteht, das auf unterschiedliche Weise detektiert werden kann. Neben der Autoradiographie von ^{32}P-markierten DNA-Sonden werden zunehmend nichtradioaktive Detektionssysteme eingesetzt, die RNA-DNA-Hybride über Enzyme wie z. B. **Luciferase** mit chemilumineszierenden Substraten nachweisen. Mit diesem Verfahren kann z. B. das Genexpressionsmuster einer Zelle in unterschiedlichen Stadien der Differenzierung oder als Antwort auf unterschiedliche externe Stimuli analysiert werden. Das **Western Blotting** zur Immundetektion von Proteinen (▶ Abschnitt 6.7) sowie das Southern Blotting (Abbildung 22.10) haben wir bereits kennengelernt. Die Komplettierung der Windrose durch Eastern Blotting steht noch aus.

DNA-Mikroarrays, auch Genchips oder Biochips genannt, stellen eine miniaturisierte Anwendung des Hybridisierungsverfahrens dar. Damit können komplexe Gemische von mRNAs analysiert werden, um die Expressionsprofile von Zellen, Geweben und Organen miteinander zu vergleichen. Die Chips werden auf der Basis chemisch behandelter Glasplättchen hergestellt, deren Oberfläche in ebenmäßige Planquadrate oder Rundflächen (ca. 1 500/cm^2) eingeteilt ist. Auf diese Areale werden synthetische Oligonucleotide bzw. cDNAs in definierter Anordnung aufgebracht und kovalent immobilisiert. Für die Analyse wird zunächst einmal die Gesamt-mRNA aus einer biologischen Probe extrahiert, mit Reverser Transkiptase in cDNA rückübersetzt und mit Fluores-

zenzfarbstoffen markiert. Das Gemisch wird auf den Chip appliziert und zur Hybridisierung inkubiert. Nach sorgfältigem Auswaschen ungebundener cDNA werden die Fluoreszenzsignale der hybridisierten cDNAs mit Hilfe eines laserbasierten Detektionssystems analysiert. Mikroarrays werden zur Quantifizierung von Transkripten in komplexen Mischungen (Abbildung 22.12), aber auch zum Nachweis von Punktmutationen und Deletionen bei Gendefekten eingesetzt.

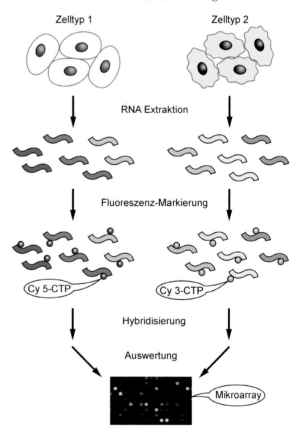

22.12 Mikroarray zur Analyse zellulärer mRNA-Expressionsprofile. Für die Hybridisierung wurde die fluoreszenzmarkierte cDNA aus Zelltyp 1 (rot) bzw. Zelltyp 2 (grün) zu gleichen Teilen gemischt und auf den Chip appliziert. Kommt ein Transkript in Zelltyp 1 seltener (häufiger) vor als in Zelltyp 2, so resultiert ein rotes (grünes) Signal; gelbe Signale zeigen gleiche Expressionsniveaus in beiden Zellpopulationen an. Anhand des Beschichtungsplans kann jeder Farbpunkt einem definierten Gen zugeordnet werden. Fluoreszenzmarker: Cy-3 (grün), Cy-5 (rot).

Die Hybridisierung ermöglicht eine chromosomale Lokalisation

Eine wichtige Anwendung markierter DNA-Sonden ist die Suche nach spezifischen RNAs oder ausgewählten DNA-Regionen in zellulären Verbänden wie Geweben und Organen: Wir sprechen von *In situ*-Hybridisierung ⬚. Eine spezielle Methode ist die Chromosomenfärbung (engl. *chromosomal painting*) zur Lokalisation eines Gens oder DNA-Segments. Dazu werden isolierte Chromosomen auf einem Objektträger kurz bei alkalischem pH inkubiert, wodurch die DNA denaturiert wird. Zur Detektion wird eine DNA-Sonde aus dem interessierenden Gen oder der gesuchten DNA-Region eingesetzt, die an einen fluoreszierenden Farbstoff wie z. B. Fluorescein gekoppelt ist. Nach Hybridisierung zeigt die Sonde als leuchtend bunter Fleck im Fluoreszenzmikroskop die Position des gesuchten Gens im zugehörigen Chromosom an (Abbildung 22.13). Das *chromosomal painting* ordnet isolierte Gene oder kleinere DNA-Segmente einzelnen Chromosomen zu und ermöglicht damit die **Kartierung** ihrer relativen Positionen innerhalb des Trägerchromosoms ebenso wie den Nachweis von chromosomalen Translokationen.

Mit der *In situ*-Hybridisierung lässt sich auch die Verteilung von RNA-Molekülen – meist mRNA – in einer Zelle, einem Gewebe oder gar Organismus analysieren. Dazu werden dünne Gewebeschnitte angefertigt, auf Objektträgern vorsichtig fixiert und mit spezifischen DNA-Sonden hybridisiert. Unter diesen Bedingungen liegt nur die RNA einzel-

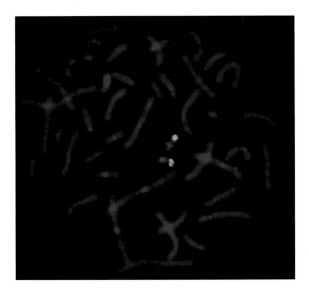

22.13 Chromosomale Lokalisation. Typischerweise verwendet man Metaphasenchromosomen, deren DNA einen hohen Kondensationsgrad besitzt (▶ Exkurs 16.2). Fluoreszenzgekoppelte Marker zeigen hier die Anfärbung spezifischer Regionen auf dem menschlichen Chromosomenpaar 22. Durch Verwendung unterschiedlicher Fluorophore lassen sich zwei oder mehr Gene gleichzeitig orten. [AN]

strängig vor, während chromosomale DNA in doppelsträngiger Form verbleibt und damit nicht hybridisieren kann. Verwendet man fluoreszierende Marker, so sprechen wir von einer **fluoreszenzgekoppelten** *in situ*-Hybridisierung, kurz: **FISH**. Mit dieser Technik kann man z. B. die Verteilung einer mRNA während der embryonalen Entwicklung verfolgen und damit auf die Rolle einzelner Gene bei Differenzierungsvorgängen schließen. Damit haben wir die wichtigsten Techniken zur Fragmentierung, Verknüpfung, Sequenzierung und Identifizierung von DNA kennen gelernt. Nun wenden wir uns den Möglichkeiten zur Vervielfältigung und Modifikation von DNA zu.

Die Polymerasekettenreaktion vervielfältigt definierte DNA-Abschnitte

Die Klonierung von DNA – also die Herstellung vieler getreuer Kopien einer Nucleinsäure – hat das molekulare Studium von Zellen und Organismen revolutioniert. Die einfachste Art, ein spezifisches DNA-Segment zu vervielfältigen, beruht auf der **Polymerasekettenreaktion** oder **PCR** (engl. *polymerase chain reaction*) ⬚. Voraussetzung dafür ist die Kenntnis zumindest von Teilen der interessierenden DNA-Sequenz, was angesichts der Totalsequenzierung des humanen Genoms kein Problem mehr bei humanen Sonden ist, sehr wohl aber bei anderen Spezies wie z. B. neu isolierten Bakterien, Viren und Parasiten. Mit diesen Sequenzinformationen werden zwei DNA-Oligonucleotide von je 15 – 20 Resten synthetisiert, die jeweils an einen der beiden komplementären Stränge hybridisieren und dabei exakt die DNA-Region begrenzen, die amplifiziert werden soll (Abbildung 22.14). Zunächst wird das Reaktionsgemisch kurz bei 95 °C erhitzt: **Denaturierung**. Beim anschließenden Abkühlen auf ca. 55 °C binden die Primer an die komplementären Einzelstränge und dienen als Starter für die DNA-Polymerasereaktion: *Annealing*. Die Synthese läuft dann in 5'→3'-Richtung entlang der einzelnen Matrizenstränge ab: **Polymerisation**.

Die Initialreaktion wird durch kurzzeitiges Erhitzen auf 95 °C unterbrochen; dabei denaturieren die neu gebildeten Doppelstränge. Beim Absenken der Temperatur auf 55 °C können die im großen molaren Überschuss zugesetzten Primer wiederum mit jeweils zwei Strängen, nämlich Eltern- und Tochterstrang, hybridisieren. In der zweiten Runde synthetisiert DNA-Polymerase dann insgesamt vier Filialstränge. Der Dreischritt Denaturierung, *Annealing*, Polymerisation wiederholt sich nun immer wieder (Abbildung 22.15). Nach 20 – 30 **Reaktionszyklen** ist das DNA-Segment, das durch die Lage der beiden Primer definiert wird, millionen- bis milliardenfach amplifiziert. Prinzipiell ist es damit möglich, ein einziges DNA-Molekül mittels PCR so stark zu vermehren, dass es zum Hauptprodukt des Reaktionsgemisches wird. In der Gelelektrophorese ist die amplifi-

chromosomale DNA

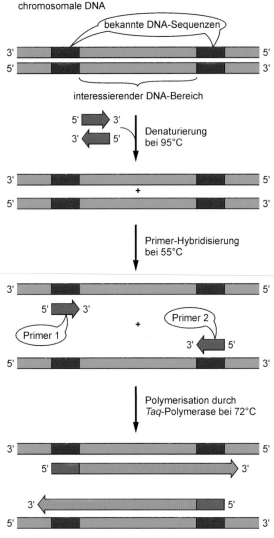

22.14 Initialreaktion bei der PCR. Das Reaktionsgemisch enthält die Matrizen-DNA (engl. *template*), DNA-Polymerase, die beiden Primer sowie ein Gemisch aus dNTPs. Die häufig verwendete *Taq*-Polymerase (▶ Abbildung 4.5) stammt aus dem Bakterium *Thermus aquaticus*, das in heißen Quellen lebt und daher ein thermostabiles Enzym produziert, das auch Temperaturen von 95 °C ohne Verlust seiner enzymatischen Aktivität übersteht.

zierte DNA häufig als hervorstechende Bande zu sehen. *In der phantastischen Sensitivität dieser Methode liegt allerdings auch ihre Problematik: Die PCR-Technik ist extrem anfällig gegenüber Spuren kontaminierender DNA.* Die PCR-Methode kann auch mRNA nachweisen, wenn diese zuvor durch **Reverse Transkriptase** (RT) in DNA umgeschrieben wird; wir sprechen dann von **RT-PCR**.

Die PCR-Reaktion wird außerordentlich vielseitig eingesetzt: So hat das enorme Amplifikationspotenzial die PCR zur Methode der Wahl in der **Virusdiagnostik**, bei der Suche nach **Gendefekten** sowie in der kriminalistischen Analytik – der **Forensik** – mittels genetischem „Fingerabdruck" gemacht (Exkurs 22.4).

DNA-Bibliotheken erlauben die Identifizierung unbekannter Gene

Die PCR erlaubt die *in vitro*-Klonierung von DNA-Fragmenten von 50 bis etwa 4 000 bp Länge aus der Gesamt-DNA eines Organismus. Benötigt man jedoch größere DNA-Fragmente oder fehlt gar die kritische Sequenzinformation für die Synthese von Primern, so müssen alternative Strategien verfolgt werden. Ein bewährter Ansatz dabei ist die Anlage von **Genbibliotheken**. Dazu stückelt man die gesamte genomische DNA eines Donororganismus mit einem Restriktionsenzym und verpackt einzelne Fragmente in einen **Plasmidvektor**, der sich leicht in Bakterien vermehren lässt und dabei die inkorporierten DNA-Fragmente in hoher Kopienzahl erzeugt (Abschnitt 22.2). Neben den Instruktionen für die Selbstreplikation enthält die Plasmid-DNA typischerweise auch ein oder mehrere **Resistenzgene**, die z. B. für β-Lactamase codieren – ein Enzym, das β-Lactam-Antibiotika wie Penicillin oder Ampicillin abbauen kann (▶ Abschnitt 23.8). Lässt man die behandelten Bakterien auf einem ampicillinhaltigen Nährboden wachsen, so gedeihen nur transformierte Bakterien, denen das Resistenzgen der Plasmide zur Verfügung steht; nichttransformierte Bakterien sterben dagegen ab (Abbildung 22.17). Im Idealfall enthalten genomische Bibliotheken einen umfangreichen Satz an Vektoren mit Fragmenten, die in ihrer Gesamtheit die komplette DNA eines Donororganismus verkörpern.

Die Gesamtheit der transformierten Bakterien bildet eine Genbibliothek, auch **genomische Bank** genannt. Säugetier-DNA-Banken enthalten typischerweise mehrere Millionen verschiedene rekombinante Plasmide. Wie kann man aus dieser schier unüberschaubaren Vielfalt ein bestimmtes Gen herausfischen? Dazu werden Bakterien einer genomischen Bank auf Nährböden „ausplattiert" (Abbildung 22.18). Über Nacht bilden sie **Kolonien**. Nun wird ein Filterpapier auf den Nährboden aufgelegt und dadurch ein Abklatsch der Kultur – **Replika** genannt – erzeugt. Die Bakterien, die am Filter haften bleiben, werden lysiert, und die darin enthaltene rekombinante Plasmid-DNA wird nach alkalischer Denaturierung mit einer spezifischen Sonde auf das gewünschte DNA-Fragment hin abgesucht: Wir sprechen von einer **Koloniehybridisierung**.

Die Koloniehybridisierung ist eine klassische Methode zur Isolierung proteincodierender Gene; besonders häufig wird sie eingesetzt, wenn nur geringste Proteinmengen zur Verfügung stehen. Durch Edman-Abbau oder massenspektrometrische Analyse (▶ Abschnitt 7.3) erhält man von solchen Spurenproteinen lediglich Partialsequenzen von etwa 10 – 30 Aminosäuren Länge, die nach Maßgabe des genetischen Codes in Nucleotidsequenzen rückübersetzt werden und die notwendigen Informationen für die Synthese von markierten Oligonucleotiden liefern (Exkurs 22.1). Da hier der Informationsfluss vom Protein zum Gen verläuft, sprechen wir

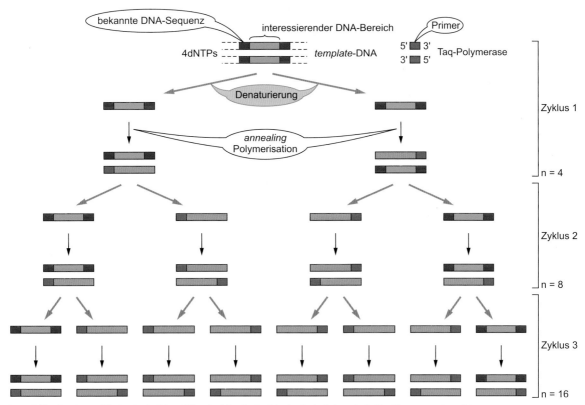

22.15 Zyklen der PCR-Amplifikation. Nach einigen Zyklen dominiert das Produkt, das durch die Lage der beiden Primer vorgegeben wird.

Exkurs 22.4: Genetischer Fingerabdruck

Das humane Genom enthält eine große Anzahl sich wiederholender repetitiver Sequenzen. Die einfachsten sind **Mikrosatelliten** oder **SSRs** (engl. _simple sequence repeats_), die aus tandemartigen Wiederholungen von 2–4 bp langen, _identischen_ Sequenzmotiven bestehen. **VNTRs** (engl. _variable number of tandem repeats_) umfassen hingegen repetitive Einheiten von ca. 14–100 bp Länge; diese sind oft nur _partiell_ sequenzidentisch. Die Anzahl der repetitiven Einheiten innerhalb eines Mikrosatelliten- bzw. VNTR-Locus schwankt stark von Allel zu Allel; typischerweise liegt sie zwischen vier und 100. Werden nun spezifische Primerpaare für flankierende Sequenzen von Mikrosatelliten- oder VNTR-Loci gewählt, so ergibt das PCR-Reaktionsgemisch nach Auftrennung in der Elektrophorese für jedes Individuum ein charakteristisches Muster von DNA-Fragmenten unterschiedlicher Länge (Abbildung 22.16). Dieser **genetische Fingerabdruck** ✑ erlaubt eine nahezu eindeutige Personenidentifizierung. Die DNA eines einzelnen menschlichen Haars oder weniger Spermienzellen reicht aus, um eine solche Analyse reproduzierbar durchzuführen.

22.16 Genetischer Fingerabdruck. Hier wurden Mikrosatelliten-Loci von zwei Personen untersucht. Die beiden Allele eines gegebenen Mikrosatelliten-Locus tragen je nach paternaler bzw. maternaler Herkunft unterschiedliche Kopienzahlen von repetitiven Einheiten. Damit lassen sich die beiden analysierten Individuen problemlos unterscheiden. Locus = Genort.

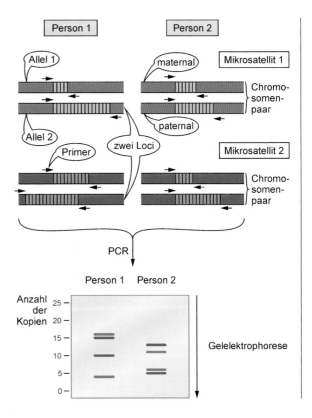

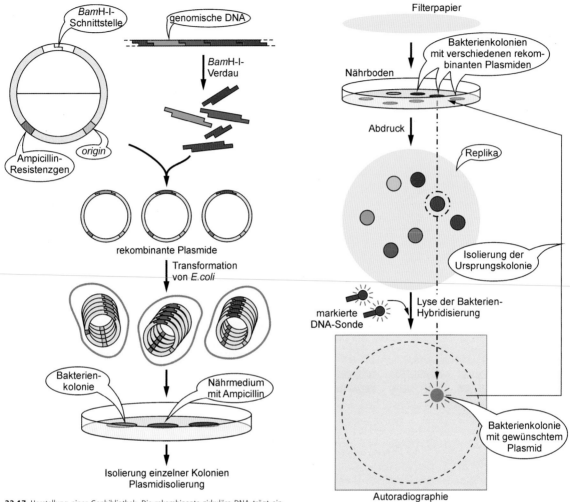

22.17 Herstellung einer Genbibliothek. Die rekombinante zirkuläre DNA trägt ein DNA-Fragment des Donororganismus. Die Plasmid-DNA darf nur eine Spaltstelle für die verwendete Restriktionsendonuclease haben; oft ist sie Teil einer multiplen Klonierungsstelle (engl. *multiple cloning site*), wo mehrere Restriktionsendonucleasen schneiden können. Eine Bakterienkolonie enthält im Allgemeinen nur einen einzigen Plasmidtyp.

22.18 Klonieren durch Koloniehybridisierung. Eine markierte DNA-Sonde ermöglicht die Identifizierung von Kolonien auf der Replika, die das relevante Gen tragen. Diese Kolonien werden aus dem ursprünglichen Nährboden isoliert und vermehrt; dabei können nahezu beliebige Mengen an rekombinanter DNA in relativ kurzer Zeit durch Amplifikation hergestellt werden.

auch von **„reverser Translation"**. Infolge der Degeneration des genetischen Codes wird dabei ein Gemisch „degenerierter" Primer eingesetzt, die an definierten Positionen unterschiedliche Basen tragen (▶ Abbildung 18.17). Die markierten Sonden werden dann für die Koloniehybridisierung eingesetzt. Plasmide können Fremd-DNA lediglich bis zu einer Größe von einigen kbp aufnehmen; man nutzt daher bei der Konstruktion von genomischen Bibliotheken bevorzugt **Lambda-Phagen** als Vektoren, die Fremd-DNA bis zu 20 kbp aufnehmen können (▶ Abschnitt 16.6). Hybride aus λ-Phagen und Plasmiden, kurz **Cosmide** genannt, sowie **BAC-Vektoren** (engl. *bacterial artificial chromosome*) können noch größere DNA-Fragmente (50–1 000 kbp) inkorporieren.

Genomische Banken lassen sich aus nahezu jedem beliebigem Zelltyp eines Organismus herstellen. Nachteilig dabei ist, dass die rekombinanten Vektoren zum allergrößten Teil (> 98 %) nichtcodierende Sequenzen tragen: Die proteincodierenden Exons machen maximal 1,4 % des menschlichen Genoms aus (▶ Abschnitt 23.12). Dieses Problem kann durch die Konstruktion von **cDNA-Banken** elegant umgangen werden. Dazu wird die Gesamt-mRNA von kultivierten Zellen, eines Gewebes oder Organs isoliert und durch eine retrovirale **Reverse Transkriptase** (RT) in eine cDNA (engl. *copy*) übersetzt (Abbildung 22.19). Dabei entsteht ein Heteroduplex; nach enzymatischer Verdauung des RNA-Strangs übernimmt das multifunktionelle RT-Enzym auch die Synthese des komplementären DNA-Strangs. An die Termini der cDNA werden

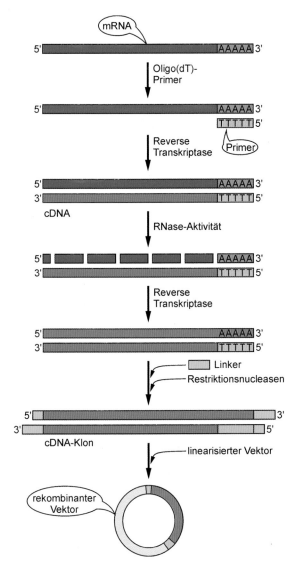

22.19 Synthese von cDNA. Da mRNAs meist einen Poly-(A)-Schwanz tragen, ist komplementäres Oligo-d(T)$_n$ ein häufig benutzter Primer. Reverse Transkriptase synthetisiert vom 3'-Ende der mRNA eine cDNA-Kopie; mithilfe ihrer endogenen RNase-Aktivität schneidet sie die mRNA an mehreren Stellen. Vom 3'-Ende der cDNA baut RT die mRNA mit ihrer 5'-3'-Exonucleaseaktivität ab und füllt sie gleichzeitig mit einer DNA-Sequenz auf. Nach Ligation von Linker-DNA und Restriktionsspaltung wird die cDNA in geeignete Vektor-DNA eingefügt. [AN]

Verbindungsoligonucleotide (engl. *linker*) ligiert, die multiple Restriktionsschnittstellen enthalten. Nach Spaltung mit einer passenden Restriktionsendonuclease wird die cDNA mit einer linearisierten Vektor-DNA verknüpft.

Bei der Durchmusterung einer cDNA-Bibliothek nach einem gesuchten Gen kommen wiederum Koloniehybridisierung (Abbildung 22.18) und PCR-Technik (Abschnitt 22.6) zum Einsatz. Da sich Zellen in ihren Expressionsmustern oft drastisch unterscheiden, sind cDNA-Banken – anders als ge-

nomische Banken – spezifisch für die Zellart, das Gewebe oder Organ, aus denen die mRNA stammt. Aufgrund der geringeren Komplexität von cDNA-Banken ist es erheblich leichter, den codierenden Bereich eines gesuchten Gens aus einer cDNA-Bank zu isolieren. Weiß man, in welchen Zellen oder Geweben das gesuchte Gen „hoch" exprimiert wird, so erleichtert die richtige Wahl der cDNA-Bank die Durchmusterung erheblich. Um das komplette Gen inklusive nichtcodierender Bereiche zu isolieren, verwendet man dann die markierte cDNA als Sonde für die Durchmusterung entsprechender genomischer Bibliotheken.

Polymorphismen helfen beim Auffinden krankheitsrelevanter Gene

Wir haben gelernt, wie man Gene aufspüren kann, bei denen Teilinformationen auf DNA- oder Proteinebene erhältlich sind. Wie aber kann man Gene identifizieren, die schwerwiegende Krankheitsbilder wie z.B. die Duchenne-Muskeldystrophie (▶ Abschnitt 9.7) oder die Cystische Fibrose (▶ Abschnitt 26.4) beim Menschen hervorrufen? Hier kann die genetische Kopplungsanalyse wertvolle Hilfe leisten. Ziel ist es dabei, DNA-Sequenzpolymorphismen aufzufinden, die aufgrund von „Nachbarschaftsbeziehungen" im Genom gemeinsam mit dem krankmachenden Allel vererbt werden. Strategien zur Identifizierung eines Gens aufgrund seiner chromosomalen Lokalisation werden auch als **positionelle Klonierung** bezeichnet.

Die Analyse der **Restriktionsfragment-Längenpolymorphismen** 🔖 – kurz: **RFLP** – macht sich zunutze, dass individuelle Sequenzvariationen (Polymorphismen) in der genomischen DNA etablierte Schnittstellen für Restriktionsenzyme eliminieren oder neue Schnittstellen generieren können. Liegen solche Mutationen in (oder in der Nähe von) krankheitsassoziierten Genen, so können geeignete DNA-Sonden bei erkrankten bzw. gesunden Personen unterschiedliche Restriktionsmuster im Southern Blot produzieren. Bei der **Sichelzellanämie** (▶ Abschnitt 10.9), die oft durch einen einzigen Nucleotidaustausch von A→T im β-Globingen verursacht wird, fällt bei Betroffenen eine singuläre Schnittstelle für das Restriktionsenzym *Mst* II (5-CCTNAGG-3) weg: Beim Restriktionsverdau der DNA von Trägern des Sichelzellgens erzeugt *Mst* II daher ein größeres Fragment als bei der DNA von Gesunden (Abbildung 22.20). Mit einer β-Globingensonde lässt sich dann ermitteln, ob ein Individuum die Mutation auf einem Allel (heterozygoter Träger), auf beiden Allelen (homozygoter Erkrankter) oder keinem der beiden Allele (Gesunder) trägt.

Am klassischen Beispiel der **Cystischen Fibrose (CF)** wollen wir den Weg der positionellen Klonierung eines krankheits-

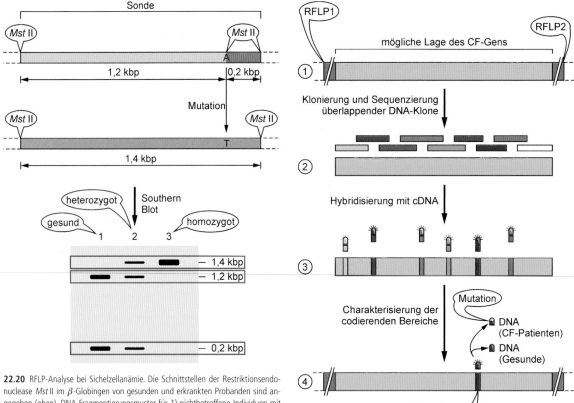

22.20 RFLP-Analyse bei Sichelzellanämie. Die Schnittstellen der Restriktionsendonuclease *Mst* II im β-Globingen von gesunden und erkrankten Probanden sind angegeben (oben). DNA-Fragmentierungsmuster für 1) nichtbetroffene Individuen mit intaktem β-Globingen $β^A β^A$, 2) heterozygote Träger mit einem mutierten Allel $β^A β^S$ bzw. 3) homozygote Träger mit zwei mutierten Allelen $β^S β^S$ sind schematisch dargestellt.

22.21 Positionelle Klonierung des CF-Gens. Durch zwei RFLPs konnte die Lage des CF-Gens auf einen Bereich von 10^6 bp eingegrenzt werden (1). Diese Region wurde vollständig sequenziert (2). Neu gewonnene DNA-Sequenzen wurden mit cDNA-Banken aus Drüsengewebe hybridisiert, um codierende Regionen zu identifizieren (3). Die Assoziation von ΔF508 mit manifester CF erlaubt die eindeutige Identifizierung des mutierten Gens (4).

relevanten Gens nachvollziehen (Abbildung 22.21). RFLP-Analysen betroffener Familien ergaben, dass eine bestimmte DNA-Sonde (D7S15) bei gesunden heterozygoten Eltern mit zwei Fragmenten hybridisierte, während sie bei erkrankten homozygoten Kindern nur ein einziges Fragment markierte. Die *in situ*-Hybridisierung mit D7S15 lokalisierte das zugehörige Gen auf Chromosom 7. Mit weiteren RFLP-Markern konnte das genomische Areal für das CF-Gen auf ein Segment von rund 2 Millionen bp eingegrenzt werden, das daraufhin kloniert und komplett sequenziert wurde. Mit den dabei gewonnenen DNA-Sonden wurden cDNA-Banken aus Drüsengeweben, in denen sich CF primär manifestiert, auf codierende Bereiche durchmustert und dabei **Kandidatengene** ermittelt. Unter diesen Kandidaten wurde das 230 kbp große CF-Gen mit 24 Exons identifiziert, das für einen **Chloridionenkanal** (engl. *CF transmembrane regulator*, CFTR) von 1 480 Aminosäuren codiert, der mit zwölf hydrophoben Segmenten die Plasmamembran von Drüsenzellen durchspannt (▶Exkurs 26.3). Etwa 70 % aller CF-Patienten sind Träger einer Deletion eines kompletten Codons (3 bp), das zum Verlust der Aminosäure Phenylalanin an Position 508 (ΔF508) der CFTR-Sequenz und damit zu einem dysfunktionellen Chloridionenkanal führt.

Mit der vollständigen Aufklärung des humanen Genoms stehen nunmehr alternative Methoden zur Aufspürung krankheitsrelevanter Gene zur Verfügung, die auf **singulären Nucleotid-Polymorphismen** basieren (▶Abbildung 23.34).

22.9

Rekombinant exprimierte Proteine werden therapeutisch eingesetzt

Für die meisten menschlichen Proteine sind die physiologischen Funktionen und die zugrunde liegenden molekularen Mechanismen trotz bekannter Primärstruktur nicht oder nur unvollständig verstanden. Biochemische und molekulargenetische Methoden ⌂ liefern hier Werkzeuge zur Beantwortung offener Fragen. Erster Schritt dabei ist die Herstellung ausreichender Mengen an Protein. Hat man die entsprechende cDNA zur Hand, so kann man sie in einen **Transkriptionsvektor** unter dem Einfluss eines starken Promotors integrieren. RNA-Polymerase transkribiert dann große Mengen der korrespondierenden mRNA, die per Translation in das gewünschte Protein übersetzt wird. Wir nennen dieses Verfahren *in vitro*-**Transkription/Translation** (▷ Exkurs 18.3). Bei einer häufiger angewandten Strategie wird die cDNA in einen **Expressionsvektor** kloniert, der in Bakterien-, Hefe- oder Säugetierzellen transformiert wird (Abbildung 22.22). Durch zelleigene Polymerasen wird die rekombinante cDNA in mRNA umgeschrieben und in Protein übersetzt. Da Expressionsvektoren meist einen starken Promotor tragen, der die Expression des Fremdgens antreibt, produzieren Wirtszellen das gewünschte Protein in großen Mengen, sodass es mitun-

ter zu **Einschlusskörperchen** (engl. *inclusion bodies*) aggregiert. Andere Expressionsvektoren veranlassen ihre Wirtszellen, das exprimierte Protein ins Kulturmedium zu sezernieren: Als eine der Hauptkomponenten kann es dann aus dem Zellüberstand isoliert werden (▷ Abschnitt 6.1 f).

Oftmals wird das interessierende Protein auch mit einer **Flaggensequenz** (engl. *tag*) an ihrem Amino- oder Carboxyterminus fusioniert (Abbildung 22.23). Dabei werden Expressionsvektoren verwendet, die bereits die Information für die gewünschte „Flagge" tragen. Nach Insertion der cDNA-Sequenz des interessierenden Proteins synthetisieren Wirtszellen dann ein chimäres **Fusionsprotein**. Der Vorteil einer Flaggensequenz wie z. B. **Hämagglutinin** (HA) ist die universelle Verwendbarkeit von Antikörpern gegen den Fusionspartner HA: Nach Lyse der Wirtszelle kann das relevante Protein spezifisch per Western Blot im zellulären Lysat nachgewiesen werden (▷ Abschnitt 6.7). Ebenso erlauben Antikörper gegen HA eine Immunpräzipitation des Fusions-

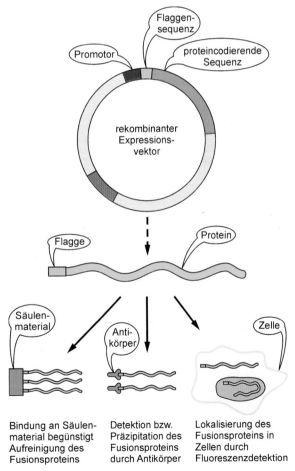

22.22 Herstellung eines rekombinanten Expressionsvektors. Der Vektor besitzt eine multiple Klonierungsstelle unmittelbar hinter einem starken Promotor. Nach Insertion der Fremd-DNA werden Wirtszellen mit dem Vektor transformiert, und die Massensynthese des gewünschten Proteins wird eingeleitet. Zur Selektion enthält der Vektor ein Ampicillinresistenzgen (Amp^R).

22.23 Konstruktion von Fusionsproteinen. Die Fusion eines Proteins, das analysiert werden soll, mit einer Flaggensequenz erleichtert Reinigung, Nachweis und mitunter auch die „korrekte" Faltung des interessierenden Proteins. Mitunter kann die Flaggensequenz durch proteolytische Spaltung gezielt entfernt werden; zurück bleibt dann das „authentische" Protein.

proteins (▶Exkurs 36.5). Verwendet man eine **Hexahistidyl-(His₆)-Sequenz** als Flagge, so kann das resultierende Fusionsprotein über eine Ni²⁺-Chelat-Affinitätschromatographie gereinigt werden (▶Exkurs 6.1). Durch Fusion mit dem **grünfluoreszierenden Protein** (GFP) aus der Qualle *Aequorea victoria*, das bei Lichteinstrahlung intensiv grün fluoresziert, und dessen Abkömmlingen lässt sich die (sub)zelluläre Lokalisation des Partnerproteins einfach bestimmen, seine Assoziation mit anderen Proteinen untersuchen und sogar seine Bewegung in der Zelle beobachten (▶Exkurs 5.7).

Rekombinante Proteine sind bei der Herstellung von Medikamenten von überragender Bedeutung. So wird z.B. bei Störungen der Erythrocytenentwicklung (Erythropoese) infolge von Nierenerkrankungen das rekombinant hergestellte **Erythropoetin** ⌐ verabreicht (▶Tabelle 29.1). Weitere Produkte rekombinanter DNA-Technologie sind menschliches **Wachstumshormon** (▶Abschnitt 30.4), **Insulin** (▶Abschnitt 31.4), **Gewebsplasminogenaktivator** (▶Abschnitt 14.6) sowie Gerinnungsfaktoren (▶Abschnitt 14.7).

22.10 Gezielte Mutagenese hilft bei der Aufklärung von Proteinfunktionen

Eine wichtige Methode zur funktionellen Analyse von Proteinen ist die **ortsgerichtete Mutagenese** ⌐ ihrer zugrunde liegenden DNA. Dabei werden einzelne Nucleotide oder Nucleotidgruppen gezielt mutiert, sodass auf der Proteinebene einzelne Aminosäuren oder definierte Sequenzsegmente ausgetauscht, deletiert oder inseriert werden. Die Expression des „mutierten" Proteins erlaubt dann, die strukturellen und funktionellen Konsequenzen dieser Veränderungen zu analysieren und letztlich Rückschlüsse auf die Bedeutung des

mutierten Segments zu gewinnen. Zahlreiche Methoden für die **ortsgerichtete Mutagenese** basieren auf der PCR. So kann man zufällige Sequenzveränderungen erzielen, wenn man die PCR absichtlich unter *nicht* optimalen Bedingungen ablaufen lässt, um damit die Fehlerrate der Polymerase zu steigern. Gezielte Basensubstitutionen erzielt man mit Primern, die gegenüber der Originalsequenz eine oder mehrere Substitutionen tragen. Anschließend lässt man **methylierungssensitive Restriktionsenzyme** die methylierten Matrizendoppelstränge und die hemimethylierten Hybride aus Matrizen- und PCR-Produktsträngen verdauen; die unmethylierten Doppelstränge des PCR-Produkts bleiben dabei unberührt (▶Abschnitt 20.8). Effekt ist eine Anreicherung der gewünschten mutierten Produkte gegenüber den nichtmutierten Edukten (Ausgangsstoffen).

Eine wichtige Strategie zur funktionellen Analyse von Genprodukten ist die Herstellung von **dominant-negativen Mutanten**. Dabei blockiert das Produkt des mutierten Gens die Funktion des normalen Genprodukts. Protoypen für dominant-negative Mutanten sind der Tumorsuppressor p53 bei der Kanzerogenese (▶Abschnitt 35.7) sowie Kollagen α1(I) bei der Glasknochenkrankheit (▶Abschnitt 8.4). Dabei führt die Mutation in einer einzigen α-Kette der Tripelhelix bei den betroffenen Patienten zu einem gravierenden Funktionsverlust des Kollagens (▶Abbildung 15.1). Besonders aufschlussreich kann die Integration einer solchen Mutante in das Genom eines Modelltieres sein, weil nun die Wirkung einer dominant-negativen Mutante im physiologischen Kontext geprüft wird. Wir werden auf **transgene Tiermodelle** ⌐ noch zu sprechen kommen (▶Abschnitt 23.10).

Damit haben wir die wichtigsten Methoden und Techniken kennen gelernt, mit denen Nucleinsäuren *in vitro* charakterisiert und manipuliert werden können. Wir wenden uns nun den fundamentalen Prozessen bei der Veränderung genetischer Informationen *in vivo* zu.

Zusammenfassung

- Bakterielle **Restriktionsendonucleasen** durchtrennen doppelsträngige DNA typischerweise an **palindromischen Sequenzen** von vier, sechs oder acht Nucleotiden Länge und produzieren dabei Fragmente mit **glatten** oder **überhängenden (kohäsiven) Enden**. Bei der **Restriktionskartierung** wird doppelsträngige DNA von einem oder mehreren Restriktionsenzymen verdaut und die Größe der resultierenden Fragmente mittels **Gelelektrophorese** bestimmt.

- Fragmente unterschiedlicher Herkunft können *in vitro* zu einer **rekombinanten DNA** verknüpft werden. Bei der **DNA-Klonierung** wird ein DNA-Fragment in **Vektoren** wie z. B. **Bakteriophagen** oder **Plasmide** inseriert. Das entstehende Konstrukt kann dann durch **Transformation** in ein Wirtsbakterium eingebracht und dort beliebig vermehrt werden.

- Zur **DNA-Sequenzierung** mit der **Kettenabbruchmethode** benötigt man komplementäre Oligonucleotid-Primer, DNA-Polymerase, vier Desoxynucleosidtriphosphate (dNTPs) sowie ein **Didesoxynucleosidtriphosphat** (ddNTP), das im molaren Unterschuss zu den dNTPs steht. Bei der Primerverlängerung erhält man ein Spektrum von **Kettenabbruchprodukten**, aus denen die DNA-Sequenz direkt abgelesen werden kann. Der Einsatz von fluoreszenzmarkierten dNTPs und hochauflösender **Kapillarelektrophorese** hat eine neue Generation vollautomatischer **DNA-Sequenziergeräte** hervorgebracht.

- Die **Denaturierung** eines DNA-Doppelstrangs bei erhöhter Temperatur ist ein reversibler Vorgang. Ähnlich wie bei der **Renaturierung** von DNA-Einzelsträngen kann durch **Hybridisierung** komplementärer DNA- und RNA-Stränge ein **Heteroduplex** entstehen. Dieses Prinzip wird bei der Detektion von DNA im **Southern Blot** bzw. von mRNA im **Northern Blot** eingesetzt. **DNA-Mikroarrays** stellen ein miniaturisiertes Hybridisierungsverfahren dar.

- Die *in situ*-**Hybridisierung** mit **fluoreszenzmarkierten DNA-Sonden** lokalisiert ausgewählte mRNA in Zellen, Geweben und Organen. **Chromosomal Painting** dient der **Kartierung** von Genen auf isolierten Chromosomen und erlaubt den Nachweis von chromosomalen Translokationen.

- Mithilfe der **Polymerasekettenreaktion (PCR)** kann ein spezifisches DNA-Segment vervielfältigt werden, das durch zwei Oligonucleotid-Primer definiert ist. Der **Reaktionszyklus** mit **Denaturierung**, **Annealing** und **Polymerisation** erfordert hitzestabile DNA-Polymerase und wird meist 20- bis 30mal durchlaufen. Die exquisite Sensitivität verschafft der PCR eine zentrale Rolle in **Virusdiagnostik**, **Humangenetik** und **Forensik**.

- **Genbanken** repräsentieren **genomische DNA** eines Donororganismus oder enthalten **cDNAs**, die durch Übersetzung von **Gesamt-mRNA** mit **Reverser Transkriptase** entsteht. Typische **Vektoren** sind **Plasmide**, **λ-Phagen**, **Cosmide** oder **BACs**. Die **Koloniehybridisierung** hilft bei Durchmusterung der Banken nach definierten DNA-Segmenten.

- DNA-Polymorphismen ermöglichen das Auffinden krankheitsrelevanter Gene. **Sichelzellanämie** wird durch eine Mutation im β-Globingen hervorgerufen, die einen **Restriktionsfragment-Längenpolymorphismus (RFLP)** erzeugt. Polymorphismusmarker in der Nähe eines Defekts ermöglichen die **positionelle Klonierung** unbekannter Gene. Klassisches Beispiel dafür ist der **Chloridkanal CFTR**, dessen Gen bei cystischer Fibrose mutiert ist.

- Zur Herstellung **rekombinant exprimierter Proteine** in Bakterien- bzw. Säugerzellen werden cDNAs in **Expressionsvektoren** kloniert. Rekombinante Proteine können mit **Flaggensequenzen** versehen und als Fusionsproteine mit **grünfluoreszierendem Protein** exprimiert werden. Zu den rekombinanten Proteinen, die **therapeutisch** eingesetzt werden, gehören Erythropoetin, Wachstumshormon, Insulin, Plasminogenaktivator und Gerinnungsfaktoren.

- Die **ortsgerichtete Mutagenese** klonierter Gene erlaubt die Herstellung von Proteinen mit gezielten Veränderungen in ihrer Primärstruktur, die oft Rückschlüsse auf die funktionelle Bedeutung des mutierten Segments zulassen. Die Expression von **dominant-negativen Mutanten**, die mit normalen Genprodukten interferieren, ist eine alternative Strategie zur Funktionsanalyse von Genprodukten.

Veränderung genetischer Information

Kapitelthemen: 23.1 Transition und Transversion 23.2 DNA-Reparatur durch Wiederherstellung 23.3 DNA-Reparatur durch Elimination 23.4 Rekombination und genetische Variabilität 23.5 Holliday-Strangkreuzung 23.6 Genumordnung und Antikörperdiversität 23.7 Vielfalt von T-Zell-Rezeptoren 23.8 Transposons und Insertionssequenzen 23.9 Retroviren 23.10 Transgene Tiere 23.11 Gentherapie beim Menschen 23.12 Das menschliche Genom

Die *genetische Variabilität* einer Spezies ermöglicht die optimale Anpassung an sich wandelnde Umweltbedingungen. Die Fähigkeit zur Mutation und Neukombination von Genen ist daher langfristig für das Überleben einer Art von existenzieller Bedeutung. Dagegen zeichnet sich ein Individuum durch *genetische Stabilität* aus. Eine einzelne Zelle – hier als *pars pro toto* betrachtet – betreibt daher einen enormen Aufwand, um allfälligen Mutationen entgegenzuwirken. Wir haben bereits Mechanismen kennen gelernt, mit der eine Zelle die Präzision bei der DNA-Replikation zu maximieren trachtet. Es gibt aber auch zufällige, replikationsunabhängige Veränderungen in der DNA. Dafür verfügt eine Zelle über ein ganzes Arsenal von Reparaturmöglichkeiten, die einzig dem Ziel dienen, spontan auftretende DNA-Veränderungen rasch zu erkennen und zuverlässig auszumerzen. Versagen diese aufwändigen *Korrektur-* und *Reparatursysteme* auch nur ein einziges Mal, so kommt es zu einer fixierten Mutation. Viele Mutationen bleiben folgenlos. Im schlechtesten Fall können sie aber für die Einzelzelle und letztlich auch für den Gesamtorganismus fatal sein, wie wir im Kapitel Kanzerogenese sehen werden. Im Folgenden wollen wir die grundlegenden molekularen Mechanismen der Modifikation und Reparatur von DNA kennen lernen.

23.1
Transition und Transversion sind häufige Substitutionen

Mutationen ⌦ in Genen entstehen häufig durch Austausch einzelner oder mehrerer Nucleotide. Diese **Substitutionen** können „spontan", d.h. ohne äußere Einwirkung, entstehen oder durch chemische Verbindungen bzw. Strahlung induziert werden. Prinzipiell unterscheiden wir zwei Typen von Nucleotidsubstitutionen: Die **Transition** ersetzt eine Purinbase durch eine andere Purinbase bzw. eine Pyrimidinbase durch eine zweite. Die **Transversion** substituiert dagegen eine Purinbase durch eine Pyrimidinbase oder umgekehrt (Abbil-

dung 23.1). Spontane Transitionen können beispielsweise auftreten, wenn die vorherrschende Ketoform von Guanin durch **Tautomerisierung**, einer speziellen Form der Konstitutionsisomerie (▶ Abschnitt 1.4), in ihre Enolform übergeführt wird, die aufgrund ihrer veränderten Fähigkeit zur Wasserstoffbrückenbildung mit Thymin ($G^* \cdot T$ statt mit Cytosin hybridisiert. Bei der Replikation entsteht dann in der nächsten Replikationsrunde $A \cdot T$ anstelle von $G \cdot C$. Da Keto- und Enolform von Guanin in einem Verhältnis von etwa $1 : 10^4$ stehen, kommen Transitionen nicht selten vor.

Neben dem Fehleinbau von Nucleotiden bei der Replikation, der meist durch Korrekturlesen und postreplikative Reparatur korrigiert wird (▶ Abschnitt 21.5 ff), können spontane Mutationen auch durch chemische Reaktionen ausgelöst werden. So kommt gelegentlich die **spontane Desaminierung** von Cytosin zu Uracil in der Zelle vor. Da Uracil mit Adenin eine komplementäre Basenpaarung eingeht, findet eine Transition von $C \cdot G$ zu $T \cdot A$ statt (Abbildung 23.2). Ebenso kann Adenin spontan zu Hypoxanthin desaminiert werden; diese veränderte Base wird durch Cytosin komplementiert. Folge ist eine Transition $A \cdot T \rightarrow G \cdot C$. Spontan können auch Purinreste verloren gehen: Bei dieser **Depurinierung** entsteht ein „apurinisches" Nucleotid, das keine Basenpaarung mehr eingehen kann. Unter physiologischen Bedingungen können auch **glykosidische Bindungen** zwischen Purinbase und Desoxyribose aufbrechen; und angesichts der schieren Größe des humanen Genoms sind solche Bindungsbrüche ($> 10^3$ pro Tag und Zelle) durchaus von biologischer Relevanz.

Mutagene Agenzien können DNA-Veränderungen durch chemische **Modifikation von Basen** induzieren: So kann die starke Base Hydroxylamin mit Cytosin reagieren (Abbildung 23.3). Das entstehende Cytosinderivat hybridisiert mit Adenin statt mit Guanin, sodass es zu einer Transition $C \cdot G \rightarrow T \cdot A$ kommt. Gefürchtete Mutagene sind **alkylierende Agenzien**, die Methyl- oder Ethylgruppen an der Hydroxylgruppe in Position 6 von Guanin einführen (▶ Abschnitt 35.3). O^6-Methylguanin ist nämlich zur Basenpaarung mit Thymin statt mit Cytosin in der Lage, sodass es

23.1 Transition und Transversion von Nucleotiden. Es gibt zwei Typen der Transition und vier Typen der Transversion. Eine tautomere Form von G (mit * markiert) kann während der Replikation mit T statt C paaren (Mitte) und erzeugt bei der nachfolgenden Replikationsrunde (unten) in einem der beiden Tochterstränge A·T (farbig markiert) statt G·C.

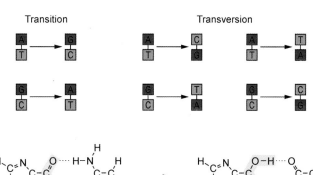

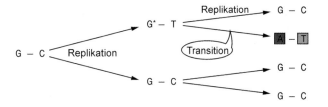

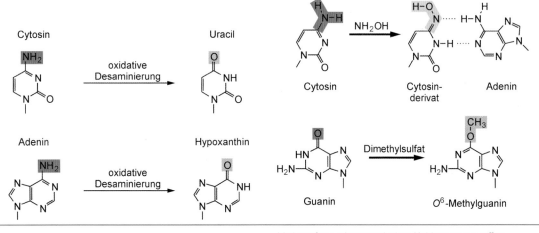

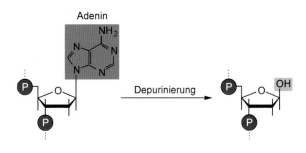

23.2 Depurinierung von Nucleotiden. Durch Desaminierung kann aus 5-Methylcytosin (▶ Abbildung 20.18) Thymin entstehen (nicht gezeigt).

23.3 Induzierte Mutagenese. Agenzien wie Hydroxylamin (oben), Dimethylsulfat (Mitte) oder Benzo[a]pyren (unten) führen zu kovalenten Basenmodifikationen. Bleibt dieser DNA-Schaden von zellulären Reparatursystemen unerkannt, so entstehen Mutationen. Benzo[a]pyren wird in einer vorgeschalteten Reaktion in der Leber durch Cytochrom P_{450}-abhängige Oxidasen mehrfach hydroxyliert (unten rechts). [AN]

auch hier zu einer Transition G·C→A·T kommt. O^4-Methylthymin kann dagegen mit Guanin paaren. Ebenfalls mit Guanin reagieren **Karzinogene** 🔖 wie z.B. Benzo[a]pyren, die sperrige polyzyklische Kohlenwasserstoffe an den Purinring knüpfen.

Welche Konsequenzen zeitigen Nucleotidsubstitutionen, die von den zellulären Reparatursystemen nicht rechtzeitig erkannt werden? Liegt die **Punktmutation** in einem codierenden Genabschnitt, so sind verschiedene Folgen denkbar (Abbildung 23.4):

- **Missense-Mutation**: Es entsteht ein Triplett, das für eine andere Aminosäure codiert und folglich zum Einbau einer „falschen" Aminosäure führt.
- **Neutrale Mutation**: Das veränderte Triplett codiert die gleiche Aminosäure, und damit bleibt das Genprodukt unverändert; die Mutation ist neutral oder stumm.
- **Nonsense-Mutation**: Die Nucleotidsubstitution erzeugt ein neues Stoppcodon, sodass ein verkürztes Genprodukt entsteht.

Neben Substitutionen gibt es auch **Deletionen** oder **Insertionen** eines oder mehrerer Nucleotide. Diese Mutationen werden etwa durch polyzyklische **Acridinfarbstoffe** hervorgerufen, die aufgrund der flachen Anordnung ihrer Ringsysteme zur **Interkalation** zwischen die Basenpaare der DNA neigen. Dabei deformieren sie die DNA-Doppelhelix so stark, dass sie bei der nächsten Replikation eine Insertion oder Deletion von Nucleotiden provozieren können. Findet eine solche

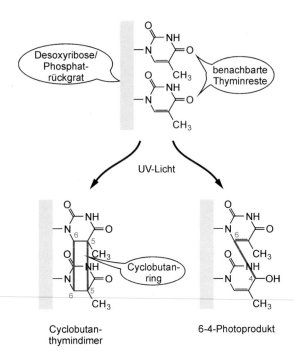

23.5 Dimerisierungsprodukte durch UV-Strahlung. Benachbarte Thyminreste werden dabei meist zu einem Cyclobutanderivat verknüpft. Seltener entsteht eine lineare 6-4-Verknüpfung zwischen zwei Thyminresten (unten rechts) oder Thymin und einem benachbarten Cytosin (nicht gezeigt).

Mutation in einem Exon statt, verändert sich das **Leseraster** – wenn nicht ausgerechnet ein oder mehrere Tripletts inseriert bzw. deletiert werden, wie zum Beispiel bei der Cystischen Fibrose (▶Exkurs 26.3). Mutagene Substanzen wie z.B. Acridinorange können Tumoren im menschlichen Organismus induzieren, da einer Tumorentstehung stets DNA-Schädigungen vorausgehen. Neben Chemikalien sind **ionisierende Strahlen** und **UV-Strahlung** weitere wichtige mutagene Faktoren. UV-Strahlung induziert dabei die Bildung von **Pyrimidindimeren**, wobei meist zwei benachbarte Thyminreste linear oder zyklisch verknüpft werden (Abbildung 23.5). Solche intrakatenären – also innerhalb eines Strangs auftretenden – Thymindimere verzerren die DNA und stellen ein echtes Hindernis für die DNA-Polymerase dar. Um fatale Störungen bei der Replikation abzuwenden, schützt sich die Zelle mit einem aufwändigen System, das Pyrimidindimere aufspürt und den defekten Strang repariert (siehe unten).

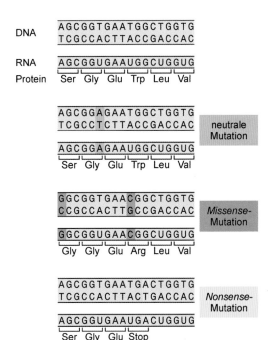

23.4 Nucleotidsubstitutionen und ihre Folgen. Bleibt ein Genprodukt trotz Austausch unverändert, so sprechen wir von einer neutralen Mutation. Wird als Folge der Mutation eine andere Aminosäure eingebaut, so sprechen wir von einer *Missense*-Mutation. Erzeugt die Mutation ein Stoppcodon, so wird sie bezeichnenderweise *Nonsense*-Mutation genannt.

23.2

Die Reparatur von DNA erfolgt prompt und effizient

Prinzipiell sind zwei Arten der Fehlerbehebung bei mutierter DNA denkbar: Wiederherstellung oder Ersatz. Zellen verfolgen beide Strategien. Da wie so oft die Vorgänge bei Proka-

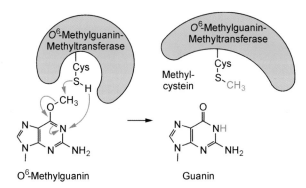

23.6 Enzymatische Reparatur von O^6-Methylguanin. Der Methylrest wird auf die Thiolgruppe (–SH) einer Cysteinseitenkette im aktiven Zentrum von Methyltransferase übertragen. Dieser Vorgang ist irreversibel, d. h. die Transferase ist nach Reparatur einer einzigen Läsion „erledigt". Bei extensiver DNA-Alkylierung kann das methylierte Protein seine eigene Genexpression hochregulieren. Methyltransferasen kommen in Pro- und Eukaryoten vor.

ryoten besser verstanden sind, befassen wir uns im Folgenden zunächst mit den bakteriellen Reparatursystemen; wir werden aber sehen, dass Säugerzellen ganz ähnliche Systeme nutzen. Die „geradlinigste" Strategie verfolgt O^6-**Methylguanin-Methyltransferase**. Das Enzym entfernt kurzerhand den störenden Methylrest von O^6-Methylguanin (Abschnitt 23.1) und überträgt ihn auf einen Cysteinrest in seinem aktiven Zentrum (Abbildung 23.6). Damit ist der Ausgangszustand auf DNA-Ebene wiederhergestellt.

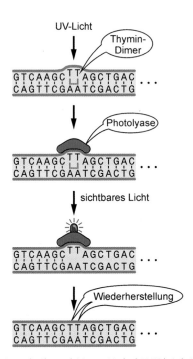

23.7 Mechanismus der Photoreaktivierung. Die durch UV-Licht induzierten Thymindimere werden vom Enzym Photolyase erkannt. Sichtbares Licht aktiviert die Photolyase über ihre beiden Cofaktoren 5,10-Methylentetrahydrofolat und Flavinadenindinucleotid.

Das Enzym **DNA-Photolyase** bringt das Kunststück fertig, den Cyclobutanring von Thymindimeren, die durch UV-Strahlung geknüpft wurden (Abbildung 23.5), wieder zu sprengen. Das Enzym erkennt die defekte Stelle im Strang und öffnet die beiden C–C-Bindungen im Cyclobutanring mithilfe zweier lichtabsorbierender Cofaktoren (Abbildung 23.7). Bei Photoneneinfall überträgt die chromophore Verbindung 5,10-Methylentetrahydrofolat Lichtenergie auf reduziertes Flavinadenindinucleotid (FADH⁻), das daraufhin sein freies Elektron auf den Cyclobutanring transferiert. Unter Bildung von freien Radikalen als Zwischenprodukten kommt es zur Spaltung des Thymidindimers; dabei wird FADH⁻ wiederhergestellt. Das DNA-Photolyasesystem kommt in Prokaryoten und vielen Eukaryoten vor; dem Menschen dagegen fehlt ein solches Photoreaktivierungssystem.

Eliminierende Reparatursysteme sichern die Integrität der Erbinformationen

Eine Wiederherstellung des ursprünglichen Zustands durch Umkehrung von Reaktionen ist beileibe nicht für alle DNA-Schäden möglich: Bei den meisten Veränderungen müssen defekte Strangteile entfernt und die entstandenen Lücken nach Maßgabe des Gegenstrangs wieder aufgefüllt werden. Bei der Replikation sind wir bereits der Fehlpaarungsexzisionsreparatur begegnet (▸ Abbildung 21.17). Prototyp einer **Nucleotidexzisionsreparatur** ist das **Uvr-System**, bei dem vier Enzymaktivitäten am Strang arbeiten: Nuclease, Helikase, Polymerase und Ligase. In einem ersten Schritt tastet ein Proteinkomplex aus einer UvrB- und zwei UvrA-Untereinheiten den DNA-Strang auf „Strukturunregelmäßigkeiten" ab, die z. B. durch Pyrimidindimerisierung entstanden sind. Dort verharrt der Komplex UvrA₂B und knickt den Strang unter ATP-Verbrauch ab (Abbildung 23.8). Nun dissoziieren die A-Untereinheiten ab und machen Platz für die UvrC-Untereinheit, die zusammen mit UvrB den defekten Strang an den Flanken des Pyrimidindimers schneidet. Das dabei entstehende Oligonucleotid von etwa zwölf bis dreizehn Basen wird von der Helikase UvrD entfernt. Daraufhin lösen sich UvrB und UvrD vom Strang und geben den Weg frei für Polymerase I, die die entstandene Lücke auffüllt. DNA-Ligase verschließt dann zum intakten Strang.

Das Exzisionssystem bewerkstelligt auch andere Reparaturen wie z. B. die Entfernung von Kohlenwasserstoffderivaten (Abbildung 23.3, unten). Beim Menschen gibt es ein analoges, jedoch komplexer aufgebautes Ensemble von Enzymen, wobei die **Excinuclease** ein etwas größeres Oligonucleotid von 24 – 32 Nucleotiden um die defekte Position herum ausschneidet. Die Bedeutung dieses Reparatursystems führt die Krankheit Xeroderma pigmentosum vor Augen, bei der einzelne Komponenten dieses Systems ausfallen (Exkurs 23.1).

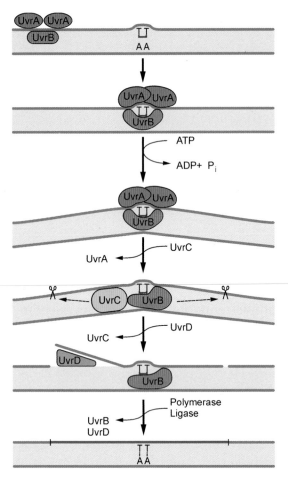

23.8 Nucleotidexcisionsreparatur bei *E. coli*. Das Reparaturenzym UvrBC ist keine „konventionelle" Endonuclease, da es an *zwei* Stellen des Strangs schneidet und ein Oligonucleotid exzidiert: Es wird daher als Ex<u>cin</u>uclease bezeichnet. UvrD „hebelt" als Helikase das freigesetzte Oligonucleotid weg. Das Uvr-System kann auch kovalente Verknüpfungen von zwei Strängen reparieren. [AN]

⚕ Exkurs 23.1: Xeroderma pigmentosum⌧

Diese autosomal-rezessive Erkrankung mit einer Häufigkeit von 1 : 250 000 ist durch eine Ausdünnung (Atrophie) und starke Verhornung (Hyperkeratose) der Haut, Geschwüre der Hornhaut (Cornea-Ulzeration) und ein gehäuftes Auftreten insbesondere von **Hauttumoren** gekennzeichnet. Molekular liegt ein **Defekt im DNA-Reparatursystem** zugrunde, das normalerweise die UV-induzierten Dimerisierungen von Pyrimidinresten der DNA behebt. Meist fehlt bei betroffenen Patienten die **Excinucleaseaktivität UvrBC**, sodass es bei ihnen zu einer Akkumulation von Mutationen kommt. Defekte anderer Komponenten des Reparatursystems können die gleiche Symptomatik hervorrufen. Bei den Betroffenen kommt es zum **Auftreten multipler Tumoren** und Metastasen vor dem 30. Lebensjahr. Eine kausale Therapie gibt es zurzeit nicht; die Hoffnungen ruhen auf gentherapeutischen Verfahren. Erbliche Defekte im Fehlpaarungsreparatursystem disponieren auch zum kolorektalen Karzinom (▶ Exkurs 21.3).

Ein weiteres Reparatursystem ist auf die Exzision einzelner falscher oder defekter Basen spezialisiert. So können Cytosinreste in einer DNA spontan zu Uracil desaminieren (Abbildung 23.2). Solche spontanen **Desaminierungen** sind keine seltenen Ereignisse: Ohne Reparatur käme es daher zu einer erheblichen Zunahme spontaner Mutationen. Das Enzym **Uracil-DNA-Glykosylase** erkennt Uracilreste im DNA-Strang, spaltet die glykosidische Bindung zwischen Uracil und der Desoxyriboseeinheit und erzeugt dadurch ein **Apyrimidin-(AP)-Derivat** (Abbildung 23.9). Sekundär spaltet eine AP-Endonuclease 5'-terminal vom modifizierten Rest. Nach Entfernung des Desoxyribosephosphatrests durch Desoxyribose-Phosphodiesterase füllt DNA-Polymerase die entstandene Lücke mit Desoxycytidylat auf, und DNA-Ligase ver-

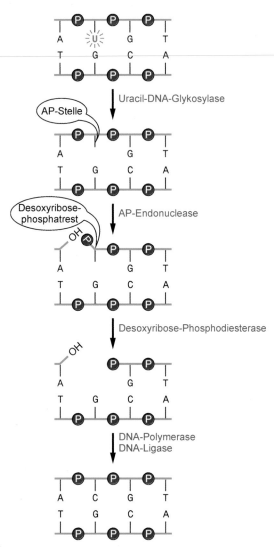

23.9 Basenexcisionsreparatur durch Uracil-DNA-Glykosylase. In ähnlicher Weise werden Thymindimere, Hypoxanthin sowie alkylierte DNA-Purine wie z. B. *N*-Methyladenin durch spezifische DNA-*N*-Glykosylasen entfernt. Die weitere Reparatur erfolgt auf dem gezeigten Weg. [AN]

siegelt den Strangbruch. Wir sprechen von einer **Basenexzisionsreparatur**. An dieser Stelle können wir nun auch verstehen lernen, warum DNA – im Gegensatz zu RNA – die Base Uracil „verschmäht" (Exkurs 23.2).

Die DNA-Reparaturmechanismen von **Tumorzellen** sind häufig defekt; dies macht Krebszellen besonders anfällig für induzierte Mutationen. Daher werden mutagene Agenzien trotz der Risiken einer DNA-Schädigung von normalen Zellen in der Tumortherapie erfolgreich eingesetzt, da sie Krebszellen an ihrer Achillesferse – den defekten oder fehlenden DNA-Reparatursystemen – treffen. Wichtige Vertreter sind alkylierende Verbindungen wie Cyclophosphamid, interkalierende Verbindungen wie Doxorubicin, aber auch Röntgenstrahlen und radioaktive Substanzen wie z.B. bei der Radiojodtherapie des Schilddrüsenkarzinoms (▶ Abschnitt 35.9).

♒ Exkurs 23.2: Warum wird Uracil von RNA, aber nicht von DNA benutzt?

Nehmen wir einmal an, DNA würde – ebenso wie RNA – Uracil statt Thymin inkorporieren. Eine **spontane Desaminierung von Cytosin** zu Uracil wäre in einem solchen Fall fatal, da die Reparaturenzyme nicht mehr zwischen codiertem und spontan gebildetem Uracil zu unterscheiden wüssten. Auf Dauer würden sämtliche Cytosin- in Uracilreste umgewandelt, was einen raschen Informationsverlust zur Folge hätte, da die Korrekturmechanismen nicht mehr greifen. Die Methylgruppe am C5-Atom von Thymin ist also eine Erkennungsmarke, die sie von desaminiertem Cytosin unterscheidet und damit eine gezielte Reparatur in der DNA-Sequenz erlaubt. Der Preis: eine aufwändige Methylierung von Desoxyuridylat zu Desoxythymidylat (▶ Abbildung 49.15). Anders als bei der DNA wird die Desaminierung von Cytosin in der RNA *nicht* nachträglich korrigiert, da sie ja kein Erbträger ist. Daher kann RNA das „wohlfeile" Uracil als Baustein verwenden.

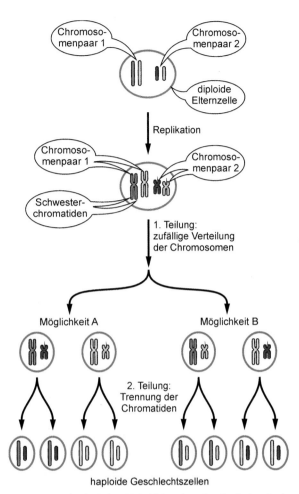

23.10 Vorgänge bei der Meiose. Die Reduktionsteilung einer Geschlechtszelle mit zwei Chromosomenpaaren ist hier exemplarisch gezeigt. Zunächst werden die homologen Chromosomen repliziert; dabei entstehen vier Chromatiden, die zu je zwei identischen Schwesterchromatiden angordnet sind. Bei der 1. Teilung werden homologe Chromosomen zufällig auf Tochterzellen verteilt; bei der 2. Teilung werden die Chromatiden der einzelnen Chromosomen voneinander getrennt und auf vier haploide Gameten verteilt.

23.4

Die Neuverknüpfung von DNA sorgt für genetische Variabilität

Die Replikation mit ihrer rigiden Selbstkontrolle ist ein Vorgang, der die DNA als statischen Informationsspeicher erscheinen lässt. Tatsächlich können DNA-Stücke aber auch *in vivo* versetzt oder neu verknüpft werden. Wird durch die Verknüpfung von DNA-Segmenten unterschiedlicher Herkunft ein neues DNA-Molekül geschaffen, so haben wir es mit einer **Rekombination** ⌐ zu tun. Den Austausch verwandter (homologer) Segmente zwischen DNA-Strängen nennen wir **homologe Rekombination**. Dieser Prozess läuft vor allem während der sexuellen Teilung (**Meiose** ⌐) ab. Dabei werden Geschlechtszellen – die Gameten – mit einem einfachen haploiden Chromosomensatz erzeugt (Abbildung 23.10). Wird ein DNA-Segment durch nichthomologe Rekombination innerhalb eines Chromosoms oder zwischen verschiedenen

Chromosomen transferiert, sprechen wir von **Translokation**. Chromosomale Translokationen können beim Menschen Leukämien hervorrufen (▶ Abbildung 35.10).

Durch die Prozesse der homologen und nichthomologen Rekombination können ganze Gene neu arrangiert werden. Sie tragen damit wesentlich zur genetischen Variabilität innerhalb einer Art bei. Andererseits nutzen Zellen und Organismen homologe Rekombination bei postreplikativen Reparaturvorgängen. Betrachten wir zunächst einmal die molekularen Vorgänge bei der homologen Rekombination während der Meiose (Abbildung 23.11). Dabei können Gene durch Überkreuzen oder **Crossing-over** von Chromatiden zwischen homologen Chromosomen ausgetauscht werden.

Bei der homologen Rekombination müssen Nichtschwesterchromatiden exakt angeordnet werden. Durch präzises Schneiden an korrespondierenden Positionen der homolo-

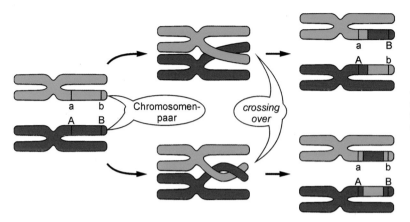

23.11 Genetische Rekombination. Während der 1. Teilung der Meiose tauschen Nichtschwesterchromatiden von homologen Chromosomen genetisches Material aus. Der Austausch findet an gekreuzten DNA-Abschnitten statt. Dadurch kommt es zu einem Rearrangement der Chromosomen, noch bevor sie auf Gameten (Ovum oder Spermium) aufgeteilt werden. Die unterschiedlichen Allele A und a bzw. B und b können dabei miteinander neu kombiniert werden.

gen DNA-Segmente entwinden sich die beiden Doppelstränge jeweils über ein kurzes Stück. Nach der klassischen Vorstellung können sich die ausgescherten Einzelstränge nun mit den homologen Einzelsträngen der Partner-DNA durch komplementäre Basenpaarung exakt zusammenlagern und dabei **gemischte Doppelhelices** bilden. Sind die ausgetauschten Strangsegmente exakt positioniert, so werden sie mit ihrer Partner-DNA ligiert; dabei entsteht eine **Strangkreuzung** – nach dem Erstbeschreiber auch **Holliday-Kreuzung** genannt – die mobil ist (Abbildung 23.12). An der Überkreuzungsstelle entsteht ein Heteroduplexbereich, wo die Doppelhelix aus Einzelsträngen unterschiedlicher Herkunft besteht.

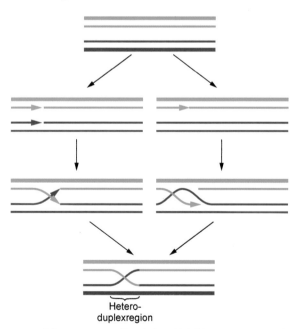

Hetero-
duplexregion

23.12 Holliday-Kreuzung. Das „klassische" Modell (links) startet mit *zwei* Einzelstrangbrüchen, die ein Entwinden beider homologer DNA-Moleküle erlauben und zum Strangaustausch zwischen ihnen führen. Das „erweiterte" Modell (rechts) postuliert *einen* anfänglichen Einzelstrangbruch, in den sich der intakte Doppelstrang unter Verdrängung des homologen Strangs „einfädelt". Erst nach erfolgter Schleifenbildung wird auch der zweite Doppelstrang geschnitten. Die homologen DNA-Stränge können nun assoziieren und ligiert werden; beide Modelle liefern dasselbe Ergebnis.

23.5
Die Auflösung der Strangkreuzung kann auf zwei Wegen erfolgen

Die Strangkreuzung kann sich durch Auf- und Rückwindung entlang der DNA bewegen; man bezeichnet diesen Schritt als **branch migration** (engl. *branch*, Verzweigung; *migration*, Wanderung). Dadurch kommt es zu einem fortschreitenden Austausch der Stränge zwischen den beiden Genen. Wie kann nun dieser gordische Knoten, der keine Replikation mehr zulassen würde, wieder gelöst werden? Dazu muss die Heteroduplex-DNA zunächst einmal eine 180°-Drehung um den Verzweigungspunkt machen. Nun kann die rearrangierte DNA auf zwei Arten geschnitten und religiert werden (Abbildung 23.13). Werden die beiden verbliebenen parentalen Stränge an der Strangkreuzung getrennt, so entsteht bei der nachfolgenden Ligation eine **rekombinante Heteroduplexregion**, die von unterschiedlichen parentalen Gensegmenten gesäumt wird. Werden dagegen die gekreuzten, bereits initial geschnittenen Stränge ein weiteres Mal getrennt, so entsteht eine **nichtrekombinante Heteroduplexregion**, die von identischen parentalen Gensegmenten flankiert wird.

Welche Proteine sind an der Ausbildung der Holliday-Kreuzung beteiligt? Bei Prokaryoten dominieren drei Proteine die molekulare Bühne: RecA, SSB und ein aus den Untereinheiten RecBCD zusammengesetzter Proteinkomplex (Abbildung 23.14). Der Komplex **RecBCD** bindet an das DNA-Ende, fährt mit seiner ATP-abhängigen Helikaseaktivität den Doppelstrang entlang, windet ihn auf und baut mit seiner 3'-5'-Nucleaseaktivität einen Einzelstrang ab. **SSB-Proteine** stabilisieren dabei den komplementären Einzelstrang (▶ Abschnitt 21.2). Sobald RecBCD auf spezifische Erkennungssequenzen mit der Consensussequenz GCTGGTGG („Chi"-Sequenz) trifft, wird seine 3'-5'-Nucleaseaktivität inhibiert und gleichzeitig seine 5'-3'-Nucleaseaktivität aktiviert, die nun den Gegenstrang abbaut. Diese „Umschaltung" erzeugt einen Einzelstrang mit freiem 3'-Ende, der mit **RecA-Proteinen** beladen wird, die den Kontakt zwischen stabilisiertem Einzelstrang und homologem Partnerstrang herstellen. Dabei dringt

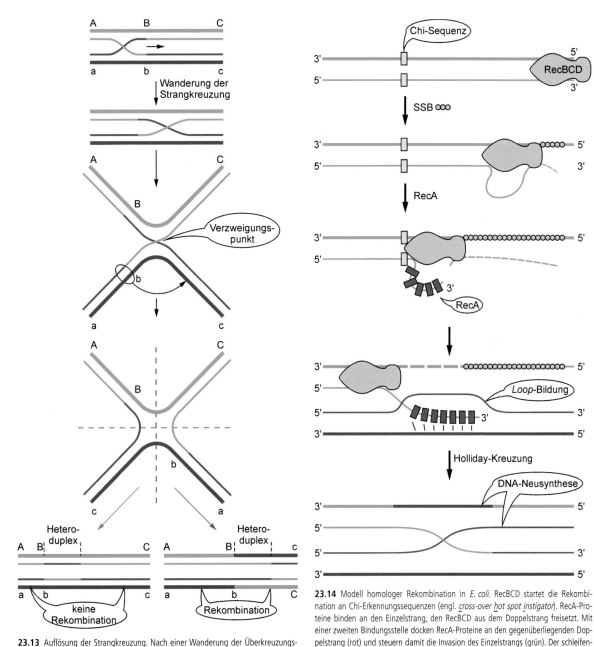

23.13 Auflösung der Strangkreuzung. Nach einer Wanderung der Überkreuzungsstelle wird die Holliday-Kreuzung durch eine 180°-Drehung des unteren DNA-Strangs entdrillt. Je nach Schnittlage – horizontal bzw. vertikal – entstehen nichtrekombinante bzw. rekombinante Heteroduplexregionen.

23.14 Modell homologer Rekombination in *E. coli*. RecBCD startet die Rekombination an Chi-Erkennungssequenzen (engl. *cross-over hot spot instigator*). RecA-Proteine binden an den Einzelstrang, den RecBCD aus dem Doppelstrang freisetzt. Mit einer zweiten Bindungsstelle docken RecA-Proteine an den gegenüberliegenden Doppelstrang (rot) und steuern damit die Invasion des Einzelstrangs (grün). Der schleifenförmig verdrängte Gegenstrang (engl. *loop*) wird gespalten und hybridisiert mit dem verbliebenen Einzelstrang der gegenüberliegenden DNA. DNA-Neusynthese komplettiert die Kreuzungsstelle. Sekundär kommt es dann zur Auflösung der Strangkreuzung.

der Einzelstrang in den Doppelstrang ein und bildet Basenpaarungen mit dem komplementären Strang aus (Abbildung 23.14, unten). RecA betreibt die Entwindung des invadierten Doppelstrangs und fördert dabei den Strangaustausch. Durch die Schleifenbildung kann der Gegenstrang der invadierten DNA gespalten werden, der daraufhin mit dem komplementären Einzelstrang der homologen Partner-DNA hybridisiert. Die durch die Nucleaseaktivität entstandenen Lü-

cken werden schließlich durch DNA-Polymerase aufgefüllt und durch Ligase verschlossen.

Nach Bildung der Holliday-Kreuzung bestimmen Ruv-Proteine das molekulare Geschehen. **RuvA** und **RuvB** treiben den Strangaustausch voran und lassen dadurch die Verzweigungsstelle wandern (Abbildung 23.13, oben). **RuvC** leitet schließlich die Auflösung der Holliday-Struktur ein. Die Identifizierung von Proteinen wie z.B. RecA in höheren Eukaryoten lässt auf evolutionär konservierte Rekombinationsprozesse schließen. Homologe Rekombination, die während der Meiose an gepaarten Chromosomen abläuft, ist ein extrem präziser Prozess, der eine wichtige **Quelle der genetischen Variabilität** innerhalb einer Art darstellt. Homologe Rekombination trägt auch zur Reparatur geschädigter DNA während der Replikation bei (Exkurs 23.3).

Exkurs 23.3: Rekombinative Reparatur

Wie wir gesehen haben, eliminiert die Zelle Thymindimere mittels Photoreaktivierung oder Exzisionsreparatur (Abschnitt 23.2). Versagen diese Reparatursysteme oder tritt ein ausgedehnter Defekt während der Replikation auf, so bedient sich die Zelle der **homologen Rekombination**, um die korrekte Basenabfolge zu sichern. Blockiert z. B. ein Thymindimer die DNA-Polymerase, so kann dieses Hindernis durch Synthese eines neuen Okazaki-Fragments stromaufwärts der defekten Stelle am Matrizenstrang „übersprungen" werden. **DNA-Polymerase** setzt erneut an und synthetisiert an der Matrize weiter (Abbildung 23.15). Es verbleibt eine Lücke im Tochterstrang, die wegen des Defekts nicht ohne weiteres durch Polymerase/Ligase aufgefüllt werden kann. Hier hilft die homologe Rekombination: Durch **exakte Apposition des zweiten parentalen Strangs** und homologe Rekombination wird die Lücke überbrückt. Die dabei entstehende Lücke im zweiten Parentalstrang kann ohne Probleme an der Matrize des intakten Tochterstrangs wieder aufgefüllt werden. Das Thymindimer im ersten Parentalstrang wird exzidiert; dabei instruiert der intakte Tochterstrang bei der nachfolgenden Wiederauffüllung.

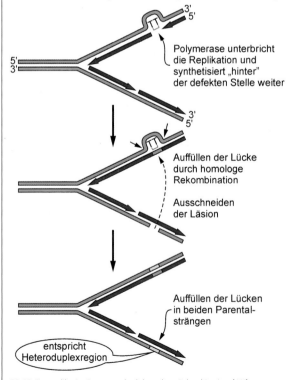

23.15 Postreplikative Reparatur durch homologe Rekombination. [AN]

Labels in figure:
- Polymerase unterbricht die Replikation und synthetisiert „hinter" der defekten Stelle weiter
- Auffüllen der Lücke durch homologe Rekombination
- Ausschneiden der Läsion
- Auffüllen der Lücken in beiden Parentalsträngen
- entspricht Heteroduplexregion

23.6
Die Antikörperdiversität beruht auf ortsgerichteter Rekombination

Die homologe Rekombination tauscht Genabschnitte zwischen Chromosomenpaaren aus, ohne dabei die Anordnung dieser Gene auf den Chromosomen zu verändern. Dagegen führt **ortsgerichtete** und **transpositionale Rekombination** zu einer Umordnung eines Gens oder ganzer Gengruppen innerhalb der Chromosomen. Dabei werden DNA-Segmente deletiert, transferiert oder multipliziert. Das bestverstandene Beispiel ist die programmierte Umordnung der Antikörpergene während der Entwicklung des Immunsystems. Wir wollen uns diesem fundamentalen Prozess im Detail zuwenden.

Das **Immunsystem** von Säugern erkennt molekulare Strukturen (Antigene) wie bakterielle und virale Proteine und schützt den Organismus vor ihnen, indem es diese Fremdantigene erkennt, bindet und gezielt eliminiert. Dabei produzieren B-Lymphocyten **Antikörper** (Immunglobuline), die spezifisch Antigene erkennen und binden (▶Abschnitt 36.9). Der menschliche Organismus verfügt über mindestens 10^{11} (100 Milliarden) verschiedene Antikörperproteine; damit hat er immer ein passendes Immunglobulin zur Hand, um praktisch jedes beliebige Antigen zu erkennen. Da das menschliche Genom insgesamt nur ca. 21 000 proteincodierende Gene umfasst, kann nicht jeder Antikörper von einem singulären Gen codiert werden. Vielmehr wird die enorme **Diversität an Antikörpern** durch Rearrangement einer begrenzten Zahl von Gensegmenten während der Differenzierung von Lymphocyten erzeugt. Bausteine der menschlichen Immunglobuline (Ig) sind zwei Typen von leichten Ketten (κ, λ) und fünf Haupttypen von schweren Ketten (α, δ, ε, γ und μ). Ein Immunglobulin vom Typ G (IgG) besteht aus je zwei identischen leichten bzw. schweren Ketten (▶Abbildung 36.19). Jede Kette besitzt eine **variable Region**, die die Spezifität des Antikörpers bestimmt; hier unterscheidet sich die Primärstruktur von Antikörper zu Antikörper stark. Weiter C-terminal folgt eine **konstante Region**, in der die Sequenzen der verschiedenen Antikörper eines Typus ähnlich oder gar identisch sind.

Vier Gensegmente enthalten die vollständige Information für eine leichte Kette: L (engl. *leader)*, V *(variable)*, J *(joining)* und C *(constant)*. In Keimzellen sind diese DNA-Segmente auf den zugehörigen Chromosomen seriell von 5'- nach 3'-terminal angeordnet. Sowohl am κ- als auch am λ-Kettenlocus folgt auf das am weitesten 5'-terminal gelegene **L-Segment**, das für das **Signalpeptid** codiert, ein **V-Segment**, das für den Großteil der variablen Region codiert. Insgesamt gibt es rund 70 verschiedene L-V-Kombinationen beim Menschen, und zwar 30 für die κ- und 40 für die λ-Kette. Weiter 3'-terminal davon folgen fünf (κ) bzw. vier (λ) **J-Segmente**, die jeweils für einen kurzen C-terminalen Anteil der variablen Region codieren. Das 3'-terminale Ende eines Immunglobulingens bildet das **C-Segment**, das die konstanten Regionen verschlüsselt. Am κ-Locus existiert nur ein gemeinsames C-Segment, während am λ-Locus auf jedes der vier J-Segmente ein „eigenes" C-Segment folgt. In den Vorläuferzellen der Lymphocyten sind diese Gensegmente verbundartig auf einem Chromosom organisiert (Abbildung 23.16). Bei der Differenzierung der B-Lymphocyten kommt es zu einem **Rearrangement** und zur Neuverknüpfung dieser Gensegmente, wobei jeweils ein einziges L-V-Segment mit einem der fünf J-Gene am κ-Locus bzw. einem der vier J-Gene am λ-Locus rekombiniert. Die dazwischen liegenden Sequenzen inklusive ihrer V- und J-Segmente werden deletiert, sodass eine kontinuierliche LVJ-Kombination entsteht. Dagegen bleiben weiter 5'-gelegene L-V-Kombinationen bzw. weiter 3'-terminal gelegene J-Gene erhalten. Prinzipiell gibt es also 40 x 5 + 30 x 4 = 320 Möglichkeiten von VJ-Kombinationen. Bei der Differenzierung der B-Lymphocyten werden übri-

gens zunächst die Gene vom κ-Typ umgelagert; nur falls durch Rearrangements an beiden allelischen κ-Loci kein funktionsfähiges Gen für eine leichte Antikörperkette assembliert werden konnte, wird mit der Umlagerung der λ-Loci begonnen.

Welche Mechanismen ermöglichen das Rearrangement von Antikörpergenen während der Reifung von Lymphocyten? Anders als bei der homologen Rekombination benötigt die ortsgerichtete Rekombination nur kurze Segmente hoher Homologie. Die Antikörpergene tragen auf der 3'-terminalen Seiten eines jeden V-Segments ein Palindrom, das durch eine 12-bp-Sequenz von einer adeninreichen Sequenz getrennt ist. Auf der 5'-terminalen Seite jedes J-Segments gibt es eine dazu homologe Region, wobei hier eine 23-bp-Sequenz zwischen dem Palindrom und einer T-reichen Sequenz liegt (Abbildung 23.17). Die **Rekombinationsenzyme RAG1** und **RAG2** (engl. *recombination activation gene*) sondieren diese Erkennungssequenzen und ermöglichen die Verknüpfung von Gensegment-Kombinationen mit 12-bp-Sequenzen (V) und 23-bp-Sequenzen (J) miteinander, nicht aber die von V-Regionen bzw. J-Regionen untereinander.

Die Diversität rekombinanter Antikörpergene wird durch eine „Unschärfe", nämlich die **variable Verknüpfung** zwischen den V- und J-Segmenten, noch weiter erhöht: Auf einer Länge von drei Nucleotiden ist jede Kombination aus Basen

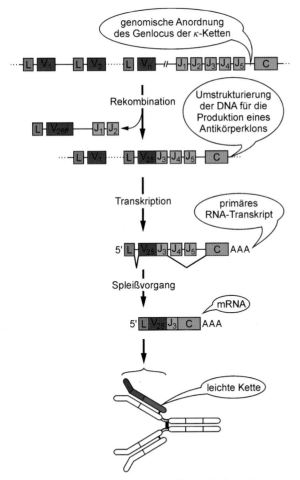

23.16 Reifung von Antikörpergenen (κ-Locus des Menschen). Durch Rearrangement von V- und J-Segmenten entsteht ein vollständiges Gen, das als RNA-Transkript für die leichte Kette (κ-Kette) abgelesen wird. Durch Spleißen werden die L-, V-, J- und C-Bereiche zu einer funktionellen mRNA verknüpft. Zwei identische leichte κ-Ketten bilden mit zwei identischen schweren Ketten einen Antikörper vom IgG-Typ. Das durch das L-Segment codierte Signalpeptid (▶ Abschnitt 19.4) wird noch vor der Assoziation der beiden Ketten abgespalten.

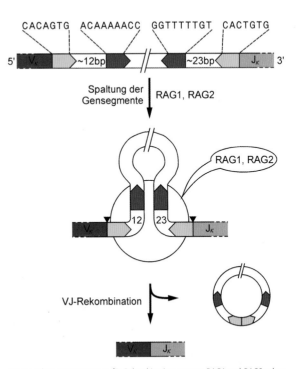

23.17 Erkennungssequenzen für Rekombinationsenzyme. RAG1 und RAG2 erkennen palindromische Signale und bringen die betreffenden Gensegmente durch Schleifenbildung in räumliche Nachbarschaft. Dabei exzidieren sie die Schleifenregion als zyklische DNA und vereinen V- und J-Segmente zu einem kontinuierlichen Strang.

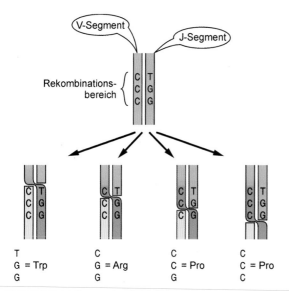

23.18 Variabler V-J-Übergang. Je nach Verknüpfung wird das Codon am Übergang nur vom J- bzw. V-Segment oder von beiden Segmenten gemeinsam gestellt. Die dadurch codierten Aminosäuren Tryptophan, Arginin und Prolin tragen mit ihren unterschiedlichen chemischen Eigenschaften zur Diversität der Antigenbindungsstellen bei. [AN]

von V bzw. J möglich (Abbildung 23.18). Weiterhin sind im V-J-Übergang **Deletionen** oder **Insertionen** von wenigen Nucleotiden möglich, die insgesamt die Variabilität nochmals um das etwa 100fache steigern. *Mit dieser „junktionalen" Diversität kann alleine die VJ-Rekombination mehr als 30 000 verschiedene leichte Ketten erzeugen.*

Bei den schweren Ketten wird die kombinatorische Vielfalt durch ein **Diversitäts-(D-)Segment**, das in 27 Kopien vorkommt und 5'-terminal von den J-Segmenten liegt, nochmals erhöht. Durch zwei ortsgerichtete Rekombinationen entstehen hier aus 65 V-, 6 J- und 27 D-Segmenten mehr als 10^4 Varianten. Die Unschärfe in den V-D- bzw. D-J-Übergängen schlägt wiederum mit einem Faktor von etwa 10^2 zu Buche, sodass letztlich mehr als 10^6 verschiedene Schwerkettenvarianten entstehen können. Die Kombinatorik aus leichten und schweren Ketten lässt das Antikörperrepertoire eines Individuums auf mehr als **$3 \cdot 10^{10}$ (30 Milliarden) verschiedene Immunglobuline** anschwellen: *Die gezielte Umordnung eines begrenzten Satzes von Genen erzeugt eine schier unerschöpfliche Vielfalt von Genprodukten.* Diese Diversität wird nochmals durch somatische Hypermutation gesteigert (▶Abschnitt 36.11). Entsprechend hoch ist die Zahl der **B-**Lymphocyten in einem menschlichen Organismus: Jede dieser ca. 10^{12} Immunzellen produziert nämlich nur einen einzigen Antikörpertyp definierter Spezifität.

Ortsgerichtete Rekombination liegt auch dem **Klassenwechsel** von Immunglobulinen zugrunde. Aktivierte B-Lymphocyten exprimieren anfänglich Antikörper der Klassen IgM und IgD, die sie durch alternatives Spleißen eines gemeinsamen Primärtranskripts erzeugen (Abbildung 23.19). Sobald dann B-Lymphocyten in lymphatischen Organen gereift sind, schalten sie unter Verlust von DNA-Segmenten auf die Produktion der übrigen Antikörperklassen (A, E, G) um. Stromaufwärts der DNA-Segmente für die konstanten Regionen der schweren Ketten (▶Abbildung 36.19) liegen **Schalterregionen**, in denen eine B-Zell-spezifische <u>a</u>ktivierungs<u>i</u>nduzierte Cytidin-<u>D</u>esaminase (AID) einzelne Cytosinreste in Uracil umwandeln kann. Bei ihrer Reparatur durch Uracil-DNA-Glykosylase und AP-Endonuclease (Abschnitt 23.3) entstehen Doppelstrangbrüche, die unter Deletion ganzer Gensegmente (hier: C_μ, C_δ) wieder verknüpft werden. *Damit entstehen Antikörper identischer Spezifität, aber unterschiedlicher Funktionalität.* Die Bedeutung dieser Rekombinations- und Reparaturprozesse kann man daran ermessen, dass sich ein Versagen der VDJ-Rekombination in einem schweren **Immundefizienzsyndrom** manifestiert (Exkurs 23.4).

Exkurs 23.4: Immundefizienzsyndrom SCID

Angeborene Immundefizienzsyndrome bilden eine große, heterogene Gruppe von Krankheitsbildern, zu denen auch das **SCID-Syndrom** (engl. <u>s</u>evere <u>c</u>ombined <u>i</u>mmuno<u>d</u>eficiency) ⌐ gehört. Betroffene Patienten verfügen über *keine* funktionsfähige T- oder B-Zell-abhängige Immunantwort. Auslöser dieses Syndroms können z. B. **genetische Defekte** der enzymatischen Maschinerie sein, die die **ortsgerichtete Rekombination** betreibt (RAG 1/2, Abb. 23.17). In einem Mausmodell von SCID haben die Tiere nur eine geringe Zahl an reifen B- oder T-Lymphocyten, da offenbar die Rekombination von V-, J- und D-Segmenten gestört ist und damit keine Vielfalt an funktionellen T-Zell-Rezeptoren (siehe unten) bzw. Immunglobulinen erzeugt werden kann. Entsprechend finden sich nur wenige VJ- oder VJD-Kombinationen in diesen Zellen. Ähnliche Störungen bei der nichthomologen Rekombination von D- und J-Segmenten werden auch bei Patienten mit SCID-Syndrom beobachtet. Eine andere Form von SCID beruht auf einem Defekt der Adenosin-Desaminase (Abschnitt 23.11).

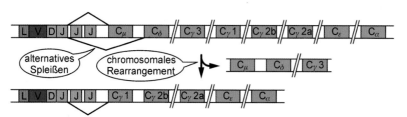

23.19 Klassenwechsel der Immunglobuline durch ortsgerichtete Rekombination. Im Beispiel erfährt ein B-Lymphocyt einen Klassenwechsel von IgM und IgD nach IgG1.

23.7 Ortsgerichtete Rekombination erzeugt die Vielfalt von T-Zell-Rezeptoren

Das zweite Standbein des Immunsystems stellen die **T-Lymphocyten** dar, die mittels ihrer spezifischen T-Zell-Rezeptoren Antigene an der Oberfläche von Zielzellen erkennen (▶ Abschnitt 36.6). T-Zellen nutzen ganz ähnliche Strategien, um ihre Bestückung mit T-Zell-Rezeptoren maximal zu diversifizieren. T-Zell-Rezeptoren bestehen typischerweise aus zwei Ketten (α, β), die beide die Plasmamembran durchspannen (▶ Abbildung 36.11). Die Ketten besitzen jeweils einen variablen aminoterminalen Teil, über den Antigene gebunden werden, und konstante carboxyterminale Segmente, die in Transmembranregionen übergehen. Die codierenden Gene werden durch **ortsgerichtete Rekombination** von ca. 100 V- und 50 J-Genen (α) bzw. 30 V-, 2 D- und 12 J-Gensegmenten (β) „gemischt". Zusammen mit Mutationen, die bei der Rekombination eingeführt werden, können daraus vermutlich mehr als 10^{16} verschiedene T-Zell-Rezeptoren entstehen. Im Unterschied zu den Immunglobulingenen, die nach Abschluss des Genrearrangements noch Mutationen in ihren hypervariablen Regionen erfahren, sind T-Zell-Rezeptorgene nach der Umordnung ihrer Gene stabil und machen *keine* Hypermutation durch.

Während homologe Rekombination typischerweise bei der Meiose auftritt und ihre Spuren in den haploiden Gameten der Keimbahn hinterlässt, rearrangiert eine ortsgerichtete Rekombination die DNA in diploiden Zellen des Organismus; es handelt sich also um eine **somatische Rekombination**. Hier zeigt sich erstmals die Formbarkeit **(Plastizität)** von DNA in einem Organismus. Ein weiteres Beispiel für die Plastizität des Genoms ist die **Genamplifikation**, die z. B. unter dem „selektiven Druck" eines Medikaments auftreten kann (Exkurs 23.5). Diese Form der somatischen Rekombination ist nicht ortsgerichtet; die Bruchpunkte entstehen vielmehr zufällig. Ähnliches gilt auch für chromosomale Translokationen (▶ Abschnitt 35.4).

Exkurs 23.5: Genamplifikation

Methotrexat ✎ hemmt das Enzym **Dihydrofolat-Reduktase** (DHFR), das an der Nucleotidsynthese beteiligt ist (▶ Exkurs 49.4). Der Inhibitor unterdrückt die DNA-Synthese, was insbesondere sich schnell teilende Tumorzellen trifft, und wird daher z. B. in der Leukämiebehandlung eingesetzt. Seine Daueranwendung bei chronischen Leukämieformen führt oft zur Medikamentenresistenz. Leukämiezellen zeigen dann eine exzessiv erhöhte DHFR-Aktivität, die von den erzielbaren Methotrexatkonzentrationen nicht mehr gehemmt werden kann: Es kommt zum Rückfall. Molekular liegt eine selektive Amplifikation des DHFR-Gens zugrunde, bei der hunderte von Kopien des Stammgens entstehen können (Abbildung 23.20). Eine Genamplifi-

kation unter dem „scharfen" **Selektionsdruck** z. B. bei einer Chemotherapie kommt wahrscheinlich durch **ungleiche, nichthomologe Rekombination** zwischen Tochterchromatiden in der Mitose zustande. Zellen geben den veränderten Genotyp an ihre Filialgenerationen weiter.

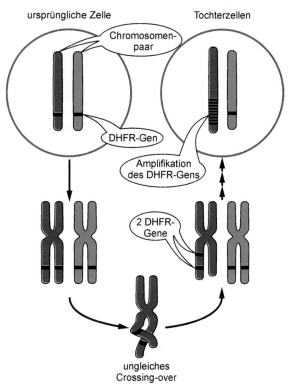

23.20 Mechanismen der Methotrexatresistenz. Unter scharfem Selektionsdruck kann das *DHFR*-Gen auf dem Chromosom amplifiziert werden (oben), wobei möglicherweise ungleiches *Crossing-over* zwischen Tochterchromatiden stattfindet (unten).

23.8 Transposons sind mobile Genelemente

Ein weiteres Beispiel für die Dynamik von Genomen ist das Vorkommen von mobilen genetischen Elementen, sog. **Transposons** ✎, die wie Fähren zwischen einzelnen DNA-Abschnitten hin- und herpendeln und genetische Fracht transportieren. Dabei können sie ganze Gengruppen verändern. Je nach Art der Zwischenprodukte unterscheiden wir Transpositionen mit DNA- bzw. mit RNA-Intermediaten. Transposons kommen in eu- und prokaryotischen Zellen vor. Den besten Einblick in die zugrunde liegenden molekularen Vorgänge gewinnen wir wiederum bei *E. coli*, wo zwei Klassen mobiler Genelemente mit DNA-Intermediaten vorkommen: **Insertionssequenzen** und **komplexe Transposons** (Abbildung 23.21).

Wie können sich nun solche „springenden" Gene in ein Zielgenom integrieren? Betrachten wir dazu eine typische Insertionssequenz: Auf einer Strecke von ca. 1 kbp enthält

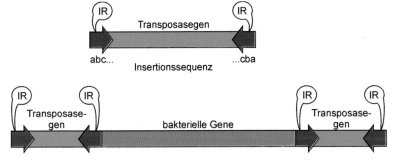

23.21 Bakterielle Transposons. Insertionssequenzen besitzen eine Länge von ca. 800–1200 bp (oben), während komplexe Transposons mit 5–20 kbp bedeutend größer sind (unten). Sie bestehen aus zwei Insertionssequenzen, die bakterielle Gene flankieren (IR: invertierte repetitive Sequenzen). [AN]

sie das Gen für das bifunktionelle Enzym **Transposase** sowie zwei flankierende Termini mit **invertierten Sequenzwiederholungen** (IR; engl. *inverted repeats*) von ca. 20 bp Länge, die spiegelbildlich angeordnet sind (Abbildung 23.22). Transpo-

sase schneidet zuerst ihr eigenes Gen am Integrationsort des Wirtsgenoms – Donorstelle genannt – aus und setzt damit das Transposon frei. Weiterhin spaltet sie mit ihrer Endonucleaseaktivität eine Zielsequenz in der chromosomalen DNA und produziert dabei überstehende Enden, die sie mit den Termini der DNA des Transposons ligiert. Bei der Auffüllung der Lücken in den flankierenden Regionen durch DNA-Polymerase und DNA-Ligase werden die Zielsequenzen dupliziert. Das integrierte Transposon ist damit von zwei Schnittstellen für Transposase gesäumt, die eine erneute Mobilisierung der integrierten Insertionssequenz gestatten.

Komplexe Transposons, die häufig noch Gene für weitere Enzyme und **Antibiotikaresistenzen** tragen, werden als ganze Einheiten in ein Genom eingefügt. Meistens werden Gene, in die ein Transposon inseriert, dadurch inaktiviert. Wird aber der Transposasepromotor in oder nahe einer bakteriellen Promotorregion inseriert, so kann er auch die Expression des bakteriellen Gens verstärken. Neben den Transposons nutzen Bakterien auch **Plasmide** als Genfähren; wir haben sie bereits als nützliche Werkzeuge bei der DNA-Analytik kennen-

23.22 Integration einer Insertionssequenz. Die Zielsequenzen für Transposase haben typischerweise Längen von vier bis zwölf Basenpaaren. Die geringe Spaltspezifität der Transposase ermöglicht eine Integration der Insertionssequenzen an nahezu beliebiger Stelle des Genoms.

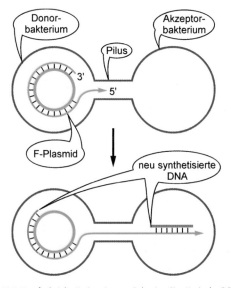

23.23 DNA-Transfer bei der Konjugation von Bakterien. Eine Kopie des F-Plasmids wird via F-Pilus in die Empfängerzelle übertragen; eine zweite Kopie verbleibt in der Spenderzelle.

gelernt (▶Abschnitt 22.2). Plasmide mit ihrer zirkulären, doppelsträngigen DNA tragen Gene für (bakterielle) **Sexualfaktoren**, Antibiotikaresistenzen (▶Abbildung 22.17) oder **Toxine**. Bakterien können natürlich vorkommende Plasmide wie den **F-Faktor** (F̲ertilitätsfaktor) untereinander austauschen (Abbildung 23.23). Der Donorbakterienstamm (F⁺) enthält ein F-Plasmid, das Gene für die Bildung eines röhrenförmigen Kanals (F-Pilus) zu einem F-Plasmid-freien

Bakterienstamm (F⁻) besitzt. Bei der **Konjugation** ⌐ zweier Bakterien über den F-Pilus wird der F-Faktor an einer Stelle geschnitten und als Einzelstrang transferiert. Akzeptor- und Donorzelle komplettieren die Einzelstränge wieder zur doppelsträngigen DNA.

F-Plasmide können fakultativ und reversibel ins Bakteriengenom integriert werden. Dabei gibt es keine vorbestimmten Integrationsorte im Bakteriengenom; allerdings erfordert der Einbau **homologe Sequenzen** zwischen Bakterien- und Plasmid-DNA (Abbildung 23.24). Bei der Exzision werden die Plasmide normalerweise wiederhergestellt. Mitunter akquiriert ein Plasmid aber auch Teile des Wirtsgenoms, die es dann sekundär auf andere Bakterien transferiert. Auf diese Weise können Plasmide Teile oder gar komplette bakterielle Genome von einer Bakterienzelle in die andere übertragen.

Der geschilderte Mechanismus spielt eine entscheidende Rolle bei der Entwicklung von **Mehrfachresistenzen**, einem fundamentalen Problem der heutigen Antibiotikatherapie. So trägt die zirkuläre DNA von R-Faktor ein oder mehrere Gene für den Abbau von Antibiotika wie z.B. das Enzym β-**Lactamase**, das β-Lactam-Antibiotika wie beispielsweise Penicillin spaltet und damit unwirksam macht. Über Konjugation reichen Bakterien den R-Faktor einschließlich seiner Antibiotikaresistenzgene weiter. Auf diese Weise entstehen Bakterienstämme, die multiple Resistenzen aufweisen und auf gängige Antibiotika(kombinationen) nicht mehr ansprechen.

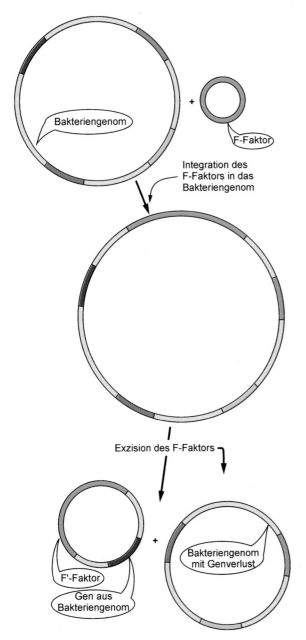

23.24 Transposition eines Plasmids. Das zirkuläre Plasmid (F-Faktor) kann an vielen Stellen in das bakterielle Genom integrieren und es auch wieder verlassen: Die Integration ist reversibel. Bei der Exzision kann das Plasmid auch DNA-Abschnitte des bakteriellen Genoms mitnehmen: Dabei entsteht ein modifizierter F'-Faktor.

Retroviren integrieren ihre DNA in das Wirtsgenom

Wichtige transposable Genelemente in eukaryotischen Zellen benutzen RNA-Intermediate. Den Prototyp bildet die Gruppe der **Retroviren** ⌐, deren Lebenszyklus wir nun näher betrachten wollen. Retrovirale Genome „pendeln" zwischen der **einzelsträngigen RNA-Form** im Virus und einer doppelsträngigen DNA-Form in der Wirtszelle hin und her. Nach Eindringen des Virus in die Wirtszelle wird die virale RNA zunächst in DNA übersetzt, die ins Wirtsgenom integriert wird und dort lange Zeit persistieren kann. Das retrovirale Genom besitzt drei charakteristische Gene, nämlich *gag*, das die Vorstufen viraler Kernproteine codiert, *pol*, das die Informationen für eine RNA-abhängige DNA-Polymerase, kurz **Reverse Transkriptase**, und für das Enzym **Integrase** enthält, sowie *env*, das für die Hüllproteine des Virus codiert (Abbildung 23.25). An beiden Enden der DNA sitzen l̲ange t̲erminale r̲epetitive Sequenzen – kurz: **LTR** – von etwa 250–1400 bp Länge.

Die Integration des retroviralen Genoms in das Wirtsgenom erfordert die Umschreibung von viraler RNA in DNA. Da hier eine RNA als Matrize für die DNA-Synthese dient,

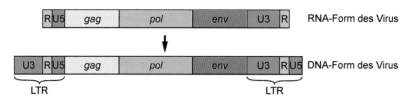

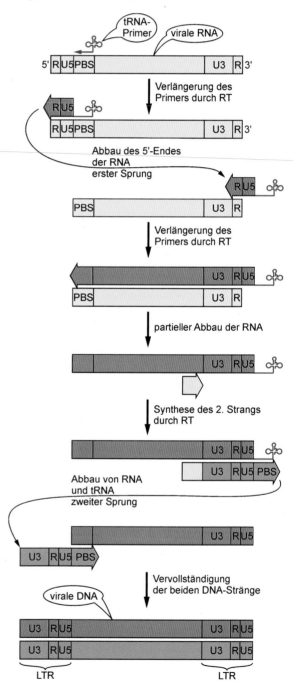

23.25 RNA- und DNA-Form von Retroviren. Die zentral gelegenen Gene *gag*, *pol* und *env* codieren Proteine, die reverse Transkription, Integration bzw. Replikation steuern. Bei der RNA-Form sind diese Strukturgene an beiden Ende von nichtrepetitiven U3- bzw. U5-Sequenzen (engl. *unique sequences*) sowie terminalen r̲epetitiven Sequenzen (R) flankiert. Die DNA-Form besitzt zusätzliche U3-/U5-Sequenzen, die mit R lange t̲erminale r̲epetitive Sequenzen (LTR) bilden.

handelt es sich um eine **reverse Transkription**. Die multifunktionelle Reverse Transkriptase (RT) wird vom Virus in die Zelle importiert, wo sie Doppelstrang-DNA nach Vorgabe der viralen RNA-Matrize herstellt (Abbildung 23.26). Bei dieser komplexen Reaktion stellt das Enzym mit seiner Polymeraseaktivität einen DNA-Einzelstrang her. Gleichzeitig hydrolysiert es mit seiner Ribonucleaseaktivität (RNase H) den abgelesenen RNA-Strang. Dann wird der DNA-Gegenstrang schrittweise synthetisiert; die dabei entstehenden LTR enthalten Signale für die Integration und Transkription des viralen Genoms.

Integrase, die ebenfalls vom Virus in die Zelle importiert wird, katalysiert die **Insertion** der retroviralen DNA an nahezu jeder beliebigen Stelle des Wirtsgenoms, die ähnlich wie bei den Insertionssequenzen abläuft (Abschnitt 23.8). Auch hier werden die Zielsequenzen der Wirts-DNA dupliziert. Ein integriertes Retrovirus kann von Wirtszellen über Generationen vererbt werden. Das Virus vermehrt sich mithilfe der zelleigenen RNA-Polymerase, die sein Genom transkribiert. Die mRNA dient einerseits der Translation der Virusproteine und stellt gleichzeitig das Genom für Nachkommenviren. Retroviren verpacken dabei einzelsträngige RNA-Moleküle mit **Kernproteinen** (von engl. *core*, Kern) und umgeben sie mit einer **Virushülle**. Viele Retroviren können bei ihrer Replikation Gene oder Gensegmente aus dem Wirtsgenom akquirieren und mutieren, deren Produkte oftmals Kinasen (▶ Abschnitt 35.4), Wachstumsfaktoren oder deren Rezeptoren sind (▶ Exkurs 29.2). Als virale Produkte entziehen sie sich der zellulären Kontrolle und können daher Wirtszellen **transformieren**, die daraufhin unkontrolliert und invasiv wachsen. Nicht alle Retroviren erzeugen Krebs; so hat HIV-1 (h̲umanes I̲mmundefizienz-V̲irus), der Erreger von AIDS, beim Menschen *per se* keine onkogene Wirkung (▶ Exkurs 36.4).

23.26 Reverse Transkription von viraler RNA. Ausgehend von einem tRNA-Primer am 5'-Ende der viralen RNA synthetisiert RT (Reverse Transkriptase) das 3'-Ende des DNA-Erststrangs. Gleichzeitig baut sie mit ihrer RNAse-H-Aktivität die virale RNA am 5'-Ende ab. Nach „Versetzung" an das 3'-Ende der RNA setzt RT die DNA-Synthese fort. Eine Restsequenz der viralen RNA dient als Primer für die Synthese des DNA-Gegenstrangs. Nach einem „Sprung" des Zweitstrangs werden die DNA-Stränge komplettiert (PBS: P̲rimerb̲indungss̲telle). [AN]

Die Entdeckung transposabler Genelemente – im Jargon auch *jumping genes* (springende Gene) genannt – und die Aufklärung ihrer Wirkmechanismen hat zu einem Umdenken geführt: Das zelluläre Genom wird zunehmend als dynamischer Speicher von Erbinformationen angesehen, der einem steten Wandel unterworfen ist. Die **Plastizität** des eukaryotischen Genoms eröffnet neue Perspektiven für den gezielten Einsatz von „Genschleppern" in der Therapie. In den folgenden Abschnitten wollen wir uns mit der gezielten Veränderung von Erbgut in Modellorganismen und dem Stand der Gentherapie beim Menschen befassen.

23.10 Transgene Tiere gestatten die funktionelle Analyse ausgewählter Genprodukte

Die Plastizität von Genomen erlaubt die Integration von Fremd-DNA. Diese Eigenschaft macht man sich zunutze, um die physiologische Funktion von Genprodukten im lebenden Tier zu studieren. Dazu bringt man eine bis mehrere hundert Kopien des gewünschten Gens per **Mikroinjektion** in die Vorkerne (Pronuclei) befruchteter Eizellen. Die mikroinjizierten Eizellen werden dann in eine Leihmutter implantiert und von ihr ausgetragen. Bei einem Bruchteil der Tiere wird die Fremd-DNA von der chromosomalen DNA des Empfängers inkorporiert (Abbildung 23.27). Wenn das Fremdgen in die DNA von **Keimzellen**, d.h. Oocyten und Spermatozoen, stabil integriert ist, so wird es auf die nachfolgenden Generationen weitervererbt. Bei den entstehenden **transgenen Tieren** lassen sich nun die physiologischen Effekte des Fremdgens – kurz: **Transgen** – im lebenden Tier studieren. Mit dieser Technik können intakte oder mutierte humane Gene z.B. in ein Nagergenom eingeführt und die (patho)physiologischen Effekte der zugehörigen Genprodukte in einem Tiermodell studiert werden.

Der ultimative Test für die mutmaßliche Funktion eines Proteins ist oft die **gezielte Ausschaltung** (engl. *knock out*) des betreffenden Gens im Tiermodell. Durch homologe Rekombination wird dabei das intakte Gen (x^+) durch ein defektes Gen (x^-) ersetzt, das nicht mehr oder nur in veränderter Form exprimiert wird (Abschnitt 23.4). Eine homologe Rekombination ist sehr viel seltener als eine ungerichtete, nichthomologe Rekombination an einem beliebigen Ort im Genom, das das defekte Gen x^- integriert und das intakte Gen x^+ belässt. Mit empfindlichen Auswahlverfahren werden dann homolog rekombinierte (x^+/x^-)-Zellen mit der gewünschten **Gendeletion** selektiert (Exkurs 23.6).

Embryonale **Stammzellen** mit der gewünschten Gendeletion (x^+/x^-) werden in Blastocysten früher Mäuseembryonen injiziert. Dabei entstehen chimäre Mäuse, die zum Teil die gewünschte Gendeletion auch in den Zellen ihrer Keimbahn

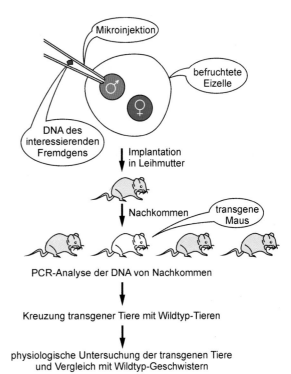

23.27 Erzeugung von transgenen Tieren. Die Injektion von linearer DNA in den Pronucleus einer befruchteten Eizelle einer Maus kann zu einer stabilen Integration des Transgens in das Genom des Empfängers führen. Die manipulierte Eizelle wird in eine Leihmutter implantiert und die Nachkommen mittels PCR bzw. Southern Blot auf die Integration des Transgens untersucht. Aus Tieren, die heterozygot für das Transgen sind, werden durch Kreuzung homozygote Nachkommen gezüchtet.

✎ Exkurs 23.6: Gezielte Gendeletion

Für die gezielte Ausschaltung eines Gens werden essenzielle Teile seiner klonierten DNA durch das Resistenzgen für **Neomycin** (neo) ersetzt; dadurch wird das Gen inaktiviert (Abbildung 23.28). Ein **Thymidinkinasegen** (tk) aus *Herpes simplex* flankiert das Konstrukt am 3'-terminalen Ende. Durch elektrische Impulse wird die Plasmamembran von pluripotenten embryonalen Stammzellen (ES) der Maus kurzzeitig permeabilisiert, um die Vektor-DNA in die Zielzelle einzuschleusen. Bei der homologen Rekombination wird das intakte Zielgen eines Allels durch ein rekombinantes inaktives Gen ersetzt; dabei geht das tk-Gen verloren. Bei der nichthomologen Rekombination wird neben dem Neomycinresistenzgen auch das tk-Gen integriert; die tk$^+$-ES-Zellen sprechen auf den cytotoxischen Wirkstoff **Ganciclovir** an. Bei der Kultivierung der transformierten ES-Zellen in Gegenwart von Neomycin – **positive Selektion** – und Ganciclovir – **negative Selektion** – überleben nur neo$^+$/tk$^-$-Zellen (Abbildung 23.28, links). Durch Restriktionskartierung und Southern Blot werden ES-Zellklone mit inaktiviertem Zielgen (x^+/x^-) identifiziert und für die Erzeugung von *Knockout*-Tieren verwendet.

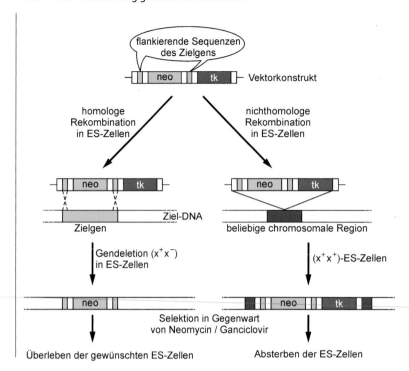

23.28 Homologe Rekombination in ES-Zellen der Maus. Die Kultivierung in Gegenwart von Neomycin *und* Ganciclovir selektiert auf *neo⁺/tk⁻*-Zellen mit inaktiviertem Zielgen (*x⁺/x⁻*).

tragen (Abbildung 23.29). Durch Verpaarung mit Wildtyp-Mäusen (x^+/x^+) entsteht eine Tochtergeneration, bei der 50 % der Mäuse heterozygot in Bezug auf Gen x (x^+/x^-) sind. Durch Kreuzung der Heterozygoten entsteht eine zweite Tochtergeneration, von der 25 % den gewünschten Genotyp x^-/x^- aufweisen. Homozygote **Knockout**-Mäuse können nun auf essenzielle Funktionen des Genprodukts X untersucht und die Folgen eines Ausfalls von X *in vivo* studiert werden. *Die gezielte Gendeletion hat viele überraschende Ergebnisse gezeitigt und unser Wissen über die Funktion von Genen und Proteinen nachhaltig bereichert.*

Verfeinerte Techniken erlauben nicht nur das „platte" Ausschalten kompletter Gene, sondern auch subtilere Modifikationen wie die gewebespezifische Elimination von Genen, ihre selektive Ausschaltung zu ausgewählten Zeitpunkten bis hin zur Punktmutation definierter Gene. Eine wichtige Anwendung dieser Methodik ist die Gewinnung aussagekräftiger Tiermodelle menschlicher Erkrankungen wie z. B. der Cystischen Fibrose (▶ Exkurs 26.3). Durch homologe Rekombination wurde das normale **CFTR-Gen** der Maus gegen ein Gen mit der charakteristischen Mutation ΔF508 ausgetauscht (▶ Abschnitt 22.8) und dadurch **transgene Mäuse** generiert, an denen nun die Folgen dieser spezifischen Mutation *in vivo* studiert werden können. Gendeletionen führen mitunter zur **Embryoletalität**, sodass Untersuchungen an lebenden Tieren nicht möglich sind. In diesem Fall wird die Strategie der Genausschaltung so modifiziert, dass ein Gen auf ein externes Signal hin zu einem definierten Zeitpunkt, während bestimmter Entwicklungsperioden oder nur in definierten Zellen, Geweben oder Organen ausgeschaltet wird:

Man spricht von einem **konditionalen** *Knockout*. Dazu wird das Zielgen gegen ein Konstrukt ausgetauscht, bei dem das vollständige, funktionsfähige Gen an beiden Termini von je 34 bp langen **loxP**-Elementen flankiert wird, die als Erkennungssequenzen der **Cre-Rekombinase** dienen. Paart man nun Mäuse, die das interessierende loxP-flankierte Gen tragen, mit Mäusen, die das Gen für Cre-Rekombinase unter der Kontrolle eines Promotors exprimieren, der sich durch externe Signale aktivieren lässt, so kann man durch Zugabe geeigneter Aktivatoren wie z. B. Tetracyclin die Expression von Rekombinase zu einem **elektiven Zeitpunkt** „anschalten", dadurch die Rekombination zwischen den loxP-Elementen auslösen und letztlich den *Knockout* des Zielgens zu einem frei gewählten Zeitpunkt induzieren. Andere selektiv operierende Promotoren erlauben einen *Knockout* z. B. nur in bestimmten Zelltypen, Geweben oder Organen.

Prinzipiell kann man eine Genfunktion auch auf der Ebene seiner mRNA oder gar des Proteins ausschalten. Auf der posttranskriptionalen Ebene geschieht dies durch spezifische Induktion des **Abbaus einer Ziel-mRNA**. Dazu wird eine Fremd-DNA in die Zelle eingeschleust, die eine ausgewählte Teilsequenz ihrer Ziel-RNA in Form eines Palindroms trägt (Abbildung 23.30). Die Transkription dieser Sequenz liefert eine RNA, die über ihre palindromischen Segmente einen Duplex bildet. Die cytoplasmatische Ribonuclease **Dicer** erkennt und spaltet die doppelsträngige RNA in Fragmente von 21–23 bp Länge, die als **siRNA** (engl. *small interfering RNA*) ⌐ bezeichnet werden. Die entstandene siRNA bindet und aktiviert den Enzymkomplex **RISC** (engl. *RNA-induced silencing complex*), der daraufhin den RNA-Doppelstrang

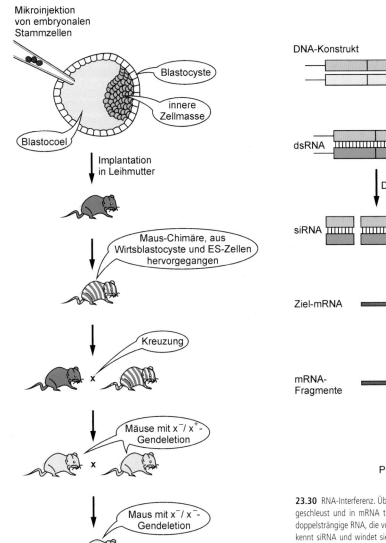

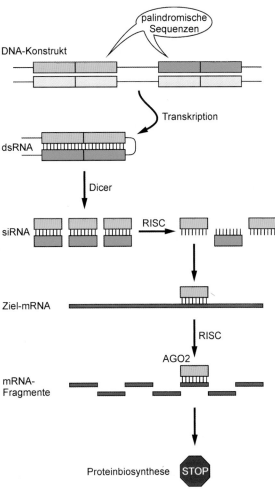

23.29 Gendeletion in Mäusen. Kultivierte embryonale Stammzellen mit einem (oder mehreren) deletierten bzw. inaktivierten Gen(en) werden in eine Wirtsblastocyste mikroinjiziert. Die Stammzellen integrieren in die innere Zellmasse der Blastocyste, die in eine Leihmutter implantiert wird. Daraus entwickelt sich eine chimäre Maus mit genetischem Mosaik: Nur jeweils ein Teil der somatischen Zellen bzw. der Keimbahnzellen trägt die gewünschte Gendeletion (x^+/x^-), während andere Zellen zwei intakte Gene (x^+/x^+) besitzen. Durch Rückkreuzung mit Wildtyp-Mäusen und eine weitere Kreuzung erhält man homozygote x^-/x^--Mäuse.

23.30 RNA-Interferenz. Über einen Vektor wird palindromische DNA in die Zelle eingeschleust und in mRNA transkribiert. Selbstkomplementäre Segmente bilden eine doppelsträngige RNA, die von Dicer erkannt und zu siRNA fragmentiert wird. RISC erkennt siRNA und windet sie auf. Sobald die Ziel-mRNA mit dem siRNA-Einzelstrang hybridisiert, baut AGO2 den entstehenden RNA-Duplex ab und zieht damit die Ziel-mRNA aus dem Verkehr: Das betroffene Gen ist posttranskriptional ausgeschaltet!

unter ATP-Verbrauch aufwindet. Die dabei gebildete einzelsträngige siRNA dient nun als „Köder" für die komplementäre Ziel-mRNA: Sobald sich ein Duplex mit der Ziel-mRNA bildet, wird er von RISC erkannt und von der assoziierten **Endonuclease AGO2** abgebaut. Damit steht die Ziel-mRNA nicht mehr für die Translation zur Verfügung, das betroffene Gen ist „stillgelegt": Wir sprechen von ***gene silencing***. Dieser natürliche Mechanismus der **RNA-Interferenz** trägt vermutlich zur Abwehr doppelsträngiger Fremd-RNA und damit zum Schutz vor Viren und Transposons bei.

Neben den „kleinen" siRNAs gibt es eine weitere Gruppe von Mikro-RNAs, kurz **miRNA**s, die regulierend in die Expression menschlicher Gene eingreifen. Diese miRNAs können auf vielfältige Weise entstehen, so z.B. bei der Transkription autonomer, nichtproteincodierender Gene, durch Transkription ihres Zielgens entgegen der Ableserichtung (engl. *antisense transcript*) oder als Spleißprodukte von Introns. Nach Prozessierung im Kern und Spaltung durch **Dicer** im Cytoplasma hybridisieren die 21–23 bp lange miRNA-Fragmente mit spezifischen Erkennungssequenzen im 3'-nicht-translatierten Bereich ihrer Ziel-mRNAs. Damit hemmen sie die Assemblierung des Initiationskomplexes ihrer Ziel-mRNA; in anderen Fällen induzieren sie den endonucleolytischen Abbau der Ziel-mRNA durch AGO2.

23.11

Gentherapie ermöglicht die Behandlung von ererbten Erkrankungen

Die rasche Entfaltung der molekulargenetischen Methodik seit Mitte der siebziger Jahre des letzten Jahrhunderts hat große Hoffnungen geweckt, genetische Defekte beim Menschen mittels **somatischer Gentherapie** behandeln zu können. Darunter versteht man die Übertragung und Expression von intakten Genen in Körperzellen, um funktionsuntüchtige Gene zu ersetzen und Krankheitssymptome so zu korrigieren. Neben Hämophilie (Mangel an Faktor VIII oder Faktor IX) und Diabetes mellitus (Insulin) ist das **schwere kombinierte Immundefizienzsyndrom SCID** (Exkurs 23.4) in das Visier der molekularen Therapie gerückt. SCID kann durch einen Mangel an **Adenosin-Desaminase ADA**, einem Enzym des Purinabbaus, durch eine *Nonsense*-Mutation (▶ Abbildung 49.18) zustande kommen. ADA-Defizienz führt zur intrazellulären Akkumulation von Desoxyadenosin und sekundär zu exzessiv gesteigerten Konzentrationen an Desoxyadenosintriphosphat (dATP), insbesondere in Lymphocyten. Der dATP-Überschuss hemmt Ribonucleotid-Reduktase, ein Schlüsselenzym bei der Nucleotidsynthese (▶ Abschnitt 49.6), und erzeugt damit sekundär einen **Mangel an Nucleotiden**, der die Proliferationsfähigkeit von **T-Lymphocyten** nachhaltig beeinträchtigt. Bei betroffenen Individuen kommt es zu wiederholten schwerwiegenden Infekten mit lebensbedrohlicher Symptomatik, der man mit einer Gentherapie zu begegnen sucht (Exkurs 23.7).

🔬 Exkurs 23.7: Gentherapie bei ADA-Mangel

Adenosin-Desaminase-Defizienz, eine seltene autosomal-rezessive Erkrankung, die mit einem Immundefizienzsyndrom einhergeht (Exkurs 23.4), erscheint als idealer Kandidat für eine Gentherapie, weil es sich um eine **monogene Erbkrankheit** handelt, die auf dem absolutem Mangel an einem einzigen Enzym beruht: Heterozygote Träger sind also nicht betroffen. Die Expression des ADA-Gens erfolgt konstitutiv, d.h. sie unterliegt keiner aufwändigen Regulation, und das entstehende Genprodukt ist ein Einkettenprotein. Im Rahmen klinischer Studien wurden Patienten mittels **somatischer Gentherapie** scheinbar erfolgreich gegen den ADA-Mangel behandelt. Dabei wurden den Patienten T-Lymphocyten entnommen, die *in vitro* mit einem viralen Vektor, der ein intaktes ADA-Gen trägt, transfiziert (Kunstwort aus <u>trans</u>formieren und in<u>fi</u>zieren) und dann in den Patienten re-infundiert wurden. Im Fall der ADA-Defizienz zeigten sich ermutigende Therapieerfolge; bei anderen Gentherapien erkrankten jedoch einige Empfänger später an T-Zell-Leukämie. Es verbleiben also signifikante Risiken und Probleme hinsichtlich der Effizienz der Transfektion, der Sicherheit retroviraler Vektoren und der gesellschaftlichen Akzeptanz dieses neuartigen Therapieansatzes.

Die Gentherapie steckt noch in den Kinderschuhen: Technische Schwierigkeiten betreffen vor allem die Sicherheit der verwendeten Vektoren sowie die **kontrollierte Expression** der eingeschleusten Gene. Das Problem der Dosierung lässt sich gut am Beispiel der Hämophilie verdeutlichen, bei der eine Gentherapie mit dem Ziel, einen fehlenden oder defekten Blutgerinnungsfaktor zu ersetzen, auch das Risiko in sich birgt, bei einer Überexpression eine Thromboseneigung (Thrombophilie) auszulösen (▶ Abschnitt 14.7). Von daher ist verständlich, dass sich viele Gentherapieansätze noch in der Phase tierexperimenteller Erprobung oder bestenfalls im (prä)klinischen Stadium befinden, so etwa bei Sichelzellanämie, Thalassämie, Duchenne-Muskeldystrophie, hereditärem Emphysem und cystischer Fibrose. Der weitergehende **Eingriff in Keimbahnzellen**, der zu einer dauerhaften Reparatur eines Gendefekts führen könnte, wirft fundamentale ethische Probleme auf, die nur im gesellschaftlichen Konsens gelöst werden können.

23.12

Der Mensch entschlüsselt sein eigenes Genom

Mit großer Spannung erwarteten Biowissenschaftler die Veröffentlichung der Nucleotidsequenz des menschlichen Genoms im Jahr 2001. In einem der größten koordinierten Forschungsprojekte der Menschheitsgeschichte hatte ein internationales Konsortium namens HUGO (engl. *human genome organisation*) einen **Rohentwurf des humanen Genoms** vorgelegt, das insgesamt 3,2 Milliarden Basenpaare auf 22 Autosomen und zwei Heterosomen (x, y) umfasst. Durch Verfeinerungen der initialen Rohfassung sind mittlerweile > 99% des humanen Genoms mit zufrieden stellender Präzision sequenziert. Eine der großen Überraschungen dabei ist die relativ „geringe" Zahl an Genen, die vermutlich 28 000 nicht wesentlich übersteigt. Davon sind nicht mehr als 75% **proteincodierende Gene** (ca. 21 000), während die restlichen 25% auf **nichtproteincodierende Gene** entfallen, d.h. ihre Transkripte besitzen *kein* offenes Leseraster (ca. 7 000 Gene). Das Gros der proteincodierenden Gene lässt sich einer überschaubaren Zahl von funktionellen Proteinklassen zuordnen (Abbildung 23.31). Unter den nichtproteincodierenden RNAs finden sich rund 500 Gene für **tRNAs**, etwa 200–300 Gene für **5S-rRNAs**, 150–200 Gene für **45S-rRNAs**, die gemeinsamen Vorstufen der 18S, 5,8S und 28S rRNAs, etwa 100 Gene für **snoRNAs**, die an der rRNA-Modifikation im Nucleolus beteiligt sind, und weniger als 20 Gene für **snRNAs**, die beim Spleißen von prä-mRNAs mitwirken (▶ Tabelle 17.1). Andere nichtproteincodierende Gene, darunter mindestens 500 Gene für miRNAs, erfüllen vermutlich regulative Funktionen (Abbildung 23.10). Schließlich enthält das menschliche Genom zusätzlich noch mindestens 6 000 dysfunktionelle **Pseudo-**

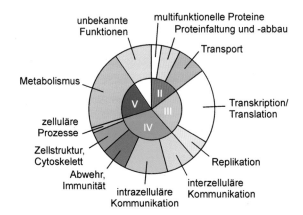

23.31 Biologische Funktion der Proteine des menschlichen Genoms. Die bekannten Genprodukte sind hier in zwölf Kategorien klassifiziert, die jeweils eine zelluläre Funktion widerspiegeln. Der Innenkreis bezeichnet die Teile dieses Buchs, in denen diese Proteinkategorien schwerpunktmäßig beschrieben sind. Das Genom der Maus enthält zu 99 % homologe Gene; nur 1 % der Gene sind mausspezifisch und kommen beim Menschen nicht vor – und umgekehrt! [AN]

gene, die zahlreiche Mutationen akkumuliert haben und kein Proteinprodukt erzeugen. Derzeit ist noch unklar, ob diese Pseudogene lediglich evolutionäre „Fossilien" darstellen oder ob sie regulative Aufgaben im heutigen Genom übernommen haben.

Angesichts der Tatsache, dass das menschliche Genom praktisch als vollständig sequenziert gilt, mag es überraschen, dass nur vage Angaben zur **Anzahl bestimmter Gene** möglich sind. Ein Teil der Unschärfe rührt daher, dass viele Gene, die bislang „nur" durch aufwändige Analyseprogramme vorhergesagt wurden, nunmehr durch gezielte Suche nach cDNA-Klonen (▶ Abschnitt 22.7) oder ihren Proteinprodukten verifiziert werden müssen. Seit Erstveröffentlichung des humanen Genoms ist die Zahl der menschlichen Gene leicht nach unten, die Zahl der alternativen Spleißformen drastisch nach oben korrigiert worden. Möglicherweise liegt ein Schlüssel zur menschlichen Komplexität weniger in der schieren Zahl der Gene, sondern vielmehr in den extensiven Variationsmöglichkeiten auf RNA- und Proteinebene. Weiterhin gibt es interindividuelle Unterschiede z.B. bei tandemartig angeordneten Genen oder bei der Zahl funktionsfähiger Gensegmente für die leichten und schweren Ketten der Immunglobuline. Im Fall der tRNA- und rRNA-Gene ist unklar, wie viele Genkopien tatsächlich exprimiert werden und ob manche nicht nur Pseudogene mit inaktiven Promotoren darstellen. Noch unsicherer ist derzeit die Zahl der Gene für miRNAs, die möglicherweise mehrere Tausend beträgt.

Die Sequenzierung riesiger DNA-Speicher von Mensch, Maus, Ratte, Taufliege und Fadenwurm, aber auch von Reis und Ackerschmalwand (*Arabidopsis thaliana*), hat die Entwicklung neuer Sequenzierungsstrategien angetrieben, von denen wir hier die **Shotgun**-Sequenzierung ⬦ exemplarisch besprechen wollen. Als Quelle für humane genomische DNA dienen meist Lymphocyten. Die isolierte DNA wird mecha-

nisch oder enzymatisch fragmentiert, und die entstehenden Fragmente werden in **b**akterielle **a**rtifizielle **C**hromosomen (BAC) inseriert, die Fragmente bis zu 120 kbp aufnehmen können (▶ Abschnitt 22.7). In einem zweiten Schritt wird die Abfolge der Insertionssequenzen der BAC-Vektoren ermittelt, und überlappende Insertionssequenzen werden zu **Contig-Gruppen** (engl. *contiguous*, durchgängig) zusammengefasst. Restriktionskarten bekannter Gene und Sequenzmarker aus codierenden und nichtcodierenden DNA-Segmenten helfen bei der Erstellung solcher Contig-Gruppen (Exkurs 23.8).

✏ Exkurs 23.8: Grobkartierung eines Genoms

Zur Gewinnung einer groben Übersichtskarte eines Genoms benutzt man **Markersequenzen**, die in einer einzigen Kopie im Genom vorkommen. Die zufällig generierten Fragmente einer Genbibliothek werden nach diesen Markern durchmustert und dann zugeordnet. Beispiele für Marker sind **STS-Sequenzen** (engl. *sequence tag sites*), die mittels PCR aus genomischer DNA amplifiziert und dann im Genom lokalisiert werden; meist handelt es sich bei STS um nichtexprimierte Segmente. Dagegen werden **EST-Marker** (engl. *expressed sequence tags*) aus der Gesamt-mRNA einer Zelle oder eines Gewebes mittels RT-PCR in cDNA umgeschrieben und dann identifiziert. Sie repräsentieren somit ausschließlich codierende DNA-Segmente. Sequenziert man eine große Zahl von EST-Sequenzen aus unterschiedlichen Zellen, Geweben und Organen, so kann man einen nahezu vollständigen Überblick über das Repertoire an exprimierten Sequenzen, d. h. transkribierter DNA, gewinnen. Beim Menschen machen die transkribierten Genabschnitte weniger als 25 % des gesamten Genoms aus.

Die kartierten Insertionssequenzen der BACs werden mechanisch oder per Ultraschall nach dem Zufallsprinzip (**daher shotgun** = Schrotflinte) fragmentiert und in Plasmidvektoren kloniert, die zwischen 1–10 kbp Fremd-DNA aufnehmen können (Abbildung 23.32). Plasmide mit geringer Insertgröße ($\leq$ 1 kbp) werden nach der Sanger-Methode (▶ Abschnitt 22.3) sequenziert und durch **Überlappungsanalyse** zu einer ersten Rohfassung der zugehörigen Sequenz angeordnet. Plasmide mit größeren Insertionen (5–10 kbp) erlauben die Assemblierung dieser kurzen Sequenzen zu größeren DNA-Segmenten, aus denen letztlich die kompletten BAC-Insertionssequenzen rekonstruiert werden. Die getroffenen Zuordnungen werden auf Übereinstimmung mit bereits vorliegenden (partiellen) Genomkarten überprüft. Repetitive Klonierung, Sequenzierung und Kartierung, wobei im Durchschnitt jedes DNA-Segment sechs bis achtmal sequenziert wird, führen dann *peu à peu* zur Aufklärung einer vollständigen Contig-Gruppe und letztlich zur Sequenzermittlung ganzer Chromosomen. Nach diesem Prinzip konnte die Sequenz des humanen Genoms in mühseliger Kleinarbeit aufgeklärt werden – zunächst noch grob und lückenhaft, dann in ständig verbesserten **Feinversionen**. Aufwändige Suchprogramme helfen bei der **Annotierung**, d. h. der Identifizierung und Zuordnung codierender Regionen.

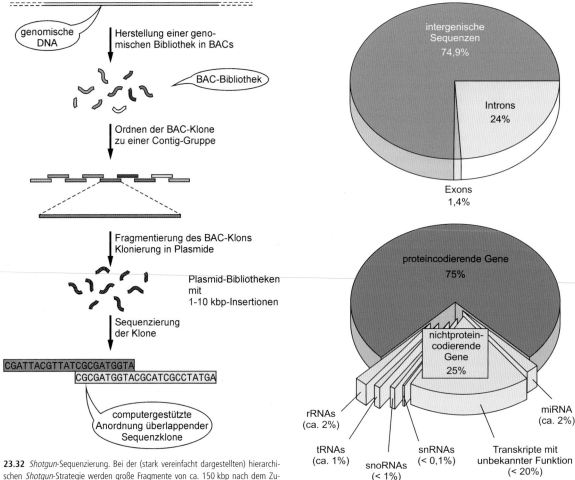

23.32 *Shotgun*-Sequenzierung. Bei der (stark vereinfacht dargestellten) hierarchischen *Shotgun*-Strategie werden große Fragmente von ca. 150 kbp nach dem Zufallsprinzip erzeugt, die einer groben Kartierung dienen. Sekundär werden kleinere Fragmente von 1–10 kbp generiert, die einzeln sequenziert werden. Bei der holistischen *Shotgun*-Strategie wird das komplette Genom in kleine Fragmente von 0,4–5 kbp zerlegt, die dann einzeln sequenziert und mit komplizierten Algorithmen wieder zur Gesamtsequenz zusammengesetzt werden.

23.33 Organisation des humanen Genoms. Oben: Relativer Anteil von codierenden Sequenzen. Bislang wurden ca. 226 000 Exons identifiziert. Unten: Verteilung zwischen proteincodierenden und nichtproteincodierenden Genen. Bei den rRNAs entfallen jeweils 150–200 Gene auf 5,8S-, 18S- bzw. 28S-rRNA, die tandemartig organisiert sind, sowie 200–300 Gene auf 5S-rRNA. Bei der Annotierung des humanen Genoms hilft auch der Vergleich mit anderen bekannten Säugergenomen, insbesondere von Maus und Ratte.

Nur etwa 25 % des humanen Genoms werden von Genen in Anspruch genommen; die verbleibenden 75 % sind **intergenische Sequenzen**, die u. a. regulatorische Segmente umfassen (Abbildung 23.33). Die mittlere **Gendichte** beträgt etwa ein Gen auf 130 kbp DNA. Bei den transkribierten Genen dominieren quantitativ die proteincodierenden Gene, wobei intronische Sequenzen den Löwenanteil stellen, während Exons nur einen Bruchteil repräsentieren. *Insgesamt nehmen proteincodierende Abschnitte nur ca. 1,4 % des humanen Genoms ein.* Proteincodierende Gene sind vor allem in **GC-reichen Regionen** angesiedelt. Zu 45–50 % enthält das Genom **repetitive Sequenzen**, die sich zum Teil von transposablen Elementen herleiten. Offenbar ist das humane Genom weniger stabil als zuvor angenommen, denn Transposons haben die genomische Landkarte im Laufe der Evolution mehrfach umgeschrieben. Ob es sich bei den repetitiven Sequenzen um „Textfüller" oder „unverstandene Botschaften"

handelt, wird gegenwärtig erforscht. Ein kleiner Teil des humanen Genoms (< 0,1 %) beherbergt **CpG-Inseln**, deren Methylierungszustand zur Regulation der Genexpression beiträgt (▶ Abschnitt 20.8). Es steht zu erwarten, dass uns die Aufklärung weiterer Säugergenome vertiefte Einblicke in Struktur, Organisation und Funktion von Genspeichern gewähren wird.

Mit fortschreitender Sequenzierung humaner Genome ist es erstmals möglich, einen direkten Vergleich zwischen den genomischen Sequenzen zweier oder mehrerer Individuen anzustellen. Mit **Mikrosatelliten** (▶ Exkurs 22.4) haben wir bereits Genloci kennen gelernt, die innerhalb einer Population in multiplen allelischen Varianten auftreten. Diese unterscheiden sich in der Anzahl der tandemartigen Wiederholungen von 2–4 bp langen, identischen Sequenzmotiven.

Meist haben derartige Polymorphismen keine pathologische Konsequenz; allerdings können übermäßig lange intragenische Mikrosatelliten sog. **Trinucleotiderkrankungen** wie z.B. die Chorea Huntington hervorrufen (Exkurs 23.9).

 Exkurs 23.9: Chorea Huntington

Chorea Huntington (im Volksmund: Veitstanz) ist eine neurodegenerative Erkrankung mit autosomal dominantem Erbgang. Erste Symptome treten typischerweise zwischen dem 30. und 60. Lebensjahr als Hyperkinesien auf. Die Krankheit nimmt einen rapiden Verlauf und endet im Allgemeinen mit Demenz und Tod. Der codierende Bereich des **Huntingtin-Gens** enthält beim gesunden Menschen ca. 6–35 Wiederholungen des Basentripletts CAG (Codon für Glutamin, Q). Bei Chorea-Huntington-Patienten ist diese Zahl auf 36–250 erhöht. Bei der Translation entstehen dabei **Polyglutaminsequenzen**, die mit der – bislang noch unbekannten – physiologischen Funktion von Huntingtin interferieren. Bei anderen Trinucleotiderkrankungen liegen die Mutationen außerhalb des codierenden Bereichs. So liegt der **Friedreichschen Ataxie** eine Expansion von GAA-Tripletts im ersten Intron des FRDA-Gens zugrunde. Beim **fragilen X-Syndrom** (TypA), das mit einer mentalen Retardierung einhergeht, kommt es zur **Expansion von CGG-Tripletts** im 5'-untranslatierten Bereich des FMR1-Gens. Auch hier sind die molekularen Pathomechanismen noch weitgehend unverstanden. **Trinucleotiderkrankungen** führen uns die Auswirkungen genetischer Variabilität in drastischer Weise vor Augen: Während der Meiose kann es durch „Verrutschen" (engl. *slippage*) neu synthetisierter DNA-Stränge an den Replikationsgabeln zur Expansion von Trinucleotid-Repeats kommen. Übersteigt dabei die Zahl der Triplettwiederholungen einen kritischen Wert – bei Chorea z.B. 35 – so wird eine „harmlose" Vorstufe schlagartig zu einer pathogenen Variante.

Der größte Teil der interindividuellen genetischen Varianzen beruht auf **singulären Basensubstitutionen**. Tritt eine solche Punktmutation mit einer Häufigkeit von > 1 % in einer Population auf, so sprechen wir von einem **singulären Nucleotid-Polymorphismus** oder **SNP** (sprich: Snip) (Abbildung 23.34). Bislang sind etwa 10 Millionen solcher SNPs bekannt; **SNP-Karten** geben eine Übersicht über ihre Verteilung im humanen Genom. An diesen SNPs macht sich die interindividuelle **genetische Variabilität** fest: So beruht die unterschiedliche Wirksamkeit und Verträglichkeit von Medikamenten auf geringfügigen Variationen in der Struktur und Funktion metabolisierender Enzyme, die sich auf genetischer Ebene in einem Satz charakteristischer SNPs widerspiegeln. Die biologische Halbwertszeit von Arzneistoffen wie z.B. β-Blockern beruht im Wesentlichen auf der Effizienz ihrer **Biotransformation** durch Cytochrom-P_{450}-abhängige Enzyme, insbesondere Cytochrom P_{450} 2D6, das in hyper- und hypoaktiven allelischen Varianten vorkommt. Bei einer signifikanten Korrelation von medikamentöser Wirkung und SNP-Profil kann man die **Wirksamkeit** eines Medikaments vorhersagen und damit Unverträglichkeiten und unerwünschte Nebenwirkungen von vornherein minimieren.

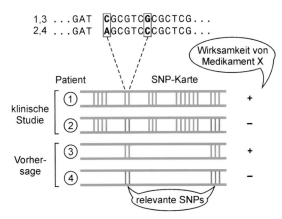

23.34 SNP-Karten und Medikamentenwirksamkeit. Oben: Substitutionen werden häufig kombiniert vererbt – wir sprechen dann von einem Haplotyp. Klinische Studien überprüfen die Korrelation zwischen Wirkprofil eines Medikaments (+=wirksam; −=unwirksam) und Haplotyp über SNP-Karten der behandelten Patienten (1, 2). Bei einer signifikanten Korrelation kann man aus den SNP-Profilen einer zweiten Patientengruppe vorhersagen, wer vermutlich auf das Medikament anspricht (3) und wer nicht (4).

SNPs können auch als Marker bei der Aufklärung polygenetischer Erkrankungen wie der Osteoporose oder der Demenz vom Alzheimer-Typ dienen. Dazu wird ein definierter Phänotyp mit SNP-Karten von Patienten und deren Angehörigen korreliert. Ist eine solche Zuordnung signifikant, so kann sie den Ausgangspunkt für die Suche nach den krankheitsrelevanten Genen oder Gengruppen bilden. Schließlich sind SNPs wertvolle Wegweiser bei **anthropologischen Fragestellungen**: Sie ermöglichen einen Vergleich zwischen den Genen und Genomen eng verwandter Spezies wie *Homo sapiens* und Neandertaler oder Mensch und Schimpanse – und damit auch Rückschlüsse auf die Evolution der Arten.

Damit haben wir unseren Streifzug durch das weite Feld der molekularen Biologie und Genetik beendet. Es steht zu erwarten, dass sich in der nächsten Dekade durch die Aufklärung immer neuer Genome, aber auch durch die Exploration bislang weißer Flecken auf den Genkarten – z.B. bei den intergenischen Sequenzen – eine wahre Informationsflut über uns ergießen wird. Mit der Fertigstellung des Genoms erschließt sich aber auch die Welt der Genprodukte – kurz: **Proteom** –, die aufgrund von posttranskriptionalen und posttranslationalen Modifikationen in Zahl und Qualität eine neue Ebene der Komplexität definiert. Die große Herausforderung der **postgenomischen Ära** wird die Aufklärung der vielfältigen Aufgaben sein, die Proteine innerhalb und außerhalb von Zellen wahrnehmen: ein erster Schritt von der Betrachtung individueller Moleküle, Reaktionen und Sequenzen hin zur **systemischen Biowissenschaft**, die komplexe Systeme analysiert. Anschauliches Beispiel dafür ist die Signaltransduktion, also die Erzeugung, Übertragung und Verarbeitung biologischer Signale, die für die Entwicklung und Unterhaltung eines komplexen Organismus wie den Menschen essenziell ist. Wir wenden uns diesem zentralen Thema der molekularen Medizin im nun folgenden Teil des Buchs zu.

Zusammenfassung

- **Punktmutationen** können **spontan** oder **induziert** auftreten. Je nach Art der Nucleotidsubstitution werden sie als **Transitionen** bzw. **Transversionen** klassifiziert; entsprechend ihren genetischen Folgen unterscheiden wir *Missense-*, *Nonsense-* und **neutrale Mutationen**.
- O^6-**Methylguanin-Methyltransferase** entfernt Alkylreste von O^6-Methylguanin. Die bakterielle **DNA-Photolyase** kann den Cyclobutanring von Thymindimeren, der bei UV-Einstrahlung entsteht, wieder sprengen; dieses Enzym fehlt jedoch beim Menschen.
- Die **Nucleotidexzisionsreparatur** entfernt defekte Strangteile und synthetisiert diese neu. Die **Basenexzisionsreparatur** entfernt Uracilreste, die durch **Desaminierung** von Uracil entstehen.
- **Homologe Rekombination** während der Meiose trägt durch DNA-Stückaustausch zwischen Nichtschwesterchromatiden **(Crossing-over)** zur genetischen Variabilität innerhalb einer Art bei. **Nichthomologe Rekombination** führt beispielsweise zu chromosomalen **Translokationen**.
- Als Intermediat der **Rekombination** entsteht eine mobile **Strangkreuzung** und damit eine **Heteroduplexregion**. Die Auflösung der **Strangkreuzung** führt in etwa der Hälfte der Fälle zur **Rekombination** flankierender Genbereiche.
- In B-Lymphocyten kommt es zum **Rearrangement** von **V-** und **J-Gensegmenten (leichte Kette)** bzw. von **V-**, **D-** und **J-Gensegmenten (schwere Kette)**. Auch der **Klassenwechsel** der Immunglobuline geschieht unter Elimination von Gensegmenten und ist damit irreversibel.
- Die Diversität der **T-Zell-Rezeptoren** beruht auf **ortsgerichteter Rekombination**. Unter dem Selektionsdruck eines Medikaments kann eine **Genamplifikation** auftreten.
- **Transposons** sind „springende Gene", die mithilfe von DNA- oder RNA-Intermediaten mobilisiert werden. Spezielle **Plasmide** ermöglichen die **Konjugation** von Bakterien und damit auch die Ausbreitung von Genen für **Antibiotikaresistenzen** oder **Toxine**.
- **Retroviren** tragen die Gene *gag* (Kernproteine), *pol* (**Reverse Transkriptase** und **Integrase**) und *env* (Hüllproteine). Ihr Genom liegt im Viruspartikel in **einzelsträngiger RNA-Form** vor und wird in der Wirtszelle in DNA übersetzt und chromosomal integriert.
- **Transgene Mäuse** und *Knockout*-**Mäuse** sind wertvolle Tiermodelle für Forschungszwecke. **siRNAs** werden experimentell zur **RNA-Interferenz** eingesetzt. Das physiologische Pendant bildet die Klasse der **miRNAs**, die möglicherweise bis zu 30 % aller menschlichen Gene regulieren.
- **Somatische Gentherapie** verspricht, funktionsuntüchtige Gene durch Übertragung von intakten Genen zu ersetzen. Anfänglichen Erfolgen steht ein signifikantes Risiko der verwendeten **retroviralen Vektoren** gegenüber.

- Das **humane Genom** enthält etwa 28 000 Gene, wovon mehr als 21 000 (75 %) proteincodierend sind. Etwa zwei Drittel der nichtproteincodierenden Gene codieren für funktionelle RNAs, das übrige Drittel repräsentiert dysfunktionelle **Pseudogene**.
- Die **Bioinformatik** gewinnt bei der Datenanalyse immer mehr an Bedeutung. Individuelle **SNP-Profile** erlauben Vorhersagen über Wirksamkeit und Verträglichkeit von Medikamenten bei Patienten.
- Die postgenomische Ära führt uns in die **systemische Biologie** und Medizin, bei der die Aufklärung des komplexen Wechselspiels und der vielfältigen Funktion des **Proteoms**, also der Gesamtheit aller Proteine eines Organismus, im Vordergrund stehen wird.

Tafelteil

A1

Tafel Funktionelle Gruppen

Funktionelle Gruppen (side label)

Hydroxyl

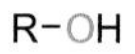

R—OH

Carbonyl Aldehyd

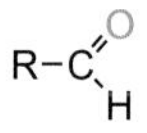

R—C(=O)H

Carbonyl Keton

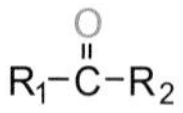

R$_1$—C(=O)—R$_2$

Carboxyl

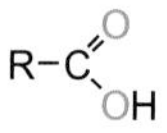

R—C(=O)OH

Ether

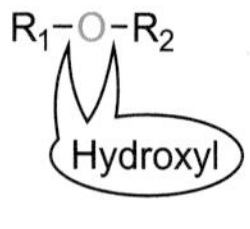

R$_1$—O—R$_2$ (Hydroxyl)

Halbacetal

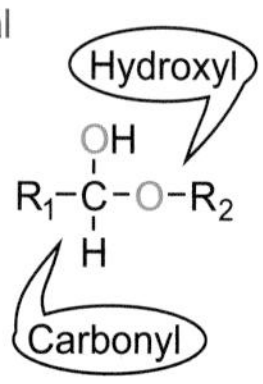

(Hydroxyl) OH
R$_1$—C—O—R$_2$
H
(Carbonyl)

Ester

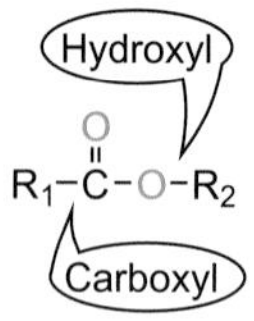

(Hydroxyl)
R$_1$—C(=O)—O—R$_2$
(Carboxyl)

Anhydrid

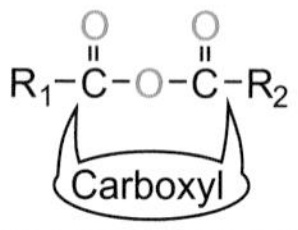

R$_1$—C(=O)—O—C(=O)—R$_2$
(Carboxyl)

Amino primär

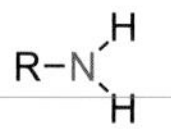

R—N(H)(H)

Amino sekundär

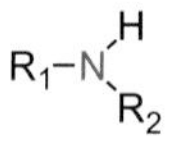

R$_1$—N(H)—R$_2$

Amino tertiär

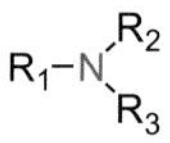

R$_1$—N(R$_2$)—R$_3$

Säureamid

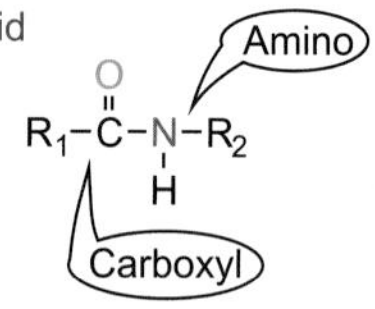

R$_1$—C(=O)—N(H)—R$_2$ (Amino)
(Carboxyl)

Imidazol

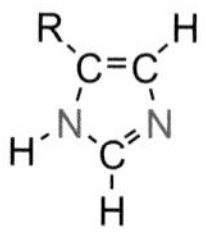

R—C=C—H
H—N   N
   C
   H

Guanidino

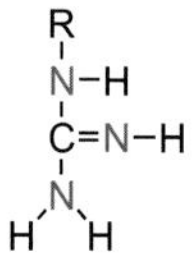

R
N—H
C=N—H
N
H   H

Phosphoryl

OH
R$_1$—O—P—OH
O

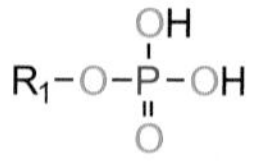

gemischtes Anhydrid

(Phosphoryl)
R—C(=O)—O—P—OH
                OH
(Carboxyl)

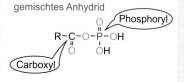

Phosphoanhydrid

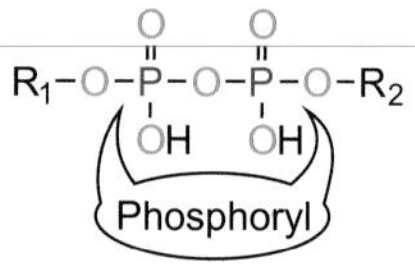

R$_1$—O—P(=O)(OH)—O—P(=O)(OH)—O—R$_2$
(Phosphoryl)

Thiol (Sulfhydryl)

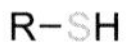

R—SH

Disulfid

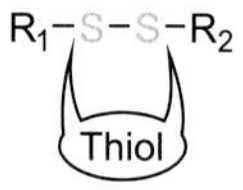

R$_1$—S—S—R$_2$
(Thiol)

Thioester

(Thiol)
R$_1$—C(=O)—S—R$_2$
(Carboxyl)

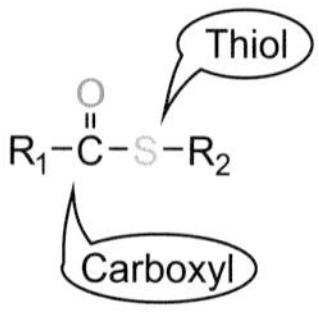

Gezeigt sind die wichtigsten funktionellen Gruppen von Biomolekülen. Die charakteristischen chemischen Elemente sind farblich hervorgehoben. Bei zusammengesetzten funktionellen Gruppen sind in Sprechblasen die einfachen Gruppen genannt, aus denen sie durch Kondensation hervorgehen.

Tafel Lipide

Lipide (Fettstoffe) bilden eine heterogene Gruppe von Molekülen, die in Wasser schlecht, aber in organischen Lösungsmitteln gut löslich sind. Die folgende Übersicht stellt *eine* der üblichen Lipidsystematiken vor; ebenso sind die gängigsten Sammelbezeichnungen für verschiedene Lipidgruppen angegeben.

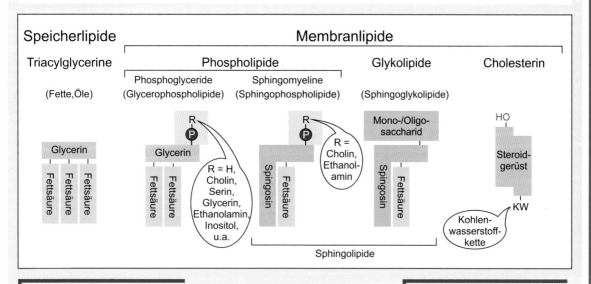

Fettsäuren

Fettsäuren mit ihren langen Kohlenwasserstoffketten (meist C_{16} bis C_{20}) sind Bestandteile von Speicher- und Membranlipiden. Sie können *gesättigt* oder ein- bzw. mehrfach *ungesättigt* sein. Liegen mehrere Doppelbindungen vor, so sind diese im allgemeinen *nicht-konjugiert*. Die Doppelbindungen liegen dabei typischerweise in der *cis*- Konfiguration vor (zur Nomenklatur der Fettsäuren siehe Exkurs 41.1). Die durch *cis*-Doppelbindungen erzeugte 30°-„Knicke" der Alkylketten sind hier *nicht* dargestellt.

Speicherlipide

Fette und Öle sind Gemische aus Triacylglycerinen. Die unpolaren Speicherlipide entstehen durch Veresterung von drei Fettsäuremolekülenden (Acylresten) mit dem dreiwertigen Alkohol Glycerin.

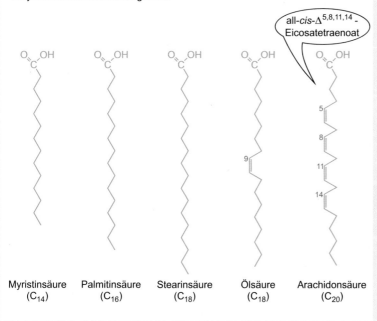

Membranlipide

Neben Phospholipiden und Glykolipiden ist Cholesterin eine weitere wichtige Lipidkomponente biologischer Membranen. Mit seinem hydrophoben Steranringgerüst und seiner hydrophilen Hydroxylgruppe gehört Cholesterin ebenfalls zu den amphiphilen Molekülen.

Phospholipide

Phosphoglyceride bestehen aus Glycerin-3-phosphat, das über die beiden Hydroxylgruppen an C-1 und C-2 mit Fettsäuren verestert ist. Die über die Hydroxylgruppe an C-3 veresterte Phosphatgruppe ist typischerweise noch mit einem Aminoalkohol oder einem Kohlenhydratrest verestert. Einige Phospholipide tragen eine negative Nettoladung. **Sphingomyeline** bestehen aus einem Sphingosinmolekül mit einer langen, ungesättigten Alkylkette, das an seiner Aminogruppe an C-2 acyliert ist und über seine Hydroxylgruppe an C-1 über einen Phosphodiester an Ethanolamin oder Cholin bindet. In beiden Fällen liegen amphiphile Moleküle mit unpolaren Alkylketten und einer polaren Phosphodiestergruppierung vor.

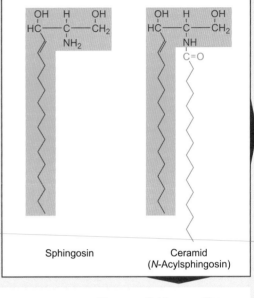

Sphingosin

Ceramid
(*N*-Acylsphingosin)

Sphingomyeline

Phosphatidyl-inositol

Phosphatidyl-glycerin

Phosphoglyceride

Phosphatidylserin

Phosphatidyl-ethanolamin

Phosphatidat
(Phosphatidsäure)

Phosphatidylcholin
(Lecithin)

Lysophosphatidylcholin
(Lysolecithin)

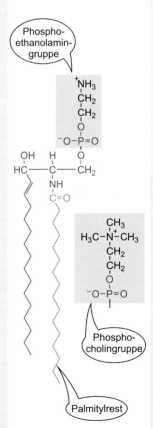

Phospho-ethanolamin-gruppe

freie C-2-Hydroxylgruppe

Phospho-cholingruppe

Palmitylrest

Membranlipide

Glykolipide

Das *N*-acylierte Sphingosinmolekül **Ceramid** bildet den Grundbaustein der Glykolipide. **Cerebroside** tragen an C-1 ein Monosaccharid, während Ganglioside eine Oligosaccharid-seitenkette mit mindestens zwei Kohlenhydratresten besitzen.

Gangliosid

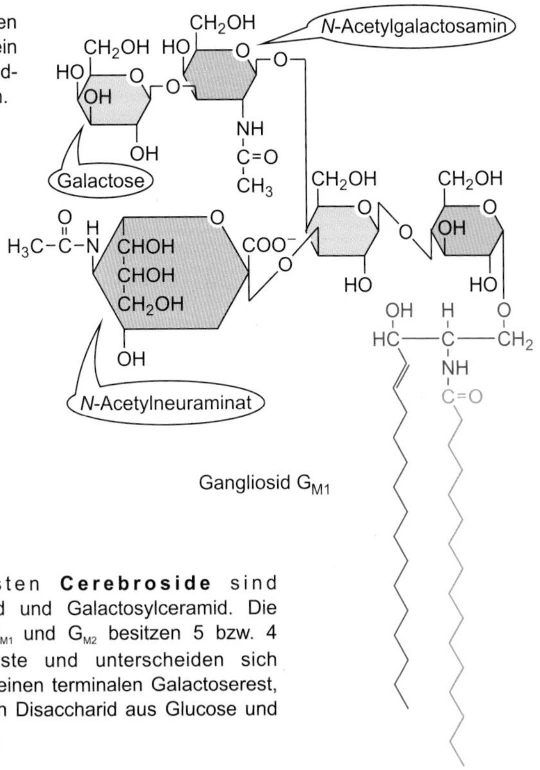

N-Acetylgalactosamin

Galactose

Cerebrosid

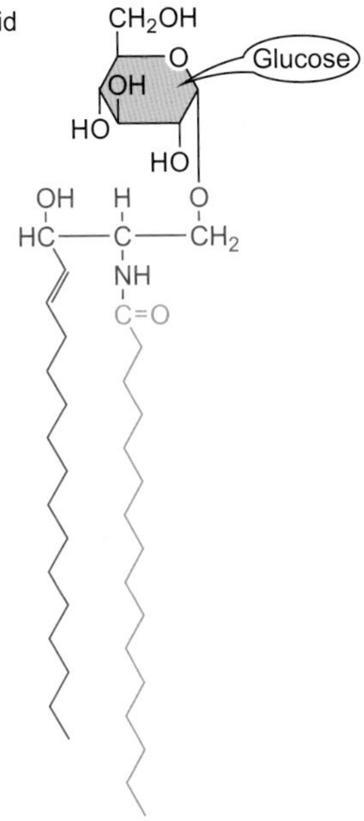

CH$_2$OH

Glucose

N-Acetylneuraminat

Gangliosid G$_{M1}$

Glucosylceramid

Die häufigsten **Cerebroside** sind Glucosylceramid und Galactosylceramid. Die **Ganglioside** G$_{M1}$ und G$_{M2}$ besitzen 5 bzw. 4 Kohlenhydratreste und unterscheiden sich lediglich durch einen terminalen Galactoserest, während G$_{M3}$ ein Disaccharid aus Glucose und Galactose trägt.

andere Lipide

Zu den Lipidgruppen, die nicht unmittelbar als Speicher- oder Membranlipide dienen, zählen **Wachse**, d.h. Ester von Fettsäuren und einwertigen Alkoholen, oder **Isoprenoide**, die Derivate des C$_5$-Kohlenwasserstoffs Isopren darstellen. Eine wichtige Lipidgruppen bilden die **Steroide**, zu denen neben den Cholesterinestern auch Hormone und Vitamine zählen.

Steroide

Sterangerüst

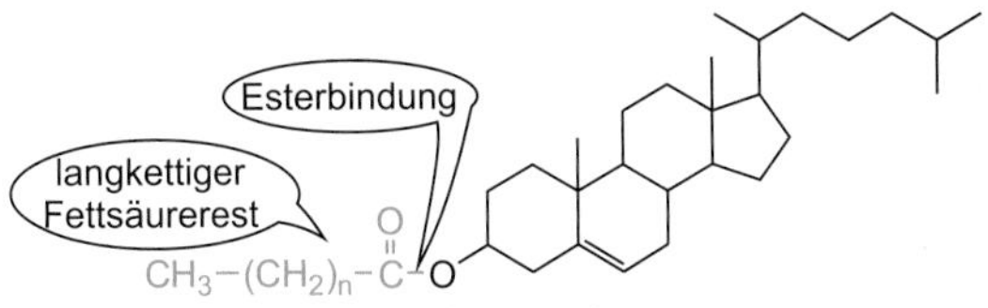

Esterbindung

langkettiger Fettsäurerest

CH$_3$–(CH$_2$)$_n$–C

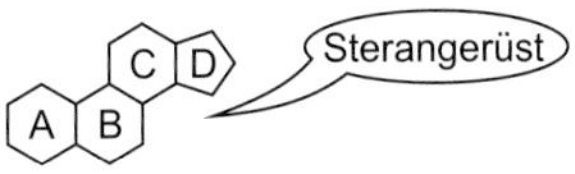

Cholesterinester
(Cholesterinstearat: n=16)

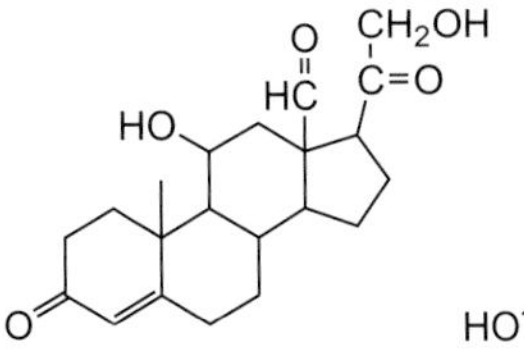

Isoprenoide

Isopren

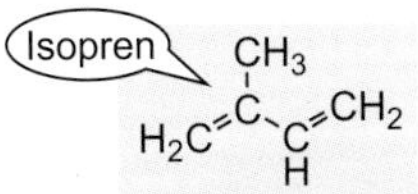

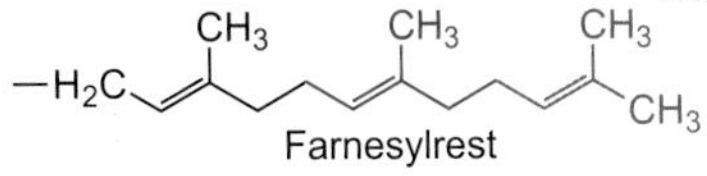

Farnesylrest

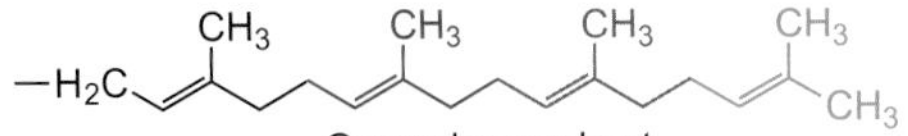

Geranylgeranylrest

Aldosteron

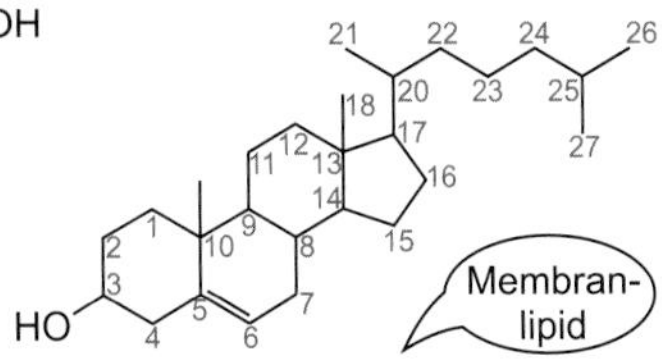

Cholesterin

Membran-lipid

Lipide

Tafel Kohlenhydrate

Häufig vorkommende Monosaccharide

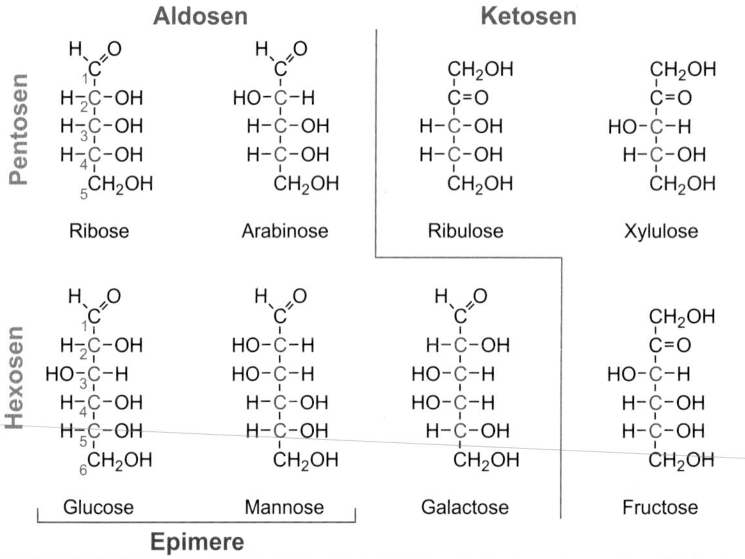

Aldosen · **Ketosen**

Pentosen: Ribose, Arabinose, Ribulose, Xylulose

Hexosen: Glucose, Mannose, Galactose, Fructose

Epimere

Die roten Kohlenstoffe sind chirale Zentren. Es sind ausschließlich die biologisch relevanten D-Isomere gezeigt; die Konfigurationsangabe ist hier der Einfachheit halber aus dem Namen der Zucker weggelassen. Epimere sind Paare von Monosacchariden, die sich in ihrer Konfiguration nur an einem C-Atom unterscheiden, wie beispielsweise D-Glucose und D-Mannose an C-2.

Stereoisomerie von Zuckern

Aldotetrosen besitzen zwei chirale C-Atome (rot); da an jedem dieser chiralen Zentren zwei unterschiedliche Konfigurationen möglich sind, gibt es vier verschiedene Aldotetrosen. D- und L-Threose sind Enantiomere, also spiegelbildliche Moleküle, ebenso D- und L-Erythrose. Threose und Erythrose sind hingegen Diastereomere: Stereoisomere, die sich *nicht* wie Bild und Spiegelbild zueinander verhalten.

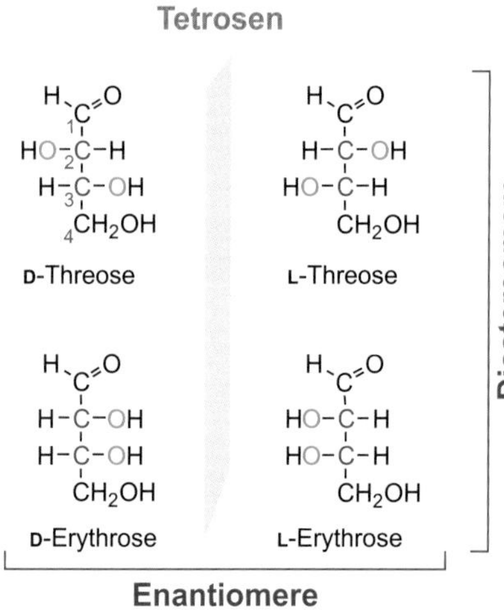

Tetrosen

D-Threose · L-Threose · D-Erythrose · L-Erythrose

Diastereomere

Enantiomere

Ringbildung

Die Reaktion zwischen der Hydroxylgruppe an C-5 und der Aldehydgruppe an C-1 führt zu einer Halbacetalbindung und dem Ringschluss des Zuckers, hier bei D-Glucose. Dabei können zwei Stereoisomere entstehen, das α- und β-Anomer. Die Umwandlung eines Anomers in das andere wird als Mutarotation bezeichnet. Die Kohlenstoffatome eines Anomers werden so nummeriert, dass man an jenem Ende beginnt, das der Aldehyd- oder Ketogruppe am nächsten ist.

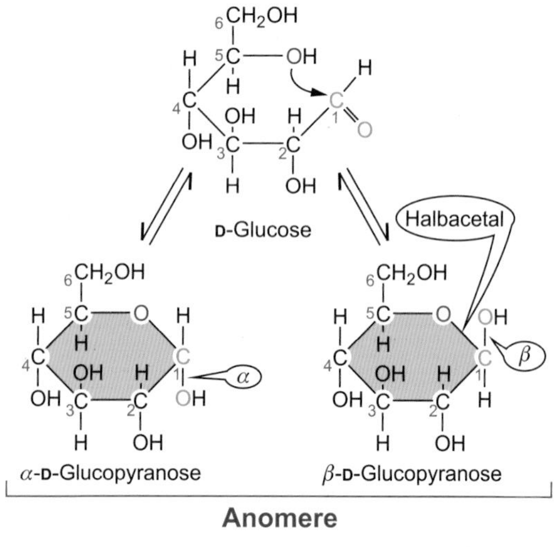

D-Glucose

Halbacetal

α-D-Glucopyranose · β-D-Glucopyranose

Anomere

Polymerisation

Zwei Monosaccharide können miteinander reagieren und eine glykosidische Bindung bilden. Glucose und Fructose reagieren wie hier gezeigt zu Saccharose (Rohrzucker).

Zwei andere wichtige Disaccharide sind Lactose (Milchzucker) und Maltose (Malzzucker).

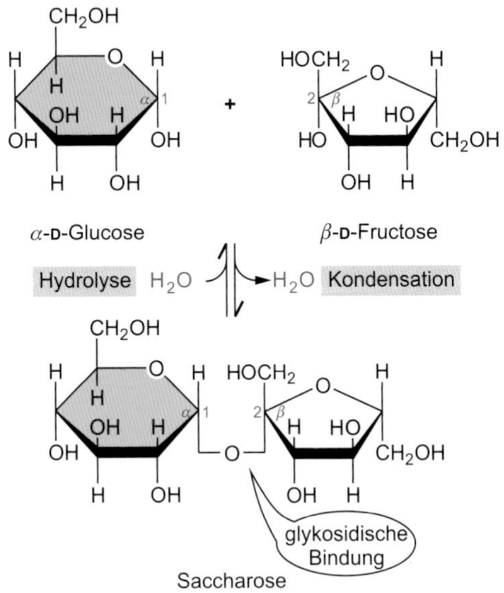

α-D-Glucose β-D-Fructose

Hydrolyse H_2O H_2O Kondensation

glykosidische Bindung

Saccharose
α-D-Glucopyranosyl-(1→ 2)-β-D-fructofuranose

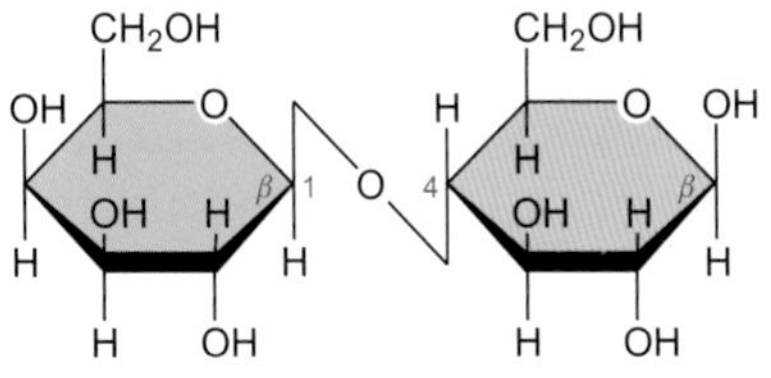

Lactose
β-D-Galactopyranosyl-(1→ 4)-β-D-glucopyranose

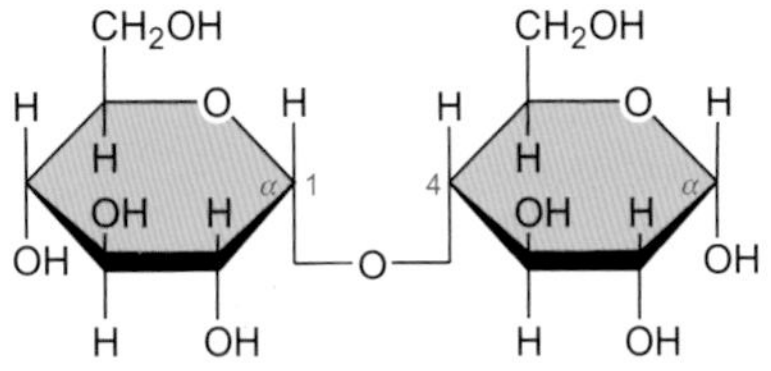

Maltose
α-D-Glucopyranosyl-(1→ 4)-α-D-glucopyranose

Modifizierte Monosaccharide

Die Hydroxylgruppen eines einfachen Zuckers können durch andere funktionelle Gruppen ersetzt werden. β-D-Glucosamin und N-Acetyl-β-D-glucosamin sind wichtige Bausteine vieler Polysaccharide wie z. B. Chitin oder Heparin. Sialinsäure ist Bestandteil von Gangliosiden, komplexen Glykolipiden in der Membran von Nervenzellen. Steroidhormone, aber auch viele Pharmaka können im Harn ausgeschieden werden, nachdem sie chemisch an Glucuronsäure gekoppelt werden. Inositol ist kein Zucker, sondern ein cyclischer Polyalkohol, was man am Fehlen der Halbacetalbindung erkennt. Es ist ein wichtiger Baustein von Membranlipiden und in phosphorylierter Form ein zentraler intrazellulärer Botenstoff.

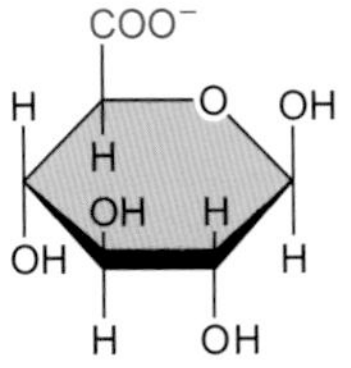

β-D-Glucuronsäure

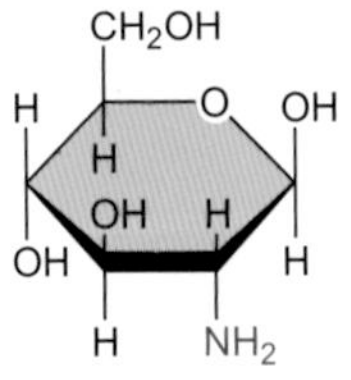

β-D-Glucosamin

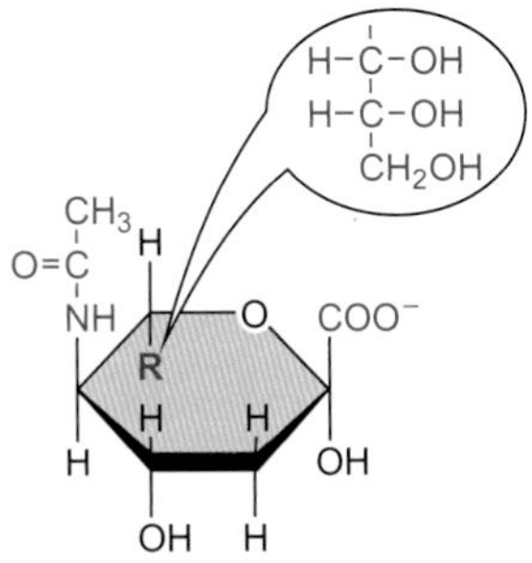

N-Acetylneuraminsäure
(Sialinsäure)

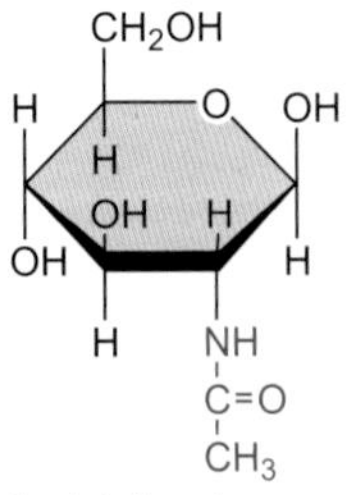

N-Acetyl-β-D-glucosamin

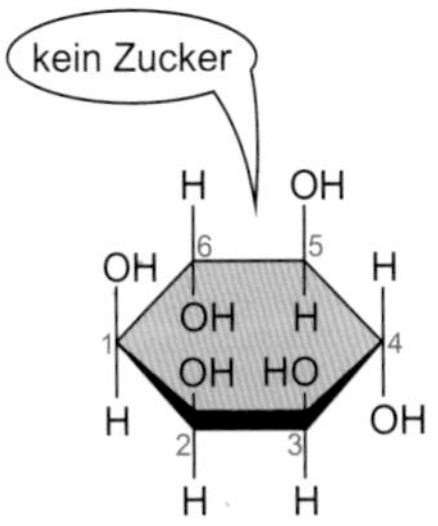

kein Zucker

Inositol

Tafel Aminosäuren

20 proteinogene Aminosäuren

Die Seitenketten der Aminosäuren sind farbig unterlegt. Die Aminosäuren sind in dem Ladungszustand gezeigt, der bei neutralem pH vorherrscht. Lediglich die Imidazolseitenkette von Histidin ist in der positiv geladenen, protonierten Form gezeigt, die unter leicht sauren Bedingungen (pH ≈ 6) mit der ungeladenen, deprotonierten Form im Gleichgewicht steht. Unter den Namen sind die drei- und einbuchstabigen Abkürzungen angegeben.

ⓔ, essentielle Aminosäure;
(e), bedingt essentielle Aminosäure.

unpolare aliphatische Seitenketten

Glycin
Gly
G

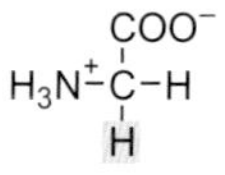

Alanin
Ala
A

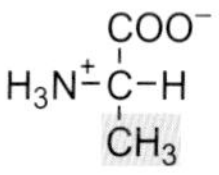

Valin
Val
V
ⓔ

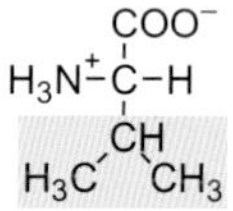

Leucin
Leu
L
ⓔ

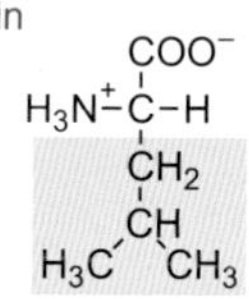

Isoleucin
Ile
I
ⓔ

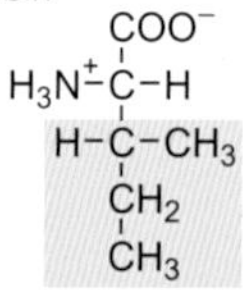

Methionin
Met
M
ⓔ

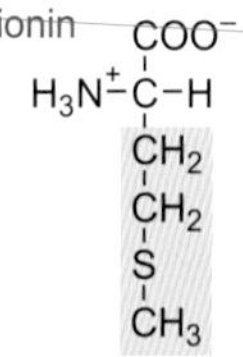

Prolin
Pro
P

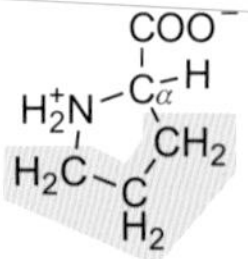

aromatische Seitenketten

Phenylalanin
Phe
F
ⓔ

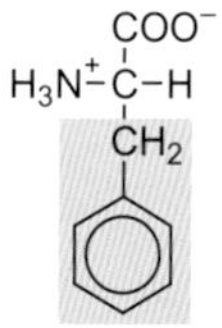

Tyrosin
Tyr
Y
(e) 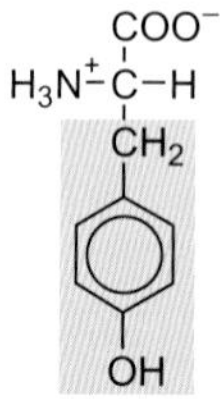

Tryptophan
Trp
W
ⓔ

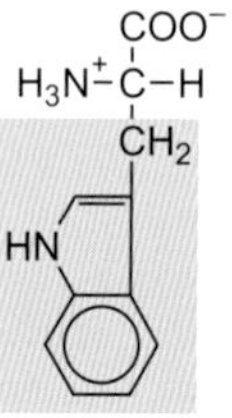

polare ungeladene Seitenketten

Serin
Ser
S

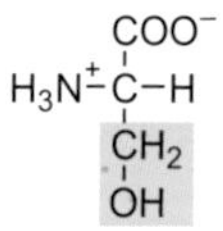

Threonin
Thr
T
ⓔ

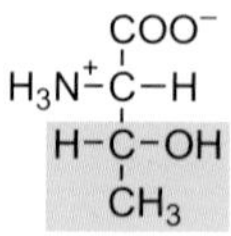

Cystein
Cys
C

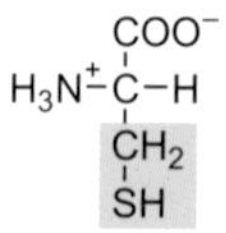

Asparagin
Asn
N

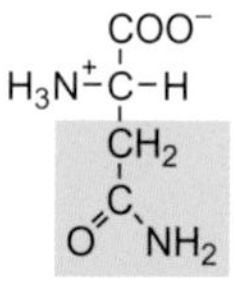

Glutamin
Gln
Q

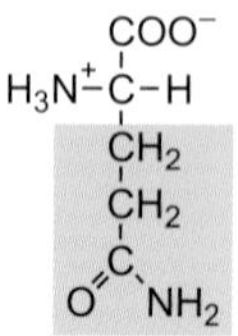

positiv geladene Seitenketten

Lysin
Lys
K

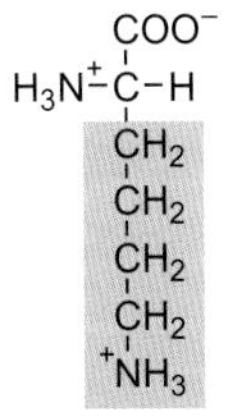

COO^-
H_3N^+-C-H
CH_2
CH_2
CH_2
CH_2
$^+NH_3$

ⓔ

Arginin
Arg
R

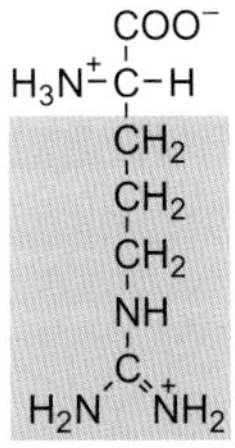

COO^-
H_3N^+-C-H
CH_2
CH_2
CH_2
NH
$H_2N-C-^+NH_2$

(e)

Histidin
His
H

COO^-
H_3N^+-C-H
CH_2
HN ^+NH

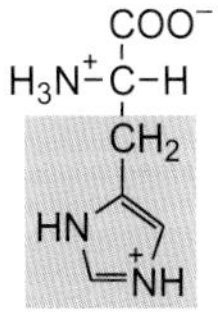

ⓔ

negativ geladene Seitenketten

Asparaginsäure
Asp
D

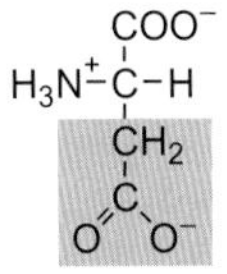

COO^-
H_3N^+-C-H
CH_2
C
O O^-

Glutaminsäure
Glu
E

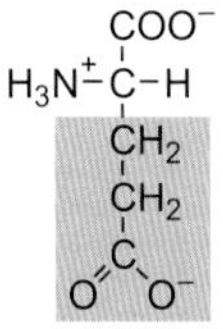

COO^-
H_3N^+-C-H
CH_2
CH_2
C
O O^-

Peptidbindung

H_2O

Aminoterminus

Peptidbindung

$H_3N^+-C_\alpha-C + H-N-C_\alpha-COO^-$
R_1 ... R_2

$\longrightarrow$

$H_3N^+-C_\alpha-C-N-C_\alpha-COO^-$
R_1 ... R_2

Carboxyterminus

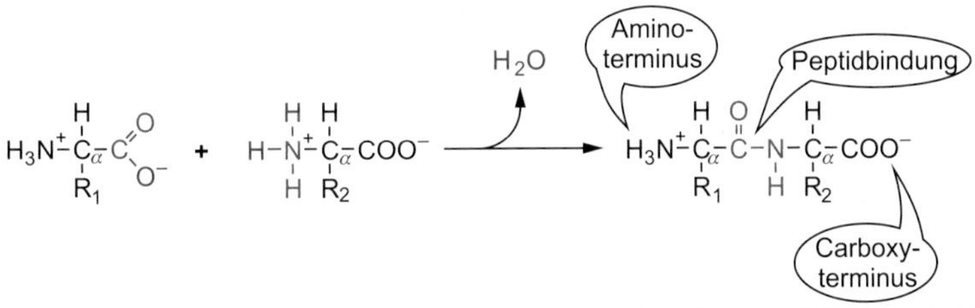

Durch Kondensation entsteht eine Peptidbindung (Säureamid). Der Aminosäurerest mit verbleibender freier Aminogruppe wird als *N*-Terminus des Peptids bezeichnet, der mit freier Carboxylgruppe als Carboxyterminus.

Modifizierte Aminosäuren

Gezeigte Aminosäuren entstehen durch co- oder posttranslationale Modifizierung von Standardresten. Hydroxylysin und Hydroxyprolin sind typisch für das Bindegewebsprotein Kollagen; γ-Carboxyglutamat ist von kritischer Bedeutung für Blutgerinnungsfaktoren.
Phosphorylierung von Serin-, Threonin- oder Tyrosinresten spielt eine große Rolle in der zellulären Signalübertragung.
Die Verbrückung zweier Cysteine zu einem Cystinrest sorgt bei vielen Proteinen für eine kovalente Stabilisierung der Tertiärstruktur.

5-Hydroxy-lysin

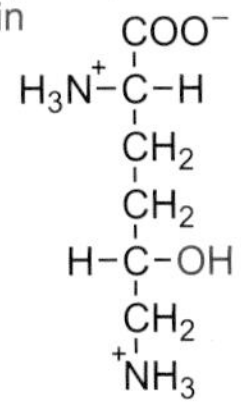

COO^-
H_3N^+-C-H
CH_2
CH_2
$H-C-OH$
CH_2
$^+NH_3$

4-Hydroxy-prolin

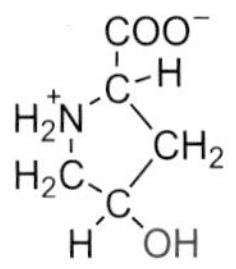

COO^-
$C-H$
H_2N^+ CH_2
H_2C
H OH

γ-Carboxy-glutamat

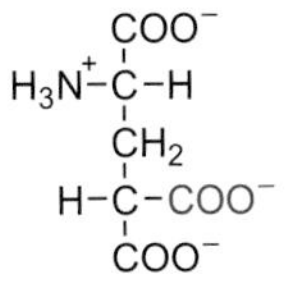

COO^-
H_3N^+-C-H
CH_2
$H-C-COO^-$
COO^-

Cystin

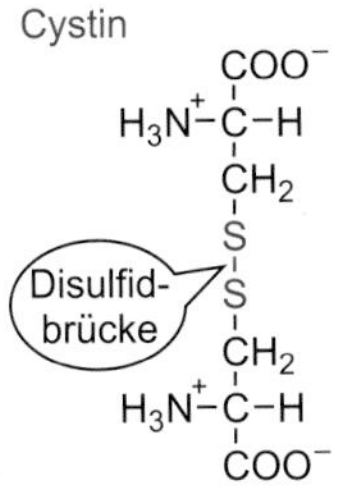

COO^-
H_3N^+-C-H
CH_2
S
Disulfid-brücke
S
CH_2
H_3N^+-C-H
COO^-

Phospho-serin

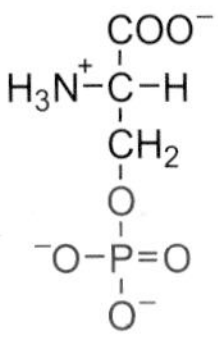

COO^-
H_3N^+-C-H
CH_2
O
$^-O-P=O$
O^-

Phospho-threonin

COO^-
H_3N^+-C-H O
$H-C-O-P-O^-$
CH_3 O

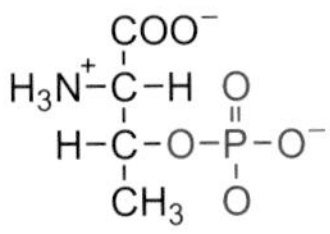

Phospho-tyrosin

COO^-
H_3N^+-C-H
CH_2

O
$^-O-P=O$
O^-

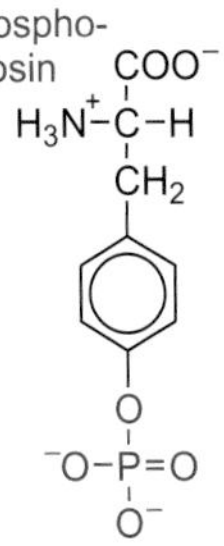

Tafel Nucleotide

Allgemeine Struktur von Nucleotiden und Basen

Eine Purin- oder Pyrimidinbase ist mit Ribose im Falle von RNA-Bausteinen bzw. Desoxyribose bei DNA-Bausteinen zu einem *Nucleosid* verknüpft. Mit Phosphorsäure veresterte Nucleoside heißen *Nucleotide*.

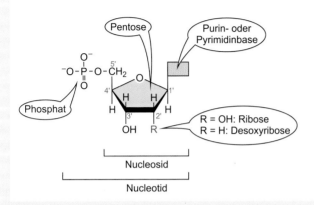

Basen in Nucleinsäuren

Zwei Purin- und drei Pyrimidinbasen sind die Bausteine von DNA und RNA. Thymin als Baustein der DNA wird bei RNA durch Uracil ersetzt, welches als Unterschied keine Methylgruppe an C-5 trägt (grün). Insbesondere in Transfer-RNA (tRNA) findet sich noch eine Reihe modifizierter Basen.

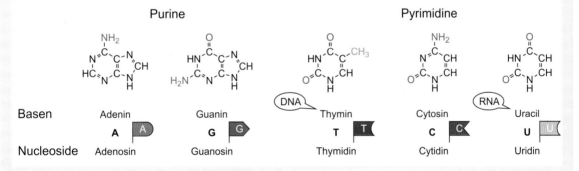

Seltene Basen in Nucleinsäuren

seltene DNA-Basen

5-Methylcytosin N^6-Methyladenin N^2-Methylguanin   5-Hydroxymethylcytosin

Seltene Basen in Nucleinsäuren

seltene tRNA-Basen

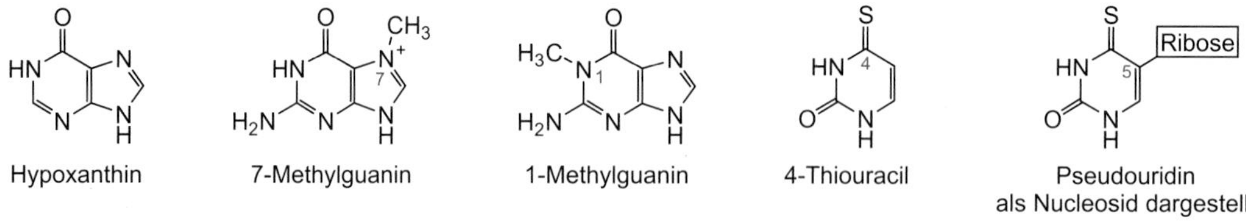

Hypoxanthin
7-Methylguanin
1-Methylguanin
4-Thiouracil
Ribose
Pseudouridin
als Nucleosid dargestellt

Watson-Crick-Basenpaare

Die Komplementarität der Basen ermöglicht die Assoziation von DNA-Einzelsträngen zur Doppelhelix. Die Guanin-Cytosin-Paarung ist mit drei Wasserstoffbrücken fester als die Adenin-Thymin-Paarung; H-Brückendonoren sind blau, H-Brückenakzeptoren sind rot hervorgehoben.

Wasserstoffbrücke
G
C
A
T
Zucker

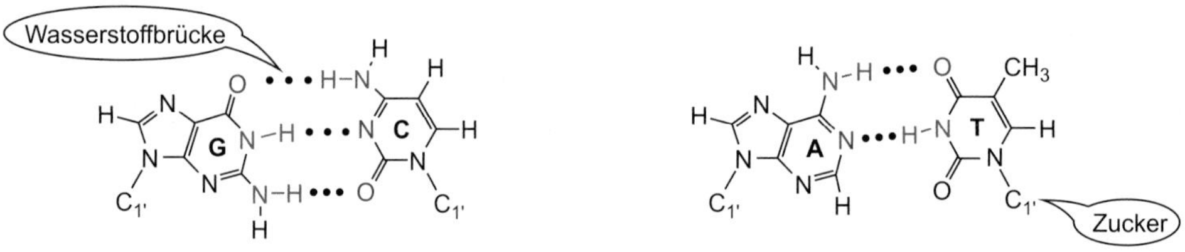

Polymerisation von Nucleotiden

5'-Ende
Phosphodiester-
bindung
3'-Ende

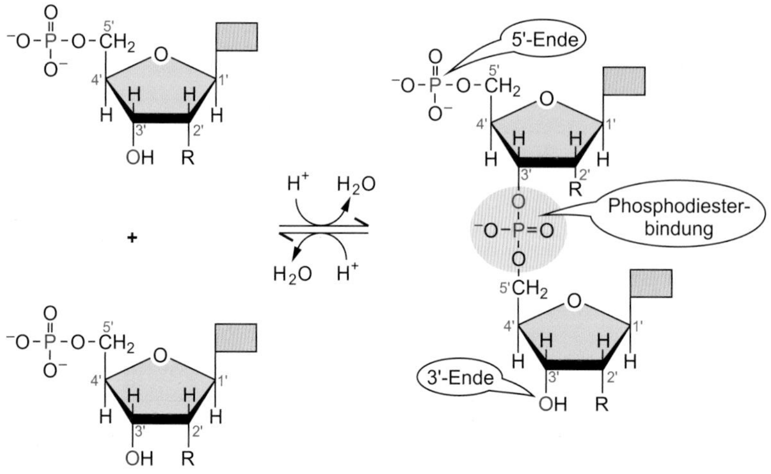

Nucleotide werden durch eine Phosphodiesterbindung zwischen der 3'-Hydroxylgruppe und der 5'-Phosphatgruppe zu Nucleinsäuren verknüpft.

Biologisch werden Nucleosidtriphosphate für die Polymerisation benötigt.

Die Hydrolyse der Phosphorsäureanhydridbindungen treibt die Reaktion an.

Nucleotidderivate

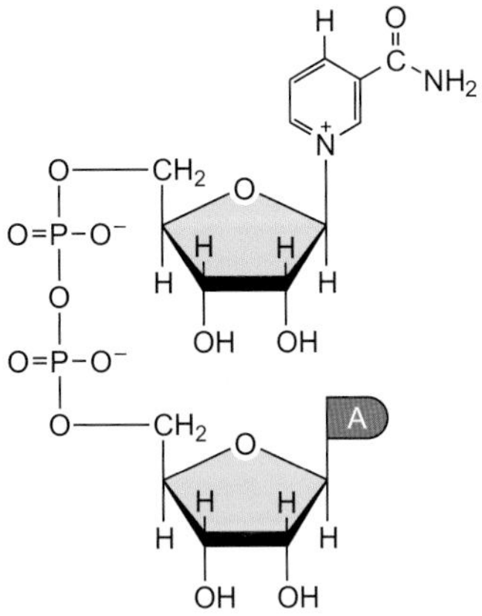

Nicotinamidadenindinucleotid
(NAD⁺)

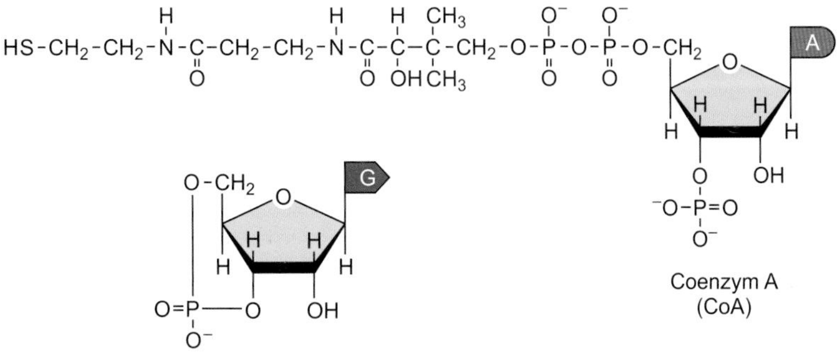

cyclisches Guanosinmonophophat
(cGMP)

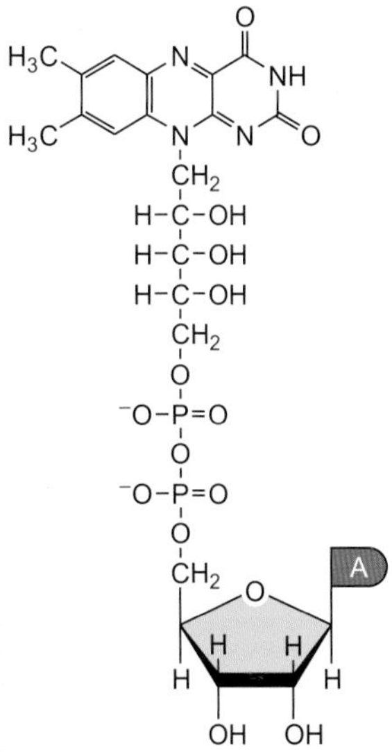

Coenzym A
(CoA)

Flavinadenindinucleotid
(FAD)

Der genetische Code

1. Pos. 5'	2. Position				3. Pos. 3'
	U	C	A	G	
U	Phe	Ser	Tyr	Cys	U
	Phe	Ser	Tyr	Cys	C
	Leu	Ser	Stop	Stop	A
	Leu	Ser	Stop	Trp	G
C	Leu	Pro	His	Arg	U
	Leu	Pro	His	Arg	C
	Leu	Pro	Gln	Arg	A
	Leu	Pro	Gln	Arg	G
A	Ile	Thr	Asn	Ser	U
	Ile	Thr	Asn	Ser	C
	Ile	Thr	Lys	Arg	A
	Met	Thr	Lys	Arg	G
G	Val	Ala	Asp	Gly	U
	Val	Ala	Asp	Gly	C
	Val	Ala	Glu	Gly	A
	Val	Ala	Glu	Gly	G

Von Nucleotiden abgeleitete Verbindungen haben vielfältige Aufgaben. FAD und NAD⁺ dienen als Elektronen- bzw. Hydrid-Überträger. Coenzym A transferiert Acylgruppen in zahlreichen Stoffwechselreaktionen. cGMP ist ein intrazellulärer Botenstoff.

Der mRNA-Codon AUG codiert gleichermaßen für das Start-Methionin bei der Proteinbiosynthese als auch für interne Methionine.

Wobble-Basenpaarung zwischen Codons und Anticodons

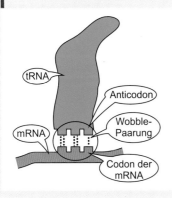

Prokaryoten

Wobble-Base des Codons	mögliche Basen desAnticodons
A	U oder I
C	G oder I
G	C oder U
U	A, G oder I

Eukaryoten

Wobble-Base des Codons	mögliche Basen desAnticodons
A	U
C	G oder I
G	C
U	G oder I

Tafel Vitamine

Vitamine sind organische Moleküle, die höhere Organismen mit ihrer Nahrung aufnehmen müssen, da sie die Fähigkeit zu ihrer Synthese verloren haben. Nur Vitamin D kann der Mensch in begrenztem Umfang selbst synthetisieren. Vitamine gehören unterschiedlichsten chemischen Klassen an; lediglich die fettlöslichen Vitaminen (A, D, E, K) sind sämtlich Isoprenoid-Abkömmlinge. Meist dienen Vitamine als Coenzyme, darunter alle wasserlöslichen Vitamine (B, C, H). Die mit der Nahrung aufgenommenen Vitamine werden durch chemische Modifikation in ihre Wirkform überführt; Ausnahmen davon bilden die Vitamine C (Ascorbat), E (a-Tocopherol) und K (Phyllochinon). Mangelzustände können gravierende Krankheitsbilder erzeugen (nur die Leitsymptome sind angeführt).

Vitamin	Wirkform	biochemische Funktion	Vitaminmangelerscheinung
A	11-*cis*-Retinal	Photorezeption	Nachtblindheit
B_1	Thiaminpyrophosphat	Decarboxylierung	Beriberi
B_2	FMN / FAD	H^+-Übertragung	Dermatitis, Rhagaden
B_2-Komplex	NAD^+ / $NADP^+$	H^+-Übertragung	Pellagra
	Tetrahydrofolat	C_1-Transfer	megaloblastäre Anämie
	Coenzym A	Acylübertragung	Hypertonie
B_6	Pyridoxalphosphat	Transaminierung	Pigmentstörungen
B_{12}	5´-Desoxyadenosylcobalamin	C_1-Transfer	perniziöse Anämie
C	Ascorbat / Dehydroascorbat	Hydroxylierung	Skorbut
D_3	Calcitriol	Regulation des Ca^{2+}-Stoffwechsels	Rachitis
E	α-Tocopherol	Antioxidans	Infertilität
H	Biocytin (ε-N-Biotinyl-L-lysin)	Carboxylierung	Dermatitis
K_1	Phyllochinon / Phyllochinonepoxid	Carboxylierung	Gerinnungsstörungen

Fettlösliche Vitamine

A

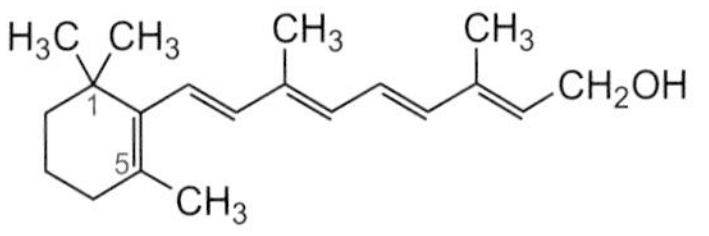

Retinol

D_3

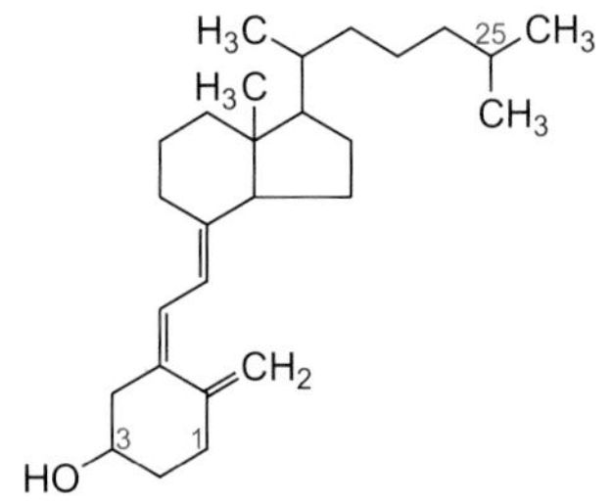

Cholecalciferol

E

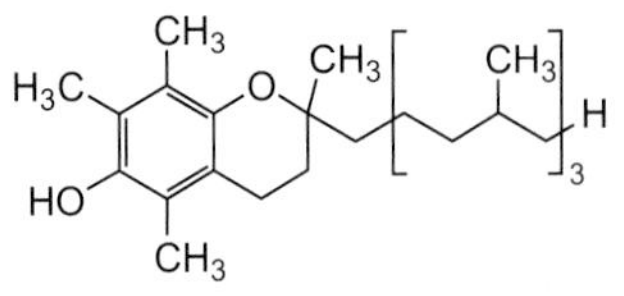

α-Tocopherol

K_1

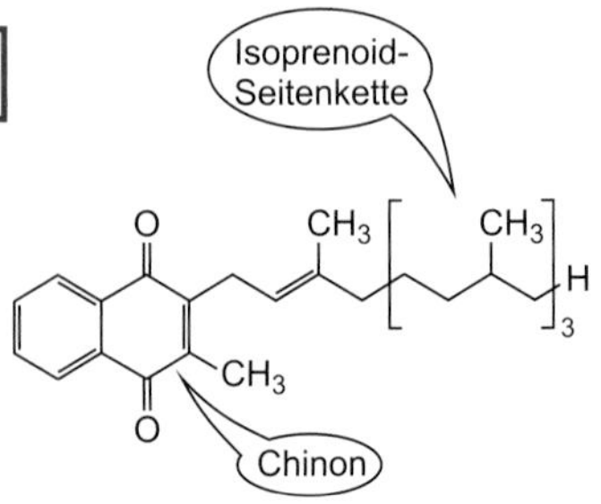

Phyllochinon

Wasserlösliche Vitamine

B₁

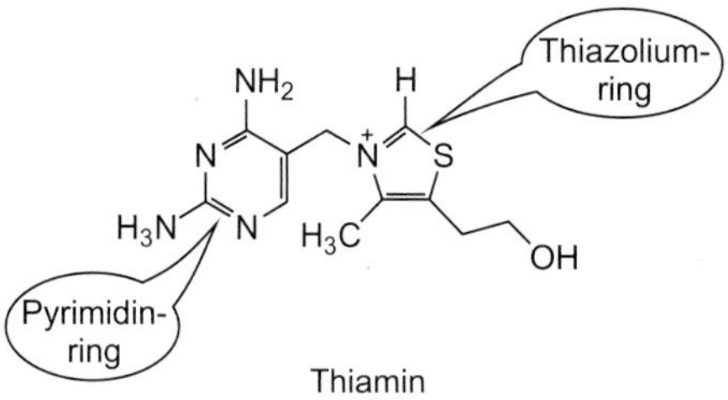

Thiazolium-ring

Pyrimidin-ring

Thiamin

B₂

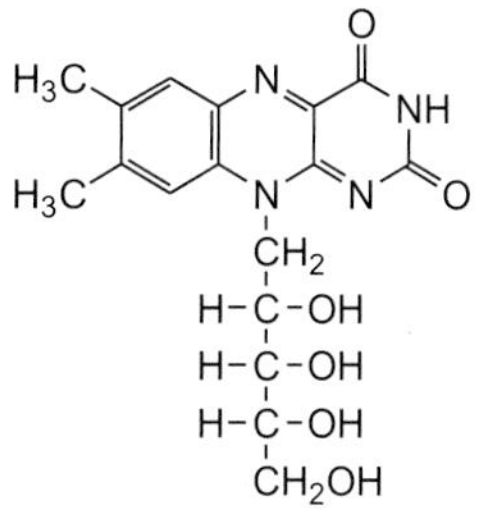

Riboflavin

B₂-Komplex

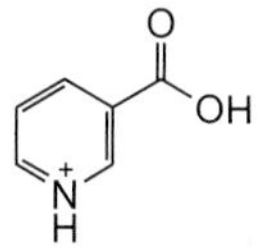

Nicotinsäure (Niacin)

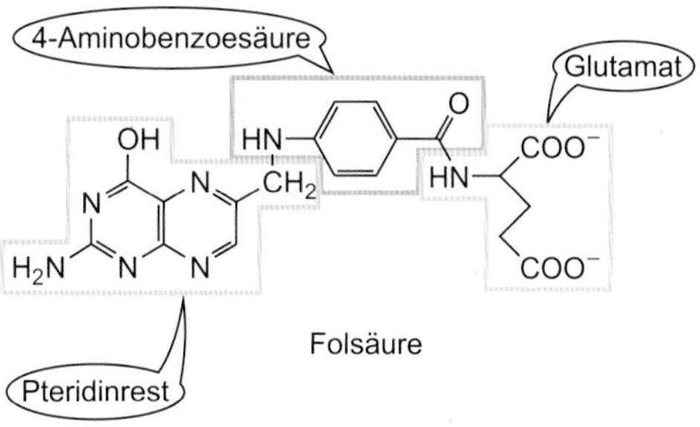

4-Aminobenzoesäure

Glutamat

Pteridinrest

Folsäure

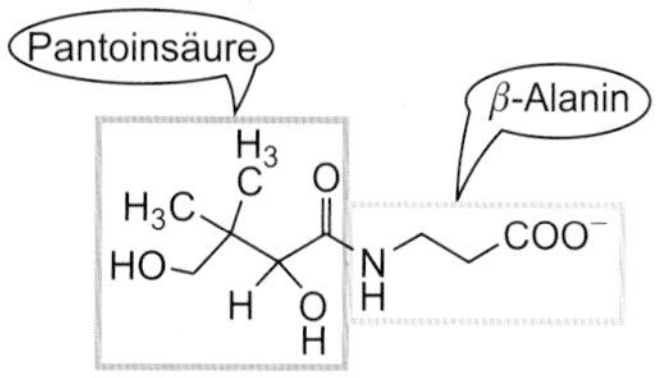

Pantoinsäure

β-Alanin

Pantothensäure

B₆

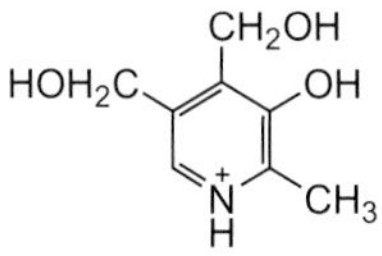

Pyridoxin

B₁₂

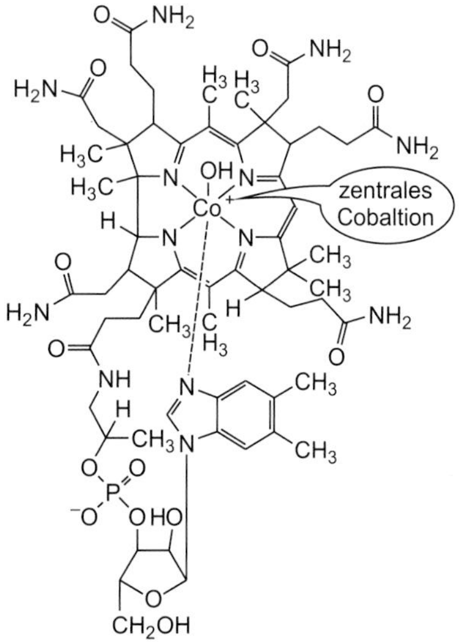

zentrales Cobaltion

Hydroxycobalamin

C

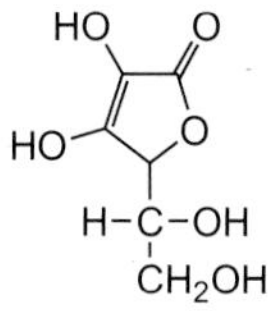

Ascorbinsäure

H

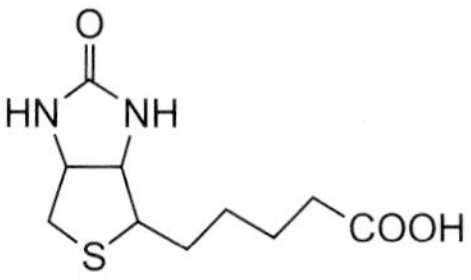

Biotin

Tafel Coenzyme

Prototypische Reaktionen, an denen das jeweilige Coenzym
beteiligt ist, sind rechts unten in blau aufgeführt.

Ascorbinsäure

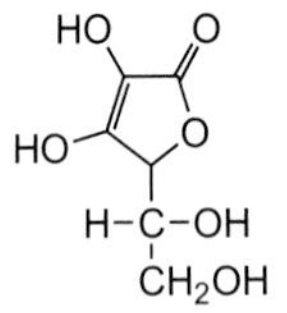

L-Ascorbinsäure

Redox-Reaktionen
Hydroxylierungen
(Abbildung 9.4)

Biocytin

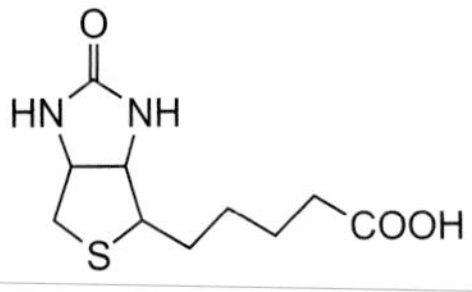

ε-N-Biotinyl-L-Lysin

CO_2-Transfer
(Exkurs 39.1)

B$_{12}$

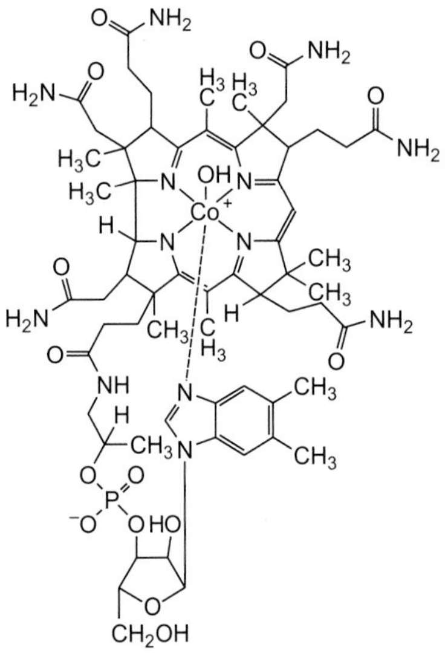

Coenzym B$_{12}$, 5'Desoxyadenosin-Cobalamin

intramolekulare Umlagerungen
Methylierungen
(Exkurs 47.6)

CoA

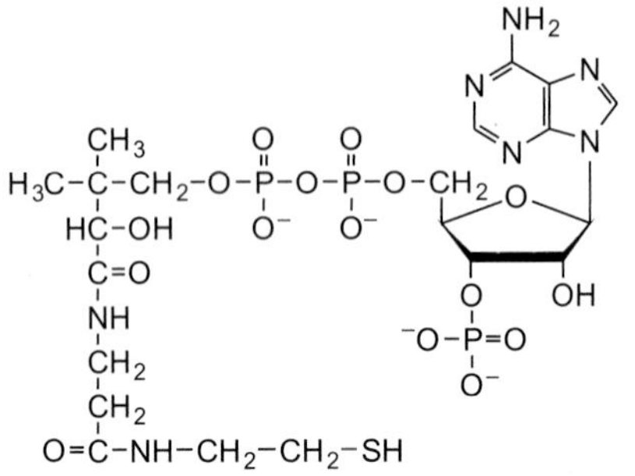

Coenzym A

Acetyl-und
Acetylgruppentransfer
(Exkurs 38.3)

FAD

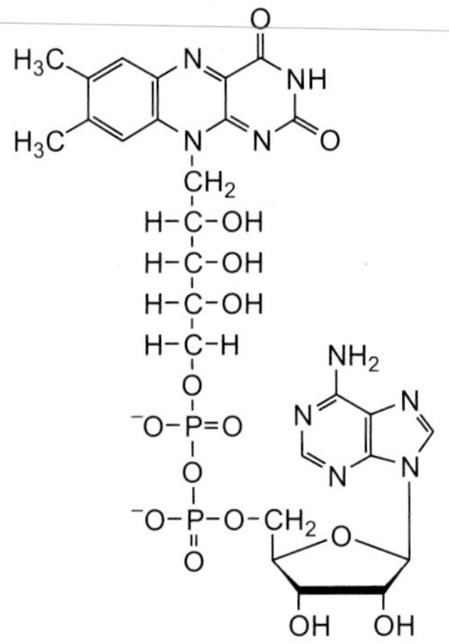

Flavinadenindinucleotid

Wasserstoff-
transfer
(Exkurs 38,2)

FMN

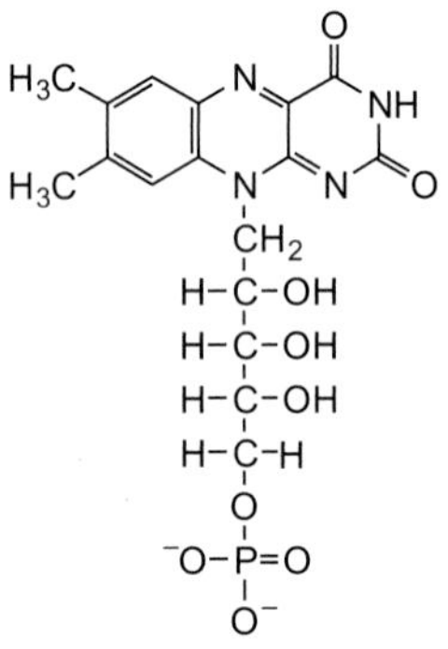

Flavinmononucleotid

Wasserstoff-
transfer
(Exkurs 38.2)

Coenzyme

Glutathion

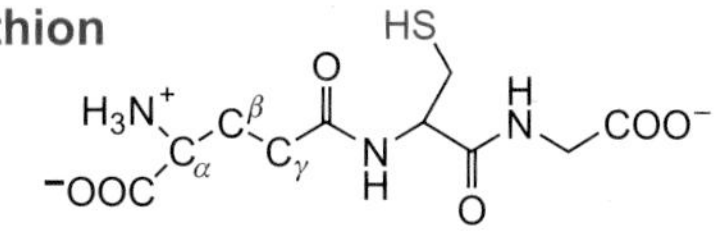

HS

H₃N⁺ C_α C_β C_γ COO⁻

⁻OOC

Glutathion — Antioxidation (Exkurs 42.3)

Häm *c*

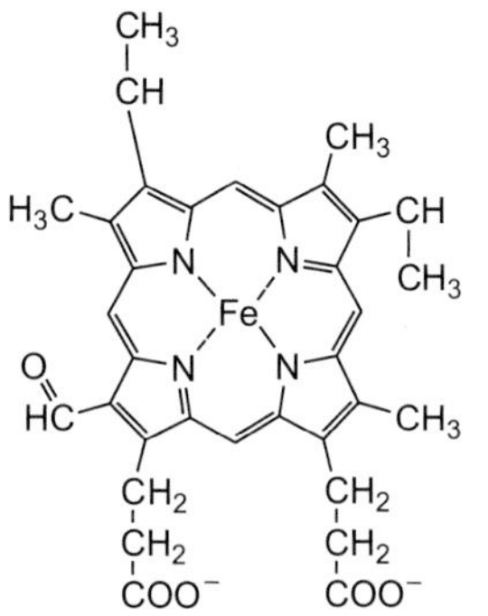

Häm *c* — Elektronentransfer (Abbildung 48.6)

Liponsäure

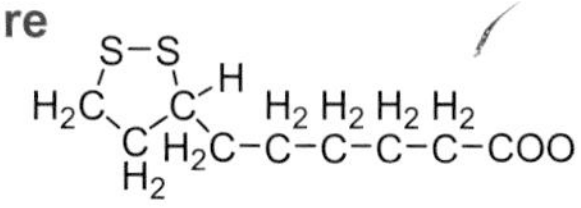

Liponsäure — Acyltransfer bei oxidativer Decarboxylierung (Abbildung 40.2)

NAD⁺/NADP⁺

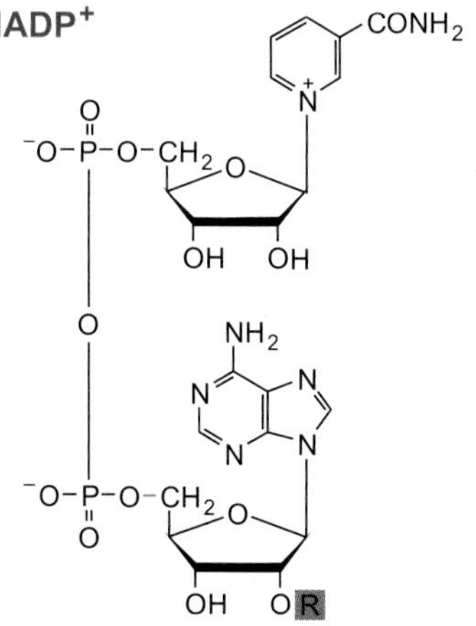

CONH₂

Nicotinamidadenindinucleotid (phosphat)
R=H, PO_3^{2-}

Wasserstofftransfer (Exkurs 38.1)

Phyllochinon

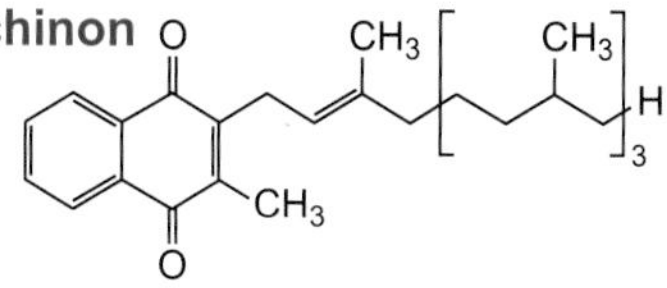

Vitamin K₁ — Carboxylgruppen-transfer (Exkurs 14.2)

PLP

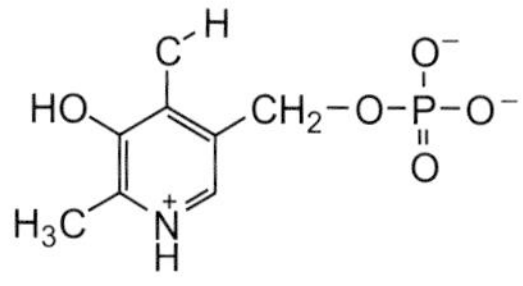

Pyridoxalphosphat — Transaminierung Decarboxylierung Racemisierung (Exkurs 47.1)

SAM

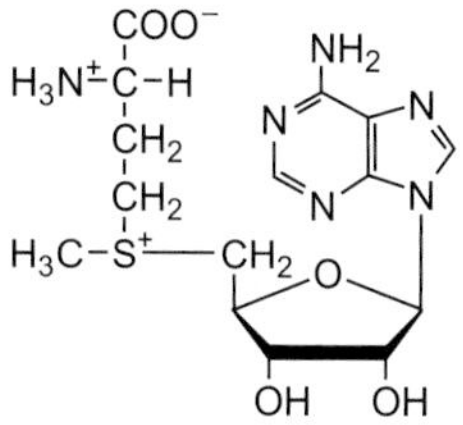

S-Adenosylmethionin — Methylierung (Exkurs 48.2)

Tetrahydrobiopterin

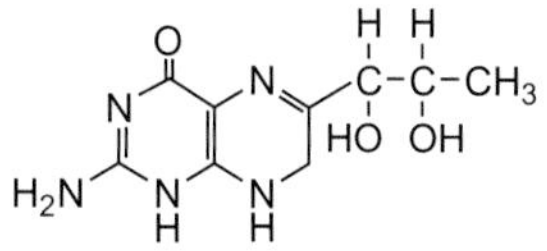

Tetrahydrobiopterin — Wasserstofftransfer (Exkurs 47.3)

THF

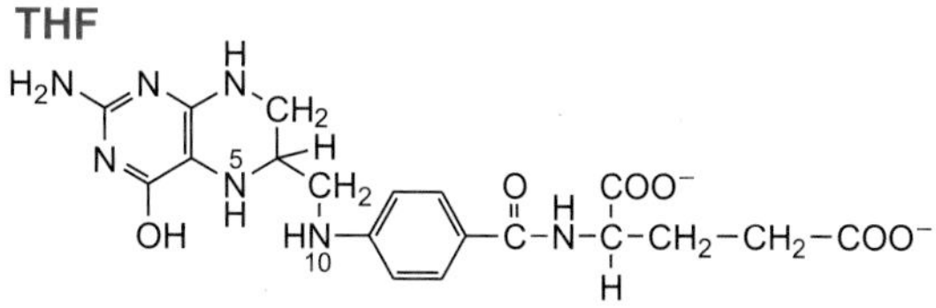

Tetrahydrofolat — Wasserstofftransfer (Exkurs 47.3)

Ubichinon

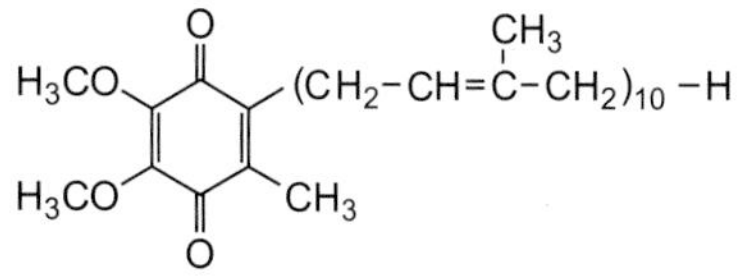

Ubichinon — Wasserstoff- und Elektronentransfer (Abbildung 41.8)

Tafel Enzyme

Enzymklassen (nach der International Union of Biochemistry and Molecular Biology).
Die wichtigsten Klassen sind hier mit Prototypen vertreten; vergleiche auch Abbildung 11.5 .

EC-Nr.	Enzymklasse	Reaktion	Verweis
1	Oxidoreduktasen		
1.1	Alkohol-Dehydrogenase	$>CH\text{-}OH + NAD^+ \leftrightarrow \text{-}CHO + NADH + H^+$	Abbildung 5.19 Abbildung 50.20
1.2	Aldehyd-Dehydrogenase	$\text{-}CHO + H_2O + NAD^+ \rightarrow \text{-}COOH + NADH + H^+$	Abbildung 50.20
1.3	Biliverdin-Reduktase	$Biliverdin + NADPH + H^+ \leftrightarrow Bilirubin + NADP^+$	Abbildung 48.12
1.4	Glutamat-Dehydrogenase	$L\text{-}Glutamat + H_2O + NAD(P)^+ \leftrightarrow \alpha\text{-}Ketoglutarat + NH_4^+ + NADP(H) + H^+$	Abbilung 47.3
1.5	Dihydrofolat-Reduktase	$7,8\text{-}Dihydrofolat + NADPH + H^+ \rightarrow 5,6,7,8\text{-}Tetrahydrofolat + NADP^+$	Abschnitt 49.6
1.9	Cytochrom c-Oxidase	$4\ Cyt\ c\ (Fe^{II}) + O_2 + 8\ H^+_{innen} \rightarrow 4\ Cyt\ c\ (Fe^{III}) + 2\ H_2O + 4\ H^+_{außen}$	Abschitt 41.6
1.10	Cytochrom c-Reduktase	$QH_2 + 2Cyt\ c_{ox} + 2H^+_{innen} \rightarrow Q + 2Cyt\ c_{red} + 4H^+_{außen}$	Abschnitt 41.5
1.11	Katalase	$2H_2O_2 \rightarrow O_2 + 2H_2O$	Abschnitt 11.2, Exkurs 41.4
1.13	Homogentisat-Dioxygenase	$Homogentisat + O_2 \rightarrow Maleylacetoacetat + H^+$	Abbildung 47.17
1.14	NO-Synthase	$Arginin + NADPH + H^+ + \rightarrow N^\omega\text{-}Hydroxy\text{-}L\text{-}arginin + NADP^+ +$ $H_2O\ N^\omega\text{-}Hydroxy\text{-}L\text{-}arginin + \frac{1}{2}NADPH + \frac{1}{2}H^+ + O_2 \rightarrow L\text{-}Citrullin + \frac{1}{2}\ NADP^+ + NO + H_2O$	Abbildung 27.17
1.15	Superoxid-Dismutase	$2O_2^- + 2H^+ \rightarrow H_2O_2 + O_2$	Exkurs 41.4
1.17	Xanthinoxidase	$Hypoxantin + O_2 + H_2O \rightarrow Xanthin + O_2^- + 2H^+$ $Xanthin + O_2 + H_2O \rightarrow Harnsäure + O_2^- + 2H^+$	Abbildung 49.18
2	Transferasen		
2.1	O^6-Methylguanin-Methyltransferase	$O^6\text{-}Methylguanin \rightarrow Guanin$	Abbildung 23.6
2.2	Transketolase	$Ribose\text{-}5\text{-}phosphat + Xylolose\text{-}5\text{-}phosphat \leftrightarrow Sedoheptulose\text{-}7\text{-}phosphat +$ $Glycerinaldehyd\text{-}3\text{-}phosphat$	Abbildung 42.6
2.3	3-Ketothiolase	$2Acetyl\text{-}CoA \leftrightarrow Acetoacetyl\text{-}CoA + CoA\text{-}SH$	Abbildung 45.12
2.4	Glykogen-Synthase	$UDP\text{-}Glucose + [(1\rightarrow4)\alpha\text{-}D\text{-}glucosyl]_n \rightarrow UDP + [(1\rightarrow4)\alpha\text{-}D\text{-}glucosyl]_{n+1}$	Abschnitt 44.3
2.5	Glutathion-S-Transferase	$RX + Glutathion \leftrightarrow HX + R\text{-}S\text{-}Glutathion$	Abschnitt 6.4
2.6	Transaminase	$L\text{-}\alpha\text{-}Aminosäure + \alpha\text{-}Ketoglutarat \leftrightarrow \alpha\text{-}Ketosäure + L\text{-}\alpha\text{-}Glutamat$	Abbildung 47.1
2.7	Proteinkinase	$ATP + Protein \rightarrow ADP + Phosphoprotein$	Abschnitt 28.5

Enzyme

EC-Nr.	Enzymklasse	Reaktion	Verweis
3	Hydrolasen		
3.1	Acetylcholin-esterase	Acetylcholin + H_2O → Cholin + Acetat	Exkurs 26.6
	Nuclease, z.B. EcoR I	5´- - -GAATTC- - -3´ 5´- - -G AATTC- - -3´ 3´- - -CTTAAG- - -5´ → 3´- - -CTTAA G- - -5´	Abbildung 22.1
3.2	α-Amylase	Endohydrolyse von (1→4)-α-glykosidischen Bindungen	Abschnitt 31.2
3.4	Pepsin	Endopeptidase, spaltet Peptidbindungen zwischen hydrophoben Aminosäuren	Abschnitt 12.6
	Trypsin	Endopeptidase, spaltet Peptidbindungen nach basischen Aminosäuren Arg und Lys	Abschnitt 12.4
3.5	Arginase	Arginin + H_2O → Ornithin + Harnstoff	Abbildung 47.8
3.6	Na^+-K^+-ATPase	Transport von Na^+ aus - und K^+ in die Zelle unter ATP-Hydrolyse	Abschnitt 26.1
4	Lyasen		
4.2	Carbohanhydrase	$CO_2 + H_2O \leftrightarrow HCO_3^- + H^+$	Abschnitt 30.2
4.6	Adenylat-Cyclase	ATP → 3',5'-cyclo-AMP + Pyrophosphat	Abbildung 28.9
5	Isomerasen		
5.2	Retinal-Isomerase	all-trans-Retinal → 11-cis-Retinal	Abbildung 28.14
5.3	Triosephosphat-Isomerase	Dihydroxyaceton phosphat ↔ Glycerinaldehyd-3-Phosphat	Abbildung 39.7
6	Ligasen		
6.3	Glutamin-Synthase	Glutamat + NH_4^+ + ATP → Glutamin + ADP + P_i + H_2O	Abschnitt 48.1
6.5	DNA-Ligase	$(Desoxyribonucleotid)_m + (Desoxyribonucleotid)_n \rightarrow (Desoxyribonucleotid)_{m+n}$	Abbildung 21.11

Tafel Signalstoffe

Biologische Signalstoffe verkörpern eine extrem heterogene Gruppe von Ionen und Molekülen, die bei der interzellulären Kommunikation und der intrazellulären Signaltransduktion eine wichtige Rolle spielen. Sie sind hier nach großen Gruppen geordnet und reichen von NO mit einer Molekularmasse von 30 Dalton bis hin zum Lutenisierenden Hormon mit einer Molekularmasse von ca. 22000 Dalton. Alle diese Moleküle, zu denen u.a. Hormone, Transmitter und sekundäre Botenstoffe zählen, können an Zielmoleküle wie z. B. Rezeptoren, Ionenkanäle, Enzyme, Transkriptionsfaktoren oder Adapterproteine binden, eine allosterische Konformationsänderung induzieren und damit ein Signal auslösen. Die Grenzen zwischen Peptid- und Proteohormonen sind fließend.

Ionen

Nucleotidderivate

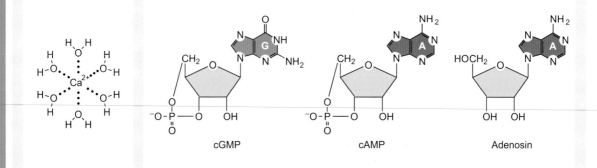

cGMP   cAMP   Adenosin

Aminosäurederivate

Stickstoff-monoxid   (Arg)

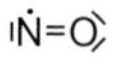

Acetylcholin   (Ser)

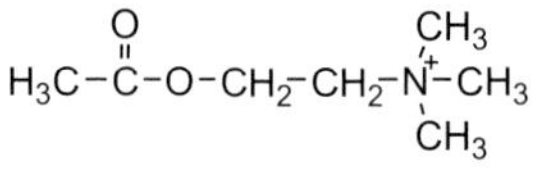

Thyronine   Donor-aminosäure   (Tyr)

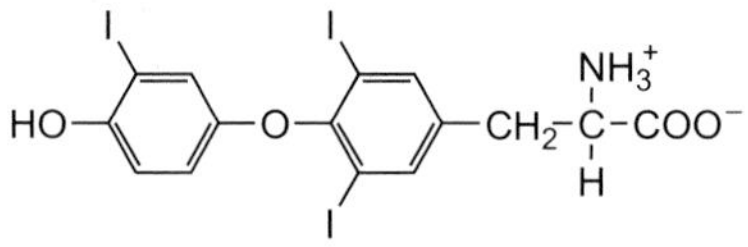

Trijodthyronin (T_3)

Catecholamine   (Phe/Tyr)

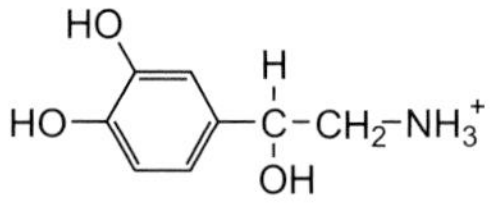

Noradrenalin

Aminosäuren   (Gly)   (Glu)

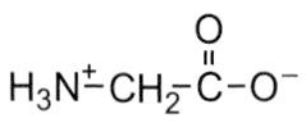

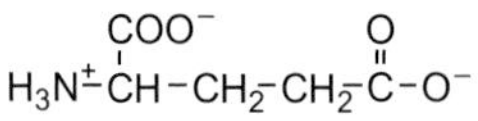

Glycin   Glutamat

unverändert

(Glu)

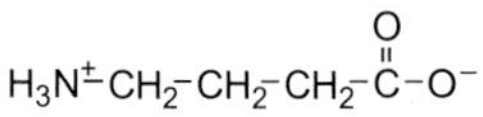

γ-Aminobuttersäure (GABA)

Biogene Amine   (Trp)

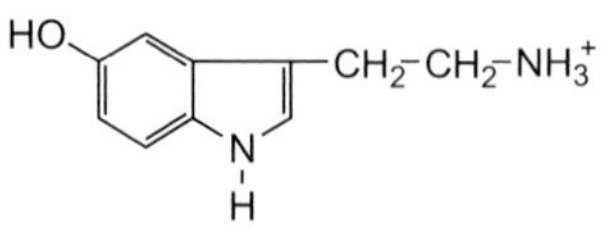

Serotonin (5-Hydroxytryptamin)

(His)

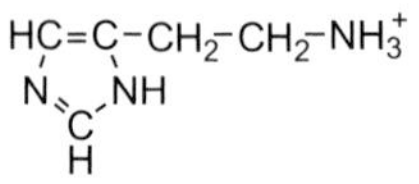

Histamin

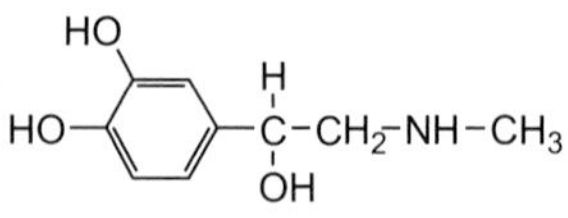

Adrenalin

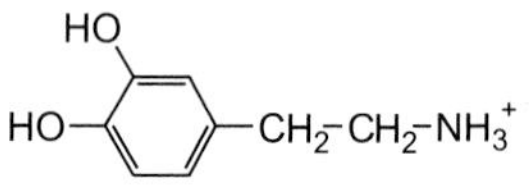

Dopamin

Phospholipidderivate

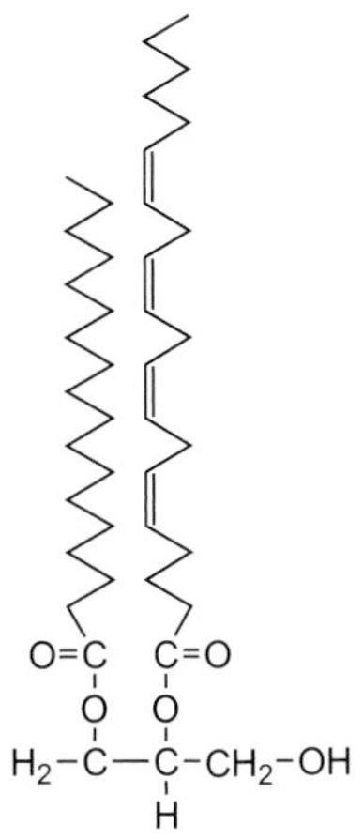

Diacylglycerin
(DAG)

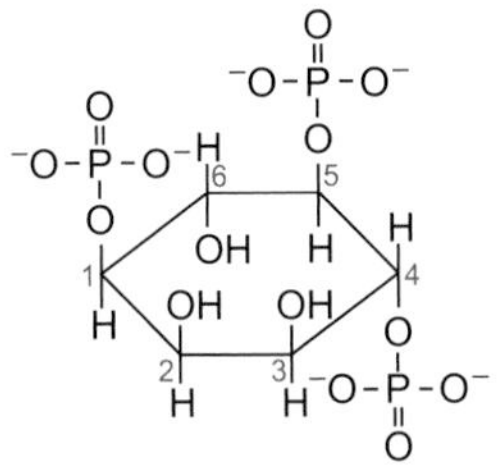

Inositol-1,4,5-trisphosphat
(IP$_3$)

Lipidderivate

Steroide

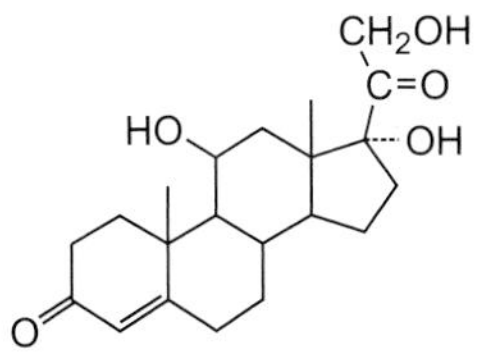

Cortisol

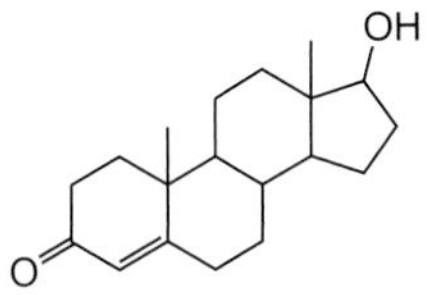

Testosteron

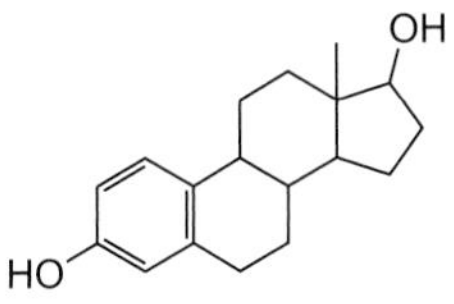

Östradiol

Retinoide

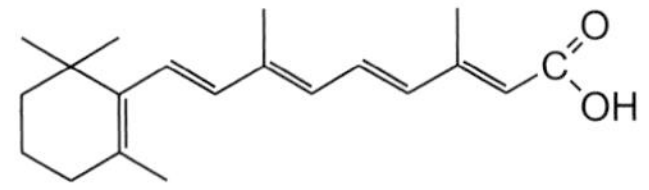

all-*trans*-Retinsäure

Prostaglandine

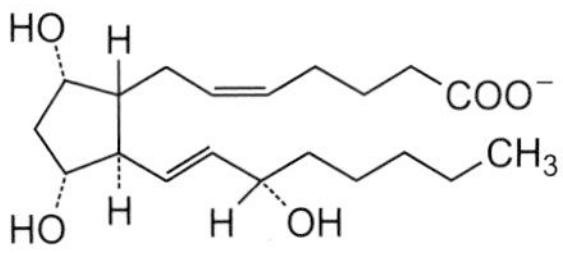

Prostaglandin F$_{2\alpha}$

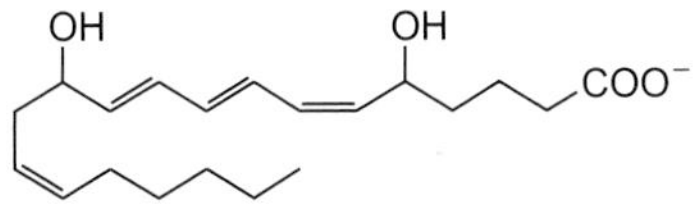

Leukotrien B$_4$

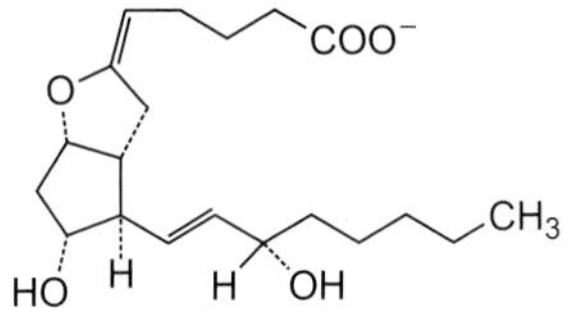

Prostacyclin I$_2$

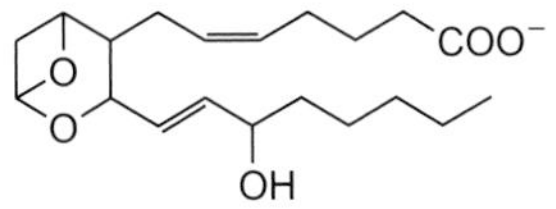

Thromboxan A$_2$ (TXA$_2$)

Peptidhormone

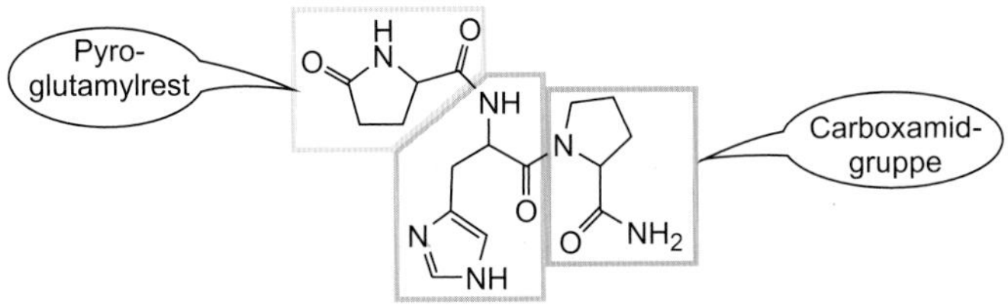

Pyro-
glutamylrest

Carboxamid-
gruppe

TRH (*thyrotropin releasing hormone*)
L-Pyroglutamyl-L-histidyl-L-prolylamid
pyroGlu-His-Pro-NH$_2$

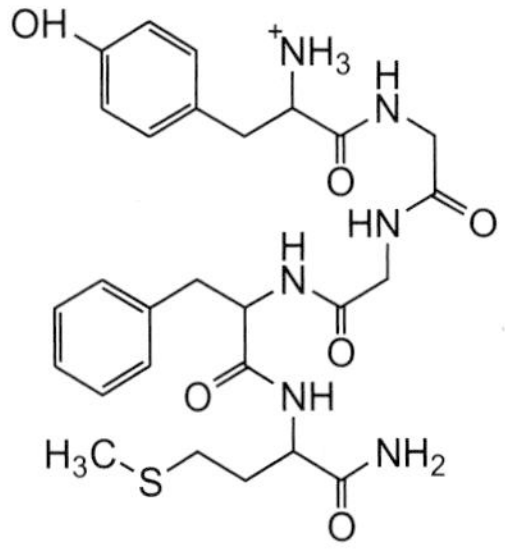

Met-Enkephalin
Tyr-Gly-Gly-Phe-Met-NH$_2$

Peptidhormone

(pyroGlu-Gly-Pro-Trp-Leu-Glu-Glu-Glu-Glu-Glu-Ala-Tyr(O-SO$_3$H)-Gly-Trp-Met-Asp-Phe-NH$_2$)
Gastrin (G-17)

(Lys-Ala-Pro-Ser-Gly-Arg-Val-Ser-Met-Ile-Lys-Asn-Leu-Gln-Lys-Asn-Leu-Gln-Ser-Leu-Asp-Pro-Ser-His-Arg-Ile-Ser-Asp-
Cholecystokinin (CCK)
(NH$_2$-Phe-Asp-Met-Trp-Gly-Met-Tyr(O-SO$_3$H)-Asp-Arg-

(Cys-Tyr-Ile-Gln-Asn-Cys-Pro-Leu-Gly-NH$_2$) [S-S]
Oxytocin (OT)

(Tyr-Gly-Gly-Phe-Leu)
Leu-Enkephalin

(Cys-Thy-Phe-Gln-Asn-Cys-Pro-Arg-Gly-NH$_2$) [S-S]
Arg^8-Vasopressin (antidiuretisches Hormon, ADH)

(Tyr-Gly-Gly-Phe-Met)
Met-Enkephalin

(Cys-Tyr-Phe-Gln-Asn-Cys-Pro-D-Arg-Gly-NH$_2$) [S-S]
1-Desamino-8-D-Arginin-Vasopressin (DDAVP)

(Ala-Gly-Cys-Lys-Asn-Phe-Phe-Trp-Lys-Thr-Phe-Thr-Ser-Cys) [S-S]
Somatostatin

(Asp-Arg-Val-Tyr-Ile-His-Pro-Phe-His-Leu)
Angiotensin I

(pyro-Glu-His-Trp-Ser-Tyr-Gly-Leu-Arg-Pro-Gly-NH$_2$)
Gonadoliberin (GnRH)

(Asp-Arg-Val-Tyr-Ile-His-Pro-Phe)
Angiotensin II

(Arg-Pro-Lys-Pro-Gln-Gln-Phe-Phe-Gly-Leu-Met-NH$_2$)
Substanz P

(Arg-Pro-Pro-Gly-Phe-Ser-Pro-Phe-Arg)
Bradykinin

(pyroGlu-Leu-Tyr-Glu-Asn-Lys-Pro-Arg--Arg-Pro-Tyr-Ile-Leu)
Neurotensin

(His-Ser-Asp-Ala-Val-Phe-Thr-Asp-Asn-Tyr-Thr-Arg-Leu-Arg-Lys-Gln-Met-Ala-Val-Lys-Lys-Tyr-Leu-Asn-Ser-Ile-Leu-Asn)
Vasoaktives intestinales Peptid (VIP)

(Tyr-Gly-Glu-Phe-Met-Thr-Ser-Glu-Lys-Ser-Gln-Thr-Pro-Leu-Val-Thr-Leu-Phe-Lys-Asn-Ala-Ile-Val-Lys-Asn-Ala-His-Lys-
β-Endorphin
(Gln-Gly-Lys-

(Ser-Tyr-Ser-Met-Glu-His-Phe-Arg-Trp-Gly-Lys-Pro-Val-Gly-Lys-Lys-Arg-Arg-Pro-Val-Lys-Val-Tyr-Pro-Asn-Gly-Ala-Glu-
Adrenocorticotropes Hormon (ACTH)
(Phe-Glu-Leu-Pro-Phe-Ala-Glu-Ala-Ser-Glu-Asp-

(His-Ser-Glu-Gly-Thr-Phe-Thr-Ser-Asp-Tyr-Ser-Lys-Tyr-Leu-Asp-Ser-Arg-Arg-Ala-Gln-Asp-Phe-Val-Gln-Trp-Leu-Met-Asn-Thr)
Glucagon

Proteohormone und Cytokine

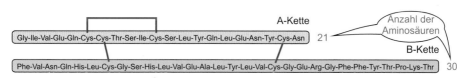

A-Kette
Gly-Ile-Val-Glu-Gln-Cys-Cys-Thr-Ser-Ile-Cys-Ser-Leu-Tyr-Gln-Leu-Glu-Asn-Tyr-Cys-Asn   21

Anzahl der Aminosäuren

B-Kette
Phe-Val-Asn-Gln-His-Leu-Cys-Gly-Ser-His-Leu-Val-Glu-Ala-Leu-Tyr-Leu-Val-Cys-Gly-Glu-Arg-Gly-Phe-Phe-Tyr-Thr-Pro-Lys-Thr   30

Insulin

Wachstumsfaktoren

2 x 53 (Dimer)

Epidermaler Wachstumsfaktor
(EGF, *epidermal growth factor*)

Interleukine

183

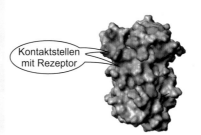

Kontaktstellen mit Rezeptor

Interleukin-6
(IL-6)

Interferone

165

Interferon-α_{2a}
(IFNα_{2a})

Chemokine

2x69 (Dimer)

Makrophagen-Inflammationsprotein-1α
(MIP-1α)

Glandotrope Hormone

Die Hormone FSH, TSH, LH und hCG bestehen jeweils aus 2 Untereinheiten, d. h. einer generischen α-Kette, die für alle vier Hormone identisch ist, und einer spezifischen β-Kette, die für jedes Hormon einzigartig ist

	Aminosäuren in der	
Hormone	α-**Kette**	β-**Kette**
FSH (Follikel-stimulierendes Hormon)	92	111
TSH (Thyreoidea-stimulierendes Hormon)	92	112
LH (luteotropes Hormon)	92	121
HCG (humanes Choriongonadoptropin)	92	145

Tafel Liganden und Rezeptoren

Liganden und ihre Signalwege. Die Kategorie „Liganden" subsummiert Hormone, (Neuro)Transmitter, Mediatoren ebenso wie Boten- und Signalstoffe. Die wichtigsten Rezeptortypen sind: G-Protein-gekoppelte Rezeptoren (GPCR; engl. *G protein-coupled receptors*), enzymge- koppelte Rezeptoren (ECR; engl. *enzyme-coupled receptors*), enzymassoziierte Rezeptoren (EAR), intra- zelluläre Rezeptoren (IZR), Proteolyse-assoziierte Rezeptoren (PAR) sowie liganden-gesteuerte Ionenkanäle (LGI).

Ligand	Rezeptortyp	Bezeichnung (R=Rezeptor)	Effektor
A Acetylcholin (ACh)	GPCRs, metabotrope R.	muskarinischer M_1-R.	$G\alpha_q$
		M_2-R.	$G\alpha_i$
		M_3-R.	$G\alpha_q$
		M_4-R.	$G\alpha_i$
Acetylcholin (ACh)	LGI, ionotroper R.	nikotinischer ACh-R.	Na^+, K^+
ACTH (adrenocorticotropes Hormon)	GPCR	MC_2-R. (siehe Melanocortine)	$G\alpha_s$
Adenosin	GPCRs	Purin-R. A_1	$G\alpha_i$
		A_{2A}, A_{2B}	$G\alpha_s$
		A_3	$G\alpha_i$
ADH, siehe Vasopressin			
ADP (Adenosindiphosphat)	GPCRs	Purin-R. $P2Y_1$	$G\alpha_q$
		$P2Y_{12}$	$G\alpha_i$
		$P2Y_{13}$	$G\alpha_i$
Adrenalin (engl. *epinephrine*)	GPCRs	α_1-adrenerger R.	
		α_{1A}, α_{1C}, α_{1D}	alle $G\alpha_q$
		α_{2A}, α_{2B}, α_{1C}	alle $G\alpha_i$
		β_1, β_2, β_3	alle $G\alpha_s$
Aktivin	ECR	ACV-R2B	endogene Ser/Thr-Kinase
Aldosteron	IZR	MR	Transkriptionsfaktor
Androgene	IZR	AR	Transkriptionsfaktor
ANP (atrionatriuretisches Peptid)	ECR	GC-A-R. (ANP, BNP) GC-B-R. (CNP)	endogene Guanylat-Cyclase
Angiotensin-II (Ang-II)	GPCRs	AT_1-R.	$G\alpha_q$
		AT_2-R.	$G\alpha_i$
Antigene, MHC-assoziiert	EAR	T-Zell-R.	cytosolische Tyrosinkinasen
ATP (Adeonsintriphosphat)	LGI	Purin-R. $P2X_1$ bis $P2X_7$	alle Na^+, K^+ (Ca^{2+})
B Bombesin	GPCR	BB1-R.	$G\alpha_q$
Bradykinin	GPCRs	B_1-R.	$G\alpha_q$
		B_2-R.	$G\alpha_q$
C Calcitonin	GPCR	Calcitonin-R.	$G\alpha_s$ ($G\alpha_q$)
Calcitriol (1,25-Dihydroxycholecalciferol)	IZR	VDR	Transkriptionsfaktor
CGRP (engl. *calcitonin gene-related peptide*)	GPCR	CGRP-R.	
CC-Chemokine	GPCRs	CCR1 bis CCR10	alle $G\alpha_i$
CXC-Chemokine	GPCRs	CXCR1 bis CXCR7	alle $G\alpha_i$
Catecholamine, siehe Adrenalin, Dopamin, Noradrenalin			
Cholecystokinin	GPCRs	CCK_1-R.	$G\alpha_q$
		CCK_2-R.	$G\alpha_q$
Corticoliberin, syn. CRH (engl. *corticotropin releasing hormone*)	GPCR	CRF_1-R.	$G\alpha_s$
		CRF_2-R.	$G\alpha_s$
Cortisol	IZR	GR	Transkriptionsfaktor
C3a (Komplementfaktor aa)	GPCR	C3a-R.	$G\alpha_i$
C5a (Komplementfaktor 5a)	GPCR	C5a-R.	$G\alpha_i$
D Dihydrotestosteron	IZR	AR	Transkriptionsfaktor

Ligand	Rezeptortyp	Bezeichnung (R=Rezeptor)	Effektor
Dopamin	GPCRs	D_1-R.	$G\alpha_s$
		D_2-R.	$G\alpha_i$
		D_3-R.	$G\alpha_i$
		D_4-R.	$G\alpha_i$
		D_5-R.	$G\alpha_s$
E EGF (engl. _epidermal growth factor_)	ECR	ErbB1-R.	endogene
		ErbB2-R. (HER2, keine Ligandenbindung)	Tyrosinkinase
β-Endorphin	GPCRs	Opioid-R. δ	$G\alpha_i$
		Opioid-R. μ	$G\alpha_i$
Endothelin-I	GPCRs	ET_A-R.	$G\alpha_q (G\alpha_s)$
		ET_B	$G\alpha_q (G\alpha_i)$
Enkephalin[2]	GPCR	Opioid-R. δ	$G\alpha_i$
Ephrin-A1	ECR	EphA1-R.	endogene Tyrosinkinase
Erythropoeitin	EAR	EPO-R.	Januskinase JAK2
F Fas-L	EAR	Fas-R.	FADD, Proteasen
Fettsäuren	IZR	$PPAR\alpha$, $PPAR\beta$, $PPAR\gamma$	Transkriptionsfaktoren
FGF (engl. _fibroblast growth factor_)	ECR	FGF-R1 bis FGF-R4	endogene Tyrosinkinase
FSH (Follikel-stimulierendes Hormon)	GPCR	FSH-R.	$G\alpha_s$
G GABA (engl. _γ-aminobutyric acid_)	GPCRs, metabotrope R.	$GABA_B$-R1	Ligandenbindung
		$GABA_B$-R2	$G\alpha_i$
GABA	LGI, ionotrope R.	$GABA_A$-R.	Cl^-
		$GABA_C$-R.	Cl^-
Gastrin (siehe auch Cholecystokinin)	GPCR	CCK_2-R.	$G\alpha_q$
Geruchsstoffe	GPCR	ca. 400 olfaktorische Rezeptoren	$G\alpha_{olf}$
Ghrelin	GPCR	GHS-R.	$G\alpha_q$
GHRH (engl. _growth hormone releasing hormone_), siehe Somatoliberin	GPCR	GHRH-R.	$G\alpha_s$
GIP (gastrisches inhibitorisches Peptid)	GPCR	GIP-R.	$G\alpha_s$
Glucagon	GPCR	Glucagon-R.	$G\alpha_s$
Glucocorticoide	IZR	GR	Transkriptionsfaktor
GLP-1 (engl. _glucagon-like peptide_)	GPCR	GLP-R.	$G\alpha_s$
Glutamat	GPCRs, metabotrope R.	$mGlu_1, mGlu_5$	$G\alpha_q$
		$mGlu_2, mGlu_3, mGlu_4, mGlu_6, mGlu_7, mGlu_8$	$G\alpha_i$
Glutamat	LGI, ionotrope R. AMPA-R. NMDA-R.[2], Kainat-R.	GluR1 bis GluR4 NR1 bis NR3 GluR5 bis GluR7, KA1 bis KA2	alle Na^+, K^+ alle Na^+, K^+ (Ca^{2+}) alle Na^+, Ca^{2+}
Glycin	LGI	GlyR1 bis GlyR4	alle Cl^-
Gonadoliberin, syn. GnRH (engl. _gonadotropin releasing hormone_)	GPCR	GnRH-R.	$G\alpha_q$
Guanylin	ECR	GC-C-R.	endogene Guanylat-Cyclase
H HCG (humanes Choriogonadotropin)[3]	GPCR	HCG/LH-R.	$G\alpha_s$
Hedgehog (Hh)	PAR	Patched	Transkripionsfaktor Gli155
HGF (engl. _hepatocyte growth factor_)	ECR	Met-R.	endogene Tyrosinkinase
Histamin	GPCRs	H_1-R.	$G\alpha_q$
		H_2-R.	$G\alpha_s$
		H_3-R.	$G\alpha_i$
		H_4-R.	$G\alpha_i$

[1] Met bzw Leu-Enkephalinn
[2] NMDA-Rezeptoren: neben Glutamat wirkt hier auch Glycin als endogener Ligand
[3] HCG und LH besitzen einen gemeinsamen HCG/LH-Rezeptor

Liganden und ihre Rezeptoren

Ligand	Rezeptortyp	Bezeichnung (R=Rezeptor)	Effektor
5-Hydroxytryptamin, siehe Serotonin			
I Inhibin	ECR	ACV-R2B	endogene Ser/Thr-Kinase
Interferon-α, Interferon-β	EAR	IFN-α-R1, -R2	Januskinase JAK1, Tyrosinkinase Tyk2
Interferon-γ	EAR	IFN-γ-R1, -R2	Januskinasen JAK1/2
Interleukin-1 (IL1)	EAR	IL1-R.	IRAK-Kinase
Interleukin-2 (IL2)	EAR	IL2-R.	Januskinasen JAK1/3
Interleukin-6 (IL6)	EAR	IL6-R.	Januskinasen JAK1/2
Interleukin-8 (IL8)	GPCR	CXCR2	$G\alpha_i$
Inositol-1,4,5-trisphosphat (IP$_3$)	LGI	IP$_3$-Rezeptor	Ca^{2+}
Insulin	ECR	Insulin-R.	endogene Tyrosinkinase
IGF (engl. *insulin-like growth factor*)	ECR	IGF-1-R.	endogene Tyrosinkinase
L Lipopolysaccharid (bakteriell)	EAR	TLR-4 (engl. *Toll-like receptor-4*)	MyD88/IRAK-Kinase
Leptin	ECR	Ob-R.	Januskinase JAK2
Leukotrien B$_4$ (LTB$_4$)	GPRCs	BLT1-R.	$G\alpha_i (G\alpha_q)$
		BLT2-R.	$G\alpha_i (G\alpha_q)$
LH (Luteotropes Hormon)[1]	GPCR	HCG/LH-R.	$G\alpha_s$
M Melanocortine α-MSH	GPCRs	MC$_1$-R.	alle $G\alpha_s$
(Melanocyten-stimulierendes Hormon)		MC$_5$-R.	
β-MSH		MC$_3$-R.	
γ-MSH		MC$_4$-R.	
		MC$_3$-R.	
Melatonin	GPCR	MT$_1$-R.	$G\alpha_i$
		MT$_2$-R.	$G\alpha_i$
Mineralcorticoide	IZR	MR	Transkriptionsfaktor
Motilin	GPCR	GPR-38	$G\alpha_q$
N Neurokinin A/Substanz K	GPCR	NK$_2$-R.	$G\alpha_q$
Neurokinin B/Neuromedin	GPCR	NK$_3$-R.	$G\alpha_q$
Neureguline	ECR	ErbB3 (HER3)	endogene Tyrosinkinase
		ErbB4 (HER4)	
		ErbB2-R.	endogene Tyrosinkinase
		(HER2, *keine* Ligandenbindung)	
Neuropeptid Y (NPY)	GPCRs	Y$_1$-R.	alle $G\alpha_i$
		Y$_2$-R.	
		Y$_4$-R.	
		Y$_5$-R.	
		Y$_6$-R.	
Neurotrophine	ECR	p75NT-R., Trk A-R., Trk B-R., Trk C-R.	endogene Tyrosinkinase
NGF (engl. *nerve growth factor*)	ECR	TrkA-R.	endogene Tyrosinkinase
NO (Stickstoffmonoxid)	IZR	sGC	cytosolische (lösliche) Guanylyl-Cyclase
Noradrenalin (siehe Adrenalin)	GPCR	α_1-R.	$G\alpha_q$
Notch-Liganden (Delta, Jagged)	PAR	Notch	Transkriptionsfaktor NID
O Östradiol	IZR	ERα, ERβ	Transkriptionsfaktoren
Östron	IZR	ERα, ERβ	Transkriptionsfaktoren
Orexin	GPCRs	Ox1-R.	$G\alpha_s (G\alpha_q)$
		Ox2-R.	$G\alpha_s (G\alpha_q)$
Oxytocin	GPCR	OT-R.	$G\alpha_q (G\alpha_i)$

[1]HCG und LH besitzen einen gemeinsamen HCG/LH-Rezeptor

Ligand	Rezeptortyp	Bezeichnung (R=Rezeptor)	Effektor
P PAF (Plättchen-aktivierender Faktor)	GPCR	PAF-R.	$G\alpha_q$
Parathormon (PTH)	GPCR	PTH-R.	$G\alpha_s$ ($G\alpha_q$)
PDGF (engl. *platelet-derived growth factor*)	ECR	PDGF-R.	endogene Tyrosinkinase
Photonen (Licht)	GPCR	Rhodopsin	$G\alpha_t$
Progesteron	IZR	PR	Transkriptionsfaktor
Prolactin	EAR	PRL-R.	Januskinase Jak2
Prostaglandine	GPCRs		
$F_{2\alpha}$		FR-R.	$G\alpha_q$
E_2		EP$_1$-R.	$G\alpha_q$
		EP$_2$-R.	$G\alpha_s$
		EP$_3$-R.	$G\alpha_i$
		EP$_4$-R.	$G\alpha_s$
Prostacyclin PGI$_2$	GPCR	IP-R.	$G\alpha_s$
R RANKL	EAR	RANK	TRAF
Retinsäure	IZR	RARα, RARβ, RARγ	Transkriptionsfaktoren
S Sekretin	GPCR	Sekretin-R.	$G\alpha_s$
Serotonin, syn. 5-Hydroxytryptamin	GPCRs, metabotrope R.	5-HT1$_A$, 5-HT1$_B$, 5-HT1$_D$	$G\alpha_i$
		5-HT2$_A$, 5-HT2$_B$, 5-HT2$_C$	$G\alpha_q$
		5-HT4	$G\alpha_s$
		5-HT5	$G\alpha_i$ ($G\alpha_s$)
	LGI, ionotrope R.	5-HT3$_A$, 5-HT3$_B$	Na$^+$, K$^+$
Schilddrüsenhormone T$_3$, T$_4$	IZR	TRα, TRβ	Transkriptionsfaktoren
Somatoliberin (siehe GHRH)	GPCR	GHRH-R.	$G\alpha_s$
Somatostatin, syn. GHRIF (engl. *GH release inhibiting factor*)	GPCR	SST1- bis SST5-R.	alle $G\alpha_i$
Somatotropin, syn. Wachstumshormon (engl. ***growth hormone***, GH)	EAR	GH-R.	Januskinase JAK2
Sphingosin-1-phosphat (S1P)	GPCRs	S1P$_1$- bis S1P$_5$-R.	alle $G\alpha_i$
Substanz P	GPCR	NK$_1$-R.	$G\alpha_q$
T Tachykine (siehe Substanz P, Neurokinin A und B)			
Testosteron	IZR	AR	Transkriptionsfaktor
TGF-α	ECR	ErbB1-R.	endogene Tyrosinkinase
TGF-β	ECR	TGFB-R1	endogene Ser/Thr-Kinase
Thrombin	GPCRs	PAR1, PAR2, PAR3, PAR4	alle $G\alpha_q$
Thrombopoeitin	EAR	Mpl-R.	Januskinase JAK2
Thromboxan A$_2$	GPCRs	TP-R.	$G\alpha_q$
TRH (engl. *TSH releasing hormone*)	GPCRs	TRH-1	$G\alpha_q$
		TRH-2	$G\alpha_q$
TSH (Thyreoidea-stimulierendes Hormon)	GPCRs	TSH-R.	$G\alpha_s$ ($G\alpha_q$, $G\alpha_i$)
Tumornekrosefaktor TNFα	EAR	TNF-R.	TRADD, FADD
V Vasopressin (syn. ADH, antidiuretisches Hormon)	GPCRs	V$_{1a}$-R.	$G\alpha_q$
		V$_{1b}$-R.	$G\alpha_q$
		V$_2$-R.	$G\alpha_s$
VEGF (engl. *vascular endothelial growth factor*)	ECR	VEGF-R1 bis VEGF-R4	endogene Tyrosinkinase
VIP	GPCRs	VPAG$_1$-R.	$G\alpha_s$
		VPAG$_2$-R.	$G\alpha_s$
W Wnt	PAR	Frizzled-R.	Transkriptionsfaktor β-Catenin

Tafel Medikamente

Zielstruktur, Wirkungstyp und Indikationsbereiche für ausgewählte Medikamente*.
Die Zielstrukturen sind farblich kodiert:

▉ Enzyme   ▉ Proteine, Nucleinsäuren   ▉ Rezeptoren   ▉ Kanäle, Transporter   ▉ andere Strukturen

	Medikament	Zielstruktur	Wirkungstyp	Wirkstoffklasse/Indikation	Verweis
A	Acetylsalicylsäure (Aspirin®)	Cyclooxygenasen	Inhibitor	Analgetikum, Antipyretikum, Thrombozytenaggregations-hemmer	Exkurs 45.6
	Alendronat (FOSAMAX®)	Farnesylpyrophosphat-synthase	Inhibitor	Osteoporose	Abschnitt 30.3
	Allopurinol (Zyloric®)	Xanthinoxidase	Inhibitor	Gichtmittel	Abschnitt 49.8
	Amilorid (in Diursan®)	ENaC-Kanal	Blocker	Diuretikum	Abschnitt 30.2
	Amlodipin (Norvasc®)	L-Typ-Ca^{2+}-Kanal	Blocker	Antihypertensivum	Tabelle 37.1
	Amoxicillin (Amoxypen®)	Transpeptidase	Inhibitor	Antibiotikum	Exkurs 31.1
	Atorvastatin (Sortis®)	HMG-CoA-Reduktase	Inhibitor	Lipidsenker	Tabelle 37.1
B	Bacitracin (in Nebacetin®)	Dolicholpyrophosphat-Phosphatase	Inhibitor	Antibiotikum	Abschnitt 19.6
	Bevacizumab (Avastin®)	VEGF	blockierender mono-klonaler Antikörper	Cytostatikum	Abschnitt 35.10
	Bromocriptin (Pravidel®)	Dopaminrezeptor(n)	Agonist	Parkinsonmittel, Prolaktin-Hemmer	Exkurs 32.4
	Buserelin (Profact®)	GnRH (gonadotropin releasing hormone)	Agonist	hormonempfindliches Prostatakarzinom	Exkurs 30.6
C	Captopril (tensobon®)	Angiotensin-Konver-sionsenzym (ACE)	Inhibitor	Antihypertensivum	Tabelle 13.2
	Cetirizin (Zyrtec®)	H_1-Histaminrezeptor	Antagonist	Antihistaminikum	Exkurs 28.5
	Cetuximab (Erbitux®)	EGF-Rezeptor	abbauinduzierender monoklonaler Antikörper	Cytostatikum	Abschnitt 35.9
	Chlortalidon (Hygroton®)	Na^+-Cl^--Cotransporter	Blocker	Diuretikum	Abschnitt 30.2
	Ciclosporin (Sandimmun®)	Calcineurin-Calmodulin-Komplex	Inhibitor	Immunsuppressivum	Abschnitt 36.11
	Cimetidin (Cimebeta®)	H_2-Histaminrezeptor	Antagonist	Ulkustherapeutikum	Abschnitt 31.1
	Cisplatin (Platinex®)	DNA	Interkalation	Cytostatikum	Abschnitt 35.9
	Clarithromycin (Klacid®)	23S-rRNA der bak-teriellen 50S-Einheit	Inhibitor	Makrolidantibiotikum	Exkurs 31.1
	Clodronat (Bonefos®)	Farnesylpyrophosphat-synthase	Inhibitor	Osteoporose	Exkurs 30.4
	Clopidogrel (Plavix®)	$P2Y_{12}$-Purinrezeptor	Antagonist	Thrombozyten-aggregationshemmer	Tabelle 37.1
	Clozapin (Leponex®)	D_4-Dopaminrezeptor	Antagonist	Neuroleptikum	Exkurs 32.4
	Cyclophosphamid (Endoxan®)	DNA	Alkylans	Cytostatikum	Abbildung 35.27
	Cyproteronacetat (Androcur®)	Androgenrezeptor	Antagonist	Prostatakarzinom	Exkurs 30.6
D	Deferoxamin (Desferal®)	Fe^{2+}	Chelatbildner	Antidot bei Eisenvergiftung	Exkurs 31.3

Enzyme ■ **Proteine, Nucleinsäuren** ■ **Rezeptoren** ■ **Kanäle, Transporter** ■ **andere Strukturen**

	Medikament	Zielstruktur	Wirkungstyp	Wirkstoffklasse/Indikation	Verweis
■	Desipramin (Petylyl®)	Noradrenalin-Serotonin-Transporter	nichtselektiver Noradrenalin-Serotonin-Wiederaufnahmehemmer	trizyklisches Antidepressivum	Exkurs 32.5
■	Desmopressin (DDAVP) (Desmogalen®)	V_2-Vasopressin-rezeptor	Agonist	Antidiuretikum	Exkurs 30.1
■	Diazepam (Valium®)	$GABA_A$-Rezeptor-Komplex	Agonist	Anxiolytikum, (Hypnotikum)	Abbildung 32.15
■	Diclofenac (Voltaren®)	Cyclooxygenasen	Inhibitor	nichtsteroidales Antiphlogistikum	Tabelle 13.2
■	Digitoxin (Digimerck®)	Na^+-K^+-ATPase	Inhibitor	Herzglykosid	Exkurs 26.1
■	Diltiazem (Dilzem®)	L-Typ-Ca^{2+}-Kanal	Blocker	Antihypertensivum, Klasse-IV-Antiarrhythmikum	Abschnitt 30.1
■	Dutasterid (Avodart®)	5α-Reduktase	Inhibitor	benigne Prostatahyperplasie	Exkurs 30.6
E ■	Erlotinib (Tarceva®)	Tyrosin-Kinase	Inhibitor	Cytostatikum	Abschnitt 35.9
■	Esomeprazol (Nexium®)	H^+-K^+-ATPase (Protonenpumpe)	Blocker	Ulkustherapeutikum	Tabelle 37.1
■	Etilefrin (Effortil®)	α-, β-Adrenozeptoren	Agonist	Sympathomimetikum	Abschnitt 30.1
F ■	5-Fluoruracil (5-FU HEXAL®)	Thymidilat-Synthase	Inhibitor	Cytostatikum	Abschnitt 35.9
■	Fexofenadin (Telfast®)	H_1-Histaminrezeptor	Antagonist	Antihistaminikum	Abbildung 37.6
■	Fibrate, z.B. Etofibrat (Lipo-Merz®)	Lipoproteinlipase	Aktivator	Lipidsenker	Abschnitt 27.4
■	Fluoxetin (FLUCTIN®)	Serotonin-Transporter	Wiederaufnahmehemmer	Antidepressivum	Exkurs 32.5
■	Fluticason (atemur®)	Glucocorticoidrezeptor	Agonist	Antiphlogistikum (bei Asthma bronchiale)	Tabelle 37.1
■	Furosemid (Lasix®)	Na^+-K^+-$2Cl^-$-Carrier	Blockade	Diuretikum	Exkurs 30.2
G ■	Gefitinib (IRESSA®)	Tyrosin-Kinase	Inhibitor	Cytostatikum	Abschnitt 35.9
■	Glibenclamid (Euglucon® N)	K^+-ATP-Kanal	Blocker	Antidiabetikum	Exkurs 26.4
■	Glyceroltrinitrat (Nitrolingual®)	cytosolische Guanylat-Cyclase	Aktivator (NO-Donor)	Koronartherapeutikum	Abschnitt 37.1
H ■	Haloperidol (Haldol®-Janssen)	Dopaminrezeptoren	Antagonist	Neuroleptikum	Exkurs 32.4
■	Hydrochlorthiazid (Esidrix®)	Na^+-Cl^--Kotransporter	Inhibitor	Diuretikum	Abschnitt 30.2
I ■	Ibuprofen (Aktren®)	Cyclooxygenasen	Inhibitor	nichtsteroidales Antiphlogistikum	Tabelle 13.2
■	Imatinib (Glivec®)	Tyrosin-Kinase	Inhibitor	Cytostatikum	Abschnitt 35.9
■	Irinotecan (Campto®)	Topoisomerase	Inhibitor	Cytostatikum	Abschnitt 35,9
■	Ivabradin (Procoralan®)	I_f-Kanal	Hemmer	Antiarrhythmikum	Abschnitt 30.1
L ■	Lansoprazol (Agopton®)	H^+-K^+-ATPase (Protonenpumpe)	Hemmer	Ulkustherapeutikum	Exkurs 31.1

| | | Enzyme | | Proteine, Nucleinsäuren | | Rezeptoren | | Kanäle, Transporter | | andere Strukturen |

	Medikament	Zielstruktur	Wirkungstyp	Wirkstoffklasse/Indikation	Verweis
	Levodopa (Dopaflex®)	Dopaminrezeptoren	Prodrug für Dopamin	Antiparkinsonmittel	Abbildung 37.6
	Levonorgestrel (Microlut®)	Progesteronrezeptor	Agonist	Kontrazeptivum	Exkurs 30.7
	Lithiumacetat (Quilonum®)	Inositolphosphat-1-Phosphatase	Inhibitor	Psychopharmakon (Stimmungsstabilisator)	Abschnitt 28.7
	Lidocain (Xylocain®)	spannungsabhängiger Na⁺-Kanal	Blocker	Lokalanästhetikum, Klasse-IB-Antiarrhythmikum	Abschnitt 26.6, Abschnitt 30.1
	Lopinavir (in Kaletra®)	HIV-Protease	Inhibitor	antiretrovirale Substanz	Exkurs 36.4
	Losartan (LORZAAR®)	AT₁-Angiotensin-II-Rezeptor	Antagonist	Antihypertensivum	Abschnitt 30.1 Exkurs 8.4
	Lovastatin (MEVINACOR®)	HMG-CoA-Reduktase	Inhibitor	Lipidsenker	Abschnitt 46.5
M	Mestranol (in Esticia®)	Estrogenrezeptor	Agonist	Kontrazeptivum	Exkurs 30.7
	Metformin (Glucophage®)	Insulinrezeptor	verstärkte Insulin-bindung an Rezeptor	Antidiabetikum	Abschnitt 37.5
	Methotrexat (Neotrexat®, Metex®)	Dihydrofolsäure-Reduktase	Inhibitor	Cytostatikum, Immunsup-pressivum (Antirheumatikum)	Abschnitt 35.9
	Methylphenidat (Ritalin®)	Dopamin-Noradrenalin-Transporter	Wiederauf-nahmehemmer	Psychostimulans	Exkurs 32.5
	Metoprolol (Beloc-Zok®)	β₁-Adrenozeptor	Blocker	Antihypertensivum	Abschnitt 37.3
	Minoxidil (Lonolox®)	ATP-abhängiger K⁺-Kanal	Agonist	Antihypertensivum	Abschnitt 30.1
	Moclobemid (Aurorix®)	Monoaminoxidase A	Inhibitor	Antidepressivum	Tabelle 13.2
	Modafinil (Vigil®)	α₁-Adrenorezeptor	Agonist	Psychostimulans	Exkurs 32.5
	Morphin (MST®)	μ-Opioidrezeptor	Agonist	Analgetikum	Abschnitt 32.8
	Muromonab-CD3 (Orthoclone® OKT3)	CD3-Protein	monoklonaler Antikörper	Immunsuppressivum	Abschnitt 37.8
N	Nifedipin (Adalat®)	L-Typ-Ca²⁺-Kanal	Blocker	Antihypertensivum	Exkurs 28.3
	Nitroprussidnatrium (nipruss®)	cytosolische Guanylat-Cyclase	Aktivator (NO-Donor)	Antihypertensivum	Abschnitt 30.1
O	Omeprazol (Antra®)	H⁺-K⁺-ATPase (Protonenpumpe)	Hemmer	Ulkustherapeutikum	Abschnitt 31.1
P	Paclitaxel (Taxol®)	Mikrotubuli	Stabilisator, Zellzyklusblockade	Cytostatikum	Exkurs 33.3
	Phenobarbital (Luminal®)	GABAₐ-Rezeptor	Agonist	Antiepileptikum	Abbildung 32.15
	Phenprocoumon (Marcumar®)	Vitamin-K-Epoxid-Reduktase	Inhibitor	Antikoagulans	Exkursion 14.3
	Pirenzepin (Gastrozepin®)	muscarinischer Acetylcholinrezeptor	Antagonist	Ulkustherapeutikum	Abbildung 26.17
	Propranolol (Dociton®)		Blocker	Antihypertensivum	Abschnitt 37.3
	Pyridostigmin (Mestinon®)	Acetylcholinesterase	Inhibitor	indirektes Parasympatho-mimetikum	Exkurs n32.3
	Pyrimethamin (Daraprim®)	Dihydrofolat-Reduktase	Inhibitor	Antitoxoplasmosemittel	Exkurs 49.4

Enzyme | Proteine, Nucleinsäuren | Rezeptoren | Kanäle, Transporter | andere Strukturen

	Medikament	Zielstruktur	Wirkungstyp	Wirkstoffklasse/Indikation	Verweis
R	Ramipril (Delix®)	Angiotensin-Konversionsenzym (ACE)	Inhibitor	Antihypertensivum	Tabelle 13.2
	Rifampicin (Rifa®)	bakterielle RNA-Polymerase	Inhibitor	Tuberkulosemittel (Antibiotikum)	Exkurs 17.1
	Risperidon (Risperdal®)	$5HT_{2A}$-Serotoninrezeptor	Antagonist	Neuroleptikum	Abschnitt 37.9
	Rosiglitazon (Avandia®)	PPAR-γ-Rezeptor	Agonist	orales Antidiabetikum	Abschnitt 27.5
S	Salbutamol (Sultanol®)	β_2-Adrenozeptor	Agonist	Bronchospasmolytikum	Abschnitt 27.5
	Salmeterol (Serevent®)	β_2-Adrenozeptor	Agonist	Bronchospasmolytikum	Tabelle 37.1
	Selegilin (Antiparkin®)	Monoaminoxidase B	Inhibitor	Antiparkinsonmittel	Exkurs 32.4
	Sildenafil (Viagra®)	Phosphodiesterase-5	Inhibitor	Mittel gegen erektile Dysfunktion, Antihypertonikum	Abschnit 30.5
	Sitagliptin (Januvia®)	Dipeptidylpeptidase-4	Inhibitor	Antidiabetikum	Abschnitt 37.3
	Spironolacton (Aldactone®)	Aldosteronrezeptor	Antagonist	Kaliumsparendes Diuretikum	Abschnitt 30.2
	Suxamethoniumchlorid (Lysthenon®)	Acetylcholinrezeptor	Agonist	Depolarisierendes Muskelrelaxans	Abschnitt 26.8
T	Tacrolimus (Prograf®)	Calcineurin-Calmodulin-Komplex	Inhibitor	Immunsuppressivum	Abschnitt 36.11
	Tamoxifen (Nolvadex®)	Estrogen-Rezeptor	Antagonist	Cytostatikum (adjuvante Therapie)	Abschnitt 35.9
	Temsirolimus (TORISEL®)	mTOR-Komplex	Inhibitor	Cytostatikum, Immunsuppressivum	Abschnitt 35.8
	Tolbutamid (Orabet®)	K^+_{ATP}-Kanal	Blocker	Antidiabetikum	Exkurs 31.5
	Trastuzumab (Herceptin®)	ErbB2 (HER2/neu)	abbauinduzierender monoklonaler Antikörper	Cytostatikum	Abschnitt 37.8
	Tretinoin (Airol®, Vesanoid®)	RAR-Rezeptoren	Bildung von dimeren Transkriptionsfaktoren	Aknemittel, Cytostatikum	Exkurs 27.1
	Trimethoprim (Infectotrimet®)	Dihydrofolat-Reduktase	Inhibitor	Antibiotikum	Exkurs 49.4
W	Warfarin (Coumadin®)	Vitamin-K-Epoxid-Reduktase	Inhibitor	Antikoagulans	Exkursion 14.3
V	Verapamil (Isoptin®)	L-Typ-Ca^{2+}-Kanal	Blocker	Antihypertensivum	Abschnitt 30.1
	Vincristin (cellcristin®)	Tubulindimer	Hemmung des Aufbaus der Kernspindeln	Cytostatikum	Exkurs 33.1
Z	Zidovudin (Retrovir®)	reverse Transkriptase	Inhibitor	Virustatikum	Exkurs 36.4

* Ein Markenzeichen kann warenrechtlich geschützt sein, auch wenn der Hinweis auf etwa bestehende Schutzrechte fehlt. Trotz größter Sorgfalt der Autoren sind vor Anwendung eines Arzneimittels Dosierungsangaben, Indikationen und Kontraindikationen anhand der Gebrauchsinformation sorgfältig zu prüfen.

Arzneimittel, Zielstrukturen, Wirktypen

Teil IV: Signaltransduktion und zelluläre Funktion

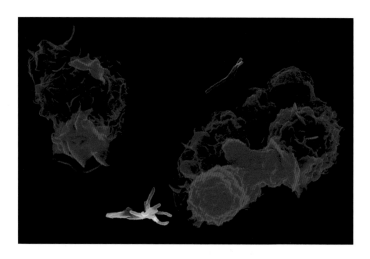

Ob Bakterium oder menschliche Zelle: Der chemische Aufbau, die grundlegenden biochemischen Mechanismen und das funktionelle Leistungsspektrum sind bei den kleinsten Einheiten des Lebens meist sehr ähnlich, und sie zeugen damit von gemeinsamer Abstammung der Prokaryoten und Eukaryoten. Zellen definieren sich vor allem über ihre Abgrenzung nach außen, also durch ihre biologischen Membranen, aber auch durch ihre intra- und interzelluläre Kommunikation auf molekularer Ebene, kurz Signaltransduktion genannt. In diesem vierten Hauptteil schlagen wir einen weiten Bogen: Wir beginnen mit dem Aufbau der Biomembranen und den Prinzipien des Austauschs über diverse Kanäle; wir inspizieren verschiedene molekulare „Sende- und Empfangsstationen" wie Enzyme, Hormone, Rezeptoren und Effektoren. Das dynamische zelluläre Gerüstwerk – das Cytoskelett – werden wir ebenso erörtern wie die Prinzipien der Zellteilung und des

Ein „Schnappschuss" der zellulären Abwehr: Dieses Bild aus dem Raster-Elektronenmikroskop zeigt Makrophagen (griech. für: „große Fresser"; lila gefärbt), die Tuberkelbakterien (grün) attackieren. Freundliche Überlassung von Stefan Kaufmann und Volker Brinkmann (Max-Planck-Institut für Infektionsbiologie, Berlin).

Zelltods. Mehr noch als das Nachrichtensystem einer Einzelzelle erfordert das Zusammenspiel vieler Zellen eines Organismus koordinierte Antworten auf externe Reize: Die Aktivitäten der zahlreichen Einzelzellen in ihrer enormen Vielfalt müssen aufeinander abgestimmt werden – eine Aufgabe, die nur durch ein ausgeklügeltes interzelluläres Kommunikationssystem gelöst werden kann. Wir werden hierzu die Prinzipien der neuronalen und der hormonellen Signalvermittlung kennen lernen, um schließlich das Immunsystem – die Gesamtheit der körpereigenen Abwehrmechanismen gegen externe Angreifer – zu betrachten. Für dieses breite Aufgabenfeld der Zellen existiert ein ganzes Arsenal an molekularen Werkzeugen wie Transmitter, Rezeptoren, Kinasen, Phosphatasen, Adapterproteine und Regulatoren: Sie verknüpfen sich zu einem ausgedehnten Netzwerk und ermöglichen damit die zuverlässige Informationsübertragung an und über biologische Membranen.

Struktur und Dynamik biologischer Membranen

24

Kapitelthemen: 24.1 Organisation von Phospholipiden 24.2 Dynamik biologischer Membranen 24.3 Permeabilität von Lipidmembranen 24.4 Asymmetrie biologischer Membranen 24.5 Biosynthese von Membranen 24.6 Verteilung von Lipiden und Proteinen in biologischen Membranen 24.7 Auflösung und Rekonstitution biologischer Membranen

Leben ist untrennbar mit Membranen, den schichtförmigen Strukturen aus Lipiden und Proteinen, verbunden. Als *Plasmamembranen* markieren sie die Grenzen von Einzelzellen und trennen den cytosolischen Raum von der extrazellulären Welt: Die Plasmamembran bestimmt Größe, Gestalt und letztlich Individualität einer Zelle. Innerhalb der Zelle umschließen Membranen Organellen wie etwa Kern, Mitochondrien und Golgi-Apparat; sie schaffen damit abgegrenzte Reaktionsräume, also *Zellkompartimente*, die besondere metabolische und synthetische Leistungen innerhalb einer Zelle vollbringen. Biologische Membranen bestehen aus einer kontinuierlichen, ca. 5 bis 8 nm dicken *Doppelschicht* von Lipidmolekülen, in die meist Membranproteine eingebettet sind. Sie bilden damit physikalische Barrieren, die den Transport von Substanzen und den Austausch von Stoffen einer Zelle mit ihrer Umgebung, aber auch innerhalb des zellulären Binnenraums kontrollieren. Bestückt mit spezifischen Rezeptoren regeln Membranen den Informationsfluss in und aus der Zelle. Die *Membranen erregbarer Zellen* spielen eine entscheidende Rolle bei der Erzeugung und Weiterleitung von Nervenimpulsen in Neuronen und bei der Kontraktion von Muskelzellen. Die funktionelle Vielfalt von Membranen spiegelt sich in ihrer strukturellen Mannigfaltigkeit wider.

24.1

Phospholipide bilden in wässriger Lösung spontan Doppelschichten

Phosphoglyceride, Sphingomyeline und Cholesterin bilden die Grundbausteine der biologischen Membranen ⌐ (▸ Abschnitt 2.14). Alle diese Lipide tragen hydrophobe und hydrophile Teile: Sie besitzen daher amphiphilen (amphipathischen) Charakter. Phosphoglyceride und Sphingomyeline werden zur Gruppe der **Phospholipide** ⌐ zusammengefasst (▸ Tafeln A3, A4); ihre wichtigsten Vertreter sind Phosphatidylcholin, Phosphatidylserin und Phosphatidylethanolamin sowie Sphingomyelin selbst (Abbildung 24.1). **Cholesterin**

besitzt eine vollständig andere Grundstruktur, hat aber mit den Phospholipiden den amphiphilen Charakter gemein.

Phospholipide besitzen **polare Kopfgruppen**, die über Wasserstoffbrücken an Wassermoleküle binden oder – wenn sie wie im Fall von Phosphatidylcholin geladene Gruppen tragen – auch ionische Bindungen eingehen. Dagegen sind die **unpolaren Schwanzteile** der Phospholipide wasserabstoßend; sie tendieren zur Selbstaggregation unter Wasserausschluss, wobei der hydrophobe Effekt die treibende Kraft ist (▸ Abschnitte 1.6 und 5.8). Van-der-Waals-Wechselwirkungen zwischen den zylinderförmigen Alkylketten tragen zur dichten Packung bei und werden durch elektrostatische Interaktionen zwischen den polaren Kopfgruppen wirkungsvoll unterstützt (▸ Abschnitt 1.5). **Amphiphilie** und **hydrophobe Seitenketten** sind somit Leitmerkmale, die Phosphoglyceride zur Ausbildung von Doppelschichtmembranen in Wasser befähigen.

Phospholipide sind in Wasser praktisch unlöslich; dagegen lösen sie sich gut in organischen Lösungsmitteln wie Ethanol. Injiziert man eine ethanolische Lipidlösung in Wasser, so bilden die Phospholipidmoleküle im wässrigen Milieu spontan eine **Doppelschicht** (Abbildung 24.2). Die hydrophilen Köpfe bilden geschlossene Kontaktflächen zum Wasser, während die zylinderförmigen hydrophoben Schwänze miteinander assoziieren und sich unter Wasserausschluss zu einer Doppelschicht ausrichten. Dagegen formieren sich Fettsäuren wie Palmitat oder Stearat mit ihrer keilförmigen Struktur zu kugelförmigen **Micellen**: Eine monomolekulare Schicht einwärts gewandter Alkylketten umgibt sich mit einem Saum polarer Kopfgruppen, die mit Wassermolekülen interagieren.

Fettsäuren bilden Micellen mit Durchmessern von ca. 10 bis 20 nm; Phospholipide hingegen können aufgrund ihrer zylindrischen Form dünne großflächige Schichten bilden. Experimentell lassen sich solche **planaren Lipiddoppelschichten** herstellen, indem man eine phospholipidhaltige Lösung in die winzige Öffnung eines dünnen Septums einbringt, das zwei wassergefüllte Kammern trennt (Abbildung 24.3). Spontan entsteht dabei eine molekulare Doppelschicht, die sich zwischen den Rändern der Septumöffnung aufspannt;

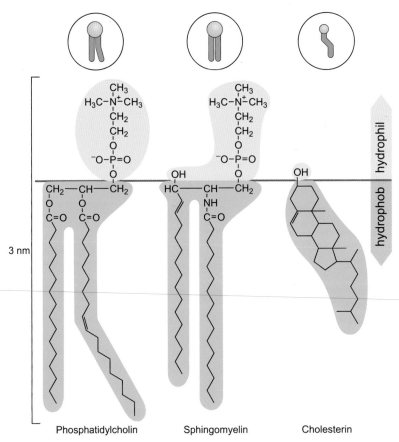

24.1 Lipide biologischer Membranen. Phosphatidylcholin, Sphingomyelin und Cholesterin sind als Prototypen aufgeführt. Während Phosphoglyceride ein Glycerinrückgrat besitzen, leitet sich Sphingomyelin vom Aminoalkohol Sphingosin ab. Häufig vorkommende Acylreste der Phospholipide sind Palmitat (C_{16}, gesättigt), Stearat (C_{18}, gesättigt) und Oleat (C_{18}, ungesättigt) (▶ Abschnitt 2.14). Die *cis*-Doppelbindung knickt die Alkylkette von Oleat um ca. 30° ab. Bei ihrer Entdeckung war die physiologische Funktion der Sphingomyeline noch „rätselhaft wie eine Sphinx", daher der Name. Eingekreist: Symbole für Lipide.

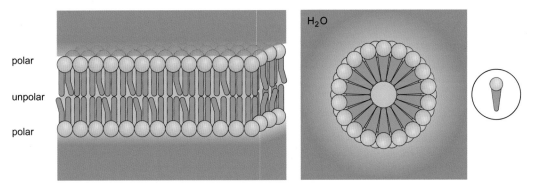

24.2 Doppelschicht und Micelle. Phospholipide ordnen sich linear in Schichten an (links); die Zylinderform ihrer hydrophoben Alkylreste verhindert die Anordnung zu einer Micelle, wie sie von den keilförmigen Fettsäuren gebildet wird (rechts). In beiden Strukturen bilden polare Kopfgruppen (gelb) die Kontaktfläche der Lipide mit Wasser. Eingekreist: Symbol für Fettsäure.

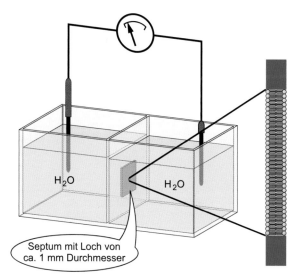

24.3 Planare Membranen. Eine synthetische Membran versiegelt ein winziges Loch in einer Scheidewand, die zwei wassergefüllte Kammern trennt. Die Versuchsanordnung mit zwei Elektroden und einem Messgerät erlaubt die Analyse der elektrischen Leitfähigkeit und Permeabilität synthetischer Membranen. [AN]

ten an den Rändern der Doppelschichten dadurch vermieden, dass die randständigen Phospholipide einen „Schulterschluss" zu einer durchgängigen **sphärischen Lipiddoppelschicht** herstellen (Abbildung 24.4). Die dabei entstehenden kugelförmigen Vesikel mit Durchmessern bis zu 1 μm werden **Liposomen** genannt. Anders als Micellen umschließen Liposomen einen wassergefüllten Binnenraum – ein Kompartiment, das durch die Phospholipiddoppelschicht vom externen Medium hermetisch abgeschlossen ist. Die Tendenz zur **Selbstassoziation** ist bei Phospholipiden so groß, dass sich Liposomen nach mechanischer Ruptur spontan wieder verschließen.

Ein viel versprechender therapeutischer Ansatz zur zielgerichteten Anwendung von Medikamenten nutzt **künstliche Liposomen** als Fähren („Vektoren"). Dazu wird ein Medikament in ihren wässrigen Binnenraum eingeschleust. Über die Blutbahn bringen die beladenen Liposomen ihre Fracht an den gewünschten Wirkort im Körper, z. B. an ein Organ oder ein Tumorgewebe, wo sie an eine Zielstruktur binden und dann ihren Wirkstoff in hoher lokaler Konzentration entlassen.

der Durchmesser solcher künstlichen Membranen kann bis zu 1 mm betragen. Synthetische Membranen sind ideale Studienobjekte, um die Eigenschaften von Phospholipiddoppelschichten und darin eingebetteter Proteine zu analysieren.

Bei planaren Membranen lagern sich die peripheren Phospholipidgruppen unter Wasserausschluss direkt an die Septumwand an. In wässriger Lösung wird der direkte Kontakt zwischen Wassermolekülen und hydrophoben Alkylket-

Biologische Membranen sind dynamische Strukturen

24.2

Studien an synthetischen Membranen haben gezeigt, dass sich einzelne Phospholipidmoleküle zwar in der Ebene der Membran bewegen, um die eigene Achse drehen oder Schwenkbewegungen ausführen können, aber nicht ohne

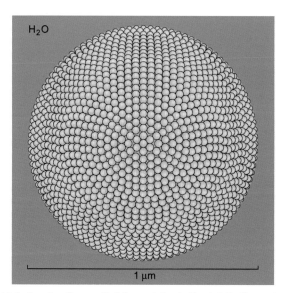

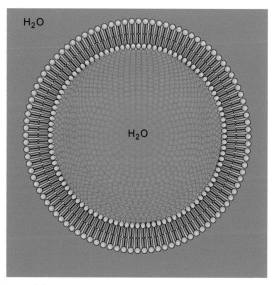

24.4 Struktur eines Liposoms. Die Selbstassoziation der Phospholipide führt zu einer kontinuierlichen Doppelschicht, die auf beiden Seiten von Wasser umgeben ist. Die sphärische Anordnung (links: Aufsicht) von bis zu 1 μm Durchmesser sichert die vollständige Trennung hydrophober und hydrophiler Strukturen (rechts: Anschnitt). Zum Vergleich: Eine typische eukaryotische Zelle hat einen Durchmesser von ca. 20 μm.

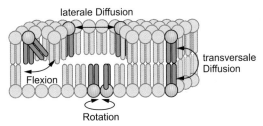

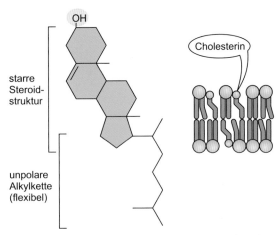

24.5 Bewegungen von Phospholipiden in der Membran. Neben lateraler und transversaler Diffusion sind auch Rotation um die eigene Achse und Flexion in der Schichtebene möglich. Diese Bewegungen verleihen der Membran einen dynamischen Charakter.

24.6 Struktur von Cholesterin. Das langgestreckte Molekül hat ein nahezu planares Ringsystem (▶ Exkurs 46.4).

weiteres von einer Einzelschicht zur anderen wechseln können (Abbildung 24.5). Dabei erfolgt der Platzwechsel zwischen benachbarten Phospholipidmolekülen innerhalb einer Schicht in weniger als 1 μs (entsprechend ca. 10^6 Platzwechseln pro Sekunde). Diese **laterale Mobilität** der Phospholipide gibt es auch in biologischen Membranen: Ein Phospholipidmolekül kann z. B. einen Erythrocyten in Sekundenschnelle umrunden, wohingegen spontane **transversale Bewegungen** von einer Schicht in die andere – auch als Flip-Flop bezeichnet – extrem selten sind (ca. ein Platzwechsel pro Tag). *Eine Membran ist also eine zweidimensionale Flüssigkeit mit einer beträchtlichen Eigendynamik.*

Die **Fluidität** von Membranen hängt wesentlich von der Länge und dem Sättigungsgrad der Alkylketten ihrer Phospholipide ab. Je kürzer und je weniger gesättigt sie sind, umso größer ist die Membranfluidität: Kurze Alkylketten zeigen eine geringere Assoziationstendenz als lange Ketten; ungesättigte Alkylketten lockern die dichte Packung der hydrophoben Seitenketten durch ihre „Knicke" auf (Abbildung 24.1). Die Fluidität biologischer Membranen wird auch nachhaltig von **Cholesterin** ⌐ beeinflusst. Obgleich chemisch grundverschieden von Phosphoglyceriden und Sphingomyelinen, ist Cholesterin dennoch funktionell äquivalent: Das sperrige Steroidringsystem mit seiner Alkylseitenkette bildet einen leicht geknickten hydrophoben Körper, auf dem der Hydroxylrest als polare Kopfgruppe sitzt (Abbildung 24.6). Das Steroidringsystem immobilisiert benachbarte Alkylseitenketten der Phospholipide und versteift somit die Membran: *je höher der prozentuale Anteil von Cholesterin, umso geringer die Fluidität und desto höher die* **Steifheit** *einer Membran.* Zudem verhindert Cholesterin, dass Membranphospholipide bei tieferen Temperaturen auskristallisieren. In den meisten biologischen Membranen dominieren Phospholipide; allerdings hat die Plasmamembran eukaryotischer Zellen einen relativ hohen Cholesterinanteil mit ca. 20 % der Gesamtlipide.

Die Aufrechterhaltung einer definierten Fluidität ist kritisch für spezifische Leistungen von biologischen Membranen. Bakterien, die kein Cholesterin in ihrer Plasmamembran besitzen, haben alternative molekulare Strategien entwickelt, um unter sich wandelnden Wachstumsbedingungen die Fluidität ihrer Membranen aufrechtzuerhalten: Bei sinkender Temperatur bauen sie vermehrt ungesättigte Alkylseitenketten in die Phospholipide ein und wirken damit einer Brüchigkeit ihrer Membranen oder gar Kristallisation ihrer Bestandteile entgegen.

24.3

Lipidmembranen verfügen über eine selektive Permeabilität

Moleküle sind ständig in Bewegung: So „flitzen" Glucose und H_2O-Moleküle mit Geschwindigkeiten von bis zu 2 500 km/h durch das Cytosol. Die messbaren Auswirkungen dieser „hektischen" Bewegungen sind aber gering: Durch permanente Kollision mit anderen Molekülen ist die effektiv zurückgelegte Wegstrecke per **Lateraldiffusion** äußerst gering. *Lipidmembranen bilden natürliche Barrieren für diese ungerichtet diffundierenden Moleküle; dabei entscheiden die physikalisch-chemischen Eigenschaften eines Moleküls wesentlich über sein* **Penetrationsvermögen.** Kleine gasförmige Moleküle wie O_2 und CO_2 sowie kleine hydrophobe Moleküle wie Steroide und Thyronine können biologische Membranen relativ leicht durchdringen (Abbildung 24.7). Erstaunlicherweise kann auch das polare Wassermolekül relativ ungehindert Biomembranen passieren: eine wichtige Voraussetzung für die Osmose (▶ Abschnitt 1.9). Kleine polare Moleküle wie Harnstoff und Glycerin diffundieren dagegen ca. 100fach langsamer als Wasser durch Membranen. Größere polare Moleküle wie Glucose und Zwitterionen wie Aminosäuren prallen meist von der Membran ab. Ionen und relativ große Moleküle wie Proteine, Nucleinsäuren oder Polysaccharide können praktisch nicht durch Membranen diffundieren. Eine Ausnahme machen (zellpermeable) Peptide und Proteine, die mit spezifischen Sequenzen für den Membrantransfer ausgestattet sind. ▶

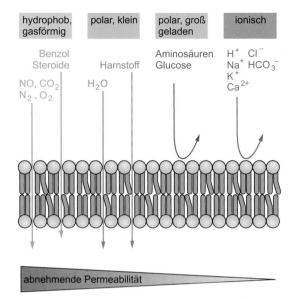

24.7 Permeabilität synthetischer Membranen. Vier Gruppen von Stoffen sind nach ihrer Permeabilität angeordnet. Der Permeabilitätskoeffizient beträgt z.B. für H_2O 5×10^{-3} cm/s und für Na^+ 1×10^{-12} cm/s. Die Permeabilität biologischer Membranen kann erheblich davon abweichen, weil erleichterter oder aktiver Transport die Durchlässigkeit für einzelne Liganden drastisch heraufsetzen kann. [AN]

Polare oder geladene Moleküle sind von **Hydrathüllen** umgeben, die „abgestreift" werden müssen, bevor ein Molekül den hydrophoben Kern der Lipiddoppelschicht durchdringen und auf der Gegenseite seine Hydrathülle wiedergewinnen kann: Die spontane Diffusion durch die zentrale lipophile Schicht (ca. 3,5 bis 5 nm) ist damit energetisch extrem ungünstig (Abbildung 24.8). Aus diesem Grund sind Membranen für Ionen wie Cl^- und Na^+ schier unüberwindbare Hindernisse: Ihre transmembranale Diffusion ist gegenüber Wasser bis zu 10^9fach verlangsamt.

Die **selektive Permeabilität** von Membranen hat wichtige biologische Konsequenzen: Membranumschlossene Kompartimente können z.B. eine charakteristische Ionenzusammensetzung in ihrem Inneren aufbauen und aufrechterhal-

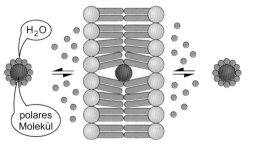

24.8 Transmembranale Diffusion von polaren Stoffen. Das in wässriger Lösung befindliche Molekül lässt seine Hydrathülle zurück und durchdringt in einem energieverbrauchenden Prozess die Lipiddoppelschicht. Die Energie für das Abstreifen der Hydrathülle wird bei der Rehydratisierung auf der Gegenseite wiedergewonnen.

Tabelle 24.1 Typische intra- und extrazelluläre Konzentrationen wichtiger Ionen.

Ion	Extrazelluläre Konzentration [mM]	Intrazelluläre Konzentration [mM]
H^+	$4,0 \times 10^{-8}$	$6,3 \times 10^{-8}$
Na^+	145	10
K^+	5	140
Ca^{2+}	2,5	10^{-4}
Cl^-	110	10

Die Angaben für H^+ entsprechen pH-Werten von 7,2 (intrazellulär) bzw. 7,4 (extrazellulär). Für Ca^{2+} ist die cytosolische Konzentration von freiem, d.h. nichtproteingebundenem Ca^{2+} angegeben; die Ca^{2+}-Konzentration in einzelnen Kompartimenten wie z.B. dem ER kann erheblich von den angegebenen Werten abweichen (▶ Abschnitt 28.7).

ten, die sich deutlich von der des umgebenden Mediums unterscheidet (Tabelle 24.1). Die selektive Permeabilität von Membranen ist eine fundamentale Voraussetzung für spezifische zelluläre Leistungen wie z.B. die ATP-Synthese an mitochondrialen Membranen, die Erregungsleitung an neuronalen Membranen oder die Regulation des Zellvolumens durch osmotische Diffusion. Bei Verlust der selektiven Permeabilität droht der Zelluntergang. Dieses Prinzip liegt der cytotoxischen Wirkung von **Antimykotika** wie Nystatin und Amphotericin B zugrunde: Sie lagern sich unter Porenbildung an **Ergosterin** – dem Cholesterin-Äquivalent bei Pilzen – an, sodass es zum unkontrollierten Ausstrom cytosolischer Inhaltsstoffe kommt, der zum prompten Tod der Pilzzellen führt.

24.4

Biologische Membranen sind asymmetrisch und geladen

Neben Selbstorganisation, Fluidität und selektiver Permeabilität zeichnen sich Biomembranen durch ihre **Asymmetrie** aus. So kommen Phosphatidylethanolamin, Phosphatidylserin und Phosphatidylinositol praktisch nur auf der cytosolischen Innenseite der Plasmamembran intakter Erythrocyten vor, nicht aber auf der extrazellulären Außenseite. Phosphatidylcholin und Sphingomyelin sind hingegen weit häufiger in der äußeren Membranschicht als in der inneren Schicht anzutreffen (Abbildung 24.9). Die Konsequenz einer solchen **ungleichen Lipidverteilung** zwischen den beiden Einzelschichten einer Membran ist offenkundig: Da Phosphatidylserin und Phosphatidylinositol negativ geladen, Phosphatidylcholin und Sphingomyelin hingegen neutral sind (▶ Tafel A3), trägt die cytosolische Einzelschicht eine **negative Nettoladung**. Wie wir später sehen werden, sind Ladungsdisparitäten für den Aufbau einer elektrischen Potenzialdifferenz bei erregbaren Zellen essenziell (▶ Abschnitt 32.1). Zudem binden auch Effektorproteine von Signaltransduktionskaskaden an die ionischen Ankerpunkte auf der cytosolischen Membranseite sensorischer Zellen (▶ Abbildung 28.23). Kommt es z.B.

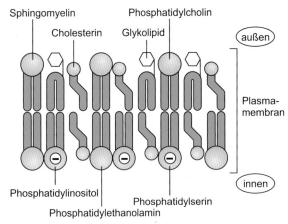

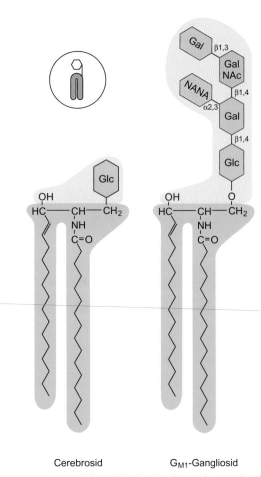

24.9 Verteilung von Lipidkomponenten in der Plasmamembran. Die äußere Schicht besteht vor allem aus Sphingomyelin, Phosphatidylcholin und Glykolipid. Die innere Schicht ist reich an Phosphatidylethanolamin sowie negativ geladenem Phosphatidylinositol und Phosphatidylserin. Cholesterin kommt auf beiden Membranseiten vor.

Cerebrosid G_{M1}-Gangliosid

24.10 Struktur ausgewählter Glykolipide. Glucosyl-Ceramid, ein Cerebrosid, und G_{M1}-Gangliosid sind Prototypen ihrer Glykolipidklassen. α und β geben den Typus der glykosidischen Verknüpfung zwischen zwei Zuckerresten an. Abkürzungen: Glc, Glucose; Gal, Galactose; NANA, N-Acetylneuraminat; GalNAc, N-Acetylgalactosamin. Ceramid kann auch einen Galactosidrest tragen.

z. B. bei einer Zellschädigung zu einer Exposition des anionischen Phosphatidylserins auf der Zelloberfläche, sondiert das extrazelluläre Matrixprotein Annexin V dieses „ektopisch" (von griech. *ektopos*, ungewöhnlich) lokalisierte Phospholipid und leitet den programmierten Zelltod ein (▶ Abbildung 34.17).

Die Asymmetrie biologischer Membranen wird durch die Anwesenheit von kohlenhydrathaltigen **Glykolipiden** verstärkt, die ausschließlich auf der *Außenseite* der Plasmamembran zu finden sind. Glykolipide sind Abkömmlinge von Sphingosin (▶ Tafel A4), das mit Kohlenhydratresten verestert ist. Die einfachsten Vertreter der Glykolipide sind **Cerebroside**, die einen Galactosyl- bzw. Glucosylrest tragen und ungeladen (neutral) sind (Abbildung 24.10). Durch Addition weiterer Zuckerreste wie *N*-Acetylgalactosamin und von negativ geladener Sialinsäure (*N*-Acetylneuraminat) entstehen **Ganglioside**. Durch Sulfatierung ihrer Zuckerreste können Ganglioside noch weitere negative Ladungen gewinnen. Cerebroside und Ganglioside dominieren zusammen mit Sphingomyelin in den Plasmamembranen der neuronalen Zellen.

Glykolipide machen nur ca. 2 % der Gesamtlipide der Plasmamembran aus. Dennoch sind sie funktionell wichtig, da sie zusammen mit Membranglykoproteinen (▶ Abbildung 25.10) die stark polare **Glykocalyx** (lat. *calyx*, Kelch) ⬚ einer Zelle bilden. Dieser molekulare „Zuckerguss" auf der Plasmamembran hat zahlreiche biologische Funktionen: *Die Glycocalyx schafft zelltypspezifische Oberflächen, ermöglicht Interaktionen mit anderen Zellen über kohlenhydratbindende Proteine (Lectine; ▶ Abschnitt 25.4) und bildet mit ihren Glykolipiden und -proteinen die molekulare Basis des menschlichen ABO-Blutgruppensystems* (▶ Exkurs 19.5).

24.5

Das endoplasmatische Reticulum produziert asymmetrische Membranen

Wie entstehen asymmetrische biologische Membranen? Anders als Aminosäuren, Nucleotide und Kohlenhydrate, die kovalent verknüpft werden und dabei Polypeptide, Polynucleotide bzw. Polysaccharide *de novo* bilden, entstehen biologische Membranen ausschließlich an bereits vorhandener Lipidmatrix durch nichtkovalente Eingliederung neu synthetisierter Lipide. In der Zelle trägt das **glatte endoplasmatische Reticulum** ⬚ (ER) (▶ Abbildung 3.12) die Enzymausstattung für die Phospholipidsynthese, und zwar auf seiner cytosolischen Membranseite (▶ Abschnitt 46.9). Die wasserunlöslichen Lipide werden unmittelbar nach ihrer

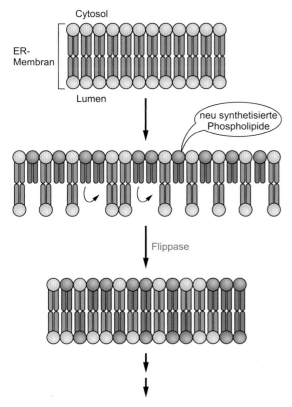

24.11 Synthese biologischer Membranen. Die Phospholipidsynthese erfolgt auf der cytosolischen Seite der glatten ER-Membran, die auch die neu synthetisierten Lipide integriert. Translokationsproteine erleichtern den Wechsel von ausgewählten Phospholipiden auf die luminale Seite des ER und garantieren ein gleichmäßiges Wachstum beider Schichten der Membran. [AN]

Synthese in die cytosolische Membranschicht eingebaut (Abbildung 24.11).

Spezielle Translokationsproteine ermöglichen es dann einem Teil der Phospholipide, auf die andere Seite der Doppelschicht zu wechseln. Proteine, die dieses „Kunststück" zustande bringen, tragen zu Recht den circensischen Namen **Flippasen** ⌐. Die Effizienz dieser katalysierten transversalen Diffusion (Abschnitt 24.2) ist für einzelne Phospholipide unterschiedlich, sodass sich in den beiden Einzelschichten ungleiche Verteilungen ergeben: So wechselt Phosphatidylcholin bevorzugt auf die gegenüberliegende, luminale Membranseite. Diese **unilaterale Integration** ist ein Grund für die beschriebene Membranasymmetrie (Abschnitt 24.4). Durch vesikulären Transport gelangen die neu synthetisierten Phospholipide via Golgi-Apparat zur Plasmamembran. Dabei wird die Membranasymmetrie bewahrt: Die luminale Seite von ER bzw. Golgi-Apparat ist **topologisch äquivalent** mit der extrazellulären Seite der Plasmamembran, d. h. Phosphatidylcholin landet bevorzugt auf der Zelloberfläche (Abbildung 24.12). Neben Vesikeln nutzen Zellen auch spezifische **lipidbindende Transporter**, die Phospholipide aus naszierenden Membranen „extrahieren", sie an Zielmembranen von Mitochondrien oder Golgi transportieren und dort abgeben, um dann für eine neue Transportrunde an das ER zurückzukehren.

Glykolipide machen bei ihrer Entstehung eine Odyssee durch: Die Synthese der Vorstufe Ceramid aus Sphingosin erfolgt auf der cytosolischen Seite des ER. Auf der cytosolischen Seite des Golgi-Apparats wird dann ein erster Glucoserest angefügt; nach Transfer auf die luminale Seite des Golgi-Apparats werden die restlichen Kohlenhydratreste ad-

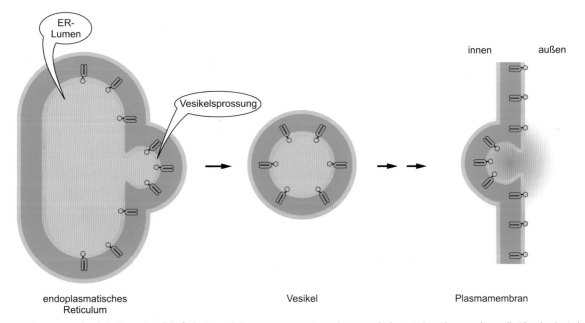

24.12 Transport von Phospholipiden an die Zelloberfläche. Der vesikuläre Transport vom ER via Golgi-Apparat (nicht gezeigt) zur Plasmamembran stellt sicher, dass luminal orientierte Glykolipide von ER und Golgi-Apparat auf die extrazelluläre Seite der Plasmamembran geschafft werden: Wir sprechen von topologischer Äquivalenz.

diert (Abbildung 24.12). Anders als Phospholipide können fertig synthetisierte Glykolipide aber die Membranseite *nicht* mehr wechseln. *Die unilaterale Verteilung der Glykolipide trägt somit wesentlich zur Aufrechterhaltung der Asymmetrie biologischer Membranen bei.*

24.6
Die Verteilung von Lipiden und Proteinen in biologischen Membranen schwankt

Wie bei der asymmetrischen Verteilung der Lipide auf die Einzelschichten, so gibt es auch große Unterschiede im Verteilungsmuster der Lipide zwischen unterschiedlichen Membrantypen einer Zelle oder zwischen äquivalenten Membranen unterschiedlicher Zelltypen. So tragen Bakterien weder Cholesterin noch Phosphatidylcholin in ihrer Zellmembran, während die Plasmamembranen von Erythrocyten oder die Myelinscheiden Schwannscher Zellen (▶ Abbildung 32.11) fast zur Hälfte aus diesen beiden Lipidtypen bestehen. Innerhalb eukaryotischer Zellen hebt sich die **Lipidzusammensetzung** mitochondrialer Membranen mit einem hohen Anteil an Phosphatidylcholin und Phosphatidylethanolamin, einer geringen Fraktion an Cholesterin (< 3 %) und dem Fehlen von Glykolipiden deutlich vom Muster anderer Membranen ab. Auch innerhalb einer Plasmamembran kann es zu ungleichen Verteilungen kommen: **Schwimmende Lipidinseln** (engl. *lipid rafts*) ⌐, die reich an Cholesterin und Glykolipiden sind und damit eine geringere Fluidität als umliegende Membranbereiche besitzen, scheinen die bevorzugten Plätze von Membranproteinen mit einem Lipidanker zu sein (▶ Abbildung 25.7). Eine ähnliche Zusammensetzung haben kolbenförmige Einstülpungen von Plasmamembranen, die **Caveolae** ⌐ genannt werden und – neben Cholesterin und Gly-

kolipiden – auch reich an dem Membranprotein **Caveolin** sind. Die biologische Bedeutung dieser **differenziellen Lipidverteilung** ist ebenso wie die chemische Vielfalt der Lipide noch nicht vollständig verstanden; möglicherweise dient sie der lokalen Anordnung von Proteinen in funktionellen Arealen oder Signalfeldern und der gezielten Bereitstellung von Lipid-Cofaktoren für membranassoziierte Enzyme.

Während Lipide die strukturgebenden Elemente biologischer Membranen sind, verleihen ihnen Proteine spezifische Funktionen. Diese fundamentale Aufgabe schlägt sich auch quantitativ nieder, denn ca. 20 % der proteincodierenden Gene des humanen Genoms – also mehr als 4 000 – codieren für **(Trans)Membranproteine** ⌐. Tatsächlich verhalten sich Lipiddoppelschichten wie „zweidimensionale Flüssigkeiten", die hydrophobe Membranproteine „lösen". Da die meisten Proteine größer als die Spannweite einer biologischen Membran sind, ragen sie auf einer oder beiden Seiten der Membran heraus (Abbildung 24.13). Ebenso wie Lipide können auch Proteine – wenn auch bedeutend langsamer – lateral diffundieren, sodass die biologische Membran ein ständig wechselndes Oberflächenmuster bietet: Wir sprechen von einem **flüssigen Mosaik** (engl. *fluid mosaic*) ⌐. Diese Dynamik biologischer Membranen, die rasche Reaktionen auf äußere Reize erlaubt, ist unmittelbare Konsequenz ihrer Fluidität. Die Energiebarriere für die Translokation von Proteinen über die Doppelschicht ist – ähnlich wie für Glykolipide – hoch. Nur speziellen Translokationsproteinen ist es vorbehalten, in der Membran einen „Salto zu schlagen", um Molekülfracht von einer Membranseite auf die andere zu bringen; bestes Beispiel dafür sind Flippasen (Abbildung 24.11).

Ähnlich wie bei der differenziellen Lipidverteilung sind auch Vorkommen und Funktion von Membranproteinen von Art und Herkunft der untersuchten Membran abhängig. Intrazelluläre Membranen wie die innere mitochondriale Membran oder die Membran des sarcoplasmatischen Reticulums haben einen extrem hohen Proteinanteil, der bis zu 75 % des

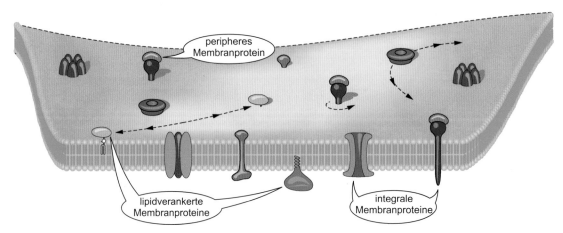

24.13 Flüssig-Mosaik-Modell biologischer Membranen. Integrale Membranproteine durchspannen die Lipiddoppelschicht; periphere Membranproteine docken indirekt an die Membran an (Abbildung 25.6). Einige Membranproteine tauchen über (Glyko-) Lipidanker in die Doppelschicht ein (▶ Abbildung 25.7). Die laterale Beweglichkeit von Membranproteinen ist durch gestrichelte Pfeile angedeutet.

Gesamtgewichts ausmacht. Dieser Wert reflektiert die hohe funktionelle Aktivität dieser Membranen. Das andere Ende der Skala bilden die Myelinmembranen der Axone mit einem geringen Proteingehalt (< 25 %): Sie wirken in erster Linie als elektrische Isolatoren, wozu ein hoher Lipidgehalt hilfreich ist (▶ Abbildung 32.11). Plasmamembranen haben dagegen eine ausgewogene Verteilung von Lipiden und Proteinen. Bakterielle Membranen ähneln in ihrer Protein-Lipid-Verteilung eher der inneren mitochondrialen Membran. *Die* **differenzielle Proteinverteilung** *ist also vor allem Spiegel unterschiedlicher funktioneller Erfordernisse an spezialisierten Membranen.*

24.7 Funktionelle Membransysteme können rekonstituiert werden

Die wichtigsten Lösungsmittel für biologische Membranen sind synthetische **Detergenzien**: Sie besitzen selbst eine amphipathische Struktur und bilden Micellen in wässriger Lösung. Viel verwendete Detergenzien sind **Natriumdodecylsulfat** (engl. *sodium dodecyl sulfate*, SDS) und Triton X-100 (Abbildung 24.14). Auf natürlicher Basis hergestellte Detergenzien sind die Na^+- und K^+-Salze von Fettsäuren – auch als Kern- bzw. Schmierseifen bezeichnet –, die durch Alkalibehandlung aus tierischen Fetten entstehen.

Detergenzien lösen biologische Membranen auf und bilden dabei mit Phospholipiden und Glykolipiden **gemischte Micellen**. Sie lösen (solubilisieren) auch Proteine aus Membranen heraus und bilden dabei mit Membranproteinen und verbliebenen Phospholipiden wasserlösliche Komplexe (Abbildung 24.15). Synthetische Detergenzien legen dabei eine Hülle um die hydrophoben Teile der Proteine, die normalerweise in die Membran eintauchen. Detergenzien sind daher unverzichtbare Werkzeuge für die **Solubilisierung von Membranproteinen**.

Die Solubilisierung und Isolierung von Membranproteinen in Gegenwart von Detergenzien eröffnet die Möglichkeit zur **Rekonstitution funktioneller Membransysteme**, die nur noch einen einzigen Proteintyp enthalten. Zur Rekonstitution z. B. eines ionentransportierenden Systems, kurz **Ionenkanal** genannt (▶ Abschnitt 26.5), werden Membranen, die reich an dem gesuchten Transportprotein sind, isoliert und mit einem milden nichtionischen Detergens gelöst. Die solubilisierten Membranproteine werden dann von den übrigen Membranproteinen bei geringer Detergenskonzentration abgetrennt (▶ Abschnitt 6.1). Sobald der Ionenkanal rein vorliegt, wird das Detergens z. B. durch Dialyse schrittweise gegen synthetische oder gereinigte Phospholipide ausgetauscht. Die Phospholipide bilden dabei Liposomen, in deren Membran der Ionenkanal „schwimmt" (Abbildung 24.16). *Rekonstituierte Systeme erlauben eine detaillierte Untersuchung komplexer Membranprozesse, indem die Funktion isolierter Einzelkomponenten in künstlichen Vesikeln studiert wird.*

Damit haben wir die grundlegenden Aspekte der Dynamik und Organisation biologischer Membranen und ihrer strukturgebenden Komponenten behandelt. Wir wenden uns nun den molekularen Maschinen – den **Membranproteinen** – zu, deren enorme Vielfalt die beeindruckende Breite an funktionellen Leistungen biologischer Membranen wider-

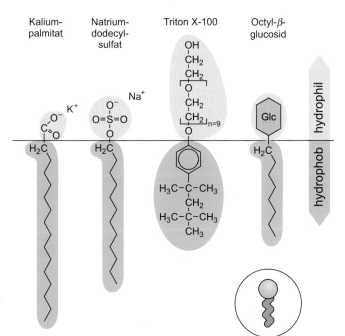

24.14 Struktur von Detergenzien. Natriumdodecylsulfat (SDS) ist der Prototyp ionischer Detergenzien, Triton X-100 (Polyoxyethylen-p-*t*-octylphenol) und Octyl-β-glucosid sind Repräsentanten nichtionischer Detergenzien (Symbol). Zum Vergleich ist die Schmierseife Kaliumpalmitat als ein Detergens auf Fettsäurebasis gezeigt.

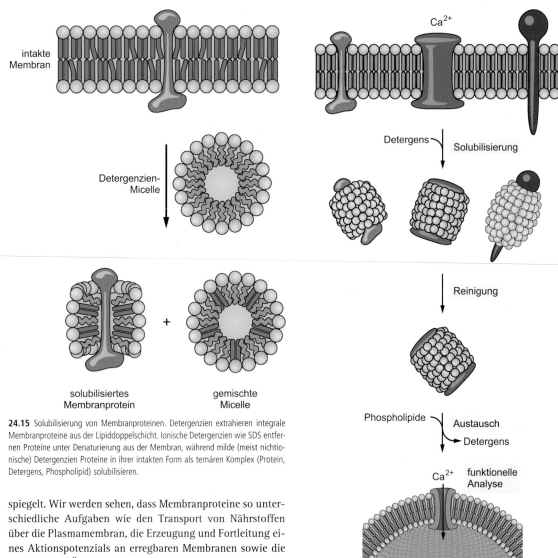

24.15 Solubilisierung von Membranproteinen. Detergenzien extrahieren integrale Membranproteine aus der Lipiddoppelschicht. Ionische Detergenzien wie SDS entfernen Proteine unter Denaturierung aus der Membran, während milde (meist nichtionische) Detergenzien Proteine in ihrer intakten Form als ternären Komplex (Protein, Detergens, Phospholipid) solubilisieren.

spiegelt. Wir werden sehen, dass Membranproteine so unterschiedliche Aufgaben wie den Transport von Nährstoffen über die Plasmamembran, die Erzeugung und Fortleitung eines Aktionspotenzials an erregbaren Membranen sowie die Nutzung und Übertragung von Energie an Zellorganellmembranen mit Bravour bewältigen. *Ebenso verleihen Membranproteine Zellen Individualität: Die Vielfalt der Säugerzellen basiert nicht zuletzt auf der unterschiedlichen Proteinausstattung ihrer Plasmamembranen.*

24.16 Rekonstitution funktioneller Membransysteme. In diesem Beispiel wird eine Membran, die neben anderen Membranproteinen einen Ca²⁺-Kanal trägt, mit einem milden Detergens solubilisiert, das Kanalprotein gereinigt, in Phospholipidvesikel (Ausschnitt) überführt und dann funktionell analysiert.

Zusammenfassung

- Phospholipide wie Phosphoglyceride oder Sphinogmyeline organisieren sich in wässriger Lösung spontan zu **Doppelschichten**, während Fettsäuren einschichtige **Micellen** bilden. Künstliche Phospholipidvesikel werden als **Liposomen** bezeichnet.

- Phosphoglyceride, Sphingomyeline und **Cholesterin** sind die Grundbausteine **biologischer Membranen**. Die **laterale Mobilität** von Lipidmolekülen in einer Membranschicht ist fast uneingeschränkt möglich, während **transversale Bewegungen** von einer Schicht in die andere selten vorkommen.

- Die **Fluidität** biologischer Membranen wird wesentlich durch **Länge** und **Sättigungsgrad** der Alkylketten ihrer Phospholipide bestimmt. Ein hoher Cholesterinanteil verleiht eukaryotischen Membranen größere **Steifheit**.

- Lipidmembranen verfügen über eine **selektive Permeabilität**. Sie sind für **geladene Moleküle** wie z.B. Ionen oder **Makromoleküle** wie z.B. Nucleinsäuren, Polysaccharide und Proteine *per se* praktisch **impermeabel**. Dagegen können **hydrophobe** sowie **gasförmige Substanzen** wie CO_2, O_2 und NO spontan durch Membranen diffundieren; auch **Wasser** kann biologische Membranen relativ ungehindert durchdringen.

- Biologische Membranen sind **asymmetrisch** und **geladen**. Durch ihren hohen Gehalt an negativ geladenem Phosphatidolinositol und Phosphatidolserin besitzt die **cyto-** solische Schicht der Plasmamembran eine **negative Nettoladung**. Die **extrazelluläre Schicht** trägt **Glykolipide**, die in ihrer Gesamtheit die **Glykocalix** einer Zelle bilden.

- Die **Synthese** biologischer Membranen erfolgt auf der cytosolischen Seite des **glatten endoplasmatischen Reticulums** (ER). Neu synthetisierte Phospholipide werden zunächst in diese Schicht integriert. **Translokationsproteine** wie **Flippasen** katalysieren den Wechsel bestimmter Phospholipide auf die luminale Seite und sichern damit das **gleichmäßige Wachstum** beider Membranschichten des ER.

- Die **Lipidzusammensetzung** biologischer Membranen variiert je nach Membrantyp, Zellart bzw. Spezies zum Teil erheblich. So enthält z.B. die **Bakterienmembran** von *E. coli* kein Cholesterin, Phosphatidylcholin oder Sphingomyelin. Eine **differenzielle Lipidverteilung** innerhalb einer Membran äußert sich z.B. als *lipid raft*.

- Biologische Membranen inkorporieren **Proteine mit hydrophoben Segmenten** bzw. lipophilen Ankern; durch ihre laterale Mobilität erzeugen diese ein **flüssiges Mosaik**. Als Kanäle, Poren oder Pumpen beeinflussen sie entscheidend die **selektive Permeabilität** biologischer Membranen.

- **Detergenzien** lösen membranassoziierte Proteine aus ihrem Lipidverbund heraus. Die Aufreinigung **solubilisierter Membranproteine** gestattet die Rekonstitution **funktioneller Membransysteme**.

Proteine als Funktionsträger von Biomembranen

25

Kapitelthemen: 25.1 Transmembranspannende Proteine   25.2 Periphere Membranproteine   25.3 Proteinbewegung in Membranen   25.4 Funktionelle Ausstattung von Membranen   25.5 Stofftransport über Membranen 25.6 Direktionalität des Membrantransports 25.7 Membranpumpen und -kanäle

Das funktionelle Leistungsspektrum einer Zelle hängt maßgeblich von ihrer Proteinausstattung ab. Eine entscheidende Rolle spielen dabei membranassoziierte Proteine: Sie können *Kanäle* in Membranen bilden und damit deren Durchlässigkeit für Ionen oder polare Moleküle gezielt verändern. Als *Transporter* schleusen sie metabolische Produkte, Ionen und sogar Proteine über die Zellmembran; als *Enzyme* tragen sie zur Energiewandlung und -nutzung bei; als *Rezeptoren* bilden sie Antennen, die Signale von der „Außenwelt" aufnehmen und Informationen ins Zellinnere weitergeben. Zellen können mithilfe ihrer plasmamembranverankerten Proteine untereinander kommunizieren und auf geänderte Bedingungen in ihrer Umgebung koordiniert reagieren. Wir wollen uns zuerst mit den strukturellen Besonderheiten von Membranproteinen befassen und dann ihre funktionellen Kapazitäten beleuchten.

25.1 Integrale Proteine durchspannen biologische Membranen

Proteine können auf verschiedene Weise in einer biologischen Membran verankert sein. Meist durchspannen die Proteine die komplette Membran: Wir sprechen dann von **integralen Membranproteinen**. Dazu müssen Proteine in ihrer Primärstruktur mindestens *ein* hydrophobes Segment aufweisen, das reich an Aminosäuren mit hydrophoben Seitenketten ist. Die Hydrophobizität der verschiedenen Seitenketten lässt sich durch ein **Polaritätsspektrum** darstellen (Abbildung 25.1); sie variiert zwischen extrem hydrophob (Aminosäuren mit aliphatischen und aromatischen Seitenketten wie Leucin oder Phenylalanin) und extrem hydrophil (alle geladenen Aminosäuren wie z.B. Arginin oder Glutaminsäure). Das hydrophobe Segment eines Membranproteins taucht typischerweise als rechtsgängige membrandurchspannende α-Helix – kurz **Transmembranhelix** genannt – in die Lipiddoppelschicht ein; in dem wasserfreien Milieu bilden die polaren Peptidbindungen der Helix untereinander

Wasserstoffbrücken, während die hydrophoben Seitenketten wie Stacheln nach außen gerichtet sind und in direktem Kontakt mit den Membranlipiden stehen.

Der hydrophobe „Kern" einer biologischen Membran ist ca. 3,5 bis 5 nm dick; um diese Distanz in Form einer rechtsgängigen Helix zu durchspannen, reichen etwa 20 bis 30

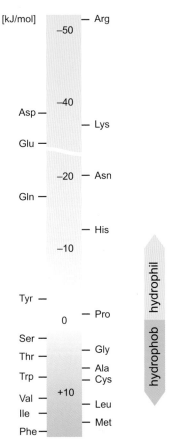

25.1 Polaritätsspektrum von Aminosäuren. Die Skalierung erfolgt durch die Berechnung der Freien Standardenergie [kJ/mol], die für die Überführung einer Aminosäure aus der hydrophoben Umgebung einer Transmembranhelix in ein wässriges Medium benötigt wird (▶ Abschnitt 3.9). Je größer die Abnahme der Freien Energie ($\Delta G < 0$ kJ/mol; gelber Bereich), umso hydrophiler ist die Aminosäure. [AN]

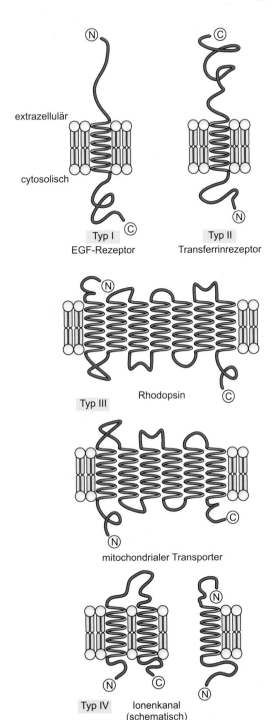

25.2 Orientierung von Transmembranproteinen. Proteine mit einer membrandurchspannenden Domäne können in zwei unterschiedlichen Orientierungen eingefädelt sein (Typ I, Typ II). Bei den „Mehrspännern" können Amino- und Carboxyterminus gegenseitig (Rhodopsin) oder gleichseitig (mitochondrialer Transporter) positioniert sein (Typ III). Membranproteine können auch aus mehreren Untereinheiten bestehen, die z. B. einen Ionenkanal bilden (Typ IV); dabei kann die Orientierung der einzelnen Untereinheiten Typ I, II oder III entsprechen (vereinfachte Darstellung).

aufeinander folgende Aminosäurereste einer Polypeptidkette aus. Dabei können Membranproteine, die eine einzige Transmembranhelix besitzen, unterschiedliche Orientierungen ihrer Polypeptidkette einnehmen (Abbildung 25.2): Sie tragen ihren Carboxyterminus entweder auf der cytosolischen Seite (c_{in}; **Typ I**) oder auf der extrazellulären Seite (c_{out}; **Typ II**). Die beiden Typen können dabei ungleich verteilt sein: So trägt die Plasmamembran von *E. coli* ca. 78 % Typ-I- und nur 22 % Typ-II-Transmembranproteine. Bei der Proteinbiosynthese am endoplasmatischen Reticulum (ER) entscheiden Leitsequenzen über die **Topologie von Membranproteinen**; für jedes Protein gibt es im Allgemeinen nur eine einzige Orientierung (▶ Abschnitt 19.5). Neben den „Einspännern", welche die Membran einmal durchqueren, gibt es auch „Mehrspänner" mit mehreren Transmembranhelices. So durchquert der Lichtrezeptor Rhodopsin die Membranen der Photorezeptorzellen siebenmal (▶ Abbildung 28.16); einzelne Transporter machen gar das Dutzend voll (▶ Abbildung 26.12). Diese Mehrspänner bilden die Klasse der **Typ-III**-Membranproteine. Andere Membranproteine besitzen mehrere Untereinheiten, so z. B. die heterotetramere Na^+-K^+-ATPase (▶ Abbildung 26.1) oder der heteropentamere nikotinische Acetylcholin-Rezeptor (▶ Abbildung 26.17); sie bilden die Klasse der **Typ-IV**-Membranproteine.

Prototyp eines integralen Typ-I-Membranproteins mit einem Transmembransegment ist **Glykophorin** ⬧, das häufigste Protein der Erythrocytenmembran (Abbildung 25.3). Glykophorin besitzt drei Domänen unterschiedlicher Funktion: Eine hydrophile Domäne auf der extrazellulären Seite, die viele Kohlenhydratketten trägt – daher der Name *Glykophorin* –, vermittelt die Interaktion des Erythrocyten mit anderen Zellen; eine hydrophobe Helix verankert Glykophorin in der Membran; eine hydrophile Domäne im Zellinnern ist

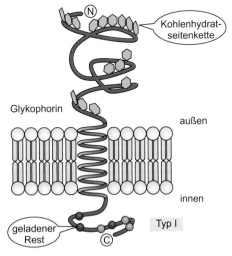

25.3 Integration von Glykophorin in die Erythrocytenmembran. Das Typ-I-Protein durchspannt die Membran mit einer rechtsgängigen α-Helix. Die aminoterminale Domäne liegt außerhalb der Zelle und trägt 16 Kohlenhydratseitenketten (gelb). Der Carboxyterminus ist ins Zellinnere gewandt und enthält viele geladene basische (blau) bzw. saure Aminosäuren (rot).

reich an den negativ geladenen Aminosäuren Aspartat und Glutamat. Diese cytosolische Domäne bildet den Ankerpunkt für das zelluläre Gerüstwerk, das im Cytoplasma aufgespannt ist (▶Abschnitt 33.6).

Oft sind integrale Membranproteine zusätzlich durch kovalente Verknüpfung einzelner Aminosäurereste mit hydrophoben Alkyl- oder Acylgruppen in der Membran „vertäut" (Abschnitt 25.2). Bakterielle **Porine** ⌀ benutzen eine völlig andersartige Strategie der Membranintegration: Porine besitzen insgesamt 16 Strangsegmente, die sich zu einem **zirkulären antiparallelen β-Faltblatt** anordnen (Abbildung 25.4). Dabei erhält das Protein die Form eines Fasses (engl. *barrel*)

mit einer durchgehend hydrophoben Außenwandung, die in die Lipidschicht eintaucht. Die Innenseite dieser β-Fässer ist mit hydrophilen Seitenketten ausstaffiert; dadurch entsteht ein hydrophiler Kanal, der Ionen und hydrophile Moleküle von bis zu 600 Dalton durchlässt. Eine lange Schleife zwischen zwei Strängen des Faltblatts bildet eine Lasche, die das Lumen der Pore verengt und den Durchtritt von Molekülen reguliert (Abbildung 25.4, oben).

Aus der Primärstruktur eines Membranproteins lässt sich relativ sicher vorhersagen, wo hydrophobe und damit möglicherweise membrandurchspannende Helices zu finden sind. Dazu wird ein „Fenster" mit 10 bis 20 Resten „Breite" über die Aminosäuresequenz geschoben und für jede Fensterposition die freie Energie berechnet, die für den Transfer des jeweiligen Segments aus einer Lipidschicht in ein wässriges Medium benötigt wird (Abbildung 25.5). Der dabei errechnete **Hydropathieindex** ⌀ ist ein wichtiges Hilfsmittel zur Vorhersage von Transmembransegmenten in neu identifizierten Proteinsequenzen. Definitive Klärung verschafft die Auflösung der dreidimensionalen Struktur eines Membranproteins mittels Röntgenstrukturanalyse (▶Abschnitt 7.4), was allerdings bisher nur an relativ wenigen Beispielen gelungen ist: Ein Prototyp dafür ist das bakterielle Membranprotein Gramicidin (Abbildung 25.20).

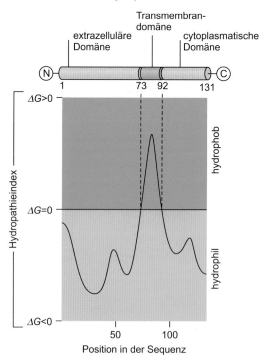

Glykophorin

25.5 Hydropathieprofil von Glykophorin. Der Hydropathieindex ist ein Maß für die Energie [kJ/mol], die aufgewendet werden muss, um ein Sequenzsegment definierter Länge vom hydrophoben in ein hydrophiles Milieu zu überführen. Das Segment zwischen Position 73 und 92 der Aminosäuresequenz von Glykophorin zeigt ein Energiemaximum an, d. h. dieses durchgehend hydrophobe Segment windet sich in Form einer rechtsgängigen α-Helix durch die Membran. [AN]

25.4 β-Fass von Porinen in der Lipidschicht. Oben: Jedes Porinmonomer bildet eine fassartige Struktur, deren Wand aus 16 antiparallel angeordneten β-Strängen besteht. Eine Verbindungsschleife zwischen zwei Faltblattelementen ragt in das Lumen hinein (rot). Unten: Die Aufsicht zeigt die Zusammenlagerung von drei Porinen zur mutmaßlichen physiologischen Quartärstruktur, einem Trimer. Die sauren und basischen Seitenketten (rot bzw. blau; nur in einem β-Fass gezeigt) verleihen der Pore Selektivität. [AN]

Periphere Membranproteine binden einseitig an die Lipidschicht

Integrale Membranproteine wie Glykophorin, welche die Membran vollständig durchmessen, können nur durch Detergenzien aus der Lipidschicht gelöst werden. Dagegen lassen sich **periphere Membranproteine** oft durch relativ milde Bedingungen wie z. B. eine Veränderung des pH-Werts oder hohe Ionenkonzentrationen von der Membran ablösen. Periphere Membranproteine docken über nichtkovalente Ionenbindungen und Wasserstoffbrücken an integrale Membranproteine, aber auch an die hydrophilen „Köpfe" von Phos-

pholipiden und Glykolipiden an (Abbildung 25.6, oben). Da periphere Proteine die Membran *nicht* durchspannen, sitzen sie auf der cytosolischen *oder* der extrazellulären Seite der Plasmamembran. Periphere Membranproteine sind in großer Zahl mit Membranen der Zellorganellen wie dem Golgi-Apparat und Mitochondrien assoziiert.

Eine Mittelstellung zwischen integralen und peripheren Membranproteinen nehmen **lipidverankerte Membranproteine** ein, die in die cytosolische oder die extrazelluläre Einzelschicht der Plasmamembran eintauchen; sie bilden den **Typ V** der Membranproteine (Abbildung 25.6, Mitte). Drei Arten von Lipidankern dominieren auf cytosolischer Seite: Myristylreste (C_{14}) am Aminoterminus, Palmitylreste (C_{16}) an internen Cysteinresten sowie Farnesylreste (C_{15}) bzw. Geranylgeranylreste (C_{20}) – allgemein Prenylreste genannt – am Carboxyterminus der Proteine (▶Exkurs 19.1). Beispiel für ein **prenyliertes Protein** ist das Onkogen Ras (▶Abbildung 29.8), das über einen Farnesylrest (C_{15}) an seinem carboxyterminalen Cys-Rest in die Membran taucht.

Eine andere Gruppe von **Typ-V-Membranproteinen** ist nur auf der extrazellulären Seite anzutreffen: Sie binden kova-

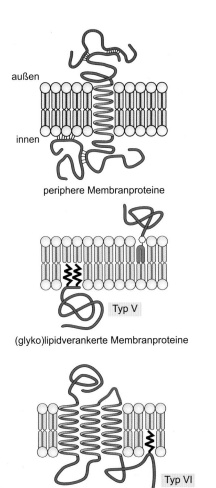

25.6 Typen von Membranproteinen. Periphere Membranproteine (violett) docken *indirekt* über integrale Membranproteine an biologische Membranen an (oben). Andere Proteine ankern alleine über (Glyko-) Lipidgruppen in der Membran, wobei sie in die cytosolische oder in die extrazelluläre Membranschicht eintauchen (Typ V der Membranproteine; Mitte). Integrale Membranproteine durchspannen die Membran ein- oder mehrfach und sind häufig noch durch eine hydrophobe (Glyko-) Lipidgruppe (schwarz) fixiert (Typ VI, unten; ▶Abbildung 24.13 und 25.2).

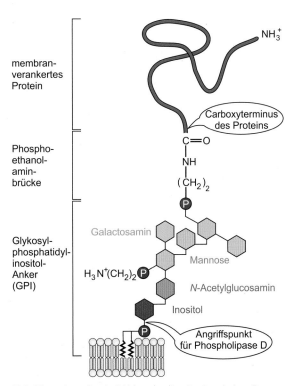

25.7 GPI-verankertes Protein. Initial werden diese Proteine mit einem Transmembransegment am endoplasmatischen Reticulum synthetisiert; sekundär wird ein glykosylierter Phosphatidylinositolrest unter Kappung des Transmembransegments kovalent an den neuen Carboxyterminus angefügt (▶Abbildung 19.16). Als Prototyp ist hier der GPI-Anker des Proteins Thy-1 stark vergrößert (in Relation zur Membran) dargestellt. Vermutlich erhöht der Wechsel von der Transmembran- zur GPI-Verankerung die laterale Mobilität der Proteine in der Membran; gleichzeitig macht es sie für die Spaltung durch Phospholipase D empfänglich (▶Exkurs 46.8).

lent über ihren Carboxyterminus und eine Brücke aus vier Kohlenhydratresten an einen Phosphatidylinositolrest, der mit seinen beiden Acylketten in die äußere Schicht der Membran eintaucht (Abbildung 25.7). Diese <u>**Glykosylphosphatidylinositol- (GPI-) verankerten Proteine**</u> können durch Phospholipase D wieder von der Membran gelöst werden: Dabei wird der Anker zwischen Glykosyl- und Phosphatidylgruppe gekappt und das Protein in den extrazellulären Raum entlassen (▶Exkurs 46.8). Prototypen von GPI-verankerten Proteinen sind das Enzym Acetylcholinesterase im synaptischen Spalt der motorischen Endplatte (▶Exkurs 26.6) sowie der Prourokinase-Rezeptor (uPAR) auf der Oberfläche von Bindegewebszellen (▶Abschnitt 14.6). Eine spezielle Gruppe bilden **Typ-VI-Membranproteine**, die Transmembrandomänen *und* Acylanker miteinander kombinieren: Beispiele hierfür sind G-Protein-gekoppelte Rezeptoren (▶Abbildung 28.1).

25.3

Membranproteine bewegen sich in der Lipidschicht

Wie kann man membranassoziierte Proteine sichtbar machen? Dazu bedient man sich der **Gefrierätztechnik** 🖰 in Kombination mit der Elektronenmikroskopie. Zelluläre Membranen werden in flüssigem Stickstoff schockgefroren und mit einem Mikrotommesser „glatt" geschnitten, wobei sich die Einzelschichten der Membran zum Teil trennen:

Die Membrandoppelschichten klappen also auf (Abbildung 25.8). Wird nun die Eisschicht an den Membranoberflächen im Vakuum verdampft (sublimiert), so kann durch Bedampfung der verbleibenden Einzelschichten mit Platin oder Gold ein „Abguss" (engl. *replica*) der Innen- bzw. Außenseite der Membran hergestellt werden. Im Rasterelektronenmikroskop können die aus der Membran herausragenden Proteine sichtbar gemacht werden.

Integrale Membranproteine können sich innerhalb der Lipidschicht bewegen. Diese laterale Diffusion lässt sich durch **Fluoreszenzlöschung** 🖰 (engl. *fluorescence recovery after photobleaching*, **FRAP**) darstellen und quantifizieren (Abbildung 25.9). Ein spezifischer Antikörper, der mit einer fluoreszierenden Gruppe wie z.B. Rhodamin chemisch verknüpft ist, erkennt und bindet „sein" integrales Membranprotein. Durch einen kurzzeitigen starken Lichtimpuls werden dann die fluoreszierenden Liganden in einem begrenzten Areal der Zelloberfläche „gebleicht" und damit zerstört. Anschließend diffundieren Proteine mit dem gebleichten Antikörper aus dieser Zone heraus; gleichzeitig wandern Proteine mit intaktem fluoreszierendem Antikörper in das Segment hinein. Verfolgt man die Wiederauffüllung des gebleichten Segments mit fluoreszierenden Molekülen in Abhängigkeit von der Zeit, so erhält man ein Maß für die Geschwindigkeit der **lateralen Diffusion** integraler Membranproteine. Ein integrales Protein wie Glykophorin kann eine Zelle von der Größe eines Erythrocyten innerhalb von zehn Minuten umrunden; die beobachteten Diffusionsgeschwindigkeiten schwanken allerdings stark je nach Membranprotein bzw. Membrantypus.

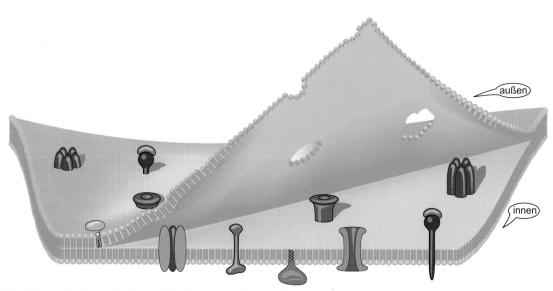

25.8 Verteilung von Proteinen zwischen den Einzelschichten einer Membran. Stark schematisiertes Modell zweier getrennter Membranschichten, deren Proteine durch Gefrierätzung sichtbar gemacht werden können.

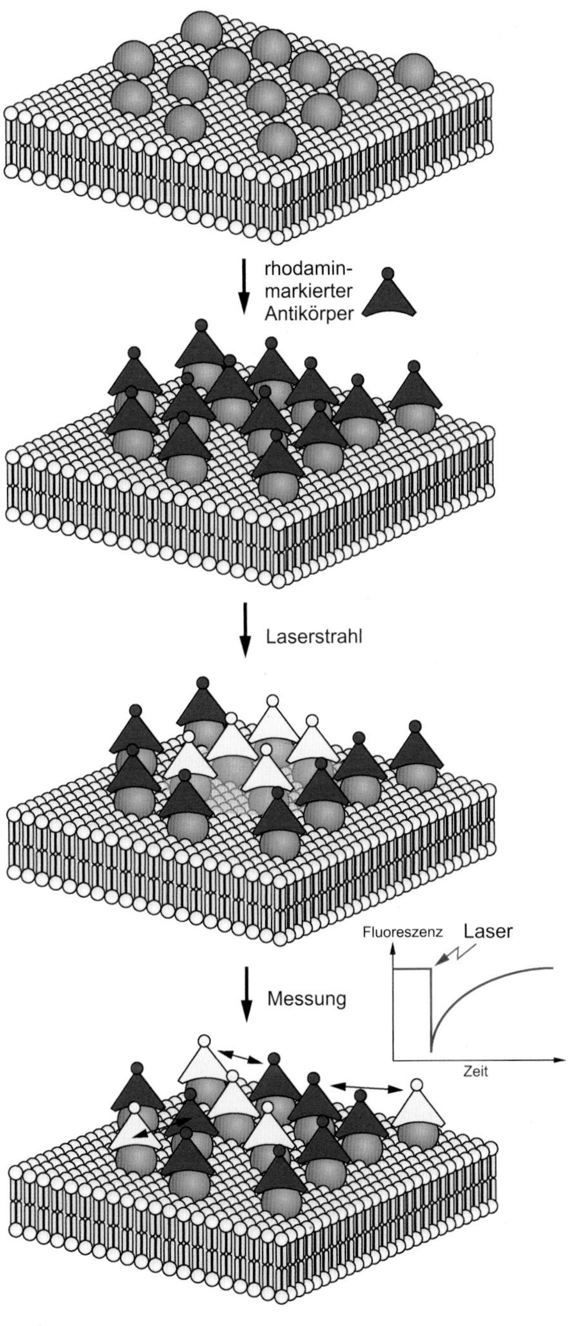

25.9 Lateraldiffusion eines integralen Membranproteins. Spezifische Antikörper gegen das gewünschte Protein sind mit Rhodamin markiert, das im Fluoreszenzlicht rot aufleuchtet. Durch einen Laserimpuls werden die Rhodamingruppen in einem umgrenzten Areal der Plasmamembran zerstört; in diesem Feld wird also die Fluoreszenz gelöscht. Anschließend verfolgt man die Zunahme der Fluoreszenz im bestrahlten Segment in Abhängigkeit von der Zeit (unten rechts). Die verwendeten Antikörper sind monovalent, d. h. sie haben nur eine Antigenbindungsstelle und können benachbarte Proteine nicht vernetzen.

25.4 Membranproteine verleihen Membranen ihre funktionelle Vielfalt

Integrale Membranproteine wie Glykophorin sind oft Bestandteile größerer Komplexe in der Zellmembran. So dient Glykophorin mit seiner cytosolischen Domäne als Ankerpunkt für ein ausgedehntes Proteinnetzwerk, das in roten Blutkörperchen aufgespannt ist und wie ein Stützkorsett der Plasmamembran wirkt: Demgemäß sprechen wir vom **Cytoskelett**. Auf die molekularen Details dieses zellulären Strebewerks werden wir später noch eingehen (▶Kapitel 33). Mit seiner extrazellulären Domäne erfüllt Glykophorin andere Funktionen: Diese Domäne ist mit einem „Kamm" von 16 Oligosaccharidketten ausgestattet (Abbildung 25.3), die an ihren Enden oft negativ geladene Sialinsäurereste tragen (▶Abschnitt 19.8). Mit ca. 10^6 Kopien pro Erythrocyt verleiht dieses **Glykoprotein** der Zelloberfläche eine stark negative Ladung, die das rote Blutkörperchen vor unerwünschten Wechselwirkungen mit Endothelzellen oder anderen Blutzellen abschirmt (Abbildung 25.10). Auch **Glykolipide** besitzen negativ geladene Oligosaccharidketten und tragen damit zum „Ladungsschirm" der Erythrocyten bei. Darüber hinaus tragen Erythrocyten – ebenso wie die meisten anderen Zellen – an ihrer Oberfläche integrale oder periphere **Proteoglykane**, die lange Polysaccharidketten mit stark negativer Nettoladung tragen (▶Abschnitt 8.6). In ihrer Gesamtheit bilden diese Glykokomponenten die **Glykocalyx** einer Zelle.

Die Positionierung von Zuckerresten auf ihrer Oberfläche verleiht Zellen ein unverwechselbares **Oberflächenprofil**. Die Oligosaccharidreste auf der Plasmamembran einer Zelle werden durch spezifische Oberflächenproteine – **Selectine** – anderer Zellen erkannt und erlauben so eine spezifische Zell-Zell-Erkennung (Abbildung 25.11). Bei Entzündungsreaktionen vermitteln integrale Membranproteine wie E-Selectin der Endothelzellen die zellspezifische Erkennung und **Adhäsion** von neutrophilen Granulocyten an endothelialen Gefäßwandungen. Werden diese Selectine auf einen spezifischen Reiz hin auf der Endotheloberfläche exponiert, so binden neutrophile Granulocyten des Blutstroms mit ihren Glykocalyxkomponenten daran, werden „abgebremst" und rollen am Endothel entlang, bis sie schließlich haften bleiben und in nahe gelegene Entzündungsgebiete auswandern können (▶Abschnitt 33.8). Der selectinvermittelte Erkennungsprozess ist doppelt abgesichert, denn neutrophile Leukocyten sondieren mit ihrem Oberflächenprotein L-Selectin die Endothelzelloberfläche und verstärken so die interzellulären Wechselwirkungen. *Die Vielfalt an Kohlenhydratbausteinen und ihre variable Anordnung in Glykoproteinen, Proteoglykanen und Glykolipiden ist ideal für die „Kennung" von Zelloberflächen geeignet. Ein molekularer „Strichcode" sichert also die Spezifität von Zell-Zell-Interaktionen.*

25.10 Komponenten der zellulären Glykocalyx. Integrale und periphere Glykoproteine, Proteoglykane sowie Glykolipide bilden das Grundgerüst der extrazellulären Glykocalyx. Generell sind kohlenhydrathaltige Moleküle nur auf der extrazellulären, nicht aber auf der cytosolischen Seite der Plasmamembran anzutreffen. Glykoproteine der extrazellulären Matrix können auch an integrale Membranproteine andocken, sodass die Grenzen der Glykocalyx einer Zelle oft nicht scharf definiert sind.

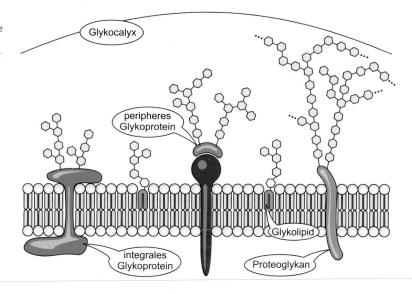

Glykocalyx

peripheres Glykoprotein

Glykolipid

integrales Glykoprotein

Proteoglykan

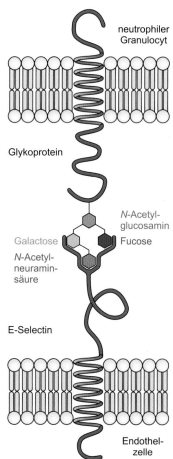

neutrophiler Granulocyt

Glykoprotein

N-Acetyl-glucosamin

Galactose

Fucose

N-Acetyl-neuraminsäure

E-Selectin

Endothel-zelle

25.11 Zell-Zell-Adhäsion durch Selectine. Eine lokale Entzündung regt über chemische Mediatoren wie Cytokine die nahe gelegenen Endothelzellen zur Synthese von E-Selectin an, das an sialinsäurehaltige Oligosaccharidketten von neutrophilen Granulocyten bindet. Neben E- und L-Selectin ist P-Selectin auf der Oberfläche von Plättchen (Thrombocyten) von physiologischer Bedeutung, u. a. bei Blutgerinnungsvorgängen.

Transportproteine vermitteln regen Stoffaustausch über Membranen

Plasmamembranen scheiden den zellulären Binnenraum von der extrazellulären Außenwelt, und intrazelluläre Membranen teilen das Zellinnere in abgeschlossene Kompartimente auf. Angesichts der selektiven Permeabilität der Lipiddoppelschichten ist der Substanzaustausch über Membranen per Diffusion nur in äußerst beschränktem Umfang möglich. Da Zellen aber sowohl auf den Import von Nähr- und Signalstoffen als auch auf den Export von Bau- und Schlackenstoffen angewiesen sind, verfügen sie über ein reiches Arsenal an **Transportern** 🖰, die den membranüberschreitenden Verkehr mit trefflicher Präzision, großer Geschwindigkeit und bemerkenswerter Spezifität erfüllen. Wir beginnen mit einer allgemeinen Charakterisierung dieser zellulären Transportsysteme.

Wie bereits beschrieben, sind *synthetische* Membranen für die meisten polaren Moleküle wie z.B. Glucose nur bedingt permeabel und für Ionen wie H$^+$ und Na$^+$ praktisch impermeabel. Dagegen sind *biologische* Membranen durchaus für Glucose oder Kationen durchlässig: *Vermittler dieser selektiven Permeabilität* von Biomembranen sind integrale *Transportproteine, die je nach Funktion entweder als* **Trägerproteine** (engl. *carrier proteins) oder als* **Kanäle** *bezeichnet werden* (Abbildung 25.12). Trägerproteine binden einen Stoff (Substrat) auf der einen Seite der Membran, machen daraufhin Konformationsänderungen durch und schleusen ihr Frachtgut auf die andere Seite der Membran; dabei bilden sie zu *keinem* Zeitpunkt einen kontinuierlichen Kanal (Pore) durch die Membran. Kanalproteine bilden dagegen eine **wassergefüllte Pore** in der Lipiddoppelschicht, durch die Stoffe entlang ihres Konzentrationsgradienten penetrieren

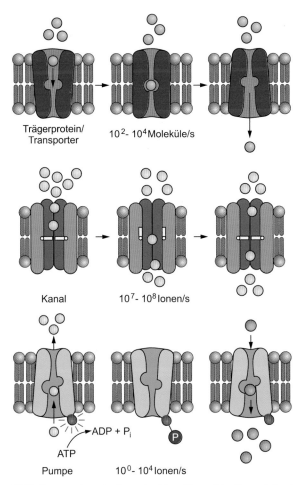

25.12 Klassen von integralen Transportproteinen. Trägerproteine (Transporter) und Kanäle erleichtern den passiven Transport von Substratmolekülen über die Membran. Pumpen transportieren Moleküle unter Energieverbrauch (meist unter ATP-Spaltung) gegen einen Konzentrationsgradienten von einer Membranseite auf die andere. Die Effizienz des Transports (Ionen bzw. Moleküle pro Sekunde) schwankt dabei erheblich.

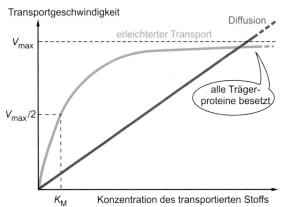

25.13 Kinetik von einfacher Diffusion und erleichtertem Transport. Für eine spontane Diffusion muss $\Delta G < 0$ sein; je größer die Differenz in der Stoffkonzentration auf den beiden Membranseiten, umso höher ist die Diffusionsgeschwindigkeit. Die Geschwindigkeit des erleichterten Transports nimmt anfänglich überproportional zu und nähert sich dann asymptotisch einer Maximalgeschwindigkeit, bei der alle verfügbaren Trägerproteine besetzt sind: Eine weitere Erhöhung der Stoffkonzentration kann die Transportgeschwindigkeit nicht mehr steigern. [AN]

können; dabei reguliert der Öffnungszustand des Kanals den Durchtritt des Substrats. Typischerweise kontrollieren Liganden oder Spannung den Öffnungszustand von Kanälen (▶ Abschnitt 26.5).

Prinzipiell unterscheiden wir drei Modi der Membranpassage: einfache (passive) Diffusion, erleichterter Transport und aktiver Transport. Bei der **passiven Diffusion** folgen Moleküle einem Konzentrationsgradienten „bergab" *ohne* Unterstützung eines Trägerproteins; dabei steigt die Diffusionsgeschwindigkeit V linear mit zunehmender Stoffkonzentration auf einer Membranseite (Abbildung 25.13). Der **erleichterte Transport** folgt ebenfalls einem Konzentrationsgefälle, nutzt dafür jedoch nichtkatalytische Trägerproteine. Dabei nimmt aber die Geschwindigkeit anfänglich überproportional mit der Substanzkonzentration zu, bis sie sich der maximalen Geschwindigkeit V_{max} nähert. Die Kinetik des erleichterten Transports wird durch die Michaelis-Menten-Gleichung beschrieben, die wir bereits bei Enzymen kennengelernt haben (▶ Abschnitt 13.2). Die Konstante K_M entspricht der Konzentration [S], bei der das Substrat mit halbmaximaler Geschwindigkeit $V_{max}/2$ transportiert wird; sie ist charakteristisch für eine gegebene Kombination von Trägerprotein und Substrat. Wie Enzyme können auch Trägerproteine kompetitiv bzw. allosterisch (in)aktiviert werden, wodurch die Transportgeschwindigkeit und ihre Abhängigkeit von der Konzentration des transportierten Stoffs verändert werden. Schließlich erfordert der **aktive Transport** metabolische Energie, um Stoffe gegen ihren Konzentrationsgradienten „bergauf" zu befördern; die Zelle bewältigt diese Herausforderung typischerweise mit ATP-getriebenen Membranpumpen (Abschnitt 25.7).

Bakterien nutzen die selektive Permeabilität biologischer Membranen für ihre Zwecke: Dazu bringen sie spezielle Transporter mit, welche die Undurchdringlichkeit der Plasmamembran ihrer Zielzellen für bakterielle Toxine durchbrechen. Der Erreger des Milzbrands hat solche molekularen „Einfallstore" bis zur Perfektion entwickelt (Exkurs 25.1).

Exkurs 25.1: Porenkomplexe bei Anthrax

Bacillus anthracis (Milzbrand) ist ein Humanpathogen, das oft durch kontaminierte Nahrungsmittel übertragen wird. Die Inhalation der bakteriellen Sporen endet fast immer tödlich; von daher ist *B. anthracis* als biologische Waffe gefürchtet. Das Bakterium produziert drei Typen von Toxinen: Protektives Antigen (PA), Ödemfaktor (engl. *edema factor*, EF) und Letaler Faktor (LF). Zunächst bindet die Vorstufe von PA an einen Rezeptor auf der Zielzelle (Abbildung 25.14). Nach proteolytischer Spaltung formiert sich ein PA-Heptamer auf der Zelloberfläche, an das EF und LF binden. Dieser Prä-Porenkomplex wird dann von der Zielzelle endocytiert und in lysosomale Kompartimente verklappt, wo er in die lysosomale Membran integriert wird. Die Azidität des Lysosoms entfaltet nun EF und LF, die daraufhin in den Kanal der Pore einfädeln und ins Cytoplasma gelangen, wo sie ihre toxischen Wirkungen entfalten. LF ist eine Zn^{2+}-abhängige Metalloprotease, die MEKs (MAP-Kinasen-Kinasen; ▶ Abschnitt 29.4) spaltet und damit inaktiviert. EF ist eine Calmodulin-abhängige Adenylat-Cyclase,

die über Erhöhung des cAMP-Spiegels, Aktivierung von Proteinkinase A und Einbau von Aquaporinen (▶ Abschnitt 26.9) die Wasserhomöostase der Zielzelle stört. Die kombinierten Effekte führen letztlich zum Zelltod. Die Prophylaxe gegen Milzbrand erfolgt durch Immunisierung, die Therapie bei akuter Infektion durch Ciprofloxacin und Penicillin.

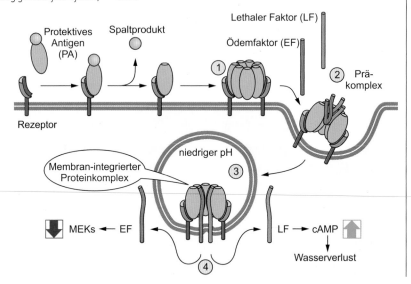

25.14 Rezeptorvermittelte Aufnahme des Porenkomplexes von Anthrax. (1) Bindung und Assemblierung des Präkomplexes an einen Rezeptor; (2) Aufnahme in die Zielzelle und Inkorporation in die lysosomale Membran; (3) Entfaltung und Einschleusung von EF und LF ins Cytosol; (4) Wirkung auf MEK und Proteinkinase A.

25.6

Transport über Membranen kann uni- oder bidirektional sein

Meist sind Trägerproteine – ebenso wie Enzyme – selektiv für einen bestimmten Substrattyp, den sie über eine spezifische Bindungsstelle erkennen. Viele membranständige Trägerproteine transportieren lediglich einen einzigen Substrattyp: Wir sprechen dann von **Uniportern** (Abbildung 25.15).

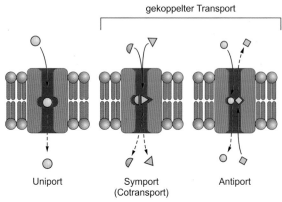

25.15 Modalitäten des trägerproteinvermittelten Transports. Die spezifischen Substratbindungsstellen im Innern der Transporter sind markiert. „Symport" und „Cotransport" werden synonym verwendet.

Effizienter sind Trägerproteine, die mindestens zwei unterschiedliche Substrate gleichzeitig transportieren, und zwar als **Symporter** in gleicher Richtung oder als **Antiporter** in entgegengesetzter Richtung.

Wir können uns die unterschiedlichen Transportmodalitäten am Beispiel des **transepithelialen Glucosetransports** im Darmepithel 🖰 verdeutlichen (▶ Abschnitte 26.2 und 31.2). Die Zellschicht, die das Darmlumen hermetisch gegen das darunter liegende, stark kapillarisierte Gewebe abschirmt, besitzt einen polarisierten Aufbau: Die dem Darmlumen zugewandte apikale Seite der Darmepithelzelle, deren Oberfläche durch Ausstülpungen – Mikrovilli – enorm vergrößert ist, hat eine andere Ausstattung an Transportern als die lumenabgewandte basolaterale Seite (Abbildung 25.16).

Auf der apikalen Seite der Darmepithelzellen besorgt ein **Na^+-Glucose-Symporter** (engl. *sodium glucose transporter*, **SGLT1**) die Glucoseaufnahme. Dieses integrale Membranprotein kann mindestens zwei Konformationen einnehmen, die sich zur Außen- bzw. Innenseite der Zelle öffnen. Der Transport beginnt in der auswärts (luminal) geöffneten Konformation mit der Bindung von zwei Na^+-Ionen; dadurch wird die nachfolgende Bindung von einem Glucosemolekül erleichtert – ein weiteres Beispiel für **kooperative Ligandenbindung** (▶ Abschnitt 10.4). Mit dieser Fracht wechselt der Transporter in die einwärts (cytosolisch) geöffnete Konformation, entlässt zwei Na^+-Ionen und Glucose, kehrt in seine Ausgangsform zurück und leitet damit einen neuen Transportvorgang ein (Abbildung 25.17). Der Na^+-Konzentrati-

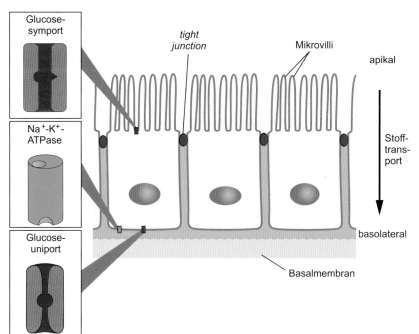

25.16 Polarität epithelialer Zellen. Epitheliale Zellen bilden eine kontinuierliche Zellschicht (Epithel), mit der sie innere und äußere Oberflächen des Körpers (Schleimhaut bzw. Haut) säumen. Die Zellen sind miteinander über *tight junctions* „verschweißt" (▶ Abschnitt 3.6) und trennen darunter liegende Gewebeschichten hermetisch von der „Außenwelt" ab: Eine unkontrollierte Diffusion wird dadurch wirkungsvoll unterbunden. Die Lokalisation von diversen Transportern und Pumpen ist angedeutet.

onsgradient an der apikalen Plasmamembran, der von luminal nach cytosolisch steil abfällt, treibt dabei den Symport an. Die Änderung der freien Energie ΔG hängt vom Konzentrationsverhältnis des transportierten Ions *und* vom Membranpotenzial ab: Wir sprechen von einem **elektrochemischen Gradienten**. Na^+ wird über eine ATP-getriebene Pumpe (Na^+-K^+-ATPase; ▶ Abschnitt 26.1) wieder aus der Zelle heraus ins Interstitium befördert und steht damit für

den nächsten Symport bereit. Der energetische Preis für den aktiven Glucosetransport wird letztlich in Form von ATP an besagte ATPase entrichtet.

Mit ihrem apikalen Symporter akkumuliert die Darmepithelzelle erhebliche Glucosemengen, die nun per erleichtertem Transport an das basolaterale Bindegewebe, das reich an Kapillaren ist, weitergereicht werden. Diese Aufgabe übernimmt der **Glucosetransporter** (GLUT2), ein Trägerprotein im

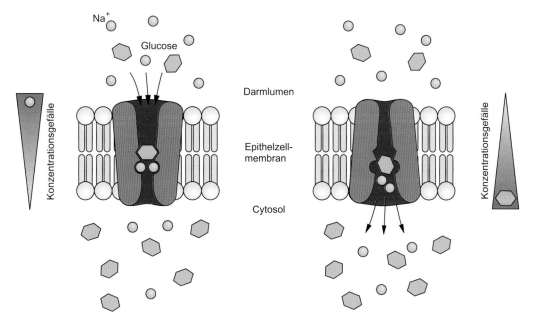

25.17 Na^+-Glucose-Symport in Darmepithelzellen. Die Epithelzellen des Darms besitzen einen Na^+-Glucose-Symporter, der ein Molekül Glucose pro zwei Na^+-Ionen transportiert. [AN]

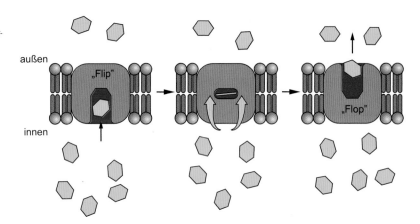

25.18 Erleichterter Transport mittels Uniporter. Das hypothetische Modell wurde für den Glucosetransporter aufgestellt; ein ähnliches Modell gilt auch für Valinomycin (Exkurs 25.2).

außen

„Flip"

innen

„Flop"

Uniportmodus (▶Abbildung 31.4). Er gehört zu einer großen Familie strukturell verwandter Proteine, die sich in ihren K_M-Werten für Glucose und ihrer Gewebeverteilung beträchtlich unterscheiden können (▶Exkurs 50.1). Die genaue Funktionsweise ist noch nicht bekannt; man postuliert, dass der Transporter reversibel zwei Konformationen – „Flip" bzw. „Flop" – einnimmt, die sich zu den unterschiedlichen Membranseiten hin öffnen (Abbildung 25.18). Ein Glucosemolekül auf der cytosolischen Seite bindet an die Flip-Form, die daraufhin in den Flop-Zustand wechselt und ihr Substrat auf der extrazellulären Seite entlässt. Zwischen Flip und Flop liegt (mindestens) eine geschlossene Konformation, die nicht näher bekannt ist. Prinzipiell geht der Transport auch in Flop-Flip-Richtung: In diesem Modus befördert der Transporter z.B. Glucose in Erythrocyten hinein, die das Substrat für die Energiebereitstellung benötigen. Neben „residenten" Trägerproteinen gibt es auch „mobile" Varianten: Prototyp ist das bakterielle **Valinomycin** (Exkurs 25.2).

Exkurs 25.2: Ionophore

Prototyp eines **mobilen Trägerproteins** ist das Antibiotikum Valinomycin ⌐ aus dem Bakterium *Streptomyces*. Das cyclische Peptid taucht mit seiner hydrophoben Oberfläche in die Plasmamembran einer Zelle; sein hydrophiler Kern nimmt nun auf der cytosolischen Seite ein K^+-Ion auf und streift dessen Hydrathülle ab. Die Ionenbindung induziert eine Konformationsänderung in Valinomycin, das Trägerprotein schließt sich und schirmt das über Carbonylgruppen chelatisierte K^+-Ion in seinem Innern gegen die Lipidschicht ab. Der Transporter „dreht" nun auf die gegenüberliegende Membranseite und entlässt seine Ionenfracht: Wir sprechen von einem **Ionophor**. Valinomycin nivelliert K^+-Konzentrationsgradienten an biologischen Membranen und setzt damit Zellen „außer Gefecht". Ein synthetisches Ionophor ist der Antiporter A23187, der ein divalentes Kation (Ca^{2+} oder Mg^{2+}) in die Zelle hinein- und im Gegenzug zwei H^+ herausbefördert. Der synthetische **Ca^{2+}-Ionophor A23187** wird experimentell eingesetzt, um die intrazelluläre Ca^{2+}-Konzentration gezielt zu erhöhen.

Der transzelluläre Glucosetransport am Darmepithel arbeitet extrem effizient mit einem Beschleunigungsfaktor von ca. 50 000. Dadurch können selbst kleinste Mengen an Glucose aus dem Nahrungsbrei extrahiert werden (▶Abschnitt 30.2); genetische Defekte in einer Komponente dieser Transportkette führen zur **Glucose-Galactose-Malabsorption** (Exkurs 25.3).

Exkurs 25.3: Glucose-Galactose-Malabsorption

Diese seltene Erkrankung macht sich bereits kurz nach der Geburt durch Diarrhoe und Wasserverlust (Dehydrierung) nach kohlenhydratreichen Mahlzeiten bemerkbar. Genetisch liegen dem Syndrom Defekte im Gen des **Na^+-Glucose-Symporters SGLT-1** auf Chromosom 22 zugrunde (▶Abschnitt 31.1). Dabei entstehen verkürzte oder fehlerhafte Proteine, die ihrer Funktion in Darmepithelzellen nicht mehr oder nur unvollständig nachkommen können. Die erhöhte Glucosekonzentration im Darmlumen bewirkt einen osmotischen Einstrom von Wasser in den Dünndarm und damit eine Diarrhoe. SGLT-1 ist spezifisch für **Glucose** und ihre epimere Form **Galactose** (▶Tafel A5). Der Transporter wird auch von Epithelzellen der Nierentubuli (Harnröhrchen) exprimiert und ermöglicht dadurch eine effiziente Rückresorption von Glucose aus dem Primärharn (▶Abschnitt 30.2). Fällt der Transporter aus, so scheiden betroffene Patienten Glucose im Urin aus (Glucosurie). Eine kausale Therapie gibt es nicht; glucose- und galactosefreie Diät, die reich an Fructose ist, hilft die Symptomatik zu vermeiden.

25.7

Pumpen und Kanäle schleusen Ionen über Membranbarrieren

Während passive Diffusion und erleichterter Transport immer dem Konzentrationsgefälle der Substrate folgen, kann **aktiver Transport** Stoffe unter Energieaufwand auch gegen einen Gradienten befördern ($\Delta G > 0$). Diese anspruchsvolle

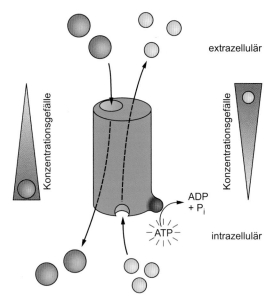

25.19 Aktiver Transport durch Membranpumpen. In diesem Modell ist ein Protein (grün) gezeigt, das gegen das Konzentrationsgefälle einen Ionentyp aus der Zelle heraus- und einen zweiten Ionentyp hineinschleust. Die notwendige Energie bezieht der Antiport aus der ATP-Hydrolyse.

Antiporter anzutreiben. So koppelt *E. coli* die Aufnahme von Lactose durch Lactose-Permease an den Ausstrom von Protonen: Man spricht hier von einer **protonenmotorischen Kraft**. Aktiver Transport kann auch durch Licht angetrieben werden – Prototyp dafür ist Bakteriorhodopsin (▶Exkurs 26.2). Der primär-aktive Transport ist Sache von Membranpumpen, die ihren Energiebedarf typischerweise durch ATP-Hydrolyse decken (Abbildung 25.19). Solche Pumpen sind meist bifunktionell: Sie wirken als Enzyme, die energiereiche Phosphatbindungen hydrolysieren, und gleichzeitig als Transporter, die frei werdende Energie aus der ATP-Hydrolyse zum Stofftransport nutzen. Diese Pumpen können kompetitiv oder allosterisch inhibiert werden.

Kanäle sind Repräsentanten eines zweiten Typs von Membranproteinen, die einen **erleichterten Transport** vermitteln. So kann z. B. das Oligopeptid Gramicidin ⌚, ein weiteres Antibiotikum, eine „offene" β-Helix bilden, durch die sich eine hydratisierte Pore zieht (Abbildung 25.20). Dieses Molekül taucht in eine Membraneinzelschicht ein und bildet zunächst einen Halbkanal; erst die Assoziation mit einem zweiten Molekül Gramicidin bildet einen durchgängigen Kanal, der die gesamte Membran durchspannt. Der dimere Kanal lässt bevorzugt K^+-Ionen passieren; weniger gut durchlässig ist er für Na^+-Ionen. Das Bakterium *Bacillus brevis* nutzt Gramicidin, um andere Bakterien zu „löchern" und abzutöten, um so seinen eigenen Lebensraum zu erweitern. Die Effizienz des erleichterten Transports durch Kanalproteine wird durch den Anionenaustauscher Protein-3 der Erythrocytenmembran verdeutlicht: Der Einbau dieses Kanals in synthetische Membranen erhöht ihre Permeabilität für Cl^- und HCO_3^- um einen Faktor von ca. 10^7!

Wir haben nun einige Grundprinzipien der Struktur und Funktionsweise von Membranproteinen kennen gelernt. In den folgenden Kapiteln wollen wir uns mit den molekularen Details dieser vielseitigen Proteine befassen. Wir beginnen mit dem Aufbau und Mechanismus von Pumpen und Kanälen.

Aufgabe kann auf zweierlei Weise erfüllt werden: beim primär-aktiven Transport durch **ATP-spaltende Pumpen** und beim sekundär-aktiven Transport durch **gradientengetriebene Trägerproteine**. Grundprinzip ist dabei immer die Kopplung einer energetisch ungünstigen mit einer energetisch günstigen Reaktion. Am Beispiel des Na^+-Glucose-Symports haben wir bereits den **elektrochemischen Gradienten** als Triebfeder eines Transports vorgestellt; dieses Prinzip nutzen andere Transporter, um Aminosäuren, Ionen oder andere Kohlenhydrate entgegen ihrem Konzentrationsgefälle in die Zelle zu bringen. Bakterien machen sich den Protonengradienten an ihrer Zellmembran zunutze, um Symporter und

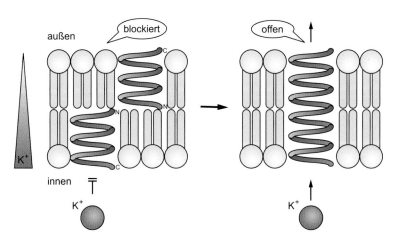

25.20 Erleichterter Transport durch einen Ionenkanal. Das Modell zeigt das Antibiotikum Gramicidin A, das in der Membran eine „offene" β-Helix bildet, die eine Einzelschicht lotrecht durchspannt. Durch „Kopf-an-Kopf"-Dimerisierung bildet sich ein wassergefüllter Kanal, der sich spontan öffnen und schließen kann. Die ungewöhnliche Aminosäuresequenz enthält sechs D-Aminosäurereste sowie modifizierte *N*- und *C*-Termini. Achtung: Der Binnenraum der in vielen Membranproteinen vorkommenden Transmembranhelix ist mehr oder minder komplett durch Seitenketten ausgefüllt und bildet daher *keine* Pore (Abbildung 25.2).

Zusammenfassung

- Die Integration von Proteinen in biologische Membranen erfolgt über **membrandurchspannende α-Helices**, die in der Regel 20 bis 30 Aminosäurereste mit überwiegend **hydrophoben Seitenketten** umfassen. Diese **integralen Membranproteine** sind praktisch irreversibel in der Membran vertäut.

- Je nach **Orientierung** ihrer *N*- bzw. *C*-Termini unterscheiden wir bei integralen Membranproteinen mit einer Transmembranregion zwischen **Typ I** (C_{in}) und **Typ II** (C_{out}). Proteine, welche die Doppelmembran mehrfach durchspannen, werden als **Typ-III**-Membranproteine zusammengefasst.

- Neben integralen Proteinen besitzen biologische Membranen auch **periphere Membranproteine**, die über nichtkovalente Ionen- bzw. Wasserstoffbrückenbindungen an integrale Membranproteine oder direkt an Phospho- und Glykolipide der Membran binden.

- Die Methode der **Fluoreszenzlöschung** erlaubt die Verfolgung **lateraler Diffusion** von Membranproteinen in der Doppelschicht. Das **Modell des flüssigen Mosaiks** beschreibt treffend die **laterale Beweglichkeit** von Proteinen und Lipiden in biologischen Membranen.

- Membranproteine verleihen biologischen Membranen ein unverwechselbares **Oberflächenprofil** sowie ein charakteristisches **Funktionsspektrum**. Die Kohlenhydratanteile von Glykoproteinen, Glykolipiden und Proteoglykanen an der Zelloberfläche – summarisch als **Glykocalyx** bezeichnet – vermitteln die Erkennung, Adhäsion und Interaktion von Zellen.

- Der **Stoffaustausch** über biologische Membranen kann durch **passive Diffusion** entlang einem Konzentrationsgradienten, durch **erleichterten Transport** oder **aktiven Transport** unter Energieverbrauch erfolgen. Je nach Transportmodus unterscheidet man **Uniporter** sowie **Symporter** bzw. **Antiporter**, die den **gekoppelten Transport** von mindestens zwei unterschiedlichen Substraten bewältigen.

- **Transporter** (Trägerproteine) schleusen ihre Substrate per Konformationsänderung über die Membranen, *ohne* dabei eine kontinuierliche Pore zu bilden. **Kanäle** besitzen hingegen eine wassergefüllte Pore, deren Öffnungszustand sie regeln und dabei kontrolliert Substrate durchtreten lassen. Kanäle haben mit ca. 10^7 bis 10^8 Ionen/s die bei weitem höchsten Transportraten.

- Die bedeutend langsamer arbeitenden **Pumpen** transportieren ihre Substrate meist unter ATP-Hydrolyse über die Membran, und zwar häufig *gegen* den **Konzentrationsgradienten** ihrer Substrate. Beim **sekundär-aktiven Transport** halten Pumpen ein solches Konzentrationsgefälle aufrecht.

Ionenpumpen und Membrankanäle

Kapitelthemen: 26.1 Na⁺-K⁺-ATPase als Antiporter 26.2 Ionengetriebener Transport über Membranen 26.3 Struktur von Protonentransportern 26.4 ABC-Transporter und Cystische Fibrose 26.5 Funktionsweise von Ionenkanälen 26.6 Mechanismus spannungsgesteuerter Ionenkanäle 26.7 Aufbau des nicotinischen Acetylcholinrezeptors 26.8 Mechanismus ligandengesteuerter Ionenkanäle 26.9 Aquaporine und *gap junctions*

Lebende Zellen sind in regem Stoffaustausch mit ihrer Umgebung. Der Fluss von Ionen und Molekülen über ihre Membranen wird dabei vor allem von *Pumpen* und *Kanälen* kontrolliert. Pumpen transportieren einen Liganden, typischerweise ein Ion, gegen sein Konzentrationsgefälle „bergauf", indem sie Energie aus der ATP-Hydrolyse oder die Triebkraft eines elektrochemischen Gradienten nutzen. Es handelt sich also um einen aktiven Transport über die Membran – anders als bei den Kanälen, die Ionen entlang ihres elektrochemischen Gradienten „bergab" durch die Membran diffundieren lassen und damit einen passiven Transport betreiben. Pumpen spielen gemeinsam mit Kanälen überragende Rollen bei der Erzeugung von Membranpotenzialen, bei der Fortleitung und Ausbreitung von Nervenimpulsen sowie bei der Synthese und dem Verbrauch energiereicher Verbindungen.

Die Na⁺-K⁺-ATPase arbeitet im Antiport-Modus

Die Bedeutung von aktiven Transportvorgängen an Membranen lässt sich daran ermessen, dass Zellen bis zu 50% ihrer ATP-Produktion für Pumpvorgänge aufwenden. Das „Flaggschiff" unter solchen Membranpumpen ist die **Na⁺-K⁺-ATPase** ⌐, die in einem Zyklus drei Na⁺-Ionen exportiert, im Gegenzug zwei K⁺-Ionen importiert und dabei ein ATP-Molekül hydrolysiert (Abbildung 26.1). Na⁺-K⁺-ATPase kommt in den Plasmamembranen praktisch aller Zellen des menschlichen Organismus vor, wo sie die **differenzielle Ionenverteilung** zwischen extra- und intrazellulären Räumen erzeugt und aufrechterhält (▶ Tabelle 24.1). Es handelt sich um ein Heterotetramer aus zwei großen katalytischen α-Untereinheiten und zwei zusätzlichen (akzessorischen) β-Ketten.

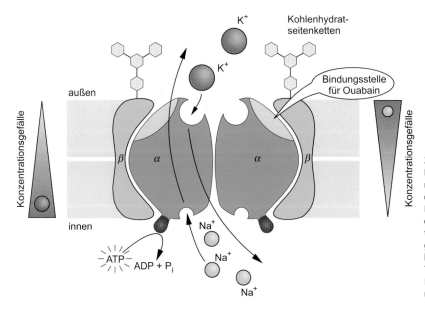

26.1 Schematisierte Struktur der Na⁺-K⁺-ATPase. Die α-Untereinheiten enthalten je zehn Transmembranhelices; sie tragen ATP- bzw. Na⁺-Bindungsstellen auf der cytoplasmatischen Seite und Bindungsstellen für K⁺ bzw. Ouabain auf der extrazellulären Seite. Es ist unklar, ob der Ionentransport über eine oder beide α-Untereinheiten gleichzeitig läuft. Die üppig mit Oligosaccharidketten bestückten β-Untereinheiten sichern den Transport der α-Ketten vom endoplasmatischen Reticulum zur Plasmamembran, nehmen aber nicht direkt am Ionentransport teil.

Die Pumpe hat mindestens zwei unterschiedliche Konformationen, die zum Zellinnern bzw. zum Extrazellulärraum geöffnet sind; wir sprechen verkürzt von endo- bzw. exo-Form (griech. *endo*, innen; *exo*, außen). Die **endo-Form** besitzt hochaffine Bindungsstellen für drei Na⁺-Ionen (Abbildung 26.2). Sobald Na⁺ daran bindet, katalysiert die α-Kette unter ATP-Verbrauch die **Autophosphorylierung** eines Aspartatrests in der katalytischen α-Untereinheit. Die Phosphorylierung treibt die Pumpe in die exo-Stellung, die eine deutlich verminderte Affinität für Na⁺ hat und daher die Ionen auf der extrazellulären Seite wieder freigibt. Diese **exo-Form** bindet nun zwei K⁺-Ionen mit hoher Affinität, was wiederum ihre Dephosporylierung und damit die Rückkehr der Pumpe in ihre endo-Form befördert. Die unphosphorylierte Pumpe hat eine geringere Affinität für K⁺ und gibt dadurch die beiden Ionen ins Cytoplasma frei. Damit ist die Ausgangsposition wieder erreicht: Die Bindung von drei Na⁺ leitet den nächsten Pumpenzyklus ein. *Die dabei erreichte Transportgeschwindigkeit beträgt ca. 10⁴ Ionen pro Sekunde entsprechend 2 000 Pumpenumläufen/s.* Ein Pumpvorgang dauert also im Mittel eine halbe Millisekunde!

Die Na⁺-K⁺-ATPase ändert also mehrfach ihre Konformation und die Affinität ihrer Ionenbindungsstellen im Verlauf des **Pumpenzyklus**. Dabei erfolgt der Transport der beiden Ionentypen entgegen ihren Konzentrationsgradienten: All dies kostet Energie! Bei einem Membranpotenzial von ca. –50 mV erfordert der Export von 3 mol Na⁺ und der Import von 2 mol K⁺ eine Änderung der freien Energie ΔG von

≥ 41 kJ. Daher ist der Ionentransport an die Hydrolyse einer energiereichen Bindung von ATP geknüpft, die unter zellulären Bedingungen mit $\Delta G = -50$ kJ/mol ausreichend freie Energie zum Antrieb der Pumpe liefert (Gleichung 26.1). Prinzipiell können solche Ionenpumpen auch in die umgekehrte Richtung laufen: Dann treibt der elektrochemische Gradient die Synthese von ATP an. Wir werden auf diese Variante später zurückkommen (▶Abschnitt 41.8).

$$3\ Na^+_{ic} + 2\ K^+_{ec} + ATP + H_2O \rightleftharpoons 3\ Na^+_{ec} +$$
$$2\ K^+_{ic} + ADP + P_i + H^+ \tag{26.1}$$

Na⁺-K⁺-ATPasen haben zahlreiche Funktionen: Zum einen sind sie **elektrogene Pumpen**, da sie pro Umlauf netto eine positive Ladungseinheit aus der Zelle exportieren; damit können sie zum Aufbau von Membranpotenzialen beitragen. Zum anderen stabilisieren sie das Zellvolumen, indem sie aktiv Ionen aus der Zelle pumpen und damit dem osmotisch bedingten Einstrom von Wasser entgegenwirken. Hemmt man die Na⁺-K⁺-ATPase der Erythrocyten durch den Pumpeninhibitor **Ouabain** (Abbildung 26.1), so akkumuliert Na⁺ in der Zelle. Dadurch steigt die intrazelluläre Osmolarität an (▶Abschnitt 1.9), und sekundär strömt Wasser in die Zelle, bis sie schließlich platzt: Es kommt zur Lyse der Zelle. Von klinischer Bedeutung sind *Digitalis*-**Inhaltsstoffe**: Sie hemmen die Na⁺-K⁺-Pumpe in der Plasmamembran von Kardiomyocyten (Exkurs 26.1).

⚕ Exkurs 26.1: Wirkmechanismus von *Digitalis*-Glykosiden ♊

Digitoxin und Digoxigenin sind seit langem in der Volksmedizin als „herzstärkende" Medikamente bekannt. Sie werden erfolgreich in der Therapie der Herzinsuffizienz eingesetzt – daher der Trivialname **Herzglykoside**. Digitalis-Präparate, die aus Fingerhut *(Digitalis purpurea)* gewonnen werden, binden an die extrazelluläre Domäne der Na⁺-K⁺-ATPase in der Kardiomyocytenmembran und „fixieren" die Pumpe in der exo-Form, indem sie ihre Dephosphorylierung blockieren. Die „stehende" Pumpe kann nun keinen steilen Na⁺-Gradienten mehr aufbauen, der wiederum den Export von Ca²⁺ aus Kardiomyocyten antreibt. Die **Akkumulation von Ca²⁺** in intrazellulären Kompartimenten äußert sich in einer verstärkten Kontraktionsfähigkeit der Kardiomyocyten, einer Senkung der Herzfrequenz und damit insgesamt einer verbesserten Herzfunktion. Digitalis-Glykoside werden in Konzentrationen verabreicht, welche die Na⁺-K⁺-ATPase nur partiell hemmen; dadurch wird eine Lyse von Kardiomyocyten verhindert. Überdosierung von bzw. Vergiftung mit Herzglykosiden kann zu schweren Herzrhythmusstörungen führen.

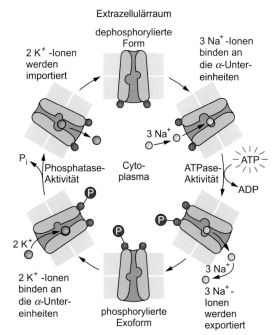

26.2 Zyklus der Na⁺-K⁺-ATPase. Zur Vereinfachung ist nur je eine Bindungsstelle für Na⁺ bzw. K⁺ gezeigt. Tatsächlich ist der Prozess komplexer als hier dargestellt: So gibt es „intermediäre" Konformationen der Pumpe, die nach beiden Membranseiten hin geschlossen sind.

Ionengradienten treiben den Stofftransport über Membranen an

Am Beispiel des **transepithelialen Glucosetransports** wollen wir das Zusammenspiel von Ionenpumpe und Träger verdeutlichen. Der Na⁺-Glucose-Transporter, den wir bereits bei Symportern kennen gelernt haben (▸ Abbildung 25.17), verschiebt mit jedem Glucosemolekül auch zwei Na⁺-Ionen in die Darmepithelzelle. Würde Na⁺ nicht ständig wieder aus der Zelle herausgepumpt werden, käme der Symporter und

damit der Glucosetransport alsbald zum Erliegen. Eine Na⁺-K⁺-ATPase in der basolateralen Membran von Darmepithelzellen übernimmt diese Aufgabe und hält unter ATP-Verbrauch den steilen Na⁺-Gradienten aufrecht, der als „Antriebsriemen" für den Import von Glucose dient: Wir sprechen von einer **Na⁺-Triebkraft** (Abbildung 26.3). Von dem in Richtung Cytosol steil abfallenden Na⁺-Gradienten angetrieben, reichert die Epithelzelle Glucose an und verfrachtet sie dann passiv und Na⁺-unabhängig via Glucosetransporter auf die basolaterale Seite, von wo aus sie das Kapillarsystem des Bluts und damit die glucoseverbrauchenden Organe erreichen kann.

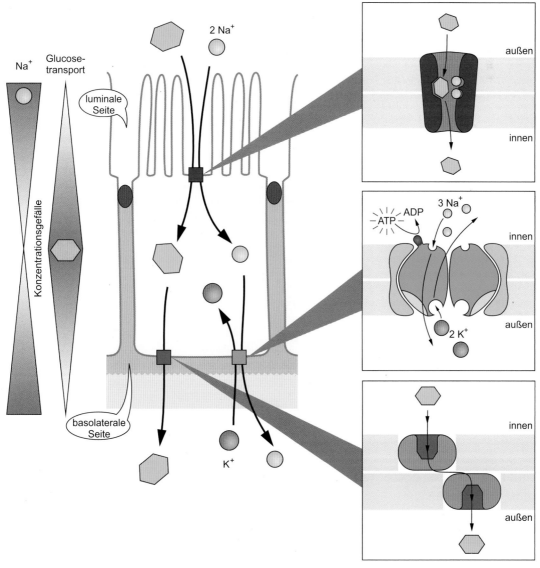

26.3 Transepithelialer Glucosetransport. Drei Proteine, die ungleich über die Epithelzelle verteilt sind, bewerkstelligen im Wesentlichen den transepithelialen Glucosetransport: Der Glucose-Na⁺-Symporter (rot) besorgt den Cotransport in der apikalen (luminalen) Membran (oben), während Na⁺-K⁺-ATPase (grün) den aktiven Transport und Glucosetransporter (blau) den passiven Transport in der basolateralen Membran (unten) übernehmen.

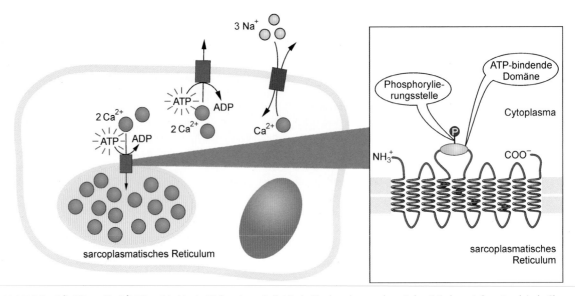

26.4 Zelluläre Ca^{2+}-ATPasen. Die Ca^{2+}-ATPase (blau) ist das häufigste integrale Protein der Membran des sarcoplasmatischen Reticulums; sie kommt auch in der Plasmamembran vor. Ausschnitt: Die α-Untereinheit der sarcoplasmatischen Ca^{2+}-ATPase ist hier gezeigt. Cytosolische Domänen sind an ATP-Bindung und Phosphorylierung beteiligt; vier Aminosäurereste (rot) in den Transmembranhelices vermitteln den Ca^{2+}-Transport. Ein Na$^+$-Ca^{2+}-Austauscher (violett) der Plasmamembran nutzt die Na$^+$-Triebkraft, um Ca^{2+} aus der Zelle zu schleusen; dabei tauscht er ein Ca^{2+}-Ion gegen drei Na$^+$-Ionen.

Sequenzvergleiche haben gezeigt, dass die Na$^+$-K$^+$-ATPase der Plasmamembran zu einer Familie von kationentransportierenden ATPasen gehört, die vermutlich aus einem gemeinsamen Stammgen hervorgingen und daher eine ähnliche molekulare Mechanik besitzen. So trägt eine strukturell verwandte **ATP-getriebene Ca^{2+}-Pumpe** zum steilen Gradienten zwischen extra- und intrazellulärer Ca^{2+}-Konzentration (ca. 10^{-3} M vs. 10^{-7} M) an der Plasmamembran bei. Eine **sarcoplasmatische Ca^{2+}-ATPase** pumpt zwei Ca^{2+}-Ionen pro hydrolysiertem ATP aus dem Cytosol in das sarcoplasmatische Reticulum (▶Abschnitt 9.5). Ähnlich wie Na$^+$-K$^+$-ATPase wird auch Ca^{2+}-ATPase während des Ionentransports reversibel phosphoryliert (Abbildung 26.4). Diese Pumpe senkt die cytosolische Konzentration des Botenstoffs Ca^{2+} rasch ab und bildet damit eine entscheidende Voraussetzung für das Funktionieren von Signalwegen, die Ca^{2+} als Botenstoff nutzen.

26.3 Protonentransporter entsorgen die zellulären H$^+$-Lasten

Eine weitere Funktion des steilen Na$^+$-Gradienten an der Plasmamembran dient der **Aufrechterhaltung des pH-Werts** im Cytosol. Eine Akkumulation von Protonen, die z.B. bei Stoffwechselvorgängen anfallen, würde durch Abweichung vom pH-Optimum intrazelluläre Enzyme inaktivieren und andere Proteine gar denaturieren. Zwei Transporter tragen die Hauptlast bei der Aufrechterhaltung des „normalen" zellulären pH-Werts von ca. 7,2 (Abbildung 26.5). Der **Na$^+$-H$^+$-Austauscher** koppelt den Ausstrom (Efflux) von Protonen an den Einstrom (Influx) von Na$^+$. Dagegen ist der Na$^+$-getriebene **Cl$^-$-HCO$_3^-$-Austauscher** ein Cotransporter, der im Antiport-Modus arbeitet: Er importiert Na$^+$ und Bicarbonat (HCO$_3^-$) und exportiert dafür H$^+$ zusammen mit Cl$^-$; auf diese Weise bleibt die Elektroneutralität gewahrt. Dieser Austauscher arbeitet mit „doppelter" Effizienz: Einerseits wird H$^+$ direkt aus dem Cytosol herausgeschleust, andererseits nimmt das importierte HCO$_3^-$ ein cytosolisches Proton auf und zerfällt in H$_2$O und CO$_2$, die wiederum frei aus der Zelle diffundieren können. *Nettoeffekt ist also eine Entfernung von zwei Protonen aus dem Cytosol, die einem Abfall des zellulären pH-Werts aufgrund metabolischer Aktivität entgegenwirkt.*

ATP-getriebene Pumpen spielen eine entscheidende Rolle beim Protonentransport von Zellen und Organellen. Prototyp solcher Transporter ist die **H$^+$-K$^+$-ATPase** der Belegzellen ⌐, die den sauren Magensaft produzieren (▶Abschnitt 31.1). Der Protonentransport spielt auch eine wichtige Rolle bei der **Azidifizierung**, d.h. pH-Absenkung, von Zellkompartimenten wie Lysosomen, Endosomen und sekretorischen Vesikeln. So besitzen Lysosomen in ihrer Membran eine **H$^+$-ATPase**, die unter ATP-Verbrauch H$^+$ aus dem Cytosol in die Organelle pumpt und dabei den intralysosomalen pH-Wert mit 5,0 bis 6,0 deutlich gegenüber dem umgebenden Cytosol mit einem pH von 7,2 absenkt (▶Abbildung 19.32). Dadurch werden lysosomale Enzyme aktiviert, die typischerweise ein „saures" pH-Optimum haben (▶Abschnitt 19.11). Anders als Na$^+$-K$^+$-ATPase und andere Membranpumpen vom P̲-Typ, die rever-

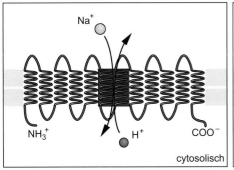

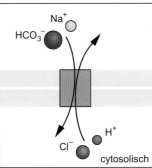

26.5 Regulation des intrazellulären pH-Werts. Werden Protonen bei Stoffwechselprozessen wie der zellulären Atmung vermehrt produziert, wird zuerst der Cl⁻-HCO₃⁻-Austauscher (blau; oben rechts) aktiv, der HCO₃⁻ importiert und dadurch ein weiteres H⁺ bindet; sekundär wird der Na⁺-H⁺-Austauscher (rot) aktiviert. Der Na⁺-H⁺-Austauscher NHE-1 (oben links) besitzt zwölf Transmembranhelices, von denen zwei den Ionentransport bewältigen, sowie eine regulatorische Domäne auf der cytosolischen Seite (nicht gezeigt).

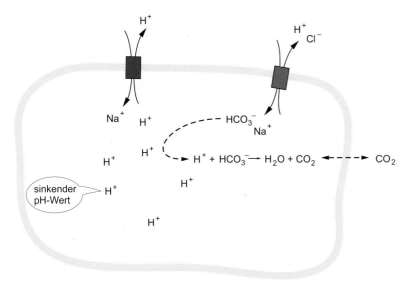

sibel phosphoryliert werden, machen H⁺-ATPasen *keinen* Zyklus von Phosphorylierung und Dephosphorylierung durch. Halophile Bakterien, die Salzsalinen besiedeln, haben eine andere molekulare Strategie gewählt, um Protonen aus der Zelle herauszubefördern: Sie nutzen die Lichtenergie, um ihre Protonenpumpe **Bakteriorhodopsin** anzutreiben, und verwerten den entstehenden H⁺-Gradienten zur ATP-Produktion (Exkurs 26.2).

Exkurs 26.2: Bakteriorhodopsin – eine lichtgetriebene Protonenpumpe

Halobacterium halobium trägt auf seiner Zellmembran in großer Stückzahl die lichtgetriebene **Protonenpumpe** Bakteriorhodopsin ◌. Das 26-kd-Protein hat sieben Transmembranhelices und ist ein struktureller Vorläufer des menschlichen Photorezeptors Rhodopsin (▸ Abschnitt 28.6). Bakteriorhodopsin bindet kovalent über die ε-Aminogruppe eines Lysinrests einen **Retinal-Chromophor**, der auf Lichteinfall mit einer all-*trans*- nach 13-*cis*-Isomerisierung reagiert

(Photoisomerisierung). Die dadurch induzierte Konformationsänderung im Trägerprotein erlaubt den Transfer eines Protons aus der Zelle heraus (Abbildung 26.6). Dadurch entsteht ein Protonengradient an der Membran, der die ATP-Synthese des Bakteriums antreibt: Wir sprechen von einer **protonenmotorischen Kraft**. Eine analoge Strategie, die ebenfalls mit der Umkehrung der ATPase-Reaktion arbeitet, treffen wir bei der Atmungskette eukaryotischer Zellen an (▸ Abschnitt 41.8). Achtung: Der Lichtrezeptor Rhodopsin macht eine lichtinduzierte *cis*-*trans*-Isomerisierung durch (▸ Abbildung 28.14).

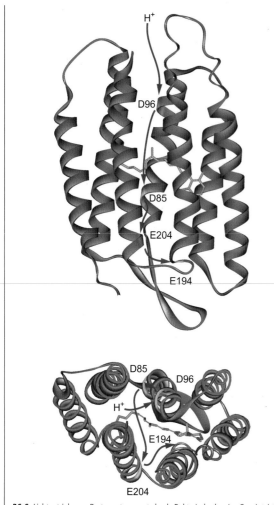

26.6 Lichtgetriebener Protonentransport durch Bakteriorhodopsin. Gezeigt ist ein Bändermodell des Transmembranproteins in Seitenansicht (oben) und in der Aufsicht (unten). All-*trans*-Retinal (grün) bindet über einen Lysinrest an Bakteriorhodopsin. Bei Photoneneinfall wandert im Endeffekt ein Proton unter Beteiligung diverser Aminosäurereste (graue Positionen: D, Aspartat; E, Glutamat) durch den wassergefüllten Kanal aus dem Zellinnern nach außen. Retinal wirkt dabei als eine lichtgesteuerte „Schranke". [AN]

26.4

ABC-Transporter verfrachten Ionen, Lipide und Arzneimittel über Membranen

Neben den beschriebenen Transportern für Kohlenhydrate und Kationen gibt es eine dritte große Familie von Transportern, die eine ATP-Bindungs-Cassette besitzen und daher **ABC-Transporter** ⚕ genannt werden. Diese Familie umfasst ein Spektrum von Transportern mit sehr unterschiedlichen Aufgaben, die den Umschlag von Ionen, Lipiden, Kohlenhydraten (Permeasen), Peptiden und sogar Proteinen über Membranen regulieren; auch „Fremdstoffe" wie z.B. Arzneimittel werden von diesen Transportern aus der Zelle ge-

schafft. ABC-Transporter durchspannen zwölfmal die Membran; dabei bilden zwei Transmembranregionen einen Kanal mit hoher Substratselektivität. Auf der cytosolischen Seite besitzen sie zwei regulatorische Domänen, die über die Bindung und Spaltung von ATP sowie über reversible Phosphorylierung gesteuert werden. Prototyp dieser Familie ist ein **Chloridtransporter**, der die Cl^--Sekretion von Epithelzellen in Lunge, Pankreas und Darm regelt (Abbildung 26.7). Eine Mutation im Gen dieses Cl^--Transporters führt zu einer der häufigsten Erbkrankheiten, der **Cystischen Fibrose** (Exkurs 26.3). Die Aktivität des Chloridtransporters wird über ATP-Bindung sowie Phosphorylierung durch eine cAMP-abhängige Proteinkinase reguliert.

⚕ Exkurs 26.3: Cystische Fibrose

Eine monogene, autosomal-rezessive Erbkrankheit mit potenziell letalem Ausgang ist die Cystische Fibrose (CF; auch Mukoviszidose genannt) ⚕. Die klassischen Symptome, die sich bereits im Säuglingsalter zeigen, sind erhöhte Chloridkonzentration im Schweiß, Insuffizienz der Bauchspeicheldrüse und häufige Infektionen der Atemwege. Verantwortlich sind Mutationen im ca. 250 kbp großen Gen für den **CF-Transmembranleitfähigkeits-Regulator** (CFTR), das für einen Anionenkanal codiert, der Cl^- aus der Zelle heraustransportiert. Zwei Drittel aller CF-Fälle sind auf die Deletion eines Codons für Phenylalanin in Position 508 (ΔPhe^{508}) zurückzuführen. Das Fehlen einer einzigen von 1480 Aminosäuren in der Polypeptidkette führt zu einer Fehlfaltung des veränderten Proteins, das noch im ER durch das ERAD-System abgebaut wird (▶ Abschnitt 19.4). Damit gelangt praktisch kein funktionelles CFTR-Protein an die Oberfläche von Epithelzellen. Unmittelbare Folgen sind abnorm dickflüssige Sekrete im Pankreas und in den Atemwegen, die zu Obstruktion und Infektion dieser Organe führen. Die Identifizierung des CFTR-Gens gelang erstmals durch positionelle Klonierung (▶ Abschnitt 22.8). Angesichts ihrer monogenen Kausalität ist CF ein „heißer" Kandidat für die Gentherapie (▶ Exkurs 23.7).

ABC-Transporter spielen eine wichtige Rolle bei der Antigenpräsentation von Makrophagen und Lymphocyten: Sie transportieren Peptide, die bei der Antigenfragmentierung im Cytosol entstehen, in das endoplasmatische Reticulum (▶ Abschnitt 36.8). Das sog. **Multi-Drug-Resistance-(MDR1)-Gen**, das Tumorzellen widerstandsfähig gegen zahlreiche cytotoxische Medikamente macht, codiert ebenfalls für einen ABC-Transporter. Resistente Tumorzellen besitzen das zugehörige Protein **MDR-ATPase** in großer Kopienzahl und schaffen damit unter ATP-Hydrolyse Cytostatika wieder aus der Zelle, bevor diese den gewünschten toxischen Effekt erzielen können; besonders betroffen sind Leberzellkarzinome, da Hepatocyten große Mengen an MDR1-ATPase zur „Entgiftung" endogener und exogener Stoffe exprimieren. Auch die **Mehrfachresistenz** des Malariaerregers *Plasmodium falciparum* gegen einschlägige Malariamittel beruht auf einem

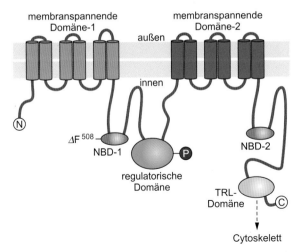

26.7 Struktur des ABC-Transporters für Chloridionen. Der CFTR-Transporter besteht aus einer Proteinkette, die sich in zwei Domänen mit je sechs Transmembranhelices anordnet; sie bilden den Chloridionenkanal. Auf der cytosolische Seite flankieren zwei Nucleotid-bindende Domänen (NBD), die ATP binden und spalten, die regulatorische Domäne, die durch Proteinkinase-A phosphoryliert und damit aktiviert wird. Die häufigste Mutation von CFTR, ΔPhe^{508}, liegt in NBD1 und ist kritisch für die korrekte Faltung des Transporters (Exkurs 26.3). Die carboxyterminale Domäne TRL stellt die Verbindung von CFTR zum Cytoskelett und zu anderen Ionenkanälen her.

ABC-Transporter: Resistente Plasmodien synthetisieren dieses Protein massenhaft und transportieren damit Medikamente ebenso schnell aus der infizierten Zelle hinaus, wie sie hineindiffundieren können. *Diese Beispiele illustrieren die Anpassungsfähigkeit und Durchschlagskraft „intelligenter" molekularer Strategien von Krebszellen und Parasiten, mit denen sie therapeutische Maßnahmen wirkungsvoll unterlaufen können.*

26.5

Ionenkanäle bilden temporäre Poren in der Membran

Der CF-Chloridtransporter schlägt eine Brücke zur großen Gruppe der **Ionenkanäle** , der wir uns nun zuwenden. Ionenkanäle besitzen fundamentale Aufgaben bei der Fortleitung elektrischer Signale im Nervensystem und bei der Muskelerregung (▶Kapitel 32). Anders als Pumpen, die zu keinem Zeitpunkt ihres Zyklus eine durchgehende Membranpore haben und Energie bei jedem „Umlauf" in der Membran verbrauchen, bilden Ionenkanäle durchgängige **Membranporen**, die sich öffnen und schließen können. Im geöffneten Zustand lassen sie Ionen entlang ihres elektrochemischen Gradienten passieren, ohne dafür Energie aufzuwenden; sie können also selbst auch keinen Gradienten aufbauen. *Herausragende Merkmale von Ionenkanälen sind: extrem hohe Flussraten entlang von Konzentrationsgradienten, große Selektivität – meist für einen oder wenige Ionentypen – sowie kontrollierte Öffnung und Schließung.* Prinzipiell kommen drei Typen von Ionenkanälen in Zellmembranen vor (Abbildung 26.8).

Prototypen von **Kanälen mit vier Untereinheiten** sind die spannungsgesteuerten Ionenkanäle, die auf eine Änderung des Membranpotenzials mit einer Öffnung antworten. Ähnlich wie Pumpen haben sie sich aus einem gemeinsamen Vorläufergen entwickelt; daher besitzen die verschiedenen Ionenkanalfamilien eine ähnliche molekulare Struktur und Mechanik. Die spannungsgesteuerten K^+-Kanäle der Nervenzellaxone bestehen aus vier identischen Untereinheiten, die je sechs Transmembranhelices (S1 bis S6) besitzen (Abschnitt 26.6). Ein zweiter Typus von K^+-Kanälen, die nicht

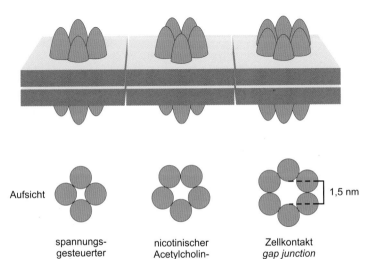

Aufsicht

spannungs-
gesteuerter
K^+-Kanal

nicotinischer
Acetylcholin-
rezeptor

Zellkontakt
gap junction

1,5 nm

26.8 Typen von Membrankanälen in schematisierter Darstellung. Mehrere (vier bis sechs) Untereinheiten bilden eine zentrale Pore von zunehmendem Durchmesser (bis 1,5 nm) auf Kosten abnehmender Selektivität. Beispiele für spannungsbzw. ligandengesteuerte Ionenkanäle sind K^+-Kanäle bzw. nicotinische Acetylcholinrezeptoren. Bei den *gap junctions* ist das dargestellte Hexamer in jeder der beiden kontaktierenden Membranen vorhanden (Abbildung 26.23). [AN]

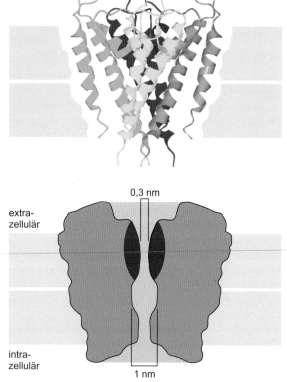

26.9 Struktur eines bakteriellen K⁺-Kanals. Im Bändermodell (oben) sind die vier Untereinheiten des Homotetramers dargestellt; sie bilden mit jeweils zwei Transmembranhelices einen trichterförmigen Kanal. Der Querschnitt (unten) zeigt einen durchgängigen Kanal mit unterschiedlichen lichten Weiten. An der engsten Stelle (rot: Selektivitätsfilter) müssen die K⁺-Ionen ihre Wasserhülle abstreifen, um passieren zu können. [AN]

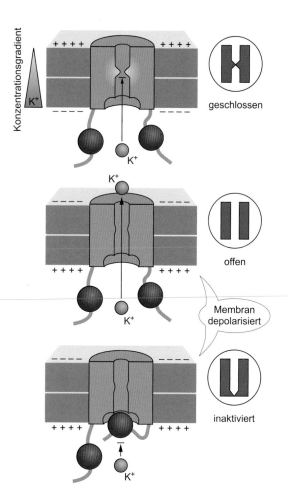

26.10 Regulation von spannungsgesteuerten K⁺-Kanälen nach dem Kugel-Ketten-Modell. Eine Membrandepolarisation verändert die elektrische Umgebung eines geschlossenen Kanalproteinkomplexes in der Membran und öffnet per Konformationsänderung die „Schleusentore". Die bewegliche aminoterminale Domäne (rote Kugel) „verstöpselt" rasch den offenen Kanal und unterbricht damit den Ionenfluss, obgleich die Schleusen noch offen sind; verzögert geht der inaktivierte Kanal wieder in den geschlossenen Zustand über. Jede Untereinheit trägt eine „Kugel" aus ca. 19 Aminosäureresten (hier zwei von vier Untereinheiten gezeigt).

spannungsgesteuert sind, besitzt dagegen nur zwei Transmembranhelices, die S5 und S6 entsprechen. Beiden Kanaltypen gemeinsam ist, dass die S6-Helices die Wände eines langen englumigen Kanals bilden (Abbildung 26.9). Auf der weitlumigen extrazellulären Seite bilden Paare von interhelikalen Segmenten – die **P-Schleifen** (engl. *pore loops*) – zwischen S5 und S6 ein **Selektivitätsfilter**, das jeweils zwei K⁺-Ionen komplexieren kann. Gemeinsames Merkmal dieser Segmente ist die Consensussequenz Thr-Val-Gly-Tyr-Gly (TVGYG), die über die Carbonylgruppen ihrer Peptidbindungen K⁺-Ionen bindet.

Ähnlich wie ein Gramicidin-Kanal (▶Abbildung 25.20) oszilliert auch ein K⁺-Kanal zwischen offenem und geschlossenem Zustand. Allerdings werden die Schleusen von **spannungsgesteuerten K⁺-Kanälen** kontrolliert geöffnet: Änderungen des Membranpotenzials (▶Abschnitt 32.1) öffnen und schließen hier den Kanal. Bei der Depolarisation einer Nervenzelle ändert sich die elektrische Umgebung des Kanals, der sich daraufhin öffnet. Der offene Kanal lässt einen beträchtlichen **Ionenfluss** zu, der je nach elektrochemischem

Gradienten bis zu 10⁷ Ionen pro Sekunde betragen kann und damit bedeutend höher ist als die typische Förderrate einer Pumpe mit ca. 10⁴ Ionen s⁻¹. Der Ionenfluss wird unterbrochen, wenn ein globuläres Segment am flexiblen Aminoterminus – eine „Kugel" an einer Peptid-"Kette" (*engl. ball and chain*) – den K⁺-Kanal von der cytosolischen Seite her verschließt und ihn damit inaktiviert (Abbildung 26.10). Somit kann ein K⁺-Kanal mindestens drei Zustände einnehmen: geschlossen, offen bzw. inaktiviert. Mutationen in den kritischen Sequenzbereichen führen zu dysfunktionellen Kanälen, die zu sog. **Channelopathien** führen können (Exkurs 26.4).

Exkurs 26.4: Channelopathien

Genetische Defekte von Ionenkanälen wie z. B. dem **ATP-abhängigen K⁺-Kanal** (K^+_{ATP}) führen zu Channelopathien (engl. *channel*, Kanal). K^+_{ATP}-Kanäle regulieren die Insulinsekretion der pankreatischen β-Zellen. Sie bestehen aus je vier **porenbildenden Kir6.2-Untereinheiten** (engl. $\underline{K}^+$ *inwardly rectifying*) bzw. **regulatorischen SUR1-Untereinheiten** (engl. *sulfonylurea receptor*). Die Bindung von **ATP** an die Kanäle steuert ihren Öffnungszustand (Abbildung 26.11a, b). Bei niedriger Energieladung (wenig ATP) sind die Kanäle offen und erlauben die Einstellung eines Ruhepotenzials. Nach Nahrungsaufnahme steigt die ATP-Produktion und damit die

Energieladung der β-Zellen, woraufhin ATP an K^+_{ATP}-Kanäle bindet und sie schließt. Dadurch kommt es zur Depolarisation der Zellmembran und sekundär zur Öffnung von **spannungsabhängigen Ca²⁺-Kanälen**, die letztlich zur Ausschüttung insulinhaltiger Granula führt. Genetische Defekte, die den Fluss von K⁺-Ionen durch den Kanal mindern oder die Anzahl funktioneller Kanäle reduzieren, führen zur unkontrollierten Insulinausschüttung und somit zur gefürchteten **Hyperinsulinämie** (Abbildung 26.11c). Ist hingegen die ATP-Bindung gestört, so wird trotz erhöhter Blutzuckerspiegel kein Insulin sezerniert, was einen **neonatalen Diabetes mellitus** zur Folge hat (Abbildung 26.11d). Das molekulare Verständnis dieser Pathomechanismen hat die Entwicklung oraler Antidiabetika wie z. B. des kanalblockenden Sulfonylharnstoffs Glibenclamid (Euglucon®) ermöglicht.

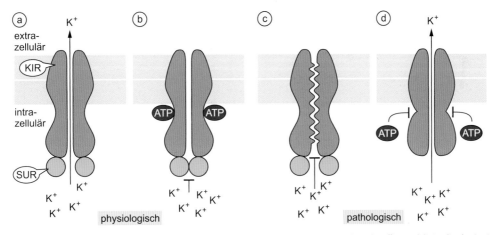

26.11 Molekulare Defekte von K^+_{ATP}-Kanälen. Im Hungerzustand ist der ATP-Spiegel der Zelle gering, die K^+_{ATP}-Kanäle sind geöffnet, und die Insulinsekretion ist unterdrückt (a). Steigt der Blutzucker- und damit der ATP-Spiegel, so bindet ATP an K⁺-Kanäle und schließt sie. Die nachfolgende Depolarisation führt zur Ausschüttung von Insulin (b). Die meisten Mutationen hemmen den K⁺-Durchtritt durch die Kanäle; ihre permanente Schließung führt zur Hyperinsulinämie (c). Betrifft eine Mutation die ATP-Bindungsstelle, so sind die Kanäle permanent offen, ohne dass Insulin sezerniert wird (d).

26.6 Spannungsgesteuerte Ionenkanäle sondieren Potenzialänderungen

Wie sondiert nun ein Kanal eine Spannungsänderung an der Membran? Dazu betrachten wir einen **spannungsgesteuerten Na⁺-Kanal**, der in neuromuskulären Synapsen und Neuronen vorkommt. Prinzipiell ist er wie ein K⁺-Kanal aufgebaut; allerdings besteht er aus nur *einer* Polypeptidkette mit vier homologen Domänen, die jeweils einer Untereinheit des K⁺-Kanals entsprechen (Abbildung 26.12). Ca²⁺-Kanäle sind ebenfalls nach dem Muster der Na⁺-Kanäle gebaut.

Der Na⁺-Kanal verfügt über vier **Spannungssensoren**, die jeweils in der vierten Transmembranhelix (S4) seiner homologen Domänen eingebaut sind (Abbildung 26.13). Diese Helix fällt dadurch auf, dass sie an jeder dritten Position ihrer Sequenz einen geladenen Rest (Lysin oder Arginin) trägt; die Gegenionen werden von den umliegenden Helices des Kanals gestellt. In seiner Grundstellung ist der Spannungssen-

sor „eingerastet". Bei **Membrandepolarisation** löst sich ein Teil dieser Ionenbindungen und gibt den Sensor „frei", der sich daraufhin schraubenförmig aus der Membran herauswindet, bis er wieder in das Muster von Ionenbindungen einrastet. Die Bewegung von S4 führt zu einer allosterischen Konformationsänderung im Kanal, woraufhin sich nun seine Schleuse öffnet: Durch die nunmehr offene Membranpore strömen Na⁺-Ionen entlang ihres Gradienten.

Bemerkenswerterweise verfügen Na⁺-Kanäle über einen eingebauten „Zeitschalter": Spätestens nach 1 ms schließen sich die Kanäle wieder, auch wenn die Membran noch depolarisiert ist (Abbildung 26.14). Ein interhelikales Segment zwischen S3 und S4 übernimmt vermutlich bei den Na⁺-Kanälen die Funktion der „Kugel" und verschließt den Ionenkanal. Dabei geht der Kanal in einen inaktivierten refraktären Zustand über, den er erst nach der Repolarisation der Membran wieder verlassen kann, um dann in den geschlossenen aktivierbaren Zustand zu wechseln. *Der Ionenkanal durchläuft also einen gerichteten Zyklus von Zuständen: geschlossen/aktivierbar, offen bzw. geschlossen/refraktär.* Wir werden

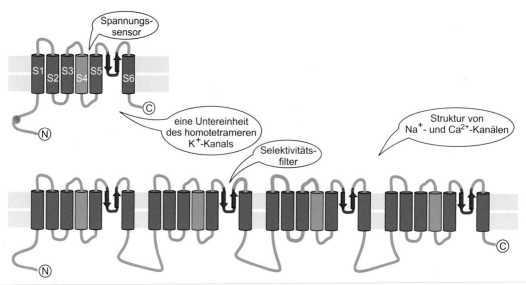

26.12 Struktureller Aufbau von spannungsgesteuerten Ionenkanälen. K⁺-Kanäle sind Homotetramere, deren Untereinheiten jeweils aus sechs Transmembransegmenten (S1–S6) bestehen, wobei S4 (hellblau) der Spannungssensor ist. Die interhelikalen P-Schleifen (rot) bilden einen Selektivitätsfilter. Kanäle für Na⁺ und Ca²⁺ sind dagegen Einkettenproteine mit vier homologen Domänen; im Gegensatz zum K⁺-Kanal gibt es hier *keine* aminoterminale Kugel-Ketten-Struktur. cAMP- und cGMP-gesteuerte Kanäle (nicht gezeigt) sind ähnlich wie K⁺-Kanäle aufgebaut, besitzen jedoch statt eines Spannungssensors spezifische Bindungsstellen für cyclische Nucleotide.

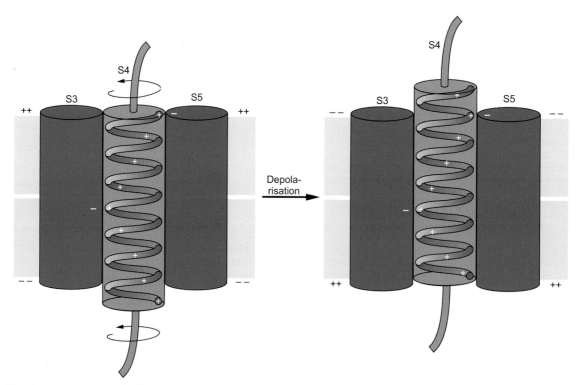

26.13 Spannungssensor von Ionenkanälen. Die Depolarisation der Membran induziert eine Drehgleitbewegung des Sensors (gegen den Uhrzeigersinn in Aufsicht), die zur Auslagerung von ein oder zwei Ladungen aus der Membran führt. Die dadurch bewirkte Konformationsänderung wird an die Domänen im Innern weitergegeben: Der Kanal öffnet sich und ermöglicht den Ionenfluss.

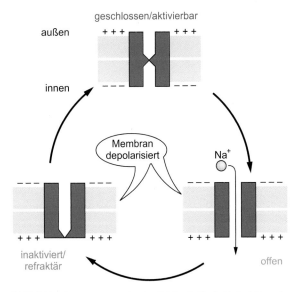

außen

geschlossen/aktivierbar

innen

Membran
depolarisiert

Na⁺

inaktiviert/
refraktär

offen

26.14 Zyklus eines spannungsgesteuerten Na⁺-Kanals. Die Zustände stellen unterschiedliche Konformationen des Kanals dar (schematisiert), die in geordneter Folge durchlaufen werden: Im Grundzustand ist der Kanal geschlossen. Durch Membrandepolarisation geht er in die offene Form über, die spontan in den refraktären geschlossenen Zustand wechselt. Durch Repolarisation wird der aktivierbare geschlossene Ausgangszustand erneut erreicht. Alternativ kann ein Kanal auch durch Ca²⁺-Bindung oder Dephosphorylierung in einen refraktären Zustand übergehen (nicht gezeigt).

später sehen, dass **Refraktärität** eine wichtige Rolle für die Fortleitung neuronaler Signale spielt (▸Abschnitt 32.4).

Ionenkanäle sind selektiv: So lässt der Na⁺-Kanal Na⁺ ca. zehnmal effizienter passieren als K⁺; der K⁺-Kanal bevorzugt K⁺ gegenüber Na⁺ sogar bis zu zehntausendfach. Diese bemerkenswerte **Ionenselektivität** beruht auf unterschiedlichen molekularen Mechanismen (Exkurs 26.5). Synthetische **Lokalanästhetika** wie Procain und Lidocain, die auf der Basis von natürlich vorkommendem Cocain entwickelt wurden, sind potente **Hemmstoffe** von spannungsgesteuerten Na⁺-Kanälen. Sie binden an eine Transmembrandomäne im Lumen des Kanals und verhindern seine Öffnung, sodass der schnelle Na⁺-Einstrom unterbleibt und damit die Fortleitung von Nervenimpulsen unterbrochen wird (▸Abschnitt 32.3).

Prototypen von Na⁺-gekoppelten Symportern sind die **Transporter für Neurotransmitter** wie z. B. Glutamat, GABA, Noradrenalin, Dopamin und Serotonin. Es handelt sich dabei um Trimere, die jeweils zwölf Helices besitzen, die – ganz oder teilweise – in die Membran eintauchen (Abbildung 26.16). Auf seiner extrazellulären Seite bildet das Trimer ein „Bassin", das auf seinem Boden drei Substratbindungsstellen für Glutamat bzw. Na⁺ besitzt. Der Zugang zu diesen Bindungsstellen wird durch Haarnadelschleifen der Proteinkette (engl. *hairpin loops*) auf der extra- bzw. intrazellulären Seite geregelt. Im **Grundzustand** ist ein Substratzutritt nur von

---

Exkurs 26.5: Selektivität von Ionenkanälen

Kanalproteine „verlesen" Ionen nach unterschiedlichen Prinzipien: Der **Na⁺-Kanal** selektiert nach Größe und lässt hydratisierte Na⁺-Ionen noch durch, während die größeren hydratisierten K⁺-Ionen zurückgewiesen werden (Abbildung 26.15). Dabei bilden die Seitenketten von Aminosäuren in der Kanalpore ein „Nadelöhr", das nur hydratisierte Ionen bis zu einer bestimmten Größe durchlässt. Diese Strategie kann bei **K⁺-Kanälen** nicht greifen, weil Na⁺ kleiner ist als K⁺ und damit auch die engste Stelle des Kanals passieren könnte. Der Schlüssel zum Verständnis des Selektionsmechanismus zuguns-

ten von K⁺ liefert eine **Energiebilanz**: Zum Passieren der engsten Stelle müssen Ionen ihre Hydrathülle unter Aufwendung von freier Energie abstreifen. Im Fall von K⁺ erlaubt die Bindung des Ions an die Carbonylgruppen des Selektivitätsfilters eine „optimale" Interaktion, die den Verlust an freier Energie beim Abstreifen der Hydrathülle (über)kompensiert. Bei den kleineren Na⁺-Ionen wären diese Interaktionen suboptimal und könnten daher den Verlust an freier Energie nicht wettmachen: Na⁺-Ionen verbleiben deshalb in ihrer Hydrathülle, die wiederum zu groß ist, um die engste Stelle des K⁺-Kanals zu überwinden. Die **TVGYG-Consensussequenz** sichert die charakteristische Ionenselektivität von K⁺-Kanälen (Abschnitt 26.5).

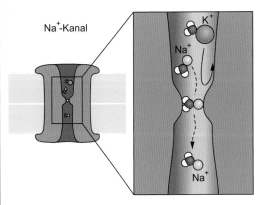

Na⁺-Kanal

K⁺

Na⁺

Na⁺

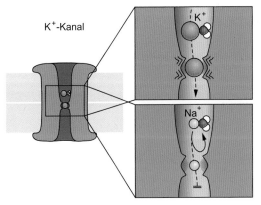

K⁺-Kanal

K⁺

Na⁺

26.15 Selektivitätsfilter von Na⁺- und K⁺-Kanälen. Ionen können die engste Stelle des Ionenkanals nur einzeln passieren: Dadurch ist eine obere Grenze für den maximalen Ionenfluss durch einen Kanal gesetzt.

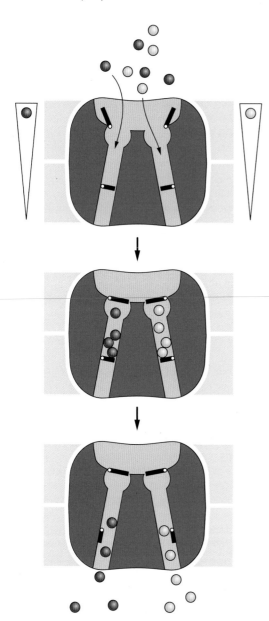

26.16 Modell eines Glutamat-Tranporters. Das trimere Protein bildet auf der extra-zellulären Seite ein „Bassin" mit drei Schleusen für Glutamat bzw. Na⁺; zur Vereinfachung sind hier lediglich zwei gezeigt. Im Grundzustand sind diese auf der extra-zellulären Seite offen (oben); nach Bindung der Substrate Glu und Na⁺ verschließen jeweils zwei Haarnadelschleifen die Bindungsstellen (Mitte). Durch eine weitere Konfromationsänderung geben die intrazellulären Schleifen den Eintrittskanal frei (offener Zustand) und entlassen Glutamat und Na⁺ ins Cytoplasma. Gezeigt ist hier ein den eukaryotischen Transportern homologes Protein aus *Pyrococcus horikoshii*. [AN]

der extrazellären Seite her möglich. Die Substratbindung induziert dann eine Konformationsänderung im Transporter, wodurch zunächst einmal jedes Schleifenpaar seine Bindungsstelle verschließt (**gebundener Zustand**). Dann rotieren die intrazellulären Schleifen von der Bindungsstelle weg

und öffnen einen Durchtrittskanal, der nun die Diffusion von Glutamat und Na⁺ in das Cytoplasma erlaubt (**offener Zustand**). Wir haben es also hier mit einem Kanal zu tun, der zwei Schleusentore besitzt, die alternierend öffnen und schließen. Der Einstrom von Na⁺ entlang seines elektrochemischen Gradienten liefert dabei die notwendige Energie für den Transport von Glutamat in die Zelle. Ein analoger Mechanismus arbeitet außerordentlich effizient bei der Wiederaufnahme von ausgeschütteten Neurotransmittern aus dem synaptischen Spalt in das präsynaptische Neuron; damit wird die Wirkung der Neurotransmitter zeitlich begrenzt.

Cocain hemmt u.a. den Dopamin-Transporter und verlängert dadurch die Signalwirkung dieses Neurotransmitters an Schlüsselneuronen des Gehirns. **Antidepressiva** wie z.B. Fluctin® (Prozac®) aus der Gruppe der Fluoxetine verhindern bevorzugt die Serotonin-Wiederaufnahme, während Desipramin (Petylyl®) vor allem die Noradrenalin-Aufnahme blockiert (▶Exkurs 32.5). Dagegen besitzt der wichtige Neurotransmitter Acetylcholin keine spezifischen Transporter für die Wiederaufnahme; seine Wirkung wird durch raschen enyzmatischen Abbau im synaptischen Spalt beendet (Abschnitt 26.8).

26.7

Der nicotinische Acetylcholinrezeptor ist ein ligandengesteuerter Ionenkanal

Der Übergang zwischen geschlossener und offener Form eines Kanals kann nicht nur allosterisch via Spannungsänderung reguliert werden; auch Ligandenbindung, kovalente Modifikation oder mechanischer Zug können solche Übergänge induzieren. Das bekannteste Beispiel für einen **ligandengesteuerten Ionenkanal** ist der **nicotinische Acetylcholinrezeptor**, der die synaptische Erregungsübertragung an der Schnittstelle zwischen Nervenfaser und Muskel – der motorischen Endplatte – vermittelt (▶Abschnitt 32.5). Der nicotinische Acetylcholinrezeptor ist ein kationenspezifischer Kanal aus fünf Untereinheiten $\alpha_2\beta\gamma\delta$, die eine Pore entlang ihrer Symmetrieachse bilden (Abbildung 26.17). Binden zwei Moleküle Acetylcholin an die beiden α-Untereinheiten, so öffnet sich der Kanal. Dabei strömen Kationen, vor allem Na⁺-Ionen, entlang ihres elektrochemischen Gradienten durch den Kanal in die Zelle hinein.

Warum lässt der Acetylcholinrezeptor nur Kationen, nicht aber Anionen der „richtigen" Größe durch? Beide trichterförmigen Eingänge des Acetylcholinrezeptors besitzen einen Kranz von negativ geladenen Aminosäureseitenketten; ein weiterer Kranz negativer Ladungen ist im Innern des Kanals postiert (Abbildung 26.18). Die **negativen Ladungsringe** stoßen Anionen bereits an den Eingangspforten ab; dagegen lassen sie Kationen passieren. Im „Flaschenhals" des Kanals

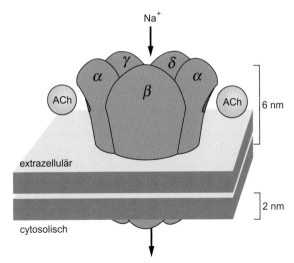

26.17 Struktur des nicotinischen Acetylcholinrezeptors. Die fünf Untereinheiten bilden eine Pore, deren engste Stelle die Maximalgröße der passierenden Ionen begrenzt. Die hier gezeigte Quartärstruktur $\alpha_2\beta\gamma\delta$ entspricht der „adulten" Form des Rezeptors. Ein zweiter Typ, der muscarinische Acetylcholinrezeptor, ist ein G-Protein-gekoppelter Rezeptor (▶Tabelle 28.2). Die Benennung erfolgt nach ihren wichtigsten Agonisten, Nicotin bzw. Muscarin. Selektive Antagonisten des nicotinischen Rezeptors sind Curare (kompetitiv) und α-Bungarotoxin (irreversibel), während Atropin (Belladonna) und Pirenzepin (Gastrozepin®) als Antagonisten am muscarinischen Rezeptor wirken.

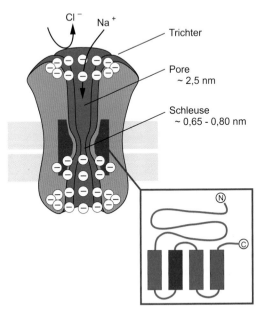

26.18 Ionenfilter des Acetylcholinrezeptors. Kränze von negativen Ladungen in den Eingangstrichtern verhindern den Eintritt von Anionen. Darüber hinaus begrenzt die lichte Weite des schmalsten Porenbereichs die Größe der durchtretenden Kationen. Der Kasten zeigt schematisch eine der fünf Untereinheiten des Rezeptors; das zweite Transmembransegment (rot) kleidet den Schleusenbereich der Pore aus.

begrenzen fünf Helices – eine pro Untereinheit – ein **Minimallumen** von ca. 0,65 nm Durchmesser, das die maximale Größe der passierenden Ionen definiert: Li⁺, Na⁺ und K⁺ können passieren, während größere Ionen wie Ca²⁺ kaum mehr durchkommen. Der Acetylcholinrezeptor ist also nicht ganz so selektiv wie die spannungsgesteuerten Kanäle. Ursache dafür könnte das Porenlumen sein, das bei fünf Untereinheiten etwas größer ist als bei Kanälen mit nur vier Untereinheiten (Abbildung 26.8). Die Durchflussrate beim nicotinischen Acetylcholinrezeptor liegt mit ca. 2×10^8 Ionen s⁻¹ noch über der von spannungsgesteuerten K⁺-Kanälen (Abschnitt 26.5).

Zu den natürlich vorkommenden Hemmstoffen des Acetylcholinrezeptors zählt das Pfeilgift **Curare**, das die Bindungsstelle von Acetylcholin am Rezeptor blockiert und dadurch muskelrelaxierend wirkt: Es kommt zur Lähmung der Skelettmuskulatur. Auf der Basis dieses Alkaloids wurden Acetylcholinrezeptor-Antagonisten wie Decamethonium und Suxamethonium entwickelt. Schlangengifte wie z. B. **α-Cobratoxin** binden an die α-Untereinheiten des Acetylcholinrezeptors und entfalten damit ihre neurotoxische Wirkung.

26.8 Liganden steuern die Öffnung der Rezeptorschleuse

Der Acetylcholinrezeptor öffnet nur dann seinen Ionenkanal, wenn *beide* Ligandenbindungsstellen der α-Untereinheiten mit Acetylcholin besetzt sind (Abbildung 26.17). Nach ca. 1 ms schließt sich der Kanal spontan wieder und geht in einen inaktivierten refraktären Zustand über. Diese temporäre Öffnung und das prompte Schließen des Kanals stellt man sich als Folge einer **Drehgleitbewegung** der helikalen Segmente des Rezeptors vor. Hydrophobe Leucinseitenketten, die nach Art einer Blende einen fächerförmigen Verschluss bilden und damit den Ionenfluss bei geschlossenem Rezeptor blockieren, rotieren nach Ligandenbindung seitlich weg und machen Platz für kleinere hydrophile Serinseitenketten, die einen Ionendurchschlupf eröffnen (Abbildung 26.19). Die Bindung von zwei Acetylcholinmolekülen induziert also Konformationsänderungen im Rezeptor, die letztlich das „Schleusentor" im Innern aufmachen. Trotz kurzer Öffnungszeiten kommt ein beträchtlicher Ionenfluss zustande: In 1 ms passieren ca. 25 000 Na⁺-Ionen den Acetylcholinrezeptor.

Die Wirkung von Acetylcholin im synaptischen Spalt ist zeitlich begrenzt: Zum einen spaltet das Enzym **Acetylcholinesterase** den Liganden rapide zu Acetat und Cholin. Die Konzentration des Liganden im synaptischen Spalt sinkt dadurch schlagartig (Exkurs 26.6). Aber selbst wenn die Esterase gehemmt wird und dadurch eine hohe Ligandenkonzentration im synaptischen Spalt fortbesteht, geht der Kanal spontan wieder in den geschlossenen Zustand über: Wir sprechen von einer **Desensitivierung** des Rezeptors.

Exkurs 26.6: Biosynthese und Abbau von Acetylcholin

Das cytoplasmatische Enzym **Cholinacetyltransferase**, das präsynaptisch in den terminalen Endigungen von Axonen lokalisiert ist, stellt Acetylcholin aus Cholin (Trimethylaminoethanol) und Acetyl-CoA her; dabei stammen die drei Methylgruppen von Methionin. Ein Acetylcholin-Transporter vom Antiport-Typus bringt neu synthetisierten Transmitter im Austausch gegen Protonen in die synaptischen Vesikel; dabei sorgt eine membranständige ATPase für den ständigen Import von Protonen aus dem Cytoplasma in die Vesikel (▶ Abbil-

dung 19.32). Ein voll gepackter Vesikel enthält ca. 10^4 bis 10^5 Acetylcholin-Moleküle. Nach erfolgter Freisetzung wird der Neurotransmitter im synaptischen Spalt von **Acetylcholinesterase**, einem GPI-verankerten Membranenzym (▶ Abbildung 25.7), rasch zu Acetat und Cholin hydrolysiert. Cholin wird von den synaptischen Endigungen wieder aufgenommen und reutilisiert. Bei der Myasthenia gravis werden kompetitive Inhibitoren der Acetylcholinesterase eingesetzt, um die Halbwertszeit des Neurotransmitters zu verlängern (▶ Exkurs 32.3). Kovalent bindende Inhibitoren der Acetylcholinesterase können hingegen über cholinerge Nervenimpulsblockade und Atemlähmung zum Tod führen (▶ Abschnitt 13.7).

Das Öffnen und Schließen einzelner Kanäle lässt sich durch Messung der Ionenströme mittels **Patch-Clamp-Technik** verfolgen (Exkurs 26.7). Es gibt also wiederum (mindestens) drei verschiedene Rezeptorzustände: unbesetzt/geschlossen, besetzt/offen und besetzt/geschlossen (Abbildung 26.20). *Ebenso wie die spannungsgesteuerten Kanäle durchlaufen auch ligandengesteuerte Rezeptoren einen gerichteten Zyklus von Konformationen.*

Ligandengesteuerte Ionenkanalrezeptoren werden auch als **ionotrope Rezeptoren** bezeichnet. Im Zentralnervensystem kommen neben den Acetylcholinrezeptoren auch ionotrope Rezeptoren für Aminosäureliganden wie Glutamat, Glycin und γ-Aminobuttersäure (engl. *γ-amino butyric acid*; GABA) sowie für Aminosäureabkömmlinge wie Serotonin (5-Hydroxytryptamin) vor. Aufgrund ihrer Strukturähnlichkeit mit dem nicotinischen Acetylcholinrezeptor geht man davon aus, dass die meisten dieser Rezeptoren aus *einem* Stammgen hervorgegangen sind. Eine separate Familie unter den ionotropen Rezeptoren bilden dagegen die **Glutamatrezeptoren**, die entsprechend ihrer Aktivierbarkeit durch den synthetischen Liganden *N*-Methyl-ᴅ-Aspartat in NMDA- und *non*-NMDA-Rezeptoren unterschieden werden.

geschlossen

Aktivierung

offen

26.19 Regulation der Permeabilität des Acetylcholinrezeptors. Im geschlossenen Zustand blockieren hydrophobe Leucinseitenketten (L) den Ionenfluss; im offenen Zustand kleiden kleinere hydrophile Serinreste (S) die Pore aus. Eine Drehgleitbewegung der Helices (grau), die diese Aminosäuren tragen, kontrolliert wahrscheinlich den Öffnungszustand des Rezeptors. [AN]

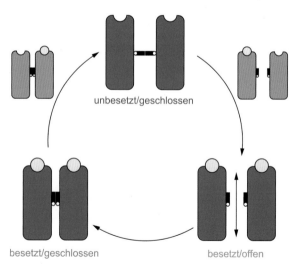

unbesetzt/geschlossen

besetzt/geschlossen

besetzt/offen

26.20 Zyklus von Konformationen beim Acetylcholinrezeptor. Die drei wichtigsten Zustände des Rezeptors (unbesetzt/geschlossen; besetzt/offen; besetzt/geschlossen) sind hervorgehoben; hypothetische Zwischenzustände sind verkleinert angedeutet.

Exkurs 26.7: Patch Clamping

Mit dieser Technik können **Ionenströme** durch einzelne Membrankanäle gemessen werden. Dazu wird eine Kapillare mit fein ausgezogener Spitze von ca. 1 μm Durchmesser auf eine Zellmembran aufgesetzt; durch geringen Unterdruck legt sich die Zellmembran dicht an den Glasrand und isoliert dadurch eine kleine **Membrandomäne** (engl. *patch*) gegen das umgebende Medium (Abbildung 26.21). Durch mechanische Manipulation können Fragmente aus der Zellmembran gelöst und dann einzeln vermessen werden. Eine Elektrode reicht in die puffergefüllte Kapillare, die an eine Messapparatur angeschlossen ist. Legt man nun eine **definierte Spannung** an (engl. *to clamp*, anklemmen), so kann man Ionenströme durch die isolierte Membrandomäne mit hoher Zeitauflösung (μs-Bereich) messen. Dabei können die Bedingungen auf der cytosolischen Seite (außen) bzw. der extrazellulären Seite der Membran (innen) beliebig variiert und

ihr Einfluss auf Ionenströme gemessen werden. So beträgt der Ionenstrom durch einen nicotinischen Acetylcholinrezeptor ca. 4 pA (10^{-12} Ampere), was einem Fluss von ca. 2 bis 3 x 10^4 Na$^+$-Ionen pro Millisekunde entspricht.

Wir werden bei der Neurotransmission auf diese wichtigen Rezeptoren zurückkommen (▶ Abschnitt 32.6).

Bislang haben wir zwei Mechanismen kennen gelernt, mit denen Ionenkanäle gezielt zu öffnen sind: Ligandenaktivierung bzw. Spannungsänderung. Darüber hinaus gibt es noch mindestens zwei weitere Mechanismen, die Ionenkanäle öffnen und schließen: **reversible Phosphorylierung** und **mechanische Traktion** (Abbildung 26.22). Die Phosphorylierung von hydroxylierten Aminosäuren wie Tyrosin, Serin und Threonin durch intrazellulären Kinasen induziert dabei Konformationsänderungen, die den ruhenden Kanal öffnen; dieser Vorgang wird durch Phosphatasen rückgängig gemacht, indem sie die kritischen Phosphatreste wieder entfernen. Alternativ kann auch durch Druck oder Dehnung über Komponenten des Cytoskeletts ein Zug auf Ionenkanäle ausgeübt werden, der mit einer Kanalöffnung beantwortet wird. Diese **Mechanorezeptoren** spielen eine wichtige Rolle bei Sinneswahrnehmungen wie etwa dem Hören und kommen daher gehäuft auf den Haarsinneszellen der Cochlea vor.

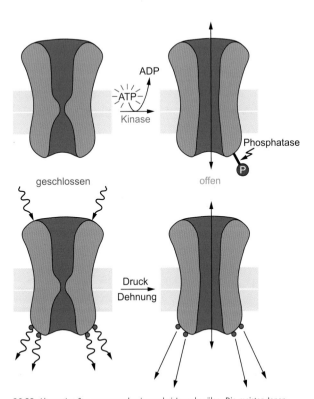

26.22 Alternative Steuerungsmechanismen bei Ionenkanälen. Die meisten Ionenkanäle werden durch Liganden oder durch Spannung gesteuert (nicht gezeigt). Andere Ionenkanäle öffnen bei Phosphorylierung und schließen nach Dephosphorylierung (oben), während mechanisch gesteuerte Ionenkanäle vermutlich auf Zug von Cytoskelettkomponenten hin öffnen (unten).

26.21 Prinzip der Patch-Clamp-Methode. Die gezeigte Ionenstromkurve ist typisch für einen isolierten Acetylcholinrezeptor bei wiederholter Ligandenstimulation.

26.9
Zellporen erlauben den Stoffaustausch zwischen Nachbarzellen

Eine wichtige Klasse von Membrankanälen lässt keine Ionen durch, sondern fördert den Wassertransport durch die Zellmembran. Erstaunlicherweise sind ja Membranen relativ permeabel für Wasser (▶Abschnitt 24.3). Allerdings benötigen Organe, die an der Regulation des Wasserhaushalts des Menschen beteiligt sind, rasche Änderungen in den Transportraten von Wasser, so z.B. die Sammelrohre der Niere (▶Abschnitt 30.2). Die Epithelzellen der Sammelrohre exprimieren große Mengen des Proteins **Aquaporin**, das sechs transmembranspannende α-Helices besitzt. Zwei dieser Segmente bilden einen durchgängigen Kanal, der mit hydrophilen Aminosäure-Seitenketten ausstaffiert ist und bis zu 10^6 Moleküle H_2O pro Sekunde durchtreten lässt. Protonen werden durch positiv geladene Seitenketten im Zentrum des Kanals abgestoßen, sodass physiologisch wichtige Protonengradienten (Abschnitt 26.3) auch bei Wasserfluss erhalten bleiben. Das **antidiuretische Hormon (ADH) Vasopressin** erhöht durch Stimulation von G-Protein-gekoppelten V_2-Rezeptoren (▶Abschnitt 28.1) den intrazellulären cAMP-Spiegel in den Epithelzellen der Sammelrohre der Niere und bewirkt damit einen vermehrten Einbau von Aquaporinen in ihre Plasmamembran, sodass nun vermehrt Wasser aus dem Primärharn rückresorbiert wird (▶Abschnitt 30.2). Bei verminderter Produktion von ADH oder inaktivierenden Defekten des V_2-Rezeptors kommt es zum **Diabetes insipidus** mit massivem Wasserverlust durch exzessiv gesteigerte Harnproduktion (▶Exkurs 30.1).

Unter den Membrankanälen der Zellen besitzen die Poren vom Typ der **gap junctions** ⏀ ein noch größeres Lumen und entsprechend eine geringere Selektivität. Diese Zellporen markieren Punkte, an denen zwei Nachbarzellen sich so nahe kommen, dass ein kontinuierlicher Kanal zwischen ihnen entsteht (▶Abschnitt 3.6). Jede der beiden beteiligten Zellmembranen steuert zur gemeinsamen Pore ein Hexamer aus Connexinuntereinheiten – **Connexone** genannt – bei (Abbildung 26.23). Solche Zellporen sind wenig selektiv: Solange ihr Molekulargewicht unter 1 000 Dalton liegt, können chemisch so unterschiedliche Moleküle wie Ionen, Aminosäuren, Kohlenhydrate, Coenzyme, Botenstoffe und Metaboliten die gap junctions passieren.

Die gap junctions spielen eine wichtige Rolle bei der Erregungsausbreitung im Herzmuskelgewebe, da sie ganze Zellverbände (Syncytium) elektrisch koppeln und damit zu einer koordinierten Kontraktion veranlassen können. Gap junctions ermöglichen damit den elektrischen Synapsen eine nahezu unverzögerte Erregungsausbreitung (▶Abbildung 32.12). Ebenso sind sie bei der metabolischen Versorgung von schlecht durchbluteten (bradytrophen) Geweben wie der Hornhaut des Auges von logistischer Bedeutung: Sie ermöglichen einen transzellulären Transport. Dagegen schließen sich gap junctions rasch, wenn die Ca^{2+}-Konzentration einer Zelle stark ansteigt oder ihr pH-Wert drastisch sinkt: Beim drohendem „Untergang" einer Zelle machen die umliegenden Zellen ihre „Schotten" dicht, um sich selbst zu schützen. – Damit haben wir grundlegende Aspekte der Struktur und Dynamik biologischer Membranen und ihrer wichtigsten Funktionsträger, der Membranproteine, kennen gelernt. Wir wenden uns nun den Grundprinzipien der interzellulären Kommunikation zu, bei der Rezeptoren, Kanäle und Pumpen Schlüsselrollen spielen.

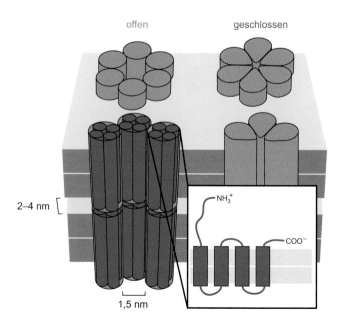

26.23 Struktur von gap junctions. Je zwei Connexone – Hexamere aus Connexinuntereinheiten – bilden einen kontinuierlichen Kanal zwischen den cytosolischen Räumen zweier benachbarter Zellen; der Porendurchmesser beträgt ca. 1,5 nm. Jedes Connexinmolekül besitzt vier Transmembranhelices (gerahmter Bildausschnitt). Der Ca^{2+}-Spiegel einer Zelle reguliert im Wesentlichen den Öffnungszustand der Pore.

Zusammenfassung

- **Stoffaustausch durch Membranen** erfolgt entweder **passiv** durch **Kanäle** entlang eines Konzentrationsgefälles oder **aktiv** unter ATP-Verbrauch durch **Pumpen** gegen das Konzentrationsgefälle eines Substrats; meist handelt es sich dabei um Ionen.
- Die **Na$^+$-K$^+$-ATPase** ist eine ubiquitär vorkommende Ionenpumpe, die pro Umlauf 3 Na$^+$-Ionen aus der Zelle und 2 K$^+$ in die Zelle transportiert. Zu den Funktionen der Na$^+$-K$^+$-ATPase gehört der Aufbau von **Na$^+$-Gradienten**, die an sekundäre Transportvorgänge wie z.B. den transepithelialen **Glucosetransport** koppeln.
- Eine **Na$^+$-getriebene Ca^{2+}-Pumpe** sorgt für einen steilen Ca^{2+}-Gradienten zwischen extra- und intrazellulärem Raum. Der Ca^{2+}-Gradient zwischen Cytoplasma und sarcoplasmatischem Reticulum wird durch eine **sarcoplasmatische Ca^{2+}-Pumpe** geleistet, die reversibel phosphoryliert wird. Der **Na$^+$-H$^+$-Austauscher** koppelt den Ausstrom von Protonen an den Einstrom von Na$^+$ und sorgt damit für einen konstanten pH-Wert im Cytoplasma.
- **ABC-Transporter** besitzen **ATP-Bindungskassetten** und bilden eine Superfamilie, die u.a. **Ionen, Aminosäuren, Monosaccharide** und **Proteine** durch Membranen schleust. Zu dieser Familie gehören auch **MDR-Transporter**, die zur Therapieresistenz von Tumorzellen und Bakterien beitragen.
- **Ionenkanäle** bilden in der Plasmamembran durchgängige Poren, die von den hydrophilen Seitenketten ihrer Aminosäurereste ausgekleidet sind. Sie sind auf **Anionentransport** (Cl$^-$, HCO$_3^-$) oder **Kationentransport** (Na$^+$, K$^+$, Ca^{2+}) spezialisiert. Ionenkanäle sind im Ruhezustand geschlossen und öffnen sich nach Stimulation für kurze Zeit (ca. 1 ms).
- Bei Änderung des Membranpotenzials öffnen **spannungsgesteuerte Ionenkanäle**. Als Spannungssensor dienen **Lysyl- und Arginylseitenketten** in der Transmembranhelix S4, die bei Spannungsabfall eine kurzzeitige Öffnung des Kanals induzieren. Daran schließt sich ein **re**fraktärer Zustand an, bei dem der Kanal auch bei Spannungsänderung geschlossen bleibt, bevor er in den **aktivierbaren Zustand** zurückkehrt.
- Die **Selektivität** von Na$^+$-Kanälen beruht auf der **englumigen Pore**, die gerade noch hydratisierte Na$^+$-Ionen, nicht aber die größeren K$^+$-Ionen mit ihrer Hydrathülle durchlässt. Die Selektivität von **K$^+$-Kanälen** kommt dadurch zustande, dass K$^+$-Ionen unter Abstreifung ihrer Hydrathülle die Pore *ohne* Aufwendung von freier Energie passieren können, während dieser Vorgang für die kleineren Na$^+$-Ionen energetisch sehr viel ungünstiger ist.
- Die **Öffnungszeit** von Kanälen ist begrenzt, da sie auf ihrer cytoplasmatischen Seite eine frei bewegliche *N*-terminale Domäne besitzen, die den Kanal nach wenigen ms pfropfartig verschließt: Wir sprechen vom **Kugel-Ketten-Modell**.
- Prototyp eines **ligandengesteuerten Kanals** ist der **nicotinische Acetylcholinrezeptor**, der im extrazellulären Teil seiner beiden α-Untereinheiten jeweils eine **Bindungsstelle für Acetylcholin** besitzt. Bei Besetzung beider Ligandenbindungsstellen öffnet der Kanal. Die **Selektivität für Kationen** sichern Kränze von negativ geladenen Seitenketten an den beiden trichterförmigen Eingängen des Rezeptors.
- Den raschen Transport von Wasser über die Membran von **Sammelrohrzellen** der Niere übernehmen **Aquaporine**. Sie besitzen sechs transmembranspannende α-Helices, von denen zwei einen durchgängigen **hydrophilen Kanal** bilden. Nach Stimulation mit **Vasopressin (ADH)** kommt es zur Translokation von Aquaporinen aus intrazellulären (Vorrats-) Vesikeln an die Plasmamembran.
- Wassergefüllte *gap junctions* bilden **interzelluläre Kanäle**, durch die Moleküle bis zu einer Größe von 1 000 D praktisch ungehindert diffundieren und damit einen intensiven **Stoffaustausch** zwischen benachbarten Zellen ermöglichen.

Prinzipien der interzellulären Kommunikation

Kapitelthemen: 27.1 Modalitäten interzellulärer Kommunikation 27.2 Endokrine Signalsysteme 27.3 Fundamentale Signaltransduktionswege 27.4 Wirkweise intrazellulärer Rezeptoren 27.5 NO als gasförmiger Botenstoff 27.6 Prozessierung von Proteohormonen 27.7 Typen von Zelloberflächenrezeptoren 27.8 Guaninnucleotid-bindende Proteine 27.9 Integration der Signaltransduktion

Multizelluläre Organismen haben ausgeklügelte Kommunikationssysteme entwickelt, mit denen einzelne Zellen, Zellverbände, Gewebe und Organe Informationen austauschen, ihre Aktivitäten abstimmen und zum Wohle des Gesamtorganismus einsetzen können. Die Bedeutung dieser hierarchisch strukturierten Kommunikationssysteme wird deutlich, wenn Zellen aus diesem Verbund ausscheren: So verlieren z. B. Krebszellen ihren „sozialen Kontakt" und wuchern „ohne Rücksicht" auf umliegende Zellen. Der Verlust der Kontrolle über einzelne Zellpopulationen kann für einen Gesamtorganismus den Untergang bedeuten. Daher ist es von großer Bedeutung, die vielfältigen Mechanismen verstehen zu lernen, mit denen Zellen *molekulare Zwiesprache* führen (engl. *cross talk*). Bei Säugern unterscheidet man zwei große interzelluläre Kommunikationssysteme: *Nervensystem* und *Hormonsystem*. Während das neuronale System seine Spezifität vor allem durch direkte Verschaltung von Nervenzellen herstellt und eine begrenzte Zahl lokal operierender Neurotransmitter nutzt, um Informationen von Zelle zu Zelle zu übertragen, ist das hormonelle Kommunikationssystem nicht auf unmittelbaren Kontakt von Sender- und Empfängerzelle angewiesen. Dafür muss es aber mit einer Vielzahl unterschiedlicher Botenstoffe arbeiten, die oft weite Distanzen zurücklegen, bevor sie spezifische Empfängerstationen auf ihren Zielzellen finden. Zellen können aber auch direkt mit Nachbarzellen oder der extrazellulären Matrix „Funkkontakt" aufnehmen und mit ihnen kommunizieren. Wir wollen uns zunächst mit den allgemeinen Prinzipien der hormonellen Signaltransduktion befassen, bevor wir das molekulare „Regelbuch" zellulärer Kommunikation aufschlagen.

27.1 Interzelluläre Kommunikation nutzt mehrere Modalitäten

Die fundamentalen Komponenten der biologischen Signaltransduktion sind Liganden, Rezeptoren und Effektoren. Unter **Liganden** verstehen wir in diesem Zusammenhang eine chemisch außerordentlich heterogene Gruppe von Botenstoffen, die meist mit hoher Selektivität und Affinität an ein oder mehrere zelluläre Zielproteine – Rezeptoren – binden. Diese **Rezeptoren** können intra- oder extrazellulär exponiert und membranassoziiert oder löslich sein. Typischerweise geben sie nach Ligandenbindung ein oder mehrere Signale an das Zellinnere weiter, häufig unter Vermittlung von sekundären Botenstoffen. Die nachgeschalteten Vermittler oder Verstärker von Signalen, die unter dem Begriff **Effektoren** subsumiert werden, sind häufig Enzyme oder Transkriptionsfaktoren, die direkt oder indirekt von den Rezeptoren reguliert werden.

Prinzipiell unterscheiden wir beim hormonellen System mehrere **Signalmodalitäten**. Werden Botenstoffe weit entfernt von ihren Zielzellen produziert und müssen lange Wege über die Blutbahn zurücklegen, um an ihren Wirkort zu gelangen, so sprechen wir von einem **endokrinen Modus**; die zugehörigen Signalstoffe sind **Hormone** ⌐ im engeren Sinne (Abbildung 27.1). Bei dieser „zentralistischen" Steuerung von Körperfunktionen produziert z. B. die **Adenohypophyse** (Hypophysenvorderlappen) das Hormon **Prolactin**, das dann über die Blutbahn zu seinen Zielzellen der Brustdrüse findet und dort an einen spezifischen Rezeptor bindet, über den es dann die Milchproduktion und -sekretion stimuliert. *Ein Zelltyp diktiert also das Verhalten eines zweiten Zelltyps über ein molekulares „Ferngespräch".*

Andere Botenstoffe wirken nur in unmittelbarer Nähe ihres Entstehungsorts: Wir sprechen hier von einem **parakrinen Modus** (Abbildung 27.2). So haben z. B. **Eikosanoide** ⌐, zu denen Prostaglandine, Leukotriene und Thromboxane gehören, eine mittlere Lebensdauer von wenigen Sekunden und

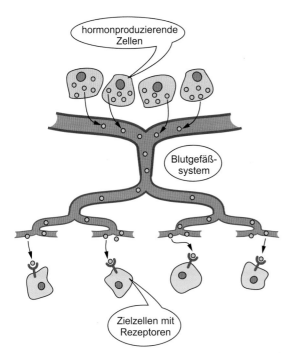

27.1 Endokrine Signalübertragung. Hormone werden über die Blutbahn zu weit entfernten Zielzellen transportiert und wirken dort über spezifische Rezeptoren. Hauptproduzenten der Hormone sind Drüsen wie z. B. die Zirbeldrüse (Epiphyse), der Hypothalamus, die Hirnanhangdrüse (Hypophyse), die (Neben-) Schilddrüse, der Thymus, die Nebenniere, die Bauchspeicheldrüse (Pankreas), Eierstöcke (Ovarien) und Hoden (Testes).

damit einen stark eingeschränkten Aktionsraum (▶Abschnitt 45.11). Die parakrine Wirkung von Prostaglandinen wird wiederum über spezifische Rezeptoren auf ihren Zielzellen vermittelt. Beispiel dafür ist die strikt lokale Aggregation von Thrombocyten am Ort einer Gefäßverletzung, die von Thromboxanen gesteuert wird: Eine „flächendeckende" Wirkung nach dem endokrinen Modus hätte hier fatale Folgen (▶Exkurs 14.1). Die kurze biologische Halbwertszeit parakriner Signalstoffe kommt dadurch zustande, dass sie rasch von

Zielzellen aufgenommen, durch extra- und intrazelluläre Enzyme abgebaut oder an der extrazellulären Matrix fixiert und damit inaktiviert werden. Die Reizübertragung an neuronalen Synapsen folgt ebenfalls dem parakrinen Modus, der angesichts der engen räumlichen Beziehungen am synaptischen Spalt auch als **juxtakriner Modus** bezeichnet wird. Ein Sonderfall juxtakriner Wirkung ist die **direkte Zell-Zell-Kommunikation** (Abbildung 27.2, rechts): Dabei ist das Signalmolekül auf der Oberfläche der signalgebenden Zelle fixiert, und seine direkte Interaktion mit einem Empfängermolekül auf einer Zielzelle ermöglicht ein zelluläres „Zwiegespräch", z.B. zwischen Granulocyten und Endothelzellen in der Blutbahn (▶Abbildung 25.11).

Die Stimulation von Zellen kann auch zu einem „Selbstgespräch" führen, bei dem die produzierende Zelle ihr eigenes Signalmolekül erkennt und darauf reagiert: Wir nennen dies den **autokrinen Modus** (Abbildung 27.3). Ein Beispiel für autokrine Signalgebung liefern Lymphocyten, die durch Antigenkontakt stimuliert werden und daraufhin Cytokine wie z.B. Interleukine produzieren, die sie selbst zum Wachstum anregen (▶Abschnitt 36.7). Durch Zellteilung entsteht ein Verbund von Helferzellen, die sich durch auto- und parakrine Hormonwirkung wechselseitig stimulieren; dieser Prozess wird von den Zellen selbst streng reguliert. *Gerät ein autokriner Modus außer Kontrolle, so kann es zur malignen Entartung kommen: „Autistische" Zellen produzieren ihre eigenen Hormone und wachsen auch ohne externe Stimulation ungehemmt weiter* (▶Abschnitt 35.1). Schließlich können Signale auch innerhalb einer Zelle nach dem **intrakrinen Modus** verarbeitet werden.

Die interzelluläre Kommunikation basiert auf zahllosen unterschiedlichen Botenstoffen (Abbildung 27.4). In einer groben Klassifizierung können wir dabei mobile vs. immobile und hydrophile vs. lipophile Signalstoffe unterscheiden. Die Übergänge zwischen diesen Kategorien sind allerdings fließend. Prototypen von mobilen Signalstoffen sind die Botenstoffe des Nervensystems, die in ihrer Gesamtheit als **Neurotransmitter** bezeichnet werden. Chemisch besehen handelt es sich dabei um biogene Amine, Neuropeptide, Aminosäu-

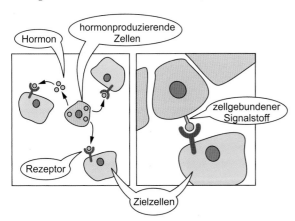

27.2 Parakrine Signalübertragung. Zum parakrinen Modus gehören die Wirkung von zellulären Signalstoffen auf Nachbarzellen (links) sowie die direkte Zell-Zell-Interaktion durch Oberflächenmoleküle (rechts). [AN]

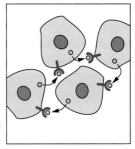

27.3 Autokrine Signalgebung. Bei diesem Modus wirken Signalstoffe auf die produzierende Zelle zurück (links). Durch Zellteilung kann dann ein Klon entstehen, dessen Einzelzellen sich wechselseitig stimulieren (rechts). Die Grenzen zwischen auto- und parakrinen Modalitäten sind also fließend: So wirken z. B. Eikosanoide auto- *und* parakrin. [AN]

mobile Signalstoffe								immobile Signalstoffe
Hormone				Cytokine	Neuro-transmitter	Ionen		Integrin-Liganden
Steroid-hormone	Aminosäure-derivate	Mediatoren	Peptid-hormone	Chemokine Interleukine Interferone Tumornekrosefaktoren Wachstumsfaktoren	Amine Peptide Aminosäuren lösliche Gase	Anionen Kationen		Fibronectin I-CAMs Kollagene Laminin
endokrin, parakrin	endokrin	endokrin	endokrin	parakrin, autokrin	juxtakrin	intrakrin		juxtakrin

lipophil (Steroidhormone bis Peptidhormone)
hydrophil (Aminosäurederivate bis Integrin-Liganden)

27.4 Botenstoffe der interzellulären Kommunikation. Mobile Signalstoffe werden von Zellen sezerniert und können z. T. beträchtliche Distanzen zurücklegen, bevor sie an ihre Zielzelle gelangen. Immobile Signalstoffe sind dagegen an der Zelloberfläche bzw. in der extrazellulären Matrix verankert. Übergänge zwischen diesen beiden Kategorien finden sich z. B. bei Wachstumshormonen, die vorübergehend an der Glykocalyx einer Zelle (▶Exkurs 29.3) immobilisiert sein können.

ren und lösliche Gase. Sie alle vermitteln die Weiterleitung nervaler Impulse an Synapsen (▶Abschnitt 32.5). Hormonelle Signalstoffe gliedern sich in endokrine Hormone, hormonähnliche Mediatoren und Cytokine, wobei die einzelnen Kategorien z. T. überlappend sind. Die Klasse der **Hormone** umfasst hydrophile Peptid- und Proteohormone wie z. B. Insulin und Wachstumshormon, Aminosäurederivate wie Adrenalin und Histamin sowie lipophile Signalmoleküle wie z. B. Glucocorticoide und Sexualhormone wie Testosteron und Östrogen. Diese Hormone wirken typischerweise endokrin, sie regulieren Stoffwechselvorgänge und passen den Organismus an veränderte Umweltbedingungen an.

Hormonähnliche Mediatoren umfassen so unterschiedliche Substanzklassen wie Eikosanoide, biogene Amine und Ionen. Sie wirken vor allem lokal, d. h. parakrin oder autokrin. **Cytokine** bilden dagegen eine relativ homogene Klasse von Signalmolekülen, sind sie doch allesamt Proteine. Sie regulieren fundamentale Prozesse wie Wachstum, Differenzierung und Apoptose. Dazu zählen u. a. Chemokine, Interleukine, Interferone, Tumornekrose- sowie Wachstumsfaktoren, die – ähnlich wie hormonähnliche Mediatoren – oft para- oder autokrin wirken. Neben diesen mobilen Botenstoffen gibt es auch stationäre Komponenten von extrazellulärer Matrix oder Zelloberflächen, die in Signalkaskaden eingrei-

fen: Als **immobile Signalmoleküle** vermitteln sie die Kommunikation über Zellgrenzen hinweg. Prototypen dafür sind Kollagene und Fibronectine als extrazelluläre Liganden von **Integrinen** sowie Actin und α-Actinin des Cytoskeletts, die als intrazelluläre Integrin-Liganden auftreten (▶Abschnitt 29.7). Integrine können also sowohl intra- als auch extrazelluläre Signale empfangen und verarbeiten: Anders als die meisten anderen Rezeptoren können sie bidirektional „funken".

27.2

Endokrine Signalsysteme sind selektiv, amplifizierend und flexibel

Die Fülle an unterschiedlichen Botenstoffen und Signalmodalitäten führt dazu, dass ein Organismus sich permanent einer „Informationsflut" ausgesetzt sieht. Dabei wird die **Selektivität** des endokrinen Signalsystems praktisch ausschließlich durch die Zielzellen selbst bestimmt: Sie exprimieren unterschiedliche Sätze von Rezeptoren und wählen unter der Vielfalt der im Organismus zirkulierenden Hormone ihre „passenden" Liganden aus, auf die sie dann reagieren (Abbildung 27.5).

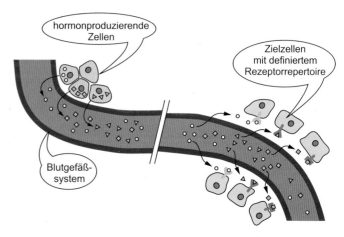

27.5 Selektivität der endokrinen Signalgebung. Um die Aktivität zahlreicher unterschiedlicher Zellen zu regulieren, ist ein vielfältiges Hormonangebot notwendig. Zielzellen „filtern" mit ihren Rezeptoren die passenden Liganden heraus, binden sie und reagieren daraufhin mit einem intrazellulären Signal.

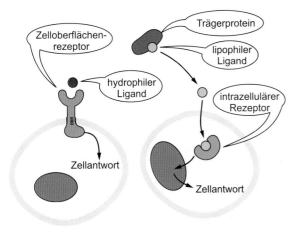

Endokrine Hormone können gemäß ihrer chemischen Eigenschaften an **Zelloberflächenrezeptoren** *oder* **intrazelluläre Rezeptoren** binden (Abbildung 27.6). **Hydrophile Hormone** wie z. B. Insulin können die Zellmembran nicht durchdringen: Sie binden an die extrazellulären Anteile von Rezeptoren der Plasmamembran. Dagegen können **lipophile Hormone** wie Cortisol die Plasmamembran der Zielzelle relativ leicht penetrieren und dann an ihre intrazellulären Rezeptoren binden.

Im endokrinen Modus muss ein Hormon oft weite Entfernungen von der produzierenden Drüsenzelle bis zur Zielzelle zurücklegen. Daher sind die Ligandenkonzentrationen am Wirkungsort oft gering (ca. 1 bis 100 nM). Zielzellen haben folglich Mechanismen zur Verstärkung der eingehenden „schwachen" Signale entwickelt (Abbildung 27.7). Diese **Amplifikation** fußt hauptsächlich auf drei Strategien: Akti-

hydrophile Hormone   lipophile Hormone

27.6 Haupttypen zellulärer Rezeptoren. Membranständige Rezeptoren (links) haben typischerweise eine extrazelluläre Domäne, an die ihr Ligand andockt, ein Transmembransegment, und eine cytosolische Domäne, die den Kontakt zu zellulären Signalwegen herstellt. Intrazelluläre Rezeptoren (rechts) sind meist im Cytosol einer Zelle lokalisiert; nach Ligandenbindung gelangen sie in den Zellkern, wo sie eine transkriptionelle Kontrolle an der DNA ausüben.

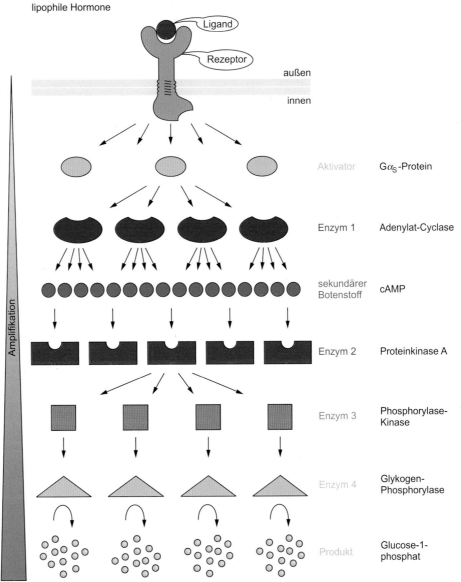

27.7 Mechanismus der Signalamplifikation. Hier ist ein β-adrenerger Rezeptor für Adrenalin/Noradrenalin gezeigt, der den Abbau des intrazellulären Speicherstoffs Glykogen über den sekundären Botenstoff cAMP steuert und dabei Glucose-1-phosphat für die Energiegewinnung bereitstellt (▶ Abschnitt 4.6). [AN]

vierung von Enzymkaskaden, Assemblierung von Multiproteinkomplexen und Synthese von intrazellulären Signalstoffen. Aktivierung und Assemblierung finden nebeneinander statt und erlauben einem einzelnen Liganden-Rezeptor-Komplex eine Vielzahl **sekundärer Botenstoffe** (engl. *second messenger*) freizusetzen, die letztlich das Verhalten der stimulierten Zelle verändern. Dazu zählen chemisch so unterschiedliche Stoffe wie die cyclischen Nucleotide cAMP und cGMP, Ionen wie Ca^{2+} oder Lipidkomponenten wie Inositoltrisphosphat (IP_3) und Diacylglycerin (DAG). Aufgrund ihrer geringen Größe können sich die meisten sekundären Botenstoffe rasch in einer stimulierten Zelle ausbreiten. Typischerweise wirken sekundäre Botenstoffe als **allosterische Aktivatoren**; daher wird ihre cytosolische Konzentration streng reguliert. So sind viele sekundäre Botenstoffe chemisch labil und werden rasch wieder abgebaut; andere werden sequestriert, d.h. in zelluläre Kompartimente wie z.B. das ER verschoben und damit „neutralisiert".

Zellen reagieren nicht immer gleichförmig auf einen Liganden: Vielmehr können sie auf ein und denselben Liganden mit einer **Reaktionsvielfalt** antworten (Abbildung 27.8). Variationsmöglichkeiten sind auf den Ebenen des Rezeptors und der intrazellulären Signalverschaltung realisiert. Paradigmatisch ist auch der Transmitter Acetylcholin, für den es zwei spezifische Rezeptortypen gibt. Der ionotrope **nicotinische Acetylcholinrezeptor** ist ein ligandengesteuerter Ionenkanal (▶ Abschnitt 26.7), während der metabotrope **muscarinische Acetylcholinrezeptor** zur Klasse der G-Proteingekoppelten Rezeptoren gehört (▶ Abschnitt 28.1). Skelettmuskelzellen, die den

nicotinischen Rezeptortyp tragen, reagieren auf Acetylcholin mit einer Kontraktion, während Herzmuskelzellen, die den muscarinischen Typ tragen, mit einer Relaxation antworten. Schließlich reagieren Drüsenzellen, die ebenfalls muscarinische Rezeptoren besitzen, aber an andere Signalwege koppeln als Muskelzellen, auf Acetylcholin mit einer Sekretion. Ionotrope vs. metabotrope Rezeptortypen finden sich auch bei anderen Neurotransmittern wie z.B. GABA oder Glutamat (▶ Abschnitt 32.6).

Fundamentale Signalwege vermitteln die interzelluläre Kommunikation

So unübersichtlich die interzelluläre Kommunikation aufgrund der Vielfalt an Botenstoffen, Rezeptoren und Effektoren zunächst auch erscheinen mag, so lassen sich doch knapp ein Dutzend Hauptsignalrouten definieren, die den Großteil der zellulären Signaltransduktion bewältigen. Um einen ersten Überblick zu gewinnen, wollen wir diese fundamentalen Signalwege zunächst einmal kursorisch betrachten, bevor wir in den nachfolgenden Kapiteln ins Detail gehen.

Lipophile Hormone wie Glucocorticoide, Thyroxine und Retinsäure entfalten ihre Wirkung über intrazelluläre Rezeptoren (Signalweg 1), die im Cytosol oder im Zellkern vorliegen und nach der Bindung des passenden Liganden zu einer Aktivierung oder Reprimierung der Expression ihrer Zielgene führen (Abbildung 27.9a). Dieser Signalweg kommt also ohne sekundäre Botenstoffe aus, da die zugehörigen Rezeptoren selbst als spezifische Transkriptionsfaktoren – alleine oder im Verbund mit anderen Faktoren – genregulatorisch wirken.

Ein weiterer Signaltransduktionsweg läuft über **ligandengesteuerte Ionenkanäle** (Signalweg 2), die wir bereits am Fall des nicotinischen Acetylcholinrezeptors studiert haben (▶ Abschnitt 26.7). Diese membranassoziierten ionotropen Rezeptoren finden sich extra- oder intrazellulär und vermitteln ihre Wirkung über einen ligandeninduzierten Einstrom von mono- oder divalenten Ionen wie z.B. Na^+, K^+ oder Ca^{2+} (Abbildung 27.9b). Ihre Effekte beschränken sich dabei im Allgemeinen auf Änderungen der cytosolischen Ionenkonzentrationen und des Membranpotenzials, während sie Genexpressionsmuster bestenfalls sekundär beeinflussen.

Ein prominenter Signalweg bei membrangebundenen Rezeptoren der Zelloberfläche läuft über **G-Protein-gekoppelte Rezeptoren** (Signalweg 3), für die eine Vielzahl an biogenen, aber auch synthetischen Liganden existiert (Abbildung 27.10a). Man schätzt, dass ca. 50% aller gängigen Medikamente auf diesen Rezeptortyp abzielen (▶ Tafeln D1–D4). Die Bindung eines Liganden wie z.B. Adrenalin führt zur Aktivierung von rezeptorassoziierten trimeren GTP-bindenden Proteinen, die wiederum das Signal ins Zell-

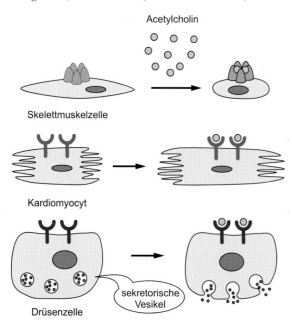

Acetylcholin

Skelettmuskelzelle

Kardiomyocyt

sekretorische Vesikel

Drüsenzelle

27.8 Diversität der zellulären Antworten auf Acetylcholin. Skelettmuskelzellen tragen den nicotinischen Rezeptor, während Herzmuskel- und Drüsenzellen den muscarinischen Rezeptortyp exponieren. Sie antworten mit ihren unterschiedlichen Rezeptoren bzw. Signalkaskaden auf ein und denselben Liganden in differenzieller Weise. [AN]

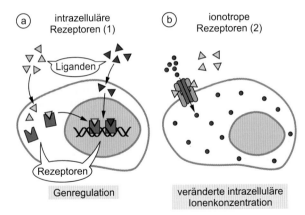

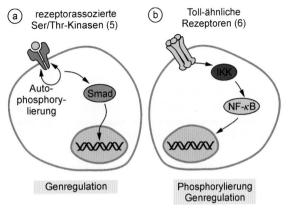

27.9 Fundamentale Signalwege der interzellulären Kommunikation I. a) Stark schematisierte Darstellung der Signaltransduktion von lipophilen Hormonen durch intrazelluläre Rezeptoren (Signalweg 1). b) Signalübertragung durch ligandengesteuerte Ionenkanäle bzw. ionotrope Rezeptoren (Signalweg 2).

innere weiterleiten. Dabei werden vor allem zwei *second-messenger*-Systeme genutzt: Die Aktivierung oder Hemmung von **Adenylat-Cyclase** (Signalweg 3A) verändert die intrazelluläre Konzentration von cAMP, einem Schlüsselbotenstoff, der cAMP-abhängige Enzyme wie z. B. Proteinkinasen oder cAMP-responsive Transkriptionsfaktoren aktivieren und damit sowohl den zellulären Metabolismus als auch die Genexpression beeinflussen kann. Der zweite Signalweg läuft über die Aktivierung von **Phospholipase Cβ** (Signalweg 3B), die aus einem Membranphospholipid die sekundären Botenstoffe Inositoltrisphophat (IP$_3$) und Diacylglycerin (DAG) freisetzt. IP$_3$ erhöht die intrazelluläre Ca^{2+}-Konzentration, wodurch vor allem Kinasen aktiviert und damit der zelluläre Stoffwechsel, aber auch Expressionsmuster verändert werden. Zu den verwandten Signalwegen zählen u. a. die Hedgehog-Kaskade sowie die Wnt-Kaskade, auf die wir an anderer Stelle näher eingehen (▷Abschnitt 35.6).

Einen weiteren fundamentalen Signalweg bedienen **enzymgekoppelte Rezeptoren**, wobei die ausführenden Enzyme entweder integraler oder assoziierter Bestandteil der intrazellulären Rezeptordomänen sind (Abbildung 27.10b). Prominentestes Beispiel für den ersten Typ sind **Rezeptor-Tyrosin-Kinasen** (Signalweg 4). Die Bindung eines Liganden wie z. B. Epidermaler Wachstumsfaktor (EGF; ▷Abschnitt 29.2) an seinen „kompetenten" Rezeptor aktiviert eine intrinsische, rezeptoreigene Tyrosin-Kinase: In der Folge kommt es zur Autophosphorylierung des Rezeptors. Je nach Ausstattung der stimulierten Zelle folgt die Signaltransduktion nun unterschiedlichen Wegen: Die Aktivierung des kleinen (monomeren) G-Proteins **Ras** (Signalweg 4A) wirft die MAP-Kinasen-Kaskade an, die letztlich zu veränderten Genexpressionsmustern führt. Alternativ aktivieren diese Rezeptoren **PI3-Lipid-Kinase** (Signalweg 4B), die durch Phosphorylierung von PIP$_2$ (▷Abschnitt 28.7) vermehrt Phosphotidylinositoltrisphosphat (PIP$_3$) in der Plasmamembran erzeugt und dabei sekundär **Proteinkinase B (Akt)** aktiviert. Auch dieser Signalweg greift in die Genexpression ein. Schließlich aktivieren Rezeptor-Tyrosin-Kinasen auch **Phospholipase Cγ**, die – ähnlich wie ihre β-Isoform (Signalweg 3B) – IP$_3$ und DAG produziert und damit Expressionsmuster und Metabolismus einer Zelle beeinflusst.

Eine zweite große Gruppe von enzymgekoppelten Rezeptoren stellen die **Rezeptor-Serin-/Threonin-Kinasen** (Signalweg 5) dar, die ebenfalls über eine intrinsische Kinase-Aktivität verfügen und u. a. die Wirkung von *Transforming Growth Factor-β* (TGF-β) vermitteln (Abbildung 27.11a). Sie phosphorylieren Smad-Proteine, die in den Nucleus translozieren und dort Genregulation betreiben. Auch die Familie der **Toll-ähnlichen Rezeptoren** (Signalweg 6) gehört zu den integralen Serin-/Threonin-Kinasen (Abbildung 27.11b). Diese große Familie von Rezeptoren nimmt eine zentrale Rolle im angeborenen Immunsystem ein und steuert die Genexpression vor allem über den Transkriptionsfaktor NFκB (▷Abschnitt 36.3).

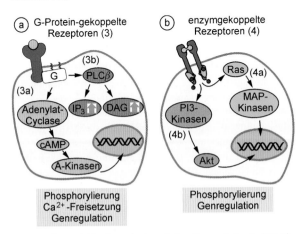

27.10 Fundamentale Signalwege der interzellulären Kommunikation II. a) Signaltransduktion über G-Protein-gekoppelte Rezeptoren via Adenylat-Cyclase bzw. Phospholipase C-β (Signalweg 3). b) Enzymgekoppelte Rezeptoren signalisieren über Ras und MAP-Kinasen bzw. PI3-Kinase und Proteinkinase B (Signalweg 4).

27.11 Fundamentale Signalwege der interzellulären Kommunikation III. a) Rezeptorassoziierte Serin-/Threonin-Kinasen nutzen Smads als terminale Effektoren an der DNA (Signalweg 5). b) Toll-ähnliche Rezeptoren nutzen das NFκB-System, um die Genexpression ihrer Zielzellen zu regulieren (Signalweg 6).

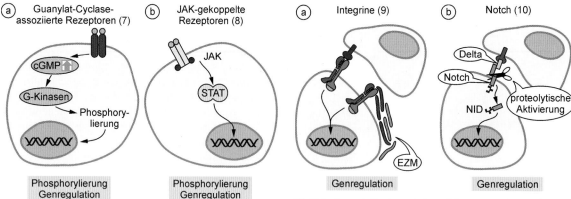

27.12 Fundamentale Signalwege der interzellulären Kommunikation IV. a) Rezeptorassoziierte Guanylat-Cyclasen wirken über cGMP-abhängige Kinasen. (Signalweg 7). b) Rezeptorassoziierte Kinasen (RAK) wie z. B. Cytokinrezeptoren assoziieren mit JAK-Kinasen, die Transkriptionsfaktoren vom STAT-Typ aktivieren (Signalweg 8).

27.13 Fundamentale Signalwege der interzellulären Kommunikation V. a) Integrine koppeln an Liganden der extrazellulären Matrix und im Zellinnern an das Actingerüst der Zelle (Signalweg 9). b) Der Notch-Signalweg tauscht Informationen zwischen benachbarten Zellen aus; durch proteolytische Spaltung entsteht der Transkriptionsfaktor NID (Signalweg 10).

Rezeptorassoziierte Guanylat-Cyclasen (Signalweg 7) bilden eine weitere Gruppe von enzymgekoppelten Rezeptoren an der Plasmamembran, die nach Aktivierung über ihre endogene Cyclase-Domäne die intrazelluläre Konzentration von cGMP drastisch anheben (Abbildung 27.12a). Dieser sekundäre Botenstoff aktiviert Kinasen ebenso wie lösliche NO-Synthase und steuert damit Metabolismus, Genexpression und Kontraktilität von Zielzellen (Abschnitt 27.5). Prototypen enzymassoziierter Rezeptoren sind auch die JAK-assoziierten Cytokinrezeptoren, deren intrazelluläre Domänen an Tyrosin-Kinasen vom JAK-Typ koppeln (Signalweg 8). Die Bindung eines Cytokins aktiviert JAKs und löst damit die Phosphorylierung von STAT-Faktoren aus (Abbildung 27.12b), die in dimerer Form als Transkriptionsfaktoren wirken und die Expression zahlreicher Zielgene regulieren (▶ Abschnitt 29.6).

Zwei wichtige Signalwege werden durch immobilisierte Liganden aktiviert: Im Fall der membranständigen **Integrine** (Signalweg 9) handelt es sich um Proteine der extrazellulären Matrix wie z. B. Kollagene oder Fibronectine (▶ Abschnitt 29.7) oder um Zelladhäsionsproteine wie z. B. I-CAM (▶ Abschnitt 33.8), die auf der Oberfläche von Nachbarzellen sitzen (Abbildung 27.13a). Da Integrine auf der cytosolischen Seite via Actin und α-Actinin mit dem Cytoskelett verbunden sind, ermöglicht eine Ligandenbindung den **bidirektionalen Informationsaustausch** zwischen dem Binnenraum und der unmittelbar angrenzenden Außenwelt einer Zelle. In ähnlicher Weise bindet der Transmembranrezeptor **Notch** (Signalweg 10) spezifisch seinen Liganden **Delta**, der als Membranprotein auf der Oberfläche von Nachbarzellen sitzt (Abbildung 27.13b). Nach Komplexbildung erfolgt eine proteolytische Spaltung von Notch, wobei die intrazelluläre Domäne **NID** entsteht, die daraufhin in den Zellkern transloziert und dort die Expression ihrer Zielgene steuert (▶ Abschnitt 35.6).

Damit haben wir einen ersten Blick auf das Spektrum der wichtigsten Signaltransduktionswege geworfen, denen wir

in den nachfolgenden Kapiteln immer wieder begegnen und die wir dort im Detail besprechen werden. Wir kehren nun zu den lipophilen Hormonen zurück, um uns deren Signalwegen zu widmen.

27.4
Intrazelluläre Rezeptoren wirken als Transkriptionsfaktoren

Lipophile Hormone gliedern sich in zwei große Klassen (Abbildung 27.14): Zu den **Steroidhormonen** ⬠ gehören Mineralocorticoide wie Aldosteron, Glucocorticoide (Cortisol), Gestagene (Progesteron) und Androgene (Testosteron) sowie Östrogene (Östradiol). Alle weiteren lipophilen Hormone weisen kein steroidales Ringsystem auf und werden daher als **nichtsteroidale Hormone** bezeichnet. Bei den **Schilddrüsenhormonen** (Thyronine) ⬠ unterscheiden wir Thyroxin (Tetrajodthyronin, T_4) von Trijodthyronin (T_3), wobei letzteres die effektive Wirkform darstellt. Außerdem gehören zu den fettlöslichen Hormonen auch der Steroidabkömmling **Calcitriol** (▶ Exkurs 46.6) sowie das Vitamin-A-Derivat **Retinsäure**. *Lipophile Hormone steuern fundamentale Vorgänge wie Wachstum, Differenzierung, Metabolismus und Reproduktion.* Aufgrund ihrer schlechten Wasserlöslichkeit werden lipophile Liganden nach Verlassen der hormonproduzierenden Zelle typischerweise von Trägerproteinen wie z. B. dem **Thyroxin-bindenden Globulin** (TBG) gebunden und zur Zielzelle verfrachtet: Erst an der Zellmembran wird der Wirkstoff freigesetzt. Ein gewünschter Nebeneffekt ist die drastische Verlängerung der Halbwertszeit lipophiler Hormone im Blut, die ansonsten aufgrund ihrer geringen Molekülmasse bei der ersten Nierenpassage ausgeschieden würden.

Die Rezeptoren für lipophile Hormone besitzen einen relativ uniformen Aufbau mit drei **Strukturdomänen**, die drei

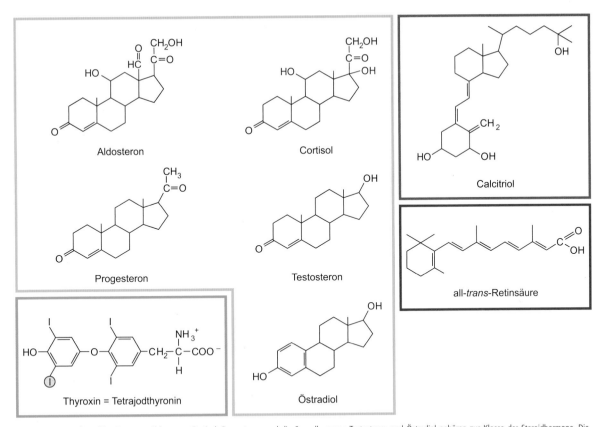

27.14 Prototypen lipophiler Hormone. Aldosteron, Cortisol, Progesteron und die Sexualhormone Testosteron und Östradiol gehören zur Klasse der Steroidhormone. Die Schilddrüsenhormone Trijodthyronin und Tetrajodthyronin unterscheiden sich durch ein einziges Iodatom (Position markiert). Calcitriol geht aus Vitamin D_3 (Cholecalciferol) und Retinsäure aus Vitamin A hervor.

unterschiedliche **Effektorfunktionen** wahrnehmen: Hormonbindung, DNA-Bindung bzw. Transkriptionsaktivierung (Abbildung 27.15). Oft liegen intrazelluläre Rezeptoren im Komplex mit einem Inhibitor(komplex) vor, der erst nach Li

gandenbindung dissoziiert und dabei die „aktive" Form des Rezeptors freigibt. Typischerweise geht diese Aktivierung mit der Dimerisierung der Rezeptormoleküle einher. Ein gemeinsames strukturelles Merkmal von Rezeptoren lipophiler

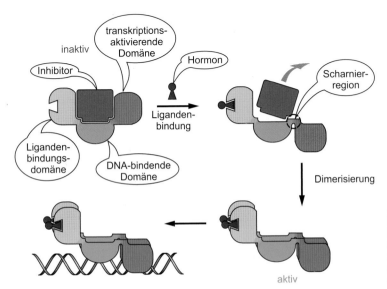

27.15 Rezeptoraktivierung durch lipophile Hormone. Die Hormonbindung induziert die Dissoziation des Inhibitorkomplexes und die Freigabe der DNA-Bindungsregion. Bei der anschließenden Dimerisierung können Homo- oder Heterodimere entstehen, die dann eine definierte Zielsequenz auf der DNA erkennen. Der Inhibitorkomplex kann aus zwei oder mehr Proteinen bestehen.

Hormone ist das Zinkfinger-Motiv, mit dem die Rezeptoren an DNA binden können (▶Abschnitt 20.4).

Betrachten wir den Fall des Cortisolrezeptors, der im Cytoplasma vorliegt: Nach Bindung des Hormons dissoziiert der **Komplex aus Inhibitor und Rezeptor**; dadurch werden DNA-Bindungsdomäne und Dimerisierungsdomäne freigelegt. Nun assoziieren zwei Rezeptoren zum aktiven Transkriptionsfaktor, translozieren in den Zellkern und binden an ihre DNA-Zielsequenzen (Abbildung 27.16). Anders als Cortisolrezeptoren liegen T_3-Rezeptoren auch ohne gebundenes Hormon als **DNA-assoziiertes Dimer** im Zellkern vor; durch Hormonbindung wird der Rezeptor an Ort und Stelle aktiviert und kann dann die Transkription seiner Zielgene modulieren. T_3 nimmt also seinen Weg durch Zellmembran, Cytosol und Kernmembran bis hin zum Zellkern, wo es schließlich auf seinen Rezeptor trifft.

Ligandenbesetzte Rezeptordimere binden an DNA-Sequenzen, die als **Hormon-responsive Elemente (HRE)** bezeichnet werden. Es handelt sich dabei um distale Promotorbereiche, die als Enhancer oder Silencer wirken können (▶Abschnitt 20.5) und einen charakteristischen Aufbau besitzen: Zwei konservierte Hexanucleotide treten in direkter Wiederholung hintereinander (engl. *direct repeat*), in gegenläufiger Anordnung (*reverted repeat*) oder als Palindrom auf (*inverted repeat*). Anders als z.B. bei G-Protein-gekoppelten Rezeptoren, die typischerweise sofort nach Ligandenbindung signalisieren (▶Abschnitt 28.1), verläuft die ligandeninduzierte Reaktion z.B. bei Steroidhormonen zeitlich gestuft ab. Zunächst kommt es zu einer (frühen) **Primärantwort**, die nach weniger als 30 min einsetzt und die vermehrte Transkription spezifischer Zielgene verkörpert. Die dabei entstehenden Proteine sind ihrerseits häufig Transkriptionsfaktoren, die nun eine (verzögerte) Sekundärantwort nach Stunden oder Tagen einleiten, indem sie weitere Zielgene aktivieren. *Lipophile Hormone verändern also typischerweise die Genexpressionsmuster ihrer Zielzellen in einem zwei- oder mehrstufigen Verlauf.*

Zu den intrazellulär wirkenden Liganden gehört auch Retinsäure , die eine wichtige Rolle bei der Reifung und Differenzierung von Blutzellen spielt und in der Therapie akuter nichtlymphatischer Leukämien erfolgreich eingesetzt wird (Exkurs 27.1). Abkömmlinge der Retinsäure werden als **Retinoide** bezeichnet. Der Rezeptor von 9-*cis*-Retinsäure – kurz **RXR** genannt – bildet bevorzugt Heterodimere mit anderen Rezeptoren für nichtsteroidale Hormone. Dazu zählen neben dem Rezeptor für all-*trans*-Retinsäure auch Calcitriol- und T_3-Rezeptoren sowie **Peroxisom-Proliferator-aktivierte Rezeptoren (PPARs)**. PPARs gliedern sich in drei Unterklassen (α, β, γ), die in unterschiedlichen Geweben exprimiert werden. Zu ihren Liganden zählen Fettsäure- und Prostaglandinderivate wie z.B. 15-Desoxy-$\Delta^{12,14}$-Prostaglandin J_2. Nach Heterodimerisierung mit RXR binden PPARs an **PPAR-responsive Elemente (PPRE)** der DNA und regulieren dann die

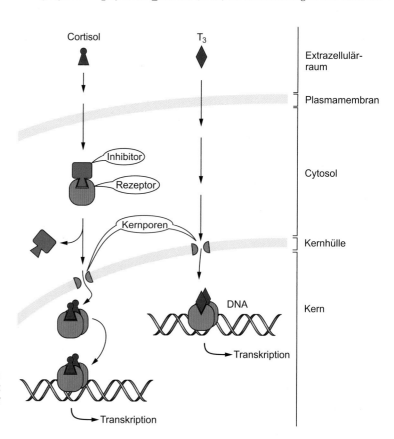

27.16 Aktivierung von intrazellulären Rezeptoren. Cortisolrezeptoren liegen im Cytosol vor; sie dimerisieren nach Hormonbindung, translozieren in den Zellkern und binden an Ziel-DNA. Thyroninrezeptoren sind dagegen permanent an DNA gebunden und werden durch Hormonbindung vor Ort aktiviert. Effektor ist primär Trijodthyronin, das durch Deiodierung aus Thyroxin hervorgeht.

Genexpression metabolischer Enzyme. Zu den therapeutisch wirksamen Liganden von PPARα gehören z.B. Lipidsenker aus der Klasse der **Fibrate**. Die Aktivierung von PPARγ durch **Thiazolidindion-Derivate** wie z.B. Rosiglitazon führt zur vermehrten Expression und Translokation von Glucose-Transportern (▶Exkurs 50.1) und wird erfolgreich in der Therapie des Diabetes mellitus Typ II, dem Altersdiabetes, eingesetzt (▶Abschnitt 50.9).

Exkurs 27.1: Retinsäure in der Leukämietherapie

Anders als die akute lymphatische Leukämie des Kindesalters tritt die **akute Promyelozyten-Leukämie** (APL) häufig bei Erwachsenen auf; oftmals sprechen diese Patienten auf alleinige Chemotherapie nicht an. Die APL entsteht durch eine Blockierung in der Differenzierung von Promyelocyten, die eine unreife Vorstufe von Myelocyten und neutrophilen Granulocyten verkörpern. Eine der häufigsten Ursachen für eine derartige Reifungsstörung ist eine **Chromosomentranslokation**, bei der das Gen für den **Retinsäurerezeptor RAR-α** auf Chromosom 17 mit dem Gen für den Transkriptionsfaktor PML auf Chromosom 15 fusioniert (▶Abschnitt 35.4). Das **Fusionsprotein PML-RARα** bindet zwar Retinsäure, hebt aber im Gegensatz zum „regulären" Rezeptor RAR-α nach Ligandenbindung die Repression seiner Zielgene *nicht* auf; dadurch blockiert es die normale Differenzierung der Promyelocyten. Im Knochenmark akkumulieren daraufhin Vorläuferzellen, die nun ungehemmt proliferieren können. Hohe Dosen von **all-*trans*-Retinsäure (Tretinoin)** lösen diese Blockade auf; mehr als 90 % der behandelten Patienten erfahren eine langfristige Besserung (Remission). Die Kombinationstherapie von Cytostatika mit Retinsäure hat zu einer deutlichen Verbesserung der Heilungschancen bei APL geführt.

27.5 Stickstoffmonoxid ist ein gasförmiger Botenstoff

Ein zweiter Typ von Liganden, der durch biologische Membranen diffundieren kann und dann auf intrazelluläre Rezeptoren trifft, ist das gasförmige **Stickstoffmonoxid (NO)** ⊸, ein Radikal, das eher als Umweltgift denn als biologischer Transmitter bekannt ist. Endothelzellen, Neuronen, Muskelzellen und insbesondere Makrophagen stellen es aus der Aminosäure Arginin her. Enzyme für diese ungewöhnliche Reaktion sind mischfunktionelle Oxidasen vom Typ der **NO-Synthasen** (Abbildung 27.17).

Ein kleines Molekül NO diffundiert praktisch ungehemmt durch die Membran der Produzentenzelle und wirkt dann parakrin auf umliegende Zellen ein. NO hat eine extrem kurze biologische Halbwertszeit (< 5 s) und wirkt daher – zumindest in geringen Konzentrationen – *nicht* toxisch. Die Rolle eines intrazellulären Rezeptors nimmt in diesem Fall das cytosolische Effektorenzym **Guanylat-Cyclase** wahr, das

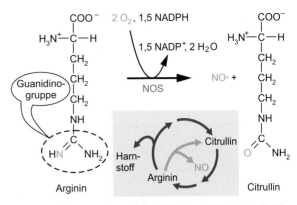

27.17 Biosynthese von NO. Intrazelluläre NO-Synthasen (NOS) sind mischfunktionelle Oxidasen (▶Exkurs 46.5), die den Botenstoff aus Arginin und Sauerstoff unter Verbrauch von NADPH synthetisieren; dabei entsteht Citrullin. Es gibt drei Isoformen von NO-Synthasen: **endotheliale eNOS**, **neuronale nNOS** und **induzierbare iNOS**. Unten: Die Reaktion von Arginin zu Citrullin unter NO-Freisetzung ist eine „Kurzschlussreaktion" des Harnstoffzyklus, die die Intermediate Ornithin bzw. Argininosuccinat umgeht (▶Abschnitt 47.2).

NO bindet und dadurch aktiviert wird. NO bindet dabei an ein Häm-Fe^{2+}-Ion der Cyclase, aktiviert damit das Enzym, wodurch nun die intrazelluläre cGMP-Konzentration ansteigt; **cGMP-gesteuerte Kinasen** lösen dann zellspezifische Effekte aus (Abbildung 27.11). Das Endothel erzeugt beträchtliche Mengen an NO, das auf umliegende glatte Muskelzellen wirkt und sie relaxiert: Auf diese Weise übt NO eine gefäßdilatierende Wirkung aus und senkt somit effektiv den Blutdruck (▶Exkurs 28.5). Diese molekularen Prinzipien werden bei der Behandlung von Angina pectoris durch NO-Donoren (Nitroglycerid) bzw. von Erektionsstörungen (Sildenafil, Viagra®) ⊸ genutzt. Allergische und anaphylaktische Reaktionen können über die exzessive Aktivierung von endothelialer NO-Synthase ausgelöst werden (▶Exkurs 28.5). Über seine kardiovaskulären Aufgaben hinaus erfüllt NO durch seine cytotoxischen und bakteriziden Eigenschaften auch wichtige Funktionen bei der primären Infektabwehr durch Makrophagen. Ein weiteres gasförmiges Molekül, das neben seinen eindeutig toxischen Eigenschaften möglicherweise auch biologische Signalfunktion besitzt, ist Kohlenmonoxid (CO); dabei sind die beteiligten Signalwege allerdings noch weitgehend unbekannt.

27.6 Proteohormone werden aus inaktiven Vorstufen freigesetzt

Die größte und am stärksten diversifizierte Gruppe interzellulärer Signalstoffe stellen Peptide und Proteine dar. Als **Neurohormone** wirken sie im Nervensystem (Tabelle 27.1); als **glandotrope Hormone** wie z.B. die Liberine, Statine und Tropine regulieren sie u.a. die Freisetzung von Hormonen

Tabelle 27.1 Eine Auswahl endokrin wirkender Peptid- und Proteohormone beim Menschen. Zum Teil sind hier die Syntheseorte der Vorstufen angegeben, die nicht unbedingt mit dem Ort der Freisetzung der aktiven Wirkstoffe übereinstimmen. Eine umfassende Darstellung der Hormone und ihrer Rezeptoren findet sich im Tafelteil (▶ Tafeln C5 – C8).

Hormon	Syntheseort	Rezeptor-Typ	biologische Wirkung
Liberine			
Corticoliberin (*Corticotropin releasing hormone*, CRH)	Hypothalamus	$G\alpha_s$-gekoppelter Rezeptor (engl. *G protein-coupled receptor*, GPCR)	Stimulation der ACTH-Freisetzung
Gonadoliberin (*Gonadotropin releasing hormone*, GnRH)	Hypothalamus	GPCR ($G\alpha_q$)	Stimulation der Freisetzung von FSF und LH
Somatoliberin (*Growth hormone releasing hormone*, GHRH)	Hypothalamus	GPCR ($G\alpha_s$)	Stimulation der Freisetzung von Wachstumshormon
Thyreoliberin (*TSH releasing hormone*, TRH)	Hypothalamus	GPCR ($G\alpha_q$)	Stimulation der TSH-Biosynthese und TSH-Ausschüttung
Statine			
Somatostatin	Hypothalamus	GPCR ($G\alpha_i$)	Hemmung der Freisetzung von Wachstumshormon
Tropine			
Adrenocorticotropes Hormon (ACTH; syn. Corticotropin)	Adenohypophyse	GPCR ($G\alpha_s$)	Stimulation der Glucocorticoidsynthese in der Nebennierenrinde
Follikel-stimulierendes Hormon (FSH)	Adenohypophyse	GPCR ($G\alpha_s$)	Stimulation der Follikel, Spermatogenese
Luteotropes Hormon (LH)	Adenohypophyse	GPCR ($G\alpha_s$)	Stimulation der Synthese von Sexualhormonen
Prolactin (PRL)	Adenohypophyse	Enzymgekoppelter Rezeptor (JAK)	Stimulation der Milchproduktion der Brustdrüsen
Somatropin Wachstumshormon (*growth hormone*, GH)	Adenohypophyse	Enzymgekoppelter Rezeptor (Tyrosinkinase)	Stimulation der Bildung von IGF-I und IGF-II
Thyreoidea-stimulierendes Hormon (TSH)	Adenohypophyse	GPCR ($G\alpha_s$)	Stimulation der Thyroninproduktion
repräsentative Peptidhormone			
Angiotensin-II	Leber	GPCR ($G\alpha_i$)	Vasokonstriktion
Arginin-Vasopressin (AVP; Antidiuretisches Hormon, ADH)	neurosekretorische Zellen des Hypothalamus	GPCR ($G\alpha_q$)	Na⁺-Rückresorption, Wasserretention
Atriales natriuretisches Peptid (ANP; Atrionatriuretischer Faktor, ANF)	Herz	Enzymassoziierter Rezeptor (Guanylat-Cyclase)	Diurese, Natriurese
Bradykinin	Leber	GPCR ($G\alpha_q$)	Vasodilatation
Endothelin	Endothelzellen	GPCR ($G\alpha_q$)	Vasokonstriktion
Glucagon	Pankreas (α-Zellen)	GPCR ($G\alpha_s$)	Anstieg der Blutglucosekonzentration
Insulin	Pankreas (β-Zellen)	Enzymassoziierter Rezeptor (Tyrosinkinase)	Absenkung der Blutglucosekonzentration
Oxytocin	neurosekretorische Zellen des Hypothalamus	GPCR ($G\alpha_q$)	Uteruskontraktion

aus der Hypophyse und endokrinen Drüsen der Peripherie. Als **Cytokine** erfüllen sie primär auto- und parakrine, aber auch endokrine Aufgaben bei Zellwachstum und -differenzierung (▶Abschnitt 29.6). An dieser Stelle wollen wir uns auf *endokrine* Peptid- und Proteohormone beschränken, die sehr unterschiedliche Größen besitzen: So besteht TRH (TSH *releasing hormone*) lediglich aus drei Aminosäureresten, während z.B. Prolactin 198 Reste besitzt.

Proteohormone werden oft als inaktive Vorstufen hergestellt. So erfolgt die Biosynthese von Insulin in einer Prä-pro-Form, die erst nach proteolytischer Prozessierung die aktive Wirkform liefert (▶Abbildung 31.12). Eine bemerkenswerte Illustration dieses Prinzips ist **Pro-Opiomelanocortin** (POMC), das in der Adenohypophyse produziert wird und durch limitierte Proteolyse die aktiven Hormone Adrenocorticotropes Hormon (ACTH), Melanocortin (Melanocyten-stimulierendes Hormon, γ-MSH) und β-Lipotropin (β-LPH) liefert; daneben entstehen inaktive Fragmente (Abbildung 27.18). In anderen Bereichen des Zentralnervensystems kann β-Lipotropin weiter zu β-Endorphin, Enkephalinen und β-MSH gespalten werden. *Die proteolytische Prozessierung setzt also aus einem Polyprotein mehrere aktive Hormone frei; dabei legt der Zelltyp fest, welches Spektrum an Folgeprodukten entsteht.*

Zelloberflächenrezeptoren aktivieren intrazelluläre Signalkaskaden

Anders als ihre lipophilen Gegenstücke sind hydrophile Hormone nicht in der Lage, Zellmembranen zu durchdringen. Entsprechend sind ihre Zielzellen mit Oberflächenrezeptoren bestückt. Diese molekularen „Antennen" fungieren als **Signalwandler**, die extrazelluläre Erkennungs- und Bindungsereignisse in intrazelluläre Signale übersetzen, welche dann das Verhalten der Zielzelle ändern. Es gibt drei große Klassen von ligandengesteuerten Zelloberflächenrezeptoren, und jede davon transduziert extrazelluläre Signale auf ihre eigentümliche Weise. **Transmittergesteuerte Ionenkanäle** regulieren den Ionenfluss über Membranen (Abschnitt 27.3, Signalweg 2). **G-Protein-gekoppelte Rezeptoren** (Abschnitt 27.3, Signalweg 3) sind mit trimeren Guaninnucleotid-bindenden Proteinen (G-Proteinen) assoziiert und regulieren membranständige Effektorenzyme oder Ionenkanäle in ihrer Aktivität (Abbildung 27.19). **Enzymgekoppelte Rezeptoren** (Abschnitt 27.3, Signalwege 4 bis 8) hingegen besitzen entweder selbst enzymatische Aktivität, oder sie „rekrutieren" nach Ligandenbindung intrazelluläre Enzyme, meist Proteinkinasen, die dann cytosolische Substrate phosphorylieren.

Gekoppelte Rezeptoren „funken" von der Zelloberfläche über das Cytosol bis in den Zellkern und verändern damit die Eigenschaften der Zelle. Dabei spielt die **reversible Phosphorylierung** von Proteinen und Guaninnucleosiden eine Schlüsselrolle. Wir wollen dieses Prinzip am Beispiel von **enzymge-**

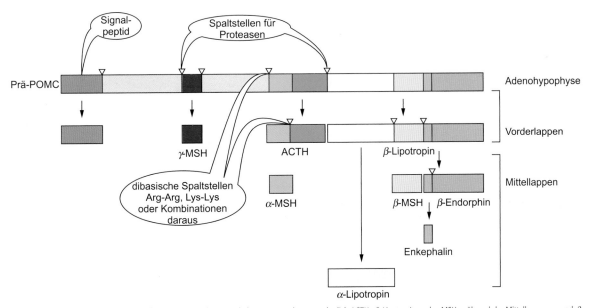

27.18 Proteolytische Prozessierung von POMC. Im Hypophysenvorderlappen entstehen vornehmlich ACTH, β-Lipotropin und γ-MSH, während der Mittellappen α- und β-MSH, α-Lipotropin, β-Endorphin und Enkephaline produziert; membranständige Proteasen ermöglichen diese zellspezifische Prozessierung von POMC. Bei den Enkephalinen unterscheidet man je nach aminoterminalem Rest Leu-Enkephalin und Met-Enkephalin (▶Tafeln C5–C8).

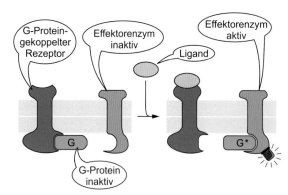

27.19 Vereinfachter Signalmechanismus G-Protein-gekoppelter Rezeptoren. G-Proteine übertragen das durch die Ligandenbindung induzierte Signal vom Rezeptor auf ein Effektorenzym oder einen Ionenkanal (nicht gezeigt).

koppelten Rezeptoren studieren: Dockt ein Ligand an der extrazellulären Bindungstasche eines Rezeptors an, so kann es zu einer **Dimerisierung** des Rezeptors kommen, die eine tief greifende Konformationsänderung nach sich zieht. Dabei wird die intrazelluläre Rezeptordomäne, oftmals eine Kinase, aktiviert (Abbildung 27.20). Die aktivierte **Rezeptorkinase** kann dann unter ATP-Verbrauch intrazelluläre Zielproteine, darunter auch andere Kinasen, phosphorylieren und

damit ganze Kaskaden von reversiblen Phosphorylierungen in Gang setzen. *Die Substratspezifität der beteiligten Kinasen gewährleistet dabei die* **Direktionalität** *der Signalkaskaden: Nur beim Einhalten einer bestimmten Abfolge enzymatischer Reaktionen wird ein Signal geordnet von der „Außenwelt" – also dem extrazellulären Raum – in die „Innenwelt" einer Zelle – meist in den Zellkern – geleitet.* Ausnahmen von dieser einseitig gerichteten Signaltransduktion sind Integrine, die bidirektional signalisieren (▶ Abschnitt 29.7).

Oft steht am Beginn einer Signaltransduktionskette die Phosphorylierung des Rezeptorproteins selbst: Wir sprechen von **Autoaktivierung.** Dabei kann die Phosphorylierung an Hydroxylgruppen tragenden Seitenketten der Aminosäuren Serin und Threonin oder an Tyrosinresten der intrazellulären Domänen des Rezeptors erfolgen. Trotz ihrer kovalenten Natur ist die Phosphatesterbindung nicht dauerhaft: **Phosphatasen** entfernen rasch die kritischen Phosphatreste und inaktivieren damit das Rezeptorenzym (Abbildung 27.21). *Prinzipiell kann eine solche reversible Phosphorylierung Proteine allosterisch aktivieren oder inaktivieren: Sie dient häufig schnellen An- und Abschaltvorgängen, wie sie typischerweise bei der Signaltransduktion benötigt werden.* Dabei schafft die reversible Phosphorylierung oft ein neues Erkennungsmotiv, an das intrazelluläre Enzyme oder Brückenproteine („Adapter") andocken können.

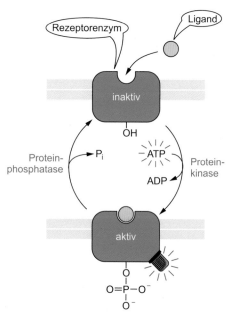

27.20 Ligandeninduzierte Aktivierung von Enzymrezeptoren. Die Besetzung der Ligandenbindungsstelle führt per Dimerisierung und allosterischer Transition zu einer Aktivierung der katalytischen Domäne auf der cytosolischen Seite (oben). Alternativ kann ein Rezeptor auch nach Ligandenbindung Enzyme, z. B. Kinasen, aus dem Cytosol binden und dadurch aktivieren (unten). Beide Aktivierungsmodi initiieren eine intrazelluläre Signalkaskade. Manche Rezeptoren liegen auch in unstimulierter Form bereits als Dimere vor.

27.21 Regulation der Aktivität eines Rezeptorenzyms durch Phosphorylierung. Kinasen überführen das Rezeptorenzym in seinen aktiven Zustand; Phosphatasen bringen es wieder in seine inaktive Form zurück. Netto wird dabei ATP zu ADP und P_i hydrolysiert. Prinzipiell kann eine Phosphorylierung auch inaktivieren (= Inhibition) bzw. eine Dephosphorylierung aktivieren (= De-Inhibition).

GTP-bindende Proteine verknüpfen Signalketten

Die Zellen nutzen reversible Phosphorylierung noch in ganz anderer Weise: Sie besitzen nämlich eine reichhaltige Ausstattung an **Guaninnucleotid-bindenden Proteinen** – kurz **G-Proteinen** –, die über eine spezifische Bindungsstelle GDP *oder* GTP binden. Prinzipiell unterscheiden wir zwischen **monomeren „kleinen"** G-Proteinen und **heterotrimeren „großen" G-Proteinen**. Im Allgemeinen sind GDP-haltige G-Proteine inaktiv und wechseln erst nach GTP-Bindung in ihren aktiven Zustand. So koppeln etwa Rhodopsin-ähnliche Rezeptoren in ihrem Grundzustand an GDP-haltige G-Proteine (Abbildung 27.22). Nach Ligandenbindung beschleunigt der aktivierte Rezeptor den **Austausch von GDP gegen GTP**: Dadurch werden G-Proteine aktiviert und können nun ihrerseits intrazelluläre Effektoren – meist Enzyme, aber auch Ionenkanäle – aktivieren, die das vom Rezeptor aufgenommene Signal weiterleiten. Der aktivierte Zustand von G-Proteinen ist nur von kurzer Dauer: G-Proteine sind selbst Enzyme mit einer **endogenen GTPase-Aktivität**, die GTP mehr oder minder rasch zu GDP und P_i hydrolysiert; dadurch fällt das aktivierte G-Protein wieder in seinen inaktiven Zustand zurück. Die Rephosphorylierung des freien GDP zu GTP durch Kinasen und der Austausch von GDP gegen GTP am G-Protein leiten dann den nächsten Aktivitätszyklus ein. *G-Proteine können also durch Austausch und Hydrolyse von Guaninnucleotiden ihren Aktivitätszustand verändern und nach dieser Maßgabe externe Signale weiterleiten.*

Enzym- oder G-Protein-gekoppelte Rezeptoren machen sich also dasselbe Grundprinzip – **transiente Aktivierung durch reversible Phosphorylierung** – auf unterschiedliche Weise zunutze. Dieses allgemeine Prinzip gilt auch für kleine

G-Proteine wie Rab, Ran und Arf: Die verzögerte GTP-Hydrolyse macht sie zu molekularen „Metronomen" (▶ Exkurs 4.1).

Effektoren integrieren Signale verschiedener Rezeptoren

Die über verschiedene Rezeptoren ausgelösten Signalwege laufen nicht isoliert nebeneinander ab: Eine „Zwiesprache" zwischen den verschiedenen Transduktionskaskaden der Zelle kann eintreffende **Informationen integrieren**. Die Aktivierung einiger zellulärer Kinasen erfordert nämlich die simultane Aktivierung von *zwei* Signalwegen (Abbildung 27.23). Dabei reicht die Aktivierung eines Signalwegs alleine nicht aus: Nur wenn zwei unabhängige Signalwege die „Freigabe" erteilen, werden die Effektoren dieser koordinierten Signalwege aktiv und veranlassen die Zelle zu spezifischen Reaktionen. So integrieren Zellen unterschiedliche Signale, die sie z. B. über ihre Adhäsions- bzw. Wachstums-

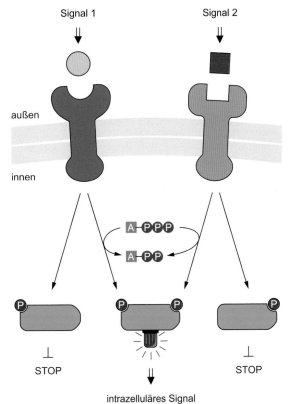

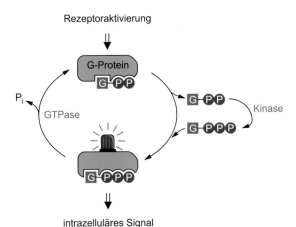

27.22 Zyklus eines G-Proteins. Die Assoziation des G-Proteins mit dem Rezeptor bzw. dem Zielprotein ist hier aus Gründen der Vereinfachung *nicht* gezeigt. Die Resynthese von GDP zu GTP erfolgt separat durch Nucleosiddiphosphat-Kinasen.

27.23 Zelluläre Integration von Informationen. In diesem Beispiel müssen zwei Signalwege gleichzeitig aktiviert werden, die bei einem intrazellulären Enzym zusammenlaufen und es nur gemeinsam „anschalten" können. Jeder Signalweg für sich alleine führt in eine Sackgasse. [AN]

hormonrezeptoren empfangen, zu einer „geordneten" Antwort.

Die Integration von Signalen aus mehreren Transduktionswegen ist immer dann notwendig, wenn Zellen grundlegende, oft unumkehrbare Entscheidungen zu treffen haben: Beginn oder Richtung einer Differenzierung, Einleitung der Zellteilung oder Weichenstellung für den programmierten Zelltod verlangen die **konzertierte Aktivierung mehrerer Signalwege**. Meist sind es externe Signale, die über „Wohl oder Wehe" einer Einzelzelle entscheiden. Den beteiligten Rezeptoren kommt dabei eine entscheidende Rolle zu: Sie müssen mit hoher Sensitivität und feinem Diskriminierungsvermögen Signale von „außen" aufnehmen und zuverlässig nach „innen" weiterleiten. Verlassen wir die Ebene der einzelnen Zelle und betrachten Gewebe, Organe oder den ganzen Organismus, so nimmt die Koordination der zahllosen Signalwege eine **hierarchische Struktur** an. Über ausgefeilte Rückkopplungsmechanismen, die meist auf unterschiedlichen anatomischen Ebenen – z.B. Hypothalamus, Hypophyse und Schilddrüse – angesiedelt sind, wird eine ausgewogene Steuerung der Produktion und Verteilung von Signalmolekülen sichergestellt: Wir sprechen von einer **Homöostase**. Wir werden uns diesen komplexen Regelwerken erst später zuwenden; zunächst einmal wollen wir Aufbau, Funktionsweise und Verschaltung der wichtigsten zellulären Sensoren genauer inspizieren.

Zusammenfassung

- Die zentralen Komponenten von Signaltransduktionskaskaden sind **Liganden, Rezeptoren** sowie **Effektoren**; letztere sind häufig Enzyme, können aber auch Transkriptionsfaktoren oder Ionenkanäle sein.

- Bei den **Signalmodalitäten** unterscheiden wir den **endokrinen** Modus, der von Hormonen im engeren Sinne bedient wird, vom **parakrinen** Modus, der häufig von kurzlebigen Signalstoffen wie den Eikosanoiden oder NO vermittelt wird. Eng damit verwandt ist der **juxtakrine** Modus, zu dem z.B. Zell-Zell-Kommunikationen gehören.

- Beim **autokrinen** Modus geben vor allem Chemokine den Takt an; hier produzieren Zellen Signalstoffe, die auf ihre Herkunftszellen selbst einwirken. Dagegen bezeichnet der **intrakrine** Modus der Signalerzeugung und -wirkung innerhalb einer einzelnen Zelle.

- Signalstoffe können grob in **lipophile vs. hydrophile** Liganden, **mobile vs. immobile** Liganden sowie **fest- vs. gasförmige Liganden** klassifiziert werden. Dabei unterscheidet man vier Haupttypen: Neurotransmitter, Hormone, Cytokine und immobile Signalstoffe.

- Rezeptoren können **löslich** in intrazellulären Kompartimenten vorliegen oder **membranassoziiert** sein. Die meisten membranständigen Rezeptoren exponieren extrazelluläre Ligandenbindungsstelle(n).

- Sekundäre Botenstoffe sind typischerweise kleine Moleküle wie z.B. Ionen, Lipidderivate oder cyclische Nucleotide wie cAMP, die sich rasch in einer stimulierten Zelle ausbreiten können. Sie wirken oft als **allosterische Modulatoren**.

- Zehn Signalwege dominieren die zelluläre Kommunikation; dazu gehören die Signalgebung über **intrazelluläre Rezeptoren** und **ligandengesteuerte Ionenkanäle**. Die wichtigsten Signalwege an der Plasmamembran laufen über **G-Protein-gekoppelte Rezeptoren** sowie **enzymgekoppelte Rezeptoren** mit intrinsischer Tyrosinkinase-, Serin-/Threonin-Kinase- oder Guanylat-Cyclase-Aktivität.

- **Enyzmassoziierte Rezeptoren** bilden Komplexe mit Tyrosin-Kinasen und aktivieren dabei Transkriptionsfaktoren. **Integrine** sind Prototypen von bidirektional wirkenden Rezeptoren, die mit Komponenten der extrazellulären Matrix sowie dem intrazellulären Actin-Gerüst interagieren. Membranständige **Notch-Rezeptoren** binden an immobile Liganden, die auf der Oberfläche von Nachbarzellen exponiert sind.

- **Lipophile Hormone** wirken über intrazelluläre Rezeptoren, die als Transkriptionsfaktoren die Expression ihrer Zielgene regulieren. Dazu gehören Steroidhormone, Schilddrüsenhormone, Retinoide sowie Lipidderivate, die PPAR-Rezeptoren stimulieren.

- **Stickstoffmonoxid** (NO) ist ein gasförmiger Ligand, der an seinen intrazellulären Rezeptor bindet, welcher über seine intrinsische **Guanylat-Cyclase-Aktivität** den cGMP-Spiegel der betroffenen Zelle reguliert.

- Peptid- und Proteohormone stellen die größte Gruppe von interzellulären Signalstoffen dar. Man unterscheidet **Neurohormone, glandotrope Hormone, Peptidhormone** sowie **Cytokine**. Die Übergänge zwischen den einzelnen Kategorien sind fließend. Die aktive Form dieser Hormone entsteht häufig durch proteolytische Prozessierung.

- Die **reversible Phosphorylierung** von Proteinen ist ein fundamentales Regulationsprinzip, das vielen Signalwegen zugrunde liegt. Prinzipiell trifft dies auch für kleine (monomere) und große (heterotrimere) **G-Proteine** zu, die im GTP-bindenden Zustand typischerweise aktiviert sind, während sie im GDP-bindenden Zustand inaktiv sind.

- Die Integration von mehreren, auf eine Zelle einwirkenden Signale erfolgt durch nachgeschaltete Effektoren. Zur Steuerung der interzellulären Kommunikation haben Säugetiere **hierarchische Kaskadensysteme** entwickelt, die über ausgefeilte Rückkopplungsmechanismen die **hormonelle Homöostase** sicherstellen.

Signaltransduktion über G-Protein-gekoppelte Rezeptoren

Kapitelthemen: 28.1 Heptahelikale Struktur von GPCRs 28.2 Adenylat-Cyclase als Effektor 28.3 Desensitivierung von GPCRs 28.4 Clathrin-vermittelte Rezeptorendocytose 28.5 cAMP als sekundärer Botenstoff 28.6 GPCRs bei Riech- und Sehvorgängen 28.7 IP$_3$-vermittelte Freisetzung von Ca^{2+} 28.8 Calmodulin-abhängige Signaltransduktion 28.9 DAG und Proteinkinase C

Die größte Familie unter den Zelloberflächenrezeptoren stellen die G-Protein-gekoppelten Rezeptoren (engl. *G protein-coupled receptor*, GPCR) mit über 800 unterschiedlichen Genen beim Menschen dar – neben den Zinkfingerproteinen eine der umfänglichsten Proteinfamilien überhaupt. Die umfangreichste Untergruppe bilden dabei die Rezeptoren für Geruchsstoffe (> 400); allerdings sind *nicht-olfaktorische Rezeptoren* von größter medizinischer Relevanz, da etwa die Hälfte der 100 wichtigsten Medikamente mit einem weltweiten Jahresumsatz von mehr als 30 Mrd. € auf diese Gruppe zielen. Trotz enormer Diversität auf Genebene ist die Architektur von G-Protein-gekoppelten Rezeptoren auf der Proteinebene gut konserviert. Typischerweise koppeln diese Rezeptoren an intrazelluläre *G-Proteine*, über die sie Signalstaffetten in den Zellen anstoßen. Hauptziele ihrer Signaltransduktion sind intrazelluläre Enzyme oder Ionenkanäle der Plasmamembran, deren Aktivitäten über G-Proteine direkt oder indirekt moduliert werden. Auf diese Weise können G-Protein-gekoppelte Rezeptoren u. a. Metabolismus, Bewegung, Adhäsion und Aggregation, aber auch Proliferation und Differenzierung von Zellen beeinflussen. Das „Flaggschiff" unter den G-Protein-gekoppelten Rezeptoren ist der Lichtrezeptor *Rhodopsin*, der beim Sehvorgang von zentraler Bedeutung ist.

28.1
G-Protein-gekoppelte Rezeptoren durchspannen siebenmal die Membran

G-Protein-gekoppelte Rezeptoren ⌐ bestehen aus einer einzigen Polypeptidkette, die sich siebenmal durch die Plasmamembran fädelt (Abbildung 28.1). Hydrophobe Segmente von 20 bis 30 Aminosäuren bilden rechtsdrehende Helices, die mit sieben bis acht Windungen die Lipidschicht durchdringen. Die sieben **Transmembranhelices** (TM-Helices) bilden dabei eine kompakte Einheit; die Anordnung von TM-1 nach TM-7 erfolgt *gegen* den Uhrzeigersinn (Zellaufsicht). Die Membranintegration lässt Schleifen bzw. „Arme" frei, mit denen die Rezeptoren auf der extrazellulären Seite große Liganden wie Proteohormone „greifen" können. Kleine Liganden wie z.B. Catecholamine „schlüpfen" dagegen in eine hydrophobe Tasche, welche die Transmembransegmente zur extrazellulären Seite hin offen halten (Abbildung 28.2).

So uniform die Transmembranorganisation dieser Rezeptorklasse erscheinen mag, so divers ist ihr Spektrum an Liganden: Dazu zählen Geruchs- und Geschmacksstoffe, Schmerzauslöser und Schmerzstiller, Neurotransmitter, Chemokine, Lipide, Aminosäuren, Peptide, Proteine, Enzyme und sogar Photonen! Entsprechend vielfältig sind die **Ligandenbindungsstellen** von G-Protein-gekoppelten Rezeptoren. Wir unterscheiden dabei fünf Haupttypen (Abbildung 28.2): (a) Niedermolekulare Liganden wie **biogene Amine** (z.B. Catecholamine), Nucleotide (Adenosin), Eikosanoide (Prostaglandin E$_2$), und Lipidderivate (Sphingosin-1-phosphat) binden tief in der Transmembranebene der Rezeptoren; (b) **Peptidhormone** binden oberflächlich an die extrazellulären Teile der Transmembranregionen und ihrer Verbindungsschleifen; (c) **Glykoproteine** (Luteotropes Hormon, LH) binden an einen extendierten *N*-Terminus der Rezeptoren; (d) **Aminosäuren** (Glutamat) binden ebenfalls an *N*-terminale Segmente, allerdings von einem Rezeptor-Dimer; und schließlich (e) spalten **Proteasen** (Thrombin) den *N*-Terminus, dessen Stumpf daraufhin – ähnlich wie niedermolekulare Liganden – im Transmembranbereich des Rezeptors bindet.

G-Protein-gekoppelte Rezeptoren binden im Grundzustand, also in Abwesenheit eines Liganden, auf ihrer cytosolischen Seite heterotrimere GTP-bindende Proteine, kurz als „große" **G-Proteine** bezeichnet ⌐ (▶ Abschnitt 27.8). Sie bestehen aus den Untereinheiten α, β und γ, wobei die α-Untereinheit im Grundzustand ein Molekül GDP bindet. Dockt nun ein extrazellulärer Ligand an den Rezeptor an, so löst er eine umfassende Konformationsänderung im Rezeptorprotein aus, die über die Transmembransegmente an die intrazellulären Rezeptordomänen weitergeleitet wird. Der „besetzte" aktivierte Rezeptor wirkt nun als **Guaninnucleotid-Austauschfaktor** (**GEF**; engl. *guanine nucleotide exchange factor*), der die Affinität der α-Untereinheit zu GDP vermindert und dadurch dessen Austausch gegen GTP erleichtert (Abbildung 28.3). Die Bindung von GTP führt zur Dissoziation des G-Protein-Komplexes in zwei aktive Moleküle, nämlich die

28.1 Struktur von G-Protein-gekoppelten Rezeptoren (2D-Darstellung). Die extrazellulären Domänen enthalten meist Kohlenhydratseitenketten und Disulfidbrücken. Die carboxyterminale Domäne ist oft über einen Palmitoylthioester in der cytosolischen Schicht der Plasmamembran verankert; dabei entsteht eine vierte intrazelluläre Schleife. Die Interaktion mit G-Proteinen erfolgt vor allem über die dritte bzw. vierte intrazelluläre Domäne. Der Carboxyterminus kann phosphoryliert werden (Abschnitt 28.3).

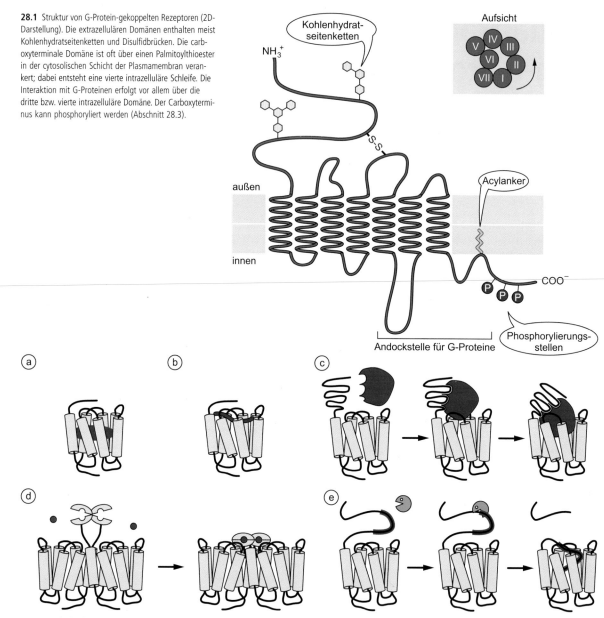

28.2 Ligandenbindungsstellen von G-Protein-gekoppelten Rezeptoren (schematisch). Legt man die Primärstruktur der Rezeptoren zugrunde, so kann man fünf phylogenetische Familien von GPCRs unterscheiden: Rhodopsin-, Sekretin-, Glutamat- bzw. Frizzled-ähnliche Rezeptoren sowie Adhäsionsrezeptoren. Metabotrope Glutamatrezeptoren und GABA-Rezeptoren sowie Ca^{2+}-sensorische Rezeptoren (▶Abschnitt 30.3) liegen typischerweise als Dimere vor (d).

GTP-haltige α-Untereinheit und das $\beta\gamma$-Dimer; beide können auf unterschiedliche Effektorproteine einwirken (siehe unten). Aktivierte G-Proteine schalten sich durch GTP-Hydrolyse selbst wieder ab: Die α-Untereinheit besitzt eine „intrinsische" GTPase-Aktivität, die GTP zu GDP und P_i hydrolysiert. Diese GTP-Hydrolyse wird durch **GTPase-aktivierende Proteine** (**GAP**) beschleunigt. Dabei entsteht eine GDP-haltige inaktive α-Untereinheit, die mit einem freien $\beta\gamma$-Dimer zum GDP-haltigen G-Protein reassoziiert: Der Ausgangszustand des G-Protein-Zyklus ist damit wieder erreicht.

Die aktivierte GTP-haltige α-Untereinheit leitet das einkommende Signal, nämlich die Bindung eines extrazellulären Liganden an seinen Rezeptor, auf **intrazelluläre Effektorproteine** – weiter. G-Protein-gekoppelte Rezeptoren steuern dabei zwei Hauptrouten der Signaltransduktion an: Ein Weg verändert die intrazellulären Konzentrationen von **cyclischen Nucleotiden** wie cAMP und cGMP, während der andere Weg Inositol-1,4,5-trisphosphat (IP_3) und Ca^{2+} freisetzt (Abbildung 28.4).

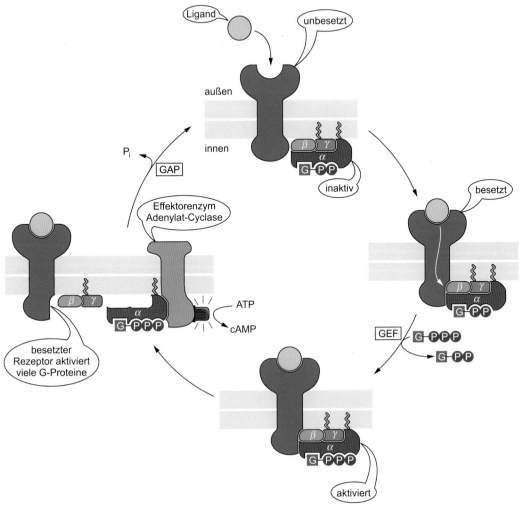

28.3 Aktivierungszyklus von heterotrimeren G-Proteinen. Im Grundzustand (oben) bindet GDP-beladenes G-Protein an den unbesetzten Rezeptor. Nach Ligandenbindung stimuliert der Rezeptor den GDP-GTP-Austausch an der α-Untereinheit. Das aktivierte G-Protein (unten) dissoziiert daraufhin in seine α- bzw. $\beta\gamma$-Untereinheiten, die mit Zielproteinen interagieren (nur für α gezeigt). Durch GTP-Hydrolyse kehrt die α-Untereinheit wieder in den Grundzustand zurück und reassoziiert mit $\beta\gamma$. Einige Rezeptoren weisen einen modifizierten Zyklus auf, da sie ihre G-Proteine erst *nach* Ligandenbindung rekrutieren.

Viele G-Protein-gekoppelte Rezeptoren können auch beide Signalschienen gleichzeitig bedienen. Wichtige Beispiele der G-Protein-vermittelten Signaltransduktion zeigt Tabelle 28.1.

Tabelle 28.1 Ausgewählte Beispiele der G-Protein-vermittelten Signaltransduktion (▶ Tafeln C5–C8).

Ligand, Rezeptoren	Stoffgruppe	biologische Wirkung
Acetylcholin	Aminoalkoholderivat	siehe Tabelle 28.2
ADH/Vasopressin	Peptid	Wasserrückresorption (Niere)
ADP	Purin-Derivat (Nucleotid)	Thrombocytenaggregation
Adrenalin, Noradrenalin	Catecholamin	siehe Tabelle 28.2
Dopamin	biogenes Amin	emotionale Erregungen, Steuerung der Feinmotorik
GABA (γ-Aminobuttersäure)	Aminosäurederivat	Unterdrückung der präsynaptischen Neurotransmitterausschüttung
Glutamat	Aminosäure	prä- und postsynaptische Regulation von Transmitterausschüttung und neuronaler Erregbarkeit

Tabelle 28.1 (Fortsetzung)

Histamin	biogenes Amin	Mediator allergischer Reaktionen, Regulator der HCL-Sekretion und Neurotransmitter
Interleukin-8 (CXCL8)	Protein	Aktivierung von neutrophilen Granulocyten, Angiogenese
Komplementfaktor C5a	Peptid	Mediator bei der Entzündung
Leukotrien B$_4$ (LTB$_4$)	Fettsäurederivat	Rekrutierung von Leukocyten
Plättchen-aktivierender Faktor (PAF)	Phospholipid	Regulator bei der Immunantwort
Prostaglandine, Prostacycline	Eikosanoide	Entzündungsprozesse
Sekretin	Peptid	Stimulation der Sekretion von Acinuszellen des Pankreas
Serotonin (5-Hydroxytryptamin)	biogenes Amin	Schmerzauslösung an Nozizeptoren, erhöhte Kontraktilität der Darmmuskulatur, Stimulation der Thrombocytenaggregation
Thrombin	Protein/Protease	Aktivierung von Thrombocyten (Plättchen)
Thromboxan A$_2$	Eikosanoid (Autakoid)	Thrombocytenaggregation

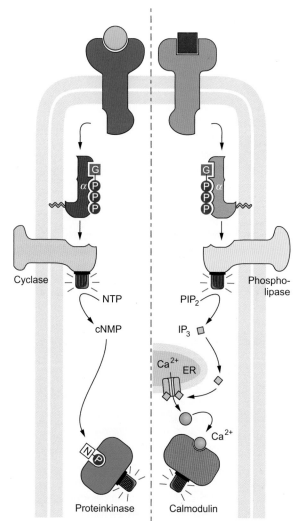

28.2
G-Proteine modulieren die Aktivität von Adenylat-Cyclase

Viele G-Protein-gekoppelte Rezeptoren regulieren die intrazelluläre cAMP-Konzentration indirekt über die Steuerung der Aktivität des Effektorenzyms **Adenylat-Cyclase** mithilfe von **Gα**, der α-Untereinheit des beteiligten G-Proteins. Adenylat-Cyclasen sind integrale Proteine der Plasmamembran, welche die Cyclisierung von ATP zu cAMP katalysieren (Abbildung 28.5). G-Protein-gekoppelte Rezeptoren können dabei prinzipiell zwei gegensätzliche Effekte erzielen: Die α-Untereinheiten von **stimulatorischen G-Proteinen** (Gα_s-Proteine) aktivieren Adenylat-Cyclase und heben damit die cAMP-Konzentration an, während die α-Untereinheiten von **inhibitorischen G-Proteinen** (Gα_i-Proteine) das Enzym hemmen und damit die intrazelluläre cAMP-Konzentration senken. Der sekundäre Botenstoff cAMP ist ein allosterischer Regulator vieler intrazellulärer Enzyme, der das extrazelluläre Signal weiterleitet und der Zelle eine spezifische Antwort ermöglicht (Abschnitt 28.5). Einige G-Proteine können wirkungsvoll durch bakterielle Toxine gehemmt werden (Exkurs 28.1).

28.4 Intrazelluläre Signaltransduktion durch G-Protein-gekoppelte Rezeptoren. Auf beiden Signalwegen führt die G-Protein-Aktivierung zu einer Regulation von Enzymen wie Cyclasen (links) und Phospholipasen (rechts), die an Synthese und Abbau sekundärer Botenstoffe wie cAMP und cGMP (allgemein: cNMP, cyclische Nucleosidmonophosphate) oder Freisetzung von Ca^{2+} beteiligt sind. Ca^{2+} und cNMPs aktivieren daraufhin Effektoren wie Calmodulin oder Proteinkinasen. Abkürzungen: ER, endoplasmatisches Reticulum; IP$_3$, Inositol-1,4,5-trisphosphat; PIP$_2$, Phosphatidylinositol-4,5-bisphosphat.

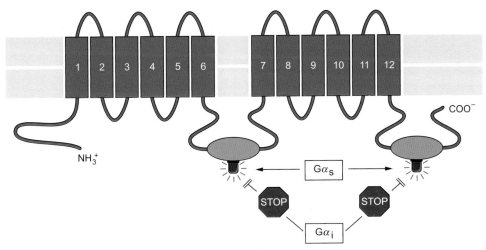

28.5 Domänenstruktur von Adenylat-Cyclase. Das Enzym besteht aus zwei Domänen zu je sechs Transmembransegmenten; die beiden aktiven Zentren (hellblau) liegen auf der cytosolischen Seite. G-Proteine mit stimulierender (G_s) oder inhibierender Wirkung (G_i) auf die Adenylat-Cyclase sind ebenfalls membranständig. Das niedermolekulare Diterpen Forskolin (nicht gezeigt) aus der indischen Heilpflanze *Coleus forskolii* kann Adenylat-Cyclase direkt, d. h. ohne Einschaltung von G-Proteinen, aktivieren; experimentell testet man damit die Auswirkungen erhöhter cAMP-Spiegel im Cytosol. Das humane Genom enthält mindestens 10 Subtypen von Adenylat-Cyclasen.

Exkurs 28.1: Wirkmechanismen bakterieller Toxine

Das Bakterium *Vibrium cholerae* scheidet im menschlichen Darm ein enzymatisch aktives Toxin aus, das über das Membranlipid Gangliosid G_{M1} in Darmepithelzellen eindringen kann. Dort katalysiert das **Choleratoxin** den Transfer einer ADP-Ribosyl-Gruppe von NAD^+ auf einen Argininrest der α_s-Untereinheit von G-Proteinen und hemmt damit permanent ihre GTPase-Aktivität (Abbildung 28.6). Die modifizierte α_s-Untereinheit, die nicht mehr in den GDP-assoziierten Ruhezustand wechseln kann, stimuliert fortwährend Adenylat-Cyclase und erhöht damit dauerhaft die cAMP-Konzentration in Darmepithelzellen. Dadurch kommt es zu einer stark gesteigerten Na^+- und Wasserausscheidung ins Darmlumen. Die dadurch bedingte massive Diarrhoe kann unbehandelt zum Tode führen. **Pertussistoxin** aus *Bordetella pertussis*, dem Erreger des Keuchhustens, ist ebenfalls eine **ADP-Ribosyltransferase**, die α_i-Untereinheiten modifiziert und im GDP-gebundenen Zustand „fixiert"; damit fällt der inhibitorische Einfluss von α_i auf Adenylat-Cyclase weg und es kommt zur massiven $[cAMP]_i$-Erhöhung. In der experimentellen Forschung haben sich bakterielle Toxine als unverzichtbare Hilfsmittel bei der Aufklärung der G-Protein-vermittelten Signaltransduktion erwiesen.

Nicotinamid

Adenosindiphosphat-ribosylrest

28.6 ADP-Ribosylierung von $G\alpha_s$ durch die ADP-Ribosyltransferase-Aktivität von Choleratoxin. Die ADP-Ribosylierung setzt Nicotinamid frei.

Tabelle 28.2 Gα-vermittelte Signaltransduktion (Bedeutung der α-Indices: s, stimulierend; olf, olfaktorisch; i, inhibitorisch; t, Transducin; q, Index ohne spezifische Bedeutung; ▶Tafeln C5–C8).

Ligand	Rezeptor	Gα-Typ	Effekte	biologische Wirkung
Adrenalin/Noradrenalin (insges. 6 α- und 3 β-Rezeptoren)	α_1-adrenerger Rezeptor	α_q	aktiviert Phospholipase C-β; $[IP_3] \uparrow$; $[Ca^{2+}] \uparrow$	Kontraktion glatter Muskulatur
	α_2-adrenerger Rezeptor	α_i	hemmt Adenylat-Cyclase; $[cAMP] \downarrow$	Präsynaptische Neurotransmitter-Freisetzung $\downarrow$
	β_1-adrenerger Rezeptor	α_s	aktiviert Adenylat-Cyclase; $[cAMP] \uparrow$	Stimulation von Glykogenabbau; Kontraktion oder Herzmuskulatur $\uparrow$
	β_2-adrenerger Rezeptor	α_s	dto.	Relaxation glatter Muskulatur
	β_3-adrenerger Rezeptor	α_s	dto.	Stimulation der Lipolyse
Geruchsstoffe (insges. 400 Rezeptortypen)	olfaktorische Rezeptoren	α_{olf}	aktiviert Adenylat-Cyclase; $[cAMP] \uparrow$	Geruchsempfindung
Acetylcholin (insges. 5 M-Rezeptoren)	muscarinischer M_1-Rezeptor	α_q	aktiviert Phospholipase C-β; $[IP_3] \uparrow$; $[Ca^{2+}] \uparrow$	Gedächtnis-, Lernvorgänge
	muscarinischer M_2-Rezeptor	α_i	hemmt Adenylat-Cyclase; $[cAMP] \downarrow$	Relaxation der Herzmuskulatur
Licht/Photonen (insg. 3 Rezeptoren)	Rhodopsin	α_t	aktiviert cGMP-Phosphodiesterase; $[cGMP] \downarrow$	Phototransduktion in der Retina
Bradykinin (insges. 2 Rezeptortypen)	B_2-Bradykininrezeptor	α_q	aktiviert Phospholipase C-β; $[IP_3] \uparrow$; $[Ca^{2+}] \uparrow$	Relaxation glatter Muskulatur

Das menschliche Genom codiert für mindestens 27 verschiedene α-, 5 β- bzw. 13 γ-Untereinheiten von G-Proteinen, die untereinander jeweils große Sequenzhomologie aufweisen. *Ihre* **Kombinatorik** *garantiert eine große Variabilität trimerer G-Proteine, die mit unterschiedlichen G-Protein-gekoppelten Rezeptoren assoziieren und so zur Spezifität der interzellulären Signalketten beitragen.* Die wichtigsten α-Untereinheiten sind in Tabelle 28.2 aufgeführt: Neben α_s und α_i sind vor allem α_q, das **Phospholipase C-β** aktiviert, sowie α_t – auch **Transducin** genannt –, das eine **Phosphodiesterase** in Photorezeptorzellen stimuliert, zu erwähnen. Neben den α-Untereinheiten betätigen sich auch die $\beta\gamma$-**Dimere** als Modulatoren und regulieren z.B. Ionenkanäle. So kann z.B. der **muscarinische M_2-Acetylcholinrezeptor** von Kardiomyocyten über sein G-Protein einen dualen Effekt erzielen: Die α_i-Untereinheit hemmt Adenylat-Cyclase, während das korrespondierende $\beta\gamma$-Dimer K$^+$-Kanäle öffnet; auf diese Weise vermindert Acetylcholin die Schlagfrequenz *und* die Kontraktilität der Herzmuskulatur. Darüber hinaus können $\beta\gamma$-Untereinheiten auch selbst auf Adenylat-Cyclase, Phospholipase C-β und Phospholipase A$_2$ einwirken. Schließlich spielen die $\beta\gamma$-Untereinheiten eine wichtige Rolle bei der Rezeptordesensitivierung.

28.3 Kinasen phosphorylieren und desensitivieren G-Protein-gekoppelte Rezeptoren

Der intrinsische Abschaltungsmechanismus der Gα-Untereinheiten reicht *nicht* aus, um ein empfangenes Signal vollständig zu löschen: Solange der Rezeptor noch aktiv ist, wird er die durch GTP-Hydrolyse inaktivierten GDP-haltigen Gα-Proteine erneut aktivieren. Ein Mechanismus der direkten Rezeptorinaktivierung greift nunmehr ein, bei dem die $\beta\gamma$-Untereinheiten der G-Proteine wiederum eine wichtige Rolle spielen: Sie bilden eine Plattform für das Andocken von **G-Protein-Rezeptor-spezifischen Kinasen** (GRK) und lotsen diese an den Rezeptor. Assoziierte GRKs phosphorylieren dann rasch Serin- bzw. Threoninreste der intrazellulären Rezeptordomänen (Abbildung 28.7). An die phosphorylierten Rezeptorsegmente kann nun **Arrestin,** ein weiterer Regulator zellulärer **Signaltransduktion** ✆, andocken und damit den Rezeptor für G-Protein-Interaktionen blockieren: Damit ist der Rezeptor desensitiviert. Im Anfang liegt also bereits das Ende: *Die Ligandenbindung führt sowohl zur Signalauslösung als auch – mit Verzögerung – zur Signallöschung; wir sprechen daher von einer* **homologen Desensitivierung.** Greift hingegen ein zweiter Signalweg ein und phosphoryliert den Rezeptor unabhängig von seiner Ligandenbindung, so handelt es sich um eine **heterologe Desensitivierung** (Abbildung 28.12).

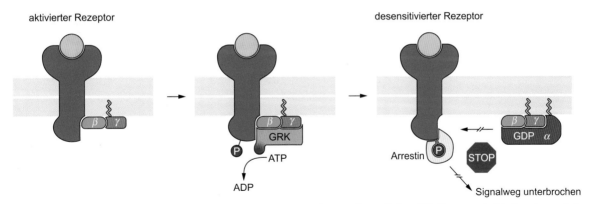

28.7 Phosphorylierung und Desensitivierung von G-Protein-gekoppelten Rezeptoren. Mindestens sechs verschiedene GRKs können vornehmlich die carboxyterminale Domäne der Rezeptoren phosphorylieren. Sekundär bindet Arrestin an phosphorylierte Segmente und blockiert den Rezeptor für weitere G-Protein-Aktivierung. Im Fall von Rhodopsin bewirkt Arrestin eine Abschwächung (Adaptation) der Signalübertragung bei anhaltendem Lichtreiz (Abschnitt 28.6).

Die Anpassung einer Zelle an eine dauerhafte Liganden-exposition wird durch zwei Mechanismen vermittelt. Die **Rezeptorphosphorylierung** erlaubt eine schnelle Desensitivierung im Sekunden- bis Minutenbereich; für eine Zeitlang ist die Zelle also „taub" (refraktär) für den betreffenden Liganden. Dieser Mechanismus erlaubt der Zelle, adäquate Antworten auf wiederholte Reize zu geben. Bei einer lang anhaltenden Ligandenstimulation ermöglichen **Endocytose** und **proteolytischer Abbau** von Rezeptoren eine langsame Adaptation über Stunden hinweg (Abschnitt 28.4). *Über die Mechanismen der Desensitivierung verhindern Zellen, dass sie durch dauerhafte Einwirkung von Liganden und damit permanente Aktivierung ihrer Signalwege Schaden nehmen.*

lisierten Rezeptoren können nun alternative Routen einschlagen: Entweder werden sie zusammen mit den Liganden in lysosomale Kompartimente verfrachtet, wo sie durch Proteasen abgebaut werden – wir sprechen dann von **Herunterregulation** (engl. *down regulation*) der Rezeptoren (Abbildung 28.8). Alternativ kehren sie via **Rezeptorrecycling** zur Plasmamembran zurück und werden dort erneut eingesetzt. Die Mechanismen, die Rezeptoren „ihren" Weg vorgeben, sind bislang unbekannt.

Der Prozess der **rezeptorvermittelten Endocytose** ⌐ ist ein Mechanismus, den die Zelle auch für die kontrollierte Aufnahme von LDL-Partikeln (engl. *low density lipoprotein*) benutzt (▶ Abschnitt 46.4). Ebenso nutzen Viren die geschilderte Rezeptorinternalisierung in opportunistischer Weise, um als „blinde Passagiere" in Zellen zu gelangen (Exkurs 28.2).

28.4

Die Rezeptorendocytose benutzt clathrinbeschichtete Vesikel

Arrestine bilden eine ganze Familie homologer Proteine, die als Adapter für das Gerüstprotein Clathrin dienen und die Internalisierung (Endocytose) von Rezeptoren einleiten können. Arrestinmarkierte Rezeptoren sammeln sich dabei in Membran„gruben" an, die auf cytosolischer Seite von einem Mantel aus polymerisierten Clathrinmolekülen überzogen sind (▶ Abbildung 19.27). An diesen „Stachelsaumgruben" (engl. *coated pits*) formieren sich nun Vesikel, die sich mit Unterstützung der ATPase **Dynamin** nach innen abschnüren. Nach der Internalisierung streifen die Vesikel ihren Clathrinmantel ab und fusionieren zu Endosomen, den Vorläufern der Lysosomen. Im sauren Milieu der Endosomen dissoziiert der Ligand vom Rezeptor. Auf der cytosolischen Seite werden die internalisierten Rezeptoren durch Phosphatasen dephosphoryliert und damit wieder resensitiviert. Die interna-

 Exkurs 28.2: Virale Zellinvasion über Rezeptoren

Das humane Immundefizienzvirus (HIV) ⌐ benutzt Zelloberflächenrezeptoren, um T-Helferzellen zu infizieren. Dabei ist das Virus auf die Kombination eines G-Protein-gekoppelten **Chemokinrezeptors** vom Typ **CXCR4** oder **CCR5** mit einem **CD4-Rezeptor** der T-Helferzellen (▶ Abschnitt 36.6) angewiesen. Das Virus dockt wahrscheinlich zuerst an den Chemokinrezeptor an und löst damit dessen Internalisierung aus; das Viruspartikel fährt als „blinder Passagier" mit dem Rezeptor ins Zellinnere, wo es sich dann vermehrt und die zellulären Funktionen blockiert. Aus der Kenntnis dieses Mechanismus sind therapeutische Strategien entwickelt worden, die den zellulären Import des Virus durch **Rezeptorblockade** hemmen. Tatsächlich sind Individuen, die eine Mutation im CCR5-Gen und dadurch eine untaugliche Andockstelle für das Virus haben, weitgehend gegen eine HIV-Infektion gefeit. Auch andere Viren nutzen bei ihrer Invasion die Zelloberflächenrezeptoren als „Achillesfersen" der Wirtszellen.

28.8 Internalisierung von G-Protein-gekoppelten Rezeptoren. Hauptrouten sind der lysosomale Abbau des Liganden bzw. der Rücktransport des Rezeptors an die Zelloberfläche, wo eine neue Aktivierung stattfinden kann. Einige Teilschritte beim Rezeptorrecycling sind noch hypothetisch. Alternativ können G-Protein-gekoppelte Rezeptoren auch unabhängig von Clathrin internalisiert werden (nicht gezeigt).

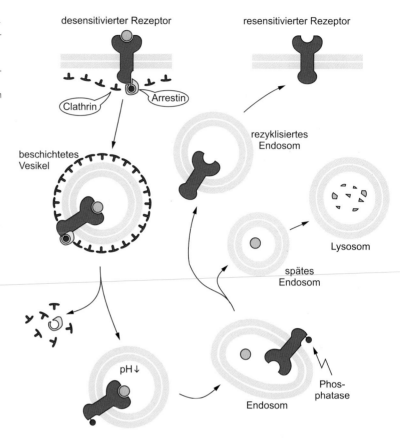

28.5

cAMP steuert über Transkriptions-faktoren die Genexpression

Viele Hormone regulieren über G-Protein-gekoppelte Rezeptoren die intrazelluläre Konzentration von cAMP (Tabelle 28.2). Charakteristisch für cAMP – wie für andere intrazelluläre Botenstoffe – ist die Kurzlebigkeit: Das cytosolische Enzym **cAMP-Phosphodiesterase** sorgt für die rasche Hydrolyse und damit Inaktivierung des potenten Mediators zu Adenosinmonophosphat (AMP) (Abbildung 28.9). Die kurze Halbwertszeit des cyclischen Nucleotids gewährleistet, dass der basale cAMP-Spiegel von Zellen relativ niedrig ist: Nur so ist Spielraum für eine konzentrationsabhängige Regulation vorhanden. Stimulanzien wie **Coffein** und Theophyllin hemmen die cAMP-Phosphodiesterase und verlängern so die Wirkung von Adenylat-Cyclase-stimulierenden Hormonen, ohne dabei den cAMP-Spiegel exzessiv zu erhöhen: Lediglich die Rückkehr zu normalen cAMP-Pegeln ist verzögert. Einen Einblick in die schwerwiegenden Folgen eines permanent erhöhten cAMP-Spiegels haben wir ja bereits bei bakteriellen Toxinen gewonnen (Exkurs 28.1).

28.9 Synthese und Abbau von cAMP. Bei der von Adenylat-Cyclase katalysierten Reaktion von ATP zu cAMP wird zunächst Pyrophosphat freigesetzt, das durch eine Pyrophosphatase sekundär zu zwei P_i hydrolysiert wird; dadurch ist die Gesamtreaktion praktisch irreversibel.

Ein weiteres Merkmal sekundärer Botenstoffe ist ihre Wirkung als allosterische Modulatoren. Im Fall von cAMP ist ein wichtiges Zielprotein die **cAMP-abhängige Proteinkinase A** (Abbildung 28.10). Bei niedrigen cAMP-Spiegeln ist die Proteinkinase A inaktiv: Das Enzym liegt dann in einem heterotetrameren Komplex aus je zwei katalytischen bzw. regulatorischen Untereinheiten vor. Kommt es nach hormoneller Stimulation zu einem Anstieg des cAMP-Pegels in der Zelle, so binden je zwei Moleküle cAMP an die regulatorischen Untereinheiten von Proteinkinase A und induzieren damit eine **allosterische Konformationsänderung** in den regulatorischen Proteindomänen. Daraufhin dissoziiert der Komplex, die katalytischen Untereinheiten von Proteinkinase A werden „enthemmt" und können nun in ihrer aktiven Form nachgeordnete **Effektorproteine** an Serin- und Threoninresten phosphorylieren. Prototyp dafür sind L-Typ-Ca^{2+}-Kanäle der Kardiomyocyten, die über adrenerge Signaltransduktion phosphoryliert und damit aktiviert werden (Exkurs 28.3).

Exkurs 28.3: β-Blocker

Kardiomyocyten exponieren auf ihrer Oberfläche langsame, spannungsabhängige **Ca^{2+}-Kanäle vom L-Typ**, die beim Eintreffen eines Aktionspotenzials öffnen und die intrazelluläre Ca^{2+}-Konzentration schlagartig erhöhen (▶Abschnitt 30.1). Sekundär induziert dann Ca^{2+} die Öffnung von **Ryanodinrezeptoren** des sarcoplasmatischen Reticulums (Abschnitt 28.7), was zu einem weiteren Anstieg der cytosolischen Ca^{2+}-Konzentration und letztlich zu einer Kontraktion der Herzmuskulatur führt. Bei Stimulation des sympathischen Nervensystems am Herzen werden Catecholamine freigesetzt, die über **β$_1$-Adrenorezeptoren** (Tabelle 28.2) einen cAMP-Anstieg und eine Proteinkinase-A-vermittelte **Phosphorylierung der L-Typ-Ca^{2+}-Kanäle** bewirken. Der dadurch verstärkte Einstrom von Ca^{2+} steigert die Kontraktionskraft des Herzens. Bei chronischer Herzinsuffizienz werden gezielt **β-Blocker** eingesetzt, die als Antagonisten von β$_1$-Adrenorezeptoren wirken und die Phosphorylierung der L-Typ-Ca^{2+}-Kanäle unterdrücken; die geschädigte Herzmuskulatur wird dadurch entlastet. **Calciumkanalblocker** wie z. B. Nifedipin (Adalat®) binden direkt an die α$_{1c}$-Untereinheit der Ca^{2+}-Kanäle und blockieren dadurch den Ca^{2+}-Einstrom.

Die Phosphorylierung durch Proteinkinase A ist von zeitlich begrenzter Dauer, da **Proteinphosphatasen** wiederum für eine Dephosphorylierung der Effektorproteine sorgen. Damit lernen wir nach Rezeptordesensitivierung, G-Protein-Inaktivierung und cAMP-Abbau nun eine vierte Ebene kennen, auf der die Signalmaschinerie der Zelle nach Hormonstimulation wieder abgestellt werden kann. Ein höchst anschauliches Beispiel für eine cAMP-getriebene Signalkaskade ist die Glykogenolyse, die nach adrenerger Stimulation Glykogen zu Glucose-1-phosphat abbaut (▶Abbildung 27.7). Die **cAMP-abhängige Signaltransduktion** ist an fundamentalen Prozessen wie der Proliferation und Differenzierung von Zellen, aber auch an komplexeren Phänomenen wie Lernen und Erinnern beteiligt. Tatsächlich reicht der „Arm" der cAMP-Signalkaskade bis zur DNA-Ebene: Wird Proteinkinase A durch einen cAMP-Anstieg aktiviert, so transloziert das aktivierte Enzym vom Cytosol in den Zellkern und phosphoryliert dort das Protein CREB (Abbildung 28.11). CREB ist ein Transkriptionsfaktor, der an regulatorische Sequenzen der DNA bindet, die als **cAMP-responsive Elemente** (CRE) bezeichnet werden (▶Abschnitt 20.6).

Phosphoryliertes CREB ist das letzte Glied in der langen Kette vom Rezeptor bis zum Gen: Dieser Faktor aktiviert die Transkription von cAMP-sensitiven Genen und verändert damit das Expressionsmuster einer hormonstimulierten Zelle. *Wir haben hier ein erstes Beispiel für eine Kaskade, die Signale aus dem extrazellulären Raum mit der zellulären Genexpression verknüpft.* Weitere Beispiele werden wir bei enzymgekoppelten und enzymassoziierten Rezeptoren kennen lernen (▶Abschnitt 29.4).

Proteinkinasen bilden eine große Familie von Proteinen, die in zwei Hauptformen auftreten: **Rezeptor-Proteinkinasen** und **Nicht-Rezeptor-Proteinkinasen**. Das Flaggschiff unter den Rezeptoren mit endogener Kinaseaktivität ist der EGF-Rezeptor (▶Abschnitt 29.1), während Proteinkinase A der Prototyp von Nicht-Rezeptor-Proteinkinasen ist (Tabelle 28.3). Neben den Proteinkinasen gibt es auch Lipidkinasen wie z. B. PI3-Kinase oder Kohlenhydratkinasen wie Hexokinase und Phosphofructokinase (▶Abschnitt 39.2), die wichtige Rollen bei der Signaltransduktion und beim Metabolismus wahrnehmen.

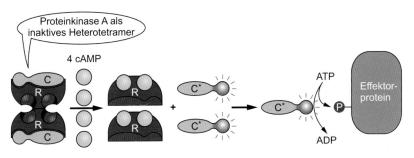

28.10 Aktivierung von Proteinkinase A. Im Komplex mit den regulatorischen Untereinheiten R sind die katalytischen Untereinheiten C inaktiv. Bindet der allosterische Aktivator cAMP, dissoziiert der Komplex und gibt zwei aktive Enzymmoleküle C* frei, die nun diverse Effektoren phosphorylieren können. Proteinkinase A kann in löslicher bzw. membranassoziierter Form auftreten.

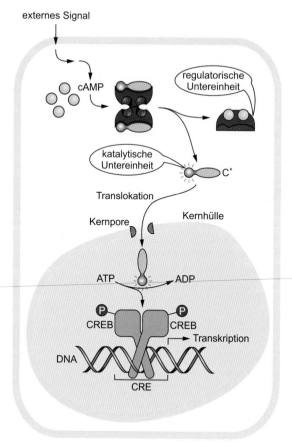

28.11 Regulation der Genexpression durch cAMP. Durch cAMP-induzierte Dissoziation des inaktiven Komplexes können die katalytischen Untereinheiten der Proteinkinase A in den Zellkern translozieren und dort CRE-bindendes Protein (CREB) an einem Serinrest phosphorylieren, was zur transkriptionellen Aktivierung cAMP-sensitiver Gene führt. [AN]

Tabelle 28.3 Nicht-Rezeptor-Kinasen in der Signaltransduktion.

Enzym	Aktivierung durch
Proteinkinase A (PKA)	cAMP
Proteinkinase B (PKB; Akt)	PIP_3
Proteinkinase C (PKC)	Ca^{2+}, DAG
Proteinkinase G (PKG)	cGMP
Ca^{2+}-Calmodulin-abhängige Proteinkinase	Ca^{2+}-Calmodulin
Src-Kinase	Phosphorylierung
Bcr-Abl (▶ Abschnitt 34.1)	Genfusion
CDK-abhängige Kinasen (▶ Abschnitt 35.4)	Cyclin

28.6

Sinneszellen nutzen G-Protein-abhängige Signalwege

G-Protein-gekoppelte Rezeptoren übernehmen zentrale Funktionen der Sinneswahrnehmung beim Sehen, Riechen und Schmecken. So verfügen die **olfaktorischen Sinneszellen** im Riechepithel der menschlichen Nase über mehrere hundert verschiedene G-Protein-gekoppelte Riechrezeptoren. Da eine Riechsinneszelle immer nur *einen* Rezeptortyp exprimiert, ist sie auf einen oder wenige Geruchsstoffe spezialisiert. Durch die abgestufte und kombinierte Aktivität vieler Riechsinneszellen können bis zu 10 000 Gerüche unterschieden werden. Die meisten dieser **olfaktorischen Rezeptoren** (Riechrezeptoren) koppeln an das stimulatorische G-Protein G_{olf}, dessen α-Untereinheit Adenylat-Cyclase aktiviert, damit die intrazelluläre cAMP-Konzentration anhebt und cAMP-gesteuerte Kationenkanäle öffnet. Die aus dem Einstrom von Na^+, K^+- und Ca^{2+}-Ionen resultierenden Aktionspotenziale werden über die Axone der olfaktorischen Sinneszellen weitergeleitet, im Bulbus olfactorius konvergierend geruchsspezifisch vorsortiert und schließlich im Gehirn zu einer Geruchsempfindung verarbeitet. Die rasche Adaptation der menschlichen Nase an intensive Gerüche hat ihr molekulares Korrelat in der **homologen Desensitivierung** (Abschnitt 28.3) der Riechrezeptoren. Es gibt noch einen zweiten Mechanismus der Rezeptorabschaltung durch Proteinkinase A: Das Enzym kann – ebenso wie Ca^{2+}-Kanäle (Exkurs 28.3) – auch G-Protein-gekoppelte Rezeptoren gezielt phosphorylieren und damit inaktivieren (Abbildung 28.12). Allerdings ist dieser Vorgang nicht rezeptorspezifisch und kann somit bei jedem intrazellulären cAMP-Anstieg stattfinden: Es handelt sich dabei um eine **heterologe Desensitivierung**.

Ein anderes cyclisches Nucleotid, nämlich cGMP, spielt beim Prozess der **Phototransduktion** zu Beginn des Sehvorgangs eine wichtige Rolle. Wir wollen uns mit diesem im molekularen Detail gut verstandenen Vorgang näher befassen. Die Retina (Netzhaut) des menschlichen Auges besitzt zwei Klassen von lichtempfindlichen Sinneszellen; diese **Photorezeptorzellen** werden nach ihrer Form als Zapfen oder Stäbchen bezeichnet. Während drei Typen von **Zapfen** das trichromatische Farbsehen vermitteln, sind die **Stäbchen** für das monochromatische Hell-Dunkel-Sehen verantwortlich. Geringe Lichtintensitäten genügen, um die hochempfindlichen Stäbchen zu erregen. Als Photorezeptor wirkt bei ihnen **Rhodopsin**, das in der Membran von Disks – scheibenförmigen intrazellulären Kompartimenten – sitzt. Rhodopsin besteht aus dem Protein **Opsin**, das in seinem Transmembranbereich den Vitamin-A-Abkömmling **Retinal** als Chromophor gebunden hat. Trifft ein Photon auf den Rezeptor, so geht der Retinalrest von der 11-*cis*-Form per Photoisomerisierung in die all-*trans*-Form über (siehe unten). Dadurch kommt es auch am Opsin zu einer sterischen Ände-

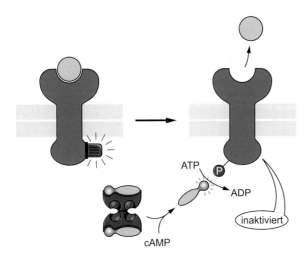

28.12 Heterologe Desensitivierung von G-Protein-gekoppelten Rezeptoren. Die cAMP-abhängige Proteinkinase A phosphoryliert intrazelluläre Segmente der Rezeptoren und inaktiviert sie damit. Prinzipiell kann jeder Anstieg des intrazellulären cAMP-Pegels die (partielle) Inaktivierung von G-Protein-gekoppelten Rezeptoren auslösen, auch wenn sie *nicht* an der primären Signalgebung beteiligt waren.

rung – das kurzlebige Metarhodopsin II entsteht –, und der stimulierte Photorezeptor kann nun sein assoziiertes G-Protein **Transducin** (G_t) aktivieren. Dessen α-Untereinheit stimuliert nach GDP-GTP-Austausch nun ihrerseits eine spezifische Phosphodiesterase, die den intrazellulären cGMP-Spiegel schlagartig absenkt (Abbildung 28.13). Daraufhin schließen sich die durch den intrazellulären Liganden **cGMP gesteuerten Na^+-Kanäle**, die in großer Kopienzahl in der Plasmamembran der Stäbchen vorliegen.

Im **Ruhezustand**, wenn Lichtreize fehlen, sind die Na^+-Kanäle einer Photorezeptorzelle offen. Durch den Na^+-Influx wird an der Plasmamembran des Stäbchens ein Membranpotenzial von −40 mV aufrechterhalten und ständig der Neurotransmitter Glutamat in der synaptischen Region ausgeschüttet. Durch die lichtinduzierte Schließung der Na^+-Kanäle hyperpolarisiert das Stäbchen und senkt damit seine synaptische Transmitterausschüttung. Diese graduelle Veränderung setzen die nachgeschalteten Nervenzellen der Retina in ein neuronales Signal um, das über die Sehbahn zum visuellen Cortex weitergeleitet und dort zu einem Seheindruck verarbeitet wird.

Die besondere Leistung bei der Phototransduktion besteht in der enormen **Amplifikation** des eingehenden Signals: Wenige Photonen genügen bereits, um eine Photorezeptorzelle

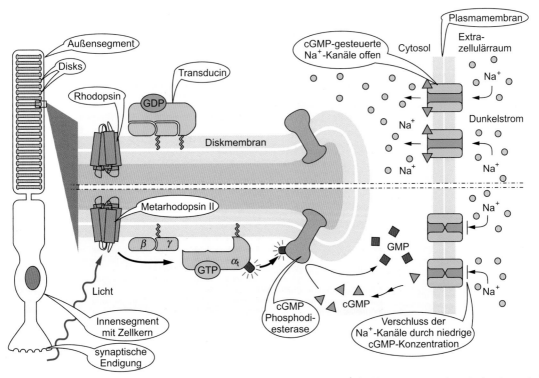

28.13 Molekulare Abläufe bei der Phototransduktion. Das Stäbchen (links) besteht aus einem äußeren lichtempfindlichen Segment mit Disks sowie einem inneren Segment und der synaptischen Endigung. Bei fehlendem Lichtreiz (Vergrößerung: oben) sind die Na^+-Kanäle im Außensegment geöffnet, und das Stäbchen hält durch den Na^+-Influx („Dunkelstrom") ein Membranpotenzial von ca. −40 mV aufrecht; dabei schüttet es *permanent* den Neutrotransmitter Glutamat an der synaptischen Endigung aus (nicht gezeigt). Die photoneninduzierte Aktivierung von Rhodopsin löst eine Signalkaskade aus (Vergrößerung: unten), die zur Absenkung der cGMP-Konzentration und zum Verschluss der cGMP-gesteuerten Na^+-Kanäle führt. Die Photorezeptorzelle wird dadurch *hyperpolarisiert*, was über eine *verminderte* Transmitterfreisetzung als Signal an nachgeschaltete retinale Zellen weitergegeben wird (nicht gezeigt).

zu erregen. Der ganze Prozess läuft in Millisekunden ab und ist reversibel: Die α-Untereinheit von G_t hydrolysiert GTP und kehrt in seine inaktive GDP-Form zurück. Gleichzeitig inaktiviert eine **Rezeptorkinase** im Verbund mit Arrestin (Abschnitt 28.3) den stimulierten Rezeptor. Nach der Aktivierung zerfällt das instabile Metarhodopsin II rasch in seinen Proteinteil Opsin und in all-*trans*-Retinal, das durch eine **Isomerase** über mehrere Zwischenschritte wieder in 11-*cis*-Retinal umgewandelt wird und dann erneut an Opsin bindet: Der Photozyklus schließt sich (Abbildung 28.14). Gleichzeitig dephosphoryliert eine Phosphatase den Rezeptor und entkoppelt ihn von Arrestin: Damit ist der **Grundzustand** wieder erreicht.

Wie wird nun der nach Lichteinfall abgesenkte cGMP-Spiegel in der Photorezeptorzelle rasch wieder angehoben? Diese Funktion übernimmt das Ca^{2+}-sensitive **Guanylat-Cyclase-aktivierende Protein** (GCAP; Abbildung 28.15). Im Ruhezustand lassen nämlich die Na^+-Kanäle auch geringe Mengen an Ca^{2+}-Ionen in das Cytosol passieren, die an GCAP binden. Ca^{2+}-beladenes GCAP dockt an der **membranassoziierten Guanylat-Cyclase** und drosselt ihre Aktivität. Mit dem Schließen der Na^+-Kanäle bei Lichteinfall sinkt der cytosolische Ca^{2+}-Spiegel – Ca^{2+} wird nämlich ständig aus dem Zellinnern herausgepumpt (Abbildung 28.19, rechts) – und der Ca^{2+}-GCAP-Komplex dissoziiert. Die Ca^{2+}-freie apo-Form von GCAP kann nun Guanylat-Cyclase *aktivieren*, die daraufhin cGMP synthetisiert und den Spiegel des Botenstoffs rasch über seine kritische Schwellenkonzentration anhebt. Daraufhin öffnen sich die Na^+-Kanäle in der Plasmamembran erneut, Ca^{2+} strömt zusammen mit Na^+ ein und hemmt via Ca^{2+}-GCAP die Guanylat-Cyclase: Das System ist wieder balanciert und damit empfangsbereit. Auch bei der **Lichtadaptation** nimmt GCAP eine Schlüsselrolle ein: Da bei kontinuierlicher Belichtung die cytosolische Ca^{2+}-Konzen-

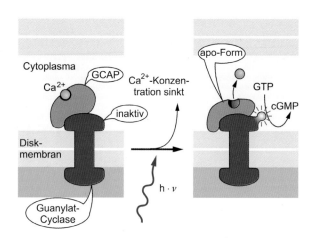

28.15 Regulation der cGMP-Konzentration. GCAP ist ein Ca^{2+}-bindendes Protein, das im Ruhezustand (links) die membranständige Guanylat-Cyclase inhibiert; nach Lichteinfall sinkt mit dem Verschluss der Kationenkanäle der Ca^{2+}-Spiegel, sodass GCAP in seiner Ca^{2+}-freien apo-Form das Enzym aktivieren kann (rechts).

tration abnimmt, wird die Guanylat-Cyclase weniger stark gehemmt und die cGMP-Synthese „angekurbelt". Dadurch öffnen sich die cGMP-gesteuerten Na^+-Kanäle und der Photorezeptor adaptiert über eine verstärkte Depolarisation langsam an die Änderung der Lichtintensität.

Erst bei höheren Lichtintensitäten werden die **Zapfen** der Retina aktiviert. Sie inhibieren dann das hochempfindliche Stäbchensystem und schaffen die Grundlage für das **Farbsehen** bei Tageslicht. Unterschiedlich in Form und Sensitivität verwenden beide Rezeptorzelltypen den gleichen Phototransduktionsprozess mit Retinal als „Photonenfänger". Allerdings besitzen Zapfen unterschiedliche Opsine: Deren Konformation beeinflusst das Absorptionsverhalten des Retinals, sodass die verschiedenen Zapfenopsine ebenso wie

28.14 Reversible Bindung von Retinal an Opsin. Im Grundzustand ist 11-*cis*-Retinal kovalent an die ε-Aminogruppe eines Lysinrests der Transmembranhelix TM-7 von Opsin gebunden (Lys[296] beim Rhodopsin der Stäbchen). Durch die Belichtung entsteht Metarhodopsin II mit dem Retinalrest in der all-*trans*-Form. Nach der Photoisomerisierung löst sich die Bindung. und freies all-*trans*-Retinal diffundiert aus dem Rezeptor heraus. Die Isomerisierung in die *cis*-Form erfolgt durch Retinal-Isomerase; durch die erneute Bindung von *cis*-Retinal an Opsin wird aktivierbares Rhodopsin regeneriert.

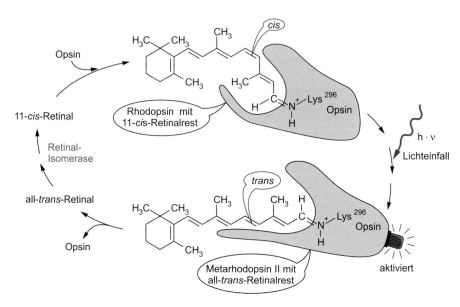

Rhodopsin (Absorptionsmaximum ca. 500 nm) auf unterschiedliche Wellenlängen ansprechen (Exkurs 28.4).

Exkurs 28.4: Trichromatizität und Farbsinnstörung

Menschen sind **Trichromaten**: Ihr Farbsehen wird durch drei retinale Zapfentypen vermittelt, die jeweils unterschiedliche rhodopsinähnliche Photorezeptoren mit 11-*cis*-Retinal als Chromophor besitzen. Die drei homologen **Zapfenopsine** (Abbildung 28.16) haben Absorptionsmaxima bei Wellenlängen von etwa 420 nm (blau), 530 nm (grün) oder 560 nm (rot). Es gibt verschiedene Formen der **Farbsinnstörung**; die Rot-Grün-Blindheit ✍ kommt häufig bei Männern vor. Die Opsingene für den mittel- und den langwelligen Rezeptor liegen nämlich eng gekoppelt auf dem X-Chromosom, und nur das Gen für den „Blaurezeptor" liegt auf Chromosom 7. Die große Ähnlichkeit und enge Kopplung von Rot- und Grünrezeptoren kann über Rekombinationsvorgänge zu Deletionen oder zu dysfunktionellen Hybridgenen führen. Wenn die Rezeptoren für Grün bzw. Rot fehlen oder dysfunktionell sind, kommt es zur rezessiv-geschlechtsgebunden vererbten **Deuteranopie** („Grünblindheit") bzw. **Protanopie** („Rotblindheit"). Die Prävalenz bei Männern beträgt ca. 1,5 bzw. 0,7 % und ist damit um ein Vielfaches höher als bei Frauen.

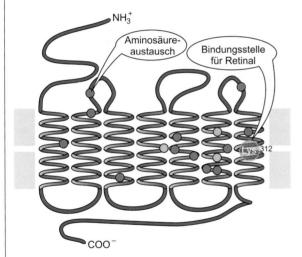

28.16 Sequenzunterschiede zwischen zwei Zapfenopsinen. Die Proteine der beiden Photorezeptoren mit Absorptionsmaxima im langen bzw. mittleren Wellenlängenbereich (Rot- bzw. Grünrezeptor) unterscheiden sich in nur 15 von 364 Aminosäureresten (farbige Punkte). Die Lage der drei Reste, die wesentlich zu den unterschiedlichen Absorptionseigenschaften beitragen, ist gelb markiert. Dagegen unterscheiden sich „grüne" von „blauen" Zapfenopsinen in über 200 Aminosäureresten (nicht gezeigt). [AN]

Inositoltrisphosphat setzt Ca^{2+} aus intrazellulären Speichern frei

Wir haben nun exemplarisch die Signalwege von G-Protein-gekoppelten Rezeptoren abgeschritten, die über G$_{olf}$ bzw. G$_t$ und die cyclischen Nucleotide cAMP bzw. cGMP verlaufen. Alternativ können G-Protein-gekoppelte Rezeptoren über Gα_q eine **Phosphoinositolkaskade** in Gang setzten (Abbildung 28.17). Dabei aktiviert Gα_q das membrangebundene Enzym **Phospholipase C-β**, das wiederum das Phospholipid Phosphatidylinositol-4,5-bisphosphat (PIP$_2$) in der cytosolischen Schicht der Plasmamembran hydrolysiert und dabei gleich zwei Botenstoffe generiert: **Inositol-1,4,5-trisphosphat** (IP$_3$) und **Diacylglycerin** (DAG). Wasserlösliches IP$_3$ diffundiert dann zur Membran des endoplasmatischen Reticulums, bindet dort an IP$_3$-sensitive Ca^{2+}-Kanäle – kurz **IP$_3$-Rezeptoren** genannt –, öffnet sie und erhöht damit schlagartig die intrazelluläre Ca^{2+}-Konzentration. DAG verbleibt dagegen in der Plasmamembran und aktiviert dort Enzyme der Proteinkinase-C-Familie, die wiederum Serin- und Threoninreste ihrer Effektorproteine phosphorylieren (▶ Exkurs 29.1). Ein wichtiges Hormon, das über den IP$_3$-Weg signalisiert, ist Histamin. Unter pathologischen Bedingungen kommt es zur Überaktivierung dieses Signalwegs (Exkurs 28.5).

Exkurs 28.5: Antihistaminika

Die wichtigsten biogenen Amine – Adrenalin, Noradrenalin, Dopamin, Histamin und Serotonin – wirken sämtlich über G-Protein-gekoppelte Rezeptoren (Tabelle 28.1). Bekannt sind vier **Histaminrezeptoren**, die an Gα_q (H$_1$), Gα_s (H$_2$) bzw. Gα_i (H$_3$, H$_4$) koppeln (▶ Tafeln C5–C8). Bei **allergischen Reaktionen** wie dem anaphylaktischen Schock setzen Mastzellen (▶ Abschnitt 36.3) große Mengen an Histamin im Gefäßsystem frei, die über H$_1$-Rezeptoren von Endothelzellen wirken und via Phospholipase-Cβ zunächst IP$_3$ freisetzen, das dann die intrazelluläre Ca^{2+}-Konzentration erhöht. Der Ca^{2+}-Calmodulin-Komplex aktiviert wiederum **endotheliale NO-Synthase**, die ihrerseits NO produziert (▶ Abschnitt 27.5). Das entstehende NO diffundiert aus Endothelzellen in die umliegende glatte Muskulatur, wo es eine Vasodilatation mit Blutdruckabfall sowie Ödembildung durch erhöhte Kapillarpermeabilität bewirkt. An der **Bronchialmuskulatur** hingegen induziert H$_1$-aktiviertes Ca^{2+}-Calmodulin via **Myosin-Leichte-Ketten-Kinase** (▶ Abbildung 9.12) die Phosphorylierung der regulatorischen Untereinheit von Myosin und löst damit eine **Bronchokonstriktion** aus, die charakteristisch für das Asthma bronchiale ist. **Antihistaminika** wie z. B. Cetirizin (Zyrtec®) sind selektive H$_1$-Antagonisten, die in lokaler oder oraler Verabreichung die gefürchteten Folgen einer massiven Histaminausschüttung wirkungsvoll unterdrücken.

28.17 Spaltung von PIP$_2$ durch Phospholipase C-β. Durch Bindung von GTP-Gα_q wird die Lipase aktiviert und hydrolysiert dann PIP$_2$ zu Diacylglycerin (DAG) und IP$_3$. Es gibt mindestens drei Isoformen von Phospholipase C, nämlich β, γ und δ, die unterschiedlich gesteuert werden: Wir werden noch näher auf Phospholipase C-γ eingehen, die von enzymgekoppelten Rezeptoren aktiviert wird (▸Abschnitt 29.3).

Der sekundäre Botenstoff Inositol-1,4,5-trisphosphat ist – ebenso wie cyclische Nucleotide – einem raschen Abbau unterworfen (Abbildung 28.18). Phosphatasen dephosphorylieren IP$_3$ über drei Stufen zu **Inositol**, das für die (Re)Synthese von PIP$_2$ wiederverwendet wird. PIP$_2$ macht weniger als 1 % der Gesamtlipide der inneren Schicht der Plasmamembran aus; jedoch unterliegen seine Synthese und sein Abbau einer hohen Dynamik. Dieser metabolische Zyklus kann durch Stimulation von G-Protein-gekoppelten Rezeptoren ruckartig beschleunigt werden: Dabei schnellt die IP$_3$-Konzentration in die Höhe und fällt durch die Phosphataseaktivität ebenso rasch wieder auf basale Spiegel zurück. Wir haben hier das Beispiel einer **schnellen Regulation**, die zelluläre Reaktionen im Sekundenbereich vermittelt. **Lithiumacetat**, ein verbreitet angewendetes Antidepressivum, blockiert den IP$_3$-Abbau auf der Ebene von Inositol-4-phosphat (IP$_1$) und unterbricht damit den **Phosphoinositidzyklus**; möglicherweise liegt bei

manisch-depressiven Erkrankungen eine abnorme Aktivierbarkeit von IP$_3$-Rezeptoren vor.

Sobald IP$_3$ an seine Rezeptoren in der ER-Membran bindet, strömt Ca^{2+} aus dem intrazellulären Reservoir; dabei erhöht sich schlagartig die **cytosolische Ca^{2+}-Konzentration** um das 10- bis 50fache von 100 nM auf ca. 1 bis 5 μM (Abbildung 28.19). Das Cytosol enthält zahlreiche Ca^{2+}-abhängige Effektoren wie z.B. Calmodulin, die das Signal des erhöhten cytosolischen Ca^{2+}-Pegels aufnehmen und weiterleiten (Abschnitt 28.8). IP$_3$-Rezeptoren unterliegen einer positiven Rückkopplung: Cytosolisches Ca^{2+} bindet an diese Kanäle, erhöht ihre Affinität für IP$_3$ und erzeugt so einen schwallartigen Ca^{2+}-Ausstrom. Die erhöhte cytosolische Ca^{2+}-Konzentration aktiviert wiederum **SOC-Kanäle** (engl. *store-operated channels*), durch die extrazelluläres Ca^{2+} in die Zelle einströmen und damit der cytosolische Ca^{2+}-Spiegel weiter ansteigen kann. In Muskelzellen führt der rasant ansteigende Ca^{2+}-

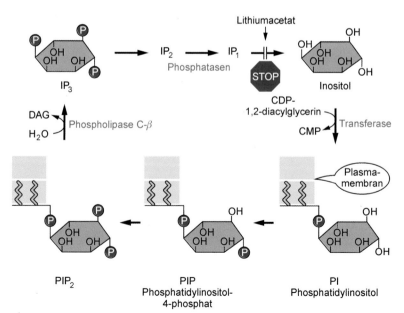

28.18 Phosphoinositidzyklus. Das hydrolytisch aus PIP$_2$ freigesetzte IP$_3$ (oben links) wird durch Phosphatasen über IP$_2$ und IP$_1$ rasch zum freien Inositol abgebaut. Für die Reutilisation wird ein CDP-aktiviertes Diacylglycerin (DAG) benötigt; über die Zwischenprodukte Phosphatidylinositol (PI) und Phosphatidylinositol-4-phosphat (PIP) entsteht dabei erneut PIP$_2$.

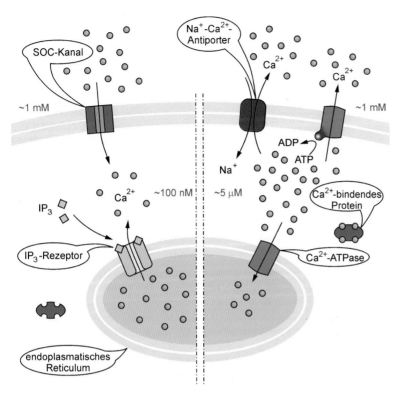

28.19 Regulation der cytosolischen Ca²⁺-Konzentration. Links: IP₃ setzt Ca²⁺ aus intrazellulären Speichern frei; SOC-Kanäle vermitteln den Influx von extrazellulärem Ca²⁺. Rechts: Der Abtransport von Ca²⁺ aus dem Cytoplasma erfolgt über Ca²⁺-ATPasen an ER- und Plasmamembran sowie über Na⁺-Ca²⁺-Antiporter an der Plasmamembran. Auch Ca²⁺-bindende Proteine regulieren die Konzentration an freiem Ca²⁺. Mitochondrien und Zellkern sind ebenfalls an der Regulation des cytosolischen Ca²⁺-Spiegels (nicht gezeigt) beteiligt. [AN]

-Spiegel zu einer Aktivierung von Ca²⁺-gesteuerten **Ryanodinrezeptoren**, den Ca²⁺-Kanälen des sarcoplasmatischen Reticulums, durch die große Mengen von Ca²⁺ aus diesem Speicher ins Cytosol einströmen (▶ Abbildung 32.14). Die momentan erhöhte intrazelluläre Ca²⁺-Konzentration aktiviert ihrerseits Ca²⁺-ATPasen und Na⁺-Ca²⁺-Antiporter, welche die cytosolische Ca²⁺-Konzentration rasch und effektiv wieder auf das Ausgangsniveau absenken, indem sie Ca²⁺ in intrazelluläre Zisternen zurück- bzw. aus der Zelle herauspumpen. Die Zyklen von zu- und abnehmenden Ca²⁺-Konzentrationen sind Voraussetzung für eine geordnete Abfolge von Muskelkontraktion und Muskelrelaxation (▶ Abschnitt 9.5).

Die Stimulation vieler G_q-gekoppelter Rezeptoren führt zu einer wellenförmigen Ausbreitung von Ca²⁺ im Cytoplasma; diese Welle verebbt rasch wieder durch die beschriebenen Gegenregulationen. Einige G_q-gekoppelte Rezeptoren wie z. B. der Vasopressinrezeptor lösen jedoch **oszillierende Ca²⁺-Signale** aus, d. h. nach Auslaufen der ersten Welle folgt ein zweiter Ca²⁺-Anstieg gleicher Amplitude usw. *Die Frequenz dieser Oszillationen kann mit der Ligandenkonzentration zunehmen, sodass die Intensität des externen Signals in eine frequenzcodierte Antwort der Zelle übersetzt wird.* Änderungen der intrazellulären Ca²⁺-Konzentrationen [Ca²⁺]ᵢ können mit Fluoreszenzfarbstoffen verfolgt werden (Exkurs 28.6).

✎ Exkurs 28.6: Messung intrazellulärer Ca²⁺-Spiegel

Fluoreszenzfarbstoffe wie **Fura-2**, ein Ethylendiamintetraacetat-Derivat, chelatisieren Ca²⁺-Ionen. Gibt man Fura-2 in der lipidgängigen Form Fura-2/AM zu Zellen, so kann der Fluoreszenzfarbstoff durch die Plasmamembran in das Cytosol diffundieren, wo er hydrolysiert und damit in seine Wirkform überführt wird, die nicht mehr aus der Zelle diffundieren kann. Bei Beladung des Chelators mit zwei Ca²⁺-Ionen verschiebt sich seine Fluoreszenzanregung von 340 nach 380 nm; bildet man einen **Quotienten der Fluoreszenzabsorption** bei 340 und 380 nm (F340/380), so kann man den cytosolischen Ca²⁺-Spiegel quantifizieren und kontinuierlich verfolgen (Abbildung 28.20). Am Beispiel einer glatten Muskelzelle, die hypoxischen Bedingungen ausgesetzt wird und darauf mit einer Ca²⁺-vermittelten Kontraktion antwortet, kann man den transient erhöhten **cytosolischen Ca²⁺-Spiegel** [Ca²⁺]ᵢ infolge des Ca²⁺-Influx aus dem sarcoplasmatischen Reticulum visualisieren.

28.20 Zeitverlauf des cytosolischen Ca^{2+}-Spiegels. Eine isolierte glatte Muskelzelle einer Pulmonalarterie wird mit Fura-2/AM beladen und hypoxischen Bedingungen ausgesetzt. Der Fluoreszenzabsorptionsquotient (F340/380; links) wird gemessen, die Ca^{2+}-Konzentration berechnet (rechts) und farblich codiert (oben): Blau entspricht der geringsten, grün einer gesteigerten und rot der höchsten Ca^{2+}-Konzentration. [AN]

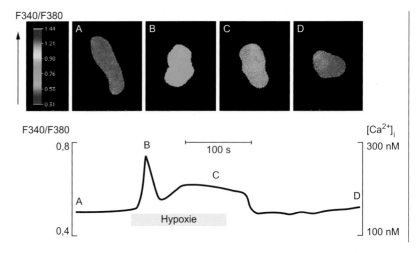

28.8
Ca^{2+} und Calmodulin wirken im Duett

Ca^{2+} ist ein bedeutender intrazellulärer Botenstoff, der ubiquitär vorkommt und über die Bindung an Effektorproteine

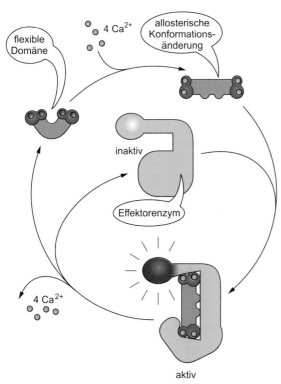

28.21 Struktur und Funktion von Calmodulin. Das Protein (blau) hat insgesamt vier Ca^{2+}-Bindungsstellen; dabei wirkt Ca^{2+} als allosterischer Aktivator (▶Abbildung 4.3). Der Ca^{2+}-Calmodulin-Komplex exponiert daraufhin zwei hydrophobe Segmente, die nun mit großer Affinität an cytosolische Zielproteine wie Kinasen oder Synthasen binden und dabei die Aktivität dieser Enzyme verändern.

wirkt. Das wichtigste intrazelluläre Sensorprotein für Ca^{2+} ist **Calmodulin** ◌̊: Das 17-kd-Protein besitzt zwei globuläre Domänen, die über einen flexiblen Arm miteinander verbunden sind (Abbildung 28.21). Jede globuläre Domäne trägt zwei Bindungsstellen, die Ca^{2+} über Glutamat- und Aspartatseitenketten chelatisieren; sie werden jeweils von einem Helix-Loop-Helix-Motiv gebildet (▶Abbildung 4.3), das nach den Helices E und F des Ca^{2+}-bindenden Proteins Parvalbumin auch als **EF-Hand-Motiv** bezeichnet wird. Im Ruhezustand einer Zelle ist die cytosolische Ca^{2+}-Konzentration so gering, dass Calmodulin *nicht* mit Ca^{2+} beladen ist. Durch Reizung – z. B. über $G\alpha_q$-gekoppelte Rezeptoren – kommt es zu einer plötzlichen Erhöhung der intrazellulären Ca^{2+}-Konzentration über einen Schwellenwert von ca. 0,5 μM Ca^{2+} hinaus. Daraufhin binden maximal vier Ca^{2+}-Ionen an Calmodulin, die das Protein allosterisch aktivieren. Der **Ca^{2+}-Calmodulin-Komplex** kann nun an Zielproteine binden und diese seinerseits aktivieren. *Calmodulin decodiert also Signale, welche die cytosolische Ca^{2+}-Konzentration regulieren.*

Die meisten zellulären Effekte von Ca^{2+} werden über Ca^{2+}-Calmodulin-abhängige Kinasen ausgeführt. Prototyp ist **Ca^{2+}-Calmodulin-Kinase-II** (CaM-Kinase-II), die nach Bindung des Komplexes zahlreiche Zielproteine phosphoryliert (Abbildung 28.22). Zu den Substraten von CaM-Kinase-II gehören Ca^{2+}-Ionenkanäle, Enzyme wie Adenylat-Cyclasen, Phosphodiesterasen und NO-Synthasen (Exkurs 28.5) sowie Transkriptionsfaktoren wie CREB (▶Abschnitt 20.4), die auch cAMP-abhängig von Proteinkinase A phosphoryliert werden (Abschnitt 28.5). Die beiden von G-Protein-gekoppelten Rezeptoren ausgelösten Signalwege, die über Ca^{2+} bzw. cAMP laufen, kreuzen sich also an diesem Punkt. *Die Vernetzung intrazellulärer Signalkaskaden koordiniert die Antwort auf eine hormonelle Stimulation und ermöglicht eine fein abgestimmte Reaktion auf einen externen Reiz.* Darüber hinaus kann Ca^{2+} auch direkt – also ohne Aktivierung von Signalkaskaden – auf die Genexpression einwirken (Exkurs 28.7).

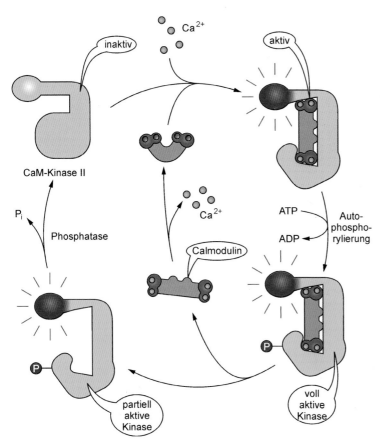

28.22 Aktivierung von CaM-Kinase-II. Das multimere Enyzm enthält acht bis zwölf Untereinheiten, die ebenso viele Ca^{2+}-Calmodulin-Komplexe binden können. Vereinfachend ist hier nur *eine* katalytische Untereinheit gezeigt, die durch Assoziation mit Ca^{2+}-Calmodulin allosterisch aktiviert wird; die nachfolgende (Auto)Phosphorylierung sichert den aktiven Zustand, sodass die Kinase auch nach Dissoziation von Ca^{2+}-Calmodulin noch partiell aktiv bleibt („molekulares Gedächtnis"). Erst die Dephosphorylierung inaktiviert das Enzym vollständig.

Exkurs 28.7: Ca^{2+} als Transkriptionsregulator

Neben seiner Funktion als Modulator der Aktivität zellulärer Enzyme kann Ca^{2+} auch direkt – ohne Einschaltung von Kinasen oder Phosphatasen – die Genexpression steuern. Ziel ist dabei z. B. der **Transkriptionsrepressor DREAM** (engl. *downstream regulatory element antagonist modulator*), der vier EF-Hand-Motive besitzt. Im Ca^{2+}-freien Zustand bindet DREAM fest an das Promotorelement DRE und inhibiert die Transkription des Gens für **Prodynorphin**. Bei einer Erhöhung der Ca^{2+}-Konzentration im Zellkern bindet DREAM Ca^{2+}-Ionen, verändert seine Konformation und verliert dadurch seine Affinität zum DRE-Element: Damit wird die Transkription des Gens für Prodynorphin freigegeben. **Dynorphin** ist ein Neuropeptid, das über G-Protein-gekoppelte κ- und μ-Opioid-Rezeptoren die Freisetzung von Neurotransmittern aus präsynaptischen Endigungen z. B. bei kognitiven Prozessen reguliert. Weitere Opioide sind die Peptide Endorphin, Enkephaline und Nociceptin. DRE-Elemente finden sich auch im Promotor *c-fos* (▶ Abschnitt 29.4).

Trotz offensichtlicher chemischer Unterschiede teilt Ca^{2+} mit den cyclischen Nucleotiden die typischen Merkmale eines sekundären Botenstoffs: Es wirkt als allosterischer Aktivator, und seine cytosolische Konzentration wird streng reguliert. Wichtige Steuerungselemente dabei sind die rasche

Metabolisierung von IP_3 durch Phosphatasen, die den Ca^{2+}-Ausstrom aus intrazellulären Depots beenden, sowie der aktive Abtransport von Ca^{2+} aus dem cytosolischen Raum. *Nur der kontinuierliche Um- und Durchsatz von Botenstoffen auf hohem Niveau ermöglicht Zellen, rasch und pointiert auf extrazelluläre Signale zu reagieren.* Dabei nutzen Zellen Kooperativität und positive Rückkopplung, um präzise auf äußere Reize zu antworten.

Diacylglycerin aktiviert Proteinkinase C

Die Aktivierung von Phospholipase C-β durch G-Protein-gekoppelte Rezeptoren setzt nicht nur die IP_3/Ca^{2+}-Signalschiene in Gang, sondern generiert mit **Diacylglycerin** (DAG) auch einen membrangebundenen Botenstoff (Abbildung 28.23). DAG ist ein potenter Aktivator von Kinasen des Typs **Proteinkinase C** ⌕, der bei Säugern mindestens zwölf Mitglieder umfasst. Einige Mitglieder der Proteinkinase-C-Familie werden auch durch $\underline{C}a^{2+}$ aktiviert, das die Translokation der Kinasen aus dem Cytosol an die Plasmamembran

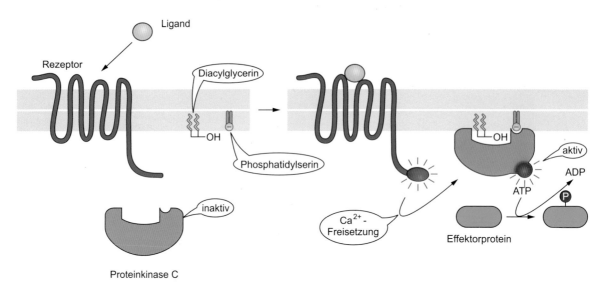

28.23 Aktivierung von Proteinkinase C. Im Ruhezustand der Zelle befindet sich die Kinase im Cytosol (links). Nach Stimulation führt die Erhöhung der intrazellulären Ca^{2+}-Konzentration zur Translokation des Enzyms an die innere Schicht der Plasmamembran (rechts), wo es durch DAG aktiviert wird. Die Assoziation mit Phosphatidylserin führt zur vollen Entfaltung der enzymatischen Aktivität.

befördert; dort werden sie durch membranständiges DAG aktiviert. Aktivierte Proteinkinase C phosphoryliert zahlreiche Zielproteine an Serin- und Threoninresten, so z. B. Ionenkanäle, Enzyme und Transkriptionsfaktoren. Proteinkinase C ist an kurzfristigen zellulären Reaktionen wie z. B. der Ausschüttung von Neurotransmittern oder an der Muskelkontraktion beteiligt, kann aber auch über die Kontrolle der Genexpression langwierige Prozesse wie Proliferation, Differenzierung und Apoptose beeinflussen (▶Exkurs 29.1). DAG selbst ist nur kurzlebig und wird rasch hydrolysiert: Dabei entsteht u. a. Arachidonsäure, die biosynthetische Vorstufe der Prostaglandine (▶Abschnitt 45.11).

Ein gemeinsamer Nenner der diversen Signalwege, die durch G-Protein-gekoppelte Rezeptoren gesteuert werden, ist die Aktivierung phosphorylierender Enzyme. Proteinkinasen A und C sowie CaM-Kinasen phosphorylieren ihre Zielproteine an spezifischen Serin- oder Threoninresten und verändern damit die Aktivität ihrer Effektorproteine, die dann das Signal weiterleiten. *Jede Zelle besitzt einen charak-*

teristischen Satz solcher Effektorproteine und kann damit ihre eigene zellspezifische Antwort auf ein relativ uniformes Hormonsignal geben.

Angesichts der Vielfalt und Vielzahl ihrer Liganden sowie der zugehörigen intrazellulären Signalwege stellen G-Protein-gekoppelte Rezeptoren die „Hauptschalter" von Zellen dar. Die größte Familie dabei sind die **Rhodopsin-ähnlichen Rezeptoren**, zu denen nahezu alle hier besprochenen Rezeptoren zählen; darüber hinaus gibt es weitere Rezeptorfamilien, deren Prototypen **Glutamat**- bzw. **Sekretinrezeptoren** sind (Tabelle 28.1). Schließlich gibt es noch die Familie der **Frizzled-Rezeptoren**, die beim Wnt-Signalweg eine überragende Rolle spielen (▶Kapitel 35.6), sowie die Familie von G-Protein-gekoppelten **Adhäsionsrezeptoren**, die wir hier nicht im Detail besprechen. Insgesamt stellen G-Protein-gekoppelte Rezeptoren die größte Rezeptorklasse bei Säugetieren dar. Die zweite „tragende Säule" der interzellulären Signalübertragung bilden enzymgekoppelte Rezeptoren, denen wir uns nun zuwenden.

Zusammenfassung

- **G-Protein-gekoppelte Rezeptoren** bilden mit mehr als 800 Genen beim Menschen die größte Gruppe unter den Zelloberflächenrezeptoren. Sie sind typische Zielstrukturen für sog. *Blockbuster*, d.h. Medikamente mit mehr als 1 Mrd. US-$ Jahresumsatz.

- G-Protein-gekoppelte Rezeptoren durchspannen die Membran mit sieben **Transmembrandomänen** und bilden dabei extra- und intrazelluläre Schleifen. Die extrazellulären Schleifen dienen als **Bindungsstellen** für „große" Liganden wie (Glyko-)Proteine und Peptide, während „kleine" Liganden in die membranständigen Regionen der Rezeptoren eindringen und dort binden.

- Entsprechend der Vielfalt ihrer **Liganden** unterscheiden sich GPCRs in ihren Bindungsstellen für (i) **Aminosäuren**, (ii) **biogene Amine** und andere niedermolekulare Agonisten, (iii) **Peptidhormone**, (iv) **Glykoproteine** und (v) **Proteasen**.

- Die Rezeptoren koppeln im Grundzustand an **heterotrimere G-Proteine**, die aus je einer α-, β- bzw. γ-Untereinheit bestehen. Dabei bindet die α-**Untereinheit** GDP, das nach Ligandenbindung und Rezeptoraktivierung gegen GTP ausgetauscht wird. Daraufhin dissoziiert der ternäre Komplex in die aktivierte α-Untereinheit, die nun Effektorenzyme in ihrer Aktivität moduliert, sowie die $\beta\gamma$-Untereinheiten.

- GTP-beladene $\mathbf{G}\alpha_s$- und $\mathbf{G}\alpha_{olf}$-Proteine stimulieren Adenylat-Cyclase, während $\mathbf{G}\alpha_i$ das Enzym inhibiert. $\mathbf{G}\alpha_q$ aktiviert Phospholipase und $\mathbf{G}\alpha_t$ stimuliert eine Phosphodiesterase. Die endogene **GTPase-Aktivität** der $\mathrm{G}\alpha$-Untereinheiten führt durch Hydrolyse von GTP zu GDP-beladenem α, das mit $\beta\gamma$ zum Heterotrimer reassoziiert: Damit ist der **G-Protein-Zyklus** geschlossen.

- GPCR-spezifische **Rezeptorkinasen** (GRK) binden an $\beta\gamma$-Untereinheiten und phosphorylieren intrazelluläre Rezeptordomänen, an die dann sekundär **Arrestin** bindet und damit den Rezeptor durch **homologe Desensitivierung** inaktiviert. Die Clathrin-vermittelte **Endocytose** von desensitivierten Rezeptoren trägt zur Herunterregulation dieser Signalwege bei.

- Viele Rezeptoren vermitteln ihre Wirkung über den **sekundären Botenstoff cAMP**, der durch Adenylat-Cyclasen synthetisiert und durch **Phosphodiesterasen** rasch wieder abgebaut wird. Stimulanzien wie **Coffein** hemmen Phosphodiesterasen und verzögern dadurch den cAMP-Abbau.

- Die wichtigsten Effektorenzyme sind **cAMP-abhängige Kinasen** (A-Kinasen), die zahlreiche nachgeschaltete Proteine phosphorylieren; dieser Prozess wird durch die Aktivität von **Phosphatasen** terminiert.

- **Olfaktorische Rezeptoren** stellen mit > 400 Mitgliedern die größte Familie von GPCRs beim Menschen. Sie nutzen durchweg $\mathbf{G}_{olf}$, um via Stimulation von Adenylat-Cyclase **cAMP-abhängige Kationenkanäle** zu öffnen. Die Adaptation an starke Riechstoffe erfolgt durch homologe und **heterologe Desensitivierung**.

- Beim Sehvorgang ist **Rhodopsin** in den **Stäbchenzellen** für das Hell-Dunkel-Sehen verantwortlich, das **11-*cis*-Retinal** als kovalent gebundenen Liganden nutzt. Bei Photoneneinstrahlung isomerisiert es zu **11-*trans*-Retinal**, wodurch ein Signal via $\mathrm{G}\alpha_t$ zur Aktivierung einer **cGMP-Phosphodiesterase** führt. Durch Absenken des cGMP-Spiegels schließen cGMP-gesteuerte **Na$^+$-Kanäle**, und es kommt zur Hyperpolarisation der Stäbchen.

- Das Guanylat-Cyclase-aktivierende Protein **GCAP**, das eine **Ca^{2+}-abhängige Guanylat-Cyclase** reguliert, nimmt eine zentrale Stellung bei der Resensitivierung der Stäbchen und bei der **Lichtadaptation** ein. Drei unterschiedliche Opsine, die auf unterschiedliche Wellenlängen ansprechen, vermitteln das Farbsehen der **Zapfen**. Mutationen in den entsprechenden Genen können z.B. zur **Rot-Grün-Blindheit** führen.

- Im Fall von $\mathrm{G}\alpha_q$-gekoppelten Rezeptoren führt die Aktivierung von **Phospholipase C-β** zur Freisetzung von **Inositol-1,4,5,-trisphosphat** (IP$_3$) und **Diacylglyerin** (DAG). Über **IP$_3$-Rezeptoren** werden schwallartig große Mengen an Ca^{2+} aus dem endoplasmatischen Reticulum freigesetzt, die wiederum an **Ca^{2+}-abhängige Zielproteine** wie z.B. Calmodulin, SOC-Kanäle oder Ryanodinrezeptoren binden. **Phosphatasen** bauen IP$_3$ rasch bis zum Inositol ab; das Antidepressivum **Lithiumacetat** hemmt diesen Vorgang.

- **Calmodulin** bindet über seine **EF-Hand-Motive** bis zu vier Ca^{2+}-Ionen und geht dabei in eine Konformation über, die an Zielproteine wie **Ca^{2+}-Calmodulin-abhängige Kinase** bindet und sie dadurch aktiviert.

- Diacylglycerin ist ein Aktivator der **Proteinkinasen vom Typ C**; auch Ca^{2+} kann diese Enzyme in ihrer Aktivität stimulieren. Ebenso wie A-Kinasen vermitteln auch die C-Kinasen die GPCR-Signale durch die Phosphorylierung von Serin- und Threoninresten ihrer Effektorproteine.

Signaltransduktion über enzymgekoppelte Rezeptoren

29

Kapitelthemen: 29.1 Rezeptoren mit Tyrosinkinaseaktivität   29.2 Dimerisierung und Autophosphorylierung   29.3 Aktivierung monomerer G-Proteine   29.4 Ras und der MAP-Kinasen-Weg   29.5 Onkogene Signalkomponenten   29.6 Signalwege von Cytokinen   29.7 Signaltransduktion über Integrine

Eine weitere große Klasse von zellulären Empfängern, die enzymgekoppelten Rezeptoren, vermitteln die physiologische Antwort von Proteohormonen. Dazu gehört die große Gruppe der Wachstumsfaktoren und Trophine, die Zellproliferation und -differenzierung steuern. *Enzymgekoppelte Rezeptoren* sind – im Unterschied zu intrazellulären Rezeptoren – in der Zellmembran verankert und binden Liganden mit ihren extrazellulären Domänen. Sie verfügen – anders als G-Protein-gekoppelte Rezeptoren – über ein eigenes *katalytisches Zentrum* auf ihrer cytosolischen Seite, das über Ligandenbindung reguliert wird. *Enzymassoziierte Rezeptoren* besitzen keine eigene Aktivität, können aber nach Ligandenstimulation intrazelluläre Enzyme rekrutieren und aktivieren, die dann nach den Instruktionen des Rezeptors Signale ins Zellinnere weiterleiten. Typischerweise lösen enzymgekoppelte wie enzymassoziierte Rezeptoren Signalkaskaden aus, die bis in den Zellkern reichen: Damit verändern sie *Genexpressionsmuster* und erzielen lang anhaltende Effekte auf Metabolismus, Wachstum, Differenzierung und Apoptose von Zellen. Mutationen in den Genen enzymgekoppelter oder enzymassoziierter Rezeptoren und ihrer nachgeordneten Effektoren können diese Signalwege von der Kontrolle externer Stimuli abkoppeln, eine *Entdifferenzierung* der betroffenen Zellen einleiten und damit ungehemmtes Zellwachstum auslösen.

besitzt die enzymatische Aktivität von Serin-Threonin-Kinasen, Tyrosin-Phosphatasen oder Guanylat-Cyclasen (▶ Tafeln B5, B6).

Typische Vertreter der Tyrosin-Kinasen-Familie sind die Rezeptoren für **Wachstumsfaktoren** ⌐ wie EGF (engl. *epidermal growth factor*), PDGF (*platelet-derived growth factor*), VEGF (*vascular endothelial growth factor*), FGF (*fibroblast growth factor*), NGF (*nerve growth factor*) oder HGF (*hepatocyte growth factor*). Alle diese Rezeptoren durchspannen die Membran einmal. Ihre cytosolische Kinasedomäne kann aus einem Stück (kontinuierlich) oder aus zwei Segmenten bestehen, die durch ein Zwischensegment unterbrochen sind (diskontinuierlich): In beiden Fällen hat die katalytische Domäne nach Ligandenstimulation volle Aktivität (Abbildung 29.2). Ein weiterer wichtiger Vertreter dieser Familie ist der **Insulinrezeptor**, der – anders als die übrigen Mitglieder dieser Rezeptorfamilie – ein Dimer aus zwei identischen Untereinheiten ist, jeweils aus zwei Ketten (α und β) bestehen. Dabei werden die Untereinheiten zunächst einmal als ein kontinuierlicher Polypeptidstrang synthetisiert, der erst posttranslational durch limitierte Proteolyse in α- und β-Kette zerlegt wird. Zu dieser Klasse zählt auch der Rezeptor für IGF-1 (engl. *insulin-like growth factor*).

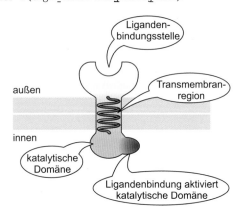

29.1 Grundstruktur von enzymgekoppelten Rezeptoren. Die extrazelluläre Domäne ist die Andockstelle für Liganden. Eine Transmembrandomäne verankert den Rezeptor in der Plasmamembran, während die intrazelluläre Domäne katalytische Aktivität ausübt.

29.1

Enzymgekoppelte Rezeptoren besitzen meist Tyrosin-Kinase-Aktivität

Enzymgekoppelte Rezeptoren bestehen typischerweise aus einer Polypeptidkette mit drei Domänen. Das extrazelluläre Segment übernimmt – ähnlich wie bei G-Protein-gekoppelten Rezeptoren – die Ligandenbindung, ein Transmembransegment durchspannt die Membran, und der intrazelluläre Anteil trägt das katalytische Zentrum (Abbildung 29.1). Eine große Gruppe enzymgekoppelter Rezeptoren mit ca. 60 Vertretern besitzt **Tyrosin-Kinase-Aktivität** ⌐; ein kleinerer Teil

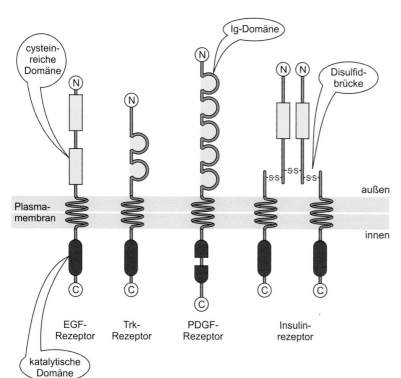

29.2 Klassen von Tyrosin-Kinase-Rezeptoren. Diese Familie umfasst vier große Klassen, deren Prototypen EGF-, TrkA-, PDGF- sowie Insulinrezeptor sind. Trk-Rezeptoren werden durch Neurotrophine wie NGF oder NT-3 aktiviert (▶ Exkurs 32.6). Verwandte Rezeptoren unterscheiden sich z. B. in der Zahl der extrazellulären Immunoglobulindomänen (Ig). [AN]

Zur Familie der Tyrosin-Kinase-Rezeptoren zählen auch **Ephrin-Rezeptoren**, deren Liganden Ephrin-A und Ephrin-B als Membranproteine auf Zelloberflächen exponiert sind und als Morphogene ihre parakrinen Wirkungen bei der Neurogenese sowie Angiogenese entfalten. Wir haben hier ein Beispiel juxtakriner Signalgebung (▶ Abschnitt 27.1).

29.2

Liganden induzieren Dimerisierung und Autophosphorylierung

Ohne Ligand sind enzymgekoppelte Rezeptoren praktisch „stumm": In diesem Grundzustand besitzen sie keine katalytische Aktivität. Wie kann nun ein extrazellulärer Ligand die

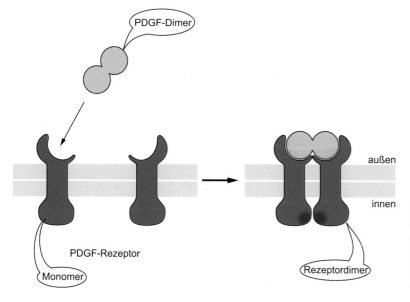

29.3 Mechanismus der Aktivierung von PDGF-Rezeptoren. Im Zangengriff bringt das PDGF-Dimer zwei Rezeptormoleküle in räumliche Nähe. Alternativ können auch monomere Liganden wie das hGH (engl. *human growth hormone*) an zwei Rezeptormoleküle gleichzeitig binden; wir sprechen dann von einem bivalenten Liganden.

intrazellulär gelegene Enzymdomäne des Rezeptors aktivieren? Der fundamentale Mechanismus dabei ist eine **Rezeptordimerisierung**, die mit einer Aktivierung der katalytischen Zentren beantwortet wird. Die Assoziation von zwei Rezeptormolekülen wird auf unterschiedliche Weise erreicht: So ist z. B. PDGF selbst ein Dimer und kann im „Zangengriff" zwei Rezeptormoleküle greifen. Dadurch gehen die beiden

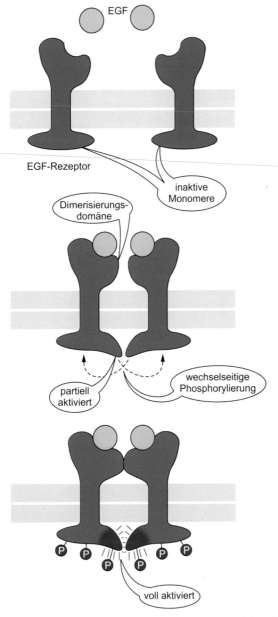

29.4 Autophosphorylierung von Tyrosin-Kinase-Rezeptoren am Beispiel des EGF-Rezeptors (EGFR). Die Ligandenbindung induziert eine Rezeptordimerisierung und damit eine Apposition der beiden katalytischen Domänen, die sich daraufhin wechselseitig phosphorylieren und aktivieren. Die EGFR-Familie umfasst 4 Subtypen (ErbB1 bis ErbB4), wobei ErbB1 von EGF und ErbB3/ErbB4 von Neuroregulinen stimuliert werden. ErbB2 hat keinen bekannten Liganden, fungiert aber als Dimerisierungspartner der übrigen Subtypen (▶Abschnitt 35.4).

katalytischen Domänen auf „Tuchfühlung" (Abbildung 29.3). Beim EGF-Rezeptor induziert hingegen die Bindung des Liganden eine Konformationsänderung in der extrazellulären Domäne des Rezeptors und ermöglicht dadurch seine Dimerisierung. Beim Insulinrezeptor sind ja bereits im Grundzustand zwei Rezeptoreinheiten miteinander assoziiert: Man nimmt an, dass hier die intrazellulären Domänen im unstimulierten Zustand auf Distanz zueinander sind und sich erst durch die Ligandenbindung annähern – nicht ohne Folgen, wie wir gleich sehen werden. Rezeptor-Tyrosin-Kinasen können sowohl Homodimere als auch Heterodimere bilden: Durch „Mischung" unterschiedlicher Subtypen von Rezeptoren wird die Signalvielfalt nochmals deutlich erhöht (▶Abbildung 35.8).

Die Ligandenbindung hat zwei Konsequenzen für den enzymgekoppelten Rezeptor: Zum einen führt eine allosterische Transition zur Aktivierung seiner Kinasedomäne, die allerdings nur von kurzer Dauer ist. Zum anderen bringt die Dimerisierung zwei nunmehr aktive Kinasedomänen in räumliche Nähe **(Apposition)** und ermöglicht dadurch eine wechselseitige Phosphorylierung von Tyrosinresten innerhalb und außerhalb der Kinasedomänen (Abbildung 29.4). Diese **Autophosphorylierung** führt zu einer weiteren Steigerung der enzymatischen Aktivität der Tyrosin-Kinase-Domänen, die nun länger wirksam ist: Der Rezeptor gewinnt durch **Autoaktivierung** seine volle Aktivität.

Tyrosinphosphorylierungen außerhalb der katalytischen Domäne haben eine weitere wichtige Funktion: Sie schaffen „Ankerplätze" für intrazelluläre Brückenproteine. Diese Adapterproteine werden oft selbst von der Rezeptor-Tyrosin-Kinase phosphoryliert – wir sprechen von **Substratphosphorylierung** – und dienen dann als Plattform für die Assemblierung von weiteren Komponenten intrazellulärer Signalkaskaden (Abbildung 29.5). Auf diese Weise umgibt sich der

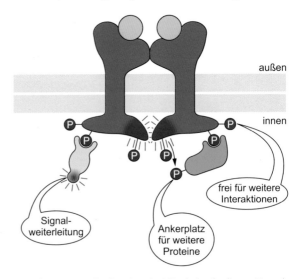

29.5 Rekrutierung von Signalproteinen durch Tyrosinphosphorylierung. Die wechselseitige Phosphorylierung von Tyrosinresten außerhalb der katalytischen Domänen schafft Ankerplätze für Signalgeber, die dadurch enzymatisch aktiviert werden oder nach Phosphorylierung als Ankerplätze für weitere Effektoren dienen können.

aktivierte Rezeptor mit Signalproteinen, welche die externe Botschaft auf mehreren Ebenen in das intrazelluläre Signalsystem einspeisen können. Ein solches **Gerüstwerk von Signalproteinen** kann auch die Effektoren anderer Rezeptorsignalwege umfassen und dadurch unterschiedliche externe Signale bündeln (Abschnitt 29.3). *Wir begegnen hier erstmals einem Prinzip, das Zellen für ihre intrazelluläre Signaltransduktion weidlich nutzen: Auf einen externen Stimulus hin werden im Cytosol rasch Netzwerke von Signalkomponenten geknüpft, die nach Abklingen des Stimulus ebenso schnell wieder zerfallen.* Dadurch kann eine Zelle auch hohe Frequenzen eingehender Signale angemessen verarbeiten.

Neu geschaffene Phosphotyrosinstellen rekrutieren intrazelluläre Proteine über ihre **SH2-Domänen** (Src-Homologie-Typ-2-Domänen) ⌖, die erstmals bei der Tyrosin-Kinase Src aus dem Rous-Sarcom-Virus definiert wurden. Ankerdomänen vom SH2-Typ finden sich in vielen Proteinen der intrazellulären Signalkaskaden (Abbildung 29.6). Sie bestehen aus ca. 100 Aminosäureresten und haben ein **duales Erkennungssystem** für das Zielprotein: Sie binden an seine Phosphotyrosinreste und an die Seitenketten umliegender Aminosäuren wie z.B. Isoleucin. Diese Doppeldetektion verleiht SH2-Proteinen eine bemerkenswerte Selektivität in ihrer Bindung an Rezeptoren und andere Zielproteine und sichert damit die Spezifität der nachgeordneten Signalwege. Die Exklusivität der SH2-Domänen für Phosphotyrosinreste wird über eine Bindungstasche gewährleistet, in deren Tiefe sich eine Argininseitenkette befindet: Hier kann der Phosphotyrosinrest ionisch binden. Dagegen reichen die „kurzen"

Seitenketten von Phosphoserin und -threonin nicht bis zum Boden dieser Tasche und können daher auch nicht binden. Neben SH2-Domänen tragen Adapterproteine häufig auch Phosphotyrosin-bindende **PTB-Domänen** sowie **SH3-Domänen**, die an prolinreiche Sequenzen von ca. zehn Resten ihrer Zielproteine andocken. Schließlich enthalten Adapterproteine auch Pleckstrin-homologe **PH-Domänen**, mit denen z.B. das Insulinrezeptor-Substrat IRS-1 – ein Adapterprotein des Insulin-Signalwegs – an das Membranlipid PIP_3 binden kann (▶ Abbildung 31.15). An diesen Beispielen zeigt sich exemplarisch die Natur der Adapterproteine: Durch Kombination spezialisierter Domänen bauen sie um die Rezeptoren herum ein Gerüst auf, in das unterschiedliche Komponenten per „Steckmodul" einklinken und dabei ein bedarfsgerechtes Signalwerk („**Signalosom**") bilden, das nach Signallöschung wieder in seine Einzelbestandteile zerfällt.

Enzymgekoppelte Rezeptoren aktivieren monomere G-Proteine

Wir wenden uns nun den Signalkaskaden enzymgekoppelter Rezeptoren zu und beginnen mit der ligandeninduzierten Aktivierung von **Phospholipase C**, die wir in anderer Variation schon bei G-Protein-gekoppelten Rezeptoren kennen gelernt haben. Dort wurde die β-Isoform aktiviert; enzym-

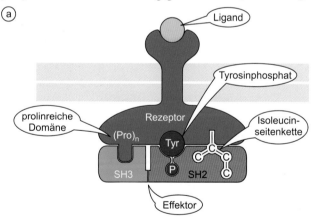

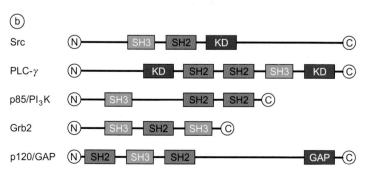

29.6 Spezifität von SH2- und SH3-Domänen. a) Schematische Darstellung der Zielgruppen von SH-2- (rechts) bzw. SH3-Domänen (links). b) Eine Auswahl von Signalproteinen mit SH2-SH3-Domänen ist hier gezeigt: Src, virale Tyrosin-Kinase; PLC-γ: Phospholipase C-γ; p85/PI3K: regulatorische Untereinheit der Phosphatidylinositol-3-Kinase; Grb2: engl. *growth factor receptor binding protein*; p120/GAP: GTPase-aktivierendes Protein. KD: katalytische Domäne.

gekoppelte Rezeptoren wie der EGF-Rezeptor rekrutieren dagegen über ihre SH2-Domäne die γ_1–**Isoform von Phospholipase C** und bringen sie damit in Reichweite ihrer Kinasedomäne, die nun das Zielenzym an einem Tyrosinrest phosphoryliert und damit aktiviert (Abbildung 29.7). Die folgende Reaktion läuft wie bei der G-Protein-vermittelten Signalkaskade ab (▶ Abbildung 28.17): Aktivierte Phospholipase C-γ_1 hydrolysiert Phosphatidylinositol-4,5-bisphosphat (PIP$_2$) zu Diacylglycerin (DAG) und Inositoltrisphosphat (IP$_3$) und erhöht damit vorübergehend die intrazelluläre Ca^{2+}-Konzentration. *Wir haben hier eine erste Schnittstelle von Signalwegen zweier unterschiedlich gekoppelter Rezeptortypen: Sowohl GPCR- als auch enzymgekoppelte nutzen das Trio aus DAG, IP$_3$ und Ca^{2+} als sekundäre Botenstoffe.*

Viele enzymgekoppelte Rezeptoren aktivieren das **Ras-Protein** ⬚, einen Hauptschalter intrazellulärer Signaltransduktion. Ras, das erstmals beim Ratten-Sarcom-Virus gefunden wurde, gehört zur Familie der monomeren kleinen G-Proteine, die über Lipidanker in der Plasmamembran „vertäut" und nur ca. halb so groß sind wie die α-Untereinheiten trimerer G-Proteine; allein beim Menschen umfasst diese Familie ca. 125 verschiedene Proteine. Kleine G-Proteine durchlaufen ebenso wie ihre „großen" Verwandten (▶ Abschnitt 28.2) einen Aktivitätszyklus: In der GDP-haltigen Form sind sie inaktiv, als GTP-bindende Proteine dagegen aktiv (Abbildung 29.8). Dieser Zyklus wird an zwei Stellen reguliert: **GEF-Austauscher** katalysieren den Wechsel von GDP zu GTP und aktivieren damit – ähnlich wie bei stimulierten G-Protein-gekoppelten Rezeptoren (▶ Abschnitt 28.1) – das G-Protein. Da die endogene GTPase-Aktivität von Ras ca. 100fach geringer ist als die von Gα, müssen **GAP-Aktivatoren** als Gegenspieler von GEF die Ras-getriebene Hydrolyse von GTP stimulieren (Abbildung 29.8). Die Rückkehr zur GDP-gebundenen Form schließt den Zyklus: Ras ist wieder inaktiv.

Ras ist über einen Doppelanker mit Prenyl- bzw. Palmitylresten an seinem Carboxyterminus auf der Innenseite der Plasmamembran fixiert (▶ Exkurs 19.1). Welche Stimuli ak-

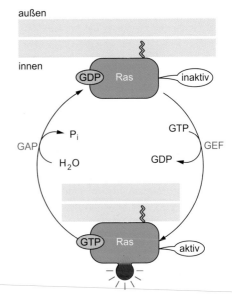

29.8 Regulation der Aktivität von Ras. Proteine vom GEF-Typ katalysieren den Austausch von GDP gegen GTP und aktivieren damit Ras; Proteine vom GAP-Typ beschleunigen die GTP-Hydrolyse und damit die Ras-Inaktivierung. Die Hemmung von GAP blockiert die GTP-Hydrolyse und führt zur lang anhaltenden Aktivierung von Ras. GAP, GTPase-aktivierendes Protein; GEF, Guaninnucleotidaustauschfaktor.

tivieren nun membranassoziiertes Ras? Der aktivierte EGF-Rezeptor bindet neben Phospholipase C-γ_1 auch das **SH2-haltige Adapterprotein Grb2** (Abbildung 29.6), das wiederum über seine beiden SH3-Domänen den **GEF-Austauscher Sos** im Schlepptau führt (Abbildung 29.9). Durch den Aufbau des Gerüstwerks von Signalproteinen rund um den aktivierten EGF-Rezeptor wird das GEF-Protein Sos an der Plasmamembran platziert, wo Ras „vor Anker" liegt. In dieser Konstellation kann Sos nun den Austausch von GDP gegen GTP am Ras-Protein stimulieren und es damit in seine aktive Konformation überführen. Aktivierter EGF-Rezeptor nutzt also den Grb2-Sos-Komplex als „verlängerten Arm", um Ras zu aktivieren.

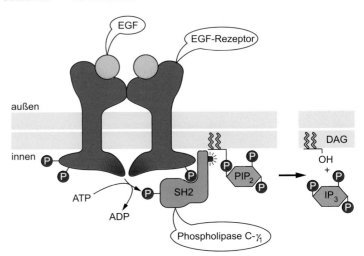

29.7 Aktivierung von Phospholipase C-γ_1. Der stimulierte EGF-Rezeptor rekrutiert die frei im Cytosol vorkommende Phospholipase C-γ_1 über ihre SH2-Domäne und aktiviert das Enzym durch Phosphorylierung. Über seine SH3-Domäne (hier nicht gezeigt) bindet Phospholipase zusätzlich an das Cytoskelett und platziert sich so optimal zu seinem Substrat PIP$_2$. Phospholipase wird dabei vorübergehend an der Membran immobilisiert; Phosphatasen beenden diesen Prozess. Abkürzungen siehe Text.

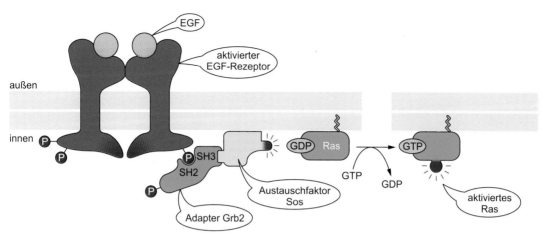

29.9 EGF-abhängige Aktivierung von Ras. Bindet EGF an seinen Rezeptor, autophosphoryliert sich dieser und rekrutiert den Grb2-Sos-Komplex, der dann den GDP-GTP-Austausch bei Ras katalysiert. Sos (engl. *son-of-sevenless*) ist eine metaphorische Anspielung auf eine *Drosophila*-Mutante, bei der das Sos-Gen mutiert ist und bei der die *siebte* Photorezeptorzelle im Einzelauge fehlt.

29.4

GTP-Ras aktiviert den MAP-Kinasen-Signalweg

Welche Aufgaben nimmt nun aktiviertes Ras in der Zelle wahr? GTP-Ras startet eine Kaskade von Signalen, die letztlich zur Aktivierung cytosolischer Effektorkinasen führen und von dort aus in den Zellkern weitergeleitet werden (Abbildung 29.10). Den Angelpunkt dieser Kaskade bildet die cytosolische **Serin-Threonin-Kinase Raf**, die von GTP-Ras rekrutiert und an der Membran aktiviert wird. Ras-stimuliertes Raf löst nun eine Phosphorylierungs- und Aktivierungs-Kaskade los, die zunächst auf die **Kinase MEK** trifft. Dieses Enzym kann sowohl Tyrosin- als auch Threoninreste phosphorylieren: Wir sprechen von einer „gemischten" Kinase. Die aktivierte Kinase MEK phosphoryliert nun **MAP-Kinasen** an je einem Tyrosin- bzw. Threoninrest 🖑, die durch einen Rest voneinander getrennt sind (Thr-Xaa-Tyr). Dieses „gemischte Doppel" verleiht MAP-Kinasen volle Aktivität, die daraufhin die Signalstafette weiterleiten und cytosolische ebenso wie nucleäre Effektoren phosphorylieren. Die exquisite Substratspezifität der beteiligten Kinasen ermöglicht also eine geordnete Abfolge von Aktivierungen und verleiht dadurch der Kaskade Direktionalität. *Der MAP-Kinase-Signalweg ist eine zentrale Schaltbahn der eukaryotischen Zelle, in die zahlreiche Signalwege einmünden, welche elementare Funktionen wie z. B. Proliferation und Differenzierung steuern.*

Im Cytosol können aktivierte MAP-Kinasen andere Proteinkinasen aktivieren. Dazu verfolgen wir den Signalweg in den Zellkern: Phosphorylierte MAP-Kinase transloziert vom Cytosol in den Nucleus, wo sie eine ganze Batterie von Zielproteinen phosphoryliert und damit aktiviert (Abbildung 29.11). Ein wichtiges Substrat der MAP-Kinase ist der **Transkriptionsfaktor Elk-1**, der im Komplex mit einem zweiten Transkriptionsfaktor, SRF, an regulatorische DNA-Se-

quenzen vom SRE-Typ bindet. Gemeinsam kontrollieren Elk-1 und SRF über diese Schlüsselstelle der Promotoren die Transkription einer ganzen Gengruppe, zu der auch der

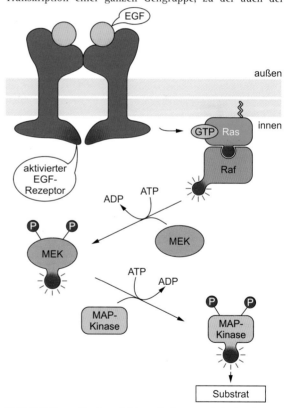

29.10 MAP-Kinasen-Signalweg. GTP-Ras treibt die MAP-Kaskade über drei enzymatische Zwischenstufen an: Raf (Ras-aktivierbarer Faktor), MEK (MAP/ERK-Kinase, auch MAP-Kinase-Kinase genannt) und MAP-Kinase (Mitogen-aktivierte Protein-Kinase; synonym mit ERK, engl. *extracellular signal regulated kinase*). Diese Kinasen werden sukzessiv phosphoryliert und dadurch aktiviert; dabei dient jeweils die nachgeordnete Kinase als spezifisches Substrat für das vorgeschaltete Enzym. Die beiden wichtigsten MAP-Kinasen-Subtypen sind ERK-1 und ERK-2.

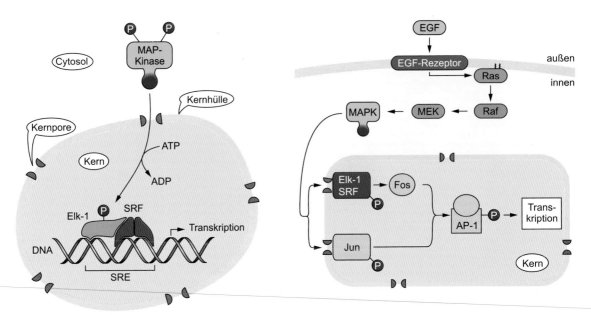

29.11 Phosphorylierung von Elk-1 durch MAP-Kinase. In den Kern translozierte MAP-Kinase phosphoryliert Elk-1 (engl. *ets-like protein*), das im Komplex mit SRF (engl. *serum responsive factor*) an die regulatorische Promotorsequenz SRE (engl. *serum responsive element*) bindet. Der aktivierte Komplex aus Elk-1 und SRF stimuliert die Expression zahlreicher Zielgene.

29.12 Ras-abhängige Regulation der Genexpression. Der über den MAP-Kinasen-Weg aktivierte Komplex aus Elk-1 und SRF aktiviert das *fos*-Gen. Sein Genprodukt Fos bildet mit Jun, das wiederum von MAP-Kinase phosphoryliert wird, den Komplex AP-1, der dann weitere Gene aktiviert. Der vielstufige Mechanismus bewirkt letztlich anhaltend veränderte Zellaktivitäten.

Transkriptionsfaktor Fos gehört. *Eine komplexe Kaskade von Proteinen – Rezeptoren, Adaptoren, Austauschfaktoren, G-Proteine, Kinasen, Transkriptionsfaktoren – stellt also externe Signale bis auf die Genebene durch und verändert damit nachhaltig das Verhalten einer Zelle.*

Zu den ganz frühen Genen (engl. *immediate early genes*), die auf Elk-1-Phosphorylierung antworten, gehört das Gen für den **Transkriptionsfaktor Fos** (Abbildung 29.12). Fos bildet einen Komplex mit dem Transkriptionsfaktor **Jun**, der ebenfalls über MAP-Kinase-Phosphorylierung reguliert wird. Der aktivierte **Fos-Jun-Komplex**, auch **AP-1** genannt, setzt dann eine zweite Welle der Genexpression in Gang, die wichtige Kontrollfaktoren der Zellproliferation und -differenzierung

produziert. *Das kurzlebige Ras-Signal wird also über die MAP-Kinase-Kaskade in eine mittelfristig veränderte Genexpression übersetzt, die letztlich eine dauerhafte Änderung der Zellaktivitäten bewirkt.*

Alternativ kann aktivierte **Proteinkinase C** über Phosphorylierung von Raf die MAP-Kinase-Kaskade auslösen (Exkurs 29.1). Wie wir schon gesehen haben, können auch G-Protein-gekoppelte Rezeptoren Proteinkinase C aktivieren – ein weiteres Beispiel für die Kreuzung der Signalwege von G-Protein- und enzymgekoppelten Rezeptoren.

Der MAP-Kinase-Signalweg illustriert eindrucksvoll das Prinzip der **Aktivierung durch Assemblierung**, das sich wie ein roter Faden durch die gesamte Signaltransduktion zieht. *Die*

Exkurs 29.1: Proteinkinase C und Phorbolester

Proteinkinasen vom Typ C (PKC) sind durch Ca^{2+} stimulierbar und besitzen zwei Domänen: Im Grundzustand bindet eine regulatorische Domäne als Pseudosubstrat an die katalytische Domäne und hemmt damit das Enzym. Die Bindung von Diacylglycerin (DAG) hebt diese intramolekulare Blockade auf und macht das aktive Zentrum der Serin-Threonin-Kinase für Substrate zugänglich. Das zugrunde liegende Prinzip heißt also: **Aktivierung durch Enthemmung** ("De-Inhibition"). Pflanzliche DAG-Analoge wie **Phorbolester** aktivieren PKC ebenfalls über Enthemmung (Abbildung 29.13). Anders als DAG sind Phorbolester aber resistent gegen Hydrolyse und werden in Säugerzellen nur extrem langsam abgebaut. Damit aktivieren sie PKC anhaltend, halten die MAP-Kinase-Kaskade in Schwung und fördern damit ungehemmtes Wachstum von Zellen: Sie wirken als **Tumorpromo-**

toren (▶ Abschnitt 35.2). Tetradecanoylphorbolacetat (TPA) findet vielfache Anwendung in der experimentellen Tumorforschung.

29.13 Struktur von Tetradecanoylphorbolacetat. Die lange Acylseitenkette des Polyalkohols (grün unterlegt) imitiert die Acylreste von DAG.

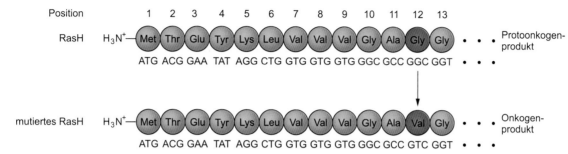

29.14 Punktmutationen im *rasH*-Onkogen. Das rasH-Onkogenprodukt besitzt häufig einen einzigen Austausch an Position 12, wo Val statt Gly (Wildtyp) vorkommt; auf Genebene entspricht dies der Punktmutation GGC → GTC. Einige Schilddrüsentumoren besitzen diesen mutierten *rasH*-Genotyp. Weitere onkogene Mutationen betreffen die Positionen 13, 59 und 61 in der Aminosäuresequenz von RasH, RasK bzw. RasN. [AN]

bemerkenswerte Spezifität und Selektivität der intrazellulären Signalwege beruht offenbar auf der gezielten Knüpfung komplexer Proteinnetzwerke, die ankommende Signale aufnehmen, verbinden und verteilen, um dann rasch wieder in ihre Einzelkomponenten zu zerfallen. Zellen nutzen diese transienten und mobilen „Funk"systeme, um gezielt auf externe Signale zu reagieren.

Mutierte Signalproteine haben onkogenes Potenzial

Viele Gene, die für Proteine intrazellulärer Signalkaskaden codieren, wurden zunächst einmal als **Onkogene** 🖰 in Tumorzellen identifiziert (▸ Abschnitt 35.4). Zu den häufigsten Onkogenen menschlicher Tumoren gehören *rasH*, *rasK* oder *rasN*, die durch Mutationen der normalen *ras*-Gene, allgemein **Protoonkogene** genannt, entstehen (Abbildung 29.14). Im Fall von *rasH* besitzt das zugehörige Onkogenprodukt aufgrund eines mutierten Aminosäurerests eine deutlich verringerte GTPase-Aktivität; es ist praktisch resistent gegen GAP-Aktivatoren, die normalerweise die GTP-Hydrolyse und damit die Inaktivierung von Ras befördern. Da Zellen üblicherweise einen etwa zehnfachen molaren Überschuss an GTP gegenüber GDP besitzen, liegt mutiertes RasH permanent in der aktiven GTP-Form vor und treibt pausenlos die Zellproliferation an: Dieser unregulierte Dauerstimulus führt zur Transformation der betroffenen Zellen. Onkogene, die den cellulären *ras*-Genen – kurz c-*ras* – ähneln, sind auch im Genom einiger Viren anzutreffen: Sie werden dann als *v-ras* bezeichnet (Exkurs 29.2).

🔬 Exkurs 29.2: Virale Onkogene

Tumorviren können Gene aus dem Wirtsgenom, die für Komponenten der Signaltransduktion codieren, in ihre eigene DNA integrieren. Rekombinations- und Mutationsprozesse erzeugen daraus virale Gene, die aktive Signalproteine produzieren. Prototyp ist das virale **Onkogen v-raf**, das durch Mutation des humanen raf-Gens entsteht. Das Protoonkogenprodukt c-Raf besitzt neben der Kinasedomäne eine re-

gulatorische Domäne, die im Onkogen weitgehend durch virale Sequenzen ersetzt ist und somit die Kinaseaktivität nicht mehr regulieren kann: v-Raf ist permanent aktiv und treibt pausenlos Wachstum und Proliferation der befallenen Zellen an (Abbildung 29.15). Das virale **Onkogen v-erbB** produziert den verkürzten EGF-Rezeptor ErbB1, der eine Transmembrandomäne und eine intrazelluläre Kinasedomäne, aber *keine* extrazelluläre Ligandenbindungsdomäne besitzt. Diese EGF-Rezeptorvariante steht nicht mehr unter Kontrolle externer EGF-Signale und ist daher **konstitutiv aktiv**. Wirtszellen exprimieren den verkürzten Rezeptor in großen Mengen und sind damit einem wahren „Sperrfeuer" proliferativer Signale ausgesetzt: Es kommt zur Transformation infizierter Zellen. Das Onkogen v-ErbA ist hingegen eine transformierende Variante des intrazellulären T_3-Rezeptors.

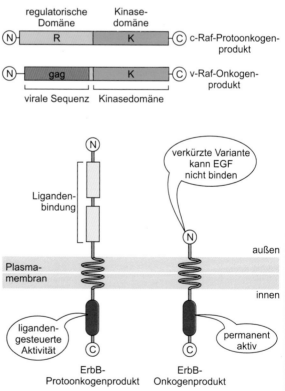

29.15 Produkte der Onkogene *v-Raf* (oben) und *v-ErbB* (unten) sowie ihrer Protoonkogene. Erb ist ein Produkt des Erythroblasten-induzierenden Virus.

Onkogenprodukte können praktisch auf allen Ebenen der Signaltransduktion proliferativer Signale auftreten: So produziert das *sis*-Onkogen in großen Mengen eine aktive Variante des **Liganden** PDGF, eines starken Wachstumsfaktors; das *erbB*-Onkogen codiert für einen „kopflosen" EGF-**Rezeptor** (Exkurs 29.2), *src*-Onkogene produzieren intrazelluläre **Kinasen** von konstitutiver Aktivität; *fos*- und *jun*-Onkogene erzeugen permanent aktive Varianten der **Transkriptionsfaktoren** Fos und Jun. *Die funktionelle Analyse dieser Proteine und die strukturelle Untersuchung ihrer Gene hat wesentlich zum Verständnis intrazellulärer Signalwege beigetragen; sie markieren auch erste Schritte auf dem Weg zu einer ausgefeilten Diagnostik sowie einer „rationalen" Therapie von Krebserkrankungen, die auf detaillierten Kenntnissen der molekularen Abläufe bei der Krebsentstehung basiert* (▶ Abschnitt 35.10).

29.6 Cytokine benutzen Tyrosin-Kinase-assoziierte Rezeptoren

Bislang haben wir uns mit Rezeptor-Tyrosin-Kinasen befasst, bei denen die Kinasedomäne integraler Bestandteil des Empfängerproteins ist. Eine zweite Gruppe von enzymassoziierten Rezeptoren besitzen dagegen *keine eigene* Kinasedomäne; vielmehr rekrutieren diese Rezeptoren vor oder nach Stimulation inaktive cytosolische Kinasen. Prototyp der **Tyrosin-Kinase-assoziierten Rezeptoren** ⌐ ist der Somatotropinrezeptor. Das Proteohormon **Somatotropin** (engl. *growth hormone*, GH), das von der Hypophyse produziert wird und über den Blutweg an seine Zielzellen z. B. im Knochen gelangt, dockt über zwei Bindungsstellen an zwei Rezeptormonomere an und verbrückt sie zum Dimer (Abbildung 29.16). Durch

Apposition und Autophosphorylierung aktivieren sich die rezeptorassoziierten Kinasen wechselseitig und können dann wiederum den Rezeptor phosphorylieren, um somit neue Ankerplätze für Signalproteine mit SH2-Domänen zu schaffen. Über die Phosphorylierung nachgeschalteter Transkriptionsfaktoren werden dann ganze Gengruppen aktiviert, die unter anderem das Knochenwachstum regulieren. Ein Ausfall der Somatotropinproduktion kann daher zum Kleinwuchs führen (▶ Exkurs 20.2).

Cytokine ⌐, zu denen neben Wachstumshormonen auch Interleukine, Interferone, Tumornekrose-Faktoren sowie Chemokine zählen, bilden eine heterogene Klasse von „kleinen" Proteinen, die meist von Zellen des Immunsystems synthetisiert werden und der interzellulären Kommunikation dienen (Tabelle 29.1). Sie sind typische Liganden von Tyrosin-Kinase-assoziierten Rezeptoren; lediglich Chemokine wie IL-8, RANTES und MIP-1α machen hier eine Ausnahme und bedienen G-Protein-gekoppelte Rezeptoren vom CCR- bzw. CXCR-Typ (▶ Exkurs 28.2).

Zu den Cytokinrezeptor-assoziierten Enzymen gehört die Familie der **Janus-Kinasen** (JAK). Ähnlich wie der MAP-Kinase-Weg „funkt" die JAK-Signalkaskade über Zwischenstationen bis in den Zellkern. Bindeglieder sind dabei nichtenzymatische **STAT-Faktoren** (**S**ignal**t**ransduktoren und **A**ktivatoren der **T**ranskription), die im Cytosol der unstimulierten Zelle vorliegen. Nach Aktivierung von JAK binden STAT-Proteine über ihre SH2-Domänen (Abbildung 29.6) an die Phosphotyrosin-Ankerplätze ihres Rezeptors und werden nun ihrerseits durch JAK an jeweils einem Tyrosinrest phosphoryliert (Abbildung 29.17). Phosphorylierte STAT-Proteine dimerisieren über intermolekulare Assoziation von Tyrosinphosphatresten mit SH2-Domänen. Die entstandenen STAT-Dimere translozieren daraufhin in den Zellkern, wo sie als Transkriptionsfaktoren die Expression ihre Zielgene kontrollieren. Physiologische Bedeutung hat der **JAK-STAT-Signal-**

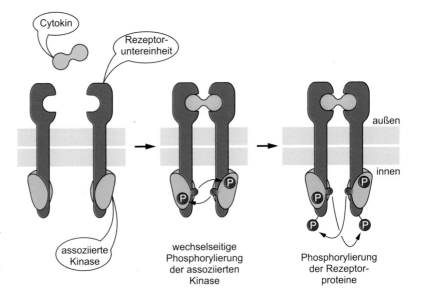

29.16 Aktivierung von Tyrosin-Kinase-assoziierten Rezeptoren. Ligandeninduzierte Dimerisierung der Rezeptoruntereinheiten, Rekrutierung und Aktivierung von cytosolischen Kinasen sowie Rezeptorphosphorylierung sind die initialen Prozesse der Signalkaskade. An die neu geschaffenen Phosphotyrosinreste docken weitere Signalmoleküle an. Hier ist das Beispiel eines homodimeren Rezeptors gezeigt; es gibt auch heterodimere oder heterotrimere Rezeptoren.

Cytokin

Rezeptoruntereinheit

assoziierte Kinase

wechselseitige Phosphorylierung der assoziierten Kinase

Phosphorylierung der Rezeptorproteine

außen

innen

Tabelle 29.1 Aktivierung von Tyrosin-Kinase-assoziierten Rezeptoren durch Cytokine. Zahlreiche andere Interleukine wie z.B. IL-3, -4 und -5 nutzen ebenfalls diese Rezeptorklasse.

Cytokin-Ligand	Bildungsort	biologische Wirkung
Erythropoetin (Epo), Thrombopoetin (TPO)	Niere (Epo, TPO), Leber (TPO)	Stimulation von Erythro- bzw. Thrombo-poese
Interleukin-1 (IL-1)	antigenpräsentierende Zellen	Aktivierung von T-Helferzellen
Interleukin-2 (IL-2)	T-Helferzellen	Aktivierung von T- und B-Zellen
Interleukin-6 (IL-6)	T-Helferzellen	Synthese von Akutphaseproteinen; Wachstum und Differenzierung von B-Zellen
Interferon-α	dendritische Zellen	antivirale Wirkung
Interferon-β	Fibroblasten/andere Zelltypen	antivirale Wirkung
Interferon-γ	T-Helferzellen, cytotoxische T-Zellen	Aktivierung von Makrophagen
Leptin	Fettgewebe	verringerte Nahrungsaufnahme, erhöhter Energieverbrauch
Somatotropin (engl. _growth hormone_, GH)	Hypophyse	Knochen- und Längenwachstum

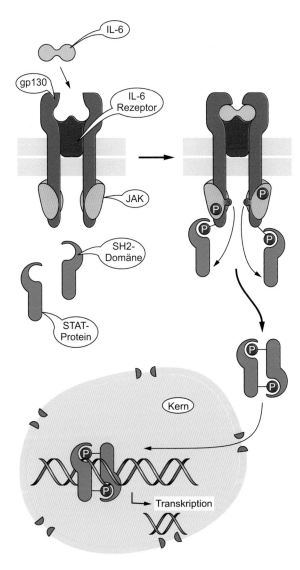

weg z.B. bei der Aktivierung phagocytierender Zellen im Zusammenhang mit entzündlichen Reaktionen sowie der Reifung von Blutzellen wie z.B. Erythrocyten und Thrombocyten aus den Stammzellen des Knochenmarks (Tabelle 29.1).

Die Signaltransduktion von Cytokinrezeptoren illustriert eindrucksvoll das „Prinzip der kurzen Wege": Von kinaseassoziierten Rezeptoren wird das Signal direkt auf Transkriptionsfaktoren weitergeleitet, die unmittelbar Gene an- oder abschalten können. Diese Schnellschaltung erlaubt Zellen eine rasche Anpassung an sich rapide wandelnde externe Bedingungen. Serin-Threonin-Kinasen spielen nicht nur als _assoziierte_ Enzyme eine wichtige Rolle bei der zellulären Signaltransduktion: Eine bedeutsame Gruppe enzymgekoppelter Rezeptoren mit _endogener_ Serin-Threonin-Kinase-Aktivität wird durch **transformierende Wachstumsfaktoren** stimuliert (Exkurs 29.3).

Kinasen bilden zwar die dominante, nicht aber die einzige Enzymklasse, die von Rezeptoren für ihre Signalgebung genutzt wird: So besitzen Rezeptoren für atriale natriuretische Peptide (ANP; auch atrionatriuretische Faktoren, ANF, genannt) in ihrer cytoplasmatischen Domäne eine intrinsische **Guanylat-Cyclase-Aktivität**, die nach Ligandenbindung den Botenstoff cGMP aus GTP produziert (▶ Abschnitt 30.2). Neben ANP gehören auch BNP, CNP (natriuretische Peptide vom B- bzw. C-Typ) und Guanylin zu den Liganden dieser Rezeptorfamilie. Ein weiteres Beispiel sind membranständige **Rezeptor-Tyrosin-Phosphatasen**, deren Prototyp das

29.17 JAK-STAT-Signalweg. Der Interleukin-6-Rezeptor besitzt eine ligandenbindende Einheit, die mit zwei gp130-Untereinheiten einen ternären Komplex bildet. Dieser erlaubt die Aktivierung assoziierter JAK-Kinasen, die wiederum STAT-Faktoren phosphorylieren. Daraufhin dimerisieren phosporylierte STATs und translozieren in den Kern, wo sie an die Regulatorsequenzen von Genen binden, die z.B. für C-reaktives Protein (CRP) oder Fibrinogen codieren. Da sich ihre Expression in der akuten Phase der Entzündung verändert, firmieren diese Proteine unter dem Oberbegriff **Akutphaseproteine**.

Exkurs 29.3: Transformierende Wachstumsfaktoren

Das menschliche Genom codiert für mindestens 29 transformierende Wachstumsfaktoren vom Typ TGF-β (engl. *transforming growth factor*) . Diese multifunktionellen Morphogene kontrollieren die Proliferation, Wanderung, Differenzierung und Apoptose von Zellen; sie regulieren die Synthese extrazellulärer Matrixproteine, stimulieren die Bildung der Knochenmatrix, wirken chemotaktisch auf Haut-Fibroblasten und fördern die Wundheilung. **TGF-β-Liganden** werden als hochmolekulare inaktive Vorstufen synthetisiert und über **Proteoglykane** wie β-Glykan an Zelloberflächen immobilisiert (▶Abschnitt 8.6). Limitierte Proteolyse setzt aktives TGF-β frei, das an Rezeptoren vom Typ RII bindet, die daraufhin mit Typ RI zu einem heterodimeren Rezeptor assoziieren. R-II phosphoryliert und aktiviert mit seiner Ser-Thr-Kinase-Aktivität die Untereinheit R-I, die nun ihrerseits **Smad-Transkriptionsfaktoren** an Serin- und Threoninresten phosphoryliert (▶Abbildung 35.20). Daraufhin assoziieren Smads mit weiteren Cofaktoren („Co-Smads") und translozieren in den Nucleus, wo sie die Transkription ihrer Zielgene regulieren. Eine Mutation im Fibrillin-1-Gen führt zur überschießenden Produktion von TGF-β beim Marfan-Syndrom (▶Exkurs 8.4).

CD45-Protein ist. CD45 ist mit dem T-Zell-Rezeptor von Lymphocyten assoziiert; nach Antigenstimulation kann seine cytoplasmatische Domäne Src-ähnliche Kinasen dephosphorylieren und damit aktivieren.

29.7

Integrine sind zellmatrixassoziierte Rezeptoren

Ähnlich wie die Bindung von Wachstumsfaktoren kann auch die Interaktion einer Zelle mit Komponenten der extrazellulären Matrix ihr Verhalten tief greifend verändern. Dazu exponieren Zellen auf ihrer Oberfläche Rezeptoren, die keine eigene enzymatische Aktivität besitzen: Diese **Integrin-**

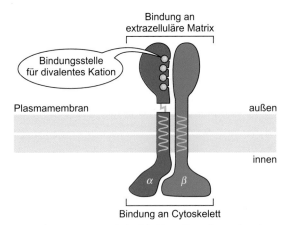

29.18 Struktur von Integrinen. Es handelt sich um Heterodimere mit zwei transmembranären Untereinheiten α und β. Die α-Untereinheit bindet divalente Kationen. Die terminalen Regionen tragen Bindungsstellen für Komponenten der extrazellulären Matrix bzw. zelluläre Adhäsionsproteine.

rezeptoren (kurz: Integrine) verknüpfen das Cytoskelett im Innern einer Zelle mit der umgebenden Matrix. Integrine sind Heterodimere aus α- und β-Ketten, die je ein Transmembransegment besitzen (Abbildung 29.18). Viele Integrine binden mit ihren Domänen auf der Zelloberfläche an Proteine der **extrazellulären Matrix** wie z. B. Kollagen, Fibronectin oder Laminin (▶Abbildung 8.14). Auf der cytosolischen Seite binden Integrine über Adapterproteine wie Vinculin und Talin an Komponenten des **Cytoskeletts** wie z. B. Actin und α-Actinin (▶Abbildung 33.20). Die „Knotenpunkte", an denen Integrine die extrazelluläre Matrix mit dem Cytoskelett verbinden, werden als **fokale Adhäsionspunkte** bezeichnet. Die extrazelluläre Matrix beeinflusst dadurch Form und Verhalten von Zellen: Polarisierung, Wachstum, Entwicklung und Bewegung von Zellen spiegeln oftmals Reaktionen auf eine sich wandelnde zelluläre Umwelt wider (Exkurs 29.4).

Integrine sind in zweierlei Hinsicht bemerkenswert: Sie markieren den Übergang von „passiven" Zelladhäsionsproteinen zu „aktiven" Rezeptoren auf der Zelloberfläche. *Zum anderen verdeutlichen Integrine, dass zelluläre Signaltrans-*

Exkurs 29.4: Integrinrezeptoren

Die integrinvermittelte Signaltransduktion findet an fokalen Adhäsionspunkten statt, wo Actinfilamente via Adapter an die cytosolische Domäne der Integrine binden und sie dabei lokal konzentrieren (Abbildung 29.19). Bindet nun die Zelle über Integrine an Komponenten der extrazellulären Matrix (Adhärenz), wird auf der cytosolischen Seite eine integrinassoziierte **F**okale **A**dhäsions**k**inase (FAK) aktiviert. Die Autophosphorylierung von FAK schafft Phosphotyrosinreste, an die sich nun cytosolische Kinase Src über ihre SH2-Domäne anla-

gert (Abbildung 29.6), die dadurch aktiviert wird und nun ihrerseits FAK phosphoryliert und dadurch weiter stimuliert. Über Grb2-Sos-Brücken (Abbildung 29.9) wird Ras aktiviert, das den MAP-Kinase-Weg anschaltet und damit eine nachhaltige Änderung des **Genexpressionsmusters** der adhärenten Zelle bewirkt. Dabei sind Integrine „Diener zweier Herren": Zum einen leiten sie Informationen von der extrazellulären Matrix ins Zellinnere; zum anderen geben sie Instruktionen aus dem Cytosol über – noch nicht im Einzelnen verstandene – Mechanismen nach außen. So kann Integrin $\alpha_2\beta_1$ je nach internem Signal an Kollagen oder Laminin andocken und damit die extrazelluläre Matrix nach den Vorgaben einer Zelle strukturieren.

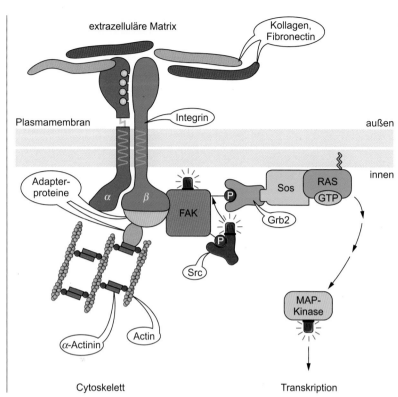

29.19 Signalwege der Integrinrezeptoren. Zur Übersichtlichkeit ist hier nur ein Rezeptormolekül mit seinen assoziierten Proteinen gezeigt. Tatsächlich sind die gebildeten Netzwerke viel größer. [AN]

duktion beileibe keine Einbahnstraße ist: *Zellen empfangen Signale ihrer Umwelt und geben aktiv Impulse zur Gestaltung ihres Umfelds.* Dabei spielt die innere Struktur von Zellen – und damit das Cytoskelett – eine wichtige Rolle. Wir kehren zu diesem Thema noch einmal zurück (▶Kapitel 33).

Ähnlich wie Integrine verfügt auch eine weitere Rezeptorklasse, die ca. 25 Mitglieder umfasst, über *keine* intrinsische Enzymaktivität. Dazu gehören die **Tumornekrosefaktor-Rezeptoren** (TNFR) bei Entzündungsreaktionen, die Toll-ähnlichen Rezeptoren bei der primären Immunabwehr (▶Abschnitt 36.3) sowie Fas-Rezeptoren bei der Apoptose (▶Abbildung 34.18). Bei Ligandenbindung rekrutieren diese Rezeptoren Adapterproteine wie z. B. **TNF-Rezeptor-assoziierte Faktoren** (TRAF), die dann als Plattform für den Aufbau eines Effektorkomplexes dienen, der die weitere Signalschaltung übernimmt. Typischerweise liegen die Liganden dieser Rezeptorklasse als Trimere vor, so z. B. **Tumor-Nekrose-Faktor-α** (TNF-α), ein wichtiger Mediator bei der Immunantwort (▶Abschnitt 35.8). Die Bindung von TNF-α führt zu Trimerisierung von TNFR-2, und dieser hochmolekulare Komplex dient nun als Andockstelle für TRAF-1 und TRAF-2. Dadurch wird TRAF-2 aktiviert, der nun über die Kinase TAK-1 den NF-κB-Signalweg „anwerfen" kann. Dabei wird schlussendlich der nucleäre Faktor κB (NFκB) freigesetzt, der zahlreiche Zielgene steuern kann (▶Abbildung 35.23). TNF-, Fas- und TLR-Rezeptoren unterscheiden sich in ihren Liganden und den primär rekrutierten Adaptorproteinen, münden aber letztlich alle in den fundamentalen **IκB-NFκB-Signalweg**

ein: Ganz unterschiedliche physiologische Effekte können also über dieselbe „Stellschraube" reguliert werden.

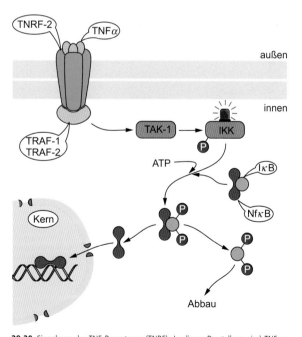

29.20 Signalweg der TNF-Rezeptoren (TNRF). In dieser Darstellung sind TNF-α, TNRF-2 sowie die Adapterproteine TRAF-1 und -2 gezeigt. Die nachgeschaltete Signalkaskade via TAK-1, IκB und NFκB ist hier nur verkürzt wiedergegeben (ausführliche Darstellung inkl. Abkürzungen ▶Abbildung 35.23).

Zusammenfassung

- **Enzymgekoppelte Rezeptoren** sind Transmembranproteine, die auf ihrer cytosolischen Seite ein katalytisches Zentrum (oder mehrere) exponieren. Am häufigsten sind sie **Tyrosinkinasen**, seltener Guanylat-Cyclasen oder Phosphatasen.

- Nach Ligandenbindung **dimerisieren** enzymgekoppelte Rezeptoren und bringen dadurch ihre beiden Kinasedomänen in Apposition. Durch die räumliche Nähe kommt es zu einer **wechselseitigen Phosphorylierung** und damit **Autoaktivierung** ihrer Kinasedomänen.

- Sekundär lagern sich an die Phosphorylierungsstellen der Rezeptoren **Adapterproteine** an, die typischerweise über ihre **SH2-Domänen** an Tyrosinphosphatreste der Rezeptoren binden und dann weitere **Effektorproteine** rekrutieren können. Protoyp für ein Adapterprotein ist **Grb-2**, das über seine SH3-Domänen den **Guaninnucleotid-Austauschfaktor Sos** bindet.

- Sos kann nun den Austausch von GDP gegen GTP im membranständigen **kleinen G-Protein Ras** bewirken; dadurch wird Ras aktiviert und kann nun seinerseits die **Serin-Threonin-Kinase Raf** stimulieren. Aktivierte Raf-Kinase phosphoryliert die **Kinase MEK**, die wiederum **MAP-Kinasen** phosphorylieren und damit aktivieren kann, zu denen ERK-1 und ERK-2 gehören.

- Aktivierte MAP-Kinasen translozieren in den Zellkern und phosphorylieren dort den **Transkriptionsfaktor Elk-1**, der mit **SRF** ein Heterodimer bildet. Dieser Komplex kontrolliert die Transkription ganzer Gengruppen, zu der auch der **Transkriptionsfaktor Fos** zählt.

- **Fos** bildet zusammen mit dem durch MAP-Kinasen phosphorylierten Faktor **Jun** den Transkriptionsfaktorkomplex **AP-1**, der die Genexpression von Schlüsselfaktoren der Zellproliferation und -differenzierung kontrolliert.

- Mutationen in Komponenten des **MAP-Kinase-Signalwegs** führen oftmals zu potenten Onkogenen: Prototyp ist die Variante **H-Ras**, die durch eine Punktmutation im *ras*-Gen entsteht und durch ihre **fehlende GTPase-Aktivität** ein permanent aktives, GTP-beladenes Ras generiert. Ebenso können Liganden (z. B. *sis*-Onkogen), Rezeptoren (*erbB*-Onkogen), intrazelluläre Kinasen (*src*-Onkogen) oder Transkriptionsfaktoren (*jun*-Onkogen) betroffen sein.

- **Enzymassoziierte Rezeptoren** haben *keine* intrinsische Aktivität, sondern rekrutieren cytosolische Enzyme, die oft **Serin-Threonin-Kinase-Aktivität** aufweisen. Typische Vertreter sind **Janus-Kinasen**, die nach Ligandenbindung und Dimerisierung der Rezeptoren aktiviert werden und dann **STAT-Transkriptionsfaktoren** phosphorylieren. **Transformierende Wachstumsfaktoren** vom TGF-Typ signalisieren über ihre endogene Serin-Threonin-Kinasen-Aktivität und phosphorylieren **Smad**-Transkriptionsfaktoren.

- **Integrine** sind membranständige Rezeptor-Dimere, die aus α- und β-Unterheiten bestehen und an **Liganden der extrazellulären Matrix** wie z. B. Laminine oder Fibronectine binden. Über ihre intrazellulären Domänen binden sie an das **Actin-Gerüst** des Cytoplasmas und bilden dabei **Fokale Adhäsionspunkte**. Nach Ligandenbindung aktivieren sie den **MAP-Kinase-Signalweg**; umgekehrt können intrazelluläre Signale die Bindung der Integrine an extrazelluläre Liganden induzieren (engl. *inside-out signaling*).

- Tumornekrosefaktoren (TNF) signalisieren über **TNF-Rezeptoren**, die ihre Signalwirkung über Adapterproteine wie z. B. **TRAF** entfalten. Aktiviertes TRAF stimuliert via TAK-1-Kinase den **NFκB-Signalweg**. Fas- und TLR-Rezeptoren nutzen analoge Signalwege, um ihre Wirkungen bei Apoptose bzw. Immunabwehr zu entfalten.

Hormonelle Steuerung komplexer Systeme

30

Kapitelthemen: 30.1 Regulation des kardiovaskulären Systems 30.2 Hormonelle Steuerung von Wasser- und Elektrolythaushalt 30.3 Hormonelle Regulation von Ca^{2+}- und Phosphathaushalt 30.4 Molekulare Basis von Wachstum und Entwicklung 30.5 Hormonelle Steuerung reproduktiver Systeme

Die Entwicklung multizellulärer Organismen mit spezialisierten Geweben und Organen machte die Herausbildung komplexer Systeme der interzellulären Kommunikation notwendig. Neben dem Nervensystem ist es vor allem das *endokrine System*, das Organ- und Gewebsfunktionen steuert und aufeinander abstimmt. Endokrine Gewebe und Drüsen produzieren eine große Zahl von Hormonen und anderen Signalstoffen, die häufig über größere Entfernungen – meist mit dem Blutstrom – transportiert werden und an hochaffine Rezeptoren ihrer Zielzellen binden, um dort Signaltransduktionsketten anzustoßen, die letztlich zelluläre Antworten auslösen. Aufbauend auf die Kenntnisse über Liganden, Rezeptoren und ihre nachgeschalteten Signalwege, die wir in den vorangegangenen Kapiteln erworben haben, studieren wir in den beiden nun folgenden Kapiteln molekulare Details *koordinierter Prozesse* an Zellen, Geweben, Organen und im Gesamtorganismus. Dabei steht der Aspekt der *hormonellen Steuerung* im Vordergrund unserer Betrachtung; gleichzeitig wollen wir aber auch die *molekularen Mechanismen* erörtern, die organ- und gewebsspezifische Aufgaben ermöglichen. Wir nähern uns damit einem molekularen Verständnis von Systemfunktionen. *Anders als bei den bisherigen Texten setzen Kapitel 30 und 31 ein Grundwissen über physiologische Vorgänge und Systeme voraus; für den mit diesen Aspekten weniger vertrauten Leser empfiehlt es sich, bei Bedarf ein Kurzlehrbuch der Physiologie oder ein einschlägiges Medizinlexikon zur Hand zu nehmen.*

30.1
Ein hormonelles Netzwerk steuert das Herz-Kreislauf-System

Die Entwicklung von Systemen zum Transport von Flüssigkeiten ist eine evolutionäre Konsequenz aus der Entstehung komplexer Vielzeller. Der **Kreislauf** von Säugern übernimmt primäre Verteilungsaufgaben wie z.B. den Transport von Gasen und Stoffwechselprodukten, von Lipoproteinen und Gerinnungsfaktoren und natürlich von Blutzellen. Sekun-

däre Aufgaben sind die Verteilung von endokrinen Hormonen, die Abfuhr von Wärme und die Vermittlung von Abwehrreaktionen gegen eindringende Mikroorganismen. Die drei wichtigsten Komponenten des Kreislaufsystems sind Herz (Pumpe), Blut (zirkulierende Flüssigkeit) und Gefäße (Leitungssystem). Um den stark wechselnden Anforderungen gerecht zu werden, hat der menschliche Organismus ausgeklügelte **Steuerungsmechanismen** für seinen Blutkreislauf entwickelt, dessen molekulare Komponenten wir exemplarisch behandeln wollen.

Das **Herz** ⚘ ist ein muskuläres Hohlorgan mit der Aufgabe, den Blutstrom in den Gefäßen durch wechselnde Kontraktion (Systole) und Erschlaffung (Diastole) von Vorhöfen und Kammern in Bewegung zu halten. Dazu erfüllen diverse Typen von Herzzellen höchst unterschiedliche, differenzierte Funktionen. Allen Herzmuskelzellen gemein ist ihre **elektrische Erregbarkeit**, die im Wesentlichen über spannungsgesteuerte Kanäle vermittelt wird; für die Homöostase der Zellen sind darüber hinaus Pumpen und Transporter unverzichtbar. Wir betrachten zunächst die molekularen Werkzeuge zur Erregungsbildung und -ausbreitung und wenden uns dann Aspekten der neuronalen und humoralen Steuerung des Kreislaufsystems zu.

Den unterschiedlichen Aktionspotenzialen im Herzen liegen vier Hauptströme zugrunde: (i) Der *Na^+-Strom* (I_{Na}) läuft über **spannungsgesteuerte Na^+-Kanäle** und vermittelt die schnelle Depolarisation von Kardiomyocyten; (ii) der *Ca^{2+}-Strom* (I_{Ca}) bewirkt über **spannungsgesteuerte Ca^{2+}-Kanäle** – hauptsächlich vom **L-Typ** – die rasche Depolarisation und Kontraktion von Kardiomyocyten; (iii) der *K^+-Strom* (I_{Ka}) vermittelt über **spannungsgesteuerte K^+-Kanäle** die Repolarisation in Kardiomyocyten; und (iv) der *Schrittmacherstrom* (I_f) trägt über **spannungsgesteuerte Kanäle geringer Ionenselektivität**, die von cyclischen Nucleotiden moduliert werden, zur spontanen Depolarisation von Schrittmacherzellen bei. Neben diesen vier spannungsgesteuerten Ionenströmen bewirken auch zwei elektrogene Transporter, nämlich **Na^+-Ca^{2+}-Austauscher** und **Na^+-K^+-ATPase**, einen Ladungstransport über die Plasmamembran von Kardiomyocyten.

Spannungsgesteuerte Na^+-Kanäle kommen in Muskel- und Nervenzellen vor, im Herzen vor allem in atrialer und ventri-

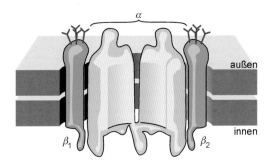

30.1 Aufbau von spannungsgesteuerten Na⁺-Kanälen (aufgeklapptes Strukturmodell). Die α-Untereinheit besitzt 24 transmembranspannende Segmente (▶Abbildung 26.12). Wahrscheinlich sichern die beiden β-Untereinheiten den Transport der Kanäle vom ER und ihren Einbau in die Plasmamembran. Toxine wie z. B. das Tetrodotoxin aus Kugelfisch wirken über eine Blockade dieser Kanäle (▶Abschnitt 32.8). Wie die meisten Proteine der Plasmamembran tragen auch Na⁺-Kanäle verzweigte Kohlenhydratseitenketten (Y-förmig).

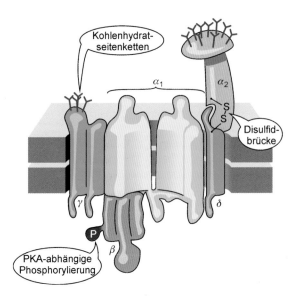

kulärer Arbeitsmuskulatur sowie in Purkinje-Fasern des Reizleitungssystems. Sie haben mit ca. 200 Kopien pro μm^2 die größte Dichte aller Kanäle auf der Plasmamembran von Kardiomyocyten und bestehen aus drei Untereinheiten, $\alpha\beta_1\beta_2$ (Abbildung 30.1). Die α-Untereinheit besitzt vier Kopien einer **Spannungssensordomäne** (S4), die sich bei Depolarisation aus der Membran herausdrehen und damit die Öffnungswahrscheinlichkeit für den Kanal erhöhen (▶Abbildung 26.13), sowie vier P-Regionen, die in die extrazelluläre Schicht der Plasmamembran eintauchen und die Pore des Kanals bilden. Sobald ein Aktionspotenzial eintrifft, öffnen sich die Kanäle und ermöglichen einen massiven **Einstrom von Na⁺** (I_{Na}) während der **Depolarisationsphase**. Die Kanäle aktivieren bzw. öffnen rasch (0,1 bis 0,2 ms) und inaktivieren bzw. schließen etwas langsamer (ca. 1 ms). Eine Reihe von **Antiarrhythmika** I wie z.B. Lidocain (Xylocain®), die auch als Lokalanästhetika verwendet werden, wirken hauptsächlich über die Hemmung dieser Na⁺-Kanäle.

Alle Kardiomyocyten tragen **spannungsgesteuerte Ca²⁺-Kanäle vom L-Typ** (engl. _long lived_) auf ihrer Oberfläche. Der heteropentamere Komplex $\alpha_1\alpha_2\beta\gamma\delta$ enthält einen „klassischen" Ionenkanal (α_1) mit Sensoren und Poren sowie je zwei periphere (α_2, β) bzw. integrale (γ, δ) Membranproteine (Abbildung 30.2). In der **Depolarisationsphase** lassen diese Kanäle einen **Ca²⁺-Einstrom** in die Kardiomyocyten zu. Die Ca²⁺-Kanäle aktivieren etwas langsamer (ca. 1 ms) als Na⁺-Kanäle und inaktivieren bedeutend langsamer (10 bis 20 ms) als diese. Die Proteinkinase-A-vermittelte Phosphorylierung der cytosolischen β-Untereinheit von L-Typ-Kanälen führt zu einer Verlängerung der erhöhten Öffnungswahrscheinlichkeit der Kanäle (▶Exkurs 28.3).

Spannungsgesteuerte K⁺-Kanäle vom K_v-Typ (engl. _K⁺, voltage-gated_) vermitteln durch **K⁺-Ausstrom** die **Repolarisation** der Plasmamembran von Kardiomyocyten, die jedoch erheblich langsamer verläuft als die von Skelettmuskelzellen. Diese Kanäle bestehen aus vier identischen α-Untereinheiten sowie einer β-Untereinheit ($\alpha_4\beta$); jede α-Untereinheit

30.2 Struktur spannungsgesteuerter Ca²⁺-Kanäle vom L-Typ (aufgeklappt). Die α_1-Untereinheit ist eine Tetrade aus je 6 membranspannenden Segmenten, die der α-Untereinheit von Na⁺-Kanälen entspricht. Hinzu kommen zwei membranintegrierte Untereinheiten γ und δ sowie je eine assoziierte Untereinheit auf cytosolischer (β) bzw. extrazellulärer Seite (α_2). Während α_1 Ionen- und Spannungsselektivität vermittelt und Kanalblocker bindet, sind β und γ an Steuerung, Expression und Translokation der Kanäle beteiligt. α_2 und δ sind disulfidisch (S-S) verknüpft.

besitzt sechs Transmembranregionen und je einen Sensor bzw. je eine Pore (Abbildung 30.3). Zwei Typen von K_v-Kanälen spielen dabei eine prominente Rolle am Herzen: K_v-Kanäle vom Typ **HERG** (engl. _human ether-a-go-go related gene_) und K_v-Kanäle vom Typ **LQT1** (engl. _long QT syndrome_); genetische Defekte dieser Kanäle können zu Herzrhythmusstörungen mit einem verlängerten QT-Intervall führen. Darüber hinaus sind K⁺-Kanäle vom Typ **K_v4.3** an der frühen Phase der Repolarisation sowie ATP-abhängige K⁺-Kanäle vom Typ **K_{ATP}** an der energieabhängigen Steuerung der Kontraktion von Kardiomyocyten beteiligt.

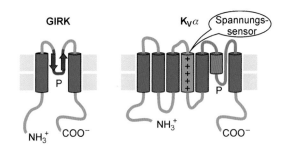

30.3 Topologie von spannungsgesteuerten K⁺-Kanälen (schematisch). _Rechts_ ist _eine_ der vier α-Untereinheiten eines K_v-Kanals gezeigt, die insgesamt einer α-Untereinheit von Na⁺-Kanälen entsprechen (▶Abbildung 26.12). Die akzessorische β-Untereinheit (nicht gezeigt) ist möglicherweise an der Steuerung und Expression der Kanäle beteiligt. _Links_ ist zum Vergleich der Aufbau eines $G_{\beta\gamma}$-gesteuerten K⁺-Kanals vom GIRK-Typ (engl. _G protein-activated inwardly rectifying K⁺ channel_) gezeigt; auch hier ist nur _eine_ Untereinheit des Tetramers dargestellt, das dann die tatsächliche Pore (P) bildet (siehe unten).

Bei **Schrittmacherkanälen** vom **HCN-Typ** (engl. _hyperpolarization-activated cyclic nucleotide-gated_) handelt es sich um Homotetramere, deren Untereinheiten prinzipiell den gleichen Aufbau besitzen wie die α-Untereinheit der K_v-Kanäle; zusätzlich besitzen sie eine Bindungsdomäne für cyclische Nucleotide an ihrem C-Terminus. Im Gegensatz zu den bislang betrachteten Kanälen zeichnen sich HCN-Kanäle durch **geringe Ionenselektivität** aus: Sie erlauben den Durchtritt von Na^+ _und_ K^+, aber auch von Ca^{2+}. HCN-Kanäle werden durch **Hyperpolarisation** aktiviert, wobei die intrazelluläre cAMP-Konzentration $[cAMP]_i$ modulierend einwirkt; nach Öffnen kommt es zum Ioneneinstrom. Es gibt mindestens vier Subtypen von HCN-Kanälen, die auch in extrakardialen Geweben vorkommen. In den Schrittmacherzellen des sinoatrialen SA-Knotens lösen sie spontane Selbstdepolarisationen aus, die nach Stimulation des sympathischen Nervensystems zunehmen und damit die Herzfrequenz erhöhen, während das parasympathische System gegenläufige Effekte besitzt. Hemmstoffe der HCN-Kanäle wie z.B. Ivabradin (Procoralan®) werden als selektiv negativ chronotrope **Antiarrhythmika** eingesetzt, d.h. sie reduzieren die Herzfrequenz, _ohne_ die Kontraktionskraft des Herzens zu mindern.

Wie funktioniert nun die **elektromechanische Kopplung** im Herzen auf molekularer Ebene? Trifft ein Aktionspotenzial auf atriales oder ventrikuläres Arbeitsmyokard, so werden zunächst **spannungsgesteuerte Na^+-Kanäle** im Sarcolemm geöffnet (Abbildung 30.4). Der massive Na^+-Einstrom führt zur Depolarisation und sekundär zur Öffnung **spannungsgesteuerter Ca^{2+}-Kanäle vom L-Typ,** die damit einen Einstrom von extrazellulärem Ca^{2+} in die Kardiomyocyten erlauben, sodass sich $[Ca^{2+}]_i$ erhöht, was wiederum zur Öffnung von **Ryanodinrezeptoren** (engl. _Ca^{2+} release channels_) in der Membran des sarcoplasmatischen Reticulums (SR) und damit zu einem schwallartigen Ausstrom von Ca^{2+} aus dem SR führt: Wir sprechen daher von einer **Ca^{2+}-induzierten Ca^{2+}-Freisetzung.** Dieser Effekt wird durch die mechanische Kopplung der L-Typ-Kanäle des Sarcolemms an die **Ryanodinrezeptoren** der gegenüberliegenden SR-Membran verstärkt; vermutlich induziert eine größere Konformationsänderung, welche die L-Typ-Kanäle bei ihrer Öffnung durchmachen, sekundär die Öffnung der mit ihnen interagierenden Ryanodinrezeptoren. Letztlich bewirkt der rasante Anstieg von $[Ca^{2+}]_i$ via Troponin C/Actin/Myosin (▸Abschnitt 9.5) die **Kontraktion** der Kardiomyocyten.

Die Relaxationsphase wird eingeleitet durch den Rücktransport von Ca^{2+} aus dem Cytosol ins SR, der über **ATP-abhängige SERCA-Pumpen** läuft. Gleichzeitig schleusen Ca^{2+}-**ATPasen** cytosolisches Ca^{2+} durch die Plasmamembran in den extrazellulären Raum aus; dieselbe Funktion erfüllen sekundär aktive **Na^+-Ca^{2+}-Antiporter,** die über den steilen Na^+-Gradienten angetrieben werden, den die Na^+-K^+-ATPasen erzeugen. Alle diese Vorgänge reduzieren $[Ca^{2+}]_i$ und ermöglichen damit die **Relaxation** der Sarcomere. **Digitalisglykoside** hemmen Na^+-K^+-ATPasen und blocken damit indirekt den durch Na^+-Ca^{2+}-Antiporter betriebenen Export von Ca^{2+} aus

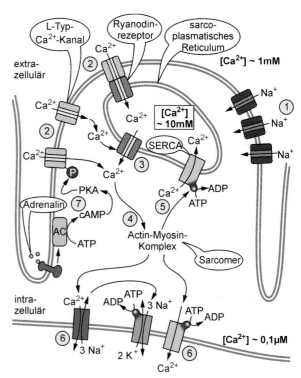

30.4 Elektromechanische Kopplung in Kardiomyocyten. Die sequenzielle Öffnung von spannungsgesteuerten Na^+-Kanälen (1) bzw. Ca^{2+}-Kanälen im Sarcolemm (2) und von Ryanodinrezeptoren im SR (3) führt zum massiven Anstieg der intrazellulären Ca^{2+}-Konzentration und damit zur Kontraktion (4). Die Ca^{2+}-ATPasen des SR (5) sowie die Ca^{2+}-ATPasen und Na^+-Ca^{2+}-Austauscher der Plasmamembran (6) pumpen Ca^{2+} aus dem Cytosol und leiten damit die Relaxation ein. Adrenalin induziert die cAMP-vermittelte Phosphorylierung von Ca^{2+}-Kanälen (7). SERCA, Sarco-Endoplasmatisches-Reticulum-Ca^{2+}-ATPase.

den Kardiomyocyten, sodass sich $[Ca^{2+}]_i$ erhöht und die Kontraktionskraft steigt (▸Exkurs 26.1). Prinzipiell können Digitalispräparate bei chronischer Herzinsuffizienz eingesetzt werden, um die Kontraktionskraft der Ventrikel zu erhöhen; allerdings nimmt auch die Gefahr von Extrasystolen zu.

Durch Stimulation des **sympathischen Nervensystems** am Herzen werden Catecholamine freigesetzt, die über **β_1-Adrenorezeptoren** (▸Tabelle 28.2) einen cAMP-Anstieg sowie eine Proteinkinase-A-vermittelte **Phosphorylierung der L-Typ-Ca^{2+}-Kanäle** bewirken (Abbildung 30.4, links). Dadurch verlängert sich die Öffnungszeit der Kanäle. Es kommt zum vermehrten Einstrom von Ca^{2+} in die Kardiomyocyten, sodass die Kontraktionskraft des Herzens steigt: Wir sprechen von einem **positiv inotropen Effekt.** Derselbe Signalweg wirkt auch auf das integrale Membranprotein **Phospholamban** 🔖, das in seiner _un_phosphorylierten Form an die **Ca^{2+}-ATPase** des SR bindet und sie hemmt, sodass Ca^{2+} nicht ohne weiteres ins SR zurückgepumpt werden kann. Die Catecholamin-abhängige Phosphorylierung von Phospholamban führt hingegen zur „Enthemmung" der ATPase, sodass sich die Relaxazeiten verkürzen. Catecholamine bewirken also eine kräftigere Kontraktion (positiv inotrop) *und* eine kürzere Kontraktion der Herzventrikel (**positiv chronotrop**). Letztlich kommt es dadurch zur Zunahme des Herzzeitvolumens. Bei Hypertonie, Herzrhythmusstörungen und chronischer Herzinsuffizienz werden gezielt **β-Blocker** eingesetzt, die als **Antagonisten von β₁-Adrenorezeptoren** negativ introp bzw. negativ chronotrop wirken, indem sie die Phosphorylierung von L-Typ-Ca^{2+}-Kanälen unterdrücken (▶Exkurs 28.3). Ebenso wie β-Blocker hemmen **Calciumkanalblocker** wie z.B. Nifedipin (Adalat®), die direkt an die $α_1$-Untereinheit der L-Typ-Kanäle binden, den Ca^{2+}-Einstrom und entlasten dadurch eine geschädigte Herzmuskulatur.

Das **parasympathische Nervensystem** antagonisiert mit seinem Neurotransmitter Acetylcholin die geschilderten Effekte der Catecholamine. Über seine $Gα_i$-gekoppelten M_2-Rezeptoren (▶Tabelle 28.2) hemmt Acetylcholin die Adenylat-Cyclase, senkt den intrazellulären cAMP-Spiegel, mindert die Aktivität von Proteinkinase A und wirkt dadurch negativ inotrop bzw. negativ chronotrop. Auch **Schrittmacheraktivität** und **Reizleitungsgeschwindigkeit** am Herzen werden von Sympathikus und Parasympathikus gegenläufig reguliert: Während Catecholamine über $β_1$-Adrenorezeptoren sowohl L-Typ- als auch HCN-Kanäle der Myocyten von SA-Knoten und atrioventrikulärem AV-Knoten aktivieren und damit eine **Tachykardie** hervorrufen (positiv chronotrop), wirkt Acetylcholin antagonistisch (negativ chronotrop). In diesem Fall aktivieren die **βγ-Untereinheiten** von $Gα_i$ des M_2-Rezeptors unmittelbar **K⁺-Kanäle vom Typ GIRK** (engl. *G protein-activated inwardly rectifying K⁺ channel*) in der Plasmamembran von Schrittmacherzellen, die über den erhöhten Einstrom von K⁺ die Herzfrequenz reduzieren. GIRKs gehören zu den K⁺-Kanälen vom IR-Typ (engl. *inwardly rectifying*), deren Topologie sich deutlich von der spannungsgesteuerter K⁺-Kanäle unterscheidet (Abbildung 30.3, links).

Das Herz pumpt das Blut in das **Gefäßsystem**, das sich in drei Teile gliedert: Verteilungssystem (Arterien), Mikrozirkulation (Kapillaren) sowie Sammelsystem (Venen). Es handelt sich um ein flexibles, sich stark wechselnden Anforderungen anpassendes System höchst unterschiedlicher Gefäßtypen, deren lichte Weite über metabolische, humorale und neuronale Mechanismen gesteuert wird. Dabei wirken **vasoaktive Hormone und Neurotransmitter** konstriktorisch oder dilatierend; zu ihren wichtigsten Vertretern zählen Catecholamine (z.B. Adrenalin), Peptidhormone (Angiotensin-II), Proteine (ANP), Aminoethanole (Acetylcholin), Eikosanoide (Prostacyclin I₂) und Gase (NO), wobei parakrine oft gegenüber endokrinen Mechanismen vorherrschen. Catecholamine haben eine duale Rolle und wirken sowohl kontrahierend als auch relaxierend (▶Tabelle 28.2). Das von sympathischen Nervenendigungen freigesetzte **Noradrenalin** kontrahiert über **G_q-gekoppelte $α_1$-adrenerge Rezeptoren** die glatten Muskelzellen der Gefäße (Abbildung 30.5). Die besetzten $α_1$-Rezeptoren aktivieren Phospholipase Cβ und stimulieren über die IP_3/Ca^{2+}/Calmodulinkaskade letztlich die **MLC-Kinase** (engl. *myosin light chain*), die daraufhin die leichte Kette von Myo-

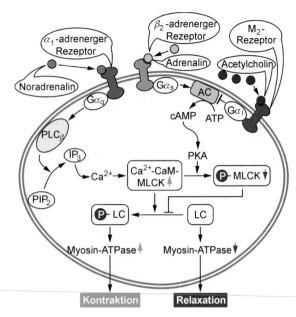

30.5 Vasokonstriktorische und vasodilatatorische Wirkungen von Catecholaminen. Die meisten Gefäße besitzen glattmuskuläre Zellen mit $α_1$-adrenergen Rezeptoren (dominant in Haut und Niere) *und* $β_2$-adrenergen Rezeptoren (dominant in der Muskulatur). MLCK, engl. *myosin light chain kinase* (▶Abschnitt 9.6).

sin phosphoryliert. Im phosphorylierten Zustand kann die leichte Kette die ATPase-Aktivität von Myosin nicht mehr hemmen, sodass es zur verstärkten Actin-Myosin-Interaktion und damit zur **Kontraktion** der glatten Gefäßmuskulatur kommt (▶Abschnitt 9.6). Den gleichen Mechanismus nutzen **Angiotensin-II** und **Endothelin-1**, die über G_q-gekoppelte AT_1- bzw. ET_A-Rezeptoren und Phospholipase Cβ signalisieren. Die Reversibilität dieses Vorgangs wird durch **MLC-Phosphatasen** gesichert, welche die phosphorylierte leichte Kette rasch wieder dephosphorylieren und damit die hemmende Funktion von MLC auf Myosin-ATPase wiederherstellen: Es kommt zur **Relaxation**.

Im Gegensatz zu Noradrenalin wirkt **Adrenalin** aus dem Nebennierenmark bevorzugt über **G_s-gekoppelte $β_2$-adrenerge Rezeptoren** der glatten Gefäßmuskelzellen, die *via* Adenylat-Cylase/cAMP/Proteinkinase A die MLC-Kinase phosphorylieren und damit inaktivieren, sodass nun die unphosphorylierte leichte Kette die Myosin-ATPase-Aktivität hemmt und es damit zur **Relaxation** z.B. von Muskelgefäßen kommt (Abbildung 30.5). Einen analogen Signalweg nehmen **vasoaktives intestinales Peptid** (VIP), **Prostaglandin E₂** und **Prostacyclin PGI₂**, die über ihre **G_s-gekoppelten Rezeptoren** ebenfalls den intrazellulären cAMP-Spiegel anheben. Der parasympathische Neurotransmitter **Acetylcholin** hat ebenso wie seine sympathischen Gegenspieler einen dualen Effekt: Über seine **G_i-gekoppelte M_2-Rezeptoren** kann er auf *Zellen der glatten Muskulatur* einwirken und dabei einen vasokonstriktorischen Effekt entfalten. Dabei sinkt [cAMP]ᵢ, es kommt zur Inaktivierung von Proteinkinase A, einer verminderten Phosphorylierung von MLC-Kinase und letztlich zur Kontraktion der glatten Gefäßmuskulatur (Abbildung 30.5, rechts). Dagegen nimmt Acetylcholin bei seinen vasodilatorischen Effekten einen anderen Signalweg, indem es über seine **G$_q$-gekoppelten M$_3$-Rezeptoren** auf *Endothelzellen* über Phospholipase Cβ, IP$_3$ und Ca^{2+}-Calmodulin die endotheliale **NO-Synthase** aktiviert (▶Abschnitt 27.5). Daraufhin produziert die Synthase vermehrt Stickstoffmonoxid (NO), das in die umliegenden *glatten Muskelzellen* der Gefäße diffundiert und dort über Aktivierung seines intrazellulären Rezeptors, der löslichen Guanylat-Cyclase, rasch [cGMP]$_i$ erhöht (Abbildung 30.6). Die cGMP-abhängige Proteinkinase G phosphoryliert und inaktiviert nun MLC-Kinase, woraufhin die glatte Gefäßmuskulatur relaxiert; der gleiche Effekt wird über Aktivierung von MLC-Phosphatasen erzielt (siehe oben). Den selben Mechanismus nutzen **Bradykinin** und **Histamin**, um über ihre G$_q$-gekoppelten B$_2$- bzw. H$_1$-Rezeptoren auf Endothelzellen vasodilatierend zu wirken.

Neben G-Protein-gekoppelten Rezeptoren spielen Kanäle, Pumpen und Austauscher, die [Ca^{2+}]$_i$ beeinflussen, eine überragende Rolle bei der Regulation des Gefäßtonus; diese Tatsache machen sich zahlreiche Medikamente zunutze. Dabei wirken **Vasokonstriktoren** in der glatten Gefäßmuskulatur praktisch *unisono* über die Erhöhung von [Ca^{2+}]$_i$, Aktivierung von MLC-Kinase und Phosphorylierung der leichten

Myosinketten, während **relaxierende Agenzien** ebenso uniform über eine Senkung von [Ca^{2+}]$_i$ arbeiten. Lediglich die Mechanismen, mit denen die cytosolische Ca^{2+}-Konzentration moduliert wird, unterscheiden sich bei den diversen Effektoren. **Dehnungsgesteuerte Kationen-Kanäle** können zur Vasokonstriktion beitragen, indem sie die Gefäßmuskelzellen depolarisieren, sodass sich sekundär **spannungsgesteuerte Ca^{2+}-Kanäle** öffnen können, die einen raschen Ca^{2+}-Einstrom in die glatte Muskelzelle erlauben und über die erhöhte [Ca^{2+}]$_i$ eine Kontraktion auslösen (Abbildung 30.4). Nach Bindung eines Liganden wie z.B. Adenosin können auch rezeptorgesteuerte **Ca^{2+}-Kanäle vom Typ ROC** (engl. *receptor-operated Ca^{2+} channels*) über vermehrten Ca^{2+}-Einstrom und erhöhte [Ca^{2+}]$_i$ eine Kontraktion auslösen.

Bei der **Vasodilatation** wirken hingegen bevorzugt **spannungsgesteuerte K$^+$-Kanäle**, die nach Depolarisation öffnen und durch K$^+$-Ausstrom zur Repolarisation bzw. **Hyperpolarisation** führen (▶Abschnitt 32.3), was spannungsgesteuerte Ca^{2+}-Kanäle zum Schließen veranlasst. Der verminderte Ca^{2+}-Einstrom senkt dann [Ca^{2+}]$_i$, was wiederum die MLC-Kinase-Aktivität und sekundär die Phosphorylierung der leichten Myosinketten mindert: Es kommt zur Relaxation. **ATP-sensitive K$^+$-Kanäle** (K$_{ATP}$) nutzen ähnliche Mechanismen, indem sie bei sinkender zellulärer Energieladung ihre Schleusen öffnen und die Zelle dadurch hyperpolarisieren, was wiederum zum Schließen von Ca^{2+}-Kanälen führt. Schließlich führt die Aktivierung von **Na$^+$-K$^+$-ATPase** in der Zellmembran zur Absenkung der intrazellulären Na$^+$-Konzentration und damit zur Aktivierung von **Na$^+$-Ca^{2+}-Austauschern**; der daraufhin einsetzende Ausstrom von Ca^{2+} senkt wiederum [Ca^{2+}]$_i$. Einen Spezialfall stellt die beschriebene **Ca^{2+}-ATPase** SERCA im sarcoplasmatischen Reticulum von Muskelzellen dar (Abbildung 30.4), die mit dem inhibitorischen Protein **Phospholamban** assoziiert ist (siehe oben). Die Proteinkinase-A-vermittelte Phosphorylierung von Phospholamban aktiviert SERCA, die daraufhin verstärkt Ca^{2+} ins SR pumpt, dadurch [Ca^{2+}]$_i$ senkt und somit Relaxation und Vasodilatation einleitet.

Vor diesem molekularen Szenario wird verständlich, dass **Antihypertensiva**, die ihre vasodilatierenden, blutdrucksenkenden Wirkungen am *Gefäßsystem* erzielen, je nach Zielprotein Kanalblocker, Kanalöffner, Rezeptorantagonisten, Enzymaktivatoren oder Enzyminhibitoren sein können. Prototypen für die Klasse der **Ca^{2+}-Kanalblocker** (L-Typ) sind 1,4-Dihydropyridine wie z.B. Nifedipin (Adalat®); andere Wirkstoffe sind Verapamil (Isoptin®) und Diltiazem (Dilzem®), die unterschiedliche Bindungsstellen am Ca^{2+}-Kanal besetzen (Abbildung 30.7). Neben ihrer unmittelbar blockierenden Wirkung auf Ca^{2+}-Kanäle besitzen diese Medikamente auch einen inaktivierenden Effekt auf **Ca^{2+}-abhängige Myosin-ATPasen** der Myocyten, sodass sie den ATP-Umsatz und letztlich den Sauerstoffbedarf am Herzen senken – eine durchaus gewünschte Nebenwirkung!

Die zweite große Klasse der Antihypertensiva sind Inhibitoren des Angiotensin-convertierenden Enzyms, kurz **ACE-**

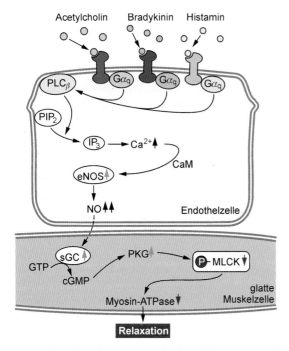

30.6 Vasodilatierende Wirkung von NO. Stickstoffmonoxid ist ein meist parakrin wirkender Signalstoff, der von Endothelzellen in glatte Muskelzellen diffundiert und dort seine relaxierende Wirkung *via* sGC, cGMP und PKG entfaltet. Auch ATP, Thrombin und Endothelin nutzen über ihre spezifischen Rezeptoren diesen Signalweg (nicht gezeigt). CaM, Calmodulin; PKG, Proteinkinase G; PLC, Phospholipase C; sGC, engl. *soluble guanylyl cyclase*.

1,4-Dihydropyridin

H_3C O\O O\O CH_2 CH_3

Nitrendipin

Phenylalkylamin

Verapamil

Benzothiazepin

Diltiazem

30.7 Strukturformeln ausgewählter Ca^{2+}-Kanalblocker. Gezeigt sind Vertreter der wichtigsten Substanzklassen: 1,4-Dihydropyridine (Nitrendipin), Phenylalkylamine (Verapamil) und Benzothiazepine (Diltiazem).

Captopril   Ramipril

30.8 Struktur ausgewählter ACE-Inhibitoren. Captopril ist der Prototyp dieser Substanzklasse. Die aktive Form von Ramipril entsteht erst im Organismus durch Hydrolyse der Esterbindung (Pfeilkopf). Es handelt sich um kompetitive Inhibitoren, die über drei Kontaktpunkte – Zn^{2+}-Ion, positiv geladene Seitenkette, hydrophobe Tasche – an das aktive Zentrum des Enzyms binden (nicht gezeigt).

Inhibitoren, zu denen die „klassische" Substanz Captopril (Tensobon®) sowie neuere Wirkstoffe wie Ramipril (Delix®) gehören. Ramipril stellt eine inaktive Vorstufe (engl. *prodrug*) dar, die erst nach Hydrolyse ihrer Estergruppe in die Wirkform Ramiprilat übergeht (Abbildung 30.8). ACE-Inhibitoren unterdrücken die proteolytische Spaltung von Angiotensin-I zu Angiotensin-II (Abbildung 30.11) und damit die Bildung einer potenten vasokonstriktorischen Substanz. Da ACE auch Kinine wie z. B. Bradykinin und Kallidin rasch abbaut, wirken ACE-Inhibitoren auch indirekt über den verzögerten Abbau dieser vasodilatierenden Hormone. Neben ihrem ausgeprägten blutdrucksenkenden Effekt haben ACE-Inhibitoren eine lange Wirkdauer, da sie mit hoher Affinität an ihr Zielenzym ACE binden. Eine dritte Gruppe von Antihypertensiva unterdrückt als **Antagonisten von AT$_1$-Rezeptoren** die zellulären Effekte von Angiotensin-II. Zu den Prototypen von AT$_1$-Blockern zählt Losartan (Lorzaar®). Beispiel für einen **Enzymaktivator** ist die NO-freisetzende Substanz Nitroprussidnatrium (Nipruss®), welche lösliche Guanylat-

Cyclase im Cytosol *via* NO aktiviert. Minoxidil (Lonolox®) ist der Prototyp der **K$^+$-Kanalöffner**; allerdings ist der therapeutische Einsatz dieser Substanzen auf ausgewählte Indikationen beschränkt. Blutdrucksteigernde Mittel wie z. B. Etilefrin (Effortil®) sind Noradrenalin-Abkömmlinge und binden sowohl an α_1-Rezeptoren (Vasokonstriktion) als auch an β_1-Rezeptoren (positive Chronotropie am Herzen); sie werden als **Sympathomimetika** bezeichnet.

Die zentrale Rolle der **Niere** bei der Regulation des Wasser- und Elektrolythaushalts macht sie zum geeigneten Zielorgan für eine antihypertensive Therapie mittels Diuretika. Wir werden diesen Aspekt bei der nun folgenden Betrachtung der molekularen Mechanismen der renalen Funktionen wieder aufgreifen (Abschnitt 30.2).

30.2

Wasser- und Elektrolythaushalt werden hormonell orchestriert

Zentrale Organe für die Aufrechterhaltung der Homöostase von Wasser, Elektrolyten und Säure-Basen beim Säugetier sind die **Nieren**. Sie sorgen für die Ausscheidung von harnpflichtigen Stoffwechselprodukten und Fremdstoffen bei gleichzeitiger Retention von Blutzellen und Plasmaproteinen sowie Rückresorption metabolischer Grundbausteine. Sie regeln die Ausscheidung von **Wasser** und **Elektrolyten** und halten extrazelluläres Flüssigkeitsvolumen, Osmolarität und Ionenkonzentration konstant. Darüber hinaus tragen sie zur Kontrolle des **Säure-Basen-Haushalts** bei und sichern einen konstanten pH-Wert des zirkulierenden Bluts. Schließlich nehmen die Nieren aktiv an Blutdruckregulation, Hämatopoese und Ca^{2+}-**Phosphat-Stoffwechsel** teil und sind selbst zur **Gluconeogenese** (▶ Abschnitt 43.1) befähigt. Wir wollen hier die hormonelle Orchestrierung dieser exkretorischen, metabolischen und endokrinen Funktionen betrachten und molekulare Mechanismen erörtern, welche die Nieren zu diesem erstaunlichen Leistungsspektrum befähigen.

Wir beginnen mit der Regulation von Volumen und Osmolarität des Bluts und der extrazellulären Flüssigkeit

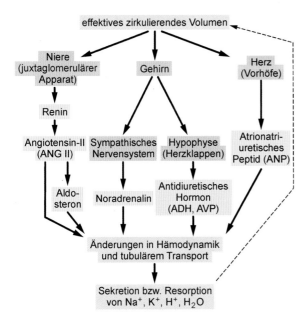

30.9 Regulation von Volumen und Osmolarität des Bluts und der extrazellulären Flüssigkeit. Hypothalamus mit Neurohypophyse sowie Herz, Niere und Nebenniere übernehmen die ausgeklügelte Steuerung. Ihre wichtigsten Effektoren dabei sind ADH, ANP, Angiotensin-II und Aldosteron (▶Tafeln C5–C8). Details siehe Text.

(Abbildung 30.9). Die zentrale Schaltstation dafür liegt im **Hypothalamus**, der über lokale Osmosensoren und Volumen- rezeptoren im rechten Vorhof des Herzens Informationen über den aktuellen Status von Volumen und Osmolarität der extrazellulären Flüssigkeiten erhält. Die Steuerung überneh- men hauptsächlich vier Effektorsysteme: (i) das **antidiureti- sche Hormon (ADH)** aus der *Hypophyse* bewirkt die renale Rückresorption („Retention") von Na$^+$ und Wasser; (ii) das **Renin-Angiotensin-Aldosteron-System (RAAS)** von *Niere* und *Nebennierenrinde* führt zur Retention von Na$^+$ und zur Se- kretion von K$^+$ durch die Niere; (iii) das **atrionatriuretische Peptid (ANP)** wird in den *Herzvorhöfen* gebildet und befördert die renale Na$^+$-Ausscheidung; und (iv) das **sympathische Ner- vensystem** steigert *via* **Noradrenalin** die Na$^+$-Retention in der Niere.

Antidiuretisches Hormon (ADH) ^{⌐⎚} – auch **Arginin-Vasopres- sin (AVP)** genannt – ist ein Nonapeptid, das als **Präproneuro- physin** von Kernen des Hypothalamus synthetisiert und durch limitierte Proteolyse zusammen mit Neurophysin-II und einem Glykopeptid aus dieser Vorstufe freigesetzt wird. ADH wird durch eine interne Disulfidbrücke sowie eine C- terminale Carboxamidgruppe stabilisiert (▶Tafel C3), in Gra- nula verpackt und über axonalen Transport in die **Neurohy- pophyse** transportiert. Sobald Osmorezeptoren in ventrikel- nahen Regionen des Gehirns eine vermehrte Osmolarität im Blutplasma registrieren oder Volumenrezeptoren an den herznahen Hohlvenen oder Vorhöfen ein abnehmendes zir- kulierendes Volumen sondieren, senden sie Signale an die Neurohypophyse, die daraufhin ADH ins Blut entlässt. Ziel- organ für ADH ist die Niere, wo es an **Gα$_s$-gekoppelte V$_2$-Re-**

zeptoren auf der basolateralen Seite von Hauptzellen der Sammelrohre bindet. Die Stimulation von Adenylat-Cyclase führt zum Anstieg des intrazellulären cAMP-Spiegels und zur Aktivierung von Proteinkinase A, die – über noch nicht vollständig verstandene Zwischenschritte – **Aquaporin-2 (AQP2)** phosphoryliert (Abbildung 30.10). AQP2 ist in großer Stückzahl in cytoplasmatischen Vesikeln gespeichert, die da- raufhin an die *apikale* (*luminale*) Membran translozieren und mit dieser verschmelzen (▶Abschnitt 19.9). Dadurch wird massenhaft AQP2 an der luminalen Seite der Hauptzel- len exponiert, durch die nun Wasser einströmen kann. Diese membranassoziierten Aquaporine aggregieren zu makromo- lekularen Komplexen („Aggregophoren"), deren präzise Funktion noch unklar ist. Aquaporine sind integrale Mem- branproteine mit sechs Transmembranhelices, die einen en- gen Kanal bilden, der ca. 10^6 Moleküle H$_2$O pro Sekunde durchlässt! Dabei ist die **Selektivität** der Aquaporine beacht- lich: Eine Anhäufung positiver Ladungen im Zentrum des Kanals verhindert effektiv den Durchtritt von H$^+$; auch an- dere Ionen wie Na$^+$ und K$^+$ können nicht passieren.

Aktivierte Proteinkinase A hat noch einen zweiten Effekt: Nach Translokation in den Zellkern phosphoryliert sie dort den Transkriptionsfaktor **CREB** (▶Abschnitt 20.4), der wie- derum die Expression des AQP2-Gens ankurbelt. Beide Ef- fekte – kurzfristig Translokation und mittel- bis langfristig vermehrte Expression – führen zur dichten Besetzung der apikalen Seite der Epithelzellen mit AQP2. In Abwesenheit von ADH werden die Porine durch Endocytose interna-

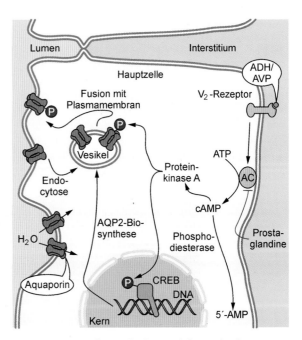

30.10 ADH-Wirkung auf Hauptzellen der Sammelrohre. Details siehe Text. Prosta- glandine wirken durch Hemmung von Adenylat-Cyclase antagonistisch zu ADH. Die lumenabgewandten, *basolateralen* Membranen der Hauptzellen tragen Aquaporine vom Typ AQP3 und AQP4 (nicht gezeigt), die den Wasserdurchtritt auf der interstiti- ellen Seite vermitteln; anders als AQP2 sprechen diese *nicht* auf ADH an. [AN]

lisiert und stehen dann für eine nächste Runde der Translokation zur Verfügung. *Gemeinsam mit den Aquaporinen AQP3 und AQP4 auf der basolateralen Seite der Hauptzellen erhöht ADH damit die Wasserpermeabilität in allen distalen Nephronabschnitten um den Faktor 10 bis 20.* Der vermehrte Wasserfluss aus dem Harn ins Interstitium führt letztlich zur Zunahme des effektiven zirkulierenden Volumens. Mutationen im AQP2-Gen können zum **Diabetes insipidus** führen (Exkurs 30.1). ADH besitzt auch direkte vaskuläre Effekte, die über G_q-gekoppelte V_1-Rezeptoren auf glatter Gefäßmuskulatur vermittelt werden; durch Erhöhung der intrazellulären Ca^{2+}-Konzentration bewirkt ADH damit eine Vasokonstriktion und Blutdruckerhöhung (▶Abbildung 30.5). Schließlich steigert ADH die Harnstoffresorption, indem es in den medullären Sammelrohrabschnitten den Harnstofftransporter UT1 (engl. *urea transporter*) via $G\alpha_s$/cAMP/PKA stimuliert und damit den transzellulären Transport von Harnstoff aus dem Harn in die Niere beschleunigt.

 ## Exkurs 30.1: Diabetes insipidus

Diabetes insipidus kann erworben oder selten ererbt sein und kommt durch unzureichende renale Rückresorption von Wasser zustande. Betroffene leiden an Polyurie (vermehrter Harnfluss) und Polydipsie (Flüssigkeitsaufnahme bis zu 20 l/d). Bei der zentralen Form des D. insipidus kommt es aufgrund von Schädigungen des Hypothalamus oder der Hypophyse zum ADH-Mangel, während bei der selteneren renalen Form eine „Endorganresistenz" vorliegt, die durch Gendefekte von V_2-Rezeptor oder AQP2 zustande kommt. Dabei ist der Transport von neu synthetisiertem V_2-Rezeptor vom ER zur apikalen Membran der Sammelrohre oder das intrazelluläre *targeting* von AQP2 gestört. Die Diagnose erfolgt anhand einer stark erniedrigten Urinosmolarität. Bei mangelnder Kompensation entwickelt sich eine Hypernatriämie, die mit Thiaziddiuretika zur Hemmung der renalen NaCl-Resorption behandelt wird (renale Form). Bei der zentralen Form ist das Vasopressin-Analogon Desmopressin (1-Desamino-8-D-Arginin-Vasopressin; DDAVP) wirksam. – Alkohol (Ethanol) hemmt die ADH-Sekretion und führt bei erhöhtem Genuss zu temporärer Polyurie („Bier treibt"). Der Flüssigkeitsverlust führt zu Kopfschmerz und „Nachdurst" (▶Exkurs 50.4).

Das **Renin-Angiotensin-Aldosteron-System (RAAS)** ist ein weiterer bedeutender Regulator von Volumen und Osmolarität.

Bei Hypovolämie bzw. Hypotonie schütten granuläre Zellen im *juxtaglomerulären Apparat* der Niere die Aspartatprotease **Renin** aus, die aus der in der *Leber* gebildeten hochmolekularen Vorstufe **Angiotensinogen** das Dekapeptid **Angiotensin-I** freisetzt (Abbildung 30.11). Daraus erzeugt die Peptidase **Angiotensin-convertierendes Enzym** (ACE), die auf Endothelien – insbesondere von Niere und Lunge – vorkommt, das biologisch aktive Octapeptid **Angiotensin-II** (▶Tafel C3). Angiotensin-II ist ein pluripotentes Hormon, das vor allem über G_q-gekoppelte AT_1-Rezeptoren wirkt; die physiologische(n) Rolle(n) von AT_2-Rezeptoren ist/sind hingegen noch unklar. Angiotensin-II erhöht den Blutdruck durch Vasokonstriktion; in der *Niere* bewirkt es Na^+-Retention über die Aktivierung von Na^+-H^+-Austauschern. In der *Nebennierenrinde* stimuliert es die Expression von Aldosteron-Synthase und damit die Produktion des zugehörigen Mineralcorticoids; über den *Hypothalamus* stimuliert es die Sekretion von ADH. Allgemein stimuliert Angiotensin-II das Wachstum und die Proliferation von Zellen und wirkt als Mediator bei Entzündungen.

Der terminale Effektor des Reninsystems ist **Aldosteron** ⌐, ein Mineralcorticoid, das in den Zellen der *Zona glomerulosa* der Nebennierenrinde aus Progesteron hervorgeht (▶Abbildung 46.22) und zu den lipophilen Hormonen zählt, die ihre Wirkungen über intrazelluläre Rezeptoren entfalten. Seine Biosynthese wird durch Angiotensin-II, eine erhöhte extrazelluläre K^+-Konzentration (Hyperkaliämie) bzw. Noradrenalin aus sympathischen Nervenendigungen, aber auch durch ACTH (siehe unten) stimuliert. Aldosteron wirkt im Komplex mit dem **Mineralcorticoidrezeptor** auf die Expression der Epithelzellen von **distalen Tubuli** und **Sammelrohren** ein und zeigt dabei eine bimodale Wirkweise. In der Frühphase (ca. 30 min) stimuliert es die Expression von **SGK** (engl. *serum- and glucocorticoid-inducible kinase*), welche die E3-Ligase Nedd4-2 phosphoryliert und damit inaktiviert (▶Abschnitt 19.11). Dadurch wird der konstitutive Ubiquitin-vermittelte Abbau von **ENaC-Kanälen** (engl. *epithelial Na^+ channels*) und **K^+-Kanälen** in der luminalen Membran bzw. von **Na^+-K^+-ATPase** in der basolateralen Membran wirkungsvoll unterdrückt, sodass mehr Kapazität zur Na^+-Resorption anfällt (Abbildung 30.12). In der Spätphase (nach mehreren Stunden) verstärkt Aldosteron die Expression der beiden Kanäle sowie der Na^+-K^+-Pumpe und dreht gleichzeitig die Expression kerncodierter Untereinheiten mitochondrialer Enzyme hoch, die das notwendige ATP für die Pumpe liefern. *Nettoeffekt all dieser*

Angiotensinogen NH_3^+— Asp-Arg-Val-Tyr-Ile-His-Pro-Phe-His-Leu-Val•••Polypeptid
(452 aa)

↓ **Renin**

Angiotensin-I NH_3^+— Asp-Arg-Val-Tyr-Ile-His-Pro-Phe-His-Leu — COO^-
(10 aa)

↓ **ACE**

Angiotensin-II NH_3^+— Asp-Arg-Val-Tyr-Ile-His-Pro-Phe — COO^-
(8 aa)

30.11 Erzeugung von Angiotensin-II. Sympathikusreizung über Noradrenalin und β-adrenerge Rezeptoren sowie Blutdruckabfall stimulieren die Synthese und Ausschüttung von aktivem Renin aus den granulären Zellen der afferenten Arteriolen des juxtaglomerulären Apparats, das aus Angiotensinogen inaktives Angiotensin-I abspaltet. Eine Carboxypeptidase setzt daraus Angiotensin-II frei, das wiederum die Reninausschüttung inhibiert. aa, Aminosäuren.

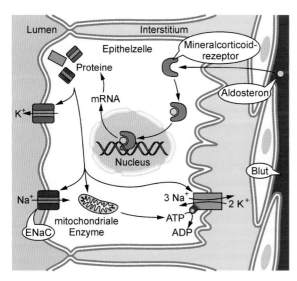

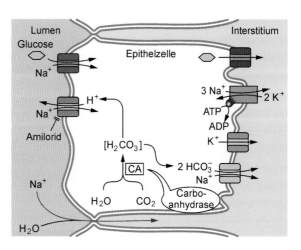

30.12 Wirkung von Aldosteron auf die Epithelzellen der Sammelrohre. Auf humoralem Wege angeliefertes Aldosteron bindet mit dem Mineralcorticoidrezeptor (syn. Aldosteron-R.) an die responsiven Elemente seiner Zielgene, die u. a. ENaC, Na$^+$-K$^+$-ATPase sowie mitochondriale Enzyme umfassen. Die verstärkte Na$^+$-Retention geht mit einer vermehrten Sekretion von K$^+$ und H$^+$ einher. [AN]

30.13 Mechanismen der Na$^+$-Rückresorption im proximalen Tubulus. Apikal arbeiten Na$^+$-Glucose-Symporter sowie Na$^+$-H$^+$-Antiporter, während basolateral Na$^+$-K$^+$-ATPasen, Na$^+$-HCO$_3^-$-Symporter sowie K$^+$-Kanäle im Konzert arbeiten. Der parazelluläre (Rück)Fluss von Na$^+$ kann auch lumenwärts erfolgen (nicht gezeigt). CA, Carboanhydrase. Der Reaktionsmechanismus von CA ist hier vereinfacht dargestellt. Tatsächlich bildet eine OH$^-$-Gruppe in ihrem aktiven Zentrum mit CO$_2$ ein HCO$_3^-$-Addukt, das hydrolytisch zu H$^+$ und HCO$_3^-$ reagiert; dabei wird OH$^-$ im aktiven Zentrum regeneriert. [AN]

*Mechanismen ist eine gesteigerte **Na$^+$-Retention**, da vermehrt Na$^+$ aus dem Lumen ins Cytoplasma der Epithelzellen aufgenommen und von dort aus ins Interstitium und weiter ins Blut transportiert wird.* Der „Preis" dafür ist eine gesteigerte K$^+$-Sekretion, da auch die Expression von basolateralen K$^+$-Kanälen hochreguliert wird (siehe unten).

Die Hauptlast der Na$^+$-Retention schultern die **proximalen Tubuli**: Hier finden ca. 66 % der **Na$^+$-Rückresorption** statt. Molekulare Vermittler dieses Prozesses sind neben **Na$^+$-K$^+$-ATPase** ein **Na$^+$-HCO$_3^-$-Symporter** auf der basolateralen Seite, der Bicarbonat zusammen mit Na$^+$ aus der Epithelzelle schleust, sowie **K$^+$-Kanäle**, die den Export von K$^+$ bewältigen (Abbildung 30.13). Den nötigen Nachschub an HCO$_3^-$ liefert die cytosolische **Carboanhydrase**. Pumpe und Symporter schleusen massenhaft Na$^+$ aus der Epithelzelle ins Interstitium und erzeugen dabei einen steilen Na$^+$-Gradienten über der apikalen Membran, der den Transport von Glucose, aber auch von Aminosäuren, Chlorid, Phosphat und Stoffwechselprodukten wie z.B. Carbonsäuren antreibt. Im Fall der Glucose übernimmt ein apikaler **Na$^+$-Glucose-Symporter** diese Aufgabe, während ein **Na$^+$-H$^+$-Antiporter** (NHE-3, engl. *Na$^+$-H$^+$ exchanger*) die bei der Carboanhydrase-Reaktion erzeugten Protonen ins Lumen abgibt. Weiter distal im Sammelrohr wird Na$^+$ über ENaC-Kanäle resorbiert, die vom Diuretikum **Amilorid** (Diursan®) gehemmt werden (▶Abbildung 31.8). Der gerichtete, von Aldosteron regulierte transzelluläre Na$^+$-Strom wird ergänzt durch den parazellulären Strom von Na$^+$, Cl$^-$ und – dem osmotischen Gradienten folgend – von Wasser, sodass ein Nettotransport von NaCl und H$_2$O aus dem tubulären Lumen ins Interstitium und letztlich ins Blut erfolgt.

Ein primärer **Hyperaldosteronismus** ⬥ (Conn-Syndrom) entsteht durch Adenom, Karzinom oder Hyperplasie der Nebennierenrinde(n) und geht mit einer hypokaliämischen Hypertonie infolge exzessiv gesteigerter Na$^+$-Retention bei gleichzeitiger K$^+$-Exkretion einher (Exkurs 30.2). Das Diure-

---

Exkurs 30.2: Renale Resorption und Sekretion von K$^+$ und Cl$^-$

Glomerulär filtrierte **Kaliumionen** (K$^+$) werden hauptsächlich im *proximalen Tubulus* rückresorbiert (ca. 80 %): Zusammen mit Wasser, das dem osmotischen Gradienten folgt, diffundiert K$^+$ aus dem Primärharn durch *tight junctions* in den interstitiellen Raum (engl. *solvent drag*). Im *aufsteigenden Teil der Henle-Schleife* existiert neben dieser parazellulären Route ein sekundär aktiver, transzellulärer K$^+$-Transport, den der **Na$^+$-K$^+$-Cl$^-$-Cotransporter NKCC2** auf der luminalen Seite vermittelt. Der steile Na$^+$-Gradient, den die primär aktive **Na$^+$-K$^+$-ATPase** auf der basolateralen Seite erzeugt, treibt den NKCC2-Transporter an, der das Ziel von **Schleifendiuretika** wie z. B. Furosemid (Lasix®) ist. Auf der basolateralen Seite verlässt importiertes K$^+$ die Epithelzellen wieder über **K$^+$-Kanäle**. Aldosteron und Glucocorticoide fördern die renale K$^+$-Ausscheidung (siehe Conn-Syndrom). **Chlorid** wird größtenteils mit Na$^+$ und Wasser rückresorbiert, wobei der parazelluläre Weg im proximalen Tubulus dominiert. Die transzelluläre Cl$^-$-Resorption bewältigen luminale **Cl$^-$-OH$^-$**- bzw. **Cl$^-$-HCO$_3^-$-Austauscher**; in distalen Nephronabschnitten übernehmen **Na$^+$-Cl$^-$-Cotransporter** bzw. NKCC2 (siehe oben) diese Aufgabe. Auf der basolateralen Seite verlässt Cl$^-$ über **Cl$^-$-Kanäle** und **K$^+$Cl$^-$-Cotransporter**, die wiederum an primär aktive **Na$^+$-K$^+$-ATPase** gekoppelt sind, die Epithelzellen in Richtung Interstitium. Netto erfolgt also eine Resorption von NaCl, KCl und H$_2$O.

tikum **Spironolacton** (Aldactone®) ist ein kompetitiver Antagonist von Aldosteron am Mineralcorticoidrezeptor, der mit einer Latenzzeit von einigen Stunden die Expression von Na^+-K^+-ATPase, ENaC und K^+-Kanälen in den Tubuli unterdrückt.

Cortisol, das ebenfalls in der Nebennierenrinde entsteht, bindet neben „seinem" **Glucocorticoidrezeptor** auch mit hoher Affinität an den Mineralcorticoidrezeptor. Da Cortisol im hohen molaren Überschuss gegenüber Aldosteron vorliegt und somit Mineralcorticoid-ähnliche Wirkungen erzielen kann, exprimieren die Epithelzellen der Sammelrohre **11β-Hydroxysteroid-Dehydrogenase**, die Cortisol zum inaktiven **Cortison** oxidiert, ohne gleichzeitig Aldosteron zu metabolisieren. Dadurch wird der Mineralcorticoidrezeptor praktisch nur durch den „genuinen" Liganden Aldosteron besetzt: *Die fehlende Spezifität des Rezeptors wird durch den Abbau des kreuzreagierenden Liganden Cortisol kompensiert.* Neben Angiotensin-II und dem extrazellulären K^+-Spiegel (siehe oben) trägt auch der **hypothalamisch-hypophysär-adrenocorticale Regelkreis** zur Kontrolle der Aldosteronbiosynthese und -sekretion bei (Exkurs 30.3).

Atrionatriuretisches Peptid (ANP; syn. Atriopeptin) ist der dritte wichtige Regulator von Wasser- und Elektrolythaushalt ◌. Das Peptidhormon wird im Vorhof (Atrium) des Herzens gebildet und in Vesikeln gespeichert. Dehnungsreize bei Hypervolämie aktivieren **mechanosensitive Rezeptoren** in myoendokrinen Zellen des Atriums, die über noch unvollständig verstandene Mechanismen eine Erhöhung der intrazellulären Ca^{2+}-Konzentration bewirken und damit die Exocytose der ANP-haltigen Speichervesikel einleiten. ANP fördert die Na^+- und Wasserausscheidung vor allem in den medullären Sammelrohren; indirekt hemmt ANP auch die Freisetzung von Renin, Aldosteron und ADH und wird dadurch zum wichtigsten Gegenspieler der Renin-Angiotensin-Aldosteron-Achse und des antidiuretischen Systems. ANP bindet auf der Oberfläche von Zielzellen an homodimere **ANP-Rezeptoren** (Subtyp GC-A; ▶Abschnitt 29.6), die nach Stimulation mit ihrer endogenen Guanylyl-Cyclase-Aktivität die intrazelluläre **cGMP**-Konzentration erhöhen und dadurch cGMP-abhängige Kinasen, Phosphatasen und Kanäle aktivieren (▶Abschnitt 27.5). Die molekularen Wirkmechanismen von ANP sind noch nicht vollständig verstanden; wahrscheinlich phosphoryliert **Proteinkinase G** die Na^+-K^+-ATPase sowie Na^+-H^+-Austauscher der Epithelzellen in den proximalen Tubuli; dadurch wird die Rückresorption von Na^+ und indirekt auch die von Wasser gedrosselt.

✏ Exkurs 30.3: Hypothalamisch-hypophysär-adrenocortikaler Regelkreis

Die Synthese von Mineral- und Glucocorticoiden sowie Androgenen in den drei Hauptschichten der *Nebennierenrinde* steht unter Kontrolle des Nucleus paraventricularis im *Hypothalamus*, der in Stresssituationen das glandotrope Hormon **CRH** (engl. *corticotropin releasing hormone*) ausschüttet. CRH gelangt über die Gefäße des portalen Venenplexus an G_s-gekoppelte **CRH-Rezeptoren** auf corticotropen Zellen der *Adenohypophyse* (Abbildung 30.14). Über Erhöhung des cAMP-Spiegels, Aktivierung von Proteinkinase A sowie Phosphorylierung und Aktivierung von Ca^{2+}-Kanälen (L-Typ) kommt es zur Ausschüttung von Vesikeln, die **a**drenocorticotropes **H**ormon **ACTH** (syn. Corticotropin) enthalten; verzögert erfolgt auch die vermehrte Expression der ACTH-Vorstufe Prä-POMC (▶Abschnitt 27.6). Über den Blutstrom flutet ACTH an den Zielzellen in der *Nebennierenrinde* an und bindet dort an G_s-gekoppelte **Melanocortinrezeptoren** (Typ MC_2), die über cAMP/Proteinkinase A die Expression von Enzymen der Corticoidbiosynthese wie z.B. 20,22-Desmolase stimulieren und die Aktivität von Cytochrom-P450-abhängigen Hydroxylasen erhöhen (▶Exkurs 46.5). Über **negative Rückkopplung** hemmt Cortisol die Biosynthese und Freisetzung von CRH bzw. ACTH. Eine ektopische Produktion von ACTH wie z.B. beim kleinzelligen Lungenkarzinom führt zur Hyperplasie der Nebennierenrinde mit **Hypercortisolismus** (Morbus Cushing). Eine Nebenniereninsuffizienz mit reaktiver Überproduktion von ACTH (Morbus Addison) äußert sich in Hyperpigmentation durch exzessive Bildung von MSH (▶Abbildung 27.18), Hypotonie und Hypoglykämie.

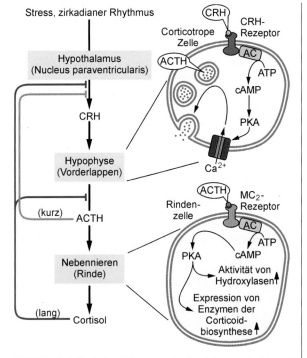

30.14 Regelkreis für die Steroidbiosynthese. Der Hypothalamus synthetisiert und sezerniert CRH, das über Portalvenen an die Adenohypophyse gelangt und dort über CRH-Rezeptoren die Ausschüttung von ACTH bewirkt. Über den Blutweg gelangt ACTH an seine Zielzellen in der Nebennierenrinde und stimuliert dort die Biosynthese von Cortisol, Aldosteron und Androgenen. ACTH hemmt über eine „kurze" Rückkopplungsschleife die CRH-Sekretion; über eine „lange" Schleife hemmt Cortisol die Biosynthese von CRH bzw. ACTH. Zirkadiane Rhythmen überlagern diesen Regelkreis (nicht gezeigt).

ANP hat auch direkte hämodynamische Effekte: Es bindet an seine Rezeptoren auf den glatten Muskelzellen der Gefäße. Über die Erhöhung des cGMP-Spiegels löst es eine Vasodilatation in afferenten und efferenten Arteriolen aus (Abbildung 30.6), vermehrt dadurch den Blutfluss in cortikalen und medullären Gefäßen der Niere und erhöht die glomeruläre Filtrationsrate (GFR). Nettoeffekte dieser ANP-Wirkungen sind **Diurese** und **Natriurese**. Das sympathische Nervensystem wirkt als Antagonist, indem es den renalen vaskulären Widerstand erhöht, die GFR senkt und damit die tubuläre Resorption von Na^+ erhöht; ähnlich wirkt auch Angiotensin-II. Den Abbau natriuretischer Peptide übernimmt vor allem **neutrale Endopeptidase** NEP24.11 im Blutgefäßsystem. Alternativ „entsorgt" ein ***Clearance*-Rezeptor** (Typ GC-C), der *keine* Cyclase-Aktivität besitzt, das Hormon über Endocytose und lysosomalen Abbau. Neben ANP gehören zur Familie der natriuretischen Peptide auch **BNP** (engl. *B-type natriuretic peptide*) sowie **CNP** (engl. *C-type natriuretic peptide*), die über ähnliche Mechanismen wirken wie ANP, allerdings auch von anderen Organen als dem Herz gebildet werden.

Mit Ca^{2+}-Kanalblockern, ACE-Inhibitoren und AT_1-Rezeptoren-Antagonisten haben wir bereits wichtige Klassen von **Antihypertensiva** kennen gelernt (Abschnitt 30.1). Dazu gehören auch **Diuretika**, die als Rezeptorantagonisten, Enzyminhibitoren oder Transporterhemmstoffe ihre Zielproteine in verschiedenen Abschnitten des Nephrons angreifen. *Gemeinsamer Wirkmechanismus ist eine vermehrte Na^+-Ausscheidung (Natriurese) mit einer erhöhten Wasserausscheidung (Diurese); dadurch reduzieren Diuretika das extrazelluläre Flüssigkeitsvolumen und entlasten den Kreislauf.* **Thiazide** und Thiazidanaloga, zu denen Hydrochlorthiazid (Esidrix®) sowie Chlortalidon (Hygroton®) gehören, greifen an den *Tubuli des distalen Konvoluts* an und hemmen dort **Na^+-Cl^--Cotransporter**. Sie verhindern damit eine Rückresorption von Na^+- und Cl^--Ionen und erzeugen einen osmotischen Gradienten, der sekundär den Wasserrückstrom aus dem tubulären Lumen reduziert, was zu erhöhter Harnausscheidung führt. **Schleifendiuretika** wie z.B. Furosemid (Lasix®) hemmen im dicken *aufsteigenden Teil der Henle-Schleife* luminale **Na^+-K^+-Cl^--Cotransporter**. Damit fördern sie die renale Ausscheidung von Na^+-, K^+- und Cl^--Ionen; Wasser folgt wiederum passiv. An *Sammelrohren* angreifende Diuretika wie Spironolacton (Aldactone®) sind kompetitive **Antagonisten von Aldosteron**, welche die Expression von Na^+-K^+-ATPase und Na^+-Kanälen unterdrücken (Abbildung 30.15). Folge ist eine verringerte Na^+-Resorption aus dem Lumen bei gleichzeitig verminderter K^+-Ausscheidung: Man spricht von „K^+-sparenden" Diuretika.

Prototyp **K^+-sparender Diuretika** ist das Cycloamidin Amilorid (Diursan®). Es wirkt auf **epitheliale Na^+-Kanäle** vom **ENaC**-Typ in den *Sammelrohren* ein und reduziert dort den Na^+-Fluss. Die diversen Typen von K^+-sparenden Diuretika werden meist in Kombination mit Thiaziden und Schleifendiuretika gegeben.

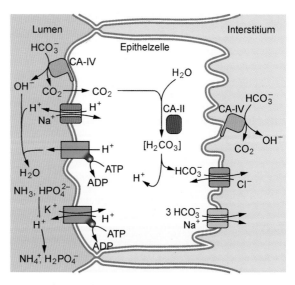

30.15 Molekulare Mimikry von Aldosteron durch Spironolacton. Aufgrund ihrer ähnlichen Struktur binden 17-Spironolacton-Steroide an den Aldosteronrezeptor (syn. Mineralcorticoidrezeptor) und verdrängen den natürlichen Liganden. Es handelt sich also um kompetitive Antagonisten, welche die biologische Wirkung von Aldosteron konterkarieren.

Damit haben wir nun die wichtigsten Systeme zur Regulation von Volumen (Ausscheidung von Na^+) und Osmolarität (Ausscheidung von H_2O) der extrazellulären Flüssigkeit kennen gelernt, die beide von der Niere ausgeführt werden. Dagegen wird der **Säure-Basen-Haushalt** des Körpers im Wesentlichen durch drei Organe – neben der Niere auch durch Lunge und Darm – reguliert. Wir wollen an dieser Stelle ausschließlich die **Rolle der Niere** bei der Ausscheidung von Protonen und der Rückresorption von Bicarbonat näher beleuchten. Die **renale H^+-Ausscheidung** dient vor allem der Neutralisierung von metabolischen Produkten wie z.B. Hydrogencarbonat, Hydrogenphosphat und NH_3. Die Hauptlast der H^+-Exkretion über weite Strecken des Nephrons bewältigen **Na^+-H^+-Austauscher** vom Typ NHE-3 (Abbildung 30.16). Reversible Phosphorylierung reguliert die Aktivität dieser Kationenaustauscher.

30.16 Renale H^+-Ausscheidung. Vereinfachend sind hier alle Pumpen, Transporter und Kanäle zusammengefasst, die in unterschiedlichen Abschnitten des Nephrons zur H^+-Ausscheidung beitragen. Cytoplasmatische Carboanhydrase II (CAII) erzeugt den Großteil an H^+ bzw. HCO_3^-; extrazellulär übernimmt Carboanhydrase IV (CAIV) diesen Part. Die Carboanhydrasen-Familie umfasst mindestens 16 Mitglieder. Ein Mangel an CAII führt zu renaler tubulärer Acidose, Osteopetrose und mentaler Retardierung.

Der Austauscher gibt apikal H^+ ab und nimmt Na^+ im elektroneutralen Austausch auf. Den Antrieb dafür liefert ein steiler Na^+-Gradient über die luminale Membran, den die basolaterale Na^+-K^+-ATPase sicherstellt. **ATP-abhängige H^+-Pumpen** sind vor allem in den Sammelrohren, aber auch in den proximalen Tubuli des Nephrons aktiv. Sie pumpen Protonen unter ATP-Verbrauch aus den Epithelzellen gegen einen ca. 10^3fachen H^+-Überschuss ins Lumen und sind daher elektrogen. Außerdem arbeiten elektroneutrale **H^+-K^+-ATPasen** in den Sammelrohren und tauschen unter Energieverbrauch luminales K^+ gegen cytosolisches H^+ aus. Im tubulären Lumen übernehmen Hydroxyl- und Hydrogenphosphationen die Protonen unter Bildung von Wasser bzw. Dihydrogenphosphat. Da der Großteil der Protonen bei der Carboanhydrase-Reaktion entsteht, wird das dabei gebildete Bicarbonat basolateral über **HCO_3^--Cl^--Austauscher** bzw. **Na^+-HCO_3^--Cotransporter** ins Interstitium exportiert. Mit diesen unterschiedlichen Mechanismen stellt die Niere eine effektive Exkretion von Protonen und damit eine Ansäuerung des Harns sicher. Prinzipiell kann die Niere über eine „reziproke" Anordnung der Transporter in den Schaltzellen auch H^+ resorbieren.

Die **Rückresorption von Bicarbonat** ist die zweite Hauptaufgabe der Niere bei der Aufrechterhaltung des Säure-Basen-Haushalts: Dabei werden mehr als 99,9 % des primär gefilterten Bicarbonats wieder rückresorbiert. Luminal übernimmt **GPI-verankerte Carboanhydrase IV** die Aufgabe, filtriertes Bicarbonat in OH^- und CO_2 zu zerlegen (Abbildung 30.16). CO_2 diffundiert dann in die Epithelzelle und reagiert mit OH^- zu HCO_3^-, das dann über Na^+-Cotransport oder Cl^--Antiport ins Interstitium verschoben wird. Die dabei frei werdenden Protonen verlassen die Zelle auf der luminalen Seite und assoziieren wiederum mit OH^- und HPO_4^{2-} unter Bildung von H_2O bzw. $H_2PO_4^-$, die dann mit dem Harn ausgeschieden werden.

30.3
Ein Hormontrio steuert den Calcium- und Phosphathaushalt

Neben Na^+, K^+ und Cl^- spielen vor allem Ca^{2+} und PO_4^{3-} zentrale Rollen im Haushalt der körpereigenen Elektrolyte. Dabei ist die Homöostase von **Calcium** ⌐ eng mit der von Phosphat verknüpft. Die größte Menge dieser beiden Ionen (ca. 4 kg) ist in Knochen als Hydroxylapatit $Ca_{10}(PO_4)_6(OH)_2$ deponiert. Knochen stehen über die extrazelluläre Flüssigkeit im Austausch mit Niere und Darm, wobei **Calcitriol** (1,25-Dihydroxy-Vitamin D), **Parathormon** (syn. Parathyrin, Parathyreotropes Hormon, **PTH**) und – wenn auch weniger prominent – **Calcitonin** die Aufnahme, Verwertung und Ausscheidung der beiden Ionen kontrollieren (Abbildung 30.17). Oft wirken diese Hormone gegensätzlich auf die Spiegel von Ca^{2+} und PO_4^{3-}; insgesamt führen sie aber zu einer präzise regulierten Plasmakonzentration, insbesondere von freiem

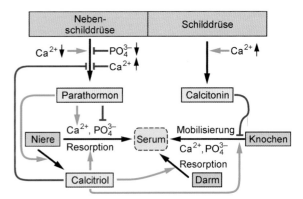

30.17 Hormonelle Regulation des Calcium- und Phosphathaushalts. Schilddrüse (Calcitonin), Nebenschilddrüse (PTH) und Niere (Calcitriol) sind an der Synthese der Hormontrios beteiligt, das die Spiegel von Ca^{2+} und PO_4^{3-} steuert. Calcitriol wirkt auf die Rückresorption dieser Ionen in der Niere und ihre Resorption im Darm ein und fördert den Knochenumbau. Parathormon beeinflusst vor allem die renale Rückresorption von Ca^{2+} und PO_4^{3-}, während Calcitonin primär den Knochenumbau steuert.

Ca^{2+} (1,0 bis 1,3 mM entsprechend 4,0 bis 5,2 mg/100 ml). Dies ist verständlich angesichts der kritischen Bedeutung, die Ca^{2+} bei Muskelkontraktion, Nervenleitung, zellulärer Signaltransduktion, Hormonsekretion, Enzymaktivierung und natürlich beim Knochenauf- und -umbau hat. Auch Phosphat nimmt zentrale Aufgaben bei der Signalübertragung *via* Phosphorylierung und Dephosphorylierung wahr und spielt als Bestandteil von ATP eine Schlüsselrolle im Energiehaushalt der Zellen.

Calcitriol macht bei seiner Biosynthese aus Cholesterin eine wahre Odyssee durch, wobei Stationen in Haut, Leber und Niere beteiligt sind (▸Exkurs 46.6). Beim Transport durch den Körper ist Calcitriol – wie auch andere lipophile Hormone – an ein Trägerprotein gebunden. Calcitriol gelangt durch Diffusion oder durch Endocytose im Komplex mit seinem **Bindungsprotein** in die Zielzellen und bindet dort an seinen intrazellulären Rezeptor, der als Transkriptionsfaktor wirkt. Zu den Zielgenen, deren Expression Calcitriol stimuliert, gehören u.a. die für Ca^{2+}-Kanäle, Ca^{2+}-ATPasen, Na^+-Ca^{2+}-Austauscher, Na^+-PO_4^3-Cotransporter sowie Ca^{2+}-bindende Proteine wie **Calbindin**. Die Ca^{2+}-Aufnahme im Dünndarm läuft über zwei Wege: Die (dominante) parazelluläre Route ist hormonunabhängig, während Calcitriol die aktive transzelluläre Route beherrscht (Abbildung 30.18). Epithelzellen des Duodenums nehmen Ca^{2+}-Ionen über luminale **Ca^{2+}-Kanäle** auf, die daraufhin an cytoplasmatisches Calbindin andocken. Von dort gelangen die Ca^{2+}-Ionen über **H^+-Ca^{2+}-ATPasen** und **Na^+-Ca^{2+}-Austauscher** der basolateralen Membran ins Interstitium und letztlich ins Blut. Insgesamt bewirkt Calcitriol – im Zusammenspiel mit Parathormon – eine vermehrte Resorption von Ca^{2+} *und* PO_4^{3-} im Dünndarm. Ähnlich sind seine Effekte in der Niere, d.h. es verstärkt die tubuläre Rückresorption von Ca^{2+} (distaler Abschnitt) und PO_4^{3-} (proximaler Abschnitt).

Am Knochen hat Calcitriol direkte und indirekte Wirkungen, die sowohl zum Auf- als auch zum Abbau der **Knochen-**

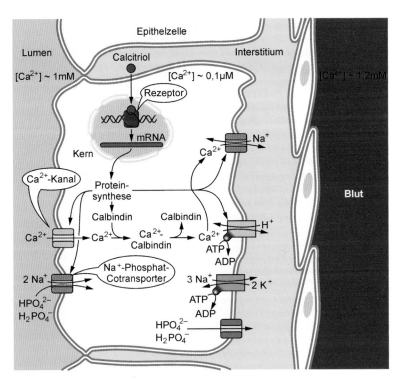

30.18 Intestinale Resorption von Calcium und Phosphat. *Oben:* Die aktive Aufnahme von Ca^{2+} aus dem Darmlumen läuft über Ca^{2+}-Kanäle (apikale Membran), Calbindin (Cytoplasma) sowie Na^+-Ca^{2+}-Austauscher und H^+-Ca^{2+}-ATPasen (basolateral). Calcitriol fördert die Biosynthese all dieser Proteine. Schließlich kann Ca^{2+} auch über parazelluläre Wege resorbiert werden (nicht gezeigt). *Unten:* Hydrogen- und Dihydrogenphosphat gelangen über apikale Na^+-Phosphat-Cotransporter in die Epithelzelle, von wo aus sie über nicht näher definierte Transporter ins Interstitium weitergereicht werden. Importiertes Na^+ verlässt die Zelle wieder über basolaterale Na^+-K^+-Pumpen. [AN]

matrix 🔗 beitragen. Der dominante Effekt des Hormons kommt durch die vermehrte intestinale und renale Absorption von Ca^{2+} und PO_4^{3-} zustande (siehe oben), die für die Mineralisation von Osteoid bereitstehen und damit einen **vermehrten Einbau** der beiden Ionen in die Knochenmatrix sichern. In die gleiche Richtung zielt die reprimierende Wirkung von Calcitriol auf die Transkription des Parathormongens (siehe unten). Calcitriol kann aber auch zur **Mobilisierung** von Ca^{2+} und PO_4^{3-} aus dem Knochen führen. Das Hormon regt nämlich **Osteoblasten** zur Produktion von Faktoren wie **M-CSF** (engl. *macrophage colony-stimulating factor*) an, der wiederum Osteoklasten-Vorläuferzellen zur Differenzierung in reife **Osteoklasten** stimuliert. Gleichzeitig induziert Calcitriol in Osteoblasten die Produktion und Sekretion des Cytokins **RANKL** (für RANK-Ligand), das an seinen Rezeptor **RANK** (engl. *receptor activator of nuclear factor kappa*) auf der Oberfläche von reifen, multinucleären Osteoklasten bindet. Nach Anheftung der Klasten an die Knochenoberfläche kommt es zur Knochenresorption in **Lakunen**, welche die Osteoklasten an der Grenzfläche zum calcifizierten Knochen bilden (Abbildung 30.19). Unter RANKL-Stimulation sezernieren Osteoklasten mittels einer **ATP-abhängigen Protonenpumpe** (V-Typ) massenhaft Protonen, die unter der Katalyse von Carboanhydrase entstehen, in die Lakune. Darüber hinaus schütten die Klasten *via* Exocytose lysosomale Proteasen sowie Phosphatasen mit saurem pH-Optimum in die Lakune aus. Nettoeffekt ist eine **Ca^{2+}-Mobilisierung** aus Knochenapatit, die letztlich auf die Wirkung von Calcitriol zurückgeht. **Biphosphonate** wie z. B. Alendronat®, welche die Farnesylsynthase und damit die Prenylierung von Proteinen

hemmen (▶Exkurs 19.1), „bremsen" die Aktivität von Osteoklasten und kommen daher bei Knochenerkrankungen mit erhöhter Knochenresorption wie z. B. bei Osteoporose zum therapeutischen Einsatz (Exkurs 30.4).

⚕ Exkurs 30.4: Osteoporose

Bei dieser metabolischen Knochenkrankheit ist die Balance zwischen Knochenaufbau und -abbau quantitativ zugunsten der **Osteolyse** verschoben. Risikofaktoren sind familiäre Disposition, Mangelernährung wie z. B. Ca^{2+}-arme Diät, Corticoid-Langzeittherapie, vor allem aber **Östrogenmangel** in der Postmenopause. Der sinkende Östrogenspiegel geht mit reduzierter Calcitoninsekretion bzw. vermehrter **Cytokinproduktion** in Osteoblasten einher, die unter der Kontrolle von Parathormon stehen. Die von Osteoblasten produzierten Interleukine regen Osteoklasten zur Sekretion von Kollagenasen an, die wiederum den **Abbau der organischen Knochenmatrix** beschleunigen, sodass vermehrt Ca^{2+}, PO_4^{3-} und Hydroxyprolin freigesetzt werden. Die erhöhte Ca^{2+}-Konzentration im Extrazellularraum inaktiviert das Enzym 1α-Hydroxylase der Niere (▶Exkurs 46.6), drosselt dadurch die Synthese von Calcitriol und vermindert somit die intestinale Ca^{2+}-Resorption. Letztlich kommt es zur **Abnahme der Knochendichte** und zur Verringerung der mechanischen Knochenbelastbarkeit mit gehäuften **Spontanfrakturen** an Oberschenkelhals, Vorderarm und Wirbeln. Diagnostisch kann eine vermehrte Hydroxyprolinkonzentration im Harn herangezogen werden. Therapeutisch werden neben ausreichender Ca^{2+}- und Vitamin-D_3-Versorgung substitutiv Östrogene gegeben sowie **Bisphosphonate** wie z. B. Alendronat (Fosamax®) eingesetzt, um die osteolytische Aktivität der Osteoklasten zu unterdrücken.

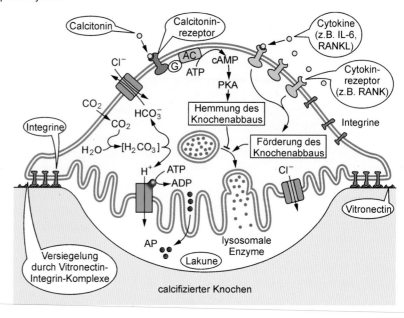

30.19 Mechanismen der Knochenresorption. Ein Osteoklast bindet über Integrine an Vitronectine der Knochenoberfläche; dadurch entsteht ein versiegelter Hohlraum („Lakune"), in den der Osteoklast nach Stimulation durch RANKL bzw. Interleukin-6 massenhaft H^+ (über eine ATP-abhängige Protonenpumpe), Cl^- (über einen ClC7-Kanal) sowie lysosomale Enzyme und Phosphatasen (per Exocytose) ausschüttet (unterer Teil). Calcitriol stimuliert Osteoblasten zur Produktion von RANKL und fördert so indirekt die Knochenresorption; Calcitonin antagonisiert diesen Effekt (siehe unten). AP, saure Phosphatase (engl. *acid phosphatase*). [AN]

Die Hauptzellen der Nebenschilddrüsen synthetisieren, prozessieren, speichern und sezernieren **Parathormon (PTH)**, einen weiteren wichtigen Regulator des Ca^{2+}- und PO_4^{3-}-Stoffwechsels. Bei niedrigen Ca^{2+}-Konzentrationen sind Biosynthese und Freisetzung von Parathormon maximal stimuliert; mit steigender Konzentration bindet immer mehr Ca^{2+} an G_q-gekoppelte **$\underline{Ca}^{2+}$-sensorische Rezeptoren** (CaSR), die zum selben Subtyp von G-Protein-gekoppelten Rezeptoren gehören wie auch metabotrope Glutamatrezeptoren (▶Abschnitt 28.1). CaSR signalisiert über IP_3, Ca^{2+}-Freisetzung sowie Aktivierung von Proteinkinase C und hemmt dadurch die Ausschüttung PTH-haltiger sekretorischer Granula (Abbildung 30.20). Wir haben es also mit einer negativen Rückkopplung zu tun. Auch Calcitriol wirkt negativ über seinen Rezeptor, der an **Vitamin-D-responsive Elemente** in der 5'-terminalen Region des PTH-Promotors bindet und damit die Expression des PTH-Gens drosselt.

Parathormon selbst wirkt vor allem an Knochen und Niere über den **PTH_1-Rezeptor**, der sowohl an $G\alpha_s$ als auch an $G\alpha_q$ koppeln und damit zwei unterschiedliche Signalwege bedienen kann. In der *Niere* fördert PTH die **Ca^{2+}-Rückresorption**, während es die von PO_4^{3-} hemmt. PTH wirkt vor allem im aufsteigenden Teil der Henle-Schleife und im Bereich der distalen Tubuli auf basolaterale **PTH_1-Rezeptoren** ein, was zur erhöhten Öffnungswahrscheinlichkeit von apikalen **Ca^{2+}-Kanälen** und damit zu einem vermehrten Ca^{2+}-Einstrom aus dem Lumen führt. Darüber hinaus bewirkt PTH eine Translokation **apikaler Na^+-PO_4^{3-}-Cotransporter** von der Oberfläche in intrazelluläre Vesikel, wodurch sich die PO_4^{3-}-Aufnahme der Epithelzellen verringert (Abbildung 30.18). Nettoeffekt ist also eine erhöhte Plasmakonzentration von Ca^{2+} und eine erniedrigte von PO_4^{3-}. Am *Knochen* wirkt PTH ähnlich wie Calcitriol, indem es **Osteoblasten** zur vermehrten Synthese

von M-CSF und Cytokinen wie RANKL und IL-6 anregt und damit einerseits die Differenzierung von **Vorstufen** der Osteoklasten (siehe oben) induziert, andererseits die Mobilisierung von Ca^{2+} aus dem calcifizierten Knochen durch gereifte **Osteoklasten** fördert (Abbildung 30.19). PTH hat noch einen weiteren wichtigen Effekt, indem es in der Niere den finalen Schritt der **Biosynthese von Calcitriol**, nämlich die 1α-Hydroxylierung von 25-Hydroxy-Vitamin D_3 in Mitochondrien, stimuliert. Über eine Rückkopplungsschleife wirkt dann Calcitriol wiederum negativ auf die PTH-Produktion ein (siehe oben).

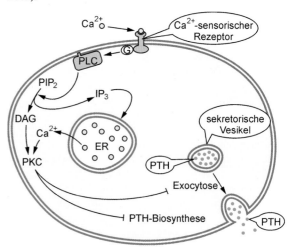

30.20 Ca^{2+}-sensorische Rezeptoren in den Hauptzellen der Nebenschilddrüse. CaSR besitzen eine sehr große extrazelluläre Domäne, die ca. 600 Aminosäuren umfasst und Ca^{2+} bindet (▶Abbildung 28.2). Bei zunehmender Sättigung der CaSR mit ihrem Liganden Ca^{2+} induziert CaSR über Phospholipase C und IP_3 eine Erhöhung von $[Ca^{2+}]$. Dadurch kommt es zur Aktivierung von Proteinkinase C, die *via* Phosphorylierung die PTH-Exocytose sowie die PTH-Biosynthese hemmt. [AN]

Das Peptidhormon **Calcitonin** (32 Aminosäuren) ist ein Produkt der parafollikulären C-Zellen der Schilddrüse. Seine Sekretion ist eng an den plasmatischen Ca^{2+}-Spiegel gekoppelt, denn schon leicht erhöhte extrazelluläre Ca^{2+}-Konzentrationen setzen das Hormon frei. Calcitonin wirkt primär auf den *Knochen*umbau ein, indem es über **$G\alpha_s$-gekoppelte Calcitoninrezeptoren** Proteinkinase A aktiviert und damit die resorptive Aktivität der Osteoklasten hemmt (Abbildung 30.19). Dieser durch Osteoklasten vermittelte hypocalcämische Effekt ist möglicherweise *die* physiologische Hauptfunktion von Calcitonin. In der *Niere* stimuliert Calcitonin geringfügig die Ausscheidung von Na^+, Ca^{2+} und PO_4^{3-}. Aufgrund rascher Desensitivierung seiner Rezeptoren sind die physiologischen Effekte von Calcitonin insgesamt eher vorübergehend und wenig ausgeprägt. Durch alternatives Spleißen des primären Transkripts entsteht in C-Zellen die mRNA für Calcitonin, während in *Neuronen* daraus eine mRNA entsteht, die für das **Calcitonin-ähnliche Neuropeptid CGRP** (engl. *calcitonin gene-related peptide*) codiert.

30.4 Ein Hormonquartett lenkt Wachstum und Entwicklung

Mit der Befruchtung einer menschlichen Eizelle startet ein höchst komplexer Prozess der Entwicklung und des Wachstums, der letztlich zum adulten Organismus führt. Dabei unterscheiden wir zwei Aspekte des **Wachstums**, nämlich **Hyperplasie** als Zunahme der Zellzahl und **Hypertrophie** als Zunahme von Zellgröße und Zellvolumen. Eine Fülle von Hormonen und Signalwegen ist an diesen Prozessen beteiligt; wir wollen uns an dieser Stelle vor allem mit den Signalstofffen befassen, die das hyperplastische Wachstum regulieren. Die wichtigsten Determinanten dabei sind das Wachstumshormon **Somatotropin** (syn. GH; engl. *growth hormone*) sowie der **Insulin-ähnliche Wachstumsfaktor IGF-I** (engl. *insulin-like growth factor*). Die Hauptmodulatoren der GH-Verfügbarkeit sind **Somatoliberin** (syn. GHRH, engl. *GH releasing hormone*) und **Somatostatin** (syn. GHRIF, engl. *GH release inhibiting factor*; darüber hinaus tragen IGF-II, Insulin, Schilddrüsenhormone, Glucocorticoide und Sexualhormone dazu bei.

Der wichtigste Syntheseort für **Somatotropin** ist der Hypophysenvorderlappen. Somatotrope Zellen stellen durch alternatives Spleißen des Primärtranskripts zwei Isoformen von Somatotropin mit molekularen Massen von 22 kDa (191 Aminosäuren; dominante Form) bzw. 20 kDa (176 Aminosäuren) her, die sich lediglich durch ein kurzes Segment (15 Aminosäuren) unterscheiden. Nach Prozessierung des Präprohormons in seine „reifen" Formen wird Somatotropin in Sekretgranula gespeichert und von dort durch pulsatile Sekretion freigesetzt, wobei die frühen Stunden des Schlafs besonders hohe Sekretionsraten aufweisen. Die Kontrolle über die Somatotropinausschüttung erfolgt durch die hypothala-

mischen Hormone **Somatoliberin** und **Somatostatin** (▶Tabelle 27.1), die *via* portale Blutversorgung in die Hypophyse gelangen. Somatoliberin bindet dort an seinen $G\alpha_s$-gekoppelten Rezeptor auf somatotropen Zellen, hebt ihre $[cAMP]_i$ an und aktiviert damit Proteinkinase A, die wiederum Ca^{2+}-Kanäle in der Plasmamembran stimuliert, sodass letztlich $[Ca^{2+}]_i$ sprunghaft ansteigt (Abbildung 30.21). Nun kommt es zur Ca^{2+}-abhängigen Fusion von somatotropinhaltigen Granula mit der Plasmamembran und sekundär zur Freisetzung des Hormons. Darüber hinaus stimuliert Somatoliberin die Transkriptionsrate des Somatotropingens in somatotropen Zellen.

Somatostatin konterkariert die Wirkungen von Somatoliberin über seinen $G\alpha_i$-gekoppelten Rezeptor, der Adenylat-Cyclase hemmt, $[cAMP]_i$ absenkt und damit die Somatotropinfreisetzung effektiv unterdrückt. Somatostatin, das auch von δ-Zellen der Langerhans-Inseln sowie D-Zellen des Magens produziert wird, kommt in zwei Formen vor (14 bzw. 28 Reste), wobei die biologische Aktivität im C-terminalen Segment (14 Reste) ruht, das beiden Isoformen gemein ist. Die kürzere Form ist im Hypothalamus vorherrschend, während die längere Form im Pankreas dominiert (▶Abschnitt 31.4). Somatostatin hemmt neben der Somatotropinsekretion auch die Freisetzung von Insulin, Glucagon, Gastrin und TSH. Ein weiterer wichtiger Modulator der Somatotropinsekretion ist **IGF-I**, der auf zwei Ebenen eingreift. Zum einen hemmt IGF-I direkt die Somatotropinausschüttung aus somatotropen Zellen; zum anderen unterdrückt es die Somatoliberinausschüttung im Hypothalamus und damit indirekt die hypophysäre Somatotropinfreisetzung.

Somatotropin bildet zusammen mit IGF-I, IGF-II und Insulin eine Familie von **Insulin-ähnlichen Wachstumsfaktoren**, die sich in ihrer Primärstruktur ähneln (Abbildung 30.22) und bei ihren physiologischen Funktionen miteinander kooperieren (siehe unten). Das Gen für Somatotropin/GH auf Chromosom 17 ist Teil eines **Genclusters**, das für drei weitere

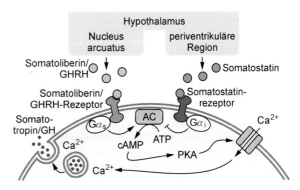

30.21 Regulation der Somatotropinsekretion. Somatoliberin und Somatostatin werden vom Hypothalamus synthetisiert und freigesetzt. Sie gelangen über den portalen Blutstrom direkt in die Hypophyse, wo sie an ihre Rezeptoren auf somatotropen Zellen im Vorderlappen binden. Die nachgeschaltete cAMP/PKA-Kaskade regelt die Phosphorylierung von L-Typ-Ca^{2+}-Kanälen. Einzunehmender Ca^{2+}-Einstrom induziert die Exocytose von Somatotropin.

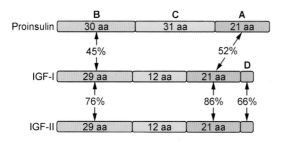

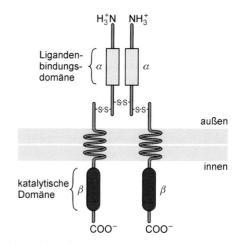

30.22 Insulin-ähnliche Wachstumshormone. Proinsulin, IGF-I und IGF-II haben große Sequenzähnlichkeiten in den A- und B-Domänen (in % angegeben), während die Primärstrukturen in den C-Domänen deutlich unterschiedlich sind (< 30 %). IGFs besitzen eine terminale D-Domäne, die *nicht* im Insulin vorkommt. Während die C-Kette von Proinsulin während der Aktivierung proteolytisch entfernt wird, bleibt die C-Domäne in IGFs erhalten. Somatotropin (nicht gezeigt) gehört ebenfalls zu dieser Familie von insulin-ähnlichen Wachstumshormonen. aa, Aminosäuren. [AN]

30.23 Schematischer Aufbau des IGF-I-Rezeptors. Die intrazellulären Domänen der β-Untereinheiten des Rezeptors besitzen Tyrosin-Kinase-Aktivität, die nach Bindung von IGF-I an die extrazellären α-Untereinheiten aktiviert wird. IGF-II bindet nur mit geringer Affinität an diesen Rezeptor; seine physiologische Rolle ist noch weitgehend unverstanden.

Wachstumshormone codiert, die alle in der Placenta exprimiert werden: placentale Variante von GH (pvGH) sowie humanes Chorion-Somatomammotropin-1 und -2 (hCS1, hCS2; syn. humanes placentales Lactogen, HPL). Alle diese Hormone besitzen eine große Ähnlichkeit auf Gen- bzw. Proteinebene; entsprechend kann z.B. pvGH an den GH-Rezeptor mit nahezu gleicher Affinität wie Somatotropin/GH selbst binden. Entfernt verwandt ist auch **Prolactin** (PRL), ein Peptidhormon, das von lactotropen Zellen des Hypophysenvorderlappens produziert wird und die Milchproduktion der Brustdrüsen anregt (▶Tabelle 27.1).

Somatotropin/GH hat zahlreiche periphere Zielgewebe und -organe, so z.B. Leber, Muskel und Fettgewebe, die es über einen Tyrosinkinase-assoziierten Rezeptor ansteuert. Ähnlich wie Cytokinrezeptoren signalisiert auch der Somatotropinrezeptor nach Ligandenbindung durch Dimerisierung über assoziierte JAK-Kinasen, die sich nach Apposition wechselseitig phosphorylieren und damit aktivieren (▶Abbildung 29.17). Die akuten Effekte von Somatotropin auf Zielzellen wie z.B. Muskelzellen konterkarieren die Effekte von Insulin (▶Abschnitt 31.4). Wichtiger sind allerdings die langfristigen Effekte von Somatotropin, die durchweg über die **Freisetzung von IGF-I** vermittelt werden. Dabei entstammt der Großteil des durch Somatotropin freigesetzten IGF-I der Leber. IGF-I bindet im Plasma an bis zu sechs unterschiedliche **IGF-Bindungsproteine**, die zur Stabilisierung von IGF und damit zur Verlängerung seiner biologischen Halbwertszeit führen, sodass auf diese Weise abrupte Schwankungen im Spiegel des kurzlebigen Somatotropins „abgepuffert" werden. An den Zielgeweben geben diese Bindungsproteine ihr Hormon frei, sodass es nun an den **IGF-I-Rezeptor** binden kann, der – ähnlich wie der Insulinrezeptor – ein Heterotetramer aus zwei unterschiedlichen Untereinheiten (α, β) ist, die über Disulfidbrücken miteinander verbunden sind (Abbildung 30.23).

Ähnlich wie beim Insulinrezeptor kommt es nach Ligandenbindung zur Autophosphorylierung und damit zur Aktivierung des IGF-I-Rezeptors, der nun diverse Proteinsubstrate phosphoryliert und damit Wachstumssignale im Zell-

innern propagiert. Zielorgan ist vor allem die Muskulatur, wo IGF-I eine verbesserte Aufnahme von Aminosäuren und eine Stimulation der Proteinbiosynthese in Muskelzellen bewirkt. Die Strukturähnlichkeiten zwischen Insulin- und IGF-I-Rezeptoren sind so groß, dass in vielen Geweben erkleckliche Mengen an „hybriden" Rezeptoren vorkommen, die α- bzw. β-Ketten aus den beiden Rezeptortypen in einem Molekül vereinen. Diese **Hybridrezeptoren** sprechen vor allem auf IGF-I und weniger auf Insulin an; ihre physiologische(n) Rolle(n) ist/sind noch nicht vollständig verstanden. Rekombinant hergestelltes IGF-I wird zur Substitution bei einer speziellen Form des Kleinwuchses eingesetzt, die auf einem molekularen Defekt des Somatotropinrezeptors beruht. Obgleich Somatotropin und IGF-I *notwendig* für ein reguliertes Wachstum sind und Defekte in ihren Genen oder den zugehörigen Signalwegen zu Minder- bzw. Hochwuchs führen (▶Exkurs 20.2), sind sie nicht *hinreichend*, um koordiniertes Wachstum z.B. in der embryonalen Phase zu ermöglichen (Exkurs 30.5).

Exkurs 30.5: Wachstumsfaktoren

Bei der embryonalen Entwicklung sind neben **Somatotropin** und **IGF-I**, die vor allem auf das longitudinale Wachstum von Röhrenknochen einwirken, noch weitere Hormone mit wachstumsfördernden Eigenschaften erforderlich. So ist der Mangel an **Thyroninen** T_3/T_4 während der Schwangerschaft mit Kleinwuchs verbunden (▶Exkurs 1.2). Auch **Insulin** ist ein wichtiger intrauteriner Wachstumsfaktor: Hohe Glucosespiegel z.B. bei schwangeren Diabetikerinnen (Typ II) führen reaktiv zu erhöhten Insulinspiegeln im Fetus und damit zu erhöhtem Geburtsgewicht (Makrosomie). Dagegen rufen seltene Formen der fetalen Insulinresistenz ein signifikantes Untergewicht bei Neugeborenen hervor. Insulin vermittelt seine proliferationsfördernden Effekte über MAP-Kinasen (▶Abbildung 31.15). **Glucocorticoide** wirken wachstumshemmend, was z. B. bei Cortison-Therapie nach Organtransplantation im Kindesalter zum Minderwuchs führen kann. Beim adrenogenitalen Syndrom (AGS) führt die überschießende Produktion an **Androgenen** zum beschleunigten Wachstum der Röhrenknochen, aber auch zum frühzeitigen Schluss der Epiphysenfugen und damit zum Minderwuchs (▶Exkurs 46.7). Weitere Wachstumshormone wie z. B. HGF (engl. *hepatocyte growth factor*), NGF (engl. *nerve growth factor)*, VEGF (engl. *vascular endothelial growth factor*) und EGF (engl. *epidermal growth factor*) wirken vor allem auto- und parakrin (▶Abschnitt 27.1).

Anders als bei IGF-I ist/sind die biologischen Funktion(en) von **IGF-II** noch nicht gut verstanden; insbesondere ist noch unklar, über welchen Rezeptor IGF-II seine Signale vermittelt. Ein Transmembranprotein, an das IGF-II bindet, ist der **Mannose-6-phosphat-Rezeptor**, der allerdings primär intrazelluläre Aufgaben bei der Sortierung von lysosomalen Proteinen wahrnimmt (▶Abschnitt 27.7).

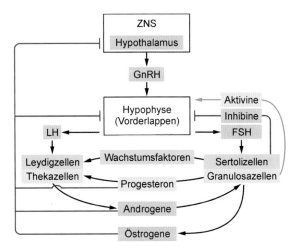

30.24 Regulation der Synthese von Sexualhormonen. Peptiderge Neurone des Hypothalamus setzen GnRH frei, das wiederum die Ausschüttung von LH und FSH aus gonadotropen Zellen der Hypophyse steuert. Unter ihrem Einfluss produzieren die Gonaden Androgene, Östrogene sowie Inhibine, die ihrerseits die Ausschüttung von GnRH bzw. FSH/LH *hemmen*. Im *weiblichen Organismus* können Aktivine (aus Granulosazellen) und sehr hohe Östrogenkonzentrationen die FSH-Produktion auch *stimulieren*. Granulosazellen produzieren im *weiblichen* Organismus Progesteron, aus dem Thekazellen dann Androgene herstellen. Im *männlichen* Organismus erzeugen Sertolizellen Wachstumsfaktoren, die auf Leydigzellen einwirken.

30.5 Ein mehrstufiges Regelwerk steuert die reproduktiven Funktionen

Die komplexen Vorgänge der sexuellen Differenzierung und Reifung erfordern ein ausgeklügeltes System hormoneller Regulation, das seine wesentlichen Steuerungsorgane in Hypothalamus, Hypophyse und Gonaden besitzt. Sie regulieren Entwicklung und Funktion von **Ovarien**, Uterus und Vagina im weiblichen Organismus und von **Testes**, Prostata und Penis im männlichen Organismus. Zu den steuernden Hormonen gehören Gonadoliberin, Gonadotropine und Gestagene sowie Sexualhormone (▶Tafeln C5–C8), die in unterschiedlichen Konzentrationen und Kombinationen bei Mann und Frau vorkommen.

Ähnlich wie bei Schilddrüsenhormonen und Corticoiden steuert ein dreistufiges Regulationssystem die Synthese und Ausschüttung der männlichen und weiblichen Sexualhormone ⤴ (Abbildung 30.24). Peptiderge Neurone des **Hypothalamus** produzieren das Hormon **Gonadoliberin** (GnRH; engl. *gonadotropin releasing hormone*), das pulsatil freigesetzt wird und über Portalgefäße in die **Hypophyse** gelangt. GnRH stimuliert in den gonadotropen Zellen des Vorderlappens die Synthese und Ausschüttung der Gonadotropine **Luteinisierendes Hormon** (LH) sowie **Follikel-stimulierendes Hormon** (FSH). Die beiden Gonadotropine LH und FSH wirken sowohl im männlichen als auch im weiblichen Organismus (die Bezeichnungen sind historisch zu erklären, da Gonadotropine erstmals bei Frauen isoliert wurden). In den **Gonaden**, d. h. Testes und Ovarien, binden Gonadotropine an ihre Rezeptoren auf unterschiedlichen Zielzellen: Im männlichen Organismus sind dies <u>L</u>eydigzellen (<u>LH</u>) und <u>S</u>ertolizellen (<u>FS</u>H), im weiblichen Organismus hingegen Thekazellen (LH) und

Granulosazellen (FSH). In den Gonaden stimulieren die beiden Tropine die Synthese und Sekretion von Sexualhormonen – **Androgene** und **Östrogene** – sowie von Mediatoren – **Inhibine** bzw. **Aktivine**. Über Rückkopplungsschleifen sorgen Androgene, Östrogene, Inhibine und – mit Einschränkungen auch Aktivine – für die notwendige Homöostase der Sexualhormone.

Gonadoliberin/GnRH entsteht aus einer größeren Vorstufe, die bei limitierter Proteolyse ein Dekapeptid freigibt, das über den hypothalamisch-hypophysären Blutstrom in den Vorderlappen der Hypophyse gelangt (Abbildung 30.25). Dort bindet es an seinen **$G\alpha_q$-gekoppelten Rezeptor** auf der Oberfläche von **gonadotropen Zellen** und erhöht über Aktivierung von Phospholipase C, Freisetzung von IP_3 aus PIP_2 und Öffnung von IP_3-Rezeptoren des endoplasmatischen Reticulums die intrazelluläre Ca^{2+}-Konzentration. Sekundär öffnen daraufhin **Ca^{2+}-abhängige Ca^{2+}-Kanäle** vom Typ **CRAC** (engl. *Ca^{2+} release-activated channels*) in der Plasmamembran, sodass es zu einem schwallartigen Anstieg von $[Ca^{2+}]_i$ kommt, der die Exocytose von LH und FSH auslöst. Darüber hinaus aktiviert das bei der PIP_2-Hydrolyse entstehende Diacylglycerin (DAG) Proteinkinase C, die daraufhin Transkriptionsfaktoren phosphoryliert, welche die Synthese von LH und FSH antreiben.

Bei den **Gonadotropinen** handelt es sich um eine Familie von $\alpha\beta$-Dimeren, die identische α-Untereinheiten, aber unterschiedliche β-Untereinheiten (β_{LH}, β_{FSH}) besitzen (▶Tafel C4). Im **männlichen Sexualtrakt** wirken sie auf Leydig- und Sertolizellen, die durch die Basalmembran der Hodenkanälchen getrennt sind. **LH** hebt über seinen **G_s-gekoppelten Rezeptor** die cAMP-Konzentration in **Leydigzellen** an und er-

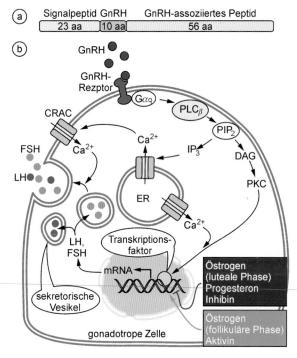

30.25 Struktur und Signalwege von GnRH. a) Beim Menschen ist das Gen für GnRH auf Chromosom 9 lokalisiert. Die biologische Funktion von GnRH-assoziiertem Peptid (GnRH-AP), das bei der Prozessierung der Vorstufe entsteht, ist noch unbekannt. b) Signalwege von GnRH in gonadotropen Zellen der Hypophyse. In der *follikulären* Phase kommt es zur transienten „Umschaltung": Während normalerweise Östrogen und Progesteron die Gonadotropinsynthese hemmen, können hohe Östrogenkonzentrationen und Aktivine die LH-Produktion in der follikulären Phase zunehmend stimulieren. Dadurch kommt es zum präovulatorischen LH-Anstieg. Details siehe Text. aa, Aminosäurereste. [AN]

höht über Proteinkinase-A-vermittelte Phosphorylierung von Transkriptionsfaktoren die Expression von Enzymen der Testosteronbiosynthese (Abbildung 30.26). Daraufhin geben

Leydigzellen vermehrt **Testosteron** ab, das über den Blutstrom an Zielorgane wie z.B. die Muskulatur gelangt und dort seine anabolen Wirkungen entfaltet. Im Hoden selbst gelangt Testosteron per Diffusion in die benachbarten **Sertolizellen**, die – anders als Leydigzellen – *keine* LH-Rezeptoren besitzen, sondern FSH-Rezeptoren exprimieren; somit können Sertoli- und Leydigzellen unabhängig voneinander reguliert werden.

FSH aktiviert über seinen **Gα_s-gekoppelten Rezeptor** auf der Oberfläche von **Sertolizellen** *via* cAMP Proteinkinase A, die wiederum die Proteinbiosynthese von Wachstumsfaktoren anregt. Diese Faktoren können durch die Basalmembran diffundieren und dann das Wachstum von Leydigzellen stimulieren. Aktivierte Proteinkinase A induziert in Sertolizellen auch die Expression von **Aromatase**, die das aus den Leydigzellen importierte Testosteron zu **Östradiol** umwandelt. Letzteres kann wiederum in die benachbarten Leydigzellen diffundieren und dort lokale Wirkungen entfalten. Es besteht also eine rege „Zwiesprache" zwischen Leydig- und Sertolizellen, deren wichtigste Mediatoren Testosteron, Östradiol und Wachstumsfaktoren sind. Das molekulare Wechselspiel von Leydig- und Sertolizellen regelt auch die **Spermatogenese**, bei der Sertolizellen im direkten Kontakt mit Spermatogonien deren Differenzierung zu Spermatocyten, Spermatiden und letztlich zu Spermien fördern. **Rekombinante Gonadotropine** und **Antiandrogene** finden Anwendung z.B. bei Sterilität und beim Prostatakarzinom (Exkurs 30.6).

Das männliche Genitalsystem erhält Innervationen aus dem motorischen Nervensystem und beiden Anteilen des autonomen Nervensystems. Dabei nimmt das **parasympathische System** eine Leitrolle bei der **Erektion** des Penis ein: An seinen Endigungen, welche die zuführenden Arterien von *Corpora cavernosa* und *Corpus spongiosum* innervieren, schüttet es **Acetylcholin** aus, das daraufhin an M$_3$-Rezeptoren auf Endothelzellen bindet und deren [Ca^{2+}]$_i$ über Gα_q-vermittelte

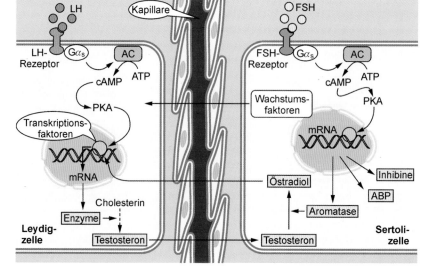

30.26 Wirkung von Gonadotropinen auf Leydig- und Sertoli-Zellen. Unter FSH-Stimulation stellen Sertoli-Zellen (syn. Fußzellen) Wachstumsfaktoren her, die wiederum auf Leydig-Zellen (syn. Zwischenzellen) einwirken und sie zur Produktion von Androgenen stimulieren. Sertoli-Zellen sezernieren unter FSH-Einwirkung auch vermehrt Androgen-bindendes Protein (ABP), das Androgene vor raschem Abbau bewahrt und damit seine biologische Halbwertszeit verlängert. Sertoli-Zellen fungieren auch als „Ammen"-Zellen bei der Reifung von Spermatogonien zu Spermatozoen (nicht gezeigt). [AN]

Exkurs 30.6: GnRH-Antagonisten, Anabolika und Antiandrogene

Der GnRH-Gonadotropin-Signalweg hat eine wichtige Rolle beim geburtsnahen Descensus der Hoden aus dem Bauchraum ins Skrotum. Beim Kryptorchismus, d. h. beim fehlenden Descensus der Hoden im 1. Lebensjahr, wird **synthetisches GnRH** (Gonadorelin, z. B. Lutrelef®) therapeutisch eingesetzt. Die Dauergabe von **GnRH-Agonisten** wie Buserelin (Profact®), die zur kompletten Herunterregulation der GnRH-Rezeptoren in der Hypophyse führt und damit dem hormonabhängigen Wachstum von Tumorzellen entgegenwirkt, wird bei Endometriose oder im fortgeschrittenen Stadium des androgenabhängigen Prostatakarzinoms palliativ eingesetzt. **Rekombinante Gonadotropine** wie z. B. FSH (Follitropin) und humanes Choriongonadotropin (HCG; Ovitrelle) werden bei der *in vitro*-Fertilisation verwendet. **Anabolika** sind modifizierte Testosteronmoleküle, die – verglichen mit der Muttersubstanz – gesteigerte anabole und verminderte androgene Effekte aufweisen. Sie werden missbräuchlich beim **Doping** zur Vermehrung der Muskelmasse verwendet. **Androgenrezeptor-Antagonisten** („Antiandrogene") wie Cyproteronacetat (Androcur®) finden erfolgreich Anwendung in der Therapie des androgenabhängigen Prostatakarzinoms. Zunehmend werden **5α-Reduktasehemmer** wie Dutasterid (Avodart®) eingesetzt, welche die Umwandlung von Testosteron in das wirksamere Dihydrotestosteron hemmen und daher *keine* Potenzstörung als Nebenwirkung besitzen.

Signale schlagartig erhöht (▶Tafeln C6–C10). Daraufhin produziert eine Ca^{2+}-Calmodulin-abhängige **NO-Synthase** große Mengen an Stickstoffmonoxid (NO), das in die umliegenden glatten Muskelzellen diffundiert und dort über lösliche Guanylat-Cyclase die $[cGMP]_i$ erhöht (▶Abschnitt 27.5). Dadurch kommt es zur Relaxation der Muskelzellen (Abbildung 30.6) und zu einer Erweiterung der cavernösen Arteriolen, woraufhin sich die *Corpora* rasch mit Blut füllen und anschwellen. Der Abbau von cGMP durch **Phosphodiesterase PDE-5** kehrt diesen Vorgang um und führt zur Erschlaffung. Die Kenntnis dieser molekularen Vorgänge hat zur Entwicklung hochaffiner **PDE-5-Inhibitoren** wie z. B. Sildenafil (Viagra®) geführt, die den cGMP-Abbau hemmen und damit eine erektile Dysfunktion korrigieren können. Einer der Nebeneffekte von PDE-5-Inhibitoren äußert sich als *„blue vision"* und kommt durch Inhibition der cGMP-spezifischen Phosphodiesterase PDE-6 in der Retina zustande (▶Abschnitt 28.6).

Ähnlich wie im männlichen Organismus ist die **hypothalamisch-hypophysär-gonadale Achse** auch bei der Frau der dominante Regelkreis, der die sexuellen Funktionen steuert. Ein komplexes Zusammenspiel von Gehirn, Hypothalamus und Hypophyse sowie Ovar und Uterus regelt und unterhält den **menstruellen Zyklus** und reguliert Ovulation und Implantation. Als oberstes Kontrollorgan produziert der Hypothalamus GnRH, das die gonadotropen Zellen des Hypophysenvorderlappens zur Sekretion der Gonadotropine FSH und LH veranlasst, die wiederum folliculäre Zielzellen im Ovar – **Thekazellen** und **Granulosazellen** – zur Produktion von Östro-

genen und Progesteron, aber auch von Inhibinen und Aktivinen anregen. Dieses Hormonquartett übt negative wie auch positive Rückkopplungseffekte auf Hypothalamus und Hypophyse aus (Abbildung 30.24). Gleichzeitig wirken sie auf ihr primäres Zielorgan – das **Endometrium des Uterus** – ein und erzeugen den menstruellen Zyklus der Frau.

Der menstruelle Zyklus beruht auf periodischen Veränderungen von Ovar und Uterus. Dabei verläuft der **ovarielle Zyklus** mit follikulärer, ovulatorischer und lutealer Phase parallel zum **endometrialen Zyklus** mit menstrueller, proliferativer und sekretorischer Phase (Abbildung 30.27). Betrachten wir zunächst die hormonellen Veränderungen im ovariellen Zyklus. In der ersten, nach der Regelblutung auftretenden **follikulären Phase**, die ca. 14 Tage andauert und mit der Ovulation endet, steigt initial der LH-Spiegel moderat an. Ein mäßig hoher FSH-Spiegel löst im Ovar die Reifung von Follikeln aus, die von ihrem inaktiven Primordialstadium über mehrere Stufen zu präovulatorischen **Follikeln** heranwachsen und dabei grundlegende morphologische und funktionelle Veränderungen durchmachen. Im Zentrum dieser Follikel ruht die **Oocyte**; darum herum ordnen sich konzentrische Lagen von **Granulosazellen** und **Thekazellen** an, die durch eine Basalmembran voneinander getrennt sind. Mit dem Einsetzen der Follikelreifung beginnen die Granulosazellen unter FSH-Stimulation vermehrt Aromatase und damit **Östradiol** zu produzieren (siehe unten). Unter dem Einfluss der vermehrten ovariellen Östradiolproduktion beginnt das Endometrium des Uterus zu wachsen und zu reifen; dies markiert den Beginn der **proliferativen Phase** des endometrialen Zyklus. Am Ende dieser Phase steigt die Östrogenproduktion des Ovars noch einmal deutlich an; der hohe Östrogenspiegel stimuliert nun über einen *positiven* Rückkopplungseffekt, der durch Aktivin noch weiter verstärkt wird (Abbildung 30.24), die LH-Produktion der Hypophyse, sodass der **LH-Spiegel** im Blut nun rasch ansteigt. Unter dem Einfluss einer rapide zunehmenden Produktion von **Progesteron** durch Granulosazellen (siehe unten) kommt es präovulatorisch zum Anstieg der FSH-Produktion, der allerdings nicht so ausgeprägt ist wie der LH-Anstieg. Etwa einen Tag vor dem Eisprung kehren sich diese Prozesse abrupt um: Sowohl LH- als auch FSH-Produktion fallen steil ab (Abbildung 30.27, Mitte). Diese Umkehr führt zum Platzen eines reifen Follikels und damit zum **Eisprung** ca. am 14. Tag des Zyklus.

Nach der Ovulation entwickelt sich der geplatzte Follikel zu einem *Corpus luteum* (Gelbkörper), der nun als vorübergehendes „endokrines Organ" in der **lutealen Phase** des ovariellen Zyklus agiert. Die verbliebenen Granulosa- und Thekazellen wandeln sich dabei in große bzw. kleine Lutealzellen um. Das *Corpus luteum* steigert nun beständig seine **Progesteronproduktion** und produziert vermehrt **Östradiol und Inhibine**. Zunehmend hohe Spiegel von Progesteron und Östradiol leiten die **sekretorische Phase** des endometrialen Zyklus ein, bei der diese Hormone zusammen mit einer ebenfalls ansteigenden Inhibinproduktion durch negative Rückkopplung eine massive Unterdrückung der verbliebenen LH- und

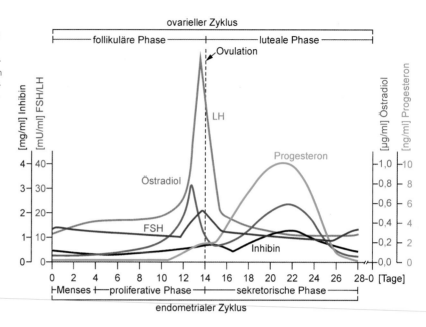

30.27 Hormonelle Veränderungen während des ovariellen bzw. endometrialen Zyklus. Der Verlauf des ovariellen Zyklus ist im oberen Teil skizziert; der endometriale Zyklus des Uterus ist unten dargestellt. Der Konzentrationsverlauf der wichtigsten Hormone ist schematisch gezeigt (gelten für Blutplasma); man beachte die unterschiedlichen Skalen. mU FSH/LH, milli-Units FSH bzw. LH. [AN]

FSH-Produktion der Hypophyse bewirken. Unter dem abnehmenden LH-Spiegel bildet sich das *Corpus luteum* des Ovars zurück; sekundär fallen damit auch die Östradiol- und Progesteronspiegel ab. Dieser Abfall wirkt sich auf die Uterusschleimhaut aus, das Endometrium degeneriert rasch und wird durch die nun einsetzende menstruelle Blutung abgestoßen (ca. Tag 28). Damit ist das Ende der lutealen Phase des ovariellen Zyklus erreicht; gleichzeitig beginnt die **menstruelle Phase** des endometrialen Zyklus (Abbildung 30.27).

Die hormonelle Produktion des Ovars ist über **Rückkopplungsschleifen** engmaschig mit den Aktivitäten des Hypothalamus und Hypophysenvorderlappens koordiniert (Abbildung 30.24). Üblicherweise dominiert eine *negative* **Rückkopplung** durch ovarielle Inhibine, Steroidhormone und Progesteron, die GnRH- sowie FSH- und LH-Produktion in übergeordneten Zentren zügeln. Im weiblichen Organismus kann aber die negative Rückkopplung durch Östradiol, wie sie über weite Phasen des Zyklus vorherrscht, in der späten follikulären Phase (Ovar) bzw. in der proliferativen Phase (Uterus) mit ihren stark erhöhten Östradiolspiegeln in eine *positive* **Rückkopplung** umschlagen, die durch Aktivine der Granulosazellen noch weiter verstärkt wird (Abbildung 30.25). Dieser **Wechsel** von negativer zu positiver Rückkopplung, dem vermutlich eine transiente Sensibilisierung gonadotroper Zellen zugrunde liegt, ermöglicht den steilen **Anstieg der LH-Produktion** (engl. *LH surge*) und – weniger ausgeprägt – der FSH-Produktion, welche der Ovulation unmittelbar vorausgehen (Abbildung 30.27). Die molekularen Mechanismen, die der bemerkenswerten „Oszillation" gonadotroper Zellen zwischen positiver und negativer Rückkopplung zugrunde liegen, sind noch weitgehend unverstanden.

Ähnlich wie Sertoli- und Leydigzellen stellen auch Theka- und Granulosazellen Gonadotropin-abhängig unterschiedliche Steroidhormone her. **Thekazellen** besitzen LH-

Rezeptoren, die nach Ligandenbindung über G_s-vermittelte Signaltransduktion via cAMP und <u>c</u>AMP-<u>r</u>esponsive <u>E</u>lemente (CRE; ▶ Abschnitt 20.4) die Biosynthese von Enzymen des Sexualhormon-produzierenden Stoffwechselwegs ankurbeln. Daraufhin stellen sie vermehrt **Androstendion** und **Testosteron** her (Abbildung 30.28). Da Thekazellen *keine* Aromatase produzieren, sind sie auf benachbarte **Granulosazellen** angewiesen, um frei diffundierendes Androstendion in Östrogen und vor allem in **Östradiol** umzuwandeln. FSH induziert die **Aromatase-Expression** in Granulosazellen über seine Rezeptoren, die wiederum G_s-gekoppelt sind und *via* promotornahe CRE-Elemente die Biosynthese dieses Schlüsselenzyms antreiben. Dadurch wird die Östradiolproduktion von Granulosazellen in die Höhe getrieben; *via* Diffusion gelangt Östradiol in die Zirkulation, wo es an Albumin und ein **SBP-Trägerprotein** (engl. *sex steroid binding protein*) bindet und dadurch seine biologische Halbwertszeit verlängert. Anders als Thekazellen besitzen Granulosazellen *keine* 17α-Hydroxylase (syn. 17,20-Desmolase) und sind daher auf die Bereitstellung von Androstendion aus Thekazellen angewiesen. Allerdings stellen Granulosazellen bei LH-Stimulation große Mengen an **Progesteron** her, das wiederum per Diffusion in Thekazellen gelangt und dort als Substrat für die Androstendionsynthese dient: Auch im Ovar gibt es also rege Zwiesprache zwischen zwei Zelltypen! Für den geregelten Ablauf des Zyklus ist es wichtig, dass in der follikulären Phase unter dem Einfluss hoher LH-Konzentrationen die Östradiolsynthese der Follikel dominiert, während in der lutealen Phase das *Corpus luteum* neben seinem Hauptprodukt Progesteron auch signifikante Mengen an Östradiol erzeugt (Abbildung 30.27).

Das fein abgestimmte Zusammenspiel all dieser Mediatoren und Effektoren führt zum monatlichen Rhythmus der Menses. Wird eine Oocyte nach der Ovulation befruchtet, so

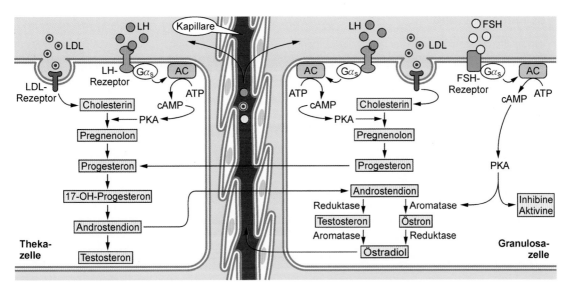

30.28 Komplementäre Funktionen von Theka- und Granulosazellen. Unter LH-Stimulation stellen Thekazellen Androstendion her, das über Diffusion in benachbarte Granulosazellen gelangt. Diese stellen daraus unter FSH-Stimulation vermehrt Östradiol her, das ins Blut abgegeben wird. Hingegen gelangt das von LH-stimulierten Granulosazellen produzierte Progesteron per Diffusion in Thekazellen, wo es in die Androstendionproduktion eingespeist wird. Beide Zelltypen besitzen LDL-Rezeptoren, um den notwendigen Cholesterinnachschub zu sichern. [AN]

übernimmt im Verlauf der Schwangerschaft die Placenta die kritische Rolle des *Corpus luteum* bei der Progesteronproduktion. Dazu erzeugt die Placenta **humanes Choriongonadotropin** (HCG), das strukturell dem LH und FSH verwandt ist (Abbildung 30.29) und ähnliche biologische Wirkungen zeitigt, nämlich die Stimulation der Progesteron- und Östradiolproduktion initial durch das *Corpus luteum* und später (> 12 Wochen) durch die Placenta selbst.

Die detaillierte Kenntnis der molekularen Vorgänge beim menstruellen Zyklus hat die Entwicklung von Kontrazeptiva ermöglicht, die eine effektive Empfängnisverhütung erlauben (Exkurs 30.7).

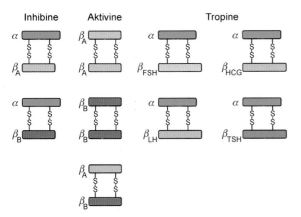

30.29 Tropine, Inhibine und Aktivine. Zur Familie der Tropine zählen neben LH, FSH und HCG auch Thyreoidea-stimulierendes Hormon (TSH); sie besitzen alle dieselbe α-Untereinheit, unterscheiden sich aber in ihren β-Untereinheiten. Aktivine sind Homodimere aus zwei β-Untereinheiten, während Inhibine Heterodimere aus je einer α- und einer β-Kette verkörpern. Alle diese Proteohormone sind Homologe von TGF-β (▶ Exkurs 29.3).

Exkurs 30.7: Kontrazeptiva

Kontrazeptiva sind typischerweise Kombinationspräparate aus synthetischen **Östrogen-** und **Progesteronderivaten** (Progestine) in wechselnder Zusammensetzung. Am häufigsten kommen Ethinylöstradiol und Mestranol sowie an Position 19 demethylierte Progesteronderivate wie z. B. Norethindron und Levonorgestrel (Microlut®) zum Einsatz. Orale Kontrazeptiva werden im Allgemeinen über die ersten 21 Tage des Zyklus genommen (gerechnet ab Beginn der Regelblutung); an den Tagen 22–28 werden Placebo oder eisenhaltige Tabletten verabreicht. Monophasische Kombinationen haben ein fixes Verhältnis von Östrogenen und Progestinen, während multiphasische Präparate ihre Wirkstoffe in wechselnden Mengenverhältnissen kombinieren; dabei ist der Östrogenanteil konstant niedrig. „Mini-Pillen" enthalten nur Progestin, werden bei Risikopatienten eingesetzt und sind mit einem deutlich höheren Risiko für eine ungewollte Schwangerschaft behaftet. Wirkprinzip aller Kontrazeptiva ist die **Suppression des Anstiegs von FSH- bzw. LH-Spiegeln** und damit die Unterdrückung von Follikelreifung bzw. Eisprung (Abbildung 30.27). Die **Hormonersatztherapie** nach Aussetzen der Regelblutung beruht auf einer Kombination von Östrogenen und Progestinen und führt zur Milderung der postmenopausalen Symptomatik wie z. B. einer Osteoporose (Exkurs 30.4); allerdings kann diese Therapie auch unerwünschte Nebenwirkungen zeitigen.

Wir haben nun die überragende Rolle molekularer Signalketten bei der Steuerung komplexer Systeme des menschlichen Körpers anhand ausgewählter Beispiele kennen gelernt. In den nachfolgenden Kapiteln werden wir auf diese Kenntnisse zurückgreifen und sie auf weitere wichtige physiologische Prozesse anwenden.

Zusammenfassung

- Vier Kanaltypen steuern die Aktionspotenziale im Herzen. **Spannungsgesteuerte Na⁺-Kanäle** tragen **Spannungssensoren** und bilden **Kanalporen**, die beim Eintreffen eines Aktionspotenzials öffnen und einen Na^+-Einstrom während der Depolarisationsphase erlauben.
- **Spannungsgesteuerte Ca²⁺-Kanäle vom L-Typ** vermitteln in der Depolarisationsphase den Ca^{2+}-Einstrom in Kardiomyocyten. Zu den **K⁺-Kanälen** vom K_v-Typ gehören u. a. **K$_{ATP}$**-Kanäle.
- **Schrittmacherkanäle** vom **HCN-Typ** werden durch Hyperpolarisation aktiviert und über cyclische Nucleotide moduliert. Sie sind wenig ionenselektiv und lösen spontan Selbstdepolarisationen im SA-Knoten aus.
- Die **elektromechanische Kopplung** am Herzen kommt nach Eintreffen eines Aktionspotenzials durch sequenzielle Öffnung von **spannungsgesteuerten Na⁺- und Ca²⁺-Kanälen** im Sarcolemm und **Ryanodinrezeptoren** im SR zustande. Der Anstieg von $[Ca^{2+}]_i$ führt zur Kontraktion. **Ca²⁺-ATPasen** im SR sowie **ATP-getriebene Ca²⁺-Pumpen** und **Na⁺-Ca²⁺-Austauscher** in der Plasmamembran pumpen Ca^{2+} aus dem Cytosol und relaxieren Zellen.
- Das **sympathische Nervensystem** am Herzen phosphoryliert über **β₁-Adrenorezeptoren** die **L-Typ-Ca²⁺-Kanäle**, wodurch sich ihre Öffnungszeit verlängert und mehr Ca^{2+} einströmt (positiv inotrop). Die Phosphorylierung von **Phospholamban** führt zur „Enthemmung" von ATPase, sodass sich Relaxationszeiten verkürzen (positiv chronotrop).
- Das **parasympathische Nervensystem** setzt die Kontraktionskraft des Herzens herab (**negativ inotrop**). Acetylcholin aktiviert *via* M₂-Rezeptoren **GIRK-Kanäle** auf Schrittmacherzellen und drosselt die Herzfrequenz (negativ chronotrop).
- **Noradrenalin** kontrahiert glatte Gefäßmuskulatur über **α₁-Rezeptoren** *via* MLC-Kinase und Phosphorylierung der leichten Myosinketten. **Adrenalin** relaxiert glatte Gefäßmuskulatur über **β₂-Rezeptoren** *via* Phosphorylierung und Inaktivierung von MLC-Kinase.
- **Acetylcholin** relaxiert Gefäße indirekt über **M₃-Rezeptoren** und Aktivierung von **NO-Synthase** der Endothelzellen. NO diffundiert in umliegende glatte Muskelzellen und inaktiviert dort *via* $[cGMP]_i$-Anstieg die MLC-Kinase.
- Bei der **Vasodilatation** wirken bevorzugt **spannungsgesteuerte K⁺-Kanäle**, die nach Depolarisation öffnen, eine **Hyperpolarisation** bewirken und damit spannungsgesteuerte Ca^{2+}-Kanäle schließen. Der verminderte Ca^{2+}-Einstrom senkt $[Ca^{2+}]_i$, was die MLC-Kinase-Aktivität mindert.
- Wichtige Antihypertensiva sind **L-Typ-Ca²⁺-Kanalblocker**, **ACE-Inhibitoren** sowie **AT₁-Rezeptor-Antagonisten**.
- Diuretika wie **Thiazide** hemmen den Na^+-Cl^--Cotransport am distalen Tubulus; **Schleifendiuretika** aktivieren Na^+-K^+-Cl^--Cotransporter im aufsteigenden Teil der Henle-

Schleife; an Sammelrohren wirken **Aldosteron-Rezeptorantagonisten** über die Repression von Na^+-K^+-ATPase und Na^+-Kanälen; **K⁺-sparende Diuretika** funktionieren *via* Hemmung epithelialer Na^+-Kanäle.
- Volumen und Osmolarität von Blut und extrazellulärer Flüssigkeit werden vor allem renal reguliert. **ADH** wirkt über **V₂-Rezeptoren** auf Hauptzellen der Sammelrohre und stimuliert die Translokation von **Aquaporin-2** zur luminalen Membran. Die erhöhte Permeabilität ermöglicht Wasserretention, Zunahme des effektiven zirkulierenden Volumens und Abnahme der Osmolarität des Plasmas.
- Bei Hypovolämie oder Hyponatriämie schüttet der juxtaglomeruläre Apparat **Renin** aus, das **Angiotensin-I** generiert, aus dem **ACE** aktives **Angiotensin-II** freisetzt; in proximalen Tubuli bewirkt es die Retention von Na^+ und K^+. Terminaler Effektor ist **Aldosteron**, das **ENaC-** und **K⁺-Kanäle** im Epithel proximaler Tubuli stabilisiert und die Na^+-Resorption steigert.
- **ANP** bewirkt **Diurese** und **Natriurese** *via* Erhöhung der $[cGMP]_i$ in proximalen Tubuli; durch Inaktivierung von Na^+-K^+-ATPase und Na^+-Kanälen wird die Rückresorption von Na^+ und Wasser gedrosselt. **Noradrenalin** steigert die Na^+-Retention in der Niere.
- Die Aufrechterhaltung des **Säure-Basen-Haushalts** übernehmen **Na⁺-H⁺-Austauscher**, die über H^+-Exkretion den Harn ansäuern; dazu trägt auch die **Rückresorption von Bicarbonat** bei. Luminale **Carboanhydrase IV** zerlegt filtriertes HCO_3^- in H^+ und CO_2, sodass CO_2 ins Epithel diffundieren kann, wo es mit OH^- zu HCO_3^- reagiert und von dort ins Interstitium gelangt.
- **Calcitriol** stimuliert die Resorption von Ca^{2+} *und* PO_4^{3-} im Dünndarm sowie ihre tubuläre Rückresorption. Am Knochen regt es *via* **RANKL** die Differenzierung zu **Osteoklasten** an, die am calcifizierten Knochen **Lakunen** bilden. Eine **ATP-abhängige Protonenpumpe** schüttet H^+ in die Lakunen aus. Nettoeffekt ist eine Ca^{2+}-Mobilisierung aus Knochenapatit.
- Die Freisetzung von **Parathormon** aus den Nebenschilddrüsen erfolgt über **Ca²⁺-sensorische Rezeptoren**. Parathormon fördert in der Niere *via* **PTH₁-Rezeptoren** die Rückresorption von Ca^{2+}, während es die von PO_4^{3-} hemmt.
- **Calcitonin** ist ein Produkt von parafollikulären Zellen der Schilddrüse, das die resorptive Aktivität von Osteoklasten hemmt. Calcitonin trägt zur Absenkung des plasmatischen Ca^{2+}-Spiegels bei und wirkt antagonistisch zum Calcitriol.
- **Hyperplasie** bezeichnet die Zunahme der Zellzahl, **Hypertrophie** die Zunahme von Zellgröße und -volumen. Die wichtigsten Determinanten sind **Somatotropin/GH** sowie **IGF-I**. Modulatoren der GH-Verfügbarkeit sind **Somatoliberin/GHRH** und **Somatostatin**, die *via* cAMP und PKA wirken.

- **Somatotropin/GH** erzielt in Leber-, Muskel- und Fettzellen durch Aktivierung von Rezeptor-assoziierten **JAKs** seine akuten Effekte, die antagonistisch zu Insulin sind. Seine langfristigen Effekte erreicht es über **Freisetzung von IGF-I** (Leber). Über **IGF-I-Rezeptoren** propagiert IGF-I seine Wachstumssignale z. B. in *Muskelzellen*.

- Ein dreistufiges Regelwerk steuert Synthese und Ausschüttung von Sexualhormonen. Peptiderge Neurone des *Hypothalamus* setzen pulsatil **GnRH** frei, das $[Ca^{2+}]_i$ in gonadotropen Zellen anhebt und damit **LH** und **FSH** im *Hypophysen*vorderlappen ausschüttet. Unter deren Einfluss produzieren die Gonaden **Androgene** und **Östrogene** sowie **Inhibine**, die ihrerseits die GnRH- bzw. Gonadotropinausschüttung hemmen.

- Im **männlichen Sexualtrakt** hebt **LH** die $[cAMP]_i$ in *Leydigzellen* an und verstärkt die Expression von Enzymen der Testosteronbiosynthese. Testosteron gelangt per Diffusion in benachbarte *Sertolizellen*. **FSH** stimuliert dort *via* cAMP und PKA die Expression von **Aromatase**, die das aus Leydigzellen importierte Testosteron zu **Östradiol** umwandelt.

- FSH und LH veranlassen follikuläre Zielzellen im *Ovar* zur Produktion von Östrogenen, Progesteron, Inhibinen und Aktivinen. Diese wirken auf das **Endometrium** des *Uterus* ein und erzeugen den **menstruellen Zyklus**.

- In der **follikulären Phase** des *ovariellen Zyklus* steigt initial der **LH-Spiegel** an. Ein mäßig hoher FSH-Spiegel löst im Ovar die Reifung von Follikeln aus, in deren Zentrum eine **Oocyte** umgeben von **Granulosazellen** und **Thekazellen** liegt. Mit der Follikelreifung produzieren Granulosazellen vermehrt **Östradiol** und regen das Endometrium zum Wachstum an.

- Am Ende der **proliferativen Phase** des *endometrialen Zyklus* steigt die Östrogenproduktion des Ovars an; ein **Wechsel von negativer zu positiver Rückkopplung** erzeugt den **LH-Anstieg**, während FSH unter zunehmender **Progesteron**produktion der Thekazellen ansteigt. Präovulatorisch fallen LH und FSH drastisch ab, der reife Follikel platzt, und es kommt zur **Ovulation**.

- Der Follikel entwickelt sich in der **lutealen Phase** *des ovariellen Zyklus* zum *Corpus luteum*. Lutealzellen produzieren zunehmend **Progesteron**; gleichzeitig erzeugen sie vermehrt **Östradiol** und **Inhibine**.

- In der *sekretorischen Phase des endometrialen Zyklus* unterdrücken steigende Progesteron- und Östradiolspiegel die Gonadotropinproduktion. Mit fallendem LH bildet sich das *Corpus luteum* zurück; sekundär gehen Progesteron- und Östradiolspiegel rasch zurück. Daraufhin degeneriert das **Endometrium** und wird bei der **Menstruation** abgestoßen.

- Kontrazeptiva sind Kombinationspräparate aus **Östrogen-** und **Progesteronderivaten**; dagegen enthalten **Mini-Pillen** *nur* Progestin. Wirkprinzip aller Kontrazeptiva ist die **Unterdrückung des Anstiegs von FSH- bzw. LH-Spiegeln** und damit der Follikelreifung und des Eisprungs.

Molekulare Physiologie des Gastrointestinaltrakts

Kapitelthemen: 31.1 Hormonelle Regelwerke im Magen-Darm-Trakt 31.2 Molekulare Mechanismen bei der Verdauung 31.3 Hormonelle Steuerung des exokrinen Pankreas 31.4 Steuerung des Glucosemetabolismus durch das endokrine Pankreas

Die Homöostase eines Organismus erfordert ausgeklügelte molekulare Mechanismen, die für die Aufrechterhaltung eines konstanten internen Milieus sorgen. Fundamentale Aspekte dabei sind Zufuhr und Aufnahme von Bausteinen, Elektrolyten, Energiestoffen und Vitaminen aus der Nahrung, aber auch die Ausscheidung von metabolischen Abfallprodukten über den *Gastrointestinaltrakt*, die Niere und die Lunge. Ein spezieller Aspekt ist die präzise Einstellung des *Blutzuckerspiegels* in engen Konzentrationsgrenzen, die durch ein fein austariertes System endokriner Kontrollen sichergestellt wird. Im Folgenden wollen wir den molekularen Maschinenpark und die hormonellen Regelwerke erkunden, die so elementare physiologische Prozesse wie Verdauung, Resorption und Sekretion mit großer Präzision steuern.

lation der Parietalzellen z. B. durch Acetylcholin oder Gastrin fördern diese **Protonenpumpen** H$^+$-Ionen aus dem Zellinnern ins Magenlumen und gleichzeitig K$^+$-Ionen in das Cytosol; dabei erzeugen sie einen steilen H$^+$-Gradienten mit einem millionenfachen molaren H$^+$-Überschuss im Lumen, entsprechend einem um ca. sechs Einheiten niedrigeren pH-Wert. Gleichzeitig lassen **Cl$^-$-Kanäle** äquivalente Mengen an Chloridionen aus den Parietalzellen durch, während **Aquaporine** den Ausstrom von Wasser ermöglichen: Durch diese konzertierten Prozesse entsteht im Magenlumen verdünnte Salzsäure (ca. 30 bis 150 mM HCl).

Zur Aufrechterhaltung des cytosolischen pH-Werts nehmen die Parietalzellen CO_2 sowie H_2O *via* Aquaporine aus dem Interstitium auf und wandeln es durch cytosolische **Carboanhydrase** zu HCO_3^- und H$^+$ um; damit wird der Protonen-

Hormonelle Regelwerke koordinieren die Magenfunktionen

Der gastrointestinale Trakt besteht aus einer Serie von Hohlorganen vom Mund bis zum Anus, die mit akzessorischen Drüsen und Organen bestückt sind. Jedes Organ übernimmt dabei spezialisierte Funktionen für die Aufnahme und Aufbereitung von Nahrungskomponenten, mitunter auch für die Ausscheidung von metabolischen Produkten. Die Steuerung dieser Vorgänge liegt einerseits beim autonomen Nervensystem, andererseits bei einer Vielzahl von endokrinen Drüsen, Geweben und einzelnen Zellen, die man in ihrer Gesamtheit als größte „Hormondrüse" des menschlichen Organismus ansehen kann. Eine Schlüsselposition nimmt dabei der **Magen** ein, der in seinem Corpus sekretorische Produkte – allen voran die **Magensäure** 🔖 – herstellt, wichtige Motorfunktionen beim Speisetransport übernimmt und *via* Antrum zur humoralen Steuerung – vor allem über Gastrin und Somatostatin – beiträgt. Betrachten wir zunächst die **Säuresekretion** durch Parietalzellen (Belegzellen): Ihre luminale Plasmamembran ist mit **H$^+$-K$^+$-ATPasen** ausgestattet, die ATP-getrieben im Antiport-Modus arbeiten (Abbildung 31.1). Sie sind mit den Na$^+$-K$^+$-ATPasen verwandt und sind ebenfalls Heterodimere aus α- und β-Untereinheiten (▶Abschnitt 26.1). Bei Stimu-

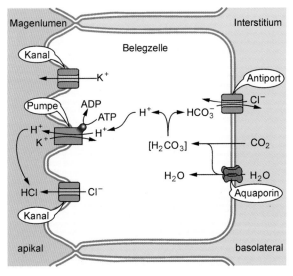

31.1 Säuresekretion von Parietal(Beleg-)zellen nach Stimulation. Details siehe Text. Die Magendrüsen produzieren täglich ca. 2 bis 3 l verdünnte Salzsäure mit einem pH zwischen 0,8 und 1,5. Der Magensaft enthält u.a. auch Pepsinogen, Intrinsischen Faktor (IF) und Mucine. Die Parietalzellen schützen sich mit ihrer Glykocalyx (▶Abbildung 25.10) gegen den aggressiven Magensaft. Im Ruhezustand sichern Na$^+$-H$^+$-Austauscher sowie Na$^+$-K$^+$-ATPasen auf der basolateralen Seite die Aufrechterhaltung des intrazellulären pH (nicht gezeigt).

export kompensiert. HCO_3^- wird über einen **Cl^--HCO_3^--Austauscher** der basolateralen, d.h. lumenabgewandten, Membran exportiert und gleichzeitig Cl^- importiert. Schließlich wird importiertes K^+ über einen lumenseitigen, apikalen **K^+-Kanal** wieder aus der Zelle ausgeschleust – wir haben es hier also mit einer Rezirkulation von K^+ zu tun. Eine Überproduktion von Magensäure, die zu Gastritis (Magenschleimhautentzündung) und peptischem Ulcus (Magengeschwür) führen kann, lässt sich durch **Protonenpumpenhemmer** wie Omeprazol (Antra®) effektiv unterdrücken. Omeprazol wird im sauren Milieu des Magens durch intramolekulare Umlagerung aktiviert, bindet dann irreversibel an H^+-K^+-ATPase und inaktiviert sie damit; eine Wiederaufnahme der Funktion ist nur durch Neusynthese von H^+-K^+-ATPase möglich.

Hormone, die Parietalzellen zur Säuresekretion anregen, sind Acetylcholin, das über seinen $G\alpha_q$-gekoppelten muscarinischen M_3-Rezeptor signalisiert, Gastrin via Cholecystokinin-Rezeptor CCK_2/G_q und Histamin via H_2-Rezeptoren/G_s. Sie wirken über Ca^{2+}- bzw. cAMP-abhängige Kinasen, die H^+-K^+-ATPasen phosphorylieren und damit aktivieren (Abbildung 31.2); darüber hinaus stimulieren sie die Exocytose von z.B. Hormonen. Dabei wirken **Acetylcholin** und Gastrin *direkt* auf Parietalzellen; alternativ können sie aber auch enterochromaffinähnliche Zellen in der Mucosa des Magens stimulieren, die daraufhin **Histamin** ausschütten, das wiederum über H_2-Rezeptoren auf Parietalzellen einwirkt. Die Bedeutung dieser *indirekten* Stimulation wird durch die erfolgreiche Anwendung von **H_2-Rezeptor-Antagonisten** wie Cimetidin (Cimebeta®) deutlich, die erfolgreich zur Reduktion der Magensaftsekretion bei der Ulcus-Rezidivprophylaxe eingesetzt werden. **Gastrin** aus den G-Zellen des An-

trums (Magen) und Duodenums (Dünndarm) ist ein Peptidhormon, das ein C-terminales Hexapeptid der Sequenz Tyr(O-SO₃H)-Gly-Trp-Met-Asp-Phe-CONH₂ trägt, dessen Tyrosinrest sulfatiert ist (▶Tafel C3). Eine Überproduktion von Gastrin, wie sie z.B. bei G-Zell-Tumoren vorkommt, führt zum **Zollinger-Ellison-Syndrom** mit peptischem Ulcus und stark erhöhtem Risiko für ein Magenkarzinom.

Der wichtigste Gegenspieler des stimulierenden Hormontrios Acetylcholin/Gastrin/Histamin ist das Peptidhormon **Somatostatin**, das von D-Zellen im Antrum und Corpus des Magens ausgeschüttet wird und über seinen G_i-gekoppelten SST-Rezeptor den cAMP-Spiegel der Parietalzellen absenkt. Darüber hinaus hemmt Somatostatin die Histaminfreisetzung aus den enterochromaffinähnlichen Zellen im Corpus. Beide Mechanismen drosseln die Magensaftproduktion, aber auch die Gastrin- und Pepsinogensekretion des Magens. In gleicher Weise agiert das parakrin wirkende **Prostaglandin PGE_2**, das über seine G_i-gekoppelten EP_3-Rezeptoren die Magensaftproduktion zügelt. Generell wirken Prostaglandine protektiv auf die Magenschleimhaut. Die Hemmung der Prostaglandinsynthese z.B. durch therapeutisch eingesetzte **nichtsteroidale Antiphlogistika** (engl. *nonsteroidal antiinflammatory drugs*, NSAID), welche die Cyclooxygenase COX-1 irreversibel hemmen (▶Abbildung 37.8), nimmt diesen „Zügel" weg und kann daher zu Gastritis und Ulcusbildung führen (Abbildung 31.2). Die mit Abstand häufigste Ursache für peptische Ulcera ist jedoch eine Infektion mit dem Bakterium *Helicobacter pylori* (Exkurs 31.1). Ein weiterer wichtiger Hemmstoff der Magensaftsekretion ist **Sekretin**, das den S-Zellen des Duodenums entstammt, über den Blutweg in die Magenmucosa gelangt, dort über seinen

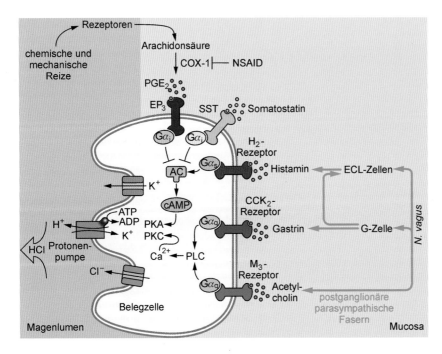

31.2 Regulation der Säuresekretion von Parietalzellen. Dehnungs- und chemische Reize z.B. durch Coffein oder Alkohol lösen eine Gastrinfreisetzung aus den G-Zellen von Antrum bzw. Duodenum aus („gastrische Phase"). Der *N. vagus* schüttet bei Stimulation an seinen parasympathischen Endigungen Acetylcholin aus („kephalische Phase"). Gastrin und Acetylcholin (ACh) setzen wiederum Histamin aus enterochromaffinartigen Zellen (ECL, engl. *enterochromaffin-like cells*) der Magenwand frei, das dann sekundär auf Parietalzellen einwirkt.

G_s-gekoppelten Rezeptor die Freisetzung von Somatostatin aus D-Zellen stimuliert und gleichzeitig die Sekretion von Gastrin inhibiert. Auch **gastrisches inhibitorisches Peptid (GIP)** hemmt über G_s-gekoppelte Rezeptoren die Gastrinfreisetzung. Schließlich inhibiert Cholecystokinin über CCK$_1$-Rezeptoren auf Belegzellen die gastrische H$^+$-Sekretion (▶ Tafeln C5–C8).

 Exkurs 31.1: *Helicobacter pylori*

Bis zu 50 % der Weltbevölkerung sind mit *Helicobacter pylori* infiziert. Das gram-negative Bakterium gilt als Hauptursache für gastroduodenale Ulcuserkrankungen und als Risikofaktor für Magenkarzinome. Um im sauren Milieu des Magens zu überleben, spaltet das Bakterium mit seinem Enzym **Urease** Harnstoff zu Ammoniak und CO_2 und hält damit den pH-Wert in seiner unmittelbaren Umgebung hoch. *H. pylori* heftet sich über Adhäsionsproteine an **Epithelzellen** in der Schleimhaut des Antrums an. Diese Fixierung stört die Integrität der Mucosa und aktiviert das Immunsystem. Die Entzündungsantwort führt zur vermehrten Freisetzung von Gastrin aus G-Zellen und sekundär zur **Überproduktion von Magensäure**. Möglicherweise hemmt *H. pylori* auch die Somatostatinfreisetzung von D-Zellen und hebelt damit den wichtigsten „Zügel" der Gastrinproduktion aus. Eine weitere „Waffe" von *H. pylori* ist sein **cagA-Protein** (Cytotoxin-assoziiertes Gen A), das *via* Phosphorylierung die reguläre Signaltransduktion von Epithelzellen des Magens stört und damit ihre onkogene Transformation fördert. Zur **Eradikation** von *H. pylori* eignet sich eine Tripel-Therapie mit den Antibiotika Amoxicillin und Clarithromycin sowie einem Protonenpumpenhemmer wie Lansoprazol (Agopton®). Die Diagnostik erfolgt über Biopsie sowie durch Gabe von ^{13}C-Harnstoff und Messung des bei der Ureasereaktion entstehenden ^{13}C-CO_2 in der Atemluft.

Zu den gastrointestinaltraktspezifischen Hormonen zählt **Motilin**, das die rhythmischen Kontraktionen von Magen und Dünndarm im Hungerzustand wesentlich bestimmt. Das Peptidhormon entstammt der duodenalen Mucosa und kann über seinen G_q-gekoppelten Rezeptor die Kontraktion der glatten Muskulatur im oberen Gastrointestinaltrakt auslösen.

31.2 Kanäle und Transporter regulieren Digestion und Resorption

Die wichtigsten Komponenten unserer Nahrung sind Kohlenhydrate, Fette, Proteine, Elektrolyte und Vitamine. Bereits in der Mundhöhle kommt der Speisebrei mit abbauenden Enzymen aus **Speicheldrüsen** 🔖 in Kontakt, die primär unter Kontrolle des autonomen Nervensystems stehen. Zusammen produzieren die Speicheldrüsen ca. 1,5 l Sekret pro Tag! Die Azinuszellen der **Ohrspeicheldrüse** (*Glandula parotis*) produ-

zieren ein seröses Sekret, das reich an **α-Amylase** ist und den hydrolytischen Abbau von Speisestärke einleitet, die mit ca. 60 % den Löwenanteil unter den Kohlenhydraten der Nahrung ausmacht. Hingegen produzieren die Azinuszellen der **Unterzungendrüse** (*G. sublingualis*) ein muköses Produkt, das reich an hochglykosylierten Proteinen vom Typ der **Mucine** ist und die Gleitfähigkeit der aufgenommenen Nahrung für die nachfolgenden Passagen erhöht. Die **Unterkieferspeicheldrüse** (*G. submandibularis*) besitzt beide Typen von Azinuszellen. Sie sezernieren u. a. Lipasen, das bakterizid wirkende **Lysozym** sowie Ca^{2+}-bindende **prolinreiche Proteine**, die vermutlich wichtig für die Zahnschmelzbildung sind. Die Gangzellen der Speicheldrüsen produzieren typischerweise ein hypotones Sekret, das reich an K$^+$ und HCO$_3^-$ ist, aber wenig NaCl enthält. Die wichtigsten Stimulatoren für Azinus- und Gangzellen sind **Acetylcholin** *via* M$_3$-Rezeptoren und **Noradrenalin** über α$_1$-Adrenorezeptoren. Beide Rezeptoren sind G_q-gekoppelt und signalisieren über eine erhöhte intrazelluläre Ca^{2+}-Konzentration.

Nach der Passage durch den Ösophagus (Speiseröhre) gelangt der angedaute Speisebrei (Chymus) in das saure Milieu des Magens, das die meisten Proteine rasch denaturiert und damit einem weiteren proteolytischen Abbau zugänglich macht. Gleichzeitig werden Fette und Öle zu feinen Lipidpartikeln emulgiert („Fettemulsion"), bevor sie mit den übrigen Komponenten des Chymus in den Dünndarm übertreten. Der größte Teil der Nahrung kann nicht unmittelbar vom **Darm** aufgenommen werden; lediglich Monosaccharide wie z. B. Glucose oder freie Fettsäuren werden ohne enzymatische Vorbehandlung resorbiert. Mehr als 95 % der Nahrungsbestandteile müssen dagegen zunächst einmal verdaut werden, bevor sie resorbiert werden können (Abbildung 31.3). So werden **Proteine** größtenteils in einzelne Aminosäuren zerlegt, die dann von den Enterocyten des Darmepithels über Transporter aufgenommen werden. **Oligopeptide** hingegen werden von Enterocyten aufgenommen, dann intrazellulär hydrolysiert und wiederum als Aminosäuren weitergereicht. **Oligo- und Polysaccharide** werden zu Monosacchariden hydrolysiert, die von den Enterocyten resorbiert werden. Schließlich werden **Fette** in Monoacylglycerin und freie Fettsäuren zerlegt, von Enterocyten aufgenommen und für die Resynthese von Fetten genutzt, die dann *via* Chylomikronen in den Blutstrom gelangen (▶ Abschnitt 46.3).

Monosaccharide, die mit der Nahrung aufgenommen oder durch Hydrolyse von Stärke mittels α-Amylase aus Speicheldrüsen oder Pankreas entstehen, werden über **Transporter** vom Typ **SGLT-1** (Glucose, Galactose) bzw. **GLUT-5** (Fructose) von Darmepithelzellen aufgenommen und dann weiterverarbeitet (Abbildung 31.4). **Disaccharide** werden zunächst an membranständigen Enzymen des epithelialen Bürstensaums wie z. B. Lactase, Maltase und Saccharase (syn. Sucrase) zu Monosacchariden hydrolysiert, die dann resorbiert werden. Zucker verlassen das Darmepithel auf der basolateralen Seite wiederum über GLUT-Transporter, während das über SGLT-1 importierte Na$^+$ über eine basolaterale **Na$^+$-K$^+$-ATPase** unter

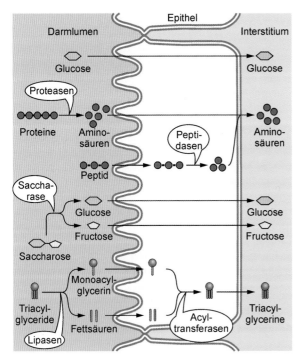

31.3 Strategien der Digestion und Resorption von Nahrungsbestandteilen. Dabei kann die Aufnahme erfolgen: ohne vorherige Digestion (Monosaccharide); nach luminaler Hydrolyse (Proteine); Hydrolyse am Bürstensaum des Darmepithels (Oligosaccharide); nach intrazellulärer Hydrolyse (Oligopeptide) bzw. luminaler Hydrolyse und intrazellulärer Resynthese (Fette). [AN]

ATP-Verbrauch wieder aus der Zelle herausgepumpt wird. Dabei entsteht ein steiler Na⁺-Gradient über der luminalen Zellmembran, der den SGLT-vermittelten unidirektionalen Transport von Monosacchariden aus dem Lumen ins Inter-

stitium antreibt (▶Abbildung 26.3). Der **Na⁺-abhängige Glucose-Cotransporter SGLT-1** (engl. *sodium-dependent glucose transporter*) besitzt zwölf membrandurchspannende α-Helices. Durch Punktmutationen im SGLT-1-Gen, bei denen funktionell defekte Varianten des Transporters entstehen, kommt es zur **Glucose-Galactose-Malabsorption** mit rezidivierender Diarrhoe (▶Exkurs 25.3). Ein Mangel an Lactase führt hingegen zur **Lactoseintoleranz** (▶Exkurs 2.1).

Anders als bei Kohlenhydraten und Fetten beginnt die Verdauung von **Proteinen** erst im Magen, wo Hauptzellen das Proenzym **Pepsinogen** produzieren. Im sauren Milieu des Magensafts kommt es zur Autoaktivierung des Proenzyms, wobei die Aspartatprotease Pepsin entsteht, die ein außergewöhnlich niedriges pH-Optimum von ca. 2,0 besitzt (▶Abbildung 13.6). Dadurch kann Pepsin effektiv die saure Hydrolyse von Nahrungsproteinen katalysieren, die zuvor durch Magensäure denaturiert werden. Im leicht sauren Milieu des Dünndarms übernehmen dagegen pankreatische Proteasen wie Trypsin, Chymotrypsin und Elastase die weitere Spaltung der Proteine in kleinere Oligopeptide, die von den pankreatischen Carboxypeptidasen A und B zum Teil bis zu den Aminosäuren abgebaut werden (Abschnitt 31.3). Dieser Prozess wird am Darmepithel, das auf seiner Oberfläche reichlich mit Peptidasen bestückt ist, abgeschlossen und die freien Aminosäuren aus dem Darmlumen vor allem über **Na⁺-getriebene Aminosäuretransporter** in die Epithelzellen verfrachtet (Abbildung 31.5). Verbliebene Oligopeptide können alternativ über den **H⁺-getriebenen Transporter PepT1** ins Darmepithel „verklappt" werden, wo sie dann von cytosolischen Peptidasen endgültig zu Aminosäuren abgebaut werden. Der Abtransport ins Interstitium – und damit letzt-

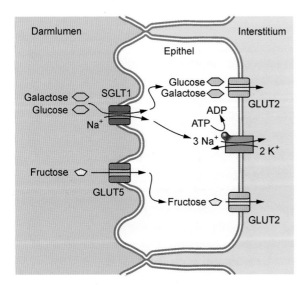

31.4 Resorption von Monosacchariden. Glucose und Fructose entstehen bei der Hydrolyse von Saccharose, Galactose und Glucose aus Lactose; zwei Glucose-Einheiten entstehen dagegen aus Maltose (▶Abbildung 2.9). [AN]

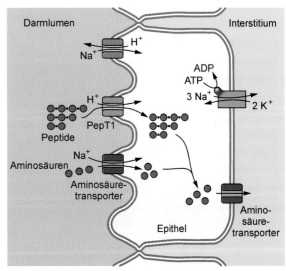

31.5 Resorption von Oligopeptiden und Aminosäuren durch den Darm. Viele Aminosäuretransporter sind Na⁺-getrieben, während Oligopeptidtransporter wie PepT1 H⁺-getrieben sind. Der luminale Protonengradient wird durch den Na⁺-getriebenen Na⁺-H⁺-Antiport aufrechterhalten. Importiertes Na⁺ wird über basolaterale Na⁺-K⁺-ATPase ins Interstitium ausgeschleust. [AN]

lich ins Blut – erfolgt über eine Gruppe von **Na⁺-*un*abhängigen Aminosäuretransportern** auf der basolateralen Seite des Darmepithels. Es gibt mindestens neun Typen von Aminosäuretransportern im menschlichen Proteom, von denen einige Substratpräferenz für neutrale, hydrophobe, kationische oder anionische Aminosäuren besitzen, mitunter aber auch für einzelne Aminosäuren wie z. B. Glycin oder nichtproteinogene Aminosäuren wie Taurin oder GABA (▷ Exkurs 2.3).

Ähnlich wie bei Kohlenhydraten beginnt die Digestion von **Lipiden** bereits im oberen Gastrointestinaltrakt: **Lipasen** aus Speicheldrüsenzellen und Hauptzellen des Magens spalten Triglycerine zu Diacylglycerinen und freien Fettsäuren. Die **Lipidhydrolyse** 🖰 wird dann im Dünndarm vollendet: Hier übernimmt **pankreatische Lipase** die Aufgabe, die verbliebenen Tri- und Diglycerine der Emulsionströpfchen vollständig zu Monoacylglycerinen zu hydrolysieren. Als Aktivatoren dienen dabei das Protein **Colipase** sowie Gallensäuren. Pankreaslipase und Colipase lagern sich an die Oberfläche von multilamellären Emulsionströpfchen (ca. 5 nm Durchmesser), deren Membran aus Phospholipiden, Lysophospholipiden, Cholesterin, Gallensäuren sowie den Na⁺- und K⁺-Salzen von Fettsäuren („Seifen") gebildet wird und deren Lumen vor allem Di- und Triglycerine sowie Cholesterinester enthält (Abbildung 31.6). Durch Abbau der Glycerine bilden sich daraus **gemischte Micellen** mit einem hohen Anteil an freien Fettsäuren. Dabei spaltet pankreatische **Phospholipase A₂** die Phosphoglyceride in Lysolecithin und freie Fettsäuren, während pankreatische **Carboxyesterase** die Cholesterinester zu Cholesterin und Fettsäuren hydrolysiert. Die Lipide erreichen in Form **gemischter Micellen** die Mikro-

villi der Enterocyten des Darmepithels, die mit einem feinen, sauren Flüssigkeitsfilm überzogen sind. In diesem sauren Milieu liegen Fettsäuren und Monoacylglycerine in protonierter und damit ungeladener Form vor. Ungeladene Fettsäuren und Monoacylglycerine können frei durch die Plasmamembran diffundieren oder über Fettsäuretransporter in das Cytosol von Enterocyten gelangen. Lysophospholipide und Cholesterin folgen auf diesem Wege oder verbleiben in der Lipiddoppelschicht der Plasmamembran von Enterocyten. Im glatten endoplasmatischen Reticulum (ER) der Enterocyten erfolgt dann die **Resynthese** von Triacylglycerinen, Phospholipiden und Cholesterinestern aus den resorbierten Komponenten. **Apolipoproteine** (▷ Abschnitt 46.3), die am rauen ER entstehen, bilden mit diesen Lipiden **Chylomikronen**, die *via* Lymphe in das zirkulierende Blut gelangen und dann im Organismus verteilt werden.

Ein spezieller Aspekt enteraler Resorption ist die Aufnahme von **Vitamin B₁₂** (Abbildung 31.7). Das **Cobalamin**derivat (▷ Exkurs 47.6), das meist mit Nahrungsproteinen assoziiert ist und nach deren Denaturierung im Magensaft freigesetzt wird, bindet dort an das Transportprotein **Haptocorrin**, das von gastrischen Drüsenzellen und von Speicheldrüsen sezerniert wird. Pankreatische Proteasen bauen Haptocorrin im Duodenum ab; das freigesetzte Cobalamin bildet im alkalischen Milieu des Duodenums einen festen Komplex mit dem **Intrinsischen Faktor** (IF), einem 45-kDa-Glykoprotein, das aus gastrischen Parietalzellen stammt. Der Cobalamin-IF-Komplex bindet im Ileum (Krummdarm; distaler Abschnitt des Dünndarms) an einen **Rezeptor** auf der Oberfläche von Enterocyten, die ihn dann per Endocytose aufnehmen. Nach lysosomalem Abbau von IF und seinem Re-

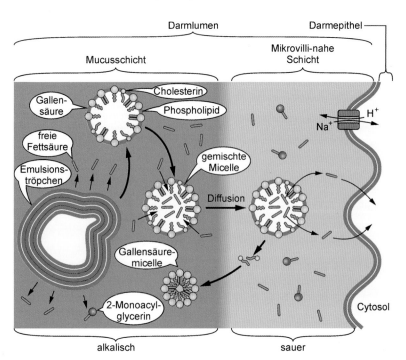

31.6 Enterale Digestion und Resorption von Fetten und anderen Lipiden. Na⁺-H⁺-Austauscher sorgen für einen sauren pH-Wert in der Mikrovilli-nahen Schicht (engl. *acidic unstirred layer*), die unmittelbar der Mucusschicht des Darmepithels anliegt. Ungeladene Fettsäuren und andere Lipide diffundieren durch die Membran ins Cytoplasma der Enterocyten. Anders als z. B. bei Aminosäuren sind spezifische Transportsysteme für die enterale Resorption von Lipiden bislang unbekannt. [AN]

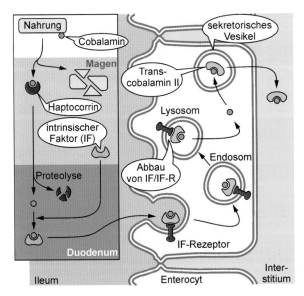

31.7 Transport und Aufnahme von Vitamin B₁₂ im Gastrointestinaltrakt. Im- und Export sowie Verarbeitung von Cobalamin in Enterocyten sind noch nicht in allen Details verstanden. B₁₂ ist ein Cofaktor von Methyltransferasen, die u. a. an der Biosynthese von Methionin beteiligt sind.

zeptor wird „freies" Cobalamin in sekretorische Vesikel eingeschleust und bindet dort an das Protein **Transcobalamin-II**. Nach Sekretion gelangt dieser Komplex über den Portalkreislauf in die Leber, wo Vitamin B₁₂ für den Einbau in Enzyme bereitsteht. Der Mangel an Cobalamin kann zur **perniziösen Anämie** mit Megaloblastenanämie führen (Exkurs 31.2).

Exkurs 31.2: Perniziöse Anämie

Vitamin B₁₂ dient als **Cofaktor** der **Methionin-Synthase** (▶Abschnitt 48.6), die Methyl-Tetrahydrofolat als Methylgruppendonor nutzt. Bei einem B₁₂-Mangel kann die Synthase nicht mehr ausreichend **Tetrahydrofolat** produzieren, das wiederum essenziell für die Biosynthese von Thymin ist („Methylfolat-Falle"). Sekundär kommt es zum **Thyminmangel** und damit zu gravierenden Störungen bei der DNA-Replikation. Dabei ist das **Knochenmark** aufgrund seiner hohen Proliferationsraten besonders betroffen. Es entwickelt sich eine **Pancytopenie** und – da die Erythropoese die Achillesferse der Hämatopoese ist – eine perniziöse Anämie (Morbus Biermer). Obgleich B₁₂ mit der Nahrung aufgenommen werden muss, tritt eine ernährungsbedingte Avitaminose eigentlich nur bei strikt veganer Diät oder bei Alkoholismus auf. Weit häufiger ist eine **Malabsorption** durch den Mangel an **Intrinsischem Faktor** (IF). Häufigste Ursache ist eine **Autoimmun-Gastritis** (Typ A) mit Autoantikörpern gegen Parietalzellen und IF. Selten liegen genetische **Defekte von IF-Rezeptorproteinen** (Imerslund-Gräsbeck-Syndrom) oder von Transcobalamin-II vor. Zur Substitution wird eine stabile Vorstufe des Vitamins wie z. B. Cyanocobalamin (Cytobion®) intramuskulär oder intravenös appliziert; alternativ kommen Depotformen wie Hydroxycobalamin (B₁₂-Depot-Hevert®) zum Einsatz.

Sowohl Dünn- als auch Dickdarm resorbieren über spezifische Transporter große Mengen an **Elektrolyten** aus der Nahrung; dabei folgt **Wasser** *passiv* dem Einstrom von Na⁺ und Cl⁻-Ionen. Vier fundamentale Prozesse regeln die **Na⁺-Aufnahme** durch das Epithel von Jejunum (Leerdarm), Ileum (Krummdarm) und Colon (Dickdarm) (Abbildung 31.8). Antriebsmotor ist die basolaterale **Na⁺-K⁺-ATPase**, die unter Energieverbrauch Na⁺ über die basolaterale Membran in das Interstitium pumpt und dabei einen steilen Na⁺-Gradienten über die luminale Membran der Epithelzellen legt. Unter Ausnutzung dieses Gradienten können nun **Cotransporter** für Na⁺ und Glucose bzw. Na⁺ und Aminosäuren auf der luminalen Seite des Epithels von Jejunum und Ileum den Großteil der postprandialen Na⁺-Resorption bewältigen. Darüber hinaus sorgen **Na⁺-H⁺-Antiporter** vom Typ NHE (engl. *Na⁺-H⁺ exchanger*) in Duodenum und Jejunum ebenso wie epitheliale **Na⁺-Kanäle** vom Typ **EnaC** (engl. *epithelial Na⁺ channels*), die auch in der Niere eine bedeutende Rolle spielen, für zusätzlichen Na⁺-Einstrom in die Epithelzellen (▶Abbildung 30.12). Im Ileum und im proximalen Colon ist dieser NHE-vermittelte Transport an einen Austauscher der Enterocyten gekoppelt, der Cl⁻ aus dem Lumen bei gleichzeitigem Export von HCO₃⁻ aufnimmt; dafür stellt intrazelluläre **Carboanhydrase** das benötigte Bicarbonat bereit. Über spezifische Kanäle können Cl⁻-Ionen auch passiv auf apikaler und basolateraler Epithelseite ein- bzw. ausströmen; alternativ kann Cl⁻ über parazelluläre Routen aus dem Darmlumen ins Interstitium gelangen.

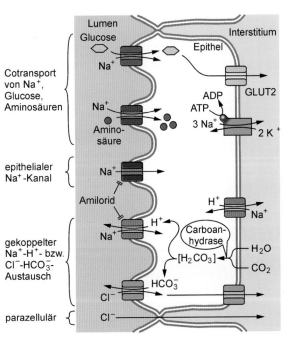

31.8 Modi der aktiven Aufnahme von Na⁺ im Intestinaltrakt. Die unterschiedlichen Mechanismen sind hier vereinfachend für *eine* Zelle dargestellt; tatsächlich sind sie charakteristisch für *mehrere* unterschiedliche Darmabschnitte (siehe Text). Das Diuretikum Amilorid (Diursan®) hemmt ENaC-Kanäle.

Die intestinale **K⁺-Resorption** erfolgt aktiv und transzellulär über luminale **H⁺-K⁺-ATPasen** und basolaterale **K⁺-Kanäle**. Alternativ kann K⁺, wie auch Cl⁻ (siehe oben), passiv und parazellulär mit dem Wasserstrom oder seinem elektrochemischen Gradienten folgend durch *tight junctions* ins Interstitium gelangen. In den Segmenten des Colons erfolgt netto eine **K⁺-Sekretion**, die wiederum passiv (parazellulär) oder aktiv (transzellulär) unter Beteiligung basolateraler **Na⁺-K⁺-Cl⁻-Cotransporter** und luminaler **K⁺-Kanäle** stattfindet. Die Resorption von **Ca²⁺-Ionen** erfolgt durch aktiven, calcitriolgesteuerten Transport im Duodenum sowie durch parazelluläre Diffusion im gesamten Dünndarm (▶ Abschnitt 30.3). Dagegen erfolgt die Resorption von **Mg²⁺-Ionen**, die essenzieller Cofaktor vieler ATPasen sind und damit wichtige Aufgaben bei der Neurotransmission und Muskelkontraktion erfüllen, durch aktiven, von Calcitriol *unabhängigen* Transport im Ileum. Ein Großteil des Eisenbedarfs des Menschen – vornehmlich für Hämoglobin, Myoglobin und Cytochrome – wird durch intestinale Resorption gedeckt (▶ Abschnitt 10.10). Dazu wird zunächst einmal *freies* Fe³⁺ durch membranständige **duodenale Cytochrom *b*-haltige Ferrireduktase Dcytb zu Fe²⁺-Ionen** reduziert, die durch den auf der luminalen Seite des Darmepithels exponierten **divalenten Metallionen-Transporter** DMT1 aufgenommen werden, der wiederum von einem einwärts gerichteten Protonengradienten angetrieben wird (Abbildung 31.9). Im Cytoplasma übernimmt das Protein **Mobilferrin** die Fe²⁺-Ionen und bringt sie an die basolateralen **Ferroportine**, die den Export aus den Enterocyten ins Interstitium betreiben. Nach erneuter Oxidation gelangt schließlich Fe³⁺ ins Blut, wo es an plasmatisches

Transferrin gebunden zu den wichtigsten Eisen verbrauchenden Organen, d.h. Leber und retikuloendotheliales System, gelangt. Dort bindet Transferrin an seinen zellulären Rezeptor; der Komplex wird daraufhin endocytiert, und die importierten Fe³⁺-Ionen werden im Komplex mit **Ferritin** gespeichert (▶ Abbildung 10.19). *Hämgebundenes* Fe²⁺ wird über einen (noch nicht näher bekannten) Hämtransporter aufgenommen, durch Hämoxygenase freigesetzt (▶ Abschnitt 48.7) und *via* Mobilferrin in die beschriebenen Transportrouten eingespeist. Exzessive Eisenaufnahme führt zu einer **Hämochromatose** (Exkurs 31.3).

Exkurs 31.3: Hämochromatose

Die hereditäre Hämochromatose ist die häufigste Form einer Eisenspeicherkrankheit („Siderose"). Sie wird autosomal rezessiv vererbt und beruht auf einem **Defekt des HFE-Gens** (engl. *hemoferrum*). Das intakte HFE-Protein assoziiert mit dem Transferrinrezeptor und fördert die Expression von hepatischem **Hepcidin**, das wiederum den Exporter **Ferroportin** inaktiviert, sodass unter Normalbedingungen ein Gutteil des resorbierten Eisens im Epithel des Duodenums verbleibt und mit abschilfernden Epithelzellen ausgeschieden wird. Mutationen im HFE-Gen führen zum Mangel an Hepcidin und damit zur unkontrollierten Aufnahme, Weitergabe und Ablagerung von Eisen im Körper. Die **exzessive Eisenspeicherung** bei der Hämochromatose schädigt vor allem Leber, Herz und Pankreas, wobei Cirrhose, Kardiomyopathie bzw. *Diabetes mellitus* unbehandelt zum Tode führen können. Da der menschliche Organismus über **keinen bekannten Eisenexkretionsweg** verfügt, sind Aderlässe und die gezielte Entfernung von Erythrocyten durch Apherese die wirkungsvollsten Therapiemaßnahmen. Im fortgeschrittenen Stadium wird Deferoxamin (Desferal®) eingesetzt. Die Diagnose erfolgt über die Serumanalyse der Ferritinspiegel (> 300 μg/l) und Transferrinsättigung (> 60 %).

Den Resorptionsvorgängen im Darm stehen Sekretionsprozesse gegenüber, die allerdings unter physiologischen Bedingungen weniger ins Gewicht fallen. So mehren **sekretfördernde Substanzen** („Sekretagoga") die Nettoausscheidung von Wasser und Elektrolyten durch den Darm. Physiologische Sekretagoga sind z.B. **vasoaktives intestinales Peptid (VIP)**, das über $G\alpha_s$-gekoppelte Rezeptoren arbeitet, Acetylcholin (M₃-Rezeptoren, G_q), Serotonin (metabotrope 5-HT-Rezeptoren, G_q) sowie **Guanylin** (ANP-Rezeptoren vom Subtyp C). Je nach gekoppeltem G-Protein erhöhen diese Hormone die intrazelluläre Konzentration von cAMP, Ca²⁺-Calmodulin oder cGMP und aktivieren damit Proteinkinasen A, C und G bzw. CAM-Kinasen, die daraufhin Transporter für Cl⁻ und Na⁺ phosphorylieren. Dadurch kommt es zu vermehrtem Cl⁻-Export bei gleichzeitig verminderter Aufnahme von Na⁺ und Cl⁻ durch das Darmepithel. Das **hitzestabile Toxin STₐ** von *E. coli* bindet mit hoher Affinität an eine membranständige Guanylat-Cyclase und stimuliert dann exzessiv die cGMP-Synthese von Enterocyten, sodass es zur massiven Diarrhoe kommt. Choleratoxin hingegen nutzt andere zelluläre Signalwege (▶ Exkurs 28.1).

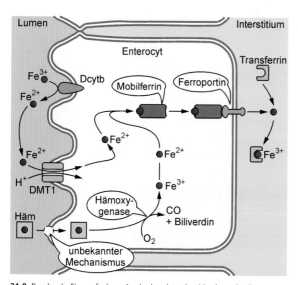

31.9 Duodenale Eisenaufnahme. An der basolateralen Membran der Enterocyten reduziert das Enzym Dcytb Fe³⁺ zu Fe²⁺, das *via* DMT1 (syn. DICT1) in die Zelle gelangt. Häm-Fe²⁺ nimmt einen alternativen Weg; die intrazelluläre Freisetzung erfolgt durch Hämoxygenase-vermittelte Oxidation zu Fe³⁺, wobei Kohlenmonoxid (CO) und Biliverdin entstehen (▶ Abschnitt 48.7). Nach erneuter Reduktion sammelt sich Fe²⁺ in einem Mobilferrin-Pool, von wo aus die Zelle *via* Ferroportin (syn. IREG1) verlässt. Im Blut bindet es – wiederum in der Fe³⁺-Form – an Transferrin. [AN]

31.3

Multiple Hormone dirigieren die exokrinen Pankreasfunktionen

Wie wir bereits erfahren haben, trägt der exokrine Teil des **Pankreas** – ebenso wie die Sekrete von Speicheldrüsen und Galle (Exkurs 31.4) – zur Verdauung von Nahrungsstoffen bei. Der **Pankreassaft**, der reich an Bicarbonat und Proteinen – vor allem abbauenden Enzymen – ist, neutralisiert den sauren Chymus, der aus dem Magen in den Dünndarm übertritt und komplettiert dann die Verdauung von Kohlenhydraten, Proteinen und Fetten. Drei sequenzielle Phasen steuern die **Pankreassekretion** 🖐: In der **kephalischen Phase**, die durch Geruch, Geschmack oder alleine die Betrachtung von Speisen ausgelöst wird, kommt es durch Vagusreizung an seinen synaptischen Endigungen zur Freisetzung von **Acetylcholin**, das die Sekretion aus Drüsenzellen (Azinuszellen) und Gangzellen (Ductuszellen) des Pankreas anregt. In der **gastrischen Phase** dehnen die aufgenommenen Speisen mechanisch den Magen und lösen damit einen vagovagalen Reflex aus, der wiederum über Acetylcholin die pankreatische Sekretion anregt. Gleichzeitig stimulieren Spaltprodukte von Proteinen im Antrum die Freisetzung von **Gastrin** (Abschnitt 31.1), das über humorale Wege zum Pankreas gelangt und dort die Sekretion aus Azinuszellen befördert. In der dominanten **intestinalen Phase** regt der Übertritt von saurem Chymus mit seinen freien Amino- und Fettsäuren die S-Zellen des Duodenums zur Abgabe von **Sekretin** an, das auf

humoralem Wege an Ductuszellen des Pankreas gelangt und dort die Bicarbonatsekretion stimuliert. Ähnlich steigert **Cholecystokinin** aus den I-Zellen des Duodenums die Sekretion aus Azinuszellen. Nachfolgend wollen wir die Vorgänge bei der Pankreassekretion im molekularen Detail erörtern.

Die wichtigsten Stimuli für die Sekretion von Verdauungsenzymen sind Acetylcholin (neuronal) und Cholecystokinin sowie Sekretin (endokrin). In der gastrischen Phase kommt es durch Vagusreizung zur Ausschüttung von **Acetylcholin**, das über G_q-gekoppelte M_3-Rezeptoren die Ca^{2+}-Konzentration in den Azinuszellen des Pankreas erhöht und *via* Proteinkinase C bzw. CAM-Kinase eine Phosphorylierungskaskade anwirft (Abbildung 31.10). Über noch wenig verstandene Mechanismen führt dies zur **Ausschüttung von sekretorischen Vesikeln**, die hauptsächlich Verdauungsenzyme enthalten (Tabelle 31.1); gleichzeitig werden Proteinbiosynthese und Wachstum von Azinuszellen stimuliert. **Cholecystokinin**, das in der intestinalen Phase über humorale Wege aus dem Duodenum ins Pankreas gelangt, nutzt über seinen G_q-gekoppelten CCK_2-Rezeptor denselben Signalweg wie Acetylcholin, während **VIP** und **Sekretin** über G_s die cAMP-Konzentration erhöhen und dann über Proteinkinase-A-vermittelte Signalwege die Exocytose von Sekretgranula bewirken.

Acetylcholin und Cholecystokinin stimulieren gleichzeitig die **isotonische NaCl-Sekretion** der Azinuszellen. Dazu bedarf es des Zusammenwirkens einer Pumpe, eines Cotransporters und eines Kanals auf der basolateralen Seite der Azinuszellen: **Na^+-K^+-ATPase** erzeugt unter ATP-Verbrauch einen steilen

---

Exkurs 31.4: Regulation der Gallensekretion

Das von der **Leber** produzierte Gallensekret enthält neben Elektrolyten (Na^+, K^+, Ca^{2+}, Cl^-, HCO_3^-) **freie und konjugierte Gallensäuren** wie Cholat, Taurocholat und Glykocholat (▶ Abschnitt 46.7), Cholesterin, Phospholipide, Gallenfarbstoffe wie Bilirubin sowie Proteine wie alkalische Phosphatase. Die Gallensekretion erfolgt bei Nahrungsaufnahme durch humorale und nervale Steuerung: **Cholecystokinin** ist der wirksamste Botenstoff, der die **Gallenblase** zur Kontraktion anregt, sodass sich die Galle über den *Ductus choledochus* in den Dünndarm ergießt. **Sekretin**, das wie Cholecystokinin aus dem Dünndarm stammt, stimuliert die Gallenbildung ebenso wie **Acetylcholin**, das bei vagaler Reizung freigesetzt wird. Der wichtigste Antagonist ist wiederum **Somatostatin**. Die tägliche Gallenproduktion liegt bei ca. 600 bis 800 ml. Durch den **enterohepatischen Kreislauf** (▶ Abschnitt 46.6) wird ein Gutteil der konjugierten Gallensäuren im Dünndarm durch den **Na^+-Cholat-Cotransporter ASBT** (engl. *apical sodium bile acid transporter*) im terminalen Ileum aktiv rückresorbiert und über das Blut – gebunden an Albumin und Lipoproteine – zur Leber transportiert. Nichtresorbierte Gallensäuren werden im Colon durch bakterielle Enzyme reduziert; dabei entstehen z. B. 7-Desoxycholsäure und Lithocholsäure. Mehr als 80 % aller **Gallensteine** bestehen aus Cholesterin, das Kristalle bildet, wenn zu wenig Gallensäure für die Bildung gemischter Micellen bereitsteht.

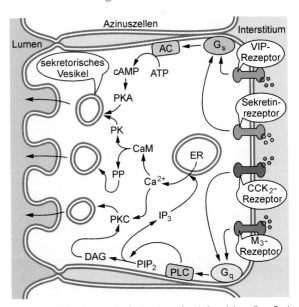

31.10 Stimulation der Proteinsekretion in pankreatischen Azinuszellen. Zwei Hauptsignalwege führen zur Ausschüttung von Sekretgranula: Acetylcholin und Cholecystokinin wirken über G_q-gekoppelte GPCRs, Phospholipase C (PLC), Ca^{2+} und CAM-Kinasen bzw. Proteinkinase C (PKC). Dagegen nutzen VIP und Sekretin G_s-gekoppelte GPCRs, Adenylat-Cyclase (AC), cAMP und Proteinkinase A (PKA). Effektorenzyme sind vermutlich Proteinkinasen (PK) und Phosphatasen (PP), welche die Anlagerung und Fusion von Zymogengranula mit der Plasmamembran und damit die Ausschüttung ihrer Inhaltsstoffe regulieren. [AN]

Tabelle 31.1 Komponenten des Pankreassafts (Mensch). Das Pankreas produziert ca. 1,5 l Sekret (pH ca. 7,6 bis 8,1) mit ca. 10 g Protein pro Tag; es ist das menschliche Organ mit der höchsten Proteinbiosyntheserate.

Herkunft/Bestandteile	Funktion(en)
I. Azinuszellen	
Trypsinogen (inaktiv)	Vorstufe der Protease Trypsin
Chymotrypsinogen (inaktiv)	Vorstufe der Protease Chymotrypsin
Proelastase (inaktiv)	Vorstufe der Protease Elastase
Procarboxypeptidasen A, B (inaktiv)	Vorstufen der Carboxypeptidasen A und B
1,4-α-Amylase (aktiv)	Hydrolyse von Stärke
Lipase (aktiv)	Hydrolyse von Tri- und Diacylglycerinen
Colipase	Cofaktor der Lipase
Carboxyesterase/Cholesterinesterase (aktiv)	Hydrolyse von Cholesterinestern
Phospholipase A_2 (inaktiv)	Spaltung von Phosphoglyceriden
RNase, DNase (aktiv)	Hydrolyse von Nucleinsäuren
Trypsininhibitor	Verhinderung von Autodigestion
Na^+, Cl^-, H_2O	plasmaähnliche isotonische Lösung
Ca^{2+}	an Sekretion beteiligt
II. Epithelzellen (Ductuszellen)	
HCO_3^-	Neutralisierung des sauren Magensafts
Proteoglycane, Mucine	Schutz gegen proteolytischen Abbau

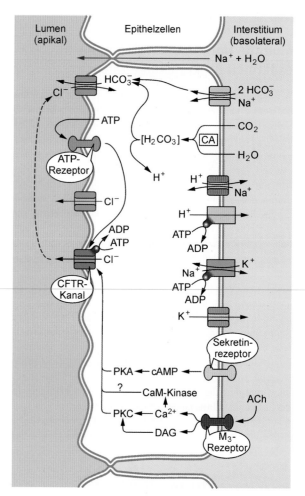

31.11 Stimulation der Bicarbonatsekretion im *Ductus pancreaticus*. Die Hauptmenge von HCO_3^- verlässt Epithelzellen im Austausch gegen Cl^-. Intrazellulär wird HCO_3^- über einen basolateralen Cotransporter sowie durch Carboanhydrase (CA) gewonnen. Der wichtigste Stimulator der HCO_3^--Sekretion ist Sekretin; zusammen mit Acetylcholin bewirkt es die Phosphorylierung und Aktivierung des CFTR. Die Elektroneutralität wird durch den parazellulären Strom von Na^+ und H_2O ins Lumen gesichert. Bei hoher Energieladung aktiviert ein ATP-Rezeptor den auswärts gerichteten CFTR-Cl^--Kanal. [AN]

Na^+-Gradienten, der wiederum einen **Na^+-K^+-Cl^--Cotransporter** antreibt. Das importierte K^+ verlässt die Zelle über basolaterale **K^+-Kanäle**, während Na^+ über die ATPase exportiert wird. Netto kommt es damit zu einem Import von Cl^--Ionen. Die Stimulation der Azinuszellen durch Acetylcholin oder Cholecystokinin führt über G_q-vermittelte Signalwege zur Phosphorylierung von **luminalen Cl^--Kanälen**, die Cl^- entlang seines steilen Gradienten ins Azinuslumen austreten lassen. Dadurch entsteht ein lumennegatives Potenzial, das nun Na^+ auf parazellulärem Weg durch die *tight junctions* ins Lumen „zieht". H_2O folgt passiv dem Na^+-Fluss, sodass es letztlich zum Nettoausstrom einer **isotonischen, NaCl-reichen Flüssigkeit** ins Azinuslumen kommt. Auch **Gastrin**, das über humorale Wege aus den G-Zellen des Magens während der gastrischen Phase an das Pankreas gelangt, befördert über **CCK_1-Rezeptoren** die Sekretion der Azinuszellen.

Der Ausführungsgang des Pankreas (*Ductus pancreaticus*), insbesondere im Bereich der so genannten Schaltstücke, sezerniert große Mengen an **Bicarbonat**, das den sauren Magensaft neutralisiert (Abbildung 31.11). Der wichtigste Stimulator dafür ist **Sekretin**, das von S-Zellen des Duodenums freigesetzt auf humoralem Wege anflutet und über seinen G_s-gekoppelten Rezeptor *via* cAMP/PKA den

CFTR-Kanal (engl. *cystic fibrosis transmembrane regulator*; ▶Exkurs 26.3) in den Epithelzellen der Schaltstücke phosphoryliert und damit aktiviert, sodass er vermehrt Cl^--Ionen ins Lumen des Hauptgangs exportiert. Damit steht genügend luminales Cl^- für den **Cl^--HCO_3^--Antiporter** zur Verfügung, der seinen Bedarf an intrazellulärem HCO_3^- für den Export aus zwei Quellen speist. Einerseits importiert ein **Na^+-HCO_3^--Symporter** Bicarbonat aus dem Interstitium in die Epithelzellen; andererseits erzeugt cytosolische **Carboanhydrase** aus CO_2, das frei in die Zelle diffundiert, sowie H_2O, das über Aquaporine eintritt, HCO_3^- und H^+. Die dabei entstehenden Protonen werden über einen **Na^+-H^+-Austauscher** sowie eine **ATP-getriebene H^+-Pumpe** wieder ins Interstitium ausgeschleust. Na^+ verlässt die Zelle über eine basolaterale **Na^+-K^+-ATPase**, während K^+ über **K^+-Kanäle** in Richtung Interstitium exportiert wird. Nettoeffekt dieser gekoppelten Prozesse ist die Sekretion einer **isotonen alkalischen NaHCO₃-Lösung** lumenwärts bei gleichzeitigem Erhalt der zellulären Homöostase. Acetylcholin wirkt akzessorisch, indem es die pankreatische Bicarbonatsekretion über G_q-gesteuerte M_3-Rezeptoren und Proteinkinase C stimuliert.

31.4

Insulin und Glucagon sichern die Glucosehomöostase

Insulin und Glucagon sind die Hauptregulatoren der Glucosekonzentration im Blutplasma, indem sie massiv in den Stoffwechsel von Kohlenhydraten und Fetten in Leber, Muskeln und Fettgeweben eingreifen. Wir wollen in diesem Abschnitt das komplexe molekulare Wechselspiel von Blutglucosekonzentration, Freisetzung von Insulin bzw. Glucagon und deren Effekte auf Zielzellen kennen lernen. Beide Hormone werden in den sphärischen **Langerhans-Inseln** ⌐ des endokrinen Teils des Pankreas synthetisiert, gespeichert und kontrolliert ins Blut abgegeben. Die vornehmlich in Inselzentren gelegenen β-Zellen produzieren **Insulin** ⌐, während die in der Inselperipherie liegenden α-Zellen **Glucagon** herstellen; dazwischen liegen δ-Zellen, die **Somatostatin** erzeugen. **Glucose** ist *der* Schlüsselfaktor bei der Hormonausschüttung aus dem endokrinen Pankreas: Der vom Zentrum in die Peripherie der Inselkörperchen fließende Blutstrom steuert über seine Glucosekonzentration die Sekretion von Insulin und Glucagon. Der Blutstrom nimmt die sezernierten Hormone auf und transportiert sie über die Pfortader zu ihren wichtigsten Zielorganen, zunächst zur **Leber** und dann weiter zu **Muskulatur** und **Fettgewebe**. Daneben unterliegt die Sekretion von Insulin auch dem Einfluss des autonomen Nervensystems, das sowohl fördernd als auch hemmend eingreifen kann.

Die β-Zellen in den Langerhans-Inseln sind die *alleinigen* Produzenten von Insulin im menschlichen Organismus. Die Translation der mRNA für **Präproinsulin** erfolgt an Ribosomen, die an das endoplasmatische Reticulum (ER) andocken und das naszierende Protein ins ER-Lumen translozieren, wobei das Signalpeptid abgespalten wird (Abbildung 31.12). Das dabei entstehende **Proinsulin** ist ein einkettiges Protein, das drei Domänen in der Reihenfolge B-C-A (vom *N*- zum *C*-Terminus) sowie drei Disulfidbrücken enthält. Proinsulin folgt nun dem Transportstrom sekretorischer Proteine vom ER in den Golgi-Apparat, wo es im *trans*-Golgi in Vesikel verpackt wird (▶ Abbildung 19.21). Dabei erfolgt die proteolytische Abspaltung des **C-Peptids** unter Bildung des „reifen" Insulins mit je einer A- bzw. B-Kette (▶ Abbildung 5.5). Insulin assoziiert mit **Zn²⁺-Ionen** zu einer hexameren Speicherform und verbleibt in sekretorischen Granula, bis die β-Zellen auf eine erhöhte plasmatische Glucosekonzentration mit der Sekretion von Insulin reagieren. Das C-Peptid hat keinen Einfluss auf die Kontrolle der Blutglucosekonzentration; seine

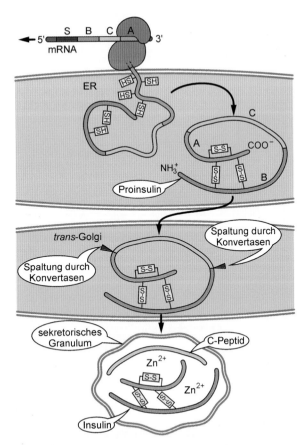

31.12 Biosynthese von Insulin. Das menschliche Insulingen liegt auf dem kurzen Arm von Chromosom 11; seine Trankription liefert eine mRNA, die für Präproinsulin codiert. Cotranslational erfolgt die Abspaltung des Signalpeptids (S; nicht gezeigt) sowie die Bildung von drei Disulfidbrücken (S-S). Nach Translokation in den *trans*-Golgi spalten Konvertasen gezielt zwei Peptidbindungen und setzen das C-Peptid frei. Sekretorische Granula enthalten neben Insulin und C-Peptid auch kleine Mengen an intaktem Proinsulin sowie Zn²⁺-Ionen, die Insulin zur hexameren Speicherform komplexieren (nicht gezeigt). [AN]

mögliche(n) biologische(n) Funktion(en) ist/sind bislang noch nicht verstanden.

Wie kommt nun die **kontrollierte Insulinausschüttung** aus β-Zellen zustande? Der wichtigste Regulator der Insulinsekretion ist die **Glucosekonzentration** im Blutplasma; andere Hexosen wie z.B. Galactose oder Mannose haben einen deutlich geringeren Einfluss auf die Insulinsekretion. Der zugrunde liegende Signalweg sieht wie folgt aus: β-Zellen nehmen die mit dem Blutstrom anflutende Glucose *via* erleichterter Diffusion über **GLUT-Transporter** (GLUT1 und GLUT2) ⌐ auf (Abbildung 31.13), die konstitutiv in der Plasmamembran der β-Zellen verankert sind und – im Gegensatz zu GLUT4 der Fettzellen – *nicht* erst nach Insulinstimulation an die Zelloberfläche transportiert werden: Sie gelten daher als „Insulin-insensitiv". Cytosolische **Glucokinase** phosphoryliert importierte Glucose und schleust sie damit in die Glykolyse ein, die ATP aus ADP generiert und damit das molare Verhältnis von ATP zu ADP – also die Energieladung

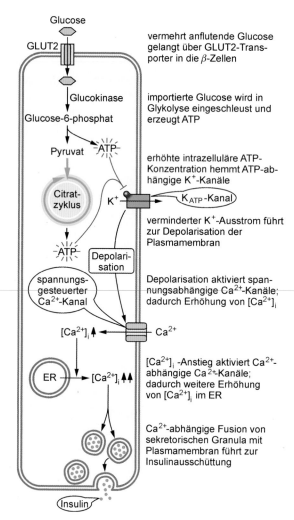

Glucose

GLUT2

vermehrt anflutende Glucose gelangt über GLUT2-Transporter in die β-Zellen

Glucokinase

Glucose-6-phosphat

importierte Glucose wird in Glykolyse eingeschleust und erzeugt ATP

Pyruvat ~ATP~

Citrat-zyklus

K⁺

K_{ATP}-Kanal

erhöhte intrazelluläre ATP-Konzentration hemmt ATP-abhängige K⁺-Kanäle

~ATP~

Depolari-sation

verminderter K⁺-Ausstrom führt zur Depolarisation der Plasmamembran

spannungs-gesteuerter Ca^{2+}-Kanal

Depolarisation aktiviert spannungsabhängige Ca^{2+}-Kanäle; dadurch Erhöhung von $[Ca^{2+}]_i$

$[Ca^{2+}]_i$ ↑ — Ca^{2+}

ER → $[Ca^{2+}]_i$ ↑↑

$[Ca^{2+}]_i$-Anstieg aktiviert Ca^{2+}-abhängige Ca^{2+}-Kanäle; dadurch weitere Erhöhung von $[Ca^{2+}]_i$ im ER

Ca^{2+}-abhängige Fusion von sekretorischen Granula mit Plasmamembran führt zur Insulinausschüttung

Insulin

31.13 Signalkaskaden bei der Insulinsekretion. Neben dem aktiven Hormon wird auch das biologisch inaktive C-Peptid in äquimolaren Mengen mitausgeschüttet. Aminosäuren wie Leucin oder Arginin können die Insulinsekretion zusätzlich fördern, indem sie über ihren Abbau im Citratzyklus den intrazellulären ATP-Spiegel anheben – wenn auch weit weniger effektiv als Glucose (nicht gezeigt). [AN]

der Zelle – anhebt. Der Anstieg der intrazellulären ATP-Konzentration bewirkt sekundär die Schließung **ATP-sensitiver K⁺-Kanäle** vom K_{ATP}-Typ, sodass weniger K⁺ aus den β-Zellen ausströmen kann, was zur Depolarisation der Zellmembran führt. Daraufhin öffnen sich **spannungsabhängige Ca^{2+}-Kanäle** in der Plasmamembran der β-Zellen, sodass nun vermehrt Ca^{2+} einströmt und $[Ca^{2+}]_i$ ansteigt. Dieser Prozess wird durch Öffnung **Ca^{2+}-abhängiger Ca^{2+}-Kanäle** im ER weiter verstärkt, wodurch es letztlich zur massiven Erhöhung der $[Ca^{2+}]_i$ kommt. Über noch nicht in allen Details verstandene Mechanismen kommt es nun zur Ca^{2+}-abhängigen Fusion der sekretorischen Vesikel mit der Plasmamembran und damit zur Ausschüttung von Insulin. *Das Signal „erhöhte Glucosekonzentration" wird also in einem Mehrstufenprozess in das Signal „vermehrte Insulinausschüttung" gewandelt.* Eine ganze Reihe von Hormonen kann die Insulinausschüttung modulieren (Exkurs 31.5).

Exkurs 31.5: Modulatoren der Insulinsekretion

Die Glucosekonzentration im Plasma ist ein wichtiger, beileibe aber nicht der einzige Regulator der Insulinsekretion. So verstärkt **GLP-1** (Abbildung 31.14) die Exocytose von Insulin über seinen $G\alpha_s$-gekoppelten Rezeptor *via* Adenylat-Cyclase, cAMP-Anstieg und Aktivierung von Proteinkinase A. Hingegen senken **Somatostatin** und α_2-**adrenerge Agonisten** über ihre $G\alpha_i$-gekoppelten Rezeptoren die $[cAMP]_i$ und hemmen damit die Insulinsekretion. **Acetylcholin** und **Cholecystokinin** wirken über ihre G_q-gekoppelten Rezeptoren, die *via* Phospholipase C vermehrt IP_3 freisetzen, den Ca^{2+}-Ausstrom aus dem ER über IP_3-Rezeptoren verstärken und damit die Insulinausschüttung befördern. Auch Hormone wie Sekretin, Gastrin, Somatotropin und β_2-adrenerge Agonisten können modulierend auf die Insulinsekretion einwirken; ihre physiologische Bedeutung ist aber strittig. **Antidiabetika** vom Typ der **Sulfonylharnstoffe** wie z. B. Tolbutamid (Orabet®) oder Glibenclamid (Euglucon®) binden an die **SUR-Untereinheit** (engl. *sulfonyl urea receptor*) von **K_{ATP}-Kanälen** und schließen sie (▶ Abschnitt 30.1). In der Folge kommt es zur Depolarisation, zur Öffnung von spannungsabhängigen Ca^{2+}-Kanälen und damit zur verstärkten Insulinsekretion. Sulfonylharnstoffe finden gezielten Einsatz beim Typ-II-Diabetes, für den ein relativer Insulinmangel kennzeichnend ist (▶ Abschnitt 50.9).

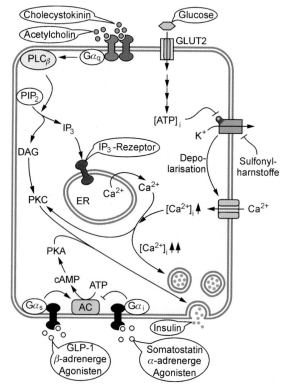

31.14 Modulatoren der Insulinsekretion. GLP-1 (▶ Abbildung 37.7) und β-adrenerge Agonisten, aber auch Cholecystokinin (CCK) und Acetylcholin verstärken die Insulinsekretion über ihre $G\alpha_s$- bzw. $G\alpha_q$-gekoppelten Signalwege, während α-adrenerge Agonisten und Somatostatin über $G\alpha_i$ hemmend einwirken können. Die molekularen Details der PKA- bzw. PKC-vermittelten Modulation der Insulinsekretion sind noch nicht umfänglich verstanden. [AN]

Wie führt nun eine vermehrte Insulinausschüttung zur Senkung des Blutzuckerspiegels? Sezerniertes Insulin gelangt über den Blutstrom zunächst in die *Vena pancreatica* und dann in die Portalvene; dadurch ist seine Konzentration am primären Zielorgan **Leber** bis zu 10fach höher als an peripheren Organen wie Muskel- und Fettgewebe. Seine Hauptwirkungen entfaltet Insulin über **Hepatocyten**, die auf ihrer Oberfläche dimere **Insulinrezeptoren** in hoher Dichte exponieren (▶Abbildung 29.2). Die Bindung des Liganden löst eine wechselseitige Phosphorylierung der beiden Untereinheiten des Rezeptors und damit eine Aktivierung ihrer beiden Tyrosin-Kinase-Domänen aus, die wiederum Proteine wie **Insulin-Rezeptor-Substrate** (IRS-1 bis -4) und **SHC** (engl. *src homology C-terminus*) phosphorylieren (Abbildung 31.15). Tyrosin-phosphoryliertes IRS-1 bzw. SHC dienen als Andockstellen für Adapterproteine wie z.B. das SH2-haltige **Grb2**, das kaskadenartig über Sos, Ras, Raf-1 und MEK letztlich MAP-Kinasen aktiviert (▶Abschnitt 29.4). Aktivierte **MAP-Kinasen** translozieren daraufhin in den Zellkern und phosphorylieren inaktive Transkriptionsfaktoren wie z.B. Jun, die nun die **Expression insulinsensitiver Gene** steigern, zu denen glykolytische Enzyme wie Phosphofructokinase (PFK), PFK-2 (▶Exkurs 43.2) und Pyruvatkinase gehören (▶Abbildung 39.12).

Genregulatorische Wirkungen von Insulin erfordern Zeit; seine akuten **metabolischen Effekte**, die es über einen MAP-Kinase-*un*abhängigen Weg ausübt, treten hingegen rasch ein. Phosphoryliertes IRS-1 kann nämlich auch **PI3-Kinase** (▶Abbildung 29.6) binden, die dann über die Phosphorylie-

rung von membranständigem Phosphatidyl-4,5-bisphosphat (PIP$_2$) zu Phosphatidyl-3,4,5-trisphosphat (PIP$_3$) Ankerplätze für die Kinasen **PDK** und PKB (syn. Akt) schafft (Abbildung 31.16). PIP$_3$-assoziierte PDK phosphoryliert daraufhin die Kinase **PKB/Akt** und aktiviert sie damit partiell; eine weitere Phosphorylierung durch die Kinase mTOR (siehe unten) bringt dann PKB/Akt auf volle Touren. PKB/Akt-Kinase dient als molekularer „Schalter", indem sie **Glykogen-Synthase-Kinase-3** (GSK-3) phosphoryliert und damit *in*aktiviert. Daraufhin kann GSK-3 sein Hauptsubstrat, die **Glykogen-Synthase**, nicht mehr phosphorylieren und somit auch nicht mehr inaktivieren: Die ungehemmte Synthase baut nun vermehrt Glucose in Glykogen ein. In gleicher Richtung wirkt die insulinabhängige Phosphorylierung und Aktivierung von **Proteinphosphatase-1** (PP-1), die inaktive Glykogen-Synthase dephosphoryliert und auf diese Weise aktiviert. Insgesamt bewirkt Insulin somit eine gesteigerte Glykogensynthese. Gleichzeitig hemmt Insulin die **Glykogenolyse**, da

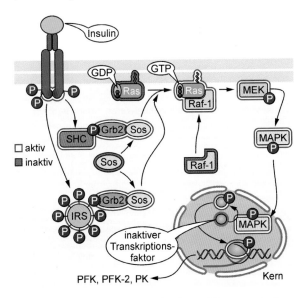

31.15 Molekulare Mechanismen der Insulinwirkung auf Hepatocyten. Insulin-responsive Elemente (IRE) auf den Promotoren der Zielgene sprechen auf die Insulin-Signaltransduktion an und erhöhen die Expressionsrate z. B. von Enzymen der Glykolyse und Gluconeogenese. Alternativ kann Raf-1 via MEKs auch MAPK-ähnliche Kinasen wie Jnk oder p38 aktivieren (nicht gezeigt); über diese Wege übt Insulin seine proliferationsfördernden Wirkungen aus (▶Abschnitt 30.4). MAPK, MAP-Kinase; PFK, Phosphofructokinase; PK, Pyruvatkinase.

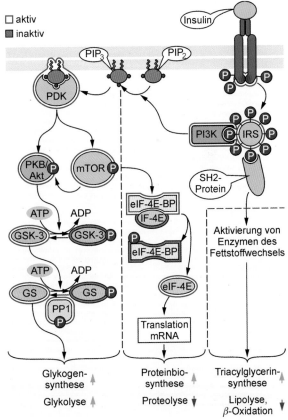

31.16 Metabolische Wirkungen von Insulin auf Hepatocyten. Ähnliche Mechanismen gelten für Myo- und Adipocyten. GS, Glykogen-Synthase; GSK, Glykogen-Synthase-Kinase; mTOR, engl. *target of rapamycin*; PDK, engl. *phosphatidyl inositol-dependent kinase*; PKB, Proteinkinase-B; eIF-4E-BP, eukaryotischer Initiationsfaktor eIF-4E-bindendes Protein; PP1, Proteinphosphatase-1. Die Elimination von Insulin erfolgt durch Internalisierung und lysosomalen Abbau des besetzten Rezeptors; damit wird auch die Insulin-Signalkaskade abgeschaltet. Insulinwirkungen auf den Fettstoffwechsel, siehe unten. [AN]

PP-1 auch Glykogenphosphorylase dephosphoryliert, was in diesem Fall die Inaktivierung des Enzyms nach sich zieht.

Analoge Effekte erzielt Insulin im Glucosemetabolismus: Es fördert die Glykolyse, indem es die Synthese von Fructose-2,6-bisphosphat, einem potenten Aktivator des Schlüsselenzyms **Phosphofructokinase**, stimuliert und damit den Abbau von Glucose fördert (Abbildung 31.17); gleichzeitig hemmt Insulin über diesen Mechanismus die Gluconeogenese (▶Exkurs 43.2). *Durch gesteigerte Verwertung (Glyko-*

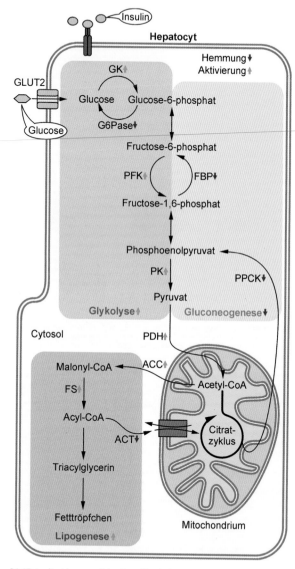

31.17 Insulinwirkungen auf den Fettstoffwechsel von Hepatocyten. Insulin stimuliert Glykolyse und Lipogenese, hemmt Gluconeogenese, Lipolyse und Ketonkörperbildung (nicht gezeigt) und treibt durch vermehrte Biosynthese von Apolipoproteinen den Export von Triacylglycerinen als VLDL-Lipoproteine an. Gleichzeitig stimuliert Insulin die Proteinbiosynthese und hemmt die intrazelluläre Proteolyse der Leberzellen. ACC, Acetyl-CoA-Carboxylase; ACT, Acetylcarnitin-Transferase; FBP, Fructose-1,6-bisphosphatase; FS, Fettsäuresynthase. GK, Glucokinase; G6Pase, Glucose-6-phosphatase; PDH, Pyruvat-Dehydrogenase; PFK, Phosphofructokinase; PK, *Pyruvatkinase*; PPCK, Phosphoenolpyruvat-Carboxykinase; [AN]

lyse und Glykogensynthese) und verminderte Bereitstellung von Glucose (Gluconeogenese und Glykogenolyse) senkt Insulin effektiv die Glucosekonzentration im Blutplasma.

Insulin hat auch ausgeprägte Effekte auf den Fettstoffwechsel von **Hepatocyten** (Abbildung 31.17). Zunächst einmal stimuliert Insulin die Aktivität von **Pyruvatkinase** und **Pyruvat-Dehydrogenase**, die daraufhin vermehrt Acetyl-CoA für die **Lipogenese** bereitstellen (▶Abschnitt 46.1). Darüber hinaus bewirkt Insulin eine Dephosphorylierung und damit Aktivierung von **Acetyl-CoA-Carboxylase**, dem geschwindigkeitsbestimmenden Enzym der Fettsäuresynthese (▶Exkurs 45.4). Ebenso stimuliert Insulin die Aktivität der **Fettsäure-Synthese** (FS), die freie Fettsäuren produziert. Das erhöhte Angebot an freien Fettsäuren führt letztlich zu ihrem vermehrten Einbau in Triacylglycerine, d. h. zu einer gesteigerten **Lipogenese**. Gleichzeitig drosselt Insulin die **Lipolyse** durch allosterische Inhibition von **Acylcarnitin-Transferase**, die freie Fettsäuren für den Transport in die mitochondriale Matrix präpariert, wo sie *via* β-Oxidation abgebaut werden (▶Abschnitt 45.3). Insulin hat also reziproke Effekte auf den Fettstoffwechsel, d. h. es stimuliert die Lipogenese und hemmt gleichzeitig die Lipolyse und β-Oxidation, sodass netto eine Fettspeicherung resultiert. *Durch simultane Aktivierung der Glykolyse und Inhibition der Gluconeogenese (siehe oben) verlagert Insulin in der Leber die Hauptlast der* **ATP-Produktion** *von der Lipolyse auf die Glykolyse.*

An **Adipocyten** (Fettzellen) zeigt Insulin drei Haupteffekte, nämlich vermehrte Exposition von GLUT-Transportern, Hemmung von Triacylglycerinlipasen und Stimulation von Lipoproteinlipasen. Insulin induziert über PDK/PKB-abhängige Signalwege die Translokation von **GLUT4-Transportern** aus intrazellulären Vesikeln an die Plasmamembran, sodass bei erhöhter Insulinkonzentration deutlich mehr Glucose aus dem Blut in Fettzellen gelangt und damit der Blutzuckerspiegel sinkt (Abbildung 31.18). Anders als Hepatocyten speichern Fettzellen praktisch kein Glykogen; hier stimuliert Insulin den Abbau von Glucose zu **3-Phosphoglycerat**, das als Baustein für die Triacylglycerinsynthese dient (▶Abbildungen 46.26 und 46.27). Freie Fettsäuren werden vor allem über Chylomikronen und VLDL-Lipoproteine an Adipocyten angeliefert, sodass auch die übrigen Grundbausteine für die Triacylglycerinsynthese zur Verfügung stehen. Gleichzeitig hemmt Insulin die **hormonsensitive Lipase** (HSL) und sichert damit die Fettspeicher der Adipocyten; Insulin aktiviert nämlich **Phosphodiesterase PDE-3B**, senkt dadurch den cAMP-Spiegel und hemmt somit die cAMP-abhängige HSL. Schließlich induziert Insulin über den MAP-Kinasen-Weg (Abbildung 31.15) die Expression von **Lipoprotein-Lipase**, die von Fettzellen sezerniert und an benachbarte Endothelzellen weitergereicht wird, wo sie bei der Entladung von Chylomikronen und VLDL mitwirkt. *Insgesamt wirkt Insulin in Fettzellen lipogenetisch; die Kehrseite dieser Medaille zeigt sich beim Typ-I-Diabetes, wo es durch Untergang von β-Zellen zum absoluten Insulinmangel, damit zur massiven Lipolyse und letztlich zur lebensbedrohlichen Ketoazidose kommen kann* (▶Exkurs 45.3).

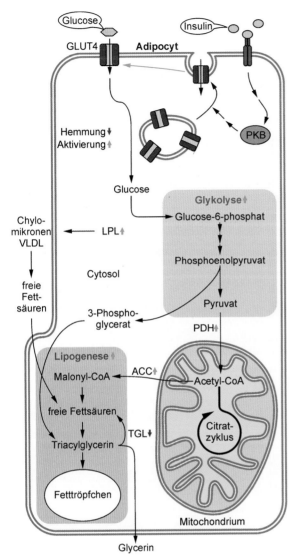

31.18 Effekte von Insulin auf Adipocyten. Insulin stimuliert die Translokation von GLUT4 aus cytosolischen Vesikeln an die Plasmamembran, sodass mehr Glucose importiert wird. Daraus entsteht letztlich 3-Phosphoglycerat, das mit CoA-aktivierten Fettsäuren zu Triacylglycerinen reagiert. Insulin hemmt hormonsensitive Lipase, die u.a. durch Catecholamine stimuliert wird, und steigert die Expression von Lipoprotein-Lipase, die den Nachschub an freien Fettsäuren aus Lipoproteinen sichert. ACC, A̲cetyl-C̲oA-C̲arboxylase; LPL, membranständige L̲ipoproteinl̲ipase; PDH, P̲yruvat-D̲ehydrogenase; PKB, P̲roteink̲inase-B̲; TGL, T̲riglyceridl̲ipase. [AN]

Auch in **Muskelzellen** steigert Insulin die Glucoseaufnahme über den vermehrten Einbau von cytosolischem **GLUT4** in die Plasmamembran. Durch Aktivierung von **Hexokinase** und **Glykogen-Synthase** fördert Insulin wiederum den Einbau von Glucose in Glykogen. Gleichzeitig aktiviert es Schlüsselenzyme der Glykolyse wie **Phosphofructokinase** und **Pyruvat-Dehydrogenase**, wodurch vermehrt Glucose zu Acetyl-CoA abgebaut wird. Damit wird die Muskulatur zum wichtigsten insulinabhängigen Glucoseverwerter. Schließlich stimuliert Insulin in Myocyten – ebenso wie in Hepato-

cyten – die Synthese zahlreicher Proteine und hemmt gleichzeitig ihren Abbau. Diese anabolen Effekte vermittelt PDK (Abbildung 31.16), indem sie die **Kinase mTOR** aktiviert, die wiederum das **Bindungsprotein** für den **Initiationsfaktor eIF-4E** phosphoryliert (▸Exkurs 35.6). Das phosphorylierte Bindungsprotein gibt daraufhin eIF-4E frei, das nun die Proteinbiosynthese der Zelle „ankurbelt" (▸Abschnitt 18.4). Über mTOR, einen negativen Regulator der Autophagie (▸Abschnitt 3.4), hemmt Insulin auch die intrazelluläre Proteolyse, sodass es netto über ausgeprägte **anabole Effekte** verfügt. *Insulin verschiebt also in Muskel- und Leberzellen das Schwergewicht bei der ATP-Erzeugung von der Lipolyse und Proteolyse hin zur Glykolyse, senkt dadurch den Blutzuckerspiegel und schont gleichzeitig Fett- und Proteinreserven z. B. für Zeiten der Nahrungskarenz.* Mit der Vielfalt seiner Wirkungen nimmt Insulin eine Ausnahmestellung unter den Proteohormonen des Stoffwechsels ein; auch sein wichtigster Gegenspieler, Glucagon, der ebenfalls dem endokrinen Pankreas entstammt, besitzt eine erstaunliche Wirkungsbreite.

Glucagon ◔ ist ein Polypeptid von 29 Aminosäuren. Ähnlich wie Insulin wird es zunächst als **Präprohormon** synthetisiert; allerdings ist seine Vorstufe komplexer aufgebaut und enthält neben Glucagon auch noch die strukturverwandten Polypeptide GRPP, GLP-1 und GLP-2 sowie IP-1 und IP-2: Wir haben es also mit einem echten „Polyhormon" zu tun. Zwei Zelltypen sind die wichtigsten Produzenten von Präproglucagon; **pankreatische α-Zellen** sind dabei die alleinigen Hersteller von Glucagon, während neuroendokrine L-Zellen des Dünndarms durch alternative Prozessierung der Vorstufe vor allem das Hormon **GLP-1** erzeugen (Abbildung 31.19). Strukturell ist Glucagon eng verwandt mit Sekretin, das u.a. wichtige Funktionen im exokrinen Pankreas erfüllt (Abschnitt 31.3). Die wichtigsten Stimulatoren der Glucagonausschüttung aus α-Zellen sind **Aminosäuren** – allen voran

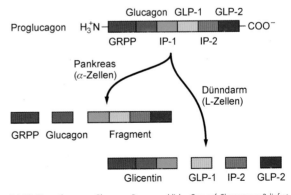

31.19 Biosynthese von Glucagon. Das menschliche Gen auf Chromosom 2 liefert die mRNA für Präproglucagon. Nach Entfernung des Signalpeptids spalten die Konvertasen von α-Zellen das Prohormon in Glucagon, GRPP (engl. *glucagon-related polypeptide*) und ein C-terminales Fragment. Im Gegensatz dazu liefert die alternative Prozessierung durch Konvertasen in den L-Zellen des Dünndarms vor allem GLP-1 und GLP-2 (engl. *glucagon-like peptide*), ein N-terminales Fragment („Glicentin") sowie das inhibitorische Peptid IP-2. Die Halbwertszeit von Glucagon im Blut beträgt 3 bis 6 min. [AN]

Arginin – sowie Catecholamine, Cholecystokinin und VIP (Abbildung 31.10), während Glucose, Insulin und Somatostatin die Sekretion von Glucagon *hemmen*.

Obgleich Proteine und Aminosäuren die Hauptstimuli für seine Ausschüttung sind, steuert Glucagon in seinem wichtigsten Zielorgan – der Leber – vor allem den Kohlenhydrat- und Lipidstoffwechsel. Dabei entfaltet Glucagon seine Wirkungen über einen **Gα_s-gekoppelten Rezeptor**, der *via* Adenylat-Cyclase den intrazellulären cAMP-Spiegel anhebt und damit P̲roteink̲inase A̲ (PKA) aktiviert (Abbildung 31.20). PKA hat zwei Haupteffekte in **Hepatocyten**: Zum einen beeinflusst es durch Phosphorylierung direkt oder indirekt die Aktivität zahlreicher Enzyme und Inhibitoren von Gluconeogenese und Glykolyse bzw. von Glykogensynthese und Glykogenolyse. Zum anderen steuert es über Phosphorylierung von Transkriptionsfaktoren die Biosynthese zahlreicher Enzyme dieser Stoffwechselwege. Betrachten wir zunächst die Proteinebene: Während Insulin die Dephosphorylierung von Schlüsselenzymen wie z. B. Glykogen-Synthase, Acetyl-CoA-Carboxylase und Phosphorylase bewirkt (siehe oben), vermittelt Glucagon deren Phosphorylierung (Abbildung 31.20). So induziert Glucagon *via* PKA die Phosphorylierung und Aktivierung von **Phosphorylase-Kinase**, die daraufhin **Glykogen-Phosphorylase** in ihre aktive a-Form überführt (▶ Abbildung 44.16): Es kommt zur gesteigerten Glykogenolyse. Diesen Effekt verstärkt PKA, indem es **Inhibitor I** phosphoryliert, der nun an **Proteinphosphatase-1** (PP-1) bindet und sie hemmt, sodass PP-1 die aktive Phosphorylase-a nicht mehr dephosphorylieren und damit inaktivieren kann. Inhibiertes PP-1 kann auch Glykogen-Synthase nicht mehr per Dephosphorylierung aktivieren, sodass die Neusynthese von Glykogen gedrosselt wird. *Nettoeffekt von Glucagon ist also ein gesteigerter Glykogenabbau in Leberzellen und damit eine vermehrte Glucoseabgabe ins Blut.*

Der zweite Haupteffekt von Glucagon in der Leber ist die Stimulation der **Gluconeogenese**, indem es deren Schlüsselenzyme wie Phosphoenolpyruvat-Carboxykinase, Fructose-1,6-bisphosphatase und Glucose-6-phosphatase aktiviert (▶ Abschnitt 39.2) und die gleichzeitige Drosselung der **Glykolyse**, indem es deren **Schlüsselenzyme** Phosphofructokinase und Pyruvatkinase hemmt (▶ Abschnitt 39.7). Schließlich fördert Glucagon die Lipolyse durch Hemmung von **Acetyl-CoA-Carboxylase**. Dadurch drosselt es die Produktion von Malonyl-CoA und hebt dessen inhibitorischen Effekt auf **Acylcarnitin-Transferase** auf, sodass nun vermehrt Fettsäuren in die mitochondriale Matrix, den Ort der β-Oxidation, gelangen können (▶ Abschnitt 45.3). Damit können Hepatocyten unter Glucagoneinfluss vermehrt ATP aus der **Lipolyse** schöpfen. Bei exzessiver β-Oxidation produzieren Mitochondrien vermehrt **β-Hydroxybuttersäure** und **Acetoacetat**. Hepatocyten können diese **Ketoverbindungen** (syn. Ketonkörper) exportieren und anderen Organen für die Energiegewinnung zur Verfügung stellen. Dieser „Seitenweg" hat Bedeutung bei anhaltendem Fasten, bei dem die Leber nicht mehr genügend Glucose *via* Gluconeogenese erzeugen kann;

in diesem Fall stellen die von der Leber exportierten Ketoverbindungen die wichtigste Energiequelle für das Gehirn dar (▶ Abbildung 45.13).

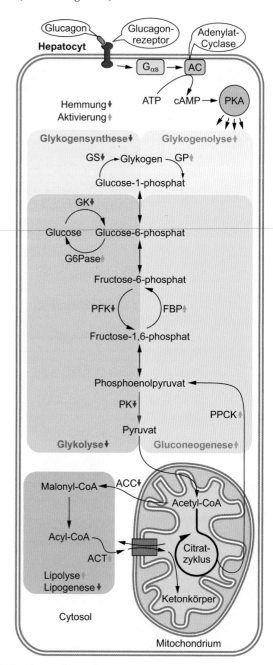

31.20 Glucagoneffekte auf Hepatocyten. Glucagon *hemmt* G̲lucok̲inase (GK), P̲hosphofructok̲inase (PFK) sowie P̲yruvatk̲inase (PK) und *aktiviert* G̲lucose-6̲-p̲hosphatase (G6Pase), P̲hosphoenolpyruvat-C̲arboxyk̲inase (PPCK) sowie *F̲ructose-B̲isp̲hosphatase* (FBP); damit *drosselt* es die Glykolyse und *fördert* die Gluconeogenese. Gleichzeitig *hemmt* Glucagon die G̲lykogen-S̲ynthase (GS) und *aktiviert* G̲lykogen-P̲hosphorylase (GP); damit *fördert* es die Glykogenolyse und *hemmt* die Glykogensynthese. Durch *Inhibition* von A̲cetyl-C̲oA-C̲arboxylase (ACC) und *Stimulation* von A̲cylcarnitin-T̲ransferase (ACT) *hemmt* Glucagon die Lipogenese und *fördert* Lipolyse bzw. Ketogenese. [AN]

Auf der Genebene fördert Glucagon die **Gluconeogenese**, indem es die Expression von Phosphoenolpyruvat-Carboxykinase und Fructose-1,6-bisphosphatase steigert (▶ Abschnitt 43.2). Gleichzeitig hemmt es die **Glykolyse**, indem es die Biosynthese von Phosphofructokinase (PFK), PFK-2 und Pyruvatkinase drosselt (▶ Abschnitt 39.7). Dabei entfaltet Glucagon seine Wirkung am Gen für die Carboxykinase über c̲AMP-r̲esponsive E̲lemente (CRE; ▶ Abschnitt 20.4), die auf erhöhte cAMP-Spiegel in der Zelle ansprechen (▶ Abschnitt 28.5). Die PKA-vermittelte Phosphorylierung von Transkriptionsfaktoren wie z.B. dem **C̲R̲E̲-b̲indendem Protein** (CREB) spielt dabei eine zentrale Rolle (▶ Abbildung 28.11). *Glucagon bewirkt also eine vermehrte Bereitstellung (via Gluconeogenese, Glykogenolyse) und eine verminderte Verwertung (via Glykolyse, Glykogensynthese) von Glucose in der Leber und hebt den Blutzuckerspiegel an: Es ist damit wichtigster Antagonist von Insulin.* Im Gegensatz dazu senkt **GLP-1**, das nach einer kohlenhydratreichen Mahlzeit von L-Zellen des Dünndarms freigesetzt wird, über endokrine Wege an Langerhans-Inseln gelangt und dort die Insulinausschüttung nachhaltig anregt, den Blutzuckerspiegel. Weitere Modulatoren der Glucoseverwertung sind Catecholamine und Corticoide, deren Zusammenspiel mit Insulin und Glucagon die Choreographie des Gesamtmetabolismus bestimmt (▶ Abschnitt 50.5). Auch die Rolle des dritten Hauptprodukts der Langerhans-Inseln, **Somatostatin**, wird im Kontext des Glucosemetabolismus diskutiert (Exkurs 31.5); da andere biologische Funktionen des Hormons wohletabliert sind, behandeln wir es an separater Stelle (▶ Abschnitt 30.4 und Abschnitt 31.1).

Damit haben wir unsere *tour d'horizon* durch die zelluläre Signaltransduktion zunächst einmal beendet. Exemplarisch haben wir dabei Berührungspunkte zwischen **molekularer Physiologie** und **funktioneller Biochemie** beleuchtet. Es steht zu erwarten, dass wir in kommenden Dekaden noch viel präzisere Informationen über die molekularen Abläufe im menschlichen Körper gewinnen werden, die ungeahnte Möglichkeiten zur Entwicklung neuer Medikamente und Diagnostika eröffnen werden. Ein rasch expandierendes Gebiet sind dabei die molekularen Neurowissenschaften, denen wir uns jetzt zuwenden.

Zusammenfassung

- Endokrine Drüsen und Gewebe übernehmen die hormonelle Steuerung im Gastrointestinaltrakt. Die **Säuresekretion** durch die Belegzellen des Magens erfolgt durch **Protonenpumpen** vom Typ der **H^+-K^+-ATPasen** im Konzert mit cytosolischer **Carboanhydrase**, membranständigen **K^+-Kanälen** und **Cl^--Kanälen** sowie **Aquaporinen**. Acetylcholin, Gastrin und Histamin regen Belegzellen zur Säuresekretion an. Der wichtigste Antagonist ist **Somatostatin**; auch **PGE_2** und **Sekretin** hemmen die Säuresekretion.

- Bei der enteralen Resorption werden **Monosaccharide** wie Glucose über **Na^+-getriebene Symporter** vom Darmepithel aufgenommen. **Oligo- und Polysaccharide** werden von Enzymen des epithelialen Bürstensaums hydrolysiert und entstehende Monosaccharide *via* **SGLT-1** aufgenommen.

- Die Hydrolyse von **Proteinen** beginnt im Magen, wo **Pepsin** sie nach Denaturierung durch Magensäure in Oligopeptide zerlegt, die von **Trypsin** und Peptidasen weiter abgebaut werden. **Na^+-getriebene Transporter** nehmen entstehende Aminosäuren auf.

- Die **Resorption der Fette** erfolgt durch luminale Hydrolyse mit **Lipasen** und intrazelluläre Resynthese. Einen analogen Weg nehmen Phospholipide und Cholesterinester, wobei **PLA_2** sowie **Carboxyesterase** die Hydrolyse übernehmen. Der Abtransport der Lipide erfolgt über **Chylomikronen**.

- Der Darm resorbiert große Mengen an Na^+-, K^+-und Cl^--Ionen aus der Nahrung; dabei folgt Wasser *passiv* dem Einstrom der Elektrolyte. **Na^+-K^+-ATPase** erzeugt einen Na^+-Gradienten über der luminalen Membran des Darmepithels, der **Cotransporter** für Na^+ und Glucose bzw. Aminosäuren antreibt. **Na^+-H^+-Austauscher** und epitheliale **ENaC-Kanäle** sorgen für Na^+-Einstrom, während **Cl^--Ionen** passiv ein- bzw. ausströmen können.

- Die intestinale **K^+-Resorption** erfolgt über luminale **K^+-H^+-Austauscher**; alternativ kann K^+ mit dem Wasserstrom ins Interstitium gelangen. Die Resorption von **Ca^{2+}** erfolgt durch Vitamin-D-gesteuerten Transport.

- Die vom Dünndarm produzierten Hormone **Cholecystokinin** und **Sekretin** sowie **Acetylcholin** stimulieren die Gallenbildung der Leber und regulieren ihre Ausschüttung; der wichtigste Antagonist ist **Somatostatin**. Gallensekret enthält **freie und konjugierte Gallensäuren**, die zur Aktivierung von Lipasen beitragen. Im **enterohepatischen Kreislauf** werden konjugierte Gallensäuren *via* **Na^+-Cholat-Cotransporter** resorbiert.

- Stimulatoren der **pankreatischen Sekretion** von Verdauungsenzymen sind **Acetylcholin** und **Cholecystokinin**; sie fördern die **isotonische NaCl-Sekretion** der Azinuszellen. **Sekretin** regt den *Ductus pancreaticus* zur Ausscheidung von Bicarbonat unter der Mitwirkung des **CFTR-Kanals** sowie eines **Cl^--HCO_3^--Antiporters** an.

- Die β-Zellen der **Langerhans-Inseln** speichern Insulin in sekretorischen Granula. Anflutende Glucose wird über **GLUT-Transporter** aufgenommen, durch **Glucokinase** phosphoryliert und in die Glykolyse eingeschleust. Durch $[ATP]_i$-Anstieg schließen sich K_{ATP}-**Kanäle**; es kommt zur Depolarisation. Daraufhin öffnen sich Ca^{2+}-**Kanäle**, $[Ca^{2+}]_i$ steigt an und bewirkt die Ausschüttung insulinhaltiger Granula.

- In der Leber entfaltet Insulin seine Wirkungen über **Insulinrezeptoren**, die **IRS** und **SHC** phosphorylieren, die daraufhin **Grb2** rekrutieren, das über Sos und Ras den MAP-Kinasen-Weg anstößt, der letztlich Transkriptionsfaktoren wie **Jun** aktiviert.

- Seine akuten **metabolischen Effekte** vermittelt Insulin über IRS-1-vermittelte Aktivierung von PI3K, PDK und PKB/Akt. PKB/Akt phosphoryliert und inaktiviert GSK-3, was die **Glykogensynthese** steigert. Insulin stimuliert die **Glykolyse** *via* Fructose-2,6-bisphosphat, das Phosphofructokinase aktiviert; gleichzeitig hemmt es die **Gluconeogenese**.

- Insulin wirkt auf den Fettstoffwechsel von *Hepatocyten* und aktiviert **Pyruvatkinase** und **Pyruvat-Dehydrogenase**, die vermehrt Acetyl-CoA für die **Lipogenese** bereitstellen. Ebenso aktiviert es **Acetyl-CoA-Carboxylase** und stimuliert die **Fettsäure-Synthese**. Das erhöhte Angebot an freien Fettsäuren fördert die **Lipogenese**; gleichzeitig hemmt Insulin die **Lipolyse**.

- In *Adipocyten* stimuliert Insulin die **Lipogenese** durch PDK/PKB-abhängige Translokation von GLUT4 an die Plasmamembran. Gleichzeitig hemmt es **hormonsensitive Triacylglycerin-Lipase** und steigert die Expression von **Lipoprotein-Lipase**, die den Nachschub an freien Fettsäuren sichert.

- In *Muskelzellen* steigert Insulin die Glucoseaufnahme über **GLUT4**, aktiviert **Hexokinase** sowie **Glykogen-Synthase** und fördert die Glykogensynthese. Es aktiviert glykolytische Enzyme wie **Phosphofructokinase** und **Pyruvat-Dehydrogenase**, sodass vermehrt Acetyl-CoA anfällt.

- Der wichtigste Gegenspieler von Insulin ist **Glucagon** aus α-Zellen. **Aminosäuren** sowie Catecholamine, Cholecystokinin und VIP stimulieren die Glucagonausschüttung; Glucose, Insulin und Somatostatin hemmen sie.

- Durch Inhibition von Glykogen-Synthase und Aktivierung von Glykogen-Phosphorylase fördert Glucagon die **Glykogenolyse**.

- Durch Hemmung von Glucokinase, Phosphofructokinase und Pyruvat-Kinase sowie Aktivierung von Glucose-6-phosphatase, Phosphoenolpyruvat-Carboxykinase und Fructose-1,6-bisphosphatase drosselt Glucagon die **Glykolyse** und fördert die **Gluconeogenese**.

- Durch Inhibition von Acetyl-CoA-Carboxylase und Stimulation von Acylcarnitin-Transferase hemmt Glucagon die **Lipogenese** und fördert die **Lipolyse**.

Neuronale Erregung und Transmission

32

Kapitelthemen: 32.1 Ruhepotenzial an der Zellmembran 32.2 Aufbau transmembranärer K⁺-Gradienten 32.3 Auslösung von Aktionspotenzialen 32.4 Charakteristika von Aktionspotenzialen 32.5 Aufbau chemischer Synapsen 32.6 Typen von Neurotransmittern 32.7 Rolle von Catecholaminen 32.8 Wirkmechanismen von Neuropeptiden und Toxinen

Ob Sie nun durch diese Seiten blättern, den Stoff dieses Kapitels in Ihrem Gedächtnis speichern möchten oder über dem Lernen ins Schwitzen geraten: Alle diese Aktivitäten gründen auf Leistungen eines präzise verschalteten Netzwerks von über 100 Milliarden *Neuronen* (Nervenzellen) allein im Gehirn. Das menschliche *Nervensystem* reguliert unbewusste Körperfunktionen, es kontrolliert Bewegungen, vermittelt Wahrnehmung und steuert Verhalten, es ermöglicht Erinnerung und Bewusstsein und schafft damit auch menschliche Identität. Wir sind weit davon entfernt, dieses komplexe System der *Informationsverarbeitung* auf molekularer Ebene in allen Einzelheiten, geschweige denn in seiner Gesamtheit zu verstehen. Intensive Forschungsarbeiten eröffnen aber ständig neue Erkenntnisse über die molekularen Abläufe bei der *neuronalen Signalübertragung* und machen damit die Neurowissenschaften zu einem rasch expandierenden Wissensgebiet. Wir wollen uns bei der funktionellen Betrachtung des Nervensystems auf die Prinzipien der neuronalen Erregbarkeit konzentrieren: Dazu wenden wir uns den molekularen Vorgängen in erregbaren Zellen zu und analysieren die biochemischen Abläufe bei der Entstehung, Fortleitung und Übertragung neuronaler Signale.

32.1 An der Zellmembran entsteht ein Ruhepotenzial

Zellen verfügen in ihrem Innern über eine Vielzahl von Makromolekülen – Proteine, Nucleinsäuren, Polysaccharide – deren Oberflächenladungen durch Gegenionen wie Na⁺, K⁺ und Cl⁻ kompensiert werden. Diese kleinen Ionen tragen zu einem Gutteil zur intrazellulären **Osmolarität** von ca. 300 mOsm/l bei (▶ Abschnitt 1.9), während die Makromoleküle dabei kaum ins Gewicht fallen (Abbildung 32.1). Würden die Zellen nicht ständig Ionen wie z. B. Na⁺ aus dem Cytoplasma herausbefördern, käme es zum vermehrten Einstrom von

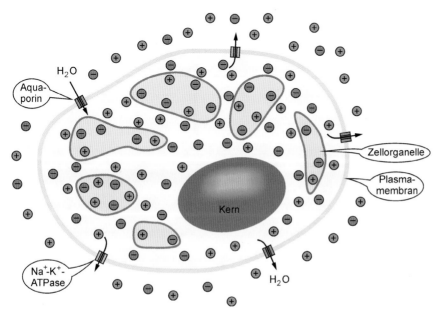

32.1 Regulation der intrazellulären Osmolarität. Vor allem durch Export von Na⁺ mittels Na⁺-K⁺-ATPase (▶ Abbildung 26.1) verhindert die Zelle den übermäßigen Einstrom von Wasser. Dabei kann Wasser kontrolliert über Proteinporen in der Membran (Aquaporine) von Erythrocyten oder Nierentubuluszellen ein- und austreten oder auch direkt durch die Membran diffundieren.

Wasser, was zum Aufquellen und letztlich zum Platzen der Zellen durch osmotische Lyse führen würde. Der Preis für den Ionenexport ist eine **ungleiche Ladungsverteilung** an der Membran: Da die meisten zurückbleibenden Makromoleküle eine negative Ladung tragen, verliert das Cytoplasma ständig positive Ladungen und ist daher gegenüber dem extrazellulären Raum negativ geladen.

Mit ihren diversen Ionenkanälen fungiert die Plasmamembran dabei als selektiv permeable Isolierschicht: Sie trennt die Innen- von der Außenseite der Zelle und damit auch unterschiedliche Ionenkonzentrationen voneinander. *Da Ionen elektrische Ladungsträger sind, entsteht eine Potenzialdifferenz oder* **elektrische Spannung** *an der Membran, die wir* **Membranpotenzial** *nennen.* Und da das elektrische Potenzial der Extrazellulärflüssigkeit willkürlich auf Null festgelegt ist und sich ein Überschuss an negativen Ladungen im Cytoplasma befindet, hat das Membranpotenzial ein negatives Vorzeichen. Bei Neuronen „im Ruhezustand" beträgt dieses Ruhemembranpotenzial – kurz **Ruhepotenzial** genannt – ca. –70 mV. Es kann mit Mikroelektroden gemessen werden (Abbildung 32.2). Membranpotenziale gibt es bei allen köpereigenen Zellen: Sie betragen –20 bis –200 mV. Wie wir

noch sehen werden, spielen bei „erregbaren" Zellen wie Neuronen und Muskelzellen schnelle Veränderungen ihrer Membranpotenziale eine besondere funktionelle Rolle.

Wodurch entsteht ein solches Membranpotenzial, und wie wird es aufrechterhalten? Wie wir bereits gesehen haben (▶ Abschnitt 26.1), schafft die ubiquitäre **Na⁺-K⁺-ATPase** Na⁺-Ionen aus der Zelle; dabei bleiben Ladungsträger wie organische Anionen, Aminosäuren (Carboxylate), Kohlenhydrate (Carboxylate, Sulfate) oder Nucleotide (Phosphate) zurück, die oftmals Bestandteile von Makromolekülen sind und daher die Zellmembran nicht ohne weiteres passieren können. Gleichzeitig importiert die Na⁺-K⁺-ATPase K⁺-Ionen in die Zelle, und zwar im Verhältnis von 2 K⁺ pro 3 Na⁺ (▶ Abbildung 26.1). Pro Pumpenlauf wird also netto eine positive Ladung exportiert: Die ATPase erzeugt ein Ladungsungleichgewicht und ist damit **elektrogen**. In einer „ruhenden" Nervenzelle kompensiert in erster Linie K⁺ die negativen Ladungen des zellulären Binnenraums: Die intrazelluläre K⁺-Konzentration ist daher fast 30-mal höher als die extrazelluläre (Abbildung 32.3). Es liegt also ein steiler **K⁺-Konzentrationsgradient** über der Zellmembran, der vom Cytosol zum Extrazellulärraum abfällt.

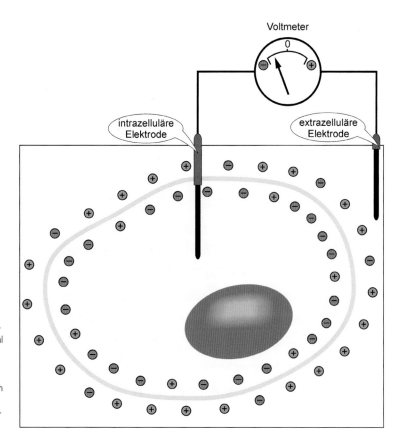

32.2 Messung der Ladungsdifferenz an der Plasmamembran mithilfe von Mikroelektroden. Das Membranpotenzial gibt die elektrische Spannung zwischen intra- und extrazellulärem Raum wieder. Der Überschuss von positiven bzw. negativen Ladungen ist vor allem in Membrannähe konzentriert, während der Rest des Cytoplasmas elektrisch weitgehend neutral ist. Das Membranpotenzial schwankt je nach Zelltyp; bei Neuronen z. B. beträgt das Ruhemembranpotenzial meist zwischen –60 und –75 mV. [AN]

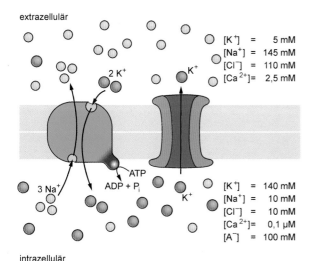

extrazellulär

[K$^+$] =	5 mM
[Na$^+$] =	145 mM
[Cl$^-$] =	110 mM
[Ca^{2+}]=	2,5 mM

2 K$^+$ K$^+$

ATP
ADP + P$_i$

3 Na$^+$

K$^+$

[K$^+$] =	140 mM
[Na$^+$] =	10 mM
[Cl$^-$] =	10 mM
[Ca^{2+}]=	0,1 µM
[A$^-$] =	100 mM

intrazellulär

32.3 Konzentration und Austausch von Ionen an einer Zellmembran. Die Na$^+$-K$^+$-ATPase (links) importiert K$^+$-Ionen, exportiert aber mehr Na$^+$-Ionen. Gleichzeitig diffundieren durch offene, ungesteuerte Ruhemembrankanäle (rechts) K$^+$-Ionen mit dem Konzentrationsgefälle aus der Zelle heraus. Durch eigene Ruhemembrankanäle überqueren Na$^+$-Ionen die Membran in entgegengesetzter Richtung (nicht gezeigt). Mehrere Ionenströme tragen zum Ruhepotenzial der Zelle bei. Große Anionen (A$^-$) liegen nur im Cytoplasma vor.

32.2

Der K$^+$-Gradient bestimmt vorwiegend das Ruhepotenzial

Warum verlässt K$^+$ nicht angesichts dieses steilen Konzentrationsgradienten permanent die Zelle? Tatsächlich besitzen viele Zellen K$^+$-selektive **Ruhemembrankanäle**, die nicht durch Spannung oder Liganden gesteuert werden, sondern permanent offen sind: Sie gestatten einen nahezu freien Austausch von K$^+$ über die Membran (Abbildung 32.3). *Im Ruhezustand herrscht ein Gleichgewicht zwischen der Triebkraft des steilen Konzentrationsgradienten, der K$^+$ aus der Zelle treibt, und dem elektrischen Potenzial, das durch die negativen Ladungsträger im Cytoplasma zustande kommt und die K$^+$-Ionen in der Zelle zurückhält.* Das elektrische Potenzial tariert also den chemischen Gradienten aus: Wir sprechen von einem **elektrochemischen Gleichgewicht** (Abbildung 32.5). Dabei liegt das Gleichgewichtspotenzial von K$^+$ mit –90 mV nahe beim tatsächlich messbaren Ruhepotenzial einer Zelle von ca. –70 mV. Da in Nervenzellen auch Na$^+$- und Cl$^-$-Ionen durch Ruhekanäle strömen, sind sie mitbestimmend für das Ruhepotenzial, wenn auch in geringerem Umfang als K$^+$. Mit der **Nernst-Gleichung** lässt sich das Gleichgewichtspotenzial von Ionen quantitativ beschreiben (Exkurs 32.1).

Exkurs 32.1: Nernst-Gleichung und Ionenfluss

Wenn Ein- und Auswärtsströme eines Ions sich ausgleichen, findet kein Nettofluss über die Membran statt, und es stellt sich ein **Gleichgewichtspotenzial** für das betreffende Ion ein: Die beiden Kräfte, die den Ionenfluss treiben, nämlich chemischer Konzentrationsgradient und elektrische Potenzialdifferenz, sind dann im Gleichgewicht. Zusammen werden diese beiden Parameter auch als **elektrochemischer Gradient** bezeichnet. Mithilfe der Nernst-Gleichung kann das Gleichgewichtspotenzial E für jedes Ion bei gegebener Temperatur T berechnet werden, wenn die relativen Ionenkonzentrationen im Intra- bzw. Extrazellulärraum [c]$_i$ bzw. [c]$_a$ bekannt sind (Abbildung 32.4). Bei einer Nervenzelle mit [c]$_i^{K+}$ = 150 mM und [c]$_a^{K+}$ = 5 mM beträgt das Gleichgewichtspotenzial für K$^+$ –90,8 mV bei 37 °C, während es für Na$^+$ mit [c]$_i^{Na+}$ = 15 mM und [c]$_a^{Na+}$ = 150 mM bei +61,5 mV liegt. Das Ruhepotenzial der meisten Zellen liegt mit –70 mV also sehr viel näher am Gleichgewichtspotenzial von K$^+$ und weit entfernt vom Na$^+$-Gleichgewichtspotenzial.

$$E = \frac{RT}{zF} \cdot \ln \frac{c_a}{c_i}$$

E [V]	Gleichgewichtspotenzial
R [J/K · mol]	Gaskonstante
T [K]	absolute Temperatur
F [J/V · mol]	Faraday-Konstante
c_a	extrazelluläre Ionenkonzentration
c_i	intrazelluläre Ionenkonzentration
z	Ionenladung

32.4 Nernst-Gleichung und ihre Parameter.

Na$^+$ besitzt im Vergleich zu K$^+$ eine spiegelbildliche Verteilung: Die extrazelluläre Konzentration ist etwa zehnmal höher als die intrazelluläre. Damit ist das Na$^+$-Gleichgewichtspotenzial weit vom Ruhepotenzial einer aktiven Zelle entfernt. Erst wenn die Na$^+$-K$^+$-Pumpe gehemmt wird, geht das Ruhepotenzial einer Zelle verloren, und die Ionenverteilung nähert sich allmählich den elektrochemischen Gleichgewichtszuständen der Ionen an. Die Ungleichverteilung von K$^+$ und Na$^+$ an der Zellmembran hat wichtige Konsequenzen. Bereits geringfügige Ladungsverschiebungen reichen aus, um drastische Potenzialänderungen an einer Zellmembran zu erzeugen: So können Nervenzellen über **spannungsgesteuerte Kanäle** Ionenströme über ihre Plasmamembran fließen lassen und dabei ihr Membranpotenzial sprunghaft verändern; dieses Phänomen liegt der **elektrischen Reizleitung** zugrunde.

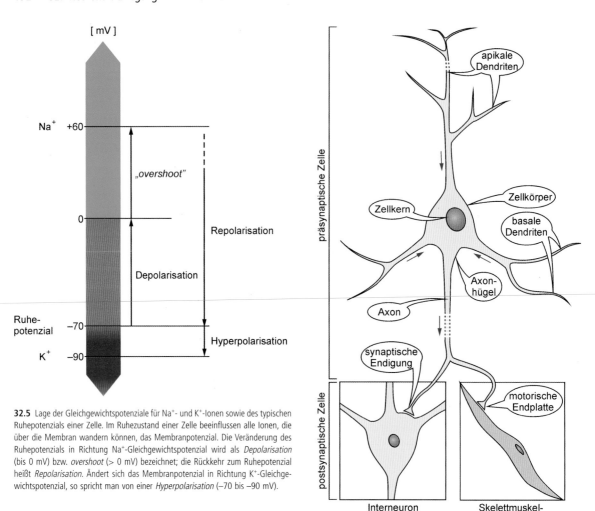

32.5 Lage der Gleichgewichtspotenziale für Na⁺- und K⁺-Ionen sowie des typischen Ruhepotenzials einer Zelle. Im Ruhezustand einer Zelle beeinflussen alle Ionen, die über die Membran wandern können, das Membranpotenzial. Die Veränderung des Ruhepotenzials in Richtung Na⁺-Gleichgewichtspotenzial wird als *Depolarisation* (bis 0 mV) bzw. *overshoot* (> 0 mV) bezeichnet; die Rückkehr zum Ruhepotenzial heißt *Repolarisation*. Ändert sich das Membranpotenzial in Richtung K⁺-Gleichgewichtspotenzial, so spricht man von einer *Hyperpolarisation* (–70 bis –90 mV).

32.6 Schematische Darstellung eines Neurons. Die Richtung der Signalwege für Dendriten (eingehende Signale) und Axon (abgehende Signale) sind durch Pfeile angegeben. Die Zelle nimmt zumeist an den Dendriten und am Zellkörper synaptischen Kontakt mit zahlreichen Axonendigungen anderer Neurone auf (nicht gezeigt). Die neuronale „Signalverrechnung" und Antwortgenerierung erfolgt am Axonhügel. Ein Axon kann bis zu 10 000 Mal länger als der Zellkörper sein: Menschliche Axone haben eine Länge von 0,1 mm bis über 1 m. Die präsynaptische Zelle heißt Motoneuron, wenn postsynaptisch eine Muskelzelle folgt (rechts).

32.3

Nervenzellen können auf einen Reiz mit einem Aktionspotenzial reagieren

Neurone ⬀ sind vielgestaltig und unterscheiden sich in ihrem Aufbau deutlich von allen anderen körpereigenen Zellen. Die Morphologie einer Nervenzelle spiegelt ihr Aufgabenspektrum bei der neuronalen Informationsverarbeitung wider, nämlich Reize zu empfangen, Antworten zu generieren und Signale schnell auf andere Nervenzellen zu übertragen. Ein typisches Neuron hat einen rundlichen Zellkörper mit zentral gelegenem Zellkern und verästelt sich in eine Vielzahl kurzer Ausläufer, **Dendriten** (griech. *dendron*, Baum) genannt, über die chemische Signale von anderen Neuronen aufgenommen werden. Ein einziger lang gestreckter Cytoplasmafortsatz – Nervenfaser oder **Axon** genannt – leitet elektrische Signale über große Strecken weiter bis hin zu feinen Verzweigungen am Axonende (Abbildung 32.6). Die Signalübertragung auf nachgeschaltete Zellen erfolgt an spezialisierten Kontaktstellen, den **Synapsen**: Dabei werden

an den **synaptischen Endigungen** der präsynaptischen Zelle Neurotransmitter in den extrazellulären **synaptischen Spalt** ausgeschüttet. Dieses chemische Signal wird in der benachbarten postsynaptischen Zelle über Rezeptoren aufgenommen und kann dort über eine Änderung des lokalen Membranpotenzials ein elektrisches Signal hervorrufen. Aufgabenspezifisch unterscheidet man drei Haupttypen von Nervenzellen: *Sensorische Neurone* übermitteln Signale von den Sinnesorganen; *Motoneurone* senden Befehle zu den Muskeln; schließlich vermitteln *Interneurone* (überwiegende Mehrheit der Nervenzellen) Signale zwischen Nervenzellen über kurze oder lange Distanzen und bilden damit die funktionelle Architektur eines neuronalen Netzwerks.

Die Grundlage für die Informationsverarbeitung in neuronalen Netzwerken bildet die **Erregbarkeit** der Nervenzellen: Sie können auf Reize chemischer, elektrischer oder sensorischer Art mit einer leichten oder auch dramatischen Änderung des Membranpotenzials reagieren und diese dann weiterleiten. Betrachten wir z. B. ein Interneuron, das auf eine „überschwellige" elektrische Reizung mit einem **Aktionspotenzial** – einem „Nervenimpuls" – am Axon antwortet: Anders als beim Ruhepotenzial, wo K^+ die „erste Geige" spielt, bestimmt hier Na^+ die Aktion: Spezifische spannungsgesteuerte Na^+-Kanäle sondieren über ihre Sensoren (▶ Abschnitt 26.6) eine Potenzialänderung und öffnen sich blitzschnell bei Erreichen einer Schwelle, die einen um ca. 15–20 mV positiveren Wert hat. Entlang des steilen Konzentrationsgradienten fluten innerhalb einer Millisekunde mehr als 6 000 Na^+-Ionen pro Kanal in die Zelle und lassen durch diese Ladungsverschiebung das Membranpotenzial hochschnellen: Es kommt zur **Depolarisation** (Abbildung 32.7). Der Na^+-Einstrom führt zu einer vollständigen Umpolung: Nach weniger als 1 ms liegt das überschießende Membranpotenzial bei etwa + 30–40 mV. Ca. 1 ms nach Öffnung schließen sich die Na^+-Kanäle spontan wieder und gehen in einen nicht-erregbaren, refraktären Zustand über

(▶ Abbildung 26.14). Mit ein wenig Verzögerung öffnen sich nun spannungsgesteuerte K^+-Kanäle. Zu diesem Zeitpunkt ist der elektrochemische Gradient für K^+ weit von seinem Gleichgewichtszustand entfernt (+ 30 mV vs. –90 mV): K^+ „schießt" über seine Kanäle aus der Zelle heraus, und der dadurch bedingte intrazelluläre Verlust an positiven Ladungen kehrt das Membranpotenzial ruckartig wieder um: Wir nennen diesen Vorgang **Repolarisation**. Dabei „übersteuert" die Zelle und erreicht vorübergehend ein Membranpotenzial von ca. –90 mV: Diese **Hyperpolarisation** führt zum Verschluss der spannungsgesteuerten K^+-Kanäle. Wenig später ist das Ruhemembranpotenzial von ca. –70 mV wieder erreicht.

Bei Aktionspotenzialen spiegelt sich die zeitlich versetzte Öffnung und Schließung von spannungsgesteuerten Na^+- bzw. K^+-Kanälen im **Zeitverlauf der Ionenströme** wider: Initial kommt es zu einem raschen Anstieg des Na^+-Stroms über die Membran, der in weniger als 1 ms seinen Höhepunkt erreicht und dann wieder absinkt (Abbildung 32.8). Gleichzeitig beginnt der K^+-Strom anzusteigen, der sein Maximum nach ca. 1 ms erreicht und dann wieder abflacht. Aktionspotenziale sind nicht auf Nervenzellen begrenzt, man findet sie auch bei Muskelzellen.

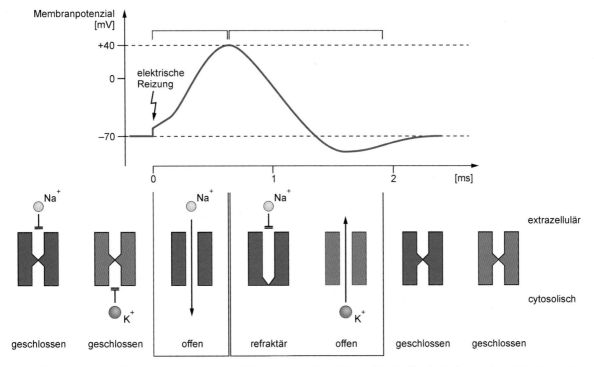

32.7 Verlauf eines neuronalen Aktionspotenzials am Axon mit Depolarisation, Repolarisation und Hyperpolarisation. Überschreitet die durch einen lokalen Reiz ausgelöste Depolarisation einen Schwellenwert, so öffnen sich schlagartig spannungsgesteuerte Na^+-Kanäle (blau); mit zeitlicher Verzögerung machen spannungsgesteuerte K^+-Kanäle auf (orange). Diese Ionenkanäle funktionieren nach dem „Alles-oder-nichts-Prinzip", d. h. die Leitfähigkeit eines Einzelkanals ist immer konstant und *nicht* von der Reizstärke abhängig.

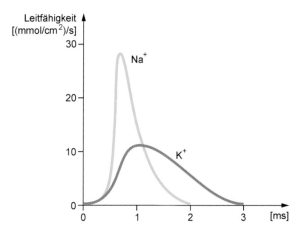

32.8 Ionenströme über die Membran eines Axons. Der zeitliche Verlauf der Na⁺- bzw. K⁺-Leitfähigkeit an einem Punkt des Axons ist hier gezeigt. [AN]

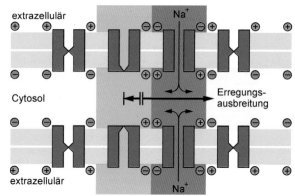

32.9 Gerichtete Ausbreitung des Aktionspotenzials. Hier ist schematisiert ein Längsschnitt durch ein Axon gezeigt. Durch die geordnete Abfolge von geschlossenen/aktivierbaren, offenen sowie geschlossenen/refraktären Zuständen gewährleisten spannungsgesteuerte Na⁺-Kanäle die gerichtete Ausbreitung des Aktionspotenzials (hier nach rechts).

32.4

Aktionspotenziale verlaufen unidirektional, stereotyp und oft saltatorisch

Die Dendriten einer Nervenzelle fungieren als zelluläre „Zuleitungen" für Signale von anderen Neuronen: Hier werden meist keine Aktionspotenziale, sondern *graduelle* Änderungen des Membranpotenzials zum Zellkörper geleitet. Die Station für die „Verrechnung" der zahlreichen dendritischen Signale – der Ort der **neuronalen Integration** und damit der Entscheidung für oder gegen „Feuern" – ist der **Axonhügel**: Hier liegt der zelluläre Ursprung für Aktionspotenziale. Der Schwellenwert für die Auslösung von Aktionspotenzialen ist am Axonhügel niedriger – eine Erhöhung des Membranpotenzials um 10 mV genügt bereits –, sodass Signale neuronaler Erregung hier zuerst entstehen. Einmal ausgelöst, hat ein Aktionspotenzial drastische Auswirkungen auf die lokale Membranumgebung: Benachbarte Na⁺-Kanäle erfassen mit ihren Spannungssensoren die Depolarisation und antworten ihrerseits mit Öffnung der Schleusen. Ein „Dominoeffekt" entsteht und die Depolarisation wird blitzschnell weitergeleitet. Dabei verhindert eine molekulare Besonderheit die Ausbreitung des Aktionspotenzials in beide Richtungen: Die Na⁺-Kanäle nehmen nach ihrer Aktivierung für kurze Zeit einen **geschlossenen, refraktären** (nichtaktivierbaren) **Zustand** ein (▶ Abbildung 26.14). Die Folge ist eine **unidirektionale Reizleitung** des Aktionspotenzials entlang eines Axons hin zur synaptischen Endigung (Abbildung 32.9). Eine rückläufige (retrograde) Erregungsleitung wird durch den Zyklus der Kanalzustände effektiv blockiert. Die Refraktärzeit von mindestens 1 ms bestimmt auch die maximale „Feuerrate" des Neurons, d. h. die höchstmögliche Frequenz von Aktionspotenzialen: Sie kann bis zu mehreren hundert (engl. *spikes*, Aktivierungsspitzen) pro Sekunde betragen, aber im Nor-malfall ist ein Neuron mit einer Frequenz von 100 Hz schon höchst aktiv.

Aktionspotenziale sind die „Einheitswährung" der neuronalen Signalverarbeitung; im Prinzip verlaufen sie überall im Nervensystem gleich. Wenn der Schwellenwert überschritten wird, läuft nach dem **„Alles-oder-nichts-Prinzip"** ein stets gleiches Muster ab: Der Signalverlauf von Depolarisation und Repolarisation ist uniform; Amplitude (ca. 100 mV) und Dauer (1–2 ms) ändern sich bei der axonalen Weiterleitung nicht wesentlich (Abbildung 32.10). Wie kann ein so **stereotypes Signal** die Grundlage der neuronalen Informationsverarbeitung sein? Auf der Ebene der Einzelzelle liegt die Antwort in der **Frequenzcodierung**: Die Stärke eines Reizes korreliert *nicht* mit der Amplitude eines singulären Aktionspotenzials, sondern mit der „Feuerrate" des Neurons. Je höher die Anzahl der *spikes* pro Sekunde (Frequenz), desto stärker der Reiz. Die Dauer des Reizes wird dagegen durch die „Salvenlänge" codiert: je länger der Reiz, desto länger die *bursts*, d. h. die Folgen von Aktionspotenzialen. Die axonal transportierte Information ist also durch zwei Signaleigenschaften codiert: durch Anzahl und Abstand der Nervenimpulse.

Neben Neuronen gibt es einen zweiten Zelltyp, der für ein funktionierendes Nervensystem unerlässlich ist: Die Gliazellen (griech. *glia*, Leim) sind 10- bis 50-mal häufiger als Neurone und erfüllen wichtige strukturelle und metabolische Aufgaben. Bei Wirbeltieren sind viele Axone fast vollständig von zwei Gliazelltypen ummantelt: Im Zentralnervensystem wickeln sich **Oligodendrocyten**, im peripheren Nervensystem die **Schwannschen Zellen** um das Axon. Durch die Stapelung

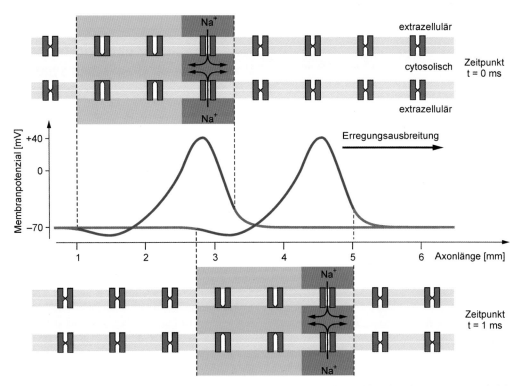

32.10 Ausbreitung des Aktionspotenzials entlang eines nichtmyelinisierten Axons. Zwei „Schnappschüsse" im zeitlichen Abstand von ca. 1 ms veranschaulichen, wie sich ein Aktionspotenzial über das Axon ausbreitet. Lediglich die Zustände der Na⁺-Kanäle sind hier angezeigt. Die Ausbreitungsrichtung der elektrischen Erregung ist durch einen Pfeil angedeutet. Die Leitungsgeschwindigkeit bei myelinisierten Axonen ist um ein Vielfaches höher.

von Membranschichten entstehen proteinarme **Myelinscheiden**: Sie isolieren die „blanken" Nervenleitungen elektrisch und verhindern damit Leckströme, welche die Amplitude des Aktionspotenzials mindern würden. Ein Aktionspotenzial kann daher ein myelinisiertes Axon mit kaum abnehmender

Amplitude durchlaufen. In periodischen Abständen trifft das Aktionspotenzial auf so genannte **Ranviersche Schnürringe**, wo den Axonen diese Isolierung fehlt (Abbildung 32.11). An diesen Schnürstellen ist die Axonmembran besonders reich an spannungsgesteuerten Kanälen, die prompt auf ein an-

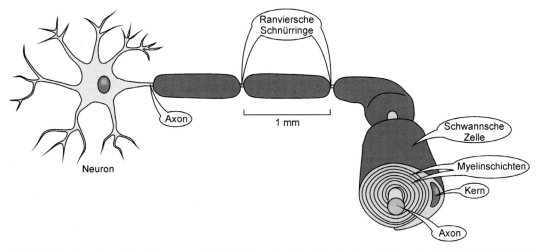

32.11 Myelinscheide eines Axons. Im peripheren Nervensystem wickeln sich Schwannsche Zellen nebeneinander um ein Axon, sodass elektrisch isolierte Abschnitte entstehen (jeweils bis zu 1 mm lang). Dazwischen entstehen kleine Lücken (0,5 μm), die Ranviersche Schnürringe genannt werden. Nur an diesen „blanken" Bereichen der Axonmembran können Ionen durch die Membran strömen; entsprechend massieren sich hier auch spannungsgesteuerte Ionenkanäle. Durch das „Springen" der Aktionspotenziale von einem zum nächsten Ranvierschen Schnürring entsteht die saltatorische Erregungsleitung. [AN]

kommendes Aktionspotenzial reagieren, es regenerieren und mit voller Amplitude durch das nächste myelinisierte Axonsegment schicken. *Das Aktionspotenzial „springt" also von einem Schnürring zum nächsten: Es entsteht eine* **saltatorische Erregungsleitung**, *wodurch die Fortleitungsgeschwindigkeit eines Aktionspotenzials um ein Vielfaches gesteigert werden kann.* Unmyelinisierte Wirbeltieraxone leiten mit weniger als 3 m/s, dagegen erreichen z.B. schnelle motorische Aα-Fasern beim Menschen Leitungsgeschwindigkeiten von nahezu 100 m/s (entspricht 360 km/h).

Die Bedeutung der saltatorischen Erregungsleitung wird offenkundig bei der **Multiplen Sklerose**, wo es zu einer pathologischen Demyelinisierung von Nervenfasern in Gehirn und Rückenmark und damit zu einer Verlangsamung der Erregungsleitung kommt (Exkurs 32.2).

⚕ Exkurs 32.2: Multiple Sklerose (MS)

Die MS ⬧ ist durch einen fortschreitenden Verlust der motorischen Kontrolle und zunehmende Wahrnehmungsstörungen gekennzeichnet. Zelluläres Korrelat ist der Schwund von Myelinscheiden an den Axonen in Zentralnervensystem und Rückenmark – auch **Demyelinisierung** genannt –, der mit einer verlangsamten Erregungsleitung einhergeht. Die molekularen Ursachen der MS sind noch nicht vollständig geklärt: Ein pathogenetisch relevanter Mechanismus scheint die Entwicklung von **Autoantikörpern** gegen basische MBP-Proteine (engl. *myelin basic proteins*) der Myelinscheiden und gegen andere Komponenten glialer Zellen zu sein. Frauen erkranken häufiger als Männer. Die symptomatische Therapie erfolgt mit Steroidhormonen (Cortisol) oder adrenocorticotropem Hormon (ACTH); darüber hinaus werden Interferon-β1a (Avonex®) sowie Interferon-β1b (Betaferon®) erfolgreich eingesetzt. Die rasante Zunahme von Autoimmunerkrankungen stellt eine Herausforderung für Diagnostik und Therapie dar (▶Abschnitt 36.11).

32.5

Neurotransmitter übertragen Botschaften an chemischen Synapsen

Ein typisches Axon nimmt an seinem Ende über Synapsen ⬧ Kontakt mit anderen Neuronen, aber auch mit Muskel- oder Drüsenzellen auf. Bei den **elektrischen Synapsen** wird ein Reiz in Form von Ionenströmen über Zellporen (*gap junctions*; ▶Abschnitt 26.9) unmittelbar und ohne Zeitverzögerung an Nachbarzellen weitergeleitet; dadurch können z.B. im Herzmuskel ganze Gruppen von Kardiomyozyten synchron kontrahieren. Bei Neuronen erfolgt die Erregungsübertragung aber weit häufiger durch **chemische Synapsen** (Abbildung 32.12): Da hier eine Signalwandlung erfolgt – *elektrisch zu chemisch zu elektrisch* –, ergibt sich eine charakteristische Verzögerungszeit. Dem steht als Vorteil gegenüber, dass das Signal verstärkt wird und gleichzeitig eine Signalverarbeitung stattfinden kann. Wir wollen uns zunächst anschauen, wie Wandlung und Verstärkung der neuronalen Signale funktionieren, um dann später die Verarbeitung näher zu betrachten.

Bei chemischen Synapsen haben die synaptischen Endigungen keinen direkten Kontakt mit der postsynaptischen Zellmembran, sondern sind von ihr durch einen 20 bis 40 nm breiten **synaptischen Spalt** mit extrazellulärer Flüssigkeit getrennt. In den präsynaptischen Axonendigungen sind chemische Botenstoffe wie z.B. Acetylcholin als **Neurotransmitter** in kleinen **synaptischen Vesikeln** gespeichert. Beim Eintreffen eines Aktionspotenzials – des *elektrischen* Signals – aktiviert die Depolarisation spannungsgesteuerte Ca^{2+}-Kanäle in der präsynaptischen Membran, die daraufhin einen Ca^{2+}-Einstrom und somit eine vorübergehende Erhöhung der intrazellulären Ca^{2+}-Konzentration bewirken. Dadurch kommt es zur Fusion der neurotransmitterhaltigen

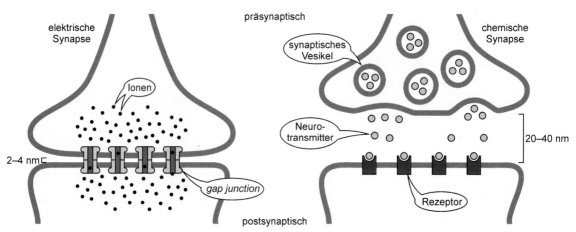

32.12 Prinzip von elektrischen und chemischen Synapsen. An elektrischen Synapsen kann eine Erregung durch die Connexone von *gap junctions* (▶Abbildung 26.23) direkt und ohne Verzögerung in Form von Ionenströmen übertragen werden. Bei chemischen Synapsen, deren synaptischer Spalt ca. zehnfach breiter ist, ergibt sich durch die zweifache Signalwandlung eine charakteristische zeitliche Verzögerung bei der Erregungsübertragung (mindestens 0,3 ms; meist bis zu wenigen Millisekunden).

Vesikel mit der nahen Plasmamembran, die nun ihren Inhalt in den synaptischen Spalt ausschütten. Die freigesetzten Neurotransmitter diffundieren rasch über den Spalt und binden – als *chemisches* Signal – an die **ligandengesteuerten Ionenkanäle** der postsynaptischen Zielzellen (Abbildung 32.13). Die aktivierten Kanäle verändern dann über Ionenströme das lokale Membranpotenzial, sodass eine graduelle Depolarisation oder auch eine Hyperpolarisation der Membran – als *elektrisches* Signal – das Verhalten der postsynaptischen Zelle beeinflussen kann. Ein einziges präsynaptisches Aktionspotenzial genügt, um den Inhalt mehrerer Vesikel mit je 10^4 bis 10^5 Transmittermolekülen auszuschütten; diese aktivieren eine Vielzahl postsynaptischer Rezeptoren, die sekundär die Öffnung weiterer Ionenkanäle bewirken: Durch diesen Dominoeffekt wirkt die chemische Synapse als *Signalverstärker.*

Die **neuromuskuläre Erregungsübertragung** 🖰, bei der Acetylcholin eine Schlüsselrolle einnimmt, ist auf molekularer Ebene gut charakterisiert. An der **motorischen Endplatte**, der Kontaktstelle von Motoneuron und Skelettmuskelfaser, wird die neuronale Erregung über sequenzielle Aktivierung mindestens fünf verschiedener Ionenkanäle in eine Muskelkontraktion übertragen (Abbildung 32.14).

Ein Nervenimpuls erreicht das Axonende eines Motoneurons; durch die Depolarisation öffnen sich präsynaptisch **spannungsgesteuerte Ca²⁺-Kanäle** (1), die einen Ca^{2+}-Influx erlauben und – über im Detail noch nicht verstandene Prozesse – die Fusion von Vesikeln mit der präsynaptischen Membran und damit die Ausschüttung von Acetylcholin an der motorischen Endplatte bewirken (▶ Abschnitt 19.10). Der freigesetzte Neurotransmitter aktiviert dann **nicotinische Acetylcholinrezeptoren** (2) in der postsynaptischen Membran, die

eine lokale Depolarisation hervorrufen. Dadurch öffnen sich **spannungsgesteuerte Na⁺-Kanäle** (3): Sie verstärken die Depolarisation, sodass sich Aktionspotenziale über die gesamte Plasmamembran der Muskelzelle – das Sarcolemma (▶ Abschnitt 9.1) – ausbreiten. Diese erreichen auch das T-Tubulussystem im Innern der Skelettmuskelfaser (▶ Abbildung 9.8) und sprechen spannungsgesteuerte Ca^{2+}-Kanäle vom Typ der **Dihydropyridinrezeptoren** (4) an. Sie geben das Signal an benachbarte **Ryanodinrezeptoren** (5) weiter, d.h. Ca^{2+}-Kanäle in der Membran des sarcoplasmatischen Reticulums (SR), sodass nun durch die geöffneten Schleusen massenhaft Ca^{2+} aus dem SR ausströmt und so die intrazelluläre (cytosolische) Ca^{2+}-Konzentration nach oben schnellt. In der Skelettmuskulatur wird hierfür vor allem das Ca^{2+}-Reservoir des SR „angezapft", während in der Herzmuskulatur auch extrazelluläres Ca^{2+} über das Sarcolemma einströmt. Die erhöhte Ca^{2+}-Konzentration führt in beiden Fällen über Ca^{2+}-bindende Proteine zur Kontraktion der Myofibrillen – ebenso wie bei der glatten Muskulatur (▶ Abschnitt 9.6), wo extrazelluläres Ca^{2+} die Hauptrolle spielt. Wird diese Kaskade auf der Ebene des Acetylcholinrezeptors behindert, so kommt es zur Entwicklung einer **Myasthenie** (Exkurs 32.3).

Die klinische Bedeutung des **Netzwerks von Neurotransmittern**, ihrer Rezeptoren und der nachgeschalteten Signaltransduktion kann nicht hoch genug eingeschätzt werden: Praktisch jedes Medikament, das mentale Funktionen beeinflusst, interagiert mit Neurotransmittersystemen des Gehirns. Dementsprechend liegen schwerwiegenden **Geisteserkrankungen** wie z.B. Schizophrenie und Depression, aber auch Epilepsie und Drogenabhängigkeit u.a. Störungen von Neurotransmittersystemen zugrunde.

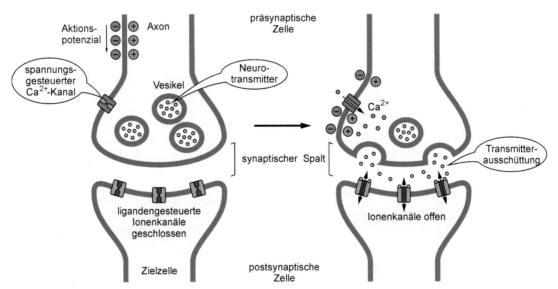

32.13 Signalübertragung durch Neurotransmitter an chemischen Synapsen. Der ankommende elektrische Nervenimpuls bewirkt über den Anstieg von [Ca²⁺]ᵢ die Fusion synaptischer Vesikel mit der präsynaptischen Membran. Dadurch werden Neurotransmitter ausgeschüttet, die vorübergehend extrem hohe Konzentrationen im synaptischen Spalt erreichen. Spezifische postsynaptische Rezeptoren nehmen das chemische Signal auf und aktivieren ihre ligandengesteuerten Kanäle. Der induzierte Ionenfluss durch die Membran erzeugt eine lokale Membranpotenzialänderung und damit ein elektrisches Signal in der Zielzelle (nicht gezeigt).

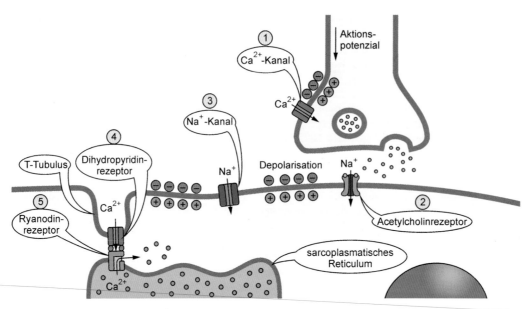

32.14 Neuromuskuläre Erregungsübertragung. Die konzertierte Aktion verschiedener spannungs- und ligandengesteuerter Ionenkanäle ermöglicht an der motorischen End-platte die Umsetzung eines elektrischen Reizes in eine Muskelkontraktion (Erläuterung im Text). Acetylcholinrezeptoren kommen gehäuft an den Einfaltungen der postsynaptischen Membran vor (nicht gezeigt).

⚕ Exkurs 32.3: Myasthenia gravis

Die Myasthenia gravis ✍ ist eine seltene **Autoimmunerkrankung**, deren Symptome belastungsabhängige Muskelschwäche (Myasthenie), hängende Augenlider (Ptosis) und Sehstörungen sind. Ursache für diese schwerwiegende Erkrankung ist meist die Produktion von **Autoantikörpern** gegen den Acetylcholinrezeptor (▶Abschnitt 26.7), wodurch sich die Rezeptordichte verringert. Die Autoantikörper binden an den Rezeptor und induzieren damit seine Internalisierung und den **beschleunigten Rezeptorabbau.** Die biologische Halbwertszeit des Rezeptors sinkt dabei von ca. 6 auf etwa 2,5 Tage. Da Acetylcholin keine ausreichende Zahl von Rezeptoren mehr stimulieren kann, kommt es zu einer abgeschwächten synaptischen Erregungsübertragung. Therapeutisch verwendet man geringe Dosen von Acetylcholinesterasehemmer wie Pyridostigmin (Mestinon®), um die Neurotransmitterkonzentration in der Synapse durch verzögerten Abbau von Acetylcholin zu erhöhen, sowie Immunsuppressiva zur Reduktion der Autoantikörperproduktion (▶Abschnitt 36.11).

32.6

Neurotransmitter können exzitatorisch oder inhibitorisch wirken

Als Neurotransmitter ✍ wirken verschiedene niedermolekulare Substanzen, die chemisch sehr unterschiedlichen Klassen angehören: Aminosäuren (Glutamat, Glycin, γ-Aminobuttersäure), Aminosäurederivate (Adrenalin, Noradrenalin, Histamin, Serotonin), Monoamine (Acetylcholin) sowie Pu-

rinderivate (ATP, Adenosin). Zu den gasförmigen Transmittermolekülen zählen Stickstoffmonoxid (NO) und vermutlich auch Kohlenmonoxid (CO). So chemisch vielfältig diese Stoffe sind, so unterschiedlich sind auch ihre Signalwege. So können Acetylcholin oder Glutamat – der wichtigste Neurotransmitter im zentralen Nervensystem – Ionenkanäle auf Zielzellen ansteuern und dabei chemische in elektrische Signale umwandeln, sodass ein (post)**synaptisches Potenzial** entsteht: Sie wirken erregend an **exzitatorischen Synapsen.** Dazu öffnen sie ihre spezifischen ligandengesteuerten Ionenkanäle, verringern durch den resultierenden Na^+-Einstrom das lokale postsynaptische Membranpotenzial und bewirken ein **EPSP**, ein erregendes postsynaptisches Potenzial. Einzelne EPSPs können kein Aktionspotenzial im Zielneuron auslösen, da sie das Membranpotenzial um weniger als ein Millivolt depolarisieren. Für ein Aktionspotenzial müssen sich daher viele erregende Eingangssignale summieren.

Zu den wichtigsten Vermittlern der EPSP zählen **ionotrope Glutamatrezeptoren,** die je nach synthetischem Agonisten als NMDA-Rezeptoren (N-Methyl-D-Aspartat), AMPA-Rezeptoren (engl. *α-amino-3-hydroxy-5-methyl-4-isoxazole propionic acid* bzw. Kainatrezeptoren (Anion der Kaininsäure) bezeichnet werden. Es gibt mindestens 22 verschiedene Isotypen von ionotropen Glutamatrezeptoren, die typischerweise aus 4 Untereinheiten mit je 3 transmembranspannenden Domänen und einer Schleife, die in die Membran eintaucht und vermutlich die Pore bildet, zusammengesetzt sind. Sie besitzen eine Ionenpräferenz vor allem für Na^+, aber auch für K^+; darüber hinaus zeigen NMDA-Rezeptoren eine signifikante Permeabilität für Ca^{2+}-Ionen. **AMPA-Rezeptoren** sind vor allem für die schnelle Phase von

EPSP verantwortlich, während **NMDA-Rezeptoren** zu deren langsamer Phase beitragen (siehe unten). Die physiologische Rolle von **Kainatrezeptoren** ist bislang nur ansatzweise verstanden. Ähnlich wie bei Acetylcholinrezeptoren gibt es neben ionotropen auch **metabotrope, G-Protein-gekoppelte Glutamatrezeptoren** (mGluR1 bis mGluR8), die an der Feinsteuerung von glutamatergen und anderen Synapsen beteiligt sind (▶ Tabelle 28.1).

Anders als Acetylcholin und Glutamat wirken Neurotransmitter wie Glycin und γ-Aminobuttersäure (GABA) hemmend: An **inhibitorischen Synapsen** öffnen sie ligandengesteuerte Chloridkanäle, sodass der Cl⁻-Einstrom in der Zielzelle eine lokale Hyperpolarisation bewirkt. Es entsteht ein **IPSP**, ein inhibitorisches postsynaptisches Potenzial, das der Entstehung von Aktionspotenzialen entgegenwirkt. Der inhibitorische Neurotransmitter GABA steuert zwei Typen von Rezeptoren. **Ionotrope GABA$_A$- und GABA$_C$-Rezeptoren** sind ligandengesteuerte Chloridkanäle, die das Ziel zahlreicher Psychopharmaka, wie z. B. Hypnotika vom Barbiturattyp wie Phenobarbital (Luminal®) oder Sedativa vom Typ der Benzodiazepine wie Diazepam (Valium®), sind (Abbildung 32.15). Diese Medikamente verstärken die inhibitorische Wirkung von GABA auf postsynaptische Zellen, indem sie Öffnungsdauer bzw. -frequenz der Kanäle erhöhen. Dagegen gehören die **metabotropen GABA$_B$-Rezeptoren** zur Klasse der G-Protein-gekoppelten Rezeptoren (▶ Tabelle 28.1), die über einen noch wenig verstandenen Mechanismus K⁺-Kanäle aktivieren.

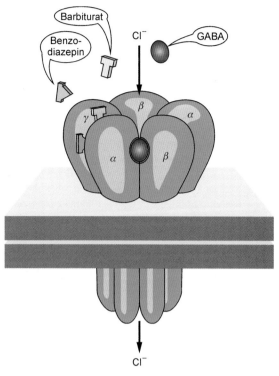

32.15 Struktur des GABA$_A$-Rezeptors. Der ionotrope GABA$_A$-Rezeptor ist ein Heteropentamer und hat meist die Struktur $\alpha_2\,\beta_2\,\gamma$ mit jeweils zwei identischen α- bzw. β-Untereinheiten. Die unterschiedlichen Bindungsstellen für GABA, Barbiturate und Benzodiazepine sind angedeutet. Im Gegensatz zum GABA$_A$- ist der GABA$_C$-Rezeptor ein Homopentamer und besteht aus fünf identischen ρ-Untereinheiten. [AN]

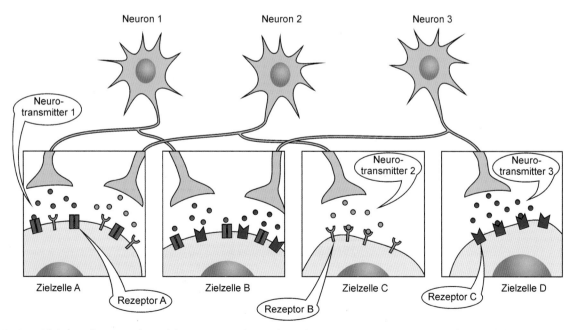

32.16 Vereinfachte Darstellung neuronaler Verschaltung. Ein Neuron schüttet in der Regel nur einen Typus von Neurotransmitter aus, der erregend oder hemmend wirken kann. Ein Neuron wird von zahlreichen Synapsen anderer Neurone kontaktiert, sodass die Verrechnung aller exzitatorischen und inhibitorischen Signale über die Antwort der Zielzelle entscheidet. Durch eine sehr große Anzahl von Nervenzellen, die jeweils von tausenden Synapsen beeinflusst werden, entsteht ein hochkomplexes neuronales Netz, bei dem die Struktur der Verbindungen wesentlich die Information bestimmt.

Um die Prinzipien der **neuronalen Signalverarbeitung** besser zu verstehen, bemühen wir einige technische Metaphern: Ein Neuron lässt sich als Computer verstehen, der unzählige Eingangssignale verrechnet, um eine Antwort zu generieren. Auf ein Neuron konvergieren im Durchschnitt 10^3 Synapsen anderer Neurone – bei Purkinje-Zellen des Kleinhirns sogar bis zu 10^5 –, die ständig „kleine" EPSPs und IPSPs als analoge Eingangssignale liefern. Die Verrechnung aller hemmenden und erregenden Signale durch **räumliche** und **zeitliche Summation** findet als **neuronale Integration** am Axonhügel statt und resultiert in einem digitalen Ausgangssignal: feuern oder nicht feuern! Wie wir bereits wissen, codieren die generierten Aktionspotenziale ihre Information über die Frequenz, also eine Abfolge von digitalen Signalen. Nach der erneuten Wandlung in ein analoges Ausgangssignal – Anzahl der synaptisch freigesetzten Transmittermoleküle und Dauer der Ausschüttung – wird nun das Verhalten einer Vielzahl anderer Neurone beeinflusst (Abbildung 32.16). Auf der Ebene ganzer **Neuronenverbände** entsteht durch vielfache Verschaltung einer großen Anzahl „einfacher" Rechner ein leistungsfähiges **neuronales Netz**.

Im menschlichen Gehirn schätzt man die Gesamtzahl der synaptischen Verbindungen auf 10^{14}. Um seine kognitive Leistungsfähigkeit zu erklären, ist neben der enormen **Komplexität** auch die **strukturelle Veränderbarkeit** eines so großen neuronalen Netzwerks zu berücksichtigen: Es funktioniert in Wechselwirkung mit seiner Umwelt als flexibles **selbstorganisierendes System**, das zur *aktivitätsabhängigen* Verstärkung oder Abschwächung seiner neuronalen Verbindungen fähig ist; es verfügt mithin über **synaptische Plastizität**. Verdeutlichen lässt sich dies am Beispiel der **Langzeitpotenzierung** (LTP), einer lange andauernden Verstärkung von synaptischen Verbindungen, die nach starker und simultaner Reizung der prä- und postsynaptischen Zellen erfolgt (Abbildung 32.17). Molekulare Grundlage für LTP sind spezifische, *doppelt gesteuerte* Ionenkanäle. Diese glutamatergen **NMDA-Rezeptorkanäle** sind sowohl ligaden- als auch spannungsgesteuert! Bei einer normalen synaptischen Übertragung (1) bindet zwar der Neurotransmitter **Glutamat**, aber der NMDA-Rezeptorkanal bleibt zunächst geschlossen, da er von Mg^{2+}-Ionen blockiert wird. Die postsynaptische Depolarisation erfolgt vielmehr durch glutamaterge *non*-NMDA-Rezeptorkanäle. Erst bei erneuter Reizung, die auf eine bereits vordepolarisierte postsynaptische Membran trifft (2), wird die Blockierung des NMDA-Kanals endgültig gelöst, und es strömen nun Na^+- und Ca^{2+}-Ionen ein. Die intrazellulär erhöhte Ca^{2+}-Konzentration stößt daraufhin über Calmodulin/CAM-Kinase diverse Signalkaskaden an (▶Abschnitt 28.8). Zunächst sorgen Neueinbau und Phosphorylierung von *non*-NMDA-Rezeptoren für eine Verstärkung der synaptischen Verbindung. Hierzu trägt auch eine rückwirkende Botschaft an die präsynaptische Zelle bei: Ein **retrograder Messenger** –

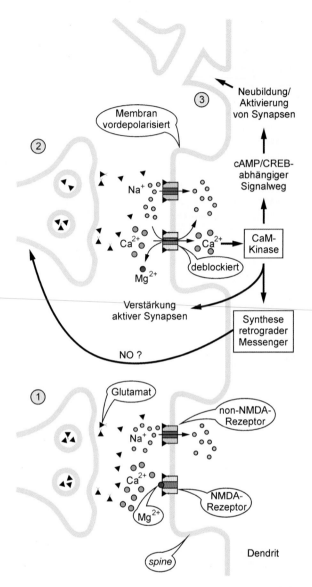

32.17 Prinzip der NMDA-Rezeptor-vermittelten Langzeitpotenzierung (LTP). NMDA-Rezeptor-gesteuerte Kanäle, die häufig auf Dendritendornen (engl. *spines*) vorkommen, sind doppelt gesteuert: Bindung des Liganden Glutamat reicht *nicht* aus; vielmehr muss auch die postsynaptische Membran depolarisiert sein, um die Blockierung durch Mg^{2+} aufzuheben. Der anschließende Ca^{2+}-Einstrom führt über Calmodulin und CAM-Kinase (▶Abschnitt 28.8) zur Verstärkung bestehender und Ausbildung neuer Synapsen (Erläuterung im Text). [AN]

möglicherweise NO – bewirkt eine gesteigerte Transmitterfreisetzung. In einer späten Phase (3) wird dann über cAMP/CREB-abhängige Prozesse (▶Abschnitt 20.4 und Abschnitt 28.5) die Bildung neuer Synapsen angeregt. Die Langzeitpotenzierung dient als zelluläres Korrelat für **Lern- und Erinnerungsprozesse**.

32.7 Catecholamine steuern elementare neuronale Prozesse

Neurotransmitter sind häufig chemisch „einfache" Moleküle: Neben den **Aminosäuren** Glutamat, Aspartat, Glycin und γ-Aminobuttersäure dominieren bei der Neurotransmission **Monoamine** wie Acetylcholin, Histamin und Serotonin (5-Hydroxytryptamin, 5-HT) sowie **Catecholamine** wie Adrenalin, Noradrenalin und Dopamin (Abbildung 32.18). Im Folgenden betrachten wir Funktion und Wirkmechanismen ausgewählter Monoamine sowie Catecholamine, die in großem Maßstab im **Nebennierenmark** unter der Kontrolle von CRH, ACTH und Cortisol biosynthetisiert werden (▶ Abschnitt 48.5).

Während sich Noradrenalin im Nebennierenmark *und* in praktisch allen Endigungen des sympathischen Nervensystems findet, ist das Nebennierenmark der *einzige* Syntheseort für den Neurotransmitter **Adrenalin** (▶ Abschnitt 48.5). Grund dafür ist das ausschließliche Vorkommen von **Phenylethanolamin-N-methyltransferase** (PNMT) im Mark der Nebenniere, die den letzten Syntheseschritt für diesen Neurotransmitter vollzieht (▶ Abschnitt 48.5). Cortisol verstärkt die Expression

dieses Enzyms, sodass dem Organismus in Stresssituationen vermehrt Adrenalin zur Verfügung steht. Nach erfolgter Synthese werden Dopamin, Noradrenalin und Adrenalin über den vesikulären Monoamin-Transporter VMAT1 im Antiport mit H^+ in **chromaffine Granula** verfrachtet und dort zusammen mit dem Speicherprotein **Chromogranin**, Ca^{2+} und ATP in dichtester Packung gelagert (Abbildung 32.19). Eine **H^+-ATPase**, die Protonen vom Cytosol in die Vesikel pumpt, sorgt für einen steilen H^+-Gradienten, der diesen Transport antreibt. Die **Freisetzung der Neurotransmitter** aus der Nebenniere erfolgt über Reizung des *N. splanchnicus*, der an seine präganglionären Endigungen Acetylcholin ausschüttet und über nicotinische Rezeptoren postganglionäre chromaffine Zellen depolarisiert. Dadurch öffnen sich spannungsabhängige Ca^{2+}-Kanäle, die nun eine massive Zunahme von $[Ca^{2+}]_i$ und damit die Ausschüttung der Vesikel von chromaffinen Zellen auslösen. In ähnlicher Weise werden die vesikulären Speicher in präsynaptischen Endigungen des sympathischen Nervensystems (Noradrenalin) sowie der dopaminergen Neuronen (Dopamin) gefüllt und auf adäquate Signale hin entleert.

Anders als z. B. bei Insulin, das nur einen einzigen ligandenspezifischen Rezeptor besitzt, gibt es mindestens fünf **adrenerge Rezeptoren**, die Noradrenalin bzw. Adrenalin mit jeweils unterschiedlichen Affinitäten binden; diese Rezepto-

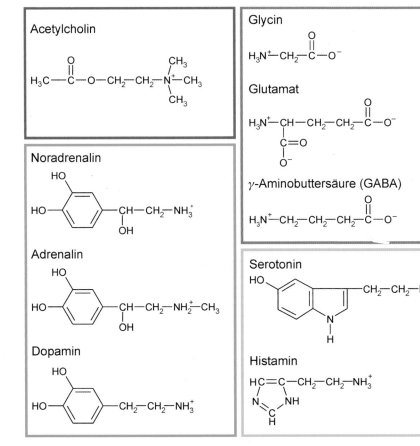

32.18 Struktur repräsentativer Neurotransmitter. Die Catecholamine Adrenalin (engl. *epinephrine*), Noradrenalin (*norepinephrine*) und Dopamin entstehen aus Tyrosin, Histamin aus Histidin und Serotonin aus Tryptophan; sie gehören zur Klasse der „biogenen" Amine (▶ Exkurs 48.3). Anders als Glycin und Glutamat ist γ-Aminobuttersäure (GABA) *keine* proteinogene Aminosäure.

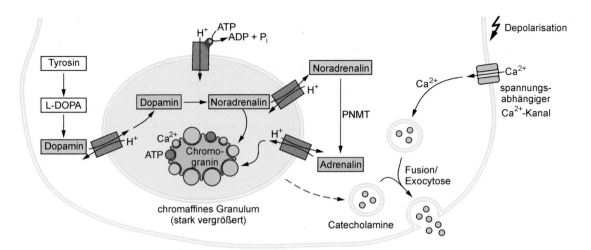

32.19 Synthese und vesikuläre Verpackung von Catecholaminen. Die Biosynthese aus Tyrosin erfolgt im Cytosol (Dopamin, Adrenalin) bzw. in den chromaffinen Granula (Noradrenalin). Fertig verpackte Vesikel enthalten Catecholamine in extrem hoher Konzentration (bis zu 500 mM). Die Mechanismen zur Ausschüttung der Neurotransmitter durch Ca^{2+}-induzierte Fusion von Vesikeln mit der Plasmamembran sind zum Teil noch unverstanden.

ren sind an unterschiedliche G-Proteine gekoppelt. Wir unterscheiden zwei Haupttypen, α und β, sowie weitere Subtypen, die an $G\alpha_q$ (α_1), $G\alpha_i$ (α_2) bzw. $G\alpha_s$ (β_1, β_2, β_3) gekoppelt sind (▶ Tabelle 28.2) und eine außerordentliche Vielfalt neuronal gesteuerter Prozesse, insbesondere im Herz-Kreislauf-System, vermitteln (▶ Abschnitt 30.1). Die enorme biologische Potenz der Catecholamine zeigt sich schlaglichtartig beim **Phäochromozytom**, einem seltenen Tumor der Nebennierenrinde, der unkontrolliert Catecholamine produziert und ausschüttet: Betroffene Patienten leiden unter Attacken von Bluthochdruck, Herzrasen, Schweißausbrüchen und Tremor. Auch das dritte Catecholamin, **Dopamin**, vermittelt essenzielle physiologische Funktionen. Beim Ausfall dopaminerger Neuronen kann es zur Entwicklung eines M. Parkinson kommen (Exkurs 32.4).

 Exkurs 32.4: Morbus Parkinson

Dopamin besitzt mindestens fünf Isotypen von metabotropen Rezeptoren (D_1 bis D_5), die an $G\alpha_s$ (D_1, D_5) bzw. $G\alpha_q$ (D_3, D_4, D_5) gekoppelt sind. Dopaminerge Neuronen in der *Substantia nigra* des Mittelhirns spielen eine entscheidende Rolle bei **Motorfunktionen**, wobei sie gemeinsam mit cholinergen Neuronen die Aktivität nachgeschalteter GABAerger Neurone modulieren. Die Degeneration von dopaminergen Neuronen erzeugt die typische Symptomatik des M. Parkinson mit **Tremor**, **Rigor** und **Hypokinese**, die zum progressiven Kontrollverlust über Willkürbewegungen führt. Therapeutisch wird **L-DOPA** eingesetzt, das vor Ort in die Wirkform Dopamin umgewandelt wird, sowie synthetische Agonisten wie Bromocriptin (Pravidel®). Auch Hemmer des Dopaminabbaus durch **Monoaminoxidase-B** wie Selegilin (Antiparkin®) finden Anwendung. – Bei **Schizophrenien** werden erfolgreich D_2-Antagonisten wie das **Neuroleptikum** Haloperidol (Haldol®) bzw. D_4-Antagonisten wie Clozapin (Leponex®) eingesetzt.

Das biogene Amin **Serotonin** besitzt mindestens sieben Haupttypen von Rezeptoren, die nahezu alle G-Protein-gekoppelt und damit metabotrop sind (5-HT$_1$, 5-HT$_2$, 5-HT$_4$ bis 5-HT$_7$); lediglich ein Haupttyp ist ionotrop (5-HT$_3$) (▶ Tafeln C5 – C8). Ähnlich wie bei GABA-Rezeptoren handelt es sich beim 5-HT$_3$-Rezeptor um ein Heteropentamer, dessen Untereinheiten mit je vier Transmembranregionen einen gemeinsamen Kanal bilden. Antagonisten des ionotropen 5-HT$_{3A}$-Rezeptors werden als potente **Antiemetika** bei Übelkeit und Erbrechen, insbesondere aber bei der Chemotherapie mit Cytostatika eingesetzt. Zentral wirksame Substanzen finden mittlerweile als so genannte **Lifestyle-Medikamente** zunehmend breitere Anwendung (Exkurs 32.5). Der metabotrope 5-HT$_{2A}$-Rezeptor ist das Zielprotein von **Lysergsäure**, einem halluzinogenen Alkaloid des Pilzes *Claviceps purpura*, das Mutterkörner des Roggens infizieren und bei deren Verköstigung den so genannten Veitstanz auslösen kann. Das Halluzinogen **Lysergsäurediethylamid** (LSD) ist ein chemisches Derivat von Lysergsäure.

 Exkurs 32.5: Sedativa und Stimulanzien

Zu den meist verwendeten Medikamenten zählen **Psychopharmaka** wie Fluoxetin (Fluctin®, Prozac®) und Methylphenidat (Ritalin®), die oftmals bei Aufmerksamkeitsdefizit- und Hyperaktivitätsstörungen (ADHS) von Jugendlichen eingesetzt werden. Modafinil (Vigil®) wird therapeutisch bei einer **Narkolepsie**, die mit Schlafanfällen einhergeht, eingesetzt, aber auch missbräuchlich als Wachhaltedroge und zur Leistungssteigerung bei „Hirn-Doping" verwendet. Im Allgemeinen hemmen diese Medikamente die Wiederaufnahme von Neurotransmittern wie Dopamin, Noradrenalin bzw. Serotonin (engl. *re-uptake inhibitors*) und verlängern damit deren Wirkung an Synapsen. Möglicherweise wirken diese Medikamente auch über zentrale α_1-adrenerge Rezeptoren. Selektive Serotonin-*re-uptake*-Inhibitoren (SSRI) finden auch als **nichttrizyklische Antidepressiva** Verwendung, so z. B. Desipramin (Petylyl®).

32.8 Neuropeptide und Toxine modulieren die synaptische Aktivität

Die Zahl der niedermolekularen Neurotransmitter ist relativ klein; dagegen wächst die Gruppe der bekannten **neuroaktiven Peptide** ⌐⊟, die z. T. als Überträger an Synapsen wirken, noch immer weiter an (Tabelle 32.1). **Enkephaline** sind ein Beispiel dafür, dass solche peptidischen Transmitter nicht nur an postsynaptische Zellen, sondern nach Diffusion auch an weiter entfernte Zellen binden können: Wir sprechen dann von **Neurohormonen**. Zu den Prototypen gehören **Neuropeptid Y**, das an der Regulation der Nahrungszufuhr beteiligt ist, sowie **Enkephalin** und die davon abgeleiteten **Endorphine**, die als endogene Analgetika an dieselben Rezeptoren wie Morphin binden. Endorphine und adrenocorticotropes Hormon (ACTH), der wichtigste Regulator der Cortisolbiosynthese, entspringen aus der gemeinsamen Vorstufe Proopiomelanocortin (POMC) (▶ Abbildung 27.18). *Wir haben hier einen Prototyp für die Verknüpfung körpereigener Kommunikationssysteme: Neuronale und hormonelle Systeme kooperieren miteinander und komplementieren sich funktionell.*

Viele Gifte greifen an den Ionenkanälen des Nervensystems an. So bindet **Strychnin**, von Pflanzen der Gattung *Strychnos* erzeugt, spezifisch an Glycinrezeptoren des Zentralnervensystems und blockiert sie praktisch vollständig (Abbildung 32.20). Die Blockade dieser inhibitorisch wirkenden Rezeptoren führt zur generellen Übererregbarkeit des Nervensystems mit Muskelspasmen, Krämpfen und letztlich Tod durch Blockade der Atemmuskulatur. **Tetrodotoxin** (TTX) ⌐⊟, das Gift des Kugelfischs, bindet an die Na⁺-Kanäle von Nervenfasern und blockiert dort jedweden Ionenfluss. Die Axone können damit keine Aktionspotenziale mehr weiterleiten: Es kommt zur Atemlähmung und damit zum raschen Tod. Ein weniger bekanntes, aber nicht minder tödliches Gift findet sich in den Samen einer Lilienart: **Veratridin** bindet an Na⁺-Kanäle und fixiert sie in ihrer „offenen" Konformation, wodurch ebenfalls die Fähigkeit zur Nervenimpulsleitung verloren geht. Schlangengifte wie **Bungarotoxin** und **Cobratoxin** binden mit hoher Affinität an den nicotinischen Acetylcholinrezeptor und hemmen die neuromuskuläre Transmission: Es kommt zum Atemstillstand.

Neben der chemischen Blockade des Nervensystems kann auch eine mechanische Durchtrennung von Axonen zu einem kompletten Ausfall der Nervenleitung führen, z. B. zu Querschnittslähmungen nach Unfällen. Im Allgemeinen sind diese Schäden irreparabel; erst in jüngster Zeit sind molekulare und zelluläre Strategien zur **Regeneration von Nervenzellen** entwickelt worden (Exkurs 32.6).

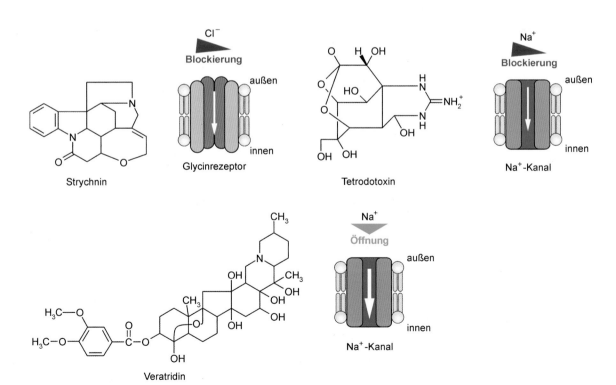

32.20 Chemische Struktur von niedermolekularen Neurotoxinen. Zielproteine sowie Wirkmechanismen von Strychnin, Tetrodotoxin und Veratridin sind angegeben. Die letale Strychnindosis beim Menschen beträgt ca. 75 mg. [AN]

Tabelle 32.1 Neuroaktive Peptide des Menschen (▶Tafeln C6–C10).

Familie	Repräsentanten	Biologische Wirkungen
Neurohypophysen-Hormone	Vasopressin (ADH) Oxytocin	Blutdrucksteigerung, Wasserresorption in der Niere, Wehenauslösung
Tachykine	Substanz P Substanz K (Neurokinin A) Bombesin	Kontraktion der glatten Muskulatur, Hyperalgesie
Opioide	β-Endorphin Enkephaline (Met-Enkaphalin, Leu-Enkephalin) Dynorphin A, B	Analgesie
Neuropeptide	Neuropeptid Y GLP-1 (▶Abschnitt 31.4) Ghrelin (▶Abschnitt 50.8)	Regulation des Appetits

Exkurs 32.6: Regeneration von Nervenzellen

Wird die Reizübertragung durch Nervenzellen infolge eines Traumas oder eines degenerativen Leidens zerstört, so kommt es häufig zu Demyelinisierung, Retraktion oder aberrantem Auswachsen der durchtrennten Axone und letztlich zum Untergang der betroffenen Neurone. Isolierte und kultivierte **Stammzellen** aus Embryonen, die noch pluripotent sind, können bei Stimulation z. B. durch den **Nervenwachstumsfaktor** (nerve growth factor, NGF) degenerierte Neuronen und Gliazellen ersetzen. Dabei assistieren **neurotrophe Faktoren** wie Neurotrophin NT-3 und BDNF (engl. brain-derived neurotrophic factor), **Adhäsionsproteine** wie NCAM (engl. neuronal cell adhesion molecule) und Cadherine, die das wachsende Axon „leiten", sowie **Proteine der extrazellulären Matrix** wie Laminin und Netrine, die mit den Oberflächenrezeptoren von sprossenden Neuronen interagieren. Im Tiermodell konnte die Transplantation von Stammzellen defekte Oligodendrocyten ersetzen und damit eine Lähmung partiell aufheben. Die Bedeutung dieser Regenerationsprozesse bei Rückenmarkverletzungen, aber auch bei degenerativen Erkrankungen wie Retinitis pigmentosa, die mit einer fortschreitenden Einschränkung des Gesichtsfelds einhergeht, ist offenkundig.

Zusammenfassung

- **Ungleiche Ladungsverteilung** an der Plasmamembran führt zur negativen Ladung des Zellinnern gegenüber dem extrazellulären Raum. Die entstehende Potenzialdifferenz wird als **Membranpotenzial** bezeichnet. Bei Neuronen beträgt das **Ruhepotenzial** ca. -70 mV.

- Na^+-K^+-ATPase schafft einen **K^+-Konzentrationsgradienten** über der Zellmembran, der vom Cytosol zum Extrazellulärraum hin steil abfällt. Im Ruhezustand herrscht ein **elektrochemisches Gleichgewicht** zwischen der Triebkraft dieses Konzentrationsgradienten und dem elektrischen Potenzial, das K^+ in der Zelle zurückhält. Die **Nernst-Gleichung** beschreibt quantitativ das Gleichgewichtspotenzial von Ionen.

- Neuronen besitzen einen rundlichen Zellkörper mit einer Vielzahl von **Dendriten** sowie einem Axon. Sie tragen **spannungsgesteuerte Kanäle**, die Ionenströme über die Plasmamembran und damit sprunghafte Änderungen des Membranpotenzials erlauben; dieses Phänomen liegt der **elektrischen Reizleitung** zugrunde.

- Nervenzellen reagieren auf elektrische Reizung mit einem **Aktionspotenzial**. Spannungsgesteuerte Na^+-Kanäle registrieren Potenzialänderungen und öffnen sich: Es kommt zur **Depolarisation**. Ca. 1 ms später schließen die Na^+-Kanäle spontan und gehen in den **refraktären Zustand** über. Mit Verzögerung öffnen sich spannungsgesteuerte K^+-Kanäle: Es kommt zur raschen **Repolarisation**. Der refraktäre Zustand der Na^+-Kanäle sichert die **unidirektionale Reizleitung** vom Axonhügel entlang des Axons bis zur synaptischen Endigung.

- **Oligodendrocyten** und **Schwannsche Zellen** wickeln sich um Axone und bilden dabei **Myelinscheiden**, die von **Ranvierschen Schnürringen** unterbrochen sind, die wiederum ankommende Aktionspotenziale verstärken. Diese **saltatorische Erregungsleitung** steigert die Fortleitungsgeschwindigkeit von Aktionspotenzialen.

- Bei den **chemischen Synapsen** speichern präsynaptische Axonendigungen **Vesikel**, die **Neurotransmitter** wie Acetylcholin enthalten. Ein Aktionspotenzial aktiviert spannungsgesteuerte Ca^{2+}-Kanäle in der präsynaptischen Membran, worauf die Vesikel ihren Inhalt in den **synaptischen Spalt** ergießen. Die Neurotransmitter binden an **ligandengesteuerte Ionenkanäle** in der postsynaptischen Membran, erzeugen dort eine Membranpotenzialänderung und generieren damit ein **elektrisches Signal** in der Zielzelle, das wiederum fortgeleitet wird.

- Bei der **neuromuskulären Erregungsübertragung** übernimmt die **motorische Endplatte** an der Kontaktstelle von Motoneuron und Skelettmuskelfaser die Übertragung der neuronalen Erregung in eine Muskelkontraktion.

- Acetylcholin und Glutamat wirken auf **exzitatorischen Synapsen**, verringern das lokale postsynaptische Membranpotenzial und erzeugen damit ein **EPSP**.

- Glycin wirkt hemmend, indem es ligandengesteuerte Chloridkanäle an **inhibitorischen Synapsen** öffnet, eine lokale Hyperpolarisation induziert und damit ein **IPSP** erzeugt.

- Der inhibitorische Neurotransmitter GABA steuert **ionotrope GABA$_A$-** und **GABA$_C$-Rezeptoren**, deren Cl^--Kanäle das Ziel zahlreicher Psychopharmaka sind. Dagegen gehören **metabotrope GABA$_B$-Rezeptoren** zur Klasse der G-Protein-gekoppelten Rezeptoren.

- **Synaptische Plastizität** beruht auf **Langzeitpotenzierung**, die das zelluläre Korrelat von **Lern- und Erinnerungsprozessen** ist; dabei kommt es zur anhaltenden Verstärkung synaptischer Verbindungen. Glutamaterge **NMDA-Rezeptorkanäle**, die sowohl liganden- als auch spannungsgesteuert sind, spielen hierbei eine zentrale Rolle.

- **Phenylethanolamin-N-methyltransferase** wandelt im Nebennierenmark **Adrenalin** in Noradrenalin um. Die **Freisetzung der Neurotransmitter** erfolgt durch acetylcholinvermittelte Öffnung von spannungsabhängigen Ca^{2+}-Kanälen der chromaffinen Zellen und nachfolgenden $[Ca^{2+}]_i$-Anstieg, der dann die Ausschüttung von transmitterhaltigen Vesikeln auslöst.

- Fünf **adrenerge Rezeptoren** (α_1, α_2; β_1, β_2, β_3) binden Noradrenalin bzw. Adrenalin mit unterschiedlicher Affinität; sie sind an unterschiedliche G-Proteine gekoppelt.

- **Dopamin** besitzt mindestens fünf metabotrope Rezeptoren (D_1 bis D_5), die in der *Substantia nigra* des Mittelhirns entscheidende Rollen für **Motorfunktionen** spielen; beim Ausfall dopaminerger Neuronen kann sich ein Morbus Parkinson entwickeln. Die Therapie besteht in der Gabe von **L-DOPA**, das vor Ort in die Wirkform Dopamin umgewandelt wird, sowie synthetischen Agonisten.

- **Serotonin** besitzt sieben metabotrope Rezeptoren (5-HT$_1$, 5-HT$_2$, 5-HT$_4$ bis 5-HT$_7$) sowie einen ionotropen Rezeptor (HT$_3$). Antagonisten von 5-HT$_{3A}$ werden als **Antiemetika** bei Übelkeit und Erbrechen eingesetzt. Der 5-HT$_{2A}$-Rezeptor ist Zielprotein des halluzinogenen Alkaloids **Lysergsäure**.

- **Neuropeptide** wirken als Überträger an Synapsen, so z. B. **Neuropeptid Y** sowie **Enkephaline** und die davon abgeleiteten **Endorphine**, die als endogene Analgetika an dieselben Rezeptoren wie Morphin binden.

Struktur und Dynamik des Cytoskeletts

33

Die innere Struktur einer eukaryotischen Zelle ist hoch organisiert: Ein flexibles Gerüst aus Proteinfasern durchzieht den Binnenraum der Zelle und unterfüttert die Plasmamembran. Dieser Verbund aus Proteinen bildet Schienen für den Transport von Organellen und organisiert die Trennung von Chromosomen bei der Zellteilung; er stabilisiert fingerförmige Ausstülpungen der Zellmembran und bildet ein mobiles Netzwerk, das der Zelle Kontraktionen und damit Bewegung und Wanderung erlaubt. Das filigrane Strebewerk der eukaryotischen Zelle wird *Cytoskelett* genannt – was die Assoziation eines starren Knochengerüsts wecken könnte. Tatsächlich ist das Cytoskelett aber außerordentlich dynamisch: Ein ständiger Auf- und Umbau hält es in steter Bewegung. Träger des Gerüstwerks sind *Filamente*, deren Hauptkomponenten die Proteine Actin, Tubulin, Lamin und Vimentin sind; dazu kommen zahlreiche assoziierte Proteine. Prokaryoten dagegen verfügen über *kein* vergleichbares intrazelluläres Netzwerk. Wir wollen nun den molekularen Aufbau des Cytoskeletts eukaryotischer Zellen studieren und die wichtigsten Strukturkomponenten kennen lernen.

Zelle, dem Centrosom, ausgehen und Leitschienen für die Bewegung von Organellen und – während der Mitose – von Chromosomen bilden (▶ Abbildung 3.18).

Mikrotubuli sind Hohlfasern mit einem Außendurchmesser von ca. 25 nm, die in größter Dichte in den Axonen von Neuronen vorkommen; sie entstehen durch Polymerisation von **Tubulin**, einem hantelförmigen Proteindimer, das sich aus den beiden **GTP-bindenden Isoformen** α- und β-Tubulin zusammensetzt. Durch Assoziation von Dimeren entsteht eine Hohlfaser aus 13 parallel angeordneten Protofilamenten, in denen $\alpha\beta$-Dimere gegeneinander versetzt sind (Abbildung 33.2). Die Tubulindimere assemblieren immer in einer vorgegebenen Orientierung; daher besitzen die entstehenden Mikrotubuli zwei unterscheidbare Termini, die als **Plus-Ende** bzw. **Minus-Ende** bezeichnet werden. Diese Direktionalität ist – wie wir später sehen werden – ein bedeuten-

Actinfilament Ø ~ 7 nm

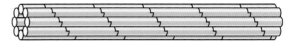

Intermediärfilament Ø ~ 10 nm

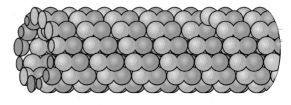

Mikrotubulus Ø ~ 25 nm

33.1 Filamenttypen des Cytoskeletts. Actinfilamente, auch Mikrofilamente genannt, mit einem Außendurchmesser von ca. 7 nm, Intermediärfilamente (10 nm) und Mikrotubuli (25 nm) sind die Strukturträger des Cytoskeletts.

33.1

Mikrotubli sind dynamische Strukturen des Cytoskleletts

Die Zelle greift beim Aufbau ihres Cytoskeletts hauptsächlich auf drei strukturbildende Komponenten zurück: Actin- oder Mikrofilamente, Intermediärfilamente und Mikrotubuli (Abbildung 33.1). Die schlanken **Actinfilamente** sind im Cytosol zu Bündeln und Netzwerken zusammengefasst, die nahe der Plasmamembran besonders kompakt sind und damit der Zelle Form und Stabilität verleihen. **Intermediärfilamente** sind seilartige Filamente, welche die Innenseite der Kernmembran in Form einer Lamina stabilisieren und der Zelle eine mechanische Widerstandsfähigkeit gegen äußere Kräfte verleihen. Bei den dickeren **Mikrotubuli** handelt es sich um röhrenförmige Fasern, die von einem Zentrum der

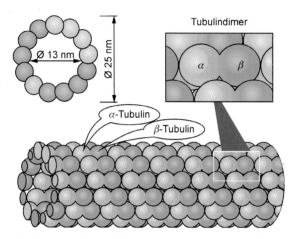

33.2 Struktur von Mikrotubuli. Dimere aus α- und β-Tubulin von je ca. 450 Aminosäureresten assoziieren zu linearen Protofilamenten (nicht gezeigt); die zirkuläre Anordnung von jeweils 13 solcher Protofilamente bildet die Grundeinheit eines Mikrotubulus (oben links im Querschnitt gezeigt). Typischerweise erreichen Mikrotubuli Längen zwischen 0,2 und 25 μm. [AN]

der Faktor, der die Richtung des intrazellulären Transports an Mikrotubuli vorgibt.

In-vitro-Experimente haben gezeigt, dass die Assemblierung von Tubulin mit einer **Nucleation** beginnt, bei der sich freie Tubulindimere zu einem Oligomer anordnen; diese Oligomere sind metastabil und zerfallen rasch wieder in ihre dimeren Bausteine (Abbildung 33.3). Überschreitet ein Oligomer die kritische Größe von ca. sechs bis sieben Dimeren, so kommt es zu einer **Elongation**, bei der in rascher Folge weitere Tubulindimere eingebaut werden: Dabei ist die Polymerisationsgeschwindigkeit proportional zur freien Tubulinkonzentration im Medium. Durch die rasch fortschreitende Polymerisation nimmt die Konzentration an freiem Tubulin ab. Bei einer kritischen Schwellenkonzentration halten sich Assoziation und Dissoziation die Waage: Ein **dynamischer Gleichgewichtszustand** ist erreicht. Zellen kürzen die Verzögerungsphase zu Beginn der Polymerisation ab, indem sie

auf fertig montierte Tubulinnuclei (lat. *nucleus*, Kern) zurückgreifen, an denen die Elongation ohne Verzögerung beginnen kann.

Mikrotubuli sind extrem **dynamische Gebilde**, die an beiden Enden – wenn auch mit unterschiedlichen Geschwindigkeiten – wachsen können: Das Plus-Ende wächst dabei etwa vierfach schneller als das Minus-Ende. Ursache dafür ist die unterschiedliche Mikroumgebung, in die sich ein einzubauendes Tubulindimer in korrekter Orientierung einpassen muss (Abbildung 33.4). Während am Plus-Ende eine nachrückende α-Untereinheit auf eine inkorporierte β-Untereinheit trifft und dabei eine rasche Konformationsänderung vollzieht, die nun einen nahtlosen Schluss erlaubt, ist die Situation am Minus-Ende umgekehrt. Hier trifft nämlich eine nachrückende β-Untereinheit auf eine α-Untereinheit im Tubulus, wobei der erforderliche Konformationswandel der β-Untereinheit erheblich langsamer abläuft. Resultat ist eine deutlich verminderte Einbaugeschwindigkeit am Minus-Ende; entsprechend differieren auch die Dissoziationsgeschwindigkeiten an den beiden Enden. Eine kritische **Schwellenkonzentration C_c** an freien Tubulindimeren entscheidet über Wachsen oder Schrumpfen: Liegt die cytosolische Tubulinkonzentration über C_c, so wächst ein Mikrotubulus an beiden Enden, wenn auch mit unterschiedlicher Geschwindigkeit; sinkt dagegen die Konzentration an freien Tubulindimeren einer Zelle unter C_c, so schrumpft der Mikrotubulus.

Da Auf- und Abbau von Mikrotubuli ständig nebeneinander stattfinden, kommt es zur so genannten **dynamischen Instabilität**. Motor dieser Dynamik ist wieder einmal die GTP-Hydrolyse. Obgleich beide Tubulinmonomere je ein Molekül GTP binden, verfügt alleine β-Tubulin über eine GTPase-Eigenschaft. Nach Einbau in den Mikrotubulusverband hydrolysiert β-Tubulin mit einer zeitlichen Verzögerung das gebundene GTP zu GDP und P_i; dabei kommt es zu einer Konformationsänderung in den Dimeren, und die Affinität von GDP-β-Tubulin zu den benachbarten Tubulinmolekülen verringert sich. Da der Einbau von GTP-Tubulin am

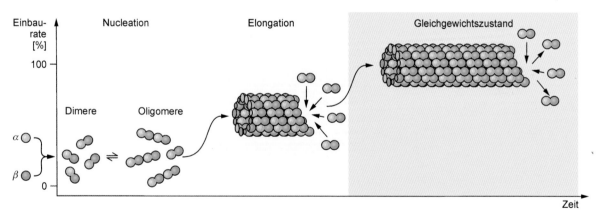

33.3 Polymerisation von Tubulin. Die Kurve spiegelt drei Phasen wider: eine initiale Nucleationssphase (engl. *lag phase*), bei der mindestens sechs bis sieben Tubulindimere assoziieren müssen, um eine produktive Assemblierung zu ermöglichen; eine logarithmische Wachstumsphase mit zügiger Elongation; und einen dynamischen Gleichgewichtszustand (engl. *steady state*), bei dem Ein- und Ausbau von Dimeren balanciert sind. In den meisten Zellen liegt ca. 50 % des Tubulins in polymerisierter Form vor. Zur Vereinfachung ist hier nur das Wachstum am Plus-Ende gezeigt. [AN]

33.4 Polarität von Mikrotubuli. *In vitro*-Experimente haben gezeigt, dass der Einbau von Tubulindimeren am Plus-Ende rascher erfolgt als am Minus-Ende. Ursache dafür sind unterschiedliche konformationelle Anforderungen an Tubulindimere bei Assoziation am Plus-Ende bzw. am Minus-Ende. Für ein optimales Tubuluswachstum werden GTP und Mg^{2+} benötigt.

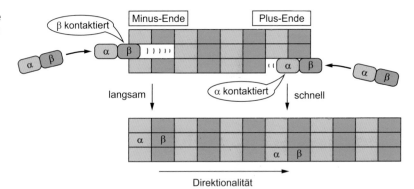

wachsenden Ende schneller ist als die GTP-Hydrolyse, entsteht eine schützende **„Kappe" aus GTP-Tubulin**, welche die rasche Dissoziation von GDP-Tubulin verhindert (Abbildung 33.5). Dagegen dissoziieren die GDP-haltigen Tubulineinheiten an kappenfreien Enden sehr viel schneller ab als an geschützten Enden. Stehen diese beiden Prozesse im Gleichgewicht miteinander, so bleibt die Nettolänge des Mikrotubulus trotz ständigen Umbaus an seinen Enden konstant: Wir sprechen von einem **Tretmühlenmechanismus** (engl. *treadmilling*). *Mikrotubuli sind also stetem Umbau unterworfen: Sie wachsen, stagnieren oder schrumpfen je nach den Anforderungen der Zelle.*

Die Mikrotubuli haben meist nur eine Halbwertszeit von wenigen Minuten. Insbesondere die Mitose erfordert einen raschen Umbau der Tubuli (▶ Abbildung 3.18): Hemmstoffe der Mikrotubulusbildung unterdrücken daher die Zellteilung (Exkurs 33.1). In den Centrosomen nahe dem Zellkern sind nämlich die Minus-Enden der Mikrotubuli verankert, von wo aus sie in Richtung Tochterchromosomen wachsen, um dort an deren Centromere zu binden (▶ Exkurs 16.2). Spezifische Proteine können an die Plus-Enden der Filamente binden und damit den dynamischen Umbau unterbrechen. Diese **„Proteinpfropfen"** stabilisieren die Mikrotubuli und verhindern damit ein allzu dynamisches Wachstum. Andere,

vom Centrosom ausgehende Mikrotubuli sind „unproduktiv": Sie finden keine Centromere und zerfallen deshalb wieder rasch.

Exkurs 33.1: Hemmung der Mikrotubulusbildung

Colchicin, ein Alkaloid der Herbstzeitlosen, und das chemisch verwandte **Demecolcin** (*N*-Desacetyl-*N*-methylcolchicin) binden an freies Tubulin und verhindern seine Polymerisation zu Mikrotubuli (Abbildung 33.6). In der Mitose kommt es zu einer kompletten Reorganisation der Mikrotubuli in einer mitotischen Spindel, welche die bei der Replikation gebildeten Tochterchromosomen trennt. Die Unterdrückung der Mikrotubulusbildung hemmt also die Spindelbildung und verhindert dadurch die Zellteilung. **Taxol**, ein Inhaltsstoff der Eibenrinde, ist dagegen ein Stabilisator der Mikrotubuli: Dadurch verlieren die Tubuli ihre dynamische Instabilität, und Zellen werden in der Mitose „eingefroren". Eine Zellteilung lässt sich also sowohl durch **Hemmung der Assemblierung** als auch durch **Blockierung der Dissoziation** von Mikrotubuli unterdrücken: Dies unterstreicht die Bedeutung des dynamischen Umbaus von Mikrotubuli. Colchicinähnliche Substanzen wie **Vincristin** werden als Cytostatika in der Leukämietherapie eingesetzt.

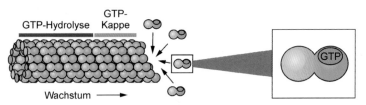

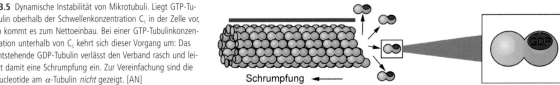

33.5 Dynamische Instabilität von Mikrotubuli. Liegt GTP-Tubulin oberhalb der Schwellenkonzentration C_c in der Zelle vor, so kommt es zum Nettoeinbau. Bei einer GTP-Tubulinkonzentration unterhalb von C_c kehrt sich dieser Vorgang um: Das entstehende GDP-Tubulin verlässt den Verband rasch und leitet damit eine Schrumpfung ein. Zur Vereinfachung sind die Nucleotide am α-Tubulin *nicht* gezeigt. [AN]

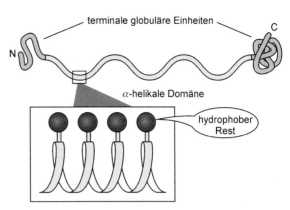

33.7 Grundstruktur der Proteine von Intermediärfilamenten. Ihre zentralen Domänen bilden α-helikale Konformationen; typischerweise ist jeder vierte Rest mit einer hydrophoben Seitenkette ausgestattet. Dadurch windet sich ein hydrophober Streifen entlang der Längsachse der Helix, der mit dem hydrophoben Streifen eines zweiten Proteins interagiert und damit die Dimerisierung der Intermediärfilamentproteine vermittelt. [AN]

33.6 Strukturen von Colchicin, Demecolcin und Taxol.

33.2
Intermediärfilamente verleihen mechanische Widerstandsfähigkeit

Die zweite „Hauptstrebe" des Cytoskeletts bilden die **Intermediärfilamente**. Sie dienen in erster Linie der mechanischen Stabilisierung der Zellen und dem „Verzurren" von Einzelzellen zu einer biegsamen, doch fest gefügten Zellschicht wie etwa bei der Haut. Anders als Mikrotubuli und – wie wir später sehen werden – Actinfilamente bestehen Intermediärfilamente nicht aus einer einzigen Proteinklasse, sondern setzen sich aus mehr als 50 verschiedenen Proteinen zusammen, die fünf großen Klassen (I–V) angehören (Tabelle 33.1). **Cytokeratine** repräsentieren Klasse I (saure Keratine) und Klasse II (neutrale und basische Keratine), die vor allem in Epithelzellen vorkommen. An diesen Proteinen wollen wir die gemeinsamen Merkmale intermediärfilamentbildender Proteine herausarbeiten, bevor wir uns den übrigen Klassen zuwenden. Keratine besitzen eine lang gestreckte Grundstruktur mit einer zentralen helikalen Domäne und zwei flankierenden terminalen Domänen variabler Struktur (Abbildung 33.7).

Cytokeratine bilden zunächst einmal **Heterodimere** aus je einem sauren und einem basischen Monomer. Dabei assoziieren die zentralen Teile zu einem verdrillten Faden (engl. *coiled coil*), der über hydrophobe Interaktionen der Seitenketten zusammengehalten wird. Zwei Dimere ordnen sich antiparallel zu einem Tetramer mit überstehenden Enden an,

die wiederum linear zu **Protofilamenten** aggregieren (Abbildung 33.8). Durch laterale Assoziation von acht Protofilamenten entsteht schließlich ein komplettes Intermediärfilament; da die Tetramere antiparallel angeordnet sind, besitzt ein solches Filament *keine* Polarität. Dabei vermitteln die zentralen helikalen Domänen longitudinale und laterale Assoziationen, während die terminalen Domänen seitlich aus dem Filament herausragen und damit für die Interaktion mit anderen cytosolischen Proteinen prädestiniert sind. Durch diese spezielle Anordnung können selbst Proteine stark unterschiedlicher Größe Intermediärfilamente bilden. Anders als Mikrotubuli und – wie wir noch sehen werden – Actinfilamente haben Intermediärfilamente also weder uniformen Aufbau noch Polarität.

Tabelle 33.1 Typen von Intermediärfilamentproteinen.

Klasse	Typ	Größe	Vorkommen
I	*saure Keratine*	40–70 kd	Epithelzellen
II	*basische Keratine*	40–70 kd	Epithelzellen
III	*Vimentin-ähnliche Proteine*		
	Vimentin	54 kd	Fibroblasten, Endothelzellen, Leukocyten
	Desmin	53 kd	Muskelzellen
	saures fibrilläres Gliaprotein	51 kd	Gliazellen
	Peripherin	57 kd	periphere und zentrale Neuronen
IV	*Neurofilamentproteine*		
	NF-L; NF-M; NF-H	67–200 kd	Axone
V	*Kernlamine* Lamin A, B, C	60–75 kd	Kernlamina eukaryotischer Zellen

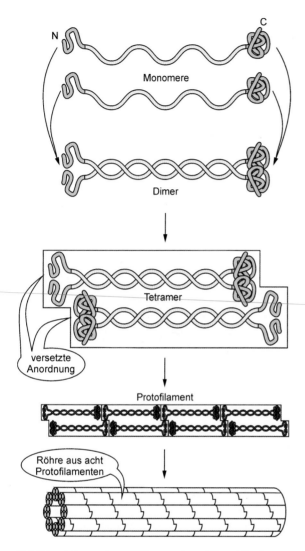

33.8 Polymerisation von Intermediärfilamenten. Je zwei Dimere bilden Tetramere mit überstehenden Enden, die sich zu Protofilamenten formieren; acht Protofilamente assoziieren zu einem Filament. Unterschiedlich große terminale Domänen kragen seitlich über (nicht gezeigt). [AN]

Cytokeratin-Intermediärfilamente kommen vor allem in epithelialen Zellen vor, wo sie an die Kontaktpunkte – die **Desmosomen** ⌂ – binden, die zwei Nachbarzellen „zusammenschweißen" (Abbildung 33.9). Dabei sind die Cytokeratinfilamente in den Proteinkomplexen der **dichten Plaques** auf der Innenseite der Plasmamembran vertäut; die Plaques dienen wiederum als Verankerung für membranständige Cadherinproteine, die benachbarte Zellen miteinander verbinden. Cytokeratin-Intermediärfilamente durchspannen die gesamte Zelle von Desmosom zu Desmosom und verzurren damit den gesamten Zellverband auf lateraler Ebene; diese Vernetzung verleiht dem Epithel seine mechanische Widerstandskraft. Eine Mutation in den Cytokeratingenen kann zur **Epidermolysis bullosa simplex** führen (Exkurs 33.2).

Exkurs 33.2: *Epidermolysis bullosa* ⌂

Mutationen in **Cytokeratingenen** führen zur Bildung dysfunktioneller Intermediärfilamente, die eine feste Verzurrung von Epithelzellen in der Haut nicht mehr gewährleisten. Bei betroffenen Patienten kommt es schon bei leichtem mechanischem Stress zu einer blasigen Ablösung der oberen Hautschicht *(Epidermolysis bullosa simplex)*. Punktmutationen im Gen für **Kollagen Typ VII**, das selbst nicht zu den Intermediärfilamenten zählt, führen zu einer ähnlichen Erkrankung, der *Epidermolysis bullosa dystrophica*. Dabei kommt es zur Trennung tieferer Hautschichten, in denen Kollagen VII das Epithel mit der Basalmembran verbindet. Mutationen in den so genannten **Neurofilamenten** der Neuronen (Tabelle 33.1) können zur **amyotrophen Lateralsklerose**, einer schwerwiegenden neurologischen Erkrankung, führen. Infolge dysfunktioneller Intermediärfilamente kommt es dabei zum fortschreitenden Verlust von Moto- und Spinalneuronen, zu Muskelschwund und zu fortschreitender Lähmung (▶ Exkurs 41.4).

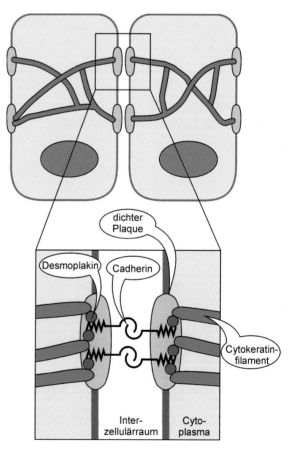

33.9 Bindung von Cytokeratinfilamenten an Desmosomen. Cytokeratinfilamente (grün) setzen an Ankerproteinen (blau) der dichten Plaques (gelb) an, die das „Fundament" für integrale Membranproteine vom Typ der Cadherine bilden. Die Cadherine verknüpfen Epithelzellen zu einer kontinuierlichen Zellschicht (Exkurs 33.4).

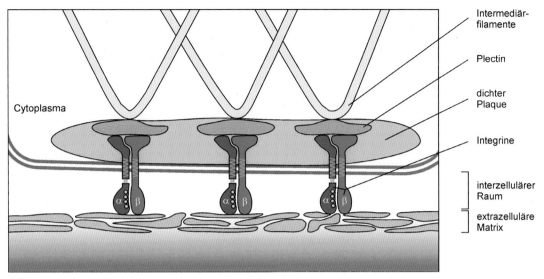

33.10 Aufbau von Hemidesmosomen. Integrine vom $\alpha_6\beta_4$-Typ fixieren Epithelzellen in der darunter liegenden Lamina. [AN]

Cytokeratinfilamente vertäuen auch Epithelzellen in der extrazellulären Matrix wie z.B. in einer Basalmembran: Wir bezeichnen diese Kontaktpunkte als **Hemidesmosomen** 🖑 (Abbildung 33.10). Ihr Aufbau auf der cytosolischen Seite entspricht dem der Desmosomen: Die Cytokeratinfilamente enden in dichten Proteinplaques auf der cytoplasmatischen Seite. Ankerproteine der Hemidesmosomen sind membranassoziierte **Integrine**, die den Kontakt mit einer umliegenden Lamina über Proteine der extrazellulären Matrix wie z.B. Laminin herstellen (▶ Abschnitt 29.7).

Repräsentanten der Klasse III von Intermediärfilamentproteinen sind **Vimentine**, die vor allem in Fibroblasten, Leukocyten und Endothelzellen vorkommen, sowie **Desmin**, das in Muskelzellen die Z-Scheiben der Sarcomere zu größeren funktionellen Einheiten verbindet. Vimentinfilamente bestehen – im Unterschied zu den Cytokeratinen – nur aus einem einzigen Proteintyp. Prototypen der Klasse IV von Intermediärfilamentproteinen sind die **Neurofilamentproteine**, die vor allem in den Axonen von Neuronen vorkommen und dort stabilisierende Funktionen wahrnehmen.

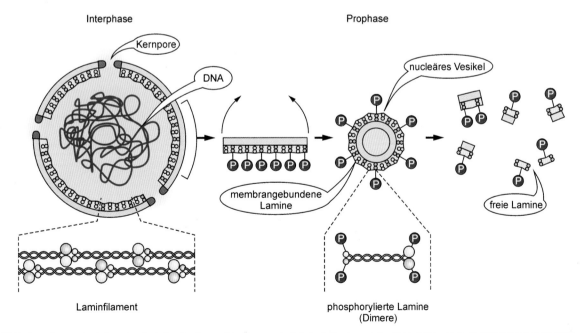

33.11 Demontage von Laminfilamenten durch Phosphorylierung. Beim Übergang der Zelle in die Prophase werden die Laminfilamente des Kerns phosphoryliert. Sie bilden daraufhin nucleäre Vesikel und zerfallen dann weiter bis zu den Monomeren. Beim Übergang in die Telophase werden Lamine wieder dephosphoryliert; sie reassoziieren daraufhin zu Laminfilamenten, welche die Kernlamina der Tochterzelle bilden (nicht gezeigt).

Vertreter der Klasse V sind **Laminfilamente** (nicht zu verwechseln mit dem Matrixprotein Lamin<u>in</u>), welche die Kernmembran mit einer Lamina unterfüttern und damit mechanisch stabilisieren (▸ Abbildung 3.11). Bei der Mitose löst die Zelle die Kernhülle auf; Signal dafür ist die Serinphosphorylierung der terminalen Domänen von Lamin, woraufhin die Laminfilamente dissoziieren und damit den Zerfall der Kernmembran einleiten (Abbildung 33.11). Die Dephosphorylierung der Lamine in den entstehenden Tochterzellen kehrt diesen Prozess wieder um und lässt neue Lamin-Intermediärfilamente entstehen. *Reversible Phosphorylierung ist somit ein wichtiger Mechanismus zur Regulation des Auf- und Abbaus von Intermediärfilamenten.*

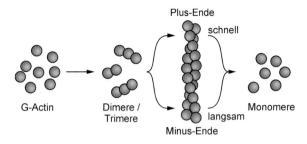

33.12 Reversible Polymerisation von Actin. <u>G</u>lobuläres Actin (G-Actin; hat im Unterschied zu G-Proteinen *nichts* mit GTP zu tun) bildet spontan und reversibel Dimere und Trimere, die als „Keime" für die gerichtete Polymerisation zu Actin-<u>F</u>ilamenten (F-Actin) fungieren. Im Actinfilament sind die gegeneinander versetzten Actinmonomere so angeordnet, dass der Eindruck zweier verdrillter Ketten entsteht.

33.3

Die Aggregation von Actin zu Filamenten ist strikt reguliert

Die dritte Komponente des Cytoskeletts sind **Actinfilamente** von ca. 7–8 nm Durchmesser, die in allen eukaryotischen Zellen vorkommen und dort einen stattlichen Anteil des Gesamtproteins (ca. 5–20%) verkörpern. Actinfilamente des Cytoskeletts ermöglichen den Zellen, auf einer festen Matrix zu wandern (Zellmigration), sich entlang eines chemischen Gradienten zu bewegen (Chemotaxis) oder sich nach der Mitose zu teilen (Cytokinese). Actinfilamente vereinen in sich die Merkmale von stabilen Intermediärfilamenten und dynamischen Mikrotubuli: Ein Teil der Actinfilamente ist stabil, z.B. in Muskelfasern (▸ Abschnitt 9.1) oder in Mikrovilli, den fingerförmigen Ausstülpungen der Epithelzellen, während ein anderer Teil dynamisch ist und stetem Umbau unterliegt. Es gibt mindestens sechs Isoformen von Actin im menschlichen Genom, wobei α-Actin im Muskel dominiert, während β- und γ-Actin charakteristisch für Nicht-Muskelzellen sind. Die Konservierung der Actin-Primärstrukturen zwischen Vertebraten, aber auch innerhalb einer Spezies ist bemerkenswert hoch: So sind die Aminosäuresequenzen von β- und γ-Actin nahezu identisch (99%).

Zellen halten einen großen Vorrat an monomeren Actinmolekülen bereit (ca. 50% ihres gesamten Actins), aus dem bei Bedarf die Polymerisation zu Actinfilamenten gespeist wird. Voraussetzung dafür ist die Beladung von Actin mit ATP sowie die Anwesenheit von Kationen wie K^+ und Mg^{2+}. Initialer Schritt ist die Bildung eines **Actindimers**, das aber rasch wieder zerfällt. Erst wenn ein drittes Molekül dazukommt, bildet sich ein relativ stabiles Trimer, das nun als „Keim" für die fortschreitende Aggregation dient (Abbildung 33.12). Die Assoziation vom Monomer zum Trimer ist verantwortlich für die **Nucleationsphase**, die wir auch schon bei der Tubulinaggregation beobachtet haben (Abbildung 33.3). Actin ist *kein* symmetrisches Molekül: Beim Einbau in die wachsende Faser macht es eine Konformationsänderung durch, die dem Polymeren wiederum **Polarität**

verleiht. Das entstehende Actinfilament hat daher zwei Pole: ein langsam wachsendes Minus-Ende und ein sehr viel rascher wachsendes Plus-Ende.

Nach Einbau in das Filament hydrolysiert Actin mit Verzögerung das gebundene ATP zu ADP; das entstehende ADP-Actin bindet mit geringerer Affinität als ATP-Actin an die umliegenden Actinpartner. Das Plus-Ende besitzt durch die rasche Anfügung neuer ATP-Einheiten meist eine **„Kappe" aus ATP-Actin**, die eine rasche Dissoziation der Untereinheiten verhindert; auf der Minus-Seite fehlt durch den langsameren Einbau oft die schützende ATP-Actin-Kappe, sodass hier Actinmoleküle aus dem Verband ausscheren können (Abbildung 33.5). Sind Einbau am Plus-Ende und Abbau am Minus-Ende ausbalanciert, so findet ein **dynamischer Umbau** eines Actinfilaments ohne effektive Änderung seiner Länge statt: Wir haben es wieder mit einer „molekularen Tretmühle" zu tun (Abbildung 33.13).

Angesichts der Bedeutung von Actinfilamenten für viele vitale Prozesse hält die Zelle Proteine bereit, die mit unter-

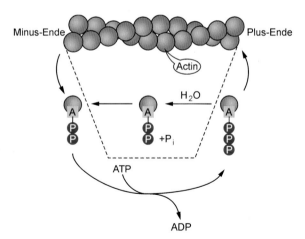

33.13 Actinfilament in der „Tretmühle". Der dynamische Umbau eines Actinfilaments lässt sich in vier Teilschritte zerlegen: rasche Assoziation von ATP-Actin am Plus-Ende bei langsamer Dissoziation; Hydrolyse von ATP zu ADP und P_i im Strang; rasche Dissoziation von ADP-Actin am Minus-Ende bei langsamer Assoziation; verzögerter Austausch von ADP gegen ATP in monomerem Actin (außerhalb des Strangs).

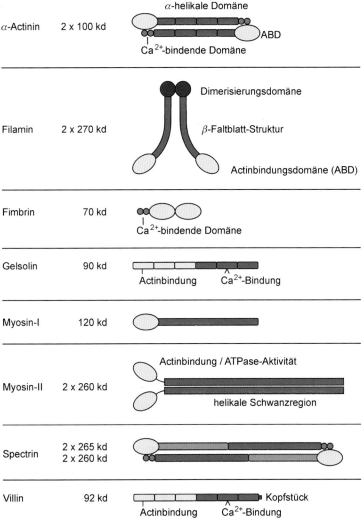

33.14 Aufbau actinbindender Proteine. Aus der Vielzahl actinassoziierter Proteine sind einige prominente Vertreter gezeigt. Weitere actinbindende Proteine sind z. B. Tropomyosin (▶ Abbildung 9.9).

schiedlichen Strategien in die Actinpolymerisation eingreifen (Abbildung 33.14). So kann z. B. der actinbindende Nucleotid-austauschfaktor **Profilin** die Actinpolymerisation fördern. Normalerweise ist Profilin über Phophatidylinositol-4,5-bis-phosphat (PIP₂) in der Plasmamembran verankert (▶ Abschnitt 28.7). Wird Profilin durch einen Stimulus von der Membran entlassen, so beschleunigt es im Cytosol den Austausch von ADP gegen ATP in G-Actin und treibt damit die Polymerisation zu F-Actin an. Dagegen ist **Gelsolin** ein „filamentbrechen-des" Protein. Bei erhöhter intrazellulärer Ca²⁺-Konzentration bindet es an Actinfilamente und schiebt sich keilförmig zwischen zwei interagierende Actindimere: Dadurch wird das Filament in zwei Fragmente zerlegt. Gelsolin bindet an das Plus-Ende des neu entstandenen Actinfilaments und „versiegelt" es: Diese Kappe verhindert einen erneuten Einbau von Actin. Die Senkung der cytosolischen Ca²⁺-Konzentration hebt die Blockade von Actinfilamenten durch Gelsolin wieder auf. Toxine aus Pilzen nutzen ähnliche Mechanismen, um die Actinpolymerisation zu hemmen (Exkurs 33.3).

Exkurs 33.3: Cytochalasin und Phalloidin

Das Pilzalkaloid **Cytochalasin** (Abbildung 33.15) bindet an das Plus-Ende der Actinfilamente und verhindert dauerhaft eine weitere Assoziation von monomerem ATP-Actin: Damit können keine Actinfilamente mehr wachsen. **Phalloidin**, ein Toxin des Knollenblätterpilzes *Amanita phalloides*, bindet an die Längsseiten der Actinfilamente und stabilisiert sie gegen Depolymerisation. In beiden Fällen kommt es zu einer tief greifenden Umstrukturierung des Actinfilamentgerüsts und damit zur nachhaltigen Schädigung der betroffenen Zellen. Ähnlich wie bei Mikrotubuli, wo Colchicin und Taxol Auf- bzw. Abbau hemmen (Exkurs 33.1), zeigt sich auch hier die Notwendigkeit einer **dynamischen Filamentstruktur** für die Vitalität von Zellen. Die actinbindenden Eigenschaften von Phalloidin werden in der experimentellen Forschung ausgenutzt, um das mit einer fluoreszierenden Gruppe gekoppelte Toxin für die Sondierung von Actinfilamenten in der Zelle zu nutzen.

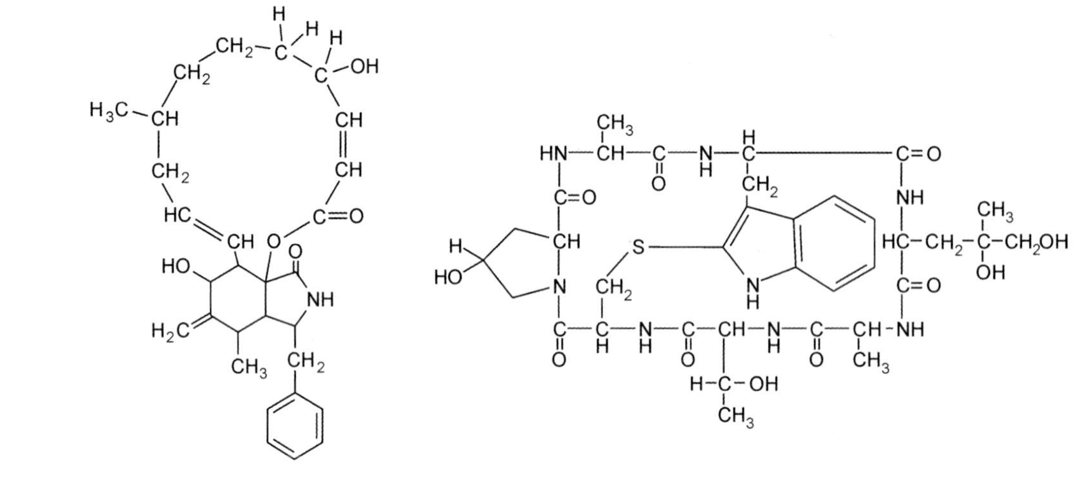

Cytochalasin B

Phalloidin

33.15 Struktur von Cytochalasin und Phalloidin.

Actinbindende Proteine bündeln und vernetzen Einzelfilamente

Ähnlich wie bei Myocyten, wo Myosin und Troponin mit Actinfilamenten zu großen funktionellen Einheiten assoziieren, können **actinbindende Proteine** die Actinfilamente des Cytoskeletts zu supramolekularen Strukturen verknüpfen, bündeln oder vernetzen und ihnen dadurch neue funktionelle Qualitäten verleihen. So organisiert **α-Actinin** die Actinfilamente zu intrazellulären Bündeln (Abbildung 33.16), die – zusammen mit Myosin-II – intrazellulär als kontraktile **Stressfasern** eine Rolle bei der Zelladhäsion spielen. Das dimere, lang gestreckte α-Actinin besitzt nämlich zwei Actinbindungsstellen und kann im „Spreizgriff" zwei Filamente verbinden; durch regelmäßigen Einbau dieser Brückenglieder entsteht ein geordnetes Bündel von antiparallelen Actinfilamenten, das genügend Raum für die Assoziation mit Myosin-II lässt. Die dabei entstehenden kontraktilen Stressfasern verlaufen entlang der Innenseite der Plasmamembran kultivierter Zellen, wo sie an fokale Adhäsionsstellen binden (Abschnitt 33.6).

Ein weiteres actinbindendes Protein, **Fimbrin**, ordnet Actinfilamente in parallelen Bündeln an, die typischerweise in Mikrovilli und anderen Ausstülpungen der Zellmembran wie z.B. den dünnen Filopodien anzutreffen sind. Fimbrin ist ein Monomer mit zwei direkt benachbarten Actinbindungsstellen: Aufgrund der geringen Spannweite von Fimbrin liegen die Actinfilamente dabei dicht gepackt in **Parallelbündeln** vor (Abbildung 33.17). Neben Fimbrin kann auch das actinbindende Protein **Villin** Filamente eng verpacken: Diese klammerartigen, Ca^{2+}-komplexierenden Proteine sind vor allem in Parallelbündeln der Mikrovilli von Dünndarmepithel- und Nierentubuluszellen zu finden. Anders als bei den kontrakti-

len Bündeln kann sich Myosin *nicht* zwischen eng gepackte Filamente schieben: Parallele Bündel können daher auch nicht kontrahieren.

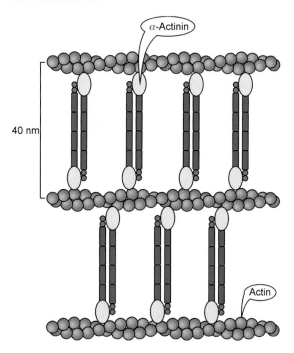

kontraktiles Bündel

33.16 Actin-Actinin-Gerüst von kontraktilen Stressfasern. Bei erhöhter cytosolischer Ca^{2+}-Konzentration dimerisiert α-Actinin über Ca^{2+}-bindende Domänen (grün) und kann dann über seine terminalen Domänen (hellgelb) an Actinfilamente binden. In antiparallelen Bündeln sind einzelne Actinfilamente ca. 40 nm voneinander entfernt. Sinkt der intrazelluläre Ca^{2+}-Spiegel, so dissoziiert der hochmolekulare Komplex wieder. Filamin und Tropomyosin sind ebenfalls am Aufbau von Stressfasern beteiligt; Myosin-II sorgt für ihre Kontraktionsfähigkeit (nicht gezeigt). [AN]

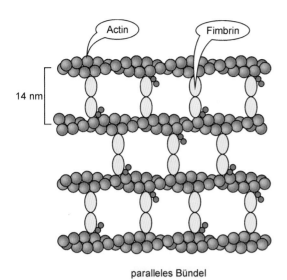

parallele Bündel

33.17 Parallele Bündel von Actinfilamenten. Fimbrin überbrückt ca. 14 nm zwischen benachbarten Filamenten. Das Protein, das je zwei Bindungsdomänen für Actin bzw. Ca^{2+} enthält, kommt in den Oberflächenausstülpungen (Projektionen) vieler Zelltypen vor. [AN]

Ein anderes actinbindendes Protein, **Filamin**, erlaubt die Anordnung von Actinfilamenten zu netzartigen Strukturen. Filamin, das ebenso wie α-Actinin und Fimbrin zwei Actinbindungsdomänen besitzt, klammert sich überkreuzende Filamente zusammen (Abbildung 33.18). Dabei entsteht ein relativ loses **Netzwerk**, das vor allem zur Unterfütterung der Plasmamembran dient. Tabelle 33.2 fasst wichtige actinbindende Proteine mit ihren bekannten Funktionen zusammen.

Tabelle 33.2 Actinbindende Proteine und ihre Funktionen. Arp (engl. *actin-related protein*); (+) Plus-Ende, (-) Minusende von Actinfilamenten.

Actinbindende Protein(komplex)e	Funktionen
Arp2/3-Komplex (-), Formin	Initiation und Polymerisation von Filamenten
Profilin	Beschleunigung der Polymerisation
Tropomyosin, Nebulin (▶Exkurs 9.1)	Stabilisierung von Actinfilamenten
Tropomodulin (-), CapZ (+)	Verkappung der Filamente
α-Actinin, Fimbrin, Filamin, Villin	Quervernetzung von Filamenten
α-Catenin, Spectrin, Talin, Vinculin	Verknüpfung mit anderen Proteinen
Dystrophin (▶Abbildung 9.13)	Membranverankerung
Cofilin (-), Gelsolin (+)	Depolymerisation von Filamenten

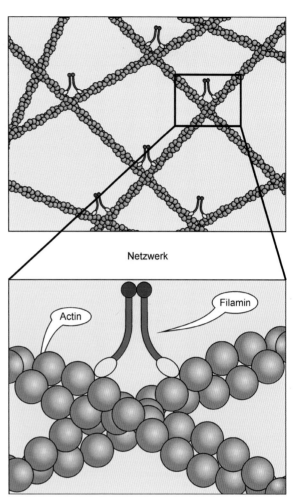

33.18 Netzwerke von Actinfilamenten. Filamin ist ein Dimer aus zwei identischen 270-kd-Untereinheiten, das sich V-förmig öffnet und über eine Spannweite von ca. 60 nm verfügt. Das Monomer trägt je eine Domäne für die Actinbindung bzw. Dimerisierung. Die beiden Domänen werden durch eine β-Faltblatt-reiche Region getrennt (nicht maßstabsgerecht). [AN]

Actinfilamente formieren sich zu Gerüstwerken in der Zelle

33.5

Wie fügen sich nun diese drei Typen von Actinfilamenten – kontraktile und parallele Bündel sowie Netzwerke – in das Cytoskelett der Zelle ein? Betrachten wir dazu den Aufbau von **Mikrovilli** 🖱, fingerförmigen Ausstülpungen, von denen etwa eintausend die Oberfläche von Darmepithelzellen um einen Faktor von ca. 20 erhöhen und damit die Resorption von Nahrungsstoffen begünstigen. Diese Mikrovilli sind von einem regelmäßigen Gerüstwerk paralleler Actinfilamentbündel durchzogen, in dem Fimbrin und Villin als molekulare „Krallen" dienen (Abbildung 33.19). Das Gitterwerk ist

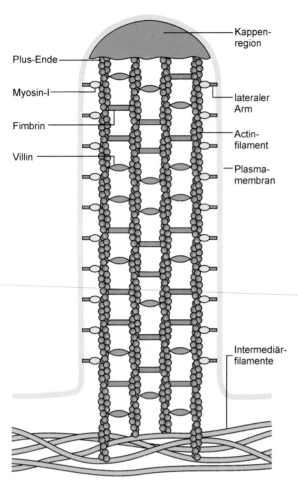

33.19 Molekulare Architektur von Mikrovilli. Mikrovilli epithelialer Zellen enthalten Parallelbündel von 20–30 Actinfilamenten. Sie sind über Villin und Fimbrin quervernetzt sowie über Myosin-I an der Plasmamembran fixiert. Dabei zeigen die Plus-Enden der Filamente immer in die Spitzen der Mikrovilli. Das mikrovillöse Netzwerk fußt im Cytoskelett und wird dadurch stabilisiert. [AN]

über Komplexe von **Myosin-I** (Abschnitt 33.7) und **Calmodulin** (▶ Abbildung 4.3) in der Plasmamembran verankert. Die parallelen Actinfilamentbündel versteifen die Mikrovilli und geben ihnen Halt bei äußeren Krafteinwirkungen.

Die kontraktilen Bündel der Stressfasern laufen in **fokalen Adhäsionspunkten** ⌂ zusammen, die eine Zelle an der darunter liegenden Matrix anheften. Mittler zwischen externer Matrix und internem Gerüst sind integrale Membranproteine vom Typ der Integrinrezeptoren (▶ Abschnitt 29.7). Die Verankerung der Stressfaserbündel an Integrinen erfolgt über einen Multiproteinkomplex, an dem **Talin** und **Vinculin** neben weiteren Proteinen beteiligt sind, welche die Stressfasern an den cytosolischen Integrindomänen befestigen (Abbildung 33.20). Weitere Bestandteile dieser Komplexe sind Enzyme wie **Fokale Adhäsionskinase** (FAK) und – nach Rekrutierung aus dem Cytosol – Src-Kinase (▶ Abbildung 29.19), die Signale aus dem extrazellulären Raum

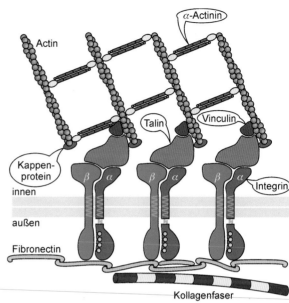

33.20 Verankerung von Stressfasern an fokalen Adhäsionspunkten. Die Bindung von Integrinen an Proteine der extrazellulären Matrix (hier mit den Komponenten Fibronectin und Kollagen dargestellt) führt zu einer lokalen Ansammlung von Integrinen, die auf der cytosolischen Seite ein Bündel von Stressfasern über einen Multiproteinkomplex organisieren. Das Plus-Ende der Actinfilamente von kontraktilen Fasern ist über ein Kappenprotein versiegelt. [AN]

weiterleiten und in den Umbau des Cytoskeletts übersetzen können.

Ähnlich wie bei den Intermediärfilamenten gibt es auch hier ein Pendant der fokalen Adhäsionspunkte auf Ebene der Zell-Zell-Interaktion: Wir sprechen von **Adhäsionsverbindungen** (engl. *adherence junctions*) (Abbildung 33.21). Die „Vertäuung" der Actinfilamente auf der cytosolischen Seite übernehmen **Catenine**, die wiederum an die cytosolische Domäne von membranverankerten **Cadherinen** binden (Exkurs 33.4).

Exkurs 33.4: Cadherine

Mehr als 20 bekannte Ca^{2+}-abhängige Adhäsionsmoleküle bilden die Familie der **Cadherine** ⌂, die als integrale Membranproteine in die Plasmamembran praktisch aller Säugetierzellen eingelassen sind und Zell-Zell-Interaktionen vermitteln (Abbildung 33.9). Cadherine liegen als Dimere vor, die jeweils aus fünf extrazellulär gelegenen Ca^{2+}-bindenden Domänen, einer Transmembranhelix und einer kleineren cytosolischen Domäne bestehen (Abbildung 33.21). Wir unterscheiden drei Haupttypen: E-Cadherine der Endothelzellen, N-Cadherine von Nerven- und Muskelzellen, und P-Cadherine in der Placenta und der Haut. Die äußersten aminoterminalen Domänen von zwei Cadherinpaaren stellen den interzellulären Kontakt her: Wir sprechen von **homophiler Interaktion**. Cadherine finden sich vor allem in Desmosomen und Adhäsionsverbindungen. Dabei ist die interzelluläre Adhäsion essenziell für eine geordnete Entwicklung und Differenzierung embryonaler Zellen.

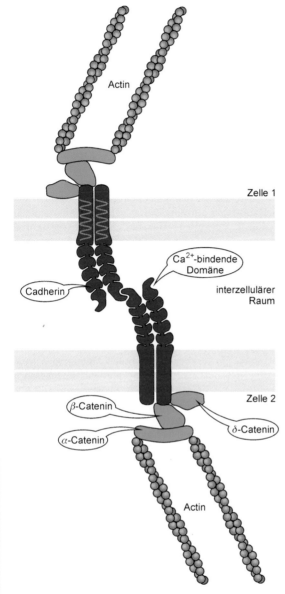

33.21 Struktur von Adhäsionsverbindungen. Cateninkomplexe mit den Untereinheiten α, β und δ bilden Anknüpfungspunkte für Actinfilamente an der cytosolischen Seite der Cadherine. Das α-Catenin ist ein Vinculin-ähnliches Protein und stellt den Kontakt zum Actin her. Die Adhäsionsverbindungen „fassen" auf der Innenseite der Epithelzellen einen Gürtel von Actinfilamenten, der dem Zellverband des Epithels mechanische Stabilität verleiht.

Actinfilamente bilden ein dichtes **Tragwerk** unter der Plasmamembran. Dieses Gerüst aus Actinfilamenten und actinbindenden Proteinen bestimmt die Zellform und spielt bei Zellbewegungen eine entscheidende Rolle. Eine Modellzelle zur Untersuchung des molekularen Aufbaus dieses zellulären Cortex (lat. *cortex*, Rinde) ist der Erythrocyt, der seinen Kern und andere Organellen verloren hat und damit nur *eine* Membran – die Plasmamembran – besitzt.

33.6
Proteingerüste stabilisieren die Erythrocytenmembran

In der Erythrocytenmembran kooperieren integrale und periphere Membranproteine sowie cytosolische Proteine miteinander und spannen ein ausgedehntes cortikales Netzwerk auf. Die Fäden dieses Netzes bildet **Spectrin** ⌐, das ca. 25 % der Proteinmasse der Erythrocytenmembran ausmacht und Actinfilamente binden kann. Spectrin besteht aus zwei antiparallel orientierten Ketten, α und β, die locker miteinander verdrillt sind (Abbildung 33.22). Die beiden Spectrinketten bestehen größtenteils aus repetitiven Domänen von 106 Resten, die durch flexible Übergangsstücke miteinander verbunden sind. Je zwei Heterodimere assoziieren über phosphorylierte Endstücke und bilden ein lang gestrecktes **Tetramer** von 200 nm Länge.

Spectrin dockt über **Adapterproteine** an mehrere integrale Proteine an: Der wichtigste Ankerpunkt ist dabei der Anionentransporter „Bande-3-Protein" der Erythrocytenmembran (Abbildung 33.23). Ankyrin wirkt dabei als „Klebstoff" zwischen Spectrin und Bande-3-Protein. Eine zweite Verankerung von Spectrin an der Membran ist **Glykophorin** (▶ Abbildung 25.3), das wiederum Bande-4.1-Protein als „Puffer" nutzt. In einem solchen Knotenpunkt laufen vier oder mehr Spectrinmoleküle zusammen und bilden mit Bande-4.1-Protein eine Plattform für die Assoziation einer kurzen **Actinkette** aus ca. 13 Monomeren. Dieses Proteingerüst trägt zum cortikalen Cytoskelett der roten Blutkörperchen bei, das ihre Plasmamembran gegen Schubkräfte schützt, die während der Passage durch enge Kapillaren einwirken. Das flexible Netz sichert die strukturelle Integrität der Erythrocyten auf ihrer langen Reise durch das Blutgefäßsystem, bei der sie in-

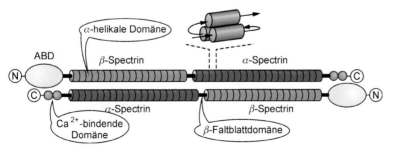

33.22 Struktur eines Spectrinmultimers. Die verwandten α- und β-Ketten bestehen aus sich wiederholenden Domänen von je 106 Resten; ein Ausschnitt mit einem Bündel aus drei Helices ist vergrößert gezeigt (oben). Zwei αβ-Dimere assoziieren „Kopf an Kopf" zu einem Tetramer, das damit zwei Actinbindungsdomänen (ABD) sowie vier Ca²⁺-bindende Domänen besitzt. [AN]

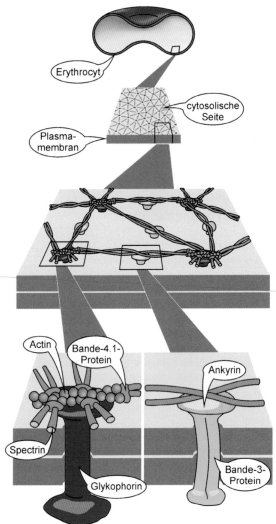

nerhalb von 120 Tagen – ihrer mittleren Lebensdauer –tausende von Kilometern durch das Gefäßsystem zurücklegen und dabei ca. 10 Millionen Herzschläge überstehen müssen.

33.7

Actinfilamente und Mikrotubuli bilden Schienen für Motorproteine

Motorproteine ⌧ wie Myosin können zusammen mit „Leitschienen" aus Actinfilamenten und Mikrotubuli eine beeindruckende Vielfalt zellulärer Bewegungen erzeugen. Denn auch außerhalb der Muskelzellen gehen Actinfilamente und Myosin-II „strategische Allianzen" ein: So legen sie in der Telophase der Mitose (▶Abbildung 3.17) einen kontraktilen Ring um die teilungsbereite Zelle, der sich zuzieht und durch Cytokinese die beiden Tochterzellen hervorbringt. Das Repertoire der Actin-Myosin-Interaktionen wird durch die verschiedenen Myosintypen noch einmal nachhaltig erweitert: Eukaryoten besitzen bis zu 18 verschiedene Klassen von Myosinen. Neben Myosin-II ist dabei vor allem die Wirkungsweise von **Myosin-I**, das in vielen Nicht-Muskelzellen vorkommt, gut verstanden. Den beiden Myosintypen gemein ist der „Triebkopf" – die Motordomäne – mit Bindungsstellen für ATP und Actin (Abbildung 33.24). Dagegen fehlt Myosin-I die ausgedehnte Mittelregion von Myosin-II, sodass das Protein *nicht* dimerisiert. Über seine Schwanzregion kann Myosin-I alle möglichen Objekte binden, so z. B. Vesikel und Plasmamembranen (Exkurs 33.5).

Ähnlich dem Myosin können sich auch Motorproteine wie Kinesine und Dyneine durch das Wechselspiel von ATP-Bindung und -Hydrolyse auf Mikrotubulusschienen bewe-

33.23 Cortikales Netzwerk der Erythrocytenmembran. Spectrin und Actin bilden ein Netzwerk, das *via* Ankyrin und Bande-4.1-Protein an integrale Membranproteine wie Bande-3-Protein und Glykophorin auf der cytosolischen Seite der Erythrocytenmembran bindet. Ohne dieses Netzwerk zerfallen Erythrocytenmembranen rasch in kleine Vesikel (nicht maßstabsgerechte Darstellung).

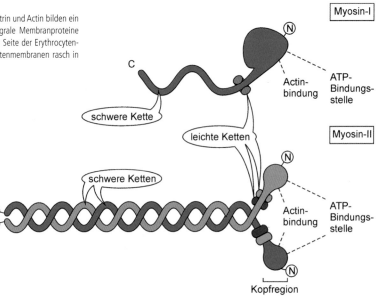

33.24 Typen von Myosinmolekülen. Myosin-I ist ein Monomer, während das Dimer Myosin-II über die stabförmige *coiled coil*-Domäne der Mittel- und Schwanzregion seine „Doppelköpfigkeit" gewinnt. Die Myosine sind mit einer variablen Zahl (n= 1–6) an leichten Ketten assoziiert.

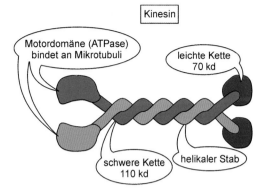

Exkurs 33.5: Wirkweise von Myosin-I

Ebenso wie sein „großer Bruder" Myosin-II nutzt auch Myosin-I Zyklen von ATP-Bindung und -Hydrolyse, um an Actinfilamenten in Richtung Plus-Pol zu laufen und dabei Fracht zu transportieren (Abbildung 33.25). Dabei „schultert" Myosin-I seine Fracht über seine Schwanzregion und „marschiert" dann entlang der Schienen: Auf diese Weise transportiert es Vesikel an Actinfilamenten entlang, verschiebt zwei Actinfilamente gegeneinander oder bewegt ein Actinfilament relativ zur Membran. Die Aufhängung von parallelen Bündeln in der Plasmamembran der Mikrovilli hat zur Vorstellung geführt, dass Myosin-I die Membran über das sich vorschiebende Gitterwerk aus Filamenten „hinweg zieht". Myosin-I verkörpert möglicherweise einen evolutionären Myosin-II-Vorgänger, der wohl zu langsamen Filamentbewegungen befähigt ist, die rasche Gleitbewegung von Myosin-II in Muskelfilamenten aber nicht zu leisten vermag.

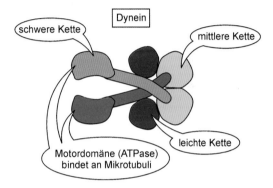

Dynein

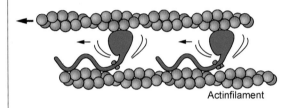

Actinfilament

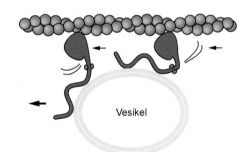

Vesikel

33.26 Struktur von Kinesin und Dynein. Oben: Kinesin ist ein Tetramer mit zwei schweren Ketten von je 110 kd und zwei leichten Ketten von 70 kd. Die Mittelstücke der schweren Kette bilden *coiled-coil*-Strukturen. Die Köpfe besitzen ATPase-Aktivität und Bindungsstellen für Mikrotubuli. Unten: Der cytosolische Dyneinkomplex (bis zu 2×10^3 kd) hat zwei schwere Ketten (blau) von ca. 500 kd und eine variable Zahl von leichten bzw. mittelschweren Ketten mit 15–120 kd.

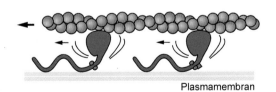

Plasmamembran

33.25 Transport durch Myosin-I. Mit seinen ATP-getriebenen Köpfen läuft das Motorprotein an Actinfilamenten entlang und transportiert dabei unterschiedliche Frachten. [AN]

gen und dabei Vesikeln und Zellorganellen „Beine machen". Kinesin besitzt ebenso wie Myosin-II zwei schwere Ketten mit ATP-bindenden Köpfen und einem stabförmigen Mittelstück, in dem die Ketten miteinander verdrillt sind; der aufgefaserte Schwanzteil ist mit zwei leichten Ketten bestückt (Abbildung 33.26). Kinesin stellt den Kontakt zum Mikrotu-

bulus über seine beiden **Motordomänen** her: Sind sie mit ATP geladen, so binden sie fest an Tubulin; die ATP-Hydrolyse löst diesen festen Griff und erlaubt Kinesin einen „Schritt" in Richtung Plus-Ende des Mikrotubulus. Der andere Pol des Kinesinmoleküls – seine Schwanzregion – bindet an Rezeptorproteine von Vesikeln oder Zellorganellen und kann so das **Frachtgut** für den intrazellulären Transport bestimmen. Kinesin und Myosin unterscheiden sich also im mechanistischen Detail: Bei Kinesin ist die ATP-Hydrolyse an die Krafterzeugung gekoppelt, während Myosin erst mit der Freisetzung von ADP zum Kraftschlag ausholt (▶ Abbildung 9.6). Außerdem fördert die Bindung von ATP an Kinesin seine Assoziation mit Tubulin, während sie beim Myosin zur Dissoziation von Actin führt (▶ Abschnitt 9.3).

Kinesin arbeitet als „Einzelgänger": Prinzipiell reicht ein Molekül Kinesin aus, um eine Fracht zu „schultern" und entlang der Mikrotubulusschiene zu bewegen; dabei schreitet Kinesin mit ca. 2–5 μm × s^{-1} langsamer voran als der „Tausendfüßler" Myosin (Abbildung 33.27). Aus operationalen Gründen sind Vesikel mit mehreren Kinesinmolekülen beladen: Wegen seiner geringen Affinität zum Mikrotubulus fällt nämlich ein einzelnes ADP-beladenes Kinesinmolekül leicht

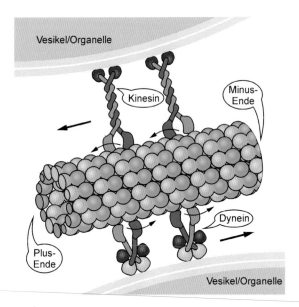

33.27 Vesikulärer Transport auf einem Mikrotubulus. Die beiden Motorproteine karren ihr Frachtgut in entgegengesetzte Richtungen: Kinesin läuft zum Plus-Ende und Dynein zum Minus-Ende. Je nach Struktur der Schwanzregion greifen sich die Motorproteine unterschiedliches Stückgut (nicht maßstabsgerecht).

von der Leitschiene herunter. Die Bestückung eines Vesikels mit mehreren Kinesinmolekülen sorgt für mehr „**Trittsicherheit**". Mikrotubuli weisen mit ihren Plus-Enden meist in die Peripherie der Zellen; dementsprechend bewegt Kinesin Vesikel **zentrifugal** aus dem Zellzentrum Richtung Randzonen. Kinesin findet sich in großer Zahl in den Axonen der Nervenzellen, wo sämtliche Mikrotubuli mit ihrem Plus-Ende vom Zellkörper weg in die Peripherie weisen. Kinesin übernimmt in diesen Zellen den **anterograden Transport** von Organellen und Vesikeln zur Axonendigung; dabei überwindet es beachtliche Distanzen in erstaunlich kurzer Zeit.

Dynein organisiert den **retrograden Transport** von Vesikeln aus der Peripherie in das Zentrum einer Zelle. Es handelt sich dabei um ein riesiges Molekül mit einem Doppelkopf; es besitzt keine elongierte Mittelregion und trägt in der Schwanzregion eine variable Zahl von leichten und intermediären Ketten (Abbildung 33.26). Der Kopfteil besitzt wie beim Kinesin ATPase-Aktivität und Tubulinbindungsstellen, während der molekulare Aufbau der variablen Schwanzregion die Fracht bestimmt, die transportiert wird. Auf den Mikrotubulusschienen läuft Dynein vom Plus-Pol zum Minus-Pol, also gegenläufig zu Kinesin (Abbildung 33.27). *In den Axonen der Nervenzellen, wo Mikrotubulusschienen unidirektional ausgelegt sind, legt also die Wahl des Motorproteins sowohl Transportrichtung als auch Stückgut fest.* Dynein und Kinesin ergänzen sich als molekulare Motoren und machen die Versorgung auch weit vom Zellkern entfernt liegender Kompartimente möglich. *Dieses duale Transportsystem spielt bei der metabolischen Versorgung der langen Axone eine wichtige Rolle.*

Selectine und CAM-Proteine vermitteln Zelladhäsion

Neben den Cadherinen stellen Selectine eine weitere wichtige Gruppe von Oberflächenrezeptoren, die an der Adhäsion von Zellen beteiligt sind (▶Abschnitt 25.4). **Selectine** assoziieren dabei meist mit einem unterschiedlichen Partner: Wir sprechen daher von **heterophilen Zell-Zell-Interaktionen**. Selectine erkennen Kohlenhydratstrukturen auf Zielzellen; Endothelzellen, die in Entzündungsherden gelegen sind, exponieren Selectine, um mit dem Blutstrom „vorbeitrudelnde" neutrophile Granulocyten einzufangen (Abbildung 33.28). Die Granulocyten werden durch die Bindung an endotheliale Selectine abgebremst, sie „rollen" aus und haften sekundär über aktivierte Integrine am Endothel. Rollen und Haften sind die ersten Schritte bei der **Diapedese**, d.h. der Auswanderung von neutrophilen Granulocyten aus dem Kreislauf zu einem Entzündungsherd.

Das Anheften der neutrophilen Granulocyten an Endothelzellen liefert uns ein weiteres Beispiel für eine heterophile Zell-Zell-Interaktion: Integrine (▶Abschnitt 29.7) binden an **zelluläre Adhäsionsmoleküle** vom Typ CAM (engl. *cellular adhesion molecules*), die eine große Klasse von

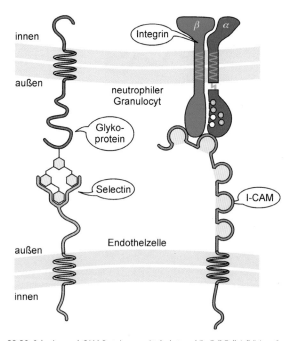

33.28 Selectine und CAM-Proteine vermitteln heterophile Zell-Zell-Adhäsion. Selectine sind Einkettenproteine mit einer Transmembranhelix, acht extrazellulären Domänen und einer kurzen cytosolischen Domäne. Die aminoterminale Domäne erkennt sialinhaltige Oligosaccharidketten der neutrophilen Granulocyten (links). „Rollende" Granulocyten heften sich über Integrine heterophil an intercelluläre Adhäsionsmoleküle (I-CAM) der Endothelzellen. Kohlenhydratbindende Proteine werden gemeinhin als Lectine bezeichnet.

Oberflächenproteinen bilden. CAM-Proteine besitzen einen modulartigen Aufbau mit einer wechselnden Zahl von extrazellulären Domänen, einer Transmembrandomäne und einer cytosolischen Domäne (Abbildung 33.28). Die extrazellulären Domänen bestehen jeweils aus einem „Sandwich" von zwei Faltblättern, die über eine Disulfidbrücke fixiert sind: Sie gehören zur Klasse der Immunglobulin-(Ig-)Domänen (▶Abbildung 36.23). Neuronale **N-CAM-Proteine**, die in großer Zahl und Variabilität exprimiert werden, gehen meist **homophile Interaktionen** ein. N-CAMs besitzen in ihrem extrazellulären Teil fünf Ig-Domänen sowie zwei Fibronectin-

domänen. Durch alternatives Spleißen werden N-CAMs mit verkürzter cytosolischer Domäne oder fehlender Transmembrandomäne generiert. Ähnlich wie Cadherine (Exkurs 33.4) nehmen CAM-Proteine vitale Aufgaben bei der Steuerung von Zelldifferenzierung und -verteilung während der Embryonalentwicklung wahr.

Damit schließen wir unsere Betrachtung des Cytoskeletts ab und wenden uns nun fundamentalen Prozessen zu, welche die „Geburt" neuer Zellen oder den „Tod" gealterter Zellen steuern.

Zusammenfassung

- Zu den Hauptstützen des Cytoskeletts zählen **Mikrotubuli**, die durch Polymerisation von **GTP-bindenden Tubulinen** entstehen. Mikrotubuli besitzen Direktionalität mit einem **Plus-Ende** und einem **Minus-Ende**. Der Einbau von Tubulin erfolgt am Plus-Ende rascher als am Minus-Ende.
- Die Assemblierung von Mikrotubuli beginnt mit der **Nucleation** unter Bildung metastabiler Oligomere. Beim Überschreiten einer kritischen Länge kommt es zur **Elongation**, bei der nun weitere Tubuline andocken. Halten sich Assoziation und Dissoziation die Waage, so ist ein **dynamischer Gleichgewichtszustand** erreicht („Tretmühle").
- Motor dieser **dynamischen Instabilität** ist die GTPase-Aktivität von β-Tubulin. **Pfropfproteine**, die an die Enden der Mikrotubuli binden, verhindern ihr dynamisches Wachstum und stabilisieren sie damit.
- **Intermediärfilamente** dienen der mechanischen Stabilisierung von Zellen. Sie bestehen aus mehr als 50 unterschiedlichen Proteinen wie z.B. **Cytokeratinen**, die zu linearen **Protofilamenten** assoziieren. Cytokeratin-Intermediärfilamente sind in **dichten Plaques** von **Desmosomen** verankert und verleihen epithelialen Zellschichten Widerstandskraft.
- Weitere Intermediärfilamentproteine sind **Vimentine** sowie **Desmin**, das in Muskelzellen die Z-Scheiben der Sarcomere zu größeren funktionellen Einheiten verbindet. **Laminfilamente** unterfüttern die Kernmembran mit einer Lamina. Bei der Mitose löst sich die Kernhülle durch Phosphorylierung von Lamin auf; dieser Prozess ist reversibel.
- **Actinfilamente** kommen praktisch in allen eukaryotischen Zellen vor. Sie vermitteln Zellmigration, Chemotaxis und Cytokinese. Ein Teil der Actinfilamente ist stabil, während ein anderer Teil dynamisch ist und stetem Umbau unterliegt.
- Zellen halten einen großen Vorrat an **monomerem G-Actin** bereit, das ATP bindet. Durch Polymerisation entstehen Actinfilamente, die zwei Pole besitzen: ein langsam wachsendes Minus-Ende und ein rascher wachsendes Plus-Ende. Entscheidend dafür ist die verzögerte Hydrolyse von actingebundenem ATP.

- **Profilin** beschleunigt die Actinpolymerisation, indem es den Austausch von ADP zu ATP in G-Actin fördert. Dagegen ist **Gelsolin** ein „filamentbrechendes" Protein.
- **Actinbindende Proteine** können Actinfilamente zu großen Strukturen verknüpfen und ihnen neue Funktionen verleihen. So bündelt α-**Actinin** mit Myosin-II Actinfilamente, die als kontraktile **Stressfasern** bei der Zelladhäsion über **fokale Adhäsionspunkte** mitwirken. **Fimbrin** und **Villin** ordnen Actinfilamente in parallelen Bündeln, z.B. in Mikrovilli, an.
- **Filamin** organisiert Actinfilamente zu einem losen Netzwerk, das der Unterfütterung der Plasmamembran dient. Die Vertäuung der Actinfilamente in fokalen Adhäsionspunkten übernehmen vinculinähnliche **Catenine**, die an membranverankerte **Cadherinen** binden. Sie verleihen epithelialen Zellverbänden mechanische Stabilität.
- In Erythrocyten bilden **Spectrin** und Actin ein ausgedehntes cortikales Netzwerk, das *via* **Ankyrin** an integrale Proteine der Erythrocytenmembran bindet. Das Gerüst aus Actinfilamenten und actinbindenden Proteinen bestimmt die Zellform und spielt bei Zellbewegungen eine wichtige Rolle.
- Motorproteine wie **Myosin-I** und **Myosin-II** können mit Actinfilamenten und Mikrotubuli eine Vielfalt zellulärer Bewegungen erzeugen. Die beiden Myosine nutzen dabei ATP-Bindung und -Hydrolyse, um eine Fracht an Actinfilamenten in Richtung Plus-Pol zu transportieren.
- **Kinesine** und **Dyneine** bewegen Vesikel und Zellorganellen entlang von Mikrotubuli in entgegengesetzten Richtungen: Kinesin läuft zum Plus-Ende, Dynein strebt zum Minus-Ende. In Axonen übernimmt Kinesin den **anterograden Transport** zur Nervenendigung, während Dynein den **retrograden Transport** aus der Peripherie ins neuronale Zentrum leistet.
- Neben den Cadherinen sind **Selectine** an der Adhäsion von Zellen beteiligt. Sie erkennen Kohlenhydratstrukturen auf Zielzellen und wirken bei der **Diapedese** von neutrophilen Granulocyten durch das Endothel mit.

Zellzyklus und programmierter Zelltod

34

Kapitelthemen: 34.1 Cycline und cyclinabhängige Kinasen 34.2 Initiation der Mitose durch CDK1 34.3 Kontrolle des G_1-Restriktionspunkts durch CDK4 34.4 CDK-Aktivitätskontrolle durch Tumorsuppressor p53 34.5 Enzymkaskaden in der Apoptose 34.6 Funktionelle Rolle von Caspasen

Für die zelluläre Lebensspanne von der Entstehung bis zum Tod existiert ein komplexes molekulares Regelwerk, das Wachstum und Teilung der Zellen präzise programmiert und virtuos steuert. Im Zentrum steht dabei der *Zellteilungszyklus*, der engmaschig kontrolliert wird: Auf der einen Seite muss sichergestellt sein, dass eine Zelle ihr komplettes Genom dupliziert und dann in der Mitose zu gleichen Teilen an die Tochterzellen weitergibt. Auf der anderen Seite muss für neue Zellen Platz gemacht und zelluläre „Altlasten" müssen entsorgt werden – ein gewaltiges Problem, wenn man bedenkt, dass ein menschlicher Organismus tagtäglich allein ca. 10^{11} neue Blutzellen erzeugt und eine entsprechende Zahl an Zellen dafür ausmustern muss. Wir wollen hier die molekularen Mechanismen studieren, die Zellvermehrung und programmierten Zelltod – *Apoptose* – dirigieren. Wie wir sehen werden, ist unser Wissen um die molekularen Abläufe bei diesen fundamentalen Prozessen immer noch recht fragmentarisch.

Teilungszyklus entscheidet und an dem überprüft wird, ob eine ausreichende Zellgröße erreicht ist und *keine* DNA-Schäden vorliegen. Am Ende der G_2-Phase folgt ein zweiter Kontrollpunkt, an dem überprüft wird, ob die DNA vollständig repliziert wurde oder DNA-Schäden vorliegen: Bei Fehlermeldung hält der Zyklus hier an und gewährt der Zelle Zeit, die Replikation abzuschließen oder Reparaturen auszuführen. G_1-, S- und G_2-Phase werden zusammen als **Interphase** bezeichnet. Ein dritter Kontrollpunkt am Ende der M-Phase überprüft die korrekte Aufreihung der beiden Chromosomensätze in der Mitosespindel: Erst dann wird „grünes Licht" für die Aufteilung und die Cytokinese gegeben (▶ Abbildung 3.17). Ruhende, sich nicht mehr teilende Zellen wie z.B. Neuronen können permanent in der Interphase verharren: Dieses Stadium der zellulären Quieszenz wird auch **G_0-Phase** genannt.

34.1

Cycline und cyclinabhängige Kinasen steuern den eukaryotischen Zellzyklus

Die Entstehung einer neuen Zelle setzt die Verdopplung der chromosomalen DNA, die Trennung der Chromosomen und ihre Aufteilung auf zwei Tochterzellen voraus (▶ Abschnitt 3.5). Diese Aufgaben werden beim Zellzyklus nacheinander ausgeführt: In der **S-Phase** (Synthese) findet die Replikation der DNA statt; später folgen die **M-Phase** (Mitose) mit der Trennung der Chromosomensätze und die Verteilung der Chromosomen und anderer zellulärer Komponenten auf die Tochterzellen bei der Cytokinese (Abbildung 34.1). Zwischen dem Ende der M-Phase und dem Beginn der S-Phase liegt eine erste Zwischenperiode, die **G_1-Phase** (engl. *gap*), in der die Zelle Proteine synthetisiert und dabei wächst. Während einer zweiten Wachstumsperiode, der **G_2-Phase** zwischen S- und M-Phase, bereitet sich die Zelle für die Mitose vor. An drei wichtigen **Kontrollpunkten** (engl. *checkpoints*) überprüft die Zelle ihren Zyklus: In der späten G_1-Phase liegt ein Punkt, der über den Eintritt in den

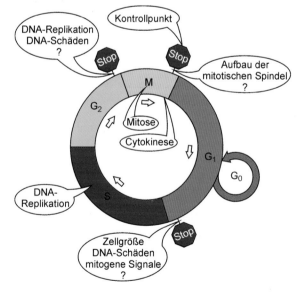

34.1 Zellzyklus einer eukaryotischen Zelle. Die Zyklusdauer einer proliferierenden Zelle beträgt ca. 24 h, wobei 1 h auf die Mitose und 23 h auf die übrigen Phasen, summarisch als Interphase bezeichnet, entfallen. Zur Interphase zählen G_1 (2–20 h), S (6–10 h) und G_2 (2–4 h). G_0, Ruhephase. An *checkpoints* – hier durch Stoppschilder symbolisiert – kontrolliert die Zelle ihren Zyklus.

Wie sieht nun das molekulare Kontrollsystem aus, das den Zellzyklus steuert? Fundamentale Arbeiten an Modellorganismen wie Hefen (Exkurs 34.1), Krallenfröschen und Seeigeln haben uns erste Einblicke in die molekulare Maschinerie gewährt, die – zumindest in den Grundelementen und wichtigsten Prinzipien – auch in menschlichen Zellen arbeitet. Herzstücke des Kontrollsystems sind Regulatorproteine vom Typ der **Cycline** und Enzyme vom Typ der **cyclinabhängigen Proteinkinasen** (CDK; engl. _cyclin-dependent kinase_): Sie machen einen Kreislauf von inaktiven und aktiven Zuständen durch und geben damit den Takt beim Durchlaufen der verschiedenen Stationen des Zellzyklus vor. Wir unterscheiden mindestens acht Typen von Cyclinen (A bis H) und neun cyclinabhängige Kinasen (CDK1 bis 9). Von diesen neun CDKs besitzen nur vier eine direkte Funktion im Zellzyklus (CDK1, 2, 4 und 6), und auch bei den Cyclinen haben nur Mitglieder der Familien A, B, D und E gesicherte Funktionen bei Zellzyklusvorgängen. Hinzu kommt die **CDK-aktivierende Kinase** CAK, deren Aktivität aber _nicht_ zellzyklusabhängig ist (Abschnitt 34.2). Zur Vereinfachung konzentrieren wir uns zunächst auf zwei Hauptakteure, **Cyclin B** und **CDK1** (Abbildung 34.2), und stellen uns die Frage, wie diese Moleküle der Zelle einen Rhythmus vorgeben können.

Exkurs 34.1: _Saccharomyces cerevisiae_

Eine Schlüsselrolle bei der Aufklärung der Komponenten der Zellzyklusmaschinerie fiel der Bäckerhefe **S. cerevisiae** _und der Spalthefe_ **Schizosaccharomyces pombe** _zu. Diese einzelligen Eukaryoten_ können sowohl als haploide als auch als diploide Zellen proliferieren: Durch Induktion der Sporulation einer diploiden Zelle entstehen in der Meiose vier haploide Sporen, was genetische Analysen enorm vereinfacht. Das **Genom** von _S. cerevisiae_ war das erste eines Eukaryoten, das 1997 vollständig aufgeklärt wurde: Es umfasst $1{,}2 \times 10^7$ bp auf 16 Einzelchromosomen, die insgesamt bis zu 5 800 Gene tragen. Grundlegende Untersuchungen an Hefe haben die molekularen Vorgänge bei der Transkription und Replikation von DNA, RNA-Prozessierung, Proteinsortierung und Zellzyklus (Dauer ca. 2 h) erhellt und den Modellcharakter der Hefe für eukaryotische Zellen nachhaltig belegt (Abbildung 34.3). Großer experimenteller Vorzug bei der Studie komplexer Regulationsmechanismen ist die Möglichkeit zur Erzeugung **temperatursensitiver Mutanten**, die bei niedriger (permissiver) Temperatur funktionstüchtig sind, bei erhöhter (restriktiver) Temperatur jedoch spezifische Funktionen verlieren. Diese Strategie war besonders hilfreich für die Identifizierung von Zellzyklus-(Cdc-)Mutanten in _S. cerevisiae_ und _S. pombe_.

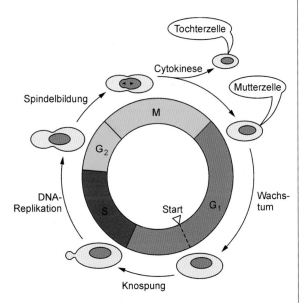

34.3 Zellzyklus von _S. cerevisiae_. Diese Hefezelle teilt sich durch Knospung. Die Übergänge zwischen G_1-, S-, G_2- und M-Phase sind fließend, da DNA-Replikation, Bildung der Spindelpole und Knospung parallel ablaufen. Im Gegensatz zu den meisten eukaryotischen Zellen wird hier die Kernhülle während der Mitose _nicht_ abgebaut. „Start" markiert einen Kontrollpunkt höherer Eukaryoten (Abschnitt 34.3).

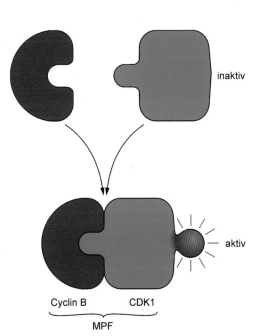

34.2 Komplex aus Cyclin B und CDK1. CDK1 firmiert auch unter Cdc2 (engl. _cell division cycle protein 2_). Das Dimer aus Cyclin B und CDK1 wurde bei seiner Entdeckung nach seiner Funktion, nämlich Zellen in die M-Phase zu schicken, als MPF (_M phase promoting factor_) bezeichnet. – Die Nomenklatur der am Zellzyklus beteiligten Komponenten ist komplex und wenig rational. Aus didaktischen Gründen arbeitet dieses Buch daher mit einigen Vereinfachungen, welche die Komplexität der Kontrollmaschinerie für den Zellzyklus nicht immer vollständig widerspiegeln können.

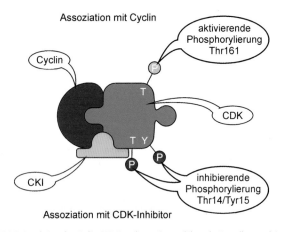

Aktivierung von CDK1 startet die Mitose

34.2

Wie wir schon am Beispiel zellulärer Signalkaskaden gelernt haben, können Enzyme Zyklen von Aktivität und Inaktivität durchlaufen. Betrachten wir zunächst einmal die Bedingungen für die Aktivierung der **Effektorkinase CDK1**: Erste Voraussetzung für ihre Aktivierung ist die Assoziation mit Cyclin B. Dabei ist CDK1 selbst während des gesamten Zellzyklus vorhanden, während die Verfügbarkeit des **Aktivatorproteins Cyclin B** phasisch reguliert wird. Die Zelle beginnt nämlich erst in der späten S-Phase mit der Cyclin-B-Synthese (Abbildung 34.4). Das Protein akkumuliert dann während der S- und der G_2-Phase, seine Konzentration erreicht einen Gipfel in der M-Phase, die dann gegen Ende der Mitose am M/G_1-Kontrollpunkt abrupt sinkt: Hier stoppt die Translation der mRNA von Cyclin B. Gleichzeitig greifen Abbaumechanismen, die seine Proteinkonzentration schlagartig senken. *Cyclin macht seinem Namen also alle Ehre: Seine Konzentration schwankt periodisch mit dem Zellzyklus.*

Die Assoziation von Cyclin B mit CDK1 ist notwendig, aber nicht hinreichend für die Entfaltung der enzymatischen Aktivität von CDK1. Vielmehr muss die **CDK-aktivierende Kinase CAK**, die einen Komplex aus Cyclin H und CDK7 darstellt, CDK1 an einem kritischen Threoninrest in Position 161 (Thr-161) phosphorylieren. Allerdings wird dieser aktivierende Effekt durch die gleichzeitige Phosphorylierung je eines Threonin- bzw. Tyrosinrests (Thr-14, Tyr-15) nahe dem aktiven Zentrum neutralisiert: Diese inhibitorischen Phosphorylierungen schieben der enzymatischen Aktivität von CDK1 zunächst einmal einen Riegel vor (Abbildung 34.5). Der Motor des Zellzyklus ist damit „fertig montiert", wenn-

34.5 Regulation des Cyclin-CDK-Komplexes. Eine multilaterale Kontrolle aus aktivierenden und inhibierenden Kinasen wacht über die Aktivität des Cyclin-CDK-Komplexes. Einige CDK können überdies einen CDK-Inhibitor (CKI) binden, der zur Inaktivierung des Komplexes beitragen kann (Abschnitt 34.3).

gleich er noch nicht „auf Touren" ist. Wie kann nun CDK1 am Ende der G_2-Phase aktiviert und damit der „Startschuss" für die Mitose gegeben werden?

Die Phosphatase Cdc25 übernimmt diese „delikate" Aufgabe: Sie dephosphoryliert den Komplex an Thr-14 und Tyr-15 (Abbildung 34.6). Zusammen mit der steigenden Konzentration des Regulatorproteins Cyclin B tritt Cdc25 damit eine Lawine los, die zu einer schlagartigen Aktivierung von CDK1 führt; dabei sind auch positive Rückkopplungsmechanismen beteiligt. Aktivierte CDK1 phosphoryliert nun diverse Substrate, die dann die Mitose in Gang setzen (Abbildung 34.7). Für die Regulation des G_2/M-Übergangs ist auch die Lokalisation von Cyclin-B-CDK1 wichtig: In der späten Prophase der Mitose akkumuliert der Komplex im Zellkern, wo er mittels Phosphorylierung die nucleäre Lamina „sprengt" (▸ Ab-

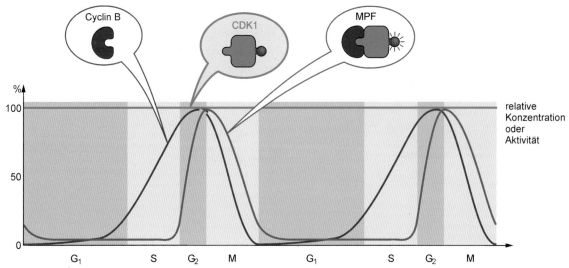

34.4 Zyklische Schwankungen im Cyclin-B-Spiegel der Zelle. Cyclin B (rot) durchläuft Zyklen von rascher Akkumulation während der S- und G_2-Phase, gefolgt von einem abrupten Abfall in der M-Phase. Dagegen ist CDK1 (grün) nahezu konstant, während MPF (blau) den zyklischen Schwankungen von Cyclin B zeitversetzt folgt.

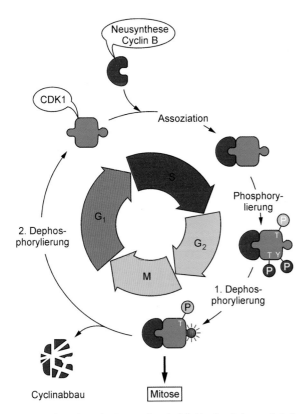

34.6 Regulation des Cyclin-CDK-Komplexes im Zellzyklus. Assoziation von Cyclin B und CDK1 sowie Phosphorylierung und Dephosphorylierung geben das Signal für die Mitose. Am Ende der Mitose leitet der proteolytische Abbau von Cyclin die vollständige Inaktivierung und Dephosphorylierung von CDK1 ein: Die Zelle begibt sich erneut in die Interphase. [AN]

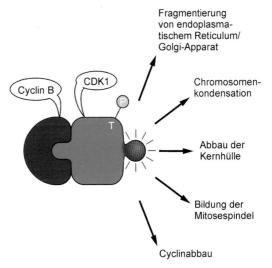

34.7 Multilaterale Aktionen von CDK1. Die molekularen Mechanismen, mit denen aktiviertes CDK1 den Umbau des Mikrotubuligerüsts sowie die Fragmentierung von Organellen einleitet, sind noch nicht im Detail bekannt.

bildung 33.11). CDK1 ist der Prototyp eines „**molekularen Chips**", der Informationen bündelt, verarbeitet und weiterleitet. Das Enzym beginnt erst zu arbeiten, wenn drei Voraussetzungen zutreffen: Es liegt im Komplex mit Cyclin B vor, Thr-161 ist phosphoryliert, und Thr-14/Tyr-15 sind dephosphoryliert. *Diese rigiden Rahmenbedingungen stellen sicher, dass eine Zelle nicht vorzeitig oder unkontrolliert in die Mitose „stolpert", sondern eine Teilung nur unter optimalen Bedingungen einleitet.*

In der späten M-Phase werden dann Mechanismen zur Abschaltung von CDK1 in Gang gesetzt: CDK1 selbst aktiviert ein **ubiquitinabhängiges Abbausystem**, das die Konzentration von Cyclin B am Ende der Mitose blitzschnell absenkt (▶Abschnitt 19.11). Freies CDK1 wird sodann durch eine Phosphatase an Thr-161 dephosphoryliert: Damit ist der inaktive Ausgangszustand wieder erreicht, und ein neuer Zyklus kann beginnen.

Wie gibt nun der aktivierte Cyclin-B-CDK1-Komplex „grünes Licht" für die Mitose? Aktiviertes CDK1 besitzt mehrere Substrate: Die **Phosphorylierung** von **Histonprotein H1** löst offenbar die Kondensation der Chromosomen aus, die charakteristisch für die Mitose ist. Die CDK1-vermittelte Phosphorylierung von Lamin in der Kernhülle führt zur re-

versiblen **Fragmentierung und Auflösung der Kernlamina** in der Prophase der Mitose (▶Abbildung 33.11). Vermutlich löst CDK1 über die Phosphorylierung von mikrotubuliassoziierten Proteinen auch die **dynamische Instabilität** von Mikrotubuli aus (▶Abbildung 33.5), die den Umbau des Cytoskeletts einleitet und im Aufbau der Mitosespindel kumuliert. Ebenso bewirkt CDK1 in der Elternzelle – direkt oder indirekt *via* Kinasenkaskaden – die Fragmentierung von endoplasmatischem Reticulum und Golgi-Apparat, die dann auf beide Tochterzellen verteilt und dort neu assembliert werden.

Mit der Neusynthese von Cyclin B in der S-Phase (▶Abbildung 34.4) beginnt ein neuer Zyklus der CDK-Aktivierung, der die Zelle ein weiteres Mal über den Kontrollpunkt am Ende der G$_2$-Phase in die Mitose treibt. Wie werden nun die anderen Teile des Zyklus reguliert und ihre Kontrollpunkte überwunden? Dazu verfügen eukaryotische Zellen über eine ganze Batterie von Cyclinen und CDK1-ähnlichen Kinasen, die den Zellzyklus an unterschiedlichen Punkten kontrollieren und vorantreiben. Die diversen Cyclin-CDK-Komplexe machen dabei – ähnlich wie Cyclin-B-CDK1– **zyklische Veränderungen ihrer Aktivität** durch (Abbildung 34.8). So haben Komplexe aus Cyclin D und CDK4/CDK6 ihr Aktivitätsmaximum in der G$_1$-Phase. Am Übergang von G$_1$ nach S entfaltet die Kombination Cyclin-E-CDK2 maximale Aktivität. In der S-Phase dominiert Cyclin A in Kombination mit CDK2, während es im Komplex mit CDK1 die späte G$_2$-Phase bestimmt. Zu Beginn der M-Phase schließlich ist, wie gesehen, das Duo Cyclin-B-CDK1 maximal aktiv. Eine Ausnahme bildet das Paar **Cyclin-H-CDK7** – besser unter dem Akronym CAK bekannt – das offenbar bei diversen Phasenübergängen mitwirkt und praktisch über den gesamten Zellzyklus aktiv ist. Möglicherweise erfüllt CAK auch Aufgaben außerhalb des Zellzyklus.

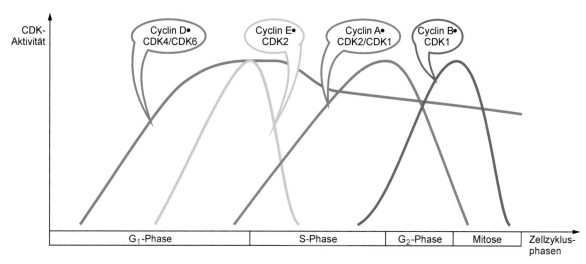

34.8 Zellzyklusabhängige Aktivitäten der CDK-Komplexe. Cycline vom Typ D fluktuieren in ihrer Aktivität nicht so ausgeprägt wie andere Regulatoren des Zellzyklus.

34.3

CDK4 kontrolliert den Restriktions-punkt in der G₁-Phase

Cyclin D wacht zusammen mit CDK4 und CDK6 über den G_1/S-Restriktionspunkt, während Cyclin E und CDK2 den Eintritt der Zelle von der späten G_1- in die frühe S-Phase kontrollieren (Abbildung 34.9). An diesem wichtigen Übergang patrouillieren auch **CDK-Inhibitoren** (CKI) wie z. B. INK4-Inhibitoren vom Typ p16 oder CIP/KIP-Inhibitoren vom Typ p21 und p27: So kann INK4 an CDK4 und CDK6 binden und da-

durch deren Assoziation mit Cyclin D blockieren, während CIP/KIP-Inhibitoren CDK2 hemmen. Wir wollen hier noch einen Augenblick verweilen und diesen Restriktionspunkt näher in Augenschein nehmen. **Wachstumsfaktoren** steuern nämlich die Synthese von Cyclin D und entscheiden somit darüber, ob der G_1/S-Kontrollpunkt passiert wird. Ein Überangebot an diesen Faktoren kann eine konstitutive Expression von Cyclin D induzieren, sodass die Kontrolle über Zellwachstum und -teilung verloren geht (▶ Abschnitt 35.7).

Über welchen molekularen Mechanismus steuert der Cyclin-D-CDK-Komplex die Induktion der S-Phase? Das wichtigste Substrat der aktivierten Kinasen CDK4 und CDK6 ist das **Rb-Protein**, das erstmals als Produkt des Retinoblastomgens entdeckt wurde (Exkurs 34.2). Das Rb-Protein verknüpft die Zellzyklusregulation mit der Transkriptionskontrolle: Natives Rb bindet und inaktiviert nämlich **E2F-Transkriptionsfaktoren**, welche die Expression von Genen des Zellzyklus sowie der DNA-Replikation steuern. Dabei ist E2F permanent an seine Regulatorsequenzen gebunden (Abbildung 34.10). Der aktivierte **Cyclin-D-CDK4-Komplex** phosphoryliert nun Rb-Protein und löst es damit aus dem angestammten Komplex mit E2F: Damit werden die E2F-gesteuerten Gene zur Transkription freigegeben, zu deren Produkten auch Cyclin E gehört. Im Komplex mit CDK2 betreibt Cyclin E die Hyperphosphorylierung und vollständige Inaktivierung von Rb-Protein, sodass die Zelle nun endgültig in die S-Phase übergehen kann.

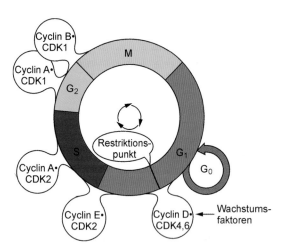

34.9 Cyclin-CDK-Komplexe dirigieren den Zellzyklus. Zum Passieren des Restriktionspunkts in der späten G_1-Phase benötigen Zellen Wachstumsfaktoren wie EGF, der über Ras (▶ Abschnitt 29.3) die Synthese von Cyclin D antreibt. Beim Fehlen von Wachstumsfaktoren gehen Zellen in die teilungsinaktive G_0-Ruhephase über; ein Überangebot an Wachstumsfaktoren lässt den Zellzyklus fortlaufend rotieren — mit dem Risiko einer malignen Entartung.

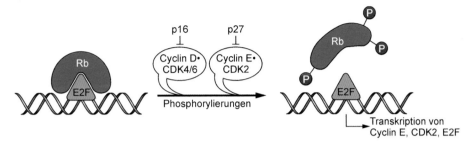

34.10 Rolle von Rb-Protein in der Zellzykluskontrolle. Wachstumsfaktoren stimulieren die Synthese von Cyclin D, das im Komplex mit CDK4 und CDK6 die Phosphorylierung von Rb-Protein bewirkt und damit die Repression der E2F-abhängigen Genexpression aufhebt. Der Komplex Cyclin E-CDK2 verstärkt die Phosphorylierung von Rb und gibt damit endgültig die Biosynthese der Induktorproteine für die S-Phase frei (Exkurs 34.2).

⚕ Exkurs 34.2: Retinoblastom

Das **Retinoblastom** ⌖ ist ein Tumor, der sich im Kindsalter mit einer Frequenz von 1 : 18 000 in der Netzhaut (Retina) des Auges entwickeln kann (▶ Abschnitt 35.7). Viele betroffene Individuen haben eine Disposition zur Entwicklung multipler Tumoren auch in anderen Geweben. Ursachen sind Punktmutationen bzw. Deletionen eines Exons oder des gesamten **Rb-Gens** auf Chromosom 13. Die Ausprägung des Retinoblastoms wird meist durch eine Mutation des Rb-Gens (erstes Allel) in der Keimbahn und eine weitere, unabhängige Mutation (zweites Allel) in einer somatischen Zelle ausgelöst. Mutationen im Rb-Gen treten auch bei anderen Tumorformen wie z. B. bei Blasen-, Lungen- oder Brustkrebs auf. Das intakte Rb-Protein ist ein **Tumorsuppressor**, der unkontrolliertes Zellwachstum unterdrückt (▶ Abschnitt 35.5). Zu den Produkten der Gene, die Rb-Protein *via* E2F kontrolliert, gehören neben E2F selbst (Autostimulation) Zellzyklusregulatoren wie Cyclin A, Cyclin E, CDK1 und CDK2 sowie Enzyme wie Dihydrofolat-Reduktase (▶ Exkurs 49.4) und DNA-Polymerase α, die für die DNA-Replikation in der S-Phase benötigt werden.

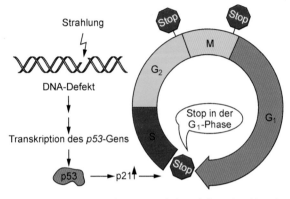

34.11 Rolle von p53 im Zellzyklus. Bei DNA-Schädigung hält p53 den Zyklus in der G_1-Phase an, um noch vor Beginn der S-Phase DNA-Reparaturarbeiten zu ermöglichen. Bei unvollständig replizierter DNA oder fehlerhafter Chromosomenanordnung sorgen zwei weitere Kontrollpunkte in der G_2- bzw. M-Phase für eine „Auszeit". Assistiert wird p53 von dem CDK-Inhibitor p21, der Cyclin-E-CDK2 am G_1/S-Übergang hemmt.

34.4

Der Tumorsuppressor p53 moduliert die Aktivität von CDKs

Die Rolle von Rb-Protein bei der Zellzyklusregulation und die weit reichenden Folgen einer Mutation seines Gens zeigen die fundamentale Bedeutung der Kontrolle zellulärer Proliferation. Ein weiteres schlagendes Beispiel für dieses Prinzip ist der **Tumorsuppressor p53** (▶ Abschnitt 35.7) ⌖. Zellen, die einer ionisierenden Strahlung ausgesetzt werden, unterbinden gezielt den Abbau von p53-Protein, das daraufhin akkumulieren und den Zellzyklus am Kontrollpunkt in der späten G_1-Phase anhalten kann (Abbildung 34.11). Der Tumorsuppressor gewährt also der Zelle Zeit zur DNA-Reparatur und verhindert damit die fatalen Auswirkungen einer fehlerhaften DNA-Replikation in der S-Phase (▶ Abschnitt 35.5). Wie ist diese Kontrolle auf molekularer Ebene geregelt?

Ähnlich wie Rb wirkt auch p53 als **transkriptioneller Regulator**. Nach DNA-Schädigung kann dieser Transkriptionsfaktor in tetramerer Form (▶ Abbildung 35.3) direkt an den Promotor des Gens von **CDK-Inhibitor p21** binden: Dadurch wird die Expression von p21 hochreguliert (Abbildung 34.12). Neben dem Cyclin-E-CDK2-Komplex am G_1/S-Übergang hemmt p21 bei genügend hoher Konzentration auch den Cyclin-D-CDK4-Komplex, der über den Restriktionspunkt in der späten G_1-Phase wacht: Der Zyklus hält an dieser Stelle an und gibt wiederum der Zelle Zeit für notwendige DNA-Reparaturen. p21 kann auch an die PCNA-Untereinheit (engl. *proliferant cell nuclear antigen*) von **DNA-Polymerase δ** binden, die Prozessivität dieses Enzyms drosseln und damit die DNA-Replikation behindern (▶ Abschnitt 21.1). p21 hat also eine duale Wirkung. Die Bedeutung der tumorsuppressorvermittelten Kontrolle des Zellzyklus wird schlaglichtartig durch die Konsequenzen eines defekten *p53*-Gens beleuchtet (Exkurs 34.3).

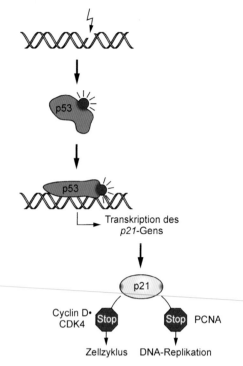

34.12 Wirkmechanismus von p53. Ein erhöhter Spiegel an p53 induziert die Expression von CDK-Inhibitor p21. Über Bax und die Caspasen-Kaskade (Abschnitt 34.5) kann p53 auch den proteolytischen Abbau von p21 einleiten. PCNA, siehe Tab. 21.1.

⚕ Exkurs 34.3: p53 und das Li-Fraumeni-Syndrom

Mutationen des p53-Gens finden sich bei mehr als 50 % aller menschlichen Tumoren, so z. B. bei Leukämien und Lymphomen sowie bei Hirn-, Lungen-, Brust- und Darmtumoren (▶ Tabelle 35.2). Hereditäre Formen von p53-Mutationen führen zum **Li-Fraumeni-Syndrom**, das mit einem hohen Risiko zur Entwicklung multipler Tumoren, vor allem der Bindegewebe (Sarkome), einhergeht. Der Ausfall von p53-Protein verhindert eine bedarfsgerechte Expression des p21-Proteins, sodass Cyclin-D-CDK4 und andere Cyclin-CDK-Komplexe die Zellen unkontrolliert in die S-Phase laufen lassen (▶ Abschnitt 35.7). Damit wächst die Gefahr, dass defektes DNA-Material noch vor seiner Reparatur an die Tochterzellen weitergereicht wird. Die dadurch bedingte Akkumulation von Mutationen führt zu einer Instabilität des Genoms mit einer drastisch erhöhten Wahrscheinlichkeit einer malignen Entartung.

Der Tumorsuppressor p53 verfügt noch über einen zweiten Ansatzpunkt für seine protektiven Wirkungen: Er wacht auch über den Eintritt der Zelle in den programmierten Zelltod. Dabei spielen vermutlich p53-assoziierte Cofaktoren das "Zünglein an der Waage" und entscheiden über Wohl (Arretierung) oder Wehe (Untergang) der Zelle. Wir kommen damit zu molekularen Mechanismen, die den programmierten Zelltod auslösen können.

Eine enzymatische Kaskade löst den programmierten Zelltod aus

Im adulten Organismus sind Proliferation und Elimination von Zellen sorgfältig ausbalanciert: Ausgemusterte oder verloren gegangene Zellen werden durch neue ersetzt, sodass die Gesamtzahl an Zellen im adulten Organismus weitgehend konstant bleibt. Dabei ist der zufällige oder traumatische Zelltod – auch als **Nekrose** ⌁ bezeichnet – eher die Ausnahme denn die Regel; zahlenmäßig überwiegt der programmierte Zelltod, kurz **Apoptose** ⌁ genannt (griech. *apoptosis*, Blütenwelke, Laubfall). Beredtes Beispiel dafür sind die Zellen des Knochenmarks, die aus pluripotenten Stammzellen hervorgehen und über differenzierte Vorläuferzellen diverse Zellreihen – Erythrocyten, Lymphocyten, Leukocyten – bilden. Die Kehrseite dieser Medaille: Der menschliche Körper muss pro Tag ca. 10^{11} Blutzellen per Apoptose ausmustern. Auch werden bei der Ontogenese des Nervensystems etwa die Hälfte aller Neuronen „geopfert", um neu verschalteten Zellen Platz zu machen. Schließlich ist das Verschwinden der Interdigitalhäute, die ein menschlicher Embryo zwischen den Fingern trägt, sichtbares Zeichen apoptotischer Prozesse während der Entwicklung.

Zahlreiche externe Faktoren können Apoptose auslösen, so z. B. UV- oder ionisierende Strahlen, Cytostatika, Hormone, Wachstumsfaktormangel, Hypoxie oder Virusinfektionen. Dabei machen die todgeweihten Zellen eine Reihe von charakteristischen morphologischen Veränderungen durch: Erstes sichtbares Zeichen ist oftmals eine Verdichtung oder **Kondensation des Chromatins**, die mit einer **Fragmentierung der DNA** im Zellkern einhergehen kann (Abbildung 34.13). Dann kommt es in rascher Folge zur Fragmentierung des Nucleus, zur Zellschrumpfung und dann zum Zerfall der Zelle in apoptotische Partikel. Die Zelltrümmer werden von Makrophagen oder anderen benachbarten Zellen aufgelesen und durch Phagocytose vollständig beseitigt: Die Apoptose ist ein perfekt „inszenierter" Zelltod, der aktiv reguliert wird. Dagegen schwellen **nekrotische Zellen** an, bis sie platzen und ihren Zellinhalt in den Extrazellulärraum entleeren: Die Folge dieses unregulierten Prozesses ist eine lokale Entzündungsreaktion, die den Zelldetritus dann abräumt.

Welche molekularen Mechanismen lösen die Apoptose einer Zelle aus? Die „Todesbotschaft" wird über ein Netzwerk konvergierender Signalwege übermittelt, die letztlich alle in eine Kaskade von Effektorenzymen münden. Zu den wichtigen Induktoren der Apoptose gehört der **Tumorsuppressor p53**. Wie wir bereits gesehen haben, öffnet p53 nach DNA-Schädigung ein Zeitfenster in der G_1-Phase, in dem DNA-Reparaturarbeiten durchgeführt werden können (▶ Abschnitt 23.2 ff). Alternativ kann p53 die Zelle bei irreparablen DNA-Schäden, wie sie z. B. durch ionisierende Bestrahlung verursacht werden, in die Apoptose schicken; dazu induziert p53 die Expression des *bax*-Gens (Abbildung 34.14). Das

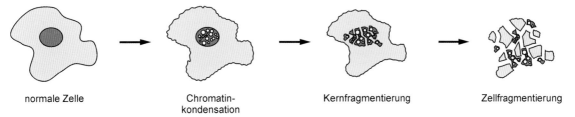

normale Zelle   Chromatin-   Kernfragmentierung   Zellfragmentierung
                       kondensation

34.13 Morphologie der Apoptose. Erste sichtbare Zeichen der Apoptose sind Chromatinkondensation, Schrumpfung des Zellkörpers sowie blasenförmige Anschwellungen der Plasmamembran (engl. *blebbing*). Später fragmentiert der Kern, und schließlich zerfällt die Zelle in apoptotische Körperchen, die rasch von umliegenden Phagocyten – Makrophagen und neutrophilen Granulocyten – eliminiert werden. Dem Ausscheiden gealteter Zellen, die nach ca. 50 Teilungszyklen in G_0 verharren und dann absterben, liegt hingegen *keine* Apoptose zugrunde.

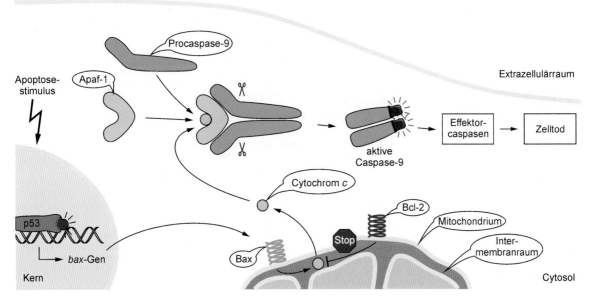

34.14 p53-vermittelte Apoptose. DNA-Schädigung, Hitzeschock, Hypoxie oder Einwirkung von Glucocorticoiden schalten über den p53-Signalweg die Expression des *bax*-Gens an. Ein homodimerer Bax-Kanal reguliert die Freisetzung von Cytochrom *c* an der äußeren Mitochondrienmembran; Bcl-2 hemmt diesen Effekt. In Kombination mit Cytochrom *c* aktiviert Apaf-1 die Effektorcaspase-9. Apaf-1: A̲poptose-P̲roteasen a̲ktivierender F̲aktor; Bcl-2: engl. *B̲-cell l̲ymphoma*; Bax: B̲cl-2-a̲ssoziiertes Protein x̲.

Bax-Protein reguliert an der äußeren mitochondrialen Membran – zusammen mit anderen Mitgliedern der so genannten **Bcl-2-Familie** – die Freisetzung von **Cytochrom *c*** aus dem Intermembranraum dieser Organelle in das Cytosol. Dort bildet das Protein einen Komplex mit **Apaf-1**, das daraufhin zwei Moleküle Procaspase-9 bindet, vom Prototyp der Familie von C̲ysteinyl-A̲s̲partyl-Prote̲asen, kurz **Caspasen** genannt. Caspasen tragen im aktiven Zentrum einen Cysteinylrest und spalten ihre Substrate bevorzugt an Aspartylresten (Asp-Xaa). Die Autoaktivierung der Procaspase-9 generiert Caspase-9, die wiederum Effektorcaspasen wie Procaspase-3 aktiviert und damit den „sanften Zelltod" einleitet.

p53 schützt also den Organismus vor gentoxischen Schäden, indem betroffene Zellen sich selbst „umbringen". Bax-Proteine wirken dabei **proapoptotisch**: Sie machen die Mitochondrien für Cytochrom *c* durchlässig. Bax bildet mit dem **antiapoptotischen Faktor** Bcl-2 ein Heterodimer, in dem

seine Wirkung neutralisiert ist. Die Balance zwischen pro- und antiapoptotischen Faktoren bestimmt letztlich das Schicksal einer Zelle. Die grundlegenden Mechanismen der Apoptose wurden erstmals am **Fadenwurm *C. elegans*** aufgeklärt (Exkurs 34.4).

34.6

Caspasen spalten spezifische Funktionsproteine der Zelle

Wie löst nun die Caspasenkaskade das Programm für den Zelltod aus? Effektoren wie Caspase-3 haben drei Proteinklassen im Visier: Die gezielte Spaltung von **Strukturproteinen** wie Lamin und Actin führt zum Zusammenbruch der

Exkurs 34.4: *Caenorhabditis elegans*

Ein bedeutender Modellorganismus, an dem viele biologische Prozesse erstmals erhellt wurden, ist der Fadenwurm *C. elegans* 🖱 (Abbildung 34.15). Dieser ca. 1 mm große, zumeist hermaphroditische Bodenbewohner besteht aus exakt 959 somatischen Zellen; dazu kommen ca. 2 000 Keimzellen. Sein Genom ist das erste eines multizellulären Eukaryoten, das komplett aufgeklärt wurde: Es umfasst $9,7 \times 10^7$ bp und bis zu 19 600 Gene – fast so viele wie das menschliche Genom! *C. elegans* ist ein ideales Studienobjekt für die Ent-

wicklungsbiologie: Die Transparenz des Wurms gestattet, die Abstammung und Entwicklung einer jeden Körperzelle – die **Zellgenea-logie** – akribisch zu verfolgen. Zahlreiche Faktoren, welche die zelluläre Differenzierung – auch bei höheren Eukaryoten – steuern, wurden bei *C. elegans* erstmalig identifiziert. Eine Vorreiterrolle hat *C. elegans* auch bei der Aufklärung der **Apoptosemechanismen** gespielt: Bei der normalen Wurmentwicklung werden nämlich 1 090 Zellen gebildet, von denen genau 131 eliminiert werden. Die Produkte der Gene ced-3 und ced-4 sind für den programmierten Tod dieser Zellen verantwortlich; ihre Pendants (Homologe) bei Säugern sind Caspase-9 und Apaf-1.

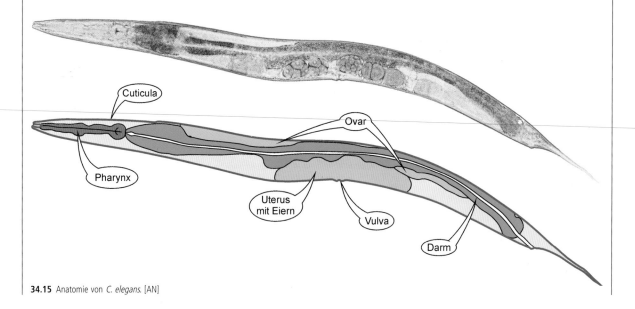

34.15 Anatomie von *C. elegans*. [AN]

Kernlamina, der Actinfilamente des Cytoskeletts und des cortikalen Netzwerks einer Zelle (Abbildung 34.16). Die Proteolyse von **DNA-Reparatur- und Spleißenzymen** und ihren Cofaktoren wie z. B. PARP (Poly-ADP-Ribose-Polymerase) und U1-snRNP schaltet essenzielle zelluläre Prozesse aus. Einer dieser „Todesengel" ist die Caspase-aktivierte DNase (CAD), die DNA an den Schaltstücken zwischen den Nucleosomen schneidet (▶ Abbildung 16.13). Diese DNA-Fragmentierung ist in der Agarosegelelektrophorese als DNA-„Leiter" sichtbar und dient daher der Identifizierung apoptotischer Vorgänge. Die Effektorcaspasen tranchieren aber auch Proteine des Zellzyklus wie z. B. Rb-Protein, p21 oder p27. Ein tödlicher „Streich" kann auch die Fokale Adhäsionskinase (▶ Exkurs 29.4) in den fokalen Adhäsionskomplexen treffen, woraufhin sich die apoptotische Zelle aus der Matrixverankerung löst. *Die Caspasenkaskade induziert also keine generalisierte Proteolyse; vielmehr setzen die Enzyme ihre „Messer" gezielt an und treffen nur ausgewählte Proteine – das allerdings mit nachhaltigen Folgen!*

Eine der frühen Folgen der Apoptose ist der **Verlust der Membranasymmetrie** (▶ Abschnitt 24.4): Das aus Mitochondrien freigesetzte Cytochrom *c* transloziert u. a. an die innere

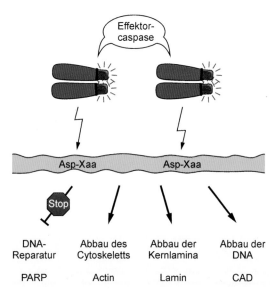

34.16 Substrate von Effektorcaspasen. Effektorcaspasen vom Typ 2, 3, und 7 greifen verschiedene Zellsubstrate an und setzen damit ihre Zellen gezielt außer Gefecht. CAD, Caspase-aktivierbare Domäne; PARP, Poly-ADP-Ribose-Polymerase.

Plasmamembran und induziert dort – über einen noch wenig verstandenen Mechanismus – einen Wechsel von Phosphatidylserin, das normalerweise nur in der *inneren* Lipidschicht vorkommt, in die *äußere* Lipidschicht (Abbildung 34.17). Das Enzym **Scramblase** (engl. *to scramble*, durcheinander werfen) unterstützt diesen Prozess; es gehört zur Klasse der Flippasen, die den Wechsel von Phospholipiden zwischen innerer und äußerer Membranschicht katalysieren (▷Abbildung 24.11). Dadurch erhält die Oberfläche der „todgeweihten" Zelle eine ungewöhnliche Lipidkomponente und kann nun sekundär Proteine wie das extrazelluläre Matrixprotein **Annexin V** binden. Externalisiertes Phosphatidylserin markiert damit die entstehenden apoptotischen Partikel, die nun von umliegenden Phagocyten erkannt und eliminiert werden. *Der programmierte Zelltod ist somit geeignet, ausrangierte, infizierte oder anderweitig geschädigte Zellen rasch, effektiv und „rückstandslos" zu beseitigen.*

Wir haben nunmehr einen **intrinsischen Weg** zur Auslösung des programmierten Zelltods kennen gelernt, bei dem Mitochondrien die zentralen Schaltstationen sind. Ein alternativer **extrinsischer Weg** wird über externe Signale wie z.B. die auf der Plasmamembran exponierten **Fas-Rezeptoren**

ausgelöst: Sie gehören zur großen Familie der TNF-Rezeptoren, die auf der Oberfläche vieler Zellen vorkommen (▷Abbildung 29.20). Die Bindung eines kompetenten **Fas-Liganden** (Fas-L) induziert eine Oligomerisierung des Fas-Rezeptors, die dann zur Aktivierung seiner cytosolischen „Todesdomänen" vom DD-Typ (engl. *death domains*) führen (Abbildung 34.18). Durch die Bindung des cytosolischen **Adapterproteins FADD** an die aktivierten DD-Domänen entsteht ein Komplex, der nun zwei Moleküle **Procaspase-8** binden kann, die sich daraufhin wechselseitig (auto-)aktivieren. Damit ist der Startschuss für die Aktivierung der nachgeschalteten Effektorkaskaden gefallen (Abbildung 34.16). Alternativ kann auch der TNF-Rezeptor vom Typ R1 über das Adapterprotein TRADD und die Caspasenkaskade eine Apoptose auslösen.

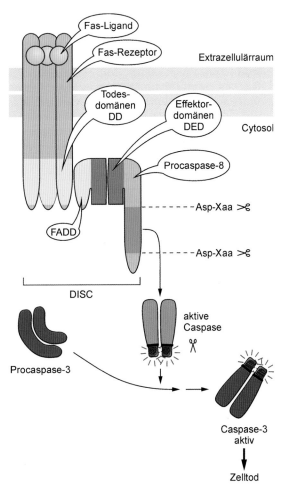

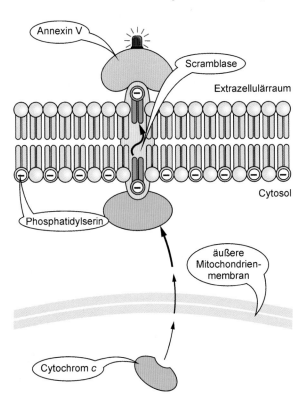

34.17 Verlust der Membranasymmetrie. Der zum Teil noch hypothetische Mechanismus zeigt, dass mitochondriale Faktoren wie Cytochrom *c* oder Apoptose-induzierender Faktor (AIF) (nicht gezeigt) nach ihrer Freisetzung ins Cytosol an die Scramblase der Plasmamembran binden und sie aktivieren. Phosphatidylserin wechselt nun von der cytosolischen in die extrazelluläre Membranschicht, wo es von Annexin V erkannt wird. Scramblase konterkariert damit den Biosyntheseweg von Membranlipiden (▷Abschnitt 24.5).

34.18 Fas-vermittelte Apoptose. Der Ligand Fas-L induziert die Oligomerisierung von Fas-Rezeptoren, die über ihre cytosolischen DD-Domänen Adapterproteine vom Typ der FADD (Fas-assoziierte DD-Proteine) rekrutieren. FADD besitzt DED-Domänen (engl. *death effector domain*), welche die Caspasen-Kaskade über Procaspase-8 und Procaspase-3 in Gang setzen. Alternativ können auch TNF-Rezeptor R1 und TRADD (engl. *TNF-R1-associated protein with death domains*) die Kaskade auslösen. DISC: engl. *death-induced signaling complex*.

Der **Fas-Signalweg** spielt eine zentrale Rolle bei der Immunantwort: Prototyp eines programmierten Zelltods ist der „tödliche Kuss" des cytotoxischen T-Lymphocyten, der eine virusinfizierte Zelle über einen T-Zell-Rezeptor erkennt und bindet, daraufhin seinen Fas-Liganden exponiert, der an den Fas-Rezeptor der befallenen Zelle andockt und ihr damit den „Todesstoß" versetzt (▶ Abbildung 36.17). *Die Strategie des infizierten Organismus ist dabei, einzelne befallene Zellen zu opfern, um die umliegenden Zellen vor viraler Ansteckung zu schützen.* Körpereigene Lymphocyten erkennen fremdartige Bestandteile auf einer Zelloberfläche und setzen daraufhin die „Todesmaschinerie" gezielt in Gang. Auch Tumorzellen, die spezifische tumorassoziierte Antigene auf ihrer Oberfläche exponieren, werden nach ähnlichen Prinzipien von cytotoxischen T-Zellen erkannt, attackiert und – im besten Fall – eliminiert. Damit kommen wir zu den molekularen Grundlagen der Krebsentstehung; nicht ganz unerwartet werden wir dabei wieder einer Reihe von Schlüsselfaktoren des Zellzyklus begegnen.

Zusammenfassung

- Herzstücke des Kontrollsystems für den Zellzyklus sind Regulatorproteine vom Typ der **Cycline**, **cyclinabhängige Proteinkinasen** (CDK), **CDK-aktivierende Kinase** (CAK), **CDK-Inhibitoren** (CKI) sowie **Phosphatasen** (Cdc25). Die Cyclin-CDK-Komplexe machen zyklische Veränderungen ihrer Aktivität durch.

- Das **Regulatorprotein Cyclin B** durchläuft Zyklen von rascher Akkumulation während der S- und G_2-Phase, gefolgt von einem abrupten Abfall am Ende der M-Phase.

- Die **Effektorkinase CDK1** benötigt drei Voraussetzungen zur vollen Aktivierung: Assoziation mit Cyclin B, Phosphorylierung an Thr-161 durch CAK, Dephosphorylierung an Thr-14 und Tyr-15 durch Phosphatase Cdc25. Der Komplex Cyclin-B-CDK1 wird am Ende von G_2 aktiviert und gibt dann den Eintritt in die Mitose frei.

- CDK1 phosphoryliert **Histonproteine** und löst damit die Kondensation der Chromosomen aus; Phosphorylierung von **Lamin** führt zur Auflösung der Kernlamina. Die Phosphorylierung von assoziierten Proteinen bewirkt eine **dynamische Instabilität** der Mikrotubuli; schließlich induziert CDK1 die Fragmentierung von ER und Golgi.

- Komplexe aus **Cyclin D und CDK4/CDK6** haben ihr Aktivitätsmaximum in der G_1-Phase: Am Übergang von G_1 nach S wacht **Cyclin-E-CDK2** und wird dabei von **CDK-Inhibitoren** kontrolliert. Die Passage des G_1/S-Kontrollpunkts verlangt ein ausreichendes Angebot an **Wachstumsfaktoren**, um die Synthese von Cyclin D anzutreiben. Cyclin-D-CDK4/CDK6 wachen über den Kontrollpunkt. Bei Mangel an Wachstumsfaktoren gehen Zellen in die teilungsinaktive G_0-Ruhephase über.

- Aktives **Cyclin-D-CDK4** phosphoryliert **Rb-Protein**, das sich daraufhin aus seinem inhibitorischen Komplex mit dem **E2F-Transkriptionsfaktor** löst. Freies E2F induziert die Expression von Genen der DNA-Replikation und des Zellzyklus. Rb ist Prototyp eines **Tumorsuppressors**.

- Ein weiterer Tumorsuppressor ist **p53**. Bei DNA-Schädigung hält p53 den Zyklus in G_1 an, um vor Beginn der S-Phase DNA-Reparaturarbeiten zu ermöglichen. p53 wirkt als **transkriptioneller Regulator**, der am Promotor des **p21-Gens** bindet. Dadurch wird die Expression des CKI p21 hochreguliert, der Cyclin-D-CDK4 am Restriktionspunkt der späten G_1-Phase überwacht.

- Bei massiver DNA-Schädigung schaltet der **p53-Signalweg** die Expression des *bax*-Gens an. Durch Bax-Kanäle gelangt Cytochrom c durch die äußere Mitochondrienmembran ins Cytosol; Bcl-2 hemmt diesen Effekt. **Apaf-1** und Cytochrom c aktivieren die Effektorcaspase-9 und leiten damit die Apoptose ein.

- Exekutive Enzyme bei der Apoptose sind Effektorcaspasen vom Typ 2, 3, und 7, die **Strukturproteine** wie Lamin und Actin spalten und damit einen Zusammenbruch von Kernlamina, Cytoskelett und cortikalem Netzwerk auslösen. Durch die Proteolyse von **DNA-Reparatur- und Spleißenzymen** sowie Faktoren des Zellzyklus wie z.B. Rb und p21 schalten sie lebensnotwendige Zellprozesse aus.

- Sekundär kommt es zum **Verlust der Membranasymmetrie**. Freigesetztes Cytochrom c aktiviert **Scramblase**, die daraufhin **Phosphatidylserin** von der cytosolischen in die extrazelluläre Membranschicht verschiebt, wo es von **Annexin V** erkannt und für die Elimination markiert wird.

- Externe Signale wie **Fas-Liganden** können durch Bindung an den Fas-Rezeptor eine Apoptose auslösen. Die ligandeninduzierte Oligomerisierung des Fas-Rezeptors führt zur Aktivierung seiner cytosolischen DD-Domänen, die nun das **Adapterprotein FADD** binden, das wiederum **Pro-caspase-8** rekrutiert und damit die Caspasenkaskade in Gang setzt.

Molekulare Basis von Krebsentstehung und Krebsbekämpfung

Kapitelthemen: 35.1 Typen und Merkmale von Tumorzellen 35.2 Genetische Basis der Tumorentstehung 35.3 Mutagene Agenzien 35.4 Onkogene 35.5 Tumorsuppressorgene 35.6 Signalwege des Zellzyklus 35.7 Signalwege der Differenzierung 35.8 Signalwege der Apoptose 35.9 Tumordiagnostik und -therapie 35.10 Neue Krebsmedikamente

Wachstum und Teilung gehören zu den bestüberwachten Prozessen im Leben einer Zelle. Eine nachhaltige Störung dieser rigiden Kontrollmechanismen führt meistens zum Absterben einer Zelle; in seltenen Fällen kann sie aber auch zum ungehemmten Wachstum führen. Dabei schert die Tumorzelle aus dem Verband der somatischen Zellen aus: Sie zeigt eine höhere Teilungsrate als umliegende Zellen, hat verbesserte Überlebenschancen, wechselt bei Bedarf ihr Habitat und besetzt ein neues Territorium, wo sie eine rasch expandierende Population bildet. Der Verlust der „sozialen Kompetenz" lässt den entstehenden Tumor oft infiltrierend wachsen, d.h. er setzt sich gegen die umliegenden Zellen und Gewebe durch, ersetzt die übliche Kooperation benachbarter Zellen durch Kompetition, zerstört umliegendes Gewebe und bildet Fernabsiedlungen (Metastasen); wir sprechen dann von einem „Krebs". Schließlich sprengt der Krebs das „soziale Gefüge" eines Organismus, sodass die Krankheit ohne Intervention meist tödlich verläuft.

35.1
Tumorzellen haben unbegrenztes replikatives Potenzial

Praktisch alle Zelltypen eines menschlichen Organismus können spontan entarten und einen Tumor bilden. Ebenso kann eine normale Zelle z.B. durch ein Tumorvirus *in vitro* in eine Tumorzelle überführt werden: Wir sprechen dann von einer **Transformation**. Mehr als hundert verschiedene Typen von menschlichen Tumoren sind bekannt, die sich in Herkunft, Diagnostik, Therapie und Prognostik unterscheiden. Eine Prädisposition für einen Tumor kann **ererbt** sein, wenn Keimbahnzellen betroffen sind, oder – was häufiger passiert – ein Tumor tritt **sporadisch** auf, wenn somatische Zellen entarten. So kann ein Retinoblastom in einem Auge (typisch für die **erworbene Form**) oder in beiden Augen (typisch für die **hereditäre Form**) entstehen. Man unterscheidet zwei Haupttypen, den **benignen Tumor**, der lokalisiert und

nichtinvasiv wächst, und den **malignen Tumor**, der invasiv und metastasierend wächst („Krebs"). Entsprechend ihrer Herkunft gibt es vier große Gruppen, nämlich epitheliale, mesenchymale, hämatopoetische und neuroektodermale Tumoren. Die meisten malignen Tumoren (> 90 %) sind epithelialer Herkunft; sie werden als **Karzinome** bezeichnet. Zu den nichtepithelialen malignen Tumoren gehören **Sarkome** (< 3 %), die sich von mesenchymalen Zellen des Knochens, Knorpels, Bindegewebes oder der Muskeln herleiten, **hämatopoetische Tumoren** (ca. 7 %), die aus Blut- oder Immunzellen entstehen und zu denen Leukämien und Lymphome zählen, sowie **neuroektodermale Tumoren**, die sich aus Zellen des Nervensystems entwickeln. **Anaplastische Tumoren** können keiner dieser vier Hauptklassen zugeordnet werden, da sie weitgehend dedifferenziert sind und praktisch alle Typen von Zellen bilden können.

Wie unterscheiden sich Tumorzellen von normalen Zellen? Typisch für Tumorzellen ist ein **Verlust an Differenzierung**. So expandieren Blutzellen bei Leukämien häufig als Blasten, die sich infolge einer **Blockade der Differenzierung** nicht mehr zu reifen weißen Blutzellen entwickeln können. Anders als differenzierte Zellen, die meist aufhören sich zu teilen, neigen undifferenzierte Zellen zur **ungehemmten Proliferation** (Abbildung 35.1). Ein weiteres Charakteristikum von Tumorzellen ist ihr **autonomes Wachstum**, da sie oftmals

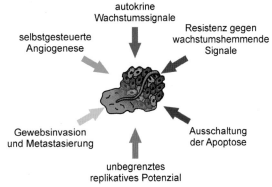

35.1 Charakteristika von Tumorzellen. [AN]

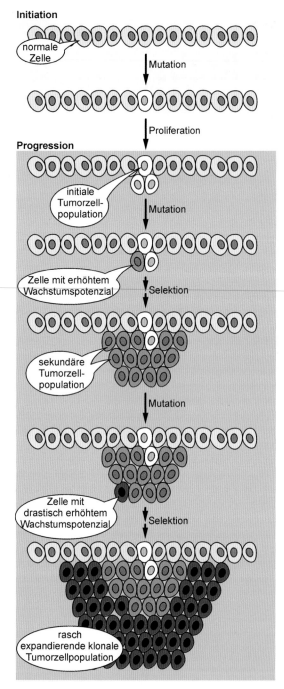

35.2 Modell der klonalen Expansion von Tumorzellen. Ein Tumor entsteht durch wiederholte Zyklen von Mutation, Proliferation und Selektion, die letztlich zu einem Klon von rasch wachsenden Tumorzellen führen. Neuere Modelle erwägen, dass eine kleine Anzahl tumorigener Stammzellen eine große Zahl von teilungsaktiven Progenitorzellen (engl. *transit-amplifying cells*) erzeugt, die sich dann zu teilungsinaktiven Zellen differenzieren, welche die Hauptmasse eines Tumors ausmachen. [AN]

unter autokriner Stimulation stehen (▶Abbildung 27.3), daher nicht mehr auf externe Wachstumssignale angewiesen sind und Signale für einen Wachstumsstopp negieren. Tumorzellen sezernieren vermehrt Proteasen wie z.B. Kollagenasen und Gewebsplasminogenaktivator (▶Abschnitt 14.6), die **invasives Wachstum** und **Metastasierung** ⌐ fördern. Bei entarteten Epithelzellen (Karzinome) kommt es häufig zu einem **Verlust der Kontaktinhibition**, da Adhäsionsproteine wie E-Cadherine fehlen, die für eine normale Zell-Zell-Interaktion notwendig sind (▶Exkurs 33.4). Schließlich entwickeln Tumorzellen oftmals Mechanismen, um dem programmierten Zelltod zu entgehen: Der **Schutz vor Apoptose** führt zu deutlich verlängerten Lebenszeiten von Tumorzellen.

Tumoren produzieren häufig proangiogene Faktoren wie z.B. den vaskulären endothelialen Wachstumsfaktor **VEGF** (engl. vascular *endothelial growth factor*) ⌐, der für die **autonome Vaskularisierung** des rasch wachsenden Tumors sorgt, wenn er einen kritischen Durchmesser von wenigen Millimetern überschreitet. Viele Tumorzellen exprimieren vermehrt **Telomerase**, die normalerweise nur in Keimzellen und in frühen Stadien der Embryogenese vorkommt und die korrekte Verlängerung der chromosomalen Telomere sicherstellt (▶Abschnitt 21.4). Dadurch vermeiden Tumorzellen die sonst bestehende replikative Alterung: Sie besitzen praktisch **unbegrenztes replikatives Potenzial**. Abnorme Überlebensraten und progressives Wachstum sind also wesentliche Merkmale, die Tumorzellen von normalen Zellen unterscheiden. Ein typisches Merkmal für einen Tumor ist seine **Klonalität**, d.h. prinzipiell besteht er aus genetisch identischen Zellen, die aus einer *einzigen* Vorläuferzelle hervorgegangen sind; mitunter liegt aber auch ein **Mosaik** *verschiedener* entarteter Zellen in *einem* Tumor vor (Abbildung 35.2). Somatische Mutationen sind häufig Ursache für eine **genetische Instabilität** von Tumorzellen, die zu einer **Aneuploidie**, d.h. einem Karyotyp mit ungewöhnlicher Chromosomenzahl führt.

35.2

Krebs ist eine genetische Erkrankung

Die unkontrollierte Proliferation einer Zelle ist meist Folge einer Akkumulation von genetischen Defekten. Wir unterscheiden zwei **Stadien der Tumorprogression** (Abbildung 35.2): Bei der **Tumorinitiation** kommt es zum vermehrten Wachstum einer Zelle infolge von Mutation, nachfolgender klonaler Expansion und Selektion aufgrund eines Wachstumsvorteils. Typischerweise schließen sich mehrere Zyklen von Mutation, Expansion und Selektion an. Durch **Tumorpromotion** (siehe unten) kann es zu einer verstärkten Proliferation dieser geschädigten Zellen kommen. Am Ende dieser vielstufigen Entwicklung steht eine **transformierte Ursprungszelle**, die sich gegenüber allen anderen geschädigten Zellen durchsetzt, in der Folge rasch expandiert und dabei invasiv und verdrängend wächst. Bei dieser **klonalen Expan-**

sion treten Tumorzellen praktisch nicht mehr in die G_0-Phase ein, sondern durchlaufen einen Teilungszyklus nach dem anderen. Betrachten wir diese Entwicklung am Beispiel des Colonkarzinoms: In der Phase der Tumorinitiation findet sich oft ein **benigner Tumor** wie z. B. ein Polyp oder ein Adenom – ein nichtmaligner Tumor epithelialer Herkunft –, der lokal wächst und nicht in das umliegende Gewebe eindringt. Daraus kann – z. B. begünstigt durch Tumorpromotion – ein **malignes Karzinom** entstehen, das die Basallamina des umgebenden Bindegewebes durchbricht und in das darunter gelegene Gewebe einwandert. Später kommt es zur Penetration der Colonwand und regionaler **Metastasierung** mit Absiedelungen in abdominalen Organen wie Blase und Dünndarm. Schließlich erlaubt die Invasion von Blut- und Lymphgefäßen dem Tumor, im gesamten Organismus zu streuen und dabei multiple Metastasen zu setzen (Abbildung 35.16).

Tumoren haben typischerweise eine **multifaktorielle Genese**. Die wichtigsten auslösenden Faktoren bei der Tumorinitiation sind ererbte Defekte, spontane somatische Mutationen sowie sämtliche Noxen, die somatische Mutationen induzieren können, wie z. B. Karzinogene, radioaktive Strahlen oder Tumorviren. Prototyp eines **hereditären Defekts**, der ein hohes Risiko für die Bildung multipler Tumoren in sich birgt, ist das **Li-Fraumeni-Syndrom** (▶ Exkurs 34.3). Diesem Syndrom liegen Mutationen des Gens für den **Transkriptionsfaktor p53** zugrunde, der als Tumorsuppressor eine zentrale Rolle bei der Überwachung des Zellzyklus besitzt (▶ Abschnitt 34.4). Die meisten Mutationen (> 75 %) des p53-Gens, die in menschlichen Tumoren vorkommen, sind Punktmutationen, die einen **dominant-negativen Effekt** haben: Der Einbau einer einzigen mutierten Untereinheit in das p53-Tetramer führt zum Funktionsverlust des gesamten Komplexes, da seine DNA-Bindungsfähigkeit kompromittiert ist (Abbildung 35.3). Ein weiteres Beispiel für eine genetisch bedingte Prädisposition zur Tumorentwicklung ist das **Retinoblastom**, bei der ein weiterer Tumorsuppressor – das **Rb-Protein** – betroffen ist (▶ Exkurs 34.2). Wir werden auf

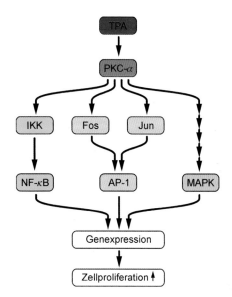

35.4 Wirkweise von Tumorpromotoren. Der Phorbolester TPA stimuliert ebenso wie das strukturell verwandte Diacylglycerin (DAG) die Proteinkinase-C, die wiederum über MAP-Kinasen, AP-1 (▶ Abschnitt 29.4) bzw. NF-κB (Abbildung 35.23) die Expression zahlreicher Zielgene steuert. Die molekularen Details der Tumorpromotion sind noch nicht alle verstanden. Zu den Tumorpromotoren im weiteren Sinne zählen Baustoffe wie Asbest, Viren, Bakterien wie *Helicobacter pylori* sowie pathologische Entzündungsreize wie bei der Refluxösophagitis oder der chronisch-ulzerativen Colitis. [AN]

p53 und Rb als Schlüsselfaktoren tumorrelevanter Signalwege noch näher eingehen (Abschnitt 35.5).

Im Unterschied zu den meisten Kanzerogenen sind **proliferationsfördernde Tumorpromotoren** *per se* keine mutagenen Agenzien. Strukturell und funktionell gesehen ist die Klasse der **Tumorpromotoren** außerordentlich heterogen (Abbildung 35.4). Dazu zählen z. B. **Östrogene**, die zur Proliferation der Uterusschleimhaut führen und daher bei einer postmenopausalen Therapie zur Erhöhung des Tumorrisikos beitragen können (▶ Abschnitt 30.5). Experimentell eingesetzte Tumorpromotoren sind z. B. **Phorbolester** wie Tetradecanoylphorbolacetat (TPA; ▶ Exkurs 29.1).

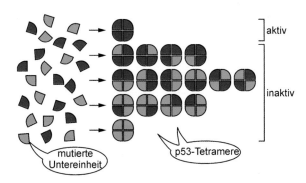

35.3 Effekt dominant-negativer Mutanten von p53. Normales p53 (rot) bildet funktionelle Tetramere. Mutiertes p53 (grün) ist zwar dysfunktionell, kann aber immer noch Tetramere bilden, die dann aber inaktiv sind. Ist eine Zelle hinsichtlich ihrer p53-Allele heterozygot, so sind 94 % (15/16) aller Tetramere funktionell defekt, da sie mindestens eine mutierte p53-Untereinheit besitzen. [AN]

35.3

Mutagene Agenzien können Krebs auslösen

Eines der potentesten **Mutagene** ⌂ ist der Teer des Tabakrauchs, der Ursache für > 30 % aller Krebstodesfälle ist. Teer enthält zahlreiche chemische Mutagene, die meist als Tumorinitiatoren wirken; dazu gehören **Benzo[a]pyren** (▶ Abbildung 23.3), Dibenz[a,h]anthracen, Nickeltetracarbonyl und Dimethylnitrosamin (Abbildung 35.5). **Senfgas**, das im Ersten Weltkrieg als Kampfmittel eingesetzt wurde, zählt zur Gruppe alkylierender Substanzen. Auch **2-Naphthylamin**, eine Vorstufe der Azofarbstoffe, ist ein potentes Mutagen, das bei Dauerexposition Harnblasenkrebs auslösen kann.

Aflatoxin B$_1$

Nickeltetracarbonyl

Dimethylnitrosamin

Senfgas

2-Naphthylamin

Acridinorange

35.5 Mutagene Agenzien. Senfgas (Bis-(2-chloroethyl)sulfid) ist auch unter dem Namen Lost bekannt. Acridinorange (3,6-Bis(dimethylamino)acridin) wird auch zum Nachweis von DNA und RNA verwendet.

Weitere bekannte Mutagene sind **salpetrige Säure** (HNO$_2$), die AT-GC-Transitionen induziert (▶ Abbildung 23.1), sowie der Fluoreszenzfarbstoff **Acridinorange**, der eine Leserasterverschiebung durch Baseninsertion erzeugen kann. Ein natürlich vorkommendes Mutagen ist **Aflatoxin B$_1$** aus dem Schimmelpilz _Aspergillus flavus_, das nach Cytochrom P450-abhängiger Aktivierung an Guaninbasen von DNA bindet und dann Mutationen hervorrufen kann, wie man sie z. B. bei Leberkrebs findet. Praktisch alle Mutagene sind auch **Karzinogene**, d. h. sie erzeugen im Tiermodell Krebs. Der Umkehrschluss gilt allerdings nicht: Nahezu 40 % der Karzinogene sind _keine_ Mutagene, sondern wirken über die Modulation der Genexpression; auch epigenetische Mechanismen können dabei eine Rolle spielen (▶ Abschnitt 20.8).

Angesichts der fatalen Folgen, die der Kontakt oder gar die Einnahme von Chemikalien haben kann, ist es geboten, bekannte oder neu entwickelte Substanzen auf ihre Mutage-

nität zu prüfen. Ein häufig verwendetes semiquantitatives Verfahren mit guter Aussagekraft ist der **Ames-Test** (Abbildung 35.6). Dabei wird zunächst ein Homogenat aus Rattenleber hergestellt und die fragliche Substanz in einer Reihe definierter Konzentrationen zugesetzt. Leberzellen enthalten **oxidative Enzyme** wie z. B. Cytochrom P450-A1, die Fremdstoffe („Xenobiotika") in ihre mutagene(n) Form(en) überführen, sie aber auch zu „harmlosen" Derivaten metabolisieren können – das Leberhomogenat stellt also _in vivo_-Bedingungen nach. Das Gemisch, das die aktivierte Prüfsubstanz enthält, wird dann auf eine Agarplatte appliziert, die einen mutierten **Salmonellenstamm** trägt, der seine Fähigkeit zur Histidinbiosynthese verloren hat (His⁻). Da das applizierte Medium His-frei ist, wachsen Salmonellen zunächst nicht; erst wenn die Prüfsubstanz eine Mutation in der bakteriellen DNA auslöst, die den Bakterien die Fähigkeit zur autonomen His-Produktion zurückgibt, wachsen die Salmonellen auch auf His-freiem Medium und bilden nun punktförmige Kolonien von **Revertanten** (His⁺), die gezählt werden können. Die Zahl an Revertanten ist ein Maß für die mutagene Wirkung einer Prüfsubstanz: je niedriger die Konzentration einer Prüfsubstanz, bei der Revertanten entstehen, umso potenter ihre mutagenen Eigenschaften.

Röntgenstrahlen gehören zu den physikalischen Insulten, die krebsauslösend wirken. Sie dringen ins Gewebe ein und erzeugen durch Ionisierung reaktive Sauerstoffspezies (ROS; engl. _reactive oxygen species_, ▶ Exkurs 41.4). ROS induzieren Mutationen ebenso wie Einzel- oder Doppelstrangbrüche in der DNA, die oft nicht mehr reparabel sind. Quantitativ bedeutsamer als Röntgenstrahlung ist die krebsauslösende Wirkung der **UV-Strahlung** durch natürliche Sonnenexposition, die zu einer chemischen Verknüpfung von zwei benachbarten Pyrimidinbasen in der DNA-Helix führen kann (▶ Abbildung 23.5). **Thymindimere** entstehen dabei am häufigsten, aber auch Cytosin-Thymin-Heterodimere und Cytosindimere kommen vor. Diese Pyrimidindimere sind relativ stabil und induzieren Lesefehler bei der Replikation, wenn sie nicht zuvor durch Nucleotidexzisionsreparatur wieder getrennt werden (▶ Abschnitt 23.2). Die Bedeutung dieser Reparaturvorgänge wird einsichtig am Krankheitsbild des _Xeroderma pigmentosum_ ⬢, bei dem ein Defekt von Kompo-

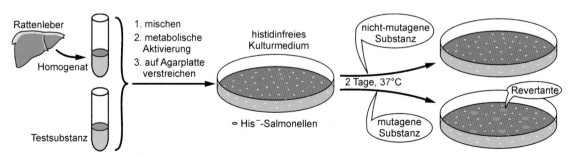

35.6 Prinzip des Ames-Tests. Steigende Konzentrationen der Prüfsubstanz werden mit einem Leberhomogenat vermischt, kurz inkubiert und dann auf Agarplatten mit His⁻-Salmonellen auf His-freiem Medium appliziert. Mutationen in der Samonellen-DNA reaktivieren die bakterielle Histidinbiosynthese (His+) und ermöglichen damit ein Wachstum von Kolonien (rechts unten), während bei nichtmutagenen Agenzien praktisch kein Bakterienwachstum erfolgt (rechts oben) [AN].

nenten des Mut-Reparatursystems (▶Exkurs 23.1) bereits in jungen Jahren zur Tumorbildung führt; dabei sind vornehmlich sonnenexponierte Hautareale betroffen. Weitere wichtige Krebsauslöser sind **Tumorviren**, zu denen zahlreiche humanpathogene DNA-Viren und RNA-Viren gehören, die an der Entstehung von bis zu 20% aller humanen Tumoren beteiligt sind (Exkurs 35.1).

⚕ Exkurs 35.1: Tumorviren

Hepatitis-B-Virus (HBV) ist mit einem Genom von 3 kBp das kleinste **DNA-Virus**; es kann eine chronische Hepatitis auslösen und damit das Risiko für das Auftreten eines **Leberkarzinoms** ca. 100fach erhöhen. HBV ist weltweit für bis zu 10% aller Krebstodesfälle verantwortlich. Das humane **Papilloma-Virus** (HPV; 8 kBp) mit > 60 Subtypen infiziert bevorzugt epitheliale Zellen und induziert harmlose Warzen ebenso wie Zervixkarzinome und anogenitale Tumoren. Zur Gruppe der **Herpesviren** (100 bis 200 kBp) gehören **Ep-stein-Barr-Virus** (EBV), das Burkitt-Lymphome, B-Zell-Lymphome und nasopharyngeale Tumoren hervorruft, sowie das **Kaposi-Sar-kom-assoziierte Herpesvirus**, das im Spätstadium von HIV-Infektionen multiple Tumoren induzieren kann. **SV40- und Adenoviren** (5 bzw. 35 kBp DNA) erzeugen *keine* Tumoren beim Menschen, sind aber wichtige transformierende Agenzien *in vitro*. In die Gruppe der **RNA-Viren** (9 bis 10 kBp) fallen **Hepatitis-C-Virus** (HCV) und **HTL-Virus**, das T-Zell-Leukämien beim Menschen erzeugt. Das nicht-humanpathogene **Rous-Sarkoma-Virus** (RSV) wurde als erstes Virus in der experimentellen Krebsforschung eingesetzt (Abbildung 35.7); es exprimiert das **Onkogen v-Src** (von **S**ar**c**oma) und gehört auch zu den Retroviren.

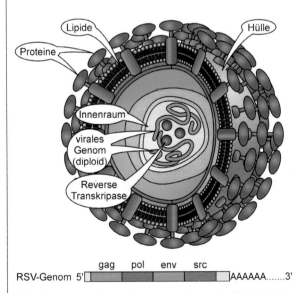

35.7 Aufbau des Rous-Sarkoma-Virus. Das virale Genom codiert für Strukturproteine und eine Protease (gag), Reverse Transkriptase und Integrase (pol), Hüllproteine (env) sowie das Onkogen v-Src. [AN]

35.4 Onkogene können Zellen transformieren

Krebs ist *keine* monogenetische Erkrankung wie z.B. Cystische Fibrose oder Sichelzellanämie, sondern entsteht durch Akkumulation zahlreicher genetischer Veränderungen in einer Zelle. Die Gesamtzahl potenziell betroffener Gene („Tumorgene") liegt bei weit über 100; dabei treten sowohl aktivierende als auch inaktivierende Mutationen auf. Der Nettoeffekt **aktivierender Mutationen** äußert sich meist in einer gesteigerten Proliferation der betroffenen Zellen. Der Nettoeffekt **inaktivierender Mutationen** kann sich z.B. in unterdrückter Apoptose oder mangelnder Differenzierung der betroffenen Zellen äußern. Beide Mechanismen führen letztlich zum beschriebenen malignen Verhalten entstehender Tumorzellen. Wir unterscheiden zwei Hauptklassen von **Tu-morgenen** – Onkogene und Tumorsuppressorgene – die wir nun im Detail betrachten.

Onkogene 🖰 sind krebserregende Gene, die durch Mutation aus „normalen" Proto-Onkogenen hervorgehen. Alternativ können Tumorviren Onkogene in die von ihnen infizierten Zellen einbringen und damit eine Transformation auslösen (siehe unten). Die Produkte der Onkogene („**Onkoproteine**") sind meist Komponenten von Signalkaskaden, welche die zelluläre Proliferation steuern (Tabelle 35.1). *Man beachte, dass „Onkogen" häufig als Sammelbegriff für krebserregende Gene und ihre zugehörigen Proteine verwendet wird.* Ein typisches Onkoprotein ist **ErbB2** (syn. HER2), ein EGFR-ähnlicher Rezeptor, der als Corezeptor z.B. von ErbB3 fungiert (Abbildung 35.8). Bei Genamplifikation (▶Exkurs 23.5) oder vermehrter Expression („Überexpression") treibt ErbB2 die Zellteilung unkontrolliert an. In ähnlicher Weise führt die Überexpression des Wachstumsfaktors und Rezeptorliganden EGF (engl. *epidermal growth factor*) zur dauerhaften Wachstumsstimulation und letztlich zu einer Entartung der betroffenen Zellen. Bei anderen Tumortypen kommt es zur Deletion der extrazellulären Domäne des EGF-Rezeptors selbst (ErbB1); dabei entsteht ein permanent aktiver EGF-Rezeptor, der auch in Abwesenheit seines Liganden EGF proliferationsfördernde Signale in die Zelle sendet (▶Exkurs 29.2).

Prominentestes Beispiel für ein Onkogen/Onkoprotein ist das kleine GTP-bindende Protein Ras. Betrachten wir zunächst die **Mutation** von ras-Genen (▶Abbildung 29.14). Eine einzige Mutation kann direkt oder indirekt zum Verlust der GTPase-Aktivität der zugehörigen RasH- bzw. RasK-Proteine führen; dabei entstehen konstitutiv aktive G-Proteine, die ihre Signalwege dauerhaft und unkontrolliert – also ohne externen Stimulus – antreiben. Dabei kommt es letztlich zur **onkogenen Transformation**, d.h. zur Umwandlung einer normalen Zelle in eine Zelle, die typische Charakteristika von Tumorzellen aufweist. Neben Ras können aber auch „stromabwärts" gelegene Komponenten des MAP-Kinase-Wegs betroffen sein, so z.B. die Ras-aktivierte Kinase Raf

Tabelle 35.1 Molekulare Funktion und Tumorassoziation wichtiger humaner Onkogene bzw. Onkoproteine. Virale Onkogene wie v-sis oder v-src sind hier nicht aufgeführt.

Onkogen	Vorkommen	Funktion	Aktivierung
bcr-abl	Chronische myeloische Leukämie, akute lymphatische Leukämie	Tyr-Kinase	Translokation von Gensegmenten
erbB2 (HER2)	Brustkrebs, Ovarialkarzinom	Corezeptor	Amplifikation von Genen
c-myc	Burkitt-Lymphom Brust-, Lungenkrebs	Transkriptionsfaktor	Translokation Amplifikation
N-myc	Neuroblastom, Lungenkarzinom	Transkriptionsfaktor	Amplifikation
PIK3C, PIK3R	Ovarialkarzinom	Lipidkinase PI3K	Amplifikation
PML-RARα	Akute Promyelocytenleukämie	Retinsäure-Rezeptor	Translokation
B-raf	Melanom, Colonkarzinom	Ser-/Thr-Kinase	Punktmutation
rasH (H-ras)	Schilddrüsenkarzinom	kleines G-Protein	Punktmutation
rasK (K-ras)	Colon-, Lungen-, Pankreaskarzinom	kleines G-Protein	Punktmutation
rasN (N-ras)	Akute myeolische und lymphatische Leukämie	kleines G-Protein	Punktmutation

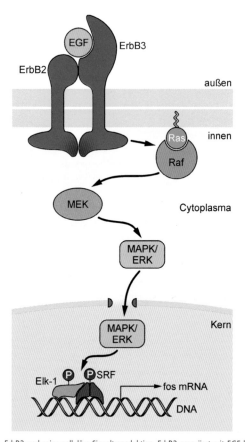

35.8 ErbB2 und seine zelluläre Signaltransduktion. ErbB2 assoziiert mit EGF-beladenem ErbB3 und stimuliert die Zellproliferation über den MAPK-Signalweg. Überexpression von ErbB2 kann – selbst in Abwesenheit von EGF – zur onkogenen Transformation betroffener Zellen führen (Abkürzungen ▶ Abbildung 29.10). Ein neuer therapeutischer Ansatz nutzt monoklonale Antikörper gegen ErbB2 (▶ Abbildung 37.20).

(▶ Abbildung 29.15) oder der Transkriptionsfaktor Fos, der am Fußpunkt der Kaskade steht und die Expression zahlreicher anderer Genregulationsfaktoren steuert, die wiederum zu einer Transformation beitragen können.

Denselben Nettoeffekt erzielen **virale Onkogene** wie z. B. **v-sis** des Simian-Sarcoma-Virus. Das zugehörige Protein Sis besitzt große Ähnlichkeit mit der B-Kette des humanen Plättchenwachstumsfaktor PDGF (engl. _platelet-derived growth factor_) und wirkt als Mitogen (Abbildung 35.9). Infizierte Zellen synthetisieren und sezernieren große Mengen an Sis-Protein, das an PDGF-Rezeptoren auf der Oberfläche dieser Zellen bindet und dadurch eine **autokrine Aktivierungsschleife** in Gang setzt, die zur Dauerstimulation und letztlich onkogenen Transformation der Zellen führt. Viele virale Onkogene sind ursprünglich einmal dem menschlichen Genom durch Rekombination „entführt", durch Mutation verändert und dadurch jeglicher zellulären Kontrolle entzogen worden. Typischerweise stehen sie unter dem Einfluss eines starken viralen Promotors und werden von den infizierten Zellen in großen Mengen produziert. Prototyp ist die **Tyrosinkinase v-Src** 🔗 des Rous-Sarcoma-Virus, die von infizierten Zellen überexprimiert wird und _via_ Phosphorylierung von mehr als 50 Zielproteinen in zahllose Signalwege eingreift. Damit werden Zellen dauerhaft stimuliert und letztlich transformiert. Ein weiteres Beispiel für ein „gekidnapptes" humanes Onkogen ist v-Raf, bei dem die regulatorische Untereinheit von c-Raf durch das virale Protein Gag ersetzt ist (▶ Abbildung 29.15). Die resultierende Proteinchimäre treibt den MAP-Kinase-Signalweg ungesteuert an und transformiert damit infizierte Zellen.

Neben Punktmutation und Rekombination ist die **chromosomale Translokation** ein wichtiger Mechanismus zur Entstehung von Onkogenen. So findet sich bei nahezu allen **Burkitt-Lymphomen** eine Translokation von Chromosom 8 auf Chromosom 2, 14 oder 22, bei der das Gen für den **Transkriptionsfaktor c-Myc** mit dem Gen für die leichte κ-Kette (Chro-

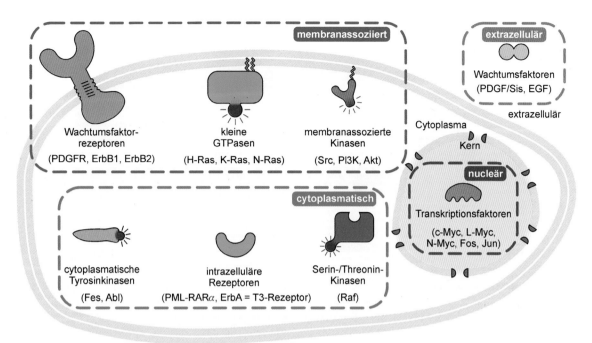

35.9 Repräsentative Onkoproteine. Primär betroffen sind Wachstumsfaktoren, Rezeptor-Tyrosinkinasen, Nichtrezeptor-Proteinkinasen, Lipidkinasen, GTP-bindende Proteine und Transkriptionsfaktoren. [AN]

mosom 2), schwere Kette (Chromosom 14) bzw. leichte λ-Kette (Chromosom 22) der Immunglobuline fusioniert. Unter der Kontrolle eines starken Ig-Promotors wird nun c-Myc unabhängig von externen Wachstumsreizen überexprimiert, was wiederum zu Dauerstimulation und onkogener Transformation von B-Lymphocyten führt. Ein ähnlicher Mecha-

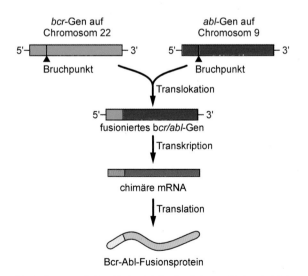

35.10 Chromosomale Translokation bei der chronischen myeloischen Leukämie. Dabei werden die Gene für bcr (Chr. 22) und abl (Chr. 9) fusioniert; es verbleibt ein verkürztes Chromosom 22 („Philadelphia-Chromosom"). Auf der Proteinebene entsteht eine Chimäre aus den Proteinkinasen Bcr und Abl, die oft ihre Fähigkeit zur Selbstregulation durch intramolekulare Autoinhibition einbüßt. [AN]

nismus liegt der **chronischen myeloischen Leukämie** (CML) zugrunde. Bei >90 % aller CML-Fälle findet sich eine chromosomale Translokation, die das Gen für die Tyrosinkinase Abl (Chromosom 9) unter die Kontrolle des bcr-Promotors (Chromosom 22) bringt (Abbildung 35.10). Das resultierende **Fusionsprotein Bcr-Abl** wird überexprimiert und führt über unregulierte Phosphorylierung seiner Zielproteine zur Entartung der betroffenen Zellen. Auch bei der **akuten Promyelocytenleukämie** kommt es zu einer Fusion der Gene für Retinsäurerezeptor RARα auf Chromosom 17 bzw. für Transkriptionsfaktor PML auf Chromosom 15. Das resultierende Fusionsprotein **PML-RARα** erzeugt eine Reifestörung von Promyelocyten, die ungehemmt proliferieren (▶Exkurs 27.1). Ein weiterer Mechanismus der onkogenen Transformation ist die **Genamplifikation**, bei der es z. B. zur massiven Expansion des Onkogens N-myc beim Neuroblastom oder des Gens für den EGFR-ähnlichen Rezeptor ErbB2 beim Mammakarzinom kommen kann.

35.5

Tumorsuppressorgene wachen über die zelluläre Proliferation

Eine große Gruppe krebsrelevanter Gene bilden die **Tumorsuppressorgene**. Sie operieren an den Schnittstellen von Zellzyklus, Apoptose und genetischer Stabilität. Von daher überrascht nicht, dass ihre **Inaktivierung** oft zur Tumorentste-

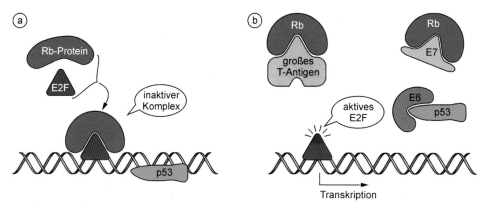

35.11 Funktionelle Inaktivierung von Rb-und p53-Proteinen. Die HPV-Proteine E6 und E7 bilden feste Komplexe mit p53 bzw. Rb. Durch funktionelle Inaktivierung (Rb) bzw. beschleunigten Abbau (p53) „neutralisieren" sie die Wirkungen der beiden Tumorsuppressorproteine (vergleiche a *versus* b). Das große T-Antigen, ein Onkoprotein des SV40-Virus, bindet sowohl Rb als auch p53 (nicht gezeigt) und inaktiviert sie damit.

hung beiträgt (Tabelle 35.2). Prototypen von Tumorsuppressorgenen sind **p53** auf Chromosom 17 (▶Exkurs 34.3), das bei mehr als 50 % aller humanen Tumoren mutiert ist, sowie das Retinoblastomgen **Rb** auf Chromosom 13 (▶Exkurs 34.2). Beide codieren für Proteinfaktoren, die zusammen mit Cyclinen und cyclinabhängigen Kinasen den Zellzyklus kontrollieren; eine detaillierte Darstellung der zugehörigen Signalwege erfolgt später (Abschnitt 35.7). Das Rb-Protein wirkt dabei über Komplexbildung mit dem Transkriptionsfaktor E2F, der dadurch inaktiviert wird (▶Exkurs 34.2). Neben ererbten oder erworbenen Defekten des Rb-Allels kann auch die Expression onkogener Proteine von Papilloma- oder Herpesviren zu einer **funktionellen Inaktivierung** von Rb führen, sodass E2F seine Wirkung als Transkriptionsfaktor ungehemmt entfalten kann (Abbildung 35.11). Virale Onkogenprodukte wie das **E7-Protein** des humanen Papillomavirus (HPV) bilden einen festen Komplex mit dem Rb-Protein und verhindern dadurch wirkungsvoll dessen Assoziation mit Zielproteinen im Zellzyklus. Dieser Mechanismus trägt praktisch ausnahmslos zur Entwicklung eines Zervixkarzinoms bei. Ein defekter Rb-Signalweg findet sich nicht nur in juvenilen Retinoblastomen, sondern häufig auch in adulten Lungenkarzinomen und Osteosarkomen. Ebenso ist p53 Ziel viraler Interferenz: so induziert das HPV-Protein **E6-Protein** einen rascheren Abbau von p53 und senkt damit seine intrazelluläre Konzentration auf unterkritische Konzentrationen (Abschnitt 35.7). Mit ähnlichen molekularen Strategien schalten Adeno- und SV40-Viren Rb bzw. p53 aus.

Tabelle 35.2 Molekulare Funktion und Tumorassoziation menschlicher Tumorsuppressorgene und ihrer Proteine.

Suppressor	Vorkommen	Funktion	Signalweg
APC	Colon-, Rektumkarzinom, Leukämien	Regulatorprotein β-Cateninabbau	Wnt-Signalweg (Abschnitt 35.6)
BRCA1/2	Brusttumoren	Gerüstprotein DNA-Reparatur	Zellzykluskontrolle (Exkurs 35.2)
INK4 (▶Abschnitt 34.3)	Melanom, Lungenkarzinom, Hirntumoren, Leukämien	Inhibitor von CDK-Cyclin-Komplexen	Zellzykluskontrolle (Abschnitt 35.7)
p53 (▶Abschnitt 34.4)	Tumoren von Hirn, Brust, Darm, Ösophagus, Leber	Transkriptionsfaktor Apoptose	Zellzykluskontrolle (Abschnitt 35.7)
PTEN	Hirntumor, Melanom, Prostata-, Nieren-, Lungenkarzinom	Lipidphosphatase	PI3-Signalweg (Abschnitt 35.8)
Rb (▶Abschnitt 34.3)	Retinoblastom, Sarkom, Blasen-, Brustkrebs	Inhibitor von E2F	Zellzykluskontrolle (Abschnitt 35.7)
Smad2/4 (▶Exkurs 29.3)	Colon-, Rektumkarzinom	Transkriptionsfaktor	TGF-β-Signalweg (Abschnitt 35.7)
VHL	Nierenzellkarzinom	E3-Ligase	HIF1-Signalweg (Abschnitt 35.10)
WT1	Nierentumor	Transkriptionsfaktor	p53-Signalweg (Abschnitt 35.7)

Tumorsuppressorgene und Onkogene treten häufig in denselben Signalwegen auf, wobei sie antagonistische Funktionen wahrnehmen (Abbildung 35.12). Onkogene verhalten sich dabei typischerweise **dominant**, d.h. eine aktivierende Mutation (*gain-of-function*) in einem der beiden Allele reicht aus, um eine Zelle entarten zu lassen. Tumorsuppressorgene sind hingegen meist **rezessiv**, d.h. inaktivierende Mutationen (*loss-of-function*), müssen in *beiden* Allelen auftreten, bevor eine Krebszelle entsteht. Bekanntestes Beispiel dafür ist ein mutiertes bzw. deletiertes Rb-Gen, das bei den Nachkommen zunächst einmal *keinen* Tumor auslöst, solange nur *ein* Genlocus betroffen ist. Erst durch spontane Mutationen im zweiten Rb-Allel kann es zu einem vollständigen Verlust der Rb-Aktivität kommen, die sich dann in der Entwicklung eines Retinoblastoms äußert. Mutationen in Tumorsuppressorgenen sind offenbar Schlüsselereignisse bei der Kanzerogenese, da alleine p53 bei mehr als der Hälfte aller humanen Tumoren mutiert ist.

Einen speziellen Typus von Tumorsuppressorgenen verkörpern die **Stabilitätsgene**, denen Schlüsselrollen bei der Fehlpaarungs-, Nucleotidexzisions- bzw. Basenaustauschreparatur zufallen (▶ Abschnitt 21.6). Bekanntestes Beispiel dafür sind die BRCA-Gene, deren Produkten offenbar wichtige Rollen als Gerüstproteine bei der Reparatur von DNA-Doppelstrangbrüchen zufallen (Exkurs 35.2). Mutationen

Exkurs 35.2: DNA-Reparatur und Krebs

Exzisionsreparatursysteme korrigieren Basenfehlpaarungen oder -verknüpfungen nahezu fehlerfrei (▶ Abschnitt 23.2). Ererbte Defekte einzelner Systemkomponenten finden sich beim *Xeroderma pigmentosum* (▶ Exkurs 23.1) und beim hereditären nichtpolypösen kolorektalen Karzinom (▶ Exkurs 21.3). Die Reparatur von Doppelstrangbrüchen wird durch **homologe Rekombination** ausgeführt, bei der das unversehrte Schwesterchromatid als Vorlage dient; die Fehlerquote dabei ist gering (▶ Exkurs 23.3). Komponenten dieser Reparatursysteme sind **BRCA1/2** und **ATM-Kinase**, die gemeinsam mit RAD-Proteinen einen DNA-Schadenssensor bilden. Häufiger in Aktion ist ein **DNA-Endverknüpfungssystem**, das freie DNA-Enden *ohne* einen Matrizenstrang religiert und entsprechend fehleranfällig ist. Die Wiederverknüpfung ist oft mit der Deletion einiger Basenpaare verbunden, sodass dysfunktionelle Gene entstehen können. Noch schwerwiegender ist die fälschliche Verknüpfung freier DNA-Enden zweier Chromosomen. B- und T-Zellen des Immunsystems sind besonders anfällig für solche **chromosomalen Translokationen**, da sie extensive Umlagerungen ihrer Gene für Antikörper bzw. T-Zell-Rezeptoren durchmachen (▶ Abschnitt 23.6); entsprechend häufig sind diese Loci bei Leukämien und Lymphomen betroffen (Abschnitt 35.4).

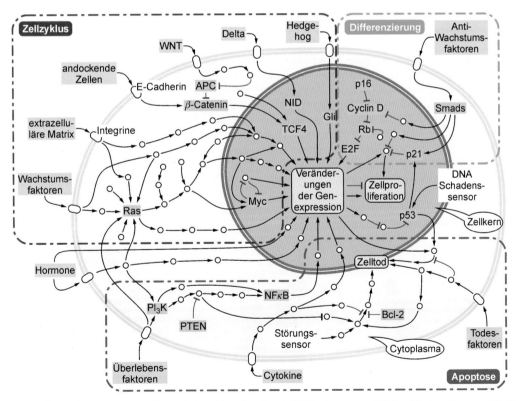

35.12 Wichtige Signalwege in der Kanzerogenese. In dieser stark schematisierten Darstellung sind Schlüsselkomponenten, Verläufe und Knotenpunkte ausgewählter Signalwege gezeigt, die Zellwachstum und -zyklus, Überleben und Apoptose sowie Wachstumshemmung und Differenzierung über veränderte Genexpressionsmuster beeinflussen. Farblich unterlegt sind Schlüsselfaktoren, die in Abschnitt 35.6 ff. im Detail besprochen werden. Extrazelluläre Faktoren (grün), Membranproteine (weiß), intrazelluläre Faktoren (blau). [AN]

von BRCA1/2 finden sich gehäuft bei Brusttumoren (engl. _breast cancer_). Spontan auftretende Mutationen, Kanzerogenexposition oder fehlerhafte mitotische Rekombination bzw. chromosomale Segregation können zu einem funktionellen Verlust von Stabilitätsgenen führen. In fast allen Fällen findet sich dann eine **Aneuploidie** mit einem nichtdiploiden Karyotyp infolge erhöhter oder verminderter Chromosomenzahl: Wir sprechen von **chromosomaler Instabilität**. Tumorzellen haben oft 25–30% ihrer Allele verloren, was auf molekularer Ebene dem Verlust des heterozygoten Zustands gleichkommt. Die Tumorzelle wird damit zum „Irrläufer", der sich rücksichtslos gegenüber normalen Zellpopulationen durchsetzt.

35.6

Wachstumsfaktoren und die Signalproteine Wnt, Notch und Hedgehog steuern basale Zellfunktionen

Prinzipiell können wir drei Hauptmechanismen unterscheiden, mit deren Hilfe Signale in normalen Zellen ebenso wie in Tumorzellen erzeugt und weitergeleitet werden. Zunächst einmal kann die **intrinsische Aktivität** (meist enzymatische Aktivität) eines Proteins verändert werden. Dies kann im Fall von Ras durch **nichtkovalente Bindung** von GTP oder durch Knüpfung einer **kovalenten Bindung** wie z.B. bei der Phosphorylierung des EGF-Rezeptors erreicht werden. Auch Spaltung einer kovalenten Bindung durch Dephosphorylierung oder durch Proteolyse kann eine Signalkaskade auslösen, wie wir am Beispiel von Notch kennen lernen werden. Weiterhin kann die **Konzentration eines Signalstoffs** verändert werden wie im Fall von PIP$_3$, dessen intrazelluläre Konzentration durch die Aktivität von PI3-Kinase erhöht bzw. durch die PTEN-Phosphatase erniedrigt wird (Abschnitt 35.8). Schließlich kann sich die **intrazelluläre Lokalisation** eines Signalmoleküls verändern, so z.B. im Fall von

Tyrosinkinase-Rezeptoren, die nach Aktivierung zahlreiche cytoplasmatische Effektoren binden und an der Innenseite der Plasmamembran durch gezielte Positionierung zur Interaktion bringen können. Ähnliches gilt für die **Wanderung** (auch „zelluläre Translokation" genannt) von Transkriptionsfaktoren vom Cytosol in den Zellkern, wo diese an ihre Zielgene binden und deren Transkription regulieren können.

Fast alle bekannten Signalkaskaden können einzeln oder kombiniert zu **Entwicklung, Wachstum und Metastasierung von Tumoren** auf direkte oder indirekte Weise beitragen. Von herausgehobener Bedeutung für die Kanzerogenese sind dabei folgende Hauptsignalwege: Wachstumsfaktor-, Notch-, Wnt-, und Hedgehog-Signalwege, die den Zellzyklus antreiben; TGF-β- und Rb-Signalwege, die hemmend auf den Zellzyklus einwirken; sowie PI3-Kinase-, NF-κB- und p53-Signalwege, die sowohl fördernd als auch bremsend in den Zellzyklus eingreifen. Hinzu kommt der HIF1-Signalweg, dem eine Schlüsselrolle bei der Einsprossung von Blutgefäßen in den wachsenden Tumor zufällt (Abschnitt 35.10). _Angesichts ihrer zentralen Bedeutung wollen wir diese Hauptsignalwege nun systematisch und im Detail abschreiten. Für den Leser, der zunächst einen Überblick haben möchte, sei an dieser Stelle der Sprung zu den Abschnitten Tumordiagnostik und -therapie empfohlen (Abschnitt 35.9 ff)._

Der Wachstumsfaktor-Signalweg: Zu den bekanntesten Wachstumsfaktoren gehören epidermaler Wachstumsfaktor (engl. _epidermal growth factor_, EGF), Plättchenwachstumsfaktor (engl. _platelet-derived growth factor_, PDGF), Neureguline (NRG) und der transformierende Wachstumsfaktor-α (engl. _transforming growth factor_, TGF-α; ▶Tafeln C5–C8). Diese Proteohormone binden an spezifische Rezeptoren vom Typ der **Rezeptor-Tyrosinkinasen** (RTK; ▶Abschnitt 29.1), die ihre Signale über eine Kaskade von Adapter- und Effektorproteinen in den Zellkern senden (▶Abschnitt 29.4). Eine dauerhafte Aktivierung und damit Abkopplung dieser Signalwege von externer Steuerung entsteht, wenn z.B. der ligandenbindende extrazelluläre Teil des PDGF-Rezeptors (PDGFR) infolge chromosomaler Translokation durch den

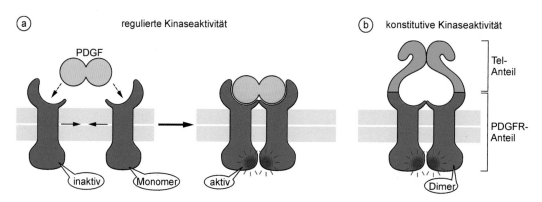

35.13 Konstitutive Aktivität des Tel/PDGF-Rezeptor-Fusionsproteins. a) Regulierte Aktivierung des PDGF-Rezeptors durch ein PDGF-Dimer (▶Abbildung 29.3). b) Durch Entkopplung der Rezeptordimerisierung von der Anwesenheit des Liganden kommt es zu einer dauerhaften Aktivierung der Rezeptor-Tyrosinkinase und damit zur Dauerstimulation der Zelle.

Transkriptionsfaktor Tel ersetzt wird (Abbildung 35.13). Das entstehende **Fusionsprotein Tel/PDGFR** dimerisiert über die Helix-Loop-Helix-Domänen von Tel auch in Abwesenheit des Liganden PDGF: Folge ist die konstitutive Aktivierung des mutierten Rezeptors und damit seiner intrazellulären Proteinkinase, was letztlich zur ungehemmten Proliferation der betroffenen Zelle führt.

Eine weitere Variante stellt das **ErbB1-Onkogen** dar, das eine N-terminal verkürzte Variante des EGF-Rezeptors verkörpert, die auch in Abwesenheit von EGF aktiv ist (▷ Abbildung 29.15). Weiter stromabwärts in diesem Signalweg können dauerhaft aktivierte Mutanten des kleinen G-Proteins Ras auftreten, die ihre endogene GTPase-Eigenschaft verloren haben (▷ Abbildung 29.14). Auch Fusionsproteine von **Raf**, deren regulatorische Domäne durch ein virales Protein (gag) ersetzt ist, besitzen permanente Kinaseaktivität (▷ Abbildung 29.15). Dadurch entstehen potente Onkogene: So finden sich **Ras-Onkogene** in ca. 40 % aller Colonkarzinome und in mehr als 90 % aller Pankreaskarzinome! Eine Ursache für sein hohes onkogenes Potenzial ist die **duale Wirkung** von aktiviertem Ras, das einerseits den MAP-Kinase-Signalweg stimuliert und über die Transkriptionsfaktoren Elk, Fos und Jun zahlreiche Wachstumsfaktorgene aktiviert (▷ Abbildung 29.12). Andererseits stößt aktiviertes Ras den PI3-Kinase-Weg an und induziert so neben Wachstum und Proliferation auch eine Apoptosehemmung in den betroffenen Zellen (Abschnitt 35.8).

Der Notch-Signalweg 🖐: Praktisch alle frühen Entwicklungsstadien eines Organismus werden durch die **Notch-Kaskade** beeinflusst. Sie gilt als Prototyp eines durch **Zell-Zell-Interaktion** gesteuerten Signalwegs und wurde erstmals in *Drosophila* identifiziert. Notch repräsentiert eine Gruppe von integralen Proteinen der Plasmamembran mit einer einzigen transmembranspannenden Domäne, an die Notch-Liganden wie z. B. **Delta** bzw. **Jagged** andocken, die auf der Oberfläche von Nachbarzellen exponiert sind (Abbildung 35.14). Diese Interaktion löst nun zwei proteolytische Spaltungen an Notch aus: Zunächst spaltet die extrazelluläre Protease **α-Sekretase** das Notch-Protein nahe der Außenseite der Plasmamembran, sodass der ligandenbindende Teil des Rezeptors gekappt wird. Dann setzt **γ-Sekretase**, eine integrale Protease der Plasmamembran, aus **Notch** die **intrazelluläre Domäne (NID)** frei, die daraufhin in den Zellkern transloziert und dort an den **Transkriptionsfaktor CSL** bindet. CSL ist gewöhnlich ein Repressor; im Komplex mit NID wirkt CSL hingegen als **transkriptioneller Aktivator**, der die Expression seiner Zielgene stimuliert. Diese codieren u. a. für Transkriptionsfaktoren wie HES und Hey, für Zellzyklusproteine wie Cyclin D1 und p21 sowie für die Phosphatase PTEN (Abschnitt 35.8).

Verkürzte Varianten von Notch, die lediglich die cytosolische Domäne umfassen, werden nicht mehr über Notch-Liganden reguliert und sind daher potente Onkogene. **Mutationen von Notch** finden sich u. a. bei Basalzell-, Zervix- und Colonkarzinomen sowie bei ca. 10 % der akuten lymphatischen Leukämien.

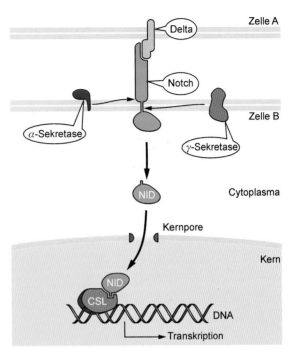

35.14 Der Notch-Signalweg. Bindet z. B. das Delta-Protein einer Nachbarzelle an Notch, so spaltet γ-Sekretase die C-terminale Domäne von Notch (NID) ab, die sich auf der cytoplasmatischen Seite befindet. NID transloziert in den Zellkern, wo es an den Repressor CSL bindet. Der entstehende CSL-NID-Komplex wirkt als transkriptioneller Aktivator von Regulatoren des Zellzyklus sowie der zellulären Proliferation und Differenzierung. Die extrazelluläre Proteolyse von Notch erfolgt durch die α-Sekretase (siehe Text).

Der Wnt-Signalweg 🖐 (sprich „Wint"; von den miteinander verwandten Genen <u>w</u>ingless der Taufliege und <u>int</u>-1 der Maus): Die Familie der Wnt-Proteine umfasst exokrin wirkende Wachstumsfaktoren, die an rhodopsinähnliche heptahelikale Rezeptoren vom Typ **Frizzled** binden (Abbildung 35.15). In Abwesenheit von Wnt-Liganden liegt ein quaternärer Komplex der **Kinase GSK-3β** mit den Proteinen APC, Axin und β-Catenin im Cytosol vor, in dem GSK-3β den **Transkriptionsfaktor β-Catenin** phosphoryliert und damit seinen ständigen Abbau bewirkt. Bindet nun Wnt an Frizzled, so wird ein Signal zur Phosphorylierung des Effektorproteins **Dishevelled** ins Zellinnere geleitet, das daraufhin die **Kinase GSK-3β** hemmt. Unter diesen Bedingungen zerfällt der Komplex, und unphosphoryliertes β-Catenin kann nunmehr in den Zellkern gelangen, wo es – zusammen mit Transkriptionsfaktoren der **Tcf/LEF-Familie** – die Expression zahlreicher Zielgene der zellulären Proliferation wie z. B. für das Zellzyklusprotein Cyclin D1 (▷ Abschnitt 34.2), den Transkriptionsfaktor c-Myc (Exkurs 35.5) sowie den morphogenetischen Faktor BMP-4 reguliert (Abschnitt 35.7).

Ein frühes Ereignis bei der Entwicklung des Colonkarzinoms ist die Inaktivierung von **APC-Protein**. Ein defektes APC-Protein hemmt nämlich die Phosphorylierung und damit den Abbau von β-Catenin, sodass betroffene Zellen nun verstärkt proliferieren können. Bei der **familiären adenomatö-**

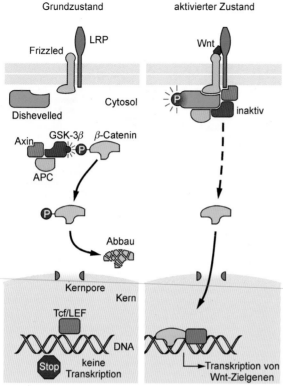

35.15 Der Wnt-Signalweg. Wnt-Liganden aktivieren Frizzled-Rezeptoren, von denen das menschliche Genom 10 Subtypen umfasst. Wnt-beladenes Frizzled aktiviert Dishevelled, das GSK-3 hemmt; daraufhin verlässt β-Catenin den Komplex und transloziert in den Kern, wo es mit Tcf/LEF zahlreiche Zielgene aktiviert. E-Cadherin verknüpft den APC-Komplex mit α-Catenin und Actinfilamenten (▶Abschnitt 33.5). Die Rolle von G-Proteinen bei der Frizzled-Signalgebung ist noch ungeklärt. APC, Adenomatöse Polyposis coli; GSK-3β, Glykogen-Synthase-Kinase-3β.

sen Polyposis coli kommt es dabei zur Bildung von multiplen Adenomen im Dickdarm der betroffenen Patienten (Exkurs 35.3). Weitere Mutationen in Genen der Signalwege z. B. von Ras, TGF-β oder p53 führen schließlich zur malignen Entartung und Entstehung eines Colonkarzinoms.

〽 Exkurs 35.3: Mechanismen der 〽 Tumorprogression

Das Wechselspiel krebsrelevanter Signalwege lässt sich an der Tumorprogression beobachten. Häufig steht am Anfang der Tumorentwicklung eine Mutation des APC-Gens einer Darmepithelzelle, des Rb-Gens eines Neurons (Auge) oder des NF1-Gens einer neuronalen Zelle. Die weiteren **Stadien der Tumorprogression** sind charakterisiert durch aktivierende Sekundärmutationen z. B. in den Genen für Ras bzw. Raf (▶ Abbildung 29.14) oder durch inaktivierende Mutationen von p53. Mutationen des ABC-Transporters MDR2 (*multi drug resistance*) führen oft zu einer Mehrfachresistenz der Tumorzellen. Ein *Circulus vitiosus* von **Mutation, Proliferation und klonaler Selektion** lässt aus einer primär geschädigten Zelle ganze Zellpopulationen entstehen, die sich durch zunehmend abnorme Teilungsraten, gesteigerte Überlebensfähigkeit, invasives Wachstum und Metastasierung auszeich-

nen (Abbildung 35.16). Die Mutation *einer* Schlüsselkomponente *eines* krebsrelevanten Signalwegs ist also oft nicht hinreichend; vielmehr bedarf es Mutationen in *mehreren* Signalwegen, um eine aggressiv wachsende Tumorzellpopulation entstehen zu lassen.

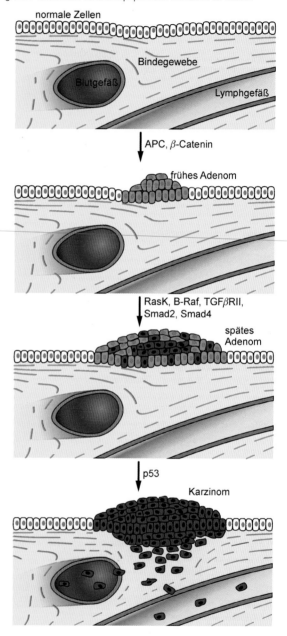

35.16 Mechanismen der Tumorprogression beim Dickdarmkrebs. Initiale Mutationen in den Genen von APC und β-Catenin führen zu Frühformen eines Adenoms, die durch weitere Mutationen (RasK, Raf, TGF-β-Rezeptor II, Smads) in ihr fortgeschrittenes Stadium übergehen. Zusätzliche Mutationen des p53-Gens bahnen den Übergang in ein invasiv wachsendes, metastasierendes Colonkarzinom. [AN]

Dem Wnt-Signalweg verwandt ist die **Hedgehog-Kaskade** (engl. *hedgehog*, Igel), die während der Embryogenese zelluläre Musterbildungen im Nervensystem, bei der Knochenbildung und der Entwicklung von Gliedmaßen und Gonaden steuert (Exkurs 35.4).

Exkurs 35.4: Der Hedgehog-Signalweg

Ligandenbindendes **Patched** und signalgebendes **Smoothened** bilden den funktionellen Hedgehog-Rezeptor (Abbildung 35.17). Patched hat 12 Transmembran(TM)-Regionen und verliert nach Hedgehog-Bindung seine inhibierende Wirkung auf Smoothened (7 TM), das daraufhin ein Signal in Richtung des **Transkriptionsfaktors Gli** (von Glioblastom) gibt. Im *Grundzustand* liegt Gli als Teil eines cytosolischen Komplexes vor; durch Proteolyse entsteht daraus der **Repressor Gli75**, der die Transkription von Gli-Zielgenen unterdrückt. Im *aktivierten Zustand* verhindert Smoothened über einen noch unverstandenen Mechanismus, dass Gli abgebaut wird. Daraufhin gelangt unverkürztes Gli in den Zellkern und stimuliert dort als **transkriptioneller Aktivator Gli155** die Expression zahlreicher Zielgene wie z.B. Wnt und **Cyclin D1** (▶ Abschnitt 34.2). Bei Überexpression bzw. Genamplifikation wirken Smoothened und Gli onkogen. Der Ausfall des **Tumorsuppressors** Patched führt also über unkontrollierte Aktivierung des Signalwegs zur gesteigerten Proliferation. Mutationen von Patched bzw. Smoothened finden sich bei > 40 % aller spontan auftretenden **Basalzellkarzinome**, während Mutationen von Smoothened häufig beim **Medulloblastom** des Kleinhirns vorkommen.

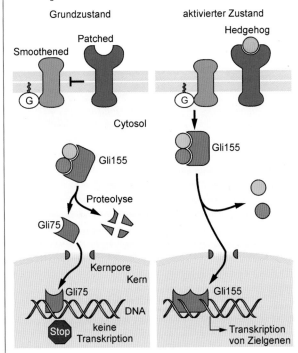

35.17 Der Hedgehog-Signalweg. Im Grundzustand entsteht durch limitierte Proteolyse von Gli ein transkriptioneller Repressor (links). Die Bindung von Hedgehog an Patched führt zur Enthemmung von Smoothened. Ein von Smoothened ausgehendes Signal – vermutlich über ein G-Protein – setzt aus einem Proteinkomplex intaktes Gli155 frei, das nun in den Zellkern transloziert und dort als transkriptioneller Aktivator wirkt (rechts). Das menschliche Genom codiert für drei Gli-Proteine; der beschriebene Mechanismus gilt für Gli-2 und Gli-3. [AN]

35.7 p53, TGF- und Rb-Signalwege regulieren Zellteilung und -differenzierung

Der p53-Signalweg ⌐🖰: Der **Tumorsuppressor p53**, der vor allem wachstumshemmend wirkt, stellt einen Transkriptionsfaktor mit einer typischen Domänenstruktur dar, der neben DNA-Bindungs- und Transaktivierungsdomänen auch eine Oligomerisierungsdomäne umfasst (Abbildung 35.18). Anders als z.B. Transkriptionsfaktoren vom HTH- oder HLH-Typ, die als Dimere vorliegen (▶ Abschnitt 20.4), bildet p53 **Tetramere**. Diese spezifische Eigenschaft hat weit reichende Implikationen: Der Einbau einer einzigen mutierten p53-Untereinheit mit veränderter Struktur reicht aus, um die Funktion des entstehenden Tetramers vollständig zu kompromittieren (Abbildung 35.3). Die Mutation *eines* Allels löscht damit praktisch komplett die p53-Funktionen aus: Wir sprechen von einem **dominant-negativen Effekt**.

Normalerweise wird der zelluläre p53-Spiegel sorgfältig durch die **E3-Ligase Mdm2** kontrolliert, die p53 ubiquitinyliert, dem proteasomalen Abbau zuführt und somit seinen basalen Spiegel niedrig hält (Abbildung 35.19). Bei DNA-Schädigungen einer Zelle z.B. durch Bestrahlung werden Proteinkinasen wie **ATM** (Exkurs 35.2) und **CHK2** aktiviert, die p53 phosphorylieren und damit seinen Abbau durch Mdm2 hemmen. Stabilisiertes p53 kann nun im Komplex mit dem **Transkriptionsfaktor WT1** die Expression des **Zellzyklusregulators p21** hochregulieren, der den CDK2-Cyclin E-Komplex inhibiert und dadurch die Phosphorylierung von Rb unterbindet (▶ Abschnitt 34.4). Dadurch bleibt die Rb-vermittelte Repression von S-Phase-Genen bestehen: Der Zellzyklus sistiert, sodass nun Reparaturvorgänge an der geschädigten DNA ausgeführt werden können (▶ Abschnitt 34.3). In analoger Weise greift p53 in den Cyclin-B/CDK1-abhängigen Kontrollpunkt am Übergang von der G$_2$- in die M-Phase ein.

Bei stark erhöhten Spiegeln wirkt p53 proapoptotisch und kann eine geschädigte Zelle in den programmierten Tod schicken. Zusammen mit WT1 reguliert p53 nämlich die Expression von Faktoren wie **PUMA** und **NOXA** hoch, die hemmend auf den antiapoptischen Faktor Bcl2 einwirken (Abbildung 35.19). Dadurch kann Bcl2 nicht mehr seine inhibitorische Wirkung auf den proapoptotischen Faktor Bax entfalten (▶ Abschnitt 34.5), sodass es zur Enthemmung dieses Signalwegs und letztlich zur **Apoptose** der betroffenen Zelle kommt. Das Ausmaß der DNA-Schädigung ist also entscheidend dafür, ob p53 lediglich einen vorübergehenden Halt des Zellzyklus bewirkt oder ob es die betroffene Zelle in die Apoptose schickt. Inaktivierende Mutationen oder Deletionen des p53-Gens machen betroffene Zellen mehr oder minder resistent gegen Strahlung und viele Chemotherapeutika, aber auch gegen Mangel an Wachstumsfaktoren oder gegen Hypoxie. Somit wird verständlich, dass der Verlust der p53-Funktion oft ein entscheidender Schritt hin zu einer malignen Entartung ist.

35.18 Domänenstruktur von p53. Transak-
tivierende, DNA-bindende und oligomeri-
sierende Domänen sowie drei nucleäre
Importsequenzen bilden das Rückgrat des
Proteins. Mittlerweile sind mehr als 15 000
(Punkt-)Mutationen in humanen p53-Alle-
len bekannt, von denen mehr als 95 % die
DNA-bindende Domäne betreffen und die
Spezifität sowie Funktionalität des Faktors
beeinträchtigen können. NLS, nucleäre
Lokalisationssequenz. [AN]

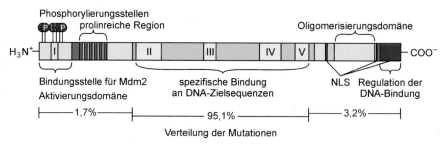

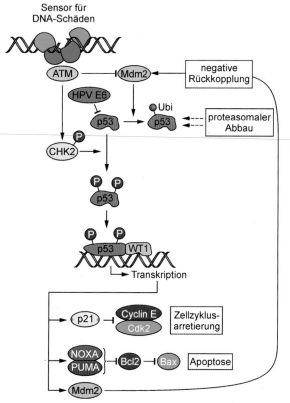

35.19 p53-vermittelte Signalwege. Normalerweise ubiquitinyliert die Ubiquitin-E3-
Ligase Mdm (engl. _mouse double minutes_) p53 und markiert es damit für den nucleären Export und proteasomalen Abbau. Entsprechend kurz ist seine Halbwertszeit
mit ca. 20 min in ruhenden Zellen. Ein Zielgen des Transkriptionsfaktor-Komplexes
p53/WT1 ist mdm2 selbst: Über diese negative Rückkopplung hält die Zelle den basalen p53-Spiegel niedrig. Mdm ist ein potentes Onkogen; WT1 ist häufig bei Wilms-
Tumoren der Niere mutiert. E6 ist ein virales Protein (Abbildung 35.11).

Der TGF-β-Signalweg: Die Rezeptoren dieses Signalwegs
gehören zu den **Serin-/Threoninproteinkinasen**, die durch eine
außerordentlich große Klasse von TGF-β-Proteinliganden
(engl. _transforming growth factor_; ▶Exkurs 29.3) aktiviert
werden, zu denen auch BMPs (engl. _bone morphogenetic pro-
teins_) und Gonadotropine zählen. Dabei führt die Ligandenbindung an einen TGF-β-Rezeptor vom Typ RII zur Rekrutierung und Phosphorylierung eines TGF-β-Rezeptors vom
Typ RI; der entstehende ternäre Komplex phosphoryliert
dann cytosolisch lokalisierte Transkriptionsfaktoren wie
Smad-2 und Smad-3 an definierten Serin- und Threoninres-

ten (Abbildung 35.20). Die bemerkenswerte **Zelltypspezifität
dieses Signalwegs wird durch die Kombinatorik** von mindestens
42 TGF-β-ähnlichen Liganden, 7 RI- bzw. 5 RII-Rezepto-
ren und 8 Smad-Faktoren erzielt. Allgemein sind TGFs – ähnlich wie p53 – negative Regulatoren von Zellwachstum und
-proliferation, die nach Bindung an ihre Oberflächenrezeptoren die Expression von Inhibitoren der CDK-Cyclin-Komplexe
steigern (▶Abschnitt 34.3). Durch die fehlende CDK4/6-Akti-
vität kann dann Rb-Protein nicht mehr phosphoryliert wer-

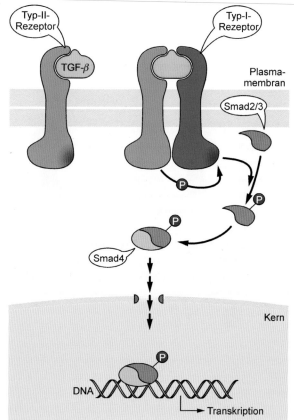

35.20 Der TGF-β-Signalweg. TGF-β-Rezeptoren bestehen aus zwei Transmembranproteinen (RI, RII), die gemeinsam eine Ligandenbindungsstelle exponieren.
Nach TGF-β-Bindung phosphoryliert und aktiviert RII die RI-Untereinheit, die daraufhin Smad-2 und -3 phosphoryliert. Diese bilden mit Smad-4 Dimere, die in den
Zellkern translozieren und die Transkription von u. a. INK4 anregen (▶Ab-
schnitt 34.3). Alternativ kann der TGF-β-Signalweg auch durch ERK/MAP-Kinasen
aktiviert werden: Wir sprechen dann von einer Transaktivierung. Zur Rolle von TGF-β
beim Marfan-Syndrom (▶Exkurs 8.4).

den; damit hält der Zellzyklus in G_1 an und erlaubt nun eine **zelluläre Differenzierung** (▶Abbildung 34.10). Somit wirken TGF-β-Proteine im Allgemeinen als **Tumorsuppressoren**.

Die Ausschaltung des fundamentalen TGF-β-Signalwegs z.B. durch Mutation seiner Schlüsselkomponenten kommt einer „Enthemmung" gleich, die betroffene Zellen unreguliert in die **Proliferation** schickt. So findet sich ein funktionelles Defizit in der TGF-β-Kaskade bei mehr als 30 % aller Colon- und Rektumkarzinome. Dabei sind häufig Gene für RII, Smad-2 und vor allem Smad-4 mutiert.

Der Rb-Signalweg: Neben p53 ist das Retinoblastomprotein Rb *der* zentrale Tumorsuppressor, der beim Retinoblastom (▶Exkurs 34.2), aber auch bei zahlreichen anderen Tumoren ausgeschaltet ist. Rb ist der Wächter über den **Restriktionspunkt** (R-Punkt), der in der späten G_1-Phase den Übergang in die S-Phase kontrolliert (▶Abschnitt 34.3). Mit Überschreiten des R-Punkts geht eine Zelle praktisch unwiderruflich in ihre Teilungsphase über. Eine Deregulation der molekularen Maschinerie, die den R-Punkt kontrolliert und deren Herzstück Rb ist, kommt einem Freibrief für eine **unkontrollierte Zellproliferation** gleich. Ebenso groß ist die Bedeutung von Rb für die **zelluläre Differenzierung**, die auf einen Stopp des Zellzyklus am R-Punkt angewiesen ist. Die Entscheidung, ob eine Zelle den R-Punkt überschreitet, ist wesentlich an den Phosphorylierungsgrad von Rb geknüpft: In der G_1-Phase liegt Rb in seiner **hypo**phosphorylierten aktiven Form vor, die an den Transkriptionsfaktor E2F bindet und diesen inaktiviert (▶Abbildung 34.10). Bei Stimulation der Zelle mit Wachstumsfaktoren phosphoryliert der Cyclin-D-CDK4/6-Komplex das Rb-Protein, das daraufhin E2F aus der Bindung entlässt, sodass der Transkriptionsfaktor nun die Expression von Cyclin E und CDK2, aber auch seine eigene Expression antreiben kann (Abbildung 35.21). Der dabei gebildete Komplex aus **Cyclin E/CDK2** *hyper*phosphoryliert und inaktiviert Rb, sodass zunehmend E2F freigesetzt wird,

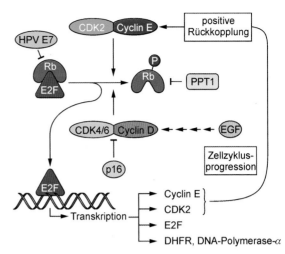

35.21 Der Rb-Signalweg. In der ruhenden Zelle komplexiert Rb den Transkriptionsfaktor E2F und verhindert damit eine Überschreitung des R-Punkts. Bei Stimulation mit Wachstumsfaktoren phosphoryliert zunächst CDK4/6, dann zunehmend CDK2 das Rb-Protein, das daraufhin E2F entlässt. E2F regelt die Transkription der S-Phasen-Gene herauf und ermöglicht damit das Überschreiten des R-Punkts. E7 ist ein Protein des humanen Papillomavirus (HPV) (Abbildung 35.11), DHFR, Dihydrofolat-Reduktase.

der wiederum die Transkription weiterer S-Phase-Gene für Cyclin A, CDK1, Dihydrofolat-Reduktase (DHFR) sowie DNA-Polymerase-α anregt. Der hyperphosphorylierte Zustand von Rb bleibt bis zum Ende der M-Phase bestehen: Erst bei Eintritt in die nächste G_1-Phase dephosphoryliert **Protein-Phosphatase PPT-1** das Rb-Protein und setzt damit einen erneuten Zyklus in Gang. Tumorzellen können Rb auf verschiedene Weise inaktivieren und damit die Proliferation antreiben, so auch über das **myc-Onkogen** (Exkurs 35.5).

Exkurs 35.5: Myc und der Rb-Signalweg

Das Genprodukt **Myc** gehört zur Klasse der basischen Helix-Loop-Helix(HLH)-**Transkriptionsfaktoren** (▶Abschnitt 20.4), die vor allem Gene für Wachstumsfaktoren kontrollieren. Myc bildet mit zwei weiteren HLH-Proteinen, **Max** und **Miz**, heterodimere Komplexe, welche die Expression mitogener Faktoren stimulieren bzw. inhibieren (Abbildung 35.22). Ein Drittel aller menschlichen Tumoren überexprimiert Myc; prominentes Beispiel dafür ist das **Burkitt-Lymphom** (Tabelle 35.1). Myc kann dann einerseits mit Max proliferationsfördernde Gene aktivieren und damit den Zellzyklus antreiben. Andererseits kann Myc mit Miz die Genexpression u. a. von **p21** und **INK4**, den wichtigsten Inhibitoren von CDK2 bzw. CDK4 (▶Abschnitt 34.3), herunterregulieren, eine Hyperphosphorylierung von Rb einleiten und so den Weg zur Überschreitung des R-Punkts bahnen. Ein wichtiger physiologischer Gegenspieler von Myc ist der **TGF-β-Signalweg**, der *via* Smad-3/Smad-4 die Expression von p21 und INK4 steigert (siehe oben) und gleichzeitig über Smad-3/E2F die Myc-Expression unterdrückt.

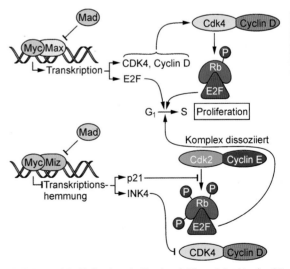

35.22 Myc und der Rb-Signalweg. Im Komplex mit Miz reprimiert Myc die p21/INK4-Expression, während es im Verein mit Max die Expression der Gene von Cyclin D, CDK4 und E2F hochreguliert. Nettoeffekt ist eine verstärkte Zellproliferation. Ein weiteres HLH-Protein, Mad, kann Max bzw. Miz aus dem Komplex mit Myc verdrängen. Der Komplex Myc-Mad reprimiert die Expression von Genen für Wachstumsfaktoren und hält den Zellzyklus am R-Punkt an; damit wird der Zelle Zeit zur Differenzierung gewährt.

NF-κB- und PI3K-Signalwege wachen über die Apoptose

Der NF-κB-Signalweg: Ursprünglich als <u>n</u>ucleärer <u>F</u>aktor bei der Expression der <u>κ</u>-Kette von Immunglobulinen in <u>B</u>-Zellen entdeckt, hat sich NF-κB mittlerweile als Hauptschalter bei der Regulation von Immunantworten, Entzündungsreaktionen und Apoptose erwiesen. NF-κB besteht aus zwei Untereinheiten, p50 und p65, und liegt im Grundzustand als ternärer Komplex mit seinem **Inhibitor IκB** im Cytosol vor (Abbildung 35.23). Typische Aktivatoren dieses Signalwegs

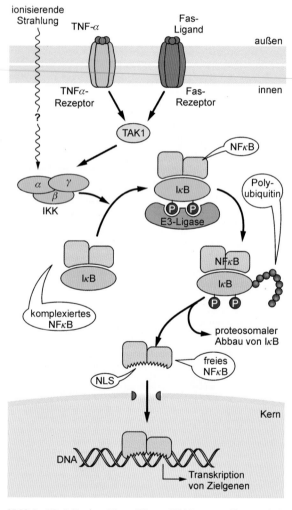

35.23 Der NF-κB-Signalweg. Trimere TNFα- und FAS-Rezeptoren können nach Ligandenbindung TAK-1 rekrutieren und aktivieren, die wiederum die Kinase IKK mit ihren drei Untereinheiten α, β und γ aktiviert. Die IKK-vermittelte Phosphorylierung und Ubiquitinylierung von IκB setzt NF-κB frei, sodass er nun in den Kern translozieren und dort die Transkription seiner Zielgene induzieren kann. Dazu gehört auch induzierbare NO-Synthase (iNOS), die über ihre NO-Produktion bakterizid wirkt ($\triangleright$ Abschnitt 27.5). Das humane Genom codiert für fünf verschiedene Mitglieder der NF-κB-Familie. [AN]

sind **Tumornekrosefaktoren** wie TNF-α, **Interleukine** wie IL-1 oder proapoptotische Faktoren wie Fas-Liganden ($\triangleright$ Abschnitt 34.6), die nach Bindung an ihre spezifischen Rezeptoren zunächst die **Kinase TAK-1** aktivieren, die wiederum eine IκB-spezifische <u>K</u>inase IKK *via* Phosphorylierung stimulieren. Die Serin-/Threoninkinase IKK ist der Konvergenzpunkt, an dem diverse Aktivierungsmechanismen des **NF-κB-Signalwegs** zusammenlaufen: So können ionisierende Strahlung ebenso wie bakterielle oder virale Antigene *via* TLR-Rezeptoren ($\triangleright$ Abschnitt 36.3) das Schlüsselenzym IKK stimulieren. Aktivierte IKK phosphoryliert daraufhin IκB, worauf eine E3-Ubiquitin-Ligase ($\triangleright$ Abschnitt 19.11) an den modifizierten Inhibitor bindet, ihn polyubiquitinyliert und damit dem proteasomalen Abbau zuführt. Die Entfernung von IκB aus dem Komplex legt eine Kernlokalisationssequenz (NLS; $\triangleright$ Abschnitt 19.3) von NF-κB frei und ermöglicht damit seine **Translokation** in den Nucleus, wo der Faktor mehr als 200 verschiedene Gene aktivieren kann, die u. a. für Cytokine, Chemokine, Akutphaseproteine, Adhäsionsmoleküle und **antiapoptotische Proteine** ($\triangleright$ Abschnitt 34.5) codieren. NF-κB aktiviert aber auch das Gen für IκB und schaltet damit durch negative Rückkopplung seinen eigenen Signalweg wieder ab.

Der NF-κB-Signalweg ist häufig in **antikörperproduzierenden B- und T-Zellen** von Lymphomen und Myelomen konstitutiv aktiv und führt dann aufgrund der Überexpression von antiapoptotischen Proteinen zu einer deutlich **verlängerten Überlebenszeit** der betroffenen Tumorzellen. Die zugrunde liegenden molekularen Mechanismen sind noch nicht im Detail verstanden.

Der PI3-Kinase-Signalweg: Die Rezeptoren von Wachstumsfaktoren signalisieren primär über den Ras-Raf-MAPK-Weg (siehe oben). Alternativ können spezifische Tyrosinphosphatreste der aktivierten Rezeptoren **PI3-Kinase** (<u>P</u>hosphatidyl<u>i</u>nositol-<u>3</u>-Kinase) aus dem Cytosol rekrutieren, die daraufhin PIP$_2$, ein Phospholipid der inneren Schicht der Plasmamembran, unter ATP-Verbrauch zu PIP$_3$ phosphoryliert (Abbildung 35.24). PIP$_3$ bietet Ankerplätze für cytosolische Serin-/Threoninproteinkinasen wie **Akt** (synonym PKB; $\triangleright$ Abschnitt 31.4): Bindung an PIP$_3$ ermöglicht die Aktivierung der Kinase, die darauf proapoptische Faktoren wie **Bad** und **FOXO** phosphoryliert und damit inhibiert. Dadurch fallen zwei „Zügel" für den nachgeschalteten antiapoptotischen Faktor **Bcl-2** weg: einerseits die hemmende Wirkung von Bad und andererseits die FOXO-vermittelte transkriptionelle Aktivierung des Faktors **BIM**, der Bcl-2 hemmt. Der solchermaßen „enthemmte" Faktor Bcl-2 kann nun seine volle antiapoptotische Wirkung entfalten, indem er die Freisetzung von Cytochrom c unterdrückt ($\triangleright$ Abbildung 34.14). Die strategisch herausgehobene Position von PI3-Kinase im zellulären Signalnetzwerk macht einen potenten Gegenspieler erforderlich: Die plasmamembranassoziierte **Lipidphosphatase PTEN** (engl. *phosphatase on chromosome <u>ten</u>*) übernimmt diese Aufgabe und dephosphoryliert PIP$_3$ zu PIP$_2$; daraufhin kann Akt nicht mehr an die Plasmamembran bin-

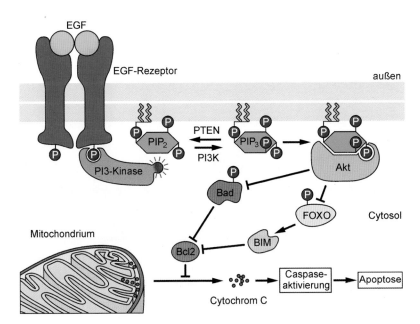

35.24 PI3-Kinase-Signalweg und PTEN. Die Lipidphosphatase PTEN dephosphoryliert PIP_3 (Phosphatidylinositol-3,4,5-trisphosphat) zu PIP_2 (Phosphatidylinositol-4,5-phosphat) und hält dadurch Akt-Kinase in Schach, die ihrerseits durch inaktivierende Phosphorylierung von Bad (direkt) bzw. FOXO/Bim (indirekt) die Wirkung des antiapoptischen Faktor Bcl-2 entfaltet. Die Kinasen PDK-1 und mTOR phosphorylieren und aktivieren Akt/PKB an der Membran (nicht gezeigt).

den. Entsprechend führen inaktivierende Mutationen von PTEN zur Dauerstimulation der Zelle durch Akt (siehe unten).

Dieses Beispiel verdeutlicht noch einmal den **Antagonismus** von Onkogenen und Suppressorgenen: Bei aktivierenden Mutationen oder Überexpression wirkt Bcl-2 als Onkogen, während inaktivierende Mutationen oder Deletionen beider PTEN-Allele zu einem Ausfall seiner tumorsuppressiven Wirkung führt. Beide Effekte führen zu **drastisch verlängerten Überlebensraten** und damit zu einem entscheidenden Wachstumsvorteil betroffener Zellen. Tatsächlich ist PTEN eines der am häufigsten mutierten Tumorsuppressorgene: So findet man inaktivierende Mutationen von PTEN bei Hirntumoren wie dem Glioblastom oder beim endometrialen Karzinom.

Ein weiterer wichtiger Signalweg läuft über die **Kinase mTOR** (engl. *mammalian target of rapamycin*), der wir bereits bei der Insulin-Signalkaskade begegnet (▶Abschnitt 31.4) sind, wo sie im Komplex mit dem Protein **Rictor** die Akt-Kinase phosphoryliert und damit zu ihrer vollen Aktivierung beiträgt. Im Komplex mit **Raptor** wirkt mTOR hingegen *stromabwärts* von Akt und reguliert dadurch das Zellwachstum (Exkurs 35.6).

35.9
Neue Ansätze in Tumordiagnostik und -therapie basieren auf molekularen Erkenntnissen

Krebs hat die Menschheit seit ihrer Entstehung begleitet. Bis zum Beginn des 20. Jahrhundert starben allerdings noch die meisten Menschen an Infektionskrankheiten. Erst die Ent-

wicklung von Antibiotika und anderen Antiinfektiva und eine damit rasant steigende Lebenserwartung haben den Krebs – neben Herz-Kreislauf-Erkrankungen sowie zunehmend auch neurologischen Krankheiten – zur führenden Todesursache in industrialisierten Ländern werden lassen. Der Kampf gegen Krebs wird heute auf drei Ebenen geführt: Prävention, (Früh-)Diagnostik und Therapie. Wir wollen uns hier auf die beiden letzteren Aspekte konzentrieren.

Die moderne **Tumordiagnostik** wird einerseits von bildgebenden Verfahren wie Computer- und Kernspintomographie sowie histologischen Analysen dominiert; daneben gewinnen biochemische und molekularbiologische Verfahren zunehmend an Bedeutung. Diagnostische Ziele sind einerseits eine präzise **Tumorklassifikation** hinsichtlich Genese und Prognose sowie eine gründliche Evaluation so genannter **Biomarker**, die leitend für die Therapiewahl sind. Western-Blot-Analysen sind wichtig bei der Diagnostik viraler Onkogene und Proteine, während Southern Blotting z.B. bei Gendeletionen hilfreich ist. Zunehmend setzt sich die **DNA-Sequenzierung** ausgewählter Genombereiche eines Patienten bei Verdacht auf Erbkrankheit, somatische Mutation oder chromosomale Translokation durch, so etwa bei der Akuten Myeloischen Leukämie (AML) (Abschnitt 35.4) oder bei gastrointestinalen Stromatumoren (GIST). Häufig wird dabei das relevante Gensegment durch Amplifikation *via* PCR gewonnen und mit Hybridisierungstechniken näher analysiert (▶Abschnitt 22.6). Flankierend werden **DNA-Mikroarrays** eingesetzt, um die für Tumortypen charakteristischen Expressionsmuster als mRNA-Profile zu analysieren (Abbildung 35.26). Durch Vergleich der Expressionsraten von Primärtumoren bzw. Metastasen sind Vorhersagen über die Metastasierungstendenz der Primärtumoren und damit über **Prognosen** z.B. von Mammakarzinomen oder B-Zell-Lymphomen möglich. Derartige Expressionsprofile erlauben

⊘ Exkurs 35.6: Der mTOR-Signalweg

Betrachten wir zunächst die Situation einer Zelle *ohne* Wachstumssignale bei niedriger Energieladung (Abbildung 35.25). Unter diesen Bedingungen aktiviert AMP-abhängige Kinase (AMPK; ▶Exkurs 45.4) das **GTPase-aktivierende Protein Tsc2**, das im Komplex mit **Tsc1** das Ras-ähnliche kleine G-Protein **Rheb** hemmt. Dadurch kann Rhe GDP *nicht* gegen GTP austauschen und somit auch mTOR-Raptor *nicht* aktivieren: Das Zellwachstum wird gedrosselt! Sind hingegen genügend Nährstoffe vorhanden, so aktivieren Wachstumsfaktoren über ihre Tyrosinkinase-Rezeptoren **Akt/PKB-Kinase** (▶Abbildung 31.16), die daraufhin den Tsc-Komplex phosphoryliert und inaktiviert. Nun kann der Tsc-Komplex Rheb *nicht* mehr hemmen; GTP-beladenes Rheb stimuliert daraufhin den **mTOR-Raptor-Komplex**, der seinerseits **S6-Kinase** aktiviert, die das S6-Protein der kleinen Ribosomenuntereinheit phosphoryliert. Gleichzeitig hemmt mTOR-Raptor das eIF-4E-Bindungsprotein, setzt dadurch den **Initiationsfaktor eIF-4E** frei, der an die 5'-Kappe von mRNAs bindet und deren Translation freigibt. Die gesteigerte Proteinbiosynthese führt schließlich zur Proliferation der Zellpopulation. Der mTOR-Signalweg kann fatale Folgen zeitigen, wenn die Phosphatase **PTEN** ausfällt und die Akt-Aktivität nicht mehr „bremst", sodass Zellen ungehemmt wachsen. **Rapamycin**, ein Antibiotikum aus *Streptomyces hygroscopicum*, das zusammen mit dem Protein **FKP506** an den mTOR-Raptor-Komplex bindet und ihn dadurch inaktiviert, kann diese Dauerstimulation wirkungsvoll unterbinden. Neu entwickelte Rapamycinanaloga wie Temsirolimus (Torisel®) sind derzeit in der klinischen Erprobung beim fortgeschrittenen Nierenzellkarzinom; sie werden auch bei Autoimmunkrankheiten eingesetzt (▶Abschnitt 36.11).

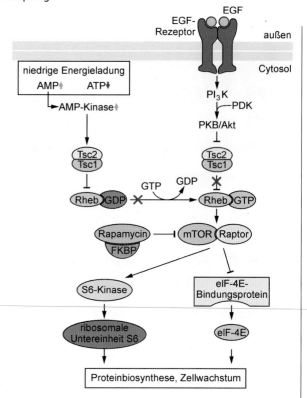

35.25 Der mTOR-Signalweg. In Abwesenheit von Wachstumsfaktoren hält der GTPase-aktivierende Tsc-Komplex Rheb und damit auch mTOR-Raptor inaktiv: Das Zellwachstum sistiert (links). In Anwesenheit von Wachstumsfaktoren aktivieren diese *via* PI3-Kinase und PDK die Akt-Kinase, den den Tsc-Komplex phosphoryliert und damit inaktiviert. GTP-Rheb kann nun mTOR aktivieren, über S6-Kinase bzw. eIF-4E die Proteinsynthese stimulieren und damit das Zellwachstum anregen (rechts).

auch eine Subklassifizierung z.B. von B-Zell-Lymphomen, sodass **„maßgeschneiderte" Therapien** für die wichtigsten Lymphomtypen möglich sind. Von besonderem Interesse sind relative Expressionsspiegel z.B. von Onkogenen oder Tumorsuppressorgenen, die erste Hinweise auf die molekulare **Tumorgenese** liefern können. Diagnostisch bedeutsam sind **PCR-Analysen**, die gezielt nach chromosomalen Translokationen z.B. bei der Chronisch Myeloischen Leukämie suchen (Abschnitt 35.4). Wichtige **„prätherapeutische Indikatoren"** sind der mutierte EGF-Rezeptor (HER2) beim Mammakarzinom und mutierte(r) PDGF-Rezeptor bzw. c-Kit bei GIST sowie mutiertes K-Ras beim Colonkarzinom. Dagegen sind **Tumormarker** wie z.B. carcinoembryonales Antigen (CEA; ein Membranglykoprotein der Darmepithelzellen), Bence-Jones-Protein (leichte Kette von Immunglobulinen) oder **Prostata-spezifisches Antigen** (PSA; eine kallikreinähnliche Protease) weniger spezifisch. *Insgesamt gilt: je präziser die Diagnostik, umso gezielter die Therapie!*

Die **Tumortherapie** ⌂ ist ein außerordentlich dynamisches Feld der angewandten Medizin. Meist stehen chirurgische Entfernung und Bestrahlung am Beginn einer solchen Therapie. Die Behandlung mit **Röntgenstrahlung** macht sich dabei zunutze, dass Tumorzellen im Allgemeinen anfälliger

gegenüber ionisierender Strahlung sind als normale Zellen, da häufig die Mechanismen zur Arretierung des Zellzyklus und zur Reparatur der **strahleninduzierten DNA-Schäden** gestört sind. So kann z.B. ein Defekt im p53-Signalweg einen regulären Zellzyklusstopp verhindern, sodass betroffene Tumorzellen ungeachtet der Strahlenschäden mit ihrer Teilung fortfahren, dabei einen katastrophalen DNA-Schaden erleiden und schließlich der Apoptose anheim fallen. Haben Tumorzellen allerdings gleichzeitig ihre Apoptosewege ausgeschaltet, so können durch Mutation und Selektion neue Zellpopulationen entstehen, die trotz DNA-Schädigung ihr Wachstum ungehindert fortsetzen.

Von zentraler Bedeutung in der Krebstherapie sind **Cytostatika**, die ungehemmtes Zellwachstum unterbinden können. Dazu gehören „klassische" Cytostatika wie Antimetabolite, Topoisomeraseinhibitoren und alkylierende bzw. interkalierende Substanzen (Abbildung 35.27). Am Beispiel von 5-Fluoruracil (5-FU; ▶Abbildung 49.16) lässt sich die molekulare Strategie von **Antimetaboliten** erläutern: 5-FU ist ein **Suizidinhibitor**, der das aktive Zentrum von Thymidylat-Synthase durch Knüpfung einer kovalenten Bindung dauerhaft blockiert und damit die Neusynthese von Nucleotiden verhindert, die im großen Stil von Tumorzellen gebraucht wer-

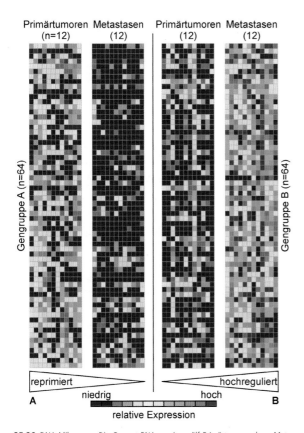

Primärtumoren Metastasen   Primärtumoren Metastasen
(n=12)   (12)   (12)   (12)

Gengruppe A (n=64)

Gengruppe B (n=64)

reprimiert   hochreguliert
A   niedrig   hoch   B
relative Expression

35.26 DNA-Mikroarray. Die Gesamt-RNA von je zwölf Primärtumoren bzw. Metastasen von Adenokarzinomen wird über reverse Transkription in fluoreszenzmarkierte cDNA überführt und auf ein Deckglas mit ca. 1 500 Plätzen pro cm^2 aufgebracht, die komplementäre Oligonucleotide aus dem codierenden Bereich jeweils eines Gens tragen. Nach Hybridisierung mit den markierten cDNAs wird die relative Expressionsrate mittels Laser-Scanning-Mikroskopie vermessen. Gezeigt sind zwei Gengruppen, deren Expression in Metastasen relativ zu Primärtumoren unterdrückt (A) bzw. gesteigert (B) ist. Geringe Expression: tiefblau; hohe Expression: karminrot. [AN]

Methotrexat

Cyclophosphamid   ◄— Hydroxylierung

cis-Platin

Irinotecan

35.27 Repräsentative Cytostatika. Methotrexat ist ein Folsäureantagonist, Irinotecan ist ein Chinolinalkaloid, *cis*-Platin gehört zu den cytostatischen Platinverbindungen und Cyclophosphamid ist eine inaktive Vorstufe (engl. *prodrug*), die zunächst in der Leber durch Hydroxylierung aktiviert wird (Pfeil) und erst in der Zielzelle die Wirkform Chlorethylphosphorsäureamid (gelb) bildet.

den. Ähnliche Mechanismen liegen der Wirkung von kompetitiven Hemmern der **Dihydrofolat-Reduktase** (DHFR) wie z.B. Methotrexat zugrunde, die bei akuter Leukämie oder beim Chorionkarzinom eingesetzt werden (▶ Exkurs 49.4). Bei langwieriger Anwendung von DHFR-Inhibitoren kann es allerdings zur **Resistenzentwicklung** durch Genamplifikation kommen, wobei hunderte von Kopien des DHFR-Gens entstehen können, die dann durch ihre schiere Zahl die Hemmung überwinden (▶ Exkurs 23.5). Ein generelles Problem mit Cytostatika ist ihre gleichzeitige Wirkung auf rasch proliferierende „normale" Zellen der Hämatopoese und Spermatogenese ebenso wie auf die sich rasch erneuernden Epithelzellen des Gastrointestinaltrakts und der Keratinocyten von Haarfollikeln; diese Nebeneffekte sind derzeit noch unvermeidlich.

Eine andere Klasse von Cytostatika bilden **Topoisomeraseinhibitoren** wie Irinotecan, die in den Tumorzellen irreguläre DNA-Strangbrüche induzieren, die nicht mehr ohne weiteres repariert werden können (Abschnitt 21.7). Zu den interkalierenden Substanzen gehört Cisplatin, das sich zwischen die antiparallelen DNA-Stränge schiebt und dadurch eine regelgerechte Replikation verhindert. Nach ähnlichen Prinzipien wirken natürlich vorkommende Cytostatika wie z.B. Actinomycin D aus *Streptomyces* (▶ Exkurs 17.1). Dagegen unterdrücken **Mitosehemmstoffe** wie Taxol (Paclitaxel®) die Mikrotubulusbildung und verhindern damit die Spindelbildung bei der Zellteilung (▶ Exkurs 33.1). Zu den „ältesten" Cytostatika schließlich zählen **alkylierende Substanzen** (Alkylanzien) wie z.B. Cyclophosphamid, die DNA chemisch modifizieren bzw. quervernetzen und damit replikative Fehler induzieren. Neben Cytostatika werden auch andere Wirkstoffe wie der **Rezeptorantagonist** Tamoxifen eingesetzt, der den Östrogenrezeptor blockiert und beim hormonabhängigen Mammakarzinomen wirkt.

Angesichts steigender Zahlen an Krebstodesfällen werden erhebliche Anstrengungen unternommen, aus dem erweiterten Verständnis der Kanzerogenese heraus neue Therapieformen zu entwickeln. Ein bedeutender Ansatz ist die Verwendung von **monoklonalen Antikörpern** (▶ Exkurs 36.7, ▶ Abbildung 37.2) gegen Zelloberflächenproteine wie z.B. den **Tyrosinkinaserezeptor ErbB2** (syn. HER2). ErbB2 ist ein EGF-Rezeptor-ähnliches Protein, das im Zusammenwirken mit anderen ErbB-Rezeptoren die Proliferation von Zellen antreibt. Das erbB2-Gen ist bei zahlreichen Brusttumoren überexprimiert, d. h. die physiologische Kontrolle über die Zellproliferation greift nicht mehr. Therapeutisch wird der Antikörper **Trastuzumab (Herceptin®)** eingesetzt, der spezifisch an ErbB2 bindet und dessen Internalisierung und proteasomalen Abbau gezielt beschleunigt, sodass die von ErbB2 ausgehenden mitogenen Signale abklingen (▶Abschnitt 37.8). Darüber hinaus markiert der Antikörper betroffene Zellen für einen Angriff cytotoxischer Zellen. Brusttumoren mit Überexpression von ErbB2 sprechen besonders gut auf eine Behandlung mit Herceptin an. Der monoklonale Antikörper Cetuximab (Erbitux®) hingegen wirkt wie ein kompetitiver Inhibitor, indem er mit hoher Affinität an die Ligandenbindungsstelle des EGF-Rezeptors (ErbB1) bindet, ohne ihn dabei zu aktivieren. Niedermolekulare **Tyrosinkinaseinhibitoren** wie Gefitinib (Iressa®) und Erlotinib (Tarceva®) wirken intrazellulär und hemmen die ungezügelte ErbB1-Aktivität durch Blockierung der ATP-Bindungsstelle am aktiven Zentrum der Kinase. Ihr Einsatz hat zu beachtlichen Erfolgen bei der Behandlung ausgewählter Typen von Lungenkarzinomen geführt.

Ein ähnlicher molekularer Ansatz hat zum nachhaltigen Erfolg bei der Behandlung von frühen Stadien der **chronischen myeloischen Leukämie** (CML) geführt. In dem durch chromosomale Translokation entstandenen Fusionsgen treibt der Promotor von bcr unreguliert die (Über-)Expression der chimären **Tyrosinkinase Brc-Abl** an, die ein anhaltendes Proliferationssignal in den betroffenen Zellen aussendet (Abschnitt 35.4). Die gezielte Suche nach Inhibitoren von Bcr-Abl lieferte die Substanz **Imatinib (Iressa®,** Glivec), die an die ATP-Bindungsstelle der Kinase andockt, das Enzym in einer inaktiven Konformation fixiert und so den Phosphatgruppentransfer auf Zielproteine unterbindet (Abbildung 35.28). Glivec wird mittlerweile auch erfolgreich als Cytostatikum bei der Behandlung von gastrointestinalen Stromatumoren (GIST) eingesetzt. *Die Entwicklung von Glivec wird als Paradigma translatorischer Medizin angesehen, bei der durch Grundlagenforschung erworbene Erkenntnisse unmittelbar in die klinische Praxis umgesetzt werden können.*

Ein komplett anderer Ansatz greift bei der akuten Promyelocytenleukämie, wo eine chromosomale Translokation das Fusionsprotein **PML-RARα** erzeugt (Abschnitt 35.4). Die Fusion mindert die Affinität des Rezeptors **RARα** für seinen natürlichen Liganden Retinsäure und erzeugt dadurch einen Differenzierungsblock, der zur Akkumulation unreifer Promyelocyten führt (▶Exkurs 27.1). Hohe Dosen von **Retinsäure** lösen diesen Block und führen in fast allen Behandlungsfällen zur temporären Remission. In Kombination mit Cytostatika lassen sich mehr als 90 % aller Patienten heilen, während vor der Anwendung von Retinsäure mehr als 70 % der Betroffenen verstarben. – Ein wichtiges Fazit am Ende dieses Abschnitts lautet daher: *Verstehen wir erst einmal die molekularen Mechanismen, die zur Entstehung von Tumorzellen führen, dann können wir auch rationale Therapien entwerfen, die das „Übel an der Wurzel packen".* Insbesondere die **Verknüpfung** von **molekularer Diagnostik** und **mole-**

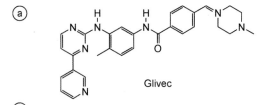

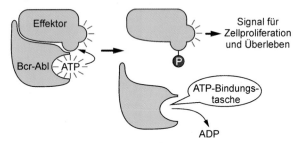

ungehemmter Zustand

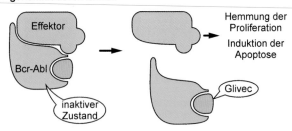

gehemmt durch Glivec

35.28 Struktur und Wirkweise von Glivec® (Imatinib, STI-571). A. Chemische Formel. B. Im ungehemmten Zustand phosphoryliert Brc-Abl Tyrosinreste seiner Effektorproteine und gibt dadurch ständig proliferative Reize. Glivec „friert" Bcr-Abl in einer inaktiven Konformation ein, unterbindet damit die Phosphorylierung von Effektorproteinen, hemmt die Proliferation und fördert die Apoptose. [AN]

kularer Therapie hat die Entwicklung und den Einsatz **zielgerichteter Substanzen** erlaubt, die ermutigende Fortschritte bei der Behandlung ausgewählter Tumoren gebracht haben.

Molekulares Verständnis von Kanzerogenese eröffnet therapeutisches Neuland

Ein anderer Ansatz in der Krebstherapie hat *nicht* die entarteten Zellen im Visier, sondern zielt auf die Abhängigkeit schnell wachsender Tumoren von einer effizienten Versorgung durch Blutgefäße. Wenn Tumoren nämlich einen Durchmesser von ca. 1 mm erreicht haben, reicht die Sauerstoffzufuhr durch Diffusion nicht mehr aus, um ihr Wachstum zu unterhalten. In dieser Situation produzieren Tumorzellen **proangiogene Faktoren**, welche die Aussprossung benachbarter Blutgefäße anregen. Ist noch genügend

Sauerstoff in einer Zelle vorhanden (Normoxie), so hydroxyliert eine O_2-abhängige Prolyl-Hydroxylase die α-Untereinheit des **Transkriptionsfaktors HIF1**, die daraufhin von der **Ubiquitin-E3-Ligase VHL** erkannt, polyubiquitinyliert und dem proteosomalen Abbau zugeführt wird (▶Abschnitt 20.6). Auf diese Weise hält eine Zelle unter normoxischen Bedingungen ihren HIF1-Spiegel niedrig. O_2-Mangel (Hypoxie) unterdrückt jedoch die Hydroxylierung der α-Untereinheit, sodass nun HIF1α im Cytosol akkumuliert, mit der zweiten Untereinheit HIF1-β assoziiert und in den Zellkern translozieren kann, um dort die Transkription von **VEGF** und PDGF anzuregen (▶Abbildung 20.16). VEGF ist ein potenter Stimulator der **Angiogenese** ⌐🖰, sodass nun Blutgefäße in den Tumor einsprossen und seinen steigenden O_2-Bedarf decken können.

Inaktivierende Mutationen der E3-Ligase VHL, die häufig bei Nierentumoren im Kindesalter – den **Wilms-Tumoren** – vorkommen, verzögern den Abbau von HIF1-α und fördern damit indirekt die Angiogenese. So führt auch die Aktivierung des PI3-Kinase-Signalwegs *via* Akt zur Phosphorylierung und damit Stabilisierung von HIF1-α. Somit fällt der Angiogenese eine Schlüsselstellung bei Tumorwachstum und -metastasierung zu. Entsprechend nimmt die Entwicklung von **Angiogeneseinhibitoren** eine hohe Priorität bei der Entwicklung neuer Krebstherapien ein. Flaggschiff dabei ist der monoklonale Antikörper **Bevacizumab (Avastin®)**, der – anders als rezeptorbindende Antikörper – gegen den Liganden VEGF gerichtet ist und ihn „abfängt", sodass er nicht mehr an seinen Rezeptor binden kann. Erste klinische Erfahrungen mit Avastin sind ermutigend. Insgesamt sind derzeit ca. 600 neue Substanzen in den verschiedenen Phasen der klinischen Erprobung, die allesamt auf eine Interferenz mit der Tumorangiogenese abzielen. Angesichts des Imperativs zum Einsatz zielgerichteter Medikamente in der Tumortherapie werden gegenwärtig Ansätze verfolgt, neue Zielstrukturen (engl. *targets*) ins Visier zu nehmen (Abbildung 35.29). Ganz obenan steht die Entwicklung neuartiger Medikamente gegen **Ras-Onkogene**, die an der Genese von ca. 30 % aller menschlichen Tumoren beteiligt sind.

Ebenso wichtig ist die Entwicklung spezifischer Hemmstoffe für **Nichtrezeptor-Kinasen** wie z. B. Raf, MEK und MAP-Kinasen (▶Abschnitt 29.4) oder **Lipidkinasen** wie PI3K. Hauptproblem dabei ist die **Selektivität** solcher Inhibitoren, da das so genannte **Kinom** des Menschen mehr als 518 unterschiedliche Kinasen, darunter mindestens 90 Tyrosinkinasen und 318 Serin-/Threoninkinasen umfasst. Da kompetitive Inhibitoren praktisch ausnahmslos gegen die ATP-Bindungstasche der Kinasen gerichtet sind, besitzen sie in der Regel nur geringe Selektivität, d. h. sie hemmen außer ihrem

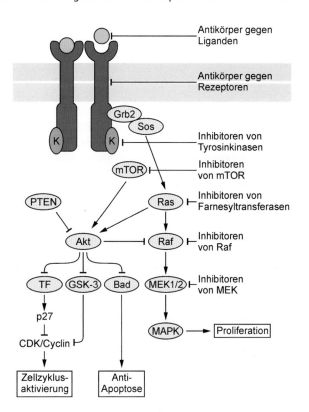

35.29 Entwicklung neuer Krebsmittel. Ziel der Forschung sind vor allem die in der Signaltransduktion weiter stromabwärts liegenden Zielproteine wie Ras, Raf, MEK und Akt/PKB, die allesamt Serin-/Threoninkinasen darstellen. Akt kann direkt über Rezeptor-Tyrosinkinasen oder indirekt über Ras bzw. mTOR aktiviert werden. p27 ist ein CDK2-Inhibitor (▶Abschnitt 34.3); TF, Transkriptionsfaktor. [AN]

Zielprotein noch weitere Kinasen. Ein hohes Ziel bei der Entwicklung innovativer Krebsmedikamente ist der **rationale Entwurf** (engl. *rational design*) kleiner organischer Moleküle, die z. B. an mutiertes p53 binden und dabei seine verloren gegangene Aktivität als Tumorsuppressor wiederherstellen. Wir werden diese herausfordernden Aspekte moderner Pharmaforschung später noch einmal systematisch aufgreifen (▶Kapitel 37). Insgesamt haben die letzten 30 Jahre beeindruckende Fortschritte beim Verständnis der molekularen Prozesse, die der Kanzerogenese zugrunde liegen, gezeigt. Dennoch ist der Kampf gegen den Krebs noch lange nicht gewonnen! Beachtliche Investitionen in die Grundlagenforschung sind nötig, um aus gesicherten Erkenntnissen heraus neue therapeutische Strategien zu entwickeln, die Tumorzellen an ihren Achillesfersen – insbesondere Apoptose und DNA-Reparatur – treffen, *ohne* dabei normale Zellen abermals in Mitleidenschaft zu ziehen.

Zusammenfassung

- Tumoren können durch abnormes Wachstum jedweder Zellart entstehen. **Benigne Tumoren** wachsen lokal, während **maligne Tumoren** („Krebs") invasiv in umliegendes Gewebe wachsen und im gesamten Organismus **Metastasen** bilden können.

- Krebszellen zeichnen sich gegenüber normalen Zellen dadurch aus, dass sie **wenig differenziert** sind, weitgehend **unabhängig von externen Stimuli** wachsen, **verlängerte Überlebensraten** haben und **unbegrenzt replizieren** können.

- Tumoren entwickeln sich aus einzelnen **genetisch veränderten Zellen**, die abnorm proliferieren. Weitere Mutationen führen zur **Selektion von Zellen** mit zunehmendem Potenzial für Wachstum, Überleben, Invasion und Metastasierung.

- **Ionisierende Strahlung** und **Karzinogene** schädigen zelluläre DNA und induzieren Mutationen. **Tumorpromotoren** sind *per se* nicht mutagen, stimulieren aber die zelluläre Proliferation. **Tumorviren** können beim Menschen Tumore erzeugen.

- **Onkogene** sind krebserregende Gene, die durch Mutation, Translokation oder Amplifikation aktiviert werden. Humane Onkogene sind meist dominant. Virale Onkogene stammen häufig von **Proto-Onkogenen** ihrer Wirtsgenome ab.

- **Tumorsuppressorgene** hemmen die Krebsentstehung. Deletionen oder inaktivierende Mutationen z. B. der Gene von **p53** und **Rb** finden sich bei zahlreichen menschlichen Tumoren; solche Mutationen sind meist rezessiv.

- Störungen wichtiger Signalwege, die an der **Steuerung des Zellzyklus** beteiligt sind, können krebsauslösend wirken. Dies gilt vor allem für die Signalwege von Wachstumsfaktoren wie Notch, Wnt, Hedgehog und p53.

- Die Störung von Signalwegen, die auf die zelluläre Differenzierung einwirken, kann zur Tumorentstehung beitragen. Dies gilt vor allem für die **Tumorsuppressoren TGF** und **Rb**. Das Onkogen **c-myc** interferiert mit dem Rb-Signalweg.

- Neben dem Tumorsuppressor p53 beeinflussen vor allem die Signalwege von **NF-κB** und **PI3K/PTEN** die zellulären Apoptosemechanismen. Störungen in diesen Signalwegen führen zu einer **abnormen Überlebensrate** betroffener Zellen.

- DNA-Sequenzierung, **DNA-Mikroarrays** sowie PCR-Analytik erhellen die molekularen Ursachen diverser Tumorformen. Therapeutisch eingesetzte **Cytostatika** sind vor allem Antimetaboliten, Topoisomeraseinhibitoren sowie alkylierende und interkalierende Substanzen.

- Neuere Entwicklungen in der Krebstherapie haben **monoklonale Antikörper** gegen Wachstumsfaktorrezeptoren, **Inhibitoren** gegen rezeptorassoziierte Protein-Tyrosinkinasen sowie Inhibitoren der Angiogenese hervorgebracht.

- Die Aufklärung der komplexen molekularen Mechanismen der Kanzerogenese erlaubt die Entwicklung neuer, **selektiv wirkender Medikamente** z. B. gegen Nichtrezeptor-Kinasen und kleine G-Proteine.

Angeborenes und erworbenes Immunsystem

Das Immunsystem entscheidet über Leben und Tod. Ohne funktionsfähiges Abwehrsystem sind wir Infektionen durch Viren, Bakterien, Pilze und Parasiten hilflos ausgeliefert und damit lebensunfähig, wenn nicht Gegenmaßnahmen ergriffen werden. Zwei Verteidigungslinien sichern eine funktionsfähige Abwehr gegen eindringende Fremdstoffe: Das *natürliche Immunsystem* setzt sich gegen eindringende Erreger zur Wehr, ist aber nicht zu einer spezifischen Anpassung fähig. Dieser nichtadaptive Zweig des Abwehrsystems ist ererbt; wir sprechen von *angeborener Immunität*. Seine wichtigsten zellulären Akteure sind Makrophagen und neutrophile Granulocyten. Dagegen schneidet das erworbene oder *adaptive Immunsystem* seine Waffen speziell auf einen Fremdstoff oder Erregertypus zu und setzt diesen gezielt außer Gefecht; wir haben es mit einer spezifischen Abwehr zu tun. Das Immunsystem von Säugern kann sich erinnern: Wer einmal eine Windpockeninfektion durchgemacht hat, ist im Allgemeinen für den Rest des Lebens gegen eine Zweitinfektion gefeit. Dabei kann das Immunsystem nahezu perfekt zwischen „*Selbst*" und „*Fremd*" unterscheiden; dieses Diskriminierungsvermögen ist so fein, dass das Immunsystem auch körpereigene Krebszellen, die sich nur in Nuancen von natürlichen Zellen unterscheiden, erkennen und eliminieren kann. Versagt dieses Diskriminierungsvermögen, so wendet sich das Abwehrsystem gegen den eigenen Organismus und wird zum Autoaggressor. Spezifität und Erinnerung sind Qualitäten, die durch Anpassung des Immunsystems an wechselnde Herausforderungen entstehen. Das adaptive Immunsystem entwickelt sich daher erst in der Auseinandersetzung des Individuums mit seiner Umwelt; es umfasst *humorale* und *zelluläre Komponenten*. Die humorale Immunantwort wird von Antikörpern vermittelt, die spezifisch für ihre *Antigene* (<u>Anti</u>körper <u>gene</u>rierende Stoffe) sind und von B-Lymphocyten (B-Zellen) produziert werden.

Das Komplementsystem attackiert bakterielle Invasoren

Dringt ein infektiöser Organismus in den menschlichen Körper ein, so löst er eine abgestufte körpereigene **Immunreaktion** aus: Zuerst einmal greifen die angeborenen Mechanismen der Abwehr, die auf rasche Eliminierung des Eindringlings abzielen (Minuten bis Stunden). Anschließend kommt es zu so genannten frühen induzierten Reaktionen, die aber noch keine dauerhafte Immunität bewirken (Stunden bis Tage). Erst wenn ein Erreger diese beiden Linien durchbricht, wird eine adaptive Immunantwort ausgelöst (Tage). Wir wenden uns zunächst der ersten Stufe zu: Die Speerspitze der angeborenen Immunität ist das **Komplementsystem**, das sich den häufigsten Invasoren – Bakterien – entgegenstellt. Im Verein mit phagocytierenden Zellen wie Makrophagen und neutrophilen Granulocyten – kurz **Phagocyten** genannt – „komplementiert" es das adaptive Immunsystem. Komplementfaktoren können direkt an **Polysaccharide** der Bakterienwand binden; alternativ greifen sie antikörperbespickte Bakterien an und zerstören die Invasoren. Dazu verfügt das Komplementsystem über ein Arsenal von ca. 20 Enzymen, Cofaktoren, porenbildenden Proteinen und Rezeptoren. Herzstück ist – ähnlich wie bei Gerinnung und Apoptose – eine proteolytische Kaskade (Abbildung 36.1). Mehrere Faktoren können die Komplementkaskade aktivieren: Antikörper, die sich an bakterielle Zellmembranen geheftet haben, lösen den **klassischen Weg** aus, während Polysaccharide auf den Oberflächen von Bakterien, Pilzen und anderen Parasiten den **alternativen Weg** induzieren. Schlüsselkomponenten der Komplementkaskade sind die Faktoren C1 bis C9, B und D, die in einer konzertierten Aktion Poren in die Bakterienwand stanzen und damit Eindringlinge lysieren.

Den Ausgangspunkt des klassischen Wegs bildet der **C1-Komplex**, der *via* **C1q** an Antikörper auf der Oberfläche von

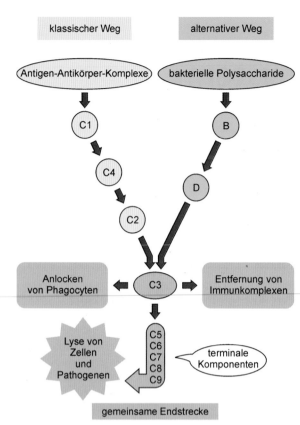

36.1 Komponenten des Komplementsystems. Faktor C1 umfasst zwei Proenzyme (C1r, C1s) und einen nichtenzymatischen Cofaktor, C1q. C2, B und D sind – ebenso wie C1r und C1s – inaktive Vorstufen von Proteasen; C5 ist ein membranassoziiertes Protein, und C6 bis C9 sind porenbildende Proteine. Der alternative Weg aktiviert das System *via* C3; die terminalen Faktoren C5 bis C9 bilden zusammen mit C3 die gemeinsame Endstrecke von klassischem und alternativem Weg. [AN]

C4b) sowie C2 (in C2a und C2b) spalten. Ein dritter Aktivierungsweg (MBL-Weg), dessen physiologische Relevanz beim Menschen noch unklar ist, konvergiert hier mit dem klassischen Weg: Er aktiviert C4 und C2. Der dabei entstehende Komplex aus C2a (aktives Enzym) und C4b bildet die **C3-Konvertase**, die C3 (in C3a und C3b) spaltet. An diesem Punkt mündet der alternative Weg in den klassischen Weg ein: Dabei wirkt der aktivierte Faktor B als C3-Konvertase. Aktiviertes C3b bildet dann mit C2a-C4b einen ternären Komplex, kurz **C5-Konvertase** genannt, der C5 (in C5a und C5b) spaltet. Sämtliche Wege führen also zur Bildung von C5b, das nun die terminalen Reaktionen der Kaskade mit der Assemblierung des **membranattackierenden Komplexes** einleitet. Proteolytische Fragmente wie C3a und C5a dienen sekundär als chemische Signalgeber: Sie locken Makrophagen und neutrophile Granulocyten an, die über spezifische Rezeptoren die „Bepflasterung" der Bakterienoberfläche mit C3b und C4b erkennen und daraufhin die Invasoren phagocytieren: Wir sprechen von einer **Opsonisierung**.

Der terminale Komplex stanzt Poren in die Bakterienmembran

Das bei der C5-Spaltung entstehende (größere) Fragment C5b bleibt an der Membran haften und bildet eine Plattform für die Rekrutierung der Faktoren C6 und C7 (Abbildung 36.3). Die Bindung an C5b-C6 induziert in C7 eine Konformationsänderung, die zur Exposition eines „kryptischen" hydrophoben Segments führt, das sich nun in die Membran schiebt. C8 wird über einen ähnlichen Mechanismus in den Komplex integriert und trägt wie C6 und C7 zum Aufbau der entstehenden Pore bei. Nun binden mehrere C9-Moleküle nacheinander an den Komplex und „tauchen" da-

Bakterien und Parasiten bindet (Abbildung 36.2). Dabei kommt es zur Aktivierung der Proenzyme C1r und C1s, die durch limitierte Proteolyse nacheinander C4 (in C4a und

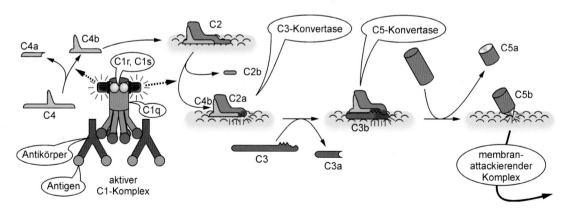

36.2 Aktivierung der Komplementkaskade über den klassischen Weg. C1q erkennt und bindet an Antikörper auf der Bakterienoberfläche; das Heterohexamer trägt je zwei Moleküle C1r bzw. C1s. Durch sukzessive proteolytische Spaltung (Einzelheiten im Text) entstehen die membranassoziierten Konvertasen für C3 und C5. C5b bildet den Grundstein für den membranattackierenden Komplex. C3a und C5a wirken als chemotaktische Signale: Ihr Konzentrationsgradient dient Makrophagen und neutrophilen Granulocyten als Kompass auf dem Weg ins Entzündungsgebiet.

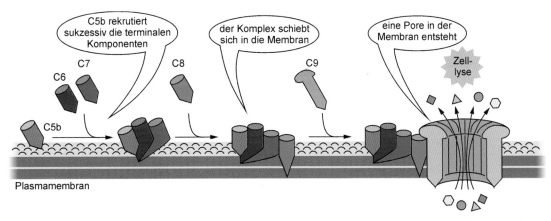

36.3 Porenbildung durch den membranattackierenden Komplex. Der nichtenzymatische Faktor C5b rekrutiert nacheinander C6, C7 und C8, die den Komplex in der Membran „vertäuen" und eine Plattform für die Polymerisation von C9 bilden: Die entstehende Pore hat eine Höhe von ca. 20 nm und eine lichte Weite von ca. 10 nm.

bei in die Membran ein. Das Endergebnis ist eine **molekulare Pore** von ca. 10 nm Durchmesser, deren Spundwand aus ca. 10–15 Molekülen C9 besteht, die das Bakterium „löchern". *Das Komplementsystem ist also ein wirkungsvolles Effektorsystem, das Bakterien selbst lysieren kann, sie für den Abbau durch Phagocyten opsonisiert und Entzündungszellen per Chemotaxis den Weg zum Infektionsherd weist. Dieses System wird engmaschig kontrolliert (Exkurs 36.1).*

 ## Exkurs 36.1: Hereditäres Angioödem

Kleine Mengen der zirkulierenden Komplementfaktoren können auch an nichtbakteriellen Oberflächen aktiviert werden; eine effektive Kontrolle verhindert, dass sie dann beliebige Körperzellen lysieren. Die Protease **Faktor I** (sprich: „i") spaltet mithilfe von Faktor H und dem Membran-Cofaktor-Protein (MCP) die Schlüsselkomponente C3b auf der Zellmembran und inaktiviert sie. Ein Regulator, der noch früher in der Kaskade wirkt, ist **C1-Inhibitor**, der aktiviertes C1s und C1r effektiv hemmt. C1-Inhibitor erfüllt eine weitere wichtige Aufgabe als Inaktivator von **Plasmakallikrein**, dem Schlüsselenzym des Kontaktphasensystems (▶ Exkurs 14.2). Bei einem genetischen Defekt von C1-Inhibitor oder bei Autoantikörpern gegen den Inhibitor fällt diese Funktion aus (Abbildung 36.4): Ungehemmtes Kallikrein setzt exzessiv hohe Mengen des vasoaktiven und proinflammatorischen Hormons **Bradykinin** frei, das über endotheliale B_2-Rezeptoren zu erhöhter Gefäßdurchlässigkeit und zu Flüssigkeitsaustritt in das interstitielle Gewebe führt. Die dabei attackenweise auftretenden **Angioödeme** ⌃ können lebensbedrohlich sein, wenn sie die Atemwege befallen. Therapeutisch werden B_2-Antagonisten sowie rekombinanter C1-Inhibitor eingesetzt.

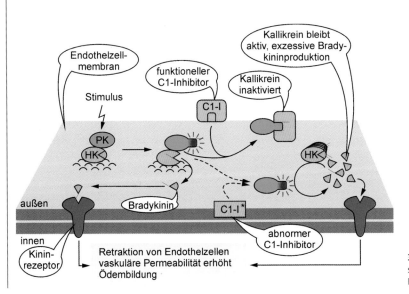

36.4 Pathogenese des Angioödems. Details siehe Text. PK: Plasmakallikrein; HK: hochmolekulares Kininogen; C1-I: C1-Inhibitor.

Das natürliche Immunsystem nutzt Toll-ähnliche Rezeptoren

Die Chemoattraktorproteine C3a und C5a locken Makrophagen und neutrophile Granulocyten, die wichtigsten zellulären Komponenten im angeborenen Immunsystem, an und stellen damit eine Verbindung zur zweiten Abwehrlinie des angeborenen Immunsystems her. Diese Phagocyten tragen auf ihrer Oberfläche **Rezeptoren vom TLR-Typ** (engl. _toll-like receptors_; Toll: Rezeptorprotein bei Drosophila). Die TLR reagieren auf bakterielle Proteoglykane sowie Lipopolysaccharide (LPS) und lösen in ihren Trägerzellen eine Signalkaskade aus, die letztlich zur Aktivierung der Infektionsabwehr führt. Betrachten wir diesen Prozess am Beispiel von LPS und TLR-4 (Abbildung 36.5). Das von Bakterien produzierte LPS bindet an LPS-bindendes Protein (LBP). Phagocyten erkennen den LPS-LBP-Komplex über ihr Oberflächenprotein CD14, das daraufhin mit TLR-4 interagiert. Dadurch wird TLR-4 aktiviert und kann nun an das cytosolische Adapterprotein MyD88 binden, das daraufhin die Kinase IRAK rekrutiert, die wiederum TRAF6 und damit letztlich die Kinase IKK aktiviert (▶ Abbildung 35.23). Diese Kinase – ein Dimer aus α- und β-Untereinheiten – phosphoryliert den cytosolischen **Inhibitor IκB**, der daraufhin den von ihm gebundenen **Transkriptionsfaktor NF-κB** „entlässt" und selbst in Proteasomen rasch abgebaut wird. Freier NF-κB transloziert in den Zellkern und aktiviert dort Gene, deren Produkte die angeborene wie die adaptive Immunabwehr modulieren. Dazu gehören Cytokine und Chemokine, aber auch IκB, das NF-κB bindet und damit die Kaskade wieder abschaltet (▶ Abschnitt 35.8). Diese „induzierten" Reaktionen führen zwar zu keiner dauerhaften Immunität, sind aber Wegbereiter für die adaptive Immunantwort.

Neben den TLR tragen Makrophagen und neutrophile Granulocyten so genannte **F$_c$-Rezeptoren**, die Antikörper auf der Bakterienoberfläche sondieren und binden können (Abbildung 36.6). Da Bakterien auf ihrer Zelloberfläche zahlreiche Bindungsstellen für Antikörper tragen, führt die Bindung eines Bakteriums zu einer lokalen Ansammlung (engl. _clustering_) von beladenen F$_c$-Rezeptoren auf der Oberfläche der phagocytierenden Zelle, was dann ein Signal für die Internalisierung des Bakteriums auslöst. F$_c$-Rezeptoren spielen auch eine auslösende Rolle bei immunpathologischen Reaktionen wie z. B. dem anaphylaktischen Schock _via_ Mastzellen (▶ Exkurs 28.5).

Haben Makrophagen einen Erreger aufgenommen, so schütten sie **Cytokine** wie z. B. den Tumornekrosefaktor-α (TNF-α) und Interferon-α sowie Lipidmediatoren wie Prostaglandine, Leukotriene und den Plättchen-aktivierenden Faktor (PAF) aus (▶ Tabelle 28.1). Die Phagocyten antworten dann mit einer **respiratorischen „Entladung"** (engl. _respira-_

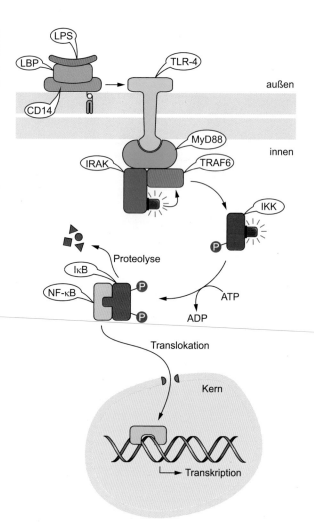

36.5 Aktivierung von NF-κB durch TLR. Der ternäre Komplex aus LPS, LBP und CD14 aktiviert TLR-4, das daraufhin MyD88 rekrutiert. Nun erfolgt die sukzessive Aktivierung von IRAK (IL-1-Rezeptor-assoziierte Kinase), TRAF6 (TNF-Rezeptor-assoziierter Faktor) und IKK (κ-Kinase). Aktivierte IKK phosphoryliert IκB (Inhibitor von NF-κB), das aus dem Komplex mit NF-κB (nucleärer Faktor κB) dissoziiert. NF-κB diffundiert in den Kern und aktiviert die Promotoren von Genen, die an der Infektionsabwehr beteiligt sind. CD steht für _cluster of differentiation_, i. e. eine heterogene Gruppe von mehr als 250 Proteinen der Blutzellen.

tory burst), bei der Enzyme wie z. B. NADPH-Oxidase und NO-Synthase unter Sauerstoffverbrauch eine ganze Batterie bakterizider Moleküle wie Wasserstoffsuperoxid (H_2O_2), Superoxidanionen (O_2^-), Hydroxylradikale (OH^-), Hypochlorit (OCl^-) und Stickstoffmonoxid (NO^-) erzeugen. Letztlich töten Phagocyten mit diesen chemischen „Killern" die endocytierten Bakterien ab und zerlegen sie dann in „handliche" Stücke. Darüber hinaus produzieren Phagocyten antimikrobielle Peptide wie die **Defensine** und sezernieren lytische Enzyme wie Lysozym, das schützende Bakterienwände hydrolysiert und damit eindringende Bakterien „entkleidet".

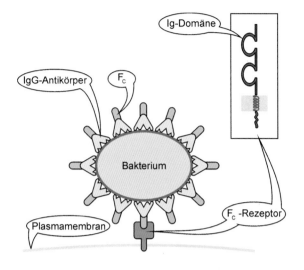

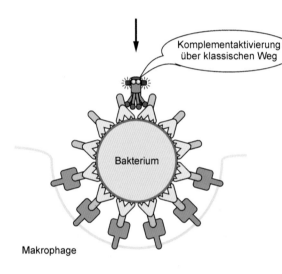

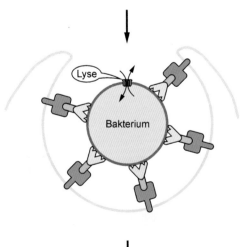

MHC-Proteine präsentieren Antigene auf der Zelloberfläche

Haben Phagocyten ein Bakterium aufgenommen, so informieren sie das Immunsystem auf zweierlei Weise: Sie senden chemische Botenstoffe wie z. B. Cytokine aus und präsentieren die bakteriellen Antigene auf ihrer Oberfläche. Wie ist das möglich? Dazu müssen wir den zellulären Weg der Antigene verfolgen und die „Präsentierteller" genauer in Augenschein nehmen, auf denen sie zu liegen kommen. Phagocyten tragen auf ihrer Oberfläche spezifische Proteine, die von einer Gruppe von Genen – dem so genannten **Haupthistokompatibilitätskomplex** oder **MHC** (engl. *major histocompatibility complex*) – codiert werden (Abbildung 36.7). Wir unterscheiden zwei Klassen von MHC-codierten Proteinen: **MHC-Klasse-I-Proteine** (nachfolgend MHC-I-Proteine genannt) finden sich auf der Oberfläche der meisten Zellen, während **MHC-Klasse-II-Proteine** (kurz MHC-II-Proteine) auf antigenpräsentierende Zellen wie Makrophagen, dendritische Zellen und B-Lymphocyten (B-Zellen) beschränkt sind. Es handelt sich bei den MHC-Proteinen um zweikettige integrale Membranproteine, die auf der extrazellulären Seite antigenpräsentierende Domänen exponieren. MHC-I-Proteine spielen eine zentrale Rolle bei der Abstoßung von Gewebetransplantaten (Exkurs 36.2).

Exkurs 36.2: MHC-Gene und die Abstoßung von Gewebetransplantaten

„Histokompatibilität" steht für Gewebeverträglichkeit. Bei der Abstoßung eines Fremdgewebes, z. B. nach einer Transplantation, durch den Empfängerorganismus spielen MHC-Protein- und CD8-tragende T-Zellen eine zentrale Rolle; Antikörper und Komplement sind dagegen nur bei „hyperakuten" Abstoßungsreaktionen kausal beteiligt. Die menschlichen **MHC-Gene** sind auf Chromosom 6 lokalisiert, wo mindestens elf MHC-Loci liegen. Diese Gene sind außergewöhnlich **polymorph**: Es sind bis zu 100 Allele – alternative Formen ein und desselben Gens – beschrieben worden. Die kombinatorische Vielfalt von elf unterschiedlichen Loci ist so groß, dass es praktisch keine Individuen mit einer vollständig identischen Kombination von MHC-Genen gibt; Ausnahme sind eineiige Zwillinge. Die Auswahl von Spendern und Empfängern bei Organtransplantationen zielt darauf ab, eine möglichst große Übereinstimmung in MHC-Allelen zu erreichen, um das Risiko von Abstoßungsreaktionen zu minimieren. MHC-Proteine des Menschen werden auch als **HLA-Moleküle** (humane Leukocyten-Antigene) bezeichnet.

36.6 F_c-Rezeptor-abhängige Phagocytose. Makrophagen, neutrophile Granulocyten und Mastzellen exponieren membrandurchspannende F_c-Rezeptoren, die auf der extrazellulären Seite zwei Immunglobulin-(Ig)-Domänen besitzen (Kasten). Sie binden spezifisch an den F_c-Teil von Antikörpern (Abbildung 36.21). Die α-Kette der F_c-Rezeptoren kann mit β- bzw. γ-Ketten assoziieren, die ITAM-Domänen (Immunrezeptor-Tyrosin-Kinase-Aktivierungs-Modul) tragen und die intrazelluläre Signalkaskaden anschalten können (Abbildung 36.11).

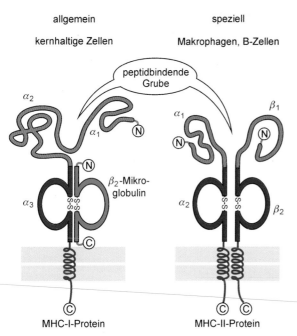

36.7 Klassen von MHC-Proteinen. MHC-I-Proteine bestehen aus zwei Untereinheiten: Sie besitzen eine membrandurchspannende α-Kette mit drei extrazellulären Domänen (α_1-α_3), wobei α_1 und α_2 das Antigen binden und präsentieren; β_2-Mikroglobulin vervollständigt den Komplex im extrazellulären Teil von MHC-I-Proteinen. MHC-II-Proteine sind Heterodimere aus membrandurchspannenden α- bzw. β-Ketten, wobei $\alpha_1\beta_1$ Antigene binden und präsentieren. Erythrocyten tragen *keine* MHC-Proteine. [AN]

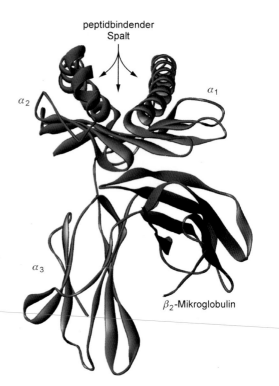

36.8 Modell der Bindungsstelle von MHC-I-Proteinen. Zwei α-Helices flankieren eine Grube in der Oberfläche des MHC-I-Proteins, deren Boden von einem großflächigen β-Faltblatt ausgekleidet wird. Die Helices begrenzen die laterale Ausdehnung der Bindungstasche auf ca. acht Reste. Typische Peptide, die in diese Spalte passen, haben konservierte Ankerreste in den Positionen 3 (Tyr, Phe) und 8 (Leu, Ile, Val). [AN]

Die aminoterminalen Domänen α_1 und α_2 bei MHC-I-Proteinen bzw. α_1 und β_1 bei MHC-II-Proteinen sind variabel: Sie bilden auf ihrer Oberfläche Furchen, die Antigene binden und den T-Zellen darbieten können. Im Fall der **MHC-I-Proteine** bilden die beiden aminoterminalen Domänen der α-Kette eine keilförmige Grube, die Peptidantigene aufnehmen kann (Abbildung 36.8). Dabei ist eine Peptidlänge von ca. 8–10 Aminosäuren optimal: Größere Peptide werden zurückgewiesen und kleinere Peptide rasch wieder entlassen, d. h. sie binden nur schwach oder gar nicht. Dagegen ist die Sequenz der Peptide in weiten Grenzen variabel; lediglich zwei **Ankerpositionen** sind genauer definiert. Am Carboxyterminus des Peptids findet sich typischerweise ein Rest mit einer aliphatischen Seitenkette (Leucin, Isoleucin oder Valin), während im aminoterminalen Segment ein Rest mit einer aromatischen Seitenkette (Tyrosin oder Phenylalanin) positioniert ist. Das Peptid ist über seine terminalen Amino- und Carboxylgruppen sowie über die Ankerreste in der Bindungstasche des MHC-I-Proteins fixiert: Es „krümmt" dadurch sein „Rückgrat" so, dass T-Zellen es mit ihren Rezeptoren abtasten können (Abschnitt 36.7). **MHC-II-Proteine** haben eine größere Antigengrube, die Peptide mit bis zu 25 Aminosäuren fasst; hier gibt es vier Ankerreste, die in einem definierten Abstand voneinander liegen müssen (n, n+3, n+5 und n+8), damit sie in die Bindungstasche passen. Insgesamt scheinen MHC-II-Proteine „toleranter" hinsichtlich Peptidsequenz und -länge

zu sein als MHC-I-Proteine. Dadurch ergänzen sie sich gut in ihrer Aufgabe, verschiedene Antigene zu präsentieren.

Wie gelangen nun Fremdproteine an die Zelloberfläche? Betrachten wir zunächst die MHC-II-Proteine: Endocytierte Bakterien gelangen in die Endosomen der Phagocyten, wo hydrolytische Enzyme die Fremdproteine fragmentieren und dabei kleinere Peptidfragmente produzieren (▶Abschnitt 3.4): Wir sprechen von **Antigenprozessierung**. Ein MHC-II-Protein wird im endoplasmatischen Reticulum zusammen mit einer **invarianten Kette** synthetisiert, die mit dem MHC-Protein assoziiert, seine Peptidbindungsstelle blockiert und es für den vesikulären Transport *via* Golgi zum Endosom markiert (Abbildung 36.9). Im Endosom angelangt, zerlegen proteolytische Enzyme vom Typ der Cathepsine die invariante Kette und lassen zunächst das **CLIP-Peptid** (engl. *class-II-associated invariant-chain peptide*) in der Antigengrube des MHC-II-Proteins als „Abdeckung" zurück. Die im Endosom erzeugten bakteriellen Peptide verdrängen nun CLIP kompetitiv, binden an das MHC-II-Protein und stabilisieren dadurch den Komplex. Daraufhin trennen sich die Wege der bakteriellen Komponenten: Die an MHC-II-Protein bindenden Peptide werden über Vesikel an die Zelloberfläche transportiert, während nichtbindende Peptide und andere bakterielle Bestandteile an Lysosomen weitergereicht werden, wo sie vollständig abgebaut werden.

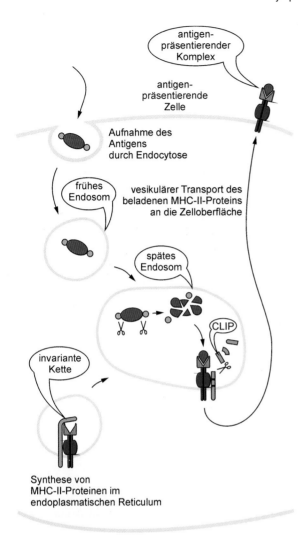

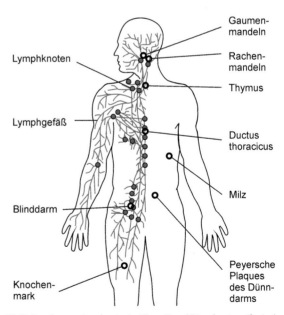

len), die erstmals in der so genannten B̲ursa fabricii von Vögeln entdeckt wurden und ihre Reifung im Knochenmark durchmachen, sowie **T-Lymphocyten** (T-Zellen), die im T̲hymus („Bries"), einem lymphoiden Organ im Brustkorb, heranreifen. Sekundär siedeln sich B- und T-Zellen in Lymphknoten, in der Milz sowie in den lymphoiden Organen des Darms und des Rachens an (Abbildung 36.10).

Lymphocyten zeichnen sich durch ein immens vielfältiges Repertoire an Oberflächenrezeptoren aus, die eine ebenso große Vielfalt an Zielstrukturen erkennen, binden und darauf reagieren können (Abbildung 36.25). Die feste Bindung eines Moleküls an einen solchen Rezeptor löst beim betroffenen Lymphocyten eine Vermehrung (Proliferation) aus, die einen ganzen Klon von Tochterzellen mit identischer molekularer Spezifität heranwachsen lässt: Wir sprechen von **klonaler Selektion**. Selektierte B-Zellen differenzieren weiter zu Plasmazellen, die große Mengen an löslichen Antikörpern produzieren, die spezifisch für das auslösende Molekül sind. Bei den T-Zellen leitet der Kontakt mit einem „passenden" Molekül die Differenzierung in zwei Typen von Effektorzellen ein: **cytotoxische T-Zellen** (T_C-Zellen), auch „Killerzellen" genannt, sowie **T-Helferzellen** (T_H-Zellen). Dabei können T_C-Zellen infizierte Zielzellen erkennen, die auf ihrer Oberfläche endogene Antigene präsentieren, während T_H-Zellen an Phagocyten binden können, die auf ihrer Oberfläche exogene Antigene exponieren (Abschnitt 36.7). Ein ausgewogenes Verhältnis von Killer- und Helferzellen ist Voraussetzung für ein funktionierendes Immunsystem.

36.9 Prozessierung endocytierter Antigene durch Phagocyten. Im Endosom werden bakterielle Peptide von ca. 13–24 Resten Länge produziert, die an die MHC-II-Proteine binden können. In ähnlicher Weise internalisieren auch B-Zellen nach Antigenbindung ihre Antikörperrezeptoren und generieren dann Peptide aus dem Fremdantigen, die sie über MHC-Proteine der Klasse II an ihrer Oberfläche exponieren (Abbildung 36.15).

36.5

Lymphocyten bilden das Rückgrat des adaptiven Immunsystems

Wie kann nun ein bakterielles Protein eine Immunantwort in Gang setzen? Die zellulären Träger des adaptiven Immunsystems sind ca. **zwei Billionen (2 × 10¹²) Lymphocyten** – vergleichbar mit der Zellmasse einer Leber. Lymphocyten gehen – ebenso wie Makrophagen, Mastzellen und neutrophile Granulocyten – aus hämatopoetischen (blutbildenden) Stammzellen des Knochenmarks hervor. Wir unterscheiden zwei Typen: antikörperproduzierende **B-Lymphocyten** (B-Zel-

36.10 Verteilung von Lymphocyten im Körper. B- und T-Lymphocyten reifen in den primären lymphoiden Organen, dem Knochenmark bzw. dem Thymus; über das Blut gelangen sie in sekundäre Lymphorgane. Dazu gehören das Lymphgefäßsystem (blau), Rachen- und Gaumenmandeln, Lymphknoten sowie Lymphgewebe im Magen-Darm-Trakt, in der Haut und im Atmungstrakt. Der Kontakt mit körperfremden Stoffen stimuliert die peripheren Lymphocyten, die über den Ductus thoracicus wieder in das Blut gelangen und dann Lymphknoten besiedeln. [AN]

36.6 T-Zellen organisieren die zellvermittelte Immunabwehr

T-Zellen exponieren auf ihrer Oberfläche **T-Zell-Rezeptoren** ⌐, die zur Antigenerkennung befähigt sind. Die Bindung eines Antigens an den Rezeptor führt zur Aktivierung der T-Zellen (Abbildung 36.11). T-Zell-Rezeptoren sind Heterodimere aus je einer α- und β-Kette, selten auch aus einer γ- und δ-Kette, die alle eine ähnliche Domänenstruktur aufweisen: Der extrazelluläre Teil enthält je eine variable und konstante Ig-Domäne, die über eine helikale Transmembranregion mit der kurzen cytosolischen Schwanzdomäne verbunden sind. Die Antigenbindungsstelle wird gemeinsam von den variablen Domänen gebildet. T-Zell-Rezeptoren entstehen – ähnlich wie Antikörper – durch **somatische Rekombination** einer begrenzten Zahl von Gensegmenten, wobei bis zu 10^6 verschiedene T-Zell-Rezeptoren durch Kombination von unterschiedlichen α- und β-Ketten entstehen können. Durch eine „Unschärfe" (▶ Abbildung 23.18) bei der Verknüpfung dieser Segmente – die **junktionale Diversität** – erhöht sich diese Variabilität noch einmal um den Faktor

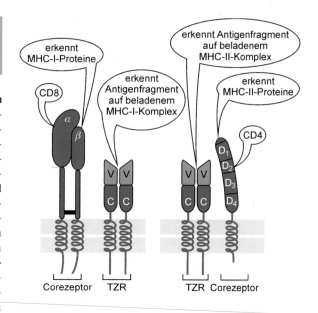

36.12 Rezeptoren auf T-Zellen. Beide Zelltypen verfügen über T-Zell-Rezeptoren, unterscheiden sich aber in den Corezeptoren CD8 (T$_C$-Zellen) bzw. CD4 (T$_H$-Zellen). CD4 besitzt vier Ig-ähnliche Domänen (D$_1$–D$_4$), und die beiden CD8-Untereinheiten jeweils eine Ig-artige Domäne. Ein wichtiger Effektor ist z. B. die Lck-Tyrosinkinase, die an die cytosolische Domäne von CD4 bindet (nicht gezeigt).

10^{11}, sodass das gesamte Repertoire beim Menschen aus mehr als 10^{17} verschiedenen T-Zell-Rezeptoren bestehen dürfte.

Beide Typen von T-Lymphocyten tragen T-Zell-Rezeptoren auf ihrer Oberfläche, unterscheiden sich aber durch ihre so genannten **Corezeptoren** vom **CD8-Typ** (Killerzellen) bzw. **CD4-Typ** (T-Helferzellen), die zur Antigenerkennung auf ihren Zielzellen beitragen (Abbildung 36.12). Killerzellen können virus- oder parasiteninfizierte Zellen direkt abtöten. T-Helferzellen hingegen stimulieren die Immunantwort von B-Zellen, die auf ihren Oberflächenrezeptoren ein „passendes" Antigen präsentieren; ebenso aktivieren sie antigenpräsentierende Makrophagen.

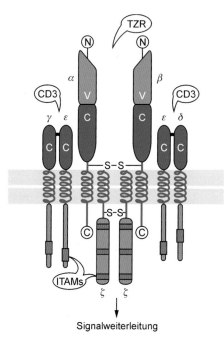

36.11 Struktur des T-Zell-Rezeptors (TZR) mit assoziierten Komponenten. Die beiden Ketten des T-Zell-Rezeptors mit etwa 280 Aminosäuren werden über eine Disulfidbrücke zusammengehalten. Alle Ig-Domänen tragen eine charakteristische interne Disulfidbrücke (Abbildung 36.23). Der Rezeptor wird von invarianten Ketten (γ, δ und ε) flankiert; sie bilden zusammen den CD3-Komplex, der – ebenso wie das ζ-Homodimer – nach Antigenbindung Signale in die Zelle weiterleitet. Diese rezeptorassoziierten Proteine tragen ITAM-Sequenzen (engl. *immune receptor tyrosine-based activation motif*), die intrazelluläre Signalkaskaden aktivieren. Ein wichtiger Effektor ist ZAP-70-Tyrosinkinase, die an die cytosolische Domäne von ζ bindet (nicht gezeigt). V, C: variable bzw. konstante Domänen.

36.7 T-Helferzellen stimulieren B-Zellen

Wie können nun T-Lymphocyten die MHC-gebundenen Antigene erkennen, die beispielsweise von Makrophagen präsentiert werden, und welche Reaktionen löst diese Erkennung aus? Mit ihren molekularen Sonden, den T-Zell-Rezeptoren, tastet die T-Zelle einen Makrophagen nach Antigenen ab, die von MHC-Proteinen präsentiert werden (Abbildung 36.13). Dabei sind T-Helferzellen auf Antigene spezialisiert, die im Komplex mit MHC-II-Proteinen von antigenpräsentierenden Zellen – also Makrophagen, B-Zellen und dendritischen Zellen – auftreten, während cytotoxische

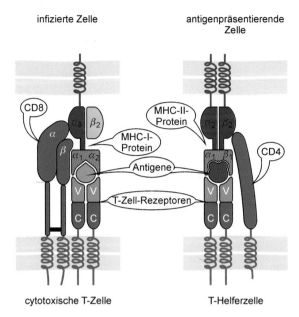

infizierte Zelle

antigenpräsentierende Zelle

cytotoxische T-Zelle

T-Helferzelle

36.13 Erkennung von Antigen-MHC-Protein-Komplexen durch T-Zellen. Die T-Zell-Rezeptoren cytotoxischer T-Zellen erkennen zusammen mit CD8 antigenpräsentierende MHC-I-Proteine auf infizierten Zellen, die das relevante Antigen selbst (endogen) produzieren. Die Rezeptoren der T-Helferzellen binden hingegen mit Unterstützung von CD4 an antigenpräsentierende MHC-II-Proteine von Zellen, die „exogenes" Antigen durch Endocytose aufnehmen.

T-Zellen Antigene auf MHC-I-Proteinen der meisten somatischen Zellen (mit Ausnahme von Erythrocyten) erkennen. *T-Zell-Rezeptoren sondieren also keine „freien" Antigene, sondern binden selektiv an Peptide in Assoziation mit MHC-Proteinen: Wir sprechen von einer „MHC-Restriktion".*

Kommt eine „produktive" Bindung zwischen einem MHC-Protein der Klasse II und einem T-Zell-Rezeptor zustande – wir sprechen von einem Primärsignal –, so sezerniert die

aktivierte antigenpräsentierende Zelle, z.B. ein Makrophage, das Cytokin **Interleukin-1** (IL-1) als Sekundärsignal, das nun an den IL-1-Rezeptor der T-Helferzellen bindet und sie dadurch aktiviert (Abbildung 36.14). Nur wenn *beide* Signale gegeben werden, kommt es zur Aktivierung der beteiligten T-Helferzelle, die daraufhin die Synthese von Oberflächenrezeptoren für **Interleukin-2** (IL-2) startet und gleichzeitig den dazu passenden Liganden IL-2 sezerniert. Diese autokrine Stimulation führt zu einer **Proliferation**, sodass letztlich aus *einer* aktivierten Helferzelle ein ganzer **Klon** von Zellen entsteht. Fällt dagegen das Sekundärsignal aus, so kann die T-Helferzelle inaktiviert werden. Ähnliche Mechanismen spielen sich bei der Entwicklung der Selbsttoleranz ab (Exkurs 36.3).

Exkurs 36.3: Entwicklung von Selbsttoleranz

T-Zellen als Herren über Leben und Tod anderer Zellen müssen „handverlesen" werden: Erkennen sie nämlich mit ihren Rezeptoren körpereigene Antigene („Selbst"), so kommt es zu fatalen Autoimmunreaktionen (Abschnitt 36.11). Die Selektion des geeigneten T-Zell-Repertoires erfolgt bei ihrer **Reifung im Thymus** ⌨: Dabei greifen positive und negative Selektionsmechanismen. „Blinde" T-Zellen, die keinen Rezeptor tragen oder keine MHC-Proteine erkennen, werden von vornherein ausgemustert. Alle T-Zellen, deren Rezeptoren mit hoher Affinität an ein MHC-Protein mit Selbstantigen binden, werden ebenfalls aussortiert – **negative Selektion**. Lediglich Zellen, die keines dieser Ausschlusskriterien erfüllen, werden zur Proliferation angeregt – **positive Selektion**: Sie tragen das Potenzial in sich, ein MHC-Protein mit einem exogenen Peptid („Fremd") zu erkennen. Unbekannte Signale lassen aus diesen Vorläuferzellen Subpopulationen von Helferzellen und cytotoxischen Zellen entstehen. Bei der strikten Selektion im Thymus gehen ca. 95 % aller T-Zellen durch Apoptose zugrunde. Komplexe Mechanismen der **klonalen Anergie** sorgen dafür, dass Selbsttoleranz auch außerhalb des Thymus bewahrt bleibt.

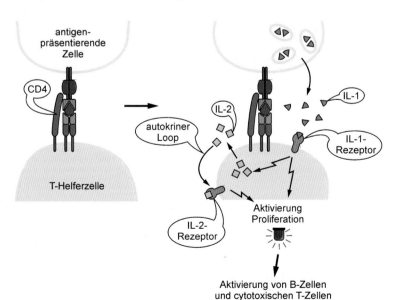

antigen-präsentierende Zelle

CD4

autokriner Loop

T-Helferzelle

IL-2

IL-1

IL-1-Rezeptor

IL-2-Rezeptor

Aktivierung Proliferation

Aktivierung von B-Zellen und cytotoxischen T-Zellen

36.14 Aktivierung einer T-Helferzelle. Das Primärsignal ist die Erkennung des vom MHC-II-Protein präsentierten Antigens durch T-Zell-Rezeptor und CD4; Sekundärsignal ist Interleukin-1 (IL-1). Diese Stimulation leitet die Selbstaktivierung der Helferzelle *via* Interleukin-2 (IL-2) ein.

Wie kann nun die aktivierte T-Zelle die humorale Immunabwehr stimulieren? Unabhängig von T-Lymphocyten haben B-Zellen das relevante bakterielle Protein über einen „passenden" Antikörper auf ihrer Oberfläche gebunden, den Antigen-Antikörper-Komplex internalisiert, prozessiert und einzelne bakterielle Peptide *via* MHC-Proteine der Klasse II präsentiert. Aktivierte T-Helferzellen erkennen „ihr" Antigen auf der Oberfläche der B-Zellen wieder (Abbildung 36.15). Daraufhin sezernieren T$_H$-Zellen die **Cytokine** IL-4 und IL-5, die Wachstum und Differenzierung der erkannten B-Zellen anregen. Das notwendige Sekundärsignal liefern die T-Helferzellen über einen **CD40-Liganden** auf ihrer Oberfläche, der vom **CD40-Rezeptor** der B-Zelle gebunden wird. Unter der Einwirkung der T-Helferzellen reifen die B-Zellen nun zu **Plasmazellen** heran, die im Knochenmark resident werden und dort in ihrer kurzen Lebensspanne von vier bis fünf Tagen etwa eine Milliarde identischer Antikörpermoleküle erzeugen, die spezifisch für das präsentierte Fremdprotein sind. Ein kleiner Teil der aktivierten B-Zellen bildet **Gedächtniszellen**, die bis zur nächsten Antigenexposition überleben und dann eine schnellere Immunantwort ermöglichen.

T-Helferzellen sezernieren neben den Interleukinen auch das **Cytokin** Interferon-γ, das Makrophagen aktiviert und zu gesteigerter Phagocytose von eingedrungenen Keimen führt. Darüber hinaus stimulieren die Helferzellen auch cytotoxische T-Zellen. *Damit fällt den Helferzellen eine zentrale Rolle im Immunsystem zu: Sie verstärken die unspezifischen Abwehrmaßnahmen der Makrophagen im natürlichen Immunsystem, befördern die humorale Abwehr von B-Zellen und stimulieren die zellvermittelte Abwehr durch cytotoxische T-Zellen im adaptiven Immunsystem.* Die Infektion von T-Zellen durch HIV führt zu schwerwiegenden Störungen der körpereigenen Abwehr (Exkurs 36.4).

Exkurs 36.4: HIV und die erworbene Immundefizienz

Das **humane Immundefizienzvirus** (HIV) , der Erreger von **AIDS** (engl. *acquired immune deficiency syndrome*), gehört zu den Retroviren. Er nutzt den CD4-Corezeptor und einen Chemokinrezeptor (▶Exkurs 28.2) zum Eintritt in T-Helferzellen. Eine HIV-eigene RNA-abhängige DNA-Polymerase, kurz **reverse Transkriptase**, schreibt virale RNA in DNA um, die dann als Provirus in das Wirtsgenom integriert und so lange latent bleibt, bis Helferzellen aktiviert werden. Zu diesem Zeitpunkt erfolgt die Transkription der viralen DNA, wobei Hüllprotein (env), Kernprotein (gag) und Enzym (pol) synthetisiert werden. In der Folge kommt es zur Assemblierung infektiöser Partikel und letztlich zum Tod der Wirtszelle. Das Virus zerstört also gezielt T-Helferzellen und unterminiert damit die zelluläre Abwehr des Wirts: In der Spätphase der Infektion entwickelt sich ein gravierender Immundefekt, der **opportunistische Infektionen** wie z. B. Pneumonien durch *Pneumocystis jiroveci* ermöglicht. Die Abwehrschwäche ist auch für das gehäufte Auftreten von Tumoren wie dem **Kaposi-Sarkom** verantwortlich (▶ Exkurs 35.1). Eine Kombinationstherapie mit Inhibitoren der reversen Transkriptase (Zidovudin/Lamivudin, Combivir®) und der viralen Protease (Lopinavir, Kaletra®; ▶Exkurs 12.2) senkt den Virustiter, kann aber HIV nicht vollständig eliminieren. Impfstoffe sind noch in der Entwicklung.

36.8
Cytotoxische T-Zellen versetzen infizierten Zellen den Todesstoß

Wird eine Leberzelle durch ein Hepatitisvirus infiziert, so repliziert sich die virale DNA innerhalb der Zelle und produziert mRNA, die den zellulären Apparat für die Synthese viraler Proteine vereinnahmt. Nach seiner Replikation lysiert das Virus die Wirtszelle und befällt umliegende Zellen. Eine infizierte Zelle gibt frühzeitig Warnzeichen nach außen, die

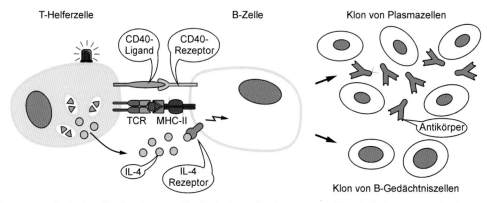

36.15 Aktivierung von B-Zellen durch T-Helferzellen. Aktivierte T-Helferzellen binden B-Zellen, die ein Antigen auf ihrer Oberfläche exponieren, über den Komplex aus MHC-II-Protein und T-Zell-Rezeptor. Sie stimulieren dann die B-Zelle über die Rezeptoren für CD40 und die Interleukine IL-4 und IL-5 zur Sekretion von Antikörpern und Bildung von Gedächtniszellen. Meist erkennen B- bzw. T$_H$-Zellen unterschiedliche antigene Determinanten ein und desselben Fremdproteins.

einen Eindringling signalisieren, um der unkontrollierten Ausbreitung der Infektion vorzubeugen. Dazu hat sich die Wirtszelle eine raffinierte Strategie zurechtgelegt: Ein kleiner Teil der viralen Proteine wird im Cytosol durch einen Multienzymkomplex, das **Proteasom** (▶ Abschnitt 19.11) ⌐᷾, in Peptide zerlegt. Spezielle **ABC-Transporter** (▶ Abschnitt 26.4) pum-pen nun diese Peptide unter ATP-Verbrauch aus dem Cytosol in das Lumen des endoplasmatischen Reticulums, wo neu synthetisierte α-Ketten von MHC-I-Proteinen virale Peptide geeigneter Größe und Struktur aufnehmen und zusammen mit β_2-Mikroglobulin (Abbildung 36.7) zu einem Komplex kombinieren (Abbildung 36.16). Über eine Zwischenstation im Golgi-Apparat gelangen die peptidbeladenen MHC-I-Proteine über vesikulären Transport an die Zelloberfläche, wo sie die viralen Peptide präsentieren.

Hat eine cytotoxische T-Zelle ein virales Antigen auf der Oberfläche einer Zelle entdeckt, kommt es zu einem dramatischen Finale: Die Killerzelle schüttet an ihrem Kontaktpunkt mit der Zielzelle Vesikel – **lytische Granula** – aus, die große Mengen an **Perforin** enthalten (Abbildung 36.17). Perforin gehört zur Klasse der porenbildenden Proteine, die wir beim Komplementsystem schon kennen gelernt haben (Abschnitt 36.2). Die entstehenden Perforin-Stanzlöcher heben die Integrität der Plasmamembran infizierter Zellen auf und leiten damit ihre Lyse ein. Durch diese Poren dringen auch Proteasen aus den lytischen Granula – kurz **Granzyme** genannt – in die Zielzelle ein, wo sie die Caspase-Kaskade auslösen und damit den programmierten Zelltod einleiten (▶ Abschnitt 34.5): Die Zielzelle, die sich im Dienste der nichtinfizierten Nachbarzellen „opfert", stirbt gleichsam mehrere Tode.

Die Bekämpfung infizierter Zellen durch cytotoxische T-Zellen ist ein Beispiel für eine zellvermittelte Immunantwort, die Körperfremdes gezielt vernichten kann. Dabei wird sie wirkungsvoll von der antikörpervermittelten Immunantwort unterstützt.

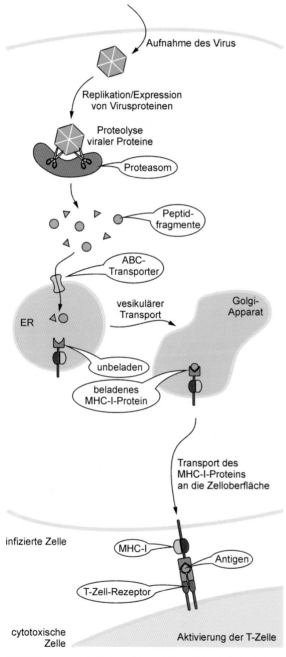

36.16 Präsentation viraler Antigene. Solange ein Virus sich innerhalb einer Zelle vermehrt, entgeht es dem „Radar" der T-Zell-Rezeptoren. Die Zelle prozessiert daher einen kleinen Teil der viralen Antigene und präsentiert sie *via* MHC-Proteine auf der Zelloberfläche, wo sie von den T-Zell-Rezeptoren cytotoxischer Zellen erkannt werden.

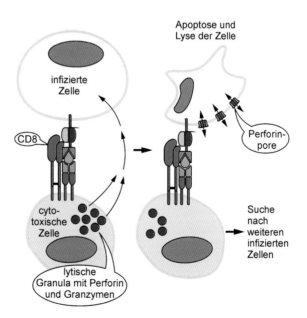

36.17 Induktion von Lyse und Apoptose in infizierten Zellen. Die Erkennung des Fremdantigens aktiviert die cytotoxische Zelle zur Ausschüttung lytischer Granula (Degranulation), die Perforin und Granzyme an den Kontaktpunkten zur infizierten Zelle entlassen. Gleichzeitig kommt es zur Exposition des Fas-Liganden (▶ Abbildung 34.18) auf ihrer Oberfläche, wodurch die Apoptose der Zielzelle ausgelöst wird.

B-Zellen organisieren die humorale Immunantwort

36.9

Der menschliche Körper reagiert auf eine Antigenexposition mit der Produktion spezifischer Antikörper ⌖ gegen den Fremdstoff. Typische Antigene sind Peptide und Proteine, Polysaccharide oder Nucleinsäuren. Metallsalze wie Chromat oder organische Verbindungen wie Dinitrophenol können dagegen *per se* keine Immunreaktion hervorrufen: Wir sprechen von **Haptenen** (griech. *haptein*, haften), die einen Träger wie z.B. ein Protein benötigen, um spezifische Antikörper zu induzieren. Der relevante Bereich in einem Protein, der von Antikörpern gebunden wird, heißt antigene Determinante oder kurz Epitop (Abbildung 36.18). Wir unterscheiden dabei lineare Epitope, die von einem fortlaufenden Segment einer Polypeptidkette gebildet werden, und konformationelle Epitope, bei denen unterschiedliche Segmente einer oder mehrerer Polypeptidketten das Epitop bilden. Proteine haben typischerweise mehrere antigene Determinanten, die alle *unterschiedlich* sind. Besteht ein Protein dagegen aus mehreren identischen Domänen oder Untereinheiten, so trägt es auch mehrere identische antigene Determinanten und wird als **multivalentes Antigen** bezeichnet.

Antikörper bestehen aus schweren und leichten Ketten. Der Mensch besitzt **fünf Hauptklassen** von Antikörpern: Immunglobulin G̲ – kurz: IgG – sowie IgA, IgD, IgE und IgM (Tabelle 36.1). Ein typisches IgG-Molekül besteht aus zwei leichten Ketten von je ca. 220 Aminosäuren und zwei schweren Ketten mit je ca. 440 Aminosäuren (Abbildung 36.19). Dabei sind jeweils eine leichte Kette und eine schwere Kette über eine Disulfidbrücke miteinander verbunden; zusätzliche Disulfidbrücken verknüpfen die beiden Heterodimere zu einem Tetramer. Der Mensch besitzt zwei Typen von leichten Ketten (κ, λ) und fünf Haupttypen von

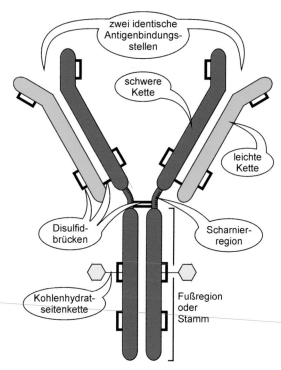

36.19 Grundstruktur eines Antikörpers vom IgG-Typ. Jede der drei „Extremitäten" hat eine Länge von ca. 10 nm. Antikörper vom Typ IgD, IgE und IgG haben jeweils zwei identische Paratope. Da IgA (bis zu) zwei und IgM fünf solcher Grundeinheiten besitzen, verfügen sie über vier bzw. zehn Antigenbindungsstellen.

schweren Ketten (α, δ, ε, γ, μ). So haben IgA-Antikörper eine **Y-förmige Struktur** mit zwei „Armen", die über eine flexible Scharnierregion mit dem „Stamm" verbunden sind. An den Enden der beiden Arme sitzen identische **Antigenbindungsstellen**, auch **Paratope** genannt, die von Segmenten der leichten *und* der schweren Kette gebildet werden. Mit diesen „Fingerspitzen" greift der Antikörper solche Epitope, die genau in die Form des Paratops passen: Wir sprechen von komplementären Strukturen (Abbildung 36.24). Die Paratope eines Antikörpers bestimmen also seine exquisite Bindungsspezifität, während der Stamm seine Effektorfunktionen determiniert. Antikörper sind immer glykosyliert: So tragen IgG typischerweise Kohlenhydratseitenketten an den C_{H2}-Domänen. Diese Glykosylierung trägt zur besseren Löslichkeit der großen Proteine im Blutplasma bei.

Ein IgG-Molekül kann über seine beiden identischen Paratope maximal zwei identische Antigene zu einem ternären Komplex binden, der im Allgemeinen löslich ist. Alternativ kann ein Antikörper zwei identische Epitope auf einem multivalenten Antigen erkennen, was z.B. bei der Opsonisierung von Bakterien durch IgM wichtig ist (Abbildung 36.6). Zwei oder mehr Antikörper gegen unterschiedliche Epitope können Antigene zu hochmolekularen Strukturen vernetzen, die meist unlöslich sind und ein **Immunpräzipitat** bilden (Exkurs 36.5).

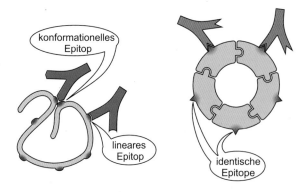

36.18 Antigene Determinanten. Konformationelle (diskontinuierliche) bzw. lineare (kontinuierliche) Epitope sind schematisch gezeigt; insgesamt besitzt das gezeigte Protein sechs unterschiedliche Epitope (links). Ein Proteinkomplex mit zwei oder mehr identischen Untereinheiten besitzt dagegen multiple identische Epitope, da jede Untereinheit einen identischen Satz an antigenen Determinanten trägt (rechts).

✏ Exkurs 36.5: Immunpräzipitation

Die meisten Proteine besitzen zwei oder mehrere Epitope. Antikörper können mit ihren beiden identischen Paratopen jeweils zwei Antigenmoleküle verbrücken; Antikörper gegen unterschiedliche Epitope können daher ausgedehnte **Netzwerke** bilden, die nicht mehr in wässrigem Milieu löslich sind und einen Niederschlag bilden: **direkte Immunpräzipitation**. In der experimentellen Forschung wird meist die **indirekte Immunpräzipitation** (Abbildung 36.20) mit dem antikörperbindenden **Protein A** aus *Staphylococcus aureus* genutzt. Dazu wird Protein A auf Gelkügelchen fixiert, mit spezifischen IgGs beladen und dann mit einer Antigenmischung inkubiert. Die spezifischen Antikörper binden nun „ihr" Antigen; durch Zentrifugation werden die antigenbeladenen Kügelchen von den nichtbindenden Proteinen getrennt. Unter denaturierenden Bedingungen zerfällt der Immunkomplex, und durch SDS-Elektrophorese und Western Blotting (▶ Abschnitt 6.7) kann dann das gewünschte Protein nachgewiesen werden. Auf diese Weise kann man posttranslationale Modifikationen eines Proteins z. B. durch Phosphorylierung leicht nachweisen.

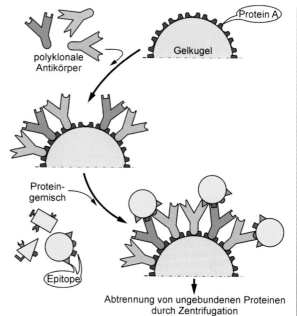

36.20 Prinzip der indirekten Immunpräzipitation. Protein A wird auf der Oberfläche von Gelkügelchen immobilisiert; über seine „Stamm"-Region kann IgG an Protein A binden und dann über seine „Arme" das gewünschte Protein komplexieren.

Die dreiteilige Struktur der Antikörper wird offenbar, wenn man sie mit Proteasen wie **Papain** verdaut: Dabei entstehen zwei Fragmente, die antigenbindend (F_{ab}) sind, sowie ein Fragment, das leicht kristallisierbar (engl. *crystallizable*) ist (F_c). Diese Fragmente entsprechen den beiden Armen (F_{ab}) und dem Stamm (F_c); jedes dieser Fragmente hat eine Molekülmasse von ca. 50 kd (Abbildung 36.21). Über seinen F_c-Teil kann ein Antikörper an den F_c-Rezeptor z. B. von Mastzellen binden. F_{ab}-Fragmente können jeweils nur ein Antigen binden: Sie sind **monovalent**. Die Protease **Pepsin** spaltet die Scharnierregion so, dass die Disulfidbrücken zwischen den beiden antigenbindenden Armen erhalten bleiben: Dadurch entstehen **bivalente $F_{(ab')_2}$-Fragmente**. Der zurückbleibende Stamm besitzt keine Disulfidbrücken mehr und wird durch Pepsin zu kleineren Fragmenten abgebaut.

Das **pentamere IgM-Molekül** mit seinen zehn Antigenbindungsstellen ist gut geeignet, multivalente Antigene mit mehreren identischen Epitopen, wie sie z. B. auf bakteriellen Zelloberflächen vorkommen, zu binden und sich dabei „krakenartig" auf der Oberfläche festzusetzen. Seine F_c-Teile bie-

Tabelle 36.1 Zusammensetzung, Vorkommen und Funktion der verschiedenen Immunglobulinklassen beim Menschen. IgA (im Mucus, aber *nicht* im Plasma) und IgM (in seiner sezernierten Form) bilden Dimere bzw. Pentamere aus den Y-förmigen Antikörpereinheiten; diese werden über zusätzliche J-Segmente vernetzt. Darüber hinaus besitzt IgA noch eine Proteinkette („sekretorische Komponente"), die es gegen raschen Abbau im Darmlumen schützt. Einige Antikörper besitzen Subpopulationen: So gibt es beim Menschen vier IgG-Subtypen, IgG_{1-4} und zwei IgA-Subtypen, IgA_{1-2}.

Typ	schwere Kette/ leichte Kette	Plasmakonzentration mg/ml	Lokalisation	Effektorfunktion
IgA	α κ oder λ	3,5	Sekrete wie Speichel, Schweiß, Muttermilch	Schutzfunktion für Epithelien; Schutz des Magen-Darm-Trakts
IgD	δ κ oder λ	0,03	Plasma	notwendig bei der Differenzierung von Gedächtnis- und Plasmazellen
IgE	ε κ oder λ	0,00005	Mastzellen; Subepithel	Abwehr von Parasiten
IgG	γ κ oder λ	13,5	Plasma; fetales Blut	Komplementaktivierung; Bindung an Makrophagen und Granulocyten; Schutz des Fötus
IgM	μ κ oder λ	1,5	Plasma	Komplementaktivierung

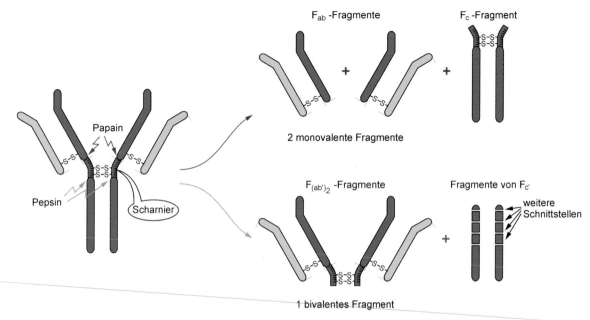

36.21 Fragmentierung von Immunglobulin G. Die limitierte Proteolyse mit Papain liefert zwei identische F_{ab}-Fragmente sowie ein F_c-Fragment. Bei der Spaltung durch Pepsin entsteht ein $F_{(ab')_2}$-Dimer; der F_c-Teil wird in kleinere Fragmente zerlegt.

ten dann Angriffspunkte für den Komplementfaktor C1q, über den letztlich die Lyse der Zielzelle eingeleitet wird (Abbildung 36.2). In gleicher Weise dienen eng benachbarte IgG-Moleküle auf der Oberfläche von Parasiten als Plattform für die Komplementaktivierung *via* C1q (Abbildung 36.6).

36.10

Variable und konstante Domänen bilden die Antikörperketten

Das menschliche Genom codiert für zwei Typen von leichten Ketten, nämlich λ und κ, die jeweils zwei Domänen besitzen: eine **variable Region** (V_L) mit großen Sequenzunterschieden bei unterschiedlichen Antikörpern, und eine **konstante Region** (C_L) mit einer Domäne, die hohe Sequenzidentität zwischen verschiedenen Antikörpern aufweist (Abbildung 36.22). Prinzipiell den gleichen Aufbau besitzen schwere Ketten der verschiedenen Ig-Klassen mit je einer variablen Region (V_H) bzw. konstanten Region (C_H); allerdings schwankt die Zahl der konstanten Domänen pro schwere Kette zwischen drei (IgA, IgD, IgG) und vier (IgE und IgM).

Jede Antikörperdomäne besitzt einen charakteristischen Aufbau mit zwei zylinderförmig angeordneten β-Faltblättern, die über eine Disulfidbrücke verklammert sind: Diese bei Immunglobulinen erstmals beschriebene Faltungseinheit

wird als **Ig-Domäne** bezeichnet (Abbildung 36.23). Die meisten Proteine des Immunsystems sind mit solchen Ig-Domänen ausgestattet. Die Ig-Domäne ist mit bis zu 1 000 Kopien im humanen Genom vertreten und damit eines der meist verwendeten Proteinmodule überhaupt; wir sind ihr bereits bei den Zelladhäsionsproteinen (▶ Abschnitt 33.8) und den T-Zell-Rezeptoren (Abbildung 36.7) begegnet. Die vielseitige Verwendung der Ig-Domäne beruht vermutlich auf der Kombination von stabilem Grundkörper aus β-Faltblättern und flexiblen Schleifen an der Oberfläche, die Interaktionen mit den unterschiedlichsten Partnermolekülen ermöglichen.

Die variablen Ig-Domänen der leichten bzw. schweren Kette besitzen drei Segmente mit dem höchsten Grad an Sequenzvariabilität: Wir sprechen von **hypervariablen Regionen** (Abbildung 36.24). Die hypervariablen Segmente bilden die Schleifenregionen, welche die β-Faltblattstrukturen der Ig-Domäne miteinander verbinden. Jeweils drei Schleifen von leichter bzw. schwerer Kette formieren sich zu einer diskontinuierlichen Antigenbindungsstelle. Diese Paratope an den äußersten Enden der beiden Arme eines Antikörpers können keilförmige Vertiefungen, flache Mulden oder vorspringende Klippen bilden. Ihre Formenvielfalt ist nahezu unerschöpflich: Ein Mensch besitzt mehr als 10^{10} *verschiedene* Antikörpermoleküle; in ihren Paratopen spiegelt sich die schier unermessliche Vielfalt der Antigene und ihrer Epitope wider. Dabei schwankt die **Affinität** der Antikörper für ihre Antigene in weiten Bereichen (Exkurs 36.6).

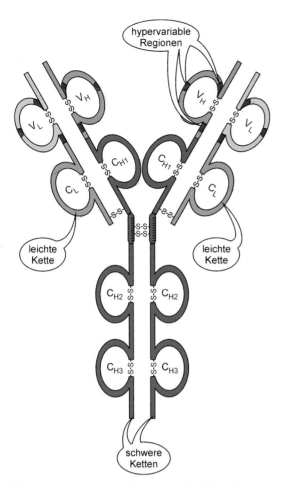

36.22 Domänenstruktur eines Antikörpers vom IgG-Typ. Die variablen Regionen (V_L bzw. V_H) bilden die Antigenbindungsstellen, während die konstanten Regionen (C_L bzw. C_H) die biologischen Funktionen der Antikörper vermitteln. Die variablen Regionen von leichten bzw. schweren Ketten besitzen je drei Segmente besonders hoher Sequenzvariabilität (rot). Zur Vereinfachung sind die Kohlenhydratseitenketten hier *nicht* gezeigt (▶Abbildung 36.19). [AN]

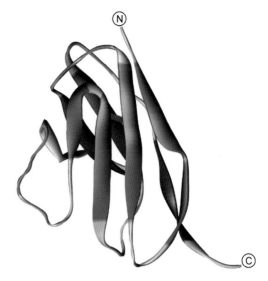

36.23 Struktur einer Immunglobulindomäne. Das Bändermodell zeigt eine V_L-Region. Zwei antiparallele β-Faltblätter aus drei (lila) bzw. vier Segmenten (grün) bilden eine zylinderförmige Struktur. Die interne Disulfidbrücke ist hellrot hervorgehoben. Die drei hypervariablen Schleifen (gelb) an der „Spitze" der Domäne (links) bilden das antigenbindende Paratop. *N*-bzw. *C*-Terminus sind angedeutet. [AN]

Antikörper-Komplexe liegt K_{ass} im Bereich zwischen 10^{-12} und 10^{-5} l/mol. Diese Affinität kann noch einmal erheblich gesteigert werden, wenn ein Antikörper zwei (identische) Determinanten auf einem Antigen erkennt. Die Bindungsstärke eines Antikörpers für ein multivalentes Antigen wird **Avidität** genannt. So kann IgM mit seinen zehn Antigenbindungsstellen, die nur geringe Affinität besitzen, mit hoher Avidität an multivalente Antigene der Bakterienoberfläche binden und damit eine Plattform für den Angriff des Komplementsystems schaffen.

⚕ Exkurs 36.6: Affinität und Avidität

Die reversible Bindung eines Antigens an das Paratop eines Antikörpers beschreibt folgende Gleichung:

$$Ag + Ak \rightleftharpoons Ag \cdot Ak$$

Die Gleichgewichtskonstante K_{ass} dieser Reaktion ist:

$$K_{ass} = [Ag \cdot Ak] / [Ag] \cdot [Ak]$$

wobei [Ag] und [Ak] die Konzentrationen an freiem Antigen bzw. Antikörper und [Ag·Ak] die Konzentration des Immunkomplexes ist. Diese Gleichgewichtskonstante – auch Assoziationskonstante genannt – ist ein Maß für die **Affinität**, also die Stärke der Bindung zwischen einem monovalenten Antigen und einer einzigen Antikörperbindungsstelle: je größer K_{ass}, umso kleiner die Konzentration an freiem Antigen, d.h. umso höher seine Affinität. Für typische Antigen-

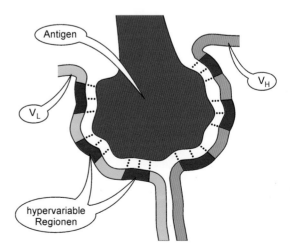

36.24 Struktur der Antigenbindungsstellen. Ein Paratop wird aus jeweils drei hypervariablen Segmenten von leichter bzw. schwerer Kette gebildet. Gemeinsam bilden sie eine Oberfläche, welche die Antigenspezifität eines Paratops definiert.

36.11

Somatische Hypermutation führt zur Affinitätsreifung von B-Zellen

Bei der Reifung ihrer Vorstufen im Knochenmark entstehen B-Zellen, die Antikörper auf der Oberfläche tragen (Abbildung 36.25). Durch alternative Termination bei der Transkription ihrer Ig-Gene bilden sie schwere Ketten, die carboxyterminal ein hydrophobes Segment tragen, das als α-Helix die Plasmamembran der B-Zelle durchspannt und einen **membranverankerten Antikörper** an der Zelloberfläche exponiert (▶Exkurs 17.2). In dieser Form wirkt ein Antikörper wie ein **Rezeptor**, der die Bindung eines Antigens signalisieren und seine Trägerzelle damit aktivieren kann. Corezeptor ist dabei ein Heterodimer aus Igα- und Igβ-Untereinheiten;

auf der cytosolischen Seite ist Ig$\alpha\beta$ mit Src-ähnlichen Tyrosinkinasen (▶Abschnitt 29.2) wie Lyn assoziiert. Die Bindung eines Antigens führt zur Rezeptoraggregation und zur Phosphorylierung der ITAM-Sequenzen (Abbildung 36.11) der beiden Ketten von Igα und Igβ, die dann die cytosolische Kinase Syk rekrutieren und phosphorylieren, um über die Adapterproteine BLNK (engl. *B cell linker protein*) und Grb2-Sos (▶Abbildung 29.9) die mitogene **MAP-Kinasen-Kaskade** anzustoßen. Dieses erste Signal versetzt die B-Zelle in einen proliferationsbereiten Zustand. Nachfolgend wird der Antigen-Antikörper-Komplex internalisiert und fragmentiert, und Fremdantigene werden über MHC-II-Proteine auf der B-Zell-Oberfläche präsentiert. Eine T-Zelle, die mit ihrem Rezeptor dieses Antigen erkennt, liefert dann das zweite Signal in Form von Cytokinen, die nun die B-Zelle endgültig zur Proliferation „freigeben".

Nach Antigenexposition macht die B-Zelle eine so genannte **Affinitätsreifung** durch. Dabei treten **Punktmutationen** in den Gensegmenten der hypervariablen Regionen mit einer ca. 10^6fach höheren Wahrscheinlichkeit als in anderen Genabschnitten auf (Abbildung 36.26). Da es sich hierbei um einen differenzierten Lymphocyten handelt, spricht man von einer **somatischen Hypermutation** (▶Abschnitt 23.6). *Klone, die eine besonders hohe Affinität zu ihrem Antigen besitzen, werden bei der nächsten Antigenexposition bevorzugt stimuliert und selektiert; mehrere Zyklen von Hypermutation und Selektion lassen Antikörper hoher Affinität entstehen.* Tatsächlich stimuliert ein Antigen nicht nur die Proliferation eines einzigen, sondern vieler Klone, wenn sie ausreichende Affinität für das Antigen haben: Wir haben es mit einer polyklonalen Immunantwort zu tun. Bei der malignen Entartung von B-Zellen entstehen dagegen Klone, die sich von *einer* Ursprungszelle ableiten. Sie produzieren einen einzigen Antikörpertypus in großer Menge. Die gezielte Herstellung dieser **monoklonalen Antikörper** erlaubt die Produktion spezifischer Antikörper in unbegrenzter Menge (Exkurs 36.7).

Ein ausgeklügeltes Netzwerk sichert die Entwicklung von Selbsttoleranz und klonaler Anergie, die eine Unterscheidung von Fremd und Selbst ermöglichen (Exkurs 36.3). Versagt dieses diskriminierende System, so kommt es zur Entwicklung von Autoantikörpern, die gegen körpereigene Antigene gerichtet sind – mit fatalen Folgen! Wir haben bereits eine ganze Reihe von **Autoimmunerkrankungen** kennen gelernt, so z.B. Lupus erythematodes (▶Exkurs 17.3), perniziöse Anämie (▶Exkurs 31.2), Multiple Sklerose (▶Exkurs 32.2), Myasthenia gravis (▶Exkurs 32.3), hereditäres Angioödem (Exkurs 36.1) und Diabetes mellitus (▶Exkurs 45.3). Obgleich mehrere unabhängige Mechanismen die Selbsttoleranz und klonale Anergie in einem Organismus sichern, kann der Ausfall eines einzigen Kontrollsystems zur Entwicklung von Autoantikörpern führen. So liegt dem **autoimmunen polyglandulären Syndrom (APS)**, bei dem Autoantikörper zahlreiche endokrine Organe, die Haut sowie andere Gewebe angreifen, ein einziger Schlüsselfaktor zugrunde: Das

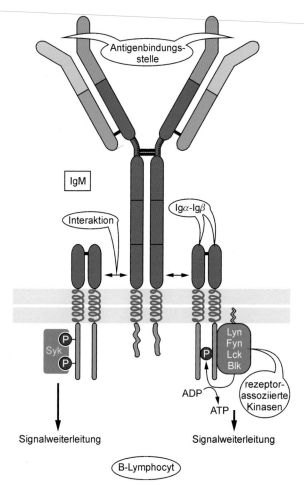

36.25 Antikörper als Rezeptoren. Hier ist ein membrangebundener IgM-Antikörper (monomere Form) auf der Oberfläche einer B-Zelle dargestellt. Die Bindung eines Antigens setzt den MAP-Kinasen-Weg (▶Abschnitt 29.4) in Gang, der dann die Proliferation der B-Zelle und ihre Differenzierung zur Plasmazelle ebnet. Neben Lyn können auch die Src-ähnlichen Kinasen Fyn und Blk an dieser Kaskade teilnehmen.

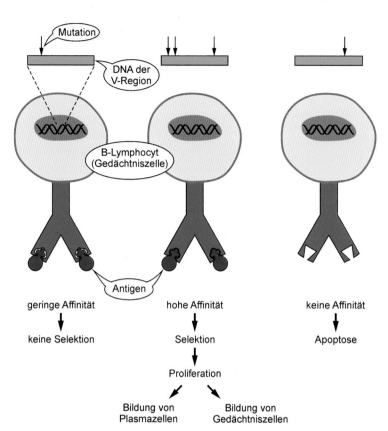

Mutation

DNA der V-Region

B-Lymphocyt (Gedächtniszelle)

Antigen

geringe Affinität → keine Selektion

hohe Affinität → Selektion → Proliferation → Bildung von Plasmazellen / Bildung von Gedächtniszellen

keine Affinität → Apoptose

36.26 Somatische Hypermutation. Nach Antigenstimulation können die B-Zellen in den Keimzentren der Lymphknoten aufgrund somatischer Hypermutation ihre Paratopstruktur modifizieren. Dabei entstehen auch Antikörper mit erhöhter Affinität für das betreffende Antigen; nach Stimulation proliferieren die entsprechenden B-Zellen besonders rasch. Gleichzeitig entstehen in den Keimzentren auch Gedächtniszellen.

Autoimmunregulator-Protein AIRE zeichnet als Genregulationsfaktor für die ektopische Expression zahlreicher Antigene im Thymus verantwortlich. Ein Defekt im AIRE-Gen verhindert die Expression dieser Antigene im Thymus und damit die klonale Deletion von autoreaktiven T-Zellen, die gegen diese Antigene gerichtet sind. Diese T-Zellen bilden nun Autoantikörper, die diverse endokrine Organe attackieren. Die meisten Autoimmunerkrankungen haben – im Unterschied zu APS – eine **multifaktorielle Genese**. Gängige Therapien verwenden **Immunsuppressiva** wie Ciclosporin (Cicloral®) und Tacrolimus (Prograf®) sowie Glucocorticoide und Cytostatika.

Damit kommen wir zum Ende unserer Inspektion des menschlichen Immunsystems. Seine molekularen und zellulären Komponenten verteidigen den Organismus gegen Infektionen. Dabei baut die angeborene Immunität eine erste Abwehrfront auf; sie ist jedoch nicht erregerspezifisch und kann daher auch keinen Schutz gegen eine erneute Infektion bieten. Die zweite Abwehrlinie, die auf der adaptiven Immunität fußt, erzeugt durch klonale Selektion eine Reihe von Lymphocyten, die praktisch jedes beliebige Antigen erkennen können. *Diese antigenspezifischen Lymphocyten differenzieren in zweierlei Richtungen: Effektorzellen attackieren und zerstören den Krankheitserreger, während Gedächtniszellen die gewonnenen Informationen speichern, sodass es bei einer Reinfektion zu einer raschen und wirksamen Immunantwort kommt.* Wirbeltiere wie Mäuse, Meerschweinchen, Kaninchen, Schafe, Esel und Pferde besitzen Immunsysteme ähnlicher Leistungsstärke wie der Mensch und werden daher oft für experimentelle Immunisierungen mit ausgewählten Antigenen verwendet. Dagegen haben Invertebraten nur relativ primitive Abwehrsysteme, die häufig allein auf phagocytierende Zellen zurückgreifen müssen.

Die Gewinnung neuer Immunsuppressiva, maßgeschneiderter Immunmodulatoren und effektiver Impfstoffe ist eine große Herausforderung, die unkonventionelle Methoden und Strategien, aber auch nachhaltige Investitionen erfordert. Zum Abschluss des Teils „Molekulare Signaltransduktion und zelluläre Kommunikation" wenden wir uns daher der Erforschung und Entwicklung neuer Pharmaka zu.

✎ Exkurs 36.7: Monoklonale Antikörper⊕

Einer Maus, die mit einem ausgewählten Antigen immunisiert wurde, wird die Milz entnommen; daraus werden Lymphocyten gewonnen, die Antikörper gegen die diversen Epitope des Antigens produzieren (Abbildung 36.27). Differenzierte Lymphocyten werden mit permanent wachsenden (immortalisierten) **Myelomzellen** fusioniert, die selbst keinen Antikörper erzeugen. Das resultierende Zellgemisch wird in **HAT-Medium** kultiviert, das einen Inhibitor der Nucleotidsynthese, Aminopterin, sowie die Nucleotidderivate Hypoxanthin und Thymidin enthält. Unfusionierte Myelomzellen sterben unter Aminopterin ab, da ihre Nucleotidsynthese und damit ihre Replikation blockiert sind. Unfusionierte **Lymphocyten** können in Gegenwart von Aminopterin über einen „Rettungsweg", den Myelomzellen nicht haben, Thymidin und Hypoxanthin aus dem Medium nutzen, um Nucleotide zu synthetisieren; da sie jedoch nicht immortalisiert sind, sterben sie über kurz oder lang in der Kultur ab. Nur fusionierte Zellen aus Lymphocyten *und* Myelomzellen, d. h. **Hybridomzellen**, die über Rettungsweg *und* Unsterblichkeit verfügen, überleben und werden durch **Vereinzelung** selektiert. Eine Hybridomzelle produziert einen einzigen Antikörpertyp, den ihr lymphocytärer Anteil vor seiner Fusion gegen das gewünschte Antigen produziert hat. Dieser **monoklonale Antikörper** lässt sich nun in Zellkultur praktisch unbegrenzt erzeugen.

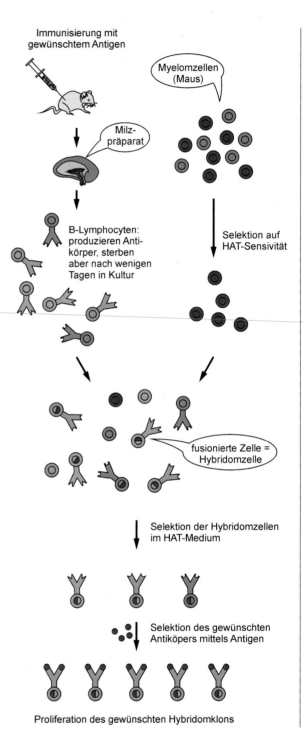

36.27 Strategie zur Herstellung monoklonaler Antikörper. Den verwendeten Myelomzellen fehlt das Enzym Hypoxanthin-Guanin-Phosphoribosyl-Transferase (HGPT), das in Gegenwart von Aminopterin die Nucleotidsynthese per Rettungsweg übernimmt (▶ Abbildung 49.8). Nach Fusion mit einem Lymphocyten überleben die entstehenden Hybridomzellen im HAT-Medium durch HGPT-Komplementation seitens der B-Zelle.

Zusammenfassung

- Das Immunsystem hat einen angeborenen, natürlichen Teil und einen erworbenen, adaptiven Teil mit unterschiedlichen **humoralen** und **zellulären Komponenten.**

- Das **Komplementsystem** attackiert Invasoren mit einem Arsenal von Enzymen, Cofaktoren, Membranproteinen und Rezeptoren über den **klassischen** bzw. **alternativen Aktivierungsweg.** Beide Wege münden in den **porenbildenden Komplex,** der die Membran von Bakterien „löchert".

- Phagocyten exponieren **TLR-Rezeptoren**, die bakterielle Proteoglykane und Lipopolysaccharide erkennen und dann eine **NF-κB**-Signalkaskade auslösen, die zur Ausschüttung von Cytokinen und Chemokinen führt.

- Makrophagen und neutrophile Granulocyten tragen **F$_c$-Rezeptoren**, die Antikörper auf der Oberfläche von Bakterien sondieren. Nach Phagocytose zerlegen sie bakterielle Proteine in kleinere Peptide und präsentieren sie auf ihrer Oberfläche.

- **MHC-I-Proteine** bilden eine keilförmige Grube, die Peptide von 8–10 Aminosäuren aufnehmen kann. **MHC-II-Proteine** haben eine größere Grube, die Peptide mit bis zu 25 Aminosäuren fasst. **MHC-I-Proteine** finden sich auf der Oberfläche der meisten Zellen, während **MHC-II-Proteine** auf **antigenpräsentierenden Zellen** vorkommen (Makrophagen, B-Zellen, dendritische Zellen).

- Zelluläre Träger des adaptiven Immunsystems sind antikörperproduzierende **B-Lymphocyten** sowie **T-Lymphocyten.** Aktivierte B-Lymphocyten differenzieren weiter zu Plasmazellen, die große Mengen an spezifischen Antikörpern produzieren. Ein kleiner Teil bildet **Gedächtniszellen.**

- T-Lymphocyten, die zellvermittelte Immunantworten vermitteln, exponieren **T-Zell-Rezeptoren**, mit denen sie Antigene erkennen. Ihre enorme Vielfalt entsteht durch **somatische Rekombination.** Nach Aktivierung differenzieren sie sich zu **cytotoxischen T-Zellen** (T$_C$) und **T-Helferzellen** (T$_H$).

- T$_C$, die **Corezeptoren** vom **CD8-Typ** tragen, erkennen Antigene auf MHC-I-Proteinen und können dann virus- oder parasiteninfizierte Zellen über **Perforin** und **Granzyme** abtöten.

- T$_H$ tragen **CD4-Corezeptoren** und erkennen MHC-II-präsentierte Antigene auf Makrophagen, B-Zellen und dendritischen Zellen. Bei produktiver Bindung sezernieren diese Zellen **IL-1**, das T$_H$ zur Synthese von **IL-2** und IL-2-Rezeptoren anregt.

- Infizierte Wirtszellen zerlegen virale Proteine in kleine Peptide, die von **ABC-Transportern** ins ER-Lumen gepumpt werden, wo MHC-I-Proteine sie aufnehmen und über vesikulären Transport an die Zelloberfläche bringen.

- Typische **Antigene** sind Peptide, Proteine, Polysaccharide oder Nucleinsäuren. **Haptene** wie z.B. Chromat benötigen einen Proteinträger, um Antikörper zu induzieren.

- Der Mensch besitzt **fünf Klassen** von Antikörpern: IgG, IgA, IgD, IgE und IgM mit zwei leichten Ketten (κ, λ) und fünf schweren Ketten (α, δ, ε, γ, μ). IgG ist ein Tetramer aus je zwei leichten und schweren Ketten, die via Disulfidbrücken verknüpft sind und eine **Y-förmige Struktur** mit zwei **Antigenbindungsstellen** bilden, die über eine flexible Scharnierregion mit dem Stamm (Fc) verbunden sind.

- Leichte Ketten bestehen aus je einer **variablen** (V$_L$) und **konstanten Region** (C$_L$). Schwere Ketten haben eine V$_H$ und je nach Subtyp drei bis vier C$_H$. V$_L$ und V$_H$ bilden mit ihren **hypervariablen Regionen** Antigenbindungsstellen.

- Nach Antigenexposition machen B-Zellen eine **Affinitätsreifung** durch. Dabei treten bevorzugt **Punktmutationen** in Gensegmenten von V$_L$ und V$_H$ auf, die als **somatische Hypermutation** bezeichnet werden. Mehrere Zyklen von Hypermutation und Selektion produzieren Antikörper hoher Affinität.

- Die *in vitro*-Herstellung **monoklonaler Antikörper** erlaubt die Produktion von Antikörpern vorgegebener Spezifität und hoher Affinität in nahezu unbegrenzter Menge.

- **Autoantikörper** entstehen, wenn die Mechanismen der Entwicklung von Selbsttoleranz und klonaler Anergie versagen. Beispiel für eine monogene Ursache ist das **polyendokrine Autoimmunsyndrom,** dem ein selektiver Defekt im AIRE-Gen zugrunde liegt.

Erforschung und Entwicklung neuer Arzneistoffe

37

Kapitelthemen: 37.1 Zielmoleküle von Arzneimitteln 37.2 Affinität von Pharmaka 37.3 Identifizierung neuer Targets durch Genomik und Proteomik 37.4 Naturstoffe in der Arzneimittelfindung 37.5 Hochdurchsatzverfahren in der Substanzprüfung 37.6 Resorption und Verteilung von Wirkstoffen 37.7 Toxizitätsprüfung von Wirkstoffen 37.8 Monoklonale Antikörper als Biotherapeutika 37.9 Personalisierte Diagnostik und Therapie 37.10 Phasen der Arzneimittelentwicklung

Seit Urzeiten ist die Menschheit auf der Suche nach Substanzen, die Schmerzen lindern, Krankheiten heilen oder das Leben verlängern. Die Arzneimittelforschung hat daher historische Wurzeln, die weit tiefer reichen als die Anfänge der rationalen Naturwissenschaften. Die moderne *Pharmakologie*, also die Lehre von den Arzneimittelwirkungen, liegt an der Schnittstelle zahlreicher akademischer Disziplinen wie Medizin, Chemie und natürlich Biochemie. Durch diese interdisziplinäre Position ist die Erforschung und Entwicklung von Arzneimitteln auch aus intellektueller Sicht ein höchst reizvolles Feld. Wir wollen in diesem Kapitel einen Überblick über die Wege geben, die zur Entwicklung eines Arzneimittels führen, und dabei auch die Hürden und Probleme der Arzneimitteltherapie beleuchten. Neben „klassischen" Beispielen lernen wir neue pharmakologische Ansätze kennen, die sich noch in der frühen Phase der Erprobung befinden. Der Schwerpunkt liegt auf dem Beitrag, den die Biochemie zur Entdeckung neuer Wirkprinzipien und zur Erfindung neuer Arzneistoffe liefert.

in aller Regel durch Bindung des Pharmakons an das aktive Zentrum gehemmt. Beispiele hierfür sind die **Inhibition** der HMG-CoA-Reduktase (▶Abschnitt 46.1) durch die substratähnlichen Statine, die quasi irreversible Hemmung von Cyclooxygenase durch Acetylsalicylsäure (▶Exkurs 45.6) oder von H^+-K^+-ATPase durch Omeprazol (▶Abschnitt 31.1); diese Hemmstoffklassen zählen derzeit zu den weltweit umsatzstärksten Medikamenten. Prinzipiell ist auch die *Aktivierung* von Enzymen eine denkbare pharmakologische Strategie, die aber bislang kaum umgesetzt werden konnte. Ein Beispiel für einen physiologischen Aktivierungsmechanis-

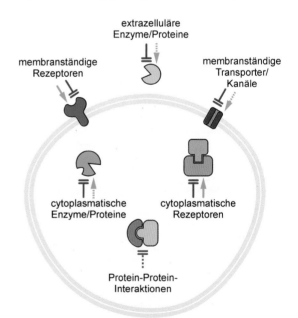

37.1 Typische Angriffspunkte von Arzneistoffen in der Zelle. Die häufigsten Zielmoleküle sind Enzyme sowie Rezeptoren, Transporter und Kanäle. Meist wird das Target durch das Pharmakon inhibiert (rote Stopper); im Falle von Rezeptoren hingegen wirkt es auch öfters stimulierend (grüne Pfeile). Die allosterische Aktivierung von Enzymen und die Aufhebung von Protein-Protein-Interaktionen durch Arzneimoleküle sind mögliche Strategien, die aber bislang nur vereinzelt realisiert werden konnten (gestrichelte Pfeile).

37.1

Arzneistoffe binden an definierte Zielmoleküle

Spezifische Effekte von **Arzneistoffen** 🖱 im Organismus werden durch die Bindung an definierte biologische Makromoleküle erreicht. Bei diesen **Zielmolekülen** (engl. *targets*) handelt es sich in aller Regel um Proteine (▶Abschnitt 4.1). Die häufigsten pharmakologischen Angriffspunkte sind Enzyme, membranständige oder intrazelluläre Rezeptoren sowie Kanäle und Transporter in der Cytoplasmamembran (Abbildung 37.1). Die Zielmoleküle können aktiviert oder gehemmt werden, im Falle von adrenergen Rezeptoren etwa durch Sympathomimetika bzw. β-Blocker (▶Exkurs 28.3). Man spricht in diesem Zusammenhang von **Agonisten** (Aktivatoren) bzw. **Antagonisten** (Hemmstoffen). Enzyme werden

mus, der pharmakologisch genutzt wird, ist die Stimulierung der **cytosolischen Guanylatcyclase** (cGC) durch **Stickstoffmonoxid** (NO). NO bewirkt durch die cGC-Aktivierung eine Entspannung von glatten Muskelzellen (▶ Abschnitt 27.5). Dieser Mechanismus erklärt auch die gefäßerweiternde Wirkung von Glyceroltrinitrat ($C_3H_5(NO_3)_3$; Nitroglycerin): Es handelt sich um ein typisches **Prodrug**, also um die inaktive Vorstufe eines Pharmakons, das im Organismus umgebaut wird und dabei das eigentliche Wirkmolekül NO freisetzt.

Wie schon verschiedentlich herausgestellt, ist eine herausragende Eigenschaft von Proteinen die Fähigkeit zur „Kommunikation" mit anderen Proteinen, also zur spezifischen Ausbildung von Proteinkomplexen. Solche **Protein-Protein-Interaktionen** sind etwa im Rahmen der zellulären Signalweiterleitung von zentraler Bedeutung. Die gezielte Blockade dieser Wechselwirkungen stellt eine neuartige Möglichkeit pharmakologischer Intervention dar. Diese Ansätze sind zurzeit noch in Erprobung, vor allem im Bereich der Onkologie (Exkurs 37.1). Das Ziel, eine Protein-Protein-Wechselwirkung mittels eines kleinen chemischen Moleküls aufzuheben, stellt eine große Herausforderung für Wirkstoffsuche und -design dar. Zwei Proteine (durchschnittliche Masse je ca. 40 kDa) bilden typischerweise einen großflächigen Kontakt miteinander aus (> 1 000 Å²). Ein Arzneimolekül muss hingegen vergleichsweise klein sein (Masse < 0,5 kDa), um günstige pharmakokinetische Eigenschaften zu besitzen (Abschnitt 37.6). Damit kann das Arzneimolekül nur einen kleinen Bruchteil einer Proteinoberfläche belegen, was eine effiziente Verdrängung des natürlichen Bindungspartners erschwert. Außerdem binden konventionelle Arzneistoffe in bereits bestehende natürliche Bindungstaschen, wie etwa das aktive Zentrum eines Enzyms. Auf eher flachen Proteinoberflächen, wie sie für Protein-Protein-Interaktionen typisch sind, finden sich jedoch selten solche „vorgeformten" Taschen.

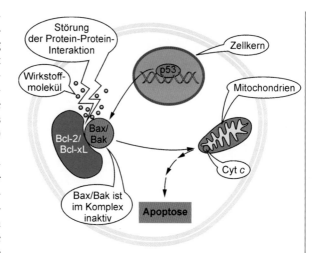

37.2 Pharmakologische Aufhebung von Protein-Protein-Interaktionen. Die antiapoptotischen Proteine Bcl-2 bzw. Bcl-xL bilden einen Komplex mit den proapoptotischen Proteinen Bax bzw. Bak und inhibieren sie dadurch (▶ Abbildung 34.14). Kleine Arzneistoffmoleküle können diese Protein-Protein-Interaktion aufheben. Derart „enthemmtes" Bax bzw. Bak kann durch apoptotische Signale von z. B. p53 aktiviert werden und nachfolgende Schritte der Apoptose einleiten.

37.2

Arzneistoffe binden mit hoher Affinität an ihr Target

Um einen spezifischen biologischen Effekt zu erzielen, müssen Arzneistoffe mit hoher **Affinität** *an ihre Zielmoleküle binden*: Man spricht von der pharmakologischen **Potenz** (engl. *potency*) eines Wirkstoffs. Als Maß für die Affinität eines Liganden für sein Zielmolekül wird allgemein die **Dissoziationskonstante** (K_D) verwendet (▶ Abschnitt 4.1). Für ein wirksames Pharmakon müssen die K_D-Werte typischerweise im niedrigen nanomolaren (10^{-9} M) oder gar im picomolaren Bereich (10^{-12} M) liegen: Je höher die Affinität, d. h. je niedriger der K_D-Wert, desto höher ist die Potenz eines Wirkstoffs. Im Falle von Hemmstoffen wird analog zum K_D-Wert eine **Hemmkonstante** (K_I) angegeben (▶ Abschnitt 13.6). Diese exakten Affinitätsparameter lassen sich *in vitro* z.B. in einem Enzymtest bestimmen, wenn die Konzentrationen der beteiligten Komponenten bekannt sind. Insbesondere bei komplexeren biologischen Tests auf der Ebene von Zellen wird zur Bestimmung der Wirkstoffpotenz statt eines K_D-Werts der **EC$_{50}$-Wert** (engl. *effective concentration 50 %*, mittlere effektive Konzentration) bestimmt. *Der EC$_{50}$-Wert entspricht der Wirkstoffdosis, mit der unter definierten Versuchsbedingungen die Hälfte des biologischen Effekts erzielt wird, der maximal mit dieser Substanz erreichbar ist* (Abbildung 37.3). Eine biologische Messgröße kann beispielsweise die cytoplasmatische Ca^{2+}-Konzentration sein, die mithilfe von Ca^{2+}-sensitiven Fluoreszenzfarbstoffen detektiert wird (▶ Exkurs 28.6). Für Inhibitoren gibt der **IC$_{50}$-Wert** (engl. *in-*

Exkurs 37.1: Inhibition von Protein-Protein-Interaktionen als onkologisches Therapieprinzip

Ein Charakteristikum von Krebszellen ist, dass sie dem programmierten Zelltod (Apoptose; ▶ Abschnitt 34.5) entgehen, der unter physiologischen Bedingungen defekte Zellen ausmustert. Die maligne transformierten Zellen verhindern die Apoptose u. a. durch die verstärkte Produktion **antiapoptotischer Proteine** wie **Bcl-2** oder **Bcl-xL**. Diese wirken als Inhibitoren der **proapoptotischen Signalproteine Bax** und **Bak** (Abbildung 37.2). Ein viel versprechender therapeutischer Ansatz besteht darin, die Bindung der *anti*apoptotischen Proteine an die *pro*apoptotischen Proteine zu verhindern, um so die Krebszellen in den programmierten Zelltod zu treiben. Tatsächlich ist es gelungen, potente Wirkstoffe gegen die Interaktion des antiapoptotischen Bcl-2 mit Bax/Bak zu synthetisieren, die sich derzeit in klinischer Erprobung befinden.

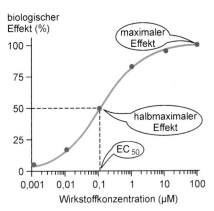

37.3 EC$_{50}$-Wert. Die Wirkstoffkonzentration, bei der eine Substanz in einem Testsystem die Hälfte ihres maximalen biologischen Effekts erreicht, wird als EC$_{50}$-Wert angegeben. In diesem Beispiel beträgt der EC$_{50}$ ca. 0,1 μM.

hibitory concentration 50%) in analoger Weise zum EC$_{50}$-Wert die Dosis an, welche die biologische Beobachtungsgröße auf 50% des Ausgangswerts reduziert (▶Abschnitt 13.6).

Eine möglichst hohe Affinität eines Pharmakons für sein Zielmolekül – also ein möglichst niedriger K$_D$- bzw. EC$_{50}$-Wert – ist ein primäres Ziel der Wirkstoffsuche (Abbildung 37.4). In der Regel können im Blut nur Wirkstoffkonzentrationen im niedrigen mikromolaren Bereich (10^{-6} M) erzielt werden; die Konzentration im Zielgewebe ist meist noch geringer. Je geringer die Konzentration eines Arzneistoffs ist, desto größer muss seine Bindungsstärke sein, um eine ausreichende „Belegung" des Zielmoleküls zu erreichen und damit einen biologischen Effekt zu erzielen. In aller Regel liegt der Wirkstoff zudem im Wettstreit mit dem/den

physiologischen Liganden um die Bindung am Zielmolekül, z.B. im Fall von Statinen mit dem Enzymsubstrat 3-HMG-CoA (▶Abschnitt 46.1). Der physiologische Ligand liegt oft in deutlich höherer Konzentration vor als der Arzneistoff. Inhibitoren, die an das aktive Zentrum von Kinasen (▶Abschnitt 28.5) binden, müssen beispielsweise gegen millimolare Konzentrationen des Enzymsubstrats ATP „ankommen". Signifikante Effekte können daher nur erzielt werden, wenn die Wirkstoffaffinität die Affinität des biologischen Liganden deutlich übertrifft. Nicht zuletzt hängt das Nebenwirkungsprofil eines Pharmakons von seiner exklusiven Bindung an das gewünschte Zielmolekül ab, also von seiner **Spezifität**. Je höher die für den gewünschten biologischen Effekt benötigte Wirkstoffkonzentration, desto größer ist die Gefahr, dass die Substanz auch an andere Biomoleküle – etwa dem Zielmolekül ähnliche Rezeptoren oder Enzyme – unspezifisch bindet und damit unerwünschte Nebeneffekte auslöst. Eine hohe spezifische Affinität für das Zielmolekül minimiert dieses Risiko.

Neben der pharmakologischen Potenz wird ein Arzneistoff auch durch seine **Wirkstärke** (engl. *efficacy*) charakterisiert: Diese drückt aus, wie groß der maximale biologische Effekt des Wirkstoffs innerhalb des Testsystems ist (Abbildung 37.5). Ein Beispiel dafür ist die prozentuale Aktivierung eines Rezeptorsignals relativ zur basalen Aktivität. Wenn die Bindung des Wirkstoffs an das Zielmolekül dessen Aktivität nur in geringem Maße beeinflusst, ist der pharmakologische Effekt selbst bei hoher Potenz gering. *Ein hochaffiner Wirkstoff produziert daher nicht zwangsläufig einen starken pharmakologischen Effekt.*

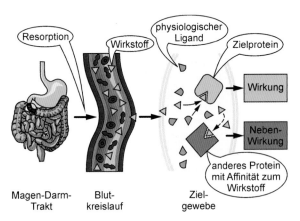

37.4 Affinität von Arzneistoffen zu Zielmolekülen. Ein Pharmakon muss eine hohe Affinität für sein Zielmolekül haben, da der Wirkstoff nach seiner Resorption meist nur in geringer Konzentration im Zielgewebe ankommt. Dort muss er häufig mit physiologischen Liganden um die Bindung am Zielmolekül wettstreiten. Je höher die benötigte Wirkstoffkonzentration, desto eher bindet der Wirkstoff auch an andere Moleküle als das „eigentliche" Zielmolekül und löst damit möglicherweise unerwünschte Nebenwirkungen aus.

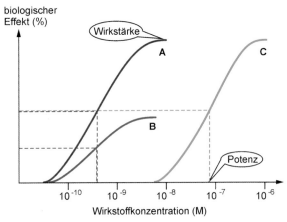

37.5 Pharmakologische Kenngrößen von Wirkstoffen. Ein Arzneistoff wird über seine Potenz und seine Wirkstärke (*efficacy*) charakterisiert. Wirkstoff B hat bei gleicher Potenz eine geringere Wirkstärke als A. Wirkstoff C hingegen hat bei schwächerer Potenz, d. h. einem höheren EC$_{50}$-Wert, aber die gleiche Wirkstärke wie A. Als Rangfolge für die Affinität ergibt sich A = B >> C und für die Wirkstärke A = C > B.

37.3 Die Analyse von Genomen und Proteomen liefert neue Zielmoleküle

Eine wesentliche Aufgabe der Pharmaforschung liegt in der Identifizierung und Validierung von Zielmolekülen. Ausgangspunkt ist die detaillierte Analyse biologischer Prozesse, beispielsweise der Apoptose in Krebszellen oder der Thrombocytenaggregation bei der Blutgerinnung. Besonders attraktive Interventionspunkte sind meist die „Flaschenhälse" solcher komplexen Prozesse, also Schlüsselreaktionen und hochgradig regulierte Reaktionsschritte. Bei der Cholesterinbiosynthese katalysiert das Enzym 3-HMG-CoA-Reduktase die Schlüsselreaktion (▶Abschnitt 46.1). Viele Enzyme oder Rezeptoren, die das Ziel heute verwendeter Medikamente darstellen, sind seit langem als pharmakologische Angriffspunkte bekannt. Die im großen Stil durchgeführten **Genom- und Proteomanalysen** ⬠ der vergangenen Jahre liefern darüber hinaus eine Vielzahl neuer, potenzieller Targets. Im menschlichen Genom sind beispielsweise die Baupläne für etwa 800 **G-Protein-gekoppelte Rezeptoren** (GPCR) codiert (▶Abschnitt 28.1). Für weit über 100 dieser membranständigen Rezeptoren sind der physiologische Ligand und damit die genaue Funktion noch immer unbekannt; man spricht von **orphan receptors** (engl. *orphan*, Waisenkind) ⬠. Die Identifizierung ihrer natürlichen Liganden („*deorphaning*") und die Aufklärung ihrer biologischen Funktionen sind für die Pharmaforschung von großem Interesse. Schon heute zählen die GPCRs zu den wichtigsten therapeutischen Interventionspunkten (Abbildung 37.6). Beispiele sind die Inhibition von β-Adrenorezeptoren durch β-Blocker wie Propranolol oder Metoprolol bei der Behandlung von Herz-Kreislauf-Erkrankungen (▶Exkurs 28.3) oder die Aktivierung von Dopaminrezeptoren durch Wirkstoffe wie Bromocriptin bei der Behandlung des Morbus Parkinson. Eine ähnliche Fülle potenzieller *drug targets* bieten **Proteinkinasen**, über die ein wesentlicher Teil zellulärer Signalprozesse abläuft (▶Abschnitt 28.5 und ▶Abschnitt 29.4). Im menschlichen Genom

sind über 500 Proteinkinasen codiert. Angesichts dieser ungeheuren Vielzahl spricht man in Anlehnung an den Begriff Proteom auch vom „Kinom". Ein Beispiel für die pharmakologische Inhibition von Kinasen liefert der Wirkstoff **Imatinib** (Glivec®). Dieser hemmt mehrere Tyrosinkinasen, darunter das Onkogen **Bcr-Abl** (▶Abschnitt 35.9). Imatinib wird deshalb erfolgreich in der Krebsbehandlung eingesetzt; das Pharmakon hemmt die Bindung des Substrats ATP an die Kinase und verhindert damit die Phosphorylierung der Zielproteine von Bcr-Abl.

Nach ihrer Identifizierung werden die Targets **validiert**. Dabei wird geprüft, ob die Aktivierung oder Inhibierung des Zielmoleküls *in vivo* tatsächlich den gewünschten biologischen Effekt hat. Mithilfe bereits vorhandener, pharmakologisch wirksamer Substanzen, die wir als *tool compounds* (engl. *tool*, Werkzeug; *compound*, Substanz) bezeichnen, kann dies im Zell- oder Tiermodell erreicht werden. Neben diesen prototypischen Wirkstoffen sind **genetische Mausmodelle** für die Validierung von herausragender Bedeutung (▶Abschnitt 23.10). Dabei besteht die experimentelle Möglichkeit, ein Zielprotein über die gezielte Deletion (*knockout*) des codierenden Gens auszuschalten (▶Exkurs 23.6). So bewirkt der *Knockout* des Enzyms **Dipeptidylpeptidase-IV** (DPP-IV), dass es beim Anstieg der Blutglucose nach Nahrungsaufnahme zu einer stärkeren Insulinausschüttung kommt als bei Mäusen mit intaktem DPP-IV-Gen. Durch die erhöhte Insulinfreisetzung kann „überschüssige" Glucose effizienter aus dem Blutkreislauf entfernt werden, was ein primäres Therapieziel beim Typ-2-Diabetes darstellt (▶Abschnitt 50.6). Die molekulare Erklärung für die verstärkte Insulinausschüttung ist, dass DPP-IV das Peptidhormon **GLP-1** (engl. *glucagon-like peptide 1*; ▶Abbildung 31.19) proteolytisch spaltet und damit inaktiviert. GLP-1 stimuliert seinen G-Protein-gekoppelten Rezeptor im exokrinen Teil des Pankreas und gibt damit ein Signal zur verstärkten Insulinausschüttung (▶Exkurs 31.5). Die Ausschaltung von DPP-IV führt somit zu erhöhten GLP-1-Konzentrationen und in der Folge zu erhöhten Insulinspiegeln (Abbildung 37.7). Ein Arzneistoff, der das Enzym DPP-IV hemmt, sollte demnach

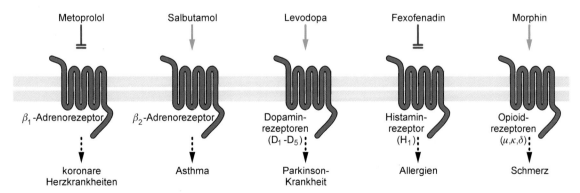

37.6 G-Protein-gekoppelte Rezeptoren als Wirkstoffziele. Ausgewählte Rezeptoren mit ihren zugehörigen Pharmaka (oben) und therapeutischen Anwendungen (unten) sind schematisch gezeigt. Rezeptorhemmung durch Antagonisten ist durch rote Pfeile und Rezeptorstimulierung durch Agonisten mit grünen Pfeilen angezeigt. Viele Rezeptoren besitzen Subtypen wie z. B. β_1-, β_2- und β_3-Adrenorezeptoren (▶Tabelle 28.2). Relevante Subtypen für die Wirkung der Pharmaka sind in Klammern angegeben.

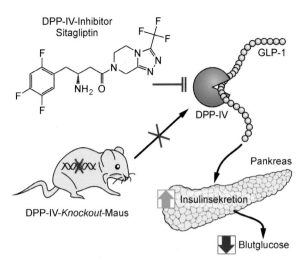

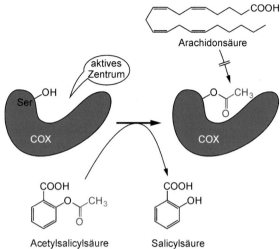

37.7 Targetvalidierung an genetischen Mausmodellen. Das Ausschalten des Gens für das Enzym Dipeptidylpeptidase-IV verhindert den Abbau des Peptidhormons GLP-1; erhöhte Spiegel an GLP-1 verstärken die Insulinfreisetzung. Dieses Wirkprinzip wird pharmakologisch mit DPP-IV-Inhibitoren umgesetzt.

37.8 Hemmung von Cyclooxygenase. Acetylsalicylsäure überträgt ihre Acetylgruppe auf einen Serinrest nahe am aktiven Zentrum der Cyclooxygenase; das Enzym wird dadurch irreversibel gehemmt und kann sein Substrat Arachidonsäure nicht mehr umsetzen. Beide Isoformen des Enzyms, COX-1 und COX-2, werden durch Acetylsalicylsäure inhibiert.

ähnlich vorteilhafte Effekte auf den Glucosestoffwechsel haben wie die Ausschaltung des DPP-IV-Gens. *Durch den genetischen Knockout konnte DPP-IV somit als Target für die Behandlung von Typ-2-Diabetes validiert werden.* Dieses Wirkprinzip hat sich bestätigt, und seit kurzem sind pharmakologische **DPP-IV-Inhibitoren** wie Sitagliptin (Januvia®) als Arzneimittel zugelassen.

Als komplementäre Strategie zum *Knockout* kann die codierende DNA als Transgen in zusätzliche Kopien eingebracht und so die Expression des Zielproteins stark erhöht werden. Neben genetischen Mausmodellen hat das vor wenigen Jahren entdeckte Prinzip der **RNA-Interferenz** rasch große Bedeutung erlangt (▶ Abschnitt 23.10): Mithilfe dieser Strategie kann gezielt die Expression eines bestimmten Proteins temporär und *ohne* vorherige genetische Manipulation der Zelle oder des Organismus herabreguliert werden.

37.4

Naturstoffe dienen als Quelle neuer Arzneimittel

Pharmakologisch wirksame Substanzen werden vermutlich seit Jahrtausenden gesucht. Die Herangehensweise an die Wirkstoffsuche hat sich im Laufe des vergangenen Jahrhunderts jedoch dramatisch verändert. Überliefertes Wissen wird dadurch keinesfalls obsolet: Auch heute noch liefern etwa die Erfahrungsschätze der traditionellen chinesischen Medizin wichtige Quellen für die Identifizierung und Isolierung von pharmakologisch wirksamen **Naturstoffen**. Insbesondere pflanzliche Inhaltsstoffe sind von großer Bedeutung: *Etwa*

25 % der heute verschriebenen Medikamente enthalten Wirkstoffe pflanzlichen Ursprungs. Ein schmerzlindernder pflanzlicher Wirkstoff ist beispielsweise Salicylsäure aus der Rinde der Weide (lat. *salix*). Ihr synthetisches Derivat **Acetylsalicylsäure** ist der bekannteste und am weitesten verbreitete Arzneistoff überhaupt (Abbildung 37.8). Acetylsalicylsäure ist besser verträglich als der Naturstoff Salicylsäure und gleichzeitig deutlich wirksamer. Beide Substanzen binden nahe am aktiven Zentrum der **Cyclooxygenase** (COX). Cyclooxygenase wandelt Arachidonsäure in **Prostaglandine** um, die zentrale Mediatoren von Schmerz, Fieber und entzündlichen Reaktionen sind (▶ Abschnitt 45.11). Während Salicylsäure das Enzym nur reversibel hemmt, überträgt Acetylsalicylsäure seine Acetylgruppe kovalent auf einen Serinrest des Enzyms und blockiert damit irreversibel den Zugang des Substrats Arachidonsäure zum aktiven Zentrum.

Auch die bislang in weiten Teilen unentdeckte und nicht charakterisierte mikrobielle Vielfalt auf der Erde und in den Ozeanen birgt vermutlich noch zahlreiche pharmakologische Schätze. Neben tradierter Erfahrung spielen Glück und Zufall eine nicht unbedeutende Rolle in der Entdeckung von Arzneistoffen. Das bekannteste Beispiel hierfür ist die Entdeckung des **Penicillins** 🔖 durch Alexander Fleming im Jahr 1928. Aufgrund der Kontamination einer Nährplatte mit Pilzsporen beobachtete er, dass Staphylokokkenkolonien abstarben, wenn sie sich in Nachbarschaft zum Schimmelpilz *Penicillium notatum* befanden. Diese Beobachtung führte zur Entdeckung und Isolierung von Penicillin als antibakterieller Wirksubstanz. *Penicillin ist der Prototyp eines **β-Lactam-Antibiotikums**, einer der wichtigsten Klassen antibakteriell wirksamer Pharmaka*, welche die Synthese der bakteriellen Zellwand hemmen (Exkurs 37.2).

Exkurs 37.2: Wirkmechanismus von β-Lactam-Antibiotika

Die Zellmembran von Bakterien ist von einer Wand umhüllt, die mechanischen Schutz bietet (▶Abbildung 3.5). Eine wichtige Komponente dieser Zellwand ist das Peptidoglykan **Murein**, das aus den Zuckern Acetylglucosamin und N-Acetylmuraminsäure sowie kurzen Oligopeptiden besteht, die endständig zwei Alanylreste in der ungewöhnlichen D-Konfiguration tragen. Bei der Mureinsynthese werden diese Oligopeptide untereinander verbrückt; aus einzelnen Peptidoglykansträngen entsteht dadurch ein stabiles Mureinnetzwerk (Abbildung 37.9). Das Enzym **Transpeptidase** katalysiert diese Reaktion:

Es spaltet das endständige D-Alanin eines Oligopeptids ab und verknüpft die frei werdende terminale Carboxylgruppe des folgenden D-Alanins mit der Aminogruppe in der Seitenkette von Diaminopimelinsäure (m-A2pm-NH$_2$) eines zweiten Oligopeptids. **β-Lactam-Antibiotika** täuschen der Transpeptidase ihr natürliches Substrat D-Alanyl-D-Alanin vor, binden kovalent an das aktive Zentrum und blockieren es irreversibel: ein klassischer Fall eines **Suizidsubstrats** (▶Abschnitt 13.7). Humane Proteine und Proteoglykane tragen *keine* D-Alanylreste; dies erklärt die hohe Selektivität und Verträglichkeit von β-Lactam-Antibiotika. Allerdings verleihen bakterielle β-Lactamasen zunehmend Resistenz gegen β-Lactam-Antibiotika (▶Abschnitt 23.8).

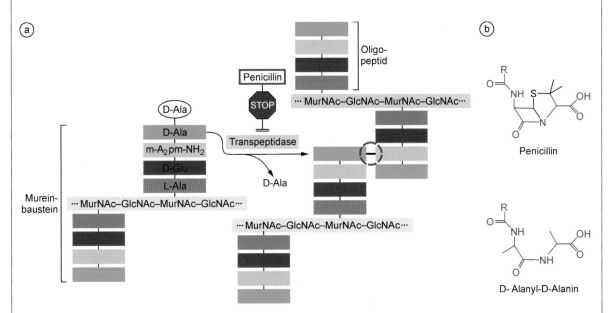

37.9 Hemmung der bakteriellen Zellwandsynthese durch β-Lactam-Antibiotika. a) Transpeptidase verknüpft die abzweigenden Oligopeptide von zwei Mureinbausteinen miteinander (gestrichelter Kreis); Penicillin und andere β-Lactam-Antibiotika inhibieren dieses Enzym. Die beiden terminalen D-Ala-Reste sind farblos bzw. grün markiert. b) Die strukturelle Ähnlichkeit mit dem natürlichen Substrat eröffnet Penicillin den Zutritt zum aktiven Zentrum der Transpeptidase. GlcNAc, N-Acetylglucosamin; MurNAc, N-Acetylmuraminsäure.

37.5 Die Durchmusterung von Substanzbibliotheken liefert Arzneistoffkandidaten

Der zur Zeit gängigste Weg zur Identifizierung von Wirkstoffen liegt darin, riesige **Substanzbibliotheken** ⌐ mit Hunderttausenden bis Millionen unterschiedlicher chemischer Verbindungen in einem **Hochdurchsatz-Testverfahren** (HTS, engl. *high-throughput screening*) ⌐ auf ihre mögliche biologische Wirksamkeit hin zu testen (Abbildung 37.10a). Diese aufwändige Aufgabe erfordert ein hohes Maß an Automatisierung und einen einfachen **Test** (engl. *assay*). Der Test kann entweder am isolierten Targetprotein oder – insbesondere

bei Membranproteinen – in zellkulturbasierten Systemen durchgeführt werden. Für einen hohen Probendurchsatz werden Mikrotiterplatten verwendet, bei denen in hunderten von kleinen Vertiefungen (engl. *wells*) parallel getestet werden kann. Häufig wird in einem **gekoppelten Test** eine biochemische Umsetzung mit einer optisch messbaren Reaktion verbunden. So kann der Verbrauch von ATP z.B. durch eine Kinase mittels einer **Luciferase**reaktion nachgewiesen werden (Abbildung 37.10b). Dieses Enzym aus Leuchtkäfern setzt ATP-abhängig Luciferin in Oxyluciferin um; dabei kommt es zur Lichtabgabe in Form von **Lumineszenz**. Die ATP-Konzentration lässt sich damit auf indirektem Weg optisch bestimmen. Ein Kinaseinhibitor als pharmakologischer Wirkstoff verringert den ATP-Verbrauch durch das Enzym; dadurch steht mehr ATP als Substrat für die Luciferase zur Verfügung. Bei der HTS-Suche nach einem Kinaseinhibitor

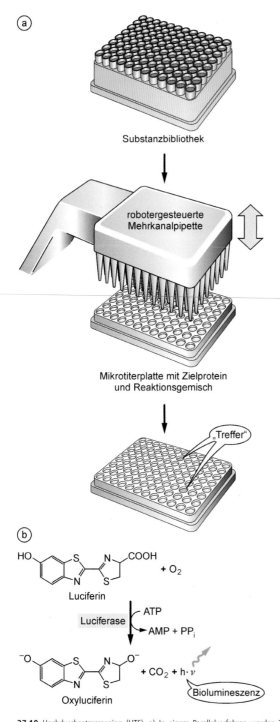

(a)

Substanzbibliothek

robotergesteuerte
Mehrkanalpipette

Mikrotiterplatte mit Zielprotein
und Reaktionsgemisch

„Treffer"

(b)

Luciferin

+ O₂

Luciferase

ATP

AMP + PP$_i$

Oxyluciferin

+ CO₂ + h·ν

Biolumineszenz

37.10 Hochdurchsatzscreening (HTS). a) In einem Parallelverfahren werden Tausende von Substanzen getestet; dazu werden Zielprotein, Reaktionsgemisch und Testsubstanz in Mikrotiterplatten angesetzt. Der Nachweis erfolgt meist durch optische Verfahren. b) Das Enzym Luciferase setzt Luciferin um, wobei Lumineszenzlicht entsteht. Diese Reaktion wird zur indirekten Bestimmung der ATP-Konzentration genutzt.

wird also getestet, ob es in Gegenwart einer Testsubstanz zu einer stärkeren Lumineszenz im Probennapf kommt. Typischerweise werden in HTS-Verfahren einige Hunderte bis Tausende von potenziellen Wirkstoffkandidaten ermittelt. Diese initialen Treffer (engl. *hits*) müssen anschließend in sekundären biochemischen und zellulären Tests verifiziert werden. Eine alternative Strategie steht hinter dem **phänotypischen Screening**: Hier geht man *nicht* von einem definierten Zielmolekül aus, sondern sucht in zellulären Tests zunächst nach Substanzen, die einen bestimmten biologischen Effekt auslösen. Sind diese gefunden, so wird im Nachhinein versucht, das zugehörige molekulare Target zu identifizieren. Eine Stärke dieses *A-posteriori*-Ansatzes liegt darin, dass auch Substanzen gefunden werden, die nicht nur eine einzige Zielstruktur beeinflussen und daher multiple molekulare Effekte haben. Dies ist möglicherweise etwa bei **Metformin** – einem Standardpräparat zur Behandlung von Typ 2-Diabetes – der Fall.

Die im HTS identifizierten Substanzen besitzen in den seltensten Fällen schon die benötigte Affinität für das Zielmolekül; auf dieser Stufe sind typischerweise K_D-Werte im mikromolaren Bereich zu erwarten. *Im nächsten Schritt müssen daher die aussichtsreichsten Leitsubstanzen* (engl. *lead*) ⌐ *chemisch modifiziert und in ihren pharmakologischen Eigenschaften optimiert werden.* Hier kommt die Erfahrung der Medizinalchemiker zum Tragen, die Kandidatenmoleküle auf vielfache Weise „dekorieren" und modifizieren, um zu hochpotenten Verbindungen mit nano- oder gar picomolaren K_D-Werten zu gelangen. Eine wichtige Rolle spielt auf dieser Stufe die **rationale Wirkstoffentwicklung** (engl. *rational drug design*), die sich der Röntgenkristallographie (▶Abschnitt 7.4), der NMR-Spektroskopie (▶Abschnitt 7.5) sowie des computergestützten Entwurfs von Molekülen (engl. *molecular modelling*) bedient. Aussichtsreiche Substanzen können dann z.B. mit dem Zielprotein kristallisiert werden, um mittels Röntgenkristallstrukturanalyse zu einem molekularen Bild des Bindungsmodus zu kommen (Abbildung 37.11). Anschließend wird mithilfe von Computerprogrammen vorherzusagen versucht, wie man die Substanzen verändern muss, um eine höher affine Bindung in der vorgegebenen Bindungstasche zu erreichen. Solchermaßen entworfene Varianten werden anschließend synthetisiert und in biochemischen Tests auf ihre Wirksamkeit hin überprüft. In anfänglicher Euphorie nahm man an, rationale Ansätze könnten das „blinde" Suchen in einer großen Substanzbibliothek völlig ersetzen, sodass eine Substanz mit optimalen Bindungseigenschaften komplett am Computer („*in silico*") entworfen werden könnte. Von diesem Ziel ist man jedoch noch weit entfernt. Die Optimierung einer im HTS identifizierten Wirkstoffklasse baut nicht zuletzt auch auf den beobachteten Zusammenhängen zwischen der chemischen Strukturformel des Pharmakons und der erzielten biologischen Wirkung auf; man spricht allgemein von **Struktur-Wirkungs-Beziehungen** (engl. *structure-_a_ctivity _r_elationships*, **SAR**). So lässt sich z.B. durch systematisches Austauschen eines Substitu-

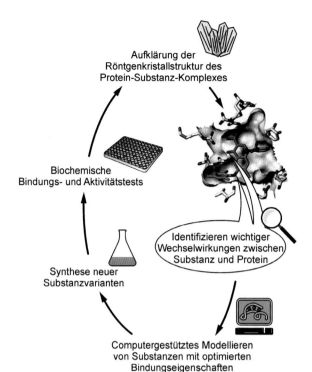

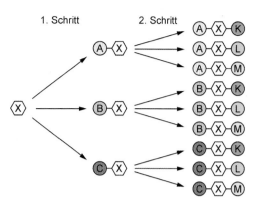

37.12 Kombinatorische Synthese. Das Ausgangsmolekül X reagiert im ersten Schritt an einer reaktiven Gruppe mit einem Satz modularer Bausteine A,B,C, etc. Die so gewonnenen neuen Moleküle A-X, B-X, C-X etc. können im zweiten Schritt an einer anderen reaktiven Gruppe mit den Substituenten K,L,M etc. modifiziert werden, wobei A-X-K, A-X-L, A-X-M, B-X-K etc. entstehen. Diese Strategie liefert in wenigen Schritten eine Großzahl von Varianten der Leitsubstanz X.

37.11 Rationale Wirkstoffentwicklung. Schematisch ist hier gezeigt, wie die Kombination aus Röntgenstrukturanalyse, computergestütztem Modellieren und gezielter chemischer Synthese geeignet ist, um zu potenteren Wirkstoffen zu gelangen. Alternativ dazu wird die NMR-Spektroskopie eingesetzt, die den großen Vorzug hat, Moleküle in Lösung analysieren zu können (nicht gezeigt).

enten an einer bestimmten Position im Molekül und anschließendes Testen der resultierenden Varianten ermitteln, welcher Substituent für ein hochwirksames Pharmakon am besten geeignet ist. Komplementär zum rationalen Design ist die **kombinatorische Synthese** von Wirkstoffmolekülen (Exkurs 37.3).

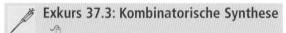

🖊 Exkurs 37.3: Kombinatorische Synthese

Mit dieser chemischen Synthesestrategie kann von einem einzigen Ausgangsmolekül beginnend in wenigen Schritten eine Großzahl von Varianten generiert werden (Abbildung 37.12). Dabei wird das Startmolekül X an einer Stelle mittels einer chemischen Reaktion modifiziert, für die in parallelen Ansätzen viele unterschiedliche Reaktanden als modulare Bausteine eingesetzt werden. Mit 30 Bausteinen (A, B, C ...) erhält man auf diese Weise 30 neue Moleküle (A-X, B-X, C-X, ...). Sucht man sich an den so gewonnenen Molekülen eine weitere reaktive Stelle aus und führt wiederum eine parallele Synthese mit 30 Bausteinen durch, so hat man in zwei Reaktionsschritten bereits 30 × 30 = 900 neue Moleküle gewonnen! Durch diese Synthesestrategie kommt man rasch und effizient zu einer großen Zahl neuer Molekülvarianten, die auf ihre biologische Wirksamkeit getestet werden können. Somit ist die kombinatorische Synthese ein wichtiges Werkzeug zur umfassenden Analyse von Struktur-Wirkungs-Beziehungen und zur Optimierung von Wirkstoffkandidaten.

37.6

Arzneistoffe müssen resorbiert werden und in intakter Form an ihren Wirkort gelangen

War die Suche nach Verbindungen mit hoher Affinität und Wirksamkeit am Target erfolgreich, werden im folgenden Schritt die Substanzen am isolierten Zielorgan (*ex vivo*) oder am Versuchstier (*in vivo*) auf ihre Wirksamkeit getestet. Die am häufigsten eingesetzten Versuchstiere sind Ratten und Mäuse. Je nach Indikation können Art und Umfang dieser Versuche unterschiedlich ausfallen. Metabolische Parameter wie der Serumcholesterinspiegel lassen sich durch die Entnahme einer Blutprobe leicht bestimmen. Für ein potenzielles Alzheimer-Medikament sind zum Nachweis von zentralnervösen Effekten unter Umständen erheblich komplexere Versuchsansätze nötig. *Tierversuche sind für den Nachweis der Wirksamkeit von absolut entscheidender Bedeutung.* Die Wirksamkeit einer Substanz *in vitro* oder im Zellversuch liefert nämlich kaum Anhaltspunkte dafür, ob dieselbe Verbindung nach oraler Gabe in den Blutkreislauf gelangt, wie sie sich auf Gewebe verteilt und durch den Organismus verändert, abgebaut und letztlich wieder ausgeschieden wird (Abbildung 37.13). Man spricht in diesem Zusammenhang auch von den **ADME**-Eigenschaften eines Moleküls (Absorption, Distribution, Metabolismus, Exkretion) 🖱, die zusammen seine **Pharmakokinetik** *in vivo* bestimmen. Die Pharmakokinetik ist mitentscheidend für die Wirksamkeit einer Verbindung: Die prinzipielle Wirkung am Target – man spricht hierbei von der **Pharmakodynamik** – ist bestenfalls die „halbe Miete"!

Idealerweise sollte ein Medikament in Form einer Tablette oral verabreicht werden können. Hierfür muss es zunächst das saure Milieu des Magensaftes (pH < 2) überstehen. Bei

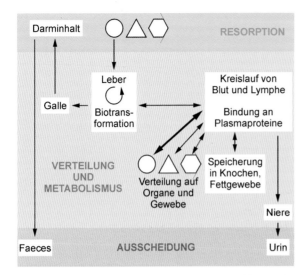

37.13 Pharmakokinetische Vorgänge nach oraler Gabe eines Medikaments. Gezeigt ist ein vereinfachtes Schema; tatsächlich ist die Zahl der beteiligten Prozesse noch viel größer. So findet die Biotransformation von Arzneistoffen nicht nur in der Leber, sondern auch in anderen Organen und Geweben wie z. B. Darm und Niere statt.

Proteinwirkstoffen wie Insulin oder monoklonalen Antikörpern (Abschnitt 37.8) ist dies nicht möglich; daher müssen diese Biotherapeutika **parenteral** – also in Gefäße, Muskeln oder unter die Haut – injiziert werden. Nach überstandener Magenpassage wird ein Arzneistoff typischerweise über das Darmepithel aufgenommen. Große (> 500 Da) oder stark polare Verbindungen werden nur unzureichend resorbiert; sie haben dadurch eine schlechte **orale Bioverfügbarkeit**. Durch Tests an der Epithelzelllinie Caco-2 (engl. <u>c</u>olorectal <u>a</u>deno-<u>c</u>arcinoma cells) lässt sich die intestinale Absorptionsrate von Wirkstoffmolekülen *in vitro* relativ gut vorhersagen. *Zelluläre Experimente zur Pharmakokinetik können somit Anhaltspunkte für die Substanzauswahl liefern und damit notwendige Tierversuche auf ein Minimum reduzieren.* Ist eine Verbindung im Blut angelangt, zirkuliert sie dort meist nicht in freier Form, sondern lagert sich reversibel an Plasmaproteine wie Albumin an. Diese **Plasmaproteinbindung** hat wesentlichen Einfluss auf die Wirkstärke, Wirkdauer und Elimination eines Arzneistoffs. Ähnlich wie bei körpereigenen Steroiden und Thyroxinen kann nur die freie, nicht aber die von Plasmaproteinen gebundene Fraktion eines Wirkstoffs in das Zielgewebe gelangen. Andererseits stellt die proteingebundene Fraktion eine Speicherform dar, durch die ein Arzneistoff länger im Organismus verweilen kann, weil er verzögert abgebaut bzw. ausgeschieden wird. Die **Verteilung** des Wirkstoffs auf verschiedene **Kompartimente** – also Körperflüssigkeiten und Gewebe – erfolgt über den Blutkreislauf. *Ein Arzneistoff muss den Weg in sein(e) Zielgewebe in ausreichender Konzentration finden*; über spezifische Bindung an das Zielmolekül kann er dort auch angereichert werden. Manche Zielgewebe sind jedoch schwer zugänglich, insbesondere das zentrale Nervensystem: Die *tight junctions* (▶Abschnitt 3.6) zwischen den Endothelzellen, die Blutge-

fäße von Hirn und Rückenmark auskleiden, bilden eine für viele Arzneistoffe undurchlässige **Blut-Hirn-Schranke** (Abbildung 37.14). Umgekehrt kann es zu einer unerwünschten Anreicherung und Ablagerung von lipophilen Verbindungen z. B. im Fettgewebe kommen. Unter diesen Umständen wird ihre Ausscheidung deutlich verlangsamt; man spricht dann von „tiefen" Kompartimenten. Generell ist die **Verweildauer** eines Arzneistoffs im Zielgewebe von großer Bedeutung: Einerseits sollte sie nicht zu kurz sein, damit der pharmakologische Effekt nicht zu rasch abklingt; andererseits darf sie auch nicht zu lange sein, da es dann bei wiederholter Gabe zur Akkumulation kommen kann, sodass ein potenziell toxischer Wirkstoffspiegel erreicht wird.

Arzneimittel sind im Allgemeinen körperfremde Substanzen, die meist abgebaut und ausgeschieden werden. Die **Metabolisierung von Xenobiotika** (gr. *xenos*, fremd), die hauptsächlich von der Leber bewältigt wird, stellt somit eine weitere Herausforderung für die Entwicklung eines aktiven Wirkstoffs dar. *Der hepatische Xenobiotikametabolismus zielt hauptsächlich darauf ab, die Wasserlöslichkeit hydro-*

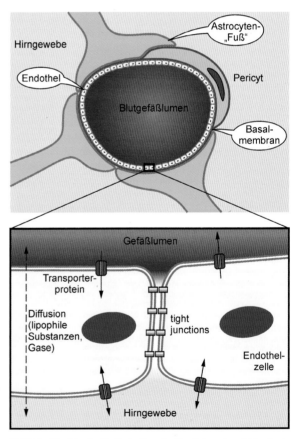

37.14 Blut-Hirn-Schranke. Die Blutkapillaren im Hirn sind von einer dichten Basalmembran sowie von Astrocyten und Pericyten ummantelt, was den Stoffaustausch zwischen Blut und Hirngewebe erschwert. Ausschnitt: Zwischen den Endothelzellen der Gefäßwand verhindern *tight junctions* die freie Diffusion hydrophiler Substanzen; ihr Austausch kann lediglich über spezifische Transporter erfolgen.

phober Substanzen zu erhöhen und damit ihre Ausscheidung über Urin oder Faeces zu befördern. Dieser Prozess wird als **Biotransformation** bezeichnet; dabei unterscheidet man zwei Haupttypen von Reaktionen. **Oxidationsreaktionen** werden von **Cytochrom-P450-abhängigen Monooxygenasen** (CYP450) katalysiert; im menschlichen Genom sind über 50 solcher hämhaltiger Monooxygenasen codiert (▶Exkurs 46.5). In **Konjugationsreaktionen** werden zumeist saure Reste auf den Fremdstoff übertragen, die seine Löslichkeit durch Salzbildung stark erhöhen. Häufig geht einer Konjugationsreaktion eine Oxidation voraus: So wird ein Sulfatrest oft auf eine Hydroxylgruppe übertragen, die zuvor durch Oxidation eingeführt wurde. Deshalb spricht man auch von **Phase-I-Transformation** (Oxidation) und **Phase-II-Transformation** (Konjugation) (Abbildung 37.15). Beispielsweise wird **Diazepam** (Valium®), ein Tranquilizer aus der Gruppe der Benzodiazepine, zunächst demethyliert sowie hydroxyliert, anschließend mit Glucuronsäure modifiziert und dann über den Urin ausgeschieden. Da ein Arzneistoff nach seiner Resorption aus dem Darm zunächst über die Pfortader zur Leber gelangt, kann es passieren, dass die verabreichte Substanz bereits bei der ersten Leberpassage (engl. *first pass*) weitgehend metabolisiert wird, bevor sie über den Blutkreislauf ihr Zielorgan erreichen kann. Ein solcher **First-Pass-Effekt** kann die Wirksamkeit einer Substanz erheblich einschränken. Andererseits besitzen Metaboliten häufig noch pharmakologische Wirkung, sodass Metabolisierung nicht automatisch Inaktivierung be-

deutet. Im Gegenteil: Zahlreiche als *Prodrug* (▶Abschnitt 37.1) verabreichte Arzneimittel müssen erst vom Organismus chemisch modifiziert werden, um pharmakologische Aktivität zu erlangen.

Die **Ausscheidung** von Arzneistoffen und ihren Folgeprodukten erfolgt hauptsächlich über Urin und Faeces (Abbildung 37.16). Bei der Filtration des Bluts in den Glomeruli der Niere werden biologische Makromoleküle wie Proteine zurückgehalten, während Metaboliten wie z. B. Harnstoff ebenso wie nichtproteingebundene „freie" Arzneistoffe den Filter passieren und damit in den **Primärharn** gelangen. Der Großteil der physiologischen Substanzen wie z. B. Glucose wird über spezifische Transportsysteme rückresorbiert. Ein kleinerer Teil der Arzneistoffe kann über Transportsysteme geringer Spezifität oder über passive Diffusion aus dem Primärharn wieder aufgenommen werden, während der Großteil mit dem Urin ausgeschieden wird. Der zweite wichtige Eliminationsweg – vor allem für hydrophobe Substanzen – führt aus der Leber über die Gallengänge in den Darm. Die Arzneistoffe und ihre Metabolisierungsprodukte werden bei diesem hepatischen Ausscheidungsweg mit der als Emulgator wirkenden **Gallenflüssigkeit** (▶Abschnitt 46.7) in das Duodenum abgegeben und über die Faeces ausgeschieden. Auch bei diesem Weg kann es zur Rückresorption kommen, wenn Arzneistoffe dem **enterohepatischen Kreislauf** folgend von distalen Abschnitten des Dünndarms über die Pfortader wieder in die Leber gelangen (▶Exkurs 31.4).

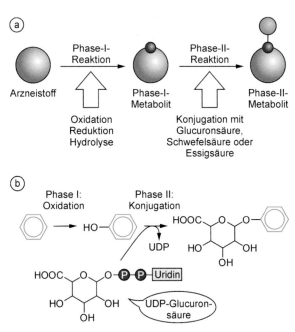

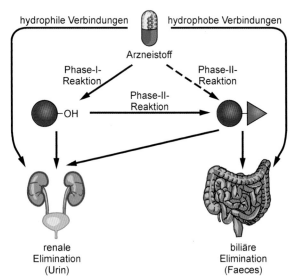

37.15 Biotransformation von Arzneistoffen. a) Phase-I-Reaktionen oxidieren, reduzieren oder hydrolysieren Arzneistoffe, während Phase-II-Reaktionen typischerweise ein hydrophiles Molekül konjugieren, und zwar meist an Stellen, die zuvor durch Phase-I-Reaktionen modifiziert wurden. b) Beispielhaft ist hier die Metabolisierung von Benzol durch Oxidation (Phase I) und nachfolgende Konjugation mit aktivierter Glucuronsäure (Phase II) gezeigt.

37.16 Ausscheidung von Arzneistoffen. Hauptausscheidungsweg für hydrophile Substanzen sind vor allem die Nieren; für hydrophobe Substanzen ist es primär der Darm. Arzneistoffe können unverändert oder als biotransformierte Metaboliten ausgeschieden werden.

Arzneistoffe müssen auf toxische Eigenschaften hin geprüft werden

37.7

Neben seinen pharmakokinetischen Eigenschaften stellen unerwünschte **Nebenwirkungen** sowie mögliche **Toxizität** weitere Hürden für einen potenziellen Arzneistoff dar. Die Ursache für unerwünschte Nebeneffekte kann in einer unzureichenden Spezifität des Arzneistoffs liegen, d. h. ein Pharmakon bindet neben „seinem" Target auch an verwandte Makromoleküle wie etwa unterschiedliche Isoformen eines Enzyms oder aber auch an völlig andere biologische Strukturen. Ausgesprochen „klebrige" Proteine, an die viele potenzielle Arzneimoleküle unspezifisch binden, sind spannungsaktivierte Kaliumkanäle von Herzmuskelzellen (▶Abschnitt 30.1). Diese so genannten **HERG-Kanäle** ⌂ tragen durch einen schnellen K^+-Ausstrom zur raschen Repolarisierung während des Aktionspotenzials im Herzen bei (▶Abschnitt 32.3). Die Arzneistoffbindung kann die Funktion dieser Ionenkanäle beeinträchtigen, was zu schwerwiegenden Herzrhythmusstörungen führen kann. Aus diesem Grund wird bei Wirkstoffmolekülen routinemäßig *in vitro* überprüft, ob sie zu einer Hemmung von HERG-Kanälen führen. Auch die mögliche Induktion oder Hemmung von biotransformierenden Enzymen durch ein Pharmakon wird frühzeitig in der Zellkultur an Hepatocyten (Leberzellen) überprüft. Paradebeispiel ist die **Induktion von Cytochrom-P450-Enzymen** durch Barbiturate wie z. B. Phenobarbital, die zur gesteigerten Transkription der Gene bestimmter CYP450-Isoformen führen. Dadurch werden andere, gleichzeitig eingenommene Pharmaka wie z. B. die als Blutgerinnungshemmer eingesetzten Cumarinderivate (▶Exkurs 14.3) schneller abgegeben; die effektive Wirkstoffkonzentration des Zweitpharmakons wird damit stark beeinflusst. Bleiben solche **Arzneimittelwechselwirkungen** unbeachtet, kann dies zu schwerwiegenden Komplikationen führen (Abbildung 37.17).

Eine unerwünschte Wirkung kann nicht zuletzt auch über das Zielmolekül selbst ausgelöst werden, was angesichts hochgradig komplexer Regelkreisläufe im Organismus nicht überrascht. So bindet **Cortisol** ebenso wie sein synthetisches Derivat **Dexamethason** an intrazelluläre **Glucocorticoidrezeptoren (GR)**, induziert dadurch die Translokation des Ligand-Rezeptor-Komplexes in den Zellkern und beeinflusst damit – je nach Zelltyp – die Transkription von Hunderten bis Tausenden unterschiedlicher Gene! *Physiologisch* übt Cortisol vielfältige metabolische Effekte aus: So erhöht es den Blutglucosespiegel, indem es die Expression von Schlüsselenzymen der Gluconeogenese stimuliert; auch Aminosäure- und Fettstoffwechsel werden beeinflusst. Die zugrunde liegenden transkriptionellen Effekte werden überwiegend durch Bindung des GR-Dimers an **glucocorticoidresponsive Elemente** (GRE) auf der DNA vermittelt. Hieraus resultiert eine direkte Aktivierung der Zielgene; wir sprechen von einer *cis*-Regulation (Abbildung 37.18). In *pharmakologisch* erzielten Kon-

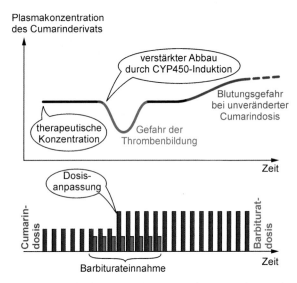

37.17 Arzneimittelwechselwirkungen bei der Biotransformation. Barbiturate induzieren CYP450-Enzyme; dadurch werden gleichzeitig eingenommene Cumarinderivate schneller abgebaut. Ihre Plasmakonzentration sinkt daraufhin, und die Cumarindosis muss erhöht werden, um thromboembolische Komplikationen zu vermeiden. Wird das Barbiturat wieder abgesetzt, so klingt die CYP450-Induktion allmählich ab und die Cumarinkonzentration im Plasma steigt an. Bei unveränderter Dosierung des Gerinnungshemmers kann es nun zu schweren Blutungszwischenfällen kommen. Weitere CYP450-Induktoren sind Rifampicin, Omeprazol und Ethanol.

zentrationen – die deutlich über den physiologischen Spiegeln liegen – wirken Glucocorticoide stark immunsuppressiv und antiinflammatorisch, indem sie u. a. die Expression proinflammatorischer Cytokine hemmen. Dieser Glucocorticoideffekt findet eine breite therapeutische Anwendung, so etwa bei Dermatosen (Hautkrankheiten), rheumatischen Erkrankungen oder Leukämien. Auf Genebene wird dieser immunsuppressive Effekt vorwiegend über eine *trans*-Regu-

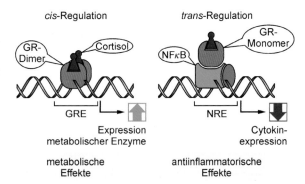

37.18 Regulation der Transkription durch Glucocorticoide. Die metabolischen Effekte von Cortisol werden primär durch Bindung des Glucocorticoidrezeptor-Dimers an GRE-Sequenzen auf der DNA (oft als Teil eines Enhancers; nicht gezeigt) und anschließende Aktivierung der Zielgene vermittelt (*cis*-Regulation). Die immunsuppressiven Effekte von Glucocorticoiden werden dagegen durch *trans*-Regulation von proinflammatorischen Faktoren wie NFκB vermittelt. Das Glucocorticoidrezeptor-Monomer bindet dabei an eine Untereinheit des heterodimeren NFκB und unterdrückt dadurch die Transkription der Zielgene dieses Faktors. NRE, NFκB *response element*.

lation vermittelt: Dabei bildet GR Heterodimere mit proinflammatorischen Transkriptionsfaktoren wie **NFκB**, setzt deren Aktivität herab und drosselt damit die Transkription der proinflammatorischen Zielgene. *Die therapeutisch eingesetzten, unphysiologisch hohen Cortisoldosen, die für erwünschte immunsuppressive Effekte nötig sind, führen jedoch gleichzeitig zu unerwünschten metabolischen Effekten.* Gravierende Nebenwirkungen wie etwa die Symptome eines Cushing-Syndroms oder Typ-2-Diabetes („Steroiddiabetes") können die Folge sein. Da metabolische und immunsuppressive Effekte auf unterschiedlichen molekularen Mechanismen fußen (*cis*- vs. *trans*-Regulation), versucht man gegenwärtig, **selektive Glucocorticoidrezeptor-Agonisten** zu entwickeln, die gezielt den therapeutisch erwünschten *trans*-Effekt des GR stimulieren, ohne überschießende *cis*-Effekte hervorzurufen. Eine spezielle Problematik der Arzneimitteltherapie, insbesondere bei der Infektions- und Krebsbehandlung, ist die **Resistenzentwicklung** (Exkurs 37.4).

Exkurs 37.4: Resistenzentwicklung

Bakterien, aber auch Krebszellen vermehren sich rascher als normale Körperzellen. In jeder neuen Generation können durch spontane Mutationen Resistenzen gegen die Arzneimittelwirkung entstehen. Unter dem fortwährenden Selektionsdruck der Arzneimittelbehandlung kommt es zur Anreicherung dieser resistenten Population, was zur vollständigen Wirkungslosigkeit eines Medikaments führen kann. Resistenzauslösende Prozesse sind z.B. **mutationsbedingte Modifikationen des Zielproteins** eines Arzneimittels, sodass der Wirkstoff nur noch mit verminderter Affinität daran bindet (Abbildung 37.19). Krebszellen entwickeln häufig eine Resistenz durch verstärkte Expression von **ABC-Transportern** wie dem **P-Glykoprotein** (▶Abschnitt 26.4). Diese Transporter pumpen unter ATP-Verbrauch körpereigene und körperfremde Substrate – und damit auch Cytostatika – aus der Zelle, die dadurch nicht mehr ihre notwendige Wirkkonzentration in der Tumorzelle erreichen. Auch Bakterien nutzen ABC-Transporter und verwandte Systeme, um Antibiotika auszuschleusen. Häufig besitzen sie **Plasmide**, die unabhängig vom bakteriellen Genom repliziert werden (▶Abschnitt 22.2). Viele Plasmide tragen **Resistenzgene** wie z.B. das *bla*-Gen für β-**Lactamase**, das β-Lactam-Antibiotika wie Penicillin spaltet und inaktiviert (Exkurs 37.2). Bakterien können Plasmide untereinander austauschen, wodurch sich Resistenzen rasch ausbreiten.

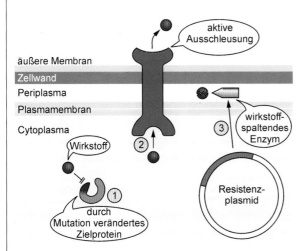

37.19 Bakterielle Resistenzmechanismen. Folgende molekulare Mechanismen können zur Antibiotikaresistenz führen: 1) Mutationen verändern das Zielprotein und verhindern so die Bindung des Wirkstoffs an sein Target; 2) der Wirkstoff wird durch Transportproteine aktiv aus der Zelle geschleust; 3) Plasmide codieren für Enzyme, die den Wirkstoff abbauen. P-Glykoprotein wird durch das *mdr*1-Gen (engl. *multi drug resistance*) codiert.

Monoklonale Antikörper sind wirksame Biotherapeutika

Die Arzneimittelbehandlung mit kleinen organischen Molekülen (engl. *small molecules*) ist heutzutage der dominierende Therapieansatz in den meisten Indikationsgebieten. Entdeckungen und Entwicklungen aus dem Bereich der Biowissenschaften könnten aber schon in einigen Jahren umwälzende Veränderungen in der medikamentösen Behandlung bewirken. *Eine derartige biotechnologische Revolution stellt die therapeutische Anwendung von* **monoklonalen Antikörpern** *dar* (▶Exkurs 36.7). Heute sind bereits über 20 dieser therapeutischen Antikörper für die klinische Anwendung zugelassen, die meisten davon in der Onkologie, zur Behandlung von Autoimmunerkrankungen sowie in der Transplantationsmedizin, um die Abstoßung von Organtransplantaten zu verhindern. Der erste zugelassene therapeutische Antikörper war **Muromonab** (1986); er bindet an CD3-Rezeptoren von T-Zellen und unterdrückt damit die Immunreaktion des Körpers gegen transplantierte Organe. Ein Antikörper zur Behandlung des metastasierenden Mammakarzinoms ist **Trastuzumab** (Herceptin®; ▶Abschnitt 35.9), der an den Zelloberflächenrezeptor **ErbB2** (syn. HER2) bindet (Abbildung 37.20). Diese Rezeptor-Tyrosinkinase wird häufig von Brustkrebszellen überexprimiert, sodass es – losgelöst von physiologischen Regelkreisen – zu konstitutiven Wachstumssignalen in der Zelle kommt, die vor allem über den PI3-Kinase/Akt- (▶Abschnitt 35.8) und den MAP-Kinase-Weg (▶Abschnitt 29.4) laufen. Diese Signale verhindern die Apoptose der Tumorzellen und fördern deren Proliferation. Die Überexpression von ErbB2 führt zur Resistenz des Tumors gegen die meisten Therapeutika und ist daher mit einer schlechten Heilungsprognose verbunden. Die Bindung von Trastuzumab an ErbB2 unterbindet das andauernde Wachstumssignal und verhindert die ungezügelte Proliferation der Tumorzellen. Darüber hinaus markiert der monoklonale Antikörper die Tumorzellen für das Immunsystem als „Fremdkörper" und rekrutiert damit natürliche Killerzellen, eine Klasse von Lymphocyten, die

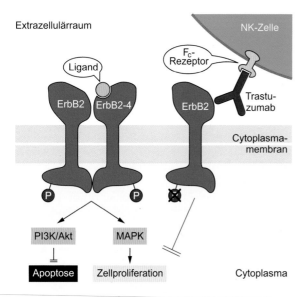

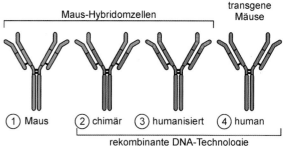

37.21 Optimierung monoklonaler Antikörper. Monoklonale Antikörper aus Maus-Hybridomzellen (1) sind im Allgemeinen therapeutisch ungeeignet, da sie vom menschlichen Immunsystem als Fremdkörper eliminiert werden. Mittels rekombinanter DNA-Technik gelingt es, monoklonale murine Antikörper dem humanen Pendant anzugleichen (2,3). Transgene Mäuse können monoklonale Antikörper generieren, die von vornherein sequenzidentisch mit humanen Antikörpern sind (4).

37.20 Wirkmechanismus von Trastuzumab. Der monoklonale Antikörper bindet an die extrazelluläre Domäne von ErbB2/HER2 und unterbricht die permanente Signalgebung durch das Dimer, das ErbB2 mit anderen ErbB/HER-Rezeptormolekülen bildet. Der Antikörper wirkt über den Verlust von Erb/HER-Rezeptoren von der Zelloberfläche (engl. *receptor shedding*) bzw. über Internalisierung und proteasomalen Abbau des Komplexes. NK, *natural killer cell* (▶Abschnitt 36.8).

Tumorzellen gezielt abtöten. Dieser Prozess wird als **antikörpervermittelte Cytotoxizität** (ADCC, engl. *antibody-dependent cellular cytotoxicity*) bezeichnet.

Diese Beispiele zeigen das enorme medizinische Potenzial monoklonaler Antikörper: Antikörper sind evolutionär optimierte Proteine zur spezifischen Erkennung einer nahezu beliebigen Zahl unterschiedlicher Zielstrukturen, was prinzipiell optimale Voraussetzungen für Arzneistoffe sind. Dennoch mussten für den therapeutischen Einsatz von Antikörpern – gelinde gesagt – einige Hürden überwunden werden. Murine monoklonale Antikörper, also Antikörper aus Maus-Hybridomzellen (▶Exkurs 36.7), haben nämlich zunächst einmal zwei entscheidende Nachteile: (1) Sie werden vom menschlichen Immunsystem als Fremdkörper identifiziert und daher rasch eliminiert; (2) sie können nach Bindung an ihr Zielprotein nur ineffizient humane Immunzellen rekrutieren. Die Einführung **chimärer monoklonaler Antikörper** konnte einen Teil dieser Probleme lösen. Zur Erzeugung einer solchen Chimäre (Mischwesen) werden die antikörpercodierenden Gene aus Hybridomzellen isoliert (▶Exkurs 36.7). Durch rekombinante DNA-Technologie werden dann die konstanten Domänen (▶Abschnitt 36.10) des murinen Antikörpers durch homologe humane Proteinsequenzen ersetzt, sodass ein chimärer Antikörper entsteht (Abbildung 37.21). Eine weitere Verbesserung stellen **humanisierte monoklonale Antikörper** dar, bei denen nur noch die antigenbindenden hypervariablen Regionen murinen Ursprungs sind. Der weitestgehende Ansatz ist die Produktion von **humanen monoklonalen Antikörpern** mithilfe transgener Mäuse, die humane

Immunglobulingene besitzen. Humane monoklonale Antikörper sind für therapeutische Zwecke ideal, da sie sich prinzipiell nicht von „echten" menschlichen Immunglobulinen unterscheiden. Mithilfe der Gentechnologie konnten somit nicht unerhebliche Hürden für die therapeutische Anwendung von Antikörpern genommen werden. Über diese anfänglichen Schwierigkeiten hinaus hat die antikörperbasierte Therapie jedoch auch prinzipielle Limitationen: Nur membranständige Rezeptoren und extrazelluläre Proteine sind als Targets zugänglich, wohingegen intrazelluläre Zielstrukturen mit Antikörpern nach heutigem Stand der Technologie nicht erreicht werden können. Ein weiterer Nachteil ist die fehlende orale Bioverfügbarkeit: Antikörper müssen injiziert oder infundiert werden, um über den Blutkreislauf an ihre Zielzellen zu gelangen.

Während mit therapeutischen Antikörpern ein ähnlicher Ansatz wie mit konventionellen Arzneistoffen verfolgt wird, nämlich die selektive Inhibition, Aktivierung oder Elimination eines definierten Zielmoleküls, verfolgen Gentherapie oder Stammzelltherapie radikal andere Konzepte. Diese Ansätze fallen im engeren Sinne nicht mehr in biochemisches Terrain, weshalb sie hier nur kursorisch behandelt werden. Ziel der **somatischen Gentherapie** ist es, einen erblichen Gendefekt zu beheben, indem eine intakte Kopie des fehlerhaften Gens in den Organismus einbracht wird (▶Abschnitt 23.11). Die **Stammzelltherapie** hingegen zielt darauf ab, geschädigtes Gewebe mithilfe pluripotenter embryonaler oder adulter Stammzellen zu regenerieren. Diesem Ansatz wird ein enormes Potenzial zugesprochen, allerdings gibt es derzeit noch keine etablierten Therapien. Eine viel versprechende Anwendung, die sich zurzeit in klinischer Erprobung befindet, zielt auf eine verbesserte Heilung des Herzgewebes nach Infarkt ab. Die Infusion von aus dem Knochenmark gewonnenen Stammzellen in das betroffene Herzgebiet scheint die Gefäßregeneration zu fördern, die Narbenbildung zu verringern und die Herzfunktion günstig zu beeinflussen. Kontrollierte klinische Studien werden eine Abschätzung der Chancen und Risiken derartiger Therapieansätze erlauben.

Die **RNA-Interferenz** ist innerhalb weniger Jahre zu einem außerordentlich wichtigen Werkzeug der experimentellen Forschung geworden (▶ Abschnitt 23.10). Intensive Bemühungen zielen darauf ab, diese Methode auch für therapeutische Zwecke zu nutzen. Anstelle *der konventionellen Inhibition eines Targets mit einem kleinen organischen Molekül zielt die RNA-Interferenz darauf ab, die Expression des Zielproteins an sich zu unterdrücken.* Als pharmakologisches Agens wird in diesem Fall eine **siRNA** (engl. *small interfering RNA*) eingesetzt. Die größten Schwierigkeiten für diesen Ansatz sind die mangelnde Stabilität von siRNA in der Blutbahn und ihre unzureichende Aufnahme in Zielgeweben. Um die pharmakokinetischen Eigenschaften der siRNA zu verbessern, wird versucht, sie an Nanopartikel als Träger zu koppeln, die über Endocytose in Zielzellen aufgenommen werden. Erfolg versprechende klinische Studien mit RNA-Interferenz zielen auf Augenerkrankungen wie z. B. die altersbedingte **Makuladegeneration**, bei der es zu einer abnormen Angiogenese (Gefäßneubildung) in der Aderhaut kommt. Das Auge ist ein leicht zugängliches Organ, in das die siRNA-Therapeutika direkt appliziert werden können. Dort kann eine siRNA, die spezifisch gegen die mRNA von VEGF (engl. *vascular endothelial growth factor*; ▶ Abschnitt 29.1) gerichtet ist, die Expression dieses Wachstumsfaktors herunterregeln, dessen übermäßige Produktion für die Makuladegeneration verantwortlich ist (Abbildung 37.22). Ähnliche Therapieansätze werden in der Tumorbehandlung verfolgt (▶ Abschnitt 35.10).

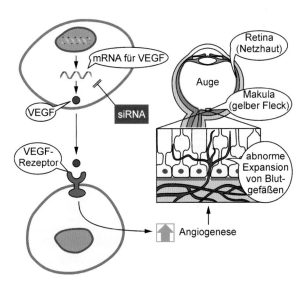

37.22 RNA-Interferenz zur Behandlung der Makuladegeneration. Bei dieser Erkrankung führt eine erhöhte Biosynthese des Wachstumsfaktors VEGF (oben) über die Stimulation von VEGF-Rezeptoren (unten) zu einer abnorm gesteigerten Gefäßneubildung in der Aderhaut (rechts). Lokal applizierte siRNA führt nach Bildung des RISC-Komplexes (▶ Abschnitt 23.10) zum Abbau der mRNA für VEGF. Damit wird die überschießende Angiogenese an der „Wurzel" unterbunden.

37.9 Die Arzneimitteltherapie der Zukunft ist personalisiert

Die Vision einer **personalisierten Medizin** ist der Antrieb für den Forschungszweig der **Pharmakogenetik** ⌐. Erklärtes Ziel ist es, die medikamentöse Therapie der Zukunft optimal auf den einzelnen Patienten und sein genetisches Profil abzustimmen. Bekanntermaßen sprechen Patienten unterschiedlich auf Arzneimittel wie z. B. Neuroleptika an: Während bei einem *Responder* die erwünschte Wirkung erzielt wird, wirkt dasselbe Medikament bei einem Nonresponder nicht oder nur unzureichend. Weiterhin vertragen bestimmte Patienten ein Medikament problemlos, während es bei anderen schwere Nebenwirkungen auslösen kann. Man schätzt, dass solche Nebenwirkungen allein in den USA für bis zu 100 000 Todesfälle pro Jahr bei hospitalisierten Patienten verantwortlich sind! Die Pharmakogenetik versucht, diese individuell stark unterschiedlichen und zum Teil fatalen Reaktionen auf Arzneistoffe durch unterschiedliche genetische Profile der Patienten zu erklären. Trotz einer grundsätzlich ähnlichen genetischen Ausstattung bestehen nämlich zwischen Individuen zahlreiche „punktuelle" Unterschiede in ihrer DNA, die als **genetische Polymorphismen** bezeichnet werden. Auf der Ebene einzelner Nucleotide ist die Rede von **SNPs** (engl. *single nucleotide polymorphisms*; ▶ Abschnitt 23.12). *Mitunter können genetische Unterschiede in den Zielproteinen, vor allem aber im xenobiotischen Stoffwechsel, die unterschiedlichen Wirkungen und Nebenwirkungen eines Medikaments unmittelbar erklären.* Beispielsweise weisen annähernd 10 % der europäischen Bevölkerung einen Defekt im **Cytochrom-P450-Enzym CYP2D6** auf. Dieses Enzym ist an der Metabolisierung von etwa einem Viertel aller Arzneistoffe beteiligt, so z. B. von β-Blockern und zahlreichen Psychopharmaka wie dem Neuroleptikum Risperidon (Risperdal®). Personen mit einem CYP2D6-Defekt können diese Arzneistoffe nur langsam verstoffwechseln; man spricht von „schlechten" Metabolisierern. Mit der Standarddosis eines solchen Medikaments wird bei diesen Patienten ein deutlich höherer Wirkstoffspiegel erzielt als bei Patienten, die den Wirkstoff rasch metabolisieren (Abbildung 37.23). Pharmaka mit geringer **therapeutischer Breite**, die nur einen geringen Unterschied zwischen therapeutisch wirksamer (kurativer) Dosis und toxischer Dosis aufweisen, können daher bei schlechten Metabolisierern schwere Nebenwirkungen hervorrufen. Auf der anderen Seite gibt es auch „ultraschnelle" Metabolisierer, bei denen mit einer Standarddosis nur unzureichende Wirkstoffkonzentrationen erreicht werden; hier müssen höhere Dosierungen eingesetzt werden. Diese Beispiele illustrieren den potenziellen Nutzen einer individualisierten Therapie, die auf einer pharmakogenetischen Analyse basiert.

Genetisch bedingte Unterschiede im Arzneistoffmetabolismus erklären auch, warum Hepatotoxizität zu den häu-

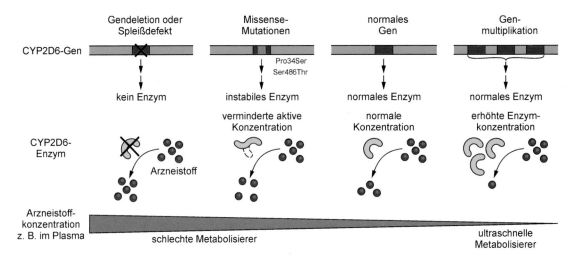

37.23 CYP2D6-Polymorphismus. Schlechte Metabolisierer produzieren kein oder nur instabiles CYP2D6-Enzym. Der Wirkstoff kann hier nicht oder nur unzureichend metabolisiert werden, sodass ungewöhnlich hohe Arzneistoffspiegel resultieren. Bei ultraschnellen Metabolisierern liegt das CYP2D6-Gen in mehreren Kopien vor, sodass große Mengen an Enzym entstehen, welche die effektive Wirkstoffkonzentration deutlich herabsetzen. Der Quotient aus toxischer vs. kurativer Dosis definiert die therapeutische Breite eines Wirkstoffs.

figsten schweren Nebenwirkungen zählt. Da der Arzneistoffmetabolismus vorrangig in der Leber abläuft, führt eine unzureichende Verstoffwechselung zur Anreicherung von Wirkstoffen und ihrer Abbauprodukte in diesem Organ. *Die Kenntnis individueller genetischer Variationen kann daher für die Vorhersage von Arzneimittelwirkungen nützlich sein.* Die relevanten Genpolymorphismen lassen sich an einer Blutprobe über Polymerasekettenreaktion (PCR, ▶Abschnitt 22.6) und DNA-Hybridisierung an **DNA-Chips** (▶Abschnitt 22.5) rasch ermitteln (Abbildung 37.24). In der Be-

handlung von Brustkrebs ist diese genetische Diagnostik bereits von klinischer Relevanz: So können nur solche Patienten von der Behandlung mit dem monoklonalen Antikörper Trastuzumab profitieren, deren Krebszellen den ErbB2-Rezeptor z.B. infolge einer Amplifikation des zugehörigen Gens überexprimieren (Abschnitt 37.20). Die gesteigerte ErbB2-Expression bzw. die erhöhte Gendosis werden daher *vor* einer Behandlung mit Trastuzumab auf Proteinebene immunologisch (▶Abschnitt 6.8) oder auf DNA-Ebene *via* Hybridisierung analysiert.

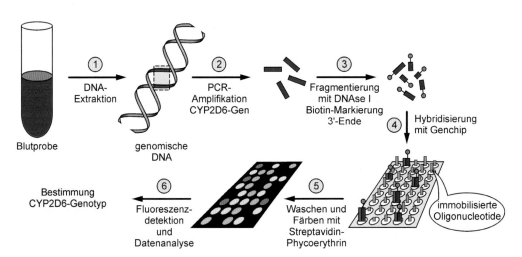

37.24 Analyse des CYP2D6-Genotyps mit DNA-Chips. Aus einer kleinen Blutprobe wird genomische DNA isoliert (1). Das CYP2D6-Gen wird mittels PCR amplifiziert (2), in kleine Fragmente gespalten und mit einem 3'-terminalen Biotinrest versehen (3). Dann werden die DNA-Fragmente auf einen Genchip appliziert (4), der Tausende verschiedener Oligonucleotide an definierten Stellen (engl. *spots*) trägt, mit denen die Fragmente hybridisieren können. Beim Waschen verbleiben nur stabil hybridisierende Fragmente, die mit einem streptavidingekoppelten Fluoreszenzprotein detektiert werden (5). Durch automatisierte Analyse des entstehenden Fluoreszenzmusters lassen sich Mutationen des CYP2D6-Genlocus ermitteln (6).

Die Entwicklung neuer Arzneimittel ist langwierig

37.10

Ein innovativer Arzneistoff stellt ein lukratives Produkt dar; etliche Medikamente sind so genannte *Blockbuster* mit jährlichen Umsätzen von mehr als einer Milliarde US-Dollar (Tabelle 37.1). Gleichzeitig ist die pharmazeutische Forschung aber ein höchst langwieriges und aufwändiges Unterfangen: Der vielstufige Prozess von der Entstehung bis zur Zulassung eines Medikaments ⌐ dauert mehr als zehn Jahre, kostet im Mittel 800 Millionen Dollar und ist daher von erheblichen unternehmerischen Risiken begleitet.

Am Anfang der Entwicklung eines Medikaments steht die **Arzneimittelforschung** mit der Identifizierung neuer Wirkprinzipien und Wirkstoffe, wie wir sie in den vorangegangenen Abschnitten exemplarisch kennen gelernt haben (Abbildung 37.25). Nach eingehender biochemischer und zellulärer Charakterisierung werden die potenziellen Arzneistoffe im Tierversuch auf gewünschte Wirkungen und mögliche Nebenwirkungen hin untersucht. Im Anschluss an diese **präklinische Phase** durchläuft der Wirkstoff mehrere Phasen der klinischen Prüfung. Diese äußerst umfangreiche Prüfung von Wirkprofil, Dosierung und **Galenik** (Darreichungsform) eines neuen Wirkstoffs wird als **klinische Entwicklung** bezeichnet. In der klinischen **Phase I** kommt es zu einer ersten Anwendung an 10 bis 100 Patienten oder gesunden Probanden, bei der die Verträglichkeit des neuen Arzneistoffs getestet wird. Dabei wird auch auf potenzielle Nebenwirkungen geprüft und ein sicherer Dosierungsbereich ermittelt. Um die therapeutische Wirksamkeit zu demonstrieren (engl. *proof of concept*) und ein präziseres Nebenwirkungsprofil zu erhalten, wird das Prüfpräparat in **Phase II** an einige hundert Patienten verabreicht, die an der relevanten Erkrankung leiden. In dieser Phase wird die endgültige Dosierung festgelegt. In **kontrollierten Studien** erhält dabei eine Patientengruppe das Testpräparat, während eine Vergleichsgruppe ein **Placebo**

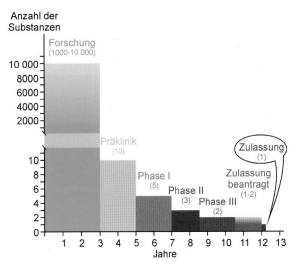

37.25 Phasen der Erforschung und Entwicklung von Arzneimitteln. In einem viele Jahre dauernden Prozess durchlaufen nur wenige Wirkstoffe erfolgreich die umfangreichen experimentellen und klinischen Prüfungen bis hin zum zugelassenen Medikament. Die Zahlenangaben sind gerundete Schätzwerte.

(Scheinmedikament) bekommt. Ist die Anwendung eines Placebos ethisch nicht vertretbar, so erhält die Kontrollgruppe die derzeit beste verfügbare Standardbehandlung.

Sind die Ergebnisse der Phase-II-Studien positiv, dann muss in der **Phase III** der statistisch gesicherte Nachweis der Wirksamkeit und der Unbedenklichkeit des neuen Pharmakons erbracht werden. Dies erfordert kontrollierte Studien – typischerweise an mehreren tausend Patienten – in unabhängigen klinischen Zentren. Nach erfolgreichem Abschluss dieser Studien wird die **Zulassung** bei zentralen Zulassungsbehörden – etwa der European Medicines Agency (EMA) oder der US-amerikanischen Food and Drug Administration (FDA) ⌐ – beantragt. Für die Zulassung werden strenge Kriterien angelegt, sodass Präparate auch an dieser letzten Hürde nach mehr als zehn Jahren Forschungs- und Entwicklungsarbeit noch scheitern können. Letztlich durchlaufen nicht mehr als 10–20% der klinischen Entwicklungskandidaten

Tabelle 37.1 Meistverkaufte Medikamente (Stand 2006). Weitere therapeutische Einsatzgebiete, bei denen mit einzelnen Arzneistoffen hohe Umsätze erzielt werden, sind Krebserkrankungen, Diabetes und depressive Störungen.

generischer Name (exemplarischer Handelsname)	Wirkprinzip	Indikation	Umsatz 2006 in Milliarden US-$
Atorvastatin (Sortis®)	Inhibition der HMG-CoA-Reduktase (▶Abschnitt 46.1)	Hyperlipidämie	13,6
Esomeprazol (Nexium®)	Inhibition der H^+-K^+-ATPase (Protonenpumpenhemmer; ▶Abschnitt 31.1)	Ulcus (Magen, Dünndarm)	6,7
Fluticason und Salmeterol (Kombinationspräparat Seretide®)	Aktivierung von Glucocorticoid- und β_2-Adrenorezeptoren	Asthma bronchiale	6,3
Clopidogrel (Plavix®)	Blockade von Purinrezeptoren auf Thrombocyten (▶Exkurs 14.1)	Thromboseprophylaxe	5,8
Amlodipin (Norvasc®)	Blockade von L-Typ-Ca^{2+}-Kanälen (▶Abschnitt 30.1)	Hypertonie	5,0

die diversen Testphasen bis zur Zulassung mit Erfolg! Die meisten Substanzen werden jedoch schon weit vor der klinischen Erprobung verworfen, meist wegen mangelnder *in vivo*-Wirksamkeit. *Alles in allem ist die „Trefferquote" bei der Suche nach neuen Arzneimitteln minimal.* Die Entwicklung neuer, innovativer Arzneistoffe birgt also einerseits ein enormes medizinisches und kommerzielles Potenzial, ist aber andererseits mit großen ökonomischen Unwägbarkeiten verbunden.

Wir haben in diesem Kapitel einen Einblick in die Strategien und Herausforderungen der Arzneistoffentwicklung bekommen und dabei vor allem die biochemischen Aspekte betont. Eine der großen Herausforderungen der Arzneimittelforschung besteht darin, die enorme Datenflut der modernen Biowissenschaften auf effiziente Weise zu kanalisieren, um das komplexe Zusammenspiel der Moleküle im Organis-

mus besser verstehen und letztlich nutzen zu lernen. Ein solches ganzheitliches Verständnis könnte den Weg für gezieltere und sicherere Therapieansätze weisen. Auf kaum einem Gebiet der Biochemie sind die Zusammenhänge eingehender untersucht als auf den „klassischen" Feldern von Metabolismus und Biosynthese, dem Gegenstand des nun folgenden fünften und letzten Buchteils. Doch selbst hier sind wir noch weit von einem lücken- und widerspruchslosen Verständnis entfernt. So verstehen wir die kausalen Ursachen und das Zusammenspiel der Einzelfaktoren für das **metabolische Syndrom** – das kombinierte Auftreten von Insulinresistenz, Bluthochdruck, viszeraler Fettleibigkeit und erniedrigten HDL– bei erhöhten Triacylglycerinspiegeln – nur unvollständig. Dabei ist dieses „tödliche Quartett" der entscheidende Risikofaktor für die koronare Herzkrankheit, der häufigsten Todesursache in westlichen Industrienationen.

Zusammenfassung

- Arzneistoffe wirken im Organismus an definierten **Zielmolekülen** (engl. *targets*); die wichtigsten Klassen sind Enzyme und Rezeptoren. Arzneistoffe können am Zielmolekül als Inhibitoren bzw. Antagonisten, aber auch als Aktivatoren bzw. Agonisten wirken.

- Arzneistoffe binden mit hoher **Affinität** an ihr Zielmolekül. Als exaktes Maß wird hier die Dissoziationskonstante K_D verwendet; eine indirekte Kenngröße für die **Wirkstoffpotenz** ist der EC_{50}-Wert. Die **Wirkstärke** gibt an, wie groß der maximale pharmakologische Effekt einer Substanz ist.

- Durch umfangreiche Genom- und Proteomanalysen konnten zahlreiche potenzielle Zielmoleküle identifiziert werden. Prominente Zielmoleküle für neue Medikamente sind **G-Protein-gekoppelte Rezeptoren** und **Proteinkinasen**.

- Für die **Validierung** von Zielmolekülen sind **genetische Mausmodelle** von großer Bedeutung. Dabei wird *in vivo* durch gezielte Deletion oder Überexpression des Zielmoleküls dessen Relevanz als therapeutischer Angriffspunkt überprüft.

- Eine große Zahl von Pharmaka sind Naturstoffe oder Derivate von **Naturstoffen**. Das prominenteste Beispiel ist **Acetylsalicylsäure**. Penicillin als Prototyp der **β-Lactam-Antibiotika** stammt natürlicherweise aus Schimmelpilzen.

- Neue Wirkstoffe werden durch die Suche in großen Substanzbibliotheken mittels automatisierbarer **Hochdurchsatzverfahren** identifiziert. Die gefundenen Wirkstoffmoleküle müssen dann durch Abwandlung der chemischen Struktur in ihren pharmakologischen Eigenschaften optimiert werden. Strukturanalyse, computergestütztes Wirkstoffdesign und **kombinatorische Synthese** spielen hierbei eine große Rolle.

- Die **Pharmakokinetik** von Arzneistoffmolekülen spielt eine große Rolle für ihre *in vivo*-Wirksamkeit. Hierzu

zählen **Resorption** und **Verteilung** im Organismus sowie **Metabolisierung** und **Elimination** eines Arzneimittels.

- Die Metabolisierung von Arzneistoffen erfolgt vor allem in der Leber. Bei diesem auch als **Biotransformation** bezeichneten Prozess unterscheidet man Oxidations- und Konjugationsreaktionen, auch **Phase-I-** und **Phase-II-Transformationen** genannt. Für Oxidationsreaktionen ist die große Gruppe der **Cytochrom-P450-abhängigen Enzyme** verantwortlich.

- Für **Nebenwirkungen** von Arzneistoffen können eine mangelnde Spezifität für das Zielprotein oder Effekte auf Biotransformationsprozesse verantwortlich sein. Auch die Wirkung am Zielprotein kann bei komplexen biologischen Prozessen zu unerwünschten Effekten führen, wie im Fall von Glucocorticoiden.

- **Resistenzentwicklung** ist eine besondere Problematik bei Infektionsbekämpfung und Krebsbehandlung. Viren, Bakterien und Krebszellen können molekulare Mechanismen entwickeln, um sich der Wirkung von Arzneistoffen zu „entziehen".

- Biotechnologisch gewonnenen Wirkstoffmolekülen, allen voran **monoklonalen Antikörpern**, kommt wachsende medizinische Bedeutung zu. Weitere neuartige Therapieansätze sind **somatische Gentherapie**, **Stammzelltherapie** und **RNA-Interferenz**.

- Ziel der **Pharmakogenetik** ist es, die medikamentöse Therapie individuell auf den Patienten und sein genetisches Profil abzustimmen. **Genetische Polymorphismen** z. B. in biotransformierenden Enzymen können für unterschiedliche interindividuelle Wirksamkeit von Medikamenten verantwortlich sein.

- Die Erforschung und Entwicklung eines neuen Medikaments ist ein Prozess, der meist über zehn Jahre dauert. An die anfängliche Wirkstoffsuche schließt sich die eigentliche **Entwicklung** des Medikaments an, die mehrere **Phasen der klinischen Prüfung** umfasst.

Teil V: Energieumwandlung und Biosynthese

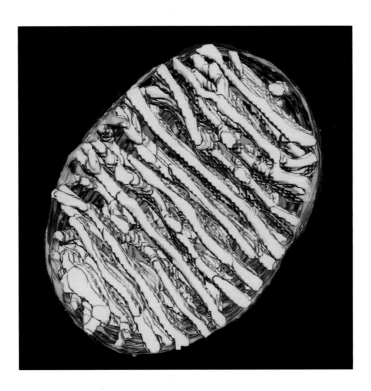

Ein multizellulärer Organismus ist unter Ruhebedingungen nicht stabil. Er benötigt die kontinuierliche Zufuhr von chemischer Energie, um seine komplexe Binnenstruktur aufrechtzuerhalten und damit sein Überleben zu sichern. Die wichtigste Energiequelle ist dabei die Photosynthese, die bei phototrophen Organismen wie den Pflanzen die Strahlungsenergie des Sonnenlichts in chemische Energie umwandelt und sie damit heterotrophen Organismen wie den Säugern zugänglich macht. Die mit der Nahrung aufgenommenen pflanzlichen Stoffe werden im tierischen Organismus durch ein komplexes Netzwerk enzymatisch katalysierter Reaktionen ab- und umgebaut. Die Gesamtheit der chemischen Umwandlungen in einem Organismus wird als **Metabolismus** oder Stoffwechsel bezeichnet. Eine Großzahl von Nährstoffen wird im Metabolismus in einen begrenzten Satz von Grundbausteinen überführt. Umgekehrt bringt ein Organismus wie der menschliche Körper aus einer überschaubaren Zahl von Ausgangsverbindungen die enorme Diversität körpereigener Moleküle hervor. Die Vielfältigkeit dieser Anforderungen spiegelt sich in der Komplexität des Stoffwechsels wider: Selbst einfache Einzeller wie die Bakterien unterhalten mehr als tausend verschiedene chemische Reaktionen. Dennoch fußt der Metabolismus auf wenigen Grundprinzipien, Hauptreaktionen und Schlüsselverbindungen, die wir in einem einführenden Kapitel betrachten wollen. In den nachfolgenden Kapiteln werden wir uns dann mit den Details ausgewählter Stoffwechselwege befassen, ihre Regulation und Integration analysieren und die Folgen punktueller Störungen des metabolischen Netzwerks studieren.

Der dreidimensionale Aufbau eines Mitochondriums aus dem Kleinhirn des Huhns ist hier in einer elektronentomographischen Rekonstruktion dargestellt. Die vielfach gefalteten Membranen der Cristae sind gelb, der direkt der Außenmembran gegenüberliegende Teil der inneren Membran hellblau und die Außenmembran dunkelblau gezeigt. Freundliche Überlassung von T. G. Frey (San Diego State University) und G. A. Perkins (University of California San Diego).

Grundprinzipien des Metabolismus

Kapitelthemen: 38.1 Thermodynamik biochemischer Reaktionen 38.2 ATP als universeller Energieträger 38.3 NADH und FADH$_2$ als Elektronenüberträger 38.4 Coenzym A als Acylgruppenüberträger 38.5 Katabole Hauptstoffwechselwege 38.6 Regulation von Stoffwechselprozessen

Der Stoffwechsel eines Organismus umfasst *anabole Prozesse*, die dem Aufbau von Speichermolekülen und zellulären Baustoffen dienen, sowie *katabole Prozesse*, die vor allem der Energiegewinnung durch den Abbau von Nahrungs- und Speichermolekülen dienen (Abbildung 38.1). Zwischen diesen beiden Hauptstoßrichtungen gibt es zahlreiche Verknüpfungen, die als *intermediärer Stoffwechsel* eine äußerst effiziente und flexible Nutzung der chemischen Ressourcen eines Organismus gestatten. Mehrstufige Reaktionsfolgen,

die Ausgangs- und Endprodukte über Intermediate verknüpfen, werden als *Stoffwechselwege* bezeichnet.

Biochemische Reaktionen gehorchen den Gesetzen der Thermodynamik

Zellen als kleinste Funktionseinheiten eines Organismus gehorchen ebenso wie Maschinen den grundlegenden Gesetzen der Physik und Chemie (▶ Abschnitt 3.7 ff). Zur Aufrechterhaltung ihrer komplexen Struktur und zur Ausübung ihrer speziellen Funktionen benötigen sie Energie. Wird eine Zelle von der externen Energiezufuhr abgeschnitten, so wird sie rasch ihre innere Organisation verlieren und zerfallen. Dieses Phänomen wird treffend im zweiten Hauptsatz der Thermodynamik umschrieben, nach dem der Grad der „Unordnung" – der **Entropie** (▶ Abschnitt 3.8) – eines isolierten Systems bei jedem Prozess zunehmen muss. Betrachten wir z. B. eine Zelle zusammen mit ihrer unmittelbaren Umgebung als geschlossenes System. Die Zelle kann sich organisieren, indem sie ihrer Umgebung Nährstoffe entzieht und daraus Moleküle herstellt, die eine zelluläre Ordnung schaffen bzw. aufrechterhalten. Kompensatorisch muss die Zelle dabei entstehende „einfache" Moleküle zusammen mit Wärmeenergie an ihre Umgebung abgeben, was extrazellulär zu einer Entropiezunahme führt. Dabei wird die intrazelluläre Ordnungszunahme mehr als ausgeglichen, sodass die Gesamtentropie des Systems zunimmt (Abbildung 38.2).

Wo kommt nun diese für die Aufrechterhaltung der zellulären Integrität notwendige Energie her? Der in Nährstoffen enthaltene Kohlenstoff und Wasserstoff liegt nicht in seiner energetisch stabilsten Form vor. Aerobe Zellen nutzen dies, indem sie aus der Umgebung aufgenommene Nährstoffe unter Sauerstoffverbrauch in ihre niederenergetischen Formen überführen, d. h. in Kohlendioxid bzw. Wasser. Die dabei frei werdende Energie kann in Form chemischer Bindungen gespeichert oder als Wärme abgegeben werden. Typischerweise erfolgt die **Oxidation von Nährstoffen** nicht in einem Schritt, sondern über eine **Kette von Einzelreaktionen, in de-**

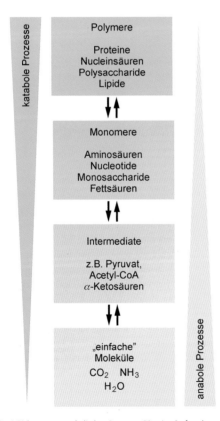

38.1 Zwei Richtungen metabolischer Prozesse. Die vier Stufen der molekularen Komplexität (Polymere, Monomere, metabolische Intermediate, einfache Moleküle) sind hier mit repräsentativen Vertretern aufgeführt. Lipide bilden polymerähnliche Aggregate.

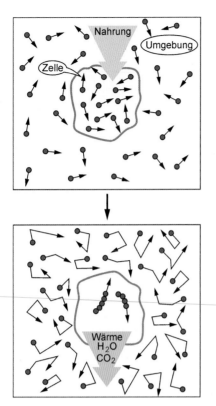

38.2 Thermodynamik einer lebenden Zelle. Die Zelle und ihre Umgebung bilden zusammengenommen ein geschlossenes System. Die Zunahme der intrazellulären Ordnung durch metabolische Reaktionen wie z. B. die Neusynthese zellulärer Proteine wird durch den Verlust der extrazellulären Ordnung infolge der Abgabe von Wärmeenergie und kleinen Molekülen überkompensiert. Hinzu kommt die vermehrte extrazelluläre Molekularbewegung, sodass die Gesamtentropie des Systems zunimmt.

ren Verlauf eine Reihe energiereicher Zwischenprodukte oder **Intermediate** gebildet werden. Diese Zwischenspeicherung ist erforderlich, um die aus Nährstoffen gewonnene Energie je nach Bedarf zu späterer Zeit und an anderer Stelle verfügbar zu machen. Der wichtigste und universell verwendbare biochemische „Energieträger" ist **Adenosintriphosphat**, kurz **ATP** . So werden z. B. bei der vollständigen Metabolisierung von einem Molekül Glucose insgesamt bis zu 30 Moleküle ATP gebildet (▶ Abschnitt 41.11). Der Gesamtumsatz an ATP beträgt beim ruhenden Menschen etwa 70 kg pro Tag. Diese Menge belegt eindrucksvoll, in welchem Maße der menschliche Organismus auf Energiezufuhr angewiesen ist, um seine hochgradig geordnete Struktur zu bewahren.

Prinzipiell kann eine biochemische Reaktion nur dann spontan ablaufen, wenn die Änderung der freien Energie ΔG negativ ist, d. h. wenn Energie freigesetzt wird und die Reaktion somit **exergon** ist. Für die Bildung der Produkte C und D aus den Substraten A und B gilt:

$$\Delta G = \Delta G^{\circ\prime} + RT \cdot \ln [C] \cdot [D]/[A] \cdot [B]$$

Somit hängt ΔG von der Natur der Reaktanden (zusammengefasst in $\Delta G^{\circ\prime}$) und ihren Konzentrationen ab (▶ Ab-

schnitt 3.9). Unter **Standardbedingungen,** d. h. bei einer Konzentration aller Reaktanden von 1 mol/l und pH 7, gilt $\Delta G = \Delta G^{\circ\prime}$. Für eine Folge verknüpfter Reaktionen ist die Gesamtänderung der freien Energie gleich der Summe der Änderungen der freien Energie der Teilreaktionen. Betrachten wir z. B. folgende Reaktionsfolge:

A → B + C	$\Delta G^{\circ\prime}$ = +22,2 kJ/mol
B → D	$\Delta G^{\circ\prime}$ = −30,5 kJ/mol
A → C + D	$\Delta G^{\circ\prime}$ = −8,3 kJ/mol

Unter normalen Bedingungen kann A nicht spontan in B und C überführt werden, da $\Delta G^{\circ\prime}$ positiv und die Reaktion daher **endergon** ist. Dagegen ist die Umwandlung von B nach D exergon und somit thermodynamisch möglich. Koppelt man die beiden chemischen Reaktionen miteinander, so kann A spontan zu C und D reagieren, da die **Gesamtänderung der freien Energie negativ** ist. *Eine thermodynamisch ungünstige, endergone Reaktion ($\Delta G^{\circ\prime}$> 0) kann also durch Kopplung mit einer thermodynamisch günstigen, exergonen Reaktion ($\Delta G^{\circ\prime}$< 0) angetrieben werden.* Typischerweise stellt B dabei eine „energiereiche" Verbindung wie z. B. ATP dar, deren Umsetzung Energie freisetzt. Alternativ kann die freie Energie auch in „aktiven" Konformationen von Proteinen oder in Ionengradienten gespeichert sein, die dann thermodynamisch ungünstige Reaktionsschritte antreiben. Diese grundsätzlichen Überlegungen machen verständlich, warum der **menschliche Stoffwechsel** erhebliche Mengen an ATP produzieren und umsetzen muss.

ATP ist der universelle Energieüberträger

Wie kann ATP als chemischer Energieüberträger fungieren? ATP besteht aus einem Adeninrest, einer Riboseeinheit sowie drei Phosphatresten, von denen einer über eine Esterbindung an die 5'-Hydroxygruppe der Riboseeinheit bindet (P-O-C) und die beiden anderen über Säureanhydridbindungen (P-O-P) „in Serie geschaltet" sind (Abbildung 38.3).

Bei der Hydrolyse einer der Phosphorsäureanhydridbindungen wird eine beträchtliche Energiemenge freigesetzt ($\Delta G^{\circ\prime}$ = −35,2 kJ/mol). Man spricht daher bei Intermediaten, die solche Bindungen enthalten, von **„energiereichen" Verbindungen**. Manchmal wird die Bindung, deren Spaltung Energie freisetzt, durch eine Tilde (~) dargestellt. Im Vergleich zu anderen kovalenten Bindungen soll damit angezeigt werden, dass die durch Bindungsspaltung entstehenden Produkte – z. B. ADP und Orthophosphat HPO_4^{2-} (P_i) – wesentlich „energieärmer" sind als die Ausgangsverbindung. Häufig wird im ATP auch die „innere" Phosphorsäureanhydridbindung gespalten, wobei AMP und Pyrophosphat $HP_2O_7^{3-}$ (PP_i) entstehen. Die Hydrolyse der Säureanhydridbindung im PP_i setzt dann noch einmal eine große Menge an Energie frei.

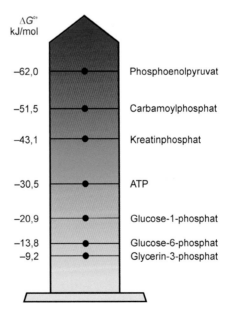

38.3 Struktur von ATP, ADP und Orthophosphat. Man beachte die große Zahl mesomerer Grenzstrukturen von Orthophosphat (unten).

In der aktiven Form liegt ATP meist als Komplex mit Mg^{2+} oder Mn^{2+} vor. Durch die stabilisierende Wirkung des divalenten Kations liegt die Standardhydrolyseenergie bei physiologischen Magnesiumkonzentrationen für beide Anhydridbindungen des ATP ungefähr bei 30 kJ/mol.

$$ATP + H_2O \rightarrow ADP + P_i + H^+ \qquad \Delta\,G^{\circ\prime} = -30{,}5 \text{ kJ/mol}$$
$$ATP + H_2O \rightarrow AMP + PP_i + H^+ \qquad \Delta\,G^{\circ\prime} = -30{,}5 \text{ kJ/mol}$$
$$PP_i + H_2O \rightarrow 2\,P_i + H^+ \qquad \Delta\,G^{\circ\prime} = -20{,}5 \text{ kJ/mol}$$

Die frei werdende Energie kann für Biosynthesen genutzt, in mechanische Arbeit umgesetzt oder für den aktiven Transport von Molekülen verwendet werden. Man spricht auch von einem hohen **Gruppenübertragungspotenzial** energiereicher Verbindungen, denn oft wird z.B. die terminale Phosphatgruppe des ATP auf ein anderes Molekül übertragen und dabei eine neue energiereiche Verbindung erzeugt. Dies geschieht z.B. bei der Aktivierung von CO_2/HCO_3^- zu Carbamoylphosphat in der Harnstoff- bzw. Pyrimidinsynthese (▶ Abschnitte 47.2, 49.4). So nutzen auch biologische Signalkaskaden, die rasch an- und ausgeschaltet werden müssen, die hohe Verfügbarkeit von ATP und die leichte Hydrolysierbarkeit von Phosphatverbindungen aus.

Warum besitzt ATP eine derart große Hydrolyseenergie und ein so hohes Übertragungspotenzial für Phosphatgruppen? Betrachten wir dazu die Ausgangs- und Endprodukte der Hydrolysereaktion. Das Ausgangsprodukt ATP ist charakterisiert durch eine hohe Dichte negativer Ladungen: Bei neutralem pH trägt ATP vier negative Ladungen. Die wechselseitige Abstoßung dieser gleichsinnigen Ladungen wird reduziert, wenn eine Phosphatgruppe abgespalten wird. Gleichzeitig ist die gebildete freie Orthophosphatgruppe in höherem Maße resonanzstabilisiert, was durch die große

Zahl mesomerer Grenzstrukturen verdeutlicht wird (▶ Abbildung 38.3 unten). *Diese beiden Faktoren – elektrostatische Abstoßung und Resonanzstabilisierung – tragen wesentlich zum hohen Energiegehalt von ATP bei.*

Neben ATP können auch andere Metabolite Phosphatgruppen übertragen, so z.B. Phosphoenolpyruvat, Carbamoylphosphat und Kreatinphosphat. Diese Verbindungen besitzen sogar ein höheres Übertragungspotenzial für Phosphatgruppen als ATP, wie sich aus der freien Energie ihrer Hydrolyse ableiten lässt (Abbildung 38.4). Entsprechend können sie Phosphatgruppen auf ADP übertragen und es zu ATP regenerieren. Andere Stoffwechselprodukte wie Glucose-6-phosphat und Glycerin-3-phosphat hingegen besitzen ein geringeres Übertragungspotenzial als ATP und können deshalb durch ATP-abhängige Phosphorylierung entstehen. *Der duale Charakter der Adeninnucleotidphosphate als Phosphatgruppendonor (ATP) bzw. -akzeptor (ADP) definiert ihre zentrale Rolle als Phosphatüberträger im Stoffwechsel.*

Nach erfolgter enzymatischer Hydrolyse kann ATP in der Zelle rasch aus ADP und P_i regeneriert werden und damit erneut als Energieträger bereitstehen (Abbildung 38.5). Dieser Kreislauf ist von zentraler Bedeutung für den Metabolismus und macht ATP zur **universellen Energiewährung** lebender Systeme – vom Einzeller bis zum Menschen. ATP dient als rascher Energielieferant; seine Halbwertszeit in der Zelle beträgt weniger als eine Minute. Der größte Teil des verbrauchten ATP wird ebenso schnell durch erneute Phosphorylierung von ADP regeneriert (▶ Abschnitt 41.8). Der Quotient aus ATP und der Summe seiner Produkte, ADP und AMP, liegt typischerweise bei 500, d.h. ATP ist in einem enormen

38.4 Freie Energie der Hydrolyse von Phosphoverbindungen. Aufgeführt sind die freien Standardenergien ($\Delta\,G^{\circ\prime}$) von ATP und anderen metabolisch relevanten Phosphoverbindungen.

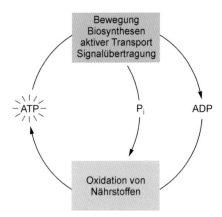

38.5 ATP-ADP-Zyklus. Durch Hydrolyse einer Phosphorsäureanhydridbindung werden ADP und Phosphat (P$_i$) gebildet. Die dabei freigesetzte Energie wird für den Antrieb thermodynamisch ungünstiger, endergoner Reaktionen genutzt. Die Regeneration von ADP zu ATP wird im Metabolismus an die energetisch günstige, exergone Oxidation von Nährstoffen gekoppelt. Der „Strahlenkranz" um Moleküle symbolisiert energiereiche Verbindungen.

38.6 Zentrale Rolle von Elektronenüberträgern im Metabolismus. Die wasserstoffübertragenden Coenzyme NADH, NADPH und FADH$_2$ verbinden Nährstoffabbau wie Glykolyse oder Fettsäureoxidation mit anabolen Prozessen. Während NADPH unmittelbar für Biosynthesen verwendet wird, werden NADH und FADH$_2$ fast ausschließlich in der oxidativen Phosphorylierung reoxidiert und zur ATP-Synthese genutzt.

molaren Überschuss vorhanden, sodass die Energieladung der Zelle hoch ist (Exkurs 38.4). In einer metabolisch aktiven Zelle ist also ATP durch den oxidativen Abbau von Substraten in großem molarem Überschuss gegenüber ADP und AMP vorhanden und treibt Synthese, Bewegung, Signalleitung und Transport an.

ATP und andere energiereiche Phosphoverbindungen hydrolysieren spontan – also in Abwesenheit von Enzymen – nur sehr langsam. ATP ist deshalb trotz der stark exergonen und damit thermodynamisch begünstigten Hydrolyse seiner Phosphatgruppen kinetisch stabil. *Diese inhärente Stabilität von ATP ist für seine biologische Funktion unerlässlich und garantiert, dass ATP-umsetzende Enzyme den Fluss der freien Energie im Organismus gezielt steuern können.*

38.3

NADH und FADH$_2$ sind die wichtigsten Elektronenüberträger

Die wichtigste Quelle für ATP in aeroben Organismen ist die **oxidative Phosphorylierung**, bei der Nährstoffe wie Glucose oder Fettsäuren oxidiert werden. Die auf diese Weise gewonnene freie Energie wird genutzt, um ATP aus ADP und P$_i$ zu synthetisieren. Letztlich werden die bei der Oxidation frei werdenden Elektronen auf Sauerstoff als terminalem Elektronenakzeptor übertragen (▶Abbildung 41.3). Dabei handelt es sich allerdings nicht um einen einfachen und unmittelbaren Vorgang. Vielmehr werden die bei der Nährstoffoxidation freiwerdenden Elektronen mithilfe von spezifischen Überträgern in eine **Elektronentransportkette** in der inneren mitochondrialen Membran eingeschleust und dort über mehrere Zwischenschritte auf O$_2$ unter Bildung von H$_2$O

geleitet. Dieser Elektronentransport treibt die Ausbildung eines Protonengradienten über die innere Mitochondrienmembran an, der dann die Energie zur Synthese von ATP liefert. Die wichtigsten **Elektronenüberträger** sind die Nicotinamid- und Flavinnucleotide (Abbildung 38.6). Sie nehmen Elektronen bzw. Wasserstoff reversibel auf und verknüpfen somit Nährstoffoxidation, mitochondrialen Elektronentransport und ATP-Gewinnung. Ebenso stellen sie **Reduktionsäquivalente** in Form von Elektronen und Hydridionen für Biosynthesen bereit.

Nicotinamidadenindinucleotid – kurz: **NAD$^+$** – ist der wichtigste Elektronenakzeptor bei Nährstoffoxidationen 🖰. Er wird aus dem Vitamin Nicotinamid (Niacin) synthetisiert (Exkurs 38.1). Die reaktive Gruppe von NAD$^+$ ist der Pyridinring, der in der oxidierten Form eine positive Ladung trägt und durch Aufnahme eines Hydridions H$^-$ (2 e$^-$ und 1 H$^+$) in die ungeladene reduzierte Form, **NADH**, übergeht (Abbildung 38.8).

Exkurs 38.1: Nicotinamidadenindinucleotide

Ausgangspunkt für die Biosynthese von NAD$^+$ ist Nicotinat, das größtenteils aus der Nahrung stammt (▶Tafel B2). Transfer von Nicotinat auf 5-Phosphoribosylpyrophosphat (PRPP) (▶Abbildung 49.1) liefert Nicotinatribonucleotid (Abbildung 38.7). ATP überträgt dann seinen Adenosylmonophosphatrest auf die Ribose-5-phosphatgruppe unter Bildung von Desamido-NAD$^+$; die Reaktion wird durch die Hydrolyse des entstehenden Pyrophosphats unumkehrbar gemacht. Der Transfer einer Aminogruppe aus der Seitenkette von Glutamin führt dann zum Endprodukt Nicotinamidadenindinucleotid. Durch ATP-abhängige Phosphorylierung der 2'-Hydroxygruppe an einem Riboserring erzeugt NAD$^+$-Kinase aus NAD$^+$ das Coenzym NADP$^+$.

38.7 Biosynthese von Nicotinamidadenindinucleotid (NAD$^+$). Durch ATP-abhängige Phosphorylierung der 2'-Hydroxygruppe der Ribose des Adeninnucleotidrests im NAD$^+$ kann sekundär NADP$^+$ entstehen (Abbildung 38.8 unten).

38.8 Redoxwechsel von Nicotinamidnucleotiden. Beim Übergang von der oxidierten (links) in die reduzierte Form (rechts) wird ein Hydridion (H$^-$ = 2 e$^-$ + H$^+$) aufgenommen; die beteiligten Elektronen sind als rote Punkte angedeutet. NAD$^+$: R = H; NADP$^+$: R = PO$_3^{2-}$.

Eine typische Reaktion, bei der z. B. **NADPH** als Elektronenüberträger dient, ist die Reduktion einer Keto- zu einer Hydroxygruppe durch eine Reduktase (Abbildung 38.9). Die als Cosubstrate dienenden Nicotinamidnucleotide dissoziieren nach erfolgter Reaktion von ihrem Enzym ab und werden in einer getrennten Reaktion von einem zweiten Enzym regeneriert. *Von wenigen Ausnahmen abgesehen wirkt*

38.9 Redoxreaktion unter der Beteiligung des NADP$^+$/NADPH-Systems. NADPH wird ein Hydridion entzogen, das auf die Carbonylgruppe übertragen wird. Zur Neutralisation des gebildeten Alkoholats (-C-O$^-$) wird ein Proton aus der Umgebung aufgenommen.

NAD$^+$/NADH bei katabolen Prozessen als Cosubstrat von Dehydrogenasen, während NADP$^+$/NADPH bei anabolen Prozessen als Cosubstrat von Reduktasen fungiert.

Ein weiterer wichtiger Elektronenüberträger ist **Flavinadenindinucleotid** – kurz: **FAD** –, das vom Kohlenhydrat Riboflavin abstammt (Exkurs 38.2). Der reaktive Teil von FAD ist ein Isoalloxazinring. Bei der Reduktion werden zwei Elektronen (2 e$^-$) und zwei Protonen (2 H$^+$) unter Bildung von FADH$_2$ aufgenommen (Abbildung 38.11). Im Gegensatz zum Nicotinamidring, der zwei Elektronen gleichzeitig in Form eines Hydridions überträgt, ist der Isoalloxazinring in der Lage, auch einzelne Elektronen aufzunehmen und wieder abzugeben. *Daher treten Flavoproteine bevorzugt bei Umschaltungen zwischen Ein- und Zwei-Elektronen-Reaktionen auf.* Bei einer typischen Oxidationsreaktion unter Betei-

Exkurs 38.2: Flavinnucleotide

Vorstufe der Flavinelektronenüberträger ist Riboflavin (Vitamin B$_2$), das aus dem Zuckeralkohol Ribitol und dem heterocyclischen Ringsystem Isoalloxazin besteht (▶ Tafeln B1, B2). Riboflavin wird von ATP unter Bildung von Riboflavin-5-phosphat phosphoryliert (Abbildung 38.10). Obwohl es sich dabei streng genommen nicht um ein Nucleotid im engeren Sinne aus Pentose und Purin- oder Pyrimidinbase handelt, wird diese Verbindung auch **Flavinmononucleotid** (FMN) genannt. Durch Transfer eines AMP-Rests auf die 5-Phosphatgruppe am Ribitol entsteht dann **Flavinadenindinucleotid** (FAD). Flavine binden als prosthetische Gruppe sehr fest – mitunter sogar kovalent – an ihr Enzym, sodass ihre Regeneration in einem zweiten Reaktionsschritt am selben Enzym erfolgen muss. Spezielle flavintragende Proteine – **Flavoproteine** – können reversibel mit verschiedenen Dehydrogenasen assoziieren (▶ Exkurs 41.2). Mit ihrer Hilfe können auch Flavine ihre Reduktionsäquivalente von einem Enzym auf das nächste übertragen.

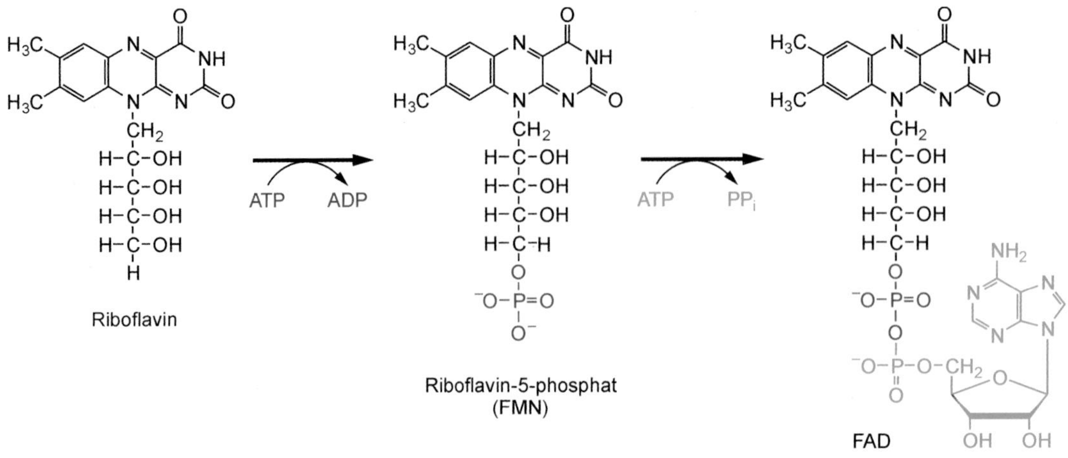

38.10 Biosynthese von Flavinadeninnucleotiden. FMN und FAD unterscheiden sich durch eine AMP-Einheit (grün markiert).

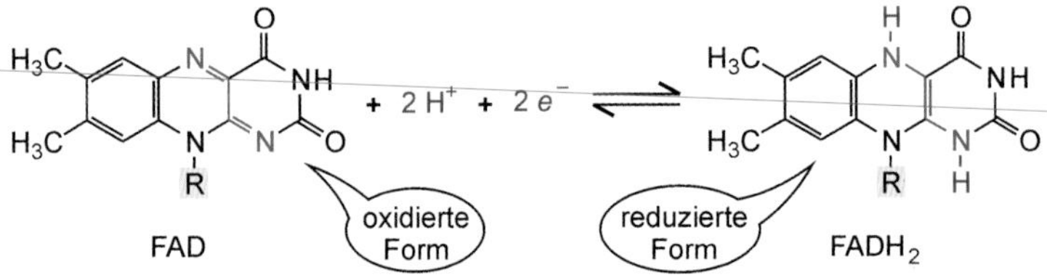

38.11 Elektronenübertragung durch Flavinnucleotide. Beim Übergang von der oxidierten in die reduzierte Form werden zwei Elektronen und zwei Protonen (2 e⁻ + 2 H⁺ = 2 H) aufgenommen. R, siehe Abbildung 38.10.

ligung von FAD entsteht durch Dehydrogenierung eine Doppelbindung im Substrat; der Nettotransfer von 2 H führt dabei zur Bildung von $FADH_2$.

NADH und $FADH_2$ koppeln vor allem an die Elektronentransportkette der oxidativen Phosphorylierung (▸ Abschnitt 41.2), während NADPH fast ausschließlich Reduktionsäquivalente als Hydridionen für die reduktiven Biosynthesen liefert. Die zusätzliche Phosphatgruppe von NADPH dirigiert diesen Elektronenüberträger an reduzierende Enzyme wie z. B. die Fettsäuresynthase, die das Cosubstrat in zwei Teilschritten verwendet (Abbildung 38.12).

NADPH wird ebenso wie ATP kontinuierlich gebildet und verbraucht. In Abwesenheit von Enzymen ist NADPH – ähnlich wie ATP – erstaunlich stabil, d. h. es reagiert spontan nur sehr langsam mit Sauerstoff. Dies gilt auch für andere Elektronenüberträger wie NADH und $FADH_2$. *Diese endogene Stabilität im Verein mit der abgestuften Affinität für Enzyme garantiert eine funktionsgerechte Verwendung von Elektronenüberträgern im Metabolismus und ermöglicht damit Enzymkaskaden, den Fluss von Reduktionsäquivalenten innerhalb einer Zelle effektiv zu steuern.*

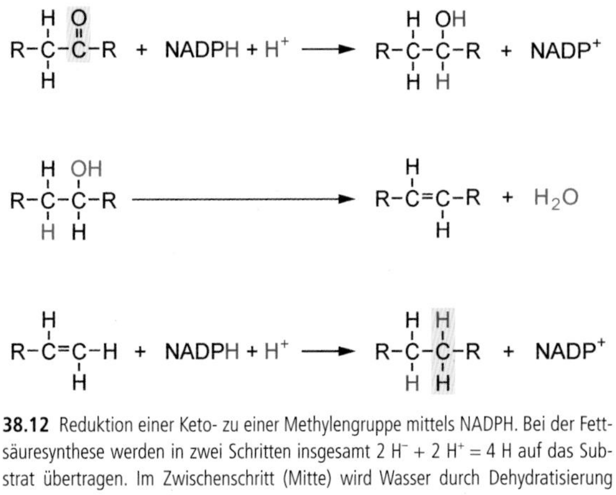

38.4

Coenzym A ist der wichtigste Überträger von Acylgruppen

Neben ihrer Rolle als Energie- und Elektronenüberträger spielen Coenzyme eine wichtige Funktion beim Transfer chemischer Gruppen. Der wichtigste Vertreter dieser Klasse von Molekülen, **Coenzym A** (CoA), wirkt bei der Übertragung von <u>A</u>cylgruppen – vor allem von Acetylgruppen – mit (Exkurs 38.3).

Acylreste bilden reversibel eine kovalente Bindung mit der terminalen Thiolgruppe von CoA. Dabei entsteht Acyl-CoA mit einer **reaktiven Thioesterbindung**. Dieser Thioester, wie z. B. in Acetyl-CoA, hydrolysiert in einer stark exergonen Reaktion:

Acetyl-CoA + H_2O → CH_3COO^- + CoA + H^+

$\Delta G^{\circ\prime}$ = − 31,4 kJ/mol

Allgemein besitzt Acyl-CoA ein hohes Übertragungspotenzial, d. h. es kann in katalytischen Reaktionen leicht

38.12 Reduktion einer Keto- zu einer Methylengruppe mittels NADPH. Bei der Fettsäuresynthese werden in zwei Schritten insgesamt 2 H⁻ + 2 H⁺ = 4 H auf das Substrat übertragen. Im Zwischenschritt (Mitte) wird Wasser durch Dehydratisierung entzogen (▸ Abbildung 45.18).

Exkurs 38.3: Coenzym A

Ausgangsprodukt der Biosynthese von CoA ist das Vitamin Pantothenat, das ein Amid von 2,4-Dihydroxy-3,3-dimethylbuttersäure und der nichtproteinogenen Aminosäure β-Alanin darstellt (▶ Tafel B2). Durch ATP-abhängige Phosphorylierung entsteht daraus 4-Phosphopantothenat, das mit der α-Aminogruppe von Cystein unter Bildung einer zweiten Säureamidgruppe zum 4-Phosphopantothenylcystein reagiert (Abbildung 38.13). Durch Decarboxylierung entsteht daraus 4-Phosphopantethein, auf das eine Transferase eine komplette AMP-Einheit überträgt. Durch ATP-abhängige Phosphorylierung am C-3'-Rest der Riboseeinheit entsteht schließlich Coenzym A mit einer außergewöhnlich reaktiven Thiolgruppe -SH (auch Sulfhydryl- oder Mercaptogruppe genannt).

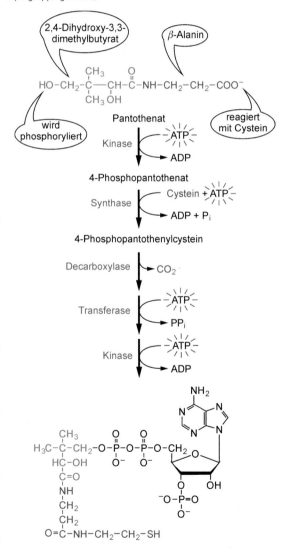

38.13 Biosynthese von Coenzym A. Die beteiligten Komponenten sowie die reaktive Thiolgruppe sind farblich gekennzeichnet.

Acylgruppen auf Substrate transferieren. In Analogie zum ATP mit seiner reaktiven Phosphatgruppe sprechen wir in diesem Fall von einer „aktivierten" Acylgruppe. Ähnlich wie die Überträgermoleküle ATP, NADH, NADPH und $FADH_2$ ist auch Acyl-CoA kinetisch stabil und erlaubt damit als Cosubstrat den kontrollierten Fluss von Acylgruppen zwischen einzelnen Stoffwechselwegen. Dabei zeigt CoA eine große Vielseitigkeit: Es kann Acylgruppen mit zwei bis 24 C-Atomen aufnehmen und sowohl beim Abbau als auch bei der Synthese von Metaboliten mitwirken. *Ein kleiner Satz an Überträgermolekülen für Acylgruppen, Phosphatreste, Elektronen und Wasserstoffatome ermöglicht also vielfältige Transferprozesse im Stoffwechsel.*

Gemeinsame strukturelle Komponente dieser Überträgermoleküle ist das Adenosinphosphat: Es handelt sich also um Abkömmlinge eines Ribonucleotids. Diese Gemeinsamkeit ist möglicherweise nicht zufällig: In Szenarien zur Entstehung der belebten Natur geht man heute von der Hypothese aus, dass Ribonucleinsäuren (RNA) noch *vor* Proteinen und Desoxyribonucleinsäuren entstanden sind. In dieser **RNA-Welt** (▶ Abbildung 3.2) wurden alle Prozesse einschließlich der Katalyse durch RNA-Moleküle bewältigt. Die katalytischen Ribozyme (▶ Abschnitt 12.7) haben möglicherweise Abkömmlinge des Adenosinphosphats als Hilfsmoleküle mit spezifischer Überträgerfunktion akquiriert. Von den später auftretenden Proteinen, die in ihrem katalytischen Potenzial bedeutend vielseitiger als RNA sind, wurden dann die bereits zur Perfektion entwickelten Coenzyme „übernommen". Wenige Hilfsmoleküle reichen aus, um eine große Zahl unterschiedlicher Enzyme zu bedienen. Die gruppenübertragenden Adenosinphosphat-Coenzyme sind also möglicherweise „lebende Fossilien" einer längst vergangenen RNA-Welt ⌐⊕, die sich frühzeitig im Metabolismus als nützlich und vielseitig erwiesen haben und sich daher auch in der „Protein-Welt" durchgesetzt haben.

38.5 Katabole Wege münden in den Citratzyklus

Die bedeutendsten Energiequellen eines Organismus sind Kohlenhydrate, Fette und Proteine. Sie liefern nach Hydrolyse die „Brennstoffe" des Metabolismus, also Zucker, Fettsäuren und Aminosäuren. Obgleich ihrer chemischen Natur nach sehr unterschiedlich (▶ Abschnitt 2.1), durchlaufen alle drei Stoffklassen doch ähnliche katabole Prozesse, die letztlich im Citratzyklus und in der oxidativen Phosphorylierung konvergieren. Ähnliches gilt auch für die anabolen Prozesse. Bevor wir die wichtigsten Stoffwechselwege im Detail studieren, wollen wir kurz auf gemeinsame Grundprinzipien eingehen. Vereinfacht können wir vier Stufen des **Katabolismus** unterscheiden: die Zerlegung der Kohlenhydrate, Fette und Proteine in ihre Grundbausteine (Stufe I), die Konvertierung von Zuckern, Fettsäuren und Aminosäuren zu Acetyl-CoA (II), den oxidativen Abbau von Acetyl-CoA zu Kohlendioxid unter Bildung von reduzierten Elektronenüberträgern (III) und schließlich die Übertragung der Elektronen auf Sauerstoff unter Bildung von ATP (IV) (Abbildung 38.14).

Unterschiedliche katabole Pfade führen die „Hauptbrennstoffe" an den gemeinsamen Knotenpunkt **Acetyl-CoA**. Initial werden Kohlenhydrate in Zucker wie z.B. Glucose gespalten, Fette zu Glycerin und Fettsäuren hydrolysiert und Proteine in ihre Aminosäuren zerlegt. Dabei wird noch keine Energie gewonnen. Die unterschiedlichen Bausteine werden dann in wenige Grundeinheiten, vor allem aber in Acetyl-CoA, umgewandelt. Dabei wird bereits ein Teil der verfügbaren Energie mobilisiert und ca. 10% des Gesamt-ATP gewonnen. Die in oxidativen Schritten gewonnenen Elektronen werden zunächst auf FAD und NAD$^+$ übertragen.

In einer gemeinsamen Endstrecke werden Citratzyklus und oxidative Phosphorylierung durchlaufen. Hier werden Acetylgruppen zu CO_2 umgesetzt und schließlich alle angefallenen Reduktionsäquivalente von den Elektronenüberträgern NADH und FADH$_2$ unter Bildung von H$_2$O auf O$_2$ übertragen. Dabei werden die restlichen 90% an Gesamt-ATP gewonnen. Die chemische Vielfalt der Ausgangsverbindungen reduziert sich also drastisch über drei Stufen, bis schließlich bei der oxidativen Phosphorylierung die den Nährstoffen

entzogenen Elektronen auf Sauerstoff übertragen werden. *Sämtliche großen Stoffwechselwege münden via Acetyl-CoA in die zentrale „Drehscheibe" des Metabolismus, den Citratzyklus.* Glucose-6-phosphat, Glycerinaldehyd-3-phosphat sowie Pyruvat markieren weitere wichtige Knotenpunkte im Netzwerk des Metabolismus.

38.6

Die Regulation der Stoffwechselprozesse erfolgt multilateral

Der Stoffwechsel sorgt für eine kontinuierliche Bereitstellung von Energie, die sich allerdings stark wandelnden Anforderungen anpassen muss. So steigt zum Beispiel der Bedarf an ATP beim Übergang vom Ruhezustand in eine sportliche Hochleistungsphase um einen Faktor von etwa 20 an. Welche Mechanismen regulieren und adaptieren den Stoffwechsel an diese Extreme? Ähnlich wie bei den Schlüsselmolekülen des Metabolismus waltet auch hier eine reduktionistische Strategie: Die Zahl der Steuerungsprinzipien ist überschaubar. Grundsätzlich unterscheiden wir **drei Haupttypen der Regulation**: die transkriptionelle Kontrolle (▶Kapitel 20), die allosterische Regulation (▶Abschnitt 13.8) sowie die kovalente Modifikation (▶Abschnitt 13.10); sie zielen sämtlich auf Enzyme und ihre Substrate (Abbildung 38.15).

Die verfügbare Menge eines Enzyms wird im Allgemeinen über die **Transkriptionsrate** des zugrunde liegenden Gens reguliert. Zugehörige Substrate können die Transkriptionsrate und damit die Menge an verfügbarem Enzym bis zu hundertfach steigern: Wir sprechen dann von **Enzyminduktion**. So können Fremdstoffe die Expression der Enzyme des Biotransformationssystems induzieren (▶Exkurs 46.5);

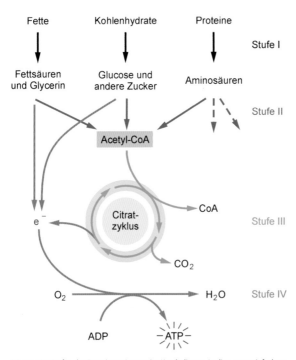

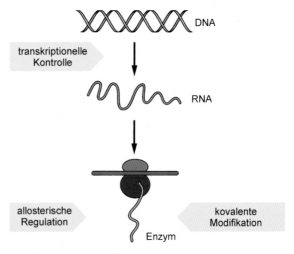

38.14 Vier Stufen der Energiegewinnung im Katabolismus. In diesem vereinfachten Schema definiert Stufe I die Hydrolyse der Nährstoffe in ihre Grundeinheiten; Stufe II ist ihre Überführung in Acetyl-CoA-Einheiten; Stufe III ist die Oxidation von Acetyl-CoA zu CO_2 und Stufe IV die Übertragung der Elektronen von den in Stufe II und III reduzierten Elektronenüberträgern auf O$_2$ zur ATP-Gewinnung (oxidative Phosphorylierung). Die ATP-Erzeugung ist nur für Stufe IV gezeigt, da hier der „Löwenanteil" der ATP-Produktion erfolgt.

38.15 Grundprinzipien der Stoffwechselregulation. Weitere regulatorische Ansatzpunkte finden sich z.B. auf posttranskriptioneller Ebene, wo die mRNA-Stabilität moduliert werden kann.

ebenso können Metabolite die Expression von Enzymen re-primieren. Die reversible **allosterische Regulation** moduliert die Enzymaktivität auf der Proteinebene. Ein spezieller Fall dieses weit verbreiteten Regulationsprinzips ist die **negative Rückkopplung**, bei der ein Endprodukt des Stoffwechselwegs auf ein „frühes" Enzym der biosynthetischen Kette zugreift und dessen Aktivität kontrolliert (Abbildung 38.16). Bei-spielsweise hemmt Cholesterin das Schrittmacherenzym sei-ner Biosynthese, die HMG-CoA-Reduktase, und kontrolliert damit effektiv seine eigene Biosynthese: Ist zu viel Choleste-rin in der Zelle vorhanden, wird die Biosynthese bereits auf einer frühen Stufe gedrosselt, da sonst nur nutzlose Zwi-schenprodukte entstünden.

Ein weiteres regulatorisches Prinzip ist die Interkonver-sion von Enzymen durch reversible **kovalente Modifikation**. Im Fall der Glykogenphosphorylase, dem wichtigsten glyko-genabbauenden Enzym, führt ein Glucosemangel zur hor-monabhängigen Phosphorylierung und damit zu einer Akti-vierung der Phosphorylase (▶Exkurs 44.4). Die enzymati-sche Dephosphorylierung bringt die Phosphorylase wieder in ihren inaktiven Zustand. Die drei genannten Regulations-prinzipien wirken parallel, aber in unterschiedlichen Zeitdi-mensionen: Allosterische Regulationen erfolgen im Millise-kundenmaßstab, kovalente Modifikationen wirken im Se-kundenbereich, während transkriptionelle Kontrolle über Stunden und Tage läuft. *Durch Nutzung dieser unterschied-lichen Zeitfenster ist gewährleistet, dass Zellen und Organe kurzfristig auf eine geänderte Stoffwechselsituation reagie-ren und sich langfristig an eine veränderte Umgebung anpas-sen können.*

Ein anderes Stellglied im Metabolismus ist die **Substrat-verfügbarkeit**: So induziert z. B. Insulin in vielen Zellen die Verlagerung (Translokation) von Glucosetransportern des Typs GLUT4 aus cytoplasmatischen Vesikeln an die Zell-oberfläche (▶Exkurs 50.1). Dadurch gelangt mehr Glucose in die Zelle, die damit Enzymen wie beispielsweise der Gly-kogensynthase zugänglich gemacht wird. Diese deponieren die Glucose dann in Form von Glykogen im Cytosol (▶Kapi-tel 44). Die meisten Substrate einer Zelle liegen in Konzen-trationen unterhalb des K_M-Werts der sie prozessierenden Enzyme vor. Ein erhöhtes Substratangebot führt daher zu ei-ner proportionalen Steigerung der enzymatischen Reaktions-geschwindigkeit und damit zum beschleunigten Substrat-durchsatz (▶Abschnitt 13.2). Eine spezielle Form der Sub-stratverfügbarkeit ist für den Energiestoffwechsel von zentra-ler Bedeutung: Viele Stoffwechselwege werden durch die re-lative Konzentration von Adenosinphosphaten reguliert, wel-che die **Energieladung** einer Zelle widerspiegeln (Exkurs 38.4).

 Exkurs 38.4: Energieladung einer Zelle

Die Energieladung ist definiert als der Quotient aus ATP-Konzentra-tion und Konzentration der insgesamt verfügbaren Adenosinphos-phate. Dabei wird berücksichtigt, dass aus zwei ADP ein ATP gebildet werden kann (▶ Abschnitt 49.5).

$$\text{Energieladung} = \frac{[ATP] + 1/2\,[ADP]}{[ATP] + [ADP] + [AMP]}$$

Die Energieladung einer Zelle kann theoretisch zwischen 0 (nur AMP) und 1 (nur ATP) variieren; typischerweise liegt sie zwischen 0,8 und 0,95. Bei hoher Energieladung werden katabole ATP-erzeugende Stoffwechselwege inhibiert und anabole ATP-verbrauchende Biosyn-thesen stimuliert. Bei niedriger Energieladung kehrt sich dieses Mus-ter um. Dabei wirken die Adeninnucleotide nicht nur direkt über ihre Verfügbarkeit, sondern auch als allosterische Regulatoren. Beispiels-weise stimuliert AMP die Aktivität von Proteinkinasen, welche dann Schlüsselenzyme der Fettsäuresynthese (▶ Abbildung 45.15) oder Cholesterinsynthese (▶ Abbildung 46.9) durch Interkonversion ab-schalten. *Eine Zelle stellt damit sicher, dass sie immer über eine aus-reichende Energieladung verfügt.*

Anabole und katabole Reaktionsketten unterscheiden sich meist in ihren **Schlüsselenzymen**, die entscheidende An-satzpunkte für allosterische bzw. kovalente Kontrolle bieten. Alternativ können auch auf- und abbauende Stoffwechsel-wege durch räumliche Trennung – **Kompartimentierung** (▶ Abschnitt 3.3) – von Reaktionsorten innerhalb einer Zelle separiert werden. So findet z. B. der Abbau von Fettsäuren in den Mitochondrien, die Fettsäuresynthese hingegen im Cy-toplasma statt. Eine ähnliche „Arbeitsteilung" findet auch zwischen Organen statt. So findet der überwiegende Teil der Fettsäuresynthese in der Leber statt, während der Muskel den Löwenanteil des körpereigenen Glykogens synthetisiert. Die Bedeutung der hier aufgezeigten Grundmuster der Stoff-wechselregulation wird dadurch unterstrichen, dass sich ähnliche Prinzipien bei allen Lebensformen – bei Ein- und Mehrzellern, Bakterien und Pflanzen, Tieren und Menschen – finden. *Die fundamentalen Strategien des Stoffwechsels haben sich offenbar frühzeitig in der Evolution herausgebil-det und sind wegen ihrer Ökonomie und Effektivität über Milliarden von Jahren erhalten geblieben.*

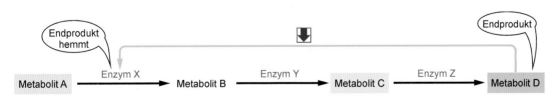

38.16 Prinzip der negativen Rückkopplung. Das Endprodukt D eines hypothetischen Stoffwechselwegs hemmt das Schrittmacherenzym X seines Biosynthesewegs. Dadurch wird die Akkumulation von nutzlosen Intermediaten effektiv unterbunden.

Wie kann man nun Stoffwechselvorgänge molekular analysieren? Dies geschieht auf mehreren Ebenen: Grundlage sind die Identifizierung und das Verständnis von Einzelreaktionen. Dies erfordert die Reinigung, Strukturaufklärung und funktionelle Analyse von definierten Enzymen, Coenzymen, Substraten, Inhibitoren und Aktivatoren. Auf der nächsten Stufe können dann ganze Stoffwechselwege und deren Zusammenspiel an einzelnen **Zellorganellen** studiert werden. Dazu werden z. B. Mitochondrien oder Peroxisomen durch differenzielle Zentrifugation isoliert. Die **Zellkultur** ermöglicht das Studium metabolischer Zusammenhänge und Regulationsvorgänge in definierten Zellpopulationen. Die Analyse von Metabolitflüssen an **isoliert-perfundierten Organen** unter verschiedenen Bedingungen gibt Aufschluss über die integrierte Stoffwechselleistung einzelner Organe wie z. B. von Leber und Herz. Globale Wechselbeziehungen des Stoffwechsels können *in vivo* in **Ganzkörperstudien** verfolgt werden. Dazu werden die Flüsse isotopenmarkierter Substrate, Intermediate oder Produkte verfolgt. Neuerdings erlauben nichtinvasive, bildgebende Verfahren wie Positronenemissionstomographie (PET) und funktionelle Magnetresonanztomographie (fMRT) auch die räumliche Verfolgung von Metabolitströmen am lebenden Menschen. Durch Kombination der Erkenntnisse, die auf diesen verschiedenen Ebenen gewonnen wurden, konnten zahlreiche Stoffwechselwege bis ins molekulare Detail aufgeklärt, ihre Einordnung in den Metabolismus vorgenommen und ihre Bedeutung für den Gesamtstoffwechsel ermessen werden.

Zusammenfassung

- Zur Aufrechterhaltung ihrer Struktur und Funktion benötigen Zellen die ständige Zufuhr von **Energie**. Nach dem zweiten **Hauptsatz der Thermodynamik** nimmt die **Entropie** bei jedem physikochemischen Prozess zu. Die Zellen entziehen aufgenommenen **Nährstoffen** in einer **Kette von Einzelreaktionen** Energie und geben Wärme und Abbauprodukte an die Umgebung ab.

- Universelle **Energieträger** wie **ATP** können die freigesetzte Energie zwischenspeichern. **Endergone** Zwischenschritte werden durch die Kopplung an stark exergone Reaktionen angetrieben.

- Die Änderung der **freien Energie** $\Delta G°'$ bei Hydrolyse der beiden Säureanhydridbindungen von ATP beträgt $-35,2$ kJ/mol (30,5 kJ/mol in Gegenwart von Mg^{2+}). ATP ist eine Verbindung mit hohem **Gruppenübertragungspotenzial** und kommt als **Energiewährung** in zahlreichen Stoffwechselreaktionen zum Einsatz. Es treibt auch Bewegung, Signalleitung und Transport an. Effiziente **Regenerationssysteme** stellen sicher, dass ATP gegenüber seinen Hydrolyseprodukten **ADP** und **AMP** immer in großem Überschuss vorliegt.

- Wichtigstes ATP-Regenerationssystem ist die **oxidative Phosphorylierung**, bei der gebundener **Wasserstoff** mit **Sauerstoff** über eine **Elektronentransportkette** zu Wasser umgesetzt und die freiwerdende Energie zur **ATP-Syn-**these aus ADP und Phosphat genutzt wird. Der Wasserstoff wird zuvor im **Katabolismus** den Nährstoffen entzogen und mit Hilfe des Cosubstrats **NAD⁺** oder der prosthetischen Gruppe **FAD** übertragen. Im **Anabolismus** dient **NADPH** als Wasserstoffüberträger.

- Der wichtigste Überträger von Acylgruppen ist das **Coenzym A**, das mit seiner terminalen Thiolgruppe einen reaktiven **Thioester** mit Carboxylgruppen bildet, bei dessen Hydrolyse 31,4 kJ/mol frei werden. Die so aktivierten Acylgruppen können zahlreiche Reaktionen eingehen.

- Die meisten abbauenden Stoffwechselwege laufen bei **Acetyl-CoA** zusammen, dessen Acetylrest in den **Citratzyklus** und damit in die gemeinsame Endstrecke des **Katabolismus** eingeschleust wird.

- Die **Regulation** der Stoffwechselwege erfolgt multilateral durch **transkriptionelle Kontrolle** (z. B. durch Enzyminduktion), **allosterische Regulation** (negative Rückkopplung) und **kovalente Modifikation** (Phosphorylierung).

- Ein weiteres Stellglied des Metabolismus ist die **Substratverfügbarkeit**, die über Transportvorgänge und Metabolitspeicherung kontrolliert wird. Die Regulation erfolgt meist an **Schlüsselenzymen**, die typischerweise Reaktionen an Schnittstellen von Stoffwechselwegen katalysieren, oder durch **Kompartimentierung** dieser Stoffwechselwege.

Glykolyse – Prototyp eines Stoffwechselwegs

Kapitelthemen: 39.1 Stationen der Glykolyse 39.2 Von Glucose zu Glycerinaldehyd-3-phosphat 39.3 Von Glycerinaldehyd-3-phosphat zu 3-Phosphoglycerat 39.4 Von 3-Phosphoglycerat zu Pyruvat 39.5 Energiebilanz der Glykolyse 39.6 Einschleusung anderer Kohlenhydrate 39.7 Regulation der Glykolyse

Menschen brauchen ebenso wie alle anderen Lebewesen chemische Energie für ihren Lebenserhalt. Anders als autotrophe Organismen wie z.B. die grünen Pflanzen sind Tiere und Menschen als *heterotrophe Lebewesen* von der Energiegewinnung aus organischen Verbindungen abhängig. Eine zentrale Rolle hierbei spielt das Monosaccharid Glucose: Es ist die Hauptenergiequelle des menschlichen Organismus und dient zudem als Ausgangsverbindung für die Synthese zahlreicher körpereigener Produkte. Die Reaktionskette, durch die exogen zugeführte oder auch endogen synthetisierte Glucose mit Energiegewinn abgebaut wird, heißt *Glykolyse*. Diese „Zuckerspaltung" (griech. *glykos*, süß; *lysis*, Auflösung) ist ein evolutionär ursprünglicher Stoffwechselweg und läuft in fast allen Zellen auf die gleiche Weise ab: Ein Molekül Glucose wird in zwei Moleküle Pyruvat umgewandelt, wobei ATP und NADH gebildet werden. Unter *anaeroben Bedingungen* liefert dieser Stoffwechselweg nur wenig ATP, und ein großer Teil des entstandenen Pyruvats muss in Lactat umgewandelt werden, um NADH zu reoxidieren. Bei ausreichendem Sauerstoffangebot – also unter *aeroben Bedingungen* – schließen sich Citratzyklus und oxidative Phosphorylierung an die Glykolyse an: Damit kann Glucose unter erheblich größerem ATP-Gewinn zu CO_2 und H_2O „veratmet" werden. Die Glykolyse, auch Embden-Meyerhof-Weg genannt, war der erste komplexe Stoffwechselweg, der biochemisch aufgeklärt wurde. Viele Prinzipien, die hier für die Glykolyse vorgestellt werden, gelten für Stoffwechselprozesse im Allgemeinen.

substanz Glykogen freigesetzte Glucose. Im Ruhezustand bringt der menschliche Organismus ca. 200 g Glucose pro Tag auf den glykolytischen Weg. Über eine Kette von zehn Reaktionen wird ein Molekül Glucose in zwei Moleküle Pyruvat zerlegt, wobei netto zwei ATP und zwei NADH entstehen (Abbildung 39.1).

Zwischen Ausgangs- und Endprodukt der **Glykolyse** liegen neun Intermediate, die alle phosphoryliert sind. Zwei C_6-Verbindungen, Glucose und Fructose, sind charakteristisch für die Anfangsphase der Glykolyse, während zwei C_3-Einheiten, Glycerat und Pyruvat, ihre Endphase bestimmen. Eine seriell geschaltete Folge von neun enzymatischen Reaktionen sowie eine parallel geschaltete Reaktion markieren die Stationen der Glykolyse (Abbildung 39.2). Tabelle 39.1 fasst die wesentlichen Merkmale der beteiligten Reaktionen zusammen.

39.1
Der glykolytische Weg läuft über zehn Stationen

Der Abbau von Glucose findet im **Cytosol** der Zelle statt. Hauptquellen dafür sind über die Nahrung zugeführte Glucose, die durch *de novo*-Synthese der Zelle bereitgestellte Glucose sowie die beim Abbau der intrazellulären Speicher-

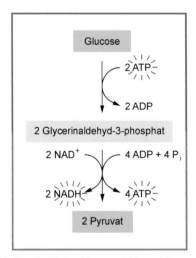

39.1 Übersicht über die Glykolyse. Man unterscheidet zwei Phasen: In der ersten Phase (blau) werden 2 ATP zur Bildung von zwei Molekülen des Intermediats Glycerinaldehyd-3-phosphat „investiert"; in der zweiten Phase (orange) werden 4 ATP und 2 NADH gewonnen; die Endprodukte sind zwei Moleküle Pyruvat.

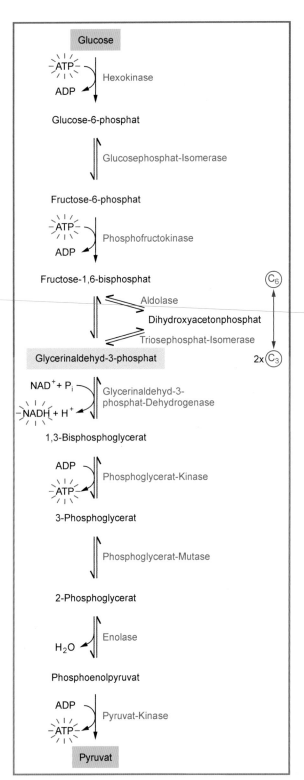

39.2 Stationen der Glykolyse. Insgesamt zehn verschiedene Enzyme treiben die Glykolyse an. Sie katalysieren sechs unterschiedliche Typen von Reaktionen (Tabelle 39.1).

Tabelle 39.1 Reaktionstypen bei der Glykolyse.

Reaktion	Enzyme und Cofaktoren
Phosphatgruppentransfer	Vier Kinasen übertragen jeweils eine Phosphatgruppe von ATP auf ein Intermediat bzw. von einem Intermediat auf ADP.
Isomerisierung	Zwei Isomerasen wandeln Aldosen in Ketosen bzw. umgekehrt.
Aldolspaltung	Eine Aldolase spaltet die zentrale C-C-Bindung eines C_6-Intermediats und erzeugt somit zwei C_3-Einheiten.
Oxidation und Phosphorylierung	Eine Dehydrogenase katalysiert den Elektronentransfer vom Substrat auf NAD^+; dabei wird das Substrat phosphoryliert.
Phosphatgruppenumlagerung	Eine Mutase transferiert einen Phosphatrest intramolekular von einem Sauerstoffatom auf das nächste.
Dehydratation	Eine Dehydratase (Enolase) spaltet aus einem Intermediat ein H_2O-Molekül unter Bildung einer Doppelbindung ab.

39.2

Die Bildung von Glycerinaldehyd-3-phosphat kostet ATP

Betrachten wir die **erste Phase der Glykolyse** im Detail. Sobald Glucose in freier Form im Cytoplasma vorliegt, phosphoryliert das Enzym **Hexokinase** unter Verbrauch von einem Molekül ATP den Zucker an der Hydroxygruppe von C6. Dabei entsteht Glucose-6-phosphat (Abbildung 39.3). Durch die Veresterung mit der zweifach negativ geladenen Phosphatgruppe wird Glucose in der Zelle „gefangen" und kann damit in die Glykolyse eingespeist werden: Ein Export über die Zellmembran ist aufgrund der hohen Ladungsdichte nicht mehr möglich.

Die Hexokinase gilt als Prototyp von Enzymen, die sich ihrem Substrat „anpassen". Nach diesem als **induced fit** bezeichneten Prinzip funktionieren auch andere Enzyme wie z. B. *Taq*-Polymerase (▶Abbildung 4.5) oder Lactat-Dehydrogenase (▶Abschnitt 12.3). Charakteristisch für Kinasen ist die enge Umschließung des Substrats im aktiven Zentrum: Bei der Hexokinase begünstigt der daraus resultierende Ausschluss des Wassers den direkten Phosphatgruppentransfer von ATP auf Glucose. Hexokinase ist – ebenso wie andere Kinasen der Glykolyse – auf das **divalente Kation** Mg^{2+} angewiesen, das von der Triphosphatgruppe des ATP-Moleküls komplexiert wird.

Bei der nun folgenden Reaktion überführt das Enzym **Glucosephosphat-Isomerase** Glucose-6-phosphat in Fructose-6-phosphat. Es handelt sich um die Umwandlung einer Aldose in eine Ketose, bei der die Carbonylgruppe von C1 nach C2 verlagert wird. Intermediat ist ein Endiol vom Typ

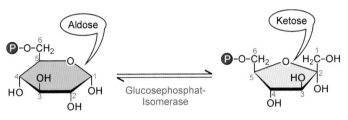

39.3 Reaktion der Hexokinase. Das Enzym katalysiert in Gegenwart von Mg^{2+} den Phosphatgruppentransfer von ATP spezifisch auf die C6-Hydroxygruppe der Glucose; Hydroxygruppen an den übrigen C-Atomen werden *nicht* phosphoryliert. Hexokinase kann auch andere Hexosen wie z. B. Fructose oder Mannose phosphorylieren. Die Reaktion ist praktisch irreversibel.

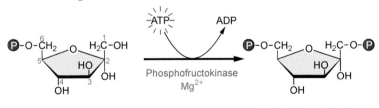

39.4 Reaktion der Glucosephosphat-Isomerase. Eine intramolekulare Umlagerung mit dem Endiol als Zwischenstufe (nicht gezeigt) isomerisiert die Aldopyranose Glucose-6-phosphat zur Ketofuranose Fructose-6-phosphat; diese steht im Gleichgewicht mit der Ketopyranoseform (nicht gezeigt).

–CH(OH)=CH(OH)– (Abbildung 39.7). Der sechsgliedrige Pyranosering der Glucose lagert sich dabei in den fünfgliedrigen Furanosering der Fructose um (Abbildung 39.4).

Nun folgt eine weitere Phosphorylierung: **Phosphofructokinase** wandelt Fructose-6-phosphat unter ATP-Verbrauch in einer stark exergonen Reaktion in Fructose-1,6-bisphosphat um (Abbildung 39.5). Diese zweite Phosphorylierung bestimmt wesentlich die Geschwindigkeit des Glucoseabbaus: Phosphofructokinase – kurz PFK – ist *das* **Schlüsselenzym** der Glykolyse.

In der nachgeordneten Reaktion zerlegt **Aldolase** den C_6-Körper Fructose-1,6-bisphosphat an seiner zentralen C-C-Bindung in zwei C_3-Einheiten; gleichzeitig wird der halbketalische Ring zwischen C2 und C5 geöffnet. Dabei entstehen die isomeren Triosephosphate Dihydroxyacetonphosphat – eine Ketose – sowie Glycerinaldehyd-3-phosphat, eine Aldose (Abbildung 39.6).

Die beiden C_3-Intermediate sind Aldose-Ketose-Isomere, die sich lediglich in der Anordnung ihrer Bindungen, nicht aber in der Summenformel unterscheiden. Dihydroxyacetonphosphat, die stabilere Form der beiden Isomere, kann nicht direkt in die weitere Glykolyse eingeschleust werden. Dazu muss **Triosephosphat-Isomerase** (▶ Abbildung 15.9) das Molekül erst über ein Endiolintermediat in Glycerinaldehyd-3-phosphat umwandeln, das dann in die weitere Glykolyse einmündet (Abbildung 39.7). Hier zeigt sich die Ökonomie der Glykolyse: Ein gesonderter Abbauweg für Dihydroxyacetonphosphat wird vermieden.

Damit ist die erste Phase der Glykolyse abgeschlossen. Die Zwischenbilanz zeigt, dass aus einem Molekül Glucose und zwei Molekülen ATP netto je zwei Moleküle Glycerinaldehyd-3-phosphat und ADP entstanden sind. Die Teilphase von Glucose bis Glycerinaldehyd-3-phosphat geht also mit dem *Verbrauch* von ATP einher.

39.5 Reaktion der Phosphofructokinase (PFK). Das Enzym phosphoryliert spezifisch die Hydroxygruppe an C1; andere Hydroxygruppen im Fructose-6-phosphat werden *nicht* verestert. Die Aktivität der PFK wird allosterisch reguliert (▶ Abbildung 39.18).

39.6 Reaktion der Aldolase. Die Spaltung der Bindung zwischen C3 und C4 führt zur Bildung der Ketose Dihydroxyacetonphosphat sowie der Aldose Glycerinaldehyd-3-phosphat. Die Umkehrung dieser Reaktion, d. h. die Verknüpfung von Aldehyd und Keton, bezeichnet man als Aldoladdition; daher der Name Aldolase.

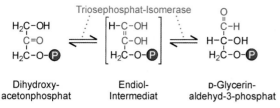

Dihydroxy- **Endiol-** **D-Glycerin-**
acetonphosphat **Intermediat** **aldehyd-3-phosphat**

39.7 Reaktion der Triosephosphat-Isomerase. Die Isomere Dihydroxyacetonphosphat (96 %) und Glycerinaldehyd-3-phosphat (4 %) stehen über ein Endiol-Intermediat im Gleichgewicht miteinander. Das in den weiteren Schritten der Glykolyse verbrauchte Glycerinaldehyd-3-phosphat wird über diese Reaktion kontinuierlich nachgeliefert.

39.3

Die Oxidation von Glycerinaldehyd-3-phosphat liefert ATP

In der **zweiten Phase der Glykolyse** wird ein Teil der in Glycerinaldehyd-3-phosphat steckenden Energie mobilisiert und dabei die anfängliche Investition an ATP mehr als kompensiert. Der erste Schritt ist dabei die Oxidation und Phosphorylierung von Glycerinaldehyd-3-phosphat zu 1,3-Bisphosphoglycerat, kurz 1,3-BPG (Abbildung 39.8).

Das Enzym **Glycerinaldehyd-3-phosphat-Dehydrogenase** katalysiert diese Reaktion unter Verbrauch von P_i und NAD^+ und Bildung von NADH. Die Katalyse folgt dem gleichen Mechanismus wie bei anderen **Dehydrogenasen**: Glycerinaldehyd-3-phosphat-Dehydrogenase (GAPDH) besitzt im aktiven Zentrum einen Cysteinrest, dessen Thiolgruppe mit dem Aldehyd zunächst ein kovalentes Thiohalbacetal bildet (Abbildung 39.9, Startpfeil). In einem zweiten Schritt kann nun NAD^+, das als Cosubstrat reversibel an die Dehydrogenase bindet, ein Hydridion $(2\ e^- + H^+ = H^-)$ übernehmen. Dabei wird ein Proton freigesetzt, und es entsteht durch Oxidation am C1-Atom ein enzymgebundener Thioester. Die Thioesterbindung hat ein hohes Gruppenübertragungspotenzial und kann mit Orthophosphat (P_i) unter Bildung einer gemischten Säureanhydridbindung reagieren. Dabei wird die kovalente Bindung mit dem Enzym „phosphorolytisch" getrennt. Gleichzeitig wird NADH gegen NAD^+ ausgetauscht, sodass die Dehydrogenase regeneriert in eine neue enzymatische

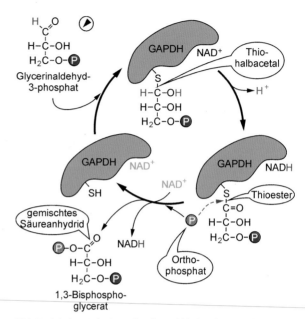

1,3-Bisphospho-
glycerat

39.9 Katalytischer Mechanismus der Glycerinaldehyd-3-phosphat-Dehydrogenase (GAPDH). Cosubstrat der Reaktion ist NAD^+. Der Startpfeil (eingekreiste Pfeilspitze oben links) markiert den Beginn der Reaktionsfolge. Der Begriff „Phosphorolyse" wird in Analogie zu „Hydrolyse" benutzt, bei der Wasser als Cosubstrat dient.

Runde gehen kann. Letztlich entsteht ein energiereiches Acylphosphat, das über ein hohes Übertragungspotenzial für Phosphatgruppen verfügt.

Das glykolytische Intermediat 1,3-Bisphosphoglycerat ist die Vorstufe von **2,3-Bisphosphoglycerat** (2,3-BPG), das eine herausragende Rolle bei der allosterischen Regulation von Hämoglobin spielt (Exkurs 39.1).

Exkurs 39.1: Allosterischer Regulator 2,3-BPG

In einem Seitenweg der Glykolyse wandelt **Bisphosphoglycerat-Mutase** 1,3-Bisphosphoglycerat in den allosterischen Regulator 2,3-Bisphosphoglycerat um. 2,3-BPG ist durch eine hohe Zahl negativer Ladungen charakterisiert ($2,3$-BPG^{5-}), die ihm eine wichtige Qualität verleiht: Es kann an die β-Ketten in der zentralen Kavität des **Hämoglobintetramers** binden und dort allosterisch die O_2-Affinität regulieren (▶ Abschnitt 10.7). 2,3-BPG bindet praktisch ausschließlich an **Desoxyhämoglobin**. Es verschiebt dadurch das Bindungsgleichgewicht vom oxygenierten Hämoglobin in Richtung des desoxygenierten Hämoglobins und erleichtert so die O_2-Abgabe in den Kapillaren. **Erythrocyten** haben eine außergewöhnlich hohe Konzentration an 2,3-BPG, die um drei Größenordnungen über der von 1,3-BPG liegt (4 mM vs. 1 μM). Ein längerer **Höhenaufenthalt** führt zu einer weiteren Zunahme von 2,3-BPG (bis zu 8 mM) und damit zu einer effizienteren O_2-Freisetzung in den Kapillargebieten. **Fetales Hämoglobin** ($\alpha_2\gamma_2$) kann mit seinen γ-Ketten 2,3-BPG *nicht* binden und hat daher eine höhere Affinität zu O_2 als adultes Hämoglobin ($\alpha_2\beta_2$). Der dadurch entstehende **transplazentare O_2-Affinitätsgradient** unterstützt wirkungsvoll den Sauerstofftransport von mütterlichem zu kindlichem Kreislauf.

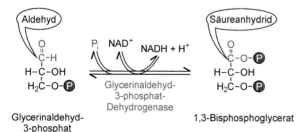

Glycerinaldehyd- **1,3-Bisphosphoglycerat**
3-phosphat

39.8 Reaktion der Glycerinaldehyd-3-phosphat-Dehydrogenase. Glycerinaldehyd-3-phosphat wird an C1 oxidiert. Dabei wird ein Hydridion (H^-) auf NAD^+ übertragen, und ein Proton geht in Lösung. Die dabei gebildete Carbonsäuregruppe wird mit „freiem" Phosphat (P_i) zu einem energiereichen Säureanhydrid verknüpft.

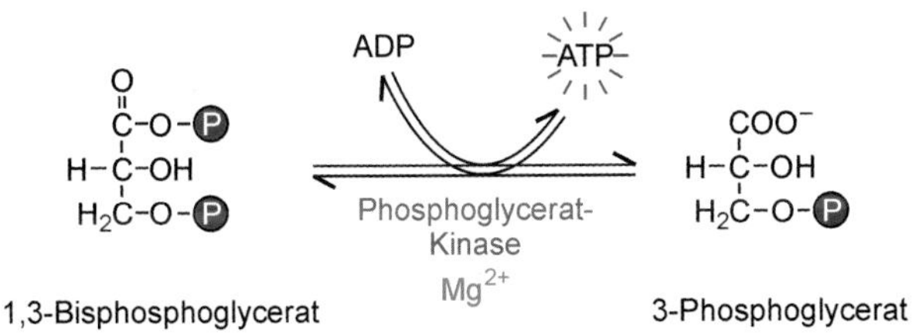

39.10 Reaktion der Phosphoglycerat-Kinase. Als einzige der vier Reaktionen mit ATP-Beteiligung in der Glykolyse ist diese Umsetzung reversibel.

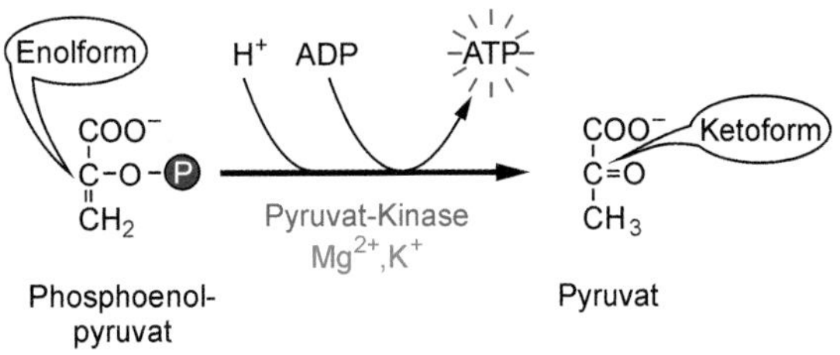

39.12 Finaler Schritt der Glykolyse. Das hohe Übertragungspotenzial von Phosphoenolpyruvat kommt dadurch zustande, dass die Enolform nach Phosphatgruppentransfer in die bedeutend stabilere Ketoform übergehen kann. Pyruvat-Kinase benötigt neben Mg^{2+} auch K^+.

Im nächsten Reaktionsschritt der Glykolyse wird nun erstmals direkt Energie gewonnen. **Phosphoglycerat-Kinase** katalysiert den Transfer des energiereichen Phosphatrests von 1,3-Bisphosphoglycerat auf ADP; dabei entstehen ATP und 3-Phosphoglycerat (Abbildung 39.10). Da pro Glucosemolekül zwei Moleküle 1,3-BPG erzeugt werden, liefert die Reaktion insgesamt zwei Moleküle ATP. Damit ist die Gesamtenergiebilanz zunächst einmal ausgeglichen, da ja auch zwei Moleküle ATP zur Synthese von Fructose-1,6-bisphosphat verbraucht werden.

39.4
Die Erzeugung von Pyruvat ist an ATP-Gewinn geknüpft

Am Ende des glykolytischen Wegs wird Pyruvat gebildet und dabei Energie zum ATP-Gewinn genutzt. Dazu überträgt das Enzym **Phosphoglycerat-Mutase** in einer intramolekularen Umlagerung die Phosphatgruppe von der Position C3 im 3-Phosphoglycerat auf die Hydroxygruppe von C2: Es entsteht 2-Phosphoglycerat. Nun spaltet **Enolase** von 2-Phosphoglycerat ein Wassermolekül unter Bildung von Phosphoenolpyruvat ab (Abbildung 39.11).

Die neu gebildete Phosphoenolgruppierung verfügt über ein außerordentlich hohes Übertragungspotenzial für Phosphatgruppen ($\Delta G^{\circ\prime} = -62$ kJ/mol; Abbildung 38.4). Dieses Potenzial wird im abschließenden Schritt der Glykolyse genutzt, in dem das Enzym **Pyruvat-Kinase** Phosphoenolpyruvat zu Pyruvat und gleichzeitig ADP und P_i zu ATP umsetzt (Abbildung 39.12). Wir bezeichnen diese Art der ATP-Gewinnung als **Substratkettenphosphorylierung** – im Unterschied zur ATP-Erzeugung über einen Protonengradienten (▶ Abschnitt 41.8).

Die Pyruvatkinase-Reaktion ist praktisch irreversibel, da sie trotz Knüpfung einer neuen energiereichen Phosphatbindung noch stark exergon ist (Abbildung 39.13). An dieser Stelle wird das Konzept von energiereichen Phosphatresten als „Schwungrädern" des Stoffwechsels deutlich: Die bei der Umsetzung von Phosphoenolpyruvat freigesetzte Energie reicht aus, um vorgeschaltete Reaktionen, die z. T. endergon sind, mit anzutreiben. *Die geschickte* **Kopplung von endergonen und exergonen Reaktionen** *garantiert die Direktionalität und Irreversibilität der Glykolyse.*

39.5
Die Energiebilanz der Glykolyse ist positiv

Die Summation aller zehn an der Glykolyse beteiligten Teilreaktionen ergibt folgende Nettoreaktion:

$$\text{Glucose} + 2\,NAD^+ + 2\,ADP + 2\,P_i$$
$$\rightarrow 2\,\text{Pyruvat} + 2\,NADH + 2\,H^+ + 2\,ATP + 2\,H_2O$$

Bei der Umwandlung von einem Molekül Glucose in zwei Moleküle Pyruvat werden somit zwei Moleküle ATP gebildet: eine geringe Ausbeute nutzbarer Energie, die aber ausreicht, um unter **anaeroben Bedingungen** – z. B. bei intensiver Muskelarbeit – rasch Energie bereitzustellen. Allerdings kann aus einem Glucosemolekül unter **aeroben Bedingungen** in postglykolytischen Prozessen noch weit mehr Energie bereitgestellt werden: Die Regeneration von NAD^+ aus NADH wird zur Gewinnung weiterer ATP-Moleküle genutzt. Das Endprodukt der Glykolyse, Pyruvat, wird von Pyruvat-De-

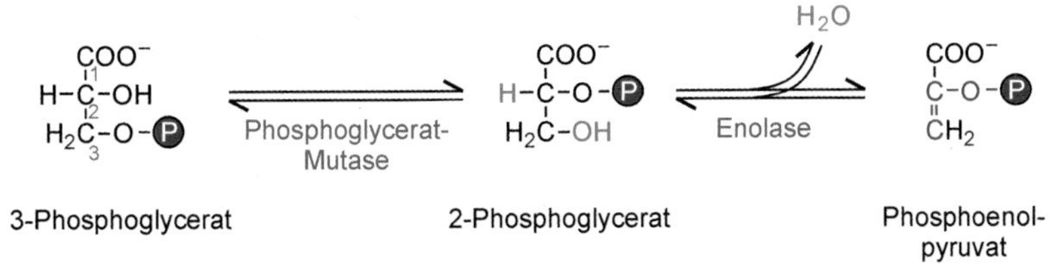

39.11 Vorbereitende Reaktionsschritte zur Bildung von Pyruvat. Intermediär entstehen 2-Phosphoglycerat und Phosphoenolpyruvat. Dabei wird eine Doppelbindung (Präfix: „en") zwischen C2 und C3 gebildet; da C2 eine phosphorylierte Hydroxygruppe („ol") trägt, sprechen wir von einem Phosphoenol (rot markiert) – daher der Name „Enolase".

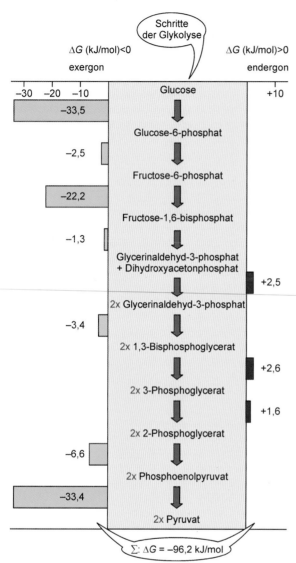

39.13 Änderung der freien Energie glykolytischer Teilreaktionen. Endergone Reaktionen ($\Delta G > 0$) sind durch rote Balken auf der rechten Seite, exergone Reaktionen ($\Delta G < 0$) durch grüne Balken links angezeigt. Die angegebenen Werte wurden aus den freien Standardenergieänderungen $\Delta G^{\circ\prime}$ unter Berücksichtigung typischer intrazellulärer Konzentrationen der jeweiligen Metabolite abgeschätzt. Die angegebene Energiebilanz bezieht sich auf die Bildung *eines* Pyruvatmoleküls; bei der vollständigen Umsetzung von einem Molekül Glucose in zwei Moleküle Pyruvat kommt nochmals eine Energieänderung von −36,7 kJ/mol hinzu, d. h. die Gesamtbilanz beträgt dann −132,5 kJ/mol.

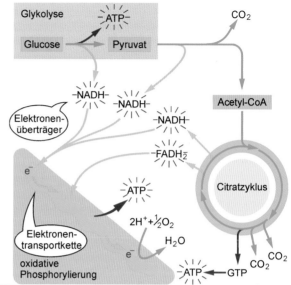

39.14 Aerobe Glykolyse: Beziehungen zwischen Glykolyse, Citratzyklus und oxidativer Phosphorylierung. Bei vollständiger Metabolisierung von Glucose entstehen unter O_2-Verbrauch CO_2 und H_2O; dabei wird massenhaft ATP erzeugt.

Phosphorylierung genutzt, um große Mengen ATP zu erzeugen (▶Kapitel 41). Die **Glykolyse** ist somit eng an den Abbau von Pyruvat zu Acetyl-CoA, den **Citratzyklus** und die **oxidative Phosphorylierung** geknüpft (Abbildung 39.14).

39.6

Weitere Kohlenhydrate werden in den glykolytischen Weg eingeschleust

Ein ökonomisches Prinzip der Natur haben wir bereits beim Dihydroxyacetonphosphat kennen gelernt: Verwandte Verbindungen durchlaufen keine eigenen metabolischen Pfade, sondern gelangen per Quereinstieg in einen etablierten Stoffwechselweg. Diese Strategie gilt auch für glucoseähnliche Zucker wie Fructose, Mannose oder Galactose: Sie durchlaufen eine Serie vorgeschalteter Reaktionen, um an geeigneter Stelle in die Glykolyse einzumünden (Abbildung 39.15).

Mannose ist das C2-Epimer der Glucose und kommt z. B. in Glykoproteinen der Nahrung vor. Nach Phosphorylierung durch Hexokinase wandelt **Phosphomannose-Isomerase** das entstandene Mannose-6-phosphat in Fructose-6-phosphat um, das unmittelbar in den glykolytischen Weg einmündet. Komplizierter ist die Einschleusung von **Fructose** selbst: Dieser Bestandteil des Disaccharids Saccharose kommt in großen Mengen in der Nahrung vor. In Fettgewebe und Muskel phosphoryliert **Hexokinase** in geringem Umfang Fructose zu Fructose-6-phosphat und öffnet damit den Weg in die Glykolyse. Zwar ist der K_M-Wert von Hexokinase für Fructose

hydrogenase unter Bildung von NADH zu Acetyl-CoA umgesetzt. Acetyl-CoA mündet dann in den Citratzyklus ein, wo es über Citrat vollständig zu CO_2 metabolisiert wird (▶Kapitel 40). Dieser Abbau liefert die Elektronenüberträger NADH und $FADH_2$ sowie GTP, das über eine Nucleosiddiphosphat-Kinase letztlich in ATP umgewandelt wird. Zusammen mit dem bei der Glykolyse erzeugten NADH werden die so gewonnenen Reduktionsäquivalente in der oxidativen

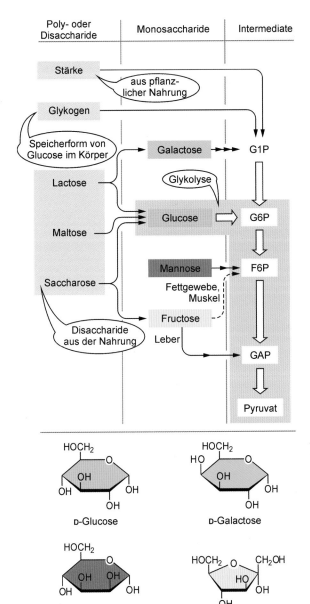

39.15 Einschleusung glucoseähnlicher Kohlenhydrate in den glykolytischen Weg. Es sind hier die α-Anomere gezeigt (▶ Tafeln A5, A6). G1P: Glucose-1-phosphat; G6P: Glucose-6-phosphat; F6P: Fructose-6-phosphat; GAP: Glycerinaldehyd-3-phosphat.

xyacetonphosphat und Glycerinaldehyd. **Triosekinase** phosphoryliert Glycerinaldehyd in einer ATP-abhängigen Reaktion zu Glycerinaldehyd-3-phosphat; damit können beide isomeren Triosephosphate in die Glykolyse einscheren (Abbildung 39.16).

Die „Aufbereitung" von Fructose für die Glykolyse kommt mit den bekannten Reaktionstypen aus (▶ Tabelle 39.1). Im Fall von **Galactose**, dem C4-Epimeren von Glucose, reicht dieses Repertoire nicht mehr aus: Die Umwandlung erfordert hier vier Enzyme und umfasst neben Phosphatgruppentransfer und -austausch auch Epimerisierung und Uridylattransfer (Abbildung 39.17).

Galactokinase macht den ersten Schritt und phosphoryliert Galactose unter ATP-Verbrauch (Reaktion 1). Im nächsten Schritt reagiert das entstandene Galactose-1-phosphat mit Uridindiphosphat(UDP)-Glucose: Bei dieser durch **Galactose-1-phosphat-Uridylattransferase** katalysierten Reaktion (2) entstehen UDP-Galactose und Glucose-1-phosphat. **UDP-Galactose-4-Epimerase** (3) ändert die Konfiguration der Hydroxygruppe am C4-Atom des Galactosylrests und erzeugt so UDP-Glucose; diese wird im nächsten Schritt durch die Transferase (2) als Glucose-1-phosphat freigesetzt. Schließlich wandelt **Glucosephosphat-Mutase** Glucose-1-phosphat in Glucose-6-phosphat um (4) und stellt damit den Anschluss an die Glykolyse her. Ist dieser „Nebenschluss" für den Galactoseabbau defekt, so kann es zu schwerwiegenden Erkrankungen kommen (Exkurs 39.2).

> ### Exkurs 39.2: Hereditäre Galactosämie
>
> Die metabolische Verwertung von Galactose kann durch einen genetischen Defekt, z. B. auf der Ebene der Galactose-1-phosphat-Uridylattransferase, blockiert sein (Reaktion 2 in Abbildung 39.17). Bei betroffenen Patienten kommt es zur Akkumulation von Galactose im Blut – **Galactosämie** – und zur Ausscheidung im Urin – **Galactosurie**. Leitsymptome dieser Stoffwechselkrankheit sind Erbrechen, Diarrhoe, Hepatomegalie, geistige Retardierung und Kataraktbildung. Pathogenetisch bedeutsam sind toxische Abbauprodukte wie z. B. der sechswertige Alkohol **Galactitol**, der aus Galactose und NADPH durch Aldosereduktase entsteht. Die Galactosämie ist die häufigste Erbkrankheit des Kohlenhydratstoffwechsels. Diagnostische Kriterien sind die erhöhte Galactosekonzentration in Blut und Urin sowie das Fehlen von Uridylattransferaseaktivität in Erythrocyten. Die Therapie besteht in galactosearmer Diät, was die Symptomatik verbessert; eine kausale Therapie gibt es derzeit noch nicht.

um den Faktor 20 höher als für Glucose; deren Konzentration in Adipocyten ist aber gering, sodass Glucose nicht als konkurrierendes Substrat auftritt. Anders im glucosereichen Milieu der Leber: Hier dominiert Glucose und „verschließt" der Fructose den direkten Quereinstieg. Hepatocyten nutzen daher metabolische „Umwege", um Fructose zu verwerten: Zunächst wandelt **Fructokinase** die Fructose unter ATP-Verbrauch in Fructose-1-phosphat um. Dann spaltet **Fructose-1-phosphat-Aldolase** (Aldolase B) dieses Molekül zu Dihydro-

39.7

Die Glykolyse wird engmaschig kontrolliert

Die Glykolyse erzeugt mit ATP und Pyruvat zwei Schlüsselverbindungen für Energiestoffwechsel und Biosynthese. Es

39.16 Einschleusung von Fructose in die Glykolyse. Im Fettgewebe und im Muskel (links) wandelt Hexokinase Fructose direkt zu Fructose-6-phosphat um und schleust sie damit in die Glykolyse ein. Die Leber, die den Hauptteil der Fructose verwertet, nutzt den Einstieg über Triosephosphate (rechts).

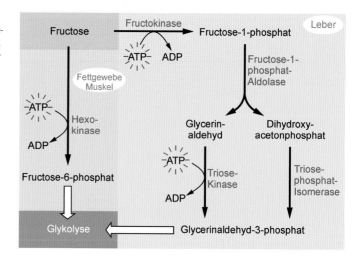

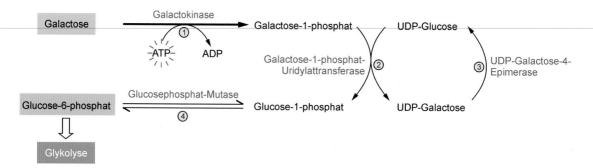

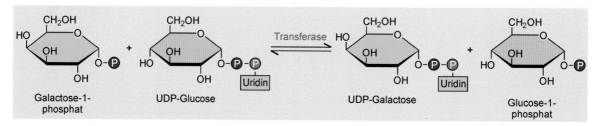

39.17 Einspeisung von Galactose in die Glykolyse. Zur Verwertung von Galactose, die als Bestandteil von Lactose in der Nahrung vorkommt, werden vier Enzyme benötigt (oben; Erklärung im Text). Uridylattransfer (unten dargestellt) und Epimerisierung sind reversibel, sodass Glucose über diese Reaktionsfolge auch in Galactose umgewandelt werden kann.

verwundert daher nicht, dass dieser Stoffwechselweg stringenter Kontrolle unterliegt. Typische Ansatzpunkte für die Regulation ganzer Stoffwechselwege sind Enzyme, die praktisch irreversible Reaktionen katalysieren. Im Fall der Glykolyse verkörpert die homotetramere **Phosphofructokinase** (PFK)🖱 *das* Schlüsselenzym (Abbildung 39.18).

PFK wird auf vielfältige Weise reguliert: ATP ist ein reversibler **allosterischer Inhibitor**, der die Affinität des Enzyms für sein Substrat mindert (▶Abschnitt 13.8). Dagegen sind AMP und ADP nichtkovalent bindende **allosterische Aktivatoren** (Abbildung 39.19). Die Energieladung einer Zelle (▶Exkurs 38.4) kontrolliert also die Aktivität von PFK: Ist die Energieladung gering (ATP niedrig, ADP bzw. AMP hoch), so wird die Glykolyse und damit die ATP-Produktion

stimuliert und umgekehrt. Neben der Energieladung kontrolliert auch **Citrat** die Aktivität der PFK: Eine hohe Konzentration dieses Folgeprodukts aus dem Pyruvatabbau hemmt die PFK. Damit wird der Nachschub an Pyruvat, Acetyl-CoA und letztlich auch an Citrat gedrosselt. Ein bedeutender allosterischer Aktivator der PFK ist **Fructose-2,6-bisphosphat** (F-2,6-BP), ein eigens hierfür gebildetes Nebenprodukt der Glykolyse (▶Exkurs 43.2).

Indirekt trägt die PFK-katalysierte Schlüsselreaktion der Glykolyse – die Phosphorylierung von Fructose-6-phosphat zu Fructose-1,6-bisphoshat – auch zur Regulation von Hexokinase und Pyruvat-Kinase bei, die mit den von ihnen katalysierten Reaktionen am Anfang bzw. Ende der Glykolyse stehen. **Hexokinase** wird nämlich durch ihr eigenes Produkt,

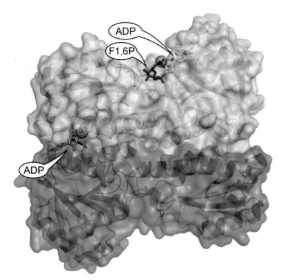

39.18 Strukturmodell der aktiven Form der Phosphofructokinase (*E. coli*). Die zwei identischen Untereinheiten sind blau und gelblich dargestellt. Die Reaktionsprodukte Fructose-1,6-bisphosphat (rot) und ADP (grün) sitzen in den katalytischen Zentren der oberen Untereinheit. Ein weiteres ADP-Molekül, das als allosterischer Aktivator fungiert, ist ebenfalls gezeigt (orange). Mg^{2+}-Ionen (gepunktete Bälle) assistieren bei der Bindung der beiden Nucleotide.

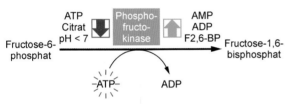

39.19 Kontrolle der Phosphofructokinaseaktivität. Das Enzym wird auch über den pH-Wert der Zelle reguliert. Bei pH < 7 nimmt die Aktivität von PFK rasch ab und verhindert damit eine Überproduktion von Pyruvat und Lactat, was zu einer weiteren pH-Absenkung führen würde.

Glucose-6-phosphat, allosterisch gehemmt: Es handelt sich um eine **Produkthemmung**. Normalerweise wird Glucose-6-phosphat rasch umgesetzt; erst wenn PFK blockiert wird, akkumuliert deren Substrat Fructose-6-phosphat, welches wiederum mit Glucose-6-phosphat im Gleichgewicht steht. Es kommt also *sekundär* zum „Rückstau" von Glucose-6-phosphat und damit zu einer Hemmung von Hexokinase. Dieser Mechanismus drosselt die Einschleusung von Glucose in den glykolytischen Stoffwechsel unmittelbar an der Eintrittspforte und wirkt damit einer unerwünschten Akkumulation wertvoller Intermediate entgegen. Bei der **Pyruvat-Kinase**, die den Ausstrom der glykolytischen Metabolite kontrolliert, wirkt Fructose-1,6-bisphosphat *direkt* als allosterischer Aktivator. Dieser Mechanismus passt die Geschwindigkeit der finalen Reaktion der Glykolyse der Aktivität ihres Schlüsselenzyms an. Dagegen wirkt ATP als allosterischer Inhibitor von Pyruvat-Kinase und drosselt damit die Pyruvatproduktion, wenn die Energieladung der Zelle ohnehin hoch ist. Die Pyruvatmetaboliten Acetyl-CoA und Alanin agieren eben-

falls als allosterische Inhibitoren der Kinase. Dabei gibt es zwei **Isoenzyme** der Pyruvat-Kinase, die organspezifisch reguliert werden (Exkurs 39.3).

Exkurs 39.3: Isoenzyme

Isoenzyme katalysieren dieselbe biochemische Reaktion, werden aber von verschiedenen Genen codiert und unterscheiden sich daher in Primärstruktur und Regulierbarkeit. Für Pyruvat-Kinase gibt es zwei unterschiedliche Gene: Eine Form wird in der Leber exprimiert: **L-Form**; eine zweite, die **M-Form,** kommt dagegen vornehmlich in Muskeln und Gehirn vor. **Reversible Phosphorylierung** moduliert die Aktivität der L-Form, während die M-Form einer solchen Regulation nicht zugänglich ist. Bei niedrigen Glucosekonzentrationen im Blut setzt das Hormon Glucagon eine intrazelluläre Kinasenkaskade in Gang, die letztlich zur Phosphorylierung und damit zur Inaktivierung der L-Form führt (Abbildung 39.20); dagegen ist die M-Form weiterhin aktiv. Bei einer **Hypoglykämie** wird damit die Glucosenutzung der Leber herunterreguliert und damit das verfügbare Glucoseangebot auf das Gehirn umgelenkt, da für dieses Organ die Versorgung mit diesem energiereichen Substrat lebenswichtig ist. Durch gleichzeitige Hemmung der Glucoseaufnahme in den Muskel wird dieser Effekt noch verstärkt. Bei einer **Hyperglykämie** kehren sich die Verhältnisse um.

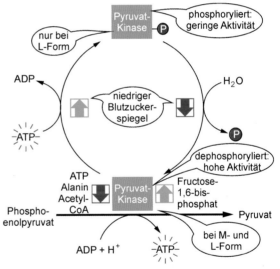

39.20 Regulation der Isoenzyme der Pyruvat-Kinase. Die Aktivität beider Isoformen (L, M) wird allosterisch reguliert (unten); das L-Isoenzym (oben) wird zudem in Abhängigkeit vom Blutzuckerspiegel durch reversible Phosphorylierung mittels einer Kinase (links) bzw. Phosphorylase (rechts) kontrolliert.

Ein Isoenzym der Hexokinase ist **Glucokinase.** Dieses Enzym kommt in der Leber vor und wandelt Glucose in Glucose-6-phosphat um. Dabei ist ihr K_M-Wert um den Faktor 50 höher als der von Hexokinase (5 mM vs. 100 μM). Wenn also die Glykolyse in der Leber gedrosselt ist und das Organ „freie" Glucose ans Blut abgibt, ist zunächst einmal die Versorgung extrahepatischer Organe mit Glucose gesichert. Erst wenn sich sehr hohe Glucosekonzentrationen ($\approx$ 5 mM) in Hepatocyten aufbauen, trägt Glucokinase signifikant zum

Glucoseumsatz bei: Das dabei entstehende Glucose-6-phosphat dient als Ausgangsprodukt für die Synthese von Glykogen, der Speicherform von Glucose (▶ Kapitel 44).

Unter aeroben Bedingungen kann die Glykolyse ihre metabolischen Funktionen – Produktion von Energieträgern und Bereitstellung von Synthesebausteinen – nur im Zusammenspiel mit dem Citratzyklus und der oxidativen Phosphorylierung optimal erfüllen. Mit diesen beiden kooperierenden Stoffwechselwegen wollen wir uns in den folgenden Kapiteln befassen.

Zusammenfassung

- In der **Glykolyse** wird Glucose in einer Kette von **10 Reaktionen** zu Pyruvat abgebaut. Dabei wird der C_6-Körper der **Hexose** auf der Stufe des **Fructose-1,6-bisphosphats** in zwei C_3-Körper zerlegt. Insgesamt werden dabei **2 ATP** und zwei **NADH** gebildet.

- Können Pyruvat und NADH durch **aerobe Glykolyse** über den Citratzyklus nicht weiter verstoffwechselt werden, so muss NAD^+ durch **anaerobe Glykolyse** unter Bildung von **Lactat** aus Pyruvat regeneriert werden.

- **Andere Hexosen** werden nach **Isomerisierung** über spezifische Reaktionsfolgen auf der Stufe des Glucose-6-phosphats oder des Fructose-6-phosphats in die Glykolyse eingeschleust.

- **Fructose** wird in **Hepatocyten** zunächst zu Fructose-1-phosphat phosphoryliert und durch **Aldolase B** in zwei Triosen gespalten, die dann in den zweiten Abschnitt der Glykolyse eingespeist werden. Im Fall von **Galactose** entsteht zunächst **UDP-Galactose**, die dann zu UDP-Glucose **epimerisiert** wird.

- Die Glykolyse wird stringent durch **allosterische Regulation** von **Phosphofructokinase** kontrolliert. **AMP**, **ADP** und das eigens hierfür gebildete **Fructose-2,6-bisphosphat** aktivieren dieses Schlüsselenzym, während **ATP** und **Citrat** es hemmen. Dies garantiert eine enge Kopplung von Hexoseeinstrom in die Glykolyse an die Energieladung der Zelle.

- Der **Ausstrom glykolytischer Metabolite** wird durch allosterische Regulation der **Pyruvat-Kinase** kontrolliert. Das **L-Isoenzym** der Leber kann – anders als das **M-Isoenzym** in Muskel und Gehirn – zusätzlich durch Phosphorylierung inaktiviert werden.

Citratzyklus – zentrale Drehscheibe des Metabolismus

Kapitelthemen: 40.1 Oxidative Decarboxylierung von Pyruvat 40.2 Reaktionen des Citratzyklus 40.3 Funktion von Oxidoreduktasen 40.4 Amphiboler Charakter des Citratzyklus 40.5 Regulation des Citratzyklus

Der glykolytische Abbau bis zum Pyruvat kann die in der Glucose gespeicherte Energie nur zu einem kleinen Teil mobilisieren. Erst der Anschluss an den *Citratzyklus*, auch Tricarbonsäurezyklus oder nach seinem Entdecker Krebs-Zyklus genannt, sichert die weitere Nutzung. Den Brückenschlag von der Glykolyse zum Citratzyklus macht unter aeroben Bedingungen eine Reaktion, die Pyruvat unter oxidativer Decarboxylierung in *Acetyl-CoA* umwandelt. Dieses wird dann in den Zyklus eingeschleust und vollständig zu CO_2 abgebaut. Dabei wird „gebundener Wasserstoff" in Form von NADH und $FADH_2$ gewonnen, der in den nachgeschalteten Reaktionen der oxidativen Phosphorylierung zur Herstellung großer Mengen ATP genutzt wird. Auch der Abbau von Fetten und Aminosäuren mündet vorwiegend über Acetyl-CoA in den Citratzyklus ein. Andererseits wirft der Citratzyklus auch Bausteine für die Biosynthese aus. Diese integrativen Funktionen machen den Citratzyklus zur zentralen „*Drehscheibe*" des Metabolismus. Der Zyklus läuft in der *mitochondrialen Matrix* ab und ist räumlich von der Glykolyse im Cytosol getrennt: Wir haben es hier mit einer *Kompartimentierung* hintereinander geschalteter Stoffwechselwege zu tun.

Exkurs 40.1: Pyruvat-Dehydrogenase-Komplex

Der eukaryotische PDH-Komplex ist mit ca. 7 800 kd einer der größten bekannten **Multienzymkomplexe**. Strukturelle Untersuchungen zeigen, dass der Komplex aus ca. 22 **Pyruvat-Dehydrogenase**-Molekülen (E_1) besteht, die einen Kern aus 60 Untereinheiten **Dihydrolipoyl-**

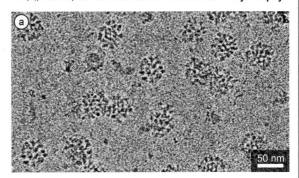

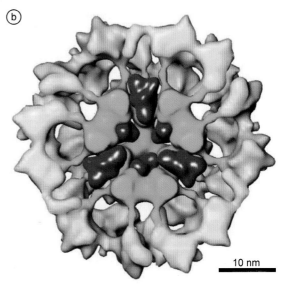

40.1 Pyruvat-Dehydrogenase-Komplex (Rind). Kryoelektronenmikroskopisches Bild mehrerer Komplexe (a) und 3D-Rekonstruktion eines Komplexes im Querschnitt (b). E_1 = Pyruvat-Dehydrogenase (gelb), E_2 = Dihydrolipoyl-Transacetylase (grün), E_3 = Dihydrolipoyl-Dehydrogenase (rot); E_1-E_2-Verbrückungen (blau). [AN]

40.1

Die oxidative Decarboxylierung von Pyruvat liefert Acetyl-CoA

Zunächst zum „Brückenschlag" zwischen Glykolyse und **Citratzyklus** ⌀: Das cytosolisch produzierte Pyruvat wird per Symporter zusammen mit H^+ über die innere Membran der Mitochondrien in die Matrix verfrachtet. Dort katalysiert ein multifunktioneller Enzymkomplex, der **Pyruvat-Dehydrogenase-Komplex** (PDH) ⌀, die oxidative Decarboxylierung von Pyruvat zu Acetyl-CoA, wobei CO_2 und NADH gebildet werden (Exkurs 40.1). Diese Schlüsselreaktion ist praktisch irreversibel:

$$\text{Pyruvat} + \text{CoA-SH} + \text{NAD}^+ \rightarrow \text{Acetyl-CoA} + CO_2 + \text{NADH}$$

Drei enzymatische Komponenten des PDH-Komplexes bewerkstelligen die oxidative Decarboxylierung (Abbildung 40.2): Pyruvat-Dehydrogenase (E_1), Dihydrolipoyl-

Transacetylase (E$_2$) umschließen; darin sind 6 Moleküle **Dihydroli-poyl-Dehydrogenase** (E$_3$) eingelagert (Abbildung 40.1). Der E$_2$-Kern bildet ein Dodekaedergerüst, an dessen Ecken sich zahlreiche trimere Reaktionszentren für die Acetyl-CoA-Synthese gruppieren. Dieser Kern ist relativ flexibel und kann seine Größe um bis zu 20 % verändern

(engl. *breathing core*). Die E$_2$-Komponenten besitzen mit den Lipona-miden flexible Schwenkarme, um Acetylgruppen zu übertragen. Zum PDH-Komplex gehören weitere assoziierte Proteine wie z. B. die **PDH-Kinase** und die **PDH-Phosphatase**, welche die enzymatische Aktivi-tät des Komplexes durch reversible Phosphorylierung regulieren.

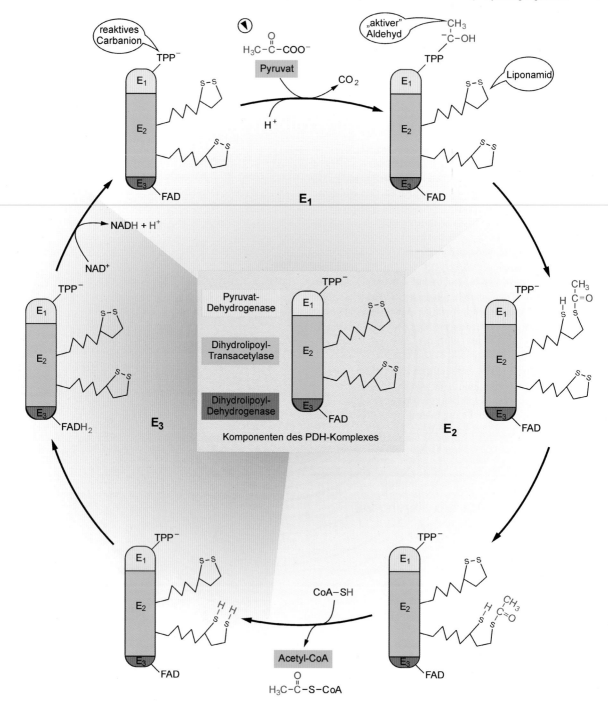

40.2 Reaktionsmechanismus des Pyruvat-Dehydrogenase-Komplexes. Beteiligt sind drei in einem riesigen Multiproteinkomplex organisierte Enzyme: Pyruvat-Dehydrogenase (E$_1$), Dihydrolipoyl-Transacetylase (E$_2$) und Dihydrolipoyl-Dehydrogenase (E$_3$). TPP: Thiaminpyrophosphat; CoA: Coenzym A. Der Startpfeil (eingekreiste Pfeilspitze, oben) mar-kiert den Anfang der Reaktionsfolge.

Transacetylase (E_2) und Dihydrolipoyl-Dehydrogenase (E_3). Dabei sind fünf Coenzyme beteiligt: Thiaminpyrophosphat (TPP), Coenzym A, Liponamid, FAD und NAD^+.

Zu Beginn der komplexen Reaktionsfolge bindet Pyruvat an die als **reaktives Carbanion** vorliegende prosthetische Gruppe der Pyruvat-Dehydrogenase, das **Thiaminpyrophosphat** (Exkurs 40.2). Unter CO_2-Freisetzung entsteht dabei ein Hydroxyethylthiaminderivat („aktiver Aldehyd", Abbildung 40.2). Die Hydroxyethylgruppe wird nun zur Acetylgruppe oxidiert und dabei unter Ausbildung eines Thioesters auf ei-

nen ersten **Liponamid**rest übertragen. Diese prosthetische Gruppe der Transacetylase ist eine cyclische Disulfidverbindung, die im Zuge der Reaktion zu Dihydroliponamid reduziert wird. Transacetylase überträgt die Acetylgruppe zunächst auf einen zweiten Liponamidrest und erst danach auf **Coenzym A**, wobei Acetyl-CoA freigesetzt wird. Dihydrolipoyl-Dehydrogenase regeneriert die Liponamidgruppe mit seiner prosthetischen Gruppe **FAD**. Das dabei gebildete $FADH_2$ reduziert schließlich das Cosubstrat NAD^+ zu NADH. Damit hat der Multienzymkomplex wieder den Ausgangszustand erreicht.

 Exkurs 40.2: Thiaminpyrophosphat und Beri-Beri

Thiaminpyrophosphat (TPP; Abbildung 40.3) entsteht intrazellulär durch Phosphorylierung von **Thiamin** (Vitamin B_1, ▶ Tafel B2). TPP ist essenzieller Cofaktor von α-Ketoglutarat-Dehydrogenase, Pyruvat-Dehydrogenase und Transketolase. Neben einem Pyrimidinring besitzt TPP einen Thiazoliumring mit einer so genannten **CH-aziden Teilstruktur**. In den Dehydrogenase-Komplexen entsteht durch Abstraktion eines Protons (durch eine starke Base) ein **reaktives Carbanion**, das nucleophil an die positiv polarisierte Ketogruppe der α-Ketosäure Pyruvat addiert (Abbildung 40.3b, oben). Die stabilisierte Übergangsstruktur ermöglicht die Eliminierung von CO_2 aus dem α-Ketosäurederivat. Es verbleibt ein resonanzstabilisiertes Hydroxyalkylderivat („**aktiver Aldehyd**"), das unter Oxidation zur Säure auf Liponamid übertragen wird (Abbildung 40.2). – Da der TPP-Vorläufer **Vitamin B_1** vom menschlichen Körper *nicht* synthetisiert werden kann, zeigen sich bei verminderter Aufnahme die Symptome der **Beri-Beri-Krankheit** mit Gliederschmerzen, Tremor, Muskelschwäche und Kardiomyopathie. Ursache ist meist einseitige Kost, z. B. durch polierten Reis, oder Alkoholismus. Der Nachweis einer erniedrigten Transketolaseaktivität in Erythrocyten sichert die Diagnose; in solchen Fällen ist eine Substitutionstherapie angezeigt.

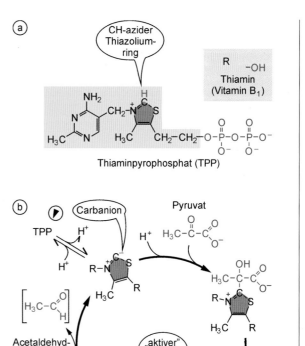

40.3 Thiaminpyrophosphat (a) und der Reaktionsmechanismus bei der Decarboxylierung von Pyruvat (b). Bei der oxidativen Decarboxylierung wird der gebildete Acetaldehyd *nicht* freigesetzt, sondern unter Oxidation zum Acetat auf Liponamid übertragen (Abbildung 40.2). Der Startpfeil (eingekreiste Pfeilspitze, oben links) markiert den Beginn der Reaktionsfolge.

40.2

Der Citratzyklus ist eine geschlossene Folge von neun Einzelreaktionen

Nach der oxidativen Decarboxylierung von Pyruvat zu Acetyl-CoA kann nun der Citratzyklus starten. Anders als die lineare Reaktionsfolge der Glykolyse stellt der Citratzyklus

eine in sich geschlossene Folge von neun Reaktionen dar, bei der Oxalacetat sowohl Ausgangs- als auch Endprodukt ist (Abbildung 40.4). In jeder Runde des Zyklus wird eine Acetylgruppe von Acetyl-CoA aufgenommen und schrittweise zu zwei CO_2 oxidiert; dabei entstehen drei NADH, ein $FADH_2$ und ein GTP. Tabelle 40.1 fasst die Charakteristika der beteiligten Reaktionen zusammen.

Die **Startreaktion des Zyklus** ist die Bildung von Citrat aus Oxalacetat und Acetyl-CoA (Abbildung 40.5). Das Enzym **Ci-**

40.4 Stationen des Citratzyklus. Der Zyklus startet mit der Verknüpfung der C_4-Verbindung Oxalacetat mit einer C_2-Einheit aus Acetyl-CoA. Dabei entsteht Citrat, eine C_6-Verbindung mit drei Carboxylgruppen, die dem Zyklus den Namen gibt. Der Startpfeil (eingekreiste Pfeilspitze; oben) markiert den Beginn der Reaktionsfolge.

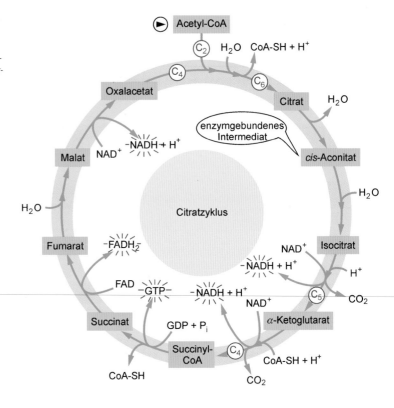

Tabelle 40.1 Reaktionstypen im Citratzyklus.

Reaktion	Enyzme und Cofaktoren
Aldoladdition	Eine Synthase knüpft eine C–C-Bindung durch nucleophilen Angriff am Carbonylrest einer α-Ketosäure.
Isomerisierung	Eine Isomerase verschiebt in einer zweistufigen Reaktion stereospezifisch eine Hydroxygruppe, wobei intermediär durch Dehydratation eine Doppelbindung entsteht.
Hydratation	Eine Hydratase addiert ein Wassermolekül stereospezifisch an eine Doppelbindung, wobei ein optisch aktiver Alkohol entsteht.
Oxidation	Zwei Dehydrogenasen katalysieren den Elektronentransfer vom Substrat auf NAD^+ bzw. FAD.
Oxidative Decarboxylierung	Zwei Dehydrogenasen/Decarboxylasen eliminieren oxidativ CO_2 aus ihren Substraten und übertragen gleichzeitig Elektronen auf NAD^+.
Phosphatgruppentransfer	Eine Synthase katalysiert die Übertragung einer Phosphatgruppe auf GDP; dabei entsteht GTP.

trat-Synthase knüpft eine C–C-Bindung zwischen der α-Ketogruppe von Oxalacetat und der CH-aziden Methylgruppe von Acetyl-CoA unter Bildung einer **C_6-Verbindung**. Das zur Aktivierung erforderliche Coenzym A wird hydrolytisch abgespalten.

Im nächsten Abschnitt des Zyklus isomerisiert das Enzym **Aconitase** das entstandene Citrat zu Isocitrat (Abbildung 40.6). Diese Reaktion läuft in zwei gekoppelten Teilschritten ab. Zu Beginn wird die Hydroxygruppe an C3 von Citrat durch Dehydratation eliminiert; dabei entsteht das Intermediat cis-Aconitat mit einer C=C-Doppelbindung. In einer stereospezifischen Hydratation addiert Aconitase ein Molekül H_2O an cis-Aconitat und platziert dabei die Hydro-

xygruppe an C2: Es entsteht Isocitrat. Die Summe der beiden Teilreaktionen ist die Überführung einer tertiären in eine sekundäre Hydroxygruppe, was für die nachfolgenden Decarboxylierungsreaktionen essenziell ist.

40.3

Oxidoreduktasen liefern die Reduktionsäquivalente NADH und $FADH_2$

Bei der nachfolgenden Reaktion decarboxyliert **Isocitrat-Dehydrogenase**, die erste von vier Oxidoreduktasen des Citrat-

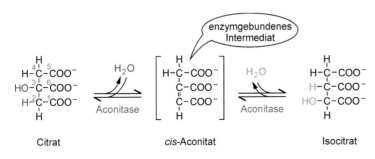

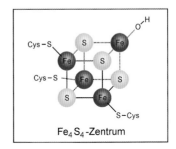

40.5 Verknüpfung von Oxalacetat und Acetyl-CoA. Bei dieser Aldoladdition entsteht das energiereiche Zwischenprodukt Citryl-CoA (nicht gezeigt), das spontan zu Citrat hydrolysiert und dabei CoA-SH regeneriert; dadurch wird die Gesamtreaktion praktisch irreversibel.

40.6 Reaktionen der Aconitase. Das mitochondriale Enzym Aconitase gehört zu den Eisen-Schwefel-Proteinen und enthält im aktiven Zentrum einen Komplex aus vier Eisenatomen und vier Schwefelatomen (Fe$_4$S$_4$), der über drei Cysteinreste (Cys-S) an das Protein gebunden ist (Kasten rechts). Das vierte Eisenatom hat ein Hydroxyion als Liganden, welches an der Katalyse beteiligt ist. Eine cytosolische Isoform der Aconitase spielt eine wichtige Rolle bei der Regulation der Expression eisenbindender Proteine (▶ Abschnitt 18.7).

zyklus, Isocitrat oxidativ zu α-Ketoglutarat. Dabei wird CO$_2$ freigesetzt und NADH gebildet. Die Summenformel der Reaktion lautet:

Isocitrat + NAD$^+$ → α-Ketoglutarat + CO$_2$ + NADH

Auch diese Reaktion erfolgt in zwei Teilschritten (Abbildung 40.7). Durch Oxidation der Hydroxygruppe an C2 entsteht Oxalsuccinat. Dabei werden 2 e$^-$ und 1 H$^+$ (entsprechend einem Hydridion, H$^-$) auf NAD$^+$ übertragen, und ein Proton wird freigesetzt. Sekundär decarboxyliert die instabile β-Ketotricarbonsäure Oxalsuccinat nach Aufnahme eines Protons an C3 und geht in die **C$_5$-Dicarbonsäure** α-Ketoglutarat über. Diese praktisch irreversible Reaktion ist die **Schlüsselreaktion** innerhalb des Citratzyklus. Sie ist stark exergon und verleiht der Reaktionsfolge eine Direktionalität; daher läuft der Zyklus auch niemals „rückwärts".

Nun folgt eine zweite, ebenfalls stark exergone oxidative Decarboxylierung, die durch den Multienzymkomplex α-**Ketoglutarat-Dehydrogenase** katalysiert wird (Abbildung 40.8). Beteiligtes Coenzym ist dabei wiederum Thiaminpyrophosphat (Abbildung 40.3), während CoA-SH als Cosubstrat

fungiert. Dabei wandelt der Multienzymkomplex α-Ketoglutarat durch oxidative Decarboxylierung in Succinyl-CoA um, wobei ein weiteres CO$_2$ freigesetzt und NADH gebildet wird.

Das durch Decarboxylierung von α-Ketoglutarat entstandene Succinyl-CoA ist ein energiereicher Thioester, dessen Gruppenübertragungspotenzial zur Gewinnung eines energiereichen Phosphatrests genutzt werden kann. **Succinyl-CoA-Synthase** katalysiert die Spaltung von Succinyl-CoA unter Bildung von GTP aus GDP und P$_i$ sowie Regeneration von CoA-SH (Abbildung 40.9).

Diese Reaktion ist der einzige Schritt des Citratzyklus, bei dem ein energiereiches Phosphorsäureanhydrid gebildet wird. Sekundär kann GTP seine γ-Phosphatgruppe an den universellen Energieüberträger ATP weitergeben. Katalysator dieser Reaktion ist das Enzym **Nucleosiddiphosphat-Kinase**: GTP + ADP → GDP + ATP (▶ Abschnitt 49.5). Der Zyklus ist nun wieder bei einer **C$_4$-Verbindung** – dem Succinat – angekommen. Daraus wird anschließend über drei Reaktionsstufen Oxalacetat regeneriert (Abbildung 40.10). Zunächst oxidiert **Succinat-Dehydrogenase** Succinat unter Bildung von FADH$_2$ zu Fumarat.

40.7 Reaktionen der Isocitrat-Dehydrogenase. Das Enzym katalysiert beide Teilschritte, d. h. Dehydrierung und Decarboxylierung. Die Eliminierung von CO$_2$ macht die Reaktionsfolge praktisch irreversibel.

40.8 Gesamtreaktion des α-Ketoglutarat-Dehydrogenase-Komplexes. Beteiligte Coenzyme und Reaktionsmechanismen sind die gleichen wie beim homologen Pyruvat-Dehydrogenase-Komplex (▶ Abbildung 40.2).

40.9 Reaktion der Succinyl-CoA-Synthase. Für die Ladungsbilanz ist zu berücksichtigen, dass bei physiologischem pH GDP und P$_i$ zusammen fünf negative Ladungen tragen, GTP aber nur vier. Das bei der Kondensation von GDP und P$_i$ gebildete Wasser geht formal in die Hydrolyse von Succinyl-CoA ein.

$$Succinat + FAD \rightarrow Fumarat + FADH_2$$

Anders als die übrigen Enzyme des Citratzyklus, die als lösliche Proteine in der Mitochondrienmatrix vorliegen, ist die Succinat-Dehydrogenase an der inneren mitochondrialen Membran fixiert, wo sie als Bindeglied zwischen Citratzyklus und oxidativer Phosphorylierung fungiert. Tatsächlich handelt es sich bei der oben angegebenen Gleichung nur um die Teilreaktion der beiden hydrophilen Untereinheiten von Komplex II der Atmungskette (▶ Abschnitt 41.4). Komplex II schleust die aus der Oxidation von Succinat stammenden Elektronen über FADH$_2$ in die oxidative Phosphorylierung ein.

Der nächste Schritt im Citratzyklus ist die Hydratisierung von Fumarat zu L-Malat. Das Enzym **Fumarase** katalysiert diese stereospezifische Additionsreaktion (Abbildung 40.10).

$$Fumarat + H_2O \rightarrow L\text{-}Malat$$

Schließlich wandelt **Malat-Dehydrogenase** L-Malat zu Oxalacetat um. Dabei oxidiert sie die Hydroxygruppe zur α-Ketogruppe. Der Elektronenakzeptor ist wiederum NAD$^+$ (Abbildung 40.10).

$$Malat + NAD^+ \rightarrow Oxalacetat + NADH + H^+$$

Damit schließt sich der Kreis: Der Zyklus ist wieder bei der Ausgangsverbindung Oxalacetat angekommen. Die Nettoreaktion des gesamten Citratzyklus lautet:

$$Acetyl\text{-}CoA + 3\ NAD^+ + FAD + GDP + P_i + 2\ H_2O \rightarrow 2\ CO_2 + CoA\text{-}SH + 3\ NADH + 3\ H^+ + FADH_2 + GTP$$

Für die Erstellung der **Energiebilanz** des Citratzyklus sei vorweggenommen, dass NADH und FADH$_2$ in der Elektronentransportkette der oxidativen Phosphorylierung zu NAD$^+$ und FAD regeneriert werden (▶ Abbildung 41.3). Dabei werden rechnerisch bis zu 8,3 Mol ATP aus 3 Mol NADH und 1 Mol FADH$_2$ gewonnen (▶ Abschnitt 41.11). Für die Gesamtbilanz ist noch 1 Mol GTP zu berücksichtigen, das in 1 Mol ATP umgewandelt werden kann. Der vollständige Abbau von einem Molekül Acetyl-CoA zu CO$_2$ und H$_2$O in einer Runde des Citratzyklus liefert also formal das Äquivalent von 9,3 energiereichen Phosphatbindungen. Nimmt man die oxidative Decarboxylierung von Pyruvat hinzu, die 1 Mol NADH entsprechend 2,3 Mol ATP produziert, so liefert **1 Mol Pyruvat** insgesamt etwa **11,6 Mol ATP.**

Die bei der oxidativen Phosphorylierung regenerierten Elektronenüberträger NAD$^+$ und FAD werden unmittelbar wieder verwendet: Ohne diese Cofaktoren läuft der Citratzyklus nicht! Anders als die Glykolyse, die anfänglich verbrauchtes NAD$^+$ in einem späteren Stadium durch Umwandlung von Pyruvat in Lactat regenerieren und damit auch unter anaeroben Bedingungen ATP produzieren kann, ist der Citratzyklus via Elektronentransportkette an den O$_2$-Verbrauch gekoppelt. Der Citratzyklus ist also **obligat aerob**, während die Glykolyse **fakultativ aerob** ist.

40.4

Der Citratzyklus bedient katabole und anabole Wege

Der Citratzyklus ist für die Gewinnung energiereicher Phosphatbindungen durch Verwertung von Acetyl-CoA aus der katabolen Glykolyse bedeutsam. Er spielt aber auch eine nicht unerhebliche Rolle für aufbauende Stoffwechselwege (Abbildung 40.11). So sind Oxalacetat und α-Ketoglutarat wichtige Vorstufen für die Biosynthese von Aminosäuren; Succinat dient als essenzieller Baustein bei der Porphyrin-

40.10 Schrittweise Umwandlung von Succinat in Oxalacetat. Bei dieser Oxidation werden zwei Wasserstoffatome (2 H = 2 H$^+$ + 2e$^-$) von FAD und ein Hydridion (H$^-$ = H$^+$ + 2 e$^-$) von NAD$^+$ übernommen sowie ein Proton (H$^+$) freigesetzt.

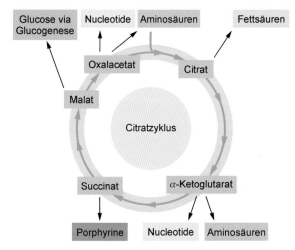

40.11 Zwischenprodukte des Citratzyklus als Vorstufen für anabole Stoffwechselwege. Grundbausteine wie Nucleotide, Aminosäuren, Kohlenhydrate und Fettsäuren, aber auch Vorstufen wie Porphyrine entstehen aus den Zwischenprodukten dieses Zyklus. Für weitere Details siehe Abbildung 40.12.

biosynthese (▶ Abschnitt 48.6). *Der Citratzyklus ist also* **amphibol**, *da er sowohl anabole als auch katabole Stoffwechselwege bedient.*

Fließen einzelne Komponenten aus dem Zyklus ab, so kann der gesamte Kreislauf alsbald zum Stillstand kommen. Wird z.B. α-Ketoglutarat für die Biosynthese der Aminosäure Glutamat abgezogen, so müssen an anderer Stelle neue Komponenten in den Zyklus eingespeist werden, um ihn am Laufen zu halten. Dabei ist es unerheblich, an welcher Station der Zyklus aufgefüllt wird. Typischerweise übernimmt das Enzym **Pyruvat-Carboxylase** eine solche **anaplerotische Funktion** (griech. *anaplerein*, auffüllen), indem es aus Pyruvat und CO_2 unter ATP-Verbrauch den „Starter" des Zyklus, nämlich Oxalacetat, herstellt (▶ Abbildung 43.2). Damit wird auch das Glykolyseprodukt Pyruvat zum Lieferanten wichtiger biosynthetischer Bausteine (Abbildung 40.12).

$$\text{Pyruvat} + CO_2 + \text{ATP} + H_2O \rightarrow \text{Oxalacetat} + \text{ADP} + P_i + 2\,H^+$$

40.5

Der Citratzyklus unterliegt einer stringenten Kontrolle

Prinzipiell dreht sich der Citratzyklus „autonom", d.h. wenn Komponenten, Cofaktoren und Substrate in ausreichender Menge vorliegen, dann läuft der Zyklus auch. Seine fundamentale Rolle im Metabolismus macht allerdings eine rigorose Kontrolle dieses Reaktionskreisels unerlässlich. Wie bei der Glykolyse greifen die Kontrollmechanismen primär bei den irreversiblen Reaktionen an, die den Zyklus in eine Richtung treiben. Prädestinierte Kontrollpunkte sind neben der Citrat-Synthase als „Startenzym" vor allem die beiden

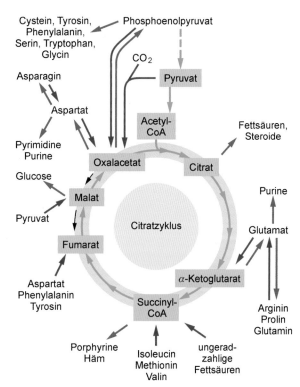

40.12 Import und Export von Komponenten des Citratzyklus. Anabole Wege sind mit *blauen* und anaplerotische Reaktionen mit *roten* Pfeilen markiert. Aspartat und Phosphoenolpyruvat münden vorwiegend über Oxalacetat in den Zyklus ein.

Dehydrogenasen, die durch oxidative Decarboxylierung CO_2 produzieren. Diese benötigen – ebenso wie Pyruvat-Dehydrogenase – NAD^+ als Cosubstrat. Von daher ist das mitochondriale **NAD^+/NADH-Verhältnis** ein entscheidender Regulator des Citratzyklus. Der strategisch wichtigste Kontrollpunkt liegt an der Nahtstelle zwischen Glykolyse und Citratzyklus: Hier nimmt die **Pyruvat-Dehydrogenase** eine herausragende Sensor- und Effektorfunktion wahr (Abbildung 40.13). So ist ATP ein allosterischer Hemmstoff der Pyruvat-Dehydrogenase, der die Affinität des Enzyms für Pyruvat herabsetzt und damit seinen Umsatz drosselt. Ein verminderter Nachschub an Acetyl-CoA schraubt dann die „Drehzahl" des Citratzyklus herunter. Andere Effektoren regulieren die Zahl aktiver PDH-Komplexe über den Mechanismus der **reversiblen Phosphorylierung**. Die vermehrte Produktion von Acetyl-CoA führt zur PDH-Hemmung, während ein vermehrtes Substratangebot von CoA-SH den Enzymkomplex stimuliert.

Die Einschleusung von Acetyl-CoA durch die **Citrat-Synthase** ist der erste wichtige Kontrollpunkt innerhalb des Citratzyklus. ATP wirkt hier als allosterischer Inhibitor; ebenso hemmen NADH und das Produkt Citrat die Synthase. Allerdings wird die Citratbildung in der Regel vor allem durch das Angebot an Acetyl-CoA und Oxalacetat limitiert. Zweiter Ansatzpunkt für die Regulation des Citratzyklus ist die **Isocitrat-Dehydrogenase**: ADP wirkt als allosterischer Aktivator

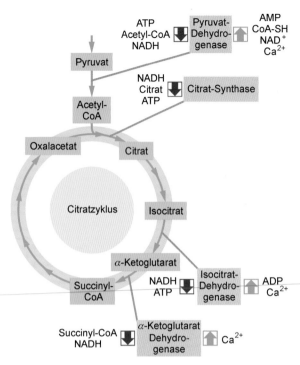

und ATP als allosterischer Inhibitor des Enzyms, während das Produkt NADH als kompetitiver Inhibitor wirkt, der den Cofaktor NAD$^+$ vom Enzym verdrängt. Die dritte wichtige Kontrollstation im Citratzyklus ist die α-**Ketoglutarat-Dehydrogenase**, die durch Succinyl-CoA und NADH gehemmt wird. Auf jeder Kontrollebene gibt es also eine Produkthemmung. Dagegen werden alle drei Schritte der oxidativen Decarboxylierung zur vollständigen Umsetzung von Pyruvat in CO$_2$ beschleunigt, wenn die Ca^{2+}-Konzentration in der mitochondrialen Matrix durch äußere Stimuli erhöht wird (Abbildung 40.13). *Insgesamt sprechen die Kontrollelemente des Citratzyklus auf die Energieladung bzw. den akuten Energiebedarf der Zelle an: Ist der ATP/ADP-Quotient hoch, so drosseln sie den Zustrom von Acetyl-CoA und damit die Umsatzgeschwindigkeit des Zyklus.* Damit wird einer „Verschwendung" von Brennstoffen der Zelle vorgebeugt. Zusätzlich wirkt die Kopplung an die Zellatmung als Kontrolle: *Das „Rad" des Citratzyklus dreht sich nur, wenn gleichzeitig die oxidative Phosphorylierung NADH und FADH$_2$ zu NAD$^+$ bzw. FAD regeneriert.* Diese beiden energieliefernden Prozesse im Mitochondrium sind also eng miteinander verknüpft. Wir wenden uns nunmehr der Atmungskette und den molekularen Mechanismen der oxidativen Phosphorylierung zu.

40.13 Multilaterale Kontrolle des Citratzyklus und der oxidativen Decarboxylierung von Pyruvat. Zur Vereinfachung sind nur Substrate und Produkte der regulierten Reaktionen aufgeführt. Grüner Pfeil: Stimulation; roter Pfeil: Hemmung des betroffenen Enzyms.

Zusammenfassung

- Zum weiteren Abbau wird das in der Glykolyse gebildete **Pyruvat** im **Symport** mit Protonen in die **mitochondriale Matrix** transportiert, wo es durch oxidative **Decarboxylierung** zu **Acetyl-CoA** umgesetzt wird.

- Diese Reaktion, bei der auch ein **NADH** gebildet wird, wird durch den riesigen **Pyruvatdehydrogenase-Komplex (PDH)** mit den drei prosthetischen Gruppen **Thiaminpyrophosphat, Liponamid** und **FAD** katalysiert.

- Der **Citratzyklus** stellt eine in sich **geschlossene Folge von neun Reaktionen** dar. Bei der Startreaktion wird der C$_2$-Körper Acetat von **Acetyl-CoA** auf den C$_4$-Körper **Oxalacetat** übertragen.

- Der dabei entstehende C$_6$-**Körper Citrat** wird nach **schrittweiser Dehydrierung** zweier seiner Kohlenstoffatome und zweifacher **Decarboxylierung** wieder in Oxalacetat umgewandelt. Der dem Kohlenstoffgerüst entzogene Wasserstoff wird von **Oxidoreduktasen** zur Bildung von drei **NADH** und einem **FADH$_2$** verwendet; außerdem entsteht ein **GTP**.

- Neben seiner zentralen Rolle im **Katabolismus** sind Intermediate des **Citratzyklus** auch wichtige Ausgangsstoffe des **Anabolismus**, insbesondere als Vorstufen von Aminosäuren und als Ausgangsprodukte für die **Porphyrinbiosynthese**.

- Eine Folge dieses **amphibolen** Charakters ist, dass der Citratzyklus über **anaplerotische Reaktionen** wie z.B. die Carboxylierung von Pyruvat durch die **Pyruvat-Carboxylase** „aufgefüllt" werden muss.

- Der Substratfluss durch den Citratzyklus wird an mehreren Stellen stringent kontrolliert. Durch Regulation der **Pyruvat-Dehydrogenase** sowie der **Citrat-Synthase** werden Zugang und Einstrom von Acetyl-CoA in den Citratzyklus kontrolliert.

- Weitere Kontrollpunkte sind die beiden Decarboxylierungsschritte der **Isocitrat-Dehydrogenase** und der α-**Ketoglutarat-Dehydrogenase**.

- Neben dem **NADH/NAD$^+$-Verhältnis** entscheiden dabei vor allem das **ATP/ADP-Verhältnis** und damit die Energieladung der Zelle über Aktivität und damit Drehzahl des Citratzyklus.

Oxidative Phosphorylierung – Elektronentransport und ATP-Synthese

Kapitelthemen: 41.1 Mitochondriale *Shuttle*-Systeme 41.2 Stationen der oxidativen Phosphorylierung 41.3 Komplex I: NADH:Ubichinon-Oxidoreduktase 41.4 Komplex II und FAD-abhängige Dehydrogenasen 41.5 Komplex III: Cytochrom-*c*-Reduktase 41.6 Komplex IV: Cytochrom-*c*-Oxidase 41.7 Chemiosmotische Kopplung 41.8 Komplex V: ATP-Synthase 41.9 Nucleotid-Translokase 41.10 Entkopplung der oxidativen Phosphorylierung 41.11 Energiebilanz der Atmungskette

Ein Mensch setzt zur Deckung seines energetischen Grundumsatzes täglich eine Gesamtmenge an ATP um, die in etwa seinem Körpergewicht entspricht. Der bisher beschriebene Weg beim Abbau von Glucose zu CO_2 via Glykolyse und Citratzyklus bringt allerdings nur eine geringe ATP-Ausbeute. Dies liegt daran, dass der dem Kohlenhydrat entzogene Wasserstoff unter weitgehender Konservierung seines Energiegehalts auf die „Zwischenspeicher" FAD und NAD$^+$ übertragen wurde. Die dabei gebildeten Reduktionsäquivalente NADH und FADH$_2$ dienen nun als energetisch hochwertige Elektronendonoren für die *Atmungskette*, der nächsten und letzten Stufe des oxidativen Katabolismus von Nährstoffen. Die Atmungskette – auch *Elektronentransportkette* genannt – katalysiert eine Kaskade von Redoxreaktionen, die an großen Enzymkomplexen der inneren mitochondrialen Membran abläuft. Am Ende der Elektronentransportkette steht als terminaler Akzeptor der „veratmete" Sauerstoff, der zu Wasser reduziert wird. Damit ist der vollständige Abbau von Glucose zu Kohlendioxid und Wasser erreicht. Gekoppelt an die schrittweise Übertragung der Elektronen auf Sauerstoff ist die Phosphorylierung von ADP, die im großen Stil *chemische Energie in Form von ATP* bereitstellt. Beim Fluss der Elektronen über die Transportkette wird deren Energiegehalt an drei Stellen für den Aufbau eines *Protonengradienten* genutzt, dessen protonenmotorische Kraft die ATP-Synthese antreibt. Dieser gekoppelte Prozess wird insgesamt als *oxidative Phosphorylierung* bezeichnet und findet in den *Mitochondrien* statt – metaphorisch heißen diese daher auch „Kraftwerke der Zelle". Im folgenden Kapitel soll nun die molekulare Maschinerie der oxidativen Phosphorylierung vorgestellt werden. Leitfragen dabei sind: Wie funktioniert diese zelluläre „Batterie"? Welche molekularen „Pumpen" und „Motoren" werden dabei eingesetzt? Und wie erzeugen diese ihren „Strom"?

Cytosolisches NADH gelangt über Umwege in die Atmungskette

Anders als Glykolyse und Citratzyklus, die in Lösung stattfinden, spielt sich die oxidative **Phosphorylierung** ⌁ an und vor allem in der inneren mitochondrialen Membran ab (Abbildung 41.1). Dort befinden sich große **integrale Membranproteinkomplexe**, welche die Reaktionen der oxidativen Phosphorylierung katalysieren. Da die innere Mitochondri-

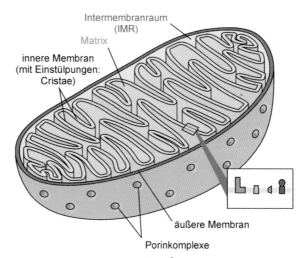

41.1 Querschnitt durch ein Mitochondrium ⌁ Die Einstülpungen der inneren mitochondrialen Membran (Cristae) vergrößern deren Oberfläche und damit die Plattform für die Reaktionen der oxidativen Phosphorylierung. Wir unterscheiden eine Matrixseite (grün) und eine cytosolische, dem Intermembranraum zugewandte Seite (blau) der inneren mitochondrialen Membran. Porinkomplexe in der äußeren mitochondrialen Membran erlauben den ungehinderten Austausch von niedermolekularen Substanzen zwischen Cytosol und Intermembranraum. Kasten: Symbole für Komplexe der oxidativen Phosphorylierung (Details Abbildung 41.3; siehe auch Einleitungsabbildung zu Teil V).

enmembran selbst für winzig kleine Protonen hinreichend dicht sein muss, sind für den Im- und Export niedermolekularer Verbindungen spezielle **Transportsysteme** erforderlich. Das trifft insbesondere für das NADH aus der Glykolyse zu, das cytosolisch anfällt und durch die Poren der äußeren Mitochondrienmembran (Abbildung 41.1) nur bis in den Intermembranraum diffundieren kann. Dort überträgt es seine Elektronen auf Trägermoleküle, die dann mithilfe von Transportproteinen (engl. *carrier*) in den Matrixraum verfrachtet werden.

Prototyp eines Transportsystems (engl. *shuttle*) für NADH ist das **Malat-Aspartat-Shuttle** in den Mitochondrien von Herz und Leber (Abbildung 41.2). Zunächst reduziert eine Malat-Dehydrogenase im Cytosol (MDH$_C$) Oxalacetat unter NADH-Verbrauch zu Malat. Dieses wird dann über einen Antiporter der inneren Mitochondrienmembran im Austausch gegen α-Ketoglutarat auf die Matrixseite gebracht. In der Matrix reoxidiert eine zweite Malat-Dehydrogenase (MDH$_M$) Malat unter Wiedergewinnung von NADH zu Oxalacetat. Eine Transaminase (▶Abschnitt 47.1) wandelt dann Oxalacetat zu Aspartat um; gleichzeitig wird dabei α-Ketoglutarat aus Glutamat gewonnen. Aspartat wird nun über einen Antiporter im Austausch gegen Glutamat in das Cytosol

verfrachtet. Dort wird es in einer zweiten Transaminierungsreaktion wieder in Oxalacetat umgewandelt; gleichzeitig entsteht Glutamat wiederum aus α-Ketoglutarat. *Mit der NADH-abhängigen Umwandlung von Oxalacetat zu Malat schließt sich der Zyklus: Netto ist NADH aus dem Cytosol in die Matrix transportiert worden, das nun seine Elektronen direkt in die oxidative Phosphorylierung einbringen kann.*

41.2 Die oxidative Phosphorylierung verläuft in zwei Phasen

Die nun folgende oxidative Phosphorylierung umfasst zwei Abschnitte: In der **ersten Phase** werden Elektronen (e^-) von NADH und FADH$_2$ letztlich auf O$_2$ übertragen; dieser **Elektronentransport** ist an die Translokation von Protonen (H$^+$) aus der Matrix in den Intermembranraum gekoppelt (Abbildung 41.3). In der **zweiten Phase** wird die im **Protonengradienten** über die innere Mitochondrienmembran zwischengespeicherte Energie durch den Rückfluss von H$^+$ in die Matrix genutzt, um die **Synthese von ATP** anzutreiben. Den Weg der Elektronen vom NADH zum Sauerstoff bahnt die Elektronentransportkette über drei **große Membranproteinkomplexe**: NADH-Dehydrogenase (Komplex I), Cytochrom-c-Reduktase (III) sowie Cytochrom-c-Oxidase (IV). Dazu kommen zwei **mobile Überträger**, nämlich das lipophile **Ubichinon** und das hydrophile **Cytochrom c**, welche den Elektronentransport zwischen den Komplexen bewerkstelligen (Tabelle 41.1). Die Membranproteinkomplexe wirken dabei als Protonenpumpen, die den Elektronentransport an den „vektoriellen" **Protonentransport** von der Matrixseite der inneren mitochondrialen Membran zur cytoplasmatischen Seite koppeln, sodass ein Konzentrations- und Ladungsgradient entsteht. Als „Seiteneingang" zu dieser Reaktionskette ermöglichen verschiedene Dehydrogenasen via FADH$_2$ das direkte Einschleusen von Elektronen auf Ubichinon unter Umgehung von Komplex I. Zu ihnen zählt als weiterer Membrankomplex die **Succinat-Dehydrogenase** (Komplex II), welche die Elektronen vom Succinat des Citratzyklus übernimmt. Die zweite Phase der oxidativen Phosphorylierung beherrscht ganz die ATP-Synthase (Komplex V). Angetrieben vom **Protonengradienten** produziert dieser „molekulare Motor" massenhaft ATP aus ADP und P$_i$.

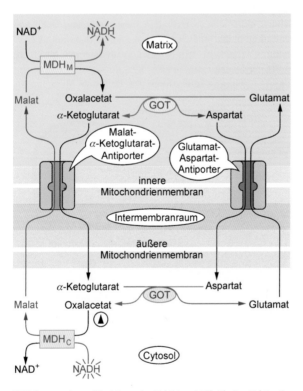

41.2 Komponenten und Reaktionen des Malat-Aspartat-Shuttle. Der Malat-α-Ketoglutarat-Antiporter und der Glutamat-Aspartat-Antiporter sind hier schematisch dargestellt. GOT: Glutamat-Oxalacetat-Transaminase (syn. Aspartat-Amino-Transferase); MDH: Malat-Dehydrogenase; Details siehe Text. Der Startpfeil (eingekreiste Pfeilspitze, unten links) markiert den Beginn der Reaktionsfolge (siehe auch Citrat-Shuttle, ▶Abbildung 45.19).

41.3 Komplex I schleust Elektronen von NADH in die Atmungskette ein

Der erste Schritt in der Atmungskette von Säugetieren wird von **NADH-Dehydrogenase (Komplex I)** katalysiert, einem L-förmigen Membranproteinkomplex aus 45 verschiedenen

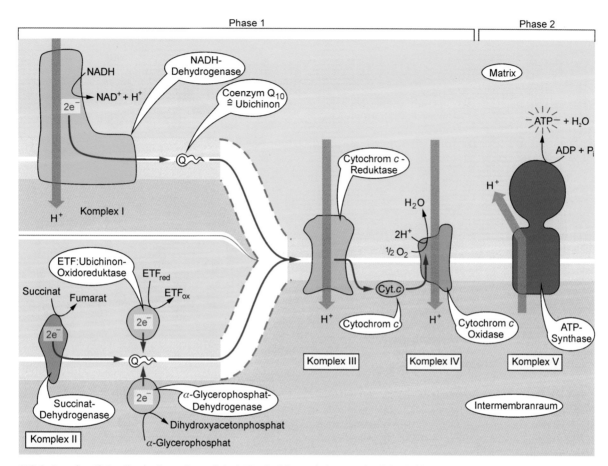

41.3 Stationen der oxidativen Phosphorylierung. Dargestellt ist der Weg der Elektronen (rot) von Komplex I (links oben) bzw. von FAD-abhängigen Dehydrogenasen wie z. B. Komplex II (links unten) über die Komplexe III und IV sowie die mobilen Elektronenüberträger Coenzym Q und Cytochrom c auf Sauerstoff. Komplex V kondensiert ADP und P$_i$ zu ATP. Graue Pfeile symbolisieren den Protonentransport über die innere mitochondriale Membran. ETF: _electron transfering flavoprotein_. Details siehe Text.

Tabelle 41.1 Komponenten der oxidativen Phosphorylierung. Gelistet sind hier 90 verschiedene Proteine; tatsächlich dürfte die Zahl der an der oxidativen Phosphorylierung beteiligten Proteine noch höher sein.

Komponente	Zahl der Untereinheiten [davon mitochondrial codiert]	Funktion
NADH-Dehydrogenase (Komplex I)	45 [7], darunter ND1, ND4, ND6	NADH-Oxidation; Ubichinon-Reduktion; vektorieller Transport von Protonen
Succinat-Dehydrogenase (Komplex II)	4 [0]	Succinat-Dehydrierung; Ubichinon-Reduktion; Enzym des Citratzyklus; _kein_ Protonentransport
Cytochrom-c-Reduktase (Komplex III)	11 [1], darunter Cytochrom b	Ubihydrochinon-Oxidation; Cytochrom-c-Reduktion; vektorieller Transport von Protonen
Cytochrom-c-Oxidase (Komplex IV)	13 [3]	Cytochrom-c-Oxidation; O$_2$-Reduktion; vektorieller Transport von Protonen
ATP-Synthase (Komplex V)	16 [2]	Rückfluss von Protonen; ATP-Synthese
Ubichinon (Coenzym Q)	– (Lipid)	Wasserstofftransfer (Membran)
Cytochrom c	1 [0]	Elektronentransfer (Intermembranraum)

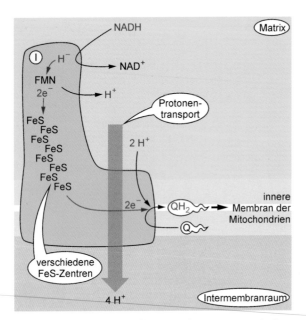

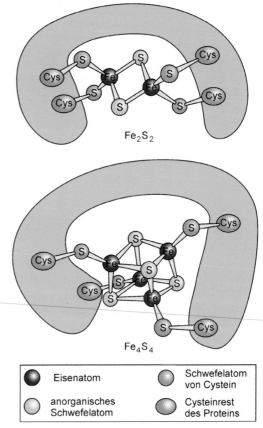

41.4 Vereinfachte Darstellung des Elektronen- und Protonentransports im Komplex I. Akzeptor der Elektronen ist Ubichinon (Q), das dabei in Ubihydrochinon (QH₂) übergeht. FeS, Eisen-Schwefel-Zentrum. Das nicht am Elektronentransport beteiligte Phosphopantethein ist hier *nicht* gezeigt.

41.5 Eisen-Schwefel-Zentren als prosthetische Gruppen der NADH-Dehydrogenase (Komplex I). Je nach Geometrie und Proteinumgebung besitzen sie stark unterschiedliche Redoxpotenziale (Details Abbildung 41.15).

Untereinheiten mit einer Gesamtmasse von ca. 1 000 kd (Abbildung 41.4). Dieser größte Komplex der Atmungskette besteht aus zwei etwa gleich großen Anteilen, von denen einer fast vollständig in der Membran liegt und alle sieben mitochondrial codierten Untereinheiten des Komplexes enthält. Der andere Teil ist weitgehend hydrophil und ragt in den Matrixraum hinein.

Komplex I trägt als Cofaktoren ein Molekül **Flavinmononucleotid** (FMN) und ein kovalent gebundenes Phosphopantethein sowie acht verschiedene binucleäre (Fe_2S_2) und tetranucleäre (Fe_4S_4) **Eisen-Schwefel-Zentren** (Abbildung 41.5). Diese Eisen-Schwefel-Zentren sind über die Thiolgruppen von Cysteinresten der Polypeptidkette verankert. Unabhängig von der Zahl der komplexierten Eisenatome können Eisen-Schwefel-Zentren immer nur *ein* Elektron aufnehmen bzw. abgeben; dies unterscheidet sie von Zwei-Elektronen-Donoren wie z.B. FMNH₂.

Komplex I überträgt zunächst **zwei Elektronen** in Form eines Hydridions ($H^- = 1 H^+ + 2 e^-$) von NADH auf FMN. Das dabei entstehende FMNH⁻ kann weiter zum **FMNH₂** protoniert werden (Abbildung 41.6); gleichzeitig entsteht dabei NAD⁺. Vom FMNH₂ werden die beiden Elektronen nun einzeln über ein semichinonartiges Intermediat auf eine Kette von Eisen-Schwefel-Zentren übertragen. Eine solche Umschaltung von Zwei-Elektronen-Donor auf Ein-Elektronen-Akzeptor ist die charakteristische Aufgabe der Flavin-Coenzyme FMN, FAD und Riboflavin. Wie in einem Draht fließen die Elektronen nun durch die Eisen-Schwefel-Zentren von Komplex I weiter auf das lipophile **Ubichinon**, das in der mitochondrialen Membran „schwimmt" (Abbildung 41.4).

Durch den Elektronentransport von NADH auf Ubichinon im Komplex I werden **vier Protonen** von der Matrixseite der inneren mitochondrialen Membran in den Intermembranraum „gepumpt" (Abbildung 41.4). Der Mechanismus der **Kopplung von Elektronentransfer und Protonentranslokation** ist auf molekularer Ebene noch weitgehend unverstanden.

41.6 Reduktion von FMN und Reoxidation von FMNH₂. Bei seiner Reduktion nimmt FMN formell zwei Elektronen und zwei Protonen zum FMNH₂ auf. Durch Abgabe eines ersten Elektrons entsteht aus FMNH₂ ein stabiles semichinonartiges Radikal mit einem über das ganze Ringsystem delokalisierten ungepaarten Elektron (FMNH·). Durch Abgabe eines zweiten Elektrons und Deprotonierung wird FMN regeneriert (links).

Für den biologischen Zweck entscheidend ist, dass die freie Energie der katalysierten Redoxreaktion – also des Elektronentransfers von NADH auf Ubichinon – in einen Protonengradienten „konvertiert" und damit wie in einem Kondensator zwischengespeichert wird. Mutationen in den Genen von Komplex-I-Untereinheiten können zu schweren Neuro- und Myopathien mit Erblindung führen (Exkurs 41.1).

⚕ Exkurs 41.1: Lebersche hereditäre Optikusneuropathie (LHON)

Eine seltene Erbkrankheit, die über eine Schädigung der Sehnerven zur Blindheit führt, ist die Lebersche hereditäre Optikusneuropathie (LHON) ⌐. Sie wird durch Mutationen im ausschließlich maternal vererbten mitochondrialen Genom hervorgerufen. So bedingt z. B. ein einziger Basenaustausch im Gen für die **ND4-Untereinheit von Komplex I** (Tabelle 41.1) die Substitution eines kritischen Argininrests durch einen Histidinrest. Dadurch wird die Elektronenübertragung auf Ubichinon gestört, was zur **verminderten ATP-Synthese** der betroffenen Mitochondrien führt. Die daraus resultierende ATP-Verknappung schlägt sich in einer Schädigung von besonders stoffwechselaktiven Zellen – wie etwa den **Neuronen des Sehnervs** – nieder. Dabei ist die **Manifestationsrate** bei Männern (50 %) beträchtlich höher als bei Frauen (10 %). Mutationen im mitochondrialen Genom, die Gene der Untereinheiten ND1 und ND6 von Komplex I bzw. Cytochrom *b* von Komplex III betreffen, können ebenfalls zum LHON-Syndrom führen.

41.4
Verschiedene FAD-abhängige Dehydrogenasen bilden weitere Zuflüsse zur Atmungskette

Ein zweiter unabhängiger Weg in die Atmungskette führt über Dehydrogenasen der inneren Mitochondrienmembran, die FAD als prosthetische Gruppe tragen: Diese **Flavoenzyme** können nach dessen Reduktion zu $FADH_2$ zwei Elektronen auf Ubichinon übertragen. Im Gegensatz zum frei diffundierenden Cosubstrat NADH ist $FADH_2$ als prosthetische Gruppe fest an sein Apoprotein gebunden, sodass für seine „Entladung" mehrere, für verschiedene Flavoproteine spezifische Enzymsysteme vorhanden sind. **Succinat-Dehydrogenase (Komplex II)**, die wir bereits beim Citratzyklus kennen gelernt haben, ist der prominenteste Vertreter dieser Dehydrogenasen (Abbildung 41.3 unten links). Ähnlich wie beim Komplex I werden im Komplex II (Abbildung 41.7) zwei Elektronen von $FADH_2$ kaskadenartig über mehrere Eisen-Schwefel-Zentren auf Ubichinon übertragen. Komplex II leistet wegen des geringen Redoxpotenzialgefälles (Abschnitt 41.7) zwischen Succinat und Ubichinon als einziger Multiproteinkomplex der Atmungskette *keinen* Beitrag zum Aufbau des Protonengradienten.

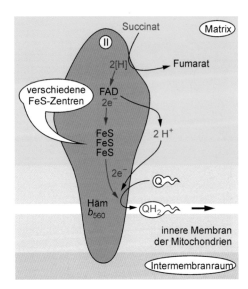

41.7 Schematische Darstellung des Elektronenflusses in der Succinat-Dehydrogenase (Komplex II). Das Enzym ist ein integraler Membranproteinkomplex, der aber keine Protonen pumpt. Die beiden bei der $FADH_2$-Oxidation frei werdenden Protonen finden sich in der Bilanz im QH_2 wieder. Das Häm-b_{560}-Zentrum nimmt sehr wahrscheinlich *nicht* am Elektronentransport teil.

Auch andere Flavoenzyme der inneren mitochondrialen Membran wie z. B. **α-Glycerophosphat-Dehydrogenase** oder **ETF-Ubichinon-Oxidoreduktase** (engl. *electron transferring flavoprotein*) speisen Elektronen direkt in die Kette über Ubichinon – also unter Umgehung von Komplex I – ein (Exkurs 41.2). Aus historischen Gründen zählt man diese Enzyme allerdings *nicht* zu den Komponenten der Atmungskette. Der Quereinstieg über Komplex II oder eine andere Dehydroge-

〰 Exkurs 41.2: Electron Transferring Flavoprotein (ETF)

Das heterodimere FAD-haltige **ETF-Protein** kann als Überträger Elektronen direkt von der Acyl-CoA-Dehydrogenase der *β*-Oxidation (▶ Abschnitt 45.4) übernehmen. Eine matrixseitige **ETF:Ubichinon-Oxidoreduktase** reoxidiert ETF und speist seine Elektronen *via* Ubichinon in die Atmungskette ein. Auf ähnliche Weise können auch Elektronen von cytosolischem NADH über den **α-Glycerophosphat-Shuttle** in die Atmungskette einmünden (Abbildung 41.3 unten links). Dabei überträgt eine cytosolische **α-Glycerophosphat-Dehydrogenase**, die vor allem in Skelettmuskel und Gehirn vorkommt, die beiden Elektronen von NADH auf Dihydroxyacetonphosphat; dabei entsteht α-Glycerophosphat, das dann durch die Poren der äußeren mitochondrialen Membran in den Intermembranraum gelangt. Eine zweite α-Glycerophosphat-Dehydrogenase an der inneren mitochondrialen Membran, die mit ihrem aktiven Zentrum in den Intermembranraum ragt, reoxidiert α-Glycerophosphat und transferiert dessen Elektronen direkt auf **Ubichinon**. Das entstehende Dihydroxyacetonphosphat diffundiert dann über die Poren ins Cytosol zurück und startet einen neuen Umlauf.

41.8 Redox-Cosubstrat Ubichinon (Coenzym Q₁₀). Sukzessive Aufnahme von je zwei Elektronen bzw. Protonen überführt Ubichinon Q via Ubisemichinon Q⁻· ins Ubihydrochinon QH₂. Die lipophile Seitenkette aus 10 Isopreneinheiten ist grün markiert.

nase hat seinen Preis: Wie wir später sehen werden, ist der ATP-Erlös bei FADH₂ geringer als bei NADH, da durch die Umgehung von Komplex I nur sechs Protonen pro Molekül FADH₂ transloziert werden, während im Fall von NADH zehn Protonen pro Molekül fließen (Abschnitt 41.11).

Zentraler **Sammelpunkt** *der verschiedenen „Zuflüsse" zur Elektronentransportkette ist also das* **Ubichinon.** Dieses Redox-Cosubstrat wird auch **Coenzym Q₁₀** oder kurz **Q** genannt. Es ist ein Derivat des Benzochinons mit einer Seitenkette aus zehn einfach ungesättigten C₅-Isopreneinheiten (▶Exkurs 46.1). Diese extrem lange aliphatische Seitenkette macht Ubichinon außerordentlich lipophil, sodass es sich hervorragend in biologischen Membranen löst und dort frei innerhalb der Doppelschicht diffundieren kann. Es überträgt die Elektronen von Komplex I und II (sowie anderen Dehydrogenasen) auf Komplex III. Bei seiner Reduktion nimmt Ubichinon (Q) zwei Protonen auf. Es durchläuft dabei – ähnlich wie FMN – die Zwischenstufe eines Semichinonradikals (Q⁻·) bis zur vollständig reduzierten Form, dem Ubihydrochinon (QH₂; Abbildung 41.8).

41.5
Cytochrom *c*-Reduktase überträgt Elektronen auf Cytochrom *c*

Im nun folgenden Abschnitt der Elektronentransportkette übernimmt das Membranprotein **Cytochrom-*c*-Reduktase (Komplex III)** 🐭 die Elektronen von Ubihydrochinon und transferiert sie auf lösliches Cytochrom *c* im Intermembranraum. Dieser Prozess ist wiederum an die Translokation von Protonen aus der Matrix in den Intermembranraum gekoppelt. Komplex III ist ein **Dimer** aus je elf verschiedenen Untereinheiten, zu denen ein Eisen-Schwefel-Protein gehört: Dieses nach seinem Entdecker benannte **Rieske-Protein** ist mit einer einzigen Transmembranhelix im Komplex verankert und besitzt eine bewegliche katalytische Domäne mit Fe₂S₂-Zentrum, die in den Intermembranraum ragt (Abbildung 41.9).

Zu den katalytischen Untereinheiten von Komplex III gehören die Cytochrome *b* und *c₁*. **Cytochrome** sind elektronentransportierende Proteine, die Hämzentren als prosthetische

Gruppen tragen (Abbildung 41.10). Ihr zentrales Eisenatom kann einen Redoxwechsel zwischen reduzierter Ferro- (Fe²⁺) und oxidierter Ferriform (Fe³⁺) durchmachen. Das äußerst hydrophobe Membranprotein **Cytochrom *b*** von Komplex III trägt die **Hämzentren *b*ₕ** (engl. *high potential*) bzw. ***b*ₗ** (*low potential*), die in einem Bündel von Transmembranhelices eingelagert sind. Cytochrom *b* besitzt zwei Bindungsstellen für das Substrat Ubihydrochinon (QH₂): ein Ubihydrochinon-Oxidationszentrum **Q₀** (engl. *output*) auf der Intermembranseite und ein Ubichinon-Reduktionszentrum **Qᵢ** (engl. *input*) auf der Matrixseite; Q₀ und Qᵢ sind über die Häm-*b*-Zentren „elektrisch" miteinander verbunden (Abbildung 41.1). Ebenfalls auf der Intermembranseite sitzt **Cytochrom *c₁*** mit seiner

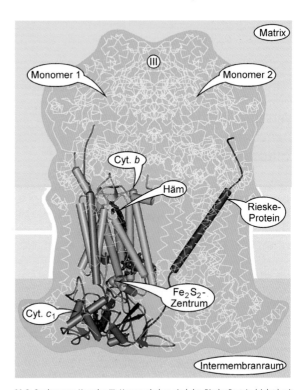

41.9 Struktur von Komplex III. Hervorgehoben sind das Rieske-Protein (violett) mit einem Fe₂S₂-Zentrum (gelb), Cytochrom *b* (grün) mit zwei Hämgruppen (rot) sowie Cytochrom *c₁* (blau) mit einer Hämgruppe (rot). Die Polypeptidketten der übrigen Proteine des Komplexes und des zweiten Monomers sind nur angedeutet. Aufgrund seiner Hämzentren wird Komplex III auch als Cytochrom-*bc₁*-Komplex bezeichnet. Cyt, Cytochrom. [AN]

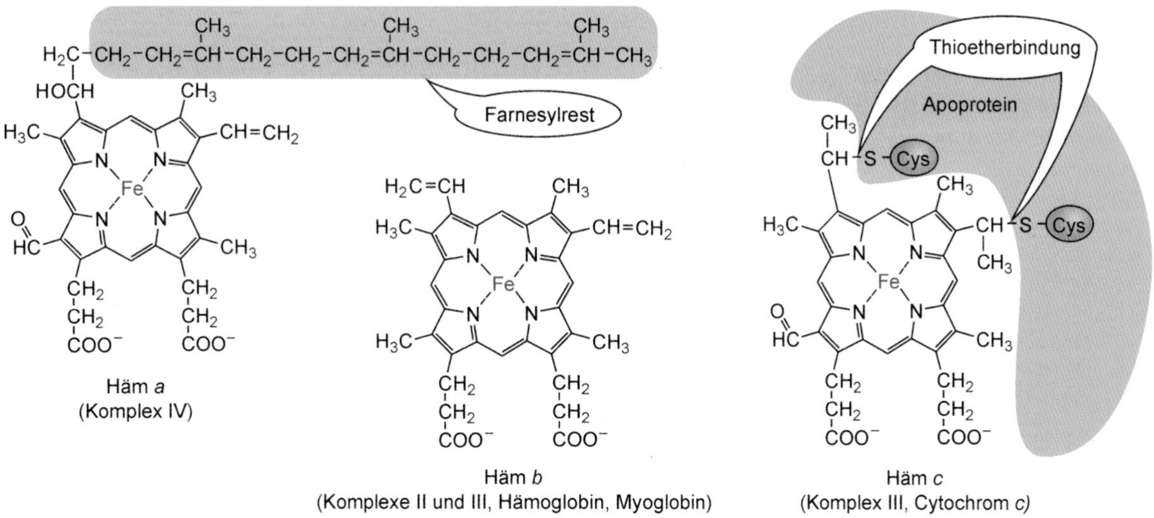

Häm *a*
(Komplex IV)

Farnesylrest

Häm *b*
(Komplexe II und III, Hämoglobin, Myoglobin)

Thioetherbindung

Apoprotein

Häm *c*
(Komplex III, Cytochrom *c*)

41.10 Hämzentren in Cytochromen. Hämreste unterscheiden sich in der Struktur ihres Porphyrinringsystems; diese sind über Seitenketten ihres Trägerproteins fixiert. Axiale Liganden sind meist Histidylreste; lediglich Häm *c* ist über Thioetherbindungen kovalent an sein Apoprotein gebunden. Häm *a* mit seinem charakteristischen Farnesylrest kommt in Komplex IV, Häm *b* in Komplex III, Hämoglobin sowie Myoglobin und Häm *c* in Komplex III und Cytochrom *c* vor.

Häm-c_1-tragenden Domäne nahe dem Eisen-Schwefel-Zentrum des Rieske-Proteins (Abbildung 41.9).

Komplex III überträgt die von Ubihydrochinon gelieferten Elektronen via Eisen-Schwefel-Zentrum auf Cytochrom *c* und transportiert gleichzeitig **zwei Protonen** über die innere Mitochondrienmembran. Diese Kopplung von Elek-

tronentransfer und Protonentransport bezeichnet man als **Q-Zyklus**. Initial dockt Ubihydrochinon an das Q_0-Zentrum an. Hier gibt es eine „Weggabelung": Ein erstes Elektron von Ubihydrochinon wird via Fe_2S_2 und Häm c_1 auf die Hämgruppe eines ersten Cytochrom-*c*-Moleküls transferiert (Abbildung 41.11, links). Dabei entsteht am Q_0-Zentrum ein Ubi-

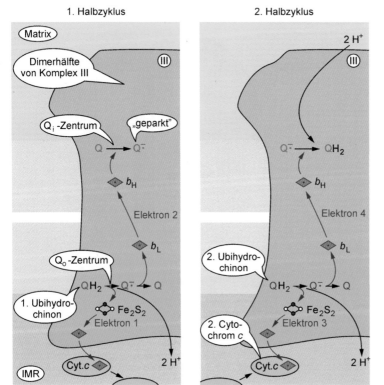

41.11 Q-Zyklus im Komplex III. Während eines Q-Zyklus werden am Q_0-Zentrum insgesamt vier Protonen in den Intermembranraum entlassen und zwei Protonen am Q_i-Zentrum der Matrixseite aufgenommen, sodass netto zwei Protonen pro oxidiertem Ubihydrochinon die mitochondriale Membran passieren. Die Drehbarkeit der wasserlöslichen Domäne des Rieske-Proteins um etwa 60° erlaubt dabei eine „Umschaltung" zwischen den beiden Elektronenwegen am Q_0-Zentrum. Hämzentren sind als Rauten dargestellt. IMR: Intermembranraum.

semichinonmolekül (Q⁻·), das unter Abgabe eines weiteren Elektrons zum Ubichinon (Q) oxidiert wird. Dieses zweite Elektron fließt nun über Häm b_L und Häm b_H zum Q_i-Zentrum an der Matrixseite. Dort ist ein Ubichinonmolekül (Q) gebunden, das Elektron 2 übernimmt und dann in Form eines Semichinons (Q⁻·) „parkt"; damit ist der erste Halbzyklus abgeschlossen. Nun bindet ein zweites Ubihydrochinon am Q_o-Zentrum und verteilt seine zwei Elektronen wiederum auf die beiden Wege (Abbildung 41.11, rechts): Ein Elektron (Elektron 3 im Q-Zyklus) reduziert ein weiteres Molekül Cytochrom c; das andere (Elektron 4) nimmt seinen Weg von Q_o über b_L und b_H und trifft auf das „geparkte" Elektron 2 im Semichinon (Q⁻·). Unter Aufnahme zweier Protonen aus dem Matrixraum wird schließlich am Q_i-Zentrum ein Ubihydrochinonmolekül regeneriert (QH_2), das dann in die innere mitochondriale Membran entlassen wird.

In einem kompletten Q-Zyklus wird also netto ein Molekül Ubihydrochinon zu Ubichinon oxidiert; dabei werden nominell zwei Protonen von der Matrix auf die Intermembranseite transferiert. Diese Protonen werden nicht „gepumpt": Vielmehr bewerkstelligt ein raffiniertes Elektronenrecycling über die Membran den Ladungstransport. Zwei weitere Protonen werden als „skalare" Protonen in den Intermembranraum abgegeben. Die beiden Elektronen, die in der Gesamtreaktion netto vom Ubihydrochinon abgegeben werden, werden letztlich auf **Cytochrom c** ⏚, ein kleines wasserlösliches Redoxprotein im Intermembranraum, übertragen, das die Verbindung zwischen Komplex III und IV herstellt. Mitochondriales Cytochrom c ist ein evolutionär sehr „altes" Protein, bei dem funktionell wichtige Bereiche der Proteinsequenz in verschiedenen Organismen praktisch identisch sind, während andere Segmente sich stärker unterscheiden (Exkurs 41.3).

Exkurs 41.3: Konservierung von Proteinstrukturen

Die Primärstruktur des **Cytochrom c** ⏚ ist außerordentlich gut konserviert: 26 der 104 Aminosäurepositionen sind **invariant**, d. h. sie haben sich im Laufe der evolutionären Auffächerung der Arten über ca. 1,5 Milliarden Jahre nicht mehr verändert (▶Abbildung 15.6). So sind z. B. die für die Hämbindung relevanten Aminosäuren (His, Met, Cys) vollständig invariant. Auch die meisten anderen Positionen „tolerieren" nicht jede beliebige Aminosäure: Dort finden **konservative Substitutionen** statt, d. h. der Austausch ist auf Aminosäuren ähnlichen physikochemischen Charakters beschränkt, wie z. B. saures Aspartat vs. saures Glutamat (▶Abschnitt 2.10). Eine Substitution wird also nur dann zugelassen, wenn Cytochrom c strukturell und funktionell intakt bleibt. Lediglich 8 der 104 Positionen können praktisch frei substituiert werden. Ähnlich gut konserviert sind **Histone**, deren Primärstruktur sich ebenfalls seit ca. 1,5 Milliarden Jahren kaum verändert hat (▶Abschnitt 16.4). Die vergleichende Sequenzanalyse solcher evolutionär früh optimierten, weit verbreiteten Proteine ist für die Rekonstruktion **phylogenetischer Stammbäume** über lange evolutionäre Zeiträume hilfreich (▶Exkurs 15.2).

Cytochrom-c-Oxidase überträgt Elektronen auf molekularen Sauerstoff

Wir kommen damit zur **Cytochrom-c-Oxidase (Komplex IV)** ⏚, die den letzten Schritt in der Atmungskette katalysiert. Dabei überträgt das Enzym Elektronen von Cytochrom c auf molekularen Sauerstoff und bildet Wasser. Zugleich pumpt es Protonen über die innere mitochondriale Membran. Cytochrom-c-Oxidase ist ein komplexes Membranprotein aus 13 Untereinheiten, wobei die drei größten (UE1 bis UE3) vom mitochondrialen Genom codiert werden; zehn weitere, nicht unmittelbar an der Katalyse beteiligte Untereinheiten werden vom nucleären Genom codiert. Die Untereinheit UE1 trägt zwei Redoxzentren, nämlich Häm a sowie ein **binucleäres Zentrum** aus Häm a_3 und Cu_B, während UE2 das Redoxzentrum Cu_A mit zwei Kupferionen hält (Abbildung 41.12).

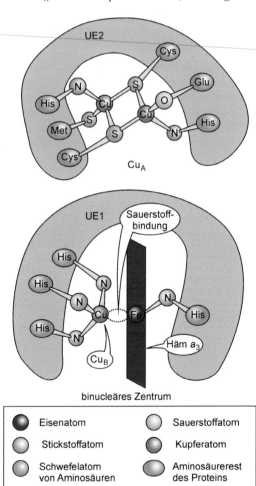

41.12 Kupferzentren im Komplex IV. Das Cu_A-Zentrum (oben) enthält zwei Kupferatome, die über die Thiolgruppen von Cysteinresten in der Polypeptidkette verbrückt sind. Das aktive Zentrum für die Sauerstoffreduktion befindet sich im binucleären Zentrum zwischen Cu_B und Häm a_3 (unten).

Wie erfolgen nun Elektronenfluss und Protonentransport im Komplex IV? Die Substratbindungsstelle für Cytochrom *c* befindet sich in der Nähe des **Cu_A-Zentrums** auf UE2 im Intermembranraum (Abbildung 41.13). Dort dockt der mobile Überträger Cytochrom *c* an und überträgt ein Elektron via Cu_A-Zentrum auf Häm *a*; von dort wird es zum binucleären Häm-a_3/Cu_B-Zentrum geleitet. Insgesamt werden vier Elektronen benötigt, um molekularen Sauerstoff zu reduzieren; unter Aufnahme von vier „chemischen" Protonen aus der Matrix entstehen dabei zwei Wassermoleküle. Gleichzeitig fließen vier „gepumpte" Protonen über einen noch nicht vollständig aufgeklärten Mechanismus von der Matrix- zur Intermembranseite der inneren Mitochondrienmembran.

Betrachten wir die **Sauerstoffreduktion am binucleären Zentrum** im Detail (Abbildung 41.14). Ausgehend vom vollständig oxidierten Enzym (**Zustand O**) reduziert zunächst das von einem ersten Molekül Cytochrom *c* angelieferte Elektron Cu^{2+} zu Cu^+. Ein weiteres Molekül Cytochrom *c* liefert ein zweites Elektron zur Reduktion von Fe^{3+} zu Fe^{2+}; damit ist das Häm-a_3/Cu_B-Zentrum vollständig reduziert: Der **Zustand R** ist erreicht (Abbildung 41.14, oben rechts). Erst jetzt bindet O_2 an das binucleäre Zentrum und reoxidiert die beiden Metallzentren. Formal entsteht dabei zunächst ein gebundenes

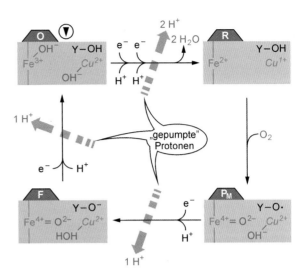

41.14 Reaktionszyklus am binucleären Zentrum von Komplex IV. Das Enzym kann vier Zustände einnehmen: O, R, P_M und F. Die Aufnahme von zwei Elektronen überführt den O- in den R-Zustand; daraufhin kann O_2 binden. Nach Sauerstoffspaltung liegt im P_M-Zustand ein Tyrosylradikal (Y–O·) sowie ein Hydroxyion (OH⁻) vor. Die Aufnahme eines dritten Elektrons führt zum F-Zustand mit einem Tyrosylanion (Y–O⁻). Mit dem vierten Elektron entsteht ein zweites OH⁻; damit ist der O-Zustand wieder erreicht. Die Nettoladung im binucleären Zentrum bleibt immer konstant (+3). Der Startpfeil (eingekreiste Pfeilspitze, links oben) markiert den Beginn der Reaktionsfolge. Y, Tyrosin.

Peroxidanion O_2^{2-}; tatsächlich liefert aber ein benachbarter **Tyrosylrest** ein drittes Elektron an, sodass das Sauerstoffmolekül augenblicklich gespalten wird: **Zustand P_M** (Abbildung 41.14, unten rechts). Dabei fällt ein Sauerstoffatom in vollständig reduzierter Form an (OH⁻), während das zweite unter Bildung eines Oxoferrylintermediats ($Fe=O^{2+}$) an Häm a_3 bindet; in diesem Komplex nimmt das Eisenatom die ungewöhnliche Oxidationsstufe +4 an. Das Elektron des dritten Cytochrom *c* reduziert dann das Tyrosylradikal zu Tyr-O⁻: **Zustand F**. Schließlich reduziert das Elektron des vierten Cytochrom *c* das Fe^{4+}-Ion im Häm a_3 zu Fe^{3+}; das zweite, nun vollständig reduzierte Sauerstoffatom bleibt als OH⁻ an diesem Zentrum gebunden: **Zustand O**. Die beiden zunächst noch im binucleären Zentrum verbliebenen Hydroxygruppen werden nach Aufnahme zweier Protonen – wahrscheinlich erst im nächsten Reaktionszyklus – als Wassermoleküle in den Matrixraum abgegeben (Abbildung 41.14 oben).

Netto überträgt Cytochrom-c-Oxidase also vier Elektronen von vier Molekülen Cytochrom c auf ein Molekül O_2, das zu zwei Molekülen H_2O reduziert wird; dabei werden vier „chemische" Protonen benötigt. Gleichzeitig werden vier „gepumpte" Protonen durch Kanäle, die am binucleären Zentrum der Untereinheit UE1 vorbeiführen, von der Mitochondrienmatrix in den Intermembranraum transportiert (Abbildung 41.13). Ein bemerkenswerter Aspekt bei der Sauerstoffreduktion ist das „Vorladen" des binucleären Zentrums mit zwei Elektronen und die Bereitstellung eines dritten Elektrons aus einem benachbarten Tyrosylrest. Damit werden **Su-**

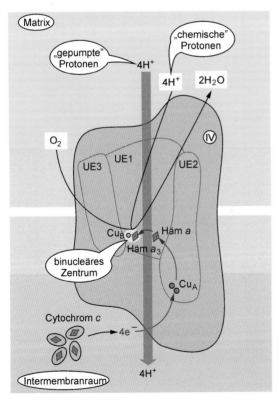

41.13 Elektronenfluss und Protonentransport im Komplex IV. Die Cytochrom-*c*-Oxidase ist mit ihren drei mitochondrial codierten Untereinheiten (UE1 bis UE3) und ihren Redoxzentren dargestellt. Anders als bei Komplex III (Abbildung 41.11) verläuft der Elektronenweg durch die beiden Hämzentren in der Cytochrom-*c*-Oxidase hier nicht orthogonal, sondern größtenteils parallel zur Membranebene.

peroxid- und Peroxidzwischenprodukte des Sauerstoffs praktisch „übersprungen" und die Freisetzung von partiell reduziertem Sauerstoff in Form eines Superoxidanions $O_2^-\cdot$ oder als Hydroperoxylradikal $HO_2\cdot$ effektiv verhindert. Diese reaktiven Sauerstoffintermediate sind nämlich stark cytotoxisch (Exkurs 41.4).

Exkurs 41.4: Peroxide und amyotrophe Lateralsklerose

Sauerstoffradikale sind extrem reaktiv und können zu Strangbrüchen in der DNA, zur Inaktivierung von Enzymen und Inhibitoren (▶Abbildung 13.11) sowie zur Oxidation von Lipiden führen. Die Enzyme **Superoxid-Dismutase**, **Katalase** und **Peroxidase** bauen Radikale wie das Superoxidanion $O_2^-\cdot$ rasch zu harmlosen Produkten ab:

$$2\,O_2^-\cdot + 2\,H^+ \rightarrow H_2O_2 + O_2 \text{ und } 2\,H_2O_2 \rightarrow 2\,H_2O + O_2.$$

Die Zelle schützt sich vor **reaktiven Sauerstoffspezies,** kurz **ROS** (engl. *reactive oxygen species*; Exkurs 41.8) , durch **Antioxidanzien** wie Glutathion (▶Exkurs 42.3), α-Tocopherol (Vitamin E) und Ascorbat (Vitamin C). Ein defektes Gen für die Superoxid-Dismutase führt zur **amyotrophen Lateralsklerose** (ALS), einer neurologischen Erkrankung, die durch eine Degeneration von Motor- und Spinalneuronen mit **progressiver Paralyse** gekennzeichnet ist. Dabei führt die Akkumulation von ROS zur Schädigung vulnerabler Nervenzellen. Eine pränatale Diagnostik der amyotrophen Lateralsklerose ist möglich, eine kausale Therapie dagegen (noch) nicht. Eine ähnliche Symptomatik kann bei der Mutation von Neurofilamentgenen auftreten (▶Exkurs 33.2).

Spezifische **Inhibitoren** können einzelne Komplexe der Atmungskette gezielt „außer Gefecht" setzen, was für die biochemische Analyse der Atmungskette von großem Nutzen ist. So hemmen **Rotenon** und das Barbiturat **Amytal** selektiv Komplex I und blockieren damit gezielt die NADH-Verwertung, nicht aber den Zugang zur Atmungskette über Komplex II oder andere $FADH_2$-abhängige Dehydrogenasen (Abschnitt 41.4). **Antimycin A** hemmt kompetitiv die Reduktion von Ubichinon am Q_i-Zentrum von Komplex III, während Gifte wie das Salz der Blausäure **Cyanid** (CN^-), **Azid** (N_3^-) oder **Kohlenmonoxid** (CO) mit der O_2-Bindung am binucleären Zentrum von Komplex IV konkurrieren. Das Signalmolekül **Stickstoffmonoxid** (NO; ▶Abschnitt 27.5) kann ebenfalls am binucleären Zentrum binden und damit Komplex IV vorübergehend inhibieren; durch langsame Umsetzung von NO zu N_2O wird das Enzym jedoch wieder reaktiviert. Die physiologische Bedeutung dieses Vorgangs ist noch unklar.

41.7
Elektronentransport und Phosphorylierung sind gekoppelt

Betrachtet man den Fluss der Elektronen über die gesamte Atmungskette, so wird klar, dass er einem **Energiegefälle** folgt. Auf ihrem Weg über die verschiedenen Redoxzentren bis hin zum terminalen Akzeptor Sauerstoff werden die Elektronen tendenziell von Überträgern mit niedrigerem Redoxpotenzial auf solche mit höherem Redoxpotenzial übertragen (Abbildung 41.15). Dabei verlieren die anfänglich „hochenergetischen" Elektronen des NADH immer mehr an freier Energie.

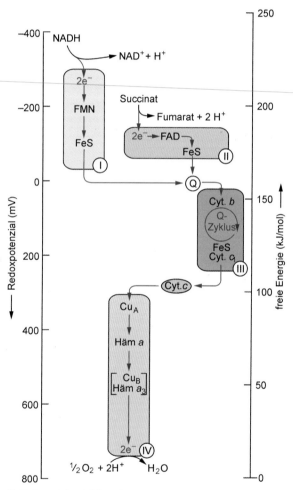

41.15 Energetisches Gefälle in der Atmungskette. Der Fluss der Elektronen über zwei freie Träger und vier membrangebundene Multienzymkomplexe I bis IV folgt dem steigenden Redoxpotenzial der beteiligten Redoxzentren (linke Skala). Dies geht mit einer sukzessiven Abnahme der freien Energie der Elektronen einher (rechte Skala). Das Redoxpotenzial ist ein Maß für das Elektronenübertragungspotenzial: Ein starkes Reduktionsmittel wie NADH, das Elektronen bereitwillig abgibt, hat ein negatives (niedriges) Redoxpotenzial, während ein Oxidationsmittel wie O_2 leicht Elektronen aufnimmt und damit ein positives (hohes) Redoxpotenzial hat. [AN]

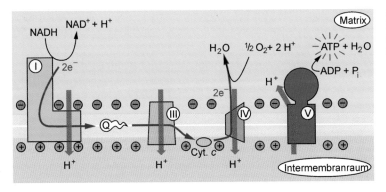

41.16 Energiekonservierung bei der oxidativen Phosphorylierung. Der Elektronentransport in der Atmungskette, der vektorielle Protonentransport und die ATP-Synthese bilden ein gekoppeltes System.

Der Elektronenfluss von NADH bzw. Succinat auf Sauerstoff ist somit ein **stark exergoner Prozess**, der von den Komplexen I, III und IV genutzt wird, um zehn (NADH) bzw. sechs (Komplex II und andere FAD-abhängige Dehydrogenasen) Protonen pro reduziertem Sauerstoffatom über die innere Mitochondrienmembran zu pumpen. Die bei der Oxidation gewonnene Energie wird zunächst in Form eines **chemiosmotischen Potenzials** zwischengespeichert (Exkurs 41.5). Beim Transport der geladenen Protonen über die innere Membran entsteht nämlich ein elektrisches Membranpotenzial mit einer negativen Überschussladung auf der Matrixseite und einer positiven Ladung im Intermembranraum. Nach dem Prinzip einer galvanischen Batterie nutzen die Mitochondrien diese **protonenmotorische Kraft** zur ATP-Synthese, indem der Rückfluss der Protonen vom Intermembranraum in die Matrix die erforderliche freie Energie für die ATP-Synthese am Komplex V liefert (Abbildung 41.16).

Exkurs 41.5: Chemiosmotische Theorie

Der Elektronenfluss durch die Atmungskette treibt den Protonentransport an, der mit einem Ladungstransfer über die innere Mitochondrienmembran einhergeht. Wegen der geringen Protonenkonzentrationen (0,1 μmol/l bei pH 7,0) entsteht dabei ein Konzentrationsgefälle und damit neben dem Ladungsgefälle auch ein osmotischer Gradient. Das **chemiosmotische Protonenpotenzial** $\Delta\tilde{\mu}H$ setzt sich also aus einer **elektrischen Komponente** $\Delta\psi$ und einer **osmotischen Komponente** ΔpH zusammen:

$$\Delta\tilde{\mu}H = F \cdot \Delta\psi - 2,3\, RT \cdot \Delta pH$$

Puffersubstanzen in Form von organischen Säuren, Phosphat und Proteinen sorgen dafür, dass Protonen auf der sauren Intermembranraumseite (Überschuss) rasch gebunden und auf der basischen Matrixseite (Unterschuss) zügig nachgeliefert werden. Daher beträgt die pH-Differenz zwischen Matrix und Intermembranraum selbst bei maximalem Membranpotenzial nur ca. 0,5 Einheiten. Der Ladungsgradient wird durch diesen Puffervorgang jedoch nicht ausgeglichen, sodass er in arbeitenden Mitochondrien mehr als 80 % des Protonenpotenzials ausmacht. In intakten, ATP-synthetisierenden Mitochondrien beträgt $\Delta\tilde{\mu}H$ knapp 20 kJ/mol. Dieser Wert lässt sich über

die Faraday-Konstante F in eine Spannung von ca. 200 mV umrechnen, die als **protonenmotorische Kraft** Δp bezeichnet wird:

$$\Delta p = \Delta\tilde{\mu}H / F$$

Die Leistung der oxidativen Phosphorylierung bei einem Menschen liegt bei rund **100 W** (Ruhezustand). Bei einer „Betriebsspannung" von 200 mV fließt ein Strom von ca. 500 A über die Gesamtheit der inneren Membranen der Mitochondrien. Dieser Wert kann unter körperlicher Belastung noch beträchtlich steigen.

Elektronentransport und ATP-Synthese sind eng miteinander gekoppelt, d.h. Elektronen fließen nur dann ungehindert durch die Atmungskette, wenn gleichzeitig ADP zu ATP umgesetzt wird. Stoppt die ATP-Synthese, so baut sich das chemiosmotische Protonenpotenzial nur so lange auf, bis die freie Energie der Redoxreaktionen nicht mehr ausreicht, den Transport weiterer Protonen über die mitochondriale Membran anzutreiben. Da Protonentranslokation und Redoxreaktionen ebenfalls eng gekoppelt sind, sinkt der Elektronenfluss bis auf eine Minimalaktivität, die dem „Protonenleck" der inneren Mitochondrienmembran entspricht. Diese energetischen „Zwänge" machen auch physiologisch Sinn: Ist die Energieladung der Zelle hoch und damit viel ATP und wenig ADP vorhanden (▶ Exkurs 38.4), so flacht die ATP-Synthese ab und der Elektronenfluss in den Mitochondrien wird gedrosselt. Dadurch wird nicht mehr genügend NADH und FADH$_2$ reoxidiert und in Ermangelung der oxidierten Form dieser Substrate „dreht" der Citratzyklus langsamer. Diese **„respiratorische" Kontrolle** passt die Energieerzeugung einer Zelle ihrem tatsächlichen Energiebedarf an und verhindert damit eine Vergeudung wertvoller metabolischer Energie.

41.8
Ein Nano-Rotationsmotor synthetisiert ATP

Das Schlüsselenzym der mitochondrialen Energiegewinnung ist die **ATP-Synthase (Komplex V)**. Der große membranständige Proteinkomplex (> 500 kd) besteht aus zwei Segmenten: Ein **F_1-Teil**, an dem die ATP-Synthese abläuft, ragt kugelförmig in den Matrixraum hinein, während der **F_0-Teil** (sprich „o" nach dem Hemmstoff <u>O</u>ligomycin) in die innere Mitochondrienmembran integriert ist (Abbildung 41.17). Der F_1-Teil von Säuger-ATP-Synthasen umfasst fünf verschiedene Untereinheiten: $\alpha_3\beta_3\gamma\delta\varepsilon$. Der F_0-Teil besteht aus elf verschiedenen Untereinheiten, wobei die Untereinheiten a_1c_{10} einen zentralen **Protonenkanal** bilden und b_2OSCP_1 (OSCP: engl. <u>o</u>ligomycin <u>s</u>ensitivity <u>c</u>onferring <u>p</u>rotein) den F_1- und F_0-Teil verbinden. Fließen nun Protonen an einem kritischen Aspartatrest der c-Untereinheiten vorbei, so lösen sie eine Drehbewegung des c_{10}-Rings von F_0 in der mitochondrialen Membran aus. Zusammen mit den matrixseitig fixierten Untereinheiten $\gamma\delta\varepsilon$ von F_1 bildet dieser Ring einen **Rotor**. Als **Stator** dienen die asymmetrisch befestigten Untereinheiten a, b und OSCP, die das Mitdrehen des über den Rotor gestülpten $\alpha_3\beta_3$-Hexamers verhindern. Die Rotation der konisch zulaufenden γ-Untereinheit im Zentrum des α_3/β_3-Hexamers bewirkt periodische Konformationsänderungen in den katalytischen Zentren an den Grenzflächen der drei $\alpha\beta$-Dimere, die letztlich die Energie zur ATP-Synthese liefern. Mit einem Durchmesser von ca. 10 nm ist Komplex V der kleinste und effizienteste bisher identifizierte **Motor**; er arbeitet mit einem Wirkungsgrad von nahezu 100%.

Die ATP-Synthaseaktivität von F_1 katalysiert die stark endergone Synthese von ATP aus P_i und ADP; dabei wird sie von der protonenmotorischen Kraft des Protonengradienten über die innere mitochondriale Membran angetrieben:

$$ADP + P_i \rightarrow ATP + H_2O \quad \Delta G°' = + 30,5 \text{ kJ/mol}$$

Wie kann nun eine chemische Reaktion „mechanisch" angetrieben werden? Der Trick der Natur besteht darin, dass die mit der Drehbewegung des γ-Rotors einhergehenden Konformationsänderungen der β-Untereinheiten neu synthetisiertes, fest gebundenes ATP aus seiner Bindungstasche regelrecht „herausdrücken" (O-Zustand, Abbildung 41.18). Eine zweite Konformation (L-Zustand) schließt H_2O aus der Bindungstasche des aktiven Zentrums aus und begünstigt somit die Bildung der Phosphorsäureanhydridbindung zwischen ADP und P_i. Schließlich besitzt eine dritte Konformation (T-Zustand) eine weitaus höhere Affinität für ATP als für ADP + P_i und senkt dadurch die **Gleichgewichtskonstante** der Reaktion auf nahezu eins, d. h. Substrate und Produkte liegen unter Standardbedingungen nahezu äquimolar vor. *Zunächst „zahlt" also die Proteinumgebung des aktiven Zentrums einen energetischen Preis für die Synthese, der ihr dann durch mechanisches Aufbrechen der Wechselwirkungen zum Produkt der Reaktion „rückerstattet" wird.* Die strikte Kooperativität zwischen den aktiven Zentren von F_1 verhindert einen „Leerlauf" des Systems bei niedrigen ADP-Konzentrationen (Exkurs 41.6).

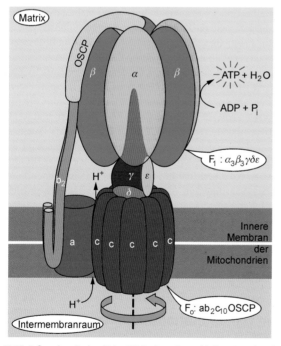

41.17 Aufbau der mitochondrialen ATP-Synthase. Der molekulare Motor besteht aus dem ATP-synthetisierenden F_1-Teil $\alpha_3\beta_3\gamma\delta\varepsilon$ auf der Matrixseite sowie dem membranintegrierten F_0-Teil ($a_1b_2c_{10}OSCP_1$) als „Protonenmotor". Sieben weitere Proteinkomponenten der Säugetier-Synthase, deren Funktion noch unbekannt ist, sind hier *nicht* gezeigt (▶ Einleitungsabbildung zu Teil II).

⚡ Exkurs 41.6: Mechanismus der ATP-Synthase

Im F_1-Hexamer verfügen die drei β-Untereinheiten über je ein aktives Zentrum (Abbildung 41.18). Diese nehmen **drei unterschiedliche Konformationen** ein, wobei jede nur einmal pro Enzymkomplex vorkommt: O = <u>o</u>ffener Zustand; L = <u>l</u>ose Bindung; T = feste Bindung (engl. *tight*). Die Reaktionstriade startet im **L-Zustand** mit der Bindung von ADP und P_i. In der folgenden **T-Konformation** erfolgt die Kondensation von ADP und P_i zu ATP unter Knüpfung einer Phosphodiesterbindung. Schließlich setzt der **O-Zustand** das Produkt ATP frei, geht dann wieder in den L-Zustand über und startet damit die nächste Syntheserunde. Durch den Protonengradienten angetrieben, rotiert der „Nanomotor" und überführt mit seiner asymmetrischen γ-Komponente eine β-Untereinheit vom T- in den O-Zustand. Durch die strikte **Kooperativität** der aktiven Zentren wird mit dem T-O-Übergang gleichzeitig an den benachbarten β-Untereinheiten ein L-T- bzw. O-L-Übergang induziert. Nach dreimaliger Drehung des γ-Rotors um jeweils 120° ist der Ausgangszustand wieder erreicht: Jede β-Untereinheit hat dabei drei Zustände durchlaufen und jeweils ein Molekül ATP synthetisiert. Die protonengetriebene, direktionale und zyklische **Interkonversion** der O-, L- und T-Zustände erlaubt somit eine kontinuierliche Produktion: Pro Umlauf entstehen drei ATP-Moleküle. Unter der Annahme, dass der Rotor pro zurückgeflossenem Proton um eine von zehn c-Untereinheiten weiterdreht, fließen im Mittel 3⅓ (10:3) Protonen pro Molekül synthetisiertem ATP vom Intermembranraum (H^+_I) in die Matrix (H^+_M) zurück.

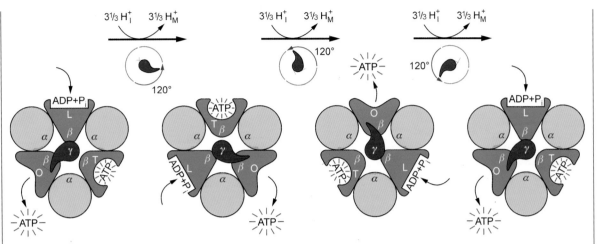

41.18 Katalytischer Zyklus der ATP-Synthase. Die drei β-Untereinheiten nehmen je nach Stellung der rotierenden γ-Untereinheit unterschiedliche Konformationen ein. Von der Matrixseite oberhalb der Papierebene aus betrachtet dreht der Nanomotor *gegen* den Uhrzeigersinn.

Der **experimentelle Nachweis** für den beschriebenen Rotationsmechanismus kann über die Rückreaktion, also die ATP-Hydrolyse, eindrucksvoll geführt werden: Zunächst werden $\alpha_3\beta_3$-Hexamere auf einer Glasplatte fixiert. Nach ATP-Zugabe kann dann die Rotation der im Zentrum befindlichen γ-Untereinheit sichtbar gemacht werden, indem man ein mehrere μm langes, fluoreszierendes Actinfilament an dieser „Welle" fixiert und seine Bewegung im Fluoreszenzmikroskop verfolgt (Abbildung 41.19). Ein weiteres Beispiel für ATP-getriebenen Protonentransport haben wir bereits mit der lysosomalen H⁺-ATPase kennen gelernt (▶ Abschnitt 26.3).

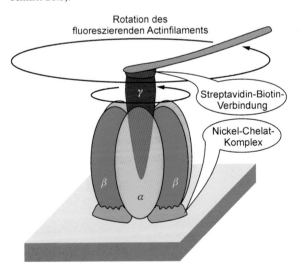

Rotation des
fluoreszierenden Actinfilaments

Streptavidin-Biotin-Verbindung

Nickel-Chelat-Komplex

41.19 Nachweis der F_1-Rotation. Das $\alpha_3\beta_3$-Hexamer ist über seine β-Untereinheiten „kopfüber" auf einer Glasplatte über einen Ni²⁺-Chelat-Komplex an der Oberfläche fixiert; seine katalytische Kapazität bleibt dabei erhalten. Die durch ATP-Hydrolyse getriebene Rotation der γ-Untereinheit kann nun indirekt über ein fluoreszierendes Actinfilament, das über ein Avidin-Biotin-Gelenk mit dem Rotor verbunden ist, im Mikrokop verfolgt werden.

41.9

Eine Translokase lässt Nucleotide über Membranen fließen

Die Synthese von ATP findet in der Mitochondrienmatrix statt, während ATP-Verbrauch bzw. ADP-Bildung in biosynthetisch aktiven Zellkompartimenten wie dem Cytosol am höchsten sind. Da die negativ geladenen Nucleotide die innere mitochondriale Membran *per se* nicht passieren können, übernimmt der Antiporter **ATP/ADP-Translokase** diese Aufgabe (Abbildung 41.20). Bei dem gekoppelten Transport wird pro Molekül ATP, das aus der Matrix exportiert wird, ein Molekül ADP aus dem Intermembranraum importiert. Von dort aus kann ATP durch die Porinporen der äußeren mitochondrialen Membran ins Cytoplasma diffundieren.

Da ATP eine negative Ladung mehr trägt als ADP, findet bei diesem Transport gleichzeitig ein **Ladungsausgleich** zwischen Matrix (negativer Ladungsüberschuss) und Intermembranraum (positiv) statt. *Das Membranpotenzial wird also genutzt, um Nucleotide bedarfsgerecht auf beide Seiten der inneren mitochondrialen Membran zu verteilen.* Die bei der ATP-Synthese benötigten Phosphatreste werden vom **Phosphat-Carrier** im Symport mit Protonen (P_i + H⁺) über die innere Mitochondrienmembran geschleust, der vom osmotischen Protonengradienten angetrieben wird. Für den Import von jedem ADP+P_i in die Matrix und den Export des gebildeten ATP ins Cytosol fließt also netto ein Proton zurück in den Matrixraum; entsprechend erhöhen sich die energetischen Kosten für die ATP-Synthese. Zum Schutz vor oxidativem Stress in der mitochondrialen Matrix exprimieren Mitochondrien in ihrer inneren Membran das Enzym **Transhydrogenase** (Exkurs 41.7).

ATP^{4-} · Matrix · ADP

Flip ! · Flop !

ATP · Intermembranraum · ADP^{3-}

41.20 Hypothetischer „Flip-Flop"-Mechanismus der ATP/ADP-Translokase. Die Translokase besteht aus zwei identischen Untereinheiten, die eine Nucleotidbindungsstelle alternierend auf der cytosolischen Seite bzw. der Matrixseite der inneren mitochondrialen Membran exponieren; ADP und ATP binden daran mit nahezu gleicher Affinität.

41.10 Entkoppler verursachen einen Kurzschluss der Protonenbatterie

Lipophile schwache Säuren können Elektronentransportkette und ATP-Synthese entkoppeln, indem sie den Protonengradienten „kurzschließen" (Abbildung 41.22). Solche **Entkoppler** sind z. B. 2,4-Dinitrophenol (DNP) oder Trifluorcarbonylcyanidphenylhydrazon (FCCP), die nach Passage der Plasmamembran typischerweise als Anionen im Cytosol vorliegen und daher Protonen an der inneren mitochondrialen Membran aufnehmen können, dann in ihrer neutralen Form durch die innere Membran diffundieren und auf der Matrixseite wieder dissoziieren. Durch den Transport von Protonen aus dem Intermembranraum in die Matrix bauen die Entkoppler einen vorhandenen Protonengradienten ab und bringen damit die ATP-Synthese zum Erliegen; die ungenutzte Energie des chemiosmotischen Membranpotenzials wird als **Wärme** freigesetzt. Gleichzeitig beschleunigen die Entkoppler den Elektronentransfer von NADH zu O$_2$, da der Protonentransport nicht mehr gegen eine protonenmotorische Kraft erfolgen muss. Diese Situation ist vergleichbar mit dem Aufheulen eines Motors, wenn der Fahrer bei Vollgas die Kupplung tritt.

Das Prinzip der Entkopplung von Elektronentransport und oxidativer Phosphorylierung wird auch biologisch genutzt. **Thermogenin** (UCP1; engl. *uncoupling protein)*, ein integrales Protein der inneren Mitochondrienmembran, verkörpert einen Protonenkanal, der die oxidative Phosphorylierung kontrolliert entkoppeln kann. Durch den „Kurz-

🐍 Exkurs 41.7: Transhydrogenase

In der mitochondrialen Matrix dient **NADPH** vor allem der Regeneration von Glutathion durch Glutathionreduktase (▶ Exkurs 42.3). NADPH entsteht intramitochondrial durch Transfer eines Hydridions von NADH auf NADP$^+$. Das integrale Membranprotein **Transhydrogenase**, das die innere Mitochondrienmembran durchquert und in die mitochondriale Matrix hineinragt, katalysiert diesen Prozess (Abbildung 41.21). Obwohl die Redoxpotenziale des Wasserstoffdonors NADH und des Akzeptors NADP$^+$ unter Standardbedingungen praktisch identisch sind, ist die Transhydrogenasereaktion zwingend an den **Rückfluss eines Protons** aus dem Intermembranraum in die Matrix gekoppelt. Dadurch ist sichergestellt, dass in energetisierten Mitochondrien praktisch nur die reduzierte Form (NADPH) vorliegt, und zwar weitgehend unabhängig von stoffwechselbedingten Schwankungen in der NADH-Konzentration. Die Zelle sichert damit ein **reduzierendes Milieu** in Mitochondrien und schützt sich so vor oxidativem Stress (Exkurs 41.4).

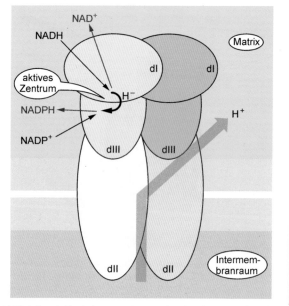

41.21 Aufbau der Transhydrogenase. Das Homodimer besteht aus zwei identischen Proteinen mit jeweils drei Domänen (dI bis dIII).

OH

O_2N —⬡— NO_2

2,4-Dinitrophenol

$F-C-O$—⬡—$N-N=C$
(F, F, CN, CN)

Trifluorcarbonyl-
cyanidphenylhydrazon

41.22 Entkoppler der oxidativen Phosphorylierung. Die schwachen Säuren sind im Cytosol teilweise dissoziiert; im Intermembranraum, der einen niedrigeren pH-Wert besitzt, nehmen sie H^+ (rot) auf, diffundieren in ungeladener Form durch die innere mitochondriale Membran und geben auf der Matrixseite, die einen höheren pH-Wert hat, H^+ wieder ab. Netto erfolgt ein Protonentransport aus dem Intermembranraum in die Matrix; damit geht der Protonengradient verloren.

schluss" in der mitochondrialen Protonenbatterie wird wiederum gespeicherte Energie als Wärme freigesetzt. Dies geschieht vor allem in „braunem" Fettgewebe, das primär der Wärmeerzeugung dient; seine charakteristische braune Farbe rührt von den Cytochromen der in hoher Dichte vorkommenden Mitochondrien her. **Thermogenese durch braunes Fettgewebe** erlaubt Neugeborenen, ihre Körpertemperatur aufrechterhalten; sie wird ebenso von kälteadaptierten und winterschlafenden Tieren genutzt. Im menschlichen Genom finden sich vier weitere **Isoformen** des Thermogenins (UCP2 bis UCP5), deren Expressionsrate im braunen Fettgewebe ca. 1000fach geringer ist als die von UCP1. Sie tragen daher kaum zur Thermogenese bei. Allerdings werden sie in zahlreichen anderen Geweben exprimiert, wo sie alternative Aufgaben übernehmen. So ist UCP3 offenbar ein „Sensor" für oxidativen Stress, der durch **Sauerstoffradikale** aktiviert wird und dann gezielt das mitochondriale Membranpotential absenkt, um die Entstehung weiterer schädlicher Radikale zu drosseln (Exkurs 41.8).

〰 Exkurs 41.8: Sauerstoffradikale

Die partielle Reduktion von O_2 erzeugt **radikalische Intermediate**, die infolge ihrer Reaktivität Lipide, Proteine und Nucleinsäuren modifizieren und dadurch schädigen können; sie gehören zur Klasse der ROS (Exkurs 41.4). Durch Übertragung eines einzelnen Elektrons auf O_2 entsteht das **Superoxidradikal $O_2 \cdot^-$**, das spontan oder katalysiert durch Superoxid-Dismutasen in Wasserstoffperoxid H_2O_2 disproportioniert (Exkurs 41.4). In Gegenwart von freiem Eisen kann daraus in der Fenton-Reaktion das äußerst reaktive **Hydroxyradikal OH·** entstehen; alternativ wandelt leukozytäre Myeloperoxidase H_2O_2 zu **Hypochlorit HOCl⁻** um. Mit NO reagiert $O_2 \cdot^-$ zum extrem reaktiven **Peroxinitrit ONOO⁻**. Mitochondrien bilden Superoxid bei hohem Membranpotenzial durch Nebenreaktionen am FMN von Komplex I (Abbildung 41.4) bzw. am Häm b_L von Komplex III (Abbildung 41.11). Dagegen sind Nebenreaktionen der Cytochrom-P450-abhängigen Monooxygenasen für die ROS-Bildung im Cytosol verantwortlich (▶ Exkurs 46.5). Im Unterschied dazu stellen **NADPH-Oxidasen** „hauptamtlich" Sauerstoffradikale her, speichern Superoxid in intrazellulären Vesikeln oder geben es direkt an die Umgebung ab (Abbildung 41.23). Auf diese Weise produzieren Makrophagen große

---

Mengen an Superoxid und Hypochlorit zur Abtötung phagozytierter Erreger (▶ Abschnitt 36.3). Intrazelluläre ROS sind an Alterungsprozessen und degenerativen Erkrankungen beteiligt. Zellen wappnen sich gegen oxidativen Stress mit einem **antioxidativen Schutzsystem** (Exkurs 41.4). Neuere Forschungsergebnisse weisen darauf hin, dass ROS auch wichtige Aufgaben bei der zellulären Signaltransduktion erfüllen.

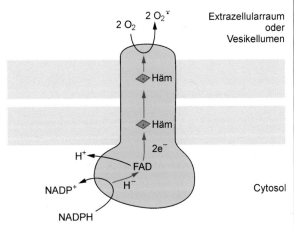

41.23 Elektronentransport durch NADPH-Oxidase. Auf der cytosolischen Seite reduziert NADPH den Cofaktor FAD, von wo aus zwei Elektronen über zwei Hämzentren auf die „andere" Seite der Membran fließen. Dort wird Sauerstoff zu Superoxid $O_2 \cdot^-$ reduziert; diese Reaktion ist mit dem Transport von zwei negativen Ladungen über die Membran verbunden.

41.11

Die Verbrennung von 1 Mol Glucose erzeugt bis zu 30 Mol ATP

Wir haben uns nun mit drei fundamentalen Stationen des Stoffwechsels – Glykolyse, Citratzyklus und oxidativer Phosphorylierung – befasst und dabei jeweils die Einzeletappen bilanziert. Wie sieht nun das Gesamtresultat für die vollständige Metabolisierung von einem Molekül Glucose in CO_2 und H_2O aus? Die **Nettoreaktion** für Glykolyse und Citratzyklus lautet:

$$\text{Glucose} + 10 \text{ NAD}^+ + 2 \text{ FAD} + 2 \text{ H}_2\text{O} + 4 \text{ ADP} + 4 \text{ P}_i$$
$$\rightarrow 6 \text{ CO}_2 + 10 \text{ NADH} + 10 \text{ H}^+ + 2 \text{ FADH}_2 + 4 \text{ ATP}$$

Für die **Energiegewinnung** können wir bilanzieren: Bei der Glykolyse entstehen im Cytosol zwei ATP. Zwei weitere ATP, die sekundär aus GTP gewonnen werden, entstehen im Citratzyklus, der zudem zusammen mit der Pyruvat-Dehydrogenase acht NADH und zwei FADH an die Atmungskette liefert. Zwei weitere NADH, die bei der Glykolyse anfallen, werden über Shuttle-Systeme ins Mitochondrium transportiert. *Die oxidative Phosphorylierung liefert anschließend den „Löwenanteil" bei der ATP-Gewinnung*: Pro oxidiertem NADH werden zehn und pro oxidiertem $FADH_2$ sechs Protonen gepumpt. Damit werden für jedes vollständig oxidierte **Glucosemolekül** bis zu 112 Protonen über die innere Mitochondrienmembran gebracht. Die Synthese jedes ATP-Moleküls verbraucht im Schnitt $3^{1}/_{3}$ Protonen, und ein weiteres Proton wird für den Transport von Nucleotiden bzw. Phosphat über die innere mitochondriale Membran benötigt (Abschnitt 41.9). Damit reichen die gepumpten Protonen für die Synthese von **knapp 26 ATP-Molekülen** aus, was mit dem direkten ATP-Gewinn aus der **Substratkettenphosphorylierung** (▶Abschnitt 39.4) knapp 30 ATP-Moleküle pro Molekül Glucose ergibt. Da aber unvermeidbare Verluste durch den Export von GTP bzw.

ATP aus dem Citratzyklus oder durch den Import von Reduktionsäquivalenten über den wenig effizienten Glycerophosphat-Shuttle anlaufen, wird der Idealwert von knapp 30 Mol ATP pro Mol Glucose *in vivo* kaum erreicht. Der **Wirkungsgrad** des Gesamtprozesses liegt bei rund 30%.

Wir haben uns bisher ausschließlich mit dem energieliefernden Abbau von Glucose befasst. Es gibt aber auch Glucosestoffwechselwege, die sowohl katabolen als auch anabolen Zwecken dienen oder auch rein anabolen Charakter haben. Beispiele dafür sind der Pentosephosphatweg und die Gluconeogenese, denen wir uns nunmehr zuwenden.

Zusammenfassung

- In der ersten Phase der **oxidativen Phosphorylierung** werden die Elektronen der in den katabolen Stoffwechselwegen gewonnenen **Reduktionsäquivalente** in der **Elektronentransportkette** auf **Sauerstoff** übertragen.
- Dies geschieht über mehrere große **Membranproteinkomplexe**, die **Flavine, Eisen-Schwefel-Zentren, Hämzentren** und **Kupferzentren** als prosthetische Gruppen enthalten.
- Beim Elektronenfluss wird in der ersten Phase ein **Protonengradient** über die **innere Mitochondrienmembran** aufgebaut. In der zweiten Phase wird dieser Gradient von der ATP-Synthase (Komplex V) zur **ATP-Produktion** genutzt.
- Die Elektronen des mobilen Cosubstrats NADH werden über die **NADH:Dehydrogenase (Komplex I)** in die Atmungskette eingeschleust. Cytosolisch gebildetes NADH muss dazu indirekt über den **Malat-Aspartat-Shuttle** in die mitochondriale Matrix eingeschleust werden.
- **Succinat-Dehydrogenase (Komplex II)** des Citratzyklus und weitere FAD-abhängige Dehydrogenasen wie α-Glycerophosphat-Dehydrogenase und **ETF-Ubichinon-Oxidoreduktase** bilden ebenfalls Zuflüsse, indem sie den Überträger **Ubichinon** reduzieren. Vom Ubichinon aus fließen die Elektronen über **Cytochrom-c-Reduktase (Komplex III)**, **Cytochrom c** bzw. **Cytochrom-c-Oxidase (Komplex IV)** zum Sauerstoff, der dabei zu Wasser reduziert wird.
- Die **Elektronentransportkette pumpt** zehn **Protonen** via Komplexe I, III und IV bzw. 6 Protonen via Komplex II,

III and IV über die innere Mitochondrienmembran. Die dabei entstehende **protonenmotorische Kraft** treibt die **Rotation** des membranständigen F_0-Teils der **ATP-Synthase (Komplex V)** an. Diese Drehbewegung wird auf den F_1-Teil des Enzymkomplexes übertragen und dort zur Synthese von ATP aus ADP und P_i genutzt.
- **ATP/ADP-Translokase** und ein **Phosphat-Carrier** stellen unter Verbrauch von insgesamt einem gepumpten Proton sicher, dass ADP und P_i für die ATP-Synthese in die **mitochondriale Matrix** hinein und neu synthetisiertes ATP aus den Mitochondrien hinaus transportiert werden.
- **Lipophile, schwache Säuren** dienen als **Entkoppler** von Atmungskette und ATP-Synthese, indem sie die innere mitochondriale Membran **für Protonen durchlässig** machen und so den gebildeten H^+-Gradienten gleich wieder einebnen. Dabei wird **Energie** als **Wärme** freigesetzt – ein Prinzip, das im **braunen Fettgewebe** durch den Protonenkanal **Thermogenin (UCP1)** zur Wärmeerzeugung genutzt wird.
- Insgesamt können durch die **vollständige Oxidation** *eines* **Glucosemoleküls** durch Glykolyse, Citratzyklus und oxidative Phosphorylierung (**aerobe Glykolyse**) bis zu **30 ATP** gewonnen werden. Damit liegt der **Wirkungsgrad** des Gesamtprozesses bei ca. **30%**. Dem steht die Gewinnung von lediglich **2 ATP** in der **anaeroben Glykolyse** durch **Substratkettenphosphorylierung** gegenüber.

Pentosephosphatweg – ein adaptives Stoffwechselmodul

42

Glucose ist das *Schlüsselmolekül* des menschlichen Stoffwechsels; seine Verwertung für die Erzeugung von energiereichen Phosphaten wie ATP haben wir bereits im Detail betrachtet. Wir wenden uns nun zwei anderen Aspekten seiner metabolischen Funktion zu, für die der Pentosephosphatweg zuständig ist: Er gewinnt aus dem Ausgangsstoff Glucose-6-phosphat die Pentose *D-Ribose* als Synthesebaustein von Nucleotiden und Nucleinsäuren; außerdem stellt er das *Reduktionsäquivalent NADPH* für anabole Prozesse bereit. NADPH unterscheidet sich von NADH lediglich durch eine zusätzliche Phosphatgruppe an Position 2 seines Ribose-rings. Durch diesen kleinen Unterschied entstehen im Cytosol zwei unterschiedlich nutzbare Reservoire von Reduktionsäquivalenten: $NADH/NAD^+$ ist meist Cosubstrat kataboler Enzyme, während $NADPH/NADP^+$ vorrangig die Enzyme des anabolen Stoffwechsels bedient.

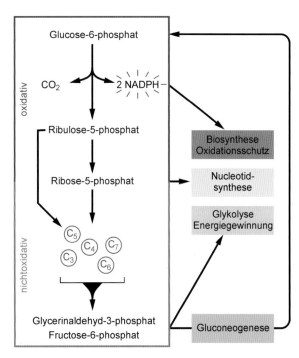

42.1 Der Pentosephosphatweg gliedert sich in eine oxidative und eine nichtoxidative Phase. Gemeinsamer Startpunkt ist Glucose-6-phosphat; Ribulose-5-phosphat entsteht als Intermediat. Verwendungsmöglichkeiten für die entstehenden Produkte sind rechts angegeben. Die Produkte Glycerinaldehyd-3-phosphat und Fructose-6-phosphat können prinzipiell über die Gluconeogenese wieder in Glucose-6-phosphat umgewandelt werden (▶ Abbildung 43.1).

42.1

Der Pentosephosphatweg läuft in zwei Phasen ab

Die Reaktionen des Pentosephosphatwegs finden sämtlich im **Cytosol** statt. Prinzipiell unterteilt man ihn dabei in eine **oxidative** und eine **nichtoxidative Phase** (Abbildung 42.1). In der ersten (oxidativen) Phase entsteht NADPH, wobei Glucose-6-phosphat in drei Reaktionsschritten in die **Pentose Ribulose-5-phosphat** umgewandelt wird – daher der Name „Pentosephosphatweg". Das entstehende NADPH wird vor allem für reduktive Biosynthesen und zur Reduktion von oxidiertem Glutathion benötigt (Exkurs 42.3), während Ribulose-5-phosphat – nach Isomerisierung zu Ribose-5-phosphat – für die Synthese von RNA, DNA und nucleotidhaltigen Cofaktoren bereit steht. In der zweiten (nichtoxidativen) Phase werden C_3-, C_4-, C_5-, C_6- und C_7-Zucker in einer komplexen Reaktionsfolge ineinander umgewandelt. Dabei entstehen letztlich Glycerinaldehyd-3-phosphat und Fructose-6-phosphat, die einen Quereinstieg (engl.

shunt) in die Glykolyse ermöglichen – daher der alternative Name für diesen Stoffwechselweg: **Pentosephosphat-Shunt**.

Ausgangsverbindung des Pentosephosphatwegs ist **Glucose-6-phosphat**, das durch Phosphorylierung von freier Glucose (▶ Abschnitt 39.2) und – wie wir noch sehen werden – bei der *De-novo*-Synthese von Glucose (▶ Kapitel 43) entsteht. Der Pentosephosphatweg verwendet sechs Reaktionstypen: Dehydrierung, Hydrolyse, Isomerisierung, Epimerisierung sowie zwei Transferreaktionen (Tabelle 42.1).

Tabelle 42.1 Reaktionstypen im Pentosephosphatweg.

Reaktionstyp	Enzyme und Cofaktoren
Dehydrierung/Oxidation	Glucose-6-phosphat-Dehydrogenase, Gluconat-6-phosphat-Dehydrogenase
Hydrolyse	Lactonase
Isomerisierung	Pentose-5-phosphat-Isomerase
Epimerisierung	Pentose-5-phosphat-Epimerase
C_2-Transfer	Transketolase (mit Thiaminpyrophosphat)
C_3-Transfer	Transaldolase

42.2

Die oxidative Phase liefert NADPH und Ribulose-5-phosphat

Am Anfang des Pentosephosphatwegs steht die Oxidation von Glucose-6-phosphat: **Glucose-6-phosphat-Dehydrogenase** dehydriert die halbacetalische C1-Gruppe der Pyranose. Die entstandene Carboxylgruppe bildet einen internen Ester – ein Lacton – mit der C5(δ)-Hydroxygruppe, sodass 6-Phosphoglucono-δ-lacton entsteht (Abbildung 42.2). Dabei wird ein Hydridion (1 H^+ + 2 e^-) auf $NADP^+$ übertragen und 1 H^+ freigesetzt; ein erstes Molekül **NADPH** ist somit entstanden. Das Enzym **Lactonase** hydrolysiert nun das Lacton unter Ringöffnung zur freien Säure, dem Gluconsäure-6-phosphat. Das Enzym **Gluconat-6-phosphat-Dehydrogenase** setzt dann durch oxidative Decarboxylierung Gluconat-6-phosphat zur Pentose **Ribulose-5-phosphat** um; dabei wird ein zweites Molekül NADPH gewonnen.

Als Nettoreaktion ergibt sich damit für den oxidativen Teil des Pentosephosphatwegs:

Glucose-6-phosphat + 2 $NADP^+$ + H_2O → Ribulose-5-phosphat + 2 NADPH + 2 H^+ + CO_2

Das in der oxidativen Phase produzierte NADPH findet nicht nur bei reduktiven Biosynthesen Verwendung, sondern ist auch an der Aufrechterhaltung eines **reduzierenden Milieus** in der Zelle beteiligt. Dies wird an den Folgen eines genetisch bedingten Glucose-6-phosphat-Dehydrogenasemangels deutlich (Exkurs 42.1).

 Exkurs 42.1: Glucose-6-phosphat-Dehydrogenasemangel ⚕

Rote Blutkörperchen brauchen große Mengen des **Reduktionsmittels NADPH,** vor allem für die Regeneration von Glutathion (Exkurs 42.3), das sie als Antioxidans gegen Peroxide (▶ Exkurs 41.4) und zur Reduktion von oxidiertem Hämoglobin einsetzen. Bei Trägern eines **defekten Gens** für **Glucose-6-phosphat-Dehydrogenase** (G6PDH), dem Schlüsselenzym des Pentosephosphatwegs, werden Erythrocyten zu „Schwachstellen", und es kann sich eine schwere **hämolytische Anämie** entwickeln. Die Einnahme bestimmter Medikamente (z. B. des Antimalariamittels Primaquin) oder der Verzehr pflanzlicher Produkte (Favabohnen) führen zur erhöhten Produktion von Peroxiden, damit zur massiven Oxidation von Membranlipiden und zum beschleunigten **Erythrocytenabbau.** Andererseits bietet der G6PDH-Mangel – ähnlich wie die Sichelzellanämie (▶ Exkurs 10.3) – einen gewissen **Selektionsvorteil:** Die meisten der weltweit 400 Millionen Träger leben in tropischen Ländern. Sie sind besser vor **Malariainfektionen** geschützt, da Plasmodien für ihren Stoffwechsel dringend ein reduzierendes Milieu benötigen. Damit sind die Parasiten für oxidativen Stress noch anfälliger als ihre Wirtszellen. Da sich das G6PDH-Gen auf dem X-Chromosom befindet, begünstigt der protektive Effekt vor allem (heterozygote) Konduktorinnen.

Pentose-5-phosphat-Isomerase wandelt nun die Ketose Ribulose-5-phosphat über ein **Endiol-Intermediat** in die Aldose **Ribose-5-phosphat** um (Abbildung 42.3). Diesen Mechanismus haben wir bereits bei der Glykolyse kennen gelernt (▶ Abbildung 39.7). *Mit der Bildung von Ribose-5-phosphat wird ein zentraler Baustein der Nucleotidsynthese bereitgestellt und gleichzeitig der Übergang zur nichtoxidativen Phase des Pentosephosphatwegs vollzogen.*

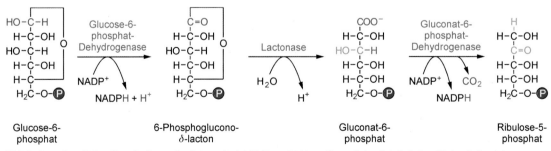

42.2 Stationen der oxidativen Phase des Pentosephosphatwegs. In drei Schritten entsteht aus Glucose-6-phosphat die Pentose Ribulose-5-phosphat.

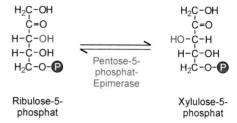

42.3 Isomerisierung von Ribulose-5-phosphat zu Ribose-5-phosphat.

42.5 Epimerisierung von Ribulose-5-phosphat zu Xylulose-5-phosphat. Die beiden Pentosen unterscheiden sich lediglich durch ihre Konfiguration an C3.

42.3 Die nichtoxidative Phase interkonvertiert Kohlenhydrate

Benötigt eine Zelle mehr NADPH als Ribose-5-phosphat, so „schaltet" sie die nichtoxidative Phase des Pentosephosphatwegs an. Dabei werden drei im oxidativen Teil anfallende Pentosephosphatmoleküle durch mehrfaches „Umsetzen" des Kohlenstoffgerüsts unter **Beibehaltung der Gesamtzahl der Kohlenstoffatome** (n=15) letztlich in ein Triosephosphat (Glycerinaldehyd-3-phosphat; n=3) und zwei Hexosen

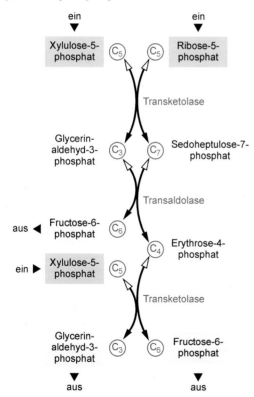

42.4 Stationen der nichtoxidativen Phase des Pentosephosphatwegs. Netto werden drei Pentosephosphate (grün) in ein Triosephosphat und zwei Hexosephosphate (gelb) umgewandelt. Sämtliche Reaktionen sind vollständig reversibel (helle Pfeilköpfe); deshalb stehen letztlich alle Pentosephosphate im Gleichgewicht mit Ribulose-5-phosphat.

(Fructose-6-phosphat; n=12) umgewandelt, die direkt in die Glykolyse einmünden können (Abbildung 42.4).

In einer vorgeschalteten Reaktion wandelt das Enzym **Pentose-5-phosphat-Epimerase** Ribulose-5-phosphat, das Produkt der oxidativen Phase, in das epimere Xylulose-5-phosphat um (Abbildung 42.5). Damit wird ein für die nachfolgenden Transketolasereaktionen notwendiges Substrat erzeugt.

Das Enzym **Transketolase** setzt nun Xylulose-5-phosphat mit dem Produkt der oxidativen Phase, Ribose-5-phosphat, um. Durch den Transfer einer C_2-Einheit von der Ketose auf die Aldose entstehen die Triose Glycerinaldehyd-3-phosphat und die Heptose Sedoheptulose-7-phosphat (Abbildung 42.6).

Transaldolase überträgt nun eine C_3-Einheit von Sedoheptulose-7-phosphat auf Glycerinaldehyd-3-phosphat; dabei entstehen die Tetrose Erythrose-4-phosphat und die Hexose Fructose-6-phosphat, ein Intermediat der Glykolyse (Abbildung 42.7).

In der folgenden Reaktion transferiert wiederum **Transketolase** eine C_2-Einheit von Xylulose-5-phosphat auf Erythrose-4-phosphat (Abbildung 42.8). Dabei entstehen Glycerinaldehyd-3-phosphat und Fructose-6-phosphat, d. h. zwei Intermediate der Glykolyse. Damit ist die nichtoxidative Phase abgeschlossen.

Die Nettoreaktion der nichtoxidativen Phase lautet dann:

3 Ribulose-5-phosphat → Glycerinaldehyd-3-phosphat + 2 Fructose-6-phosphat

Wie alle Reaktionen der nichtoxidativen Phase ist auch die Isomerisierung von Ribulose-5-phosphat in Ribose-5-phosphat reversibel. Daher kann mithilfe dieser Reaktion überschüssiges Ribose-5-phosphat vollständig in **Zwischenprodukte der Glykolyse** umgewandelt und auf diesem Weg letztlich abgebaut werden. Die nichtoxidative Phase des Pentosephosphatwegs verbindet damit NADPH- und NADH/ ATP-erzeugende Stoffwechselwege. Alternativ können Glycerinaldehyd-3-phosphat und Fructose-6-phosphat über die Endstrecke der Gluconeogenese (▶ Abbildung 43.1) für die Neusynthese von Glucose verwendet werden. Bevor wir uns mit weiteren Varianten des Pentosephosphatwegs befassen, wollen wir die beteiligten Transferasen noch etwas näher betrachten.

Die Enzyme Transketolase und Transaldolase katalysieren drei **vollständig reversible Transferreaktionen** (Abbildung 42.4).

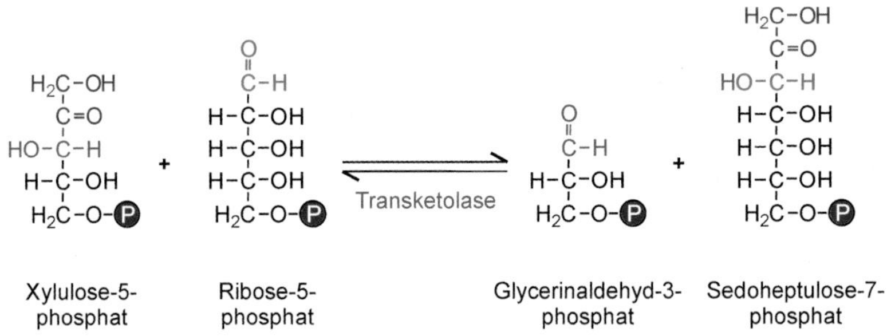

42.6 Transfer eines C_2-Rests (rot) durch Transketolase.

Xylulose-5-phosphat   Ribose-5-phosphat   Glycerinaldehyd-3-phosphat   Sedoheptulose-7-phosphat

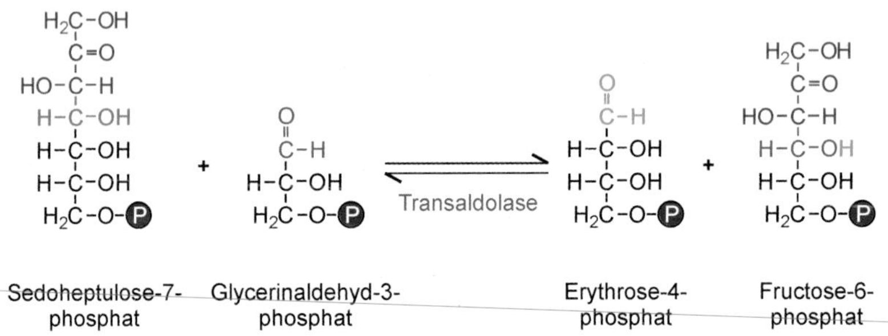

42.7 Transfer eines C_3-Rests (rot) durch Transaldolase.

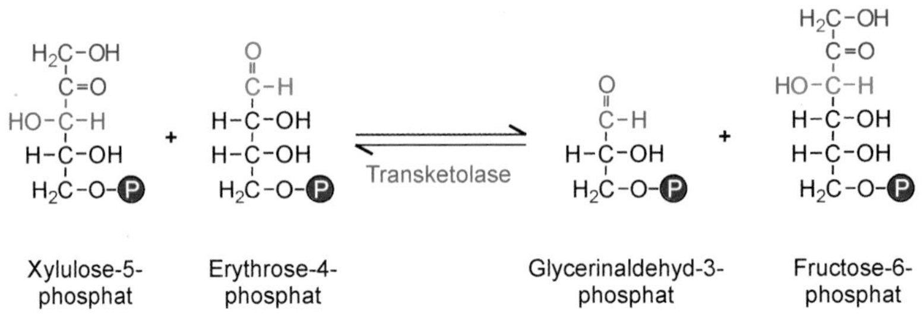

Sedoheptulose-7-phosphat   Glycerinaldehyd-3-phosphat   Erythrose-4-phosphat   Fructose-6-phosphat

42.8 Transfer eines C_2-Rests (rot) durch Transketolase.

Xylulose-5-phosphat   Erythrose-4-phosphat   Glycerinaldehyd-3-phosphat   Fructose-6-phosphat

Transketolase überträgt C_2-Einheiten mit Coenzym Thiaminpyrophosphat (▶Exkurs 40.2), während Transaldolase mit einem Lysinrest in ihrem aktiven Zentrum C_3-Verbindungen transferiert (Exkurs 42.2). Donor ist dabei immer eine Ketose, während der Akzeptor eine Aldose ist.

42.4
Der Pentosephosphatweg dient wechselnden zellulären Bedürfnissen

Die Umordnungen von Kohlenwasserstoffgerüsten, die in der nichtoxidativen Phase des Pentosephospatwegs ablaufen, sind vollständig reversibel und können daher bedarfsgerecht auf unterschiedliche Stoffwechselsituationen „zugeschnitten" werden. So hat z.B. Fettgewebe bei ausreichendem Glucoseangebot einen **hohen Bedarf an NADPH**, das für die **Neusynthese von Fettsäuren** benötigt wird. Unter diesen Bedingungen liefert der Pentosephosphatweg vor allem NADPH, indem er Glucose-6-phosphat in Ribose-5-phosphat umwandelt. Es findet aber in dieser Situation *keine* er-

höhte Nucleotidbiosynthese statt, sodass die Pentose zu Glycerinaldehyd-3-phosphat und Fructose-6-phosphat weiterverarbeitet wird. Diese Intermediate können über Glykolyse und Pyruvat-Dehydrogenase letztlich Acetyl-CoA als Baustein für die Fettsäuresynthese liefern (▶Abschnitt 40.1). Ist davon genug vorhanden und der ATP-Bedarf der Zelle gedeckt, können die beiden Zwischenprodukte in die **Endstrecke der Gluconeogenese** eingespeist (▶Abbildung 43.1) und dort wieder zu Glucose-6-phosphat umgewandelt werden: Damit schließt sich der Kreis (Abbildung 42.10). Formal kann so über den Pentosephosphatweg Glucose-6-phosphat in sechs Zyklen vollständig zu sechs CO_2 oxidiert werden; dabei entstehen zwölf NADPH. In Säugetierzellen spielt dieser zyklische Modus des Pentosephosphatwegs jedoch nur eine geringe Rolle.

Normalerweise koppelt der Pentosephosphatweg via Glycerinaldehyd-3-phosphat und Fructose-6-phosphat an die **Glykolyse**. In diesem Modus werden Reduktionsäquivalente (NADPH, NADH) und Energieäquivalente (ATP) simultan gebildet. Von den sechs C-Atomen der Glucose wird eines als CO_2 abgespalten, und fünf weitere münden in den **Pyruvatpool** (Abbildung 42.11).

Exkurs 42.2: Transaldolase

Das Enzym (E) trägt ein Lysin im aktiven Zentrum, dessen ε-Aminogruppe eine **Schiff-Base** (–C=N–) mit der Carbonylgruppe der Donorketose eingeht (Abbildung 42.9). Nach Protonierung des N-Atoms der Schiff-Base kann die Bindung zwischen C3 und C4 der Ketose gelöst werden: Es entsteht ein reaktives **Carbanion-Intermediat**, das resonanzstabilisiert ist. Das Produkt – eine **Aldose** – verlässt darauf-

hin das aktive Zentrum. In einem zweiten Teilschritt wird nun das Carbonyl-C-Atom einer Akzeptoraldose nucleophil vom Carbanion angegriffen. Dabei wird eine C–C-Bindung neu geknüpft. Die Hydrolyse der Schiff-Base regeneriert die ε-Aminogruppe im aktiven Zentrum und setzt eine **Ketose** frei, die um drei C-Atome gegenüber der Akzeptoraldose verlängert ist. Die Parallelen zum Reaktionsmechanismus von Thiaminpyrophosphat, dem Cofaktor von Transketolasen, sind offensichtlich (▶Exkurs 40.2).

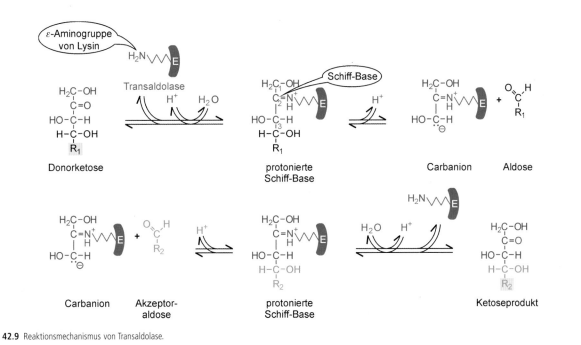

42.9 Reaktionsmechanismus von Transaldolase.

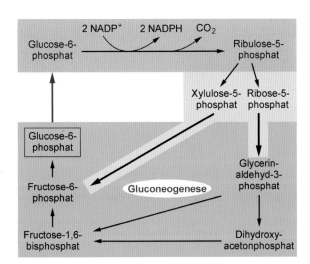

42.10 Ankopplung des Pentosephosphatwegs an die Gluconeogenese. Bei diesem Modus wird Ribulose-5-phosphat mithilfe von Transketolase, Transaldolase und Enzymen der Gluconeogenese letztlich wieder in Glucose-6-phosphat verwandelt.

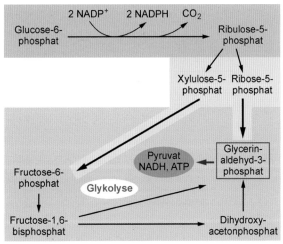

42.11 Ankopplung des Pentosephosphatwegs an die Glykolyse. In diesem „Einspeisungsmodus" wird Ribulose-5-phosphat zu Pyruvat umgewandelt, das für die ATP-Produktion bzw. als Baustein für Biosynthesen verwendet wird.

Anders ist die Situation in proliferierenden Zellen: Sie haben einen großen Bedarf an **Ribose-5-phosphat** für ihre **Nucleinsäuresynthese**. Wenn dieser den Bedarf an NADPH übersteigt, kann der Pentosephosphatweg die Glykolyse „anzapfen" und ihr die benötigten Bausteine in Form von Glycerinaldehyd-3-phosphat und Fructose-6-phosphat entziehen. In diesem Modus erzeugt nun die nichtoxidative Phase „retrograd" aus einem Molekül Glycerinaldehyd-3-phosphat und zwei Molekülen Fructose-6-phosphat insgesamt drei Moleküle Ribose-5-phosphat (Abbildung 42.12). Dabei fällt *kein* NADPH an.

Diese außergewöhnliche Flexibilität macht den Pentosephosphatweg zu einem idealen Stoffwechselmodul, das die verfügbaren Mengen an NADPH, ATP, Ribose-5-phosphat und Pyruvat sowie Acetyl-CoA kontinuierlich den wechselnden metabolischen Anforderungen der Zelle anpasst (Abbildung 42.13). Eine zentrale Aufgabe ist dabei die Bereitstellung von NADPH für die Reduktion von oxidiertem **Glutathion**, z. B. in Erythrocyten (Exkurs 42.3).

Exkurs 42.3: Glutathion

Glutathion (GSH) ist ein **Tripeptid** mit einer Isopeptidbindung und einer freien Sulfhydrylgruppe –SH (Abbildung 42.14a). Es kommt in **hoher Konzentration** (bis 5 μM) in praktisch allen Zellen vor und erfüllt wichtige Aufgaben bei der Elimination von Peroxiden sowie der Reduktion von Ferrihämoglobin (Fe^{3+}) und Dehydroascorbinsäure (▶Exkurs 8.1). Das Selenocysteinprotein **Glutathion-Peroxidase** katalysiert Reduktionsreaktionen, bei denen die freie SH-Gruppe als Elektronendonor wirkt und dabei eine Disulfidbrücke mit einem zweiten GSH bildet: Es entsteht GSSG (Abbildung 42.14b). Die Regeneration der oxidierten Form erfolgt in einer NADPH-abhängigen Reaktion durch **Glutathion-Reduktase** (Abbildung 42.14). Glutathion ist ein bedeutender Effektor von antioxidativen Schutzsystemen. Anders als z. B. das Tripeptid TRH (▶Tafel C2) wird GSH *nicht* translational erzeugt, sondern entsteht in zwei ATP-abhängigen Reaktionen, bei denen γ-**Glutamyl-Cystein-Synthase** die γ-Carboxylgruppe von aktiviertem Glutamat mit der α-Aminogruppe von Cystein verknüpft und **Glutathion-Synthase** das entstandene Dipeptid mit Glycin kondensiert. Reduziertes (GSH) und oxidiertes Glutathion (GSSG) bilden ein **Redoxsystem**, wobei das Verhältnis von GSH:GSSG unter physiologischen Bedingungen mindestens 10:1 beträgt.

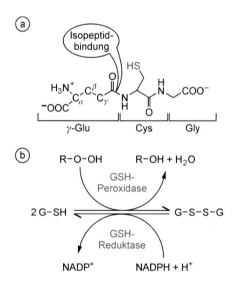

42.14 Glutathion. a. Die freie Sulfhydrylgruppe (oben) des reduzierten Tripeptids (GSH) bildet eine Disulfidbrücke in der oxidierten Form (GSSG). b. Lipidperoxide (R-O-OH) werden durch GSH in die reduzierte Form (R-OH) überführt; die Regeneration von GSH aus GSSG benötigt NADPH (▶Exkurs 41.8).

Die **Regulation** des oxidativen Pentosephosphatwegs erfolgt über sein **Schlüsselenzym** Glucose-6-phosphat-Dehydrogenase. Wichtigstes Regulativ ist das NADP+-Angebot, wobei NADP+ als allosterischer Aktivator wirkt, während

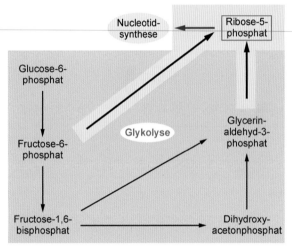

42.12 Ankopplung des Pentosephosphatwegs an die Glykolyse. Dieser „Extraktionsmodus" erzeugt Ribose-5-phosphat für die DNA-Synthese, ohne dass hierbei NADPH gebildet wird.

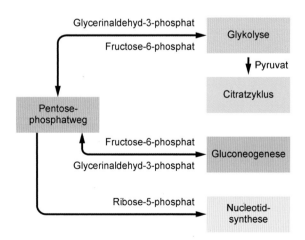

42.13 Pentosephosphatweg als Adapter zwischen Glykolyse, Citratzyklus, Gluconeogenese und Nucleotidsynthese.

NADPH als kompetitiver Inhibitor (Produkthemmung) die Enzymaktivität mindert. Da NADPH unter physiologischen Bedingungen gegenüber $NADP^+$ in einem molaren Verhältnis von ca. 70:1 vorliegt, führt ein Verbrauch von Reduktionsäquivalenten über den Anstieg des $NADP^+$-Spiegels rasch zur Stimulation der Dehydrogenase. Dementsprechend läuft der Pentosephosphatweg im Fettgewebe, das bei hohem Glucoseangebot einen gesteigerten Bedarf an NADPH hat, auf Hochtouren (▶ Abbildung 50.2). Im Muskelgewebe mit geringem NADPH-Verbrauch ist der Pentosephosphat-Shunt dagegen weitgehend zurückgefahren. *Die nichtoxidative Phase des Pentosephosphatwegs wird in erster Linie von* **Substrat-**

verfügbarkeit *und -bedarf geregelt. Da die beteiligten Reaktionen vollständig reversibel sind, kann auch die Reaktionsrichtung je nach Substratangebot wechseln.*

Der Pentosephosphatweg hat also die **Doppelfunktion**, Glucose einerseits für die Gewinnung von NADPH abzubauen und sie andererseits in Stoffwechselbausteine umzuwandeln, insbesondere in Pentosen für die Nucleotid- und Nucleinsäuresynthese. Er schlägt damit eine Brücke zwischen katabolem und anabolem Glucosestoffwechsel. Damit wenden wir uns der Gluconeogenese zu, d. h. der *De-novo*-Synthese von Glucose aus Vorstufen, die selbst *keine* Kohlenhydrate sind.

Zusammenfassung

- Der **Pentosephosphatweg** dient zur Gewinnung von **NADPH**, dem Reduktionsäquivalent zahlreicher anaboler Prozesse, und **D-Ribose**, dem Baustein von Nucleotiden und Nucleinsäuren.
- In der **oxidativen Phase** des Pentosephosphatwegs wird das C1-Atom von **Glucose-6-phosphat** in zwei Schritten oxidiert und zum **Ribulose-5-phosphat** decarboxyliert; dabei werden **2 NADPH** gebildet.
- In der **nichtoxidativen Phase** des Pentosephosphatwegs entsteht aus Ribulose-5-phosphat durch Isomerisierung zunächst **Ribose-5-phosphat**, das für die Nucleotidsynthese verwendet werden kann.
- Alternativ werden durch **Epimerisierung** und mehrfache **intermolekulare Umlagerungen** aus drei Pentosephospha-

ten zwei Moleküle **Fructose-6-phosphat** und ein Molekül **Glycerinaldehyd-3-phosphat** gebildet.
- Der **Pentosephosphatweg** kann sich dem **wechselnden Bedarf** der Zelle nach NADPH und Pentosephosphaten **dynamisch** anpassen, da die Produkte der nichtoxidativen Phase auch Intermediate von **Glykolyse** bzw. **Gluconeogenese** sind und deshalb – je nach Bedarf – wieder in **Glucose-6-phosphat** umgewandelt oder zur Energiegewinnung oxidativ abgebaut werden können.
- Die **Regulation** der Reaktionsabfolgen beim Pentosephosphatweg erfolgt vor allem über das **$NADP^+$-Angebot** und die **Verfügbarkeit der Intermediate** der nichtoxidativen Phase.

Gluconeogenese und Cori-Zyklus

Kapitelthemen: 43.1 Stationen der Gluconeogenese 43.2 Von Pyruvat zu Phosphoenol-pyruvat 43.3 Von Phosphoenolpyruvat zu Glucose 43.4 Regulation von Gluconeogenese und Glykolyse 43.5 Cori-Zyklus und Alanin-Zyklus

Der menschliche Körper braucht Glucose. Im Ruhezustand beträgt der minimale Tagesbedarf etwa 200 g Glucose, wovon allein das *Gehirn* bis zu 75% beansprucht. Dieses Minimalkontingent entspricht ungefähr den Reserven, die in körpereigenen Speichern – hauptsächlich in Form von *Glykogen* in Leber und Muskulatur, in geringem Umfang auch als gelöste Glucose im Blut – vorhanden sind. Bei Nahrungskarenz versiegen diese Glucosequellen nach ein bis zwei Tagen. Eine Mangelversorgung des Gehirns, das primär Glucose zur Energiegewinnung nutzt und erst nach ca. fünf Tagen Nahrungsentzug auf die Verwertung von Ketonkörpern umsteigt, würde dann rasch fatale Folgen zeitigen. Die Natur hat hier mit der *Gluconeogenese* einen Ausweg geschaffen, der Glucose unter Energieverbrauch aus Vorstufen erzeugt, die selbst *keine* Kohlenhydrate sind, wie etwa Lactat, Pyruvat oder Aminosäuren. Die dazu benötigten *glucogenen Aminosäuren* stammen in erster Linie aus den Proteinreserven der Skelettmuskulatur. Vor allem Leber und Nieren stellen genügend Glucose *de novo* her, um Zentralnervensystem, Skelettmuskulatur und Erythrocyten mit diesem wichtigen Energieträger zu versorgen. Gemeinsamer Ausgangspunkt für die Gluconeogenese ist vor allem *Pyruvat*, das die Leber aus Lactat bzw. Alanin gewinnt.

43.1 Die Gluconeogenese läuft über elf enzymatische Stationen

An der **Gluconeogenese** ⬆ von Pyruvat bis zur fertigen Glucose sind elf Reaktionen beteiligt, von denen eine im Nebenschluss eingebunden ist. Der *erste* Schritt findet in den **Mitochondrien** und der *letzte* am **endoplasmatischen Reticulum** statt; alle dazwischen liegenden Reaktionen laufen im **Cytosol** ab (Abbildung 43.1). Sechs Reaktionen der Gluconeogenese kommen auch bei der Glykolyse vor; dennoch ist die Gluconeogenese aus thermodynamischen Gründen **keine einfache Umkehrung** der Glykolyse (▶Abbildung 39.2), da die Umwandlung von Glucose zu Pyruvat eine stark exergone Umsetzung ist ($\Delta G = -96{,}2$ kJ/mol).

Die entscheidenden Reaktionen, in denen Gluconeogenese und Glykolyse voneinander abweichen, betreffen Carboxylierung, Phosphorylierung/Decarboxylierung und Hydrolyse. Die drei irreversiblen Reaktionen der Glykolyse werden in der Gluconeogenese durch vier andersartige Reaktionen umgangen (Tabelle 43.1).

Tabelle 43.1 Spezifische Reaktionen der Gluconeogenese. Die übrigen Reaktionen sind direkte Umkehrungen der glykolytischen Schritte (▶Tabelle 39.1).

Reaktionstypen	Enzyme und Cofaktoren
Carboxylierung	Pyruvat-Carboxylase; Biotin, ATP
Phosphorylierung	Phosphoenolpyruvat-Carboxykinase; GTP
Hydrolyse	Fructose-1,6-bisphosphatase, Glucose-6-phosphatase; H_2O

43.2 Eine transiente Carboxylierung führt über Oxalacetat zu Phosphoenolpyruvat

Die ersten beiden Reaktionen der Gluconeogenese dienen der Umwandlung von **Pyruvat** in Phosphoenolpyruvat. Das Enzym **Pyruvat-Carboxylase** nutzt Biotin als prosthetische Gruppe, um eine Carboxylgruppe auf Pyruvat zu übertragen (Exkurs 43.1). Diese Reaktion, bei der unter ATP-Verbrauch **Oxalacetat** entsteht, läuft in der **Mitochondrienmatrix** ab; dabei ist Oxalacetat das einzige C_4-Intermediat in der Gluconeogenese. Die Oxalacetatsynthese aus Pyruvat ist eine wichtige anaplerotische Reaktion zur „Wiederauffüllung" des Citratzyklus (▶Abschnitt 40.4).

$$\text{Pyruvat} + HCO_3^- + \text{ATP} \rightarrow \text{Oxalacetat} + \text{ADP} + P_i + H^+$$

Die nun folgenden Reaktionen der Gluconeogenese finden im **Cytosol** statt. Allerdings gibt es für Oxalacetat selbst kein Transportsystem über die innere mitochondriale Membran. Deshalb muss es zunächst durch die *mitochondriale* **Malat-Dehydrogenase** zu Malat reduziert werden; dabei wird

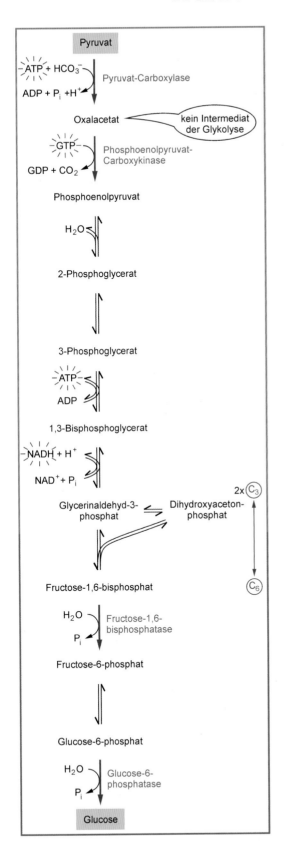

43.1 Stationen der Gluconeogenese. Es sind ausschließlich Enzyme angegeben, die *nicht* gleichzeitig an der Glykolyse (▶ Abbildung 39.2) beteiligt sind. In Analogie zur Glykolyse werden auch hier zwei Phasen unterschieden (orange bzw. blau).

Exkurs 43.1: Biotin

Biotin (Vitamin H) 🐭 ist ein universeller **Überträger** von Carboxyl-gruppen (–COOH). Als prosthetische Gruppe ist es kovalent an die ε-Aminogruppe eines Lysylrests von **Pyruvat-Carboxylase** gebunden (Abbildung 43.2). Für die Carboxylierung des Substrats Pyruvat erfolgen Beladung und Transfer an **zwei** verschiedenen **aktiven Zentren**: Zunächst wird das N1-Atom des Biotinrings unter **ATP-Verbrauch** mit einer Carboxylgruppe aus Bicarbonat kovalent verknüpft. Die lange Lysylseitenkette wirkt dann als flexibler Arm, der beladenes Biotin zur Pyruvatbindungsstelle schwenkt, um die „aktivierte" Carboxylgruppe auf den Akzeptor Pyruvat zu übertragen. Die Gesamtreaktion ist exergon und liefert **Oxalacetat**. Die prosthetische Gruppe wird dabei regeneriert. Die Beladung von Biotin findet nur in Gegenwart von Acetyl-CoA, einem allosterischen Aktivator der Pyruvat-Carboxylase, statt.

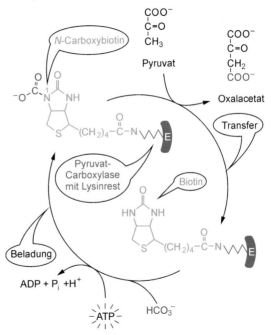

43.2 Mechanismus der biotinabhängigen Carboxylierung von Pyruvat. Die ε-N-Bio-tinyllysin-Gruppe wird kurz „Biocytin" genannt (▶ Tafel B2).

NADH verbraucht (▶ Abbildung 41.2). Für den Transport von Malat über die innere mitochondriale Membran stehen verschiedene **Antiporter** zur Verfügung (Abbildung 43.3). Nach der Diffusion in das Cytosol oxidiert die *cytosolische* **Malat-Dehydrogenase** Malat wieder zu Oxalacetat, wobei NADH regeneriert wird, das später in der Gluconeogenese Verwendung findet.

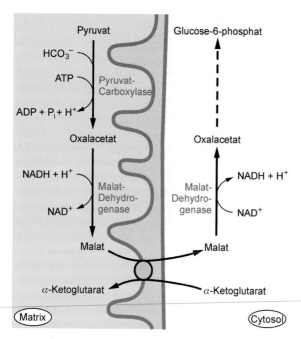

43.3 Transportweg von Oxalacetat aus der mitochondrialen Matrix ins Cytosol. Nach Reduktion zu Malat erfolgt der Austausch über die innere mitochondriale Membran (▶Abbildung 41.2) – je nach Stoffwechsellage – gegen α-Ketoglutarat (hier gezeigt), Citrat oder Phosphat im Antiport-Modus.

Im Cytosol schließen sich nun die nächsten Schritte der Gluconeogenese an. Das Enzym **Phosphoenolpyruvat-Carboxykinase** phosphoryliert Oxalacetat unter Decarboxylierung zu **Phosphoenolpyruvat**; dabei wird ein weiteres energiereiches Phosphat in Form von GTP verbraucht.

Oxalacetat + GTP → Phosphoenolpyruvat + GDP + CO_2

Durch Summation der beiden Teilreaktionen ergibt sich folgende Nettoreaktion:

Pyruvat + ATP + GTP + HCO_3^- → Phosphoenolpyruvat + ADP + GDP + P_i + H^+ + CO_2

Die freie Energie dieser Gesamtreaktion ist unter Standardbedingungen leicht positiv ($\Delta G^{\circ\prime}$ = +0,9 kJ/mol). Da Phosphoenolpyruvat jedoch schnell metabolisiert wird und daher nur in geringen Konzentrationen vorliegt, ist die Reaktion stark exergon (ΔG = –25 kJ/mol) und wird damit praktisch irreversibel. Der energetische Preis sind zwei energiereiche Phosphatbindungen aus ATP und GTP. Die nachfolgenden fünf Stationen der Gluconeogenese bis zum Fructose-1,6-bisphosphat sind Umkehrungen der entsprechenden glykolytischen Reaktionen (▶Abbildung 39.2). Dabei handelt es sich um eine Hydratisierung, eine Isomerisierung, eine Phosphorylierung mittels ATP und eine Reduktion unter Verbrauch von NADH. Schließlich verknüpft Aldolase in einer Aldolkondensation zwei Triosephosphate zum Hexosederivat **Fructose-1,6-bisphosphat**.

43.3

Zwei Phosphatasen sind die Schlüsselenzyme der Gluconeogenese

Beim Fructose-1,6-bisphosphat trennen sich anaboler und kataboler Pfad erneut: Die Hydrolyse zu Fructose-6-phosphat durch **Fructose-1,6-bisphosphatase** ist wiederum eine praktisch irreversible Reaktion ($\Delta G^{\circ\prime}$ = –16,3 kJ/mol). Da auch der Pentosephosphatweg (▶Abbildung 42.4) sich auf der Ebene von Fructose-6-phosphat „einklinkt", wird dieser Schritt der Gluconeogenese präzise reguliert (Abschnitt 43.4). Damit wird Fructose-1,6-bisphosphatase zu einem **Schlüsselenzym der Gluconeogenese**.

Fructose-1,6-bisphosphat + H_2O → Fructose-6-phosphat + P_i

Der nächste Schritt der Gluconeogenese, die Isomerisierung von Fructose-6-phosphat zu **Glucose-6-phosphat**, benutzt wiederum das gleiche Enzym wie die Glykolyse. Dagegen unterscheidet sich die Schlussreaktion, in der **Glucose-6-phosphatase** Glucose-6-phosphat in einer stark exergonen Reaktion ($\Delta G^{\circ\prime}$ = –12,1 kJ/mol) zu „freier" **Glucose** und anorganischem Phosphat hydrolysiert.

Glucose-6-phosphat + H_2O → Glucose + P_i

Ähnlich wie der erste Schritt findet auch die letzte Reaktion der Gluconeogenese *nicht* im Cytosol statt: Glucose-6-phospha-

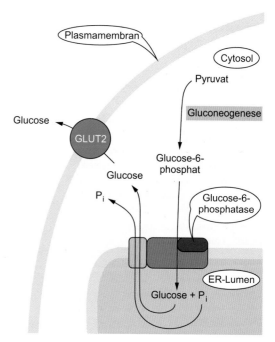

43.4 Glucose-6-phosphatase-Komplex in der Membran des endoplasmatischen Reticulums von Hepatocyten. Glucose-6-phosphat wird von einem Translokase/Phosphatase-Komplex in das ER-Lumen transportiert und dabei gespalten. Das entstehende anorganische Phosphat P_i und freie Glucose gelangen über noch nicht näher charakterisierte Transportproteine (gelb) ins Cytosol. Freie Glucose kann die Zelle über den Glucosetransporter GLUT2 verlassen.

tase ist Bestandteil eines Enzymkomplexes in der Membran des **glatten endoplasmatischen Reticulums** (ER) (Abbildung 43.4). Daher muss Glucose-6-phosphat zunächst ins ER-Lumen transportiert und dort hydrolysiert werden; freie Glucose und anorganisches Phosphat gelangen dann wiederum über einen Transporter zurück ins Cytosol. Schließlich kann Glucose über den **Glucosetransporter GLUT2** die Zelle verlassen und letztlich ins Blutplasma abgegeben werden. Der **Glucose-6-phosphatase-Komplex** kommt in Leber- und Nierenzellen, aber *nicht* in Nerven- und Muskelzellen vor. Gehirn und Muskulatur können also *keine* freie Glucose bilden und gehören damit zu den Netto-Glucoseverbrauchern. *Wir haben hier das Beispiel einer* **organspezifischen Expression** *eines Schlüsselenzyms mit bedeutenden funktionellen und regulatorischen Konsequenzen (*Abschnitt 43.5*).*

Die beiden Hydrolysereaktionen der Gluconeogenese werden also von spezifischen **Phosphatasen** katalysiert, während **Kinasen** die gegenläufigen glykolytischen Reaktionen ermöglichen. Die Nettoreaktion der Gluconeogenese lautet somit:

$$2 \text{ Pyruvat} + 4 \text{ ATP} + 2 \text{ GTP} + 2 \text{ NADH} + 6 \text{ H}_2\text{O} \rightarrow \text{Glucose} + 4 \text{ ADP} + 2 \text{ GDP} + 6 \text{ P}_i + 2 \text{ NAD}^+ + 2 \text{ H}^+$$

Die Gluconeogenese ist also nicht „wohlfeil": Insgesamt werden **sechs Nucleosidtriphosphate** (NTP) und **zwei Reduktionsäquivalente** (NADH) pro Molekül neu synthetisierter Glucose verbraucht. Bei der Umwandlung von Glucose in Pyruvat werden dagegen nur zwei ATP und zwei NADH erzeugt. *Ein „Preis" von vier NTPs ist also zu entrichten, um die thermodynamisch ungünstige direkte Umkehrung der Glykolyse (*$\Delta G > +63$ kJ/mol*) in die thermodynamisch günstige Reaktionsfolge der Gluconeogenese (*$\Delta G \approx -16$ kJ/mol*) zu vollziehen.*

43.4
Glykolyse und Gluconeogenese werden reziprok reguliert

Gluconeogenese und Glykolyse sind exergone Stoffwechselwege, die spontan ablaufen können. Wären nun anaboler und kataboler Weg gleichzeitig aktiv, so würde dies zu einer Energievergeudung von vier NTPs pro Zyklus führen. Zur Vermeidung eines solchen verlustreichen „Leerlaufs" steuert die Zelle Gluconeogenese und Glykolyse gegenläufig (Abbildung 43.5): Der eine Stoffwechselweg läuft nur ab, wenn der andere blockiert wird, und umgekehrt. Stellschrauben für diese **reziproke Regulation** sind vor allem die beiden Schlüsselenzyme **Phosphofructokinase** und **Fructose-1,6-bisphosphatase**, die Fructose-6-phosphat und Fructose-1,6-bisphosphat ineinander umwandeln. An dieser wichtigen Schnittstelle des Kohlenhydratstoffwechsels wird dabei gleichzeitig die Umschaltung zwischen glykolytischer und gluconeogeneti-

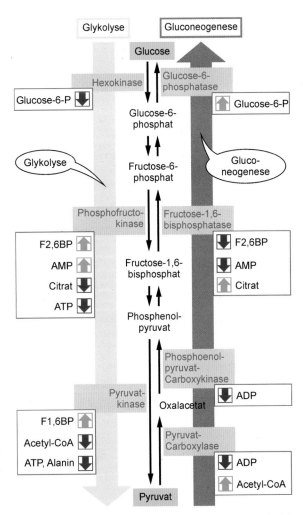

43.5 Reziproke Regulation von Glykolyse (links) bzw. Gluconeogenese (rechts). Weitere Steuerungsmöglichkeiten gibt es durch die Induktion der Expression von Schlüsselenzymen der Gluconeogenese durch Glucocorticoide sowie bei der Pyruvat-Kinase durch cAMP-gesteuerte Phosphorylierung. F1,6bP, F2,6bP: Fructose-1,6- bzw. Fructose-2,6-bisphosphat.

scher **Anbindung des Pentosephosphatwegs** kontrolliert (▶Abbildungen 42.10 und 42.11).

Bei der Glykolyse haben wir bereits gesehen, dass **Phosphofructokinase** allosterisch durch AMP aktiviert und durch Citrat inhibiert wird (▶Abbildung 39.19). **Fructose-1,6-bisphosphatase** wird dagegen durch AMP gehemmt und durch Citrat stimuliert. Ist also die **Energieladung** einer Zelle (▶Exkurs 38.4) gering (AMP ↑) und wenig Citrat vorhanden, so wird die Glykolyse forciert, der Citratzyklus via Pyruvat und Acetyl-CoA auf Touren gebracht und damit für den ATP-Nachschub gesorgt. Unter diesen Bedingungen kommt die Gluconeogenese praktisch zum Stillstand. Ist die Energieladung dagegen hoch (AMP ↓) und Citrat reichlich vorhanden, so wird die Gluconeogenese stimuliert: Energie und Reservestoffe fließen nun in den anabolen Stoffwechselweg, während die Glykolyse heruntergedreht wird.

Der wichtigste Regulator des Glucosemetabolismus ist **Fructose-2,6-bisphosphat.** Dieses intrazelluläre Signalmolekül aktiviert allosterisch die Phosphofructokinase und stimuliert damit die Glykolyse, während es Fructose-1,6-bisphosphatase allosterisch hemmt und somit die Gluconeogenese drosselt (Abbildung 43.6). Eine sinkende Fructose-2,6-bisphosphat-Konzentration „entfesselt" dagegen die Gluconeogenese und drosselt die Glykolyse. Die Biosynthese von Fructose-2,6-bisphosphat ist ebenfalls reziprok reguliert (Exkurs 43.2). Wir haben es hier also mit einer **multilateralen Regulation** zu tun.

Auf der Ebene von Pyruvatkinase und Pyruvat-Carboxylase/Phosphoenolpyruvat-Carboxykinase, die Phosphoenolpyruvat und Pyruvat ineinander umwandeln, sind ebenfalls **allosterische Kontrollen** eingebaut (Abbildung 43.5). Die Effektoren ADP, ATP, Acetyl-CoA und Fructose-1,6-bisphosphat steuern die Enzyme so, dass sie *nicht* gleichzeitig aktiv sind: ein klassischer Fall von **reziproker Regulation.** *Das Nebeneinander von auf- und abbauenden Stoffwechselwegen wird also durch fein abgestimmte Enzymensembles geregelt, die eine bedarfsgerechte metabolische Steuerung in der Zelle und letztlich im Gesamtorganismus sichern.* Eine angeborene **Defizienz an Pyruvatkinase** führt zu einer Störung des Glucosestoffwechsels von Erythrocyten. Insgesamt greifen also lokale Modulation der Enzymaktivitäten über Substratangebot und allosterische Effektoren sowie eine systemische Regulation durch hormonabhängige Phosphorylierung und Dephosphorylierung ineinander und ermöglichen eine be-

 ## Exkurs 43.2: Fructose-2,6-bisphosphat

Das bifunktionelle Enzym **Phosphofructokinase-2/Phosphatase-2** (PFK-2/PP2) kann mit seiner Kinaseaktivität Fructose-6-phosphat zu Fructose-2,6-bisphosphat (F2,6BP) phosphorylieren und es mit seiner Phosphataseaktivität wieder hydrolysieren (Abbildung 43.7). Bei **Hypoglykämie** (Glucosemangel) wird das Hormon Glucagon ausgeschüttet, das über seinen $G\alpha_s$-gekoppelten Rezeptor eine cAMP-vermittelte Phosphorylierung des bifunktionellen Enzyms bewirkt (▶Abschnitt 28.5). Dadurch wird dessen **Phosphataseaktivität** stimuliert und die Kinaseaktivität gehemmt; in der Folge sinkt der F2,6BP-Spiegel, die allosterische Hemmung der Gluconeogenese wird aufgehoben, und es wird mehr Glucose produziert. Umgekehrt führt **Hyperglykämie** über eine insulinrezeptorvermittelte Senkung des cAMP-Spiegels zur Dephosphorylierung (▶Exkurs 50.1) und damit zur Hemmung der Phosphataseaktivität bei gleichzeitiger Steigerung der **Kinaseaktivität:** Der erhöhte F2,6BP-Spiegel aktiviert die Glykolyse und hemmt die Gluconeogenese (Abbildung 43.6). Fructose-6-phosphat kann auch direkt die Kinase aktivieren und damit seine eigene Umsetzung forcieren – ein Fall von positiver Vorwärtskopplung.

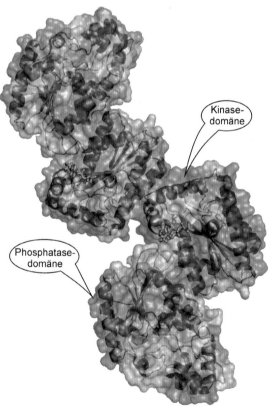

43.7 Struktur der menschlichen Phosphofructokinase-2/Phosphatase-2 aus Leber. Das bifunktionelle Enzym ist ein Homodimer aus zwei 55-kd-Proteinen. Je nach Phosphorylierungsgrad ist die Kinase- oder die Phosphatasedomäne aktiv. ATP (grün) bindet an die Kinasedomäne. [AN]

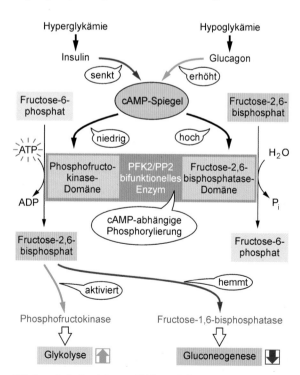

43.6 Gegensinnige Regulation von Glykolyse und Gluconeogenese über Fructose-2,6-bisphosphat. Details siehe Text.

darfsgerechte Feinabstimmung der Stoffwechselströme. Die Koordination und Integration des Stoffwechsels auf der Ebene des Gesamtorganismus ist in ▸ Kapitel 50 detailliert dargestellt.

43.5

Der Cori-Zyklus verbindet muskuläre Glykolyse und hepatische Gluconeogenese

Wir kehren noch einmal an den Ausgangspunkt der Gluconeogenese zurück. Mehrere Stoffwechselwege arbeiten der Gluconeogenese zu, wobei dem **Pyruvat** als Ausgangsprodukt der Glucosesynthese eine Schlüsselfunktion zukommt. So fällt z. B. bei intensiver Beanspruchung der Skelettmuskulatur über die Glykolyse mehr Pyruvat an, als über den Citratzyklus verarbeitet werden kann. Gleichzeitig können über Shuttle-Systeme keine Reduktionsäquivalente mehr an die oxidative Phosphorylierung geliefert werden. Damit versiegt der Nachschub an NAD^+, das in der Glykolyse für die Oxidation von Glycerinaldehyd-3-phosphat benötigt wird, und die glykolytische Produktion von ATP kommt zum Erliegen. Um die Glykolyse auch **unter anaeroben Bedingungen** in Gang zu halten, reduzieren Muskelzellen unter diesen Bedingungen Pyruvat zu Lactat; dabei wird das benötigte NAD^+ regeneriert.

$$\text{Pyruvat} + \text{NADH} + \text{H}^+ \rightarrow \text{Lactat} + \text{NAD}^+$$

Katalysator dieser reversiblen Reaktion ist **Lactat-Dehydrogenase** (Abbildung 43.8). Eine ähnliche Situation herrscht in Erythrocyten. Da sie keine Mitochondrien besitzen, können sie auch *keine* oxidative Phosphorylierung durchführen und sind auf die **anaerobe Glykolyse** als Energiequelle angewiesen.

Lactat ist eine **metabolische „Sackgasse"**: Es muss erst in Pyruvat rückverwandelt werden, um Anschluss an den übrigen Stoffwechsel zu finden. Muskeln und Erythrocyten verlagern diese Aufgabe in die Leber. Das entstandene Lactat wird nämlich im Symport mit einem Proton durch einen **Monocarboxylat-Transporter** über die Membranen der Myocyten und Erythrocyten ins Blut verfrachtet, zur Pfortader transportiert und dann von Leberzellen aufgenommen. Die Hepatocyten oxidieren Lactat zu Pyruvat und verwenden es dann

für ihre **Gluconeogenese**; dabei entsteht Glucose-6-phosphat. Die retikuläre Glucose-6-phosphatase setzt daraus **Glucose** frei, die ans Blut abgegeben und zu den endverbrauchenden Organen gebracht wird. Muskelzellen und Erythrocyten verarbeiten die Glucose unter ATP-Gewinnung wieder zu Pyruvat und Lactat, womit sich ein metabolischer Kreislauf schließt. Insgesamt ist die ATP-Bilanz des Glucose-Lactat-Zyklus negativ. Er ermöglicht aber denjenigen Zellen, die zeitweise oder dauerhaft über keine oxidative Phosphorylierung verfügen, einen ATP-Gewinn über die anaerobe Glykolyse und dient damit auch dem sparsamen Umgang mit der für das zentrale Nervensystem so wichtigen Glucose. Die gesamte Reaktionsfolge – nach den Entdeckern kurz **Cori-Zyklus** genannt (Abbildung 43.9) – ist Paradigma eines Stoffwechselwegs, dessen Stationen von unterschiedlichen Organen und Zelltypen bedient werden.

Bei intensiver Muskelarbeit ermöglicht der Cori-Zyklus die externe Verarbeitung des in großen Mengen anfallenden Lactats. Die neu synthetisierte Glucose schont die Glykogenvorräte der Muskeln bzw. ermöglicht anschließend deren Wiederauffüllung. Schlüsselenzym des Cori-Zyklus ist die **Lactat-Dehydrogenase**, die im Skelettmuskel vornehmlich Pyruvat in Lactat, in Leber und Herz aber vor allem Lactat in Pyruvat umwandelt (Exkurs 43.3): Das Substratangebot bestimmt also ganz wesentlich die Richtung dieser reversiblen Reaktion.

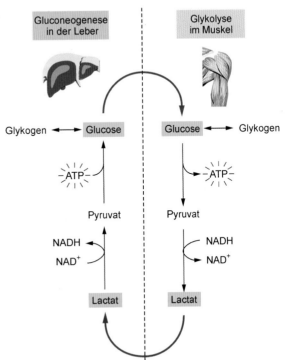

43.9 Cori-Zyklus. Muskel- und Blutzellen verlagern über diesen Zyklus einen Teil ihrer metabolischen „Last" auf die Leber. Über diesen Zyklus sind auch die Glykogenreserven der Leber und des Muskels miteinander verknüpft (▸ Abschnitt 44.9). Die roten Pfeile symbolisieren den Transport *via* Blutstrom.

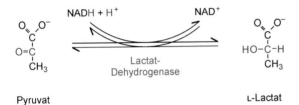

43.8 Umwandlung von Pyruvat in ʟ-Lactat. Im Gegensatz zu vielen Milchsäurebakterien bildet der menschliche Organismus das ʟ-Stereoisomer.

Exkurs 43.3: Lactat-Dehydrogenase (LDH)

LDH ist ein Tetramer aus Untereinheiten vom **H-Typ** (überwiegend im Herz) bzw. **M-Typ** (vor allem im Skelett-Muskel). Diese Isoformen der Untereinheiten sind Produkte zweier unterschiedlicher Gene. Durch variable Kombination bilden sie fünf verschiedene **Isoenzyme** (▶ Exkurs 39.3): H_4, H_3M, H_2M_2, HM_3 und M_4. Prinzipiell katalysieren sie die gleiche Reaktion, unterscheiden sich aber signifikant in ihren V_{max}- und K_M-Werten. Isoenzym H_4 hat den kleinsten K_M-Wert, d. h. die höchste Substrataffinität für Lactat, während Isoenzym M_4 den größten K_M-Wert und damit die geringste Affinität für Lactat besitzt; die übrigen Isoenzyme liegen je nach Zusammensetzung zwischen diesen Extremen. H_4 wandelt im aeroben Stoffwechsel des **Herzmuskels** Lactat in Pyruvat um und trägt damit zur Energieerzeugung *via* Citratzyklus bei. Dagegen konvertiert M_4 im **Muskel** unter anaeroben Bedingungen Pyruvat zu Lactat und speist es in den Cori-Zyklus ein. Eine Genduplikation hat die beiden LDH-Isoenzyme hervorgebracht und damit die Entwicklung von organspezifischen Funktionen ermöglicht.

Eine Variation des Cori-Zyklus ist der **Glucose-Alanin-Zyklus**: Die beim Abbau von Muskelproteinen anfallende Aminosäure **Alanin** wird vom Muskel zur Leber transportiert und dort via Transaminierung zu **Pyruvat** konvertiert (▶ Abschnitt 47.1), das wiederum in die Gluconeogenese einmündet. Auf diese Weise wird der Proteinabbau im Muskel zur Glucosegewinnung genutzt, und gleichzeitig der anfallende Stickstoff zur Leber transportiert. Die Transaminierungsreaktion ist vollständig reversibel, d. h. Pyruvat kann auch in Alanin umgewandelt und damit in die **Proteinbiosynthese** eingeschleust werden (▶ Abschnitt 48.3). Cori-Zyklus und Gluconeogenese sind Beispiele für Stoffwechselwege, die organspezifisch arbeiten: Sie veranschaulichen die distributive Organisation des Gesamtstoffwechsels. Neben der endogenen *De-novo*-Synthese von Glucose per Gluconeogenese und der exogenen Zufuhr durch Nahrung hat der Organismus noch eine weitere Zugriffsmöglichkeit auf Glucose: Wir kommen damit zum Glykogen, dem körpereigenen „Zwischenspeicher" für Glucose.

Zusammenfassung

- In der **Gluconeogenese** wird in **11 Reaktionen** aus zwei Molekülen **Pyruvat** ein Molekül **Glucose** synthetisiert.
- Vier dieser Reaktionen sind *keine* direkten Umkehrungen von Schritten der Glykolyse und werden durch **spezifische Enzyme** katalysiert. Insgesamt erfordert die Synthese von einem Glucosemolekül **4 ATP, 2 GTP** und **2 NADH**.
- Zunächst wird **Pyruvat** im Mitochondrium zu **Oxalacetat** carboxyliert. Dies wird dann unter Verbrauch von **GTP** im Cytosol zu **Phosphoenolpyruvat** decarboxyliert. Im letzten Schritt wird **Glucose-6-phosphat** zu Glucose dephosphoryliert.
- Der dazu benötigte membrangebundene **Glucose-6-phosphatase-Komplex** findet sich in **Leber- und Nierenzellen**. Er fehlt aber in **Nerven- und Muskelzellen**, die daher auch *keine* Glucose freisetzen können.
- **Glykolyse** und **Gluconeogenese** werden **reziprok** und **multilateral reguliert**. Dies geschieht **allosterisch** durch diverse Metabolite, aber auch über das **Expressionsniveau** und die **reversible Phosphorylierung** einiger Enzyme.
- Eine besondere Rolle spielt das eigens als **allosterischer Effektor** gebildete **Fructose-2,6-bisphosphat**. Es wird von der **Phosphofructokinase-2** synthetisiert, die ihrerseits durch hormonabhängige Phosphorylierung kontrolliert wird.
- Der **Cori-Zyklus** verbindet **muskuläre Glykolyse** und **hepatische Gluconeogenese**. Aus dem im *Muskel* gebildetem **Lactat** wird dabei in der *Leber* wieder Glucose synthetisiert, das dann im *Muskel* erneut zur Energiegewinnung genutzt werden kann.
- Der **Alanin-Zyklus** ist eine Variante des Cori-Zyklus, bei dem **Pyruvat** *nicht* reduziert, sondern zu **Alanin** transaminiert wird. Er ermöglicht den **Transport von Aminogruppen** zur Leber, die aus dem Abbau muskulärer Proteine stammen.

Biosynthese und Abbau von Glykogen

44

Kapitelthemen: 44.1 Aufbau von Glykogen 44.2 Stationen der Glykogensynthese 44.3 Glykogen-Synthase 44.4 Verzweigung von Glykogen 44.5 Stationen der Glykogenolyse 44.6 Glykogen-Phosphorylase 44.7 Entzweigung von Glykogen 44.8 Glykogenspeicherkrankheiten 44.9 Hormonelle Regulation des Glykogenstoffwechsels

Der menschliche Organismus nimmt Glucose nicht gleichmäßig verteilt über den ganzen Tag, sondern in Schüben mit den Mahlzeiten auf. Auch der Verbrauch von Glucose ist nicht konstant, sondern hängt entscheidend vom Aktivitätszustand des Körpers ab. Ein *Zwischenspeicher* für diesen Zucker kann hier als „Puffer" wirken und die unvermeidlichen Schwankungen bei Zufuhr und Verbrauch abfangen, um die Glucosekonzentrationen im Blutplasma im engen Bereich von 70–110 mg/100ml bzw. 4–6 mmol/l zu halten.

Bei Mensch und Tier übernimmt das Glucosepolymer *Glykogen* diese balancierende Funktion. Seiner metabolischen Aufgabe entsprechend unterliegt Glykogen einem dynamischen Wandel: Es kann rasch synthetisiert und ebenso schnell wieder abgebaut werden. Ausgeklügelte Mechanismen sorgen für eine fein abgestimmte Kontrolle des Glykogenmetabolismus; Störungen dieses Stoffwechselwegs können zu schwerwiegenden Erkrankungen führen.

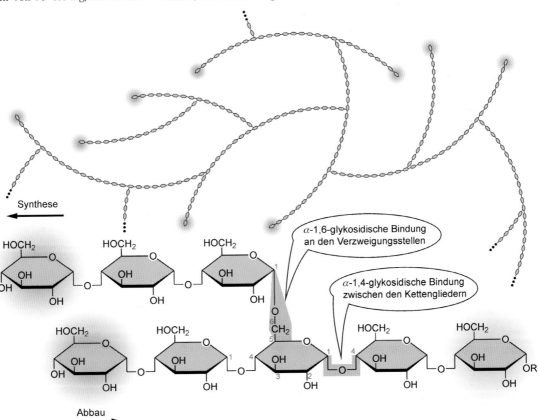

44.1 Struktur von Glykogen. Oben: Verzweigte Kettenstruktur; die helikale Konformation der Ketten ist nicht dargestellt. Unten: Detailstruktur mit reduzierendem C1-Ende (grün) und nichtreduzierenden C4-Enden (blau). *De facto* ist das C1-Ende nicht frei, sondern an das Protein Glykogenin gebunden (—R). Richtung von Abbau bzw. Synthese sind durch Pfeile angedeutet.

Glykogen ist ein verzweigtes Glucosepolymer

Glykogen ⌐ gehört zu den Homoglykanen und entsteht durch Polymerisation von Tausenden von Glucosemolekülen. Die linearen Abschnitte, die größtenteils über α-1,4-glykosidische Bindungen verknüpft sind, bilden helikale Strukturen (▶ Abbildung 2.10). Über α-1,6-glykosidische Bindungen entsteht ein **vielfach verästeltes Makromolekül** (Abbildung 44.1). Im Mittel befindet sich etwa an jedem achten bis zwölften Glucoserest eine α-1,6-glykosidische Verzweigung. Glykogenketten besitzen eine Orientierung: Sie haben ein einziges C1-Ende, das den Anfang markiert, sowie eine Vielzahl von C4-Enden, an denen Synthese und Abbau stattfinden. Das C1-Ende wird auch als **reduzierendes Ende** bezeichnet, da dieses Kohlenstoffatom prinzipiell oxidiert werden kann und dabei selbst reduzierend wirkt. An C4 kann dagegen eine solche Reaktion *nicht* stattfinden; daher wird es auch **nichtreduzierendes Ende** genannt (Abbildung 44.6).

Der menschliche Organismus speichert ca. 150 g Glucose als Glykogen in der **Leber**; es macht damit bis zu 10 % des Organgewichts aus. Die **Skelettmuskulatur** kann bis zu 250 g Glykogen speichern, was ca. 1 % der Gesamtmuskelmasse

entspricht. Glykogen ist in Form winziger **Granula** im Cytosol von Hepatocyten und Myocyten gelagert (Abbildung 44.2). Diese Partikel enthalten einige stark hydratisierte Glykogenmoleküle sowie die Enzyme und Cofaktoren für die Synthese und den Abbau von Glykogen.

Die Glykogensynthese läuft über vier enzymatische Stationen

Betrachten wir zunächst die Synthese von Glykogen, die – ebenso wie ihr Abbau – im **Cytosol** stattfindet. Ausgangspunkt ist **Glucose-6-phosphat**, das durch Hexokinase (Muskel und Leber) oder Glucokinase (nur Leber) aus „freier" Glucose entsteht; wir haben diese Reaktion bereits bei der Glykolyse kennen gelernt (▶ Abbildung 39.3). Drei Reaktionsschritte

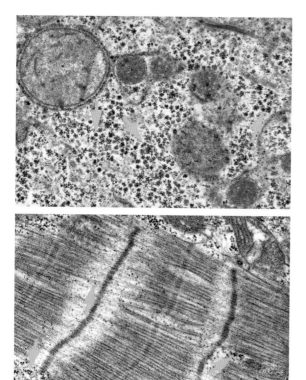

44.2 Elektronenmikroskopische Aufnahme von Glykogengranula. Die Granula haben eine Größe von 10 bis 40 nm. Eine Leberzelle (oben) ist viel dichter mit Glykogengranula gefüllt als eine quergestreifte Muskelzelle (unten). [AN]

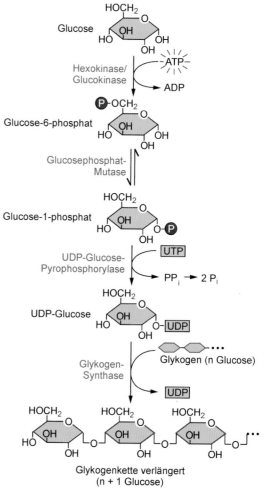

44.3 Stationen der Glykogensynthese. Die Verzweigungsreaktionen sind hier nicht gezeigt. UTP: Uridintriphosphat (▶ Tafel A9).

führen von Glucose-6-phosphat zur linearen Glykogenkette; eine weitere Reaktion sorgt für die Kettenverzweigung (Abbildung 44.3 und Tabelle 44.1).

Tabelle 44.1 Reaktionstypen bei der Glykogensynthese.

Reaktionstyp	Enzyme
Intramolekularer Transfer einer Phosphatgruppe	Glucosephosphat-Mutase
Transfer von UMP	UDP-Glucose-Pyrophosphorylase
Knüpfung α-1,4-glykosidischer Bindungen	Glykogen-Synthase
Knüpfung α-1,6-glykosidischer Bindungen	*branching enzyme*: Amylo-α-(1,4→1,6)-Transglykosylase

Glucosephosphat-Mutase wandelt Glucose-6-phosphat in das isomere **Glucose-1-phosphat** um (Abbildung 44.4). Dabei wird zunächst die Phosphatgruppe von einem phosphory-

lierten Serylrest im aktiven Zentrum des Enzyms auf das Substrat übertragen. Das entstehende Intermediat Glucose-1,6-bisphosphat gibt seine C6-Phosphatgruppe wieder an den Serylrest von Glucosephosphat-Mutase ab und geht damit in Glucose-1-phosphat über.

Die Glykogensynthese benötigt eine aktivierte Form der Glucose. Dazu verknüpft das Enzym **UDP-Glucose-Pyrophosphorylase** den Phosphatrest von Glucose-1-phosphat mit dem α-Phosphatrest von **Uridintriphosphat** (UTP); die β- und γ-Phosphatgruppen von UTP werden dabei als Pyrophosphat abgespalten (Abbildung 44.5). Die entstehende **UDP-Glucose** besitzt eine glykosidische Phosphoesterbindung mit hohem Gruppenübertragungspotenzial: Wir sprechen von einer „aktivierten" Bindung. Bis zu diesem Punkt ist die Reaktion vollständig reversibel. Erst die Hydrolyse von Pyrophosphat durch Pyrophosphatase macht die Gesamtreaktion quasi irreversibel. *Wir haben wiederum ein Beispiel für die* **energetische Kopplung** *zweier Reaktionen: Die Primärreaktion wird durch eine exergone Folgereaktion angetrieben* (▶ Abschnitt 38.1). Die Nettoreaktion lautet:

$$\text{Glucose-1-phosphat} + \text{UTP} + \text{H}_2\text{O} \rightarrow \text{UDP-Glucose} + 2\,\text{P}_i$$

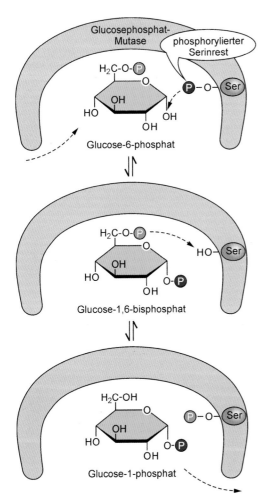

44.4 Molekularer Mechanismus der Glucosephosphat-Mutase. Die Reaktion ist vollständig reversibel, d. h. das Enzym wandelt bei Bedarf auch Glucose-1-phosphat in Glucose-6-phosphat um.

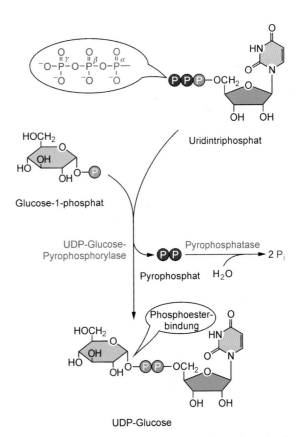

44.5 Reaktion von UDP-Glucose-Pyrophosphorylase. Die aktivierte Bindung ist mit einer Thioesterbindung im Acetyl-CoA oder den Säureanhydridbindungen im ATP vergleichbar.

Glykogen-Synthase ist das Schlüsselenzym beim Aufbau von Glykogen

Glykogen-Synthase katalysiert den Transfer des Glucosylrests von UDP-Glucose auf das nichtreduzierende Ende einer wachsenden Glykogenkette (Abbildung 44.6).

Das Enzym verknüpft dabei das C1-Atom einer aktivierten Glucose α-1,4-glykosidisch mit dem C4-Atom der Akzeptorglucose, setzt dabei UDP frei und verlängert so die Glykogenkette um ein Glied.

$$\text{UDP-Glucose} + \text{Glykogen}_n \rightarrow \text{Glykogen}_{n+1} + \text{UDP}$$

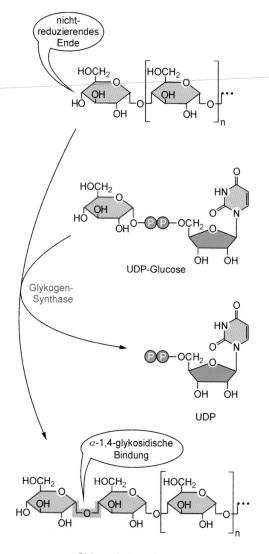

44.6 Reaktion der Glykogen-Synthase. Die Glykogenkette wird am nichtreduzierenden C4-Ende jeweils um einen Rest verlängert. Die wachsende Glykogenkette ist über ihr reduzierendes Ende an Glykogenin gebunden (Abbildung 44.8).

Diese stark exergone Reaktion ($\Delta G^{\circ\prime} = -13{,}4$ kJ/mol) macht die Glykogen-Synthase zum **Schlüsselenzym der Glykogensynthese**, das durch reversible Phosphorylierung und allosterische Effektoren aufwändig reguliert wird (Exkurs 44.1).

Exkurs 44.1: Glykogen-Synthase

Im Grundzustand liegt die Glykogen-Synthase in ihrer konstitutiv aktiven **a-Form** vor (Abbildung 44.7 oben). In Leberzellen löst ein fallender Blutglucosespiegel eine glucagonvermittelte Aktivierung von **Proteinkinase A** aus, die daraufhin mehrere Serylreste der Glykogen-Synthase phosphoryliert. Im Muskel hat Adrenalin den gleichen Effekt. Die dabei entstehende **b-Form** der Synthase wird mit zunehmendem **Phosphorylierungsgrad** mehr und mehr **inaktiviert** (Abbildung 44.7 unten). Steigt der Blutglucosespiegel hingegen, so dephosphoryliert die insulinaktivierte **Proteinphosphatase-1** die b-Form der Glykogen-Synthase und konvertiert sie zur aktiven a-Form. Dadurch wird der Einbau von Glucose in Glykogen forciert. Letztlich entscheidend für die Aktivität der Glykogen-Synthase sind jedoch die intrazellulären Spiegel von **Glucose-6-phosphat** und ATP bzw. **AMP**. Diese allosterischen Modulatoren beeinflussen die Aktivität der b-Form der Glykogen-Synthase: G-6-P und ATP stimulieren die inaktivierte Form des Enzyms, während AMP sie weiter hemmt. Die hormon- und metabolitgesteuerten Aktivitätszustände von Glykogen-Synthase tragen somit zur „Pufferung" der Blutglucosekonzentration bei. Dabei sichert die **reziproke Regulation** der glykogen(olyt)ischen Enzyme die Balance zwischen Auf- und Abbau von Glykogen (Exkurs 44.4).

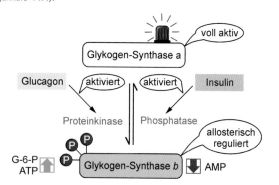

44.7 Kontrolle der Glykogen-Synthase-Aktivität. Glykogen-Synthase b hat nur eine geringe katalytische Aktivität und kann durch AMP weiter gehemmt oder durch Glucose-6-phosphat (G-6-P) und ATP allosterisch aktiviert werden.

Die katalytische Funktion der Glykogen-Synthase hat eine wichtige Einschränkung: Sie kann UDP-Glucose *nicht* auf freie Glucosemoleküle übertragen. Vielmehr benötigt sie eine **Akzeptorkette**, die mindestens vier Glucosereste lang sein muss. Bei der *de novo*-Synthese löst das Protein **Glykogenin** dieses Problem und stellt **Starterketten** mit durchschnittlich acht Glucoseresten zur Verfügung (Exkurs 44.2).

Exkurs 44.2: Glykogenin

Das cytoplasmatische 37-kd-Protein Glykogenin überträgt mit seiner **endogenen Glucosyltransferase-Aktivität** ein erstes Glucosemolekül von UDP-Glucose auf einen Tyrosylrest (Tyr[194]) seiner Polypeptidkette (Abbildung 44.8). Glykogenin selbst fügt weitere Glucosereste in α-1,4-glykosidischer Bindung an, bis eine Starterkette („Primer") von etwa acht Glucoseresten vorliegt. Weitere Glucoseeinheiten werden nun von der **Glykogen-Synthase**, die mit Glykoge-

nin einen Komplex bildet, auf das **nichtreduzierende Ende** der Starterkette übertragen. Die Assoziation zwischen Glykogenin und Glykogen-Synthase steigert die **katalytische Effizienz** des Enzyms erheblich. Sobald die naszierende Glykogenkette eine kritische Größe erreicht hat, dissoziiert dieser Komplex, da Glykogenin im Kern des Glykogenpartikels zunehmend unzugänglich für das Enzym wird; entsprechend sinkt die katalytische Effizienz von Glykogen-Synthase. Über die Zahl verfügbarer Glykogeninmoleküle reguliert die Zelle die Menge ihrer Glykogenpartikel.

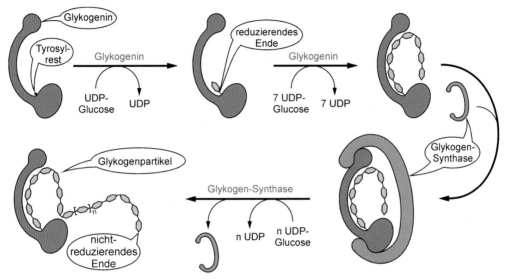

44.8 *De-novo*-Synthese von Glykogenpartikeln an Glykogenin. Zur Vereinfachung ist hier nur die Synthese einer unverzweigten Kette gezeigt.

Eine Transglykosylase verzweigt wachsende Glykogenketten

44.4

Glykogen-Synthase knüpft ausschließlich α-1,4-glykosidische Bindungen und bildet dabei lineare Ketten. Die Verzweigung dieser Ketten zu einem Netzwerk besorgt das Enzym **Amylo-α-(1,4→1,6)-Transglykosylase**, auch *branching enzyme* (engl. *to branch*, verzweigen) oder Glucosyl-Transferase genannt, indem es eine terminale Kette von ca. sieben Glucoseresten *en bloc* auf die C6-Position eines „internen" Glucosylrests einer zweiten Kette überträgt (Abbildung 44.9). Dazu löst das Enzym eine α-1,4-glykosidische Bindung und knüpft eine α-1,6-glykosidische Bindung. Die Transglykosylase greift *nur* an Donorketten an, die mindestens elf Glucosylreste besitzen; der verbleibende „Stumpf" von vier Glucosylresten kann wieder als Akzeptor für die Glykogen-Synthase dienen. *Transglykosylase verzweigt höchstens an jedem fünften, im Mittel an jedem zehnten Glucoserest; damit kontrolliert sie effektiv den* **Verzweigungsgrad** des entstehenden Polymers. Die orchestrierte Syntheseleis-

tung mehrerer Enzyme führt zu Glykogenpartikeln, die 5000 bis 120000 Glucoseeinheiten tragen (Exkurs 44.3).

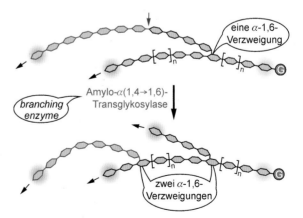

44.9 Reaktion der Amylo-α-(1,4→1,6)-Transglykosylase. Das reduzierende Ende (grün), das kovalent mit Glykogenin (G) verbunden ist, und die nichtreduzierenden freien Enden (blau) sind markiert. Jede Verzweigung erhöht somit die Ansatzpunkte für die Glykogen-Synthase (schwarze Pfeile).

Ein effizienter **Zwischenspeicher für Glucose** sollte mindestens zwei Bedingungen erfüllen: rascher Zugriff für auf- und abbauende Enzyme sowie dichte, **platzsparende Packung** der Glucoseeinheiten. Mathematische Analysen zeigen, dass die beiden verfügbaren Variablen, nämlich **Kettenlänge** und **Verzweigungsgrad von Glykogen**, *in vivo* so realisiert sind, dass sie ein Optimum an Speicherkapazität und Zugänglichkeit gewähren. Ein Glykogenpartikel

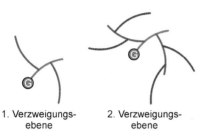

1. Verzweigungs-   2. Verzweigungs-
ebene   ebene

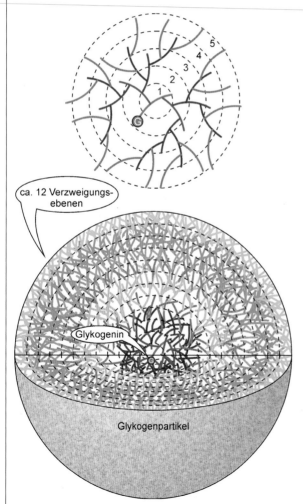

ca. 12 Verzweigungs-
ebenen

Glykogenin

Glykogenpartikel

44.10 Schematischer Aufbau eines Glykogenpartikels. [AN]

besitzt typischerweise bis zu zwölf **Verzweigungsebenen**. Die unverzweigten Kettenstücke sind etwa acht bis zwölf Glucoseeinheiten lang; die Ketten verzweigen sich ein- bis zweimal pro Ebene (Abbildung 44.10).

Auf der sphärischen Oberfläche sind die nichtreduzierenden Enden gut zugänglich für die glykogenabbauenden Enzyme. Unter normalen Ernährungsbedingungen werden nur die Glucosemoleküle der **äußeren vier Verzweigungsebenen** mobilisiert, sodass die Wiederauffüllung der Glykogenspeicher von „außen" rasch erfolgen kann. Auch hier gilt das biologische Prinzip: „Form folgt Funktion".

Für die Nettoreaktion der Glykogensynthese ist zu beachten, dass bei der Aktivierung von Glucose-1-phosphat zur UDP-Glucose eine Phosphorsäureanhydridbindung im UDP erhalten bleibt. Eine **Nucleosid-Diphosphatkinase** (▶ Abschnitt 49.5) regeneriert das beim Einbau der aktivierten Glucose freigesetzte UDP unter ATP-Verbrauch zu UTP:

$$UDP + ATP \leftrightharpoons UTP + ADP$$

Für die Gesamtreaktion ergibt sich somit:

$$\text{Glucose-1-phosphat} + ATP + \text{Glykogen}_n + H_2O \rightarrow \text{Glykogen}_{n+1} + ADP + 2\,P_i$$

Insgesamt muss also pro Molekül Glucose-1-phosphat nur **eine energiereiche Bindung** investiert werden, um es in die Speicherform Glykogen zu bringen; diese Investition geht bei der Glykogenolyse verloren.

44.5

Die Glykogenolyse umfasst fünf enzymatische Stationen

Der Glykogenabbau – die **Glykogenolyse** – ist *keine* einfache Umkehrung der Synthese: Vielmehr bewerkstelligen fünf Reaktionen, die durch vier Enzyme katalysiert werden, den Abbau von Glykogen bis zur Glucose (Abbildung 44.11 und Tabelle 44.2). Von diesen trägt nur die Glucosephosphat-Mutase zur Synthese bei.

Glykogen-Phosphorylase, das Schlüsselenzym der Glykogenolyse, katalysiert die Spaltung der α-1,4-glykosidischen Bindung zwischen C1 eines terminalen Rests und C4 des Nachbarrests am **nichtreduzierenden Ende** der Glykogenketten. Dabei wird Orthophosphat (P_i) zur Bindungsspaltung eingesetzt; in Analogie zur Hydrolyse sprechen wir deshalb hier von einer **Phosphorolyse** (Abbildung 44.12).

$$\text{Glykogen (n Reste)} + P_i \rightarrow \text{Glucose-1-phosphat} + \text{Glykogen (n–1 Reste)}$$

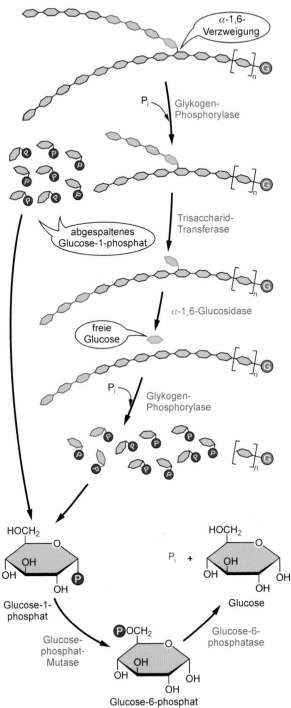

44.11 Stationen der Glykogenolyse. Das Endprodukt des Glykogenabbaus in der Leber ist Glucose. G, Glykogenin.

Tabelle 44.2 Reaktionstypen bei der Glykogenolyse.

Reaktionstyp	Enzym und Cofaktoren
Spaltung unter Beteiligung von Orthophosphat (P_i)	Glykogen-Phosphorylase; Pyridoxalphosphat
Transfer von Trisacchariden sowie Hydrolyse von α-1,6-glykosidischen Bindungen	Bifunktionelles *debranching enzyme* Trisaccharid-Transferase und α-1,6-Glucosidase
Intramolekularer Transfer einer Phosphatgruppe	Glucosephosphat-Mutase
Hydrolyse einer Phosphatbindung	Glucose-6-phosphatase (*nur* in der Leber)

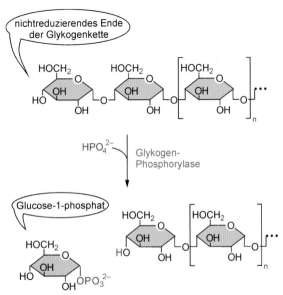

44.12 Phosphorolyse einer α-1,4-Bindung im Glykogen. Die α-Konfiguration am C1-Atom bleibt im Glucose-1-phosphat erhalten.

44.6

Glykogen-Phosphorylase ist das Schlüsselenzym der Glykogenolyse

Die von **Glykogen-Phosphorylase** katalysierte Reaktion – die sukzessive Abspaltung von Glucoseresten vom nichtreduzierenden C4-Ende her – ist *in vitro* ohne weiteres reversibel. In einer Zelle wird das Gleichgewicht aber durch einen ca. hundertfachen molaren Überschuss von Orthophosphat **in Richtung Phosphorolyse** verschoben. Die Phosphorolyse von Glykogen ist energetisch insofern günstig, als die reaktive α-1,4-glykosidische Bindung zur Bildung von **Glucose-1-phosphat** genutzt wird, das nach Isomerisierung zu Glucose-6-phosphat unmittelbar – also ohne weiteren Verbrauch von ATP – in die **Glykolyse** einmünden kann. Anders als bei einer Hydrolyse zu freier Glucose verhindert die di-

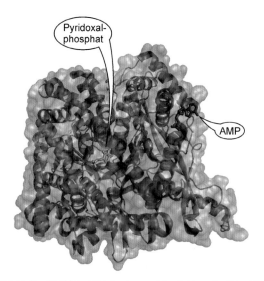

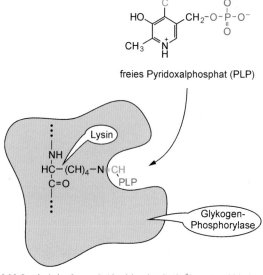

freies Pyridoxalphosphat (PLP)

44.13 Struktur der Glykogen-Phosphorylase aus Leber. Es ist nur eine Untereinheit des Homodimers gezeigt. Das aktive Zentrum ist durch die prosthetische Gruppe Pyridoxalphosphat (grün) markiert. Die allosterische Bindungsstelle enthält ein AMP-Molekül (rot); Exkurs 44.4.

44.14 Prosthetische Gruppe Pyridoxalphosphat (PLP). Über seine Aldehydgruppe (grün) bildet PLP eine kovalente Bindung zu einem Lysylrest des Enzyms aus, während sein Phosphatrest (blau) eine entscheidende Rolle bei der phosphorolytischen Spaltung von Glykogen spielt (siehe unten).

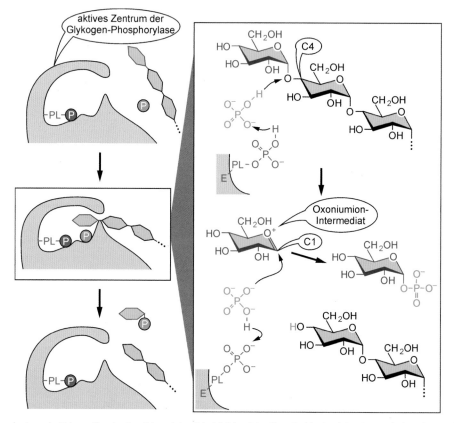

44.15 Reaktionsmechanismus der Glykogen-Phosphorylase. Schematischer Ablauf (links) und detaillierte Reaktion im aktiven Zentrum (rechts; Glucoseeinheiten sind hier in der Sesselkonformation dargestellt). Der Angriff von P_i erfolgt auf der Seite des Substrats, wo sich die C4-Hydroxylgruppe befindet (*cis*); dadurch bleibt die α-Konfiguration am C1 von Glucose-1-phosphat erhalten. PLP, Pyridoxalphosphat; E, Enzym.

rekte Erzeugung eines geladenen Glucosephosphatmoleküls durch Phosphorolyse auch einen unkontrollierten Glucoseverlust der Zelle über Glucosetransporter der Plasmamembran.

Das Enzym Glykogen-Phosphorylase ist ein Homodimer und besteht aus zwei 95-kd-Untereinheiten (Abbildung 44.13). Essenzieller Cofaktor bei der von Glykogen-Phosphorylase katalysierten Reaktion ist der Vitamin-B_6-Abkömmling **Pyridoxalphosphat** (PLP). PLP ist kovalent mit seiner Aldehydgruppe an die ε-Aminogruppe einer Lysylseitenkette im aktiven Zentrum der Phosphorylase gebunden (Abbildung 44.14). Glykogen-Phosphorylase bindet zunächst die **terminale Glucosyleinheit** der Glykogenkette am nichtreduzierenden Ende sowie ein Molekül **Orthophosphat** (P_i), das zwischen der α-1,4-Bindung und dem Phosphatrest von PLP liegt (Abbildung 44.15). Nun wird die α-1,4-Bindung gespalten; dabei wird ein Proton von PLP indirekt über das „freie" Orthophosphat auf das Sauerstoffatom an C4 der abgehenden Glucose übertragen. Das um einen Rest verkürzte Glykogen dissoziiert ab, und ein reaktives Intermediat mit einem **Oxoniumion** (O^+) verbleibt im aktiven Zentrum. P_i greift nun das benachbarte C1-Atom nucleophil an und bildet unter Rückübertragung eines Protons auf PLP das Produkt **Glucose-1-phosphat**. PLP erfüllt bei dieser Reaktion die Funktion eines allgemeinen Säure-Basen-Katalysators (▶Abschnitt 12.1).

Die zentrale Rolle der Phosphorylase beim Glykogenabbau erfordert eine rigorose **Kontrolle** ihrer Aktivität, die wiederum durch **reversible Phosphorylierung** und **allosterische Modulation** sichergestellt wird (Exkurs 44.4). *Dabei gewährleistet die strikt gegenläufige Regulation der beiden Schlüsselenzyme Phosphorylase und Synthase, dass keine „Leerlaufzyklen" entstehen.*

🐛 Exkurs 44.4: Regulation der Glykogen-Phosphorylase

Im Grundzustand liegt das homodimere Enyzm in seiner **nichtphosphorylierten b-Form** vor; diese nimmt unter physiologischen Bedingungen überwiegend die **inaktive T-Konformation** (b_T; engl. tense, gespannt) ein (Abbildung 44.16, unten links). Eine durch Adrenalin regulierte **Phosphorylase-Kinase** phosphoryliert spezifisch den Ser^{14}-Rest der Untereinheiten und überführt sie damit in die **a-Form**, die spontan von der T-Konformation (a_T) in die energetisch günstigere **aktive R-Konformation** (a_R; engl. relaxed, entspannt) übergeht. Ein Überschuss an freier **Glucose** kann die a_R-Form allosterisch inaktivieren, indem sie das Gleichgewicht zur phosphorylierten a_T-Form hin verschiebt (Abbildung 44.16, rechts). Bei niedriger Energieladung einer Muskelzelle kann der allosterische Effektor **AMP** die b_T-Form auch ohne Phosphorylierung in ihre aktive b_R-Konformation überführen, um so rasch Glucose für die ATP-Erzeugung freizusetzen. Bei hoher Energieladung hingegen überführen die allosterischen Inhibitoren **ATP** und **Glucose-6-phosphat** das Enzym von seiner b_R- in die inaktive b_T-Form (Abbildung 44.16, links). Schließlich kann eine insulingesteuerte Phosphatase (Exkurs 44.5) die a_T-Form

dephosphorylieren und damit den Grundzustand b_T wiederherstellen (Abbildung 44.16, unten). Indem Phosphorylierung und Glucose-6-phosphat exakt gegenteilige Effekte bei der Glykogen-Synthase auslösen (Exkurs 44.1), sind Glykogenolyse und Glykogensynthese reziprok strikt reguliert.

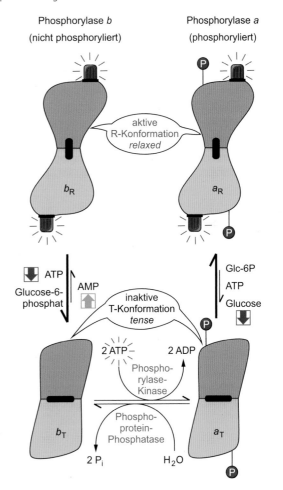

44.16 Regulation der Glykogen-Phosphorylase-Aktivität in der Muskelzelle. Phosphorylierung und allosterische Modulatoren regulieren die Übergänge zwischen aktiven (oben) und inaktiven Konformationen (unten). Das Enzym ist hier als Dimer dargestellt (weitere Details ▶Abbildungen 13.20 und 13.21).

44.7
Ein bifunktionelles Enzym entzweigt Glykogen

Glykogen-Phosphorylase kann die linearen Ketten der Glykogenmoleküle nur bis zum vierten Rest *vor* einer Verzweigung abbauen; hier stoppt das Enzym. Nun greift das bifunktionelle *debranching enzyme* mit seinen zwei komplementären Aktivitäten ein: Mit seiner **Trisaccharid-Transferase-Aktivität** überträgt das Enzym drei der vier Reste einer

Rumpfkette auf das nichtreduzierende Ende einer zweiten Kette und verknüpft sie dort α-1,4-glykosidisch. Dabei wird die Akzeptorkette um drei bis vier Reste verlängert (Abbildung 44.17).

Der verbliebene α-1,6-verknüpfte „Stumpf" an der Verzweigung wird durch die α-**1,6-Glucosidase**-Aktivität des *debranching enzyme* hydrolysiert; dabei entsteht freie Glucose. Anders als bei der Phosphorolyse wird hier also *kein* Zuckerphosphat gewonnen; die Reaktion ist damit praktisch irreversibel. Die Nettoreaktion von α-1,6-Glucosidase lautet:

Glykogen (n Reste) + H$_2$O → Glucose + Glykogen (n-1 Reste)

Die Entzweigung von Glykogen ist also *keine* einfache Umkehrung der Verzweigung, wie wir sie bei der Glykogensynthese kennen gelernt haben. Den weiteren Abbau des nunmehr unverzweigten Glykogensegments katalysiert wie-

derum die Glykogen-Phosphorylase unter Erzeugung von **Glucose-1-phosphat** (Abbildung 44.12). Schließlich stellt **Glucosephosphat-Mutase** den Anschluss an den übrigen Stoffwechsel her: In Umkehrung der Reaktion bei der Glykogensynthese wandelt sie Glucose-1-phosphat in **Glucose-6-phosphat** um (Abbildung 44.4). Glucose-6-phosphat kann nun direkt – also unter Umgehung einer ATP-verbrauchenden Reaktion – in die Glykolyse eingespeist werden (▶ Abschnitt 39.2). *Die für die Glykogensynthese notwendige Investition von zwei Molekülen ATP pro Molekül Glucose bleibt also durch Bildung von Glucose-1-phosphat in der Glykogenolyse zur Hälfte erhalten. Im Durchschnitt fällt lediglich jeder zehnte Rest als freie Glucose an, die nur unter weiterem ATP-Verbrauch in die Glykolyse münden kann. Hier zeigt sich die Ökonomie eines koordinierten Metabolismus in der Zelle: Die in eine Speicherform investierte Energie wird zu einem guten Teil in den endgültigen Katabolismus eingebracht!*

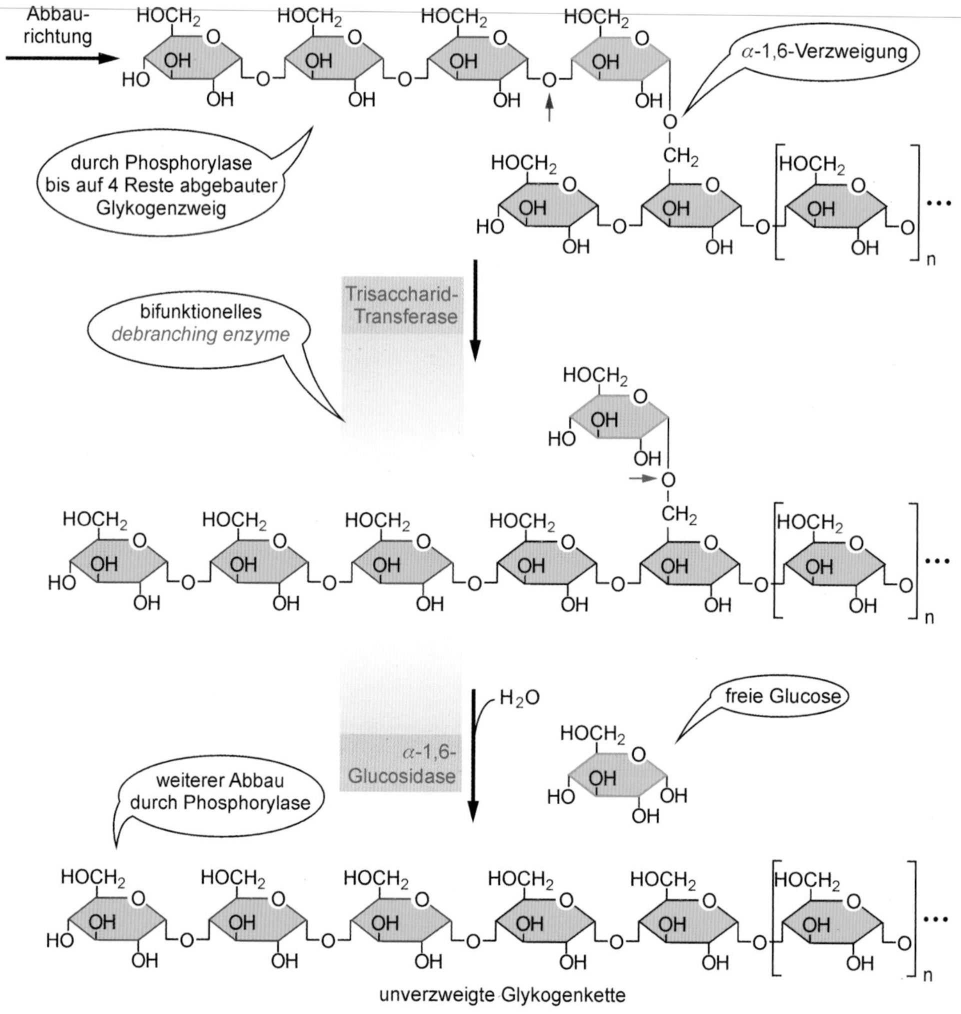

44.17 Entzweigung von Glykogen. Das *debranching enzyme* besitzt zwei aktive Zentren mit Trisaccharid-Transferase- bzw. α-1,6-Glucosidase-Aktivität.

Störungen des Glykogenabbaus führen zu Speicherkrankheiten

Im **Muskel** sorgt der Glykogenabbau vor allem für den Substratnachschub bei der Glykolyse. In der **Leber** hingegen dient die Glykogenolyse in erster Linie der Bereitstellung von Glucose für Verbraucherorgane wie Gehirn und Skelettmuskel. Da phosphorylierte Glucose die Zelle nicht verlassen kann, muss sie erst dephosphoryliert werden. Ein **Glucose-6-phosphat-Transporter** bringt Glucose-6-phosphat aus dem Cytosol in das endoplasmatische Reticulum, wo eine **Glucose-6-phosphatase** den Phosphoester hydrolysiert (▶Abbildung 43.4). Dieses Enzym wird in Leber und Niere, *nicht* aber in Gehirn oder Skelettmuskel exprimiert. Freie Glucose und Phosphat gelangen über ein Transportprotein wieder in das Cytosol.

$$\text{Glucose-6-phosphat} + H_2O \rightarrow \text{Glucose} + P_i$$

Freie Glucose kann nun über den **Glucosetransporter GLUT2** die Leberzellen verlassen und zur „Pufferung" der Glucosekonzentration im Blut beitragen. Tatsächlich produziert die Leber beim Fasten oder bei Muskelaktivität einen Großteil der verfügbaren Blutglucose über den Abbau ihrer Glykogenspeicher. Genetische Defekte, die einen **Mangel** und/oder eine **Fehlfunktion** der am Glykogenstoffwechsel beteiligten Enzyme und Transporter verursachen, können schwerwiegende Glykogenspeicherkrankheiten vom Typ der **Glykogenosen** auslösen (Abbildung 44.18).

Die **Glykogenose Typ Ia** – auch **Morbus von Gierke** genannt – kommt durch einen **Mangel an Glucose-6-phosphatase** zustande, die freie Glucose für den Export aus Hepatocyten ins Blut erzeugt. Betroffene Individuen leiden an schweren Hypoglykämien; sekundär kommt es zu exzessiven Glykogenablagerungen in Leber und Niere. Dabei schaltet die Leber kompensatorisch auf Glykolyse um, was zu einem vermehrten Anfall von Pyruvat und Lactat und damit zu einer metabolischen Azidose führt (▶Exkurs 1.3). Eine ähnliche Symptomatik wird bei Gendefekten von Komponenten des **Glu-**

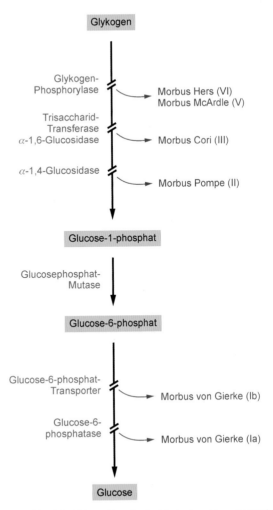

44.18 Defekte beim Glykogenabbau. Der Ausfall einzelner glykogenabbauender Enzyme oder Transporter kann den gesamten Abbauweg blockieren. Die römischen Ziffern geben den Typ der Glykogenose an. Weitere Details in Tabelle 44.3.

cose-6-phosphat-Transporters bei der **Glykogenose Typ Ib** beobachtet. Weitere wichtige Glykogenosen sind in Tabelle 44.3 aufgeführt.

Tabelle 44.3 Glykogenspeicherkrankheiten.

Typ	Defektes Gen für	Betroffene Organe	Symptomatik
I M. von Gierke	Glucose-6-phosphatase; Transportersystem	Leber, Niere: exzessive Glykogenspeicher	Hepatomegalie Hypoglykämie, Ketoazidose
II M. Pompe	lysosomale α-1,4-Glucosidase	alle Organe: exzessive Glykogenspeicher	Kardiorespiratorisches Versagen; Tod vor 2. Lebensjahr
III M. Cori	α-1,6-Glucosidase (*debranching enzyme*)	Muskel, Leber: abnormes Glykogen mit kurzen Ketten	Hepatomegalie Hypoglykämie, Ketoazidose
IV M. Andersen	Amylo-α-(1,4→1,6)-Transglykosylase (*branching enzyme*)	Leber und Milz: abnormes Glykogen mit langen Ketten	Leberzirrhose; Tod vor 2. Lebensjahr
V M. McArdle	Glykogen-Phosphorylase	Muskel: Glykogen vermehrt	begrenzte körperliche Leistungsfähigkeit; Muskelkrämpfe
VI M. Hers	Glykogen-Phosphorylase	Leber: Glykogen vermehrt	Hepatomegalie Hypoglykämie, Azidose

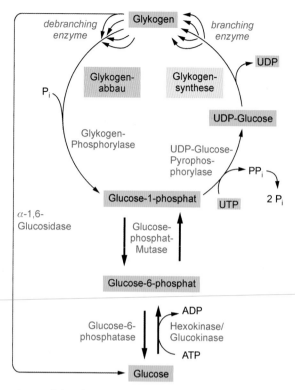

44.19 Katabole und anabole Routen des Glykogenstoffwechsels. Der Glucose-6-phosphat-Transporter ist hier nicht eigens aufgeführt.

44.9

Hormonelle Signale steuern den Glykogenstoffwechsel

Glykogensynthese und -abbau sind gegenläufige Prozesse, die strikt kontrolliert werden müssen, um einen metabolischen „Kurzschluss" zu vermeiden (Abbildung 44.19). Diese **reziproke Regulation** wird durch eine engmaschige hormonelle Kontrolle erreicht.

Exkurs 44.5: Proteinphosphatase-1

Proteinphosphatase-1 (PP1) dephosphoryliert Serin- und Threoninreste von Proteinen. Das Enzym besitzt eine **katalytische C-Untereinheit** (PP1-C) sowie eine **G-Untereinheit**, mit der das Enzym an Glykogenpartikel bindet. Insulin bewirkt die **Phosphorylierung** der G-Untereinheit durch eine Insulin-stimulierte Proteinkinase (ISPK) und ermöglicht so die Bildung des aktiven PP1-Heterodimers, das Phosphorylase-Kinase und Phosphorylase a dephosphoryliert und damit inaktiviert (Abbildung 44.20). Dagegen aktivieren **Adrenalin** und **Glucagon** über einen Anstieg der intrazellulären cAMP-Konzentration **Proteinkinase A**, welche die G-Untereinheit von PP1 an einer zweiten Stelle phosphoryliert, was zur Ablösung von PP1-C vom Glykogenpartikel führt. Gleichzeitig wird damit der Zugang von PP1 zu ihren Zielenzymen in den Glykogenpartikeln drastisch reduziert. Weiterhin phosphoryliert Proteinkinase A ein **Inhibitorprotein I**, das nun an die C-Untereinheit von PP1 bindet und sie dadurch komplett inaktiviert. Die Hemmung von PP1 unterdrückt die Dephosphorylierung und damit die Inaktivierung von Phosphorylase-Kinase bzw. Phosphorylase: Beide Enzyme entfalten nun ihre volle Aktivität. Eine multilaterale Kontrolle sichert also die **Homöostase** von Glykogensynthese und Glykogenolyse.

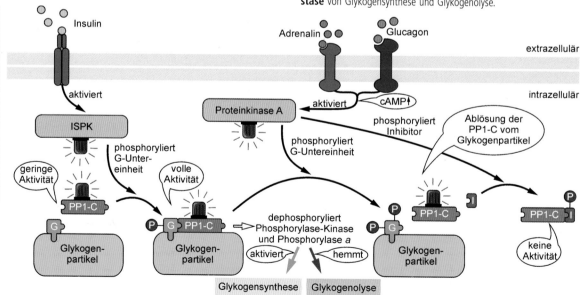

44.20 Hormonelle Regulation von Proteinphosphatase-1. Insulin aktiviert über seinen Rezeptor die Kinase ISPK, die daraufhin die G-Untereinheit der PP1 phosphoryliert und dadurch aktiviert: Damit kommt die Glykogenolyse zum Erliegen. Glucagon und Adrenalin wirken über $G\alpha_s$-gekoppelte Rezeptoren, die via Adenylatcyclase den intrazellulären cAMP-Spiegel anheben und dadurch PP1 inaktivieren; damit kommt die Glykogenolyse ins Laufen. R, Rezeptor; weitere Abkürzungen siehe Text.

Haupteffektoren sind Insulin, Glucagon und Adrenalin. Sie koordinieren Glykogensynthese und Glykogenolyse, passen diese Prozesse der Stoffwechsellage des Gesamtorganismus an und halten die Glucosekonzentration im Blut im Bereich von 70–110 mg/100 ml. Betrachten wir zunächst die Signalkaskade von **Insulin**. Dieses Hormon löst über seinen Tyrosinkinase-Rezeptor eine Phosphorylierungskaskade aus, die **Proteinphosphatase-1 aktiviert** und damit die Dephosphorylierung der Schlüsselenzyme des Glykogenstoffwechsels einleitet (Exkurs 44.5). Damit schaltet die Zelle auf Glykogensynthese um und kann Glucose netto aufnehmen: Der Blutzuckerspiegel sinkt. Dem entgegen steht die Wirkung von **Glucagon** und **Adrenalin**, die unterschiedliche physiologische Rollen wahrnehmen: Glucagon reguliert die Blutzuckerkonzentration unter physiologischen Bedingungen, während Adrenalin die Bereitstellung außerordentlicher Energiemengen in Stresssituationen vermittelt. Beide Hormone aktivieren G-Protein-gekoppelte Rezeptoren auf der Oberfläche ihrer Zielzellen – Hepatocyten, Adipocyten, Myocyten – und setzen cAMP-vermittelte Phosphorylierungskaskaden in Gang, die letztlich **Proteinphosphatase-1 inaktivieren**. Dadurch akkumulieren die phosphorylierten Formen der Enzyme des Glykogenstoffwechsels, d. h. Phosphorylase ist aktiv, während Glykogen-Synthase inaktiv ist. Im Ergebnis wird vermehrt Glucose aus Glykogen freigesetzt, was sich rasch in einer erhöhten Blutglucosekonzentration niederschlägt.

Damit haben wir einen Überblick über die komplexen Vorgänge bei Auf-, Um- und Abbau sowie Speicherung von Glucose und ihre Einbindung in den Gesamtstoffwechsel ge-

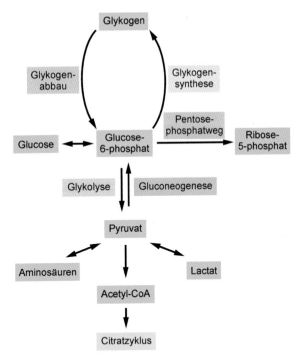

44.21 Glucosestoffwechsel und seine Einbindung in den Gesamtmetabolismus.

wonnen (Abbildung 44.21). In den folgenden Kapiteln wenden wir uns nun den beiden anderen wichtigen Bausteinen des Metabolismus zu, nämlich den Fetten und den Aminosäuren.

Zusammenfassung

- **Glykogen** dient als **flexibler Zwischenspeicher** zur schnellen Fixierung bzw. Bereitstellung von **Glucose**. Zur Synthese des verzweigten **Glucosepolymers** werden vier Enzyme benötigt.
- Schlüsselenzym ist die **Glykogen-Synthase**, die aktivierte **UDP-Glucosemonomere** α-**1,4-glykosidisch** an die naszierende Kette anfügt. Das *branching enzyme* Amylo-α-(1,4→1,6)-Transglykosylase führt durch intramolekulare Umlagerung α-**1,6-glykosidische** Verzweigungen ein.
- Bei der *De-novo*-Synthese werden die ersten Glucosemoleküle durch **Glykogenin** verknüpft, das im Zentrum des **Glykogenpartikels** verbleibt. Normalerweise werden nur die **äußeren Schichten** der Glykogenpartikel ab- und wieder aufgebaut, um **kurzfristige Schwankungen in Glucoseangebot und -bedarf** auszugleichen.
- Die Freisetzung von Glucose aus Glykogen erfordert fünf enzymatische Schritte. Die **Glykogen-Phosphorylase** spaltet **phosphorolytisch Glucose-1-phosphat** ab.
- Vor Verzweigungen transferiert das **bifunktionelle** *de-*

branching enzyme intramolekular ein **Trisaccharid** auf eine weitere Kette und spaltet dann das **Glucosemolekül** an der α-**1,6-Verzweigungsstelle** hydrolytisch ab.
- Aus **Glucose-1-phosphat** entsteht **Glucose-6-phosphat**, das in Leberzellen von der **Glucose-6-phosphatase** zu freier Glucose hydrolysiert wird.
- Die **Schlüsselenzyme** des Glykogenstoffwechsels, **Glykogen-Synthase** und **Glykogen-Phosphorylase**, werden **allosterisch** vor allem durch **ATP** und **Glucose-6-phosphat** sowie durch **reversible Phosphorylierung** reziprok reguliert.
- Der **Phosphorylierungsgrad** der Enzyme wird durch die mit Glykogenpartikeln assoziierte **Protein-Phosphatase-1** kontrolliert, die **insulinabhängig** aktiviert und **glucagon-** bzw. **adrenalinabhängig** inaktiviert wird.
- Ererbte **Störungen im Glykogenstoffwechsel** führen zu schwerwiegenden **Glykogenspeicherkrankheiten**, bei denen es zur Ablagerung von teilweise **abnormem Glykogen** in diversen Organen kommt.

Fettsäuresynthese und β-Oxidation

Kapitelthemen: 45.1 Struktur der Fettsäuren 45.2 Funktion von Lipasen 45.3 Acylcarnitin als Transportform 45.4 Ablauf der β-Oxidation 45.5 Abbau ungesättigter Fettsäuren 45.6 Bildung von Ketonkörpern 45.7 Acetyl-CoA-Carboxylase 45.8 Aufbau der Fettsäure-Synthase 45.9 Ablauf der Fettsäuresynthese 45.10 Längerkettige und ungesättigte Fettsäuren 45.11 Prostaglandine und Thromboxane

Wir schlagen nun ein neues Kapitel des Stoffwechsels auf, in dessen Mittelpunkt die Fettsäuren stehen. *Fettsäuren* sind langkettige Kohlenwasserstoffe mit einer terminalen Carboxylgruppe. Sie gehören zu den elementaren Verbindungen, aus denen der Stoffwechsel schöpft: Sie sind wichtige Energielieferanten, dienen als Bestandteile von *Phospholipiden* und *Glykolipiden* dem Aufbau biologischer Membranen, werden kovalent an Proteine geknüpft und finden Verwendung als Vorstufen von Hormonen und intrazellulären Botenstoffen.

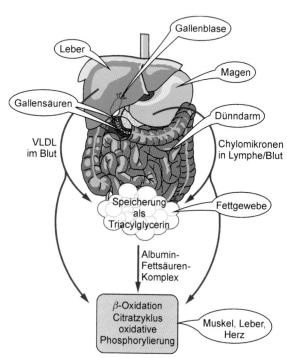

45.1 Metabolische Routen von Fettsäuren im menschlichen Organismus. Die wichtigsten Stationen sind: Resorption exogener Fette im Dünndarm mithilfe von Gallensäuren und Pankreaslipasen; Transport über Lymphe und Blut via Chylomikronen; endogene Synthese in der Leber und Transport *via* VLDL (engl. *very low density lipoproteins*); Speicherung im Fettgewebe; Transport von Fettsäuren durch Albumin im Kreislauf; Verbrauch in Muskel, Leber und Herz.

Die Struktur der Fettsäuren bestimmt ihre Eigenschaften

Die Hauptquelle der Fettsäuren ⌖ sind *Triacylglycerine* der Nahrung (Abbildung 45.1). Fettsäuren werden in Form ihrer Glycerinester – den Triacylglycerinen – in Adipocyten gespeichert und bei Bedarf rasch mobilisiert und metabolisiert.

Die Fettsäuren des menschlichen Organismus sind Carbonsäuren, die im Allgemeinen eine **geradzahlige Anzahl an C-Atomen** besitzen und nicht verzweigt sind (▶Tafel A2). Je nachdem, ob eine Fettsäure Doppelbindungen enthält oder nicht, wird sie als ungesättigt oder gesättigt bezeichnet (Exkurs 45.1).

> ### ✎ Exkurs 45.1: Nomenklatur von Fettsäuren
>
> Die Nomenklatur der Fettsäuren verwendet den Namen des Kohlenwasserstoffs mit dem Suffix „-säure", z. B. Hexadecansäure für eine C_{16}-Carbonsäure (Trivialname: Palmitinsäure). Fettsäuren sind schwache Säuren mit einem pK_a-Wert von ca. 4,5; bei neutralem pH sind sie zur Carboxylatform dissoziiert, z. B. Hexadecanoat (Palmitat). Carbonsäurederivate werden mit dem Präfix „Acyl" versehen, z. B. Triacylglycerin. Eine einfach ungesättigte Fettsäure wird durch die Silbe „en" gekennzeichnet, z. B. Hexadecensäure, eine doppelt ungesättigte als „dien" etc. Kurzformel für eine gesättigte C_{16}-Fettsäure ist 16:0, für eine einfach ungesättigte Fettsäure 16:1 etc. Die Nummerierung beginnt immer am C-Atom mit der höchsten Oxidationsstufe, also der Carboxylgruppe (C_1). Die Positionen C2 bzw. C3 werden häufig mit α bzw. β und das terminale C-Atom (C_{16} in Palmitat) mit ω bezeichnet (Abbildung 45.2). Die Position einer Doppelbindung wird durch das Symbol Δ mit der Zahl des ersten C-Atoms der Doppelbindung bezeichnet; *cis*-Δ^9 ist eine Doppelbindung zwischen C9 und C10 in *cis*-Konfiguration (Hexadecenoat).
>
> $$H_3C-(CH_2)_n-\underset{\beta}{C}H_2-\underset{\alpha}{C}H_2-\underset{1}{C}\overset{O}{\underset{OH}{\diagup}}$$
>
> **45.2** Bezeichnung der Kohlenstoffatome einer Fettsäure.

Tabelle 45.1 Wichtige Fettsäuren des menschlichen Organismus.

Zahl der C-Atome	Zahl der Doppelbindungen	Trivialname der Säure	Trivialname des Carboxylats	Systematischer Name des Carboxylats
14	–	Myristinsäure	Myristat	n-Tetradecanoat
16	–	Palmitinsäure	Palmitat	n-Hexadecanoat
18	–	Stearinsäure	Stearat	n-Octadecanoat
18	1	Ölsäure	Oleat	cis-Δ^9-Octadecenoat
18	2	Linolsäure	Linoleat	all-cis-$\Delta^{9,12}$-Octadecadienoat
18	3	Linolensäure	Linolenat	all-cis-$\Delta^{9,12,15}$-Octadecatrienoat
20	4	Arachidonsäure	Arachidonat	all-cis-$\Delta^{5,8,11,14}$-Eicosatetraenoat

Typischerweise liegt die Länge der Fettsäuren zwischen C_{14} und C_{24}, wobei C_{16} (Palmitinsäure) und C_{18} (Stearinsäure) dominieren (Tabelle 45.1). Fettsäuren können einfach oder mehrfach **ungesättigt** sein; dabei sind die Doppelbindungen im Allgemeinen durch mindestens eine Methylengruppe getrennt; sie sind also „nichtkonjugiert" oder „isoliert". Die Konfiguration der Doppelbindung ist typischerweise cis, d.h. die beiden Kohlenwasserstoffreste liegen auf der selben Seite. Fettsäuren sind **amphiphile Verbindungen** mit hydrophobem Körper (Kohlenwasserstoffkette) und hydrophilem Kopf (Carboxylgruppe) (▶ Abbildung 2.34). Sättigungsgrad und Kettenlänge bestimmen wesentlich die Eigenschaften der Fettsäuren. *Als integrale Bestandteile von Phospholipiden bestimmen sie auch die Eigenschaften biologischer Membranen: je kurzkettiger und ungesättigter die inkorporierten Fettsäuren, desto fluider die Membran.*

Die wichtigste Fettsäurequelle des menschlichen Organismus ist die Nahrung. Überwiegend werden die Fettsäuren in der Form ihrer Glycerinester, der Triacylglycerine oder **Neutralfette**, aufgenommen (Abbildung 45.3). Triacylglycerine sind Brennstoffe mit einem hohen Energieinhalt von ca. 39 kJ/g, da ihr Kohlenstoff fast vollständig reduziert vorliegt. In Kohlenhydraten und Proteinen ist er dagegen stärker oxidiert; entsprechend beträgt deren Energieinhalt nur ca. 17 kJ/g. Hinzu kommt, dass Triacylglycerine fast wasserfrei vorliegen, während z.B. Glykogen mit 2 g Wasser pro g Kohlenhydrat stark hydratisiert ist. Von daher bilden die Triacylglycerine auch das größte **Energiereservoir** des menschlichen Körpers. Bei einer 70 kg schweren Person mit einem Fettanteil von rund 15 kg entsprechen die Triacylglycerine einem Brennwert von fast 600000 kJ; dagegen sind nur

ca. 2500 kJ in Form von Glykogen gespeichert! Die Verwertung von Fetten als Energielieferanten läuft über mehrere Stationen ab, die wir nun im Einzelnen besprechen werden (Abbildung 45.4).

Lipasen hydrolysieren Triacylglycerine zu freien Fettsäuren

Wir beginnen mit dem hydrolytischen Abbau der Fette durch Lipasen; bei vollständiger Hydrolyse eines Triacylglycerins entstehen drei freie Fettsäuren und ein Glycerinmolekül (Abbildung 45.5). Das bei der Lipolyse anfallende Glycerin wird über zwei Reaktionen in den Glucosestoffwechsel eingeschleust (Abbildung 45.6). **Glycerin-Kinase** phosphoryliert Glycerin zu Glycerin-3-phosphat, das in einer NAD^+-verbrauchenden Reaktion zu Dihydroxyacetonphosphat oxidiert wird und dann in die Glykolyse oder die Gluconeogenese einmündet. Hormonabhängige Lipasen erfüllen wichtige Funktionen beim Abbau von Fettspeichern (Exkurs 45.2).

Exkurs 45.2: Lipasen

Die Aktivität der intrazellulären, **hormonsensitiven Lipasen (HSL)** wird durch reversible Phosphorylierung geregelt. Hormone wie Adrenalin, Noradrenalin und Glucagon wirken lipolytisch, indem sie **cAMP-abhängige Proteinkinase A** aktivieren, die wiederum HSL phosphoryliert und damit aktiviert. Für eine effiziente Lipolyse wird außerdem **Perilipin** benötigt. Dieses 62-kd-Protein sitzt an der Oberfläche der Lipidtropfen in Apidocyten und wird ebenfalls von Proteinkinase A phosphoryliert. Daraufhin kommt es zu einem Zerfall der Lipidtropfen in winzig kleine Tröpfchen, was die Zugänglichkeit des Substrats für HSL dramatisch erhöht. Außerdem bindet HSL an phosphoryliertes Perilipin und wird dadurch weiter aktiviert. Dagegen hemmt **Insulin** die Lipolyse durch Aktivierung der **Proteinphosphatase-1**, die wiederum HSL und Perilipin dephosphoryliert und damit inaktiviert. Umgekehrt kann ein Insulinmangel zu einer drastisch gesteigerten Lipolyse führen (Exkurs 45.3). Hingegen wird die ins Darmlumen sezernierte **Pankreaslipase** durch Gallensäuren aktiviert

45.3 Struktur eines Triacylglycerins. Der Glycerinrest ist blau hervorgehoben. Palmityl- (C_{16}), Oleyl- (cis-Δ^9-C_{18}) und Stearylrest (C_{18}) sind hier exemplarisch gezeigt.

(▶Abbildung 31.6). Schließlich werden die **endothelialen Lipasen** der Blutgefäße durch Apolipoprotein C-II stimuliert (▶Abbildung 46.12). Die verschiedenen Lipasen sind keine Isoenzyme; vielmehr haben wir es mit einer strukturell heterogenen Klasse von **homofunktionellen Enzymen** zu tun, die entsprechend ihren metabolischen Aufgaben unterschiedlich produziert, adressiert und reguliert werden.

45.3

Acylcarnitin ist die Transportform der Fettsäuren

Freie Fettsäuren werden in das Cytosol importiert oder durch zelluläre Lipasen dort erzeugt; der Fettsäureabbau findet hingegen in der Mitochondrienmatrix statt. **Kurzkettige Fettsäuren** ($< C_{10}$) können aufgrund ihrer amphiphilen Eigenschaften durch die innere Mitochondrienmembran diffundieren. Da es in der inneren mitochondrialen Membran aber kein Transportprotein für „freie" Fettsäuren gibt, müssen langkettige Fettsäuren (C_{10}–C_{20}) erst einmal in eine transportable Form überführt werden. Initialer Schritt ist die **Aktivierung der Fettsäuren** durch Bindung an Coenzym A. Eine **Acyl-CoA-Ligase** erzeugt dabei unter ATP-Verbrauch ein Acyladenylat, d.h. ein gemischtes Anhydrid aus einer langkettigen Fettsäure und Nucleosidphosphat.

$$\text{Fettsäure} + \text{ATP} \rightarrow \text{Acyl-AMP} + \text{PP}_i$$

Acyladenylate sind häufig Intermediate bei biochemischen Reaktionen, so z.B. bei der Aktivierung von Aminosäuren (▶Abschnitt 18.2). In einem zweiten Schritt wird dann die Acylgruppe auf CoA übertragen und Pyrophosphat (PP_i) hydrolysiert:

$$\text{Acyl-AMP} + \text{CoA} + \text{PP}_i + \text{H}_2\text{O} \rightarrow \text{Acyl-CoA} + \text{AMP} + 2\,\text{P}_i + 2\,\text{H}^+$$

Acylgruppe und CoA sind miteinander über eine Thioesterbindung mit hohem Gruppenübertragungspotenzial verbunden. Insgesamt werden also bei der Synthese eines Acyl-CoA zwei energiereiche Phosphatbindungen aufgewendet: Die Gesamtreaktion ist damit stark exergon und praktisch irreversibel.

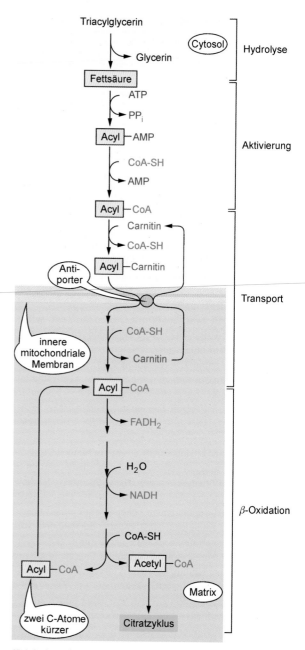

45.4 Stationen der Fettsäureoxidation bis zum Acetyl-CoA. Wir unterscheiden vier Phasen: Hydrolyse von Triacylglycerinen, Aktivierung von Fettsäuren, Transport über die innere mitochondriale Membran und β-Oxidation.

45.5 Reaktion der Lipasen. Es handelt sich um eine heterogene Enzymklasse, die in Adipocyten als intrazelluläre Lipasen, im Gefäßsystem als endotheliale Lipoproteinlipasen oder im Darmlumen als Pankreaslipasen und als Enterozyten-assoziierte Lipasen vorkommen. Letztere hydrolysieren die Triacylglycerine im Allgemeinen nur bis zum Monoacylglycerin (▶Abbildung 31.3).

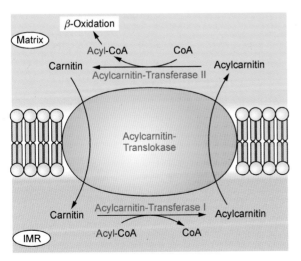

45.6 Umwandlung von Glycerin in Dihydroxyaceton-phosphat. Dieses Intermediat kann sowohl für die Glykolyse (▶ Abbildung 39.2) als auch für die Gluconeogenese (▶ Abbildung 43.1) verwendet werden.

45.7 Reaktion der Acylcarnitin-Transferasen. Carnitin ist ein zwitterionisches Derivat einer γ-Aminosäure.

Auch für Acyl-CoA gibt es in der inneren mitochondrialen Membran kein Transportsystem. Deshalb müssen die langkettigen Fettsäuren weiter auf das Trägermolekül L-Carnitin übertragen werden (Abbildung 45.7). Cytoplasmatische **Acylcarnitin-Transferase I** katalysiert die Synthese von Acylcarnitin aus Acyl-CoA an der äußeren mitochondrialen Membran. Dabei bleibt die energiereiche Thioesterbindung von Acyl-CoA in Form des Carnitinesters erhalten. Eine **Translokase** kann nun Acylcarnitin gegen unbeladenes Carnitin über die innere mitochondriale Membran austauschen. Auf der Matrixseite überträgt die mitochondriale **Acylcarnitin-Transferase II** die aktivierte Acylgruppe wieder auf freies CoA (Abbildung 45.8). Dabei wird Carnitin wieder frei, das nun für den nächsten Zyklus der Translokase zur Verfügung steht. Nach diesem „Präludium" kann nun der Fettsäureabbau in der Mitochondrienmatrix beginnen: Die aktivierten Fettsäuren werden durch eine sich wiederholende Abfolge von vier Reaktionen – zusammenfassend als **β-Oxidation** bezeichnet – sukzessive abgebaut (Abbildung 45.9 und Tabelle 45.2).

45.8 Der Carnitinzyklus. Die Acylcarnitin-Translokase der inneren Mitochondrienmembran arbeitet als Antiporter. IMR, Intermembranraum.

45.9 Reaktionsschritte der β-Oxidation. Das um zwei C-Atome verkürzte Acyl-CoA (unten) tritt erneut in den Zyklus ein, bis die Fettsäure vollständig in Acetylreste zerlegt ist. Von der Acyl-CoA-Dehydrogenase gibt es Isoformen für kurz-, mittel- und langkettige Acylreste.

Tabelle 45.2 Reaktionstypen bei der Fettsäureoxidation.

Reaktionstyp	Enzyme und Coenzyme
Oxidation	Zwei Dehydrogenasen mit FAD bzw. NAD$^+$ als Coenzym führen Doppelbindungen ein.
Hydratisierung	Eine Hydratase addiert H_2O an eine C=C-Doppelbindung.
Thiolyse	Eine Thiolase spaltet eine C–C-Bindung und überträgt eine Acylgruppe auf CoA.

$$45.4$$

Die β-Oxidation spaltet sukzessive C$_2$-Einheiten von Fettsäuren ab

In der ersten Reaktion eines jeden Zyklus der β-Oxidation katalysiert **Acyl-CoA-Dehydrogenase** die Oxidation von Acyl-CoA; dabei entsteht unter Übertragung von zwei Wasserstoffatomen auf FAD eine *trans*-**Doppelbindung** zwischen C2 (Cα) und C3 (Cβ) des Fettsäurerests (Abbildung 45.9).

$$\text{Acyl-CoA} + \text{FAD} \rightarrow \textit{trans-}\Delta^2\text{-Enoyl-CoA} + \text{FADH}_2$$

Die bei der Oxidation übertragenen Elektronen werden von FADH$_2$ via ETF (engl. *electron transferring flavoprotein*), ETF-Dehydrogenase und Ubichinon in die **Atmungskette** eingespeist, wo sie zur ATP-Gewinnung genutzt werden (▶Exkurs 41.2). Bei der zweiten Reaktion der β-Oxidation katalysiert eine **Enoyl-CoA-Hydratase** die spezifische Addition von H$_2$O an die *trans*-Δ^2-Doppelbindung: Es entsteht L-3-Hydroxyacyl-CoA. Diese Reaktion ist vollständig reversibel.

$$\textit{trans-}\Delta^2\text{-Enoyl-CoA} + H_2O \leftrightarrow \text{L-3-Hydroxyacyl-CoA}$$

Das Enzym **L-3-Hydroxyacyl-CoA-Dehydrogenase** katalysiert nun eine weitere Oxidationsreaktion, bei der NAD$^+$ als Wasserstoffakzeptor dient. Dabei wird die 3-Hydroxylgruppe in eine 3-Ketogruppe umgewandelt (syn. β-Keto-gruppe; daher auch die Bezeichnung „β-Oxidation") und gleichzeitig NADH gebildet. Die Dehydrogenase ist absolut **stereospezifisch**, d. h. sie setzt nur die L-Form, *nicht* aber die epimere D-Form von 3-Hydroxyacyl-CoA um.

$$\text{L-3-Hydroxyacyl-CoA} + \text{NAD}^+ \rightarrow \text{3-Ketoacyl-CoA} + \text{NADH} + \text{H}^+$$

Das bei der Reaktion gebildete NADH kann vom Enzym dissoziieren, seine Elektronen über Komplex I in die Atmungskette einschleusen und so zur ATP-Gewinnung beitragen (▶Abbildung 41.4). Im vierten Schritt spaltet das Enzym **Thiolase** 3-Ketoacyl-CoA. Unter Verbrauch von CoA entsteht dabei Acetyl-CoA sowie ein um zwei C-Atome verkürzter Acylrest.

$$\text{3-Ketoacyl}_n\text{-CoA} + \text{CoA} \rightarrow \text{Acyl}_{n-2}\text{-CoA} + \text{Acetyl-CoA}$$

Das um zwei C-Atome verkürzte Reaktionsprodukt durchläuft nun die Reaktionsfolge erneut, wobei zwei weitere C-Atome als Acetyl-CoA entfernt und wieder je ein FADH$_2$ bzw. NADH gebildet werden. Auf diese Weise wird Palmityl(C$_{16}$)-CoA über sieben Reaktionszyklen vollständig in acht C$_2$-Einheiten zerlegt (Abbildung 45.10).

Betrachten wir die **Gesamtreaktion** für die Oxidation von Palmityl-CoA, so gilt:

$$\text{Palmityl-CoA} + 7\,\text{FAD} + 7\,\text{NAD}^+ + 7\,\text{CoA} + 7\,\text{H}_2\text{O} \rightarrow$$
$$8\,\text{Acetyl-CoA} + 7\,\text{FADH}_2 + 7\,\text{NADH} + 7\,\text{H}^+$$

Acetyl-CoA wird im Citratzyklus vollständig zu CO$_2$ und H$_2$O abgebaut (▶Abbildung 40.4); FADH$_2$ und NADH werden in der Atmungskette verwertet (▶Abbildung 41.3). Sieben FADH$_2$ und sieben NADH liefern über die oxidative Phosphorylierung eine maximale Ausbeute von knapp 26 ATP. Die **Endoxidation** von acht Acetyl-CoA bringt im Citratzyklus acht GTP, 24 NADH und acht FADH$_2$, was ca. 74 energiereichen Phosphaten entspricht. Zwei ATP-Äquivalente müssen für die Aktivierung von Palmitat zu Palmityl-CoA investiert werden. Somit beträgt der **Nettoertrag** aus der vollständigen Oxidation von Palmitat zu CO$_2$ und H$_2$O etwa 98 ATP (die theoretische Ausbeute liegt bei 129 ATP; unter zellulären Bedingungen liegt der maximale ATP-Ertrag deutlich niedriger).

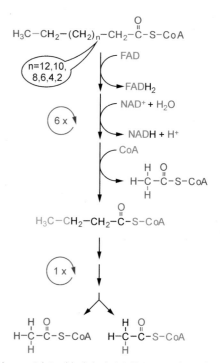

45.10 Abbau von Palmitat (oben) durch β-Oxidation. In sechs Runden entsteht jeweils ein Acetyl-CoA (Mitte); die finale siebte Runde liefert zwei Acetyl-CoA (unten).

Zwei zusätzliche Enzyme erlauben den Abbau ungesättigter Fettsäuren

Wir haben bislang den Abbau von gesättigten, geradzahligen Fettsäuren betrachtet, was der Regelfall ist. **Ungesättigte, ungeradzahlige und verzweigtkettige Fettsäuren**, die über die Nahrung aufgenommen werden, werden über Varianten der β-Oxidation abgebaut. Für den Abbau von ungesättigten Fettsäuren werden zwei zusätzliche Enzyme – eine Isomerase und eine Reduktase – benötigt. Betrachten wir zuerst das Beispiel der mehrfach ungesättigten Linolsäure, einer cis-$\Delta^{9,12}$-Carbonsäure mit 18 C-Atomen (Abbildung 45.11). Die ersten drei Runden verlaufen wie bei der gesättigten C_{18}-Carbonsäure (Stearat). Das entstehende Produkt, cis-Δ^3-Enoyl-CoA, kann allerdings von Acyl-CoA-Dehydrogenase *nicht* umgesetzt werden, da die Δ^3-Doppelbindung die Ausbildung einer zusätzlichen Δ^2-Doppelbindung verhindert. Die Zelle weiß einen eleganten Ausweg: Die **cis-Δ^3-Enoyl-CoA-Isomerase** wandelt cis-Δ^3-Enoyl-CoA in $trans$-Δ^2-Enoyl-CoA um und schafft damit unter Umgehung der Dehydrogenasereaktion ein passendes Substrat für die Hydratase.

Nach einer weiteren Runde der β-Oxidation entsteht Δ^4-Enoyl-CoA, das nach Δ^2-Dehydrierung zwei konjugierte Doppelbindungen aufweist (Abbildung 45.11). Diese 2,4-Dienoyl-Verbindung kann Hydratase *nicht* umsetzen. Eine **2,4-Dienoyl-CoA-Reduktase** tritt nun auf den Plan und setzt das Dien zu cis-Δ^3-Enoyl-CoA um, das die Isomerase wiederum zu $trans$-Δ^2-Enoyl-CoA umwandelt. Damit ist der Anschluss an den normalen Zyklus der β-Oxidation wiederhergestellt. *Eine Zelle benötigt also lediglich zwei zusätzliche Enzyme für die Verwertung mehrfach ungesättigter Carbonsäuren: eine weitere Variation des Themas „zelluläre Ökonomie".* Carbonsäuren mit ungerader C-Atom-Zahl durchlaufen die β-Oxidation ebenso wie geradzahlige; lediglich im letzten Schritt entsteht neben Acetyl-CoA die C_3-Einheit **Propionyl-CoA**. Auch beim Abbau verzweigtkettiger Fettsäuren entsteht Propionyl-CoA, das über Carboxylierung und Isomerisierung in Succinyl-CoA umgewandelt (▶ Abschnitt 47.6) und dann in den Citratzyklus eingeschleust wird.

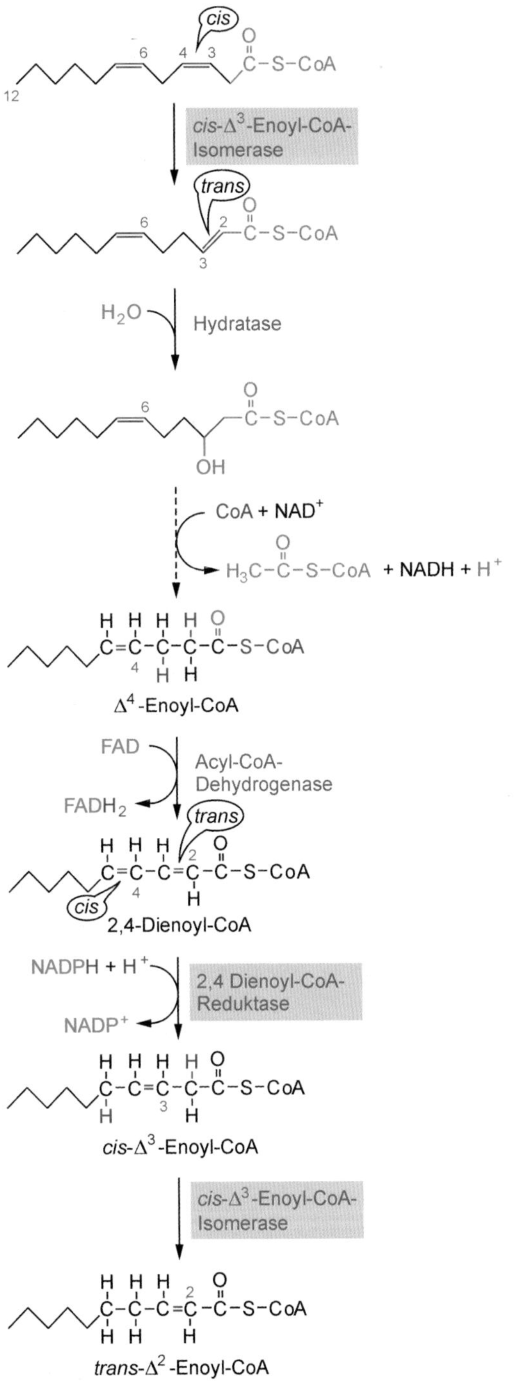

Bei einem Überangebot an Acetyl-CoA entstehen Ketonkörper

Die beim Fettsäureabbau anfallenden Acetylreste werden unter normalen Bedingungen auf Oxalacetat übertragen und in den Citratzyklus eingeschleust. Steht jedoch z. B. nach längerem Hungern ein erhöhtes Angebot an Fettsäuren einem Mangel an Glucose gegenüber, so kann Oxalacetat ver-

45.11 Abbau von mehrfach ungesättigten Fettsäuren durch β-Oxidation. cis-Δ^3-Enoyl-CoA-Isomerase und 2,4-Dienoyl-CoA-Reduktase (blau hervorgehoben) komplettieren das Arsenal fettsäureabbauender Enzyme.

knappen und dadurch der Citratzyklus in der Leber „gebremst" werden (▶ Abschnitt 40.4). Da die β-Oxidation auf Hochtouren läuft, um Reduktionsäquivalente für die ATP-Synthese bereitzustellen, akkumuliert Acetyl-CoA, das nicht für die Neuproduktion von Pyruvat oder anderen glykolytischen Intermediaten verwendet werden kann. Auch **gluco-gene Aminosäuren**, die als anaplerotische Substrate den Citratzyklus in Schwung halten können (▶Abbildung 40.12), bessern die Lage nicht, da das von ihnen stammende Oxal-

---

Exkurs 45.3: Ketonkörper und Coma diabeticum

Beim Diabetes mellitus↗🖥 führt akuter Insulinmangel zur Stimulation von Lipolyse (Exkurs 45.2) und Gluconeogenese und damit zu einem gesteigerten Fettsäureabbau bei gleichzeitigem Verbrauch von Oxalacetat (▶Abbildung 43.1). Acetyl-CoA aus der β-Oxidation akkumuliert in Leberzellen und wird durch die mitochondriale 3-Ketothiolase zur C_4-Einheit Acetoacetyl-CoA kondensiert (Abbil-

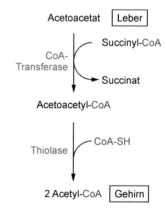

dung 45.12). HMG-CoA-Synthase kondensiert Acetoacetyl-CoA mit einem weiteren Acetyl-CoA zu 3-Hydroxy-3-methyl-glutaryl-CoA (C_6; HMG-CoA). Unter Eliminierung von Acetyl-CoA kann HMG-CoA-Lyase daraus **Acetoacetat** herstellen, das wiederum durch spontane Decarboxylierung in **Aceton** übergeht (C_3). Eine NADH-abhängige Hydrierung kann Acetoacetat in D-β-**Hydroxybutyrat** überführen. Bei akuter Hyperglykämie bildet die Leber große Mengen an Ketonkörpern, die sich im Blut anreichern und den pH senken (Ketoazidose). Durch Abatmung über die Lungen entsteht der beim diabetischen Koma typische Acetongeruch.

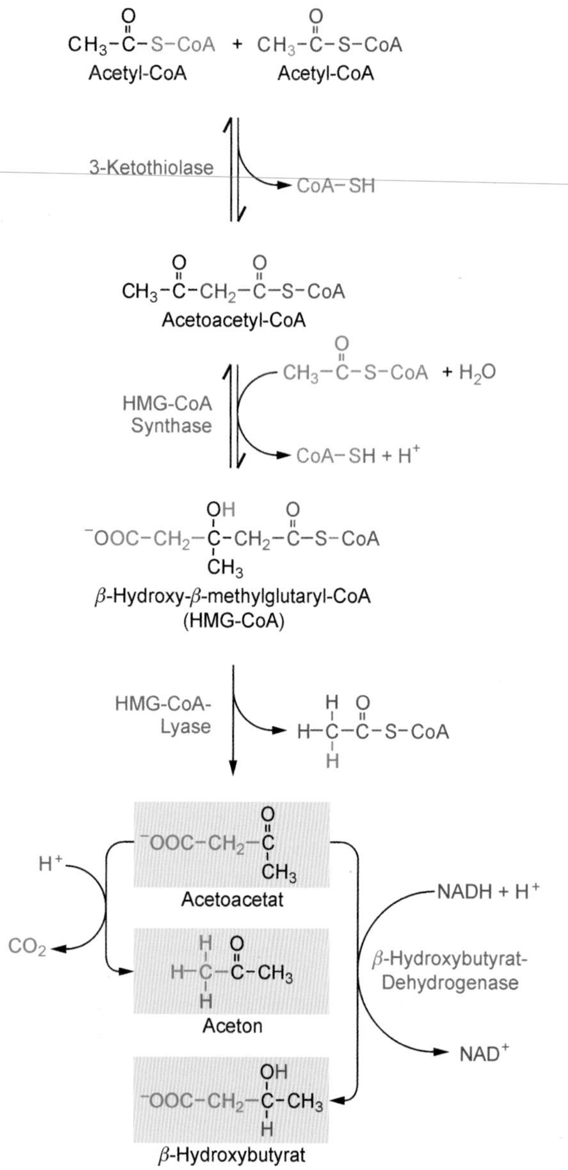

---

acetat vorrangig in die Gluconeogenese abfließt (▶Abbildung 43.1). Unter diesen Umständen verwertet die Leber das Acetyl-CoA zu **Ketonkörpern**↗🖥 wie Acetoacetat und β-Hydroxybutyrat, damit der katabole Stoffwechsel durch einen Mangel an CoA nicht zum Erliegen kommt. Beim diabetischen Koma ist die Produktion dieser Ketonkörper exzessiv gesteigert (Exkurs 45.3).

Unter physiologischen Bedingungen reicht die Leber Ketonkörper über den Blutweg an periphere Organe wie Gehirn, Herz oder Niere weiter. Bei anhaltendem Nahrungsentzug und damit Glucoseverknappung verwendet das Gehirn die angebotenen Ketonkörper zunehmend für seine Energieversorgung (Abbildung 45.13). *Acetoacetat stellt somit eine hydrophile Transportform von Acetyl-CoA dar, die bei längerem Fasten zur wichtigsten Brennstoffquelle des zentralen Nervensystems avanciert.*

45.13 Erzeugung von Acetyl-CoA aus Acetoacetat. CoA-Transferase überführt Acetoacetat in Acetoacetyl-CoA; Thiolase generiert daraus unter CoA-Verbrauch zwei Acetyl-CoA – analog zur letzten Reaktion der β-Oxidation (Abbildung 45.9).

45.12 Bildung von Ketonkörpern aus Acetyl-CoA in Mitochondrien.

45.7

Die Fettsäuresynthese ist keine einfache Umkehrung der β-Oxidation

Ein Grundprinzip des Metabolismus ist die klare Trennung auf- und abbauender Stoffwechselwege. Dieses Konzept trifft auch für den Fettstoffwechsel zu: Die im Folgenden besprochene Fettsäuresynthese ist *keine* einfache Umkehrung

$$H_3C-\overset{\overset{\textstyle O}{\|}}{C}-S-CoA \; + \; ATP \; + \; HCO_3^- \quad \xrightarrow{\text{Acetyl-CoA-Carboxylase}} \quad \underset{^-O}{\overset{O}{\diagdown}}C-CH_2-\overset{\overset{\textstyle O}{\|}}{C}-S-CoA \; + \; ADP \; + \; P_i$$

Acetyl-CoA   Malonyl-CoA

45.14 Reaktion der Acetyl-CoA-Carboxylase. Die Carboxylgruppe stammt aus Bicarbonat (HCO_3^-) und wird zunächst unter ATP-Verbrauch auf Biotin übertragen (▶ Abbildung 43.2).

der β-Oxidation. Die beiden Reaktionsketten unterscheiden sich vielmehr durch Lokalisation (Synthese im Cytosol vs. Abbau in der mitochondrialen Matrix), Träger (*acyl carrier protein* vs. CoA), Bausteine (Malonyl-CoA vs. Acetyl-CoA), Redoxcoenzyme (NADPH vs. NADH) sowie Stereospezifität (D- vs. L-Konfiguration).

Der Baustein, aus dem Fettsäuren gemacht sind, ist wiederum Acetyl-CoA. Diese C_2-Verbindung, die vornehmlich aus Glykolyse und Aminosäureabbau stammt, muss zunächst einmal verlängert werden. Die **biotinhaltige Acetyl-CoA-Carboxylase** carboxyliert im Cytoplasma Acetyl-CoA unter Verbrauch von Bicarbonat (HCO_3^-) und ATP zu **Malonyl-CoA** (Abbildung 45.14).

Die Synthese von Malonyl-CoA ist *der* **geschwindigkeitsbestimmende Schritt** der Fettsäuresynthese. Die Menge an verfügbarer Carboxylase wird mittel- bis langfristig über die Balance zwischen Expression des entsprechenden Gens und dem proteolytischen Abbau des Enzyms reguliert. Die kurzfristige Regulation der Enzymaktivität erfolgt über allosterische Mechanismen und Interkonversionen (Exkurs 45.4).

⚡ Exkurs 45.4: Acetyl-CoA-Carboxylase

Das geschwindigkeitsbestimmende Enzym der Fettsäuresynthese wird auf mehreren Ebenen reguliert (Abbildung 45.15): Phosphorylierung durch eine **AMP-abhängige Kinase** (AMPK) hemmt das Enzym, Dephosphorylierung durch **Proteinphosphatase-2A** (PP2A) aktiviert es. Signalisiert eine erhöhte AMP-Konzentration eine niedrige Energieladung der Zelle, so kann AMP die Carboxylase aber auch

über **allosterische Inhibition** abschalten. Mittelbar hemmen Adrenalin und Glucagon, indem sie eine **cAMP-abhängige Kinase** aktivieren, die PP2A inaktiviert und damit die phosphorylierte Form der Carboxylase stabilisiert: Im Ergebnis wird die Fettsäuresynthese heruntergefahren. **Insulin** hingegen stimuliert die Fettsäuresynthese, vermutlich über eine Aktivierung von PP2A und damit einer Dephosphorylierung von Carboxylase. **Citrat**, das Signal für ein Überangebot an Bausteinen und Energieträgern, kann die phosphorylierte Carboxylase allosterisch aktivieren und damit die Fettsäuresynthese wieder in Schwung bringen. Schließlich kann **Palmityl-CoA**, das Endprodukt der Fettsäuresynthese, die Carboxylase allosterisch hemmen: ein „klassischer" Fall von negativer Rückkopplung!

45.8 Fettsäure-Synthase ist ein multifunktionelles Enzym

Der Aufbau von Fettsäuren in eukaryotischen Zellen läuft an der Fettsäure-Synthase ab, einem cytoplasmatischen **Multienzymkomplex** aus zwei identischen, ca. 270 kd großen Untereinheiten (Abbildung 45.16). Jede Untereinheit trägt einen Satz von sechs katalytischen Zentren auf einer einzigen, rund 2 500 Aminosäuren langen Polypeptidkette.

An strategisch zentraler Position der Fettsäure-Synthase befinden sich die **ACP-Domänen**, die – ähnlich wie CoA – über Thiolgruppen ihrer **Phosphopantetheinreste** Acylreste kovalent binden (Abbildung 45.17) und dann wie Schwenkarme die Acylgruppen von einem katalytischen Zentrum des Komplexes zum nächsten befördern. Damit kanalisieren die ACP-Domänen den Substratfluss und erleichtern eine geordnete Reaktionsfolge.

Bei der Startreaktion wird zunächst ACP mit einem Acetylrest beladen. Nun schließt sich eine Folge von sechs Reaktionen an, die so oft durchlaufen werden, bis die Fettsäure die gewünschte Länge erreicht hat (Tabelle 45.3). In einer Schlussreaktion wird dann die neu synthetisierte Fettsäure per Hydrolyse vom ACP gelöst.

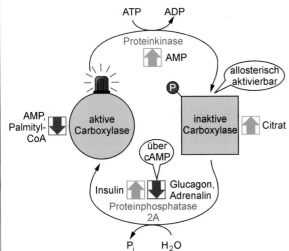

45.15 Multilaterale Regulation der Aktivität von Acetyl-CoA-Carboxylase, dem Schlüsselenzym der Fettsäuresynthese.

45.9 Fettsäuren entstehen durch multiple Kondensation von C_2-Einheiten

Die Fettsäuresynthese beginnt mit einer vorgeschalteten Startreaktion, bei der eine **Transacylase** die Acetylgruppe von Acetyl-CoA auf **ACP** überträgt:

$$\text{Acetyl-CoA} + \text{ACP-SH} \rightarrow \text{Acetyl-ACP} + \text{CoA-SH}$$

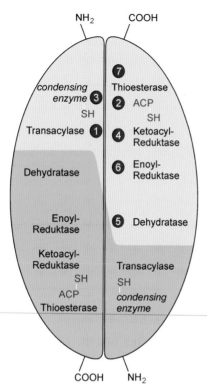

45.16 Schematischer Aufbau der Fettsäure-Synthase des Menschen. Die beiden Untereinheiten sind antiparallel angeordnet und tragen jeweils sechs katalytische Domänen. Eine weitere Domäne entspricht dem *acyl carrier protein* (ACP) der prokaryotischen Fettsäure-Synthase. Die beiden *N*-terminalen Domänen bilden mit den fünf *C*-terminalen Domänen der gegenüberliegenden Kette eine funktionelle Synthaseeinheit (farbig gekennzeichnet). ACP- und *condensing enzyme*-(CE)Domäne tragen essenzielle Thiolgruppen (–SH). Ziffern geben die Abfolge an, in der die Zentren beim Synthesezyklus in Aktion treten.

Nun beginnt eine Folge von sechs repetitiven Reaktionen (Abbildung 45.18) mit dem Transfer der Acetylgruppe von ACP auf β-Ketoacyl-Synthase, auch **condensing enzyme** genannt (*Schritt 1*). Eine weitere Transacylase überträgt dann eine Malonyl-CoA-Gruppe auf ACP (*Schritt 2*).

Tabelle 45.3 Reaktionstypen bei der Fettsäuresynthese.

Reaktionstyp	Enzyme und Coenzyme
Transacylierung	Drei Transacylasen übertragen Acylreste.
Addition	Eine Synthase katalysiert die Knüpfung einer C–C-Bindung.
Reduktion	Zwei Reduktasen übertragen Hydridionen von NADPH.
Dehydratisierung	Eine Dehydratase spaltet H_2O unter Ausbildung einer Doppelbindung ab.
Hydrolyse	Eine Thioesterase setzt die Fettsäure frei.

$$\text{Acetyl-ACP} + \text{CE-SH} \rightarrow \text{Acetyl-CE} + \text{ACP-SH}$$

$$\text{Malonyl-CoA} + \text{ACP-SH} \rightarrow \text{Malonyl-ACP} + \text{CoA-SH}$$

Diese Reaktionen finden an der einen Untereinheit des Synthasekomplexes statt. Netto werden dabei zwei CoA freigesetzt und zwei neue Thioesterbindungen geknüpft. Das *condensing enzyme* kondensiert nun die Acetyl- mit der Malonylgruppe und wird dabei selbst entladen; die entstehende Acetoacetyleinheit bleibt an ACP gebunden (*Schritt 3*). Bei dieser Reaktion wird die Carbonylgruppe (C1 des Acetylrests) auf die Methylengruppe (C2 des Malonylrests) übertragen und gleichzeitig die Carboxylgruppe (C3 des Malonylrests) als CO_2 freigesetzt. Die Decarboxylierung des Malonylrests treibt die Reaktion an und macht sie praktisch irreversibel. *Die Zelle macht also den „Umweg" über eine C3-Verbindung, um die Kondensation energetisch zu ermöglichen.*

$$\text{Acetyl-CE} + \text{Malonyl-ACP} \rightarrow \text{Acetoacetyl-ACP} + \text{CE-SH} + CO_2$$

Nun tritt die zweite Untereinheit der Fettsäure-Synthase in Aktion: Der ACP-Arm präsentiert den Acetoacetylrest der β-**Ketoacyl-Reduktase**-Domäne, die daraufhin die Carbonylgruppe an C3 unter NADPH-Verbrauch zu einer Hydroxylgruppe reduziert (*Schritt 4*). Die Addition der Wasserstoffatome erfolgt **stereoselektiv** unter Bildung des D-Isomers.

45.17 Phosphopantethein als Ankergruppe des *acyl carrier proteins* (ACP). Ähnlich wie Coenzym A trägt ACP eine Phosphopantetheingruppe, die über einen Serylrest mit der Proteinkette verankert ist. Das Prinzip des molekularen „Schwenkarms" haben wir bereits bei Liponamid (▶ Abbildung 40.2) und Biotin (▶ Exkurs 43.1) kennen gelernt.

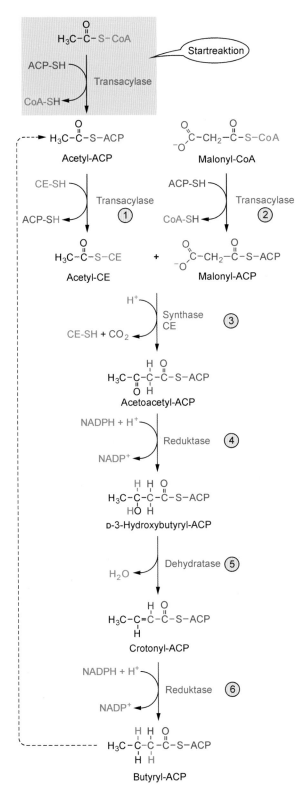

45.18 Reaktionsabfolge bei der Fettsäuresynthese. Die Startreaktion sowie die Reaktionen der ersten Syntheserunde (Schritte 1–6) sind hier gezeigt. ACP, *acyl carrier protein*; CE, *condensing enzyme*.

Acetoacetyl-ACP + NADPH + H$^+$→ D-3-Hydroxybutyryl-ACP + NADP$^+$

An dieser Untereinheit erfolgen auch die beiden nächsten Reaktionen: **3-Hydroxyacyl-ACP-Dehydratase** spaltet aus der β-Hydroxy-Acyl-Verbindung Wasser ab (*Schritt 5*). Dabei entsteht ein Derivat der Crotonsäure (CH$_3$–CH=CH–COOH), das eine *trans*-Δ^2-Doppelbindung trägt.

D-3-Hydroxybutyryl-ACP → Crotonyl-ACP + H$_2$O

Schließlich hydriert **Enoyl-ACP-Reduktase** Crotonyl-ACP unter NADPH-Verbrauch zu Butyryl-ACP (*Schritt 6*).

Crotonyl-ACP + NADPH + H$^+$→ Butyryl-ACP + NADP$^+$

Über vier Reaktionsschritte ist damit eine C$_4$-Carbonsäure entstanden. Mit dem Transfer der Butyrylgruppe von ACP auf die freie SH-Gruppe des *condensing enzyme* der gegenüberliegenden Untereinheit und der erneuten Beladung des ACP-Trägers mit einer Malonyleinheit beginnt eine neue Syntheserunde. Nach vier weiteren Reaktionsschritten ist die C$_6$-Verbindung Hexanoyl-ACP entstanden. Wenn die Acylkette nach sieben Elongationsrunden eine Länge von 16 C-Atomen erreicht hat, hydrolysiert **Thioesterase** in der Schlussreaktion die Thioesterbindung des Acyl-ACP und setzt Palmitinsäure frei.

Palmityl-ACP + H$_2$O → Palmitinsäure + ACP-SH

Die Fettsäure-Synthase kann nur Acylgruppen mit maximal 16 C-Atomen produzieren. Für die Synthese von längeren und/oder ungesättigten Fettsäuren sind zusätzliche Reaktionen erforderlich (Abschnitt 45.10).

Die Gesamtbilanz der Palmitinsäuresynthese lautet:

8 Acetyl-CoA + 14 NADPH + 7 ATP + 7 H$^+$ + H$_2$O → Palmitinsäure + 8 CoA + 14 NADP$^+$ + 7 ADP + 7 P$_i$

Der Fettsäuremetabolismus muss den Erfordernissen des Gesamtstoffwechsels ständig angepasst werden. Hauptakteure sind dabei das lipogenetisch wirkende Insulin sowie die lipolytischen Hormone Glucagon und Adrenalin (Abbildung 45.15). *Über die reziproke Regulation der beiden Prozesse stellen sie sicher, dass Fettsäuresynthese und β-Oxidation in der Regel nicht gleichzeitig stattfinden und somit auch keine energetisch verschwenderischen „futilen" Zyklen ablaufen.*

45.10

Im Cytosol entstehen längerkettige und ungesättigte Fettsäuren

Alle Vorstufen der Fettsäuresynthese müssen aus den Mitochondrien in das Cytoplasma verschoben werden. Dabei nutzt Acetyl-CoA das **Citrat-Shuttle**, das auch einen Teil des benötigten NADPH über das Malatenzym liefert (Exkurs 45.5). Das übrige NADPH wird im Cytosol über den Pentose-

Exkurs 45.5: Citrat-Shuttle

Acetyl-CoA kann den Carnitintransportweg für langkettige Acylreste *nicht* nutzen und weicht daher auf das Citrat-Shuttle aus. Die mitochondriale **Citrat-Synthase** kondensiert Acetyl-CoA mit Oxalacetat zu Citrat, das im Antiport mit Malat oder anderen Dicarboxylaten in das Cytosol gelangt (Abbildung 45.19). Die cytoplasmatische **ATP-Citrat-Lyase** regeneriert Acetyl-CoA und Oxalacetat aus Citrat unter ATP-Verbrauch. Cytosolische **Malat-Dehydrogenase** wandelt Oxalacetat unter NADH-Verbrauch in Malat um, das vom **Malat-Enzym** unter NADPH-Gewinn zu Pyruvat decarboxyliert wird. Pyruvat geht dann im Symport mit Protonen über den **Pyruvattransporter** in die mitochondriale Matrix und kann dort unter ATP-Verbrauch zu Oxalacetat carboxyliert werden: Der Zyklus ist damit geschlossen. Netto wird ein Molekül Acetyl-CoA unter Verbrauch von zwei ATP ins Cytoplasma transportiert; gleichzeitig wird ein NADH in NADPH umgewandelt. Wenn im Cytosol nicht genügend Dicarboxylate für den Antiport mit Citrat zur Verfügung stehen, kann Malat auch direkt *via* Antiport in die mitochondriale Matrix gelangen und per NAD^+-abhängiger Oxidation in Oxalacetat umgewandelt werden.

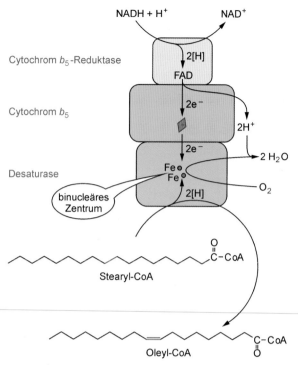

45.20 Synthese von Oleyl-CoA aus Stearyl-CoA. Die Reduktion des Sauerstoffs zu H_2O findet am binucleären Eisenzentrum der Desaturase statt.

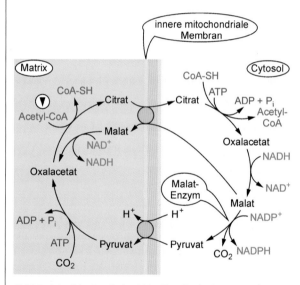

45.19 Reaktionsfolge des mitochondrialen Citrat-Shuttles. Der Intramembranraum zwischen äußerer und innerer mitochondrialer Membran ist blau dargestellt.

phosphatweg erzeugt (▶Abschnitt 42.2). ATP stammt aus der oxidativen Phosphorylierung und gelangt mit der ATP/ADP-Translokase ins Cytosol (▶Abschnitt 41.9).

Das Hauptprodukt der Fettsäure-Synthase ist die C_{16}-Carbonsäure Palmitinsäure; längerkettige Fettsäuren entstehen vor allem an der **cytosolischen Membranseite** des **endoplasmatischen Reticulums**. Dabei liefert der Donor Malonyl-CoA sukzessive C_2-Einheiten, die an das Carboxylende des Acylrests kondensiert werden. So entstehen z.B. Stearinsäure (C_{18}) und Arachidonsäure (C_{20}), ein wichtiger Vorläufer der Prostaglandine. Ungesättigte Fettsäuren werden an gleicher

Stelle durch selektive Dehydrierung gesättigter Acyl-CoA gebildet (Abbildung 45.20). Ein Komplex aus **Cytochrom-b_5-Reduktase**, **Cytochrom b_5** und **Desaturase** entzieht dem Acylrest zwei Wasserstoffatome und überträgt sie auf molekularen Sauerstoff. Gleichzeitig werden über eine Transportkette zwei Elektronen und zwei Protonen von NADH angeliefert, die O_2 zu H_2O reduzieren. *Die kombinierte Anwendung von Kettenverlängerung und Desaturierung schafft – ausgehend von Palmitinsäure – eine ganze Palette von Fettsäurederivaten – ein weiteres Beispiel für die Ökonomie biologischer Systeme.* Die Grenzen dieser Produktdiversifikation sind allerdings bei Linolsäure (C_{18}, *cis*-$\Delta^{9,12}$) bzw. Linolensäure (C_{18}, *cis*-$\Delta^{9,12,15}$) erreicht: Da der menschliche Organismus *kein* Enzym besitzt, das Doppelbindungen distal von C9 einführt, muss er Linolsäure und Linolensäure als „essenzielle" Nahrungsbestandteile aufnehmen.

45.11

Arachidonsäure ist die Vorstufe von Prostaglandinen und Thromboxanen

Von Linolsäure leitet sich Arachidonsäure, der Vorstufe von Prostaglandinen und anderen Signalmolekülen, ab. Diese vierfach ungesättigte C_{20}-Fettsäure ist Bestandteil von Phosphoglyceriden der biologischen Membranen (Tabelle 45.1).

Nach Aktivierung durch $G\alpha_q$-Protein-gekoppelte Rezeptoren kann Phospholipase A_2 Arachidonsäure aus Phosphoglyceriden freisetzen. Von Arachidonsäure starten alle Synthesewege zu den **Eikosanoiden** ⟳, einer Klasse von Signalmolekülen mit 20 C-Atomen; dazu zählen Prostaglandine, Prostacycline, Thromboxane und Leukotriene (Abbildung 45.21). Die bifunktionelle Prostaglandin-Synthase führt den ersten Schritt der Synthese von Prostaglandin aus: Mit ihrer **Cyclooxygenase**-Domäne cyclisiert sie Arachidonat unter Sauerstoffverbrauch zu Prostaglandin G_2. Die **Hydroperoxidase**-Domäne wandelt eine Hydroperoxidgruppe zur Hydroxylgruppe um. Das dabei entstehende kurzlebige Intermediat PGH_2 ist wiederum Ausgangspunkt für die Synthese weiterer Prostaglandine wie z.B. PGA_2, Prostacyclin (PGI_2) und Thromboxan (TXA_2).

Eikosanoide gehören zu den lokal wirksamen, **auto- oder parakrin agierenden Hormonen** (Autacoide). Über ihre G-Protein-gekoppelten Rezeptoren wirken sie **proinflammatorisch**, regulieren den lokalen Blutfluss, kontrollieren den Ionenfluss über Membranen und modulieren die synaptische Transmission (▶Tafeln C5–C8). **Aspirin**, ein antiinflammatorisches und antithrombotisches Medikament, blockiert die Synthese der meisten Eikosanoide (Exkurs 45.6).

〰 Exkurs 45.6: Acetylsalicylsäure

Acetylsalicylsäure (Aspirin) ⟳ ist ein weit verbreitetes Medikament, das bei Entzündungen, Fieber und Schmerzen eingesetzt wird. Durch Acetylierung eines Serinrests im **aktiven Zentrum** der **Cyclooxygenase-Domäne** hemmt Acetylsalicylsäure die Prostaglandin-Synthase irreversibel. Die Unterdrückung der Prostaglandinsynthese verhindert die Entstehung und Ausbreitung einer Entzündung. Durch gleichzeitige Blockierung der **Thromboxan-A_2-Synthese** besitzt Acetylsalicylsäure auch eine ausgeprägte antithrombotische Wirkung: Thromboxane induzieren schon in nanomolaren Konzentrationen die Aggregation von Blutplättchen und fördern damit die Thrombosebildung (▶ Exkurs 14.1). Die irreversible Hemmung der Cyclooxygenase in Blutplättchen bringt die Thromboxansynthese dieser kernlosen Zellfragmente vollständig zum Erliegen, da sie kein Enzym mehr nachsynthetisieren können.

In diesem Kapitel haben wir gelernt, dass Fette und ihre Derivate als Brenn-, Speicher-, Bau- und Signalstoffe im Stoffwechsel agieren. Der amphiphile Charakter der Fette macht spezielle Transportsysteme erforderlich, die sie zwischen Zellen und Organen befördern. Im nächsten Kapitel befassen wir uns mit den wichtigsten Fetttransportern, den Lipoproteinen, sowie einem ihrer Hauptbestandteile, dem Cholesterin.

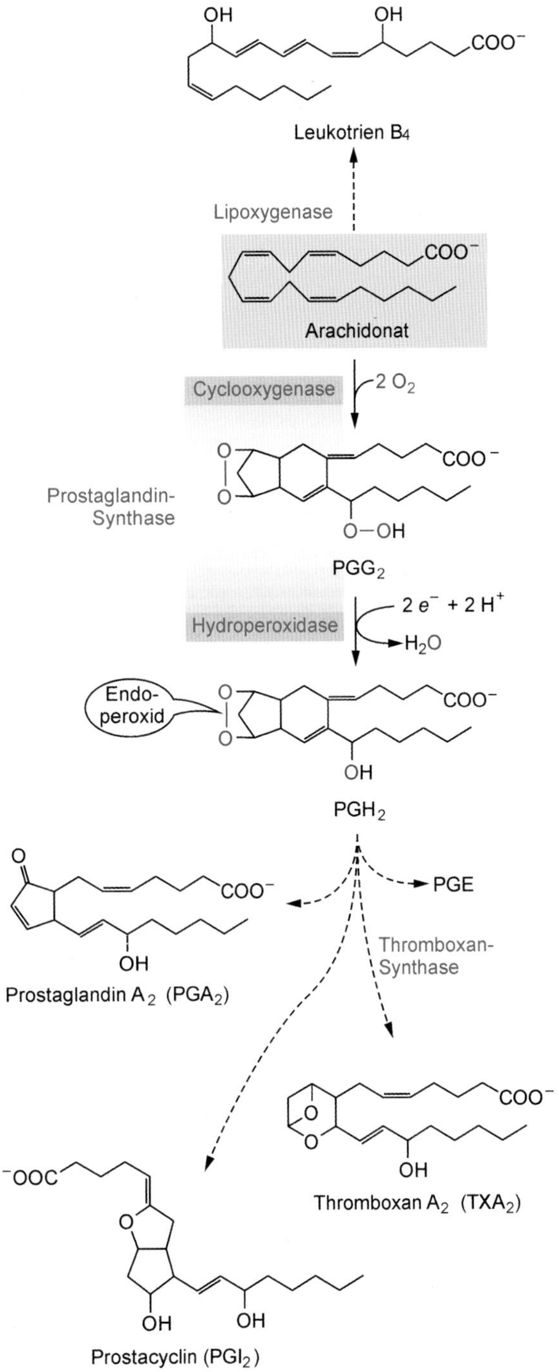

45.21 Biosynthese von Eikosanoiden. Die bifunktionelle Prostaglandin-Synthase generiert über Prostaglandin G_2 (PGG_2) das Prostaglandin H_2 (PGH_2), die Vorstufe für Prostaglandine, Prostacycline und Thromboxane. Lipoxygenase eröffnet den cyclooxygenaseunabhängigen Syntheseweg zu den Leukotrienen. Die Biosynthese von Eikosanoiden läuft im endoplasmatischen Reticulum ab. PGE, Prostaglandin E.

Zusammenfassung

- **Fettsäuren** sind **Carbonsäuren** von einer Länge zwischen C_{14} und C_{24}, die im Allgemeinen **unverzweigt** und **geradzahlig** sind; alternativ können sie einfach oder mehrfach **ungesättigt** sein. Die wichtigste Quelle und Speicherform sind die **Triacylglycerine (Neutralfette)**, in denen hauptsächlich C_{16}- und C_{18}-**Fettsäuren** mit **Glycerin** verestert sind.

- **Lipasen** spalten **Triacylglycerine** in ihre Komponenten. **Glycerin** wird phosphoryliert und in die **Glykolyse** eingeschleust. Die **freien Fettsäuren** werden zum Abbau in die **mitochondriale Matrix** transportiert und müssen dazu zunächst zu **Acyl-CoA** aktiviert und auf das Trägermolekül L-**Carnitin** übertragen werden. **Acylcarnitin-Translokase** transportiert die gebundenen Fettsäuren über die **innere Mitochondrienmembran**, wo sie wieder auf **Coenzym A** übertragen werden.

- Bei der β-**Oxidation** werden die Fettsäuren in mehreren Runden in Acetylreste gespalten, wozu **jedes zweite Kohlenstoffatom** schrittweise bis zur **Carbonsäure** oxidiert werden muss. Mittels **thiolytischer Spaltung** entsteht jeweils **Acetyl-CoA**. Jede Oxidationsrunde erzeugt ein **NADH** und ein **FADH₂**. **Ungesättigte Fettsäuren** werden durch Umlagerungen ihrer **Doppelbindungen** ebenfalls vollständig der β-Oxidation zugeführt. Beim Abbau **ungeradzahliger** und **verzweigtkettiger** Fettsäuren entsteht **Propionyl-CoA**, das über Carboxylierung und Isomerisierung in **Succinyl-CoA** umgewandelt wird.

- Bei einem **Überangebot** an **Acetyl-CoA** bilden die **Mitochondrien** der **Hepatocyten** daraus die **Ketonkörper Acetoacetat** und β-**Hydroxybutyrat**; sie verhindern so einen Mangel an Coenzym A. Wegen der stark gesteigerten **Lipolyse** ist die Produktion von Ketonkörpern beim **diabetischen Koma** extrem hoch.

- Die **Synthese von Fettsäuren** aus Acetyl-CoA erfolgt an einem **Multienzymkomplex** im **Cytosol**, der zwei **Phosphopantetheinreste** mit Thiolresten zur Bindung der Acylreste trägt. Vor der Übertragung auf die wachsende Fettsäure muss **Acetyl-CoA** über das **Citrat-Shuttle** in das **Cytosol** transportiert und dort unter **ATP-Verbrauch** transient zu **Malonyl-CoA** carboxyliert werden. Zur **schrittweisen Reduktion** bis zur Einfachbindung werden zwei **NADPH** pro eingeführtem Acetylrest benötigt. Im letzten Schritt wird die fertige Fettsäure durch **Hydrolyse** freigesetzt.

- Die **Fettsäure-Synthase** kann maximal C_{16}-Fettsäuren (Palmitinsäure) herstellen; **längerkettige Fettsäuren** müssen durch Verlängerung am **endoplasmatischen Reticulum** gebildet werden. Dort entstehen auch **ungesättigte Fettsäuren** durch selektive Dehydrierung (z.B. Ölsäure). **Mehrfach ungesättigte Fettsäuren** (z.B. Linol- und Linolensäure) können vom menschlichen Organismus jedoch nicht gebildet werden und sind deshalb **essenzielle Nahrungsbestandteile**.

- Aus der vierfach ungesättigten C_{20}-Fettsäure **Arachidonsäure** entstehen **Eikosanoide**, die als **Signalmoleküle** operieren. Dazu zählen **Prostaglandine, Prostacycline, Thromboxane** und **Leukotriene**. Die **bifunktionelle Prostaglandin-Synthase** erzeugt **PGH₂**, das gemeinsame Vorstufe aller Prostaglandine, Prostacycline und Thromboxane ist.

Biosynthese von Cholesterin, Steroiden und Membranlipiden

46

Kapitelthemen: 46.1 Biosynthese von Isopentenylpyrophosphat 46.2 Biosynthese von Cholesterin 46.3 Zusammensetzung von Lipoproteinen 46.4 Rezeptorvermittelte Endocytose 46.5 Cholesterinverwertung und Hyperlipidämien 46.6 Cholesterin als Synthesebaustein 46.7 Biosynthese von Gallensäuren 46.8 Progesteron und Steroidhormone 46.9 Biosynthese von Phosphoglyceriden 46.10 Ceramid und Sphingolipide 46.11 Sphingolipidabbau und Lipidspeicherkrankheiten

Zu den essenziellen Bestandteilen der biologischen Membranen gehören *Phosphoglyceride*, *Sphingolipide* und *Cholesterin*. Phosphoglyceride – die wichtigsten Phospholipide – und Sphingolipide, zu denen Sphingomyeline und (Sphingo)Glykolipide zählen, erfüllen wichtige Funktionen bei der biologischen Signalübertragung. Störungen beim Abbau dieser Lipide können zu schwerwiegenden Erkrankungen, den *Lipidosen*, führen. Cholesterin ist integraler Bestandteil eukaryotischer Membranen, Vorläufer aller Steroidhormone, essenzieller Bestandteil von Lipoproteinen und eine Schlüsselverbindung bei der Synthese von Gallensäuren und Calcitriol. Wir wollen uns zunächst mit den wichtigsten Schritten der *Cholesterinbiosynthese* und der Regulation dieses zentralen Stoffwechselwegs befassen. Beispielhaft werden wir sehen, dass der Stoffaustausch von Cholesterin mittels spezieller Transportsysteme und Rezeptoren streng reguliert wird. Der Mangel an solchen Rezeptoren führt zu einer *familiären Hypercholesterinämie*, die durch Atherosklerose und Myokardinfarkte bereits in der Jugend gekennzeichnet ist.

46.1 Stationen und Kompartimentierung der Isoprenoidbiosynthese. Die vier großen Abschnitte sind: Bildung der C_6-Einheit Mevalonat aus Acetyl-CoA im Cytosol, Umwandlung von Mevalonsäure über Isopentenylpyrophosphat zu Farnesylpyrophosphat in Peroxisomen, Kondensation zur C_{30}-Einheit Squalen und anderen Isoprenoiden sowie Umbau von Squalen zur C_{27}-Einheit Cholesterin im ER-Lumen. Geranyl-, Farnesyl- und Dolicholeinheiten dienen als Membrananker von Proteinen. HMG-CoA: 3-Hydroxy-3-methylglutaryl-CoA. PP: Pyrophosphat; ER: endoplasmatisches Reticulum. C_2, C_5, etc. gibt die Zahl der Kohlenstoffatome an.

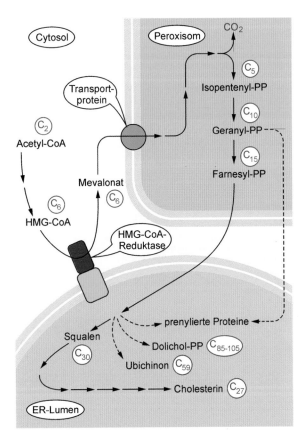

46.1

Cholesterin entsteht durch multiple Kondensation von Acetyl-CoA

Cholesterin mit seinem Gerüst aus 27 Kohlenstoffatomen wird ausschließlich aus Acetyl-CoA-Resten aufgebaut: In einem biosynthetischen Marathon über mehr als 30 Stufen entsteht aus den C_2-Einheiten das fertige Cholesterinmolekül (Abbildung 46.1). Cholesterin ist das wichtigste Produkt des Isoprenoidstoffwechsels beim Menschen. Weitere Isoprenderivate – auch **Isoprenoide** genannt (Exkurs 46.1) – sind Ubichinon sowie hydrophobe Verbindungen, die als Membrananker für Proteine dienen. Auch Pflanzen synthetisieren Isoprenoide in großer Zahl und Vielfalt; dazu gehören die meisten Aromastoffe sowie etherische Öle.

Die Cholesterinbiosynthese läuft in drei verschiedenen Kompartimenten ab. Die ersten beiden Schritte entsprechen

Exkurs 46.1: Vielfalt der Isoprenoide

Der menschliche Organismus synthetisiert aus Isopentenylpyrophosphat – auch „aktives" Isopren genannt – zahlreiche Verbindungen. So trägt das Ubichinon (Coenzym Q_{10}) der mitochondrialen Atmungskette (▶ Abbildung 41.8) eine Seitenkette mit zehn Isopreneinheiten (C_{50}). Bei der Prenylierung (▶ Exkurs 19.1), einer posttranslationalen Modifikation von Proteinen, werden Farnesyl- (C_{15}) bzw. Geranylgeranylketten (C_{20}) über eine Thioesterbindung an einen carboxyterminalen Cysteinrest gebunden. Der hydrophobe Prenylrest verankert diese Proteine in biologischen Membranen. Zahlreiche pflanzliche Isoprenoide sind als Vitamine, Aromastoffe oder pharmakologisch aktive Substanzen von Bedeutung (▶ Tafel B1). Vitamin K_1 und K_2, Coenzyme bei der Synthese von Gerinnungsfaktoren, besitzen Seitenketten aus vier (C_{20}) oder acht (C_{40}) Isopreneinheiten (▶ Exkurs 14.3). Provitamin A, auch β-Carotin genannt, ist ein C_{40}-Isoprenoid. Etherische Öle wie Menthol, Thymol und Limonen, aber auch Digitalisinhaltsstoffe (▶ Exkurs 26.1) sind weitere bekannte Vertreter dieser Stoffklasse.

exakt der mitochondrialen Ketonkörpersynthese (▶ Abbildung 45.12), finden aber im Cytosol statt. Zunächst verbindet **Ketothiolase** zwei Acetyl-CoA zu Acetoacetyl-CoA. Das Enzym **Hydroxymethylglutaryl-CoA-Synthase** addiert dann ein weiteres Molekül Acetyl-CoA an Acetoacetyl-CoA; dabei entsteht **3-Hydroxy-3-methylglutaryl-CoA**, kurz **HMG-CoA** (Abbildung 46.2).

46.2 Synthese von 3-Hydroxy-3-methylglutaryl-CoA (HMG-CoA) aus drei Acetyl-CoA.

HMG-CoA wird dann unter Verbrauch von NADPH zu Mevalonat reduziert (Abbildung 46.3). **HMG-CoA-Reduktase**, ein tetrameres Enzym, das in der Membran des endoplamatischen Reticulums verankert ist, katalysiert diese quasi-irreversible **Schlüsselreaktion der Cholesterinbiosynthese**.

46.3 Reduktion von HMG-CoA zu Mevalonat. Diese Reaktion erfolgt im Cytosol, während HMG-CoA in der Mitochondrienmatrix zu den Ketonkörpern Acetoacetat und D-3-Hydroxybutyrat umgesetzt wird (▶ Exkurs 45.3).

Unter Verbrauch von drei ATP wird Mevalonat nun in den Peroxisomen in **Isopentenylpyrophosphat** umgewandelt (Abbildung 46.4). Dabei setzt die letzte Reaktion CO_2 unter Spaltung von ATP in ADP und P_i frei. Das entstandene „aktive" Isopren mit fünf Kohlenstoffatomen ist Baustein sämtlicher Isoprenoide Exkurs 46.1).

Eine komplexe Reaktionsabfolge führt vom Isopentenylpyrophosphat zum Cholesterin

Nun folgt die Isomerisierung von Isopentenylpyrophosphat zu Dimethylallylpyrophosphat (Abbildung 46.5).

Durch Abspaltung von Pyrophosphat ($P_2O_7^{4-}$) entsteht das **Dimethylallylkation** mit einem resonanzstabilisierten, außerordentlich reaktiven Carbeniumion (C^+). Mit seiner Doppelbindung, die lokal eine hohe Elektronendichte aufweist, greift ein weiteres Isopentenylpyrophosphat das Dimethylallylkation nucleophil an. Unter Eliminierung von H^+ entsteht dabei das C_{10}-Kondensationsprodukt **Geranylpyrophosphat** (Abbildung 46.6). Die drei Schritte – Ionisierung, Kopf-Schwanz-Addition, Deprotonierung – wiederholen sich: Geranylpyrophosphat wird in ein allylisches Carbeniumion überführt und kann mit einem dritten Molekül Isopentenylpyrophosphat zum C_{15}-Produkt **Farnesylpyrophosphat** reagieren. Alle diese Schritte finden in Peroxisomen statt; zur Weitersynthese wird das Produkt nun in das ER verfrachtet (▶ Abbildung 46.1).

In einer komplexen Reaktion werden nun im endoplasmatischen Reticulum zwei Moleküle Farnesylpyrophosphat reduktiv unter NADPH-Verbrauch und zweimaliger Pyrophosphatabspaltung zum C_{30}-Körper **Squalen** addiert (Abbildung 46.7). Damit ist der „Rohling" der Cholesterinsynthese fertig.

Der vierte Abschnitt der Cholesterinbiosynthese beginnt mit der Zyklisierung von Squalen zu **Lanosterin**. Eine mischfunktionelle Oxidase, die O_2 und NADPH als Reaktanden benötigt, erzeugt zunächst Squalenepoxid (Abbildung 46.8). In einer konzertierten Reaktion verschiebt dann eine Cyclase vier Doppelbindungen sowie zwei Methylgruppen und schließt damit das Kohlenstoffgerüst an drei Stellen. Dabei entsteht Lanosterin mit dem typischen **Sterangerüst** von kondensierten Cyclopentan- und Cyclohexanringen. Ein *finale furioso*, das ca. 20 Reaktionen umfasst, eliminiert dann drei Methylgruppen, hydriert NADPH-abhängig eine Doppelbindung und verschiebt die andere nochmals: Am Ende dieser Reaktionsfolge steht Cholesterin.

Ein Mensch produziert täglich ca. 800 mg Cholesterin, vor allem in der Leber, aber auch in peripheren Geweben. Eine derart aufwändige Biosynthese verlangt nach strenger Kontrolle: Tatsächlich wird die Cholesterinproduktion über

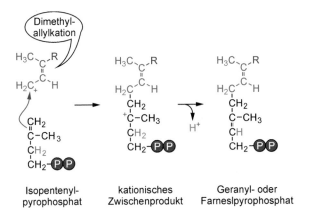

46.4 Synthese von Isopentenylpyrophosphat. Sukzessive Phosphorylierung führt vom Mevalonat zum 5-Pyrophosphomevalonat, das transient zum enzymgebundenen 3-Phospho-5-pyrophosphomevalonat phosphoryliert wird. Dieses Intermediat decarboxyliert unter Ausbildung einer Doppelbindung zum Isopentenylpyrophosphat.

46.5 Bildung des Dimethylallylkations. Durch Isomerisierung von Isopentenyl- zu Dimethylallylpyrophosphat entsteht ein reaktives Intermediat, das Pyrophosphat eliminiert und ein resonanzstabilisiertes Kation bildet. Prenyltransferase katalysiert diese erste Teilreaktion.

46.6 Biosynthese von Geranyl- und Farnesylpyrophosphat. Die Orientierung der Moleküle entspricht einer Kopf-Schwanz-Addition. Analog zum Dimethylallylkation (R = CH$_3$) entsteht bei der Synthese von Farnesylpyrophosphat aus Geranylpyrophosphat ebenfalls ein allylisches Carbeniumion (R = C$_6$H$_{11}$) als kationisches Zwischenprodukt. Prenyltransferase katalysiert auch diese zweite Reaktionsfolge.

46.7 Synthese von Squalen aus zwei Molekülen Farnesylpyrophosphat. Die Reaktion entspricht einer reduktiven Kopf-Kopf-Addition.

inhibiert damit die Reduktase (Abbildung 46.9). Die Cholesterinbiosynthese kommt also zum Stehen, wenn die Energieladung einer Zelle unter einen kritischen Wert fällt und die AMP-Konzentration entsprechend ansteigt. Ein ähnliches Beispiel haben wir bereits bei der Acetyl-CoA-Carboxylase, dem Schlüsselenzym der Fettsäuresynthese, kennen gelernt (▶Exkurs 45.4).

Verfügbarkeit und Aktivität ihres Schlüsselenzyms, der **HMG-CoA-Reduktase**, reguliert. Steroide kontrollieren auf Transkriptionsebene die Expression des Reduktasegens (Abbildung 46.9).

Nichtsteroidale Isoprenoide wie z.B. Farnesol, die ebenfalls Derivate der Mevalonsäure sind, hemmen die Translation der Reduktase-mRNA und beschleunigen – ähnlich wie Cholesterin – den Abbau der Reduktase durch Proteolyse. *Mit diesen einfachen Steuerelementen kann eine Zelle ihre Reduktasemenge um einen Faktor von ca. 200 variieren.* Neben der Quantität wird auch die Funktion des Enzyms kontrolliert: Eine **AMP-abhängige Kinase** phosphoryliert und

Lipoproteine steuern Transport und Verwertung von Cholesterin

Die größten Mengen an Cholesterin und anderen Lipiden aus endogener Produktion bzw. exogener Zufuhr fluten in Leber und Darm an. Deshalb verpacken diese Organe die Lipide als Lipoproteinpartikel – kurz **Lipoproteine** genannt – für den Transport über die Lymphe und das Blut zu ihren Zielorganen. Lipoproteine sind kugel- (sphärische) oder scheibenför-

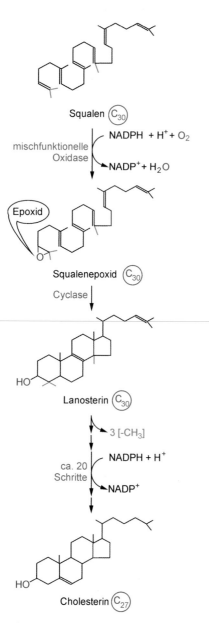

Squalen C_{30}

mischfunktionelle Oxidase

NADPH + H$^+$ + O$_2$

NADP$^+$ + H$_2$O

Epoxid

Squalenepoxid C_{30}

Cyclase

HO

Lanosterin C_{30}

3 [-CH$_3$]

ca. 20 Schritte

NADPH + H$^+$

NADP$^+$

HO

Cholesterin C_{27}

46.8 Schematische Darstellung der Umwandlung von Squalen (C_{30}) über Lanosterin (C_{30}) in Cholesterin (C_{27}).

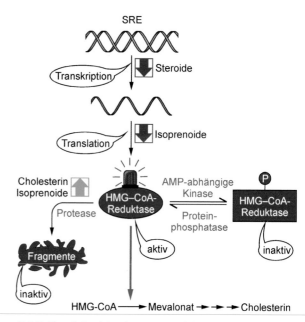

SRE

Transkription — Steroide

Translation — Isoprenoide

Cholesterin Isoprenoide

HMG–CoA-Reduktase

AMP-abhängige Kinase

Protein-phosphatase

HMG–CoA-Reduktase

Protease

Fragmente

aktiv

inaktiv

inaktiv

HMG-CoA ⟶ Mevalonat ⟶ ⟶ Cholesterin

46.9 Multilaterale Regulation der HMG-CoA-Reduktase. Die Promoterregion des Gens trägt mehrere steroidhormonregulierte Elemente (SRE), über die Steroide die Transkriptionsrate des Gens herunterregulieren können. Auf der Ebene der Translation und des Proteinabbaus greifen nichtsteroidale Isoprenoide ein. Reversible Phosphorylierung führt zur Inaktivierung des Enzyms.

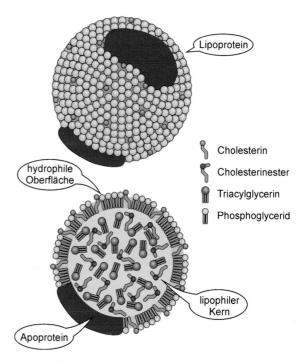

Lipoprotein

Cholesterin

Cholesterinester

Triacylglycerin

Phosphoglycerid

hydrophile Oberfläche

lipophiler Kern

Apoprotein

46.10 Aufbau eines Lipoproteins. Der Kern besteht vor allem aus dicht gepacktem Cholesterinester und Triacylglycerin, während Apoproteine, Cholesterin und Phosphoglyceride die Hülle bilden.

mige (diskoidale) Gebilde mit Molekülmassen von bis zu mehreren Millionen Dalton. Sie besitzen einen Kern aus hydrophoben Lipiden, vor allem aus Cholesterinestern und Triacylglycerinen, und eine Schale aus amphiphilen Lipiden, vornehmlich Phosphoglyceriden und Cholesterin, in die ein oder mehrere **Apo(lipo)protein(e)** inkorporiert sind (Abbildung 46.10).

Apoproteine mit Molekülmassen zwischen 7 und 513 kd werden in Leber und Darm synthetisiert; ihre Konformation zeichnet sich durch einen hohen Anteil an amphiphilen Helices und β-Faltblättern aus (▶Exkurs 5.3). Es gibt mindestens zehn Apoproteine aus fünf unterschiedlichen Klassen

Tabelle 46.1 Merkmale von Lipoproteinen.

Lipoprotein	Dominantes Lipid	Charakteristische Apoproteine
Chylomikronen	Triacylglycerine (exogen)	B-48, C, E
Chylomikronen-*Remnants*	Cholesterinester (exogen)	B-48, E
VLDL	Triacylglycerine (endogen)	B-100, C, E
IDL	Cholesterinester (endogen)	B-100, E
LDL	Cholesterinester (endogen)	B-100
HDL	Cholesterinester (endogen)	A, D

(A–E); diese Proteine haben struktur- und signalgebende Funktionen. Lipoproteine werden entsprechend zunehmender physikalischer Dichte klassifiziert: Chylomikronen (geringste Dichte), Chylomikronen-*Remnants*, <u>v</u>ery <u>l</u>ow <u>d</u>ensity <u>l</u>ipoproteins (VLDL), <u>i</u>ntermediate <u>d</u>ensity <u>l</u>ipoproteins (IDL), <u>l</u>ow <u>d</u>ensity <u>l</u>ipoproteins (LDL) bzw. <u>h</u>igh <u>d</u>ensity <u>l</u>ipoproteins (HDL; höchste Dichte) (Tabelle 46.1).

Betrachten wir zunächst den Transport von exogenen Fetten. Die Mucosazellen des Dünndarms resorbieren die mit der Nahrung zugeführten Fettsäuren (▶ Abschnitt 31.2) und verpacken sie nach Resynthese zu Triacylglycerinen in Chylomikronen, die basolateral per Exocytose abgegeben werden und zunächst in die Lymphe gelangen (Exkurs 46.2). Auch Nahrungscholesterin wird resorbiert und gelangt als Cholesterinester in die Chylomikronen. Dabei bilden Triacylglycerine und Cholesterinester einen hydrophoben Kern, um den **Apoprotein B-48** gewickelt ist; Apoprotein E stabilisiert diese Struktur. Die Apoproteine exponieren ihre hydrophilen Anteile an der Oberfläche, sodass das Lipoprotein im wässrigen Milieu der Lymphe und des Blutplasmas „löslich" ist.

Exkurs 46.2: Lipidresorption im Dünndarm

Der stark hydrophobe Charakter der Nahrungsfette erfordert im Verdauungstrakt spezielle Mechanismen zur effizienten **Resorption** der unterschiedlichen Lipide (▶ Abschnitt 31.2). Die Salze der Gallensäuren wirken dabei als Detergenzien (▶ Abschnitt 46.7) und emulgieren die Lipide in gemischten Micellen (Abbildung 46.11). Dies erleichtert die Aufnahme von mäßig hydrophoben Lipiden wie Cholesterin, Phospholipiden und „freien" Fettsäuren in die Zellen der Darmmucosa. **Triacylglycerine** sind so hydrophob, dass sie vor ihrer Resorption durch Pankreaslipasen mindestens bis zur Stufe der Monoacylglycerine hydrolysiert werden müssen. Im endoplasmatischen Reticulum der Mucosazellen werden Triacylglycerine nach ATP-abhängiger Aktivierung der freien Fettsäuren resynthetisiert (Abbildungen 46.26 und 46.27) und dann zusammen mit anderen Nahrungslipiden und dem Apolipoprotein B-48 als **Chylomikronen** transportfähig gemacht. Chylomikronen gelangen durch Exocytose in den Extrazellulärraum und werden über die Lymphbahn abtransportiert, um letztlich über den *Ductus thoracicus* in die Blutbahn zu gelangen.

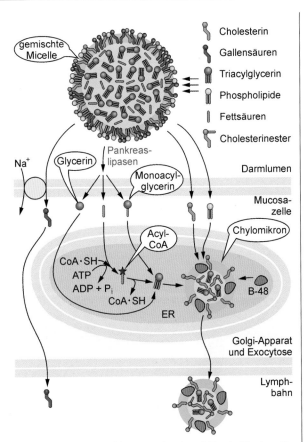

46.11 Resorption von Triacylglycerinen und anderen Lipiden im Dünndarm. Gemischte Micellen (▶ Abschnitt 31.2) liefern die Lipide an, die z. T. hydroylisiert werden und dann direkt (Phospholipide, Monoacylglycerin, Fettsäuren, Glycerin) oder per Symporter (Cholesterin) von Mucosazellen des Dünndarms aufgenommen werden. Ein Gutteil der Lipide gelangt über Chylomikronen in die Lymphbahn und letztlich ins Blut.

C-II, ein weiteres Apoprotein auf der Oberfläche der Chylomikronen, dirigiert sie zu **Lipoprotein-Lipasen**, die z. B. im Muskelgewebe auf der luminalen Seite von Kapillarendothelzellen verankert sind (Abbildung 46.12). Diese Lipasen hydrolysieren die Triacylglycerine eines Partikels (▶ Exkurs 45.2); die frei werdenden Fettsäuren werden dann vom Gewebe aufgenommen und verwertet. Zurück bleiben **Chylomikronen-***Remnants* (engl. *remnant*, Rest), die reich an Cholesterinestern sind und vor allem von Leberzellen über einen

46.12 Entladen eines Chylomikrons an einer Kapillaren-
dothelzelle. Auf der Zelloberfläche sind Lipoprotein-Lipasen über Proteoglykanketten verankert. Chylomikronen
docken via Apoprotein C-II an und aktivieren membranständige Lipasen, die daraufhin die Triacylglycerine der
Chylomikronen hydrolysieren (nicht gezeigt: Apolipoprotein E). Symbole siehe Abbildung 46.11

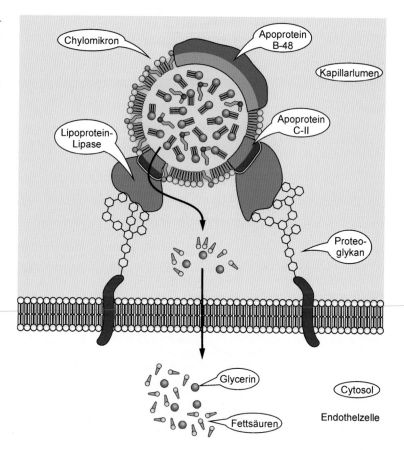

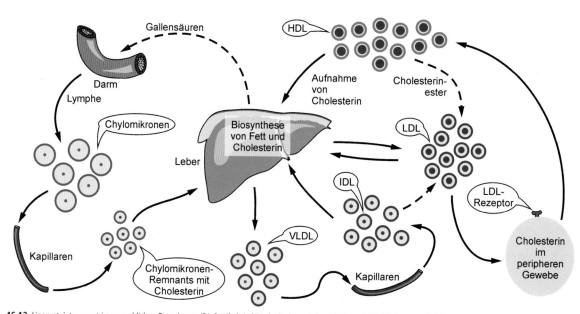

46.13 Lipoproteintransport im menschlichen Organismus. IDL-Partikel sind Bindeglieder zwischen VLDL und LDL. Die Prozesse bei der Umwandlung von Lipoproteinen untereinander sind noch nicht im molekularen Detail verstanden. [AN]

ApoE-Rezeptor aufgenommen werden. Makrophagen und Monocyten tragen einen spezifischen B-48-Rezeptor, der möglicherweise auch die Aufnahme triacylglycerinreicher Chylomikronen vermittelt. Dies könnte entscheidend für die Bildung von so genannten Schaumzellen sein, die wesentlich an der Entstehung von Atherosklerose beteiligt sind.

46.4

LDL wird über rezeptorvermittelte Endocytose internalisiert

Die Leber gibt endogen produzierte Triacylglycerine und Cholesterin in Form von VLDL-Partikeln ab. Stabilisator des Partikels ist das **Apoprotein B-100**, eine längere Variante von B-48, das mit 513 kd eines der größten bekannten Einzelproteine ist. Auch VLDL-Partikel „löschen ihre Lipidfracht" wie Chylomikronen an den „Docks" der Lipoprotein-Lipasen. Die zurückbleibenden Restpartikel sind reich an Cholesterinestern und heißen IDL (Tabelle 46.1). Die Leber nimmt einen Teil der IDL über B-100 auf; ein anderer Teil wandelt sich im Plasma zu LDL-Partikeln (Abbildung 46.13).

LDL sind die Hauptträger von Cholesterin im Blut. Um das Partikel windet sich ein Molekül B-100, das auch als Erkennungsstruktur für die Zielzellen dient. **LDL-Partikel** haben die Aufgabe, Cholesterin von der Leber an seine Zielorte in der Peripherie zu bringen. Gegenspieler sind die **HDL-Partikel**, die den Rücktransport des Cholesterins aus der Peripherie, das vor allem aus untergegangenen Zellen stammt, zur Leber besorgen. Eine HDL-assoziierte **Acyltransferase** kann dabei das aufgenommene Cholesterin verestern und die resultierenden Cholesterinester im Blutplasma mittels eines Transferproteins an IDL und LDL weiterreichen. *Die Diversität von Lipoproteinen ist also erforderlich, um den Umschlag von Lipiden innerhalb des Organismus koordiniert ablaufen zu lassen* (Abbildung 46.13).

Wie kann nun LDL seine Lipidfracht in eine Zielzelle bringen? Ein spezifischer **LDL-Rezeptor**, der auf der Zelloberfläche exponiert ist, erkennt Apoprotein B-100 und bindet darüber ein LDL-Partikel (Abbildung 46.14).

Die mit LDL beladenen Rezeptoren assoziieren und bilden mit **Clathrin**, einem intrazellulären Strukturprotein, so genannte **coated pits** (▶ Abbildung 19.27). Sekundär kommt es zur Invagination der *coated pits*, die sich dann als clathrinumhüllte **endocytotische Vesikel** von der Membran abschnüren (Abbildung 46.15). Im Zellinnern fusionieren diese Vesikel mit Lysosomen, die verschiedene hydrolytische Enzyme enthalten: Proteasen, die Apoproteine zu freien Aminosäuren abbauen; Phospholipasen, die Phosphoglyceride hydrolysieren, sowie Lipasen, die Cholesterinester zu freiem Cholesterin und Fettsäuren abbauen. Aus den Lysosomen „knospen" Vesikel mit unbeladenen LDL-Rezeptoren, die zur erneuten Verwendung an die Membranoberfläche zurück-

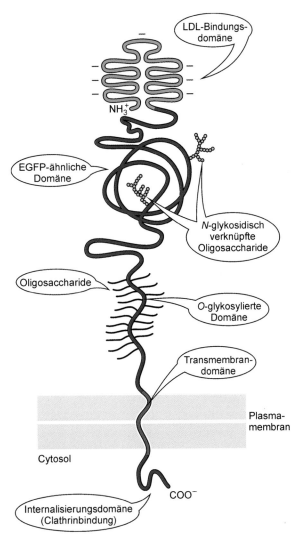

46.14 Schematischer Aufbau eines LDL-Rezeptors. Das modular aufgebaute Protein illustriert das Prinzip des *exon shuffling* (▶ Exkurs 49.2), also des genetischen Rearrangements bereits existierender Domänen zu einem komplexen Protein mit neuen Funktionen. EGFP, *epidermal growth factor precursor.*

transportiert werden. Die Umlaufzeit für einen Rezeptor beträgt etwa 10 min; an diesem Prozess ist wahrscheinlich seine EGFP-ähnliche Domäne beteiligt. Ein Rezeptor durchläuft ca. 150 Endocytosezyklen, bevor er selbst abgebaut wird.

46.5

Störungen der Cholesterinverwertung führen zu Hyperlipidämien

Zellen verwerten das durch rezeptorvermittelte Endocytose aufgenommene Cholesterin auf unterschiedliche Weise: Ein Gutteil wird durch das Enzym **Acyl-CoA:Cholesterin-Acyl-**

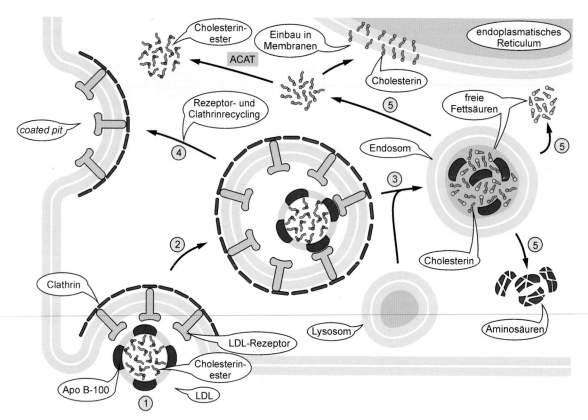

46.15 Rezeptorvermittelte Endocytose von LDL-Partikeln. Der Prozess läuft über vier Stufen: 1) Der LDL-Komplex bindet an clathrinbeladene Rezeptoren in einem *coated pit*; 2) der Rezeptor-LDL-Komplex wird internalisiert; 3) das entstehende Endosom verliert seine Clathrinhülle und fusioniert mit Lysosomen; dabei werden die LDL-Partikel hydrolysiert; 4) freie Rezeptoren und Clathrin wandern mit Vesikeln zurück zur Zellmembran; 5) internalisierte Stoffe werden wiederverwertet, gespeichert oder metabolisiert. ACAT, Acyl-CoA:Cholesterin-Acyltransferase.

transferase (ACAT) mit Oleat oder Palmitat verestert und dann gespeichert. Ein anderer Teil wird für den Aufbau neuer Membranen verwendet. Freies Cholesterin greift regulierend

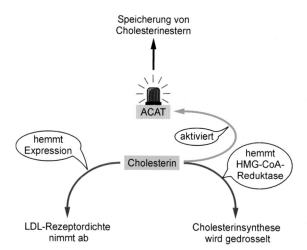

46.16 Regulatorische Wirkungen von Cholesterin in der Zelle. Cholesterin aktiviert Acyl-CoA:Cholesterin-Acyltransferase (ACAT), hemmt HMG-CoA-Reduktase und drosselt die Expression von LDL-Rezeptoren.

in den Zellstoffwechsel ein: Es aktiviert ACAT, was die Speicherung von Cholesterinestern fördert; es hemmt die HMG-CoA-Reduktase, was die endogene Cholesterinsynthese drosselt; und es reduziert die Expression von LDL-Rezeptoren, was seine Aufnahme in die Zellen hemmt (Abbildung 46.16).

Die Regulation des Cholesterinhaushalts setzt also an zwei Stellen an: In Hepatocyten, die den Großteil des endogenen Cholesterins produzieren, wird primär die HMG-CoA-Reduktase-Aktivität moduliert (Abbildung 46.9), während in Fibroblasten und anderen peripheren Zellen vor allem die Verfügbarkeit von LDL-Rezeptoren reguliert wird. Insgesamt sorgt diese ausgeklügelte Steuerung für einen balancierten Cholesterinspiegel im Blutplasma und in den Zellen. Bei molekularen Defekten einzelner Komponenten dieses Systems kann es zu schwerwiegenden Störungen des Cholesterinstoffwechsels kommen (Exkurs 46.3).

Eine kausale Therapie bei primären Hyperlipoproteinämien gibt es nicht. Bei homozygoter familiärer Hypercholesterinämie (Typ II) sind Lebertransplantationen indiziert. Für heterozygote Patienten mit moderateren Cholesterinspiegeln gibt es zwei Therapieprinzipien: Stimulation des Cholesterinabbaus durch Hemmung der intestinalen Rück-

Exkurs 46.3: Familiäre Hypercholesterinämie ⚕

Bei dieser Erkrankung kommt es zu einer drastischen Erhöhung der **Plasmakonzentration von Cholesterin** auf bis zu 700 mg/100 ml (Normalwert < 150 mg/100 ml). Ursache kann ein **Defekt im LDL-Rezeptor-Gen** sein, der zum vollständigen Ausfall oder zur Dysfunktion des Rezeptors führt. Als Folge ist die **Aufnahmekapazität** von peripheren Zellen für LDL stark eingeschränkt, was zu einer

Akkumulation von LDL (und IDL) im Plasma der Patienten führt. Bei betroffenen Patienten kommt es zur Ablagerung von Cholesterin in Haut und Sehnen (tuberös-tendinöse Xanthome), in den Skleren (Arcus lipoides) und in der Gefäßwand (Atherosklerose). Homozygote Individuen entwickeln frühzeitig eine **Atherosklerose** der Koronararterien und sind daher schon als Kinder und Jugendliche von tödlichen **Infarkten** betroffen. Andere Hyperlipoproteinämien mit bekannter molekularer Ursache sind in Tabelle 46.2 zusammengestellt.

Tabelle 46.2 Hyperlipoproteinämien mit bekanntem genetischem Defekt. Die davon betroffenen Genprodukte sind aufgeführt.

Typ	Symptomatik	Genetischer Defekt
Hyperlipoproteinämie Typ I	Hypertriacylglycerinämie	Lipoprotein-Lipase
Familiäre Hypercholesterinämie Typ II	Hypercholesterinämie	LDL-Rezeptor, Apolipoprotein B
Hyperlipoproteinämie Typ III	Hypertriacylglycerinämie, Hypercholesterinämie	Apolipoprotein E

resorption von Gallensäuren, den wichtigsten Folgeprodukten des Cholesterins (Abschnitt 46.6), sowie **Hemmung der *de novo*-Synthese von Cholesterin** durch Inhibitoren der HMG-CoA-Reduktase. Der Hemmmechanismus von Lovostatin (Mevinolin), einem kompetitiven Inhibitor der Reduktase, illustriert das Prinzip der **molekularen Mimikry**: Aufgrund seiner strukturellen Ähnlichkeit mit dem endogenen Substrat HMG-CoA wird Lovostatin zwar von der Reduktase erkannt, kann aber nicht umgesetzt werden und blockiert daher das aktive Zentrum des Enzyms (▶ Abbildung 13.7). Da die Atherosklerose zu den häufigsten Todesursachen in den industrialisierten Staaten zählt, besteht ein ausgeprägtes Interesse an der Entwicklung neuer Therapiekonzepte zur Bekämpfung der Hypercholesterinämie (▶ Kapitel 37).

46.6 Gallensäuren und Steroidhormone entstehen aus Cholesterin

Der Ab- und Umbau von Cholesterin führt zu zwei Hauptprodukten: Gallensäuren und Steroiden. **Gallensäuren** sind wichtige Emulgatoren exogen zugeführter Fette und Aktivatoren der Pankreaslipasen. Sie werden in der Leber produziert, über die Galle in den Dünndarm sezerniert und nach Reabsorption wieder verwendet: Wir sprechen vom **enterohepatischen Kreislauf**. Die **Steroide** ⚕ spielen eine überragende Rolle bei der hormonellen Steuerung von Wachstum, Entwicklung, Differenzierung und Metabolismus. Betrachten wir zunächst verbindende Aspekte von Cholesterinabkömmlingen (Exkurs 46.4).

Eine herausragende Rolle beim Ab- und Umbau von Cholesterin spielen Enzyme vom Typ der Cytochrom-P450-abhängigen **Monooxygenasen**, die ihre Substrate in NADPH/O_2-abhängigen Reaktionen hydroxylieren (Exkurs 46.5). Ein solches Enzym nimmt auch eine Schlüsselfunktion beim Abbau der Aminosäure Phenylalanin ein (▶ Abbildung 47.13).

Exkurs 46.4: Steroide: Nomenklatur und Stereochemie

Das **Kohlenstoffgerüst** von **Cholesterin** wird systematisch nummeriert (Abbildung 46.17, oben). Die Ringe werden mit A bis D bezeichnet und bilden die Grundstruktur dieser Stoffgruppe, das Steran. Ringe B/C bzw. C/D sind immer in der *trans*-Konfiguration, wodurch ihre C-Atome nahezu in einer Ebene liegen. Reste unterhalb dieser Ringebene sind α-orientiert, und Reste oberhalb der Ebene sind β-orientiert. Nach dieser Konvention befinden sich die angulären Methylgruppen an C10 bzw. C13 in β-Position. Die 3-Hydroxylgruppe kann entsprechend in α- oder β-Position stehen (Ab-

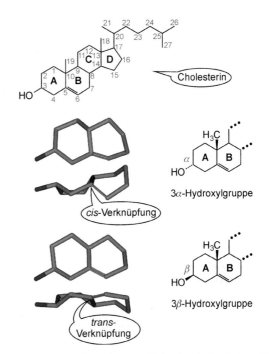

46.17 Nomenklatur und Stereochemie von Cholesterin und seinen Derivaten. Einzelheiten siehe Text.

bildung 46.17, Mitte und unten). Befindet sich der α-orientierte Substituent an C5 in *trans*-Stellung zur C19-Methylgruppe, sind auch A/B in *trans*-Konfiguration (Abbildung 46.17). In diesem Fall sind die Ringe A bis D ebenso wie bei einer von C5 ausgehenden Doppelbindung (sp$_2$-Hybridisierung!) wie im Cholesterin nahezu **planar** angeordnet. Auch **Steroidhormone** besitzen diese flache Konfiguration, was ihnen das „Eintauchen" in biologische Membranen ermöglicht. **Gallensalze** (Abschnitt 46.7) hingegen haben den C5-Substituenten in β-Stellung, und die Ringe A/B sind *cis*-verknüpft, was zum Abknicken des A-Rings relativ zum B-Ring führt (Abbildung 46.17, unten). Offenbar ist diese Konfiguration auch ihrer Aufgabe als fettlösender Emulgator dienlich.

⚡ Exkurs 46.5: Monooxygenasen

Das menschliche Genom besitzt mehr als **100 verschiedene Gene** für die **Cytochrom-P450-Familie**. Diese membranassoziierten Monooxygenasen führen ein O-Atom aus molekularem Sauerstoff in das Substrat ein, während das zweite O-Atom unter NADPH-Verbrauch zu Wasser reduziert wird – daher auch die Bezeichnung **„mischfunktionelle" Oxygenasen**. Mitochondriale Monooxygenasen verwenden statt NADPH Adrenodoxin oder Ferredoxin als Elektronendonoren. Cytochrom-P450 überträgt dabei mit seiner prosthetischen Hämgruppe die Elektronen auf Sauerstoff. Monooxygenasen spielen eine Rolle bei der **Steroidbiosynthese** (Abschnitt 46.8), beim **Aminosäureabbau** (▶ Abschnitt 47.6) und bei der **Biotransformation**, d. h. der Metabolisierung von hydrophoben Fremdstoffen wie Arzneimitteln (z. B. Barbiturate), polyzyklischen Aromaten (z. B. Dioxine) und Pestiziden (z. B. Parathion). Die Einführung von Hydroxylgruppen ermöglicht in einer zweiten Phase der Biotransformation die **Konjugation** mit hydrophilen Substanzen wie z. B. **Glucuronsäure**. Die so „entgifteten" Medikamente und Fremdstoffe können dann über die Niere ausgeschieden werden. Hydroxylierung durch Monooxygenasen kann aber auch zur **metabolischen Aktivierung** („Giftung", ▶ Abschnitt 35.3) von Substanzen führen, wie z. B. beim Acetylcholin-Esterase-Hemmstoff Parathion (▶ Abschnitt 13.7) und dem Kanzerogen Acetaminofluoren.

46.7
Gallensäuren sind natürliche Detergenzien

Wir kommen damit zum Cholesterinabbau. Die quantitativ wichtigsten Folgeprodukte sind Gallensäuren, die von Hepatocyten synthetisiert und sezerniert, in der Gallenblase gespeichert und nach fettreichen Mahlzeiten ins Duodenum ausgeschüttet werden. Aufgrund ihrer amphipathischen Struktur wirken sie als **natürliche Detergenzien**, welche die Nahrungsfette emulgieren und intestinale Lipasen aktivieren (▶ Exkurs 45.2). Am Beginn ihrer Synthese stehen die Hy-

droxylierung von Cholesterin an C7 und C12, die Hydrierung der Δ^5-Doppelbindung sowie die Oxidation an C27 der Seitenkette (Abbildung 46.18). Dabei entsteht das Intermediat Trihydroxycoprostanoat, das unter Abspaltung einer C$_3$-Einheit in **Cholyl-CoA** überführt wird. Die **Konjugation** mit der Aminogruppe von Glycin liefert **Glykocholat**, das wichtigste Gallensalz. In analoger Weise entsteht **Taurocholat**, ein Konjugat mit der Aminosulfonsäure Taurin (H$_3^+$N-CH$_2$-CH$_2$-SO$_3^-$). Bei verminderter Gallensäurenproduktion kristallisiert überschüssiges Cholesterin aus und bildet Gallensteine. Die Gabe von Gallensäurenderivaten wie z. B. **Chenodesoxycholsäure** kann das Wachstum von Gallensteinen verhindern und sogar dazu beitragen, vorhandene Steine aufzulösen. Der Er-

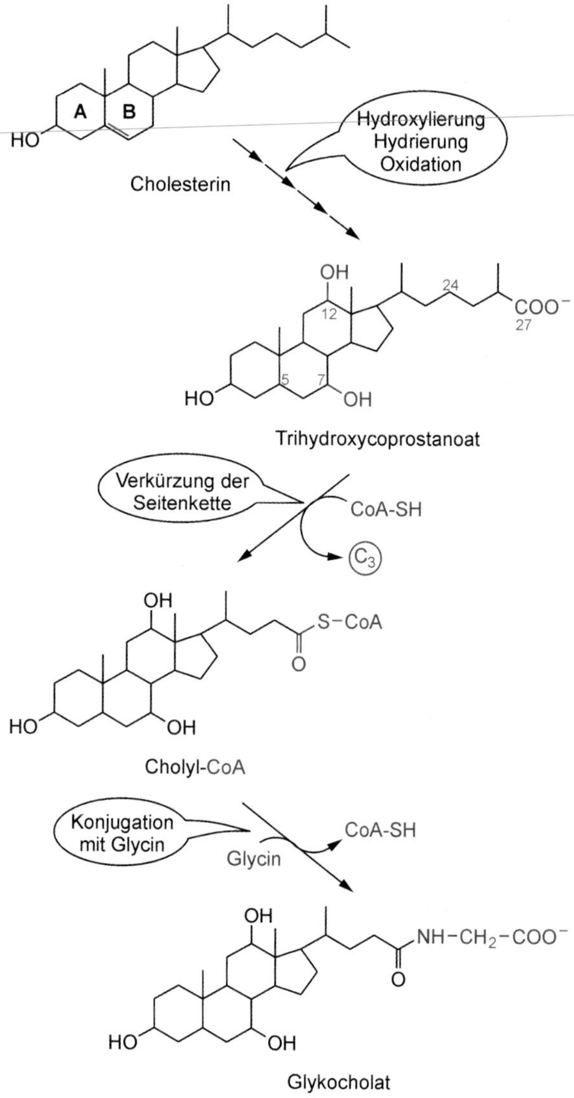

46.18 Synthese der Gallensäure Glykocholat. Die Hydroxylierung erfolgt durch Monooxygenasen der Cytochrom-P450-Familie. Durch die Hydrierung der Doppelbindung kommt es zur *cis*-Verküpfung der Ringe A und B (Abbildung 46.17).

folg dieser Therapie beruht jedoch nicht nur auf einer direkten Detergenswirkung, sondern auch auf der Hemmung der Cholesterinsynthese der Leber durch die verabreichten Gallensäuren. Für eine weitgehende Wiederverwertung der Gallensäuren ist von Bedeutung, dass sie durch bakterielle Enzyme zu Sekundärprodukten wie **Desoxycholat** und **Lithocholat** modifiziert werden. Insgesamt können damit mehr als **90 % aller Gallensalze** im Symport mit Na$^+$-Ionen im Dünndarm rückresorbiert und *via* enterohepatischem Kreislauf in die Galle zurücktransportiert werden.

Calcitriol, ein Vitamin-D$_3$-Abkömmling und wichtiger Regulator des Calcium- bzw. Phosphathaushalts (Abschnitt 30.3), wird ebenfalls aus Cholesterin gebildet (Exkurs 46.6).

Exkurs 46.6: Calcitriol

Dieses „Vitamin" kann der Organismus aus 7-**Dehydrocholesterin** selbst synthetisieren. Drei Stationen sind dabei beteiligt: In der *Haut* photolysiert UV-Licht die C9/C10-Bindung von 7-Dehydrocholesterin.

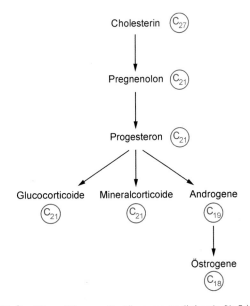

Dabei wird **Prävitamin D$_3$** gebildet, das spontan zu **Vitamin D$_3$** (Cholecalciferol) isomerisiert (Abbildung 46.19). Unter der Stimulation von Parathormon hydroxylieren Monooxygenasen der *Leber* und *Niere* Vitamin D$_3$ an den Positionen C25 bzw. C1 (in dieser Reihenfolge). Dabei entsteht das aktive Hormon **Calcitriol**. Der Transport der Zwischenstufen und des Calcitriols selbst im Blutplasma erfolgt in Bindung an das **Vitamin-D-Bindungsprotein** (DBP). Ein Calcitriolmangel in der Kindheit, der meist durch zu geringe Sonnenlichteinstrahlung ausgelöst wird, führt zur **Rachitis**. Diese Kinderkrankheit war nach der Entstehung moderner Großstädte in den ersten Jahrzehnten des 19. Jahrhundert durch schlechte Ernährung, hochgeschlossene Kleidung und mangelnde Sonnenexposition weit verbreitet. Veränderte Lebensgewohnheiten und der Zusatz von Vitamin D zur Frischmilch haben praktisch zum Verschwinden dieser Avitaminose bei Kindern geführt. Vitamin-D-Mangel bei Erwachsenen führt zu **Osteomalazie** mit Knochenerweichung und Spontanfrakturen.

46.8

Progesteron ist die gemeinsame Vorstufe aller Steroidhormone

Cholesterin ist der Ausgangspunkt für die Synthese der fünf großen Klassen von Steroidhormonen. Diese sind die Gestagene (C$_{21}$), Glucocorticoide (C$_{21}$), Mineralcorticoide (C$_{21}$), Androgene (C$_{19}$) und Östrogene (C$_{18}$) (Abbildung 46.20). Die Hauptsyntheseorgane sind: Corpus luteum für das Gestagen Progesteron; Nebennierenrinde für Gluco- und Mineralcorticoide sowie Testes für Androgene und Ovarien für Östrogene. Progesteron und Östrogene steuern den Menstruati

46.19 Biosynthese von Calcitriol. Der initiale Schritt – Dehydrierung von Cholesterin zu 7-Dehydrocholesterin in der Leber – ist hier *nicht* gezeigt.

46.20 Übersicht zur Bildung von Steroidhormonen aus Cholesterin. Die Zahl der Kohlenstoffatome ist für jede Stoffklasse angegeben.

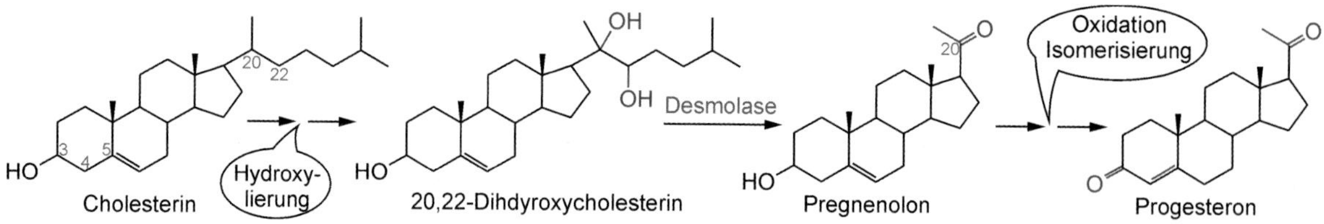

46.21 Umwandlung von Cholesterin in Progesteron. Das *Corpus luteum* produziert große Mengen an Progesteron in der lutealen Phase des ovariellen Zyklus (▶Abschnitt 30.5).

onszyklus und haben wichtige Funktionen bei der Schwangerschaft (▶Abschnitt 30.5); Glucocorticoide fördern die Gluconeogenese und den Abbau von Fetten und Proteinen (▶Abschnitt 50.7); Mineralcorticoide regulieren den Salz- und Wasserhaushalt des Organismus (▶Abschnitt 30.2); schließlich führen Androgene bzw. Östrogene zur Ausprägung sekundärer Geschlechtsmerkmale (▶Abschnitt 30.5). Diese immer noch unvollständige Aufzählung lässt die überragende Bedeutung der Steroide für Wachstum, Differenzierung und Homöostase des menschlichen Organismus erahnen. Entsprechend führen genetische Defekte in den Biosynthesewegen der einzelnen Hormone zu tiefgreifenden Störungen der körperlichen Entwicklung (▶Abschnitt 30.4).

Die Biosynthese der Steroide beginnt mit einer gemeinsamen Reaktionsfolge zur oxidativen Entfernung einer C_6-Einheit aus der Seitenkette von Cholesterin. Dazu sind zwei Hydroxylierungen und eine Lyasereaktion notwendig (Abbildung 46.21). Zuerst hydroxyliert eine Monooxygenase an C20; nach einer weiteren Hydroxylierung an C22 spaltet **Desmolase** die C20/C22-Bindung unter Bildung einer Ketogruppe an C20 zum **Pregnenolon** (C_{21}). Die Oxidation der 3-Hydroxy- zur 3-Ketogruppe und die Isomerisierung der Δ^5- in eine Δ^4-Doppelbindung liefert schließlich Progesteron, die Vorstufe aller Steroidhormone.

Progesteron ist die Ausgangsverbindung für die Synthese von Cortisol und Aldosteron in der Nebennierenrinde (Abbildung 46.22). Hydroxylierungen an C17 und C21 (in dieser Reihenfolge) sowie an C11 überführen Progesteron in **Cortisol**, den Prototyp eines Glucocorticoids. Erfolgt die Hydroxylierung des Progesterons selektiv an C21 und C11 sowie an C18 (in dieser Reihenfolge), so entsteht Corticosteron. Durch Oxidation der angulären C18-Methylgruppe wird daraus der Aldehyd **Aldosteron**, der Prototyp eines Mineralcorticoids (▶Abschnitt 30.2).

Die Synthese der Androgene und Östrogene startet ebenfalls beim Progesteron. Zunächst wird an C17 hydroxyliert; eine Lyase spaltet oxidativ den verbliebenen C_2-Stumpf der Seitenkette ab, wobei Androstendion mit zwei Ketogruppen an C3 und C17 entsteht (Abbildung 46.23). Androstendion ist die gemeinsame Vorstufe von **Androgenen** und **Östrogenen**. Die Reduktion der C17-Ketogruppe liefert Testosteron mit einer C3-Ketogruppe. Östrogene gehen aus Androgenen durch Verlust der angulären C19-Methylgruppe und Aromatisierung des A-Rings hervor: Aus Androstendion entsteht dabei Östron mit einer Ketogruppe an C17. Testosteron liefert dagegen Östradiol mit zwei Hydroxylgruppen an C3 und C17. In der Prostata und anderen Zielgeweben der Androgene wandelt das Enzym **5α-Reduktase** Testosteron in den aktiven Metaboliten Dihydrotestosteron um (▶Exkurs 30.6).

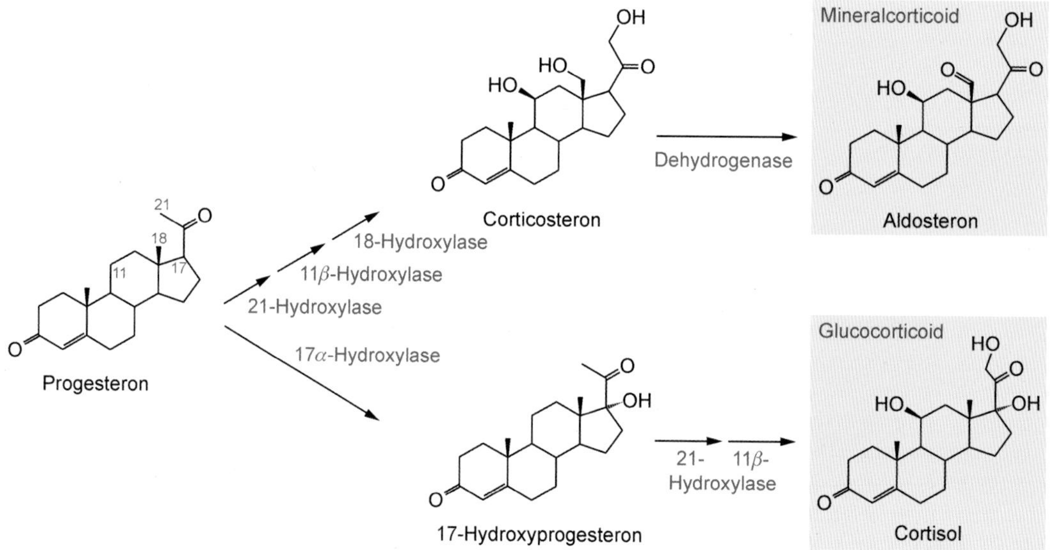

46.22 Konversion von Progesteron zu Cortisol und Aldosteron. Hauptakteure sind dabei Monooxygenasen, die positionsspezifisch an C11, C17, C18 bzw. C21 hydroxylieren.

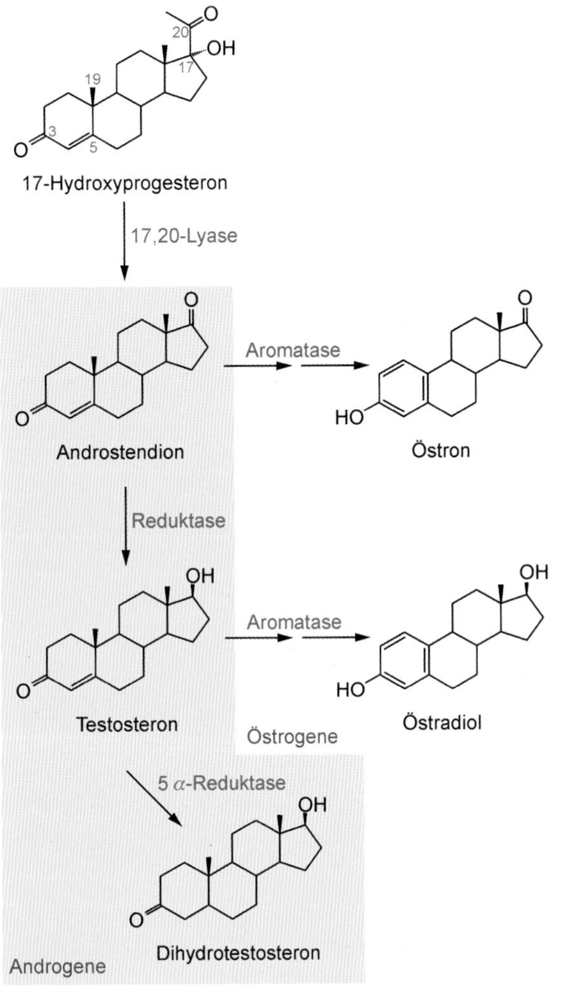

17-Hydroxyprogesteron

17,20-Lyase

Aromatase

Androstendion

Östron

Reduktase

Aromatase

Testosteron

Östrogene

Östradiol

5 α-Reduktase

Dihydrotestosteron

Androgene

46.23 Umwandlung von Progesteron in Androgene und Östrogene.

Die bei diesen Biosynthesen arbeitenden Monooxygenasen sind absolut spezifisch für eine bestimmte Position im Kohlenstoffgerüst (z.B. C11, C18, C21) und können sich *nicht* wechselseitig ersetzen. Entsprechend kann der Ausfall einer einzigen Hydroxylase zu schwerwiegenden Störungen führen. Der häufigste ererbte Defekt bei der Steroidhormonsynthese ist der **21-Hydroxylase-Mangel** (Exkurs 46.7).

⚕ Exkurs 46.7: Adrenogenitales Syndrom

Häufigste Ursache für ein Adrenogenitales Syndrom (AGS) ist ein **21-Hydroxylase-Mangel**, bei dem sowohl Gluco- als auch Mineralcorticoidsynthese betroffen sind. Die verminderte Produktion von Cortisol und Aldosteron steigert sekundär die **ACTH-Ausschüttung** der Hypophyse (▶ Exkurs 30.3). Dies führt zur Hyperplasie der Nebennieren mit einer exzessiv gesteigerten Progesteronbildung. Da der Syntheseweg zu Cortisol und Aldosteron blockiert ist, akkumuliert

17-Hydroxyprogesteron und wird vermehrt in **Androgene** umgewandelt. Das klinische Bild eines 21-Hydroxylase-Mangels ist daher geprägt von einer Virilisierung bei weiblichen Patienten bzw. einer *Pseudopubertas praecox* und Kleinwuchs durch frühzeitigen Epiphysenschluss bei männlichen Patienten. Der Mangel an Aldosteron kann zusätzlich ein **Salzverlustsyndrom** mit Dehydratation und Hypotonie erzeugen. Bei rechtzeitiger Diagnose kann eine Substitution mit Gluco- und Mineralcorticoiden die gravierende Symptomatik erheblich mildern.

Phosphatidsäure ist der gemeinsame Vorläufer aller Phosphoglyceride

Cholesterin ist als amphiphiles Lipid ein essenzieller Bestandteil der biologischen Membranen. Die Hauptmasse der Membranlipide machen jedoch Phospholipide aus. Die häufigsten Phospholipide sind die **Phospoglyceride**, die sich von Glycerin ableiten (▶ Tafel A3). Wie wir gesehen haben, übernehmen sie wichtige Aufgaben beim Cholesterintransport im Plasma (Abbildung 46.10); darüber hinaus sind sie bedeutende Mittler der intrazellulären Signaltransduktion, der Blutgerinnung und der Lungenfunktion. **Sphingolipide** bilden die zweite große Klasse von Membranlipiden; sie kommen vor allem im Nervensystem vor. Betrachten wir zunächst die Biosynthese der Phosphoglyceride, die im glatten endoplasmatischen Reticulum produziert und über Vesikel oder spezifische Transportproteine zu ihren Zielmembranen gebracht werden (Abbildung 46.24).

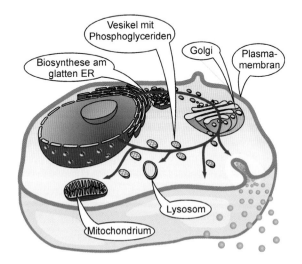

46.24 Zelluläre Synthese und Transport von Phosphoglyceriden. Die am glatten ER synthetisierten Phosphoglyceride werden auf die Plasmamembran sowie die Membranen der diversen Zellorganellen verteilt. Die wichtigsten Vertreter sind Phosphatidylserin, Phosphatidylinositol, Phosphatidylcholin („Lecithin"), Phosphatidylethanolamin, Phosphatidylglycerin sowie Cardiolipin.

46.25 Stationen der Biosynthese von Phosphoglyceriden. Ethanolamin und Cholin sind von Serin abgeleitete Aminoalkohole. CTP, Cytidintriphosphat.

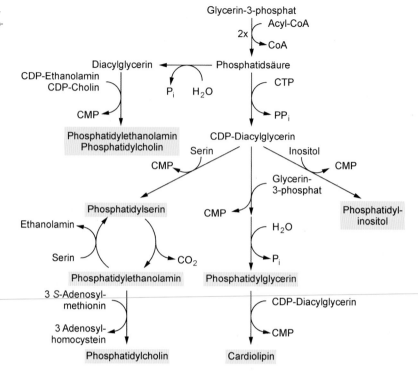

Wichtige Ausgangsstoffe der Biosynthese von Phosphoglyceriden sind Glycerinphosphat, Dihydroxyacetonphosphat und Diacylglycerin. Bedeutende Intermediate sind **Phosphatidsäure** bzw. ihr Salz Phosphatidat sowie CDP-Diacylglycerin, ein aktiviertes Glycerin (Abbildung 46.25).

Phosphatidat ist die Vorstufe aller Phosphoglyceride. Seine Synthese startet mit **Glycerin-3-phosphat**, das Glycerinphosphat-Acyltransferase durch zwei sukzessive Acylierungen via **Lysophosphatidat** (1-Acylglycerin-3-phosphat) in Phosphatidat überführt (Abbildung 46.26). Typischerweise sind die Acylreste am C1 von Phosphatidat gesättigt, am C2 dagegen ungesättigt.

Phosphatidat erfährt im Stoffwechsel verschiedene Schicksale. Zum einen kann eine spezifische Phosphatase Phosphatidat zu Diacylglycerin, einem Intermediat der Triacylglycerinbiosynthese, umsetzen. Die nachfolgende Acylierung durch Diacylglycerin-Acyltransferase liefert dann **Triacylglycerine** (Abbildung 46.27). Die alternative Verwendung von Phosphatidat führt unmittelbar zu den Phosphoglyceriden (Abbildung 46.28).

Wie viele andere anabole Reaktionen erfordert auch die Biosynthese der Phosphoglyceride ein „aktiviertes" Intermediat, nämlich **CDP-Diacylglycerin**. Phosphatidat-Cytidyl-Transferase überträgt dabei CMP aus CTP unter Abspaltung von Pyrophosphat auf die Phosphatgruppe von Phosphatidat, wobei C̲ytidin-d̲iphospho-diacylglycerat, kurz CDP-Diacylglycerin, entsteht (Abbildung 46.28).

Die aktivierte Phosphatidylgruppe reagiert nun mit der Hydroxylgruppe von Serin unter Bildung von **Phosphatidyl-**

46.26 Biosynthese von Phosphatidat aus Glycerin-3-phosphat. Eine NADPH-abhängige Reduktion von Dihydroxyacetonphosphat oder die direkte Phosphorylierung von Glycerin mittels ATP (▶ Abbildung 45.6) liefern das Ausgangsprodukt.

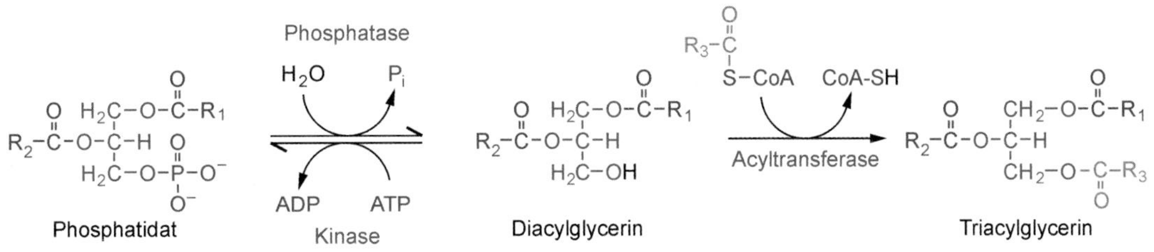

46.27 Synthese von Diacylglycerinen und Triacylglycerinen aus Phosphatidat. Die initiale Hydrolyse ist umkehrbar: Eine spezifische Kinase kann aus Diacylglycerin, das beim Phosphoglyceridabbau anfällt, Phosphatidat herstellen und es so wiederverwerten.

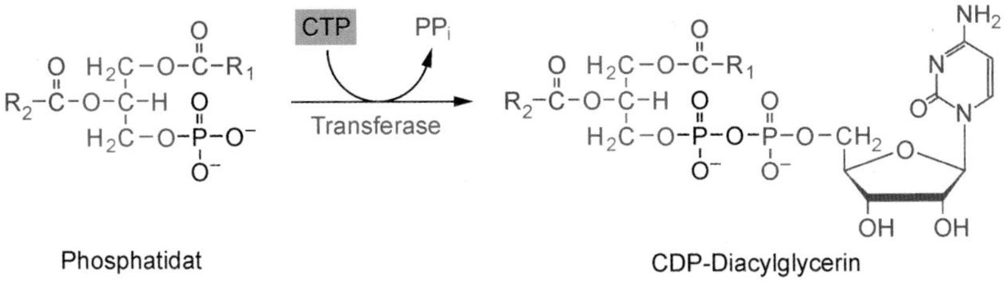

46.28 Synthese von CDP-Diacylglycerin aus Phosphatidat und CTP. Die Hydrolyse des freigesetzten Pyrophosphats zu 2 P_i macht die Reaktion praktisch irreversibel. Ähnliche Aktivierungen überführen Glucose-1-phosphat und UTP in UDP-Glucose (▶Abbildung 44.5) sowie Fettsäuren und ATP in Acyladenylate (▶Abschnitt 45.3).

serin (Abbildung 46.29). In gleicher Weise kann CDP-Diacylglycerin mit der C1-Hydroxylgruppe von Inositol unter Bildung von **Phosphatidylinositol** reagieren.

Die nachfolgende Phosphorylierung des Phosphatidylinositols an den Hydroxylgruppen von C4 und C5 führt zur Bildung von **Phosphatidylinositol-4,5-bisphosphat** PiP₂. Phospholipasen setzen daraus wichtige sekundäre Botenstoffe frei (Exkurs 46.8).

Nach demselben Reaktionsmuster wie bei Phosphatidylserin entsteht aus CDP-Diacylglycerin und Glycerin-3-phosphat das Phosphatidylglycerin-3-phosphat (Abbildung 46.31). Die nachfolgende Hydrolyse der Phosphoesterbindung an C3 liefert Phosphatidylglycerin. Durch Umsetzung mit einem weiteren CDP-Diacylglycerin-Molekül entsteht daraus das symmetrisch aufgebaute Diphosphatidylglycerin, auch **Cardiolipin** genannt, das fast ausschließlich in der inneren Mitochondrienmembran vorkommt. Sein Name leitet sich von seinem hohen Vorkommen in mitochondrienreichen Kardiomyocyten ab.

Die Biosynthese von Phosphatidylcholin und -ethanolamin, den Hauptbestandteilen eukaryotischer Membranen, kann auch einen anderen Weg nehmen: Dabei werden die Alkoholkomponenten aktiviert, die dann mit „freiem" Diacylglycerin reagieren. Dabei wird Cholin in einer ATP-abhängigen Reaktion zu Phosphorylcholin umgesetzt, das dann mit CTP unter Bildung von CDP-Cholin, dem „aktivierten" Cholin, reagiert (Abbildung 46.32). Seine Umsetzung mit Diacylglycerin liefert **Phosphatidylcholin**. In analoger Weise entsteht Phosphatidylethanolamin (▶Tafel A3).

Einige Phosphoglyceride tragen an C1 keine Acyl-, sondern eine Ethergruppe; sie werden als **Glycerinetherphospholipide** bezeichnet und nehmen wichtige biologische Funktionen, z.B. bei der Hämostase, wahr (Exkurs 46.9).

Plasmalogene sind Glycerinetherphospholipide, deren Alkylrest α,β-ungesättigt ist; sie werden aus den gesättigten Vorstufen durch eine **Desaturase** hergestellt (Abbildung 46.34). Ähnlich wie bei der Einführung von Doppelbindungen in langkettige Fettsäuren (▶Abbildung 45.11) werden dabei O_2 und NADH als Reaktanden benötigt.

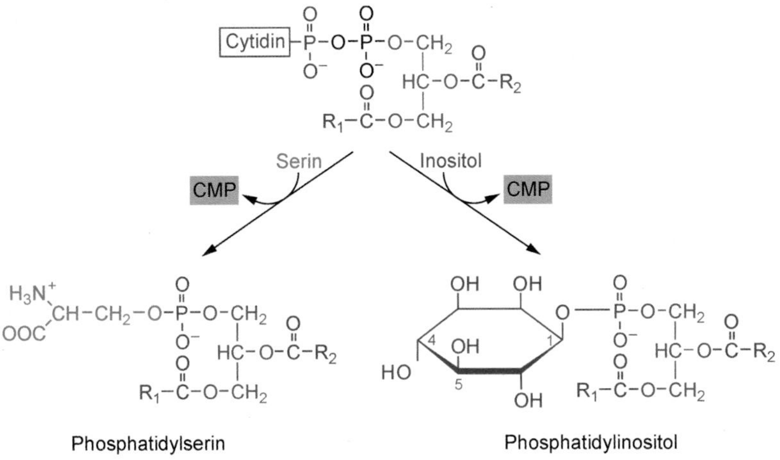

46.29 Synthese von Phosphatidylserin und Phosphatidylinositol. CDP-Diacylglycerin reagiert mit der Hydroxylgruppe von Serin bzw. Inositol unter CMP-Abspaltung.

Exkurs 46.8: Phospholipasen

Phospholipasen kommen als **phosphoglyceridabbauende Enzyme** in großen Mengen in extrazellulären Sekreten (Pankreassekret) und intrazellulären Organellen (z. B. Lysosomen) vor. Ihre Funktion ist der Abbau exo- und endogener Phosphoglyceride. Dagegen erzeugen cytosolische Phospholipasen sekundäre Botenstoffe aus membranassoziierten Phosphoglyceriden. Entsprechend der Esterbindung, die spezifisch gespalten wird, unterscheiden wir Phospholipasen vom **Typ A₁, A₂, B, C und D** (Abbildung 46.30). Die Stimulation G-Protein-gekoppelter Rezeptoren durch Peptidhormone wie z. B. Bradykinin führt zur Aktivierung von **Phospholipase C-β**, die aus Phosphatidylinositol-4,5-bisphosphat die sekundären Botenstoffe **Inositol-**

1,4,5-triphosphat (IP₃) und **Diacylglycerin** (DAG) freisetzt (▶Abbildung 28.17). Aktivierte Phospholipase A₂ setzt aus Phosphoglyceriden Arachidonat frei, die biosynthetische Vorstufe der Eikosanoide (▶Abschnitt 45.11).

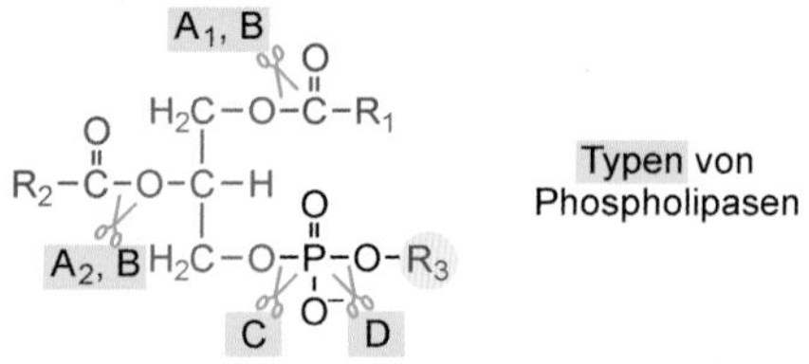

46.30 Klassifikation der Phospholipasen nach der Esterbindung, die sie spalten. R₁ und R₂ sind Fettsäuren, während R₃ eine Kopfgruppe wie z. B. Serin, Cholin oder Inositol-4,5-bisphosphat repräsentiert. Phospholipase B kann Acylreste sowohl an C1 als auch an C2 abspalten.

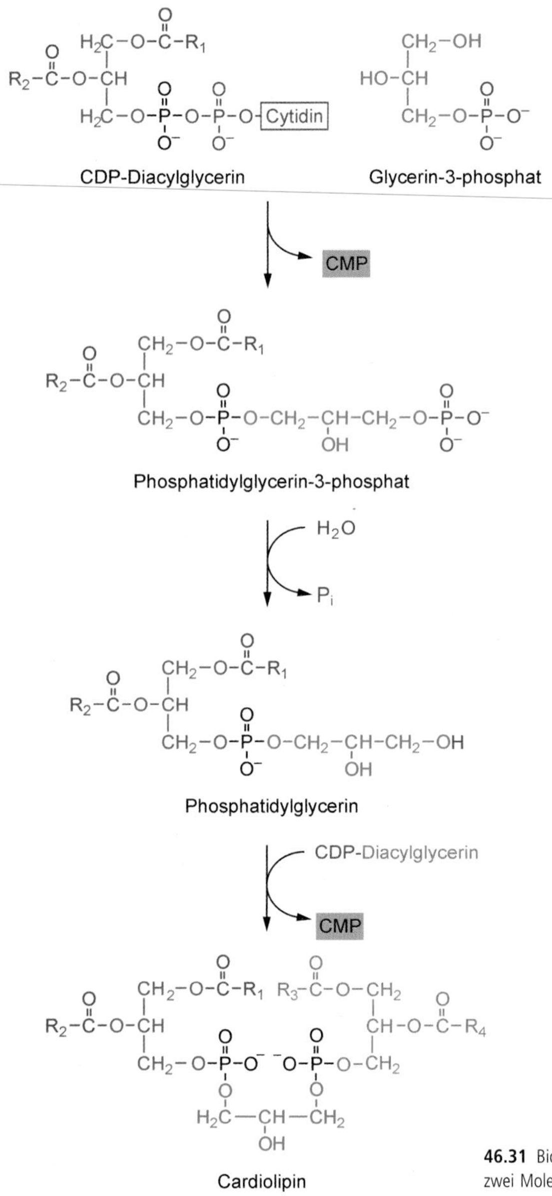

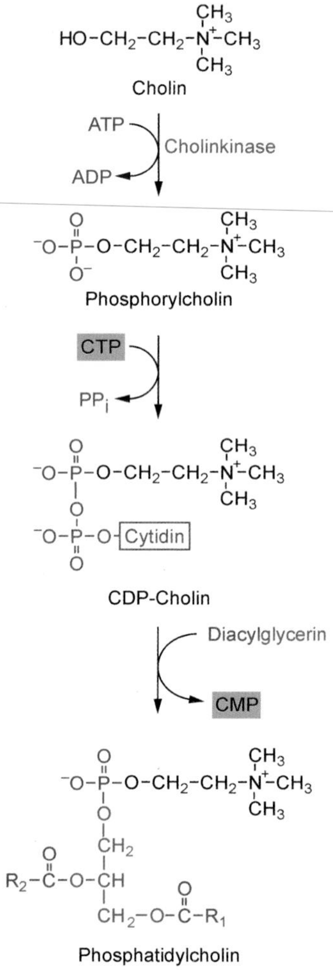

46.31 Biosynthese von Cardiolipin. Aus einem Molekül Glycerin-3-phosphat und zwei Molekülen CDP-Diacylglycerin entsteht das symmetrisch gebaute Cardiolipin.

46.32 Biosynthese von Phosphatidylcholin via CDP-Cholin. Cholin, das seine drei N-Methylgruppen aus der essenziellen Aminosäure Methionin bezieht und daher dem Organismus nur in begrenzten Mengen zur Verfügung steht, wird über den skizzierten Syntheseweg wiederverwertet. Auch das bei der Spaltung des Neurotransmitters Acetylcholin anfallende Cholin wird aus dem genannten Grund reutilisiert (▶Exkurs 26.6).

Exkurs 46.9: Glycerinether-phospolipide

Die Biosynthese beginnt mit **Dihydroxyacetonphosphat**, das mit Acyl-CoA zu 1-Acyl-dihydroxyaceton-phosphat reagiert (Abbildung 46.33). Der Acylrest R wird nun gegen einen langkettigen Alkoholrest R′ ausgetauscht; dabei wird die Esterbindung (–CO–OR) an C1 in eine Etherbindung (–C–O–R′) überführt. Die NADPH-abhängige Reduktion der Ketogruppe an C2 führt zu 1-Alkylglycerin-3-phosphat. Die entstandene Hydroxylgruppe an C2 wird mit Acyl-CoA zu 1-Alkyl-2-acylglycerin-3-phosphat acyliert. Nach Hydrolyse der Phosphoesterbindung führt die Reaktion mit CDP-Ethanolamin zum 1-Alkyl-2-acyl-phosphatidyl-ethanolamin, einem **Glycerinetherphospholipid**. Prototyp dieser Stoffklasse ist 1-Alkyl-2-acetylphosphatidylcholin, das auch **Plättchen-aktivierender Faktor (PAF)** genannt wird. Es trägt meist einen C_{16}- oder C_{18}-n-Alkylrest und bewirkt bereits in picomolaren Konzentrationen (10^{-12} M) die Aggregation von Thrombocyten und die Dilatation von Blutgefäßen (▶ Tabelle 28.1).

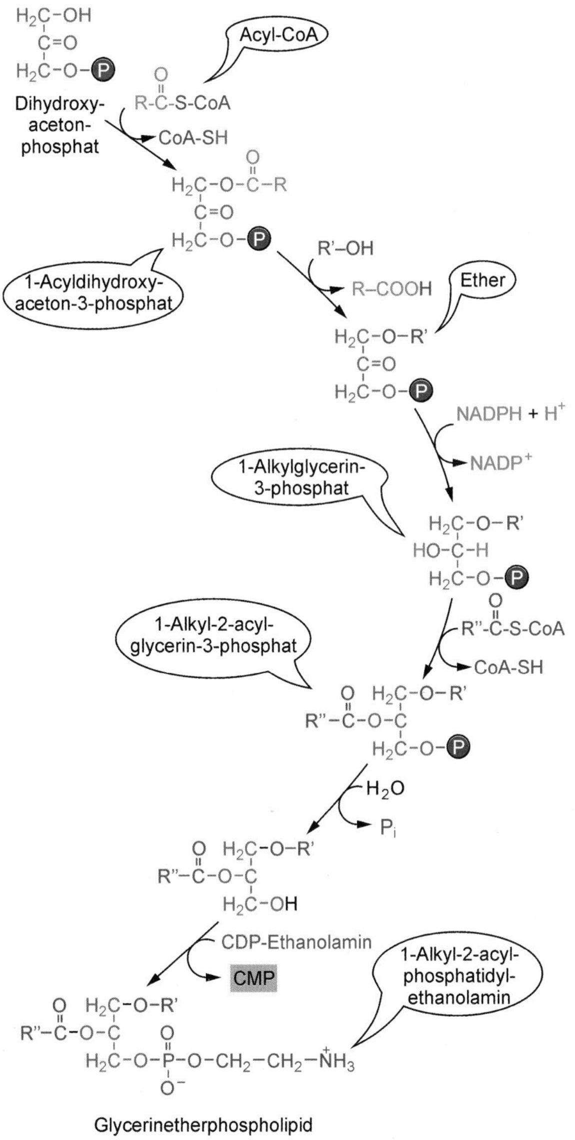

46.33 Synthese von Glycerinetherphospholipiden.

46.10

Ceramid ist die Vorstufe aller Sphingolipide

Wir wenden uns nun einer zweiten großen Klasse von Membranlipiden zu, den **Sphingolipiden**; dazu gehören Sphingomyeline und die (Sphingo)Glykolipide (▶ Tafel A4). Grundbaustein ist das **Sphinganin**, das eine trifunktionelle „Kopfgruppe" besitzt, die – anders als das Triol Glycerin – eine Amino- und zwei Hydroxylgruppen trägt (Abbildung 46.35). Diese Kopfgruppe ist Teil einer C_{18}-Alkylkette. Erster Schritt der Biosynthese ist die Verknüpfung von Palmityl-CoA mit Serin; dabei entsteht unter Decarboxylierung 3-Ketosphinganin. Die NADPH-abhängige Reduktion der Ketogruppe liefert dann Sphinganin. Durch Acylierung seiner Aminogruppe an C2 und Dehydrierung der Alkylkette an C4 entsteht daraus **Ceramid**, die gemeinsame Vorstufe der Sphingomyeline und Cerebroside. Wird Sphinganin ohne vorherige Acylierung dehydriert, so entsteht **Sphingosin**.

Ceramid besitzt bereits die grundlegenden Merkmale eines Membranlipids mit zwei langkettigen Acylresten an C2 und C3. Die Sphingolipidsynthese wird durch Konjugation der Hydroxylgruppe an C1 abgeschlossen (Abbildung 46.36): Die Veresterung mit einer Phosphorylcholingruppe liefert **Sphingomyelin**, den Hauptbestandteil der axonalen Myelinscheiden (▶ Abbildung 32.11). Die Reaktion von Ceramid mit UDP-Glucose oder UDP-Galactose führt hingegen zu **Cerebrosiden**, den Prototypen der Sphingoglykolipide.

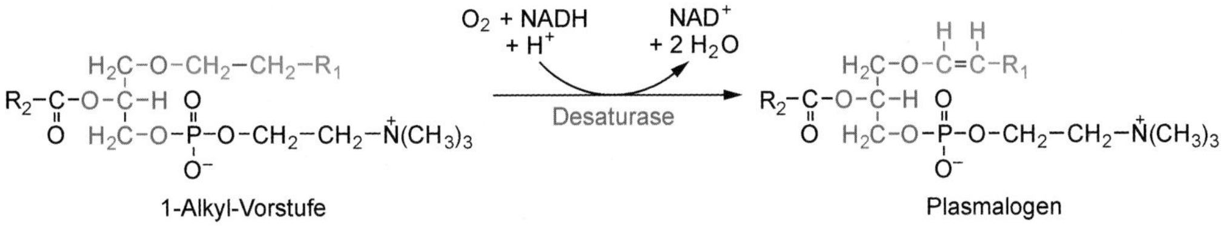

46.34 Biosynthese eines Plasmalogens aus einem Glycerinether. Ein membrangebundener Enzymkomplex, an dem eine Δ^1-Desaturase und das Cytochrom-b_5-System beteiligt sind, katalysiert diese Reaktion.

H$_3$C–(CH$_2$)$_{12}$–CH$_2$–CH$_2$–$\overset{\overset{\displaystyle O}{\|}}{C}$–S–CoA + $\overset{\displaystyle H_2C–OH}{\underset{\displaystyle COOH}{HC–NH_2}}$

Palmityl-CoA   Serin

Synthase ⟶ CoA–SH, CO$_2$

H$_3$C–(CH$_2$)$_{12}$–CH$_2$–CH$_2$–$\overset{\overset{\displaystyle H_2C–OH}{}}{\underset{\displaystyle C=O}{HC–NH_2}}$

3-Ketosphinganin

Dehydrogenase ⟵ NADPH + H$^+$ ⟶ NADP$^+$

H$_3$C–(CH$_2$)$_{12}$–CH$_2$–CH$_2$–$\overset{\overset{\displaystyle H_2C–OH}{}}{\underset{\displaystyle \underset{\displaystyle H}{C}–OH}{HC–NH_2}}$ ┈┈▶ Sphingosin

Sphinganin

Transferase ⟵ H$_3$C–(CH$_2$)$_n$–$\overset{\overset{\displaystyle O}{\|}}{C}$–S–CoA ⟶ CoA–SH

H$_3$C–(CH$_2$)$_{12}$–$\overset{\overset{\displaystyle H}{|}}{\underset{\displaystyle H}{C}}$–$\overset{\overset{\displaystyle H}{|}}{\underset{\displaystyle H}{C}}$–$\overset{\overset{\displaystyle H_2C–OH \quad \overset{\displaystyle O}{\|}}{HC–NH–C–(CH_2)_n–CH_3}}{\underset{\displaystyle H}{C}}$–OH

Dihydroceramid

Dehydrogenase ⟵ FAD ⟶ FADH$_2$

H$_3$C–(CH$_2$)$_{12}$–$\overset{\overset{\displaystyle H}{|}}{C}$=C–$\overset{\overset{\displaystyle H_2C–OH \quad \overset{\displaystyle O}{\|}}{HC–NH–C–(CH_2)_n–CH_3}}{\underset{\displaystyle H}{C}}$–OH

Ceramid

46.35 Biosynthese von Sphinganin und Ceramid (*N*-Acylsphingosin). Eine Dehydrogenase führt die Δ^4-Doppelbindung in die Sphinganinseitenkette ein.

46.11

Ein gestörter Sphingolipidabbau führt zu Lipidspeicherkrankheiten

Ganglioside sind Sphingolipide, die mindestens einen **Sialinsäurerest** in ihrem Kohlenhydratanteil tragen. Sie entstehen aus Cerebrosiden, d. h. den Monoglucosyl- oder Monogalactosylceramiden, durch sukzessive Addition von aktivierten Zuckern wie UDP-Glucose, UDP-Galactose, UDP-*N*-Acetylgalactosamin oder dem CMP-Derivat von **N-Acetylneuraminat** (Abbildung 46.37). Je nach Zahl und Typ der beteiligten Glykosyltransferasen können dabei bis zu 40 verschiedene Ganglioside entstehen, deren Kohlenhydratseitenketten z.T. noch durch **Sulfatierung** modifiziert sind. Ganglioside finden sich vor allem in der grauen Substanz des Gehirns.

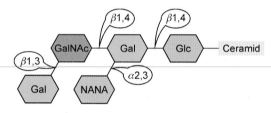

46.37 Struktur von Gangliosid G$_{M1}$. Abkürzungen: Gal, Galactose; GalNAc, *N*-Acetylgalactosamin; NANA, *N*-Acetylneuraminat; Glc, Glucose. *N*-Acetylneuraminat ist ein C$_9$-Zucker mit einer Carboxylgruppe; dieser „saure" Zucker wird als Sialinsäure bezeichnet (▶ Abbildung 2.38).

Sphingolipide unterliegen einem intensiven Metabolismus; auf der katabolen Seite sind daran **lysosomale Hydrolasen** beteiligt. Defekte dieser abbauenden Enzyme führen zu folgenreichen Lipidspeicherkrankheiten, den Lipidosen (Exkurs 46.10).

Damit schließen wir das Kapitel der Lipide und wenden uns nun nach Kohlenhydraten und Fetten den Aminosäuren, der dritten großen Klasse von Synthesebausteinen, zu.

46.36 Biosynthese von Sphingomyelin (▶ Abbildung 24.1) und Cerebrosiden (▶ Abbildung 24.10) aus Sphingosin via Ceramid. Die weitere Substitution des Zuckerrests von Glucosyl- bzw. Galactosylceramiden führt zu den Gangliosiden (▶ Abbildung 24.10). Alternativ kann auch Sphinganin als Vorstufe von Ceramid dienen (Abbildung 46.35).

$\overset{\displaystyle CH_2OH}{\underset{\displaystyle \underset{\displaystyle \underset{\displaystyle \underset{\displaystyle CH_3}{(CH_2)_{12}}}{H–C}}{H–C–OH}}{H–C–NH_2}}$

Sphingosin

⟶ Acyl-CoA → CoA-SH ⟶

$\overset{\displaystyle CH_2OH}{\underset{\displaystyle \underset{\displaystyle \underset{\displaystyle \underset{\displaystyle CH_3}{(CH_2)_{12}}}{H–C}}{H–C–OH \quad O}}{H–C–NH–C–R}}$

Ceramid (*N*-Acylsphingosin)

Phosphatidylcholin ⟶ Diacylglycerin ⟶ Sphingomyelin

UDP-monosaccharid ⟶ UDP ⟶ Cerebrosid ⟶ aktivierte Monosaccharide ⟶ Ganglioside

Exkurs 46.10: Lipidosen

Sphingolipide werden in **Lysosomen** durch sukzessive Entfernung ihrer Substituenten bis zum Sphingosin abgebaut. Genetische Defekte mit vollständigem Fehlen oder mangelhafter Funktion der beteiligten Enzyme führen zur **Akkumulation von Gangliosiden** in den betroffenen Zellen. Bei der **Tay-Sachs-Erkrankung**, die mit geistiger Retardierung, Demenz, Erblindung und Tod bis zum vierten Lebensjahr einhergeht, ist das Enzym **β-N-Acetylhexosaminidase** betroffen. Es kommt zu einer massiven Akkumulation von **Ganglio-** sid G_{M2} (Tabelle 46.3). Eine pränatale Diagnose durch Amniozentese und Nachweis der reduzierten enzymatischen Aktivität von **β-N-Acetylhexosaminidase** ist möglich, eine kausale Therapie oft dagegen nicht. In einigen Fällen kann eine Besserung durch lebenslange Enzymsubstitutionstherapie erreicht werden, so z. B. bei M. Gaucher durch Gabe von rekombinanter β-Glucosidase. Defizienz oder Defekt anderer lysosomaler Enzyme des Gangliosidmetabolismus führen zu ähnlicher Symptomatik. Das häufige Auftreten von zentralnervösen Symptomen bei Lipidosen kommt durch den hohen Anteil von Sphingolipiden an den **Myelinscheiden** von Nervenzellen zustande (▶ Abbildung 32.11).

Tabelle 46.3 Angeborene Störungen des Sphingolipidkatabolismus. Globosid ist ein sialinfreies Cerebrosid mit unverzweigter Kohlenhydratkette.

Lipidose	Betroffenes Enzym	Akkumulierendes Intermediat
Generalisierte Gangliosidose	β-Galactosidase	G_{M1}-Gangliosid
Morbus Tay-Sachs	β-N-Acetylhexosaminidase A	G_{M2}-Gangliosid
M. Fabry	α-Galactosidase A	Trihexosylceramid
M. Gaucher	β-Glucosidase	Glucosylceramid
M. Niemann-Pick	Sphingomyelinase	Sphingomyelin
M. Farber	Ceramidase	Ceramid
Globoidzell-Leukodystrophie	β-Galactosidase	Galactosylceramid
Metachromatische Leukodystrophie	Arylsulfatase A	3-Sulfogalactosylceramid
M. Sandhoff	N-Acetylhexosaminidase A,B	G_{M2}-Gangliosid, Globosid

Zusammenfassung

- **Cholesterin** ist ein wichtiger Bestandteil **biologischer Membranen** und Vorstufe der **Gallensäuren** und **Steroidhormone**. Es hat ein Gerüst aus **27 Kohlenstoffatomen** und gehört zur Familie der **Isoprenoide**. Es wird in einer komplexen Reaktionsfolge aus 18 Molekülen **Acetyl-CoA** synthetisiert.

- Die einzelnen Reaktionsschritte sind auf **Cytosol, endoplasmatisches Reticulum** und **Peroxisomen** verteilt. Zunächst entsteht aus drei Acetyl CoA ein Molekül **3-Hydroxy-3-methylglutaryl-CoA (HMG-CoA)**. Dieses wird von **HMG-CoA-Reduktase** zu **Mevalonat** reduziert, das zum **Isopentenylpyrophosphat („aktives Isopren")** phosphoryliert und decarboxyliert wird. Aus sechs aktiven Isopren-Einheiten entsteht primär das C_{30}-**Steroid Lanosterin**, das in ca. 20 Reaktionsschritten in **Cholesterin** umgebaut wird.

- **HMG-CoA-Reduktase** ist das **Schlüsselenzym** der Cholesterinsynthese und kann von einer **AMP-abhängigen Kinase** durch Phosphorylierung inaktiviert werden. Darüber hinaus hemmen Steroide und andere Isoprenoide die **Biosynthese** und beschleunigen den **proteolytischen Abbau** dieses Enzyms, das auch Schrittmacher für die Synthese der Isoprenoide **Ubichinon, Dolichol-Pyrophosphat** sowie von **Geranyl-** und **Farnesylresten** ist.

- Für den **Transport** in Blut und Lymphe werden **Cholesterin** und andere Lipide wie die **Triacylglycerine** in **Lipoproteine** verpackt. Die **kugel-** oder **scheibenförmigen Gebilde** bestehen aus einem **hydrophoben Kern** mit variablen Anteilen von **Triacylglycerinen** und **verestertem Cholesterin** und einer **amphipathischen Hülle** aus **Apoproteinen, Phospholipiden** und **Cholesterin**.

- **Exogene Lipide** werden im **Dünndarm** resorbiert und in **Chylomikronen** verpackt. In der **Peripherie** werden ihnen durch **Lipoprotein-Lipase** die **Triacylglycerine** entzogen; als **Chylomikronen-***Remnants* werden sie über den **ApoE-Rezeptor** von Leberzellen endocytiert.

- **Endogene Lipide** werden von der Leber in die **triacylglycerinreichen VLDL** und die **cholesterinreichen LDL** verpackt und in das Blutplasma abgegeben. Aus den **VLDL** werden durch Abgabe von Triacylglycerinen in der Peripherie **IDL**, die mittels **ApoB-100-Rezeptor** wieder von **Leberzellen** internalisiert oder in LDL umgewandelt werden.

- **LDL-Partikel** werden von peripheren Geweben durch **rezeptorvermittelte Endocytose** aufgenommen. Dabei rekrutiert der LDL-Rezeptor **Clathrin**, das über *coated pits* die Ausbildung **endocytotischer Vesikel** ermöglicht. **HDL** nehmen **Cholesterin** im peripheren Blut auf, **verestern** es mit **Fettsäuren** und transportieren es zurück zur Leber.

- Bei wechselndem Angebot aus der Nahrung erfolgt die **Steuerung** des **Cholesterinspiegels** im Blut vor allem über die **Regulation der Neusynthese** *via Feedback*-Hemmung der **HMG-CoA-Reduktase**. **Lipoproteine** tragen zur Balancierung von **Cholesterintransport** und **-aufnahme** bei. Störungen in der Regulation des Cholesterinhaushalts führen oft zu **Hyperlipoproteinämien**, die mit progressiver **Atherosklerose** einhergehen.

- **Gallensäuren** entstehen aus Cholesterin durch **Kürzung** und **Oxidation der Seitenkette**. Oft werden sie mit **Glycin** oder **Taurin** konjugiert. Nach **fettreichen Mahlzeiten** schüttet die Gallenblase die Gallensäuren ins **Duodenum** aus. Als **natürliche Detergenzien** unterstützen sie die Fettverdauung. Ca. **90 %** der Gallensäuren werden vom **Dünndarm** über den **enterohepatischen Kreislauf** aktiv rückresorbiert.

- **Steroidhormone** entstehen aus Cholesterin durch **Kürzung der Seitenkette** und Oxidation zum **Keton**. Gemeinsame **Vorstufe** aller Steroidhormone ist das **Progesteron**, das u. a. durch **stereospezifische Hydroxylierung** mittels Cytochrom-P450-abhängiger **Monooxygenasen** in **Glucocorticoide, Mineralcorticoide** bzw. **Sexualhormone** umgewandelt wird.

- Die meisten der **amphiphilen Membranlipide** sind **Phosphoglyceride**. Vorstufe der meisten Phosphoglyceride ist die **Phosphatidsäure**, die durch zweifache **Acylierung** von **Glycerinphosphat** entsteht. Diese wird über die aktivierten Intermediate **CDP-Diacylglycerin** und **CDP-Cholin** mit hydrophilen Resten verestert.

- Weitere Phosphoglyceride sind **Cardiolipin** und **Glycerinetherphospholipide** vom Typ der **Plasmalogene**.

- **Sphingolipide** leiten sich von der Aminosäure **Serin** ab, deren Kohlenstoffgerüst zu einer C_{18}-**Alkylkette** verlängert wird. Aus der gemeinsamen Vorstufe **Ceramid** leiten sich **Sphingosin, Sphingomyelin**, das glykosylierte **Cerebrosid** und die komplexen **Glykolipide** vom Typ der **Ganglioside** ab.

- Bei Störungen des lysosomalen **Sphingolipidabbaus** infolge genetischer Defekte kann es zu **Lipidspeicherkrankheiten** kommen.

Abbau von Aminosäuren und Harnstoffzyklus

Kapitelthemen: 47.1 Transaminierungen 47.2 Harnstoffzyklus 47.3 Aminosäureabbau und Citratzyklus 47.4 Abbau der C_2- und C_3-Familien 47.5 C_4-Familie 47.6 C_{4-5}-Familie 47.7 C_5-Familie

Für Aminosäuren als Bausteine der Proteine gibt es keine „einfache" Speicherform wie z. B. das Glykogen oder die Triacylglycerine. Gleichwohl dient eine erhebliche Menge des Muskelproteins als *Reservoir für Aminosäuren*. Die durch die Nahrung aufgenommenen oder durch Abbau der körpereigenen Proteine anfallenden freien Aminosäuren werden entweder für die *Proteinbiosynthese* wiederverwertet oder zu „Brennstoff"-Molekülen abgebaut. Hauptumschlagplatz für die Aminosäuren ist die Leber. Beim *Abbau* wird meist zuerst die α-Aminogruppe entfernt und in Form von Harnstoff ausgeschieden. Das verbleibende Kohlenstoffgerüst wird vor allem zu *Acetyl-CoA*, aber auch zu Acetoacetyl-CoA, Pyruvat, Oxalacetat oder anderen Intermediaten des Citratzyklus metabolisiert. Auf diese Weise gewinnt der Aminosäureabbau Anschluss an die oxidative Endstrecke des Katabolismus, aber auch an die Gluconeogenese und die Fettsäuresynthese.

47.1

Transaminierungen entfernen die α-Aminogruppe der Aminosäuren

Der Abbau der meisten Aminosäuren beginnt mit der Entfernung der α-Aminogruppe. Aminotransferasen, meist **Transaminasen** genannt, katalysieren diese vollständig reversible Reaktion. Häufigster Akzeptor der Aminogruppe ist α-**Ketoglutarat**. Dabei entstehen eine α-Ketocarbonsäure und Glutamat (Abbildung 47.1). Glutamat wird damit zur Sammelstation für α-Aminogruppen auf ihrem Transit zum Harnstoffzyklus.

47.1 Reaktion der Transaminasen. Exemplarisch ist hier die Glutamatbildung durch Übertragung der Aminogruppe einer Aminosäure auf α-Ketoglutarat gezeigt.

So überträgt z. B. **Glutamat-Pyruvat-Transaminase** die α-Aminogruppe von Alanin auf α-Ketoglutarat; dabei entstehen Pyruvat und Glutamat. Diese reversible Reaktion hatten wir bereits beim Glucose-Alanin-Zyklus, einer Variante des Cori-Zyklus, kennen gelernt (▸ Abschnitt 43.5).

Alanin + α-Ketoglutarat ⇌ Pyruvat + Glutamat

Coenzym aller Transaminasen und vieler anderer Enzyme, die den Umbau von Aminosäuren katalysieren, ist **Pyridoxalphosphat** (PLP; ▸ Abbildung 44.14). PLP ist als Schiff-Base (Aldimin) über die ε-Aminogruppe einer Lysinseitenkette der Transaminasen gebunden. Die Transaminierung läuft in zwei Schritten ab: Aufnahme der α-Aminogruppe von der Donoraminosäure und Transfer der Aminogruppe auf den Akzeptor α-Ketoglutarat. Das Ergebnis ist der Austausch der α-Aminogruppe zwischen den beiden Substraten (Exkurs 47.1).

Von zentraler Bedeutung ist auch die **Glutamat-Oxalacetat-Transaminase**, welche die α-Aminogruppe von Aspartat auf α-Ketoglutarat überträgt, wobei Oxalacetat entsteht, ein anderes Intermediat des Citratzyklus:

Aspartat + α-Ketoglutarat ⇌ Oxalacetat + Glutamat

Das beim Aminotransfer gebildete Glutamat wird vor allem in der Leber durch **Glutamat-Dehydrogenase** unter $NAD(P)^+$-Verbrauch **oxidativ desaminiert** (Abbildung 47.3).

Exkurs 47.1: Transaminasen

Das aktive Zentrum der **Transaminasen** bindet zunächst eine Aminosäure, deren α-Aminogruppe die ε-Aminogruppe des Lysins aus der **PLP-Bindung** verdrängt (Abbildung 47.2). Eine neue – externe – **Schiff-Base** entsteht; PLP bleibt aber über nichtkovalente Interaktionen fest an das Enzym gebunden. Durch H^+-Verschiebung geht das Aldimin in das isomere Ketimin über; die nachfolgende Hydrolyse des Ketimins setzt die entsprechende α-**Ketocarbonsäure** frei. PLP bleibt in Form von **Pyridoxaminphosphat (PMP)** am Enzym zurück; damit ist die erste Teilreaktion abgeschlossen. Die zweite Teilreaktion ist eine Umkehrung der ersten: α-Ketoglutarat bildet ein Ketimin mit PMP, das unter Tautomerisierung in die Aldiminform übergeht. Die Hydrolyse des Aldimins liefert **Glutamat**, und PLP bildet eine Schiff-Base mit dem Enzym: Damit ist der Ausgangszustand wieder erreicht.

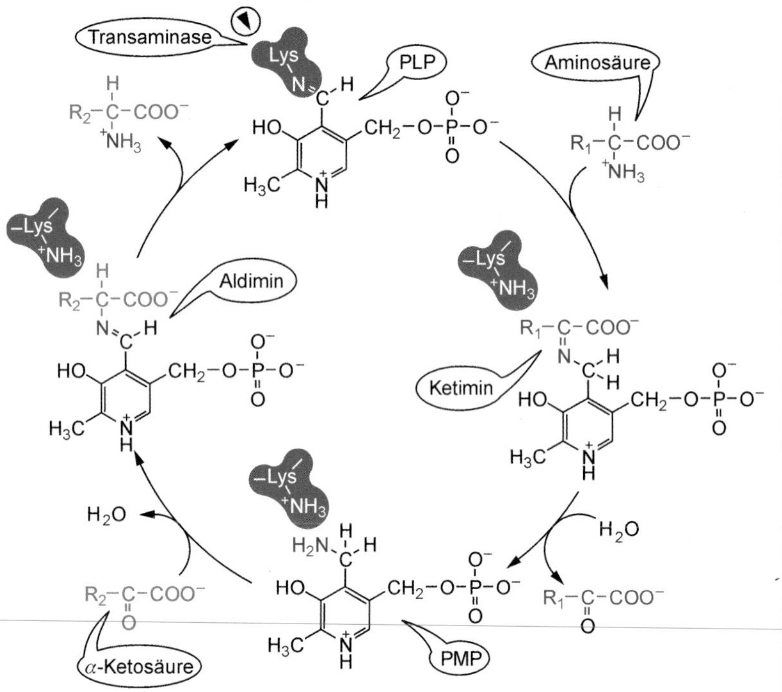

47.2 Reaktionsmechanismus der Transaminasen. Hydrolyse der Schiff-Base aus der Ketiminform führt zur α-Ketosäure und Hydrolyse aus der Aldiminform zur Aminosäure. R_1, R_2, Seitenketten der Amino- bzw. α-Ketosäuren. Der Startpfeil (eingekreiste Pfeilspitze) markiert den Anfang der Reaktionsfolge.

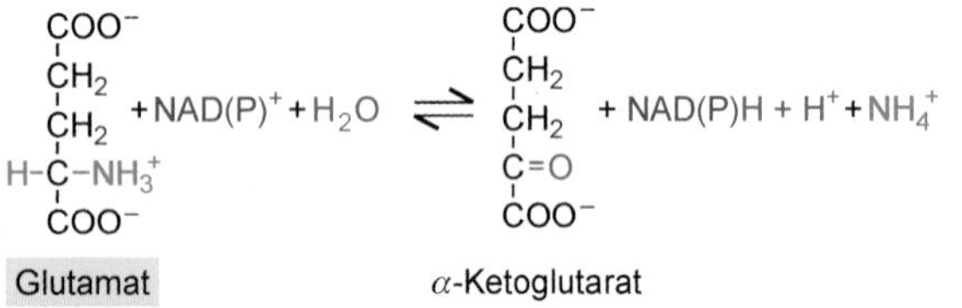

47.3 Regeneration von α-Ketoglutarat durch oxidative Desaminierung mittels Glutamat-Dehydrogenase. Das Enzym kann NAD^+ *oder* $NADP^+$ als Oxidans nutzen.

Dabei wird ein Ammoniumion (NH_4^+) freigesetzt und α-Ketoglutarat regeneriert, das damit für eine erneute Transaminierung zur Verfügung steht. Die Aminosäuren Serin und Threonin können ebenfalls direkt desaminiert werden. Dabei wird jedoch kein externer Wasserstoffakzeptor benötigt, da gleichzeitig das β-Kohlenstoffatom über ein enolisches Zwischenprodukt unter Abspaltung seiner Hydroxylgruppe reduziert wird (Abbildung 47.4).

Die eliminierende **Desaminierung** von Threonin verläuft analog. Die Gesamtreaktionen lauten:

Serin $\rightarrow$ Pyruvat + NH_4^+
Threonin $\rightarrow$ α-Ketobutyrat + NH_4^+

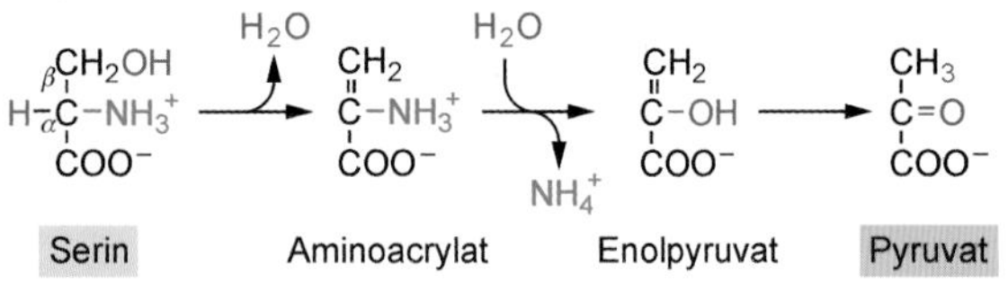

47.4 Desaminierung von Serin. Eine PLP-abhängige Dehydratase spaltet zunächst die β-Hydroxylgruppe als H_2O ab; dabei entsteht das instabile, ungesättigte Zwischenprodukt Aminoacrylat, das durch Substitution der Amino- durch eine Hydroxylgruppe über Enolpyruvat per Isomerisierung in Pyruvat übergeht.

47.2
Der Harnstoffzyklus entsorgt freie Ammoniumionen unter Energieaufwand

Ammoniumionen deprotonieren leicht zu cyto- und neurotoxischem **Ammoniak** (NH_3) und müssen daher schleunigst entsorgt werden. Hauptakteur dabei ist die Leber, die NH_4^+ über einen Reaktionszyklus von vier Einzelschritten in „ungefährlichen" Harnstoff umwandelt (Tabelle 47.1). Aus NH_4^+ und Bicarbonat, die zunächst zu Carbamoylphosphat aktiviert werden, sowie Aspartat entstehen dabei **Harnstoff** und **Fumarat** (Abbildung 47.5).

Ähnlich wie der Citratzyklus beginnt auch der **Harnstoffzyklus** mit einer vorgeschalteten Reaktion: **Carbamoylphosphat-Synthase** bildet aus NH_4^+, Bicarbonat (HCO_3^-) und 2 ATP das reaktive Intermediat Carbamoylphosphat (Abbildung 47.6).

Die ATP-Hydrolyse treibt die Reaktion an und macht sie praktisch irreversibel. Ein Teil dieser Energie geht in die Bildung der reaktiven Anhydridbindung zwischen Carbaminsäurerest und Phosphat, die ein hohes Gruppenübertragungspotenzial besitzt (▶ Abbildung 38.4). Der Akzeptor von Carbamoylphosphat im Harnstoffzyklus ist Ornithin, eine nichtproteinogene Aminosäure, die sich von Arginin ableitet. **Ornithin-Transcarbamoylase** katalysiert die Übertragung des Carbamoylrests auf Ornithin; dabei entsteht Citrullin (Abbildung 47.7). Diese Reaktion wird durch die Abspaltung des anorganischen Phosphatrests vom gemischten Anhydrid Carbamoylphosphat angetrieben.

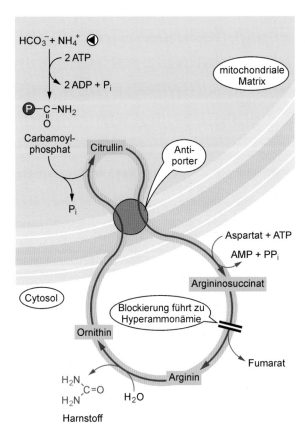

47.5 Stationen des Harnstoffzyklus. Die Synthesen von Carbamoylphosphat und Citrullin finden in der mitochondrialen Matrix statt, alle übrigen Reaktionen im Cytosol. Citrullin wird im Antiport mit Ornithin über die innere Mitochondrienmembran transportiert. Ist der Zyklus bei der Umsetzung von Argininosuccinat in Arginin und Fumarat blockiert, entsteht vermehrt Ammoniak (Exkurs 47.2). Die eingekreiste Pfeilspitze markiert den Reaktionsstart.

$$HCO_3^- + NH_4^+ + 2\,ATP$$

2 ADP + P_i — Carbamoylphosphat-Synthase

$$H_2N-C-O-P-O^-$$

47.6 Reaktion der Carbamoylphosphat-Synthase. Das Enzym katalysiert in der mitochondrialen Matrix die Schlüsselreaktion des Harnstoffzyklus.

Tabelle 47.1 Reaktionstypen beim Harnstoffzyklus.

Reaktionstyp	Enzyme und Cofaktoren
Gruppentransfer	Eine Transferase überträgt einen Carbamoylrest.
ATP-gekoppelte Synthese	Eine Synthase knüpft eine C–N-Bindung.
Lyasereaktion	Succinase trennt eine C–N-Bindung,
Hydrolyse	Arginase hydrolysiert eine Amidinogruppe.

Argininosuccinat-Synthase katalysiert nun unter Verbrauch von ATP die Synthese von Argininosuccinat aus Citrullin und Aspartat. Dabei entstehen AMP und Pyrophosphat (Abbildung 47.7), das weiter zu zwei P_i hydrolysiert. **Argininosuccinase** spaltet dann Argininosuccinat zu Arginin und Fumarat, einem Intermediat des Citratzyklus (Abbildung 47.8). Dabei bleibt das C_4-Kohlenstoffgerüst des Aspartats vollständig im Fumarat erhalten.

Das Enzym **Arginase** hydrolysiert nun Arginin zu Harnstoff und Ornithin. Der Kreis ist damit geschlossen: Ornithin steht für einen neuen Umlauf zur Verfügung. Der gebildete Harnstoff erhält sein C-Atom und ein N-Atom aus Carbamoylphosphat; das zweite N-Atom entstammt der α-Aminogruppe von Aspartat. Die Stöchiometrie der Gesamtreaktion lautet:

$$NH_4^+ + HCO_3^- + 3\,ATP + 2\,H_2O + Aspartat \rightarrow Harnstoff + 2\,ADP + AMP + 4\,P_i + Fumarat$$

Harnstoff wird also auf Kosten von vier energiereichen Phosphatgruppen synthetisiert. Dieser energetische Preis ist zu entrichten, um das toxische Intermediat NH_3 zu „entgiften". Eine Blockierung des Zyklus und seiner zuführenden Wege führt zur **Hyperammonämie**, einer schwerwiegenden Stoffwechselstörung (Exkurs 47.2).

Der Harnstoffzyklus liefert im „Nebenschluss" **Kreatinphosphat**, das als Energiereserve im Muskelstoffwechsel dient. Arginin kondensiert mit Glycin zu Guanidinoacetat und Ornithin, das in den Harnstoffzyklus einmündet und so Arginin regeneriert (Abbildung 47.9). Guanidinoacetat wird zu Kreatin methyliert; Methylgruppendonor ist dabei *S*-Adenosylmethionin (▶Exkurs 48.2). Das Enzym Kreatinkinase

47.7 Reaktionen der Ornithin-Transcarbamoylase und der Argininosuccinat-Synthase.

47.8 Reaktionen der Argininsuccinase und der Arginase. Fumarat kann über Reaktionen im Citratzyklus und eine Transaminierung zu Aspartat regeneriert werden.

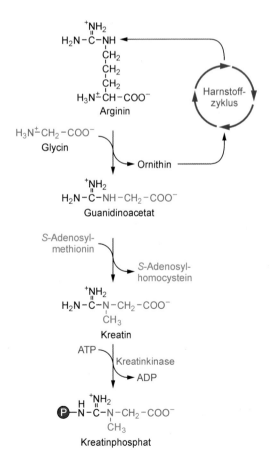

Argininosuccinat — Argininosuccinase — Fumarat — Arginin — Arginase — Harnstoff — Ornithin

Exkurs 47.2: Hyperammonämie

Ein Mangel oder Defekt – kurz als Defizienz bezeichnet – der **Argininosuccinase** führt ohne Behandlung zur Akkumulation von NH_4^+ im Blut (Hyperammonämie). Leitsymptome sind Lethargie, Koma und irreversible ZNS-Schädigung. Eine pränatale Diagnostik ist möglich, eine kausale Therapie dagegen nicht. Die **Diät** besteht aus proteinarmer Nahrung kombiniert mit einem Überschuss an freiem Arginin. Der „intakte" Teil des Harnstoffzyklus spaltet dann Arginin zu Ornithin, das mit Carbamoylphosphat zu Citrullin und weiter mit Aspartat zu Argininosuccinat reagiert (Abbildung 47.5). Durch den Stoffwechselblock kommt es zur **Akkumulation von Argininosuccinat**, das renal eliminiert werden kann. Pro aufgenommenem Argininmolekül werden dabei zwei N-Atome ausgeschieden. Argininosuccinat fungiert somit als Harnstoffsubstitut, und eine begrenzte Menge an NH_3 kann so entgiftet werden. Die genaue Kenntnis von Stoffwechselwegen ermöglicht also die Entwicklung „intelligenter" therapeutischer Strategien.

phosphoryliert schließlich Kreatin zu Kreatinphosphat. Aufgrund seiner hohen intrazellulären Konzentration und des beträchtlichen Phosphatgruppenübertragungspotenzials kann Kreatinphosphat ATP aus ADP regenerieren und damit bei Muskelarbeit kurzfristig einen hohen ATP-Spiegel aufrechterhalten (▸Exkurs 9.2).

47.9 Synthese von Kreatinphospat aus Arginin und Glycin. Das dabei entstehende Ornithin wird im Harnstoffzyklus zu Arginin regeneriert.

47.3

Das Kohlenstoffgerüst der Aminosäuren gelangt in den Citratzyklus

Bisher haben wir das metabolische Schicksal der Aminogruppe von Aminosäuren verfolgt. Wir wenden uns nun dem Abbau des verbleibenden Gerüsts zu, das größtenteils aus C-Atomen besteht. Aus den 20 proteinogenen Aminosäuren entstehen im Wesentlichen sieben Moleküle: Pyruvat, Acetyl-CoA, Acetoacetyl-CoA, α-Ketoglutarat, Succinyl-CoA, Fumarat und Oxalacetat. Die vier letzteren Produkte sind Intermediate des Citratzyklus, die übrigen drei sind „Zuläufer" mit indirektem Anschluss an die Drehscheibe des Metabolismus (Abbildung 47.10). Die Abbauprodukte von **glucogenen Aminosäuren** können in die Gluconeogenese einmünden (▸Kapitel 43), während Metaboliten von **ketogenen Aminosäuren** in die Fettsäuresynthese einfließen können. Lysin und Leucin sind rein ketogen; Isoleucin und die aromatischen Aminosäuren Tryptophan, Phenylalanin und Tyrosin sind gemischt ketogen-glucogen; alle übrigen Aminosäuren sind rein glucogen.

An dieser Stelle wird die **reduktionistische Strategie** des Katabolismus deutlich: Die große Zahl und Diversität von Aminosäuren wird auf wenige Abbauprodukte zurückgeführt, die letztlich alle in einen einzigen Zyklus einmünden. Der Anzahl der C-Atome ihrer wichtigsten Abbauprodukte entsprechend fassen wir hier vereinfachend die Aminosäuren in vier große Familien (C_2 bis C_5)zusammen, die ähnliche – aber nicht identische – Abbauwege einschlagen; die Hauptabbauprodukte sind dabei in Klammern angegeben.

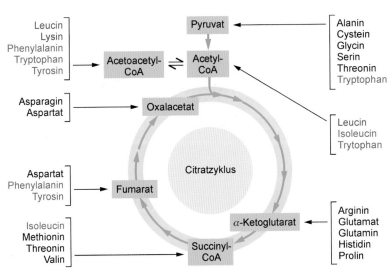

47.10 Verwertung des Kohlenstoffgerüsts der Aminosäuren. Neben den glucogenen (schwarz) münden ketogene (rot) und gemischt ketogen-glucogene Aminosäuren (blau) auf diversen Ebenen in den Citratzyklus ein.

- C_2 Leucin, Lysin (Acetyl-CoA bzw. Acetoacetyl-CoA)
- C_3 Alanin, Serin, Cystein, Tryptophan, Glycin (Pyruvat)
- C_{4-O} Aspartat, Asparagin (Oxalacetat)
- C_{4-F} Phenylalanin, Tyrosin (Fumarat)
- C_{4-S} Methionin, Valin, Isoleucin, Threonin (Succinyl-CoA)
- C_5 Glutamat, Glutamin, Prolin, Arginin, Histidin (α-Ketoglutarat)

Diese schematisierte Zusammenfassung berücksichtigt *nicht*, dass in einigen Fällen alternative Abbauwege existieren oder dass Acetyl-CoA zusätzlich zu einem C_3- oder C_4-Produkt entsteht.

47.4

Hauptprodukt der C₂- und C₃- Familien sind Acetyl-CoA bzw. Pyruvat

Die Abbauwege der rein ketogenen Aminosäuren Leucin und Lysin konvergieren bei der C_2-Einheit Acetyl-CoA. Da der Abbauweg des Lysins – wie auch seine Biosynthese – außerordentlich komplex ist, behandeln wir den **Leucinabbau** exemplarisch für die gesamte **C₂-Familie**. Leucin wird zuerst transaminiert; dabei entsteht die Ketocarbonsäure α-Ketoisocapronat (C_6), die durch oxidative Decarboxylierung unter NADH-Erzeugung in die C_5-Einheit Isovaleryl-CoA übergeht (Abbildung 47.11).

Isovaleryl-CoA-Dehydrogenase oxidiert unter FAD-Verbrauch Isovaleryl-CoA zu ungesättigtem β-Methylcrotonyl-CoA. Eine Carboxylase carboxyliert dann β-Methylcrotonyl-CoA unter ATP-Verbrauch, und eine Hydratase addiert H_2O an die Doppelbindung: Das Produkt ist **3-Hydroxy-3-methylglutaryl-CoA** (HMG-CoA), dem wir bereits mehrfach begegnet sind (▶ Exkurs 45.3 und Abbildung 46.2). Die Spaltung von 3-Hydroxy-3-methylglutaryl-CoA liefert **Acetyl-CoA** und **Acetoacetyl-CoA**, das wiederum per Acetyl-CoA-

Transferase und Thiolase in zwei Acetyl-CoA zerlegt wird (▶ Abbildung 45.13). Brutto entstehen also beim Leucin-Abbau drei Moleküle Acetyl-CoA.

Anders als bei der C_2-Familie läuft bei der **C₃-Familie** der Abbau der Aminosäuren Alanin, Serin, Cystein, Glycin und Tryptophan (partiell) beim Hauptprodukt **Pyruvat** zusammen (Abbildung 47.12).

Transaminierung mit α-Ketoglutarat überführt **Alanin** in Pyruvat (Abschnitt 47.1). **Glycin** kann durch die Übertra-

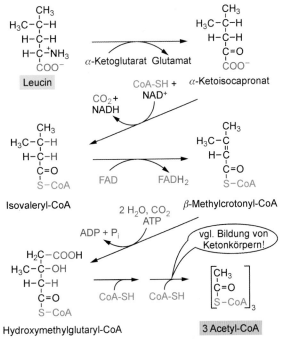

47.11 Acetyl-CoA ist das Hauptprodukt der C_2-Familie. Die α-Ketodehydrogenase katalysiert die oxidative Decarboxylierung von α-Ketoisocapronat. Das Enzym ist auf verzweigte Kohlenstoffgerüste (Isovaleriansäure, Isoleucin, Valin) spezialisiert und heißt daher auch Verzweigtketten-Dehydrogenase (Abschnitt 47.6).

47.12 Pyruvat ist das Hauptprodukt beim Abbau der C_3-Familie.

47.13 Reaktion der Phenylalanin-Hydroxylase. Dabei baut die Monooxygenase nur *ein* Sauerstoffatom von O_2 in ihr Substrat ein; das zweite O-Atom geht in das simultan gebildete Wassermolekül ein.

gung einer C_1-Einheit (▶Abbildung 48.3) in **Serin** überführt werden, das beim weiteren Abbau durch Dehydratisierung direkt in Pyruvat und NH_4^+ zerlegt wird (Abbildung 47.4). **Cystein** – ganz analog dem Serin – eliminiert Schwefelwasserstoff (H_2S) und geht ebenfalls in Pyruvat über. Schließlich liefert Tryptophan – neben anderen Abbauprodukten – eine C_3-Einheit, die über Alanin zu Pyruvat umgewandelt wird.

Zur „maximalen Wertschöpfung" aus den Kohlenstoffgerüsten der Aminosäuren hat der Metabolismus auch alternative Routen zur Verfügung, die *nicht* beim Pyruvat enden, sondern andere wertvolle Zwischenprodukte liefern. So kann z. B. Glycin durch Decarboxylierung und Desaminierung aktivierte C_1-Einheiten in Form von N^5,N^{10}-Methylentetrahydrofolat liefern (▶Abbildung 48.4). Tryptophan liefert neben Pyruvat auch C_2-Einheiten in Form von Acetyl-CoA bzw. Acetoacetyl-CoA. Andererseits kann Threonin, das beim Menschen zu ca. 90 % in Succinyl-CoA umgewandelt wird (Abschnitt 47.6), durch eine NAD^+-abhängige Oxidation auch zu α-Amino-β-ketobutyrat umgewandelt werden, das letztlich Acetyl-CoA und Pyruvat liefert. Diese alternativen Stoffwechselwege, die hier aus Gründen der Übersichtlichkeit nicht im Detail besprochen werden können, werden vor allem dann relevant, wenn Enzymdefekte die „normalen" Abbauwege blockieren.

47.5

Oxalacetat, Succinat und Fumarat sind Intermediate der C_4-Familie

Wir kommen nun zu den Aminosäuren, die C_4-Bausteine – Oxalacetat, Fumarat bzw. Succinyl-CoA – als Hauptprodukte liefern. Wir unterscheiden drei Subfamilien: In der **$C_{4\text{-}O}$-Familie** liefert **Aspartat** bei der Transaminierung direkt Oxalacetat (Abschnitt 47.1). Asparaginase hydrolysiert das Carbonsäureamid **Asparagin** zur freien Carbonsäure, die wiederum Oxalacetat liefert. Das Kohlenstoffgerüst von Aspartat kann via Harnstoffzyklus auch in einen anderen C_4-Bau-

stein, Fumarat, konvertiert werden (Abbildung 47.5). Bei diesem C_4-Produkt münden auch die Abbauwege von Phenylalanin und Tyrosin, die wir nun im Detail besprechen wollen.

Die **$C_{4\text{-}F}$-Familie** umfasst **Phenylalanin** und Tyrosin. **Phenylalanin-Hydroxylase**, die zu den Monooxygenasen gehört, hydroxyliert Phenylalanin zu **Tyrosin** (Abbildung 47.13).

Die Abbauwege der beiden aromatischen Aminosäuren werden durch diese Reaktion zusammengeführt. Coenzym ist dabei **Tetrahydrobiopterin** (Exkurs 47.3).

Mangelnde Aktivität oder gar vollständiges Fehlen der Phenylalanin-Hydroxylase führt zur **Phenylketonurie**, einer schwerwiegenden Stoffwechselerkrankung (Exkurs 47.4).

Der nächste Schritt beim Abbau von phenylhaltigen Aminosäuren ist die Transaminierung von Tyrosin zu p-Hydroxyphenylpyruvat, das von **p-Hydroxyphenylpyruvat-Hydroxylase** unter Beteiligung von O_2 zu **Homogentisat** umgewandelt wird (Abbildung 47.16). Unter Decarboxylierung entstehen dabei Peroxysäure- bzw. Epoxid-Intermediate, die in einer intramolekularen Umlagerung Homogentisat liefern. Beide

Exkurs 47.3: Tetrahydrobiopterin (THP)

Das Coenzym der Phenylalanin-Hydroxylase ist das strukturell mit der Folsäure verwandte **Redox-Cosubstrat** THP (Abbildung 47.14). Bei der Hydroxylierungsreaktion bildet sich wahrscheinlich ein intermediäres Hydroperoxidderivat; dabei wird THP letztlich zur chinoiden Form des **Dihydrobiopterins** oxidiert. Das Coenzym diffundiert dann von der Hydroxylase ab und wird von einem zweiten Enzym, der **Dihydrobiopterin-Reduktase**, unter **NADPH-Verbrauch** zu THP regeneriert. Mit der Rückdiffusion von THP an die Hydroxylase schließt sich der Kreis: Eine neue enzymatische Runde kann beginnen. THP ist *kein* Vitamin, sondern wird im menschlichen Körper synthetisiert. Zwischenprodukt ist dabei ein nichtchinoides, inaktives Dihydrobiopterinisomer. Dieses wird NADPH-abhängig durch **Dihydrofolat-Reduktase** (▶Exkurse 23.5 und 49.4) zu THP reduziert und damit dem Reaktionszyklus verfügbar gemacht (Abbildung 47.14 oben). Dihydrobiopterin-Reduktase kann also nur die chinoide Form von Dihydrobiopterin reduzieren.

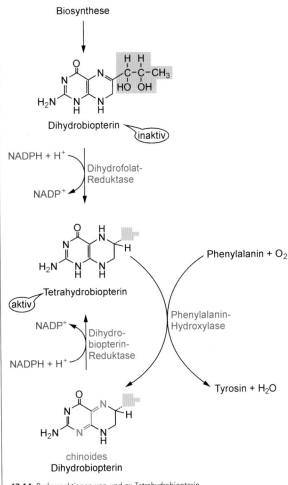

47.14 Redoxreaktionen von und zu Tetrahydrobiopterin.

47.15 Umwandlung von Phenylalanin in Phenylpyruvat bei Phenylalanin-Hydroxylase-Mangel.

47.16 Reaktionsmechanismus der p-Hydroxyphenylpyruvat-Hydroxylase, einer Dioxygenase. Das eisenhaltige Protein verwendet Ascorbinsäure als Cosubstrat.

Sauerstoffatome werden dabei in das Substratmolekül eingebaut: p-Hydroxyphenylpyruvat-Hydroxylase ist also eine **Dioxygenase**.

In der nun folgenden Reaktion „sprengt" eine weitere Dioxygenase, **Homogentisat-Oxidase**, oxidativ den aromatischen Ring; dabei entsteht das lineare C$_8$-Produkt 4-Maleylacetoacetat (Abbildung 47.17). Durch *cis-trans*-Isomerisierung an seiner C=C-Doppelbindung geht Maleylacetoacetat in Fumarylacetoacetat über, das im letzten Schritt der Reaktionskette zum C$_4$-Körper **Fumarat** gespalten wird; gleichzeitig entsteht Acetoacetat.

 Exkurs 47.4: Phenylketonurie (PKU)

PKU ist eine autosomal-rezessive Erkrankung, die eins unter 10 000 Neugeborenen betrifft. Ursache ist ein Defekt im **Phenylalanin-Hydroxylase-Gen**. Pränatale Diagnostik mittels RFLP-Analytik (▶ Abschnitt 22.8) ist möglich. Normalerweise werden ca. 25 % des im Stoffwechsel anfallenden Phenylalanins für die Proteinbiosynthese wiederverwendet und ca. 75 % via Tyrosin abgebaut. Die Blockierung des Hauptstoffwechselwegs durch den Ausfall der Phenylalanin-Hydroxylase führt zu einer mehr als zwanzigfach erhöhten Konzentration dieser Aminosäure im Blut. Ein Teil des überschüssigen Phenylalanins liefert per Transaminierung **Phenylpyruvat** (Abbildung 47.15). Die renale Ausscheidung dieser α-Ketocarbonsäure – kurz **Ketonurie** – gibt dieser Erkrankung ihren Namen. Unbehandelt führt PKU bei Homozygoten zur geistigen Retardierung; Heterozygote sind dagegen symptomfrei. Eine **phenylalaninarme Kost** von Geburt an verbessert die Symptomatik; Tyrosin muss dabei substituiert werden. Eine **Dihydrobiopterin-Reduktase-Defizienz** bewirkt ein ähnliches Krankheitsbild, da die Phenylalanin-Hydroxylase durch die resultierende THP-Defizienz inaktiviert ist (Abbildung 47.14).

47.6

Verzweigtketten-Dehydrogenase baut Intermediate der C$_{4-S}$-Familie ab

Das Sammelbecken beim Katabolismus der Mitglieder der **C$_{4-S}$-Familie** Valin, Isoleucin, Threonin und Methionin bildet die C$_4$-Verbindung **Succinyl-CoA** (Abbildung 47.18). Der Abbau der verzweigten Kohlenstoffgerüste von Valin und Isoleucin ähnelt dem von Leucin (Abbildung 47.11). Eine Transaminierung überführt die Aminosäuren in ihre α-Ketosäure-Derivate, die dann durch die **Verzweigtketten-Dehydrogenase** oxidativ decarboxyliert werden. Beim Abbau von **Isoleucin** entsteht u. a. der C$_3$-Körper **Propionyl-CoA**, den wir bereits als Produkt des Abbaus ungeradzahliger Fettsäuren kennen gelernt haben (▶ Abschnitt 45.5) und der durch Carboxylierung die C$_4$-Verbindung L-Methylmalonyl-CoA liefert. Dagegen bildet **Valin** auf direktem Weg diese C$_4$-Verbindung. Verzweigtketten-Dehydrogenase, die am Abbau von drei un-

47.17 Abbau von Homogentisat zu Fumarat und Acetoacetat.

47.18 Abbau in der C$_{4\text{-}S}$-Familie. Die Aminosäuren Methionin, Valin, Isoleucin und Threonin liefern letztlich allesamt Succinyl-CoA.

polaren Aminosäuren beteiligt ist, bildet somit einen „Flaschenhals" im Aminosäuremetabolismus. Ein Mangel an diesem Enzym führt zur Ahornsirup-Erkrankung (Exkurs 47.5).

Exkurs 47.5: Ahornsirup-Erkrankung

Ein genetischer Defekt der **Verzweigtketten-Dehydrogenase** geht mit körperlichen Entwicklungsstörungen und geistiger Retardierung einher. Die Vererbung erfolgt autosomal-rezessiv. Das Fehlen des Enzyms blockiert die oxidative Decarboxylierung von Leucin (**C$_2$-Familie**) sowie von Valin und Isoleucin (**C$_4$-Familie**). Es kommt zur Akkumulation der zugehörigen Vorstufen, vor allem der **α-Ketosäuren**. Diese werden renal eliminiert und verleihen dem Urin einen charakteristischen Geruch, der dieser Erkrankung den Namen gegeben hat. Die Identifizierung der typischen α-Ketosäuren mittels **Massenspektroskopie** ist ein eindeutiger Nachweis für das Vorliegen dieser Erkrankung. Zur Therapie wird eine **Diät** angewendet, die arm an den Aminosäuren Leucin, Valin und Isoleucin ist.

Wie Isoleucin wird auch **Threonin** zu Propionyl-CoA abgebaut. Seine Desaminierung durch Serin-Threonin-Dehydratase (Abbildung 47.4) führt zu α-Ketobutyrat, das unter oxidativer Decarboxylierung in **Propionyl-CoA** übergeht. Auch der Abbau von **Methionin** liefert Propionyl-CoA (Ab-

bildung 47.19). Hier beginnt die gemeinsame Endstrecke der C$_{4\text{-}S}$-Familie. Das biotinhaltige Enzym **Propionyl-CoA-Carboxylase** carboxyliert Propionyl-CoA unter Verbrauch von ATP zu D-Methylmalonyl-CoA. Dieses wird von einer Isomerase in seine L-Form umgewandelt. Hier mündet auch der Abbauweg von **Valin** ein.

In der abschließenden Reaktion katalysiert **Methylmalonyl-CoA-Mutase** eine intramolekulare Umlagerung, die L-Methylmalonyl-CoA über mehrere radikalische Intermediate in **Succinyl-CoA** überführt (Abbildung 47.20).

47.19 Konvergenz der Abbauwege von Valin, Isoleucin, Threonin und Methionin beim Abbauprodukt Succinyl-CoA. Bei der Ahornsirup-Erkrankung ist der Metabolismus an zwei Stellen blockiert.

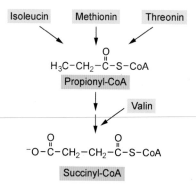

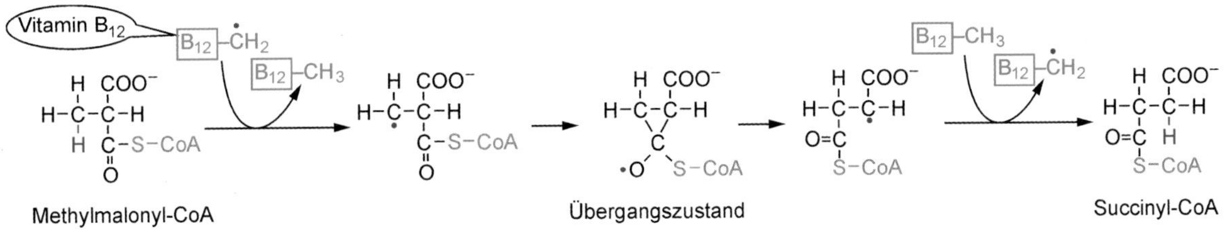

47.20 Reaktionsmechanismus von Methylmalonyl-CoA-Mutase. Coenzym dieser Reaktion ist 5'-Desoxyadenosin-Cobalamin (B$_{12}$). B$_{12}$-CH$_2\cdot$, radikalische Form des Coenzyms. Details siehe Text.

Coenzym dieser ungewöhnlichen Reaktion ist **5'-Desoxyadenosin-Cobalamin**, das einen Austausch der Substituenten an benachbarten C-Atomen ermöglicht (Exkurs 47.6). Methionin, Threonin, Valin und Isoleucin liefern bei ihrem Abbau also sämtlich Succinyl-CoA, das in den Citratzyklus eingespeist wird. Darüber hinaus gibt Isoleucin einen Teil seines Kohlenstoffgerüsts als Acetyl-CoA ab.

Exkurs 47.6: Vitamin B$_{12}$

5'-Desoxyadenosin-Cobalamin entsteht aus dem kobalthaltigen Vitamin B$_{12}$ und ATP. Co$^+$ bindet kovalent an die Methylengruppe von 5'-Desoxyadenosin und bildet damit die einzige bekannte **metallorganische Bindung** der belebten Natur (Abbildung 47.21). Die initiale

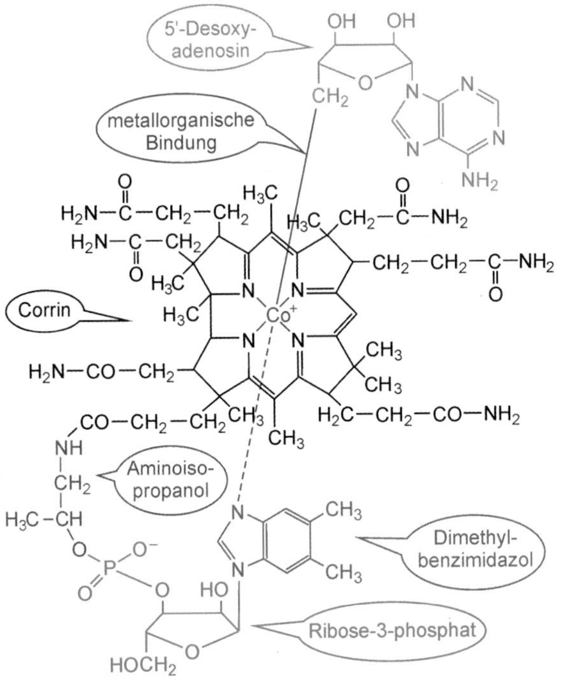

47.21 Struktur von Coenzym B$_{12}$. Ein Kobaltatom (Co) ist sechsfach koordiniert: Ein hämähnliches Corringerüst besetzt mit seinen Pyrrolringen vier Stellen. Die fünfte Stelle nimmt ein Dimethylbenzimidazolrest ein, der über Ribose-3-phosphat und Aminoisopropanol am Corringerüst fixiert ist. Die sechste Stelle besetzt 5'-Desoxyadenosin. Das Kobaltatom kann die Oxidationsstufen +1 (5'-Desoxyadenosin) und +2 (−CH$_3$) annehmen.

Spaltung der Co−C-Bindung verteilt die Bindungselektronen gleichmäßig und erzeugt dabei Co^{2+} und ein **5'-Desoxyadenosyl-Radikal** (−CH$_2\cdot$). Dieses Radikal entfernt dann ein Wasserstoffatom (H·) von L-Methylmalonyl-CoA, wobei 5'-Desoxyadenosin (−CH$_3$) und ein **Substratradikal** (−CH$_2\cdot$) entstehen (Abbildung 47.20). Die Thioestergruppe wandert über einen zyklischen Übergangszustand von C2 auf das benachbarte C3; dabei bleibt ein freies Elektron an C2 zurück. Durch Rückübertragung von H· auf C2 und erneute Knüpfung der Co−C-Bindung am 5'-Desoxyadenosin-Cobalamin schließt sich der Kreis: Nettoeffekt ist die **Verschiebung einer Thioestergruppe** am Kohlenstoffgerüst von C2 nach C3; dabei entsteht ein unverzweigtes Molekül. Coenzym B$_{12}$ ist auch an der Biosynthese von S-Adenosylmethionin beteiligt (▶Exkurs 31.2).

47.7

α-Ketoglutarat ist Sammelpunkt beim Abbau der C$_5$-Familie

Glutamin, Glutamat, Arginin, Prolin und Histidin bilden die **C$_5$-Familie**, deren Abbauwege sich im Konvergenzpunkt α-**Ketoglutarat** treffen (Abbildung 47.22).

Das Enzym **Glutaminase** hydrolysiert Glutamin direkt zu Glutamat. Für Arginin, Prolin und Histidin sind aufwändigere Reaktionen notwendig, um die gemeinsame Endstrecke zu erreichen. Das Enzym **Arginase**, dem wir bereits beim Harnstoffzyklus (▶Abbildung 47.8) begegnet sind, spaltet Arginin hydrolytisch unter Bildung von Harnstoff und Ornithin (Abbildung 47.23). Durch Transaminierung entsteht daraus **Glutamat-γ-semialdehyd**. Die Oxidation der Aldehydgruppe liefert dann Glutamat.

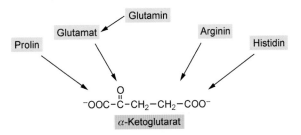

47.22 Abbauwege der C$_5$-Familie. In einer vorgeschalteten Reaktion wird Glutamin zu Glutamat umgewandelt.

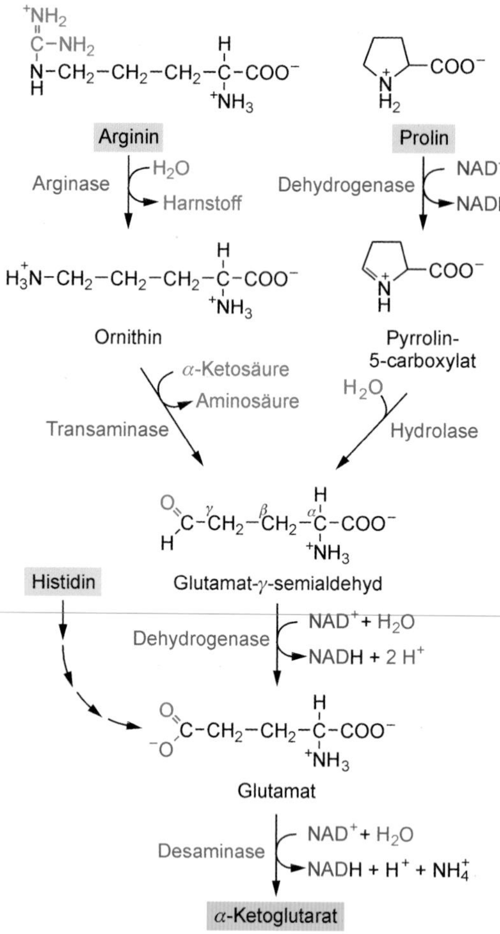

47.23 Abbau der Aminosäuren Arginin und Prolin via Glutamat-γ-semialdehyd über Glutamat zu α-Ketoglutarat. Im Semialdehyd ist *eine der beiden* terminalen Carboxylgruppen von Glutamat zum Aldehyd reduziert – daher „semi".

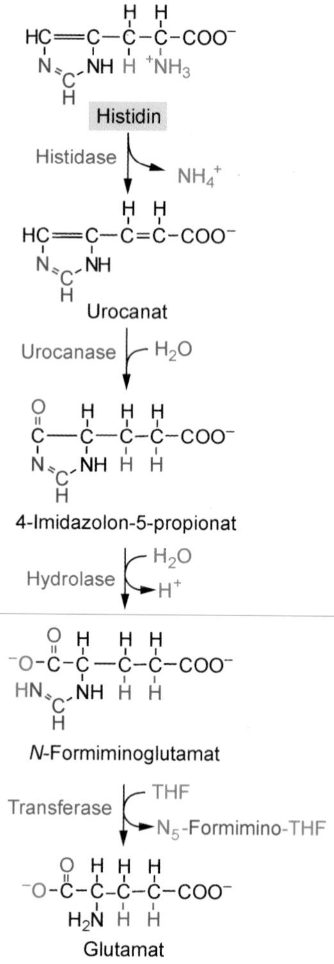

47.24 Abbau von Histidin. Initial desaminiert Histidase die Aminosäure zu Urocanat. Durch eine von Urocanase katalysierte Addition entsteht ein Imidazolon-Heterozyklus, der hydrolytisch zu *N*-Formiminoglutamat gespalten wird. Im letzten Schritt erfolgt der Transfer des Formiminorests auf das gruppenübertragende Coenzym Tetrahydrofolat (THF; ▶ Exkurs 48.1); dabei entsteht Glutamat.

Prolin, eine weitere C_5-Aminosäure, wird durch eine NAD$^+$-abhängige Dehydrogenase zu Pyrrolin-5-carboxylat oxidiert (Abbildung 47.23). Die nachfolgende Ringöffnung erzeugt wiederum Glutamat-γ-semialdehyd: Hier laufen die Abbauwege von Prolin und Arginin zusammen. Oxidative Desaminierung von Glutamat liefert α-Ketoglutarat, ein Zwischenprodukt des Citratzyklus (▶ Abbildung 40.4). Alternativ kann zur Wiederverwertung des Stickstoffs α-Ketoglutarat auch durch Transaminierung entstehen. Histidin wird initial von **Histidase** desaminiert und durchläuft dann mehrere Abbaureaktionen – Addition von Wasser, Öffnung des

Imidazolrings und C_1-Transfer –, bevor es als Glutamat in die gemeinsame Endstrecke der C_5-Familie einmündet (Abbildung 47.24).

Die Gesamtheit der 20 proteinogenen Aminosäuren mündet also mit ihren Produkten mittelbar oder unmittelbar in den Citratzyklus – ein bemerkenswertes Beispiel für die Konvergenz und Ökonomie des Stoffwechsels. Einige der beim Aminosäureabbau entstehenden Intermediate und Produkte dienen gleichzeitig als Bausteine bei der Synthese von Aminosäuren, der wir uns nun zuwenden.

Zusammenfassung

- Der **Abbau** der meisten **Aminosäuren** beginnt mit der Entfernung der α-Aminogruppe durch **PLP-abhängige Transaminasen**. **Sammelpunkt** und wichtige **Transportform** für die Aminogruppen ist **Glutaminsäure**, die in der Leber **oxidativ desaminiert** werden kann. **Serin** und **Threonin** können ebenfalls direkt desaminiert werden.

- Da **Ammoniak toxisch** ist, wird er in der **Leber** zu **Harnstoff** „entgiftet", der dann über die **Niere** ausgeschieden wird.

- Im **Harnstoffzyklus** werden in den **Mitochondrien** in einer vorgeschalteten Reaktion **Bicarbonat** und **Ammoniumionen** unter **ATP-Verbrauch** zu **Carbamoylphosphat** umgesetzt. Nach Übertragung des Carbamoylrests auf die Trägeraminosäure **Ornithin** entsteht **Citrullin**, das nun ins **Cytosol** gelangt.

- Dort reagiert Citrullin in einer ATP-abhängigen Reaktion zu **Argininosuccinat**, aus dem unter Abspaltung von **Fumarat Arginin** entsteht. Der Zyklus schließt sich, indem

nun Arginin hydrolytisch zu **Harnstoff** und **Ornithin** gespalten wird. **Fumarat** wird im **Citratzyklus** zu **Oxalacetat** oxidiert und kann wieder zu **Aspartat** transaminiert werden. Im Nebenschluss liefert der Harnstoffzyklus **Kreatinphosphat**.

- Beim vollständigen Abbau der Aminosäuren landet ihr **Kohlenstoffgerüst** letztlich immer im **Citratzyklus**. Bei der C_2-**Familie** erfolgt dies über **Acetyl-CoA**, während die C_3-**Familie** sich über **Pyruvat** einklinkt. Aus den Aminosäuren der C_4-**Familie** entstehen **Oxalacetat** (C_{4-O}), **Fumarat** (C_{4-F}) oder **Succinyl-CoA** (C_{4-S}) als Hauptabbauprodukte, die allesamt Zwischenprodukte des Citratzyklus sind. Das gilt auch für α-**Ketoglutarat**, den Sammelpunkt der C_5-**Familie**.

- **Defekte** in den **Abbauwegen** von Aminosäuren führen durch **Akkumulation toxischer Zwischenprodukte** zu schwerwiegenden Erkrankungen. Besonders häufig ist die **Phenylketonurie**, der ein Defekt des Enzyms **Phenylalanin-Hydroxylase** zugrunde liegt.

Biosynthese von Aminosäuren und Häm

48

Kapitelthemen: 48.1 Fixierung von Stickstoff 48.2 Kohlenstoffgerüst der Aminosäuren 48.3 Synthese nichtessenzieller Aminosäuren 48.4 Synthese von Serin, Glycin und Cystein 48.5 Hormone und Neurotransmitter 48.6 Synthese von Porphyrin und Häm 48.7 Hämabbau

Der menschliche Körper synthetisiert tagtäglich ca. 300 g Protein. Dabei schöpft er aus einem Fundus von *20 Aminosäuren*, von denen er allerdings nur einen Teil selbst synthetisieren kann. *Essenzielle Aminosäuren* müssen mit der Nahrung zugeführt werden und sind größtenteils pflanzlichen Ursprungs. *Nichtessenzielle Aminosäuren* werden aus Zwischenprodukten des oxidativen Katabolismus synthetisiert. Neben ihrer Bausteinfunktion in der Proteinsynthese fungieren Aminosäuren aber auch als Neurotransmitter, als Vorstufen und Reaktionspartner bei der Synthese von Purin- und Pyrimidinnucleotiden, Polyaminen, Glutathion, Kreatinphosphat und biogenen Aminen sowie als Grundbausteine bei der Synthese von prosthetischen Gruppen wie den Porphyrinen. In diesem Kapitel werden wir uns auf die *Biosynthese* von *Aminosäuren* und *Häm* bei Säugern konzentrieren. Details zur Synthese essenzieller Aminosäuren z.B. durch Bakterien und Pflanzen finden sich auf den Internetseiten dieses Buches.

48.1 Die α-Aminogruppe entstammt molekularem Stickstoff

Neben Wasserstoff und Sauerstoff sind drei andere Elemente am Aufbau der Aminosäuren beteiligt: Stickstoff, Kohlenstoff und Schwefel. Woher kommen diese Bestandteile, und wie werden sie zu Aminosäuren zusammengefügt? Beginnen wir mit dem Stickstoff: Letztlich stammt aller organische Stickstoff aus der Atmosphäre. Eukaryoten sind allerdings nicht zur **Stickstoffassimilation** fähig: Die Dreifachbindung von N_2 mit einem Energiegehalt von etwa 940 kJ/mol kann von menschlichen Zellen nicht „geknackt“ werden. Spezialisierte Bakterien wie die *Rhizobien*, die in Symbiose mit Leguminosen (Hülsenfrüchte) leben, besitzen einen Multienzymkomplex, der in der Lage ist, Stickstoff in Form von Ammoniak (NH_3) zu fixieren. Dieser Nitrogenasekomplex setzt Stickstoff aus der Luft unter erheblichem Einsatz von Reduktionsäquivalenten und ATP zu Ammoniak und Wasserstoff um:

$$N_2 + 4\ NADH + 8\ H^+ + 16\ ATP + 16\ H_2O \rightarrow 2\ NH_3 + H_2 + 16\ ADP + 16\ P_i$$

Die Stickstoffproduktion hat einen hohen energetischen Preis und verbraucht 16 ATP pro Mol fixiertem N_2. Die Gesamtproduktion ist beachtlich: Man schätzt, dass durch Stickstoffassimilation jährlich bis zu 1×10^8 t N_2 als NH_3 fixiert werden.

Der nächste Schritt der Stickstoffaufnahme ist der **Einbau von Ammoniak in Aminosäuren.** Anders als bei der vorhergehenden Reaktion können auch eukaryotische Zellen diese grundlegende Aufgabe bewältigen. Zum einen wird NH_4^+ mit α-Ketoglutarat, einem Zwischenprodukt des Citratzyklus, zu Glutamat umgesetzt. Katalysator ist dabei die **Glutamat-Dehydrogenase**, die wir bereits beim Aminosäureabbau kennen gelernt haben (▶ Abbildung 47.3). Wasserstoffüberträger bei der Synthese ist allerdings NADPH – und *nicht* NADH, das beim Abbau verwendet wird.

$$NH_4^+ + \alpha\text{-Ketoglutarat} + NADPH + H^+ \leftrightharpoons \text{Glutamat} + NADP^+ + H_2O$$

Glutamat ist der wichtigste Donor für α-Aminogruppen, die durch Transaminierung übertragen werden. Eine seltenere Synthesevariante, die vor allem zur Ammoniakentgiftung dient (▶ Abschnitt 47.2), ist der direkte Einbau von Ammoniak in Glutamat durch **Glutamin-Synthase.** Dabei entsteht Glutamin, ein wichtiger Aminogruppendonor bei der Synthese von Aminosäuren und Nucleotiden:

$$NH_4^+ + \text{Glutamat} + ATP \rightarrow \text{Glutamin} + ADP + P_i + H^+$$

Glutamat-Dehydrogenase und Glutamin-Synthase sind mit der Wiederverwertung von Aminogruppen befasst, die beim Abbau von Aminosäuren anfallen. Eine direkte Verwertung von Ammoniak in größerem Stil ist dem menschlichen Organismus nicht möglich, da höhere Konzentrationen von NH_3 cytotoxisch sind (▶ Exkurs 47.2).

48.2 Das Kohlenstoffgerüst der Aminosäuren stammt aus Intermediaten des Stoffwechsels

Wie entsteht die Vielfalt an Kohlenstoffgerüsten, die das „Rückgrat" von Aminosäuren bilden? Anders als komplexe Lebewesen können einfache Bakterien, aber auch die meisten Pflanzen diese schwierige Aufgabe ganz alleine bewältigen. So synthetisiert z. B. *E. coli* problemlos alle 20 proteinogenen Aminosäuren. Der erwachsene menschliche Organismus ist dagegen nur zur Synthese von elf nichtessenziellen Aminosäuren befähigt (▶Abschnitt 2.10 und Tafeln A7, A8). **Neun essenzielle Aminosäuren** müssen mit der Nahrung zugeführt werden, da keine endogenen Synthesewege in Säugerzellen verfügbar sind; dabei scheinen Säuger insbesondere die komplexeren Aminosäuresynthesen „eingespart" zu haben. So sind sie z. B. *nicht* in der Lage, verzweigtkettige und aromatische Aminosäuren zu synthetisieren.

Betrachten wir zunächst einmal die Biosynthese aller 20 proteinogenen Aminosäuren unabhängig von ihrer Herkunft. Im Allgemeinen stammt das Kohlenstoffgerüst der Aminosäuren aus Intermediaten der Glykolyse, des Citratzyklus und des Pentosephosphatwegs. Schematisch lassen sich **sechs biosynthetische Familien** abgrenzen (Abbildung 48.1). Dabei markieren fünf Aminosäuren – Aspartat, Threonin, Phenylalanin, Glutamat und Serin – wichtige „Durchgangsstationen" auf dem Weg zu anderen Aminosäuren.

48.3 Einfache Reaktionen liefern acht nichtessenzielle Aminosäuren

Kommen wir nun zu den einfachen Synthesen, die menschliche Zellen ausführen können: Die **reduktive Aminierung** von α-Ketoglutarat liefert **Glutamat**, und die **direkte Amidierung** von Glutamat liefert **Glutamin** (▶Abschnitt 48.1). **Transaminierung** von Pyruvat und Oxalacetat erzeugt jeweils in einem einzigen Schritt **Alanin** bzw. **Aspartat**. Dabei ist Glutamat der Aminogruppendonor, und Pyridoxalphosphat fungiert als Coenzym:

Pyruvat + Glutamat $\leftrightharpoons$ Alanin + α-Ketoglutarat
Oxalacetat + Glutamat $\leftrightharpoons$ Aspartat + α-Ketoglutarat

Aspartat geht durch Transaminierung unter Verbrauch von Glutamin in **Asparagin** über:

Aspartat + Glutamin $\leftrightharpoons$ Asparagin + Glutamat

Eine weitere Ein-Schritt-Reaktion ist die **Hydroxylierung** von Phenylalanin zu **Tyrosin** (▶Abbildung 47.13). Da es direkt aus einer essenziellen Aminosäure hervorgeht, gilt Tyrosin auch als „bedingt essenziell".

Phenylalanin + NADPH + H$^+$ + O$_2$
$\rightarrow$ Tyrosin + NADP$^+$ + H$_2$O

Glutamat ist auch Vorstufe von Prolin und Arginin. In der Eröffnungsreaktion wird die γ-Carboxylgruppe unter ATP-Verbrauch – vermutlich über ein Acylphosphat-Intermediat – zur Aldehydgruppe reduziert (Abbildung 48.2). Dabei entsteht **Glutamat-γ-semialdehyd**, der spontan unter Wasserabspaltung zu Δ^1-Pyrrolin-5-carboxylat zyklisiert und dann in einer NADPH-abhängigen Reaktion **Prolin** liefert.

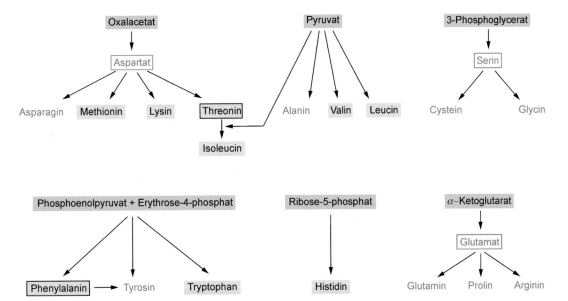

48.1 Übersicht über die Aminosäuresynthese. Pyruvat, 3-Phosphoglycerat und Phosphoenolpyruvat entstammen der Glykolyse, Erythrose-4-phosphat und Ribose-5-phosphat dem Pentosephosphatweg sowie Oxalacetat und α-Ketoglutarat dem Citratzyklus. Das Schema fasst pro- *und* eukaryotische Biosynthesewege zusammen. Alle Vorstufen sind gelb unterlegt; Aminosäuren, die als Durchgangsstation dienen, sind gerahmt; essenzielle Aminosäuren für Säuger sind grün markiert.

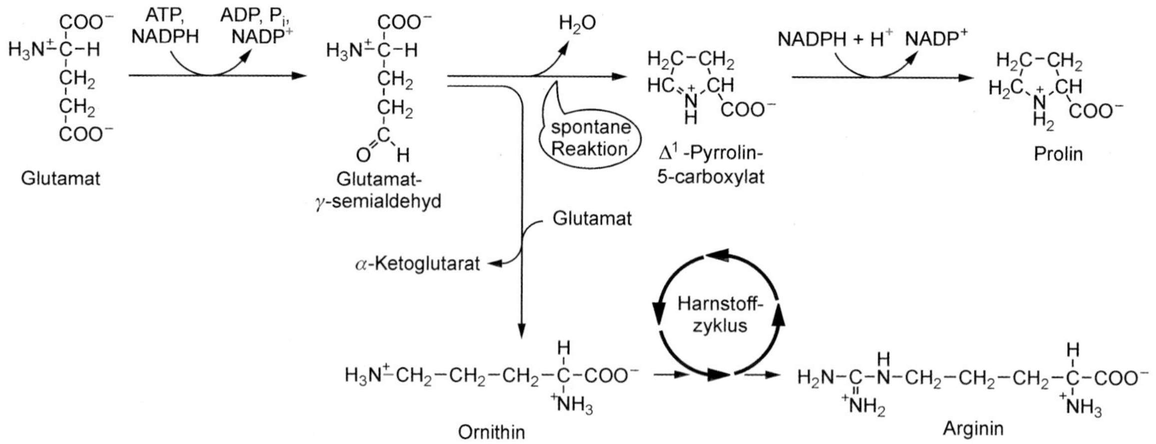

48.2 Biosynthese von Prolin und Arginin aus Glutamat. Gemeinsames Intermediat der Synthesewege der beiden Aminosäuren ist Glutamat-γ-semialdehyd, das auch Intermediat beim Abbau dieser Aminosäuren ist (▶ Abbildung 47.23).

Alternativ kann der Semialdehyd auch zu Ornithin transaminiert werden, das dann über drei Stationen des **Harnstoffzyklus** (▶ Abbildung 47.5) in **Arginin** konvertiert wird (Abbildung 48.2). Mit den geschilderten Reaktionen kann der Säugerorganismus insgesamt acht verschiedene Aminosäuren selbst herstellen. Dazu gehört auch Arginin; da Säugetiere es jedoch nicht in ausreichender Menge herstellen, wird Arginin auch zu den essenziellen Aminosäuren gezählt.

48.4
3-Phosphoglycerat ist Vorstufe für Serin, Glycin und Cystein

Die verbliebenen drei nichtessenziellen Aminosäuren – Serin, Glycin, Cystein – bilden eine eigene Synthesefamilie, an deren Anfang das Glykolyseprodukt **3-Phosphoglycerat** steht. In drei Stufen entsteht daraus zunächst **Serin** (Abbildung 48.3).

Aus Serin geht **Glycin** hervor: Dabei wird das C_β-Atom von Serin durch Serin-Hydroxymethyltransferase auf **Tetrahydrofolat** (THF) übertragen. Es entsteht primär N^5-Hydroxymethyl-THF, das sekundär zu N^5,N^{10}-Methylen-THF dehydratisiert. THF ist ein wichtiges Coenzym beim Transfer von C_1-Einheiten (Exkurs 48.1).

Bislang haben wir ausschließlich die Herkunft der Stickstoff- und Kohlenstoffanteile der Aminosäuren betrachtet. Bei der Biosynthese von Cystein stoßen wir nun erstmals auf **Schwefel** als Bestandteil von Aminosäuren. Schwefel wird von Bakterien und Pflanzen primär in der Form von Sulfat (SO_4^{2-}) aus der Umgebung aufgenommen. Für den Einbau in Aminosäuren ist die mehrstufige Reduktion zur Sulfidform (S^{2-}) notwendig. Entsprechende Reduktasen existieren in Bakterien und Pflanzen, *nicht* aber in Tieren. Der Mensch nimmt Sulfide im Wesentlichen als Methionin und Cystein mit der Nahrung auf.

Die Biosynthese von Cystein greift auf zwei Aminosäuren zurück: Das Kohlenstoffgerüst liefert Serin, während die essenzielle Aminosäure Methionin das Schwefelatom bereitstellt. Dazu reagiert Methionin mit ATP zu **S-Adenosylmethionin** (SAM), das ein dreifach substituiertes, positiv geladenes Sulfoniumion (S^+) mit einem hohen Übertragungspotenzial für Methylgruppen enthält (Exkurs 48.2).

Überträgt *S*-Adenosylmethionin seine Methylgruppe auf einen Akzeptor wie z. B. Cholin, so entsteht dabei *S*-Adenosylhomocystein, das zu freiem **Homocystein** und Adenosin hydrolysieren kann (Abbildung 48.6).

Homocystein kann nun mit Serin in einer pyridoxalphosphatabhängigen Reaktion zu **Cystathionin** kondensieren; Katalysator ist Cystathionin-β-Synthase (Abbildung 48.7). Der Thioether Cystathionin (–CH_2–S–CH_2–) wird durch Cystathionase, die Pyridoxalphosphat als prosthetische Gruppe trägt,

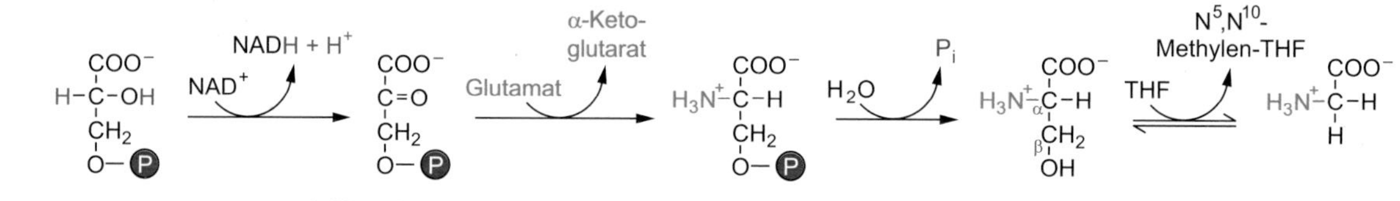

48.3 Biosynthese von Serin und Glycin aus 3-Phosphoglycerat. In einer NAD⁺-abhängigen Reaktion entsteht 3-Phosphohydroxypyruvat. Diese α-Ketocarbonsäure wird zu 3-Phosphoserin transaminiert, das dann zu Serin hydrolysiert. In einer weiteren Reaktion mit Tetrahydrofolat (THF) kann daraus Glycin entstehen. Umgekehrt kann auch aus Glycin das Serin entstehen.

Exkurs 48.1: Tetrahydrofolat

THF, ein Pteridylderivat von *p*-Aminobenzoylglutamat, das aus Folsäure (▸ Tafeln B1, B2) entsteht, ist ein universeller **Überträger von C$_1$-Einheiten** verschiedener Oxidationsstufen. Methyl- (–CH$_3$), Methylen- (–CH$_2$–), Methenyl- (–CH=) oder Formylgruppen (–CHO) werden auf seine reaktionsfähige Diaminoethylgruppierung zwischen N^5 und N^{10} übertragen und können in dieser „Zwinge" bearbeitet werden (Abbildung 48.4). So liefert Serin über **N^5-Hydroxymethyl-THF** eine Methylengruppe, wobei ein zyklisches Intermediat entsteht. Diese Methylengruppe kann (i) als solche auf ein Substrat übertragen werden, (ii) NADPH-abhängig zu einer Methylgruppe an N^5 reduziert und dann transferiert werden, (iii) NADP$^+$-abhängig zu einer Methenylgruppe oxidiert und dann transferiert werden oder (iv) via Methenyl- zur N^{10}-Formylgruppe hydrolysiert und dann transferiert werden. Diese **Interkonvertierbarkeit** macht THF zu einem vielseitigen C$_1$-Donor beim Stoffwechsel von Aminosäuren (Methionin, Serin, Glycin) und Nucleotiden (Thymin).

48.4 Struktur von Tetrahydrofolsäure. Im unteren Teil sind die THF-gebundenen C$_1$-Einheiten (rot) in ihren verschiedenen Oxidationsstufen gezeigt.

Exkurs 48.2: *S*-Adenosylmethionin (SAM)

Der **universelle C$_1$-Donor** SAM besitzt ein noch höheres Übertragungspotenzial für Methylgruppen als THF. Bei der Synthese wird die Adenosylgruppe eines ATP auf das Schwefelatom von Methionin übertragen (Abbildung 48.5). Dabei werden Orthophosphat (P$_i$) und ein Molekül Pyrophosphat (PP$_i$) gebildet, das sekundär zu 2 P$_i$ hydrolysiert wird: Es werden also alle drei Phosphatreste von ATP hydrolytisch getrennt, um die Reaktion mit der dabei frei werdenden Energie anzutreiben. Die positive Ladung an seinem Schwefelatom macht *S*-Adenosylmethionin zu *dem* **Methylgruppenüberträger** z. B. bei der Biosynthese von Phosphoglyceriden wie Phosphatidylcholin, Metaboliten (Kreatin; ▸ Abbildung 47.9) und Hormonen (Adrenalin) sowie zur Methylierung von Nucleinsäuren und Proteinen.

48.5 Synthese von S-Adenosylmethionin. Das primär gebildete Pyrophosphat hydrolysiert sekundär zu zwei P$_i$.

unter hydrolytischer Desaminierung des Homocysteinrests gespalten. Dabei entstehen **Cystein**, ein Ammoniumion sowie α-Ketobutyrat. Ähnlich wie Tyrosin kann man auch Cystein als „bedingt essenziell" ansehen, da es essenzielles Methionin als Ausgangsprodukt für seine Synthese benötigt.

48.5
Aminosäuren sind Vorstufen von Hormonen und Neurotransmittern

Aminosäuren gehören zu den vielseitigsten Stoffwechselprodukten, welche die Natur hervorgebracht hat. Jenseits ihrer fundamentalen Rolle bei der Proteinbiosynthese nehmen Aminosäuren an so unterschiedlichen Prozessen wie der Synthese von Phospholipiden (Phosphatidylserin; ▸ Abschnitt 46.9), der Erzeugung von intrazellulären Botenstoffen (NO; ▸ Abschnitt 27.5), der Produktion von Energieüberträgern (Kreatinphosphat; ▸ Abbildung 47.9) und Signalstoffen der synaptischen Erregung (Glycin und Glutamat;

48.6 Umwandlung von *S*-Adenosylmethionin in Homocystein. Die nichtproteinogene Aminosäure Homocystein unterscheidet sich von Cystein lediglich durch eine zusätzliche Methylengruppe (–CH$_2$–) in der Seitenkette. R–H, Methylgruppenakzeptor.

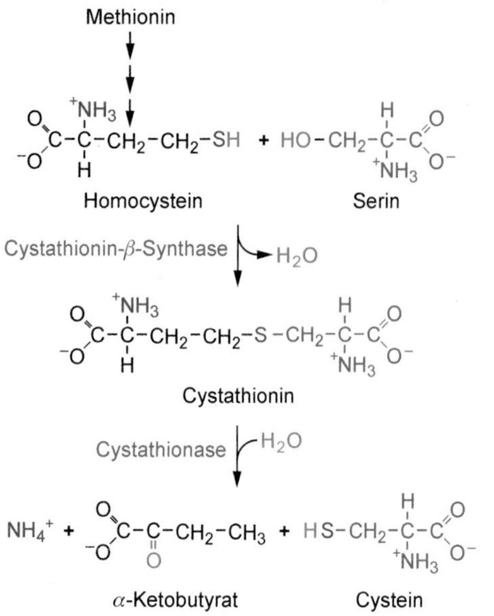

48.7 Biosynthese von Cystein. Homocystein liefert die Thiolgruppe und Serin das Kohlenstoffgerüst von Cystein.

▶Abschnitt 32.6) teil. Ebenso sind Aminosäuren wichtige Ausgangsstoffe für **biogene Amine**, die als Hormone und Neurotransmitter elementare physiologische Vorgänge steuern (Exkurs 48.3). Darüber hinaus stellen biogene Amine wie Ethanolamin und Cholin die „Kopfgruppen" von Phospholipiden (▶Abbildungen 46.32 und 46.33).

Schilddrüsenhormone ⌂, die den metabolischen Grundumsatz steuern, leiten sich von der Aminosäure Tyrosin ab. Die Modifikation des Tyrosins erfolgt dabei nicht an der freien Aminosäure. Vielmehr fungiert das tyrosinreiche Protein **Thyreoglobulin** als „Werkbank", das bei vollständiger

---

⌇ Exkurs 48.3: Biogene Amine ⌂

Tyrosin liefert per Hydroxylierung **Dihydroxyphenylalanin (DOPA)** und durch Decarboxylierung den Neurotransmitter **Dopamin**, der wiederum Vorstufe für weitere Hormone ist (Abbildung 48.8a). Durch Hydroxylierung der Seitenkette entsteht **Noradrenalin**, das schließlich durch S-Adenosylmethionin zu **Adrenalin** methyliert wird. Diese **Catecholamine** sind Hormone und Neurotransmitter an adrenergen Synapsen (▶Abschnitt 32.6), haben ausgeprägte Wirkungen im Herz-Kreislauf-System (▶Abschnitt 30.1) und steuern die Fettspeicherung. Durch pyridoxalphosphatvermittelte Decarboxylierung von Histidin entsteht **Histamin** (Abbildung 48.8b), das vor allem bei Allergien und entzündlichen Reaktionen aus Mastzellen freigesetzt wird und vasodilatierend wirkt (▶Exkurs 28.5). **Serotonin**, das durch 5-Hydroxylierung und Decarboxylierung von Tryptophan entsteht, ist ein wichtiger Neurotransmitter (▶Tabelle 28.1). In der Pinealdrüse ist Serotonin die biosynthetische Vorstufe von **Melatonin** (O-Methyl-N-acetylserotonin). Gemeinsam steuern diese beiden Amine den zirkadianen Rhythmus von Säugern.

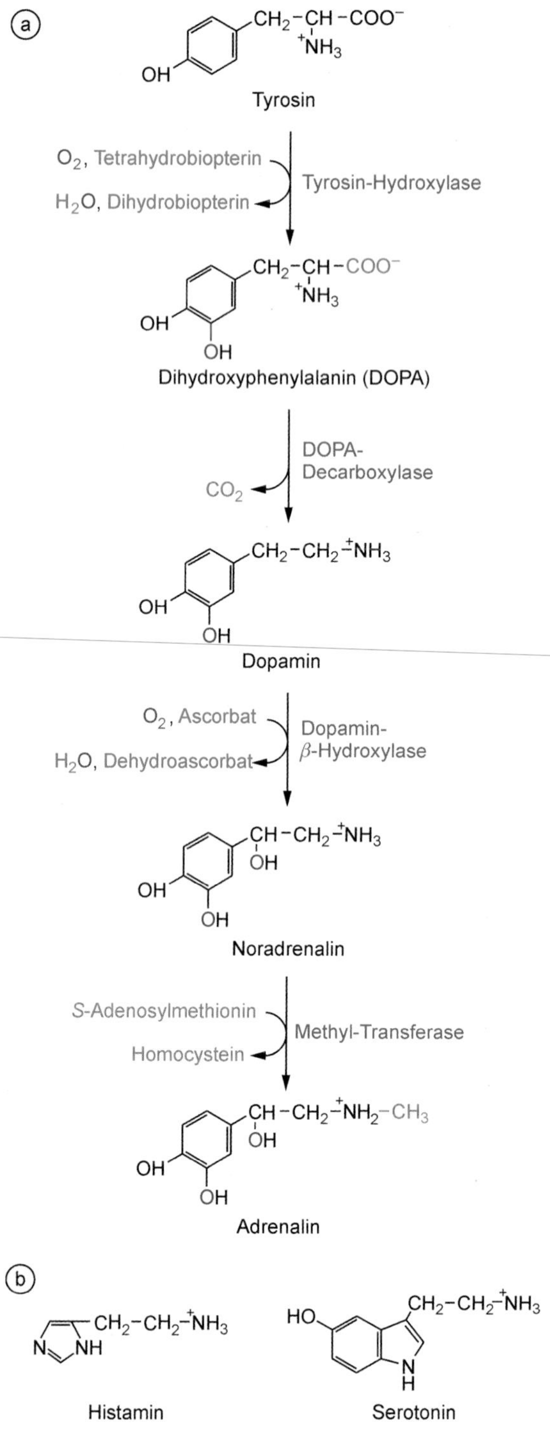

48.8 Syntheseweg der Catecholamine Noradrenalin und Adrenalin (a) sowie Strukturformeln von Histamin und Serotonin (b).

Hydrolyse die Schilddrüsenhormone freigibt. Das zur Synthese benötigte Iodid (I⁻) gelangt über spezifische Transporter in das Follikellumen der Schilddrüse. Dort wird auch das für die Oxidation des I⁻ und die Umlagerungsreaktion erforderliche Wasserstoffperoxid (H_2O_2) von einer calciumabhängigen NADPH-Oxidase gebildet (▶ Exkurs 41.8). Durch multiple Iodierung und anschließende Umlagerung entstehen im Thyreoglobin zunächst Thyroxylreste (Abbildung 48.9). Das so modifizierte Thyreoglobulin wird im Follikellumen gespeichert. Bei Bedarf wird es durch Pinozytose in das Schilddrüsenepithel aufgenommen und dort durch lysosomale

Proteolyse freigesetzt. Primär wird **Tetraiodthyronin** (T_4, auch Thyroxin genannt; ▶ Abbildung 1.3) gebildet; in kleineren Mengen wird dabei auch Triiodthyronin (T_3; ▶ Tafel C1) freigesetzt. Der Großteil an T_3, das etwa zehnfach wirksamer ist als T_4, entsteht durch Deiodierung von Tetraiodthyronin in der Peripherie. Im Plasma bindet **thyroxinbindendes Globulin** (TBG) die Schilddrüsenhormone und bringt sie an ihre Zielzellen, wo sie über intrazelluläre Rezeptoren wirken (▶ Abschnitt 27.4).

48.9 Synthese der Schilddrüsenhormone. Im Follikellumen der Schilddrüse oxidiert die Thyreoperoxidase Iodid (I^-) mittels Wasserstoffperoxid (H_2O_2) und iodiert so bestimmte Tyrosylreste von Thyreoglobulin. Durch H_2O_2-abhängige Oxidation und intramolekulare Umlagerung der entstehenden Diiodtyrosinreste entsteht das Tetraioddiphenylether-Grundgerüst von T_4. Die vollständige Proteolyse von Thyreoglobulin liefert vor allem T_4. Unter Verlust eines Iodatoms entsteht daraus T_3; diese Reaktion kann spontan oder durch Deiodasen katalysiert ablaufen.

48.6
Porphyrine entstehen aus Glycin und Succinyl-CoA

Aminosäuren spielen auch eine wichtige Rolle bei der Gewinnung von prosthetischen Gruppen wie z. B. Häm ⤴, die zur Klasse der Porphyrinderivate gehören. Glycin, die einfachste aller Aminosäuren, steht am Beginn der Porphyrinbiosynthese. Porphyrine bilden eine Klasse von **Tetrapyrrolen**, deren prominentestes Mitglied das Hämzentrum von Hämoglobin ist: Mit seinem zentralen Eisenatom bindet es dort Sauerstoff (▶ Abbildung 10.2). Das komplexe Porphyringerüst entsteht aus lediglich zwei Bausteinen: Glycin und Succinyl-CoA, einem Intermediat des Citratzyklus (▶ Abbildung 40.9). Die komplexe Reaktionsfolge lässt sich in drei Abschnitte gliedern: (i) Bildung eines Pyrrolheterocyclus, (ii) Kondensation von vier Pyrrolresten zu einem cyclischen Tetrapyrrol und (iii) Modifikation der Seitenketten und Oxidation am Ringsystem; zuletzt erfolgt der Einbau von Eisen.

Der erste Schritt ist gleichzeitig die Schlüsselreaktion der Hämsynthese. Unter Decarboxylierung werden Glycin und

48.10 Synthese von Porphobilinogen aus Glycin und Succinyl-CoA. Das Schlüsselenzym der Hämsynthese, die δ-Aminolävulinat-Synthase, wird auf mRNA-Ebene (Hemmung der Translation durch ein hämbindendes Regulatorprotein) und auf Proteinebene (Hemmung der Translokation des cytoplasmatisch synthetisierten Enzyms ins Mitochondrium durch Häm) reguliert.

Succinyl-CoA zu **δ-Aminolävulinat** fusioniert; dabei wird Coenzym A freigesetzt (Abbildung 48.10). Das Enyzm δ-Aminolävulinat-Synthase katalysiert diese Reaktion in Mitochondrien; dabei dient Pyridoxalphosphat wiederum als Coenzym. Nun kondensiert δ-Aminolävulinat-Dehydratase zwei Moleküle δ-Aminolävulinat zum **Porphobilinogen** mit dem charakteristischen Pyrrolring.

Die Porphobilinogen-Desaminase kann vier solcher Porphobilinogenmoleküle zu einem linearen **Tetrapyrrolmolekül** kondensieren; dabei werden vier NH_4^+-Ionen freigesetzt (Abbildung 48.1, oben).

Nach Isomerisierung zyklisiert das lineare Tetrapyrrol per Kondensation zum asymmetrischen Produkt **Uroporphyrinogen III**. Das Enzym **Cosynthase III** katalysiert beide Teil-

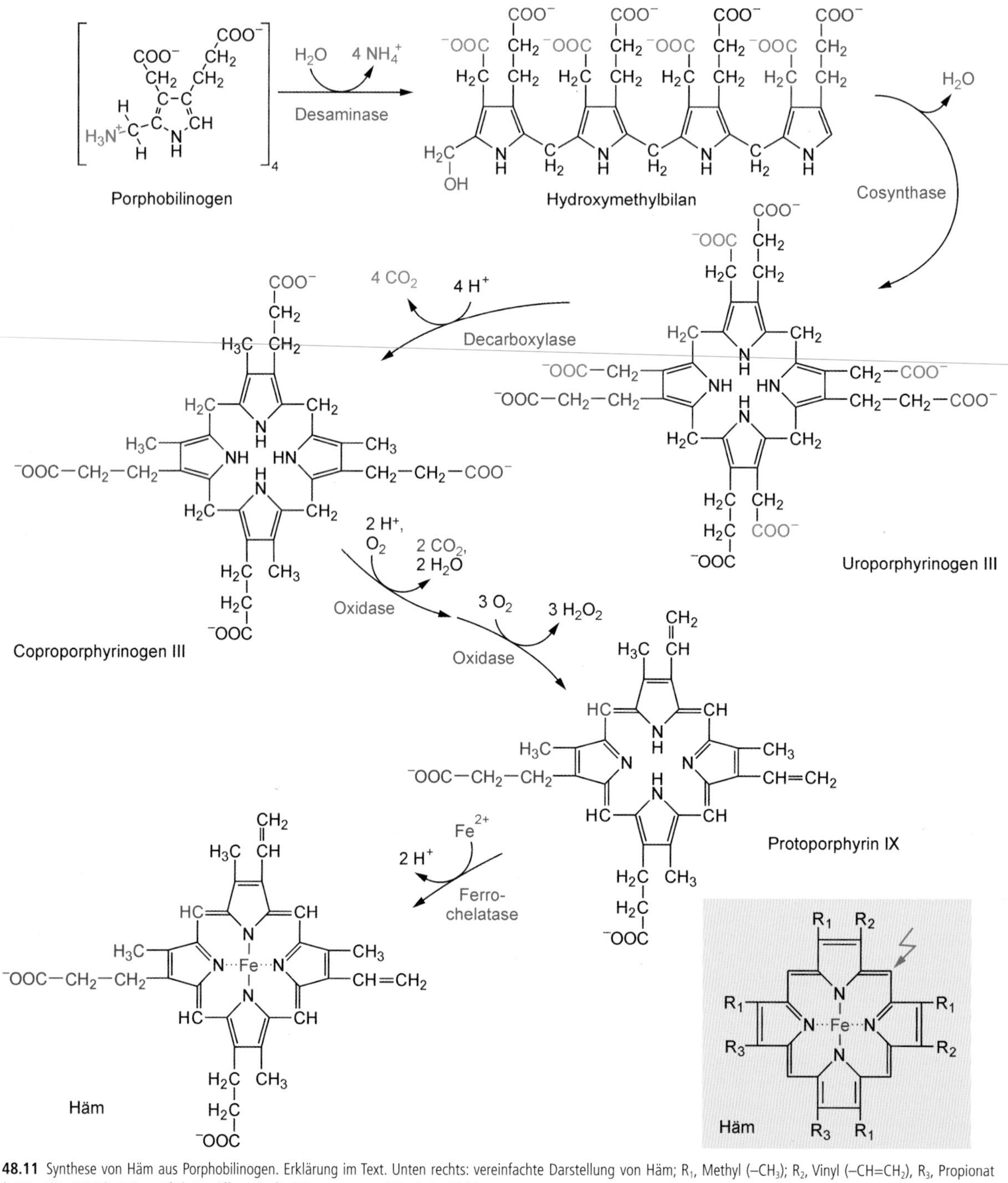

48.11 Synthese von Häm aus Porphobilinogen. Erklärung im Text. Unten rechts: vereinfachte Darstellung von Häm; R_1, Methyl (–CH_3); R_2, Vinyl (–$CH=CH_2$), R_3, Propionat (–CH_2–CH_2–COO^-). Grüner Pfeil: Angriffspunkt für Hämoxygenase (Abschnitt 48.7).

schritte. Fehlt diese Cosynthase, so findet die Isomerisierung *nicht* statt. Stattdessen bildet sich spontan das symmetrische Isomer Uroporphyrinogen I: Es stellt eine biosynthetische Sackgasse dar, weil aus ihm kein für den O_2-Transport taugliches Häm synthetisiert werden kann. Ein genetischer Cosynthasedefekt führt daher zum Krankheitsbild der **Porphyrie** (Exkurs 48.4).

Exkurs 48.4: Porphyrie

Ein Defekt des Gens für **Cosynthase III** führt zur **kongenitalen erythropoetischen Porphyrie**, die durch eine Akkumulation von **Uroporphyrinogen I** gekennzeichnet ist. Dessen renale Ausscheidung führt zu einer Rotfärbung des Urins. Die Haut wird durch Ablagerung der stark lichtabsorbierenden Porphyrine photosensibilisiert. Es kommt bei den betroffenen Individuen zu einer schweren hämolytischen Anämie. Bei der *Porphyria cutanea tarda* ist ein weiteres Enzym der Hämsynthese, die **Uroporphyrinogen-Decarboxylase**, betroffen. Auch hier kommt es zu einer Photosensibilisierung der Haut, die bereits bei geringer Lichtexposition zur Blasenbildung führen kann. Bei der **akut intermittierenden Porphyrie** mit einem Gendefekt der **Porphobilinogen-Desaminase**, die einen frühen Schritt der Hämsynthese katalysiert (Abbildung 48.11), kommt es bei Betroffenen zu einer Neuropathie. Diagnostisch wegweisend sind erhöhte Porphyrinausscheidungen in Harn und Stuhl.

Mit der Zyklisierung steht nun das Porphyringrundgerüst. Nun folgen „Feinarbeiten" an den Seitenketten und Oxidationen im Ringgerüst (▶ Abbildung 48.11). Die Decarboxylierung der vier Acetylseitenketten durch Urophorphyrinogen-Decarboxylase liefert Coproporphyrinogen III. Die eliminierende Decarboxylierung zweier Propionatseitenketten zu Vinylgruppen und die Oxidation des Tetrapyrrolringsystems zu einem **vollständig konjugierten System** von Doppelbindungen liefert **Protoporphyrin IX**. Das Enzym **Ferrochelatase** setzt den Schlussstein mit der Einführung eines Fe^{2+}-Ions in das Zentrum des Moleküls: Damit ist die Hämsynthese vollendet. Das komplette Molekül wird nun als prosthetische Gruppe in Globin (Hämoglobin und Myoglobin), Katalasen, Peroxidasen und Cytochromen inkorporiert. Die notwendige Eisenzufuhr sichern Transferrin im Blutplasma und Ferritin, ein intrazellulärer Speicherproteinkomplex, der große Mengen an Fe^{2+}-Ionen in seinem „Kern" aufnehmen kann (▶ Abschnitt 10.10).

48.7

Der Abbau von Häm erzeugt Bilirubin und Biliverdin

Alternde Erythrocyten werden vor allem in der Milz aussortiert und metabolisiert. Dabei fallen große Mengen an Hä-

moglobin an, dessen Proteinanteil vollständig proteolysiert wird. Die freigesetzten Aminosäuren werden für die Proteinbiosynthese wiederverwendet oder in verschiedene Intermediate umgewandelt. Ebenso wird das freigesetzte Fe^{2+} reutilisiert. Protoporphyrin IX, das ebenfalls in großen Mengen anfällt, landet dagegen in einer metabolischen Sackgasse und muss deshalb in der Milz abgebaut werden. Erster Schritt dabei ist die Öffnung des Tetrapyrrolrings an einer Methylenbrücke durch **Hämoxygenase** (Abbildung 48.12). Bei dieser Reaktion entstehen **Biliverdin**, ein lineares Tetrapyrrol, Kohlenmonoxid (CO) und Wasser.

Das Enzym Biliverdin-Reduktase hydriert in einer NADPH-abhängigen Reaktion die zentrale Methylenbrücke von Biliverdin unter Bildung von **Bilirubin**. Das schlecht wasserlösliche Bilirubin (auch „indirektes" Bilirubin genannt; siehe unten) wird an Albumin gebunden und im Blutstrom von der Milz zur Leber transportiert. Dort werden seine beiden Propionatseitenketten mit UDP-Glucuronat umgesetzt (Abbildung 48.13).

48.12 Abbau von Häm. Das grünliche Zwischenprodukt Biliverdin geht in das orangefarbene Bilirubin über. Eine makroskopische Demonstration des Hämabbaus ist der Farbwandel eines Blutergusses. Hämoxygenase gehört zur Klasse der Cytochrom-P_{450}-abhängigen Monooxygenasen (▶ Exkurs 46.5).

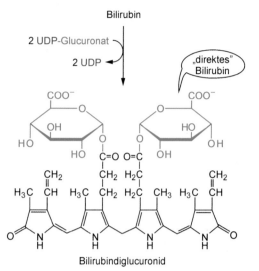

Bilirubin

2 UDP-Glucuronat

2 UDP

„direktes"
Bilirubin

Bilirubindiglucuronid

48.13 Konjugation von Bilirubin mit Glucuroniden. Die Attribute „direkt" und indirekt" beziehen sich auf die Reaktionsfähigkeit von Bilirubin bei einer klassischen Nachweisreaktion mit Diazo-Reagenz.

Es entsteht das Endprodukt des hepatischen Hämabbaus, **Bilirubindiglucuronid** („direktes" Bilirubin), das über Galle und Darm ausgeschieden werden kann. Störungen in Bilirubinstoffwechsel oder -ausscheidung machen sich durch einen **Ikterus** bemerkbar (Exkurs 48.5).

 Exkurs 48.5: Hyperbilirubinämie (Gelbsucht) 🖱

Steigt die Plasmakonzentration von Bilirubin über 2 mg/100 ml an, so verfärben sich Haut und Skleren gelblich – daher der Trivialname **Gelbsucht**. Hauptursachen für eine **Hyperbilirubinämie (Ikterus)** 🖱 sind akute oder chronische Leberdefekte (mangelhafte Glucuronidierung oder verminderte Albuminsynthese), Gallengangsverlegung (mangelhafter Abtransport) oder Hämolyse (ungenügende Abbaukapazität). Die Bestimmung der relativen Anteile von konjugiertem („direktem") und freiem („indirektem") Bilirubin im Blutplasma gestattet Rückschlüsse auf die Art der Erkrankung, die zum Ikterus führt. Bei der Phototherapie des so genannten **Neugeborenen-Ikterus** induziert Licht der Wellenlänge 400–500 nm eine Isomerisierung von Bilirubin, die seine hepatozelluläre Ausscheidung auch *ohne* Glucuronidierung ermöglicht.

Im Verlauf der Darmpassage wird ein Teil des Bilirubindiglucuronids durch anaerobe Bakterien weiter zu braungelbem **Stercobilin** und **Dipyrrolen** abgebaut, die zur charakteristischen Stuhlfarbe beitragen.

Aminosäuren sind also wichtige Bausteinlieferanten bei der Synthese von Hormonen, Transmittern und prosthetischen Gruppen. Im folgenden Kapitel, das sich mit dem Metabolismus von Nucleotiden befasst, werden wir eine weitere Facette der Aminosäuren kennen lernen: Ihre essenzielle Rolle bei der Synthese von Nucleinsäurebausteinen.

Zusammenfassung

- Die *α*-Aminogruppe der Aminosäuren entstammt letztlich dem **molekularen Stickstoff** der Atmosphäre. Dieser wird von **Mikroorganismen** unter hohem Energieaufwand reduziert und kann anschließend „**fixiert**" werden. Dabei werden die **Ammoniumionen** vor allem von **Glutamat-Dehydrogenase** reduktiv auf *α*-Ketoglutarat übertragen oder bei hohen Konzentrationen unter **ATP-Verbrauch** durch die **Glutamin-Synthase** in Glutamat eingebaut.

- Von den **20 proteinogenen Aminosäuren** sind **neun** für den Menschen **essenziell** und müssen über die Nahrung aufgenommen werden. **Tyrosin** wird durch Hydroxylierung aus der essenziellen Aminosäure **Phenylalanin** gebildet und ist daher „**bedingt essenziell**". Die übrigen **10 Aminosäuren** können *de novo* aus **Intermediaten der Hauptstoffwechselwege** synthetisiert werden.

- **Alanin, Aspartat** und **Glutamat** entstehen in einem Schritt durch direkte Transaminierung der entsprechenden *α*-Ketosäuren. **Serin** wird aus **3-Phosphoglycerat** synthetisiert. Die übrigen sechs **nichtessenziellen Aminosäuren** entstehen in wenigen Reaktionsschritten aus Aspartat, Glutamat oder Serin.

- Aminosäuren sind Vorstufen zahlreicher **Hormone** und **Neurotransmitter**. Dazu zählen vor allem **biogene Amine**, die durch **Decarboxylierung** von Aminosäuren gebildet und z.T. weiter modifiziert werden. Eine wichtige Gruppe bilden die **Catecholamine**, zu denen **Dopamin**, Adrenalin und **Noradrenalin** zählen. Das biogene Amin **Ethanolamin** und seine Derivate sind wichtige Bausteine von **Phospholipiden**.

- Eine besondere Stellung nehmen die Hormone **Tri- und Tetraiodthyronin** (T_3 bzw. T_4) ein, die durch **Iodierung** und **intramolekulare Umlagerung** von **Tyrosinseitenketten** im **Thyreoglobin** gebildet und durch **Proteolyse** freigesetzt werden. Primär entsteht dabei T_4, aus dem durch Deiodierung T_3 hervorgeht.

- Das **Porphyrinringsystem** der Hämzentren entsteht aus der Aminosäure **Glycin** und **Succinyl-CoA**, einem Intermediat des Citratzyklus. Aus jeweils zwei dieser Ausgangsverbindungen entsteht **Porphobilinogen**. Die **lineare Verknüpfung** von **vier Porphobilinogeneinheiten** mit nachfolgender **Zyklisierung** führt letztlich zum **Protoporphyrin IX**. Mit dem Einbau des zentralen Eisenatoms durch **Ferrochelatase** ist die Synthese von **Häm** abgeschlossen.

- Beim **Abbau gealterter Erythrocyten** in der Milz fallen große Mengen **Hämoglobin** an, dessen **Hämanteil** abgebaut wird. Durch Öffnung des **Porphyrinrings** entsteht primär **Biliverdin**, das dann zu **Bilirubin** reduziert wird. Aus diesem „**indirekten**" Bilirubin entsteht in der Leber durch Konjugation mit **UDP-Glucuronat** das wasserlösliche **Bilirubindiglucuronid** („**direktes**" Bilirubin), das über Galle und Darm ausgeschieden wird. Störungen im Bilirubinstoffwechsel machen sich oft durch einen **Ikterus** bemerkbar.

Bereitstellung und Verwertung von Nucleotiden

49

Kapitelthemen: 49.1 Biosynthese von Purinnucleotiden 49.2 Schrittweiser Aufbau des Purinringsystems 49.3 Regulation der Purinnucleotidsynthese 49.4 Biosynthese von Pyrimidinen 49.5 ATP-abhängige Produktion von Nucleosidtriphosphaten 49.6 Biosynthese von Desoxyribonucleotiden 49.7 Thymidylatsynthese 49.8 Abbau von Nucleotiden

Nucleotide verkörpern neben Aminosäuren, Kohlenhydraten und Lipiden die vierte große Klasse von metabolischen Bausteinen. Sie spielen eine herausragende Rolle als Bestandteile von *Coenzymen* wie NAD$^+$, FAD und CoA, als sekundäre Botenstoffe wie z.B. cAMP oder cGMP, als Energielieferanten in Form von ATP und GTP, als aktivierende „Reste" z.B. in UDP-Glucose und CDP-Diacylglycerin und natürlich als aktivierte Vorstufen und Bausteine bei der Synthese von *Nucleinsäuren*. Die genaue Kenntnis des Stoffwechsels von Nucleotiden hat fundamentale Beiträge zum Verständnis der molekularen Basis von Erbkrankheiten geleistet und neue Wege zur Entwicklung potenter Arzneimittel für die Behandlung von Stoffwechselstörungen, Infektionserkrankungen und Krebs gewiesen. In diesem Kapitel befassen wir uns mit der *Biosynthese* der Nucleotide, lernen ihre *Abbauwege* kennen und erörtern exemplarisch *Störungen* ihres Metabolismus.

49.1 Die Neusynthese von Purinnucleotiden läuft über zehn Teilreaktionen

Nucleoside bestehen aus Base und Zucker, während Nucleotide drei Komponenten umfassen, nämlich Base, Zucker und Phosphat (▶ Tafeln A9–A11). Bei den Basen unterscheiden wir monocyclische Pyrimidine und bicyclische Purine, bei den Zuckern Ribose und Desoxyribose und bei Säureresten Mono-, Di- und Triphosphate (▶ Abschnitt 2.6). Prinzipiell gibt es zwei metabolische Zugänge zu den Nucleotiden: die *de novo*-**Synthese** von Nucleotidbausteinen oder ihre **Wiederverwendung** im Rahmen des so genannten *salvage pathway* (engl. *salvage*, Wiederverwertung).

Bei der **Neusynthese der Purinnucleotide** wird an einem Ribose-5-phosphat-Molekül aus dem Pentosephosphat-Weg in einer Folge von zehn Reaktionen schrittweise ein Purinring aufgebaut; dabei entsteht ein fertiges Nucleotid. Im Laufe dieser Synthese werden die Aminosäuren Glutamin, Glycin und Aspartat sowie die C_1-Donoren Methylentetrahydrofolat, N^{10}-Formyltetrahydrofolat und CO_2 verwendet. Ausgangspunkt der Purinbiosynthese ist **5-Phosphoribosyl-1-pyrophosphat** (PRPP), das wir bereits bei der Synthese von NAD$^+$ kennen gelernt haben (Exkurs 49.1).

Exkurs 49.1: 5-Phosphoribosyl-1-pyrophosphat (PRPP)

PRPP wird aus ATP und Ribose-5-phosphat, das aus dem Pentosephosphatweg stammt, synthetisiert (Abbildung 49.1). Das Enzym **PRPP-Synthase** katalysiert den Transfer der $\beta\gamma$-Pyrophosphatgruppe von ATP auf die α-ständige Hydroxylgruppe am C1-Atom von Ribose-5-phosphat. Das halbacetalische C1 von PRPP ist sehr reaktionsfähig und zum **Transfer von Phosphoribosylgruppen** besonders gut geeignet. PRPP ist an der Biosynthese von Nucleotiden (Purin- und Pyrimidinnucleotide) und einzelner Aminosäuren (Histidin, Tryptophan) beteiligt.

49.1 Biosynthese von 5-Phosphoribosyl-1-pyrophosphat. Der Pyrophosphatrest an C1 ist α-glykosidisch verknüpft.

Die eröffnende Reaktion bei der *de novo*-Synthese von Purinnucleotiden ist die Bildung von **5-Phosphoribosyl-1-amin** aus PRPP und Glutamin (Abbildung 49.2). Dabei verdrängt die Aminogruppe aus der Seitenkette von Glutamin den Pyrophosphatrest am C1 von PRPP. Es kommt zu einer Inversion am anomeren C1, und die Aminogruppe nimmt die für alle natürlich vorkommenden Nucleotide typische β-Konfiguration ein. Das Enzym **Amidophosphoribosyl-Transferase** katalysiert diese Schlüsselreaktion der Purinnucleotidbiosynthese.

Die β-Aminogruppe ist der „Anker" für den nun folgenden Aufbau des Puringerüsts. Es folgt die ATP-abhängige

49.2 Synthese von 5-Phosphoribosyl-1-amin. Das bifunktionelle Enzym hydrolysiert in einem *ersten* aktiven Zentrum Glutamin und „tunnelt" das entstehende NH_3 zu einem *zweiten* aktiven Zentrum, wo es auf PRPP trifft und damit reagiert.

49.3 Erste Phase der *de novo*-Synthese von Purinen: Aufbau des Imidazolrings. Ein multifunktionelles Enzym, das Synthase-, Transformylase- und Cyclaseaktivität in sich vereint, katalysiert drei Teilreaktionen, nämlich *N*-Acylierung, *N*-Formylierung und Zyklisierung.

Übertragung von Glycin zu Glycinamidribonucleotid (Abbildung 49.3). Die Formylierung der α-Aminogruppe des Glycinrests durch N^{10}-Formyltetrahydrofolat ergibt Formylglycinamidribonucleotid. Damit ist der letzte Stein für den Aufbau des fünfgliedrigen Imidazolrings gesetzt, der aber zunächst noch nicht geschlossen wird. In einer weiteren ATP-abhängigen Reaktion, bei der ein Phosphorylester-Zwischenprodukt gebildet wird, überträgt Glutamin die Aminogruppe seiner Seitenkette auf das Carbonyl-C-Atom des Glycinrests: Die Amidgruppe [–CO–NH–] wird so zur Amidinogruppe [–C(NH)$_2$–]. Das entstehende Amidino-Intermediat zyklisiert nun unter Bildung eines Imidazolrings zu **5-Aminoimidazolribonucleotid**. Damit ist die erste Phase der Purinbiosynthese abgeschlossen.

49.2

Der zweite Teil des Purinringsystems wird schrittweise aufgebaut

In der zweiten Phase der Purinbiosynthese wird nun schrittweise ein **Pyrimidinring** aufgebaut; dabei sind drei Atome (2 C, 1 N) des sechsgliedrigen Rings bereits im 5-Aminoimidazolribonucleotid vorhanden (Abbildung 49.4). Zunächst entsteht durch Carboxylierung ein 4-Carboxylat-Intermediat; diese reversible Reaktion findet *ohne* Beteiligung von Biotin statt. In einer ATP-abhängigen Reaktion wird dann ein Aspartatmolekül verknüpft: Seine α-Aminogruppe reagiert dabei mit der 4-Carboxylatgruppe des Intermediats zu einem 4-*N*-Succinocarboxamid-Derivat.

Der nächste Reaktionsschritt eliminiert Fumarat unter Bildung eines 4-Carboxamid-Intermediats. Das gesamte Kohlenstoffgerüst von Aspartat wird also wieder abgespalten, und nur seine Aminogruppe bleibt als Amid zurück. Wir haben eine ähnliche Reaktion bereits im Harnstoffzyklus

kennen gelernt, wo Aspartat seine Aminogruppe auf Arginin überträgt (▶ Abbildung 47.7 und 47.8). Eine Transformylierung mit N^{10}-Formyltetrahydrofolat liefert das sechste und letzte Atom des Pyrimidinrings, wobei ein 5-Formamidino-Intermediat entsteht. Nun erfolgt der Ringschluss unter Dehydratisierung. Das Endprodukt der zehnstufigen Reaktionskette ist **Inosinat** (IMP, Inosinmonophosphat); die zugehörige Purinbase ist **Hypoxanthin** (Abbildung 49.5). Neun Atome, die den Heterocyclus aufbauen, stammen aus sieben verschiedenen Molekülen; alleine die beteiligten Aminosäuren, Glycin, Glutamin und Aspartat liefern sechs Atome für das Ringsystem.

Mit Inosinat ist die Synthese des Purinringsystems abgeschlossen und ein Scheideweg erreicht: Adenylat (Adenosinmonophosphat, AMP) bzw. Guanylat (Guanosinmonophosphat, GMP) werden auf unterschiedlichen Routen über je zwei Reaktionsschritte gebildet (Abbildung 49.6). AMP entsteht durch Austausch des Sauerstoffatoms an C6 von Inosinat gegen eine Aminogruppe, bei dem Aspartat wiederum Donor ist. Initial kondensieren Inosinat und Aspartat zum Adenylsuccinat, gefolgt von der Eliminierung eines Fumaratmoleküls unter Bildung von **Adenylat**; die zugehörige Purinbase ist **Adenin**. Bemerkenswerterweise ist der erste Reaktionsschritt der AMP-Synthese GTP-abhängig, d. h. eine hohe intrazelluläre GTP-Konzentration begünstigt die AMP-Bildung (siehe unten).

Guanylat selbst entsteht durch Aminierung des C2-Atoms in der Base von Inosinat. Zunächst erfolgt eine Hydratation der C=N-Doppelbindung im Pyrimidinring sowie eine NAD^+-abhängige Oxidation von C2 zur Ketogruppe; dabei entsteht Xanthylat (Xanthinmonophosphat). Durch Transfer der Aminogruppe aus der Seitenkette von Glutamin auf C2 entsteht **Guanylat**; die zugehörige Purinbase ist **Guanin**. Dieser letzte Reaktionsschritt ist ATP-abhängig, d. h. eine hohe ATP-Konzentration fördert die GMP-Bildung (siehe unten).

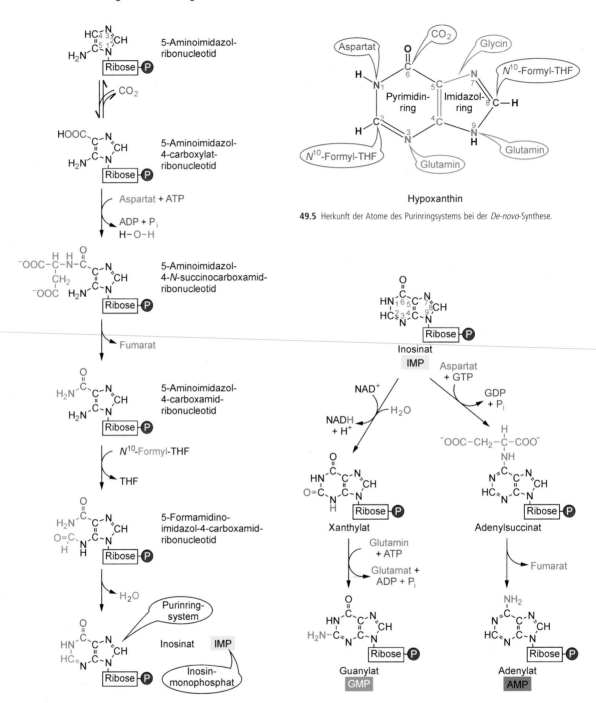

49.5 Herkunft der Atome des Purinringsystems bei der *De-novo*-Synthese.

49.4 Zweite Phase der *de novo*-Synthese von Purinen: Vervollständigung des Purinringgerüsts. Zwei bifunktionelle Enzyme führen Carboxylierung und Amidierung bzw. Formylierung und Zyklisierung aus.

49.6 Bifurkation der Purinnucleotidbiosynthese: Bildung von Adenylat und Guanylat. Zwei bifunktionelle Enzyme führen Synthase- und Lyasereaktion (AMP) bzw. Dehydrogenase- und Amidasereaktion (GMP) aus.

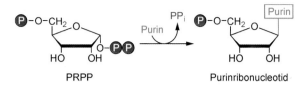

49.8 Hauptreaktion des *salvage pathway* zur Wiederverwertung freier Purinbasen. Phosphoribosyl-Transferasen übertragen freie Purinbasen auf PRPP.

49.3

Die Biosynthese von Purinnucleotiden wird engmaschig kontrolliert

Die Purinnucleotidbiosynthese unterliegt einer multiplen Kontrolle. **PRPP-Synthase**, die den vorgelagerten Schritt der Purinbiosynthese kontrolliert, wird durch IMP, AMP und GMP inhibiert (Abbildung 49.7). Allerdings ist diese Hemmung meist unvollständig: Schließlich wird PRPP ja auch für die Pyrimidin- und die Aminosäuresynthese gebraucht (▶ Exkurs 49.1). Erst wenn alle Endprodukte in sehr hohen Konzentrationen vorliegen, hemmen sie das Enzym vollständig: Wir sprechen von einer **kumulativen Hemmung**. Das Enzym Glutaminphosphoribosylamido-Transferase, das die **Schlüsselreaktion** der Kaskade ausführt, wird vor allem durch AMP und GMP synergistisch gehemmt: Wir haben hier das Beispiel einer **konzertierten negativen Rückkopplung**. Dagegen hemmen AMP und GMP in einer „einfachen" negativen Rückkopplung ihre eigene Synthese aus IMP. Schließlich sind GTP und ATP als Co-Substrate wechselseitig an der Biosynthese ihres „Zwillings"-Nucleotids beteiligt und tragen damit zu einer ausgewogenen Synthese der beiden Purinnucleotide bei (siehe oben).

Der Säugetierorganismus verfügt noch über einen **alternativen Syntheseweg** für die Purinnucleotide. Um die beim Abbau von Nucleinsäuren in erklecklichen Mengen anfallenden freien Purinbasen nicht zu verlieren, werden diese in einen Wiederverwertungsprozess – meist *salvage pathway* genannt – eingeschleust, dessen Energiebedarf erheblich geringer ist als bei der *de novo*-Synthese. Dabei werden „fertige" Purinbasen, die aus dem Nucleinsäureabbau stammen, direkt auf PRPP transferiert (Abbildung 49.8). Zwei **Phosphoribosyl-Transferasen** betätigen sich als „Retter": Adenosin-Phosphoribosyl-Transferase (APRT), die Adenylat bildet, und Hypoxanthin-Guanin-Phosphoribosyl-Transferase (HGPRT), die Inosinat und Guanylat erzeugt.

49.4

Carbamoylphosphat, Aspartat und PRPP sind Bausteine bei der Pyrimidinbiosynthese

Anders als bei der Purinbiosynthese wird das Ringsystem der Pyrimidinbasen zunächst „frei" assembliert und erst später mit Ribosephosphat zu einem Pyrimidinnucleotid verknüpft. Die **Pyrimidinnucleotidbiosynthese** startet mit der Bildung von Carbamoylphosphat (Abbildung 49.9). **Carbamoylphosphat-Synthase** katalysiert diese Reaktion mit Glutamin als Stickstoffdonor. Einer ähnlichen Reaktion sind wir bereits beim Harnstoffzyklus begegnet, wo allerdings NH_4^+ der Stickstoffdonor ist (▶ Abschnitt 47.2). In der nun folgenden Schlüsselreaktion der Pyrimidinnucleotidbiosynthese fusioniert **Aspartat-Transcarbamoylase** (ATCase; ▶ Exkurs 13.3) Carbamoylphosphat mit Aspartat zum reaktiven Intermediat **N-Carbamoylaspartat**. Dehydratisierung und Zyklisierung überführen N-Carbamoylaspartat in Dihydroorotat: Damit sind sämtliche sechs Atome des Pyrimidinringgerüsts beisammen.

Alle drei enzymatischen Aktivitäten – Carbamoylphosphat-Synthase, Aspartat-Transcarbamoylase, Dihydroorotase – die Dihydroorotat generieren, sind auf der Polypeptidkette des **CAD-Enzyms** vereint (Exkurs 49.2). In einer NAD^+-abhängigen Folgereaktion entsteht schließlich aus Dihydroorotat die Pyrimidin-6-carbonsäure **Orotat**.

Im nächsten Schritt kondensiert Orotat mit PRPP zum Pyrimidinnucleotid Orotidylat, das unter Decarboxylierung in **Uridylat** (Uridylmonophosphat, UMP) übergeht (Abbildung 49.10). Die zugehörige Pyrimidinbase heißt **Uracil**. Mit

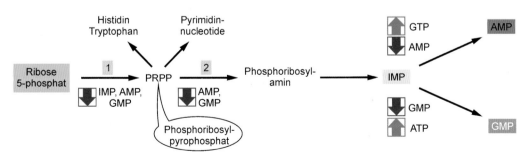

49.7 Regulation der Purinnucleotidbiosynthese. Beteiligte Enzyme sind PRPP-Synthase (1) und Glutaminphosphorylamido-Transferase (2). (▶ Abbildungen 48.11 und 48.12). Grüner Pfeil: Aktivierung; roter Pfeil: Hemmung.

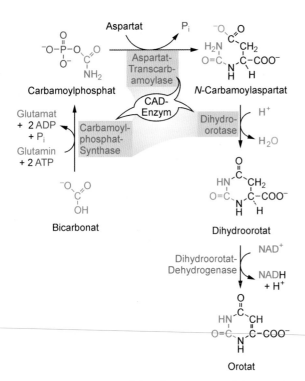

49.9 Synthese von Orotat. Das trifunktionelle CAD-Enzym und Dihydroorotat-Dehydrogenase katalysieren diese Reaktionen.

UMP ist ein wichtiger Nucleotidbaustein vorhanden, der *via* UTP zwei weitere Pyrimidinnucleotide – Cytidylphosphat und Thymidylphosphat – liefert.

〰 Exkurs 49.2: Multifunktionelle Enzyme

Das **CAD-Enzym** ist Prototyp eines multifunktionellen Enzyms, das mehrere aktive Zentren auf einer Polypeptidkette vereint; ein weiteres Beispiel ist die Fettsäure-Synthase (▶ Abbildung 45.16). Anders als bei den Multienzymkomplexen sind bei den multifunktionellen Enzymen mehrere aktive Zentren kovalent über *eine* Polypeptidkette miteinander verknüpft. Multifunktionelle Enzyme sind im Laufe der Evolution durch ***exon shuffling*** 🗗 entstanden, d. h. durch Neukombination funktioneller Module auf Genebene. Dadurch entstandene „Mosaikproteine" sind z. B. der LDL-Rezeptor (▶ Abbildung 46.14) sowie viele Gerinnungsfaktoren (▶ Abbildung 14.9). Treibende Kraft

bei dieser Entwicklung waren vermutlich größere Effizienz, verbesserte Ökonomie und geringere Fehlerrate solcher „Fließband"-Enzyme. Die Möglichkeit zur geordneten Weitergabe des Substrats von einem Reaktionszentrum zum nächsten ist ein Grund dafür, dass multifunktionelle Enzyme besonders häufig in **komplexen Reaktionsfolgen** des Stoffwechsels anzutreffen sind.

49.5

Nucleosidtriphosphate entstehen unter Verbrauch von ATP

Purin- und Pyrimidinbiosynthese liefern also drei Nucleosidmonophosphate; die biologisch aktiven Nucleotide sind aber typischerweise Di- und Triphosphate. Diese können durch eine Serie einfacher Reaktionen ineinander umgewandelt werden. **Nucleosidmonophosphat-Kinasen** katalysieren unter ATP-Verbrauch die Phosphorylierung zum korrespondierenden Diphosphat (N steht hier allgemein für <u>N</u>ucleosid):

$$NMP + ATP \leftrightharpoons NDP + ADP$$

Im speziellen Fall der Adeninnucleotide handelt es sich um eine „Symproportionierung":

$$AMP + ATP \leftrightharpoons 2\,ADP$$

Adenylat-Kinase (Myokinase) katalysiert diese vollständig reversible Reaktion. Mit dieser biosynthetischen „Abkürzung" kann eine Zelle bei niedriger Energieladung (wenig ATP) *ohne* Einschaltung der Atmungskette rasch ATP aus ADP regenerieren. Bei hoher Energieladung (viel ATP) verschiebt sich das Gleichgewicht wieder in Richtung der Nucleosiddiphosphate (▶ Exkurs 38.4).

Nucleosiddiphosphat-Kinasen katalysieren den Phosphataustausch der Diphosphate mit Nucleosidtriphosphaten. Der wichtigste Phosphatgruppendonor ist dabei wiederum ATP.

$$NDP + ATP \leftrightharpoons NTP + ADP$$

Auf diesem Wege entsteht auch **Uridintriphosphat** (UTP) aus UMP. Damit ist der Weg frei für die Synthese der Pyrimidinbase Cytosin, die aus Uracil durch Austausch des Sauerstoffatoms an C4 gegen eine Aminogruppe hervorgeht. Dazu überträgt wiederum Glutamin unter ATP-Verbrauch die Aminogruppe seiner Seitenkette auf den Pyrimidinring (Abbildung 49.11).

49.10 Biosynthese von UMP. Orotatphosphoribosyl-Transferase und Orotidylat-Decarboxylase katalysieren die abschließenden Reaktionen der Pyrimidinbiosynthese.

Orotat · Orotat-phosphoribosyl-Transferase · Orotidylat · Orotidylat-Decarboxylase · Uridylat **UMP**

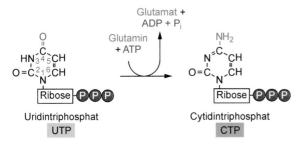

49.11 Synthese von CTP aus UTP. Die Umwandlung der beiden Pyrimidinbasen kann *nur* auf der Stufe der Nucleosidtriphosphate stattfinden.

Dabei entsteht **Cytidintriphosphat** (CTP); die zugehörige Pyrimidinbase ist **Cytosin**. Ein linearer Stoffwechselweg liefert also nacheinander UMP, UTP und CTP.

49.6
Desoxyribonucleotide entstehen aus Nucleosiddiphosphaten

Wir kommen nun zu einem fundamentalen Aspekt der Nucleotidbiosynthese, nämlich der Umwandlung der Ribonucleotide in **Desoxyribonucleotide**, die Bausteine der DNA. Diese Konversion geschieht auf der Stufe der Nucleosiddiphosphate (Abbildung 49.12).

Ausführendes Enzym ist die **Ribonucleotid-Reduktase**, die in einer NADPH-abhängigen Reaktion alle vier Ribonucleosiddiphosphate in die korrespondierenden Desoxyderivate umwandelt. Dabei tauscht sie die Hydroxylgruppe an C2 der Riboseeinheit unter Erhalt der Konfiguration gegen ein Hydridion aus (Exkurs 49.3).

🐭 Exkurs 49.3: Ribonucleotid-Reduktase (*E. coli*) 🖰

Das Enzym ist ein Heterotetramer $\alpha_2\beta_2$. Jede α-Kette besitzt ein Thiolpaar (2x –SH), das die Elektronen für die **Reduktion der Riboseeinheit** bereitstellt (Abbildung 49.13). Die β-Ketten besitzen ein Eisen-Sauerstoff-Zentrum (Fe–O–Fe) sowie ein freies Tyrosinradikal (Y·). Gemeinsam bilden α- und β-Ketten **zwei aktive Zentren**. Hier wird jeweils das ungepaarte Elektron des Enzyms auf das Substrat übertragen; das dabei entstehende Ribosylradikal eliminiert

---

dann ein OH⁻-Ion unter Bildung eines Carbeniumions (C⁺) an C2. Die Thiolgruppen des Enzyms transferieren daraufhin ein Hydridion (H⁻) auf C2; dabei bleibt dessen Konfiguration erhalten. Die Umwandlung von Ribo- in Desoxyribonucleotide wird streng kontrolliert: Jede α-Kette besitzt zwei **allosterische Zentren**, welche die **Aktivität** (Gesamtumsatz) bzw. **Spezifität** (Purin- vs. Pyrimidinnucleotide) steuern und den Erfordernissen der Zelle nach Nucleinsäurebausteinen anpassen.

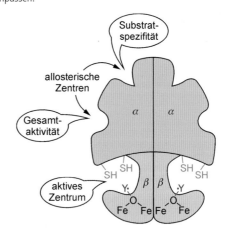

49.13 Modell der Ribonucleotid-Reduktase (*E. coli*). Die Aktivität der katalytischen β-Untereinheit wird über allosterische Zentren der α-Untereinheit kontrolliert. [AN]

Die Elektronen gelangen *nicht* direkt von NADPH auf die Ribonucleotid-Reduktase. Vielmehr geschieht dies über eine Elektronentransportkette, in der nacheinander das FAD einer Thioredoxin-Reduktase, dann Thioredoxin 🖰 und schließlich eine Disulfidbrücke im aktiven Zentrum der Ribonucleotid-Reduktase reduziert werden. Das entstandene Dithiol reduziert dann letztlich Ribose (Abbildung 49.14). Insgesamt sind drei **Thiolzentren** involviert, die reversibel zum Disulfid oxidiert werden. Alternativ kann auch Glutaredoxin im Verein mit Glutathion (▶ Exkurs 42.3) als Elektronendonor fungieren.

Die nach diesem Reaktionsmuster entstehenden Adenin-, Guanin- und Cytosindesoxyribonucleotide werden durch Nucleosiddiphosphat-Kinasen in die entsprechenden Triphosphate (dATP, dGTP, dCTP) umgewandelt und stehen dann für die DNA-Synthese zur Verfügung. Dagegen muss Uracildesoxyribonucleotid (dUDP) zunächst in das entsprechende Thyminderivat umgewandelt werden. Dazu wird dUDP zu dUMP hydrolysiert und von Thymidylat-Synthase

49.12 Synthese von Desoxyribonucleotiden aus Ribonucleotiden. Da die meisten Zellen bedeutend mehr RNA als DNA enthalten, werden nur ca. 10–20 % der Ribonucleotide in die entsprechenden Desoxyribonucleotide umgewandelt.

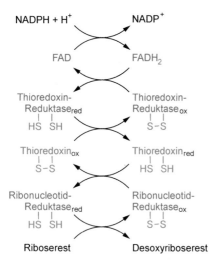

49.14 Elektronenfluss bei der Reduktion der Ribonucleotide. Thioredoxin-Reduktase reduziert zunächst mit NADPH Thioredoxin, das dann Cystin (–S–S–) im aktiven Zentrum der Ribonucleotid-Reduktase reduziert.

am C5 des Pyrimidinrings zu **Desoxythymidylat** (dTMP) methyliert (Abbildung 49.15). Die zugehörige Pyrimidinbase ist **Thymin**; sie unterscheidet sich von Uracil lediglich durch eine zusätzliche Methylgruppe an C5. Nucleosidphosphat-Kinasen überführen dann dTMP unter ATP-Verbrauch in dTTP, das eigentliche Substrat für die DNA-Synthese.

49.15 Umwandlung von UDP in dTTP. N^5,N^{10}-Methylentetrahydrofolat (THF) liefert in dieser Reaktion eine C_1-Gruppe und reduziert gleichzeitig die Methylen- zur Methylgruppe; dabei entsteht Dihydrofolat (DHF).

Das Coenzym der **Thymidylat-Synthase** ist N^5,N^{10}-Methylentetrahydrofolat, das bei der Methylierungsreaktion zu Dihydrofolat oxidiert wird (▶ Exkurs 48.1). Das Enzym Dihydrofolat-Reduktase regeneriert Dihydrofolat mittels NADPH zu Tetrahydrofolat. Tetrahyrofolat ist bei dieser Reaktion sowohl C_1-Donor als auch Elektronendonor für die Reduktion der Methylen- zur Methylgruppe. Serin liefert dabei die C_1-Gruppe (▶ Abbildung 48.3) – ein weiteres Beispiel für die enge Verknüpfung von Nucleotid- und Aminosäurestoffwechsel.

49.7

Fluoruracil ist ein irreversibler Hemmstoff der Thymidylat-Synthase

Rasch wachsende Zellen haben einen großen Bedarf an Desoxyribonucleotiden für ihre DNA-Synthese. Kritisch ist dabei vor allem die dTMP-Biosynthese: Eine Blockierung dieses Biosynthesewegs trifft unkontrolliert wachsende Zellen an ihrer „Achillesferse". Die Abhängigkeit vom dTMP-Nachschub hat man sich bei der Entwicklung synthetischer Inhibitoren gegen Thymidylat-Synthase als Cytostatika zunutze gemacht (▶ Abschnitt 35.9). **5-Fluoruracil** ⟋⚙, das sich von der natürlichen Base Uracil nur um ein Fluoratom an C5 unterscheidet, wird nach Aktivierung zum 5-Fluordesoxyuridin-monophosphat (FdUMP) von Thymidylat-Synthase als Substrat erkannt und umgesetzt (Abbildung 49.16). Dabei wird FdUMP kovalent an das Enzym gebunden und wirkt so als irreversibler Inhibitor der Thymidylat-Synthase.

Zum Verständnis des zugrunde liegenden molekularen Mechanismus betrachten wir die Reaktionen des natürlichen Liganden: dUMP bindet zunächst kovalent an eine Thiolgruppe des Enzyms; das dabei entstehende Produkt reagiert dann sekundär über seine C5-Position mit Methylentetrahydrofolat zu einem kovalenten Intermediat. Dieser Übergangszustand reagiert nun unter Abspaltung eines Protons von C5 weiter. Im Fall von FdUMP trägt C5 aber ein Fluoratom, das *nicht* als F$^+$ eliminiert werden kann: Der kovalente Komplex mit dem Hemmstoff ist daher stabil und blockiert dauerhaft das aktive Zentrum von Thymidylat-Synthase. Wir haben hier das Beispiel eines „**Suizidinhibitors**" (▶ Abschnitt 13.7), der vom Enzym als Substrat erkannt und „geschärft" wird und dann das katalytische Zentrum durch eine kovalente Bindung dauerhaft blockiert. *Die irreversible Inhibition ist nur durch Neusynthese des Enzyms zu überwinden, und die braucht Zeit.* Auf diese Weise kann FdUMP als Cytostatikum wirken. Alternative Ansätze zur Ausschaltung der dTMP-Synthese nutzen die Hemmung der **Dihydrofolat-Reduktase** (Exkurs 49.4).

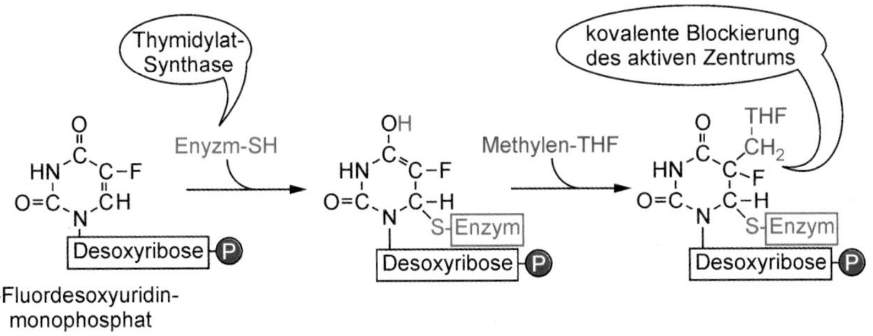

49.16 Hemmung von Thymidylat-Synthase. 5-Fluordesoxyuridinmonophosphat reagiert mit einem Sulfhydrylrest im aktiven Zentrum von Thymidylat-Synthase und bindet dann kovalent an Tetrahydrofolat (THF), was das Enzym dauerhaft blockiert.

Exkurs 49.4: Inhibitoren der Dihydrofolat-Reduktase

Bei der dTMP-Synthese wird Tetrahydrofolat (THF), das Coenzym der Thymidylat-Synthase, zum Dihydrofolat (DHF) oxidiert (Abbildung 49.15). Das Enzym **Dihydrofolat-Reduktase** regeneriert DHF zum „aktiven" Coenzym THF. Eine Blockierung dieses Enzyms schaltet indirekt die dTMP-Synthese aus, da das akkumulierende DHF nicht als Methylgruppenüberträger dienen kann. Folatanaloga wie **Aminopterin** und **Methotrexat** wirken als **kompetitive Inhibitoren** der *menschlichen* DHF-Reduktase und werden erfolgreich als Cytostatika in der Behandlung von Leukämien und anderen rasch wachsenden Tumoren eingesetzt. Hingegen blockiert **Trimethoprim** bevorzugt *mikrobielle* DHF-Reduktasen, nicht aber das menschliche Enzym. Geringfügige Unterschiede in der Struktur der aktiven Zentren bakterieller und menschlicher Reduktasen sind für diese bemerkenswerte Speziesspezifität verantwortlich. In Kombination mit Hemmstoffen der bakteriellen Folatsynthese kommt Trimethoprim als potentes **Antibiotikum** bei bakteriellen und parasitären Infektionen zur Anwendung. Der DHF-Reduktase-Inhibitor **Pyrimethamin** wird speziell bei der Toxoplasmose eingesetzt.

49.8

Harnstoff und Harnsäure sind die Hauptabbauprodukte der Nucleotide

Nucleotide sind einem ständigen Umsatz unterworfen: **Nucleotidasen** hydrolysieren Nucleotide zu den Nucleosiden, aus denen **Nucleosid-Phosphorylasen** phosphorolytisch die Basen abspalten; dabei entstehen Ribose-1-phosphat bzw. Desoxyribose-1-phosphat (Abbildung 49.17). Ribose-1-phosphat kann zu Ribose-5-phosphat isomerisieren und als PRPP rezyklisiert werden. Freie Basen werden entweder via Phosphoribosyltransfer wiederverwendet oder abgebaut. Der **Pyrimidinabbau** führt in wenigen Schritten von Uridin bzw. Desoxyuridin über Uracil zu β-Alanin, NH$_3$ und CO$_2$. Cytidin schwenkt via Desaminierung zu Uridin und Phosphorolyse zum Uracil in diesen Abbauweg ein. Alternativ kann Cytosin per Desaminierung über Uracil eingeschleust werden.

Der **Purinabbau** im menschlichen Körper findet vor allem in Leber und Gehirn statt. **Adenosin-Desaminase** (ADA;

► Exkurs 23.7) konvertiert Adenosin durch Desaminierung in Inosin (Abbildung 49.18). Purinnucleosid-Phosphorylase setzt daraus die Base Hypoxanthin sowie Ribose-1-phosphat frei. In zwei sukzessiven Reaktionen setzt dann **Xanthin-Oxi-**

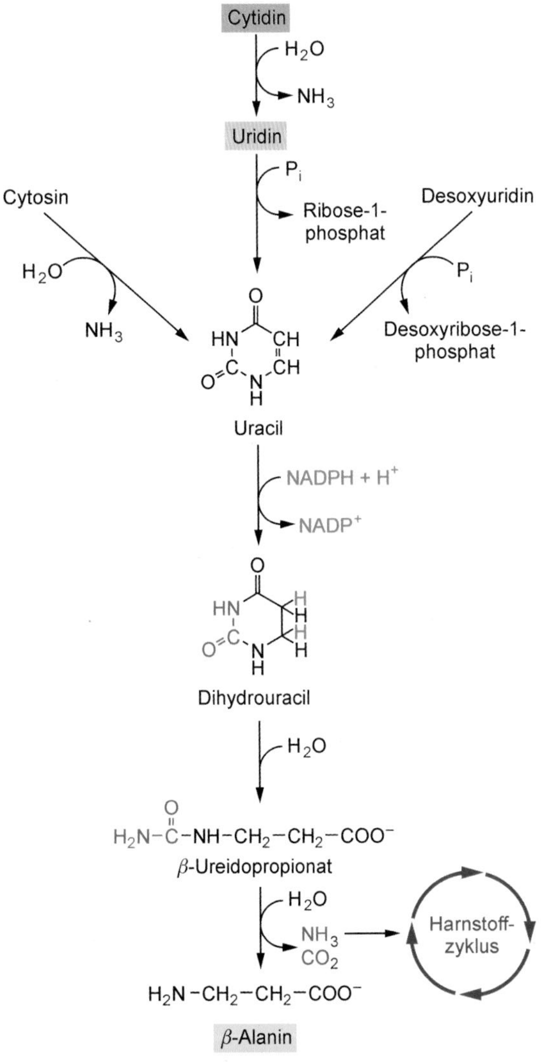

49.17 Abbau der Pyrimidinnucleotide. Intermediate sind Dihydrouracil und β-Ureidopropionat. Das entstehende NH$_3$ wird über den Harnstoffzyklus entsorgt, während β-Alanin als Baustein bei der Synthese von Coenzym A dient.

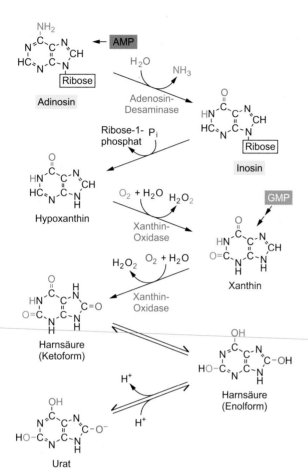

49.18 Purinabbau im menschlichen Körper. Am Beginn der Abbaukaskade steht die Dephosphorylierung von AMP zu Adenosin (orange), das zu Inosin desaminiert und dann über mehrere Stufen zu Urat abgebaut wird. GMP (blau) wird über zwei vorgeschaltete Reaktionen (siehe Text) in diesen Abbauweg eingeschleust. Katalase setzt H_2O_2 zu Wasser und O_2 um und „entschärft" es damit (▶ Exkurs 41.4).

dase Hypoxanthin zu Xanthin und weiter zu **Harnsäure** (Urat) um; bei beiden Teilreaktionen entsteht H_2O_2. Guanylat (GMP) findet *via* Katalyse durch Phosphorylase und Desaminase auf der Ebene des Xanthins Anschluss an diesen Abbauweg. Für beide Purine – Adenin und Guanin – ist also das Endprodukt **Urat**, das mit dem Harn ausgeschieden wird.

Harnsäure und Urate sind schlecht wasserlöslich (< 70 mg Urat/l). Kommt es durch vermehrten Purinabbau zur **Hyperurikämie**, d. h. einer Übersättigung von Körperflüssigkeiten mit Urat, so kann Harnsäure vor allem in den Gelenken und der Niere auskristallisieren. Dadurch entwickelt sich eine **Gicht**, die mit chronischen Entzündungen, Arthrosen und Nierenversagen einhergeht (Exkurs 49.5).

Allopurinol, ein Suizidinhibitor der Xanthin-Oxidase, blockiert die Bildung von Urat aus Hypoxanthin bzw. Xanthin und wird erfolgreich in der Therapie der Gicht eingesetzt. Allopurinol ist ein Isomer von Hypoxanthin, das von Xanthin-Oxidase zu 2-Hydroxyallopurinol – auch Alloxanthin genannt – oxidiert wird. Alloxanthin bindet fest an das

Hyperurikämie ist das Ergebnis einer vermehrten Purinnucleotidproduktion und/oder einer gestörten renalen Ausscheidung von Urat. Bei einem genetischen Defekt der **PRPP-Synthase** kann deren enzymatische Aktivität stark erhöht sein; dadurch entfällt die negative Rückkopplung bei dieser Schlüsselreaktion der Purinsynthese. Bei ausreichendem Substratangebot kommt es daher zu einer **exzessiven Purinsynthese** und sekundär zu einem massiv **verstärkten Purinabbau**. Eine partielle Defizienz von **Hypoxanthin-Guanin-Phosphoribosyl-Transferase** (HGPT), die mit verminderter Enzymaktivität im *salvage pathway* einhergeht (Abschnitt 49.3), führt zur Akkumulation des Transferasesubstrats PRPP, das auf die *de novo*-Synthese „ausweichen" und dadurch die Purinsynthese antreiben kann. Dabei wird das Defizit des *salvage pathway* durch die gesteigerte *de novo*-Synthese überkompensiert: Letztlich fallen mehr Purinnucleotide an, deren Abbau zur Gicht führt. Ein vollständiger Ausfall der HGPT hat noch drastischere Folgen (siehe unten).

aktive Zentrum der Oxidase und blockiert ihre Aktivität dauerhaft: Dadurch sinkt die Uratproduktion. Nun akkumulieren die Vorstufen Hypoxanthin und Xanthin, die aber besser wasserlöslich sind als Urat und ohne weiteres ausgeschieden werden. Die Hyperurikämie ist auch eines der Leitsymptome des **Lesch-Nyhan-Syndroms** (Exkurs 49.6).

💲 **Exkurs 49.6: Lesch-Nyhan-Syndrom** 🔖

Die vollständige **Defizienz** von **Hypoxanthin-Guanin-Phosphoribosyl-Transferase** (HGPRT) aufgrund eines genetischen Defekts, der die Expression des HGPRT-Gens unterdrückt oder ein dysfunktionelles Protein erzeugt, führt bereits im Kindesalter zu Gichtanfällen, geistiger **Retardierung** und zur **Autoaggression** mit der **Mutilation** (Verstümmelung) von Akren. Die komplette Ausschaltung des *salvage pathway* führt zur **Akkumulation von PRPP** und einer stark **gesteigerten Purinnucleotidsynthese** (Exkurs 49.5). Das Gehirn scheint besonders auf die Gewinnung von Purinnucleotiden über den Wiederverwertungsweg angewiesen zu sein; hier spielt die *de novo*-Synthese offenbar nur eine untergeordnete Rolle. Der molekulare Zusammenhang zwischen HGPRT-Mangel, Harnsäureüberschuss und selbstzerstörerischen (Automutilations-)Tendenzen beim Lesch-Nyhan-Syndrom ist nach wie vor rätselhaft.

Die Produktion von Desoxyribonucleotiden dient fast ausschließlich der DNA-Synthese. Ribonucleotide hingegen haben eine Vielzahl von definierten Funktionen im Stoffwechsel der Zelle, die über die reine Bausteinfunktion hinausgehen: Sie sind universelle Energieträger (ATP), Aktivatoren (UDP-Glucose bzw. UDP-Cholin) und Bestandteile von Coenzymen (NAD^+, FAD, CoA). Das mannigfaltige Zusammenspiel von Ribonucleotiden und Enzymproteinen deutet darauf hin, dass Ribonucleotide und Aminosäuren in der Evolution bereits vergesellschaftet waren, als es noch gar keine Desoxyribonucleotide gab – ein weiterer Hinweis darauf, dass RNA auf der evolutionären Skala noch vor der DNA auftauchte (▶ Abschnitt 3.1).

Zusammenfassung

- Die Neusynthese von **Purinnucleotiden** erfolgt ausgehend von **Ribose-5-phosphat**, das aus dem Pentosephosphatweg stammt, in zehn Reaktionsschritten. Dabei wird der **Purinring** aus zwei Aminogruppen aus **Glutamin**, einem Molekül **Glycin**, zwei Formylresten aus N^{10}-**Formyl-Tetrahydrofolat**, einem CO_2 und einer Aminogruppe aus **Aspartat** aufgebaut. Insgesamt müssen dabei sechs **ATP** aufgewendet werden.

- Primär entsteht bei der *de novo*-Synthese von Purinen **Inosinat (IMP)**, das durch Übertragung einer weiteren Aminogruppe aus Aspartat **GTP-abhängig** in **Adenylat (AMP)** oder durch Oxidation und anschließenden Transfer einer Aminogruppe aus Glutamin **ATP-abhängig** in **Guanylat (GMP)** umgewandelt wird.

- Die **Purinnucleotidsynthese** wird über die Hemmung ihrer beiden ersten Schritte über die **Endprodukte** reguliert. Die bedarfsgerechte **Balance** zwischen **AMP**- und **GMP**-**Synthese** aus IMP wird über direkte **negative Rückkopplung** bzw. **positives Feedback** des jeweils anderen Synthesewegs durch die beiden Produkte sichergestellt.

- Im so genannten *salvage pathway* können **freie Purinbasen** auch direkt auf **Ribose-5-phosphat** übertragen werden, das zuvor zu **Phosphoribosylpyrophosphat (PRPP)** aktiviert wurde.

- Bei der Synthese der **Pyrimidinnucleotide** wird zunächst in vier Reaktionsschritten **Orotat** aus einem Molekül **Bicarbonat**, einer Aminogruppe aus **Glutamin** und einem **Aspartat** synthetisiert. Dabei werden **zwei ATP** verbraucht und ein **NADH** gebildet. Die ersten drei Schritte dieser Reaktionsfolge werden durch das **trifunktionelle CAD-Enzym** katalysiert. Orotat wird auf **PRPP** übertragen und **dann** zum **Uridylat (UMP)** decarboxyliert.

- **Nucleosidphosphat-Kinasen** phosphorylieren Nucleosidmono- und Nucleosiddiphosphate unter Verbrauch von ATP. **Uridintriphosphat (UTP)** kann durch ATP-abhängige Übertragung einer Aminogruppe von Glutamin in **Cytidintriphosphat (CTP)** umgewandelt werden.

- Ein Teil der **Ribonucleosiddiphosphate** wird von **Ribonucleotid-Reduktase** NADPH-abhängig und unter Beteiligung von Thioredoxin zu **Desoxyribonucleotiddiphosphaten** reduziert.

- **Desoxyuridinmonophosphat (dUMP)** wird durch die **Thymidylat-Synthase** mittels N^5,N^{10}-Methylentetrahydrofolat zu **Desoxythymidinmonophosphat (dTMP)** methyliert. Dabei entsteht Dihydrofolat, das durch **Dihydrofolat-Reduktase** zu Tetrahydrofolat regeneriert wird. Thymidilat-Synthase und Dihydrofolat-Reduktase sind Angriffspunkte von **Cytostatika**.

- **Pyrimidine** können vollständig abgebaut werden. Dabei entsteht **β-Alanin**, das zur Synthese von **Coenzym A** wiederverwendet wird. Stickstoff wird als Ammoniak freigesetzt und über den **Harnstoffzyklus** entsorgt.

- **Purine** werden oxidativ zu **Harnsäure** abgebaut, die über die **Niere** ausgeschieden wird. Wegen ihrer schlechten Löslichkeit kann es bei gesteigerter **Produktion** oder gestörter Ausscheidung zur **Ablagerung von Harnsäure in Gelenken** und damit zur Entwicklung einer **Gicht** kommen.

Koordination und Integration des Stoffwechsels

50

Kapitelthemen: 50.1 Metabolische Homöostase der Einzelzelle 50.2 Metabolische Knotenpunkte 50.3 Transportvorgänge im metabolischen Netzwerk 50.4 Arbeitsteilung zwischen Organen 50.5 Steuerung durch Hormone 50.6 Wechsel zwischen Sättigung und Hunger 50.7 Adaptation bei kurzfristigem Energiebedarf 50.8 Adaptation bei langfristigem Energiebedarf 50.9 Störungen des Glucosestoffwechsels

Primäre *Aufgabe des Stoffwechsels* ist es, ständig die Versorgung jeder einzelnen Zelle und damit des gesamten Organismus mit Energie und Ausgangsstoffen sicherzustellen und für die zuverlässige Entsorgung von Abfallprodukten zu sorgen. Eine schnelle Anpassung an kurzfristige Änderungen äußerer Bedingungen wie z.B. Stress ist ebenso erforderlich wie die Kompensation von mittelfristigen Schwankungen in der Ernährung bei Überfluss oder Mangel. Hinzu kommt die Notwendigkeit, den aktuellen Energiebedarf einzelner Organe oder Körperregionen zu decken, etwa bei einseitiger Beanspruchung einzelner Muskelgruppen. Schließlich muss auch die Versorgung von verletztem oder entzündetem Gewebe mit lokal erhöhtem Energie- und Materialbedarf gewährleistet sein. Zur Aufrechterhaltung der *metabolischen Homöostase* bedarf es daher einer feinen Abstimmung und ausgeklügelten Steuerung des komplexen Fließgleichgewichts der Stoffwechselwege auf dem Niveau der Einzelzelle, der Organe und Gewebe sowie letztlich des Gesamtorganismus. Die Bündelung des Metabolismus auf wenige *Hauptstoffwechselwege*, deren Kreuzungspunkte durch wenige *Schlüsselverbindungen* besetzt werden, schafft die Voraussetzungen für eine effektive Kontrolle. Die wichtigsten Stellglieder der metabolischen Kontrolle sind die *Schlüsselenzyme* der prominenten Stoffwechselwege: Sie sondieren und integrieren Informationen über den metabolischen Zustand und passen ihre Aktivität den Erfordernissen von Zellen, Geweben und Organen an. Ein überschaubarer Satz von *Hormonen* dirigiert den globalen Stoffwechsel, indem sie Expression und Aktivität der Schlüsselenzyme gemäß inneren und äußeren Anforderungen steuern. – In diesem abschließenden Kapitel richten wir unser Augenmerk auf die *strukturierte Organisation* und *Kontrolle* des Stoffwechsels und befassen uns mit den molekularen Mechanismen der *Koordination* und *Integration* des Metabolismus. Wir beginnen mit der Betrachtung der metabolischen Netzwerke auf der Ebene der Einzelzelle.

50.1 Die metabolische Homöostase jeder Einzelzelle wird bedarfsgerecht eingestellt

Das Stoffwechselgeschehen der **Einzelzelle** muss auf ihre spezifischen Aufgaben abgestimmt sein, die den Bedarf an Energieäquivalenten in Form von ATP, an Reduktionsäquivalenten in Form von NADPH und an Synthesebausteinen wie z.B. Acetyl-CoA oder Ribose-5-phosphat vorgeben. Zellen greifen dabei nahezu uniform auf eine oder mehrere Hauptressourcen zurück, nämlich Glucose, Triacylglycerine und Aminosäuren; aus diesen drei Quellen speist sich fast der gesamte zelluläre Metabolismus. Die **Koordination der Stoffwechselflüsse** erfolgt prinzipiell über die bedarfsgerechte Einstellung von Transport- und Enzymaktivitäten. Diese beruht auf den spezifischen, im Laufe der Zelldifferenzierung festgelegten Expressionsmustern von Enzymen, Transportern, Rezeptoren und Signaltransduktoren. Obwohl jeder Zelltyp auf Änderungen im Metabolitangebot, im Signalmuster oder in der elektrischen Erregung mit spezifischen Anpassungen seiner Stoffwechselflüsse reagiert, sind die grundlegenden Strategien der metabolischen Kontrolle doch universell. So sind auf- und abbauende Stoffwechselwege – falls erforderlich – an die Hydrolyse von ATP gekoppelt, sodass sie als insgesamt **exergone Prozesse** spontan ablaufen können.

Die wichtigsten Stellglieder sind **Enzyme**, die quantitativ über ihre Kopienzahl und qualitativ über ihren Aktivitätszustand reguliert werden. Typische Angriffspunkte sind die Steuerung der **Biosynthese** von Enzymen durch transkriptionelle Regulation, die Kontrolle ihrer **Abbaurate** durch intrazelluläre Proteolyse sowie die Einstellung ihrer enzymatischen **Aktivität** durch allosterische Modulation und kovalente Modifikation. Dabei können Enzyme durch Bindung von Stoffwechselprodukten – Substrate, Intermediate, Produkte, Modulatoren – unmittelbar auf Änderungen der metabolischen Situation reagieren: Sie sind zugleich **Sensoren** und **Exekutoren** des Stoffwechselgeschehens. Prototyp eines Enzymsensors mit Schrittmacherfunktion ist die **Glykogen-Phosphorylase** (▶ Abschnitt 44.6), die über die Eingangsreaktionen der Glykogenolyse „wacht" und sie dem metabolischen Gesamtgeschehen anpasst.

In eukaryotischen Zellen kommt als weitere wichtige metabolische Strategie die **Kompartimentierung** hinzu. Sie separiert Stoffwechselwege innerhalb einer Zelle (Abbildung 50.1). So finden Glykolyse, Pentosephosphatweg und Fettsäuresynthese im *Cytosol* statt; Citratzyklus, oxidative Phosphorylierung und β-Oxidation laufen hingegen in *Mitochondrien* ab. Andere metabolische Pfade nutzen beide Kompartimente, so z. B. Gluconeogenese und Harnstoffzyklus. Wiederum andere Wege wie z. B. die Synthese ungesättigter Fettsäuren sind mit dem *endoplasmatischen Reticulum* assoziiert. Diese Kompartimentierung erleichtert die Simultansteuerung auf- und abbauender Stoffwechselwege. Darüber hinaus ermöglicht sie die Organisation von Enzymen einer Reaktionskette zu einer größeren metabolischen Einheit – dem **Metabolon** – mit höheren Substratflüssen und geringeren Ausschussraten. Schließlich sind auch **Transportsysteme für Metaboliten** wichtige Instrumente der metaboli-

schen Steuerung, da sie den notwendigen Austausch von Intermediaten zwischen den Kompartimenten vermitteln.

Zellen greifen also zur Aufrechterhaltung ihrer Homöostase auf wenige Grundmuster zurück: Kompartimentierung von Stoffwechselwegen, Koordination von Stofftransport und Stoffwechselflüssen sowie Variation von Substratverbrauch und Produktbildung. Dabei sind gegenläufige Stoffwechselwege meist nicht ganz unabhängig voneinander; vielmehr setzt die Zelle auf eine koordinierte Steuerung ihrer anabolen und katabolen Wege. Entscheidende Kontrollpunkte sind dabei **Schrittmacher- oder Schlüsselenzyme**, die mit ihren Umsatzraten den Substratfluss ihres jeweiligen Stoffwechselwegs kontrollieren. Substrate der Schlüsselenzyme sind häufig **Metabolite**, die Ausgangsstoffe mehrerer Stoffwechselwege sind und daher je nach Bedarf in unterschiedliche Richtungen abfließen können. Andererseits können unterschiedliche Stoffwechselwege identische Produkte bilden, die dann **Knotenpunkte** im Metabolismus bilden. Strategische Entscheidungen über die Weiterverwendung eines Stoffwechselprodukts fallen oft an diesen Kreuzungen des metabolischen Netzwerks; damit wird eine bedarfsgerechte **Einstellung des Metabolitumsatzes** gewährleistet.

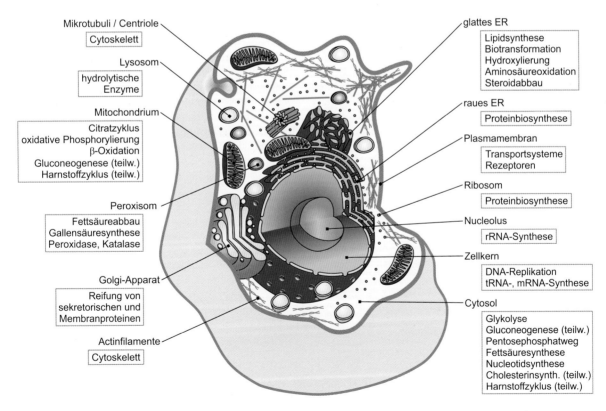

50.1 Kompartimente einer eukaryotischen Zelle. Strukturelle und funktionelle Separation sind hier anhand einschlägiger Beispiele des Metabolismus illustriert.

50.2

Glucose-6-phosphat, Pyruvat und Acetyl-CoA markieren metabolische Knotenpunkte

Wir kommen damit zur **integrativen Leistung** von Zellen, die den Fluss der Intermediate in bedarfsgerechte Bahnen lenkt. Eine metabolische „Troika" aus Glucose-6-phosphat, Pyruvat und Acetyl-CoA besetzt zentrale Knotenpunkte im metabolischen Netzwerk. Sobald freie **Glucose** in die Zelle kommt, wird sie zu **Glucose-6-phosphat** phosphoryliert; alternativ entsteht dieses Intermediat beim Glykogenabbau oder durch Gluconeogenese aus Pyruvat und glucogenen Aminosäuren. Glucose-6-phosphat bedient mehrere Stoffwechselwege (Abbildung 50.2): Ist die Energieladung der Zelle niedrig, so fließt Glucose-6-phosphat in die Glykolyse; dabei entstehen Pyruvat, Acetyl-CoA und letztlich ATP. Ist hingegen die Energieladung der Zelle hoch, so isomerisiert Glucose-6-phosphat zu Glucose-1-phosphat und mündet damit in die Glykogensynthese ein. Beide Prozesse – Glykolyse und Glykogensynthese – sind umkehrbar; dabei handelt es sich aber *nicht* um eine Reversibilität im thermodynamischen Sinne, da jeweils die anabole Richtung durch Hydrolyse energiereicher Phosphate angetrieben wird. Alternativ kann Glucose-6-phosphat auch in den Pentosephosphatweg einmünden, wo es NADPH und Ribose-5-phosphat für anabole Prozesse generiert. Schließlich können Leber- und Nierenzellen Glucose-6-phosphat hydrolysieren und als „freie" Glucose ans Blut abgeben. Die vielfältige Verwendbarkeit von Glucose-6-phosphat beruht nicht zuletzt darauf, dass es mit zwei weiteren Hexosemonophosphaten – Glucose-1-phosphat und Fructose-6-phosphat – im chemischen Gleichgewicht steht. Dieser **Hexosemonophosphat-Pool** bildet einen flexiblen „Verschiebebahnhof" zwischen den genannten Stoffwechselwegen (Abbildung 50.2).

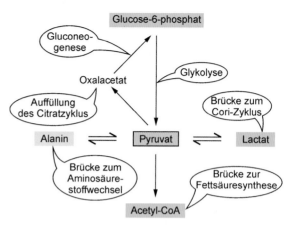

50.3 Knotenpunkt Pyruvat. Die Bildung von Oxalacetat als Intermediat des Citratzyklus ist eine anaplerotische (auffüllende) Reaktion.

Die α-Ketocarbonsäure **Pyruvat** markiert einen weiteren Knotenpunkt im Stoffwechsel. Sie entsteht vor allem aus Glucose, Lactat und Alanin (Abbildung 50.3). Bei niedriger Energieladung der Zelle decarboxyliert Pyruvat zu Acetyl-CoA, dessen Kohlenstoffgerüst im Citratzyklus zur ATP-Gewinnung dehydriert und zu CO_2 abgebaut wird. Bei hoher Energieladung mündet Pyruvat *via* Acetyl-CoA in die Fettsäuresynthese ein; alternativ kann es per Carboxylierung in Oxalacetat übergehen und damit den Citratzyklus „auffüllen". Ebenso kann Pyruvat über Phosphoenolpyruvat in die Gluconeogenese einschwenken. Pyruvat wird – vor allem in Muskelzellen – zu Lactat reduziert; diese reversible Reaktion ist Teil des Cori-Zyklus (▶ Abbildung 43.9). Schließlich verknüpft die Transaminierung von Pyruvat zu Alanin den Aminosäure- mit dem Kohlenhydratstoffwechsel.

Den dritten wichtigen Knotenpunkt des Metabolismus bildet **Acetyl-CoA**. Dieses Intermediat entsteht bei der oxidativen Decarboxylierung von Pyruvat, bei der β-Oxidation von Fettsäuren und beim Abbau ketogener Aminosäuren

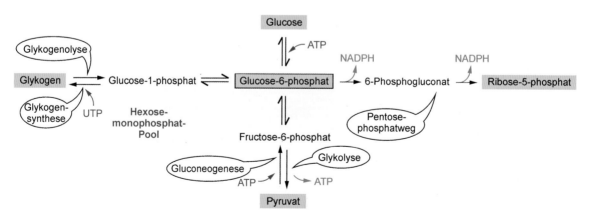

50.2 Metabolischer Knotenpunkt Glucose-6-phosphat. Der Hexosemonophosphat-Pool umfasst drei interkonvertierbare Isomere. Die Hydrolyse von Glucose-6-phosphat zu freier Glucose ist zelltypspezifisch und findet z. B. in Hepatocyten und Nierenzellen, *nicht* aber in Myocyten und Neuronen statt.

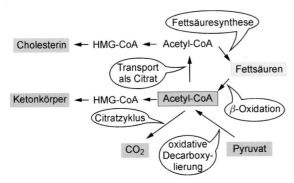

50.4 Knotenpunkt Acetyl-CoA. Acetyl-CoA entsteht auch beim Abbau ketogener Aminosäuren wie z. B. Leucin und Lysin. HMG-CoA im *Cytosol* dient der Cholesterinbiosynthese, HMG-CoA in *Mitochondrien* hingegen der Ketonkörperbildung.

(Abbildung 50.4). Bei niedriger Energieladung wandelt die Zelle Acetyl-CoA im Citratzyklus vollständig zu CO_2 um und erzeugt dabei letztlich ATP. Auf der anabolen Seite mündet Acetyl-CoA in die cytosolische Synthese von Fettsäuren ein; ebenso dient es als Vorstufe von cytosolischem 3-Hydroxymethylglutaryl-CoA (HMG-CoA), wobei es letztlich Cholesterin und andere Isoprenoide liefert. Wird im Hungerzustand durch vermehrte Lipolyse massenhaft Acetyl-CoA gebildet, so entstehen daraus in der mitochondrialen Matrix der Hepatocyten **Ketonkörper** wie Acetoacetat und β-Hydroxybutyrat, die vor allem dem Gehirn als alternative Energiequellen für Glucose dienen. Ein Weg ist Acetyl-CoA allerdings verschlossen: Es kann *nicht* zu Pyruvat umgebaut werden und damit auch *nicht* in die Gluconeogenese einmünden. Dem menschlichen Organismus fehlt also die Option, Fettsäuren *via* Pyruvat in Kohlenhydrate umzuwandeln.

Transportvorgänge tragen zur Aufrechterhaltung der metabolischen Homöostase bei

Auch ohne regulatorische Signale von außen können sich metabolische Netzwerke flexibel an zelluläre Erfordernisse anpassen. Dabei werden die Stoffflüsse in der Zelle durch das Substratangebot, die Kapazität der einzelnen Stoffwechselwege, die Konzentration der Schlüsselmetabolite an Knotenpunkten sowie die verfügbaren Transportkapazitäten zwischen den Kompartimenten gesteuert. Wir wollen diese dynamischen Vorgänge am Beispiel der **Triacylglycerinsynthese von Hepatocyten** bei hohem Glucoseangebot nach einer kohlenhydratreichen Mahlzeit betrachten (Abbildung 50.5). Dabei lassen wir die hormonellen Regulationsmechanismen, die sich aus dem erhöhten Blutglucosespiegel ergeben, zunächst einmal außer Acht.

Postprandial strömen große Mengen an Glucose über **GLUT2-Transporter** (▶ Abschnitt 31.4) in Hepatocyten ein und werden sofort von Hexokinase und Glucokinase zu Glucose-6-phosphat umgesetzt. Bei der nun einsetzenden Glykolyse entsteht Pyruvat, das über den **Pyruvat-Transporter** in Mitochondrien einströmt, wo es vom Pyruvat-Dehydrogenase-Komplex zu Acetyl-CoA umgesetzt und dann in den Citratzyklus eingeschleust wird. Alternativ kann Pyruvat nach Carboxylierung zu Oxalacetat und Kondensation mit Acetyl-CoA zu Citrat über den **Citrat-Shuttle** (▶ Exkurs 45.5) wieder ins Cytosol verbracht werden, wo dann Acetyl-CoA unter ATP-Verbrauch regeneriert wird und zur Fettsäuresynthese bereitsteht. Die dabei entstehenden Fettsäuren gelangen in das glatte endoplasmatische Reticulum und werden dort als CoA-aktivierte Fettsäuren mit Glycerin-3-phosphat, das

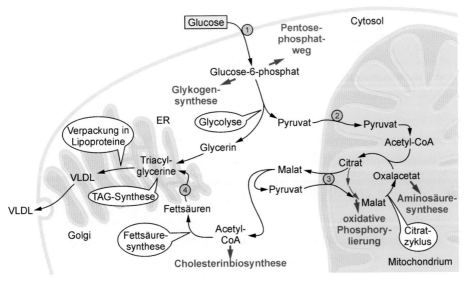

50.5 Metabolisches Netzwerk zur Verarbeitung von Glucose. Das komplexe metabolische Netzwerk von Hepatocyten ist stabil genug, um sich wechselnden Anforderungen rasch und bedarfsgerecht anzupassen. ① Glucose-Transporter GLUT-2; ② Pyruvat-Transporter; ③ Citrat-Shuttle; ④ Acylcarnithin-Translokase.

ebenfalls aus der Glykolyse hervorgeht, zu Triacylglycerinen verknüpft. Nach **vesikulärem Transport** zum Golgi-Apparat werden die Fette in VLDL-Partikeln verpackt und – wiederum über vesikulären Transport – per Exocytose abgegeben. Wie viel Triacylglycerin die Hepatocyten verlässt, wird von der verfügbaren Menge an Schlüsselmetaboliten sowie der Leistungsfähigkeit der beteiligten Transportsysteme bestimmt. Entscheidend ist auch, in welchem Umfang Intermediate an den Verzweigungsstellen des metabolischen Netzwerks durch Stoffwechselwege abgezogen werden, die wiederum die Triacylglycerinsynthese in Gang halten (▶Abbildung 50.5, rote Pfeile). So wird z. B. das im Pentosephosphatweg gebildete NADPH für die Fettsäuresynthese bzw. ATP aus der oxidativen Phosphorylierung für die Fettsäureaktivierung benötigt. *Verändert sich also der Fluss durch einen Stoffwechselweg, so hat dies unmittelbare Auswirkungen auf andere Wege und damit auf die zelluläre Homöostase insgesamt: Wir haben es hier mit einem in hohem Maße* **interdependenten System** *zu tun.*

Die unterschiedlichen Stoffwechselwege beeinflussen sich wechselseitig nicht nur über die Variation des Substratangebots. Vielmehr modulieren Metabolite auch die **Aktivität von Enzymen** und verändern damit die Stoffströme in der Zelle. So hemmt ein hoher NADH-Spiegel die Oxidation von Acetyl-CoA im Citratzyklus, was zu Akkumulation und verstärktem Export von Citrat aus der mitochondrialen Matrix führt. Ein Anstieg der cytosolischen Citratkonzentration aktiviert wiederum die Fettsäure-Synthase, während ein hoher Cholesterinspiegel durch *Feedback*-Hemmung von HMG-CoA-Reduktase den Abfluss von cytosolischem Acetyl-CoA in die Cholesterinbiosynthese drosselt. Jede Zelle verfügt also über ein **anpassungsfähiges metabolisches Netzwerk**, das spontan und flexibel auf sich wandelnde Anforderungen reagiert. Welche Prozesse in einer Zelle tatsächlich ablaufen und was produziert wird, hängt wesentlich von ihrer Ausstattung mit Enzymen und Transportsystemen ab, die Ergebnis der **zellulären Differenzierung** ist. So regt ein Überangebot an Glucose *Hepatocyten* zur vermehrten Bildung von Triacylglycerinen an, die dann über Lipoproteine exportiert werden. *Fettzellen* stellen unter diesen Bedingungen ebenfalls Triacylglycerine her, speichern diese aber intrazellulär. *Muskelzellen* hingegen reagieren auf ein erhöhtes Glucoseangebot mit verstärkter Glykogen- bzw. Proteinsynthese.

50.4

Die Koordination des Stoffwechsels beruht auf einer Arbeitsteilung zwischen Organen

Wir haben nun das zelluläre „Stellwerk" zur Umschaltung zwischen den wichtigsten Stoffwechselwegen kennen gelernt. Wie kann nun der Stoffwechsel von ganzen Zellver-

bänden – also von **Organen und Geweben** – integriert werden? Zu den dominierenden Faktoren in diesem metabolischen Wechselspiel gehören u. a. ein organspezifisches Angebot und Verwertung von Substraten, der Austausch von Substraten und Produkten zwischen Organen *via* Blutstrom und die Orchestrierung der Organstoffwechsel über endokrine Hormone. Dabei sind die metabolischen Profile von Leber, Muskel, Fettgewebe, Herz und Gehirn – den wichtigsten Anbietern und Verbrauchern metabolischer Energie – höchst unterschiedlich (Abbildung 50.6). Entsprechend vielfältig ist auch die qualitative und quantitative Enzym- und Transporterausstattung von organtypischen Zellen.

Die **Leber** ist der Hauptumschlagplatz des Stoffwechsels. Hier werden Brennstoffe synthetisiert, gelagert, wiederaufbereitet und für den Export in andere Organe bereitgestellt. Auch sind die übrigen metabolischen Leistungen der Leber beachtlich: So synthetisiert sie mit Ausnahme der Immunglobuline und der meisten Peptidhormone praktisch alle Proteine des Blutplasmas, versorgt alle Körperzellen mit Cholesterin und produziert Gallensäuren für die Verdauung. Über die **Pfortader** fluten die vom Darm resorbierten Nährstoffe mit Ausnahme der Fette – unter Umgehung des großen Kreislaufs – direkt in der Leber an (Abbildung 50.6). Die Leber nimmt große Mengen an Glucose auf und deponiert sie als **Glykogen**: Bis zu 25 % der Glykogenvorräte des Körpers sind hier gespeichert. Bei entsprechendem Substratangebot kann die Leber auch **Gluconeogenese** im großen Stil betreiben. Die wichtigsten Vorstufen sind dabei Lactat und Alanin aus Muskelgewebe, Glycerin aus Fettgewebe und glucogene Aminosäuren aus der Nahrung. Beim Abbau ketogener Aminosäuren gebildetes Acetyl-CoA wird zur Deckung des energetischen Eigenbedarfs der Hepatocyten direkt in den oxidativen Endabbau eingeschleust. Die Leber ist auch Hauptquelle für **endogene Fettsäuren**: Bei reichlichem Glucoseangebot werden Fettsäuren zu Triacylglycerinen verestert, *via* VLDL-Partikel ans Blut abgegeben und dem Muskel- und Fettgewebe überstellt (Abschnitt 50.3). Beim Fasten schaltet die Leber auf die Produktion von **Ketonkörpern** wie Acetoacetat um. Diese können zur wichtigsten Energiequelle des Gehirns, aber auch der Muskeln werden (Abschnitt 50.6). Die Leber selbst kann Ketonkörper kaum zur Deckung des eigenen Energiebedarfs einsetzen, da ihr die erforderliche Transferase für die Aktivierung von Acetoacetat fehlt. *Organspezifische(s) Substratangebot und -verwertung bestimmen also wesentlich die metabolischen Leistungen der Leber.*

Der Metabolismus der **Skelettmuskulatur** wird bevorzugt von Glucose und Fettsäuren betrieben. Sie verfügt über ihr eigenes **Glykogendepot**, das bis zu 75 % des körpereigenen Glykogens ausmacht. Bei Bedarf kann somit Glucose rasch für die ATP-Produktion bei Muskelarbeit mobilisiert werden. Da den Myocyten eine Glucose-6-phosphatase fehlt, kann die Muskulatur – anders als die Leber – *keine* freie Glucose ans Blutplasma abgeben. Bei Muskelarbeit läuft die **Glykolyse** durch das aus den Glykogenspeichern

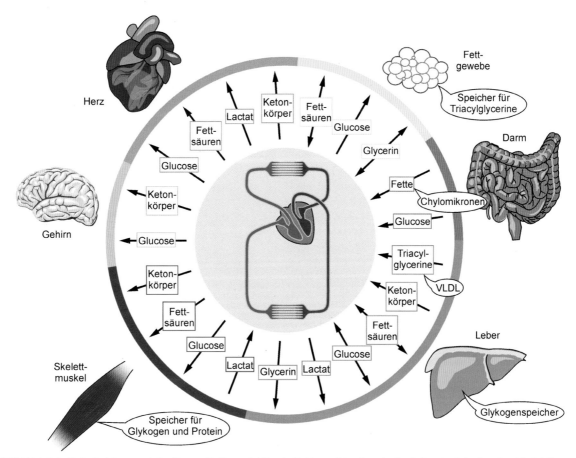

50.6 Metabolische Wechselbeziehungen zwischen Organen. Die Organe sind über den Blutstrom miteinander verbunden. Erythrocyten decken ihren Energiebedarf über anaerobe Glykolyse, da sie *keine* Mitochondrien haben. Die Wechselbeziehungen des Aminosäure- und Stickstoffmetabolismus sind aus Gründen der Übersichtlichkeit hier *nicht* dargestellt.

anflutende Glucose-6-phosphat sehr viel schneller als der Citratzyklus ab. Folge ist eine rasche Akkumulation von Pyruvat und damit ein Defizit an NAD^+, das aber für den glykolytischen Weg essenziell ist. Der Muskel macht „aus der Not eine Tugend", reduziert Pyruvat zu Lactat und regeneriert damit NAD^+. Lactat wird dann via Blutstrom in die Leber gebracht, dort in die Gluconeogenese eingespeist und in Form von Glucose wieder an den Muskel zurückgereicht (Abbildung 50.7). *Dieser* **Cori-Zyklus** *illustriert die Arbeitsteilung zwischen den Organen: Der Muskel wälzt einen Teil seiner metabolischen Last auf die Leber ab.*

Im Ruhezustand lässt die Muskulatur ihre Glucosereserven weitgehend unangetastet und nutzt **Fettsäuren** als wichtigste Energielieferanten. Im Hungerzustand hingegen baut der Muskel auch seine Proteine ab, die er bei guter Nährstoffversorgung reichlich hergestellt hat. Dabei schleust er einen Teil der freigesetzten Aminosäuren direkt (Alanin) oder indirekt *via* Pyruvat/Lactat (glucogene Aminosäuren) in den Cori-Zyklus ein und trägt damit wesentlich zur **Glucosehomöostase** bei (▶ Abschnitt 43.5). *Obwohl also die Skelettmuskulatur primär die eigene Energieversorgung sicherstellt, erfüllt sie auch wichtige Aufgaben für den Gesamtorganismus.*

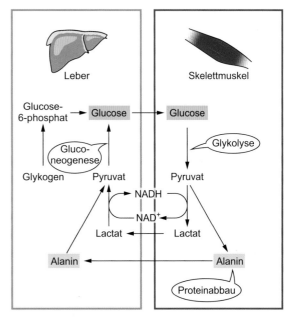

50.7 Cori-Zyklus und metabolischer Austausch zwischen Muskel und Leber.

Um möglichst lange glucoplastische Aminosäuren bereitstellen zu können und gleichzeitig einen bedrohlichen Schwund seiner Proteinmasse zu verhindern, verlegt sich die Skelettmuskulatur bei anhaltender Nahrungskarenz zunehmend auf die Verwertung von **Ketonkörpern** zur Energieerzeugung. Die Stoffwechsel von Skelettmuskel und **Herzmuskel** unterscheiden sich gravierend: So produziert der Herzmuskel *kein* Lactat, da er immer vollständig aerob arbeitet. Seine Hauptenergiequellen sind Fettsäuren bzw. Ketonkörper, aber auch Glucose und Lactat. Da der Herzmuskel über keine nennenswerten Glykogen- und Lipidspeicher verfügt, hängt es letztlich vom Angebot im Koronarblut ab, über welche Metaboliten er seinen Energiebedarf deckt; dabei unterliegt der Stoffwechsel im Herzmuskel nicht so extremen Schwankungen wie sie im Skelettmuskel vorkommen.

Das **Fettgewebe** ist bei weitem der größte Brennstoffspeicher im menschlichen Körper: Mehr als 99 % der körpereigenen Triacylglycerine sind in Adipocyten gelagert. Die Fettzellen synthetisieren laufend **Triacylglycerine** und hydrolysieren sie – je nach Stoffwechsellage – wieder zu Glycerin und Fettsäuren. Die **freien Fettsäuren** gelangen ins Blutplasma, wo sie an Albumin gebunden zu Leber und Muskel gelangen (Abbildung 50.8). Schlüsselenzyme der Lipolyse sind **hormonsensitive Lipasen** (▶Abschnitt 31.4), die nach Aktivierung große Mengen an freien Fettsäuren in den Fettzellen mobilisieren können. Das anfallende Glycerin können Adipocyten *nicht* für die Neusynthese von Triacylglycerinen nutzen und „reichen" es daher an die Leber weiter. Stattdessen verwenden Fettzellen 3-Phosphoglycerat (syn. Glycerin-3-phosphat) aus ihrer Glykolyse für die Resynthese von Fetten (▶Abbildungen 46.26 und 46.27). Bei Glucosemangel drosseln sie daher ihre Fettsynthese und geben vermehrt freie Fettsäuren ans Blut ab. Adipocyten tragen insgesamt nur vergleichsweise wenig zur *de novo*-Synthese von Fettsäuren bei; die Hauptlast trägt auch hier die Leber.

Das menschliche **Zentralnervensystem** ist der größte Einzelverbraucher von **Glucose**: Unter Ruhebedingungen gehen normalerweise mehr als zwei Drittel des Glucosebedarfs eines Körpers zu Lasten dieses einzelnen Organs. Täglich benötigt es ca. 150 g Glucose. Der Großteil der daraus gewonnenen Energie wird von einer einzigen Enzymklasse – den Na^+-K^+-ATPasen – verbraucht, um die für die Transmission von Nervenimpulsen notwendigen Membranpotenziale aufrechtzuerhalten (▶Abbildung 26.1). Das Gehirn macht *keine* Gluconeogenese und ist damit vollständig und dauerhaft auf die externe Zufuhr von Glucose aus dem Blutplasma angewiesen. Der kritische Schwellenwert für die Blutglucosekonzentration beträgt ca. 40 mg/100 ml (2,2 mmol/l); bei Unterschreitung dieses Grenzwerts kann es zu irreversiblen Schädigungen des Hirngewebes kommen. Auch im Hungerzustand kann der Gehirnstoffwechsel keine Fettsäuren verwerten, da sie im Komplex mit Albumin die Blut-Hirn-Schranke *nicht* passieren können. Bei längerem Fasten greift das Gehirn deshalb zunehmend auf **Ketonkörper** als wasserlösliche Fettsäureäquivalente zurück und deckt damit bis zu 70 %

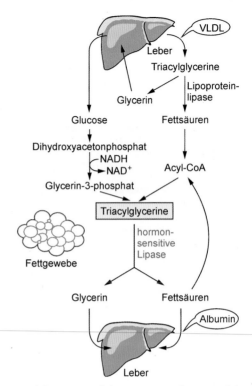

50.8 Metabolismus von Triacylgylcerinen im Fettgewebe. VLDL-Partikel exportieren Fettsäuren in gebundener Form als Triacylglycerine, während Albumin den Abtransport freier Fettsäuren aus dem Fettgewebe übernimmt. Eine NADH-abhängige Dehydrogenase wandelt das bei der Glykolyse anfallende Dihydroxyacetonphosphat in Glycerin-3-Phosphat um.

seines Energiebedarfs; unter diesen Bedingungen sinkt sein täglicher Glucosebedarf auf unter 50 g.

50.5

Hormone orchestrieren den Gesamtstoffwechsel eines Organismus

Wir kommen damit zur dritten Ebene der Koordination metabolischer Leistungen, nämlich der **Steuerung des Gesamtstoffwechsels**. Es gilt den Stoffwechsel einzelner Organe so aufeinander abzustimmen, dass die zur Verfügung stehenden Ressourcen den wechselnden Anforderungen des Gesamtorganismus gerecht werden. So müssen in der Wachstumsphase Proteinbiosynthesen kontinuierlich alimentiert oder bei hoher körperlicher Belastung kurzfristig große Mengen an ATP bereitgestellt werden, gleichzeitig aber muss die Versorgung vitaler Organe sichergestellt sein. Ein hierarchisch organisiertes Signalsystem von **Hormonen**, **Mediatoren** und **Neurotransmittern**, die sich gegenseitig in ihren Wirkungen verstärken oder abschwächen können, übernimmt die Orchestrierung metabolischer Abläufe und damit die Adaptation des Organismus an wechselnde Erfordernisse. Störungen in diesen Signalwegen können schwerwiegende

Erkrankungen zur Folge haben (Abschnitt 50.9). Die **Spezifität** der Hormonwirkung in Zellen, Organen und Geweben beruht auf ihrer unterschiedlichen Ausstattung mit Rezeptoren und Signalwegen, die wiederum ein Spiegelbild ihres Differenzierungsgrads ist. Dabei greifen Hormone in dieselben Enzym- und Transportsysteme ein, die wir auch schon auf zellulärer Ebene als entscheidende Elemente der Stoffwechselregulation identifiziert haben: Kurzfristige Wirkungen erzielen sie z. B. durch **Interkonversion** von Schlüsselenzymen und Transportern, während sie mittel- und langfristig die Enzymausstattung von Zellen durch **Genregulation** verändern.

Nachdem wir uns an anderer Stelle bereits eingehend mit der hormonellen Steuerung komplexer Systeme wie z. B. dem Wasser- und Elektrolythaushalt (▶ Abschnitt 30.2), dem Herz-Kreislauf-System (▶ Abschnitt 30.1), den reproduktiven Systemen (▶ Abschnitt 30.5) sowie dem Verdauungssystem (▶ Abschnitt 31.2) befasst haben, konzentrieren wir uns hier auf die Regulation des **Energiestoffwechsels** unter wechselnden metabolischen Bedingungen. Dabei steht die Anpassung des Organismus an den regelmäßigen Wechsel zwischen Nahrungsaufnahme und Karenz, die vorzeitige Anpassung an zu erwartende erhöhte Leistungsanforderungen und die kurzfristige Mobilisierung von Energiereserven z. B. in Gefahrsituationen im Vordergrund der Betrachtung. Bemerkenswerterweise entstammt keiner der Hauptakteure den Organen, die wir als Hauptumschlagplätze metabolischer Intermediate identifiziert haben: **Insulin** und **Glucagon** werden vom endokrinen Teil des Pankreas produziert, während **Adrenalin** und **Cortisol** von der Nebenniere gebildet werden. *Spezialisierte endokrine Drüsen übernehmen also die Integration des Energiestoffwechsels für den Gesamtorganismus.*

50.6

Glucose ist die wichtigste Regelgröße bei Nahrungsaufnahme und Hunger

Zentrale Regelgröße des Energiestoffwechsels ist der Blutglucosespiegel. Gemeinsam kontrollieren die **Antagonisten** Insulin und Glucagon den Wechsel zwischen Hypo- und Hyperglykämie bei Hunger bzw. Nahrungsaufnahme (▶ Abschnitt 31.4). Hohe Blutglucosespiegel sowie Aktivierung des parasympathischen Nervensystems infolge der Nahrungsaufnahme regen die β-Zellen des Pankreas zur Sekretion von **Insulin** an (▶ Exkurs 31.5). Die wichtigsten Insulineffekte sind die Stimulation der Glucoseaufnahme in Muskel und Fettgewebe (Exkurs 50.1), die Aktivierung der Glykolyse in der Leber, die Stimulation der Glykogensynthese in Leber und Muskel, die Hemmung der Gluconeogenese in der Leber, die Stimulation der Synthese von Fettsäuren und Triacylglycerinen in Leber und Fettgewebe sowie die Aktivierung der Biosynthese und die Hemmung des Abbaus

Exkurs 50.1: Stimulation der Glucoseaufnahme durch Insulin

Der **Glucosetransporter GLUT4** wird fast ausschließlich von Adipocyten und Myocyten exprimiert und ist dort für die **insulinabhängige Aufnahme von Glucose** verantwortlich. Der zugrunde liegende Mechanismus folgt dem typischen Signaltransduktionsweg von Insulin (▶ Abbildung 31.15), der über die Aktivierung von **Proteinkinase B** (PKB; syn. Akt) letztlich die Translokation von intrazellulären Vesikeln, die reich an GLUT4 sind, zur Plasmamembran bewirkt (▶ Abbildung 31.18), wo sie mit der Zellmembran fusionieren und dadurch die Oberflächendichte an GLUT4 schlagartig erhöhen (Abbildung 50.9). Anders als der **insulin*in*sensitive Transporter GLUT2** (▶ Abschnitt 43.3), der vor allem auf Hepatocyten vorkommt, besitzt GLUT4 eine deutlich **höhere Affinität** zu Glucose (ca. 30fach). Die insulinstimulierte Translokation einer großen Zahl hochaffiner Transporter an die Zelloberfläche bewirkt eine ca. 15fache Steigerung der Glucoseaufnahmerate. Bei Absinken des Insulinspiegels kommt es zu einer **clathrinvermittelten Endocytose** von GLUT4-Transportern (▶ Abschnitt 46.5), die dann für eine erneute insulinvermittelte Mobilisierung bereitstehen.

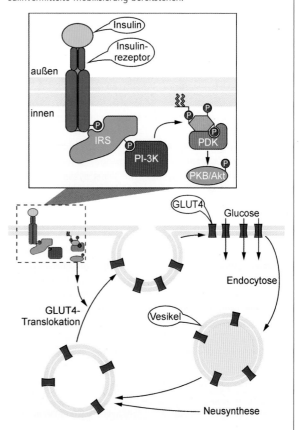

50.9 Insulininduzierte Translokation von GLUT4. Glycerin-3-P, Glycerin-3-Phosphat; IRS, Insulin-Rezeptor-Substrat; PI3K, PI3-Kinase; PDK, engl. *p*hosphatidyl inositol-*d*ependent *k*inase; PKB, *P*rotein*k*inase *B*. [AN]

von Proteinen im Muskel (▸Abschnitt 31.4). In der Summe führt dies zur Absenkung des Blutglucosespiegels, zur Auffüllung metabolischer Speicher und – im Kindesalter – zu einer Wachstumsstimulation. *Insulin ist also Signal für eine metabolische Überflusssituation.*

Niedrige Blutglucosespiegel, wie sie zwischen den Mahlzeiten oder bei Hunger auftreten, stimulieren die α-Zellen des Pankreas zur Sekretion von **Glucagon** 🔖 (▸Abschnitt 31.4). Das Hormon wirkt auf Glucagonrezeptoren, die sich vor allem auf Hepatocyten finden, und aktiviert intrazelluläre cAMP-abhängige Kinasen (▸Abbildung 31.20). Die wichtigsten Effekte von Glucagon sind die Stimulation der Glykogenolyse und die Hemmung der Glykogensynthese in der Leber, die Aktivierung der Gluconeogenese und die Hemmung der Glykolyse in der Leber, die Hemmung der Fettsäuresynthese in der Leber sowie die Förderung des Triacylglycerinabbaus im Fettgewebe. Netto bewirkt Glucagon also eine Erhöhung des Blutglucosespiegels, vor allem durch vermehrte Glucoseabgabe der Leber sowie den Abbau metabolischer Speicher (Abbildung 50.10). *Glucagon ist also Signal für eine metabolische Mangelsituation.*

Anhand von drei **Stoffwechselsituationen** – Hyperglykämie, Euglykämie, Hypoglykämie – wollen wir exemplarisch die Mechanismen analysieren, mit denen der Organismus unter physiologischen und pathologischen Stressbedingungen versucht, die Glucosehomöostase aufrechtzuerhalten. Dabei sind vor allem fünf Organe und Gewebe – Leber, Fettgewebe, Muskulatur, Herz und Gehirn – beteiligt, die spezifisch auf die unterschiedlichen Situationen reagieren (Abbildung 50.11).

Betrachten wir zuerst die Normalsituation nach einer **kohlenhydratreichen Mahlzeit**. Die Nahrungsresorption im Dünndarm bewirkt eine transiente **Hyperglykämie** (Abbildung 50.12), was die Insulinsekretion stimuliert und die Glucagonausschüttung inhibiert. Das Integral dieser Signale ist eine vermehrte Glucoseaufnahme in Fettgewebe und Muskel. Zwar hat Insulin *keinen* direkten Effekt auf die Glucosetransportkapazität von Hepatocyten; der entstehende Konzentrationsgradient „treibt" jedoch mehr Glucose via GLUT2 in die Leberzellen. Bei ca. 10 mM erreicht die steigende intrazelluläre Glucosekonzentration den K_M-Wert von **Glucokinase**, die daraufhin verstärkt in Aktion tritt und die Hexokinase bei der Bildung von Glucose-6-phosphat für die Glykolyse unterstützt. Gleichzeitig induziert Glucose allosterisch eine Inaktivierung des „Sensor"-Enzyms **Phosphorylase *a***; damit „steht" die Glykogenolyse. Gleichzeitig aktiviert Insulin die Phosphatase PP1, die ihrerseits die **Glykogensynthase** dephosphoryliert und damit aktiviert: Die Glykogensynthese „fährt hoch" (▸Abschnitt 44.9). Glucose schaltet also das hepatische Glykogensystem vom katabolen zum anabolen Modus um. Auch die Muskulatur beantwortet den zunehmenden Einstrom von Glucose *via* GLUT4 mit einer vermehrten Glykogensynthese. Spätestens wenn die Glykogenspeicher gefüllt sind, kommt es in der Leber auch zur verstärkten Fettsäuresynthese, die durch Insulin stimuliert wird (▸Ab-

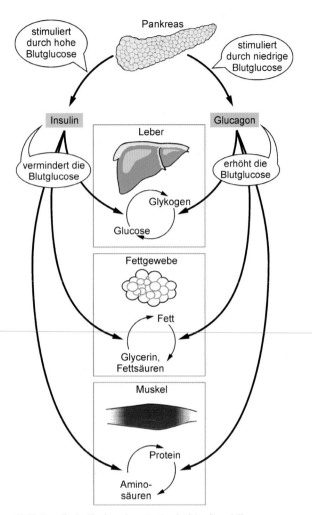

50.10 Kontrolle der Blutglucosekonzentration durch Insulin und Glucagon.

bildung 31.16). Die gebildeten Fettsäuren werden in Triacylglycerine eingebaut und per VLDL zum Fettgewebe transportiert. Dort entsteht durch glykolytischen Abbau **Glycerin-3-phosphat**, das mit freien Fettsäuren zu Triacylglycerin reagiert und damit zur Auffüllung der Fettspeicher beiträgt (Abbildung 50.8).

Einige Stunden nach Nahrungsaufnahme – also bei **kurzzeitiger Nahrungskarenz** – ist der Blutglucosespiegel so weit gefallen, dass sich die Verhältnisse umkehren (Abbildung 50.13): Nun wird die Glucagonausschüttung angeregt und die Insulinsekretion unterdrückt. Die glucagoninduzierte cAMP-Kaskade bewirkt die Phosphorylierung und Aktivierung von **Phosphorylase *a***, während die **Glykogensynthase** zur inaktiven Form phosphoryliert wird. Dadurch wird die Glykogenolyse in der Leber aktiviert, das gebildete Glucose-6-phosphat wird hydrolysiert und als Glucose ans Blut abgegeben. Glucagon stimuliert auch die Lipolyse durch Aktivierung cAMP-abhängiger Lipasen im Fettgewebe, das daraufhin vermehrt freie Fettsäuren abgibt, die – gebunden an Albumin – über den Kreislauf zu Leber und Muskel gelan-

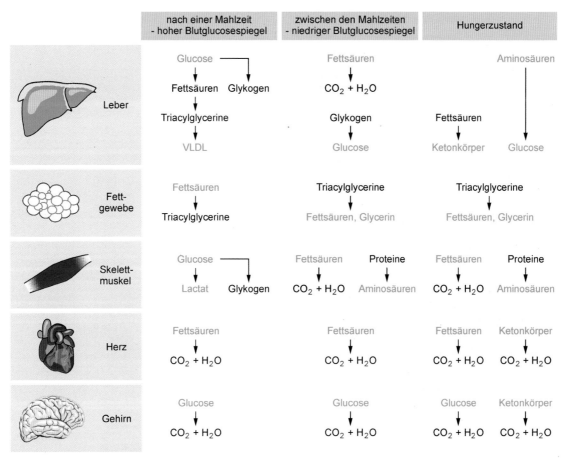

50.11 Metabolische Anpassungen wichtiger Organe. Gezeigt sind die Stoffwechselverschiebungen nach Mahlzeiten („Hyperglykämie"), im Nüchternzustand („Euglykämie") und bei einem bis wenige Tage andauernden Hungerzustand („Hypoglykämie").

gen. Gleichzeitig sinkt die Glucoseverwertung in Leber, Muskel und Fettgewebe: Damit wird fast die gesamte hepatisch produzierte Glucose zum Gehirn „umgelenkt". *Muskel, Leber und Fettgewebe müssen also ihren Stoffwechsel rasch umstellen, während Gehirn und Herz bei kurzzeitiger Nahrungskarenz noch mit „regulärem" Stoffwechselprogramm weiterfahren können* (Abbildung 50.13).

Wie reagiert nun der Stoffwechsel auf eine „physiologische" **Hypoglykämie** bei **länger andauernder Nahrungskarenz**, d. h. beim **Fasten**? Am ersten Tag finden zunächst die gleichen Anpassungen wie bei einer kurzfristigen Nahrungskarenz statt (Abbildung 50.14): Glucagon wird ausgeschüttet, mobilisiert Triacylglycerine aus den Fettdepots und stimuliert die Gluconeogenese sowie den Fettsäureabbau durch β-Oxidation in der Leber. Sekundär schalten die erhöhten intrazellulären Konzentrationen von **Acetyl-CoA** und **Citrat** die hepatische Glykolyse ab. Durch die verminderte Insulinausschüttung nimmt der Muskel weniger Glucose auf und stellt sich ganz auf Fettsäureverwertung um. Zudem liefert die gesteigerte Proteolyse von Muskelproteinen die Energiesubstrate für die oxidative Phosphorylierung, die anaplerotischen Intermediate für den Citratzyklus sowie Alanin und Pyruvat für den Cori-Zyklus, über den sie in die hepatische Gluconeogenese einmünden. Dieser Stoffwechselweg nimmt auch **Glycerin** auf, das bei der gesteigerten Lipolyse im Fettgewebe anfällt. Nach einem Fastentag hat ein menschlicher Körper (70 kg) seine Glykogenspeicher von ca. 7 000 kJ weitgehend aufgebraucht und greift nun verstärkt auf die bedeutend größeren Fettdepots (ca. 600 000 kJ) und Proteinspeicher (ca. 100 000 kJ) zurück. Hauptziel der folgenden Stoffwechselanpassungen ist die **Aufrechterhaltung der Blutglucosekonzentration**, die nicht unter den Minimalwert von 2,2 mmol/l fallen darf, um den Stoffwechsel von Gehirn und Erythrocyten am Laufen zu halten.

Nach etwa drei Fastentagen „dreht" der Citratzyklus in der Leber immer langsamer, da die Gluconeogenese ihm ständig Oxalacetat entzieht und die anaplerotischen Reaktionen wegen ihrer weitgehenden Abhängigkeit von Glykolyseprodukten nicht mehr nachkommen (▶ Abschnitt 40.4): Es kommt zur zunehmenden Akkumulation von Acetyl-CoA aus der β-Oxidation. Unter diesen Umständen verlegt sich die Leber auf **Ketonkörperproduktion** (Abbildung 50.15): Sie

postprandiale Hyperglykämie

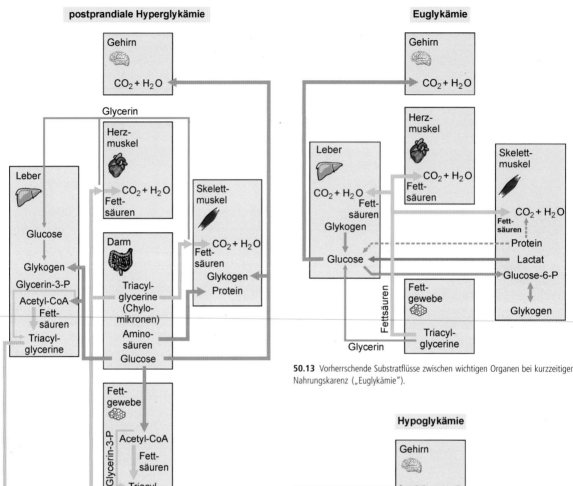

50.12 Vorherrschende Substratflüsse zwischen wichtigen Organen nach einer kohlenhydratreichen Mahlzeit („postprandiale Hyperglykämie"). Glycerin-3-Phosphat (syn. 3-Phosphoglycerat).

wandelt dabei Acetyl-CoA in **Acetoacetat** und **3-Hydroxybutyrat** um und gibt diese Intermediate ans Blut ab (▶Abschnitt 45.6). Der Hirnstoffwechsel stellt sich auf das veränderte Angebot ein und verwendet nun vermehrt Ketonkörper: Anfänglich liegt ihr Anteil an der Energiegewinnung bei ca. 30%, kann aber bei mehrwöchigem Fasten bis zu 70% erreichen. Zu diesem Zeitpunkt deckt auch das Herz seinen Energiebedarf weitgehend aus der Metabolisierung von Ketonkörpern. Unter dem Regime maximaler Glucoseersparnis kann die Proteolyse der Muskelproteine wieder auf ca. 25% ihres Maximalwerts zurückgefahren werden. *Je nach vorhandenen Reserven erlaubt dieses metabolische „Notfallprogramm" ein mehrwöchiges Überleben ohne Nahrungsaufnahme.*

Euglykämie

50.13 Vorherrschende Substratflüsse zwischen wichtigen Organen bei kurzzeitiger Nahrungskarenz („Euglykämie").

Hypoglykämie

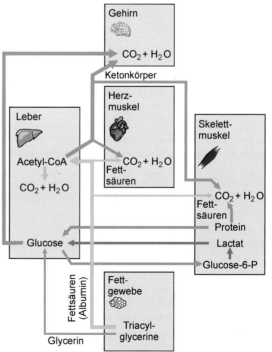

50.14 Vorherrschende Substratflüsse zwischen wichtigen Organen bei länger andauernder Nahrungskarenz über einige Tage („Hypoglykämie").

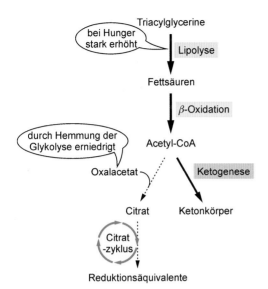

50.15 Ketonkörperbildung während einer längeren Fastenperiode. Das Missverhältnis zwischen anflutendem Acetyl-CoA und verfügbarem Oxalacetat lenkt den Metabolitenstrom bei begrenztem Energiebedarf zunehmend in Richtung Ketonkörper um.

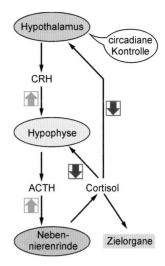

50.16 Kontrolle von Cortisolsynthese und -freisetzung in der Nebennierenrinde. Der Cortisolspiegel im Blut erreicht am frühen Morgen ein Maximum: Noch während des Schlafs bereitet sich der Stoffwechsel auf die körperliche Aktivität des Tages vor. [AN]

50.7

Der Organismus antizipiert Situationen erhöhten Energiebedarfs durch gezielte Stoffwechselanpassungen

Die Regulation des Blutglucosespiegels durch das Wechselspiel der beiden Antagonisten Insulin und Glucagon folgt im Wesentlichen direkt dem schwankenden Nährstoffangebot durch die in mehr oder weniger regelmäßigen Abständen erfolgenden Mahlzeiten. Jedoch unterliegt auch der Energiebedarf des Organismus starken Schwankungen. In Phasen der Ruhe und beim Schlafen ist er gering, während er in Zeiten großer körperlicher Aktivität, aber z. B. auch bedingt durch entzündliche und andere pathologische Prozesse sehr stark ansteigen kann. Tatsächlich passt sich der Stoffwechsel dem immer wiederkehrenden Wechsel zwischen nächtlicher Ruhe und Aktivität während des Tages an, indem er das Angebot an Energiesubstraten auf tageszeitliche Schwankungen im Energiebedarf „vorausschauend" einstellt. Diese zirkadiane Konditionierung übernimmt **Cortisol** (Abbildung 50.16). Seine Ausschüttung aus der Nebennierenrinde wird vom <u>a</u>dreno<u>c</u>ortico<u>t</u>ropen <u>H</u>ormon **(ACTH)** der Hypophyse gesteuert (▶ Exkurs 30.3). Die ACTH-Sekretion folgt wiederum der schubweisen Freisetzung des **Corticotropin Releasing Hormone (CRH)** aus dem Hypothalamus; über eine *Feedback*-Kontrolle hemmt Cortisol sowohl die ACTH- als auch die CRH-Ausschüttung (▶ Abbildung 30.14). Der hormonelle Regelkreis ist an die biologische „Uhr" des Zentralnervensystems angeschlossen, die direkt auf den Hypothalamus einwirkt.

Die Anbindung an das Zentralnervensystem erlaubt diesem Hormonsystem, auf bewusste oder unbewusste Einflüsse zu reagieren. So kommt es in **Stresssituationen** zur schlagartigen Erhöhung des Cortisolspiegels: Der Organismus antizipiert bei Belastung oder Bedrohung den erhöhten Energiebedarf für Abwehr- oder Fluchtreaktionen. Dabei verbessert Cortisol nicht nur die Verfügbarkeit von Energiesubstraten, sondern unterdrückt auch entzündliche Prozesse, die durch hohen Energieverbrauch und generalisierte Leistungsminderung gekennzeichnet sind. Diesem **immunsuppressiven Effekt** verdankt Cortisol seine verbreitete therapeutische Anwendung. Im klinischen Einsatz wirken sich die beschriebenen metabolischen Effekte von Cortisol eher negativ aus, sodass es heutzutage eher zu lokaler und kurzfristiger Therapie eingesetzt wird. Cortisol wirkt über einen **intrazellulären Rezeptor** (▶ Abschnitt 20.4), der als Transkriptionsfaktor die Expression vor allem der Enzyme von Stoffwechselwegen erhöht, die zur **Bereitstellung von Energiesubstraten** beitragen; dadurch wirkt es langsamer, aber auch langfristiger als z. B. Insulin und Glucagon. Die wichtigsten metabolischen Effekte von Cortisol sind die Steigerung von Gluconeogenese, Glykogensynthese, Glucoseabgabe und Ketogenese in der Leber, die Stimulation der Lipolyse im Fettgewebe, die Stimulation von Proteolyse und Aminosäureabgabe im Muskel sowie die Hemmung der Glucoseaufnahme in Muskel und Fettgewebe. Insgesamt wird also die Konzentration aller wichtigen Energiesubstrate im Blutplasma erhöht. Gleichzeitig werden hepatische Glykogenspeicher zu Lasten der muskulären Proteinspeicher aufgefüllt und rasch verfügbare Energiereserven aufgestockt. *Cortisol sorgt also dafür, dass bei plötzlich steigendem Energiebedarf genügend Energiesubstrate bereitstehen.*

Fordert eine *akute* Gefahrensituation hingegen erhöhte Aufmerksamkeit oder gar Fluchtbereitschaft, so schüttet das sympathische Nervensystem kurzfristig vermehrt **Adrenalin** (engl. *epinephrine*) aus dem Nebennierenmark aus, um der erwarteten Steigerung des Energiebedarfs gerecht zu werden. Damit ist ein Organismus – vorbereitet durch die Wirkungen des Cortisols – in kürzester Zeit bereit, Maximalleistungen zu vollbringen. Adrenalin aktiviert über seine **β-adrenergen Rezeptoren** – ähnlich wie Glucagon – cAMP-abhängige Kinasen (▶Abbildung 30.5), die dann zahlreiche Stoffwechselenzyme in ihrer Aktivität beeinflussen können. Die wichtigsten metabolischen Adrenalineffekte sind die Aktivierung der Glykogenolyse und die Hemmung der Glykogensynthese im Muskel, die Förderung der Lipolyse im Fettgewebe sowie die Inhibition der Insulinsekretion und die Stimulation der Glucagonausschüttung. Netto ergeben sich damit eine Erhöhung des Blutglucosespiegels, vor allem durch vermehrten Glucoseexport aus der Leber, und erhöhte Fettsäurespiegel durch gesteigerte Lipolyse im Fettgewebe (Abbildung 50.10). *Adrenalin mobilisiert also kurzfristig Energiereserven bei akut erhöhtem Bedarf.*

50.8

Der Grundumsatz passt sich langfristig an den Energiestoffwechsel an

Auch der energetische Grundumsatz des Körpers wird hormonell kontrolliert und kann sich daher langfristig an Lebensbedingungen und -bedürfnisse anpassen. Eine zentrale Bedeutung kommt hierbei den **Schilddrüsenhormonen T_3 und T_4** zu (▶Abschnitt 27.4). Wie die Steroidhormone wirken sie über intrazelluläre Rezeptoren und stimulieren durch erhöhte Expression von Schlüsselenzymen vor allem der Glykogenolyse, Gluconeogenese und Lipogenese. Durch Induktion der Na$^+$-K$^+$-ATPase sowie des mitochondrialen Thermogenins UCP1 (▶Abschnitt 41.10) können sie aber auch Energieverbrauch und Wärmeproduktion des Körpers insgesamt erhöhen.

Ähnlich wie bei Steroiden und Sexualhormonen kontrolliert auch hier ein **hypothalamisch-hypophysäres System** die Synthese und Ausschüttung der Hormone (▶Abbildung 48.9). Am „Kopf" dieses Regelkreises steht das Peptidhormon **Thyreoliberin** (engl. <u>*T*</u>SH <u>*r*</u>eleasing <u>*h*</u>ormone, TRH; ▶Tabelle 27.1), das vom Hypothalamus synthetisiert und ausgeschüttet wird. TRH wirkt auf seine Rezeptoren am Hypophysenvorderlappen, wo es die Synthese und Freisetzung von <u>**T**</u>hyreoidea-<u>**s**</u>timulierendem <u>**H**</u>ormon (TSH; ▶Tabelle 27.1) stimuliert. TSH wirkt seinerseits auf die Schilddrüse ein, wo es die Synthese und Freisetzung der Hormone T_3 bzw. T_4 anregt. Über eine *Feedback*-Hemmung von T_3 und T_4 wird in Hypothalamus und Hypophyse die Freisetzung von TRH bzw. TSH gedämpft. Dieser Regelkreis ist von zentraler Bedeutung, da er die Anpassung des Grundumsatzes des Körpers an externe und interne Erfordernisse steuert; entspre-

chend groß ist die Zahl der modulierenden Signale, die auf ihn einwirken. So hemmen z.B. die Neurotransmitter **GABA**, **Noradrenalin** und **Dopamin** ebenso wie das Glucocorticoid **Cortisol** die TRH-Ausschüttung. Dagegen stimuliert das Proteohormon **Leptin**, das den Füllstand der Fettspeicher signalisiert und das subjektive Hungerempfinden steuert, die TRH-Ausschüttung (Exkurs 50.2), während **Somatostatin** hemmend wirkt.

Eng vernetzt mit dem T_3/T_4-System ist ein weiteres hypothalamisch-hypophysäres System, das die Verfügbarkeit des Wachstumshormons **Somatotropin** (syn. GH, engl. *growth*

Exkurs 50.2: Leptin

Der Blutglucosespiegel ist nur bedingt als Indikator des subjektiven Hungergefühls geeignet, da er sehr engmaschig kontrolliert wird (▶Abschnitt 31.4). Diese Rolle übernimmt **Leptin** (griech. *leptos*, dünn), ein Peptidhormon von 167 Aminosäuren. Es wird vom **Fettgewebe** verstärkt sezerniert, wenn Adipocyten unter dem Einfluss von Insulin aktiv Lipogenese betreiben. In direkter *Feedback*-Kontrolle wirken erhöhte Leptinspiegel auf das Fettgewebe, wo sie die Lipogenese drosseln und die Lipolyse anregen. Über den Blutstrom gelangt Leptin an seine Rezeptoren im ventromedialen Nucleus des **Hypothalamus** und ruft ein **Sättigungsgefühl** hervor (Abbildung 50.17). Umgekehrt führt ein Abfall des Leptinspiegels zu einem starken Hungergefühl. Über Cytokinrezeptor-ähnliche Signalwege (▶Tabelle 29.1) hemmt Leptin die Freisetzung des **Neuropeptids Y** (NPY), das wiederum auf indirektem Wege appetitsteigernd wirkt. Die Bedeutung dieses komplexen Regelkreises zeigt sich auf eindrucksvolle Weise bei Mäusen, denen das **Leptingen *ob*** fehlt. Bei einer Ernährung *ad libitum* entwickeln sie eine extreme Fettleibigkeit (lat. *obesitas*). Leptin steigert im Hypothalamus auch die Freisetzung von **α-MSH** (▶Abbildung 27.18), das wiederum den Energieverbrauch des Körpers anregt. Ähnlich wie Leptin wirken das glucagonähnliche Peptid **GLP1** (▶Abbildung 31.19) und der Neurotransmitter **Serotonin** appetitunterdrückend, während das Peptidhormon **Ghrelin** ein Hungergefühl auslöst (siehe unten).

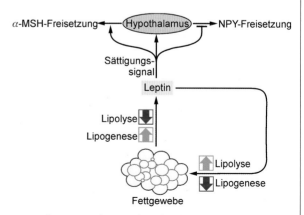

50.17 Rolle von Leptin. Glucoseangebot und Insulinspiegel regulieren mittelbar die Leptinsekretion der Adipocyten.

hormone) reguliert. Somatotropin/GH steuert Wachstums- und Regenerationsprozesse (▶ Abschnitt 30.4). Die Somatotropinfreisetzung unterliegt einem zirkadianen Rhythmus, der durch die Freisetzung von **Somatoliberin** aus dem Hypothalamus gefördert und über **Somatostatin** gezügelt wird (▶ Abbildung 30.21). Beide Hormone wirken auf ihre Rezeptoren in der Adenohypophyse ein und balancieren damit Biosynthese und Sekretion von Somatotropin. Auch dieser Regelkreis wird durch Neurotransmitter wie Serotonin und Dopamin moduliert, indem sie die Somatoliberinausschüttung stimulieren. Hingegen fördert das von der Magenmucosa gebildete Peptidhormon **Ghrelin** (▶ Tabelle 32.1) auf direktem Wege die Somatotropinausschüttung. Da Ghrelin unmittelbar _vor_ der Nahrungsaufnahme sezerniert wird, bereitet es den Organismus „prospektiv“ auf die Verfügbarkeit von Energie und Substraten für Wachstum und Regeneration vor. Die Schilddrüsenhormone T_3 und T_4 wirken gleichsinnig, indem sie die Expression von Somatotropin in der Hypophyse anregen. Die hemmende Wirkung von Somatostatin auf die TRH-Ausschüttung und damit auf die Verfügbarkeit von T_3 und T_4 (siehe oben) verdeutlicht die Verknüpfung dieser Systeme. _Die langfristige Anpassung des Energiestoffwechsels eines Organismus übernehmen also im Wesentlichen drei hypothalamisch-hypophysäre Systeme, die eng miteinander verzahnt sind und über die Effektoren Cortisol, T_3 bzw. T_4 sowie Somatotropin ihre komplexen Regulationen ausführen._

50.9

Störungen des Glucosestoffwechsels führen zu schwerwiegenden Erkrankungen

Die konzertierte Aktion des Hormonquartetts aus Adrenalin, Cortisol, Glucagon und Insulin sorgt für einen balancierten Blutglucosespiegel, der normalerweise zwischen ca. 4,5 und 6,5 mmol/l schwankt. Nachhaltige Störungen im Glucosemetabolismus haben schwerwiegende Konsequenzen: Im Extremfall eines diabetischen Komas kann es zur vollständigen „Entgleisung“ des Stoffwechsels kommen (▶ Exkurs 45.3).

Betrachten wir zunächst die Situation beim **Diabetes mellitus**. Diese in den Industrieländern am weitesten verbreitete Stoffwechselerkrankung nimmt in der Mortalitätsstatistik den dritten Rang ein und betrifft ca. 4% der Population. Das Krankheitsbild ist relativ uniform, die Ursachen sind hingegen vielfältig. Man unterscheidet zwei Haupttypen: **Der insulinabhängige Diabetes** (IDDM, engl. _insulin-dependent diabetes mellitus_) tritt meist im jugendlichen Alter (syn. „juveniler Diabetes“, **Typ I**) als Folge einer Autoimmunerkrankung auf, die zur Zerstörung der insulinproduzierenden β-Zellen des Pankreas führt. IDDM kann auch genetisch, z.B. durch ein defektes Insulingen, bedingt sein. Der nichtinsulinabhängige Diabetes (NIDDM, engl. _non insulin-dependent diabetes mellitus_) macht sich meist im späteren Lebensalter („Altersdia-

betes“, **Typ II**) bemerkbar und geht mit normalen, mitunter sogar erhöhten Insulinspiegeln einher. Es gibt Formen des so genannten insulinresistenten Diabetes, die genetisch durch Defekte im Insulinrezeptor oder durch Fehlfunktion nachgeschalteter Signalkaskaden bedingt sind. NIDDM kann auch infolge einer Produktion von Autoantikörpern gegen Insulin erworben sein.

Ohne Behandlung dieser weit verbreiteten Erkrankung kommt es zu einer drastisch gesteigerten Glucoseproduktion der Leber bei gleichzeitig stark eingeschränkter Glucoseverwertung der meisten Organe – nur die Glucoseverwertung im Gehirn ist unabhängig von Insulin (Abbildung 50.18). Liegt bei einem Insulinmangel (IDDM) Glucagon in einem relativen Überschuss vor, so treibt es die Gluconeogenese der Leber an und blockiert gleichzeitig die Glykolyse. Ebenso verschiebt es das Glykogensystem über cAMP-abhängige Kinasen ganz in Richtung Abbau (▶ Abschnitt 31.4). Folge ist ein massiver Glucoseexport der Leber mit einer **Hyperglykämie**, die bei Konzentrationen > 9 mmol/l zur Erschöpfung der tubulären Rückresorptionskapazität der Niere und damit zur **Glucosurie** führt. Der osmotisch bedingte Wasserverlust erzeugt **Polyurie** und Dehydratation. Die eingeschränkte Glucoseverwertung führt zum drastisch gesteigerten Fettsäureabbau mit einer massiven Bildung von sauren Ketonkörpern und einer metabolischen Acidose. Dabei kann Acetoacetat zu **Aceton** decarboxylieren, das über die Lungen abgeatmet wird und dadurch einen charakteristischen Geruch in der Atemluft erzeugt. Im **Coma diabeticum** ist der Stoffwechsel

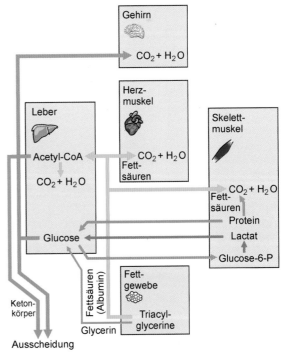

50.18 Vorherrschende Substratflüsse bei unbehandeltem Diabetes mellitus.

vollständig „entgleist" (▶Exkurs 45.3): Massive Hyperglykämie, Dehydratation, Elektrolytverlust und Ketoacidose führen zu einer lebensbedrohlichen Situation.

Die Therapie eines insulinabhängigen Diabetes (Typ I) besteht in der parenteralen Zufuhr adäquater Insulinmengen, die den Blutglucosespiegel innerhalb halbwegs physiologischer Grenzen stabilisieren sollen. Beim nichtinsulinabhängigen Diabetes (Typ II) sind diätetische Maßnahmen und Medikamente wie z. B. **Sulfonylharnstoffderivate** wie Glibenclamid (▶Exkurs 31.5) angezeigt, welche die glucoseinduzierte Insulinfreisetzung im Pankreas verbessern, oder **Thiazolidindione** wie Glitazone, die an den Zielzellen insulinähnliche Wirkungen entfalten. Bei guter Stoffwechseleinstellung lassen sich die gefürchteten Spätkomplikationen – Nephropathie, Retinopathie bis zur Erblindung, Neuropathie und Arteriosklerose – hinauszögern oder gar verhindern. Ein wichtiger Parameter zur Kontrolle der Langzeiteinstellung von Diabetikern ist das **glucosylierte Hämoglobin** (Exkurs 50.3).

Exkurs 50.3: Glucosyliertes Hämoglobin

Hohe Blutglucosekonzentrationen führen zu einer spontanen, nichtenzymatischen Glucosylierung von Hämoglobin. Dabei bildet die Aldehydgruppe der offenkettigen Form von Glucose (▶Abbildung 2.5) mit der α-Aminogruppe der β-Ketten von Hämoglobin eine **Schiff-Base** (Abbildung 50.19). Durch Isomerisierung des entstandenen Aldimins in ein Ketimin, die so genannte **Amadori-Umlagerung,** wird der Glucoserest praktisch irreversibel an das Protein gebunden und dabei **Hämoglobin A$_{1c}$** – kurz Hb A$_{1c}$ – gebildet. Bei Hyperglykämie nimmt der Anteil von Hb A$_{1c}$ am Gesamthämoglobin von ca. 4 % einer Normalperson auf 6 bis 15 % zu (von ca. 20 mmol/mol auf 42 bis 140 mmol/mol). Da die Halbwertszeit von Hämoglobin etwa 120 Tage beträgt, spiegelt sein Glucosylierungsgrad die Glucosekonzentrationen über einen Zeitraum von vier Monaten wider. Ein diagnostischer Nachweis von Hb A$_{1c}$ aufgrund seiner veränderten elektrophoretischen und chromatographischen Mobilität gibt verlässlich Auskunft über die Langzeiteinstellung eines Diabetikers.

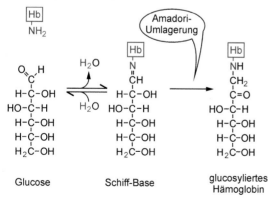

50.19 Glucosylierung von Hämoglobin. Reaktanden können sowohl Glucose als auch Glucose-6-phosphat sein. Die Glucosylierung von Hämoglobin wird auch als „Glykierung" bezeichnet; nicht zu verwechseln mit der Glykosylierung von Proteinen (▶Abschnitt 19.7).

Die parenterale Zufuhr von Insulin ist nicht unproblematisch: Insbesondere ist die **Hypoglykämie** infolge Insulinüberdosierung eine gefürchtete Komplikation. Eine pathologische Hypoglykämie kann auch beim **Insulinom** auftreten: Ein Tumor der β-Zellen des Pankreas führt zur unkontrollierten Produktion und Ausschüttung von Insulin. Die Folgen sind ein drastisch erhöhter Insulinspiegel („Hyperinsulinismus") sowie eine stark verminderte Glucagonausschüttung. Daraufhin stellt die Leber ihre Gluconeogenese und Glykogenolyse ein, während sie Glykolyse, Glykogensynthese und -speicherung sowie Fettsäuresynthese auf volle Touren bringt. Das Fettgewebe aktiviert Triacylglycerinsynthese und Fettspeicherung, während die Muskulatur vermehrt Glucose aufnimmt und als Glykogen speichert: Insgesamt sinkt damit der Blutglucosespiegel drastisch. Infolge der entkoppelten Insulinausschüttung kann es beim Insulinom zu schweren Hypoglykämien (< 2,2 mmol/l) kommen, die unbehandelt irreversible Hirnschäden bewirken.

Eine Stresssituation für den Organismus kann auch durch Alkoholabusus entstehen; das wichtigste Umwandlungsprodukt von **Ethanol** ist dabei Acetyl-CoA (Exkurs 50.4).

Die Choreographie des menschlichen Stoffwechsels folgt also einem ausgeklügelten molekularen Regelwerk, dessen Grundprinzipien und Hauptakteure wir hier kursorisch behandelt haben. So lückenhaft unser Wissen in einzelnen Bereichen auch noch sein mag: Die molekulare Basis des Metabolismus gehört zu den bestverstandenen Aspekten moderner Biochemie. – Damit haben Sie das Ende dieses Lehrbuchs erreicht, aber gewiss nicht das Ende der Biochemie! Denn während Sie in diesem Werk gelesen haben, haben Forscher und Forscherinnen bereits wieder neue Moleküle entdeckt, unerwartete Funktionen entschlüsselt oder bahnbrechende Therapien entwickelt. Das Wissen um die molekularen Grundlagen des Lebens ist noch lange nicht vollständig, und daher kann man auch unter ein Lehrbuch der Biochemie keinen Schlusspunkt setzen.

Exkurs 50.4: Metabolismus von Ethanol

Der Hauptanteil von aufgenommenem Alkohol (Ethanol) wird über den Dünndarm resorbiert, von wo aus er über die Pfortader zum Hauptabbauort, der Leber, gelangt. Der Metabolismus erfolgt in zwei Schritten: *Cytosolische* NAD$^+$-abhängige **Alkohol-Dehydrogenase** oxidiert ca. 90 % des aufgenommenen Ethanols zu Acetaldehyd (Abbildung 50.20). *Mitochondriale* Aldehyd-Dehydrogenase oxidiert Acetaldehyd zu Acetat, das von **Thiokinase** unter Verbrauch von CoA-SH und ATP in Acetyl-CoA überführt und dann überwiegend im Citratzyklus zu CO$_2$ und H$_2$O abgebaut wird. Alternativ kann Ethanol auch unter NADPH-Verbrauch durch das mikrosomale Cytochrom-P450-abhängige ethanoloxidierende System (**MEOS**) oder durch das Enzym **Katalase** mittels H$_2$O$_2$ oxidiert werden (▶Abschnitt 11.2). Beim **Alkoholabusus** wird vor allem MEOS transkriptionell hochreguliert und spielt dann eine größere Rolle beim Ethanolabbau (bis zu 40 %). Zwei Hauptfaktoren sind an der Entstehung der **Fettleber** bei chronischem Alkoholabusus beteiligt: Der hohe [NADH]/[NAD$^+$]-Quotient hemmt direkt die β-Oxidation; über α-Glycerophosphat-Dehydrogenase fällt vermehrt 3-Glycerinphosphat als Ausgangsprodukt für die Triacylglycerinsynthese an (▶ Abbildungen 46.26 und 46.27).

Neben der endogenen Cytotoxizität von Ethanol ist vor allem das reaktive Intermediat **Acetaldehyd** für die Schädigung von Hepatocyten verantwortlich, da es Proteinaddukte erzeugt, die über Cytokine die Kollagensynthese steigern, die letztlich zur **Leberfibrose** führt.

50.20 Abbau von Ethanol. Im Gehirn übernimmt vor allem Katalase den Ethanolabbau (bis zu 60 %), da hier keine aktive Alkohol-Dehydrogenase vorkommt. Ethanol hemmt die Sekretion von antidiuretischem Hormon und fördert damit die Urinausscheidung (▶ Exkurs 30.1).

Zusammenfassung

- Der Bedarf jeder Einzelzelle an **Energie-** und **Reduktionsäquivalenten** sowie **Synthesebausteinen** muss ständig aktuellen Erfordernissen durch **universelle metabolische Strategien** angepasst werden. Wichtige **Stellglieder** sind **Enzyme** und **Transportsysteme**, deren **Menge** und **Aktivität** moduliert werden und die damit direkt auf Änderungen der metabolischen Situation reagieren können.

- Enzyme sind räumlich durch die **Kompartimentierung** von Zellen und funktionell als Stoffwechselwege in größeren **metabolischen Einheiten** (**Metabolon**) zusammengefasst. **Transportvorgänge** zwischen den Kompartimenten steuern dabei die **Stoffströme**.

- **Schrittmacher-** oder **Schlüsselenzyme** sitzen an metabolischen **Knotenpunkten** und regulieren den Metabolitumsatz im **Netzwerk** der Stoffwechselwege. **Glucose-6-phosphat** ist an der Schnittstelle zwischen Glykogenstoffwechsel, Glykolyse, Gluconeogenese und Pentosephosphatweg positioniert.

- **Pyruvat** steht zwischen Glykolyse und Gluconeogenese und verbindet diese mit dem mitochondrialen Citratzyklus. Über **Lactat** und **Alanin** bildet Pyruvat Brücken zum Cori-Zyklus und zum Aminosäurestoffwechsel. **Acetyl-CoA** steht am Eingang des Citratzyklus und ist Ausgangspunkt für die Synthese von Fettsäuren, Ketonkörpern und Cholesterin.

- Auf der Ebene des Gesamtorganismus kommt den Organen eine zentrale Rolle für **Austausch** und **Homöostase** von Metaboliten zu. Zentraler Umschlagplatz des Metabolismus ist die **Leber**, die nach einer Mahlzeit im großen Maßstab Nährstoffe resorbiert und verarbeitet. Sie speichert **Glykogen**, das sie im Hungerzustand zur Aufrechterhaltung des Blutzuckerspiegels nutzt.

- Dagegen speichert der **Skelettmuskel** Glykogen nur für den Eigenbedarf. Durch Bereitstellung von **Lactat** für den Cori-Zyklus und von **glucoplastischen Aminosäuren** für die Glucogenese trägt der Skelettmuskel ebenfalls zu **Glucosehomöostase** bei.

- Das **Fettgewebe** speichert **Triacylglycerine**, die es aus Glucose synthetisiert oder als Bausteine aus **Lipoproteinen** aufnimmt. Das **Gehirn** ist größter Verbraucher von Glucose; es kann beim Fasten teilweise auf **Ketonkörper** als Energiesubstrat zurückgreifen.

- **Hormone** und **Mediatoren** steuern im Zusammenspiel mit dem **Nervensystem** den Gesamtstoffwechsel eines Organismus. Dabei wird die **Ortsspezifität** der Wirkungen durch eine zell- und organtypische Ausstattung mit **Rezeptoren** und **Enzymen** sichergestellt, deren Aktivitäten wiederum durch **Genregulation** und **Interkonversion** moduliert werden.

- Hauptregelgröße im **Energiestoffwechsel** ist Glucose, deren Konzentration im Blut nach einer kohlenhydratreichen Mahlzeit durch **Insulin** gesenkt und im Hungerzustand durch **Glucagon** gesteigert wird. Bei **kurzzeitiger Nahrungskarenz** hält die Leber die **Glucosehomöostase** vor allem durch Mobilisierung von Glykogen aufrecht.

- Bei **langanhaltender Nahrungskarenz** stellen vor allem das **Fettgewebe** Fettsäuren sowie die **Muskulatur** Aminosäuren durch Proteolyse bereit. Mithilfe von **Cortisol** antizipiert der Organismus zirkadian auftretende Schwankungen im Energiebedarf und bereitet ihn auf vorhersehbare **Stresssituationen** durch Erhöhung der **Glucosereserven** vor. Diese werden bei **akuter Bedrohung** durch die Ausschüttung von **Adrenalin** mobilisiert.

- Hormone steuern die Anpassung des **Energiestoffwechsels** an langfristige Bedarfslagen. Das Schilddrüsenhormon **T₃** erhöht **Grundumsatz** und **Wärmeproduktion**. Das vom Fettgewebe gebildete **Leptin** vermittelt ein **Sättigungssignal** im Gehirn. **Somatotropin** sorgt im Wechselspiel mit seinem Antagonisten **Somatostatin** und anderen Mediatoren für adäquate stoffliche und energetische Versorgung bei **Wachstums-** und **Reparaturvorgängen**.

- **Störungen** im Glucosestoffwechsel haben schwerwiegende Konsequenzen. Mangel an Insulin oder Insulinresistenz der Zielorgane führen zum **Diabetes mellitus**.

Abbildungsnachweise

Nachfolgend sind die Quellen für Abbildungen aufgelistet, deren Bildlegenden mit **[AN]** gekennzeichnet sind.

Abbildungen

[1.10] modifiziert nach: Nelson D, Cox M (2001) *Lehninger Biochemie*. 3. Aufl. Springer Verlag, Berlin, Abb. 3.9

[2.19] modifiziert nach: Alberts B, Johnson A, Lewis J, Raff M, Roberts K, Walter P (2004) *Molekularbiologie der Zelle*. 4. Aufl. Wiley-VCH Verlag, Weinheim, Abb. 6.21

[3.5a] aus: *Lexikon der Biologie*, Bd. 5 (2000), Spektrum Akademischer Verlag, Heidelberg

[3.6] modifiziert nach: Cooper GM, Hausmann RE (2004) *The Cell: a Molecular Approach*. 3. Aufl. ASM Press, Washington, Abb. 1.8

[3.8] modifiziert nach: Karp G (2002) *Cell and Molecular Biology*. 3. Aufl., John Wiley & Sons, New York, S. 26, Abb. 1

[3.9] Chondroblasten-Foto von Dr. H. Jastrow aus Dr. Jastrows elektronenmikroskopischem Atlas (www.drjastrow.de). *E. coli* aus: *Lexikon der Biologie*, Bd. 5 (2000) Spektrum Akademischer Verlag, Heidelberg

[3.15a] aus: *Lexikon der Biologie*, Bd. 9 (2002), Spektrum Akademischer Verlag, Heidelberg

[3.18] mit freundlicher Genehmigung von *Nature* und Alexey Khodjakov, Wadsworth Center, Albany, NY

[3.19] modifiziert nach: Vander AJ, Sherman JH, Luciano DS (1994) *Human Physiology*. 6. Aufl. McGraw-Hill, Inc, New York, Abb. 1.1

[3.20a] mit freundlicher Genehmigung von Sawa Kostin, Max-Planck-Institut für Herz- und Lungenforschung

[3.20b] mit freundlicher Genehmigung des Max-Planck-Instituts für Entwicklungsbiologie; Foto: Jürgen Berger

[3.21a] mit freundlicher Genehmigung von Prof. Dr. Volker Brinkmann, Max-Planck-Institut für Infektionsbiologie

[3.21b] mit freundlicher Genehmigung von Phillip B. Messersmith, Messersmith Research Group, Northwestern Universität, Evanston, IL, USA

[3.25] modifiziert nach [2.19], Abb. 2.38

[3.33] modifiziert nach: Mathews CK, van Holde KE, Ahern KG (2000) *Biochemistry*. 3. Aufl. Benjamin Cummings, San Francisco, Abb. 1.3

[4.8] modifiziert nach: [2.19], Abb. 3.76

[4.13] modifiziert nach: [2.19], Abb. 3.28

[5.9] modifiziert nach: Dickerson RE, Geis I (1969) *The Structure and Action of Proteins*. Benjamin Cummings, San Francisco

[5.10] modifiziert nach [5.9]

[5.13] modifiziert nach [5.9]

[5.18] modifiziert nach: Voet D, Voet JG, Pratt CW (2002) *Lehrbuch der Biochemie*. Wiley-VHC Verlag Weinheim, Abb. 6-17, Abb. 6-20

[5.25] mit freundlicher Genehmigung von Jean-Yves Sgro, Universität Wisconsin-Madison

[5.26] Radford SE (2000) Trends Biochem Sci 25:611–618

[5.30] Koordinaten für die Proteinstruktur aus der Protein Data Bank, Research Collaboratory for Structural Bioinformatics, USA

[6.10] mit freundlicher Genehmigung von Steffen Gross, Goethe-Universität Frankfurt

[6.13] mit freundlicher Genehmigung von Julio E. Celis, Universität Aarhus

[7.4] mit freundlicher Genehmigung von Michael Karas, Goethe-Universität Frankfurt

[7.5], mit freundlicher Genehmigung von Carola Hunte,
[7.6a], Universität Freiburg
[7.7]

[7.9], mit freundlicher Genehmigung von Christian Lü-
[7.10] cke, Max-Planck- Forschungsstelle für Enzymologie der Proteinfaltung, Halle

[8.1] modifiziert nach: [5.18], Abb. 6.17

[8.5b] mit freundlicher Genehmigung von Bernie Sattin, Universität Toronto

[8.8] mit freundlicher Genehmigung von James Bristow, Universität San Francisco und des Journal of Clinical Investigation

[8.10b] modifiziert nach [2.19], Abb. 19.39

[8.12] modifiziert nach: Yurchenco PD, Schittny JC (1990) FASEB J 4:1577–1590

[8.13] modifiziert nach: Aumailley M, Rousselle, P (1999) Matrix Biol 18:19–28

[9.2] © Steve Gschmeissner / SPL / Agentur Focus, Hamburg

[9.6] modifiziert nach: Spudich JA (2001) Nat Rev Mol Cell Biol 2:387–392

[9.13] modifiziert nach: Blake DJ, Kröger S (2000) Trends Neurosci 23:92–99

[10.9] modifiziert nach [5.18], Abb. 7.10

[10.17]   modifiziert nach: Wishner BC, Ward KB, Lattman EE, Love WE (1975) J Mol Biol 98:192–194 (Teil a); mit freundlicher Genehmigung von A.D.A.M. AG, Atlanta (Teil b)

[11.1b]   Koordinaten für die Proteinstruktur wie unter [5.30]

[12.5]   modifiziert nach: Koolman J, Röhm, KH (1998) *Taschenatlas der Biochemie*. 2. Aufl., Georg Thieme Verlag, Stuttgart, S. 89

[12.17]   Koordinaten für die Proteinstruktur wie unter [5.30]

[13.3]   modifiziert nach: Segel IH (1975) *Enzyme Kinetics: Behaviour and Analysis of Rapid Equilibrium and Steady-state Enzyme Systems*. 1. Aufl. John Wiley, New York, S. 27

[13.18]   Koordinaten für die Proteinstrukturen wie unter [5.30]

[13.21]   modifiziert nach: Weber IT, Johnson LN, Wilson KS, Yeates DG, Wild DL, Jenskins JA (1978) Nature 274:433–437

[14.1]   © David Gregory & Debbie Marshall/ Wellcome Images, London

[14.3]   modifiziert nach: Davie E (1995) Thromb Haemost 74:1–6

[14.8a]   modifiziert nach: Weisel JW (1986) Biophys J 50: 1079–1093

[15.3]   modifziert nach: Hardison RC (1996) Proc Natl Acad Sci USA 93:5675–5679

[15.8], [15.9], [15.11]   Koordinaten für die Proteinstruktur wie unter [5.30]

[16.10]   modifiziert nach: Grosjean H, Szweykowska-Kulinska Z, Motorin Y, Fasiolo F, Simos G (1997) Biochimie 79:293–302

[16.11]   mit freundlicher Genehmigung von Hans Hirsiger, Universität Bern

[16.16]   modifiziert nach: Blattner FR, Plunkett G, Bloch CA, Perna NT, Burland V, Riley M, Collado-Vides J, Glasner JD, Rode CK, Mayhew GF, Gregor J, Davis NW, Kirkpatrick HA, Goeden MA, Rose DJ, Mau B, Shao Y (1997) Science 277: 1453–1474

[18.4]   modifiziert nach: Shi H, Moore PB (2000) RNA 6:1061–1105

[18.8]   modifiziert nach [3.6], Abb. 8.28

[19.8]   modifiziert nach [3.6], Abb. 8.7

[19.18]   modifiziert nach [2.19], Abb. 12.53

[19.20]   modifiziert nach [2.19], Abb. 13.21

[19.34], [19.35]   modifiziert nach: Goldberg LA, Elledge SJ, Harper JW (2001) Sci Am 284: 68–73

[20.4]   modifiziert nach: [2.19]. Abb. 7.7

[20.9]   modifiziert nach [3.6], Abb. 6.27

[20.10]   modifiziert nach: Veraska A, del Campo M, McGinnis W (2000) Mol. Genet. Metabol. 69:85–100

[20.12]   modifiziert nach: Schumacher MA, Goodman RH, Brennan RG (2000) J Biol Chem 275:35242–35247

[20.19]   modifiziert nach [3.6], Abb. 6.38

[20.20]   modifiziert nach: Hanna J, Wernig M, Markoulaki S, Sun CW, Meissner A, Cassady JP, Beard C, Brambrink T, Wu LC, Townes TM, Jaenisch R (2007) Science 318:1920–1923

[21.5]   modifiziert nach: Boye E, Lobner-Olesen A, Skarstad K (2000) EMBO Rep 1:479–483

[21.17]   modifiziert nach: Sixma TK (2001) Curr Opin Struct Biol 11:47–52

[21.18]   modifiziert nach: Lehninger AL, Nelson DL, Cox MM (1994) *Prinzipien der Biochemie*. 2. Aufl. Spektrum Akademischer Verlag, Heidelberg, Abb. 23.10

[21.19]   modifiziert nach: Berger JM (1998) Biochim Biophys Acta 1400:3–18

[21.21]   modifiziert nach: Knippers R (2001) *Molekulare Genetik*. 8. Aufl. Georg Thieme Verlag, Stuttgart, Abb. 16.5

[21.22]   modifiziert nach: Krude T (1999) Eur J Biochem 263:1–5

[22.2]   mit freundlicher Genehmigung von Algimantas Markauskas, Fermentas, Vilnius

[22.13]   mit freundlicher Genehmigung von E. Brude, Goethe-Universität Frankfurt

[22.19]   modifiziert nach: Dingermann T (1999) *Gentechnik, Biotechnik*. Wissenschaftliche Verlagsgesellschaft, Stuttgart, Abb. 2-4-22

[23.3]   modifiziert nach [3.6], Abb. 5.18, 5.19

[23.8]   modifiziert nach: Petit C, Sancar A (1999) Biochimie 81:15–25

[23.9]   modifiziert nach [21.21], Abb. 9.10

[23.15]   modifiziert nach [3.6], Abb. 5.28

[23.18]   modifiziert nach [3.33], Abb. 25.33

[23.21]   modifiziert nach [3.6], Abb. 5.47

[23.26]   modifiziert nach [3.6], Abb. 5.48

[23.31]   Daten nach: Venter et al. (2001) Science 291:1304–1351; International Human Genome Consortium (2001) Nature 409:860–921

[24.3]   modifiziert nach: Berg JM, Tymoczko JL, Stryer L (2003) *Biochemie*. 5. Aufl. Spektrum Akademischer Verlag, Heidelberg, Abb. 12.14

[24.7]   modifiziert nach [3.6], Abb. 12.15

[24.11]   modifiziert nach [3.6], Abb. 9.19

[25.1]   Daten aus Engelman TA, Steitz TA, Goldman A (1986) Annu Rev Biophys Biophys Chem 15:321–353

[25.4]   Koordinaten für die Proteinstruktur wie unter [5.30]; Weiss MS, Schulz GE (1992) J Mol Biol 231:817–824

[25.5]   Daten aus Eisenberg D (1984) Annu Rev Biochem 53:595–624

[25.13]   modifiziert nach [2.19], Abb. 11.7

[25.17]   modifiziert nach [3.6], Abb. 12.32

[26.6]   modifiziert nach: Lanyi JK (1997) J Biol Chem 272:31209–31212

[26.8] modifiziert nach: Unwin N (1989) Neuron 3:665–676

[26.9] Koordinaten für die Proteinstruktur wie unter [5.30]

[26.16] modifiziert nach: Yernool D, Boudker O, Jin Y, Gouaux E (2004) Nature 431: 811–818, Abb. 6

[26.19] modifiziert nach: [24.3], Abb. 13–18

[27.2], modifiziert nach [3.6], Abb. 13.1
[27.3]

[27.7] modifiziert nach: Alberts B, Bray D, Lewis J, Raff M, Roberts K, Watson JD (1994) *Molecular Biology of the Cell*. 3. Aufl. Garland Publishing, New York, Abb. 15.42

[27.8] modifiziert nach [2.19], Abb. 15.9

[27.23] modifiziert nach [2.19], Abb. 15.18

[28.11] modifiziert nach [3.6], Abb. 13.21

[28.16] modifiziert nach: Sharpe LT, Stockman A, Jägle H, Nathans J. In: Gegenfurtner KR, Sharpe LT (1999) *Color Vision: from Genes to Perception.* Cambridge University Press, Cambridge, S. 3–51

[28.19] modifiziert nach: Schäfer BW, Heizmann CW (1996) Trends Biochem Sci 21:135–140

[28.20] mit freundlicher Genehmigung von Mark Evans, Universität St. Andrews, Fife, UK

[29.2] modifiziert nach [2.19], Abb. 15.49

[29.14] modifiziert nach [3.6], Abb. 15.23

[29.19] modifiziert nach: Cooper GM (2000) *The Cell: a Molecular Approach* 2. Aufl. ASM Press, Washington, Abb. 13.38

[30.10] modifiziert nach: Boron WF, Boulpaep EL (2003) *Medical Physiology.* Saunders, Philadelphia, Abb. 37.9

[30.12] modifiziert nach: [30.10], Abb. 34.13

[30.13] modifiziert nach: [30.10], Abb. 34.4

[30.18] modifiziert nach: [30.10], Abb. 51.10

[30.19] modifiziert nach: [30.10], Abb. 51.5

[30.20] modifiziert nach: [30.10], Abb. 51.7

[30.22] modifiziert nach: Boron WF, Boulpaep EL (2005) *Medical Physiology. A Cellular and Molecular Approach.* Elsevier/Saunders, Updated Edition, Philadelphia, Abb. 47.5

[30.25] modifiziert nach: [30.22], Abb. 54.5, 54.7

[30.26] modifiziert nach: [30.22], Abb. 53.3

[30.27] modifiziert nach: [30.10], Abb. 54.3

[30.28] modifiziert nach: [30.22], Abb. 54.10

[31.3] modifiziert nach: Boron WF, Boulpaep EL. *Medical Physiology.* 2. Auflage (2008), Elsevier, Philadelphia, Abb. 45.1

[31.4] modifiziert nach: [31.3], Abb. 45.3

[31.5] modifiziert nach: [30.10], Abb. 44.8

[31.6] modifiziert nach: [31.3], Abb. 45.13

[31.9] modifiziert nach: [31.3], Abb. 45.18

[31.10] modifiziert nach: [30.22], Abb. 42.4

[31.11] modifiziert nach: [30.22], Abb. 42.6

[31.12] modifiziert nach: [31.3], Abb. 51.2

[31.13], modifiziert nach: [30.10], Abb. 50.4
[31.14]

[31.16] modifiziert nach: [31.3], Abb. 51.6

[31.17] modifiziert nach: [30.22], Abb. 50.8

[31.18] modifiziert nach: [31.3], Abb. 51.10

[31.19] modifiziert nach: [30.10], Abb. 50.11

[31.20] modifiziert nach: [30.22], Abb. 50.12

[32.2] modifiziert nach [3.19], Abb. 8.6

[32.8] modifiziert nach: Hodgkin AL, Huxley AF (1952) J Physiol 117:500–544

[32.11] modifiziert nach [2.19], Abb. 11.30

[32.15] modifiziert nach: Reddy DS (2003) Trends Pharmcol Sci 24:103–106

[32.17] modifiziert nach: Kandel ER, Schwartz JH, Jessell TM (2000) *Principles of Neural Science.* 4. Aufl. McGraw-Hill, New York, Abb. 63.13

[32.20] modifiziert nach [3.33], S. 351

[33.2] modifiziert nach [3.6], Abb. 11.39

[33.3] modifiziert nach: [27.7], Abb. 16.23

[33.5] modifiziert nach [3.6], Abb. 11.40

[33.7], modifiziert nach [3.6], Abb. 11.34
[33.8]

[33.10] modifiziert nach [3.6], Abb. 12.62

[33.16], modifiziert nach [3.6], Abb. 11.8
[33.17]

[33.18] modifiziert nach [3.6], Abb. 11.9

[33.19] modifiziert nach [3.6], Abb. 11.17

[33.20] modifiziert nach [3.6], Abb. 11.14

[33.22] modifiziert nach [3.6], Abb. 11.11

[33.25] modifiziert nach [31.3], Abb. 16.71

[34.6] modifiziert nach: Ohi R, Gould KL (1999) Curr Opin Cell Biol 11:267–273

[34.15] mit freundlicher Genehmigung von Mark Blaxter, Universität Edinburgh; modifiziert nach: Sulston JE, Horvitz HR (1977) Dev Biol 56:110–156

[35.1] modifiziert nach: Hanahan D, Winberg, RA (2000) Cell 100:57–70, Abb. 1

[35.2] modifiziert nach: Cooper GM, Hausman RE. *The Cell – a Molecular Approach.* 4. Aufl. ASM Press Washington DC 2007, Abb. 18.3

[35.3] modifiziert nach: Weinberg RA (2007) *The Biology of Cancer.* Garland Science, Abb. 9.7

[35.4] modifiziert nach: [35.3], Abb. 11.31

[35.6] modifiziert nach: Alberts B, Johnson A, Lewis J, Raff M, Roberts K, Walter P (2008) *Molecular Biology of the Cell.* 5. Aufl. Garland Publishing New York, Abb. 20-21

[35.7] modifiziert nach: [35.3], Abb. 3.4

[35.9] modifiziert nach: [27.7], Abb. 24.26

[35.10] modifiziert nach: [35.6], Abb. 20.38

[35.12] modifiziert nach: [35.1], Abb. 2

[35.16] modifiziert nach: [35.2], Abb. 18.5

[35.17] modifiziert nach: [35.2], Abb. 15.43

[35.18] modifiziert nach: [35.3], Abb. 9.6

[35.23] modifiziert nach: Lodish H, Berk A, , Matsudaira P, Kaiser CA, Krieger M, Scott MP, Zipursky SL, Darnell J (2004) *Molecular Cell Biology*. 5. Aufl. Freeman New York 2004, Abb. 14–28

[35.26] modifiziert nach: Ramaswamy S, Ross KN, Lander ES, Golub TR (2003) Nat Genet 33:49–54

[35.28] modifiziert nach: [35.6], Abb. 20.52

[35.29] modifiziert nach: [35.3], Abb. 16.8

[36.1] modifiziert nach [2.19], Abb. 25.41

[36.7] modifiziert nach [2.19], Abb. 24.49

[36.8] modifiziert nach: Ghendler Y, Teng MK, Liu JH, Witte T, Liu J, Kim KS, Kern P, Chang HC, Wang JH, Reinherz EL (1998) Proc Natl Acad Sci USA 95:10061–10066.

[36.10] modifiziert nach: Campbell NA, Reece JB (2003) *Biologie*. 6. Aufl. Spektrum Akademischer Verlag, Heidelberg, Abb. 43.4

[36.22] modifiziert nach: [2.19], Abb. 24.32

[36.23] modifziert nach: He XM, Ruker F, Casale E, Carter DC (1992) Proc Natl Acad Sci USA 89:7154–7158

[40.1] modifiziert nach: Zhou ZH, McCarthy DB, O'Connor CM, Reed LJ, Stoops JK (2001) Proc Natl Acad Sci USA 98:14802–14807, mit freundlicher Genehmigung der National Academy of Sciences

[41.9] Koordinaten für die Proteinstruktur wie unter [5.30]

[41.15] modifiziert nach: Lodish H, Berk A, Zipursky SL, Matsudaira P, Baltimore D, Darnell J (2001) *Molekulare Zellbiologie*. 4. Aufl. Spektrum Akademischer Verlag, Heidelberg, Abb. 16.17

[43.7] Koordinaten für die Proteinstruktur wie unter [5.30]

[44.2] mit freundlicher Genehmigung von Prof. Dr. Dr. Ulrich Welsch, Anatomische Anstalt, LMU München

[44.10] modifiziert nach: Meléndez R, Meléndez-Hevia E, Canela EI (1999) Biophys J 77:1327–1332

[46.13] modifiziert nach [3.33], Abb. 18.7

[49.13] modifiziert nach: Thelander L, Reichard P (1979) Annu Rev Biochem 48:133–158

[50.9] modifiziert nach: Zubay G L (2000) *Biochemie*. McGraw-Hill, London, Abb. 27-5

[50.16] modifiziert nach [3.33], Abb. 23.4

Index

Die fetten Seitenzahlen verweisen auf die Abschnitte, in denen das jeweilige Stichwort ausführlich besprochen wird.

Abkürzungsliste

A	Adenin
A	Alanin
AC	Adenylat-Cyclase
ACh	Acetylcholin
ACP	Acylcarrierprotein
ACTH	adrenocorticotropes Hormon
ADH	antidiuretisches Hormon (syn. AVP)
ADH	Alkohol-Dehydrogenase
ADP	Adenosindiphosphat
AGS	Adrenogenitales Syndrom
Ala	Alanin
AMP	Adenosinmonophosphat
AMPK	AMP-abhängige Kinase
ANF	atrionatriuretischer Faktor
ANP	atriales natriuretisches Peptid
APRT	Adenosin-Phosphoribosyl-Transferase
Arg	Arginin
Asn	Asparagin
Asp	Asparaginsäure
ATCase	Aspartat-Transcarbamoylase
ATP	Adenosintriphosphat
ATPase	Adenosintriphosphatase
AVP	Arg^8-Vasopressin
bp	Basenpaar
2,3-BPG	D-2,3-Bisphosphoglycerat
C	Cytosin
C	Cystein
CaM	Calmodulin
cAMP	cyclisches Adenosinmonophosphat
CDK	*cyclin-dependend kinase*
cDNA	copy-DNA
CDP	Cytidindiphosphat
cGMP	cyclisches Guanosinmonophosphat
CMP	Cytidinmonophosphat
CoA	Coenzym A
CRE	cAMP-responsives Element
CRH	*corticotropin-releasing hormone* (Corticoliberin)
CRP	cAMP-responsives Protein
CTP	Cytidintriphosphat
Cys	Cystein
d	desoxy
D	Asparaginsäure
DAG	Diacylglycerin
DBP	Vitamin-D-Bindungsprotein
dd	didesoxy
DHF	Dihydrofolat
DHFR	Dihydrofolat-Reduktase
DNA	Desoxyribonucleinsäure
DNase	Desoxyribonuclease
DOPA	L-3,4-Dihydroxyphenylalanin
e	Elektron
E	Glutaminsäure
EAR	enzymassoziierter Rezeptor
ECR	*enzyme-coupled receptor*
EF	Elongationsfaktor
EGF	*epidermal growth factor*

ELISA	*enzyme-linked immunosorbent assay*
ER	endoplasmatisches Reticulum
ETF	*electron transferring flavoprotein*
EZM	extrazelluläre Matrix
F	Phenylalanin
FAD(H$_2$)	Flavinadenindinucleotid (reduzierte Form)
FGF	*fibroblast growth factor*
FMN	Flavinmononucleotid
FS	Fettsäure-Synthase
FSH	Follikel-stimulierendes Hormon
G	Guanin
G	Glycin
G6P	Glucose-6-phosphat
G6PDH	Glucose-6-Phosphat-Dehydrogenase
GABA	γ-Aminobuttersäure
Gal	Galactose
GAP	Glycerinaldehyd-3-phosphat
GAPDH	Glycerinaldehyd-3-phosphat-Dehydrogenase
GDP	Guanosindiphosphat
GH	*growth hormone* (syn. Somatotropin)
GHRH	*growth hormone-releasing hormone* (syn. Somatoliberin)
G$_i$	inhibierendes G-Protein
GIP	gastrisches inhibitorisches Peptid
Gla	γ-Carboxyglutamat
Glc	Glucose
GlcNAc	N-Acetyl-D-Glucosamin
Gln	Glutamin
GLP	*glucagon-like peptide*
Glu	Glutaminsäure
Gly	Glycin
GMP	Guanosinmonophosphat
GnRH	*gonadotropin-releasing hormone* (syn. Gonadoliberin)
GPCR	*G protein-coupled receptor*
G$_q$	G-Protein (sekundäre Botenstoffe DAG und IP$_3$)
GRK	G-Protein-Rezeptor-spezifische Kinase
G$_s$	stimulierendes G-Protein
GSH	reduziertes Glutathion
GSSG	oxidiertes Glutathion
GTP	Guanosintriphosphat
H	Histidin
Hb	Hämoglobin
HCG	humanes Choriongonadotropin
HDL	*high density lipoprotein*
HGF	*hepatocyte growth factor*
HGPRT	Hypoxanthin-Guanin-Phosphoribosyl-Transferase
Hh	Hedgehog
His	Histidin
HMG-CoA	3-Hydroxy-3-methylglutaryl-CoA
hnRNA	heterogene nucleäre RNA
HRE	*hormone-response element*
HSL	hormonsensitive Lipase
Hsp	Hitzeschockproteine
HTH	*helix-turn-helix*
Hyp	4-Hydroxyprolin

I	Isoleucin
IDDM	*insulin-dependent diabetes mellitus*
IDL	*intermediate density lipoprotein*
IF	Initiationsfaktor
IFN	Interferon
Ig	Immunglobulin
IGF	*insulin-like growth factor*
IL	Interleukin
Ile	Isoleucin
IMP	Inosinmonophosphat
IP_3	Inositol-1,4,5-trisphosphat
ISPK	Insulin-stimulierte Proteinkinase
IZR	intrazellulärer Rezeptor
J	Joule
JAK	Janus-Kinase
K	Lysin
kbp	Kilobasenpaar
k_{cat}	katalytische Konstante
K_D	Dissoziationskonstante
kd	Kilodalton
K_M	Michaelis-Konstante
L	Leucin
lac	Lactose
LDH	Lactat-Dehydrogenase
LDL	*low density lipoprotein*
Leu	Leucin (L)
LGI	Liganden-gesteuerter Ionenkanal
LH	luteotropes Hormon
LTB_4	Leukotrien B_4
LTR	*long terminal repeat*
Lys	Lysin
M	Methionin
Man	Mannose
Mb	Myoglobin
Met	Methionin
MHC	*major histocompatibility complex*
mRNA	*messenger*-RNA
MSH	Melanocyten-stimulierendes Hormon
N	Asparagin
$NAD(P)^+$	Nicotinamidadenindinucleotid(phosphat)
$NAD(P)H$	Nicotinamidadenindinucleotid(phosphat), reduzierte Form
NANA	*N-acetylneuraminic acid* (Sialinsäure)
NDP	Nucleosiddiphosphat
NGF	*nerve growth factor*
NIDDM	*non insulin-dependent diabetes mellitus*
NMR	*nuclear magnetic resonance*
NPY	Neuropeptid Y
NSAID	*non steroidal antiinflammatory drug* (nicht-steroidales Antiphlogistikum)
NTP	Nucleosidtriphosphat
P	Prolin
PAF	Plättchen-aktivierender Faktor
PAGE	Polyacrylamid-Gelelektrophorese
PAR	Proteolyse-assoziierter Rezeptor
PCR	*polymerase chain reaction*
PDE	Phosphodiesterase
PDGF	*platelet-derived growth factor*
PFK	Phosphofructokinase
PG	Prostaglandin
Phe	Phenylalanin (F)
P_i	Orthophosphat („anorganisches Phosphat")
PIP_2	Phosphatidylinositol-4,5-bisphosphat

PIP_3	Phosphatidylinositoltrisphosphat
PK	Proteinkinase, Pyruvatkinase
PKA	Proteinkinase A
PKC	Proteinkinase C
PKG	Proteinkinase G
PLC	Phospholipase C
PLP	Pyridoxal-5-phosphat
PPAR	Peroxisom-Proliferator-aktivierter Rezeptor
PP1	Proteinphosphatase-1
PP_i	Pyrophosphat
Pro	Prolin
PRPP	5-Phosphoribosylpyrophosphat
PTH	Parathormon
Q	Glutamin
Q	Ubichinon
QH_2	Ubihydrochinon
R	Arginin
Rb	Retinoblastom-Protein
RF	*release factor* (Terminationsfaktor)
RFLP	Restriktionsfragment-Längenpolymorphismus
RIA	*radioimmunoassay*
RNA	Ribonucleinsäure
rRNA	ribosomale RNA
RSV	Rous-Sarcom-Virus
RTK	Rezeptor-Tyrosinkinase
S	Serin
SAM	S-Adenosylmethionin
SDS	*sodium dodecyl sulfate*
Ser	Serin
siRNA	small interfering RNA
snRNA	*small nuclear* RNA
snoRNA	*small nucleolar* RNA
snRNP	*small ribonuclear protein*
SRP	*signal recognition particle*
SSB	*single strand-binding protein*
STAT	*signal transducer and activator of transcription*
syn.	synonym mit
T	Threonin
T	Thymin
T_3/T_4	Schilddrüsenhormone
THF	Tetrahydrofolat
THB	Tetrahydrobiopterin
Thr	Threonin
TM	Transmembransegment
TNF_a	Tumor-Nekrose-Faktor α
TPP	Thiaminpyrophosphat
TRH	*TSH releasing hormone*
tRNA	Transfer-RNA
Trp	Tryptophan
TSH	Thyreoidea-stimulierendes Hormon
TTP	Thymidintriphosphat
Tyr	Tyrosin
U	Uracil
UCP	*uncoupling protein*
UDP	Uridindiphosphat
V	Valin
Val	Valin
VEGF	*vascular endothelial growth factor*
VIP	vasoaktives intestinales Peptid
VLDL	*very low density lipoprotein*
V_{max}	maximale Geschwindigkeit
W	Tryptophan
Y	Tyrosin

Printed in Italy by Printer Trento S.r.l.